基坑工程手册

(第二版)

刘国彬　王卫东　主编
刘建航　侯学渊　顾问

中国建筑工业出版社

图书在版编目(CIP)数据

基坑工程手册/刘国彬，王卫东主编. —北京：中国建筑工业出版社，2009（2023.12重印）
ISBN 978-7-112-11552-5

Ⅰ.基… Ⅱ.①刘…②王… Ⅲ.基坑-工程施工-技术手册 Ⅳ.TU46-62

中国版本图书馆 CIP 数据核字（2009）第 204512 号

本手册（第二版）在（第一版）的基础上，跟踪基坑工程国内外最新的进展，全部由来自设计施工第一线的经验丰富的专家重新撰写，系统地总结了国内外基坑工程的实践经验，全面地阐述了基坑工程的基本计算理论、设计方法、施工工艺、施工管理技术以及相关的信息，内容覆盖各种地质条件和全国各区域，充分反映了国内外基坑工程技术和施工的当前水平和发展趋势，以满足基坑工程设计和施工的需要。

本手册共34章，由绪论、总体方案设计、设计计算理论、设计施工方法、相关技术和区域工程进展六部分构成。各章还附有经典工程实例介绍，以使读者能更好地理解与掌握。本书是从事岩土工程特别是基坑工程的设计施工管理人员必备的参考用书。

责任编辑：咸大庆　王　梅　石振华
责任设计：崔兰萍
责任校对：陈　波　关　健

基坑工程手册
（第二版）

刘国彬　王卫东　主编
刘建航　侯学渊　顾问

*

中国建筑工业出版社出版、发行（北京西郊百万庄）
各地新华书店、建筑书店经销
北京红光制版公司制版
天津翔远印刷有限公司印刷

*

开本：787×1092 毫米　1/16　印张：84¼　字数：2101 千字
2009 年 11 月第二版　2023 年 12 月第十八次印刷
定价：180.00 元
ISBN 978-7-112-11552-5
(18805)

版权所有　翻印必究
如有印装质量问题，可寄本社退换
（邮政编码　100037）

《基坑工程手册》第二版编撰委员会

主　　编：刘国彬　王卫东

顾　　问：刘建航　侯学渊

编　　委：（以姓氏笔画为序）

　　　　王卫东　王　平　王吉望　王建华　王　梅
　　　　王　蓉　邓文龙　石振华　刘红军　刘国彬
　　　　刘　涛　沈水龙　杨光煦　杨志银　何毅良（香港）
　　　　李进军　李维峰（台湾）　李镜培　李耀良
　　　　吴国明　张　帆　张志豪　张　雁　周同和
　　　　周　健　林　靖　郑　刚　咸大庆　徐中华
　　　　郭院成　顾倩燕　秦夏强　黄宏伟　黄茂松
　　　　梁志荣　龚　剑　缪俊发　蔡袁强

序

  基坑工程技术随着城市建设的发展，正发生日新月异的变化。近十几年来我国各大城市大型地下空间开发进展迅速，涌现了大量技术复杂的基坑工程建设项目，基坑工程已向超深超宽和信息化安全监控技术发展，在基坑设计理论，施工方法和施工管理技术等各方面，积累了丰富实践经验，取得了突破性进步，极大地提升了基坑工程的技术水平。在此形势下，十多年前出版的基坑工程手册（第一版）亟待更新，需要经验丰富年轻有为的设计施工专家为主编、全面系统地总结国内外最近的基坑工程实践经验、编撰基坑工程手册（第二版），以有力推动我国基坑工程的技术进步。基坑工程手册（第二版）的出版是我国基坑工程领域的及时雨。

  基坑工程手册（第二版）经编委会多次会议的深入讨论和精心修改，在全体参编者的共同努力下，手册充分体现了实用性、全面性和新颖性。首先是实用性，手册增加了大量的各类基坑工程实例，具体阐述了典型工程的工程地质和环境条件、设计理论和设计依据的采用以及施工工艺和施工监测的实际经验，使手册面向一线的科研与工程技术人员，为之提供了基坑工程理论与实践密切结合的需要综合运用的多方面知识，利于高水平地解决工程实际问题。手册的全面性，体现在对基坑工程领域的理论、勘察设计、施工、监测和检测等各方面内容作了全面展示，同时在工程地区上覆盖了全国各地域（包括香港、台湾地区），还在工程地质上考虑了可能遇到的各种地层条件，包括软土与岩石相接的复杂地层。手册的新颖性，体现在手册密切结合近期难险深重的基坑工程实践，反映了最新的技术进步、最新的发展，吸取了国内外最新研究的技术成果，总结经验教训反映发展趋势，大量地增加了近十几年来基坑工程领域涌现的成熟应用的技术成果。

  基坑工程大规模的飞跃发展，不可避免地带来了诸多的基坑安全和环境安全问题。基坑的变形控制和环境保护往往成为基坑工程成败的关键。为了解决基坑变形对周围环境的影响与保护的难题，手册中着重介绍了基坑工程设计从强度控制设计转至变形控制设计的过渡，并提出了采用理论导向、量测定量和经验判断三者相结合的切实可行的方法。为实现理论导向，手册中介绍了关于基坑稳定性和基坑变形理论的国内外最新进展及其应用，这对于解决在复杂的地质、环境和施工条件下基坑变形控制的实际问题，具有决定性的指导意义。手册中归纳了诸多基坑工程设计和施工的成功经验及信息化施工管理、加强施工动态监控的经验，可为基坑工程中确保基坑安全和环境安全，提供定量分析、应变决策的重要参考借鉴。手册中提到在基坑施工中充分利用时空效应规律，这是安全经济地解决基坑变形控制的难题、以确保基坑和环境安全的有效方法。手册中有关的理论阐释与案例说明很有启示作用。今后在基坑工程实践中，进一步深化研究考虑时空效应的施工参数与基坑变形的量化关系可使基坑工程利用时空效应的技术更臻完善。

基坑工程手册（第二版）是目前基坑工程领域中理论与实践结合的处于技术前沿的应用工程著作，具有丰厚的技术含量和重大的实用价值，愿广大读者从中受益。

中国工程院院士 刘建航

2009 年 11 月

前　言

《基坑工程手册》(第一版)由中国建筑工业出版社于1997年出版,是我国第一本系统地总结当时国内外基坑工程的经验、较全面地提出基坑工程的设计理论和施工方法、反映当时我国基坑工程设计和施工水平及发展趋势的书籍,是基坑工程领域的一本经典著作,对提高我国基坑工程的设计和施工水平发挥了重要作用,在基坑工程领域产生了深远的影响。

随着我国建设事业的飞速发展,基坑工程呈现出方兴未艾的发展态势。大规模的高层建筑地下室、地下商场的建设和大规模的市政工程如地下停车场、大型地铁车站、地下变电站、大型排水及污水处理系统的施工都面临深基坑工程,并且不断地刷新着基坑工程的规模、深度和难度记录。大量的工程建设和复杂多变的工程环境以及市场竞争机制的引入,给深基坑工程开挖与支护新技术的表现提供了广阔的舞台,也使得在《基坑工程手册》(第一版)出版后的十几年来,我国基坑工程在理论、设计、施工、监测与检测等各方面均取得了长足的进步,并积累了更为丰富的经验。为了系统地反映基坑工程的技术进步、及时吸收国内外最新研究成果、深入总结大量基坑工程的经验与教训、全面反映当前基坑工程领域的发展状况和趋势,中国建筑工业出版社考虑对原手册进行修订,出版《基坑工程手册》第二版(以下简称《手册》),以使其发挥更大的作用。

受中国建筑工业出版社的委托,由同济大学刘国彬教授和华东建筑设计研究院有限公司王卫东教授级高级工程师担任《手册》的主编,由第一版的主编刘建航院士和侯学渊教授担任顾问,邀请了全国各地(包括香港和台湾地区)在基坑工程设计、施工、教学、研究、管理领域第一线工作的37名专家组成《手册》编撰委员会。2008年4月在上海召开了第一次编委会会议,讨论了《手册》的编写原则和总体框架,拟定了章节目录。2008年12月在武汉召开了第二次编委会会议,讨论了各位编委提交的《手册》初稿,并对各章的相互关系作了初步协调。2009年5月在青岛召开了第三次编委会,对各位编委提交的《手册》深化稿进行了深入的讨论,对稿件的具体内容、格式和章节间的协调提出了进一步的修改意见。会后由刘国彬、王卫东两位主编组织了修改工作的实施并进行了统编定稿。

《手册》继承了第一版的框架体系,并作了适当的发展,以第1章"绪论"为主线,将全书有机地串连起来,说明全书的主旨、框架、主要内容和要点;第2章"基坑工程总体方案设计"从基坑工程总体设计的角度阐述了基坑工程设计和施工所涉及到的主要内容,基本上体现了基坑工程的全貌;第3章至第8章为《手册》的理论部分,系统地阐述了土的工程性质、土压力、基坑稳定性、挡土结构内力、基坑变形、地下水渗流的分析方法,是基坑工程设计施工的理论基础;第9章至第18章主要介绍各种支护结构的设计和施工方法;第19章至第31章介绍了基坑工程的相关技术;第32章介绍基坑工程设计和施工中应注意的一些问题;最后两章介绍香港和台湾地区的基坑工程。

《手册》相对于第一版，在章节编排上作了大幅的调整，新增了13章内容，分别是第8章"地下水渗流分析"、第9章"土钉墙的设计与施工"、第18章"支护结构与主体结构相结合及逆作法"、第19章"考虑时空效应的设计与施工"、第23章"基坑土方施工"、第24章"基坑土体加固"、第26章"岩石地区基坑的设计与施工"、第27章"其他形式的支护技术"、第30章"风险分析与安全评估"、第31章"基坑工程施工组织设计"、第32章"基坑工程设计与施工应注意的一些问题"、第33章"香港地区的基坑工程"和第34章"台湾地区的基坑工程"。其他章节的内容也基本上作了重新改写，例如第6章"挡土结构的内力分析"一章中大幅缩减了目前已用得较少的古典分析方法，转而详细介绍目前被广泛应用的弹性地基梁方法，增加了弹性地基板方法、土与结构共同作用的平面和三维分析方法等；又如第13章"型钢水泥土搅拌墙的设计和施工"将第一版中关于SMW工法设计和施工的一节内容扩充为一章，全面介绍型钢水泥土搅拌墙的相互作用机理、设计与计算、施工与检测及新技术的发展等方面的内容；再如第28章"环境影响的分析与保护措施"一章中增加了基坑环境调查、基坑周边环境的容许变形量、围护结构施工引起的地表与建筑物沉降、基坑开挖对周边环境影响的分析与预估等新内容；以反映基坑工程领域国内外的最新研究成果及近年来涌现出的成熟应用技术。

《手册》在编撰过程中，吸收了原手册的精华和优点，力求做到对基坑工程领域在理论、设计、施工、检测、监测、工程应用等方面的内容作全方位的展示；增加了大量工程实例，更加突出手册的实用性；反映最新的技术进步和发展趋势，总结经验教训，吸收最新研究成果和成熟应用技术；扩大其覆盖面，从地域上覆盖全国（含香港和台湾地区），从地质条件上覆盖到可能遇到的各种地质条件如软土、硬土、岩石等；面向一线的科研与工程技术人员，使之成为设计施工技术人员的好帮手和好工具，以利于解决设计和施工中的实际问题。

《手册》各章节的编撰工作是建立在近年来大量的基坑工程实践经验和科研成果的坚实基础之上的，这些工程实践和科研成果是很多单位和个人辛勤劳动的结晶，谨向他们表示衷心的谢意。《手册》的编撰工作得到了全国各地许多单位和专家的支持和帮助，华东建筑设计研究院有限公司、同济大学、上海广大基础工程有限公司、中国第一冶金建设有限责任公司、青岛市勘察设计协会、中国海洋大学、青岛市勘察测绘研究院、郑州大学综合设计研究院、化工部郑州地质工程勘察院，上海同是工程科技有限公司等单位在《手册》的编撰过程中提供了相关的技术资料，对编撰工作给予了大力支持；华东建筑设计研究有限公司的徐中华博士、李进军博士和宋青君工程师及同济大学的王蓉博士、冯虎博士和沈圆顺博士参加了编委会的组织、协调及联系工作，并对稿件的编辑、校稿做了大量的工作；对以上为《手册》出版做出贡献的单位和个人，在此一并致以诚挚的谢意。

虽然《手册》各章的作者都是基坑工程领域的专家和学者，但由于时间仓促及限于学术水平，疏漏和不足之处在所难免，敬请广大读者不吝指正。

《基坑工程手册》第二版编撰委员会
2009年10月

本书的编著成员分工如下：

章节	标题	单位	作者
第1章	绪论	同济大学	刘国彬
第2章	基坑工程总体方案设计	华东建筑设计研究院有限公司	王卫东　宋青君　戴斌
第3章	土的工程性质	同济大学	周健　贾敏才
第4章	土压力	同济大学	李镜培　梁发云
第5章	基坑稳定性	同济大学	黄茂松
第6章	挡土结构的内力分析	上海交通大学	王建华　张璐璐
第7章	基坑变形估算	同济大学	刘国彬　张伟立　冯虎
第8章	地下水渗流分析	上海交通大学	沈水龙　孙文娟
第9章	土钉墙的设计与施工	深圳冶建院建筑技术有限公司	杨志银　付文光
第10章	水泥土重力式围护墙的设计与施工	中船第九设计研究院工程有限公司 上海广大基础工程有限公司	林靖　李超　左宇玲 章兆熊
第11章	地下连续墙的设计与施工	华东建筑设计研究院有限公司 上海市基础工程有限公司	王卫东　邸国恩 李耀良　袁芬
第12章	排桩的设计与施工	天津大学	郑刚
第13章	型钢水泥土搅拌墙的设计与施工	上海申元岩土工程有限公司 上海广大基础工程有限公司	梁志荣　李忠诚 吴国明　章兆熊
第14章	钢板桩的设计与施工	中船第九设计研究院工程有限公司	顾倩燕　高加云
第15章	钢筋混凝土板桩的设计与施工	中国二十冶建设有限公司	秦夏强　谢非
第16章	内支撑系统的设计与施工	华东建筑设计研究院有限公司 上海市第二建筑有限公司	王卫东　翁其平 邓文龙　章晓鹏
第17章	锚杆的设计与施工	浙江大学	蔡袁强　占宏
第18章	支护结构与主体结构相结合及逆作法	华东建筑设计研究院有限公司 上海市第二建筑有限公司	王卫东　徐中华 邓文龙　章晓鹏
第19章	考虑时空效应的设计与施工	同济大学 上海同是工程科技有限公司	刘国彬　冯虎 王蓉
第20章	高压旋喷桩的设计与施工	冶金建筑研究总院（沪） 上海宏顿地基工程公司	 王吉望
第21章	注浆技术	上海隧道地基注浆工程有限公司	张帆
第22章	降排水的设计与施工	上海广联建设发展有限公司 长江水利委员会长江勘测规划设计研究院 上海长凯岩土工程有限公司	缪俊发 杨光煦 陆建生
第23章	基坑土方施工	上海建工（集团）总公司	龚剑　姜峰　周虹
第24章	基坑土体加固	中船第九设计研究院工程有限公司	林靖　汪贵平
第25章	沉井与沉箱技术	上海市基础工程有限公司	李耀良　袁芬
第26章	岩石地区基坑的设计与施工	中国海洋大学	刘红军

		青岛市勘察测绘研究院	孙　涛	
		中国石油天然气华东勘察设计研究院	张志豪	
第27章	其他形式的支护技术	郑州大学综合设计研究院	周同和	
		中国第一冶金建设有限责任公司	王　平	
		郑州大学	郭院成	宋建学
第28章	环境影响的分析与保护措施	华东建筑设计研究院有限公司	王卫东	徐中华
第29章	基坑监测与信息化施工	同济大学	刘国彬	
		中国海洋大学	刘　涛	
第30章	风险分析与安全评估	同济大学	黄宏伟	闫玉茹
第31章	基坑工程施工组织设计	上海建工（集团）总公司	龚　剑	姜　峰
第32章	基坑工程设计与施工应注意的一些问题	中国土木工程学会	张　雁	
		中国建筑科学研究院	杨生贵	
		北京城建科技促进会	周与诚	
		北京市勘察设计研究院有限公司	孙保卫	
第33章	香港地区的基坑工程	Ove Arup & Partners Hong Kong Limited	何毅良（香港）	
			James W. C. Sze（香港）	
		华东建筑设计研究院有限公司	李进军	
第34章	台湾地区的基坑工程	国立台湾科技大学	李维峰（台湾）	
			廖惠菁（台湾）	
索引		中国建筑工业出版社	咸大庆　王　梅　石振华	

本书编著过程中下列单位提供了相关的技术资料，对编著工作给予了支持：

华东建筑设计研究院有限公司

同济大学

上海广大基础工程有限公司

中国第一冶金建设有限责任公司

青岛市勘察设计协会

中国海洋大学

青岛市勘察测绘研究院

郑州大学综合设计研究院

化工部郑州地质工程勘察院

上海同是工程科技有限公司

目 录

第1章 绪论 ... 1
1.1 引言 ... 1
1.2 基坑工程的作用 ... 1
1.3 基坑工程的特点 ... 2
1.4 基本技术要求 ... 4
1.4.1 设计的基本技术要求 ... 4
1.4.2 施工的基本技术要求 ... 5
1.5 基坑工程设计 ... 6
1.5.1 设计依据 ... 6
1.5.2 计算理论 ... 6
1.5.3 设计内容 ... 6
1.5.4 设计管理 ... 7
1.5.5 设计和施工的配合 ... 7
1.5.6 动态设计 ... 7
1.6 基坑工程施工 ... 7
1.6.1 无支护基坑施工 ... 7
1.6.2 有支护基坑施工 ... 8
1.6.3 环境保护 ... 8
1.6.4 安全风险管理 ... 9
1.6.5 信息化施工 ... 10
1.7 手册的使用 ... 10
1.7.1 手册的主要内容及关系 ... 10
1.7.2 手册的使用方法 ... 10
参考文献 ... 11

第2章 基坑工程总体方案设计 ... 12
2.1 概述 ... 12
2.1.1 安全性要求 ... 12
2.1.2 环境保护要求 ... 12
2.1.3 技术经济性要求 ... 12
2.1.4 可持续发展要求 ... 13
2.2 设计条件 ... 13
2.2.1 工程地质与水文地质条件 ... 13
2.2.2 周边环境条件 ... 15
2.2.3 主体结构设计条件与施工条件 ... 15
2.2.4 设计规范与标准 ... 16
2.3 总体方案选型 ... 16
2.3.1 顺作法 ... 17
2.3.2 逆作法 ... 19
2.3.3 顺逆结合 ... 20
2.4 基坑周边围护结构选型 ... 26
2.4.1 土钉墙 ... 26
2.4.2 水泥土重力式围护墙 ... 28
2.4.3 地下连续墙 ... 28
2.4.4 灌注桩排桩围护墙 ... 30
2.4.5 型钢水泥土搅拌墙 ... 31
2.4.6 钢板桩围护墙 ... 32
2.4.7 钢筋混凝土板桩围护墙 ... 33
2.5 支撑与锚杆系统 ... 33
2.5.1 内支撑系统 ... 33
2.5.2 锚杆系统 ... 38
2.6 基坑加固 ... 41
2.7 地下水控制 ... 44
2.8 基坑开挖 ... 46
2.9 基坑监测 ... 48
2.10 工程实例——某基坑工程支护方案设计 ... 50
2.10.1 工程概况 ... 50
2.10.2 基坑总体设计方案选型分析 ... 52
2.10.3 围护体选型分析 ... 52
2.10.4 水平支撑体系选型 ... 54
2.10.5 最终选择的支护设计方案 ... 56
参考文献 ... 56

第3章 土的工程性质 ... 57
3.1 概述 ... 57
3.2 土的物理性质 ... 58

3.2.1 土的物理状态 …………… 58
3.2.2 土的物理指标 …………… 60
3.2.3 基坑开挖与土的物理性质
　　　的变化 …………………… 61
3.3 土的力学性质 ………………… 61
3.3.1 有效应力与孔隙水压力 … 61
3.3.2 土的渗透性 ……………… 64
3.3.3 土的变形特性 …………… 68
3.3.4 土的强度特性 …………… 76
3.3.5 土的流变特性 …………… 82
3.4 土的本构关系 ………………… 84
3.4.1 非线性弹性模型 ………… 85
3.4.2 弹塑性模型 ……………… 85
3.4.3 黏弹塑性模型 …………… 88
参考文献 …………………………… 89

第4章　土压力 …………………… 91
4.1 概述 …………………………… 91
4.1.1 土压力的类型 …………… 91
4.1.2 土压力计算的经典理论 … 92
4.1.3 土压力与位移的关系 …… 94
4.2 基坑工程中的土压力与水
　　压力计算 ……………………… 95
4.2.1 静止土压力计算中的参数
　　　确定 ……………………… 95
4.2.2 土压力计算的水土分算与
　　　合算方法 ………………… 96
4.2.3 基坑工程中的水压力分布
　　　与计算 …………………… 98
4.2.4 成层土的土压力计算 …… 102
4.2.5 黏性土中的 Coulomb 土压力
　　　计算 ……………………… 103
4.2.6 地面超载作用下的土压力
　　　计算 ……………………… 104
4.2.7 地震时土压力计算 ……… 105
4.3 基坑开挖支护中的土压力特点与
　　分布规律 ……………………… 108
4.3.1 支护结构上土压力的形成与
　　　发展 ……………………… 108
4.3.2 深基坑支护结构土压力的
　　　特点 ……………………… 109

4.3.3 不同围护结构的土压力分布
　　　模式 ……………………… 110
4.4 非极限状态下的土压力分析
　　方法简介 ……………………… 117
参考文献 …………………………… 120

第5章　基坑稳定性 ……………… 121
5.1 概述 …………………………… 121
5.2 整体稳定性分析 ……………… 124
5.2.1 整体稳定性分析的条分法 … 124
5.2.2 坑底有软弱夹层时土坡的
　　　稳定性 …………………… 129
5.2.3 考虑地下水渗流作用时的
　　　稳定计算 ………………… 129
5.2.4 整体稳定性分析新方法 … 130
5.2.5 重力式围护体系的整体稳定性
　　　验算 ……………………… 134
5.2.6 锚杆支护体系的整体稳定性
　　　验算 ……………………… 134
5.3 抗隆起稳定分析 ……………… 136
5.3.1 黏土基坑不排水条件下的抗隆起
　　　稳定性分析 ……………… 136
5.3.2 同时考虑 c-φ 时基坑抗隆起
　　　稳定分析 ………………… 139
5.4 抗倾覆、抗水平滑移稳定性
　　分析 …………………………… 142
5.5 抗渗流稳定性及抗承压水
　　稳定性分析 …………………… 144
参考文献 …………………………… 146

第6章　挡土结构的内力分析 …… 147
6.1 概述 …………………………… 147
6.2 荷载结构分析方法 …………… 149
6.2.1 平面弹性地基梁法 ……… 149
6.2.2 空间弹性地基板法 ……… 154
6.2.3 基坑施工过程的模拟 …… 155
6.3 土与结构共同作用方法 ……… 158
6.3.1 土的本构关系模型选取 … 158
6.3.2 连续介质有限元法 ……… 160
6.3.3 其他数值分析方法 ……… 169
6.4 工程计算实例 ………………… 169
6.4.1 上海银行大厦基坑工程 … 169

6.4.2 上海世博地下变电站基坑
　　　工程 …………………… 174
参考文献 ………………………… 181

第7章 基坑变形估算 ……… 183
7.1 概述 ………………………… 183
7.2 基坑变形规律 ……………… 183
　7.2.1 围护墙体变形 ………… 183
　7.2.2 坑底隆起变形 ………… 185
　7.2.3 地表沉降 ……………… 185
　7.2.4 坑外土体位移场 ……… 189
　7.2.5 基坑的三维空间效应 … 190
7.3 基坑变形机理及影响因素 … 191
　7.3.1 基坑周围地层移动的机理 … 191
　7.3.2 影响基坑变形的相关因素 … 195
7.4 基坑变形计算的理论、经验
　　方法 ………………………… 200
　7.4.1 围护结构水平位移 …… 200
　7.4.2 坑底隆起 ……………… 204
　7.4.3 墙后地表沉降 ………… 207
　7.4.4 周围地层位移 ………… 211
7.5 数值计算方法 ……………… 213
　7.5.1 概述 …………………… 213
　7.5.2 本构模型和单元 ……… 213
　7.5.3 模型边界 ……………… 215
　7.5.4 土体本构模型参数 …… 216
　7.5.5 基坑三维效应的简化计算 … 226
参考文献 ………………………… 229

第8章 地下水渗流分析 …… 232
8.1 概述 ………………………… 232
　8.1.1 地下水的基本性质 …… 232
　8.1.2 地下水对基坑工程的作用 … 234
8.2 含水层的水文地质参数与
　　确定 ………………………… 237
　8.2.1 水文地质参数 ………… 237
　8.2.2 水文地质参数的经验值 … 238
　8.2.3 水文地质参数的测定 … 239
　8.2.4 基坑降水设计对水文地质参数
　　　　的要求 ………………… 239
8.3 地下水渗流分析方法 ……… 240
　8.3.1 流网分析法 …………… 241
　8.3.2 解析法 ………………… 242
　8.3.3 数值分析法 …………… 243
8.4 基坑降水对周边环境的
　　影响分析 …………………… 244
　8.4.1 降水引起地面沉降的
　　　　机理分析 ……………… 244
　8.4.2 降水引起地面沉降的
　　　　计算方法 ……………… 246
　8.4.3 有限单元法 …………… 250
8.5 工程实例分析 ……………… 251
　8.5.1 彭越浦泵站 …………… 251
　8.5.2 上海环球金融中心 …… 254
参考文献 ………………………… 258
附录 ……………………………… 260

第9章 土钉墙的设计与施工 … 272
9.1 土钉墙的起源与发展概况 … 272
9.2 土钉墙的类型、特点及适用
　　条件 ………………………… 273
　9.2.1 土钉墙的概念 ………… 273
　9.2.2 土钉墙的基本结构 …… 273
　9.2.3 土钉墙的特点 ………… 274
　9.2.4 复合土钉墙的类型及特点 … 275
　9.2.5 土钉与锚杆的比较 …… 277
　9.2.6 土钉墙与重力式挡土墙的
　　　　比较 …………………… 278
　9.2.7 土钉墙与疏排桩—土钉墙复合
　　　　支护技术的比较 ……… 279
　9.2.8 土钉墙及复合土钉墙的
　　　　适用条件 ……………… 281
　9.2.9 关于土钉墙这一术语的
　　　　说明与探讨 …………… 281
9.3 土钉墙的作用机理与
　　工作性能 …………………… 283
　9.3.1 土钉墙的作用机理 …… 283
　9.3.2 土钉墙工作性能的试验
　　　　研究 …………………… 286
　9.3.3 土钉墙的工作性能 …… 288
　9.3.4 复合土钉墙的作用机理与
　　　　工作性能探讨 ………… 290

9.3.5 土钉墙抗冻工作性能探讨 …… 296
9.4 土钉墙及复合土钉墙的
设计计算 …… 297
9.4.1 设计参数选用及构造设计
一般原则 …… 297
9.4.2 稳定性分析与计算 …… 312
9.4.3 土钉抗力验算 …… 319
9.5 土钉墙的变形计算与探讨 …… 323
9.6 土钉墙施工质量控制及
检测要点 …… 326
9.6.1 施工质量控制要点 …… 326
9.6.2 质量检测要点 …… 331
9.6.3 土钉抗拔试验方法 …… 332
9.7 工程应用实例 …… 333
9.7.1 深圳市金稻田国际广场
基坑支护 …… 333
9.7.2 深圳市南山文化中心区中
水处理站基坑支护工程 …… 334
参考文献 …… 335

第10章 水泥土重力式围护墙的
设计与施工 …… 337
10.1 概述 …… 337
10.1.1 水泥土重力式围护墙的
概念 …… 337
10.1.2 水泥土的发展与现状 …… 337
10.1.3 水泥土重力式围护墙的
应用 …… 338
10.2 水泥土重力式围护墙的类型与
适用范围 …… 338
10.2.1 水泥土重力式围护墙的
类型 …… 338
10.2.2 水泥土重力式围护墙的
特点 …… 338
10.2.3 水泥土重力式围护墙的
适用条件 …… 339
10.2.4 加固土的物理力学特性 …… 340
10.3 水泥土重力式围护墙的
设计计算 …… 343
10.3.1 水泥土重力式围护墙的
设计方法 …… 343

10.3.2 水、土压力的计算 …… 345
10.3.3 稳定性验算 …… 345
10.3.4 墙体应力验算 …… 346
10.3.5 格栅截面验算 …… 346
10.3.6 墙体变形计算 …… 346
10.4 水泥土重力式围护墙的
构造要求 …… 348
10.4.1 水泥土重力式围护墙的
平面布置 …… 348
10.4.2 水泥土重力式围护墙的
竖向布置 …… 348
10.4.3 水泥土重力式围护墙加
固体技术要求 …… 348
10.4.4 水泥土重力式围护墙压顶板及
连结的构造 …… 350
10.4.5 外掺剂 …… 350
10.5 控制和减少墙体变位的
措施 …… 350
10.6 水泥土重力式围护墙施工 …… 351
10.6.1 双轴水泥土搅拌机 …… 351
10.6.2 双轴水泥土搅拌桩施工工艺 …… 352
10.6.3 水泥土搅拌墙施工要点 …… 354
10.6.4 施工环境保护 …… 356
10.7 质量检验 …… 357
10.7.1 成桩施工期 …… 357
10.7.2 基坑开挖前 …… 357
10.7.3 基坑开挖期 …… 358
10.8 工程实例 …… 358
参考文献 …… 362

第11章 地下连续墙的设计与施工 …… 363
11.1 概述 …… 363
11.1.1 地下连续墙的特点与
适用条件 …… 364
11.1.2 地下连续墙的结构形式 …… 364
11.2 地下连续墙的设计 …… 365
11.2.1 墙体厚度和槽段宽度 …… 366
11.2.2 地下连续墙的入土深度 …… 366
11.2.3 内力与变形计算及
承载力验算 …… 367

11.2.4 地下连续墙设计构造 …… 368
11.2.5 地下连续墙施工接头 …… 370
11.3 地下连续墙的施工 …… 374
11.3.1 国内主要成槽工法介绍 …… 374
11.3.2 施工工艺与操作要点 …… 382
11.4 特殊形式地下连续墙的设计与施工 …… 395
11.4.1 圆筒形地下连续墙 …… 395
11.4.2 格形地下连续墙 …… 400
11.4.3 预制地下连续墙 …… 403
11.5 地下连续墙工程问题的处理 …… 408
11.5.1 地下连续墙渗漏问题处理措施 …… 408
11.5.2 地下连续墙的墙身缺陷的处理措施 …… 409
11.6 工程实例 …… 410
11.6.1 上海银行大厦 …… 410
11.6.2 上海世博 500kV 地下变电站 …… 413
11.6.3 中船长兴岛造船基地 …… 418
11.6.4 深圳国贸地铁车站 …… 421
11.6.5 上海瑞金医院单建式地下车库 …… 426

参考文献 …… 427

第12章 排桩的设计与施工 …… 429
12.1 概述 …… 429
12.1.1 排桩围护体的类型与特点 …… 429
12.1.2 排桩围护体的止水 …… 429
12.1.3 排桩围护体的应用 …… 430
12.2 排桩围护墙设计 …… 432
12.2.1 桩体材料 …… 432
12.2.2 桩体平面布置及入土深度 …… 432
12.2.3 单排桩内力与变形计算 …… 432
12.2.4 桩体配筋构造 …… 437
12.3 咬合桩的设计 …… 438
12.3.1 咬合桩的工作机理 …… 438
12.3.2 咬合桩的设计 …… 440
12.4 双排桩的设计 …… 441
12.4.1 双排桩的平面布置 …… 441
12.4.2 双排桩的受力与变形特点 …… 441
12.4.3 双排桩的内力与变形计算 …… 445
12.5 桩体与帽梁、围檩的连接构造 …… 447
12.5.1 单排桩与帽梁、围檩的连接构造 …… 447
12.5.2 双排桩与帽梁的连接构造 …… 448
12.6 桩—锚支护结构 …… 449
12.6.1 桩—锚支护结构的特点 …… 449
12.6.2 桩—锚支护结构的受力与变形计算 …… 450
12.7 排桩的施工要点 …… 450
12.7.1 柱列式灌注桩围护体的施工 …… 450
12.7.2 隔水帷幕与灌注桩重合围护体施工 …… 452
12.7.3 人工挖孔桩围护体施工 …… 452
12.7.4 咬合桩围护体的施工 …… 452
12.7.5 桩-锚支护结构的施工 …… 454
12.8 隔水帷幕的设计与施工 …… 454
12.8.1 隔水帷幕的设计 …… 454
12.8.2 隔水帷幕的施工 …… 454
12.9 工程实例 …… 457
12.9.1 单排桩支护工程实例之一 …… 457
12.9.2 单排桩支护工程实例之二 …… 460
12.9.3 双排桩支护工程实例 …… 462
12.9.4 咬合桩工程实例 …… 465

参考文献 …… 468

第13章 型钢水泥土搅拌墙的设计与施工 …… 469
13.1 概述 …… 469
13.1.1 型钢水泥土搅拌墙国内外发展和应用现状 …… 470
13.1.2 型钢水泥土搅拌墙的特点 …… 471
13.1.3 型钢水泥土搅拌墙的适用条件 …… 472
13.1.4 型钢水泥土搅拌墙在工程应用中存在的问题 …… 473

- 13.2 型钢水泥土搅拌墙相互作用机理 …… 474
  - 13.2.1 型钢与水泥土的相互作用研究现状 …… 474
  - 13.2.2 型钢与水泥土相互作用过程 …… 474
  - 13.2.3 型钢与水泥土组合刚度探讨 …… 475
- 13.3 型钢水泥土搅拌墙设计与计算 …… 476
  - 13.3.1 型钢水泥土搅拌墙设计参数的确定 …… 476
  - 13.3.2 内插型钢拔出验算 …… 479
  - 13.3.3 型钢水泥土搅拌墙构造设计 …… 481
  - 13.3.4 三轴水泥土搅拌桩主要设计控制参数 …… 483
- 13.4 型钢水泥土搅拌墙的施工 …… 484
  - 13.4.1 型钢水泥土搅拌墙施工机械 …… 484
  - 13.4.2 型钢水泥土搅拌墙施工顺序和工艺流程 …… 488
  - 13.4.3 型钢水泥土搅拌墙施工要点 …… 490
  - 13.4.4 型钢插入和拔除施工 …… 492
- 13.5 型钢水泥土搅拌墙质量控制与措施 …… 493
  - 13.5.1 型钢水泥土搅拌墙施工质量控制措施 …… 493
  - 13.5.2 改善搅拌桩强度的技术措施 …… 495
  - 13.5.3 型钢水泥土搅拌墙质量检查与验收 …… 495
  - 13.5.4 水泥土搅拌桩的强度检测 …… 496
- 13.6 型钢水泥土搅拌墙新发展 …… 501
  - 13.6.1 型钢水泥土搅拌墙在坚硬砂砾土等复杂地层的施工和超过30m深墙的施工 …… 501
  - 13.6.2 TRD工法 …… 503
- 13.7 工程实例 …… 504
  - 13.7.1 上海临港燃气大厦工程 …… 504
  - 13.7.2 苏州地铁钟南街站工程 …… 511
- 参考文献 …… 513

第14章 钢板桩的设计与施工 …… 514
- 14.1 概述 …… 514
  - 14.1.1 钢板桩 …… 514
  - 14.1.2 钢板桩支护结构 …… 515
- 14.2 钢板桩的设计 …… 516
  - 14.2.1 设计参考资料 …… 516
  - 14.2.2 荷载作用 …… 516
  - 14.2.3 钢板桩支护结构的计算 …… 518
  - 14.2.4 钢板桩型号的选择 …… 524
  - 14.2.5 钢板桩的防腐蚀设计 …… 526
  - 14.2.6 钢板桩的止水设计 …… 527
- 14.3 钢板桩的施工 …… 528
  - 14.3.1 施工前准备 …… 528
  - 14.3.2 沉桩设备及其选择 …… 528
  - 14.3.3 沉桩方法 …… 534
  - 14.3.4 沉桩的质量控制 …… 536
  - 14.3.5 钢板桩的拔除 …… 537
  - 14.3.6 钢板桩施工对环境的影响及对策 …… 542
- 14.4 钢板桩基坑工程实例 …… 544
  - 14.4.1 中船长兴造船基地一期工程1、2#坞坞口基坑 …… 544
  - 14.4.2 长江引水三期取水泵房基坑围护 …… 546
  - 14.4.3 上海浦东机场二期基坑工程 …… 548
- 参考文献 …… 551

第15章 钢筋混凝土板桩的设计与施工 …… 552
- 15.1 概述 …… 552
- 15.2 钢筋混凝土板桩构造设计 …… 552
  - 15.2.1 截面形式 …… 553
  - 15.2.2 截面计算 …… 555
  - 15.2.3 构造要求 …… 555
- 15.3 钢筋混凝土板桩支撑或锚碇设计及板桩内力计算 …… 555

15.3.1 悬臂式结构 ………………… 555
15.3.2 内支撑式结构 ……………… 556
15.3.3 锚杆式结构 ………………… 556
15.3.4 锚碇式结构 ………………… 557
15.3.5 板桩内力计算 ……………… 558
15.4 钢筋混凝土板桩施工 …………… 558
15.4.1 钢筋混凝土板桩制作 ……… 558
15.4.2 钢筋混凝土板桩沉桩施工 …… 559
15.4.3 钢筋混凝土板桩沉桩设备选择 ……………………… 565
15.4.4 射水法预制钢筋混凝土板桩简介 …………………… 566
15.5 工程实例 ………………………… 568
15.5.1 板桩基坑支护工程 ………… 568
15.5.2 板桩码头工程（护岸） …… 568
15.5.3 板桩船坞工程 ……………… 569
15.5.4 复合结构围护工程—搅拌桩板桩复合结构 …………… 569
15.5.5 渤海海岸近黄河口防浪堤—射水法预制钢筋混凝土板桩 ………………………… 570
参考文献 …………………………… 570

第16章 内支撑系统的设计与施工 … 571
16.1 内支撑概述 ……………………… 571
16.1.1 内支撑体系的构成 ………… 571
16.1.2 支撑体系 …………………… 572
16.1.3 支撑材料 …………………… 572
16.2 支撑系统的设计 ………………… 574
16.2.1 水平支撑系统平面布置原则 … 575
16.2.2 水平支撑系统竖向布置原则 … 579
16.2.3 竖向斜撑的设计 …………… 579
16.2.4 支撑节点构造 ……………… 580
16.3 水平支撑的计算方法 …………… 582
16.3.1 水平支撑系统计算方法 …… 582
16.3.2 支撑系统设计计算要点 …… 586
16.4 换撑设计 ………………………… 589
16.4.1 围护体与结构外墙之间的换撑设计 ………………… 589
16.4.2 地下结构的换撑设计 ……… 591

16.5 竖向支承的设计 ………………… 591
16.5.1 立柱设计 …………………… 591
16.5.2 立柱桩设计 ………………… 593
16.5.3 竖向支承系统的连接构造 … 594
16.6 支撑结构施工 …………………… 596
16.6.1 支撑施工总体原则 ………… 596
16.6.2 钢筋混凝土支撑 …………… 596
16.6.3 钢支撑 ……………………… 603
16.6.4 支撑立柱的施工 …………… 607
16.7 工程实例 ………………………… 608
16.7.1 中国平安金融大厦基坑工程 … 608
16.7.2 天津津塔基坑工程 ………… 610
16.7.3 浙江家园基坑工程 ………… 612
16.7.4 大宁商业中心基坑工程 …… 614
16.7.5 组合结构环形内支撑工程案例 …………………… 614
参考文献 …………………………… 616

第17章 锚杆的设计与施工 ………… 617
17.1 概述 ……………………………… 617
17.1.1 锚杆支护的作用原理 ……… 617
17.1.2 锚杆支护的特点 …………… 618
17.1.3 锚杆支护的发展与现状 …… 618
17.2 常用锚杆类型 …………………… 620
17.2.1 拉力型锚杆与压力型锚杆 … 620
17.2.2 单孔单一锚固与单孔复合锚固 …………………… 620
17.2.3 扩张锚根固定的锚杆 ……… 621
17.2.4 可回收（可拆芯）锚杆 …… 621
17.2.5 其他锚杆 …………………… 623
17.3 锚杆内的荷载传递 ……………… 623
17.3.1 从杆体到灌浆体的荷载传递 … 623
17.3.2 各类岩土层中锚杆的荷载传递特点 ………………… 624
17.3.3 群锚效应 …………………… 625
17.4 锚杆的设计 ……………………… 626
17.4.1 规划与设置 ………………… 626
17.4.2 杆体材料 …………………… 628
17.4.3 锚固体设计 ………………… 630
17.4.4 锚杆支护系统 ……………… 634

17.5 锚杆的施工 …………………… 636
　17.5.1 施工组织设计 ……………… 636
　17.5.2 钻孔 ………………………… 637
　17.5.3 锚杆杆体的制作与安装 …… 637
　17.5.4 注浆体材料及注浆工艺 …… 638
　17.5.5 张拉锁定 …………………… 639
　17.5.6 配件 ………………………… 641
　17.5.7 锚杆的腐蚀与防护 ………… 641
　17.5.8 锚杆施工对周边环境的影响及预防措施 ………… 642
17.6 锚杆的试验和预应力的变化 … 643
　17.6.1 试验目的与种类 …………… 643
　17.6.2 锚杆预应力的变化 ………… 646
17.7 工程实例 …………………………… 648
　17.7.1 杭州波浪文化城一期基坑工程 ……………… 648
　17.7.2 缙云双潭水厂东侧锚杆挡墙 ……………… 650
　17.7.3 新昌某重力式挡墙预应力锚杆加固 ……………… 651
　17.7.4 宁波某基坑工程锚杆支护 … 653
参考文献 ………………………………… 654

第18章 支护结构与主体结构相结合及逆作法 ………… 655
18.1 概述 ………………………………… 655
　18.1.1 发展状况 …………………… 655
　18.1.2 优点与适用范围 …………… 656
18.2 支护结构与主体结构相结合的设计 ………………………… 656
　18.2.1 支护结构与主体结构的构件相结合设计 ……… 656
　18.2.2 支护结构与主体结构相结合的类型 ……………… 665
18.3 支护结构与主体结构相结合及逆作法的施工 ……………… 668
　18.3.1 "两墙合一"地下连续墙施工 ……………… 669
　18.3.2 "一柱一桩"施工 …………… 672
　18.3.3 逆作结构施工 ……………… 677
　18.3.4 逆作土方开挖技术 ………… 681
　18.3.5 逆作通风照明 ……………… 684
18.4 工程实例 …………………………… 685
　18.4.1 南京紫峰大厦 ……………… 685
　18.4.2 南昌大学第二附属医院医疗中心大楼 ……………… 689
　18.4.3 上海世博500kV地下变电站工程 ……………… 695
参考文献 ………………………………… 706

第19章 考虑时空效应的设计与施工 ………………… 707
19.1 引言 ………………………………… 707
　19.1.1 时空效应理论产生的工程背景 ……………… 707
　19.1.2 时空效应规律产生的理论基础 ……………… 707
19.2 时空效应规律 ……………………… 709
　19.2.1 基坑开挖的时间效应 ……… 709
　19.2.2 基坑开挖的空间效应 ……… 710
19.3 考虑时空效应原理的基坑开挖及支护设计 ……………… 712
　19.3.1 考虑时空效应原理的基坑设计要点 ……………… 712
　19.3.2 考虑时空效应的开挖及支护设计 ……………… 712
19.4 考虑时空效应的设计计算方法 ………………………… 721
　19.4.1 计算方法 …………………… 721
　19.4.2 计算参数的确定 …………… 722
19.5 考虑时空效应的施工技术要点 ………………………… 727
　19.5.1 时空效应施工流程 ………… 727
　19.5.2 时空效应施工技术要点 …… 727
19.6 工程实例—上海广场基坑工程 ……………………… 730
参考文献 ………………………………… 742

第20章 高压旋喷桩的设计与施工 … 743
20.1 概述 ………………………………… 743
20.2 基本概念 …………………………… 744
　20.2.1 基本概念 …………………… 744

20.2.2 加固原理和加固方法 ……… 745
20.2.3 喷射流特性 …………… 749
20.2.4 影响喷射流切削效果的因素 … 751
20.3 旋喷桩特性 …………… 754
　20.3.1 水泥土强度形成机理及增长规律 …………… 754
　20.3.2 应力-应变特性 ……… 756
20.4 野外及室内试验 ………… 757
　20.4.1 成桩试验 …………… 757
　20.4.2 透水性试验 ………… 760
　20.4.3 室内试验 …………… 760
20.5 旋喷桩设计 …………… 762
　20.5.1 工程应用范围及特点 … 762
　20.5.2 加固体直径的设定 …… 764
　20.5.3 硬化剂用量的确定 …… 765
　20.5.4 加固体的强度 ……… 766
　20.5.5 桩的平面布置 ……… 766
　20.5.6 旋喷桩的计算 ……… 768
　20.5.7 桩的承载力 ………… 773
20.6 旋喷桩施工 …………… 774
　20.6.1 分类 ………………… 774
　20.6.2 主要施工机具 ……… 774
　20.6.3 检验 ………………… 779
　20.6.4 安全管理 …………… 780
20.7 工程实例 ……………… 780
　20.7.1 上海地铁车站（1）…… 780
　20.7.2 上海地铁车站（2）…… 782
　20.7.3 上海越江隧道超深基坑 … 782
　20.7.4 国外工程应用实录 …… 785
参考文献 …………………… 786

第21章 注浆技术 …………… 788
21.1 概述 ………………… 788
　21.1.1 注浆法介绍 ………… 788
　21.1.2 注浆法的主要用途 …… 789
　21.1.3 常用的注浆材料 …… 789
21.2 常用注浆法施工工艺 …… 790
　21.2.1 袖阀管注浆法 ……… 790
　21.2.2 直接注浆法 ………… 792
　21.2.3 埋管注浆法 ………… 793
　21.2.4 低坍落度砂浆压密注浆法（CCG注浆工法）……… 795
　21.2.5 柱状布袋注浆法 …… 796
21.3 注浆法设计和施工要点 … 797
　21.3.1 设计与施工前的准备工作 … 797
　21.3.2 注浆目的和注浆范围 … 797
　21.3.3 注浆浆液的选定和制备 … 797
　21.3.4 施工工艺的选择 …… 798
　21.3.5 浆液扩散半径和孔位布置 … 798
　21.3.6 注浆压力和流量 …… 799
　21.3.7 注浆量 ……………… 801
　21.3.8 施工顺序 …………… 801
　21.3.9 质量控制 …………… 802
　21.3.10 周边环境影响控制 … 802
21.4 注浆法在基坑工程中的应用 … 803
　21.4.1 基坑地层注浆加固 …… 803
　21.4.2 周围环境保护跟踪注浆 … 805
　21.4.3 注浆堵漏抢险 ……… 808
参考文献 …………………… 811

第22章 降排水的设计与施工 …… 812
22.1 概述 ………………… 812
　22.1.1 降排水的作用与常用方法 … 812
　22.1.2 工程事故案例分析 …… 813
22.2 抽水试验与水文地质参数 … 814
　22.2.1 抽水试验类型与目的 … 814
　22.2.2 抽水试验技术要求 …… 815
　22.2.3 抽水试验资料的现场整理 … 817
　22.2.4 根据抽水试验资料计算含水层水文地质参数 …… 818
22.3 集水明排设计与施工 …… 822
　22.3.1 集水明排 …………… 822
　22.3.2 导渗法 ……………… 822
22.4 疏干降水设计 ………… 824
　22.4.1 疏干降水概述 ……… 824
　22.4.2 疏干降水设计 ……… 825
22.5 承压水降水设计 ……… 831
　22.5.1 承压水降水概述 …… 831
　22.5.2 承压水降水设计与计算 … 834
22.6 基坑降水井施工 ……… 836

22.6.1 轻型井点施工 ………… 836
22.6.2 喷射井点施工 ………… 837
22.6.3 降水管井施工 ………… 838
22.6.4 真空管井施工 ………… 841
22.6.5 电渗井点施工 ………… 841
22.7 减小与控制降水引起地面
沉降的措施 ………………… 842
22.7.1 减小与控制降水引起
地面沉降的措施 ……… 842
22.7.2 地下水回灌技术 ……… 844
22.8 基坑降水工程实例 ………… 845
22.8.1 上海五月花生活广场
深基坑工程降水（疏干降水
及承压水降水） ……… 845
22.8.2 上海地铁4号线董家渡隧道
修复深基坑工程降水
（承压水降水） ……… 847
22.8.3 武汉国际会展中心地下商场
深基坑工程降水（疏干降水
及承压水降水） ……… 849
参考文献 ………………………… 850

第23章 基坑土方施工 ………… 852
23.1 概述 ………………………… 852
23.2 常用土方施工机械及其
施工方法 …………………… 852
23.2.1 反铲挖掘机 …………… 852
23.2.2 抓铲挖掘机 …………… 856
23.2.3 自卸式运输车 ………… 858
23.2.4 推土机 ………………… 859
23.2.5 压路机 ………………… 860
23.2.6 夯实机 ………………… 860
23.3 基坑土方开挖的基本原则 … 861
23.3.1 基坑土方开挖总体要求 … 861
23.3.2 无内支撑基坑土方开挖 … 862
23.3.3 有内支撑的基坑土方开挖 … 862
23.4 基坑不同边界形式下的土方
分层开挖方法 ……………… 863
23.4.1 基坑放坡土方开挖方法 … 863
23.4.2 有围护的基坑土方开挖方法 … 865
23.4.3 放坡与围护相结合的基坑
土方开挖方法 ………… 867
23.5 基坑边界面不同长度条件下的
土方分层分段开挖方法 …… 869
23.5.1 基坑边界面不分段土方开挖
方法 …………………… 869
23.5.2 基坑边界面分段土方开挖
方法 …………………… 870
23.6 基坑边界内的土方分层分块
开挖方法 …………………… 874
23.6.1 基坑岛式土方开挖方法 … 875
23.6.2 基坑盆式土方开挖方法 … 881
23.6.3 岛式与盆式相结合土方开挖
方法 …………………… 888
23.6.4 分层分块开挖方法 …… 889
23.7 坑中坑土方开挖方法 ……… 893
23.7.1 坑中坑放坡土方开挖方法 … 894
23.7.2 有围护无内支撑的坑中
坑土方开挖方法 ……… 894
23.7.3 有围护有内支撑的坑中
坑土方开挖方法 ……… 894
23.8 基坑土方回填的方法 ……… 895
23.8.1 人工回填的方法 ……… 895
23.8.2 机械回填的方法 ……… 895
23.9 基坑开挖施工道路和施工
平台的设置 ………………… 895
23.9.1 施工道路的设置 ……… 896
23.9.2 挖土栈桥平台的设置 … 896
参考文献 ………………………… 897

第24章 基坑土体加固 ………… 898
24.1 概述 ………………………… 898
24.1.1 基坑土体加固的概念 … 898
24.1.2 软弱土体与基坑变形的关系 … 898
24.1.3 加固体性质 …………… 899
24.2 基坑土体加固的方法与
适用性 ……………………… 900
24.2.1 注浆加固应用范围 …… 901
24.2.2 搅拌桩加固应用范围 … 902
24.2.3 高压喷射注浆加固应用
范围 …………………… 902

24.2.4 土体水平加固技术 …………… 903
24.2.5 坑内降水预固结地基法 …… 903
24.3 基坑土体加固设计 ………………… 904
24.3.1 基础资料的收集与分析 …… 905
24.3.2 基坑加固方法的确定 ……… 905
24.3.3 基坑加固体的平面布置 …… 905
24.3.4 基坑土体加固的竖向布置 … 906
24.3.5 基坑土体加固的构造 ……… 906
24.4 基坑典型加固设计 ………………… 909
24.4.1 坑内被动区的土体加固设计 … 909
24.4.2 局部深坑的土体加固设计 … 914
24.4.3 坑外重载区域的土体加固设计 …………………………… 916
24.4.4 放坡开挖的土体加固设计 … 917
24.4.5 坑内降水加固设计 ………… 918
24.5 基坑加固的施工、质量检测 ……… 921
24.5.1 基坑加固的施工 …………… 921
24.5.2 基坑加固土的质量检验 …… 922
24.6 关于基坑土体加固的其他事项 ……………………………… 923
参考文献 …………………………………… 923

第25章 沉井与沉箱技术 …………… 924
25.1 概述 ………………………………… 924
25.1.1 沉井与沉箱的定义、特点、用途及应用范围 …………… 924
25.1.2 沉井与沉箱的分类、构造、施工流程及优缺点比较 …… 925
25.2 沉井与沉箱结构的设计 …………… 928
25.2.1 沉井设计要求 ……………… 928
25.2.2 沉箱设计要点 ……………… 929
25.3 沉井施工技术 ……………………… 930
25.3.1 沉井施工流程 ……………… 930
25.3.2 沉井制作 …………………… 930
25.3.3 沉井下沉 …………………… 935
25.3.4 沉井封底 …………………… 943
25.3.5 沉井质量检验与评定 ……… 944
25.4 沉箱施工技术 ……………………… 945
25.4.1 沉箱制作 …………………… 945
25.4.2 沉箱下沉 …………………… 946

25.4.3 沉箱封底 …………………… 949
25.4.4 沉箱质量检验与评定 ……… 950
25.5 常见事故及预防 …………………… 951
25.6 工程实例 …………………………… 953
25.6.1 江阴北锚沉井特大沉井工程实例 …………………… 953
25.6.2 上海宝钢引水工程钢壳浮运沉井工程实例 ……………… 957
25.6.3 上海地铁7号线耀华路中间风井工程我国首例远程控制无人化自动挖掘沉箱工程实例 …………………………… 960
25.6.4 大连新厂船坞接长工程 …… 963
参考文献 …………………………………… 967

第26章 岩石地区基坑的设计与施工 …………………………… 968
26.1 概述 ………………………………… 968
26.1.1 岩体的工程地质性质 ……… 968
26.1.2 岩石地区基坑的特点 ……… 983
26.2 岩石地区的基坑支护类型 ………… 984
26.2.1 岩石基坑支护类型 ………… 984
26.2.2 土岩组合基坑支护类型 …… 987
26.3 岩石地区的基坑支护设计与计算 ……………………………… 991
26.3.1 岩石基坑支护设计 ………… 991
26.3.2 土岩组合基坑支护设计 …… 994
26.4 岩石地区的基坑施工 ……………… 998
26.4.1 岩质基坑的施工要点 ……… 998
26.4.2 岩质基坑支护结构施工 …… 999
26.4.3 岩质基坑开挖施工 ………… 1002
26.4.4 岩石基坑施工的爆破控制 … 1003
26.5 岩石地区的基坑工程案例 ………… 1007
26.5.1 支护桩间接嵌入基坑底的工程案例 …………………… 1007
26.5.2 复合土钉墙支护基坑工程案例 …………………………… 1010
26.5.3 土岩结合内支撑支护基坑工程案例 …………………… 1012
参考文献 …………………………………… 1014

第27章 其他形式的支护技术 …… 1016

27.1 桩锚、桩锚复合支护与土钉、复合土钉联合支护技术 …… 1016
 27.1.1 概述 …… 1016
 27.1.2 上部土钉（复合土钉）下部桩锚联合支护 …… 1018
 27.1.3 上部土钉（复合土钉）下部桩锚复合土钉联合支护 …… 1026
27.2 复合桩墙支护技术 …… 1032
 27.2.1 复合桩墙支护技术概况 …… 1032
 27.2.2 复合桩墙支护设计 …… 1033
 27.2.3 复合桩墙锚支护结构 …… 1041
 27.2.4 复合桩墙支护相关技术 …… 1043
27.3 挡土止水二合一支护新技术——钻孔后注浆连续墙 …… 1046
 27.3.1 适用范围 …… 1047
 27.3.2 施工工艺 …… 1047
 27.3.3 钻孔后注浆连续墙施工要点 …… 1048
 27.3.4 质量控制标准与措施 …… 1050
 27.3.5 工程实例 …… 1051
参考文献 …… 1057

第 28 章 环境影响的分析与保护措施 …… 1058

28.1 概述 …… 1058
28.2 基坑周边环境调查 …… 1059
 28.2.1 环境调查的范围和内容 …… 1059
 28.2.2 环境调查实例 …… 1060
28.3 基坑周边环境的容许变形量 …… 1063
 28.3.1 建筑物的容许变形量 …… 1063
 28.3.2 地铁隧道的容许变形量 …… 1071
 28.3.3 管线的容许变形量 …… 1071
28.4 围护结构施工引起的地表与建筑物沉降 …… 1074
 28.4.1 由灌注桩或连续墙成槽施工引起的地表沉降 …… 1074
 28.4.2 由连续墙成槽施工引起的周围建筑物沉降 …… 1076
28.5 基坑开挖对周边环境影响的分析与预估 …… 1078
 28.5.1 经验方法 …… 1078
 28.5.2 经验方法应用实例 …… 1087
 28.5.3 数值分析方法 …… 1089
 28.5.4 平面有限元分析实例 …… 1091
 28.5.5 三维有限元分析实例 …… 1096
28.6 基坑变形控制设计流程 …… 1099
28.7 基坑工程的环境保护措施 …… 1101
 28.7.1 从引起变形的"源头"上采取措施减小基坑的变形 …… 1101
 28.7.2 从基坑变形的传播途径上采取措施减小对周边环境的影响 …… 1102
 28.7.3 从提高基坑周边环境的抵抗变形能力方面采取措施 …… 1103
参考文献 …… 1105

第 29 章 基坑监测与信息化施工 …… 1108

29.1 概述 …… 1108
29.2 基坑工程监测概况 …… 1110
 29.2.1 监测目的 …… 1110
 29.2.2 监测原则 …… 1110
 29.2.3 监测方案 …… 1111
 29.2.4 监测项目 …… 1111
 29.2.5 监测频率 …… 1112
 29.2.6 监测步骤 …… 1112
29.3 监测方法及数据分析 …… 1113
 29.3.1 墙顶位移（桩顶位移、坡顶位移） …… 1113
 29.3.2 围护（土体）水平位移 …… 1114
 29.3.3 立柱竖向位移 …… 1116
 29.3.4 围护结构内力 …… 1118
 29.3.5 支撑轴力 …… 1119
 29.3.6 锚杆轴力（土钉内力） …… 1121
 29.3.7 坑底隆起（回弹） …… 1121
 29.3.8 围护墙侧向土压力 …… 1122
 29.3.9 孔隙水压力 …… 1123
 29.3.10 地下水位 …… 1125
 29.3.11 周边建筑物沉降 …… 1126
 29.3.12 周边管线监测 …… 1128

29.3.13　现象观测 …………… 1130
29.4　基坑监测新方法新技术 …… 1132
　　29.4.1　基坑工程自动化监测技术 … 1132
　　29.4.2　基坑工程远程监控技术 …… 1133
29.5　监测报警值讨论 ……………… 1135
29.6　基坑工程信息化施工 ………… 1138
　　29.6.1　工程概况 ………………… 1138
　　29.6.2　地下连续墙施工阶段动态施工 ………………………… 1141
　　29.6.3　在基坑开挖阶段对周围环境变形的监控 …………… 1142
　　29.6.4　结论 ……………………… 1148
参考文献 …………………………… 1150

第30章　风险分析与安全评估 …… 1151
30.1　概述 …………………………… 1151
　　30.1.1　基坑工程风险评估意义 …… 1151
　　30.1.2　国内外基坑工程风险评估现状 ……………………… 1152
　　30.1.3　目前存在的问题 …………… 1152
30.2　风险管理的基本原理 ………… 1153
　　30.2.1　安全风险的定义 …………… 1153
　　30.2.2　风险管理步骤与流程 ……… 1153
　　30.2.3　风险分析与评估所需资料 … 1156
30.3　工程风险的分析方法 ………… 1156
30.4　风险安全评估与控制 ………… 1157
　　30.4.1　安全风险等级划分及接受准则 ………………………… 1157
　　30.4.2　安全风险评估 ……………… 1158
　　30.4.3　风险控制措施 ……………… 1159
30.5　基坑安全风险评估案例 ……… 1159
　　30.5.1　基坑工程施工准备期的风险评估案例 ………………… 1159
　　30.5.2　事故树在基坑工程风险评估中的应用案例 …………… 1161
　　30.5.3　基坑开挖对临近构筑物影响的风险分析案例 ………… 1166
参考文献 …………………………… 1174

第31章　基坑工程施工组织设计 … 1176
31.1　概述 …………………………… 1176
31.2　基坑工程施工组织设计的编制和管理 ……………………… 1177
　　31.2.1　编制的基本原则 …………… 1177
　　31.2.2　编制的基本方式 …………… 1177
　　31.2.3　基坑工程施工方案的专家评审 ………………… 1177
　　31.2.4　施工组织设计编制及审批程序 ………………… 1178
　　31.2.5　施工组织设计的动态管理 ………………………… 1179
31.3　基坑工程施工组织设计的主要内容 ……………………… 1179
　　31.3.1　工程概况 ………………… 1179
　　31.3.2　编制依据 ………………… 1180
　　31.3.3　施工总体部署 …………… 1182
　　31.3.4　施工现场平面布置图 …… 1183
　　31.3.5　基坑工程施工计划 ……… 1185
　　31.3.6　工程测量方案编制 ……… 1185
　　31.3.7　基坑支护结构施工方案编制 ………………………… 1186
　　31.3.8　基坑土体加固施工方案编制 ………………………… 1187
　　31.3.9　基坑降水施工方案编制 … 1187
　　31.3.10　基坑土方工程施工方案编制 ………………………… 1189
　　31.3.11　基坑支护结构拆除施工方案编制 …………………… 1190
　　31.3.12　大型垂直运输机械使用方案的编制 ………………… 1191
　　31.3.13　基坑监测方案的编制 …… 1191
　　31.3.14　保证质量技术措施的编制 ………………………… 1191
　　31.3.15　保证安全技术措施的编制 ………………………… 1191
　　31.3.16　保证进度技术措施的编制 ………………………… 1191
　　31.3.17　保证文明施工技术措施的编制 ………………………… 1191
　　31.3.18　保证绿色施工技术措施的编制 ………………………… 1191

31.3.19　季节性施工技术措施的编制 …………………… 1191
　　31.3.20　基坑工程应急预案的编制 …………………… 1192
31.4　工程实例——上海世茂滨江花园地下车库工程 ………… 1192
参考文献 …………………………… 1212

第32章　基坑工程设计与施工应注意的一些问题 ………………… 1213

32.1　如何准确理解、正确使用标准规范 ………………………… 1213
　　32.1.1　标准规范的作用 ……… 1213
　　32.1.2　准确理解、正确使用标准规范 ………………………… 1213
　　32.1.3　全面、系统掌握基坑工程相关标准规范各自特点、体系 ………………………… 1213
32.2　基坑支护结构设计应注意的一些问题 ……………………… 1216
　　32.2.1　基坑支护安全等级划分 …… 1216
　　32.2.2　有限宽度土压力的计算 …… 1217
　　32.2.3　基坑上部采用放坡或土钉墙，下部采用排桩或地下连续墙时的土压力计算 ……… 1218
　　32.2.4　勘察报告的使用与参数选取 ………………………… 1219
　　32.2.5　基坑支护结构计算软件的应用 ………………………… 1220
　　32.2.6　双排桩支护结构的构件设计 ………………………… 1221
　　32.2.7　内支撑结构的概念设计及荷载组合问题 …………… 1222
　　32.2.8　设计文件编制中的一些问题 ………………………… 1222
　　32.2.9　支护设计与基坑周边使用条件 …………………… 1223
　　32.2.10　设计应考虑正常施工偏差对工程质量的影响 … 1223
　　32.2.11　局部预应力锚杆与土钉联合支护的构造技术措施 ……………………… 1224
　　32.2.12　基坑开挖施工方案制订 … 1224
　　32.2.13　设计应提出监测与质量检测要求 ………………… 1225
32.3　基坑工程施工应注意的问题 … 1225
　　32.3.1　技术交底 ……………… 1225
　　32.3.2　土方开挖 ……………… 1225
　　32.3.3　支护结构施工 ………… 1226
　　32.3.4　基坑保护措施 ………… 1226
　　32.3.5　信息化施工 …………… 1226
　　32.3.6　施工过程中对地质条件的验证及处理 ………………… 1226
　　32.3.7　施工过程中的地下水处理 … 1227
　　32.3.8　锚杆施工 ……………… 1277
32.4　基坑工程地下水勘察、设计与施工应注意的问题 ………… 1228
　　32.4.1　基坑工程地下水勘察应注意的问题 ……………… 1228
　　32.4.2　基坑工程中地下水控制方案设计应注意的问题 …… 1233
　　32.4.3　基坑工程降水施工应注意的问题 ……………… 1236
32.5　基坑工程应注意的其他问题 …………………………… 1238
　　32.5.1　监测方案与应急预案 …… 1238
　　32.5.2　基坑隔水结构的选型、质量控制及事故预防 …… 1238
　　32.5.3　冻胀与冻融对基坑的影响 … 1240
　　32.5.4　锚杆、土钉的抗拔试验问题 ………………………… 1240
　　32.5.5　考虑可持续发展的基坑方案选型 ……………… 1241
参考文献 …………………………… 1242

第33章　香港地区的基坑工程 …… 1244

33.1　概述 ……………………………… 1244
33.2　香港地区常用的基坑支护结构 ……………………………… 1246
　　33.2.1　常用基坑围护结构 ……… 1246
　　33.2.2　常用基坑支挡结构 ……… 1252
33.3　香港地区基坑工程的设计

与计算 ………………… 1254
 33.3.1 常用的基坑工程设计
   计算方法 …………… 1254
 33.3.2 基坑设计中需要注意的
   一些问题 …………… 1257
33.4 现场监管 ………………… 1259
33.5 工程实例 ………………… 1261
 33.5.1 香港大潭道12—16号发展项目
   ——兵桩+锚杆支护形式 … 1261
 33.5.2 新界落马洲支线东进口隧道
   ——钢板桩+支撑支护结构
   形式 ………………… 1263
 33.5.3 香港理工大学酒店与旅游管理
   学院（九龙）——钢管桩
   墙+内支撑支护形式 … 1264
 33.5.4 九龙天光道某住宅开发工程
   ——钻孔灌注桩+钢管
   桩+钢板桩墙支护形式 … 1266
 33.5.5 香港岛渣打道11号项目
   ——地下连续墙+
   逆作法支护形式 ……… 1268
 33.5.6 国际金融中心（九龙）——无支撑
   圆形地下连续墙 ……… 1269
参考文献 ……………………… 1270

第34章 台湾地区的基坑工程 …… 1272
34.1 台湾地区基坑工程常见
 地质介绍 ………………… 1272
 34.1.1 台北盆地黏土地层特性 …… 1272
 34.1.2 高雄粉土地层特性 ……… 1274
 34.1.3 台北与高雄地区基坑工程
   常见问题 …………… 1278
34.2 台湾地区常用基坑设计
 方法介绍 ………………… 1279
 34.2.1 稳定分析与变形分析 …… 1279
 34.2.2 支撑设计 ……………… 1281
 34.2.3 辅助地质改良设计 ……… 1283
 34.2.4 降水管理设计 ………… 1284
 34.2.5 常用分析软件介绍 ……… 1286
34.3 台湾地区常用基坑施工
 方法介绍 ………………… 1291
 34.3.1 连续壁施工方法与机具 … 1291
 34.3.2 辅助地质改良施工 ……… 1294
 34.3.3 地下水位控管 ………… 1297
 34.3.4 开挖与支撑 …………… 1300
34.4 工程实例 ………………… 1303
 34.4.1 140m直径圆形开挖案例 … 1303
 34.4.2 旧有连续壁与新设连续壁结合
   施工案例 …………… 1308
34.5 台湾地区基坑工程之现状与
 发展趋势 ………………… 1313
 34.5.1 理论分析之现状与发展 … 1313
 34.5.2 施工实务之现状与发展 … 1316
参考文献 ……………………… 1317
索引 …………………………… 1318

第1章 绪　　论

1.1 引　　言

随着经济的发展，城市化步伐的加快，为满足日益增长的市民出行、轨道交通换乘、商业、停车等功能的需要，在用地愈发紧张的密集城市中心，结合城市建设和改造开发大型地下空间已成为一种必然，诸如高层建筑多层地下室、地下铁道及地下车站、地下道路、地下停车库、地下街道、地下商场、地下变电站、地下仓库、地下民防工事以及多种地下民用和工业设施等。地下空间开发规模越来越大，如上海市地下空间开发面积达10~30万m^2的地下综合体项目近年来多达几十个，基坑开挖面积一般可达2~6万m^2，如上海仲盛广场基坑开挖面积为5万m^2；天津市117大厦基坑面积为9.6万m^2，上海虹桥综合交通枢纽工程开挖面积达35万m^2等。基坑的深度也越来越深，如天津津塔挖深23.5m；苏州东方之门最大挖深22m；上海世博500kV地下变电站挖深34m；上海地铁四号线董家渡修复基坑则深达41m。这些深大基坑通常都位于密集城市中心，常常紧邻建筑物、交通干道、地铁隧道及各种地下管线等，施工场地紧张、施工条件复杂、工期紧迫。所有这些导致基坑工程的设计和施工的难度越来越大，重大恶性基坑事故不断发生，工程建设的安全生产形势越来越严峻。

在这种背景条件下，急需一本内容综合全面、使用方便、能充分反映当前国内外设计施工技术水平和经验的工具书，给基坑工程设计施工相关人员提供一个内容丰富、实用好用的基坑工程设计、施工和管理的强有力工具。

《基坑工程手册》（第二版）在《基坑工程手册》（第一版）[1]的基础上，跟踪基坑工程国内外最新的进展，全部由来自设计施工第一线的经验丰富的设计施工专家重新撰写，系统地总结了国内外基坑工程的实践经验，全面地阐述了基坑工程的基本计算理论、设计方法、施工工艺、施工管理技术以及相关的信息，内容覆盖各种地质条件和全国各区域的设计施工方法，充分反映了国内外基坑工程设计和施工的当前水平和发展趋势，以满足基坑工程设计和施工的需要。

1.2 基坑工程的作用

基坑工程的最基本作用是为了给地下工程的顺利施工创造条件。

从地表面开挖基坑的最简单办法是放坡大开挖，既经济又方便，在空旷地区优先采用。但经常由于场地的局限性，在基坑平面以外没有足够的空间安全放坡，人们不得不采用附加结构体系的开挖支护系统，以保证施工的顺利进行，这就形成了基坑工程中的大开挖和支护系统两大工艺体系，前者为土力学中一个经典课题，后者是20世纪50年代以来各国岩土工程师和土力学家们面临的一个重要基础工程课题。

大多数基坑工程是由地面向下开挖的一个地下空间。基坑四周一般为垂直或有一定坡度的挡土结构，挡土结构一般是在坑底下有一定插入深度的桩、板、墙结构，常用材料为混凝土、钢筋混凝土及钢材等，可以是钢板桩、柱列式灌注桩、水泥土搅拌桩、地下连续墙等。根据基坑深度的不同，板墙可以是悬臂的，但更多的是单撑和多撑式的（单锚式或多锚式）结构，支撑的目的是为挡土结构提供支承点，以控制墙体的变形以及墙体的弯矩在该墙体断面的合理允许范围内，从而达到经济合理的工程要求。支撑的类型可以是基坑内部受压体系或基坑外部受拉体系，前者为直撑和/或斜撑组合的受压杆件体系，也有做成在中间留出较大空间的周边桁架式体系，后者为锚固端在基坑周围地层中的受拉锚杆体系，可提供易于地下结构施工的全部基坑面积大空间。

高层、超高层建筑物和城市地下空间的开发利用的发展促进了基坑工程的设计和施工的进步。基坑在早期一直是作为一种地下工程施工措施而存在，它是施工单位为了便于地下工程敞开开挖施工而采用的临时性的施工措施，正如要浇捣钢筋混凝土构件必须要立模板一样。但随着基坑的开挖越来越深，面积越来越大，基坑围护结构的设计和施工越来越复杂，所需要的理论和技术越来越高，远远超越了作为施工辅助措施的范畴，施工单位没有足够的技术力量来解决复杂的基坑稳定、变形和环境保护问题，研究和设计单位的介入解决了基坑工程的计算理论和设计问题，由此逐步形成了一门独立的学科分支，即基坑工程学。

为了给地下工程的敞开开挖创造条件，基坑围护结构体系必须满足如下几个方面的要求：

（1）适度的施工空间。围护结构能起到挡土的作用，为地下工程的施工提供足够的作业场地。

（2）干燥的施工空间。采取降水、排水、隔水等各种措施，保证地下工程施工的作业面在地下水位面以上，方便地下工程的施工作业。当然，也有少量的基坑工程为了基坑稳定的需要，土方开挖采用水下开挖，通过水下浇注混凝土底板封底，然后排水，创造干燥的工程作业条件。

（3）安全的施工空间。在地下工程施工期间，应确保基坑本体的安全和周边环境的安全。

基坑工程为地下工程的施工提供作业场地的特点，决定了基坑支护结构的临时性，地下工程施工结束就意味着支护结构的使命结束。为了节省费用，人们尝试将基坑支护结构的部分或者全部作为主体结构的一部分，将围护结构做成地下室的外墙的一部分或全部，采用分离式、重合式、复合式等多种方式与地下室外墙结合在一起或独立作为地下室的外墙。支护结构作为主体结构的一部分或全部，就改变了围护结构的临时性的特点，必须满足主体结构作为永久性结构的要求，要按永久性结构的要求处理，在强度、变形、防渗、耐久性等方面的要求均要提高。

1.3 基坑工程的特点

基坑工程具有如下特点：
1. 安全储备小、风险大

一般情况下，基坑工程作为临时性措施，基坑围护体系在设计计算时有些荷载，如地震荷载不加考虑，相对于永久性结构而言，在强度、变形、防渗、耐久性等方面的要求较低一些，安全储备要求可小一些，加上建设方对基坑工程认识上的偏差，为降低工程费用，对设计提出一些不合理的要求，实际的安全储备可能会更小一些。因此，基坑工程具有较大的风险性，必须要有合理的应对措施。

2. 制约因素多

基坑工程与自然条件的关系密切，设计施工中必须全面考虑气象、工程地质及水文地质条件及其在施工中的变化，充分了解工程所处的工程地质及水文地质、周围环境与基坑开挖的关系及相互影响。基坑工程作为一种岩土工程，受到工程地质和水文地质条件的影响很大，区域性强。我国幅员辽阔，地质条件变化很大，有软土、砂性土、砾石土、黄土、膨胀土、红土、风化土、岩石等，不同地层中的基坑工程所采用的支护结构体系差异很大，即使是在同一个城市，不同的区域也有差异，因此，围护结构体系的设计、基坑的施工均要根据具体的地质条件因地制宜，不同地区的经验可以参考借鉴，但不可照搬照抄。

另外，基坑工程支护结构体系除受地质条件制约以外，还受到相邻的建筑物、地下构筑物和地下管线等的影响，周边环境的容许变形量、重要性等也会成为基坑工程设计和施工的制约因素，甚至成为基坑工程成败的关键，因此，基坑工程的设计和施工应根据基本的原理和规律灵活应用，不能简单引用。基坑支护开挖所提供的空间是为主体结构的地下室施工所用，因此任何基坑设计，在满足基坑安全及周围环境保护的前提下，要合理地满足施工的易操作性和工期要求。

3. 计算理论不完善

基坑工程作为地下工程，所处的地质条件复杂，影响因素众多，人们对岩土力学性质的了解还不深入，很多设计计算理论，如岩土压力、岩土的本构关系等，还不完善，还是一门发展中的学科。

作用在基坑围护结构上的土压力不仅与位移的大小、方向有关，还与时间有关。目前，土压力理论还很不完善，实际设计计算中往往采用经验取值，或者按照朗肯土压力理论或库仑土压力理论计算，然后再根据经验进行修正。在考虑地下水对土压力的影响时，是采用水土压力合算还是分算更符合实际情况，在学术界和工程界认识还不一致，各地制定的技术规程或规范中的规定也不尽相同。至于时间对土压力的影响，即考虑土体的蠕变性，目前在实际应用中较少顾及。

实践发现，基坑工程具有明显的时空效应，基坑的深度和平面形状对基坑围护体系的稳定性和变形有较大的影响，土体所具有的流变性对作用于围护结构上的土压力、土坡的稳定性和围护结构变形等有很大的影响。这种规律尽管已被初步地认识和利用，形成了一种新的设计和施工方法（参见本手册第19章），但离完善还是有较大的差距。

岩土的本构模型目前已多得数以百计，但真正能获得实际应用的模型寥寥无几，即使是获得了实际应用和实际情况也还是有较大的差距。

基坑工程的设计计算理论的不完善，直接导致了工程中的许多不确定性，因此要和监测、监控相配合，更要有相应的应急措施。

4. 对综合性知识、经验要求高

基坑工程的设计和施工不仅需要岩土工程方面的知识,也需要结构工程方面的知识。同时,基坑工程中设计和施工是密不可分的,设计计算的工况必须和施工实际的工况一致才能确保设计的可靠性。所以设计人员必须了解施工,施工人员必须了解设计。设计计算理论的不完善和施工中的不确定因素会增加基坑工程失效的风险,所以,需要设计施工人员具有丰富的现场实践经验。

从事基坑工程的设计施工人员需要具备及综合运用以下各方面知识:

(1) 岩土工程知识和经验

按工程需要提出勘察任务并能对地质勘探报告提供的描述和各类参数进行研究、分析以合理选用参数进行支护结构的土压力计算,对基坑开挖带来的环境影响进行较为精确的预估,以及对地质条件变化带来的问题做出正确的判断和处理。

(2) 建筑结构和力学知识

能够了解主体结构的设计要求,掌握其与基坑围护结构的相互关系,处理好临时性围护结构与永久性主体结构的相互关系以及围护结构和支撑作永久性结构的技术问题。熟练应用钢筋混凝土结构和钢结构的设计理论和方法,设计各类支撑/锚杆体系。

(3) 施工经验

熟悉各种地基加固、防水、降水等特种工艺的施工方法、施工流程及相关设备的选择,能够对各种支护方案进行质量、工期、造价的对比。

(4) 工程所在地的施工条件和经验

为根据各地区地质、环境、施工条件的特点因地制宜选择合理的设计施工方案,在支护结构设计计算时,要充分吸取当地施工技术以及工程成功和失败的经验。

5. 要考虑环境效应

基坑开挖必将引起基坑周围地基中地下水位的变化和应力场的改变,导致周围地基中土体的变形,对邻近基坑的建筑物、地下构筑物和地下管线等产生影响,影响严重的将危及相邻建(构)筑物、地下构筑物和地下管线的安全和正常使用,必须引起足够的重视。另外,基坑工程施工产生的噪声、粉尘、废弃的泥浆、渣土等会对周围环境产生影响,大量的土方运输也会对交通产生影响,因此,必须考虑基坑工程的环境效应。

1.4 基本技术要求

1.4.1 设计的基本技术要求

1. 安全可靠

基坑工程的作用是为地下工程的敞开开挖施工创造条件,首先必须确保基坑工程本体的安全,为地下结构的施工提供安全的施工空间;其次,基坑施工必然会产生变形,可能会影响周边的建筑物、地下构筑物和管线的正常使用,甚至会危及周边环境的安全,所以基坑工程施工必须要确保周围环境的安全。

2. 经济合理

基坑支护结构体系主要作为一种临时性结构,在地下结构施工完成后即完成使命,因此在确保基坑本体安全和周边环境安全的前提条件下，尽可能降低工程费用，要从工期、材料、设备、人工以及环境保护等多方面综合研究经济合理性。

3. 技术可行

基坑支护结构设计不仅要符合基本的力学原理，而且要能够经济、便利地实施，如设计方案是否与施工机械相匹配（如地下连续墙的分幅宽度是否与成槽设备的宽度相匹配）、施工机械是否具有足够施工能力（如地下连续墙成槽机械的成槽深度、搅拌桩施工机械的有效施工深度）、费用是否经济、支撑是否可以租赁等。

4. 施工便利

基坑的作用既然是为地下结构的提供施工空间，就必须在安全可靠、经济合理的原则下，最大限度地满足施工便利的要求，尽可能采用合理的支护方案减少对施工的影响，保证施工工期（如在由主楼和裙楼组成的建筑物群的基坑工程设计中，采用边桁架方式在主楼处营造较大的施工空间，便于控制总工期的主楼快速出地面，减少总工期）。

5. 可持续发展

基坑工程设计还要考虑可持续发展，考虑节能降耗，减少对环境的影响，减少对环境的污染。如在技术经济可行的条件下，尽可能采用支护结构与主体结构相结合的方式，支护结构作为主体结构地下室的部分或全部，充分利用支护结构的剩余价值，节省成本；在设计中尽可能少采用钢筋混凝土支撑，减少支撑拆除所造成的噪声、扬尘污染、废弃材料的处置难题；采用中心岛法、逆作法减少钢筋混凝土支撑的使用；采用锚杆时不能超越红线，同时要考虑对以后地下空间使用的影响；采用类似于型钢水泥土搅拌墙的加筋材料回收利用的围护形式，围护结构材料可以循环利用，并能减少对以后地下空间利用的影响；尽可能少用可能污染环境的注浆材料；在技术可行的情况下尽可能地减少降水或不降水等。

1.4.2　施工的基本技术要求

1. 环境保护

基坑开挖卸载带来地层的沉降和水平位移会给周惜建筑物、构筑物、道路、管线及地下设施带来影响。因此，在基坑围护结构、支撑及开挖施工设计时，必须对周围环境进行周密调查，采取措施将基坑施工对周围环境的影响限制在允许范围内。

2. 风险管理

在地下结构施工的过程中，均存在着各种风险，必须在施工前进行风险界定、风险辨识、风险分析、风险评价，对各种等级的风险分别采取风险消除、风险降低、风险转移和风险自留的处置方式解决。在施工中进行动态风险评估，动态跟踪，动态处理。

3. 安全控制

在施工过程中，可以采用安全监控手段、安全管理体系、应急处置措施来确保基坑工程的安全，为地下结构的施工创造一个安全的施工环境，减少工程事故。

4. 工期保证

采用合理的施工组织设计，提高施工效率，协调与主体结构的施工关系，满足主体结构施工工期要求。

5. 信息化施工

施工中充分利用信息化手段，建立信息化施工管理体系，通过对现场施工监测数据的实时分析和预测，动态调整设计和施工工艺。同时对工程安全状态实时评估，及时采取预防措施，确保基坑工程的安全。

1.5 基坑工程设计

1.5.1 设计依据

基坑工程设计依据包括工程所处地质条件、周围环境、施工条件、设计规范、主体建筑地下结构的设计图纸、各种相关的规划文件、批复文件等，设计前期应全面掌握。

基坑支护设计必须依据国家及地区现行有关的设计、施工技术规范、规程。如各种国家、行业和地区的基坑工程设计规范，地下连续墙、钻孔灌注桩、搅拌桩等围护结构设计施工技术规程、规范，钢筋混凝土结构、钢结构等设计规范等。因此设计前必须调研和汇总有关规范和规程并注意各类规范的统一和协调。

调研当地相似基坑工程的成功与失败的原因并吸取其经验和教训。在基坑工程设计中应以此为重要设计依据。特别在进行异地设计、施工时，更须注意。

1.5.2 计算理论

实践表明，基坑工程这个历来被认为是实践性很强的岩土工程问题，发展至今天，已迫切需要理论来指导、充实和完善。基坑的稳定性、支护结构的内力和变形以及周围地层的位移对周围建筑物和地下管线等的影响及保护的计算分析，目前尚不能准确地得出比较符合实际情况的结果，但是，有关地基的稳定及变形的理论，对解决这类实际工程问题仍然有非常重要的指导意义。故目前在工程实践中采用理论导向、量测定量和经验判断三者相结合的方法，对基坑施工及周围环境保护问题做出较合理的技术决策和现场的应变决定。在理论上，经典的土力学已不能满足基坑工程的要求，考虑应力路径的作用、土的各向异性、土的流变性、土的扰动、土与支护结构的共同作用等的计算理论以及有限单元法和系统工程等科学的研究日益引起基坑工程专家们的重视，本手册从土的工程性质、土压力、基坑稳定性、挡土结构内力分析、基坑变形估算、地下水渗流分析等方面较详细地介绍了这些理论的国内外最新进展及其应用，用以指导基坑工程的设计和施工。

1.5.3 设计内容

基坑工程的设计在设计依据的收集和整理的基础上，根据设计计算理论，提出围护结构、支撑/锚杆结构、地基加固、基坑开挖方式、开挖支撑施工、施工监控以及施工场地总平面布置等各项设计。

在设计中建议考虑如下几个方面的问题：

（1）按主体工程地下室所处场地的工程地质及水文地质和周围环境条件，考虑基坑工程设计中的对策是否全面、合理；

（2）对主体工程地下室的建造层数、开挖深度、基坑面积及形状、施工方法、造价、工期与主体工程和上部工程造价、工期等主要经济指标进行综合分析，以评价基坑工程技术方案的经济合理性；

（3）研究基坑工程的围护结构是否可以兼作主体工程的部分永久结构，对其技术经济效果进行评估；

(4) 研究基坑工程的开挖方式的可靠性和合理性；

(5) 对大型主体工程及其基坑工程施工的分期和前后期工程施工进度安排及相邻影响进行技术经济分析，以通过分析对比提出适应于分期施工的总体方案；

(6) 考虑基坑工程与主体工程之间友好协调，使临时性的基坑工程与主体工程的结合更加合理，更加经济；可以考虑部分工程桩兼作立柱桩，地下主体工程施工时、支撑如何换撑，基坑支护结构与主体工程结构的结合方式，围护结构如何适应地下主体结构施工的浇筑方式（顺作或逆作）以及如何处理支模、防水等工序的配合要求等。

1.5.4 设计管理

早期基坑工程设计基本处于无序化管理，各种基坑工程事故层出不穷。现在，国家和地方政府加强了对重要设计依据岩土工程勘察以及基坑工程设计的管理，很多城市都已出台了基坑工程设计审查的管理办法，对基坑工程设计的安全性、经济性、环保性进行严格审查和管理，设计单位必须具有国家颁发的设计资质，各项具体技术标准依据和检验方法必须符合国家及各地区建筑行业管理部门的有关建筑法规、法令和技术规范、规程。基坑工程因为设计原因导致的事故已大大减少。严格的设计管理是确保基坑工程安全和环境安全的重要保障。

1.5.5 设计和施工的配合

基坑工程的设计广义上讲应包括勘察、支护结构设计、施工、监测和周围环境的保护等几个方面的内容，比其他基础工程更突出的特殊性是其设计和施工完全是相互依赖、密不可分的，施工的每一个阶段，结构体系和外面荷载都在变化，而且施工工艺的变化，挖土次序和位置的变化，支撑和留土时间的变化等，都非常复杂，且都对最后的结果有直接影响，绝非最后设计计算简图所能单独决定的。目前的设计理论尚不完善，对设计参数的选取还需改进，还不能事先完全考虑诸多复杂因素，在基坑工程施工中处理不当时可能会出现一些意外的情况。但只要设计、施工人员重视，并密切配合加强监测分析，及时发现和解决问题，及时总结经验，基坑工程的难题会得到有效处理。因此，基坑工程的设计中必须考虑施工中每一个工况的数据，而基坑工程的施工中须完全遵照设计文件的要求去做，只有这样，工程才会圆满完成，也只有这样，设计理论和施工技术才会获得快速发展。

1.5.6 动态设计

由于设计依据的不确定性，如地质报告不一定完全符合实际情况，设计计算理论的不完善等原因，围护结构的设计不一定完全符合工程实际要求、不一定完全可靠，存在着较大的风险，需要在施工过程中实时监测、分析、预测、反分析、动态设计，在施工过程中优化设计，调整可能存在的设计不足。

1.6 基坑工程施工

1.6.1 无支护基坑施工

基坑工程根据其施工、开挖方法可分为无支护开挖与有支护开挖方法。

无支护放坡开挖是在施工场地处于空旷环境、周边无需要保护的建（构）筑物和地下管线条件下的一种普遍常用的基坑开挖方法，一般包括以下内容：降水工程、土方开挖、地基加固及土坡护面。

在无支护放坡开挖施工中需重点关注边坡稳定和变形。

(1) 边坡稳定的问题

边坡的稳定与边坡的坡度、坡高以及水有密切的关系。坡度由计算决定，但要注意短期边坡和长期边坡的差异，长期边坡所用的计算参数需采用岩土的长期强度，因而同等条件下，长期边坡的坡度要缓一些；比较高的边坡，一般需采用台阶放坡，中间可以设置一个或多个较宽的台阶提高边坡的稳定性，在一定的放坡比条件下要注意台阶的均匀性，特别是接近坡顶不能出现较陡的台阶，以免出现局部失稳引发整体失稳。地下水的处理至关重要，一般需要采用各种降水措施降低坡体内的地下水位、减少渗流力，提高坡体的稳定性；根据需要，降低基坑底部承压水层的承压水的压力，防止出现管涌、流砂、底板失稳等破坏；地表水的处理也很重要，采用截水沟、边坡护面等方法，防止地表水、雨水等进入坡体；根据计算，必要时可采用各种地基加固方法提高边坡的稳定性。

(2) 边坡变形的问题

在施工过程中要关注边坡的变形问题，一方面是解决环境保护的问题，放坡开挖时边坡的变形一般比较大；另一方面是通过变形发展规律观察、预测边坡稳定性。可以在边坡上设置变形监测点，通过对监测数据的分析来预测变形对周边环境的影响和边坡的稳定性。

1.6.2 有支护基坑施工

有支护的基坑工程一般包括以下内容：围护结构、支撑/锚杆体系、土方开挖（工艺及设施）、降水工程、地基加固、监测、环境保护及安全风险管理。

有支护基坑施工较为复杂，关注点也比较多，如：围护结构的质量、降水的方式和效果、地基加固、超挖、超载、时空效应规律的利用、支撑/锚杆、围檩、垫层、监测、环境保护、安全风险管理等。

围护结构质量所出现的主要问题是施工缺陷所产生的渗漏问题，在高地下水位地区，渗漏可能造成周边的环境影响或破坏，尤其在富含水的砂质地层中，渗漏所产生的流砂可能会导致灾害性的环境破坏和基坑的失稳。合理的降水方案可造就良好的施工环境、解决水对基坑安全的不利影响，但要注意降水引发沉降的副作用；合理的地基加固可有效地控制基坑的稳定和变形，但须在加固费用和加固效果上取得平衡。基坑施工中超挖、超载导致的基坑失稳的事故非常多，必须重点关注；充分利用时空效应规律可以比较经济地解决基坑施工变形控制的难题；对支撑/锚杆和围檩施工中常见问题的关注可有效地减少基坑事故；施工中尽可能利用垫层的临时支撑作用可有效地降低基坑在最危险工况条件下的失效风险。施工监测在基坑施工中的重要性不言而喻，但如何有效地保证监测数据的准确性和及时性，如何对监测数据进行充分地科学地分析，对指导基坑工程的施工至关重要。基坑施工中的环境保护和安全风险管理也是需要重点关注的环节。

1.6.3 环境保护

城市基坑工程通常处于建筑物、重要地下构筑物和生命线工程的密集地区，为了保护这些已建建筑物和构筑物的正常使用和安全运营，需要严格控制基坑工程施工产生的位移以及位移传递在周边环境安全或正常使用的范围之内，变形控制和环境保护往往成为基坑工程成败的关键，变形在控制设计限值方面往往起着主导作用。现在基坑工程的设计已逐步从强度控制设计向变形控制设计过渡，当然，还有很多困难等待去解决。

基坑工程的变形和对环境的影响主要由围护结构的刚度、支撑或锚杆的刚度及基坑内土体的刚度等决定。为了满足变形要求可以增加支护结构的刚度，如增加围护结构和支撑/锚杆的尺寸、改变材质、加密支撑/锚杆等，但有时更经济有效的办法是在基坑底部进行地基处理，用搅拌桩、旋喷桩、注浆等地基加固措施改善土体刚度和强度等性质。在上海淤泥质黏土夹薄层粉砂或黏性土与砂性土互层中，降水措施也是一种经济合理的地基加固方法，当然也是一种有效的控制变形方法。

近年来大量的基坑工程施工实践发现，采用合理的施工组织设计，控制基坑内土体开挖的空间位置、开挖次序、开挖土体的分块大小以及控制支撑或锚杆安装的时间可以有效地控制基坑变形的大小，刘建航、刘国彬等人提出了时空效应的概念，考虑土体流变和结构安装时间因素和土体开挖工序的地层空间因素的耦合作用，研究了其机理，并且采用理论导向、量测定量、经验判断，精心施工的原则，总结出了一套考虑时空效应的设计和施工方法（参见本手册第19章），得到一系列施工参数，用以指导现场施工，取得了较好的控制变形的效果。

基坑周围的环境保护可以从位移源头控制、位移的传递途径和保护对象三方面着手。位移源头的控制包括：支护结构刚度加强、优化支撑位置、基坑内加固、时空效应法、被动区压力控制注浆、信息化施工控制等方法；位移的传递途径的控制包括：隔断桩（墙）、循踪补偿注浆、主动区压力控制注浆等方法；保护对象的控制包括：地下管线的跟踪注浆、建筑物纠偏、建筑物地基加固、结构补强、基础托换、水平注浆等方法。

1.6.4 安全风险管理

在工程建设中所发生的重大事故，以地下工程居多，地下工程事故中又主要是与基坑工程相关的事故。基坑工程由于其固有的特性加上人们认识上存在的偏差，使得其事故发生率居高不下。

从技术的角度来看，一个基坑工程事故的诱发因素有很多，如工程地质勘察有误或失真、设计失误或漏项、执行的规范或设计存在问题、工程施工方案有误、施工设备故障、人员决策或操作失误、施工质量不能满足标准要求、施工工期延误、认识水平或科技水平不足、自然灾害等。可以分为施工前留下的隐患和施工中产生的隐患，也可以称为施工前和施工中的风险。

从工程事故统计的角度来看，经过深入地研究和探索，并受到航空领域的事故研究成果的启发，发现基坑工程领域的事故也具有和航空领域事故同样的规律，即符合海恩法则。按照国际航空领域事故遵循的"海恩法则"，即一起重大的飞行安全事故背后至少有29起事故征兆、300起事故苗头和3000起事故隐患等。在这一点上，事故有了一个共同的特点，一个事故可能是众多事故隐患中一个或多个事故隐患发展起来的，绝大多数事故都是由小小的安全隐患引发的。任何一个微小的漏洞或者安全隐患都有可能引发严重的事故。

刘国彬等根据对基坑工程安全风险特性的深入研究，逐步形成如下安全风险管理思路：对施工前各个阶段进行详细的风险评估，对评估出的风险进行处置（消除、降低、转移、自留），规避施工前各个阶段产生的风险；在施工中，对施工前自留的风险和施工中新产生的风险进行动态风险评估和跟踪，采用一系列的安全管理措施，将事故隐患消灭在萌芽状态，将事故发生的概率降到最低。

根据基坑工程安全风险管理思路，建立起主动控制和被动控制相结合的环环相扣的多重防御体系。将施工前的风险管理和施工中的动态风险评估和安全管控结合起来，形成一整套基坑工程安全管理体系，在这个系统中，环环相扣，互相依存，缺一不可，缺一个环节，增一份风险。

长期的工程实践证明，绝大多数事故都是由小小的安全隐患引发的。任何一个微小的漏洞或者安全隐患都有可能引发严重的事故。需要多管齐下，不留短板。

1.6.5 信息化施工

在施工过程中加强对监测数据与各种工程现象及施工工况的关联分析，充分利用现有的分析理论和计算工具，分析和预测各种规律和发展趋势，优化施工工艺，降低工程费用，减少对周围环境的影响，确保工程安全。

1.7 手册的使用

1.7.1 手册的主要内容及关系

《基坑工程手册》（第二版）（以下简称《手册》）共34章，由绪论、总体方案设计、设计计算理论、设计施工方法、相关技术和区域工程进展六部分构成。

第1章绪论作为《手册》的主线，将全书有机地串连起来，说明全书的主旨、框架、主要内容和要点；第2章总体方案设计从基坑工程方案设计的角度阐述了基坑工程设计和施工所涉及的主要内容，基本上体现了基坑工程的全貌；第3~8章为《手册》的理论部分，系统地阐述了土的工程性质、土压力、基坑稳定性、挡土结构内力、基坑变形、地下水渗流的分析方法和计算原理，是基坑工程设计施工的理论基础；第9~18章主要介绍各种围护结构的设计施工方法；第19~31章介绍了基坑工程的相关技术；第32章介绍了基坑工程设计和施工中应注意的一些问题；最后第33、34章介绍了香港和台湾地区的基坑工程进展情况。

《手册》的章节划分较细，便于对每个专题进行详细而系统的论述，但实际设计和施工中，各章是密切联系、相互依赖的，《手册》以第1章绪论为主线，以第2章总体方案设计为基础，贯穿全书。

1.7.2 手册的使用方法

基坑工程是一门综合性很强的学科，设计施工较复杂，涉及的内容很多，很多内容是相互关联、相互交叉的。《手册》为了清晰、详细、系统地阐述每一个专题，人为地将相互关联的内容切割开来。在实际使用《手册》的过程中，应以第1章绪论为主线，以第2章总体方案设计为基础，将各个相关的内容有机地串连在一起。

根据前面基坑工程特点的介绍，基坑工程的设计和施工与工程地质水文地质条件、环境条件、工程条件、地区经验等密切相关，设计计算理论还不完善，各种工程场地的地质条件、环境条件和各种制约条件千差万别，在每个深基坑工程设计施工的具体技术方案制订中，必须因地制宜，切不可生搬硬套。《手册》中的工程实例、提供的技术参数也是在特定的地质条件、环境条件和各种各样的制约因素的限制下产生的，必须在完全清楚应用条件和局限性后才具有参考价值，切不可盲目模仿。

参考文献

[1] 刘建航，侯学渊. 基坑工程手册. 北京：中国建筑工业出版社，1997年

第 2 章 基坑工程总体方案设计

2.1 概 述

自 20 世纪末以来,我国各大、中城市一直处于房地产投资与市政基础设施建设的热潮之中,高层建筑地下室、地下停车场、地铁车站、地下变电站、大型排水及污水处理系统等地下建(构)筑物的建设使得基坑工程的规模和技术难度不断增加。为了满足各种不同类型工程在安全性、环境保护、工期与经济等方面的具体要求,基坑工程技术在总体设计、围护结构形式、施工水平、监测方法与检测手段等各方面都取得了一定的发展与进步。其中,基坑工程的总体方案设计作为实现工程技术经济性至关重要的一环,值得工程技术人员乃至投资方密切关注。本章主要介绍基坑工程总体方案的设计原则以及各种基坑围护结构、支撑与锚杆体系、基坑加固、地下水控制、基坑开挖与基坑监测的有关特点、适用条件及如何选用等内容。

在开展基坑工程的总体方案设计时,应首先对基坑工程在安全性、周边环境保护以及技术经济方面的要求进行充分研究;同时,基坑支护结构方案设计也应利于节约资源,符合可持续发展的要求,实现综合的经济和社会效益。

2.1.1 安全性要求

深基坑工程涉及岩土工程、结构力学、工程结构、工程地质和施工技术等专业知识,是一项综合性很强的学科。由于影响基坑工程的不确定性因素众多,基坑工程又是一项风险性很大的工程,稍有不慎就可能酿成巨大的工程事故。因此,确保基坑工程的安全是总体方案设计的首要目标。应结合工程当地的施工经验与技术能力进行具体分析,选择成熟、可靠的总体设计方案;设计时确保满足规范与工程对支护结构的承载能力、稳定性与变形计算(验算)的要求;并对施工工艺、挖土、降水等各环节进行充分的研究和论证,选择工程当地成熟、可靠的施工方案,降低基坑工程的风险。

2.1.2 环境保护要求

我国大型基坑工程主要集中于沿海、沿江经济发达地区,工程场地周边一般都分布有建(构)筑物、地下管线、市政道路等环境保护对象。当基坑邻近轨道交通设施、保护建筑、共同管沟等敏感而重要的保护对象时,环境保护要求更为严格。当基坑周边存在环境保护对象时,要在充分了解环境保护对象的保护要求与变形控制要求的基础上,使基坑的变形能满足环境保护对象的变形控制要求,必要时在基坑内、外采取适当的加固与加强措施,减小基坑的变形。

2.1.3 技术经济性要求

基坑工程多采用临时性的支护结构,在确保基坑工程安全性与变形控制要求的前提下,尽可能地降低基坑工程造价,是设计人员必须关注的重要问题。不同的基坑工程总体方案对工程工期会有较大的影响,对项目开发所产生的经济性差异也不容忽视。对于某些项目，不同设计方案引起工期变化对于项目开发的经济性影响甚至会超过方案的直接工程量差异。

基坑工程总体方案设计应采取合理、有效的支护结构形式与技术措施以控制工程造价和实现工期目标，必要时，对于技术上均可行的多个设计方案，应从工程量、工期、对主体建筑的影响等角度进行定性、定量的分析和对比，以确定最适合的方案。在工程量方面，一般应综合比较支护结构的工程费用、土方开挖、降水与监测等工程费用以及施工技术措施费；在工期方面，应比较工期的长短及由其带来的经济性差异；基坑设计方案对主体建筑的影响方面，主要考虑不同基坑围护结构占地要求而影响主体结构建筑面积，以及对主体结构的防水、承载能力等方面的影响。

2.1.4 可持续发展要求

基坑工程属于能耗高、污染较大的行业。基坑支护结构需要大量的水泥、砂、石子、钢材等；工程实施过程中会产生渣土、泥浆、噪声等污染；混凝土支撑拆除后将形成大量的建筑垃圾；基坑降水会消耗地下水资源并造成地面沉降等不良后果；基坑支护结构、加固体留在土体内部，将来可能形成难以清除的地下障碍物。因此，在基坑工程的方案设计中，应考虑到基坑工程的可持续发展，尽量采取措施节约社会资源，降低能耗。可采取的技术措施包括围护结构不出红线、减小支护结构工程量、尽量采用可重复利用的材料（如钢支撑、型钢水泥土搅拌墙等）、废泥浆的利用、在可能的情况下采用支护结构与主体结构相结合的方案等，以减少工程开发对社会的不利影响和对环境的破坏。

2.2 设 计 条 件

基坑工程总体方案应根据工程地质与水文地质条件、环境条件、施工条件以及基坑使用要求与基坑规模等设计条件，通过技术与经济性比较确定。

2.2.1 工程地质与水文地质条件

基坑支护结构的设计、施工，首先要阅读和分析岩土工程地质勘察报告，了解土层分布情况及其物理、力学性质、水文地质情况等，以便选择合适的支护结构体系和进行设计计算。

工程地质与水文地质条件是进行基坑支护结构设计、坑内地基加固设计、降水设计、土方开挖等的依据。基坑工程的岩土勘察一般并不单独进行，而是与主体工程的地基勘察同步进行，因此勘察方案及勘察工作量应根据主体工程和基坑工程的设计与施工要求统一制定。在进行基坑工程的岩土勘察前，委托方应提供基本的工程资料和设计对勘察的技术要求、建设场地及周边的地下管线和设施资料、以及可能采用的支护方式、施工工艺要求等。

1. 工程地质勘察要求

基坑工程勘察要求勘探点一般沿基坑周边布置，基坑主要的转角处应当设置控制性勘探孔，当基坑面积较大时，其内部也需要设置勘察孔。勘察的平面范围宜超出开挖边界外开挖深度的2～3倍。视土层的均匀程度、工程的规模等情况，基坑工程相邻勘探孔的间距一般在20～50m。当相邻勘探孔揭露的地层变化较大并影响到基坑设计或施工方案选择时，可以进一步加密勘探孔，但相邻勘探孔间距也不宜小于10m。

勘探孔深度应根据场地地质条件确定，一般可取基坑开挖深度的 2.0～2.5 倍。当基底以下为密实的砂层、卵石层或基岩时，勘察孔的深度可视具体情况减小，但均应满足不同基础类型、施工工艺及基坑稳定性验算对孔深的要求。

场地浅层土的性质对围护体的成孔施工有较大的影响，因此应予详细查明。可在沿基坑周边布置小螺纹钻孔，孔间距可为 10～15m。发现暗浜及厚度较大的杂填土等不良地质现象时，可加密孔距，控制其边界的孔距宜为 2～3m，场地条件许可时宜将探查范围适当外延，探查深度应进入正常土层不少于 0.5m。当场地地表下存在障碍物而无法按要求完成浅层勘察时，可在施工清障后进行施工勘察。

工程地质勘察应为设计、施工提供符合实际情况的土性指标，为此试验项目及方法选择，应有明确的目的性和针对性，强调与工程实际的一致性。一般基坑工程设计和施工所需提供的勘探资料和土工参数如表 2-1 所示。

基坑工程设计和施工所需提供的勘探资料和土工参数 表 2-1

类别	参数	类别	参数
土层特性	标高	力学性质	压缩系数 a
	层厚		压缩模量 E_s
	土层层号与名称		回弹模量 E_{ur}
	土层描述		先期固结压力 p_c
物理性质	颗粒级配		超固结比 OCR
	不均匀系数 $C_u = d_{60}/d_{10}$		压缩指数 C_c
	天然含水量 w		回弹指数 C_s
	饱和度 S_r		内摩擦角 φ（总应力及有效应力指标）
	天然重度 γ		黏聚力 c（总应力及有效应力指标）
	相对密度 d_s（比重 G）		无侧限抗压强度 q_u
	塑限 w_P		灵敏度 S_t
	液限 w_L		静止土压力系数 K_0
	塑性指数 I_P		十字板剪切强度 S_u
	液性指数 I_L		标贯击数 N
	孔隙比 e		比贯入阻力 p_s
水理性质	渗透系数 k_v、k_h		侧向基床系数 K（或比例系数 m）

2. 水文地质勘察要求

勘察应提供场地内滞水、潜水、裂隙水以及承压水等的有关参数，包括埋藏条件、地下水位、土层的渗流特性及产生管涌、流砂的可能性。

当地下水有可能与邻近地表水体沟通时，应查明其补给条件、水位变化规律。当基坑坑底以下有承压水时，应测量其水头高度和含水层界面。对于开挖过程中需要进行降压降水的基坑工程，为了解和控制承压水降压降水可能引起的坑外土体沉降，应开展必要的承压水抽水试验工作。当地下水有腐蚀性时，应查明其污染源和地下水流向。

3. 地下障碍物

勘察应提供基坑及围护墙边界附近场地填土、暗浜及地下障碍物等不良地质现场的分布范围与深度，并反映其对基坑的影响情况。常见的地下障碍物有：

(1) 回填的工业或建筑垃圾；

(2) 原有建筑物的地下室、浅基础或桩基础；

(3) 废弃的人防工程、管道、隧道、风井等。

2.2.2 周边环境条件

环境保护是基坑工程的重要任务之一，在建筑物密集、管线众多的区域尤其突出。由于对周围建（构）筑物及设施情况不了解就盲目开挖造成损失的实例很多，且有些后果十分严重。因此基坑工程在支护设计前应开展环境调查工作，了解影响区内道路、管线、建（构）筑物的详细资料，从而为设计和施工采用针对性的保护措施提供依据。

1. 红线

基坑开挖面与红线之间的距离，一般都需要满足设置围护体的宽度要求，国内已有相当多的地区明文规定，基坑支护结构不得超越红线。

在拟建的地下结构外墙与围护体之间，为了进行模板架设以及防水层施工，通常还需要留设不少于 0.8m 的施工空间。因此，基坑周边围护体的选型，应满足地下结构外墙与红线之间的距离要求。

2. 建（构）筑物

当基坑邻近有建筑物、地铁隧道、地铁车站、地下车库、地下通道、地下商场、防汛墙、共同沟等建（构）筑物存在时，应查明其与基坑的平面和剖面关系，并获取这些建（构）筑物本身的有关资料如层高、基础埋深、结构形式、荷载状况、使用状况、对变形的敏感程度等。关于建（构）筑物的环境调查范围、内容及其容许的变形量等可参考第 28 章的相关内容。一般而言，当建（构）筑物的保护要求较高时，基坑工程设计和施工中需采取有效的保护措施确保其安全。

3. 市政管线与道路

地下管线的种类很多，如雨水管、污水管、上水管、煤气管、热水管道、电力管线、电话通信电缆、广播电视电缆等。关于地下管线的环境调查范围、内容及其容许的变形量等亦可参考第 28 章的相关内容。由于地下管线的保护要求多种多样，且有的地下管线年代已久，难以查清，但又很易损坏，因此应与管线管理单位协商综合确定管线的容许变形量及监控实施方案。

城市区域的基坑工程其周边常常邻近道路，一方面基坑开挖可能会对周边的道路产生影响，严重时会导致周边道路的破坏而产生严重的后果；另一方面邻近道路的交通荷载也会对基坑的变形产生影响，因此必须调查基坑周边的道路状况。调查的内容一般包括道路的性质、类型、与基坑的位置关系、路基与路面结构类型、交通流量、交通荷载、交通通行规则等。

2.2.3 主体结构设计条件与施工条件

主体结构的设计资料是基坑支护结构设计必不可少的依据。基坑工程总体方案设计时应具备下列资料：

(1) 建筑总平面图（用以确定基坑与红线、周边环境之间的距离关系）；

(2) 各层建筑、结构平面图；

(3) 建筑剖面图；

(4) 基础结构与桩基设计资料。

基坑现场的施工条件也是支护结构设计的重要依据，主要应考虑以下问题：

(1) 工程所在地的施工经验与施工能力。基坑支护结构设计方案应确保有与之相匹配的施工技术保障，设计技术人员应尽可能因地制宜地确定设计方案，使方案与当地的施工技术水平、施工习惯相匹配。

(2) 场地周边对施工期间在交通组织、噪声、振动以及工地形象等方面的要求。例如当在交通干道下进行地铁车站基坑开挖时，常常需要分区进行"翻交"施工，并且需要采用逆作法、盖挖法等设计方案；在居民楼等建筑物附近进行基坑开挖，除应采用刚度较大的支护结构体系以控制变形外，尚应考虑采用在施工中噪声低、污染较小的支护结构形式。

(3) 当地政府对施工的有关管理规定。如对于土方运输时间、爆破等方面的规定。

(4) 场地内部对土方、材料运输以及材料堆放等方面的要求。在场地狭小、难以提供足够的场地展开施工作业时，基坑支护设计一般应考虑采用易于结合设置施工栈桥和施工平台的方案或考虑分区开挖实施的方案。

2.2.4 设计规范与标准

基坑工程应遵守相关标准、规范和规程，并根据本地区或类似土质条件下的工程经验，因地制宜地进行设计与施工。我国的岩土工程技术标准种类繁多，关系比较复杂，其中与基坑工程有关的规范、规程，即有国家标准如：《建筑边坡工程技术规范》(GB 50330)[1]、《建筑地基基础设计规范》(GB 50007)[2]、《锚杆喷射混凝土支护技术规范》(GB 50086)[3]等；行业性的标准如：《建筑基坑支护技术规程》(JGJ 120)[4]、《建筑基坑工程技术规范》(YB 9258)[5]；专业协会制定的标准如《基坑土钉支护技术规程》(CECS 96)[6]、《岩土锚杆(索)技术规程》(CESC 22)[7]；各个省市地区制定的地方性标准如：上海市标准《基坑工程设计规程》(DBJ 08—61)[8]、天津市标准《岩土工程技术规范》(DB 29—20)[9]、广东省标准《建筑基坑支护工程技术规程》(DBJ/T 15—20)[10]、浙江省标准《建筑基坑工程技术规程》(DB33/T 1008)[11]等。

在使用这些标准的过程中，应注意以下问题：

(1) 基坑支护的设计计算，应使用同一本标准的体系，不应几本标准体系混用。由于各个规范、规程的编制时间和背景大相径庭，相似的公式、土工参数、承载力限值、安全系数等可能有着截然不同的含义，切不可牵强附会、生搬硬套。

(2) 基坑支护结构设计应严格遵守规范、规程中的有关规定，当地方性标准由于地域特点所作出的规定严于、高于国标时，应首先满足地方性标准的规定。

(3) 规范中所作出的规定，一般是在安全适用原则下的"最低"要求，设计人员应根据工程的实际需要，在设计中体现针对性的技术要求。

(4) 条文说明是对标准中条文部分的注解，在运用规范遇有疑惑时，往往可以从条文说明中得到解释。

2.3 总体方案选型

基坑支护总体方案的选择直接关系到工程造价、施工进度及周围环境的安全。总体方案主要有顺作法和逆作法两类基本形式，它们具有各自鲜明的特点。在同一个基坑工程中，顺作法和逆作法也可以在不同的基坑区域组合使用，从而在特定条件下满足工程的技术经济性要求。基坑工程的总体支护方案分类如图2-1所示。

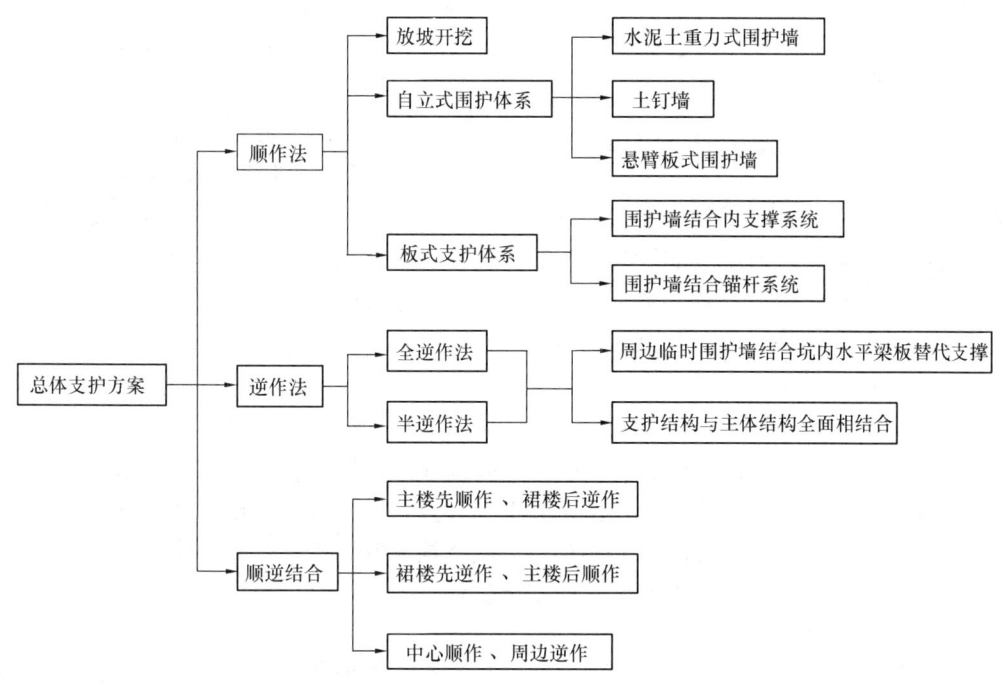

图2-1 基坑总体支护方案分类

2.3.1 顺作法

基坑支护结构通常由围护墙、隔水帷幕、水平内支撑系统（或锚杆系统）以及支撑的竖向支承系统组成。所谓顺作法，是指先施工周边围护结构，然后由上而下分层开挖，并依次设置水平支撑（或锚杆系统），开挖至坑底后，再由下而上施工主体地下结构基础底板、竖向墙柱构件及水平楼板构件，并按一定的顺序拆除水平支撑系统，进而完成地下结构施工的过程。当不设支护结构而直接采用放坡开挖时，则是先直接放坡开挖至坑底，然后自下而上依次施工地下结构。

顺作法是基坑工程的传统开挖施工方法，施工工艺成熟，支护结构体系与主体结构相对独立，相比逆作法，其设计、施工均比较便捷。由于是传统工艺，对施工单位的管理和技术水平的要求相对较低，施工单位的选择面较广。另外顺作法相对于逆作法而言，其基坑支护结构的设计与主体设计关联性较低，受主体设计进度的制约小，基坑工程有条件尽早开工。

顺作法常用的总体方案包括放坡开挖、自立式围护体系和板式支护体系三大类；其中自立式围护体系又可分为水泥土重力式围护墙、土钉墙和悬臂板式围护墙；板式支护又包括围护墙结合内支撑系统和围护墙结合锚杆系统两种形式。

1. 放坡开挖

放坡开挖一般适用于浅基坑。由于基坑敞开式施工，因此工艺简便、造价经济、施工

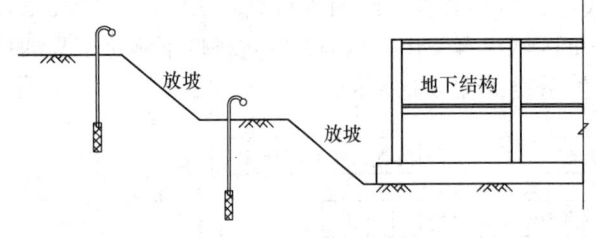

图 2-2 放坡开挖示意图

进度快。但这种施工方式要求具有足够的施工场地与放坡范围。放坡开挖示意图如图 2-2 所示。

2. 自立式围护体系

（1）水泥土重力式围护和土钉支护

采用水泥土重力式围护和土钉支护的自立式围护体系经济性较好，由于基坑内部开敞，土方开挖和地下结构的施工均比较便捷。但自立式围护体需要占用较宽的场地空间，因此设计时应考虑红线的限制。此外设计时应充分研究工程地质条件与水文地质条件的适用性。由于围护体施工质量难以进行直观的监督，易引起施工质量不佳问题，从而导致较大的环境变形乃至工程事故。

（2）悬臂板式围护墙

悬臂板式围护墙可用于必须敞开式开挖、但对围护体占地宽度有一定限制的基坑工程。其采用具有一定刚度的板式支护体，如钻孔灌注桩或地下连续墙。单排悬臂灌注桩支护一般用于浅基坑，在工程实践中，由于其变形较大，且材料性能难以充分发挥，适用范围较小。双排桩、格形地下连续墙等围护体形式所构成的悬臂板式支护体系适用于中等开挖深度、且对围护变形有一定控制要求的基坑工程。

3. 板式支护体系

板式支护体系由围护墙和内支撑（或锚杆）组成，围护墙的种类较多，包括地下连续墙、灌注排桩围护墙、型钢水泥土搅拌墙、钢板桩围护墙及钢筋混凝土板桩围护墙等。内支撑可采用钢支撑或钢筋混凝土支撑。

（1）围护墙结合内支撑系统

在基坑周边环境条件复杂、变形控制要求高的软土地区，围护墙结合内支撑系统是常用与成熟的支护形式。当基坑面积不大时，其技术经济性较好。但当基坑面积达到一定规模时，由于需设置和拆除大量的临时支撑，因此经济性较差。此外，支撑体系拆除时围护墙会发生二次变形，拆撑爆破以及拆撑后废弃的混凝土碎块也都会对环境产生不利影响。典型的基坑支护剖面如图 2-3 所示。

对于超大面积的基坑工程，采用如图 2-3 所示的支护方式时存在支撑太长、支撑传力效果不佳、支撑量大等问题，此时可采用中心岛式开挖方案，即先保留围护墙处一定宽度的土体，以抵抗坑外侧的土压力，然后将基坑中部的土体挖除，再施工中部的主体结构，再利用中部已施工好的主体结构提供支座反力、架设支撑，然后将周围的土体挖除，施工周围部分的主体结构，最后拆除支撑。这种方案出土便捷，经济效果好，但基坑周边的地下结构需要二期施工，工艺复杂。当基坑开挖深度较浅时，

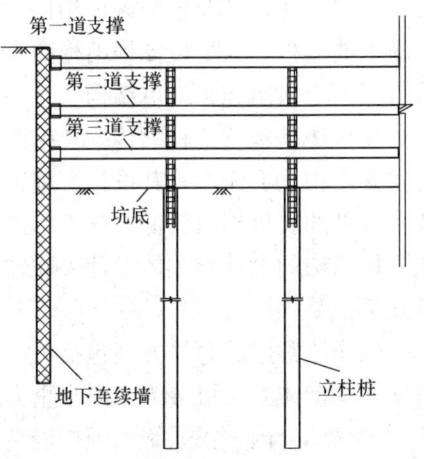

图 2-3 典型的围护墙结合内支撑系统示意图

可采用如图 2-4 所示的围护墙结合竖向斜撑形式，当基坑开挖深度较大时，可采用如图 2-5 所示的中心岛结合周边多道支撑形式。

(2) 围护墙结合锚杆系统

围护墙结合锚杆系统采用锚杆来承受作用在围护墙上的侧压力，它适用于大面积的基坑工程。基坑敞开式开挖，为挖土和地下结构施工提供了极大的便利，可缩短工期，经济效益良好。锚杆需依赖土体本身的强度来提供锚固力，因此土体的强度越高，锚固效果越好，反之越差，因此这种支护方式不适用于软弱地层。当锚杆的施工质量不好时，可能会产生较大的地表沉降。围护墙结合锚杆系统的典型剖面如图 2-6 所示。

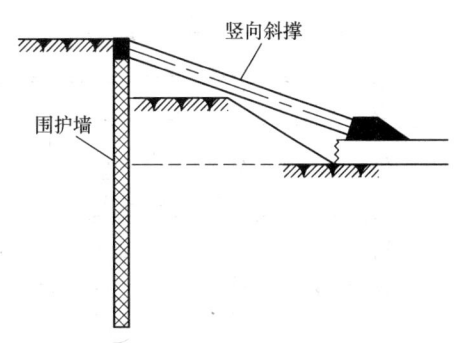

图 2-4 围护墙结合斜坡支撑示意图

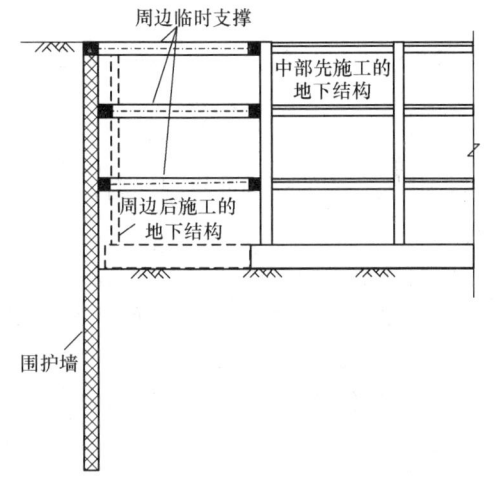

图 2-5 中心岛结合周边多道支撑示意图

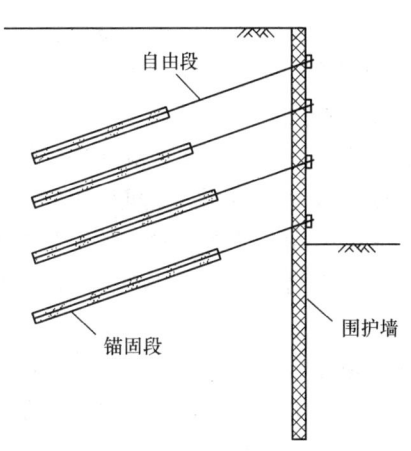

图 2-6 围护墙结合锚杆系统

2.3.2 逆作法

相对于顺作法，逆作法则是每开挖一定深度的土体后，即支设模板浇筑永久的结构梁板，用以代替常规顺作法的临时支撑，以平衡作用在围护墙上的土压力。因此当开挖结束时，地下结构即已施工完成。这种地下结构的施工方式是自上而下浇筑，同常规顺作法开挖到坑底后再自下而上浇筑地下结构的施工方法不同，故称为逆作法。逆作地下结构的同时还进行地上主体结构的施工，则称为全逆作法，如图 2-7 所示。仅逆作地下结构，地上主体工程待地下主体结构完工后再进行施工的方法，则称为半逆作法，如图 2-8 所示。由于逆作法的梁板重量较常规顺作法的临时支撑要大得多，因此必须考虑立柱和立柱桩的承载能力问题。尤其是采用全逆作法时，地上结构所能同时施工的最大层数应根据立柱和立柱桩的承载力确定。

逆作法通常采用支护结构与主体结构相结合，根据支护结构与主体结构相结合的程度，逆作法可以有两种类型，即周边临时围护体结合坑内水平梁板体系替代支撑采用逆作

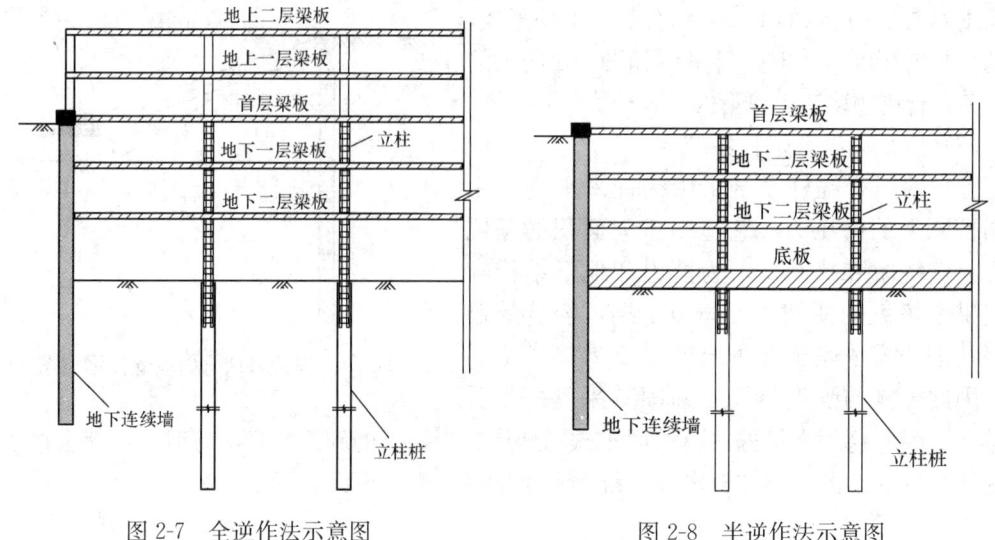

图 2-7 全逆作法示意图　　　　图 2-8 半逆作法示意图

法施工、支护结构与主体结构全面相结合采用逆作法施工。关于这两种逆作法类型的一般施工流程和设计要点可参考第 18 章的相关内容。

逆作法的主要优点如下：

(1) 楼板刚度大于常规顺作法的临时支撑，基坑开挖的安全度得到提高，且一般而言基坑的变形较小，因而对基坑周边环境的影响较小。

(2) 当采用全逆作法时，地上和地下结构同时施工，因此可缩短工程的总工期。

(3) 地面楼板施工完成后，可为施工提供作业空间，因此可解决施工场地狭小的问题。

(4) 逆作法采用支护结构与主体结构相结合，因此可以节省常规顺作法中大量临时支撑的设置和拆除，经济性好，且有利于降低能耗、节约资源。

但逆作法也存在如下不足：

(1) 技术复杂，垂直构件续接处理困难，接头施工复杂。

(2) 对施工技术要求高，例如对一柱一桩的定位和垂直度控制要求高，立柱之间及立柱与连续墙之间的差异沉降控制要求高等。

(3) 采用逆作暗挖，作业环境差，结构施工质量易受影响。

(4) 逆作法设计与主体结构设计的关联度大，受主体结构设计进度的制约。

当工程具有以下特征或技术经济要求时，可以考虑选用逆作法方案：

(1) 大面积的深基坑工程，采用逆作法方案，节省临时支撑体系费用。

(2) 基坑周边环境条件复杂，且对变形敏感，采用逆作法有利于控制基坑的变形。

(3) 施工场地紧张，利用逆作的地下首层楼板作为施工平台。

(4) 工期进度要求高，采用上下部结构同时施工的全逆作法设计方案，施工缩短总工期。

2.3.3 顺逆结合

对于某些条件复杂或具有特别技术经济性要求的基坑，采用单纯的顺作法或逆作法都难以同时满足经济、技术、工期及环境保护等多方面的要求。在工程实践中，有时为了同时满足多方面的要求，采用了顺作法与逆作法结合的方案，通过充分发挥顺作法与逆作法的优势，取长补短，从而实现工程的建设目标。工程中常用的顺逆结合方案主要有：（1）主楼先顺作、裙楼后逆作方案；（2）裙楼先逆作、主楼后顺作方案；（3）中心顺作、周边逆作方案。

1. 主楼先顺作、裙楼后逆作

超高层建筑通常由主楼与裙楼两部分组成，其下一般整体设置多层地下室，因此超高层建筑的基坑多为深大基坑。在基坑面积较大、挖深较深、施工场地狭小的情况下，若地下室深基础采用明挖顺作支撑方案施工，不仅操作非常困难，耽误了塔楼的施工进度，施工周期长，而且对周边环境影响大，经济性也差。另一方面，主楼结构构件的重要性也决定了其不适合采用逆作法。

一般来说主楼为超高层建筑工期控制的主导因素，在施工场地紧张的情况下，可先采用顺作法施工主楼地下室，而裙楼暂时作为施工场地，待主楼进入上部结构施工的某一阶段，再逆作施工裙楼地下室，这种顺逆结合的方案即为主楼先顺作、裙楼后逆作方案。主楼先顺作、裙楼后逆作具有其特有的优点：

（1）该方案一方面解决了施工场地狭小、操作困难的问题；另一方面主楼顺作基坑面积较小，可加快施工速度；裙楼逆作不占用绝对工期，缩短了总工期，并可减少前期投资额。

（2）裙楼地下室逆作能够有效地控制基坑的变形，可减小对周边环境的影响；同时又由于省去了常规顺作法中支设和拆除大量的临时支撑，经济性较好。

主楼先顺作、裙楼后逆作方案用于满足如下条件的基坑工程：

（1）地下室几乎用足建筑红线，使得施工场地狭小，地下工程施工阶段需要占用部分裙楼区域作为施工场地；

（2）主楼为超高层建筑，是控制工期的主导因素，且业主对主楼工期要求较高；

（3）裙楼地下室面积较大，业主希望适当延缓投资又不影响主楼施工的进度；

（4）裙楼基坑周边环境复杂、环境保护要求高。

上海环球金融中心位于上海浦东陆家嘴金融贸易区东泰路和世纪大道路口，周边环境条件复杂，环境保护要求较高。主楼建筑地上 101 层，高度 492m，裙楼地上三层，主楼和裙楼下均设三层地下室，基坑总面积约为 22500m^2，基坑开挖深度主楼区为 17.85~19.85m。考虑到主楼为超高层建筑，业主对主楼工期要求较高，同时希望在不影响主楼施工进度的情况下，延缓部分投资，因此本工程采用了主楼先顺作、裙楼后逆作的总体设计方案。主楼区域先采用直径为 100m 的圆筒形地下连续墙并结合三道钢筋混凝土环形围檩作为支护结构，基坑顺作开挖到底后施工主楼结构。当主楼区主体结构施工至地面层时，再逆作施工裙楼区基坑。裙楼区逆作施工期间逐层向下拆除主楼的围护结构（圆筒形地下连续墙），并将主楼的核心筒结构作为裙楼各楼层梁板结构的支撑点，依次开挖并施工裙楼地下室各层楼板结构。主、裙楼的分区如图 2-9 所示。

2. 裙楼先逆作、主楼后顺作

对于由主楼和裙楼组成的超高层建筑，有时裙楼的工期要求非常高（例如裙楼作为商业建筑时往往希望能尽快投入商业运营）而主楼工期要求相对较低，此时裙楼可先采用全逆作法地上地下同时施工，以节省工期，并在主楼区域设置大空间出土口（主楼由于其构

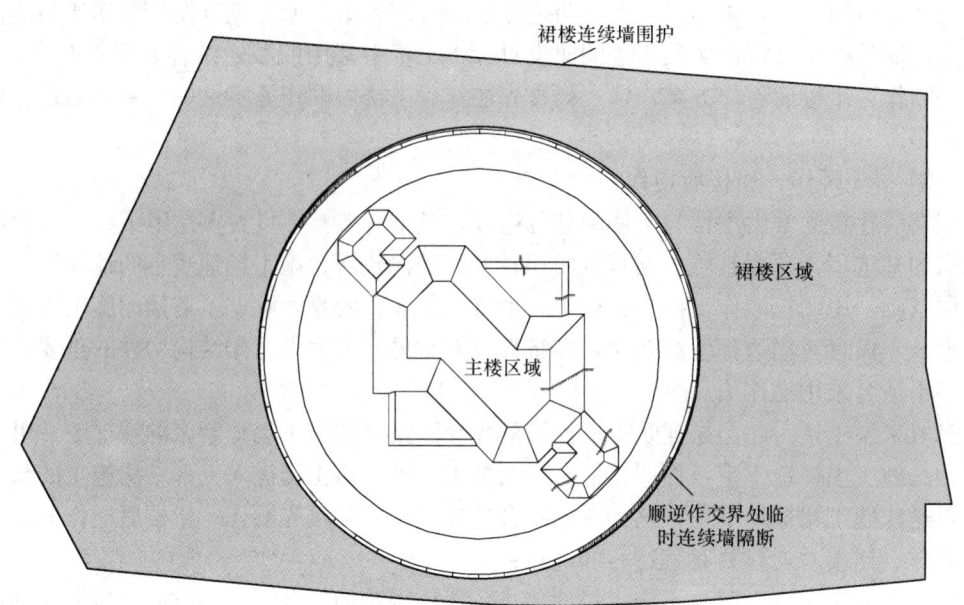

图 2-9 上海环球金融中心基坑的主楼和裙楼分区情况

件的重要性不适合采用逆作法），待裙楼地下结构施工完成后，再顺作施工主楼区地下结构，从而形成裙楼先逆作、主楼后顺作的方案。该方案具有以下特点：

(1) 主楼区域设置的大空间出土口出土效率高，可加快裙楼逆作的施工速度；

(2) 裙楼区域在地下结构首层结构梁板施工完成后，有条件立即向地上施工，可大大缩短裙楼上部结构的工期；

(3) 裙楼区域结构梁板代支撑，支撑刚度大，对基坑的变形控制有利；

(4) 在逆作阶段主楼区域的大空间出土口可以显著地改善裙楼逆作区域地下作业的通风和采光条件；

(5) 由于主楼区域需要在裙楼区域逆作完成后再施工，因此一般情况下将会增加主楼的工期与工程的总工期。

南京德基广场二期工程主体建筑由一幢主楼及群楼组成，主楼地上 52 层，地上建筑有效高度为 244.5m；裙楼地上 9 层，地上建筑有效高度为 55.5m，主楼和裙楼下整体设置 4 层地下室。基坑总面积 16000m^2，主楼区普遍开挖深度 21.5m，群楼区普遍开挖深度 19.7m。基坑南侧约 13m 处是运营中的地铁区间隧道，隧道底部埋深约 16m，基坑开挖实施过程中的环境保护要求高。由于业主希望裙楼区商业用房能够尽快投入运营，且考虑到基坑的环境保护要求高，因此基坑围护设计采用了裙楼先逆作、主楼后顺作的总体设计方案。裙楼基坑周边设置"两墙合一"地下连续墙围护体，坑内利用四层结构梁板代支撑，采用逆作法先行施工，并同时开展裙楼地上 9 层结构的施工；主楼区留设大面积洞口，在地下室底板施工完成后再向上顺作主楼结构。图 2-10 为主、裙楼分区布置图。

3. 中心顺作、周边逆作

对于超大面积的基坑工程，当基坑周边环境保护要求不是很高时，可在基坑周边首先

2.3 总体方案选型

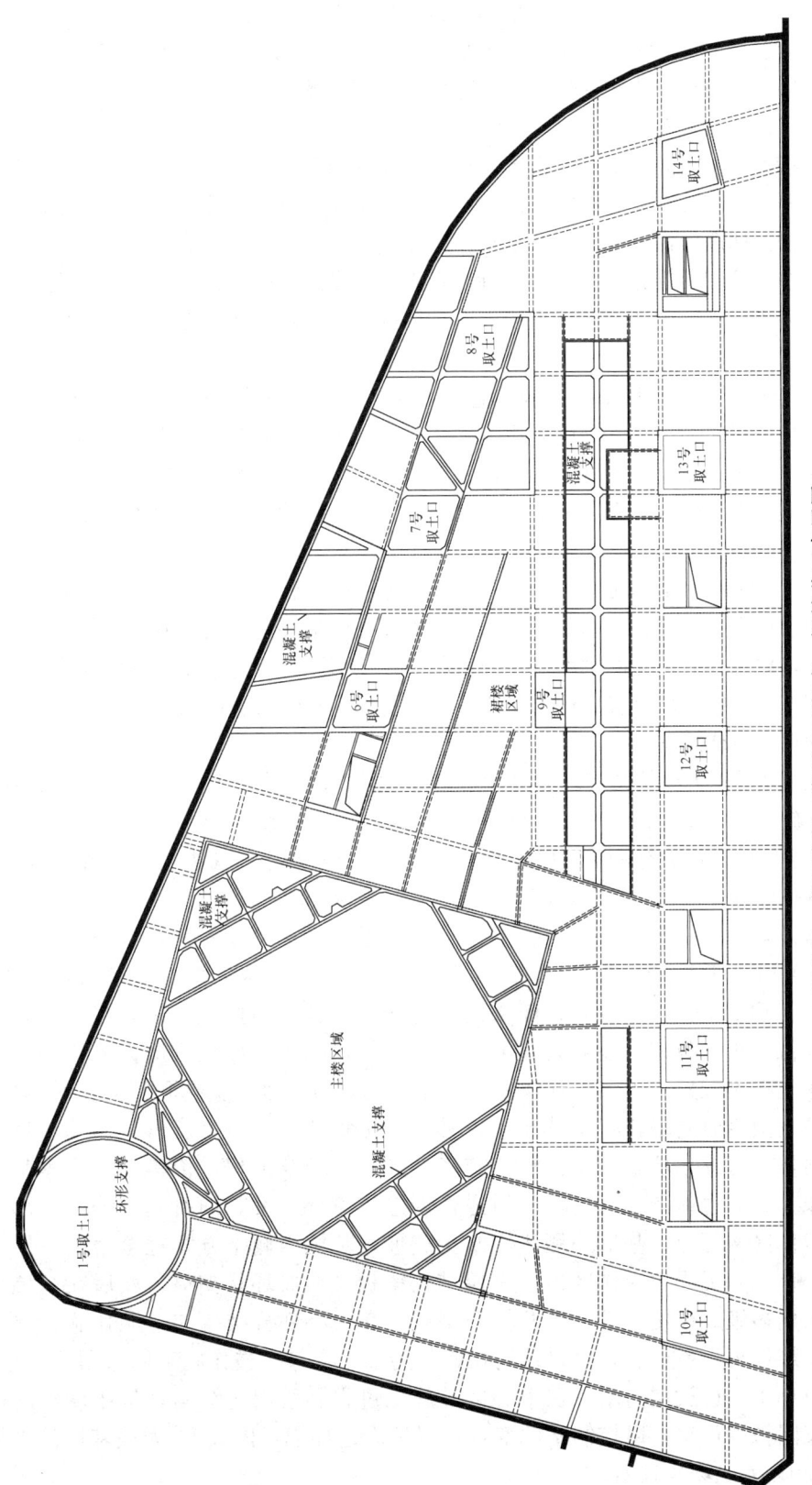

图 2-10 德基广场二期基坑工程主、裙楼分区布置图

施工一圈具有一定水平刚度的环状结构梁板（以下简称环板），然后在基坑周边被动区留土，并采用多级放坡使中心区域开挖至基底，在中心区域结构向上顺作施工并与周边结构环板贯通后，再逐层挖土和逆作施工周边留土放坡区域，形成中心顺作、周边逆作的总体设计方案。该方案具有以下几个显著特点：

（1）将整个基坑分为中心顺作区和周边逆作区两部分，周边部分采用结构梁板作为水平支撑，而中心部分则无需设置支撑，从而节省了大量临时支撑。同时由于中部采用敞开式施工，出土速度较快，大大加快了整体施工进度。

（2）在基坑周边首先施工一圈具有一定水平刚度的结构环板，中心区域施工过程中利用被动区多级放坡留土和结构环板约束围护体的位移，从而达到控制基坑变形、保护周围环境的目的。

（3）由于仅周边环板采用逆作法施工，可仅对首层边跨结构梁板和一柱一桩进行加固，作为施工行车通道，并利用周边围护体作为施工行车通道的竖向支承构件，减少了常规逆作法中施工行车通道区域结构梁板和支承立柱和立柱桩的加固费用。

中心顺作、周边逆作方案只有在同时满足下列条件的工程中应用才能体现出其优越性和社会经济效益：

（1）超大面积的深基坑工程。基坑面积需达到几万平方米，基坑平面为多边形，且至少设置两层地下室。基坑面积必须足够大是由以下因素决定：周边逆作区环板必须具有足够的宽度，以保证有足够的刚度可以约束围护体变形；为保证逆作区坡体的稳定，周边留土按一定坡度多级放坡至基底标高需要一定的宽度；在除去逆作区面积后中心区域尚应有相当面积可以顺作施工。

（2）主体结构为框架结构，无高耸塔楼结构或塔楼结构位于基坑中部。由于中心区域结构最先施工，塔楼如位于中心区域可确保塔楼的施工进度不受影响。

（3）基地周边环境有一定的保护要求，但不是非常严格。周边逆作区结构环板和留土放坡对围护体的变形控制可满足周边环境的保护要求。

仲盛商业中心上部建筑为5层钢筋混凝土框架结构，设置三层地下室。基坑面积约为50000m^2，基坑开挖深度约为13.3m。由于基坑面积极大，若采用顺作法方案，临时支撑工程量巨大，造价高；而采用全逆作法方案，暗挖土方工程量巨大，施工难度高，降低了出土效率。还需设置大量一柱一桩，加大了施工难度；采用传统中心岛方案，挖土条件较好，可大大加快整体施工进度，节省水平支撑和竖向支承构件费用。但周边高土坡随时间增长将持续产生位移，使围护体产生较大变形，对周边环境的影响难以估量。考虑基坑施工安全性、施工方式、工期及工程造价等因素，本基坑采用了中心顺作、周边地下一层结构环板逆作的总体设计方案。即将基坑分成中部顺作区和周边逆作区两部分，基坑外侧浅层卸土放坡，基坑内侧土方开挖至地下一层结构梁底标高，首先施工周边逆作区地下一层结构梁板，形成环状支撑，然后在基坑周边留土，并采用多级放坡使中心区域开挖至基底。在中心部分结构向上顺作施工并与周边地下一层结构环板贯通后，再以结构梁板作为水平支撑，逆作施工周边留土放坡区域。该方案减小了周边放坡高度，在中心区域施工过程利用周边结构环板刚度和周边留土共同约束围护墙位移，以控制基坑变形，保护周边环境。图2-11为该基坑的围护剖面图，图2-12为现场实景图。

2.3 总体方案选型

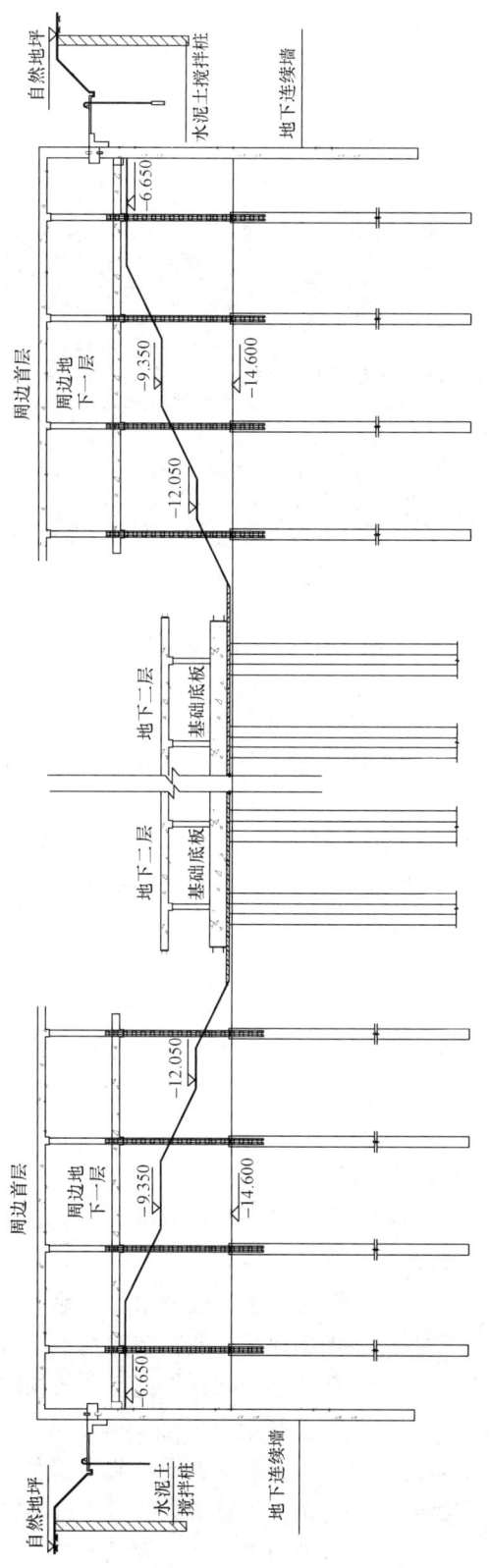

图 2-11 仲盛商业中心基坑中心顺作、周边逆作剖面示意图

图 2-12　仲盛商业中心基坑工程现场实景

2.4　基坑周边围护结构选型

在基坑工程实践中形成了多种成熟的周边围护结构类型，每种类型在适用条件、工程经济性等方面各有特点，因此需综合考虑每个工程规模、周边环境、工程水文地质条件等因素合理选用周边围护结构形式。

工程中常用的基坑周边围护结构有土钉墙、水泥土重力式围护墙、地下连续墙、灌注桩排桩围护墙、型钢水泥土搅拌墙、钢板桩和钢筋混凝土板桩等几种类型，设计中应根据每种围护形式的特点和适用条件进行选型。

2.4.1　土钉墙

土钉墙由土钉、面层、被加固的原位土体及必要的防排水系统组成，是具有自稳能力的原位挡土墙，这是土钉墙的基本形式。土钉墙与各种隔水帷幕、微型桩及预应力锚杆（索）等构件结合起来，又可形成复合土钉墙。

1. 土钉墙基本形式

图 2-13 为土钉墙的基本形式示意图。

土钉墙具有以下优点：施工设备及工艺简单，对基坑形状适应性强，经济性较好；坑内无支撑体系，可实现敞开式开挖；支护结构柔性大，有良好的延性；墙面密封性好，可防止水土流失及雨水、地下水对坑壁的侵蚀；施工所需场地小，支护结构基本不占用场地内的空间；由于孔径小，与桩等施工工艺相比，穿透卵石、漂石及填石层的能力更强；可以边开挖边支护便于信息化施工，能够根据现场监测数据及开挖暴露的地质条件及时调整土钉参数。但土钉墙的土钉长度较长，需占用坑外地下空间，而且土钉施工与土方开挖交叉进行，对现场施工组织要求较高。

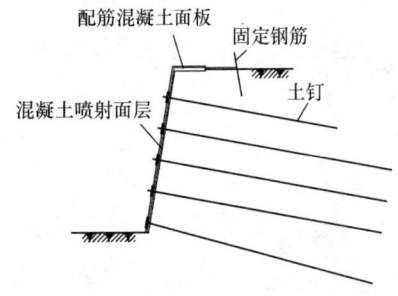

图 2-13　土钉墙基本形式示意图

土钉墙适用于地下水位以上或经人工降水后的人工填土、黏性土和弱胶结砂土地层中的基坑支护。一般用于开挖深度不大于12m、周边环境保护要求不高的基坑工程。由于土钉墙主要靠土钉与土层之间的锚固力保持坑壁的稳定,因此在以下土层中的基坑不适宜采用土钉墙:含水丰富的粉细砂、中细砂及含水丰富且较为松散的中粗砂、砾砂及卵石层等;黏聚力很

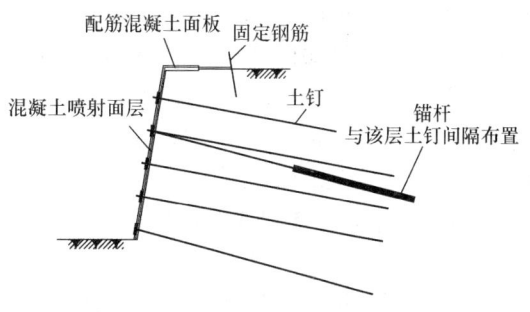

图 2-14 土钉墙+预应力锚杆(索)

小、过于干燥的砂层及相对密实度较小的均匀度较好的砂层;有深厚新近填土、淤泥质土、淤泥等软弱土层的地层及膨胀土地层。此外,对基坑变形要求较为严格的工程,以及不允许支护结构超越红线或邻近地下建(构)筑物,在可实施范围内土钉长度无法满足要求的基坑工程也不适宜采用土钉墙。

2. 复合土钉墙

土钉墙与一些构件联合支护可形成复合土钉墙,与土钉墙复合的构件主要有预应力锚杆、隔水帷幕及微型桩3类,各种构件可以单独或组合与土钉墙复合,形成了多种形式。这里主要对土钉墙+预应力锚杆(索)、土钉墙+隔水帷幕和土钉墙+微型桩三种常用复合土钉墙形式的选型进行论述。由于复合土钉墙是土钉墙基本形式与其他围护结构的组合,因此土钉墙基本形式的特点和适用条件同样适用于复合土钉墙。

(1)土钉墙+预应力锚杆(索)

与土钉墙基本形式相比,土钉墙+预应力锚索(如图 2-14 所示)形成的复合土钉墙由于增加了预应力锚索,使得基坑稳定性和变形控制更加有利。当基坑开挖深度较深或对基坑变形要求相对较高时可采用该围护形式。

(2)土钉墙+隔水帷幕

土钉墙+隔水帷幕的围护形式(图 2-15)在基坑周边设置封闭的隔水帷幕,可防止坑内降水对坑外环境产生影响。同时隔水帷幕对坑壁土体具有超前支护作用,有利于坑壁的稳定和控制基坑变形。该围护形式适用于地下水位丰富,周边环境对降水敏感的工程,以及土质较差需采取超前支护的基坑工程。

(3)土钉墙+微型桩

土钉墙+微型桩的示意图如图 2-16 所示。微型桩一般为直径不大于400mm的混凝土灌

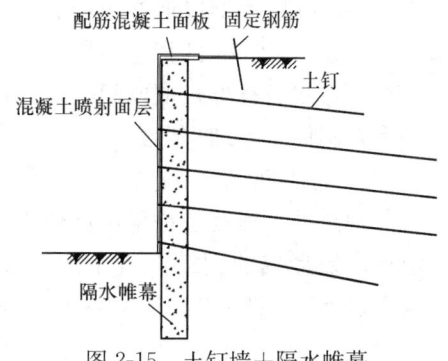

图 2-15 土钉墙+隔水帷幕   图 2-16 土钉墙+微型桩

注桩、预制钢筋混凝土桩、角钢、钢管、工字钢、H型钢、方钢等构件。将微型桩与土钉墙复合可以起到超前支护，减小基坑变形的作用。

由于微型桩具有良好的超前支护作用，该围护形式适用于填土、软塑状黏性土等较软弱土层，需要竖向构件增强整体性、复合体强度及开挖面临时自立性能的工程。需利用超前支护减小基坑变形的工程中也经常采用该围护形式。

2.4.2 水泥土重力式围护墙

水泥土重力式围护墙（图2-17）是以水泥系材料为固化剂，通过搅拌机械采用喷浆施工将固化剂和地基土强行搅拌，形成具有一定厚度连续搭接的水泥土柱状加固体挡墙。图2-18为某工程的水泥土重力式围护墙实景图。

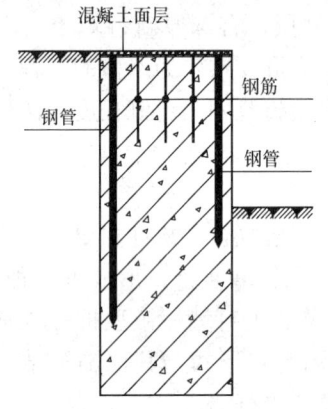

图2-17 水泥土重力式围护墙示意图

图2-18 水泥土重力式围护墙实景图

基坑周边可结合重力式挡墙的水泥土桩形成封闭隔水帷幕，隔水性能可靠；使用后遗留的水泥土墙体相对比较容易处理。但水泥土重力式围护墙占用空间较大；围护结构变形较大；由于水泥土重力式围护墙采用水泥土搅拌桩或高压喷射注浆成墙，围护施工对邻近环境影响较大。

水泥土重力式围护墙一般在软土地层中应用较多。适用于软土地层中开挖深度不超过7.0m、周边环境保护要求不高的基坑工程。周边环境有保护要求时，采用水泥土重力式挡墙围护的基坑不宜超过5.0m；当基坑周边1~2倍开挖深度范围内存在对沉降和变形敏感的建构筑物时，应慎重选用。

2.4.3 地下连续墙

地下连续墙可分为现浇地下连续墙和预制地下连续墙两大类，目前在工程中应用的现浇地下连续墙的槽段形式主要有一字形、L形、T形和Π形等（图2-19），并可通过将各种形式槽段组合，形成格形、圆筒形等结构形式。

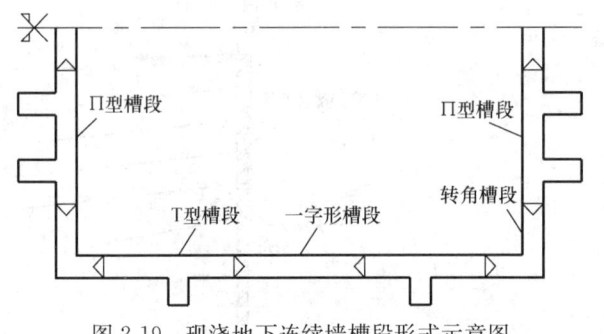

图2-19 现浇地下连续墙槽段形式示意图

1. 常规现浇地下连续墙

现浇地下连续墙是采用原位连续成槽浇筑形成的钢筋混凝土围护墙。地下连续墙具有挡土和隔水双重作用。

地下连续墙墙体施工具有低噪声、低震动等优点,且对环境的影响小;墙体刚度大、整体性好,基坑开挖过程中安全性高,支护结构变形较小;墙身具有良好的抗渗能力,坑内降水时对坑外的影响较小;可作为地下室结构的外墙,可配合逆作法施工;可采用加肋的方式形成T形槽段或Ⅱ形槽段增加墙体的抗弯刚度。

地下连续墙存在弃土和废泥浆处理、粉砂地层易引起槽壁坍塌及渗漏等问题,需采取相关的措施来保证连续墙施工的质量。由于地下连续墙水下浇筑、槽段之间存在接缝的施工工艺特点,地下连续墙墙身以及接缝位置存在防水的薄弱环节,易产生渗漏水现象。地下连续墙用于"两墙合一",为满足正常使用阶段的防水要求需进行专项防水设计。同时由于"两墙合一"地下连续墙作为永久使用阶段的地下室外墙,需结合主体结构设计,在地下连续墙内为主体结构留设预埋件。"两墙合一"地下连续墙设计必须在主体建筑结构施工图设计基本完成后方可开展。

地下连续墙适用于以下工程:深度较大的基坑工程,一般开挖深度大于10m才有较好的经济性;邻近存在保护要求较高的建(构)筑物,对基坑本身的变形和防水要求较高的工程;基地内空间有限,地下室外墙与红线距离极近,采用其他围护形式无法满足留设施工操作空间要求的工程;围护结构亦作为主体结构的一部分,且对防水、抗渗有较严格要求的工程;采用逆作法施工,地上和地下同步施工时,一般采用地下连续墙作为围护墙;在超深基坑中,例如30~50m的深基坑工程,采用其他围护体无法满足要求时,常采用地下连续墙作为围护体。

2. 圆筒形地下连续墙

圆筒形地下连续墙(图2-20)是现浇地下连续墙的一种组合结构形式,采用壁板式槽段或转角槽段组合成圆筒形结构形式。

圆筒形地下连续墙充分利用了土的拱效应,降低了作用在支护结构上的土压力;圆形结构具有更好的力学性能,与常规形状的基坑不同,它可将作用在其上面的荷载基本上转化为地下连续墙的环向压力,可充分发挥混凝土抗压性能好的特点,有利于控制基坑变形。在工程中圆筒形地下连续墙平面形状实际为多边形,并非理想的圆形结构,其受力状态以环向受压为主,受弯为辅。

圆筒形地下连续墙适用于主体地下结构为圆形或接近圆形的工程。受到条件限制或为了方便施工需采用无支撑大空间施工的工程。

3. 格形地下连续墙

格形地下连续墙(图2-21)是现浇地下连续墙的一种组合结构形式。格形地下连续

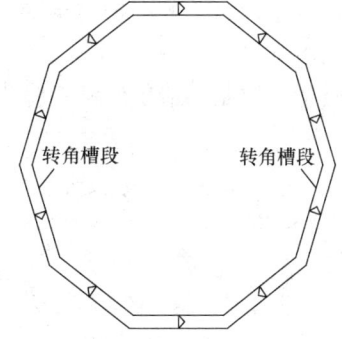

图2-20 圆筒形地下连续墙平面示意图

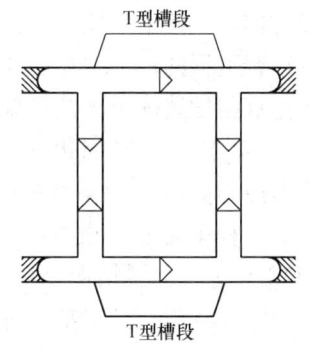

图2-21 格形地下连续墙平面示意图

墙靠其自身重量稳定的半重力式结构，基坑开挖阶段无需设置支撑体系；相对于其他自立式围护结构，基坑变形较小，对周边环境保护较为有利；受到自身结构的限制，一般槽段数量较多。

格形地下连续墙适用于无法设置内支撑体系，且对变形控制要求较严格的深基坑工程；多用于船坞及特殊条件下无法设置水平支撑的基坑工程，目前也有应用于大型的工业基坑的案例。

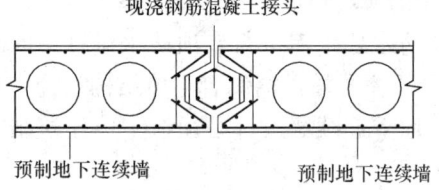

图 2-22　预制地下连续墙平面示意图

4. 预制地下连续墙

预制地下连续墙（图 2-22）采用常规施工方法成槽后，在泥浆中先插入预制墙段等预制构件，然后以自凝泥浆或注浆置换成槽用的护壁泥浆，也可直接以自凝泥浆护壁成槽插入预制构件，以自凝泥浆的凝固体填塞墙后空隙和防止构件间接缝渗水，形成地下连续墙。

预制地下连续墙采用工厂化制作可充分保证墙体的施工质量，墙体构件外观平整，可直接作为地下室的建筑内墙，节约成本；由于工厂化制作，预制地下连续墙与结构梁板、基础底板等连接处预埋件位置准确，不会出现钢筋连接器脱落现象。墙段预制时可通过采取相应的构造措施和节点形式达到结构防水的要求，并改善和提高了地下连续墙的整体受力性能。为便于运输和吊放，预制地下连续墙大多采用空心截面，减小自重节省材料，经济性好。可在正式施工前预制加工，制作与养护不占绝对工期；大大减少了成槽后泥浆护壁的时间，有利于保持槽壁稳定和保护周边环境；免掉了常规拔除锁口管或接头箱的过程，节约了成本和工期。

目前大多采用预制地下连续墙的工程中均将其用作主体结构地下室外墙。在现阶段的工程实践中，由于受到起重和吊装能力的限制，墙段总长度受到了一定限制，对基坑深度有一定限制。

2.4.4　灌注桩排桩围护墙

灌注桩排桩围护墙是采用连续的柱列式排列的灌注桩形成围护结构。工程中常用的灌注桩排桩的形式有分离式、咬合式、双排式、相切式、交错式、格栅式等多种形式。本节主要对分离式、咬合式和双排式三种工程中常用的灌注桩排桩围护墙布置形式选型进行论述。

1. 分离式排桩

分离式排桩是工程中灌注桩排桩围护墙最常用，也是较简单的围护结构形式。灌注桩排桩外侧可结合工程的地下水控制要求设置相应的隔水帷幕，如图 2-23 所示。

分离式排桩围护墙施工工艺简单、工艺成熟、质量易控制、造价经济；噪声小、无振动、无挤土效应，施工时对周边环境影响小；可根据基坑变形控制要求灵活调整围护桩刚度；在有隔水要求的工程中需另行设置隔水帷幕，其隔水帷幕可根据工程的土层情况、周边环境特点、基坑开挖深度以及经济性等要求综合选用。此外，由于排桩围护墙在基坑开挖阶段仅用作临时

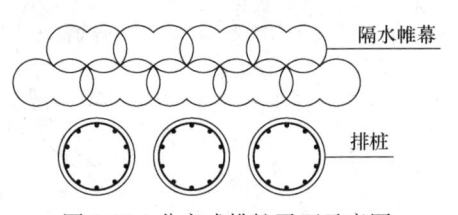

图 2-23　分离式排桩平面示意图

围护体，在主体地下室结构平面位置、埋置深度确定后即有条件设计、实施。

分离式排桩围护墙地层适用性广，对于从软黏土到粉砂性土、卵砾石、岩层中的基坑均适用，但软土地层中一般适用于开挖深度不大于20m的深基坑工程。

2. 咬合桩

有时因场地狭窄等原因，无法同时设置排桩和隔水帷幕时，可采用桩与桩之间咬合的形式，形成可起到隔水作用的咬合式排柱围护墙，如图2-24所示。咬合桩的先行桩采用素混凝土桩或钢筋混凝土桩，后行桩采用钢筋混凝土桩。桩与桩之间可一定程度上传递剪力。

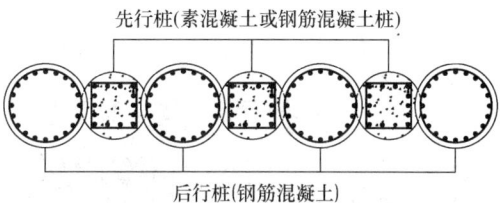

图2-24 咬合桩平面示意图

咬合桩受力结构和隔水结构合一，占用空间较小；整体刚度较大，防水性能较好。施工速度快，工程造价低；施工中可干孔作业，无须排放泥浆，机械设备噪声低、振动少，对环境污染小。咬合桩对成桩垂直度要求较高，施工难度较高。

咬合桩一般适用于淤泥、流砂、地下水富集的软土地区，以及邻近建（构）筑物对降水、地面沉降较敏感等环境保护要求较高的基坑工程。

3. 双排桩

为增大排桩的整体抗弯刚度和抗侧移能力，可将桩设置成为前后双排，将前后排桩桩顶的冠梁用横向连梁连接，就形成了双排门架式挡土结构，如图2-25和图2-26所示。

双排桩抗弯刚度大，施工工艺简单、工艺成熟、质量易控制、造价经济。可作为自立式悬臂支护结构，无需设置支撑体系。围护体占用空间大。自身不能隔水，在有隔水要求的工程中需另设隔水帷幕。

双排桩适用于场地空间充足，开挖深度较深，变形控制要求较高，且无法设置内支撑体系的工程。

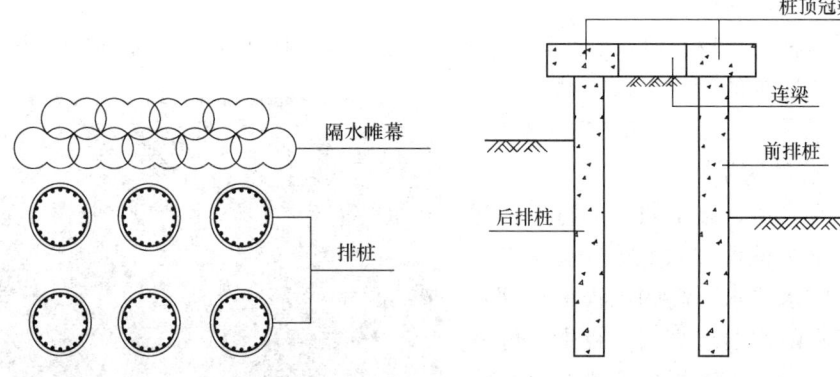

图2-25 双排桩平面示意图　　图2-26 双排桩围护墙剖面示意图

2.4.5 型钢水泥土搅拌墙

型钢水泥土搅拌墙是一种在连续套接的三轴水泥土搅拌桩内插入型钢形成的复合挡土隔水结构，如图2-27所示。图2-28为型钢水泥土搅拌墙立面实景图。

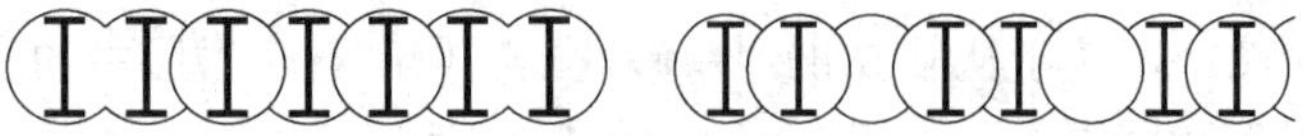

(1) 型钢密插型　　(2) 型钢插二跳一型　　(3) 型钢插一跳一型

图 2-27　型钢水泥土搅拌墙平面布置图

1. 特点

型钢水泥土搅拌墙将受力结构与隔水帷幕合一，围护体占用空间小；围护体施工对周围环境影响小，墙体防渗性能好；施工过程无需回收处理泥浆，且型钢可回收，环保节能、经济性好；适用土层范围较广，结合辅助措施可用于较硬质地层；成桩速度快，围护体施工工期短；型钢拔除后在搅拌桩中留下的孔隙需采取注浆等措施进行回填，特别是邻近变形敏感的建构筑物时，对回填质量要求较高。

图 2-28　型钢水泥土搅拌墙立面实景

2. 适用条件

从黏性土到砂性土，从软弱的淤泥和淤泥质土到较硬、较密实的砂性土，甚至在含有砂卵石的地层中经过适当的处理都能够进行施工。软土地区一般用于开挖深度不大于13m的基坑工程。在施工场地狭小，或距离用地红线、建筑物等较近时，有较好的适用性。型钢水泥土搅拌墙的刚度相对较小，变形较大，在对周边环境保护要求较高的工程中，例如基坑紧邻运营中的地铁隧道、历史保护建筑、重要地下管线时，应慎重选用。当基坑周边环境对地下水位变化较为敏感，搅拌桩桩身范围内大部分为砂（粉）性土等透水性较强的土层时，应慎重选用。

2.4.6　钢板桩围护墙

钢板桩是一种带锁口或钳口的热轧（或冷弯）型钢，钢板桩打入后靠锁口或钳口相互连接咬合，形成连续的钢板桩围护墙，用来挡土和隔水，其平面示意图如图2-29所示，图 2-30 为某工程的实景图。

钢板桩具有轻型、施工快捷的特点；基坑施工结束后钢板桩可拔除，循环利用，经济性较好；在防水要求不高的工程中，可采用自身防水；在防水要求高的工程中，可另行设置隔水帷幕。由于钢板桩抗侧刚度相对较小，一般变形较大。钢板桩打入和拔除对

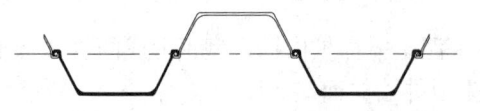

图 2-29　钢板桩围护墙平面示意图

图 2-30　钢板桩围护墙实景

土体扰动较大,且钢板桩拔除后需对土体中留下的孔隙进行回填处理。

由于其刚度小,变形较大,钢板桩一般适用于开挖深度不大于 7m、周边环境保护要求不高的基坑工程。由于钢板桩打入和拔除对周边环境影响较大,邻近对变形敏感建(构)筑物的基坑工程不宜采用。

2.4.7 钢筋混凝土板桩围护墙

钢筋混凝土板桩围护墙是由钢筋混凝土板桩构件连续沉桩后形成的基坑围护结构,立面示意图如图 2-31 所示。

钢筋混凝土板桩具有强度高、刚度大、取材方便、施工简易等优点。其外形可以根据需要设计制作,槽榫结构可以解决接缝防水。

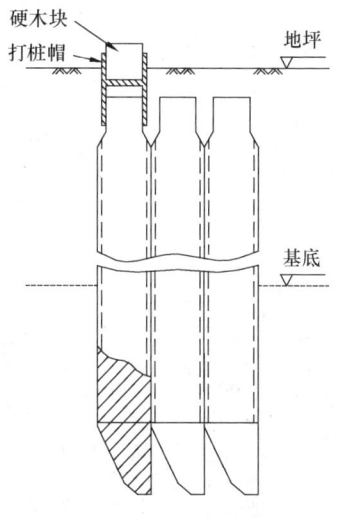

图 2-31 钢筋混凝土板桩围护墙立面图

钢筋混凝土板桩适用于开挖深度小于 10m 的中小型基坑工程,作为地下结构的一部分,则更为经济;大面积基坑内的小基坑即"坑中坑"工程,不必坑内拔桩,降低作业难度;较复杂环境下的管道沟槽支护工程,可替代不便拔除的钢板桩;水利工程中的临水基坑工程,内河驳岸、小港码头、港口航道、船坞船闸、河口防汛墙、防浪堤及其他河道海塘治理工程。

2.5 支撑与锚杆系统

作用在板式支护结构上的水、土压力可以由内支撑进行平衡,也可以从坑外设置锚杆进行平衡。内支撑具有支撑刚度大、控制基坑变形能力强,而且不侵入周围地下空间形成障碍物等优点,但相对于锚杆系统其工程造价较高,而且支撑的设置对地下结构的回筑施工将造成一定程度的影响;锚杆系统由于设置在围护墙的外侧,为土方开挖、结构施工创造了空间,有利于提高效率和工程质量,且锚杆造价相对于内支撑系统具有较大的优势,但由于锚杆设置在坑外,对将来地下空间的开发利用将形成一定的障碍。

内支撑系统与锚杆系统各有优缺点,基坑工程中选择内支撑系统还是锚杆系统应根据实际情况确定,其中包括周围环境、基坑与红线关系、工程水文地质条件以及基坑规模及开挖深度等。

2.5.1 内支撑系统

支撑结构选型包括支撑材料和体系的选择以及支撑结构布置等内容。支撑结构选型从结构体系上可分为平面支撑体系和竖向斜撑体系;从材料上可分为钢支撑、钢筋混凝土支撑以及钢和混凝土组合支撑的形式。各种形式的支撑体系根据其材料特点具有不同的优缺点和应用范围。由于基坑规模、环境条件、主体结构以及施工方法等的不同,难以对支撑结构选型确定出一套标准的方法,应以确保基坑安全可靠的前提下做到经济合理、施工方便为原则,根据实际工程具体情况综合考虑确定。

1. 钢支撑体系

钢支撑体系是在基坑内将钢构件用焊接或螺栓拼接起来的结构体系。由于受现场施工条件的限制,钢支撑的节点构造应尽量简单,节点形式也应尽量统一,因此钢支撑体系通常均采用具有受力直接、节点简单的正交布置形式,不宜采用节点复杂的角撑或者桁架式的支撑布置形式。钢支撑体系目前常用的形式一般有钢管和H型钢两种,钢管大多选用 $\phi 609$,壁厚可为10mm,12mm,14mm;型钢支撑大多选用H型钢,常用的有 H700×300,H500×300 等。图2-32和图2-33分别为十字正交钢管对撑及十字正交型钢对撑实景图。

图2-32 十字正交钢管对撑　　　　　图2-33 十字正交型钢对撑

钢支撑架设和拆除速度快、架设完毕后不需等待强度即可直接开挖下层土方,而且支撑材料可重复循环使用,对节省基坑工程造价和加快工期具有显著优势,适用于开挖深度一般、平面形状规则、狭长形的基坑工程。钢支撑几乎成为地铁车站基坑工程首选的支撑体系。但由于钢支撑节点构造和安装复杂以及目前常用的钢支撑材料截面承载力较为有限等特点,以下几种情况下不适合采用钢支撑体系:

(1) 基坑形状不规则,不利于钢支撑平面布置;

(2) 基坑面积巨大,单个方向钢支撑长度过长,拼接节点多易积累形成较大的施工偏差,传力可靠性难以保证;

(3) 由于基坑面积大且开挖深度深,钢支撑刚度相对较小,不利于控制基坑变形和保护周边的环境。

2. 钢筋混凝土支撑体系

钢筋混凝土支撑具有刚度大、整体性好的特点,而且可采取灵活的平面布置形式适应基坑工程的各项要求。布置形式目前常用的有正交支撑、圆环支撑或对撑、角撑结合边桁架布置形式。

1) 正交支撑形式

正交对撑布置形式的支撑系统传力直接以及受力明确,具有支撑刚度大变形小的特点,在所有平面布置形式的支撑体系中最具控制变形的能力,十分适合在敏感环境下面积较小或适中的基坑工程中应用,如邻近保护建(构)筑物、地铁车站或隧道的深基坑工程;或者当基坑工程平面形状较为不规则,采用其他平面布置形式的支撑体系有难度时,也适合采用正交支撑形式。图2-34和图2-35为采用正交支撑形式的两个基坑工程实景。

图 2-34　正交支撑实景一　　　　　　图 2-35　正交支撑实景二

该布置形式的支撑系统主要缺点是支撑杆件密集、工程量大，而且出土空间比较小，不利于加快出土速度。

2) 对撑、角撑结合边桁架支撑形式

对撑、角撑结合边桁架支撑体系近年来在深基坑工程中得到了广泛的使用，具有十分成熟的设计和施工经验。对撑、角撑结合边桁架支撑体系具有受力十分明确的特点，且各块支撑受力相对独立，因此该支撑布置形式无需等到支撑系统全部形成才能开挖下皮土方，可实现支撑的分块施工和土方的分块开挖的流水线施工，一定程度上可缩短支撑施工的绝对工期。而且采用对撑、角撑结合边桁架支撑布置形式，其无支撑面积大，出土空间大，通过在对撑及角撑局部区域设置施工栈桥，还可大大加快土方的出土速度。图 2-36 和图 2-37 为采用对撑、角撑结合边桁架支撑形式的两个基坑工程。

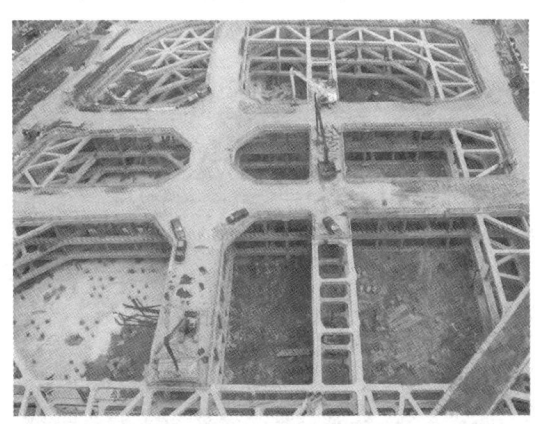 

图 2-36　对撑、角撑结合边桁架实景一　　　　图 2-37　对撑、角撑结合边桁架实景二

3) 圆环支撑形式

通过对深基坑支撑结构的受力性能分析可知，挖土时基坑围护墙须承受四周水土压力的作用。从力学观点分析，可以设置水平方向上的受力构件作支撑结构，为充分利用混凝土抗压能力强的特点，把受力支撑形式设计成圆环形结构，承受土压力是十分合理的。在

这个基本原理指导下，土体侧压力通过围护墙传递给围檩与边桁架腹杆，再集中传至圆环。在围护墙的垂直方向上可设置多道圆环内支撑，其圆环的直径大小、垂直方向的间距可由基坑平面尺寸、地下室层高、挖土工况与水土压力值来确定。圆环支撑形式适用于超大面积的深基坑工程，以及多种平面形式的基坑，特别适用于方形、多边形的基坑。

圆环支撑体系具有如下几方面典型的优点：

（1）受力性能合理。在深基坑施工时，采用圆环内支撑形式，从根本上改变了常规的支撑结构方式，这种以水平受压为主的圆环内支撑结构体系，能够充分发挥混凝土材料的受压特性，具有足够的刚度和变形小的特点。

（2）加快土方挖运的速度。采用圆环内支撑结构，一般情况下在基坑平面形成的无支撑面积可达到50%之上，为挖运土的机械化施工提供了良好的多点作业条件，其中环内无支撑区域按周围环境条件与基坑面积的尺寸大小，挖土工艺以留岛式施工为主，在较小面积基坑的最后一层可用盆式挖土。挖土速度可成倍提高，缩短了深基坑的挖土工期，同时有利于基坑变形的时效控制。

（3）经济效益十分显著。深基坑施工中采用圆环内支撑结构，用料节省显著，与各类支撑结构相比节省大量钢材和水泥，其单位土方的开挖费用较其他支撑相比有较大幅度的下降，施工费用节约可观，社会效益十分显著。

（4）可适用于狭小场地施工。在施工场地狭小或四周无施工场地的工程中，使用圆环内支撑也是较合适的。因支撑刚度大，可通过配筋、调整立柱间距等措施，提高其横向承载能力。亦可在上面搭设堆料平台，安装施工机械，便于施工的正常进行。

圆环支撑体系也存在不利的因素，如根据该支撑形式的受力特点，要求土方开挖流程应确保圆环支撑受力的均匀性，圆环四周坑边应土方均匀、对称地挖除，同时要求土方开挖必须在上道支撑完全形成后进行，因此对施工单位的管理与技术能力要求相对较高，同时不能实现支撑与挖土流水化施工。图2-38和图2-39为采用圆环支撑形式的两个基坑工程实景。

图 2-38　圆环支撑实景一（圆环直径 100m）　　图 2-39　圆环支撑实景二（圆环直径 60m）

3. 钢与混凝土组合支撑形式

钢支撑具有架设以及拆除施工速度快、可以通过施加和复加预应力控制基坑变形以及可以重复利用、经济性较好的特点，因此在工程中得到了广泛的应用，但由于复杂的钢支撑节点现场施工难度大、施工质量不易控制,以及现可供选择钢支撑类型较少而且承载能力较为有限等局限性限制了其应用的范围,其主要应用在平面呈狭长形的基坑工程,如地铁车站、共同沟或管道沟槽等市政工程中,也大量应用在平面形状比较规则、短边距离较小的深基坑工程中。钢筋混凝土支撑由于截面承载能力高、以及现场浇筑可以适应各种形状的基坑工程,几乎可以在任何需要支撑的基坑工程中应用,但其工程造价高、需要现场浇筑和养护,而且基坑工程结束之后还需进行拆除,因此其经济性和施工工期不及相同条件下的钢支撑。

根据上述钢支撑和钢筋混凝土支撑的不同特点以及应用范围,在一定条件下的基坑工程可以充分利用两种材料的特性,采用钢与混凝土组合支撑形式,在确保基坑工程安全前提下,可实现较为合理的经济和工期目标。钢与混凝土组合支撑体系常用的有两种形式,一为同层支撑平面内钢和混凝土组合支撑(如图2-40所示),如在长方形的深基坑中,中部可设置短边方向的钢支撑对撑,施工速度快而且工程造价低,基坑两边如设置钢支撑角撑支撑节点复杂而且刚度低,不利于控制基坑变形,可采用施工难度低、刚度更大的钢筋混凝土角撑。二为钢支撑平面与混凝土支撑平面的分层组合的形式。为了节约工程造价以及施工的便利,一般情况下深基坑工程第一道支撑系统的局部区域均利用作为施工栈桥,作为基坑工程实施阶段以及地下结构施工阶段的施工机械作业平台、材料堆场,第一道支撑采用钢筋混凝土支撑,对减小围护体水平位移,并保证围护体整体稳定具有重要作用,同时第一道支撑部分区域的支撑杆件经过截面以及配筋的加强即可作为施工栈桥,既方便了施工,又降低了施工技术措施费,第二及以下各道支撑系统为加快施工速度和节约工程造价可采用钢支撑,采用此种组合形式的支撑时,应注意第一道支撑与其下各道支撑平面应上下统一,以便于竖向支承系统的共用以及基坑土方的开挖施工。图2-41为采用钢支撑平面与混凝土支撑平面的分层组合形式,第一道采用钢筋混凝土支撑,中部区域经过加固后作为施工栈桥,第二道支撑采用钢管支撑。

图2-40 钢与钢筋混凝土组合支撑实景一

图2-41 钢与钢筋混凝土组合支撑实景二

4. 竖向斜撑形式

当基坑工程的面积大而开挖深度一般时,如采用常规的按整个基坑平面布置水平支撑,支撑和立柱的工程量将十分巨大,而且施工工期长,中心岛结合竖向斜撑的支护设计方案可有效地解决此难题。其具体施工流程为:首先在基坑中部放坡盆式开挖,形成中心岛盆式工况，依靠基坑周边的盆边留土平衡围护体所受的土压力，其后在完成中部基础底板之后，再利用中部已浇筑形成并达到设计强度的基础底板作为支撑基础，设置竖向斜撑，支撑基坑周边的围护体，最后挖除周边盆边留土，浇筑形成周边的基础底板，在地下室整体形成之后，基坑周边密实回填，再拆除竖向斜撑。竖向斜撑一般采用钢管支撑，在端部穿越结构外墙段用H型钢替代，以方便穿越结构外墙并设置止水措施。图2-42及图2-43为采用竖向斜撑的两个工程实例。

图2-42 竖向斜撑实景一

图2-43 竖向斜撑实景二

2.5.2 锚杆系统

锚杆作为一种支护形式应用于基坑工程已近五十年，它一端与围护墙连接，另一端锚固在稳定地层中，使作用在围护结构上的水土压力，通过自由段传递到锚固段，再由锚固段将锚杆拉力传递到稳定土层中去。与其他设置内支撑的支护形式相比，采用锚杆支护形式，节省了大量内支撑和竖向支承钢立柱的设置和拆除，因此经济性相对于内支撑支护形式具有较大的优势，而且由于锚杆设置在围护墙的背后，为基坑工程的土方开挖、地下结构施工创造了开阔的空间，有利于提高施工效率和地下工程的质量。但锚杆支护受到地层条件和环境锚固条件的限制，主要指地层的地质条件使锚杆力能否有效地传递，以及锚杆有可能超越用地红线对红线以外的已建建（构）筑物形成不利影响或者形成将来地下空间开发的障碍。

锚杆结构一般由锚头、自由段以及锚固段三部分组成，其中锚固段用水泥浆或水泥砂浆将杆体（普通钢筋或者预应力筋）与土体粘结在一起形成锚杆的锚固体。锚杆按其使用年限分为临时性锚杆（使用时间<2年）和永久性锚杆（使用时间>2年）。临时性锚杆和永久性锚杆的设计安全度、防腐处理以及锚头构造都有不同的要求。作为基坑工程使用的锚杆，有效作用时间通常都在一年左右，因此对用于基坑支护的锚杆可按临时性锚杆考虑。

锚杆支护技术在基坑工程领域经过多年的应用和发展，已经形成多种成熟的、可供选择的形式。锚杆的具体选型需根据工程水文地质条件、周边环境情况以及基坑工程的规模及开挖深度等特点综合确定。

1. 预应力锚杆与非预应力锚杆

锚杆一般按照是否施加预应力可分为预应力锚杆和非预应力锚杆。图2-44为预应力锚杆和非预应力锚杆之间的构造比较图。

预应力锚杆由自由段和锚固段组成，一般采用钢绞线作为锚杆杆体。施工流程上应先成孔，其后放置锚杆杆体，之后进行锚杆浆体的施工，浆体施工完毕并达到设计要求的强度之后，对钢绞线进行张拉施加预应力。由于预应力锚杆需进行张拉的程序，锚杆在下层土方开挖之前便可提供支护锚固力，因此该类型锚杆具有控制变形能力强的特点，而且前期的张拉工序能预先检验锚杆的承载力，质量更容易得到保证。预应力锚杆施工工艺相对复杂、施工造价相对较高，但具有承载能力高、控制基坑变形能力强的特点，适用于对周围环境保护要求较高、开挖深度较深的深基坑工程中。

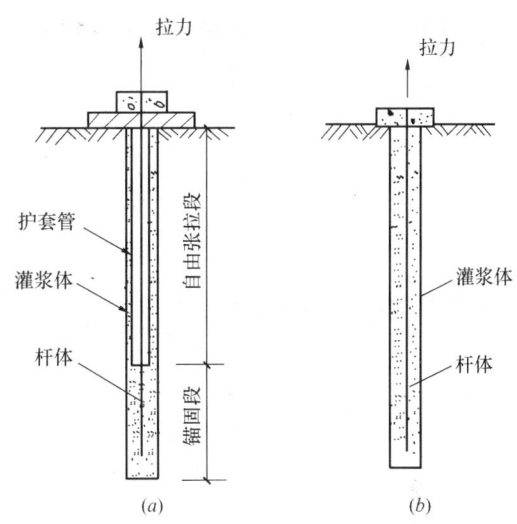

图 2-44 预应力锚杆与非预应力锚杆结构构造的比较
(a) 预应力锚杆；(b) 非预应力锚杆

非预应力锚杆没有自由段，其通长均为锚固段，采用普通的钢筋作为锚杆杆体，锚杆成孔后置入钢筋杆体，进行注浆后即完成锚杆的所有工序。该类型锚杆需在基坑开挖以下土方、锚杆产生变形趋势之后才发挥锚固作用，因此控制基坑变形能力相对于预应力锚杆差，而且缺乏成套行之有效的检验手段和施工质量控制标准。非预应力锚杆控制基坑变形能力和承载能力一般，但施工工艺简单、工序少而且工程造价相对较低，一般适用于周围环境无特殊保护要求、开挖深度一般的基坑工程。

2. 拉力型锚杆与压力型锚杆

拉力型锚杆与压力型锚杆的共性特点在于工作状态时锚杆杆体均处于受拉状态，不同点在于锚杆受荷后其固定段内的灌浆体分别处于受拉或者受压状态。

拉力型锚杆工作时，锚杆灌浆体处于受拉状态，由于灌浆体抗拉强度很小，工作状态时浆体容易出现张拉裂缝，地下水极易通过裂缝渗入锚杆内部，从而导致锚杆杆体长期的防腐性差。但拉力型锚杆结构简单、施工方便以及具有较好的经济性，因此该类型锚杆在无特殊要求的基坑工程中得到较为广泛的应用，当前基坑工程中的锚杆多采用此类型锚杆。

压力型锚杆工作状态下灌浆体受压，灌浆体不易开裂，锚杆防腐蚀性较好，可用于永久性锚固工程；而且灌浆体受压性能远优于其受拉性能，因此压力型锚杆受力性能优于拉力型锚杆；另外由于锚杆芯体与灌浆体之间采取隔离措施，为锚杆使用完毕回收锚杆芯体创造了条件。总的来看，压力型锚杆施工工艺相对于拉力型锚杆复杂，而且造价也相对较高，一定程度限制其应用发展，但其防腐蚀性能较好，特别是具有锚杆芯体可回收、对周边地下空间开发不造成障碍的特点，是今后基坑工程支护形式的发展应用方向之一。

3. 单孔单一锚固和单孔复合锚固

单孔单一锚固指在一个钻孔中只有一根独立的锚杆，其预应力仅通过唯一一个锚固体传递至地层，锚固体会出现严重的应力集中现象，而应力集中过大将易产生锚固浆体破坏或周围地层的破坏，从而降低锚杆的承载力。上述的拉力型锚杆及压力型锚杆均属于单孔单一锚固型锚杆，由于单孔单一锚固型施工工艺相对简单、工艺成熟、具有大量的实践经验和理论基础，因此目前工程中大量使用的是单孔单一锚固型锚杆。

随着基坑工程向深、大方向的发展，对锚杆承载力等性能要求更高，由于单孔单一锚固型锚杆难以克服应力集中的负面因素，其承载力难以较大幅度的提升，单孔复合锚固型锚杆则是一种较为新型的锚杆，其是在同一钻孔中设置多个单元锚杆，以将原本集中的荷载均匀分散至多个单元锚杆之上，从而大大改善单孔单一锚固型锚杆应力集中的现象，使其具有相同长度下相对于单孔单一锚固型锚杆具有更高的锚固力，大幅度地提高锚杆的承载力以及其他方面的性能。图2-45为单孔单一锚固体系与单孔复合锚固

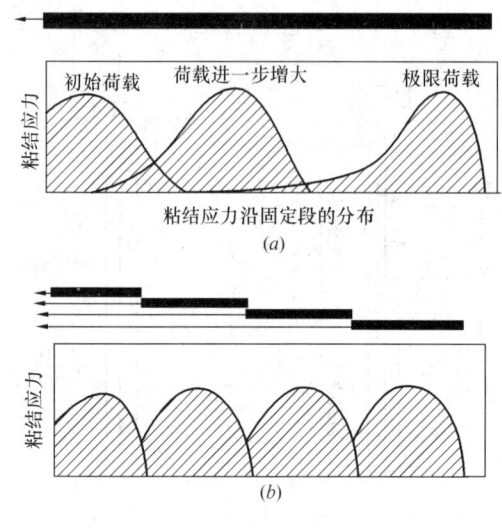

图 2-45　单孔单一锚固体系与
单孔复合锚固体系的比较
(a) 单孔单一锚固体系；(b) 单孔复合锚固体系

体系的受力特性比较图。

4. 可拆卸回收式锚杆

当基坑邻近建筑物红线，或者基坑周边地下空间有开发的规划，而不允许设置永久性锚杆时，应采用可拆卸回收式锚杆，待基坑工程施工结束，锚杆结束其服务期后，便可将其中的钢绞线从孔中抽出回收，达到回收锚杆杆体的目的，从而避免对后续地下空间的开发形成障碍。

根据杆体回收的不同机理，目前工程中一般有机械式可回收锚杆、化学式可回收锚杆以及力学式可回收锚杆等三种形式。

5. 玻璃纤维锚杆

玻璃纤维锚杆的应用与可拆卸回收式锚杆一样，同样是为了不影响周围地下空间的开发，即锚杆杆体的材料采用玻璃纤维，利用玻璃纤维抗拉强度高、抗剪和抗折强度低、脆性的特点，机械可断不会对影响范围的地下空间开发形成障碍物。

由于玻璃纤维抗剪强度较低，当坑外设置锚杆区域在基坑实施阶段预计将发生较大竖向变形时应当慎用，以避免因竖向变形过大造成玻璃纤维杆体剪断，此种情况下如必须采用玻璃纤维锚杆，应考虑适当增加其截面，以增强其截面抗剪承载力。

6. 自钻式中空注浆锚杆

自钻式中空注浆锚杆是一种新型锚杆，其将钻孔、锚杆安装、注浆、锚固合而为一，具有施工速度快、锚固力大、防腐性能好、工艺简单等特点。其注浆工艺是在钻孔后立即从锚杆的中孔向内注浆，浆液达到孔底后，即沿着孔壁与锚杆壁间自底向孔口进行充填，因而不仅保证了及时加固地层，同时也保证了钻孔中注浆的饱满，并能充填钻孔周壁的地层缝隙，增大了锚固力。另外，由于孔外锚端的螺母拧紧力作用，可作为预应力锚杆进行设计。

自钻式中空注浆锚杆适合在破碎而极易坍孔的地层中应用，甚至在砂卵石或淤泥质地

层中也能采用,从根本上扭转了在松软、破碎等不良地层中无法安放锚杆或锚杆长度不能满足设计要求的状况。

7. 全套管跟进锚杆

在高地下水位、粉砂土地基中进行锚杆施工时,如不采用辅助措施直接钻孔,容易产生坍孔、流砂,土颗粒大量流失造成周边地面沉陷,严重时将影响到基坑工程的安全。此时可采用全套管跟进锚杆,即在孔口外接套管斜向上一定高度、套管内灌水保持水压平衡后再进行钻孔施工,从而避免钻孔发生流砂、坍孔现象。

2.6 基 坑 加 固

在软土地区的基坑工程中,为了增强基坑支护体系的稳定性、控制基坑的变形、给现场施工和土方开挖创造条件,可以考虑进行基坑土体加固。基坑土体加固主要指在基坑开挖施工期间发挥作用的临时性地基处理,意在改善土体的物理力学性能、提高被动区土体抗力、减小基坑支护结构的变形或增强基坑的稳定性。基坑土体加固通常采用水泥土搅拌桩、高压旋喷桩、注浆、降水等方法。基坑工程中应根据场地地质条件、周边环境的变形控制要求以及土方开挖的方式等情况,进行基坑土体加固的设计。

按照土体加固的用途不同主要划分为以下几类。

1. 基坑周边被动区土体加固

在软土地基中,当周边环境保护要求较高时,基坑开挖前宜对被动区土体进行加固处理,以提高被动区土体抗力,减少基坑开挖过程中围护结构的变形。采用墩式加固(图2-46a)时,土体加固一般多布置在基坑周边阳角位置或跨中区域;必要时,也可以考虑采用抽条加固(图2-46c)或裙边加固(图2-46b)。加固体的深度范围应从第一道支撑底至开挖面以下一定深度(上海地区的经验一般为开挖面以下4m),图2-47为上海某工程坑内加固剖面示意图。由于土体加固后浅层土体受到扰动,当有施工机械需要在加固区域地表运行时,也可以采用低水泥掺量加固到地面。

通常采用水泥土搅拌桩进行基坑被动区土体加固。根据加固深度不同可以选择不同的加固工艺,双轴水泥土搅拌桩的加固深度一般在18m以内;加固深度超过18m时,应采

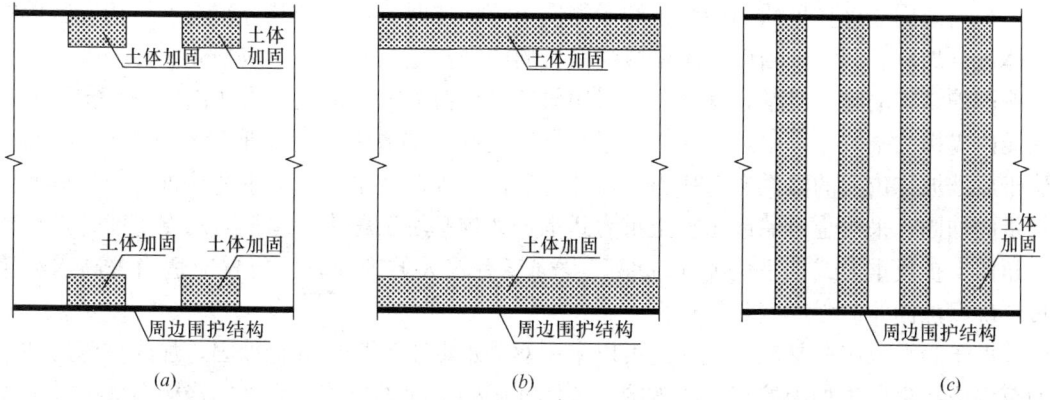

图 2-46 坑内加固平面布置示意图
(a) 墩式加固;(b) 裙边加固;(c) 抽条加固

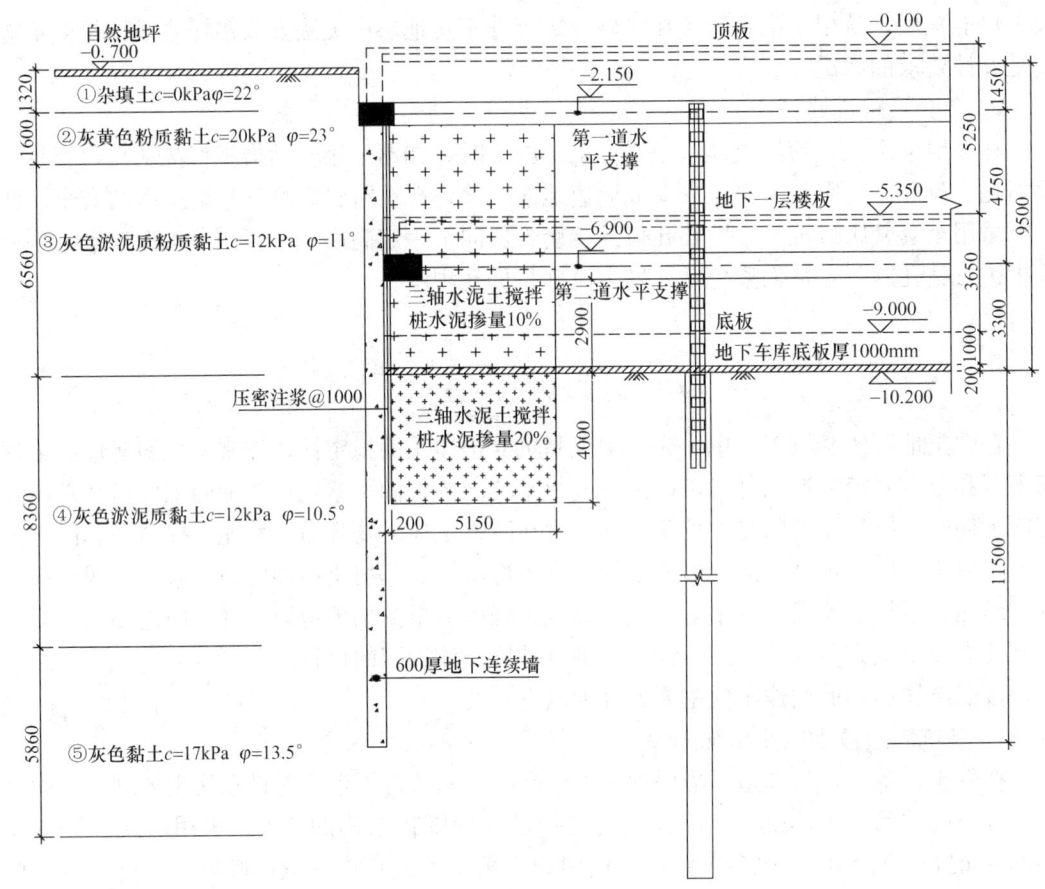

图 2-47 上海某工程坑内加固剖面示意图

用三轴水泥土搅拌桩。采用水泥土搅拌桩重力式挡墙作为周边围护结构时，被动区土体加固应与重力式挡墙相互搭接同步施工；采用其他围护结构形式时，围护结构与被动区土体加固之间的空隙应采用压密注浆或高压旋喷桩进行填充加固。

2. 场地内有浜土或淤泥质土等极软弱土层分布时的加固

当场地周边存在极软弱的浜土和淤泥质土等地层时，应结合其分布特点对相应区域的土体进行加固。其一，当软弱土层影响基坑周边围护结构施工时，应预先加固处理，避免影响围护结构的施工质量；其二，在采用放坡、土钉墙或水泥土重力式围护墙等支护形式的无内支撑的基坑工程中，也要对位于基坑周边区域的软弱土层采取针对性的处理措施。位于放坡坡体位置的暗浜会直接影响坡体稳定性，因此应采用水泥土搅拌桩对暗浜进行低掺量的加固；采用土钉墙或水泥土重力式围护墙的基坑工程中，暗浜对水泥土搅拌桩形成的超前支护或重力式挡墙的施工质量以及强度有较大的削弱，该位置应适当提高水泥掺量，确保加固体的强度满足要求。

由于暗浜分布通常较浅，因此可以采用双轴水泥土搅拌桩进行加固，加固体深度和平面范围应超出所需加固的暗浜的范围。坡体加固的水泥土搅拌桩宜采用格栅布置，并可以采用8%～10%的较低掺量；土钉墙或水泥土重力式围护墙中的水泥土搅拌桩施工时，水泥掺量比常规掺量宜提高3%～5%。图2-48为暗浜加固示意图。

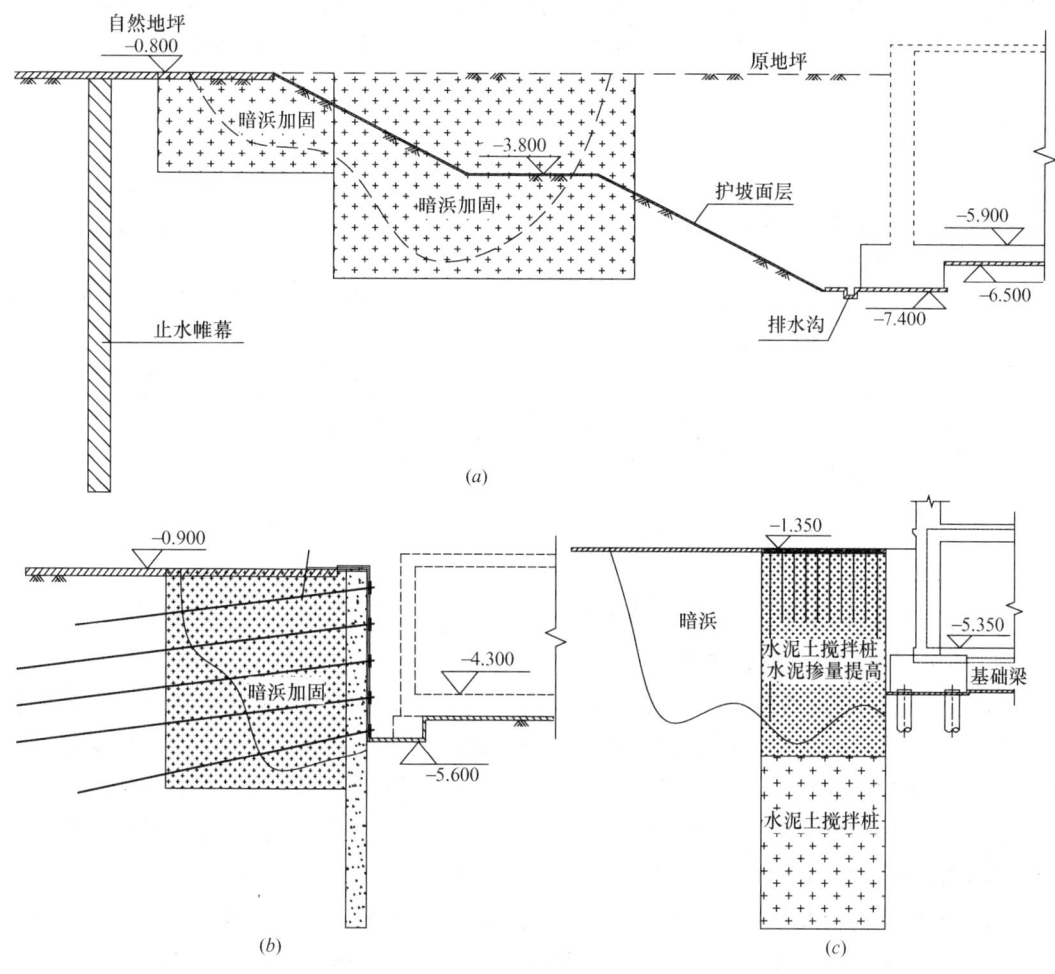

图 2-48 暗浜加固示意图
(a) 放坡区域；(b) 复合土钉墙；(c) 水泥土重力式围护墙

3. 基底深坑处理

出于建筑功能的需要，电梯井和集水井等通常都比普遍基底开挖更深。对于位于基坑周边的基底深坑或位于基坑中部、但落深较大的基底深坑应预先进行土体加固处理，落深特别大时还需设置板式支护体系保证基底深坑的侧壁稳定性。基底深坑加固应综合考虑基坑土体残余应力、落深深度、地下水处理等因素，按重力式挡墙进行加固体深度和厚度的估算，必要时应进行封底加固处理。

基底深坑加固的施工工艺选择较多，可以采用双轴水泥土搅拌桩、三轴水泥土搅拌桩、高压旋喷桩、压密注浆等，其中基底深坑的周边加固多采用水泥土搅拌桩，也可以采用高压旋喷桩，深坑底部的封底加固可以采用压密注浆或高压旋喷桩。深坑加固主要在基坑开挖到普遍基底后进行深坑开挖时发挥作用，在普遍开挖深度较深的基坑工程中，根据施工工艺特点，采用高压旋喷桩进行加固通常具有较好的经济性，这主要是因为三轴水泥土搅拌桩在普遍基底到自然地坪的这段高度范围内也必须保证一定的水泥掺入比方可施工，而高压旋喷桩则只需对基底以下的部分进行喷射注浆。图 2-49 是基底深坑加固的一个典型示例,根据上海地区的经验,当基底深坑超过1.5m时需要进行深坑加固,深坑周边加固体的宽度约为深坑开挖深度的0.8倍;加固体的插入深度约为深坑开挖深度的1.2倍。

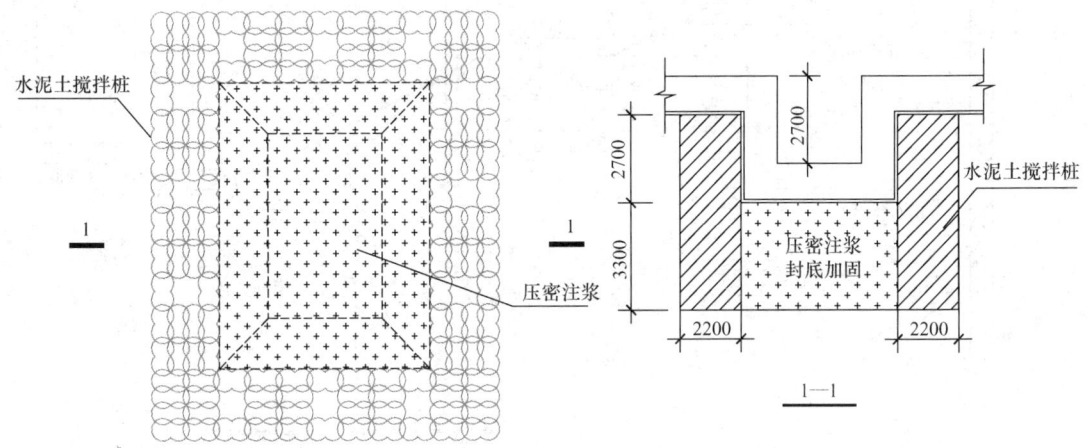

图 2-49 基底深坑加固平面和剖面示意图

4. 基坑周边运输通道区域加固

基坑工程施工势必需要进行大量土方开挖以及运输车辆的频繁进出,因此在基坑工程开挖前,施工单位应进行周密的现场施工组织设计,并根据场地和市政道路确定交通运输的出入口。在软土地区的基坑工程中,宜事先对重载车辆频繁行驶的出入口区域进行必要的土体加固处理,并采用铺设走道板等方式扩散超载引起的压力,减少开挖过程中对邻近围护结构的受力和变形影响。

除了上述几种情况外,在粉性土和砂性土地层中,降水固结也是进行土体加固的行之有效的办法。由于经济性高、对环境无污染,在基坑内部土体开挖前进行预降水将有利于土体固结,提高有效应力,增强被动区土体抗力,减少周边围护结构的变形。

总之,各种基坑土体加固的方法应根据现场实际情况、加固体的深度和平面范围、施工可行性以及加固体施工对周边环境的影响程度等因素综合考虑确定。基坑土体加固通常在主体结构工程桩、周边围护结构、坑内立柱桩等结构施工完成之后且基坑开挖前进行施工,并应在基坑开挖到相应标高前达到设计强度要求。

2.7 地下水控制

地下水控制与基坑工程的安全以及周边环境的保护都密切相关。在地下水位较高的地区,基坑降水(降压)配合排水是为了满足基坑工程安全和方便现场施工的需要,隔水是出于对环境保护的考虑。这些都将直接关系到基坑工程的成败,因此地下水控制是基坑工程的设计与施工必须要考虑的重要问题。

地下水控制主要有以下三种处理方式:隔水、排水和降水。其中降水是基坑开挖过程中最为常见的地下水处理方式,目的在于降低地下水位、增加边坡稳定性、给基坑开挖创造便利条件;当基坑开挖到基底标高时,承压含水层上覆土的重量不足以抵抗承压水头的顶托力时，需要降压以防止坑底突涌。降水系统的有效工作需要通畅的排水系统，但除了将坑内抽降的地下水及时排出外，排水系统还包括地表明水、开挖期间的大气降水等的及时排除。为了避免降、排水造成地面沉降，影响周边建筑物、市政管线等的正常使用，需要设置隔水帷幕，切断基坑内外的水力联系和补给，既避免坑外的水位下降，也能够有效减少坑内降水的水量。这三种地下水处理方式，作用不同，在基坑工程中常常需要组合使用，才能保证地下水处理的合理、可行、有效的实施。

根据地下水分布情况的不同，应采取针对性的地下水控制措施来保障基坑工程的顺利进行。

1. 潜水

当基坑开挖面低于浅层潜水水位标高时，需要进行潜水降水。降深要求通常为基坑开挖面以下 0.5～1.0m。由于潜水水位的变化对于浅层土体固结的影响比较明显，容易带来较大的地表沉降。因此在非常空旷的场地或降水影响范围内没有需要保护的建（构）筑物存在时，可以进行敞开式降水，否则，应设置一定深度的隔水帷幕。

潜水降水的方法很多，集水明排、轻型井点、喷射井点、砂（砾）渗井、电渗井点、管井（深井）等都是可以采用的，但各种方式的工作特点和适用范围各不相同，具体可参见本书第 22 章的有关内容。井点的布置应根据土体含水量以及地区经验确定，原则上应在基坑内部均匀布置，并尽量设置在支撑边缘等便于开挖过程中保护的位置。图 2-50 为基坑坑内降水示意图。

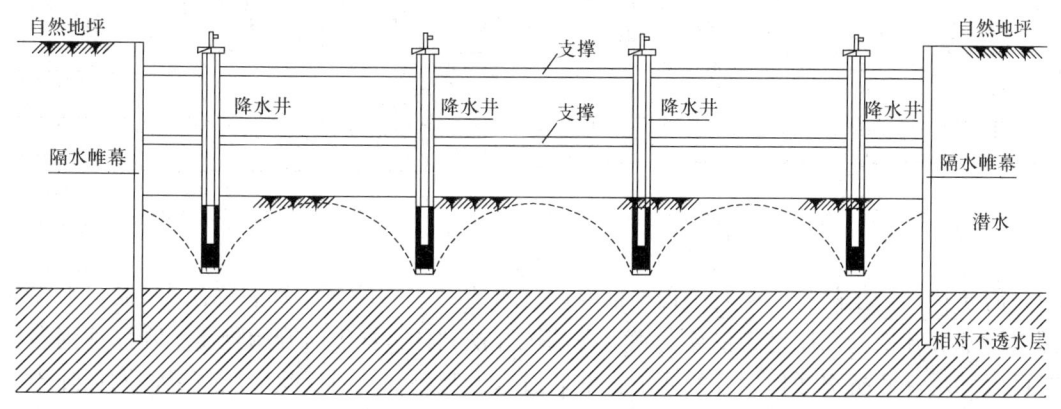

图 2-50 基坑坑内降水示意图

隔水帷幕可以与基坑周边围护墙体结合设置，也可以单独设置。板式支护体系围护墙中地下连续墙、型钢水泥土搅拌墙、小企口连接的钢板桩等都具有隔水性能；需要单独设置时，三轴水泥土搅拌桩、双轴水泥土搅拌桩、高压旋喷桩、注浆等方式都可以形成连续搭接的隔水帷幕。隔水帷幕底部通常需要进入相对不透水层或基坑底部一定深度，隔断地下水的水平补给或加长绕流补给的路径，以满足抗渗流稳定性的需要。

2. 承压水

承压水具有一定的压力，水头埋深高出其含水层的层顶埋深，通常情况下，承压水水量丰富、补给充足。当场地内分布有承压含水层时，必须根据基坑开挖深度确定承压含水层的突涌稳定性是否满足要求。对于存在承压水突涌风险的基坑工程必须采取针对性的处理措施，保证基坑开挖过程中的安全。

确定承压水处理措施前，应充分了解承压水的埋藏深度、水头高度、与基坑开挖深度的关系，以及承压水降水对周边环境的影响。对于承压水可采取降压（图 2-51）或隔断（图 2-52）的方式进行处理。对于位于基坑开挖深度范围内的承压含水层，必须设置可靠的隔水体系完全隔离，然后在开挖过程中进行坑内的疏干降水。对于承压含水层埋藏深度低于基坑开挖面的情况，应通过降压来满足基坑开挖到基底时抗承压水突涌稳定性的要求。在地层水文地质条件复杂或对无当地承压水降压的相关经验时，应通过场地内的抽水试验来确定承压水的抽水量与水头降深的关系、越层补给的水量大小以及降压对地表沉降的影响等参数指标。抽水试验结果是基坑工程中承压水处理方案确定的重要依据，当深层降压对地表沉降没有明显影响时，可以在开挖过程中进行坑内或坑外降压；当降压会引起明显的地表沉降时，为保护周边环境，宜对深层承压含水层进行隔断后再进行坑内的疏干降水。进行降压或疏干降水的井点布置和井管构造可以通过前期抽水试验或地区经验进行确定，详见第 22 章。

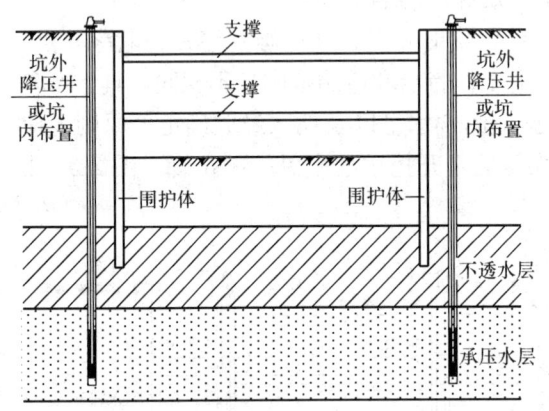

图 2-51 承压水降压示意图

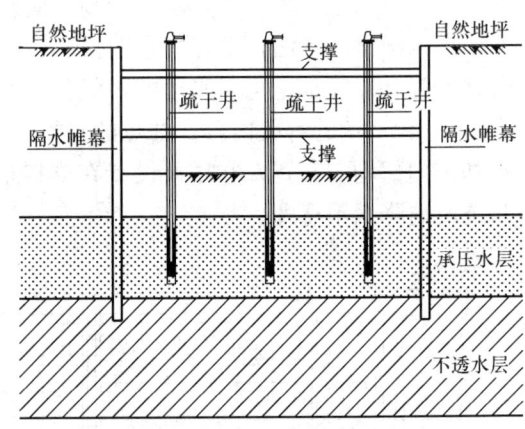

图 2-52 承压水隔断示意图

需要特别指出的是，基坑工程中抽降承压水应"按需降压、动态降压"，根据水头埋深以及基坑开挖的深度进行估算，确定在基坑开挖到什么深度时开始降压、降深达到多少时可以满足基底抗突涌稳定性的要求，并通过水位观测井及时反映降压效果，调控降压出水量，以减小对场地周边环境的影响。

综上，基坑工程中的地下水控制应根据场地水文地质条件、基坑开挖深度以及周边环境情况等综合考虑确定。地下水处理方案与控制措施都应该保障基坑工程本身的安全以及减小对基坑周边环境的影响。

2.8 基 坑 开 挖

基坑工程是支护结构施工、降水以及基坑开挖的系统工程，基坑开挖对基坑周边环境的影响、甚至基坑工程的安全都非常重要。基坑开挖应在全面掌握现场场地土层条件、基坑支护设计方案、环境保护要求以及工期目标等方面的条件后，进行合理的施工组织设计。应综合考虑土方开挖、基坑降水以及基坑监测等各分项工程的施工流程和相互影响等因素，周密安排施工步序。土方开挖专项方案制订时应首先明确开挖原则，根据基坑工程的特点选择合理的开挖方式，然后进行土方开挖的竖向分层和平面分块。

同样类型的基坑，采用相同的设计方法和支护结构，由于土方开挖的方法、顺序不同，围护墙的位移和对环境影响的程度存在较大的差异。"及时支撑、先撑后挖、分层开挖、严禁超挖"，是近十几年来大量深基坑工程设计与施工的实践经验总结，也是基坑开挖应遵循的一条原则。在大面积深基坑工程中，基坑开挖过程的"时空效应"十分明显。开挖深度相同的基坑工程，其开挖面积越大、周边越长，围护墙的位移也越大，对环境影响也越大；而且基坑开挖时支撑架设或浇筑的时间越长，基础底板形成得越晚，围护墙的位移也越大。可见缩短基坑暴露的空间和时间对于控制围护墙位移至关重要，因此对大面积基坑工程，应采取分区、分块、抽条开挖和分段安装支撑的施工方法。

基坑工程中土方开挖方式应结合基坑规模、开挖深度、平面形状以及支护设计方案综合确定。按照基坑分块开挖的顺序不同，基坑开挖的方式可以分为分段（块）退挖、岛式开挖和盆式开挖等几种。在无内支撑或设置单道支撑的基坑工程中，常根据出土路线采用分段（块）退挖的方式。在有内支撑的基坑工程中，应根据支撑布置形式选择合理的开挖方式。通常情况下，采用圆环形支撑体系的基坑工程宜采用岛式开挖，采用对撑体系或临时支撑与结构梁板相结合的基坑工程宜采用盆式开挖。基坑开挖方式的不同对周边环境的影响也有所不同，岛式开挖更有利于控制基坑开挖过程中的中部土体的隆起变形，盆式开挖则能够利用周边的被动区留土在一定程度上减少围护墙的侧向变形。

基坑应分层进行土方开挖，分层位置应结合支护体系的特点确定，如多级放坡的分级位置、土钉、锚杆、内支撑或结构梁板的标高位置等，必要时还可在以上分层的基础上进一步细分。对于平面面积较大的基坑工程，土方开挖还应分段、分块进行，土方分块时应考虑主体结构分缝、后浇带位置、现场施工组织等因素，土方分块开挖宜间隔、对称进行，开挖到位的区块应及时进行支撑（锚杆）施工或形成垫层，减少基坑周边围护结构的无支撑暴露长度。

在开挖方式和分层、分块确定后，基坑工程土方开挖还需要注意以下几点：

1. 合理利用施工栈桥

对于开挖深度较深、基坑面积较大的基坑工程，为了加快土方开挖速度，可以利用临时支撑、逆作结构梁板作为施工栈桥。施工栈桥应结合土方开挖运输路线进行设置，并考虑挖土机械的停放位置以及运土车辆的行驶要求。采用水平的栈桥不仅可以在基坑开挖过程中使用，同时也可以给后续地下结构的施工提供便利；但当基坑开挖需要运土车辆直接进入基坑内部时，也可以设置倾斜的施工栈桥，土质条件较好的地方可以直接设置土坡栈道。

2. 临时土坡的稳定性

基坑开挖过程中必然会出现临时土坡，由于留存时间较短，往往造成现场施工人员对其坡体稳定性的忽视。由于临时土坡的土体受到较大的扰动，尤其是在土方驳运后土质松散、挖土机械反复碾压，土体表面没有覆盖保护，在坡体高差过大、坡度过陡、暴雨后土体含水量大幅度提高后，容易出现土体滑坡。一旦出现土体滑坡，可能会造成相应区域工程桩、立柱桩出现一定程度的侧向变位，甚至造成支撑体系的变位或脱落，给基坑工程带来重大的安全隐患。

因此基坑开挖过程中应控制临时土坡的高差和坡度，上海地区的经验是临时土坡高差宜控制在3m以内，且坡度不宜超过1：1.5。对于因为基坑分块实施需要保留时间较长的临时边坡，应根据其具体情况设置护坡面层，并做好坡体的降水、排水工作。

3. 对支撑构件、降水井、监测布点的保护

基坑开挖过程中要加强现场管理，避免挖土机械碰撞水平支撑、支撑立柱、降水井和监测布点等。同时立柱周围应该均匀对称开挖土方，防止土坡高差较大造成立柱各向受力不均匀而倾斜。同样位于基坑内部的降水井点和一些监测布点也应设置明显标志加以保护。

4. 土方开挖后及时外运，及时跟进支撑或垫层的施工

土方开挖产生的渣土应及时外运出场至指定地点，不应在基坑开挖过程中在基坑周边设置大面积的填土堆载。确需进行坑外堆载时，应经过复核并对相应的支护体系进行加强后方可实施。土方开挖后，应及时跟进支撑或垫层的施工，控制无支撑暴露时间，有利于控制围护墙体的变形和基坑内部的隆起变形，减少对周边环境的影响。

2.9 基 坑 监 测

由于地质条件、环境条件、荷载条件、施工条件和外界其他因素的复杂影响，基坑工程开挖实施过程中的不确定因素很多，而基坑工程的设计计算理论还不完善。因此利用监测信息及时掌握基坑围护结构、周边环境变化程度和发展趋势，有利于及时采取措施应对异常情况，防止事故的发生。信息化施工是保障基坑工程安全必不可少的一项工作，监测资料的积累也是验证设计参数、完善设计理论、推动设计水平进步的必要手段。

基坑监测对象主要为自身围护结构和基坑周边环境。基坑工程整体安全与基坑开挖深度、周边环境条件和场地工程地质条件等密切相关，上海地区在确定监测项目时，分别与安全等级和环境保护等级相联系。基坑工程安全等级是根据基坑开挖深度进行划分的，主要体现基坑工程的难易程度以及开挖过程中的风险级别；环境保护等级根据环境保护对象的重要性程度和环境保护对象与基坑的净距进行划分，主要体现基坑工程所处场地周边环境对基坑开挖的敏感程度以及环境保护对象对土体变形的承受能力。因此应按照基坑工程安全等级选择基坑支护体系中的监测项目，按照环境保护等级确定基坑外土体变形、水位变化以及环境保护对象的监测项目。

在综合考虑基坑工程安全度时，要紧密结合基坑支护形式、围护体变形大小和对周边环境的影响程度，有针对性地选择相应的监测项目、编制监测方案。表2-2和表2-3是上海市工程建设规范《基坑工程技术规范》中针对不同基坑工程安全等级和环境保护等级对基坑支护体系监测与基坑周边环境监测项目表。设计人员可以结合各地区基坑工程的特点和需要参照选用。

监测项目确定后，应选择监测元件进行合理布点，监测点的布置应结合基坑工程的特点，做到重点部位重点监测、合理配套，形成有效的整个监测网络；监测过程中还要根据基坑工程的工况进展合理调配监测频率，在基坑工程各主要工况中应适当加密监测频率，保障基坑工程全范围、全过程的有效监测。

根据基坑工程安全等级选择基坑支护体系监测项目表　　　　　表 2-2

序号	施工阶段 / 支护形式和安全等级 / 监测项目	预降水阶段	基坑开挖阶段 放坡开挖 三级	基坑开挖阶段 复合土钉支护 三级	基坑开挖阶段 水泥土重力式围护墙 二级	基坑开挖阶段 水泥土重力式围护墙 三级	基坑开挖阶段 板式支护体系 一级	基坑开挖阶段 板式支护体系 二级	基坑开挖阶段 板式支护体系 三级
1	支护体系观察		√	√	√	√	√	√	√
2	围护墙（边坡）顶部竖向、水平位移		√	√	√	√	√	√	√
3	围护体系裂缝			√	√	√	√	√	√
4	围护墙侧向变形（测斜）			○	√	○	√	√	√
5	围护墙侧向土压力						○	○	
6	围护墙内力						○	○	
7	冠梁及围檩内力						○	○	
8	支撑内力						√	√	○
9	锚杆拉力						√	√	√
10	立柱竖向位移						√	√	○
11	立柱内力						○	○	
12	坑底隆起（回弹）				○		√	○	
13	基坑内地下水水位	√	√	√	√	√	√	√	√

注：1. "√"表示应测项目；"○"表示选测项目（视监测工程具体情况和相关单位要求确定）。
　　2. 逆作法基坑施工除应满足一级板式围护体系监测要求外，尚应增加结构梁板体系内力监测和立柱、外墙垂直位移监测。
　　3. 安全等级为一级的基坑为开挖深度超过 12m 或采用主体结构与支护结构相结合的基坑工程；开挖深度小于 7m 的为三级基坑；其余为二级基坑。

根据基坑工程环境保护等级选择周边环境监测项目表　　　　　表 2-3

序号	施工阶段 / 环境保护等级 / 监测项目	土方开挖前 一级	土方开挖前 二级	土方开挖前 三级	基坑开挖阶段 一级	基坑开挖阶段 二级	基坑开挖阶段 三级
1	基坑外地下水水位	√	√	√	√	√	√
2	孔隙水压力	○			○	○	
3	坑外土体深层侧向变形（测斜）	√	○		√	○	
4	坑外土体分层竖向位移	○			○	○	
5	地表竖向位移	√	√	√	√	√	√
6	基坑外侧地表裂缝（如有）	√	√	√	√	√	√
7	邻近建（构）筑物水平及竖向位移	√	√	√	√	√	√
8	邻近建（构）筑物倾斜	○	○	○	○	○	○
9	邻近建（构）筑物裂缝（如有）	√	√	√	√	√	√
10	邻近地下管线水平及竖向位移	√	√	√	√	√	√

注：1. "√"表示应测项目；"○"表示选测项目（视监测工程具体情况和相关单位要求确定）。
　　2. 土方开挖前是指基坑围护结构体施工、预降水阶段；
　　3. 环境保护等级是根据环境保护对象的重要性以及距离基坑的远近确定的。

基坑工程监测应及时测报初始值，并在监测实施前根据基坑工程的特点确定监测报警值，以便在基坑工程实施期间及时发现风险点并采取有效措施保证基坑工程的安全顺利、减少对周边环境的影响。一般情况下，监测报警值应根据基坑支护设计、周边环境的承受能力以及工程经验具体分析综合确定，当无可靠经验时，也可参考表 2-4 和表 2-5 确定。

根据基坑工程安全等级确定报警值　　　　　　　　　　表 2-4

监测项目 \ 基坑工程安全等级	一级		二级		三级	
	变化速率（mm/天）	累计值（mm）	变化速率（mm/天）	累计值（mm）	变化速率（mm/天）	累计值（mm）
围护墙侧向最大位移	2～4	0.4%H	3～5	0.5%H	3～5	0.8%H
支撑轴力	设计控制值的 80%					
锚杆拉力						

注：1. 报警值可按基坑各边情况分别确定。
　　2. H 为基坑开挖深度。

根据基坑工程环境保护等级确定报警值　　　　　　　　表 2-5

监测项目 \ 基坑工程环境保护等级	一级		二级		三级	
	变化速率（mm/天）	累计值（mm）	变化速率（mm/天）	累计值（mm）	变化速率（mm/天）	累计值（mm）
围护墙侧向最大位移	2～3	0.18%H	3～5	0.3%H	5	0.7%H
地面最大沉降		0.15%H		0.25%H		0.55%H
地下水水位变化	变化速率（mm/天）：300，累计值（mm）：1000					

表 2-4 和表 2-5 引自上海市工程建设规范《基坑工程技术规范》，分别根据基坑工程安全等级和环境保护等级提出了不同监测项目报警参考值，前者从基坑工程自身的安全角度提出围护结构自身的变形以及受力的报警值，后者则是根据工程经验以及大量实测数据的统计结果提出的变形和水位变化报警值。同一个基坑工程，根据基坑工程安全等级和环境保护等级分别确定的报警值有差异时，应从严选用。

基坑工程监测方案的编制可参照本书第 29 章的有关内容，并注意以下几点：

1. 监测点的埋设与支护结构施工相互配合

基坑工程的监测工作需要贯穿基坑工程的全过程，大量监测测点的布设需要与现场施工单位协调配合，如围护结构的测斜监测、围护结构或支撑杆件内力监测、坑内外水土压力监测等都需要将监测元件安装在钢筋笼下放或构件混凝土浇注前布设完成，在施工前应与现场施工单位做好沟通、交底工作，明确保护措施和方法，才能保证测点布设的成活率。

2. 监测点的保护与土方开挖相互配合

监测点布置时尽量选择容易保护的位置，如内土体回弹监测点可布置在坑内立柱的附近、监测元件的导线等沿构件边缘固定等；对于较易发生破坏的监测元件或相关配件应设置可靠的保护装置。监测点布设到位后，应进行明显标记，并提醒有关施工单位在后续施工作业过程中加强对监测点的保护。

2.10　工程实例——某基坑工程支护方案设计

2.10.1　工程概况

1. 工程概况

天津某工程总用地面积 26666.7m²，场地内拟建两幢分别为 358m（二号塔楼）和

102.9m（一号塔楼）高度的塔楼以及3层裙房，整体设置4层地下室。基坑面积约为22900 m²，周长约为585m。基坑挖深塔楼区域约为20.6～23.1m，裙楼区挖深约20m。工程处于新开发区域，周围尚无建成的建（构）筑物。基地四周的道路和道路下已埋设的市政管线为本工程的保护对象。图2-53为本工程的塔楼、裙楼分布和周边环境条件情况。

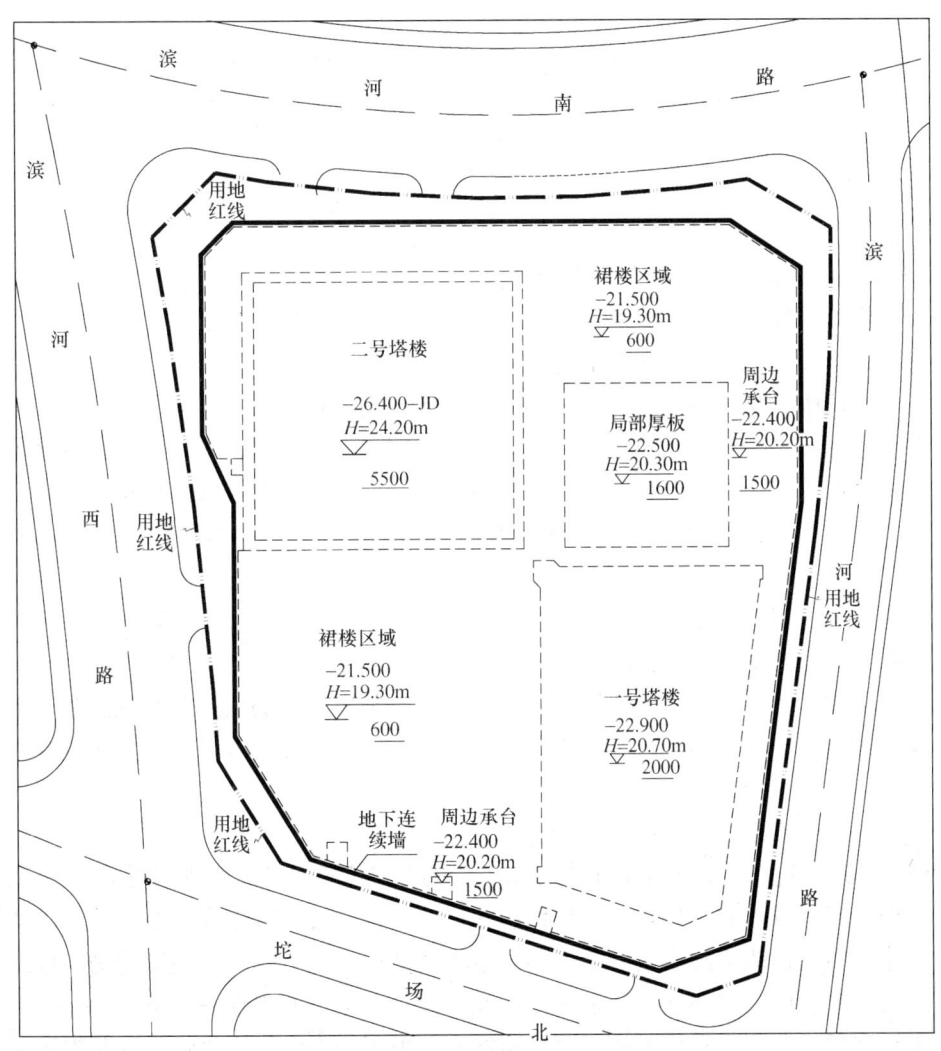

图2-53 塔楼、裙楼分布和周边环境条件情况

2. 工程地质概况

拟建场地位于天津市塘沽区海河南岸，场地总体地势平坦，仅四周地势略高，地面大沽高程介于2.04～1.25m。基坑开挖深度范围之内的场地土层主要以粉质黏土为主，浅层分布有较厚的流塑淤泥质黏土，深层分布有深厚的粉、细砂微承压含水层，微承压含水层顶板已基本接近基坑底部。场地内土层部分物理力学指标如表2-6所示。

土层部分物理力学指标　　　　　　　表 2-6

层序	层　名	厚度 (m)	重度 (kN/m³)	φ (°)	c (kPa)	渗透系数 k_v (cm/s)	渗透系数 k_h (cm/s)
①$_b$	素填土	4	19	11.65	7.92	6.0×10^{-7}	8.9×10^{-6}
②$_a$	粉质黏土	4.5	18.9	22.53	12.14	1.4×10^{-6}	2.9×10^{-5}
②$_b$	淤泥质黏土	8	17.5	11.10	10.36	3.5×10^{-7}	4.2×10^{-7}
②$_c$	粉质黏土	2.5	18.9	16.63	12.70	1.6×10^{-7}	6.4×10^{-6}
③	粉质黏土	1.5	19.7	20.69	12.90	8.4×10^{-6}	3.2×10^{-6}
④	粉质黏土	6.5	19.6	21.85	13.85	1.5×10^{-6}	4.1×10^{-6}
⑤	粉砂	6.1	20.1	37.63	6.81	2.6×10^{-4}	3.6×10^{-4}
⑥	粉、细砂	15.2	19.9	38.14	8.28	3.5×10^{-4}	4.9×10^{-4}

2.10.2　基坑总体设计方案选型分析

类似特点和规模的基坑工程基于不同的经济性和工期等因素的要求，可选择的总体方案一般有"整体顺作"、"全逆作"、"分区顺作"和"顺逆结合"。

本工程的两幢塔楼均为超高层建筑物，塔楼核心筒、框架柱等竖向承重结构施工质量至关重要。全逆作法根据其自身工艺特点，要求塔楼地下部分竖向承重结构留设多道施工缝，对塔楼竖向承重结构的抗风、抗震等性能有不利影响，因此两幢塔楼均不适宜采用逆作法实施。同时考虑到塔楼区域所占地下室面积相当大，因此"全逆作法"或"顺逆结合"方案均不适合在本工程中应用。

因此从技术可行性角度，本工程可采用以下两套总体方案设计思路：

1. 方案一：整体顺作方案

裙楼和塔楼基坑作为一个整体同步实施，根据本基坑工程的面积和开挖深度、地下室外墙与红线的关系以及周边的环境，本工程应采用板式围护体结合坑内设置多道支撑的支护体系。

2. 方案二：分区顺作方案

考虑到 358m 高的二号塔楼的工期是本工程的控制工期，为加快整体工程的工期，首先对该塔楼区域进行单独围护，采用顺作法施工，待该基坑工程结束、进入上部结构的施工之后，才采用顺作法实施剩余的裙楼和一号塔楼基坑。同样，分区基坑均采用板式围护体结合坑内设置多道支撑的支护体系。分区顺作设计方案平面图如图 2-54 所示。

根据对方案的工程量对比分析，分区顺作方案由于需要设置一道临时隔断围护体，因此工程量相比整体顺作方案有较大幅度的增加；同时从工期角度，将较大幅度地增加一号塔楼的总工期。因此经与业主沟通，本工程选择整体顺作方案。

2.10.3　围护体选型分析

根据软土地区已实施的大量基坑工程的成功实践经验，类似深基坑工程中可供选择的围护体有型钢水泥土搅拌墙（SMW 工法）、钻孔灌注桩结合隔水帷幕以及地下连续墙。

1. SMW 工法

现阶段可供选择的 SMW 工法桩抗侧刚度较为有限，在软土地区开挖深度超过 13m 的深基坑工程中，采用工法桩时基坑的变形较难控制。而本基坑工程面积大，开挖深度深达 20~23.1m，经初步估算，即使采用目前可供选择的工法桩中刚度最大的 $\phi1000@750$ 三轴水泥土搅拌桩，并满插 H850×300×16×24 型钢，计算变形仍偏大，不能满足规范的要求，而且三轴水泥土搅拌桩一旦开裂，会影响到围护体的隔水可靠性。

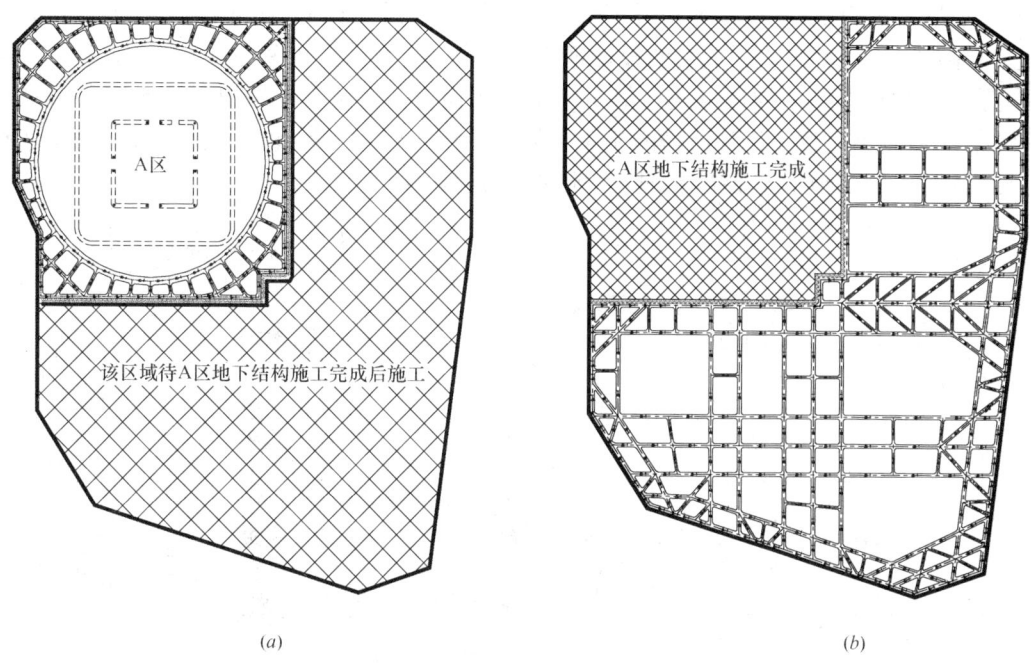

图 2-54　分区顺作设计方案平面图
(a) 二号塔楼基坑先顺作；(b) 二号塔楼地下结构施工完成后施工余下基坑

另外本工程地下室开挖深度深，体量超大，其施工工期相对较长，初步估计围护体施工至±0.000工期在一年以上。采用 SMW 工法桩，不仅型钢用量大，型钢租赁期也较长，经济性较差。综上所述，方案设计不考虑采用 SMW 工法桩作为围护体。

2. 钻孔灌注桩结合隔水帷幕

钻孔灌注桩结合隔水帷幕作为一种成熟的工法，其施工工艺简单、质量易控制，施工时对周边环境影响小，在天津以及长三角等软土地区应用十分广泛，尤其适用于顺作法基坑工程。隔水帷幕可根据工程的土层情况、周边环境特点、基坑开挖深度以及经济性要求等综合因素选用合适的工艺。

钻孔灌注排桩围护结构施工便捷，造价经济。围护桩一般设置于地下室以外距地下室外墙 800mm 的位置，仅在基坑开挖阶段用作临时围护体，且在主体地下室结构平面位置、埋置深度确定后即有条件设计、实施。图 2-55 为钻孔灌注桩结合三轴水泥土搅拌桩围护剖面图，其中三轴水泥土搅拌桩采用接钻杆的三轴搅拌机施工。

3. 地下连续墙

地下连续墙具有抗侧刚度大、可有效控制基坑变形保护周边环境，以及施工工艺成熟等诸多优势，近年来在周边环境保护要求高以及基坑开挖深度大的基坑工程中得到了大量的应用。地下连续墙既作为基坑开挖阶段的围护体，同时作为地下室的结构外墙，称为"两墙合一"。

地下连续墙整体刚度大于分离式的钻孔灌注围护桩，因此基坑开挖阶段水平变形比钻孔灌注桩小，且基坑挖土施工时周边渗漏情况一般比钻孔灌注围护桩少。由于两墙合一可充分利用地下空间，并且可节约地下室外墙费用，因此经济性较好。

"两墙合一"地下连续墙形式近年来在天津及长三角等软土地区得到广泛的应用，并在实践中已经发展并形成了成套的设计理论和专项施工技术，几乎已成为类似面积和深度规模基坑工程首选的围护体形式。但对于本工程而言，由于工期紧迫，且难以及时提供"两墙合一"地下连续墙设计所需的相关主体地下结构资料，因此经权衡，最终确定选择钻孔灌注桩结合三轴水泥土搅拌桩隔水帷幕作为围护体。

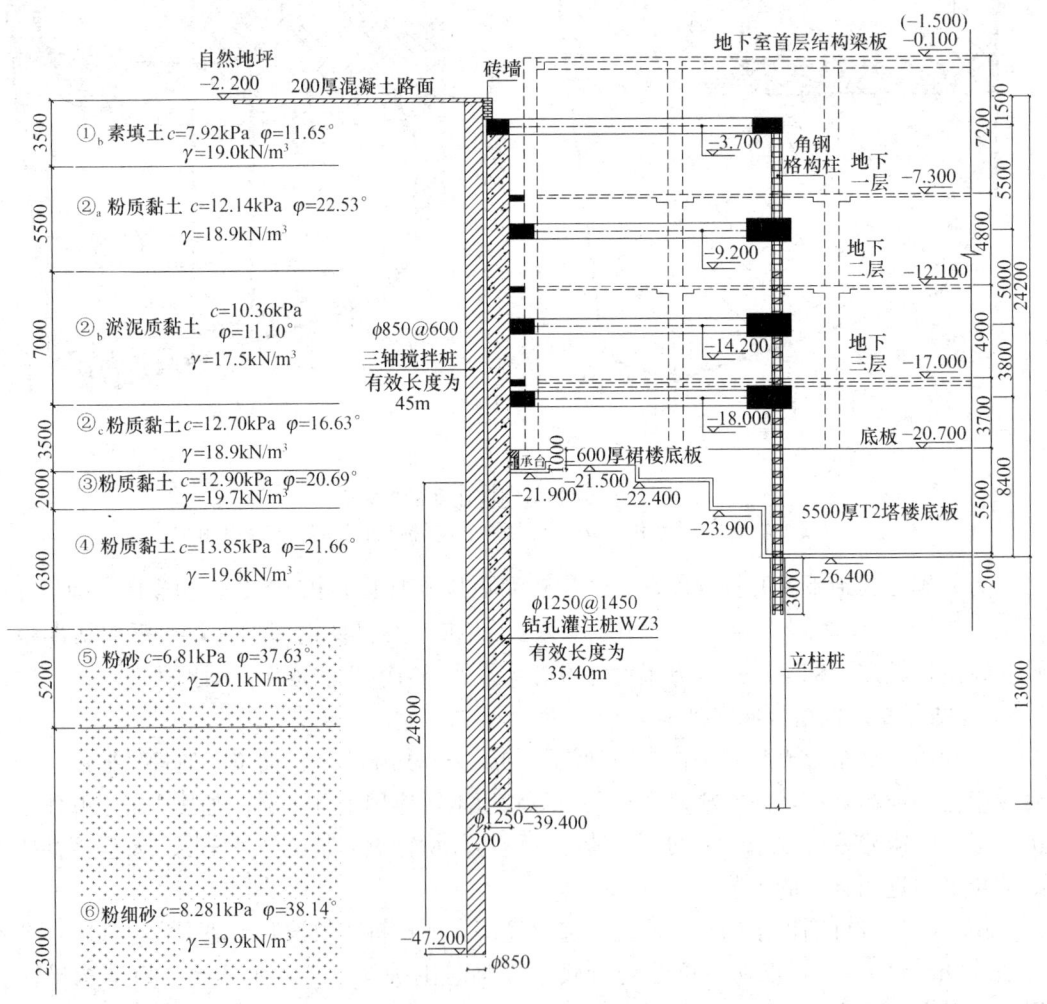

图 2-55　钻孔灌注桩结合三轴水泥土搅拌桩围护剖面图

2.10.4　水平支撑体系选型

深基坑板式支护体系中常用的水平传力体系有水平支撑和锚杆两种形式。本工程基坑开挖深度范围内分布有较厚的高压缩性的软弱淤泥质黏土，该土层中难以提供锚杆足够的锚固力；而且四周紧邻下方埋设有众多市政管线的道路，采用锚杆很难满足受力和对周边环境的保护要求；此外本工程地下室外墙与用地红线的距离较小，也不具备施工锚杆的空间。综合以上三方面的因素，本方案选用水平内支撑作为基坑开挖阶段的水平传力体系。

1. 支撑材料选型分析

深基坑工程中水平支撑主要有钢筋混凝土支撑以及钢支撑两种形式。

钢筋混凝土内支撑具有刚度大、变形小的特点，对减少围护体的水平位移，并保证围护体稳定具有重要作用。同时混凝土支撑施工适应性强，可适用于各种复杂形状和基坑面积超大的基坑工程。采用钢筋混凝土支撑体系，第一道支撑杆件在适当加强后又可作为施工中挖、运土用的施工栈桥和材料的堆放平台，可以解决施工场地狭小的问题，同时又方便施工，加快了出土效率，降低了施工技术措施费。由于施工栈桥与第一道支撑结合设计，大大节省了工程造价。

由于本基坑工程面积大、开挖深度深，采用钢支撑体系主要有四个方面的不利因素：其一，由于基坑面积大且开挖深度深，采用钢支撑杆件较密集，挖土空间较小，在一定程度上会降低挖土效率；其二，基坑面积巨大，单个方向钢支撑长度过长，拼接节点多易积累形成较大的施工偏差，传力可靠性难以保证；其三，基坑长、宽两个方向距离均较大，钢支撑刚度相对较小，不利于控制基坑变形和保护周边的环境，难以满足对邻近市政管线的保护要求。其四，本工程属深大基坑，基坑周边施工场地狭小，需设置施工栈桥作为挖运土平台和材料堆场，如采用钢支撑必须设置大面积的钢平台，会大大增加工程造价。

综上所述，采用钢支撑体系在技术上不合理，因此支撑材料选用钢筋混凝土支撑体系。

2. 支撑平面布置分析

钢筋混凝土支撑体系可采用圆环支撑布置形式（图 2-56）以及对撑角撑布置形式（图 2-57），两种支撑体系布置形式各有特点，从技术角度上都能满足本基坑工程的要求。但对比可以发现，本工程采用圆环支撑布置形式，基坑中部的开敞空间更大，利于土方开

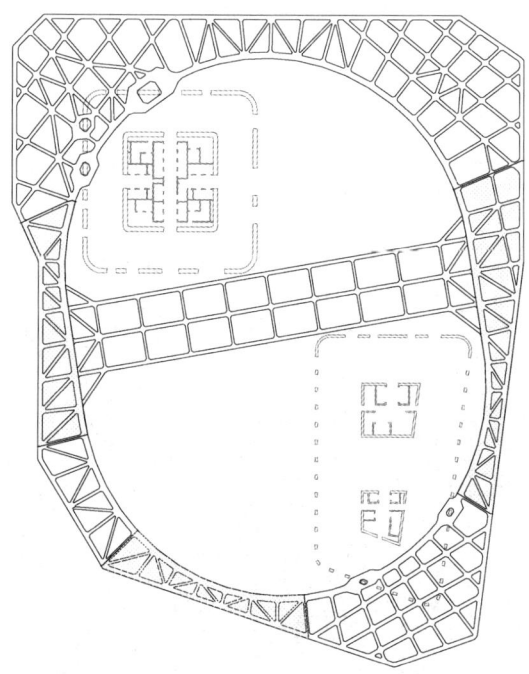

图 2-56 圆环支撑平面布置图

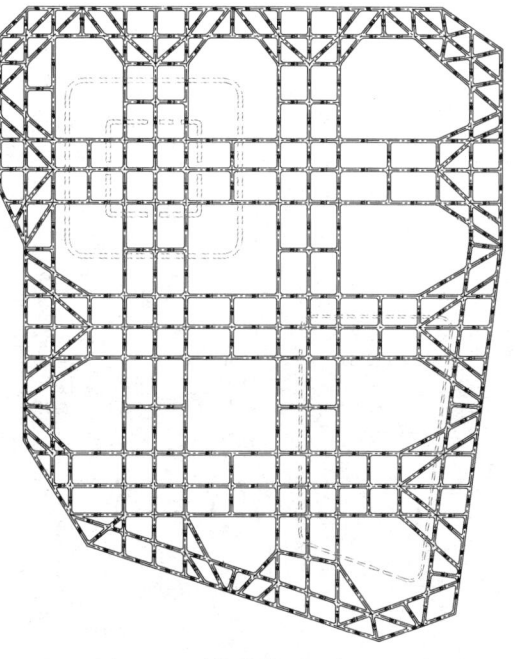

图 2-57 对撑角撑平面布置图

挖；同时也能够避开绝大部分的塔楼核心筒与框架柱，有利于地下结构的施工。因此方案设计最终确定了采用圆环支撑布置形式。

2.10.5 最终选择的支护设计方案

基于以上对总体方案选型、围护体选型、支撑选型等的技术可行性分析，也对可能采用的总体方案（整体顺作和分区顺作）及各种不同围护结构（地下连续墙和钻孔灌注桩结合隔水帷幕）、坑内支撑体系（圆环形钢筋混凝土支撑及对撑角撑布置的钢筋混凝土支撑）等的不同组合从工程经济、工期上进行了充分的对比和分析，从而确定最终采用"整体顺作＋钻孔灌注围护桩＋隔水帷幕＋四道钢筋混凝土圆环形支撑"的基坑支护设计方案。

参考文献

[1] 国家标准．建筑边坡工程技术规范(GB 50330—2002)
[2] 国家标准．建筑地基基础设计规范(GB 50007—2002)
[3] 国家标准．锚杆喷射混凝土支护技术规范(GB 50086—2001)
[4] 国家行业标准．建筑基坑支护技术规程(JGJ 120—99)
[5] 国家行业标准．建筑基坑工程技术规范(YB 9258—97)
[6] 中国工程建设标准化协会标准．基坑土钉支护技术规程(CECS 96：97)
[7] 中国工程建设标准化协会标准．岩土锚杆(索)技术规程(CESC 22：2005)
[8] 上海市标准．基坑工程设计规程(DBJ 08—61—97)
[9] 天津市标准．岩土工程技术规范(DB 29—20—2002)
[10] 广东省标准．建筑基坑支护工程技术规程(DBJ/T 15—20—97)
[11] 浙江省标准．建筑基坑工程技术规程(DB33/T 1008—2000)
[12] 刘建航、侯学渊主编．基坑工程手册．北京：中国建筑工业出版，1997

第3章 土的工程性质

3.1 概　　述

　　自然界中的土是指分布在地球表面的松散的、没有胶结或弱胶结的大小、形状和成分都不相同的颗粒堆积体，它是自然地质历史的产物。在漫长的地质历史演变过程中，由坚固而连续的岩体经过多种风化作用变成大小不一甚至大小悬殊的颗粒，经由各种地质作用的剥蚀、搬运而在不同的环境中沉（堆）积形成土体。

　　由于成因类型和成土时间的多样性，自然环境和地质作用的复杂性，不同地点土体的工程性质千差万别。但是在大致相同的地质年代及相似沉积环境下形成的土体往往在成分和工程性质上是相近的。如我国大陆的地势走向是自西向东由高至低倾斜，河流大部于东部入海，于是在河口海岸地带常形成三角洲冲积平原。这些区域因为气候关系及土中水份的蒸发，往往形成表层的硬壳层，其下反而是软土层。硬壳层的厚度各地有所不同，且有自北而南逐渐减薄的趋势。软土一般具有"三高三低"特性：高含水率、高灵敏度、高压缩性、低密度、低强度、低渗透性。软土中基坑工程的支护、降水和开挖的设计和施工也因其特殊的力学性状而增加了难度。另外在沿海地区由于河流与海水的交替作用而出现淤泥或黏土与粉质土的交替沉积，故而常形成黏土、粉土互层或在厚层黏性土中夹有多层厚度只有约 1~2mm 的薄粉砂（土）层的微层理构造，其中以上海地区的淤泥质黏性土层最为典型。这种土层分布具有水平向高渗透性和作为潜藏流砂源点的工程特性，会对基坑设计和施工造成比较大的影响。

　　一般情况下，各种成因的土体多是三相体（介质），它们的构成特性、结构和构造均有其某些共性，可由下节的表 3-1、表 3-2 的归纳概括以见一斑，其中，着重从工程的角度考虑，把它们对于土体工程性质的可能影响作了定性的简述。

　　充填在土孔隙间的水是土体的重要组成部分，土的性质，特别是黏性土性质的多变性，主要就是由于土中水含量的变化及其与固体颗粒相互作用的结果。土中水通过物理及化学的作用改变了土体结构，影响了土体状态和物理力学性质参数；通过土体孔隙水压力作用，使土体有效应力减小、抗剪强度值降低；土体孔隙内地下水的渗流也会改变固体颗粒的应力状态，影响土的工程性状。外界条件的改变，常会引起土中水含量和孔隙水压力的变化，从而使土的工程性状发生明显变化，如基坑开挖会使基坑周围土体的原有水土应力平衡受到破坏、暴雨或地下水管漏水引起的地下水位突升易造成基坑失稳、卸荷诱发的负孔压消散对坑底回弹的影响、基坑降水引起的周围地面沉降等都是明显的例子。

3.2 土的物理性质

3.2.1 土的物理状态

物理状态是认识土体性质的最初也是最基本的方面，是指土体在天然状态下或人工制备条件下的存在性状。土体的物理状态主要包括各相（固、液、气）组成及其构成方式，颗粒构成物及其大小配置，重量或体积的大小，软硬松密状态及程度，土中孔隙及其大小，孔隙中含水或饱水程度和多寡（这后者较之其他工程材料，却是土体所特有的物理内容）等等。

土体是由固、液、气组成的三相分散体系，固相是土体的主体组成部分，构成土的骨架，液相和气相充填于土体孔隙内。土颗粒的大小和形状是描述土的最直观和最简单的标准。土的颗粒级配多采用累计曲线来表示，一般采用不均匀系数和曲率系数来评价土的级配优劣及其对工程性质的影响。根据土粒的粒径从大到小而将土体依次区分成石（漂、块、卵、碎石等）、砾（圆、角砾）、砂（砾、粗、中、细、粉砂等）、粉土和黏性土等。一般情况下，土体依据颗粒级配或塑性指数等指标可以划分为碎石土、砂土、粉土、黏性土、特殊性土等五大类，其中，在人们的生产实践中最具工程意义又予以更多关切的应是砂土、粉土和黏性土等3种基本土类。在自然界中，土粒单元所构作的粒状结构、蜂窝状结构和絮状结构等3种基本结构形态大体上已被确认为砂土、粉土和黏性土等3种基本土类的固相的主体结构构成形态，而散粒状、层状、裂隙和结核状等四种构造形式则是土体最常见的宏观存在形态（表3-1、表3-2、表3-3）。

液相在土体中的存在由土粒核心辐射向外依次形成了结晶水、强结合水、弱结合水、重力水或毛细水等的层次结构，反映了颗粒的分子引力的逐次减弱和重力场作用的逐渐增强直至完全起控制作用（表3-4）。土体内液相的数量和存在形态及其与土粒的相互作用对土体的物理状态和工程性质具有重要影响。

土的结构与构造 表3-1

定 义	结 构			构 造			
	微观意义——由土粒单元的大小、形状、相互排列及其联结关系等因素形成的综合特征			宏观意义——在同一土层中的物质成分和颗粒大小等都相近的各部分之间的位置与充填空间关系的特征			
基本类型	单粒	蜂窝状	絮状	层状	散粒状	裂隙	结核状
可能土类	砂土、碎石土	粉土、黏性土	黏性土	砂土、黏性土均可能	砂土、碎石土	粉土、黏性土	砂土、黏性土
	颗粒：大—小						
特点及对工程性质的可能影响	散粒体，自重下堆积，粒间联结弱，分为疏松和紧密。疏松：孔隙大、不稳定、变形大；密实：稳定、强度大、良好地基	粒间引力大于自重，颗粒依靠引力联结，停留于接触点而不下沉和堆积，孔隙大，变形大	自重不起作用，长期悬浮或絮状沉积（遇合适环境如电解质）。孔隙大，又多封闭，透水性差，固结慢，强度低，灵敏度高	各向异性，如 $E_h \geqslant E_v$，$k_h \geqslant k_v$	各向同性	土层无整体性，裂隙面是软弱结构面，取样难有代表性	力学性状主要取决于细粒土部分；取样代表性受结核数量影响；结核富集时工程性质较好及具有良好的透水性

气相多充填土体孔隙的一部分或极少部分，一般认为当土内气相与大气连通时，对土的工程性质无明显影响，但当以封闭气泡存在于土中时，会增大土的弹性和减小土的渗透性。土体三相构成及其存在形式和相互作用是土体性质特别是其力学性质和工程宏观反应复杂多变的物理基础。碎石土和砂土的物理状态主要受控于其密实程度，而黏性土的软硬状态受含水率的影响更大。

土的三相构成与特性　　　　　　　　　　　　　表 3-2

相体	固　相	液　相	气　相
构成物质	无机矿物颗粒、有机质、盐类结晶	结晶水、冰、结合水、自由水	空气或其他气体
作用	构成土体骨架，是有效应力的物质基础	充填于土骨架的孔隙中形成饱和土或非饱和土，是孔隙水压力和孔隙气压力的传递介质	

土　的　固　相　　　　　　　　　　　　表 3-3

固相构成		颗粒大小	特点及对工程性质的可能影响
依风化作用的深入程度（物理→化学→生物）而发展	原生矿物（石英、长石、云母）	粗大，呈块状或粒状（碎石、砾石与砂土主要成分）	性质稳定，硬度高，具有强或较强的抗水性和抗风化能力，亲水性弱或较弱，视颗粒大小、形状与硬度不同对土体工程性质的影响不同
	次生矿物：溶于水的如方解石、石膏等	颗粒细小，粒径多在 0.005mm 以下，呈针状或片状，是黏性土固相的主要成分	高度的分散性，呈胶体性状，它的含量的变化对黏性土工程性质影响很大，巨大的比表面使其具有很强的与水相互作用的能力
	次生矿物：不溶于水的如高岭石、伊利石、蒙脱石等		
有机质（腐殖质和非腐殖质）		颗粒极细，粒径多小于 $0.1\mu m$，呈凝胶状	高度的分散性，性质易变，带电荷，吸附性和亲水性强，对土的工程性质影响巨大
盐类			视盐类的溶解于水的不同而对土质产生影响。钠、钾的盐酸盐或钙、镁的硫酸盐和碳酸盐，前者易溶于水，无法加强土性；后者易结晶，加强土性

土　的　液　相　　　　　　　　　　　　表 3-4

液相构成		特点及对工程性质的可能影响	
结晶水		存在于矿物晶格中，大于 105℃ 高温下易失去。直接与矿物颗粒性状有关，通常不参加土中水体工程性质的作用	
结合水	强	是极性水分子与土粒物理化学作用之结果，其厚度变化取决于土粒大小、形状和矿物成分，也与水溶液的 pH 值、离子成分、浓度等密切相关。结合水的存在是黏性土的主要特性之一。黏性土黏性、塑性和流变等工程特性的机制所在。可因蒸发而失去这种结合水	直接靠近土粒表面，处于双电层中的固定层，不传递静水压力，有抗剪强度，$\gamma_w \approx 20kN/m^3$，在外界土压力作用下不能移动，黏性土只含有强结合水时呈固态
	弱		是结合水膜的主体部分，处于双电层中的扩散层，呈黏滞状态，可在压力及电流下进行转移，故厚度是可变的，抗剪强度较小，重度略大于 $10kN/m^3$，对黏性土的工程性质影响很大，是黏性土具有黏性和可塑性等工程特性的机制所在
自由水	毛细水	受重力作用产生运动而处于土粒电子引力的作用之外，有溶解能力，无抗剪强度，$\gamma_w \approx 10kN/m^3$	位于地下水位以上，受水与空气界面处表面张力作用的自由水，处于重力和表面张力的双重作用下。土粒将因毛细压力而挤紧，因而具有微弱的黏聚力
	重力水		是各类土中常有的水体，仅受重力控制，能传递静水压力，是土中孔隙压力的主要构成水体，地下水位升降均会引起土性变化

3.2.2 土的物理指标

1. 三相比例指标

三相比例指标是指土的三相物质在体积和质量上的比例关系，它反映了土的干燥与潮湿、疏松与紧密，是评价土的工程性质最基本的物理指标，其中可以在实验室内直接测定的指标是重度（天然重度）、含水率、土粒相对密度或土粒密度（前者无量纲，后者有量纲）。由此引伸和换算出其他6个常见的物理指标，即干重度、饱和重度、浮重度、孔隙比、孔隙率及饱和度等。实际上，在土的上述常用三相比例指标中，只有3个是独立的，只要知道任意3个指标，其余指标都可以通过三相草图进行换算。三相比例指标的提出极大地方便了工程实用以及对土体物理状态认识的定量化，特别是其中的孔隙比、饱和度等指标采用的是相对值概念，从而为它们的确定与应用带来灵活性。

2. 物理状态指标

土体的物理状态指标是指反映土体软硬程度或松密程度所采用的表达方法和相应的指标。砂土、粉土的松密程度用砂土和粉土的密实度来定义和表达。此前曾用过相对密实度 D_r 和孔隙比 e 来反映砂土的松密状态，目前有关国家标准多采用标贯击数 $N_{63.5}$ 和孔隙比 e 的大小分别将砂土和粉土区分为密实、中密、稍密和松散等不同状态；黏性土的界限含水率（缩限、塑限和液限）以及塑性指数 I_p、液性指数 I_L 则是它的重要物理状态指标。它们不仅表示黏性土中随着其含水率变化所导致的土体的不同软硬状态和稠度性状，而且还可定性地判断土体中黏粒含量的多寡及其对黏性土可塑性（因而也是对其工程性能）的影响。在长期的岩土工程实践中，黏性土的塑性指数还一直被用作区分黏性土及其亚类直至粉土的标准，而根据液性指数的不同则可以把黏性土区分为坚硬、硬塑、可塑、软塑以及流塑等五种稠度状态，这将有助于直观而有效地对现场土体的工程性能作出定性判断。

3. 物理指标及其与工程性质的关系

从土力学和基坑工程的角度考察土体物理性质，除了认识土体存在的物理状态与性状本身外，主要是据以了解其对土体力学性质和工程性状的影响或作用。经过长期的实践积累，迄今已可在两者之间作出（也是比较方便的）定性的估计和判断，这可在前述的表3-2、表3-3和表3-4等的概括中得觅一斑。国内外工程技术人员根据大量测试数据或资料的对比分析，运用数理统计的方法，已经建立相当数量的物理性质指标和力学性质指标之间相互关系的经验表达式（黏性土的一些典型关系见表3-5）。但这些表达式多是建立在加荷条件下，由于加荷和卸荷作用下土体力学性状具有较大差别，这些经验关系式能否直接应用到基坑工程中还有待进一步的研究和验证。

土的力学指标与物理指标的一些经验关系　　　　表3-5

相关关系	适用范围	研究者，年份
$C_c = 0.007(\omega_L - 10)$	重塑黏土	Skempton 等，1944
$C_c = 0.009(\omega_L - 10)$	正常固结黏土	Terzaghi 等，1967
$C_c = 0.008(\omega_L - 12)$	一般黏土	Sridharan 等，2000
$C_c = 0.018(\omega_0 - 22)$	上海灰色淤泥质土	魏道垛 等，1980
$C_c = 0.0115\omega_0$	有机质粉土和黏土	Bowles 等，1989
$C_c = 0.01(\omega_0 - 7.549)$	一般黏土	Herrero 等，1983

续表

相关关系	适用范围	研究者，年份
$C_c = 0.156 e_0 + 0.0107$	一般黏土	Bowles 等，1989
$C_c = 0.598(e_0 - 0.575)$	上海灰色淤泥质土	魏道垛等，1980
$C_c = 0.486(e_0 - 0.523)$	上海褐灰色黏性土	高大钊等，1986
$C_c = 0.274 e_L$	黏土-砂混合土	Nagaraj 等，1995
$C_c = 0.185[d_s(\gamma_w/\gamma_d)^2 - 0.144]$	一般土体	Herrero 等，1980
$C_c = 0.5 I_P d_s$	重塑正常固结黏土	Wroth 等，1978
$C_c = 0.046 + 0.0104 I_P$	重塑黏土	Nakase 等，1988
$C_c = 0.0148(I_P + 3.6)$	一般黏土	Sridharan 等，2000
$C_e = 0.00193(I_P - 4.6)$	重塑黏土	Nakase 等，1988
$C_e = 0.0023(I_P - 4.5)$	重塑黏土	白冰等，2001
$c_u/p_0' = 0.11 + 0.0035 I_P$	天然软黏土	Skempton 等，1957
$K_0 = 0.19 + 0.233 \log I_P$	一般黏土	Alpan 等，1967
$\varphi' = 48.3 - 1.1 I_P$	上海黏性土	胡世华等，1997
$E_s = 37.7 e_0^{-1.562}$	沿海软土	高大钊等，2004

注：表中指标分别为 C_c 压缩指数；C_e 回弹指数；c_u 不排水强度；p_0' 有效上覆压力；K_0 静止侧压力系数；φ' 有效内摩擦角；ω_L 液限；ω_0 天然含水率；e_0 天然孔隙比；e_L 含水率为液限时的孔隙比；d_s 土粒相对密度；γ_w 水的重度；γ_d 干重度；I_P 塑性指数；E_s 压缩模量。

3.2.3 基坑开挖与土的物理性质的变化

基坑开挖会对土体的物理性质及其指标产生一定程度的影响。如基坑开挖引起的坑底和坑周土体回弹会改变部分土体的孔隙比和密度等指标；基坑降水会造成土体含水率和饱和度的降低及软硬物理状态的改变；因基坑局部渗漏或意外水体作用引起的浸润湿化作用不但会改变土体的含水率等宏观物理指标，而且会诱发黏性土微结构失稳等微观结构特性发生变化；基坑开挖和降水引起的土体内渗流和负孔隙水压力的消散也会改变土体的物理性质指标，而且这些影响会随开挖和降水作用强度的不同而不同。因此，在基坑工程中，应该重视基坑开挖对土体物理性质的影响。但是，目前有关这方面的定量研究还很少，基坑开挖对土体物理性质及其指标的影响目前还处于定性评价阶段。

3.3 土的力学性质

3.3.1 有效应力与孔隙水压力

1. 有效应力原理

饱和土的有效应力原理是 K. Terzaghi 在发表渗透固结理论时同时提出的，该理论阐明了松散颗粒土体与连续固体材料的本质区别，奠定了现代土力学变形和强度计算的基础。该原理认为，施加在饱和土体上的总应力可以分为两部分，一部分由孔隙水承受，称为孔隙水压力；另一部分由土体骨架承受，称为有效应力，它们构成了饱和土体内部的受力和传力机制，在总应力不变的条件下，二者共同承担又互相转换。该原理可以表述为：

(1) 饱和土体任一平面上受到的总应力 σ 等于有效应力 σ' 与孔隙水压力 u 之和，即满足：

$$\sigma = \sigma' + u \tag{3-1}$$

(2) 土体的强度变化和变形只决定于土中的有效应力变化，而与土体内的孔隙水压力无直接关系。

但是应当指出，现在理解的有效应力并不是颗粒之间接触点处的实际接触应力，仅仅是一个唯象的概念，是一个像离心力一样的虚构应力。有效应力的物理内涵实质上是相对于总应力作用面积上的经过固体颗粒传递的粒间应力垂直分量的平均值，对于极细粒土，它还包括颗粒之间分子引力的作用。因此，土中的有效应力很难直接测定，目前只能通过理论估算或现场量测孔隙水压力来间接求取。孔隙水压力估算和测定的正确与否直接影响着有效应力原理的工程应用价值与有效性，这一点已成为现在有效应力原理应用上的一个局限。

非饱和土（三相土体）的有效应力与孔隙压力问题由于土中存在孔隙气而相对复杂。其孔隙压力中包含了孔隙气压力的估计及其测定。相对而言，非饱和土的有效应力原理远不如饱和土的成熟。对于它的总应力、有效应力和孔隙压力三者之间关系，目前人们仍常用Bishop 建议的表达式来说明和讨论：

$$\sigma' = \sigma - u_a + \chi(u_a - u_w) \tag{3-2}$$

式中 χ——表征孔隙气压力存在和作用的系数，随土的饱和度、土类和应力路径而变化，大小介于 0 和 1 之间；

u_w、u_a——孔隙水压力和孔隙气压力（kPa）。

鉴于有效应力原理应用到非饱和土还存在一些缺陷，Fredlund 又提出了双应力变量理论，即在分析非饱和土的强度和变形特性时，将净应力 $(\sigma - u_a)$ 和基质吸力 $(u_a - u_w)$ 视为两个独立的应力变量，而不是用有效应力来建立关系。

2. 孔隙水压力估算

按照有效应力原理，饱和土体在不排水条件下，当时间 $t=0$ 时，总应力的作用将由孔隙水全部承受，其初始孔隙水压力 u 对于简单应力状态（例如一维竖向应力状态）则是等于总应力 σ，即：

$$u = \sigma \tag{3-3}$$

而对于复杂应力状态，例如二维增量主应力 $\Delta\sigma_1$、$\Delta\sigma_3$ 的组合作用，Skempton(1954)基于常规三轴试验成果提出如下孔隙水压力增量 Δu 的表达式：

$$\Delta u = B[\Delta\sigma_3 + A(\Delta\sigma_1 - \Delta\sigma_3)] \tag{3-4}$$

以全量表示时为：

$$u = B[\sigma_3 + A(\sigma_1 - \sigma_3)] \tag{3-5}$$

在基坑工程中，对于基坑侧壁的土体，多处于侧向卸荷状态，此时可采用轴向应力保持不变、径向应力减小的三轴主动压缩试验来模拟，$\Delta\sigma_1=0$，$\Delta\sigma_2=\Delta\sigma_3=\sigma_1-\sigma_3$，此时孔隙水压力变化 Δu 的计算公式(3-4)可以简化为：

$$\Delta u = B(1-A)(\sigma_1 - \sigma_3) \tag{3-6}$$

在基坑工程中，对于基坑底部的土体，多处于竖向卸荷状态，此时可采用径向应力保持不变、轴向应力减小的三轴主动伸长试验来模拟，$\Delta\sigma_3=\sigma_1-\sigma_3$，$\Delta\sigma_1=\Delta\sigma_2=0$，此时孔隙水压力为负值，其变化量 Δu 的计算公式(3-4)可以简化为：

$$\Delta u = -BA(\sigma_1 - \sigma_3) \quad (3\text{-}7)$$

上列各式中，A，B 分别为反映土体在剪应力和平均主应力作用下诱发孔隙水压力变化的孔隙水压力系数，它们反映了土体的非线性性质。其中，系数 A 不是一个常数，其数值主要取决于剪应力作用下土体的体积变化，因而大小受到多种因素的影响，如土的应力历史、应力水平、初始应力状态及应变大小等等。剪破时的孔隙水压力系数 A_f 值将随超固结比的增加而从正值减小到负值，常见土体 A_f 值的典型范围见表 3-6 所示；系数 B 与土体饱和度有关，对于完全饱和土，$B=1$；干土，$B=0$；一般非饱和土，B 介于 0 和 1 之间。

剪破时孔隙水压力系数 A_f 取值的典型范围　　　　表 3-6

土　类	A_f 值	土　类	A_f 值
松的细砂	2～3	压实砂质黏土	0.25～0.75
压实黏质砾石	−0.25～025	弱超固结黏土	0.2～0.5
高灵敏度黏土	0.75～1.5	一般超固结黏土	0.2～0
正常固结黏土	0.5～1.0	强超固结黏土	−0.5～0

对于非轴对称的空间三向应力状态，Henkel（1960）考虑了中主应力 σ_2 的影响，引入应力不变量和八面体应力，进一步将其推广到更加一般化的八面体应力表达式：

$$\Delta u = \beta \Delta\sigma_{oct} + \alpha \Delta\tau_{oct} \quad (3\text{-}8)$$

式中　$\Delta\sigma_{oct}$——八面体正应力增量，$\Delta\sigma_{oct} = (\Delta\sigma_1 + \Delta\sigma_2 + \Delta\sigma_3)/3$；

$\Delta\tau_{oct}$——八面体剪应力增量，$\Delta\tau_{oct} = [(\Delta\sigma_1 - \Delta\sigma_2)^2 + (\Delta\sigma_2 - \Delta\sigma_3)^2 + (\Delta\sigma_3 - \Delta\sigma_1)^2]^{1/2}/3$；

α、β——分别是反映剪应力和平均主应力作用下的孔隙水压力系数。对于完全饱和土，$\beta=1$。

不同的应力路径条件下，剪切过程将产生不同的孔隙水压力。在常规三轴试验中，即在轴对称应力条件下，$\Delta\sigma_1 = \Delta\sigma_3$，式（3-8）可以简化为式（3-4），此时 $\beta = B$，$\alpha = B(3A-1)/\sqrt{2}$。

近年的进一步研究表明，对于饱和黏土中的孔隙水压力多是一种非线性反应。土体受剪时孔隙水压力的发生是土体剪胀性的一种表现。因此，正确估计土体在剪切时所发生的孔隙水压力，应联系上土体的变形特性。在假定土体应力应变之间有唯一关系的前提下，其受剪时的剪胀性是偏应力的二次幂的函数。由此可建立孔隙水压力与偏应力二次幂效应模型。在常规三轴不排水压缩条件下，饱和黏土中的孔隙水压力可表示为

$$u_c = (1/3)q_c + C_c q_c^2 \quad (3\text{-}9)$$

式中　$u_c = u/\sigma_c$、$q_c = (\sigma_1 - \sigma_3)/\sigma_c$——孔隙水压力比、偏应力比；

σ_c——平均固结压力（kPa）；

C_c——孔隙水压力系数，可由试验直接测定。它随土类而异，但与固结压力无关。

3. 有效应力原理在基坑工程中的应用

土体有效应力原理及其重要性已日益被认识和重视。因为它几乎在土力学的若干重要方面都得到反映，而且促进了土力学解决工程问题的发展。它的建立使土力学有了自己特

定的理论原理。有效应力原理的提出与应用使土力学有了本身区别于一般固体力学的特征性原理。从现有的土力学系统看来,它几乎不同程度地贯穿于整个土力学学科的各项内容。

土体固结理论应该是有效应力原理中孔隙压力与有效应力的分担与转换关系的最重要和最明确的应用,它是固结理论得以建立的物理基础;土力学中抗剪强度的不同试验测定方法及其相应指标的产生则是有效应力原理对经典强度理论和破坏准则在土体中的具体化描述和可操作应用所作出的贡献。由于有效应力指标或参数所具有的相对稳定不变的特点,因而被认可为它反映了土体的固有属性且可以作为可信赖的常数使用,由此也就引导出基坑围护设计和稳定分析的有效应力方法。估算支护结构上土压力大小的水土分算方法即是这一原理在基坑工程应用的一个具体实例。必须指出和注意的是,从理论上来说,此时的抗剪强度参数应采用相应的有效应力指标。

负孔隙水压力一般在不饱和土层中气体相部分体积膨胀,造成土体中气压失去平衡,暂时小于大气压,由于气压差形成负孔隙水压力,负孔隙水压力对土粒产生吸附作用,而增加有效应力,当气压达到平衡时,负孔隙水压力消散。

在软土地区进行基坑开挖时,由于软土含水率大、渗透系数小,基坑开挖卸载将在坑底和周围土体中产生负的超静孔隙水压力,使得开挖到设计标高时坑底的隆起变形并不随之同时完成,因此,在确定坑底隆起变形时,必须充分考虑负超静孔隙水压力消散时坑底土体随时间吸水膨胀的影响。另外,土体内负的超静孔隙水压力的产生和消散也会诱发土体颗粒间的有效应力减小,从而会使土体的抗剪强度随之发生变化,进而影响到支护结构受力和基坑的稳定性。在实际基坑开挖施工时,应尽量减少扰动以保护坑底土体,并在开挖完成后及时浇筑基坑底板,另外,也可以根据实际需要对坑底土体进行适当加固,这样可以在一定程度上减少支护结构受力、坑底的隆起变形量和基坑开挖对周围环境的影响。

3.3.2 土的渗透性

土是多孔的粒状或片状固体颗粒和流体的集合体,土中孔隙的存在给土孔隙中的水体(主要是重力水)提供了在水头差作用下发生迁移流动(渗流)的可能条件。土的渗透性是指土体具有的被水流通过土中孔隙的能力,它是土体三大主要力学性质(渗透性、强度和变形特性)之一,是土体有别于其他致密性工程材料如钢材和混凝土等的独特性质。土的渗透性和土中渗流是土中渗流问题计算和模拟试验的物理基础,它对土体的强度和土体的变形有重要影响。

土的渗透性和渗流对基坑工程的影响主要表现在两方面:一是对土的物理和力学性质变化的影响,如黏性土稠度状态的改变、土的重度因水有饱和重度和浮重度等,还有孔隙水压力产生与消散对土体抗剪强度指标和变形指标的影响等等。另一是它与基坑工程设计与施工的安全稳定和对周围环境的影响程度密切相关,如深基坑工程的开挖施工排水、隔水或降水的考虑及其措施等。

1. Darcy 定律(线性渗透定律)

由于土的孔隙通道很小,渗流过程中黏滞阻力很大,所以多数情况下,水在土中的流速很慢,属于层流范围(水流流线互相平行)。土中水的渗流运动常用著名的 Darcy 定律来描述,即土的线性渗流理论。它的基本表达式为:

$$v = k \cdot i \tag{3-10}$$

式中　v——土中水的渗流速度，指整个过水断面意义上的平均流速（cm/s）；

　　　k——土的渗透系数（cm/s），表示单位水力梯度时的渗流速度，是表征土体渗透性大小的重要参数，可由室内或现场试验测定；

　　　i——水力梯度（无量纲）。定义为沿着水流方向上单位长度的水头差值，即

$$i = \frac{\Delta H}{l} \tag{3-11}$$

式中　ΔH——水头差值（m）；

　　　l——水流的渗径长度（m）。

Darcy 定律表明，在层流条件下土中孔隙水的渗流速度与水力梯度成正比，比例系数为 k，即为渗透系数。

需要特别指出的是：① 由于土的孔隙大小和分布是不均匀的，式（3-10）中的渗流速度是以整个断面积计的假想平均渗流速度，而不是孔隙中水流的真实速度，两者相差 n 倍（n 为土的孔隙率），由于 n 值总是小于 1.0，所以土层断面上水的渗流速度总是小于土中水的真实流速；② 由于土中水的实际流程十分弯曲，且也无法精确知道，式（3-10）中的水力梯度也是以试样长度计的平均水力梯度，而不是以实际流程计的局部真正水头损失；③ 试验证明，式（3-10）并非层流范围内都成立，只有在雷诺数小于 1～10 时才适用，但大多数天然土体内的渗流仍基本服从 Darcy 定律。

Darcy 定律表达的是均匀不可压缩流体的单向渗流方程，要把它普遍化，推广到各向异性介质中的二维和三维渗流，就要表达为微分形式，一般可以用向量形式表达如下：

$$\vec{v} = k\vec{i} = k\,\mathrm{grad}(h) \tag{3-12}$$

式中　$\vec{v}$——渗流速度向量（cm/s），其分量为 v_x、v_y、v_z；

　　　$\vec{i}$——水力梯度向量，其分量为 $i_x = \partial h/\partial x$，$i_y = \partial h/\partial y$，$i_z = \partial h/\partial z$；

　　　k——渗透张量，其分量 k_{ij} 的物理意义是 j 方向的单位水力梯度引起 i 方向的流速大小，k_{ij} 具有对称性（cm/s）；

　　　h——总水头（m）。

由于实际土层一般都是水平成层，只需要考虑垂直方向和水平方向渗透性的各向异性性质。这时，式（3-12）可以简化为下式：

$$k_x \frac{\partial^2 h}{\partial x^2} + k_z \frac{\partial^2 h}{\partial z^2} = 0 \tag{3-13}$$

对于成层土来说，由于各土层的渗透系数不同，整个土层的平均渗透性呈现明显的各向异性。若有一由 n 层土构成的总厚度为 h 的层状土，设第 i 层土的厚度为 h_i，相应的渗透系数为 k_i，层状土整体的水平向的等效平均渗透系数为 k_x（平行层面方向），垂直方向的等效渗透系数为 k_z（垂直层面方向），则有：

$$k_x = \frac{\sum\limits_{i=1}^{n} k_i h_i}{\sum\limits_{i=1}^{n} h_i} \tag{3-14}$$

$$k_z = \frac{\sum\limits_{i=1}^{n} h_i}{\sum\limits_{i=1}^{n} h_i / k_i} \tag{3-15}$$

这样，就可以把层状土的非均质渗流场，转化为水平和垂直渗透系数分别为各向异性均质渗流场进行求解了。

2. Chezy 公式（非线性渗透定律）

在紊流条件下，土体内水的渗流服从 Chezy 公式：

$$v = k_c i^{1/2} \tag{3-16}$$

式中 k_c——紊流运动时土的渗流系数（cm/s）。

通常，地下水只有在大裂隙、大溶洞中的运动才服从非线性渗透定律，当水力梯度很大时，在土体内也可能出现紊流运动，此时土中水的渗流服从式（3-16）。

3. 渗透性及其影响因素

土的渗透性表征土体被水透过的性能，常用单位水力梯度下土中的渗流速度，即渗透系数来反映土体渗透性的大小。不同类型土体的渗透性变化很大，其量级变化幅度的参考值大体为：黏土约在 10^{-6} cm/s～10^{-8} cm/s 之间，粉土约为 10^{-3} cm/s～10^{-4} cm/s，砂土大于 10^{-4} cm/s，卵石、碎石大于 10^{-1} cm/s 等等，见表 3-7。由于土体的各向异性和土层结构构造上的特点等，土体渗透性也常常具有各向异性，其渗透系数在水平向和垂直向表现出明显的差别。

渗透系数 k 具有流速的单位，根据量纲分析原理，渗透系数 k 可用下式表示：

$$k = C_1 d^2 \frac{\gamma_w}{\mu} = K \frac{\gamma_w}{\mu} \tag{3-17}$$

式中 C_1——形状因数，决定于土的层次结构、颗粒形状与排列和大小级配以及孔隙率等因素的影响；

d——孔隙的大小或颗粒粒径（m）；

K——土固相的物理渗透性（m²），反映土体固相部分的特性，与流体特性无关；

γ_w——水的重度（kN/m³）；

μ——水的动力黏滞系数（Pa·s）。

根据式（3-17）可知，土体的渗透性不但与土体固相骨架的特性有关，而且也和流体的性质有关。土体的渗透系数与土颗粒和水两方面的多种因素有关，而且土类不同，其影响因素也不尽相同。

对于无黏性土，影响渗透系数的主要因素是颗粒大小和级配、土体的孔隙比及饱和度、水的黏滞阻力等物理因素。土的颗粒越小，级配越好，土体孔隙比越小，渗透性越低。土颗粒和水界面上的表面张力会随土体饱和度的增加而逐渐消失，土中封闭气泡的存在会减小过水通道面积，因此土体饱和度对其渗透性也有较大影响。水的流速与其动力黏滞度有关，因水的动力黏滞度随温度的增加而减小，温度升高一般会使土的渗透系数增大。

黏性土渗透性的影响因素要比无黏性土复杂。黏性土中颗粒尺寸小，比表面积大，颗粒与周围液体界面上有强烈的物理化学作用，颗粒表面扩大双电层的存在使得双电层内的水分子受到颗粒表面负电荷的吸附作用，而表现出与自由水不同的性状。黏性土的渗透系数不但与颗粒大小和级配、土体密度和饱和度等因素有关，而且还受到矿物成分等其他因素影响。黏性土的矿物成分影响其颗粒大小，且影响颗粒与周围液相的相互作用，因而会对土的渗透性产生较大影响。因颗粒和粒团的排列以及土粒与水相互作用而形成的结构和组构也会对土的渗透性产生较大影响。渗透流体对黏性土渗透性的影响不但体现在流体重度和黏滞性方面，而且受到整个水—土—电解质体系的相互作用的强烈影响，影响的性质和程度与黏土矿物和电解质溶液的成分及渗透溶液的极性都有密切关系。

饱和土渗透系数的测定方法很多，从原则上说，有理论解的任何模型都可以用于测定渗透系数。目前常用的测定方法可分为直接方法和间接方法两大类：直接方法包括常水头试验和变水头试验，前者主要适用于渗透性较大的土，后者适用于渗透性较小的土；间接方法包括根据固结试验成果和颗粒级配等资料计算得出，前者适用于黏性土，后者适用于无黏性土。此外，渗透系数的测定方法还可以分为实验室试验和现场原位试验两大类，具体测试方法见后面有关章节。常见土类的渗透系数经验值见表3-7。

常见土类的渗透系数经验值 表3-7

土 类	k 值 (cm/s)	土 类	k 值 (cm/s)
粗砾	$10^0 \sim 5 \times 10^{-1}$	黄土（砂质）	$10^{-3} \sim 10^{-4}$
砂质砾、河砂	$10^{-1} \sim 10^{-2}$	黄土（黏质）	$10^{-5} \sim 10^{-6}$
粗砂	$5 \times 10^{-2} \sim 10^{-2}$	粉质黏土	$10^{-4} \sim 10^{-6}$
细砂	$5 \times 10^{-3} \sim 10^{-3}$	黏土	$10^{-6} \sim 10^{-8}$
粉砂	$2 \times 10^{-3} \sim 10^{-4}$	淤泥质土	$10^{-6} \sim 10^{-7}$
粉土	$10^{-3} \sim 10^{-4}$	淤泥	$10^{-8} \sim 10^{-10}$

4. 渗流力及其对基坑稳定的影响

水在土体中流动时，将会引起水头损失，这种损失是由于水在土体孔隙中流动时，力图拖曳土体颗粒时而消耗能量的结果。这种渗透水流作用在单位土体内土颗粒上的拖曳力称为渗流力。渗流力有时也叫动水力，它是一种体积力，其方向与渗流方向一致，大小与水力梯度成正比，可以用下式表示：

$$j = \gamma_w \cdot i \tag{3-18}$$

式中 j——渗流力（kN/m^3）。

在基坑工程中，对于土中水的渗流，人们更多关切的还是渗流力对基坑稳定和变形的影响及其控制措施。基坑开挖中因渗流力引起的基坑稳定问题主要表现为流砂、管涌和突涌。

(1) 流砂

流砂是指土的松散颗粒被地下水饱和后，当水头差达到某一临界数值后，由于渗流力作用而使松散颗粒产生悬浮流动的现象。流砂主要发生在颗粒较细且级配均匀的粉、细砂或粉土中。它常发生在基坑底部或侧壁等渗流逸出处，一般不会在土体内部发生。只有在渗流力超过了土颗粒的有效重量时，流砂才会出现，发生流砂的临界水力梯度 i_{cr} 为：

$$i_{cr} = \frac{\gamma'}{\gamma_w} = \frac{d_s - 1}{1 + e} \tag{3-19}$$

式中 γ'——土的有效重度（kN/m^3）；

d_s——土的颗粒相对密度；

e——土的孔隙比。

(2) 管涌

管涌是指在渗流力作用下,细小颗粒通过粗大颗粒的孔隙发生移动和被带出,土中的空隙逐渐增大,慢慢形成一细管状渗流通道,从而掏空土体而使之变形、失稳的现象。它可能发生在渗流逸出处也可能发生在土体内部,是一种渐进性破坏现象。管涌的发生与否除了与水力梯度有关外,还与土的级配状态有关,多发生在颗粒大小悬殊且缺少某些中间粒径的级配不良的无黏性土中。发生管涌的临界水力梯度目前尚无合适的公式可循,目前主要根据试验得到的颗粒级配情况来判断管涌发生的可能性。

(3) 突涌

当基坑下有承压含水层存在时,开挖基坑减小了含水层上覆不透水层的厚度,当它减小到某一临界值时,承压水在水头压力作用下顶裂或冲毁基坑底板而导致基坑失稳的现象。基坑突涌通常过程很快,往往来不及采取补救措施,对基坑安全危害极大。基坑突涌发生的条件一般可用下式进行判断:

$$H < \frac{\gamma_w h}{\gamma} \tag{3-20}$$

式中　H——坑底不透水层的厚度（kN/m³）；

γ——土的重度（kN/m³）；

h——承压水水头高于含水层顶板的高度（m）。

3.3.3　土的变形特性

1. 土的基本变形特性

与其他工程材料一样,土体在遭受外力后发生变形。由于土是岩石在漫长地质过程中受风化、搬运、沉积、固结和地壳运动等共同作用后的产物,其变形性质十分复杂,且影响因素众多,一般随着土的种类和状态及外界条件而有很大变化。土的应力与应变关系以及土体力学反应与分析除了引用材料力学和弹塑性力学的原则、原理和计算表达式外,还必须了解土体自身的基本变形特性。土的基本变形特性主要包括非线性、弹塑性、剪胀（缩）性、压硬性、各向异性等。此外,土的变形特性还受到应力路径和应力历史等因素的影响。

(1) 非线性

土体是松散的颗粒堆积体,受力后土体的变形主要不是由于土颗粒本身变形,而是由于颗粒之间的位置调整,这样在不同应力水平下由相同应力增量而引起的应变增量就不会相同,从而表现出非线性特性。三轴试验测得的土体应力应变关系主要有两种形态,见图3-1。图3-1 (a) 所示曲线中土体应力随应变的增加而增加,但增加速率越来越慢,最后趋于稳定,这种形态的应力应变关系称为应变硬化型,多为正常固结黏性土和松砂；图3-1 (b) 所示曲线中土体应力一般是开始时随应变增加而增加,达到一个峰值后,应力随应变增加而下降,最后也趋于稳定,这种形态的应力应变关系称为应变软化型,多为超固结黏性土和密砂。土体的应变软化过程实际上是一种不稳定过程,常伴随着局部剪切带的出现,因此,其应力应变曲线的影响因素更加复杂,反映应变软化过程的数学模型也更难准确建立。

(2) 弹塑性

土体是一种典型的弹塑性材料,其在各种应力增量作用下一般都会产生卸载后无法恢复的塑性变形，哪怕在加载初始应力应变关系接近直线的阶段，总应变 ε 仍然包括可以恢复的弹性应变 $ε^e$ 和不可恢复的塑性应变 $ε^p$ 两部分（见图 3-2），也即在加载后再卸载到原应力状态时，土体一般不会恢复到原来的应变状态。

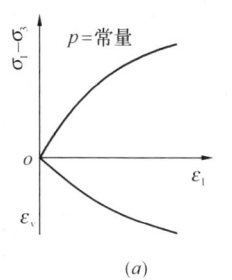 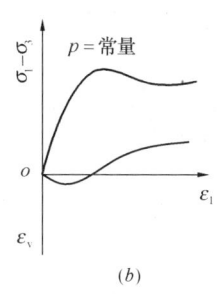 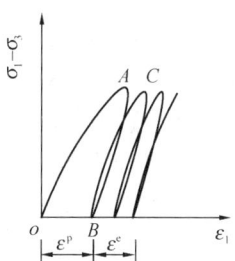

图 3-1　土的三轴试验典型曲线　　　　图 3-2　土加载与卸载的应力应变曲线

土体的另一个特性是在经过一个加卸载循环后存在滞回环（见图 3-2），滞回环的存在表示土体在卸载和再加载过程中存在能量消耗，再加载时还会产生新的不可恢复的变形，不过同一荷载多次重复后每一循环产生的塑性变形将逐渐减小。

（3）剪胀（缩）性

土体在受力后不仅体积应力会产生明显的体积变形，剪应力也会引起体积变形。正常固结黏性土和松砂在剪应力作用下多引起体积收缩，称为剪缩，见图 3-1（a）；而超固结黏性土和密砂在剪应力作用下除开始有少量体积压缩外，随后会产生明显的体积膨胀（负体积应变），称为剪胀，见图 3-1（b）。土体剪胀（缩）性实质上是由于剪应力引起土颗粒间相对位置变化，加大或减小了颗粒间的孔隙，从而引发体积变化。土体的剪缩和剪胀与硬化和软化常有一定的联系，但也不是必然的联系，软化类型的土往往是剪胀的，而剪胀土未必都是软化的。

不仅剪应力能引起土体的剪应变，体积应力也会引起剪应变。由于土体存在初始剪应力，则施加各向相等的正应力增量时，颗粒间的相对错动滑移在各方向上是不均匀的，宏观上就表现为剪应变，这与纯弹性材料是完全不同的。土体内剪应力引起的体积应变以及体积应力引起的剪应变不但存在，而且往往是相当可观，不可忽视，合理的本构模型应考虑这些因素的影响。

（4）压硬性

通常，土体的强度和刚度都随压应力的增大而增大和随压应力的降低而降低，即土体具有压硬性。随应力水平的变化，土体的应力应变关系曲线形状也有变化，在很高围压下，即使很密的土，其应力应变关系曲线也与松砂的相似，没有剪胀性和应变软化现象。土的变形模量也随着围压的增大而提高。土体的压硬性主要是由于围压所提供的约束对于其强度和刚度是至关重要的，这也是土体区别于其他材料的重要特性之一。例如，下列土在三轴试验中初始模量 E_i 与围压 σ_3 之间的 Janbu 公式就是土体压硬性的一种具体体现：

$$E_i = K p_a \left(\frac{\sigma_3}{p_a} \right)^n \tag{3-21}$$

式中　K, n——试验常数；
　　　p_a——大气压（kN/m^2）。

(5) 各向异性

所谓各向异性是指材料在不同方向上的物理力学性质不同。由于土体在形成过程中水平和垂直方向的条件不同，多为水平向成层的层状构造，使土体在许多方面表现为各向异性。土的各向异性主要表现为横向各向同性（也即在水平面各个方向的性质大体相同），而竖向与横向性质不同。土的各向异性可分为初始各向异性和诱发各向异性，初始各向异性主要是指土体在天然沉积和固结过程中造成的各向异性，而诱发各向异性主要是指土体受外力作用引起其空间结构改变造成的各向异性，后者对土体工程性状的影响往往更加显著。

(6) 应力路径和应力历史的影响

土体作为一种特殊的弹塑性材料，其变形特性不仅取决于当前的应力状态，而且与到达当前应力状态所经过的应力路径和此前经历的应力历史密切相关。土体沿不同的应力路径加载或卸载，各阶段的塑性变形增量不同，即使初始和终了应力状态相同，其最终累积起来的应变总量一般并不相等。应力路径对土体的变形指标也有明显影响，如砂性土的初始模量通常会随着中主应力的增加而提高；土体在加载条件和卸载条件下的变形模量一般差别很大等。

应力历史既包括天然土在过去地质年代中受到的固结应力和地壳运动作用，也包括土在试验室或者工程施工、运行中受到的应力过程，对于黏性土一般指其固结历史。超固结黏性土是指在历史上受到的最大固结压力（指有效应力）大于目前受到的固结压力的黏性土；当黏性土历史上受到的最大固结压力等于目前受到的固结压力时称为正常固结黏性土；而欠固结黏性土是指尚未完成自重固结过程的黏性土。不同固结历史土体的应力应变曲线具有明显区别，在相同荷载作用下，超固结土的变形会明显小于正常固结土。对于黏性土，当其在长期荷载作用下因流变性而发生次固结沉降时，即使固结应力不变，正常固结土也会表现出超固结土的性状，这也是一种应力历史的影响。

2. 土的压缩和固结

土在压力作用下的体积变化（包括压力增加所发生的压缩以及压力减小时所发生的膨胀）是非常复杂的，有些土的体积变化在荷载变化后立即完成，有些土的体积变化随时间逐步发展。在随时间发展的变形中又包括两部分：一部分是由于超静孔压消散和孔隙水排出引起的体积变化，称固结；另一部分与超静孔压和孔隙水变化无关，称为流变。土体具有的压缩（固结）和流变特性是地基沉降发生的内在原因。

(1) 土的压缩性及其指标

在研究饱和土体的压缩和固结时，一般假定土体的固体颗粒和土孔隙中的液体水均是不可压缩的，因而在外力（一般的应力水平时）作用下土的体积变化仅仅是指孔隙体积的变化。在土力学中一般采用基于室内单向压缩试验得到的孔隙比 e 和压力 p 的变化关系来表明土的压缩及膨胀性质，其几何图形即为土的压缩曲线。根据其描述坐标系统的不同而有直角坐标的 e-p 曲线（图 3-3a）和半对数坐标的 e-$\lg p$ 曲线（图 3-3b），后者是欧美、日本等国家常用的方法，其优点是可以形象地反映土的应力历史的影响。基于压缩曲线上可以得到单向变形条件下土的压缩性参数，如压缩系数 a、压缩模量 E_s、压缩指数 C_c、回弹指数 C_e 等。这些参数都是进行地基变形（沉降）计算时常用的，有的甚至是不可缺少的。

压缩系数 a 是评价土压缩性高低最常用的一个压缩性指标，其在数值上等于 e-p 曲线

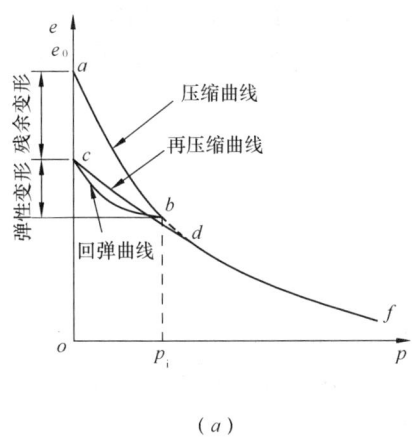 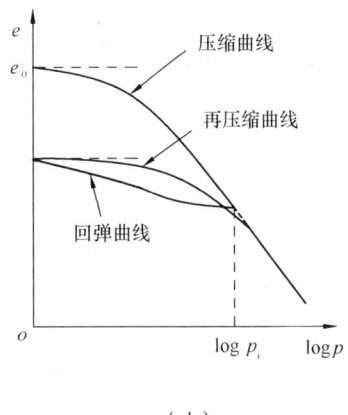

图 3-3 土的压缩曲线
(a) e-p 曲线；(b) e-$\log p$ 曲线

的割线斜率绝对值，可用下式进行计算：

$$a = \frac{\Delta e}{\Delta p} = \frac{e_1 - e_2}{p_2 - p_1} \tag{3-22}$$

式中　p_1、p_2——均为固结压力（kPa）；

e_1、e_2——分别为对应于 p_1、p_2 时的孔隙比。

显然，土体的压缩系数 a 可随固结压力 p 取值区段的不同而变化。为了便于根据压缩系数的不同对土体的压缩性大小进行估计，通常土体压缩性可按 p_1 为 100kPa，p_2 为 200kPa 时对应的压缩系数 a_{1-2} 的值划分为低（$a_{1-2} < 0.1 \text{MPa}^{-1}$）、中（$0.1 \leqslant a_{1-2} < 0.5 \text{MPa}^{-1}$）、高（$a_{1-2} \geqslant 0.5 \text{MPa}^{-1}$）等三类压缩性。

压缩指数 C_c 和回弹指数 C_s 通常分别用来反映正常固结土和超固结土的不同压缩性。压缩指数 C_c 一般取原状土的 e-$\log p$ 压缩曲线中直线段斜率的绝对值，可用下式进行计算：

$$C_c = \frac{\Delta e}{\Delta \lg p} = \frac{e_1 - e_2}{\lg p_2 - \lg p_1} \tag{3-23}$$

回弹指数 C_s 多取 e-$\log p$ 曲线中卸载段和再压缩段平均斜率的绝对值，其数值一般比压缩指数 C_c 要小得多，一般黏性土的回弹指数 $C_s \approx (0.1 \sim 0.2)C_c$。但是，土体如经受多次重复卸荷加荷后，$C_s$ 将接近 C_c，乃至相等。

压缩模量 E_s，又称侧限模量，是指土在完全侧限条件下在受压方向上的正应力与变形稳定时相应的正应变之间的比值，可由下式计算：

$$E_s = \frac{1 + e_0}{a} \tag{3-24}$$

式中　e_0 是土的天然孔隙比；其他符号意义同前。

压缩模量 E_s 是在室内用固结仪做压缩试验所得的资料求出的，所以是一维（单向）应力条件下的变形计算参数，适用于不考虑侧向变形的地基最终沉降计算中，如采用分层总和法、应力面积法等计算地基最终沉降时。

变形模量 E_0 是与压缩模量 E_s 相当的另一个常用的变形计算参数，它是指无侧限条件下在受压方向上的正应力与变形稳定时相应的正应变之间的比值。变形模量 E_0 一般在现场用载荷板试验及其所得的资料求出的,所以应适用于三维(空间)应力状态的地基最终变形计算,其估算公式为:

$$E_0 = \frac{pb\omega(1-\nu^2)}{s} \tag{3-25}$$

式中 E_0——地基土的变形模量(kPa);
    p——荷载板底压力(kPa);
    b——方形荷载板边长,或圆形荷载板直径(cm);
    ν——土的泊松比(侧膨胀系数),无量纲,砂土可取 0.20~0.25,黏性土可取 0.25~0.45;
    s——对应于压力 p 的荷载板的沉降(cm);
    ω——沉降影响系数,与荷载板形状、刚度有关(无量纲)。对于圆形板 $\omega=0.79$;方形板 $\omega=0.88$。

工程实践和试验实测资料表明,E_0 和 E_s 的比值并不如线弹性理论关系所反映的只在 0~1 之间变化,这说明理论比值与实测比值有相当大的出入。我国近 20 余年来的实测资料与经验总结表明,E_0 和 E_s 的理论比值与实测比值之间的差别随着土的种类和结构性的强弱而变化。我国常见典型土体的 E_0 和 E_s 的比值见表 3-8 所示。

我国典型土体的 E_0 和 E_s 经验值   表 3-8

土的种类		E_0/E_s		频 率
		一般变化范围	平均值	
老黏性土		1.45~2.80	2.11	13
红黏土		1.04~4.87	2.36	29
一般黏性土	$I_P>10$	1.60~2.80	1.35	84
	$I_P\leqslant10$	0.54~2.68	0.98	21
新近沉积黏性土		0.35~1.94	0.93	25
淤泥及淤泥质土		1.05~2.97	1.90	25

进行土体变形(沉降)计算必须确立相应的应力-应变关系,在仍然将土体模拟为弹性体或弹性半空间的前提下,广泛采用材料力学中的广义虎克定律。因此,这里的压缩模量或变形模量均相当于虎克定律中的杨氏模量的地位和作用。换言之,在引用虎克定律的应力-应变关系式于土体变形计算时,只有压缩模量或变形模量(三维条件时还有土的侧膨胀系数即泊松比)等参数反映了土体这一特定材料的特性。但是土体毕竟不是理想弹性体,应力状态与大小(应力水平)和排水条件等的不同,均会使土的变形性质不同因而也使其大小发生变化,以致影响到这些参数的性质和大小产生相应的改变。因此就计算土体变形的"模量"这一参数而言,目前所及已不下 5、6 种,且分别适用于特定的变形性质和应力条件,详见表 3-9 所列。表中还给出室内外适用的测定这些模量的试验方法建议,可供实用参考。所以只用一种土的模量值(例如比较易于获得的压缩模量 E_s)于不同条件的土体变形计算中则显得既不合适也不合理。

各种不同条件下土的模量（变形计算参数）　　　　　　　　　表 3-9

模量名称	适用于计算变形的性质	对应的应力条件	测定方法
压缩模量 E_s	一维单向应力的固结沉降（分层总和法、应力面积法）	一维竖向应力	室内常规压缩试验（包含了弹塑性变形）
变形模量 E_0	三维（空间）应力的固结沉降或载荷板试验的沉降（弹性理论公式的沉降计算方法）	三维（空间）应力状态	根据现场载荷板试验资料用弹性理论公式求取或在实测 p-s 曲线上求取
弹性模量 E_d	用于计算瞬时荷载如风荷载下的地基沉降和倾斜、地震反应分析及交通道路的变形设计等。此类反复荷载每次作用时间都很短，土来不及产生固结变形，且大部分变形是可恢复的	三维（空间）应力状态的弹性应变与应力关系	可用静、动三轴试验测定，即分别得静弹模和动弹模。因应力与应变具非线性关系，故根据试验结果选值时应注意相应的应变的数量级
不排水模量 E_u	用于（考虑了侧向变形的）土体初始沉降即瞬时沉降计算。表达式仍引用弹性理论公式，相应的泊松比取 0.5	三维（空间）应力条件	室内三轴不排水压缩试验（等向固结或不等向固结）
回弹模量 E_r	常应用于非线性本构模型中的弹性变形部分的计算；还用于粗略估计卸载回弹（或膨胀）量	一维或三维应力状态	常规三轴压缩试验所得的加卸荷试验，用加卸荷曲线回环的割线来求取
卸荷模量 E_{ur}	用于估计三维（空间）应力条件下卸载变形的计算，如基坑开挖坑底隆起量计算等	三维（空间）应力状态	应力路径三轴压缩试验来求取
切线模量 E_t	非线弹性本构模型中变非线性为短区间的线弹性时的弹性常数之一（有时亦取割线模量）	一般是三维（空间）应力状态	常规三轴压缩试验所得的应力-应变曲线上求取或更多的是用解析式求解

（2）土的固结理论及其计算指标

土体变形随时间的发展过程，即土的固结，是全面讨论土的变形问题的另一个重要内容。固结问题和固结特性是土体所特有及其区别于其他工程材料的又一个重要特点。

通常论及土体固结均针对饱和的二相土（孔隙中完全充满水）而言。在外荷载作用下土中孔隙水逐渐排出、孔隙压力（超静水压力）消散逐渐、有效应力增长并至终值，相应地土体压缩并直至稳定的全过程是固结。太沙基用有孔弹簧活塞模型形象地模拟和描述了这一过程，并根据有效应力原理解释了固结过程中土体孔隙水压力和有效应力分担总应力及彼此相互转换的土体固结机理。

① Terzaghi 固结理论（一维）

基于饱和土体的线弹性假设、Darcy 定律、渗流连续条件和荷载瞬时施加且不随时间变化等条件，Terzaghi 建立了土体一维（竖向）固结微分方程：

$$C_v \frac{\partial^2 u}{\partial z^2} = \frac{\partial u}{\partial t} \tag{3-26}$$

其中

$$C_v = \frac{k_v(1+e)}{a\gamma_w} \tag{3-27}$$

式中 C_v——土的固结系数（cm^2/s），是反映土体内超静孔压消散快慢的试验参数，一般可通过室内固结试验求得；

t、z——分别是固结时间（s）和竖向坐标值（m）；

γ_w——孔隙中水的重度（kN/m^3）；

k_v、a、e——分别是竖向渗透系数、压缩系数和初始孔隙比。

根据合适的初始条件和边界条件可求解土中任意点孔隙压力的分布式以及对工程实用具有意义的土层平均固结度（U_t）计算式。

平均固结度（U_t）是反映某一时刻 t 全压缩土层在初始孔隙压力（$u_0=p$）作用下的压缩过程的平均完成程度，也就是 t 时刻初始孔隙压力（$u_0=p$）转化为有效应力（σ'）过程的平均完成程度。最常用的一维条件下的固结度表达式为：

$$U_t = 1 - \frac{8}{\pi^2}e^{-\frac{\pi^2}{4}T_v} \tag{3-28}$$

其中

$$T_v = \frac{C_v \cdot t}{H^2} \tag{3-29}$$

式中 T_v——时间因数，无量纲；

H——孔隙水的最大渗径（cm）。当可压缩土层为单面排水时，渗径与土层厚度取同一数值；双面排水时，最大渗径取为土层厚度的一半。其余指标同前。

式（3-28）就是通常所说的基于 Terzaghi 固结理论建立的单向固结问题的固结度计算式。它适用的条件或模拟的工程实际情况相当于饱和压缩土层表面作用着面积无穷大的超载或者基础荷载宽度远大于可压缩土层的厚度时（一般的建议认为宽度 B 大于 4 倍层厚 H 时），相应的附加应力沿土层深度不变，亦即初始孔压分布图形是矩形的情况。

当其他条件一定且相同时，达到某一固结度的时间只取决于时间因数 T_v。因此，若有两个性质相同的土层（或对于在某个土层中取出的用于室内作试验的土样），其渗径分别为 H_1 和 H_2，则它们达到同一固结度所需的时间 t_1 和 t_2，将与其渗径之间存在如下关系：

$$\frac{t_1}{H_1^2} = \frac{t_2}{H_2^2} \tag{3-30}$$

显然，上式的建立将有助于在实用上虽然粗略但却能迅速简便地根据室内试验测定的结果进行实际土层固结度的判断和估算。

② Biot 固结理论（三维）

Terzaghi 固结理论只在一维固结情况下是精确的，对二维和三维问题并不精确。Biot 在考虑了固结过程中土体平均总应力随时间变化的同时，基于连续介质力学的基本方程，从较严格的固结机理出发，推导建立了下列能准确反映孔隙水压力消散与土骨架变形相互关系的饱和土体三维固结方程组：

$$\left.\begin{aligned}
-G \cdot \nabla^2 \omega_x + \frac{G}{1-2\nu} \cdot \frac{\partial \varepsilon_v}{\partial x} + \frac{\partial u}{\partial x} &= 0 \\
-G \cdot \nabla^2 \omega_y + \frac{G}{1-2\nu} \cdot \frac{\partial \varepsilon_v}{\partial y} + \frac{\partial u}{\partial y} &= 0 \\
-G \cdot \nabla^2 \omega_z + \frac{G}{1-2\nu} \cdot \frac{\partial \varepsilon_v}{\partial z} + \frac{\partial u}{\partial z} &= -\gamma \\
\frac{\partial \varepsilon_v}{\partial t} + \frac{1}{\gamma_w} \cdot \left(k_x \cdot \frac{\partial^2 u}{\partial x^2} + k_y \cdot \frac{\partial^2 u}{\partial y^2} + k_z \cdot \frac{\partial^2 u}{\partial z^2} \right) &= 0
\end{aligned}\right\} \quad (3\text{-}31)$$

其中
$$\nabla^2 = \frac{\partial^2}{\partial x^2} + \frac{\partial^2}{\partial y^2} + \frac{\partial^2}{\partial z^2} \quad (3\text{-}32)$$

$$\varepsilon_v = -\left(\frac{\partial \omega_x}{\partial x} + \frac{\partial \omega_y}{\partial y} + \frac{\partial \omega_z}{\partial z} \right) \quad (3\text{-}33)$$

式中 G、ν——分别为土体的剪切模量和泊松比；

ω_x、ω_y、ω_z——分别为 x、y、z 方向的土体位移；

ε_v——体积应变，无量纲；

k_x、k_y、k_z——分别为 x、y、z 方向的土体渗透系数；

u、γ——分别为计算点处的孔隙水压力和土体重度。其余指标同前。

Biot 固结理论比 Terzaghi 固结理论较为合理完整，但计算过程比较复杂，往往需要采用数值解法。运用 Biot 固结理论有限单元法可以处理各种复杂边界条件、复杂计算域，将土体的弹性矩阵和渗透系数矩阵采用切线模量和变渗透系数后还可以处理土的非线性应力应变问题以及非 Darcy 渗流问题，使得 Biot 固结理论的应用范围更加广泛。

3. 基坑土体的变形特性

土体作为一种典型的黏弹塑性体，其力学特性不仅取决于物质组成和最初及最终的应力状态，也与应力路径、应力历史和受荷时间等因素密切有关。基坑开挖、隧道及顶管工程等均涉及大量的土体卸载问题，土体的加荷过程与卸荷过程是两种完全不同的应力路径，造成加荷与卸荷条件下土体的变形性状有显著差别。因此，在当前基坑工程设计中，应该考虑这一本质问题的影响。

在基坑开挖的过程中，地基土体主要经受的是卸荷过程，其被动区和主动区的土体可分别用 M、N 单元表示（见图 3-4），两单元的典型应力路径为：单元 M 为竖向卸荷，水平向受力可能不变，也可能减小或者略有增大；单元 N 为竖向荷载不变，水平向卸荷。

受到开挖卸荷的影响，土中任一点的变形模量与卸荷大小、土中应力状态、土性参数等因素相关，其数值并非常数。曾国熙等根据大量试验研究指出：在卸荷条

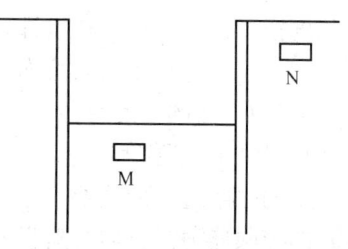

图 3-4 基坑工程示意图

件下，土体的应力-应变关系与应力路径有着密切关系，近似可以用双曲线描述，并据此提出了不排水条件下考虑应力路径的模量计算公式。在图 3-4 的单元 M 和单元 N 应力路径下，相应的卸荷切线模量 E_t 可分别表示为：

$$E_t = \overline{E}_i \sigma'_0 (1 - R_f S)^2 \quad (3\text{-}34a)$$

$$E_t = 2\nu_t \overline{E}_i \sigma'_0 (1 - R_f S)^2 \quad (3\text{-}34b)$$

其中破坏比 R_f：
$$R_f = \frac{(\sigma_1 - \sigma_3)_f}{(\sigma_1 - \sigma_3)_{ult}} \tag{3-35}$$

式中　　　　　　　　　$\overline{E}_i$——归一化应力-应变曲线的初始切线斜率；
　$(\sigma_1 - \sigma_3)_f$、$(\sigma_1 - \sigma_3)_{ult}$——破坏时的偏差应力和极限偏差应力；
　　　　　　　　　　　S——剪应力水平，等于 $(\sigma_1 - \sigma_3)/(\sigma_1 - \sigma_3)_f$；
　　　　　　　　　　　σ_0'——有效固结应力；
　　　　　　　　　　　ν_t——切线泊松比；

　　刘国彬等根据上海地区典型黏土的应力路径加、卸荷试验，提出了 K_0 固结条件下卸荷模量计算公式，指出软土的卸荷模量远大于加荷模量，并和平均固结压力及应力路径密切相关。土体的初始切线模量 E_{ur} 一般随平均固结应力 σ_0 的增加近似呈线性增加。宰金珉等指出不排水侧向卸荷试验得到的割线模量 E_{50r} 要大于轴向加荷试验得到的割线模量 E_{50}，对于南京原状黏性土大约为 $E_{50r} = 1.7 E_{50}$。何世秀等根据武汉地区粉质黏土的平面应变不排水侧向卸荷试验结果认为，当竖向压力不变，侧向卸荷时，其应力-应变关系随固结压力的增加，由应变硬化型向应变软化型转化；固结压力较低时，表现为剪胀，固结压力较高时，表现为先剪缩，后剪胀。矫德全等发现当三轴排水试验中的轴向荷载增加继而减小时，某些土的体积是收缩而不是膨胀的，这主要是土体各向异性作用的结果。如果土样承受主应力比 σ_1/σ_3 比较大，则土的次生各向异性更明显，试验表明，当 $\sigma_1/\sigma_3 > 2.6$ 后就会发生卸荷体缩。另外卸荷体缩与卸荷时轴向应变的大小成正比，且随有效强度指标和应力比 σ_1/σ_3 的增大而增大，随围压和塑性指数的减小而增大。

　　迄今为止，国内外对土的力学性质研究，大部分是针对加载方式进行的；对于卸载条件下土的力学性质研究，虽然也取得了一些成果和进展，但相对前者而言则显得微不足道。况且目前国内外关于土的卸载试验研究，大都是在低应力水平下进行的，只能为一般建筑物深基坑等近地表开挖工程提供工程地质基础参数和理论分析。土体的加荷过程与卸荷过程是两种完全不同的应力路径，而应力路径与土体的强度、变形特性密切相关，这就使得目前卸荷工程的设计计算与实际情形有较大差异，同时它也是塌方、滑坡、支护结构破坏等工程事故发生的重要原因之一。掌握土体在卸荷状态下的工程性质，根据卸荷的各项强度指标进行卸荷工程设计，可减小与实际情况的误差，并可采取有针对性措施，预防事故的发生，避免重大人身伤亡和巨大的经济损失。

3.3.4　土的强度特性

1. 土的抗剪强度理论（Mohr-Coulomb 强度理论）

　　土的强度是土的重要力学性质之一，通常是指在外力作用下土体抵抗破坏（剪切破坏）的极限能力。土体抗剪强度是岩土工程中许多工程对象稳定与安全分析的基础条件，如基坑工程中围护墙上的土压力、地基承载力以及土坡稳定性等，均与土的强度特性相关联。因此，计算结果的可靠性在很大程度上取决于抗剪强度的正确确定。

　　就目前的工程应用水平，土体的强度破坏与稳定仍是沿用传统的塑性力学的方法，取强度极限控制条件作为依据而尚未有机地反映土体变形特性的结合。所以其破坏准则甚至包括屈服条件都是引用经典弹塑性理论中已经被理想化了的几种强度理论，如 Mohr-Coulomb 准则、Von Mises 准则和 Tresca 准则等等。尽管在诸多岩土工程的非线性分析与研究中已有不少对于其他非常用的破坏准则如 Drucker-Prager 准则等的引用或应用，但在具体工程实用的计算中仍以 Mohr-Coulomb 准则的使用最为普遍，且常被选作各级各类工程设计规范制定相应规定条款的依据。

Mohr-Coulomb 强度理论认为：土的破坏是剪切破坏；一旦土体内任一平面上的剪应力达到了土的抗剪强度，土就发生破坏；而任一平面上的抗剪强度 τ_f 只是该面上法向应力 σ 的函数。这个函数所定义的曲线为一条微弯的曲线，称为莫尔破坏包线或抗剪强度包线（图 3-5）。在应力水平不很高的情况下，这一函数关系可用下列线性方程，即 Coulomb 方程表达：

$$\tau_f = c + \sigma \tan\varphi \tag{3-36}$$

式中 c、φ——总应力强度指标，分别为土体的黏聚力（kPa）和内摩擦角（°）。它们的几何意义可见图 3-5 所示。由图中可见，强度指标 c 和 φ 只是抗剪强度包线（Mohr 破坏包线）在 τ-σ 直角坐标系统中的纵轴截距和倾角。作为强度指标，在实用中它们都是视作常数。

当用有效应力表示时，为：

$$\tau_f = \sigma' \tan\varphi' + c' \tag{3-37}$$

相应的破坏准则为：

$$\sigma'_{1f} = \sigma'_3 \cdot \tan^2\left(45° + \frac{\varphi'}{2}\right) + 2c' \cdot \tan\left(45° + \frac{\varphi'}{2}\right)$$

$$\sigma'_{3f} = \sigma'_1 \cdot \tan^2\left(45° - \frac{\varphi'}{2}\right) - 2c' \cdot \tan\left(45° - \frac{\varphi'}{2}\right) \tag{3-38}$$

式中 c'、φ'——有效应力强度指标，分别为土体的有效黏聚力（kPa）和有效内摩擦角（°）。

根据土的 Mohr-Coulomb 强度理论，黏性土的抗剪强度主要是由两部分所组成的，即摩擦强度和黏聚强度。而对于无黏性土（粗粒土），由于土颗粒较粗，颗粒的比表面积较小，土颗粒粒间没有黏聚强度，其抗剪强度主要来源于粒间的摩擦阻力。摩擦强度主要由土粒之间的表面摩擦力和由于土粒之间的连锁作用而产生的咬合力（土粒相对滑动时将嵌在其他颗粒之间的土粒拔出所需的力）所引起的，而后者又是诱发土的剪胀、颗粒破碎和颗粒重定向排列等的主要原因；黏聚强度则主要是由土粒间水膜受到相邻土粒之间的电分子引力以及土中化合物的胶结作用而形成的。

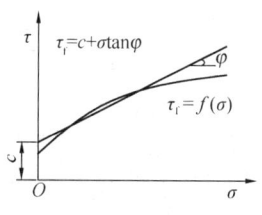

图 3-5 c、φ 的几何意义

土的抗剪强度，首先取决于其种类和自身的性质，包括土的物质组成、土的孔隙比、土的结构和构造等。其中土的物质组成是影响土强度的最基本因素，它又包括土颗粒的矿物成分、颗粒大小与级配、含水率、饱和度、黏性土的粒子和胶结物种类等因素。其次，土的强度又与它所形成的沉积环境和应力历史等因素有关。另外，土的强度还与其当前所受的应力状态、应变状态、加荷条件和排水条件等因素密切相关。这些因素对于土的抗剪强度的影响十分复杂，有些是目前仍需要进一步研究的课题。

2. 抗剪强度指标的试验测定方法与选择

（1）抗剪强度指标的试验测定方法

土体本质上是多相体，最一般的工程条件下也是二相饱和介质。土中孔隙水的存在与否则将对其性质产生多种影响，使得土的强度指标有所谓总应力指标和有效应力指标之区分，相应的分析方法有总应力分析法和有效应力分析法。有效应力强度指标描述的是抗剪强度随破坏面上的有效应力变化的关系，总应力强度指标描述的是抗剪强度随破坏面上的总应力变化的关系。理论上，对于密度和含水率都给定的某一种土来说，其抗剪强度指标应该是不变的，即土的抗剪强度与有效应力之间存在一一对应关系。有效应力指标被认为概念明确，指标稳定，是土体的一种固有属性。而对于总应力方法的强度而言，不同的排水控制条件和应力路径会产生相应不同的强度及其指标，换言之，此时的土体强度与外荷载无一一对应关系，它是随试验条件（首先是排水控制条件）的不同而有不同的结果。

土的抗剪强度主要由黏聚力 c 和内摩擦角 φ 来表示。土的抗剪强度指标主要依靠土的室内剪切试验和土体原位测试来确定。测试土的抗剪强度指标时所采用的试验仪器种类和试验方法对土的总应力抗剪强度指标的试验结果有很大影响，但对有效应力强度指标影响甚微。根据实际工程中不同的排水条件和施工速率，一般地可以引出六种不同的室内试验方法及其相应的总应力指标。这就是对于直剪试验的快剪、固结快剪、慢剪和对于三轴试验的不固结不排水剪、固结不排水剪、排水剪，而且前三者与后三者及其结果又是两相对应的。换言之，直剪是试验中的"快"与"慢"实际是三轴剪切时的"不排水"与"排水"的同义语，而不是纯粹为了讨论剪切速率对强度的影响。三轴试验过程中的土体内孔隙水压力 u 及含水量 w 的变化见表 3-10 所示。对于岩土工程师，了解不同试验方法这一既有关又有别的特点将有助于在工程设计和应用中对强度指标的取舍和选定而不致处于盲目状态。

三轴试验过程中的孔隙水压力 u 及含水量 w 的变化　　　　表 3-10

试验方法 \ 加荷情况	施加围压 σ_3	施加法向应力增量 $\sigma_1-\sigma_3$
不固结不排水剪（UU）	$u_1=\sigma_3$（不固结） $w_1=w_0$（含水量不变）	$u_2=A(\sigma_1-\sigma_3)$（不排水） $w_2=w_0$（含水量不变）
固结不排水剪（CU）	$u_1=0$（固结） $w_1<w_0$（含水量减小）	$u_2=A(\sigma_1-\sigma_3)$（不排水） $w_2=w_1$（含水量不变）
固结排水剪（CD）	$u_1=0$（固结） $w_1<w_0$（含水量减小）	$u_2=0$（排水） $w_2<w_1$（正常固结土排水） $w_2>w_1$（超固结土吸水）

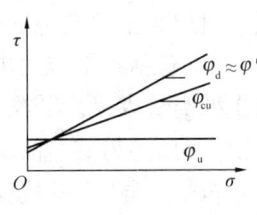

图 3-6　不同试验方法的 φ 角比较

对于不同的试验方法，由于其排水条件不同，而土体排水固结将要对抗剪强度作出不同程度的贡献，因而就内摩擦角 φ 而言，一般地（或者对于正常固结土），固结排水剪结果的 φ_d 大于固结不排水剪的 φ_{cu}（总应力指标），又大于不固结不排水剪的 φ_u 值，如图 3-6 的示意。理论上，排水剪的 φ_d 应与固结不排水剪（测孔压）所得到的有效指标 φ' 相同，实际上两者相近已令人满意。所以有效应力指标测定除了可以用固结不排水剪（测孔压）的方法求取外，也可用直剪慢剪或三轴排水剪试验结果近似表示。必须指出，土体内摩擦角 φ 的大小顺序规律并不适用于另一个强度指标黏聚力 c。因为虽然 c 值在几何上表现为库仑强度破坏线在纵轴上的截距,但迄今的研究已经表明,库仑破坏线不是一条自始至终的直线,而是受应力历史、应力水平等的影响。由此可见,土体的总应力强度参数随排水情况、应力历史的不同而差异甚大,在实际工程计算中,应注意选择符合实际情况的试验方法来测定强度参数。如果强度参数选择不当,就不可能得出正确的稳定计算结果。

(2) 抗剪强度指标的选择

讨论土的抗剪强度指标的最重要目的乃是为在工程实践中有针对性地选用相应条件下的抗剪强度指标,以进行基坑、地基或土工构筑物的稳定和安全的估计与控制。所以,在选择和测定土的强度指标时,原则上应使试验的模拟条件尽量符合土体在现场的实际受力和排水条件。例如,按一般的考虑,当采用有效应力方法(如稳定性分析的有效应力法,考虑土体固结使强度增长的计算等)进行设计时,宜使用有效强度指标;对于可能发生快速破坏的正常固结土内的基坑或软土地基或路堤土体等均认为应用快剪试验指标或不固结不排水剪试验指标进行整体稳定验算控制;对于渗透性较低的深厚软土而施工速度又较快的工程的施工期和竣工期的稳定验算宜采用不固结不排水剪试验指标,如沿海深厚软基上的预压堆载、筒仓、冶金矿料和煤场等的地基稳定控制设计等;反之,分级加载施工期的稳定验算或者土层较薄、渗透性较大和施工速度较慢等的工程的竣工和使用期的验算等一般都可采用固结不排水剪试验指标等等。诚然,上述的这些情况并不是具有很准确的概念的,例如快慢、厚薄、大小以及荷载施加速度等都没有定量的数值,所以事实上在不同工程中均得配合以实际类似工程经验或地区经验。

在基坑工程中,土压力的计算、不同稳定性工况的验算等对计算方法和相应抗剪强度指标的要求常视土类、工况、挖深及其平面形状(包含了工程的重要性在内)、地下水位、地区经验(习惯用法)等而异。从工程实用的角度出发,对于土压力的计算,目前国内有关基坑工程设计的几本规范(包括行业标准和地方标准),都同时提出了水土分算和水土合算两种计算方法。对于黏性土中这两种计算方法的合理性、可行性以及相应抗剪强度指标的选择,已引起岩土工程界的广泛关注和讨论,出现了多种不同的学术观点,不同规范的有关规定也有明显不同。

在学术界,砂类土中土压力计算方法及其强度指标选择并不存在分歧。但对于黏性土中土压力计算方法及其强度参数的选择,则有多种不同的观点和不同的处理方法。从理论上来说,采用有效应力法和有效应力强度指标计算土压力,将水、土分开考虑,概念比较清楚。但是,由于实际工程中难以准确测定有效应力及其强度指标,有关学者认为也可用总应力法计算土压力。总应力法在分析基坑工程问题时,使用固结不排水剪或不固结不排水剪强度指标,将超静孔隙水压力的影响通过这些强度指标进行反映。但是,对于采用总应力指标的水土合算法计算土压力,李广信认为常规试验测定的这些总应力指标无法考虑开挖卸载引起的负超静孔隙应力,且无法反映静孔隙水压力与稳定渗流的孔隙水应力的影响,因此该法在概念上是含糊的,在机理上也有许多不明之处,还有待进一步研究。魏汝龙在论证了水土分算计算方法中采用总应力指标的合理性基础上,建议采用有效重度和固结不排水总应力指标计算土压力,再加上全部的静水压力。同时,还在有效应力和总应力法以外,提出了有效固结应力法的概念。这种用总应力指标的水土分算方法对于认识土在沉积过程作用强度的形成以及认识在开挖卸载时主要由土体自重产生的土体极限状态和土压力的概念是有意义的。陈愈炯则认为基坑工程设计中采用固结不排水强度指标是不合理的，应采用不固结不排水强度指标来计算围护墙体上的土压力。沈珠江基于有效固结应力理论推导了采用三轴固结不排水强度指标计算土压力的公式，并认为除非用不排水指标 φ_u 和 c_u 的总应力法，不管是有效应力强度理论还是总应力强度理论，都应按"水土分算"法进行土压力计算。在计算指标选择的问题上，国内学术界出现了观点与处理方法的主要分歧，目前这些不同意见还远远没有达到基本的一致。

我国目前几本典型行业和地区规范对此的规定综合于表 3-11 中。由表 3-11 国内相关的几本典型规范的规定可以看出，各标准对于水土合算计算土压力时计算指标选择方面的规定没有原则性的差别，多是规定采用三轴固结不排水剪试验测得的总应力强度指标，有可靠经验时，也可采用直剪固结快剪试验测得的强度指标；但对于采用水土分算法确定土压力时，对于计算指标选择的规定出现了较大的差异。上海市标准《基坑工程设计规程》（DBJ 08-61-97）和建设部行业标准《建筑基坑支护技术规程》（JGJ 120—99）规定采用三轴固结不排水剪试验的总应力指标，有经验时也可采用直剪固结快剪试验的强度指标。而冶金部行业标准《建筑基坑工程技术规范》（YB 9258—97）和多数地方标准多规定采用有效应力强度指标进行计算。

我国典型规范中土压力计算方法及其抗剪强度指标选择的有关规定　　表 3-11

	行业规程 （建设部）	行业规程 （冶金部）	上海规程	深圳规程	武汉指南
合算适用条件	粉土、黏性土	黏性土 （有经验时）	不透水黏土层、 水泥土围护结构	黏性土	黏性土
合算计算指标	天然重度 总应力指标①	饱和重度 总应力指标②	天然重度、固结快剪峰值 指标或经验土压力系数	饱和重度、 总应力指标①	饱和重度 总应力指标①
分算适用条件	碎石土、砂土	普遍适用	砂土、粉土、 粉质黏土	碎石土、砂土、 粉土	砂类土
分算计算指标	天然重度 总应力指标①	浮重度 有效应力指标③	水下重度 总应力指标④	有效重度 有效应力指标	浮重度 有效应力指标
水压力计算	小于静水压力	区别有无渗流	区别有无渗流	静水压力	考虑坑内 外水头差

① 一般宜采用三轴固结不排水剪试验，有可靠经验时，也可采用直剪固结快剪试验；
② 一般取三轴固结不排水剪试验的总应力强度指标，并应乘以 0.7 的折减系数；
③ 当无法获得有效应力强度指标时，也可采用三轴固结不排水剪试验的总应力强度指标；
④ 一般可采用三轴固结不排水试验或直剪固结快剪试验峰值指标，一级基坑宜采用三轴固结不排水剪有效应力指标或直剪慢剪指标。

另外，在承受水平荷载为主的基坑支护结构物设计中，现有的各种计算方法在计算墙前被动土压力和墙后主动土压力时多采用相同的抗剪强度指标，忽略了不同应力历史和应力路径对抗剪强度指标的影响。实际上，基坑开挖是一个卸载过程，与简单加载情况相去甚远。卸载产生负的超静孔隙水压力，而常规三轴固结不排水加载破坏时孔压是正的，由于这两个孔压之间的差异就使得加载和卸载强度及其总应力指标有很大的区别。根据有关试验研究结果，固结卸载不排水剪试验测得的总应力内摩擦角与固结加载不排水剪的试验结果差别较大。因此，在用总应力法计算土压力时，不应简单套用常规三轴指标，在条件允许时，宜采用符合基坑实际卸载情况的应力路径试验来测定相应的抗剪强度指标。

3. 土的天然强度及其增长

土体强度特性的一个重要内容是强度因土体固结而增长。这里包括了两方面的含义：其一是土的天然强度及其确定；另一则是强度增长。

（1）土的天然强度

土的天然强度通常是指天然状态下的不排水强度。天然状态是指土的结构、物理状态和土中应力状态都保持天然的原始的状态而没有发生变化的情况。天然强度是讨论强度变化的基础（基数），这是不言而喻的，尤其是在涉及基坑卸载或者地基加固的工程问题中。目前，常采用的天然强度确定方法大体有 4 种，即室内的三轴不固结不排水剪试验、无侧限抗压强度试验和直剪快剪试验等测定的强度（常写成 c_u 以泛指）以及野外十字板剪切试验测定的强度（常表示为 S_u）。其中以十字板强度在实际工程中用得最多，而且被认为在均质软土和高灵敏性黏土中更宜适用。由于十字板试验测定结果一般具有较好的规律性，在正常固结黏土层中，其强度值 S_u 常随土层深度近似成线性变化（图 3-7），因而常可据此整理成如下述之经验表达式以方便使用：

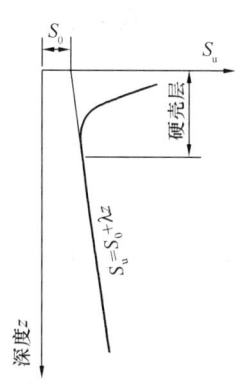

图 3-7 十字板强度
随深度的变化

$$S_u = S_0 + \lambda z \tag{3-39}$$

式中　S_0——十字板强度分布线的直线段延至地面处的强度值（kPa），即在地面线上的截距值；

　　　λ——直线段的斜率。

（2）土的强度变化估算

土的强度增长是以天然强度为基数。在实际工程附加荷载作用下，地基土在固结过程中的某一时刻的总的抗剪强度 τ_{ft} 可用下式表示：

$$\tau_{ft} = \eta(\tau_0 + \Delta\tau_c) \tag{3-40}$$

式中　τ_0——土的天然强度（kPa）；

　　　$\Delta\tau_c$——由于固结而增长的强度增量（kPa）。

　　　η——考虑蠕变效应及其他影响因素的经验折减系数。

直至目前，估算这个强度增量 $\Delta\tau_c$ 的方法也是有多种，在此不拟做一一列举，仅择其常用者分述于后。

① 用有效应力强度指标估算

$$\Delta\tau_c = \Delta\sigma_1 \cdot U_t \cdot \frac{\sin\varphi' \cdot \cos\varphi'}{1 + \sin\varphi'} \tag{3-41}$$

式中　$\Delta\sigma_1$——最大主应力增量（kPa）；

　　　U_t——土体的固结度；

　　　φ'——土的有效内摩擦角。其余符号同前。

② 根据天然强度与竖直应力（或先期固结压力 p_c）关系式的估算方法

这种简化和近似的方法的核心是以天然强度（$\tau_0 = c_u$）与原位竖直应力 p_0（对于正常

固结土，有效应力 p'_0 将已等于总应力 p_0，因此也包含有先期固结压力 p_c 的含义）的比值同某些土性指标或参数的关系代入下式进行强度增长的估算：

$$\Delta \tau_c = \Delta \sigma_z \cdot U_t \cdot \left(\frac{c_u}{p_0}\right) \qquad (3-42)$$

式中 $\Delta \sigma_z$——竖直应力的增量（kPa）。其他符号意义同前。

目前，比值 c_u/p_0 可由多种方法予以估算和取值，例如

a. 根据天然强度与室内有效强度指标的如下关系式估算：

$$\frac{c_u}{p'_0} = \frac{\sin\varphi'[K'_0 + A_f(1-K'_0)]}{1+(2A_f-1)\sin\varphi'} \qquad (3-43)$$

式中 K'_0——有效静止侧压力系数；

A_f——剪破时的孔隙压力系数。

其余符号意义同前。

b. 由现场十字板试验获得的关系式来估算。式（3-39）可经简单换算得下列关系式：

$$S_u = S_0 + np'_0 \qquad (3-44)$$

式中 S_0——与 c_u 等价；

p'_0——有效原位竖直应力（kPa）；

n——十字板强度 S_u 与原位有效竖直应力 p'_0 关系中直线段的斜率。

c. 根据 Skempton 总结出之下述经验公式近似估算，即

$$\frac{c_u}{p'_0} = 0.11 + 0.0037 \cdot I_p \qquad (3-45)$$

式中 I_p——塑性指数。作出这个经验关系式时，所收集的土的塑性指数的变化范围很大，即 $I_p = 10 \sim 120$。由于此式应用简便，故国内外直至目前仍在采用。

③ 魏汝龙提出的黏性土卸荷后的不排水抗剪强度计算公式，

$$\left(\frac{S_u}{\sigma'_{02}}\right)_{OC} \bigg/ \left(\frac{S_u}{\sigma'_{01}}\right)_{NC} = OCR^m \qquad (3-46)$$

式中 $(S_u/\sigma'_{02})_{NC}$、$(S_u/\sigma'_{01})_{OC}$——分别为正常固结（开挖前）和超固结（开挖后）土的不排水强度与其相应的有效固结应力之比；

OCR——超固结比；

m——计算参数，在数值上等于 $1-C_s/C_c$，可以通过强度试验或固结试验进行确定，无试验资料时，可近似取 0.64；

C_c、C_s——分别为土的压缩指数和回弹指数。

目前对于土的卸荷强度的研究发现，卸荷后黏性土的强度表现出类似超固结土的强度特征。黏性土在开挖后任一超固结比时的不排水强度可以近似用式（3-46）进行估算。

3.3.5 土的流变特性

1. 土的流变性及其影响因素

土体作为一种典型的黏弹塑性体，在荷载作用下，一方面因土颗粒表面所依附的水（气）的黏滞性及其与土粒之间的摩擦力，会导致颗粒的重新排列和土骨架体的错动具有时间效应，使得土体变形与时间有关；另一方面，土体变形受到边界约束，这种约束有抵消蠕动变形趋势，因此土体内部应力必须调整，也与时间有关。在不考虑土体内超静孔隙

水压力变化的前提下，土体变形和应力随时间变化的现象称为土的流变性。土体的流变特性要求我们在研究土体应力、应变状态随时间而变化的规律时，应将时间作为独立参数出现在土的基本应力和应变关系式中。

土的流变变形分为压缩与剪切两大类。沉降分析中主要考虑土受压时的流变特性，强度问题则主要研究土受剪时的流变特性。工程实践中，土的流变特性主要包括如下几个方面：

(1) 蠕变特性，即恒定应力作用下变形随时间增长的现象。

(2) 松弛特性，即变形恒定情况下应力随时间衰减的现象。

(3) 流动特性，即当时间一定时，土体的应变速率随应力变化的现象。

(4) 长期强度，即在长期荷载作用下，强度随受荷历时增长而降低的现象。

流变性质是土的重要工程性质之一，它受到许多因素的影响，在不同的条件下，显示出不同的性状。①黏粒含量和矿物成分：土中黏粒含量越多，蒙脱石或有机质等的含量越高，塑性指数越大，土的活动性越强，则流变性质越显著；②含水率及孔隙水性质：流变性通常会随含水率的增大和孔隙水黏滞性的增大而增强；③应力大小：软土的蠕变特性与其应力水平有密切关系，当剪应力小于某一临界值时，蠕变现象逐渐减弱，应变速率也随之逐渐减小，而不会发生破坏，称为衰减型阻尼蠕变。当剪应力大于该临界值时，土体将发生蠕变破坏，而且荷载越大，土体破坏越快，称为非衰减型蠕变，见图 3-8（图中 $\tau_1 > \tau_2 > \tau_3 > \tau_4 > \tau_5 > \tau_6 > \tau_7$）；④温度：当温度变化时，孔隙水的黏滞性和压力都将

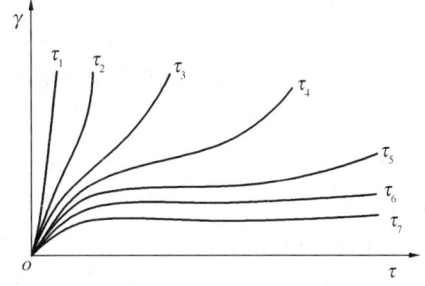

图 3-8　土在不同应力水平下的蠕变曲线

发生变化，诱发土的强度和变形发生改变，从而影响土的流变性质；⑤土的结构：无论砂土还是黏土都具有一定的流变性质，但呈片架结构的沿海软黏土，具有更显著的流变性质；⑥应力路径：土的流变性质与应力路径有密切关系，如在相同的偏应力条件下，不排水常规三轴压缩蠕变的应变值要小于侧向减压三轴压缩蠕变的应变值。

目前关于土流变特性的研究，主要分为两个方面：一是将土视为一个整体，采用某种直观的流变模型从宏观上模拟土骨架结构，解释土的流变现象，建立起土骨架与时间有关的应力-应变关系数学表达式，并与实际观测的试验资料相比较，这即是通常所说的宏观流变学或称现象流变学；另一种则是从土的内部结构及其物质组成来说明土体的流变特性，称为微观流变学，它从分子、大分子、分子团等微观结构层次洞察物体流变性质的由来。关于土的宏观流变学研究得较多，在工程中也得到了很多成功的应用，常见的宏观流变模型见第十九章。而土的微观流变学研究得相对较少，在理论上还不完备，大多只能作定性的说明。

2. 基坑工程中土流变性的影响

无论是在无黏性土还是黏性土中，都存在着流变问题，在软黏土中尤其。在基坑开挖过程中，土体处于逐步卸载状态。卸荷应力路径下软土特性研究表明，土体（特别是软土）的流变特性对土的应力应变关系的影响显著。因此，在工程实践中考虑土体的流变特性对基坑工程的影响是很有必要的。

(1) 土的流变性对土压力的影响

由于土的流变性，土体的内力和作用在围护墙上的土压力会随时间而变化。大量实测资料表明：当进行基坑开挖时，由于土体的应力松弛特性，随着时间的延长，土的抗剪强度会出现衰减，主动区土体作用在围护墙上的土压力会逐渐增大，而被动区作用在围护墙上的土压力会逐渐减小。同时，随着土体蠕变变形和围护墙体位移变形的发展，主动区土压力会逐渐减小，而被动区土压力会逐渐增大。通常，当基坑暴露时间较长时，应力松弛对土压力的影响会占优势，此时随基坑施工周期和暴露时间的增加，主动区土压力要大于主动土压力，而被动区土压力则小于被动土压力。而常规计算中主动区土压力采用主动土压力而被动区土压力采用被动土压力，未考虑土压力是随时间而变化的函数，将会使基坑的安全性随着时间的延长而逐渐降低。对于深大基坑，主动区和被动区土压力的取值应结合开挖进度和坑底暴露时间考虑土体流变性的影响。

在基坑工程中，围护墙主动区的土压力经历了这样一个过程：首先围护墙上受到的是静止土压力；开挖后，由于土体的自身承载能力得以发挥，主动区土压力逐渐减小，到某一时间，土压力达到最小值；此后，随着时间的继续增加，土体由于应力松弛和蠕变的共同作用，土自身的强度出现衰减，导致围护墙主动区的土压力增加。而被动区土压力随时间的变化过程与此刚好相反。因此，作用在围护墙上的土压力大小，与土体强度发挥的程度、围护墙位移的大小、位移速度以及土体本身蠕变和应力松弛速度等，均有关系。围护墙主动区和被动区土压力随时间的变化情况和最后数值的大小要视土的种类及基坑暴露时间长短而定。因此，在实际基坑开挖过程中，应尽量不要拖延软黏土中开挖的工程进度，并及时进行相应的支撑施工和坑底大底板的混凝土浇注。

(2) 土的流变性对基坑变形的影响

对于深大基坑，开挖后土的应力水平较高，此时如果不及时进行支撑或者坑底暴露时间过长，由于土的流变性影响，作用在围护墙上的土压力会随时间变化，导致基坑围护结构和坑底土体会产生明显的位移和变形，也会促使墙后土体沉降持续发展，进而影响到基坑本身和周围设施的变形和稳定。开挖深度越深，开挖面积越大，流变对基坑围护结构变形和周围环境的影响就越大。基坑工程大多处于房屋和生命线工程密集的位置，周围环境对基坑变形提出了更加严格要求，因此，在基坑工程设计和施工中，应结合土体流变特性考虑时空效应的影响。

3.4 土的本构关系

一般而言，描述土在各类荷载作用下变形和强度变化的过程，不仅需要满足质量守恒方程、动量守恒方程、动量矩守恒方程和能量守恒方程等场方程，而且需要满足反映岩土宏观性质的本构方程。土的本构方程主要包括土的力学本构方程和反映水在土中流动规律的本构方程；土的力学本构关系即通常所指的土的应力应变关系，其数学方程式即为本构模型。土体，作为天然地质材料在组成及构造上呈现高度的各向异性、非均质性、非连续性和随机性，在力学性能上表现出强烈的非线性、非弹性和黏滞性，其应力应变关系非常复杂，它与应力路径、强度发挥程度以及土的状态、组成、结构、温度、赋存环境等因素密切相关。

描述土的应力应变关系的本构模型有很多，较常使用的有非线性弹性模型、弹塑性模型和黏弹塑性模型。对于模型的选择需要根据土的特性和问题本身的复杂程度来确定。

3.4.1 非线性弹性模型

非线性弹性模型中土的切线模量和切线泊松比不是常量，而是随着应力状态而改变。因此在非线性弹性模型中，描述土体的本构关系实际上采用的是增量形式的广义虎克定律。在各种非线性弹性模型中，Duncan-Chang 模型是一种目前被广泛应用的增量弹性模型。

Kondner 根据大量常规三轴试验结果，于 1963 年提出可以用双曲线来拟合一般土的三轴试验结果，即：

$$\sigma_1 - \sigma_3 = \frac{\varepsilon_1}{a + b\varepsilon_1} \quad (3-47)$$

式中　ε_1——常规三轴试样的轴向应变；

a、b——拟和常数，其意义如图 3-9。

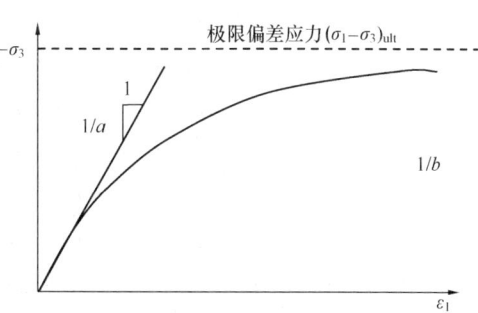

图 3-9　土的应力应变的双曲线关系

基于常规三轴试验，Duncan 等人在上述公式的基础上提出模型中切线变形模量 E_t 和切线泊松比 μ_t 的计算公式：

$$E_t = K p_a \left(\frac{\sigma_3}{p_a}\right)^n \left[1 - \frac{R_f (\sigma_1 - \sigma_3)(1 - \sin\varphi)}{2c\cos\varphi + 2\sigma_3 \cos\varphi}\right]^2 \quad (3-48)$$

$$\mu_t = \frac{G - F\lg(\sigma_3/p_a)}{\left\{1 - \dfrac{D(\sigma_1 - \sigma_3)}{K p_a \left(\dfrac{\sigma_3}{p_a}\right)^n \left[1 - \dfrac{R_f(\sigma_1 - \sigma_3)(1-\sin\varphi)}{2c\cos\varphi + 2\sigma_3\cos\varphi}\right]}\right\}^2} \quad (3-49)$$

其中破坏比 R_f：

$$R_f = \frac{(\sigma_1 - \sigma_3)_f}{(\sigma_1 - \sigma_3)_{ult}} \quad (3-50)$$

式中　　　　p_a——标准大气压，等于 101.4kPa；

$(\sigma_1 - \sigma_3)_f$、$(\sigma_1 - \sigma_3)_{ult}$——破坏时的偏差应力和极限偏差应力；

K、n、G、F、D——试验常数，可通过常规三轴试验结果确定。其余参数同前。

当在基坑工程中采用 Duncan-Chang 模型时，其卸载模量可通过常规三轴压缩试验的卸载-再加载试验确定，这个过程中应力应变关系表现为一个滞回圈，所以可以用此滞回圈的平均斜率 E_{ur} 表示卸荷模量，E_{ur} 的大小仅取决于侧限压力 σ_3 的大小，而与 ($\sigma_1 - \sigma_3$) 无关。但是由于基坑主动区和被动区的应力路径明显不同，在实际应用中，卸载模量宜根据基坑不同位置处土体的应力路径通过应力路径试验来进行测定。

尽管邓肯-张模型在加载卸载时使用了不同的变形模量，从而反映土变形的不可恢复部分，但它毕竟不是弹塑性模型，在复杂应力路径中如何判断加卸载就成为一个问题，另外，也无法反映土体的剪胀性、软化、各向异性和平均主应力对剪应变的影响等问题，目前主要是一些经验的判断准则。

3.4.2 弹塑性模型

在非线性弹性模型中，土中发生的变形被认为是完全弹性的。但是事实上在超过一定应力范围后，土中的变形有很大一部分属于不可恢复的塑性变形。弹塑性模型中则提出利用虎克定律计算弹性部分变形，而利用塑性理论计算塑性变形。下面简单介绍一下在基坑工程中常用的几种弹塑性模型。

1. Mohr-Coulomb 模型

Mohr-Coulomb 模型是理想塑性模型，具有一个固定屈服面的本构模型。固定屈服面指的是由模型参数完全定义的屈服面，不受（塑性）应变的影响。

空间 Mohr-Coulomb 屈服准则由下述六个屈服函数组成：

$$\left.\begin{aligned} f_1 &= (\sigma_2 - \sigma_3) + (\sigma_2 + \sigma_3)\sin\varphi - 2c\cos\varphi = 0 \\ f_2 &= (\sigma_3 - \sigma_2) + (\sigma_2 + \sigma_3)\sin\varphi - 2c\cos\varphi = 0 \\ f_3 &= (\sigma_3 - \sigma_1) + (\sigma_3 + \sigma_1)\sin\varphi - 2c\cos\varphi = 0 \\ f_4 &= (\sigma_1 - \sigma_3) + (\sigma_3 + \sigma_1)\sin\varphi - 2c\cos\varphi = 0 \\ f_5 &= (\sigma_1 - \sigma_2) + (\sigma_1 + \sigma_2)\sin\varphi - 2c\cos\varphi = 0 \\ f_6 &= (\sigma_2 - \sigma_1) + (\sigma_1 + \sigma_2)\sin\varphi - 2c\cos\varphi = 0 \end{aligned}\right\} \quad (3-51)$$

Mohr-Coulomb 准则的最大优点是它既能反映岩土材料的抗压强度不同的 S-D 效应（拉压的屈服与破坏强度不同）和对静水压力的敏感性，而且简单实用，材料参数 c 和 φ 可以通过各种不同的常规试验仪器和方法测定。因此在岩土力学弹塑性理论中得到广泛应用，并且积累了丰富的试验资料与应用经验。但是 Mohr-Coulomb 准则不能反映单纯的静水压力可以引起岩土屈服的特性，而且屈服曲面有棱角，不便于塑性应变增量的计算，这就给数值计算带来了困难。作为弹-理想塑性模型的 Mohr-Coulomb 模型，其卸载和加载模量相同，应用于基坑开挖时往往导致不合理的坑底回弹，只能用于基坑的初步分析。

2. 修正剑桥模型

土弹塑性模型中最具有代表性的模型为剑桥模型。该模型通过 e-p-q 之间的关系来建立土的应力应变关系。

剑桥模型是由剑桥大学 Roscoe 等人提出，后来经过发展形成了修正剑桥模型，主要应用于描述正常或弱超固结黏土的应力应变关系。试验证明，土中的应力状态 (p,q) 和土的孔隙比 e 之间的关系是唯一的。剑桥模型中假定土的屈服只与 p 和 q 两个应力分量有关，和第三主应力无关。在三轴应力状态下，平均主应力 p 和偏应力 q 分别为：

$$\left.\begin{aligned} p &= \frac{1}{3}(\sigma_1 + 2\sigma_3) \\ q &= \sigma_1 - \sigma_3 \end{aligned}\right\} \quad (3-52)$$

这样，在破坏状态，土单元内的应力分量之间有如下关系：

$$q = Mp \quad (3-53)$$

修正剑桥模型认为在屈服状态土中应力分量之间有如下关系：

$$\left(1 + \frac{q^2}{M^2 p^2}\right)p = p_0 \quad (3-54)$$

式中 p_0——初始状态时的应力（kPa）；

式 (3-54) 在 p-q 空间内则可以表示为图 3-10 中的屈服轨迹。

孔隙率 e 和 p 之间可以通过 e-p 或者 e-$\ln p$ 曲线来进行描述，简单起见，采用如图 3-11 中的 e-$\ln p$ 曲线加以表达。临界状态线在 e-$\ln p$ 坐标平面内投影为直线，斜率为 k_1。

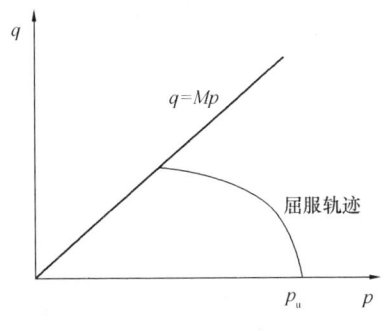
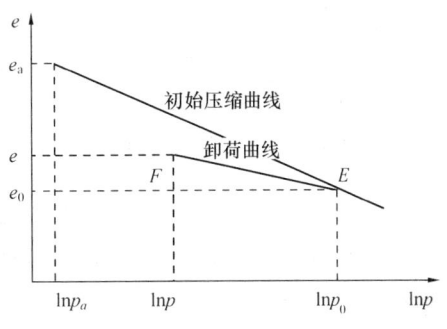

图 3-10 修正剑桥模型中的屈服轨迹　　　　图 3-11 $e\text{-}\ln p$ 曲线

由正常固结线退荷时可得到不同应力比的回弹曲线，这些曲线在 $e\text{-}\ln p$ 平面内也是相互平行的直线，斜率为 k_2。假设初始压缩曲线和卸荷回弹曲线的斜率分别为 k_1 和 k_2，则 p_0 可以表示为：

$$p_0 = p_a e^{\left(\frac{1+e_a}{k_1-k_2}\varepsilon_a^p\right)} \tag{3-55}$$

式中　ε_a^p——从初始状态（A 点）到目前状态（E 点）之间的体积压缩应变；

e_a——初始状态的孔隙比；

p_a——初始应力，最小值取大气压力，若为超固结土，则为前期固结压力。

修正剑桥模型采用等向硬化法则，即屈服面在随着塑性变形的扩张过程中形状不变，只是大小发生改变，且只与塑性体积应变相关。用硬化参数 p_0 表征屈服面大小。参数 k_1 和 k_2 可用各向等压试验确定，M 可由常规三轴压缩试验确定。

这样，完整的修正剑桥模型可以表示为：

$$\left(1+\frac{q^2}{M^2 p^2}\right)p = p_a e^{\left(\frac{1+e_a}{k_1-k_2}\varepsilon_a^p\right)} \tag{3-56}$$

修正剑桥模型由于刚度依赖于应力水平和应力路径，应用于基坑开挖分析时能得到较弹-理想塑性模型更合理的结果。修正剑桥模型能够较好地反映剪缩，但是不能反映剪胀特性。修正剑桥模型公式简单，参数少，物理意义明确并易于用常规试验确定，可以模拟正常固结土和弱固结土在各种应力路径下的应力应变关系，应用广泛，但修正剑桥模型是建立在室内饱和重塑黏土基础上，对模拟复杂应力条件下黏土和天然黏土方面也存在着许多缺陷。修正剑桥模型不能描述黏土的各向异性；由于修正剑桥模型采用临界状态理论，土在屈服面内只存在弹性变形，而事实上土具有显著的非线性，因此不能很好地模拟屈服面内剪切应变；修正剑桥模型在模拟超固结土时，主要的问题是不能准确地描述小应变时的变形特性，有大量的试验均说明超固结土在小应变是具有非常明显的非线性和塑性特性，而修正剑桥模型在此时均定义超固结土的变形为弹性变形。

3. Plaxis Hardening-Soil 模型

Hardening-Soil 模型是一个可以模拟包括软土和硬土在内的不同类型的土体行为的弹塑性模型，它考虑了土体的剪胀性，引入了一个屈服帽盖，土体刚度是应力相关的。

构造 Hardening-Soil 模型的基本思想是三轴加载下竖向应变 ε_1 和偏应力 q 之间为双曲线关系。标准排水三轴试验往往会得到如下表示的曲线：

$$-\varepsilon_1 = \frac{1}{2E_{50}} \frac{q}{1-q/q_a}, \text{ 对 } q < q_f \tag{3-57}$$

式中 q_a——抗剪强度的渐进值；

E_{50}——主加载下围压相关的刚度模量，可用下式计算：

$$E_{50} = E_{50}^{ref} \left(\frac{c\cos\varphi - \sigma_3 \sin\varphi}{c\cos\varphi + p^{ref}\sin\varphi} \right)^m \tag{3-58}$$

式中 E_{50}^{ref}——对应于参考围压 P_{50}^{ref} 的参考模量。

极限偏应力 q_f 定义为：

$$q_f = (c\cot\varphi - \sigma_3) \frac{2\sin\varphi}{1-\sin\varphi} \tag{3-59}$$

q_a 与 q_f 关系为 $q_a = \frac{q_f}{R_f}$，破坏比 R_f 为小于 1 的数。

卸载和再加载的应力路径使用的模量为：

$$E_{ur} = E_{ur}^{ref} \left(\frac{c\cos\varphi - \sigma_3 \sin\varphi}{c\cos\varphi + p^{ref}\sin\varphi} \right)^m \tag{3-60}$$

式中 E_{ur}^{ref}——卸载和再加载的参考杨氏模量。

在标准排水三轴试验中考虑应力路径时，Hardening-Soil 模型本质上给出了方程(3-57)中的双曲应力应变曲线。相应的塑性应变来自于屈服函数如下：

$$f = \bar{f} - \gamma^p \tag{3-61}$$

式中 $\bar{f}$、γ^p——应力和塑性应变的函数。

$$\left. \begin{array}{l} \bar{f} = \dfrac{1}{E_{50}} \dfrac{q}{1-q/q_a} - \dfrac{2q}{E_{ur}} \\ \gamma^p = -(2\varepsilon_1^p - \varepsilon_v^p) \end{array} \right\} \tag{3-62}$$

对于硬化参数 γ^p 的一个给定的常数值，屈服条件 $f=0$ 可以以屈服轨迹的形式在 p-q 平面上可视化。屈服轨迹的形状依赖于幂指数值 m。

Hardening-Soil 模型比 Mohr-Coulomb 模型的优越之处在于其应力-应变关系为双曲线，以及对于应力水平依赖性的控制。当使用 Mohr-Coulomb 模型时，必须为杨氏模量选择一个固定的值，对于真实土体而言，这个值依赖于应力水平。因此必须估计土体中的应力水平，以得到合适的刚度值，而在 Hardening-Soil 模型中，取而代之的是对一个参考小主应力定义一个刚度模量 E_{ur}^{ref}。

3.4.3 黏弹塑性模型

饱和软黏土流变以黏塑性为主，黏弹性是次要的，可简化为弹黏塑性体。流变过程在岩土工程中经常遇到，基坑工程中时空效应问题就与土的流变密切相关。

黏弹塑性模型，主要是研究应力-应变关系随时间的变化规律。在黏弹性模型中，主要通过一个理想弹性模型和黏滞模型的组合来描述土体的变形特征。较常用的黏弹塑性模型有 Maxwell 模型和 Kelvin 模型。

Maxwell 模型是通过一个弹性元件和黏滞阻尼器串联而组成的结构模型。因此当单元受拉时，弹性元件和黏滞阻尼器中的应力是相等的。这时，单位时间内，整个系统的变形等于两个元件变形的和：

$$\frac{d\varepsilon}{dt} = \frac{1}{E}\frac{d\sigma}{dt} + \frac{\sigma}{\eta} \tag{3-63}$$

式中 E——弹簧单元的弹性模量；

η——黏滞单元的黏滞系数。

Kelvin 模型是通过一个弹性元件和黏滞阻尼器并联而组成的结构模型。因此当结构单元受拉时，每个原件的变形是一致的，等于结构单元的的总伸长。这时，结构单元的荷载由两个原件共同承担：

$$\sigma = E\varepsilon + \eta\frac{d\varepsilon}{dt} \tag{3-64}$$

对于以上两个模型之间的区别，可以用图 3-12 加以说明。从图中可以看出，Maxwell 模型中的变形主要受弹性黏滞单元的影响，无法确切描述土体的蠕变特性。而 Kelvin 模型中，随着变形的增大，单元的变形越来越显示出弹簧单元的特性，能够较好地表现土体介质的蠕变性状。但是当这两个模型的应用于工程实际时，则需要根据土的具体特性进行修正。

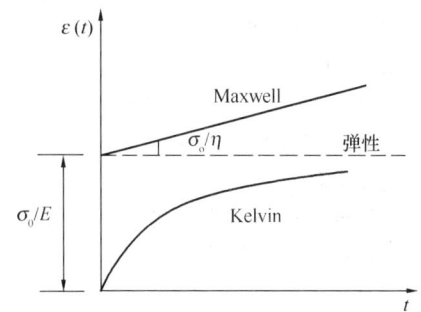

图 3-12 Maxwell 单元和 Kelvin 单元应变随时间的变化

参考文献

[1] 陈永福，曹名葆. 上海地区软黏土的卸荷—再加荷变形特性[J]. 岩土工程学报，1990，12(2)：9-17

[2] 陈愈炯. 总强度指标的测定和应用[J]. 土木工程学报，2000，33(4)：32-41

[3] 陈愈炯，温彦锋. 基坑支护结构上的水土压力[J]. 岩土工程学报，1999，21(2)：139-143

[4] Fredlund D G，RahardjO H. 非饱和土土力学[M]. 陈仲颐，张在明，陈愈炯，等译. 北京：中国建筑工业出版社，1997

[5] 何世秀，朱志政等. 基坑土体侧向卸荷真三轴试验研究[J]. 岩土力学，2005，26(6)：869-872

[6] 胡中雄. 土力学与环境土工学[M]. 上海：同济大学出版社，1997

[7] 黄文熙主编. 土的工程性质[M]. 北京：水利电力出版社，1983

[8] 矫德全，陈愈炯. 土的各向异性和卸荷体缩[J]. 岩土工程学报，1994，16(4)：9-16

[9] 李广信. 基坑支护结构上水土压力的分算与合算[J]. 岩土工程学报，2000，22(3)：348-352

[10] 李广信主编. 高等土力学[M]. 北京：清华大学出版社，2004

[11] 李家平，李永盛，高大钊. 取土卸荷形成的似超固结度对强度的影响[J]. 勘察科学技术，2005(1)：6-9

[12] 刘国彬，侯学渊. 软土的卸荷模量[J]. 岩土工程学报，1996，18(6)：18-23

[13] 刘建航，侯学渊. 基坑工程手册[M]. 北京：中国建筑工业出版社，1997

[14] 卢肇钧. 黏性土抗剪强度研究的现状与展望[J]. 土木工程学报，1999，32(4)：3-9

[15] 钱家欢，殷宗泽合编. 土工原理与计算(第二版)[M]. 北京：水利电力出版社，1994

[16] 上海市勘察设计协会主编. 上海市标准. 基坑工程设计规程(DBJ 08-61-97). 上海，1997

[17] 深圳市勘察研究院主编. 深圳市标准. 深圳地区建筑深基坑支护技术规程(SJG 05-96)[S]. 深圳，1997

[18] 沈珠江. 基于有效固结应力理论的黏土土压力公式[J]. 岩土工程学报，2000，22(3)：353-356

[19] 孙福，魏道垛主编. 岩土工程的勘察设计与施工[M]. 北京：地质出版社，1996
[20] 魏道垛，胡中雄. 上海浅层地基土的前期固结压力及有关压缩性参数的试验研究[J]. 岩土工程学报，1980，2(4)：13-22
[21] 魏汝龙. 正常压密黏性土在开挖卸荷后的不排水抗剪强度[J]. 水利水运科学研究，1984，(4)：39-43
[22] 魏汝龙. 总应力法计算土压力的几个问题[J]. 岩土工程学报，1995，17(6)：120-125
[23] 魏汝龙. 再论总应力法及水和土压力[J]. 岩土工程学报，1999，21(4)：509-510
[24] 武汉基础工程协会主编. 武汉市标准. 武汉地区深基坑工程技术指南(WBJ 1-7-95)[S]. 武汉，1996
[25] 冶金部建筑研究总院主编. 中华人民共和国行业标准. 建筑基坑工程技术规范(YB 9258-97)[S]. 北京，1998
[26] 张文慧，王保田. 应力路径对基坑工程变形的影响[J]. 岩土力学，2004，25(6)：964-966
[27] 周健，刘文白，贾敏才. 环境岩土工程[M]. 北京：人民交通出版社，2004
[28] 周健，王亚飞，池永，廖雄华. 现代城市建设工程风险与保险[M]. 北京：人民交通出版社，2005
[29] 周健，王浩. 卸荷对软土伸长强度的影响分析[J]. 同济大学学报，2002，30(11)：1285~1289
[30] 中国建筑科学研究院主编. 中华人民共和国行业标准. 建筑基坑支护技术规程(JGJ 120—99)[S]. 北京，1999

第4章 土 压 力

4.1 概 述

土体作用于基坑支护结构上的压力即称为土压力。土压力是作用于支护工程的主要荷载。土压力的大小和分布主要与土体的物理力学性质、地下水位状况、墙体位移、支撑刚度等因素有关。基坑支护结构上的土压力计算是基坑支护工程设计的最基本的必要步骤，决定着设计方案的成功与否和经济效益。

4.1.1 土压力的类型

根据支护结构的位移方向和大小的不同，将存在有三种不同极限状态的土压力，如图4-1所示。一般分为：静止土压力、主动土压力与与被动土压力。

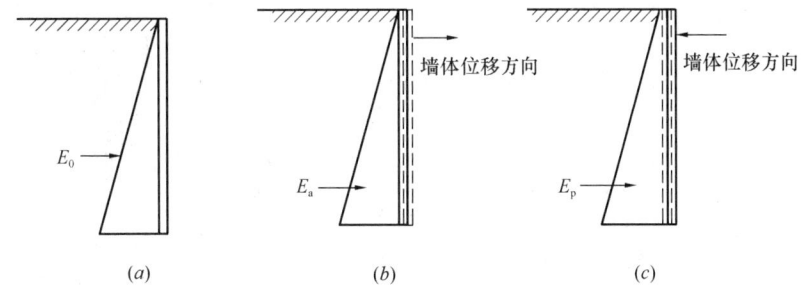

图 4-1 三种不同极限状态的土压力
(a) 静止土压力；(b) 主动土压力；(c) 被动土压力

1. 静止土压力 E_0

静止土压力是墙体无侧向变位或侧向变位微小时，土体作用于墙面上的土压力。如建筑物地下室的外墙，由于横墙与楼板的支撑作用，墙体变形很小，可以忽略，则作用于墙上的土压力可认为是静止土压力。

《欧洲岩土设计规范 Eurocode 7》(BS EN 1997-1：2004) 规定当挡土结构的水平位移 $y_a \leqslant 0.05\% H_0$ (H_0——基坑开挖深度) 时或墙体转动 $y/H_0 \leqslant 0.0005$ 时 (y——墙体转动产生的水平位移)，土体作用于墙面上的土压力为静止土压力。

2. 主动土压力 E_a

主动土压力是墙体在墙后土体作用下发生背离土体方向的变位（水平位移或转动）达到极限平衡时的最小土压力。

支护结构在土压力的作用下，将向基坑内移动或绕前趾向基坑内转动。墙体受土体的推力而发生位移，土中发挥的剪切阻力可使土压力减小。位移越大，土压力值越小，一直到土的抗剪强度完全发挥出来，即土体已达到主动极限平衡状态，以致产生了剪切破坏，形成了滑动面，这时土压力处于最小值，称为主动土压力，通常用 E_a 表示。

3. 被动土压力 E_p

被动土压力是墙体在外力作用下发生向土体方向的变位（水平位移或转动）达到极限平衡时的最大土压力。

基坑支护结构上部在向基坑内移动或绕前趾向基坑内转动时，基坑支护结构下部分，由于结构向坑内的可能位移，结构受外力被推向土体，使土体发生变形，土中发挥的剪切阻力可使土对墙的抵抗力增大。墙推向土体的位移越大，土压力值也越大，直到抗剪强度完全发挥出来，即土体达到被动极限平衡状态，以致产生了剪切破坏，形成了另一种滑动面，这时土压力处于最大值，称为被动土压力，通常用 E_p 表示。

4.1.2 土压力计算的经典理论

计算土压力的经典理论主要有弹性平衡静止土压力理论、Rankine 土压力理论和 Coulomb 土压力理论，对各计算理论的基本假定，计算公式与土压力分布形式可归纳如表 4-1 所示。

土压力计算的经典理论汇总表 表 4-1

土压力理论	基本假定	计 算 公 式	土压力分布图
静止土压力	地表面水平，墙背竖直、光滑	$p_0=(\gamma z+q)K_0$ $E_0=\dfrac{1}{2}\gamma H^2 K_0$ γ：土的重度（kN/m³）；z：计算点深度（m）；q：地面均布超载（kPa）；H：围护墙高度；K_0：计算点处土的静止土压力系数	
Rankine 土压力理论	地表面水平，墙背竖直、光滑	主动土压力 无黏性土：$p_a=\gamma z K_a$ $E_a=\dfrac{1}{2}\gamma H^2 K_a$ K_a：计算点处土的主动土压力系数； $K_a=\tan^2\left(45°-\dfrac{\varphi}{2}\right)$ φ：土的内摩擦角（°）	
		黏性土：$p_a=\gamma z K_a - 2c\sqrt{K_a}$ $E_a=\dfrac{1}{2}\gamma(H-z_0)^2 K_a$ $z_0=\dfrac{2c}{\gamma\sqrt{K_a}}$ c：土的黏聚力（kPa）	

续表

土压力理论	基本假定	计算公式		土压力分布图
Rankine 土压力理论	地表面水平，墙背竖直、光滑	被动土压力	无黏性土: $p_p=\gamma z K_p$ $E_p=\dfrac{1}{2}\gamma H^2 K_p$ K_p：计算点处土的被动土压力系数 $K_p=\tan^2\left(45°+\dfrac{\varphi}{2}\right)$	
			黏性土: $p_p=\gamma z K_p+2c\sqrt{K_p}$ $E_p=\dfrac{1}{2}\gamma H^2 K_p+2cH\sqrt{K_p}$	
Coulomb 土压力理论	墙背面土为无黏性土；滑动面为平面；滑裂土体为刚体；滑动面上的摩擦力均匀分布	主动土压力	$E_a=\dfrac{1}{2}\gamma H^2 K_a$ $K_a=\dfrac{\cos^2(\varphi-\varepsilon)}{\cos^2\varepsilon\cos(\varepsilon+\delta)(1+A)^2}$ $A=\sqrt{\dfrac{\sin(\varphi+\delta)\sin(\varphi-\alpha)}{\cos(\varepsilon+\delta)\cos(\varepsilon-\alpha)}}$ ε：墙背与竖直线间夹角；α：地表面与水平面间的夹角；δ：墙背与土间的摩擦角	
		被动土压力	$E_p=\dfrac{1}{2}\gamma H^2 K_p$ $K_p=\dfrac{\cos^2(\varphi+\varepsilon)}{\cos^2\varepsilon\cos(\varepsilon-\delta)[1-B]^2}$ $B=\sqrt{\dfrac{\sin(\varphi+\delta)\sin(\varphi+\alpha)}{\cos(\varepsilon-\delta)\cos(\varepsilon-\alpha)}}$	

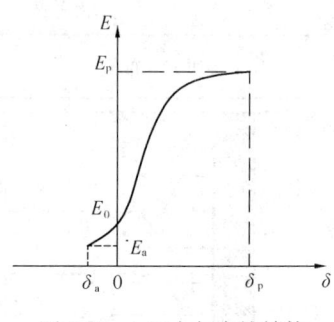

图 4-2 土压力与支护结构水平位移的关系

4.1.3 土压力与位移的关系

在基坑工程中,主动土压力极限状态一般较易达到,而达到被动土压力极限状态则需要较大的土体位移,如图 4-2 所示。因此,应根据围护墙与土体的位移情况和采取的施工措施等因素确定土压力的计算状态。设计时的土压力取用值应根据围护墙与土体的位移情况分别取主动土压力极限值、被动土压力极限值或主动土压力提高值、被动土压力降低值(如采用弹性地基反力)等。对于无支撑或锚杆的基坑支护(如板桩、重力式挡墙等),其土压力通常可以按极限状态的主动土压力进行计算;当对支护结构水平位移有严格限制时,如出于环境保护要求对基坑变形有严格限制,采用了刚度大的支护结构体系或本身刚度较大的圆形基坑支护结构等,墙体的变位不容许土体达到极限平衡状态,此时主动侧的土压力值将高于主动土压力极限值。对此,设计时宜采用提高的主动土压力值,提高的主动土压力强度值理论上介于主动土压力强度 p_a 与静止土压力强度 p_0 之间。对环境位移限制非常严格或刚度很大的圆形基坑,可将主动侧土压力取为静止土压力值。

表 4-2 和表 4-3 分别给出了《欧洲岩土设计规范 Eurocode 7》(BS EN 1997-1:2004)和《加拿大基础工程手册》(1985)达到极限土压力所需的墙体变位。由表中可以看出,松散土达到极限状态时所需的位移较密实土要大;此外,达到被动土压力极限值所需的位移一般而言要较达到主动土压力极限值所需的位移要大得多,前者可达后者的 15~50 倍。

发挥主动和被动土压力所需的位移(根据《欧洲岩土设计规范 Eurocode 7》) 表 4-2

墙体位移模式	达到主动土压力时的位移,y_a/h,%		达到被动土压力时的位移,y_a/h,%	
	松散土	密实土	松散土	密实土
	0.4~0.5	0.1~0.2	7~15	5~10
	0.2	0.05~0.1	5~10	3~6
	0.8~1.0	0.2~0.5	6~15	5~6
	0.4~0.5	0.1~0.2	—	—

发挥主动和被动土压力所需的位移（根据《加拿大基础工程手册》） 表 4-3

极限状态	墙体位移模式	土类	达到极限状态时的位移 y_a/h，%
主动状态		密实砂土	0.1
		松散砂土	0.5
		硬黏土	1
		软黏土	2
被动状态		密实砂土	2
		松散砂土	6
		硬黏土	2
		软黏土	4

基坑支护中的土压力计算与刚性挡墙后土有诸多相似与不同之处：基坑支护中土多为原状土，而非可选择的回填土；基坑开挖是一个卸载的过程，导致一般土工试验由加载得出的土的强度指标可能不适用；基坑开挖一般不是二维问题，而是有很强的空间性；基坑中地下水导致土侧压力计算的不确定、土抗剪强度的降低甚至直接导致基坑失事等。

同时，又由于深基坑支护结构常采用的支护方式都属于柔性围护墙，其刚度较小，墙体在侧向土压力的作用下会发生明显挠曲变形，因而会影响土压力的大小和分布。对于这种类型的围护墙，墙背受到的土压力成曲线分布，在一定条件下计算时可简化为直线分布。

4.2 基坑工程中的土压力与水压力计算

4.2.1 静止土压力计算中的参数确定

静止土压力系数 K_0 的确定是计算静止土压力的关键参数，通常优先考虑通过室内 K_0 试验测定，其次可采用现场旁压试验或扁胀试验测定，在无试验条件时，可按经验方法确定。

室内 K_0 试验由于取土扰动（包括取土时应力释放的影响）、试样制备的扰动等因素，使所测定的 K_0 值一般有偏低的趋势。

旁压试验有预钻式和自钻式之分。预钻式旁压试验存在钻孔孔壁的应力释放、软化、缩孔或塌孔等问题，使原位测定的静止侧向压力离散性大。自钻式旁压试验尽管钻进过程对土的扰动理论上比预钻式为小，但它对操作工艺要求较高，并要求操作人员有相当高的技术水平和经验，否则所测定的静止侧向压力离散性也大。

扁胀试验的试验成果重复性虽好，操作也简便，但在国内推广不够，而且属于由经验关系间接确定 K_0，而非直接测定。

国内外研究资料表明，对于正常固结土，当无实测数据时也可以采用经验相关关系近似估算 K_0 值。目前国内外提出的经验关系较多，但以 Jaky 的砂性土估算公式与 Brooker 的黏性土公式应用较多，即对砂性土（Jaky）：
$$K_0 = 1 - \sin \varphi' \tag{4-1}$$

对黏性土（Brooker）：
$$K_0 = 0.95 - \sin \varphi' \tag{4-2}$$

上海人民广场220千伏地下变电站等工程的原位测试结果表明，按这两个经验关系式估算的 K_0 值与实测值比较符合。

对于土的有效内摩擦角 φ' 值，通常采用三轴固结不排水剪切试验（带测孔隙水压力）测定，也可采用三轴固结排水剪切试验测定。当无试验直接测定时，φ' 可根据三轴固结不排水剪切试验测定的 c_{cu}、φ_{cu} 或直剪固结快剪强度指标 c、φ 由经验关系换算获得。

采用三轴固结不排水剪切试验 c_{cu}、φ_{cu} 指标估算 φ' 的经验公式：
$$\varphi' = \sqrt{c_{cu}} + \varphi_{cu} \tag{4-3}$$

式中 c_{cu} 以 kPa 计，φ_{cu} 以（°）计。

根据直剪固结快剪试验峰值强度 c、φ 指标估算 φ' 的经验公式：
$$\varphi' = 0.7(c + \varphi) \tag{4-4}$$

式中 c——土的黏聚力（kPa）；
φ——土的内摩擦角（°）。

静止土压力系数 K_0 与土性、土的密实程度等因素有关，在一般情况下砂土 $K_0 = 0.35 \sim 0.5$，黏性土 $K_0 = 0.5 \sim 0.7$。在初步计算时也可采用表4-4所列的经验值。

静止土压力系数 K_0 表4-4

土的名称和性质	K_0	土的名称和性质	K_0
砾石土	0.17	壤土：含水量 $w=25\%\sim30\%$	0.60~0.75
砂：孔隙比 $e=0.50$	0.23	砂质黏土	0.49~0.59
$e=0.60$	0.34	黏土：硬黏土	0.11~0.25
$e=0.70$	0.52	紧密黏土	0.33~0.45
$e=0.80$	0.60	塑性黏土	0.61~0.82
砂壤土	0.33	泥炭土：有机质含量高	0.24~0.37
壤土：含水量 $w=15\%\sim20\%$	0.43~0.54	有机质含量低	0.40~0.65

超固结土的侧向土压力一般是随着超固结比的增加而增大，因此 K_0 值也相应增大。根据 Schmidt 的研究，K_0 与超固结比 OCR 具有幂函数的关系：
$$K_0 = K_{0n} \cdot OCR^m \tag{4-5}$$

式中 K_{0n}——正常固结土的静止侧压力系数；
m——经验常数，如上海 m 采用 0.5。

Sherif 得到与超固结比 OCR 为线性的经验关系，即：
$$K_0 = K_{0n} + \alpha(OCR - 1) \tag{4-6}$$

式中 α——经验常数。

4.2.2 土压力计算的水土分算与合算方法

在基坑工程中，地下水位以下的土体侧压力计算时一般有两个原则，即：水土分算的原则和水土合算的原则。

水土分算原则，即分别计算土压力和水压力，两者之和即为总的侧压力。这一原则适用于土孔隙中存在自由的重力水的情况或土的渗透性较好的情况，一般适用于砂土、粉性土和粉质黏土。

水土合算的原则认为土孔隙中不存在自由的重力水，而存在结合水，它不传递静水压力，以土粒与孔隙水共同组成的土体作为对象，直接用土的饱和重度计算侧压力，这一原则适用于不透水的黏土层。

1. 水土分算方法

对无地下水渗漏的永久性地下结构，即使有附加应力，地下孔隙水压力的分布最终和静水压力相一致，可采用"水土分算"。对临时性支护工程，砂性土地基一般也应采用"水土分算"。

采用"水土分算"时，作用在支护结构上的侧压力计算（图 4-3）可采用下面公式。

地下水位以上部分

$$p_a = \gamma z K_a \tag{4-7}$$

地下水位以下部分

$$p_a = K_a[\gamma H_1 + \gamma'(z - H_1)] + \gamma_w(z - H_1) \tag{4-8}$$

式中，H_1 为地面距地下水位处距离；z 为计算点距地面距离；γ 为土的重度；γ' 为土的浮重度；γ_w 为水的重度。应用上式应注意的是，计算 K_a 应采用土的有效抗剪强度指标 c'、φ'，这样才能与土的有效自重应力 $\gamma'z$ 相匹配。

一般认为对砂质土宜取这种计算模式，实际上只有墙插入深度很深，墙底进入绝对不透水层，而且墙体接缝滴水不漏时，才符合这种模式，这显然是偏大的。由于支护体接缝、桩之间的土及底部向坑底渗漏现象的存在，以及渗透系数不大于 $10^{-4}\mathrm{cm/s}$ 的黏性土和支护体接触面很难累积重力水，现场实测的孔隙水压力均明显低于静水压力值。

2. 水土合算方法

一般适用于黏土和粉土，不少实测资料证实，对这种土采用水土合算法是合适的。

如图 4-4 所示，对地下水位以上部分，主动土压力为

$$p_a = \gamma z K_a \tag{4-9}$$

对地下水位以下部分

$$p_a = K_a'[\gamma H_1 + \gamma_{sat}(z - H_1)] \tag{4-10}$$

式中，γ_{sat} 为土的饱和重度；K_a' 为水位下土的主动土压力系数。计算 K_a' 时，土体的强度指标应取总应力指标 c、φ 值进行计算。

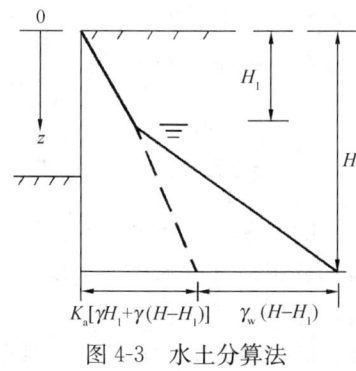

图 4-3 水土分算法

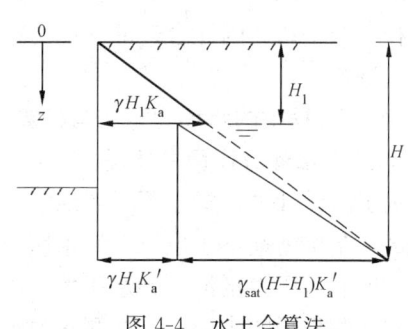

图 4-4 水土合算法

采用水土分算还是水土合算方法计算土压力是当前有争议的问题。按照有效应力原理，土中骨架应力与水压力应分别考虑。根据1995年《岩土工程学报》第6期魏汝龙论文"总应力法计算土压力"和2000年《岩土工程学报》第3期沈珠江论文"基于有效固结应力理论的黏土土压力公式"以及李广信论文"基坑支护结构上水土压力的分算与合算"，对土压力计算原则的基本认识是，水土合算方法在计算中缩小了主动状态中的水压力而增大了被动状态中的水压力作用，偏于不安全；水土分算方法概念较清楚，符合有效应力原理，但在实际应用中也存在有效指标确定困难与无法考虑土体在不排水剪切时产生的超静孔压影响等问题。根据魏汝龙等的研究，采用总应力指标按水土分算方法进行计算，能够较好地解决这一问题。

另一方面，从工程实用角度来说，无论采用何种计算方法，若与相应的抗剪强度指标和安全系数相配套，也可以取得较好的设计计算效果。在以往的基坑支护设计中，由于工程经验或行业习惯的差异，土压力计算常常按不同的支护结构形式采用了不同的计算方法，譬如对水泥土支护结构采用水土合算方法而对板式支护体系采用水土分算方法。因此，建议在设计中可根据长期的工程经验，选用水土分算原则或水土合算原则计算侧压力。但必须注意的是，对不同的计算原则，应采用与其相匹配的抗剪强度指标和安全系数。

3. 土压力计算中的强度指标

按照土力学基本理论，采用水土合算原则计算土压力时，相应的抗剪强度指标应采用土的总应力指标 c、φ。采用水土分算原则计算土压力时，相应的抗剪强度指标应采用土的有效指标 c'、φ'。为了弥补忽略不排水剪切时产生的超静孔压影响，并考虑到目前有效指标 c'、φ' 确定的实际困难，根据前述魏汝龙等的研究，在水土分算方法计算时也可采用总应力指标即三轴固结不排水剪切试验强度指标 c_{cu}、φ_{cu}。

然而，在目前的基坑工程设计中通常还是采用直剪固结快剪指标 c、φ 进行设计计算的。这固然与基坑工程设计的习惯有关，也与目前的工程地质勘察报告中一般不提供土的有效指标 c'、φ' 数值，仅少量工程提供三轴固结不排水剪指标 c_{cu}、φ_{cu} 的现状有很大关系。从符合土力学基本理论以及不断提高基坑工程设计技术水平的需要出发，基坑工程土压力计算应逐步向采用三轴固结不排水剪指标 c_{cu}、φ_{cu} 的方向发展。为此，今后有必要进一步研究采用直剪固结快剪指标 c、φ 与三轴固结不排水剪指标 c_{cu}、φ_{cu} 计算土压力给基坑支护结构内力、位移等带来的不同影响。

常规三轴试验通常是与竖向加载情况相对应。在基坑开挖过程中，土体的应力路径与竖向加载情况不同，坑底土和墙后土分别表现为竖向卸荷与侧向卸荷。由于土体的强度指标与应力路径关系密切，因此合理的强度指标确定方法应根据基坑开挖工程的特点，通过三轴卸荷试验进行。

4.2.3 基坑工程中的水压力分布与计算

1. 不考虑地下水渗流作用的情况

在目前的工程设计中，对于不考虑地下水渗流作用的情况，水压力通常按静水压力考虑。在主动区，基坑内地下水位以上，水压力呈三角形分布；基坑内地下水位以下，考虑主动区与被动区静水压力抵消后，水压力呈矩形分布，如图4-5所示。

围护结构两侧作用的水压力，在侧压力中占有很大的比例，尤其在软土地基中地下水位较高的情况下,要比作用土压力大得多。当基坑围护结构中隔水帷幕进入地基土中的相对不透水层,且有一定深度,能满足抗渗流稳定性要求,隔水帷幕能形成连续封闭的基坑防渗止水系统时,基坑内外地下水的作用可按静水压力直线分布计算,不考虑渗流作用对水压力的影响。在软土地区,常以地基土的渗透系数大小来划分其渗透性的强弱程度。当土层的渗透系数小于 10^{-6} cm/s 时,可作为相对不透水层。

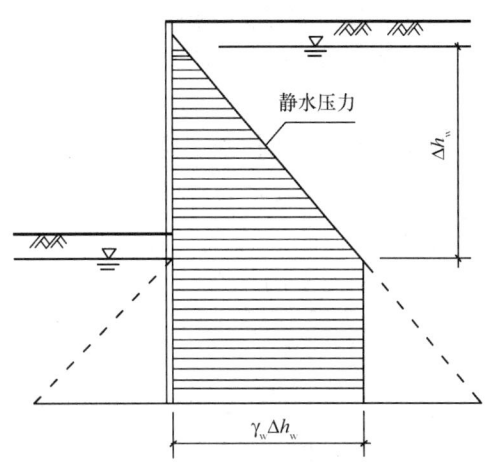

图 4-5 不考虑地下水渗流作用时的水压力分布模式

工程实测表明,将孔隙水压力视作静水压力的假设导致水压力计算结果偏大。表 4-5 是上海合流污水治理一期工程彭越浦泵站基坑开挖中实测孔隙水压力与静水压力计算值的对比情况。从表中可见,在基坑开挖面以上,以黏性土为主,实测的孔隙水压力约占静水压力的 70% 左右;在基坑开挖面以下,以砂性土为主,实测的孔隙水压力约占静水压力的 85%~90% 左右。因此,在计算基坑中的水压力时可以按静水压力进行一定的折减。

另外,据日本资料介绍,在某一深度范围内的孔隙水压力为静止水压力的 65% 左右,而且在这深度以下,水压力基本是常数,但也有减少的趋势。考虑到这种实际情况,可根据土的渗透性不同,考虑一部分水压力影响,这时式(4-8)变为

$$p_a = K_a [\gamma H_1 + \gamma'(z - H_1)] + K_w \gamma_w (z - H_1) \tag{4-11}$$

式中,K_w 为孔隙水压力的侧压力系数,其值可根据土体渗透系数取 0.5~0.7(渗透性小者取小值,大者取大值)。

鉴于目前实测水土压力的资料不够,且离散性较大,水压力的计算问题仍是需要进一步研究的课题。

实测孔隙水压力与静水压力的对比   表 4-5

孔隙水压力计预埋标高(m)	孔隙水压力(kN/m²) 基坑开挖标高 −6.2~−17m	静水压力(kN/m²)	孔隙水压力占静水压力比(%) 基坑开挖标高 −6.2~−17m
−1.5	36.7~35.5	54.0	67.9~65.7
−4.5	65.0~62.0	84.0	77.4~73.8
−10.5	106.6~102.0	144.0	74.0~70.0
−15.5	156.8~121.1	194.0	80.0~62.4
−21.5	231.1~215.2	254.0	91.0~84.7
−25.0	268.9~191.9	289.0	93.0~66.4
−28.5	288.1~232.2	324.0	89.0~80.5

注:静水水位取地表下 0.5m。

2. 考虑地下水渗流作用的情况

对隔水帷幕下仍为透水性很强的地基土，且坑内外存在水头差时，开挖基坑后，在渗透作用下地下水将从坑外绕过帷幕底渗入坑内。由于水流阻力的作用，作用水头沿程降低，坑外、坑内的水压强度呈现不同的变化，坑外作用于帷幕上的水压力强度将减小而坑内作用于帷幕上的水压力强度将增大。在这种情况下，计算中应考虑渗流作用对水压力带来的影响。

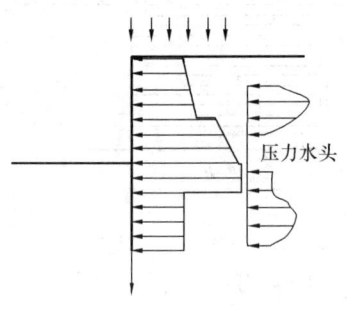

图4-6 渗流对水平荷载的影响示意

(1) 计算水压力的流网图方法

在很多情况下，比如支护范围内或者支护体以下存在多个含水层的条件下，地下实际上处于渗流状态，渗流矢量的竖直分量十分明显。这种情况将造成渗流场的压力水头或者孔隙水压力分布状态比较复杂，此时，作用于支护结构的水压力将不再是静水压力，而是由于渗流造成的压力水头，如图4-6所示。在这种条件下，通常需要进行渗流分析，并采用流网法计算水压力。

采用流网法计算水压力应先根据基坑的渗流条件作出流网图，如图4-7（a）所示。而作用在墙体不同高程 z 的渗透水压力 p_w 可用其压力水头形式表示

$$p_w = \gamma_w(\beta h_0 + h - z) \tag{4-12}$$

式中，β 为计算点渗透水头和总压力水头 h_0 的比值，从流网图上读出；h 为坑底水位高程。

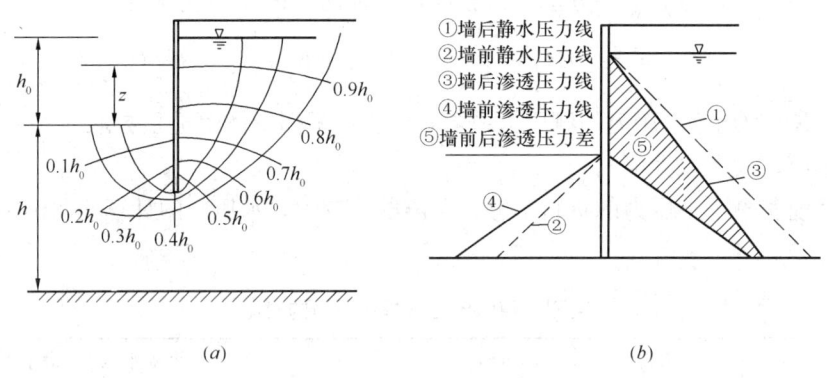

图4-7 流网及水压力计算
(a) 流网图；(b) 水压力分布图

画流网计算水压力的方法较合理，但要绘制多层土的流网非常困难，故这种方法的实用性受到限制。

无论何种支护体都有纵向接缝，流网不能反应这些接缝对渗透性的影响，但按流网计算的水压力一般是偏于安全的。

(2) 计算水压力的本特·汉森方法

本特·汉森提出一种考虑渗流作用的水压力近似计算方法，并应用于德国地基基础规范（DIN 4085）中。如图4-8所示，在主动侧的水压力低于静水压力，位于坑内地下水位标高处的修正值为 $-\Delta p_{w1}$，其值可按下式计算

$$\Delta p_{w1} = i_a \gamma_w \Delta h_w \qquad (4\text{-}13)$$

修正后基坑内地下水位处的水压力可按下式计算：

$$p_{w1} = \gamma_w \Delta h_w - \Delta p_{w1} \qquad (4\text{-}14)$$

式中 p_{w1}——基坑内地下水位处的水压力值（kPa）；

Δp_{w1}——基坑内地下水位处的水压力修正值（kPa）；

i_a——基坑外的近似水力坡降，取

$$i_a = \frac{0.7\Delta h_w}{h_{w1} + \sqrt{h_{w1}h_{w2}}};$$

Δh_w——基坑内、外侧地下水位差（m），$\Delta h_w = h_{w1} - h_{w2}$；

h_{w1}、h_{w2}——基坑外侧、基坑内侧地下水位至围护墙底端的高度（m）。

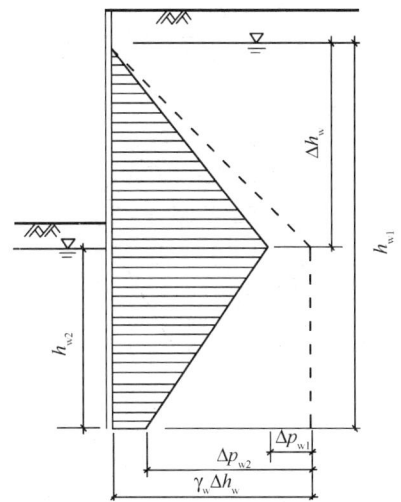

图 4-8 计算水压力的本特·汉森方法

在主动侧墙底的修正后水压力为

$$p_{wa} = \gamma_w h_{w1} - \Delta p'_1$$

其中修正值 $\Delta p'_1$ 值可按下式计算

$$\Delta p'_1 = i_a \gamma_w h_{w1}$$

在被动侧水压力高于静水压力，位于墙底的修正后水压力值为

$$p_{wp} = \gamma_w h_{w2} + \Delta p'_2$$

其中修正值 $\Delta p'_2$ 值可按下式计算

$$\Delta p'_2 = i_p \gamma_w h_{w2}$$

两侧水压力相抵后，可得围护墙底端处的水压力

$$p_{w2} = \gamma_w h_{w1} - \Delta p'_1 - (\gamma_w h_{w2} + \Delta p'_2) = \gamma_w \Delta h_w - (\Delta p'_1 + \Delta p'_2)$$

即围护墙底端处的水压力值为

$$p_{w2} = \gamma_w \Delta h_w - \Delta p_{w2} \qquad (4\text{-}15)$$

式中 Δp_{w2}——围护墙底端处水压力的修正值（kPa），即

$$\Delta p_{w2} = \Delta p'_1 + \Delta p'_2 = i_a \gamma_w h_{w1} + i_p \gamma_w h_{w2}$$

i_p——基坑内被动区的近似水力坡降，$i_p = \dfrac{0.7\Delta h_w}{h_{w2} + \sqrt{h_{w1}h_{w2}}}$

最后，作用在主动土压力侧的水压力分布见图 4-8 的影阴部分。

(3) 计算水压力的经验方法

工程中常还采用一种按渗径由直线比例关系确定各点水压力的简化方法。如图 4-9 所示，作用于围护墙上的水压力分布按以下方法计算：

基坑内地下水位以上 AB 之间的水压力按静水压力直线分布，B、C、D、E 各点的水压力按图 4-9 (b) 的渗径由直线比例法确定。

对计算深度的确定，设隔水帷幕墙时，计算至隔水帷幕墙底；围护墙自防水时，计算至围护墙底。

通过对比计算，这一方法的水压力计算值与本特·汉森方法的计算值相比稍大一些。

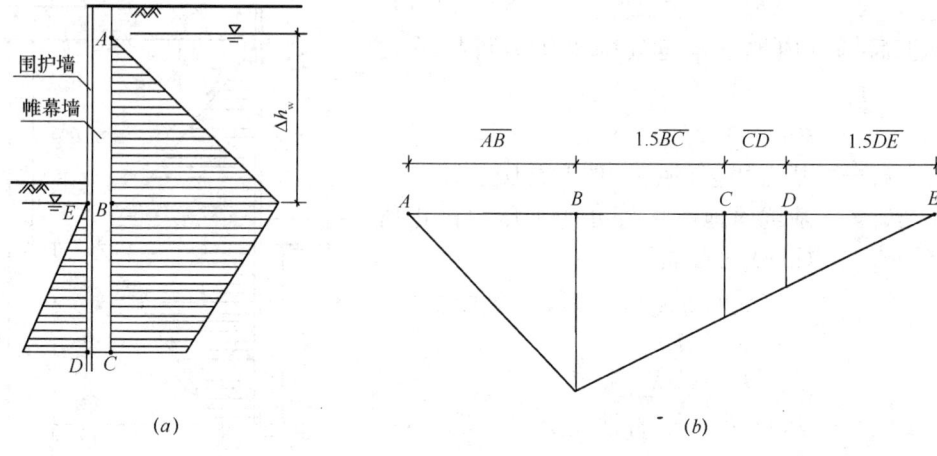

图 4-9 围护墙水压力计算的经验方法
（a）水压力分布；（b）水压力与渗径的直线比例关系

4.2.4 成层土的土压力计算

1. 成层土的 Rankine 土压力计算

一般情况下围护墙后土体均由几层不同性质的水平土层组成。在计算各点的土压力时，可先计算其相应的自重应力，在土压力公式中 γz 项换以相应的自重应力即可，需注意的是土压力系数应采用各点对应土层的土压力系数值。其计算方法如下：

a 点：$\qquad p_{a1} = -2c_1\sqrt{K_{a1}}$

b 点上（在第一层土中）：$p'_{a2} = \gamma_1 h_1 K_{a1} - 2c_1\sqrt{K_{a1}}$

b 点下（在第二层土中）：$p''_{a2} = \gamma_1 h_1 K_{a2} - 2c_2\sqrt{K_{a2}}$

c 点：$\qquad p_{a3} = (\gamma_1 h_1 + \gamma_2 h_2) K_{a2} - 2c_2\sqrt{K_{a2}}$

式中 $K_{a1} = \tan^2\left(45° - \dfrac{\varphi_1}{2}\right)$，$K_{a2} = \tan^2\left(45° - \dfrac{\varphi_2}{2}\right)$，其余符号意义见图 4-10 所示。

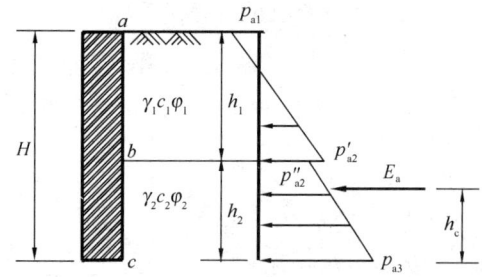

图 4-10 成层土的 Rankine 土压力计算

2. 成层土的 Coulomb 土压力计算

方法 1：

对实际工程中的成层土地基，设围护墙后各土层的重度、内摩擦角和土层厚度分别为 γ_i、φ_i 和 h_i，通常可将各土层的重度、内摩擦角按土层厚度进行加权平均，即

$$\gamma_m = \frac{\sum \gamma_i h_i}{\sum h_i} \qquad (4\text{-}16)$$

$$\varphi_m = \frac{\sum \varphi_i h_i}{\sum h_i} \qquad (4\text{-}17)$$

然后按均质土情况采用 γ_m、φ_m 值近似计算其库仑土压力值。

方法 2：

如图 4-11 所示，假设各层土的分层面与土体表面平行。然后自上而下按层计算土压力。求下层土的土压力时可将上面各层土的重量当作均布荷载对待。现以图 4-11 为例加以说明。

第一层土层面处：$p_{a0}=0$

第一层土底：$p_{a1}=\gamma_1 \cdot h_1 \cdot K_{a1}$

在第二层土顶面，将 $\gamma_1 \cdot h_1$ 的土重换算为第二层土的当量土厚度：

$$h'_1 = \frac{\gamma_1 \cdot h_1}{\gamma_2} \cdot \frac{\cos\varepsilon \cdot \cos\beta}{\cos(\varepsilon-\beta)} \quad (4-18)$$

故第二层土的顶面处土压力强度为：

$$p'_{a2} = \gamma_2 h'_1 \cdot K_{a2} \quad (4-19)$$

第二层土底面的土压力强度为：

$$p''_{a2} = \gamma_2 \cdot (h'_1+h_2) \cdot K_{a2} \quad (4-20)$$

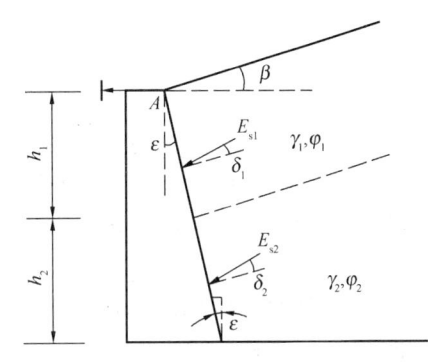

图 4-11 成层土中的库仑主动土压力

式中 K_{a1}、K_{a2}——第一、第二层土的库仑主动土压力系数；

γ_1、γ_2——第一、第二层土的的重度，kN/m³。

每层土的总压力 E_{a1}、E_{a2} 的大小等于土压力分布图的面积，作用方向与 AB 法线方向成 δ_1、δ_2 角（δ_1、δ_2 分别为第一、第二层土与墙背之间的摩擦角），作用点位于各层土压力分布图的形心高度处。

4.2.5 黏性土中的 Coulomb 土压力计算

在实际工程中，为了利用库仑公式计算黏性土中的土压力，通常采用等代内摩擦角 φ_d 来综合考虑 c、φ 值对土压力的影响，即适当增大内摩擦角来反映黏聚力的影响，然后按砂性土的计算公式计算土压力。等代内摩擦角 φ_d 一般根据经验确定，地下水位以上的黏性土可取 $\varphi_d=30°\sim35°$；地下水位以下的黏性土可取 $\varphi_d=25°\sim30°$。也有如下的经验公式：

(1) 根据抗剪强度相等的原理，等效内摩擦角 φ_d 可从土的抗剪强度曲线上，通过作用在基坑底面标高上的土中垂直应力 σ_t 求出：

$$\varphi_d = \arctan\left(\tan\varphi + \frac{c}{\sigma_t}\right) \quad (4-21)$$

当无地面荷载时，$\sigma_t=\gamma h$，于是

$$\varphi_d = \arctan\left(\tan\varphi + \frac{c}{\gamma h}\right) \quad (4-22)$$

(2) 根据土压力相等的概念来计算等效内摩擦角 φ_d 值。为了使问题简化，假定墙背竖直、光滑；墙后填土与墙齐高，土面水平。有黏聚力的土压力计算式为：

$$E_{a1} = \frac{1}{2}\gamma H^2 \tan^2\left(45°-\frac{\varphi}{2}\right) - 2cH\tan\left(45°-\frac{\varphi}{2}\right) + \frac{2c^2}{\gamma}$$

按等效内摩擦角土压力计算式

$$E_{a2} = \frac{1}{2}\gamma H^2 \tan^2\left(45°-\frac{\varphi_d}{2}\right)$$

令 $E_{a1}=E_{a2}$，就可求得

$$\tan\left(45°-\frac{\varphi_d}{2}\right) = \tan\left(45°-\frac{\varphi}{2}\right) - \frac{2c}{\gamma H}$$

于是

$$\varphi_d = \frac{\pi}{2} - 2\arctan\left[\tan\left(\frac{\pi}{4} - \frac{\varphi}{2}\right) - \frac{2c}{\gamma h}\right] \quad (4-23)$$

上述经验公式计算出的等代内摩擦角 φ_d 并非定值，而与围护墙的高度有关，这可能导致土压力计算值出现较大的误差，通常在低围护墙中计算时偏于安全，而在高围护墙中计算时则偏于危险，具体计算中应结合原位土层和围护墙的具体情况，确定一个比较合理的 φ_d 值。

(3) 在黏性土的 Coulomb 被动土压力计算中，工程中还使用一种考虑墙体与坑内土体之间摩擦角 δ 和考虑地基土黏聚力 c 的改进朗肯公式。由土体本身产生的被动土压力强度按下式计算：

$$p_p = \sum \gamma_i h_i K_p + 2c\sqrt{K_{ph}} \quad (4-24)$$

式中　p_p ——计算点处的被动土压力强度（kPa）；

K_p、K_{ph}——计算点处土的被动土压力系数。

$$K_p = \frac{\cos^2\varphi}{\left[1 - \sqrt{\dfrac{\sin(\varphi+\delta)\sin\varphi}{\cos\delta}}\right]^2} \quad (4-25)$$

$$K_{ph} = \frac{\cos^2\varphi \cos^2\delta}{[1-\sin(\varphi+\delta)]^2} \quad (4-26)$$

墙体与坑内土体之间摩擦角 δ 的取值与地基土性质、围护墙面粗糙程度以及降排水条件等有关，对水泥土墙可取 $\delta = \frac{1}{2}\varphi$；对板式支护体系可取 $\delta = \left(\frac{2}{3}\varphi \sim \frac{3}{4}\varphi\right)$，且 $\delta \leqslant 20°$。对板式支护体系，当地基土较软弱时 δ 取大值。对钢板桩墙可取 $\delta = \frac{2}{3}\varphi$；对钻孔灌注桩、现浇地下连续墙、混凝土板墙和型钢水泥土搅拌墙可取 $\delta = \frac{3}{4}\varphi$；坑内不降水时，可取 $\delta = 0°$。

当 $c=0$ 时，该式即为库仑公式；当 $\delta=0$ 时，该式即为朗肯公式。

4.2.6　地面超载作用下的土压力计算

1. 局部均布超载作用下的 Rankine 土压力计算

若填土面上为局部荷载时，如图 4-12 所示，则计算时，从荷载的两点 O 及 O' 点作两条辅助线 $\overline{OC}$ 和 $\overline{O'D}$，它们都与水平面成 $\left(45°+\dfrac{\varphi}{2}\right)$ 角，认为 C 点以上和 D 点以下的土压力不受地面荷载的影响，C、D 之间的土压力按均布荷载计算，AB 墙面上的土压力如图中阴影部分。

2. 超载作用下侧压力计算的弹性力学方法

（1）地表有局部均布荷载作用时

当基坑外侧地表有局部均布荷载时，附加的侧向土压力按弹性理论近似计算方法可导出如下计算公式

$$\Delta p_H = \frac{2q}{\pi}(\beta - \sin\beta \cos 2\alpha) \quad (4-27)$$

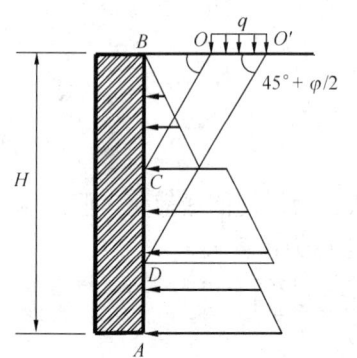

图 4-12　局部均布超载作用下的 Rankine 土压力计算

式中 Δp_H——附加侧向土压力（kPa）；

　　　q——地表局部均布荷载（kPa）；

　　　α、β——见图 4-13 所示，以弧度计。

α、β 值可参照图 4-13 由如下二式联立求出：

$$\begin{cases} \tan\left(\alpha+\dfrac{\beta}{2}\right) \approx (a+b)/z \\ \tan\left(\alpha-\dfrac{\beta}{2}\right) \approx a/z \end{cases}$$

本近似方法的计算假设为墙体无位移。实际工程中，围护墙体是有位移的，故按（4-27）式计算的 Δp_H 偏于保守。

（2）相邻条形基础荷载作用时

如图 4-14 所示，设相邻条形基础荷载为 Q_L，其引起的附加侧向土压力可按下式计算：

当 $m \leqslant 0.4$

$$\Delta p_H = \frac{Q_L}{H_s} \cdot \frac{0.203n}{(0.16+n^2)^2} \tag{4-28}$$

当 $m > 0.4$

$$\Delta p_H = \frac{4Q_L}{\pi H_s} \cdot \frac{m^2 n}{(m^2+n^2)^2} \tag{4-29}$$

式中 Q_L——相邻条形基础底面处的线均布荷载（kN/m）；

　　　m、n——分别为 a/H_s、z/H_s 的比值；a、z 见图 4-14；

　　　H_s——相邻基础底面以下的围护墙体高度（m）。

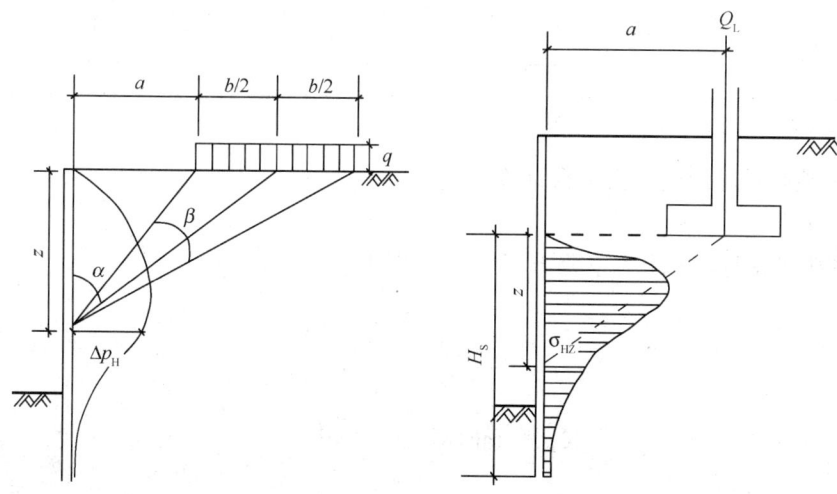

图 4-13　地表局部均布荷载引起的　　图 4-14　相邻基础荷载引起的侧向土压力
　　　　　附加侧向压力计算

4.2.7 地震时土压力计算

地震时，地震加速度将引起水平地震力，对临时性支护，一般不考虑其作用，但在地震烈度 7 度及以上地区设计安全等级为一级或作为较长时间使用的支护结构时，则应进行抗震的设计和验算。关于地震土压力的计算,尚无符合实际的理论计算方法,下面主要介绍以下几种国内常用的方法。

1. 水工建筑物抗震设计规范方法

《水工建筑物抗震设计规范》关于水平向地震作用下总土压力,建议用如下公式

$$E_{a'} = (1 + K_h C_z C_e \tan\varphi) E_a \tag{4-30}$$

$$E_{p'} = (1 - K_h C_z C_e \tan\varphi) E_p \tag{4-31}$$

式中 $E_{a'}$、$E_{p'}$——主动和被动地震土压力;

E_a、E_p——土体主动土压力和被动土压力;

K_h——水平向地震系数(见表 4-6);

C_z——综合影响系数,取 $\frac{1}{4}$;

C_e——地震动土压力系数,查表 4-7;

φ——土的内摩擦角。

水平向地震系数 K_h 表 4-6

设计烈度(度)	7	8	9
K_h	0.1	0.2	0.4
$K_h C_z$	0.025	0.05	0.1

地震动土压力系数 C_e 表 4-7

动土压力	填土坡度	内摩擦角 φ				
		21°~35°	26°~30°	31°~35°	36°~40°	41°~45°
主动土压力	0°	4.0	3.5	3.0	2.5	2.0
	10°	5.0	4.0	3.5	3.0	2.5
	20°	—	5.0	4.0	3.5	3.0
	30°	—	—	—	4.0	3.5
被动土压力	0°~20°	3.0	2.5	2.0	1.5	1.0

注:填土坡度在表列角度之间时,可进行内插。

2. 考虑地震角时的土压力系数计算方法

(1)朗肯理论

地震主动和被动动土压力系数 $K_{a'}$ 和 $K_{p'}$ 分别为

$$\left. \begin{array}{l} K_{a'} = \tan\left(45° - \dfrac{\varphi - \eta}{2}\right) \\[2mm] K_{p'} = \tan\left(45° + \dfrac{\varphi - \eta}{2}\right) \end{array} \right\} \tag{4-32}$$

式中,η 为地震角,可查表 4-8。

地震角 η 表 4-8

地震设计烈度(度)	7	8	9
水上	1°30′ (5°43′)	3° (11°19′)	6° (21°48′)
水下	2°30′ (16°43′)	5° (12°19′)	10° (22°48′)

注:有括号者引自《京津地区桥梁抗震鉴定标准》,无括号者引自《公路工程抗震设计规范》。

(2) 库仑理论

$$\left.\begin{array}{l} K_{a'} = \dfrac{\cos^2(\varphi-\alpha-\eta)}{\cos\eta\cos^2\alpha\cos(\delta+\alpha+\eta)\left[1+\sqrt{\dfrac{\sin(\varphi+\delta)\sin(\varphi-\beta-\eta)}{\cos(\alpha+\delta+\eta)\cos(\alpha-\beta)}}\right]^2} \\[2em] K_{p'} = \dfrac{\cos^2(\varphi+\alpha+\eta)}{\cos\eta\cos^2\alpha\cos(\alpha-\delta-\eta)\left[1-\sqrt{\dfrac{\sin(\varphi+\delta)\sin(\varphi+\beta+\eta)}{\cos(\alpha-\delta-\eta)\cos(\alpha-\beta)}}\right]^2} \end{array}\right\} \quad (4\text{-}33)$$

3. 板桩墙地震土压力的计算

板桩墙在地震情况下的土压力与墙的动力特性、变形特点、施工方法、土性质、锚固方法和位置等许多因素有关，其地震土压力的计算目前主要还是采用半经验半理论的方法。

如图 4-15 所示，当地表面作用均布荷载 q 时，板桩墙上 A，B，C，D，E 点处的地震土压力强度可近似地按下列公式计算。

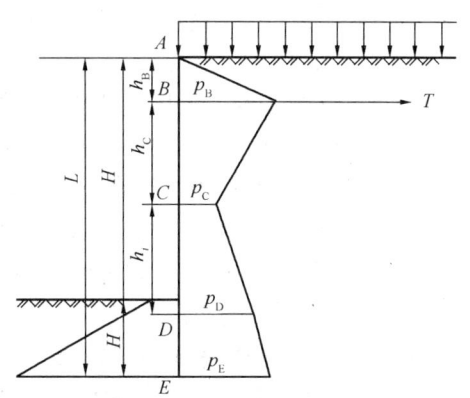

图 4-15 板桩墙地震土压力计算图

（1）A 点处的土压力强度

$$p_A = q(K_a + K_H\sqrt{K_a}) \quad (4\text{-}34)$$

式中 q——地表面的均布荷载（kN/m^2）；

K_a——主动土压力系数，即 $K_a = \tan^2\left(45°-\dfrac{\varphi}{2}\right)$；

K_H——水平地震系数，考虑综合影响时为 1/4，当地震烈度为 7，8，9 度时 K_H 值分别为 0.025，0.05，0.1。

（2）B 点处的土压力强度

$$p_B = (1-\alpha)\sigma_B + \alpha(q+\gamma h_B)(K_a + K_H\sqrt{K_a}) \quad (4\text{-}35)$$

式中 γ——土的重度（kN/m^3）；

σ_B——板桩墙因跨中弯曲变形而对 B 点产生的土压力强度（kPa），其值为

$$\sigma_B = q + \gamma h_B$$

h_B——B 点的计算深度（m），当锚定点在土面以下（0.2～0.35）H 范围内时，则 h_B 即等于锚定点的深度；当锚定点在土面以下的深度小于 $0.2H$ 时，取 B 点的计算深度 $h_B = 0.2H$；

α——考虑板桩 AB 段变化对 B 点土压力影响的系数，根据什兰基等人的试验资料，α 值按表 4-9 确定。

系数 α 值　　　　　　表 4-9

h_B/H	0.20	0.25	0.30	0.35
α	0.2	0.3	0.4	0.5

（3）C 点处的土压力强度

$$p_C = [q+\gamma(h_B+h_C)](K_a + K_H\sqrt{K_a})\eta \quad (4\text{-}36)$$

式中 η——考虑 BD 段挠曲影响的土压力折减系数，主要决定于板桩的柔度和振动的水

平加速度，一般可取 $\eta=0.3\sim 0.4$，当板桩柔度和振动水平加速度较大时取小值，反之取大值。

(4) D 点和 E 点处的土压力强度

$$p_D(p_E) = (q + \sum \gamma_i h_i)(K_a + K_H\sqrt{K_a}) \tag{4-37}$$

式中 h_i——计算土层第 i 层的厚度（m）；

γ_i——计算土层第 i 层的重度（kN/m³）。

4.3 基坑开挖支护中的土压力特点与分布规律

4.3.1 支护结构上土压力的形成与发展

作用于支护结构的土压力与支撑、锚杆的设置情况，土性的变化及地下水等因素有关。虽然土压力并不完全处于静止或主动土压力极限状态，但通常仍采用静止或主动土压力进行估计，甚至被动区也同样采用被动土压力来估计，再根据实践的经验加上适当的修正系数。严格地说，在被动区是随着结构的变形，土压力逐渐由静止土压力向被动土压力发展，但并未达到被动土压力极限状态，否则土体将开始破坏。被动区的土压力通常宜根据结构与土的相互作用来确定，称为土的被动抗力。然而，抗力的总和必须保证小于被动土压力，否则就得增加支撑或锚杆，改变土压力和结构的受力状态，以保证被动区的安全。由于支护结构上的土压力是随着开挖的进程逐步形成，又随着支撑或锚杆的设置及每步开挖施工参数的差异而产生受力状态的改变，因此其土压力的分布与一般挡土墙存在着差异。下面以板桩墙为例来说明基坑支护上土压力的形成过程，如图 4-16 所示。

(1) 打入板桩时，在板桩两侧将产生 $K_0'\gamma h$ 的侧向压力。由于板桩的挤压作用 K_0' 将可能略大于静止土压力系数 K_0；

(2) 开挖第一深度，卸除了上面一段一侧的土压力，板桩变形，另一侧的土压力减少，一般有可能进入到主动状态；

(3) 设置支撑 1，使板桩的变形有一定的恢复，土压力加大，分布形式改变；

(4) 继续开挖至第二深度，板桩将引起新的侧向变形，土压力分布亦随之改变；

(5) 设置支撑 2，并楔紧支撑 1，就形成了新的土压力分布图式；

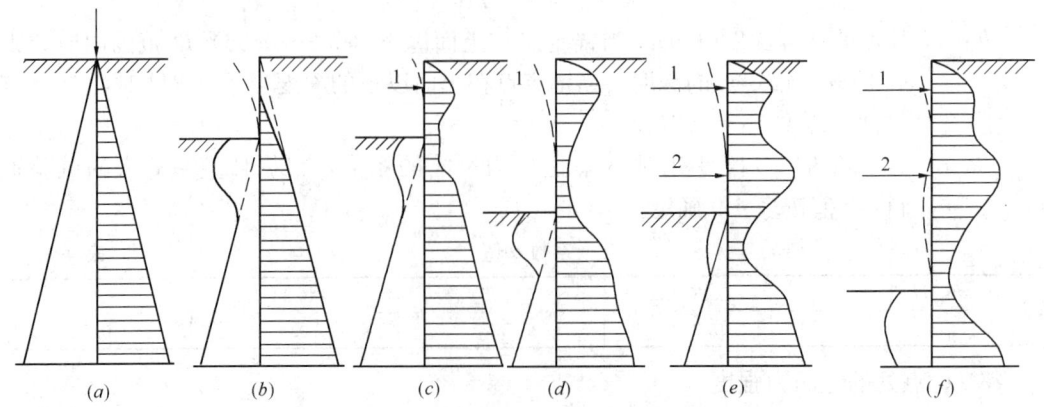

图 4-16 基坑开挖土压力发展阶段
(a) 打入板桩；(b) 开挖第一深度；(c) 加支撑 1；(d) 开挖第二深度；(e) 加支撑 2；(f) 开挖第三深度

(6) 继续开挖至第三深度，板桩随之向坑内侧位移，主动区土体亦向坑内侧移动，土压力有一定减小，而形成最终的土压力分布图式。当然，继续增加或减小支撑的预加轴力以及增大支撑 2 以下板桩的开挖暴露范围和暴露时间，则在支撑 2 以下的部分板桩就发生相应的位移，而土压力也会有新改变。

在软土深基坑围护墙主、被动区的土压力，因开挖支撑施工条件不同及相应的墙体位移不同而有较明显差异，见图 4-17。由此所得到的土压力图形，将与支撑力有着密切的关系，结构的变形受到支撑的限制，使其对土压力的影响也相应减弱。

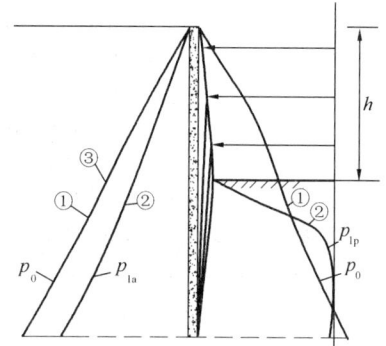

图 4-17 软土深基坑围护墙主被动区土压力在施工阶段的变化示意图
p_0—静止土压力；p_a—主动土压力；
p_p—被动土压力；δ_h—墙体最大水平位移；
h—基坑开挖深度

说明：①未开挖前土压力，等于静止土压力 p_0；

②按一定的开挖支撑施工参数进行施工时，开挖到坑底的土压力。

主动区土压力 p_{1a} 会因施工条件、围护墙位移 δ_h 不同而有明显差异，当 $\delta_h \leqslant 2‰h$（支撑预加轴力或主动区注浆控制地面沉降条件下）时，$p_{1a} = p_0 \sim 1.1 p_0$；当 δ_h 接近 $7‰h$ 时，$p_{1a} = p_a$；当 δ_h 接近 $1‰h$ 时，$p_{1a} = 0.8 p_a$。

③回筑后主动区土压力 $p_{1a} \approx p_0$。

4.3.2 深基坑支护结构土压力的特点

1. 不同土类对支护结构土压力计算的影响

不同土类中的侧向土压力差异很大，采用同样的计算方法设计的支护结构，对某些土类可能安全度很大，而对另一些土类则可能不安全。因此，在分析计算支护结构土压力的时，对不同土类应区别对待。

(1) 我国东北，华北地区及西北的大部分地区多属一般黏性土地区，而且地下水位深，黏性土颗粒细，矿物成分和颗粒结构复杂，具有一定的黏聚强度，且强度随含水量及应力历史等一系列因素而变化，由于黏性土的黏聚强度等因素，支护结构中实际的土压力往往小于计算土压力值，在绝大多数情况下水位深，不需要计算静水压力。

(2) 沿海地区软土淤泥的分布较广，而且地下水位浅。软土常含有机质，其含水量大，压缩性高，抗剪强度低，原状与扰动土强度有差异，在支护开挖中，一般侧土压力很大，土的嵌固能力低，支护结构易发生很大的侧向倾斜和位移。

(3) 历史悠久的城市市区，杂土较多，常有一些废弃的地下构筑物（如排水设施），同时在基坑开挖面以上会残留一些土层滞水，滞留在土中的污水常会使基坑支护土体受到冲蚀，造成土体塌落并降低土的抗剪强度。

(4) 各地区常有不同厚度砂类土地基或砂类土夹层的分布。基坑开挖支护的砂土与黏性土土压力是会有显著差别的。

2. 土压力计算值与实测值的比较

采用土压力理论公式计算，其土压力沿墙体高度方向线性分布，但由于墙体的位移，实测土压力为曲线分布。通常 Rankine 主动土压力计算值比实测值要大，且合力点也高；被动土压力的计算值在墙体上部偏小而在墙体下部明显偏大。模型试验与工程实测都表

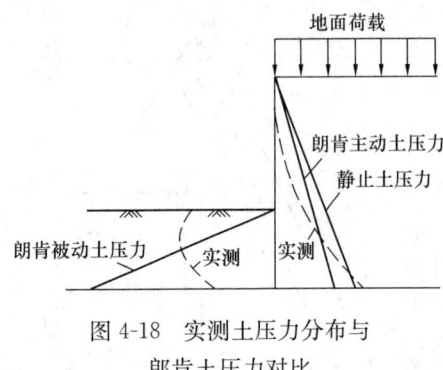

图 4-18 实测土压力分布与朗肯土压力对比

明,土压力计算值与实测值通常有较大差异,如图 4-18 所示。

实测土压力与理论土压力产生差异的原因是,基坑的开挖使墙体产生了倾斜的位移(沿某一深度处的转动),在墙体的倾斜位移下,由于土体具有黏聚性,使墙体位移与土的变形不协调,在墙体上部的位移会大于土的水平位移,形成墙体与土间虚空的区段,导致实际的主动土压力值较计算值小。在坑内挖土一侧的嵌固段上,挖土表面的墙体位移最大,使土受到挤压,会最先达到屈服强度,产生较大的被动土压力,但在墙体的底部,其位移很小,即使在围护结构失稳的状态下,土压力仍没有达到极限状态的被动土压力值。

图 4-19 为北京医院急诊楼基坑支护结构土压力的实测值,其分布形式与上述结果一致。

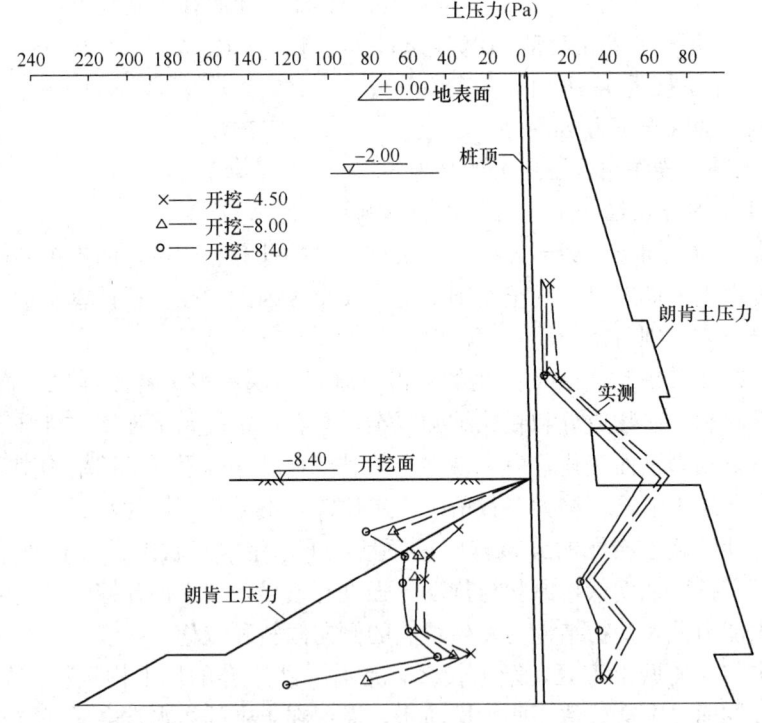

图 4-19 北京医院急诊楼基坑支护结构土压力实测值

4.3.3 不同围护结构的土压力分布模式

土压力的大小与分布是土体与支护结构之间的相互作用的结果,它主要取决于围护墙体的变位方式、方向和大小。工程经验表明,支护结构的刚度和支撑的刚度、支护结构的变形形态及施工的时空效应等对土压力的分布和变化起着控制作用。

朗肯土压力理论建立了墙背光滑情况下的墙背水平土压力公式,在不考虑挡土墙墙背同填土之间的摩擦角对土压力影响的情况下,给出的土压力为线性分布;库仑土压力理论只给出了土压力的合力,并没有给出土压力的分布,在以往的实际应用中大多假设土压力为线性分布。随着工程建设规模的发展,加上量测技术和计算技术的进步,对于土压力的分布与变化规律有了更进一步的认识,人们不断地发现实测的结果与经典土压力理论不符,例如实测的土压力呈非线性分布,而经典土压力理论计算的结果却是直线分布。

由此可见,经典的土压力理论并不能解决工程界面临的所有技术问题,它只给出了某些特定条件下的结果。在应用这些经典理论时,需要注意实际工程条件与经典理论条件的差异,并估计这些差异对计算结果可能带来的影响。

在基坑工程中,经典土压力理论计算的结果是极限值,即达到主动极限状态或被动极限状态的接触压力。当围护结构处于正常的工作状态时,这种极限状态不可能出现,此时的接触压力并不是极限状态值。因此,在基坑正常的工作状态条件下实际量测到的变形、土压力、孔隙水压力和支撑轴力等通常不会与经典理论计算结果完全一致(除非基坑已经达到极限状态)。另一方面,经典土压力理论没有考虑支护结构本身的变形,即将支护结构作为完全刚性考虑。支护结构的基本位移形态通常可以分为平移、绕顶部某一点转动和绕底部某一点转动等。实测或模型试验的结果表明,挡土结构物的不同位移形态所产生的土压力分布是不相同的,而从经典土压力理论的分析可以看出,无论是郎肯理论或库仑理论,都假定沿着墙面从上到下同时达到土体的极限状态,实际上所给出的都是平移条件下的解答。因此,土压力的分布模式除了与支护结构的刚度和支撑的刚度有关外,还与支护结构所处的工作状态以及支护结构的变形形态关系密切,需要根据实际情况加以区分。

土压力的分布模式是一个相当复杂且至今还没有得到很好解决的课题。但从工程实用角度出发,可以通过一些工程现场测试和室内模型试验资料,提出若干简单实用而尽可能合理的土压力计算模式。

1. 土压力分布的现场测试与试验研究

(1) 上海太阳广场大厦基坑。开挖深度为 6.7m,采用格栅状搅拌桩支护结构,围护墙体宽 6.2m,桩长 13m。实测的主动土压力和被动土压力分布见图 4-20。实测结果表明,主动土压力与用朗肯土压力理论计算的较接近,但在基坑开挖面以下,最终的主动土压力分布接近矩形分布;被动土压力的实测值则比计算值小很多,这与墙体入土部分的水平位移较小,被动土压力未达到极限状态有关。

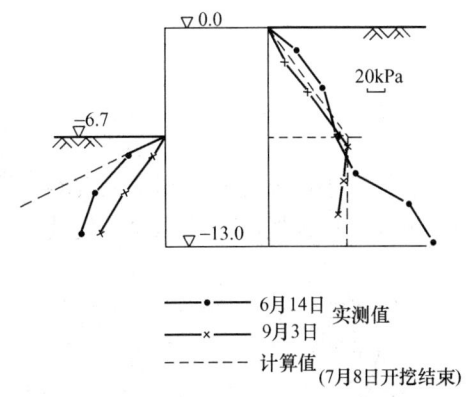

图 4-20 上海太阳广场大厦土压力实测值

(2) 上海某工程基坑深度 16～18m,支护结构为地下连续墙,3 道型钢支撑。基坑的土压力实测结果见图 4-21。实测结果表明,主动土压力与被动土压力随深度的分布都不是线性分布;在比较深的部位,深部的土压力都出现减小的趋势。

(3) 上海地铁隧道试验段及新客站车站布置了若干量测段,量测侧向土压力等,测试结果分别见图 4-22 和图 4-23。通过量测发现,随着开挖过程的进行,主动侧向土压力略有减小,但因围护结构采用了地下连续墙,且在多道支撑支承作用下系统刚度较大、围护

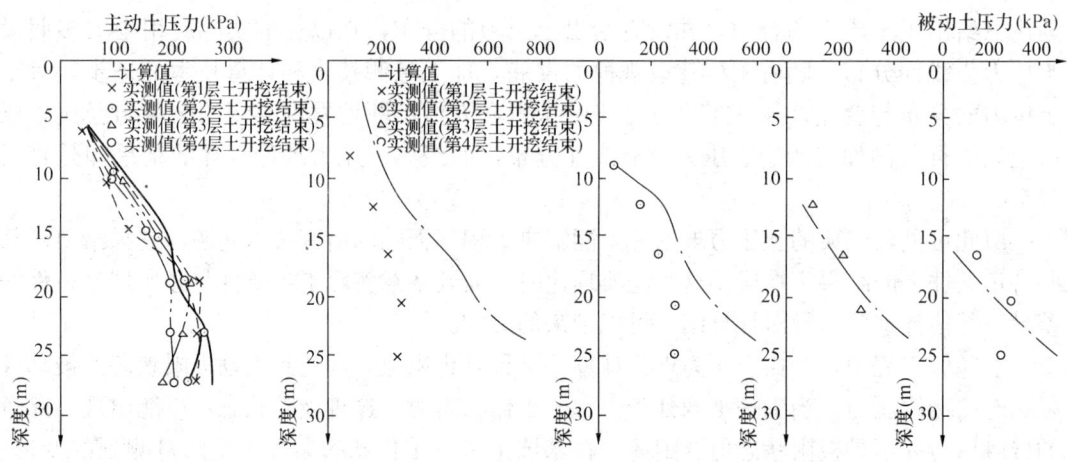

图 4-21 上海某工程土压力实测值

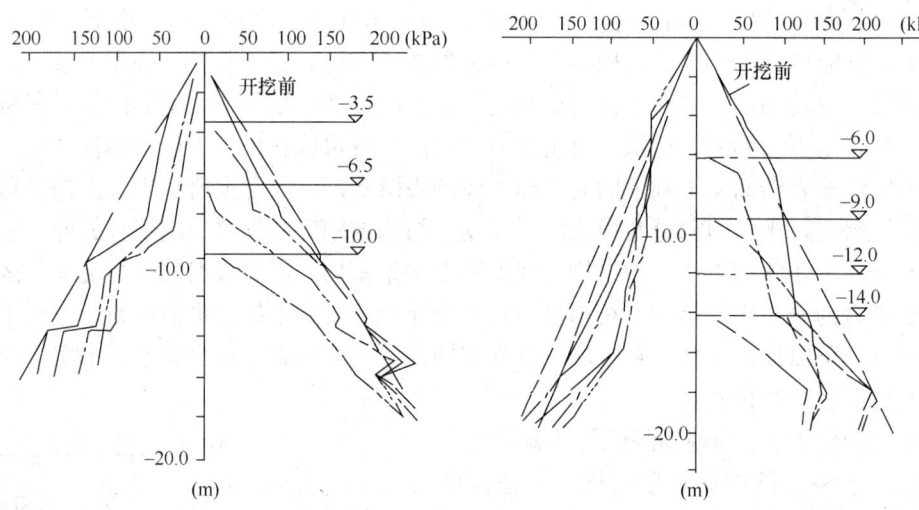

图 4-22 上海地铁区间隧道试验段土压力　　图 4-23 上海地铁新客站基坑的实测土压力

体系变形较小，因此墙背侧即主动侧土压力减小不多。被动侧土压力与计算值相差较大，但实测在基坑开挖以下某一深度处其原来的静止土压力基本不变，即被动土压力系数逐渐增大，被动抗力较大。

（4）广州华侨大厦基坑。开挖深度 11.5m，支护结构由地下连续墙和两道锚杆构成。实测墙体的水平位移和主动土压力分布见图 4-24。在基坑开挖面以下，实测的主动土压力随开挖深度的增加有减小趋势，并接近矩形分布。

（5）天津无缝钢管总厂 PU2 铁皮坑基坑。采用地下连续墙，墙厚 1.2m，墙总高 19.2m，开挖深度 9.2m，设置两道支撑。实测墙体变形很小，仅 3.34mm。实测的主动土压力和被

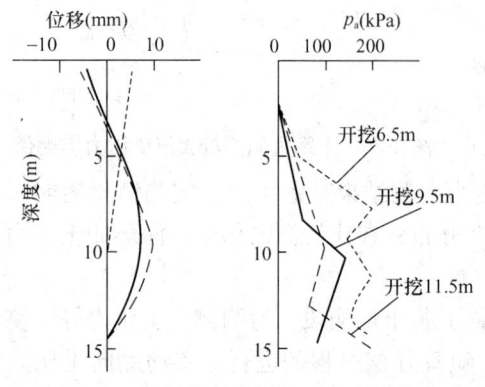

图 4-24 广州华侨大厦土压力实测分布

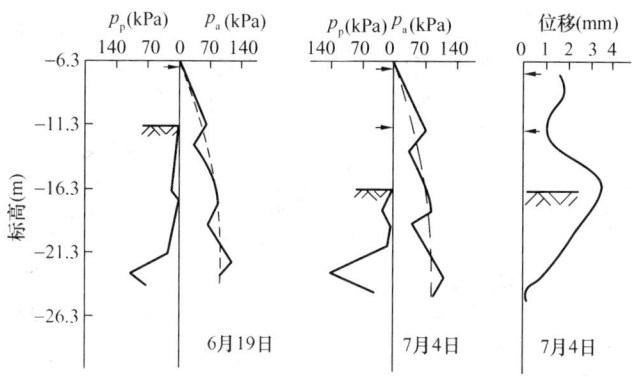

图 4-25 天津无缝钢管总厂 PU2 铁皮坑土压力实测值

动土压力见图 4-25。

(6) 陈塘庄码头基坑。单层锚杆板桩墙，墙体的主动土压力和被动土压力的实测值与计算值见图 4-26。实测的主动土压力呈 R 形分布，实测被动土压力未达被动极限状态，低于计算的被动土压力，这与侧向的水平位移较小（约 3 cm，即开挖深度的 0.4%）有关。

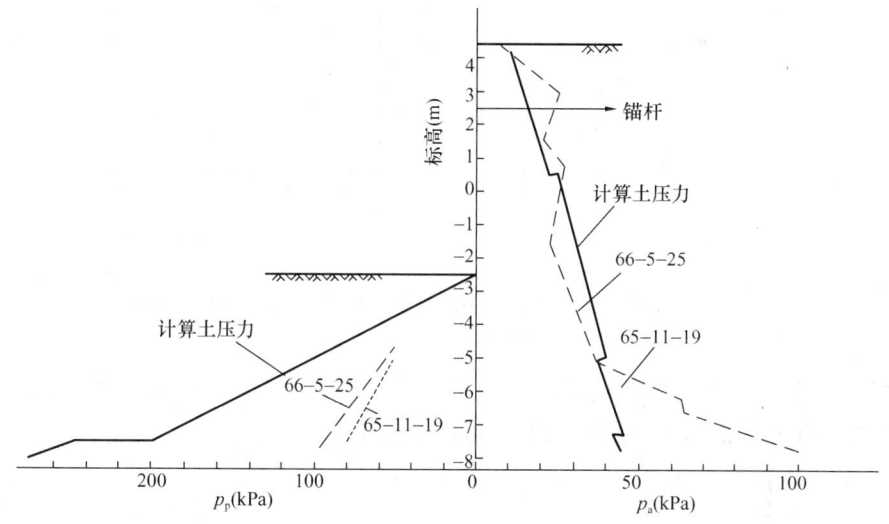

图 4-26 陈塘庄码头土压力分布

(7) 上海世博 500kV 地下变电站工程为圆形基坑，直径为 130m，开挖深度为 34m，采用"地下连续墙两墙合一加结构梁板替代水平支撑＋临时环形支撑"的"逆作法"方案。

图 4-27 为各个工况下地下连续墙外侧水土压力合力的变化情况。从图中可以看出，各个测点的水土压力随着深度的增大而增大，总体上呈现出线性分布的特征。随着开挖深度的增大，各测点的水土压力有一定程度的减小，但减小的幅度很小，这可能与连续墙的变形很小，墙后土体远未达到主动状态，因此其土压力在开挖期间的变化幅度并不大。

(8) 上海铁道大学土木系采用离心模型试验，对三种类型围护结构的土压力分布作了分析研究。

a. 水泥土围护结构（厚 5.2m）离心模型试验，结果表明，主动土压力在整个墙高范围内呈三角形分布，并随开挖深度的加深趋于减小，见图 4-28。

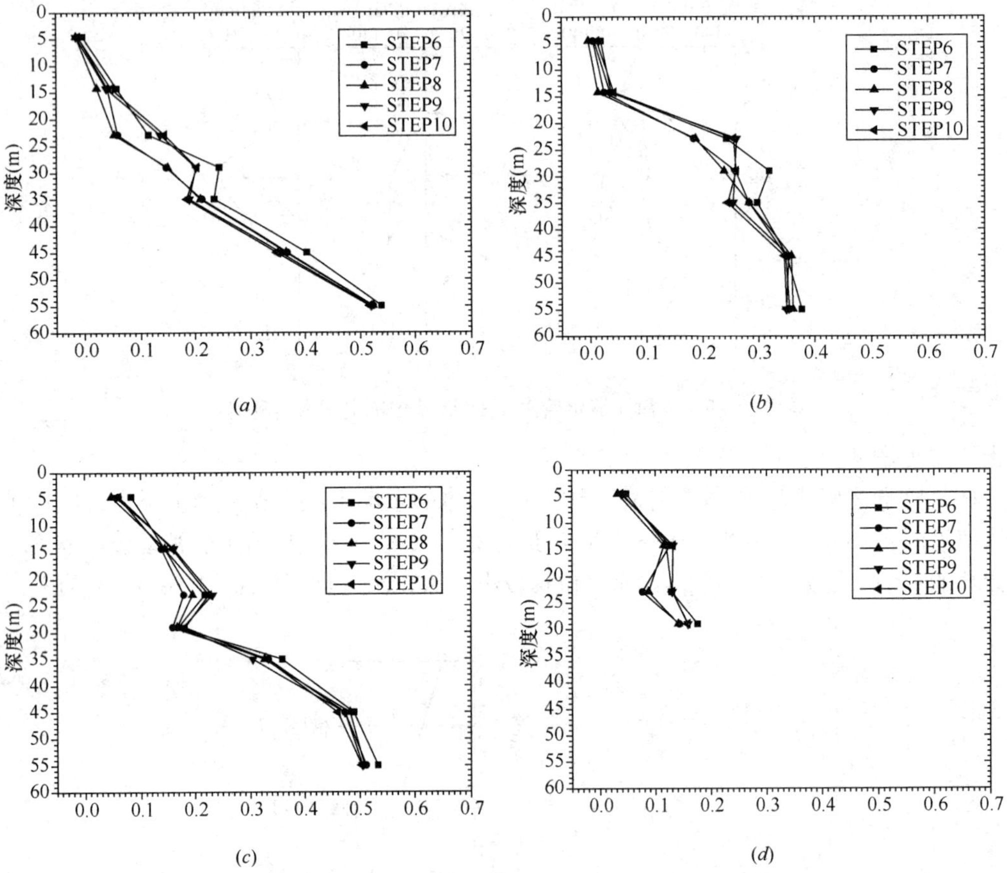

图 4-27 上海世博地下变电站地下连续墙外侧土压力实测结果

(a) 08#水土压力；(b) 18#水土压力；(c) 38#水土压力；(d) 68#水土压力

b. 人民广场地下停车场基坑离心模型试验，结果表明，主动土压力在开挖面以上呈三角形分布，在开挖面以下呈倒三角形分布，见图 4-29。

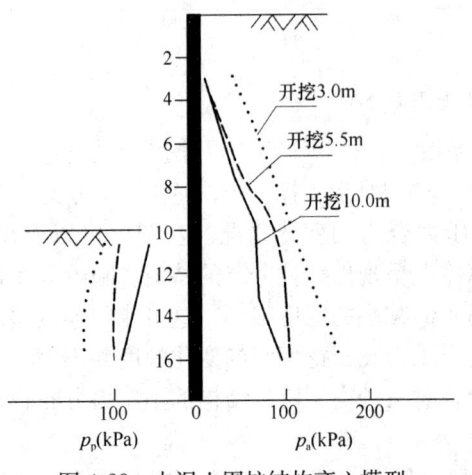

图 4-28 水泥土围护结构离心模型
试验不同开挖深度土压力分布

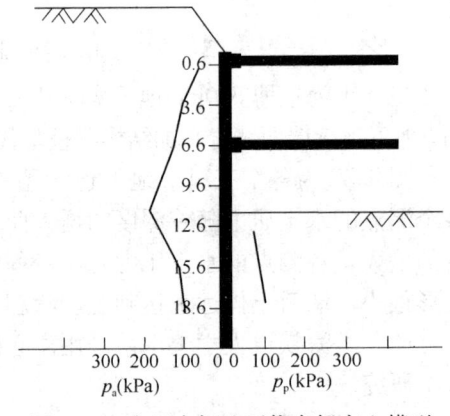

图 4-29 人民广场地下停车场离心模型
试验土压力分布

c. 有多道支撑的钢管桩围护结构离心模型试验，结果表明，主动土压力呈 R 形分布，在基坑开挖面以下随深度的变化不明显，见图 4-30。

（9）Terzaghi 和 Peck（1967）、Tschebtarioff（1973）、Armento 和日本土木学会等通过分析支撑力和土压力的大量工程实测数据，对有多道支撑的围护墙上的主动土压力分布提出了建议图式，分别见图 4-31～图 4-34。需要注意的是这些土压力的分布图式并非表示某一工况的土压力分布，而是实测资料中最大土压力的包络线图。这些分布图可用于围护结构体系的内力计算，但不能用于围护结构体系的稳定性验算，也不能分析计算围护结构的变形。

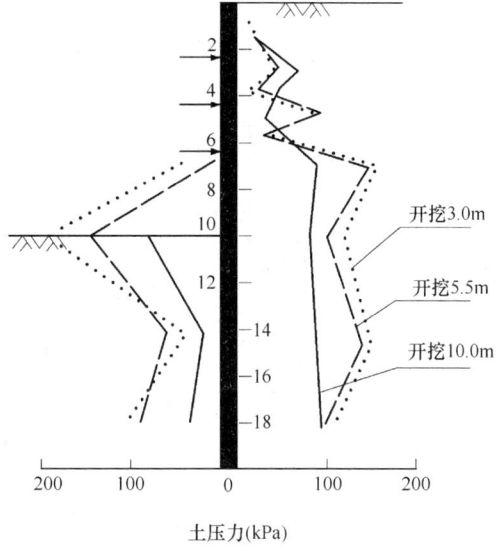

图 4-30 有多道支撑的钢管桩围护结构离心模型试验土压力分布

2. 土压力分布模式

通过实测（现场与室内）的土压力变化，可以归纳出以下几种适用于不同类型支护结构设计和计算的土压力分布图式，如图 4-35 所示。

（1）三角形分布模式。如图 4-35（a）所示，这种围护结构的土压力分布与围护体位移相一致并接近于主动土压力状态，主动土压力随深度成线性正比增大。这种模式适用于水泥土支护结构或悬臂板式支护结构。墙体的变位为绕墙底端或绕墙底端以下某一点转动，即墙顶端位移大，墙底端位移小。图 4-35（b）所示围护体在顶端弹性有支承并埋置较深，相当于下端固定的情况。因其上、下两点基本不发生水平位移，因此其变形与简支梁相近。此时若其预计位移满足要求，则土压力基本处于主动状态，仍可近似按三角形分布模式计算。

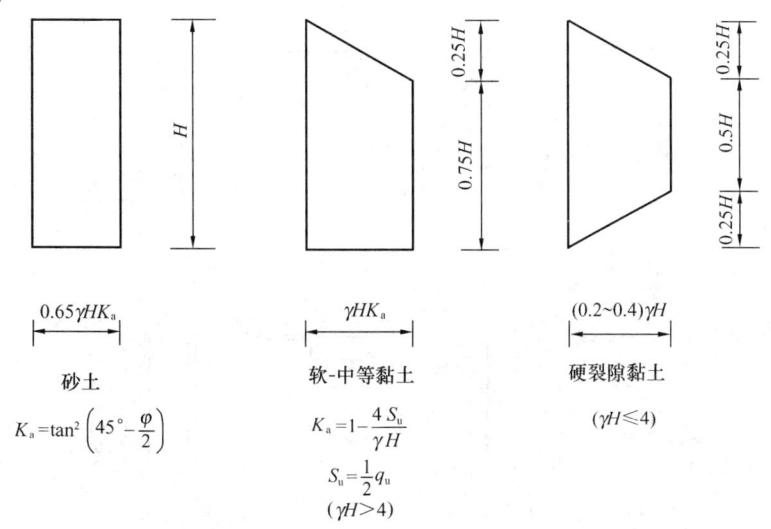

图 4-31 Terzaghi 和 Peak（1967）建议的土压力分布图式

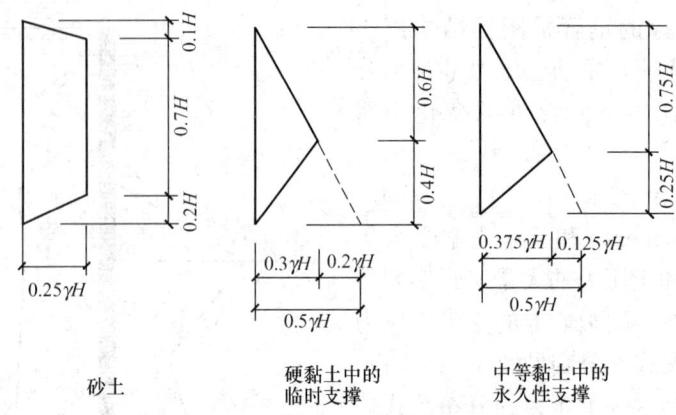

图 4-32 Tschebtarioff（1973）建议的土压力
分布图式（开挖深度＞16m 较合适）

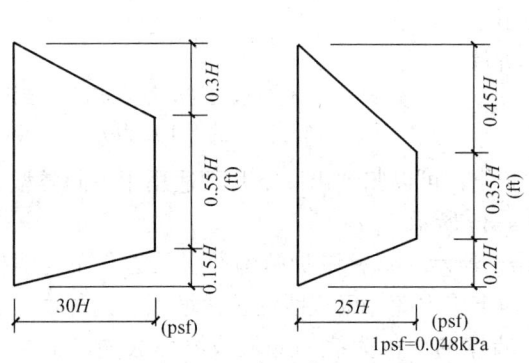 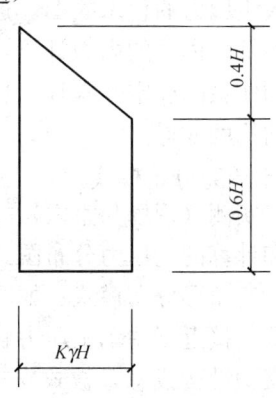

图 4-33 Armento 建议的土压力分布图式　　图 4-34 日本土木学会的

注：1. 本图用于支撑计算；

2. 本图乘 80% 用于围檩立柱的弯矩计算；

3. 本图乘 50% 用于木挡板

　　　　　　　　　　　　　　　　　　　　　　　土压力分布图式

注：砂土　　$K=0.2 \sim 0.3$

黏性土　$N>4$　$K=0.2 \sim 0.4$

　　　　$N \leqslant 4$　$K=0.4 \sim 0.5$

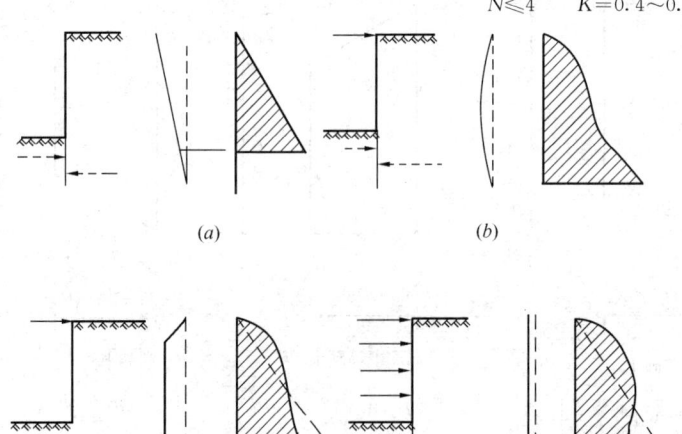

图 4-35 四种类型围护结构土压力示意图
(a) 无支撑围护（下端固定）；(b) 单道顶撑围护（下端固定）；(c) 单道顶撑围护；(d) 多支撑围护

(2) 三角形加矩形组合分布模式。如图 4-35 (c) 所示，围护体虽在顶端有弹性支承但因其埋深较浅，下端水平位移较大，因此其应力重分布范围大。图 4-35 (d) 中多支撑或多锚围护体接近于平行移动，因此若采用预压力则土压力就背离了三角形分布而接近于矩形分布。这二种情况下的土压力分布可以简化为主动土压力在基坑开挖面以上随深度的增加成线性增大分布，在开挖面以下为常量分布的三角形加矩形组合分布模式。

这种土压力分布模式及其大小还决定于一些因素的相互作用，如预加应力的采用及位置、约束程度、系统刚度及施工工序。调节支撑布置及预加荷载大小可调节土压力分布。

一些研究人员提出预计的围护体位移不足以使土压力进入主动状态，则侧向土压力应同时考虑主动土压力和静止土压力的作用，以下式计算：

$$K_{eh} = (1-k)K_a + kK_0 \tag{4-38}$$

其中 $0 \leqslant k \leqslant 1$；

K_{eh} 为增大的主动土压力系数。

(3) R 形分布模式。对拉锚式板桩墙，实测的土压力分布呈现两头大中间小的 R 形分布。这估计与板桩墙在底端以上有一转动点有关，在转动点以下墙背出现被动土压力，在锚着点出现提高的主动土压力。

需要注意的是土压力的分布图式与工程工况有关，试图用一个对各类支护结构都适用的统一的土压力分布图式是不现实的，应针对不同刚度和变位条件的支护结构采用相应的土压力分布图式。

4.4　非极限状态下的土压力分析方法简介

计算土压力的经典土压力理论要求土体进入极限平衡状态，此时土体变形达到相应极限状态的临界值条件。然而，在计算基坑开挖中的土压力时，由于基坑开挖工程的特点，当土体进入极限平衡时其相应的位移，尤其是被动极限平衡时相应的位移，往往是基坑中围护结构所不容许的。针对基坑开挖中位移的限制，建立考虑位移条件的土压力计算方法非常必要。

另一方面，经典土压力理论是在挡土墙条件下得出来的，挡土墙刚性很大，只允许产生平移或转动两种刚体位移情况，不允许产生结构变形，而现代高层建筑深基坑支护中大量采用各种类型的桩，如钢板桩、钻孔灌注桩等，这类围护结构本身将产生复杂的变形，导致土压力分布与大小发生改变，呈现与经典土压力理论不同的形态。

分析基坑围护结构的应力状态，可以得出非极限状态下的土压力与土体应力的相互关系。在围护墙发生位移时，将带动土体运动而产生位移，造成整个土体在水平方向膨胀伸展或受挤压缩，使水平方向土的应力松弛或增长。水平方向应力就会产生衰减或增长，直至达到主动或被动状态。由于这种平衡是塑性极限平衡，因此，当土体达到主动或被动状态时，水平向应力不会继续衰减或增加。定义 σ_r 为松弛应力，σ_s 为挤压应力，σ_0 为土体不产生位移即处于静止平衡时的水平方向应力，则土压力公式可描述为：

$$\begin{cases} \sigma_a = \sigma_0 - \sigma_r \\ \sigma_p = \sigma_0 + \sigma_s \end{cases} \tag{4-39}$$

由此可见，土压力与位移的关系取决于松弛应力、挤压应力与位移的关系。

国内外已有许多人对非极限状态下的土压力进行了研究，以下对部分计算理论和方法作一些简介。

(1) 宰金珉等基于现场监测数据的土压力模型

设达到主动土压力时的位移量为 s_a，而达到被动土压力的位移量为 s_p，且 s_p 约为 $-15s_a$（取向着土移动的方向为正），则土压力为

$$p = \left[\frac{K(\varphi)}{1+e^{-b(s_a,\varphi)}} - \frac{K(\varphi)-4}{2}\right]p_0 \qquad (4\text{-}40)$$

式中：p_0 为静止土压力的一半；$K(\varphi)$ 为内摩擦角的函数；$b(s_a,\varphi)$ 为主动土压力位移量和内摩擦角的函数，有 $b>0$。

对于 $K(\varphi)$，b，p_0 等，可通过原位测试得到 3 个点 (p_1,s_1)，(p_2,s_2)，(p_3,s_3)，从而反算得到。

引入 Rankine 土压力理论：

$$K_a = \tan^2\left(45° - \frac{\varphi}{2}\right), K_p = \tan^2\left(45° + \frac{\varphi}{2}\right)$$

取

$$K_0 = 1 - \sin\varphi'$$

则有

$$K(\varphi) = \frac{4\tan^2\left(45° + \frac{\varphi}{2}\right)}{1-\sin\varphi'} - 4$$

$$A = \frac{\tan^2\left(45° + \frac{\varphi}{2}\right) - \tan^2\left(45° - \frac{\varphi}{2}\right)}{\tan^2\left(45° + \frac{\varphi}{2}\right) - 2(1-\sin\varphi') + \tan^2\left(45° - \frac{\varphi}{2}\right)}$$

$$b = -\frac{\ln A}{s_a}$$

$$p_0 = (1-\sin\varphi')\gamma h/2$$

式中 h——计算点离地面的高度。

这样，考虑变形的 Rankine 土压力模型也可表示为

$$p = \left[\frac{\dfrac{4\tan^2\left(45°+\dfrac{\varphi}{2}\right)}{1-\sin\varphi'} - 4}{1+e^{\frac{\ln A}{s_a}s}} - \frac{\dfrac{4\tan^2\left(45°+\dfrac{\varphi}{2}\right)}{1-\sin\varphi'}-8}{2}\right] \cdot \frac{(1-\sin\varphi')\gamma h}{2} \qquad (4\text{-}41)$$

由此可见，考虑变形的 Rankine 土压力模型的 3 个参数 p_0，K，b 可以用土的重度 γ、计算点离地面的高度 h、土的有效摩擦角 φ'、土的内摩擦角 φ 以及该点达到主动土压力时的位移量 s_a 等进行表达。

(2) 张吾渝、徐日庆似正弦函数模型

$$\sigma_a = \sigma_0 + \sin\left(\frac{\pi}{2}\frac{\delta}{\delta_{acr}}\right)(\sigma_{acr} - \sigma_0) \qquad (4\text{-}42)$$

$$\sigma_p = \sigma_0 + \sin\left(\frac{\pi}{2}\frac{\delta}{\delta_{pcr}}\right)(\sigma_{pcr} - \sigma_0) \qquad (4\text{-}43)$$

式中 σ_a、σ_p 和 σ_0 分别为准主动、准被动土压力和静止土压力，σ_{acr} 和 σ_{pcr} 分别为主动和被动土压力；δ 为土体位移；δ_{acr} 和 δ_{pcr} 分别为主动或被动极限位移。

(3) 陈页开似指数函数模型

$$p_a = p_0 - (p_0 - p_{acr})\left[\frac{\delta}{\delta_{acr}}\right]e^{a'\left[1-\frac{\delta}{\delta_{acr}}\right]} \tag{4-44}$$

$$p_p = p_0 + (p_{pcr} - p_0)\left[\frac{\delta}{\delta_{pcr}}\right]e^{a\left[1-\frac{\delta}{\delta_{pcr}}\right]} \tag{4-45}$$

式中 p_a——准主动土压力；
p_p——准被动土压力；
p_0——静止土压力；
p_{pcr}——极限平衡状态下被动土压力；
p_{acr}——极限平衡状态下主动土压力；
δ——墙体位移；
δ_{pcr}——墙挤向土体时极限平衡状态位移；
δ_{acr}——墙离开土体时极限平衡状态位移；
a，a'——与土性等因素有关的参数，$0 \leqslant a \leqslant 1.0$，$0 \leqslant a' \leqslant 1.0$。

(4) 卢国胜拟合曲线模型

$$p_a = \frac{p_0}{1 + \frac{1}{4.7}\ln\left[\frac{K_p+K_a}{K_a}\right]^3\sqrt{\frac{S'_a}{S_a}}} - \frac{2c\frac{S'_a}{S_a}}{1 + \left[\frac{K_p-K_a}{K_p+K_0+K_a}\right]\frac{S'_a}{S_a}} \tag{4-46}$$

$$p_p = p_0\left[1 + \frac{\sqrt[3]{\frac{S'_p}{S_p}}}{\frac{K_p+1.16K_a}{0.96K_p^3} + \frac{K_p+1.16K_a}{1.79K_p^3}\frac{S'_p}{S_p}}\right] \tag{4-47}$$

式中 p_a——准主动土压力；
p_p——准被动土压力；
p_0——静止土压力；
K_0——静止土压力系数；
K_a——Rankine 主动土压力；
K_p——Rankine 被动土压力系数；
S_a——主动土压力位移量；
S_p——被动土压力位移量；
S'_a——准主动土压力位移量；
S'_p——准被动土压力位移量；
c——土黏聚力；
γ——土重度；
z——土压力计算点的深度。

上述模型在一定程度上能够反映土压力与变形的关系，但对土压力与变形之间的关系均只考虑了部分影响因素，具有一定的局限性。这些模型的适用范围不同，宰金珉模型适

用于墙体位移 $\frac{S}{S_a}$ 在 [−0.33，0]、$\frac{S}{S_p}$ 在 [0，0.11] 的支护结构土压力计算，且对墙后填料有特殊要求（如墙后填料为粗砂）的结构；张吾渝、徐日庆模型适用于 $\frac{S}{S_a}$ 在 [−1，0]、$\frac{S}{S_p}$ 在 [0，0.86] 的支护结构土压力计算；陈页开模型适用于 $\frac{S}{S_a}$ 在 [−1，0]、$\frac{S}{S_p}$ 在 [0，1] 的支护结构土压力计算，且可以考虑黏聚力 c 的影响；卢国胜模型主要适用于主动土压力的计算，而在被动区土压力计算时出现较大的偏差。

参考文献

[1] Clough G W，Duncan J M. Finite element analyses of retaining wall behavior. ASCE，Vol. 97，SM. 12，1971，1657-1673

[2] 黄熙龄，秦宝玖等. 地基基础的设计与计算[M]. 北京：中国建筑工业出版社，1981

[3] Lambe T W，Whitman R V. Soil Mechanics. John Wiley & Sons, Inc. , New York，1979

[4] Wu T H. Soil Mechanics. 2nd ed. Allyn and Bacon. Inc. ，1977

[5] Schmidt B. Discussion on "Earth Pressure at Rest Related to stress History". Canadian Geotechnical Journal，Vol. 3，No4，1966

[6] Terzaghi K，Peck R B. Soil Mechanics in Engineering Practice. 2d ed. , John Wiley & Sons, Inc. , New York，1967，729

[7] Peck R B. Deep Excavations and Tunneling in Soft Ground. 7th ICSMFE，State-of-the-Art Volume，1969，225-290

[8] 顾慰慈. 挡土墙土压力计算手册[M]. 北京：中国建材工业出版社，2004

[9] 高大钊主编. 土力学与土质学[M]. 北京：人民交通出版社，2001

[10] 李镜培，梁发云，赵春风. 土力学[M]. 北京：高等教育出版社，2008

[11] 顾晓鲁，钱鸿缙，刘惠珊. 地基与基础[M]. 北京：中国建筑工业出版社，1993

[12] 魏汝龙. 总应力法计算土压力的几个问题[J]. 岩土工程学报，1995，17(6)：120-125

[13] 魏汝龙. 深基坑开挖中的土压力计算[J]. 地基处理，1998，9：3-15

[14] 沈珠江. 基于有效固结应力理论的粘土土压力公式[J]. 岩土工程学报，2000，22(3)：353-356

[15] 李广信. 基坑支护结构上水土压力的分算与合算[J]. 岩土工程学报，2000，22(3)：348-352

[16] 张吾渝，李宁波. 非极限状态下的土压力计算方法研究[J]. 青海大学学报(自然科学版)，1999，17(04)：8-11

[17] 徐日庆. 考虑位移和时间的土压力计算方法[J]. 浙江大学学报(工学版)，2000，34(04)：370-375

[18] 梅国雄，宰金珉. 考虑位移影响的土压力近似计算方法[J]. 岩土力学，2001，22(01)：83-85

[19] 卢国胜. 考虑位移的土压力计算方法[J]. 岩土力学，2004，25(04)：586-589

[20] 陈页开，汪益敏，徐日庆，龚晓南. 刚性挡土墙被动土压力数值分析[J]. 岩石力学与工程学报，2004，23(06)：980-988

第5章 基坑稳定性

5.1 概　述

基坑工程的设计计算一般包括三方面的内容，即稳定性验算、支护结构强度设计和基坑变形计算。稳定性验算是指分析基坑周围土体或土体与围护体系一起保持稳定性的能力；支护结构强度设计是指分析计算支护结构的内力使其满足构件强度设计的要求；变形计算的目的是为了控制基坑开挖对周边环境的影响，保证周边相邻建筑物、构筑物和地下管线等的安全。

基坑边坡的坡度太陡，围护结构的插入深度太浅，或支撑力不够，都有可能导致基坑丧失稳定性而破坏。基坑的失稳破坏可能缓慢发展，也有可能突然发生。有的有明显的触发原因，如振动、暴雨、超载或其他人为因素，有的却没有明显的触发原因，这主要由于土的强度逐渐降低引起安全度不足造成的。基坑破坏模式根据时间可分为长期稳定和短期稳定。根据基坑的形式又可分为有支护基坑破坏和无支护基坑破坏。其中有支护基坑围护形式又可分为刚性围护、无支撑柔性围护和带支撑柔性围护。各种基坑围护形式因为作用机理不同，因而具有不同的破坏模式。

基坑可能的破坏模式在一定程度上揭示了基坑的失稳形态和破坏机理，是基坑稳定性分析的基础。《建筑地基基础设计规范》（GB 50007—2002）将基坑的失稳形态归纳为两类：（1）因基坑土体强度不足、地下水渗流作用而造成基坑失稳，包括基坑内外侧土体整体滑动失稳；基坑底土隆起；地层因承压水作用，管涌、渗漏等等。（2）因支护结构（包括桩、墙、支撑系统等）的强度、刚度或稳定性不足引起支护系统破坏而造成基坑倒塌、破坏。

1. 根据围护形式不同，基坑的第一类失稳形态主要表现为如下一些模式。

（1）放坡开挖基坑

由于设计不合理坡度太陡，或雨水、管道渗漏等原因造成边坡渗水导致土体抗剪强度降低，引起基坑边土体整体滑坡，如图 5-1 所示。

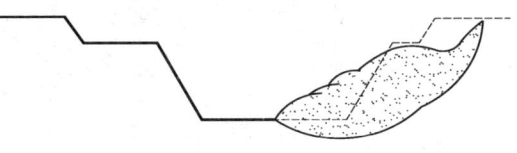

图 5-1　放坡开挖基坑破坏模式

（2）刚性挡土墙基坑

刚性挡土墙是水泥土搅拌桩、旋喷桩等加固土组成的宽度较大的一种重力式基坑围护结构，其破坏形式有如下几种：

①由于墙体的入土深度不足，或由于墙底存在软弱土层，土体抗剪强度不够等原因，导致墙体随附近土体整体滑移破坏，如图 5-2（a）所示；

②由于基坑外挤土施工如坑外施工挤土桩或者坑外超载作用如基坑边堆载、重型施工机械行走等引起墙后土体压力增加，导致墙体向坑内倾覆，如图 5-2（b）所示；

③当坑内土体强度较低或坑外超载时，导致墙底变形过大或整体刚性移动，如图5-2（c）。

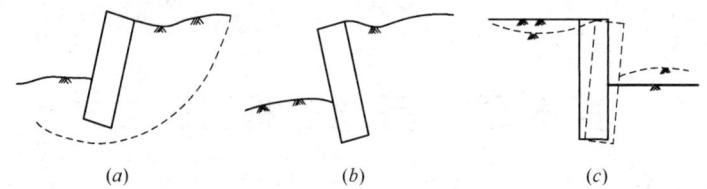

图5-2 刚性挡土墙基坑第一类破坏形式

（3）内支撑基坑

内支撑基坑是指通过在坑内架设混凝土支撑或者钢支撑来减小柔性围护墙变形的围护形式，其主要破坏形式如下：

① 因为坑底土体压缩模量低，坑外超载等原因，致使围护墙踢脚产生很大的变形，见图5-3（a）；

② 在含水地层（特别是有砂层、粉砂层或者其他透水性较好的地层），由于围护结构的止水设施失效，致使大量的水夹带砂粒涌入基坑，严重的水土流失会造成支护结构失稳和地面塌陷的严重事故，还可能先在墙后形成空穴而后突然发生地面塌陷，见图5-3（b）；

③ 由于基坑底部土体的抗剪强度较低，致使坑底土体随围护墙踢脚向坑内移动，产生隆起破坏，见图5-3（c）；

④ 在承压含水层上覆隔水层中开挖基坑时，由于设计不合理或者坑底超挖，承压含水层的水头压力冲破基坑底部土层，发生坑底突涌破坏，见图5-3（d）；

⑤ 在砂层或者粉砂地层中开挖基坑时，降水设计不合理或者降水井点失效后，导致水位上升，会产生管涌，严重时会导致基坑失稳，见图5-3（e）；

⑥ 在超大基坑，特别是长条形基坑（如地铁车站、明挖法施工隧道等）内分区放坡挖土，由于放坡较陡、降雨或其他原因导致滑坡，冲毁基坑内先期施工的支撑及立柱，导致基坑破坏，见图5-3（f）。

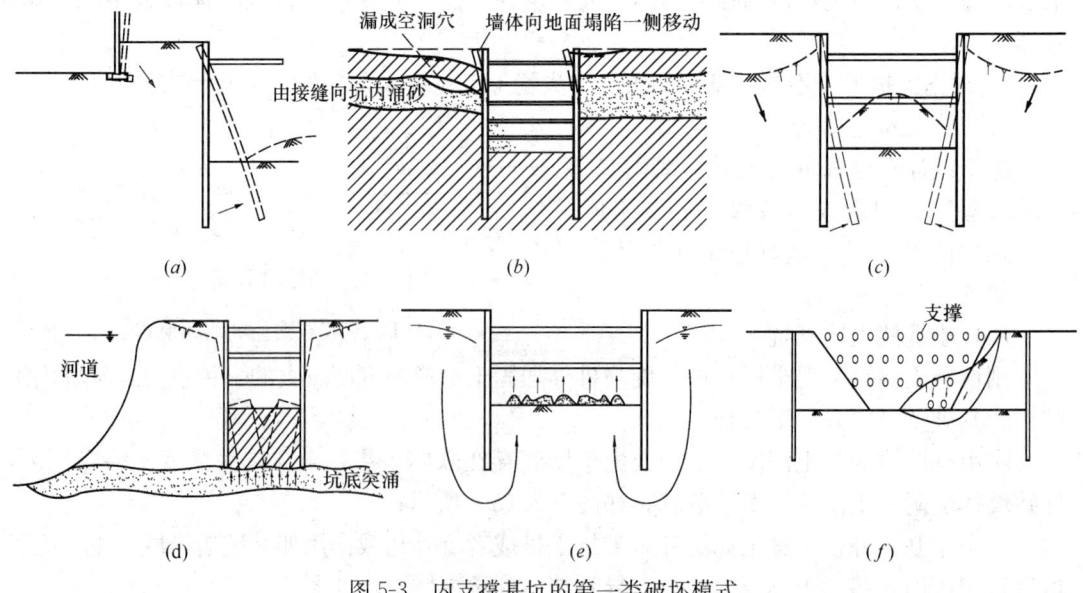

图5-3 内支撑基坑的第一类破坏模式

（4）拉锚基坑

① 由于围护墙插入深度不够，或基坑底部超挖，导致基坑踢脚破坏，如图 5-4（a）所示；

② 由于设计锚杆太短，锚杆和围护墙均在滑裂面以内，与土体一起呈整体滑移，致使基坑整体滑移破坏，如图 5-4（b）所示。

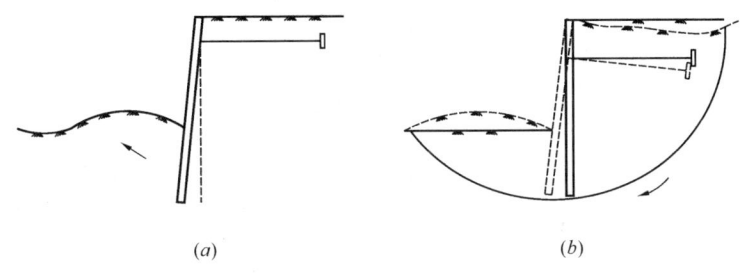

图 5-4　拉锚板桩基坑的第一类破坏模式

2. 基坑第二类失稳形态根据破坏类型主要表现为以下几种：

（1）围护墙破坏

此类破坏模式主要是由于设计或施工不当造成围护墙强度不足引起的围护墙剪切破坏或折断，导致基坑整体破坏，例如挡土墙剪切破坏，柔性围护墙墙后土压力较大，而围护墙插入较好土层或者少加支撑导致墙体应力过大，使围护墙折断，基坑向坑内塌陷，如图 5-5 所示。

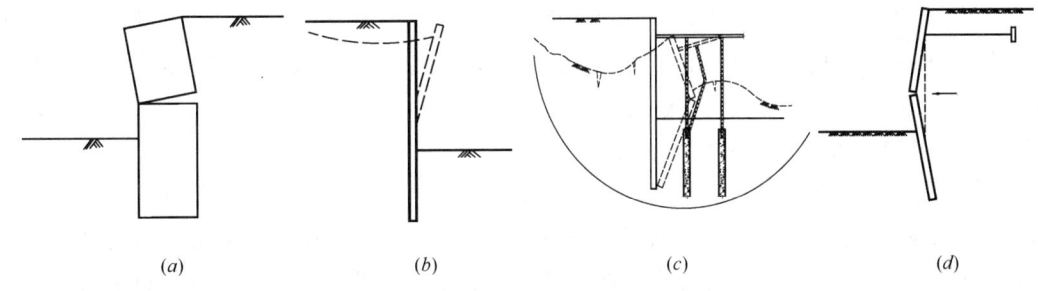

图 5-5　围护墙破坏

（2）支撑或拉锚破坏

该类破坏主要是因为设计支撑或拉锚强度不足，造成支撑或拉锚破坏，导致基坑失稳，如图 5-6 所示。

（3）墙后土体变形过大引起的破坏

该类破坏主要是因为围护墙刚度较小，造成墙后土体产生过大变形，危及基坑周边既有构筑物，或者使锚杆变位，或产生附加应力，危及基坑安全，如图 5-7 所示。

锚杆基坑的破坏形式可参考拉锚基坑，此处不再赘述。

本章内容旨在阐述为避免第一类基坑失稳形态而需要进行的验算项目及验算方法，根据基坑可能的失稳破坏模式，稳定性验算的主要内容包括：整体稳定性验算、抗滑移验算、抗倾覆稳定性、抗隆起稳定以及渗流稳定性验算等。

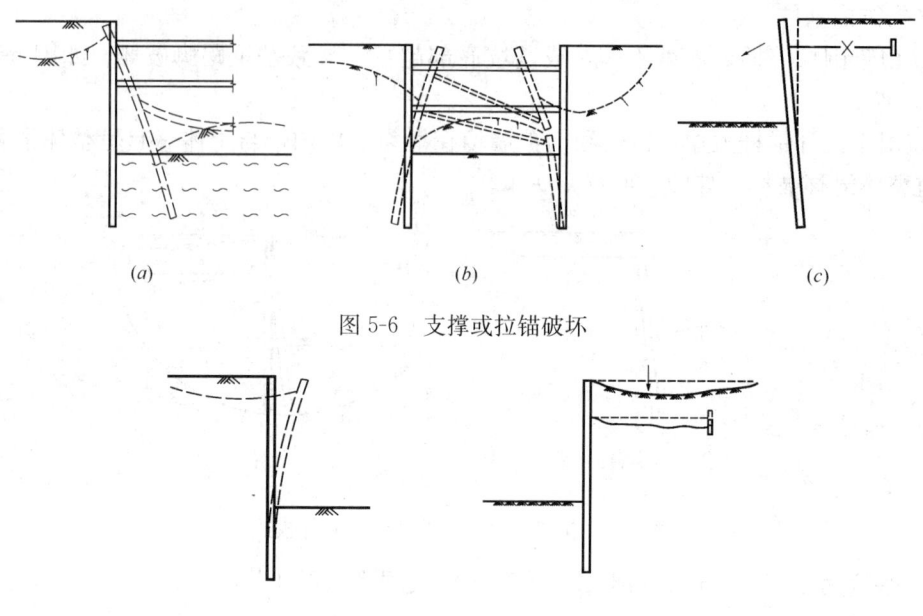

图 5-6 支撑或拉锚破坏

图 5-7 墙后土体变形过大引起的破坏

5.2 整体稳定性分析

基坑支护体系整体稳定性验算的目的就是要防止基坑支护结构与周围土体整体滑动失稳破坏，在基坑支护设计中是需要经常考虑的一项验算内容。对于不同的支护形式其验算会有一些差异，以下针对不同支护形式分别讨论。

5.2.1 整体稳定性分析的条分法

当基坑周围场地空旷，环境条件允许时基坑坑壁可采用放坡开挖的形式。边坡稳定分析中比较常用的是基于极限平衡理论的条分法。条分法分析边坡稳定在力学上是超静定的，因此在应用时一般对条间力要作各种各样的假定，由此也产生了不同名称的方法，各种方法见表 5-1。

条分法各种方法比较表　　　　表 5-1

计 算 方 法	所满足的平衡条件				滑裂面形式
	整体力矩	土条力矩	垂直力	水平力	
瑞典圆弧滑动法（Fellenius 1927）	√				圆弧
简化 Bishop 法（Bishop，1955）	√		√		圆弧
力平衡方法 （如：Lowe 和 Karafiath，1960；美国陆军工程师团法，1970）			√	√	任意
Janbu 法（Janbu，1968）	√	√	√	√	任意
Spencer 法（Spencer，1967）	√	√	√	√	任意
Morgenstern-Price 法（Morgenstern 和 Price，1965）	√	√	√	√	任意

边坡稳定的安全系数可定义为:

$$F = \frac{土体的抗剪强度}{边坡达到极限平衡时所需要的抗剪强度} \tag{5-1}$$

对于表 5-1 中各种方法,经过大量的研究及实践,对表中各常用条分法可作如下概括(Duncan,1996;龚晓南,2000):

(1) 瑞典圆弧滑动法在平缓边坡和高孔隙水压情况下采用有效应力法分析边坡稳定性时非常不准确,所计算的安全系数太低;该法的安全系数在 $\varphi=0$ 分析中是相当精确的,采用圆弧滑裂面的总应力法分析时也是比较精确的。此法的数值分析不存在问题。

(2) 简化 Bishop 法在所有情况下都是精确的(除了遇到数值分析问题情况外)。其缺点在于滑裂面仅为圆弧滑裂面以及有时会遇到数值分析问题。如果使用简化 Bishop 法计算获得的安全系数比由瑞典圆弧法在同样的圆弧滑动面上计算的安全系数小,那么可以推定 Bishop 法中存在数值分析问题,在这种情况瑞典圆弧法的计算结果要比 Bishop 法的计算结果更可靠。鉴于此,同时采用瑞典圆弧法和 Bishop 进行计算并比较是一个合理的做法。

(3) 仅使用力的平衡而不考虑力矩平衡的条分方法,其计算结果对所假定的条间力方向极为敏感,不合适的条间力假定将可能导致安全系数出错。这类方法同样存在有时数值分析困难问题。

(4) 满足全部平衡条件(力、力矩)的方法,在任何情况下都是精确的(除非遇到数值分析问题),这些方法计算的结果误差不超过 12%,相对于可认为是正确的结果的误差一般不会超过 6%。不过所有这些方法都存在数值分析问题。

目前工程实践中常用的分析方法是比较原始的瑞典圆弧滑动条分法,由于该方法中仅能满足整个滑动土体的整体力矩平衡条件,而不满足其他平衡条件,由此产生的误差一般会使求出的安全系数偏低 10%~20%,而且随着滑裂面圆心角和孔隙压力的增大而增大。下面主要简单介绍一下常用的瑞典条分法和 Bishop 法。

1. 条分法的基本概念

在介绍条分法之前首先解释一下整体圆弧滑动法的基本概念。1915 年瑞典 Petterson 用圆弧滑动法分析土坡的稳定性,以后此法在各国得到广泛应用,成为瑞典圆弧法。

如图 5-8 所示均匀简单土坡,若可能的圆弧滑动面为 AD,其圆心为 O,半径为 R。认为边坡失去平衡就是滑动土体绕圆心发生转动。将滑动土体当成一个刚体,滑动土体的重量为 W,它是促使土坡滑动的力。

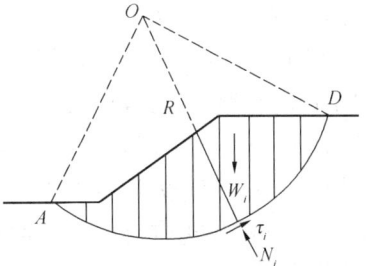

图 5-8 条分法示意图

沿着滑动面 AC 上分布的抗剪强度是抵抗土坡滑动的力,$\tau_f = c + \sigma \tan\varphi$,其中 σ 为垂直于滑动面 AC 的正应力。

沿滑动面 AC 上土的抗剪强度对圆心 O 构成一个抗滑力矩 $M_r = \tau_f \cdot AC \cdot R$。由滑动土体的重量 W 对圆心 O 构成的滑动力矩 $M_s = W \cdot x$。则土坡滑动的稳定安全系数可表达为:

$$F_s = \frac{M_s}{M_r} = \frac{\tau_f \cdot AC \cdot R}{W \cdot x} \tag{5-2}$$

由于滑动面上的正应力 σ 是不断变化的,在上式中图的抗剪强度 τ_f 沿滑动面 AD 上的分布是不均匀的,因此直接按式(5-2)计算土坡的稳定系数有一定的误差。整体圆弧滑动法原则上只适用于 $\varphi=0$ 的情况。

为了将圆弧滑动法应用于 $\varphi\neq0$ 的情况,通常采用条分法。条分法是将滑动面上的土体竖直分成若干土条进行边坡稳定分析的一种方法。不论坡面表面是否平整、坡内土质是否均匀都可以使用这种方法。所以可以说条分法是一种实用的计算方法。条分法假定土体是刚塑性体,根据滑动面上的破坏条件以及土条的力和力矩平衡方程求解。

如图 5-8 所示,先假设破坏滑动面,然后把滑动面以上的土体分成 n 条,则条块间的分界面有 $(n-1)$ 个,要求解的未知量有:

界面上的力未知量为 $3(n-1)$,包括两相邻土条分界面上的法向条间力 $(n-1)$ 个,两相邻土条分界面上的切向条间力(或法向条间力与切向条间力的夹角)$(n-1)$ 个以及两相邻土条间力合力作用点位置 $(n-1)$ 个;

滑动面上力的未知量为 $2n$,包括每一土条底部的法向反力 n 个,以及每一土条底部切向力与法向力的合力作用点位置 n 个;

再加上待求的安全系数 F_s(按安全系数新的定义,每一土条底部的切向力可由法向力及安全系数 F_s 求出)。

这样总计未知量个数为 $5n-2$。如果把土条取得较薄,土条底部切向力及法向力合力作用点可近似为作用于土条底部的中点,这样未知量减少至 $4n-2$ 个。而我们所能得到的只有各土条水平向及竖直向力的平衡以及力矩平衡共 $3n$ 个方程,还有 $n-2$ 个未知量无法求出,因此土坡的稳定分析问题实际上是一个高次超静定问题。要使问题得解就必须建立新的条件方程。有两个可能的途径:一是抛弃刚体平衡的概念,把土当成变形体,通过对土坡进行应力变形分析,可以计算出滑动面上的应力分布,因而可以不必用条分法,而采用常规的弹塑性有限元分析方法,但这会使问题变得非常复杂;另一种途径是仍以条分法为基础,但作出各种简化假定以减少未知量或增加方程数。目前有许多不同的条分法,其差别都在于采用不同的简化假定上。各种简化假定,大致可分为三种类型:(1)不考虑土条间作用力或仅考虑其中的一个(比如假设所有土条间的切间力为零),下述的瑞典条分法(或 Fellenius 法)和简化 Bishop 法属于此类;(2)假定法向条间力与切向条间力的交角或条间力合力的方向(这个方向通常均通过试算加以确定),属于这一类的有 Spencer 法,Morgenstern-Price 法,Sarma 法;(3)假定条间力合力的作用点位置,例如 Janbu 提出的普遍条分法。

必须指出的是,无论是土条之间的内力或土条底部的反力,由于没有考虑土体本身的应力应变关系,同时又假定所有土条的 F_s 均相同。因此,用条分法计算出来的数值并不能代表土坡在实际土条条件下真正的内力或反力。

2. 瑞典条分法(Fellenius 法)

瑞典条分法是条分法中最简单最古老的一种。该法假定滑动面是一个圆弧面,并认为条块间的作用力对边坡的整体稳定性影响不大,可以忽略,或者说,假定每一土条两侧条间力合力方向均和该土条底面相平行,而且大小相等、方向相反且作用在同一直线上,因此在考虑力和力矩平衡条件时可相互抵消。然而,这种假定在两个土条之间并不满足,对安全系数的计算结果,这样所造成的误差有时可高达 60% 以上。

图 5-9 表示以匀质土坡及其中任一土条 i 上的作用力。土条宽度 b_i，W_i 为其本身的自重，N_i 及 T_i 分别为作用于土条底部的总法向反力和切向阻力，土条底部的坡角为 $\alpha_i > 0$，滑弧的长度为 l_i，R 为滑动面圆弧的半径。Bishop 等提出的关于安全系数定义的改变，对条分法的发展起了非常重要的作用。Bishop 等将土坡稳定安全系数 F_s 定义为整个滑动面的抗剪强度 τ_f 与实际产生的剪应力 τ 之比，即 $F_s = \dfrac{\tau_f}{\tau}$。这不仅使安全

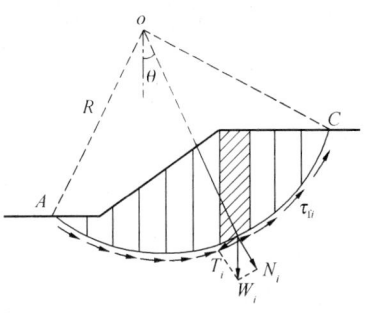

图 5-9 瑞典条分法

系数的物理意义更加明确，而且使用范围更广泛，为以后非圆弧滑动分析及土条分界面上条间力的各种考虑方式提供了有利条件。

假设整个滑动面 AC 上的平均安全系数为 F_s，按照安全系数的定义，土条底部的切向阻力 τ_i 为：

$$\tau_i = \tau \cdot l_i = \frac{\tau_f}{F_s} \cdot l_i = \frac{c_i l_i + N_i \tan\varphi_i}{F_s} \tag{5-3}$$

由于不考虑条间的作用力，根据土条底部法向力的平衡条件，可得：

$$N_i = W_i \cos\theta_i \tag{5-4}$$

式中 $T_i = W_i \sin\theta_i$，因此土条的力多边形不闭合，即本法不满足土条的静力平衡条件。按整体力矩平衡条件，各土条外力对圆心的力矩之和应当为零，即：

$$\sum W_i R \sin\theta_i = \sum \tau_i R \tag{5-5}$$

将式 (5-3) 和式 (5-4) 代入式 (5-5)，并进行简化

$$F_s = \frac{\sum (c_i l_i + W_i \cos\theta_i \tan\varphi_i)}{\sum W_i \sin\theta_i} \tag{5-6}$$

如果将土条 i 的重力 W_i 沿滑动面分解成切向力 $\tau_i = W_i \sin\theta_i$ 和法向力 $\tau_i = W_i \cos\theta_i$，切向力对圆心产生滑动力矩 $M_s = T_i R$，法向力引起摩擦力，与滑动面上的黏聚力一起组成抗滑力，产生抗滑力矩，引用式 (5-2) 得

$$F_s = \frac{M_r}{M_s} = \frac{\sum (c_i l_i + W_i \cos\theta_i \tan\varphi_i)}{\sum W_i \sin\theta_i} \tag{5-7}$$

得到与 (5-6) 完全相同的结果。

瑞典条分法是忽略土条间力影响的一种简化方法，它只满足土条整体力矩平衡条件而不满足土条的静力平衡条件，这是它区别于后面将要讲述的其他条分法的主要特点。此法应用的时间很长，积累了丰富的工程经验，一般得到的安全系数偏低（即偏于安全），故目前仍然是工程中常用的方法（陈仲颐等，1994）。

3. Bishop 条分法

为了解决高次超静定问题，Fellenius 的简单条分法假定不考虑土条间的作用力，一般说这样得到的稳定安全系数是偏小的。为了改进条分法的计算精度，就应该考虑土条间作用力，以求得比较合理的结果。目前已有许多解决的方法，其中 Bishop (1955) 提出的简化方法是最简单的。Bishop 采用的静定化条件是假定土条间垂直方向的作用力相等，

即 $X_i = X_{i+1}$。如果考虑到端部土条的 $X_1 = 0$，从而有

$$X_i = 0 \quad (i = 2, 3, \cdots\cdots, n) \tag{5-8}$$

这样就增加了 $(n-1)$ 个静定化条件，超静定次数成为 $(n-2) - (n-1) = -1$，多了一个静定化条件。Bishop 的假设条件实际上也就是忽略土条间的竖向剪切力的作用。

根据土条 i 的竖向平衡条件可得：

$$W_i - T_i \sin\alpha_i - N_i \cos\alpha_i = 0 \tag{5-9a}$$

或

$$N_i \cos\alpha_i = W_i - T_i \sin\alpha_i \tag{5-9b}$$

根据满足安全系数为 F_s 时的极限平衡条件：

$$T_i = \frac{c_i l_i + N_i \tan\varphi_i}{F_s} \tag{5-10}$$

将式 (5-9a) 代入式 (5-10)，整理后得：

$$N_i = \frac{W_i - \dfrac{c_i l_i \sin\alpha_i}{F_s}}{\cos\alpha_i + \dfrac{\tan\varphi_i \sin\alpha_i}{F_s}} \tag{5-11a}$$

或

$$N_i = \frac{1}{m_{\alpha i}}\left(W_i - \frac{c_i l_i \sin\alpha_i}{F_s}\right) \tag{5-11b}$$

式中，$m_{\alpha i} = \cos\alpha_i + \dfrac{\tan\varphi_i \sin\alpha_i}{F_s}$。

考虑整个滑动土体的整体力矩平衡条件，各土条的作用力对圆心力矩之和为零。此时条间力 E_i 和 X_i 成对出现，大小相等，方向相反，相互抵消，对圆心不产生力矩。因此，只有重力 W_i 和滑动面上的切向力 T_i 对圆心产生力矩，即

$$\sum W_i R \sin\theta_i = \sum T_i R \tag{5-12}$$

将式 (5-10) 代入式 (5-12) 得：

$$\sum W_i R \sin\alpha_i = \sum \frac{1}{F_s}(c_i l_i + N_i \tan\varphi_i) R \tag{5-13}$$

然后代入式 (5-11a) T_i 值，简化后得：

$$F_s = \frac{\sum \dfrac{1}{m_{\alpha i}}(c_i l_i \cos\alpha_i + W_i \tan\varphi_i)}{\sum W_i \sin\alpha_i} \tag{5-14}$$

在式 (5-14) 中，等式的两边都含有 F_s，因此不能直接求出安全系数，而需要采用迭代方法计算 F_s 值，可以根据瑞典条分法求出的 F_s 作为第一次近似解。

随着数值分析手段的进步和计算机性能的提高，近几年来边坡稳定分析中出现了强度折减有限元技术和极限分析上下限有限元技术等新方法。强度折减有限元方法同时考虑应力平衡方程、应力应变关系和变形协调方程，通过对土体强度的逐步折减而求解边坡的稳定性问题；极限分析有限元方法将极限分析理论与有限元相结合，可以分别从上限（极限分析上限有限元）和下限（极限分析下限有限元）将理论上真实稳定解限定在很小的范围之内。强度折减有限元技术和极限分析有限元技术都具有有限元适应性强的特点，在理论上也比较严格，但是技术上要求较高，目前还不能得到较为广泛的应用。

5.2.2 坑底有软弱夹层时土坡的稳定性

当基坑底部有薄软弱夹层存在时,基坑边坡很有可能沿着一个复合滑动面滑动,由圆弧和直线组成,如图 5-10 中的 $abde$ 面。复合滑动面的稳定性分析比较复杂。在实际工程中常采用简化的方法进行分析。

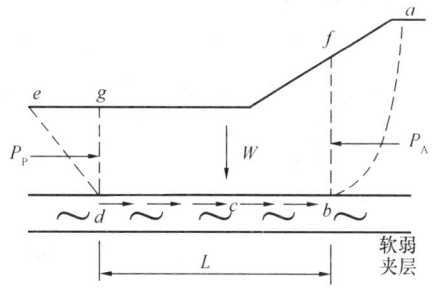

图 5-10 坑底有软弱夹层时的复合滑动面

从图 5-10 可以看出,由于 abf 土体向下滑动,作用于 fb 面对主动土压力 P_A 的推动,使边坡向左产生水平滑动,滑动阻力为前端的被动土压力 P_P 和沿软土层水平滑动面的抗剪阻力 sL。简化分析时,假定 P_A 和 P_P 的方向都是水平的,安全系数可有两种不同的计算方法,如果以滑动力与抗滑力之间的相对关系来考虑,则安全系数表达式可写成:

$$F_s = \frac{sL + P_P}{P_A} \tag{5-15}$$

或者以黏土层的抗剪强度为依据,安全系数可写成

$$F_s = \frac{sL}{P_A - P_P} \tag{5-16}$$

式中:s 为软黏土的抗剪强度,L 为滑动面通过软土层的长度,P_A 和 P_P 分别为主动土压力和被动土压力。

计算时,先计算被动土压力 P_P,其次是假定一个 b 点,计算 P_A,再计算安全系数。多次选择 b 点进行试算,最后确定最小安全系数 $F_{s\min}$。

公式(5-15)和(5-16)都可以用来计算边坡的稳定性,但它们计算的结果显然不同。因此,应根据经验,来选择计算的公式。计算结果公式(5-16)小于式(5-15),因此,前者的控制标准可取小值,而后者应取大值。

5.2.3 考虑地下水渗流作用时的稳定计算

这里主要讨论地下水稳定渗流时土坡的稳定分析。

稳定渗流期是指土坡内土体已完全固结,所产生的超静孔隙水压力已经全部消散,土坡内已形成稳定渗流,渗透流网得以唯一确定,而且不随时间而变化。这种情况下,土坡内各点的孔隙水压力均能由流网确定。因此,原则上应该用有效应力法分析而不用总应力法。

有效应力法物理概念明确,困难在于孔隙水压力的计算上。采用此法时,在取滑动土体进行力的平衡分析上又有两种方法。第一种方法是把土体(包括土骨架和孔隙中的流体-水和气)作为整体取隔离体,滑动面是隔离体的边界面。边界面上受水压力的作用,水压力的大小就是边界面上各点的孔隙水压力值,方向垂直于滑动面。如图 5-11 所示,取土条进行力的分析,将土条的重力 W_i 分解成法向力 N_i 和切向力 T_i。T_i 是滑动力,对圆心产生滑动力矩 M_{si}。N_i 是法向力。如果将其扣去孔隙水压

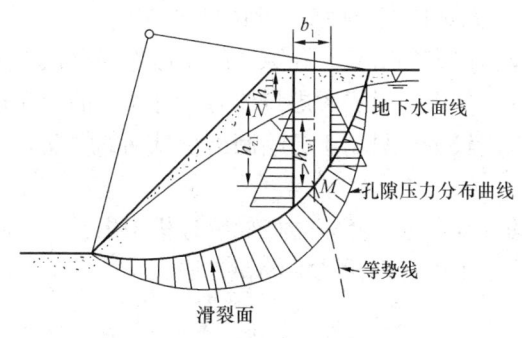

图 5-11 稳定渗流期土坡稳定分析
(钱家欢、殷宗泽,1996)

力 $u_i l_i$，剩余部分 ($N_i - u_i l_i$) 在滑动弧面上产生摩擦阻力 ($N_i - u_i l_i$) $\tan\varphi'$，摩擦阻力对于圆心产生抗滑力矩 M_{ri}。因为这时孔隙水压力已被扣除，摩擦阻力完全由有效应力计算。当然抗剪强度指标应采用有效强度指标 φ'。这种有效应力法在工程中应用较多，相应的土坡安全系数公式可以写为：

$$F_s = \frac{M_r}{M_s} = \frac{c'\sum l_i + \tan\varphi' \sum (W_i \cos\theta_i - u_i l_i)}{\sum W_i \sin\theta_i}$$

$$= \frac{c'\sum l_i + \tan\varphi' \sum [b_i(\gamma h_{1i} + \gamma_{sat} h_{2i})\cos\theta_i - u_i l_i]}{\sum b_i(\gamma h_{1i} + \gamma_{sat} h_{2i})\sin\theta_i} \quad (5\text{-}17)$$

至于孔隙水压力 u_i 的确定，可以有两种方法：其一，根据稳定渗流分析得到的浸润线位置来计算孔压，即 $u_i = \gamma_w h_{2i}$。此时土坡安全系数的计算公式可以改为：

$$F_s = \frac{c'\sum l_i + \tan\varphi' \sum b_i\left(\gamma h_{1i} + \gamma_{sat} h_{2i} - \gamma_w \dfrac{h_{2i}}{\cos^2\theta_i}\right)\cos\theta_i}{\sum b_i(\gamma h_{1i} + \gamma_{sat} h_{2i})\sin\theta_i} \quad (5\text{-}18)$$

其二，根据稳定渗流分析得到的孔压分布值直接利用式（5-17）进行计算。无疑，这两种方法是不完全一致的。

如果浸润线的坡度相对平缓，可近似取 $\cos^2\theta_i = 1.0$，那么式（5-18）可以简化为：

$$F_s = \frac{c'\sum l_i + \tan\varphi' \sum b_i(\gamma h_{1i} + \gamma' h_{2i})}{\sum b_i(\gamma h_{1i} + \gamma_{sat} h_{2i})\sin\theta_i} \quad (5\text{-}19)$$

与式（5-18）相比，上式分子中土体的重量改为 $W'_i = (b_i\gamma h_{1i} + b_i\gamma' h_{2i})$，而孔隙水压力（渗流压力）不再出现。就是说，渗透压力对滑弧稳定性的作用，可以用近似的方法代替，即计算抗滑力时，浸润线以下这一部分土柱重量用有效容重代替饱和重度，而在滑动力的计算中则仍采用饱和重度。这种方法就是工程中常用的替代重度法。所以式（5-19）是式（5-18）的近似表达式。就实质而言，仍然是有效应力法，因此抗剪强度指标都采用有效强度指标 c' 和 φ'。其优点是计算中只要知道坝体内浸润线的位置，而可以不必计算滑弧面上各点的渗透压力，也即不必绘流网，从而使计算得到简化。但是如果滑动圆弧的圆心角过大，式（5-18）与式（5-19）的计算结果就会有较大的差别，这时为了正确考虑渗流作用的影响，还是采用式（5-18）为宜。

当水位骤降时，因为水位突然下降，滑动土体已失去浮力的作用，因此在计算土条滑动力时不能减去浮力，而计算滑动面上的力时，就要考虑到水位突然下降后孔隙水压力还不会消散，因此在计算抗滑力时则应考虑浮力。也就是说在安全系数计算式中分母全部采用饱和容重 γ_{sat}，而分子全部采用有效重度 γ'，无疑这是一种最不利的情况。

另一种方法则是把滑动土体中的土骨架作为研究的对象，孔隙中的流体作为存在于土骨架中的连续介质。分析滑动土体中土骨架的力的平衡时要考虑流体与土骨架间的相互作用力，即浮力和渗透力。这种方法，工程中采用较少，只用于已绘制出渗流网的情况。

5.2.4 整体稳定性分析新方法

随着数值分析手段的进步和计算机性能的提高，近几年来边坡稳定分析中出现了强度折减有限元技术和多块体上限方法、极限分析上下限有限元技术等新方法。

1. 极限分析方法的基本假定及内容

目前岩土工程工程稳定性问题分析的极限分析方法是以传统塑性力学的极限分析上下限定理为依据的。极限分析上下限定理的基本假定包括：（1）材料呈理想塑性，也即不发生应变硬化或软化;(2) 服从 Drucker 公设,屈服面外凸和服从关联流动法则;(3) 小变形假定;故可应用虚功原理。应用虚功原理及关联流动法则,可得极限分析上下限定理的基本内容为:(1) 下限定理:对于一个静力许可的应力场(在全局范围内满足平衡方程、应力边界条件和不违背屈服准则),与之对应的外荷载必小于等于真实极限荷载;(2) 上限定理:对于一个运动许可的速度场(满足相容条件和位移边界条件),根据外力功功率和内能耗散率相等确定的外荷载必大于等于真实极限荷载。

一般来说,构造运动许可的速度场要比全局范围内的静力许可应力场简单得多,因此上限方法在实际中应用得更为广泛。此处只给出用于上限计算的能量方程。极限分析上限理论的叙述方法有许多种,此处采用一种比较简练的说法,即对于任何运动许可的破坏机构,内能耗散率不小于外力功功率(Drucker 等,1952),可表示为:

$$\int_S T_i v_i \mathrm{d}S + \int_V X_i v_i \mathrm{d}V \leqslant \int_V \sigma_{ij} \dot{\varepsilon}_{ij} \mathrm{d}V \quad i,j = 1,2,3 \tag{5-20}$$

式中,$\dot{\varepsilon}_{ij}$ 为运动许可速度场中的塑性应变率场;v_i 为与 $\dot{\varepsilon}_{ij}$ 满足几何相容的速度场(运动许可速度场);T_i、X_i 分别为边界 S 上的面积分布力矢量和区域 V 内的体积力矢量;σ_{ij} 为通过关联流动法则与 $\dot{\varepsilon}_{ij}$ 相联系的应力场。

极限分析方法与现代数值分析手段相结合的应用主要有两类,一类为多块体上限方法,另一类为极限分析有限元方法。目前这两类方法在边坡稳定、地基极限承载力及挡土墙土压力等经典岩土领域稳定性分析问题中都有了较多的应用。此处简要探讨两类方法在边坡稳定分析的应用情况。

2. 多块体上限方法在边坡中的应用

目前,多块体上限方法在边坡稳定分析中所采用的多块体相容破坏模式主要有两类,一类为 Michalowski(1995)所采用的,如图 5-12 所示;另一类为 Donald 和陈祖煜(1997)所采用的,如图 5-13 所示。

由图 5-12 及图 5-13 可见,这两种多块体相容破坏模式是与边坡稳定分析的垂直条分法以及 Sarma 的斜条分法相对应的。根据上限定理的要求,为了使由 n 个条块组成的破

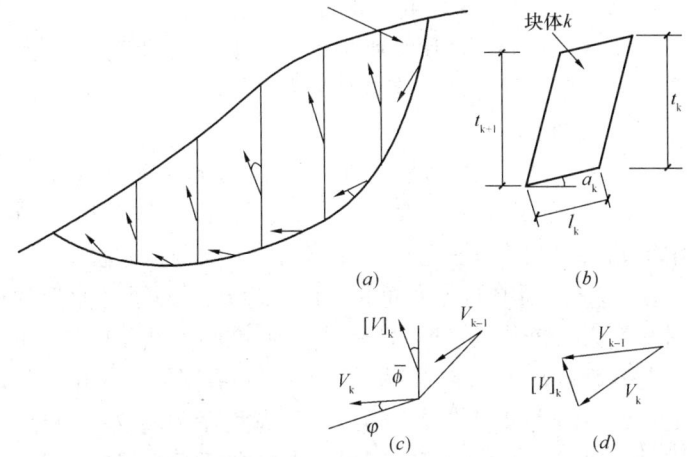

图 5-12 Michalowski(1995)边坡稳定分析的多块体破坏模式及速度场

(a) 多块体平移滑动破坏模式;(b) 单个块体 k;(c) 块体 k 与块体 $k-1$ 的速度及相对速度;(d) 块体 k 与块体 $k-1$ 之间的相容速度图

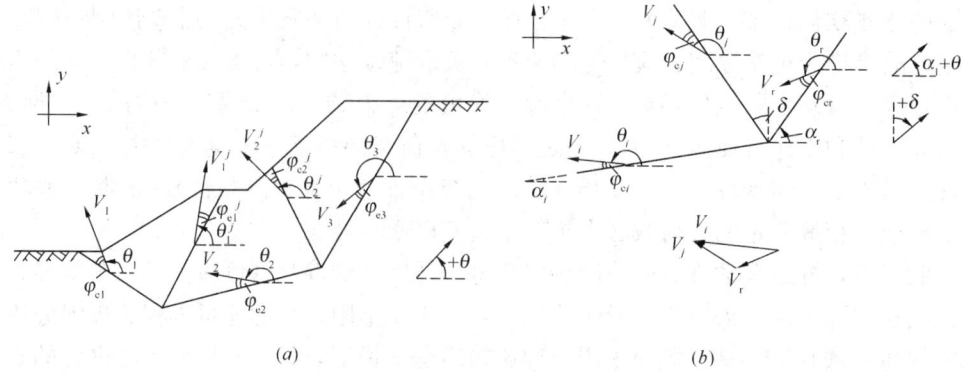

图 5-13　Donald 和 Chen（1997）边坡稳定分析的多块体破坏模式及速度场
(a) 多块体破坏模式；(b) 速度相容条件

坏模式相容，就要求相邻条块的运动不能导致它们重叠或分离，也就是说，它们的速度多边形要闭合。据此就可以沿着滑坡方向逐步推求每一条块的速度及它们之间的相对速度，最终求出整个多块体破坏模式的相容速度场（所得的各条块速度及相对速度表示为某一条块，比如第一个条块速度的函数）。此时的上限能量方程中只含有边坡稳定系数 F 一个参数，即可进行求解。应用多块体上限方法分析边坡时，安全系数的定义一般是与传统条分法的定义方法一致，因此应用多块体上限方法进行边坡稳定求解时会涉及到比较繁琐的迭代过程。不同的破坏机构会对应不同的安全系数，因此需要通过优化寻求最小 F 值及其所对应的那个破坏机构。

3. 极限分析有限元方法在边坡稳定性分析中的应用

极限分析有限元方法是将极限分析方法与有限元技术相结合的一类方法，该类方法具有极限分析理论的严格性及有限元强适用性的双重优点。目前该类方法已经从线性规划发展到非线性规划，处理问题的范围也从二维发展到三维。此处只对线性规划的极限分析有限元方法及其在边坡稳定分析中的应用情况做一简单介绍。

平面条件下，Mohr-Coulomb 屈服准则，可由公式（5-21）表示。若做公式（5-22）所示的变量代换，可以发现，Mohr-Coulomb 屈服准则的屈服面为圆形。为能够应用线性规划方法，需要将 Mohr-Coulomb 屈服准则根据上下限方法的特点作线性化处理。为保证解的下限性质，采用内接多边形近似，当进行上限分析时，为保证解的上限性质，采用外接多边形近似，如图 5-14 所示。

$$F = (\sigma_x - \sigma_y)^2 + (2\tau_{xy})^2 - [2c \cdot \cos\varphi - (\sigma_x + \sigma_y)\sin\varphi]^2 = 0 \tag{5-21}$$

$$X = \sigma_x - \sigma_y; Y = 2\tau_{xy}; R = 2c \cdot \cos\varphi - (\sigma_x + \sigma_y)\sin\varphi = 0 \tag{5-22}$$

有限元计算中单元采用 3 节点三角形线性单元。下限分析方法中单元中未知量为节点的应力（σ_x、σ_y、τ_{xy}），应力场中的应力间断可以发生在每一个三角形的边上；上限分析方法中，单元中未知量为 6 个节点速度向量和将屈服准则线性化后与关联流动法则相关的 P 个塑性因子。早期 Sloan 等（1989）的极限分析上限有限元方法中，运动许可速度间断只发生在指定面上，此时所得结果较差，为改善计算程序中的这一缺点，Sloan 等又对极限分析上限方法进行了改进，使得速度间断可以发生在任意相邻单元间，不过此时需要对关联流动法则做出调整。

目前极限分析有限元方法在边坡稳定分析中的应用已经比较成功，可以考虑非均质，几何形状复杂，以及考虑孔隙水的复杂边坡稳定性上下限计算问题。但极限分析有限元方法在网格划分、目标函数规划等方法技术难度都是比较大的，目前还不能在实际工程得到广泛的应用。

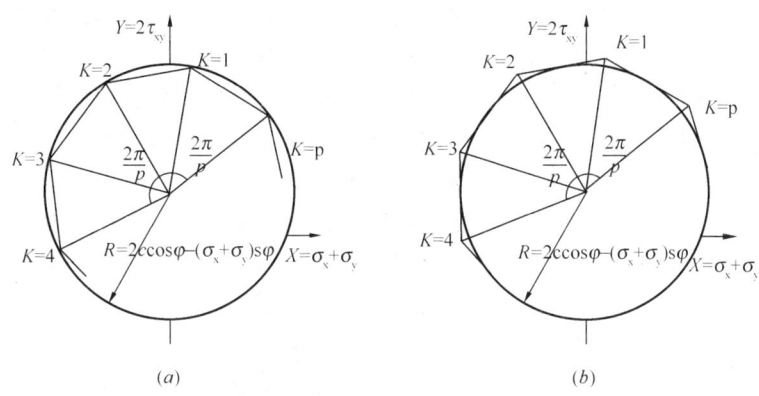

图 5-14　线性规划程序中莫尔-库伦屈服面的线性近似
(a) 下限方法：内接多边形；(b) 上限方法：外接多边形

4. 强度折减方法

(1) 强度折减有限元的基本原理

采用强度折减是有限元方法分析边坡稳定性的有效方法，它是在理想弹塑性有限元计算中将边坡岩土体抗剪强度参数逐渐降低直到其达到破坏状态为止，可以自动根据弹塑性计算结果得到临界滑动面，同时得到边坡的强度储备安全系数 F。

早在 20 世纪 70 年代，Zienkiewicz 就提出了采用降低岩土体强度的方法来计算岩土工程的安全系数，但受限于当时的计算条件，强度折减有限元方法并没有得到广泛的应用。近年来随着计算机软硬件的高速发展，特别是大型商业有限元软件的广泛应用，强度折减有限元技术成为边坡分析领域的常用方法之一。

(2) 边坡稳定失稳判据

应用强度折减有限元分析边坡稳定性的一个关键问题是边坡失稳的判据问题。目前的失稳判据主要有三类：①以广义塑性应变或者等效塑性应变从坡脚到坡顶贯通作为边坡破坏的标志；②在有限元计算过程中采用力和位移的不收敛作为边坡失稳的标志；③以坡体或坡面的位移发生突变作为边坡失稳的标志。对于三种标准，郑颖人等（2005）研究后指出：土体滑动面塑性区贯通是土体破坏的必要条件，但不是充分条件。土体破坏的标志应是部分土体出现无限移动，此时滑移面上的应变或者位移出现突变，因此，这种突变可作为破坏的标志。此外有限元计算会同时出现计算不收敛。上述②、③两种判断依据是一致的。从计算结果来看判据①与判据②、③的差异也不大，因而采用有限元数值计算是否收敛作为土体破坏的依据是合适的。

(3) 强度折减有限元分析边坡稳定的实现过程

强度折减有限元法分析边坡稳定性可以分成以下 3 步：

① 建立边坡的有限元分析模型。坡体各种材料采用不同的单元材料属性；计算边坡的初始应力场，初步分析在重力作用下，边坡的变化和应力；记录边坡的最大变形。

② 增大强度折减系数 F。将折减后的强度参数赋给计算模型，重新计算，记录计算

收敛后的边坡最大变形和塑性应变发展情况。

③ 重复第②步，不断增大 F 值，降低坡体的强度参数，直至计算模型不收敛，则认为边坡发生失稳破坏。计算发散前一步的 F 值就是边坡的安全系数。对于边坡第①步计算就不收敛的情况，在进行第②步和第③步计算时，F 应该逐渐减小，直至计算收敛、边坡重新稳定。

5.2.5 重力式围护体系的整体稳定性验算

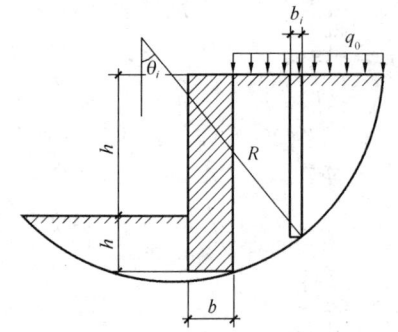

图 5-15 重力式围护结构整体稳定性验算简图

重力式围护体系的整体抗滑稳定性仍可采用圆弧滑动法进行验算，如图 5-15 所示。验算中需要考虑，圆弧通过围护墙体底部以及圆弧切墙两种可能模式。对于水泥土桩墙支护当验算切墙圆弧的安全系数时，可取墙体强度指标 $\varphi=0$，$c=(1/5\sim1/10)q_u$，其中 q_u 为挡墙体无侧限抗压强度。当 $q_u>0.8$MPa 时可不计算切墙圆弧的安全系数。当支护体系下面有软弱土层时，应增大计算深度，直至整体稳定安全系数增大为止。

5.2.6 锚杆支护体系的整体稳定性验算

锚杆支护体系的整体失稳可能有两种形式，一种为锚杆支护结构连同周围土体沿着某一深层滑裂面整体滑动，如图 5-16（a）所示，对于该整体失稳模式的验算可按式（5-1）进行，根据验算结果要求锚杆长度必须超过最危险滑动面，同时安全系数不应该小于 1.50。另一种失稳形式为桩锚支护体系之间的相互作用超出了土体的承载能力，从而在围护结构底部向其拉结方向形成一条深层滑裂面，如图 5-16（b）所示。对于该种破坏模式，经常使用的验算方法是德国学者 Kranz 提出的"代替墙法"。

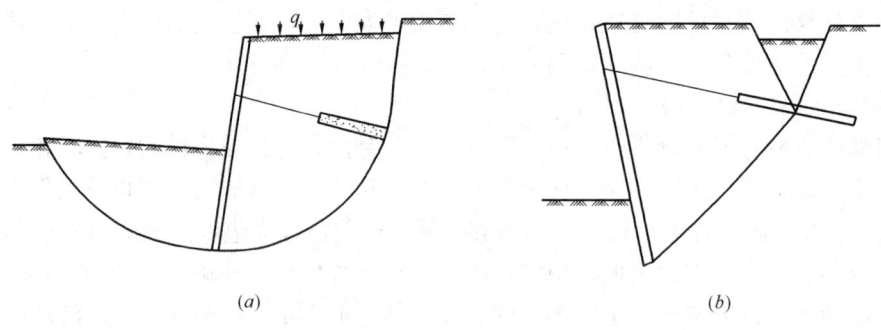

图 5-16 锚杆支护体系整体稳定性破坏模式

以单锚支护体系为例，如图 5-17 所示，代替墙法假定深层滑裂面由直线 bc 段和 cd 段组成，其中 b 点取在围护墙体底部，c 点取在锚固段的中点，cd 段是由 c 点向上做垂线与地面交于 d 点得到的。利用 $abcd$ 范围内的力的平衡关系可以求得锚杆的极限抗力，安全系数定义为锚杆极限抗力的水平分力 T_h 与锚杆设计水平分力 T_{sh} 的比值，要求不小于 1.50。如图 5-17（a）所示，锚杆的极限抗力水平分力可以从力的平衡图得到

$$T_h = E_{1h} - E_{2h} + Q_h \tag{5-23}$$

其中 $E_{1h}=E_1\cos\delta$，E_1 为作用在围护结构 ab 面上的主动土压力（kN）；

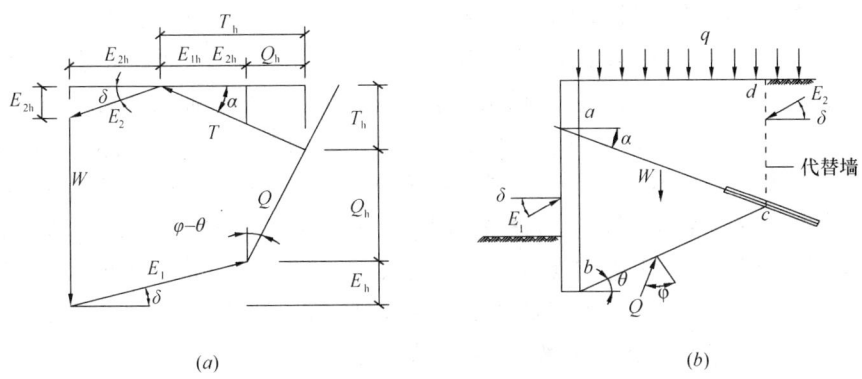

图 5-17 Kranz 提出的"代替墙法"

$E_{2h} = E_2 \cos\delta$，E_2 为作用在代替墙 cd 面上的主动土压力（kN）；

$$Q_h = (W + E_{2h}\tan\delta - E_{1h}\tan\delta)\tan(\varphi-\theta) - T_h\tan\alpha\tan(\varphi-\theta) \tag{5-24}$$

δ——墙面摩擦角（°）；

φ——土的内摩擦角（°）；

θ——代替墙 bc 与水平面的夹角（°）；

α——锚杆的倾斜角（°）；

W——土体 $abcd$ 的重量（kN）。

经整理可得：

$$T_h = \frac{E_{1h} - E_{2h} + [W - (E_{1h} - E_{2h})\tan\delta]\tan(\varphi-\theta)}{1 + \tan\alpha\tan(\varphi-\theta)} \tag{5-25}$$

当使用上述公式时，需要注意：当 θ 大于 φ 时需要计入地面超载；当 θ 小于 φ 时可不计入地面超载。

代替墙法仅适用于锚固段在围护墙底部以上的情况，如图 5-18 所示。图 5-18（a）中的所有锚杆均需要验算，图 5-18（b）中有两道锚杆需要验算，图 5-18（c）中所有锚杆均深入到了围护墙底部以下，不需要进行此项验算。

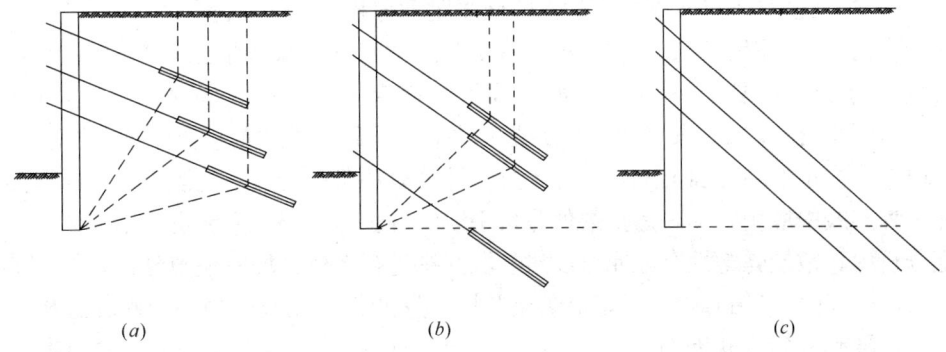

图 5-18 不同支护形式下锚杆支护体系的整体稳定性验算

随着强度折减有限元技术在边坡稳定分析中的深入应用，一些学者尝试着将强度折减有限元技术应用于锚杆的稳定性分析中。与边坡稳定分析不同的是，边坡中只有可以用 Mohr-Coulomb 强度准则描述的岩土体材料，而锚杆支护中除了岩土体材料以外，还有与岩土体共同起作用的锚杆。进行强度折减时，对锚杆-土界面间的强度及锚杆本身抗拉强度是否进行折减及如何折减等问题仍需要作进一步的研究与探讨。此外，边坡稳定中强度折减有限元的计算结果与传统极限平衡条分法是具有可比性的，而强度折减方法和传统极限平衡方法计算出的锚杆支护整体稳定的安全系数之间的关系，尚需作深入地研究。

在基坑围护设计中，稳定性安全系数的取值具有很强的地区性和经验性。且不同规范或规程对基坑整体稳定性的安全度表述方法略有不同。表5-2列举了建筑地基基础设计规范（GB 50007—2002）、建筑基坑工程技术规范（YB 9258—97）、上海市基坑工程设计规程（DBJ 08—61—97）、上海市地基基础设计规范（DGJ 08—11—1999）中取值情况，基坑实际设计中应根据相应地区实际情况进行取值。

基坑整体稳定性安全度指标　　　　　　　　　　　表5-2

规范	取值
建筑地基基础设计规范（GB 50007—2002）	1.2
建筑基坑工程技术规范（YB 9258—97）	1.1~1.2
上海市基坑工程设计规程（DBJ 08-61—97）	1.25
上海市地基基础设计规范（DGJ 08-11—1999）	1.3

注：上海市地基基础设计规范（DGJ 08-11—1999）以分项系数来描述对安全度的要求，若无特殊说明本章表格中上海市地基基础设计规范（DGJ 08-11—1999）取值均用抗力分项系数来表示安全度指标。

5.3　抗隆起稳定分析

基坑抗隆起稳定性验算是基坑支护设计中一项十分关键的设计内容，它不仅关系着基坑的稳定安全问题，也与基坑的变形密切相关。目前已出现的基坑抗隆起稳定分析方法可归纳为三大类：极限平衡法、极限分析法以及常规位移有限元法。无论是极限分析有限元还是常规位移有限元，主要针对的都是黏土基坑抗隆起稳定性的分析问题。对于同时考虑 c-φ 土体抗隆起稳定分析问题我国基坑工程实践中目前用的是地基承载力模式以及圆弧滑动的基坑抗隆起稳定分析模式。

5.3.1　黏土基坑不排水条件下的抗隆起稳定性分析

对于黏土基坑抗隆起稳定问题，由于基坑开挖时间较短且黏性土渗透性较差，可采用总应力分析方法。对黏土基坑不排水条件下抗隆起稳定分析的传统方法是 Terzaghi (1943) 以及 Bjerrum 和 Eide (1956) 所提出的基于承载力模式的极限平衡方法。这一类方法一般是在指定的破坏面上进行验算，分析计算时还可能会作一些假定。目前该类方法仍然在工程实践中应用。随着近代数值分析手段的进步，有限元方法也应用到了基坑抗隆起稳定分析中。常规弹塑性有限元可以对基坑开挖进行比较全面的模拟分析，如 Hashash 和 Whittle (1996) 采用有限元理论对黏土基坑开挖所作的比较全面的弹塑性分析；也可以只针对抗隆起稳定性进行分析，如 Goh (1990，1994)，Cai 等 (2002) 的强度折减有限元分析。分析黏土基坑抗隆起的另一种方法就是极限分析方法。极限分析理论在岩土工程中的应用是一个比较新的研究领域，该方法以其具有比较严格的塑性理论依据而受到岩土稳定性研究学者的青睐。采用极限分析法主要有 Chang (2000) 以及黄茂松等 (2008) 基于 Prandtl (1920) 破坏机构分析黏土基坑抗隆起稳定性的上限方法，Ukritchon 等

(2003) 采用的极限分析有限元法分析黏土基坑抗隆起稳定性问题。

1. 黏土基坑抗隆起稳定分析的极限平衡法

Terzaghi（1943）分析黏土基坑抗隆起稳定性的模式如图 5-19 所示。基坑开挖深度为 H，基坑宽度为 B，土体不排水强度记为 S_u，坚硬土层的埋置深度距基坑开挖地面的距离记为 T。

基于地基承载力的理念，Terzaghi（1943）给出了用稳定系数表达的抗隆起分析表达式：

$$\frac{\gamma H}{S_u} = 5.7 + H/B_1 \tag{5-26}$$

式（5-26）中 $\gamma H/S_u$ 为稳定系数，5.7 即为考虑基地完全粗糙时的地基承载力系数 N_c 值。当 $T \geqslant B/\sqrt{2}$ 时，$B_1 = B/\sqrt{2}$；当 $T \leqslant B/\sqrt{2}$ 时，$B_1 = T$。

一般认为，Terzaghi（1943）的抗隆起分析模式适用于比较浅或宽的基坑抗隆起分析问题，也即适用于 $H/B \leqslant 1.0$ 的情况。

对于 $H/B \geqslant 1.0$ 的情况，一般认为 Bjerrum 和 Eide（1956）的抗隆起分析模式更适合一些。Bjerrum 和 Eide（1956）采用如图5-20所示的深基础破坏模式分析坑底的抗隆稳定问题。值得注意的是，当坚硬土层埋置深度较浅时，可能形不成图中所示的破坏模式，此时就需要对地基承载力系数 N_c 加以修正。

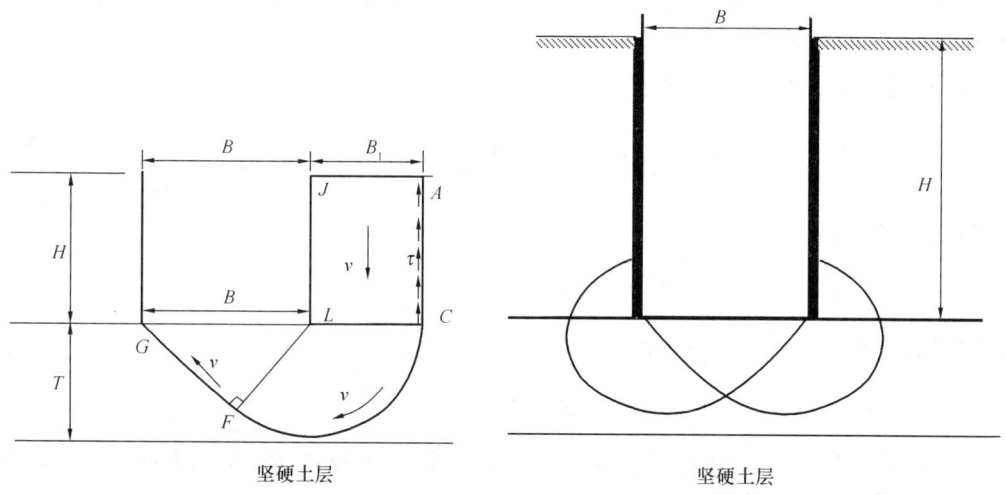

图 5-19　Terzaghi（1943）抗隆起分析模式　　图 5-20　Bjerrum 和 Eide（1956）抗隆起分析模式

2. 黏土基坑抗隆起稳定分析的极限分析上限方法

极限分析定理是解决工程稳定性分析问题的有严格塑性力学依据的理论，包括上限定理和下限定理。上限定理从构造运动许可的速度场出发，能够界定外荷载的上限；下限定理从构造静力许可的应力场出发，能够界定外荷载的下限。运动许可的速度场要求：速度场满足几何相容条件，满足速度边界条件以及关联流动法则等；静力许可应力场要求在全局范围内满足平衡方程并且不违反屈服条件，满足应力边界条件等。理论上讲，极限分析下限方法能够给出极限荷载的下限，在工程适用中是偏于安全的，但是在全局范围内构造静力许可的应力场一般是比较复杂的，目前应用主要是借助于极限分析有限元技术应用。

上限方法理论上讲只能给出不小于真实极限荷载的解，但运动许可的速度场构造相对简单，而且与实际可能的破坏模式密切相关，因此应用起来方便适用。这也是上限方法应用较多的一个主要原因。本节中主要介绍黏土基坑抗隆起分析的上限方法。

极限分析上限理论的叙述方法有许多种，此处采用一种比较简练的说法，即对于任何运动许可的破坏机构，内能耗散率不小于外力功功率（Drucker 等，1952），可表示为：

$$\int_S T_i v_i \mathrm{d}S + \int_V X_i v_i \mathrm{d}V \leqslant \int_V \sigma_{ij} \dot{\varepsilon}_{ij} \mathrm{d}V \quad i,j = 1,2,3 \tag{5-27}$$

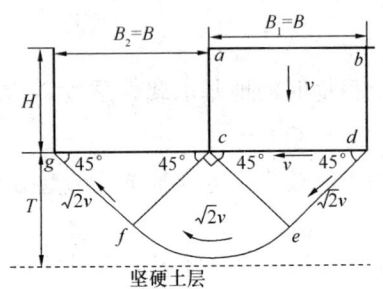

图 5-21　基坑抗隆起上限分析中的 Prandtl 破坏模式

式中，$\dot{\varepsilon}_{ij}$ 为运动许可速度场中的塑性应变率场；v_i 为与 $\dot{\varepsilon}_{ij}$ 满足几何相容的速度场（运动许可速度场）；T_i、X_i 分别为边界 S 上的面积分布力矢量和区域 V 内的体积力矢量；σ_{ij} 为通过关联流动法则与 $\dot{\varepsilon}_{ij}$ 相联系的应力场。

(1) 基于简单破坏模式的抗隆起上限分析

目前黏土基坑抗隆起稳定分析上限分析采用的运动许可破坏模式有：图 5-19 所示的 Terzaghi（1943）破坏模式以及图 5-21 所示的 Prandtl 破坏模式。对于 Terzaghi（1943）破坏模式，同样可以应用上限方法得到 Terzaghi（1943）基于极限平衡理论所给出的稳定系数。

根据上限理论，外力功功率为：

$$\mathrm{d}W = \gamma H B_1 v + \int_0^{\frac{3\pi}{4}} \gamma \frac{1}{2} B_1 B_1 v \cos\theta \mathrm{d}\theta - \frac{1}{2} B_1 B_1 \gamma \frac{v}{\sqrt{2}} = \gamma H B_1 v \tag{5-28}$$

内能耗散率为：

$$\mathrm{d}E = S_\mathrm{u} H v + \frac{3}{2}\pi B_1 v + B_1 v \tag{5-29}$$

由外力功功率与内能耗散率相等可得：

$$N^T = \frac{\gamma H}{S_\mathrm{u}} = 5.71 + H/B_1 \tag{5-30}$$

上式中 N^T 为由 Terzaghi（1943）破坏模式所得的稳定系数，γ 为黏土土体重度；u 为图示相容速度场中的单位速度。

对于 Prandtl 破坏模式，同样可以应用上限方法求得抗隆起稳定系数为：

$$N^P = 6.14 + H/B_1 \tag{5-31}$$

(2) 黏土基坑抗隆起稳定分析的多块体上限法

以上是基于两种比较简单的相容速度场得出的上限解，最近笔者将多块体上限方法应用到了黏土基坑的抗隆起稳定分析中。黏土基坑抗隆起稳定分析的多块体破坏模式及相容速度场如下图 5-22 所示。

若定义不排水条件下的黏土基坑抗隆起安全系数为：

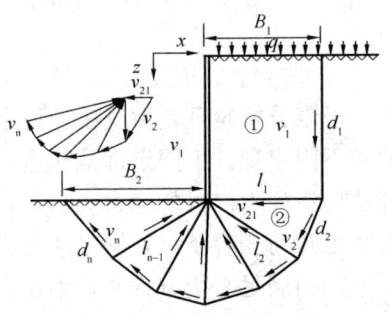

图 5-22　黏土基坑中基坑抗隆起的多块体运动许可破坏机构

$$F_s = S_u/S_u^* \tag{5-32}$$

式中，S_u 为黏土不排水强度；S_u^* 为维持抗隆起稳定所需要的临界黏土强度。对于图 5-22 中所示的多块体破坏模式及相容速度场，上限定理方程表达式可进一步表示为：

$$\sum_{i=1}^{n} \frac{S_u}{F_s} d_i v_i + \sum_{i=1}^{n-1} \frac{S_u}{F_s} l_i v_{ii+1} \geq \sum_{i=1}^{n} w_i v_i \cos\theta_i + qv_1 l_1 \tag{5-33}$$

由极限分析上限定理，根据任何一种运动许可的速度场推求的极限荷载都将不小于真实的极限荷载。对应于此处的抗隆起稳定分析问题，需要对图 5-22 所示的多块体破坏模式进行优化，以获得最小的抗隆起安全系数。

5.3.2 同时考虑 c-φ 时基坑抗隆起稳定分析

目前我国基坑工程实践中，同时考虑 c-φ 的抗隆起分析模式主要有两种，一种为地基承载力模式的抗隆起稳定分析，另一种为圆弧滑动模式的抗隆起稳定分析。

1. 地基承载力模式的抗隆起稳定性分析

地基承载力模式的抗隆起分析方法计算简图见图 5-23，是以验算支护墙体底面的地基承载力作为抗隆起分析依据。根据 Terzaghi (1943) 建议的浅基础地基极限承载力计算模式，是土体黏聚力、土重以及地面超载三项贡献的叠加。但是在此处的基坑抗隆起稳定分析中，基础宽度是不能明确界定的，为简化分析，地基承载力模式的抗隆起分析由下式来考虑：

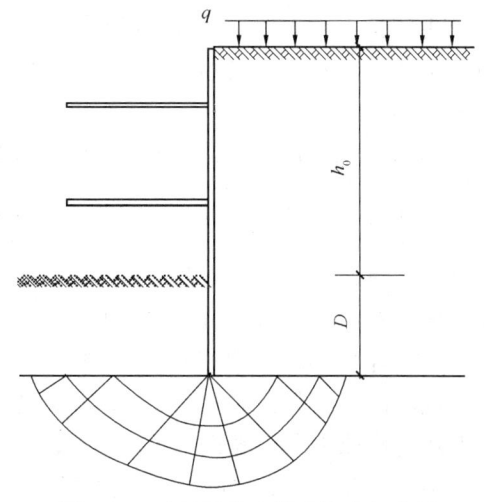

图 5-23 地基承载力模式抗隆起分析

$$K_{wz} = \frac{\gamma_2 D N_q + c N_c}{\gamma_1 (h_0 + D) + q} \tag{5-34}$$

式中，γ_1 为坑外地表至围护墙底，各土层天然重度的加权平均值（kN/m^3）；γ_2 为坑内开挖面以下至围护墙底，各土层天然重度的加权平均值（kN/m^3）；h_0 为基坑开挖深度（m）；D 为围护墙体在基坑开挖面以下的入土深度（m）；q 为坑外地面荷载（kPa）；N_q、N_c 根据围护墙底的地基土特性计算的地基承载力系数；c、φ 分别为围护墙体地基土黏聚力（kPa）和内摩擦角（°）；K_{wz} 为围护墙底地基承载力安全系数。

如果按基底光滑情况处理，那么地基承载力系数由 Prandtl (1920) 给出为：

$$N_q = e^{\pi \tan\varphi} \tan^2(45° + \varphi/2), N_c = (N_q - 1)/\tan\varphi \tag{5-35}$$

如果按基底粗糙情况处理，那么地基承载力系数由 Terzaghi (1943) 给出为：

$$N_q = 0.5 \left[\frac{e^{\left(\frac{3\pi}{4} - \frac{1}{2}\varphi\right)\tan\varphi}}{\cos\left(45° + \frac{1}{2}\varphi\right)} \right]^2, N_c = (N_q - 1)/\tan\varphi \tag{5-36}$$

从图 5-23 中所假定的验算模式可以看出，地基承载力的抗隆验算分析中应该认为支护墙体抗弯刚度较大，以致不发生明显的完全变形。由于该抗隆起分析模式假定以支护墙体地面为验算基准面，因此只能反映支护墙体地面土体强度对抗隆起稳定分析的影响。同时从以上分析还可以看出，该模式下是无法考虑地基承载力中基础宽度项对地基承载力的贡献的。通过计算分析表明，当土体内摩擦角较大时，由于地基承载力系数增长迅速，所求的安全系数过大。

2. 圆弧滑动的抗隆起分析模式

该抗隆起分析模式认为，土体沿围护墙体底面滑动，且滑动面为一圆弧，不考虑基坑尺寸的影响。如图 5-24 所示基坑抗隆起圆弧滑动分析模式，取圆弧滑动的中心位于最下一道支撑处，基坑抗隆起安全系数通过绕 O 点的力矩平衡获得。产生滑动力矩的项有：GM 段作用的地面超载 q 产生的滑动力矩，$OAMG$ 区域内土体自重产生的滑动力矩，$OACB$ 区域内土体自重产生的滑动力矩。抗滑动力矩为滑动面 $MACEF$ 上抗剪强度产生的抗滑动力矩。BCE 区域内土体产生的滑动力矩与 BEF 区域内土体重量产生的抗滑动力矩相抵消。各部分滑动力矩的计算相对较为简单。在计算滑动面上的抗剪强度时采用公式 $\tau = \sigma\tan\varphi + c$。滑动面上 σ 的选择做如下处理：在 MA 面上的 σ 应该是水平侧压力，该侧压力实际上应该介于主动土压力与静止土压力之间，因此近似地取为：$\sigma = \gamma z \tan^2\left(45° - \dfrac{\varphi}{2}\right)$，而不再减去 $2c\tan\left(45° - \dfrac{\varphi}{2}\right)$，这是为了考虑实际情况，而且在开挖深度较大时，后者要比前者小得多；AE 滑动面上的法向应力 σ 可以认为由两部分组成，即土体自重在滑动面法向上的分力加上该处的水平侧压力在滑动面法向上的分力，水平侧压力的计算与 MA 段的相同；EF 滑动面上的法向应力 σ 也由两部分组成，为土体自重在滑动面法向上的分力加上该处的水平侧压力在滑动面法向上的分力，有人认为 EF 上的水平侧压力应取为介于静止土压力和被动土压力之间，不过此处为安全期间仍取为介于静止土压力与主动土压力之间，按上述 MA 段上的水平侧压力计算。

需要指出的是，目前抗隆起圆弧滑动模式中，有的不考虑 $OACB$ 区域内土体自重产生的滑动力矩，原上海基坑规范中没考虑 $OACB$ 区域内土体重量产生的滑动力矩，有的文献中考虑了 $OACB$ 区域内土体自重产生的滑动力矩，此处我们采用考虑 $OACB$ 区域内土体自重产生的滑动力矩。

实际工程往往是较为复杂的分层地基，此处对分层地基稳定性计算过程进行介绍。

如图 5-25 所示，MA 段第 i 层土抗剪强度计算式以及绕 O 点产生的抗滑动力矩为：

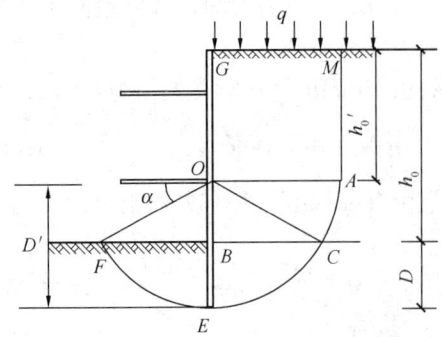

图 5-24　基坑抗隆起稳定分析的圆弧滑动模式

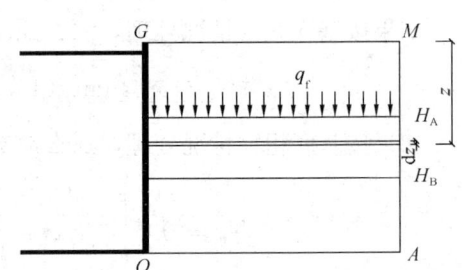

图 5-25　最下道支撑以上土层计算简图

$$\tau_{1i} = (\gamma z - \gamma H_A + q_f)K_a \tan\varphi + c \tag{5-37}$$

$$\begin{aligned}M_{r1i} &= \int_{H_A}^{H_B} \tau_1 D' dz \\ &= D'\left[\frac{1}{2}\gamma(H_B - H_A)^2 + (q_f - \gamma H_A)(H_B - H_A)\right]K_a \tan\varphi \\ &\quad + D'c(H_B - H_A)\end{aligned} \tag{5-38}$$

如图 5-26 所示，坑外圆弧滑动段第 i 层抗剪强度计算式以及绕 O 点产生的抗滑动力矩为：

$$\tau_{2i} = [q_f + \gamma(D'\sin\alpha - H_A + h'_0)]\sin^2\alpha\tan\varphi + [q_f + \gamma(D'\sin\alpha - H_A + h'_0)]\cos^2\alpha K_a\tan\varphi + c \tag{5-39}$$

$$\begin{aligned}M_{r2i} &= \int_{\alpha_A}^{\alpha_B} \tau_{2i}D'^2 d\alpha \\ &= D'^2\left[\frac{2\alpha_B - \sin 2\alpha_B}{4}(q_f + \gamma h'_0 - \gamma H_A)\tan\varphi + \left(\frac{\cos^3\alpha_B}{3} - \cos\alpha_B\right)\gamma D'\tan\varphi\right. \\ &\quad \left. + \frac{2\alpha_B + \sin 2\alpha_B}{4}(q_f + \gamma h'_0 - \gamma H_A)K_a\tan\varphi - \frac{\cos^3\alpha_B}{3}\gamma D'K_a\tan\varphi + \alpha_B c\right] \\ &\quad - D'^2\left[\frac{2\alpha_A - \sin 2\alpha_A}{4}(q_f + \gamma h'_0 - \gamma H_A)\tan\varphi + \left(\frac{\cos^3\alpha_A}{3} - \cos\alpha_A\right)\gamma D'\tan\varphi\right. \\ &\quad \left. + \frac{2\alpha_A + \sin 2\alpha_A}{4}(q_f + \gamma h'_0 - \gamma H_A)K_a\tan\varphi - \frac{\cos^3\alpha_A}{3}\gamma D'K_a\tan\varphi + \alpha_A c\right]\end{aligned} \tag{5-40}$$

其中：
$$\alpha_A = \arctan\left(\frac{H_A - h'_0}{\sqrt{D'^2 - (H_A - h'_0)^2}}\right)$$

$$\alpha_B = \arctan\left(\frac{H_B - h'_0}{\sqrt{D'^2 - (H_B - h'_0)^2}}\right)$$

同理可以利用（5-39）和（5-40）来计算坑内圆弧段第 i 层绕 O 点产生的抗滑动力矩 M_{r3i}，但在计算中必须注意区分上覆压力和土层上下限与坑外土层的区别。

抗滑动力矩总和为：

$$M_r = \sum M_{r1i} + \sum M_{r2i} + \sum M_{r3i} \tag{5-41}$$

滑动力矩分为三部分，计算分别如下：

施工荷载产生的滑动力矩为：

$$M_{s1} = \frac{1}{2}qD'^2 \tag{5-42}$$

如图 5-27 所示，最下一道支撑以上第 i 层土层产生的滑动力矩为：

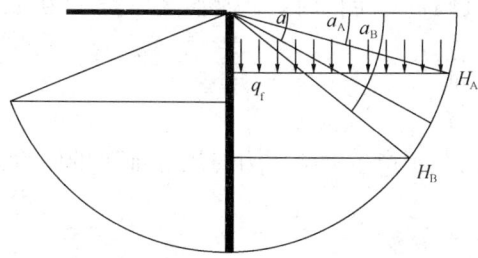

图 5-26　最下道支撑以下圆弧段抗滑动力矩计算简图

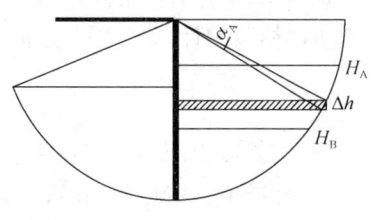

图 5-27　最下道支撑以下土层滑动力矩计算简图

$$M_{s2i} = \int_{H_A}^{H_B} \frac{1}{2}\gamma D'^2 \mathrm{d}h = \frac{1}{2}\gamma D'^2(H_B - H_A) \tag{5-43}$$

如图 5-27 所示，最下道支撑以下圆弧段第 i 层土层产生的滑动力矩为：

$$M_{s3i} = \int_{\alpha_A}^{\alpha_B} \frac{1}{2}\gamma D'^3 \cos^3\alpha \cdot \mathrm{d}\alpha$$

$$= \frac{1}{2}\gamma D'^3 \left[(\sin\alpha_B - \frac{\sin^3\alpha_B}{3}) - (\sin\alpha_A - \frac{\sin^3\alpha_A}{3}) \right] \tag{5-44}$$

滑动力矩总和为：

$$M_s = M_{s1} + \sum M_{s2i} + \sum M_{s3i} \tag{5-45}$$

抗隆起安全系数可表示为：

$$K_s = M_r/M_s \tag{5-46}$$

若采用等效均质地基模型来简化计算，则可采用如下简化公式计算：

$$M_r = K_a \tan\varphi \left\{ \frac{D'}{2}\gamma h'^2_0 + qD'h'_0 + \frac{\pi}{4}q_f D'^2 \right.$$
$$+ \gamma D'^3 \left[\frac{1}{3} + \frac{1}{3}\cos^3\alpha_0 - \frac{1}{2}\left(\frac{\pi}{2} - \alpha_0\right)\sin\alpha_0 + \frac{1}{2}\sin^2\alpha_0 \cos\alpha_0 \right] \right\}$$
$$+ \tan\varphi \left\{ \frac{\pi}{4}q_f D'^2 + \gamma D'^3 \left[\frac{2}{3} + \frac{2}{3}\cos\alpha_0 - \frac{\sin\alpha_0}{2}\left(\frac{\pi}{2} - \alpha_0\right) - \frac{1}{6}\sin^2\alpha_0 \cos\alpha_0 \right] \right\}$$
$$+ c[D'h'_0 + D'^2(\pi - \alpha_0)] \tag{5-47}$$

此处 α_0 为坑底开挖面与最下道支撑点连线的水平夹角

$$M_s = \frac{1}{3}\gamma D'^3 \sin\alpha + \frac{1}{6}\gamma D'^2(D' - D)\cos^2\alpha + \frac{1}{2}(q + \gamma h'_0)D'^2 \tag{5-48}$$

各规范中抗隆起稳定性安全度控制指标如表 5-3。

基坑坑底抗隆起稳定性安全度指标　　　　表 5-3

建筑地基基础设计规范（GB 50007—2002）	1.6
建筑基坑工程技术规范（YB 9258—97）	地基承载力模式取 1.4　圆弧滑动模式取 1.3
上海市基坑工程设计规程（DBJ 08—61—97）	根据基坑等级一、二、三级分别取 2.5、2.0、1.7
上海市地基基础设计规范（DGJ 08—11—1999）	2

5.4　抗倾覆、抗水平滑移稳定性分析

对于重力式围护结构，需要进行围护结构的抗倾覆和抗滑动稳定性验算。

1. 抗倾覆稳定性验算

如图 5-28 所示，验算重力式围护结构的抗倾覆稳定性时，通常假定维护结构绕其前趾转动，相应的计算公式可表示为：

$$K_q = \frac{M_{Rk}}{M_{Sk}} \tag{5-49}$$

M_{Sk}——坑外侧土压力、水压力以及墙后地面荷载所产生的侧压力对墙底前趾的倾覆力矩标准值（kN·m/m）；

$$M_{Sk} = F_a Z_a + F_w Z_w \tag{5-50}$$

M_{Rk}——水泥土围护墙自重以及坑内墙前被动侧压力对墙底前趾的稳定力矩标准值（kN·m/m）；

$$M_{Rk} = F_p Z_p + G_k B/2 \tag{5-51}$$

G_k——水泥土围护墙结构的自重标准值（kN）；

以上验算对土层条件较好的情况基本上是合理的，但对于墙底土较软弱时，就会得出支护墙体的插入深度在一定范围内变化时，其插入比（D/H）越大，计算的抗倾覆稳定系数越小的不合理现象，究其原因就在于转动点位置选择不合理。对于重力式围护结构的倾覆转动中心位置对计算结果的影响以及转动点位置的合理选择，许多学者进行了研究，提出了各自的观点和解决办法，但直到目前为止，还没有找到确定转动中心的合适方法。

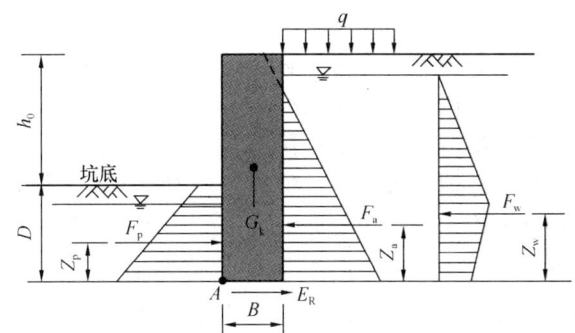

图 5-28 重力式围护结构抗倾覆、抗滑移计算简图

2. 抗滑移稳定性验算

抗滑移稳定性验算主要考察围护结构水平方向上作用力系的平衡问题。安全系数可以按以下公式进行：

$$K_H = \frac{E_{Rk}}{E_{Sk}} \tag{5-52}$$

式中 E_{Sk}——沿墙底面的滑动力标准值（kN），包括坑外侧土压力、水压力以及墙后地面荷载所产生的侧压力，$E_{Sk} = F_a + F_w$；

E_{Rk}——沿墙底面的抗滑动力标准值（kN）；

$E_{Rk} = G_k \tan\varphi_{0k} + c_{0k} B +$ 坑内墙前被动侧土压力（F_p）的标准值（kN）

G_k——水泥土围护墙结构的自重标准值（kN）；

φ_{0k}，c_{0k}——墙底土层的内摩擦角标准值（°）和黏聚力标准值（kPa）；

基坑抗水平滑移和抗倾覆安全度指标如表 5-4 所示。

基坑抗水平滑移及抗倾覆安全度指标　　　　表 5-4

	抗水平滑移	抗 倾 覆
建筑地基基础设计规范 （GB 50007—2002）	1.4～1.5	1.3
建筑基坑工程技术规范 （YB 9258—97）	悬臂板桩根据基坑等级一、二、三级分别取 2.1、2.0、1.9，其他形式围护根据基坑等级分别取 1.4、1.3、1.2	悬臂板桩根据基坑等级一、二、三级分别取 2.1、2.0、1.9，其他根据基坑等级分别取 1.4、1.3、1.2
上海市基坑工程设计规程 （DBJ 08—61—97）	1.0～1.2	1.05～1.2
上海市地基基础设计规范 （DGJ 08—11—1999）	1.1	1.05

注：建筑基坑工程技术规范（YB 9258—97）采用经验嵌固系数来度量抗倾覆和抗水平滑移的安全度，表中所列为经验嵌固系数。

5.5 抗渗流稳定性及抗承压水稳定性分析

渗透破坏主要表现为管涌、流土（俗称流砂）和突涌。这三种渗透破坏的机理是不同的，一些书籍中，将流土的验算叫作管涌验算，混淆了概念。管涌是指在渗透水流作用下，土中细粒所形成的孔隙通道中被移动，流失，土的孔隙不断扩大，渗流量也随之加大，最终导致土体内形成贯通的渗流通道，土体发生破坏的现象。而流土则是指在向上的渗流水流作用下，表层局部范围的土体和土颗粒同时发生悬浮、移动的现象，只要满足式(5-53)的条件，原则上任何土均可发生流土。只不过有时砂土在流土的临界水力坡降达到以前已先发生管涌破坏。管涌是一个渐进破坏的过程，可以发生在任何方向渗流的逸出处，这时常见混水流出，或水中带出细粒；也可以发生在土体内部。在一定级配的（特别是级配不连续的）砂土中常有发生，其水力坡降 $i=0.1\sim0.4$，对于不均匀系数 $C_u<10$ 的均匀砂土，更多的是发生流土。

$$i = i_{cr} = \frac{\gamma'}{\gamma_w} \tag{5-53}$$

从上面的讨论可以看出，管涌和流土是两个不同的概念，发生的土质条件和水力条件不同，破坏的现象也不相同。有些规范中规定验算的条件实际上是验算流土是否发生的水力条件，而不是管涌发生的条件。在基坑工程中，有时也会发生管涌，主要取决于土质条件，只要级配条件满足，在水力坡降较小的条件下也会发生管涌。例如当隔水帷幕失效时，水从帷幕的孔隙中渗漏，水流夹带细粒土流入基坑中，将土体掏空，在墙后地面形成下陷。在地下水位较高的软土中虽然水力坡降比较大，但软土很少具有不连续的级配，通常没有产生管涌的土质条件，所以容易发生的是流土破坏，因此应当验算流土破坏的稳定性。为此，有些规范将这一验算称为抗渗流稳定性验算，不再称为抗管涌稳定验算。

1. 抗渗流稳定性验算

抗渗流稳定性验算的图示如图 5-29 (a) 所示，要避免基坑发生流土破坏，需要在渗流出口处保证满足下式

$$\gamma' \geqslant i\gamma_w \tag{5-54}$$

式中 γ' 和 γ_w 分别为土体的浮重度和地下水的重度（kN/m^3）；i 为渗流出口处的水力坡降。

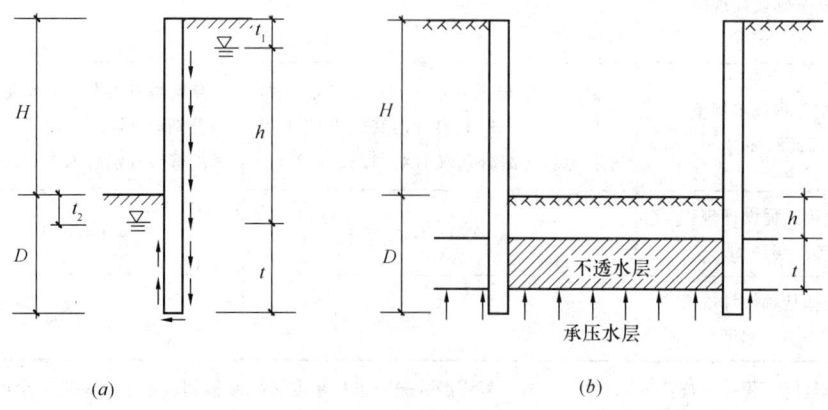

图 5-29 抗渗透稳定性验算

计算水力坡降 i 时，渗流路径可近似地取最短的路径即紧贴围护结构位置的路线以求得最大水力坡降值

$$i = \frac{h}{h+2t} \tag{5-55}$$

根据公式（5-54）可以定义抗流土安全系数为

$$K = \frac{\gamma'}{i\gamma_w} = \frac{\gamma'(h+2t)}{\gamma_w h} \tag{5-56}$$

抗渗流稳定性安全系数 K 的取值带有很大的地区经验性，如《深圳地区建筑深基坑支护技术规范》规定，对一、二、三级支护工程，分别取 3.00、2.75、2.50；上海市标准《基坑工程设计规程》规定，当墙底土为砂土、砂质粉土或有明显的砂土夹层时取 3.0，其他土层取 2.0。

2. 承压水冲溃坑底（亦称为突涌）的验算

当基坑下存在不透水层且不透水层又位于承压水层之上时，应验算坑底是否会被承压水冲溃，若有可能冲溃，则须采用减压井降水以保证安全。

计算图示如图 5-29（b）所示，计算原则为自基坑底部到承压水层上界面范围内（即 $h+t$）土体的自重压力应大于承压水的压力，安全系数不小于 1.20。

3. 《建筑基坑工程技术规范》对于抗渗流稳定的验算分两种情况

（1）当坑底以下有承压水被不透水层隔开时，设围护结构插入深度为 D，围护结构底至承压水层的距离为 ΔD，承压水的水头压力为 p_w，坑底土的饱和重度为 γ_w，则坑底土层抗渗流稳定分项系数 γ_{Rw} 由下式计算

$$\gamma_{Rw} = \frac{\gamma_m(D+\Delta D)}{p_w} \tag{5-57}$$

式中 γ_m——承压水层以上坑底土的饱和重度（kN/m^3）；

$D+\Delta D$——承压水层顶面距基坑底面的深度（m）；

p_w——承压水的水头压力（kPa）；

γ_{Rw}——基坑底土层抗渗流稳定分项系数，取 1.2。

（2）当地层中无承压水层或承压水层埋置深度很深时，坑底土层抗渗流稳定分项系数由下式计算：

$$\gamma_{Rw} = \frac{\gamma_m D}{\gamma_w \left(\frac{1}{2}h' + D\right)} \tag{5-58}$$

式中 h'——基坑内外地下水位的水头差（m）。

对于这种计算状况的坑底土层抗渗流稳定分项系数，规范（GB 50007—2002）规定取 1.1。

抗渗流和抗承压水稳定安全指标如表 5-5 所示。

基坑抗渗流及抗承压水稳定性指标　　　　表 5-5

建筑地基基础设计规范（GB 50007—2002）	1.1
建筑基坑工程技术规范（YB 9258—97）	1.1~1.2
上海市基坑工程设计规程（DBJ 08—61—97）	抗渗流取 1.5~3.0，抗承压水取 1.05
上海市地基基础设计规范（DGJ 08—11—1999）	抗渗流取 2.0，抗承压水取 1.05

参考文献

[1] Cai F, Ugai K, Hagiwara T. Base stability of circular excavationin soft clay[J]. Journal of Geotechnical and Geoenvironmental Engineering. ASCE, 2002, 128(8): 702-706.
[2] Chang M F. Basal stability analysis of braced cuts in clay[J]. Journal of Geotechnical and Geoenvironmental Engineering, ASCE, 2000, 126(3): 276-279.
[3] Duncan, J M. State of the art: Limit equilibrium and finite element analysis of slopes[J]. Journal of Geotechnical Engineering. 1996, 122(7):577-596.
[4] Donald I B and Chen Z Y. Slope stability analysis by the upper bound approach: fundamentals and methods[J]. Canadian Geotechnical Journal, 1997, 34(6):853-862.
[5] Griffiths D V, lane P A. Slope stability analysis by finite elements[J]. Geotechnique, 1999, 49(3): 387-403.
[6] Hashash Y M A, Whittle A J. Ground movement prediction for deep excavations in soft clay[J]. Journal of Geotechnical and Geoenvironmental Engineering. ASCE, 1996, 122(6): 474-486.
[7] Michalowski R L. Slope stability analysis: a kinematical approach[J]. Geotechnique, 1995, 45(2): 283-293.
[8] Sloan S W. Lower bound limit analysis using finite elements and linear programming[J]. International Journal for Numerical and Analytical Methods in Engineering, 1988, 12:61-77.
[9] Sloan S W. Upper bound limit analysis using finite elements and linear programming[J]. International Journal for Numerical and Analytical Methods in Geomechanics, 1989, 13: 263-282.
[10] Sloan S W, Kleeman P W. Upper bound limit analysis using discontinuous velocity fields[J]. Computer Methods in Applied Mechanics and Engineering, 1995; 127:293-314.
[11] Ukritchon B, Whittle A J, Sloan S W. Undrained Stability of Braced Excavations in Clay[J]. . Journal of Geotechnical and Geoenvironmental Engineering, 2003, 129(8):739-755.
[12] Yu H S, Salgado R, Sloan S W, Kim J M. Limit analysis versus limit equilibrium for slope stability [J]. Journal of Geotechnical and Geoenvironmental Engineering, ASCE, 1998, 124(1):1-11.
[13] 黄茂松，宋晓宇，秦会来. K_0 固结黏土基坑抗隆起稳定性上限分析[J]. 岩土工程学报，2008，30(2): 250-255.
[14] 刘建航，侯学渊主编. 基坑工程手册[M]. 北京：中国建筑工业出版社，1996.
[15] 刘金龙，栾茂田，赵少飞等. 关于强度折减有限元方法中边坡失稳判据的讨论[J]. 岩土力学，2005，26（8）：1345-1348.
[16] 宋二祥，高翔，邱玥. 基坑土钉支护安全系数的强度参数折减有限元方法[J]. 岩土工程学报，2005，27(3): 258-263.
[17] 吕庆，孙红月，尚岳全. 强度折减有限元法中边坡失稳判据的研究[J]. 浙江大学学报（工学版），2008，42（1）：83-87.
[18] 史佩栋，高大钊，桂业琨主编. 高层建筑施工基础工程手册[M]. 北京：中国建筑工业出版社，2000.
[19] 赵杰，邵龙潭. 深基坑土钉支护的有限元数值模拟及稳定性分析[J]. 岩土力学，2008，29(4): 983-988.
[20] 郑颖人，赵尚毅. 有限元强度折减法在土坡与岩坡中的应用[J]. 岩石力学与工程学报，2004，23(19): 3381-3388.
[21] 郑颖人，赵尚毅，孔位学，邓楚键. 极限分析有限元法讲座——（Ⅰ）岩土工程极限分析有限元法[J]. 岩土力学，2005，26 (1)：163-168.
[22] 钱家欢，殷宗泽. 土工原理与计算(第二版)[M]. 北京：中国水利水电出版社。1996
[23] 陈仲颐等. 土力学[M]. 北京：清华大学出版社。1994
[24] 龚晓南主编. 土工计算机分析[M]. 北京：中国建筑工业出版社。2000
[25] 高大钊，袁聚云主编. 土质学与土力学[M]. 北京：人民交通出版社。2001

第6章 挡土结构的内力分析

6.1 概　　述

挡土结构内力分析是基坑工程设计中的重要内容。随着基坑工程的发展和计算技术的进步，挡土结构的内力分析方法也经历了不同的发展阶段，从早期的古典分析方法到解析方法再到复杂的数值分析方法。

挡土结构内力分析的古典方法主要包括平衡法、等值梁法、塑性铰法等。平衡法，又称自由端法，适用于底端自由支承的悬臂式挡土结构和单锚式挡土结构。当挡土结构的入土深度不太深时，结构底端可视为非嵌固，即底端自由支承。图6-1为单锚挡土结构在砂性土中的平衡法的计算简图。为使挡土结构在非嵌固条件下达到极限平衡状态，作用在挡土结构上的锚系力 R_a、主动土压力 E_a 以及被动土压力 E_p 必须平衡。具体计算方法是：利用水平方向合力等于零以及水平力对锚系点的弯矩和等于零，求得挡土结构的入土深度。代入水平力平衡方程即求得锚系点的锚系拉力 R_a，进而可求解挡土结构的内力。

等值梁法，又称假想铰法，可以求解多支撑（锚杆）的挡土结构内力。首先假定挡土结构弹性曲线反弯点即假想铰的位置。假想铰的弯矩为零，于是可把挡土结构划分为上下两段，上部为简支梁，下部为一次超静定结构（图6-2），这样即可按照弹性结构的连续梁求解挡土结构的弯矩、剪力和支撑轴力。等值梁法的关键问题是确定假想铰 Q 点的位置。通常可假设为土压力为零的那一点或是挡土结构入土面的那点，也可假定 Q 点距离入土面深度为 y，该 y 值可根据地质条件和结构特性确定，一般为（0.1～0.2）倍开挖深度。

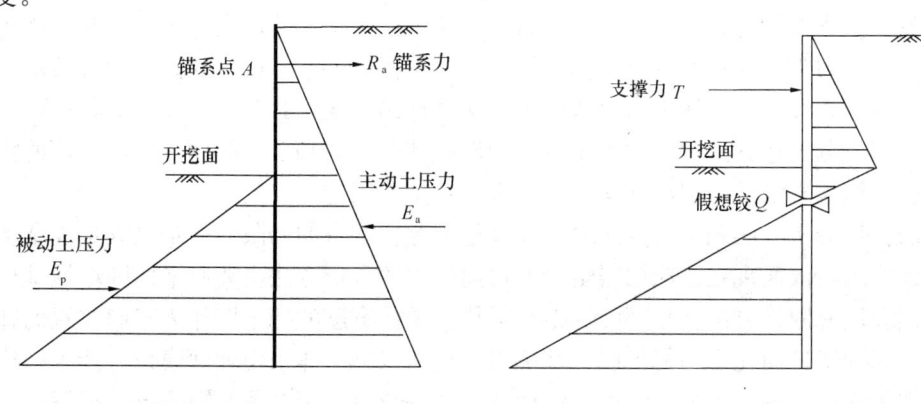

图6-1　单锚挡土结构平衡法计算简图　　　图6-2　等值梁法计算简图

塑性铰法，又称 Terzaghi 法，该方法假定挡土结构在横撑（除第一道撑）支点和开挖面处形成塑性铰，从而解得挡土结构内力。

挡土结构内力分析的解析方法是通过将挡土结构分成有限个区间，建立弹性微分方程，再根据边界条件和连续条件，求解挡土结构内力和支撑轴力。常见的解析方法主要有山肩帮男法、弹性法和弹塑性法。

山肩帮男法的精确解有如下基本假定：(1) 黏土地层中挡土结构为无限长弹性体；(2) 开挖面主动侧土压力在开挖面以上为三角形，开挖面以下抵消被动侧的静止土压力后取为矩形；(3) 被动侧土的横向反力分为塑性区和弹性区；(4) 横撑设置后作为不动支点；(5) 下道支撑设置后，上道支撑轴力保持不变，且下道支撑点以上挡土结构位置不变。山肩帮男法将结构分成三个区间，即第 k 道横撑到开挖面区间，开挖面以下塑性区及弹性区（图 6-3）。基本求解过程是首先建立弹性微分方程，再根据边界条件和连续条件，导出第 k 道横撑轴力的计算公式及变位和内力公式。由于山肩帮男法的精确解计算方程中有未知数的五次函数，计算较为繁复。山肩帮男法的近似解法对上述基本假定做了修改，只需应用两个平衡方程就可依次求得各道横撑内力。弹性法与山肩帮男法在基本假定上基本相同，只有在对土压力的假定有差别。弹性法中假设主动侧土压力已知，但开挖面以下只有被动侧的土抗力，被动侧的土抗力数值与墙体变位成正比（见图 6-4）。

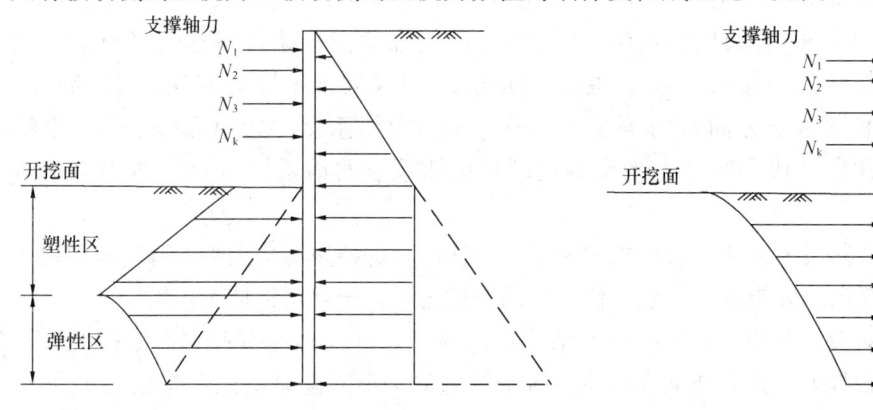

图 6-3　山肩帮男法精确解计算简图　　　　图 6-4　弹性法计算简图

弹塑性法与上述两种方法的主要差别在于，山肩帮男法和弹性法都假定土压力已知且挡土结构弯矩及支撑轴力在下道支撑设置后不变化，而弹塑性法假定土压力已知但挡土结构弯矩及支撑轴力随开挖过程变化。弹塑性法的基本假定如下：(1) 支撑以弹簧表示，即考虑其弹性变位；(2) 主动侧土压力假设为竖向坐标的二次函数并采用实测资料；(3) 挡土结构入土部分分为达到朗肯被动土压力的塑性区和土抗力和挡土结构变位成正比的弹性区；(4) 挡土结构有限长，端部支承可为自由、铰结或固定。

早期的古典分析方法和解析方法由于在理论上存在各自的局限性而难以满足复杂基坑工程的设计要求，因而现在已应用得很少。目前常用的分析方法主要有平面弹性地基梁法和平面连续介质有限元方法。平面弹性地基梁法将单位宽度的挡土墙作为竖向放置的弹性地基梁，支撑和锚杆简化为弹簧支座，基坑内开挖面以下土体采用弹簧模拟，挡土结构外侧作用已知的水压力和土压力。平面弹性地基梁法一般可采用杆系有限元方法求解，考虑土体的分层及支撑的实际情况，沿着竖向将弹性地基梁划分成若干单元，列出每个单元的上述微分方程，进而解得单元的位移和内力。平面连续介质有限元方法一般是在整个基坑中寻找具有平面应变特征的断面进行分析。土体采用平面应变单元来模拟。挡土结构如地下连续墙等板式结构需承受弯矩,可用梁单元来模拟。支撑、锚杆等只能承受轴向力的构件采用杆件单元模拟。考虑连续墙与土体的界面接触,可利用接触面单元来处理。连续介质有限元方法考虑了土和结构的相互作用,可同时得到整个施工过程挡土结构的位移和内力以及对应的地表沉降和坑底回弹等。

平面弹性地基梁法和平面连续介质有限元方法适合于分析诸如地铁车站等狭长形基坑。对于有明显空间效应的基坑,采用平面分析方法不能反映基坑的三维变形规律,可能会得到保守的结果。当基坑形状不规则时,采用平面分析方法则无法反映所有的支撑结构的受力和变形状况。因而,对有明显空间效应的基坑和不规则形状的基坑有必要利用三维分析方法进行分析。目前空间弹性地基板法和三维连续介质有限元方法在一些基坑工程中也得到了实际运用,并成功地指导了基坑工程的设计。

本章将重点介绍包括平面弹性地基梁法和空间弹性地基板法的荷载结构分析方法以及考虑土与结构共同作用的连续介质有限元方法,并以上海银行大厦基坑工程和上海世博地下变电站基坑工程为工程计算实例,讨论上述方法的实际应用。

6.2 荷载结构分析方法

6.2.1 平面弹性地基梁法

1. 计算原理

平面弹性地基梁法假定挡土结构为平面应变问题,取单位宽度的挡土墙作为竖向放置的弹性地基梁,支撑和锚杆简化为弹簧支座,基坑内开挖面以下土体采用弹簧模拟,挡土结构外侧作用已知的水压力和土压力。图 6-5 为平面弹性地基梁法典型的计算简图。

取长度为 b_0 的围护结构作为分析对象,列出弹性地基梁的变形微分方程如下:

$$EI \frac{d^4 y}{dz^4} - e_a(z) = 0 \quad (0 \leqslant z \leqslant h_n)$$

$$EI \frac{d^4 y}{dz^4} + mb_0(z - h_n)y - e_a(z) = 0 (z \geqslant h_n)$$

(6-1)

式中 EI——围护结构的抗弯刚度;
y——围护结构的侧向位移;
z——深度;
$e_a(z)$——z 深度处的主动土压力;
m——地基土水平抗力比例系数;
h_n——第 n 步的开挖深度。

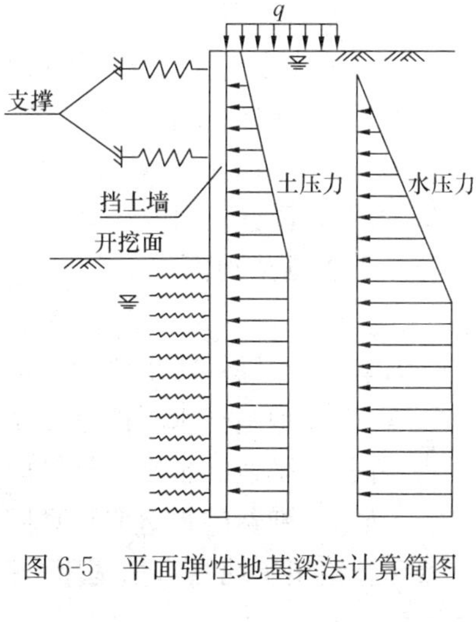

图 6-5 平面弹性地基梁法计算简图

考虑土体的分层（m 值不同）及水平支撑的存在等实际情况,需沿着竖向将弹性地基梁划分成若干单元,列出每个单元的上述微分方程,一般可采用杆系有限元方法求解。划分单元时,尽可能考虑土层的分布、地下水位、支撑的位置、基坑的开挖深度等因素。分析多道支撑分层开挖时,根据基坑开挖、支撑情况划分施工工况,按照工况的顺序进行支护结构的变形和内力计算,计算中需考虑各工况下边界条件、荷载形式等的变化,并取上一工况计算的围护结构位移作为下一工况的初始值。

弹性支座的反力可由下式计算：

$$T_i = K_{Bi}(y_i - y_{0i}) \tag{6-2}$$

式中　T_i——第 i 道支撑的弹性支座反力；
　　　K_{Bi}——第 i 道支撑弹簧刚度；
　　　y_i——由前面方法计算得到的第 i 道支撑处的侧向位移；
　　　y_{0i}——由前面方法计算得到的第 i 道支撑设置之前该处的侧向位移。

2. 支撑刚度计算

对于采用十字交叉对撑钢筋混凝土支撑或钢支撑（如图 6-6 所示），内支撑刚度的取值如下式所示：

$$K_{Bi} = EA/SL \tag{6-3}$$

式中　A——支撑杆件的横截面积；
　　　E——支撑杆件材料的弹性模量；
　　　L——水平支撑杆件的计算长度；
　　　S——水平支撑杆件的间距。

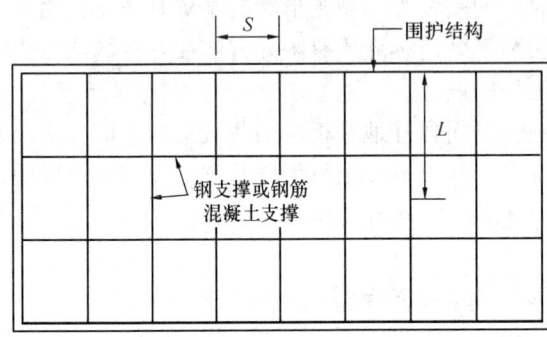

图 6-6　十字交叉内支撑刚度计算示意图

对于复杂杆系结构的水平支撑系统，不能简单地采用式（6-3）来确定支撑的刚度，但较合理地确定其支撑刚度也很困难。国家规范建筑基坑工程技术规范建议采用考虑围护结构、水平支撑体空间作用的协同分析方法确定。

当采用主体结构的梁板作为水平支撑时，水平支撑的刚度可采用下式来确定：

$$K_{Bi} = EA/L \tag{6-4}$$

式中　A——计算宽度内支撑楼板的横截面积；
　　　E——支撑楼板的弹性模量；
　　　L——支撑楼板的计算长度，一般可取开挖宽度的一半。

3. 水平弹簧支座刚度计算

基坑开挖面或地面以下，水平弹簧支座的压缩弹簧刚度 K_H 可按下式计算：

$$K_H = k_H bh \tag{6-5}$$

式中　K_H——土弹簧压缩刚度（kN/m）；
　　　k_H——地基土水平基床系数（kN/m³）；
　　　b——弹簧的水平向计算间距（m）；
　　　h——弹簧的垂直向计算间距（m）。

图 6-7 给出了地基水平基床系数的五种不同分布形式，地基水平向基床系数采用下式表示：

$$k_H = A_0 + kz^n \tag{6-6}$$

式中　z——距离开挖面或地面的深度；
　　　k——比例系数；
　　　n——指数，反映地基水平基床系数随深度的变化情况；
　　　A_0——开挖面或地面处的地基水平基床系数，一般取为零。

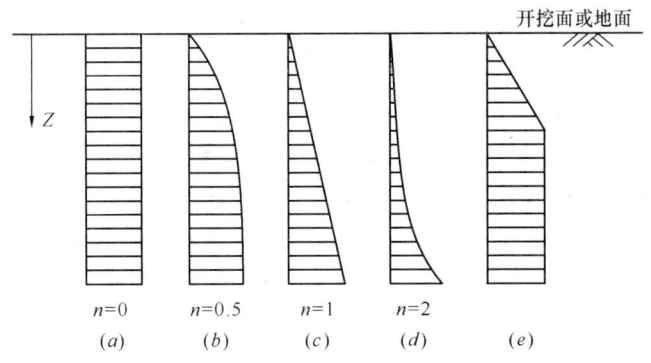

图 6-7 地基水平向基床系数的不同分布形式

当有土的标准贯入击数 N 值时可用经验公式求水平向基床系数[1]：

$$k_H = 2000N(kN/m^3) \tag{6-7}$$

式中 N——标准贯入击数。

若假设水平向基床系数沿深度为常数或在一定深度其值达到不变值时可按表 6-1 中的经验值取值。

水平向基床系数 k_H 经验值[1]　　　　　　　表 6-1

地基类别	黏性土和粉性土				砂 性 土			
	淤泥质	软	中等	硬	极松	松	中等	密实
k_H ($10^4 kN/m^3$)	0.3~1.5	1.5~3	3~15	15以上	0.3~1.5	1.5~3	3~10	10以上

中国《公路桥涵设计规范》(1975 年试行本) 和胡礼人著《桥梁桩基设计》分别给出了各类土和岩石的水平向基床系数经验参考值[1]，如表 6-2 和表 6-3 所示。

上海市基坑工程设计规程[7]根据上海地区的工程经验，对各类土建议了如表 6-4 所示的水平向基床系数值范围。

土的水平向基床系数[1]　　表 6-2

地基土的分类	k_H ($10^4 kN/m^3$)
流塑黏性土 $I_L \geq 1$、淤泥	1~2
软塑黏性土 $1 > I_L \geq 0.5$、粉砂	2~4.5
硬塑黏性土 $0.5 > I_L \geq 0$、细砂、中砂	4.5~6
坚硬黏性土 $I_L < 0$、粗砂	6~10
砾砂、角砾砂、圆砾砂、碎石、卵石	10~13
密实卵石夹粗砂、密实漂卵石	13~20

岩石的水平向基床系数[1]　　表 6-3

岩石单轴极限抗压强度(kN/m^3)	k_H ($10^4 kN/m^3$)
1000	30
≥25000	150

上海地区 k_H 值经验范围[7]　　表 6-4

地基土分类		k_H ($10^4 kN/m^3$)
流塑的黏性土		0.3~1.5
软塑的黏性土和松散的粉性土		1.5~3
可塑的黏性土和稍密~中密的粉性土		3~15
硬塑的黏性土和密实的粉性土		15以上
松散的砂土		0.3~1.5
稍密的砂土		1.5~3
中密的砂土		3~10
密实的砂土		10以上
水泥土搅拌桩加固，置换率>25%	水泥掺量<8%	1~1.5
	水泥掺量>12%	2~2.5

根据公式（6-6）中指数 n 的取值不同，将采用图 6-7 中（a）、（b）、（d）的地基反力分布形式的计算方法分别称为常数法、C 法和 K 法。图 6-7（c）中，取 $n=1$，$A_0=0$ 则

$$k_H = kz \tag{6-8}$$

此式表明地基水平向基床系数随深度按线性规律增大，由于我国以往应用这种分布模式时，采用 m 表示比例系数，即 $k_h = mz$，故通称 m 法。

基坑围护结构的平面竖向弹性地基梁法实质上是从水平向受荷桩的计算方法演变而来的，因此严格地讲地基土水平抗力比例系数 m 的确定应根据单桩的水平荷载实验结果由下式来确定：

$$m = \frac{\left(\dfrac{H_{cr}}{x_{cr}} v_x\right)^{\frac{5}{3}}}{b_0 (EI)^{\frac{2}{3}}} \tag{6-9}$$

式中 H_{cr}——单桩水平临界荷载，按建筑桩基技术规范[3]的附录 E 的方法确定；
　　　x_{cr}——单桩水平临界荷载所对应的位移；
　　　v_x——桩顶位移系数，按建筑桩基技术规范[3]方法计算；
　　　b_0——计算宽度；
　　　EI——桩身抗弯刚度。

在没有单桩水平荷载实验时，建筑基坑支护技术规程[4]提供了如下的经验计算方法：

$$m = \frac{1}{\Delta}(0.2\varphi_k^2 - \varphi_k + c_k) \tag{6-10}$$

其中 φ_k——土的固结不排水快剪内摩擦角标准值；
　　　c_k——土的固结不排水快剪黏聚力标准值；
　　　Δ——基坑底面处的位移量，可按地区经验取值，当无经验时可取 10mm。

公式（6-10）是通过开挖面处桩的水平位移值与土层参数来确定 m 值，公式中的 Δ 取值难以确定，计算得到的 m 值可能与地区的经验取值范围相差较大。而且当 φ_k 较大时，计算出的 m 值偏大，可能导致计算得到的被动侧土压力大于被动土压力。

杨光华[5]指出采用公式（6-10）计算广州地区的岩石地层的 m 值将明显偏低。湖北省地方标准基坑工程技术规程[6]在上式前乘了一个经验系数，对一般黏性土和砂土经验系数取 1.0，对老黏性土、中密以上砾卵石取 1.8～2.0，而对淤泥和淤泥质土则取 0.6～0.8。建筑桩基技术规范[3]根据试桩结果的有关统计分析亦给出了各种土体 m 值的经验值，如表 6-5 所示。但这里的 m 值与水平位移的大小相关，当围护结构的水平位移与表中对应的水平位移不符时，需对 m 值作调整。

各类土的 m 经验值[3]　　　　表 6-5

地基土类别	淤泥、淤泥质土、饱和湿陷性黄土	流塑、软塑黏性土，$e>0.9$ 粉土、松散粉细砂，松散、稍密填土	可塑黏性土、$e=0.75\sim0.9$ 粉土、湿陷性黄土、中密填土、稍密细砂	硬塑、坚硬黏性土、湿陷性黄土、$e<0.9$ 粉土、中密的中粗砂、密实老填土	中密、密实的砾砂、碎石类土
m（kN/m^4）	2500～6000	6000～14000	14000～35000	35000～100000	100000～300000
桩顶水平位移（mm）	6～12	4～8	3～6	2～5	1.5～3

上海市基坑工程设计规程[7]根据上海地区的工程经验，对各类土建议了如表 6-6 所示的 m 值范围，可以作为软土地区 m 值的参考。

冯俊福[8]根据杭州地区二十多个基坑 m 值的反分析，并结合该地区的工程经验，建议了杭州地区的 m 值范围，如表 6-7 所示。

上海地区 m 值经验范围[7]   表 6-6

地基土分类		$m(kN/m^4)$
流塑的黏性土		1000～2000
软塑的黏性土、松散的粉砂性土和砂土		2000～4000
可塑的黏性土、稍密～中密的粉性土和砂土		4000～6000
坚硬的黏性土、密实的粉性土、砂土		6000～10000
水泥土搅拌桩加固，置换率>25%	水泥掺量<8%	2000～4000
	水泥掺量>12%	4000～6000

杭州地区 m 值经验范围[8]   表 6-7

地基土分类	$m(kN/m^4)$
流塑的黏性土	500～15000
软塑的黏性土、松散的粉性土和砂土	3000～4000
可塑的黏性土、稍密～中密的粉性土和砂土	5000～6000
坚硬的黏性土、密实的粉性土、砂土	9000～10000

从上述有关 m 值的确定方法可以看出，不同的规范或规程得到的 m 值的范围可能相差较大，因此 m 值的确定在很大程度上仍依赖于当地的工程经验。

4. 主动侧土压力的计算

作用在挡土结构上的土压力的计算参见第 4 章有关内容。

5. 求解方法

基于有限元的平面弹性地基梁法的一般分析过程如下：

(1) 结构理想化，即把挡土结构的各个组成部分根据其结构受力特点理想化为杆系单元，如两端嵌固的梁单元、弹性地基梁单元、弹性支撑梁单元等。

(2) 结构离散化，把挡土结构沿竖向划分为若干个单元，一般每隔 1～2m 划分一个单元。为计算简便，尽可能将节点布置在挡土结构的截面、荷载突变处，弹性地基基床系数变化处及支撑或锚杆的作用点处。

(3) 挡土结构的节点应满足变形协调条件，即结构节点的位移和联结在同一节点处的每个单元的位移是互相协调的，并取节点的位移为未知量。

(4) 单元所受荷载和单元节点位移之间的关系，以单元的刚度矩阵 $[K]^e$ 来确定，即

$$[F]^e = [K]^e \{\delta\}^e \tag{6-11}$$

式中 $[F]^e$——单元节点力；

   $[K]^e$——单元刚度矩阵；

   $\{\delta\}^e$——单元节点位移。

作用于结构节点上的荷载和结构节点位移之间的关系以及结构的总体刚度矩阵是由各个单元的刚度矩阵，经矩阵变换得到。

(5) 根据静力平衡条件，作用在结构节点上的外荷载必须与单元内荷载平衡，单元内荷载是由未知节点位移和单元刚度矩阵求得。外荷载给定，可以求得未知的节点位移，进

而求得单元内力。对于弹性地基梁的地基反力,可由结构位移乘以基床系数求得。

6.2.2 空间弹性地基板法

平面弹性地基梁法应用于有明显空间效应的深基坑工程时,由于模型作了过多的简化而不能反映实际结构的空间变形性状,在设计中就有可能造成资源浪费或安全隐患。因此对于具有明显空间效应的深基坑工程,其支护结构的计算就有必要作为空间问题来求解。

空间弹性地基板法[9,10]是在竖向平面弹性地基梁法的基础上发展起来的一种空间分析方法,该方法完全继承了竖向平面弹性地基梁法的计算原理,建立围护结构、水平支撑与竖向支承系统共同作用的三维计算模型并采用有限元方法求解这一问题,其计算原理简单明确,同时又克服了传统竖向平面弹性地基梁法模型过于简化的缺点。

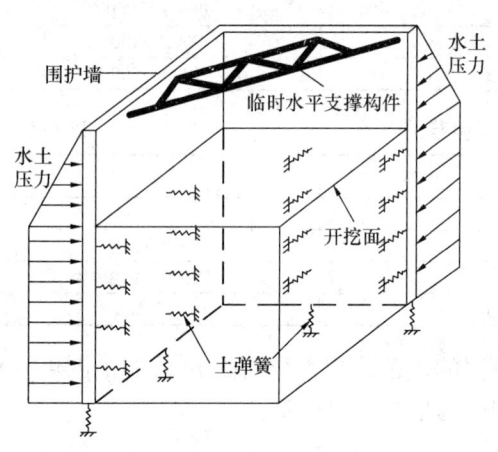

图 6-8 基坑支护结构的空间
弹性地基板法分析模型示意图

1. 计算原理

图 6-8 为空间弹性地基板法的基坑支护结构三维分析模型示意图(以矩形基坑为例,取 1/4 模型表示),图中为水平支撑体系采用临时支撑的情况。按实际支护结构的设计方案建立三维有限元模型,模型包括围护结构、水平支撑体系、竖向支承系统和土弹簧单元。对采用连续墙的围护结构可采用三维板单元来模拟;对采用灌注桩的围护结构可采用梁单元来模拟,也可采用板单元来近似模拟。对采用临时水平支撑的情况,水平支撑体系仅包括梁,此时可以采用梁单元来模拟;对水平支撑体系采用主体结构梁板的情况,采用梁单元和板单元来模拟水平支撑构件,同时尚需考虑梁和板的共同作用。竖向支承体系包括立柱和立柱桩,一般也可用梁单元来模拟。根据施工工况和工程地质条件确定坑外土体对围护结构的水土压力荷载,由此分析支护结构的内力与变形。

2. 土弹簧刚度系数的确定

基坑开挖面以下,土弹簧单元的水平向刚度可按公式(6-5)计算,其中 b 和 h 分别取为三维模型中与土弹簧相连接的挡土结构单元(板单元)的宽度和高度;

3. 土压力的计算

土压力的计算方法与平面竖向弹性地基梁的方法相同,只是在平面竖向弹性地基梁中土压力为作用在挡土结构上的线荷载,而在空间弹性地基板法中土压力则是作用在挡土结构上的面荷载。

4. 求解方法和程序示例

空间弹性地基板法的求解可采用大型通用有限元程序如 ANSYS、ABAQUS、ADINA、MARC 等。以 ANSYS 为例说明如何来实现空间弹性地基板法的分析。借助于 ANSYS 自带的参数化设计语言 APDL 与宏技术组织管理 ANSYS 的有限元分析命令,可以方便地实现参数化建模、施加荷载与求解以及后处理结果的显示,从而实现参数化有限元分析的过程。关于 APDL 的基本要素及具体应用可参考文献[11]。

这里结合一简单算例介绍如何采用 APDL 语言来实现空间弹性地基板法。所分析的基坑为方形，边长 30m，开挖深度 5m，采用厚 0.6m 深 25m 的地下连续墙支护，在墙顶处设置一道楼板支撑。有关计算参数及开挖程序如图 6-9 所示。采用 APDL 语言进行建模和分析的命令流可见参考文献[12]。

6.2.3 基坑施工过程的模拟

在常规的工程设计计算中，对于假设有 n 道支撑的支护结构，考虑先支撑后开挖的原则，具体分析过程如下：

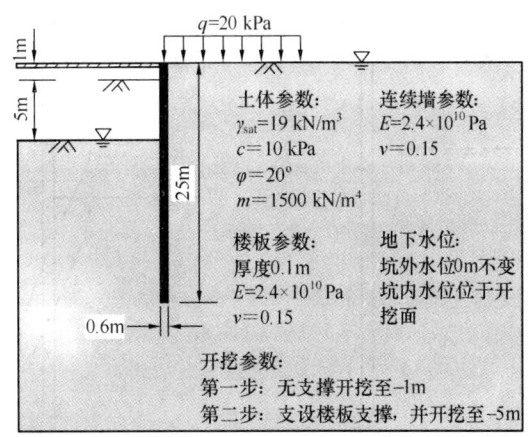

图 6-9 算例的有关参数

(1) 首先挖土至第一道支撑底标高，计算简图如图 6-10(a) 所示，施加外侧的水土压力计算此时支护结构的内力及变形；

(2) 第一道支撑施工（有预加轴力时应施加轴力），计算简图如图 6-10(b) 所示，此时水土压力增量为 0，只需计算在预加轴力作用下支护结构的内力及变形等；

(3) 挖土至第二道支撑底标高，计算简图如图 6-10(c) 所示，施加水土压力增量，并计算支护结构在新的水土压力作用下的变形及内力等；

(4) 依次类推，施加第 n 道支撑及开挖第 n 层土体，直至基坑开挖至基底位置。

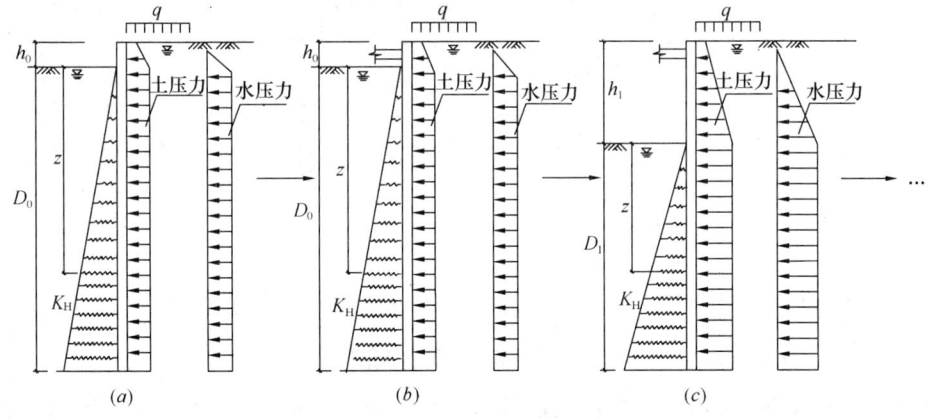

图 6-10 计算流程图
(a) 开挖至第一层土；(b) 施工第一道支撑；(c) 开挖至第二层土

实际上，在采用多道支撑或锚杆的支护结构中，各支撑或锚杆的受力先后是不同的，支撑或锚杆是在基坑开挖到一定深度后才加上的，即在墙体产生了一定位移后才加上的（见图 6-11）。各支撑或锚杆发挥作用的时刻不同，先加上的支撑或锚杆较早参与了共同作用，后加上的则较迟产生作用。

为考虑设置支撑和开挖的实际施工过程，杨光华[5]提出了一种可以考虑逐步加撑或加锚和逐步开挖的整个施工过程的土、墙、支撑或锚杆共同作用的简单增量计算法，并从理论上对其正确性进行了证明，通过计算实例说明了其合理性，为基坑支护结构提供了一种更为合理的计算方法。

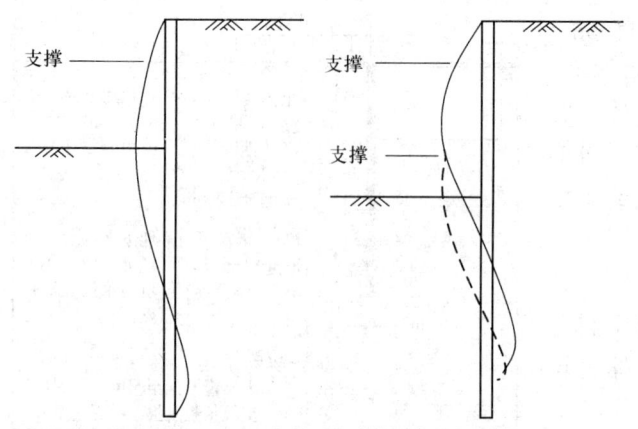

图 6-11 开挖过程中支撑设置与墙体变位的关系[5]

增量法的计算过程如图 6-12 所示。为在开挖面以下 H_1 处加支撑，先开挖到 $H_1 + \Delta H$，此时，相应荷载和计算简图如图 6-12(b) 所示，q_1 为土压力，求解可得开挖面以下土弹簧的反力 x_1^0、x_2^0、……、x_6^0，相应的墙体内力和位移也可求得。在墙顶下 H_1 处加刚度为 K 的支撑，然后由 $H_1 + \Delta H$ 开挖到 H_2 处，这一过程的计算简图如图 6-12(c) 所示。土压力的增量为 $q_2 - q_1$。由于 K_1 和 K_2 两弹簧被挖去，弹簧对墙体作用力 x_1^0、x_2^0 应反向作用在墙体上，求解得此时各弹簧对墙体作用力为 x^1、x_3^1、x_4^1、x_5^1、x_6^1。整个开挖加支撑施工过程如图 6-12(d) 所示，为图 6-12(b)、(c) 两个增量过程迭加的结果。图 6-12(b)、(c) 两个增量过程所得的墙体内力和位移迭加即为整个施工过程最终的墙体内力和位移。

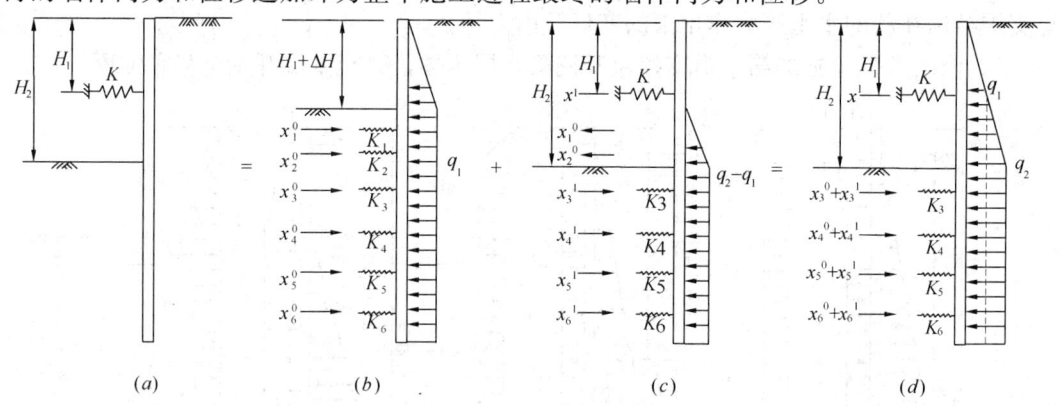

图 6-12 增量法计算简图[5]

增量法考虑了施工过程，符合工程实际，所得的墙体内力和支撑反力比不考虑施工过程的计算方法所得的结果更为合理。文献[5]中给出了一个实际的工程案例说明增量法的计算结果更为合理。图 6-13 所示为广州珠江过江隧道深基坑开挖工程某槽段的剖面图。该基坑开挖深度 17.8m，基坑的围护结构采用 T 型截面的地下连续墙，在标高 4.5m、−1.5m、−7.5m 处各设一道工字钢支撑。开挖和加撑的顺序为：(1) 从 ▽7.5m 开挖到 ▽3.0m；(2) 在 ▽4.5m 处加第一道支撑，由 ▽3.0m 开挖到 ▽−3.0m；(3) 在 ▽−1.5m 加第二道支撑，由 ▽−3.0m 开挖到 ▽−8.5m；(4) 在 ▽−7.5m 加第三道支撑，由 ▽−8.5m 开挖到 ▽−10.3m。各道支撑刚度及开挖和加撑过程如图 6-13 所示。

取 1m 宽墙体计算，每米宽墙的抗弯刚度为 $3.3 \times 10^6 \text{kN} \cdot \text{m}^2$。若不考虑施工过程，相应的墙体弯矩和各道支撑反力如图 6-14(a) 所示。比较图 6-14(a)、(b) 可见，增量法考虑了施工过程，计算所得墙体弯矩远大于不考虑施工过程的常规计算方法计算所得弯矩。由此可见，采用不考虑施工过程的计算结果进行支护结构设计是偏不安全的。不考虑施工

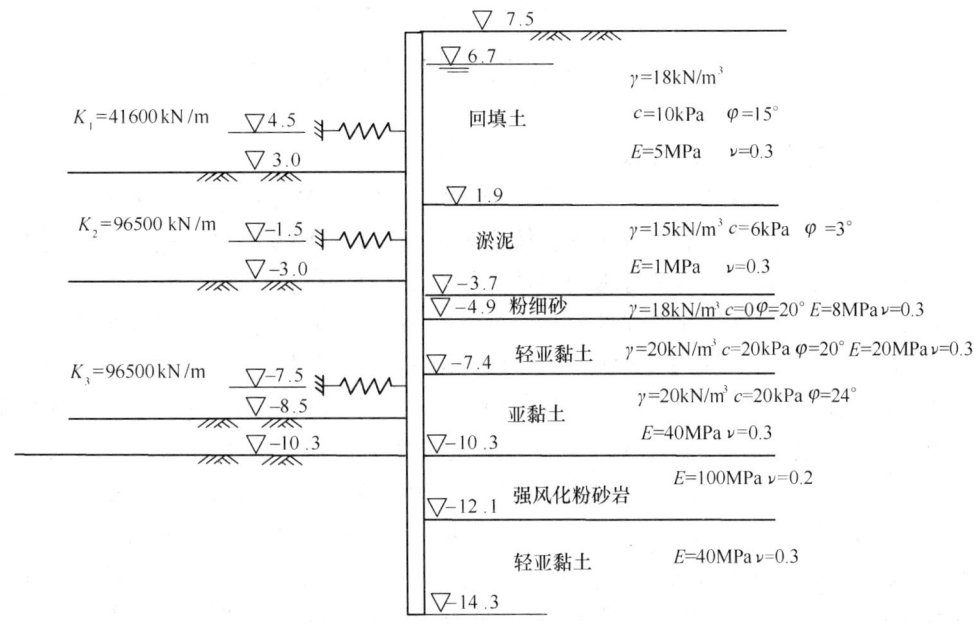

图 6-13 基坑实例计算剖面图[5]

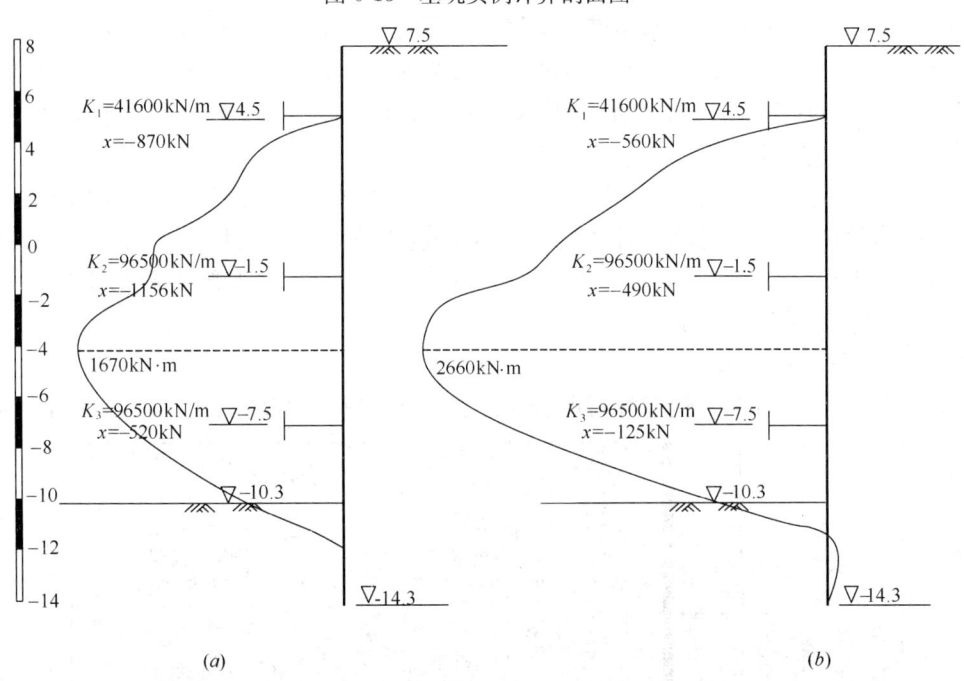

图 6-14 计算弯矩图[5]
(a)不考虑施工过程；(b)考虑施工过程

过程所得的支撑轴力计算结果也不合理，偏大。例如，K_3 的轴力是从 -8.5m 开挖到 -10.3m 这一增量过程产生的，这一过程产生的增量荷载仅为 700kN，且应由开挖面以下土体和三道支撑共同承担。而不考虑施工过程所得的 K_3 的轴力达到 520kN，结果显然偏大，采用这样的结果设计支撑或锚杆会造成浪费。

6.3 土与结构共同作用方法

6.3.1 土的本构关系模型选取

基坑开挖是一个土与结构共同作用的复杂过程。对土介质本构关系的模拟是采用土与结构共同作用方法的关键。基坑现场的土体应采用合适的本构模型进行模拟,并且能根据室内试验和原位测试等手段给出合理的参数。虽然土的本构模型有很多种,但广泛应用于基坑工程中的仍只有少数几种如弹性模型、Mohr-Coulomb 模型、修正剑桥模型、Drucker-Prager 模型、Duncan-Chang 模型、Plaxis Hardening SoilModel[13]等。Brinkgreve[14]对这几种本构模型在岩土工程不同分析问题中的适用性作了较详细的评述。基坑开挖是典型的卸载问题,且开挖会引起应力状态和应力路径的改变[15],分析中所选择的本构模型应能反映开挖过程中土体应力应变变化的主要特征。弹性模型不能反映土体的塑性性质因而不适合于基坑开挖问题的分析。而作为弹-理想塑性模型的 Mohr-Coulomb 模型和 Drucker-Prager 模型,其卸载和加载模量相同,应用于基坑开挖时往往导致不合理的坑底回弹,只能用作基坑的初步分析。修正剑桥模型和 Plaxis Hardening Soil Model 由于刚度依赖于应力水平和应力路径,应用于基坑开挖分析时能得到较弹-理想塑性模型更合理的结果。从理论上讲,基坑开挖中土体本构模型最好应能同时反映土体在小应变时的非线性行为和土的塑性性质。反映土体在小应变时的非线性行为的本构模型能给出基坑在开挖过程中更为合理的变形(包括支护结构的变形和土体的变形);而反映土体塑性性质的本构模型对于正确模拟主动和被动土压力具有重要的意义。

图 6-15 为一个悬臂开挖的实例,对该开挖进行了四种情况的模拟:(1)土体采用弹性模型(刚度为常数);(2)土体采用弹性模型,但刚度随着深度的增加而增大;(3)采用弹-理想塑性的 Mohr-Coulomb 模型,且刚度为常数;(4)采用弹-理想塑性的 Mohr-Coulomb 模型,但刚度随着深度的增加而增大。四种情况的参数以及基坑的有关尺寸、墙体的计算参数等均在图 6-15 中给出。

图 6-16(a)、(b)分别为这四种情况分析得到的墙体侧移和墙后土体沉降情况。从图

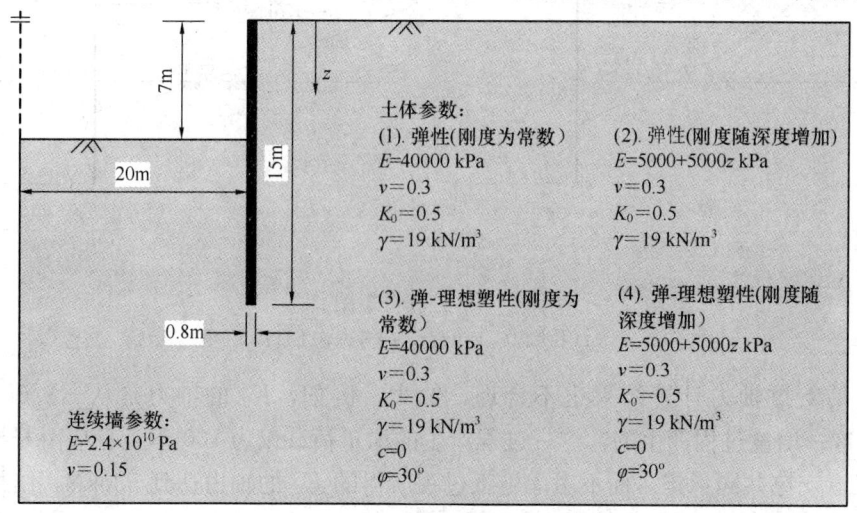

图 6-15 悬臂开挖实例

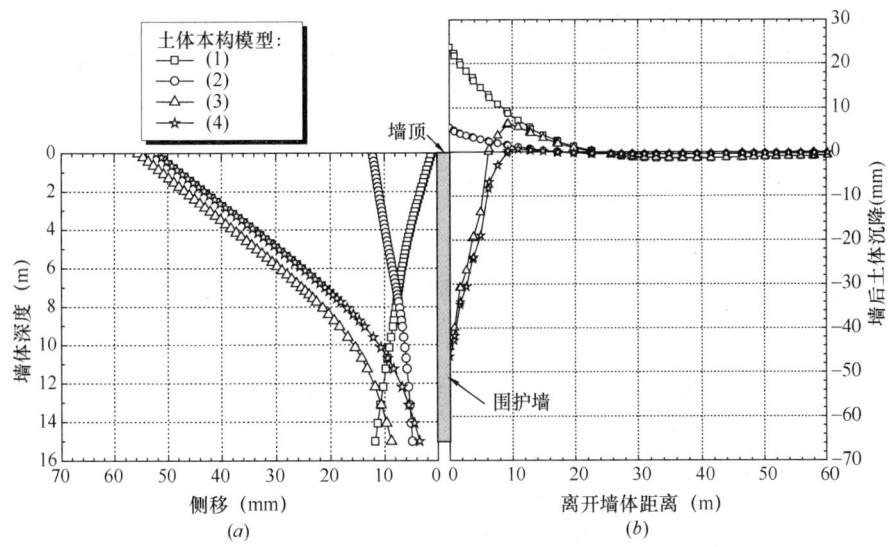

图 6-16 采用弹性和弹-理想塑性模型分析的墙体侧移与墙后地表竖向位移
(a)墙体侧移；(b)墙后土体沉降

6-16 中可以看出，采用刚度为常数的弹性模型得到的墙体侧移为上部小、下部大，而墙后土体则表现为上抬，这完全不符合实际的工程经验。采用刚度随深度增加而增大的弹性模型时，虽然在一定程度上改善了墙体的侧移情况，但墙后土体仍然表现为上抬。当采用弹-理想塑性的 Mohr-Coulomb 模型时，墙体侧移比弹性模型的侧移要大得多，墙体的侧移与悬臂梁的变形相似。采用刚度为常数的弹-理想塑性模型分析得到的墙后地表沉降结果仍然较差，而采用刚度随着开挖深度增加而增大的弹-理想塑性模型则在一定程度上改善了墙后地表沉降的形态。图 6-17 给出了墙体的弯矩分布情况，可以看出刚度为常数的弹性模型和刚度随深度增加而增大的弹性模型都不能较好地反映悬臂开挖围护结构的弯矩分布情况。

Potts[16]指出，采用应变硬化模型来模拟基坑开挖问题时，则能较好地预测基坑变形的情况。修正剑桥模型、Plaxis Hardening Soil(HS)模型均是硬化类型的本构模型，因而其较弹-理想塑性模型更适合于基坑开挖的分析。图 6-18 为 Grande[17]采用不同模型分析一个开挖宽度为 6m、深度为 6m 的基坑所得到的墙后地表沉降情况，可以看出 HS 模型较 Mohr-Coulomb 模型能更好地预测墙后地表的沉降。当然，能反映土体在小应变时的变形特征的高级模型如 MIT-E3[18]模型等应用于基坑开挖分析时具有更好的适用性[19]，但高级模型的参数一般较多，且往往需要高质量的试验来确定参数，因而直接应用于工程实践

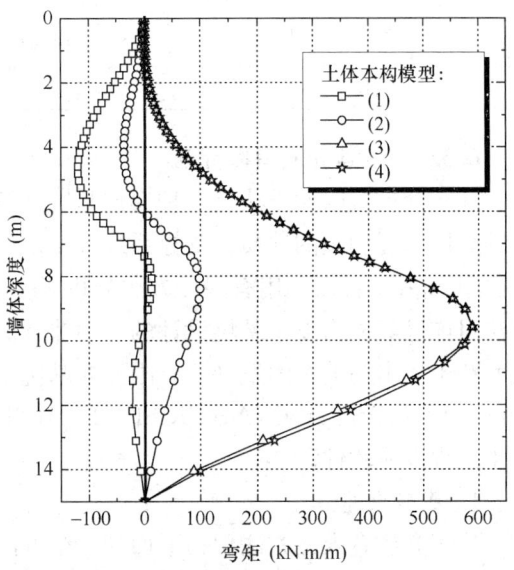

图 6-17 采用弹性和弹-理想塑性模型分析的墙体弯矩

尚存在一定的距离。在不考虑模型参数的影响下，根据模型本身的特点，可以大致判断各种本构模型在基坑开挖分析中的适用性，如表 6-8 所示，可以作为基坑分析时选择本构模型的参考。

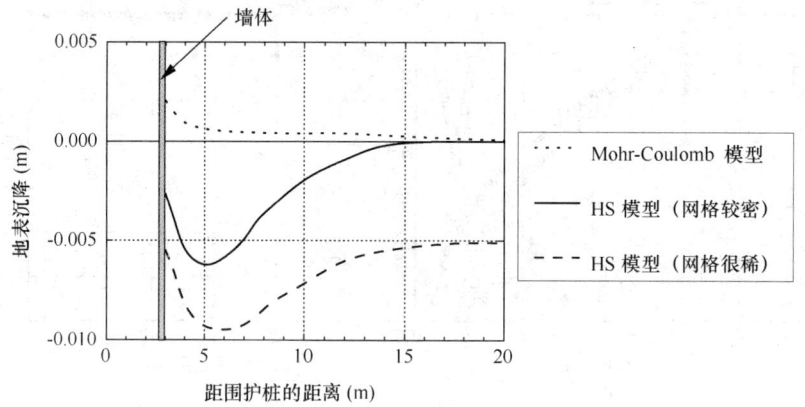

图 6-18　不同模型得到的墙后地表沉降情况（Grande[17]）

各种本构模型在基坑开挖分析中的适用性　　　　　　　　　　表 6-8

本构模型的类型		不适用	适合于初步分析	适合于较精确的分析	适合于高级分析
弹性模型	弹性模型	√			
	横观各向同性弹性模型	√			
	DC 模型		√		
弹-理想塑性模型	Tresca 模型		√		
	MC 模型		√		
	DP 模型		√		
硬化模型	MCC 模型			√	
	PlaxisHS 模型			√	
小应变模型	MIT-E3 模型				√

6.3.2　连续介质有限元法

连续介质有限元方法是一种模拟基坑开挖问题的有效方法，它能考虑复杂的因素如土层的分层情况和土的性质、支撑系统分布及其性质、土层开挖和支护结构支设的施工过程等。Clough[20]首次采用有限元方法分析了基坑开挖问题之后，经过三十多年的发展，该方法目前已经成为复杂基坑设计的一种非常流行的方法。随着有限元技术、计算机软硬件技术和土体本构关系的发展，有限元在基坑工程中的应用取得了长足的进步，出现了 EX-CAV、PLAXIS、ADINA、CRISP、FLAC2D/3D、ABAQUS 等适合于基坑开挖分析的岩土工程专业软件。

1. 基本原理

连续介质有限元方法包括平面和三维方法，平面有限元方法适合于分析诸如地铁车站等狭长形基坑。下面以平面应变为例说明有限元法的基本原理。对于基坑开挖工程，一般是在整个基坑中寻找具有平面应变特征的断面进行分析。对于长条形基坑或边长较大的方形基坑，一般可选择基坑中心断面，如图 6-19(a)、(c)所示。以中心断面为主，将开挖影响范围内的土体与支护结构离散，划分为许多的网格（如图 6-19(b)、(d)所示），每个网格称为单元，这些单元按变形协调条件相互联系，组成有限元体系。

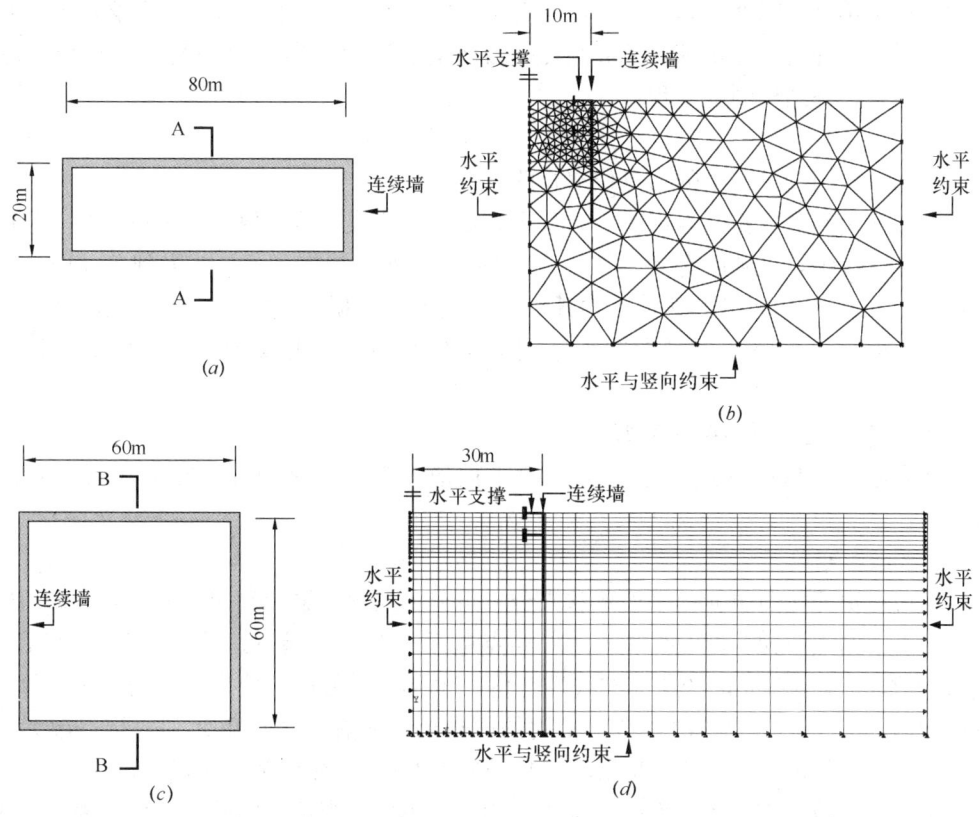

图 6-19　基坑开挖的有限元分析
(a)长条形基坑平面图；(b)A-A 剖面网格图；(c)方形基坑平面图；(d)B-B 剖面网格图

每个单元由一系列结点组成，每个结点有一系列自由度。对变形有限元而言，结点自由度为结点的位移分量（对于地下水渗流问题结点自由度为地下水头，对固结问题自由度则为超孔压和位移分量）。单元内任何一点的位移可以用单元结点的位移来表示：

$$\{u\}^e = [N]\{v\}^e \tag{6-12}$$

其中　$\{u\}^e$——单元内任一点的位移向量，$\{u\}^e = \{u_x, u_y\}^T$；

　　　$[N]$——插值函数矩阵；

　　　$\{v\}^e$——结点位移向量，$\{v\}^e = \{v_1, v_2, \cdots v_n\}^T$。

由结点位移向量 $\{v\}^e$，可以求出单元内各点的应变：

$$\{\varepsilon\}^e = [B]\{v\}^e \tag{6-13}$$

式中　$\{\varepsilon\}^e$——单元内任意点的应变向量，平面应变条件下 $\{\varepsilon\}^e = \{\varepsilon_{xx}, \varepsilon_{yy}, \varepsilon_{xy}\}^T$；

　　　$[B]$——应变与结点位移的关系矩阵。

再由材料的本构关系（即物理方程），得到单元弹性矩阵 $[D]$，从而单元中任一点的应力可由结点的位移表示为：

$$\{\sigma\}^e = [D][B]\{v\}^e \tag{6-14}$$

根据虚功原理，可推得单元的刚度矩阵为：

$$[K]^e = \int_V [B]^T[D][B]\mathrm{d}V \tag{6-15}$$

建立每个单元的刚度矩阵，然后将所有单元的刚度矩阵组装成总刚度矩阵 $[K]$，再计算开挖等引起的外力，并将其转换成结点外力向量 $\{P\}$，利用平衡条件建立表达结构的力-位移的关系式，即结构刚度方程：

$$[K]\{v\} = \{P\} \tag{6-16}$$

式中　$\{v\}$——因开挖产生的结点位移矩阵。

考虑几何边界条件作适当修改后，采用高斯消去法或其他数值方法求解式(6-16)所示的高阶线性方程组，得到所有的未知结点位移 $\{v\}$。然后根据(6-12)式得到单元内任一点的位移 $\{u\}$；根据(6-13)式得到单元内任一点的应变；根据(6-14)式得到单元内任一点的应力。这样就可得到整个模型内围护结构的位移和内力、地表的沉降、坑底土体的回弹等。

2. 平面有限元分析的单元类型

平面有限元分析中常用的单元类型有平面应变单元、梁单元、杆件单元及接触面单元。

(1) 平面应变单元

平面应变单元按照单元的平面形状来分，可分为三角形单元和四边形单元。常用的三角形单元有 3 结点单元、6 结点单元、10 结点单元和 15 结点单元。其中 3 结点单元内的应变为常数，6 结点单元内的应变按线性变化，10 结点单元内的应变变化为二次函数，15 结点单元内的应变变化为三次函数。常用的四边形单元有 4 结点单元和 8 结点单元。同理，4 结点单元内的应变按线性变化，8 结点单元内的应变变化为二次函数。

当单元内的应变变化为线性时，称单元为低阶单元，当单元内的应变变化为二次或二次以上函数时，则称单元为高阶单元。3 结点三角形单元、6 结点三角形单元、4 结点四边形单元为低阶单元；而 10 结点三角形单元、15 结点三角形单元和 8 结点四边形单元则为高阶单元。高阶单元能较好地反映单元内应力或应变变化较大的情况，因而较低阶单元更加精确。一般而言 15 结点三角形单元和 8 结点四边形单元已具有较高的精确度，能满足一般基坑开挖分析的精度要求。

平面应变单元一般用来模拟基坑开挖中的土体，也可以用来模拟基坑的挡土结构。当模拟基坑的挡土结构时，需沿其厚度方向划分足够多的单元，以较精确地得到围护体的弯矩。需指出的是，此时围护体的弯矩需通过单元内积分点的应力计算得到，因此较为麻烦。

(2) 梁单元

基坑中的围护结构如地下连续墙等板式结构需承受弯矩，在平面有限元模型里可用梁单元(线单元)来模拟。梁单元的每个节点具有三个自由度，即两个平移自由度(u_x, u_y)和一个转动自由度(在 x-y 平面内的转角 φ_z)。梁单元的结点个数可考虑同与之接触的土体单元的结点个数相对应，例如当土体采用 3 结点的三角形单元或 4 结点的四边形单元时，梁采用 2 结点的梁单元；当土体采用 6 结点的三角形单元或 4 结点的四边形单元时，梁采用

3个结点的梁单元,而当土体采用15结点的三角形单元时,梁采用5结点的梁单元。2结点梁单元为低阶梁单元,大于或等于3个结点的梁单元为高阶梁单元。一般的基坑开挖中,采用2结点的梁单元已能满足计算的精度要求。图6-20为2结点梁单元示意图。

(3) 杆件单元

杆件单元用来模拟支撑、锚杆等只能承受轴向力的构件。杆件单元每个结点只有一个自由度,即沿着杆件轴线方向的位移,如图6-21所示。2个结点的单元为低阶单元,高阶单元有3个及3个以上的结点。基坑开挖有限元分析中,采用2个结点的杆件单元足以达到精度要求。

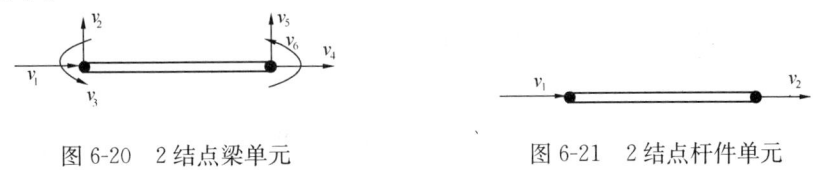

图 6-20　2结点梁单元　　　　　图 6-21　2结点杆件单元

(4) 接触面单元

基坑工程中,围护体与土体存在相互作用。一方面围护结构与周围的土体在材料模量上差异很大;另一方面围护体如地下连续墙常用槽壁法施筑,由于墙体与土体之间残留着一层泥皮起润滑作用,使墙面抗剪强度降低[21],因而在一定的受力条件下接触面之间可能发生相对滑移,这使得墙土接触面间的力学行为非常复杂。连续墙与土体的接触面性质对围护结构的变形和内力、坑外土体的沉降和沉降影响范围以及坑底土体的回弹会产生显著的影响。有限元法是在连续介质力学理论的基础上推导出来的分析方法,这种方法无法有效地评估材料间发生相对位移的受力和变形性态。因此基坑的有限元分析中,为使分析结果更加符合实际,一般利用接触面单元来处理这种考虑连续墙与土体的界面接触问题。

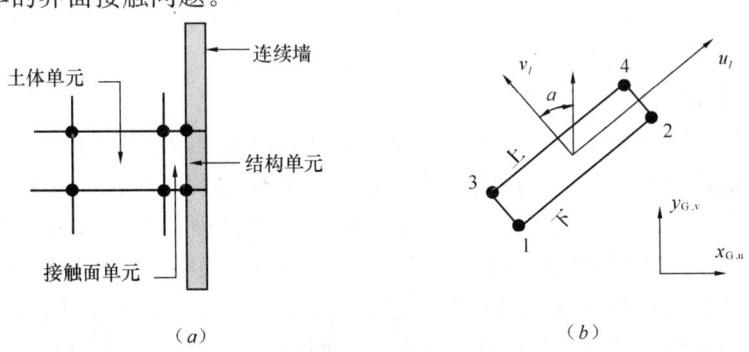

图 6-22　接触面单元设置及 Goodman 单元
(a)连续墙与土体之间的接触面单元设置;(b)Goodman 单元示意图

如图6-22(a)所示,可在结构单元与土体之间增加一接触面单元。根据厚度选择,接触面单元可分为有一定厚度的薄层单元和无厚度的接触面单元。前者如 Desai[22]单元,后者如应用得最为广泛的 Goodman[23]单元。

图6-22(b)为 Goodman 单元的示意图,单元具有4个结点,接触面上的应力由法向的正应力和切向剪应力两个分量组成。正应力σ和剪应力τ分别与单元的正应变ε和剪应变γ相关,可用如下的本构关系表示:

$$\begin{bmatrix} \Delta\tau \\ \Delta\sigma \end{bmatrix} = [D]\begin{bmatrix} \Delta\gamma \\ \Delta\varepsilon \end{bmatrix} \tag{6-17}$$

对各向同性线弹性行为，矩阵 $[D]$ 可表示为：

$$[D] = \begin{bmatrix} K_s & 0 \\ 0 & K_n \end{bmatrix} \tag{6-18}$$

式中　K_s——接触沿切线方向的刚度系数；

　　　K_n——接触沿法向的刚度系数。

接触面单元的应变可由单元的上表面和下表面的相对位移表示：

$$\begin{cases} \gamma = \Delta u_1 = u_1^{\text{bot}} - u_1^{\text{top}} \\ \varepsilon = \Delta v_1 = v_1^{\text{bot}} - v_1^{\text{top}} \end{cases} \tag{6-19}$$

其中：$\begin{cases} u_1 = v\sin\alpha + u\cos\alpha \\ v_1 = v\cos\alpha - u\sin\alpha \end{cases} \tag{6-20}$

式中　u——总体坐标下沿着 x_G 方向的位移；

　　　v——总体坐标下沿着 y_G 方向的位移。

这样，就可以将单元的正应变 ε 和剪应变 γ 用总体坐标下的位移表示，如下式所示：

$$\begin{cases} \gamma = (v^{\text{bot}} - v^{\text{top}})\sin\alpha + (u^{\text{bot}} - u^{\text{top}})\cos\alpha \\ \varepsilon = (v^{\text{bot}} - v^{\text{top}})\cos\alpha - (u^{\text{bot}} - u^{\text{top}})\sin\alpha \end{cases} \tag{6-21}$$

接触面单元能较好地模拟土体与结构之间的相对位移，但由于接触面参数难以从常规的土工试验中得到，因此存在计算参数如何确定的问题。此外引进接触面单元后有时会产生数值计算的不稳定，因此需要谨慎对待。当不采用接触面单元时，可考虑将紧靠围护结构的土体划分成很小的单元，土体采用弹塑性本构关系时，这些很小的土体单元将很容易达到塑性状态，从而能产生较大的位移。虽然这种方法并不能完全模拟土体与结构的接触特性，但处理得当亦可以得到较为合理的分析结果。

3. 三维有限元分析

虽然在一般工程应用上，平面有限元分析能得到较合理的结果，但对于基坑短边的断面，或靠近基坑角部的断面，围护结构的变形和地表的沉降具有明显的空间效应，若采用平面应变有限元方法分析这些断面，将会高估围护结构的变形和地表的沉降。欧章煜[24]采用平面应变有限元方法和三维有限元方法对台北海华金融中心进行分析，结论是平面应变分析高估了连续墙的变形量，而采用三维有限元分析则得到了与实测很接近的结果。因此，要想更全面地掌握基坑本身的变形及基坑开挖对周边环境的影响的规律，需采用考虑土与结构共同作用的三维有限元分析方法。

考虑土与结构共同作用的三维有限元分析时应力包括全部六个分量，分析时所用的有限元理论、土的本构模型等均与平面连续介质有限元方法相同。与平面连续介质有限元方法不同的是，三维有限元方法需采用三维单元，例如土体需用三维的六面体单元、四面体单元等；围护结构与支撑楼板等需采用板单元，立柱与梁支撑等需采用三维梁单元来模拟。

在三维有限元分析中，要想得到较好的结果需考虑围护结构与土体的接触问题，并采用弹塑性的土体本构关系进行分析。考虑接触问题的三维弹塑性有限元分析的难度主要有如下几点：(1) 有限元建模的复杂，模型需通盘考虑土层的分层情况、分步施工结构、分步挖土、接触面的设置等复杂因素；(2) 有限元计算的收敛困难，较大规模单元量的三维弹塑性分析本身就是就存在难收敛的问题，而连续墙和土体的接触问题更是高度的非线性问题，往往使得分析更难以顺利进行；(3) 基坑开挖分析需按实际情况分步进行，这使得完成一次分析过程更加耗费时间，因而计算成本高。

4. 总应力、有效应力分析和流固耦合分析

土单元的应力-应变关系，即本构关系，可以采用总应力表达式：

$$\{\Delta\sigma\} = [D]\{\Delta\varepsilon\} \tag{6-22}$$

式中 $\{\Delta\sigma\} = [\Delta\sigma_x, \Delta\sigma_y, \Delta\sigma_z, \Delta\tau_{xy}, \Delta\tau_{xz}, \Delta\tau_{yz}]^T$——总应力增量向量；

$\{\Delta\varepsilon\} = [\Delta\varepsilon_x, \Delta\varepsilon_y, \Delta\varepsilon_z, \Delta\gamma_{xy}, \Delta\gamma_{xz}, \Delta\gamma_{yz}]^T$——应变向量；

$[D]$——单元刚度矩阵。

采用不同的本构模型即有不同的 $[D]$。假设土为各向同性线弹性材料，则 $[D]$ 矩阵为如下形式：

$$[D] = \frac{E}{1+\nu}\begin{bmatrix} (1-\nu) & \nu & \nu & 0 & 0 & 0 \\ \nu & (1-\nu) & \nu & 0 & 0 & 0 \\ \nu & \nu & (1-\nu) & 0 & 0 & 0 \\ 0 & 0 & 0 & (1/2-\nu) & 0 & 0 \\ 0 & 0 & 0 & 0 & (1/2-\nu) & 0 \\ 0 & 0 & 0 & 0 & 0 & (1/2-\nu) \end{bmatrix}$$

(6-23)

式中 E——弹性模量；

ν——泊松比。

根据加载速率和土的渗透性以及排水条件等的相互关系可将实际工程问题简化为：排水(drained)和不排水(fully undrained)问题。根据有效应力原理，总应力增量 $\{\Delta\sigma\}$ 可表示为：

$$\{\Delta\sigma\} = \{\Delta\sigma'\} + \{\Delta\sigma_f\} \tag{6-24}$$

式中 $\{\Delta\sigma_f\} = \{\Delta u \quad \Delta u \quad \Delta u \quad 0 \quad 0 \quad 0\}^T$——超静孔隙水压力。

在排水条件下，孔隙水压力不发生变化，即 $\Delta u=0$。根据有效应力原理，则有效应力增量等于总应力增量，即 $\Delta\sigma'=\Delta\sigma$。此时 $[D]$ 矩阵应采用有效应力指标。例如对各向同性线弹性材料，此时弹性模量 E 和泊松比 ν 应分别取值排水弹性模量 E' 和排水泊松比 ν'。

在不排水条件下对土体施加外荷载后，土体内孔隙水压力发生变化，$\Delta u \neq 0$。若不需要求得孔隙水压力增量 Δu，则直接采用如式(6-22)的总应力分析方法和相应的总应力参数，即 $[D]$ 矩阵中为不排水弹性模量 E_u 和不排水泊松比 ν_u。对饱和土而言，不排水条件下土体不发生体积变形。若土体假设为各向同性线弹性材料，则此时泊松比 ν_u 等于 0.5。在实际数值计算中，取泊松比 ν_u 等于 0.5 会导致计算问题。因此，通常数值分析中泊松比 ν_u 取大于 0.49 但不等于 0.5 的数值[25]。

采用上述总应力分析方法只能得到不排水条件下总应力的变化，而无法得到土体内孔隙水压力的变化，因此有必要采用有效应力分析方法。假设土颗粒和水应变量相等，则有效应力增量和超静孔隙水压力可分别表示如下：

$$\{\Delta\sigma'\} = [D']\{\Delta\varepsilon\} \tag{6-25}$$

$$\{\Delta\sigma_f\} = [D_f]\{\Delta\varepsilon\} \tag{6-26}$$

式中　$[D']$——有效应力刚度矩阵；

　　　$[D_f]$——孔隙水刚度矩阵。

由于水不能受剪切，$[D_f]$有如下形式：

$$[D_f] = K_e \begin{bmatrix} 1 & 1 & 1 & 0 & 0 & 0 \\ 1 & 1 & 1 & 0 & 0 & 0 \\ 1 & 1 & 1 & 0 & 0 & 0 \\ 0 & 0 & 0 & 0 & 0 & 0 \\ 0 & 0 & 0 & 0 & 0 & 0 \\ 0 & 0 & 0 & 0 & 0 & 0 \end{bmatrix} \tag{6-27}$$

式中　K_e——孔隙水等效刚度。

将上式代入(6-26)，可得：

$$\Delta u = K_e(\Delta\varepsilon_x + \Delta\varepsilon_y + \Delta\varepsilon_z) = K_e \Delta\varepsilon_v \tag{6-28}$$

式中　$\Delta\varepsilon_v$——土体的体应变。

假设土的孔隙率为 n，K_s 为土颗粒的体积变形模量，K_f 为水的体积变形模量。则单位体积土体的体应变可视为超静孔隙水压力对水和土颗粒压缩所产生的：

$$\Delta\varepsilon_v = \frac{n}{K_f}\Delta u + \frac{(1-n)}{K_s}\Delta u \tag{6-29}$$

由式(6-28)和式(6-29)可得如下关系式：

$$K_e = \frac{1}{\dfrac{n}{K_f} + \dfrac{(1-n)}{K_s}} \tag{6-30}$$

因此，当采用有效应力分析方法对不排水问题进行分析时，只需给定合理的有效应力刚度矩阵和孔隙水等效刚度 K_e 即可由式(6-25)和式(6-26)求得有效应力和孔隙水压力。Potts[25]认为对饱和土而言，只要 K_e 的取值足够大，K_e 的取值对计算结果差别不大，建议取为 100~1000 倍排水体积变形模量 K'。

基坑开挖工程中，实际上土体变形、应力状态变化以及孔隙水压力的变化是随时间逐渐发展且相互影响的。存在于土体中的孔隙水压力，影响到土颗粒之间的平衡状态，而应力状态的改变又影响到孔隙介质中流体的渗流，这就是渗流与应力耦合作用。根据质量守恒原理和达西定律，以饱和土的水流连续性建立渗流连续方程，同时联立应力平衡方程，可以建立以位移和孔隙水压力为未知量的渗流-应力耦合基本方程。

在土体内取平行六面单元体（如图 6-23 所示），各边长度为 Δx、Δy、Δz。沿坐标轴 x、y、z 方向的

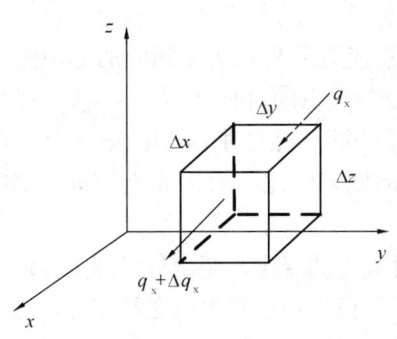

图 6-23　渗流单元体

渗透速度分量为 q_x，q_y，q_z。根据质量守恒定律可得渗流的连续性方程：

$$-\left(\frac{\partial \rho q_x}{\partial x} + \frac{\partial \rho q_y}{\partial y} + \frac{\partial \rho q_z}{\partial z}\right)\Delta x \Delta y \Delta z = \frac{\partial}{\partial t}(\rho n \Delta x \Delta y \Delta z) \tag{6-31}$$

式中　n——孔隙率；

　　　ρ——水的密度。

在土体中取一微分单元体，若体积力只考虑重力，则应力平衡微分方程为：

$$\begin{cases} \dfrac{\partial \sigma_x}{\partial x} + \dfrac{\partial \tau_{xy}}{\partial y} + \dfrac{\partial \tau_{zx}}{\partial z} = 0 \\[2mm] \dfrac{\partial \tau_{xy}}{\partial x} + \dfrac{\partial \sigma_y}{\partial y} + \dfrac{\partial \tau_{yz}}{\partial z} = 0 \\[2mm] \dfrac{\partial \tau_{zx}}{\partial x} + \dfrac{\partial \tau_{yz}}{\partial y} + \dfrac{\partial \sigma_z}{\partial z} = -\gamma \end{cases} \tag{6-32}$$

式中　γ——土的重度。

根据有效应力原理，上式可写为：

$$\begin{cases} \dfrac{\partial \sigma'_x}{\partial x} + \dfrac{\partial \tau_{xy}}{\partial y} + \dfrac{\partial \tau_{zx}}{\partial z} + \dfrac{\partial u}{\partial x} = 0 \\[2mm] \dfrac{\partial \tau_{xy}}{\partial x} + \dfrac{\partial \sigma'_y}{\partial y} + \dfrac{\partial \tau_{yz}}{\partial z} + \dfrac{\partial u}{\partial y} = 0 \\[2mm] \dfrac{\partial \tau_{zx}}{\partial x} + \dfrac{\partial \tau_{yz}}{\partial y} + \dfrac{\partial \sigma'_z}{\partial z} + \dfrac{\partial u}{\partial z} = -\gamma \end{cases} \tag{6-33}$$

将土的本构关系 $\{\sigma'\} = [D']\{\varepsilon\}$ 代入上式，这里采用线弹性模型，可得：

$$\left.\begin{aligned} \sigma'_x &= 2G\left(\frac{\nu}{1-2\nu}\varepsilon_v + \varepsilon_x\right) \\ \sigma'_y &= 2G\left(\frac{\nu}{1-2\nu}\varepsilon_v + \varepsilon_y\right) \\ \sigma'_y &= 2G\left(\frac{\nu}{1-2\nu}\varepsilon_v + \varepsilon_z\right) \\ \tau_{xy} &= G\gamma_{xy} \quad \tau_{yz} = G\gamma_{yz} \quad \tau_{zx} = G\gamma_{zx} \end{aligned}\right\} \tag{6-34}$$

式中　G——剪切模量，$G = \dfrac{E}{2(1+\nu)}$；

　　　ν——泊松比；

　　　ε_v——土体的体应变。

要说明的是本构关系不一定要限于线弹性，还可以推广到弹性非线性和弹塑性模型，$[D]$ 可以根据所选模型来确定。

利用几何方程将应变 $\{\varepsilon\}$ 表示成位移 $\{w\}$。在小变形假定下，几何方程为：

$$\left.\begin{array}{l}\varepsilon_x=-\dfrac{\partial w_x}{\partial x},\quad \varepsilon_y=-\dfrac{\partial w_y}{\partial y},\quad \varepsilon_z=-\dfrac{\partial w_z}{\partial z}\\[2mm]\gamma_{xy}=-\left(\dfrac{\partial w_x}{\partial y}+\dfrac{\partial w_y}{\partial x}\right),\gamma_{yz}=-\left(\dfrac{\partial w_z}{\partial y}+\dfrac{\partial w_y}{\partial z}\right),\gamma_{zx}=-\left(\dfrac{\partial w_x}{\partial z}+\dfrac{\partial w_z}{\partial x}\right)\end{array}\right\} \quad (6\text{-}35)$$

将式(6-35)代入式(6-34)，再代入式(6-33)，就得出以位移和孔隙水压力表示的平衡微分方程：

$$\begin{cases}-G\nabla^2 w_x-\dfrac{G}{1-2\nu}\cdot\dfrac{\partial}{\partial x}\left(\dfrac{\partial w_x}{\partial x}+\dfrac{\partial w_y}{\partial y}+\dfrac{\partial w_z}{\partial z}\right)+\dfrac{\partial u}{\partial x}=0\\[2mm]-G\nabla^2 w_y-\dfrac{G}{1-2\nu}\cdot\dfrac{\partial}{\partial y}\left(\dfrac{\partial w_x}{\partial x}+\dfrac{\partial w_y}{\partial y}+\dfrac{\partial w_z}{\partial z}\right)+\dfrac{\partial u}{\partial y}=0\\[2mm]-G\nabla^2 w_z-\dfrac{G}{1-2\nu}\cdot\dfrac{\partial}{\partial z}\left(\dfrac{\partial w_x}{\partial x}+\dfrac{\partial w_y}{\partial y}+\dfrac{\partial w_z}{\partial z}\right)+\dfrac{\partial u}{\partial z}=-\gamma\end{cases} \quad (6\text{-}36)$$

式中 ∇^2——拉普拉斯算子，$\nabla^2=\dfrac{\partial^2}{\partial x^2}+\dfrac{\partial^2}{\partial y^2}+\dfrac{\partial^2}{\partial z^2}$。

式(6-36)是弹性问题的方程，对于弹塑性问题，可以根据弹塑性问题选用的本构模型代入求得，只是方程非常复杂，这里不再给出具体的方程。

根据达西定律，有：

$$q_x=-k_x\dfrac{\partial h}{\partial x}\quad q_y=-k_y\dfrac{\partial h}{\partial y}\quad q_z=-k_z\dfrac{\partial h}{\partial z} \quad (6\text{-}37)$$

式中 k_x、k_y、k_z——三个坐标轴方向的渗透系数；

h——水头，$h=\dfrac{u}{\gamma_w}+z$；

γ_w——水重度。

若不考虑水的可压缩性，单位时间土体的压缩量等于单元体表面的流量变化之和，即

$$\dfrac{\partial \varepsilon_v}{\partial t}=\dfrac{\partial q_x}{\partial x}+\dfrac{\partial q_y}{\partial y}+\dfrac{\partial q_z}{\partial z} \quad (6\text{-}38)$$

将式(6-37)、式(6-38)和式(6-35)代入式(6-31)则得以位移和孔隙水压力表示的土体内渗流连续性方程：

$$\dfrac{\partial}{\partial t}\left(\dfrac{\partial w_x}{\partial x}+\dfrac{\partial w_y}{\partial y}+\dfrac{\partial w_z}{\partial z}\right)-\dfrac{1}{\gamma_w}\left(k_x\dfrac{\partial^2 u}{\partial x^2}+k_y\dfrac{\partial^2 u}{\partial y^2}+k_z\dfrac{\partial^2 u}{\partial z^2}\right)=0 \quad (6\text{-}39)$$

饱和土体中任一点的孔隙水压力和位移随时间的变化，须同时满足应力平衡方程和渗流连续性方程，将式(6-36)和式(6-39)联立起来就是渗流-应力耦合基本方程。

$$\begin{cases}-G\nabla^2 w_x-\dfrac{G}{1-2\nu}\cdot\dfrac{\partial}{\partial x}\left(\dfrac{\partial w_x}{\partial x}+\dfrac{\partial w_y}{\partial y}+\dfrac{\partial w_z}{\partial z}\right)+\dfrac{\partial u}{\partial x}=0\\[2mm]-G\nabla^2 w_y-\dfrac{G}{1-2\nu}\cdot\dfrac{\partial}{\partial y}\left(\dfrac{\partial w_x}{\partial x}+\dfrac{\partial w_y}{\partial y}+\dfrac{\partial w_z}{\partial z}\right)+\dfrac{\partial u}{\partial y}=0\\[2mm]-G\nabla^2 w_z-\dfrac{G}{1-2\nu}\cdot\dfrac{\partial}{\partial z}\left(\dfrac{\partial w_x}{\partial x}+\dfrac{\partial w_y}{\partial y}+\dfrac{\partial w_z}{\partial z}\right)+\dfrac{\partial u}{\partial z}=-\gamma\\[2mm]\dfrac{\partial}{\partial t}\left(\dfrac{\partial w_x}{\partial x}+\dfrac{\partial w_y}{\partial y}+\dfrac{\partial w_z}{\partial z}\right)-\dfrac{1}{\gamma_w}\left(k_x\dfrac{\partial^2 u}{\partial x^2}+k_y\dfrac{\partial^2 u}{\partial y^2}+k_z\dfrac{\partial^2 u}{\partial z^2}\right)=0\end{cases} \quad (6\text{-}40)$$

有关渗流-应力耦合基本方程的有限元离散方程的建立和求解这里不展开讨论。

6.3.3 其他数值分析方法

有限差分法也是基坑工程中常用的数值分析方法。有限差分法将求解域划分为差分网格，用有限个网格节点代替连续的求解域，以 Taylor 级数展开等方法，把控制方程中的导数用网格节点上的函数值的差商代替进行离散，从而建立以网格节点上的值为未知数的代数方程组，是一种直接将微分问题变为代数问题的近似数值解法。

有限差分法与有限元方法一样，都是将求解偏微分方程的问题转化为求解线性代数方程组的问题。二者的不同之处在于，有限元法是根据变分原理或方程余量与权函数正交化原理，建立与微分方程初边值问题等价的积分表达式，而有限差分法则是将有限个差分方程代替偏微分方程。

目前在岩土工程领域应用较为广泛的有限差分计算程序主要是美国 ITASCA 公司开发的基于快速拉格朗日法的显式有限差分岩土工程分析商用软件 FLAC(Fast Lagrangian Analysis of Continua)。拉格朗日元法本来是研究流体力学质点运动的方法之一，即随流观察的方法，着眼于某一个流体质点，研究它在一段时间内的运动轨迹和运动特性和力学特性（如速度、加速度、压力等）。将拉格朗日法运用到固体力学领域，把所研究的区域划分为网格，将网格的节点看作流体质点，按时步用拉格朗日法来研究网格节点的运动，即在求解过程中坐标系会不断更新，这就是拉格朗日元法。这种方法擅长求解非线性的大变形问题。

FLAC 采用显式的方法计算运动方程（见图 6-24）。每个时步调用运动方程从应力和外力导出了新的速度和位移。根据速度导出应变速率，再由应变速率得出新的应力。

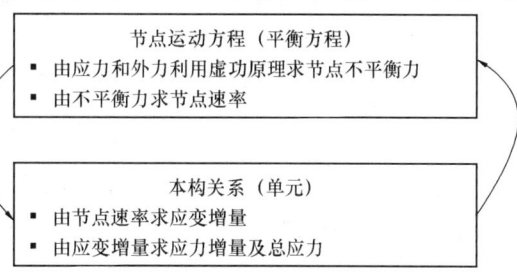

图 6-24 FLAC 的显式计算循环

6.4 工程计算实例

6.4.1 上海银行大厦基坑工程

1. 工程概况

上海银行大厦主体结构由一栋 3 层裙楼和一栋 46 层框筒结构的主楼组成。设地下室 3 层。现场自然地面绝对标高为 3.850m，建筑标高±0.000=+4.100m。基础形式均采用桩筏基础，底板面设计标高均为-14.000m，主楼底板厚度为 3.2m，裙楼部分底板厚 1m。基坑开挖深度为主楼区 17.15m，裙楼区 14.95m，基坑面积为 7454m²。基坑平面如图 6-25 所示。

根据地质勘察报告[26]，勘察所揭露的 120.31m 深度范围内的地基土主要由饱和黏性土、粉砂土、砂土组成，自上而下依次为①填土层，②₃ 褐灰色砂质粉土夹黏质粉土、④淤泥质黏土、⑤灰色粉质黏土、⑥暗绿色粉质黏土、⑦₁ 草黄色砂质粉土夹粉砂、⑦₂ 草黄～灰色粉细砂。图 6-26 给出了各土层的部分物理力学指标。场地浅部地下水属潜水类

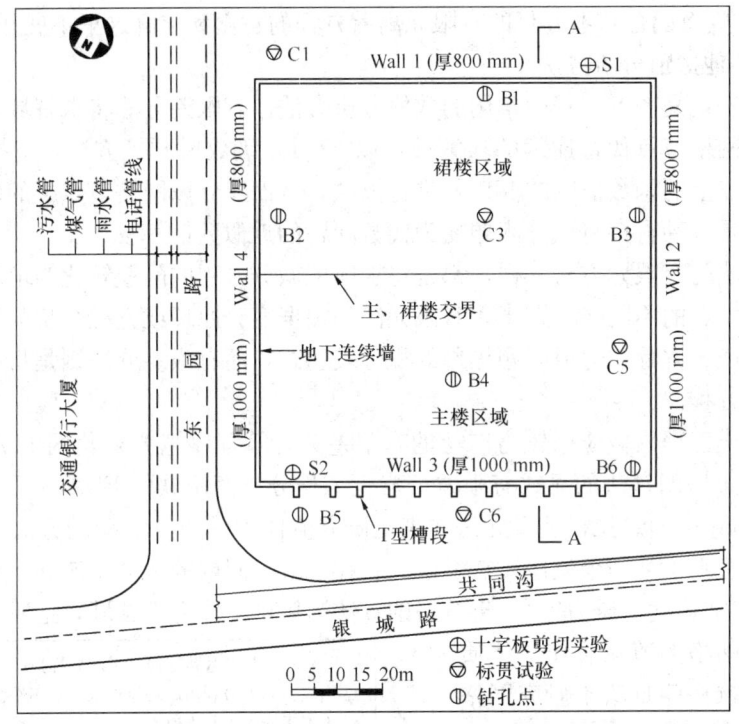

图 6-25 基坑平面布置图

型,稳定水位埋深为 0.2～0.65m,相应标高为 3.67～3.38m。⑦$_1$ 和 ⑦$_2$ 层为上海地区第一承压含水层,勘察测得其承压水位为 10.8～13.1m。

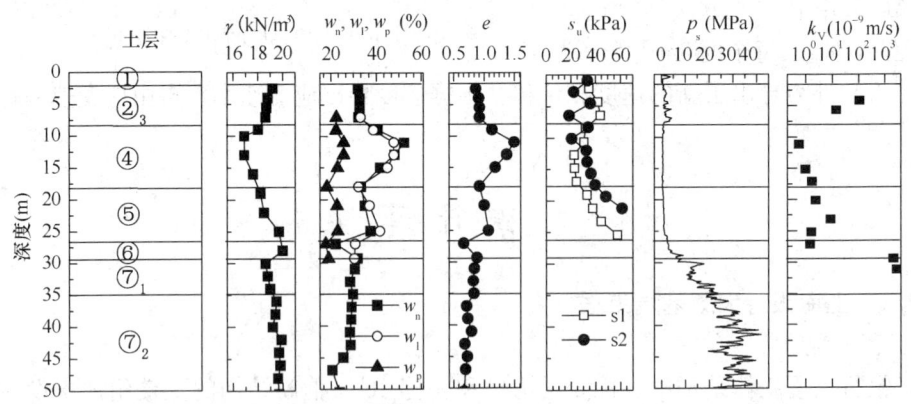

说明:γ=重度,w_n=含水量,w_p=塑限,w_l=液限,e=孔隙比,s_u=十字板剪切强度,p_s=静力触探锥尖阻力,k_V=竖向渗透系数。

图 6-26 各土层的部分物理力学指标

基坑围护结构采用两墙合一的地下连续墙。主楼部分地下连续墙厚 1m,东西侧采用直型槽段,有效长度 32.5m;南侧由直型槽段改为 T 型槽段(其抗弯刚度相当于厚度为 1.3m 的直型槽段连续墙的抗弯刚度)。裙楼部分地下连续墙厚 0.8m,有效长度 26.15m。基坑沿着竖向设置三道钢筋混凝土支撑,主楼侧在坑底以下 5m 深和 5m 宽范围内采用水泥土搅拌桩加固。支撑系统竖向布置如图 6-27 所示。表 6-9 为基坑工程施工程序。

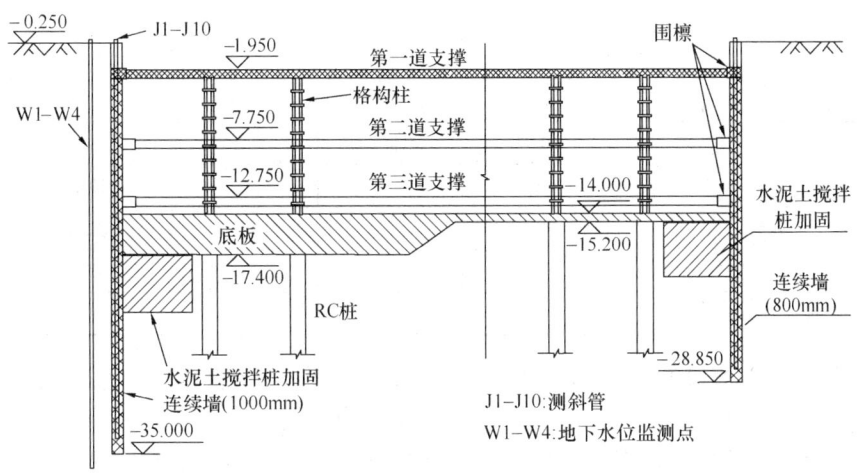

图 6-27 围护结构剖面图(单位：m)

基坑施工程序 表 6-9

工况	时间(天)	施 工 内 容
stage0	61	施工地下连续墙和工程桩
stage1	10	挖至−2.7m，浇筑第一道混凝土围檩与混凝土支撑
stage2	22	分层开挖至−8.5m，浇筑第二道混凝土围檩与钢筋混凝土支撑
stage3	16	分层开挖至−13.5m，浇筑第三道混凝土围檩与钢筋混凝土支撑
stage4	10	分层开挖至坑底(裙楼−15.2m，主楼−17.15m)，浇筑 200 厚混凝土垫层
stage5	31	浇筑主、裙楼基础底板
stage6	9	待基础底板达到设计强度的 80%，拆除第三道支撑
stage7	18	浇筑地下二层梁板(−9.500 标高)，并在结构缺失处设置临时支撑
stage8	9	待结构梁板达到设计强度的 80%，拆除第二道支撑
stage9	9	浇筑地下一层梁板(−5.500 标高)，并在结构缺失处设置临时支撑
stage10	9	待结构梁板达到设计强度的 80%，拆除第一道支撑
stage11	11	施工基础结构顶板，待达到设计强度后，再拆除内部临时支撑

2. 平面弹性地基梁法分析

采用平面竖向弹性地基梁方法分析围护结构的受力和变形。表 6-10 给出了计算所用的各土层的物理力学指标，其中 c、φ 为三轴固结不排水试验结果，m 值按上海地区经验值取值。

土层分布与计算参数　　　　　　　　　表 6-10

土　层	层厚(m)	重度(kN/m³)	c(kPa)	φ(°)	m(kN/m⁴)
①填土	1.78	18	0	22	1000
②₃砂质粉土夹粘质粉土	7.45	18.8	5	30	2000
④淤泥质黏土	8.85	17.2	14	11	1000
⑤粉质黏土	6.6	18.5	12	19	2000
⑥粉质黏土	3.7	20	51	18	4000
⑦₁砂质粉土夹粉砂	4.7	18.9	4	30	4000
⑦₂粉细砂	39	19.2	1	36	6000
坑底水泥土搅拌桩加固	5	20	16	25	4000

主楼南侧 T 型槽段的连续墙用 1.3m 厚的直型槽段连续墙等代，考虑地表均布超载 20kPa，计算简图如图 6-28 所示。为了得到用于平面竖向弹性地基梁法计算的弹性支撑的刚度，考虑在围檩上施加单位分布荷载 $p=1$kN/m，采用杆系有限元法计算得到围檩各结点上的平均位移，进而得到三道支撑的平均支撑刚度。水平支撑的等效弹簧刚度取值如下：第一道支撑为 39.68MN/m²，第二道和第三道支撑均为 52.36MN/m²。计算中主动侧土压力的计算采用水土分算，在开挖面以上按三角形分布，在开挖面以下按矩形分布。

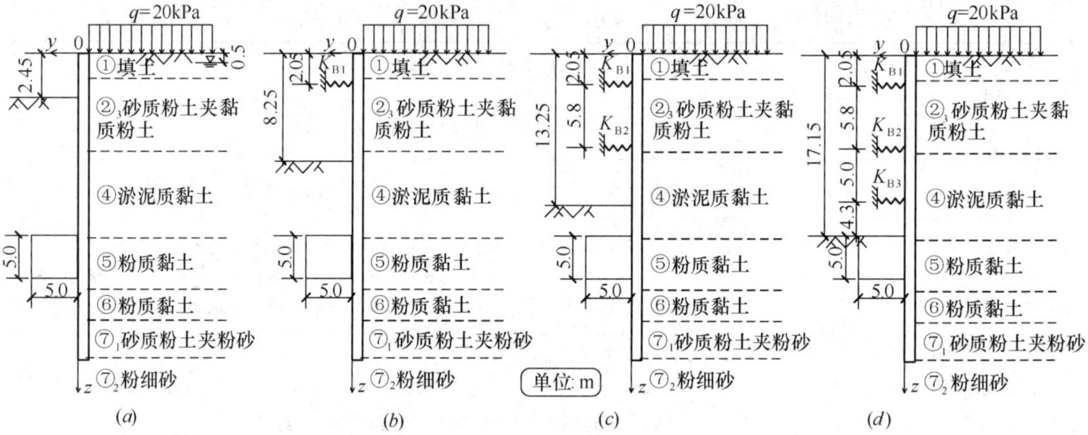

图 6-28　主楼侧基坑施工程序与围护结构计算简图
(a) 工况 1（开挖第一层土）；(b) 工况 2（施工第一道支撑并开挖第二层土）；
(c) 工况 3（施工第二道支撑并开挖第三层土）；(d) 工况 4（施工第三道支撑并开挖到底）

图 6-29 为主楼南侧地下连续墙在各个工况下的侧移、剪力和弯矩情况。第一次挖土为无支撑开挖，连续墙的变形类似于悬臂梁的变形；以后各工况随着开挖深度的增大连续墙的变形逐渐增大，在支设了水平支撑后变形向下发展。开挖到坑底以后最大侧移为 40.8mm，最大正弯矩为 3239kN·m/m，最大负弯矩为 1351kN·m/m，而最大剪力为 701kN/m。开挖至坑底时第一、二、三道支撑的反力分别为 461kN/m、721.5kN/m 和 550.4kN/m。

3. 平面连续介质有限元法分析

采用平面应变有限元模拟基坑北侧裙楼区域的施工过程，所用的分析软件为 Plaxis。

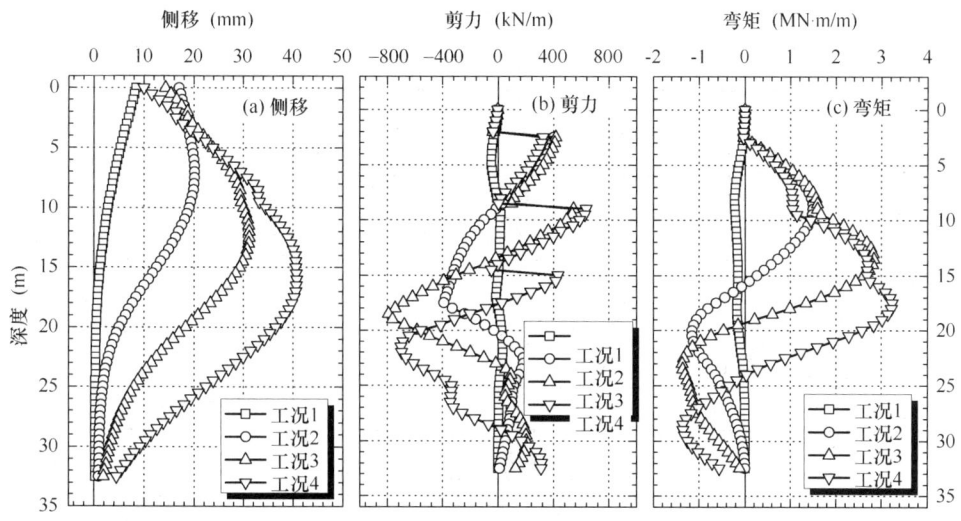

图 6-29 主楼南侧连续墙在各个工况下的侧移、剪力和弯矩

考虑沿基坑中部选取计算断面。在水平方向,模型的坑内部分自连续墙延至基坑的中心,坑外部分自连续墙向外延伸 100m;竖直方向按实际情况分层设置土层,并自坑底向下延伸 55.05m。土体采用 15 结点的三角形单元模拟,地下连续墙采用梁单元模拟,水平支撑采用弹簧单元模拟。竖向边界约束水平位移,下边界约束水平和竖直方向的位移。图 6-30 为有限元模型图。

土体的本构模型采用 Plaxis HS 模型,有关计算参数如表 6-11 所示。地下连续墙的抗弯刚度为 $EI = 1.024 \times 10^6 \text{kNm}^2/\text{m}$,抗压刚度 $EA = 1.92 \times$

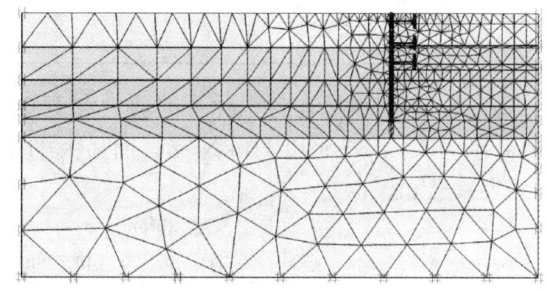

图 6-30 北侧裙楼区域平面有限元网格

10^7kN/m。第一道支撑的弹簧刚度为 39.68MN/m^2,第二、三道支撑的弹簧刚度为 52.36MN/m^2。连续墙与土体的相互作用采用 Plaxis 软件中的接触面单元[27]来模拟,该接触面单元为 Goodman 单元,切线方向服从 Mohr-Coulomb 破坏准则。由于接触面的强度参数一般要低于与其相连的土体的强度参数,该软件考虑用一个折减系数 R_{inter} 来描述接触面强度参数与所在土层的摩擦角和黏聚力之间的关系,各土层的接触面参数 R_{inter} 亦在表 6-11 中给出。有限元分析过程如表 6-12 所示。

北侧裙楼基坑的土层计算参数 表 6-11

参数	①、②$_3$	④	⑤	⑥	⑦$_1$	⑦$_2$
层厚(m)	10.23	8.85	6.6	3.7	4.7	35.92
$\gamma(\text{kN/m}^3)$	18.8	17.2	18.5	20	18.9	19.2
$c(\text{kPa})$	6	14	5	31	1	1
$\varphi(°)$	29	12	22	19	31	33
$\psi(°)$	0	0	0	0	0	0

续表

参 数	①、②₃	④	⑤	⑥	⑦₁	⑦₂
E_{50}^{ref}(MPa)	15	4.62	10.0	12.5	21.16	32.1
E_{oed}^{ref}(MPa)	7.5	2.39	5.0	6.25	10.58	16.05
m	0.8	0.8	0.8	0.8	0.8	0.8
E_{ur}^{ref}(MPa)	75	23.1	50	62.5	105.8	160.5
v	0.2	0.2	0.2	0.2	0.2	0.2
p^{ref}(kPa)	100	100	100	100	100	100
K_0	0.515	0.79	0.63	0.67	0.49	0.45
R_{inter}	0.65	0.65	0.65	0.65	0.7	0.7

北侧裙楼基坑有限元分析过程　　　　　　　表 6-12

计算荷载步	工　况	计算荷载步	工　况
Step0	模拟土体在自重作用下的应力场	Step5	施工第二道支撑
Step1	施工地下连续墙	Step6	开挖至 13.25m 深度
Step2	开挖至 2.25m 深度	Step7	施工第三道支撑
Step3	施工第一道支撑	Step8	开挖至 14.95m 深度
Step4	开挖至 8.25m 深度		

图 6-31 为连续墙在各工况下的剪力和弯矩计算值。开挖到坑底时，最大正剪力和负剪力分别为 405kN/m 和 410kN/m，而最大的正弯矩和负弯矩则分别为 681kN·m/m 和 1434kN·m/m。

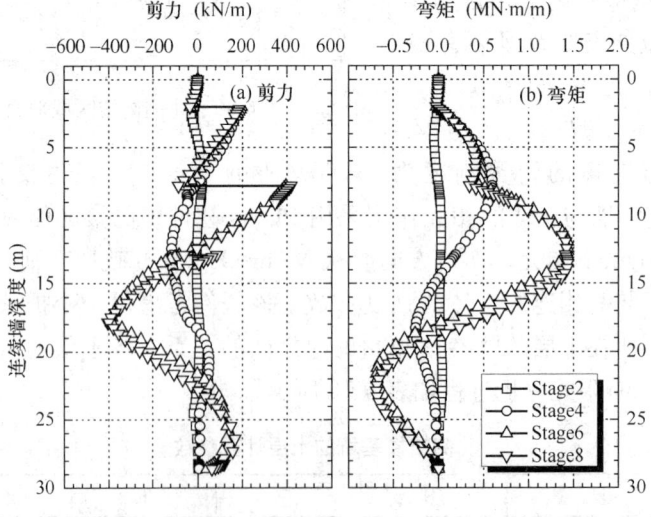

图 6-31　连续墙在各个工况下的剪力和弯矩的计算值

6.4.2　上海世博地下变电站基坑工程

1. 工程概况

上海世博 500kV 地下变电站工程位于上海市静安区成都北路、北京西路、山海关路和大田路围成的区域之中，是国内首座大容量全地下变电站。根据地质勘察报告[28]，场地浅层30m深度范围以上主要为压缩性较高、强度较低的软黏土层，30m以下为土性相对较好的粉砂层和黏土层互层，自上而下依次为：①₁人工填土、②灰黄色粉质黏土、③灰色淤泥质粉质黏土、④灰色淤泥质黏土、⑤₁₋₁灰色黏土、⑤₁₋₂灰色粉质黏土、⑥₁暗绿~草黄色粉质黏土、⑦₁草黄~灰色砂质粉土、⑦₂灰色粉砂、⑧₁灰色粉质黏土、⑧₂灰色粉质黏土与粉砂互层、⑧₃灰色粉质黏土与粉砂互层、⑨₁灰色中砂、⑨₂灰色粗砂、⑩青灰色黏质粉土。场地内地基土的主要物理力学参数见表6-13。

土层主要物理力学参数　　　　　　　表6-13

层序	地层名称	平均层厚(m)	直剪固快 黏聚力 c	直剪固快 内摩擦角 φ	孔隙比 e	含水率 w (%)	实测标贯击数(击)	静力触探 比贯入阻力 P_s(MPa)	静力触探 锥尖阻力 q_c(MPa)
②	粉质黏土	1.67	15.7	15.8	0.958	34.4	…	0.72	0.66
③	淤泥质粉质黏土	1.51	7.4	14.7	1.317	46.6	3.4	0.71	0.55
④	淤泥质黏土	7.01	7.2	17.2	1.358	48.1	2.6	0.65	0.53
⑤₁₋₁	黏土	6.93	12.3	12.3	1.091	38.3	4.3	0.94	0.72
⑤₁₋₂	粉质黏土	4.25	6.8	13.9	1.032	35.4	6.5	1.30	0.98
⑥₁	粉质黏土	5.38	30.7	13.5	0.753	26.1	14.6	2.78	1.94
⑦₁	砂质粉土	3.94	7.9	29.8	0.852	30.5	28.1	12.19	9.71
⑦₂	粉砂	6.51	3.6	31.7	0.772	27.5	50.1	23.23	19.28
⑧₁	粉质黏土	8.32	13.9	23.2	1.052	37.2	9.7	2.38	1.41
⑧₂	粉质黏土与粉砂互层	14.76	12.3	23.8	0.992	34.6	15.5	3.45	2.35
⑧₃	粉质黏土与粉砂互层	13.08	14.1	24.4	0.902	30.7	…	5.98	6.00
⑨₁	中砂	3.99	4.5	30.8	0.582	18.6	62.0		
⑨₂	粗砂	4.90	5.3	33.0	0.544	16.7	83.4		

变电站为全地下四层筒型结构，地下室顶板埋入地下约2m。地下建筑直径（外径）为130m，基坑开挖深达33.7m。采用两墙合一地下连续墙作为基坑周边围护结构，墙厚1.2m，入土深度23.8m，有效长度54.0m。坑内利用四层地下结构梁板作为围护结构的内支撑系统，并架设三道临时环形内支撑系统。基坑剖面图如图6-32所示。基坑实施过程为从上往下依次逆作各层地下室结构梁板，和各道临时环形内支撑；待挖至基底浇筑基础底板后拆除或结合结构的布置保留局部环形支撑。从而完成整体地下结构的施工。

本基坑工程开挖面积大，开挖深，属上海少有的超深大基坑。地下连续墙围护体呈大直径圆筒形，支护结构既利用主体结构楼板又增设圆环形内支撑，整个围护体系相对复杂。对于常规的工程，三维与平面解答可能只存在数值大小的差别，受力状态并无质的不同。但对于一些平面特殊的工程，三维解答可能会导致受力模式的变化，如果仍按平面计算结果进行设计，很有可能会影响到工程的安全性。就本工程而言，在力学模型上，更倾

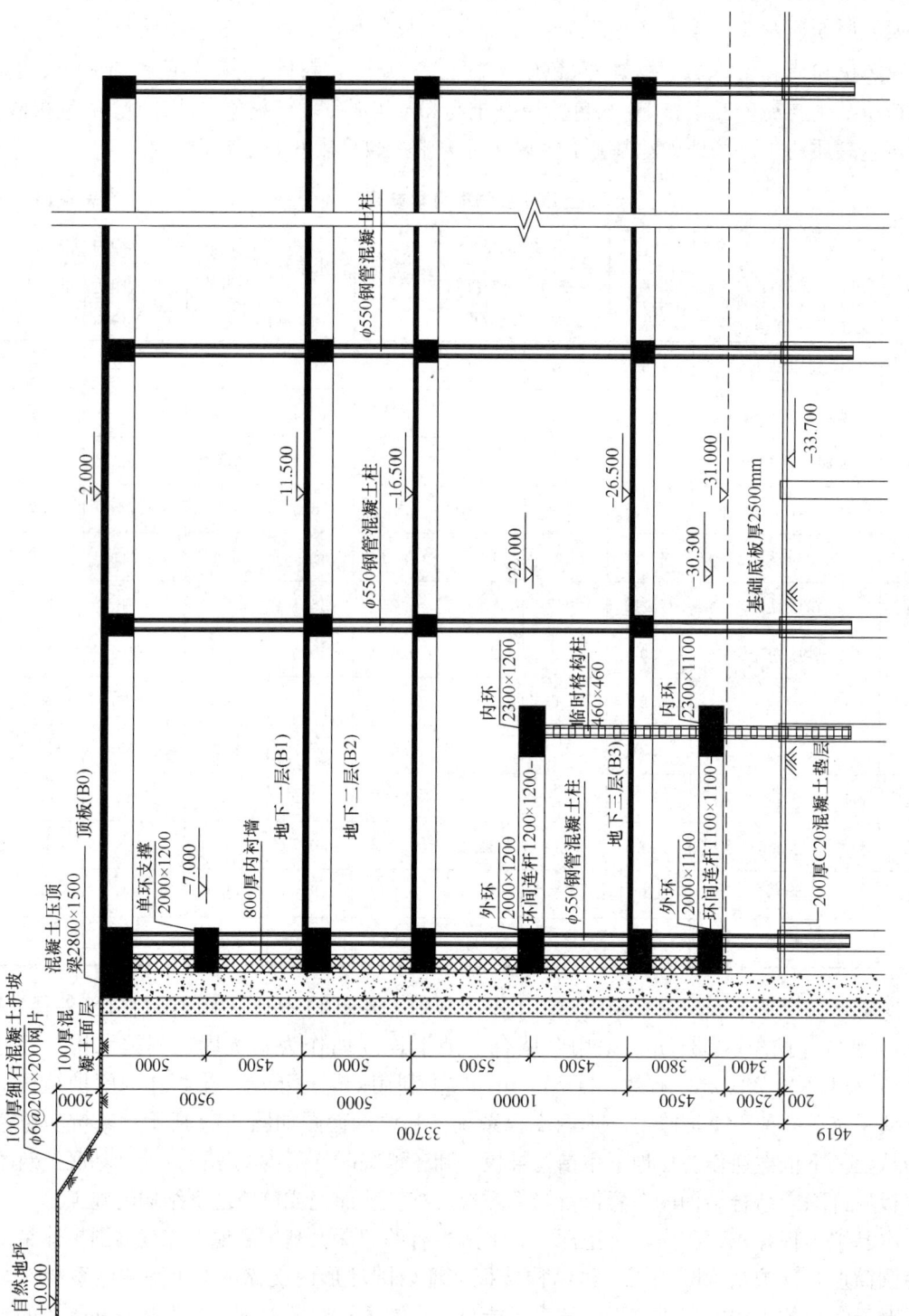

图 6-32 基坑围护结构剖面图

向于将其简化为四周受围压的圆筒问题。当承受围压时，圆筒就会通过产生环向的轴力来抵抗外压，这是由圆形结构体系固有的传力路径与承载特性所决定的。仅采用竖向平面问题来计算，就不能反映圆筒结构的这种特性。根据本工程的特殊结构型式，有必要按空间进行分析。下面分别采用空间弹性地基板法和三维连续介质有限元法进行分析。

2. 空间弹性地基板法分析

(1) 计算模型和材料物理力学参数

模型基本参数：基坑开挖的平面为直径 130m 的圆，开挖深度为 33.7m，采用地下连续墙作为挡土结构，插入深度 23.8m，有效长度 55.5m。采用四层地下室楼板配合三道环梁支撑作为水平抗力构件，其中第一道为单环梁支撑，第二、三道为双环梁支撑，各道地下室楼板按梁板体系折算。模型中连续墙单元环向划分密度为 1.021m，竖向划分密度为 0.5m。地下连续墙、各道逆作楼板采用 4 节点板单元模拟；各道环梁采用空间梁单元模拟，土体采用弹簧单元模拟。有限元计算模型网格见图 6-33～图 6-36。

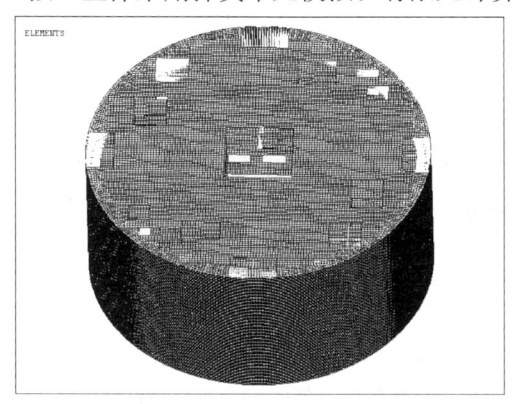

图 6-33　整体有限元网格

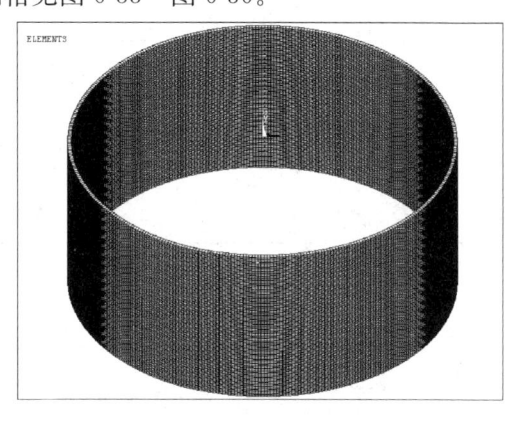

图 6-34　地下连续墙有限元网格

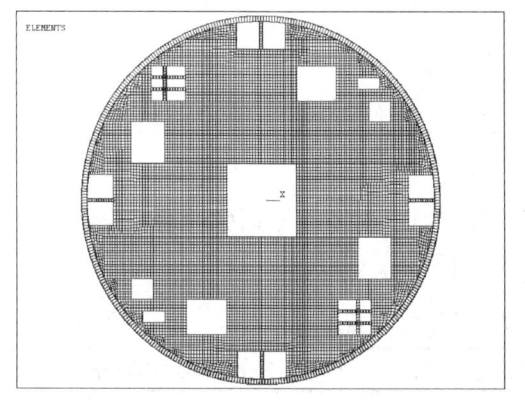

图 6-35　压顶圈梁、B0 板及临时支撑有限元网格

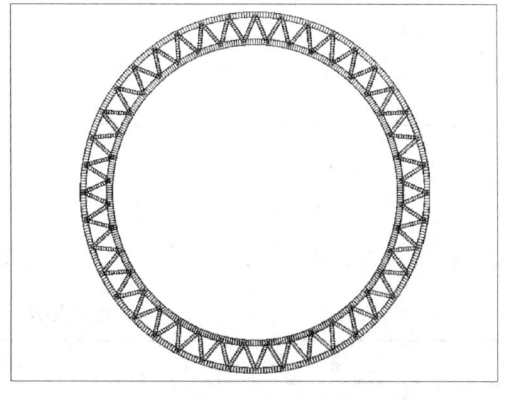

图 6-36　第二、三道双环梁有限元网格

各土层的分析参数参考勘察报告，水平向基床系数 m 的取值参考规范结合经验选取，如表 6-14 所示。结构构件假定为线弹性材料，材料参数按 C30 混凝土选取，弹性模量 $E=3\times10^{10}$Pa，泊松比 $\nu=0.15$。土压力计算采用水土分算，连续墙外侧主动土压力按照上海市《基坑工程设计规范》(DBJ 08—61—97) 计算，地面超载取 20kPa。水压力考虑为静水

压力，不考虑渗流的影响。土层分八层开挖，共八个荷载步。表 6-15 为各荷载步模拟内容。

土层物理力学参数表   表 6-14

土 层	层底标高 (m)	层厚 (m)	重度 (kN/m³)	φ (°)	c (kPa)	m (kN/m⁴)	k_{max} (kN/m³)
1-1	−3.2	3.2	18	22	0	1500	3000
2	−3.4	0.2	19.1	16.8	21.7	2500	5000
3	−10.5	7.1	17.8	16.3	10.1	2000	5000
4	−17.5	7	17.2	14.2	6.7	1500	3000
5-1-1	−21.3	3.8	18.2	11	12	3000	7000
5-1-2	−27.5	6.2	18.2	19.7	8.4	3000	9000
6-1	−31.6	4.1	19.6	14.4	43.3	6000	15000
7-1	−37.5	5.9	19.1	31.2	5	7000	35000
7-2	−45.3	7.8	19.3	31.5	4	8000	50000
8-1	−60.8	15.5	18.4	26.3	19.1	4000	40000

各荷载步模拟内容   表 6-15

计算荷载步	模 拟 内 容
1	开挖至−2.5m深度
2	施工−2m深度处B0板，开挖至−7.5m深度
3	施工−7m深度处单环梁支撑，开挖至−12m深度
4	施工−11.5m深度处B1板，开挖至−17m深度
5	施工−16.5m深度处B2板，开挖至−22.5m深度
6	施工−22m深度处双环梁支撑，开挖至−27m深度
7	施工−26.5m深度处B3板，开挖至−31m深度
8	施工−30.3m深度处双环梁支撑，开挖至−33.7m深度

(2)计算结果

采用同济启明星深基坑支挡结构分析计算软件 FRWS 建立了平面弹性地基梁法模型。将平面计算结果和空间计算结果进行对比如下表 6-16 和表 6-17。

地下连续墙计算结果对比   表 6-16

项 目	平面弹性地基梁法	空间弹性地基板法
最大水平位移 S_{max}(mm)	54.4	32.1
最大正弯矩 M_{+max}(kN·m/m)	4196.6	1857.5
最大负弯矩 M_{-max}(kN·m/m)	2873.2	1656.4
最大环向轴力 N_{max}(kN/m)	—	17779
最大正剪力 Q_{+max}(kN/m)	1555.4	613.3
最大负剪力 Q_{-max}(kN/m)	1537.6	609.8

支撑结构计算结果对比 表 6-17

标高	结构		项目	平面弹性地基梁法	空间弹性地基板法
−2.0	地下室顶板		压应力 σ_{max}(MPa)	1.18	0.21
−7.0	第一道临时单环支撑		轴力 N_{max}(kN)	18061	3690
−11.5	地下一层结构		压应力 σ_{max}(MPa)	3.51	1.08
−16.5	地下二层结构		压应力 σ_{max}(MPa)	8.85	2.1
−22.0	第二道临时双环支撑	内圆环	轴力 N_{max}(kN)	29829	9110
		外圆环		21972	7180
		连杆		2672	948
−26.5	地下三层结构		压应力 σ_{max}(MPa)	10.02	4.28
−30.3	第三道临时双环支撑	内圆环	轴力 N_{max}(kN)	21782	7500
		外圆环		16044	5860
		连杆		1951	721

空间弹性地基板法计算表明,地下连续墙环向拱作用得到充分发挥,产生较大的环向轴力,最大达 17779kN,而竖向梁结构受力模式明显减弱,整个连续墙竖向弯矩值仅为平面计算的一半左右,最大正弯矩从 4196.6kN·m/m,减小至 1857.5kN·m/m,为平面计算的 44%,最大负弯矩从 2873.2kN·m/m,减小至 1656.4kN·m/m,为平面计算的 57.6%。同时,连续墙的最大剪力也从 1555.4kN 减小至 613.3kN,仅为平面计算的 39.4%。表现出以环向拱受力为主,竖向梁受力为辅的结构受力体系。

圆筒形连续墙结构除了改善自身受力特性外,还从平面模型中对水平侧压力的传力体系转变为直接抗力体系,从而减小水平支撑体系上的受力。与平面计算结果相比,第一道单环的支撑轴力从 18061kN 减小到 3690kN,为平面计算的 20.4%,承受轴力最大的第二道双环支撑中的内环从 29829kN 减小到 9110kN,为平面计算的 31.9%。由于连续墙的拱作用增加了整个支护体系的水平刚度,使之水平变形大大减小,最大值从平面计算的 54.4mm 减小到 32.1mm。

由此可见,空间弹性地基板法能反映圆筒型支护结构的整体受力特性。圆筒型结构把大部分侧向荷载转移给连续墙环向拱结构,相应减轻连续墙竖向梁结构的负担,克服平面计算中竖向应力过大的缺点,且通过环向拱作用直接提供水平抗力减小内支撑受力,达到结构整体应力分布均匀,设计趋于经济合理。

3. 三维连续介质有限元法分析

(1)计算模型

三维分析模型平面大小为直径 530m,深度 100m。计算模型的上边界为自由边界,底部全约束,侧边限制向基坑方向的水平位移。计算过程中将基坑的围护结构和土体作为整体进行分析,土体采用 8 节点实体单元模拟;地下连续墙、各道逆作楼板采用 4 节点板单元模拟;各道环梁采用空间梁单元模拟。三维有限元计算模型网格见图 6-37~图 6-38。土体弹性模量值参考上海市工程建设规范《岩土工程勘察规范》(DGJ 08—37—2002)中土的压缩模量 E_s 与原位测试成果关系公式并结合经验来确定。

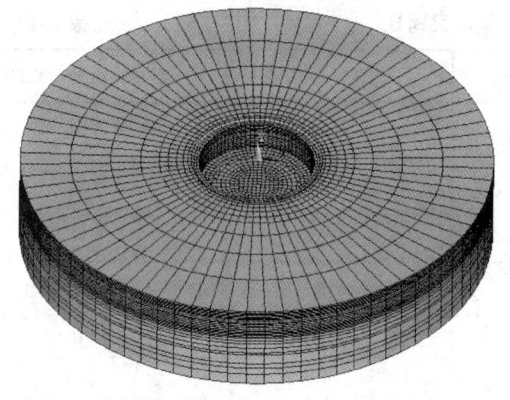
图 6-37 开挖结束后土体有限元网格

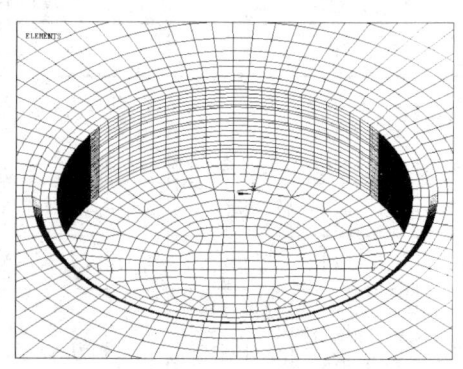
图 6-38 开挖结束后土体局部有限元网格

(2) 计算结果

图 6-39～图 6-40 为施工结束时连续墙的弯矩和剪力计算结果。

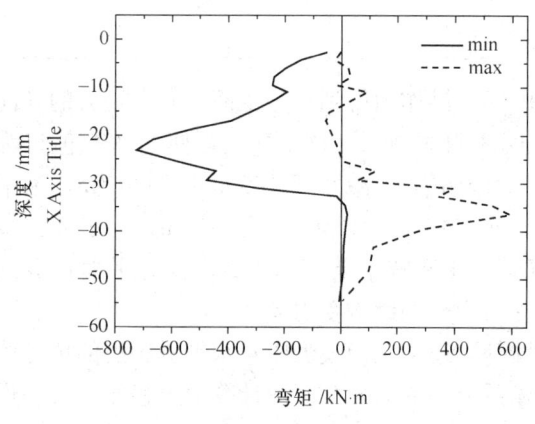
图 6-39 连续墙弯矩包络图

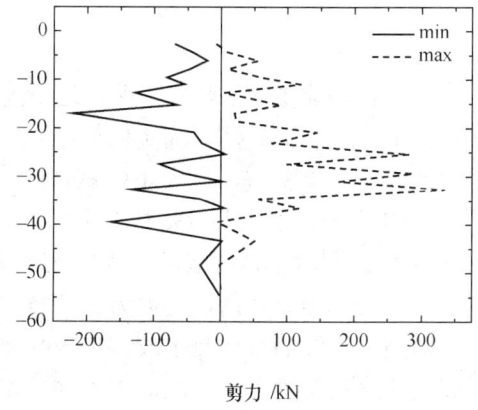
图 6-40 连续墙水平剪力包络图

对空间弹性地基板法和三维连续介质有限元法的计算结果与常规设计计算所采用的平面弹性地基梁法的结果进行对比,如表 6-18 所示。从表 6-18 可以看出,平面方法不反映连续墙的环向作用,其结果可供设计参考,但不宜直接用于构件设计,而空间分析则能反映本工程圆筒形支护结构以环向受力为主的特点。空间弹性地基板法与三维连续介质有限元法相比,由于前者是规范方法的延伸,以其作为设计依据,能够有足够的安全度保证,而后者的计算结果表明当同时考虑土体的作用时,支护结构的内力及变形会更小。

地下连续墙计算结果对比　　　　　　　　　　　　　表 6-18

项 目		平面弹性地基梁法	空间弹性地基板法	三维有限元法
内力最大值	最大水平位移(mm)	54.4	32.1	25.3
	最大正弯矩(kN·m/m)	4196.6	1857.5	726.7
	最大负弯矩(kN·m/m)	2873.2	1656.4	593.4
	最大环向轴力(kN/m)	—	17779	7627
	最大正剪力(kN/m)	1555.4	613.3	222.1
	最大负剪力(kN/m)	1537.6	609.8	333.9

续表

项 目		平面弹性地基梁法	空间弹性地基板法	三维有限元法
地下连续墙弯矩	标高−2.0m处(kN·m/m)	0	0	0
	标高−7.0m处(kN·m/m)	1754.5	748.9	218.7
	标高−11.5m处(kN·m/m)	2732.9	1205.5	201.1
	标高−16.5m处(kN·m/m)	2848.6	1357.1	391.6
	标高−22.0m处(kN·m/m)	3503.7	1751.3	697.7
	标高−26.5m处(kN·m/m)	3285.7	1673.8	516.4
	标高−30.3m处(kN·m/m)	2676	1626.6	386.8
地连墙环向轴力	标高−2.0m处(kN/m)	—	2581	781
	标高−7.0m处(kN/m)	—	6621	2546
	标高−11.5m处(kN/m)	—	9705	4171
	标高−16.5m处(kN/m)	—	13346	6076
	标高−22.0m处(kN/m)	—	16532	7509
	标高−26.5m处(kN/m)	—	17779	7275
	标高−30.3m处(kN/m)	—	17114	6124

参考文献

[1] 刘建航，侯学渊. 基坑工程手册[M]. 北京：中国建筑工业出版社，1997.

[2] 冶金工业部建筑研究总院. 建筑基坑工程技术规范(YB 9258—97)[S]. 北京：冶金工业出版社，1998.

[3] 中国建筑科学研究院. 建筑桩基技术规范(JGJ 94—94)[S]. 北京：中国建筑工业出版社，1995.

[4] 中国建筑科学研究院. 建筑基坑支护技术规程(JGJ—120—99)[S]. 北京：中国建筑工业出版社，1999.

[5] 杨光华. 深基坑支护结构的实用计算分析方法及其应用[M]. 北京：地质出版社，2004.

[6] 湖北省地方标准. 基坑工程技术规程(DB 42/159—2004)[S]. 武汉，2004.

[7] 上海市建设和管理委员会. 基坑工程设计规程(DBJ 08—61—97)[S]. 上海，1997.

[8] 冯俊福. 杭州地区地基土 m 值的反演分析[D]. 杭州：浙江大学，2004.

[9] 沈健. 深基坑工程考虑时空效应的计算方法研究[D]. 上海：上海交通大学，2006.

[10] 王建华，范巍，王卫东，沈健. 空间 m 法在深基坑支护结构分析中的应用[J]. 岩土工程学报，2006，28(B11)：1332-1335.

[11] 博弈创作室编. APDL 参数化有限元分析技术及其应用实例[M]. 北京：中国水利水电出版社，2004.

[12] 王卫东，王建华. 深基坑支护结构与主体结构相结合的设计、分析与实例[M]. 北京：中国建筑工业出版社，2007.

[13] 杨勇祥. 哈尔滨市地下商业街工程设计与"逆作法"施工[J]. 地下空间. 1991，11(4)：288-293.

[14] 缪海全. 海口中青大厦地下室逆作法施工[J]. 建筑技术. 2002，33(2)：113-114.

[15] 翁华为，许可，华锦耀. 上斜撑半逆作法支护施工技术[J]. 浙江建筑. 2003，(3)：28-30.

[16] Potts D M and Zdravkovic L. Finite element analysis in geotechnical engineering：application[M]. London：Thomas Telford，2001.

[17] Grande L. Some aspects on sheet pile wall analysis[A]. soil-structure interaction, International conference on soil structure interaction in urban civil engineering[C]. Darmstadt, 1998: 193-211.

[18] Whittle A J. A constitutive model for overconsolidated clays with application to the cyclic loading of friction piles[D]. PhD thesis, Massachusetts Institute of Technology(MIT), Cambridge, Massachusetts, 1987.

[19] Hashash Y M A. Analysis of deep excavation in clay[D]. PhD thesis, Massachusetts Institute of Technology(MIT), Cambridge, Massachusetts, 1992.

[20] Clough G W, Duncan J M. Finite element analyses of retaining wall behavior[J]. Journal of the Soil Mechanics and Foundations Division, ASCE. 1971, 97(12): 1657-1673.

[21] 娄奕红, 罗旗帜. 基坑开挖地表沉陷分析方法[J]. 公路. 2002, (12): 51-54.

[22] Desai C S and Nagaraj K G.. Modeling of cyclic normal and shear behavior of interfaces[J]. Journal of the Engineering Mechanics Division, ASCE. 1988, 114(1): 1198-1216.

[23] Goodman R E, Taylor R L, and Brekke T L. A model for mechanics of jointed rock[J]. Journal of Soil Mechanics and Foundation Division, ASCE. 1968, 94(3): 637-659.

[24] 欧章煜. 深开挖工程分析设计理论与实务[M]. 台北: 科技图书股份有限公司, 2004.

[25] Potts D M and Zdravkovic L. Finite element analysis in geotechnical engineering: theory[M]. London: Thomas Telford, 1999.

[26] 上海岩土勘察设计研究院. 上海银行大厦勘察报告[R]. 上海, 1997.

[27] Brinkgreve R B J, Broere W, and Waterman D. PLAXIS version 8.2 Manual[M]. Rotterdam: A A Balkema, 2006.

[28] 中国电力工程顾问集团华东电力设计院. 500千伏世博输变电工程可行性研究岩土工程勘测报告[R]. 上海, 2004.

第7章 基坑变形估算

7.1 概 述

深基坑开挖不仅要保证基坑本身的安全与稳定，而且要有效控制基坑周围地层移动以保护周围环境。在地层较好的地区（如可塑、硬塑黏土地区，中等密实以上的砂土地区，软岩地区等），基坑开挖所引起的周围地层变形较小，如适当控制，不致于影响周围的市政环境，但在软土地区（如天津、上海、福州等沿海地区），特别是在软土地区的城市建设中，由于地层的软弱复杂，进行基坑开挖往往会产生较大的变形，严重影响紧靠深基坑周围的建筑物、地下管线、交通干道和其他市政设施，因而是一项很复杂而带风险性的工程。因此本章重点介绍软土地区的基坑变形计算方法，但其方法也可推广应用于其他地区，根据土层的具体特性作相应的修正。

本章将首先对不同情况下基坑变形性状及其主要影响因素进行说明。基坑变形受到的影响因素较多，在变形的计算中必须对这些影响加以考虑。基坑的变形计算理论能否较好地反映实际情况受到很多因素的制约，除围护体系本身及周围土体特性外，较多地受施工因素的影响，计算参数难以准确确定，每一个计算理论都有其适用范围，故计算中必须充分考虑到这一点。

对于基坑变形的估算方法分为理论、经验算法和数值计算方法。理论、经验算法来自于对基坑变形机理的理论研究和多年来国内外基坑工程实测数据的统计。理论、经验方法适合于对基坑的变形做出快速估计并为基坑设计与施工中的变形控制提供理论和实测依据。数值计算方法随着计算机技术的发展在工程中应用也越来越广泛。数值计算方法、本构模型等基础内容可参照其他相关章节，本章将只集中介绍与变形计算有关的部分，如参数的取值、模型的选用等。另外针对二维有限元计算在实际工程应用的局限性，介绍了根据二维有限元计算结果近似估算基坑三维变形的方法。

此外，在软土地区，基坑的变形计算还需考虑时空效应的影响，一般认为，在具有流变性的软土中，基坑的变形（墙体、土体的变形）随着时间的增长而增长，分块开挖时留土的空间作用对基坑变形具有很好的控制作用，时间和空间两个因素同时协调控制可有效地减少基坑的变形，详细计算请参见时空效应一章。

本章的基坑变形分析方法重点为有内支撑体系的支护基坑的变形分析，放坡开挖和土钉、锚杆支护基坑以及岩石地区基坑并未纳入本章范围。文中所介绍的坑外土体位移场的计算理论和计算方法仅适用于土体自由位移场。

7.2 基坑变形规律

7.2.1 围护墙体变形

1. 墙体水平变形

基坑围护结构的变形形状同围护结构的形式、刚度、施工方法等都有着密切关系。

Clough and O'rourke[1](1990)将内支撑和锚拉系统的开挖所引致的围护结构变形型式归为三类,第一类为悬臂式位移;第二类为抛物线型位移;第三种为上述两种型态的组合。

当基坑开挖较浅,还未设支撑时,不论对刚性墙体(如水泥土搅拌桩墙,旋喷桩桩墙等)还是柔性墙体(如钢板桩,地下连续墙等),均表现为墙顶位移最大,向基坑方向水平位移,呈悬臂式位移分布,随着基坑开挖深度的增加,刚性墙体继续表现为向基坑内的三角形水平位移或平行刚体位移。而一般柔性墙如果设支撑,则表现为墙顶位移不变或逐渐向基坑外移动,墙体腹部向基坑内突出,即抛物线型位移。

理论上有多道内支撑体系的基坑,其墙体变形都应为第三类组合型位移形式。但在实际工程中,深基坑的第一道支撑都接近与地表,同时大多数的测斜数据都是在第一道支撑施工完成后才开始测量,因此实测的测斜曲线其悬臂部分的位移较小,都接近于抛物线形位移。

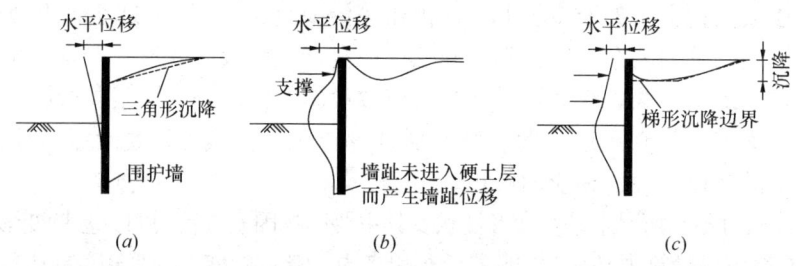

图 7-1 围护结构变形形态
(a) 悬臂式位移;(b) 抛物线型位移;(c) 组合位移

对于墙趾进入硬土或风化岩层的围护结构,围护结构底部基本没有位移,而对于墙趾位于软土中的围护结构,当插入深度较小时,墙趾出现较大变形,呈现出"踢脚"形态。

对于多道内支撑的基坑常见的抛物线形位移,其最大变形位置一般都位于开挖面附近。Ou[2]、Moh and Woo[3]收集的台湾地区多个基坑的统计数据与这一规律相一致。李琳[4]和徐中华[5](图 7-2a)的统计结果也表明上海和杭州地区的软土基坑最大变形位置都

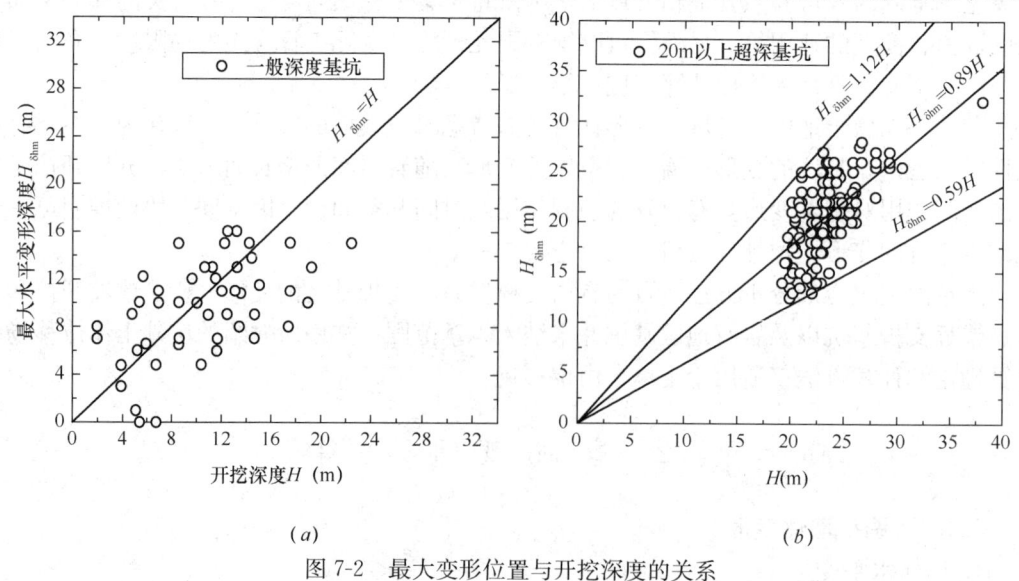

图 7-2 最大变形位置与开挖深度的关系
(a) 一般深度基坑;(b) 20m 以上超深基坑

位于开挖面附近,但是基坑深度在 16m 以上时,基坑的最大变形位置逐渐上移。通过对上海地区以地铁基坑为主的 20m 以上基坑的统计,最大值位置一般位于开挖面以上(图 7-2b),平均值为 0.89h 深度处。

产生这一现象的主要原因为,对于上海地区的一般 16m 以下的深基坑其坑底都处于软弱的淤泥质软土层中。而对于超深基坑坑底一般处于性质较好的黏土层中,因此在开挖上部软弱的淤泥质软土时已经产生了较大变形,而开挖坑底附近时反而产生的变形较小。因此软弱土层的位置对围护结构水平位移最大值位置有着重要影响。对于超深基坑应在开挖上部软弱土体时就注意对围护结构变形的控制,这对减小基坑的整体变形有着重要意义。

2. 墙体竖向变位

在实际工程中,墙体竖向变位量测往往被忽视,事实上由于基坑开挖土体自重应力的释放,致使墙体有所上升。但影响墙体竖向变形的影响因素较多,支撑、楼板的重量施加又会使墙体下沉。当围护墙底下因清孔不净有沉渣时,围护墙在开挖中会下沉,地面也下沉。因此在实际工程中出现墙体的隆起和下沉都是有可能的。围护结构的不均匀下沉会产生较大的危害,实际工程中就出现过地下墙不均匀下沉造成冠梁拉裂等情况。而围护结构同立柱的差异沉降又会使内支撑偏心而产生次生应力,尤其是在逆作法施工当中,可能会使楼板和梁系产生裂缝,从而危及结构的安全。因此应对墙体的竖向变形给予足够的重视。

7.2.2 坑底隆起变形

在开挖深度不大时,坑底为弹性隆起,其特征为坑底中部隆起最高(图 7-3(a)),当开挖达到一定深度且基坑较宽时,出现塑性隆起,隆起量也逐渐由中部最大转变为两边大中间小的形式(图 7-3(b)),但对于较窄的基坑或长条形基坑,仍是中间大,两边小分布。

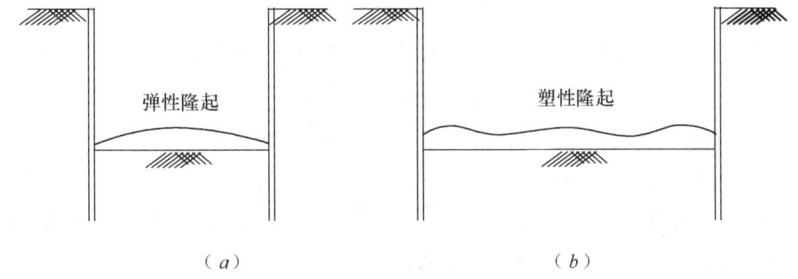

图 7-3 基底的隆起变形

从上海地铁 2 号线杨高南路车站的实测结果[6](图 7-4)可见基坑开挖坑底下回弹量最大,沿深度回弹量逐渐减小,到达一定深度后逐渐趋于稳定,坑底下一倍开挖深度为显著回弹影响区,该区内土体回弹随深度减小速率较大,在坑底下 2 倍开挖深度以外回弹量很小,可以确定为弱影响区,1~2 倍开挖深度之间的区域定为过渡区域。

7.2.3 地表沉降

1. 地表沉降形态

根据工程实践经验,地表沉降的两种典型的曲线形状如图 7-5 所示。三角形地表沉降情况主要发生在悬臂开挖或围护结构变形较大的情况下。凹槽形地表沉降情况主要发生在有较大的入土深度或墙底入土在刚性较大的地层内,墙体的变位类同于梁的变位,此时地表沉降的最大值不是在墙旁,而是位于离墙一定距离的位置上。

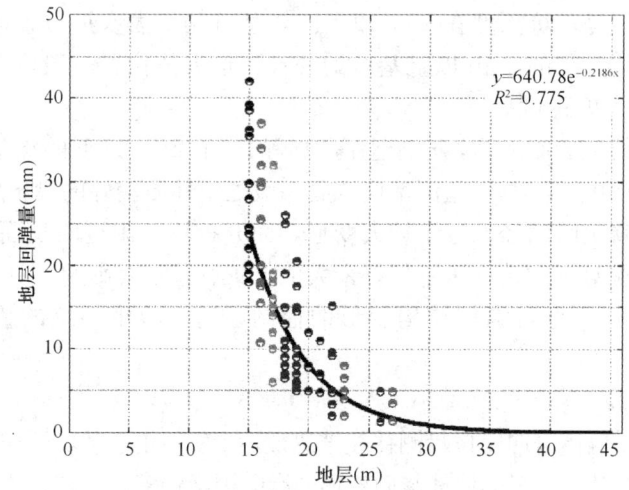

图 7-4 杨高南路实测回弹曲线

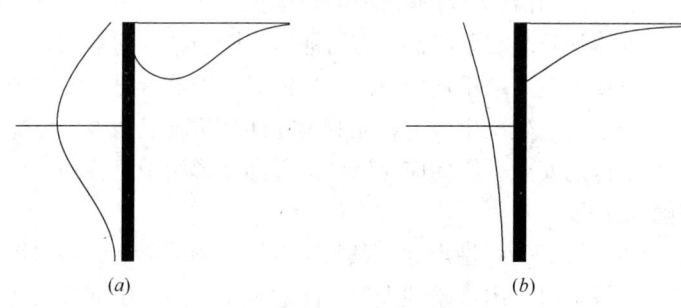

图 7-5 地表沉降基本形态
(a) 凹槽形沉降；(b) 三角形沉降

  对于凹槽形沉降，最大沉降值的发生位置根据统计的情况一般介于 0.4~0.7 之间。Ou[2]对台湾地区的 10 个基坑统计表明最大地表沉降位置位于墙后 0.5 倍开挖深度处，并且最大变形位置不随工况的变化而变化。通过上海地区地铁基坑 182 个实测断面的统计汇总[7]得出最大地面沉降值发生位置距离基坑围护的水平值 x_m 与基坑开挖深度 H 之间的关系，见图 7-6 (a)。从图 7-6 (b) 中可以看出，最大地面沉降值距离基坑的水平值 x_m 与开挖深度 H 比值在 0.5~0.6 之间的占到总数的 30%，0.5~0.7 占到 41%。根据上述实际统计资料加上多年来对上海地铁基坑得出的经验关系，得出下面公式。

$$x_m = 0.5H \sim 0.7H \tag{7-1}$$

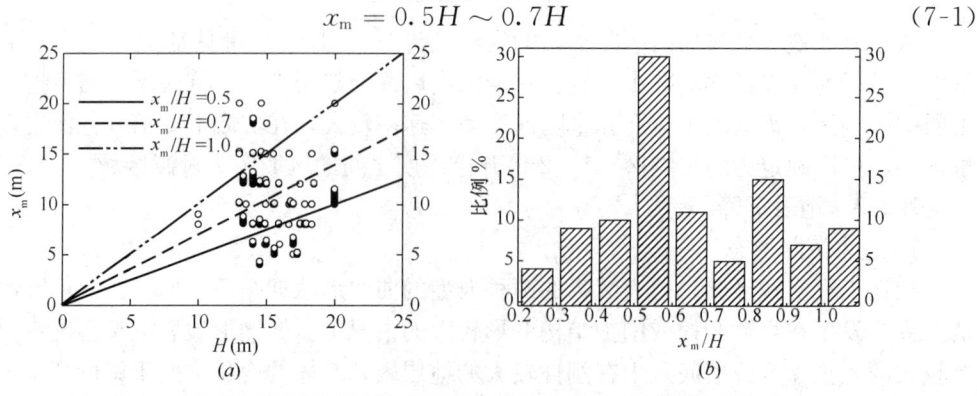

图 7-6 最大地面沉降值距离基坑的水平值 x_m 与开挖深度 H 关系

式中 H 为开挖深度，黏粒含量大于 50% 时，x_m 取 0.7，黏粒含量在 20%~30% 时，x_m 取 0.5。

而在对超深基坑的地表沉降最大值位置的统计当中，超深基坑的最大地表沉降点集中分布与 $0.3H$~$0.55H$ 这一范围之内，但是从绝对量值上来看，超深基坑最大地表沉降点位置与一般深基坑的相仿，都位于墙后的 8~12m 之间。可见基坑开挖深度的加深并没有使墙后最大地表沉降点的位置发生大的改变。

2. 地表沉降影响范围

地表沉降的范围取决于地层的性质、基坑开挖深度 H、墙体入土深度、下卧软弱土层深度、基坑开挖深度以及开挖支撑施工方法等。沉降范围一般为 (1~4)H。日本对于基坑开挖工程，提出如图 7-7 所示的影响范围。

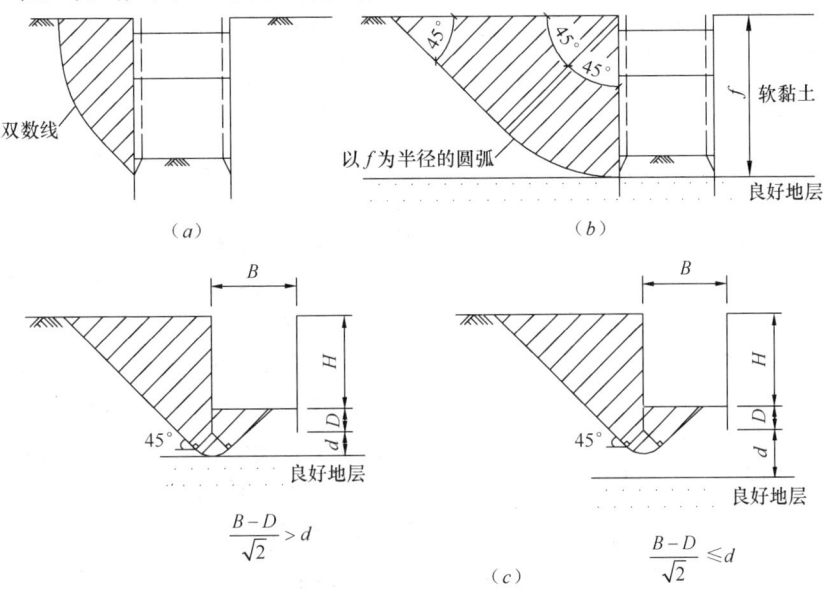

图 7-7 基坑工程开挖的影响范围
(a) 砂土及非软黏土时的影响范围；(b) 软黏土时的影响范围（入土在良好地层的情况）；
(c) 软黏土时的影响范围（围护墙入土在软弱地层的情况）

Peck[8] 和 Goldberg[9]（图 7-8）在对以钢板桩为主的基坑进行分析发现，砂土和硬黏土的沉降影响范围一般在 2 倍开挖深度内，而软土中的基坑沉降影响范围则要到达 2.5~4 倍的开挖深度。

Clough & O'Rourke[1]（1990）针对不同土层中的基坑提出了墙后地表沉降的包络线，如图 7-9 所示。虽然不同土层中包络线的形式不同，但其影响范围均为 2 倍的开挖深度。

Heish[10]（1998）对于墙后地表沉降提出如图 7-10 相应的三角形和凹槽形沉降。

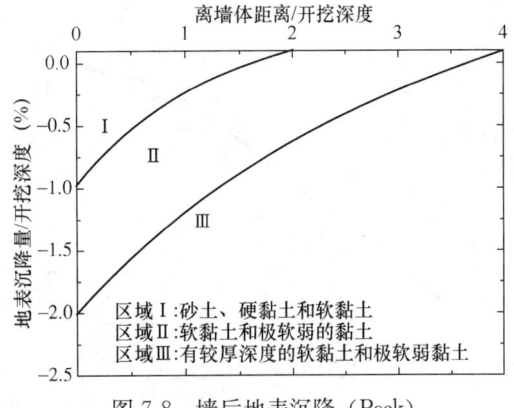

图 7-8 墙后地表沉降（Peck）

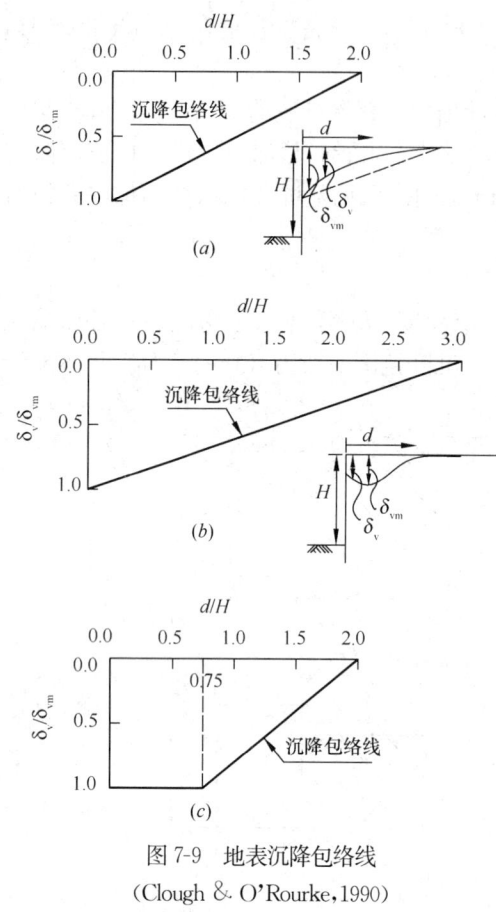

图 7-9 地表沉降包络线
(Clough & O'Rourke,1990)
(a) 砂土；(b) 硬黏土；(c) 软黏土和中等硬度黏土

对于前者，最大沉降发生在墙背处，对于后者，最大沉降发生在 0.5 倍的最终开挖深度距离处。前者主要发生在初次开挖墙体侧向变形较大的情况，后者主要发生初次开挖相对于后面的开挖引起墙体侧向变形很小的情况。上述结论可用来初步估计基坑开挖引起的地面沉降。两种沉降形式均分为主要影响区（Primary Influence Zone）和次要影响区（Sencondery Influence Zone）。在主影响区域的范围内，沉降曲线较陡，会使建筑物产生较大的角变量，而次影响区域的沉降曲线较缓，对建筑物的影响较小。

欧章煜和谢百钧[11]（2000）利用有限单元法模拟土体接近破坏或破坏时，土体应变将大量增加，故可判断主要影响区为开挖的潜在破坏区（potential failure zone）。如图7-11所示，如果硬土层的位置很深，那么墙体底端土体的位移将不受抑制，则主动破坏区域的形成将不会受到阻碍，墙后主动破坏区的范围将由 H 所控制，约等于 $2H$；然而如果当硬土层的位置较浅时，则墙体底端土体的位移将会受到抑制，墙后主动破坏区的范围将由 H_g 所控制，约等于硬土层深度 H_g。因此由围护结构变形产生的主要影响区可用下式表示：

$$PIZ_1 = \min(2H, H_g) \tag{7-2}$$

由于对软弱黏土层来说，存在隆起的问题，潜在隆起破坏区即为开挖区外各种潜在隆起破坏区中影响范围最大的一个破坏区，此范围即为主要影响区。如果潜在隆起破坏面的形成没有受到砂土或坚硬土体的阻碍，则墙后潜在隆起破坏的范围约接近于一个开挖宽度，但如果砂土或坚硬土体的深度较浅时，则可能的潜在隆起破坏面将切于砂土或坚硬土

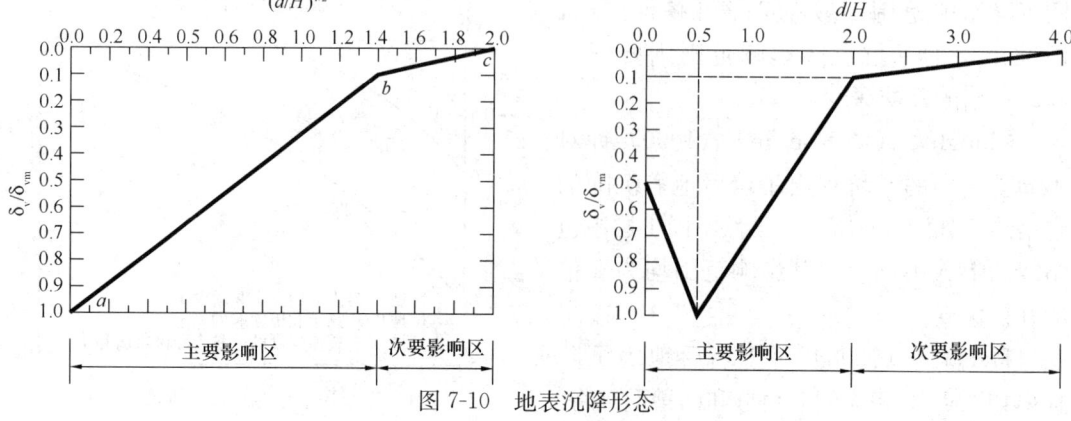

图 7-10 地表沉降形态

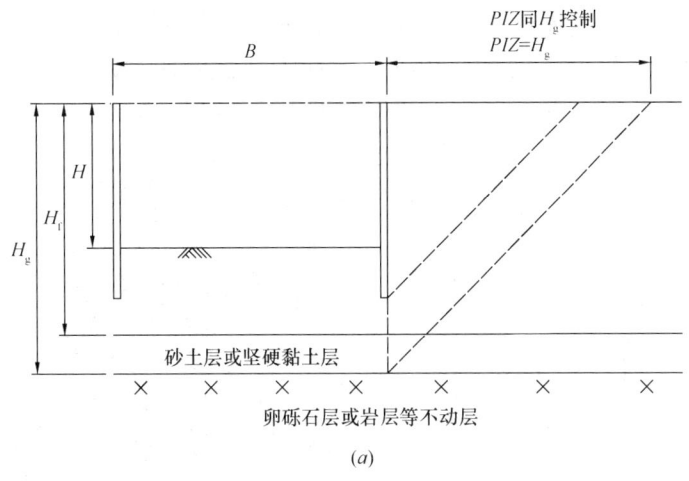

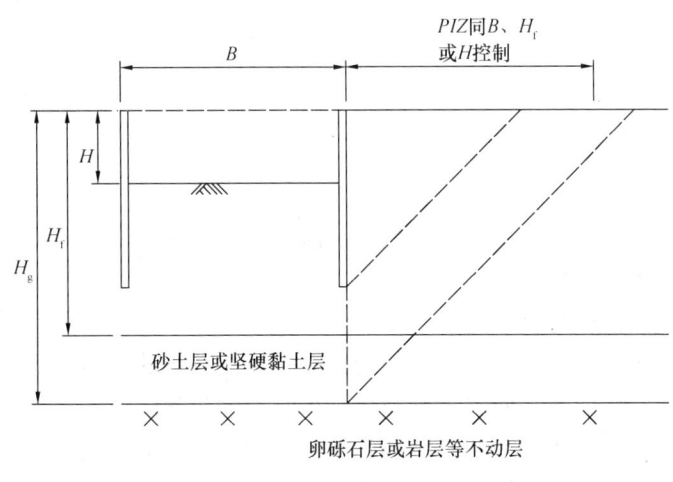

图 7-11 地表沉降的影响范围
(a) $H_g < B$, H_f or $2H$; (b) $H_g > B$, H_f or $2H$

体之上,即墙后隆起破坏的范围将接近软弱黏土层底部深度。因此,潜在隆起破坏所产生的主要影响区可用下式表示:

$$PIZ_2 = \min(H_f, B) \tag{7-3}$$

式中 H_f——软弱黏土层底部之深度。

B——开挖宽度。

以上的 PIZ_1 和 PIZ_2 均为可能的开挖潜在破坏区(potential failure zone),而开挖引起的主要沉降影响区即为各种潜在破坏区之最大值,因此主要沉陷影响区为 PIZ_1 和 PIZ_2 两者取大值者,亦即为 $PIZ = \max(PIZ_1, PIZ_2)$。

7.2.4 坑外土体位移场

对基坑实测位移场的研究[12]发现,地下墙后土体水平位移分布模式主要可以分为两个区(图 7-12):一个是块体滑动区,该区水平边界距离地下墙大约为 1/3 倍开挖深度,垂直边界约为地表下一倍挖深,该区内土体水平位移沿水平方向基本不变,呈现整体滑动的特性;另一个是线性递减区,该区水平边界距离地下墙大约是一倍挖深,垂直边界约为 2 倍挖深,该区内土体水平位移沿水平方向线性递减到零。另外,地下墙后土体垂直位移分布模式大致也可以分为两个区：一为整体沉降区，开挖面以上至地表范围内土体的沉降值沿深度近似相等，各深度处沉降曲线近似等于地表沉降曲线；二为线性递减区，开挖面以下至两倍开挖深度处，土体沉降值随深度增加，逐渐线性减小为零。

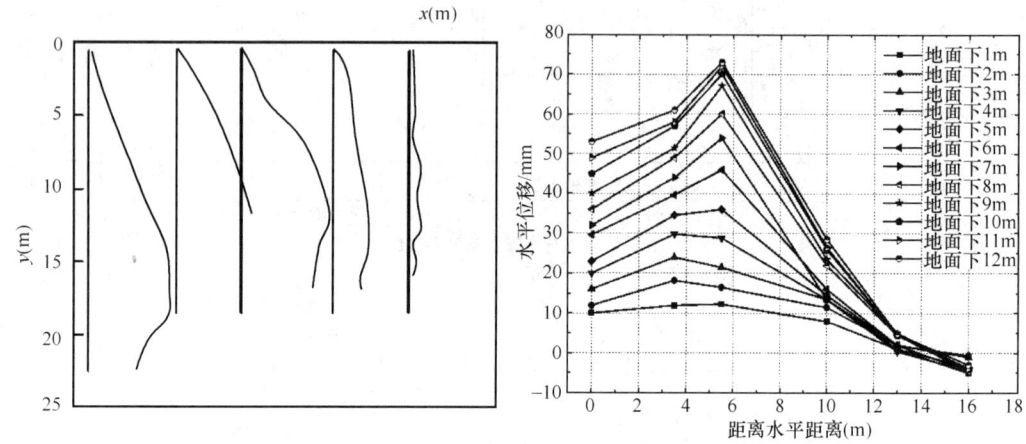

图 7-12　实测墙后土体水平位移场

有了地表沉降曲线，结合土体沉降变形沿深度方向的传递变化规律，就可以根据地表沉降值求出深层土体垂直位移值。

7.2.5　基坑的三维空间效应

基坑的变形分析是一个典型的三维问题，特别是在基坑的角部有明显的角部效应。但是在实际分析中通常用二维平面来进行简化分析。对于长条形的地铁基坑，采用平面分析是较为准确，但是对于一般形状的，角部效应较为明显的基坑，基坑的三维变形效应则是不可忽略的。同时基坑两侧地层纵向不均匀沉降对于平行于基坑侧墙的建筑及地下管道线的安全影响至关重要。

同济大学对长条形基坑外地面的纵向沉降采用三维有限元进行了初步的研究[13]。计算模型如图 7-13 所示，分析发现，基坑长方向两端由于空间作用，对沉降有约束作用，呈现沉降骤减的规律，如图 7-14 所示，离基坑逾远，这种约束作用逾小。

基坑的三维空间效应的特点可以归纳如下：

(1) 基坑由于角隅效应，靠近基坑角部的变形 $\delta_{Coner}/\delta_{Center}$ 始终小于 1.0。

(2) 一般情况下，基坑的平面尺寸越小，基坑中部的变形受到角隅效应的影响越明显，变形越小。

(3) 开挖深度越深，基坑的角隅效应越明显，也即 $\delta_{Coner}/\delta_{Center}$ 的值会越小，靠近基坑角部时位移衰减的幅度越大。

(4) 当下卧硬土层距坑底的距离较大时，2D 计算结果会较 3D 计算结果过高的估计基坑变形。而当硬土层位于或接近于坑底时，2D 和 3D 在基坑长边中部的计算结果会较为接近。

(5) 当基坑的边长与开挖深度比（L/H）越小时，对于基坑中部截面的变形 2D 计算的结果较 3D 的计算结果越大，而 3D 的计算结果更能真实的反应基坑变形。

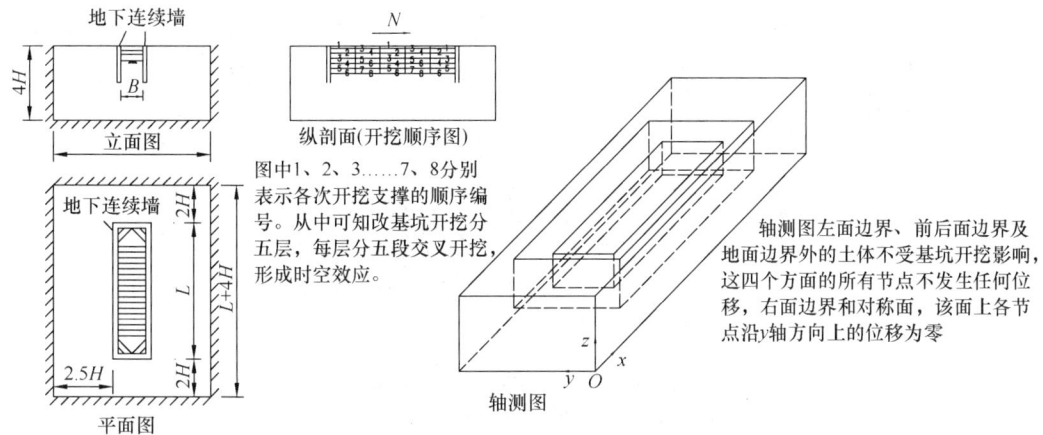

图 7-13　三维有限元的分析计算模型

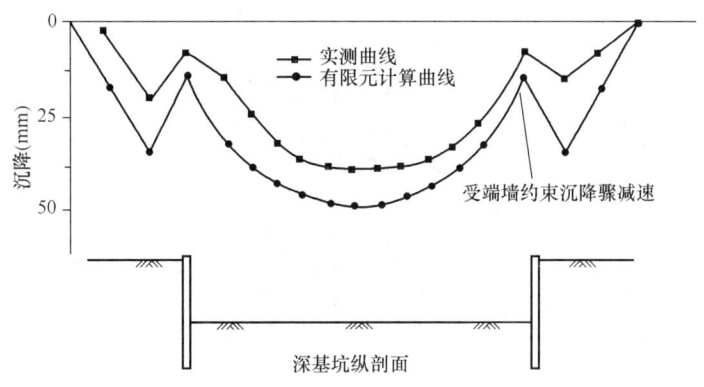

图 7-14　受端墙约束的坑侧地面纵向沉降曲线

7.3　基坑变形机理及影响因素

7.3.1　基坑周围地层移动的机理

基坑开挖的过程是基坑开挖面上卸荷的过程，由于卸荷而引起坑底土体产生以向上为主的位移，同时也引起围护墙在两侧压力差的作用下而产生水平向位移和因此而产生的墙外侧土体的位移。可以认为，基坑开挖引起周围地层移动的主要原因是坑底的土体隆起和围护墙的位移。

1. 坑底土体隆起

坑底隆起是垂直向卸荷而改变坑底土体原始应力状态的反应。在开挖深度不大时，坑底土体在卸荷后发生垂直的弹性隆起。当围护墙底下为清孔良好的原状土或注浆加固土体时，围护墙随土体回弹而抬高。坑底弹性隆起的特征是坑底中部隆起最高，而且坑底隆起在开挖停止后很快停止。这种坑底隆起基本不会引起围护墙外侧土体向坑内移动。随着开挖深度增加，基坑内外的土面高差不断增大，当开挖到一定深度，基坑内外土面高差所形成的加载和地面各种超载的作用，就会使围护墙外侧土体

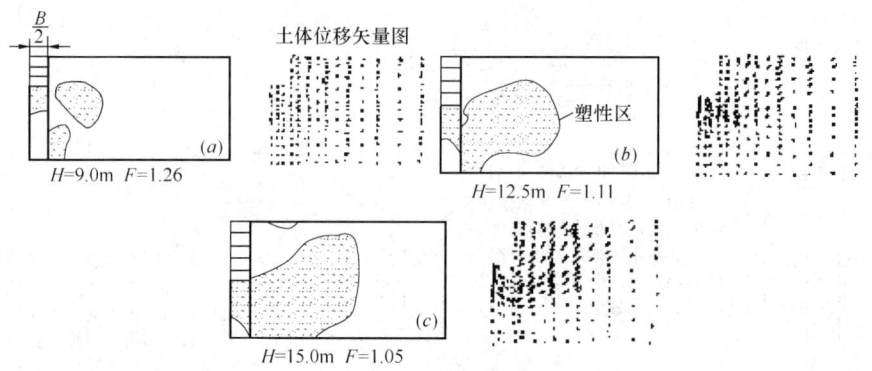

图 7-15 软黏土基坑随开挖深度增加基坑周围土体移动及塑性区的发展
H—开挖深度；F—基坑抗隆起安全系数；B—基坑宽度

产生向基坑内移动，使基坑坑底产生向上的塑性隆起，同时在基坑周围产生较大的塑性区，并引起地面沉降。

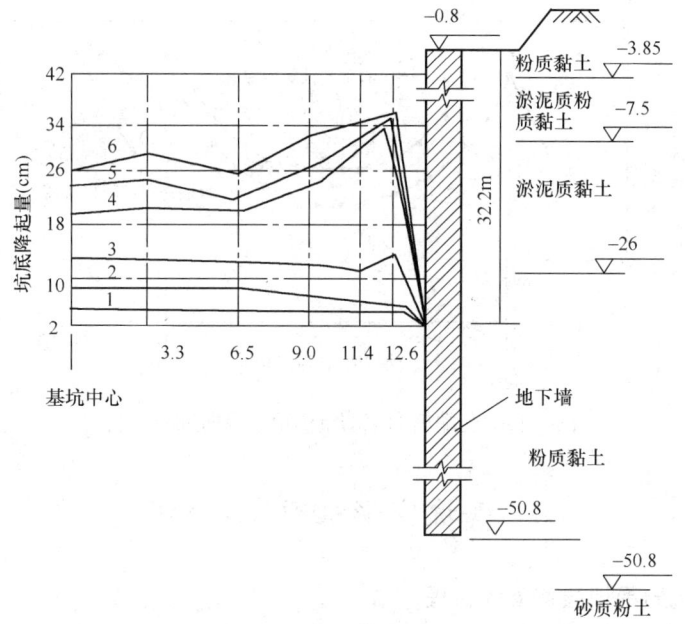

图 7-16 随开挖加深观测的坑底隆起线

1—挖至 -0.7 时，坑底隆起线；2—挖至 -10.4 时，坑底隆起线；3—挖至 -13.2 时，坑底隆起线；
4—挖至 -22.6 时，坑底隆起线；5—挖至 -23.4 时，坑底隆起线；6—挖至 -32.2 时，坑底隆起线

在宝钢最大铁皮坑工程中，成功地在黏性土层中采用圆形围护墙深基坑施工。其内径为 24.9m，开挖深度 32.0m，围护墙插入深度 28m，墙厚 1.2m，围护墙有内衬。由于圆形围护墙结构在周围较均匀的荷载作用下，受到环向箍压力，因此槽段接头压紧，结构稳定。在开挖过程中不用支撑，墙体变形很小，在该深基坑工程中，基坑周围地层移动几乎都是由于坑底隆起引起的，施工单位对此圆形基坑的坑底隆起随开挖加深而增大的变化，进行了较详细的观测。观测结果说明：在开挖深度为 10m 左右时，坑底基本为弹性隆起，坑中心最大回弹量约 8cm，而在自标高 -13m 至 -32.2m 的开挖过程中，坑底发生塑性

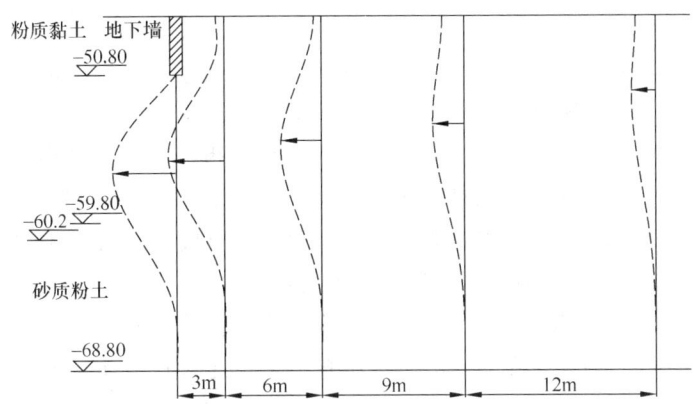

图 7-17 开挖至标高 −32.2m 时土体向坑内水平位移

隆起，观测到的坑底隆起线呈两边大中间小的形式见图 7-16。在坑底塑性隆起中，基坑外侧土体向坑内移动。图 7-17 表示出开挖深度到标高 −32.2m 时，围护墙底下及围护墙外侧 3m、9m、18m、30m 处土体向基坑的水平位移曲线。圆形基坑坑底隆起在直径与开挖深度之比较小的条件下，由于圆形基坑的支护结构和坑底土体的空间作用，在隆起形式和幅度上与条形支护基坑者有所不同，但两种基坑坑底隆起都是随开挖深度的增加而由弹性隆起发展到塑性隆起，而塑性隆起又伴随着基坑外侧土体向坑底的移动。只是条形支护基坑由于支护结构及坑底土体不像圆形者有空间作用，因而在开挖深度比较小时，就会发生坑底的塑性隆起。当支护结构无插入深度时，基坑更易在开挖深度较小时即发生坑底的塑性隆起和相伴随的基坑周围地层移动。当塑性隆起发展到极限状态时，基坑外侧土体便向坑内产生破坏性的滑动，使基坑失稳，基坑周围地层发生大量沉陷。

2. 围护墙位移

围护墙墙体变形从水平向改变基坑外围土体的原始应力状态而引起地层移动。基坑开始开挖后，围护墙便开始受力变形。在基坑内侧卸去原有的土压力时，在墙外侧则受到主动土压力，而在坑底的墙内侧则受到全部或部分的被动土压力。由于总是开挖在前，支撑在后，所以围护墙在开挖过程中，安装每道支撑以前总是已发生一定的先期变形。围护墙的位移使墙体主动压力区和被动压力区的土体发生位移。墙外侧主动压力区的土体向坑内水平位移，使背后土体水平应力减小，以致剪力增大，出现塑性区，而在基坑开挖面以下的墙内侧被动压力区的土体向坑内水平位移，使坑底土体加大水平向应力，以致坑底土体增大剪应力而发生水平向挤压和向上隆起的位移，在坑底处形成局部塑性区。

墙体变形不仅使墙外侧发生地层损失而引起地面沉降，而且使墙外侧塑性区扩大，因而增加了墙外土体向坑内的位移和相应的坑内隆起。因此，同样地质和埋深条件下，深基坑周围地层变形范围及幅度，因墙体的变形不同而有很大差别，墙体变形往往是引起周围地层移动的重要原因。

3. 周围地层位移

随围护结构形式不同，基坑开挖的施工工艺的不同，基坑变形性态也不同。关于墙后土体位移模式的特征，国内外学者做了一些研究。结合上海地铁车站深基坑工程的实践，对实测资料进行了分析研究，认为墙后土体位移模式特征主要有[14]：

(1) 块体现象及破裂面

块体现象是指由于基坑墙后土体发生位移后，会沿一潜在的脆弱面形成破裂面，即滑移面，在该破裂面以内土体具有整体性，虽然可能存在较大的位移，但应变不大；较大的应变产生于破裂面附近，实际中的最大差异沉降和变形也产生于此破裂面处。在土体变形的影响域的边界将形成一个狭窄的高应变梯度域，在此域与挡墙之间，只有较小的应变产生，土体以一种刚性块的形式移动，而高应变区域形成破裂面。Bransby 和 Thomas D. O'Rourke(1981)的研究都说明了块体现象的存在。

对于围护墙后土体的滑块形式，较早的有库仑提出的三角形滑楔，一般适用于重力式挡墙后的无黏性土体。而多支撑结构的基坑围护墙后的土体的变形分布较为复杂，Terzaghi[15]（1948）等多位学者的研究认为对数螺旋线为多支撑结构的基坑围护墙后土体滑楔典型的破裂面。

图 7-18 为一有支撑基坑模拟实验中土方挖至基底时的测量结果，图中：(a) 为土体位移矢量；(b) 为主应变方向 ξ 和滑移线 α、β 的方向；(c) 观察到的剪应变等高线；(d) 为破裂面形状及分布。

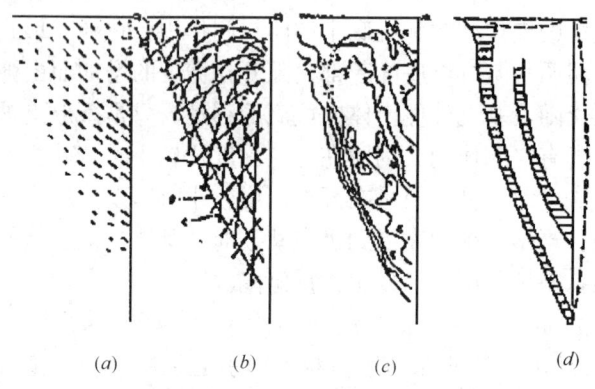

图 7-18 土体内滑楔的形成与发展

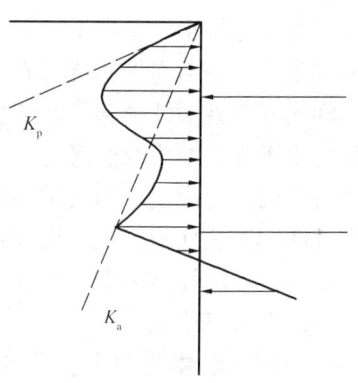

图 7-19 土拱效应（Rowe1952）

应当指出的是，即使滑块的边界面没有达到破坏状态，沿该面的塑性区发展也是最充分的，所以块体现象的特点一样能够表现出来。

(2) 收缩现象

收缩现象是指墙后的土体位移主要发生在一个较小区域内。

比较多支撑体系基坑墙后土体的实测值和弹性有限元分析结果可发现，弹性有限元分析结果中土体变形影响区域要显著大于实测影响区域。Terzaghi[15]（1948）指出，围护墙真实的滑楔顶端长度要比库仑楔顶端小得多，Milligan[16]（1983）认为在软黏土、砂土甚至是硬黏土的情况下，当允许较大的墙体变形值时，土体会屈服，与弹性分析结果有差别。土体变形影响区域较小，而非弹性有限元所预测的较大范围。

收缩现象是与破裂面即块体现象联系在一起的，可以说是块体现象的一个重要的表现形式。

(3) 土拱作用

土拱作用是指支撑刚度较大而围护结构刚度较小时，墙后土压力局部增大的现象。局部土体产生移动，而其余部分保持原来位置不动，土中的这种相对运动受到土体抗剪强度的阻抗,使移动部分土体的压力减小,而不动部分上的压力增加,如图 7-18 所示。

由于土拱效应的存在,使得围护结构后的主动土压力产生重分布。值得注意的是,土体中除竖向存在土拱效应外,水平方向同样存在着土拱效应。土拱效应是土体空间效应的重要表现。合理利用竖向及水平向的土拱效应可使土体的应力重分布向对工程有利的方向发展,充分利用土体自身的抗变形能力。这也是利用时空效应原理控制基坑变形的理论基础之一。

上海地区软黏土中的深基坑,墙体变形和基坑坑底隆起不仅在施工阶段因地层损失引起基坑周围地层移动,而且由于地层移动使土体受到扰动,故在施工后期相当长的时间内,基坑周围地层还有渐渐收敛的固结沉降。

7.3.2 影响基坑变形的相关因素

基坑的最终变形受多方面因素的制约,可以将影响基坑变形的因素分为三大类:

第一类——固有因素

(1) 现场的水文地质条件,如土体强度、地下水位等;

(2) 工程周边的环境条件,如坑边构筑物,高层建筑和超载等。

第二类——与设计相关的因素

(1) 围护结构的特征:墙体刚度、支撑刚度和插入深度等;

(2) 开挖尺寸:基坑的宽度和深度等;

(3) 支撑预应力:支撑预应力设计施加的大小;

(4) 地基加固:加固方法、加固形式和加固体尺寸等。

第三类——与施工相关的因素

(1) 施工方法:施工工法、开挖方法等;

(2) 超挖:超挖会使基坑发生较大的变形;

(3) 超前施工:导墙施工和降水等带来的变形;

(4) 楼板的建造:楼板、混凝土支撑的收缩开裂造成的刚度下降;

(5) 施工周期:较长的施工周期会增加基坑的变形;

(6) 工程事故:如漏水漏砂、基坑纵向滑坡等;

(7) 施工人员水平。

在这所有的因素中固有条件对基坑变形的影响是显而易见的,地层条件和周边环境情况对基坑变形的影响会直接体现在设计与施工中。因此后文将着重讨论设计与施工等因素对基坑变形的影响。

1. 围护结构的特征

①墙体的刚度、支撑水平与垂直向的间距

一般大型钢管支撑的刚度是足够的。如现在常用的 $\phi 609mm$、长度为 20m 的钢管支撑,承受 1765kN(180t)压力时,其弹性压缩变形也只有约 6mm。但垂直向间距的大小对墙体位移影响很大。从图 7-20 中可见刚度参数 $\dfrac{EI}{h^4}$ 与支撑间距 h 的 4 次方成反比,所以当墙厚已定时,加密支撑可有效控制位移。减少第一道支撑前的开挖深度以及减少开挖过程中最下一道支撑距坑底面的高度,对减少墙体位移尤有重要作用。第一道支撑的开挖深度 h_1 应小于 $\dfrac{2S_u}{\gamma}$ (S_u 为土体不排水抗剪强度,γ 为土重度),以防止因 h_1 过大而使墙体外侧土体发生较大水平移动和在较大范围内产生地面裂缝。开挖过程中，最下一道支撑距坑底面的高度越大，则插入坑底墙体被动压力区的被动土压力也相应加大，这必然会增大被动压力区的墙体及土体位移。

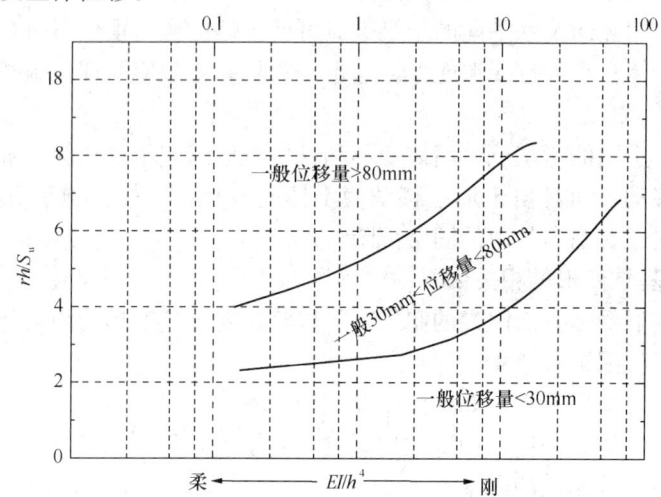

图 7-20　墙体位移与墙体刚度 EI 支撑间距 h 的关系

②墙体厚度及插入深度

在保证墙体有足够强度和刚度的条件下，恰当增加插入深度，可以提高抗隆起稳定性。也就可减少墙体位移，但对于有支撑的围护墙，按部分地区的工程实践经验，当插入深度$>0.9H$时，其效果不明显。根据上海地铁车站或宽 20m 左右的条形沉基坑工程经验，围护墙厚度一般采用 $0.05H$（H 为开挖深度），插入深度一般采用 $0.6H \sim 0.8H$，对于变形控制要求较严格的基坑，可适当增加插入深度；对于软土地区的超深基坑，墙趾进入硬土层对变形有着较好的控制作用。对于悬臂式挡土墙，插入深度一般采用$1.0H \sim 1.2H$。

2. 支撑预应力

①支撑预应力的大小及施加的及时程度

及时施加预应力，可以增加墙外侧主动压力区的土体水平应力，而减少开挖面以下墙内侧被动压力区的土体水平应力，从而增加墙内、外侧土体抗剪强度，提高坑底抗隆起的安全系数，有效地减少墙体变形和周围地层位移。根据上海已有经验在饱和软弱黏土基坑开挖中，如能连续地用 $16h$ 挖完一层（约 3m 厚）中一小段（约 6m 宽）土方后，即在 $8h$ 内安装好 2 根支撑并施加预应力至设计轴力的 70%，可比不加支撑预应力时，至少减少 50% 的位移。如在开挖中不按"分层分小段、及时支撑"的顺序，或开挖、支撑速度缓慢，则必然较大幅度地增加墙体位移和墙外侧地面沉降层的扰动程度，因而增大地面的初始沉降和后期的固结沉降。

②安装支撑的施工方法和质量

支撑轴线的偏心度、支撑与墙面的垂直度、支撑固定的可靠性、支撑加预应力的准确性和及时性，都是影响位移的重要因素。实际工程中就发生过由于支撑偏心造成反力箱压裂而导致的基坑测斜突然增大。另外支撑预应力在施加过后会有一个衰减的过程，这会影

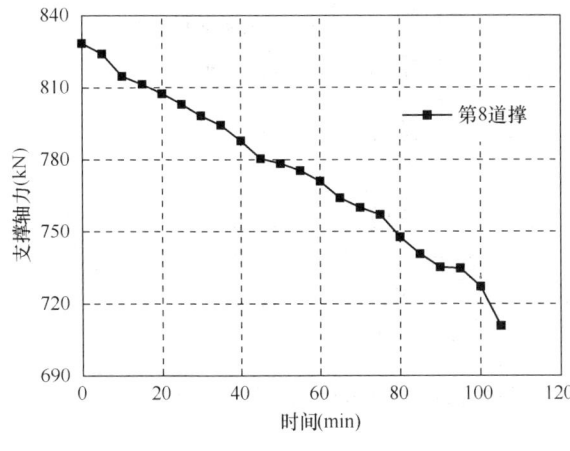

图 7-21 支撑轴力衰减图

响预应力施加的效果。图 7-21 为对上海地铁某地铁车站支撑预应力施加完成 100 分钟内的轴力连续监测曲线，其衰减幅度接近了 15%，且有继续衰减的趋势。所以在支撑施工时应注意施工质量，采取如复加轴力等措施减小基坑变形。

3. 地基加固

在基坑内外进行地基加固以提高土的强度和刚性，对治理基坑周围地层位移问题的作用无疑是肯定的，但加固地基需要一定代价和施工条件。在坑外加固土体，用地和费用问题都较大，非特殊需要很少采用。一般说在坑内进行地基加固以提高围护墙被动土压力区的土体强度和刚性（S_u 和 E），是比较常用的的合理方法。在软弱黏性土地层和环境保护要求较高的条件下，基坑内土体性能改善的范围，应考虑自地面至围护墙底下被挖槽扰动的范围。井点降水、注浆加固等方法都是有效的加固方法。但在上海黏性土夹有薄砂层（$k_h \geqslant 10k_v \sim 100k_v$，$k_h$ 为水平渗透系数，k_v 为垂直渗透系数）或黏性土与砂性土互层的地质条件下，以井点降水加固土体，效果明显，使用广泛。当基坑黏性土夹薄砂层时，如开工前一段时间就开始降水，对基坑土体强度和刚性可有很大提高，根据上海已有经验，降水一个月后土体强度可提高 30%，再参照 Teyake Broome 等国际岩土专家试验，黏性土深基坑土体抗剪强度为：

$$S_u = 10 + 0.2\sigma_{ov}^n \tag{7-4}$$

$$\sigma_{ov}^n = \gamma^n h \tag{7-5}$$

式中 γ^n——土浮重度；

h——土体埋深。

如对基坑自地面至基坑以下 6m 厚的土层进行井点降水，则疏干区以上土层的有效应力为：

$$\sigma_{ov}^n = \gamma h \tag{7-6}$$

当计算有效应力 σ_{ov}^n 时，γ 为土重度。将土浮重度改为土重度，其数值增加约一倍多，这对降水范围及其下卧地层的各层土层或起到预压固结作用。何况超前一段时间降水，还可因排水固结增加强度。特别是夹砂层的水降除后，围护墙内力计算模型中的土体水平向弹簧系数 K_H 也可提高约一倍，这对提高基坑抗隆起安全系数以及减少围护墙的位移有很大的作用。当然采用注浆等地基加固法，对提高被动区的土体刚度和强度、减少周围地层移动，也有明显作用。但要先从技术经济上与降水加固法做比较论证。这里也要指出不适当地加深降水滤管也会影响围护墙外围地层下沉，应注意当围护墙底部存在渗透系数较大的砂性土层，就有坑内降水对坑外地层产生排水固结的影响（图 7-22）。为减少此影响，必要时要采取加隔水帷幕或回灌水措施。

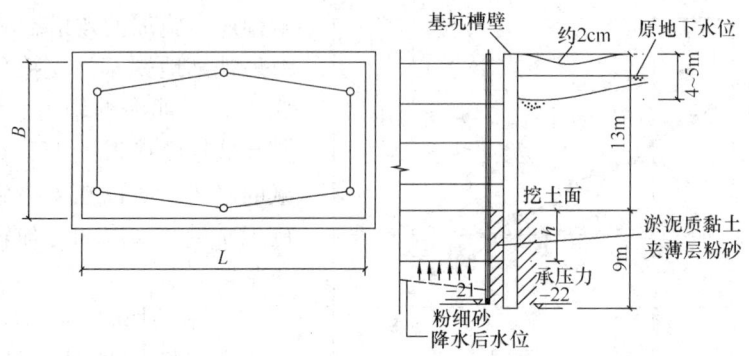

图 7-22　某基坑坑内降水引起墙外地表沉降

4. 施工方法

一般基坑的常见施工工法包括顺作法、逆作法和半逆作法。顺作法施工工序简单，施工技术要求低，挖土周期短。逆作法变形控制能力强，但施工技术复杂，工序多。半逆作法是在逆作法基础上发展起来的，结合部分顺作法优点的新型工法，现已在上海地铁基坑中广为使用，具有控制变形能力强，整体工期短等优点。

徐中华[5]统计的上海地区逆作法施工的基坑，其围护结构的平均变形量仅为 2.5‰H。在通过对上海地区 20m 以上基坑的统计中发现（图 7-23），对于狭长形的地铁基坑变形控制要求在 3‰H 以内的采用（半）逆作法施工和顺作法施工都可以满足要求。但对变形控制要求为一级或宽大基坑，逆作法施工则更有优势。原因在于地铁狭长形基坑宽度一般在 20m 左右，宽度较窄。因此即便采用钢支撑，其支撑刚度也会较大。同时由于采用顺作法施工，施工速度较快，因此顺作法的变形也会较小。而一般地铁基坑中的逆作法较一般基坑的逆作法其楼板的开孔率更高，主体结构的刚度就会相对较小，因此在地铁基坑中逆作法施工的变形控制能力并不显得那么突出。

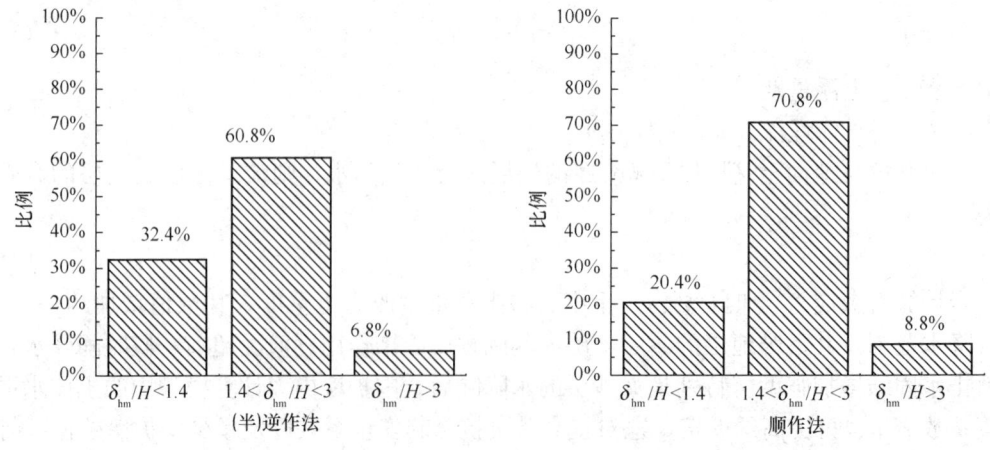

图 7-23　施工工法与围护结构变形关系图

另外，将长条形的基坑按比较短的段，分段开挖，对减少地面沉降、墙体位移、和地层水平位移是有效的措施，同样，将大基坑分块开挖亦具有相同的作用。

在每个开挖的开挖程序中，如分层、分小段开挖，随挖随撑，就可在分步开挖中，充分利用土体结构的空间作用，减少围护墙被动压力区的压力和变形，还有利于尽速施加支撑预应力，及时使墙体压紧土体而增加土体抗剪强度。这不仅减少各道支撑安装时的墙体先期变形，而且可提高基坑抗隆起的安全系数。否则将明显增大土体位移。

5. 施工周期

在黏性土的深基坑施工中，周围土体均达到一定的应力水平，还有部分区域成为塑性区。由于黏性土的流变性，土体在相对稳定的状态下随暴露时间的延长而产生移动是不可避免的，特别是剪应力水平较高的部位，如在坑底下墙内被动区和墙底下的土体滑动面，都会因坑底暴露时间过长而产生相当的位移，以至引起地面沉降的增大。特别要注意的是每道支撑挖出槽以后，如延搁支撑安装时间，就必然明显地增加墙体变形和相应的地面沉降。在开挖到设计坑底标高后，如不及时浇筑好底板，使基坑长时间暴露，则因黏性土的流变性亦将增大墙体被动压力区的土体位移和墙外土体向坑内的位移，因而增加地表沉降，雨天尤甚。

在有支撑暴露时间中，Lin[17]（2002）通过对坑内孔隙水压力的监测结合有限元的研究认为对于低渗透性的土由于超负孔压消散而造成的基坑变形量是很小的，而由于土体蠕变而造成的基坑变形量占了有支撑变形量中的大部分。Lin的监测数据还显示开挖深度越深，基坑放置期间的变化速率就越大。但离基坑越远的土体变化速率越小，离基坑最远的一根土体测斜孔的变形速率基本保持不变。这说明基坑放置期间的土体变形速率与土体的应力水平有直接关系，离基坑越远剪应力水平越低，所以变形速率越小。图7-24中I-1测斜孔距基坑最近，I-3距基坑最远，I-2位于两者之间。

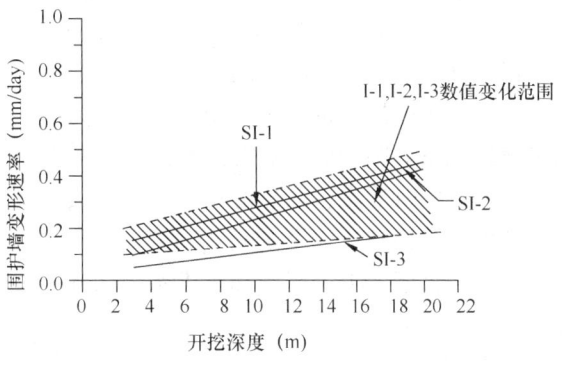

图7-24 基坑放置期间土体水平位移变化速率

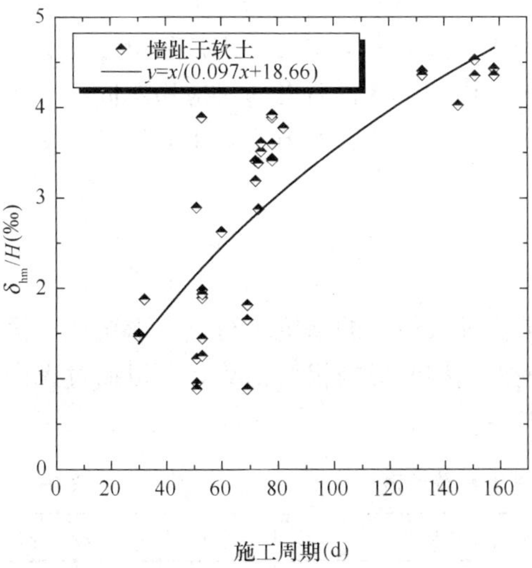

上海地区围护结构整体都位于软土的基坑，其变形与施工周期有着密切的关系。如图7-25所示，基坑围护结构的最终变形基本与施工周期呈双曲线关系。双曲线渐进线为$10‰H$，这说明施工周期的长短给软土地区中的基坑所带来的变形是十分可观的。

6. 超挖

超挖和工程事故都会使基坑本体和周边环境发生较大变形。对上海地铁远程监控系统[18]所发出的预警信息进行了分类统计，发现由于超挖所造成的围护结构大变形超过了50%（见图7-26），其次是地下水，高压旋喷挤土也占了较大比例。由此可见超挖对基坑变形的影响是十分显著，它使基坑被动区土

图7-25 基坑施工周期与位移的关系图
（墙趾位于软土开挖深度超过20m的基坑）

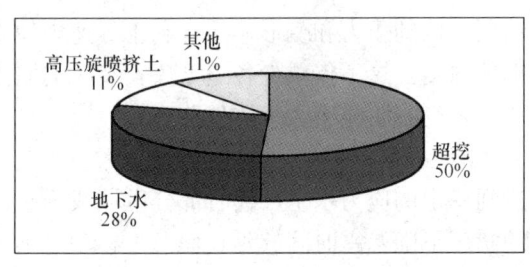

图 7-26 造成基坑变形较大的主要因素分布

体处于设计考虑外的高应力水平状态下，对于插入比较小的基坑超挖甚至会造成基坑的整体失稳。

雨水和其他积水无抑制地进入基坑，而不及时排除坑底积水时，会使基坑开挖中边坡及坑底土体软化，从而导致土体发生纵向滑坡，冲断基坑横向支撑，增大墙体位移和周围地层位移。

在承压水造成的事故中可以分为以下三大类：

（1）在承压水的降水过程中，如果降水速度、参数不当，会使坑外形成较大的降水漏斗，从而对周边环境造成危害。

（2）由于围护结构插入深度不够，或者是承压水降深不够，会导致坑底产生较大隆起。严重者，当坑底上覆土体的自重荷载不足以抵抗坑内承压水头时，可能引发坑底突涌。包括立柱出现大幅度隆起。

（3）由于围护结构的施工质量，特别是地墙接缝处存在缺陷，在地下水的作用下发生漏水漏砂现象。围护墙接缝的漏水及水土流失、涌砂会使坑外地表、管线和房屋等发生较大的沉降。同时漏水、漏砂的产生的同时会使被动区土体受到浸泡造成抗力下降，而主动区土体由于结构破坏而造成抗剪强度降低，土压力增加，进而造成围护结构出现较大变形。实际工程还会由于堵漏和坑内水砂清理造成无支撑暴露时间过长而造成围护结构出现大变形。

7.4 基坑变形计算的理论、经验方法

目前计算基坑支护结构变形的手段一般采用以下两种：经验公式和数值计算。经验公式是在理论假设的基础上，通过对原型观测数据或数值模型计算结果的拟合分析得到半经验性结论，或者由大量原型观测数据提出经验公式。数值方法主要采用杆系有限元法或连续介质有限元法。前者可以较为容易的得到围护结构的位移，后者通过应用不同的本构模型可以比较好的模拟开挖卸载、支撑预应力等实际施工工艺。本节将着重介绍经验估算方法，有限元方法见 7.5 节。

7.4.1 围护结构水平位移

1. 根据开挖深度估算

国内外的学者均对不同土层、工法、围护结构等条件下的基坑进行过变形统计。得到了围护结构最大变形与开挖深度的关系。对于围护结构变形的粗略估算，可以通过查询表中的系数，通过开挖深度来估算围护结构的变形。

基坑变形与开挖深度关系统计表 表 7-1

出 处	地质条件	施工工法/围护结构	$\delta_{hm}/H(\%)$	$\delta_{vm}/H(\%)$
Clough and O'Rourke[1] (1990)	硬黏土、残积土和砂土	板桩、排桩和地下连续墙	0.2	0.15

续表

出处	地质条件	施工工法/围护结构		$\delta_{hm}/H(\%)$	$\delta_{vm}/H(\%)$
Wong[19](1997)	软土厚度 0.6H～0.9H，下卧风化岩石	排桩和地下连续墙		<0.15	<0.1
	软土厚度<0.6H，下卧风化岩石			<0.1	<0.1
Leung[20](2007)	N≤30	地下连续墙，7个逆作，2个顺作		0.23	0.12
	N>30			0.13	0.02
Yoo[21](2001)	软弱残积土厚度0.48H，下卧风化岩石	排桩、水泥土挡墙		0.13～0.15	
		地下连续墙		0.05	
Ou[2](1993)	粉质砂土与粉质黏土交互地层	排桩和地下连续墙，8个顺作，2个逆作		0.2～0.5	(0.5～0.7)δ_{hm}/H
Long[22](2001)	软土厚度>0.6H，下卧中到硬土层	坑底位于硬土层	顺作	0.39	0.50
			逆作		
		坑底位于软土层	顺作	0.84	0.8
			逆作	0.6	0.79
	软土厚度<0.6H，下卧中到硬土层	顺作法		0.18	0.12
		逆作法		0.16	0.20
Moormann[23]	软黏土 C_u<75kN/m²	排桩、土钉、搅拌桩、连续墙围护		0.87	1.07
	硬黏土 C_u>75kN/m²			0.25	0.18
	非黏性土			0.27	0.33
	成层土			0.27	0.25
徐中华[5]	上海地区软土	地下连续墙、排桩支护	顺作法	0.42	0.40
			逆作法	0.25	0.24

注：δ_{hm}为围护墙体最大水平位移；δ_{vm}为墙后地面的最大沉降值。

2. 稳定安全系数法

稳定安全系数法是 Mana and Clough[24] 首先提出的，它是一种基于有限元法和工程经验的简化方法，用于估算围护墙体最大位移和墙后地面的最大沉降值。

工程实践表明，围护墙的最大水平位移与基底的抗隆起安全系数存在一定的关系，如图7-27 所示，基底的抗隆起安全系数 F_s 根据 Terzaghi[15] 可用下式进行计算：

(1)基坑底以下硬土层埋深 D 较大（$D>0.7B$，B 为基坑宽度)时(图 7-28a)：

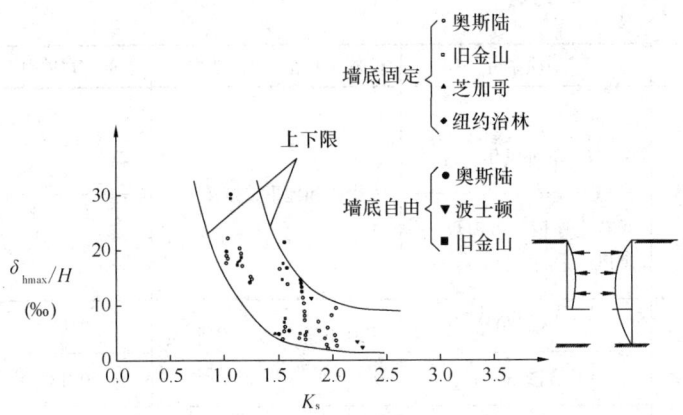

图 7-27 工程实测抗隆起安全系数与归一化最大墙体位移关系

$$F_s = \frac{1}{H} \cdot \frac{S_u N_c}{\gamma - \dfrac{S_u}{0.7B}} \tag{7-7}$$

(2) 基坑底以下存在较硬土层时(图 7-28(b)):

$$F_s = \frac{1}{H} \cdot \frac{S_u N_c}{\gamma - \dfrac{S_u}{D}} \tag{7-8}$$

式中 S_u——不排水抗剪强度;

H——基坑开挖深度;

N_c——稳定系数;

γ——土的重度。

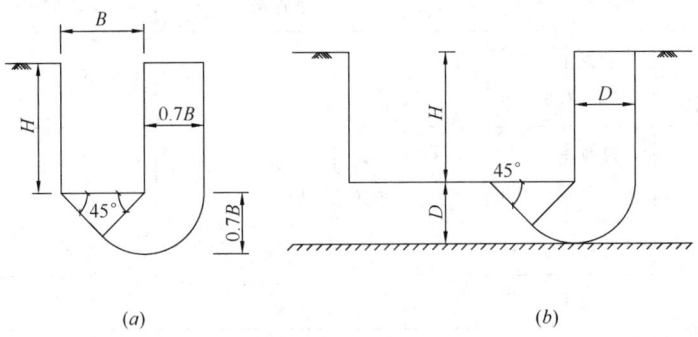

图 7-28 基坑抗隆起稳定安全系数分析方法(Terzaghi 法)

$(a)\ F_s = \dfrac{1}{H} \cdot \dfrac{S_u N_c}{\gamma - S_u/0.7B}$; $(b)\ F_s = \dfrac{1}{H} \cdot \dfrac{S_u N_c}{\gamma - S_u/D}$

墙后地表最大沉降又与墙体的最大水平位移有一定的关系(图 7-29),故墙后地表最大沉降亦与基底抗隆起安全系数 F_s 存在函数关系,据此,采用有限元分析,在一定的条件下(如假设一定的墙体刚度,支撑刚度,基坑尺寸,土的模量等等)也得到墙体位移,墙后地面沉降与 F_s 的函数关系,如图 7-30 所示,这一函数关系与实测结果不同,是唯一的,所以便于实际应用。

定义 δ_{hm} 为最大墙体水平位移,δ_{Vm} 为最大地面沉降量,只要计算出 F_s,根据图 7-30

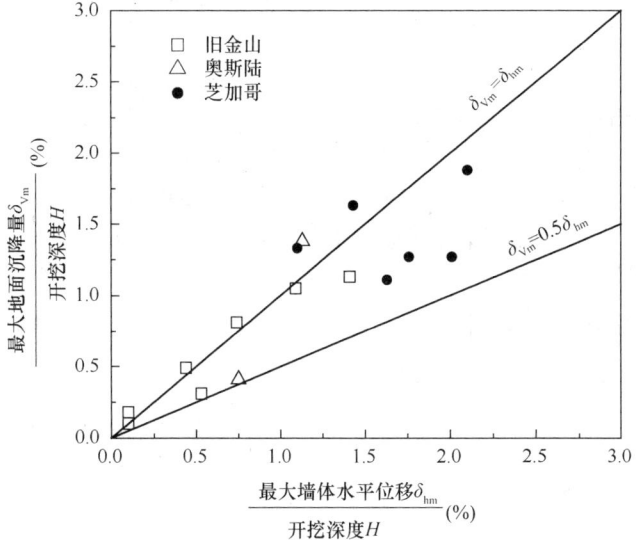

图 7-29　实测最大地面沉降量与最大墙体位移关系

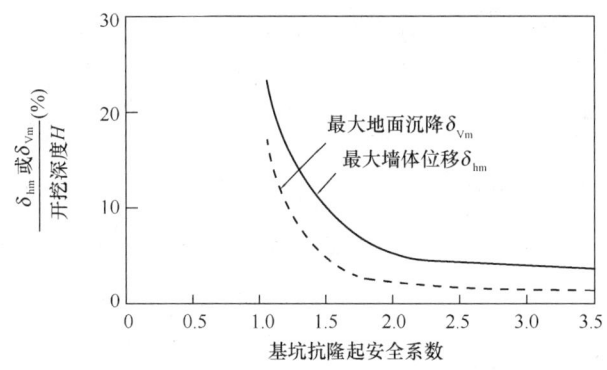

图 7-30　最大地面沉降、最大墙体位移与 F_s 关系

以很容易地获得 δ_{hm} 和 δ_{Vm}。

但这里求得最大墙体位移和最大地面沉降是针对于一定的基坑形式和土质情况而言的，对于其他类型的基坑和地质条件，显然不适用，故需作修正。

修正可从如下几方面进行：
(1) 围护墙刚度和支撑间距，定义修正系数为 α_w；
(2) 支撑刚度和间距，定义修正系数为 α_s；
(3) 硬层之埋深，定义修正系数为 α_D；
(4) 基坑宽度，定义修正系数为 α_B；
(5) 支撑预加轴力，定义修正系数为 α_p；
(6) 土体模量乘子（即模量与不排水抗剪强度的关系系数），定义修正系数为 α_m；

修正后的墙体最大水平位移：

$$\Delta H_{\max} = \delta_{hm} \alpha_w \alpha_s \alpha_D \alpha_B \alpha_p \alpha_m \tag{7-9}$$

修正后的最大地面沉降

$$\Delta V_{\max} = \delta_{Vm} \alpha_w \alpha_s \alpha_D \alpha_B \alpha_p \alpha_m \tag{7-10}$$

α_w、α_s、α_D、α_B、α_p、α_m 可从图 7-31～图 7-36 查得。

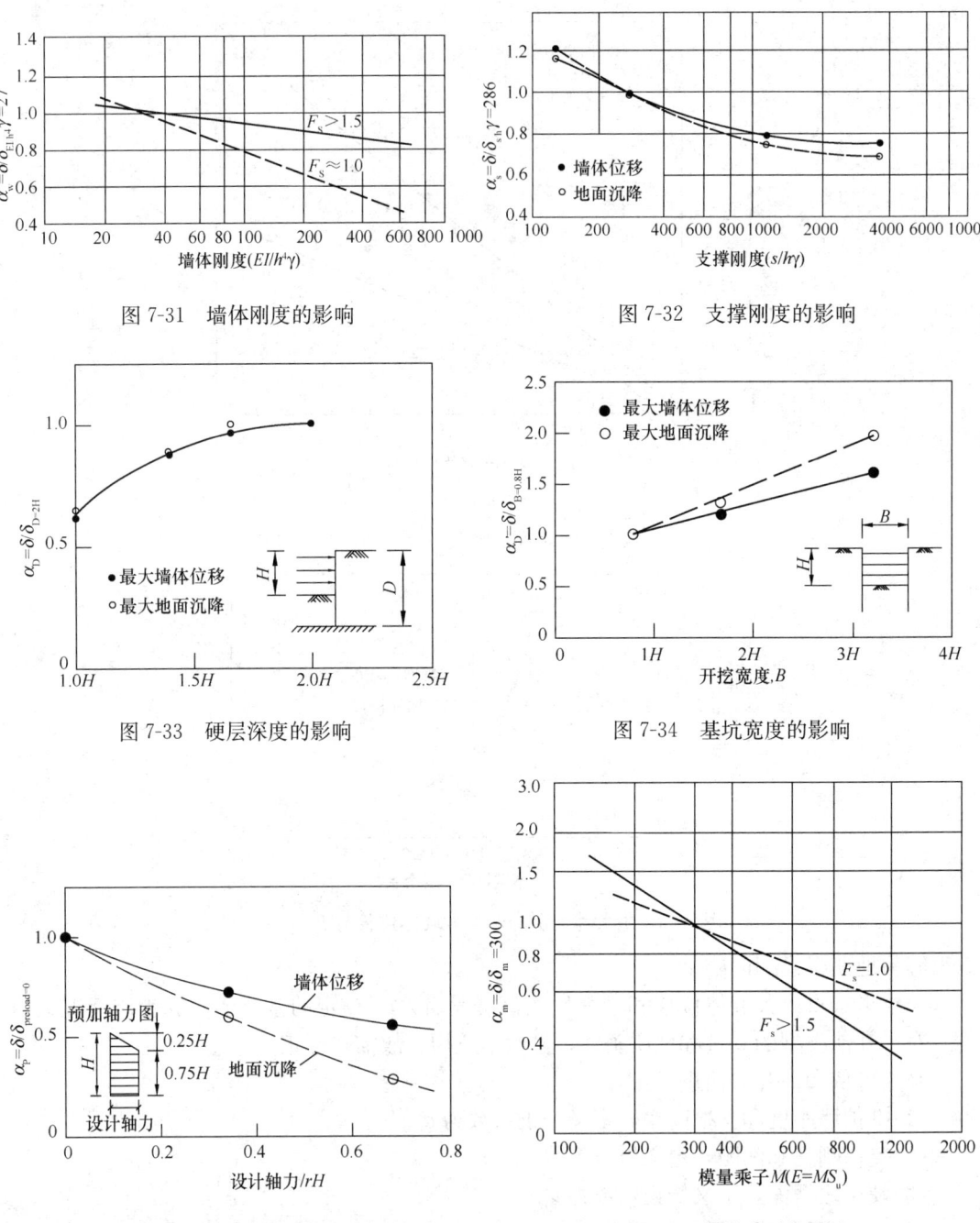

图 7-31 墙体刚度的影响

图 7-32 支撑刚度的影响

图 7-33 硬层深度的影响

图 7-34 基坑宽度的影响

图 7-35 支撑预加轴力的影响

图 7-36 模量乘子的影响

本法的根据是建立了稳定安全系数与墙体水平位移的固定关系，当某地区具有一定实测数据后，与有限元法结果结合使用，对该地区具有很大可靠性，可以在固定地区推广。

7.4.2 坑底隆起

基坑工程中由于土体的挖出与自重应力释放，致使基底向上回弹。另外，也应该看出，基坑开挖后，墙体向基坑内变位，当基底面以下部分的墙体向基坑方向变位时，挤推墙前的土体，造成基底的隆起。

基底隆起量的大小是判断基坑稳定性和将来建筑物沉降的重要因素之一。基底隆起量的大小除和基坑本身特点有关外,还和基坑内是否有桩、基底是否加固、基底土体的残余应力等密切相关。本节将介绍三种计算坑底隆起的方法。其中前两种方法较为简单,适用于快速估算。第三种残余应力方法计算较为复杂,但可以通过试验积累本地相关经验。

1. 日本规范公式

日本"建筑基础构造设计"中关于回弹量的计算公式如下:

$$R = \sum \frac{H \cdot C_s}{1+e} \lg\left(\frac{P_N + \Delta P}{P_N}\right) \tag{7-11}$$

式中 e——孔隙比;

C_s——膨胀系数(回弹指数);

P_N——原地层有效上覆荷重;

ΔP——挖去的荷重;

H——厚度。

在应用上式计算回弹量时,需对每一层土都进行计算,然后总和起来。每一层土的 H、C_s、e 都可能是不同的,ΔP 为所计算层挖去的那部分土重。P_N 也可能是每一层不同。

2. 模拟试验经验公式

同济大学对基底隆起进行了系统的模拟试验研究,提出了如下的经验公式:

基底隆起量 δ 的计算公式如下

$$\delta = -29.17 - 0.167\gamma H' + 12.5\left(\frac{D}{H}\right)^{-0.5} + 5.3\gamma c^{-0.04} \cdot (\text{tg}\varphi)^{-0.54} \tag{7-12}$$

式中 δ——基底隆起量(cm);

$H' = H + \dfrac{p}{\gamma}$(m)

H——基坑开挖深度(m);

p——地表超载(t/m^2);

c、φ、γ——土的黏聚力(kg/cm^2),内摩擦角(度),重度(t/m^3);

D——墙体入土深度(m)。

式(7-12)由于是经验公式,式中各参数的量纲仍采用旧制。

为应用方便起见,特绘制成以下图表(见图7-37),图中取 $p=2t/m^2$,$\gamma=1.8t/m^3$。共绘了八条曲线,开挖深度 $H=5m$,10m,15m,20m,$c=0.07kg/cm^2$,$\varphi=10°$,14°。通过计算发现,在其他条件相同的情况下,黏聚力每增加 0.03kg/cm^2,δ 就能减少 0.3~

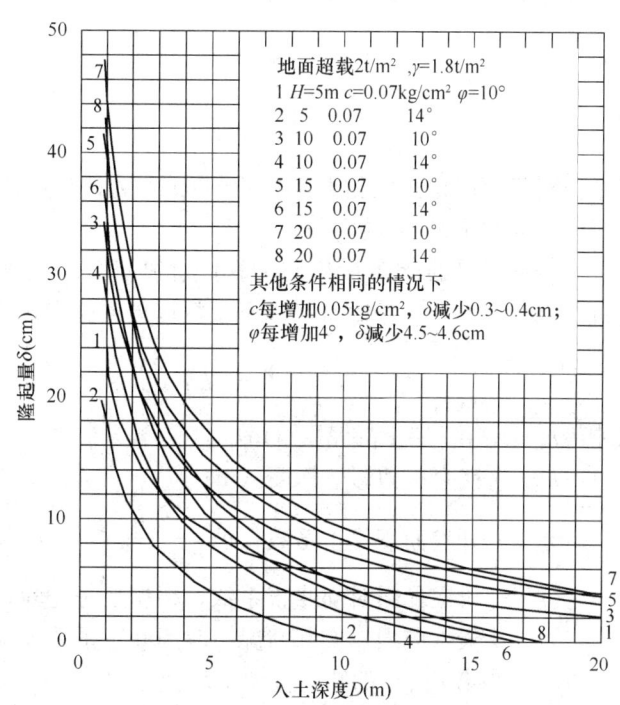

图 7-37 基坑隆起量计算

0.4cm，内摩擦角 φ 每增加 $4°$，则能减少 $4.5\sim4.6$cm。上海市地铁新客站围护墙工程基底最隆起量为 10.3cm，其开挖深度 H 为 12m，墙体入土深度 D 为 10m，基本符合图 7-38 的曲线。该方法适用于基坑较宽、基坑深度不小于 7m 的场合。

3. 残余应力的计算方法

(1) 残余应力概念

刘国彬等[25]（2000）根据大量的实测资料，提出了残余应力概念，认为基坑开挖后，在开挖面以下深度范围内仍然有残余应力存在，把残余应力存在的深度定义为残余应力影响深度。针对基坑工程中开挖卸荷土压力特点，为了描述基坑开挖卸荷对基坑内土体应力状态的影响，引入残余应力系数的概念。

$$\text{残余应力系数 } \alpha = \frac{\text{残余应力}}{\text{卸荷应力}} \tag{7-13}$$

从大量实测结果发现，α 值与基坑开挖深度 H、上覆土层厚度 h 以及土性有密切的关系。这说明残余应力系数是反映土体的初始应力状态、应力历史、卸荷应力路径、土性等因素的综合性参数。对于某一开挖深度，α 值随着上覆土层的厚度 h 的增加逐渐增大，到某一深度以后，其值趋向于极限 1.0，说明这一深度以下土体没有卸荷应力，处于初始应力状态。

为了方便，将 $\alpha=0.95$ 对应的 h 称为残余应力影响深度，用 h_r 表示。上海地区的经验关系：

$$h_r = f(H) = \frac{H}{0.0612H + 0.19} \tag{7-14}$$

式中 H 为基坑的开挖深度（m）。

开挖面以下土体的残余应力系数 α 的计算公式如下：

$$\alpha = \begin{cases} \alpha_0 + \dfrac{0.95 - \alpha_0}{h_r^2} \cdot h^2 & (0 \leqslant h \leqslant h_r) \\ 1.0 & (h > h_r) \end{cases} \tag{7-15}$$

式中：对于上海地区软黏土，$\alpha_0 = 0.30$；h 为计算点处上覆土层厚度。

(2) 回弹量最终计算公式

开挖回弹量的计算采用分层总和法的原理，并依照开挖面积、卸荷时间、墙体插入深度进行修正，基坑开挖时坑底以下 z 深度处回弹量 δ_z 计算公式为：

$$\delta_z = \eta_a \eta_t \sum_{i=1}^{i} \frac{\sigma_{zi}}{E_{ti}} \cdot h_i + \frac{z}{h_r} \Delta \delta_D \tag{7-16}$$

式中 h_i——第 i 层土的厚度（m）

h_r——残余应力影响深度（m）

η_a——开挖面积修正系数；$\eta_a = \dfrac{\omega_0 b}{26.88} \leqslant 3$，$\omega_0$ 为布辛奈斯克公式的中心点影响系数

η_t——坑底暴露时间修正系数；根据上海经验，当基坑在某工况下放置时间超过 3 天，应根据实际情况，时间修正系数 η_t 取 $1.1\sim1.3$。

σ_{zi}——第 i 层土的卸荷应力平均值（kPa）；$\sigma_{zi} = \sigma_0(1 - \alpha_i)$，其中 σ_0 表示总卸荷应力；α_i 为第 i 层土的残余应力系数。

E_{ti}——第 i 层土的卸荷模量;可由下式计算确定:

$$E_{ti} = \left[1 + \frac{(\sigma_{vi} - \sigma_{Hi})(1 + K_0)(1 + \sin\varphi) - 3(1 - K_0)(1 + \sin\varphi)\sigma_{mi}}{2(c \cdot \cos\varphi + \sigma_{Hi} \cdot \sin\varphi)(1 + K_0) + 3(1 - K_0)(1 + \sin\varphi)\sigma_{mi}} \cdot R_f\right]^2 \cdot \overline{E_{ui}} \cdot \sigma_{mi}$$

(7-17)

其中,σ_{vi}、σ_{Hi}、σ_{mi} 分别为第 i 层土体垂直方向的平均应力、水平方向的应力和平均固结应力

$$\left. \begin{array}{l} \sigma_{vi} = \alpha_i\sigma_0 + \sum\limits_{i=1}^{i}\gamma_i h_i \\ \sigma_{Hi} = K_0\left(\sigma_0 + \sum\limits_{i=1}^{i}\gamma_i h_i\right) - \dfrac{1}{R}\sigma_0(1 - \alpha_i) \\ \sigma_{mi} = \dfrac{1 + 2K_0}{3}\left(\sigma_0 + \sum\limits_{i=1}^{i}\gamma_i h_i\right) \end{array} \right\}$$

(7-18)

R 为加卸荷比;γ_i、h_i 分别为第 i 层土体的重度及厚度。K_0 为静止土压力系数;c、φ 为第 i 层土的黏聚力和内摩擦角,R_f 为破坏比;$\overline{E_{ui}}$ 为第 i 层土体初始卸荷模量系数,一般在 80~250 之间,根据应力路径和土的类别取值;

$\Delta\delta_D$——考虑插入深度与超载修正系数,可查下表来确定

不同插入深度下的基坑坑底回弹量的增量(单位:cm)　　　　　　表 7-2

D/H	≥1.5	1.4	1.3	1.2	1.1	1.0	0.9	0.8	0.6	0.4	0.2	0.1
$\Delta\delta_D$	0	0.15	0.31	0.5	0.7	0.9	1.2	1.5	2.41	3.9	7.19	11.88

当基坑边有超载 q 存在时,以等代高度 $H'\left(H' = H + \dfrac{q}{r}\right)$ 代替基坑的开挖深度 H,换言之,即以 D/H' 值查表 7-2 进行修正。

7.4.3 墙后地表沉降

本节将介绍两种地表沉降的计算方法。一为根据开挖深度和地层情况估算墙后最大地表沉降,另一为地层损失法计算地表沉降。地层损失法即是根据地下墙变形的包络面积来推算墙后的地表变形。两种方法的基本计算步骤如图 7-38 所示:

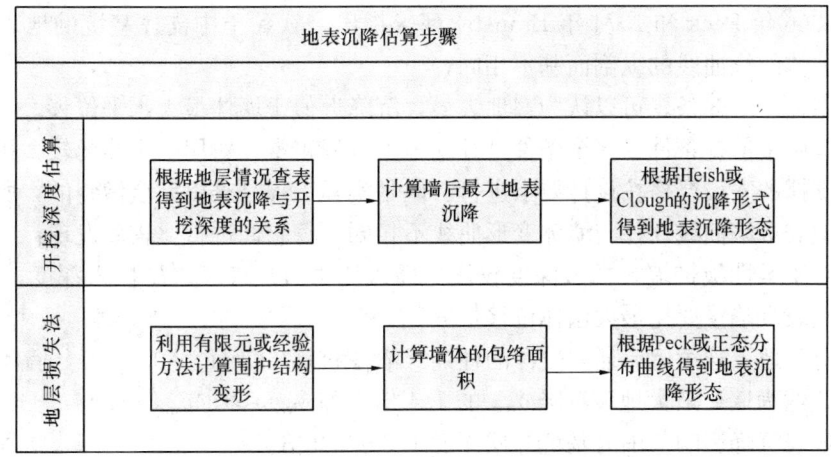

图 7-38　地表沉降估算流程

1. 根据开挖深度估算地表沉降

墙后的地表沉降可以开挖深度来进行估算。通过直接查表来得到最大地表沉降与开挖深度的比值。再根据 Heish[10] 或 Clough[26] 所提出的地表沉降分布形态计算出地表沉降剖面。这一计算方法简单易用，可以作为地表沉降的初步估算。但是需要说明的是，实际的地表沉降包含了超载、成槽、降水等多方面因素，如需对地表沉降进行较为精确的计算则需要将这些因素都考虑在内。

2. 地层损失法

(1) 概述

由于墙前土体的挖除，破坏了原来的平衡状态，墙体向基坑方向的位移，必然导致墙后土体中应力的释放和取得新的平衡，引起墙后土体的位移。现场量测和有限元分析表明：此种位移可以分解为两个分量即土体向基坑方向的水平位移以及土体竖向位移。土体竖向位移的总和表现为地表沉降。

同济大学侯学渊教授在长期的科研与工程实践中，参考盾构法隧道地面沉降 Peck 和 Schmidt 公式，借鉴了三角形沉降公式的思路提出了基坑地层损失法的概念，地层损失法即利用墙体水平位移和地表沉陷相关的原理，采用杆系有限元法或弹性地基梁法，然后依据墙体位移和地面沉降二者的地层移动面积相关的原理，求出地面垂直位移即地面沉降。

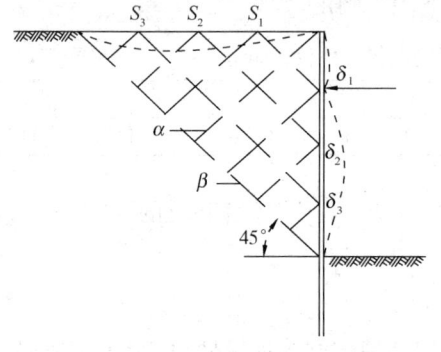

图 7-39 恒定体积时变形的简单速度场

(2) 实用公式法求地层垂直沉降法

为了掌握墙后土体的变形（沉陷）规律，不少学者先后进行了大量的模拟试验，特别是针对柔性板桩围护墙，在软黏土和松软无黏性土中不排水条件下土体变形情况。

试验表明（参见图 7-39）：

(1) 零拉伸线 α 和 β 与主应变的垂直方向成 45°角，它们之间相互垂直；

(2) 墙后地表任一点的位移与墙体相应点的位移相同，因此地表沉降的纵剖面与墙体挠曲的纵剖面基本相同；

(3) 1966 年 Peck 和 1974 年 Bransby 都曾指出，软黏土中支撑基坑的地表沉降的纵剖面图与墙体的挠曲线的纵剖面基本相同；

(4) 根据以上 3 条，可以认为：地表最大沉降近似于墙体最大水平位移。

这里有两个前提条件：一个条件是开挖施工过程正常，对周围土体无较大扰动；另一个条件是支撑的安设严格按设计要求进行。但是实际工程是难以完全做到的，所以工程实测得到的地表沉陷曲线往往与墙体变形曲线不同。将它们进行比较后发现：

(1) 对于柔性板桩墙，插入深度较浅，插入比 $D/H < 0.5$（D 插入深度，H 开挖深度）最大地表沉陷量要比最大墙体位移量大；

(2) 对于地下连续墙，插入较深的柱列式灌注桩墙（$D/H > 0.5$）等，墙体最大水平位移 δ_{hmax}，约为墙后最大地表沉陷 δ_{vmax} 的 1.4 倍，即 $\delta_{hmax} \approx 1.4 \delta_{vmax}$；

(3) 地表沉降影响范围为基坑开挖深度 1.0~3.0 倍。

可采用以下步序将墙体变形和墙后土体的沉降联系起来。

(1) 用杆系有限元法计算墙体的变形曲线——即挠曲线。

(2) 计算出挠曲线与初始轴线之间的面积。

$$S_\mathrm{w} = \sum_{i=1}^{n} \delta_i \Delta H \tag{7-19}$$

(3) 将上述计算面积乘以系数 m，该系数考虑到下列诸因素凭经验选取：

①沟槽较浅（3m 左右）、地质是上海地表土硬层和粉质黏土，无井点降水，施工条件一般，暴露时间较短（<4 个月），轻型槽钢，（<[22]），回填土条件一般。$m=2.0\sim 2.5$；

②沟槽较深（5.0m 左右），地质为淤泥质粉质黏夹砂或粉质砂土，采用井点降水，施工条件较好，暴露时间较短，（<6 个月），重型槽钢（>[22]），还填土夯实质量较好。$m=1.5\sim 2.0$；

③深沟槽（>6.0m），地质为淤泥质粉质黏土夹砂或粉质砂土，采用井点降水，施工条件较好，暴露时间较长（<10 个月），重型槽钢 $m=2.0$；

④其他情况同上，钢板桩采用拉森型或包钢产企口钢板桩，$m=1.50$；

⑤基坑较深（>10m），地质为淤泥质粉质黏土夹砂或粉质黏土，采用拉森型或包钢生产企口钢板桩，采用井点降水，施工条件较好，支撑及时并施加预应力，$m=1.0\sim 1.5$；

⑥其他类型的基坑根据实际工程经验选取，如插入较深的地下连续墙，柱列式灌注桩墙，一般 $m=1.0$；

⑦采用第 6 章 6.9 节推荐的方法计算，$m=1.0$。

(4) 选取典型地表沉降曲线，计算地表沉降

①三角形沉降曲线

三角形的沉降曲线一般发生在围护墙位移较大的情况，如图 7-40 所示。

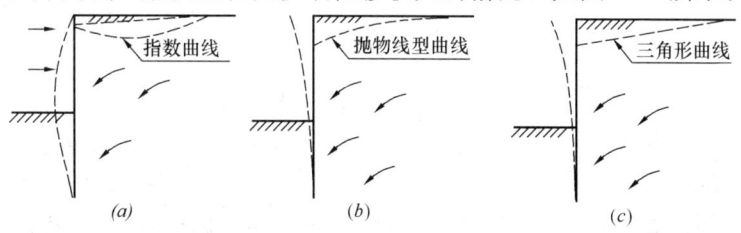

图 7-40 地表沉降曲线类型
(a) 指数曲线；(b) 抛物线；(c) 三角形

地表沉降范围为：

$$x_0 = H_\mathrm{g} \tan\left(45° - \frac{\varphi}{2}\right) \tag{7-20}$$

式中 H_g——围护墙的高度；

φ——墙体所穿越土层的平均内摩擦角。

沉降面积与墙体的侧移面积相等，可得地表沉降最大值：

$$\delta_{V\max} = \frac{2S_\mathrm{w}}{x_0} \tag{7-21}$$

②指数曲线

考虑按 Peck 教授理论和上海地区实际情况修正模式，参见图 7-41。

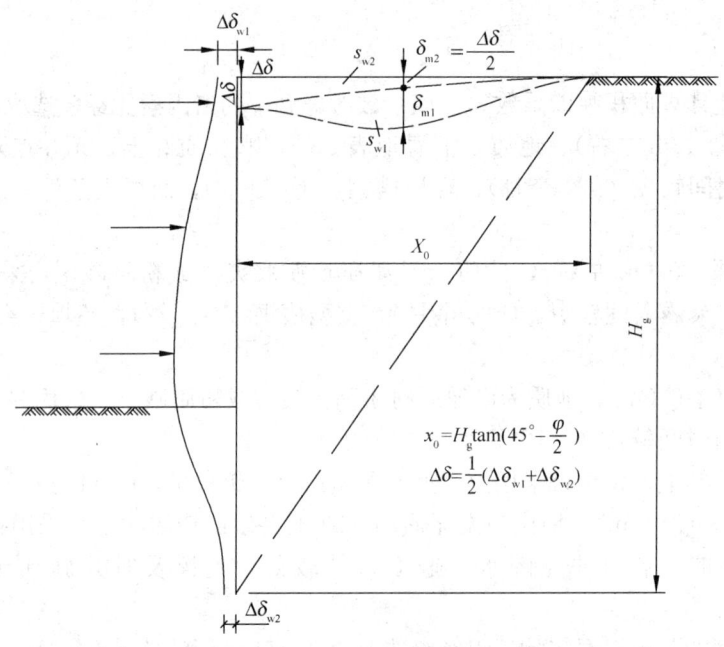

图 7-41　指数曲线计算模式

按 Peck 教授理论，地面沉降槽采用正态分布曲线。

根据图 7-42 所示，并在此假定的基础上取 $x_0 \approx 4i$

$$S_{w1} = 2.5\left(\frac{1}{4}x_0\right)\delta_{m1} \tag{7-22}$$

$$\delta_{m1} = \frac{4S_{w1}}{2.5x_0} \tag{7-23}$$

$$x_0 = H_g \text{tg}\left(45° - \frac{\varphi}{2}\right) \tag{7-24}$$

式中　$\Delta\delta_{w1}$——围护墙顶水平位移；

$\Delta\delta_{w2}$——围护墙底水平位移，为了保证基坑稳定，防止出现"踢脚"和上支撑失稳，希望控制<2.0cm。

$$\Delta\delta = \frac{1}{2}(\Delta\delta_{w1} + \Delta\delta_{w2}) \tag{7-25}$$

则可计算出各点沉降

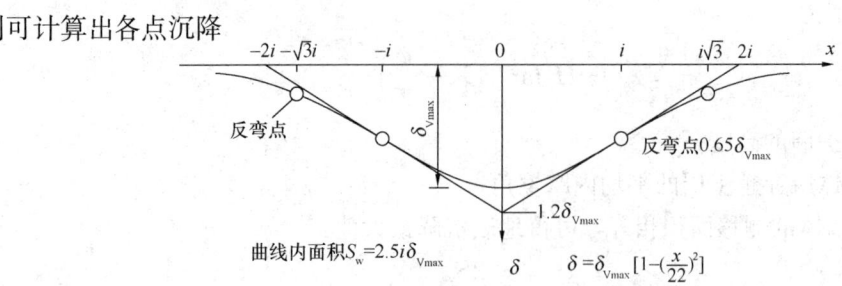

图 7-42　沉降槽曲线

$$\Delta\delta_i = (\Delta\delta_{1i} + \Delta\delta_{2i}) = 6.4\frac{[x_i/x_0 - (x_i/x_0)^2]}{x_0}S_w + [1 - 4.2(x_i/x_0) + 3.2(x_i/x_0)^2]\Delta\delta \tag{7-26}$$

最大沉降值（$x_i = \frac{1}{2}x_0$ 时）

$$\Delta\delta_{max} = \delta_{m1} + \delta_{m2} = \delta_{m1} + \frac{\Delta\delta}{2} = \frac{1.6S_{w1}}{x_0} + \frac{\Delta\delta}{2} = \frac{1.6(S_w - S_{w2})}{x_0} + \frac{\Delta\delta}{2} = \frac{1.6S_w}{x_0} - 0.3\Delta\delta \tag{7-27}$$

7.4.4 周围地层位移

1. 土体深层沉降的计算

在对地下墙后深层土体沉降变形规律进行实测数据分析及有限元分析后[13]，对墙后深层土体沉降传递规律可以用沉降传递系数 CST 进行描述。CST 等于任一深度处土层的沉降与相应位置处地表沉降的比值。近似分析中可认为它与开挖步骤、点的纵向位置无关，而只与点离开墙体的横向距离有关，并可用下式计算：

$$\text{CST} = \begin{cases} 1 & 0 \leqslant y \leqslant B \\ 1 - 0.03Z & B \leqslant y \leqslant 2B \\ 1 + 0.017Z & 2B \leqslant y \leqslant 3B \\ 1 - 0.009Z & 3B \leqslant y \leqslant 4B \end{cases} \tag{7-28}$$

式中 y 表示离墙背距离，B 为基坑开挖宽度，Z 为离地表距离，其最大值约在 6~7m 之间。

据此，可以根据地面沉降曲线推算深层土层沉降曲线。即：开挖面以上至地表范围内土体的沉降值沿深度近似相等，各深度处沉降曲线近似等于地表沉降曲线；开挖面以下至两倍开挖深度处，随深度的增加，土体沉降值逐渐线性减小为零。

2. 位移场的计算

修正围护墙的变形曲线，确定墙下土体扰动深度（如图 7-43 所示）。将三角形 OBB' 部分引起的墙后地层移动用简单位移场来模拟，曲线 OAB 部分引起的墙后地层移动用考虑收缩系数的地层补偿法来模拟，综合以上两部分，得到墙后的地层移动。

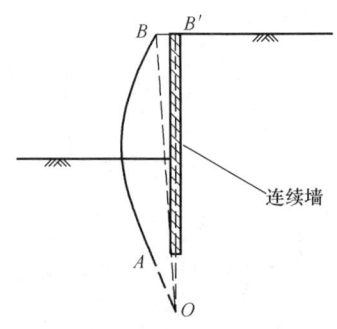

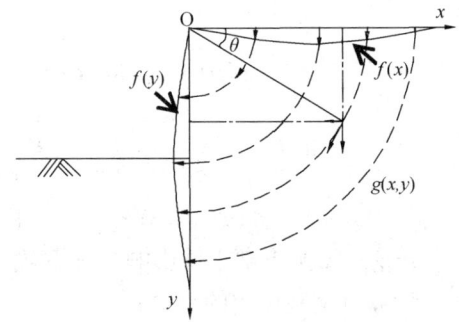

图 7-43 围护墙侧向变形的处理　　图 7-44 地层补偿法计算原理（侯学渊，1999）

(1) 简单位移场

主动区的简单位移场即上述水平位移中的三角形部分 OBB' 可以看作是刚性墙绕 O 点的刚体转动，可以用简单位移场来描述这一部分侧向变形导致的墙后土体位移场。

设围护墙的三角形部分水平位移方程为 $S_1 = f_1(y)$。基坑开挖的总影响深度为 $H_总 = (1+\eta)H_0$，H_0 为挡墙长度。设墙顶最大侧移为 δ_{hc}。则墙后土体水平位移 $\delta_x(x,y)$ 和垂直位移和 $\delta_y(x,y)$ 分别为：

$$\delta_{h1}(x,y) = \delta_{v1}(x,y) = f_1(x+y) = \delta_{hc}\left(1 - \frac{\sqrt{x^2+y^2}}{H_总}\right) \tag{7-29}$$

墙后地表沉降为：

$$\delta_{v1} = \delta_{hc}\left(1 - \frac{x}{H_总}\right) \tag{7-30}$$

（2）地层补偿法修正

Peck[8]（1969）提出了地层补偿法。地层补偿法认为：基坑开挖过程中，墙后土体体积保持不变，墙体发生水平位移所引起的土体体积损失等于地表沉降槽的体积。以下分析中用修正后的地层补偿法，给出墙体水平位移中曲线 OAB 部分所引起的墙后土体位移。

Roscoe[27]（1970）提出墙后土体破裂面 0 拉伸线的一致性的试验结果，而依据塑性理论，0 拉伸线与滑移线重合。所以墙后土体破裂面与土体滑移线重合，且滑移线在墙后呈平行分布。Terzaghi 和 Caspe[28]指出：与重力式挡土结构相比，有支护的基坑围护结构采用绕围护结构顶端旋转的滑移线模式较为合理。假定墙后土体的滑移线为圆弧线，挡墙水平位移曲线部分 OAB 的方程为：$S_2 = f_2(y)$。则墙后土体中任意点 (x,y) 处的水平位移 $\delta_h(x,y)$ 和垂直位移 $\delta_y(x,y)$ 为：

$$\delta_{h2}(x,y) = f(\sqrt{x^2+y^2}) \cdot \frac{y}{\sqrt{x^2+y^2}} \tag{7-31}$$

$$\delta_{v2}(x,y) = f(\sqrt{x^2+y^2}) \cdot \frac{x}{\sqrt{x^2+y^2}} \tag{7-32}$$

李亚[14]（1999）在水平方向引入收缩系数 α，使上述圆弧滑动法变成以 X 轴为短轴的椭圆滑动法。杨国伟[29]（2001）发现实测值与计算值的差异较大，将收缩系数 α 进行线性插值修正，弥补了二者之间的差异。修正后墙后土体中任意点 (x,y) 处的水平位移 $\delta_h(x,y)$ 和垂直位移 $\delta_y(x,y)$ 为：

$$\delta_{h2}(x,y) = f_2(\sqrt{(\alpha x)^2+y^2}) \cdot \frac{y}{\sqrt{(\alpha x)^2+y^2}} \tag{7-33}$$

$$\delta_{v2}(x,y) = f_2(\sqrt{(\alpha x)^2+y^2}) \cdot \frac{x}{\sqrt{(\alpha x)^2+y^2}} \tag{7-34}$$

$$\alpha = \alpha_{max} - \frac{(\alpha_{max}-\alpha_{min})x}{(1+\eta)H_0} \tag{7-35}$$

其中 $\alpha_{max} = 0.032\varphi + 0.41n + 1.3$；$\alpha_{min} = 1.1 \sim 1.2$；

η——开挖时墙趾下部土体影响深度系数；

x——计算点至基坑边的距离；

φ——围护墙后土体内摩擦角；

n——支撑合力深度系数，一般可取为 0.7。

（3）天然地面墙后地层位移场

这样，综合上面的简单位移场及修正的地层补偿法，可以得到天然地面墙后地层位移场，墙后任一点的水平位移和竖向位移如下所示：

水平位移：

$$\delta_h(x,y) = \delta_{h1}(x,y) + \delta_{h2}(x,y) = \delta_{hc}\left(1 - \frac{\sqrt{x^2+y^2}}{H_{总}}\right) + f_2(\sqrt{(ax)^2+y^2}) \cdot \frac{y}{\sqrt{(ax)^2+y^2}}$$
(7-36)

垂直位移：

$$\delta_v(x,y) = \delta_{v1}(x,y) + \delta_{v2}(x,y) = \delta_{hc}\left(1 - \frac{\sqrt{x^2+y^2}}{H_{总}}\right) + f_2(\sqrt{(ax)^2+y^2}) \cdot \frac{x}{\sqrt{(ax)^2+y^2}}$$
(7-37)

其中，$\alpha = \alpha_{max} - \frac{(\alpha_{max} - \alpha_{min})x}{(1+\eta)H_0}$；$\alpha_{max} = 0.032\varphi + 0.41n + 1.3$；$\alpha_{min} = 1.1 \sim 1.2$

7.5 数值计算方法

7.5.1 概述

随着基坑工程的快速发展，基坑自身形式和周边条件都变的越来越复杂，采用理论经验方法进行分析已无法完全满足工程的需要。数值计算方法的出现为基坑工程的设计与计算提供了一个新的有效的途径。数值计算方法虽然历史较短，但今天已成为结构分析中最强有力、最普遍应用的一种方法了。

在基坑工程的计算中常用两种数值计算模型为荷载结构模型和连续介质模型。荷载结构如常用的杆系有限元和三维 m 法等。荷载结构模型计算时需要有诸多假设。但其建模和计算方便，现已广泛的应用于工程的设计当中。荷载结构模型既可以计算围护结构的内力也可以计算围护结构的变形。相关的内容可以参考第六章中的相关内容。

连续介质模型将土与结构共同建模，是考虑其共同变形和作用的计算模型。连续介质模型不仅可以计算结构的位移和内力还可以直接得到土体的相关位移和内力。特别在分析一些内力情况较为复杂的工程时有其特殊的优势。本节将主要介绍连续介质有限元在基坑变形估算中的使用。

7.5.2 本构模型和单元

基坑的数值计算分析中必然会涉及到对土体及结构的模拟问题。一般的基坑分析中所包含的基本构件包括：土体、加固体、围护墙、内支撑或锚杆。其他可能的构件还包括立柱桩和立柱等。下面将对基坑中的基本构件所采用的本构模型和单元进行描述。

1. 土体模型

第六章中已经对适用于基坑工程分析的模型进行了描述。一般来说基坑分析中对于土体的本构常用的模型摩尔库伦（MC）模型、修正剑桥模型（MCC）模型和 Plaxis HS 模型。其中 MC 模型参数简单，较为适用于反分析。但是用其进行分析时，由于其压缩和卸载模量相同，模型会出现整体上浮的现象，地表沉降会与实际情况有较大的差异。对于基坑中的岩石、加固体、硬土、砂土等一般可以采用 MC 模型来模拟。

而 MCC 模型和 Plaxis HS 模型则同属于硬化模型，二者可以较好的模拟基坑周边的土体位移场。对于一般的土体，均可以采用 MCC 模型和 Plaxis HS 模型来进行模拟。

土体单元的模拟一般采用实体单元进行模拟，实体单位根据节点的数量可以分为低阶单元和高阶单元。当单元内的应变变化为线性时，称单元为低阶单元，当单元内的应变变化为二次或二次以上函数时，则称单元为高阶单元。高阶单元在单元内部有着较高的精度，可以使用较少的单元获得准确的计算结果，低阶单元则需要更密的网格才能获得较为准确的结果。一般情况下，较稀的单元划分可以使计算的速度加快，因此应优先选用高阶单元进行分析。但是对于有多层土和多道内支撑的基坑，为了保持与实际开挖、支撑状态的一致，不得不将网格划分的较为密集，在这种情况下采用低阶的单元反而可以减少计算时间。因此对于高阶和低阶单元的选取应当根据模型的实际情况来确定。

2. 支撑（锚杆）模型与单元

对于内支撑来说，在不考虑立柱隆起和墙顶沉降对其产生的二阶效应情况下，一般采用弹性模型，简化为一维杆单元进行分析。但是对于钢支撑，其只能承受压应力而不能承受拉应力。在对上海地区的基坑监测中，发现第一道支撑出现拉应力是可能的。因此对于第一道支撑采用钢支撑的基坑模拟分析中，应将钢支撑考虑为材料非线性问题，只能受压而不能受拉。

对于锚杆可以分为锚固段和自由段。其中对于自由段即为一般的弹性杆单元，而对于锚固段则需要设置与土体的接触面来模拟锚固段的粘结作用。

3. 墙体模型与单元

连续墙的模拟通常有两种方法，即采用实体单元和梁（板）单元。采用实体单元时需沿着其厚度方向划分更多的单元。连续墙厚度方向至少要划分两排实体单元才能模拟连续墙的弯矩。显而易见采用实体单元对墙体进行模拟更符合实际情况。Potts[30]（2001）在对一个土体 $K_0=0.5$ 的基坑分析后发现采用采用梁单元的结果比采用实体单元的结果在位移和弯矩上分别偏大 33% 和 20%（见图 7-45）。

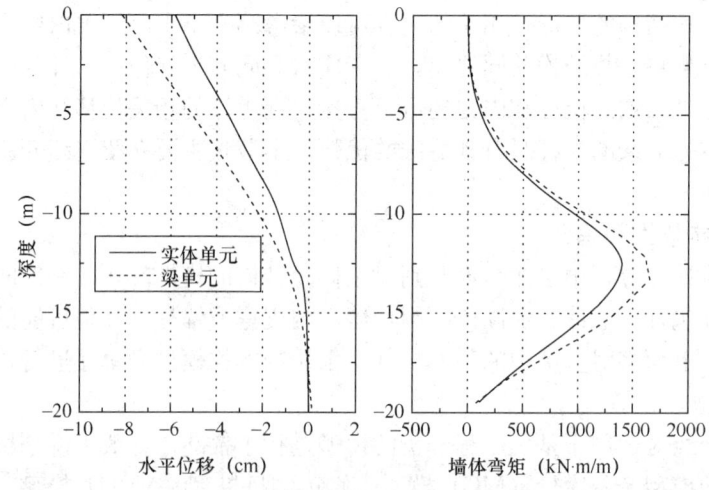

图 7-45 选用不同墙体单元的结果比较

产生这一结果的主要原因为围护墙体后侧表面在基坑的开挖过程中会承受土体对其向下的摩擦力，当连续墙采用实体单元时，该摩擦力相对围护墙截面中和轴会产生一个与连续墙转动方向相反的弯矩，从而会减少作用在围护墙体上的水平向土压力所产生的弯矩。当连续墙采用梁（板）单元时，梁（板）是作为无厚度的单元来处理的，因此忽略了摩擦力产生的弯矩。所以采用梁（板）单元计算所得到的围护墙位移和弯矩都要略大。

7.5.3 模型边界

当围护墙的结构形式，介质条件，荷载分布，施工条件等均为轴对称时，可取对称轴的一侧作为计算域。对于三维模型则可以选取 1/4 模型进行分析。计算域的边界一般是这样考虑的：原则上此范围要达到基坑开挖结构受力后不再产生变位影响的边界为止。

对于墙底方向的边界，当墙底建在坚硬地层上或墙底不深处存在坚硬地层时，则坚硬地层面即作为不动的边界，只要模型底部离墙底距离不要过小即可。当墙底一定范围（大于后文所述范围）的地层仍较软弱时，可取基底面以下深度大于基坑横向跨度的地方作为边界（当墙体的入土深度大于基坑跨度时，取低于墙底某一距离的层面而作为边界）。墙底方向的边界究竟作为可动或是不动，视界的地质条件而定，如是坚硬的，即作为不动支点，如为软弱的，即作为可动支点。在考虑土体固结的情况下，水边界条件这样考虑，计算域上部（即地表和基坑开挖面）一般作为透水边界；如有对称面，对称面处作为不透水边界；墙后的边界和计算域下部边界一般作为不透水边界，如有补给源存在，则作为给水边界。模型的侧向边界[30]是采用简支还是滑动支座对于基坑的变形没有太大影响，仅对模型边界附近的变形有一定影响。对基坑变形影响较大的是模型尺寸大小（见图7-46）。

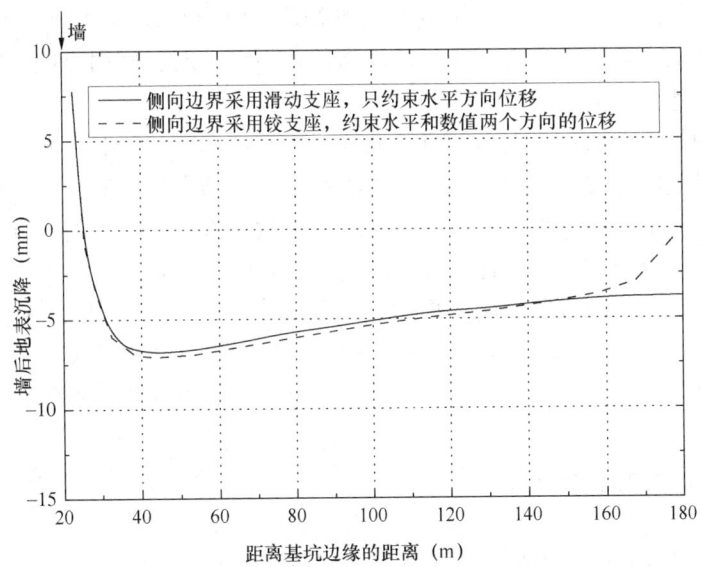

图 7-46 边界约束条件对基坑变形的影响

对于墙背侧边界，其对地表沉降的模拟有较大影响。而模型水平方向上的边界主要受到土体本构模型影响。相关学者都对模型的边界做过收敛性的研究，相关研究成果汇总如下

	数值计算收敛性结果表					表 7-3
序号	本构模型或边界条件	开挖深度 H (m)	墙深 L (m)	开挖宽度 B (m)	收敛距离 WC (m)	描述	作者
1	刚度随深度增加的线弹性模型 MC 屈服准则	9.3	20	20	>360	>18B	Potts[30] (2001)

续表

序号	本构模型或边界条件	开挖深度 H (m)	墙深 L (m)	开挖宽度 B (m)	收敛距离 WC (m)	描述	作者
2	Small-Strain-Stiffness	9.3	20	20	80~160	$4B$~$8B$	Potts[30] (2001)
3	Duncan-Chang	12	24	20	>50	>$2L$	Ou[31] (1998)
4	无限元	12	24	20	20	L	Ou[31] (1998)
5	刚度随深度增加的线弹性模型	12.8	18.3	40	64	$5H$	Roboski[32] (2004)
6	线弹性模型 MC 屈服准则	18	36	33.6	268	$8B$	庄智翔[33] (2008)

从上表可以看出如需使边界对地表沉降无影响，则理想的边界应当为无限元边界，边界的宽度只需大于一倍的墙深就可收敛。而当采用一般的有限元边界条件时，本构模型越高级，则需要的收敛边界越小。采用线弹性和 MC 屈服准则或采用 Duncan-Chang 的模型需要的边界宽度较大，一般要大于 8 倍的墙深甚至更大。而当使用小应变模型时 4 倍以上的墙体深度即可达到收敛。

需要说明的是以上结果是在地表沉降曲线形式基本不变的情况下所得到的结果，因此得到的模型边界范围都较大。而当边界条件略小于以上结果时，实际产生的误差并不会太大。特别在三维有限元的计算当中，影响基坑变形的因素中，边界的影响已经不是主要因素。而适当的减小模型宽度对于计算速度的提高有着明显的效果。

实际使用中国内外学者所使用的模型大小 WC/B 均在 4~17 倍之间，高级本构模型取小值，低级本构模型取大值。对于二维有限元模拟边界可适当放大，对于计算量较大的三维有限元可以先通过二维平面应变模型进行试算，在考虑计算效率的条件下适当减小模型边界范围。

7.5.4 土体本构模型参数

1. 概述

本节将仅针对在基坑工程的分析中常用 MC 模型、MCC 模型和 PlaxisHS 模型，这 3 种模型进行相关说明。文献 [34] 给出了不同本构模型中参数通过试验的取得方法。一般可采用以下试验来取得模型参数：

（1）室内土工试验。包括固结试验、等应变率试验（CRS）、三轴试验（CD、CU、UU）、直剪试验（DSS）。

（2）现场试验。包括标准贯入试验（SPT）、静力触探（CPT）、旁压试验（CPM）、膨胀计试验（DMT）、十字板剪切试验（VT）。

（3）土的分类试验。如液限、塑限、塑性指数、液性指数等。

表 7-4 为参数确定表。D 表示参数能够直接从试验中得到，I 表示参数可根据试验结果再通过相关计算后得到。C 表示通过经验关系获得。C 表示通过经验关系获得。括号则表示参数的取得取决于试验方法。

有限元模型参数取得方法表 表7-4

参数	模型	固结试验	等应变率	三轴CD	三轴CU	三轴UU	直剪试验	标准贯入	静力触探	旁压试验	膨胀计试验	十字板剪切	土的分类试验
c'	MC, HS			D	D		D		C				
φ'	MC, HS			D	D		D		C				
M	MCC			I	I		I		I				
S_u	MC, HS					D	C	C			D	C
ψ	MC, HS			D									
E	MC	I	I	I	I	I	I	C	C	C			C
E_{50}^{ref}	HS	I	C	D	I	D	I	I	I				C
E_{ur}^{ref}	HS	(D)		(D)	(I)	(D)			I				
E_{oed}^{ref}	HS	D	D				I	I	I	I	C		C
λ	MCC	D	I					C	I	I			C
κ	MCC	(D)	I						C				I
ν	MC	I		D									
ν_{ur}	MCC, HS	(I)											
m	HS	D	I	D	D								C
K_0^{nc}	HS	(D)											C

2. 摩尔-库伦模型

MC模型有四个参数 c、φ 和 E、υ。其中 c 和 φ 为强度参数，一般的地质勘察报告中均会提供，这里不再赘述。E、υ 在 FLAC 中以体积模量 K 和剪切模量 G 来表示，

（1）杨氏模量

杨氏模量 E 为土体的刚度参数。由于土体的应力-应变关系并非线性，因此 E 又可以分为初始切线模量 E_i、一点的切线模量 E_{tan}、割线模量 E_{sec} 和卸载回弹模量 E_{ur}。其关系见图7-47。割线模量代表土体的平均刚度，因此在 MC 模型中大多使用割线模量 E_{sec} 来作为土体的杨氏模量 E。初始切线模量 E_i 和卸载回弹模量则多用在 Duncan-Chang 模型当中。

土体的割线模量通常可以和室内试验和现场试验的参数建立如表7-5和表7-6所示的关系[35]。

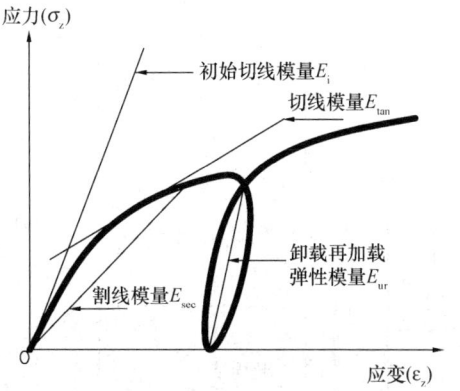

图 7-47 不同弹性模量示意图

室内试验参数与割线模量的经验关系表 表 7-5

室内试验参数和 E_s 的经验关系

试验	土类	土性	来源	经验关系	备注
不排水剪切强度 S_u	黏土	粉质或砂质	Bowles (1992)	$I_p > 30$ 或有机质土 $E_s = (100 \sim 500)S_u$ $I_p < 30$ 或硬土 $E_s = (500 \sim 1500)S_u$	塑性程度较高土系数取小值
		应用于一般情况	Bowles (1992)	$E_s = KS_u$ $K = 4200 - 142.54 I_p + 1.73 I_p^2 - 0.0071 I_p^3$	单位同 S_u
		正常固结的灵敏土	Bowles (1992)	$E_s = (200 \sim 500)S_u$	单位同 S_u
		正常固结的灵敏土和轻微超固结土	Bowles (1992)	$E_s = (750 \sim 1200)S_u$	单位同 S_u
		超固结程度较高的土	Bowles (1992)	$E_s = (1500 \sim 2000)S_u$	单位同 S_u
		适用于一般情况	Fang (1991)	$E_s = \beta S_u$	对超固结程度较高的土取 $\beta = 400$；对软灵敏土取 $\beta = 500$；对硬黏土取 $\beta = 1000$；对非常坚硬的黏土取 $\beta = 1500$
黏性土的不排水黏聚力 c	黏土	一般固结土	Schmertmann (1970)	$E_s = 250c \sim 500c$	单位同 c
		超固结土	Schmertmann (1970)	$E_s = 750c \sim 1000c$	单位同 c
指标参数	黏土	适用于一般情况	Bowles (1992)	$E_s = 9400 - 8900 I_p + 11600 I_c - 8800 S$	I_P 为塑性指数，I_C 为相对密度，S 为饱和度。单位：kPa

现场试验参数与割线模量的经验关系表 表 7-6

现场试验参数和 E_s 的经验关系

试验	土类	土 性	来 源	经验关系	备 注
标准贯入试验	砂土	正常固结土	Bowles (1992)	$E_s=500(N+15)$	单位：kPa
			USSR	$E_s=(15000\sim22000)\cdot\ln N$	单位：kPa
		超固结土	D'Appolonia et al (1970)	$E_s=40000+1050N$ $E_{s(OCR)}\approx E_{s,nc}\sqrt{OCR}$	单位：kPa
		饱和状态	Bowles(1992)	$E_s=250(N+15)$	单位：kPa
		含砾石的	Bowles(1992)	$E_s=1200(N+6)$ $=600(N+6),\ N\leqslant15$ $=600(N+6)+2000,$ $N>15$	单位：kPa
		黏性	Bowles(1992)	$E_s=320(N+15)$	单位：kPa
		各种类型的砂土	Japanese Design Standards	$E_s=(2600\sim2900)N$	单位：kPa
			Schmertmann(1978)	$E_s=766N$	单位：kPa
			Farrent(1963)	$E_s=7.5(1-\nu^2)N$	单位：ton/ft^2； ν 为泊松比
			Trofimenkov(1974)	$E_s=(350\sim500)\cdot\ln N$	单位：kg/cm^2； 前苏联
		干砂	Schultze and Melzer(1965)	$E_s=\nu\sigma_0^{0.522}$ $\nu=246.2\log N-263.4\sigma_0$ $+375.6\pm57.6$	单位：kg/cm^2 $0<\sigma_0<1.2$kg/cm^2 $\sigma_0=$为有效上覆压力
		涵盖含粉土的砂土和含砾石的砂土	Begemann(1974)	$E_s=40+C(N-6),$ $N>15$ $E_s=C(N+6),$ $N<15$	单位：kg/cm^2； $C=3$(粉土)to 12(砾石)；希腊
	粉土	砂质或者黏质	Bowles(1992)	$E_s=300(N+6)$	单位：kPa
	一般		Parry(1977)	$E_s=2.8N$	单位：MPa

续表

现场试验参数和 E_s 的经验关系

试验	土类	土性	来源	经验关系	备注
静力触探试验	砂土	正常固结土	Bowles(1992)	(1) $E_s=(2\sim4)q_u$ $=8000\sqrt{q_c}$ (2) $E_s=1.2(3D_r^2+2)q_c$	单位同 q_c
			Vesic(1970)	$E_s=2(D_r^2+1)q_c$	单位同 q_c；D_r 为相对密实度
		超固结土	Bowles(1992)	$E_s=(6\sim30)q_c$	单位同 q_c
		饱和状态	Bowles(1992)	$E_s=Fq_c$ $e=1.0\quad F=3.5$ $e=0.6\quad F=7.0$	单位同 q_c
		黏性	Bowles(1992)	$E_s=(3\sim6)q_c$	单位同 q_c
		所有砂土	Buisman(1940)	$E_s=1.5q_c$	单位同 q_c
			Trofimenkov(1964)	$E_s=2.5q_c$ lower limit $=100+5q_c$ average	单位同 q_c
			Trofimenkov(1974)	$E_s=3q_c$	单位同 q_c；前苏联
			DeBeer(1974)	$E_s=1.5q_c$	单位同 q_c
			DeBeer(1974)	$E_s=1.6q_c-8$	单位同 q_c；保加利亚
				$E_s=1.5q_c\quad q_c>30$ $E_s=3q_c\quad q_c<30$	单位：kg/cm²；希腊
				$E_s>1.5q_c$ or $E_s=2q_c$	单位同 q_c；意大利
				$E_s=\alpha q_c\quad 1.5<\alpha<2$	单位同 q_c；英国
		细砂或中砂		$E_s=5/2(q_c+3200)$	单位：kN/m²；南非
		干砂	Schultze and Melzer(1965)	$E_s=\dfrac{1}{m_v}v\sigma_0^{0.522}$ $v=301.1\log q_c-382.3\sigma_0$ $\pm60.3\pm50.3$	单位：kg/m²；$0<\sigma_0<0.8$ kg/cm² σ_0 为有效上覆压力 m_v：体积压缩系数（MPa⁻¹）
	粉土	砂性或黏性	Bowles(1992)	$E_s=(1\sim2)q_c$	单位同 q_c
	黏土	软黏土	Bowles(1992)	$E_s=(3\sim8)q_c$	单位同 q_c
		一般黏土	Trofimenkov(1974)	$E_s=7q_c$	单位同 q_c；前苏联

续表

现场试验参数和 E_s 的经验关系

试验	土类	土性	来源	经验关系	备注
静力触探试验	各类土	无黏性土	Douglas（1982）	$E_s=5q_c$	单位：MPa
		无黏性土	Schmertmann（1970）	$E_s=2q_c$	单位同 q_c
			Canadian Foundation Engineering Manual（CFEM）	$E_s=kq_c$	单位同 q_c；对砂土和粉土 $K=1.5$；对压密砂土 $K=2$；对密实砂土 $K=3$；对含砾石的砂土 $K=4$
			Bachelier and Parez（1965）	$E_s=\alpha q_c$	单位同 q_c；对于纯净的砂土，$\alpha=0.8\sim0.9$；对粉质砂土 $\alpha=1.3\sim1.9$；对含黏性土的砂土 $\alpha=3.8\sim5.7$；对软黏土 $\alpha=7.7$
			Bogdanovic（1973）	$E_s=\alpha q_c$	单位：kg/cm² 对砂土和砂砾 $q_c>40$ $\alpha=1.5$；对粉土和饱和砂土 $20<q_c<40$ $\alpha=1.5\sim1.8$；对黏质粉土夹粉砂 $10<q_c<20$ $\alpha=1.8\sim2.5$；对粉质饱和砂土夹粉土 $5<q_c<10$ $\alpha=2.5\sim3.0$
平板载荷试验		一般性土	Haysmann（1990）	$E_s=\dfrac{0.75D\Delta p}{\Delta s}$	单位：kPa 或 MPa P 为施加的压力；S 为沉降量；D 为载荷板的面积

需要说明的以上公式都仅仅适用于某一地区，基于同样的试验参数而采取不同的经验公式得到的结果会差距较大，因此应对于杨氏模量 E 应根据地质条件的不同选用相应的经验公式。

(2) 土体的泊松比

土体的泊松比 ν 通常较难准确的确定。饱和土壤处于不排水条件下，由于无体积应变，其柏松比 ν 理论上应为 0.5，但以有限差分法进行分析时，若 ν 采用 0.5，将会造成刚度矩阵的奇异问题，因此可以取为 0.49。MC 模型下在主加载时，可采用侧压力系数 K_0 或有效内摩擦角来定义

$$\nu = \frac{K_0}{1+K_0} \approx \frac{1-\sin\varphi}{2-\sin\varphi} \tag{7-38}$$

下表[35]为建议的泊松比取值

参考泊松比取值表　　　　　　　　　　　　　　　　　表 7-7

土的类别	ν					
参　考	Das (1997)	Cernica (1995)	Budhu (2000)	Rowe (2000)	Bowles (1992)	Kulhawy et al. (1983)
黏土						
很软						
软						
中		0.4	0.35～0.4	0.2～0.4		
硬	0.15～0.25	0.3	0.3～0.35			
砂质	0.2～0.5	0.25	0.2～0.3		0.2～0.3	
饱和黏土		0.25			0.4～0.5	0.5（不排水）
非饱和黏土					0.1～0.3	0.3～0.4
砂土						
粉质	0.2～0.4					
松	0.2～0.4	0.2	0.15～0.25	0.1～0.3	0.2～0.35	0.1～0.3（排水）
中	0.25～0.4		0.25～0.3			
密	0.3～0.45	0.3	0.25～0.35	0.3～0.4	0.3～0.4	0.3～0.4（排水）
砂和砂石						
松	0.15～0.35	0.2			0.3～0.4	
密		0.3				
黄土					0.1～0.3	
页岩						
淤泥					0.3～0.35	
岩石					0.1～0.4	
冰					0.36	
混凝土					0.15	
钢					0.33	
泥炭			0～0.1			

3. （修正）剑桥模型

MCC 模型是在数值计算中广泛使用以模拟土体的模型，在 FLAC2D/3D 和 ABAQUS 中都可以直接调用内置的模型进行参数设置。MCC 的参数由 4 个模型参数和 2 个状态参数构成。4 个模型参数为临界状态线斜率 M、泊松比 ν、压缩参数 λ 和回弹参数 κ；2 个状态参数分别为先期固结压力 p_{c0} 和初始孔隙比 e_{ini}。对于泊松比 ν 可参见 MC 模型中的相关描述，其他参数的定义如下。

（1）临界状态线斜率 M

修正剑桥模型的临界状态线斜率可以通过内摩擦角求出

对于轴向压缩状态：$M = \dfrac{6\sin\varphi}{3 - \sin\varphi}$

对于轴向拉伸状态：$M = \dfrac{6\sin\varphi}{3 + \sin\varphi}$

对于无剪胀条件下的平面应变状态：$M = \sqrt{3}\sin\varphi$

基坑开挖属于卸载问题，因此选择轴向拉伸状态的 M 值是合适的。

（2）压缩参数 λ

压缩参数 λ 可以从等压试验中的 $v - \ln p$ 曲线上得到。此外 λ 还可以从固结试验的 $v - \ln p$ 压缩曲线中得到。需指出的是，固结试验需知道侧压力系数 K_0 才能绘出 $v - \ln p$ 压缩曲线，在原始压缩曲线上 K_0 大致相等，这样 $v - \ln p$ 才为直线，从而 λ 可用压缩指数 C_c 表示为：

$$\lambda = \frac{C_c}{\ln 10} = \frac{C_c}{2.3} \tag{7-39}$$

多数情况下，地质勘察报告均会给出 C_c 值，因此可直接通过上式求得压缩参数 λ。

（3）回弹参数 κ

回弹参数 κ 与压缩参数 λ 类似，可以通过等压拉伸试验的 $v - \ln p$ 曲线求得。但是在固结试验的回弹曲线上，侧压力系数 K_0 是随着卸载增加的，并不是一个常量，从而在 $v - \ln p$ 平面中回弹曲线不是直线，因此严格意义上说无法用固结试验来确定 κ。但若假设 K_0 为常数，则 κ 可以近似表示为 $\kappa = \dfrac{C_s}{\ln 10} = \dfrac{C_s}{2.3}$。

研究[36]表明上海地区软土 λ/κ 一般介于 8～18。此外还可以建立 λ、κ 与塑性指数的关系来进行估算。对于上海地区软土可采用下式[37]进行计算：

$$\lambda = 0.0165 I_P - 0.1309 \tag{7-40}$$

$$\kappa = 0.0036 I_P - 0.0336 \tag{7-41}$$

（4）先期固结压力 p_{c0}[52] 和初始孔隙比 e_{ini}[53]

① 先期固结压力 p_{c0} 可以由下面式子求得：

$$p_{c0} = OCR \times \left(p_0 + \frac{q_0^2}{M^2 p_0} \right) \tag{7-42}$$

其中 $p_0 = \dfrac{\sigma_v + 2\sigma_h}{3}$ 为平均有效应力，$q_0 = \sigma_v - \sigma_h$ 为偏应力

σ_v——竖向有效应力

σ_h——水平有效应力

OCR——超固结比

② 可以基于不排水剪切强度 c_u 来确定初始比体积 $v_\lambda (v_\lambda = e_{ini} + 1)$。

在 $p=p_1$ 的临界状态线上的比体积 Γ，由下式给出：

$$\Gamma = v_\lambda - (\lambda - \kappa) \times \ln 2 \tag{7-43}$$

土体中，不排水剪切强度通过下式与比体积唯一相关：

$$c_u = \frac{Mp_1}{2} \exp\left(\frac{\Gamma - v_{cr}}{\lambda}\right) \tag{7-44}$$

因此，对于一个给定的 p_1（通常取 1kPa），如果对于一个比体积 v_{cr} 的不排水剪切强度 c_u，连同参数 M、λ、κ 都已知，Γ 的值以及 v_λ 可以计算出来。进而由 $v_\lambda = e_{ini} + 1$ 求得 e_{ini}。

其中：Γ、v_λ 分别为 $v - \ln p$ 图上正常固结线和膨胀线与竖轴的截距；M、λ、κ 为修正剑桥模型的模型参数，具体含义见第 3 章中土的本构；v_{cr} 为与不排水强度 c_u 相对应的比体积。

4. Plaxis Hardening Soil 模型

HS 模型的基本思想与 Duncan-Chang 模型相似，即假设三轴排水试验的剪应力 q 与轴向应变 ε_1 成双曲线关系，但前者采用弹塑性来表达这种关系，而不是象 Duncan-Chang 模型那样采用变模量的弹性关系来表达。此外模型考虑了土体的剪胀和中性加载，因而克服了 Duncan-Chang 模型的不足。模型采用 Mohr-Coulomb 破坏准则。PlaxisHS 模型共有 10 个参数，其中强度参数有 4 个：黏聚力 c、内摩擦角 φ、剪胀角 ψ 和破坏比 R_f；刚度参数 5 个参考压缩模量 E_{oed}^{ref}、参考割线刚度 E_{50}^{ref}、参考卸荷再加荷模量 E_{ur}^{ref}、卸载再加载泊松比 v_{ur}、刚度应力水平幂指数 m；另外还包括静止土压力系数 K_0。

这些参数中黏聚力 c、内摩擦角 φ 参照 MC 模型中的说明，静止土压力系数的取值方法参照第 3 章的方法。刚度参数中的参考压力均是 Plaxis 中默认的 100kPa。相关参数取值方法如下：

(1) 剪胀角 ψ

剪胀角一般可以按照如下表取值。

剪胀角取值（Vermeer and de Borst[38]，1984） 表 7-8

密实砂土	15°	颗粒状和完整的大理岩	12°~20°
松砂	<10°	水泥	12°
正常固结黏土	0°		

因此对于软土取 $\psi = 0°$，FLAC 和 Plaxis 软件中建议砂土的剪胀角取为 $\psi = \varphi - 30°$。

(2) 破坏比 R_f

在 Plaxis[39] 中软件默认的破坏比 $R_f = 0.9$。在对上海地区 16 个地质亚层中的 9 个模型进行试验[40] 中表明 $R_f = 0.7 \sim 0.85$，且砂土和黏土在取值上没有区别。试验[41] 中得到的杨凌黄土破坏比的数值基本在 0.8~0.95 之间，在高干密度和低含水量时取小值。

(3) 参考压缩模量 E_{oed}^{ref}

采用勘察报告中 100kPa 下的压缩模量的取值，可以直接从固结试验中取得，一般勘察报告中均有此参数这里不再赘述。

（4）参考割线刚度 E_{50}^{ref}

可以从三轴 CD 试验中直接得到，在无相关试验的情况下参考下表[42]取值：

E_{50}^{ref} 与 E_{oed}^{ref} 的经验关系　　　　　　　　　表 7-9

土　类	经验关系
正常固结黏土（$q_c<5$MPa）	$E_{50}^{ref} \approx 2E_{oed}^{ref}$
正常固结黏土（$10<q_c<25$MPa）	$E_{50}^{ref} \approx E_{oed}^{ref}$
正常固结砂土	$E_{50}^{ref} \approx E_{oed}^{ref}$

此外对于砂土，Lengkeek[34]建议 E_{50}^{ref} 可以通过相对密实度来定义：$E_{50}^{ref}=60D_r$（MPa）

（5）参考卸荷再加荷模量 E_{ur}^{ref}

该模量除可以通过试验测出外，还可以同 Duncan-Chang 的回弹模量的取值方法进行比照。

回弹模量经验关系表　　　　　　　　　表 7-10

经验范围	经验关系	文献来源	试验土层
$K_{ur}=1.2K$		Duncan	密砂和硬黏土
$K_{ur}=3.0K$			松砂和软黏土
$K_{ur}=4\sim10K$	$K_{ur}/K=2.76+238.59/K$	张云等[40]（2008）	上海地区黏土亚层
$K_{ur}=2\sim7K$	$K_{ur}/K=16.03-2.15\ln K$		上海地区砂土亚层
$K_{ur}=4.5\sim6.09K$		张小平等[43]（2002）	三峡粉质黏土
$K_{ur}=2.0\sim4.5K$			三峡粉细砂质土
$K_{ur}=1.2\sim2.0K$			三峡中粗砂

其中 K 在 Duncan-Chang 模型中的物理意义是围压为 $\sigma_3=100$kPa 下初始切线模量。K 的确定可以参照以下方法

K 的经验取值表　　　　　　　　　表 7-11

序号	经验关系	文献来源	试验土层
1	$K=5.52e^{0.0995\varphi}$	张云等[40]（2008）	上海地区土层
2	$N=0.899+535k^{-1}$	张小平等[43]（2002）	三峡围堰区土层

此外刘国彬[44]、郑刚[45]等对上海、天津地区的软土卸荷模量都做过相关试验，并提出了取值方法和范围。Plaxis 中对于 E_{ur}^{ref} 默认取 $E_{ur}^{ref}=3E_{50}^{ref}$，结合相关之前有限元模拟的经验，近似采用这一默认设置是可行的。

（6）卸载再加载泊松比 ν_{ur}

土在卸载时的泊松比较加载时的泊松比小得多。在 HS 模型中采用卸载再加荷泊松比来描述土体在卸载时的弹性行为，在这种情况下，对于砂土，$\nu_{ur}=0.12\sim0.17$，对于黏性土 $\nu_{ur}=0.15\sim0.2$。

（7）刚度应力水平幂指数

刚度应力水平幂指数 m 是描述土体刚度与应力水平关系的参数。对于砂土和粉土 m

在 0.5 附近，在软土中一般取 $m=1$。

5. 加固体参数的取值

加固在软土地区的基坑中得到了广泛的应用，加固体的参数取值对于有限元计算结果的准确性有着重要的影响。加固体在基坑中的布置一般有裙边、抽条、满堂等形式。对于三维有限元计算来说，在建立模型的过程中就可以将加固体和未加固土体分开设定。而对于二维平面应变有限来说，无法很好的考虑加固形式对于基坑变形的影响，则在实际计算采用置换率的方式来进行近似模拟。

土体的复合模量可以表示为：

$$E_c = m_z E_g + (1-m_z) E_s \tag{7-45}$$

式中　m_z——土体置换率；

　　　E_g——加固体模量；

　　　E_s——未加固土体的模量。

(1) 强度参数

对于水泥土加固体参数，根据贾坚对水泥土的试验研究，认为工程中土体黏聚力里可以取 $c=0.2q_u$。李琦[46]在对深圳地区淤泥质黏土中水泥土的试验研究结果表明当水泥土无侧限抗压强度 $q_u=0.5\sim 4$MPa 时，其内摩擦角变化在 20°～30°之间。

陈修[47] (1985) 曾以 16% 之水泥配比制成改良土，分别施加 100kPa、200kPa 及 300kPa 的围压进行压缩试验。试验曲线反映出围压对于加固土体的单轴抗压强度 q_u 并没有太大影响。所以一般情况加固体的不排水抗剪强度可以取为 $S_u=1/2q_u$。

破坏比 R_f 根据彭木田[48] (1992) 由试验结果与双曲线仿真得知加固体的破坏比约为 0.5。

(2) 刚度参数

通过在土压三轴仪上（无围压）得出的水泥土变形模量氏与抗压强度 q_u 的关系式为：$E_{50}=(60\sim 154)q_u$。而水泥土的压缩模量一般取 $E_{oed}=60\sim 100$MPa。可以认为[49]加固体的初始切线模量 E_i 和 E_{50} 十分接近，因此可以近似用 E_{50} 替代 E_i。

7.5.5　基坑三维效应的简化计算

对于一般的基坑开挖本质上属于三维问题。国内外学者基本都认为三维有限元的模拟结果较二维有限元更加准确。二维的平面应变模型分析显的较为保守，且无法真实的反映基坑的角部效应。但是在实际的工程实践中，二维有限元的计算更为方便，计算所需的时间少，设备要求低。因此目前在工程实际中常用的还是二维有限元。本节将主要介绍通过二维有限元的计算结果来近似估计三维条件下基坑的变形。

1. 平面应变比

平面应变比（PSR）的概念为基坑某一断面的最大墙体位移与其在平面应变条件下该位置位移的比值。在引入这一概念后就可以将平面应变模型的计算得到位移值转换为三维有限元条件下计算的结果。当 $PSR=1$ 时，表明三维的计算结果与平面应变条件下的计算结果一致，断面处于平面应变状态。

Ou[31]使用邓肯-张模型进行了三维有限元分析后，得到了 Primary wall 和 Complementary wall 在不同长度下，离基坑角部不同距离土体位移大小与平面应变条件下计算结果的比值（PSR）。从图 7-48 可以看到，当 Primarywall 的长度越长时，各种 Complementary wall 长度条件下计算得到的结果都逐渐趋近于平面应变状态。这一结论与李青[50]在对上海地铁 10 号线古北路车站空间变形的研究中的结果一致。地铁车站基坑具有明显的空间效应，基坑短边的空间作用较明显，长边的空间作用较弱；且基坑端部的空间作用明显，基坑跨中部位的空间作用较弱。

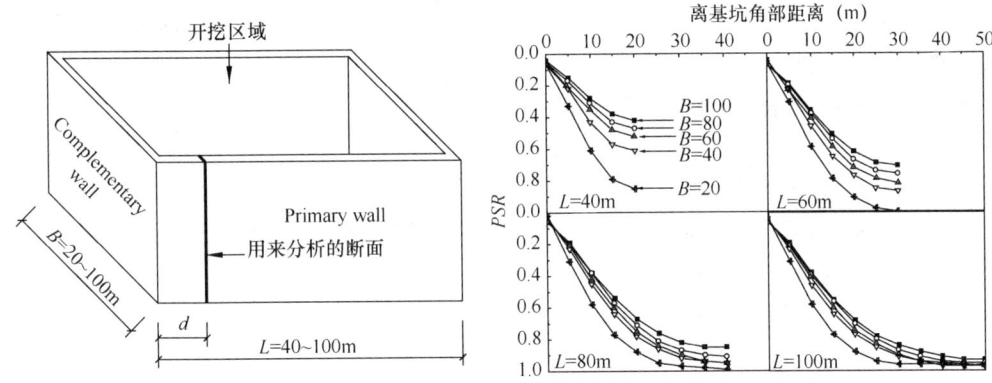

图 7-48　PSR 与基坑尺寸的关系（Ou）

Finno[51]（2007）利用 Plaxis HS 模型计算 150 组不同条件下的基坑的变形，研究结果表明：(1) L/H_e、L/B 的值、系统刚度刚度、抗隆起稳定安全系数都对 PSR 有较大的影响。但当 $L/H_e > 6$ 时，Primary wall 中部处 2D 和 3D 的计算位移值大小已基本相同；(2) 当 L/B 越小时，PSR 越小。系统刚度越大，PSR 越小。抗隆起稳定安全系数越小，PSR 越小。其中

PSR 的值可以通过下式进行近似的计算

$$PSR = (1 - e^{-kC(L/H_e)}) + 0.05(L/B - 1) \tag{7-46}$$

其中 L 为基坑的长边尺寸，B 为基坑的短边尺寸，H_e 为开挖深度。$k = 1 - 0.0001(S)$，S 为系统刚度，参见式，$C = 1 - \{0.5(1.8 - FS_{BH})\}$，$FS_{BH}$ 为 Terzaghi 所提出的坑底抗隆起稳定安全系数。

2. 纵向变形的计算

基坑纵向变形的计算对于基坑外围管线、建筑物的保护有着重要的意义。这里介绍两种利用二维的计算结果来估算三维纵向变形的计算方法。

（1）手册（一版）方法

从三维有限元分析结果及已有实测资料综合分析，可得到在地面纵向沉降曲线中，在围护墙基坑两端，因地层沉降受到刚度很大的端墙的约束，而出现沉降抑制点，在此点附近沉降曲线的曲率骤然变大，差异沉降坡度骤增，在基坑侧墙外边以外约 $1.0H$（H 为开挖深度）的范围内，地面纵向沉降有约束点（见图 7-49 中 A 沉降槽）。这种沉降形

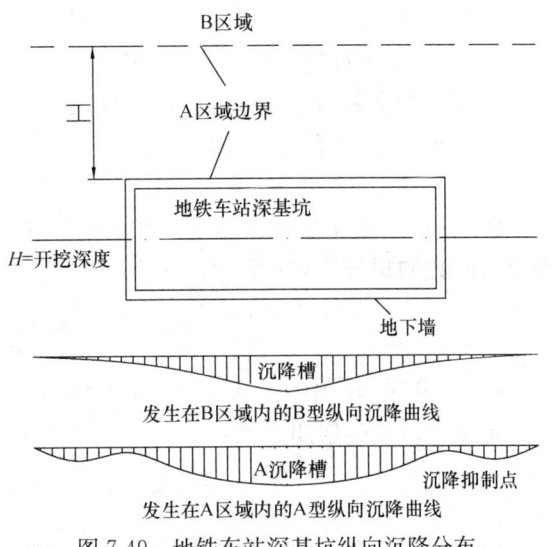

图 7-49　地铁车站深基坑纵向沉降分布

式目前尚无较好的估算方法;超过 $1.0H$ 范围以外,沉降曲线无约束点,如图 7-49 中 B 沉降槽,这种沉降可用上海地区现在试用的经验方法估算。

理想的纵向沉降曲线可用以下方法预测:

在一个基坑的开挖段中因开挖引起的纵向沉降曲线的范围及线型根据观测经验资料初步提出如下经验公式:

纵向沉降曲线的范围如图 7-50 所示:

$$l = 2(H-h)s + L \tag{7-47}$$

式中　H——基坑开挖深度(m);

　　　h——基本不产生地面沉降的挖深,软土地区在正常施工条件下可取 $3\sim4m$;

　　　s——开挖段中的开挖坡坡度;

　　　L——分段开挖的坑底长度(m)。

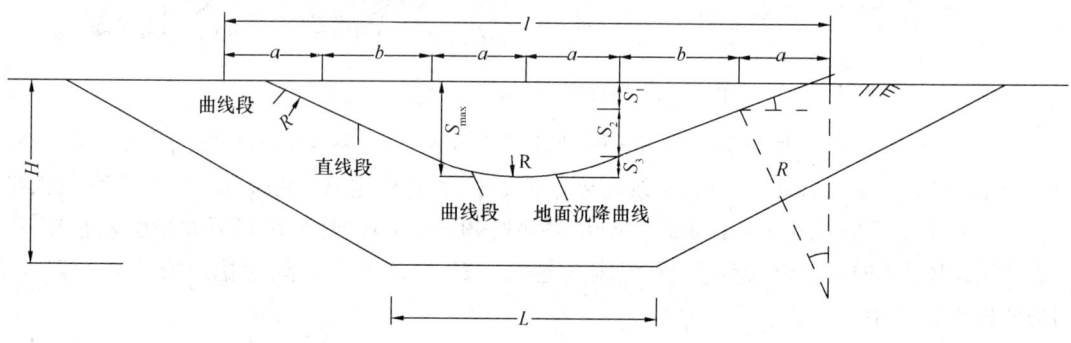

图 7-50　墙后纵向地面沉降曲线

纵向沉降曲线的线型:图 7-51 中 a 段为曲率半径为 R 的圆弧,b 段为两个 a 段的连接切线,δ_{vm} 为开挖段中心处预测墙后横向最大地面沉降量或横向沉降曲线某点的地面沉降(视预测的纵向沉降曲线距墙边距离而定)

沉降曲线的曲率半径:$R = \dfrac{al - 2a^2}{2\delta_{vm}}$,按经验:$a = \dfrac{l}{6}$ 则:$R = \dfrac{l^2}{18\delta_{vm}}$

式中　l——纵向沉降影响范围;

　　　δ_{vm}——沉降曲线中心的最大地面沉降量。

该方法特别适用于预测长条形基坑在离开端墙内侧约 $3H$ 的基坑端墙中间部分的放坡开挖施工阶段的地面纵向沉降曲线。

(2) 余误差函数方法

Roboski[32] 提出用余误差函数来拟合考虑角部效应的基坑纵向变形。误差函数即为正态分布函数的积分形式。定义如下:

$$erf(x) = \dfrac{2}{\sqrt{\pi}} \int_0^x e^{-u^2} du \tag{7-48}$$

当 $x=0$ 时,$erf(0) = 0$,当 $x = \infty$ 时,$erf(\infty) = 1$。

定义余误差函数如下式:

$$erfc(x) = 1 - erf(x) = \dfrac{2}{\sqrt{\pi}} \int_x^{\infty} e^{-u^2} du \tag{7-49}$$

根据对现场实测数据和有限元计算数据的拟合得到基坑纵向变形为下式:

$$\delta(x) = \delta_{\max}\left\{1 - \frac{1}{2} \times erfc\left(\frac{2.8\left(x + L\left[0.015 + 0.035\ln\frac{H}{L}\right]\right)}{0.5L - L\left[0.015 + 0.035\ln\frac{H}{L}\right]}\right)\right\} \quad (7\text{-}50)$$

式中　H——开挖深度；

　　　x——计算点距基坑中部的距离；

　　　L——基坑边线长度。

只需知道基坑中部墙后某一点的沉降或水平位移，即可根据式（7-50）得到沿基坑某一边的纵向位移值。

参考文献

[1]　G. WAYNE CLOUGH, THOMAS D, O'ROURKE. Construction induced movements of insitu walls; proceedings of the ASCE Conference on Design and Performance of Earth Retaining Structures, New York, F, 1990 [C]. Geotechnical Special Publisher.

[2]　CHANG-YU OU, PIO-GO HSIEH, CHIOU D-C. Characteristics of ground surface settlement during excavation [J]. Journal of Canada Geotechnical, 1993, 30 758-767.

[3]　WOO S-M, MOH Z C. Geotechnical Characterictics of Soils in the Taipei Basin [M]. Tenth Southeast Asian Geotechnical Conference. Taipei. 1990: 51-63.

[4]　李琳，杨敏，熊巨华. 软土地区深基坑变形特性分析 [J]. 土木工程学报, 2007, 40(4): 66-72.

[5]　徐中华. 上海地区支护结构与主体地下结构相结合的深基坑变形性状研究 [D]. 上海交通大学，2007.

[6]　刘燕. 地铁换乘枢纽后建车站施工影响研究 [D]. 上海：同济大学，2007.

[7]　刘涛. 基于数据挖掘的基坑工程安全评估与变形预测研究 [D]. 同济大学，2007.

[8]　PECK R B. Deep excavation & tunneling in soft ground. State-of-the-Art-Report; proceedings of the 7th Int Conf Soil Mech, Fdn. Engrg, F, 1969 [C].

[9]　GOLDBERG D T, JAWORSKI W E, GORDON M D, 1976.

[10]　HEISH P-G, OU C-Y. Shape of ground surface settlement profiles caused by excavation [J]. Journal of Canadia Geotechnical, 1998, 35(6): 1004-17.

[11]　欧章煜，谢百钧. 黏土层深开挖引致之地表沉陷 [M]//林宏达. 深开挖工程设计与施工实务. 台北：科技图书公司. 2000.

[12]　吕少伟. 上海地铁车站施工周围土体位移场预测及控制技术研究[D]. 同济大学，2001.

[13]　李佳川. 软土地区围护墙深基坑开挖的三维分析及试验研究 [D]. 同济大学，1991.

[14]　李亚. 基坑周围土体位移场的分析与动态控制 [D]. 同济大学，1999.

[15]　TERZAGHI K. Theoretical soil mechanics in engineering practices [M]. Wiley New-York, 1948.

[16]　MILLIGAN G W E. Soil deformations near anchored sheet-pile walls [J]. Geotechnique, 1983, 33(1): 41-55.

[17]　LIN H-D, OU C-Y. Time-dependent displacement of diaphragm wall induced by soil creep [J]. Journal of Chinese Institute of Engineers, 2002, 25(2): 223-31.

[18]　张瑾. 基于实测数据的深基坑施工安全评估研究 [D]. 同济大学，2008.

[19]　WONG I H, POH T Y, CHUAH H L. Performance of excavations for depressed expressway in Singapore [J]. Journal of Geotechnical and Geoenvironmental Engineering, 1997, 123(7): 617-25.

[20]　LEUNG E H Y, CHARLES. W. W. NG. Wall and ground movements associated with deep excavations supported by cast in situ wall in mixed ground conditions [J]. Journal of Geotechnical and

[21] YOO C. Behavior of braced and anchored walls in soils overlying rock [J]. Journal of Geotechnical and Geoenvironmental engineering, 2001, 127(3): 225-233.
[22] LONG M. Database for retaining wall and ground movements due to deep excavations [J]. Journal of Geotechnical and Geoenvironmental Engineering, 2001, 127(33): 203-224.
[23] MOORMARM C. Analysis of wall and ground movements due to deep excavations in soft soil based on a new worldwide database [J]. Soils and Foundations, 2004, 44(1): 87-98.
[24] MANA A I, CLOUGH G W. Prediction of movements for braced cuts in clay [J]. Journal of Geotechnical engineering, 1981, 107(6): 759-777.
[25] 刘国彬, 黄院雄, 侯学渊. 基坑回弹的实用计算法 [J]. 土木工程学报, 2000, 33(4): 61-67.
[26] CLOUGH. G. W. , HANSEN. Clay anisotropy and braced wall behavior [J]. Journal of Geotechnical Engineering, 1981, 107(GT7): 893-913.
[27] ROSCOE K H, SCHOFIELD A N, THURAIRAJAH A. Yielding of clays in States Wetter than Critical [J]. Geotechnique, 1963, 13.
[28] CASPE M S. Surface Settlement Adjacent to Braced Open Cuts [J]. JSMFD, ASCE, 1966, 92 (SM4): 51-59.
[29] 杨国伟. 深基坑及其邻近建筑保护研究 [D]. 同济大学, 2000.
[30] DAVID M. POTTS, ZDRAVKOVIC L. Finite element analysis in geotechnical engineering [M]. Thomas Telford, 1999.
[31] OU C Y, CHIOU D C, WU T. Three-dimensional Finite Element analysis of deep excavations [J]. Journal of Geotechnical Engineering, 1996, 122(1): 337-345.
[32] ROBOSKI J F. Three-dimensional Performance and Analyses of Deep Excavations [D]; NORTHWESTERN UNIVERSITY, 2004.
[33] 庄智翔. 有限元素开挖分析结果受网格边界影响之探讨 [D]. 国立台湾科技大学, 2008.
[34] BRINKGREVE R B J. Selection of soil models and parameters for geotechnical engineering application proceedings of the the sessions of the Geo- Frontiers 2005 Congress, Austin, Texas, F, 2005 [C].
[35] 廖南华. 土壤经验参数于数值分析之应用 [D]. 台湾成功大学, 2003.
[36] 魏道垛, 胡中雄. 上海浅层地基上的前期固结压力及其有关压缩性参数的试验研究 [J]. 岩土工程学报, 1980, 2(4): 13-22.
[37] 陈建峰, 孙红, 石振明, et al. 修正剑桥渗流耦合模型参数的估计 [J]. 同济大学学报, 2003, 31 (5): 544-548.
[38] VERMEER P A, DE BORST R. Non-Associated Plasticity for Soils, Concrete and Rock [J]. Heron, 1984, 29(3): 1-64.
[39] BRINKGREVE R B J. Plaxis 2D- Version 8 Mannual [M]. A. A. Balkema, 2002.
[40] 张云, 薛禹群, 吴吉春, et al. 上海第四纪土层邓肯-张模型的参数研究 [J]. 水文地质工程地质, 2008, (1): 19-22.
[41] 杨雪辉. 非饱和重塑黄土强度特性的试验研究 [D]. 西北农林科技大学, 2008.
[42] 王卫东, 王建华. 深基坑支护结构与主体结构相结合的设计、分析与实例 [M]. 北京: 中国建筑工业出版社, 2007.
[43] 张小平, 张青林, 包承纲, et al. 卸荷模量数取值的研究 [J]. 岩土力学, 2002, 23(1): 27-30.
[44] 刘国彬, 侯学渊. 软土的卸荷模量 [J]. 岩土工程学报, 1996, 18(6): 18-23.
[45] 郑刚, 颜志雄, 雷华阳, et al. 天津市区第一海相层粉质黏土卸荷变形特性的试验研究 [J]. 岩土

力学，2008，29(5)：1237-1242.

[46] 李琦. 深圳地区海相淤泥水泥土强度特性的研究 [D]. 铁道科学研究院，2005.

[47] 陈修. 水泥系材料改良饱和黏性土力学性质之研究 [D]. 国立中央大学土木工程研究所，1985.

[48] 彭木田. 深层搅拌工法强化深开挖安全性之探讨 [D]. 国立台湾工业技术学院营建工程技术研究所，1992.

[49] 吴时选. 地盘改良于邻产保护之分析研究 [D]. 国立台湾科技大学，2006.

[50] 李青. 软土深基坑变形性状的现场试验研究 [D]. 同济大学，2008.

[51] FINNO R J，BLACKBURN J T，ROBOSKI J F. Three-dimensional effects for supported excavations in clay [J]. Journal of Geotechnical and Geoenvironmental engineering，2007，133(1)：30-36.

[52] Itasca Consulting Group，Inc. FLAC User Manuals，Version 5.0，Minneapolis，Minnesota，2005.5

[53] Britto, A. M., and M. J. Gunn. Critical State Soil Mechanics via Finite Elements. Chichester U. K.：Ellis Horwood Ltd.，1987.

第8章 地下水渗流分析

8.1 概 述

8.1.1 地下水的基本性质

地下水泛指一切存在于地表以下的水，其渗入和补给与邻近的江、河、湖、海有密切联系，受大气降水的影响，并随着季节变化。地下水根据埋藏条件可以分为包气带水、潜水和承压水。包气带水位于地表最上部的包气带中，受气候影响很大。潜水和承压水储存于地下水位以下的饱水带中，是基坑开挖时工程降水的主要对象。潜水是指位于饱水带中第一个具有自由表面的含水层中的水，无压水。承压水是指充满于两个隔水层之间的含水层中的水，具有承压性。

地下水按照含水介质类型可以分为孔隙水、裂隙水和岩溶水。储存和运动于松散沉积物或胶结不良的孔隙中的地下水称为孔隙水。储存和运动于裂隙介质中的地下水称为裂隙水。储存和运动于岩溶岩层中的地下水称为岩溶水（又称喀斯特水）。

地下水的分类和主要特征如表 8-1 和表 8-2 所示。孔隙水、裂隙水和岩溶水的分类和特征列于表 8-3～表 8-5。

地下水主要类型[1][2]

表 8-1

分类	孔 隙 水	裂 隙 水	岩 溶 水
包气带水	土壤水，沼泽水，上层滞水，砂丘中的水	裂隙岩层浅部季节性存在的水，熔岩流及凝灰角砾岩顶板上的水	垂直渗入带中的水，裸露岩熔岩层季节性存在的水，分布不均匀
潜水	各类松散沉积物浅部的水，如冲积层和坡积层水	裸露在地表的各类裂隙岩层中的水	裸露岩溶岩层中的层状或脉状溶洞水和裂隙岩溶水
承压水	山间盆地、平原松散沉积物中的水	构造盆地，向斜及单斜岩层中的层状裂隙承压水，构造断层带及不规则裂隙中局部或深部承压水	构造盆地和向斜岩溶岩层中的层状或脉状溶洞水，裂隙岩溶承压水

地下水的分类及特征[1][2]

表 8-2

基本类型		水头性质	主要种类	补给区域与分布区关系	动态特征	地下水面特征	备注
包气带水		无压水	土壤水、上层滞水、多年冻土区中的融冻层水、沙漠及滨海砂丘中的水	补给区域与分布区一致	水压力小于大气压力；受气候影响大；有季节性缺水现象	随局部隔水层的起伏面变化	含水量不大，易受污染
饱水带水	潜水	无压水	冲积、洪积、坡积、湖积、冰碛层中的孔隙水、基岩裂隙与岩溶岩石裂隙溶洞中的层状或脉状水	补给区域与分布区一致	水压力大于大气压力；水位、水温、水质等受当地气象条件影响很小；与地表水联系紧密	潜水面是自由水面，与地形一致	易受污染
	承压水	承压水	构造盆地或向斜、单斜岩层中的层间水	补给区域与分布区一般不一致	水压力大于大气压力；性质稳定；承压力大小与该含水层补给区与排泄区的地势有关	承压水面是假想的平面，当含水层被揭露时才显现出来	不易受污染

孔隙水的分类和特征[2] 表 8-3

按沉积物成因分类	埋藏条件和主要特征	说 明
洪积物中的地下水	由山麓至低地,可分为潜水补给-径流带、溢出带和蒸发带,含水层由单层潜水过渡为多层承压水,一般富水性强,水质好,常作为供水水源	如北京永定河冲洪积扇,河西走廊等
冲积物和湖积物中的地下水	多为潜水含水层,在湖积物下部或湖积物交错沉积的其他成因的富水砂层富含承压水,水质好,可开采利用	一般由河水、降水入渗、灌溉水入渗补给
黄土中的地下水	黄土层是一个孔隙以储水为主,裂隙以导水为主的孔隙-裂隙含水层,具有双层介质特性;黄土塬区饱气带较厚,潜水埋藏深,地下水矿化度高	主要由大气降水补给,垂向渗透系数往往比水平向的大几倍
冰碛物及冰水沉积物中地下水	冰碛物级配不良,一般不构成含水层;冰川消融后,融冰水可以形成洪流、河流或湖泊,相应地可形成洪积物、冲积物及湖积物中的含水层	第四系以来,我国部分地区有冰川活动,分布有冰川堆积物
滨海三角洲沉积物和沙丘中的地下水	一般属于半咸水沉积,矿化度较高,不能用于供水,抽取量应小于降水入渗量和侧向补给之和,否则会造成海水入侵	大气降水是主要的补给来源

裂隙水的分类及特征[2~5] 表 8-4

按裂隙成因分类		埋 藏 条 件	特 征
风化裂隙水		赋存和运移于密集、均匀、相互连通的风化裂隙网络中,有统一的水力联系	分布广,水力联系好,厚度从数米至数十米,易于开采,埋深浅,水量不大,一般为潜水
成岩裂隙水		赋存和运移于岩石形成过程中产生的原生裂隙中	裂隙网络中往往形成强大的潜水流,当被地形切割时,常呈泉群涌而出;可能是潜水或承压水
构造裂隙水	层状构造裂隙水	因各组裂隙相互切割,形成统一的含水层	一般分布均匀,水量不大,水力联系不好
	脉状构造裂隙水	埋藏在断层破碎带或接触破碎带中	往往汇集周围透水性较差的层状构造裂隙水,水量较大,具有局部承压性

岩溶水的分类及特征[1][2][4][5] 表 8-5

按埋藏条件分类		埋 藏 条 件	特 征
裸露型岩溶区地下水	岩溶裂隙潜水	赋存于弱岩溶化的薄层灰岩和白云岩的各种裂隙中的水,埋藏浅,水量丰富而集中,富水程度不均,与地表水联系密切	动态变化复杂,分布不均一,多见岩溶潜水,其矿化度低
	地下暗河水	由强烈差异溶蚀作用导致岩溶发育的山区中形成地下管道,地下水构成暗河(带),有一定的汇水面积和主要地下河道	
	地下湖水	岩熔化岩内因溶蚀和冲刷形成大空间,聚集地下水呈湖泊状	

续表

按埋藏条件分类		埋藏条件	特征
覆盖型岩溶区地下水	脉状岩溶裂隙水	分布于断裂带中，岩溶与非岩溶层的接触面处	动态变幅不大，分布不均一，矿化度较低
	地下河系	主要集中于断裂发育地区，破碎带的溶洞及裂隙中，各带相互连通而形成地下水系	
埋藏型岩溶区地下水	层状裂隙岩溶水	岩溶与非岩溶地层相互成层的地区，赋存于层状岩溶地层中的承压水	动态稳定，分布较均一，多为高温、高压和高矿化度的地下水
	脉状裂隙岩溶水	赋存于构造破碎带和条带状灰岩中	

注：覆盖型岩溶区，系指岩溶层被疏松岩层所覆盖的地区；埋藏型岩溶区，系指岩溶岩层被非岩溶基岩所覆盖的地区。

地下水在岩土体孔隙中的运动称为渗流。地下水渗流按随时间变化规律可分为稳定流和非稳定流。稳定流为运动参数如流速、流向和水位等不随时间变化的地下水流动。反之，为非稳定流。绝对意义上的稳定流并不存在，常把变化微小的渗流按稳定流进行分析。地下水渗流按运动形态可分为层流和紊流。层流指在渗流的过程中水的质点的运动是有秩序、互不混杂的。反之，称为紊流。层流服从达西定律，紊流服从 Chezy 公式，内容详见本手册 3.3 节。根据渗透系数划分岩土透水性等级列于表 8-6。

岩土透水性等级表[6]　　　　　　　表 8-6

透水性等级	极强透水性	强透水性	中等透水性	弱透水性	微透水性	不透水性
渗透系数 k(m/s)	$>10^{-2}$	$10^{-4} \sim 10^{-2}$	$10^{-6} \sim 10^{-4}$	$10^{-7} \sim 10^{-6}$	$10^{-8} \sim 10^{-7}$	$<10^{-8}$
土类	巨砾	砂砾、卵石	砂、砂砾	粉土、粉砂	黏土、粉土	黏土

8.1.2 地下水对基坑工程的作用

基坑在开挖过程中受到周围土体、地表荷载和坑底承压水的浮托力等各种荷载的作用，往往产生一定的变形和位移，当位移和变形超过基坑支护的承受能力时，基坑就会产生破坏。调查表明，城市中的工程事故多是由于地下水处理不当而造成的。常见的基坑破坏形式和特征如表 8-7 所示。

常见的基坑破坏形式和特征[1][3]　　　　　　　表 8-7

基坑破坏形式	特征
边坡失稳	基坑地面荷载超过设计允许值；产生流砂、管涌、滑坡
坑底隆起	基坑围护深度或刚度不足，承载力太小；由土体内应力重分布或是由承压水引起
突涌	坑内承压水水头大于上覆坑底土体自重；地下水涌入坑内，坑外地表大幅沉陷
围护结构破坏	设计支护结构或安全系数选取不当；结构施工质量差，且补救措施不当

基坑工程中为避免流砂、管涌，保证工程安全，必须对地下水采取有效的措施。控制地下水的措施可以从两方面进行，分为堵水措施和降排水措施，详见表 8-8。出于经济和安全的目的，常把堵水措施与降排水措施结合使用。

基坑工程中的治水措施　　　　　　　　　　　　　表 8-8

分　类		说　明
堵水措施	钢板桩	其有效程度取决于土的渗透性、板桩的锁合效果和渗径的长度等因素
	地下连续墙	深基坑工程中常使用钢筋混凝土地下连续墙，具有一定入土深度，既能承受较大的侧向土压力，又能止水隔渗，效果很好，应用广泛
	水泥和化学灌浆帷幕	采用高压喷射注浆，压力注浆或渗透注浆的技术方法在地下形成一道连续帷幕，其有效程度取决于土的颗粒性质，灌浆孔必须一个个紧靠着形成连续的隔水帷幕
	搅拌桩隔水帷幕	采用深层搅拌桩的技术方法施工隔水帷幕，有很好的防渗阻水效果，能有效支撑边坡，应用较广
	冻结法	采用冷冻技术将基坑四周的土层冻结，达到阻水和支撑边坡的目的，适用于淤泥质砂和黏土质砂及砂卵石土；造价昂贵，且一旦失效则补救非常困难，使用较少
降排水措施	集水明排	在基坑内部开挖集水井和集水沟，用泵从集水井中抽水的方法疏干基坑，适用于含水层薄，降水深度小且基坑环境简单的弱透水层中的浅基坑
	井点降水	通过对地下水施加作用力来促使地下水排出，使基坑范围内的地下水降至设计水位以下；有克服流砂和稳定边坡的作用，应用十分广泛，常用的井点降水法分为轻型井点，喷射井点，电渗井点和管井井点等，可依据土层的岩性、渗透性和工程特点而选用；其中管井井点降水在有流砂和重复挖填方区使用的效果尤佳

基坑开挖时，场地里的大量积水和地下水的渗流会影响工程施工；若坑底和坑壁长期处于地下水淹没的状态下，土体强度降低，则基坑的安全和稳定受到威胁。地下水在基坑工程施工过程中的危害主要表现为突涌、流砂和管涌等，往往发生在土壤颗粒细且含水量高的土层中，如粉土、粉砂等土层中。因此，基坑施工时经常采用基坑降水来降低地下水位，避免流砂和突涌，防止坑壁土体坍塌，保证施工安全和工程质量。

基坑降水具有如下作用：保证施工作业面干燥；减小动水压力，降低坑底的承压水水头；提高地基土的抗剪强度；增加边坡和基坑的稳定性；加速土体固结，可以加固地基。基坑降水导致周围土体中的孔隙水压力降低，有效应力增大，土体固结程度提高，将会引起周边管线和道路的附加沉降以及附近建筑物的不均匀沉降等问题。因此，降水过程中既要尽量保护坑底土，减少扰动，又要在确保安全的前提下以最短时间内完成基坑底板的施工，尽量减少对周围环境的影响。地下水对基坑工程的不良影响及基坑降水的作用列于表 8-9。

地下水对基坑的不良作用与基坑降水的作用[1][5~7]　　　　　表 8-9

分　类	地下水的不良作用	基坑降水的作用
静水压力对基坑的影响	静水压力作用增加了土体及支护结构的荷载对其水位以下的岩石、土体、建筑物的基础等产生浮托力，不利于基坑支护的稳定	保持基坑内部干燥，方便施工；降低坑内土体含水量，提高土体强度；减小板桩和支撑上的压力；增加基坑结构抗浮稳定性
动水压力下的潜蚀、流砂和管涌	潜蚀会降低土体的强度，产生大幅地表沉降；流砂多是突发性的，影响工程安全；管涌使得细小颗粒被冲走，形成穿越地基的细管状渗流通道，会掏空地基	截住基坑坡面及基底的渗水；降低渗透的水力坡度，减小动水压力；提高边坡稳定性，防止滑坡，加固地基
承压水使基坑产生突涌	突涌会顶裂甚至冲毁基坑底板，破坏性极大	及时减小承压水头；防止产生突涌、基底隆起与破坏，确保坑底稳定性

在黄土和岩溶等地区，渗透水流在较大的水力坡度下容易发生潜蚀。当土层的不均匀系数即 $d_{60}/d_{10}>10$ 时，易产生潜蚀；两种互相接触的土层，当两者的渗透系数之比 $k_1/k_2>2$ 时，易产生潜蚀；当水力坡度>5 时，水流呈紊流状态，即产生潜蚀。潜蚀的防治措施有加固土层如灌浆、人工降低地下水的水力坡度和设置反滤层等[7]。

流砂是指土体中松散颗粒被地下水饱和后，由于水头差的存在动水压力即会使这些松散颗粒产生悬浮流动的现象，如图 8-1 所示。克服流砂常采取如下措施：进行人工降水，使地下水水位降至可能产生流砂的地层以下；设置隔水帷幕如板桩或冻结法用来阻止或延长地下水的渗径等[6][7]。

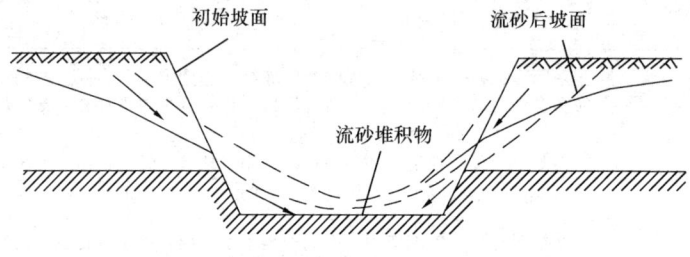

图 8-1 流砂破坏示意图

管涌是地基土在动水作用下形成细小的渗流通道，土颗粒不断流失而引起地基变形和失稳的现象，如图 8-2 所示。发生管涌的条件为：土中粗细颗粒粒径比 $D/d>10$；土体的不均匀系数 $d_{60}/d_{10}>10$；两种互相接触的土层渗透系数之比 $k_1/k_2>2\sim3$；渗流梯度大于土体的临界梯度[1][6]。防治管涌的措施有：增加基坑围护结构的入土深度以延长地下水的流线降低水力梯度；人工降低地下水位，改变地下水渗流方向；在水流溢出处设置反滤层等。流砂和管涌的区别是：流砂发生在土体表面渗流逸出处，不发生于土体内部，而管涌既可发生在渗流逸出处，也可发生于土体内部。

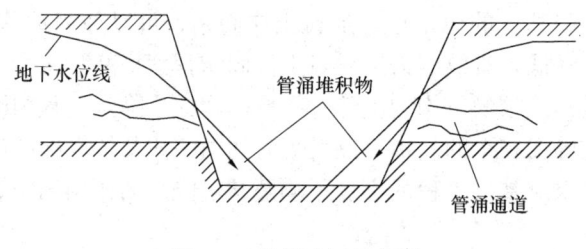

图 8-2 管涌破坏示意图

突涌是指在基坑底部存在承压水时开挖基坑时将减小含水层上覆不透水层的厚度，当它减小到临界值时，承压水的水头压力顶裂或冲毁基坑底板的现象。其表现形式[6][7]为：基坑顶裂，形成网状或树枝状裂缝，地下水从裂缝中涌出，并带出下部的土颗粒；基坑底部发生流砂，从而造成边坡失稳；基坑发生类似"沸腾"的喷水现象，使基坑积水，地基土扰动。

如图 8-3 所示的基坑可采用下式验算降低承压水水头以保证基坑底板稳定性。

$$F = \frac{\gamma \cdot H}{\gamma_w \cdot h} \geq F_s \tag{8-1}$$

式中 H——基坑开挖后不透水层的厚度（m）；

γ、γ_w——分别是土和水的重度（kN/m³）；

h——承压水头高于含水层顶板的高度（m）；

F——安全系数；

F_s——临界安全系数，1.1~1.3。

若基坑底部的不透水层较薄，且存在有较大承压水头时，基坑底部可能会产生隆起破坏，引起墙体失稳。所以在基坑设计和施工前必须查明承压水水头，验算基坑抗突涌的稳定安全系数，保证其至少为1.1~1.3。若不满足稳定安全要求，可以采取以下措施：设置隔水挡墙隔断承压水层；用深井井点降低承压水头；因环境条件等不允许采用降水法时可进行坑底地基加固，如化学注浆法和高压旋喷法等。总之，要采用合理的堵水和降排水措施确保基坑工程安全。

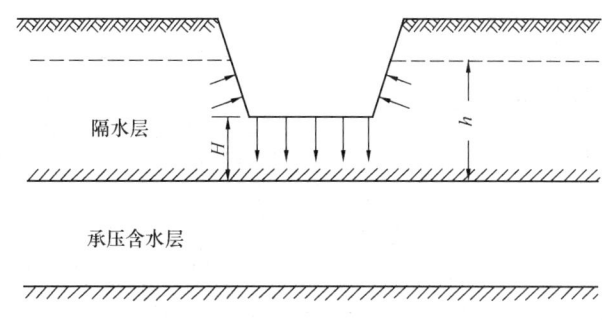

图 8-3　基坑抗承压水稳定性示意图

8.2　含水层的水文地质参数与确定

岩土体中存在着各种形状和大小的孔隙，地下水通过孔隙产生渗流。孔隙的形状、面积、数量和连通情况等直接影响到地下水的运动和分布。水文地质参数宏观表征了岩土体中孔隙的性状，是研究地下水渗流的重要指标，其大小直接影响基坑降水设计、施工等多方面的准确度、可靠性和安全性。根据场地的水文地质条件、基坑围护结构、降水目的等因素的不同，对所需掌握的水文地质参数的种类和精度要求也不相同。

8.2.1　水文地质参数

基坑降水时所涉及的水力参数有两类。一类是表示含水层自身水力特性的参数，如渗透系数 k、导水系数 T 和储水系数 S 等。另一类表示降水后含水层间相互作用或地下水位变化程度的参数，如越流因数 B 和影响半径 R 等。基坑工程所涉及的常用水文地质参数列于表 8-10。

岩土的主要水文参数表　　　　　　　　　　　表 8-10

水文参数	物 理 意 义	影响因素和说明	量　纲
渗透系数 k	表示流体通过孔隙骨架的难易程度；在各向同性介质中为单位水力梯度下流体的流速	岩土体的孔隙性质、介质结构，地下水的黏滞性和密度	LT^{-1}
导水系数 T	单位水力坡度下通过单位宽度含水层整个饱和厚度的地下水量，表示岩土层通过地下水的能力	只适用于平面二维流、一维流，在三维流及剖面二维流中无意义	L^2T^{-1}
越流因数 B	越流条件下地下水由弱透水层渗流到含水层的能力	弱透水层的厚度、渗透性等	L
导压系数 a	表示水压力从一点传递到另一点的速率	含水层并非绝对均质，所以 a 值实际上是变量	L^2T^{-1}
储水系数 S	单位水压力变化时含水层从水平面积为单位面积，高度等于含水层厚度的土体单元中释放或储存的水量	土体和地下水的压缩性、含水层的厚度等	无量纲
储水率 S_s	单位水压力变化时从表征单元中释放或储存的水的体积	土体和地下水的压缩性	L^{-1}

续表

水文参数	物理意义	影响因素和说明	量纲
给水度 μ	饱和的潜水面中下降一个单位时单位面积含水层释放出来的水的最大体积	土体的孔隙率等	无量纲
孔隙率 n	孔隙体积与包括孔隙在内岩土体总体积之比	土颗粒的形状、级配、排列及胶结充填特性，土的结构性等	无量纲
含水量 w	岩土中所含水的重量与岩体干重量之比	孔隙率，饱水程度等	无量纲

8.2.2 水文地质参数的经验值

1. 影响半径的经验值

根据单位出水量和单位水位降深可分别确定影响半径的经验值，列于表 8-11 和表 8-12。根据含水层颗粒直径确定影响半径的经验值，列于表 8-13。

根据单位出水量确定影响半径经验值[1][7]　　　　表 8-11

单位出水量 $q=Q/s_w(m^3/h)/m$	影响半径 $R(m)$	单位出水量 $q=Q/s_w(m^3/h)/m$	影响半径 $R(m)$
<0.7	<10	1.8～3.6	50～100
0.7～1.2	10～25	3.6～7.2	100～300
1.2～1.8	25～50	≥7.2	300～500

根据单位水位下降确定影响半径经验值[1][7]　　　　表 8-12

单位水位降低 $s_w/Q(m/(L/s))$	影响半径 $R(m)$	单位水位降低 $s_w/Q(m/(L/s))$	影响半径 $R(m)$
≤0.5	300～500	2.0～3.0	25～50
0.5～1.0	100～300	3.0～5.0	10～25
1.0～2.0	50～100	≥5.0	<10

根据颗粒直径确定影响半径的经验值[1]　　　　表 8-13

地层	地层颗粒粒径(mm)	所占比重(%)	影响半径 $R(m)$
粉砂	0.05～0.10	<70	25～50
细砂	0.10～0.25	>70	50～100
中砂	0.25～0.5	>50	100～300
粗砂	0.5～1.0	>50	300～400
砾砂	1～2	>50	400～500
圆砾	2～3		500～600
砾石	3～5		600～1500
卵石	5～10		1500～3000

2. 给水度的经验值

给水度与包气带的岩性、排水时间、潜水水位埋深、水位变幅和水质等因素有关。各种岩性的土体给水度经验值详见表 8-14。

3. 渗透系数的经验值

渗透系数是表示岩土体透水性的重要指标之一。估算渗透系数的经验公式列于表

8-15。这些经验公式虽然实用,但都有各自的适用条件,可靠性较差,只能作为粗略估算时使用。无实测资料时,可以根据有关规范和工程经验来取值,渗透系数 k 的经验值如表 8-16 所示。

给水度的经验值[1] 表 8-14

岩 性	给水度经验值	岩 性	给水度经验值
黏土	0.02~0.035	细砂	0.08~0.11
粉质黏土	0.03~0.045	中细砂	0.085~0.12
粉土	0.035~0.06	中砂	0.09~0.13
黄土状粉质黏土	0.02~0.05	中粗砂	0.10~0.15
黄土状粉土	0.03~0.06	粗砂	0.11~0.15
粉砂	0.06~0.08	黏土胶结的砂岩	0.02~0.03
粉细砂	0.07~0.10	裂隙灰岩	0.008~0.10

渗透系数的经验公式 表 8-15

建议经验公式	建议者	适用条件	符号说明
$k=C(0.7+0.003T)d_{10}^2$	哈赞(Hazen)	中等密实砂	k——渗透系数(cm/s); e——孔隙比; C——哈赞常数,50~150; T——温度(℃); d_{10}——有效粒径(mm); d_{20}——占总土重 20% 的土粒粒径(mm); C_u——不均匀系数
$k=d_{10}^2$		有效粒径为 0.1~3mm,C_u<5 时的松砂	
$k=2d_{10}^2 \cdot e^2$	太沙基(Terzaghi)	砂性土	
$k=6.3C_u^{-3/8}d_{20}^2$	水利水电工程地质勘察规范(GB 50287—99)	砂性土和黏性土	

渗透系数经验值[1][7] 表 8-16

土的类别	渗透系数 k(cm/s)	土的类别	渗透系数 k(cm/s)
黏土	$<10^{-7}$	中砂	$1.0×10^{-2}$~$1.5×10^{-2}$
粉质黏土	10^{-6}~10^{-5}	中粗砂	$1.5×10^{-2}$~$3.0×10^{-2}$
粉土	10^{-5}~10^{-4}	粗砂	$2.0×10^{-2}$~$5.0×10^{-2}$
粉砂	10^{-3}~10^{-4}	砾砂	10^{-1}
细砂	$2.0×10^{-3}$~$5.0×10^{-3}$	砾石	$>10^{-1}$

8.2.3 水文地质参数的测定

一般地,根据土的岩性确定其排水性能渗透系数的测定方法,如表 8-17。岩土水力参数试验测定方法主要分为室内试验测定和现场试验测定两种。测定渗透系数的室内试验测定分为常水头渗透试验和变水头渗透试验。现场渗透试验分为渗水试验、注水试验、压水试验和抽水试验等。基坑工程中常采用现场抽水试验确定含水层的水文地质参数,详见本书 22.2 节。

8.2.4 基坑降水设计对水文地质参数的要求

在降水方案制订阶段,应搜集已有的工程地质资料和水文地质资料,进行现场勘测,根据基坑开挖深度和基坑支挡结构的设计要求,制订降水方案。一般可采用区域的或场地附近已有的水文地质资料,也可以采用经验数据。

在方案被采纳,进入优化和实施阶段,应通过现场抽水试验获得水文地质参数。降水井的布置应与场地的水文地质条件、基坑支挡结构的设计要求和基坑降水计算中所需的参数相一致。一般通过单孔抽水和布置观测孔的非稳定流抽水试验获得含水层参数,优化设计方案。

根据优化的设计方案,全部井群施工完毕后进入制订基坑降水运行方案阶段。该阶段需要进行部分降水井的群井抽水,将观测孔的计算资料与实测资料进行拟合,调整含水层参数,并根据抽水时的环境监测资料和基坑施工的各个工况,制订降水运行方案。

渗透系数的测定方法[6][8]　　　　　　　　　　表 8-17

渗透系数值 k (cm/s) 的确定(对数尺)											
10^2	10^1	10^0	10^{-1}	10^{-2}	10^{-3}	10^{-4}	10^{-5}	10^{-6}	10^{-7}	10^{-8}	10^{-9}
透水性能	透水性良好					弱透水性			不透水		
土壤	干净砾石		干净砂土、砂砾			砂、粉砂、极细砂、粉土、黏土混合物和层状黏土堆积物等			"不透水"土		
岩土						泥炭	层状黏土		未风化黏土		
						油岩	砂岩		白云岩、花岗岩、角砾岩		
直接测定		原位抽水试验									
		常水头渗透仪									
					变水头渗透仪						
间接测定		通过粒径分布、孔隙率等计算得到									
					水平毛细管试验			用固结试验的固结系数和压缩系数计算得到			

8.3　地下水渗流分析方法

地下水按含水层的性质可分为孔隙水、裂隙水和岩溶水,其中裂隙水的渗流分析一般采用三类数学模型,如表 8-18 所示。一般地,基坑工程中应用最多的是孔隙水的渗流理论,也是研究得最透彻的渗流理论。土体中孔隙水的渗流分析方法可分为流网分析法、解析法和数值分析法等,其中以数值分析法适用性最强,应用越来越广泛。

岩石裂隙水力学的数学模型[3]　　　　　　　　　　表 8-18

模型分类	主要内容	特点	备注
等效连续介质模型	把裂隙透水性按流量均化到岩石中,得到以渗透张量表示的等效连续介质模型	采用孔隙介质渗流学解决问题,使用方便	有局限,在特定情况下会得到错误结果
裂隙网络模型	忽略岩石的透水性,认为水只在裂隙中流动	比连续介质模型更接近实际	需要建立裂隙网络样本,再作统计分析和计算
裂隙孔隙介质模型	考虑岩石裂隙和孔隙之间的水交换	最切合实际的模型	涉及参数多,实施难度大

8.3.1 流网分析法

流网是由流线和等势线两组垂直交织的曲线组成,可以形象地表示出整个渗流场内各点的渗流方向,是研究渗流问题的最有效工具,如图 8-4 所示。流线是一根处处与渗流速度矢量相切的曲线,代表渗流区域内各点的水流方向,水流不能穿越流线,在稳定渗流情况下表示水质点的运动路线。流函数是描述流线的函数。流线的方程为:

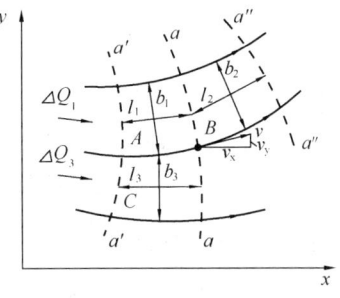

图 8-4 流网示意图

$$v_x\mathrm{d}y - v_y\mathrm{d}x = 0 \tag{8-2}$$

等势线表示势能或水头的等值线,沿等势线上各点之间的水头差 $\Delta H=0$。
流函数和流网具有以下特性:
(1) 不同的流线具有不同的常数值,流函数决定于流线;
(2) 平面运动中两流线间的流量等于和这两流线相应的两个流函数的差值;
(3) 在非稳定流中流线不断变化,只能给出某瞬时的流线图;
(4) 等势线和流线互相正交;
(5) 若流网中各等势线间的差值相等,则各流线间的差值也相等;
(6) 在均质各向同性的介质中,流网的每一网格边长比为常数。

流网可以通过数值求解绘出。工程中常采用图示法绘制流网,如图 8-5,步骤如下:
(1) 按一定比例尺绘出结构物和土层的剖面图;
(2) 判定边界条件,如 $a'a$ 和 $b'b$ 为等势线(透水面);acb 和 ss' 为流线(不透水面);
(3) 先绘制若干条流线,一般是相互平行不交叉的缓和曲线,流线应与进水面和出水面(等势面)正交,并与不透水面(流线)平行;
(4) 添加若干等势线,与流线正交;重复以上步骤反复调整,直到满足上述条件为止。

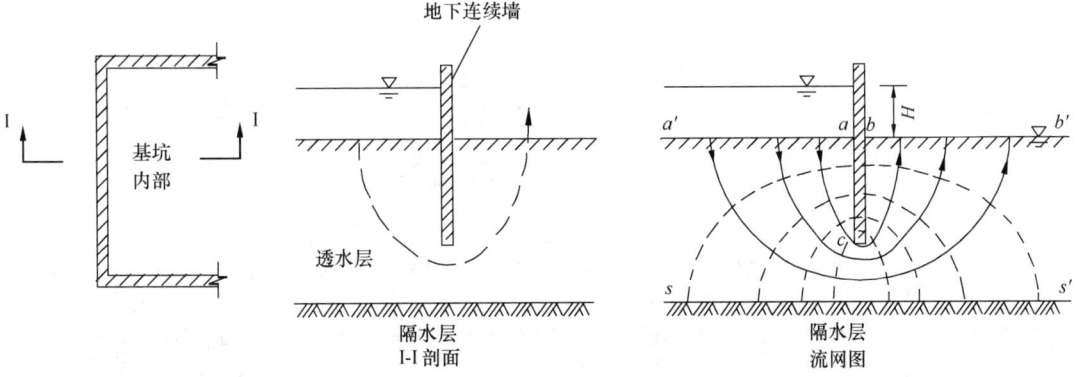

图 8-5 图示法绘制流网

流网在计算渗流问题中具有很大的实用价值,利用流网可以解决如下渗流要素:
(1) 水头和渗透压强:渗流区任意点的水头 H 可以由等水头线或可采用两水头线间水头内插法确定水头;由水头可以计算渗透压强:

$$\frac{p}{\gamma_w} = H \pm z \text{ 或 } p = \gamma_w(H \pm z) \tag{8-3}$$

式中　p —— 渗透压强；

　　　z —— 该点到基准面的距离；

（2）水力梯度和渗流速度：流网中某一点的相邻等水头间的距离为 Δs，等水头线间的水头差为 ΔH，则该点的水力梯度和渗流速度分别为：$J = \dfrac{\Delta H}{\Delta s}$，$q = KJ$。

（3）渗流量：在各向同性渗流场中，若相邻势函数差值相等，则每个网格的流量相等，所以整个渗流区的单宽流量 Q 等于各流线间所夹区域的渗流量之和，即：

$$Q = K\Delta H \sum_{i=1}^{n} \frac{\Delta l_i}{\Delta s_i} \tag{8-4}$$

式中　$\dfrac{\Delta l_i}{\Delta s_i}$ —— 第 i 条与第 $i+1$ 流线间所夹网格的长宽比；

　　　n —— 相邻流线所夹流带的数目。

8.3.2　解析法

裘布依（Dupuit）以达西定律为基础，于 1863 年根据试验观测结果建立假设[9]：在大多数地下水流中，潜水面坡度很小，常为 1/1000～1/10000，因此可假定水是水平流动而等势面铅直，以 $\tan\theta = \mathrm{d}h/\mathrm{d}x$ 代替 $\sin\theta$。在图 8-6 的二维 xz 平面上，潜水面就是一根流线，在潜水面上 $q=0$，$\phi=z$；假设土体渗透系数 k，沿着流线方向上的单位宽度过水断面的流量根据达西定律得到

$$q = -k\frac{\mathrm{d}\phi}{\mathrm{d}s} = -k\frac{\mathrm{d}z}{\mathrm{d}s} = -k\sin\theta \tag{8-5}$$

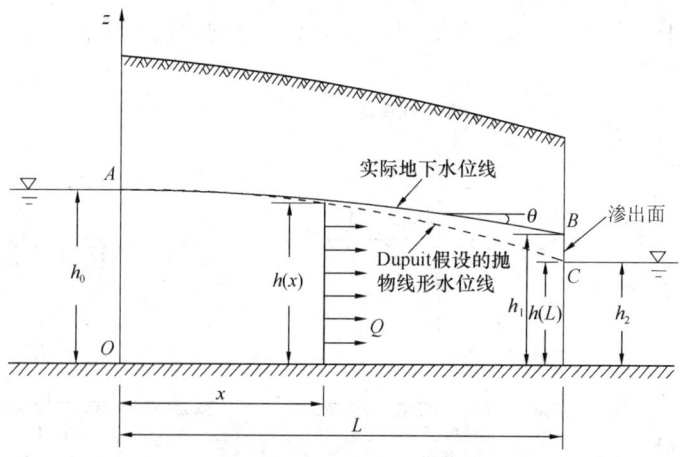

图 8-6　稳定非承压水流渗流示意图

对于土体中稳定的非承压水流渗流问题，按照裘布依假设和式（8-5），在 x 方向上经过高为 $h(x)$ 的垂直截面上的单宽流量为：

$$Q = k\frac{h_0^2 - h(x)^2}{2x} \tag{8-6}$$

当潜水面向接近某个流域的外部边界时，它总是在流域外地表水体的水面以上 B 到

达潜水面下游边界，这段敞开边界上由地下水渗出点到下游边界点的边界 BC 称为渗出面。使用裘布依假设，认为水位线是抛物线形的，忽略渗出面 BC，使得潜水面在 $x=L$ 处，即在 C 点到达下游边界，得到

$$Q = k\frac{h_0^2 - h(L)^2}{2L} \tag{8-7}$$

这就是 Dupuit-Forchhemer 流量公式[10]。

裘布依假设适用于对于 θ 很小和水流基本水平流动的区域。在实际工程中与下游端点 C 的距离大于流域厚度的 1.5～2 倍的地方，可以认为地下水沿水平向流动，等势面铅直，使用裘布依假设求解结果是足够精确的。

工程中设计基坑降水系统需要选用渗流公式，确定井的数目、间距、深度、井径和流量等参数。选用渗流公式时要考虑基坑的深度、场地的水文地质条件和降水井的结构等。单井稳定渗流、干扰井群稳定渗流和非稳定井流公式分别见附表 1、附表 2 和附表 3[6][7]；其基本假设为：

(1) 含水层为均质，各向同性；
(2) 地下水渗流为层流；
(3) 流动条件为稳定流或非稳定流；
(4) 抽水井的出水量不随时间变化。

8.3.3 数值分析法

基坑降水将引起地下水的三维渗流，往往具有复杂的边界和渗透各向异性等问题，较难有解析解。可应用于求解渗流问题的数值方法有：有限差分法（FDM）、有限单元法（FEM）和边界单元法（BEM）等。其中有限单元法因为能够适应复杂的边界和多种介质情况，更适用于基坑工程的渗流分析。

1. 有限差分法[8][11]

在近似水平展布的饱和含水层中，在重力作用下，地下水的运动可以看作二维平面运动。常见的二维地下潜水在各向同性介质中非稳定流的方程式为：

$$\frac{\partial}{\partial x}\left(kM\frac{\partial h}{\partial x}\right) + \frac{\partial}{\partial y}\left(kM\frac{\partial h}{\partial y}\right) + \varepsilon(x,y,t) = \mu\frac{\partial h}{\partial t}, \ (x,y) \in D, \ t > 0 \tag{8-8}$$

边界条件：

初始时刻： $h(x,y,0) = h_0(x,y), \ (x,y) \in D, \ t = 0$

水头边界条件： $h|_{\Gamma_1} = \bar{h}(x,y,t), \ (x,y) \in \Gamma_1, \ t > 0$

流量边界条件： $kM\dfrac{\partial h}{\partial n}\bigg|_{\Gamma_2} = q(x,y,t), \ (x,y) \in \Gamma_2, \ t \geqslant 0$

其中　　　　　　D——求解区域；

Γ_1, Γ_2——分别为水头边界条件和流量边界条件；

h_0——各点的初始水位；

M——含水层的厚度；

k——渗透系数；

μ——给水度；

$\varepsilon(x,y,t)$——源函数，表示地下水的垂直补给；

$\bar{h}(x,y,t), q(x,y,t)$——分别表示已知水头边界条件和已知流量边界条件。

差分法是数值法中的早期方法,用于求解近似解,对于各种工程边界条件都适用,但也有其局限性。例如二维差分法计算中,对于每一个具体的工程地下水问题,就有一个与之对应的先行方程组和系数矩阵和常数矩阵,要给出各矩阵的赋值,就需要编写一个对应的程序,较繁琐。若为不等距差分,这一过程将更繁琐,现在已较少采用有限差分法。

2. 有限单元法[7][8][11]

有限单元法是把流动区域离散成有限数目个小单元,用单元函数逼近总体函数;适用于多种边界、非均质地层、各向异性介质、移动的边界(用连续变化的网格)、自由表面、分界面、变形介质和多相流等问题的地下水计算,大多数工程地下水问题都可以用有限单元法求解。采用有限单元法时,先决条件是被研究区域必须有边界,且要已知若干边界条件,很多工程问题发生在无边界含水层,求解这类渗流场就可能需要采用势函数等其他方法。

3. 边界单元法[7][8][11]

边界单元法是 20 世纪 70 年代发展起来的一种新的数值计算方法,广泛应用于地下水的计算。应用 Green 公式和把原始问题中的区域积分转化成边界积分,使得 n 维问题转化成 $n-1$ 维问题。它只需要对计算区域的边界进行离散化,当边界上的未知量求出后,计算区域内的任何一点的物理量都可以通过边界上的已知量用简单的公式求出。

边界单元法需要准备的原始数据较简单,只需要对区域的边界进行剖分和数值计算等,具有降维、可解决奇异性问题,特别适合解决无限域问题以及远场精度高等优点。一旦求得边界值,可以由积分表达式解析地求出域内解,处处连续,精度较高。边界元法的主要缺点是它的应用范围以存在相应微分算子的基本解为前提,对于非均匀介质等问题难以应用,故其适用范围远不如有限元法广泛,而且通常由它建立的求解代数方程组的系数阵是非对称满阵,对解题规模产生较大限制。对一般的非线性问题,由于在方程中会出现域内积分项,从而部分抵消了边界元法只要离散边界的优点。

对于不同水力条件下的基坑渗流场进行数值分析表明,渗流作用的存在对于工程安全是很不利的。通过设置防渗体可以改善渗流场的分布。但由于各种原因造成渗流场的变化也很有可能成为安全隐患。采用数值分析的方法,进行不同工况下的渗流场的计算分析,对于基坑的设计和施工都有一定的指导意义。在工程设计和施工阶段中,针对基坑渗流影响工程安全的环节,应采取相应的工程措施减少工程事故的发生。

8.4 基坑降水对周边环境的影响分析

8.4.1 降水引起地面沉降的机理分析

土体一般由土体颗粒,孔隙水和气体三相组成。一般认为土体变形是孔隙水排出,气体体积减小和土体骨架发生错动而造成的。饱和土中的孔隙水压缩量很小,孔隙体积变化主要是孔隙水排出引起;对于非饱和土,除孔隙水渗出外,还与饱和度有关。土体受载瞬时,孔隙水承担了总压力,随后因孔隙水体积逐渐减小,孔隙压力消散,有效应力增加。在有效应力作用下,土体骨架产生瞬时和蠕动变形。因为加载引起的土体固结变形与抽水引起的土体渗透固结是不同的。前者的最终状态是孔隙水压力彻底消失和零速率流动,后者最终状态是稳定流。两者的差异详见表 8-19。

超载固结与抽水渗透固结的差异   表 8-19

分 类	超 载 固 结	抽 水 渗 透 固 结
受荷面积和应力	受荷面积小，应力随深度而减小	一般范围大，大规模降水影响区域可以达到上千米；应力变化区域往往伴随显著的沉降
受载情况	荷载从施工开始渐增，后期基本不变	作用应力长时间内逐渐增加，往往变幅较大
变形机理	加载瞬时，外载由孔隙水压力承担，逐渐转化为土体有效应力，产生沉降，该过程与固结仪中加荷情况相似	一般土层总应力不变；抽水引起的渗透压力使得土体应力变化，使弱水层中的孔压逐渐降低，有效应力增加，土体压密，导致地表沉降
沉降结果	加荷期间一般允许超静水压力消散至平衡，有效应力和固结度基本上可达最终值	因弱透水层渗透性小，地表沉降的发展滞后于承压水水头的变化；地表沉降的影响范围应小于地下水水头下降的影响范围

因降水引起土层压密的问题需采用太沙基有效应力原理考虑。土体有效应力的增加产生两种力学效应：因地下水位波动而改变的土粒间浮托力和因承压水头改变引起的渗透压力。在弱透水层上方降水，造成浮托力降低，按该层上方边界不同，可能出现两种情况：浮托力消失一般出现于透水层上方为砂和水所覆盖的情况下。浅层井点降水使得潜水位下降，引起地面沉降，浮托力消失。这是由于抽水降低了地下水位，使土由原来的浮重度改变为饱和重度，这部分重量差就是对土层所造成的有效应力增量：

$$\Delta P = \gamma_w \Delta h \tag{8-9}$$

式中 ΔP——降水前后的有效应力增量（kPa）；
   Δh——降水深度（m）。

或

$$\Delta P = \frac{(1+eS_r)}{1+e} \gamma_w \Delta h \tag{8-10}$$

式中 S_r——土的饱和度。

抽水造成压缩层上部的孔隙压力降低，有效应力增加。浮托力的降低值仍用式（8-10）表示，取 $S_r=1$，就可得到式（8-9）。

如图 8-7，未抽水前弱透水层中土体的初始孔隙水压力如 t_0 时刻分布。因抽取含水层中的地下水，导致含水层中水头下降 h，弱透水层因渗透系数小而孔隙水压变化滞后于含水层。随着时间的增加，弱透水层中的各点孔隙水压力逐渐趋于 t_∞ 的分布情况，达到 t_∞ 时，弱透水层底部土体的孔隙水压变化为 Δu，至此弱透水层中将不再有水分排出，土体的压密作用结束。

长期基坑降水将形成地下水降落漏斗。抽取承压水使得含水层组的孔隙水

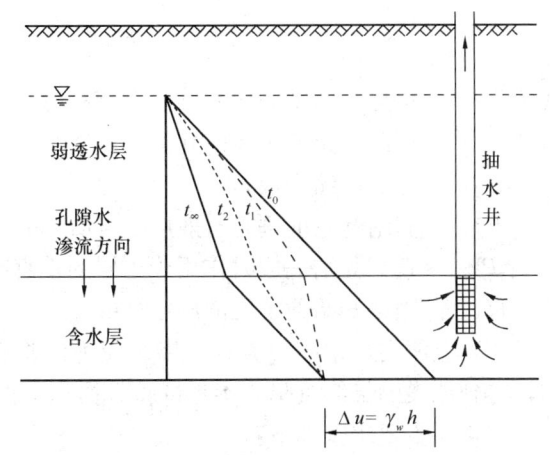

图 8-7 含水层抽水后隔水层土体的孔隙水压力变化图

压力降低，有效应力增加，土体压密，导致基坑周边的地面沉降，对环境造成一定影响。地质条件、含水层水力联系、基坑隔水帷幕插入含水层的位置、抽水时间、水头降深和抽水量等因素影响了沉降的范围，大小和速率。根据太沙基一维固结理论，固结时间 t 由下式决定：

$$t = \frac{T_v H^2}{C_v} \tag{8-11}$$

式中　T_v——时间因素（年）；
　　　H——含水层最远的排水距离（m），当含水层为单面排水时，H 取含水层厚度，当含水层为双面排水时，H 取含水层厚度的一半；
　　　C_v——固结系数或水力传导系数（cm^2/年）。

$$C_v = \frac{k}{S_s} \tag{8-12}$$

式中　k——饱和黏性土的渗透系数；
　　　S_s——储水率。

$$S_s = m_v \gamma_w = \frac{a_{1-2} \gamma_w}{1+e} = \frac{\gamma_w}{E_{1-2}} \tag{8-13}$$

式中　E_{1-2}——土的体积压缩模量（kPa）；
　　　a_{1-2}——土的压缩系数（kPa^{-1}）。

8.4.2　降水引起地面沉降的计算方法

降水造成地面沉降的计算方法列于表 8-20。

1. 简化计算方法[12]

各国家和地区根据土体特征，采用过不同的方法。对于黏性土，沉降计算有如下方法：

（1）日本东京采用一维固结理论公式计算总沉降量及预测数年内的沉降值，其形式为：

$$s = H_0 \frac{C_c}{1+e_0} \log \frac{P_0 + \Delta P}{P_0} \tag{8-14}$$

式中　s——包括主固结与次固结的总沉降量（m）；
　　　e_0——固结开始前土体的孔隙比；
　　　C_c——土的压缩指数；
　　　P_0——固结开始前垂直有效应力（kPa）；
　　　ΔP——直到固结完成时作用于土层的垂直有效应力增量（kPa）；
　　　H_0——固结开始前土层的厚度（m）。

（2）上海用一维固结方程，以总应力法将在各水压力单独作用时所产生的变形量叠加，得到地表的最终沉降。参考试验数据和工程经验选择计算参数，并通过实测资料反复试算校正。主要步骤如下：

①分析沉降区的地层结构，按工程地质、水文地质条件分组，确定主要和次要沉降层。
②作出地下水位随时间变化的实测及预测曲线。

降水引起地面沉降的计算方法 表 8-20

分类	特点	计算方法	说明
简化计算方法	常用综合水力参数描述各向异性的土体，忽略了真实地下水渗流的运动规律；计算简单方便，误差较大	含水层： $s=\Delta h E \gamma_w H$ 隔水层： $s=\sum s_i = \sum \dfrac{a_{vi}}{2(1+e_{0i})} \gamma_w \Delta h H_i$	s——土体沉降量(m)； Δh——含水层水位变幅(m)； E——含水层压缩或回弹模量； H——含水层的初始厚度(m)； H_i——第 i 层土的厚度(m)； e_{0i}——第 i 层土的初始孔隙比； a_{vi}——第 i 层土的压缩系数（MPa^{-1}）； S——储水系数； S_e——弹性储水系数； S_y——滞后储水系数； $U(t)$——t 时刻地基土的固结度； s_∞——土体最终沉降量(m)； m_v——压缩层的体积压缩系数（kPa^{-1}）； $\Delta \sigma'$——有效应力增量(kPa)； S_s——压缩层的储水率(m^{-1})； Δh——含水层水位降深(m)； k_0、n_0——分别含水层初始渗透系数、初始孔隙率； σ'——有效应力(kPa)； $C=\begin{cases}C_c, \sigma' \geqslant p_c \\ C_s, \sigma' < p_c\end{cases}$ C_c、C_s——压缩指数和回弹指数； α——土体骨架的弹性压缩系数； β——水的弹性压缩系数（kPa^{-1}）； m——与土性质有关的幂指数。
用贮水系数估算法	将抽水试验所得水位降深的 s-t 曲线，用配线法求解 S_s，预测地面沉降	$S = S_e + S_y$ $s(t) = U(t) s_\infty = U(t) S \Delta h$	
基于经典弹性理论的计算方法	基于 Terzaghi-Jacob 理论，假定含水层土体骨架变形与孔隙水压力变化成正比，忽略次固结作用；不考虑固结过程中含水层水力参数变化	$s = H \gamma_w m_v \Delta h$ 或 $s = H \dfrac{\Delta \sigma'}{\gamma_w} S_s$	
考虑含水层组参数变化的计算方法	土层压密变形与孔隙水压力变化成正比；考虑土体固结过程中的水力参数变化，更符合土体不能完全恢复非弹性变形的实际	$k = k_0 \left[\dfrac{n(1-n)}{n_0 (1-n)^2}\right]^m$ $S_s = \rho g \left[\alpha + n\beta\right]$ 或 $S_s = 0.434 \rho g \dfrac{C}{\sigma'(1+e)}$ $\alpha = \dfrac{0.434 C}{(1+e)\sigma'} = \dfrac{0.434 C(1-n)}{\sigma'}$	

③依次计算每一地下水位差值下某土层最终沉降值 s_∞（m）：

$$s_\infty = \sum_{i=1}^{n} \frac{a_{1-2}}{1+e_0} \Delta P H \tag{8-15}$$

或

$$s_\infty = \frac{\Delta P}{E_{1-2}} H \tag{8-15'}$$

式中 e_0——固结开始前土体的孔隙比；

H——计算土层厚度（m）；

ΔP——由于水位变化而作用于土层上的应力增量（kPa）；

a_{1-2}——压缩系数，当水位回升时取回弹系数 a_s（kPa^{-1}）；

E_{1-2}——水位下降时为体积压缩模量 $E_{1-2} = (1+e_0)/a_{1-2}$（kPa）；水位上升时取回弹模量 $E'_s = (1+e_0)/a_s$。

④按选定时差计算每一水位差作用下的沉降量 s_t。

$$s_t = u_t s_\infty \tag{8-16}$$

式中 u_t——固结度，$u_t = f(T_v)$，对不同情况的应力，u_t 有不同的近似解答（参阅土力学书籍中的相关内容）。

⑤将每一水位差作用下的沉降量叠加即为该时间段内总沉降量，作出沉降与时间曲线。

砂层一般透水性能良好，短时间内即可固结完成，无需考虑滞后效应，可用弹性变形公式计算。一维固结的计算公式为：

$$s = \frac{\gamma_w \Delta h}{E_{1-2}} H_0 \tag{8-17}$$

式中 s——砂层的变形量（m）；
γ_w——水的重度（kg/m³）；
Δh——水位变化值（m）；
H_0——砂层的原始厚度（m）；
E_{1-2}——砂层的压缩模量（kPa）。

在降水期间，降水面以下的土层通常不可能产生较明显的固结沉降量，而降水面至原始地下水面的土层因排水条件好，将会在所增加的自重应力条件下很快产生沉降。通常降水引起的地面沉降以这一部分沉降量为主，因此可用下列简易方法估算降水所引起的沉降值：

$$s = \Delta P \Delta H / E_{1-2} \tag{8-18}$$

式中 ΔH——降水深度，为降水面和原始地下水面的深度差（m）；
ΔP——降水产生的自重附加应力（kPa），$\Delta P = 0.5\gamma_w \Delta H$；
E_{1-2}——降水深度范围内土层的压缩模量（kPa），可查阅土工试验资料或地区规范。

2. 用地基土储水系数估算基坑降水引起的地面沉降

基坑降水引起的地面沉降量与土体的压密性质参数，地下水位 h，降水的水位降深 Δh，时间 t，施工方法等许多因素有关。在众多影响因素中，储水系数 S 是一个重要的水文地质参数。承压含水层的储水系数数量级一般为 $10^{-3} \sim 10^{-6}$。无压含水层的储水系数数量级一般为 $10^{-1} \sim 10^{-2}$。

Boulton 假定无压含水层排的水是弹性释放的水和滞后重力疏干排出的水两部分组成，其储水系数为弹性储水系数和滞后重力排水的储水系数之和；提出了考虑滞后疏干的无压含水层中地下水非稳定渗流的理论解[1]。用双对数坐标将 Boulton 理论解绘制成定流量的抽水标准曲线。利用 Boulton 标准曲线，如图 8-8 所示，根据抽水试验资料，在透明的双对数坐标纸上绘制实测的水位降深 s-时间 t 曲线，采用配线法确定地基土的储水系数。

$$S = S_e + S_y = \frac{4Tt_1}{r^2(l/u_d)} + \frac{4Tt_2}{r^2(l/u_y)} \tag{8-19}$$

式中 S——无压含水层的储水系数；
S_e——无压含水层的弹性储水系数；

S_y——滞后重力排水的储水系数；

T——含水层导水系数（m^2/s）；

t_1、u_d 和 t_2、u_y——分别是在 A 组和 B 组曲线上的最佳重合点对应的数值。

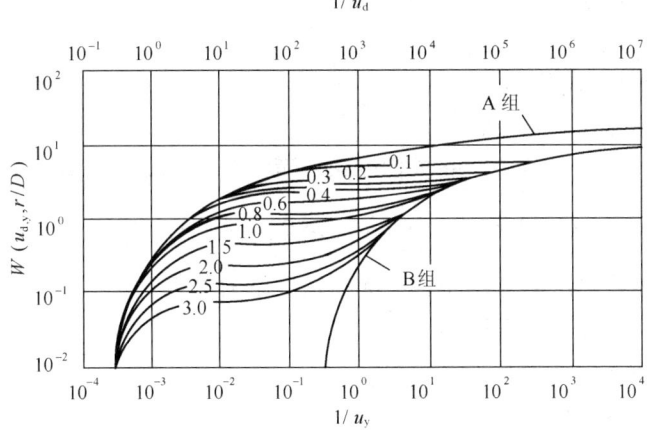

图 8-8　Boulton 潜水完整井流标准曲线[13]

3. 基于经典弹性理论的地面沉降计算

太沙基（Terzaghi）于 1925 年提出了土体的一维单向固结理论[14]，求得近似解，其适用条件为荷载面积远大于压缩土层厚度，地基中孔隙水主要沿竖向渗流，如图 8-9 所示，内容详见本手册第 3.5 节。太沙基固结理论对于土体的一维固结问题是精确的，对二维和三维问题并不精确。比奥（Boit）从较为严格的固结机理出发推导了准确反映孔隙压力消散与土体骨架变形相互关系的三维固结方程，实现了孔隙水压力和土体变形的真正耦合。

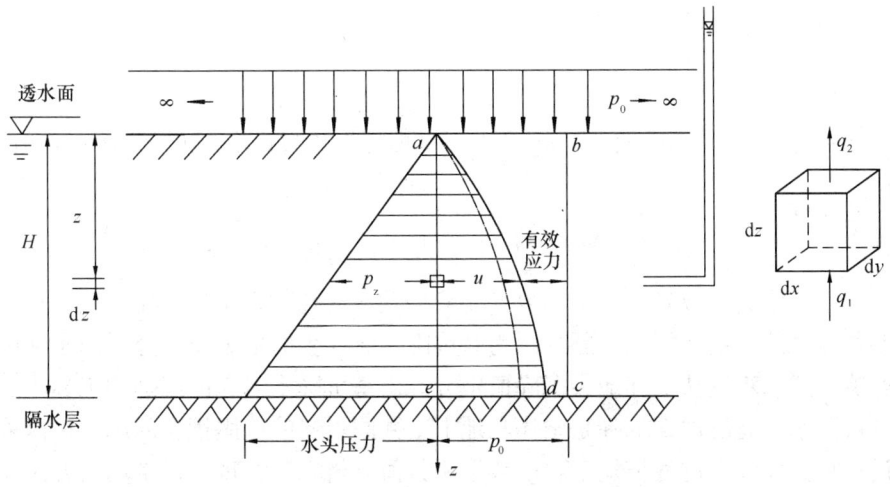

图 8-9　饱和土体渗流固结过程中的单元体

太沙基理论只能近似计算土体的固结沉降，比奥固结理论则可以同时求解土体的固结沉降和水平位移。但实际上，土体的非线性变形包括弹性变形、蠕变和塑性变形，仅以弹性理论计算土体变形，不可避免与实际有一定差异。

4. 考虑含水层组参数变化的地面沉降计算

地下水渗流计算中，下层承压水运动的控制方程[8~11][15~17]为

$$\frac{\partial}{\partial x}\left(kM\frac{\partial h}{\partial x}\right)+\frac{\partial}{\partial y}\left(kM\frac{\partial h}{\partial y}\right)+\varepsilon(x,y,t)=S\frac{\partial h}{\partial t},\ t>0,\ (x,y)\in D \quad (8\text{-}20)$$

式中 　　k——承压水层的渗透系数；

　　　　M——承压水层厚度；

　　　　h——承压水层水头；

　　$\varepsilon(x,y,t)$——承压水层单位时间单位面积的源汇项；$\varepsilon(x,y,t)=q,\ t>0,(x,y)\in\Gamma_2$；

　　　　或 $\varepsilon(x,y,t)=\dfrac{h-H}{h-M}k',\ t>0,(x,y)\in D$。

　　　　S——承压水层的储水系数，无压情况下为给水度 μ；

　　　　D——所研究区域范围；

　　　　h——潜水层地下水头；

　　　　k'——潜水层渗透系数。

上层潜水流动的控制方程为

$$\frac{H-h}{h-M}k'=\mu'\frac{\partial h}{\partial t} \quad (8\text{-}21)$$

式中 　μ'——潜水层给水度。

结合定解条件，可解得潜水层地下水头 h 和承压水层地下水头 H。

土层固结过程中由于土体压密，其孔隙度和孔隙比减小，故渗透系数 k 和储水率 S_s 发生了变化。若按照土体的水力参数为常数进行计算，必然与实际有较大的偏差。通过 Kozeny-Carman 方程[18][19]建立渗透系数 k 与孔隙率 n 之间的关系。

设某土层厚度为 M_i，由于降水引起的垂直沉降量为 s_i，假定不考虑土层的侧向变形，则对于固结过程中的孔隙度 n 有

$$n=n_0-\frac{s_i}{M_i-S_i}\approx n_0-\frac{s_i}{M_i} \quad (8\text{-}22)$$

由 $e=n/(1-n)$ 和固结曲线 $e\text{-}\log P$ 的斜率即压缩指数 C_c 得到的 $m_v=0.434 C_c/[(1+e)\sigma']$ 得

$$S=S_s M=\gamma_w\left[0.434\frac{C_c}{(1+e)\sigma'}+n\beta\right]M \quad (8\text{-}23)$$

由此建立了渗透系数 k 和储水系数 S 随孔隙比 e 或孔隙率 n 的变化关系，可以处理含水层组参数变化的非线性固结问题。因为基坑降水时产生的地表总沉降受降水和施工情况等因素影响，所以难以从实际地表沉降值中分离由基坑降水引起的沉降和工程施工引起的变形。基坑降水引起的地面沉降是土体和地下水共同引起的流固耦合问题，可以采用比奥固结理论计算。该计算过程很复杂，一般采用数值分析方法实现，最常用的方法是有限单元法。

8.4.3　有限单元法

采用有限单元法[7][8][15~17]进行数值计算分析基坑降水对周围环境的影响时，可以将岩土视作弹塑性材料，非线性本构关系，考虑三维地下水的渗透作用。数值模拟中对不同地质模型，承压水以及有越流补给和实际工程条件中的井管、过滤管、隔水帷幕等分别

处理。

不可压缩流体的连续性方程为

$$\frac{\partial}{\partial x}\left(k_x \frac{\partial h}{\partial x}\right) + \frac{\partial}{\partial y}\left(k_y \frac{\partial h}{\partial y}\right) + \frac{\partial}{\partial z}\left(k_z \frac{\partial h}{\partial z}\right) + \varepsilon(x,y,t) = S_s \frac{\partial h}{\partial t} \tag{8-24}$$

这是渗流场中水头 h 在求解区域内必须满足的基本方程，水头 h 还应满足边界条件：

(1) 水头边界条件，即边界上的水头为已知水头，$h = h_0$。

(2) 流量边界条件，假设对应边界上沿此边界表面法线单位面积的渗流量为 q，则 $k_x \frac{\partial h}{\partial x} n_x + k_y \frac{\partial h}{\partial y} n_y + k_z \frac{\partial h}{\partial z} n_z = -q$。式中 n_x，n_y，n_z 表示边界表面外法向在 x，y，z 的方向余弦。

现今数值模拟计算经常使用的地面沉降模型是土体变形以太沙基一维固结理论或比奥固结理论和三维水流模型为基础的模型，分为三类：两步计算模型、部分耦合模型和完全耦合模型。

两步计算模型中首先地下水流模型计算含水层组中的水头变化，根据各含水层和弱透水层的水头变化计算土体有效应力的变化，再计算各土层的变形量，各土层变形量之和即为地表沉降。部分耦合模型是在两步模型的基础上考虑到当相邻含水层水头下降时，土层中的地下水将产生渗流和非线性变形，随着土体变形量的增加，孔隙比减小，土的压缩性和透水性也随之降低。

两步计算模型和部分耦合模型中假定土体变形只沿垂直方向发生，忽略侧向变形；仅考虑含水层水平方向的渗流和弱透水层竖直方向的渗流；且模型中参数都是常数。土层的变形应是非线性的，有蠕变、塑性变形，但太沙基一维沉降模型是弹塑性的，显然是与实际情况有差距的；在弱透水层近似为匀质和各向同性时，计算误差比较小。但这两种数值计算方法不能做到水流和沉降模型的真正耦合。

随着抽水的进行，土层的压缩沉降、孔隙度、渗透系数和储水率在完全耦合模型中将基于比奥固结理论。比奥方程能够考虑地下水运动和土体变形的耦合作用，即孔隙水压力的变化对土体变形的影响和土体变形对孔隙水压力的影响；但计算所需参数太多，实际工程中直接运用较少。

8.5 工程实例分析

8.5.1 彭越浦泵站

彭越浦泵站[6][20~22]建于上海市中山北路 5 号桥以北，普善路与柳营路交叉处。由主泵房、喇叭段、进水廊道和驳岸组成，其中主泵房为主体工程，由一直径 60m 的圆井构成。彭越浦泵站地段的土体分层及其物理力学参数见图 8-10。潜水水位埋深为地表以下 1.488m，承压含水层平均厚度 24.93m，承压水水位埋深为地表以下 3.110m。基坑开挖采用明挖，最大开挖深度达 26.50m，处于⑤$_a$ 和⑤$_b$ 组成的承压含水层中。采用 0.8m 厚的地下连续墙，埋深 37.5m，未插入承压水层下部的隔水层。地下连续墙内外的承压水相通，故需要降低承压水水头，保证基坑坑底干燥，方便施工，防止坑底突水。

设置降压井和观测点的布置如图 8-11 所示，各井参数列表 8-21。抽水试验时仅由降

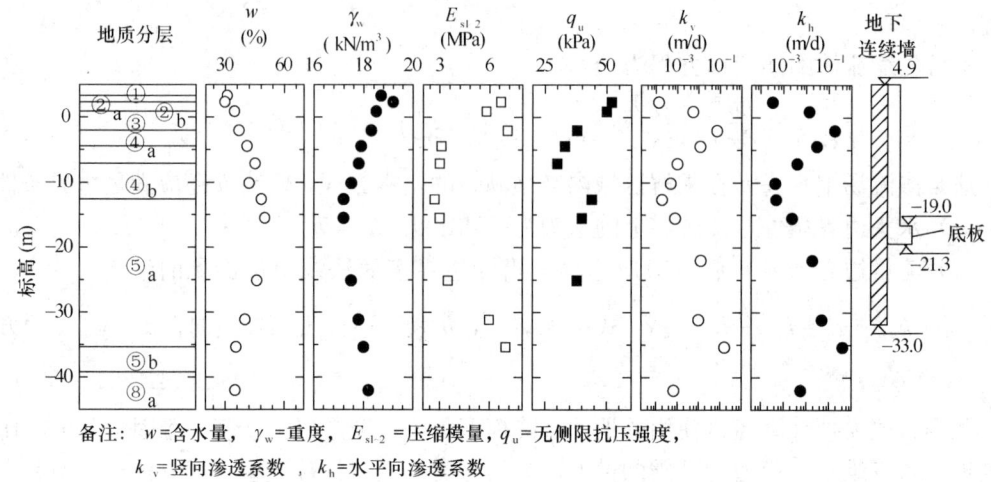

图 8-10 各层土的物理力学参数

压井 No.1 抽取⑤ₐ层的承压水。根据实测资料，应用配线法、直线图解法、水位恢复法估算承压含水层的水力参数：渗透系数 $k=0.30\sim0.60\mathrm{m/d}$，导水系数 $T=7.50\sim15.00\mathrm{m^2/d}$，储水系数 $S=2.0\times10^{-3}\sim5.5\times10^{-3}$。

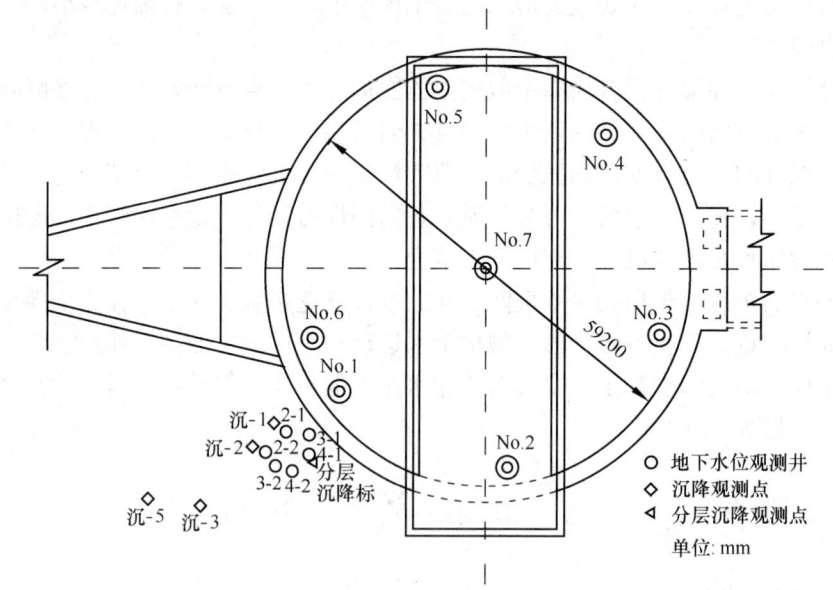

图 8-11 井群布置图

降压井和观测井的参数　　　　　　　　　　　表 8-21

分 类		开孔(mm)	终孔(mm)	井径(mm)	埋深(m)	滤水管位置(m)	备 注
坑外降压井	No.1~No.7	700	700	250	47	23~43	降低⑤ₐ层承压水水头，疏干基坑内地下水
坑外观测井	No.2-1，No.2-2	400	400	100	38	15~25	观测⑤ₐ层承压水水头
	No.3-1，No.3-2	400	400	100	15	6~11	观测层④ᵦ的地下水位
	No.4-1，No.4-2	400	400	100	5		观测③层的潜水水位

建立三维有限元模型进行基坑降水模拟。平面上选取距基坑 510m 范围内的土体作为研究对象，认为边界处的地下水水头不受基坑降水的影响。承压含水层下部是巨厚的黏土层，认为上部抽水对下部的地下水无影响。模拟的抽水试验历时 14 天，抽水井流量如图 8-12 所示，抽水试验期间沉-2 和沉-3 两个沉降观测点处沉降历时曲线如图 8-13 所示。

基坑开挖时以 No.1、3、4、5 和 6 为抽水井，以 No.7 为观测井。图 8-14 是 No.1 和 No.3 井的水位历时曲线。图 8-15 是降水工程中沉降观测点处的地表沉降-时间曲线。数值模拟结果与实测值一致，且沉-3 的模拟值比沉-2 的更接近实测值。

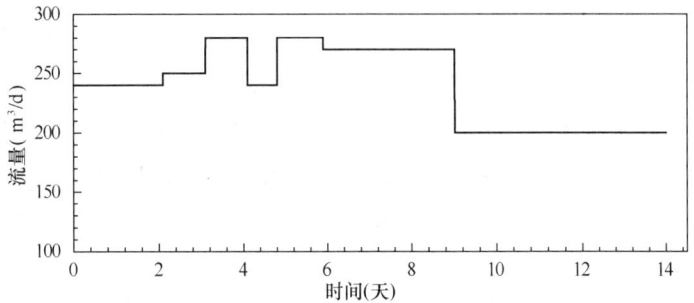

图 8-12　抽水试验中模拟井的流量-时间图

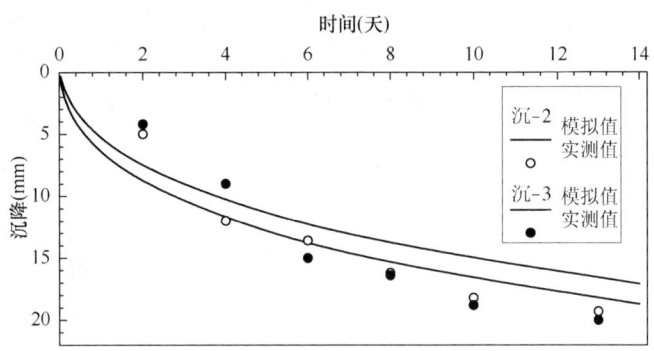

图 8-13　抽水试验中沉降观测点的沉降历时曲线

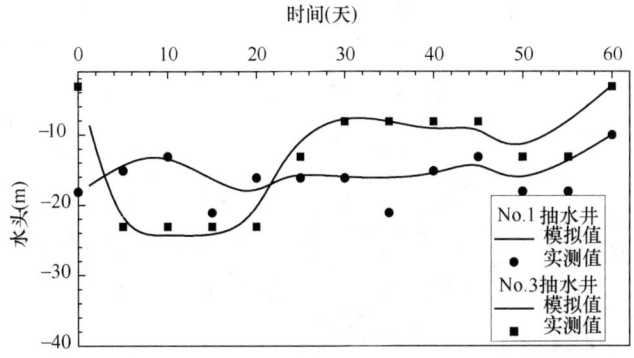

图 8-14　降水工程中的水位历时曲线

图 8-16 和图 8-17 分别为基坑降水 60 天时模拟的承压水水位和地表沉降分布图，地下连续墙内外的承压水头有显著跳跃，基坑内部的承压水水头远远小于与抽水井相同距离的坑外点的承压水水头。抽取承压水的影响范围较大；距离圆井基坑中心 100m 处的水头降

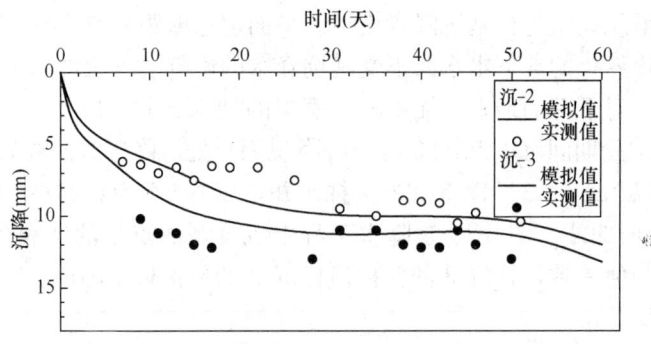

图 8-15　降水工程中的地表沉降历时曲线

深 1.79m；距离圆井基坑中心 340m 处的承压水水头降深 0.10m。这表明地下连续墙隔水性能良好，即离基坑越远，基坑抽水引起地表沉降的影响范围较小，距离基坑中心 170m 处的地表沉降为 5mm。距离基坑越近，抽水量越大，抽水时间越长，则地表沉降越大，且沉降值随时间渐趋稳定。

因地下连续墙没有完全隔断承压含水层，故基坑内部降水导致周围的地下水产生围绕基坑的三维渗流，增加了施工难度。坑内设置降水井的降水效果很好，短期内对周边环境影响较小。但是若坑内的封井工作没有做好，将可能给后续施工带来隐患，或在使用中出现渗水现象。因此，为减小基坑降水对周边环境的影响，应根据场地的水文地质条件和工程条件合理设计降水方案，减少抽水量和抽水时间，并对周边的管线、道路和建筑物等进行监测和保护。

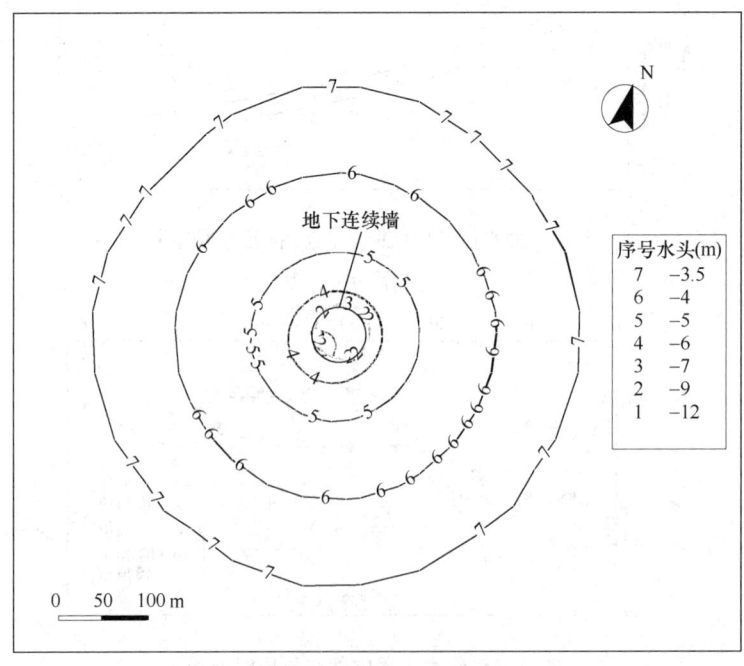

图 8-16　降水 60 天时 ⑤$_a$ 层承压水水头分布图

8.5.2　上海环球金融中心

上海环球金融中心[1][23~25]临近黄浦江，位于上海浦东陆家嘴金融贸易区，北侧为世

8.5 工程实例分析 255

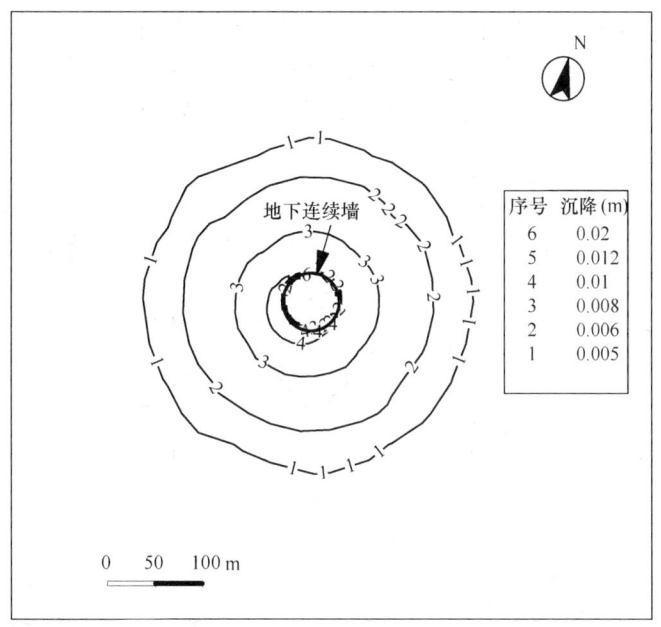

图 8-17 降水 60 天时地表沉降分布图

纪大道,西侧为金茂大厦,南侧和东侧为绿化带。它由中心塔楼和附属裙房组成,中心塔楼地上 101 层,高 492.5m,地下 3 层;裙房地上、地下均为 3 层。场地土的物理力学性质参数如图 8-18 所示。

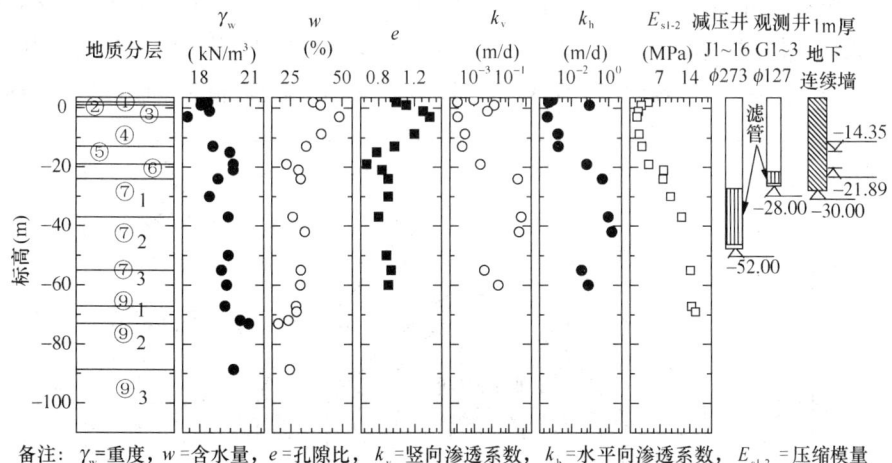

备注:γ_w=重度,w=含水量,e=孔隙比,k_v=竖向渗透系数,k_h=水平向渗透系数,E_{s1-2}=压缩模量

图 8-18 各层土的物理力学参数

塔楼区为 ϕ100m 的圆形基坑,围护采用 1m 厚的地下连续墙。基坑开挖至标高 −14.35m,电梯井处开挖至标高 −21.89m。潜水水位埋深为 0.5~1.2m,承压水分布在约 28m 深的第⑦层及以下的土层中。场地缺失第⑧层和第⑩层,是上海市第Ⅰ、第Ⅱ和第Ⅲ承压含水层连通区,承压含水层厚度约 117m。据勘察 1 月份承压水的静止水头埋深约为 9.70m,波动范围在地表以下 4~10m。为满足抗突涌安全,需将⑦₁水头降到基坑开挖面以下即标高 −23m。

以承压水水头埋深 9.70m 作为条件，减压井为非完整井，滤管长 21m，位于第⑦$_1$、⑦$_2$ 承压含水层。选用各向异性非完整井非稳定流公式，参数利用抽水试验所获得的数据，进行基坑降水设计：在塔楼基坑连续墙外 7m 布置 14 口降压井，在坑内设 2 口备用降压井，如图 8-19 所示。

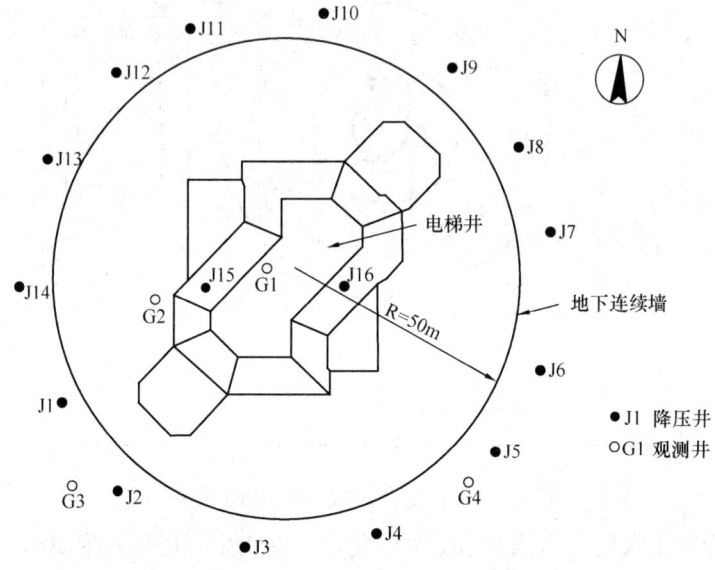

图 8-19 降水井平面布置图

建立三维有限元模型，其中采用 J2、J3、J5、J7、J8、J9、J11 和 J14 这 8 口降压井降水，由此得到地表沉降的分布如图 8-20 所示，可以看出基坑降水对周边环境影响较小。以 J1、J4、J7、J10、J12 为抽水井，G1~G4 为观测井，进行群井抽水试验，抽水持续

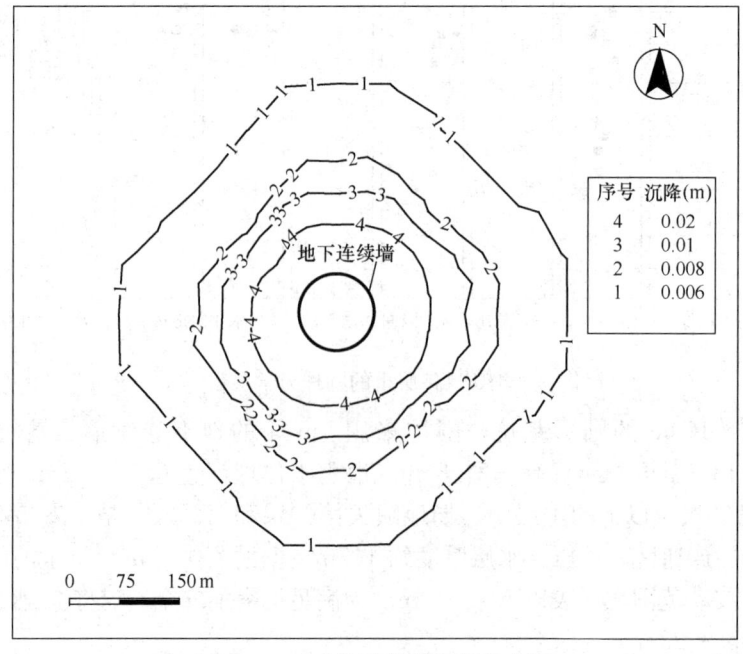

图 8-20 地表沉降模拟预测分布图

48h。抽水井的流量和水位变化如表8-22所示。将抽水试验中所得5口抽水井的流量和水位等资料输入有限元模型,得到观测井的水头随时间的变化曲线,如图8-21所示。

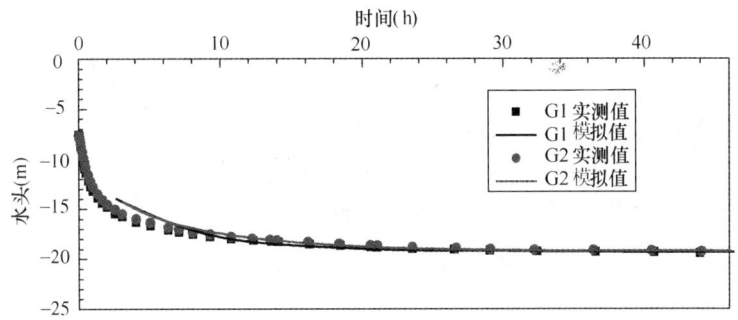

图8-21 观测井实测动水位和数值拟和图

抽水井的流量和动水位埋深 表8-22

抽水井	J1	J4	J7	J10	J12
流量（m³/h）	71.11	69.57	63.29	57.92	75.2
水位埋深（m）	35.5	37.5	39.35	34.67	33

基坑开挖时对降压井降水运行要进行分阶段施工,如表8-23所示。底板施工完毕后,包括养护和地下室及上部结构施工阶段,均根据设计单位提供的基础和上部结构抗浮力,逐步减少开启的承压井数,直至降水工程结束。据上海地区的降水经验：深层降水对地面沉降的影响较小,由降水引起的承压水水头降落漏斗的坡度不大,一般对建、构筑物产生的差异沉降可忽略,不影响安全。据抽水试验资料计算,塔楼基坑降水使金茂大厦周围承压水水头下降约为7~8m左右；因地铁距离较远,其影响更小些,基坑降水没有对周边的金茂大厦和地铁二号线造成有危害性的影响。

基坑开挖时对降压井降水运行阶段水位要求 表8-23

阶段	序号	开挖深度（m）	开挖面标高（m）	降水控制水位标高（m）	单井出水量（m³/h）	开启井数（口）		备注
						坑外	坑内	
基坑开挖	1	0~13	4~-9	-7.15	—	—		保证基坑干燥
	2	13~15	-9~-11	-12	50~70	3	—	降压井均匀分布
	3	15~17	-11~-13	-14	50~70	4	—	降压井均匀分布
	4	17~19	-13~-15	-16	50~70	5	—	坑外降压井均匀分布
	5	19~21	-15~-17	-18	50~70	4	2	开挖电梯井基坑,坑外井需均匀分布
	6	21~23	-17~-19	-20	50~70	5	2	坑外降水井需均匀分布
浇筑底板	7	23~25	-19~-21	-22	50~70	6	2	坑外降水井需均匀分布
	8	25~25.89	-21~-21.89	-23	50~70	7	2	
	9	底板	>-22	-23	—	11	—	浇筑底板,关闭坑内降压井,注浆封孔

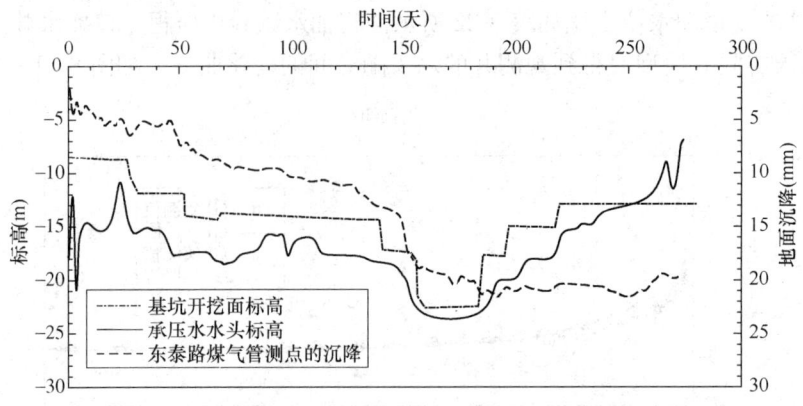

图 8-22　基坑开挖降水过程中环境监测结果

图 8-22 为基坑开挖过程中的开挖面标高、承压水水头标高和测点的地表沉降随时间的变化情况，可以看出塔楼基坑抽取承压水对周边环境产生的影响较小。采取如下地表沉降控制措施：尽量缩短减压井的抽水时间；在降水运行过程中随开挖深度逐步降低承压水头；未抽水的井作为观测井，控制承压水头与上覆土压力足以满足开挖基坑稳定性要求，减小基坑降水对周围环境的影响，尤其是临近保护区域的减压井需待基坑开挖接近底板时才运行；采用信息化施工，对周围环境进行监测，发现问题及时处理，调整抽水井及抽水流量，指导降水运行和开挖施工。

参考文献

[1] 姚天强，石振华. 基坑降水手册[M]. 北京：中国建筑工业出版社，2006.
[2] 朱学愚，钱孝星. 地下水水文学[M]. 北京：中国环境科学出版社，2005.
[3] 张有天. 岩石水力学与工程[M]. 北京：中国水利水电出版社，2005.
[4] 王大纯. 水文地质学基础[M]. 北京：地质出版社，1989.
[5] 杨光煦. 截流围堰堤防与施工通航[M]. 北京：中国水利水电出版社，1999.
[6] 吴林高. 工程降水设计施工与基坑渗流理论[M]. 北京：人民交通出版社，2003.
[7] 刘健航，侯学渊. 基坑工程手册[M]. 北京：中国建筑工业出版社，1997.
[8] Bear J. 地下水水力学[M]. 北京：地质出版社，1985.
[9] Dupuit J. Etudes Theoriques et Pratiques sur le Mouvement des Eaux dans les Canaux de Couverts et a Traversles Terràins Permeables[M]. Second edition，Paris：Dunod，1863.
[10] Forchhemer P. Wasserbewegung durch Bodem[J]. Zeits，Vereines Deutscher Ingenieure. 1991，45：1736-1741，1782-1788.
[11] 王军连. 工程地下水计算[M]. 北京：中国水利水电出版社，2003.
[12] 夏耀明，曾进伦. 地下工程设计施工手册[M]. 北京：中国建筑工业出版社，2002.
[13] Prickett T A. Type curve solutions to aquifer tests under water table conditions[J]. Ground Water. 1967，3(3)：5-14.
[14] Terzaghi K，Peck R B，Mesri G. Soil Mechanics in Engineering Practice[M]. Third edtion，New York：John Wiley & Sons，1996.
[15] Shen S L，Xu Y S，Hong Z S. Estimation of land subsidence based on groundwater flow model[J]. Marine Georesources and Geotechnology. 2006，24(2)：149-167.
[16] Shen S L，Tang C P，Bai Y，Xu Y S. Analysis of settlement due to withdrawal of groundwater

around an unexcavated foundation pit[J]. Underground Construction and Ground Movement. Geotechnical Special Publication, 2006, (155): 377-384.

[17] Rivera A, Ledoux E, Marsily G. Nolinear modeling of groundwater flow and total subsidence of the Mexico city aquifer-aquitard system[A]. Proceedings of the Fourth International Symposium on Land Subsicence[C]. Houston, 1991: 45-58.

[18] Kozeny J. Ueber kapillare Leitung des Wassers im Boden[J]. Sitzungsberichte Akademie der Wissenschaften in Wien. 1927, 136(2a): 271-306.

[19] Carman P C. Flow of Gases Through Porous Media[M]. New York: Academic Press, 1956.

[20] 卢德生,茹以群,缪俊发. 非完全隔水基坑的降水计算[J]. 工程勘察. 1998, (6): 25-27, 38.

[21] 高秀理,陶兆生,梁修,汪贵平等. 上海市合流污水治理一期工程彭越浦泵站(4.1)标工程设计总结[J]. 造船工业建设. 1994, (4): 1-19.

[22] 吴林高,姚迎. 连续墙周围的地下水渗流特征及数值模拟[J]. 上海地质. 1995, (55): 8-14.

[23] 石冰清. 上海环球金融中心(101层)塔楼区深基坑(-25.89m)降承压水施工[J]. 港口科技. 2006, (6): 13-17.

[24] 罗建军,瞿成松,姚天强. 上海环球金融中心塔楼基坑降水工程[J]. 地下空间与工程学报. 2005, 1(4): 646-650.

[25] 褚伟洪,黄永进,张晓沪. 上海环球金融中心塔楼深基坑施工监测实录[J]. 地下空间与工程学报. 2005, 1(4): 627-633.

附 录

单井稳定渗流公式   附表 1

图示	地下水类型	降水井类型	计算公式	适用条件	符号说明
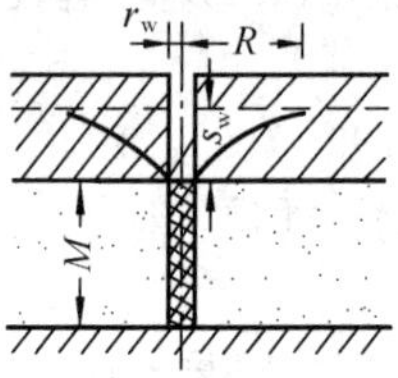 (a)	承压水	完整井	$Q = \dfrac{2\pi k M s_w}{\ln\dfrac{R}{r_w}}$ （附 8-1）	1. 圆形补给边界； 2. 远离地表水体	Q—单井流量 (m^3/d)； H—承压含水层的水头或潜水含水层厚度 (m)； k—渗透系数 (m/d)； s_w—水位降深 (m)； R—影响半径 (m)； r_w—井半径 (m)； h_w—井中水深 (m)； $\alpha = l/M$； A—据 α 查附图 1 确定的系数； M—承压含水层厚度 (m)； l—过滤器进水部分长度 (m)； C—过滤器顶部至含水层顶板的距离 (m)； $\alpha_1 = 0.5l/M_1$ $\alpha_2 = 0.5l/M_2$ $M_1 = C + 0.5l$ $M_2 = M - M_1$ $A_1、A_2$—根据 $\alpha_1、\alpha_2$ 查附图 1 确定的系数
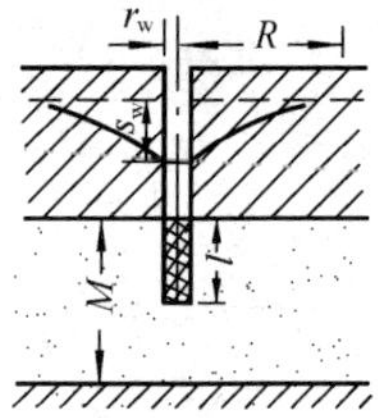 (b)		非完整井	$Q = \dfrac{2\pi k M s_w}{\left[\dfrac{1}{2\alpha}\left(2\ln\dfrac{4M}{r_w} - 2.3A\right) - \ln\dfrac{4M}{R}\right]}$ （附 8-2）	1. 圆形补给条件； 2. 过滤器与含水层顶板相接； 3. $l < 0.3M$； 4. 远离地表水体	
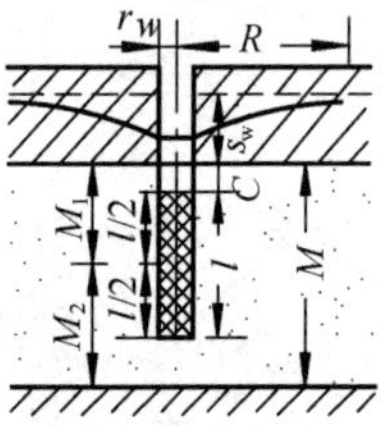 (c)			$Q = \dfrac{2\pi k l s_w}{\ln\dfrac{1.6l}{r_w}}$ （附 8-3）	1. 圆形补给条件； 2. 过滤器与含水层顶板相接； 3. $l > 0.3M$； 4. 远离地表水体	
			$Q = 2\pi k l s_w(E+D)$ （附 8-4） $E = \dfrac{M_1}{\dfrac{1}{2\alpha_1}\left(2\ln\dfrac{4M_1}{r_w} - 2.3A_1\right) - \ln\dfrac{4M_1}{R}}$ $D = \dfrac{M_1}{\dfrac{1}{2\alpha_2}\left(2\ln\dfrac{4M_2}{r_w} - 2.3A_2\right) - \ln\dfrac{4M_2}{R}}$	1. 圆形补给条件； 2. 过滤器与含水层顶板不相接； 3. $C + l > 0.5M$； 4. 远离地表水体	

续表

图示	地下水类型	降水井类型	计算公式	适用条件	符号说明
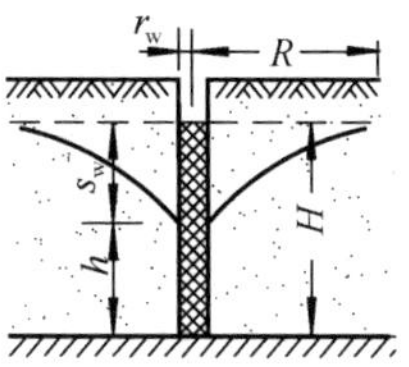 (d)	潜水	完整井	$Q = \dfrac{\pi k(2H - s_w)s_w}{\ln \dfrac{R}{r_w}}$ （附8-5）	1. 圆形补给边界； 2. $s_w \leqslant (0.5 \sim 0.8)l$； 3. 远离地表水体	
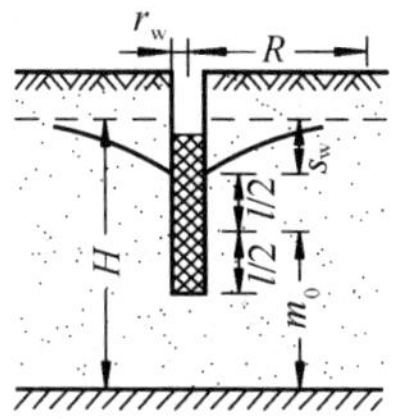 (e)	潜水	非完整井	$Q = \pi k s_w \left[\dfrac{l + s_w}{\ln \dfrac{R}{r_w}} \right.$ $\left. + \dfrac{2m_0}{\dfrac{m_0}{2l}\left(2\ln\dfrac{4m_0}{r_w} - 2.3A\right) - \ln\dfrac{4m_0}{R}} \right]$ （附8-6）	1. 圆形补给边界； 2. 过滤器未被淹没； 3. $l > 0.3M$； 4. 远离地表水体	A—据 $\alpha = l/m_0$ 查附图1确定的系数；
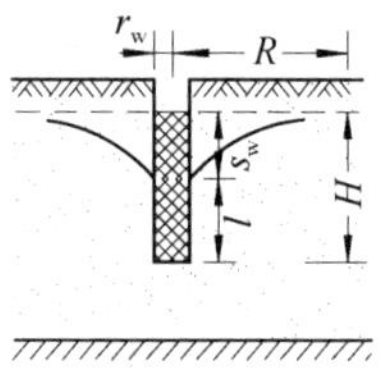 (f)	潜水	非完整井	$Q = \pi k s_w \left(\dfrac{l + s_w}{\ln \dfrac{R}{r_w}} + \dfrac{l}{\ln \dfrac{0.66l}{r_w}} \right)$ （附8-7）	1. 圆形补给边界； 2. 过滤器未被淹没； 3. $l < 0.3M$； 4. 远离地表水体	
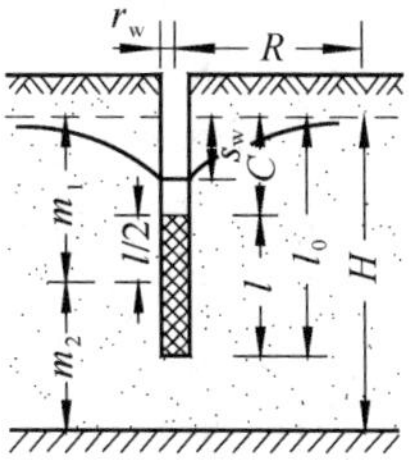 (g)	潜水	非完整井	$Q = \dfrac{kls_w}{0.183\left(B - 2\lg\dfrac{r_w}{C}\right)}$ （附8-8）	1. 圆形补给边界； 2. 过滤器部分被淹没； 3. $l_0 < 0.5H$； 4. 远离地表水体	l_0—静水位以下井的深度(m)； $B = f[(C+l)/C]$，根据附图3查得； C—静水位至过滤器顶部的距离(m)
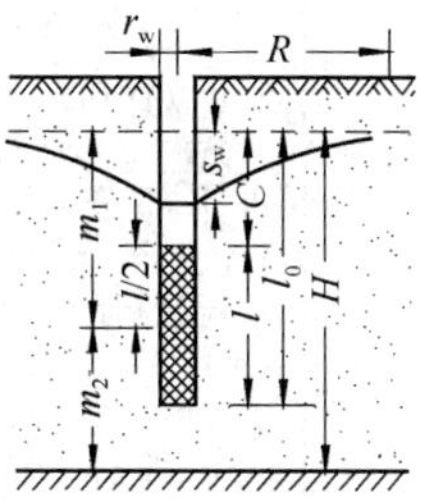 (h)	潜水	非完整井	$Q = (2\pi k s_w) \Big/ \dfrac{1}{E + D}$ （附8-9） $E = \dfrac{m_1}{\dfrac{1}{2\alpha_1}\left(2\ln\dfrac{4m_1}{r_w} - 2.3A_1\right) - \ln\dfrac{4m_1}{R}}$ $D = \dfrac{m_2}{\dfrac{1}{2\alpha_2}\left(2\ln\dfrac{4m_2}{r_w} - 2.3A_2\right) - \ln\dfrac{4m_2}{R}}$	1. 圆形补给边界； 2. 过滤器部分被淹没； 3. $l_0 > 0.5H$； 4. 远离地表水体	$\alpha_1 = \dfrac{0.5l}{m_1}$； $\alpha_2 = \dfrac{0.5l}{m_2}$； $m_1 = C + \dfrac{l}{2}$； $m_2 = H - \left(C + \dfrac{l}{2}\right)$； A_1、A_2—根据 α_1、α_2 查附图1确定的系数

续表

图示	地下水类型	降水井类型	计算公式	适用条件	符号说明
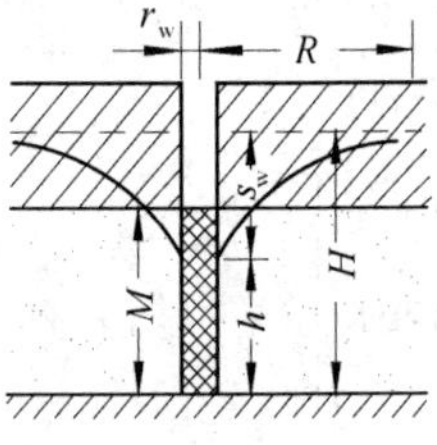 (i)	承压水-潜水	完整井	$Q = \dfrac{\pi k(2MH - M^2) - h_w^2}{\ln \dfrac{R}{r_w}}$ （附8-10）	1. 圆形补给边界； 2. 远离地表水体	
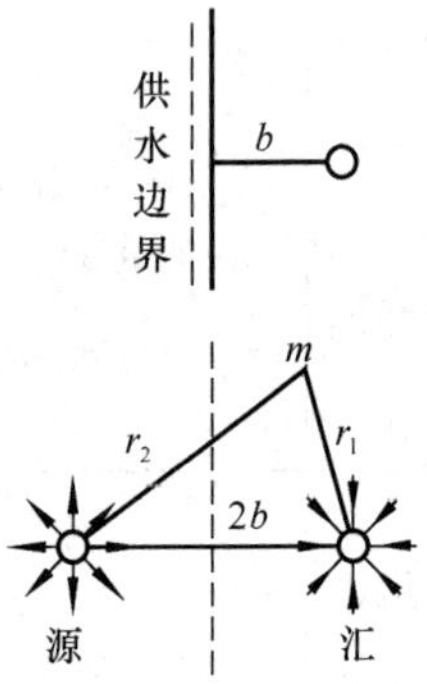 (j)	承压水	完整井	$Q = \dfrac{2\pi k M s_w}{\ln \dfrac{2b}{r_w}}$ （附8-11）	1. 直线补给边界； 2. $b < R/2$	b—井中心至直线补给边界距离(m)； T—过滤器进水部分长度1/2处至潜水含水层底板的距离(m)； h_s—过滤器进水部分长度1/2处至潜水静水位的距离(m)； ξ—非完整井阻力系数； 承压井 $\xi = \dfrac{M}{2l}\left[2\ln\dfrac{4M}{r_w} - f(M)\right] - 1.38$ 潜水及承压-潜水井 $\xi = \dfrac{T}{l}\left[2\ln\dfrac{4T}{r_w} - f\left(\dfrac{l}{2T}\right)\right] - 1.38$ $f\left(\dfrac{l}{M}\right)$ 与 $f\left(\dfrac{l}{2T}\right)$ 由附图2可以查到； M'—过滤器进水部分长度1/2处至承压含水层顶板的距离(m)； H'—过滤器进水部分长度1/2处至承压静水位的距离(m)
		非完整井	$Q = \dfrac{2\pi k M s_w}{\ln \dfrac{2b}{r_w} + \xi}$ （附8-12）		
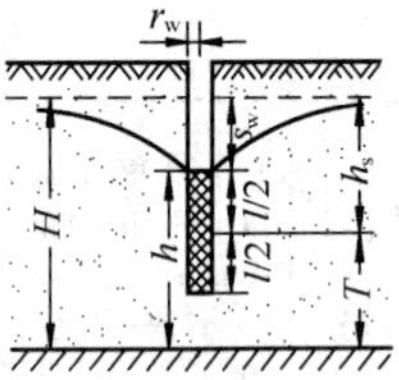 (k)	潜水	完整井	$Q = \dfrac{\pi k(2H - s_w)s_w}{\ln \dfrac{2b}{r_w}}$ （附8-13）		
		非完整井	$Q = \dfrac{\pi k(2h_s - s_w)s_w}{\ln \dfrac{2b}{r_w}} + \dfrac{2\pi k T s_w}{\ln \dfrac{2b}{r_w} + \xi}$ （附8-14）		
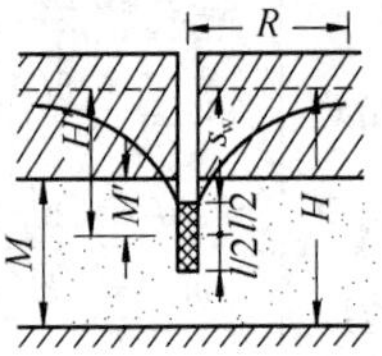 (l)	承压水-潜水	完整井	$Q = \dfrac{\pi k(2H - M)M - h_w^2}{\ln \dfrac{2b}{r_w}}$ （附8-15）		
		非完整井	$Q = \dfrac{\pi k\left[(2H' - M')M' - \left(\dfrac{l}{2}\right)^2\right]}{\ln \dfrac{2b}{r_w}} + \dfrac{2\pi k T s_w}{\ln \dfrac{2b}{r_w} + \xi}$ （附8-16）		

干扰井群稳定渗流公式

附表 2

图 示	地下水类型	降水井类型	计 算 公 式	适用条件	符号说明
(a)	承压水	完整井	$H - h_\mathrm{p} = \dfrac{F_\mathrm{p}}{2\pi k M}$ $F_\mathrm{p} = \sum\limits_{i=1}^{n} Q_{\mathrm{w}i} \ln \left(\dfrac{R_i}{r_i} \right)$ （附 8-17） $H - h_\mathrm{w} = \dfrac{F_\mathrm{w}}{2\pi k M}$ $F_\mathrm{w} = Q_{\mathrm{w}j} \ln \left(\dfrac{R_j}{r_{\mathrm{w}j}} \right) + \sum\limits_{i=1}^{n-1} Q_{\mathrm{w}i} \ln \left(\dfrac{R_i}{r_{ij}} \right)$ （附 8-18）	1. 井群任意分布，各井出水量不等； 2. 圆形补给边界； 3. 远离地表水体	$Q_{\mathrm{w}i}$ — i 井出水量($\mathrm{m^3/d}$)； $Q_{\mathrm{w}j}$ — j 井出水量($\mathrm{m^3/d}$)； F_p — 任意 p 点的降深因子； F_c — 井群中心点的降深因子； F_m — 双排井群中 m 点的降深因子； h_p — 任意 p 点承压含水层的水头或潜水含水层厚度(m)； h_w — 井群中任意井中水深(m)； h_c — 井群中承压含水层或潜水含水层层厚(m)； n — 井数； R_i — i 井的影响半径(m)； R_j — j 井的影响半径(m)； r_i — i 井至 C 点的距离(m)； $r_{\mathrm{w}j}$ — j 井的有效井径(m)； r_{ij} — j 井至每口井的距离(m)； A — 圆形井群半径(m)
	潜水	完整井	$H^2 - h_\mathrm{p}^2 = \dfrac{F_\mathrm{p}}{\pi k}$ $F_\mathrm{p} = \sum\limits_{i=1}^{n} Q_{\mathrm{w}i} \ln \left(\dfrac{R_i}{r_i} \right)$ （附 8-19） $H^2 - h_\mathrm{w}^2 = \dfrac{F_\mathrm{w}}{\pi k}$ $F_\mathrm{w} = Q_{\mathrm{w}j} \ln \dfrac{R_j}{r_{\mathrm{w}j}} + \sum\limits_{i=1}^{n-1} Q_{\mathrm{w}i} \ln \left(\dfrac{R_i}{r_{ij}} \right)$ （附 8-20）		
(b)	承压水	完整井	$H - h_\mathrm{w} = \dfrac{F_\mathrm{w}}{2\pi k M}$ $F_\mathrm{w} = Q_\mathrm{w} \ln \dfrac{R^n}{n r_\mathrm{w} A^{(n-1)}}$ （附 8-21） $H - h_\mathrm{c} = \dfrac{F_\mathrm{c}}{2\pi k M}$ $F_\mathrm{c} = n Q_\mathrm{w} \ln \dfrac{R}{A}$ （附 8-22）	1. 井群沿圆形分布，各井的直径、井距、出水量相等； 2. 圆形补给边界； 3. 远离地表水体	
	潜水	完整井	$H^2 - h_\mathrm{w}^2 = \dfrac{F_\mathrm{w}}{\pi k}$ $F_\mathrm{w} = Q_\mathrm{w} \ln \dfrac{R^n}{n r_\mathrm{w} A^{(n-1)}}$ （附 8-23） $H^2 - h_\mathrm{c}^2 = \dfrac{F_\mathrm{c}}{\pi k}$ $F_\mathrm{c} = n Q_\mathrm{w} \ln \dfrac{R}{A}$ （附 8-24）		

图示	地下水类型	降水井类型	计算公式	适用条件	符号说明
(c)	承压水	完整井	$H - h_w = \dfrac{F_w}{2\pi kM}$ $F_w = Q_w \ln\left(\dfrac{R}{r_{wj}}\right) + \sum\limits_{i=1}^{n-1} Q_w \ln\left(\dfrac{R}{r_{ij}}\right)$ (附 8-25) $H - h_c = \dfrac{F_c}{2\pi kM} \quad F_c = \sum\limits_{i=1}^{n} Q_w \ln \dfrac{R}{r_i}$ (附 8-26)	1. 井群沿矩形分布，各井的直径、井距、出水量相等； 2. 圆形补给边界； 3. 远离地表水体	h_m—双排井群中 m 点承压含水层厚度 (m)； F'_p—任意 p 点的降深因子； F'_w—井群中任意井的降深因子； F'_c—井群中心点的降深因子； L_i—映像 i 井至 p 点的距离 (m)； F'_B—单井井群最边缘两井中的降深因子； n—实井数； L_{ij}—映像 i 井至 j 井的距离 (m)； r_{ij}—每口实井至 j 井的距离 (m)； b_i—j 井至直线边界的距离 (m)
		潜水 完整井	$H^2 - h_w^2 = \dfrac{F_w}{\pi k}$ $F_w = Q_w \ln\left(\dfrac{R}{r_{wj}}\right) + \sum\limits_{i=1}^{n-1} Q_w \ln\left(\dfrac{R}{r_{ij}}\right)$ (附 8-27) $H^2 - h_w^2 = \dfrac{F_w}{\pi k} \quad F_c = \sum\limits_{i=1}^{n} Q_w \ln \dfrac{R}{r_i}$ (附 8-28)		
(d)	承压水	完整井	$H - h_c = \dfrac{F_c}{2\pi kM}$ $F_c = 4Q_w \sum\limits_{i=1}^{n/4} \ln \dfrac{R}{\frac{1}{2}\sqrt{\alpha^2(2i-1)^2 + B}}$ (附 8-29) $H - h_m = \dfrac{F_m}{2\pi kM}$ $F_m = 2Q_w \sum\limits_{i=1}^{n/2} \ln \dfrac{R}{\frac{1}{2}\sqrt{\alpha^2(2i-3)^2 + B^2}}$ (附 8-30)	1. 井群沿两条平行线分布，各井的直径、井距、出水量相等； 2. 圆形补给边界； 3. 远离地表水体	
	潜水	完整井	$H^2 - h_c^2 = \dfrac{F_c}{\pi k}$ $F_c = 4Q_w \sum\limits_{i=1}^{n/4} \ln \dfrac{R}{\frac{1}{2}\sqrt{\alpha^2(2i-1)^2 + B}}$ (附 8-31) $H^2 - h_m^2 = \dfrac{F_m}{\pi k}$ $F_m = 2Q_w \sum\limits_{i=1}^{n/2} \ln \dfrac{R}{\frac{1}{2}\sqrt{\alpha^2(2i-3)^2 + B^2}}$ (附 8-32)		

续表

图示	地下水类型	降水井类型	计算公式	适用条件	符号说明
(e)	承压水	完整井	$H-h_{\mathrm{p}}=\dfrac{F'_{\mathrm{p}}}{2\pi kM}$ $\quad F'_{\mathrm{p}}=\sum_{i=1}^{n}Q_{\mathrm{w}i}\ln\dfrac{L_i}{r_i}$ (附8-33) $H-h_{\mathrm{w}}=\dfrac{F'_{\mathrm{w}}}{2\pi kM}$ $F'_{\mathrm{w}}=Q_{\mathrm{w}j}\ln\dfrac{2b_j}{r_{\mathrm{w}j}}+\sum_{i=2}^{n}Q_{\mathrm{w}i}\ln\dfrac{L_{ij}}{r_{ij}}$ (附8-34)	1. 井群任意分布，各井出水量不等；2. 直线补给边界	
(e)	潜水	完整井	$H^2-h_{\mathrm{p}}^2=\dfrac{F'_{\mathrm{p}}}{\pi k}$ $\quad F'_{\mathrm{p}}=\sum_{i=1}^{n}Q_{\mathrm{w}i}\ln\dfrac{L_i}{r_i}$ (附8-35) $H^2-h_{\mathrm{w}}^2=\dfrac{F'_{\mathrm{w}}}{\pi k}$ $F'_{\mathrm{w}}=Q_{\mathrm{w}j}\ln\dfrac{2b_j}{r_{\mathrm{w}j}}+\sum_{i=2}^{n}Q_{\mathrm{w}i}\ln\dfrac{L_{ij}}{r_{ij}}$ (附8-36)		
(f)	承压水	完整井	$H-h_{\mathrm{c}}=\dfrac{F'_{\mathrm{c}}}{2\pi kM}$ $F'_{\mathrm{c}}=\dfrac{Q_{\mathrm{w}}}{2}\sum_{i=1}^{n}\ln\left[1+4\left(\dfrac{b}{A}\right)^2-4\left(\dfrac{b}{A}\right)\cos(i-1)\dfrac{2\pi}{n}\right]$ 当$\dfrac{b}{A}\geqslant 2$时 $F'_{\mathrm{c}}=Q_{\mathrm{w}}n\ln\dfrac{2b}{A}$ (附8-37) $H-h_{\mathrm{w}}=\dfrac{F'_{\mathrm{w}}}{2\pi kM}$ $F'_{\mathrm{w}}=Q_{\mathrm{w}}\left(n\ln\dfrac{2b_{\mathrm{w}}}{A}+\ln\dfrac{A}{nr_{\mathrm{w}}}\right)$ (附8-38)	1. 井群沿圆形分布，各井的直径、井距、出水量相等；2. 直线补给边界	
(f)	潜水	完整井	$H^2-h_{\mathrm{c}}^2=\dfrac{F'_{\mathrm{c}}}{\pi k}$ $F'_{\mathrm{c}}=\dfrac{Q_{\mathrm{w}}}{2}\sum_{i=1}^{n}\ln\left[1+4\left(\dfrac{b}{A}\right)^2-4\left(\dfrac{b}{A}\right)\cos(i-1)\dfrac{2\pi}{n}\right]$ 当$\dfrac{b}{A}\geqslant 2$时 $F'_{\mathrm{c}}=Q_{\mathrm{w}}n\ln\dfrac{2b}{A}$ (附8-39) $H^2-h_{\mathrm{w}}^2=\dfrac{F'_{\mathrm{w}}}{\pi k}$ $F'_{\mathrm{w}}=Q_{\mathrm{w}}\left(n\ln\dfrac{2b}{A}+\ln\dfrac{A}{nr_{\mathrm{w}}}\right)$ (附8-40)		

图示	地下水类型	降水井类型	计算公式	适用条件	符号说明
线性补给边界 (g)	承压水	完整井	$H - h_c = \dfrac{F'_c}{2\pi kM}$ $F'_c = 2Q_w \sum\limits_{i=1}^{n/2} \ln \sqrt{1 + \left[\dfrac{2b}{\dfrac{a}{2}(n+1-2i)}\right]^2}$ (附 8-41) $H - h_B = \dfrac{F'_B}{2\pi kM}$ $F'_B = Q_w \sum\limits_{i=1}^{n} \ln \sqrt{1 + \left[\dfrac{2b}{\dfrac{a}{2}(2i-3)}\right]^2}$ (附 8-42)	1. 井群沿一条直线分布,各井间距和出水量均相等; 2. 直线补给边界	
	潜水		$H^2 - h_c^2 = \dfrac{F'_c}{\pi k}$ $F'_c = 2Q_w \sum\limits_{I=1}^{n/2} \ln \sqrt{1 + \left[\dfrac{2b}{\dfrac{a}{2}(n+1-2i)}\right]^2}$ (附 8-43) $H^2 - h_B^2 = \dfrac{F'_B}{\pi k}$ $F'_B = Q_w \sum\limits_{i=1}^{n} \ln \sqrt{1 + \left[\dfrac{2b}{\dfrac{a}{2}(2i-3)}\right]^2}$ (附 8-44)		
井群布置关于此轴对称 (h)	承压水	完整井	$H - h_c = \dfrac{F'_c}{2\pi kM}$ $F'_c = 2Q_w \sum\limits_{i=1}^{n/4}$ $\left\{\ln \sqrt{1 + \left[\dfrac{2b+l}{\dfrac{a}{4}(n+2-4i)}\right]^2}\right.$ $\left. + \ln \sqrt{1 + \left[\dfrac{2b+3l}{\dfrac{a}{4}(n+2-4i)}\right]^2}\right\}$ (附 8-45)	1. 井群沿两条平行线分布,各井的直径、井距、出水量相等; 2. 直线补给边界	
	潜水		$H^2 - h_c^2 = \dfrac{F'_c}{\pi k}$ $F'_c = 2Q_w \sum\limits_{i=1}^{n/4}$ $\left\{\ln \sqrt{1 + \left[\dfrac{2b+l}{\dfrac{a}{4}(n+2-4i)}\right]^2}\right.$ $\left. + \ln \sqrt{1 + \left[\dfrac{2b+3l}{\dfrac{a}{4}(n+2-4i)}\right]^2}\right\}$ (附 8-46)		

续表

图 示	地下水类型	降水井类型	计算公式	适用条件	符号说明
(i)	线性补给边界	承压水或潜水	完整井	近似方法： 采用式(8-37)～(8-40)计算，其中 A 以 A_c 代替， $A_c = \dfrac{\pi}{4}\sqrt{b_1 b_2}$ （附 8-47） 精确方法： 采用式(附 8-33)～(附 8-36)计算	1. 井群沿矩形分布，各井的直径、井距、出水量相等； 2. 直线补给边界	

非稳定井流公式   附表 3

图 示	地下水类型	降水井类型	计算公式	适用条件	符号说明
(a)	承压水	完整井	当 $\dfrac{r^2}{4at} \geqslant 0.1$，$Q = \dfrac{4\pi kMs}{W(u)}$ （附 8-48） 当 $\dfrac{r^2}{4at} \leqslant 0.1$，$r = r_w$，$Q = \dfrac{4\pi kMs_w}{\ln \dfrac{2.25at}{r_w^2}}$ （附 8-49）	1. 单井位于无界无越流承压含水层中； 2. 井的出水量不随时间变化	Q—单井出水量(m^3/d)； M—承压含水层厚度(m)； H—潜水含水层厚度或承压水水头(m)； k—渗透系数(m/d)； s—任意点水位降深(m)； s_w—井内水位降深(m)； r—任意点至水井的距离(m)； r_w—井径(m)； t—抽水延续时间(d)； l—过滤器进水部分长度(m)
		非完整井	当 $\dfrac{r^2}{4at} \geqslant 0.1$， $Q = \dfrac{4\pi kMs}{W(u) + 2\left(\dfrac{M}{\pi l}\right)^2 \sum\limits_{n=1}^{\infty} \dfrac{1}{n^2} W\left(u, \dfrac{n\pi r}{M}\right) \sin^2 \dfrac{n\pi l}{M}}$ （附 8-50） 当 $\dfrac{r^2}{4at} \leqslant 0.1$，$r = r_w$，$Q =$ $\dfrac{4\pi kMs_w}{\ln \dfrac{2.25at}{r_w^2} + 2\left(\dfrac{M}{\pi l}\right)^2 \sum\limits_{n=1}^{\infty} \dfrac{1}{n^2} W\left(u, \dfrac{n\pi r_w}{M}\right) \sin^2 \dfrac{n\pi l}{M}}$ （附 8-51）		
	潜水	完整井	当 $\dfrac{r^2}{4at} \geqslant 0.1$，$Q = \dfrac{2\pi k(2H-s)s}{W(u)}$ （附 8-52） 当 $\dfrac{r^2}{4at} \leqslant 0.1$，$r = r_w$，$Q = \dfrac{2\pi k(2H-s_w)s_w}{\ln \dfrac{2.25at}{r_w^2}}$ （附 8-53）		

续表

图示	地下水类型	降水井类型	计算公式	适用条件	符号说明
(b)	潜水	非完整井	当 $\dfrac{r^2}{4at} \geqslant 0.1$， $Q = \dfrac{2\pi k(H-s)s}{W(u) + 2\left(\dfrac{M}{\pi l}\right)^2 \sum\limits_{n=1}^{\infty} \dfrac{1}{n^2} W\left(u, \dfrac{n\pi r}{M}\right) \sin^2 \dfrac{n\pi l}{M}}$ （附 8-54） 当 $\dfrac{r^2}{4at} \leqslant 0.1$，$r = r_w$， $Q = \dfrac{2\pi k(H-s_w)s_w}{\ln \dfrac{2.25at}{r_w^2} + 2\left(\dfrac{M}{\pi l}\right)^2 \sum\limits_{n=1}^{\infty} \dfrac{1}{n^2} W\left(u, \dfrac{n\pi r_w}{M}\right) \sin^2 \dfrac{n\pi l}{M}}$ （附 8-55）	1. 单井位于无界无越流潜水含水层中； 2. 井的出水量不随时间变化	h—含水层中任意点的动水位 (m)； $W(u)$—井函数，查附图 4； $W(u, n\pi l/M)$—井函数，查附图 5； $u = \dfrac{r^2}{4at}$； a—压力传导系数 (m^2/d)； $T = kM$—导水系数 (m^2/d)； S—储水系数； $W_i\left(-\dfrac{at}{B^2}\right)$—井函数，查附表 4； B—越流因数 (m)； k'—弱透水层的渗透系数 (m/d)； M'—弱透水层的厚度 (m)； $W(u, r/B)$—井函数，查附图 5； $Q_\text{总}$—井群组总出水量 (m^3/d)； r_i—各井至任意 m 点的距离 (m)；其余符号意义同前
(c)	承压水	完整井	当 $\dfrac{r^2}{4at} \geqslant 0.1$，$Q = \dfrac{4\pi kMs}{W\left(u, \dfrac{r}{B}\right)}$ （附 8-56） 当 $\dfrac{r^2}{4at} \leqslant 0.1$，$\dfrac{r}{B} \leqslant 0.2$， $Q = \dfrac{4\pi kMs_w}{2\ln \dfrac{1.12B}{r_w} + W_i\left(-\dfrac{at}{B^2}\right)}$ （附 8-57）	1. 单井位于无界无越流承压含水层中； 2. 上部弱透水层在开采过程中水位保持不变； 3. 井的出水量不变； 4. $k \gg k'$	
(d)	承压水	非完整井	$Q = \dfrac{4\pi kMs}{W\left(u, \dfrac{r}{B}\right) + 2\left(\dfrac{M}{\pi l}\right)^2 \sum\limits_{n=1}^{\infty} \dfrac{1}{n^2} W\left[u, \sqrt{\left(\dfrac{r}{B}\right)^2 + \left(\dfrac{n\pi r}{M}\right)^2}\right] \sin^2 \dfrac{n\pi l}{M}}$ （附 8-58） $Q = \dfrac{4\pi kMs_w}{W\left(u, \dfrac{r_w}{B}\right) + 2\left(\dfrac{M}{\pi l}\right)^2 \sum\limits_{n=1}^{\infty} \dfrac{1}{n^2} W\left[u, \sqrt{\left(\dfrac{r_w}{B}\right)^2 + \left(\dfrac{n\pi r_w}{M}\right)^2}\right] \sin^2 \dfrac{n\pi l}{M}}$ （附 8-59）		
(e)	承压水	完整井	$Q_\text{总} = \dfrac{4\pi kMs}{\sum\limits_{i=1}^{n}\left[W\left(\dfrac{r_i^2}{4at}\right)\right]}$ （附 8-60） 当 $\dfrac{r^2}{4at} \leqslant 0.1$，$Q_\text{总} = \dfrac{4\pi kMs}{\ln \dfrac{2.25at}{\sqrt[n]{r_1^2 r_2^2 \cdots r_n^2}}}$ （附 8-61）	1. 井群任意分布在无界含水层中，各井的直径、出水量相等； 2. 单井出水量不随时间变化	

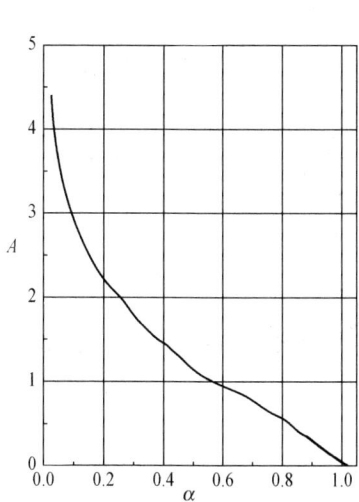

附图1 系数 A-α 曲线

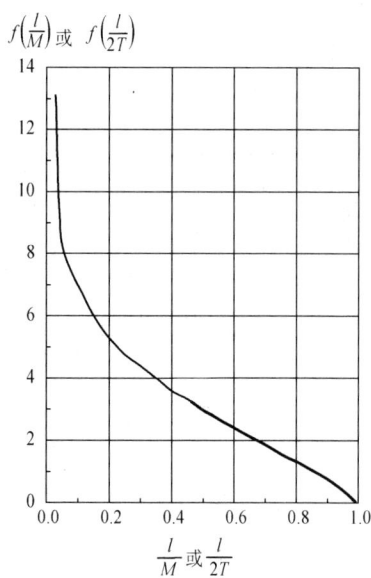

附图2 Γ 函数 $f\left(\dfrac{l}{M}\right)$ 或 $f\left(\dfrac{l}{2T}\right)$ 与 $\dfrac{l}{M}$ 或 $\dfrac{l}{2T}$ 曲线图

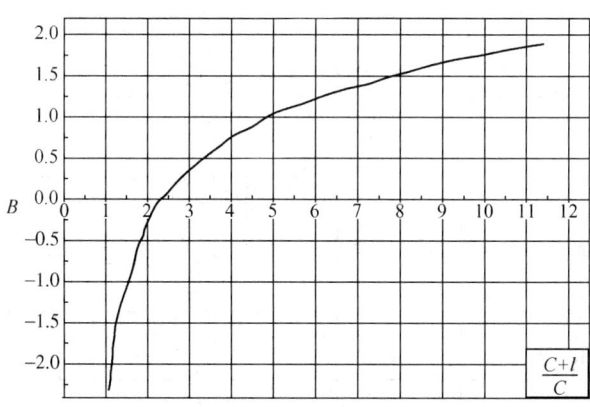

附图3 系数 B-$f\left(\dfrac{C+l}{C}\right)$ 曲线图

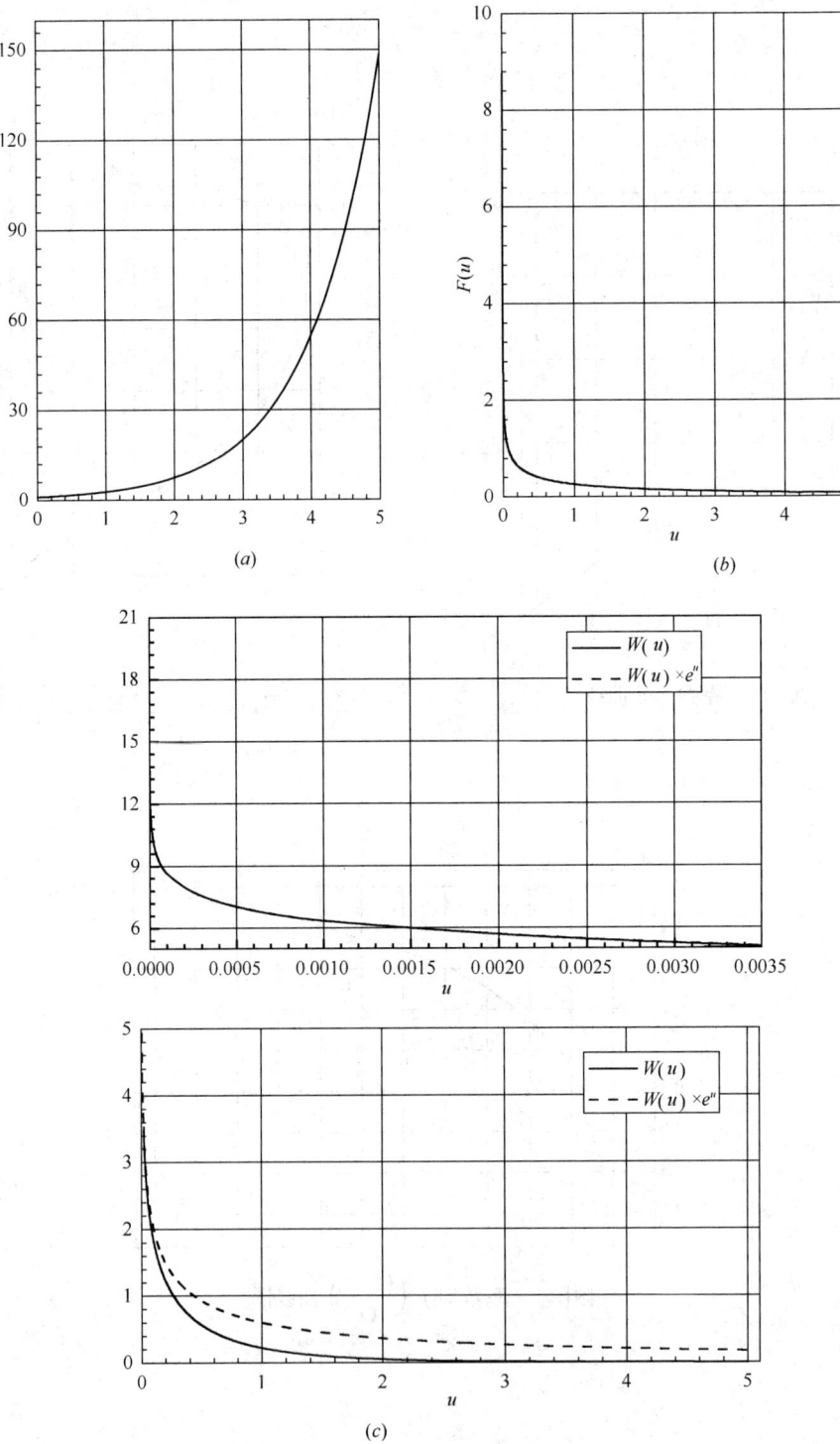

附图4 $W(u)$ Theis 井函数

(a) u-e^u 曲线；(b) u-$F(u)$ 曲线；(c) u-$W(u)$ 曲线和 u-$W(u)\times e^u$ 曲线

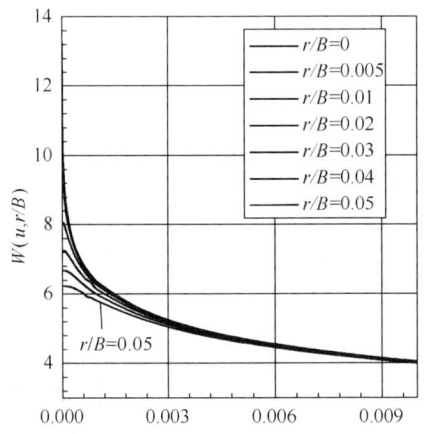
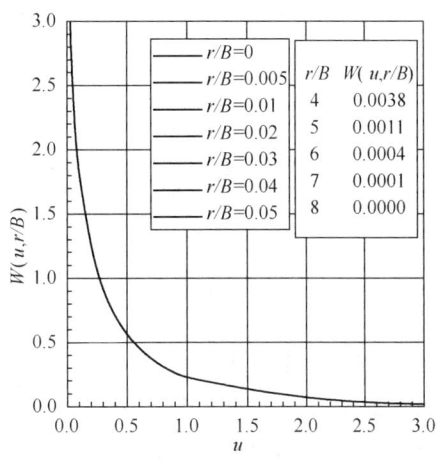

(a)

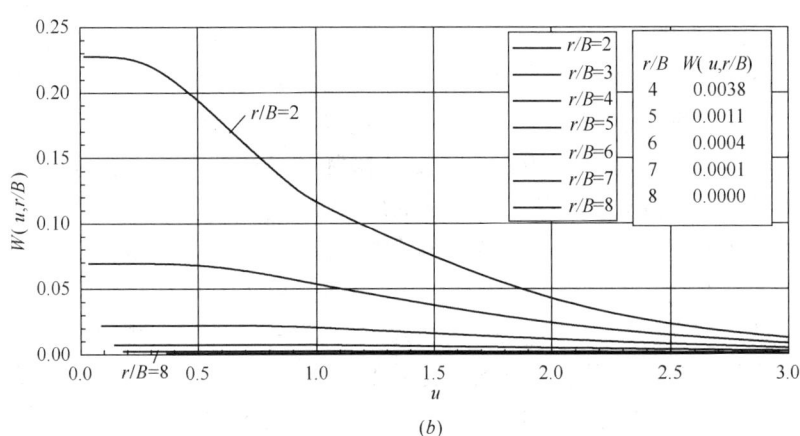

(b)

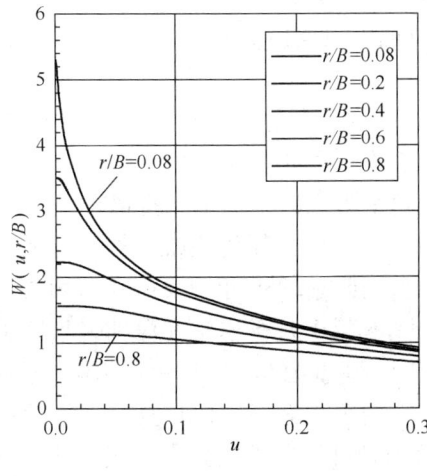
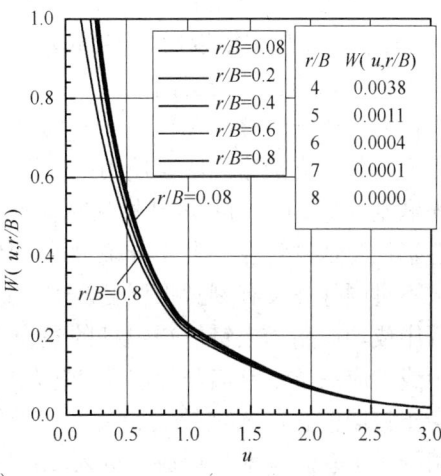

(c)

附图 5　$W(u, r/B)$ Hantush 越流井函数

(a) u-$W(u, r/B)$ 曲线 ($r/B \leqslant 0.05$); (b) u-$W(u, r/B)$ 曲线 ($r/B \geqslant 2$);

(c) u-$W(u, r/B)$ 曲线 ($0.08 \leqslant r/B \leqslant 0.8$)

第 9 章 土钉墙的设计与施工

9.1 土钉墙的起源与发展概况

国外土钉墙技术起源有二：一是 20 世纪 50 年代形成的新奥地利隧道开挖方法（New Austrian Tunnelling Method），简称新奥法（NATM），二是 20 世纪 60 年代初期最早在法国发展起来的加筋土技术。20 世纪 70 年代，德国、法国、美国、西班牙、巴西、匈牙利、日本等国家几乎在同一时期各自独立开始了现代土钉墙技术的研究与应用[1]。国际上有详细记载的第一个土钉墙工程是 1972 年法国在凡尔塞附近的一处铁路路堑的边坡支护工程，德国 1979 年在斯图加特建造了第一个永久性土钉墙工程，美国有详细记载的一个工程是 1976 年在俄勒冈州波特兰市一所医院扩建工程的基础开挖。1979 年巴黎地基加固国际会议之后，由于各国信息交流，改变了以前各自独立研究状态，使得土钉墙技术得到迅速发展和应用，1990 年在美国召开的挡土结构国际学术会议上，土钉墙作为一个独立的专题与其他支挡形式并列，成为了一个独立的地基加固学科分支。

国内土钉墙技术的起源也有二[2]：一是国外的土钉墙技术，二是在国内地下工程中应用广泛的喷锚技术。有记载的首例工程是 1980 年山西太原煤矿设计院王步云将土钉墙用于山西柳湾煤矿的边坡支护。20 世纪 90 年代以后国内深基坑工程大规模兴起，有学者尝试着将土钉墙技术用于基坑，目前了解到的首例工程为 1991 年胡建林等人完成的金安大厦基坑，位于深圳市罗湖区文锦南路，周长约 100m，开挖深度 6～7m。半年后（1992 年）开挖深度达 12.5m 的深圳发展银行大厦基坑采用土钉墙获得成功[3]，引起了岩土工程界的极大兴趣与广泛重视。之后土钉墙技术异军突起，得到了广泛而迅猛的应用与研究。20 世纪 90 年代中期以后，多部国家、行业及地方规范标准的相继出台，使土钉墙技术得到了进一步的普及与提高。

人们在应用土钉墙的过程中逐渐意识到，土钉墙由于自身固有的缺陷在某些场合不适用，需要与其他支护构件联合使用，这样复合土钉墙技术便应运而生。法国 1985 年在蒙彼利埃歌剧院深 21m 的基坑开挖临时支护中采用角钢击入钉上部加一排锚杆，德国 1983 年建造慕尼黑地铁时在一处 18m 深的临时性土钉墙支护中采用注浆帷幕处理地下水取得成功，不过国外并没有刻意强调复合支护这一概念。国内 1989 年程良奎在深圳卷烟厂边坡工程中成功应用了土钉墙与锚杆的联合支护，1996 年 1 月杨志银在深圳兴华广场基坑工程中成功应用了土钉墙与深层搅拌桩的联合支护。20 世纪 90 年代中后期国内逐步建立了复合土钉墙概念，这是较大的突破，不仅有实际的工程意义，而且复合支护理论也促成、指导了更多新技术的形成。进入 21 世纪之后因种种原因，国内多个城市陆续对土钉墙的应用进行了限制，这种情况下突出复合土钉墙的概念更是极具现实意义。

土钉墙技术在我国已成为基坑支护主要技术之一。尽管起步较晚，但设计施工水平已经在世界上处于领先地位，部分理论研究成果也属于先进行列，其中有一些独特的成就，如：突出了复合土钉墙技术，可适用于绝大多数复杂的地质条件及周边环境，甚至在流塑状淤泥等极软弱土层中也有很多成功的案例；发明或改进了许多施工设备、施工技术、施工方法，如洛阳铲成孔、人工滑锤打入、潜孔锤打入等，大幅度降低了工程造价，使土钉墙技术得以迅速普及；应用的工程规模、工程量很大，喷射混凝土 1 万 m^2、土钉总长度 10 万 m 以上的工程已屡见不鲜。2002 年完成的深圳市长城盛世家园二期，基坑开挖 21.7m，最大垂直开挖深度 19m，采用锚索复合土钉墙获得成功，标志着土钉墙技术已经达到了很高水平[4]。

不足之处在于：国内的研究工作以小型的现场测试为主，室内试验、数值模拟、理论分析等工作做得不多，整体理论水平不高，缺乏有国际影响力的理论研究，缺少大规模、足尺寸的试验研究、全面的准确的现场测试，也缺乏具有广泛应用价值的数值模拟分析；工程中存在着不管适合不适合就盲目应用的现象。此外，由于土钉数量众多，难以监控，施工质量难以保证，毋庸讳言，这是近些年来土钉墙工程事故屡见不鲜的主要原因。

经过数十年的工程实践，土钉墙在房屋建筑、市政、交通、港口、水利水电、电力、机场、矿山、人防、煤炭、国防等多个工程领域得到普遍应用[5]，本书主要介绍土钉墙技术在基坑工程中的应用。

9.2 土钉墙的类型、特点及适用条件

9.2.1 土钉墙的概念

土钉墙是近 30 多年发展起来的用于土体开挖时保持基坑侧壁或边坡稳定的一种挡土结构[6]，主要由密布于原位土体中的细长杆件——土钉、粘附于土体表面的钢筋混凝土面层及土钉之间的被加固土体组成，是具有自稳能力的原位挡土墙，可抵抗水土压力及地面附加荷载等作用力，从而保持开挖面稳定。这是土钉墙的基本形式。复合土钉墙是近 10 多年来在土钉墙基础上发展起来的新型支护结构，土钉墙与各种隔水帷幕、微型桩及预应力锚杆等构件结合起来，根据工程具体条件选择与其中一种或多种组合，形成了复合土钉墙。本书中"土钉墙"一词一般指基本型，在不会产生歧义的情况下有时也泛指复合型。

9.2.2 土钉墙的基本结构

除了被加固的原位土体外，土钉墙由土钉、面层及必要的防排水系统组成，其结构参数与土体特性、地下水状况、支护面角度、周边环境（建（构）筑物、市政管线等）、使用年限、使用要求等因素相关。

1. 土钉类型

土钉即置放于原位土体中的细长杆件，是土钉墙支护结构中的主要受力构件。常用的土钉有以下几种类型：

（1）钻孔注浆型：先用钻机等机械设备在土体中钻孔，成孔后置入杆体（一般采用 HRB335 带肋钢筋制作），然后沿全长注水泥浆。钻孔注浆钉几乎适用于各种土层，抗拔力较高，质量较可靠，造价较低，是最常用的土钉类型。

（2）直接打入型：在土体中直接打入钢管、角钢等型钢、钢筋、毛竹、圆木等，不再注浆。由于打入式土钉直径小，与土体间的粘结摩阻强度低，承载力低，钉长又受限制，所以布置较密，可用人力或振动冲击钻、液压锤等机具打入。直接打入土钉的优点是不需

预先钻孔，对原位土的扰动较小，施工速度快，但在坚硬黏性土中很难打入，不适用于服务年限大于 2 年的永久支护工程，杆体采用金属材料时造价稍高，国内应用很少。

(3) 打入注浆型：在钢管中部及尾部设置注浆孔成为钢花管，直接打入土中后压灌水泥浆形成土钉。钢花管注浆土钉具有直接打入钉的优点且抗拔力较高，特别适合于成孔困难的淤泥、淤泥质土等软弱土层、各种填土及砂土，应用较为广泛，缺点是造价比钻孔注浆土钉略高，防腐性能较差不适用于永久性工程。

2. 面层及连接件

(1) 面层：土钉墙的面层不是主要受力构件。面层通常采用钢筋混凝土结构，混凝土一般采用喷射工艺而成，也采用现浇，或用水泥砂浆代替混凝土。

(2) 连接件：连接件是面层的一部分，不仅要把面层与土钉可靠地连接在一起，也要使土钉之间相互连接。面层与土钉的连接方式大体有钉头筋连接及垫板连接两类，土钉之间的连接一般采用加强筋。

3. 防排水系统

地下水对土钉墙的施工及长期工作性能有着重要影响，土钉墙要设置防排水系统。

9.2.3 土钉墙的特点

与其他支护类型相比，土钉墙具有以下一些特点或优点：

(1) 能合理利用土体的自稳能力，将土体作为支护结构不可分割的部分，结构合理；

(2) 结构轻型，柔性大，有良好的抗震性和延性，破坏前有变形发展过程。1989 年美国加州 7.1 级地震中，震区内有 8 个土钉墙结构估计遭到约 0.4g 水平地震加速度作用，均未出现任何损害迹象，其中 3 个位于震中 33km 范围内。2008 年 5 月 12 日四川汶川 8.0 级大地震中，据目前调查发现，路堑或路堤采用土钉或锚杆结构支护的道路尚保持通车能力，土钉或锚杆支护结构基本没有破坏或轻微破坏，其抗震性能远远高于其他支护结构[7]；

(3) 密封性好，完全将土坡表面覆盖，没有裸露土方，阻止或限制了地下水从边坡表面渗出，防止了水土流失及雨水、地下水对边坡的冲刷侵蚀；

(4) 土钉数量众多靠群体作用，即便个别土钉有质量问题或失效对整体影响不大。有研究表明[8]：当某条土钉失效时，其周边土钉中，上排及同排的土钉分担了较大的荷载；

(5) 施工所需场地小，移动灵活，支护结构基本不单独占用空间，能贴近已有建筑物开挖，这是桩、墙等支护形式难以做到的，故在施工场地狭小、建筑距离近、大型护坡施工设备没有足够工作面等情况下，显示出独特的优越性；

(6) 施工速度快。土钉墙随土方开挖施工，分层分段进行，与土方开挖基本能同步，不需养护或单独占用施工工期，故多数情况下施工速度较其他支护结构快；

(7) 施工设备及工艺简单，不需要复杂的技术和大型机具，施工对周围环境干扰小；

(8) 由于孔径小，与桩等施工方法相比，穿透卵石、漂石及填石层的能力更强一些；且施工方便灵活，开挖面形状不规则、坡面倾斜等情况下施工不受影响；

(9) 边开挖边支护便于信息化施工，能够根据现场监测数据及开挖暴露的地质条件及时调整土钉参数，一旦发现异常或实际地质条件与原勘察报告不符时能及时相应调整设计参数，避免出现大的事故，从而提高了工程的安全可靠性；

(10) 材料用量及工程量较少，工程造价较低。据国内外资料分析，土钉墙工程造价比其他类型支挡结构一般低 1/3～1/5。

9.2.4 复合土钉墙的类型及特点

1. 复合土钉墙的类型

复合土钉墙早期称为"联合支护",如土钉与预应力锚杆联合支护、土钉与深层搅拌桩联合支护等,后来国内又陆续出现了"隔水型土钉墙"、"结合型土钉墙"、"加强型土钉墙"、"新型土钉墙"、"超前支护喷锚网"等称呼,近几年来逐渐统称为"复合土钉墙"或"复合土钉"。

与土钉墙复合的构件主要有预应力锚杆、隔水帷幕及微型桩 3 类,或单独或组合与土钉墙复合,形成了 7 种形式,如图 9-1 所示。

(1) 土钉墙+预应力锚杆

土坡较高或对边坡的水平位移要求较严格时经常采用这种形式。土坡较高时预应力锚杆可增加边坡的稳定性,此时锚杆在竖向上分布较为均匀;如需限制坡顶的位移,可将锚杆布置在边坡的上部。因锚杆造价较土钉高很多,为降低成本,锚杆可不整排布置,而是与土钉间隔布置,效果较好,如图 9-1 (a) 所示。这种复合形式在边坡支护工程中应用较为广泛。

(2) 土钉墙+隔水帷幕

降水容易引起基坑周围建筑、道路的沉降,造成环境破坏,引起纠纷,所以在地下水丰富的地层中开挖基坑时,目前普遍倾向于采用帷幕隔水,隔水后在坑内集中降水或明排降水。土钉墙与隔水帷幕的复合形式如图 9-1 (b) 所示。学者们早期只是把隔水帷幕作为施工措施,以解决软土、新近填土或含水量大的砂土开挖面临时自稳问题,认为隔水帷幕具有隔水、预加固开挖面及开挖导向(沿着帷幕向下开挖容易形成规整的竖向平面)作用,后来逐渐发现,隔水帷幕对提高基坑侧壁的稳定性、减少基坑变形、防止坑底隆起及渗流破坏等问题上也大有帮助。隔水帷幕可采用深层搅拌法、高压喷射注浆法及压力注浆等方法形成,其中搅拌桩隔水帷幕效果好,造价便宜,通常情况下优先采用。在填石层、卵石层等搅拌桩难以施工的地层常使用旋喷桩或摆喷桩替代,压力注浆可控性较差、效果难以保证,一般不作为隔水帷幕单独采用。这种复合形式在南方地区较为常见,多用于土质较差、基坑开挖不深时。

(3) 土钉墙+微型桩

有时将第 2 种复合支护形式中两两相互搭接连续成墙的隔水帷幕替换为断续的、不起挡水作用的微型桩,如图 9-1 (c) 所示。这么做的原因主要有:地层中没有砂层等强透水层或地下水位较低,隔水帷幕效用不大;土体较软弱,如填土、软塑状黏性土等,需要竖向构件增强整体性、复合体强度及开挖面临时自立性能,但搅拌桩等水泥土桩施工困难、强度不足或对周边建筑物扰动较大等原因不宜采用;超前支护减少基坑变形。这种复合形式在地质条件较差时及北方地区较为常用。

(4) 土钉墙+隔水帷幕+预应力锚杆

第 2 种复合支护形式中,有时需要采用预应力锚杆以提高搅拌桩复合土钉墙的稳定性及限制其位移,从而形成了这种复合形式,如图 9-1 (d) 所示。这种复合形式在地下水丰富地区满足了大多数工程的实际需求,应用最为广泛。

(5) 土钉墙+微型桩+预应力锚杆

第 3 种复合支护形式中，有时需要采用预应力锚杆以提高支护体系的稳定性及限制其位移，从而形成了这种复合形式，如图 9-1（e）所示。这种支护形式变形小、稳定性好，在不需要隔水帷幕的地区能够满足大多数工程的实际需求，应用较为广泛，在北方地区应用较多。

（6）土钉墙＋搅拌桩＋微型桩

搅拌桩抗弯及抗剪强度较低，在淤泥类软土中强度更低，在软土较深厚时往往不能满足抗隆起要求，或者不能满足局部抗剪要求，于是在第 2 种支护形式中加入微型桩构成了这种形式，如图 9-1（f）所示。这种形式在软土地区应用较多，在土质较好时一般不会采用。

（7）土钉墙＋隔水帷幕＋微型桩＋预应力锚杆

这种支护形式如图 9-1（g）所示，构件较多，工序较复杂，工期较长，支护效果较好，多用于深大及条件复杂的基坑支护。

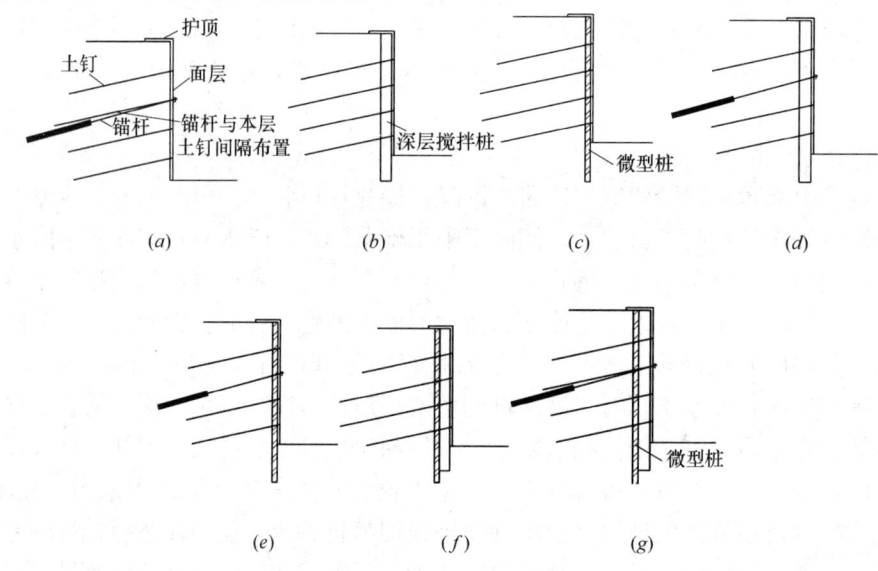

图 9-1　7 种复合土钉墙形式

2. 复合土钉墙特点

复合土钉墙施工方便灵活，可与多种支护技术并用，具有基本型土钉墙的全部优点，又克服了其大多缺陷，大大拓宽了土钉墙的应用范围，得到了广泛的工程应用。目前通常在基坑开挖不深、地质条件及周边环境较为简单的情况下使用基本型土钉墙，更多时候采用的是复合土钉墙。其主要特点有：①与基本土钉墙相比，对土层的适用性更广、更强，几乎可适用于各种土层，如杂填土、新近填土、砂砾层、软土等；整体稳定性、抗隆起及抗渗流等各种稳定性大大提高，基坑风险相应降低；增加了支护深度；能够有效地控制基坑的水平位移等变形。②与桩锚、桩撑等传统支护手段相比，保持了土钉墙造价低、工期快、施工方便、机械设备简单等优点。

3. 复合土钉墙分类的几点探讨

（1）超前注浆加固

为防止开挖面在土钉施工前发生剥落或坍塌，有时采取注浆等手段进行超前加固，有些学者将之也视为复合土钉墙的一种。笔者认为,注浆对稳定的有利影响很难定量,一般设计上不予计算,只作为安全储备,故将之归类于施工措施更为妥当一些。

(2) 土钉墙与排桩组合支护

近些年来,为了在基坑安全性与工程造价之间取得较好的平衡,一些开挖较深的基坑采用了土钉墙与排桩组合支护的形式,按布置形式大体可分为3类:①上部分土钉墙或复合土钉墙,下部分排桩(桩锚或桩撑);②土钉墙单元与排桩(桩锚或桩撑)单元左右间隔布置;③土钉与锚杆混合在一起的桩锚支护。第1、3种支护形式见本书其他章节,第2种见本节后面所述。笔者不太赞同将这3类支护形式归为复合土钉墙,因为复合土钉墙强调的仍是土钉墙技术,即以土钉为主要受力体,而这3种混合支护形式中,排桩均起了重要的作用,与土钉同等重要甚至更为重要,尽管排桩与土钉墙之间有着相互作用的机制,但其工作机理、设计理论等已与土钉墙相差甚远,视为"组合结构"似更为妥当。

(3) 微型桩复合支护

微型桩严格意义上指直径不大于250mm的小直径钢筋混凝土灌注桩,也称作树根桩、小桩等。复合土钉墙中所谓的微型桩是一种广义上的概念,泛指这些构件或作法:直径不大于400mm的混凝土灌注桩,受力筋可为钢筋笼或型钢、钢管等;角钢、工字钢、H型钢、方钢等各种型钢;钢管;注浆钢花管;竖向锚杆;木桩;预制钢筋混凝土桩;在隔水帷幕中插入型钢或钢管等劲性材料(例如SMW工法),等等。预制管桩由于造价低、施工快等优点,近年来在复合土钉墙中得到了越来越多的应用,尽管其直径较大,一般300~550mm,但因抗剪强度较低,如果在复合土钉墙中作为竖向增强构件起辅助作用,也可将之归类于广义微型桩的一种。

微型桩的刚度及强度对复合作用的影响很大。刚度及强度越大,复合支护体越具有桩锚支护的破坏形态及力学特征,可用上述组合支护的原理进行分析计算;刚度和强度越小,则越接近土钉墙,可参照土钉墙的设计原理。然而,什么情况下可视为桩锚结构或桩锚混合结构,什么情况下可视为土钉墙,以及都有哪些因素起重要作用,目前尚不清楚。从目前的工程实践来看,采用刚度及强度较大的微型桩(如直径大于250mm的钢筋混凝土桩、型号大于12的工字钢及插入12号及以上H型钢的SMW工法等)时,协调作用的效果较差,如果采用本章中所介绍的复合土钉墙设计理论,其抗剪强度要大打折扣,否则会偏于不安全。此时也可考虑采用桩锚设计理论进一步复核,或采用有限元等数值分析方法辅助计算。

9.2.5 土钉与锚杆的比较

对预应力锚杆(索)的介绍详见本书第17章。本章中将预应力锚杆(索)简称为锚杆,由锚头、自由段及锚固段组成。土钉也称为全长粘结型锚杆,全长与土体粘结,不分自由段与锚固段,与预应力锚杆之间有着很大的区别[9]:

(1) 拉力分布:锚杆自由段不与土体接触,剪力 τ 为零,拉力 σ 在自由段内保持不变;锚固段与周边土体粘结相互作用产生剪应力来平衡拉力,拉力在锚固段内是变化的,从与自由段交界处向尾端单调递减,如图9-2(a)所示。土钉全长与土体相互作用产生方向相反的剪应力 τ[10],拉力 σ 沿全长中间大、两头小,如图9-2(b)所示;

(2) 对土体的约束机制:锚杆安装后,通常施加预应力,主动约束挡土结构的变形;而土钉一般不施加预应力,需借助土体产生小量变形使土钉被动受力,是一种被动受力

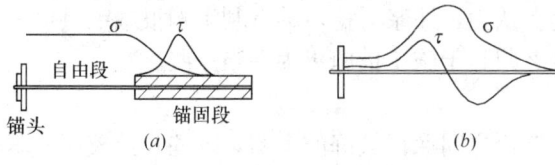

图 9-2 预应力锚杆与土钉的内力分布
(a) 预应力锚杆；(b) 土钉

构件；

(3) 密度及施工质量要求：锚杆密度小，一般每 $6\sim 9m^2$ 设置一根，每根都是重要的受力部件；而土钉密度大，靠土钉的相互作用形成复合整体作用，个别土钉发生破坏或不起作用，对整体支护结构影响不大，在施工质量和精度上不需锚杆那么严格；

(4) 设计承载力与锚头结构：锚杆的设计承载力较大，一般大于 200kN，为防止与锚头接触处的挡土结构物产生冲切或局部受压破坏，锚头构造较为复杂；而土钉设计承载力较小，一般不大于 120kN，最大压力传递不到锚头，锚头受力较小，结构简单；

(5) 施工规模：锚杆长度一般不小于 15m；直径一般不小于 130mm，施工机械设备较大较重；而土钉的长度一般较短，直径较小，施工机械较轻方便；

(6) 挡土墙工作机理：锚杆挡土墙将库仑破裂面前的主动区土体作为荷载，通过锚杆传递到破裂面后稳定区土内；土钉墙的作用机理大体可视为：通过加筋等作用将最危险滑移面内的主动区的土体改良为具有一定稳定性的复合土体，同时将复合土体作为荷载，通过土钉传递到最危险滑移面后的稳定土层以获得安全储备，使土钉长度范围内的复合土体具有足够的自稳能力及抵抗附加荷载能力；

(7) 施工顺序：土钉墙一般要求随土方开挖自上而下分层分段施工，锚杆挡土墙根据不同类型，可能采用自上而下或自下而上两种施工顺序；

(8) 注浆工艺：为获得较高的承载力，锚杆通常在锚固段进行二次高压注浆，注浆压力不小于 2.5MPa；而土钉通常采用常压重力式一次注浆，注浆压力不超过 0.6MPa；

(9) 墙底压力：土钉对面层的反作用力的垂直分量较小，并且能更均匀地分布，故不需像肋板式锚杆挡墙那样在面层立柱下设置基础；

(10) 筋杆长度：土钉长度较锚杆短，减少了基坑外侧空间的需求。

9.2.6 土钉墙与重力式挡土墙的比较

重力式挡土墙通过墙身自重来平衡墙后的土压力以保持墙体稳定。重力式挡墙破坏形式分为墙身强度破坏及稳定性破坏两大类，其中失稳破坏有 4 种形式：①墙体平面滑移；②绕墙趾倾覆；③地基沉降及不均匀沉降；④挡墙连同土体整体失稳。在早期，国内外很多学者将土钉墙视为原位土中的加筋土挡墙，其作用机理类似于重力式挡墙，认为土体在加筋及注浆等作用下得到加固，与土钉共同形成复合结构，即"复合土体挡土墙"，利用其整体性来承受墙后的土压力以维持边坡的稳定，故也存在着这些失稳破坏形式，如图 9-3 所示，认为挡土墙设计时需对这些不同的破坏形式分别进行稳定性分析，称之为外部稳定性分析，同时为了区别，将破裂面部分或全部穿过了土钉墙内部时的整体稳定性称之为内部稳定性。

但土钉墙毕竟不是重力式挡墙，越来越多的学者怀疑按照重力式挡土墙理论去分析土钉墙尚缺乏足够的证据。目前业界普遍认为重力式挡土墙与土钉墙之间存在着较大的差别：

(1) 重力式挡土墙及加筋土挡土墙均是先构筑挡墙后填土，而土钉墙先有土后开挖，

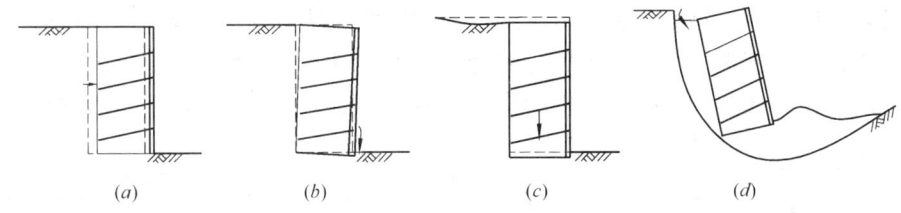

图 9-3　学者们早期认为土钉墙可能存在的外部破坏形式
(a) 滑移；(b) 倾覆；(c) 沉降；(d) 整体失稳

施工顺序不同导致了土压力的分布及结构内力分布均不同，能否采用相同的受力模型需要更深入的理论研究及工程实践。

（2）重力式挡土墙一般被视为刚性体，在外力作用下不发生变形或变形微小可以忽略，这才可能出现整体性的滑移、转动、沉降等破坏形式。而土钉墙是柔性复合结构，达不到重力式挡墙那样的整体刚度及强度。

（3）重力式挡土墙墙趾压力较大是沉降乃至倾覆的重要原因之一。导致压力较大的原因主要有二：一是挡土墙材料一般为浆砌毛石或钢筋混凝土，密度比土大 25%～50%；二是墙后土压力产生的倾覆力矩导致基底压力偏心，加大了墙趾压力。而土钉墙不同。土钉墙几乎没有增加土的密度（增加幅度一般 1%～3%）；土钉墙底较宽，基底的偏心距很小，即便因偏心力矩导致墙趾压力增加，其增加量也很小，故土钉墙墙趾压力较天然状态并不会显著增加，一些工程实测数据对此给予了证实。

土钉密度越大，土体的复合模量也越大，土钉墙受力后的变形也就越带有重力式挡土墙平移、转动及墙底应力增加等特征，但是，尚未有研究成果表明土钉的密度达到何种程度后土钉墙才可能产生滑移、倾覆及沉降破坏，实际工程中土钉也远远没有密集到能够成"墙"。国内外近年来的工程实践及研究试验成果证实这些破坏形式发生的机率极低，仍缺乏此类破坏的工程实例。这类破坏也许根本就不会发生，因为在发生这类破坏之前，土钉墙应该已产生了内部失稳破坏，参见 9.4 节的算例。为概念清晰，不宜将滑移、倾覆及沉降等破坏模式笼统地称为外部稳定破坏，外部稳定破坏应仅指图 9-3(d) 所示的破坏模式。

总之，从结构构造、作用机理、破坏模式等各方面，土钉墙与重力式挡土墙均存在着本质的差异，这是两种不同类型的挡土结构，不能采用重力式挡土墙的设计理论进行土钉墙的设计计算。作为一种作用原理、工作机制尚不十分清晰的较为新型的支挡结构，将土钉墙视为"类重力式挡土墙"进行抗滑移、抗倾覆及墙底压力验算有利于工程的安全，但若以此作为设计原则却是危险的。土钉墙存在着外部整体失稳破坏模式，但不仅是土钉墙，其他支护方法也存在着同样的破坏模式，这已经是与支护方法无关的土体边坡整体稳定问题了。

9.2.7　土钉墙与疏排桩-土钉墙复合支护技术的比较

疏排桩-土钉墙复合支护技术是在排桩与土钉墙的基础上发展起来的一种较新的组合技术[11]，通常由间距较大的排桩（疏排桩）、桩上的预应力锚杆（或支撑）、桩间的土钉墙（或复合土钉墙）组成，如图 9-4 所示。图 9-4(a)、(b) 所示为主要结构形式，疏排桩每组可为单根或两根桩，桩体一般为灌注桩，桩间距为 2～6 倍桩径，可以在桩身布置几排锚杆，桩间采用土钉墙。其受力机理为：疏排桩（拱脚桩）及锚杆承受桩后土水压力及桩间由土拱作用传递过来的土水压力的合力，土钉墙承受桩间土的部分土压力，将土拱前自由区的土压力传递到土拱及土拱后稳定土体上，同时对土拱及拱后土体进行加固。

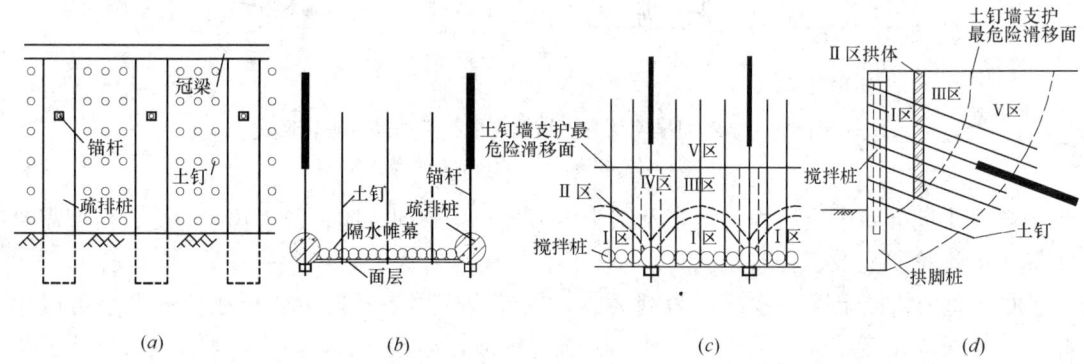

图 9-4 疏排桩-土钉墙支护体系简图
(a) 立面图；(b) 平面图；(c) 受力平面图；(d) 受力剖面图

土拱是用来描述应力转移的一种现象，这种应力转移是通过土体抗剪强度的发挥而实现的。土拱的形成过程为：在荷载或自重的作用下，土体发生压缩和变形，从而产生不均匀位移，致使土颗粒间产生互相"楔紧"的作用，于是在一定范围土层中产生"拱效应"。土拱的形成改变了介质中的应力状态，引起应力重新分布，把作用于拱后或拱上的压力传递到拱脚及周围稳定介质中去。随着基坑内土体的开挖，土体逐步被卸荷并发生主动位移，由于排桩和土钉墙在土压力作用下的受力机理不同，即排桩为被动受荷支护，土钉墙为主动受荷支护，其变形存在差异，会导致土体剪切位移和应力传递的空间成拱形分布，即发生土拱效应。由于土拱效应的存在，导致土压力重新分布，构成了土拱-排桩-土钉墙相互作用的受力支护体系，如图 9-4 (c)、(d) 所示。这一体系最为直接的荷载传递路径为土拱在拱体前后土压力的作用下平衡，在土拱拱脚处由疏排桩提供反力，形成局部桩-拱作用体系，而拱前土压力主要由土钉墙承担，起到拱身范围内的支护作用，即土压力最终是由排桩和土钉墙分担的，而土拱起到了土压力的分配作用。疏排桩-土钉墙复合结构充分地利用了土体抗压能力强的特点，将水平支护与竖向支护相结合，为土拱效应的发挥提供了条件，将桩间土压力转化为拱的内力，传到拱脚桩上以后相互抵消大部分，从而充分挖掘了排桩、土钉等支护构件的承载性能。

与土钉墙相比，疏排桩-土钉墙复合支护体系有以下一些特点：

(1) 由于桩间土拱的作用，改变了主动土压力滑移面的形状。根据滑移面及拱的传力路径可将桩后土体分为 5 个区：自由区（Ⅰ区）、拱区（Ⅱ区）、桩间滑移区（Ⅲ区）、桩后滑移区（Ⅳ区）及稳定区（Ⅴ区），如图 9-4 (c)、(d) 所示；

(2) 桩间距是影响桩间土拱效应的重要因素之一，桩间距越小，土拱效应就越明显，也就意味着有更多的荷载从土体传递到桩上；

(3) 土体抗剪强度越高，土拱效应越明显，而软弱土层的土拱效应较弱，效果不好；

(4) 靠近坑底时，土拱效应减弱，支护结构中土钉受力特征与土钉墙中土钉受力特征基本相同，即内力沿土钉全长表现为中间大，两端小；而基坑上半部分土拱效应明显，土钉内力在距面层一定范围内（主要为主动区内）变化不大；

(5) 工序上先施工灌注桩，再施工土钉墙，通过灌注桩的超前支护作用，在早期开挖过程中控制土体变形并提高基坑的稳定性，这与搅拌桩（微型桩）复合土钉墙作用机理类似。土钉墙的位移主要发生在每层土方开挖后至该层土钉施工完成前这段时间，有桩超前支护可大大减少这部分的位移，而且，由于灌注桩有较深的插入深度和较高的刚度，加强了边界约束，削弱了土体内部的塑性变形；

(6) 稳定性分析思路为：视疏排桩为拱脚，两桩之间的土钉墙视为拱的变形体，整体稳定可按桩锚体系计算，内部稳定性按拱的要求和土钉墙模型计算；

(7) 疏排桩-土钉墙复合支护体系将基于被动制约机制的桩板墙式支护体系与基于主动制约机制的土钉墙支护体系有机地结合起来，利用了各自的优点又克服了各自的缺点：利用桩锚支护体系刚性大控制变形好的优点，克服了其造价高的缺点；利用土钉墙体系造价低的优点，克服了其柔性支护控制位移能力较弱及支护深度不足的缺点，在经济性与适用性中取得了较好的平衡。

9.2.8 土钉墙及复合土钉墙的适用条件

1. 土钉墙的适用条件

土钉墙适用于地下水位以上或经人工降水后的人工填土、黏性土和弱胶结砂土的基坑支护或边坡加固。不适合以下土层：(1) 含水丰富的粉细砂、中细砂及含水丰富且较为松散的中粗砂、砾砂及卵石层等；(2) 丰富的地下水易造成开挖面不稳定且与喷射混凝土面层粘结不牢固；缺少黏聚力的、过于干燥的砂层及相对密度较小的均匀度较好的砂层。这些砂层中易产生开挖面不稳定现象；(3) 淤泥质土、淤泥等软弱土层。这类土层的开挖面通常没有足够的自稳时间，易于流鼓破坏；(4) 膨胀土。水分渗入后会造成土钉的荷载加大，易产生超载破坏；(5) 强度过低的土，如新近填土等。新近填土往往无法为土钉提供足够的锚固力，且自重固结等原因增加了土钉的荷载，易使土钉墙结构产生破坏。

除了地质条件外，土钉墙不适于以下条件：(1) 对变形要求较为严格的基坑。土钉墙属于轻型支护结构，土钉、面层的刚度较小，支护体系变形较大。土钉墙不适合用于一级基坑支护；(2) 较深的基坑。通常认为，土钉墙适用于深度不大于 12m 的基坑支护；(3) 建筑物地基为灵敏度较高的土层。土钉易引起水土流失，在施工过程中对土层有扰动，易引起地基沉降；(4) 对用地红线有严格要求的场地。土钉沿基坑四周几乎近水平布设，需占用基坑外的地下空间，一般都会超出红线。如果不允许超红线使用或红线外有地下室等结构物，土钉无法施工或长度太短很难满足安全要求。随着《中华人民共和国物权法》的实施，人们对地下空间的维权意识越来越强，这将影响土钉墙的使用。

2. 复合土钉墙的不适用范围

复合土钉墙需谨慎用于以下条件：①淤泥质土、淤泥等软弱土层太过深厚时；②超过 20m 的基坑；③土钉墙上述第 (3)、(4) 款限制条件；④对变形要求非常严格的基坑。

9.2.9 关于土钉墙这一术语的说明与探讨

1. 对土钉墙术语的探讨

土钉墙（Soil Nail Wall）支护有时也称为土钉（Soil Nail）支护，在国内各行业之间、同行业之内尚没有明确的统一的名称。土钉的历史名称有锚杆、锚管、土锚、锚筋、锚钉、插筋、加筋等，土钉墙支护的名称有土钉支护、锚钉支护、喷锚支护、锚喷支护、喷锚网支护、锚喷网支护、锚杆喷射混凝土支护、土钉喷锚网支护、锚钉墙支护、插筋补强护坡技术、原位土加筋等，大体可分为"土钉"及"喷锚"两类。名称的混乱主要是由于土钉墙的发展历史造成的，不同的国家、不同的学派、不同的行业几乎同时独立开始研究土钉墙技术并加以发展，技术的起源、研究方法、研究重点、应用领域等各不相同，对技术的理解也各不相同，所以产生了不同的名称。

名称的不同尤其表明了对土钉墙工作原理认识的不一致。不妨简单地把"土钉"一类的名称理解为国外名词的翻译，而"喷锚"一类的名称理解为国内学者的创造性应用。很多学者认为虽然名称不同，但含义基本相同，但也有不少学者认为不同的名称实际上代表了不同的技术。主要分歧有：

(1) 土钉墙支护技术是不是土钉支护技术

分歧的关键在于如何理解"土钉墙"。主张土钉支护不同于土钉墙支护观点的把本章中阐述的土钉墙支护称为土钉支护，而认为"土钉墙"则是土钉形成的"墙"：在外部形态上，"土钉墙"支护中的土钉具有等长、短而密的结构特征，结构的不同导致了作用机理的不同，"土钉墙"的作用机理类似于重力式挡土墙，即土钉与被加固土体形成了复合挡土墙，墙后面的土体产生主动土压力并作用在墙上，墙依靠自身的重力平衡主动土压力，防止产生平移、倾覆等外部稳定破坏，其内部稳定靠土钉维持。这种观点认为"土钉支护"的主要特征为土钉长度不一、长度相对较长、密度相对较小，作用机理类似于锚杆挡土墙。

在土钉墙研究使用初期、对其工作机理一片空白的情况下，对土钉墙的这种认识较为广泛，但随着对土钉墙技术的深入研究实践，学术界已经普遍认识到重力式挡土墙理论不适合土钉墙，如本节前面所述。土钉墙技术从诞生起，在土钉的空间布置上就存在着两种倾向：一种布置土钉长度较短而密度较大，另一种较长而疏。在国内，短而密的道路没走多远，就很快向长而疏的方向转移了。因为学者们在工程实践中发现，在土钉总工作量相同、即土钉总长度不变的情况下，采用长而疏空间布置的土钉墙安全性更好，详见9.4节算例，且因土钉数量相对较少，施工更为方便、快捷。国外采用等长土钉更多是机械化作业原因，土钉等长利于施工，很难归结为是技术原因而刻意这么做的。正如重力式挡土墙通常为上窄下宽的变截面墙一样，土钉墙也无需上下等宽（即上下排土钉等长）。等长土钉的安全经济性价比一般不好，国内目前较少采用，这与国外目前的作法存在着一定的差别。故上述这种认为因单元土钉的长度及密度不同而导致了作用机理不同的观点有失偏颇。

(2) 土钉墙技术是不是喷锚技术

视为同种技术的观点认为：锚杆喷射混凝土技术已使用了半个多世纪，广泛地应用于各种地下洞室、边坡及堤坝等岩土工程，基坑工程不过是喷锚技术的又一个应用领域而已；认为不是同一种技术的观点认为：应用于基坑工程中的土钉墙技术是独立发展起来的，支护结构的工作原理与以新奥法为代表的喷锚技术存在着很大的差别，故不能归类于同一种技术。

实际上，锚杆喷射混凝土技术有两个层次上的意义：一个是施工工艺层次的，另一个为支护理论层次的。就施工工艺而言，土钉墙工程所采用的网喷混凝土工艺是喷射混凝土工艺中的一种，采用的土钉工艺是锚杆工艺的一种，可以认为土钉墙技术是喷锚技术中的一种并无不妥；就支护理论而言，土钉墙支护理论与用于围岩稳定的喷锚支护理论确实存在着一定差别。喷锚支护技术最早在地下围岩工程中应用，工作机理大体为：以维持围岩稳定为目的，围岩是承载的主体，要充分发挥其自承自稳作用；支护既是稳定及加固围岩的手段，也承受围岩荷载；支护结构与围岩形成一体共同作用。围岩支护中喷射混凝土主要承受压力，这与土钉墙混凝土面层的受力状况截然不同，主要是因为被加固的介质及使用环境不同，前者为岩，后者为土，前者支护面较狭小，空间效应明显，后者支护面宽广，空间效应微弱。正因为如此，围岩喷锚根据围岩的类别，可使用素喷混凝土支护、网喷混凝土支护、素喷锚支护及喷锚网支护等形式，而前3种支护形式不能应用于基坑工程。

2. 对土钉墙这一术语命名的说明

对土钉墙的理解还有其他一些不同观点。故有必要对土钉墙的概念进行明确。作者认为土钉墙应具备"土、钉、墙"三个特征：①土：适用的地质条件为广义上的"土"，包括各种类型的土及全风化、强风化岩石、破碎及极破碎的中风化岩石，不包括较破碎及以上的中风化、微风化岩石；②钉：除非为了与面层连接可能设置短小自由段外，土钉沿全长与周边土体粘结。土钉长度可长可短，根据实际需要确定，长度是否相等并不是土钉墙的特征，布置成短而密或长而疏也不是土钉墙的特征，是否施加了微小的预应力也不是土钉墙的特征；③墙：将面层视为薄"墙"。土钉墙由原位土、钉及墙组成，其他构件、防排水系统等无需必备。用于基坑支护时面层通常为介质连续分布的墙、板。

用于较破碎以上的中风化、微风化岩石支护时，因工作性状、设计分析方法等已有所不同，不宜再称之为"土钉"，叫"岩钉"或锚杆更适合一些。为了区别以便于应用，笔者建议：土钉墙一词指应用于土质或"类土"质边坡及基坑侧壁支护的喷锚技术；当用于围岩稳定、较破碎以上的岩质边坡或基坑侧壁支护时，仍称为喷锚支护。

国内目前称"喷锚"及"喷锚网"等已越来越少，逐渐统一采用"土钉墙支护"或"土钉支护"术语。笔者在本书中采用了"土钉墙"这一术语而没有采用"土钉"，原因为：①土钉是土钉墙中的主要受力构件，但不是必须的唯一构件。将面层视为薄墙，面层尽管是次要受力构件，但不可或缺，且在软土中的作用很大。国内在专业术语命名时习惯上将不可缺少的主要构件均列入其中，如"桩锚"、"桩撑"、"锚杆挡墙"、"加筋土挡墙"等，"土钉墙"一词符合这种习惯，更体现了面层的重要性及与土钉的协调共同作用；②土钉是支护结构中的一个构件，如采用"土钉支护"一词，土钉有时指单一构件，有时又指支护体系，对于非专业人士，容易产生混淆。

以上说明的目的是想尽量让读者对这些术语所表示的实质意义有个较为准确全面的了解，以便更好地区别应用。

9.3 土钉墙的作用机理与工作性能

9.3.1 土钉墙的作用机理

1. 整体作用机理

土体的抗剪强度较低，抗拉强度几乎可以忽略，但土体具有一定的结构强度及整体性，土坡有保持自然稳定的能力，能够以较小的高度即临界高度保持直立，当超过临界高度或者有地面超载等因素作用时，将产生突发性整体失稳破坏。传统的支挡结构均基于被动制约机制,即以支挡结构自身的强度和刚度,承受其后面的侧向土压力,防止土体整体稳定性破坏。而土钉墙通过在土体内设置一定长度和密度的土钉,与土共同工作,形成了以增强边坡稳定能力为主要目的的复合土体,是一种主动制约机制,在这个意义上,也可将土钉加固视为一种土体改良。土钉的抗拉及抗弯剪强度远远高于土体,故复合土体的整体刚度、抗拉及抗剪强度较原状土均大幅度提高。

土钉与土的相互作用,改变了土坡的变形与破坏形态,显著提高了土坡的整体稳定性。试验表明,直立的土钉墙在坡顶的承载能力约比素土边坡提高一倍以上,更为重要的是,土钉墙在受荷载过程中一般不会发生素土边坡那样突发性的塌滑。土钉墙延缓了塑性变形发展阶段,而且明显地呈现出渐进变形与开裂破坏并存且逐步扩展的现象,即把突发性的"脆性"破坏转变为渐进性的"塑性"破坏,直至丧失承受更大荷载的能力,一般也不会发生整体性塌滑破坏。试验表明,荷载 P 作用下土钉墙变形及土钉应力呈 4 个阶段,如图 9-5 所示。

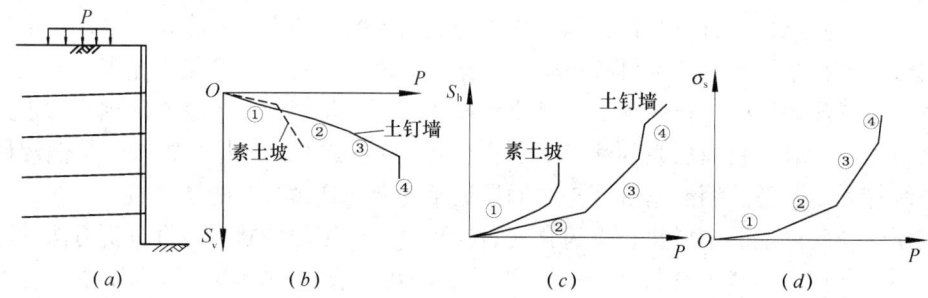

图 9-5 土钉墙试验模型及试验结果
(a) 试验模型;(b) P 与沉降 S_v 关系;(c) P 与水平位移 S_h 关系;
(d) P 与土钉钢筋应力 σ_s 关系
①弹性阶段;②塑性阶段;③开裂变形阶段;④破坏阶段

有限元模拟分析表明:基坑开挖后,在坡顶产生拉应力,在坡脚产生剪应力集中[12];随着开挖深度的增加,坡顶拉应力增大,拉张区逐渐扩大,出现塑性区,沿水平及竖向扩散;坡脚剪应力增大,出现塑性区,塑性区也逐渐向周边扩大;坡脚塑性区向上扩散,最终与坡顶塑性区相互贯通,塑性破坏带贯穿边坡,边坡发生整体坍塌,如图 9-6(a)所示。土体中加入土钉后,由于土钉的应力分担、扩散及传递,土体的拉张区及塑性区滞后出现且范围明显减小,坡脚尽管依旧剪应力集中,但集中区的范围及集中程度明显减小减弱,塑性区范围缩小且发展延缓,如图 9-6(b)所示,贯穿整体边坡的破坏带的发生滞后,且滑移面的半径增大,即意味着边坡的稳定性提高,或者可以使边坡开挖得更深[13]。

2. 土钉的作用

土钉在挡土结构中起主导作用。其在复合土体的作用可概括为以下几点:

(1)箍束骨架作用。该作用是由土钉本身的刚度和强度以及它在土体内的分布空间所决定的。土钉制约着土体的变形,使土钉之间能够形成土拱从而使复合土体获得了较大的承载力,并将复合土体构成一个整体。

(2)承担主要荷载作用。在复合土体内,土钉与土体共同承担外来荷载和土体自重应力。由于土钉有较高的抗拉、抗剪强度以及土体无法比拟的抗弯刚度,所以当土体进入塑

9.3 土钉墙的作用机理与工作性能

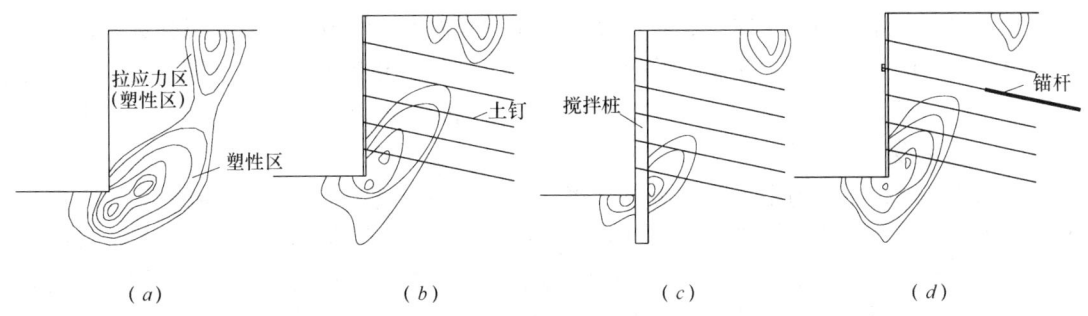

图 9-6 基坑开挖拉张区与塑性区发展示意图
(a) 无支护;(b) 土钉墙支护;(c) 搅拌桩复合支护;(d) 锚杆复合支护

性状态后,应力逐渐向土钉转移,延缓了复合土体塑性区的开展及渐近开裂面的出现。当土体开裂时,土钉分担作用更为突出,这时土钉内出现弯剪、拉剪等复合应力,从而导致土钉体中浆体碎裂,钢筋屈服。

(3) 应力传递与扩散作用。依靠土钉与土的相互作用,土钉将所承受的荷载沿全长向周围土体扩散及向深处土体传递,复合土体内的应力水平及集中程度比素土边坡大大降低,从而推迟了开裂的形成与发展。

(4) 对坡面的约束作用。在坡面上设置的与土钉连成一体的钢筋混凝土面板是发挥土钉有效作用的重要组成部分。坡面鼓胀变形是开挖卸荷、土体侧向变位以及塑性变形和开裂发展的必然结果,限制坡面鼓胀能起到削弱内部塑性变形,加强边界约束作用,这对土体开裂变形阶段尤为重要。土钉使面层与土体紧密接触从而使面层有效地发挥作用。

(5) 加固土体作用。地层常常有裂隙发育,往土钉孔洞中进行压力注浆时,按照注浆原理,浆液顺着裂隙扩渗,形成网络状胶结[14]。当采用一次常压注浆时,宽度 1~2mm 的裂隙,注浆可扩成 5mm 的浆脉,不仅增加了土钉与周围土体的粘结力,而且直接提高了原位土的强度。有资料表明,一次压力注浆最大可影响到土钉周边 4 倍直径范围内的土体。对于打入式土钉,打入过程中土钉位置的原有土体被强制性挤向四周,使土钉周边一定范围内的土层受到挤压,密实度提高,一般认为挤密影响区半径约为土钉半径的 2~4 倍。

3. 面层的作用

(1) 面层的整体作用:①承受作用到面层上的土压力,防止坡面局部坍塌。这在松散的土体中尤为重要,并将压力传递给土钉;②限制土体侧向膨胀变形,如前所述;③通过与土钉的紧密连接及相互作用,增强了土钉的整体性,使全部土钉共同发挥作用,在一定程度上均衡了土钉个体之间的不均匀受力程度;④防止雨水、地表水刷坡及渗透,是土钉墙防水系统的重要组成部分。

(2) 喷射混凝土面层的作用[15]:①支承作用。喷射混凝土与土体密贴和粘结,给土体表面以抗力和剪力,从而使土体处于三向受力的有利状态,防止土体强度下降过多,并利用本身的抗冲切能力阻止局部不稳定土体的坍塌;②"卸载"作用。喷射混凝土面层属于柔性,能有控制地使土坡在不出现过大变形的前提下,进入一定程度的塑性,从而使土压力减少;③护面作用。形成土坡的保护层,防止风化及水土流失;④分配外力。在一定程度上调整土钉之间的内力,使各土钉受力趋于均匀。

(3) 钢筋在面层中的作用。①防止收缩裂缝，或减少裂缝数量及限制裂缝宽度；②提高支护体系的抗震能力；③使面层的应力分布更均匀，改善其变形性能，提高支护体系的整体性；④增强面层的柔性；⑤提高面层的承载力，面层可以承受剪力、拉力和弯矩。

4. 土钉墙受力过程

荷载首先通过土钉与土之间的相互摩擦作用，其次通过面层与土之间的土-结构相互作用，逐步施加及转移到土钉上。土钉墙受力大体可分为四个阶段[16][17]：①土钉安设初期，基本不受拉力或承受较小的力。喷射混凝土面层完成后，对土体的卸载变形有一定的限制作用，可能会承受较小的压力并将之传递给土钉。此阶段土压力主要由土体承担，土体处于线弹性变形阶段。②随着下一层土方的开挖，边坡土体产生向坑内位移趋势，主动土压力一部分通过钉土摩擦作用直接传递给土钉，一部分作用在面层上，使面层在与土钉连接处产生应力集中，对土钉产生拉力。此时土钉受力特征为：沿全长离面层近处较大，越远越小；最下2~3排土钉离开挖底面较近，承担了主要荷载，有阻止土体应力及位移向上排土钉传递的趋势，故位置越高土钉受力增量越小。土钉通过应力传递及扩散等作用，调动周边更大范围内土体共同受力，体现了土钉主动约束机制，土体进入塑性变形状态。③土体继续开挖，各排土钉的受力继续加大，土体塑性变形不断增加，土体发生剪胀，钉土之间局部相对滑动，使剪应力沿土钉向土钉内部传递，受力较大的土钉拉力峰值从靠近面层处向中部（破裂面附近）转移，土钉通过钉土摩擦力分担应力的作用加大，约束作用增强，下排土钉分担了更多的荷载，在深度方向上土钉受力最大点向下转移，土钉拉力在水平及竖直方向上均表现为中间大、两头小的枣核形状（如果土钉总体受力较小，可能不会表现为这种形状）。土体中逐渐出现剪切裂缝，地表开裂，土钉逐渐进入弯剪、拉剪等复合应力状态，其刚度开始发挥功效，通过分担及扩散作用，抑制及延缓了剪切破裂面的扩展，土体进入渐进性开裂破坏阶段。④土体抗剪强度达到极限不再增加，但剪切位移继续增加，土体开裂剩残余强度，土钉承担主要荷载，土钉在弯剪、拉剪等复合应力状态下注浆体碎裂，钢筋屈服，破裂面贯通，土体进入破坏阶段。

9.3.2　土钉墙工作性能的试验研究

国内外已对土钉墙进行了大量的试验研究工作，其中不乏一些大规模的模型试验及实际工程现场测试，获得了许多有价值的数据。国外的试验多在土钉墙的性能研究上，而国内多在复合土钉墙上，且模型较小。现介绍几项典型试验。

1. 德国斯图加特某永久性土钉墙工程

该工程测试了M1、M2及M3三个剖面。M3剖面尺寸为：坡面角度80°，坡高13.3m，坡顶上设有约1:5的斜坡。坡顶以下为0.8m厚回填土，$\varphi=30°$，$\gamma=19kN/m^3$；下部为8.0m厚粉质黏土，$\varphi=27.5°$，$c=4.8~9.6kPa$，$\gamma=20kN/m^3$；底部为黏土岩，$\varphi=23°$，$c>48kPa$，$\gamma=21kN/m^3$。在坡顶处设置第一排土钉，上2排土钉长度6m，钢筋直径25mm，排距1.08m，下11排土钉长度8m，钢筋直径28mm，排距0.98m，水平间距均为1.1m。面层为250mm厚的挂网喷射混凝土，施工时每步挖深约1.0m。离坡顶1m、3m及7m处分别设置20m深测斜仪孔观测变形，大约有5%的土钉逐一加载到200kN进行非破坏性检验，并在这一设计荷载下停留15min观察徐变。

试验及量测结果表明：土钉墙最大位移出现在墙顶，水平位移随深度向下增加而逐渐变小。开挖面以下的土体也发生水平位移，受影响的深度约为开挖深度的20%~60%，具体与底部土体的强度有关。离开墙面愈远，墙体内土体的水平位移愈小，但 M3 剖面在离墙面 7m 远处，最大的水平位移仍有 13mm；土钉墙的变形由剪切变形、弯曲变形以及墙体底部土体变形所引起；最大位移比（墙体最大水平位移与当时挖深的比值）约为 1‰～3.6‰，平均 2.5‰。位移比与当时挖深之间不呈现规律性；土钉受拉，其拉力值沿土钉长度方向分布不均匀，一般呈现中间大、两端小的纺锤形，最大拉力值出现在破裂面附近。在竖向上土钉的受力也呈中部大、顶底部小的形态，潜在破裂面与中下部土钉最大拉力值位置的连线大体重合；土钉拉力随着开挖深度增加而增加，但当挖至一定深度后，几乎不再增加，即超过一定深度后继续向下开挖对上部土钉内力的影响不大；开挖到不同深度时测得的面层变形曲线形状均相似。

2. 法国 CEBTP 的大型试验

在法国 CEBTP（国家建筑与公共工程试验中心）内进行了 Clouterre 研究项目中的三个大型土钉墙试验。土体是每隔 20cm 厚夯实堆积而成的，然后从上到下建造土钉墙。所用砂土的级配均匀，堆积后相当于中密砂，$\varphi=38°$，$c=3\text{kPa}$，标准贯入击数在 1m 处为 8 击，6m 深处为 15 击。1 号墙高 7m，宽 7.5m，用铝管作为土钉的筋体，管径 16～40mm，壁厚 1～2mm，土钉孔径 63mm，管外低压注浆，土钉的水平间距为 1.15m，竖向间距 1.0m，共 7 排，墙体分步修建，每步挖深 1.0m。选用铝管作土钉是为了能同时提供拉力和弯矩。为保证发生预定的土钉抗拉强度破坏，设计使土钉有足够长度并将强度的安全系数降到 1.1，从顶部加水使土体逐步饱和引起破坏。开挖到最后一步（第 7 步）时，第一排土钉断裂。

试验结果表明：随着自上向下开挖深度的增加，土钉墙的水平位移明显增加；开挖结束时，最下排土钉拉力为 0，由于土体徐变，开挖完成三个月后测得的各排土钉拉力值要比开挖刚结束时增加 15%，最下排土钉开始受拉；土钉内最大拉力沿高度呈现上下小、中间大的形态。上排土钉拉力接近或超出按静止土压力算出的数值，而下部土钉拉力远低于按主动土压力算出的数值；土钉墙建造三个月后，进行破坏试验。水从土钉墙顶面加入，逐渐使土体饱和。砂土的黏聚力消失并且自重增加，然后土体沿破裂面滑动，面层下沉 0.27m，顶部水平位移 0.09m，下部水平位移 0.17m，破坏面与地面相交点距面层约 0.35 倍墙高；第 3 排土钉端部拉力随着开挖深度的增加而增加。土钉端部受力较小，与钉内最大拉力的比值在土钉刚置入后约为 1，随着向下开挖，这一比值降低；土钉拉力在土体开挖支护 2～3 步的过程中增加很多，再往后增加较小。一是说明了基坑开挖引起的应力增量主要施加在临近 2～3 开挖步的土钉中，二是说明了土钉的界面摩擦力的充分发挥仅需要较小的相对位移；土钉在使用阶段主要受拉，临近破坏时抗弯刚度才起作用，弯剪作用对于提高支护承载能力的贡献甚少，但对防止快速破坏有好处；最大水平位移与最大竖向位移大体相等；最大位移比与安全系数有关，安全系数越大，最大位移比越小；极限平衡分析方法能够估计土钉支护破坏时的承载能力。

3. 德国 Karlsruhe 大学岩土研究所的大型试验

这是国际上最早进行的大型土钉墙试验，共有 7 个墙体，高 6m 及 7m，边坡具有一定的坡角，打 5 排土钉支护，上 3 排 3m 长，下 2 排 3.5m 长。该试验研究了土钉内力、面层土压、支护变形、破坏机构，以及土钉长度、间距等参数对支护稳定性的影响，所用土体包括松砂、中密砂、粉砂和黏土，采用地表加载造成破坏。

研究结果表明：由地表加载引起的土钉墙面层倾斜与由土自重引起的形状不同。由土自重引起的水平位移呈现为"探头"形状，即坡顶最大，坡底最小，大体自下而小递减；而由地表加载引起的水平位移上下小，中间大，即呈现为"鼓肚"形状；自重产生的土侧压力坡顶、坡底小，中间大，呈现为"鼓肚"形；而地表加载引起的土侧压力上小下大；面层背后实测的土压力合力为按自重作用下三角形分布的库仑土压力计算值的50%，地表荷载增加时，面层下土压力增加也较小，约为库仑值的70%；继续增加荷载做破坏试验时，底部土压力最后突然增大，最下一排土钉拔出；随着荷载的加大，土钉墙下半部分土钉沿全长轴力从枣核形逐渐转变为离面层处大、尾端小，上半部分土钉沿全长受力仍保持枣核形不变，峰值位置也大体保持不变；最大位移比约为0.15%～0.22%；由于实际工程中土钉墙主要受重力作用，所以加大地表荷载造成的破坏不能准确反映出土钉墙支护的实际工作性能；土钉墙受地面交通动载试验的结果表明，土钉墙抗动载性能优良，其稳定性和变形不受振动影响。

4. 中冶建筑研究总院有限公司（原冶金部建筑研究总院）部分研究成果

程良奎、杨志银等人1992年开始，结合工程实践，对土钉墙及复合土钉墙技术做了大量现场测试、室内试验、数值分析及理论研究、机械设备研制、施工工艺试验等工作，取得了不少重要成果，部分成果如下：

竖向的土侧压力并非总是表现为"鼓肚形"分布，有时也呈现上部小、下部大的分布曲线，将之简化为梯形（即土压力的上半部分为三角形，下半部分为矩形）更准确一些。这与传统的库仑土压力三角形分布不同，但总的土压力与之相接近。这种形状在基坑上半部分土质较好、下半部分土质较差时容易出现，且与土钉的设置参数有关。当基坑的下半部分为软土、含水量丰富的砂土及松散填土等不良土质，或裂隙发育的残积土、全风化、强风化土层，如果主要结构面与基坑侧壁的走向、倾向大体一致，或有两组结构面的交线倾向侧壁，下层土体在重力等因素作用下易产生崩塌、剥落等平面或楔形破坏，以及地下水位维持在较高水平时，都可能出现这种形状。当出现这些地质条件时，土钉墙沿竖向的变形也可能呈现鼓肚形，而并非通常的上大下小。变形呈现"踢脚"形、即底部的水平位移最大时，往往是基坑失稳的前兆；有些工程土钉的拉力值及基坑变形在基坑完成后基本稳定，而有些要持续较长时间，即便在较好的土层中。某工程土质为花岗岩残积土，土钉墙完工6个月后内力及变形才趋于稳定。这与土的性质密切相关，主要可能是由于土体的徐变或流变所致，尚不能准确判断。增加的幅度也可能较大，最大值能够达到基坑刚刚完成开挖的2倍。雨水、坡顶荷载等因素均会加大土钉的拉力及基坑变形；土钉内力重分布过程中能够在一定程度上自行调节所受荷载的大小，即刚度、强度大的土钉可分担更多的荷载。这对土钉墙的整体安全性非常重要，假定局部有土钉失效，周边的土钉可分担本该失效土钉承担的荷载，体现了土钉靠群体共同作用的工作性能；通常情况下，最大破裂面与坡顶的距离不固定，主要受土质影响，土质较好且较为单一时，约为0.3～0.35倍开挖深度。

9.3.3 土钉墙的工作性能

通过对国内外土钉墙工程的实际测试资料及大型模拟试验结果的分析，可以将土钉墙的工作性能归纳为以下几点[18][19]：

（1）土钉墙的最大水平位移一般发生于墙体顶部，在深度方向越往下越小，即呈"探头"形,在水平纵向离墙面越远越小。水平位移在开挖面以下的开展深度有时较深,最大可达到开挖深度的 0.3～0.4 倍。变形受土质影响较大,较好土层中最大水平位移比一般 0.1%～0.5%,有时可达 1%,软弱土层中较大,有时高达 2%以上。对于较好土质,这种数量级的位移值通常不会影响工程的适用性和长期稳定性,不构成控制设计的主要因素,但在软土中则要慎重考虑。

土钉的设计参数是控制位移的主要因素,土钉间距、长度、刚度、孔径、倾角注浆量、浆液强度等对位移均有影响;施工方法,如土方开挖的快慢、每步开挖高度、开挖面暴露时间的长短等均对位移有影响;此外,一些外界条件,如地面超载、地下水位变化、振动及挤压等,也会对位移产生影响。开挖完成后位移仍有一定量的增长,增长量与土的性状密切相关,也与土钉的蠕变、内力的重分布等因素相关,软弱土层中随时间增加的幅度相对较大且延续的时间相对较长。

(2) 土钉内的拉力分布是不均匀的,一般呈现沿全长中间大、两端小的枣核形规律,反应了土钉对土的约束。最大拉力一般位于土钉中部,临近破裂面处。实际破裂面位置不唯一确定,主要由土钉墙设计参数决定。土钉刚安装时,一般位于边坡的底部,边坡土体受紧邻基底土的约束,变形和应变很小,沿土钉周边产生的钉-土界面剪力较小,不足以使土钉产生较大拉力,故土钉仅受较小的力甚至不受力,且最大受力点靠近面层。随着土方开挖,土钉的内力逐步增大,但拉力增大到一定程度后增速变缓;最大受力点逐步向尾部转移,土钉位置越往下,最大受力点越靠近面板。这样,在竖向上土钉最大受力也大体呈现在中部大、在顶部及底部小的鼓肚形规律。最大拉力值连线与最危险滑移面并不完全重合,最危险滑移面是土钉、面层与土相互作用的结果。土体产生微小变位即能使土钉受力,大量拉拔试验表明,几毫米至二三十毫米的相对位移往往就能使钉土粘结力达到极限。

(3) 由于测量面层所受荷载的难度很大,而对面层的测量数据质量差难以采信,故人们对面层的受力状况尚不十分清楚。对土钉的监测数据表明在面板附近土钉头受力不大,锚头的荷载总是小于土钉最大荷载,对土钉墙较上部分中承受最重荷载的土钉,锚头的荷载一般也仅约为土钉最大荷载的 0.4～0.5 倍。实际工程中也并未发现在土钉墙整体破坏之前喷射混凝土面板和钉头已产生破坏现象,故设计中一般对面层不作特殊设计,满足构造要求即可。

(4) 面层后土压力分布接近于三角形,由于受基底土的约束,在坡角处土压力减少,不同于传统认为的上小下大的三角形。测量数据表明土压力合力约为库仑土压力的 60%～70%。

(5) 一般认为,破裂面将土体分成了两个相对独立的区域,即靠近面层的"主动区"及破裂面以外的"稳定区",如图 9-7 所示。

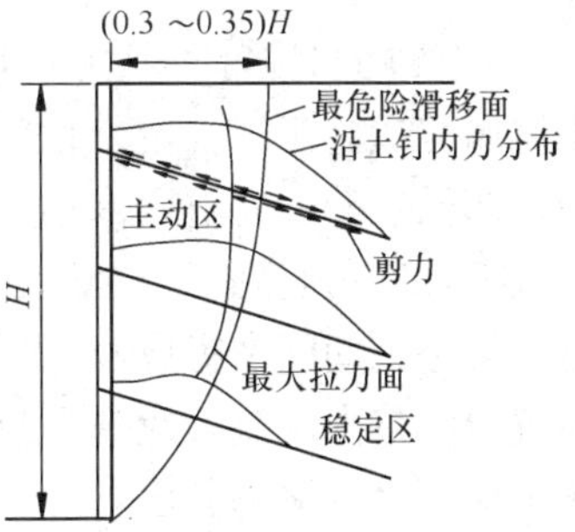

在主动区,土作用在土钉上的剪应力朝向面层并趋于将土钉从土中拔出;在稳定区,剪应力背离面层并趋于阻止将钢筋拔出。土钉将主动区与稳定区连接起来,否则,主动区将产生相对于稳定区向外和向下的运动而引起破坏。为了达到稳定,土钉的材料抗拉强度必须足够大以防

图 9-7 典型的土钉内力分布图

止被拉断，抗拔能力必须足够大以防止被拔出，锚头连接强度必须足够大以防止面层与土钉脱落。

9.3.4 复合土钉墙的作用机理与工作性能探讨

隔水帷幕、微型桩及预应力锚杆等构件的存在，使复合土钉墙与土钉墙有着不同的工作机理，受力工作机理更为复杂多变。构件的性能各异，不同的复合形式工作机理必然不同，不可能用一个统一的模式进行分析研究，这里仅提出一些初步的认识。

从结构组成、受力机理、使用条件及范围等方面出发，复合土钉墙大体可分为三个基本类型，即隔水帷幕类复合土钉墙、预应力锚杆类复合土钉墙及微型桩类复合土钉墙，其他类型的复合土钉墙可视为这三类基本型的组合型。这三种类型中，又分别以深层搅拌桩复合土钉墙、预应力锚索复合土钉墙及钻孔灌注微型桩复合土钉墙为代表。

1. 深层搅拌桩与土钉墙的复合支护

（1）结构特征

与土钉墙相比，搅拌桩复合土钉墙在构造上存在几个特点：①搅拌桩在土体开挖之前就已经设置，而土钉墙构件只能在土体开挖之后设置；②搅拌桩与喷射混凝土面层形成复合面层，较单纯混凝土面层的刚度提高数倍；③搅拌桩通常插入坑底有一定的深度，而土钉墙墙底与坑底基本持平；④搅拌桩通常连续布置，两两相互搭接成墙。

（2）搅拌桩在复合支护体系中的作用[20][21]

①增加复合抗剪强度：与土相比，搅拌桩具有较高的抗剪强度，通常比土体高几倍甚至高出一个数量级，这对复合支护体系的内部整体稳定性具有一定的贡献，在基坑较浅或土质较差时，这种贡献不可小觑。

②超前支护，减少变形：某层土体开挖后至该层土钉墙施工完成前的一段时间内，土体水平位移及沉降均会迅速增大，该突变量在总变形量中占有较大的比例，有研究表明能占到总位移的50%。设置了搅拌桩后，搅拌桩随开挖即刻受力，承担了该层土体释放的部分应力并通过桩身将之向下传递到未开挖土体及向上传递给土钉，约束了土体的变形及减少了变形向上层土钉的传递，从而减少了支护体系的总变形量。

③预加固开挖面及土体开挖导向：软土、新填土及砂土等自立能力较差，开挖面易发生水土流失或流变，搅拌桩连续分布且预先设置，防止了此类破坏，增加了开挖面临时自稳能力，且能够使开挖面保持直立。

④帷幕隔水：不少人顾名思义，想当然认为设置了隔水帷幕后，就应该能完全阻隔住基坑外的地下水向基坑内的渗流及地下水位的下降。实际上做不到。搅拌桩帷幕的防治水作用有三点：

a. 无隔水帷幕时，土钉墙施工前，坑外的地下水在土方开挖时从开挖面流入坑内；土钉墙完成施工后，坑外地下水会从土钉墙与坑底土的交界面、土钉孔及喷射混凝土面层中的薄弱点等处向坑内渗透，主要从坡脚逸出，坑外水位下降较多，浸润线较长，降水漏斗较大，基坑起到了一个巨大的降水井的作用，对周边环境影响较大。有隔水帷幕时，尽管土钉施工期间及完成施工后，地下水仍会沿着土钉孔向坑内渗透，但帷幕阻止了地下水向坑内的自由渗流，改变了流线轨迹，减缓了地下水的渗流速度，减少了渗流量，同时防止了地下水从坡脚逸出，提高了地下水位，从而缩短了浸润线，缩小了降水漏斗半径，缩小、减轻了对周边环境的影响。

b. 坡面涌水量较大时，隔水帷幕限制了出水点的位置，容易封堵或导流，如果没有隔水帷幕则很难治理。

c. 地下水降低了喷射混凝土与面层的粘结强度，边坡表面地下水渗出严重时，喷射混凝土与土体甚至不能粘结。对已经成型的混凝土面层，如果土层的渗透系数大，土体中裂隙是地下水渗透的通道，在水头作用下地下水从混凝土面层下渗出，携带走混凝土面层下细小土颗粒，使混凝土面层下出现空隙。空隙越来越多、越来越大，渗进去的水量也越来越多，携带走的土粒也就越来越多，使混凝土面层与土体逐渐脱开，最终失去防护作用，时间越久这种机率越大。搅拌桩防止了此类破坏的发生。

⑤扩散应力：搅拌桩的刚度较大，限制了钉土之间的相对位移，削弱了土钉之间的土拱效应，承担了部分土压力，使土钉受力减小。与土钉墙通过钉土的摩擦作用传力相比，搅拌桩刚度较大且传力直接，在竖向上能更好地协调上下排土钉的内力分配，能调动更远处的土钉、土钉的更远端及更深处（最深约1倍开挖深度）未开挖的土体参与共同受力，减小了坡顶拉张区及塑性区的范围，扩大了滑移面的半径，如图9-6（c）所示，增加了土体稳定性。

⑥稳固坡脚：土钉墙坡脚是剪应力集中带，常因积水浸泡、修建排水沟或集水井、开挖承台或地梁等原因受到扰动破坏，降低了支护结构的稳定性。搅拌桩减少了应力集中程度及范围，阻止了塑性区在坡脚的内外连贯，防止了这类扰动破坏对支护体系造成不良影响。

⑦抵抗坑底隆起：基坑开挖过程是坑底开挖面卸载的过程，卸荷和应力释放造成坑内土体向上位移。基坑开挖较浅时，坑底只发生弹性隆起，开挖到一定深度后，基坑内外土面高差形成压力差，引起基坑底面以下的支护结构向基坑内变位，挤推支护结构前面的土体，坑底产生向上的塑性隆起，并引起地面沉降，严重时会造成基坑失稳。弹性隆起量在基坑中央最大，而塑性隆起量最大值靠近基坑边。坑底隆起与多种因素有关，如基坑面积、开挖深度、支护结构的入土深度、降水、工程桩、渗压等。支护结构入土深度从三个方面改善了基坑抗隆起稳定性：

a. 支护体有一定的刚度和强度，能够阻挡土体从基坑外流向基坑内，因而减小了隆起量；

b. 在正常固结的土体中，有效应力随深度增加而增加，土的强度相应增加，因而在滑动面上发挥了更高的抵抗力；

c. 支护结构与被动区土体间具有一定的摩阻力，可减少隆起量。故在一定深度范围内，支护结构入土越深，抵抗隆起的效果越好。搅拌桩复合土钉墙较土钉墙加深了支护结构的入土深度，抗隆起稳定性得到提高。

(3) 工作机理及性能

土钉墙的面板为柔性，搅拌桩复合土钉墙的面板为半刚性且有一定的入土深度，这种结构上的差异导致了受力机理不同。基坑刚开挖时，搅拌桩呈悬臂状态独自受力，桩身外侧（背基坑侧）受拉，墙顶变形最大[22]；随着土钉的设置及土方的开挖，土钉开始与搅拌桩共同受力，由于搅拌桩承担了部分压力，土钉受力较土钉墙明显减小，水平位移逐渐增大，在竖向上呈现上部大下部小的特点，但顶部水平位移较土钉墙明显减小，搅拌桩受土钉拉结，弯矩曲线在土钉拉结处局部出现反弯；基坑继续加深，搅拌桩上部几乎不再受力，传递到基坑上部的力主要由上排土钉承担，上排土钉的内力增大，顶部水平变形继续增加，搅拌桩下部与土钉继续共同受力；基坑继续加深，土钉内力继续增大，上排土钉的拉力基本与不设搅拌桩时相同，拉力峰值向土钉中后部转移，支护结构表现为土钉墙的受力特征，即仍为土钉受力为主，但土钉拉力的峰值降低，沿深度的水平变形仍表现为顶部大底部小，搅拌桩上部受拉区逐渐转化为受压区。

基坑进一步加深，支护结构表现出桩锚支护结构的特征，上排土钉拉力增加缓慢，搅拌桩顶部水平位移不再增加且在离桩顶一定距离内产生反向弯曲，新增加的土压力由搅拌桩的下部及下排土钉承担，由于搅拌桩顶部所受的侧向荷载较中下部小，搅拌桩刚度较大，类似于弹性支撑的简支梁，受压后产生弯曲变形，故搅拌桩中部水平变形增大，使竖向的水平位移呈现出鼓肚形状，同时，搅拌桩下部拉压力继续增大，在坑底附近弯矩及剪力达到最大。上述过程如图9-8所示。

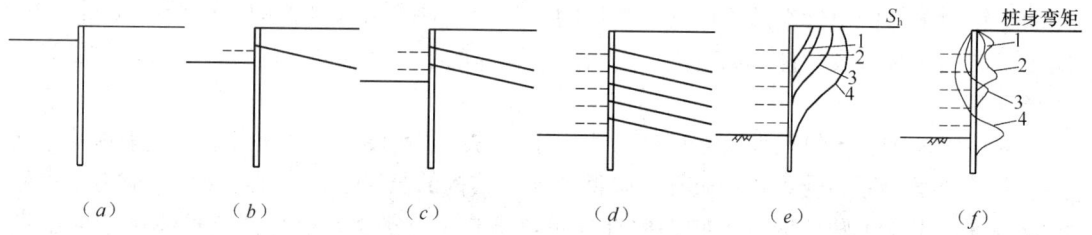

图 9-8　搅拌桩复合支护变形及受力
(a)～(d) 开挖步骤；(e) 水平位移 S_h；(f) 搅拌桩弯矩

搅拌桩复合土钉墙有如下工作性能：

① 变形曲线与土钉墙不同。土钉墙的变形特征与素土边坡类似，一般表现为：沿深度的水平位移呈探头形，坑外沉降曲线坡顶最大，向远处单调递减，如图 9-9(a) 中曲线1、2所示。搅拌桩复合土钉墙的变形特征一般表现为：沿深度的水平位移中部大，顶底两头小的鼓肚形，如图 9-9(b) 中曲线1所示，鼓肚的位置不确定，主要与土质状况及土钉参数有关，但距坡面一定距离后仍表现为上大下小[23]，如图 9-9(b) 中曲线3所示；坑外沉降曲线表现为凹槽形，如图 9-9(b) 中曲线2所示，沉降影响范围一般为1～2倍的基坑深度，最大沉降的位置大约为坑深的 0.5～1.0 倍处，随着基坑的开挖不断远离坡顶，沉降量很难估计。这种形状主要是搅拌桩造成的，搅拌桩桩顶几乎不沉降，也减缓了

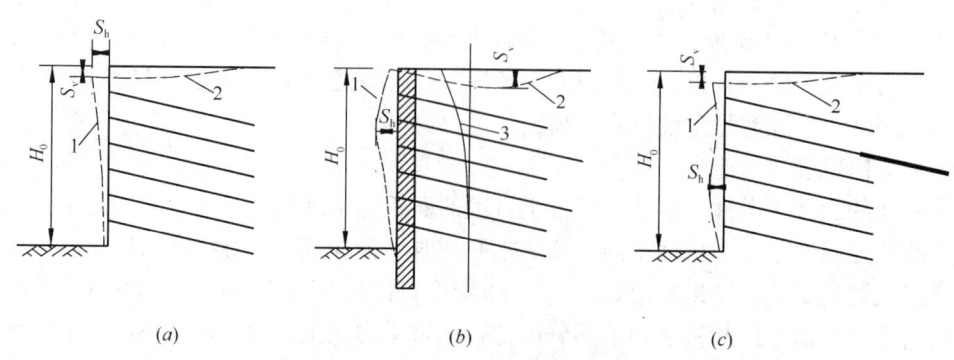

图 9-9　复合土钉墙与土钉墙的变形比较
(a) 土钉墙；(b) 搅拌桩复合土钉墙；(c) 锚杆复合土钉墙

9.3 土钉墙的作用机理与工作性能

相邻土体的沉降。搅拌桩复合土钉墙可使总位移量减少 20%～30%，地表沉降量小于土钉墙，沉降速率也较缓，也易趋于稳定。

② 土钉受力沿全长方向仍表现为中部大两端小，但峰值向挡墙一侧移动，且位于峰值与挡土墙之间的拉力与土钉墙相比增大了，上排土钉尤为明显。

③ 土钉刚度越大，对减少水平位移越有效，尤其是上排土钉，如果刚度较大可明显减少土钉墙的水平位移。

④ 第一排土钉加长对控制桩顶变形的效果不明显，这与土钉墙不同，可能是因为搅拌桩的刚度对桩顶变形的影响更大的缘故。

⑤ 搅拌桩刚度增加，可有效减少深度方向上的最大水平位移且变形速率减缓，但对减少桩顶水平位移效果不明显；可降低下排土钉拉力，位置越低的土钉受影响越明显；可减少地面沉降量。但刚度过大，可能会使最上排土钉受力增加。

⑥ 搅拌桩入土深度加长，可减少基坑水平位移、沉降、坑底隆起量及减少土钉拉力，搅拌桩嵌固存在临界深度，桩长超过临界深度后有利影响不再加大。临界深度和土质有关，土质越差越深，故在软弱土层中需适当加深桩长。

⑦ 搅拌桩提供的抗剪强度是个相对固定值，土体的下滑力及抗滑力总量随着基坑的加深而增加，所以基坑较浅时，搅拌桩对稳定计算所做的贡献较大，基坑较深时，所起的作用相对较小。搅拌桩抗剪强度所提供的抗滑力矩在总抗滑力矩中通常能占到 5%～40%。

⑧ 高压喷射注浆桩因造价高，使用少，缺少对其专项研究。其强度较搅拌桩高一些，可视为搅拌桩进行设计计算。

(4) 地表裂缝分析

搅拌桩复合土钉墙施工及暴露期间地表会产生裂缝。根据裂缝产生原因及时期可分为三组[24]，如图 9-10 所示：基坑开挖后不久，就会在搅拌桩背后与土体之间出现一条裂缝。该条裂缝沿基坑走向通长发展，深度较浅，宽度一般不超过 10～20mm，土质越差宽度越大。原因主要是搅拌桩与土的刚度相差较大、搅拌桩受力后位移及土钉注浆所致。该组裂缝施工完 2～3 排土钉后一般不再扩大，对基坑的整体稳定性影响不大。基本型土钉墙偶尔也会在墙后 0.3～0.8m 距离内出现这组裂缝，情况类似。

随着基坑的开挖，地表距墙顶一定距离处出现较小裂缝。这为第二组裂缝，表明土的抗剪强度基本充分发挥，是土体压力从静止土压力向主动土压力转变的外在表现。如果没有土钉的存在，这组裂缝即潜在破裂面。因为土钉的存在，破裂面至临空面（主动区）的土体不会沿该破裂面滑动，而是随着基坑的挖深，通过塑性区的不断向后扩展把破裂面向后传递，在更远处相继出现多条裂缝，原有裂缝可能同时在加宽、加长、加深。第二组裂缝在土钉墙及复合土钉墙中普遍存在，长度不等，从几米至几十米均有可能，深度较浅，宽度宽窄不一，与土体开挖状况及土钉墙施工周期密切相关。第二组裂缝也可能在基坑开挖结束后出现，且往往不只一条，有几条基本平行发展，潜在破裂面处一般会出现裂缝，但受多种

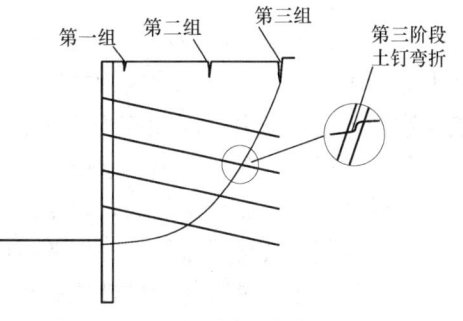

图 9-10 搅拌桩复合土钉墙的地表裂缝

因素影响，其他位置也可能会出现。

在土钉末端附近可能产生第三组裂缝。此时上排土钉拉力已传递到尾端，土体强度得到充分调动，部分土钉拉力峰值基本达到极限状态，裂缝至坑边的土体有整体滑移的趋势。该组裂缝较长，一般在十几米以上，裂缝继续发展，两侧土体错动出现高差，搅拌桩桩身出现水平剪切裂缝，如被剪断则上半部分桩向坑内滑出，土钉弯折，基坑侧壁达到极限平衡开始失稳破坏。

2. 微型桩与土钉墙的复合支护

微型桩复合土钉墙的工作机理与性能与搅拌桩复合支护类似。不同之处在于：

①微型桩因不连续分布，与搅拌桩相比存在几方面不足：

a. 不能起到隔水帷幕作用；

b. 在软土、松散砂土等土层中很难形成土拱效应，桩间水土容易挤出流失；

c. 在软土中抵抗坑底隆起效果不明显。故在软土地区较少采用这种复合支护形式。

②微型桩复合土钉墙的破坏模式有两种：

a. 类似于搅拌桩复合土钉墙的整体剪切失稳破坏，桩被剪断，土钉被拔出或弯断，面层被撕裂成几块。

b. 非整体性破坏，主要表现为土体剪切破坏后，土方从桩间坍塌，微型桩未被破坏，或被坍塌土方冲剪折断破坏。目前尚不清楚这两种破坏形式的产生条件，但经验表明微型桩与土体的刚度比是个重要因素。刚度比较小，即微型桩刚度较小或土质较硬时，常常表现为第1种破坏形式，刚度比较大时常常表现为第2种。

③搅拌桩连续分布，对桩后土约束极强，迫使桩后复合土体与搅拌桩几乎同时剪切破坏，而微型桩断续分布，不能强迫桩后土体与之同时变形，且因其含金属构件，刚度更大，抗剪强度更高，其抗剪强度不能与土钉、土体同时达到极限状态，与面层的复合刚度越大受力机理越接近于桩锚支护体系。

④微型桩刚度较大时，可显著地减少坡体的水平位移及地表沉降。

⑤微型桩种类繁多，采用不同的作法对复合支护结构的影响差异较大。

3. 预应力锚杆与土钉墙的复合支护

(1) 工作机理及性能

预应力锚杆与土钉的相同之处，在于起到了与土钉相同的作用，即成为土体骨架、分担荷载、传递与扩散应力、约束坡面、加固土体等；与土钉的不同之处尾二：额外提供了预加应力；其刚度通常比土钉大很多。

土钉需借助土体的微小变形被动受力，锚杆如果不施加预应力，其工作机理及性能大体上等同于土钉，施加了预应力之后锚杆主动约束土体的变形，改变了复合支护体系的性能。锚杆锁定时会有瞬间预应力损失，有时较大，导致锁定后预应力比张拉时预应力要小。张拉完成后，随着锁具、承压构件及其下卧土体变形趋于稳定，锁定的预应力值基本稳定。锚杆或土钉正常工作时，在某一状态下，需要为保持土体稳定而提供的最小拉力本章称之为真值，锚杆或土钉能提供的极限抗力如果小于真值则土体失稳。锁定值与真值的关系对锚杆与土钉复合作用的性能有重大影响。随着时间的推移，锁定值仍会因钢材的松弛、土体的徐变等因素继续损失，但这是一个长期的过程，不影响研究锚杆与土钉的复合作用机理。

研究表明：

① 锚杆施加预应力会导致周边 1~3 排的土钉的内力下降，施加的预应力越大，土钉内力下降的程度越大，影响的距离也越远，受影响的土钉排数也越多[25]。

② 随着基坑的开挖、土压力的增加，锚杆受到的土压力增大，如果锁定值小于真值，锚杆受到的压力大于锁定值后，锚杆拉力开始增加，直至增加到真值；如果锚杆锁定值大于真值，则锚杆的拉力不再增大。

③ 随着基坑的开挖、土压力的增加，土钉的内力不断增大。土钉内力的增幅受到相邻锚杆的锁定值的影响，如果锁定值小于真值，土钉内力增加较快、较大，距离锚杆较远的土钉内力可增加至该排土钉内力真值；如果锚杆锁定值大于真值，土钉内力增加较慢、较小，一直达不到该排土钉内力真值。

④ 锚杆的锁定值小于真值时，锚杆的拉力与土钉拉力并不同步增加，锚杆拉力增速较慢，但增加的幅度大，达到真值的时间要更长，这说明了锚杆对位移不如土钉敏感，强度较大。

⑤ 土钉内力分布及传递特征与土钉墙基本相同，说明锚杆施加预应力只改变了土钉内力的大小。土钉几乎不对锚杆产生影响，锚杆表现出其固有的各种特征，例如施加的预应力较大时，损失值也会较大。

⑥ 预应力提前施加给土体，有利于保护边坡土的固有强度，避免土体因受到开挖扰动而强度降低。随着预应力的提高，坡体内的潜在破坏区——拉张区和塑性区均明显减小，如图 9-6(d)所示。预应力起到了提前"缝合"滑移面的作用，改善了坡内的应力分布状态，延缓或阻止了破裂面的连贯及出现，增加了边坡的稳定性。

⑦ 如果锚杆只布置在基坑的下部，施加预应力后可使边坡上部变形增大，上部土钉向坑内位移，这将增加土体的应力集中，使塑性区及拉张区增加，对基坑的稳定不利。工程中常遇到土钉墙完成后基坑需局部加深情况，如采用预应力锚杆加固基坑底部，需谨慎考虑这种不利因素。

⑧ 与土钉墙、隔水帷幕复合土钉墙一样，工程中观察到锚杆复合土钉墙几乎也只有整体失稳破坏这一种破坏模式。土体超挖、地面荷载巨增、地下水渗流等不利因素，可导致土钉及锚杆内力增加，土体塑性变形加大，土钉内力先达到极限，部分开始失效，将其承担的大部分荷载转移到锚杆上，锚杆内力增大。土钉失效后对土体的约束变小，土体水平及竖向变形均加大，土体沉降，带动锚杆锚头与之一起下沉或者与锚头脱开，使锚杆自由段松懈，预应力损失殆尽，锚杆失效，基坑坍塌，土钉被拔出或弯断。锚杆因设计抗力一般较大，是土钉的数倍，安全储备大于土钉，此时尚未达到承载极限，一般不会被拉断或被拔出破坏。

综上，锚杆能够与土钉协调工作，增加了边坡的稳定性。当锚杆锁定值小于真值时，锚杆对土钉的影响不大，锚杆土钉墙在受力上基本等同于土钉墙；当锚杆锁定值大于真值时，锚杆承担了一部分本来应该由土钉承担的荷载，导致土钉受力减少，相当于上下排土钉内力分配不太合理的土钉墙。由于锚杆的强度高，多分担些荷载并不会降低支护结构的整体安全性，可以将锚杆视为长土钉进行土钉墙稳定性计算。

(2) 变形特征

① 预应力预加给土体，约束了边坡的变形。加大锚杆的预应力可显著减少面层的水

平位移，位移量最大可减少 40%～50%。但预应力存在着临界值，超过临界值后再加大对控制变形效果不大，一般锁定 100～150kN 的预应力即可达到较好的效果。

② 水平位移在深度方向上的分布有时表现为探头形，与土钉墙相似，但变形曲线不够光滑，锚杆处存在较尖锐的拐点，如图 9-9（c）曲线 1 所示。有时也表现为鼓肚形，与搅拌桩复合土钉墙相似，此时地表沉降最大值位置离坡顶距离约为 0.2～0.6 倍开挖深度。曲线形状除了与土钉墙相同的原因外，还与最上排预应力锚杆的位置及施加的预应力值密切相关，锚杆预应力较大时易出现后一种形状。

③ 锚杆施加预应力对减少坡顶沉降作用不大，对抵抗坑底隆起基本没作用。

有一种设计观点认为：可以将土钉墙整体视为一块较厚的墙面板，则锚杆复合土钉墙类似于锚杆挡土墙，可按锚杆挡土墙理论进行分析设计。但锚杆复合土钉墙的整体刚度较差，这样做是否可行很值得商榷。深圳市福田区某三层地下室基坑按此理论设计，变形很大，最终第三层地下室因风险太大没有开挖，改为了两层。

4. 其他几种复合土钉墙

上述 3 种复合土钉墙为基本型，另外 4 种是这 3 种的组合型，组合型的工作机理及性能取决于基本型。搅拌桩隔水帷幕、锚杆及微型桩中，搅拌桩隔水帷幕对土钉墙性能的影响最大，而微型桩在不需止水的地层中与搅拌桩的作用类似，故这 4 种组合型复合土钉墙基本上均包括了搅拌桩复合土钉墙的工作特征。

9.3.5 土钉墙抗冻工作性能探讨

我国约三分之二的国土面积为多年冻土或季节冻土。土钉墙在全国各地各行各业得到了广泛的应用，但目前对土钉墙抗冻性能的研究尚不多。国内外的研究成果及实测资料表明，季节冻土对土钉墙的影响不可忽视。

1. 土钉墙的抗冻工作性能

冻结过程中，土中水分结冰膨胀，产生作用在挡土结构上的水平冻胀力，水平冻胀力远大于主动土压力。一般认为，季节冻土对土钉墙的工作性能有如下影响：

①土钉拉力增加很多，一般可达冻结前的 2～5 倍[26]。目前的实测资料中，冻结后土钉拉力最大值大多为 40～100kN；

②钉头处拉力增加最多，严重时可使土钉拉力的形状发生变化，从通常的枣核形可变成钉头大、尾部小的单向分布；

③冻结后土钉及土钉墙的位移增加，且解冻后不再恢复；

④冻土融化后，土钉拉力减小，但由于土体的被动阻力等原因，土钉拉力不能恢复到冻结前的水平，即增加的土钉应力中会有一部分永久作用在土钉上，且逐年累加；

⑤墙顶部由于受到双向冻结，冻结较深，但冻结快且含水量较低，故冻胀较中下部小；一般墙的中部冻胀最大，位移也最大；

⑥冻胀程度与温度、土性、土中含水量、保温条件等因素相关；

⑦冻土融化后，土中含水量增加，土体结构受到扰动强度降低，主动土压力较冻结前增加，钉土粘结强度降低，土钉墙安全程度下降；

⑧喷射混凝土面层在拌合料喷射过程中会自动带入少量空气在混凝土中形成气泡，空气含量约为 2.5%～5.3%，气泡一般不贯通，且有适宜的尺寸和分布状态，类似于加气混凝土的气孔结构，这有助于减少水结冰时体积增长形成的冻结压力对混凝土的破坏，故

喷射混凝土具有良好的抗冻性；

⑨土钉墙刚度小、柔性大，对冻胀的约束较小，故较其他挡土结构而言，对冻胀的适应性较强，抗冻胀整体稳定性较好。

2. 土钉墙抗冻措施：

①钉头与面层的连接要牢固，防止钉头强度破坏；

②土钉的长度不能太短，要保证在冻结层下有足够的锚固长度；

③做好地面防水、排水工作，防止地表水渗入及地下水管破裂后管内水渗入坡体；

④设置泄水孔，孔深应超过设计冻深，以疏干外层地下水及墙后可能存在的积水；

⑤每隔 20～30m 设置一道伸缩缝，采用低温下不易凝固的渣油麻筋填塞；

⑥加强基坑监测，特别是钉头的应力监测，以便及时发现、排除险情；

⑦出现险情时可紧贴基坑侧壁堆砌一两层砂袋，既保温防冻又可增加坑壁稳定性；

⑧采取草袋覆盖等必要的保温措施。

9.4 土钉墙及复合土钉墙的设计计算

9.4.1 设计参数选用及构造设计一般原则

1. 土钉墙的几何形状和尺寸

初步设计时，先根据基坑周边条件、工程地质资料及使用要求等，确定土钉墙的适用性，然后再确定土钉墙的结构尺寸。确定平面尺寸时要考虑到桩基础形式及施工工艺，为桩基施工留出足够的工作面。桩基为静压预制管桩时，不仅要考虑边桩的施工，还要考虑到角桩的施工方法。土钉墙高度由开挖深度决定，确定开挖深度时要注意承台的开挖。承台较大较密及坑底土层为淤泥等软弱土层时，开挖深度应计算到承台底面。土钉墙抗超挖能力较弱。开挖面倾斜对边坡的稳定性大有好处，条件许可时，应尽可能采用较缓的坡率以提高安全性及节约工程造价。一般来说，土钉墙的坡比不宜大于 1：0.2（高宽比），太陡容易在开挖过程中局部土方坍塌造成反坡。基坑较深、允许有较大的放坡空间时，还可以考虑分级放坡，每级边坡根据土质情况设置为不同的坡率，两级之间最好设置 1～2m 宽的平台。地下水丰富、需要采用隔水型土钉墙时，采用上缓下直的分级方式是一种较为常用的作法。在平面布置上，应尽量避免尖锐的转角及减少拐点，转角过多会造成土方开挖困难，很难形成设计形状。设计时一般取单位长度按平面问题进行分析计算，有些文献指出应考虑三维空间的作用。如考虑空间效应，笔者建议对凸角区段局部加强，但不要考虑凹角对支护的有利影响，因为土钉墙沿走向的刚度及整体性较差，相邻侧土的约束作用不如对排桩体系那么明显，有时反而会因土应力在边角的集中造成边角部的土钉墙安全性下降。

2. 土钉的几何参数

（1）直径：钻孔注浆型土钉直径 d 一般根据成孔方法确定。孔径越大，越有助于提高土钉的抗拔力，增加结构的稳定性，但是，施工成本也会相应增加。故采用同一种工艺或机械设备成孔时，在成本增加不多的情况下，孔径应尽量大。人工使用洛阳铲成孔时，孔径一般为 60～80mm，土质松软、孔洞不深时，也可达到 90mm；机械成孔时，可用于成孔的机械较多，孔径可为 70～150mm，一般 100～130mm。

(2) 长度：土钉长度 L 的影响是显而易见的，土钉越长，抗拔力越高，基坑位移越小，稳定性越好。但是，试验表明，采用相同的施工工艺，在同类土质条件下，当土钉达到临界长度 l_{cr}（非软土中一般为 1.0～1.2 倍的基坑开挖深度）后，再加长对承载力的提高并不明显。另外，土钉越长，施工难度越大，效率越低，单位长度的工程造价越高，尤其是当土钉的长度超过了 12m 后。但是，很短的注浆土钉也不便施工，注浆时浆液难以控制容易造成浪费，故不宜短于 3m。所以，选择土钉长度是综合考虑技术、经济和施工难易程度后的结果，国内目前工程实践中土钉的长度一般为 3～12m，软弱土层中适当加长。土钉过长时应考虑与预应力锚杆等其他构件联合支护或采用其他支护形式，过长土钉组成的土钉墙的性能造价比通常不如复合土钉墙。

在欧美，早期应用的土钉墙支护中土钉采用短而密的布置形式较多一些，土钉的长度较短，Bruce 和 Jewell 在 1987 年对十几项土钉工程调查分析表明：用于粒状土陡坡加固时，土钉长度比（即土钉长度与坡面垂直高度之比）钻孔注浆型一般为 0.5～0.8，打入型土钉一般为 0.5～0.6。这一比例后来有了一定提高。美国联邦公路总局组织编写并于 1996 年 11 月出版的《土钉墙设计施工与监测手册》中，对 1990～1995 年 40 余项的土钉墙工程调查结果表明，80% 以上的工程中土钉最长长度与坡面最大垂直高度之比约为 0.8～1.6。近些年国内的工程实践中，土质不是很差时，土钉长度比一般为 0.6～1.5，在新近填土、淤泥、淤泥质土、淤泥质砂等软弱土层中，长度比可达 2.0 以上。欧美国家极少在软土中使用土钉墙，缺乏这方面统计数据。当土坡倾斜时，侧向土压力降低，可以减短土钉的长度。不过，需要说明的是，对国内土钉长度的统计结果是基于图纸及论义等资料的，不一定是实际施工长度。

(3) 间距：土钉密度的影响也是显而易见的，密度越大基坑稳定性越好。土钉的密度由其间距来体现，包括水平间距 s_x 和竖向间距 s_z，水平间距有时简称为间距，竖向间距简称为排距。土钉通常等间距布置，有时局部间距不均。土钉间距与长度密切相关，通常土钉越长，土钉密度越小，即间距越大。Bruce 和 Jewell 统计分析表明：用于加固粒状土陡坡时，钻孔注浆型土钉粘结比（$d_l/s_x/s_z$）为 0.3～0.6，打入型土钉粘结比为 0.6～1.1，即打入型土钉的密度要大一些。

这些数据在国内并不适用，近些年国内的工程实践中，粘结比要大一些，即土钉的长度要长一些。从施工的角度，在土钉密度不变时，排距加大、水平间距减少便于施工，可加快施工进度，但是，一方面排距因受到开挖面临界自稳高度的限制不能过大，且横向间距变小排距加大边坡的安全性会略有降低，另一方面土钉间距过小可能会因群钉效应降低单根土钉的功效，故纵横间距要适合，一般取 0.8～1.8m，即约每 0.6～3m^2 设置 1 根。

(4) 倾角：理想状态下土钉轴线应与破裂面垂直，以便能充分发挥土钉提供的抗力。但这是做不到的。在理论上，土钉墙有多种稳定分析模式，破裂面是假定的，不同的计算模型假定的破裂面并不相同，破裂面的形状及位置只能是粗略的和近似的，与实际情况都会有程度不同的差别，故土钉不可能设计成与实际破裂面垂直。实际工程中，土钉安装角度很难控制，实际角度也只能是粗略的。

就整体平均而言，国内外的研究结果表明，土钉倾角 5°～25° 时对支护体系的稳定性影响的差别并不大，10°～20° 时效果最佳。破裂面接近地表时近似垂直，故靠近地表的土钉越趋于水平对减少变形及地表角变位效果越好，这已经被实践所证实，但是土钉越趋于水平施工越困难。钻孔注浆型土钉要在已钻好的孔洞内靠重力作用注浆，欧美研究结果认为，15°是能够保证灌浆顺利进行的最小倾角。实践表明，倾角不应小于5°，小于5°时不仅浆液流入困难、浪费多、需补浆次数多，而且因为排气困难，注浆不易饱满，很难保证注浆体内没有孔隙。故综合考虑，钻孔注浆型土钉的倾角以15°~20°效果最好。有时倾角更小或更大一些的目的是为了可以插入较好的土层。预应力锚杆灌浆时采用止浆塞封堵加排气管排气的作法，因造价高、施工麻烦，基本不用于土钉施工。钢管注浆土钉因采用压力注浆，倾角可以缓平一些，但倾角过小与过大一样存在打入困难问题，故钢管土钉的最佳倾角为10°~15°。就土钉整体而言，每排采用统一的倾角设计及施工方便一些。

（5）空间布置：最上一排土钉与地表的距离值得关注。土钉之间存在着土拱效应及土钉之间荷载重分配，彼此可互相分担荷载，但第一排土钉以上的边坡处于悬臂状态，不存在土拱效应及荷载的重分配，土的自重压力及地面附加荷载引起的土压力直接作用到面层上，施工期间一直如此。为防止压力过大导致墙顶坡坏，第一排土钉距地表要近一些，同时工程设计时往往规定坡顶距坑边一定范围内（通常1~2m）不能有附加荷载，必要时应进行验算。但太近时注浆易造成浆液从地表冒出，也是不妥当的。一般第一排土钉距地表的垂直距离为0.5~2m。上部土钉长度不能太短，大量工程实践表明，如果上部土钉长度较短，土钉墙顶部水平位移较大，容易在土钉尾部附近的上方地表出现较大裂缝。

最下一排土钉往往也需要关注。下部土钉，尤其是最下一排，实际受力较小，长度可短一些。但工程中有许多难以意料的因素，如坑底沿坡脚局部超挖（挖承台、集水坑、电梯井、排水沟等），大面积的浅量超挖（如地下室底板标高小幅调整），坡脚被水浸泡，土体徐变，地面大量超载，雨水作用等，可能会导致下部土钉，尤其是最下一排，内力加大，支护系统临近极限稳定状态时内力增加尤为明显，故其也不能太短，且高度不应距离坡脚太远。有资料建议最下一排土钉距坡脚的距离不应超过土钉排距的2/3。当然，也不能过近，要满足土钉施工机械设备的最低工作面要求，一般不低于0.5m。有人认为最下一排土钉应加长，理由为：坡脚是应力集中区，开挖造成的次生应力较大，土体可能进入塑性状态使其强度降低，故应加长土钉，使之深入到基坑深处未被扰动的土中。笔者认为，这一理由并不充分，因为土钉在端头所受到的剪应力沿长度传递不了多远。

同一排土钉一般在同一标高上布置。地表倾斜时同一排土钉不应随之倾斜，因为倾斜时土钉测量定位及施工均不方便，最好是同排土钉标高相同，令其与地面的距离不断变化。此时应格外注意第一排土钉以上悬臂墙的高度。坡脚倾斜度不大时最下一排土钉也应该这样做。但这些用于基坑开挖的经验用于道路边坡（路肩及路堑边坡）也许并不适合。上下排土钉在立面上可错开布置，俗称梅花状布置，也可铅直布置，即上下对齐。有人认为梅花形布置加大了土体的拱形展开，使相邻土钉间距较为均匀，有利于土拱形成，从而在施工过程中改善了开挖面的稳定，但也有人认为土拱倾向于在水平及垂直方向发展。没有资料表明哪种布置方式更有利于边坡稳定。竖直布置时放线定位更为容易一些，且能够为以后可能存在的使用微型桩类的补强加固措施留有较大的水平面空间。国内采用梅花型布置较多一些，而欧美国家恰好相反。在立面上土钉与基坑转角的距离没有设计限制，满足横向最小施工工作面要求即可。

在深度方向上，土钉的布置形式大体有上下等长、上短下长、上长下短、中部长两头短、长短相间5种，在土质较为均匀时，这5种布置形式体现了不同的设计人对土钉墙工作机理的认识不同：

①上短下长。这种布置形式在土钉墙技术使用早期较为常见，依据力平衡原理设计：认为主动土压力作用在面层上，每条土钉要承担其单元面积内的土压力，主动土压力为传统的三角形，既然越向下土压力越大，土钉也应越长，以承担更多的压力。这种设计理论目前基本上已被实践否定。

②上下等长。通常依据力矩平衡原理进行设计。因为性价比不太好，一般只在开挖较浅、坡角较缓、土钉较短、土质较为均匀时的基坑中有时采用。

③上长下短。通常依据力矩平衡原理进行设计，假定土钉墙的破裂面为直线或弧线，上排土钉要穿过破裂面后才能提供抗滑力矩，长度越长能提供的抗滑力矩就越大，而下排土钉只需很短的长度就能穿过破裂面。这种布置形式有时因受到周边环境等条件限制而应用困难。

④中部长上下短。实际工程中，靠近地表的土钉，尤其是第一、二排土钉，往往因受到基坑外建筑物基础及地下管线、窨井、涵洞、沟渠等市政设施的限制而长度较短，而且其位置下移，倾角有时也会较大，可能达 $25°\sim30°$。另外，通过增加较上排土钉的长度以增加稳定性在经济上往往不如将中部土钉加长划算，所以就形成了这种形式。但第一排土钉对减少土钉墙位移很有帮助，所以也不宜太短。这种布置形式目前工程应用最多。

⑤长短相间。长短相间有两种布置形式，一种是在纵向（沿基坑侧壁走向）上，同排土钉一长一短间隔布置，另一种是在深度方向上，同一断面的土钉上下排长短间隔布置。采用长短间隔布置的理由为：较长的土钉能够调动更深处的土体，可以将应力在土体中分配得更均匀，减少了应力集中，从而提高了整体稳定性。但这似乎有悖于土钉的受力机理，因为粘结应力沿土钉全长并非均匀分布。

如前一节所述，拉力沿土钉全长以峰值的形式从前端向尾端传递，峰值大体在破裂面附近。如果破裂面同时穿过长短土钉，则长土钉比短土钉多出来的部分没有提供阻力，浪费了；如果破裂面只穿过长土钉，则短土钉位于主动区内，不能提供抗滑力矩，没有充分发挥作用。这与锚杆复合支护不一样。锚杆的长度较长，锚固段的后半部分主要作用是提供锚固力给自由段，设计时可以不考虑锚固段对土坡稳定的作用。

3. 土钉的抗拔力

土钉主要依靠群体的空间骨架效应工作，单体的抗拔力在土钉墙支护体系中所起的作用远不如锚杆的抗拔力在锚杆挡土墙中那么重要。但是，作为可检验土钉工作性能及评价施工质量的最佳的、基本上也是唯一的依据，土钉的抗拔力在所有设计参数中是首要的。

土钉单体工作中理论上的破坏模式有 4 种：

①土钉整条从土层中拔出；
②筋体在破裂面附近拉剪断裂；
③筋体从注浆体中拔出；
④面层与土钉脱落。

这 4 种破坏模式有些文献中笼统称为抗拔破坏，为叙述清楚起见，本章将第 1 种称为土钉抗拔强度破坏，第 2 种称为土钉抗拉强度破坏，第 3 种称为筋体抗拔强度破坏，第 4 种称为钉头强度破坏。4 种破坏模式中，第 3 种基本不会发生，第 4 种一般在整体失稳破坏前发生，重点要考虑前两种。

(1) 土钉抗拔机理

土钉抵抗荷载将之从土中拔出的极限能力即为土钉的极限抗拔力,简称抗拔力。钻孔注浆型土钉抗拔力本质上为注浆体与周边土体界面上的剪应力。沿土钉全长的拉力及界面剪力的分布与很多因素相关,如土体的塑性、强度、土颗粒大小及级配、密实度、含水量等性状参数,土钉的长度、直径、倾角、刚度等设计参数,土钉回转钻进成孔、冲击钻进成孔、人工铲掏孔、直接打入等成孔或安装方式,注浆压力、注浆量、注浆体强度等注浆参数,钉-土界面刚度,卸载速度,初始应力场,等等。土钉内力的局部平衡条件表明,土钉拉力的变化率等于该点单位长度上作用的剪应力,即:

$$dN/dl = \pi d\tau \tag{9-1}$$

式中 dN——土钉 dl 长度上的拉力变化值(kN);

d——土钉直径(m);

τ——土体与注浆体之间的界面剪力(kPa)。

公式表明:土钉单位长度上的极限抗拔力取决于注浆体与土层在相对滑动之前的界面剪应力及土钉的直径。钢管注浆土钉不需成孔,直接将钢花管打入后注浆。开挖表明,浆液以出浆孔口为起点,在钢花管周边土体中呈脉状、片状、小球状分布,极少包裹在钢花管周围,部分出浆孔外没有浆液,即并非所有出浆孔都出浆,浆液先从阻力小的出浆孔出浆。浆液改善了土体,但并没有直接形成注浆体,故打入式钢管注浆土钉与其他打入钉一样,抗拔力本质上是钢花管与周边土体的摩阻力。对于钻孔注浆钉,钉-土界面剪应力即为土层与注浆体的摩阻力,对于打入钉及打入注浆钉,钉-土界面剪应力为钉土摩阻力,为叙述简单,本章统称为粘结应力。

需要说明的是,钉头处剪应力与拉力的关系不符合上式。由于面层对钉头产生一定的拉力,故钉头拉力为钉—土界面粘结力形成的拉力与面层对土钉的拉力之和。

(2) 粘结应力

国内外很早就开始了预应力锚杆粘结应力的研究。粘结应力沿锚杆锚固段的分布很不均匀,存在着严重的应力集中现象。锚杆受力后,粘结应力以峰值的形式向尾部扩散。土钉为被动式锚杆,随着基坑的开挖,粘结应力以双峰形式、拉力以单峰形式向尾部传递且不断增大,如图 9-11 所示。土钉较长时,初始受力阶段,粘结应力及拉力峰值均出现在离土钉头部较近处,尾部较长范围内没有应力;随着土方开挖、荷载的加大,峰值增大且向土钉的尾部传递,靠近头部的粘结应力显著降低;荷载进一步加大后,峰值靠近尾端,靠近头部的粘结应力继续下降甚至可能接近零(因为要承担面层的拉力,故钉头拉力并不为零),即土钉与土层脱开只留有残余强度。从粘结应力及拉应力传递过程可知,能有效发挥粘结作用(或称抗拔作用)的长度是有一定限度的,该长度称之为有效粘结长度。国内外研究成果认为不同土层中预应力锚杆的有效粘结长度通常为 3~10m,土钉也大体如

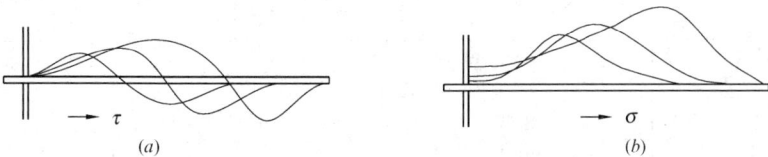

图 9-11 土钉内力沿土钉全长的分布
(a) 粘结应力;(b) 拉应力

此。土钉较长时，平均粘结应力显然会随着总长度的增加而减少。

土钉与土体的刚度相差越悬殊，界面粘结应力沿全长的分布越均匀，应力的有效分布长度越大，意味着土钉在硬土较软土中的应力集中现象更明显，软土内界面粘结应力的均匀程度要比硬土中或密实的砂土中好得多，有效长度也更长一些。所以在软土中土钉可以适当加长。

当土的种类性状及土钉的施工方法不变时，钉-土的粘结应力与土钉的埋置深度无明显对应关系。随着埋置深度的增加，土的自重压力增加，界面粘结应力似乎应该增加，但对于钻孔注浆型土钉而言，预钻孔的孔洞效应抵消了这种影响，使得土钉的抗拔力与土自重压力不呈现明显的对应关系。打入型或打入注浆型土钉的界面粘结力与土钉埋置深度是否明显相关，业界的争议尚较大，笔者根据自身的工程经验认为在黏性土中无明显关系，在无黏性土中随着土钉埋置深度的增加而略有增加，从偏于安全出发，设计时不必考虑这种影响。

（3）粘结强度

通常用粘结强度（或称极限粘结强度）作为指标，评价某种条件下的土体能够为土钉提供的粘结应力极值的能力。这是一项极为重要的指标。土钉工作中，界面剪应力超过极限粘结强度时，注浆体与周围土体之间产生滑动破坏。显然，钉-土的界面粘结强度越高，土钉的抗拔力越高。影响界面粘结强度的主要因素有土的性状、成孔或安装方式、注浆压力及注浆量等。通过大量的抗拔试验、工程实测、理论研究、室内试验等，学者们得出了不同控制条件下的粘结强度值。《建筑基坑支护技术规程》（JGJ 120—2008）（送审稿）中推荐值如表 9-1 所示，是采用常压一次注浆工艺实测结果。欧美国家有根据黏性土的不排水抗剪强度及无黏性土中有效注浆压力估算粘结强度的经验公式，但国内对此研究较少，尚没有工程应用，目前采用的几乎都是现场拉拔试验得到的经验数据。

钉-土界面粘结强度具有如下特性：随着黏性土强度（或刚度）的增加及塑性的减少而提高；随着砂性土中的密实度的提高而提高，变化范围通常大于黏性土；在砂性土及黏性土中均随着注浆压力及注浆量的提高而提高，但当注浆压力达到一定值（砂性土中约 4MPa）后，再增加无明显影响；两次及多次注浆后，土体的抗剪强度及粘结强度有明显提高；在龄期内随着水泥浆液强度的增加而提高；成孔方式对粘结强度影响明显，泥浆护壁成孔比机械干成孔、套管护壁成孔及人工洛阳铲掏成孔获得的粘结强度明显偏低。

土钉的极限粘结强度标准值 q_{sk}（kPa）　　　　　表 9-1

土的种类	土的状态	成孔注浆土钉	打入钢管注浆土钉
填土	松散～稍密	20～30	25～35
淤泥质土	软塑	15～20	15～25
黏性土	$0.75<I_L\leqslant 1$	20～30	20～35
	$0.50<I_L\leqslant 0.75$	30～45	35～50
	$0<I_L\leqslant 0.25$	45～60	50～65
	$I_L\leqslant 0$	60～80	65～80
粉土	稍密～中密	40～80	50～90
砂土	松散	30～50	50～65
	稍密	50～70	65～80
	中密	70～90	80～100
	密实	90～120	100～120

使用极限粘结强度标准值时需注意以下几点：

①目前工程界尚没有直接测量粘结应力的方法，只能间接得到，常用方法是测量土钉拉力，然后计算出粘结应力。拉力在土钉有效粘结长度范围以峰值形式存在，按目前的测试手段，峰值很难准确测量得到，即使能，目前也只具备科研意义，尚不能进入工程实用阶段。有效粘结长度上的极限拉力是容易测量到的，折算出土钉单位粘结表面积上的粘结应力，即粘结强度。目前国内外均主要通过现场抗拔试验得到极限抗拔力，然后计算出粘结强度，这种方法得到的粘结强度只能是平均值。表 9-1 中的"标准值"主要基于实测值经过数理统计方法得到的。

②粘结强度标准值与土钉长度有关，表 9-1 中土钉的实际长度一般 6～12m。设计土钉长度较短时取大值，较长时取小值。由于土钉实际工作时剪应力在主动区与稳定区呈反向分布，在破裂面处分界，稳定区内的粘结应力提供工作抗拔力，所以在考虑土钉有效粘结长度时，只考虑稳定区内的长度即可，不应把主动区内的长度算在内。在稳定区内的长度超过 12m 时，应该对表内数值进行适当的折减，办法可参考《岩土锚杆（索）技术规程》(CECS 22: 2009)。

③要注意不同数据的来源及适用范围。有些数据为地方性或行业性经验数据，与当地的土质状态、施工水平、检测方法等相关，也与一些行业规定、该行业的工程领域相关，如《深圳地区建筑深基坑支护技术规范》(SJG 05—2009)（送审稿）中，粘结强度值较低，这与当地的地下水位较高、地下水丰富有较大关系。

(4) 抗拔力估算方法

通常可采用经验法、公式法及现场拉拔试验等 3 种方法来估算单根土钉的极限抗拔力。对于一个富有经验的设计者来说，能够根据土质性状等条件大体估计出土钉的抗拔力，而且能够根据经验对按公式法估算的抗拔力进行复核。设计经验较少者或对某地层性状不很了解时，可按式（9-2）估算土钉的极限抗拔力 N_u，

$$N_u = \pi d \sum q_{sik} l_i \tag{9-2}$$

式中　q_{sik}——土钉穿越的第 i 层土与注浆体之间极限粘结强度标准值（kPa）；

　　　l_i——土钉在第 i 层土内的长度（m）。

土钉的实际抗拔力可能会受以下各种因素影响，造成彼此之间或与设计预估值有较大差异：

①土的种类的不同及变异性；

②成孔的质量，如钻孔的最终直径，孔壁的粗糙程度（决取于成孔工艺），孔内残留的土屑等松散物的量，孔壁是否有泥皮、泥浆残存，塌孔程度等；

③注浆前钻孔的置放时间，时间越长越不利；

④注浆方式，注浆压力，注浆量等；

⑤固化剂种类及强度，注浆体强度及养护时间等；

⑥钢管土钉的花管加工质量，如倒刺的刚度，倒刺与筋体的焊牢程度等；

⑦地下水位的变化、地表水的浸泡、地面荷载的增加等其他因素。钢管土钉由于管内充满了水泥结石，与管外水泥土共同约束了钢管的变形，提高了承载能力，其实际抗拉力比按材料强度计算的理论值高约 10%～40%。但这种有利影响目前尚未被考虑，只是作为了安全储备。支护安全等级较高、重要的或大型工程应进行土钉的现场拉拔试验，以验

证设计抗拔力或为设计提供依据。

4. 杆体

土钉在实际工作时除了受拉外，还受剪及受弯，故筋体应有一定的抗剪及抗弯强度。但剪力及弯曲作用并不大，而筋体抗拉强度具有一定的安全系数，可以抵抗这些影响，正常情况下不需特别考虑。

为了增加土钉墙结构的延性，钢筋强度不宜太高，钻孔注浆土钉一般采用HRB335带肋钢筋，有时也选用HRB400带肋钢筋。筋体直径不宜过小，粘结应力的峰值远大于平均值，要防止峰值作用下筋体断裂，一般16～32mm。打入式钢管土钉筋体一般采用公称外径42～48mm，厚度2.5～4.0mm的热轧或热处理焊接钢管。也可采用无缝钢管，但因造价较高，通常用于预应力锚管。土越硬钢管壁应越厚直径应越大，以防击入过程中发生屈服、弯曲、劈裂、折断等破坏。筋体的抗拉力不得小于土钉所受的荷载，其截面积A_s应满足式（9-3）要求，

$$A_s f_y \geqslant N \tag{9-3}$$

式中 f_y——筋体材料抗拉强度设计值；

N——土钉设计抗拉力。

钢筋与注浆体的粘结强度要远高于注浆体与土层的粘结强度，《岩土锚杆（索）技术规程》提供了螺纹钢筋与水泥结石体的粘结强度标准值为2～3MPa。以直径25mm的HRB400级钢筋为例，粘结应力可达157kN/m，而该直径钢筋的极限抗拉力不超过200kN，理论上钢筋锚固长度超过1.3m时，就会发生钢筋拉断而不是被拔出现象。故只要保证钢筋置于水泥浆体中间，钢筋就不会从注浆体中被拔出破坏，为此需沿全长每隔1～2m设置对中定位支架。对中支架一般采用ϕ6～8钢筋与主筋焊接，每组3个，在主筋圆周呈120°角排列，如图9-12（a）所示。钢筋直径较大时对中支架应较密。也可以采用塑料成品对中支架，安装时要固定好，防止在筋杆置入及注浆管抽拔过程中松动偏离。工程中曾发生过不设置对中支架、土钉筋体与水泥浆单侧接触粘结不牢被拔出破坏的案例。主筋接长采用搭接焊、帮焊或机械连接均可。

钢管土钉不需对中。钢花管距孔口2～3m范围内不设注浆孔，以防因外覆土层过薄浆液从孔口周串浆导致灌浆失败。其余段每隔0.5～1.0m设置一组，每组之间宜在钢花管圆周呈90°排列，如图9-12（b）所示。每组1个或2个（在钢管圆周呈180°布置），如果设置1个，则间距要适当减小。出浆孔直径一般4～15mm，孔径过大容易造成出浆不均，过小则出浆不畅且易堵塞。为了使管内有一定的压力，尽量使每个出浆孔都能出浆，出浆孔面积总和应小于钢管内截面积，故土钉较长时出浆孔应设置为间距较大、孔径较小，出浆孔外要设置倒刺。倒刺除了保护出浆口在土钉打入过程中免遭堵塞外，还可增加土钉的抗拔力。倒刺在土钉击入时易脱落，一定要与钢管焊牢。倒刺一般采用热轧等边角钢制作，边宽度30～63mm，边厚度3～6mm，理论质量1.37～5.72kg/m，与钢管三侧围焊。钢管土钉尾端头宜制成锥形以利于击入土中。钢管接长宜采用绑条焊接，接头处应帮焊不少于3根ϕ12～20的加强筋，在钢花管圆周均匀布置，焊缝应与钢管等强。

5. 注浆

基坑土钉均采用水泥系胶结材料，尚未见到树脂系等其他胶结材料用于基坑工程的报道。水泥注浆体与筋体的粘结强度、注浆体的抗剪强度及注浆体与土体的粘结强度通常均

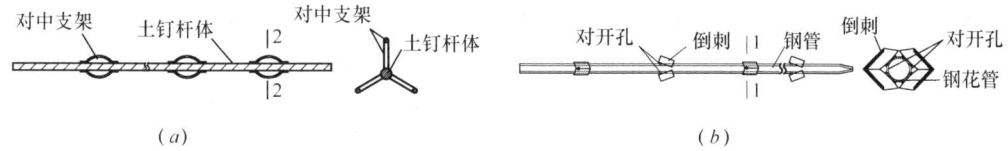

图 9-12 土钉大样
(a) 钻孔注浆钢筋土钉；(b) 钢管注浆土钉

大于土体的抗剪强度，故钻孔注浆土钉的拔出破坏表现为注浆体周边土体的剪切塑性破坏。浆液在注浆体周边土体中渗透、挤压、扩散，与土混合在一起，显著地提高了土钉的抗拔力及土体的抗剪强度，注浆量越大、压力越高、浆液分布越均匀，效果越明显。注浆体内浆液逐渐凝固形成水泥结石，注浆体周边部分浆液与土混合形成水泥土结构，水泥结石及水泥土的强度随时间逐渐增长，土钉的抗拔力逐渐提高。对于钢管土钉，注浆压力及浆液在周边土体中的作用，使土体密实及强度提高，进一步增强了对钢管的握裹力，提高了钢管的抗拔能力。

与锚杆相比，水泥结石强度对于钻孔注浆土钉并不是很重要。水泥结石与土钉筋体的握裹力远大于孔壁对注浆体的摩擦力，土钉只可能发生整条拔出破坏，即发生注浆体接触面外围的土体剪切破坏，不可能发生水泥结石被剪切破坏，也不会在与面层接触面上发生压屈破坏。土钉设计抗拔力不高，对水泥结石强度要求不高，一般按构造要求，达到 15~20MPa 即可。基坑土钉对水泥的要求不高，水泥浆可采用各种硅酸盐系水泥拌制。因早期强度高、价格较低、生产量大容易购买等原因，土钉墙工程中长期以来一直以 32.5R 普通硅酸盐水泥为主，但 2008 年 6 月 1 日实施的《通用硅酸盐水泥》(GB 175—2007) 取消了 P.O32.5 及 P.O32.5R 这两个强度等级。复合硅酸盐水泥 P.C32.5R 及 P.C32.5 与原 P.O32.5R、P.O32.5 性能接近，因造价较低，目前在土钉墙工程中使用较多。设计者有时要求采用高强度水泥，目的是为了提高注浆体的早期强度以利于工期。低强度等级水泥同样适用于钢管注浆土钉，工程实践中发现，水泥强度的提高对钢管土钉抗拔力的提高作用也并不明显。因可灌性差，水泥砂浆不适宜钢管土钉。

土钉注浆必须饱满，才能使水泥结石体与周边土体充分粘结，使土钉产生足够的承载力，避免因灌浆不足导致在水泥结石体与周边土体的接触面上剪切破坏。钢管土钉注浆不足会造成抗拔力的明显降低，且降低了对土体的改良作用，造成支护结构的稳定性下降。土钉工程中通常采用纯水泥浆，水灰比对水泥浆的质量影响很大。过量的水会使浆液产生泌水，降低强度并产生较大的收缩，降低水泥结石的耐久性。实践表明，最适宜的水灰比为 0.4~0.45，采用这种水灰比的灰浆具有泵送所要求的流动度，易于渗透，硬化后具有足够的强度和防水性，收缩也小。但水灰比小于 0.45 时，国产的普通注浆泵较难出浆且易堵塞管道，用于钢花管注浆时表现更为明显。工程中通常控制水灰比最大不超过 0.6，当然，如果注浆机械允许，水灰比越小越好。土钉对水泥浆体的总体要求不高，一般无需掺加早强剂等外加剂。和纯水泥浆相比，水泥砂浆坍落度低，抗裂性好，需要使用砂浆泵灌入，在防腐要求较为严格的永久性工程中有时采用，很少用于基坑等临时工程。

土钉一般采用一次注浆。采用二次及多次注浆可明显提高土钉的抗拔力，但是，也提高了工程造价。钻孔注浆土钉通常采用重力式注浆，注浆量较小，可根据孔径计算出来，水泥用量一般10~20kg/m。注浆压力采用低限，出浆即可，压力较大易从孔口跑浆，孔洞不易饱满。水泥浆干缩较大，加上渗透、流失、钻孔角度有时较小等因素，一次注浆凝固后孔内空隙较大，需补浆。补浆饱满对减少土坡的变形有利。打入钢管注浆钉需要较高的注浆压力才可将浆液注入土中，开孔压力可达2.0MPa，灌入水泥量一般要求不小于15kg/m。打入注浆土钉特别适合于成孔困难的淤泥、淤泥质土、淤泥质砂等软弱土层、各种填土及砂性土，如注浆量足够多，在同等地质条件下，可获得比同直径钻孔注浆土钉高很多的抗拔力。但如果按表9-1数据估算土钉抗拔力，打入注浆土钉较常用直径的（60~80mm）钻孔注浆土钉低，主要是因为近些年土钉的施工质量普通下降，打入注浆土钉的注浆量不好监督控制，很难达到设计要求所致。

6. 面层

随着土方的开挖和侧向变形的发生，土体在与面层的相互作用下产生土压力作用在面层上。由于测量困难，对面层所受的土压力的认识尚不是很清楚。现在已积累了一些混凝土面层所受土压力的实测资料，其中采用土压力盒等测量手段直接测量面层压力的结果很难令人满意，在钉头安装的压力计测量到的应力数据较为可靠。但是，这一类数据极少。测出的土压力与一些难以确定的参数有关，如面层、土层、土钉及钉-土界面的刚度，土钉及面层的设置时间等。可以肯定的是，面层所受的荷载并不大，目前国内外还没有发现面层出现破坏的工程事故，在欧美国家所做的有限数量的大型足尺试验中，也仅发现在故意不做钢筋网片搭接的喷混凝土面层才出现了问题。工程实际中，因喷射混凝土没有模板，直接将混合料喷射到土坡面上，而土坡面不可能整修得很平整，高低不平，喷射混凝土厚度又要靠人为控制，很难准确把握，混凝土薄厚不均，钢筋网片在混凝土中的位置处于不确定状态。此外，通常采用把短钢筋插入土中加砂浆垫块的办法固定钢筋网片，钢筋网片不能距土坡面太高，否则固定不稳，在喷射混凝土的冲击下产生较大振动，故一般距坡面20~30mm，仅为保护层的厚度，远离面板的外表面，几乎起不到抗弯作用。如果面层承受了较大的土压力，必然产生弯矩，本该承受正弯矩的钢筋网片却位于受压区起不到作用，只能靠喷射混凝土自身的抗拉强度抵抗弯矩，如果所受弯矩较大，面层必然开裂。但并没有哪个工程发现过这种破坏，从而也说明了面层受到的土压力不会太大。

土拱理论或许能够解释为什么面层所受的主动土压力较小。当土坡产生位移时，土钉需要靠钉土摩擦作用产生抗拔力，位移量必然小于土体，土钉之间的土体有被挤出的趋势[27]，钉土摩擦力导致了土钉之间的土位移不均匀，两条土钉中间的土位移最大，靠近土钉的土位移最小，如果土钉间距合理，则会在两条土钉之间形成土拱[28]。土拱承受后面的压力并将之传递给土钉，土钉再传递到土层深处，如图9-13所示，没有都传递给面层，所以面层受力较小。即便形不成土拱，也会有部分土压力通过摩擦作用直接传递给土钉，面层所受的力只能是土钉墙所承受的全部土压力的一部分。土拱效应的强弱与多种因素有关。软土中土拱效应较弱，面层要承受的土压力相对较大。

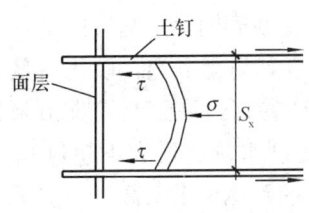

图9-13 土钉土拱受力图

如果土钉间隔非常密，一个挨着一个，则不会有土压力作用在面板上；而如果间隔非常大，面层则要承担全部的土压力，此时面层将变成传统的挡土墙，因此，在面层设计中，土钉的间距起着至关重要的作用。国内外对面层的设计方法有多种，而且差别悬殊。存在两种典型看法：一种认为土钉土拱效应显著，面层只承受土钉竖向间距 s_z 范围内的局部土压，取 1~2 倍的 s_z 作为高度来确定主动土压力并以此作为面层所受的土压力；另一种则将面层作为结构的主要受力部件，受到的土压与锚杆支护中的面部墙体（桩）相同。实际工程中，土钉的间距还是适中的，一般 1~2m，故较为合理的算法应是将面积 $s_x \times s_z$ 上的面层土压合力取为该处土钉最大拉力的一部分。德国有的工程按 85% 主动土压力设计永久支护面层，但也认为实际量测数据并没有这样大。法国 Clouterre 研究项目得出的结论是面层荷载合力一般不超过土钉最大拉力的 30%~40%，为了限制土钉间距不要过大，他们建议面层设计土压力取为土钉中最大拉力的 60%（间距 1m）到 100%（间距 3m）。美国《土钉墙设计施工与监测手册》建议钉头荷载按该点主动土压力的 50% 取值。需要指出的是这些比值只适用于自重作用下的情况。当支护有地下水作用或地表有较大均布荷载或集中荷载时，支护面层则有可能成为重要的受力构件。德国曾做过土钉支护的地表加载试验，认为地表荷载引起的面层土压要小于按主动土压力算出的数值，因此设计时如取地表均布荷载 q 引起的面层土压力为 $K_a q$ 应该偏于安全，当有地下水作用时，还要加上侧向水压力。

　　面层所受的压力并不大，而且复杂难测，工程中通常采用方便简单的作法，即按构造设计，按构造配置钢筋、设计混凝土强度及厚度。在搅拌桩或微型桩复合支护中，搅拌桩或微型桩受力较大，传递到面层上的压力相对较大，因压力的绝对值较小，从实际工程应用来看，面层也无需加强。有一种理论认为，面层在土压作用下受弯，其计算模型可取为以土钉为支点的连续板进行内力分析并验算强度，即作用于面层的侧向压力在同一间距内按均布考虑，反力作用为土钉端头拉力，需验算面层跨中正弯矩和支座负弯矩，及板在支座处的冲切等。计算时假定钢筋位于面层的中间，且喷射混凝土的厚度是均匀的。笔者认为这样算法过于安全且工程中无法实现。例如，对于纵横间距均为 1.5m，设计拉力为 150kN 的土钉，C20 混凝土面层 100mm 厚时，按经验可按 $\phi 6@250\times 250$ 配筋，按上述算法，配筋约为双向 $\phi 8@35\times 35$，过于安全了。如果因一些特殊情况确实需要计算，如在软土中开挖深度较大且没有隔水帷幕等超前支护时，面层荷载可采用经过折减的传统土压力，折减系数可取 0.5~0.6。

　　面层太厚固然用处不大，太薄也不合适，应能覆盖住钢筋网片及连接件。一般临时性工程 50~150mm，永久性工程 120~300mm。混凝土的设计强度，按构造即可，一般为 C15~C25。土钉墙通常垂直开挖或坡度较陡，混凝土采用喷射法施工方便，坡度较缓时也可用人工抹水泥砂浆或细石混凝土作法。钢筋网片一般采用一层钢筋网，特殊条件下有时也采用两层；钢筋规格通常为 HRB235（光圆钢筋），ϕ6~10mm；网格为正方形，间距 150~300mm；要求不高时可采用不细于 12 号的粗目铁丝网（或称铅丝网、钢丝网等）替代钢筋网。面层柔度较大，很少会产生温度裂缝，故临时性工程中一般无需设置伸缩缝，但在永久性工程中，厚度大于 120mm 时，建议设置。钢筋网纵向竖向均需搭接，搭接长度一般 200~300mm。面层的施工缝不要设置在土钉位置，宜设置在离钉头 1/3 钉间距处。

　　还有人建议设计时要考虑面层的重量，要防止面层下沉造成的不良影响。这是一种小心谨慎的做法。实际上，为了防止地表水浸入到面层背后，工程中挂网喷射混凝土面层在坡顶沿水平方向有一定的延伸形成护顶（或称护肩），规范中也通常这样要求。护顶宽度一般 0.5~2.0m，常常延长至与坡顶排水沟相接，该护顶（护肩）完全能够承受住面层的重量。

7. 连接件

面层不管受力大小，都须与土钉可靠地连接在一起。欧美国家的大多数工程及国内的早期部分工程中，都要求采用垫板连接。施工时将土钉端部套成螺纹，或另外焊接螺杆，通过螺母、方形钢垫板与面层连接，待注浆体及面层硬结后用扳手拧紧螺母。此时可使土钉产生一定的预应力（约为土钉设计拉力的 10%~20%），这对保证土钉整体同步发挥作用及约束土体位移都具有明显作用。为了能够产生预应力，土钉端部应留有 300~500mm 的非粘结段。垫板连接方式造价较高，施工不便，国内的工程实践中目前基本不予采用，广泛采用钉头筋连接。钉头筋在土钉端头焊接上短钢筋或其他构件，压紧加强钢筋即可，简单、方便、可靠、经济，缺点是不能主动约束土体位移。

土钉与面层连接处的应力集中，欧美国家等规范中要求连接处要做抗剪、局部抗压、抗冲切、钉头螺杆螺母强度及面层抗挠曲验算。国内有些规范也有此类建议，如为了防止土钉从面层中拔出，要求面层对钉头的锚固力 T_l 满足式（9-4）要求，式中 l_z 为土钉在主动区内长度：

$$T_l \geqslant N_u - \pi d l_z q_{sk} \tag{9-4}$$

式中 d——土钉直径 cm；

q_s——土与注浆体之间的极限粘接强度标准值（kPa）；

l_z——土钉在土内的长度（m）。

式（9-4）的意义是规定了钉头强度计算时钉头最小拉力的设计取值方法。欧美国家通常采用垫板作为连接件，对土钉要施加一定的预应力，钉头的受力相对要大一些，故要求对钉头强度进行验算，而国内工程基本采用钉头筋连接，因土钉端头所受力一般不大，目前尚未见到过因压力过大造成钉头破坏的实例，故按构造设置能够满足工程需要，可省去复杂但效用不大的计算分析，这与对面层的考虑思路一致。工程实践发现，只有当基坑失稳破坏时才会产生钉头的强度破坏，此时钉头连接强度再高也于事无济。但当基坑较深、土质较软、地面附加荷载较大、地下水位较高等条件下，钉头在构造上应该适当加强，如可在竖向设置 0.5~1.0m 短钢筋以分散压力，避免钉头压力过大造成强度破坏。

钉头连接大样如图 9-14 所示。常用钉头筋材料有两种，⌀16~20 的 HRB400 级带肋钢筋及边宽度 45~63mm、边厚度 4~6mm 的等边角钢。采用钢筋时，通常在土钉端部焊

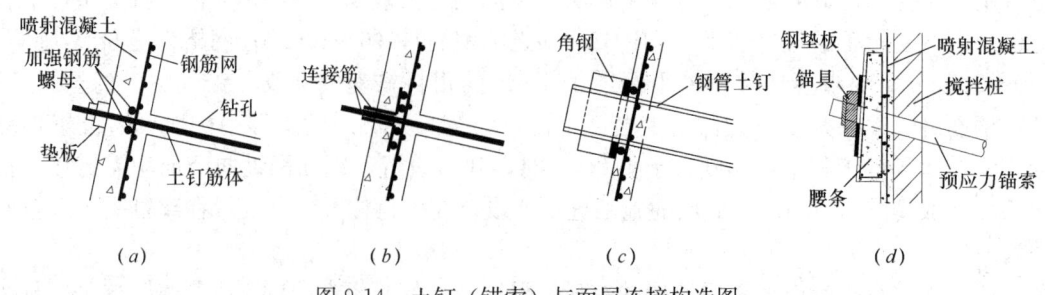

图 9-14 土钉（锚索）与面层连接构造图

(a) 螺母垫板连接；(b) L 筋连接；(c) 角钢连接；(d) 锚索与喷射混凝土腰梁、面层连接

接上 2 根较短的"L"形钢筋，L 筋的一翼与加强钢筋压紧后焊接，焊缝长度一般不小于 100mm。面层内不设置加强筋时，钉头筋可使用 4 根钢筋呈"井"字形压紧钢筋网片，网片应局部加强以增加混凝土局部抗压强度。土钉杆体较细时也可将端部直接折弯与加强筋焊接。采用角钢时，角钢一翼与土钉杆体焊接，另一翼与加强筋焊接，焊接应牢固，必要时进行焊缝强度验算。采用螺母、钢垫板连接时，垫板厚度不宜小于 10mm，尺寸不宜小于 50mm×50mm，螺杆直径一般与主筋直径相同。

土钉靠群体作用，构造中通常在土钉之间设置连接筋，通称加强筋。加强筋的作用大体有 4 点：①能更好地协调土钉共同工作；②稳定钢筋网片；③分散钉头对面层的局部压力，防止局部压剪破坏；④增加混凝土的延展性，防止钉头下混凝土发生冲切破坏。工程中通常在水平方向设置加强筋。国内早期工程中也有在竖向上设置加强筋的作法，施工不便，效果不好，目前已很少采用。加强钢筋一般采用 Φ 16～25 的 HRB400 级带肋钢筋，通常设置 2 根，重要部位设置 4 根，与钉头焊接。

8. 防排水系统

土钉墙宜在排除地下水的条件下进行施工，以免影响开挖面稳定及导致喷射混凝土面层与土体粘结不牢甚至脱落。排水措施包括土体内设置降水井降水、土钉墙内部设置泄水孔泄水、地表及时硬化防止地表水向下渗透、坡顶修建排水沟截水及排水、坡脚设置排水沟及时排水防止浸泡等。土钉墙对坡顶、坡脚设置排水沟及集水井的要求与基坑支护其他方法相同。土钉墙通常要在坡面上设置泄水孔排出面板后可能存在的积水，以减少土中的含水量，减轻地下水对面层产生的静水压力，防止地下水降低面层与土体的粘结强度甚至将之脱空，还可防止可能发生的冻害。从实际效果来看，因为土钉的数量远多于泄水孔且长度较长，大部分积水是通过土钉孔渗漏的，通常只有少量的泄水孔能起到作用。笔者认为，泄水孔简单设置即可，打入式钢管注浆土钉墙中甚至可以不设置。有些设计仿照重力式挡土墙的做法，要求泄水管尾端向上倾斜且孔内放置滤料，但土钉墙毕竟不是重力式挡土墙，这不仅很难实施，且没有必要。对于搅拌桩复合土钉墙是否需设置泄水孔业界存在着一些争议，笔者倾向于不设置，毕竟设置隔水帷幕的目的之一就是要防止坑外水位下降过多。土钉墙完成后，隔水帷幕复合土钉墙坑外的地下水位一般有所上升。永久性土钉墙中，靠土钉孔自渗水有时会堵住，宜设置深层泄水孔。降水井不要设置在坡面上，以防土钉注浆时被封堵。欧美的永久性边坡土钉墙有时根据需要在面层下设置一层土工合成材料滤水层，国内有的公路工程规范中对此也有所要求，但在基坑工程中尚没人采用。

泄水管一般采用 PVC 管，直径 50～100mm，长度 300～600mm，埋置在土中的部分钻有透水孔，透水孔直径 10～15mm，开孔率 5%～20%，尾端略向上倾斜，外包两层土工布，管尾端封堵防止水土从管内直接流失。纵横间距 1.5～3m，砂层等水量较大的区域局部加密。喷射混凝土时应将泄水管孔口临时封堵，防止喷射混凝土进入。

9. 隔水帷幕

隔水帷幕桩应相互搭接。不少规范允许桩身有 1‰的垂直度偏差，对于 10m 深基坑来说，如果相邻两根桩根均有 1‰的垂直度偏差且反向（在土中夹有块石时这种情况是普遍存在的），则会在坑底造成 200mm 的分岔，帷幕十有八九要漏水了。其实，土钉的施工过程中必然会造成坑外地下水的流失及水位的下降，如前所述，复合土钉墙中不应也不必过分强调隔水帷幕的止水效果。

通常情况下桩端穿过坑底无需太长。当坑底存在着软土、存在隆起危险时，笔者不建议通过加深桩长以抵抗隆起。搅拌桩在软土中的强度较低，可能会被剪切破坏，最好是在搅拌桩中插入微型桩，效果较好。隔水帷幕厚度也无需过宽，一般设置1～2排搅拌桩，排数再多对基坑变形帮助并不大。

选择隔水帷幕形式时要注意对不同地质条件的适应性。深层搅拌法质量可靠，造价低，施工速度快，可适用于大多数地质条件，软土中尤为适合，缺点是穿透能力较弱，在较厚的砂层、填土中有夹石、土层中有硬夹层等情况下成桩困难；高压喷射法能够克服搅拌桩在上述地层中成桩困难的缺点，但是在有大量填石情况下施工也很困难且成桩质量难以保证；在大量填石地层中可尝试冲孔咬合水泥土桩施工工艺[29]，该工艺采用简单冲孔机械冲击成孔，采用水下浇灌法填充预先拌和好的水泥土，水泥与土的比例可为1:5～1:8，桩位相互咬合，可起到较好止水效果且造价不高，在深圳地区的一些工程中已取得成功。

10. 锚杆

锚杆的设计承载力不需太大，过大的设计承载力并不能发挥作用。土钉的极限承载力一般100～200kN，锚杆的承载力较土钉大，土钉达到极限承载能力时锚杆尚未达到极限，土钉墙往往表现为土钉的破坏，锚杆的承载力再大也很难发挥功效。此外，锚杆通过承压板（梁）坐落在地基土上，预应力如果过大，承压板（梁）下土体会产生较大的塑性变形，其变形较为滞后，导致锁定的预应力值降低很快，并不能维持在较高的水平上。锚杆设计承载力不宜超过2～3倍土钉极限承载力，一般为200～300kN。锁定预应力一般为设计值的50%～100%，并且不小于100kN。

为了更好地控制基坑变形，锚杆应设置在基坑的中上部。不宜设置在第一排，第一排往往受坑外基础、管线等地下障碍的影响较大，很难施工，且注浆时容易从地表冒浆。锚杆需要承压板（梁）作为基底传力，因为承压板施工不便，目前普通采用腰梁形式。为了施工方便及与土钉墙更好地协调工作，腰梁通常采用喷射混凝土工艺分层制作，也可整体现浇。锚杆设计承载力较低，腰梁一般按构造设计即可。如果需要计算，可将腰梁视为有弹性支点的连续梁，以锚杆为支点，土压力为均布荷载。腰梁内钢筋与喷射混凝土面层内钢筋绑扎或焊接固定，以防止腰梁坠落。也可采用钢腰梁，但施工不太方便，需要与面层固定好，防止在腰梁自重及锚杆预应力向下的垂直分力作用下坠脱。锚杆与腰梁的连接方式如图9-14（d）所示。

锚杆复合支护时，设计人员通常要求锚杆张拉后再开挖下一层土方。因为锚杆注浆体凝固及强度增长需要一定的时间，工程中有时为了赶工期，往往向下开挖1～3层后再张拉。这种做法对控制变形有害。锚杆通常整排设置，该排锚杆不张拉不受力，可使上下排土钉受力较大，造成了土坡的水平位移增加，削弱了锚杆预期效果。

11. 微型桩

为了使微型桩能够发挥整体作用，通常在桩顶设置冠梁，这对刚度较大的桩比较重要。一般来说，桩的刚度越大，与土钉墙的复合作用效果越差。微型桩与土钉墙复合作用时，通常情况下都不是被剪切破坏的，而是被冲弯或者土体从桩之间滑出。微型桩的做法很多，刚度相差悬殊，对土钉墙的影响尚需要更多的研究。

12. 土方开挖

基坑支护的工法中，土钉墙对土方开挖有着明确具体的设计要求。这是土钉墙的特点决定的,土方开挖必须与土钉墙施工相结合。

基坑土方可分为中央的放坡开挖区及四周的分层开挖区。周边土方因配合土钉墙作业,必须分层分段开挖,宽度一般距坑边 6~10m,以作为土钉墙施工工作面及临时支挡。土方每层开挖的最大高度取决于该层土体直立稳定性的能力,主要由土体特性决定,同时与地下水、地面附加荷载、已施工土钉等因素相关。不同土层的最大开挖高度以地区的经验数据为主,目前尚没有值得信赖的经验公式进行估算。黏性土的最大开挖高度略大于无黏性土,显然,土体的抗剪强度越高,最大分层高度越高。在软土、无黏聚力的砂土中直立开挖时往往需采取提前加固措施。有资料建议用黏性土自立高度 z_0 的计算公式或者库尔曼法确定临界开挖深度 h_{cr},如式(9-5)、式(9-6)所示

$$Z_0 = 2c/\gamma/\sqrt{K_a} \quad \text{或} \tag{9-5}$$

$$h_{cr} = \frac{4c}{\gamma}\left[\frac{\sin\beta\cos\varphi}{1-\cos(\beta-\varphi)}\right] \tag{9-6}$$

式中 β——土坡与水平面的夹角(°);

c、φ、γ——土的黏聚力(kPa)、摩擦角(°)、重度(kN/m³);

K_a——朗肯主动土压力系数;

需要指出的是,这两个公式不能用于估算第一层土以下的分层高度,即便是估算第一层土的临界高度,因为没有考虑地下水作用、地面附加荷载及裂缝等情况,结果也是不安全的。实际上,施工中为了方便,分层高度不会达到最大值,一般与土钉的竖向间距相同,即 1.0~2.0m,而按前式计算结果一般会大于 2m。后式更是不可用。例如,取 $\beta=90°$,$\gamma=18kN/m^3$,$c=20kPa$,$\varphi=15°$,计算结果 $h_{cr}=5.6m$,显然谬误。

施工时应该开挖一层土方、施工一层土钉墙,综合考虑安全性及施工作业面,通常要求每层的开挖面标高位于该层土钉下面 0.3~0.7m。工程中如需加大挖深,有时为了赶工及开挖方便,采用开挖 2~3 层后再施工土钉墙的作法,这是很危险的。搅拌桩或微型桩复合支护,会给非专业人士造成一种错觉,以为有了搅拌桩或微型桩在挡土,可以不再控制分层高度,尤其在软土中开挖土方,因每开挖一层需修建一层供土方车辆临时通行的道路,费时费钱费力,土方挖运者倾向于每层挖得尽量深一些。因这种超挖原因而造成的工程事故屡见不鲜,十分值得警惕。

设置较小的分段长度,目的一是形成较小的工作面,使土钉墙作业尽快完成,二是充分利用土体的空间效应,先后利用未开挖土体及已施工土钉墙的支挡作用减少基坑变形。沿坑边走向的分段长度一般 10~20m。开挖后应尽量缩短土坡的无支挡暴露时间,尽快封闭及修建土钉墙,这对于施工阶段的土坡稳定及控制变形是非常重要的,对于稳定性差的土体尤其如此。土质较差时,可先喷一层 30~50mm 的底层素混凝土进行封闭,然后再施打土钉、挂网喷射面层混凝土作业。

通常沿基坑侧壁走向中段的变形较大,两端的变形较小,故基坑开挖周边土方时,一般应沿端角向中间开挖,尽量减少中段的暴露时间以减少中段的变形。也可采用跳仓开挖,即间隔开挖顺序。基坑中央的放坡开挖区基本上不受限制,但是要保证周边分层开挖区土体的整体稳定。局部超前超深开挖可作为集水井超前降水,应选好位置,不能对基坑侧壁的安全造成不良影响,尤其是砂土中含水量较大、容易塌方时。此外,特殊情况下,如开挖深度不同,坑外局部有建筑物或管线需重点保护,局部地质条件变化较大,下道工

序（如桩基础施工）对坑底的使用有特殊要求等，也需设计好开挖次序。土方开挖时一般采用机械，要避免碰到已完成的支护结构，要避免超挖造成基坑侧壁土松动，垂直开挖时要避免超挖成反坡。机械开挖后应人工用铲、镐、锹、锄等工具清理修整坡面，坡面平整度直接影响着喷射混凝土的外观质量及厚度的均匀性，一般控制在 20~30mm。

9.4.2 稳定性分析与计算

1. 引言

基坑的稳定性、支护结构的内力和变形及基坑周边地层变形的计算分析尚不能准确定量，在工程实践中常采用理论分析、经验判断及现场信息反馈三者相结合的方法，工程经验往往显得非常重要，尤其是新技术，无一不是先根据类似经验试验成功，经验丰富后再上升到理论高度。即便是有了理论分析计算，也要靠经验判断其可靠性及与实际符合的程度，工程中采用的设计理论与方法实际上也是处于半经验半理论状态，土钉墙作为一种较新的岩土工程技术，理论研究分析更是远远滞后于工程实际应用，目前仍处在以经验为主、以理论为辅的阶段。

土钉墙分析计算方法有工程经验法、极限平衡法及数值分析法三类，各有利弊，可互为验证，在一个工程中往往综合采用。土钉墙作为一种较为成熟的技术，工程设计时已经很少根据工程经验直接确定设计参数，一般先根据经验初定参数，然后采用极限平衡法进行校核，重要的工程再采用数值分析法辅助分析计算。

土钉墙的稳定性分析可以验证初步设计各个参数的合理性、可行性，确定支护结构的安全性、经济性、适用性，是土钉墙应用的理论基础，是设计工作中极其重要的一项内容。土钉墙究竟会发生哪些模式的破坏，许多国家进行了大量的试验研究，建立了不同的破坏模式，产生了相应的分析计算方法，这些方法有不同的破裂面形状假定、不同的钉-土作用和内力分布模型、不同的安全性定义，因为是在不同时期、不同国家、根据不同的试验成果提出的，分析结果往往只与相应的试验结果相一致，目前还没有得到普遍认可的统一的设计分析计算方法。有人认为这些破坏模式均可能会发生，也有人认为其中只会有一种或部分发生，但不管有多少种可能，内部整体稳定破坏模式被公认为是肯定会发生的，土钉墙必须要进行内部稳定性分析，分析结果是确定土钉设计参数的主要依据。

2. 内部整体稳定计算

所谓的内部稳定性是指破裂面全部或部分穿过被加固土体内部时的土坡稳定性，如图 9-15 所示，部分穿过时的破坏模式又称为混合破坏，如图 9-15（b）、（c）、（d）所示。

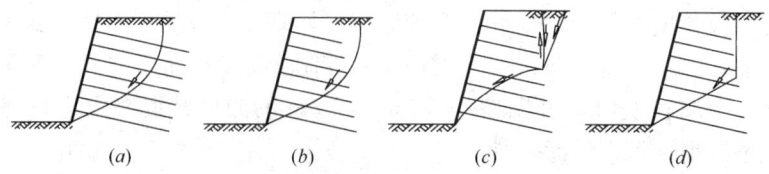

图 9-15 内部整体稳定性破坏模式

采用极限平衡法进行内部整体性分析时，大多采用边坡稳定的概念，常采用条分法，只是在滑移面上计入了土钉的抗力作用。土钉抗力可分解为沿滑移面的切向分力及垂直滑移面的法向分力，切向分力直接提供阻力，法向分力加大了滑移面上的正应力，同样增强了抗滑力。不同的分析方法中，破裂面的形状常假定为双折线、圆弧线、抛物线或对数螺旋曲线中的一种。土钉墙坡度一般较陡，按边坡稳定理论，在土质均匀的情况下，破裂面的底端通过墙趾，而破裂面与地表相交的另一端位置就需要通过试算来决定。每一个可能的滑移面位置对应一个稳定安全系数，作为设计依据的最危险滑移面即破裂面具有最小的安全系数，极限平衡分析的就是要找出其位置并给出相应的安全系数。极限平衡稳定分析的方法较多，本章重点介绍《建筑基坑支护技术规程》(JGJ 120—2008)（送审稿）使用的力矩极限平衡法。

（1）假定条件

土钉墙稳定计算的假定条件：

① 采用普通条分法，即假定破裂面为圆弧形，破坏是由圆形破裂面确定的准刚性区整体滑动产生的；土条宽度足够小，土条的重力及抗力等作用在土条底边中点；不考虑土条间的相互作用；

② 只考虑土钉拉力作用，不考虑剪力等其他作用；

③ 破坏时土钉的最大拉力产生在破裂面处；

④ 破坏时土体抗剪强度（由库仑破坏准则定义）沿着破裂面全部发挥，土钉拉力全部发挥；

⑤ 钉-土界面摩阻力均匀分布；

⑥ 不考虑面层对稳定性的贡献；

⑦ 地下水对土体抗剪强度指标产生影响，不考虑水压力直接作用；

⑧ 不考虑地震作用。

复合土钉墙稳定计算除了满足上述假定条件外，还要满足：

① 由于预应力的作用，土钉的法向分力与切向分力可同时达到极限值；

② 隔水帷幕及微型桩只考虑抗剪强度的贡献；

③ 锚杆、隔水帷幕及微型桩不能与土钉同时达到极限平衡状态，组合应用时分别折减，构件越多、抗剪强度越高、折减越大；

④ 滑移面穿过帷幕桩或微型桩时，平行于桩的正截面。

（2）内部整体稳定安全系数计算公式

计算简图如图 9-16 所示。对于施工时不同开挖高度和使用时不同位置，对应于每个圆心沿滑移面滑动的安全系数定义为滑移面上抗滑力矩与下滑力矩之比。取单位长度进行计算土坡安全系数 K_s 按式（9-7）计算，土钉墙按式（9-8）计算，复合土钉墙按式（9-9）计算，其中锚杆、隔水帷幕及微型桩对整体稳定的单独贡献分别按式（9-10）、式（9-11）及式（9-12）计算。

$$K_s = K_{s0} = \frac{\sum c_i L_i + \sum W_i \cos\theta_i \tan\varphi_i}{\sum W_i \sin\theta_i} \tag{9-7}$$

$$K_s = K_{s0} + \gamma_1 K_{s1} = K_{s0} + \gamma_1 \frac{\sum N_{u,j}\cos(\theta_j + \alpha_j) + \sum N_{u,j}\sin(\theta_j + \alpha_j)\tan\varphi_j}{s_{x,j}\sum W_i \sin\theta_i} \tag{9-8}$$

$$K_s = K_{s0} + \gamma_1 K_{s1} + \gamma_2 K_{s2} + \gamma_3 K_{s3} + \gamma_4 K_{s4} \tag{9-9}$$

$$K_{s2} = \frac{\sum P_{u,j}\cos(\theta_j + \alpha_j) + \sum P_{u,j}\sin(\theta_j + \alpha_j)\tan\varphi_j}{s_{x,j}\sum W_i \sin\theta_i} \tag{9-10}$$

$$K_{s3} = \frac{f_{v3} A_3}{\sum W_i \sin\theta_i}, \quad K_{s4} = \frac{f_{v4} A_4}{s_{x,j}\sum W_i \sin\theta_i} \tag{9-11, 9-12}$$

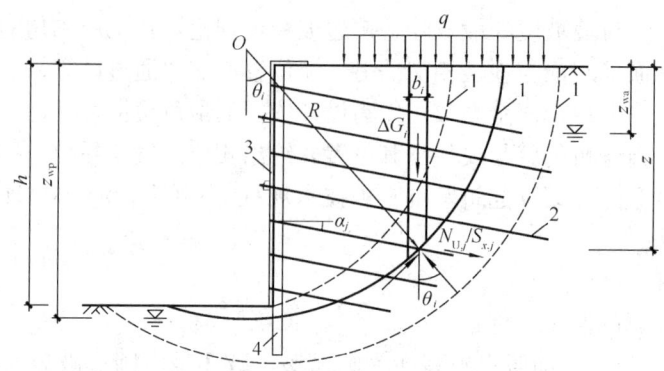

图 9-16 内部整体稳定计算简图

式中 K_s——整体稳定安全系数；

K_{sx}——分别为土、土钉、锚杆、隔水帷幕及微型桩产生的抗滑力矩与土体下滑力矩比；

c_i、φ_i、L_i——第 i 个土条在滑弧面上的黏聚力（kPa）、内摩擦角（°）及弧长（m）；

W_i——第 i 个土条重量，包括土条自重、作用在第 i 个土条上的地面及地下荷载（kN/m）；

θ_i——第 i 个土条在滑弧面中点处的法线与垂直面的夹角（°）；

γ_x——土钉、锚杆、隔水帷幕及微型桩产生的抗滑力矩复合作用时的组合系数；

$s_{x,j}$——第 j 层土钉、锚杆或微型桩的水平间距（m），土钉局部间距不均匀时可取平均值；

$N_{u,j}$——第 j 层土钉在稳定区（即圆弧外）的极限抗力（kN），应同时满足式（9-2）及式（9-3）；

$P_{u,j}$——第 j 层锚杆在稳定区（即圆弧外）的极限抗力（kN），详见本书相关章节；

α_j——第 j 层土钉或锚杆的倾角（°）；

θ_j——第 j 层土钉或锚杆与滑弧面相交处，滑弧切线与水平面的夹角（°）；

φ_j——第 j 层土钉或锚杆与滑弧面交点处土的内摩擦角（°）；

f_{vx}——隔水帷幕或微型桩的抗剪强度设计值（kPa）；

A_x——单位计算长度内隔水帷幕的截面积或单条微型桩的截面积（m²）。

（3）计算公式的一些说明及探讨

① 严谨的理论分析计算在岩土工程中目前还达不到实用的程度。因为不确定因素太多，要假定不少条件，有些理论的正确与否甚至都无法检验。绝对准确的理论是没有的，只能得到近似的知识，更关心的是众多假定条件下的理论与事实的符合程度能否满足工程的实际需要，实际上，如果能找到一个与绝大多数事实大体符合的理论计算公式往往就已经心满意足了。土钉墙技术也不例外。目前国内外土钉墙理论分析及计算公式均是半经验半理论且以经验为主的，与其过分注重理论的严谨性或一定要与经典的理论挂上钩，不如尊重实测成果更可靠和实用，这也是半经验半理论公式的建立基础。上述公式可用于合理设计方案的设计验算，不宜用于优化设计，优化设计是建立在设计理论的准确性和完整性基础上的。假如某个方案中有一条"超级"土钉，其强度、长度远超其他土钉，其土钉强

度低且长度短，稳定计算时可能也能获得较高的安全系数，但方案本身是不合理、不安全的。

② Duncan（1996）认为，瑞典条分法在平缓边坡及高孔隙水压力下误差较大，采用总应力法可得到基本正确的结果，采用简化毕肖普法几乎在所有情况下结果都更为精确。国内研究土钉墙稳定分析公式初期，计算机尚很不普及，采用其他方法的计算量远大于传统瑞典条分法，手算不便，且瑞典条分法计算结果一般偏于保守，故一直采用。极限平衡法忽略了变形协调条件，理论上就存在着较大缺陷，不管是瑞典条件法、简化毕肖普法、Junbu 法还是其他方法，计算方法之间的误差均小于计入土钉作用后的误差，笔者认为，采用哪种计算方法目前并不应是土钉墙稳定计算公式所应强调的重点问题。

③ 土钉墙破裂面的形状实际上是不能事先确定的，它取决于坡面的几何形状、土体的性状、土钉参数及地面附加荷载等众多因素，采用圆弧形的主要原因是因为它与一些试验结果及大多数工程实践比较接近，且分析计算相对容易一些。在某些特殊情况下，圆弧滑动并不是最佳答案，需要与其他模式对比计算。例如：

a. 很大地表荷载下非黏性土中的破坏更适合采用图 9-15（c）、9-15（d）模式。

b. 在深厚的软土地层，采用圆弧形可能会过高估计软土的被动土压力，如图 9-17（a）所示，土钉墙可能会沿着 2 曲线破坏而并非圆弧 1，因土质软弱，坑底的滑移面不会扩展到很远的地方。

c. 基坑上半部分为软弱土层、下半部分为坚硬土层、且层面向基坑内顺层倾斜时，可能产生顺层滑动，破裂面为双折线、或上曲下直的双线，如图 9-17（b）所示。

④ 土钉的实际受力状态非常复杂，一般情况下，土钉中产生拉应力、剪应力和弯矩，土钉通过这个复合的受力状态对土钉墙稳定性起作用。为了要合理地确定土钉所产生的拉力、剪力和弯矩的大小，就需要知道土体中会出现的变形、土钉的弯曲刚度、土钉的抗弯能力以及土钉周围土体的侧向刚度等，这在实际工程中是非常困难的。仅考虑土钉的抗拉作用，是因为客观土钉的抗拉能力所要求的土体变形量要小得多（Juran 1985），而且只考虑土钉的抗拉作用可以使分析计算大大简化。土钉相对弯曲刚度对土钉墙安全系数的提高大约为 0%～15%（Glasgow 1980），大量实尺试验认为土钉剪力的作用是次要的，仅考虑抗拉作用略偏于保守（Gassler1980）。总体而言，只考虑土钉抗拉作用、不考虑其内力作用总体影响不大且是偏于安全的做法，可以被工程接受。

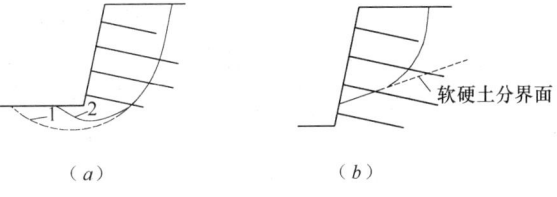

图 9-17　特殊地质条件下的破坏模式
（a）深厚软土层；（b）上软下硬土层

⑤ 土钉单体之间受力是不均衡的，不能同时达到极限状态，土钉最大拉应力位置与破裂面并不完全重合，粘结应力沿土钉全长非均匀分布等，都与计算假定有出入，导致计算结果有一定的误差，但只能通过安全系数加以解决。此外，对安全性有影响的因素众多，如土的变异性、钉土刚度比、注浆压力、开挖卸载速度、支护前开挖因暴露时间、面层、初始应力场、成孔工艺等，有些是有利于安全的，多数是不利的，无法一一考虑，都只能反映在安全系数之中。综合这些因素，仅就计算公式而言，整体稳定分析计算出来的土钉

拉力较下一小节所介绍的单条土钉抗力计算结果更接近实际一些。

⑥不考虑地下水的影响有时偏于不安全，但如果认为地下水压力直接作用在面层上又与实际情况相差较远。图 9-19 体现了笔者对地下水位的认识。

⑦土钉墙是从上到下逐层修建的，当某一层土方开挖完毕而土钉还没有安装或土钉刚安装完毕注浆体没有达到应有强度时，往往更危险，尤其是开挖最下一层土方而土钉没有安装时，计算时要特别注意这个阶段的稳定性。

⑧土钉墙滑移面剪出口往往位于基坑底面或最下排土钉钉头处，但是不能以此作为局限，应全面搜索最危险滑移面位置，在土质不均匀且层面起伏较大时更要如此。基坑侧壁下半部分及坑底以下软弱土层深厚时，滑移面剪出口可能位于与坡脚有一定距离的基坑底面，但土质坚硬而上半部分土质较软弱时，剪出口可能位于与坡脚有一定高度的基坑侧壁上。

⑨隔水帷幕均为水泥土结构。水泥土抗剪强度随着无侧限抗压强度增加而增加，一般视为成正比增加，也有资料认为成幂指数增长。水泥土的抗压强度受控于原状土性质，变化幅度很大，深层搅拌法为 0.3～4MPa，高压喷射法为 1～10MPa，各规范、手册取 0.06～0.3 倍的抗压强度为抗剪强度，相差甚远，正说明了其复杂性，使用者要根据自己的经验判断选用，经验不足时搅拌法水泥土的抗剪强度可取 50～200kPa，高压喷射法取 100～500kPa，淤泥等软弱土层中取值小，砂层中取值大，详见本书相关章节。一般取龄期为 90d 的水泥土强度为标准强度，基坑开挖、搅拌桩开始受力时通常情况下还没有达到，故公式中的强度设计值应为搅拌桩受力时的预期强度。《深圳地区建筑深基坑支护技术规范》（SJG 05—96）建议水泥土试块 7d 强度按 0.3 倍标准强度、28d 按 0.6 倍估算，《地基处理手册》（第三版）建议龄期 15～90d 之间时，强度比是龄期比的 0.4 次幂。此外，公式认为破裂面与隔水帷幕的切割面是平面不符合假定的圆弧形状，但基本符合实际。

（4）组合系数 γ_x 的取值

如前所述，锚杆、隔水帷幕、微型桩、土钉及土体的抗力不能同时达到极限状态，要对构件的抗力作用进行折减。组合系数 γ_x 体现了某种构件的可靠性对支护体系安全的影响，实质上是抗力分项系数。对于复合土钉墙，单一的总安全系数法已经不能够满足工程需要，采用分项安全系数法已是必然。但是，由于缺乏更多的统计数据，且土体、隔水帷幕、微型桩的抗剪强度及锚杆应力等指标很难采用概率法分析统计，分项系数目前只能凭经验确定，离散度较大，对同一工程不同的人可能会得到不同结论。现笔者对 γ_x 取值进行简单探讨。

①式（9-8）中的 K_{s1} 也可表达为式（9-13）。不同文献 γ_1 的取法差别较大，一部分取 $\gamma_{1t}=\gamma_{1n}=1$，即 $\gamma_1=1$，少部分取 $\gamma_{1t}=1,\gamma_{1n}=0$ 或 $\gamma_{1t}=0,\gamma_{1n}=1$，考虑到土钉墙变形后土体中产生裂缝，降低了土钉的法向分力作用，作者建议取 $\gamma_{1t}=1$、$\gamma_{1n}=0.5$。不同文献取法不同时建议的 K_s 也不同，如取 $\gamma_1=1$ 时建议的 K_s 一般要大一些。作者建议取 $\gamma_1=0.8\sim1.0$，土钉为钻孔注浆钢筋土钉及钢花管注浆土钉时，随着土体抗剪强度指标的降低而降低，在淤泥等软弱土层中取下限，硬塑以上的黏性土及密实的砂土取上限，分别对应于基坑侧壁不同安全等级的安全系数则保持不变，例如安全等级一、二、三级时分别保持 $K_s=1.40$、1.30、1.20 不变。

$$K_{\mathrm{sl}} = n_{1,j} \frac{\gamma_{1\mathrm{t}} \Sigma N_{1\mathrm{u},j} \cos(\theta_j + \alpha_j) + \gamma_{1\mathrm{n}} \Sigma N_{1\mathrm{u},j} \sin(\theta_j + \alpha_j) \tan\varphi_j}{\Sigma W_i \sin\theta_i} \qquad (9\text{-}13)$$

②锚杆单独与土钉墙复合作用时，建议取 $\gamma_2=0.4\sim0.6$。锚杆与土体的刚度比越大，取值越低。如前所述，锚杆的预应力限制了周边土钉抗力的充分发挥，其不良影响在公式中体现为对锚杆作用的折减上。锚杆设计承载力不宜超过 2～3 倍土钉极限承载力，一般为 200～300kN，锁定预应力一般为设计值的 50%～100%，并且不小于 100kN。超过这一范围的 γ_2 取值应进一步减小。

③隔水帷幕单独与土钉墙复合作用时，建议取 $\gamma_3=0.5\sim0.8$，帷幕与土体的刚度比越大，取值越低。帷幕桩连续分布，对桩后土约束极强，桩后复合土体与帷幕桩同时剪切破坏，复合作用较为均衡。但是，帷幕桩的存在也限制了土钉抗力的充分发挥，其不良影响在公式中体现为对帷幕作用的折减上。

④微型桩单独与土钉墙复合作用时，建议取 $\gamma_4=0.1\sim0.5$，微型桩与土体的刚度比越大，取值越低。微型桩为直径较大（250mm 及以上）、受力筋为钢筋笼或型钢的钻孔混凝土灌注桩，或者工字钢、H 型钢、方钢等各种型钢及钢轨，预制钢筋混凝土桩，插筋（型钢）隔水帷幕，预应力管桩等时，取小值，其刚度、强度较小的微型桩，取较大值。

⑤锚杆、隔水帷幕及微型桩两两组合或共同与土钉作用时，应将 γ_x 值进一步适当降低。不管是单独还是组合作用，均应使 $K_{s2}+K_{s3}+K_{s4}\leqslant 0.5$，或者 $K_{s0}+\gamma_1 K_{s1}\geqslant 0.8$。尤其要注意微型桩与隔水帷幕的共同作用。微型桩与搅拌桩组合时，位置关系有 3 种情况，不同情况的组合效果不同。

a. 微型桩置于搅拌桩中间时，相当于劲性水泥土，搅拌桩与微型桩粘结良好，对微型桩形成了强有力的约束，使二者能够充分协调受力，微型桩的作用能够得到最大程度的发挥，复合作用效果最好，γ_x 可适当取较大值。但是，在搅拌桩内钻孔施工微型桩难度较大，有砂层时搅拌桩在砂层中的强度很高，可达 5MPa 以上，回转钻一般不能钻进。

b. 微型桩位于搅拌桩内侧（背基坑侧）时，因施工方便，工程中最为常用，但与搅拌桩协调工作的效果最差，其强度不能得到充分发挥，γ_x 应取小值。

c. 微型桩位于搅拌桩外侧（向基坑侧）时，两条微型桩之间的土很难附着于搅拌桩上，也很难形成土拱，很容易掉落，使微型桩凸出于搅拌桩平面，对挂钢筋网、架设通长的加强筋及喷射混凝土造成不便，故实际工程中较少采用。

3. 抗倾覆及抗滑移稳定性分析

安全系数并不能定量表示安全性，重力式挡土墙内部稳定安全系数 K_s、抗滑移安全系数 K_c 及抗倾覆安全系数 K_o 之间不具备直接相比性。但是，当 $K_s=1$（即挡土墙达到整体稳定极限平衡）时，与 K_c 及 K_o 就具备了比较意义。下面通过算例说明如果土钉墙按重力式挡土墙设计计算时 K_c、K_o 与 K_s 的关系。

算例分为 4 组：土层均质，$\gamma=18\mathrm{kN/m^3}$，无地下水，无地面附加荷载，土钉孔径 80mm，倾角 15°，a、b、c 组纵横间距及 d 组水平间距均为 1.0m，K_s 计算按《建筑基坑支护技术规程》（JGJ 120—99），K_c、K_o 及墙底压力计算方法按《深基坑工程设计施工手册》（第一版）。钉土粘结强度 q_{sk}、墙底摩擦系数 μ 等参数按规范取值，土与墙背摩擦角 δ 在 a 组算例取 0.5φ，b、c、d 组取 10°。a、b、c 组通过调整土钉长度使 $K_s=1$。d 组中，通过减短单体长度、增加排数使土钉总长度不变。计算成果如图 9-18 所示。表 9-2 为算例的计算数据。表中墙趾压力倍数 P 为计算出的墙趾压力与天然状态下自重压力的比值。

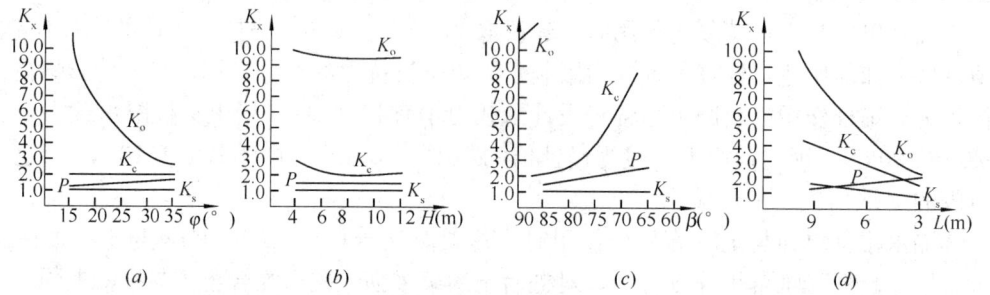

图 9-18　按重力式挡土墙理论计算的土钉墙各种稳定安全系数
(a) 随土层内摩擦角变化；(b) 随坡高变化；(c) 随坡角变化；(d) 随钉长变化

上述计算不够严谨，但仍反映了规律性：①在 $K_s=1$（即土钉墙处于整体临界稳定状态）时，抗滑移及抗倾覆安全系数仍较大，在各种条件下均如此，说明即使土钉墙会发生倾覆及滑移破坏，发生的几率也远远小于内部稳定破坏；②土钉总长度不变时，安全系数随着土钉单体长度的减短而降低；③计算墙趾压力高于天然状态很多，尤其是第 3 组算例中，墙趾压力随着边坡的变缓反而大幅增加，与实际不符。

土钉墙稳定安全系数计算数据表　　　　　　　　　　　表 9-2

组别	墙高 h (m)	坡角 β (°)	排数	钉长 (m)	c (kPa)	φ (°)	q_{sk} (kPa)	μ	K_s	K_c	K_o	墙趾压力倍数 P
a	9	90	8	15.5	0	15	40	0.30	1.0	1.9	16	1.15
	9	90	8	10.1	0	20	50	0.33	1.0	1.7	8.8	1.31
	9	90	8	7.2	0	25	60	0.35	1.0	1.6	5.5	1.50
	9	90	8	5.4	0	30	70	0.38	1.0	1.6	4.0	1.72
	9	90	8	4.4	0	35	80	0.40	1.0	1.7	3.3	1.86
b	4	90	3	2.5	10	15	50	0.30	1.0	2.6	7.7	1.36
	6	90	5	4.5	10	15	50	0.30	1.0	1.7	6.3	1.44
	8	90	7	6.8	10	15	50	0.30	1.0	1.6	6.9	1.40
	10	90	9	9.1	10	15	50	0.30	1.0	1.5	6.9	1.39
	12	90	11	11.6	10	15	50	0.30	1.0	1.5	7.2	1.38
c	9	90	8	8	10	15	50	0.30	1.0	1.9	10.8	1.23
	9	85	8	6.8	10	15	50	0.30	1.0	2.1	12.6	1.08
	9	80	8	6.1	10	15	50	0.30	1.0	2.4	15.1	1.33
	9	70	8	5.0	10	15	50	0.30	1.0	6.8	53.2	2.48
	9	60	8	4.6	10	15	50	0.30	1.0	—	—	—
d	9	90	6	9.0	15	20	60	0.3	1.31	3.2	1.3	1.14
	9	90	9	6.0	15	20	60	0.3	1.23	1.9	1.2	1.45
	9	90	12	4.5	15	20	60	0.3	1.07	1.5	1.1	1.81
	9	90	15	3.6	15	20	60	0.3	0.88	2.4	0.9	2.32

4. 地基失稳与隆起

土钉墙及地面荷载的重量超过墙底地基土承载能力时，可能会发生地基土下沉剪切破坏，地基土剪切破坏必然会造成土体向坑内隆起，故地基失稳通常和坑底隆起一起加以考虑。基坑底面以下有软塑、流塑状的淤泥、淤泥质土、有机质土、淤泥质砂、粉质黏土、黏质粉土等各种软土时，土钉墙都应进行抗隆起稳定性验算，安全系数不满足要求时采取有关加固措施。土钉墙无法考虑因坑底土回弹造成的隆起。

抗隆起稳定计算公式大致可分为3类：
① 按地基极限承载力核算抗隆起稳定；
② 以支护桩与坑底交点为原点取力矩平衡计算；
③ 以支护结构最下一排支撑（或锚杆）为原点取力矩平衡计算。

具体计算方法详见本书相关章节。第2、3类计算公式中，都认为桩具有足够的强度，没有产生强度破坏，故滑动面从桩底下穿过。显然这对土钉墙不适合。土钉墙及锚杆复合土钉墙没有入土深度，隔水帷幕复合土钉墙有入土深度，但软土中的隔水帷幕强度很低，易发生剪切破坏，对抗隆起的帮助不是很大。微型桩的强度及刚度较高时，可能不发生强度破坏，但是，复合土钉墙中最下一排土钉一般受力较小，强度刚度低，很难认为可以形成支点绕其转动，笔者认为，土钉墙应该按地基极限承载力核算抗隆起稳定性。

5. 抗渗流

潜水及承压水可能会造成坑底的渗流破坏。土钉墙对承压水造成的渗流破坏稳定验算与其他支护结构相同。对于非隔水帷幕复合土钉墙，坡脚即为坑外地下水渗入点，坑内外几乎没有水位差，故完工后不会因潜水产生渗流破坏（施工过程中可能会在坡面发生流土或管涌）。隔水帷幕复合土钉墙因潜水产生的渗流破坏模式与其他支护形式略有不同。

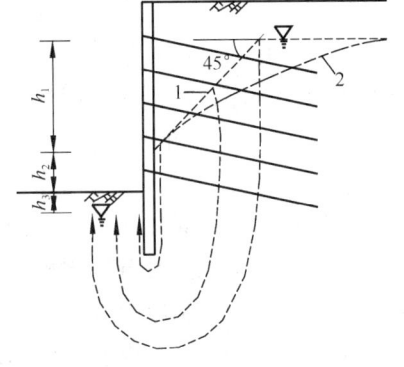

图 9-19　隔水帷幕复合土钉墙渗流稳定性验算简图

隔水帷幕复合土钉墙在止水效果很好的情况下，认为帷幕不渗漏水。但是，每个土钉孔及坡面都有可能渗水，造成了坑外水位的下降，如本章前面所述。观测数据表明，这种渗漏在坑外形成了降水漏斗，与降水井形成的降水漏斗相比，范围要小，如图9-19所示。实际工程中，靠近坡面的水位一般不超过第二排土钉头处，因土钉孔渗水的程度不同，浸润线很难确定。可按图9-19中曲线1计算地下水位，分别取水头差 $\Delta h=h_2+h_3$、$\Delta h=h_1/2+h_2+h_3$ 及 $\Delta h=h_1+h_2+h_3$ 三种状况验算，这样做法偏于安全。图中曲线2为假定的降水井降水浸润线。

9.4.3　土钉抗力验算

1. 引言

土钉墙内部整体稳定分析的理论基础是：土钉稳定区中所提供的抗力（矩）及土体间抗力（矩）应与主动区土体产生的下滑力（矩）相平衡，重点强调的是土钉的整体作用性。但基于极限平衡理论的稳定分析方法有缺陷，如果土钉布置不合理，即使安全系数较大也并不意味支护系统一定是安全的。在稳定性分析满足设计要求的前提下，如果对每条土钉的长度、承载能力及间距等都加以限制，不使其长度过短、承载力过低、密度过小，则可大大保证支护系统的安全性，这就需要对每条土钉的抗拉力、抗拔力等进行验算，统称为土钉抗力验算。土钉的抗力验算还应该包括面层对钉头的锚固力验算，但一般通过构造措施加以解决，如前所述。对土钉的抗力验算是以每条土钉均应该与分配给其的主动土压力相平衡为理论基础，是对整体稳定性分析的补充，是从另一个角度核算土钉墙的安全性，也有人称之为局部稳定验算。因要平衡的对象不同，故按主动土压力平衡法计算出来的土钉抗力与按复合土体极限平衡稳定分析计算出来的单条土钉极限抗力是有区别的。采取两种方法或三种（有些规范中还要求进行抗滑移及抗倾覆等稳定验算）方法是因为哪种理论计算方法都不完全成熟，合在一起使用安全性更有保证。

土钉的抗力验算先要确定土钉所受的荷载，而土钉所受荷载与荷载作用位置相关，即与滑移面密切相关。土钉墙所受的土压力非常复杂。土钉墙没有入土深度，不存在被动土压力，只承受主动土压力，隔水帷幕及微型桩复合土钉墙中有桩嵌入土中，存在被动土压力，但目前的理论分析尚未考虑其有利影响，只作为安全储备。

现在简单回顾一下朗肯土压力及库仑土压力理论。朗肯土压力理论是根据半空间的应力状态和土的极限平衡条件而得出的土压力计算方法，为了使挡土墙后的应力状态符合理论要求，假定条件为：

① 墙背直立；

② 墙背光滑；

③ 墙后填土是水平的。由于忽略了墙背与填土间的摩擦力影响，使计算的主动土压力偏大，被动土压力偏小。

库仑土压力理论根据墙后滑动土楔的静力平衡条件推导出土压力计算公式，考虑了墙背与土之间的摩擦力，并可用于墙背倾斜、填土面倾斜等情况，假定条件为：

① 填土为无黏性土，即 $c=0$；

② 破裂面为平面。实际上，破裂面一般为曲面，只有当墙背的斜度不大、墙背与填土间的摩擦力很小时才接近于平面，因此计算结果有偏差。

计算主动土压力时偏差约为 $2\% \sim 10\%$，被动土压力时误差较大，有时达 $2\sim3$ 倍甚至更大。两个经典土压力理论的共有特点之一即主动土压力全部作用在挡土墙墙背上。

土钉墙不同于以往任何一种挡土结构。其他挡土结构，除了加筋土挡土墙之外，主动土压力均是全部直接作用在面层上。加筋土挡土墙受力机理与土钉墙有相似之处，即筋带最大拉力值大于面层所受压力，但当以楔体极限平衡法分析计算时，仍假定土压力全部作用在面层上。主动土压力并非全部作用在面层上，大部分直接作用在土钉上，这是土钉墙与其他挡土结构受力特征的本质不同。土压力是否作用在面层上直接影响了土钉的内力分布形态。土钉墙的面层不是重力式"墙"，复合土体也不是。除此外，土钉墙使用时往往还有两个条件：

①墙面倾斜；

②土质以黏性土为主或与砂土互层。

可见，土钉墙不符合这两个理论的假定条件，故不能直接引用其理论公式。学者们根据实测数据，或者根据工程经验对经典理论进行修正，得到了土钉墙的经验土压力分布曲线。经验土压力中，目前普遍把土钉所受的最大拉力视为主动土压力，主动土压力没有作用在面层上而是与其有一定距离，面层所受的土压力为主动土压力的一部分。

滑裂面的形状是另一个重要问题。滑裂面实际上是无法确定的，和土体性状、土钉墙设计参数、地面荷载、地下水作用等多种因素相关。不同的学者把观测到的实际破裂面形状，假定为圆弧形、对数螺旋线形、抛物线形、双曲线形、直线形、双折线形等数种，用于单条土钉抗拔力验算时，为简单起见，通常采用直线形及双折线形。计算时假定为这种形状，并不代表实际情况。

国内外目前常用的用于土钉抗力计算方法有十余种，经验土压力、破裂面模型以及相应的计算公式各不相同。各种土压力简化曲线中，三角形土压力法与实际相差较大，可能会过高估计下部土钉的内力，且对上部土钉来说可能不安全。土钉抗力各种计算方法与相应的整体稳定分析综合考虑后，计算出的土钉长度及密度相差不大，且由于安全系数取法不同，总体而言对土钉墙安全性的影响差异不大，实际工程中多可采用。本节介绍作者推荐的方法。

2. 单条土钉抗力计算

(1) 单条土钉的荷载标准值

单根土钉的轴向荷载标准值即该条土钉应该承担的土压力，可按式（9-14）计算：

$$N_{k,j} = \frac{1}{\cos\alpha_j}\zeta\eta_j e_{ak,j} s_{x,j} s_{z,j} \tag{9-14}$$

式中 $N_{k,j}$——第 j 层土钉的轴向荷载标准值（kN）；

α_j——第 j 层土钉的倾角（°）；

ζ——坡面倾斜时的主动土压力折减系数，可按式（9-15）计算；

η_j——第 j 层土钉处的主动土压力分布调整系数，可按式（9-16）计算；

$e_{ak,j}$——第 j 层土钉处的主动土压力强度标准值（kPa），按相关规定计算；

$s_{x,j}$——第 j 层土钉的水平间距（m），局部间距不均匀时取平均值；

$s_{z,j}$——第 $j-1$ 层至第 $j+1$ 层土钉垂直间距的 0.5 倍（m）。最上（下）排土钉至坡顶（脚）的距离应计入最上（下）排土钉的垂直间距内。

(2) 坡面倾斜时的主动土压力折减系数 ζ

朗肯主动土压力 E_{ak} 是在假定墙背垂直的条件下推导出来的。坡面倾斜时，主动土压力减小，其值可通过对 E_{ak} 折减的办法得到。令折减系数为 ζ，折减方法如图 9-20 所示。

图中假定：

①滑移面为平面，倾角 $(\theta+\varphi_m)/2$；

②土层 $c=0$；

③土楔产生的主动土压力 E_a' 方向水平。

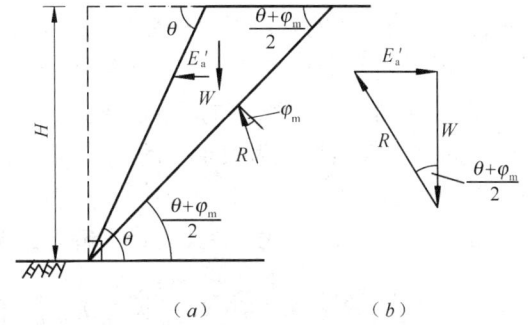

图 9-20 坡面倾斜时主动土压力折减系数
(a) 作用在土楔上的作用力；(b) 力矢三角形

W 为土楔的重量，R 为滑移面的反作用力，φ_m 为基坑底面以上土体内摩擦角标准值按土层厚度加权的平均值。由图 9-20(b)可得：

$$E'_a = W\tan\frac{\theta-\varphi_m}{2} = \frac{1}{2}rH^2\left(\cot\frac{\theta+\varphi_m}{2}-\cot\theta\right)\tan\frac{\theta-\varphi_m}{2} \quad (9\text{-}15)$$

$$\zeta = \frac{E'_a}{E_a} = \frac{E'_a}{\frac{1}{2}rH^2\tan^2\left(45°-\frac{\varphi_m}{2}\right)} = \tan\frac{\theta-\varphi_m}{2}\left(\cot\frac{\theta+\varphi_m}{2}-\cot\theta\right)\Big/\tan^2\left(45°-\frac{\varphi_m}{2}\right)$$

$$(9\text{-}16)$$

上述估算方法得到的 ζ 是半理论半经验系数，与假定的滑移面倾角、土压力强度标准值 e_{ak} 的取值方法及规定的安全系数等因素相关，用于简便估算坡面倾斜时单条土钉应承受多少荷载，从而估算土钉的设置密度及长度。需要说明的是：土钉墙的主动土压力并不作用在坡面上，ζe_{ak} 也不是作用在倾斜面上的主动土压力。

（3）主动土压力分布调整系数 η_j

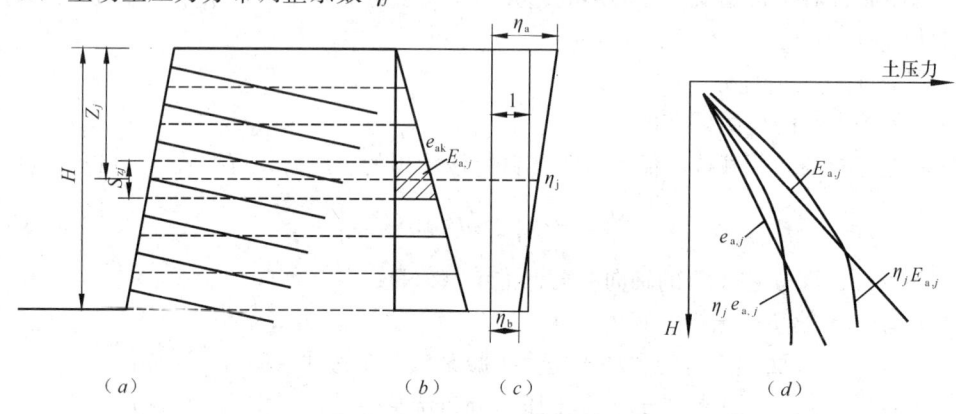

图 9-21 主动土压力分布调整系数
(a) 计算模型；(b) 朗肯主动土压力；(c) 主动土压力调整系数；(d) 调整后土压力

土钉墙主动土压力的计算方法有两类：一类是根据经验直接假定主动土压力的分布形状及数值大小，另一类认为作用在土钉墙上的主动土压力总和仍为朗肯主动土压力，只不过不再是上小下大的三角形分布形状，根据经验将其调整为梯形等其他分布形状。作者建议对土压力进行调整，方法为：令第 j 条土钉调整前所承担的主动土压力为 $E_{a,j}$，如图 9-21 所示，调整后为调整前的 η_j 倍。假定 η_j 与基坑深度 H 为线性关系，其值在墙底处为小于 1 的 η_b，在墙顶处为大于 1 的 η_a，第 j 条土钉深度为 z_j，由图中可得几何关系如式（9-17），解之，得式（9-18），因所有土钉承担的总主动土压力在调整前后保持不变，故有 $\Sigma\eta_j E_{a,j} = \Sigma E_{a,j}$，将式（9-18）代入解之，得式（9-19）：

$$\frac{\eta_j - \eta_b}{H - z_j} = \frac{\eta_a - \eta_b}{H}, \quad \eta_j = \left(1-\frac{z_j}{H}\right)\eta_a + \frac{z_j}{H}\eta_b,$$

$$\eta_a = \frac{\Sigma(H-\eta_b z_j)E_{a,j}}{\Sigma(H-z_j)E_{a,j}} \quad (9\text{-}17、9\text{-}18、9\text{-}19)$$

调整后的土压力强度曲线如图 9-21 (d) 所示，该曲线能够较好地模拟了绝大多数工程的实测结果。η_b 是个重要的经验数据，与土层的抗剪强度及含水量有关，一般 $\eta_b = 0.5\sim0.8$，经验不足时可参考以下建议：硬塑以上黏性土取 $\eta_b = 0.5$，一般黏性土取 $\eta_b = $

0.6，砂土、软土取 $\eta_b=0.7$，淤泥取 $\eta_b=0.8$。

(4) 土钉的极限抗拔承载力及设计长度

第 j 条土钉的总长度为在主动区内长度 l_e 与在稳定区内长度 Σl_i 之和，在稳定区内长度 Σl_i 应满足式 (9-20)：

$$\pi d_j \Sigma q_{sk,i} l_i \geqslant N_{u,j}, \quad N_{u,j} \geqslant \gamma_0 K_b N_{k,j} \quad (9\text{-}20, 9\text{-}21)$$

式中 $N_{u,j}$ ——第 j 个土钉在稳定区的极限抗拔承载力 (kN)，当按图 9-21 确定时，需满足式 (9-21)，当按图 9-16 确定时，无需满足式 (9-21)；

d_j ——第 j 个土钉的锚固体直径 (m)，钻孔注浆土钉按孔径计算，打入钢管土钉直径可按钢管直径+20mm 计算；

$q_{sk,i}$ ——第 j 个土钉在第 i 层土的极限粘结强度标准值 (kPa)，应由土钉抗拔试验确定，无试验数据时，可根据工程经验参考表 9-1 取值；

K_b ——土钉抗拔安全系数，一般取 1.6；

l_i ——第 j 个土钉在假定滑移面外第 i 土层中的长度 (m)，如图 9-22 所示。

(5) 筋体材料强度

第 j 条土钉筋体截面积 A_s 应满足式 (9-22)，其中 f_{yk} 为筋体抗拉强度标准值 (kN/m²)，$N_{d,j}$ 为抗拉承载力标准值，γ_0 为工程重要性系数，γ_F 为材料抗力分项系数：

$$A_{s,j} f_{yk} \geqslant N_{d,j}, \quad N_{d,j} = \gamma_0 k_b N_{k,j} \quad (9\text{-}22, 9\text{-}23)$$

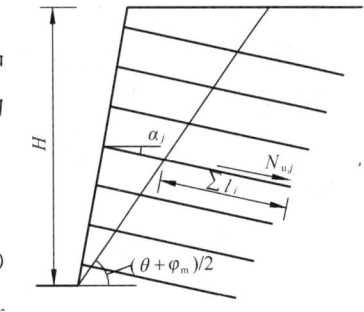

图 9-22 土钉抗拔承载力计算

土钉直径较小时，按式 (9-22) 确定的土钉极限抗拉承载力可能会小于按式 (9-20) 确定的土钉极限抗拔承载力，土钉的极限抗力定义为两者中的较小值。

9.5 土钉墙的变形计算与探讨

1. 变形控制指标

大量观测数据表明，一般及较好的土层中，土钉墙最大水平位移 S_h 与开挖深度 H 的比值一般为 0.1%～0.5%，超过 1% 后认为基坑是不安全的；软土中 S_h/H 约为一般土层中的 1.5～2 倍，超过 2% 后认为基坑是不安全的。《深圳地区建筑深基坑支护技术规范》规定安全等级为二、三级的基坑允许 S_h/H 分别为 0.5%、1%，广东省《建筑基坑支护工程技术规程》(DBJ/T 15—20—97) 规定安全等级为一、二、三级的基坑允许 S_h 分别为 0.2%H 且不大于 30mm、0.4%H 且不大于 50mm、2.5%H 且不大于 150mm。沉降变形一般不对土钉墙的安全产生直接影响，对周边环境产生危害，指标很难确定。广东省《建筑基坑支护工程技术规程》规定安全等级为一、二、三级的基坑允许最大沉降 S_v 分别为 0.15%H 且不大于 20mm、0.3%H 且不大于 40mm、2%H 且不大于 120mm。

沉降主要由两方面引起，即土体的侧向位移及水位下降造成的固结沉降。不同土质中土钉墙沉降影响的范围（与坑边的水平距离 L）及最大沉降值 S_v 如表 9-3 所示。

沉降影响范围及程度　　　　　　　　　　　　　　　表 9-3

土质状况	地下水位较高的砂土及新近填土	较硬的黏性土	深厚的软土	其余土层
L/H	1.5～2	1	4～5	1～1.5
S_v/S_h	1～1.5	0.8～1	1～1.2	1

2. 变形计算方法探讨

基坑的变形计算与预测一直是基坑工程的难点。原因是多方面的，最根本的原因在于土体的复杂性。土体的变形受原位初始应力状态影响很大，但目前的勘察测试方法，不论是原位测试技术还是土工试验技术，得到的土体参数都已是原位土应力释放后的，已经不能反映土体的真实初始状况，仅从这一点就可知基坑的变形预测在目前阶段是不可能准确的。

土钉墙支护也是如此，用极限平衡分析法不能提供任何土钉墙变形的信息，可用有限元等数值分析方法做出估算，但成果的可信程度也并不高。目前了解的土钉墙变形性能主要是根据监测资料。一些重要的、大型基坑工程建立了数值分析模型，将已观测到的成果作为数据输入，据此预测下一步变化，如此反复，得出的预测值与实测较为接近。但是，由于建模的复杂性及早期预测的准确度较低等因素，这类方法目前没能普遍应用。

近些年，不少学者致力于建立相对简单的经验公式对变形进行预测，取得了一定的成果。作者结合工程经验，仿效广义虎克定律，提出土钉墙水平位移计算经验公式如式(9-24)：

$$S_{h,z} = \psi_h \frac{K_0(\gamma H + q) - p_{av}}{E_{sp}} b_z + \nu \frac{\gamma z + q}{E_0} b_z \tag{9-24}$$

式中　$S_{h,z}$——深度为 z 处的土钉墙面层水平位移（mm）；

　　　ψ_h——位移调整经验系数，一般取 1～1.3。与搅拌桩或微型桩复合支护时，取下限，土钉墙支护时，在自立性较差的土层中取上限，在自立性较好的土层中取中值；

　　　K_0——静止土压力系数，可在室内用 K_0 三轴仪或应力路径三轴仪测得，也可在原位自钻式旁压仪测得。缺乏试验资料时，砂性土中取 $K_0 = 1 - \sin\varphi$，黏性土中取 $K_0 = 0.95 - \sin\varphi$；

　　　γ——土体天然重度（kN/m³）；

　　　H——基坑开挖深度（m）；

　　　q——地面附加荷载（kPa）；

　　　p_{av}——锚杆平均作用荷载（kPa），

$$p_{av} = \frac{1}{H} \Sigma \frac{P_{d,j}}{s_{x,j}}; \tag{9-25}$$

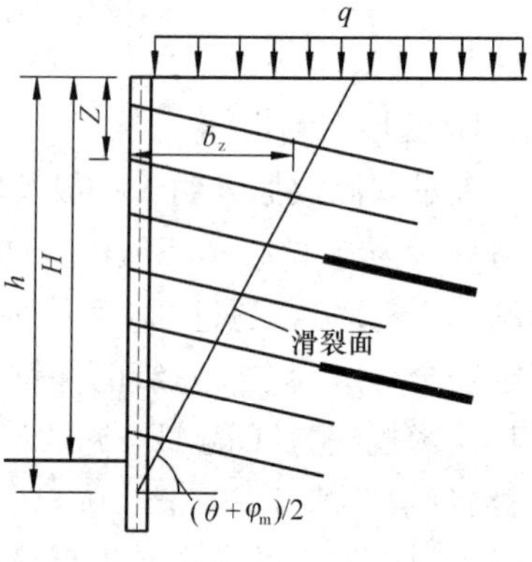

图 9-23　b_z 计算示意图

　　　$P_{d,j}$——第 j 层锚杆的设计承载力（kN）；

　　　$s_{x,j}$——第 j 层锚杆的水平间距（m）；

　　　b_z——深度为 z 处的位移计算宽度（mm），如图 9-23 所示；

$$b_z = (h-z)\left[\tan\left(90° - \frac{\theta+\varphi_m}{2}\right) - \tan(90°-\theta)\right]; \quad (9\text{-}26)$$

h——变形计算深度（m），取 $h=1.0\sim1.5H$，取值随土的抗剪强度指标增高而降低，坚硬或密实状态时取小值，软塑状态时取大值；有隔水帷幕或微型桩作用时取小值。

z——位移计算点的深度（m）；

θ——土钉墙坡面与水平面夹角（°）；

φ_m——基坑底面以上土体内摩擦角标准值按土层厚度加权的平均值（°）；

E_{sp}——土钉与土体的复合变形模量（MPa），

$$E_{sp} = mE_{p0} + (1-m)E_0; \quad (9\text{-}27)$$

m——土钉的面积置换率，

$$m = \frac{\pi D^2}{4s_{x,z}s_{z,z}}; \quad (9\text{-}28)$$

D——土钉直径（m）；

$s_{x,z}$、$s_{z,z}$——深处为 z 处的土钉水平及竖向间距（m）；

E_{p0}——土钉的变形模量（MPa），可通过土钉抗拔基本试验估算，无试验数据时可取 $1000\sim10000$ MPa，土质坚硬或密实状态时取大值，软塑、流塑状态时取小值；

E_0——土体的变形模量（MPa）；

ν——土体的泊松比。

公式（9-23）使用中需要注意：

①公式分为两部分，第一部分为开挖面上卸载条件下发生的水平位移，即水平应力 σ_3 产生的位移；第二部分为在卸载条件下，竖向应力 σ_1 产生的水平位移。σ_3 产生的位移受时间效应影响较大，坡面暴露的时间越长越大，在有搅拌桩等约束的情况下变形小，故应根据经验进行适当调整。

②b_z 在公式中的意义是变形产生的宽度范围，取假定破裂面到坡面的水平距离。该破裂面是假定的，沿用了土钉抗力验算中的假定破裂面。数十个工程的验算结果表明，对于一般土层、较好的土层及有软弱夹层的土层，该假定破裂面能够满足实际需要，但在深厚的软黏土中不适合。也就是说，该公式在深厚的软黏土中不宜应用，计算结果离散性较大。

③公式对锚杆复合土钉墙及搅拌桩复合土钉墙的适应性较好。微型桩的刚度较大，对上下排土钉的牵连较大，影响了公式的假定条件，故微型桩复合土钉墙不适用本公式。

3. 经验图表法估算位移

上海市地区规范《基坑工程设计规范》（2008 年修编版）总结了上海地区近年来搅拌桩复合土钉墙的工程经验，绘制了位移图，如图 9-24 所示。该规范认为，搅拌桩复合土钉墙的位移取决于基坑开挖深度 H、土钉长度 l、超前支护刚度、土钉注浆量、基坑单边长度等工程因素，正常施工的土钉墙位移

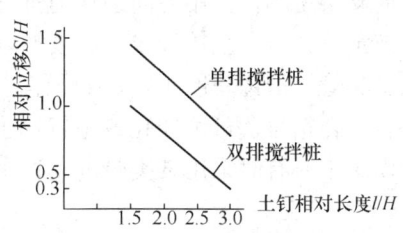

图 9-24 搅拌桩复合土钉墙位移示意图

及地表沉陷基本位于图中的两直线之间。该图适用的基坑深度不超过5~6m，土钉注浆水泥用量平均25~28kg/m。图中单排水泥搅拌桩宽度0.7m，双排水泥搅拌桩宽度1.2m，l为土钉平均长度。

9.6 土钉墙施工质量控制及检测要点

9.6.1 施工质量控制要点

1. 土钉墙施工流程

土钉墙的施工流程一般为：开挖工作面→修整坡面→喷射第一层混凝土→土钉定位→钻孔→清孔→制作、安装土钉→浆液制备、注浆→加工钢筋、绑扎钢筋网→安装泄水管→喷射第二层混凝土→养护→开挖下一层工作面，重复以上工作直到完成。

打入钢管注浆型土钉没有钻孔清孔过程，直接用机械或人工打入。

复合土钉墙的施工流程一般为：隔水帷幕或微型桩施工→开挖工作面→土钉及锚杆施工→安装钢筋网及绑扎腰梁钢筋笼→喷射面层及腰梁→面层及腰梁养护→锚杆张拉→开挖下一层工作面，重复以上工作直到完成。

2. 土钉成孔

应根据地质条件、周边环境、设计参数、工期要求、工程造价等综合选用适合的成孔机械设备及方法。

钻孔注浆土钉成孔方式可分为人工洛阳铲掏孔及机械成孔，机械成孔有回转钻进、螺旋钻进、冲击钻进等方式。

打入式土钉可分为人工打入及机械打入。洛阳铲及滑锤为土钉施工专用工具，锚杆钻机及潜孔锤等多用于锚杆成孔，地质钻机及多功能钻探机等除用于锚杆成孔外，更多用于地质勘察。洛阳铲是一种传统的造孔工具，因工具及工艺简单、工程成本低、环保，迅速风行全国。一般2人操作，有时3人，成孔最深可达15m，成孔直径一般50~80mm。成孔时人工用力将铲击入孔洞中，使土挤入铲头内，反复几次将土装满，然后旋转一定角度将铲内土与原状土分开，再把铲拉出洞外倒土。铲把一般采用镀锌铁管套丝后螺纹接长。因人工作业，一般适用于素填土、冲洪积黏性土及砂性土，一支洛阳铲每天（8小时）可掏孔30~50m，在风化岩、砂土、软土及杂填土中成孔困难。由于国内人工费不断上涨、劳动力日益短缺等原因，洛阳铲使用率逐渐减少，尤其是2007年下半年后，已较少采用。

打入式钢管土钉最早靠人工用大锤打入，效率低，进尺短，后改进为简易滑锤，效率提高很多，一台滑锤每台班可施打钢管土钉100~150m。滑锤制作简单：将两条轨道固定在支腿高度可调节的支架上，带有限位装置的铁块可以在两条轨道之间滑动，人工将铁块拉向支架尾端，再用力向前快速推进撞击钢管，将之打入土中。待打入钢管通过对中架限位及定位，击入至接近设计长度时，由于对中架阻碍，铁块不能直接击到钢管，中间要加入工具管。滑锤一般4~6人操作。目前最常用的打入机具为气动潜孔锤，施工速度快，一台潜孔钻每台班可冲孔或施打钢管土钉150~250m，机具轻小，人工搬运方便。边坡土钉墙施工时有时采用某类带气动冲击功能的钻探机，如果空压机功率足够大，成孔速度非常快。

成孔方式分干法及湿法两类，需靠水力成孔或泥浆护壁的成孔方式为湿法，不需要时则为干法。孔壁"抹光"会降低浆土的粘结作用,经验表明,泥浆护壁土钉达到一定长度后,在各种土层中能提供的抗拔承载力最大约 200kN。故湿法成孔或地下水丰富采用回转或冲击回转方式成孔时,不宜采用膨润土或其他悬浮泥浆做钻进护壁,宜采用套管跟进方式成孔。成孔时应做好成孔记录,当根据孔内出土性状判断土质与原勘察报告不符合时,应及时通知相关单位处理。因遇障碍物需调整孔位时,宜将废孔注浆处理。

湿法成孔或干法在水下成孔后孔壁上会附有泥浆、泥渣等,干法成孔后孔内会残留碎屑、土渣等,这些残留物会降低土钉的抗拔力,需分别采用水洗及气洗方式清除。水洗时仍需使用原成孔机械冲清水洗孔,但清水洗孔不能将孔壁泥皮洗净,如果洗孔时间长容易塌孔,且水洗会降低土层的力学性能及与土钉的粘结强度,应尽量少用;气洗孔也称扫孔,使用压缩空气,压力一般 0.2~0.6MPa,压力不宜太大以防塌孔。水洗及气洗时需将水管或风管通至孔底后开始清孔,边清边拔管。

3. 浆液制备及注浆

拌合水中不应含有影响水泥正常凝结和硬化的物质,不得使用污水。一般情况下,适合饮用的水均可作为拌合水。如果拌制水泥砂浆,应采用细砂,最大粒径不大于 2.0mm,灰砂重量比为 1∶1~1∶0.5。砂中含泥量不应大于 5%,各种有害物质含量不宜大于 3%。水泥净浆及砂浆的水灰比宜为 0.4~0.6,水泥和砂子按重量计算。应避免人工拌浆,机械搅拌浆液时间一般不应小于 2min,要拌合均匀。水泥浆应随拌随用,一次拌合好的浆液应在初凝前用完,一般不超过 2h,在使用前应不断缓慢拌动。要防止石块、杂物混入注浆中。

开始注浆前或中途停止超过 30min 时,应用水或稀水泥浆润滑注浆泵及其管路。钻孔注浆土钉通常采用简便的重力式注浆。将金属管或 PVC 管注浆管插入孔内,管口离孔底 200~500mm,启动注浆泵开始送浆,因孔洞倾斜,浆液可靠重力填满全孔,孔口快溢浆时拔管,边拔边送浆。水泥浆凝结硬化后会产生干缩,在孔口要二次甚至多次补浆。重力式注浆不可太快,防止喷浆及孔内残留气孔。钢管注浆土钉注浆压力不宜小于 0.6MPa,且应增加稳压时间。若久注不满,在排除水泥浆渗入地下管道或冒出地表等情况后,可采用间歇注浆法,即暂停一段时间,待已注入浆液初凝后再次注浆。

为提高注浆效果,可采用稍为复杂一点的压力注浆法,用密封袋、橡胶圈、布袋、混凝土、水泥砂浆、黏土等材料堵住孔口,将注浆管插入至孔底 0.2~0.5m 处注浆,边注浆边向孔口方向拔管,直至注满。因为孔口被封闭,注浆时有一定的注浆压力,约为 0.4~0.6MPa。如果密封效果好,还应该安装一根小直径排气管把孔口内空气排出,防止压力过大。

4. 面层施工顺序

因施工不便及造价较高等原因,基坑工程中不采用预制钢筋混凝土面层,基本上都采用喷射混凝土面层,坡面较缓、工程量不大等情况下有时也采用现浇方法,或水泥砂浆抹面。一般要求喷射混凝土分两次完成,先喷射底层混凝土,再施打土钉,之后安装钢筋网,最后喷射表层混凝土。土质较好或喷射厚度较薄时,也可先铺设钢筋网,之后一次喷射而成。如果设置两层钢筋网,则要求分三次喷射,先喷射底层混凝土,施打土钉,设置底层钢筋网,再喷射中间层混凝土,将底层钢筋网完全埋入,最后敷设表层钢筋网,喷射表层混凝土。先喷射底层混凝土再施打土钉时,土钉成孔过程中会有泥浆或泥土从孔口淌出散落,附着在喷射混凝土表面,需要洗净,否则会影响与表层混凝土的粘结。

5. 安装钢筋网

当配置的钢筋网对喷射混凝土工作干扰最小时,才能获得最致密的喷射混凝土。应尽可能使用直径较小的钢筋。必须采用大直径钢筋时,应特别注意用混凝土把钢筋握裹好。钢筋网一般现场绑扎接长,应当搭接一定长度,通常150~300mm。也可焊接,搭接长度应不小于10倍钢筋直径。钢筋网在坡顶向外延伸一段距离,用通长钢筋压顶固定,喷射混凝土后形成护顶。设置两层钢筋网时,如果混凝土只一次喷射不分三次,则两层网筋位置不应前后重叠,而应错开放置,以免影响混凝土密实。钢筋网与受喷面的距离不应小于两倍最大骨料粒径,一般20~40mm。通常用插入受喷面土体中的短钢筋固定钢筋网,如果采用一次喷射法,应该在钢筋网与受喷之间设置垫块以形成保护层,短钢筋及限位垫块间距一般0.5~2.0m。钢筋网片应与土钉、加强筋、固定短钢筋及限位垫块连接牢固,喷射混凝土时钢筋网在拌合料冲击下不应有较大晃动。

6. 安装连接件

连接件施工顺序一般为:土钉置放、注浆→敷设钢筋网片→安装加强钢筋→安装钉头筋→喷射混凝土。加强钢筋应压紧钢筋网片后与钉头焊接,钉头筋应压紧加强筋后与钉头焊接。有一种做法在土钉筋杆置入孔洞之前就先焊上钉头筋,之后再安装钢筋网及加强筋,笔者不建议这样做,因为加强筋很难与钉头筋紧密接触。

7. 喷射混凝土工艺类别及特点

喷射混凝土是借助喷射机械,利用压缩空气作为动力,将按设计配合比制备好的拌合料,通过管道输送并以高速喷射到受喷面上凝结硬化而成的一种混凝土。喷射混凝土不是依靠振动来捣实混凝土,而是在高速喷射时,由水泥与骨料的反复连续撞击而使混凝土压密,同时又因水灰比较小(一般0.4~0.45),所以具有较高的力学强度和良好的耐久性。喷射法施工时可在拌合料中方便地加入各种外加剂和外掺料,大大改善了混凝土的性能。喷射混凝土按施工工艺分为干喷、湿喷及半湿式喷射法三种形式。

(1) 干喷法:干喷法将水泥、砂、石在干燥状态下拌合均匀,然后装入喷射机,用压缩空气使干集料在软管内呈悬浮状态压送到喷嘴,并与压力水混合后进行喷射,其特点为:能进行远距离压送;机械设备较小、较轻,结构较简单,购置费用较低,易于维护;喷头操作容易、方便;保养容易;水灰比相对较小,强度相对较高;因混合料为干料,喷射速度又快,故粉尘污染及回弹较严重,效率较低,浪费材料较多,产生的粉尘危害工人健康,通风状况不好时污染较严重;拌合水在喷嘴处加入,混凝土的水灰比是由喷射手根据经验及肉眼观察来进行调节的,控制较难,混凝土质量在一定程度上取决于喷射手等作业人员的技术熟练程度及敬业精神。

(2) 湿喷法:湿喷法将骨料、水泥和水按设计比例拌合均匀,用湿式喷射机压送到喷头处,再在喷头上添加速凝剂后喷出,其特点为:能事先将包括水在内的各种材料准确计量,充分拌合,水灰比易于控制,混凝土水化程度高,故强度较为均匀,质量容易保证;混合料为湿料,喷射速度较低,回弹少,节省材料。干法喷射时,混凝土回弹度可达15%~50%。采用湿喷技术,回弹率可降低到10%~20%以下。大大降低了机旁和喷嘴外的粉尘浓度,对环境污染少,对作业人员危害较小;生产率高。干式混凝土喷射机一般不超过$5m^3/h$,而使用湿式混凝土喷射机,人工作业时可达$10m^3/h$;采用机械手作业时,则可达 20m³/h;不适宜远距离压送;机械设备较复杂,购置费用较高;流料喷射时,常有脉冲现象,喷头操纵较困难;保养较费事。喷层较厚的软岩和渗水隧道不宜使用。

(3) 工程中还有半湿式喷射及潮式喷射等形式,其本质上仍为干式喷射。为了将湿法喷射的优点引入干喷法中,有时采用在喷嘴前几米的管路处预先加水的喷射方法,此为半湿式喷射法。潮喷则是将骨料预加少量水,使之呈潮湿状,再加水泥拌合,从而降低上料、拌合喷射时的粉尘,但大量的水仍是在喷头处加入和喷出的,其喷射工艺流程和使用机械与干喷法相同。暗挖工程施工现场使用潮喷工艺较多。

8. 喷射混凝土材料要求

(1) 水泥:喷射混凝土应优先选用早强型硅酸盐及普通硅酸盐,因为这两种水泥的 C3S 和 C3A 含量较高,早期强度及后期强度均较高,且与速凝剂相容性好,能速凝。复合硅酸盐水泥种类较多,也可选用,目前基坑喷射混凝土目前使用 P.C32.5R 水泥较多。其余要求同一般混凝土用水泥。

(2) 砂子:喷射混凝土宜选用中粗砂,细度模数大于 2.5。砂子过细,会使干缩增大;砂子过粗,则会增加回弹,且水泥用量增大。砂子中小于 0.075mm 的颗粒不应超过 20%,否则由于骨料周围粘有灰尘,会妨碍骨料与水泥的良好粘结。

(3) 石子。卵石或碎石均可。混凝土的强度除了取决于骨料的强度外,还取决于水泥浆与骨料的粘结强度,同时骨料的表面越粗糙界面粘结强度越高,因此用碎石比用卵石好。但卵石对设备及管路的磨蚀小,也不像碎石那样因针片状含量多而易引起管路堵塞,便于施工。实验表明,在一定范围内骨料粒径越小,分布越均匀混凝土强度越高,骨料最大粒径减少不仅增加了骨料与水泥浆的粘结面积,而且骨料周围有害气体减少,水膜减薄,容易拌合均匀,从而提高了混凝土的强度。石子的最大粒径不应大于 20mm,工程中常常要求不大于 15mm,粒径小也可减少回弹量。骨料级配对喷射混凝土拌合料的可泵性、通过管道的流动性、在喷嘴处的水化、对受喷面的粘附以及最终产品的表观密度和经济性都有重大影响,为取得最大的表观密度,应避免使用间断级配的骨料。经过筛选后应将所有超过尺寸的大块除掉,因为这些大块常常会引起管路堵塞。

(4) 外加剂。可用于喷射混凝土的外加剂有速凝剂、早强剂、引气剂、减水剂、增黏剂、防水剂等,国内基坑土钉墙工程中常加入速凝剂或早强剂,湿喷法有时加入引气剂。加入速凝剂的主要目的是使喷射混凝土速凝快硬,减少回弹损失,防止喷射混凝土因重力作用所引起的脱落,提高对潮湿或含水岩土层的适应性能,以及可适当加大一次喷射厚度和缩短喷射层间的间隔时间。喷射混凝土用的速凝剂一般含有碳酸钠、铝酸钠和氢氧化钙等可溶盐,呈粉末状,应符合下列要求:

①初凝在 3min 以内;
②终凝在 12min 以内;
③8h 后的强度不小于 0.3MPa;
④28d 强度不应低于不加速凝剂的试件强度的 70%。

在要求快速凝结以便尽快喷射到设计厚度、对早期强度要求很高、仰喷作业、封闭渗漏水等情况下宜使用速凝剂。速凝剂虽然加速了喷射混凝土的凝结速度,但也阻止了水在水泥中的均匀扩散,使部分水包裹在凝结的水泥中,硬化后形成气孔,另一部分水泥因而得不到充足的水分进行水化反应而干缩，从而产生裂纹及在不同程度上降低了喷射混凝土的最终强度，故要谨慎使用，使用时掺量要严格控制，且掺入应均匀。喷射混凝土中掺入少量（一般为水泥重量的 0.5%～1%）减水剂后，由于减水剂的吸附和分散作用，可在保持流动性的条件下显著地降低水灰比，提高强度，减少回弹，并明显地改善不透水性及抗冻性。

(5) 骨料含水量及含泥量。骨料含水量过大易引起水泥预水化，含水量过小则颗粒表面可能没有足够的水泥粘附，也没有足够的时间使水与干拌合料在喷嘴处拌合，这两种情况都会造成喷射混凝土早期强度和最终强度的降低。干法喷射时骨料的最佳平均含水量约为 5%，低于 3% 时骨料不能被水泥充分包裹，回弹较多，硬化后密实度低，高于 7% 时材料有成团结球的趋势，喷嘴处的料流不均，并容易引起堵管。含水量一般控制在 5%～7%，低于 3% 时应在拌合前加水，高于 7% 时应晾晒使之干燥或向过湿骨料掺入干料，不应通过增加水泥用量来降低拌合料的含水量。骨料中含泥量偏多会带来降低混凝土强度、加大混凝土的收缩变形等系列问题，含泥量过多时须冲洗干净后使用。骨料运输及使用过程中也要防止受到污染。一般允许石子的含泥量不超过 3%，砂的含泥量不超过 5%。

9. 拌合料制备

(1) 胶骨比。喷射混凝土的胶骨比即水泥与骨料之比，常为 1∶4～1∶4.5。水泥过少，回弹量大，初期强度增长慢；水泥过多，产生粉尘量增多、恶化施工条件，硬化后的混凝土收缩也增大，经济性也不好。水泥用量超过临界量后混凝土强度并不随水泥用量的增大而提高，且强度可能会下降，研究表明这一临界量约为 400kg/m^3。水泥用量过多，则混凝土中起结构骨架作用的骨料相对变少，且拌合料在喷嘴处瞬间混合时，水与水泥颗粒混合不均匀，水化不充分，这都会造成混凝土最终强度降低。

(2) 砂率。即砂子在粗细骨料中所占的重量比，对喷射混凝土施工性能及力学性能有较大影响。拌合料中的砂率小，则水泥用量少，混凝土强度高，收缩小，但回弹损失大，管路易堵塞，湿喷时的可泵性不好，综合权衡利弊，以 45%～55% 为宜。

(3) 水灰比。水灰比是影响喷射混凝土强度的主要因素之一。干喷法施工时，预先不能准确地给定拌合料中的水灰比，水量全靠喷射手在喷嘴处调节，一般来说喷射混凝土表面出现流淌、滑移及拉裂时，表明水灰比过大；若表面出现干斑，作业中粉尘大、回弹多，则表明水灰比过小。水灰比适宜时，混凝土表面平整，呈水亮光泽，粉尘和回弹均较少。实践证明，适宜的水灰比值为 0.4～0.5，过大或过小不仅降低混凝土强度，也增加了回弹损失。

(4) 配合比。工程中常用的经验配合比（重量比）有 3 种，即水泥∶砂∶石＝1∶2∶2.5，水泥∶砂∶石＝1∶2∶2，水泥∶砂∶石＝1∶2.5∶2，根据材料的具体情况选用。

(5) 制备作业。干拌法基本上均采用现场搅拌方式，湿拌法在国内以现场搅拌居多，国外采用商品混凝土较为普通。拌合料应搅拌均匀，搅拌机搅拌时间通常不少于 2min，有外加剂时搅拌时间要适当延长。运输、存放、使用过程中要防止拌合料离析，防止雨淋、滴水及杂物混入。为防止水泥预水化的不利影响，拌合料应随拌随用。不掺速凝剂时，拌合料存放时间不应超过 2h，掺速凝剂时，存放时间不应超过 20min。无论是干喷还是湿喷，配料时骨料、水泥及水的温度不应低于 5℃。

10. 喷射作业及养护

喷射前,应将坡面上残留的土块、岩屑等松散物质清扫干净。喷射机的工作风压要适中,过高则喷射速度快,动能大,回弹多,过低则喷射速度慢,压实力小,混凝土强度低。喷射时喷嘴应尽量与受喷面垂直,喷嘴距与受喷面在常规风压下最好距离0.8~1.2m,以使回弹最少及密实度最大。一次喷射厚度要适中,太厚则降低混凝土压实度、易流淌,太薄易回弹,以混凝土不滑移、不坠落为标准,一般以50~80mm为宜,加速凝剂后可适当提高,厚度较大时应分层,在上一层终凝后即喷下一层,一般间隔2~4h。分层施作一般不会影响混凝土强度。喷嘴不能在一个点上停留过久,应有节奏地、系统地移动或转动,使混凝土厚度均匀。一般应采用从下到上的喷射次序,自上而下的次序易因回弹物在坡脚堆积而影响喷射质量。喷射2~4h后应洒水养护,一般养护3~7d。

9.6.2 质量检测要点

土钉墙和复合土钉墙的试验和检测内容包括:土钉(锚杆)的基本试验、土钉(锚杆)的验收检验、面层的抗压强度试验、面层厚度检查、隔水帷幕的渗透性和强度检验等。

1. 土钉的抗拔力试验

土钉的抗拔力试验包括基本试验和验收检验。基本试验的主要目的是为了确定土钉的极限抗拔力,从而估算不同土层中土钉的界面粘结强度,每一典型土层中均应做一组3根,最大测试荷载加至土钉被破坏。验收检验的目的是检验土钉的实际抗力能否达到设计要求,一般要求按土钉总数量的1%且不少于3根,最大测试荷载一般为抗拔力的1.0~1.1倍。试验时应注意:为了消除加载试验时面层的影响,面层需与土钉割开,且钉头0.3~1.0m范围内应设置成非粘结段;土钉注浆体需有足够的抗压强度,一般不低于6~10MPa或设计强度的60%~70%;千斤顶需与土钉同轴,偏心会导致测试结果偏大;不同规范对加载分级、终止加载条件及极限抗拔力的判别方法不同,荷载-时间-位移曲线的绘制方法不同,不能同时采用,很难说哪种方法更趋于合理或严格,这也说明了岩土工作者们对土钉工作机理及工作性能认识上的不一致;土钉靠群体工作,允许部分土钉的抗拔力达不到设计值,但不应低于90%。

使用抗拔力试验成果时需注意:拉拔试验时,荷载施加在钉头,得到的土钉拉应力从钉头向尾部逐步减小,与土钉的实际受力状态不同,土钉实际工作中拉应力在头部较中部小,这主要是因为拉拔试验与实际工作时荷载增加的方式不同造成的。实际工作时,随着土方的开挖,主动区的土压力逐步增加,相对于拉拔试验对土钉施加了荷载,但荷载增量并不是集中在土钉头部一点上,而是在主动区段内的土钉上沿线分布。

拉拔试验结果表明了土钉整体、尤其是前半部分提供了多少抗拔力,设计人员更关心的是稳定区段内的土钉能提供多少抗拔力,而这又是不能直接通过抗拔试验测得到的。故抗拔试验结果并不能直接用于设计,需要先根据试验结果计算出粘结强度再估算设计承载力。抗拔试验得到的只是平均粘结强度,但拉拔试验得到的粘结力传递规律与土钉实际工作状况基本相同,许多工程实测数据证实了这一点,而且由于钉头总的来说受力较小,试验方法与实际受力状态不同造成的误差对粘结强度的测定及研究没有显著影响,故拉拔试验仍是测定粘结强度的主要途径。基本试验往往在土钉大面积施作前进行,在离地表较近的位置选一处或多处位置施打试验土钉进行试验。地质条件的变化一般较大,试验点的土质很难代表全貌,但很难在同一场地的各种土层中均进行试验,故土层变化时,设计人员要根据自己的经验对试验结果进行修正。

2. 喷射混凝土的厚度及强度

喷射混凝土的厚度可用凿孔法检验,一般要求平均值应不小于设计值,最小厚度不应小于设计厚度的80%并不应小于50mm。一般采用试块检验喷射混凝土抗压强度,可采用现场喷射大板后切割出试块或原位抽芯方法制作试块,不宜直接喷射在试模内,因为受回弹料窝积影响,直接喷射在试模内制成的试块强度偏低。

3. 隔水帷幕检验

隔水帷幕的渗透性对于复合土钉墙而言并非很重要,一般开挖检验即可。根据工程需要对其连续性及强度进行检验,见本书相关章节。

9.6.3 土钉抗拔试验方法

土钉抗拔试验方法要点如下:

①土钉抗拔试验分为基本试验和验收试验;采用接近于土钉实际工作条件的试验方法,确定土钉抗拔承载能力,为土钉设计和验收提供依据;土钉注浆体强度达到设计强度的70%或达到10MPa时方可进行土钉抗拔试验;加载装置(千斤顶、压力表)试验前应进行检查,应在有效标定期内,计量仪表(测力计、位移计等)应满足测试要求的精度;试验土钉应与面层混凝土完全脱开,基本试验的土钉应设大于1m的自由段,试验装置应保证土钉与千斤顶同轴;基本试验最大荷载 T_{max} 宜取土钉杆体抗拉承载力标准值 $A_g f_{yk}$,验收试验最大荷载宜取土钉设计抗拔承载力标准值的1.1倍。

②土钉抗拔力试验采用逐级加荷的方法,加荷等级、测读位移和观测时间应符合下列规定:

a. 初始荷载宜取土钉抗拔力标准值的0.1倍;

b. 加荷等级与观测时间宜按表9-4规定进行;

c. 在每级加荷等级观测时间内,测读土钉头位移不应少于3次;

d. 达到要求试验荷载后,观测10min,卸荷到$0.1T_u$并测读土钉头位移。

③试验结果宜按每级荷载对应的土钉头位移制表整理,并绘制土钉荷载-位移(Q-S)曲线;达到下述条件之一时终止试验:

a. 后一级荷载产生的位移量达到或超过前一级产生位移量的3倍时;

b. 土钉头位移不稳定(在观测时间内位移增幅大于1mm,延长观测时间一小时内位移速率大于0.1mm/min);

c. 土钉杆体断裂;

d. 加载至最大试验荷载且位移稳定。

④土钉验收试验数量应为土钉总数的1%,且不少于3根。验收试验合格标准为:土钉极限抗拔力取终止试验时的前一级荷载;土钉抗拔力平均值应不小于土钉设计抗拔承载力标准值,土钉抗拔力最小值不小于土钉抗拔承载力标准值的0.9倍。

土钉基本试验加荷等级与观测时间　　　　　　表9-4

加荷等级	$0.1T_{max}$	$0.3T_{max}$	$0.5T_{max}$	$0.7T_{max}$	$0.8T_{max}$	$0.9T_{max}$	$1.0T_{max}$	$0.1T_{max}$
观测时间(min)	3	3	5	5	5	10	10	3

9.7 工程应用实例

9.7.1 深圳市金稻田国际广场基坑支护

1. 工程及地质概况

金稻田国际广场位于深圳市福田区益田路与滨河大道交叉处西南侧，由六幢22～32层建筑组成，设置地下室三层，基坑周长约467m，平均开挖深度13.65m。场地四周均为市政道路，基坑东侧与市政道路之间有约12m宽的绿地，其余三侧与市政道路紧邻，绿地及市政道路下埋有各种市政管线。基坑东侧采用有限放坡+土钉墙支护，其余三侧采用锚杆复合土钉墙支护。下面只介绍东侧支护情况。

东侧地质条件单一，基坑开挖范围内只有残积粉质黏土层：褐红、褐黄、灰白等色，由花岗岩风化残积而成，原岩结构清晰可辨，残留约20%～30%石英颗粒，偶夹花岗岩风化残余岩体，局部见石英脉和细粒花岗岩等岩脉穿插，湿～稍湿，硬塑状态，$\gamma = 17.7 kN/m^3$，$c=25 kPa$，$\varphi=22°$。残积土以下为风化花岗岩层。

2. 设计概况

设计方案如图9-25（a）所示。基坑高度13.65m，坡率约1∶0.44，采用Φ20～25HRB335级钢筋注浆土钉，钻孔直径80mm、倾角15°，土钉长度如图所示，间距1.4m×1.4m，表面挂钢筋网$\phi 6@250×250$，喷射混凝土C20厚100。取地面超载10kPa（计算变形时取零），钉土粘结强度取60kPa，土体泊松比0.25，变形模量15MPa，土钉变形模量5000MPa，变形计算深度取坑底。稳定计算及变形预测按本章前述公式。计算结果：稳定安全系数1.29，水平位移41.6mm。

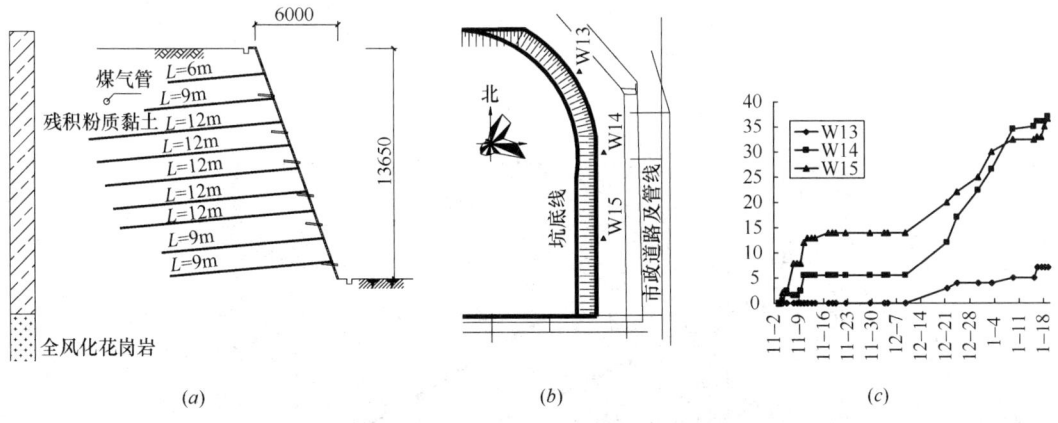

图9-25 基坑东侧支护方案、变形监测点布置及位移曲线
(a) 支护剖面；(b) 变形监测点布置；(c) 位移曲线

3. 施工概况及监测成果

基坑东侧变形监测点布置如图9-25（b）所示。该基坑于2002年11月初开挖，2003年1月初挖到底，此段期间的位移曲线如图9-25（c）所示，最大位移为36.5mm，出现在基坑中部。至2003年9月基坑回填，最大位移为40.6mm。

9.7.2 深圳市南山文化中心区中水处理站基坑支护工程

1. 工程及地质概况

该基坑位于深圳市南山区文心五路与海德一道交叉处，呈长方形，用地面积约为 $8000m^2$，构筑物基础采用预应力管桩，基坑开挖深度 $7.45\sim 12m$，基坑周边均为市政道路，道路下埋设有多种管线。

基坑开挖范围内主要土层为填土、淤泥、残积砾质黏性土。主要物理力学参数为：填土 $\gamma=17.6kN/m^3$，$c=10kPa$，$\varphi=12°$；淤泥 $\gamma=17.0kN/m^3$，$c=4kPa$，$\varphi=10°$；黏性土重度 $\gamma=18.5kN/m^3$，$c=22kPa$，$\varphi=20°$；参考厚度见剖面图 9-26，其中砾质黏性土由花岗岩风化而形成，可塑~硬塑状态。

2. 设计概况

典型剖面图 9-26 所示。土钉采用 $\phi48\times 3.25$ 钢管土钉，土钉直径按 70mm 计算，钉土粘结强度对应于填土、淤泥及残积土分别取 30kPa、15kPa 及 60kPa；预应力锚索钻孔直径 150mm，采用 $3\phi15.2$ 钢绞线制作，预加应力均为 200kN，粘结强度取钉土粘结强度的 2 倍；第二、三排锚索与土钉间隔布置，第一排锚索间距 2.0m，其余土钉（锚索）间距均为 1.2m。在基坑底边线处施作一排水泥土搅拌桩，桩径 550mm，间距 450mm，深度 10m；搅拌桩里侧施作一排管桩，桩径 500mm，壁厚 125mm，深度 12m，间距 1.2m，桩芯加钢筋笼并浇灌混凝土。坡面挂 $\phi6@200\times 200$ 钢筋网喷射混凝土厚 50mm（斜坡段）及 80mm（直坡段）。

计算结果：在不考虑锚索、搅拌桩及管桩情况下，稳定安全系数 $K_s=0.80$；把锚索当作长土钉计算，$K_s=1.06$；搅拌桩抗剪强度取 300kPa，折减系数取 0.5，管桩抗剪强度取 5MPa，折减系数取 0.3，$K_s=1.34$。稳定计算按本章前述公式，变形预测过于复杂，目前尚无法应用本章前述公式。

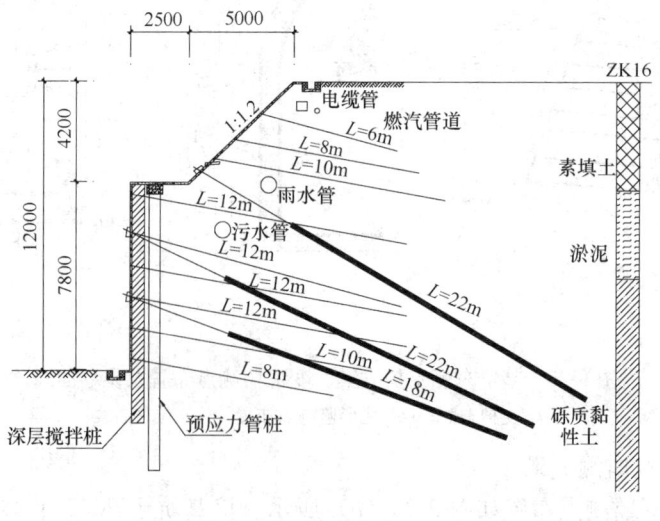

图 9-26 典型支护剖面图

3. 监测成果

该基坑于 2008 年 1 月开始施工，8 月底开挖到底。实测位移及沉降变形曲线如图

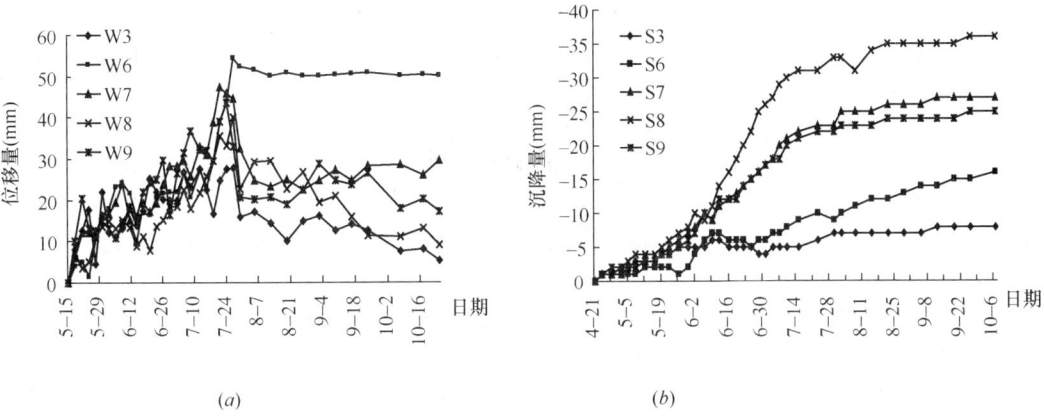

图 9-27 位移及沉降变形曲线图
(a) 位移曲线；(b) 沉降曲线

9-27 (a)、9-27 (b) 所示。沉降监测点均设置在了市政道路上。某局部因污水管破坏漏水，坡面下水土流失较多，故该处监测点位移偏大，如图所示。

参考文献

[1] 陈肇元，崔京浩主编. 土钉支护在基坑工程中的应用(第二版)[M]. 北京：中国建筑工业出版社，2000
[2] 程良奎，杨志银编著. 喷射混凝土与土钉墙[M]. 北京：中国建筑工业出版社，1998
[3] 曾宪明，黄久松，王作民等编著. 土钉支护设计与施工手册[M]. 北京：中国建筑工业出版社，2000
[4] 冯申铎，杨志银，王凯旭等. 超深复杂基坑复合土钉墙技术的成功应用[J]. 工业建筑增刊. 2004：229-235
[5] 闫莫明，徐祯祥，苏自约主编. 岩土锚固技术手册[M]. 北京：人民交通出版社，2004
[6] 杨志银，张俊，王凯旭. 复合土钉墙技术的研究及应用[J]. 岩土工程学报. 2005，27(2)：153-156
[7] 李乔，赵世春等著. 汶川大地震工程震害分析[M]. 成都：西南交通大学出版社，2008
[8] 朱彦鹏，俞木兵，章凯. 土钉失效的三维有限元分析[J]. 岩土工程学报增刊. 2008(30)：134-137
[9] 程良奎，范景伦，韩军等著. 岩土锚固[M]. 北京：中国建筑工业出版社，2003
[10] 莫暖娇，何之民，陈利洲. 土钉墙模型试验分析[J]. 上海地质. 1999(3)：47-49
[11] 吴忠诚. 疏排桩-土钉墙组合支护技术及变形特性研究[D]. 广州：中山大学，2007
[12] 贾立宏. 土钉支护系统稳定性理论与数值研究[R]. 北京：中航勘察设计研究院，1998
[13] 秦四清，贾洪，马平. 预应力土钉支护结构变形与破坏的数值研究[J]. 岩土力学. 2005，26(9)：1356-1362
[14] 林宗元主编. 岩土工程治理手册[M]. 北京：中国建筑工业出版社，2005
[15] 郑颖人主编. 地下工程锚喷支护设计指南[M]. 北京：中国铁道出版社，1988
[16] 美国联邦公路总局编，佘诗刚译. 土钉墙设计施工与监测手册[M]. 北京：中国科学技术出版社，2000
[17] 程良奎，李象范编著. 岩土锚固·土钉·喷射混凝土-原理设计与应用[M]. 北京：中国建筑工业

出版社，2008
- [18] 张明聚. 土钉支护工作性能的研究[D]. 北京：清华大学，2000
- [19] 李象范，尹骥，许峻峰等. 基坑工程中复合土钉支护(墙)受力机理及发展[J]. 工业建筑增刊. 2004：45-52
- [20] 李海深. 复合型土钉支护工作性能的研究[D]. 长沙：湖南大学，2004
- [21] 孙剑平，魏焕卫，刘绪峰. 复合土钉墙变形规律的实例分析[J]. 岩土工程学报增刊. 2008(30)：479-483
- [22] 司马军，刘祖德，徐书平. 加筋水泥土墙复合土钉支护的现场测试研究[J]. 岩土力学. 2007，28(2)：371-375
- [23] 杨茜，张明聚，孙铁成. 软弱土层复合土钉支护试验研究[J]. 岩土力学. 2004，25(9)：1401-1408
- [24] 尹骥，管飞，许峻峰. 复合土钉支护稳定性计算方法与边坡裂缝关系的探讨[J]. 岩土工程界. 2004，7(4)：50-54
- [25] 李厚恩，秦四清. 预应力锚索复合土钉支护的现场测试研究[J]. 工程地质学报. 2008. 16(03)：393-400
- [26] 郭红仙，宋二祥，陈肇元. 季节冻土对土钉支护的影响[J]. 工程勘察. 2006(2)：1-6
- [27] 屠毓敏，金志玉. 基于土拱效应的土钉支护结构稳定性分析[J]. 岩土工程学报. 2005，27(7)：792-795
- [28] 陈利洲，庄平辉，何之民. 复合型土钉墙支护与土钉墙的变形比较[J]. 施工技术. 2001，30(1)：26-27
- [29] 付文光，张兴杰. 冲孔水泥土桩隔水帷幕在某基坑工程中的应用[J]. 岩土工程学报增刊. 2008(30)：523-525

第 10 章 水泥土重力式围护墙的设计与施工

10.1 概 述

10.1.1 水泥土重力式围护墙的概念

水泥土重力式围护墙是以水泥系材料为固化剂,通过搅拌机械采用喷浆施工将固化剂和地基土强行搅拌,形成连续搭接的水泥土柱状加固体挡墙。

1996 年 5 月在日本东京召开的第二届地基加固国际会议上,这种加固法被称为 DMM 工法(Deep Mixing Method)。我国《建筑地基处理技术规范》(JGJ 79—2002)称之为深层搅拌法(简称"湿法"),并启用了"水泥土"这一专用名词。上海市《地基处理技术规范》(DBJ 08—40—94)称之为水泥土搅拌法。本手册将采用这种加固法、连续搭接施工所形成的挡土墙定名为水泥土重力式围护墙。

将水泥系材料和原状土强行搅拌的施工技术,近年来得到大力发展和改进,加固深度和搅拌密实性、均匀性均得到提高。目前常用的施工机械包括:双轴水泥土搅拌机、三轴水泥土搅拌机、高压喷射注浆机。不同的施工工艺,形成目前常用的水泥土重力式围护墙。

水泥土搅拌桩是指利用一种特殊的搅拌头或钻头,在地基中钻进至一定深度后,喷出固化剂,使其沿着钻孔深度与地基土强行拌和而形成的加固土桩体。固化剂通常采用水泥浆体或石灰浆体。

高压喷射注浆是指将固化剂形成高压喷射流,借助高压喷射流的切削和混合,使固化剂和土体混合,达到加固土体的目的。高压喷射注浆有单管、二管和三管法等,固化剂通常采用水泥浆体。

10.1.2 水泥土的发展与现状

搅拌法原是我国及古罗马、古埃及等文明古国,以石灰为拌合材料,应用最早而且流传最广泛的一种加固地基土的方法。例如,我国房屋或道路建设中传统的灰土垫层(或面层),就是将石灰与土按一定比例拌合、铺筑、碾压或夯实而成;又如万里长城和西藏佛塔以及古罗马的加普亚军用大道、古埃及的金字塔和尼罗河的河堤等,都是用灰土加固地基的范例。

应用水泥土较早的一些国家,如日本约始于 1915 年,美国约始于 1917 年。随后,许多国家纷纷将水泥土用于道路、水利等工程。

搅拌桩最早于 20 世纪 50 年代初问世于美国。但自 20 世纪 60 年代以后的发展直到现在,不论在施工机械、质量检测、设计方法、工程应用等方面均以日本和瑞典领先于世。经过 40 多年的应用和研究,已形成了一种基础和支护结构两用、海上和陆地两用、水泥和石灰两用、浆体和粉体两用、加筋和非加筋两用的软土地基处理技术,它可根据加固土受力特点沿加固深度合理调整它的强度,施工操作简便、效率高、工期短、成本低,施工中无振动、无噪声、无泥浆废水污染，土体侧移或隆起较小。故在世界各地获得广泛的应用，并在应用中获得进一步发展。

我国自1977年以来在中央部属和地方各级科研、设计、施工、生产、高教等部门的共同协作努力下，仅10余年时间已开发研制出适合我国国情、具有不同特色而且互相配套的多种专用搅拌机械和由地质钻机等改装成功的搅拌机械，并且已经形成了庞大的专业施工队伍。每年施工各种搅拌桩达数千万延长米之多，施工点遍布沿海和内陆的软土地区。

10.1.3 水泥土重力式围护墙的应用

搅拌桩在我国应用的头10年中，其主要用途是加固软土，构成复合地基以支承建筑物或结构物。将搅拌桩用于基坑工程，虽在其发展初期已有成功的实例，但大量应用则是20世纪90年代初随着我国各地高层建筑和地下设施大量兴建而迅速兴起的，其中尤以上海及沿海各地为多。与此同时，在设计中利用弹塑性有限元分析、土工离心模拟试验等方法，结合基坑开挖现场监测，对搅拌桩重力式围护墙的稳定和变形特性进行了深入的研究。通过20多年的应用与研究，搅拌桩重力式围护墙的结构、计算和构造等均有了较大的发展，也出现了一些新的水泥土与其他受力构件相结合的结构形式。

随着改革开放政策的深化和经济建设的发展，我国的搅拌桩设计和施工技术适应国情特点，不断登上新的台阶。大功率的三轴搅拌机，加固深度可达到25~30m，已经得到广泛应用。

10.2 水泥土重力式围护墙的类型与适用范围

10.2.1 水泥土重力式围护墙的类型

水泥土重力式围护墙的类型主要包括采用搅拌桩、高压喷射注浆等施工设备将水泥等固化剂和地基土强行搅拌，形成连续搭接的水泥土柱状加固体挡墙。

根据搅拌机械的类型，由于其搅拌轴数的不同，搅拌桩的截面主要有双轴和三轴两类，前者由双轴搅拌机形成，后者由三轴搅拌机形成。国外尚有用4、6、8搅拌轴等形成的块状大型截面，以及单搅拌轴同时作垂直向和横向移动而形成的长度不受限制的连续一字形大型截面。

此外，搅拌桩还有加筋和非加筋，或加劲和非加劲之分。目前在我国除型钢水泥土搅拌墙为加筋（劲）工法外，其余各种工法均为非加筋（劲）工法。

近些年来，以水泥土为主体的复合重力式围护墙得到了一定的发展，主要有水泥土结合钢筋混凝土预制板桩、钻孔灌注桩、型钢、斜向或竖向土锚等结构形式。

水泥土重力式围护墙按平面布置区分可以有：满膛布置、格栅形布置和宽窄结合的锯齿形布置等形式，常见的布置形式为格栅形布置。

水泥土重力式围护墙按竖向布置区分可以有等断面布置、台阶形布置等形式，常见的布置形式为台阶形布置。

10.2.2 水泥土重力式围护墙的特点

水泥土重力式围护墙系通过固化剂对土体进行加固后形成有一定厚度和嵌固深度的重力墙体，以承受墙后水、土压力的一种挡土结构。

水泥土重力式围护墙是无支撑自立式挡土墙，依靠墙体自重、墙底摩阻力和墙前基坑开挖面以下土体的被动土压力稳定墙体,以满足围护墙的整体稳定、抗倾稳定、抗滑稳定和控制墙体变形等要求。

水泥土重力式围护墙可近似看作软土地基中的刚性墙体,其变形主要表现为墙体水平平移、墙顶前倾、墙底前滑以及几种变形的叠加等。

水泥土重力式围护墙的破坏形式主要有以下几种:

(1) 由于墙体入土深度不够,或由于墙底土体太软弱,抗剪强度不够等原因,导致墙体及附近土体整体滑移破坏,基底土体隆起,如图10-1(a);

(2) 由于墙体后侧发生挤土施工、基坑边堆载、重型施工机械作用等引起墙后土压力增加、或者由于墙体抗倾覆稳定性不够,导致墙体倾覆,如图10-1(b);

(3) 由于墙前被动区土体强度较低、设计抗滑稳定性不够,导致墙体变形过大或整体刚性移动,如图10-1(c);

(4) 当设计墙体抗压强度、抗剪强度或抗拉强度不够,或者由于施工质量达不到设计要求时,导致墙体压、剪或拉等破坏,如图10-1(d)、(e)、(f)。

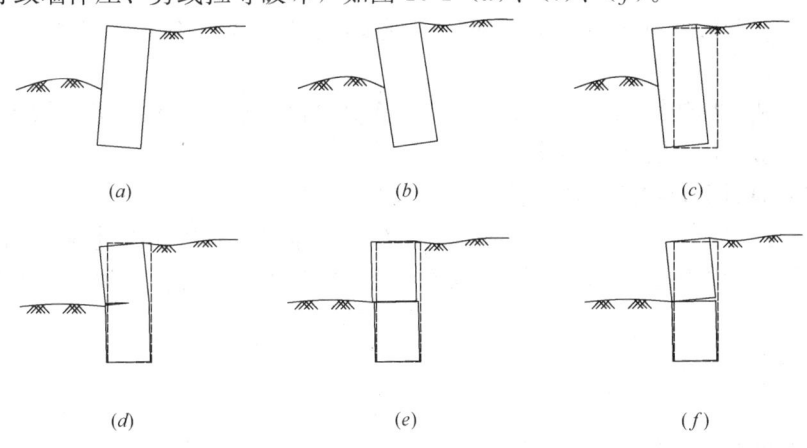

图10-1 水泥土重力式围护墙的破坏形式

10.2.3 水泥土重力式围护墙的适用条件

1. 基坑开挖深度

采用水泥土重力式围护墙的基坑开挖深度起先一般不超出5m,自20世纪90年代起,陆续出现开挖深度超出6m的基坑。1993年底施工的某商厦的基坑开挖深度达9.5m(部分达12.1m),基坑面积达12900m²。基坑开挖越深,面积越大,墙体侧向位移越难以控制,水泥土重力式围护墙开挖深度超出7m的基坑工程,墙体最大位移可能达到20cm以上,使工程的风险相应增加。鉴于目前施工机械、工艺和控制质量的水平,开挖深度不宜超出7m。

由于水泥土重力式围护墙侧向位移控制能力在很大程度上取决于桩身的搅拌均匀性和强度指标,相比其他基坑围护墙体来说,位移控制能力较弱。因此,在基坑周边环境保护要求较高的情况下,若采用水泥土重力式围护墙,基坑深度应控制在5m范围以内,降低工程的风险。

2. 土质条件

国内外试验研究和工程实践表明,水泥土搅拌桩和高压喷射注浆均适用于加固淤泥质土、含水量较高而地基承载力小于 120 kPa 的黏土、粉土、砂土等软土地基。对于地基承载力较高、黏性较大或较密实的黏土或砂土,可采用先行钻孔套打、添加外加剂或其他辅助方法施工。

当土中含高岭石、多水高岭石、蒙脱石等矿物时,加固效果较好;土中含伊里石、氯化物和水铝英石等矿物时,加固效果较差,土的原始抗剪强度小于 20~30kPa 时,加固效果也较差。

水泥土搅拌桩当用于泥炭土或土中有机质含量较高、酸碱度(pH 值)较低(<7)及地下水有侵蚀性时,宜通过试验确定其适用性。

当地表杂填土层厚度大或土层中含直径大于 100mm 的石块时,宜慎重采用搅拌桩。

3. 环境条件

水泥土重力式围护墙在整个施工过程中对环境可能产生两个方面的影响:

(1) 水泥土重力式围护墙的体量一般较大,搅拌桩施工过程中由于注浆压力的挤压作用,周边土体会产生一定的隆起或侧移;

(2) 基坑开挖阶段围护墙体的侧向位移较大,会使坑外一定范围的土体产生沉降和变位。

因此,在基坑周边距离 1~2 倍开挖深度范围内存在对沉降和变形较敏感的建(构)筑物时,应慎重选用水泥土重力式围护墙。

10.2.4 加固土的物理力学特性

加固土的物理力学特性,与天然地基的土质、含水量、有机质含量等因素以及所采用固化剂的品种、掺入比、外掺剂等因素有关,也与搅拌方法、搅拌时间、操作质量等因素有关。

1. 物理性质

(1) 重度

水泥土的重度主要与被加固土体的性质、水泥掺入比及所用的水泥浆有关。水泥土重度室内试验结果表明,当水泥掺入比为 5%~20%、水灰比=0.45~0.5 时,水泥土较被加固的土体重度增加约 1%~3%左右。

(2) 含水量和孔隙比

与天然软土相比,水泥土的含水量和孔隙比有不同程度的降低。一般地说,天然软土含水量越大或水泥掺入比越大,则水泥土加固体的含水量降低幅度越大。

(3) 液限与塑限

不同含水量的软土用不同的水泥掺入比加固后,其液限将稍有降低,而其塑限则有较大提高。

2. 力学特性

(1) 无侧限抗压强度

水泥土的无侧限抗压强度在 0.3~4.0MPa 之间,大约比天然软土强度提高数十倍到数百倍,主要受以下诸多因素的影响。

① 土质

加固土的强度随水泥掺入比的增加和龄期的加长而增长,但有不同的增长幅度,一般初始性质较好的土加固后强度增量较大,初始性质较差的土加固后强度增量较小。

② 龄期

水泥土的抗压强度随其加固龄期的增长而增长。这一增长规律具有两个特点：a. 它的早期（例如 7～14d）强度增长不甚明显，对于初始性质差的土尤其如此；b. 强度增长主要发生在龄期 28d 后，并且持续增长至 120d，其趋势才减缓，这同混凝土的情况不一样。由此应合理利用水泥土的后期强度。

③ 水泥掺入比

水泥掺入比通常指水泥掺入重量与被加固土天然重度之比（%）。试验表明水泥土的强度随水泥掺入比的增加而增长。其特点是随水泥掺入比的增加，水泥土的后期强度增长幅度加大。

在实际应用中，当水泥掺入比小于 7% 时，加固效果往往不能满足工程要求，而当掺入比大于 15% 时，加固费用偏高。因此，规定双轴搅拌桩水泥的掺入比以 7%～15% 为宜，一般双轴搅拌桩施工的水泥土重力式围护墙体的水泥掺量为 12%～15%。

④ 土的含水量

天然土的含水量越小，加固后水泥土的抗压强度越高。含水量对强度的影响还与水泥掺入比有关，水泥掺入比越大，则含水量对强度的影响越大。反之，水泥掺入比较小时，含水量对强度的影响不甚明显。

⑤ 土的化学性质

土的化学性质，如酸碱度（pH 值）、有机质含量、硫酸盐含量等对加固土强度的影响甚大。酸性土（pH<7）加固后的强度较碱性土为差，且 pH 值越低，强度越低。

土的有机质或腐殖质会使土具有酸性，并会增加土的水溶性和膨胀性，降低其透水性，影响水泥水化反应的进行，从而会降低加固土的强度。

在实际工程中，当土层局部范围遇到 pH 值偏低的情况时，可在水泥中掺入少量石膏（$CaSO_4$），即可使土的 pH 值明显提高。

⑥ 水泥品种与强度等级

水泥搅拌桩可以采用不同品种的水泥，如普通硅酸盐水泥、矿渣水泥、火山灰水泥等。其强度等级一般也不受限制。但水泥的品种和强度等级对水泥土的强度有一定影响。一般在其他条件均相同时，普通水泥的强度等级每提高一级，可使水泥土强度有一定的提高。

⑦ 外掺剂

固化剂中常选用某些工业废料或化学品作为外掺剂，因它们分别具有改善土性、提高强度、节约水泥、促进早强、缓凝及减水等作用，所以掺加外掺剂是改善水泥土加固体的性能和提高早期强度的有效措施，常用的外掺剂有碳酸钙、氯化钙、三乙醇胺、木质素磺酸钙等，但相同的外掺剂以不同的掺量加入不同的土类或不同的水泥掺入比，会产生不同的效果。

粉煤灰是具有较高的活性和明显的水硬性的工业废料，可作为搅拌桩的外掺剂。室内试验表明，用 10% 的水泥加固淤泥质黏土，当掺入占土重 5%～10% 的粉煤灰时，其 90d 龄期强度比不掺入粉煤灰时提高 45%～85%，而且其早期强度增长十分明显。

在水泥中掺入相当于水泥重量 2% 的石膏（$CaSO_4$）可使水泥土强度提高 20% 左右，并具有早强作用。但石膏掺量不能过大，否则会使水泥土变成脆性。

曾用几种化学外掺剂，按照不同配方掺入水泥，研究其对加固土的抗压强度的影响，其结果列于表 10-1。该表表明，水泥土强度以掺三乙醇胺 0.05%＋木质素磺酸钙 0.2%时（10 号配方）为最高。其次是三乙醇胺 0.05%＋氯化钠 0.5%（7 号配方）。

不同外掺剂配方对水泥土强度的影响　　　　表 10-1

编号	外掺剂及掺量 （占水泥重量%）	抗压强度 q_u (kPa)			
		7d 龄期		28d 龄期	
0	不掺外掺剂	640	100%	1190	100%
1	塑化剂 0.25	700	110%	1270	107%
2	木质碳酸钙 0.30	800	125%	1220	103%
3	氯化钙 1.5	650	103%	1230	103%
4	氯化钠 1.0	680	106%	1070	90%
5	木质磺酸钙 0.2＋氯化钙 1.0	760	119%	1350	113%
6	氢氧化钠 0.4＋硫酸钙 1.0	800	125%	1320	111%
7	三乙醇胺 0.05＋氯化钠 0.5	930	146%	1740	146%
8	硫酸钙 2.0＋木钙 0.2＋硫酸钠 1.0	760	119%	1330	112%
9	三乙醇胺 0.02＋氯化铁＋木钙 0.25	732	114%	1160	97.5%
10	三乙醇胺 0.05＋木钙 0.2	1370	214%	1870	157%

注：水泥掺入比均为 10%；天然含水量 60.56%。

(2) 抗剪和抗拉强度

水泥土的抗剪强度 c_u 与其法向应力有关。设计时如做较保守之考虑，可取 σ_u 为零时的抗剪强度 τ_{f0} 作为桩体不排水抗剪强度设计值。τ_{f0} 与无侧限抗压强度 q_u 的比例介于 1/2 ～1/5 之间。

水泥土的抗剪强度随抗压强度的增大而提高，但随着抗压强度增大，两者的比值减小。一般地说，当无侧限抗压强度 $q_u = 0.5～4.0$ MPa 时，其黏聚力 $c = 0.1～1.1$ MPa，内摩擦角 φ 约在 20°～30°之间。

水泥土的抗拉强度 σ_t 与无侧限抗压强度 q_u 的关系：当 $q_u < 1.5$ MPa 时，σ_t 约等于 0.2MPa。

(3) 变形特性

水泥土与未加固土典型的应力应变关系的比较表明，水泥土的强度虽较未加固土增加很多，但其破坏应变量 ε_f 却急剧减小。因此设计时对未加固土的抗剪强度不宜考虑最大值，而应考虑相对于桩体破坏应变量的适当值。水泥土无侧限抗压强度越大，破坏应变量越小。当 $q_u > 0.4$ MPa 时，$\varepsilon_f < 2\%$；当 $q_u < 0.4$ MPa 时，ε_f 约为 2%～10%。

水泥土的变形模量与无侧限抗压强度 q_u 有关，但其关系尚无定论。国内的研究认为：当 $q_u = 0.5 \sim 4.0$ MPa 时，$E = (100 \sim 150)q_u$。

(4) 渗透系数

水泥土的渗透系数 k 随着加固龄期的增加和水泥掺入比的增加而减小，对于 k 值为 10^{-6} cm/s 的软土用 10%的水泥加固一个月后，k 值可减小到 10^{-7} cm/s 以下，它的抗渗性能明显改善。

(5) 负温对强度的影响

试验表明，负温一般并不影响水泥搅拌桩施工，但它会使水泥土化学反应停滞而推迟搅拌桩强度的发展。

(6) 现场桩体强度与室内试块强度的差别

通过对有关试验资料鉴别分析，目前认为在一般情况下，现场桩体强度比室内试块强度大约低 25%～35%，亦即现场桩体强度/室内试块强度的比值约为 0.6～0.75。

(7) 水泥土强度的长期稳定性

由于水泥的化学性质甚为稳定，故水泥土强度的长期稳定性应无问题。根据近几年的工程实测结果分析，10年龄期和1年龄期水泥土搅拌桩的强度基本相同。

10.3 水泥土重力式围护墙的设计计算

10.3.1 水泥土重力式围护墙的设计方法

水泥土重力式围护墙的设计应包括：设计方案比选、结构设计与稳定计算、位移计算和环境影响分析等。

1. 设计方案比选

由于支护结构类型繁多，各具特色，工程师必须熟悉各类支护结构的适用性和局限性乃至它们的许多细节，以便在设计时先作好方案比选，而使设计取得最佳的技术经济效果。

水泥土重力式围护墙结构与其他支护体系相比，具有以下优点：

(1) 施工时无振动、噪声小、无泥浆废水污染；
(2) 施工操作简便、成桩工期较短，造价较低；
(3) 基坑开挖时一般不需要支撑、拉锚；
(4) 隔水防渗性能良好；
(5) 基坑内空间宽敞，方便土方开挖和后期结构施工；
(6) 围护墙顶面可设置路面行驶施工车辆，而路面结构又可增加围护墙刚度；
(7) 同一墙体可设计成变截面、变深度、变强度；
(8) 有利于缩短综合工期；
(9) 可就近利用一部分粉煤灰等工业废料作为固化剂的外掺剂。

然而，水泥土重力式围护墙在应用上存在下列制约：

(1) 对有机质含量高、pH值低（<7）、初始抗剪强度甚低（<2～3kPa）的土，或土中含伊里石、氯化物、水铝石英等矿物及地下水具有侵蚀性时，加固效果差；
(2) 贯穿地面或地下硬土或其他障碍物有困难，有时可用冲水或注水下沉解决，有时难以解决；
(3) 根据国内现有设备，目前常用的支挡高度为4～7m；一般情况下，当采用湿法（喷浆）施工时，开挖深度不超过7m；当支挡高度较大或工程量较大时，可能不经济；
(4) 墙体占地面积大，水泥土搅拌桩按格栅形布置，墙宽约0.7～1.0倍开挖深度，桩插入基坑底深度约0.8～1.4倍开挖深度；
(5) 水泥用量较大，以一般软土中10m深的墙体（包括插入坑底部分）为例，每100延长米墙体约需水泥500～600t；
(6) 成桩后需要28d以上的养护期，一般不能立即开挖土方；

(7) 与有支撑支护结构相比，重力式围护基坑周围地基变形较大，对邻近建筑物或地下设施影响较大。

以上列举了进行方案比较需着重注意的事项和影响方案取舍的各种因素。其中有些因素常会立即显示其控制作用，只需设计人作一种选择。但有些因素并非绝对性，而是互为补偿或须经具体的设计计算，才能从工程整体效益衡量而作出抉择。

为做好设计方案比较，还必须强调准确的地质勘察数据对水泥土重力式围护墙设计的特殊重要意义。必须具备工程场地各层土在深度和水平向的准确分布和层位标高，以及详尽的物理、力学、化学性质指标和地下水状况的资料，尤其要准确测定土的pH值、有机质含量、黏土矿物成分和颗粒组成，以免发生误导而引起工程事故。

2. 结构设计与稳定计算

水泥土重力式围护墙的平面形状除了简单的连续壁状或肋状外，从安全和经济角度考虑，目前较多地采用空腹封闭式格栅状布置。为加强墙体的整体性，相邻搅拌桩的搭接应不小于200mm。

水泥土重力式围护墙宽度的选取，一般可按开挖深度的0.7~1.0倍进行试算。鉴于加固土的重度与天然土的重度相近似，当采用格栅状布置时，按桩体与它所包围的土体共同作用考虑，通常取格栅状外包线宽度作为挡墙宽度。

水泥土桩的加固深度，亦即桩的长度，与开挖深度及土层分布等因素有关，一般取开挖深度的1.8~2.4倍进行试算。

水泥土桩墙体强度的选取与施工质量密切相关。由于基坑开挖时墙体要承受剪切力和弯矩，墙体的质量显得特别重要。水泥土桩强度的离散性很大，标准差可达30%~70%。基于这一实际情况，目前设计中一般要求水泥土桩的无侧限抗压强度不低于0.8MPa，以留有充裕的安全储备，使墙体强度不成为设计的控制条件，而以结构和边坡的整体稳定控制设计。

水泥土重力式围护墙的土压力可按朗金理论计算。在此基础上对挡墙进行抗倾覆验算、抗滑动验算和墙身强度验算，并按圆弧滑动法进行边坡整体稳定验算。当基坑底涉及流砂或管涌问题时，尚须进行抗渗流验算。在验算中如发现所选用的挡墙截面尺寸或强度不足或富余过多，应作调整后再进行验算，以满足一定的安全系数为原则。

水泥土重力式围护墙各项安全系数的选用，与地基土强度指标的试验方法、桩的施工质量、基坑开挖暴露期的长短、设计阶段是否已作了有限元分析，以及开挖过程是否实施现场监测等条件有关。应从各方面综合创造条件，避免采用过高的安全系数，以求经济合理。

3. 位移计算和环境影响分析

由于水泥土桩是介于刚性桩和柔性桩之间的结构物，与常规的重力式挡墙相比，此类挡墙的宽度相对地要小一些，而埋置深度相对地要大一些，墙体本身也比混凝土要"柔弱"得多，它的变形会相对地大一些，因此宜参照柔性挡墙对基坑开挖过程地基和挡墙的变形进行计算。

应当理解，不论采用土体极限平衡理论，还是采用有限元分析计算，由于对土方开挖步骤、坑内外降水等因素都作了一定的假设，且土工参数取值可能偏高或偏低，故设计与施工实际之间的误差总是会存在的，因此对开挖过程实施监测具有重要意义。

10.3.2 水、土压力的计算

水泥土重力式围护墙的设计计算图式如图 10-2 所示。

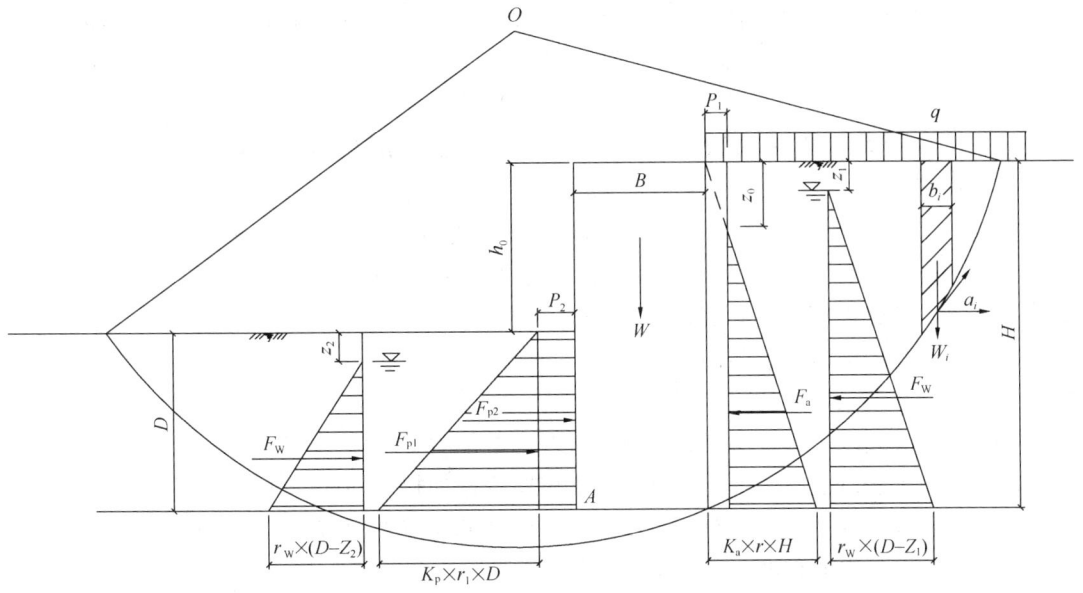

图 10-2　水泥土重力式围护墙的设计计算图式

土体作用在围护墙上的侧压力，黏性土应按水土合算原则计算，粉性、砂性土应按水土分算的原则计算（侧压力等于土压力和水压力之和）。

计算中通常考虑黏性土的内摩擦角 φ 和黏聚力 c 的影响。为简化计算土体，墙底以上各层土的物理力学性质指标按各层土的厚度加权平均计算，即公式 10-1、10-2、10-3：

重度
$$\gamma = \frac{\sum_{i=1}^{n}\gamma_i h_i}{H} \tag{10-1}$$

内摩擦角
$$\varphi = \frac{\sum_{i=1}^{n}\varphi_i h_i}{H} \tag{10-2}$$

黏聚力
$$c = \frac{\sum_{i=1}^{n}c_i h_i}{H} \tag{10-3}$$

式中　γ_i ——墙底以上各层土的有效重度（kN/m³）；

φ_i ——墙底以上各层土的内摩擦角（°）；

c_i ——墙底以上各层土的黏聚力（kPa）；

h_i ——墙底以上各层土的厚度（m）；

H ——墙的高度（m），$H = \sum h_i$。

主动土压力、被动土压力、水压力计算见本手册第 4 章等有关章节。

10.3.3 稳定性验算

稳定性验算包括整体稳定、坑底抗隆起稳定、墙体绕前趾的抗倾覆稳定、沿墙底面的抗滑动稳定和抗渗流稳定等，具体验算方法详见本手册第 5 章等有关章节。

10.3.4 墙体应力验算

水泥土重力式围护墙坑底截面处墙体应力应满足式（10-4）和式（10-5）的要求：

$$\gamma_Q h_0 - 6M/B^2 \geqslant 0 \tag{10-4}$$

$$\gamma_s [\gamma_Q h_0 + q + 6M/(\eta B^2)] \leqslant q_u/(2\gamma_j) \tag{10-5}$$

$$M = (h_0 - z_0)F_{a0}/3 + (h_0 - z_1)F_{w0}/3 + qh_0^2 K_a/2 \text{(kN·m)} \tag{10-6}$$

$$F_{a0} = \gamma_0 (h_0 - z_0)^2 K_a/2 \text{(kN)} \tag{10-7}$$

$$F_{w0} = \gamma_w (h_0 - z_1)^2/2 \text{(kN)} \tag{10-8}$$

$$z_0 = 2c_0/\gamma_0/\tan(45° - \varphi_0/2) \tag{10-9}$$

式中 γ_s——荷载作用分项系数，取 1.25；

h_0——开挖面以上墙体高度（m）；

B——水泥土墙体的宽度（m）；

c_0——坑底以上各土层黏聚力按土层厚度的加权平均值（kPa）；

φ_0——坑底以上各土层内摩擦角按土层厚度的加权平均值（°）；

γ_0——坑底以上各土层有效重度按土层厚度的加权平均值（kN/m³）；

γ_w——地下水的重度（kN/m³）；

γ_Q——水泥土墙体的重度（kN/m³）；

z_1——坑外地下水面至自然地面距离（m）；

q——墙后地面超载（kN/m²）；

η——墙体截面水泥土置换率，为水泥土加固体和墙体截面积之比；

γ_j——分项系数，考虑水泥土加固体强度的不均匀性，取 1.2；当墙体插钢管或毛竹时，可取 $\gamma_j = 1.0$。

10.3.5 格栅截面验算

水泥土重力式围护墙结构加固体平面通常呈格栅形布置，每个格子的土体面积 A 应满足式（10-10）的要求。

$$A \leqslant \frac{c_0 \cdot u}{\gamma \cdot \gamma_f} \tag{10-10}$$

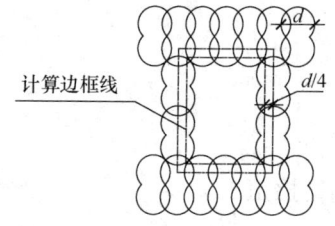

图 10-3 格栅截面布置验算

式中 u——格子的周长（m），按图 10-3 规定的边框线计算；

γ_f——分项系数。对砂土和砂质粉土取 1.0，黏土取 2.0。

10.3.6 墙体变形计算

（1）当水泥土重力式围护墙符合墙宽 $B = (0.7 \sim 1.0)h_0$、坑底以下插入深度 $D = (0.8 \sim 1.4)h_0$（h_0 为基坑开挖深度）时，墙顶的水平位移量可按(10-11)式估算

$$\delta_{OH} = \frac{0.18\zeta \cdot K_a \cdot L \cdot h_0^2}{D \cdot B} \tag{10-11}$$

式中 δ_{OH}——墙顶估算水平位移（cm）；

L——开挖基坑的最大边长（m），超过 100m 时，按 100m 计算；

ζ——施工质量影响系数，取 0.8～1.5。

经验公式法,来自数十个工程实测资料,在本手册编写过程中又经过一些工程的应用。水泥土重力式围护墙的水平位移除对开挖深度特别敏感之外,还受围护墙的宽度、插入深度和土质条件等的影响。施工质量是个不可忽略的因素,在按正常工序施工时,一般取 $\zeta=1.0$;达不到正常施工工序控制要求,但平均水泥用量达到要求时,取 $\zeta=1.5$。对施工质量控制严格、经验丰富的施工单位,可取 $\zeta=0.8\sim1.0$。

(2) 收集上海地区几十个水泥土重力式围护工程实测资料,研究围护结构最大侧移和坑底抗隆起稳定系数之间的关系。

根据收集的资料得出 δ_{0H}/h_0 与抗隆起安全系数 F_s 之间的散点图(图10-4),发现这些点分布的离散性不大,因此拟合出散点分布区域的上下区间曲线,将这些点包括进去。

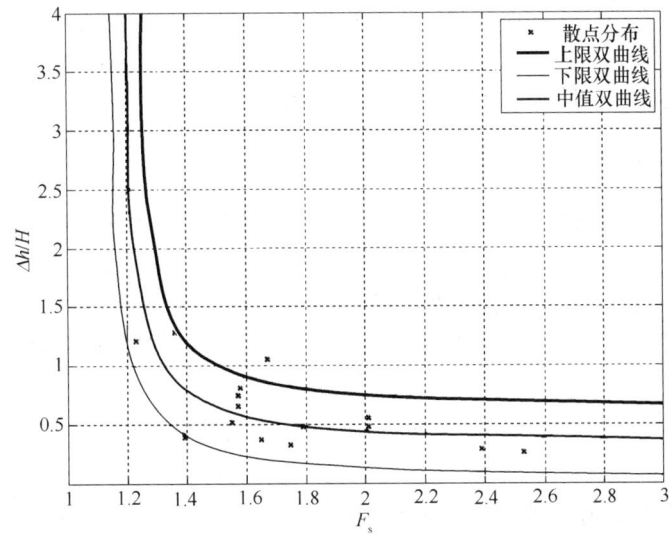

图 10-4 散点图

上限双曲线的函数为:

$$\delta_{0H}/h_0 = \frac{0.12}{F_s - 1.2} + 0.6 \quad 即 \quad \delta_{0H} = h_0 \left(\frac{0.12}{F_s - 1.2} + 0.6 \right) \tag{10-12}$$

下限双曲线的函数为:

$$\delta_{0H}/h_0 = \frac{0.12}{F_s - 1.1} \quad 即 \quad \delta_{0H} = \frac{0.12 h_0}{F_s - 1.1} \tag{10-13}$$

中值双曲线的函数为:

$$\delta_{0H}/h_0 = \frac{0.12}{F_s - 1.15} + 0.3 \tag{10-14}$$

即 Δh 分布区间为 $\left\{ h_0 \left(\frac{0.12}{F_s - 1.2} + 0.6 \right), \frac{0.12 h_0}{F_s - 1.1} \right\}$。

其中,0.12的选取,参照了所有的数据的 $\Delta h/H$ 和 F_s 最小乘积;各种平移参数的选择参照散点的分布情况。

(3) 基坑环境保护等级为二级或以上时,宜采用有限元分析计算或非岩石地基土中刚性墙体 m 法计算围护墙墙顶的水平位移量。

非岩石地基土中刚性墙体 m 法墙顶位移:

$$Y = Y_0 + H\theta_0 = \frac{D(24\alpha - 8\beta D)}{m_v D^4 + 3m_v B^3} + \frac{2\beta}{m_v D^2} + \frac{36\alpha H - 12\beta DH}{m_v D - 3m_v B^3}$$

$$= \frac{1}{m_v}\left(\frac{24D\alpha - 8\beta D^2}{D^4 + 3B^3} + \frac{2\beta}{D^2} + \frac{36\alpha H - 12\beta DH}{D - 3B^3}\right) \tag{10-15}$$

其中：
$$\alpha = M_0 + H_0 D + E_a h - M_w \tag{10-16}$$
$$\beta = H_0 + E_a - W\tan\varphi - cB \tag{10-17}$$

式中　D——围护墙体插入深度（m）；

　　　E_a——坑底以下墙背主动土压力合力（kN）；

　　　f——墙底面摩阻力（kN），取 $f = W\tan\varphi + cB$；

　　　W——计算单元长度墙体自重（kN）；

　　　M_0——坑底以上的墙背主动土压力在坑底截面处的力矩（kN·m）；

　　　H_0——坑底以上的墙背主动土压力在坑底截面处的合力（kN）；

　　　M_w——墙体单元长度的自重力矩（kN·m），$M_w = W \cdot \dfrac{B}{2}$；

　　　m_v——墙底土竖向抗力系数（kN/m⁴），由于对 Y_0、θ_0 影响小，取 $m_v = m$。

计算说明：

(1) 墙后土压力系数 c、φ 值均为加权平均值。

(2) m 值的选取参照地质勘察报告及各地地基基础设计规范和有关经验选取。

10.4　水泥土重力式围护墙的构造要求

10.4.1　水泥土重力式围护墙的平面布置

水泥土重力式围护墙的墙体宽度可按经验确定，一般墙宽 B 可取开挖深度 h_0 的 0.7～1.0 倍；平面布置有满腔布置、格栅形布置和宽窄结合的锯齿形布置等，常用的平面布置形式为格栅形布置，可节省工程量。

双轴搅拌桩水泥土重力式围护墙平面布置见图 10-5。

三轴搅拌桩水泥土重力式围护墙平面布置见图 10-6。

高压旋喷注浆水泥土重力式围护墙平面布置见图 10-7。

截面置换率为水泥土截面积和断面外包面积之比，由于采用搭接施工，水泥土的实际工程量略大于按置换率计算量。

10.4.2　水泥土重力式围护墙的竖向布置

水泥土重力式围护墙坑底以下的插入深度 D 一般可取开挖深度 h_0 的 0.8～1.4 倍，断面布置有等断面布置、台阶形布置等，常见的布置形式为台阶形布置见图 10-8。

10.4.3　水泥土重力式围护墙加固体技术要求

(1) 水泥土水泥掺量以每立方加固体所拌合的水泥重量计，常用掺合量为双轴水泥土搅拌桩 12%～15%，三轴水泥土搅拌桩 18%～22%，高压喷射注浆不少于 25%。

(2) 水泥土加固体的强度以龄期 28d 的无侧限抗压强度 q_u 为标准，q_u 应不低于 0.8MPa。

(3) 水泥土加固体的渗透系数不大于 10^{-7}cm/s，水泥土围护墙兼作隔水帷幕。

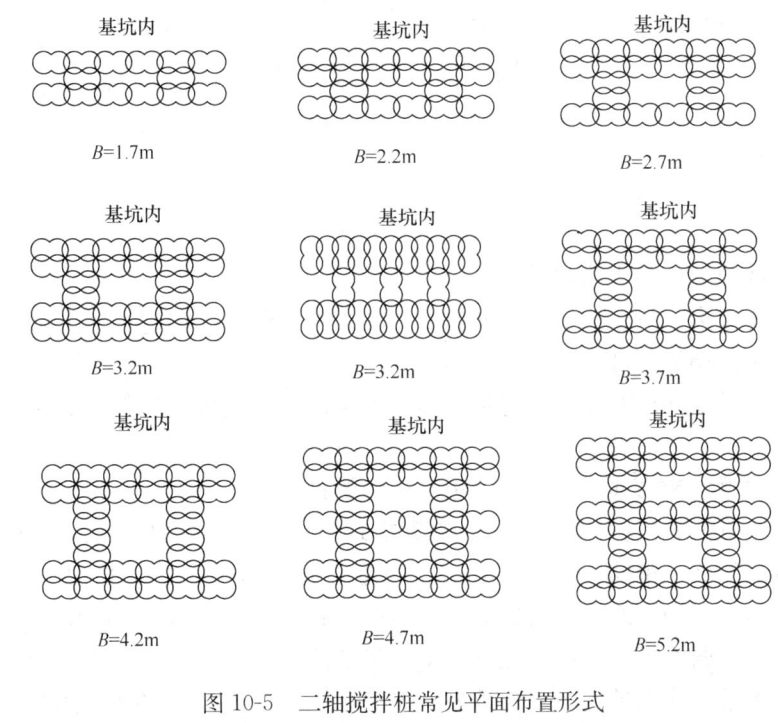

图 10-5 二轴搅拌桩常见平面布置形式

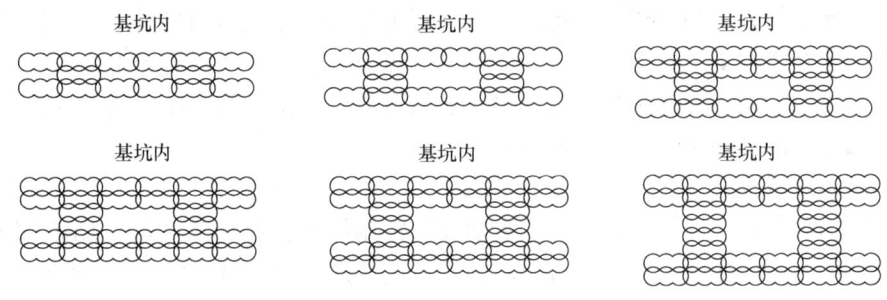

图 10-6 三轴搅拌桩常见平面布置形式

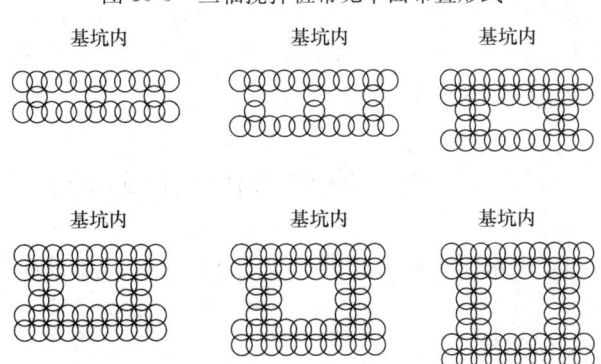

图 10-7 高压旋喷注浆常见平面布置形式

(4) 水泥土重力式围护墙搅拌桩搭接长度应不小于 200mm。墙体宽度大于等于 3.2m 时，前后墙厚度不宜小于 1.2m。在墙体圆弧段或折角处，搭接长度宜适当加大。水泥土加固体在习惯上称为搅拌桩，相邻桩搭接部分的截面积为双弧形，搭接长度 200mm 指搅

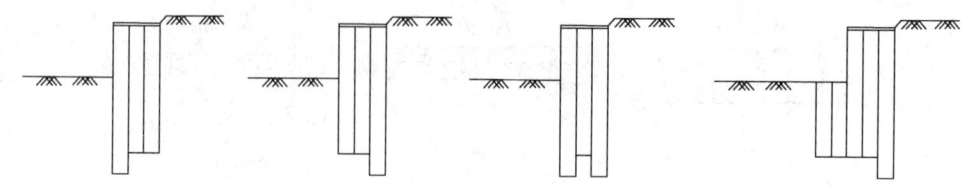

图 10-8 台阶形布置

拌转轴中心连线位置的最大搭接长度。

(5) 水泥土重力式围护墙转角及两侧剪力较大的部位应采用搅拌桩满打、加宽或加深墙体等措施对围护墙进行加强。

(6) 当基坑开挖深度有变化，围护墙体宽度和深度变化较大的断面附近应当对墙体进行加强。

10.4.4 水泥土重力式围护墙压顶板及连结的构造

(1) 水泥土重力式围护墙结构顶部需设置 150～200mm 厚的钢筋混凝土压顶板，压顶板应设置双向配筋，钢筋直径不小于 $\phi 8$，间距不大于 200mm。墙顶现浇的混凝土压顶板是水泥土重力式围护墙的一个组成部分，不但有利于墙体整体性，防止因坑外地表水从墙顶渗入围护墙格栅而损坏墙体，也有利于施工场地的利用。

(2) 水泥土重力式围护墙内、外排加固体中宜插入钢管、毛竹等加强构件。加强构件上端应进入压顶板，下端宜进入开挖面以下。目前常用的方法是内排或内外排搅拌体内插钢管，深度至开挖面以下，对开挖较浅的基坑，可以插毛竹，毛竹直径不小于 50mm。

(3) 水泥土加固体与压顶板之间应设置连接钢筋。连接钢筋上端应锚入压顶板，下端应插入水泥土加固体中 1～2m，间隔梅花形布置。

10.4.5 外掺剂

水泥土加固体采用设计强度和养护龄期双重控制标准。为改善水泥土加固体的性能和提高早期强度，可掺加外掺剂。经常使用的外掺剂有碳酸钠、氯化钙、三乙醇胺、木质素磺酸钙等。外掺剂的选用和水泥品种、水灰比、气候条件等有关，选用外掺剂时应有一定的经验或进行室内试块试验。碳酸钠的掺量一般为水泥用量的 0.2%～0.4%，氯化钙为 2%～5%，三乙醇胺为 0.05%～0.2%。木质素磺酸钙是一种减水剂，对早期强度的提高也略有影响，掺量变化范围一般为 0.2%～0.5%。

10.5 控制和减少墙体变位的措施

为了有效地控制和减少水泥土重力式围护墙的变位，在墙体设计和施工过程中可采取以下的措施：

(1) 增加围护墙体的宽度；

(2) 沿围护边长方向每隔 20～30m 增加重力墩；

(3) 适度增加围护墙的插入深度；

(4) 在坑内开挖面以下增加加固墩；

(5) 在水泥土加固体中插型钢、钢管、刚性桩或增加土锚等；

(6) 基坑开挖施工时采取分段、分层开挖等。

10.6 水泥土重力式围护墙施工

10.6.1 双轴水泥土搅拌机

喷浆形式的水泥土搅拌机是以水泥浆作为固化剂的主剂,通过搅拌头强制将软土和水泥浆拌合在一起。目前国内有单轴和双轴二种机型,本章主要介绍双轴水泥土搅拌机。

1. SJB型双轴水泥土搅拌机

SJB型双轴水泥土搅拌机,每施工一次可形成一幅双联"8"字形的水泥土搅拌桩。主机由动滑轮组、电动机、减速器、搅拌轴、搅拌头、输浆管、单向阀、保持架等组成,见图10-9。

双轴水泥土搅拌机技术参数　　　　　　　　　　表10-2

型号	SJBF37	SJBF45
电机功率(kW)	2×37	2×45
搅拌头直径(mm)	2×ϕ700(800)	2×ϕ700(800)
搅拌头数量(个)	2	2
搅拌头转速(r/min)	42	40
预定扭矩(kN·m)	2×8.4	2×10
搅拌头间距(mm)	514~585	514~585
一次加固面积(m²)	0.71~0.93	0.71~0.93
搅拌深度(m)	12~18	18~25
喷浆方式	中心管喷浆	中心管喷浆
电机减速装置	摆线针轮减速	摆线针轮减速
外形尺寸(mm)	1262×702×1690	1410×837×2332
主机质量(kg)	3500	4300
制造厂家	江阴市振冲机械制造有限公司	

2. 配套设备

(1) 灰浆泵,采用HB6-3型柱塞泵,其技术规格见表10-3;

HB6-3型柱塞泵技术规格　　　　　　　　　　表10-3

输浆量(m³/h)	工作压力(kPa)	输运距离(m)		电机转速(r/min)	电机功率(kW)	活塞往复次数(次/min)	排浆口内径(mm)	最佳输浆稠度(cm)
		垂直	水平					
3	1500	40	150	1440	4	150	50	8~12

(2) 灰浆拌制机:采用两台200L容积的拌制机,轮流供料;多台双轴搅拌机施工时可采用2m³电脑计量的浆液拌合系统,集中供浆;

(3) 灰浆集料斗:容积应大于0.4m³,也可根据具体情况而定;

(4) 桩架:起重能力应大于10t,提升速度200~800mm/min,纵横向均可移位,各种配套桩架有:JJB系列步履式桩架,JJ系列走管式桩架和简易履带式桩架。

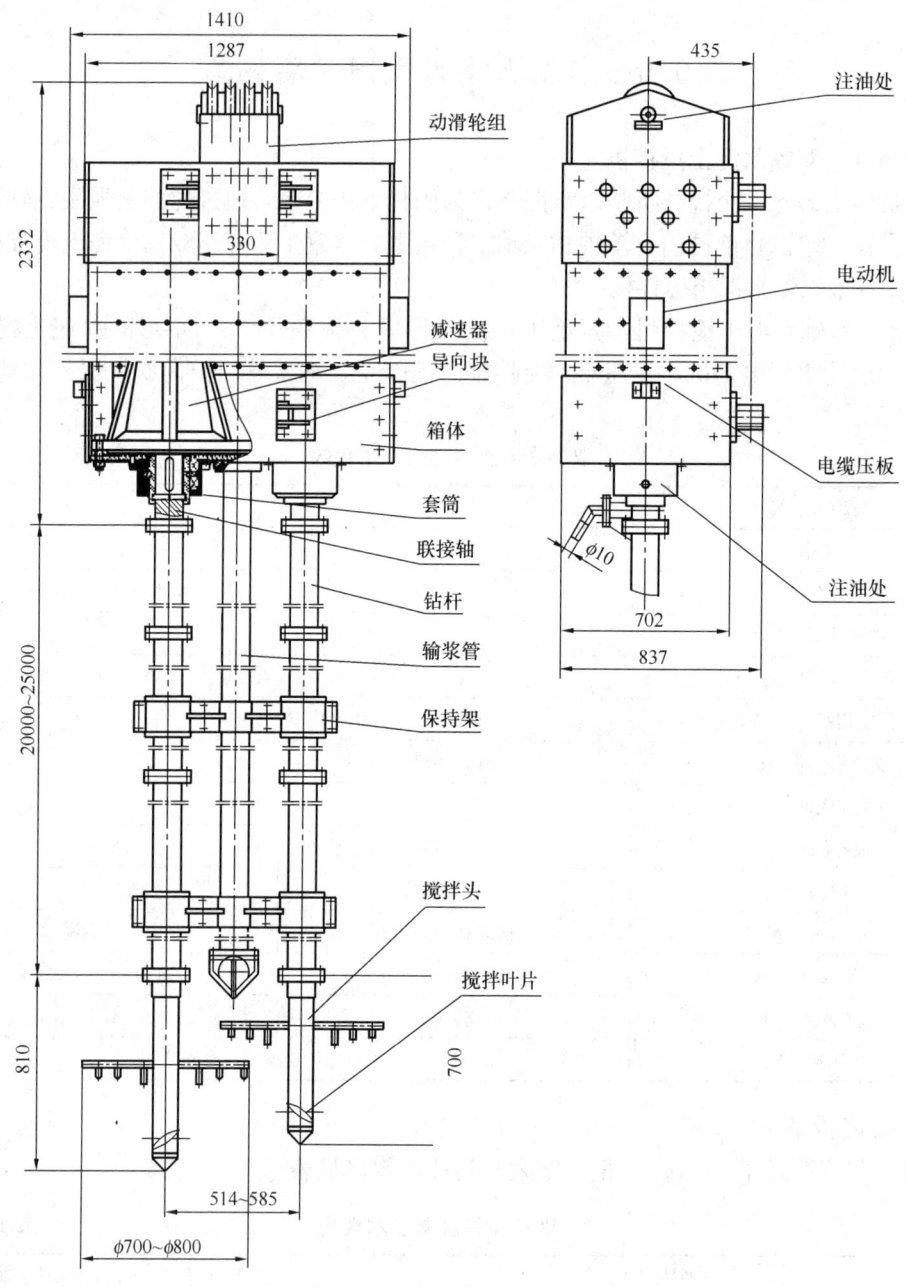

图 10-9 SJBF45 双轴水泥土搅拌机

10.6.2 双轴水泥土搅拌桩施工工艺

1. 施工准备

（1）技术准备

依据岩土工程勘察资料，对于无成熟施工经验的土层，必要时应进行加固土室内配合比试验，依据设计施工图和环境调查与分析，编制施工组织设计，安排好围护搅拌桩的施工顺序，通过试成桩，选择最佳水泥掺量，确定水泥土搅拌桩施工工艺参数。

（2）材料准备

水泥进场，按每一袋装水泥或散装水泥出厂编号进行取样、送检，不得有两个以上的出厂编号混合取样，并须在开工前取得水泥检验合格证，搭设水泥棚，布置浆液拌站，面积宜大于 $40m^2$，一般泵送距离不宜大于 100m。

(3) 场地准备

清表及原地面整平：首先路基地面清表处理，在开挖表土后应彻底清除地表、地下的石块、树根块等一切障碍物；同时应清除高空障碍物；路基两侧必须开挖排水沟，以保证在施工期间不被水浸泡。

沟槽开挖：开挖时应使沟槽平直，尽量往基坑外侧平移 10cm 左右，以免搅拌桩墙直接侵占到底板施工面。

桩位放样：根据测量放出平面布桩图；并根据布桩图现场布桩桩位应用小木桩或竹片定位并做出醒目标志以利查找，定位误差<2cm。

(4) 设备准备

设备进场：认真检查搅拌桩机的主要技术性能（包括桩机的加固深度、成桩直径、桩机转速及浆泵压力和泵送能力等）。搅拌头直径误差不大于 5mm，喷浆口直径不宜过大，应满足喷浆要求，从而确保所用桩机能满足该施工段的施工要求。

桩机就位：桩机到达指定桩位、桩机置平，检查钻杆垂直度、钻头直径、桩位对中、道木铺设，必须做到相对水平，若遇地表软弱时，应采取措施，确保机架平稳，要求钻杆垂直度<1%，桩位偏移（纵横向）容许误差±50mm。

2. 施工工艺

双轴水泥土搅拌桩（喷浆）施工顺序如图 10-10 所示。

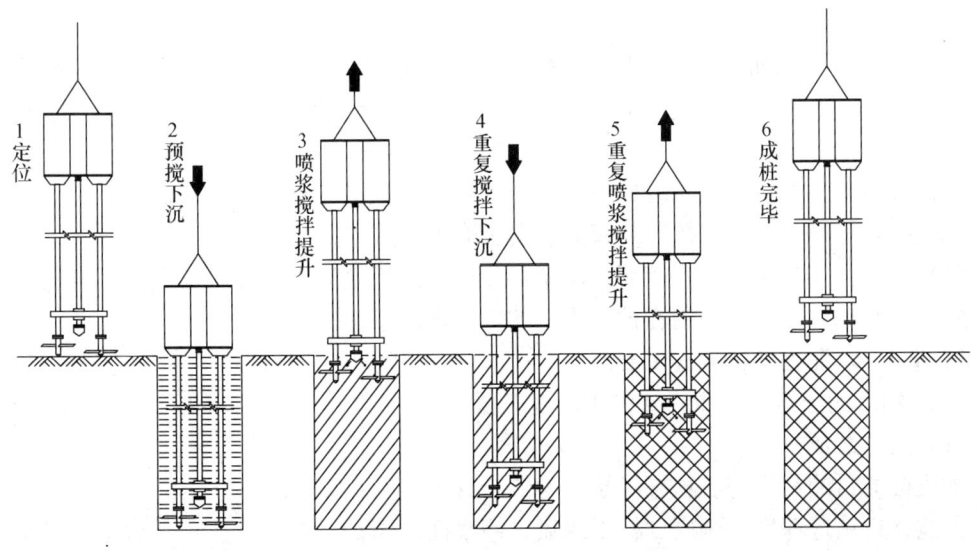

图 10-10 双轴搅拌桩施工顺序图

双轴搅拌桩施工工艺流程见图 10-11。

(1) 桩机（安装、调试）就位。

(2) 预搅下沉：待搅拌机及相关设备运行正常后，启动搅拌机电机，放松桩机钢丝绳，使搅拌机旋转切土下沉，钻进速度≤1.0m/min。

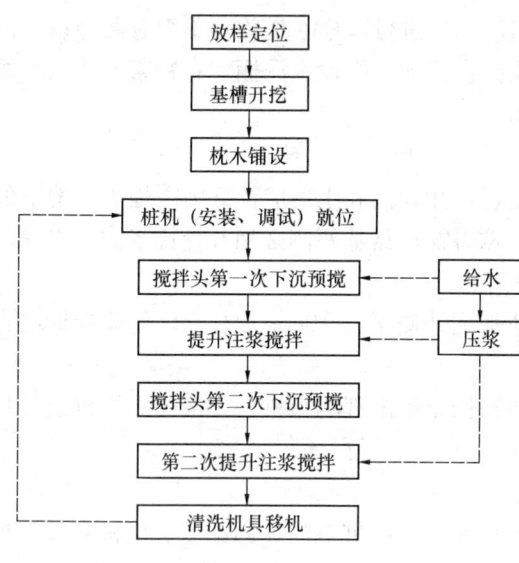

图 10-11 双轴搅拌桩施工工艺流程图

(3) 制备水泥浆：当桩机下降到一定深度时，即开始按设计及实验确定的配合比拌制水泥浆。水泥浆采用普通硅酸盐水泥，PO42.5级，严禁使用快硬型水泥。制浆时，水泥浆拌和时间不得少于5～10min，制备好的水泥浆不得离析、沉淀，每个存浆池必须配备专门的搅拌机具进行搅拌，以防水泥浆离析、沉淀，已配制好的水泥浆在倒入存浆池时，应加筛过滤，以免浆内结块。水泥浆存放时间不得超过2h，否则应予以废弃。注浆压力控制在0.5～1.0MPa，流量控制在30～50L/min，单桩水泥用量严格按设计计算量，浆液配比为水泥∶清水＝1∶0.45～0.55，制好水泥浆，通过控制注浆压力和泵量，使水泥浆均匀地喷搅在桩体中。

(4) 提升喷浆搅拌：当搅拌机下降到设计标高，打开送浆阀门，喷送水泥浆。确认水泥浆已到桩底后，边提升边搅拌，确保喷浆均匀性，同时严格按照设计确定的提升速度提升搅拌机。平均提升速度≤0.5m/min，确保喷浆量，以满足桩身强度达到设计要求。在水泥土搅拌桩成桩过程中，如遇到故障停止喷浆时，应在12h内采取补喷措施，补喷重叠长度不小于1.0m。

(5) 重复搅拌下沉和喷浆提升：当搅拌头提升至设计桩顶标高后，再次重复搅拌至桩底，第二次喷浆搅拌提升至地面停机，复搅时下钻速度≤1m/min，提升速度≤0.5m/min。

(6) 移位：钻机移位，重复以上步骤，进行下一根桩的施工。相邻桩施工时间间隔保持在16h内，若超过16h，在搭接部位采取加桩防渗措施。

(7) 清洗：当施工告一段落后，向集料斗中注入适量清水，开启灰浆泵，清洗全部管路中残存的水泥浆，并将粘附在搅拌头上的软土清洗干净。

10.6.3 水泥土搅拌墙施工要点

1. 双轴水泥土搅拌桩重力式围护墙施工要点

(1) 工艺试成桩

试成桩的目的是确定各项施工技术参数，其中包括：

①搅拌机钻进深度、桩底、桩顶或喷、停浆面标高；

②搅拌机提升速度与浆泵流量的匹配；

③每米桩长或每根桩的送浆量、浆液到达喷浆口的时间；

④双轴搅拌机单位时间（min）内，固化剂浆液的喷出量 q，取决于搅拌头叶片直径、固化剂掺入比及搅拌机钻头提升速度。其关系如下（式10-18）：

$$q = \pi/4 D \cdot \gamma_s \cdot a_w \cdot v \tag{10-18}$$

式中 D——搅拌头叶片直径（m）；

γ_s——土的重度（kN/m³）；

a_w——固化剂掺入比（%）；

v——搅拌头提升速度（m/min）。

⑤当喷浆量为定值时，土体中任意一点经搅拌头搅拌的次数越多，加固效果越好，搅拌次数 t 与搅拌头的叶片、转速和提升速度有如下关系：

$$t = \frac{h \cdot \Sigma_Z \cdot n}{v} \tag{10-19}$$

式中　h——搅拌轴叶片垂直投影高度（m）；

Σ_Z——搅拌头叶片总数；

n——搅拌头转速（r/min）；

v——搅拌头提升速度（m/min）。

(2) 施工参数与质量标准

水泥土搅拌桩采用 P042.5，新鲜普通硅酸盐水泥，单幅桩断面一般 ϕ700@500 双头搭接 200mm，常用水泥掺入比为被加固湿土重的 12%～15%，在暗浜区水泥掺量应再适当提高，水灰比 0.45～0.55。搅拌桩垂直度偏差不得小于 1%，桩位偏差不得大于 50mm，桩径偏差不得大于 4%。

(3) 施工浆液拌制及管理

水泥浆液应按预定配合比拌制，每根桩所需水泥浆液一次单独拌制完成；制备好的泥浆不得离析，停置时间不得超过 2h，否则予以废弃，浆液倒入时应加筛过滤，以免浆内结块，损坏泵体。供浆必须连续，搅拌均匀。一旦因故停浆，为防止断桩和缺浆，应使搅拌机钻头下沉至停浆面以下 1.0m，待恢复供浆后再喷浆提升。如因故停机超过 3h，应先拆卸输浆管路，清洗后备用，以防止浆液结硬堵管。泵送水泥浆前管路应保持湿润，以便输浆。应定期拆卸清洗浆泵，注意保持齿轮减速箱内润滑油的清洗。

(4) 施工技术

①搅拌桩施工必须坚持两喷三搅的操作顺序，且喷浆搅拌时，搅拌头提升速度不宜大于 0.5m/min，钻头每转一圈提升（或下降）量以 1.0～1.5cm 为宜，最后一次提升搅拌宜采用慢速提升，当喷浆口达桩顶标高时，宜停止提升，搅拌数秒，以保证桩头均匀密实。水泥搅拌桩预搅下沉时不宜冲水，当遇到较硬黏土层下沉太慢时，可适当冲水，但应考虑冲水成桩对桩身质量的影响。水泥土搅拌桩应连续搭接施工，相邻桩施工间隙不得超过 12h，如因特殊原因造成搭接时间超过 12h，应对最后一根桩先进行空钻留出榫头，以待下一批桩搭接，如间隙时间太长，超过 24h 与下一根桩无法搭接时，须采取局部补桩或注浆措施。

②对于双轴水泥重力式围护墙内套打钻孔灌注围护桩时，钻孔桩待重力式围护墙施工结束，未完成形成强度之前套打施工。水泥土重力式围护墙顶部插钢筋和插脚手架钢管，必须在成桩后 2～4h 后完成，应确保重力式墙体内插钢筋和钢管的插入可行性。水泥土搅拌桩成桩后 7d，采取轻便触探器，连续钻取桩身加固土样，检查墙体的均匀性和桩身强度，若不符合设计要求应及时调整施工工艺。水泥土重力式围护墙顶面的混凝土面应尽早铺筑，并使面层钢筋与水泥土搅拌墙体锚固筋（插筋）连成一体，混凝土面层未完成或未达设计强度，基坑不得开挖。水泥土重力坝围护墙须达 28d 龄期或达到设计强度，基坑

方可进行开挖。

(5) 施工安全

当发现搅拌机的入土切削和提升搅拌负荷太大及电机工作电流超过额定值时,应减慢升降速度或补给清水;发生卡钻、憋车等现象时应切断电源,并将搅拌机强制提升出地面,然后再重新启动电机。当电网电压低于350V时,应暂停施工,以保护电机。

2. 三轴水泥土搅拌桩重力式围护墙施工要点

(1) 三轴水泥土搅拌桩施工详见本手册13.4节。正常情况下搅拌机搅拌翼(含钻头)下沉喷浆、搅拌和提升喷浆、搅拌各一次,即二喷二搅的施工工艺,桩体范围做到水泥搅拌均匀,桩体垂直度偏差不得大于1/200,桩位偏差不大于20mm,浆液水灰比一般为1.5~2.0,在满足施工的前提下,浆液水灰比可以适当降低。

(2) 三轴水泥土搅拌桩施工前必须对施工区域地下障碍物进行探测,如有障碍物必须对其清理及回填素土(不得含有块石和生活垃圾),分层夯实后方可进行三轴水泥土搅拌桩施工,并应适当提高水泥掺量。第一批试桩(不少于3根)必须在监理人员监管下施工,以确定水泥投放量、浆液水灰比(用比重法控制)、浆液泵送时间和搅拌头下沉及上升速度、桩长垂直度控制方法。

(3) 桩体施工必须保持连续性,近开挖面一排桩宜采用套接一孔法施工,确保防渗可靠性。其余桩体可以采用搭接法施工,搭接厚度不小于200mm。施工时如因故停浆,应在恢复压浆前将三轴搅拌机提升或下降0.5m后再注浆搅拌施工,以保证搅拌桩的连续性。桩与桩的搭接时间间隔不得大于24h。如因特殊原因造成搭接时间超过24h,则需在图纸及现场标明位置并纪录在案,经监理和设计单位认可后,采取在搭接处补做旋喷桩等技术措施,确保搅拌桩的质量。

(4) 三轴水泥土搅拌桩设计作为隔断场地内浅部潜水层或深部承压水层时,施工应采取有效措施确保截水帷幕的质量,在砂性土中搅拌桩施工应外加膨润土,以提高截水帷幕的止水及隔水效果。基坑开挖前应采用预降水法进行截水帷幕封闭性检测,并制定检验方案,予以实施。

(5) 采用三轴水泥土搅拌桩进行重力坝施工时,在坝体顶标高深度以上的土层被扰动区应采用低掺量水泥回掺加固。

(6) 三轴搅拌桩施工中产生的弃土必须及时清理,若长时间停止施工,应对压浆管道及设备进行清洗。

(7) 三轴水泥土搅拌桩施工过程,搅拌头的直径应定期检查,其磨损量不应大于10mm,水泥土搅拌桩的施工直径应符合设计要求。

(8) 可以选用普通叶片与螺旋叶片交互配置的搅拌翼或在螺旋叶片上开孔,添加外掺剂等辅助方法施工,以避免较硬的黏土层发生三轴水泥土搅拌翼大量包泥"糊钻"影响施工质量。

10.6.4 施工环境保护

(1) 水泥土搅拌桩重力式围护墙施工时,应预先了解下列周边环境资料:
①邻近建(构)筑物的结构、基础形式及现状;
②被保护建(构)筑物的保护要求;
③邻近管线的位置、类型、材质、使用状况及保护要求。

（2）坚持信息化施工管理。在施工过程中，应对周边环境及围护体系进行全过程监测控制，根据监测数据，对施工工艺、施工参数、施工顺序、施工速度进行及时的调整，尽量减少挤土效应对周边环境的影响，可采取以下措施：

①适当的降低注浆压力和减少流量，控制下沉（提升）速度。

②在靠近需保护建筑物和管线一侧，先施工单排水泥土搅拌桩封隔墙，再由近向远逐步向反向施工。

③限制每日水泥土搅拌桩墙体的施工总量，必要时采取跳打的方式。

④在被保护建筑物与水泥土搅拌桩墙体之间，设置应力释放孔或防挤沟。

⑤将浅部的重要管线开挖暴露并使其处于悬吊自由状态。

⑥三轴水泥土搅拌机通过螺旋叶片连续提升，因此挤土量较小，建议在环境保护要求高、有条件的地区，优先选择三轴搅拌桩施工。

（3）施工中产生的水泥土浆，可集积在导向沟内或现场临时设置的沟槽内，待自然固结后，运至指定地点。

10.7 质 量 检 验

水泥土重力式围护墙的质量检验按成桩施工期、开挖前和开挖期三个阶段进行。

10.7.1 成桩施工期

成桩施工期质量检验包括机械性能、材料质量、掺合比试验等材料的验证，以及逐根检查桩位、桩长、桩顶高程、桩架垂直度、桩身水泥掺量、上提喷浆速度、外掺剂掺量、水灰比、搅拌和喷浆起止时间、喷浆量的均匀、搭接桩施工间歇时间等。

成桩施工期质量检验标准应符合表 10-4 的规定。

成桩施工期质量检验标准 表 10-4

检 查 项 目	质 量 标 准
水泥及外掺剂	设计要求
水泥用量	参数指标
水灰比	设计及施工工艺要求
桩底标高	±100mm
桩顶标高	+100mm、−50mm
桩位偏差	<50mm
垂直度偏差	<1%
搭接	≥200mm
搭接桩施工间歇时间	<16h

10.7.2 基坑开挖前

基坑开挖前的质量检测宜在围护结构压顶板浇注之前进行。检测包括桩身强度的验证和桩数的复核。对开挖深度超过 5m 的基坑应采用制作试块和钻取桩芯的方法检验桩长和桩身强度：

（1）试块制作应采用 70.7mm×70.7mm×70.7mm 立方体试模，宜每个机械台班制作一组。试块载荷试验宜在龄期 28d 后进行。

（2）钻取桩芯宜采用 ϕ110 钻头，连续钻取全桩长范围内的桩芯，桩芯应呈硬塑状态并无明显的夹泥、夹砂断层。取样数量不少于总桩数的1%且不少于5根。有效桩长范围内的桩身强度应符合设计要求。

10.7.3 基坑开挖期

基坑开挖期的质量检测主要通过外观检验开挖面桩体的质量以及墙体和坑底渗漏水情况。

10.8 工程实例

上海浦东新区某小区基坑围护

1. 工程概况

上海某小区位于浦东桃林路、灵山路。拟建场地内将建四栋高层建筑及地下车库、商场、会所，地下1层，基坑开挖深度为4.43～3.65m。平面形状呈矩形，基坑占地面积约5160m², 围护周长为523m。见图10-12、图10-13。

2. 周围环境及地质资料

（1）周围环境

基坑东、南两侧临马路，西、北两侧临小区，马路下均有市政管线通过，基坑边离桃林路距离较近，最近的电力管线距基坑边约3m；小区内有多栋六层楼住宅及招商中心，均为天然地基条形基础，建筑物距基坑边约10m。

（2）地质资料

拟建场地，地面绝对标高约4.1m（吴淞零点，下同）。

在拟建场地钻探所达深度范围内地基土层均属第四系沉积物，主要由饱和黏性土、粉土、砂土等组成，场地土的类型为软弱场土。第③层砂性较重，渗透系数较大，当基坑开挖至底部时，在基坑内外水头差的作用下，土体易产生管涌、流砂等现象，施工时须特别注意。地下水位在地面下1.2～1.75m。

地基土的物理力学性质指标见表10-5。

地基土物理力学性质综合成果（围护设计参数）表　　　表10-5

层名	土层名称	重度γ (kN/m³)	固结快剪		渗透系数 k ($\times 10^{-7}$ cm/s)	
			c (kPa)	φ (°)	k_H	k_v
①	填土					
②	黏土	18.70	22.0	12.5	1.04	24.6
③	淤泥质粉质黏土夹砂质粉土	18.20	7.0	20.0	5150	3790
④	淤泥质黏土	17.10	14.0	10.5	20.0	4.03

3. 结构形式

根据总平面图的布置，整个场地较为狭长，近马路两侧有地下管线需要保护，且桃林路一侧离开较近；另外两边有多栋六层楼住宅及招商中心需要保护，因此，围护结构形式考虑采用既安全经济又利于加快工程进度的水泥土搅拌桩重力式结构，具体方案如下：

10.8 工程实例

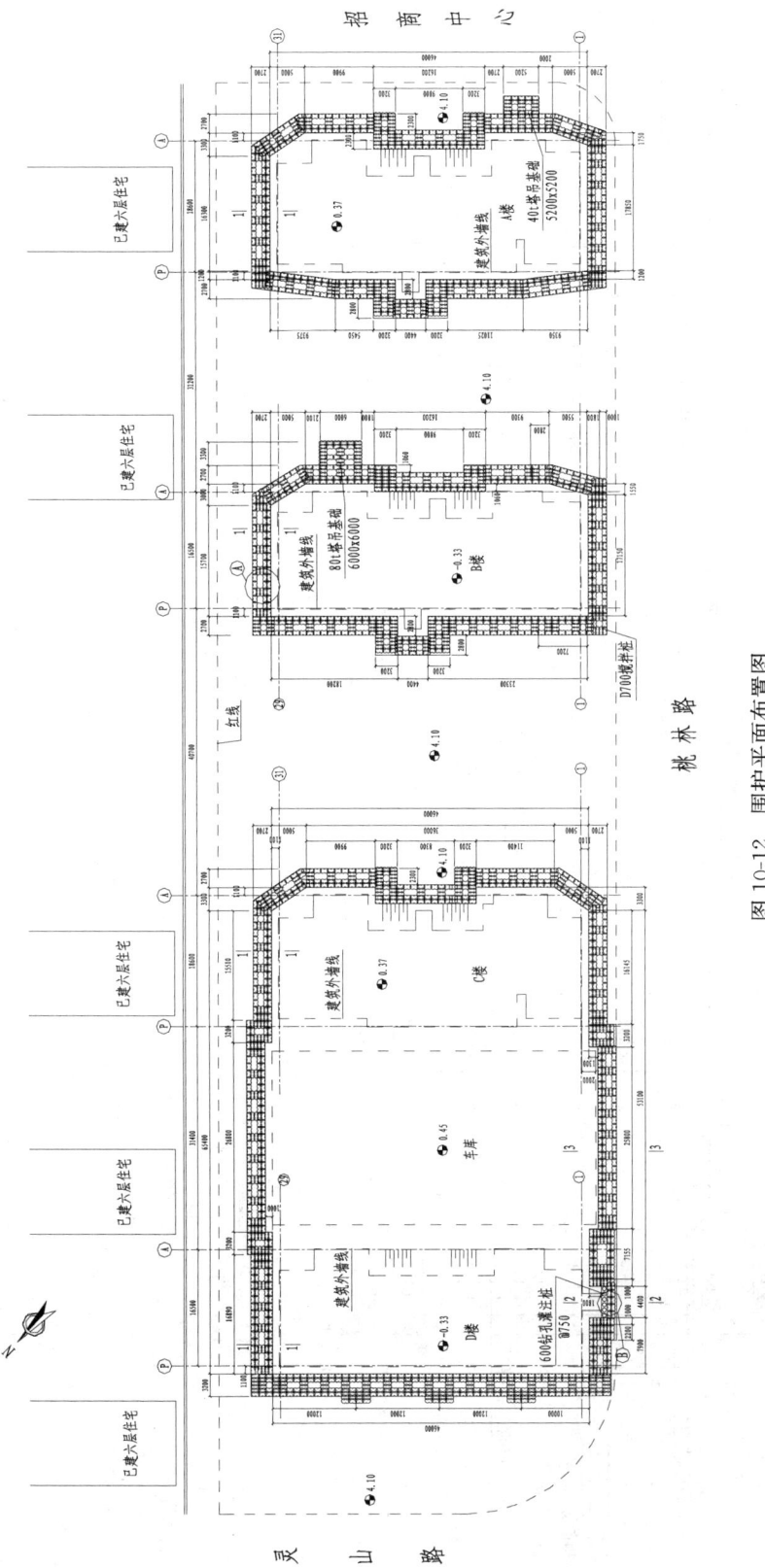

图 10-12 围护平面布置图

360 第10章 水泥土重力式围护墙的设计与施工

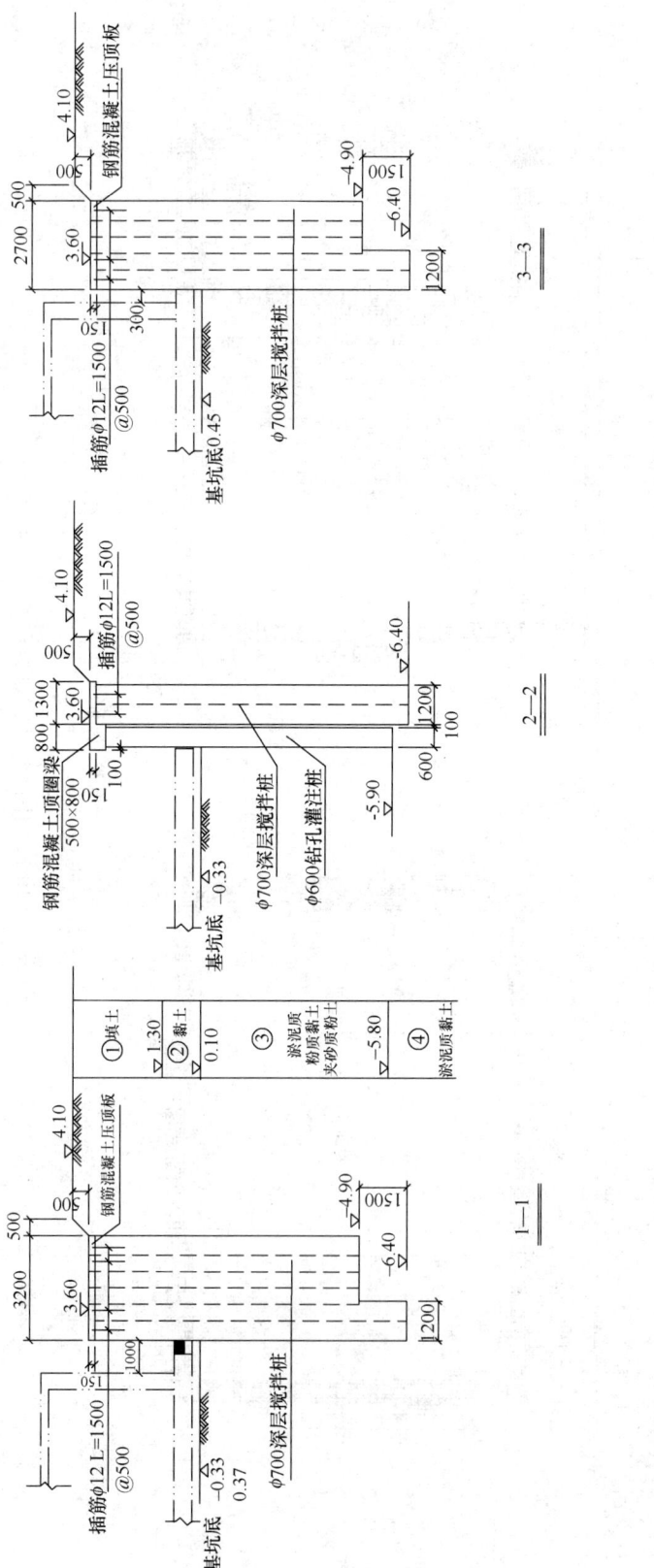

图10-13 剖面图

(1) 围护墙采用双头水泥土搅拌桩,墙厚 2.7~3.2m,桩深 8m,内排加至深 10.5m,搅拌桩水泥掺量为 13%。

(2) 围护墙体顶部为现浇钢筋混凝土压顶板,板厚 0.15m,加强墙体的整体性。

(3) 围护墙体与钢筋混凝土压顶板之间设置 $\phi 12@1000$ 的连接钢筋,长度 1.5m。

4. 施工要求

(1) 水泥掺量通过掺合比试验确定,一般水泥掺合比为 13%(重量比),局部暗浜区域掺量加大为 15%,水泥采用普通硅酸盐水泥,水灰比 0.45~0.55。

(2) 开挖时水泥土搅拌桩的强度要求:无侧限抗压强度不低于 0.8MPa,抗剪强度不低于 0.2MPa。

(3) 施工单位可根据土方开挖的时间要求掺加适量的外加剂以利于早期强度的提高,水泥土搅拌桩的养护期不得少于 28d。

(4) 相邻桩施工间隙时间不得大于 16h,否则认为出现冷缝,应采取补救措施。

(5) 钢筋混凝土顶圈板混凝土强度等级为 C25,主筋净保护层厚度为 30mm。

5. 土方开挖、基坑降水要求

(1) 土方开挖根据施工情况合理确定分区、分层开挖顺序。

(2) 土方开挖必须分层进行,分层厚度不大于 2.0m。必须严格控制相临分区之间的土层高差(一般为 2m 左右),必须确保土坡自身稳定。

(3) 场内堆载必须在坑边 10m 以外,10m 以内堆载不得大于 $20kN/m^2$。

(4) 坑内排水沟不得靠坑边布置。

(5) 为便于基坑开挖和减少围护结构在开挖中变形,基坑内应设置井点预降水。水位宜降至基坑开挖面以下 0.5~1.0m。

(6) 井点降水应在基坑开挖前 2 周以上完成布设并开始降水。

(7) 根据上海地区土质特点,井点应采用真空形式,确保降水效果。

(8) 基坑内降水应注意坑内、外地下水位观测,防止影响周围环境。

6. 监测要求

为确保工程施工,附近建筑物、道路和地下管线等的安全,及时预报施工中出现的问题,指导施工,必须进行如下施工监测:

(1) 墙体水平变形监测(测斜);

(2) 墙顶变形及沉降监测;

(3) 基坑外地面沉降监测;

(4) 基坑内、外地下水位监测;

(5) 附近地下管线的变形监测;

(6) 附近建筑物沉降及倾斜监测。

7. 施工情况简介

(1) 围护搅拌桩施工初期,由于施工工期紧张,搅拌桩施工速度比较快,造成相近的道路路面上抬 23mm,路缘石开裂,后来调整了施工顺序,由外排向内排后退施工,并采取了减慢施工速度、调整施工参数等措施,有效控制了施工搅拌桩阶段对周边环境的影响。

(2) 基坑土方开挖阶段,通过分层分块的施工措施,围护墙顶的位移得到有效的控制，一般边的墙顶位移都不大于 30mm，长边中段的最大变位为 38mm，相邻地面沉降最大 21mm，管线最大沉降 8mm。

参考文献

［1］ 刘建航，候学渊．基坑工程手册［M］北京：中国建筑工业出版社，1997
［2］ 龚晓南．地基处理手册［M］北京：中国建筑工业出版社，2000
［3］ 蔡伟铭，周志道．上海市建设技术发展基金会资助项目《软土地基（10m 以内）深基坑（槽）支挡技术和新方法研究》总结报告第五篇：水泥土搅拌桩结构的水平位移计算，1996．6
［4］ 蔡伟铭，陈友文．拱形水泥土支护结构在马钢料槽开挖中的应用［J］．工业建筑，1995 年 09 期
［5］ 蔡伟铭．基坑（深度小于 10m）支护结构设计与施工中的若干问题［J］．上海建设科技，1995 年 02 期
［6］ 上海市建筑施工行业协会工程质量安全专业委员会．围护结构工程质量竣工资料实例［M］上海：同济大学出版社，2006

第 11 章 地下连续墙的设计与施工

11.1 概 述

1950 年意大利米兰的 C. Veder 开发了地下连续墙的施工技术，并最早应用于 Santa Malia 大坝的防渗墙（深达 40m）中[1]。20 世纪 50 年代后期传入法国、日本等国，20 世纪 60 年代推广至英国、美国、前苏联等国，世界各国都是首先从水利水电基础工程中开始应用，然后推广到建筑、市政、交通、矿山、铁道和环保等部门。20 世纪 60 年代，日本开发了许多连续墙施工机具，之后，地下连续墙的施工技术在全世界范围内得到了较广泛的应用。早期的地下连续墙多用于大坝的防渗墙，一般是在地下先凿出一条沟槽，然后浇灌混凝土以形成一透水性很低的薄膜，由于其目的主要是隔水，因此对墙面的垂直度、平整度及混凝土强度的要求并不严格，主要是控制其水密性。1961 年法国巴黎费利浦大楼深基础工程首先成功地采用了较高精度的地下连续墙技术[2]，这是地下连续墙施工技术在高层建筑中的首个应用实例。我国也是较早应用地下连续墙施工技术的国家之一，首先应用是水电部门于 1958 年在青岛月子口水库建造深 20m 的桩排式防渗墙以及在北京密云水库建造深 44m 的槽孔式防渗墙[2]。1971 年在台湾地区的台北市吉林路中国国际银行大楼中采用了地下连续墙，墙厚 550mm，深 15m，是国内也是东南亚地区首先应用在高层建筑中的地下连续墙工程[3]。1977 年在上海研制成功了导板抓斗和多头钻成槽机之后，首次用这种机械施工了某船厂升船机港地岸壁，为我国加速开发这一技术起到了积极推动作用[1]。

最初地下连续墙厚度一般不超过 0.6m，深度不超过 20m。到了 20 世纪 60~80 年代，随着成槽施工技术设备的不断提高，墙厚达到 1.0~1.2m，深度达 100m 的地下连续墙逐渐出现。从 1965 年至 1987 年，日本利用地下连续墙作为围护结构的工程多达 365 例。东京都涩谷区 NHK 新广播电台大楼，地下 2 层，地上 3 层。基坑围护结构采用 T 字形大断面地下连续墙，墙厚为 0.6m 和 1.0m，深度为 18~22m，地下连续墙作为地下室外墙兼作双层车道的基础；营团地铁有乐町线基坑工程采用 80cm 厚度地下连续墙作为围护结构；日本国室兰港的白鸟大桥[4]（主跨 720m 悬索桥）主塔墩为直径 37m、深 70m 的基坑，采用地下连续墙围堰，从筑岛顶面算起地下连续墙打入地层以下 100m（嵌岩 30m），成功地修建了主塔墩的直接基础。到了 20 世纪 90 年代，由于成功研制并使用了水平多轴铣槽机，出现了超厚（3.20m）和超深（170m）的地下连续墙结构。已建成的日本东京湾跨海大桥的川崎人工岛（墙厚 2.8m，直径 108m）的地下连续墙基础，最大深度已达 140m。

在国内自从引进地下连续墙技术至今地下连续墙作为基坑围护结构的设计施工技术已经非常成熟。进入 20 世纪 90 年代中期，国内外越来越多的工程中将支护结构和主体结构相结合设计，即在施工阶段采用地下连续墙作为支护结构，而在正常使用阶段地下连续墙又作为结构外墙使用，在正常使用阶段承受永久水平和竖向荷载，称为"两墙合一"。如新闸路地铁车站、上海银行大厦、越洋广场、平安金融大厦和上海二十一世纪中心大厦等均采用了"两墙合一"设计。"两墙合一"减少了工程资金和材料的投入,充分体现了地下连续墙的经济性和环保性。2000年以后,随着国内又一轮建筑高潮的兴起,深大基坑和市区内周边环境保护要求较高的基坑工程不断涌现,对工程的经济性和社会资源的节约要求越来越高,一系列外部条件的发展,促进了地下连续墙工艺又得到了进一步推动,同时也出现了一批设计难度较高的工程。例如上海500kV世博地下变电站工程直径130m的圆形基坑,基坑开挖深度为34m,采用了1.2m厚的地下连续墙作为围护结构,同时在正常使用阶段又作为地下室外墙。

11.1.1 地下连续墙的特点与适用条件

1. 地下连续墙的特点

在工程应用中地下连续墙已被公认为是深基坑工程中最佳的挡土结构之一,它具有如下显著的优点:

(1) 施工具有低噪声、低震动等优点,工程施工对环境的影响小;

(2) 连续墙刚度大、整体性好,基坑开挖过程中安全性高,支护结构变形较小;

(3) 墙身具有良好的抗渗能力,坑内降水时对坑外的影响较小;

(4) 可作为地下室的结构外墙,可配合逆作法施工,以缩短工程的工期、降低工程造价。

但地下连续墙也存在弃土和废泥浆处理、粉砂地层易引起槽壁坍塌及渗漏等问题,因而需采取相关的措施来保证连续墙施工的质量。

2. 地下连续墙的适用条件

由于受到施工机械的限制,地下连续墙的厚度具有固定的模数,不能像灌注桩一样对桩径和刚度进行灵活调整,因此,地下连续墙只有用在一定深度的基坑工程或其他特殊条件下才能显示其经济性和特有的优势。对地下连续墙的选用必须经过技术经济比较,确实认为是经济合理时才可采用。一般情况下地下连续墙适用于如下条件的基坑工程:

(1) 深度较大的基坑工程,一般开挖深度大于10m才有较好的经济性;

(2) 邻近区域存在保护要求较高的建、构筑物,对基坑本身的变形和防水要求较高的工程;

(3) 基地内空间有限,地下室外墙与红线距离极近,采用其他围护形式无法满足留设施工操作空间要求的工程;

(4) 围护结构需作为主体结构的一部分,且基坑施工阶段对防水、抗渗有较高要求的工程;

(5) 采用逆作法施工,地上和地下同步施工时,一般采用地下连续墙作为围护墙;

(6) 在超深基坑中,例如30~50m的深基坑工程,采用其他围护体无法满足要求时,常采用地下连续墙作为围护体。

11.1.2 地下连续墙的结构形式

目前在工程中应用的地下连续墙的结构形式主要有壁板式、T形和Π形地下连续墙、格形地下连续墙、预应力或非预应力U形折板地下连续墙等几种形式。

1. 壁板式

该形式又可分为直线壁板式(如图11-1a所示)和折线壁板式(如图11-1b所示),

折线壁板式多用于模拟弧形段和转角位置。壁板式在地下连续墙工程中应用得最多，适用于各种直线段和圆弧段墙段，例如，在上海世博 500kV 地下变电站直径 130m 的圆筒形基坑地下连续墙设计中，就采用了 80 幅直线壁板式地下连续墙来模拟圆弧段。

2. T 形和 Π 形地下连续墙

T 形地下连续墙（如图 11-1c 所示）和 Π 形地下连续墙（如图 11-1d 所示）适用于基坑开挖深度较大、支撑竖向间距较大、受到条件限制墙厚无法增加的情况下，采用加肋的方式增加墙体的抗弯刚度。

3. 格形地下连续墙

格形地下连续墙（如图 11-1e 所示）是一种将壁板式和 T 形地下连续墙两种形式组合在一起的结构形式，格形地下连续墙结构形式的构思出自格形钢板桩岸壁的概念，是靠其自身重量稳定的半重力式结构，是一种用于建（构）筑物地基开挖的无支撑空间坑壁结构。格形地下连续墙多用于船坞及特殊条件下无法设置水平支撑的基坑工程，目前也应用于大型的工业基坑，如上海耀华-皮尔金顿二期熔窑坑工程，熔窑建成后坑内不允许有任何永久性支撑和隔墙结构，而且要保证邻近一期工程的正常使用。该工程采用了重力式格形地下连续墙方案，利用格形地下连续墙作为基坑支护结构，同时作为永久结构。格形地下连续墙在特殊条件下具有不可替代的优势，但由于受到自身施工工艺的约束，一般槽段数量较多。

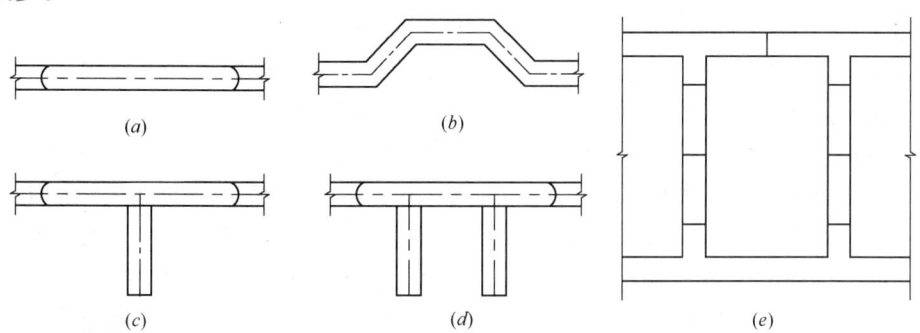

图 11-1 地下连续墙平面结构形式
(a) 壁板式；(b) U 形折板；(c) T 形；(d) Π 形；(e) 格形

4. 预应力或非预应力 U 形折板地下连续墙

这是一种新形式的地下连续墙，已应用于上海某地下车库工程。折板是一种空间受力结构，有良好的受力特性，还具有抗侧刚度大、变形小、节省材料等特点。

11.2 地下连续墙的设计

作为基坑围护结构，主要基于强度、变形和稳定性三个大方面对地下连续墙进行设计和计算，强度主要指墙体的水平和竖向截面承载力、竖向地基承载力；变形主要指墙体的水平变形和作为竖向承重结构的竖向变形；稳定性主要指作为基坑围护结构的整体稳定性、抗倾覆稳定性、坑底抗隆起稳定性、抗渗流稳定性等，稳定性计算方法见本手册第 5 章。以下针对地下连续墙设计的主要方面进行详述。

11.2.1 墙体厚度和槽段宽度

地下连续墙厚度一般为 0.5~1.2m，而随着挖槽设备大型化和施工工艺的改进，地下连续墙厚度可达 2.0m 以上。日本东京湾新丰洲地下变电站圆筒形地下连续墙的厚度达到了 2.40m。上海世博 500kV 地下变电站基坑开挖深度 34m，围护结构采用直径 130m 圆筒形地下连续墙，地下连续墙厚度 1.2m，墙深 57.5m。在具体工程中地下连续墙的厚度应根据成槽机的规格、墙体的抗渗要求、墙体的受力和变形计算等综合确定。地下连续墙常用墙厚为 0.6m、0.8m、1.0m 和 1.2m。

确定地下连续墙单元槽段的平面形状和成槽宽度时需考虑众多因素，如墙段的结构受力特性、槽壁稳定性、周边环境的保护要求和施工条件等，需结合各方面的因素综合确定。一般来说，直线壁板式槽段宽度不宜大于 6m，T 形、折线形槽段等槽段各肢宽度总和不宜大于 6m。

11.2.2 地下连续墙的入土深度

一般工程中地下连续墙入土深度在 10~50m 范围内，最大深度可达 150m。在基坑工程中，地下连续墙既作为承受侧向水土压力的受力结构，同时又兼有隔水的作用，因此地下连续墙的入土深度需考虑挡土和隔水两方面的要求。作为挡土结构，地下连续墙入土深度需满足各项稳定性和强度要求；作为隔水帷幕，地下连续墙入土深度需根据地下水控制要求确定。

1. 根据稳定性确定入土深度

作为挡土受力的围护体，地下连续墙底部需插入基底以下足够深度并进入较好的土层，以满足嵌固深度和基坑各项稳定性要求。在软土地层中，地下连续墙在基底以下的嵌固深度一般接近或大于开挖深度方能满足稳定性要求。在基底以下为密实的砂层或岩层等物理力学性质较好的土（岩）层时，地下连续墙在基底以下的嵌入深度可大大缩短。例如上海轨道交通七号线耀华路站综合开发项目开挖深度约 20.4m，基底以下主要以软塑的黏土层为主，采用地下连续墙作为围护结构，墙体嵌入基底以下 19m 方满足稳定性要求。南京绿地紫峰大厦开挖深度约 21.4m，基底以下均为中风化安山岩，地下连续墙嵌入基底以下 7m 即满足稳定性要求。

2. 考虑隔水作用确定入土深度

作为隔水帷幕，地下连续墙设计时需根据基底以下的水文地质条件和地下水控制要求确定入土深度，当根据地下水控制要求需隔断地下水或增加地下水绕流路径时，地下连续墙底部需进入隔水层隔断坑内外潜水及承压水的水力联系，或插入基底以下足够深度以确保形成可靠的隔水边界。如根据隔水要求确定的地下连续墙入土深度大于受力和稳定性要求确定的入土深度时，为了减少经济投入，地下连续墙为满足隔水要求加深的部分可采用素混凝土浇筑。

天津津塔基坑开挖深度 22.1m，采用 1.0m 厚的"两墙合一"地下连续墙作为围护体。其地面下约 40m 深分布有⑧$_b$ 粉土层第二承压含水层，基坑不满足承压水突涌稳定性要求，根据基地周边环境保护要求需采取隔断措施。根据稳定性计算，地下连续墙插入基底以下 17.2m 即可满足各项稳定性要求。而要隔断第二承压水，地下连续墙底部需进入⑧$_c$ 粉质黏土层，插入基底以下的深度需达到 23.7m。因此综合考虑稳定性和隔承压水两方面的因素，地下连续墙插入基底以下 23.7m，并根据受力和稳定性要求在基底以下

17.2m范围采用钢筋混凝土,在基底以下17.2~23.7m段采用素混凝土段作为隔水帷幕。该工程已经竣工,地下连续墙下部素混凝土段有效的隔断了第二承压水。

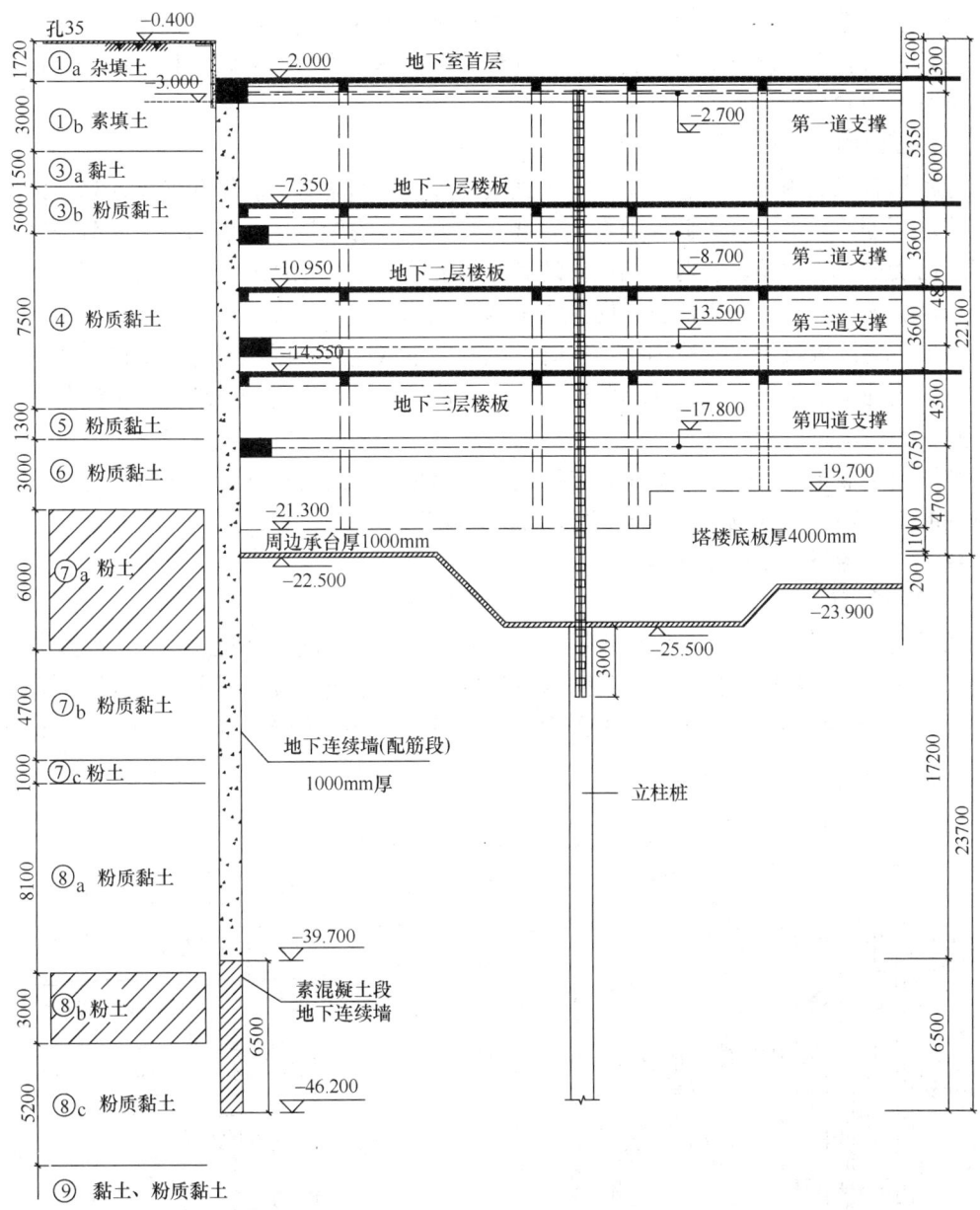

图11-2 天津津塔地下连续墙支护结构剖面图

11.2.3 内力与变形计算及承载力验算

1. 内力与变形计算

地下连续墙作为基坑围护结构的内力与变形计算目前采用最多的是平面弹性地基梁法,该方法计算简便,可适用于绝大部分常规工程;而对于具有明显空间效应的深基坑工程,可采用空间弹性地基板法进行地下连续墙的内力和变形计算;对于复杂的基坑工程需采用连续介质有限元法进行计算。

墙体内力和变形计算应按照主体工程地下结构的梁板布置以及施工条件等因素，合理确定支撑标高和基坑分层开挖深度等计算工况，并按基坑内外实际状态选择计算模式，考虑基坑分层开挖、支撑分层设置，以及换撑拆撑等工况在时间上的先后顺序和空间上的不同位置，进行各种工况下的连续完整的设计计算。具体可参照第 6 章的相关内容对地下连续墙进行内力和变形计算。

2. 承载力验算

应根据各工况内力计算包络图对地下连续墙进行截面承载力验算和配筋计算。常规的壁板式地下连续墙需进行正截面受弯、斜截面受剪承载力验算，当需承受竖向荷载时，需进行竖向受压承载力验算。对于圆筒形地下连续墙除需进行正截面受弯、斜截面受剪和竖向受压承载力验算外，尚需进行环向受压承载力验算。

当地下连续墙仅用作基坑围护结构时，应按照承载能力极限状态对地下连续墙进行配筋计算，当地下连续墙在正常使用阶段又作为主体结构时，尚应按照正常使用极限状态根据裂缝控制要求进行配筋计算。

地下连续墙正截面受弯、受压、斜截面受剪承载力及配筋设计计算应符合现行国家标准《混凝土结构设计规范》（GB 50010）的相关规定。

11.2.4 地下连续墙设计构造

1. 墙身混凝土

地下连续墙混凝土设计强度等级不应低于 C30，水下浇筑时混凝土强度等级按相关规范要求提高。墙体和槽段接头应满足防渗设计要求，地下连续墙混凝土抗渗等级不宜小于 S6 级。地下连续墙主筋保护层在基坑内侧不宜小于 50mm，基坑外侧不宜小于 70mm。

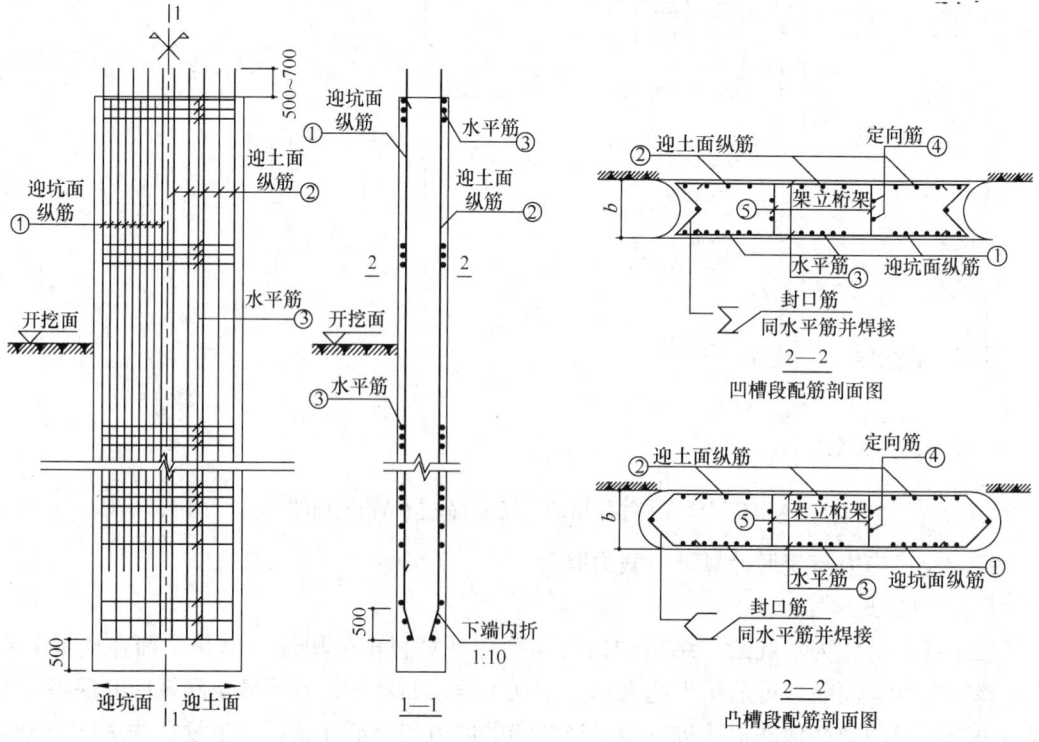

图 11-3　地下连续墙槽段典型配筋立面图　　图 11-4　地下连续墙槽段典型配筋剖面图

地下连续墙的混凝土浇筑面宜高出设计标高以上 300~500mm，凿去浮浆层后的墙顶标高和墙体混凝土强度应满足设计要求。

2. 钢筋笼

地下连续墙钢筋笼由纵向钢筋、水平钢筋、封口钢筋和构造加强钢筋构成。纵向钢筋沿墙身均匀配置，且可按受力大小沿墙体深度分段配置。纵向钢筋宜采用 HRB335 级或 HRB400 级钢筋，直径不宜小于 16mm，钢筋的净距不宜小于 75mm，当地下连续墙纵向钢筋配筋量较大，钢筋布置无法满足净距要求时，实际工程中常采用将相邻两根钢筋合并绑扎的方法调整钢筋净距，以确保混凝土浇筑密实。纵向钢筋应尽量减少钢筋接头，并应有一半以上通长配置。水平钢筋可采用 HPB235 级、HRB335 级钢筋，直径不宜小于 12mm。封口钢筋直径同水平钢筋，竖向间距同水平钢筋或按水平钢筋间距间隔设置。地下连续墙宜根据吊装过程中钢筋笼的整体稳定性和变形要求配置架立桁架等构造加强钢筋。

钢筋笼两侧的端部与接头管（箱）或相邻墙段混凝土接头面之间应留有不大于 150mm 的间隙，钢筋下端 500mm 长度范围内宜按 1：10 收成闭合状，且钢筋笼的下端与槽底之间宜留有不小于 500mm 的间隙。地下连续墙钢筋笼封头钢筋形状应与施工接头相匹配。封口钢筋与水平钢筋宜采用等强焊接。

单元槽段的钢筋笼宜在加工平台上装配成一个整体，一次性整体沉放入槽。当单元槽段的钢筋笼必须分段装配沉放时，上下段钢筋笼的连接宜采用机械连接，并采取地面预拼装措施，以便上下段钢筋笼的快速连接，接头的位置宜选在受力较小处，并相互错开。

（1）转角槽段钢筋笼

转角槽段小于 180°角侧水平筋锚入对边墙体内应满足锚固长度，且宜与对边水平钢筋焊接，以加强转角槽段吊装过程中的整体刚度。转角宜设置斜向构造钢筋，以加强转角槽段吊装过程中的整体刚度。

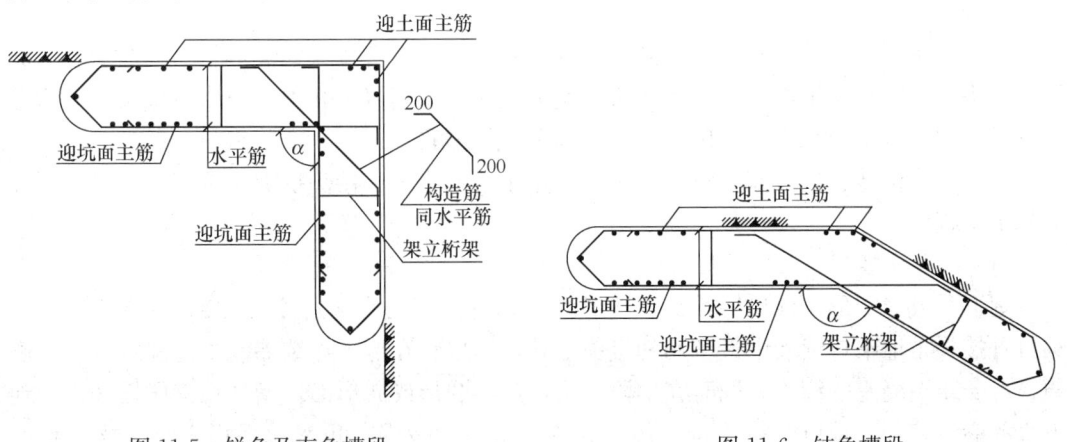

图 11-5 锐角及直角槽段　　　　　图 11-6 钝角槽段

（2）T 形槽段钢筋笼

T 形槽段外伸腹板宜设置在迎土面一侧，以防止影响主体结构施工。根据相关规范进行 T 形槽段截面设计和配筋计算，翼板侧拉区钢筋可在腹板两侧各一倍墙厚范围内均匀布置。

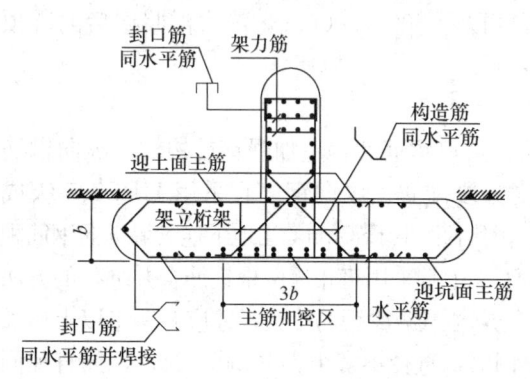 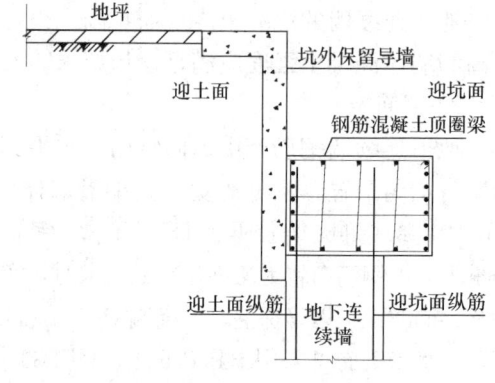

图 11-7　T形槽段截面构造　　图 11-8　地下连续墙钢筋混凝土冠梁示意图

3. 墙顶圈梁

地下连续墙顶部应设置封闭的钢筋混凝土顶圈梁。顶圈梁的高度和宽度由计算确定，且宽度不宜小于地下连续墙的厚度。地下连续墙采用分幅施工，墙顶设置通长的顶圈梁有利于增强地下连续墙的整体性。顶圈梁宜与地下连续墙迎土面平齐，以便保留导墙，对墙顶以上土体起到挡土护坡的作用，避免对周边环境产生不利影响。

地下连续墙墙顶嵌入圈梁的深度不宜小于50mm，纵向钢筋锚入圈梁内的长度宜按受拉锚固要求确定。

11.2.5　地下连续墙施工接头

1. 类型与形式

施工接头是指地下连续墙单元槽段之间的连接接头。根据受力特性地下连续墙施工接头可分为柔性接头和刚性接头。能够承受弯矩、剪力和水平拉力的施工接头称为刚性接头，反之不能承受弯矩、剪力和水平拉力的接头称为柔性接头。

2. 柔性接头

工程中常用的柔性接头主要有圆形（或半圆形）锁口管接头、波形管（双波管、三波管）接头、工字形型钢接头、楔形接头、钢筋混凝土预制接头和橡胶止水带接头，接头平面形式如图11-9所示。图11-10为几种接头管的实物图。

柔性接头抗剪、抗弯能力较差，一般适用于对槽段施工接头抗剪、抗弯能力要求不高的基坑工程中。

（1）锁口管接头

圆形（或半圆形）锁口管接头、波形管（双波管、三波管）接头统称为锁口管接头，锁口管接头是地下连续墙中最常用的接头形式，锁口管在地下连续墙混凝土浇筑时作为侧模，可防止混凝土的绕流，同时在槽段端头形成半圆形或波形面，增加了槽段接缝位置地下水的渗流路径。锁口管接头构造简单，施工适应性较强，止水效果可满足一般工程的需要。

（2）钢筋混凝土预制接头

钢筋混凝土预制接头可在工厂进行预制加工后运至现场，也可现场预制。预制接头一般采用近似工字形截面，在地下连续墙施工流程中取代锁口管的位置和作用，沉放后无需顶拔，作为地下连续墙的一部分。由于预制接头无需拔除，简化了施工流程，提高了效率,有常规锁口管接头不可比拟的优点。特别适用于顶拔锁口管困难的超深地下连续墙工程。当受到运输和吊放设备能力等因素限制时,预制接头一般在深度方向分节吊放,分节长度应根据基坑开挖深度确定,以确保分节接缝位置处于基坑底面以下一定深度为原则。上下节之间可采用预制钢筋混凝土方桩分节桩之间的钢板接头连接方式,并使接缝处于平整密实的连接状态。也可将预制接头上下节先采用螺栓连接固定,再焊接。

(3) 工字形型钢接头

该接头形式是采用钢板拼接的工字形型钢作为施工接头,型钢翼缘钢板与先行槽段水平钢筋焊接,后续槽段可设置接头钢筋深入到接头的拼接钢板区。该接头不存在无筋区,形成的地下连续墙整体性好。先后浇筑的混凝土之间由钢板隔开,加长了地下水渗透的绕流路径,止水性能良好。工字形型钢接头的施工避免了常规槽段接头施工中锁口管或接头箱拔除的过程,大大降低了施工难度,提高了施工效率。该接头在直径130m,挖深34m的世博地下变电站圆筒形地下连续墙设计中得到成功应用。工字形型钢接头如图11-9(g)所示。

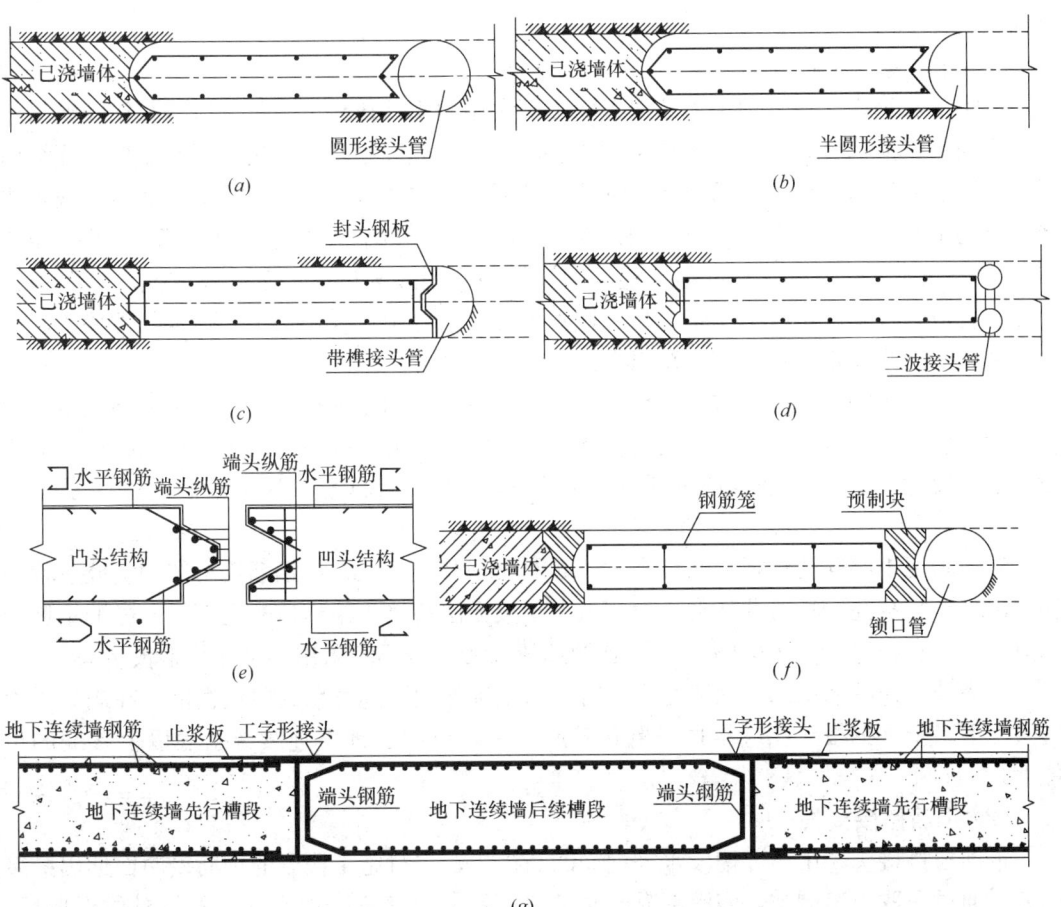

图11-9 地下连续墙柔性施工接头形式
(a) 圆形锁口管接头;(b) 半圆形锁口管接头;(c) 带榫锁口管接头;
(d) 波形锁口管接头;(e) 楔形接头;(f) 钢筋混凝土预制接头;(g) 工字形型钢接头

图 11-10 施工接头（管）实物图
(a) 圆形锁口管；(b) 波纹管；(c) 半圆形锁口管；(d) 工字形型钢接头

3. 刚性接头

刚性接头可传递槽段之间的竖向剪力，当槽段之间需要形成刚性连接时，常采用刚性接头。在工程中应用的刚性接头主要有一字或十字穿孔钢板接头、钢筋搭接接头和十字型钢插入式接头。

(1) 十字穿孔钢板接头

十字穿孔钢板接头是地下连续墙工程中最常用的刚性接头形式，是以开孔钢板作为相邻槽段间的连接构件，开孔钢板与两侧槽段混凝土形成嵌固咬合作用，可承受地下连续墙垂直接缝上的剪力，并使相邻地下连续墙槽段形成整体共同承担上部结构的竖向荷载，协调槽段的不均匀沉降；同时穿孔钢板接头亦具备较好的止水性能。十字钢板接头如图 11-11 (a) 所示。该刚性接头在地下连续墙设计中应用较为广泛，工艺较成熟。上海银行大厦、解放日报新闻中心、兰馨公寓、盛大中心等工程中均采用了十字钢板刚性接头。

采用十字穿孔钢板接头应注意以下几个问题：

①为了防止混凝土浇筑过程中出现从侧面绕流，影响相邻槽段施工，十字穿孔钢板应沿槽段深度通长设置，且应嵌入槽底沉渣内一定深度，彻底隔断混凝土的绕流路径。对于设计上需要地下连续墙加深隔断地下水的槽段，应将钢筋笼加深至槽底，以固定十字钢板。

②当采用十字穿孔钢板刚性接头时，如墙体钢筋笼超长，在钢筋笼吊装和沉放过程中容易出现十字穿孔钢板弯曲变形，而使十字钢板无法沿接头箱槽口顺利下行，影响钢筋笼沉放。因此在超过 40m 深的超深地下连续墙槽段中一般不宜采用十字穿孔钢板接头。

③当地下连续墙采用"两墙合一"时，为了确保地下连续墙的防渗性能，在满足受力的条件下，十字钢板穿孔应尽量设置在基底以下，以减少地下连续墙基底以上渗漏的可能性。

(2) 钢筋搭接接头

钢筋搭接接头采用相邻槽段水平钢筋凹凸搭接，先行施工槽段的钢筋笼两面伸出搭接部分，通过采取施工措施，浇灌混凝土时可留下钢筋搭接部分的空间，先行槽段形成后，后施工槽段的钢筋笼一部分与先行施工槽段伸出的钢筋搭接，然后浇灌后施工槽段的混凝土。钢筋搭接接头平面形式如图 11-11 (b) 所示。这种连接形式在接头位置有地下连续墙钢筋通过（水平钢筋和纵向主筋），为完全的刚性连接。有关试验研究表明其结构连接刚度和接头抗剪能力均优于开孔钢板接头。日本道路协会《地下连续壁基础设计施工指针》

中，依据不同的钢筋搭接长度及钢筋比以及钢筋的间隙所作的试验结果，建议接缝处的单位允许应力采用地下连续墙墙体允许应力的80%来设计。

（3）十字型钢插入式接头

十字型钢插入式接头是在工字形型钢接头上焊接两块T形型钢，并且T形型钢锚入相邻槽段中，进一步增加了地下水的绕流路径，在增强止水效果的同时，增加了墙段之间的抗剪性能，形成的地下连续墙整体性好。十字型钢插入式接头如图11-11（c）所示。

图11-12为几种刚性接头和接头箱的实物图。

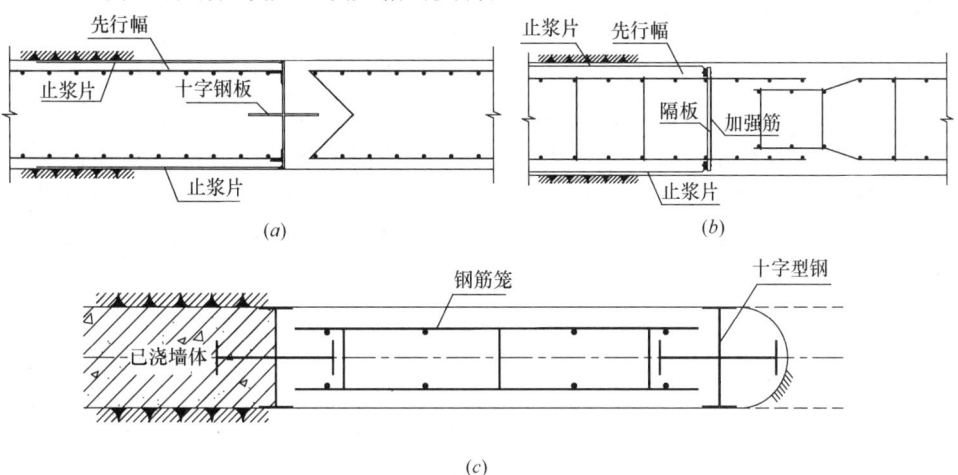

图11-11　地下连续墙刚性施工接头
(a) 十字形穿孔钢板刚性接头；(b) 钢筋搭接刚性接头；
(c) 十字形型钢插入式接头

图11-12　刚性接头及接头箱实物图
(a) 十字钢板接头；(b) 十字钢板接头箱

4. 施工接头选用原则

由于地下连续墙施工接头种类和数量众多，实际工程中在满足受力和止水要求的前提下，应结合地区经验尽量选用施工简便、工艺成熟的施工接头，以确保接头的施工质量：

(1) 由于锁口管柔性施工接头施工方便，构造简单，一般工程中在满足受力和止水要求的条件下地下连续墙槽段施工接头宜优先采用锁口管柔性接头；当地下连续墙超深顶拔锁口管困难时建议采用钢筋混凝土预制接头或工字形型钢接头。

(2) 当根据结构受力要求需形成整体或当多幅墙段共同承受竖向荷载，墙段间需传递竖向剪力时，槽段间宜采用刚性接头，并应根据实际受力状态验算槽段接头的承载力。

11.3 地下连续墙的施工

地下连续墙（简称地墙）的施工，就是在地面上先构筑导墙，采用专门的成槽设备，沿着支护或深开挖工程的周边，在特制泥浆护壁条件下，每次开挖一定长度的沟槽至指定深度，清槽后，向槽内吊放钢筋笼，然后用导管法浇注水下混凝土，混凝土自下而上充满槽内并把泥浆从槽内置换出来，筑成一个单元槽段，并依此逐段进行，这些相互邻接的槽段在地下筑成一道连续的钢筋混凝土墙体，以作承重、挡土或截水防渗结构之用。施工流程如图 11-13 所示。

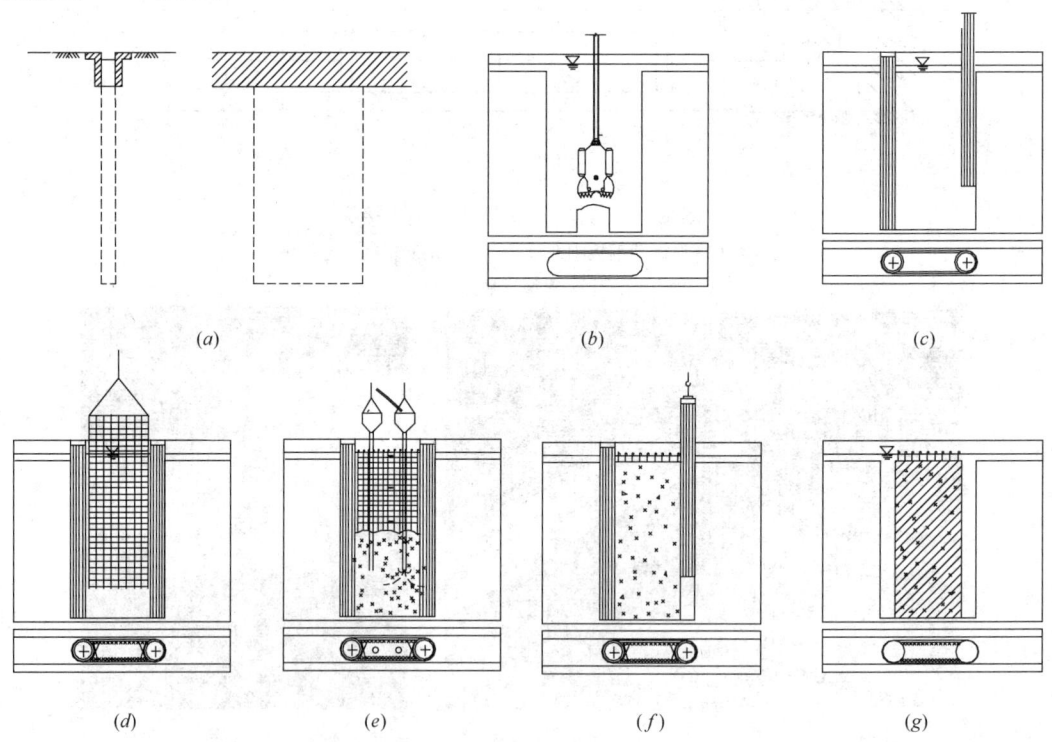

图 11-13　地下连续墙施工程序示意（以液压抓斗式成槽机为例）
(a) 准备开挖的地下连续墙沟槽；(b) 用液压成槽机进行沟槽开挖；(c) 安放锁口管；
(d) 吊放钢筋笼；(e) 水下混凝土浇注；(f) 拔除锁口管；(g) 已完工的槽段

11.3.1　国内主要成槽工法介绍

成槽工艺是地下连续墙施工中最重要的工序，常常要占到槽段施工工期的一半以上，因此做好挖槽工作是提高地下连续墙施工效率及保证工程质量的关键。随着对施工效率要求的不断提高，新设备不断出现，新的工法也在不断发展。目前国内外广泛采用的先进高效的地下连续墙成槽（孔）机械主要有抓斗式成槽机、液压铣槽机、多头钻（亦称为垂直多轴回转式成槽机）和旋挖式桩孔钻机等，其中，应用最广的要属液压抓斗式成槽机。

常用的成槽机械设备按其工作机理主要分为抓斗式、冲击式和回转式三大类，相应来说基本成槽工法也主要有三类：(1) 抓斗式成槽工法；(2) 冲击式钻进成槽工法；(3) 回转式钻进成槽工法。

1. 抓斗式成槽工法

抓斗式成槽机已成为目前国内地下连续墙成槽的主力设备，已拥有百多台（多数为进口设备）。抓斗挖槽机以履带式起重机来悬挂抓斗，抓斗通常是蚌（蛤）式的，根据抓斗的机械结构特点分为钢丝绳抓斗、液压导板抓斗、导杆式抓斗和混合式抓斗。抓斗以其斗齿切削土体，切削下的土体收容在斗体内，从槽段内提出后开斗卸土，如此循环往复进行挖土成槽。该成槽工法在建筑、地铁等行业中应用极广，北京、上海、天津、广州等大城市的地下连续墙多采用这种工艺。如北京国家大剧院、上海金茂大厦、天津鸿吉大厦、南京新街口地铁车站、上海环球金融中心等工程的地下连续墙均采用的是抓斗法施工工艺。

使用抓斗成槽，可以单抓成槽，也可以多抓成槽，槽段幅长一般为 3.8～7.2m。单抓成槽，即一次抓取一个槽幅；多抓成槽，每个槽幅由三抓或多抓形成。通常单序抓的长度等于抓斗的最大开度（2.4m 左右），双序抓的长度小于抓斗最大开度。

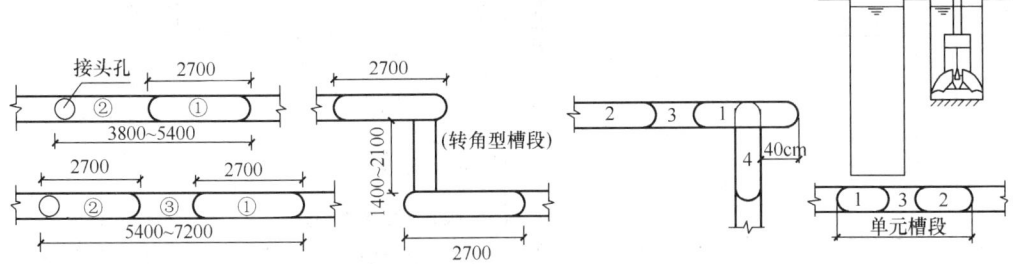

图 11-14 槽段长度与抓挖顺序示意

适用环境：地层适应性广，如 $N<40$ 的黏性土、砂性土及砾卵石土等。除大块的漂卵石、基岩外，一般的覆盖层均可。

优点：低噪声、低振动；抓斗挖槽能力强，施工高效；除早期的蚌式抓斗索式导板抓斗外多设有测斜及纠偏装置（如纠偏液压推板）随时调控成槽垂直度，成槽精度较高（1/300 或更小）。

缺点：掘进深度及遇硬层时受限，降低成槽工效，需配合其他方法一道使用。

设备：钢丝绳抓斗，如意大利的土力（SOILMEC）和卡沙特兰地（Casagrande）公司，德国的宝峨（BAUER）、LEFFER 和 WIRTH 公司，日本真砂（MASAGO）公司均生产各型的钢丝绳抓斗；液压导板抓斗，如德国宝峨（BAUER）公司生产的 DHG 和 GB 两种类型，日本真砂（MASAGO）公司生产的 MHL 和 MEH（为超大型，最大闭斗力高达 1725kN，可在砂卵石地基开挖深达 150m 和厚大 3.0m 的地下墙）型，利伯海尔公司生产的 HSWG 抓斗；导杆式抓斗，如法国的 KELLY、意大利的 KRC 和日本的 CON 系列；混合式液压抓斗，如意大利土力（SOILMEC）公司的 BH-7/12 等和 MAIT 公司的 HR160 抓斗。

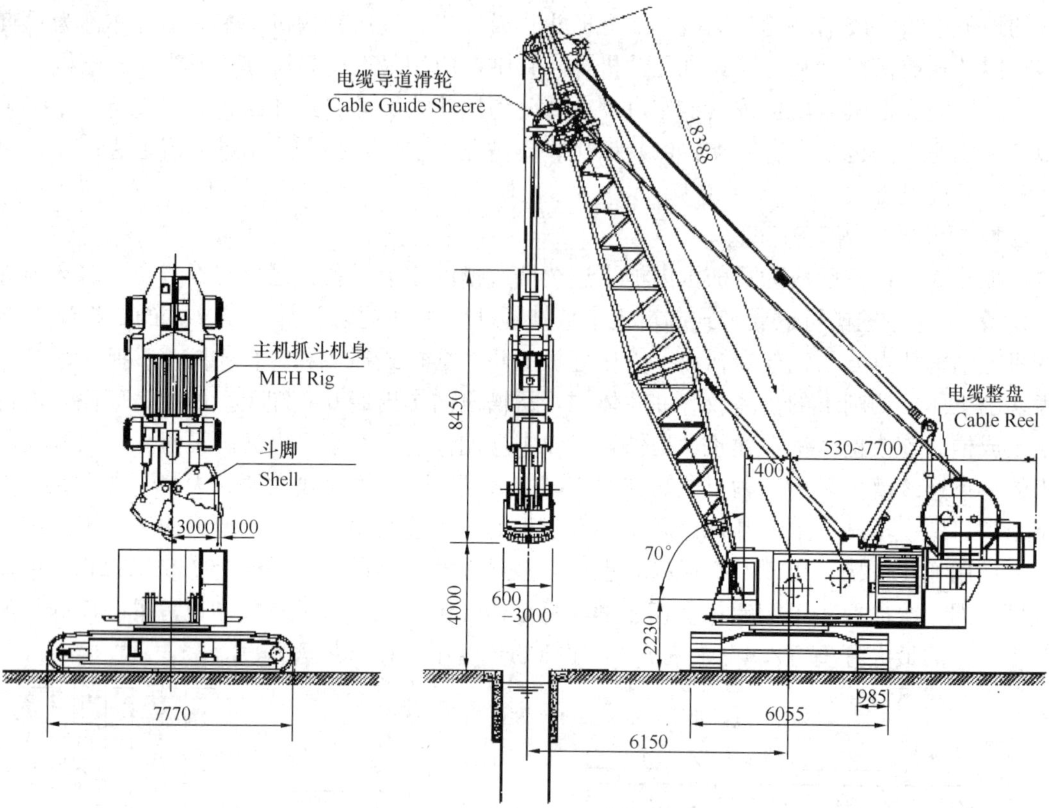

图 11-15 MEH 液压抓斗

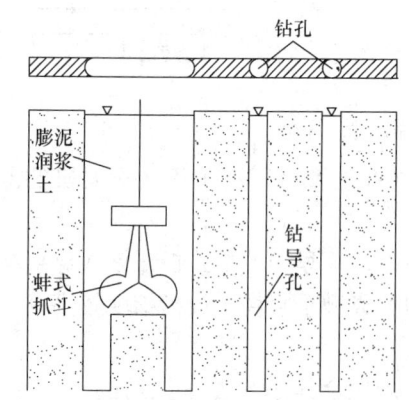

图 11-16 钻抓法示意图（三钻两抓）

2. 冲击式钻进成槽工法

世界上最早出现的地下连续墙是用冲击钻进工法（如意大利的依克斯（ICOS）法——冲击钻进、正循环出渣）建成的，我国也是这样。随着施工技术水平的不断提高，冲击钻进工法不再占主导地位。不过如将其与现代施工技术和设备相结合，冲击钻进工法仍然有不可忽视的优点。

国内冲击式钻进成槽工法主要有冲击钻进式（钻劈法）和冲击反循环式（钻吸法）。冲击钻进法采用的是冲击破碎和抽筒掏渣（即泥浆不循环）的工法，即冲击钻机利用钢丝绳悬吊冲击钻头进行往复提升和下落运动，依靠其自身的重量反复冲击破碎岩石，然后用一只带有活底的收渣筒将破碎下来的土渣石屑取出而成孔。一般先钻进主孔，后劈打副孔，主副孔相连成为一个槽孔。

冲击反循环式是以冲击反循环钻机替代冲击钻机，在空心套筒式钻头中心设置排渣管（或用反循环砂石泵）抽吸含钻渣的泥浆，经净化后回至槽孔，使得排渣效率大大提高，泥浆中钻渣减少后，钻头冲击破碎的效率也大为提高，槽孔建造既可以用平打法，也可分主副孔施工。这种冲击反循环钻机的钻吸法工效大大高于老式冲击钻机的钻劈法。

适用环境：在各种土、砂层、砾石、卵石、漂石、软岩、硬岩中都能使用，特别适用于深厚漂石、孤石等复杂地层施工，在此类地层中其施工成本要远低于抓斗式成槽机和液压铣槽机。国内水利部门在防渗墙施工中仍在使用。

优点：施工机械简单，操作简便，成本低，不失为一种经济适用型工艺。

缺点：成槽效率低，成槽质量较差。

主要机型：冲击钻机主要有 YKC 型、CZ-22 和 CZ-30 型，冲击反循环钻机主要有 CZF 系列、CJF 系列、CIS-58 等。

在我国，冲击式钻机用于地下连续墙施工已有五十多年的历史了，冲击反循环钻机成墙深度最大达 101m（四川冶勒水电站），在长江三峡和润扬长江大桥等嵌岩地下连续墙工程中也发挥了重要作用。

3. 回转式成槽工法

回转式成槽机根据回转轴的方向分垂直回转式与水平回转式。

（1）垂直回转式

垂直式分垂直单轴回转钻机（也称单头钻）和垂直多轴回转钻机（也称多头钻）。单头钻主要用来钻导孔，多头钻多用来挖槽。

① 单头钻

单头钻机多采用反循环钻进工艺，在细颗粒地层也可采用正循环出渣。由于钻进中会遇到从软土到基岩的各种地层，一般均配备多种钻头以适应钻进的需要。单轴回转钻机主要有：法国的 CIS-60、CIS-61，德国的 BG 和我国的 GJD、GPS、GQ 等。

还有一种是泥浆不循环的旋挖钻进工法，其工作原理是机器施加强大的动力（扭矩）使钻头、振动沉管、摇管、全套管等在回转过程中切削破碎岩（土）体，再用旋挖斗、螺旋钻、冲抓斗等设备直接挖土至孔外。主要机型有：法国索列旦斯公司的 CIS-71 型、意大利的 KCC 型和 MR-2 型、日本的 KPC-1200 和我国的 GJD-1500 等。

旋挖钻进工法中比较先进的是一种全回转式全套管钻进工法，其特点是可以在非常坚硬的地质条件下（即使是抗压强度大于 250MPa 的岩石）进行连续套管切割并确保钻进速度。主要机型有德国的 RDM 型和日本的 RT 型（上海基础公司 2006 年引进 RT-200AⅢ型全回转全套管钻机，用于外滩十六铺地区综合改造工程中施工穿越江边深厚抛石层的地下连续墙的清障处理，效果较好），其在地下连续墙领域的应用有待进一步挖掘潜力。

② 多头钻

垂直多头回转钻是利用两个或多个潜水电机，通过传动装置带动钻机下的多个钻头旋转，等钻速对称切削土层，用泵吸反循环的方式排渣进入振动筛，较大砂石、块状泥团由振动筛排出，较细颗粒随泥浆流入沉淀池，通过旋流器多次分离处理排除，清洁泥浆再供循环使用。多头钻一次下钻挖成的幅段称为掘削段，几个掘削段构成一个单元槽段。

适用环境：$N<30$ 的黏性土、砂性土等不太坚硬的细颗粒地层。深度可达 40m 左右。

优点：施工时无振动无噪声，可连续进行挖槽和排渣，不需要反复提钻，施工效率高，施工质量较好，垂直度可控制在 $1/200\sim1/300$ 之间。在 20 世纪 80 年代前期应用较多，是一种较受欢迎的施工方法。

缺点：在砾石卵石层中及遇障碍物时成槽适应性欠佳。

设备：主要机型有日本的 BW 系列（目前国外仅此一家生产，BWN 型最深挖深已达 130m，墙厚达 1.5m）、我国的 SF 型（上海基础公司 20 世纪 70 年代后期研制成功，SF-

60/SF-80)和 ZLQ 等。多头钻近年来已受到挑战,逐渐为抓斗及水平多轴回转钻机(铣槽机)所替代,但对于土、砂等细颗粒地层仍有其市场。

(2) 水平回转式——铣槽机

水平多轴回转钻机,实际上只有两个轴(轮),也称为双轮铣成槽机。根据动力源的不同,可分为电动和液压两种机型。铣槽机是目前国内外最先进的地下连续墙成槽机械,最大成槽深度可达 150m,一次成槽厚度在 800~2800mm 之间。

优点:

a. 对地层适应性强,淤泥、砂、砾石、卵石、中等硬度岩石等均可掘削,配上特制的滚轮铣刀还可钻进抗压强度为 200MPa 左右的坚硬岩石;

b. 施工效率高,掘进速度快,一般沉积层可达 20~40m^3/h(较之抓斗法高 2~3 倍),中等硬度的岩石也能达 1~2m^3/h;

c. 成槽精度高,利用电子测斜装置和导向调节系统、可调角度的鼓轮旋铣器,可使垂直度高达 1‰~2‰;

d. 成槽深度大,一般可达 60m,特制型号可达 150m;

e. 能直接切割混凝土,在一、二序槽的连接中不需专门的连接件,也不需采取特殊封堵措施就能形成良好的墙体接头;

f. 设备自动化程度高,运转灵活,操作方便。以电子指示仪监控全施工过程,自动记录和保存测斜资料,在施工完毕后还可全部打印出来作工程资料;

g. 低噪声、低振动,可以贴近建筑物施工。

局限性:

a. 设备价格昂贵、维护成本高;

b. 不适用于存在孤石、较大卵石等地层,需配合使用冲击钻进工法或爆破;

c. 对地层中的铁器掉落或原有地层中存在的钢筋等比较敏感。

铣槽机性能优越,在发达国家已普遍采用,受施工成本、设备数量限制(我国自从 1997 年长江三峡工程引进首台后,至今社会保有量约 10 台不到),目前还未在国内全面推广。日本利用铣槽机完成了大量超深基础工程,最深已达 150m,厚度达 2.8~3.2m,试验开挖深度已达 170m。国内利用铣槽机已成功施工了三峡工程、深圳地铁车站(嵌微风化岩地墙)、南京紫峰大厦、上海 500kV 世博变电站等多个工程。

设备:液压式有德国宝峨(BAUER)公司的 BC 型(在我国市场占有量较大)、法国的 HF 型、意大利卡沙特兰地(Casagrande)公司的 K3 和 HM 型、日本的 TBW 型等;电动式有日本利根公司的 EM、EMX 型等。

工作原理①铣槽机工作原理

设备主要由三部分组成:起重设备(履带吊)、铣槽机(铣刀架,12m 高)、泥浆制备及筛分系统等。

其工作原理是:以动力驱使安装在机架上的两个鼓轮(也称铣轮)向相互反向旋转来削掘岩(土)并破碎成小块,利用机架自身配置的泵吸反循环系统将钻掘出的土岩渣与泥浆混合物通过铣轮中间的吸砂口抽吸出排到地面专用除砂设备进行集中处理,将泥土和岩石碎块从泥浆中分离,净化后的泥浆重新抽回槽中循环使用,如此往复,直至终孔成槽。图 11-17 所示为液压双轮铣工作原理图。

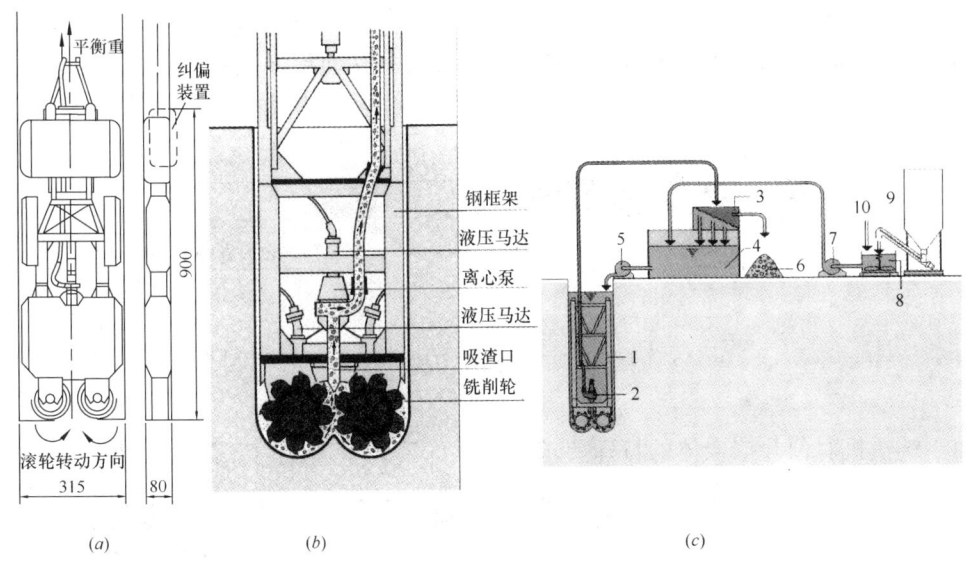

图 11-17 铣槽机工作原理图
(a) 铣槽机结构图；(b) 切削原理图；(c) 施工过程图
1—铣槽机；2—离心吸泥泵；3—除砂机；4—泥浆箱；5—供浆泵；6—分离出的钻渣；7—补浆泵；8—泥浆搅拌机；9—膨润土筒仓；10—水源

铣轮刀可根据不同地层相应选配，其形式主要有三类：标准炭化钨刀齿（平齿）、合金镶钨钢头的锥形刀齿（锥齿）和配滚动式钻头的轮状削掘齿（滚齿），分别适用于最大抗压强度为 60MPa、140MPa 及 250MPa 的岩石挖掘。

图 11-18 铣轮刀图片
(a) 标准碳化钨刀齿（平齿）；(b) 合金钨头锥形刀齿（锥齿）

② 单元槽段划分原则与刀法设计

根据铣槽机的成槽特点，以 BC 型为例，两个铣轮张开最大时（称 1 个满刀）铣削头长度为 2.8m，闭合刀的范围在 0.8～1.6m 间。当开挖土（岩）体为以下两种情况时为铣槽机的适宜工作环境（图 11-19）：

A. 预开挖土体两侧均未开挖，此时预开挖土（岩）体尺寸 $B=2800$mm（1 个满刀）；

B. 预开挖土（岩）体两侧均已开挖，此时铣销机预开挖土（岩）体尺寸 B 须在 800

~1600mm（一个闭合刀）之间，且成槽施工时应尽量使铣轮中心与土（岩）体中心吻合，避免由于偏心而使成槽施工时铣轮产生水平偏移，从而保证铣削效果。

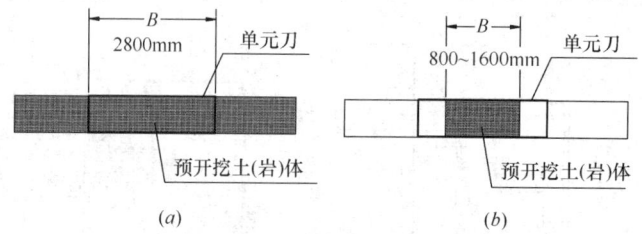

图 11-19　铣槽机刀法示意
(a) 满刀；(b) 闭合刀

由于铣槽机对预开挖土体的特殊要求，相应对单元槽段尺寸划分提出了一定要求，由标准刀法大样图（图 11-20）可看出，考虑适当的预挖区搭接长度，单元槽段划分长度在 2.8～5.6m 比较合适。通常一序槽（先施工槽段）以三刀成槽，槽段划分长度较长，二序槽（后施工槽段）以一刀成槽，槽段划分长度较短。有时一序槽也可以一刀成槽。

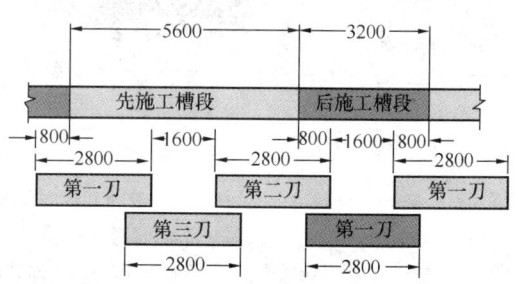

图 11-20　标准刀法大样图

③铣接头

铣槽机成槽槽段之间的连接有一种比较有特色的方法，称为"铣接法"，如图 11-21 所示。即在进行一序槽段开挖时，超出槽段接缝中心线 10～25cm，二序槽段开挖时，在两个一序槽段中间下入铣槽机，铣掉一序槽段超出部分的混凝土以形成锯齿形搭接，形成新鲜的混凝土接触面，然后浇筑二序槽混凝土。

由于有铣刀齿的打毛作用，使得二序槽混凝土可以很好地与一序槽混凝土相结合，密水性能好，形成了一种较为理想的连续墙接头形式，称为"铣接头"（或套铣接头）。铣槽机切削形成的一期混凝土表面如图 11-22 所示。

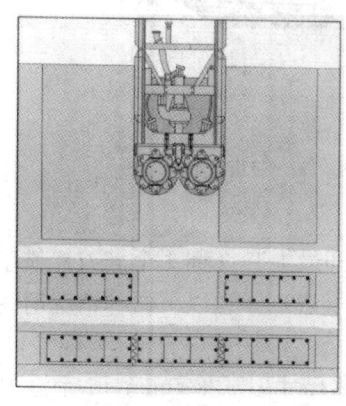

图 11-21　铣接法施工示意图

图 11-22　铣槽机切削形成的一期混凝土表面

铣接头施工工艺简单，方法成熟，在国内外大型地下连续墙项目中得到大量应用。铣接法还有一个显著的特点就是省去了接头管（箱）吊放及顶拔环节，避免了接头管拔断或埋管的风险。对于超深地下连续墙的施工可以说是一个有利因素。

国内利用铣槽机施工的槽段接头形式还有工字钢（H 型钢）接头，如深圳地铁老街站及上海世博 500kV 变电站工程等。目前在建的上海第一高楼——上海中心工程中的地墙接头就采用了型钢接头和套铣接头两种形式，其中铣接头是该地区的首次应用。

总之，铣槽机作为一种先进的地下连续墙成槽设备，其突出优点是在硬层中的施工速度远远快于传统施工工艺并且施工精度高。相信随着不断的市场拓展和国产化深化预期，必将成为地下工程施工设备中的中坚力量。

4. 成槽工法组合

随着城市地下空间开发利用朝着大深度发展的态势，地下连续墙作为一种重要的深基础形式与深基坑围护结构，也有了越做越深、越做越厚的趋势，相应穿越地层也越来越复杂。在复杂地层中的成槽施工，也由单一的纯抓、纯冲、纯钻、纯铣工法等发展到采用多种成槽工法的组合工艺，后者相比前者往往能起到事半功倍的作用，效率高、成本低、质量优。

主要的工法组合有抓斗和冲击钻或钻机配合使用形成"抓冲法"或"钻抓法"（如两钻一抓、三钻两抓或四钻三抓等）。"抓冲法"以冲击钻钻凿主孔，抓斗抓取副孔，这种方法可以充分发挥两种机械的优势，冲击钻可以钻进软硬不同的地层，而抓斗取土效率高，抓斗在副孔施工遇到坚硬地层时随时可换上冲击钻或重凿（"抓凿法"）克服。此法可比单用冲击钻成槽显著提高工效 1～3 倍，地层适应性也广。"钻抓法"是以钻机（如潜水电钻）在抓斗幅宽两侧先钻两个导孔，再以抓斗抓取两孔间土体，效果较好。早期的蚌式抓斗索式导板抓斗由于没有纠偏装置，多是利用钻抓法来进行成槽的，以导孔的垂直度来直接控制成槽的垂直度。

随着铣槽机的应用，出现了"抓铣结合"（图 11-23）、"钻铣结合"、"铣抓钻结合"等新工法组合。如上海 500kV 世博变电站地下连续墙施工中（墙深 57.5m/墙厚 1.2m）采用了"抓铣结合"工法组合，即对于上部软弱土层采用抓斗成槽机成槽，进入硬土层（或软岩层）后采用铣槽机

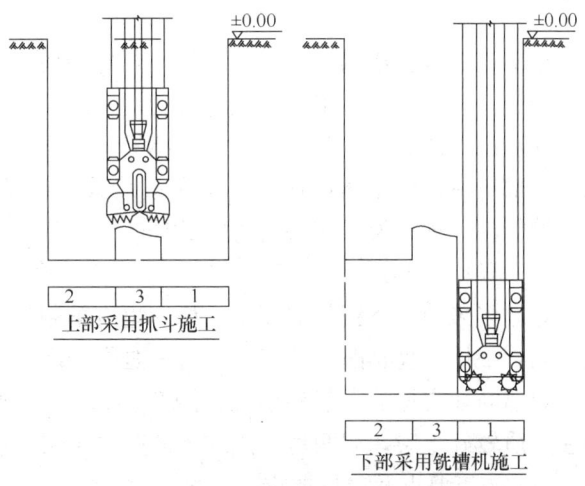

图 11-23 抓铣结合成槽工艺示意图

铣削成槽，大幅度提高了成槽掘进效率，并在铣槽机下槽的过程中对上部已完成的槽壁进行修整，确保整个槽壁垂直度达到要求。三峡二期上游围堰防渗墙深达 73.5m 的槽段，采用的就是"铣抓钻结合"工法组合，即上部风化砂用液压铣铣削，中部砂卵石用抓斗抓取，下部块球体及基岩用冲击反循环钻进，三种工法扬长避短，确保了成槽质量和效率。

在硬岩、孤石等坚硬地层地层中，发展的组合工法有"钻凿法"和"凿铣法"等。

"钻凿法是用8～12t的重凿冲凿并与冲击反循环钻机相配合的一种工艺,如在润扬长江大桥北锚碇地墙工程中(墙深56m/墙厚1.2m),这种工法取得了在硬岩中施工效率较高,成本低的效果,很有推广价值。而"凿铣法"是用重凿冲凿与液压铣槽机配合的一种工艺,其优点是成槽质量好,噪声低,适合城市施工作业。

11.3.2 施工工艺与操作要点

地下连续墙施工工艺流程见图11-24。其中导墙砌筑、泥浆制备与处理、成槽施工、钢筋笼制作与吊装、混凝土浇筑等为主要工序。

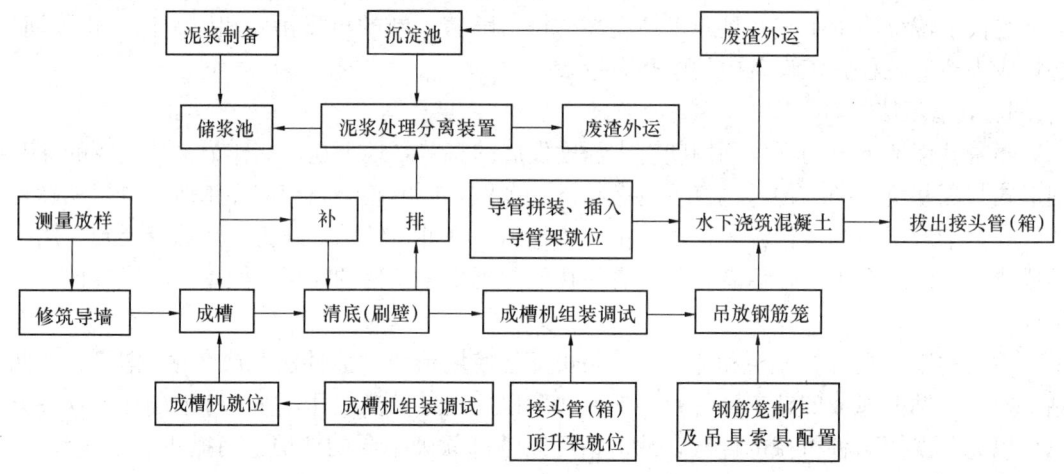

图11-24 地下连续墙工艺流程图

1. 导墙施工

(1) 导墙的作用

地下连续墙在成槽前,应构筑导墙,导墙质量的好坏直接影响到地下连续墙的轴线和标高控制,应做到精心施工,确保准确的宽度、平直度和垂直度。

导墙的作用是:①测量基准、成槽导向;②存储泥浆、稳定液位,维护槽壁稳定;③稳定上部土体,防止槽口塌方;④施工荷载支承平台,承受诸如成槽机械、钢筋笼搁置点、导管架、顶升架、接头管等重载动载。

(2) 导墙的形式

导墙多采用现浇钢筋混凝土结构,也有钢制的或预制钢筋混凝土的装配式结构,可多次使用。根据工程实践,预制式导墙较难做到底部与土层结合以防止泥浆的流失。

导墙断面常见的有三种形式:倒L形、"]["形及L形,如图11-25所示。倒L形多用在土质较好土层,后两者多用在土质略差土层,底部外伸扩大支承面积。

(3) 施工要点及质量要求

①导墙多采用C20～C30混凝土,双向配筋 $\phi 8\sim 16@150\sim 200$。现浇导墙施工流程为:平整场地→测量定位→挖槽→绑扎钢筋→支模板→浇筑混凝土→拆模及设置横撑。内外导墙间净距比设计地墙厚度大40～60mm,肋厚150～300mm,高1.2～1.5m,墙底进入原土0.2m。

②导墙要对称浇筑,强度达到70%后方可拆模。拆除后立即设置上下二道10cm直径圆木(或10cm见方方木)支撑,防止导墙向内挤压,支撑水平间距1.5～2.0m,上下为

0.8~1.0m。

③导墙外侧填土应以黏土分层回填密实,防止地面水从导墙背后渗入槽内,并避免被泥浆掏刷后发生槽段坍塌。

④导墙顶墙面要水平,内墙面要垂直,底面要与原土面密贴。墙面不平整度小于5mm,竖向墙面垂直度应不大于1/500。内外导墙间距允许偏差±5mm,轴线偏差±10mm。

⑤混凝土养护期间成槽机等重型设备不应在导墙附近作业停留,成槽前支撑不允许拆除,以免导墙变位。

⑥导墙在地墙转角处根据需要外放200~500mm(图11-26),成T形或十字形交叉,使得成槽机抓斗能够起抓,确保地墙在转角处的断面完整。

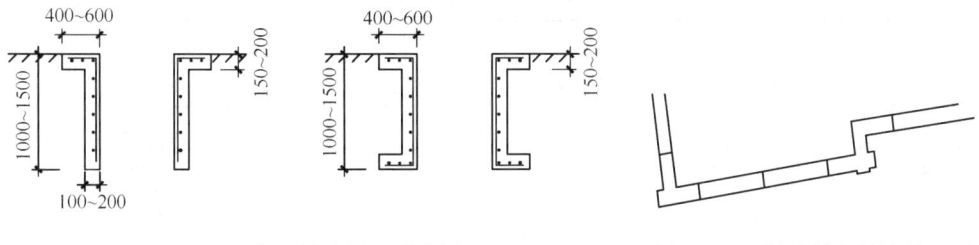

图 11-25　常见导墙断面形式图　　图 11-26　导墙转角外放处理图

2. 护壁泥浆

泥浆是地下连续墙施工中成槽槽壁稳定的关键,泥浆主要起到护壁、携渣、冷却机具和切土润滑的作用。

(1) 泥浆材料发展

泥浆材料的使用随着成槽工艺的发展主要有三类:黏土泥浆、膨润土泥浆和超级泥浆。

早期20世纪60~70年代制浆材料多是就地采用黏土(如黄黏土、红黏土等),这是与当时的冲击钻进工艺相适应的,浆液密度大,便于钻渣悬浮,材料成本低廉。

进入20世纪80年代后,随着抓斗等先进成槽设备和新工艺的大量使用,黏土泥浆因密度大而不适用,护壁泥浆的制浆材料主体已经变为膨润土,这是一种以蒙脱石为主要成分的矿物原料,制出的浆液密度小、黏度高、失水量小,所形成的泥皮致密坚韧,护壁效果好,同时泥浆可通过循环系统及专门除砂除泥设备进行净化回收和重复使用,在成本上可与低廉的黏土泥浆相媲美。

近十多年来,一种不加(或掺很少量)膨润土粉的超级泥浆(Super Mud)材料开始进入我国,这是一种以聚丙烯酰胺(Polyacrylamide)为主材的高分子聚合物材料,遇水之后产生膨胀作用,提高黏度的同时可在槽壁表面形成一层坚韧的胶膜,防止槽壁坍塌。它制得的泥浆(称超泥浆或SM泥浆)无毒,不会产生公害,且不与槽段开挖出的土砂发生物理和化学反应,不产生大量的废泥浆,钻渣含水量小,可以直接装车运走,故称其为环保泥浆。这种泥浆已经在上海(1996年试验性应用)、北京(1993年)和长江堤防等工程中试用,固壁效果良好,确有环保效应,具有一定推广价值。目前的问题是,如何使这一产品国产化,并提高其重复利用率,从而降低成本,以提高市场竞争力。

(2) 泥浆配制

目前工程中较大量使用的主要是膨润土泥浆,本节将作主要介绍。

①配合比

膨润土泥浆是将以膨润土为主、CMC(羧甲基纳纤维素,又称人造糨糊,增黏剂、降失水剂)、纯碱(Na_2CO_3,分散剂)等为辅的泥浆制备材料,利用 pH 值接近中性的水(自来水)按一定比例进行拌制而成。膨润土品种和产地较多,应通过试验选择。

不同地区、不同地质水文条件、不同施工设备,对泥浆的性能指标都有不同的要求,为了达到最佳的护壁效果,应根据实际情况由试验确定泥浆最优配合比。一般软土地层中可按下列重量配合比试配:水:膨润土:CMC:纯碱=100:(8~10):(0.1~0.3):(0.3~0.4)。泥浆指标控制表如表 11-1 所示。

泥浆质量的控制指标   表 11-1

泥浆性能	新配制		循环泥浆		废弃泥浆		检验方法
	黏性土	砂性土	黏性土	砂性土	黏性土	砂性土	
相对密度	1.04~1.05	1.06~1.08	<1.15	<1.25	>1.25	>1.35	比重计
黏度(s)	20~24	25~30	<25	<35	>50	>60	漏斗黏度计
含砂率(%)	<3	<4	<4	<7	>8	>11	洗砂瓶
pH 值	8~9	8~9	>8	>8	>14	>14	试纸
胶体率(%)	>98	>98	—	—	—	—	量杯法
失水量	<10mL/30min	<10mL/30min	<20mL/30min	<20mL/30min	—	—	失水量仪
泥皮厚度	<1mm	<1mm	<2.5mm	<2.5mm	—	—	

在特殊的地质和工程的条件下,泥浆的相对密度需加大,当仅采用增加膨润土的用量的方法不能满足要求时,可在泥浆中掺入一些相对密度大的掺合物如重晶石粉,达到增大泥浆相对密度的目的。同时,在透水性大的砂或砂砾层中,出现泥浆漏失现象,可掺入锯末、稻草末等堵漏剂,达到堵漏的目的。

泥浆应经过充分搅拌,常用方法有:低速卧式搅拌机搅拌、螺旋浆式搅拌机搅拌、压缩空气搅拌、离心泵重复循环。新配制的泥浆应静置 24h 以上,使膨润土充分水化后方可使用,使用中应经常测定泥浆指标。成槽结束时要对泥浆进行清底置换,不达标的泥浆应按环保规定予以废弃。

②泥浆拌制

A. 泥浆池

泥浆池位置以不影响连续墙施工为原则,泥浆输送距离不宜超过 200m,否则应在适当地点设置泥浆回收接力池。泥浆池分搅拌池、储浆池、重力沉淀池及废浆池等,其总容积为单元槽段体积的 3~3.5 倍左右。

B. 泥浆搅拌

制备泥浆用搅拌机搅拌或离心泵重复循环搅拌,并用压缩空气助拌。制备泥浆的投料顺序,一般为水、膨润土、CMC、分散剂、其他外加剂,过程为:搅拌机加水旋转后缓慢均匀地加入膨润土(搅拌 7~9min);慢慢地分别加入 CMC、纯碱和一定量的水充分搅拌后的溶液(搅拌 7~9min,静置 6h 以上)倒入膨润土溶液中再搅拌均匀。搅拌后抽入储浆池待溶胀 24h 后使用。制备膨润土泥浆一定要充分搅拌并溶胀充分，否则会影响泥浆的失水量和黏度。

C. 泥浆储备量

泥浆的储备量按最大单元槽段体积的 1.5~2 倍考虑（工程经验）；或按考虑泥浆损失的如下经验公式进行估算：

$$Q = \frac{V}{n} + \frac{V}{n}\left(1 - \frac{K_1}{100}\right)(n-1) + \frac{K_2}{100}V \tag{11-1}$$

式中 Q——泥浆总需要量（m^3）；

V——设计总挖土量（m^3）；

n——单元槽段数量；

K_1——浇筑混凝土时的泥浆回收率（%），一般为 60%~80%；

K_2——泥浆消耗率（%），一般为 10%~20%，包括泥浆循环、排水、形成泥皮、漏浆等泥浆损失。

③泥浆处理

地墙成槽至成墙过程中，泥浆要与地下水、砂、土、混凝土等接触，膨润土、外加剂等成分会有所消耗，而且混入一些土渣和电解质离子等，使泥浆受到污染而质量恶化。

泥浆处理方法通常因成槽方法而异。对于有泥浆循环的挖槽方法（如钻吸法、回转式成槽工法），在挖槽过程中就要处理含有大量土渣的泥浆，以及混凝土浇筑所置换出来的泥浆；而对于直接出渣挖槽方法（如抓斗式成槽工法），在挖槽过程中无需进行泥浆处理，而只处理混凝土浇筑置换出的泥浆。因此泥浆处理分为土渣的分离处理（物理再生处理）和污染泥浆的化学处理（化学再生处理），其中物理处理又分重力沉淀和机械处理两种，重力沉降处理是利用泥浆与土渣的相对密度差使土渣产生沉淀的方法，机械处理是使用专用除砂除泥装置回收。

泥浆再生处理用重力沉淀、机械处理和化学处理联合进行效果最好。

从槽段中回收的泥浆经振动筛除去其中较大的土渣，进入沉淀池进行重力沉淀，再通过旋流器分离颗粒较小的土渣，若还达不到使用指标，再加入掺和物进行化学处理。化学处理一般规则见表 11-2。

混凝土浇筑置换出来的泥浆，因水泥浆中含有大量钙离子，会使泥浆产生凝胶化，一方面使得泥浆的泥皮形成性能减弱，槽壁稳定性较差；另一方面使得泥浆黏性增高，土渣分离困难，在泵和管道内的流动阻力增大。对这种恶化了的泥浆（pH≤11）要进行化学处理。化学处理一般用分散剂，经化学处理后再进行土渣分离处理。通常槽段最后 2~3m 左右浆液因污染严重而直接废弃。处理后的泥浆经指标测试，根据需要可再补充掺入泥浆材料进行再生调制，并与处理过的泥浆完全融合后再重复使用。

④泥浆控制要点及质量要求

A. 严格控制泥浆液位，确保泥浆液位在地下水位 0.5m 以上，并不低于导墙顶面以下 0.3m，液位下落及时补浆，以防槽壁坍塌。在容易产生泥浆渗漏的土层施工时，应适当提高泥浆黏度和增加储备量，并备堵漏材料。如发生泥浆渗漏，应及时补浆和堵漏，使槽内泥浆保持正常。

B. 在施工中定期对泥浆指标进行检查测试，随时调整，做好泥浆质量检测记录。一般做法是：在新浆拌制后静止24h，测一次全项目；在成槽过程中，一般每进尺1～5m或每4h测定一次泥浆相对密度和黏度；挖槽结束及刷壁完成后，分别取槽内上、中、下三段的泥浆进行相对密度、黏度、含砂率和pH值的指标设定验收，并作好记录。在清槽结束前测一次相对密度、黏度；浇灌混凝土前测一次相对密度。后两次取样位置均应在槽底以上200mm处。失水量和pH值，应在每槽孔的中部和底部各测一次。含砂量可根据实际情况测定。稳定性和胶体率一般在循环泥浆中不测定。

化学调浆的一般规则　　　　　　　　　　表 11-2

调整项目	处理方法	对其他性能的影响
增加黏度	加膨润土	失水量减小，稳定性、静切力、相对密度增加
	加 CMC	失水量减小，稳定性、静切力增加，相对密度不变
	加纯碱	失水量减小，稳定性、静切力、pH值增加，相对密度不变
减少黏度	加水	失水量增加，相对密度、静切力减小
增加相对密度	加膨润土	黏度、稳定性增加
减少相对密度	加水	黏度、稳定性减小，失水量增加
增加静切力	加膨润土和CMC	黏度、稳定性增加，失水量减小
减少静切力	加水	黏度、相对密度减小，失水量增加
减少失水量	加膨润土和CMC	黏度、稳定性增加
增加稳定性	加膨润土和CMC	黏度增加，失水量减小

注：泥浆稳定性是指在地心引力作用下，泥浆是否容易下沉的性质。测定泥浆稳定性常用"析水性试验"和"上下相对密度差试验"。对静置1h以上的泥浆，从其容器的上部1/3和下部1/3处各取出泥浆试样，分别测定其密度，如两者没有差别则泥浆质量合格。

C. 在遇有较厚粉砂、细砂地层（特别是埋深10m以上）时，可适当提高黏度指标，但不宜大于45s；在地下水位较高，又不宜提高导墙顶标高的情况下，可适当提高泥浆相对密度，但不宜超过1.25的指标上限，并采用掺加重晶石的技术方案。

D. 减少泥浆损耗措施：a. 在导墙施工中遇到的废弃管道要堵塞牢固；b. 施工时遇到土层空隙大、渗透性强的地段应加深导墙。

E. 防止泥浆污染措施：a. 灌注混凝土时导墙顶加盖板阻止混凝土掉入槽内；b. 挖槽完毕应仔细用抓斗将槽底土渣清完，以减少浮在上面的劣质泥浆数量；c. 禁止在导墙沟内冲洗抓斗；d. 不得无故提拉浇注混凝土的导管，并注意经常检查导管水密性。

3. 槽壁稳定性分析

地下连续墙施工保持槽壁稳定性防止槽壁塌方十分关键。一旦发生塌方，不仅可能造成"埋机"危险、机械倾覆，同时还将引起周围地面沉陷，影响到邻近建筑物及管线安全。如塌方发生在钢筋笼吊放后或浇筑混凝土过程中，将造成墙体夹泥缺陷，使墙体内外贯通。

(1) 槽壁失稳机理

槽壁失稳机理主要可以分为两大类：整体失稳和局部失稳。如图11-27所示。

① 整体失稳

经事故调查以及模型和现场试验研究发现，尽管开挖深度通常都大于20m，但失稳往往发生在表层土及埋深约 5~15m 内的浅层土中，槽壁有不同程度的外鼓现象，失稳破坏面在地表平面上会沿整个槽长展布，基本呈椭圆形或矩形。因此，浅层失稳是泥浆槽壁整体失稳的主要形式。

② 局部失稳

在槽壁泥皮形成以前，槽壁局部稳定主要靠泥浆外渗产生的渗透力维持。当诸如在上部存在

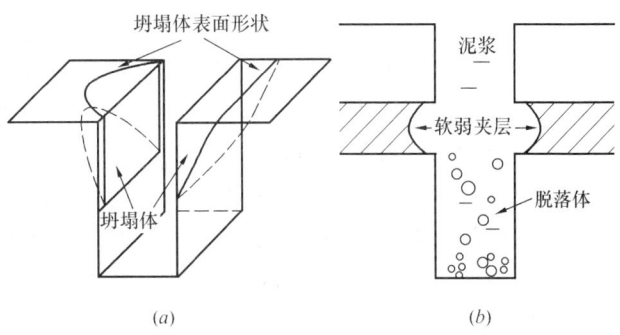

图 11-27　槽壁失稳示意图
(a) 整体失稳；(b) 局部失稳

软弱土或砂性较重夹层的地层中成槽时，遇槽段内泥浆液面波动过大或液面标高急剧降低时，泥浆渗透力无法与槽壁土压力维持平衡，泥浆槽壁将产生局部失稳，引起超挖现象，导致后续灌注混凝土的充盈系数增大，增加施工成本和难度（如图 11-28 所示，俗称"大肚皮"现象，开挖暴露后要凿除）。

图 11-28　槽壁局部坍塌混凝土"大肚皮"图片

（2）影响槽壁稳定的因素

影响槽壁稳定的因素可分为内因和外因两方面：内因主要包括地层条件、泥浆性能、地下水位以及槽段划分尺寸、形状等；外因主要包括成槽开挖机械、开挖施工时间、槽段施工顺序以及槽段外场地施工荷载等。

泥浆护壁的主要机理是泥浆通过在地层中渗透在槽壁上形成泥皮，并在压力差（泥浆液面与地下水液面的差值）的作用下，将有效作用力（泥浆柱压力）作用在泥皮上以抵消失稳作用力从而保证槽壁稳定。

① 内因

地层土体颗粒的级配和颗粒粒径会影响泥浆向槽壁周围地层的渗透、泥皮的形成及其厚度，从而影响槽壁稳定性。颗粒孔隙较大的地层（如松散填土、砂性土中），泥浆在地层中渗透路径过长，容易流失，发生漏浆，不利于泥浆颗粒形成泥皮，从而降低了稳定性。

泥浆性能对槽壁稳定起着至关重要的作用。从泥浆护壁机理可以看出，其必须具备两个条件才能达到护壁效果，一是必须形成一定高差的泥浆液柱压力，二是泥浆在渗透的作

用下形成一定厚度的泥皮。因此在施工中应适当调整泥浆重度，并尽量提高泥浆液面的高度、及时补浆以保持槽壁的稳定；另一方面尽快形成薄而韧、抗渗性好、抗冲击能力强的泥皮对泥浆的黏度、失水量、含砂量等也提出了一定的要求。失水量小的泥浆在槽壁形成的泥皮薄而致密，质量高，有利于槽壁稳定。反之，泥皮厚而软，护壁效果就差。

地下水位的高低直接影响着泥浆护壁的有效作用力（泥浆液面与地下水位面的高差）的大小。压差小，泥浆渗透缓慢，渗透时间长，则泥皮不易形成，不利于槽壁的稳定；反之，则有利于槽壁的稳定。实践也证明，降低地下水位措施能有效提高成槽槽壁的稳定性。

槽段分幅宽度是影响槽壁稳定性的主要因素，通常适宜幅宽在 5~7m 内。相比而言，槽段深度对稳定性的影响并不显著。单元槽段宽深比的大小影响土拱效应的发挥，宽深比越大，土拱效应越小，槽壁越不稳定。

②外因

A. 开挖机械

成槽机械影响槽壁稳定性与机械撞击有关。如用抓斗法进行成槽，抓斗上下移动时对槽壁的撞击作用大，而用潜水电钻等反循环钻孔方法对槽壁的撞击作用小。

B. 地面超载

若成槽过程中有超载，对槽壁的稳定也有影响，负孔隙水压力值远大于无超载时负孔隙水压力。另一方面，由于超载的存在大大加大了槽壁及其附近的土体的剪应力值，就有可能超过破坏线，从而使槽壁附近的土体破坏。

C. 开挖时间

成槽的开挖时间对土体暴露期间及整个施工阶段的槽段变形有着显著影响，随着成槽开挖时间的延长，槽段内土体变形将随时间的推移而加大，控制成槽时间也是槽壁稳定的关键因素。

D. 施工顺序

先后施工的两个槽段应尽量隔开一定的距离，以减少各槽段成槽之间的相互影响，避免槽壁坍塌。

(3) 槽壁稳定验算

①槽壁稳定验算方法

泥浆对槽壁的支撑可借助于楔形土体滑动的假定所分析的结果进行计算。

地墙在黏性土层内成槽。当槽内充满泥浆时，槽壁将受到泥浆的支撑护壁作用，此时泥浆使槽壁保持相对稳定。假定槽壁上部无荷载，且槽壁面垂直，其临界稳定槽深宜采用梅耶霍夫（G. G. Meyerhof）经验公式：

沟槽开挖临界深度：
$$H_{cr} = \frac{NC_u}{(\gamma' - \gamma'_1)K_0} \tag{11-2}$$

式中　H_{cr}——沟槽的临界深度（m）；

　　　N——条形基础的承载力系数，对于矩形沟槽 $N=4(1+B/L)$；

　　　B——沟槽宽度（m）；

　　　L——沟槽平面长度（m）；

　　　C_u——土壤的不排水抗剪强度（N/mm²）；

K_0——静止土压力系数；

γ'、γ'_1——分别为土和泥浆的浮重度（N/mm²）。

沟槽的倒塌安全系数，对于黏性土为：

$$K = \frac{NC_u}{P_{0m} - P_{1m}} \qquad (11\text{-}3)$$

对于无黏性的砂土（黏聚力 $c=0$），倒塌安全系数为：

$$K = \frac{2(\gamma - \gamma_1)^{1/2}\tan\varphi}{\gamma - \gamma_1} \qquad (11\text{-}4)$$

式中 P_{0m}——沟槽开挖面侧的土压力和水压力（MPa）；

P_{1m}——沟槽开挖面内侧的泥浆压力（MPa）；

γ——砂土的浮重度（N/mm³）；

γ_1——泥浆的浮重度（N/mm³）；

φ——砂土的内摩擦角（°）。

②槽壁稳定措施

A. 槽壁土加固：在成槽前对地下连续墙槽壁进行加固，加固方法可采用双轴、三轴水泥土搅拌桩工艺及高压旋喷桩等工艺。

B. 加强降水：通过降低地墙槽壁四周的地下水位，防止地墙在浅部砂性土中成槽开挖过程中易产生塌方、管涌、流砂等不良地质现象。

C. 泥浆护壁：泥浆性能的优劣直接影响到地墙成槽施工时槽壁的稳定性，是一个很重要的因素。为了确保槽壁稳定，选用黏度大、失水量小、能形成护壁泥薄而坚韧的优质泥浆，并且在成槽过程中，经常监测槽壁的情况变化，并及时调整泥浆性能指标，添加外加剂，确保土壁稳定，做到信息化施工，及时补浆。

D. 周边限载：地下连续墙周边荷载主要是大型机械设备如成槽机、履带吊、土方车及钢筋混凝土搅拌车等频繁移动带来的压载及振动，为尽量使大型设备远离地墙，在正处施工过程中的槽段边铺设路基钢板加以保护，并且严禁在槽段周边堆放钢筋等施工材料。

E. 导墙选择：导墙的刚度影响槽壁稳定。根据工程施工情况选择合适的导墙形式，通常导墙采用"┐┌"型或"┘└"形。

4. 钢筋笼加工和吊放

(1) 钢筋笼平台制作要求

根据成槽设备的数量及施工场地的实际情况，在工程场地设置钢筋笼安装平台，现场加工钢筋笼，平台尺寸不能小于单节钢筋笼尺寸。钢筋笼平台以搬运搭建方便为宜，可以随地墙的施工流程进行搬迁。

平台采用槽钢制作，钢筋平台下需铺设地坪。为便于钢筋放样布置和绑扎，在平台上根据设计的钢筋间距、插筋、预埋件的位置画出控制标记，以保证钢筋笼和各种埋件的布设精度。

如钢筋笼需分节制作，应在同一平台上一次制作拼装成型后再拆分。

(2) 钢筋笼加工

钢筋笼根据地下连续墙墙体配筋图和单元槽段的划分来制作。钢筋笼最好按单元槽段做成一个整体。如果地下连续墙很深或受起重设备起重能力的限制，可分段制作，在吊放时再逐段连接，接头宜用绑条焊接。纵向受力钢筋的搭接长度，如无明确规定时可采用60倍的钢筋直径。

钢筋笼端部与接头管或混凝土接头面间应留有15~20cm的空隙。主筋净保护层厚度通常为7~8cm，保护层垫块厚5cm，在垫块和墙面之间留有2~3cm的间隙。由于用砂浆制作的垫块容易在吊放钢筋笼时破碎，又易擦伤槽壁面，所以一般用薄钢板制作垫块，焊于钢筋笼上。对作为永久性结构的地下连续墙的主筋保护层，根据设计要求确定。

制作钢筋笼时要预先确定浇筑混凝土用导管的位置，由于这部分空间要上下贯通，因而周围需增设箍筋和连接筋进行加固。尤其在单元槽段接头附近插入导管时，由于此处钢筋较密集更需特别加以处理。

由于横向钢筋有时会阻碍导管插入，所以纵向主筋应放在内侧，横向钢筋放在外侧（图11-29a）。纵向钢筋的底端应距离槽底面10~20cm。纵向钢筋底端应稍向内弯折，以防止吊放钢筋笼时擦伤槽壁，但向内弯折的程度亦不要影响混凝土导管的插入。

加工钢筋笼时，要根据钢筋笼重量、尺寸以及起吊方式和吊点布置，在钢筋笼内布置一定数量（一般2~4榀）的纵向桁架（图11-29b）。

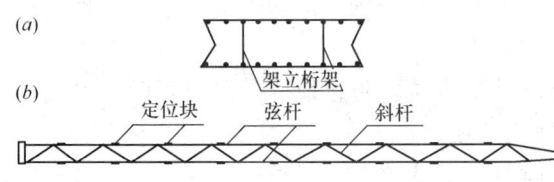

图11-29　钢筋笼构造示意图
（a）横剖面图；（b）纵向桁架纵剖面图

制作钢筋笼时，要根据配筋图确保钢筋的正确位置、间距及根数。纵向钢筋接长宜采用气压焊接、搭接焊等。钢筋联接除四周两道钢筋的交点需全部点焊外，其余的可采用50%交叉点焊。成型用的临时扎结铁丝焊后应全部拆除。

钢筋笼应在型钢或钢筋制作的平台上成形，平台应有一定的尺寸（应大于最大钢筋笼尺寸）和平整度。为便于纵向钢筋定位，宜在平台上设置带凹槽的钢筋定位条。加工钢筋所用设备皆为通常用的弧焊机、气压焊机、点焊机、钢筋切断机、钢筋弯曲机等。

钢筋笼的制作速度要与挖槽速度协调一致，由于钢筋笼制作时间较长，因此制作钢筋笼必须有足够大的场地。

(3) 钢筋笼的吊放

钢筋笼的起吊、运输和吊放应周密地制订施工方案，不允许在此过程中产生不能恢复的变形。

根据钢筋笼重量选取主、副吊设备。并进行吊点布置，对吊点局部加强，沿钢筋笼纵向及横向设置桁架增强钢筋笼整体刚度。选择主、副吊扁担，并须对其进行验算，还要对主、副吊钢丝绳、吊具索具、吊点及主吊把杆长度进行验算。

钢筋笼的起吊应用横吊梁或吊架。吊点布置和起吊方式要防止起吊时引起钢筋笼过大变形。起吊时不能使钢筋笼下端在地面上拖引，以防造成下端钢筋弯曲变形，为防止钢筋笼吊起后在空中摆动，应在钢筋笼下端系上拽引绳以人力操纵。

插入钢筋笼时，最重要的是使钢筋笼对准单元槽段的中心、垂直而又准确的插入槽内。钢筋笼进入槽内时，吊点中心必须对准槽段中心，然后徐徐下降，此时必须注意不要因起重臂摆动或其他影响而使钢筋笼产生横向摆动，造成槽壁坍塌。

钢筋笼插入槽内后，检查其顶端高度是否符合设计要求，然后将其搁置在导墙上。

如果钢筋笼是分段制作，吊放时需接长，下段钢筋笼要垂直悬挂在导墙上，然后将上段钢筋笼垂直吊起，上下两段钢筋笼成直线连接。

如果钢筋笼不能顺利插入槽内，应该重新吊出，查明原因加以解决，如果需要则在修槽之后再吊放。不能强行插放，否则会引起钢筋笼变形或使槽壁坍塌，产生大量沉渣。

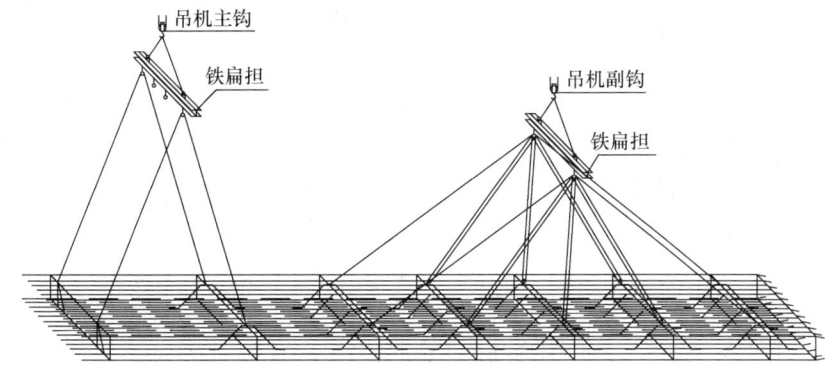

图 11-30　钢筋笼的构造与起吊方法

5. 施工接头

施工接头应满足受力和防渗的要求，并要求施工简便、质量可靠，对下一单元槽段的成槽不会造成困难。但目前尚缺少既能满足结构要求又方便施工的最佳方法。施工接头有多种形式可供选择，目前最常用的接头形式有以下几种：

（1）锁口管接头

常用的施工接头为接头管（又称锁口管）接头，接头管大多为圆形，此外还有缺口圆形、带翼或带凸榫形等，后两种很少使用。

该类型接头的优点是构造简单；施工方便，工艺成熟；刷壁方便，易清除先期槽段侧壁泥浆；后期槽段下放钢筋笼方便；造价较低。其缺点是属柔性接头，接头刚度差，整体性差；抗剪能力差，受力后易变形；接头呈光滑圆弧面，无折点，易产生接头渗水；接头管的拔除与墙体混凝土浇筑配合需十分默契，否则极易产生"埋管"或"塌槽"事故。

其常用施工方法为先开挖一期槽段，待槽段内土方开挖完成后，在该槽段的两端用起重设备放入接头管，然后吊放钢筋笼和浇筑混凝土。这时两端的接头管相当于模板的作用，将刚浇筑的混凝土与还未开挖的二期槽段的土体隔开。待新浇混凝土开始初凝时，用机械将接头管拔起。这时，已施工完成的一期槽段的两端和还未开挖土方的二期槽段之间分别留有一个圆形孔。继续二期槽段施工时，与其两端相邻的一期槽段混凝土已经结硬，只需开挖二期槽段内的土方。当二期槽段完成土方开挖后，应对一期槽段已浇筑的混凝土半圆形端头表面进行处理，将附着的水泥浆与稳定液混合而成的胶凝物除去，否则接头处止水性就很差。胶凝物的铲除须采用专门设备，例如电动刷、刮刀等工具。

在接头处理后，即可进行二期槽段钢筋笼吊放和混凝土的浇筑。这样，二期槽段外凸的半圆形端头和一期槽段内凹的半圆形端头相互嵌套，形成整体。

除了上述将槽段分为一期和二期跳格施工外，也可按序逐段进行各槽段的施工。这样每个槽段的一端与已完成的槽段相邻，只需在另一端设置接头管，但地下连续墙槽段两端会受到不对称水、土压力的作用，所以两种处理方法各有利弊。

由于接头管形式的接头施工简单,已成为目前最广泛使用的一种接头方法。

(2) 工字形型钢接头、十字钢板接头、"V"形接头

以上三种接头属于目前大型地下连续墙施工中常用的三种接头,如图11-32所示,能有效地传递基坑外土水压力和竖向力,整体性好,在地下连续墙设计尤其是当地下连续墙作为结构一部分时,在受力及防水方面均有较大安全性。

① 十字钢板接头

由十字钢板和滑板式接头箱组成,如图11-31所示,当对地下连续墙的整体刚度或防渗有特殊要求时采用。其优点是接头处设置了穿孔钢板,增长了渗水途径,防渗漏性能较好;抗剪性能较好。其缺点是工序多,施工复杂,难度较大;刷壁和清除墙段侧壁泥浆有一定困难;抗弯性能不理想;接头处钢板用量较多,造价较高。

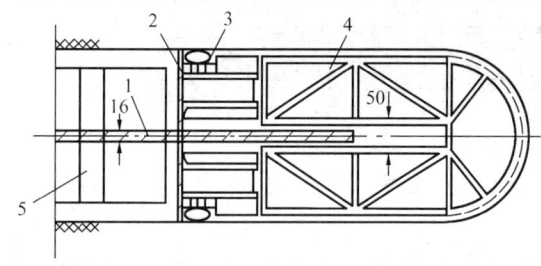

图 11-31 十字钢板接头(滑板式接头箱)
1—接头钢板;2—封头钢板;3—滑板式接箱;
4—U形接头管;5—钢筋笼

② 工字形型钢接头

是一种隔板式接头,如图11-32所示,能有效地传递基坑外水平压力和竖向力,整体性好,在地下连续墙设计尤其是当地下连续墙作为结构一部分时使用,在受力及防水方面均有较大安全性。

其优点是工字形型钢接头翼缘与钢筋骨架相焊接,钢板接头不需拔出,增强了钢筋笼的强度,也增强了墙身刚度和整体性;型钢板接头存在槽内,既可挡住混凝土外流,又起到止水的作用,大大减少墙身在接头处的渗漏机会,比接头管的半圆弧接头的防渗能力强;吊装比接头管方便,钢板不需拔出,根本不用害怕会出现断管的现象;接头处的夹泥比半圆弧接头更容易刷洗,不影响接头的质量。

从以往施工工程看,工字形接头在防混凝土绕流方面易出现一些同题,尤其是接头位置出现塌方时,若施工时处理不妥,可能造成接头渗漏,或出现大量涌水情况。为此,应尽量避免偏孔现象发生,加强泡沫塑料块的绑扎及检查工作,改用较小的砂包充填接头使其尽量密实。

③ "V"形接头

是一种隔板式接头,如图11-33所示施工简便,多用于超深地下连续墙。施工中,在一期槽段钢筋笼的两端焊接钢板作为墙段接头,钢筋笼及接头下设安装后,

图 11-32 工字形型钢接头照片

为避免混凝土绕流至接头背面凹槽,可将接头两侧及底部型钢做适当的加长,并包裹土工布或者铁皮,使其下放入槽及混凝土浇筑时,自然与槽底及槽壁密贴。

当二期槽段成槽后,在下设钢筋笼前,必须对接头作特别处理,采用专用钢丝刷的刷壁器进行刷壁,端头来回刷壁次数保证不少于10次,并且以刷壁器钢丝刷上无泥渣为准,

必要时采用专门铲具进行清除。

其优点是：设有隔板和罩布，能防止已施工槽段的混凝土外溢；钢筋笼和化纤罩布均在地面预制，工序较少，施工较方便；刷壁清浆方便，易保证接头混凝土质量。其缺点是化纤罩布施工困难，受到风吹、坑壁碰撞、塌方挤压时易损坏；刚度较差，受力后易变形，造成接头渗漏水。

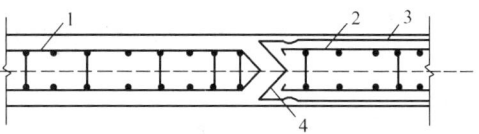

图 11-33 "V"形接头构造图
1—在施槽段钢筋；2—已浇槽段钢筋笼；
3—罩布（化纤布）；4—钢隔板；5—接头钢筋

（3）铣接头

铣接头是利用铣槽机可直接切削硬岩的能力直接切削已成槽段的混凝土，在不采用锁口管、接头箱的情况下形成止水良好、致密的地下连续墙接头。

对比其他传统式接头，套铣接头主要优势如下：

①施工中不需要其他配套设备，如吊车、锁口管等。

②可节省昂贵的工字钢或钢板等材料费用，同时钢筋笼重量减轻，可采用吨数较小的吊车，降低施工成本且利于工地动线安排。

③不论一期或二期槽挖掘或浇注混凝土时，均无预挖区，且可全速灌注无绕流问题，确保接头质量和施工安全性。

④挖掘二期槽时双轮铣套铣掉两侧一期槽已硬化的混凝土。新鲜且粗糙的混凝土面在浇注二期槽时形成水密性良好的混凝土套铣接头。

（4）承插式接头（接头箱接头）

接头箱接头的施工方法与接头管接头相似，只是以接头箱代替接头管。一个单元槽段挖土结束后，吊放接头箱，再吊放钢筋笼。由于接头箱在浇筑混凝土的一面是开口的，所以钢筋笼端部的水平钢筋可插入接头箱内。浇筑混凝土时，由于接头箱的开口面被焊在钢筋笼端部的钢板封住，因而浇筑的混凝土不能进入接头箱。混凝土初凝后，与接头管一样逐步吊出接头箱，待后一个单元槽段再浇筑混凝土时，由于两相邻单元槽段的水平钢筋交错搭接，而形成整体接头，其施工过程如图 11-34 所示。接头箱接头构造见图 11-35。

该类型接头的优点是整体性好，刚度大；受力后变形小，防渗效果较好；其缺点是接头构造复杂，施工工序多，施工麻烦；刷壁清浆困难；伸出接头钢筋易碰弯，给刷壁清泥浆和安放后期槽段钢筋笼带来一定的困难。

6. 水下混凝土灌注

（1）水下混凝土灌注一般要点

地下连续墙混凝土用导管法进行浇筑。由于导管内混凝土和槽内泥浆的压力不同，在导管下口处存在压力差使混凝土可从导管内流出。

为便于混凝土向料斗供料和装卸导管，我国多用混凝土浇筑机架进行地下连续墙的混凝土浇筑。机架跨在导墙上沿轨道行驶。

导管在首次使用前应进行气密性试验，保证密封性能。

地墙开始浇筑混凝土时，导管应距槽底 0.5m。

在混凝土浇筑过程中，导管下口总是埋在混凝土内 1.5m 以上，使从导管下口流出的混凝土将表层混凝土向上推动而避免与泥浆直接接触，否则混凝土流出时会把混凝土上升

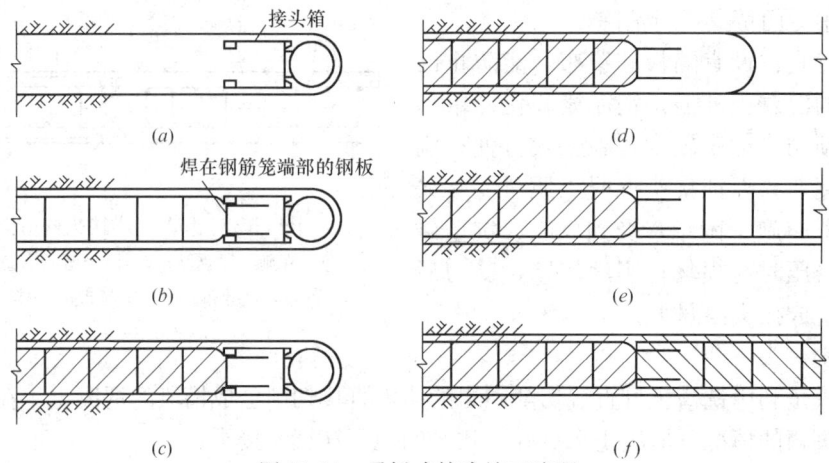

图 11-34 承插式接头施工流程
(a) 插入接头箱；(b) 吊放钢筋笼；(c) 浇筑混凝土；(d) 吊出接头箱；
(e) 吊放后一个槽段的钢筋笼；(f) 浇筑后一个槽段的混凝土形成整体接头

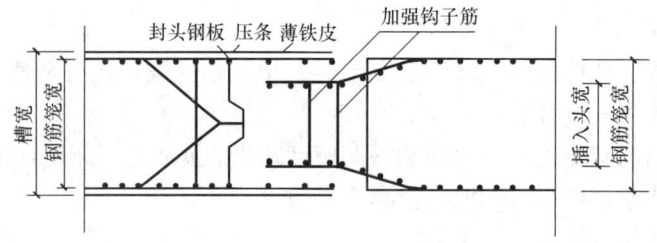

图 11-35 接头箱接头构造

面附近的泥浆卷入混凝土内。但导管插入太深会使混凝土在导管内流动不畅，有时还可能产生钢筋笼上浮，因此无论何种情况下导管最大插入深度亦不宜超过 9m。当混凝土浇筑到地下连续墙顶部附近时，导管内混凝土不易流出，可采取降低浇筑速度，将导管的最小埋入深度减为 1m 左右，并将导管上下抽动，但上下抽动范围不得超过 30cm。

在浇筑过程中，导管不能作横向运动，导管横向运动会把沉渣和泥浆混入混凝土内。

在混凝土浇筑过程中，不能使混凝土溢出料斗流入导沟，否则会使泥浆质量恶化，反过来又会给混凝土的浇筑带来不良影响。

在混凝土浇筑过程中，应随时掌握混凝土的浇筑量、混凝土上升高度和导管埋入深度，防止导管下口暴露在泥浆内，造成泥浆涌入导管。

在浇筑过程中需随时量测混凝土面的高程，量测的方法可用测垂，由于混凝土非水平，应量测三个点取其平均值。亦可利用泥浆、水泥浮浆和混凝土温度不同的特性，利用热敏电阻温度测定装置测定混凝土面的高程。

浇筑混凝土置换出来的泥浆，要送入沉淀池进行处理，勿使泥浆溢出在地面上。

导管的间距一般为 3~4m，取决于导管直径。单元槽段端部易渗水，导管距槽段端部的距离不得超过 2m。如管距过大，易使导管中间部位的混凝土面低，泥浆易卷入，如一个单元槽段内使用两根或两根以上导管同时进行浇筑，应使各导管处的混凝土面大致处在同一标高上。浇筑时宜尽量加快单元槽段混凝土的浇筑速度，一般情况下槽内混凝土面的上升速度不宜小于 2m/h。

在混凝土顶面存在一层浮浆层,需要凿去,因此混凝土需要超浇 30~50cm,以使在混凝土硬化后查明强度情况,将设计标高以上部分用风镐凿去。

(2) 高强度等级混凝土灌注特点介绍

水下混凝土应具备较好的和易性,为改善和易与缓凝,宜掺加外加剂。水下混凝土强度比设计强度提高的等级无试验情况下可参照表 11-3 选择。

水下混凝土强度等级对照表　　　　表 11-3

设计强度等级	C25	C30	C35	C40	C45	C50
水下混凝土强度等级	C30	C35	C40	C50	C55	C60

7. 接头管顶拔

接头管一般适用于柔性接头,大都是钢制的,且大多采用圆形。圆形接头管的直径一般要比墙厚小。管身壁厚一般为 19~20mm。每节长度一般为 3~10m,可根据要求,拼接成所需的长度。在施工现场的高度受到限制的情况下,管长可适当缩短。

此外根据不同的接头形式,除了最常用的圆形接头管外,还有一些刚性接头所采用的接头箱形式,例如:工字形型钢接头采用蘑菇形接头箱,十字形接头采用马蹄形接头箱等。

接头箱接头的施工方法与接头管接头相似,只是以接头箱代替接头管。一个单元槽段挖土结束后,吊放接头箱,再吊放钢筋笼。混凝土初凝后,与接头管一样逐步吊出接头箱。

接头管所形成的地下空间具有很重要的作用,它不仅可以保证地下墙的施工接头,而且在挖下一个槽段时不会损伤已浇灌好的混凝土,对于挖槽作业也不会有影响,因此在插入接头管时,要保持垂直而又完全自由地插入到沟槽的底部。否则,会造成地下墙交错不齐或由此而产生漏水,失去防渗墙的作用以至使周围地基出现沉降等。地下墙失去连续性,会给以后的作业带来很大麻烦。

接头管的吊放,由履带起重机分节吊放拼装。操作中应控制接头管的中心与设计中心线相吻合,底部回填碎石,以防止混凝土倒灌,上端口与导墙处用榫楔石来限位。另外当接头管吊装完毕后,还须重点检查锁口管与相邻槽段的土壁是否存在空隙,若有则应通过回填土袋来解决,以防止混凝土浇筑中所产生的侧向压力,使接头管移位而影响相邻槽段的施工。

接头管的提拔与混凝土浇筑相结合,混凝土浇筑记录作为提拔接头管时间的控制依据,根据水下混凝土凝固速度的规律及施工实践,混凝土浇筑开始拆除第一节导管后推 4h 开始拔动,以后每隔 15min 提升一次,其幅度不宜大于 50~100mm,只需保证混凝土与锁口管侧面不咬合即可,待混凝土浇筑结束后 6~8h,即混凝土达到初凝后,将锁口管逐节拔出并及时清洁和疏通。

11.4　特殊形式地下连续墙的设计与施工

11.4.1　圆筒形地下连续墙

1. 特点

圆筒形地下连续墙多用于主体结构为圆形,或受到主体结构限制需采用无支撑大空间施工的工程。圆筒形地下连续墙围护结构有以下特点：

(1) 充分利用了土拱效应，降低了作用在支护结构上的土压力。

(2) 圆形结构具有更好的力学性能，与常规形状的基坑不同，它可将作用在其上面的荷载基本上转化为地下连续墙的环向压力，可充分发挥混凝土抗压性能好的特点，有利于控制基坑变形。

(3) 在工程中圆筒形地下连续墙平面形状实际为多边形，并非理想的圆形结构，其受力状态以环向受压为主，受弯为辅。

2. 墙体变形和内力计算方法

(1) 荷载

圆筒形基坑工作过程中实际作用的土压力是一种非极限状态土压力。相对于极限状态，非极限状态下的土压力是一个更为复杂的问题，它与围护结构的变形密切相关，围护结构的刚度越大其变形越小，主动区作用的土压力就越接近于静止土压力。由于圆筒形连续墙的水平刚度大，围护结构变形较小，基于工程安全的考虑，在分析圆形基坑时，主动区作用的土压力可按静止土压力进行计算。

(2) 计算方法

对于圆筒形地下连续墙，可供选用的计算方法有平面竖向弹性地基梁法、空间弹性地基板法和三维连续介质有限元法三种方法。三种计算方法详见本手册第 6 章。圆筒形布置的地下连续墙理想状态下受力以环向轴压为主，受力性能较好。在实际工程中，考虑到土方并非理想状态下对称开挖、土层分布不均匀和施工荷载等因素的影响，以及"两墙合一"地下连续墙正常使用阶段可能受到的地震荷载影响，应对圆筒形布置的地下连续墙处于非均匀围压受力状态下进行计算分析。

① 平面竖向弹性地基梁法

平面竖向弹性地基梁法已经成为目前工程界普遍采用的方法，且相关的设计软件提供了相应的分析模块，应用较为方便。对于空间效应明显的圆形基坑，当采用平面弹性地基梁法求解地下连续墙的变形与内力时，忽略了圆形基坑的拱效应，地下连续墙是通过竖向梁作用来承受水土压力，作为抗弯构件，其厚度（抗弯刚度）决定了变形与受力的大小。在这种未考虑圆形基坑空间拱效应的受力模式下，计算得到的连续墙变形与弯矩无疑代表了一种极端值。采用平面竖向弹性地基梁法忽略了圆形围护结构的三维拱效应，分析结果并不合理。并且平面弹性地基梁法仅能提供地墙竖向计算内力，对于圆筒形地下连续墙环向内力无法给出。在平面分析模式下，作用在地下连续墙外侧的水土压力全部由内支撑体系和坑内土体提供的抗力来平衡，各道水平支撑皆会产生较大的轴力。

② 空间弹性地基板法

根据第 6 章的计算分析，空间弹性地基板法能反映圆筒形地墙的整体受力特性。圆筒形结构把大部分侧向荷载转移给连续墙环向拱结构，相应减轻连续墙竖向梁结构的负担，克服平面计算中竖向应力过大的缺点，且通过环向拱作用直接提供水平抗力减小内支撑受力，达到结构整体应力分布均匀，设计趋于经济合理。

③ 三维连续介质有限元法

与空间弹性地基梁（板）法相比，连续介质有限元法用实体单元来模拟土体，在以下几个方面较为合理：

A. 墙土之间的作用关系得到更好模拟，可以在一个模型中解答工程所关心的诸如环境变形等问题，而非仅仅是地墙本身；

B. 反映作用于桩侧的土压力随围护体的变形而动态改变的事实，而非极限状态下的朗肯土压力；

C. 可以反映土体的本构关系及土与土之间的相互作用，而非彼此相互独立的弹簧；可以反映土体与地墙之间的共同作用。

综合以上分析，由于圆筒形地下连续墙具有较强的空间效应，相对于竖向弹性地基梁法，采用空间弹性地基板法和三维连续介质有限元法更能准确反映地下连续墙的实际受力状态。

3. 圆筒形地下连续墙的设计

(1) 墙体截面及配筋

在采用圆筒形布置地下连续墙的工程中，水土压力的作用将主要转化为环向压力，地下连续墙表现出以环向拱受压为主，竖向梁受弯为辅的结构受力特点，这与常规非圆形基坑地下连续墙的受力特点完全不同，因此根据地下连续墙的受力特点，圆筒形地下连续墙的截面厚度应根据环向压力经计算确定，墙体也按环向水平钢筋为主，竖向钢筋为辅的原则进行配筋。

(2) 施工接头的设计与分析

①施工接头设计

圆筒形地下连续墙槽段施工接头需承受巨大的压应力，应选择工字形型钢接头等受压性能较好的施工接头以利于巨大环向压力的传递。工字形型钢接头不存在无筋区，形成的地下连续墙整体受力性能好，可适应接头区复杂的受力要求。而且该接头还可免除常规地下连续墙需在接头部位设置和拔出锁口管或接头箱的流程。

②施工接头分析

圆筒形地下连续墙通常采用一字形或L形槽段拟合，而非理想的圆形结构，而且在实际工程中，考虑到土方并非理想状态下对称开挖、土层分布不均匀和施工荷载等因素的影响，圆筒形地下连续墙并非处于理想的均匀环向受压状态，施工接头可能同时存在弯、剪、扭受力状态，因此需要根据施工接头的实际受力状态，对其进行专门的计算分析。实际工程中可采用三维有限元分析模型对接头受力状态进行模拟计算分析。

下文以采用工字形型钢接头的世博地下变电站圆筒形地下连续墙为例，详述三维有限元分析模型对接头受力状态进行模拟，分析型钢接头在多种荷载作用下的受力性能的过程。世博地下变电站圆筒形地下连续墙的直径130m，挖深34m，施工接头全部采用工字形型钢接头。工字形型钢接头见图11-36和图11-37。

A. 计算模型

为了既能反映圆筒形地下连续墙以环向受压为主的受力性能，又能充分利用计算资源，计算平面按圆筒形墙体的实际平面形状取近似圆形、竖向取1.5m深度范围内的地下连续墙作为分析模型，所取的深度为地墙整体计算结果中侧向位移最大值所处位置。三维有限元模型包括一期和二期槽段、两期槽段之间的工字形型钢接头。为反映一期槽段与二期槽段之间的薄弱段（图11-37），模型中也考虑了一期与二期槽段的配筋，图11-36与图11-37分别为一期与二期槽段的配筋图。

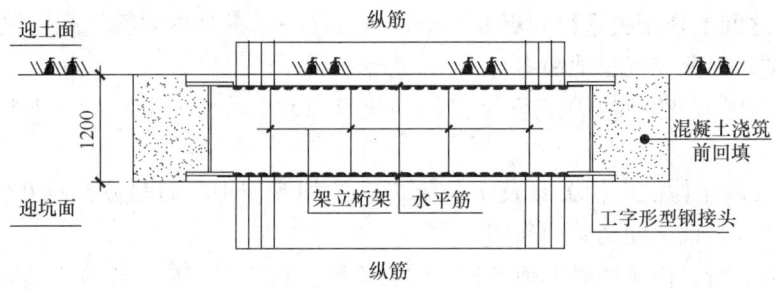

图 11-36　一期槽段配筋图

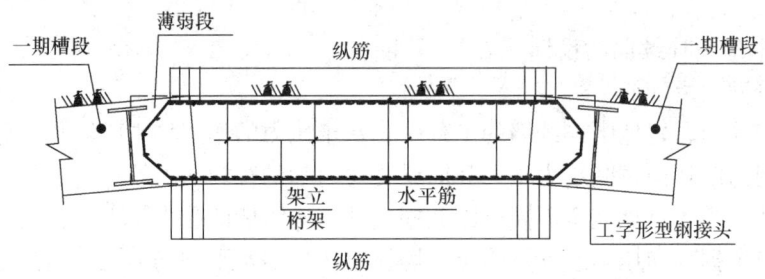

图 11-37　二期槽段配筋图

图 11-38 为圆筒形地下连续墙模型的局部视图，其中地下连续墙槽段采用实体单元模拟；工字形型钢接头采用板单元模拟；钢筋采用空间梁单元模拟。各部分模型见图 11-39～图 11-42。

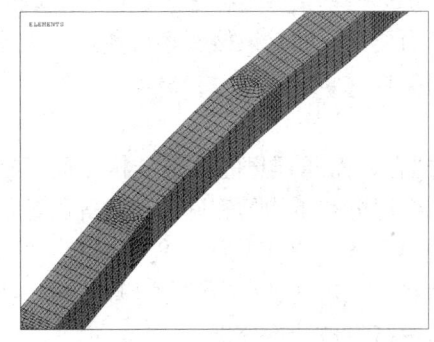

图 11-38　圆筒形地下连续墙模型局部视图

B. 荷载取值

圆筒形结构所受到的水土压力主要以环向压力为主（图 11-43），而考虑到基坑施工阶段土方并非理想状态下对称开挖、土层分布不均匀和施工荷载等因素的影响，以及"两墙合一"地下连续墙正常使用阶段可能受到的地震荷载影响，圆筒形地下连续墙并非处于理想的均匀环向受压状态。因此为了模拟圆筒形地下连续墙的不均匀受荷状态，进而分析施工接头的复杂受力状态，在环向水土压力的基础上另外考虑水平向的单侧推压荷载作用。水土压力取为该深度处的静止土压力值，水平单侧推压荷载为相应位置均压荷载值的 20% 左右。

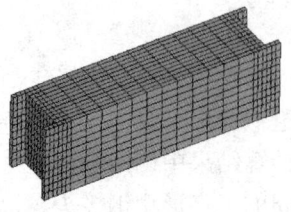　　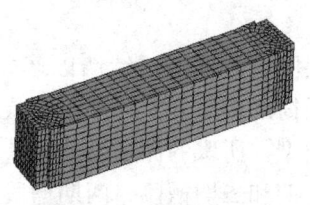

图 11-39　一期槽段模型　　图 11-40　二期槽段模型

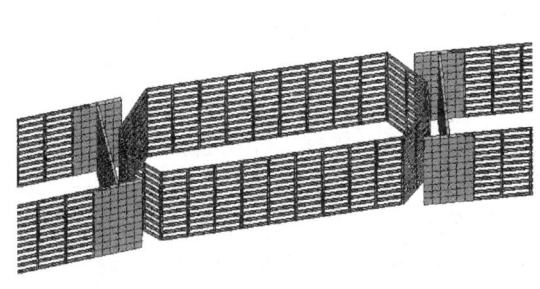

图 11-41 工字形型钢与钢筋关系

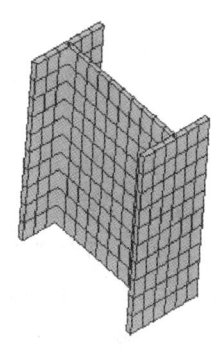

图 11-42 工字形型钢模型

4. 施工要点

由于常规成槽机只能施工一字形或转角槽段,在槽段施工时可采用直形槽段或大角度的折线槽段拟合成近似圆筒形的形状。因此,需根据槽段划分形式确定导墙的平面形状,在转角部位将导墙向外延伸 400~600mm,以确保成槽时角部泥土挖除干净。圆筒形地下连续墙槽段接缝尽量设置在平直段,利于保证接头施工质量。圆筒形地下连续墙受力以环向轴力为主,施工接头为受力的薄弱环节,施工接头的处理尤为重要,在地下连续墙施工过程中,应严格清刷接头部位,保证混凝土的浇筑质量,防止接头夹泥影响地下连续墙整体受力性能。圆筒形地下连续墙的水平钢筋为受力钢筋,水平钢筋分布在纵向钢筋外侧。

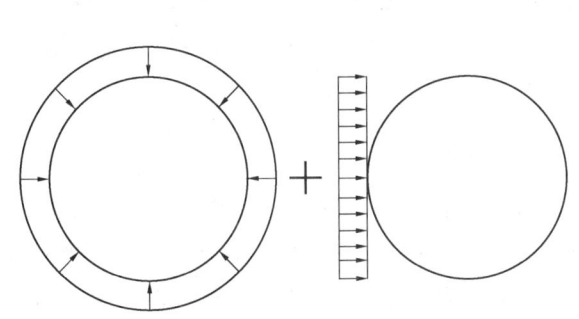

图 11-43 荷载分布模式

图 11-44 上海宝钢热轧旋流池圆筒形基坑

5. 工程实例

(1) 上海宝钢热轧旋流池

上海宝钢 1880mm 热轧旋流池(如图 11-44 所示)基坑为内径 28.0m 的圆形,开挖深度 35.3m。基坑周边环境复杂,相邻有生产厂房等构筑物。采用正 40 边形地下连续墙作为围护结构,内壁切圆直径 29.6m,外壁切圆直径 31.6m。地下连续墙厚 1.0m,深 53.0m,槽段中心周长为 96.76m。该工程于 2005 年 11 月 30 日开始施工,至 2006 年 9 月 30 日完成底板浇筑。

(2) 上海人民广场地下变电站[5,6]

上海人民广场地下变电站位于上海市人民广场东南角,处于古河道边缘,地质情况复杂,土层厚度分布极不均匀。该变电站为一圆筒形结构,外径 62.4m,内径 58m,采用地下连续墙与内衬联合受力的结构形式。基坑开挖深度 23.2m,地下连续墙平面形状为一内切直径60m的正91边形,厚1.2m,深38.0m,共划分为38个施工槽段,槽幅间采用刚性接头。内衬厚1.0m,深18.22m。另有4.0m厚的底板。基坑开挖到底时连续墙最大变形仅为19.7mm。

(3) 上海交通大学海洋深水试验池[7]

上海交通大学海洋深水试验池深井的最大工作水深40m,直径5m,最大开挖深度为39m。基坑施工采用地下连续墙作为围护结构,平面为正12边形,墙厚1000mm,深47m。开挖至底后施作600mm厚钢筋混凝土内衬结构,封底厚度4m,采用水下C30素混凝土,在抽水后干施工C35钢筋混凝土底板,厚1.5m。地下连续墙与底板采用钢筋接驳器连接。基坑采用水下开挖方式进行施工。开挖到底时连续墙的最大侧移仅为8.9mm。

(4) 上海环球金融中心塔楼基坑[8,9]

上海环球金融中心塔楼深基坑工程采用100m大直径圆形薄壁地下连续墙自立式围护结构的设计方案。地下连续墙混凝土强度设计等级为水下C30,内径100m,墙厚1.0m,墙厚与内径之比为1:100。普遍区域墙深31.55m,邻近电梯井深坑处为墙深33.55m。地下连续墙槽段平面布置为正156边形,每边外侧边长约2.054m,每3边组成一个槽段,接头为圆形锁口管。竖向设置4道圈梁。基坑开挖到底时连续墙的最大侧移为30.1mm。

(5) 日本东京湾新丰洲500kV地下变电站[10]

日本东京湾新丰洲500kV地下变电站采用圆筒形地下连续墙支护,基坑内径144m,开挖深度29.2m。连续墙深达70m,其中从地面至44m深度范围内连续墙厚2.4m,自44m至70m深度的连续墙主要起隔断地下水流的作用,因此连续墙的厚度减为1.2m。连续墙由39个先期开挖槽段和39个后期开挖槽段组成,如图11-45所示。基坑自上而下分7层开挖并依次逆作厚2.4m的内衬墙。基坑开挖到底时连续墙最大侧移小于20mm。

11.4.2 格形地下连续墙

1. 特点与形式

格形地下连续墙结构形式出自格形钢板桩岸壁的概念,是靠其自身重量稳定的半重力式结构,是一种涉及建(构)筑物地基开挖的无支撑空间坑壁结构。格形地下连续墙由内墙、中隔墙、外墙等构成。格形地下连续的外墙通过中间墙体与内墙连接,以实现结构的整体性和空间结构效应(图11-46和图11-49)。

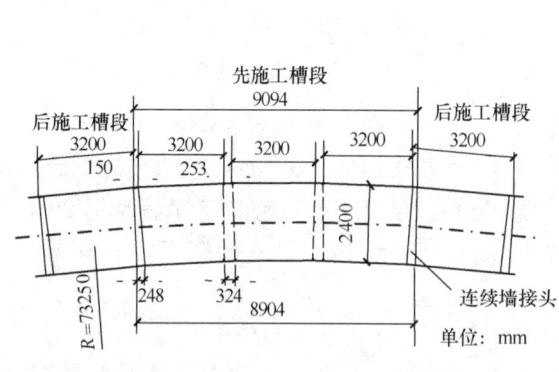

图11-45 东京湾500kV地下变地下连续墙槽段

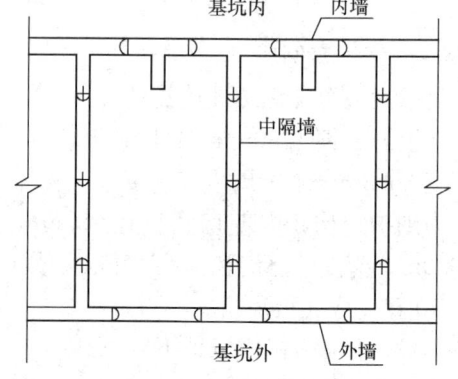

图11-46 格形地下连续墙典型平面布置图

2. 计算方法

格形地下连续墙受力状况与墙体的变形状态有直接的关系，而墙体的变形又与结构形式、外荷载大小及土层特性有关，实质上格形地下连续墙的内力和变形计算是一个结构与土体共同作用的问题。

（1）土压力

格形地下连续墙内墙迎土面侧采用谷仓压力，或直接采用静止土压力，内墙迎坑面采用水平基床系数模拟土抗力，开挖面处为零，开挖面以下一定深度内三角形分布，其下按矩形分布。外墙迎坑面同样采用水平基床系数模拟土抗力；外墙迎土面侧采用静止土压力。

（2）稳定性验算

应参照第5章关于重力式围护结构各项稳定性验算方法，对格形地下连续墙在基坑开挖阶段的整体稳定、抗倾覆、抗滑移、抗渗流计算。此外，尚应进行基础底面和墙前地基应力的验算。

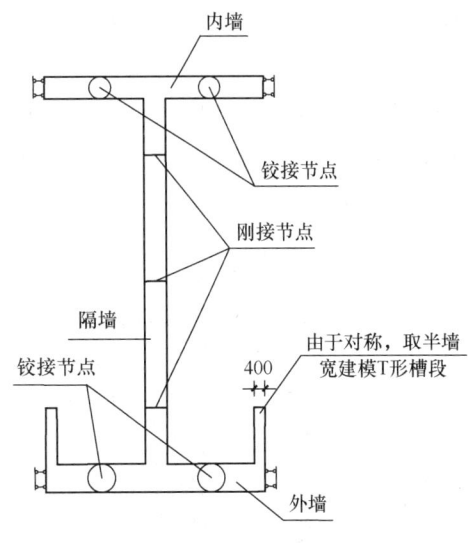

图 11-47　格形地下连续墙单元示意图

（3）内力和变形计算

①传统弹性地基理论有限元分析方法

将基坑底面以上的墙体理想化为薄板弯曲单元，将入土部分墙体作为文克尔弹性地基上的薄板单元。薄板单元可为各向同性，亦可为各向异性。在结构横向受力计算中，考虑结构形式及其上荷载作用下的变形、结构与地层的刚度，在被动区设置水平向土弹簧支承，在结构底面设置竖向弹簧支承。将地下墙的向上摩擦力及下端反力综合为地下墙下端的弹性支承力，其弹簧系数 K 参照相关规范或地区经验选用。

在槽段平面上截取以横向剪力墙间距为单位计算长度，将内墙、外墙、中隔墙及顶部承台板作整体结构，并认为在边界上所有节点沿墙体长度方向的水平位移为零，利用结构对称性，简化成空间计算模型进行结构内力分析（计算模型单元如图 11-47 所示）。可采用三维有限元结构分析软件进行空间结构计算。

②三维弹塑性土体非线性理论有限差分分析方法

利用格形地下墙的结构对称性，简化空间结构计算模型，取横向剪力墙间距为结构计算宽度。地下墙用壳单元模拟采用弹性本构模型；土体与地下墙间用间隙元连接只能传递压力和一定的摩擦力，不能传递拉力。计算中模拟实际的施工过程，首先计算在没有地下墙情况下土体的自重场，然后将其位移置零，加入地下墙模型，再计算基坑内开挖后的工况。

在空间计算模型中，土体单元本构模型采用 Mohr-Coulomb 准则，需要输入土体的体积模量（K）、剪切模量（G）、泊松比（v）、黏聚力（c）、内摩擦角（φ）及天然重度（γ），钢筋混凝土弹性模量 E，泊松比 μ 以及朗肯土压力系数。

③两种分析方法对比

A. 采用上述两种方法进行工况仿真模拟计算，并与实测成果分析研究，其主要误差是计算模型的体量，选用一定宽度和高度的土体区域，可以减少并避免计算模型周边约束的不利影响。

B. 按方法②分析，直接引用勘察资料的土体力学指标，结合工程监测，模拟直接选取土体材料参数，结构计算模式反映结构与周围地层的相互作用，而土体采用经典土力学理论，避免了外墙土弹簧高度及数值的人为假定。相对而言，其计算的参数取值误差较小。

C. 按方法①分析，比方法②计算较为简单，对在工程经验较为丰富的区域的一般工程，方法①的计算精度能满足工程需求；对复杂工程有必要采用方法②进行复核。

3. 设计要点

(1) 墙体设计

①格型地下连续墙总宽度和入土深度应满足整体稳定要求，同时地下连续墙的插入深度尚需满足地下水控制要求。

②应根据结构内力计算分析确定中隔墙平面间距和进行墙体截面设计。

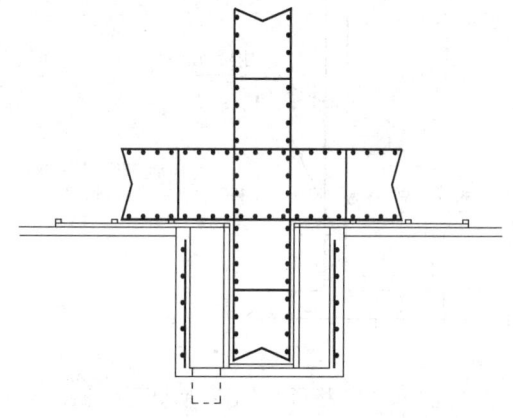

图 11-48 开槽法钢筋笼制作平台

③格形地下连续墙墙顶应设置通长的冠梁或顶板连接内墙、外墙和中隔墙，使格形地下连续墙形成整体受力体系。内墙和外墙宜采用 T 形槽段与中隔墙连接。

④当格形地下连续墙需承受较大的竖向荷载或对墙体竖向变形要求较高时，墙底应选择较好的持力层，墙底可采取注浆措施以满足竖向承载力和变形要求。

⑤当地下连续墙设有钢筋混凝土内衬墙时，内衬墙与地下连续墙结合面除按施工缝凿毛清洗外，尚应通过墙面预埋钢筋、接驳器与预留剪力槽等措施，使二者作为主体结构的复合墙共同工作。

(2) 施工接头设计

格形地下连续墙中隔墙作为内墙和外墙的联系墙，其受力状态主要以受拉为主，因此中隔墙槽段之间以及中隔墙与内墙、外墙之间的连接接头需满足抗拉要求。中隔墙槽段之间及中隔墙与内墙、外墙之间应采用剪拉型刚性接头连接，并应按承载能力极限状态进行接头设计。内墙槽段之间以及外侧槽段之间一般可采用柔性接头。

4. 施工要点

(1) 异形钢筋笼加工

在格型地下连续墙施工中经常会遇到"T"形槽段、"十"字形槽段等异形槽段，钢筋笼放样布置及绑扎对场地要求高，操作难度大。为了确保钢筋笼绑扎制作的质量，施工前应根据钢筋笼的形状设置相应的加工平台。对于"T"形槽段、"十"字形槽段钢筋笼加工平台可采用挖槽法设置加工平台（图 11-48）。可根据"十"字形钢筋笼尺寸较短方向尺寸为开槽深度进行开槽，开槽宽度大于"十"字形钢筋笼肢部宽度，开槽长度大于钢筋笼长度，开槽深度除满足钢筋笼深度外还需满足工人施工空间，一般为 1800～2000mm；为防止槽底积水，需在槽内设置两个集水井，分别设置在长度方向两头位置。

(2) 槽壁稳定性

在异形槽段地下连续墙成槽时，容易出现塌槽现象，因此在成槽时需采取措施确保槽壁稳定性。可采用槽壁预加固、浅层降水、优化泥浆配比、缩短每幅地下连续墙施工周期以及控制周边荷载等措施确保槽壁的稳定性

5. 工程实例

(1) 沪东造船厂（造船坞）二期工程某干船坞矩形坞室平面面积约 33200m², 一边为水域，另三边的围护内边周长约 812m, 开挖深度为 14~16m。在 7 层办公大楼建筑处，长度为 42m 段的坞壁采用地下墙承重结构作船坞坞壁基础，地下墙采用格形连续墙布置，地下墙厚度 0.8m, 墙顶标高 0.6m（3.75m），考虑两墙合一及坞壁承重需要，将地下墙墙趾插入第⑥1层粉质黏土中，墙底标高-26m, 地下墙插入比接近 1:1。中间槽段为 6m×0.8m, 间距 4m, 共计 11 幅。T 形槽段外尺寸为 4m×2.815m, 共计 18 幅，L 形槽段外尺寸为 2.99m×2.815m, 共计 4 幅。槽段之间采用十字穿孔钢板连接。在地下墙底设置压浆管进行墙底注浆加固，每幅槽段埋设注浆管不少于 2 个，以便进行墙底注浆加固（图 11-49、图 11-50）。

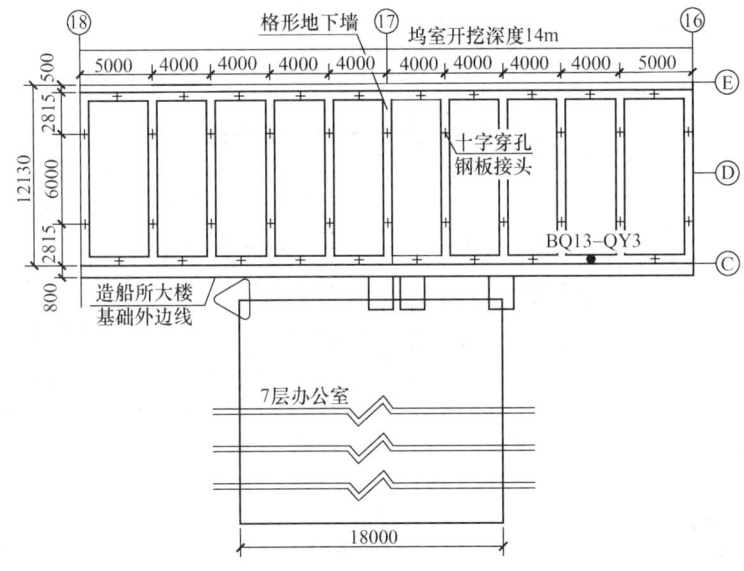

图 11-49 格形地下连续墙平面图

(2) 上海耀华皮尔玻璃有限公司的浮法玻璃熔窑基坑[1]: 平面尺寸为 49.9m×89.1m, 开挖深度 8.5~12.9m, 围护结构采用了半重力式格形地墙（图 11-51）。内墙为 T 形槽段，厚 0.8m, 深 19.1m；外墙为"一"形槽段，厚 0.6m, 深 20.1m；中间剪力墙为"一"形槽段，厚 0.6m, 深 11.8m。前外墙、中间剪力墙间距均为 12m。1986 年竣工，设计成果在 1986 年北京国际深基础会议上进行了交流。

11.4.3 预制地下连续墙

近年来，预制地下连续墙技术成为国内外地下连续墙研究和发展的一个重要方向，其施工方法是按常规的施工方法成槽后，在泥浆中先插入预制墙段、预制桩等预制构件，然后以自凝泥浆置换成槽用的护壁泥浆，或直接以自凝泥浆护壁成槽插入预制构件，以自凝泥浆的凝固体填塞墙后空隙和防止构件间接缝渗水，形成地下连续墙。采用预制地下连续墙技术施工的地下墙墙面光洁、墙体质量好、强度高，并可避免在现场制作钢筋笼和浇混

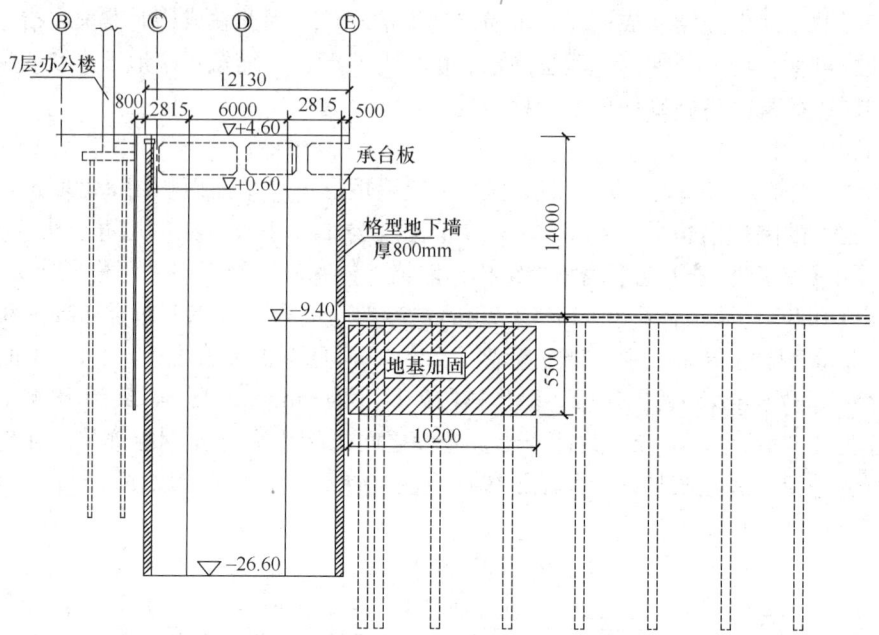

图 11-50　格形地下连续墙剖面图

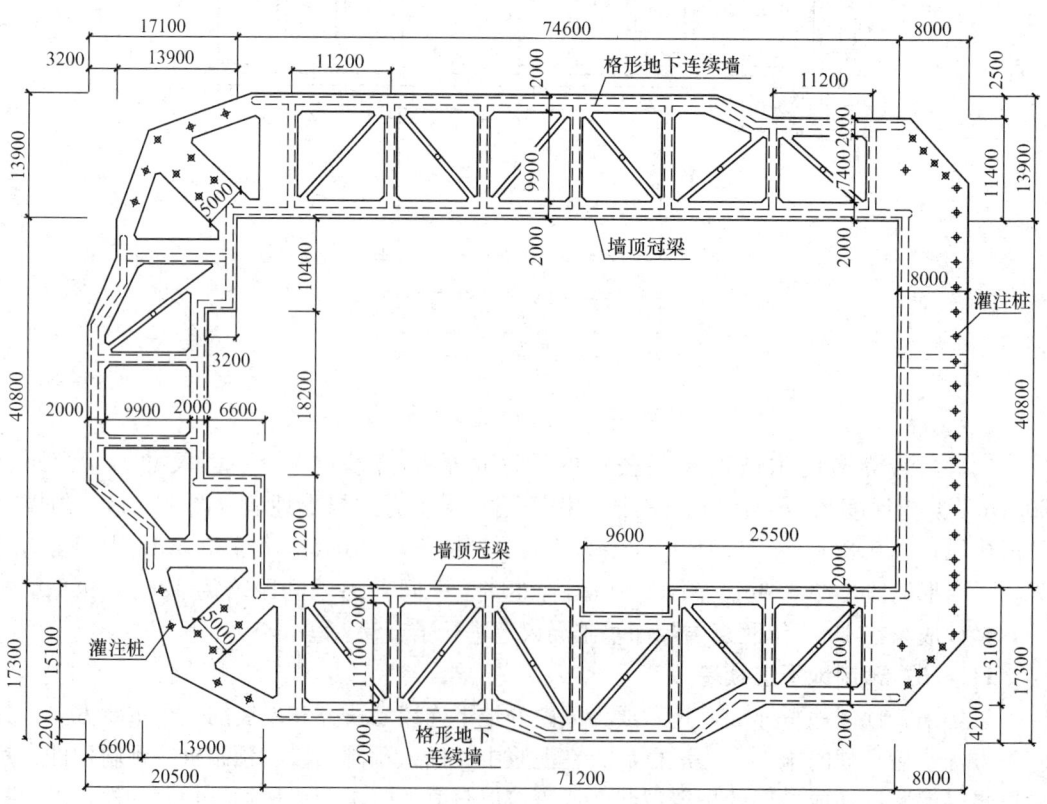

图 11-51　皮尔金顿玻璃熔窑地下连续墙平面布置图

凝土及处理废浆。

在常规预制地下连续墙技术的基础上，国内又研究和发展了一种新型预制地下连续墙，即采用常规的泥浆护壁成槽，在成槽后，插入预制构件并在构件间采用现浇混凝土将其连成一个完整的墙体，该工艺是一种相对经济又兼具现浇地下墙和预制地下墙优点的研究发展方向。

1. 预制地下连续墙的形式和特点

与常规现浇地下连续墙相比，预制地下连续墙有其特有的优点。

（1）工厂化制作可充分保证墙体的施工质量，墙体构件外观平整，可直接作为地下室的建筑内墙，不仅节约了成本，也增大了地下室面积。

（2）由于工厂化制作，预制地下连续墙与基础底板、剪力墙和结构梁板的连接处预埋件位置准确，不会出现钢筋连接器脱落现象。

（3）墙段预制时可通过采取相应的构造措施和节点形式达到结构防水的要求，并改善和提高了地下连续墙的整体受力性能。

（4）为便于运输和吊放，预制地下连续墙大多采用空心截面，减小自重节省材料，经济性好。

（5）可在正式施工前预制加工，制作与养护不占绝对工期；现场施工速度快；采用预制墙段和现浇接头，免掉了常规拔除锁口管或接头箱的过程，节约了成本和工期。

（6）由于大大减少了成槽后泥浆护壁的时间，因此增强了槽壁稳定性，有利于保护周边环境。

2. 设计技术

（1）墙体设计

由于采用地面预制，并综合考虑运输、吊放设备能力限制和经济性等因素，预制地下连续墙通常设计成空心截面。在截面设计中可按初步确定的截面形式和相应的抗弯刚度，计算在水土压力等水平荷载作用下各开挖工况的墙体内力和变形，根据计算内力包络图确定设计截面、开孔面积和截面空心率，并进行竖向受力主钢筋和水平钢筋的配筋设计。预制地下连续墙墙段典型截面形式见图11-52。

目前预制地下连续墙施工需采用成槽机成槽、泥浆护壁、起吊插槽的施工方法，因此墙体截面尺寸受成槽机规格限制。通常预制墙段厚度较成槽机抓斗厚度小20mm，墙段入槽时两侧可各预留10mm空隙便于插槽施工。

（2）接头设计

预制地下连续墙接头可分为施工接头和结构接头，施工接头是指预制地下连续墙墙段之间的连接接头，结构接头是指按照两墙合一设计时预制地下连续墙与主体地下结构构件的连接接头。

①施工接头

预制墙段施工接头可分为现浇钢筋混凝土接头和升浆法树根桩接头。两种接头形式单幅墙段的两端均采用凹口形式。现浇钢筋混凝土接头施工中两幅墙段内外边缘尽量贴近，待两幅墙段均入槽固定就位后，在接缝的凹口当中下钢筋笼并浇筑混凝土用以连接两幅墙段，其深度同预制地下连续墙。现浇钢筋混凝土施工接头节点示意图见图11-53。

升浆法树根桩接头与现浇钢筋混凝土接头施工方法相似，区别在于树根桩接头是在接缝的凹口当中下钢筋笼，以碎石回填后再注入水泥浆液用以连接两幅墙段。

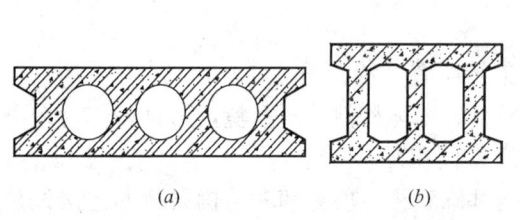

图 11-52　预制地下连续墙墙段典型截面图
(a) 截面形式之一；(b) 截面形式之二

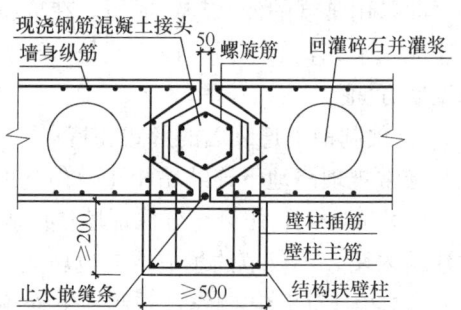

图 11-53　现浇钢筋混凝土接头示意图

② 竖向连接设计

深基坑工程中当地下连续墙墙体较深较厚时，在满足结构受力的前提下，综合考虑起重设备的起重能力以及运输等方面的因素，可将预制地下连续墙沿竖向设计成为上、下两节或多节，分节位置尽量位于墙身反弯点位置。由于反弯点位置剪力最大，因此必须重点进行抗剪承载力验算。通常可采用钢板接头连接，即将预埋在上下两节预制墙段端面处的连接端板采用坡口焊连接并结合钢筋锚接连接。工厂制作墙段时，在上节预制墙段底部实心部位预留一定数量的插筋，在下节墙段顶部实心部位预留与上节插筋相对应的钢筋孔。现场对接施工时，先在下节墙段预留孔内灌入胶结材料，然后将上节墙段下放使钢筋插入预留孔中，形成锚接，再将连接端板采用坡口焊连接。钢板连接节点构造示意见图 11-54。

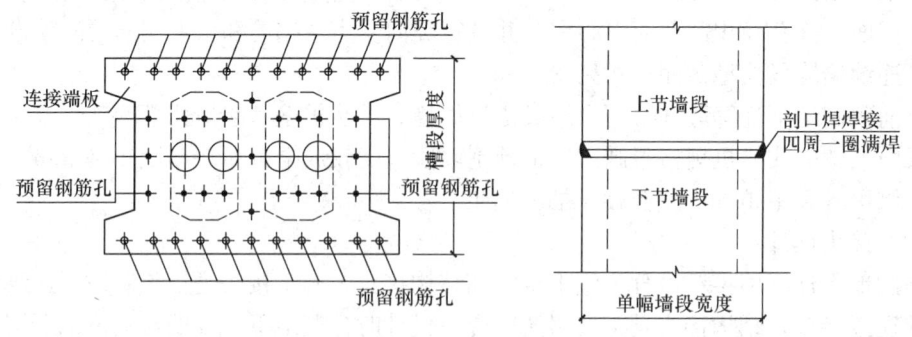

图 11-54　钢板连接节点构造示意图

(3) 空心截面回填

预制地下连续墙的空心截面有利于减轻构件自重，节省材料，提高预制地下连续墙的经济性，但另一方面也存在正常使用阶段的抗渗防水问题。通常预制地下连续墙均作为两墙合一的永久结构外墙，为了满足永久抗渗要求，需对底板面以上的截面空心区域进行回填，材料可采用素混凝土或密实黏土。从工程使用情况来看，能达到永久结构抗渗的设计要求。

3. 施工要点

(1) 墙段预制

预制墙段采用的模具由底模、芯模、外模三部分组成。芯模宜采用可重复利用的充气胶囊。受构件截面特殊性及胶囊芯模安放的限制，墙段混凝土的浇捣分三层进行，即底层、中间肋部层及板面层。为防止上层板面混凝土最后浇捣而影响胶囊芯模放气抽拔，避免板面混凝土出现裂缝，必须适当降低上层混凝土的坍落度。

(2) 成槽和吊放

因受起重设备性能的限制，预制地下连续墙墙段划分宽度一般为 3.0~4.0m。成槽时，一般按照先转角幅，后直线幅的顺序施工，槽段之间应连续成槽。通常导墙宽度需比预制墙段的厚度大 4cm 左右，成槽深度需大于设计深度 10~20cm。

墙段的吊放应根据其重量、外形尺寸选择适宜的吊装设备，并在导墙上安装垂直导向架以确保墙段平面位置沉放准确。预制墙段厚度方向的垂直度则主要通过成槽时的垂直度、垂直导向架来控制。预制墙段的竖直向设计标高则是通过导墙上搁置点标高、专用搁置横梁高度、临时定位吊耳及墙段的长度来控制的。

(3) 接头施工

预制地下连续墙槽段之间的接头处理，需同时满足抗渗和受力要求，是预制地下连续墙设计和施工中的关键问题。目前，常用的预制地下连续墙接头有现浇钢筋混凝土接头和升浆法树根桩接头等。多项工程的实践结果表明，采用升浆法树根桩接头和小口径导管浇筑的现浇钢筋混凝土接头抗渗止水效果一般均良好，均能达到工程使用的一般要求，但由于两种接头实质上均为柔性连接，尚不能完全满足墙体承受剪力的要求，因此需在接头位置墙板内侧设置嵌缝式止水条、接缝外侧加固封堵以及在地下室内部设置结构扶壁柱等构造措施。在增强槽段之间连接整体性、并提高抗剪能力的同时，也在建筑内部设置了抗渗止水的预备措施。

4. 工程实例

达安城单建式地下车库全预制地下连续墙工程位于上海市石门二路新闸路交界处，地下车库面积约为 1725m²，采用"两墙合一"预制地下连续墙作为围护体，深度 11m，有 224 延长米，共设 76 幅墙段。坑内竖向设置一道 H400×400 的型钢支撑。

预制地下连续墙墙身混凝土设计强度等级 C30，抗渗等级 S6，墙体厚度为 580mm，槽段墙板深度为 9.2m，槽段宽度有 3.7m、2.56m、2.2m 和 2.375m 四种。为了减小槽段重量又满足受力要求，预制墙槽段在底板厚度范围内设计成实心截面，其余设计成圆形开孔截面，开孔直径为 360mm，孔距为 520mm。预制地下连续墙施工接头采用树根桩接头，在树根桩两侧采用两次注浆处理。每幅预制墙墙底设置两根注浆管，注浆总量不小于 2m³，且应上泛至墙顶，可有效控制墙身的沉降。

从实施结果来看，预制地下连续墙的施工相当顺利，施工快捷，不占绝对工期。经基坑开挖后复核，所有技术指标均满足规范和设计要求，墙体受力性能良好，其墙面质量、平整度、接头处的抗渗水等技术指标均大大优于现浇的地下连续墙。经测试墙体垂直度偏差均小于 1/300。预埋件的定位准确，其位置偏差均小于 2cm。基坑施工过程中周边管线及路面变形均满足规范要求。

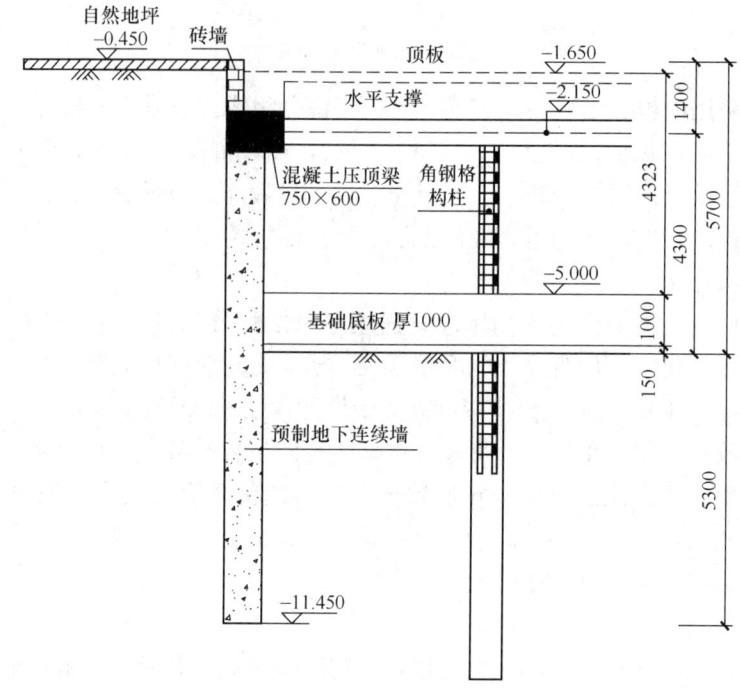

图 11-55　围护结构剖面图

11.5　地下连续墙工程问题的处理

11.5.1　地下连续墙渗漏问题处理措施

地下连续墙由于施工工艺原因，其槽段接头位置是最容易发生渗漏的部分，同时由于施工工序多，每个环节的控制都关乎成墙质量，在工程中常出现接缝渗水或墙体破损等问题，为了确保墙体质量和工程安全，须针对具体问题采取相应的处理措施。

1. 地下连续墙槽段接缝渗漏处理措施

（1）槽段接缝少量渗漏水

地下连续墙接缝的少量渗漏水可采取双快水泥结合化学注浆的方式处理。

应先观察地下连续墙接缝湿渍情况，确定渗漏部位，并对渗漏处松散混凝土、夹砂、夹泥进行清除。其次手工凿"V"形槽，深度控制在 50~100mm。然后按水泥∶水＝1∶0.3~0.35（重量比）配制双快水泥浆作为堵漏料并搅拌至均匀细腻，将堵漏料捏成料团，放置一会儿（以手捏有硬热感为宜）后塞进"V"形槽，并用木棒挤压，轻砸使其向四周挤实。若渗漏比较严重，则采用特种材料处理，埋设注浆管，待特种水泥干硬后 24h 内注入聚氨酯。

（2）槽段接缝严重漏水

由于锁口管拔断或浇筑水下混凝土时大面积夹泥等原因引起的严重漏水。

先按地下连续墙渗漏作临时封堵、引流。根据现场情况进行处理：a. 如是锁口管拔断引起，按地下连续墙渗漏作临时封堵、引流后，可将先行幅钢筋笼的水平筋和拔断的锁口管凿出，水平向焊接 $\phi16@50$mm 以封闭接缝（根据需要可作加密）。b. 如是导管拔空等引起的地下连续墙墙缝或墙体夹泥,则将夹泥充分清除后再作修补。再在严重渗漏处的坑外进行双液注浆填充、速凝,深度比渗漏处深不小于3m。

双液注浆参数:体积比:水泥浆:水玻璃=1:0.5。

其中,水泥浆水灰比0.6,水玻璃浓度35Be°、模数25。

注浆压力:视深度而定(0.1~0.4MPa)。

2. 墙身有大面积湿渍

针对墙身有大面积湿渍的部位,采用水泥基型抗渗微晶涂料涂抹。

首先对基面进行清理,将基面上的突起、松散混凝土、水泥浮浆、灰尘,且用钢丝刷将基面打磨粗糙后,用水刷洗干净。然后用水充分湿润基面,将结晶水泥干粉和水按1:0.22~0.24(重量比)混合,搅拌均匀,用鬃毛刷将混合好涂料涂在地下连续墙有湿渍基面(二涂),拌料宜在25min内用完。

11.5.2 地下连续墙的墙身缺陷的处理措施

1. 地下连续墙表面露筋及孔洞的修补

由于地下连续墙采用泥浆护壁,水下浇筑混凝土,易出现墙体表面夹泥,主筋外露现象。当基坑开挖后,遇地下连续墙表面出现露筋问题,应及时处理。首先将露筋处墙体表面的疏松物质清除,并采取清洗、凿毛和接浆等处理措施,然后用硫铝酸盐超早强膨胀水泥和一定量的中粗砂配制成的水泥砂浆进行修补。如在槽段接缝位置或墙身出现较大的孔洞,在采用上述清洗、凿毛和接浆等处理措施后,采用微膨胀混凝土进行修补,混凝土强度等级应较墙身混凝土至少提高一级。

2. 地下连续墙的局部渗漏水的修补

地下连续墙常因夹泥或混凝土浇筑不密实而在施工接头位置甚至墙身出现渗漏水现象,为了防止围护体漏水影响周边环境和危害基坑安全,必须对渗漏点进行及时修补。堵漏施工工艺为:首先找到渗漏来源,将渗漏点周围的夹泥和杂质去除,凿出沟槽,并清水冲洗干净;其次在接缝表面两侧一定范围内凿毛,凿毛后在沟槽处埋入塑料管对漏水进行引流,并用封缝材料(即水泥掺合材料)进行封堵,封堵完成并达到一定强度后,再选用水溶性聚氨酯堵漏剂,用注浆泵进行化学压力灌浆,待浆液凝固后,拆除注浆管。该方法施工方便,止水可靠,目前在工程中应用较多。

3. 地下连续墙槽段钢筋被切割导致结构损伤

实际工程中如遇到成槽范围内有地下障碍物,又无法清除时,为了保证钢筋笼的下放,需将钢筋笼切割掉一部分,再下放钢筋笼并浇筑混凝土,这使得连续墙结构局部受到损伤。对于这种情况,通常的修复方法是:

(1)增加一幅地下连续墙槽段

如地下连续墙破损较严重,在破损的地下连续墙外侧增加一幅地下连续墙槽段,如图11-56所示,但增加一幅地下连续墙后并不能解决缺口位置的渗漏水问题,为防止基坑开挖阶段漏水,必须在连续墙接缝位置增加高压旋喷桩等止水措施。在加固和止水措施施工完后,方可进行坑内土体开挖。如破损位置位于基底以上,可在开挖后再对切割处进行修复。具体的修复方法是:凿去该处的劣质混凝土,将相邻两槽段的钢筋笼在接缝处凿出,清洗两侧面,焊上这部分所缺的钢筋,并封上连续墙内侧的模板,在此空洞内浇筑与地下连续墙相同强度等级或高一等级的混凝土,同时在地下连续墙内侧设置钢筋混凝土内衬墙等，以完成地下连续墙的修复。

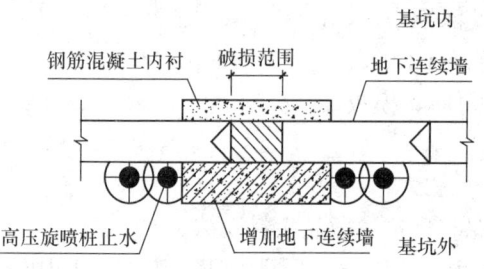

图 11-56 外侧增加地下连续墙补强

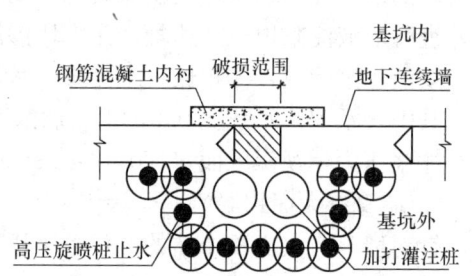

图 11-57 外侧增加钻孔灌注桩补强

（2）外侧增加钻孔灌注桩的修复方法

如果地下连续墙的破损情况不很严重，被切割掉的钢筋笼仅是局部或一小部分，那么就可以在坑内施工钢筋混凝土钻孔灌注工程桩时，利用施工机械在地下连续墙外侧增做几根钻孔灌注桩进行加固，如图 11-57 所示。钻孔灌注桩做好后也需要在其两侧和桩间进行高压喷射注浆，以形成隔水帷幕。完成了这些加固处理后，如破损位置位于基底以上，即可如前述那样进行坑内土体开挖和地下连续墙的修复。

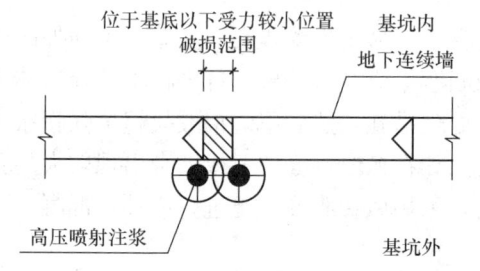

图 11-58 外侧采用旋喷桩止水

（3）在地下连续墙外侧高压喷射注浆封堵

如地下连续墙破损位置出现在基底以下受力较小位置，且破损情况不严重，不影响地下连续墙的整体受力性能，可在破损位置仅施工高压喷射注浆，以确保地下连续墙的止水性能，如图 11-58 所示。

11.6 工 程 实 例

11.6.1 上海银行大厦

1. 工程概况

上海银行大厦地处上海市浦东新区陆家嘴地区，主体结构由一栋 3 层裙楼和一栋 46 层框筒结构的主楼组成。整体设置三层地下室，基础采用桩基筏板形式，主楼底板厚 3.2m，裙房底板厚 1.0m，主楼桩型为 $\phi600$（AB 型）PHC 桩，桩尖持力层为⑦$_2$层粉细砂；裙房桩型为 450mm×450mm 抗拔混凝土方桩，桩尖持力层为⑥层粉质黏土。基坑面积约为 7500m^2，基坑开挖深度为主楼区 17.15m，裙楼区 14.95m。

场地内缺失第②层褐黄色粉质黏土、第③层淤泥质粉质黏土和第⑧层黏性土，裙房区第⑥层暗绿色硬土层，受古河道影响，具有一定起伏。场地浅层②$_3$层土为褐灰色砂质粉土夹黏质粉土，层厚约 7.3m，透水性强，渗透系数 $k=1.45\times10^{-4}$cm/s，极易产生塌方、流砂等事故。

2. 围护结构设计

该工程采用地下连续墙作为基坑围护结构，基坑施工阶段地下连续墙既作为挡土结构又作为止水帷幕，同时在永久使用阶段地下连续墙同时作为主体地下室结构外墙。主楼区域的地下连续墙厚度为 1000mm，裙楼区域的墙厚为 800mm。基坑内竖向设置三道水平钢筋混凝土支撑系统（图 11-59）。

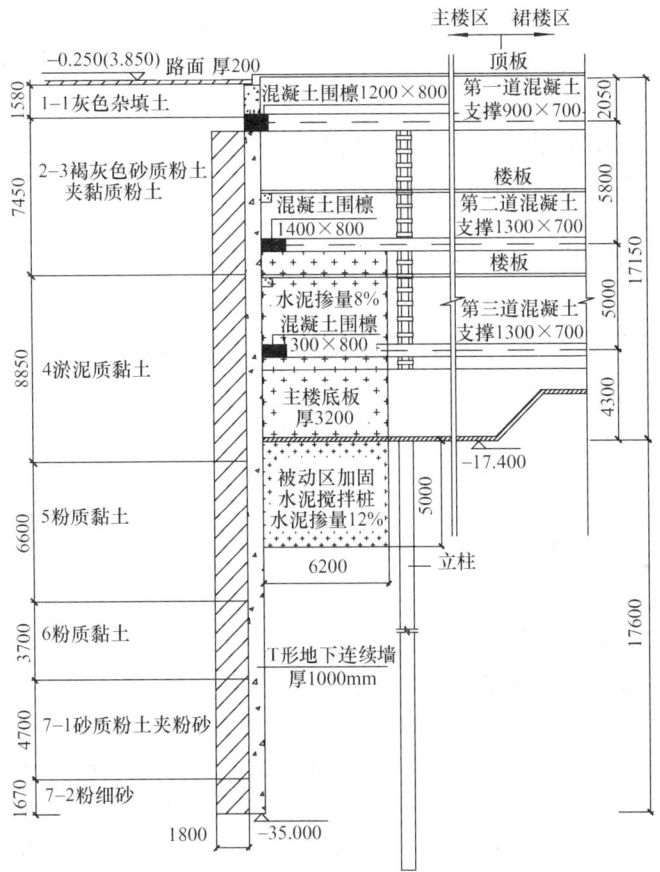

图 11-59 围护结构剖面图

本工程银城路侧地墙承受上部结构垂直荷载，槽段接头设计采用十字穿孔钢板刚性接头。其他三侧地下连续墙槽段间均采用圆形锁口管柔性接头。

银城路侧基坑开挖深度达 17.15m，基坑竖向仅设置三道钢筋混凝土水平支撑系统，而该侧不远处地下埋藏有一条共同沟，因此基坑开挖阶段对该侧围护墙的侧向位移提出较高的控制要求。同时银城路一侧主体结构有 8 根型钢柱直接落在该侧的地下连续墙顶部，需在地下连续墙中设置钢柱，作为结构永久使用阶段的竖向承重构件，因此其竖向承载力及沉降应满足结构正常使用阶段的要求。考虑到以上情况，为满足基坑工程施工期间及结构永久使用阶段对地下连续墙不同的使用要求，针对银城路侧地下连续墙采取如下一系列的技术措施：

①该侧地下连续墙长度适当增加，将地下连续墙底置于较好持力层，根据该区域土层地质的实际分布情况，墙底选择进入相对稳定的第⑦层。

②银城路侧地下连续墙设置 T 形槽段，T 形槽段的布置结合 8 根型钢立柱的布置位置。T 形槽段一方面由于梁肋的增设其整体抗弯刚度较常规直形槽段得到显著的提高，另

一方面由于增大了地下连续墙和土层接触面,从而提高了地下连续墙的竖向承载能力,经过计算单幅槽段均可独立满足主体结构竖向承载要求(图11-60)。

③该侧地下连续墙槽段间采用十字钢板刚性接头,该接头可使相邻地下连续墙槽段共同承担上部结构的垂直荷载,协调地下连续墙槽段间的不均匀沉降。

④采取地下连续墙墙底注浆的技术措施,在减少地下连续墙沉降的同时,还可大幅提高地墙的竖向承载能力。

⑤主体结构在银城路侧地墙内部同时设置边桩,以增加竖向承载的安全储备,并协调地下连续墙和主体结构的沉降。

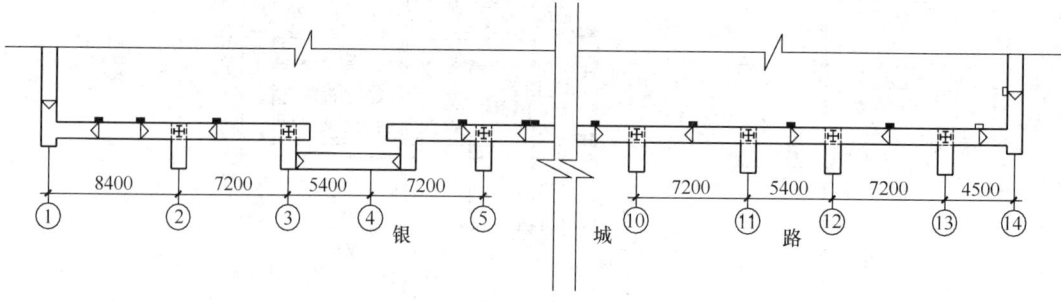

图 11-60　银城路侧地下连续墙 T 形槽段布置图

3. 地下连续墙的施工

(1) 本工程地墙施工的主要难点及特点

①墙底土层较坚硬,给成槽掘进带来困难。⑦$_1$ 层土比贯入阻力 p_s=11.06MPa、标贯击数 N=39;⑦$_2$ 层土更甚(俗称"铁板砂"),其比贯入阻力 p_s>25.0MPa(相当于 C25 混凝土)、标贯击数 N>50。土层硬,对成槽施工效率带来极大难度,直接影响到工期进度。同时场地⑦层土为承压水含水层,对槽壁稳定也是一个不利因素。

②场地浅层杂填土较厚,为 1.2m~2.9m,一般由碎石、煤渣组成;尤其是浅层存在较深厚的透水性土层——②$_3$ 层砂质粉土夹黏质粉土,该层层厚达 7.3m,渗透系数 k=1.45×10^{-4}cm/s,极易产生塌方、流砂等事故,对槽壁稳定极为不利。

③地墙施工前期场地大范围高密度的满堂打入桩施工,对场地上部软弱地基土扰动较大,打桩产生的超孔隙水压力还未及时消散,土体强度还未恢复就要求紧接进行地墙施工,这对成槽期间槽壁的稳定更为不利。

④地墙设计从墙深、墙厚到接头类型等种类繁多,需要合理规划槽段施工顺序。

⑤因受力需要,槽段设计含钢量较大,较大的几幅 T 形槽段钢筋笼较重,最大重量达 50t 以上,因此对吊点可靠性、设备吊装能力等均要求较高。

⑥墙体垂直度要求高(1/500),工期要求紧等。

(2) 地墙施工要点

①选择机械性能好,挖槽能力大且带自动纠偏的高规格液压抓斗式成槽机(真砂 MHL 型),来保证成槽掘进与垂直度。施工实际反映下来,成槽机进入硬层⑥层土时基本能保证成槽掘进,进入⑦层时成槽效率下降较明显,经抓斗斗齿调整,还是"啃"下了⑦$_2$ 层。

②为确实保障在本工程诸多不利条件下成槽的稳定性,经设计、施工、业主等多方协

商，最终决定所有地墙槽段两侧采取搅拌桩槽壁加固措施，深度穿过②₃层进入黏性土层。如图11-61所示。为此控制水泥土搅拌桩的平面位置及垂直度就显得比较重要。若搅拌桩太靠近地墙，一旦垂直度控制不好导致桩身进入地墙界限，将成为障碍物加大成槽难度；若搅拌桩离地墙较远，则其内侧未加固土体易产生塌方，增加材料成本。最后确定搅拌桩与地墙间的净距为100mm，同时严格控制搅拌桩平面位置偏差（≤2cm）与垂直度偏差（≤1/200）。

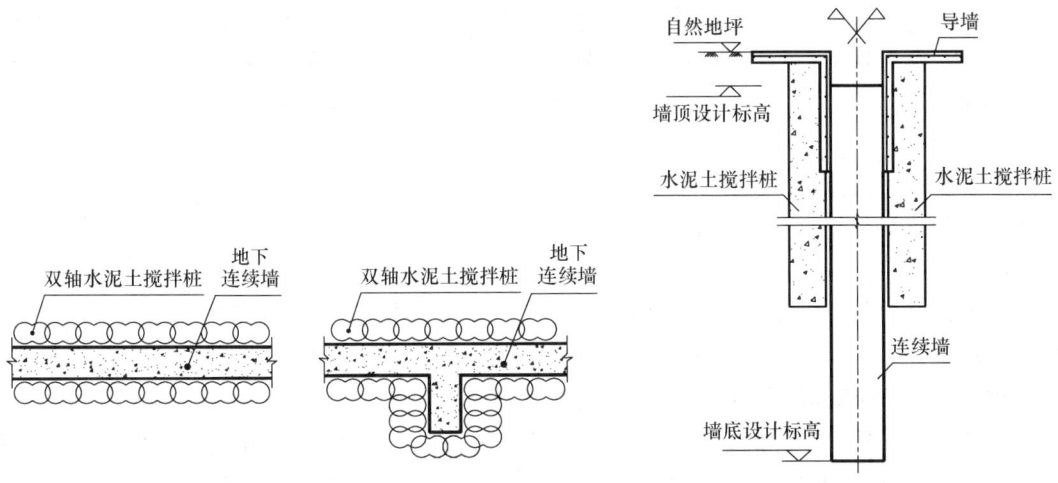

图 11-61 槽壁加固示意图

根据实施反馈情况看，搅拌桩槽壁加固起到了确保成槽稳定的作用，同时由于土性较差及前期打桩扰动的原因，搅拌桩内侧土体坍塌较多，这样，在搅拌桩垂直度控制较好的情况下，可以再压缩其与地墙间的净距，至50mm左右较为合适。

槽壁稳定的其他措施有：针对土层特点，加强泥浆控制，适当加大泥浆相对密度与黏度，及时补浆保证泥浆规定的液面高度并及时调整泥浆指标与外加剂等；同时每幅槽段施工做到紧凑、连续，各工序衔接紧密，缩短槽段施工历时等。

③针对地墙槽段种类的情况，采取了"先深后浅"、"先厚后薄"的原则来安排相应槽段先后施工顺序，对圆形柔性接头与十字钢板刚性接头分别采取了相应的接头管（圆形锁口管）与接头箱（马蹄形）措施。

④槽段钢筋笼尤其是T形起吊前均需做到精心复核重心位置、吊点可靠性与起吊"空中翻身"方案，并针对槽段钢筋笼较重的特点，配备大起重量的起重机（200t主吊/150t副吊的双机抬吊）。

11.6.2 上海世博500kV地下变电站

1. 工程概况

上海世博500kV地下变电站位于上海市静安区，地下结构外边界为直径130m的圆，基坑面积13273m²，周长408m。开挖深度为34.0m，基底位于⑦₁砂质粉土层。围护体采用1200mm厚度的地下连续墙，插入深度23.5m，连续墙深度57.5m，槽段之间采用工字形型钢接头。本工程采用逆作法实施，开挖阶段利用四层地下室结构梁板和三道临时环形支撑作为水平内支撑。

2. 圆筒形地下连续墙设计

(1) 地下连续墙的厚度

①施工能力

根据以往的工程经验，上海地区可施工的地下连续墙厚度为600～1200mm，一般情况下，地下连续墙多为800mm和1000mm厚。在为数不多的超深基坑中曾经施工过1200mm厚的地下连续墙。目前，国内还没有超过1200mm厚的地下连续墙的施工设备，也就没有相应的施工经验。即使花费高成本从国外进口施工设备，但由于没有相关的施工经验，地下连续墙的成槽开挖、钢筋笼的吊放安装以及水下混凝土的浇捣等施工技术也不成熟，势必会对地下连续墙的施工质量造成一定的不利影响。而且地下连续墙的墙体厚度越大，成槽时间越长，成槽时槽壁的稳定性越差，墙体施工质量越难以保证。

②受力分析

本方案设计采用1200mm厚的地下连续墙作为围护结构，施工阶段内部逆作四层结构梁板替代水平支撑结合三道临时环形支撑的多道支撑体系。

在常用的平面分析模式下，地下连续墙是通过竖向梁作用来挡土和传递水土压力，作用在地下连续墙外侧的水土压力全部由内支撑体系和坑内土体提供的抗力来平衡。墙体本身并不能提供水平抗力，作为抗弯构件，其厚度（抗弯刚度）决定了变形与受力的大小。在这种受力模式下，计算得到的地下连续墙变形与弯矩无疑代表了一种极端值。计算结果得知，如采用平面计算方法，地下连续墙的水平变形为54.4mm，尚能满足针对变形控制的要求。地下连续墙的最大正弯矩为4196.6kN·m，表明产生了较大的弯矩，但仍在1.2m厚地下连续墙的截面承受能力之内，只是竖向配筋率较大。

在三维分析模式下，圆筒形地下连续墙的空间效应显著，外部侧向水土压力很大部分由地下连续墙自身的环向拱作用来承担，相应减轻了地下连续墙梁结构的负担，克服了竖向应力过大的缺点，且通过环向拱作用直接提供水平抗力减小了内支撑受力，使结构整体应力分布均匀，设计趋于经济合理。三维计算结果表明地下连续墙是以环向拱受力为主、竖向梁受力为辅的结构体系。

考虑到本工程地下连续墙的曲率半径较大，且在开挖过程中可能出现卸荷不对称等因素，圆筒形地下连续墙并非处在理想的均匀围压受力状态，可能会增加地下连续墙的受力。在逆作施工的过程中，逐步浇筑开挖面以上的内衬结构墙，使地下连续墙和内衬结构墙合二为一，又进一步提高了墙体受力的安全储备。

③止水要求

出于本工程建筑用途的考虑，地下结构外墙的止水要求较高。地下连续墙本身采用防水混凝土浇筑，同时设置止水性能良好的槽段接头，接头位置还在坑外设置了高压旋喷桩止水。开挖以后紧跟施工800mm厚的内衬结构墙，施工质量更能得到保证。双墙一同工作，确保结构外墙的止水效果。

综上所述，1200mm厚的地下连续墙完全可以满足支护结构的受力要求。地下连续墙和内衬结构墙二者的协同工作，为外墙的止水提供了可靠的保证。

(2) 地下连续墙的深度

地下连续墙的插入深度直接关系到整体稳定、坑底抗隆起和抗倾覆等各项稳定性指标的计算。一般来说，地下连续墙的插入深度越大，基坑稳定性越好，对周边环境的影响越小，当然造价也越大。对于超深地下连续墙来说，插入深度越大，施工难度越大，施工速度也就越慢。因此，地下连续墙深度的确定要遵循安全、经济、合理的原则。本工程基坑底面已进入⑦$_1$砂质粉土层，考虑将连续墙底置入⑧$_1$粉质黏土层，地下连续墙深度 57.5m。

3. 圆筒形地下连续墙施工

(1) 本工程地墙施工的主要难点及特点

①地下连续墙设计为 1200mm 厚，埋深 57.5m，为超深大厚度地下连续墙。地下连续墙需穿越⑦$_1$层砂质黏土和粉砂层、⑦$_2$层粉砂层，尤其是⑦$_2$层粉砂层（厚约 8.3m），标贯击数达 50.1 击，比贯入阻力达 23.23MPa，地下连续墙施工成槽难度相当大。

②成槽垂直度要求小于 1/600，在超深的地墙施工中的高垂直度控制难度比较大。

③地下连续墙成槽时槽壁稳定性控制难度高。

④地下连续墙需穿越⑦$_1$层砂质黏土和粉砂层、⑦$_2$层粉砂层，层底夹大量粉砂，而设计沉渣控制要求较高（沉渣厚度≤10cm）。因此，槽底沉渣控制难度较大。

⑤成槽厚度大，接头形式采用 H 型钢接头，进行混凝土浇筑时，如何采取有效措施来防止钢筋混凝土绕流，避免给后续槽段的施工带来不利影响也是施工中面临的一个难题。

施工现场实景图见图 11-62。

(2) 施工措施及控制手段

①成槽设备的选择

目前上海地区地下连续墙成槽工艺主要采用抓斗式成槽机和"二钻一抓"成槽的施工工艺。抓斗式成槽机成槽的施工方法速度较快，但是成槽垂直度只能控制在 1/300 以内，远远

图 11-62 施工现场实景图

达不到 1/600 的槽壁垂直度要求，该工艺也无法在上海地区地下第⑦层土中成槽施工；"二钻一抓"成槽施工工艺成槽速度相对较慢，垂直度也只能控制在 1/300 以内。

结合本工程难点中超深大厚度地下连续墙成槽的各项要求，综合考虑土层特点及垂直度控制，决定了抓、铣结合的成槽工艺（图 11-63）。因此，本工程引进铣槽机（MBC30 液压铣），结合 CCH500-3D 真砂抓斗成槽机配套进行地连续墙成槽施工。

②成槽垂直度的控制

工程中采用的成槽机和铣槽机均具有自动纠偏装置，可以实时监测偏斜情况，并且可以自动调整。施工时按照设计槽孔偏差控制斗体和液压铣铣头下放位置，将斗体和液压铣铣头中心线对正槽孔中心线，缓慢下放斗体和液压铣铣头施工成槽（图 11-64）。

抓斗每抓 2~3 斗即旋转斗体 180°，每抓 2m 检测中心钢丝绳偏移距离，做到随时监控槽孔偏斜，以此保证槽孔垂直。每一抓到底后（到砂层），用 KODEN 超声波测井仪检测成槽情况，如果抓斗在抓取上部黏土层过程中出现孔斜偏大的情况，可用液压铣吊放自上而下慢铣修正孔形，但槽孔偏斜关键在抓斗抓取过程中控制。

③槽壁稳定性的控制

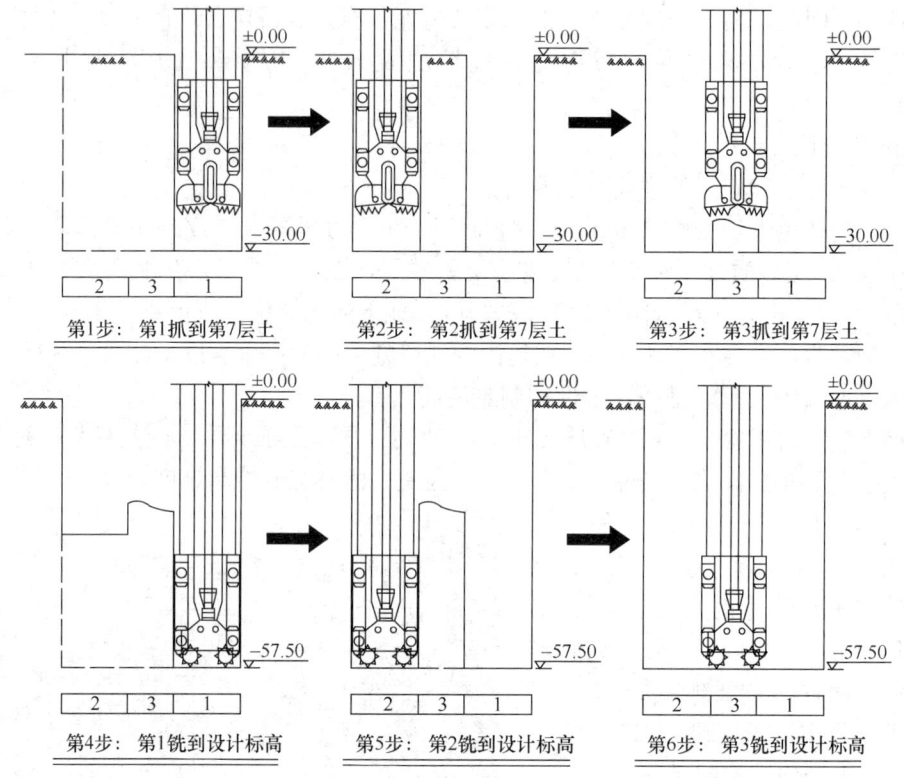

图 11-63 抓铣结合工艺流程图

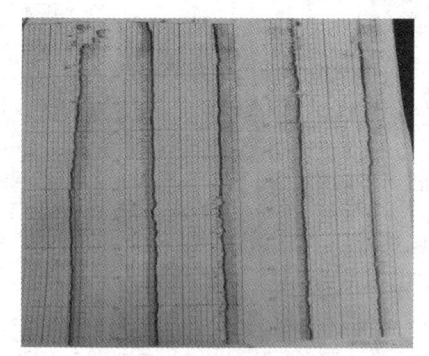

图 11-64 某槽段侧壁曲线

工程中根据实际试成槽的施工情况,调节泥浆相对密度,控制在 1.18 左右,但不得大于 1.2,并对每一批新制的泥浆进行泥浆的主要性能的测试。控制成槽机掘进速度和铣槽进尺速度,特别是在软硬层交接处,以防止出现偏移、被卡等现象。施工过程中大型机械不得在槽段边缘频繁走动,泥浆应随着出土及时补入,保证泥浆液面在规定高度上,以防槽壁失稳。

另外,在地下连续墙外侧浅部采用水泥搅拌桩加固,起到了地下墙施工时的隔水和土体加固作用;对于暗浜区,采用水泥搅拌桩将地下墙两侧土体进行加固,以保证在该范围内的槽壁稳定性。

④槽底沉渣的控制

施工中采用液压铣及泥浆净化系统联合进行清孔换浆,将液压铣铣削架逐渐下沉至槽底并保持铣轮旋转,铣削架底部的泥浆泵将槽底的泥浆输送至泥浆净化系统,由除砂器去除大颗粒钻渣后,进入旋流器分离泥浆中的细砂颗粒,然后进入预沉池、循环池,进入槽内用于换浆的泥浆均从鲜浆池供应,直至整个槽段充满新浆。

⑤混凝土浇筑时的防绕流控制

施工中将 H 型钢底端接长 300~500mm,以阻挡钢筋混凝土从槽底流向相邻槽幅。

采取在 H 型钢边缘包 0.5mm 厚铁皮,一期槽段空腔部分采用石子回填等措施防止混凝土侧向绕流。

此外,由于 H 型钢比钢筋笼顶低 1200mm,在浇筑混凝土时为确保墙顶有效混凝土强度必须有翻浆 300～500mm 的高度,因此混凝土翻浆从槽端两侧溢出,针对以上情况将采取以下措施:

A. 把一期槽幅二侧 H 型钢以变截面形式接长至导墙面－1.0m 处,这样就可以阻挡混凝土翻浆向两侧溢出。如图 11-65 所示

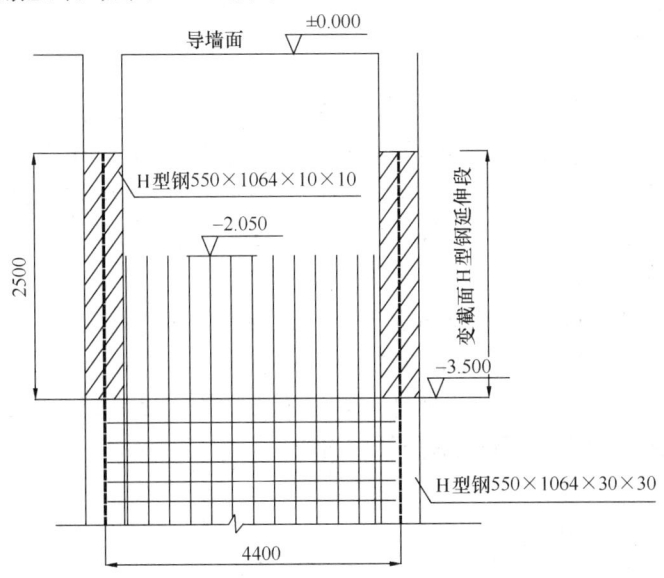

图 11-65 顶部防混凝土向两侧溢出措施图

B. 导墙面至－1.0m 处范围采用可拆式挡板。

4. 实施效果

(1) 本工程中采用了抓铣结合的成槽工艺,经过工程实践验证,这种成槽工艺在上软下硬的土层中成槽是合理而有效的。工程中,地下连续墙的垂直度,沉渣厚度等方面均较好的达到了设计要求,同时成槽效率也大大加快。

①成槽垂直度均满足设计要求

经检测,已完成的地下连续墙垂直度均小于 1/600,达到了设计要求,成槽效果良好。

②沉渣控制符合设计要求

工程中采用了专门的泥浆处理循环系统,沉渣厚度控制在 20～80mm,平均为 40mm,均小于 100mm,满足了设计要求。循环泥浆相对密度控制在 1.16～1.19g/cm³,平均控制在 1.18g/cm³,泥浆含砂率控制在 2%～3%。

(2) 工程中采用的专用泥浆处理循环系统,能控制泥浆指标、槽底沉渣厚度,并提高泥浆的循环使用与回收,解决了第⑦层砂性土破坏泥浆的问题。泥浆循环系统确保了成槽的顺利进行,槽壁的稳定性得到有效的保证,各阶段的泥浆性能及沉渣厚度均符合设计要求。

(3) 工程中采用的 H 型钢接头形式,经实践证明,缩短了处理接头时间,节约了工

期与成本,产生了较好的经济效益。但根据工程中的实测与分析,如果施工中钢筋混凝土浇筑过程不能得到很好的控制,接头 H 型钢容易产生侧向变形,如果变形较大的话,将会影响二期槽段施工,施工中必须引起足够的重视。

(4) 工程中采用的防混凝土绕流措施起到了良好的效果,有效地解决了 H 型钢接头容易产生钢筋混凝土绕流的弊病,保证了工程二期槽段的顺利施工,确保了地下连续墙的施工质量。但工程实践中,用于防钢筋混凝土绕流的碎石也存在着绕流的现象,因此,为了确保钢筋混凝土浇筑的质量,应采取有效措施来防止碎石绕流。

11.6.3 中船长兴岛造船基地

1. 工程概述

中船长兴造船基地位于上海市宝山区长兴岛新开港的下游以东的岸线区域内,长江口深水航道南港南、北槽分流口的北侧,距园沙航道最近距离仅 875m。

本次工程施工内容主要有船闸(舾装港池进出通道 240×40m)、舾装港池(约 11.5 万 m²)、船坞(240×40m)、浮箱平台(220×91.3m)、露天船台(210×30m)、室内水平船台(8 个)、横移区(11800m²)、船坞水泵房等。

第②₃ 层灰色砂质粉土,呈松散~稍密状,该层土的渗透性较大,在一定的动水压力条件下极易产生流砂、管涌等不良地质现象。

第②₂ 中所夹的淤泥质黏性土及第④层灰色淤泥质土,呈流塑状、强度低、高压缩性等软弱黏性土特征;在陆域拟建大部分区域内均有分布。

2. 设计概况

本工程地下连续墙槽段的形状规格多样,且还有不规则形状的槽段。船坞东侧及西侧均设计为格形地下连续墙,共分为 216 个槽段,其中 T 字形槽段共 96 幅,占据将近半数,十字形槽段 3 幅,L 形槽段 1 幅,不规则异形槽段 5 幅(形如┤┼├\ /),其余均为一字形槽段。格形地墙分布区域总长达 280 余米。见图 11-66。

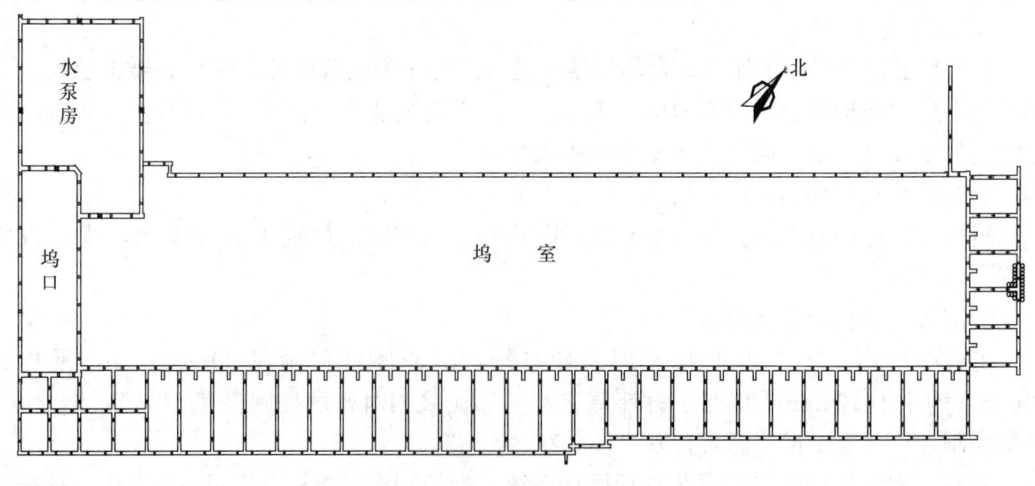

图 11-66 槽段分幅图

3. 地下连续墙的施工

(1) 本工程地墙施工的主要难点及特点

①本工程地下连续墙槽段的形状规格多样,且还有不规则形状的槽段。格形地墙分布

区域总长达 280 余米，数量大，槽段形式多样化成为本工程地墙施工的一大难点。

②工程为大型临水基坑，所处场地地质条件差。场地北侧范围内分布有较多的河、沟、鱼塘等地表水体，浅部②$_1$层灰黄色粉质黏土缺失，而下层土质以淤泥质土为主，对地墙施工极为不利。

③地下连续墙施工场地内地坪标高为 2.5～3m，而地墙顶标高约为 -2.05m 左右。在满足常规的施工技术要求的同时，又要针对墙顶落低对地墙成槽采取有效措施以保证地下连续墙的顺利施工。

④本工程需要先完成约 2300 根预制打入桩的施工，桩非常密集，且距离坞室地墙只有约 3m，在桩基施工后土体扰动必然对地墙成槽有较大的影响，而工期的要求又不可能保证相应的土体休止期，因此打桩后土体扰动对地墙成槽的影响也是本工程一个施工难点。

(2) 施工措施及控制手段

①成槽设备的选择

工程位于上海市宝山区长兴岛新开港的下游以东的岸线区域内，地质条件具有上海典型的浅层以软质黏土为主的特点。本工程地墙长度 27～36m，结合场地情况及工程经验，配备 1 台真砂成槽机、DHG-C 抓斗、1 台宝鹅成槽机，采用抓斗式成槽工艺进行施工。

②槽壁稳定的控制

本工程地下连续墙施工要满足常规的施工技术要求，又有其特殊的地方。本工程地下连续墙施工中，影响槽壁稳定的因素很多。针对墙顶落低、地质条件差、槽段形式复杂（异形、格形）、打桩后土体扰动对地墙成槽有一定的影响的施工难点及特点，需要采取有效措施以保证地下连续墙的顺利施工。

A. 槽壁土加固：本工程在成槽前对地下连续墙槽壁进行加固，为减少加固成本，仅在部分复杂形式的槽段两侧进行加固。如十字形及异形槽段。加固方法采用双轴深层搅拌桩工艺及高压旋喷桩工艺，在槽段边距离搅拌桩边 10cm 处进行两侧加固，加固深度为 15m。

B. 加强降水：通过降低地墙槽壁四周的地下水位，防止地墙在浅部砂性土成槽开挖过程中产生塌方、管涌、流砂等不良地质现象。本工程结合后期基坑降水布置，先进行地墙周围的管井降水，间距约 20m，距离地墙约 5m。并结合进行轻型井点降水：在坞墙外侧的地下连续墙成槽施工前在外侧布置一排轻型井点，井点深 7m，井点间距 1.5m，一套 60m，约 5 套，来降低浅部砂性土中的地下水位。

③施工工艺优化

施工中根据以往施工经验，对地下连续墙施工工艺的各环节进行了优化。

A. 合理安排各槽段施工顺序

为尽量减少各槽段成槽之间的相互影响，先后施工的两个槽段应尽量隔开一定距离。

B. 导墙形式的调整

通常地下连续墙导墙采用"]["形整体式钢筋钢筋混凝土结构，在本工程施工中，改成"]["形，即将导墙下部加宽至 1m，以增强上部槽壁的稳定和导墙的刚度。在导墙拆模后，除了在导墙中间用圆木对撑外，本工程还特制了预制钢筋混凝土挡板插入导墙中间，以确保槽段尺寸。

C. 控制地下连续墙周边荷载

地下连续墙周边荷载主要是大型机械设备如成槽机、履带吊、土方车及钢筋混凝土搅拌车等频繁移动带来的压载及震动，为尽量使大型设备远离地墙，施工中钢筋笼的吊放采用回转半径大的150t履带吊，对成槽机、土方车及钢筋混凝土搅拌车等必须靠近地下连续墙的设备，在正处施工过程中的槽段边铺设路基钢板加以保护，并且严禁在槽段周边堆放钢筋等施工材料。

D. 优化泥浆配比

在地墙施工时，泥浆性能的优劣直接影响到地墙成槽施工时槽壁的稳定性，是一个很重要的因素。为了确保槽壁稳定，选用黏度大、失水量小、能形成护壁泥薄而坚韧的优质泥浆，并且在成槽过程中，经常监测槽壁的情况变化，并及时调整泥浆性能指标，添加外加剂，确保土壁稳定，做到信息化施工；及时补浆，保证泥浆液面高出地下水位50～80cm，并不低于导墙顶面20～30cm。施工过程中，泥浆相对密度控制在1.15～1.20 g/cm³，黏度25～28s（漏斗黏度），pH值9～10。

E. 缩短每幅地下连续墙施工周期

槽壁放置时间越短，对槽壁稳定越有利。为此，施工中加强施工交底与协调，使各施工环节环环相扣，不脱节。施工间隙加强设备的保养与维护，减少故障频率。关键岗位安排技术好、经验丰富、操作熟练的人员。通过这些措施，使每幅地下连续墙的平均施工周期控制在16～18h之间。

④异型钢筋笼的制作与吊装

本工程地下连续墙槽段的形状规格多样，且还有不规则形状的槽段。比如L形、T形、"十"字形等槽段幅数占将近半数。整体加工异形槽段中钢筋笼时，因为与一般一字形槽段钢筋笼相差较大，在通常的钢筋笼加工平台上难以完成异形钢筋笼的绑扎和焊接。

本工程中独创的加工平台既能提供异形钢筋笼绑扎空间，保证钢筋笼尺寸，亦可作为普通钢筋制作平台使用，一举两得。根据成槽设备的数量及施工场地的实际情况搭设钢筋笼制作平台，本工程搭设2个可移动钢筋笼制作平台，现场加工钢筋笼，分布间隔为50～100m，平台尺寸7m×32m。用钢板覆盖在开槽处，即可制作普通钢筋笼。见图11-67。

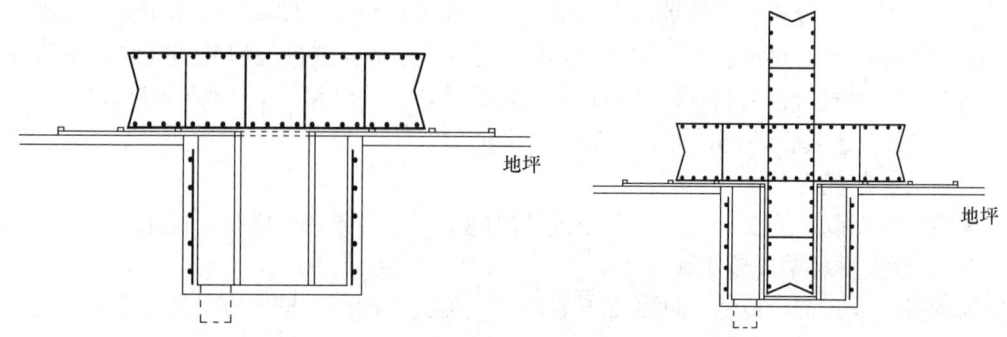

图11-67 异形钢筋笼加工平台

以在平台上进行"十"字形钢筋笼加工为例，首先在槽钢架上加工"十"字形钢筋笼一肢；然后由钢筋工进入槽内加工"十"字形钢筋笼另一肢，完成"十"字形钢筋笼的加工。

由于地下连续墙异形槽段的钢筋笼存在不对称性，起吊时吊点的把握和入槽时钢筋笼的垂直度把握都很难控制，钢筋笼的变形也较大，因此施工前通过有限元软件对钢筋笼的起吊进行模拟分析，通过计算结论来指导施工。

在钢筋笼水平起吊时，钢筋笼本身的应力分布处于均匀且较小的状态，在 5～11MPa，钢筋笼最大变形 17.13mm；钢筋笼入槽前的竖直吊装阶段，钢筋笼本身的应力分布处于均匀且较小的状态，在 1～8MPa，钢筋笼最大变形 1.9mm。通过计算结论，确定了合理的起吊点位置和起吊。

筋笼最重为 42.5t，采用 1 台 150t 和 1 台 100t 履带吊抬吊，主钩起吊钢筋笼顶部，副钩起吊钢筋笼中部，多组葫芦主副钩同时工作，使钢筋笼缓慢吊离地面，并改变笼子的角度逐渐使之垂直，吊车将钢筋笼移到槽段边缘，对准槽段按设计要求位置缓缓入槽并控制其标高。钢筋笼放置到设计标高后，利用槽钢制作的扁担搁置在导墙上。

⑤受拉状态下十字钢板刚性接头的调整

原设计刚性接头十字钢板开孔周围均有小钢板，工作量很大，根据现场实际施工情况及满足设计抗剪力要求的前提下，对十字钢板的具体节点作出以下调整：将原十字钢板开孔周围的小钢板改为通长的 $\phi20$ 圆钢。见图 11-68。

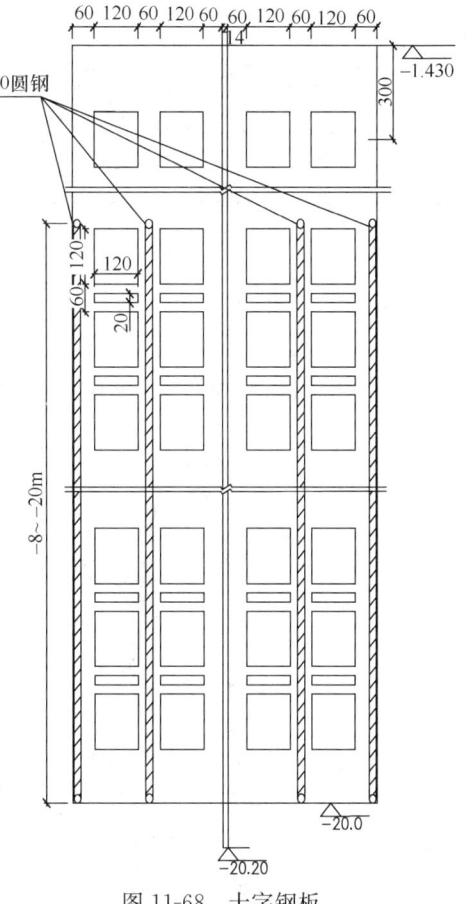

图 11-68 十字钢板

4. 实施效果

（1）通过采用上述施工措施及方法，本工程格形地下连续墙的施工顺利完成，施工过程绝大多数槽段未发生大的塌方现象。

（2）虽然本工程地墙顶混凝土未浇筑至导墙底部，但经过采取一系列的施工措施，仅有少数几幅槽段发生导墙坍塌情况，其余槽段导墙均保持完好。

（3）通过槽壁加固措施，异形槽段钢筋混凝土浇筑方量控制在正常范围以内，并且钢筋笼下放均比较顺利。

（4）本工程针对粉土、打桩扰土、墙顶落低、异形地墙施工等不利因素，采取了多种措施综合利用的方案有效地保证了槽壁稳定性，提供了一个多方案综合示例。

11.6.4 深圳国贸地铁车站

1. 工程概述

深圳地铁一期工程 3A、3B 标段即国贸车站和老街车站，分别位于深圳市的南国和东门老街的商业繁华区，是深圳市的重点工程项目之一，均是地下三层车站现浇钢筋混凝土框架结构。见图 11-69。

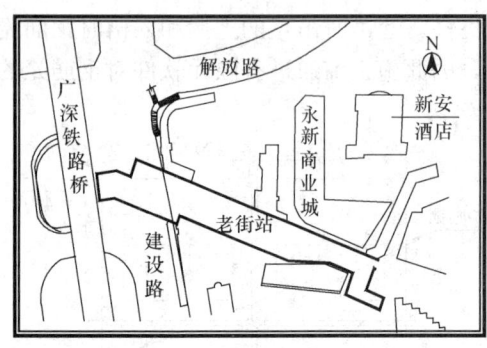 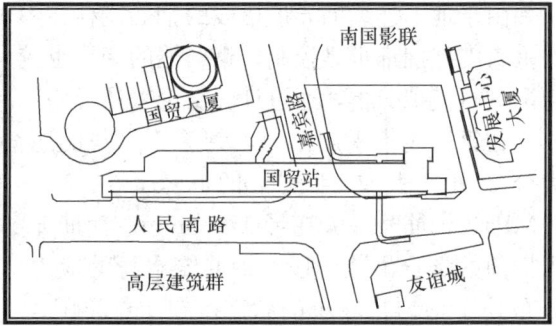

图 11-69 老街站及国贸站现场平面图

两车站工程所处区域的地质由三个不同厚度变化的地层构成,如图 11-70 所示分别为:上层的软土层、全风化—强风化的岩石层、中风化—微风化的硬岩层。经现场调查勘测,地下水位约在地表下 2.5m 呈静态分布,岩石的最大单轴抗压强度为 138MPa。

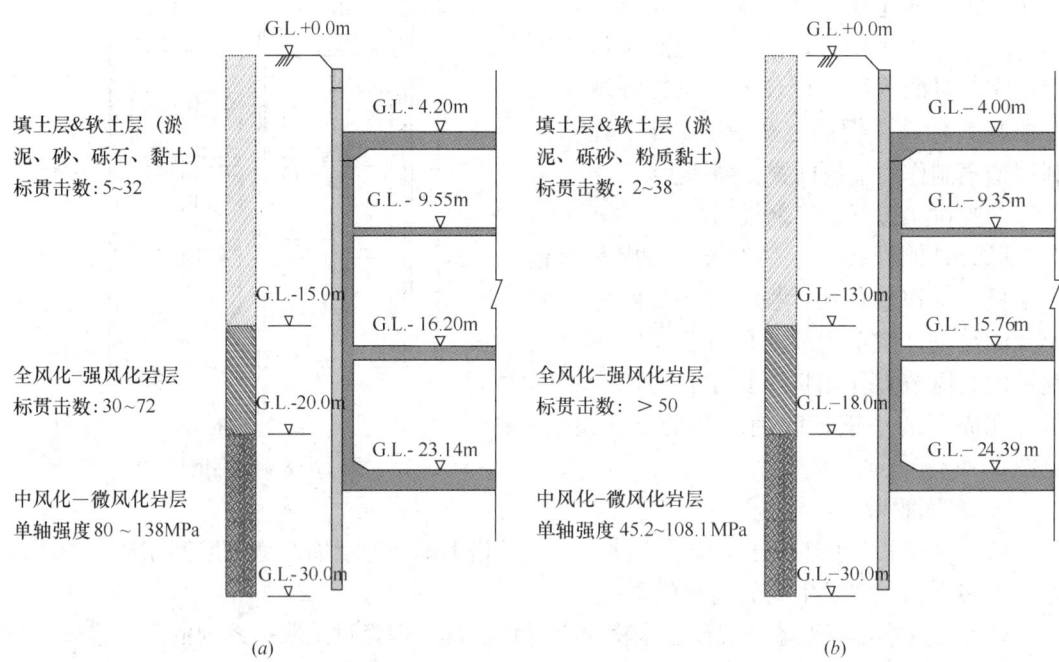

图 11-70 地质情况图
(a) 老街站;(b) 国贸站

2. 设计概况

两个车站工程的围护结构均采用了 800mm 地下连续墙,成槽深度至坚硬的微风化岩层中,槽段接头形式为工字钢刚性接头,地墙既作为施工阶段的临时支挡结构,又是车站主体结构一部分与内衬墙形成复合式结构。地墙施工数据见表 11-4。

3. 地下连续墙的施工

(1) 本工程地下连续墙施工的主要难点及特点

①地墙施工的地质条件复杂,在地墙深度范围内存在三种不同类型的地质构造,而不

同的地质类型对于地墙施工的要求是完全不同的。尤其是鉴于地墙设计需嵌入坚硬的岩层，地下连续墙遇强风化插入5m、遇中风化插入4m、遇微风化插入3m，岩层的总挖掘量约为3500m³，其中岩石单轴抗压强度超过100MPa的挖掘方量超过近1000m³。

地墙施工数据表　　　　　　　　　　表11-4

项　　目	老　街　站	国　贸　站
延长米	471m	546m
厚度	800mm	800mm
深度	平均28.6m（27.0～31.0m）	平均28m（26.0～30.0m）
槽段数	115幅	96幅
接头类型	工字钢（700mm×350mm×10mm）刚性搭接	工字钢（700mm×350mm×10mm）刚性搭接
垂直度要求	3/1000	3/1000
墙体钢筋混凝土	10759m³	11343m³
入岩深度	9m（入中、微风化岩4～6m）	5～14m（入微风化岩6m）
岩石单轴抗压强度	80～138MPa	45.2～108.1MPa

②本工程地处深圳市的南国和东门老街的商业繁华区，基坑周边紧邻楼群，施工场地狭窄，周围管线密布，如何避免地墙入岩对周边环境造成影响以及在如此紧凑的环境下保证地下连续墙的顺利施工也是本工程的一大难点。

③按照设计要求，采用工字钢接头（350mm×700mm），对垂直度要求较高，同时为避免相邻槽段成槽时挖掘设备破坏接头工字钢和设备本身受损，需设置较大的预挖区，因此槽段的划分方式有别于常规。

（2）施工措施及控制手段

①成槽设备的选择

地铁国贸站和老街站的地墙施工，对于上部软土的抓取均采用液压抓斗成槽机予以挖掘，对下部大量硬岩的处理则分别采用国内的冲（钻）破岩和国外的铣槽机削掘入岩的设备和工法。

由于老街站地处深圳东门商业繁华区，车站周边管线密布、楼房林立，与围护结构地墙距离较近（1.5m），不仅场地狭窄而且施工环境较恶劣。鉴于该站设计入岩深度大、岩质坚硬、墙体垂直度和周边建筑物安全度要求较高等原因，故在地墙入岩施工上考虑采用了德国宝峨公司进口的BC-25铣削式成槽机。该机是国外专为满足地墙入岩施工这一特殊要求而设计制造的一款专用设备，具有破岩效率高，槽壁垂直度和平整精度较好，适用土（岩）层范围广，铣轮切削岩层时安静、无震动，槽内泥浆不受破坏等优点。施工中根据实际情况也对铣槽机做了局部改进，如为提高破岩工作效率和减少耗损，铣轮削掘齿由最初配置的碳化钨刀齿更换为合金镶钨钢头的锥形削掘齿。将离心泵由5″换成了6″以增大功率及对铲凿吸石口直径的调整等，这些改进确实对加快施工进程起到了极大的推动作用。

国贸站地处深圳南国商业繁华区，车站周边施工环境相对老街站较好，建筑物也离围护结构地墙较远，且场地较宽阔适于设备的大量投入，故在地墙入岩施工上考虑采用重锤冲击破岩（圆锤冲孔+方锤扫孔）进行地墙入岩施工，并投入了多种冲岩设备，几乎囊括了国内的所有型号。

②老街站 BC-25 铣削式成槽机入岩施工

A. 成槽施工

铣轮削掘齿应根据岩石的单轴抗压强度资料来选择配置，入强风化岩的可选择碳化钨刀齿，入中、微风化岩的要选择合金镶钨钢头的锥形齿，以确保较高的削岩效率。

在岩层中的铣削速度主要取决于岩石的强度，也可在一定范围内通过对铣轮的转速、油压、铣齿的形式、铣轮的压重值及离心泵的排放量进行适度调整来控制铣岩速度，但需注意避免机械超负荷运转。一般来讲铣轮压重控制在 2～3t（强风化岩）或 5～6t（中风化岩）、油压控制在 60～120Bar、转速为 16～20r/min、排浆量在 200～220m^3/h，铣岩速度保持在 4～7cm/min（强风化）和 1～3cm/min（中、微风化）。

BC-25 铣槽机施做的槽壁垂直度理论上可达 1/500，铣槽时通过在铣轮内安装的传感器和主机上设置的电子微偏器，可以测量出削掘时水平与垂直两个方向的偏离量，并及时在驾驶室里的电脑显示屏上，同时用度和厘米来连续的显示该偏离量。假如偏离了它的垂直轴，电脑会自动示警显示提醒操作员使用油压操控的导板来进行纠偏调整，确保达到设计精度。

BC-25 铣槽机铣槽时供应的泥浆品质，在拌制和性能指标要求方面与常规地墙施工所用泥浆基本一致，并无其他特殊要求。但在供应量方面需满足铣轮离心泵的工作要求，否则不但会影响削岩效率还会引起设备故障造成停机。因此在泥浆储备上需满足 3 倍于最大槽段的消耗量。

B. 接头清洗及清基的方法

在吊放钢筋笼前用接头刷对浸没在泥浆中的相邻接头工字钢清刷干净，以确保接头处钢筋混凝土质量。槽底清基只需将铣削轮盘直接下放至槽底，利用其自身配置的泵吸反循环系统来完成岩渣的清除和泥浆置换，时间控制在 1h 左右。

C. 钢筋笼吊放和墙体钢筋混凝土浇筑

钢筋笼吊放和墙体钢筋混凝土浇筑这两道工序与常规的地墙施工无甚区别。但要注意的是由于 BC-25 铣槽机进行成槽入岩施工时需设置预挖区，而采用工字钢接头使预挖区又需设置较大（以避免相邻槽段铣槽时破坏接头工字钢和铣轮受损），故在钢筋混凝土浇筑前一定要对预挖区进行回填（用碎石），防止浇筑时混凝土外溢至工字钢背侧，影响相邻槽段的成槽和吊放钢筋笼施工。

③国贸站地墙重锤冲击入岩施工

在槽段内按 ϕ800 的圆孔划分孔位（孔与孔间距 1m），用吊机或专用机架吊着重锤以自由落体的冲击力来破碎岩石形成 ϕ800 的圆孔。单元槽段内所有圆孔每冲深 30～40cm 后，就用方锤进行扫孔（冲碎各圆孔间的岩梗），再由成槽机抓斗（或用空吸法）进行岩渣清理。重复上述步骤直至逐步达到设计深度，进行槽底清基、泥浆置换和吊放钢筋笼浇钢筋混凝土工作。

A. 锤体提升高度的控制

锤体提升太低，冲击力度不够，对岩石冲击破碎效果不好；提升太高，看来冲程加长了，但是冲程加长，也增加了提升时间，降低了冲岩频率。施工中通过观察及测试，锤体每次提升的最佳高度应保持在 4m 左右。

B. 最佳锤体重量和形式的确定

锤体重量对于冲岩效率非常重要，2.5~3t 的冲锤现场施工效率低、耗时长、成槽质量较难保证效果很差。通过对各项数据的汇总对比和分析，6.5t 十字星形冲锤＋9t 方锤的组合入岩效果较好，并在后期施工过程中收到较好的效果。

C. 更换锤体及磨损修补时间的控制

由于岩石坚硬冲锤磨损快，一般圆锤在连续冲击 1.5h 以后，就需要停止锤击更换锤体，以免影响冲岩效果造成下一轮冲岩困难。对于圆锤的磨损修补，材料上要选用进口抗冲击耐磨损的 E60Kb 焊材，以延长锤体的工作时间。

D. 对冲岩施工垂直度的控制

锤体提至顶点时应停留几秒，待锤体稳定后再落下冲岩；每次锤击进尺在 30~40cm，不宜太深；冲岩时一个孔位结束更换到另一个孔位时，应将锤体提升至地面再移位；吊机冲岩过程中，起重指挥要认真观测，以保证冲岩槽段的垂直度。冲岩时，还应确保槽段左右两端的高度始终低于中间部分，以保证槽段横向垂直度。

④对于工字钢接头的施工措施

由于地墙接头设计采用工字钢，其宽度仅为 710mm，而地下连续墙厚度为 800mm，工字钢将无法限制混凝土溢流到相邻槽段的预挖区，为避免影响相邻槽段的成槽和钢筋笼吊放工作，施工中对钢筋笼和预挖区用角铁和薄铁皮配合锁口管及回填碎石进行了处理，本工程施工实践证明采取该措施是必要的，并取得了一定的效果，但施工操作的时间较长，偶然因素较多，质量比较难控制。对工字钢的处理也可采用对钢筋笼采用帆布全包处理的方法，但投入会较大。

就老街站而言，由于本工程地墙采用工字钢接头，为避免后续槽段施工时铣轮与相邻已完工槽段的接头工字钢碰触，而损伤工字钢接头、铣轮及其他机械部件，同时考虑到先施工槽段钢筋笼吊放时可能产生的水平误差及倾斜，故在刀法划分上 a. 除双雄槽段其余均设置了预挖区（预挖区长度≥1.8－相邻槽段中间土体尺寸/2）；b. 与相邻槽段工字钢接头中心保证至少有 40cm 间隙。因此，本工程单元槽段长度划分的变化范围在 3.6~5.2m 之间。

由于铣槽机对预开挖土体的特殊要求，因此，工程开工前，必须首先结合连续墙各单元槽段尺寸及铣槽机成槽特点，对地下连续墙整体进行全面的刀法设计。

4. 实施效果

(1) 老街站 BC-25 铣削式成槽机入岩效果

①施工质量方面

从开挖后裸露墙体的外观质量情况来看，地墙墙面较平整无明显鼓包突出，经测量墙体垂直度均在 2.5‰~3‰范围内满足设计要求；开挖后裸露墙体和接头处钢筋混凝土质量较好，表观密实、孔洞、蜂窝和露筋现象均在规范允许范围内，而且墙体经抽芯试压和超声波检测，墙体钢筋混凝土密实连续无断层，无夹泥夹砂现象，强度和抗渗功能均满足设计规范要求。

②施工功效方面

BC-25 铣槽机的岩石铣削率平均达到了 3.36~4.12m³/hr。削掘齿消耗量每立方米岩石平均 1.5 个，单元槽段的完成（开槽~浇筑完钢筋混凝土）时间平均需 28.5h，月完成量最高的达 39 幅,对于大深度入硬岩的地墙施工来讲,效率已是相当惊人。对于大面积、大深度的地墙入岩施工,选用 BC-25 铣槽机来进行在施工工期方面是有保障的。

(2) 国贸站地墙重锤冲击入岩效果

①施工质量方面

由于入岩处理时间过长、冲岩过程泥浆质量下降和施工中设备对槽壁的过大振动,易造成槽壁上部土体的塌方,墙面的平整度较难保证。冲岩施工对垂直度的控制较难把握,再加上扫孔时圆孔边角岩梗难于彻底冲除干净,槽壁的垂直精度较难满足要求,造成钢筋笼下放困难且无法放置到位,影响到各结构层预埋件位置准确度和易产生墙体倾斜。冲岩施工的槽段,泥浆相对密度和黏度均过大,沉淀也相当快,槽底清基很难彻底干净,水下钢筋混凝土浇筑容易夹带泥渣,钢筋混凝土质量也较难保证。

②施工功效方面

冲岩效率平均达到了 $0.2m^3/h$。但从整体来讲,由于设备、工艺的效率有限再加上岩石强度较高等各方面原因,可能造成入岩处理时间较长,降低破岩效率,施工进度较难保证。以一个采用 6.5t 重锤冲岩的宽 6m 深 28m 入岩 6m 的槽段为例,从成槽到浇筑钢筋混凝土一般需要 10d~15d。

11.6.5 上海瑞金医院单建式地下车库

1. 工程概况

瑞金医院地下车库全预制地下连续墙工程地处上海市瑞金医院内,为单建式单层地下车库,车库埋深为 5.8m,平面尺寸约为 $40m \times 90m$,总面积约 $3500m^2$。顶板以上覆土约 1m,作为绿化及健身娱乐场所。院方要求在保护绿地周围原有大树的前提下最大限度地利用该地块的地下空间,以满足医院日益紧张的停车需要,同时由于医院的特殊性,必须文明施工,尽可能减少对环境的影响。此外,院方对造价和施工工期也提出了较高的要求。针对本工程的特点,经过反复比较,决定在设计施工中采用预制地下连续墙技术。

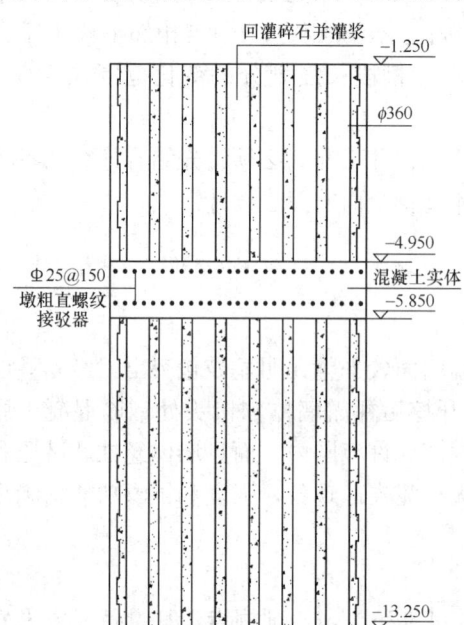

图 11-71 瑞金医院预制墙段典型立面图

2. 设计与施工简介

本工程采用主体结构与支护结构相结合的方案,利用预制地下连续墙既作为地下车库施工阶段的基坑围护墙,在正常使用阶段又作为地下室结构外墙,即"两墙合一"。本工程地下结构采用逆作法施工,施工阶段利用地下结构梁、板等内部结构作为水平支撑构件,采用一柱一桩即钻孔灌注桩内插型钢格构柱作为竖向支承构件。

本工程车库外墙采用预制地下连续墙加现浇混凝土接头的工艺,预制地下连续墙厚度为 600mm,槽段墙板深度 12m,槽段宽度一般为 3.0~4.05m,共有 73 幅槽段。由于采用了与主体结构相结合的结构形式,地下室结构梁板作为水平支撑,水平刚度大,墙体的变形和内力均大为减小，因而墙体截面设计和配筋较为经济。本工程在每两幅墙体的接缝处均设置壁柱，既加强了墙体的整体性，又有利于墙体的抗渗。预制墙段典型立面图如图 11-71 所示。

地下连续墙顶设置顶圈梁且与顶板整浇。地下连续墙在与底板连接位置设计成实心截面，并在墙段内预埋接驳器与底板钢筋相连，同时沿接缝设置一圈水平钢板止水带以防止接缝渗水。每幅预制地下连续墙墙底设置两个注浆管，总注浆量不小于 $2m^3$ 且应上泛至墙顶，该措施有效控制了墙身的沉降，工程结束后经检测地下连续墙墙身累计沉降量较小。预制墙段配筋典型平剖面图如图 11-72 所示。预制墙段基础底板预埋件详图如图 11-73 所示。

3. 实施效果

本工程的施工过程中，对以下内容进行了监测：医院内道路地下管线的沉降与水平位移、连续墙墙体的侧移、连续墙墙顶的沉降与水平位移及立柱桩的沉降。

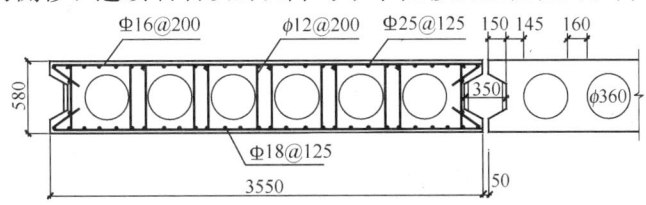

图 11-72 瑞金医院预制墙段配筋典型平剖面图

监测结果表明，地下管线累计最大沉降量为 6.0mm，平均沉降量为 2.96mm，地下管线最大水平位移为 3.0mm，平均位移为 1.0mm。在预制连续墙墙体内设置了 2 个测点对墙体的侧移进行了监测，从测斜数据的变化情况来看，随着开挖深度的增加，墙体的侧移逐渐增大。在开挖到基坑底部位置的时候侧移值最大，达到了 10.84mm（位于地面下约 6.5m 深度处）。预制地下连续墙墙顶的沉降与水平位移变化情况与周

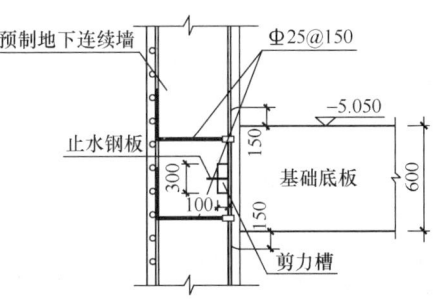

图 11-73 瑞金医院预制墙段基础底板预埋件详图

边环境的变形规律基本一致。施工阶段立柱桩平均隆起量为 2.3mm，最大隆起量为 4.6mm，未对结构梁板产生不良影响，在正常使用阶段结构整体状况良好。

参考文献

[1] 刘建航，侯学渊. 基坑工程手册[M]. 北京：中国建筑工业出版社，1997.

[2] 黄炳福. 地下连续墙在高层建筑中的应用[J]. 地基基础工程. 1996, 6(1)：9-14.

[3] 欧晋德. 地下连续壁之设计基本理论及规范[A]. 深开挖与土壤改良讲习会[C]. 国立台湾大学与台湾营建技术研究中心，台北，1983.

[4] 孟凡超，陈晓东. 黄土地区大跨径桥梁地下连续墙和箱形基础应用研究的思路和技术路线[J]. 公路. 2004, (6)：52-58.

[5] 李培国，章凤仙. 人民广场地下变电站深基坑施工简介[J]. 岩土工程师，1992, 4(1)：41-46.

[6] 薛斌，舒尚文. 上海人民广场地下变电站原型观测设施及资料初步分析[J]. 水电自动化与大坝监

测. 1992,(3): 17-24.

[7] 蒋宏. 小直径圆形超深基坑的施工技术分析[J]. 建筑施工. 2006,28(3): 240-241.

[8] 顾倩燕,朱宪辉,田振等. 超大直径圆形薄壁地下连续墙围护结构研究[J]. 地下空间. 2005,(1)4: 634-637.

[9] 褚伟洪,黄永进,张晓沪. 上海环球金融中心塔楼深基坑施工监测实录[J]. 地下空间. 2005,(1)4: 627-633.

[10] Kumagai T, Ariizumi K, and Kashiwagi A. Behaviour and andlysis of a large-scale cylindrical earth retaining structure[J]. Soils and foundations. 1993,39(3): 13-26.

第 12 章　排桩的设计与施工

12.1　概　　述

排桩围护体是利用常规的各种桩体,例如钻孔灌注桩、挖孔桩、预制桩及混合式桩等,按一定间距或连续咬合排列,形成的地下挡土结构。

12.1.1　排桩围护体的类型与特点

按照单个桩体成桩工艺的不同,排桩围护体桩型大致有以下几种:钻孔灌注桩、预制混凝土桩、挖孔桩、压浆桩、SMW 工法(型钢水泥土搅拌桩)等。这些单个桩体可在平面布置上采取不同的排列形式形成挡土结构,来支挡不同地质和施工条件下基坑开挖时的侧向水土压力。图 12-1 中列举了几种常用排桩围护体形式。

其中,分离式排列适用于无地下水、水位较深,土质较好的情况。在地下水位较高时应与其他防水措施结合使用,例如在排桩后面另行设置隔水帷幕。一字形相切或搭接排列式,往往因在施工中桩的垂直度不能保证及桩体扩颈等原因影响桩体搭接施工,从而达不到防水要求。

当为了增大排桩围护体的整体抗弯刚度时,可把桩体交错排列,如图 12-1(c)所示。有时因场地狭窄等原因,无法同时设置排桩和隔水帷幕时,可采用桩与桩之间咬合的形式,形成可起到止水作用的排桩围护体,如图 12-1(d)所示。相对于交错式排列,当需要进一步增大排桩的整体抗弯刚度和抗侧移能力时,可将桩设置成为前后双排,将前后排桩桩顶的帽梁用横向连梁连接,就形成了双排门架式挡土结构,如图 12-1(e)所示。有时还将双排桩式排桩进一步发展为格栅式排列,在前后排桩之间每隔一定的距离设置横隔式的桩墙,以寻求进一步增大排桩的整体抗弯刚度和抗侧移能力。

因此,除具有自身防水的 SMW 桩型挡墙外,常采用间隔排列与防水措施结合,其施工方便,防水可靠,成为地下水位较高软土地层中最常用的排桩围护体形式。

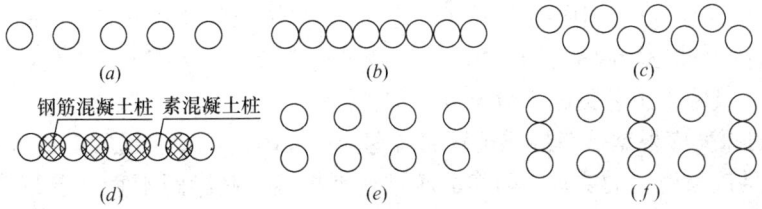

图 12-1　排桩围护体的常见形式
(a)分离式排桩;(b)相切式排桩;(c)交错式排列;(d)咬合式排桩;(e)双排式排桩;(f)格栅式排列

12.1.2　排桩围护体的止水

对图 12-1 所示的各种形式,仅图 12-1(d)所示的咬合式排桩兼具隔水作用,其他形式都没有隔水的功能。当在地下水位高的地区应用除咬合桩排桩以外的排桩围护体时,还需另行设置隔水帷幕。

最常见的隔水帷幕是采用水泥搅拌桩（单轴、双轴或多轴）相互搭接、咬合形成一排或多排连续的水泥土搅拌桩墙，由于搅拌均匀的水泥土渗透系数很小，可作为基坑施工期间的隔水帷幕。隔水帷幕应设置在排桩围护体背后，如图所示 12-2（a）所示。当因场地狭窄等原因，无法同时设置排桩和隔水帷幕时，除可采用咬合式排桩围护体外，也可采用图 12-2（b）所示的方式，在两根桩体之间设置旋喷桩，将两桩间土体加固，形成止水的加固体。但该方法常因桩距大小不一致和旋喷桩沿深度方向因土层特性的变化导致的旋喷桩体直径不一而导致渗漏水。此时，也可采用图 12-2（c）、（d）所示的咬合型止水，其中图 12-2（c）中，先施工水泥土搅拌桩，在其硬结之前，在每两组搅拌桩之间施工钻孔灌注桩，因灌注桩直径大于相邻两组搅拌桩之间净距，因此可实现灌注桩与搅拌桩之间的咬合，达到止水的效果；而在图 12-2（d）中，则是利用先后施工的灌注桩的混凝土咬合，达到止水的目的。

当采用双排桩时，视场地条件，可在双排桩之间或之后设置水泥搅拌桩隔水帷幕，分别如图 12-2（e）、（f）所示。

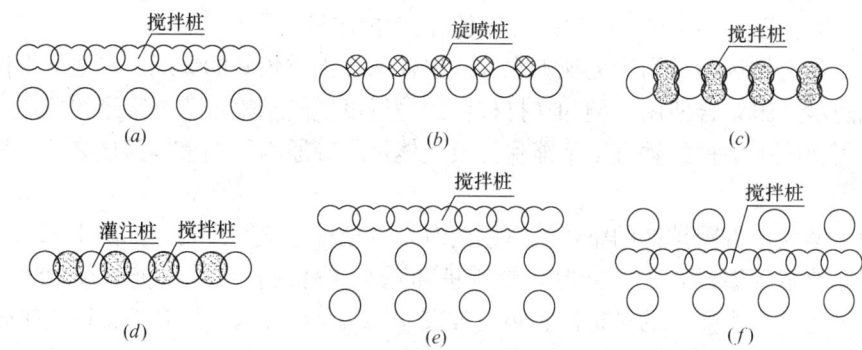

图 12-2 排桩围护体的止水措施
（a）连续型止水；（b）分离式止水；（c）咬合型止水形式 1；
（d）咬合型止水形式 2；（e）双排桩隔水帷幕形式 1；（f）双排桩隔水帷幕形式 2

采用水泥搅拌桩排桩隔水帷幕相对比较经济，当深度超过 10m 或环境条件有特殊要求时，可增至 2 排搅拌桩，甚至在钻孔桩之间再补以压密注浆。目前国内双轴水泥土搅拌桩成桩深度一般不超过 18m，所以，对于防渗深度超过此施工限制时，需另外选择止水措施，例如采用三轴，目前国内施工深度可达 35m 左右。近期引进了日本的新设备，例如可逐节接长钻杆的超深 SMW 工法，成墙深度可达 60m，以及 TRD 工法，成墙深度也可达 60m 以上，其施工工艺见隔水帷幕施工部分。

抗渗墙的深度应根据抗渗流或抗管涌稳定性计算确定，墙底通常应进入不透水层 3～4m，并应满足抗渗稳定的要求。防渗墙应贴近围护墙，其净距不宜大于 200mm。帷幕墙顶面及与围护墙之间的地表面应设置混凝土封闭面层，防止地表水渗入，当土层的渗透性较大且环境要求严格时，宜在防渗墙与围护墙之间注浆，防渗墙的渗透系数不宜大于 10^{-6}cm/s。渗透系数应根据不同的地质条件采用不同的水泥含量，经试验确定，常用的水泥含量为 10%～12%。

12.1.3 排桩围护体的应用

排桩围护体与地下连续墙相比，其优点在于施工工艺简单，成本低，平面布置灵活，缺点是防渗和整体性较差，一般适用于中等深度（6～10m）的基坑围护，但近年来也应用于开挖深度 20m 以内的基坑。其中压浆桩适用的开挖深度一般在 6m 以下，在深基坑工程中，有时与钻孔灌注桩结合，作为防水抗渗措施，见图 12-2（d）。采用分离式、交错式排列式布桩以及双排桩时，当需要隔地下水时，需要另行设置隔水帷幕，这是排桩围护体的一个重要特点，在这种情况下，隔水帷幕隔水效果的好坏，直接关系到基坑工程的成败，须认真对待。

非打入式排桩围护体与预制式板桩围护相比，具有无噪声、无振害、无挤土等许多优点，从而日益成为国内城区软弱地层中中等深度基坑（6～15m）围护的主要形式。

钻孔灌注桩排桩围护体最早在北京、广州、武汉等地使用，以后随着防渗技术的提高，与锚杆或内支撑组合，钻孔灌注桩排桩围护体适用的深度范围已逐渐被突破。如上海港汇广场基坑工程，开挖最深达 15m 之多，采用 $d=1000$ mm 钻孔围护桩及两排深层搅拌桩止水的复合式围护，取得了较好的效果。此外，天津仁恒海河广场，基坑开挖深度达17.5m，采用直径 1200mm 钻孔围护桩，并采用三轴水泥搅拌桩机设置了直径 850mm@650mm、33m 深隔水帷幕（隔水帷幕截断第一承压含水层），工程也获得了很好的效果。表 12-1 是部分排桩围护体的应用实例。

挖孔桩常用于软土层不厚的地区，由于常用的挖孔桩直径较大，在基坑开挖时往往不设支撑。当桩下部有坚硬基岩时，常采用在挖孔桩底部加设岩石锚杆使基岩受力为一体，这类工程实例在我国东南沿海地区也有报道。

部分排桩支护实例　　　　　　　　　　　表 12-1

工程名称	坑深(m)	桩型	桩径(m)	桩距(m)	桩长(m)	支护形式
北京西城区国库统一支付中心基坑工程东侧	12.46	挖孔桩	1.0	1.6～2.0		
北京京温市场二期地下车库基坑工程（东侧）	16.5	灌注桩	0.6	1.2	20.5	桩～锚
北京京温市场二期地下车库基坑工程（西、南侧）	16.5	灌注桩	0.8	1.6	20.5	桩～锚
天津仁恒海河广场	17.5	灌注桩	1.1	1.2	30.45	桩～内撑
天津慧谷大厦	12.7	灌注桩	0.9	1.1	24	桩～内撑
天津大悦城	16.5	灌注桩	1.0	1.2	30	桩～内撑
天津时代大厦	13.7	灌注桩	0.8	1.0	25	桩～内撑
武汉汉飞青年城双层地下室基坑工程	11.0	灌注桩	0.8	1.1	15	桩～锚
杭州闽信钱江时代基坑工程	10.4	灌注桩	0.8	1.0	18.65	桩～内撑
杭州环北移动大楼基坑工程	9.7～10.3	灌注桩	0.8	1.0	17.45	桩～内撑
上海申能源中心	9.05	灌注桩	0.85	1.05	17.8	桩～内撑
上海世博演艺中心	11.5	灌注桩	1.0	1.2	24.7	桩～内撑
南昌大学第二附属医院医疗中心大楼	12.55	灌注桩	0.8	1.0	21.8	桩～梁板代支撑
上海太平金融大厦	17.4～19.1	灌注桩	1.15	1.35	29.4	桩～内撑
天津津门	18.2	灌注桩	1.1	1.3	32.3	桩～内撑

12.2 排桩围护墙设计

12.2.1 桩体材料

灌注桩排桩采用水下混凝土浇筑，混凝土强度等级不宜低于C20（常取C30），所用水泥通常为P.O.42.5级普通硅酸盐水泥。

纵向受力钢筋采用HRB335级和HRB400级，常用螺纹钢筋，螺旋箍筋常用HPB235钢筋，圆钢。

12.2.2 桩体平面布置及入土深度

桩的平面布置主要是要选择适当的桩径、桩距及桩的平面排列形式。

桩径的选择主要是要考虑地质条件、基坑深度、支撑形式、支撑与锚杆竖向间距、允许变形等综合确定，当基坑较大时，常常需要在水平支撑沿竖向设置的道数和桩径的选择之间进行优化。一般而言，当基坑面积较大，水平支撑造价很高时，可考虑采用较大的桩径以减少支撑道数。而当基坑呈条形且宽度较小时，例如地铁区间隧道基坑，可考虑设置多道水平支撑以减少桩径和桩的内力与变形并降低造价。

一般而言，当按间隔或相切排列，需另设防渗措施时，桩体净距可根据桩径、桩长、开挖深度、垂直度，以及桩径情况来确定，一般为150~200mm。桩径和桩长应根据地质和环境条件由计算确定，常用桩径为500~1000mm，当开挖深度较大、且水平支撑相对较少时，宜采用较大的桩径。当土质较好时，可利用桩侧"土拱"作用适当扩大桩距，桩间距最大可为2.5~3.5倍的桩径，桩的入土深度需考虑围护结构的抗隆起、抗滑移、抗倾覆及整体稳定性。其具体计算方法见本手册第5章和第6章有关内容。

由于排桩围护体的整体性不及壁式钢筋混凝土地下连续墙，所以，在同等条件下，其入土深度的确定，应保障其安全度略高于壁式地下连续墙。在初步设计时，沿海软土地区通常取入土深度为开挖深度的1.0~1.2倍为预估值。

为了减小入土深度，应尽可能减小最下道支撑（或锚撑）至开挖面的距离，增强该道支撑（或锚撑）的刚度；充分利用时空效应，及时浇筑坑底垫层作底撑；以及对桩脚与被动侧土体进行地基加固或坑内降水固结。

12.2.3 单排桩内力与变形计算

1. 柱列式排桩内力与变形分析要点

柱列式挡墙虽由单个桩体并成，但其竖向受力形式与壁式地下连续墙是类似的，其与壁式地下连续墙的区别是，由于分离式布置的排桩之间不能传递剪力和水平向的弯矩，所以在横向的整体性远不如地下连续墙。在设计中，一般可通过水平向的围檩来加强桩墙的整体性。

目前设计计算时，一般将桩墙按抗弯刚度相等的原则等价为一定厚度的壁式地下连续墙进行内力分析，仅考虑桩体竖向受力与变形，此法称之为等刚度法[1]。由于忽略因围檩使分离式桩墙的水平向整体性提高而带来的空间效应及基坑有限尺寸给墙后土体作用在桩墙上土压力带来的空间效应，因此，按等价的壁式地下连续墙并按平面问题进行内力计算分析与设计，其结果是偏于安全的。

实测及计算分析表明，由于上述空间作用的影响，基坑一侧的排桩，接近基坑角部的桩体的内力与变形均显著小于中间部位桩体的内力与变形。

2. 计算步骤

（1）计算等刚度壁式地下连续墙折算厚度 h。

设钻孔桩桩径为 D，桩净距为 t，如图 12-3，则单根桩应等价为长 $D+t$ 的壁式地下连续墙，令等价后的地下连续墙厚为 h，按二者刚度相等的原则可得：

$$\frac{1}{12}(D+t)h^3 = \frac{1}{64}\pi D^4 \quad (12\text{-}1)$$

$$h = 0.838D\sqrt[3]{\frac{1}{1+\frac{t}{D}}} \quad (12\text{-}2)$$

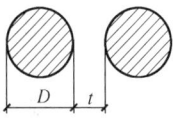

图 12-3 桩体刚度折算

若采用一字相切排列，$t \ll D$，则 $h \approx 0.838D$。

（2）按厚度为 h 的壁式地下连续墙，计算出每延米墙之弯矩 M_w、剪力 Q_w 及位移 U_w。具体计算方法见本手册第 6 章。

（3）换算得相应单桩的弯矩 M_p、剪力 Q_p 及位移 U_p，然后分别进行截面与配筋计算。

$$M_p = (D+t)M_w \quad (12\text{-}3)$$

$$Q_p = (D+t)Q_w \quad (12\text{-}4)$$

$$U_p = U_w \quad (12\text{-}5)$$

现行方法计算桩体分离式排桩的抗弯刚度时，是把桩考虑为理想弹性材料的。实际上，当桩承受弯矩较大时，桩身将出现裂缝开展（参见工程实例 2），导致桩身刚度显著下降。因此，进行柱列式排桩的变形与内力计算时，当桩身弯矩较大时，应考虑桩身因裂缝开展导致的桩身刚度下降。此时，作用在桩身的弯矩可进行一定的折减。一般条件下，弯矩折减经验系数可取 0.85，也可根据当地实际经验取值。

3. 桩的配筋计算

1）圆形截面

圆形截面桩的配筋可以采用全对称形式，也可采用不对称形式，计算简图如图 12-4 所示。

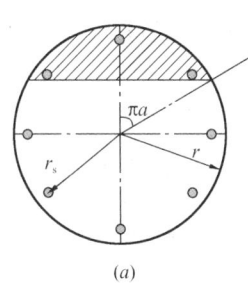 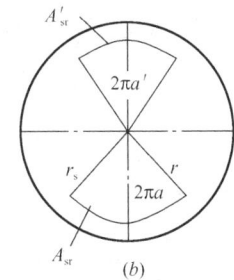

图 12-4 圆形截面计算简图
(a) 全对称配筋；(b) 不对称配筋

（1）对称配筋

计算公式如下式：

$$aa_1 f_c A\left(1 - \frac{\sin 2\pi a}{2\pi a}\right) + (a - a_t)f_y A_s = 0 \quad (12\text{-}6)$$

$$M \leqslant \frac{2}{3}a_1 f_c Ar \frac{\sin^3 \pi a}{\pi} + f_y A_s r_s \frac{\sin \pi a + \sin \pi a_t}{\pi} \quad (12\text{-}7)$$

式中 M——截面弯矩设计值（kN·m）；

A——圆形截面面积（mm²）；

A_s——全部纵向钢筋截面面积（mm²）；

r —— 圆形截面的半径 (m);

r_s —— 纵向钢筋重心所在圆周的半径 (m);

a_t —— 纵向受拉钢筋截面面积与全部纵向钢筋截面面积的比值; $a_t = 1.25 - 2a$, 当 $a > 0.625$ 时, 取 $a_t = 0$;

a —— 对应于受压区混凝土截面面积与全部纵筋截面的比值;

a_1 —— 受压区混凝土矩形应力图的应力值与混凝土轴心抗压强度设计值的比值; 当混凝土强度等级不超过 C50 时, a_1 取为 1.0, 当混凝土强度等级为 C80 时, a_1 取为 0.94, 其间按线性内插法确定;

f_c —— 混凝土轴心抗压强度设计值 (N/mm²);

f_y —— 普通钢筋抗拉强度设计值 (N/mm²)。

配筋率 ρ 的范围为 0.6%~5%。当纵筋级别为 HRB400、RRB400 时, $\rho_{min} = 0.5\%$; 当混凝土强度等级为 C60 时, $\rho_{min} = 0.7\%$。

(2) 不对称配筋

计算公式如下式:

$$aa_1 f_c A \left(1 - \frac{\sin 2\pi a}{2\pi a}\right) + f_y (A'_{sr} - A_{sr}) = 0 \tag{12-8}$$

$$M \leqslant \frac{2}{3} a_1 f_c A r \frac{\sin^3 \pi a}{\pi} + f_y A_{sr} r_s \frac{\sin \pi a_s}{\pi a_s} + f_y A'_{sr} r_s \frac{\sin \pi a'_s}{\pi a'_s} \tag{12-9}$$

式中 A_{sr}、A'_{sr} —— 均匀配置在圆心角 $2\pi a_s$、$2\pi a'_s$ 内沿周边的纵向受拉、受压钢筋截面面积 (mm²);

r_s —— 纵向钢筋重心所在圆周的半径 (m), $r_s = r - c - 0.01$ m, c 为混凝土保护层厚度 (mm);

a_s —— 对应于周边均匀受拉钢筋的圆心角 (rad) 与 2π 的比值;

a'_s —— 对应于周边均匀受压钢筋的圆心角 (rad) 与 2π 的比值, 一般取 $a'_s = 0.5 \times a$;

a —— 对应与受压区混凝土截面面积的圆心角 (rad) 与 2π 的比值。

2) 方形截面

(1) 对称配筋

① 拉区、压区钢筋面积 A_s、A'_s 计算

$$A_s = A'_s = \frac{M - \xi(1 - 0.5\xi) a_1 f_c b h_0^2}{f_y (h_0 - a'_s)} \tag{12-10}$$

$$\xi = \frac{N - \xi_b a_1 f_c b h_0}{\frac{Ne - 0.43 a_1 f_c b h^2}{(\beta_1 - \xi_b)(h_0 - a_s)} + a_1 f_c b h_0} + \xi_b \tag{12-11}$$

式中 M —— 受压钢筋 A'_s 和受拉钢筋 A_s 所承受的弯矩设计值 (kN·m);

a'_s —— 受压钢筋合力点至受压截面边缘的距离 (mm);

ξ —— 相对受压区高度;

ξ_b —— 界限受压区高度;

a_1 —— 系数, 当混凝土强度等级不超过 C50 时, a_1 取为 1.0, 当混凝土强度等级为 C80 时, a_1 取为 0.94。其间按线性内插法确定;

β_1 —— 系数，当混凝土强度等级不超过 C50 时，β_1 取为 0.8，当混凝土强度等级为 C80 时，β_1 取为 0.74。其间按线性内插法确定；

N —— 轴向压力设计值（kN），一般取为 0；

e —— 轴向压力作用点至纵向普通受拉钢筋和预应力受拉钢筋的合力点的距离（mm）；

b —— 截面宽度（mm）；

h_0 —— 截面有效高度（mm）；$h_0 = h - a_s$：其中布置一排钢筋 $a_s = c + 10\text{mm}$（c 为受拉纵筋混凝土保护层厚度（mm））；布置两排钢筋 $a_s = c + 35\text{mm}$；布置三排钢筋 $a_s = c + 60\text{mm}$；式中 h 表示截面高度（mm）。

②钢筋实配面积

最小钢筋面积：

$$A_s = \max [A_s, A_{smin}]$$
$$A_{smin} = \rho_{min} b h \tag{12-12}$$

式中 ρ_{min} —— 受拉或受压钢筋最小配筋率，取 $\max \{0.5, 45 f_t/f_y\}$（%）。

最大钢筋面积：

$$A_s = \min [A_s, A_{smax}]$$
$$A_{smax} = \rho_{max} b h_0 \tag{12-13}$$

式中 ρ_{max} —— 受拉钢筋最大配筋率，取 $\min \{0.045, \xi_b a_1 f_c/f_y\}$；其中 0.045 为建议值。

（2）不对称配筋

不对称配筋时，截面抵抗矩系数 a_s 按下式计算：

$$a_s = \frac{M}{a_1 f_c b h_0^2} \tag{12-14}$$

①受压区钢筋配筋计算

$$M_c = a_1 f_c b h_0^2 \xi_b (1 - 0.5\xi_b) \tag{12-15}$$

$$M_{s1} = M - M_c \tag{12-16}$$

$$A_s' = \frac{M_{s1}}{f_y'(h_0 - a_s')} \tag{12-17}$$

式中 M —— 受压钢筋 A_s' 和受拉钢筋 A_s 所承受的弯矩设计值（kN·m）；

M_c —— 混凝土所承受的弯矩设计值（kN·m）；

M_{s1} —— 受压钢筋 A_s' 和受拉钢筋 A_s 所承受的弯矩设计值（kN·m）；

a_s' —— 受压钢筋合力点至受压截面边缘的距离（mm）；

a_1 —— 系数，当混凝土强度等级不超过 C50 时，a_1 取为 1.0，当混凝土强度等级为 C80 时，a_1 取为 0.94，其间按线性内插法确定。

②拉区钢筋面积

对应于受拉钢筋的拉区钢筋面积按下式计算：

$$A_{s2} = \frac{A_s' f_y'}{f_y} \tag{12-18}$$

式中 A_{s2} —— 与 A_s' 对应的受拉钢筋面积（mm²）；

f'_y——受压钢筋的抗压强度设计值（N/mm²）。

对应于受压区混凝土压力的拉区钢筋面积按下式计算：

$$A_{s1} = \frac{\xi_b a_1 f_c b h_0}{f_y} \tag{12-19}$$

式中　A_{s1}——与受压区混凝土压力对应的受拉钢筋面积（mm²）。

总的受拉钢筋总面积 A_s 为：

$$A_s = A_{s1} + A_{s2} \tag{12-20}$$

③钢筋实配面积

A. 最小钢筋面积：

受压钢筋：

$$A'_s = \max[A'_s, A'_{smin}]$$
$$A'_{smin} = \rho'_{smin} b h \tag{12-21}$$

式中　A'_{smin}——按最小配筋率计算得到的受压钢筋面积（mm²）；

ρ'_{smin}——受压钢筋最小配筋率，按受压钢筋的最小配筋率取值；根据是否抗震，分别取抗震与非抗震受压钢筋最小配筋率。

受拉钢筋：

$$A_s = \max[A_s, A_{smin}]$$
$$A_{smin} = \rho_{smin} b h \tag{12-22}$$

式中　A_{smin}——按最小配筋率计算得到的受拉钢筋面积（mm²）；

ρ_{min}——受拉或受压钢筋最小配筋率，取 max $\{0.5, 45 f_t/f_y\}$（％）。

B. 最大钢筋面积：

$$A_{smax} = \rho_{max} b h_0 \tag{12-23}$$

式中　A_{smax}——按最大配筋率计算得到的受拉钢筋面积（mm²）；

ρ_{max}——受拉钢筋最大配筋率 min $\{0.045, \xi a_1 f_c/f_y\}$；其中 0.045 为建议值。

3）环形截面

对环形截面，较少使用，目前尚没有规范计算依据，一般可采用圆形截面简化方法计算配筋。

4）箍筋配筋

按一般受弯构件计算，斜截面的受剪承载力计算公式：

$$V \leqslant V_{cs} \tag{12-24}$$

$$V_{cs} = 0.7 f_t b h_0 + 1.25 f_{yv} \frac{A_{sv}}{s} h_0 \tag{12-25}$$

式中　V——构件斜截面上最大剪力设计值（kN）；

V_{cs}——构件斜截面上混凝土和箍筋的受剪承载力设计值（kN）；

A_{sv}——配置在同一截面内箍筋各肢的全截面面积：$A_{sv} = n \times A_{sv1}$，此 n 为在同一截面内箍筋的肢数，A_{sv1} 为单肢箍筋的截面面积（mm²）；

s——沿构件长度方向的箍筋间距（m）；

f_{yv} ——箍筋抗拉强度设计值（N/mm²）；
f_t ——混凝土轴心抗拉强度设计值（N/mm²）；
b ——以 $1.76r$ 代替（m）；
h_0 ——以 $1.6r$ 代替（m）；
r ——圆形截面的半径（m）。

5) 构造配筋

按一般受弯构件构造要求配筋，满足以下规定：

$$\rho_{sv} = A_{sv}/(bs) \tag{12-26}$$

$$\rho_{sv} \geqslant 0.24 f_t/f_{yv} \tag{12-27}$$

式中　ρ_{sv} ——箍筋配筋率。

6) 加强箍筋

当需要对某一深度位置上抗裂剪力设计进行加强时，一般需对这一位置上下一段范围内，采取箍筋加密、加强措施。

12.2.4 桩体配筋构造

1. 纵向受力钢筋

排桩的纵向受力钢筋宜选用 HRB 400、HRB 335 级钢筋，根数不宜少于 8 根，净间距不应小于 60mm；排桩顶部设置钢筋混凝土构造冠梁时，纵向钢筋锚入冠梁的长度宜取冠梁厚度；冠梁按结构受力构件设置时，桩身纵向受力钢筋伸入冠梁的锚固长度应符合现行国家标准《混凝土结构设计规范》(GB 50010) 对钢筋锚固的有关规定；当不能满足锚固长度的要求时，其钢筋末端可采取机械锚固措施。

当采用沿截面周边配置非均匀纵向钢筋时，受压区的纵向钢筋根数不应少于 5 根；当施工方法不能保证钢筋的方向时，不应采用沿截面周边配置非均匀纵向钢筋的形式。

当沿桩身分段配置纵向受力主筋时，纵向钢筋的锚固长度应符合现行国家标准《混凝土结构设计规范》GB 50010 的相关规定。

纵向受力钢筋的保护层厚度不应小于 35mm；采用水下灌注混凝土工艺时，不应小于 50mm。

2. 箍筋

箍筋可采用螺旋式箍筋，箍筋直径不应小于纵向受力钢筋最大直径的 1/4，且不应小于 6mm；箍筋间距宜取 100~200mm，且不应大于 400mm 及桩的直径。

3. 加强箍筋

钢筋笼应每隔 1500~2000mm 布置一根直径不小于 12mm 的焊接加强箍筋，以增加钢筋笼的整体刚度，有利于钢筋笼吊放和浇灌水下混凝土时整体性，以防止吊放时钢筋笼变形（当加筋箍筋直径偏小时，钢筋笼易被自重及其上堆重压为扁圆形）。加强箍筋宜选用 HRB400、HRB335 级钢筋，也可考虑采用钢板加工成为钢环作为加强箍筋。当纵向受力钢筋较多、直径较大时，宜选用直径较大的加强箍筋。

此外，在加工钢筋笼时，箍筋、加强箍筋与纵向受力钢筋焊接时，要注意沿钢筋笼对称进行，防止箍筋、加强箍筋在焊接应力下变形。

钻孔灌注桩的配筋构造实例如图 12-5。

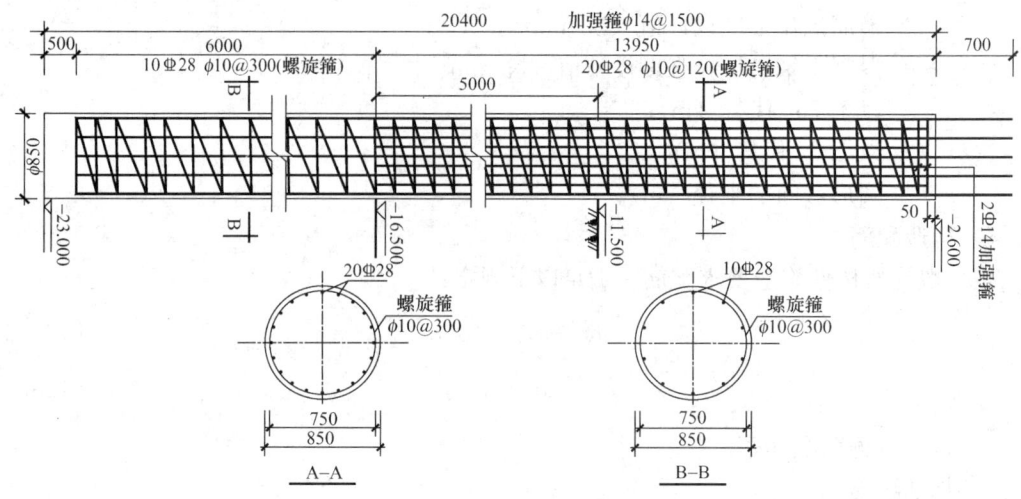

图 12-5 钻孔灌注桩配筋实例

12.3 咬合桩的设计

12.3.1 咬合桩的工作机理

如图 12-6 所示，钢筋混凝土桩与素混凝土桩切割咬合，桩与桩之间排列构成相互之间互相咬合的桩墙，桩与桩之间可一定程度上传递剪力，此时称其为咬合桩（在国外则称之为 secant pile）。

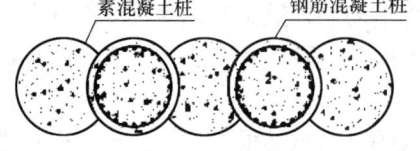

图 12-6 咬合桩构造

由于相邻的素混凝土桩与钢筋混凝土桩互相咬合形成墙体，因而其整体性较分离式的排桩好。在桩墙受力和变形时，素混凝土桩与配筋混凝土桩起到共同作用的效果。对钢筋混凝土桩来说，素混凝土桩的存在增大了其抗弯刚度，当有经验时，在计算时可予以考虑。此时，采用 12.2.3 节的等刚度法分析咬合桩的刚度与内力时，需要解决等效刚度的确定问题。

廖少明[2]等通过试验研究了图 12-6 所示咬合桩的抗弯刚度和抗弯承载力。试验模型桩的直径为 320mm，咬合尺寸为 60mm，长度 1000mm。试件由三根桩咬合而成，两边素混凝土桩为超缓凝混凝土桩，中间为钢筋混凝土桩，纵向钢筋为 17ϕ12（HRB335），箍筋 ϕ4@100（HRB235）。模型桩分作 3 组，咬合时素混凝土桩浇筑时间分别为 20h、40h 和 60h。抗弯试验采用三分点加载，使用特殊加工的反力钢架装置进行加载。加载简图如图 12-7 所示，抗弯试验加载现场如图 12-8 所示。

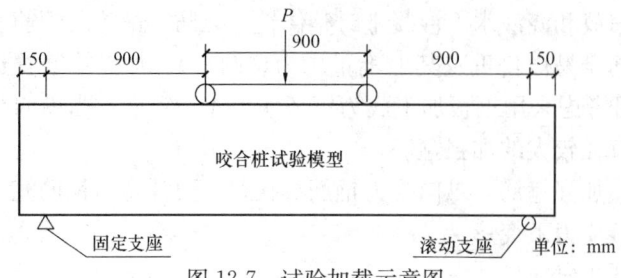

图 12-7 试验加载示意图

图 12-8 正在加载的模型桩

抗弯试验一共做了 4 个试件，包括三个咬合桩试件和一个对比单桩试件。所有试件均加载到极限破坏状态。咬合桩试件的试验过程为：在荷载逐渐增大到 100kN 时，素混凝土桩的腹部开始出现微裂缝，在荷载增加不大的情况下，裂缝宽度发展很快，在荷载增加到 120kN 的时候，钢筋混凝土桩开始出现裂缝，此时素混凝土桩裂缝已发展到中轴线以上，随后素混凝土桩和钢筋混凝土桩的裂缝继续增大，直到荷载达到极限破坏荷载。在极限破坏时三个试件的咬合面均未破坏。对比单桩的破坏过程与咬合桩的破坏过程类似，但其出现裂缝时的荷载小，只有 80kN 左右。

根据抗弯试验结果，弯曲破坏过程分为弹性变形阶段、弹塑性变形阶段、塑性破坏 3 个阶段。试验结果表明，素混凝土桩构件的受力过程与普通矩形截面梁的弯曲过程类似，遵循平截面假定；比较钢筋混凝土单桩与咬合桩试件的开裂荷载，可以知道在开裂前，每根素混凝土桩分担了大约 12.5% 的总荷载；咬合桩的抗弯承载力与咬合时间（>20h）的关系较小；从荷载－挠度曲线（如图 12-9 所示）可以知道，素混凝土桩与钢筋混凝土桩能同步变形共同抵御外加荷载，两者具有很好的协同作用。

根据挠度曲线反算试件的抗弯刚度如图 12-10 所示，抗弯刚度变化曲线反映了随荷载增加截面抗弯刚度逐步减小，咬合桩受素混凝土桩的开裂影响刚度降低较快，单桩的刚度降低较为平缓。两类桩不同的刚度变化特征说明了素混凝土桩的开裂情况是影响咬合桩截面抗弯刚度变化的主要原因。根据设置的钢筋应力计推算试件中点处钢筋混凝土桩最大弯矩的变化情况，并通过加载情况进而得知素混凝土桩弯矩的变化情况，素混凝土桩与钢筋混凝土桩的弯矩分担曲线如图 12-9 所示。分担曲线表明在素混凝土桩未出现或部分出现裂缝的情况下，素混凝土桩承担了相当比率的弯矩，素混凝土桩分担的比率在弹性变形阶段高达 75%，在弹塑性变形阶段仍达 35%，说明在咬合桩的工作阶段素混凝土桩的分担作用明显。

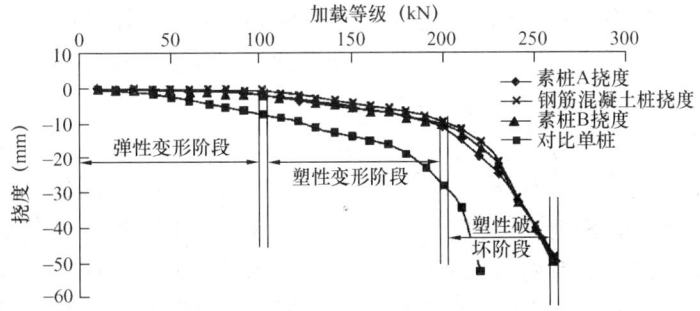

图 12-9　荷载－挠度曲线（中点最大挠度处）

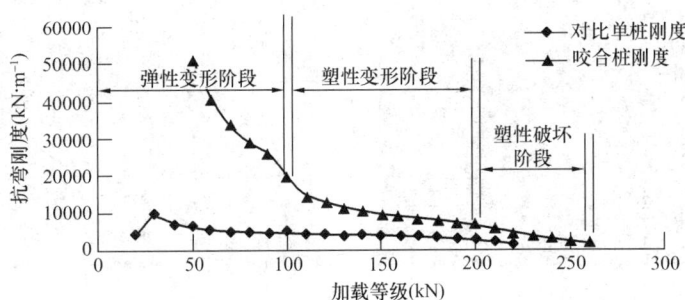

图 12-10　不同加载阶段试验梁荷载－抗弯刚度曲线

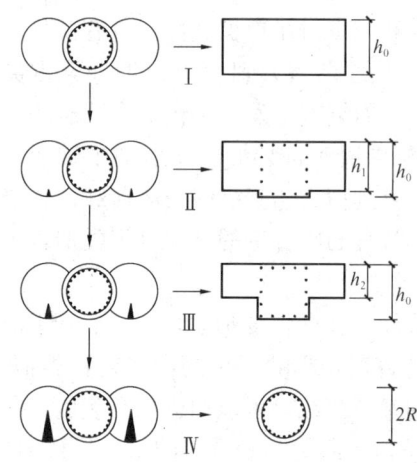

图 12-11 不同状态裂缝发展和相应的等效截面

已有的研究建议可根据咬合桩的实际工作应力水平,不同程度地考虑素混凝土桩的作用,分别将图 12-11 所示的咬合桩截面等效为矩形截面、不同高度的 T 形截面及不考虑素混凝土桩作用的钢筋混凝土单桩来计算。这在计算咬合桩刚度和变形时是可行的。但计算钢筋混凝土桩配筋时,由于其加载至承载能力极限状态时素混凝土桩将几乎完全退出工作,故不宜考虑素混凝土桩的作用。

对于咬合桩刚度来说,咬合桩变形历经了弹性变形阶段、弹塑性发展阶段和塑性破坏阶段,可以分为以下 4 个阶段:

(1) 阶段 I 为素混凝土桩未开裂阶段,相当的计算截面为一矩形,高度为 h_0。其中 h_0 根据刚度等效原则确定。

(2) 阶段 II 为素混凝土桩开裂阶段,钢筋混凝土桩未开裂,相当的计算截面为一 T 形,高度为 h_0,翼缘高为 h_1。该阶段是过渡阶段,h_1 不必确定。

(3) 阶段 III 为素混凝土桩裂缝继续发展阶段,钢筋混凝土桩开裂,相当的计算截面为一 T 形,高度为 h_0,翼缘高为 h_2。

(4) 阶段 IV 为素混凝土桩破坏阶段,钢筋混凝土桩开裂,相当的计算截面为一圆形,半径为 R。

12.3.2 咬合桩的设计

咬合桩设计的关键在于如何确定素混凝土桩对钢筋混凝土桩刚度的影响。一旦确定其刚度后,便可参照第 6 章进行咬合桩的内力与变形计算,并进行相应的设计。

对第 I 阶段,可根据抗弯刚度等效原则计算等效刚度,至于第 III 阶段,如图 12-9 所示,随着素混凝土桩的裂缝开展,其组合刚度急剧下降,从实际工程应用中,也常能观察到素混凝土桩上的裂缝开展,如图 12-12、图 12-13 所示。胡琦[3]等针对某实际工程的研究表明,开挖到坑底后,随着素混凝土桩身裂缝的出现,其对刚度的贡献率仅 15% 左右。因此,类似 SMW 工法中的型钢与水泥土的刚度考虑,当弯矩较大时,可不考虑素混凝土

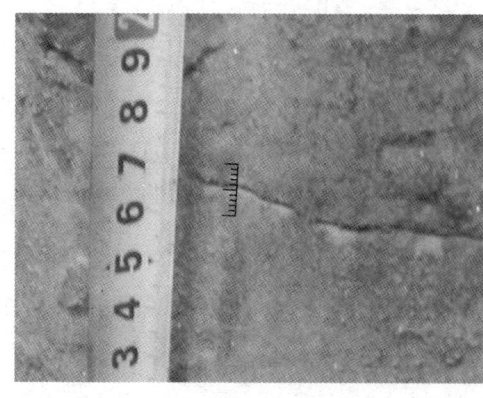

图 12-12 杭州某工程素混凝土桩裂缝开展[3]

图 12-13 某工程素混凝土桩裂缝开展[2]

桩的刚度；当弯矩较小时，在计算排桩变形时，可适当考虑素混凝土桩的刚度贡献，将钢筋混凝土桩的刚度乘以 1.1~1.2 的刚度提高系数。

咬合桩设计时，还要确定咬合桩的咬合量。根据工程实践经验，咬合桩相邻桩的咬合量一般取 200mm，以保证即使在考虑施工误差后，相邻桩仍具有一定的咬合量，具有可靠的止水功能，并使排桩具有一定的整体性。

12.4 双排桩的设计

12.4.1 双排桩的平面布置

当场地土软弱或开挖深度大时，或基坑面积很大时，采用悬臂支护单桩的抗弯刚度往往不能满足变形控制的要求，但设置水平支撑又对施工及造价影响很大时，可采用双排桩支护形式，通过钢筋混凝土灌注桩、压顶梁和连梁形成空间门架式支护结构体系，可大大增加其侧向刚度，能有效地限制基坑的侧向变形。

双排桩平面布置的几种典型形式如图 12-14 所示。

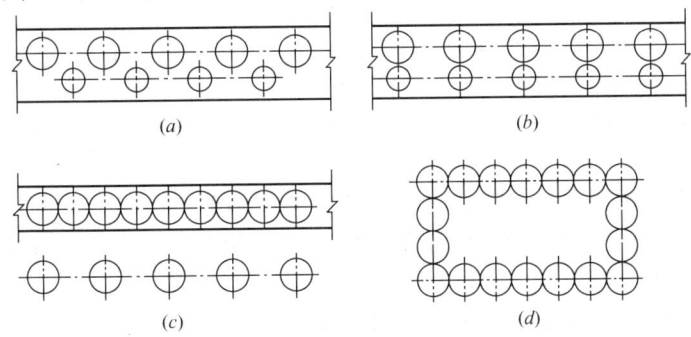

图 12-14 双排桩常见的平面布置形式
(a) 前后排梅花形交错布置；(b) 前后排矩形对齐布置；
(c) 前后排不等桩距布置；(d) 前后排格栅形布置

双排桩的前后排桩可采用等长和非等长布置，也可采用不同的桩顶标高，形成不等高双排桩形式，如图 12-15 所示。

12.4.2 双排桩的受力与变形特点

1. 双排桩前后排桩的受力与变形

当不设置水平支撑时，双排桩本质上是一种悬臂支挡结构。但排桩内的桩体内力与变形又与单排悬臂排桩的内力与变形有显著的区别。下面以某实际工程为背景，建立一双排桩算例如图 12-16 所示，并通过改变基本算例中的部分参数来分析双排桩支护结构的受力及变形特点，并与单排桩进行比较。该算例采用的计算方法见第 12.4.3 节。

算例中的有关参数如下：

(1) 土性指标：土体黏聚力 $c=12\text{kPa}$；内摩擦角 $\varphi=25°$；土体重度 $\gamma=19.2\text{kN/m}^3$。土体平均压缩模量 $E_s=5\text{MPa}$，不考虑地下水位的影响。采用单一的土层计算。

(2) 基坑开挖深度为 9.0m，前后排桩呈矩形布置，桩直径为 0.8m，桩弹性模量 $E_1=3.0×10^7\text{kN/m}^2$，桩间距为 2m，前排桩入土深度为 11m，桩长为 20m。

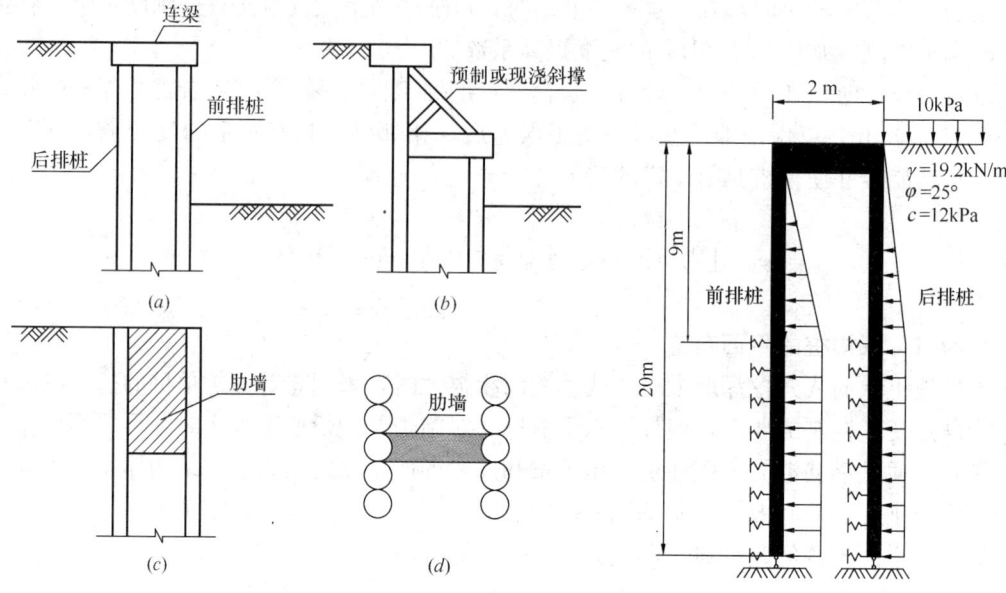

图 12-15 双排桩常见的剖面布置形式
(a) 前后排桩等高双排桩；(b) 前后排桩不等高双排桩；
(c) 前后排桩现浇肋墙连接；(d) 前后排桩肋墙连接剖面图

图 12-16 双排桩算例

(3) 连梁截面尺寸 $b \times h = 800\text{mm} \times 600\text{mm}$，连梁弹性模量 $E_2 = 3.0 \times 10^7 \text{kN/m}^2$，连梁之间的距离等于两桩间距，两排桩的排距为 2.0m，桩顶与连梁按刚接考虑。

(4) 弹簧的反力系数计算采用 m 法，$m = 4000 \text{kN/m}^4$，桩底采用单链杆支承约束，以此替代桩土之间摩擦力的作用，水平向不约束。

(5) 土压力采用朗肯主动土压力计算，并考虑 10kPa 的地面施工超载，坑底以上为三角形分布，基坑底面以下为矩形分布。

按照上述算例并采用如图 12-16 所示的计算模型得到如图 12-17 所示的位移及弯矩。

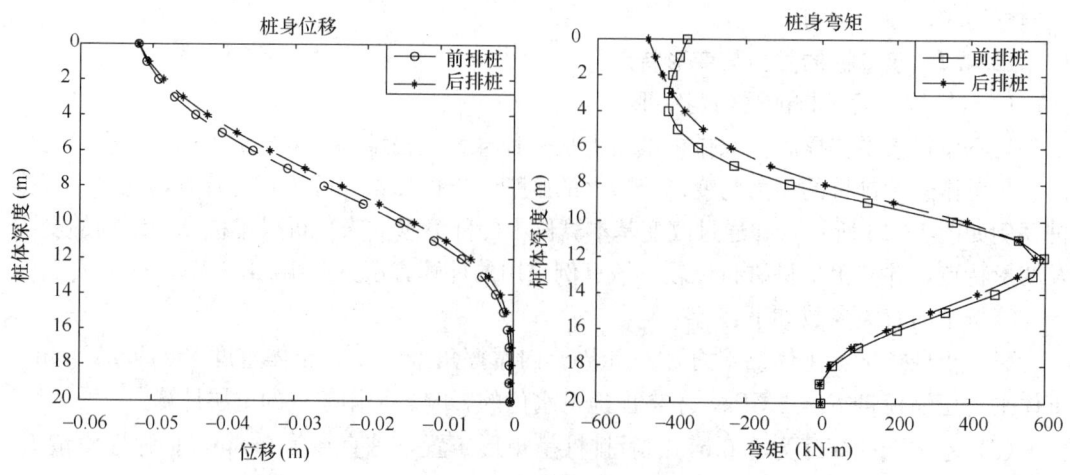

图 12-17 位移及弯矩图

从图 12-17 中可以看出双排桩前后排桩的位移大体是一致的，由于该计算模型在结构上是反对称的，其变形的不同主要取决于荷载在前后排桩的分配比例，如果前后排桩的荷载一样，那么前后排桩的位移应该完全一致。前后排桩桩顶位移一致，主要是因为连梁的 EA/L 在数值上比较大，相对的压缩变形很小，所以导致前后排桩桩顶位移几乎是一致的。

对于弯矩，前后排桩的弯矩分布大体上是一致的，只是因为连梁的作用导致了桩身上部分的弯矩分布有一定的差异，但总体的趋势是很明显的，即：上部分弯矩和下部分的弯矩方向刚好相反，并且反弯点在基坑底面附近。

2. 双排桩与单排桩受力及变形对比分析

单排桩的悬臂支护也广泛应用于大量的基坑工程中，但从受力性能和机理上同双排桩还是有很大区别的。基于图 12-16 双排桩的算例建立一个单排桩算例。在其他条件不变的前提下，将前后排桩合并为单排桩（桩的数量相同），排桩内的桩纵向间距为 1m。土压力同样采用朗肯主动土压力，基坑底面以下部分的荷载采用矩形分布。单排桩的计算采用弹性抗力法，计算简图见图 12-18。

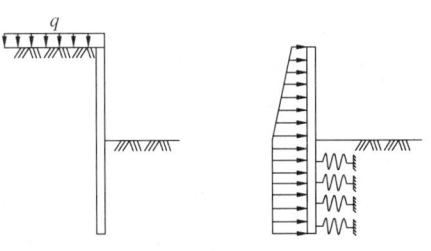

图 12-18　单排桩计算模型简图

根据上述单排桩的算例，采用弹性抗力法计算得到桩身位移及弯矩如图 12-19 所示。

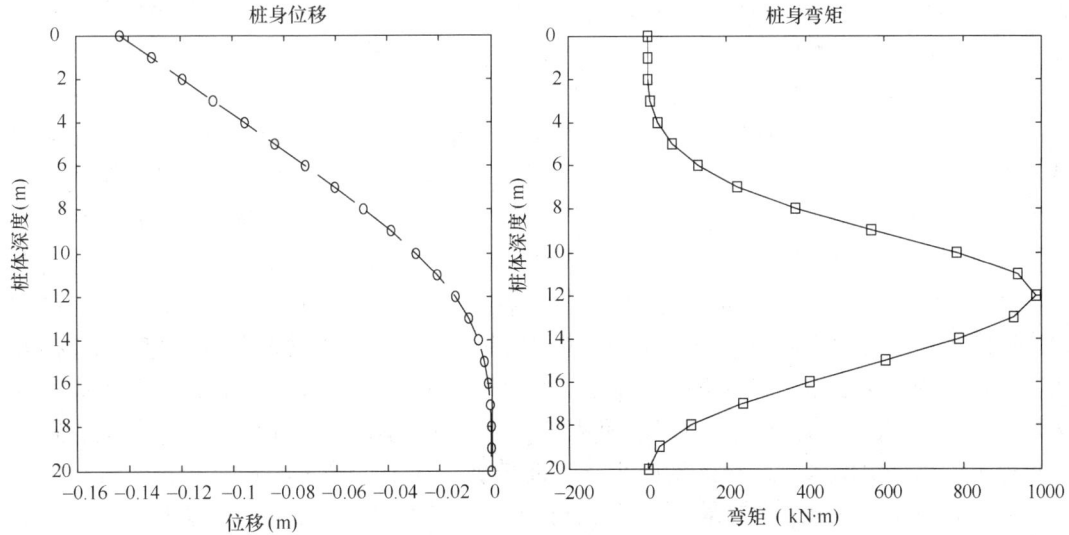

图 12-19　单排桩位移及弯矩图

对比图 12-17 和图 12-19，即使采用桩的数量相同，双排桩是前后布置，单排桩是加密成单排布置，但受力及变形的机理完全不同。从图 12-19 位移图中可以看出，桩顶的位移几乎是双排桩桩顶位移的两倍；这是由于单排悬臂桩完全依靠弹性桩嵌入基坑土内的足够深度来承受桩后的土压力并维持其稳定性，桩顶位移和桩身本身变形较大。而双排桩因有刚性连系梁与前后排桩组成一个超静定结构，整体刚度大；加上前后排桩形成与侧压力反向作用力偶的原因，使双排桩的位移明显减小。双排桩具有明显的抵抗变形的能力。单排桩要减小桩体变形就必须加深支护结构的入土深度，而通过加大桩长只能在一定程度上减小支护结构的位移，达到某一深度之后，再增加支护结构的入土深度，并不能有效地减小位移。

对于弯矩来说，由于没有内支撑，其桩顶和桩底的弯矩都为零，且桩身弯矩都为正。双排桩的最大弯矩为 $-599.5 \text{kN} \cdot \text{m}$，单排桩的最大弯矩为 $-988.7 \text{kN} \cdot \text{m}$。如果考虑配筋，很明显双排桩由于桩身弯矩分布比较均匀，而且最大值比单排桩小，所以配筋量比单排桩要少。

从上述算例可看出，双排桩在不增加桩体数量的同时，可以减少基坑支护结构的位移近50%以上，并且能很好地改善桩身的受力及变形，使之更加趋于合理；由此，可以减少配筋，降低工程造价，节约成本，同时减小对周围环境的影响。

3. 双排桩桩顶与连梁结点刚度对双排桩内力及变形影响

双排桩两桩顶与连梁的连接处理对其受力性能和变形有相当大的影响，这也是在施工当中必须要注意处理的问题。当横梁与前后排桩顶的连接视为刚性结点，桩梁之间不能相互转动，可以抵抗弯矩。这样，计算模型在结构力学中常将其称为"刚架结构"。只要下部嵌固条件能够满足铰接要求，刚架就可以组成一个稳定结构。当下部约束较强可以按照固定支座来考虑时，刚架结构就是一个三次超静定体系。然而，横梁与桩端的刚性连接是需要各种措施加以保证的。

首先，要计算节点抵抗的弯矩值，以确定断面的大小，进而决定配筋多少和钢筋的布置。此外，按钢筋混凝土结构设计材料包络图的要求，在计算不需要配筋的截面以外，还必须保证钢筋的锚固长度不小于规范要求的受拉钢筋的锚固长度。

因此，在进行双排桩内力和变形分析时，就必须事先考虑到桩梁节点的影响，按照结构的实际做法来简化计算简图。当桩梁连接点设计满足框架节点的设计要求时，就按照刚性节点来得到计算简图，否则要按照铰接点来进行计算和设计。这时节点只能够传递轴力和剪力，不能够承担弯矩。当前后排桩桩顶都为铰接时，那么连梁就等价于链杆了。

针对双排桩连梁与桩顶的不同连接方式对双排状的内力及变形机理影响的计算分析表明，因为桩顶的连接方式不同导致了前后排桩桩体上部位移不同。连梁对于前后排桩来说，起到了一个协同变形和分配内力的作用。当前排桩桩顶与连梁采用刚性连接的连接方式时，桩顶的位移最小，前后排桩的协同作用的效果发挥得最好；而当前排桩与连梁为铰接时，位移最大。当为刚性连接时，其位移最小。当为半刚性连接时，基本上是随着转角约束弹簧的刚度值增大，位移逐渐减小。当前排桩桩顶为铰接时，前排桩的桩顶弯矩为零，而此时后排桩的弯矩却为最大；当为刚接时，虽然前排桩的桩顶弯矩达到了最大，后排桩的弯矩达到了最小，但此时两桩的弯矩相差不大，连梁起到很好的协调变形和分配内力的作用。当两桩顶都为刚接时，弯矩分配比较均匀，变形也很相近。当一端刚接，另一端铰接时，则刚接处弯矩很大，而铰接处弯矩为零。当两端都为铰接时，虽然弯矩都为零，但在桩身范围内存在很大的正弯矩。此时，前排桩的弯矩图与悬臂式单排桩支护结构有明显的差异，而类似于带支撑的支护结构。

以上对比说明，即使双排支护桩顶的连接比较薄弱，后排桩依然对前排桩产生比较大的锚拉作用，使前排桩的变形和受力性能得到较大的改善。后排桩顶与连梁的连接方式对前排桩的弯矩分布也产生了很大的影响，尤其是当后排桩与连梁刚接时，能够减小前排桩的正弯矩值。使桩体的正、负弯矩值接近，减少结构配筋。从上述分析结果看，增强桩梁的连接，能够调整双排桩的变形和内力特征，减小结构位移，调整正负弯矩值，减少配筋，降低造价。

4. 前后排桩排距对双排桩性状的影响分析

双排桩之所以能有很大侧向刚度，其关键因素就是通过前后排桩之间的桩顶连梁形成门式刚架结构。前后排桩的排距是影响双排桩内力与变形性状的重要因素。

对图 12-16 所示的算例，其前后排桩的间距 s（简称排距）为 $2.5d$（d 为桩直径）。为研究排桩距 s 对双排桩的影响，分别计算了排距 s 分别为 $1.5d$、$2d$、$3d$、$4d$、$5d$、$7d$ 和 $8d$ 的情况。在排距 s 由 $1.5d$ 增加到 $8d$ 的过程中，前排桩桩身中下部的位移基本上是随着排距增大而增大；后排桩桩身中下部的位移是随着排距的增大而减小。桩体中上部的位移在排距变化时，变化比较大，前面也已经提到了，这种变化很大程度上是由连梁线刚度随排距增大导致的变化引起的。

对于桩顶的位移随桩距 s 增大的变化，当排距为 $1.5d$ 时，前后排桩的计算位移为 $5.65\mathrm{cm}$，随着排距增大，桩顶位移先是减小，当排距为 $4d$ 时，前后排桩的位移达到最小值 $5.11\mathrm{cm}$，此后，当排距继续增大时，桩顶位移反而增大，当排距为 $8d$ 时，桩顶位移为 $5.31\mathrm{cm}$。所以，当排距很小时，双排桩通过连梁形成的门式刚架结构，其空间性能不能很好地发挥，没能充分发挥连梁协调变形和受力的作用；随着排距的增大，双排桩与连梁形成的整体结构，其整体性能得到了体现，位移也逐渐减小；但随着排距进一步增大，位移经过一个极小值后再慢慢增大，这充分说明了，排距如果太大，双排桩的整体受力和变形性能逐渐削弱。当排距非常大时，连梁对前后排桩的作用不能看作是一个整体的刚架体系，对前排桩而言，更像在桩顶对前排桩施加的线弹簧和转角弹簧约束。

12.4.3 双排桩的内力与变形计算

双排桩的计算较为复杂，首先是作用在双排桩结构上的土压力难以确定，特别是桩间土的作用对前后排桩的影响难以确定，桩间土的存在对前后排桩的土压力均产生影响，由于有后排桩的存在，双排支护结构与无后排桩的单排悬臂支护桩相比，墙背土体的剪切角将发生改变。剪切破坏面不同，将导致土体的主动土压力的变化。如何考虑上述因素的作用，以对前后排桩所受土压力进行修正。其次是双排支护结构的简化计算模型如何确立，包括嵌固深度的确定、固定端的假定、桩顶位移的计算等。下面介绍三种常见计算方法。

1. 桩间土静止土压力模型

假定前排桩桩前受被动土压力，后排桩桩后受主动土压力，桩间土压力为静止土压力，并采用经典土压力理论确定土压力值，以此可求得门式刚架的弯矩及轴向力。这种土压力确定方法较为简单，但反映的因素较少，计算结果误差很大。

2. 前后排桩土压力分配模型

一般来说，双排桩由于桩间土的作用和"拱效应"的影响，确定土压力的不定因素很多，前后排桩的排列形式对土压力的分布也起关键作用。因此，需要考虑不同布桩形式的情况下，桩间土的土压力传递对前后排桩的土压力分布的影响。

双排桩前后排桩的布置形式一般有矩形布置和梅花形布置，如图 12-20 所示。

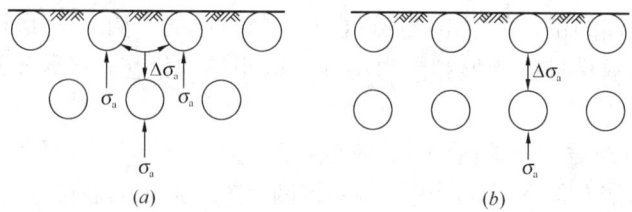

图 12-20 双排桩不同布桩形式时桩间土对土压力的传递
(a) 梅花形排列；(b) 矩形排列

(1) 双排桩梅花形布置

如图 12-20 (a) 所示，前、后排桩由于梅花形布置，所以土体一侧均有主动土压力 σ_a，由于桩间土的存在会对前、后排桩产生土压力 $\Delta\sigma_a$。由于桩间土宽度一般很小，一般认为前、后排桩受到桩间土的压力相同，并使前排桩的土压力增大，后排桩的土压力减小，于是前、后排桩土压力 p_{af} 和 p_{ab} 分别为：

前排桩 $$p_{af} = \sigma_a + \Delta\sigma_a \tag{12-28}$$
后排桩 $$p_{ab} = \sigma_a - \Delta\sigma_a \tag{12-29}$$

假定不同深度下 $\Delta\sigma_a$ 与 σ_a 的比值相同，即

$$\Delta\sigma_a = \beta\sigma_a \tag{12-30}$$

式中：β 为比例系数，则上式可写为：

$$p_{af} = (1+\beta)\sigma_a \tag{12-31}$$
$$p_{ab} = (1-\beta)\sigma_a \tag{12-32}$$

关于比例系数 β，如图 12-21 所示的基坑开挖示意图，则比例系数 β 可以确定如下：

$$\beta = \frac{2L}{L_0} - \left(\frac{L}{L_0}\right)^2 \tag{12-33}$$

式中 $L_0 = H\tan(45°-\varphi/2)$；$H$ 为基坑挖深；L 为双排桩排距为；φ 为土体内摩擦角。

(2) 双排桩矩形布置

如图 12-20 (b) 所示，前、后排桩呈矩形布置，那么主动土压力可以假定作用在后排桩上，桩间土压力同样取 $\Delta\sigma_a$，则前、后排桩的土压力分别为：

前排桩 $$p_{af} = \Delta\sigma_a = \beta\sigma_a \tag{12-34}$$

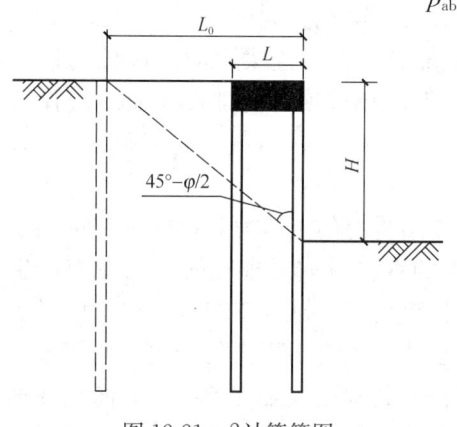

图 12-21 β 计算简图

后排桩 $$p_{af} = \sigma_a - \Delta\sigma_a = (1-\beta)\sigma_a \tag{12-35}$$

同理，$\beta = 2L/L_0 - (L/L_0)^2$，$L_0 = H\tan(45°-\varphi/2)$。

3. 考虑前后排桩相互作用的计算模型

前面介绍的两种方法均是对前后排桩分担的荷载提出某些假设，认为进行分配，没有考虑前后排桩的相互作用。由于单桩常采用杆系有限元，采用弹性抗力法进行分析，在该法基础上，提出了基于弹性地基梁 m 法的弹性抗力法来考虑前后排桩相互作用的模型[4]。

该模型中，桩体采用弹性地基梁单元，地基水平反力系数采用 m 法确定，在一定程度上考虑了桩与土在水平方向的相互作用。双排桩抗倾覆能力之所以强主要是因为它相当于一个插入土体的刚架，能够靠基坑以下桩前土的被动土压力和刚架插入土中部分的前桩抗压、后桩抗拔所形成的力偶来共同抵抗倾覆力矩。为此，可在桩侧设置考虑桩与土摩擦

的弹性约束，并可在前排桩桩端处设置弹性约束以模拟桩端处桩底反力对抗倾覆的作用，如图 12-22 所示。

该模型另一个重要特点是，考虑到双排桩间距一般较小，在前后排桩的约束下，类似水平方向受压缩的薄压缩层，因此，可采用在前后排桩之间设置弹性约束，反映前后排桩之间土体压缩性的影响，避免了"前后排桩土压力分配模型"中确定 β 时不考虑桩间土压缩性对前后排桩之间相互作用的影响的缺陷。

4. 双排桩计算其他要点

双排桩由于每一排内桩的间距一般较大，因此，要注意计算时桩距的考虑，在采用图 12-22 计算时，要注意按如下方法考虑桩距对排桩的单桩土反力的影响，采用计算宽度的土压力作用在桩上。

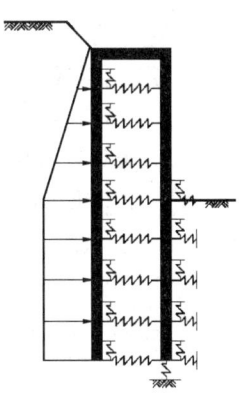

图 12-22 考虑前后排桩与土相互作用的模型

对于圆形桩，单桩反力计算宽度按下式计算：

$$b_0 = 0.9(1.5d + 0.5) \quad (d \leqslant 1\text{m}) \quad (12\text{-}36)$$
$$b_0 = 0.9(d + 1) \quad (d > 1\text{m}) \quad (12\text{-}37)$$

式中 d——桩的直径（m）。

对于矩形桩，单桩反力计算宽度按下式计算：

$$b_0 = 1.5b + 0.5 \quad (d \leqslant 1\text{m}) \quad (12\text{-}38)$$
$$b_0 = d + 1 \quad (d > 1\text{m}) \quad (12\text{-}39)$$

式中 b——矩形桩的宽度（m）。

按式（12-36）～式（12-39）计算的单桩土反力计算宽度 b_0 大于排桩间距 s_x 时，应取 $b_0 = s_x$。

12.5 桩体与帽梁、围檩的连接构造

12.5.1 单排桩与帽梁、围檩的连接构造

顶圈梁及围檩是排桩围护体设计的组成部分，应结合支撑设计对其与排桩围护体的连接，选择合理的构造形式，以保证排桩围护体的整体刚度，使之与支撑形成共同受力的稳定结构体系，从而达到限制桩体位移及保护周围环境的目的。

目前，顶圈梁及围檩与排桩围护体的连接形式有多种，各适用于不同的围护体系，应根据具体的施工条件选择。

几种常用的构造形式如下：

1. 钢筋混凝土顶圈梁与排桩围护体的连接形式

图 12-23 (a) 是灌注桩与顶圈梁的连接形式。一般要求灌注桩主筋锚入顶圈梁，顶圈梁宽度应大于灌注桩直径，顶圈梁高设为 600~1000mm。在设有顶支撑时，应大于顶支撑的竖向尺寸。

图 12-23 (b) 为 SMW 与顶圈梁的连接形式，要求 H 型

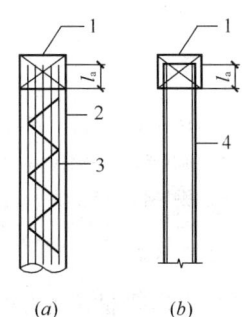

图 12-23 顶圈梁与柱列式挡土墙连接构造
(a) 灌注桩与顶圈梁的连接形式；
(b) SMW 与顶圈梁的连接形式
1—钢筋混凝土顶圈梁；2—灌注桩；3—灌注桩主筋；4—型钢

钢锚入顶圈梁，顶圈梁宽度应大于 H 型钢宽度。为保证 H 型钢锚入圈梁中的长度，可将 H 型钢顶端的翼缘宽度割至 200mm 左右，以保证在圈梁的箍筋之间进入圈梁，此时圈梁内的箍筋间距不宜小于 200mm，主筋布置亦应避开 H 型钢。

2. 围檩与排桩围护体的连接构造

为了加强排桩围护体的整体稳定性，围檩结构大多采用钢筋混凝土结构。

图 12-24（a）~（c）为灌注桩排桩围护体与围檩的连接形式，实际工程中普遍采用在灌注桩中预埋钢板或从灌注桩主筋上焊接拉吊钢筋来悬吊围檩。其中图 12-24（a）连接形式最为常见。拉吊钢筋的数量应根据围檩和支撑的重量计算得到。

图 12-24（a）中，从灌注桩焊接的拉吊钢筋，拉吊角度一般要求不小于 60°，且灌注桩上的焊接主筋应尽量利用灌注桩中和轴上的主筋。

图 12-24（b）为灌注桩中预埋环形钢板的连接形式，一般钢板宽度不宜超过灌注桩箍筋间距，以保证该处灌注桩混凝土浇灌密实，如因受力较大时，可增至 2~3 块环形钢板。

图 12-24（c）为从顶圈梁（或顶支撑梁）中集中预留竖直拉吊钢筋，这种形式受力明确、施工方便、快捷，但由于将下面几道支撑及围檩的重力全部转移到顶圈梁（或顶支撑梁）上，使顶圈梁局部集中荷载增大，往往需在顶圈梁（或顶支撑梁）悬吊处增大混凝土截面或配筋。

图 12-24（d）、（e）为围檩与型钢排桩围护体连接形式，这种连接形式较混凝土挡墙容易。其中图 12-24（d）为钢围檩与排桩围护体连接形式，一般采用焊接钢牛腿来支托围檩，围檩与型钢排桩围护体采用焊接连接。

图 12-24（e）为钢筋混凝土围檩与型钢排桩围护体连接形式，这种连接形式与图 12-23（a）相仿。

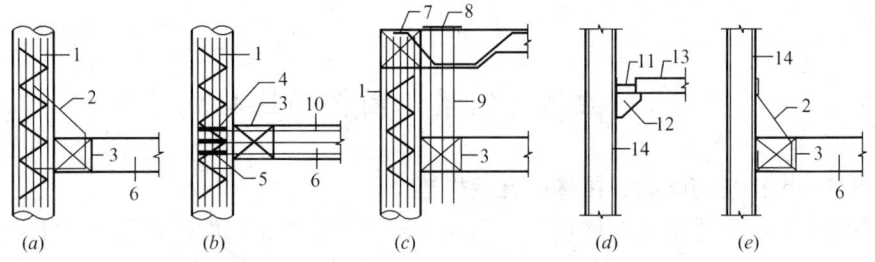

图 12-24 围檩与柱列式挡土墙连接构造
(a) 灌注桩中焊接拉吊钢筋；(b) 灌注桩中预埋环形钢板；
(c) 顶圈梁中预留竖向拉吊钢筋；(d)、(e) 围檩与型钢柱列式挡土墙连接形式
1—灌注桩主筋；2—拉吊筋；3—围檩；4—环形钢板；5—小牛腿；6—支撑；7—顶圈梁；8—钢板；
9—拉吊筋；10—混凝土支撑主筋；11—钢围檩；12—钢牛腿；13—支撑；14—型钢柱列式挡土墙

12.5.2 双排桩与帽梁的连接构造

双排桩与帽梁的连接包括前、后排桩分别与其帽梁的连接，以及前后排桩之间的帽梁的连接。前、后排桩分别与其帽梁的连接与上述单排桩形式时的连接相似。

双排桩前、后排桩顶的帽梁的连接，一般采用现浇钢筋混凝土连梁，与前、后排桩顶的帽梁同时浇筑，以确保其连接的整体性。连梁一般要设置在桩顶位置处，如图 12-25 所示。当桩距较小时，可采用图 12-25（a）所示的连梁设置，当桩距较大时，可采用 12-25

(b) 所示的连梁设置。

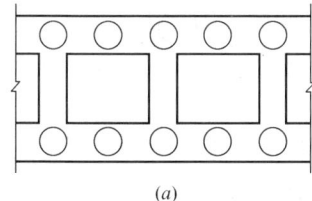
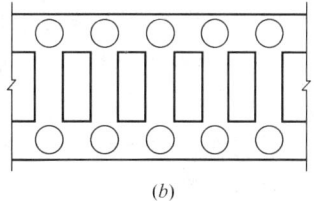

图 12-25 双排桩前后排桩帽梁的连接
(a) 连梁设置方式 1；(b) 连梁设置方式 2

当前、后排桩桩顶帽梁及其之间的连梁采用现浇混凝土整体浇筑时，可将帽梁与连梁的连接简化为刚性节点进行计算。

实际工程中采用双排桩时，双排桩的前后排桩可采用等长和非等长布置，也可采用不同的桩顶标高，形成不等高双排桩形式，如图 12-15 所示。此时，前、后排桩之间的连接构造方式比较复杂，可设置现浇斜撑或预制斜撑将前后排桩的桩顶帽梁进行连接。此时不能可靠保证帽梁与斜撑之间的整体连接，宜将连接简化为铰接节点进行计算，以策安全。

12.6 桩—锚支护结构

12.6.1 桩—锚支护结构的特点

桩—锚支护体系其主要特点是采用锚杆取代基坑支护内支撑，给支护排桩提供锚拉力，以减小支护排桩的位移与内力，并将基坑的变形控制在允许范围内。

桩—锚支护体系主要由护坡桩、土层锚杆、围檩和锁口梁 4 部分组成，在基坑地下水位较高的地方，支护桩后还有防渗堵漏的水泥土墙等，它们之间相互联系、相互影响、相互作用，形成一个有机整体。目前，国内外深基坑开挖深度从几米到几十米[5]，桩锚支护结构在基坑支护中得到了广泛的应用，获得了显著的经济效益。但是，其中也有很多失败的教训[6]。

相对于排桩—内支撑体系来说，桩—锚支护结构具有如下特点：

(1) 土方开挖与地下结构的施工方便。由于用锚杆取代了基坑内支撑，坑内施工的空间大，故基坑内的土方开挖与地下结构的施工更为方便。

(2) 锚杆是在基坑开挖过程中，逐层开挖、逐层设置，故而上下排锚杆的间距除由围护桩的强度要求控制外，还必须考虑变形控制的要求。

(3) 锚杆所需锚固力是由自由段之外的锚固段的锚固体与围岩（土）的摩阻力所提供，因此，当基坑深度较大时，由于锚杆必须具有伸出潜在破裂面之外的足够的锚固长度，锚杆的长度较大。由于锚杆会因在土中产生应力扩散造成应力重叠而产生群锚效应，故而对锚杆的上下排最小间距、同一排锚杆中锚杆的水平向最小间距均要进行限制。一般而言，上下排锚杆的间距不宜小于 2.5m；同一排锚杆的水平向间距不宜小于 1.5m，但也不宜大于 4m。此外，由于锚杆的侧阻需要足够的上覆土压力来保证，故锚杆的上覆土层厚度不宜小于 4m。

(4) 由于锚杆在软黏土中会因土的流变和锚固体与周围土的接触面的流变而产生锚固力损失和变形逐渐增大的现象，故锚杆不宜在软黏土层中应用。

12.6.2 桩—锚支护结构的受力与变形计算

1. 锚对桩的约束刚度与群锚效应

桩—锚支护体系的计算主要在于合理确定锚杆对桩提供的约束刚度。与水平支撑不同的是，由于群锚效应的影响，锚固体的间距显著影响锚杆的刚度。当锚杆间距较小时，与单根锚杆的约束刚度相比，群锚效应影响下的锚杆的约束刚度可显著减小。此外，在黏性土中，锚杆的刚度和提供给排桩的锚拉力也是逐渐变化的，锚杆的刚度会逐渐减小。在这两个因素的综合作用下，相对于锚杆拉拔试验时的刚度相比，工作条件下锚杆的刚度可显著下降。天津某工程的实测反演分析表明，群锚效应严重时，锚杆刚度可下降数倍。

2. 锚的预加拉力、群锚效应对内力与变形的影响

由于锚杆均是逐根施工、逐根张拉施加预拉力和锁定，故锚杆施加的预应力对围护桩的内力与变形均会产生影响。与一般现浇的钢筋混凝土水平支撑不同，锚杆张拉、锁定所产生在锚杆中的预应力会对桩体的内力（弯矩与剪力）分布造成影响。与此类似的是，当水平支撑采用在现场安装的钢支撑时，有时也在钢支撑中施加预加轴力。具体分析计算时，可参照第6章及第17章的相关内容。

12.7 排桩的施工要点

12.7.1 柱列式灌注桩围护体的施工

1. 钻孔灌注桩干作业成孔施工

钻孔灌注桩干作业成孔的主要方法有螺旋钻孔机成孔、机动洛阳挖孔机成孔及旋挖钻机成孔等方法。

螺旋钻孔机由主机、滑轮、螺旋钻杆、钻头、滑动支架、出土装置等组成。主要利用螺旋钻头切削土壤，被切的土块随钻头旋转，并沿螺旋叶片上升而被推出孔外。该类钻机结构简单，使用可靠，成孔作业效率高、质量好，无振动，无噪声，耗用钢材少，最宜用于匀质黏性土，并能较快穿透砂层。螺旋钻孔机适用于地下水位以上的匀质黏土、砂性土及人工填土。钻头的类型有多种，黏性土中成孔大多采用锥式钻头。耙式钻头用45号钢制成。齿尖处镶有硬质合金刀头，最适宜于穿透填土层，能把碎砖破成小块。平底钻头，适用于松散土层。

机动洛阳挖孔机由提升机架、滑轮组、卷扬机及机动洛阳铲组成。提升机动洛阳铲到一定高度后，靠机动洛阳铲的冲击能量来开孔挖土，每次冲铲后，将土从铲具钢套中倒弃。宜用于地下水位以下的一般黏性土、黄土和人工填土地基。设备简单，操作容易，北方地区应用较多。

旋挖钻机是近年来引进的先进成孔机械，利用功率较大的电机驱动可旋转取土的钻斗，采用将钻头强力旋转压入土中，通过钻斗把旋转切削下来的钻屑提出地面。该方法在土质较好的条件下可实现干作业成孔，不必采用泥浆护壁。

2. 钻孔灌注桩湿作业成孔施工

钻孔灌注桩湿作业成孔的主要方法有冲击成孔、潜水电钻机成孔、工程地质回转钻机成孔及旋挖钻机成孔等。

潜水电钻机其特点是将电机、变速机构加以密封，并同底部钻头连接在一起，组成一个专用钻具，可潜入孔内作业。潜水电钻机多采用正循环方式排泥的潜水电钻。潜水电钻体积小，重量轻、机器结构轻便简单、机动灵活、成孔速度较快，宜用于地下水位高的淤泥质土、黏性土以及砂质土等，其常用钻头为笼式钻头。

工程水文地质回转钻机由机械动力传动，配以笼式钻头，可多档调速或液压无级调速，以泵吸或气举的反循环方式进行钻进。有移动装置，设备性能可靠，噪声和振动小，钻进效率高，钻孔质量好。上海地区近几年已有数千根灌注桩应用它来施工。它适用于松散土层、黏土层、砂砾层、软硬岩层等多种地质条件。

钻孔灌注桩湿作业成孔施工工艺要求如下：

(1) 用作挡墙的灌注桩施工前必须试成孔，数量不得少于 2 个。以便核对地质资料，检验所选的设备、机具、施工工艺以及技术要求是否适宜。如孔径、垂直度、孔壁稳定和沉淤等检测指标不能满足设计要求时，应拟定补救技术措施，或重新选择施工工艺。

(2) 桩位偏差，轴线和垂直轴线方向均不宜超过 50mm，垂直度偏差不宜大于 0.5%。

(3) 成孔须一次完成，中间不要间断。成孔完毕至灌注混凝土的间隔时间不应大于 24h。

(4) 为保证孔壁的稳定，应根据地质情况和成孔工艺配制不同的泥浆。成孔到设计深度后，应进行孔深、孔径、垂直度、沉浆浓度、沉渣深度等测试检查，确认符合要求后，方可进行下一道工序施工。根据出渣方式不同，成孔作业可分成正循环成孔和反循环成孔两种。

(5) 完成成孔后，在灌注混凝土之前，应进行清孔。通常清孔应分 2 次进行。第一次清孔在成孔完毕后，立即进行；第 2 次在下放钢筋笼和灌注混凝土导管安装完毕后进行。

常用的清孔方式有正循环清孔、泵吸反循环清孔和空气升液反循环清孔，通常随成孔时采用的循环方式而定。清孔时先是钻头稍作提升，然后通过不同的循环方式排除孔底沉淤，与此同时，不断注入洁净的泥浆水，用以降低钻孔泥浆水中的泥渣含量。

清孔过程中应测定沉浆指标。清孔后的泥浆密度应小于 $1.15\times10^3 kg/m^3$。清孔结束时应测定孔底沉淤厚度，孔底沉淤厚度一般应小于 30cm。

第 2 次清孔结束后孔内应保持水头高度，并应在 30min 内灌注混凝土。若超过 30min，灌注混凝土应重新测定孔底沉淤厚度。

(6) 孔底沉淤厚度检测合格后，及时放入钢筋笼。当钢筋笼长度较大、一次起吊重量过大，且易造成钢筋笼发生变形时，钢筋笼宜分段制作。分段长度应按钢筋笼的整体刚度、来料钢的长度及起重设备的有效高度等因素确定。钢筋笼在起吊、运输和安装中应采取措施防止变形。

(7) 钢筋笼置入孔中后，应及时进行水下混凝土灌注。配制水下灌注混凝土必须保证能满足设计强度以及施工工艺要求。灌注混凝土是确保成桩质量的关键工序，灌注前应做好一切准备工作，保证混凝土灌注连续紧凑地进行。

(8) 排桩宜采取隔桩施工，并应在灌注混凝土 24h 后进行邻桩成孔施工。

(9) 钻孔灌注桩柱列式排桩采用湿作业法成孔时，要特别注意孔壁护壁问题。由于通常采用跳孔法施工，当桩孔出现坍塌或扩径较大时，会导致两根已经施工的桩之间插入后施工的桩时发生成孔困难，必须把该根桩向排桩轴线外移才能成孔。一般而言，柱列式排桩的净距不宜小于 200mm。

（10）非均匀配筋排桩的钢筋笼在绑扎、吊装和埋设时，应保证钢筋笼的安放方向与设计方向一致。

12.7.2 隔水帷幕与灌注桩重合围护体施工

如图 12-2 所示，当可供基坑围护桩和隔水帷幕设置、施工的场地狭小时，可考虑将排桩与隔水帷幕设置在同一轴线上，形成挡土、止水合一的排桩—隔水帷幕结合体。

隔水帷幕与灌注桩重合围护体施工的关键与咬合桩施工类似，即注意相邻的搅拌桩与混凝土桩施工的时间安排和搅拌桩成桩的垂直度。一般而言，搅拌桩施工结束的 48h 内施工灌注桩时易发生塌孔、扩径严重等现象，因此不宜施工灌注桩。但时间超过 7d 后，由于搅拌桩强度的增加，施工灌注桩的阻力较大。也要特别注意避免因已施工完成的搅拌桩垂直度偏差较大而造成与钢筋混凝土桩搭接效果不好的情况，甚至出现基坑漏水。

12.7.3 人工挖孔桩围护体施工

人工挖孔桩是采用人工挖掘桩身土方，随着孔洞的下挖，逐段浇捣钢筋混凝土护壁，直到设计所需深度。土层好时，也可不用护壁，一次挖至设计标高，最后在护壁内一次浇筑完成混凝土桩身的桩。挖孔桩作为基坑支护结构与钻孔灌注桩相似，是由多个桩组成桩墙而起挡土作用。它有如下优点：大量的挖孔桩可分批挖孔，使用机具较少，无噪声、无震动、无环境污染；适应建筑物、构筑物拥挤的地区，对邻近结构和地下设施的影响小，场地干净，造价较经济。

应当指出，选用挖孔桩作支护结构，除了对挖孔桩的施工工艺和技术要有足够的经验外，还应注意在有流动性淤泥、流砂和地下水较丰富的地区不宜采用。

人工挖孔桩在浇筑完成以后，即具有一定的防渗能力和支承水平土压力的能力。把挖孔桩逐个相连，即形成一个能承受较大水平压力的挡墙，从而起到支护结构防水、挡土等作用。

人工挖孔桩支护原理与钻孔灌注桩挡墙或地下连续墙相类似。人工挖孔桩直径较大属于刚性支护，设计时应考虑桩身刚度较大对土压力分布及变形的影响。

挖孔桩选作基坑支护结构时，桩径一般为 100~120cm。桩身的有关设计参数，应根据地质情况和基坑开挖深度计算确定。在实践中，也有工程采用挖孔桩与锚杆相结合的支护方案。

12.7.4 咬合桩围护体的施工

钻孔咬合桩是采用全套管灌注桩机（磨桩机）施工形成的桩与桩之间相互咬合排列的一种基坑支护结构。施工时，通常采用全钢筋混凝土桩排列以及钢筋混凝土与素混凝土交叉排列两种形式，其中钢筋混凝土与素混凝土交叉排列形式的应用较为普遍。素混凝土桩采用超缓凝型混凝土先期浇筑；在素混凝土桩的混凝土初凝前利用套管钻机的切割能力切割掉相邻素混凝土桩相交部分的混凝土，然后浇筑钢筋混凝土桩，实现相邻桩的咬合，如图 12-26 所示。

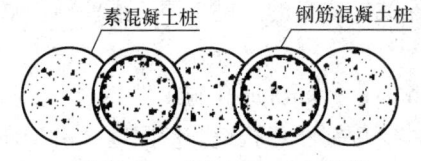

图 12-26 咬合桩施工示意图

单根咬合桩施工工艺流程如下[7]：

（1）护筒钻机就位：当定位导墙有足够的强度

后，用吊车移动钻机就位，并使主机抱管器中心对应定位于导墙孔位中心。

（2）单桩成孔：步骤为随着第一节护筒的压入（深度为 1.5~2.5m），冲弧斗随着从护筒内取土，一边抓土一边继续下压护筒，待第一节全部压入后（一般地面上留 1~2m，以便于接筒）检测垂直度，合格后，接第二节护筒，如此循环至压到设计桩底标高。

（3）吊放钢筋笼：对于 B 桩（图 12-27），成孔检查合格后进行安放钢筋笼工作，此时应保证钢筋笼标高正确。

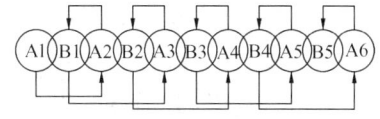

图 12-27 排桩施工流程

（4）灌注混凝土：如孔内有水，需采用水下混凝土灌注法施工；如孔内无水，则采用干孔灌注法施工并注意振捣。

（5）拔筒成桩：一边浇筑混凝土一边拔护筒，应注意保持护筒底低于混凝土面≥2.5m。

排桩施工工艺流程如下：

如图 12-27 所示，对一排咬合桩，其施工流程为 A1→A2→B1→A3→B2→A4→B3，如此类推。

A 桩混凝土缓凝时间的确定需要在测定出 A、B 桩单桩成桩所需时间 t 后，根据下式计算 A 桩混凝土缓凝时间 T：

$$T = 3t + K \tag{12-40}$$

式中 K——储备时间，一般取 $1.5t$。

在 B 桩成孔过程中，由于 A 桩混凝土未完全凝固，还处于流动状态，因此其有可能从 A、B 桩相交处涌入 B 桩孔内，形成"管涌"。克服的措施有：①控制 A 桩的混凝土坍落度＜14cm。②护筒应插入孔底以下至少 1.5m。③实时观察 A 桩混凝土顶面是否下陷，若发现下陷应立即停止 B 桩开挖，并一边将护筒尽量下压，一边向 B 桩内填土或注水（平衡 A 桩混凝土压力），直至制止住"管涌"为止。

当遇地下障碍物时，由于咬合桩采用的是钢护筒，所以可吊放作业人员下入孔内清除障碍物。

在向上拔出护筒时，有可能带起放好的钢筋笼，预防措施可选择减小 B 桩混凝土骨料粒径或者可在钢筋笼底部焊上一块比其自身略小的薄钢板以增加其抗浮能力。

咬合桩在施工时不仅要考虑素混凝土桩混凝土的缓凝时间控制，注意相邻的素混凝土和钢筋混凝土桩施工的时间安排，还需要控制好成桩的垂直度，防止因素混凝土桩强度增长过快而造成钢筋混凝土桩无法施工，或因已施工完成的素混凝土桩垂直度偏差较大而造成与钢筋混凝土桩搭接效果不好的情况，甚至出现基坑漏水，无法止水而失败的情况。因此对于咬合桩施工应该进行合理安排，做好施工记录，方便施工顺利进行。为控制咬合桩的成孔精度达到设计和相关规范的要求，应采用成孔精度全过程控制的措施。可在成桩机具上悬挂两个线柱控制南北、东西向护筒外壁垂直度并用两台测斜仪进行孔内垂直度检查。发现有偏差时及时进行纠偏调整。

类似于地下连续墙施工，对于全套管咬合桩的施工，也需要在进行钻孔成桩之前施做导墙，以满足钻孔咬合桩的平面位置的控制和作为施工机具的一个平台，防止孔口坍塌，确保咬合桩护筒的竖直，并确保全套管钻机平整作业。导墙的施工要求可参见地下连续墙的相关要求。

12.7.5 桩—锚支护结构的施工

桩—锚支护结构的施工顺序总体上如下：

(1) 施工隔水帷幕与排桩；

(2) 施工桩顶帽梁；

(3) 开挖土方至第一层锚杆标高以下的设计开挖深度，挂网喷射桩间混凝土；

(4) 逐根施工锚杆；

(5) 安装围檩和锚具，待锚杆达到设计龄期后逐根张拉至锚杆设计承载力的 0.9～1.0 倍后，再按设计锁定值进行锁定；

(6) 继续开挖下一层土方并施工下一排锚杆。

锚杆的具体施工工艺可参照第 17 章。为了提高锚杆锚固段的锚固力，有时还可考虑对锚杆采用二次注浆的工艺。

12.8 隔水帷幕的设计与施工

12.8.1 隔水帷幕的设计

当基坑开挖深度大于工程所在场地的地下水位高度时，如采用没有止水防渗功能的分离式柱列式排桩，需要考虑设置隔水帷幕，隔水帷幕的深度应满足如下要求：

(1) 当坑内外存在水头差时，粉土和砂土应进行抗渗流稳定性验算，渗流的水力梯度不应超过临界水力梯度。

(2) 当上部为不透水层，坑底下某深度处有承压水时，坑内土体应满足抗承压水突涌稳定性验算的要求。

一般而言，隔水帷幕要求插入到坑底以下渗透性相对较低的土层中。目前，国内常规单轴和双轴搅拌机施工的水泥土搅拌桩隔水帷幕的深度大致可达 15～18m，三轴搅拌机施工隔水帷幕深度可达 35m 左右，而诸如 TRD 工法等则可达到 60m 左右。对深度较大的基坑，当坑底下存在承压含水层且坑底抗突涌稳定不满足要求，且由于施工设备能力的限制使得隔水帷幕深度无法达到截断承压水含水层时，可对承压含水层采取降低水头的措施，国内诸如天津、上海、武汉等地均有较成熟的经验，但此时必须注意对承压含水层水头降低对环境的影响进行评估，综合决策。

12.8.2 隔水帷幕的施工

图 12-2 中涉及的隔水帷幕（桩）包括水泥搅拌桩、旋喷桩。其中搅拌桩可采用常规双轴水泥土搅拌桩机、SMW 工法三轴搅拌机施工。近年来，国际上还在强度较高的土中采用双轮铣槽机施工连续的水泥土墙，或采用 TRD（Trench Re-mixing Deep）工法施工连续型的水泥土墙。此外，为解决常规 SMW 工法三轴搅拌机施工深度上的局限性，日本还发展了可接钻杆的 SMW 三轴搅拌机。TRD 工法及可接钻杆的 SMW 三轴搅拌机的施工最大深度已可达 60m，且 TRD 工法可用于标准贯入击数达 50 以上的砂土中施工。

采用双轴、三轴搅拌机施工时，其施工方法可参见本手册第 10 章和第 13 章。但应予以注意的是，对图 12-2 (a)、(e) 和 (f) 所示的隔水帷幕，一般而言，当隔水帷幕与灌注桩距离较小时，要先施工搅拌桩隔水帷幕。如先施工灌注桩，则有可能因灌注桩局部扩径严重，导致搅拌桩无法按设置位置施工，使隔水帷幕的搭接出现困难。

当采用灌注桩与搅拌桩咬合式的隔水帷幕时，由于是先施工搅拌桩，然后再实施两个搅拌体之间的灌注桩施工。因此，要注意相邻的搅拌桩与混凝土桩施工的时间安排和搅拌桩成桩的垂直度。

对三轴搅拌桩，在搅拌成桩时，70%～80%总量的水泥浆，宜在下行钻进时灌入，其余的 20%～30%宜在螺旋钻上行回程时灌入。上行回程时所需灌入的水泥浆仅用于充填钻具撤出留下的空隙。螺旋钻上行时，螺钻最好反向旋转，且不能停止，以防产生真空，有真空就可能导致柱体墙的坍塌。

当采用 TRD 工法施工时，其施工方法参见第 13 章。TRD 工法是日本近年来发展起来的水泥土搅拌工法，它是通过附着可分节安装的搅拌箱上的切削链条（链条上有切削头），在电机驱动下沿搅拌桩转动，从而可对土层进行切削并和水泥浆搅拌。同时，切削箱可在地面设备推动下水平移动，从而实现对土体的竖向和水平向的连续搅拌，形成无搭接接头的水泥土搅拌墙。

图 12-28 是另一种相似的切削搅拌机设备，其原理与 TRD 工法接近，但由于切削设备固定在履带式行走机械上，不能伸长，只能施工深度不大的水泥土搅拌墙。

在 2003 年，Bauer 发展了一种称为 CSM（Cutter Soil Mixing）的深层切削搅拌设备，用一种类似开挖壕沟的设备来施工水泥土墙，其设备如图 12-29 所示。

采用 CSM 工法，一次可形成类似地下连续墙一个槽段的水泥土墙，墙厚 500～1200mm，槽段长度有 2200mm、2400mm 和 2800mm 三种规格。采用钻杆与切削搅拌头

图 12-28　Trench Machine 隔水帷幕切削搅拌设备

连接时，最大施工深度 35m，当采用缆绳悬挂切削搅拌头施工时，最大施工深度可达 70m。图 12-30 为一段施工完成的并被挖除的墙体，可见其搅拌质量良好。

图 12-29　CSM 工法施工设备

图 12-30　CSM 工法施工形成墙体

与一般单轴、双轴水泥搅拌机相比，由于 CSM 工法一次可施工长度达 2m 以上的墙体，因此，接头数量显著减少，从而减少了帷幕渗漏的可能性。

采用 CSM 工法还有一个优点，即可在直径不是很大的管线下施工，可实现在管线下方帷幕的封闭。其施工方法如图 12-31 所示。

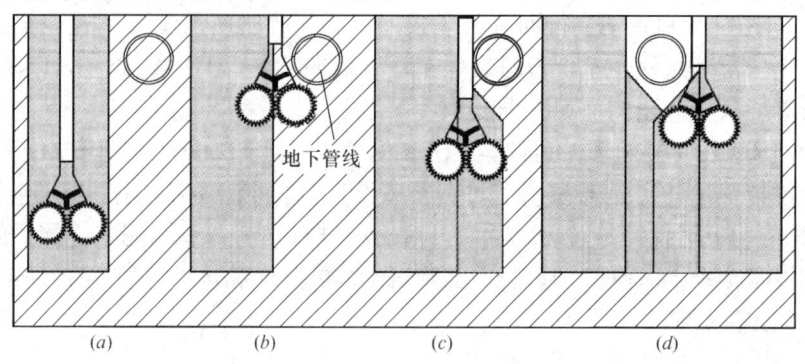

图 12-31　CSM 工法施工管线下隔水帷幕
(a) 施工左侧墙体；(b) 施工左下侧墙体；(c) 完成左下侧墙体；(d) 施工右侧及右下侧墙体

此外，日本鹿岛建设株式会社还发展了一种隔水帷幕的施工方法，称为 "Wraping Wall Method"，其设备如图 12-32 所示。它主要是针对地下较大深度处有地下管线，导致隔水帷幕不能封闭的情况。其主要原理是利用一个在土中可以旋转的切削搅拌设备，可沿着地下管线的外围尺寸搅拌切削，形成封闭帷幕。其切削搅拌原理类似 TRD 设备及图 12-28 所示的 Trench Machine 隔水帷幕切削搅拌设备。与 Trench Machine 的区别是，Wraping Wall Method 的掘削机安装在其上的上部结构上，可以在竖直平面内实现有 90°的回转。

具体施工时，需要在地下管线邻近处钻孔至适宜深度，然后放入设备，然后掘削机可在其下方施工隔水帷幕（图 12-33）。但是，在管线上方，还需配合其他常规隔水帷幕施工设备并辅以高压喷射注浆方法，围绕管线形成封闭的隔水帷幕。如图 12-34 所示。

图 12-32　Wraping Wall Method 施工设备

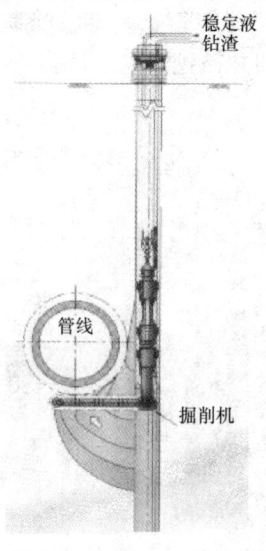

图 12-33　Wraping Wall Method 施工过程

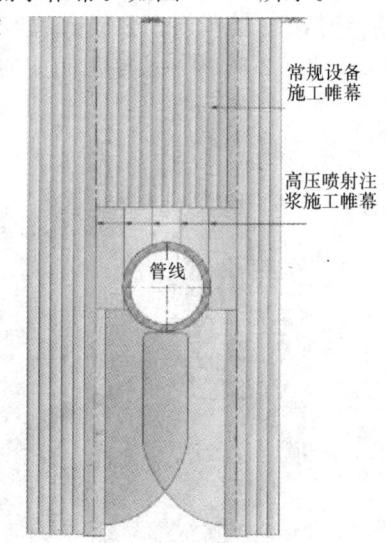

图 12-34　完整帷幕的形成示意图

12.9 工程实例

12.9.1 单排桩支护工程实例之一

1. 场地及工程地质条件

仁爱濠景庄园地处天津市西青经济开发区凌庄子内,拟建工程为地上 14 层、地下 1 层的住宅楼。紧邻场地南侧有一排三层砖混别墅,距拟建建筑物约 6.5m,东、西、北侧 20m 范围内无建筑物。该场地埋深 50.50m 深度范围内,地基土按成因年代可分为 8 层,按力学性质可进一步分为 14 个亚层,主要由粉质黏土、砂土、粉土组成,各层土的部分物理力学指标见表 12-2。地下水属潜水类型,主要由大气降水补给,静止水位埋深 0.25~1.5m,常年水位变幅在 0.5~1.0m 左右。

各层土物理力学指标　　　　　　表 12-2

土层	层厚 (m)	重度 γ (kN·m^{-3})	黏聚力 c (kPa)	内摩擦角 φ (°)	压缩模量 E_s (MPa)
黏土	2.1	19.0	22.0	21.0	5.6
粉土	2.0	19.3	9.0	25.5	11.0
粉质黏土	8.2	18.9	18.0	24.3	5.7
粉质黏土	1.7	20.0	15.3	28.1	6.2
粉质黏土	4.9	19.5	17.6	28.6	6.3
粉质黏土	3.7	19.2	21.0	26.1	6.6
粉土	1.0	19.6	8.5	32.0	14.4
粉质黏土	1.6	19.4	26.5	20.8	5.8
粉土、粉砂	3.7	20.9	10.0	35.6	13
粉土、粉砂	2.1	19.8	11.2	37.2	17.9

2. 基坑工程概况

基坑平面尺寸为 118.1m×26.7m,开挖深度 9.1m。基坑的围护结构以 ϕ800@1200 单排钢筋混凝土灌注桩(桩长 17.6m)加帽梁体系作为挡土结构,双排水泥土搅拌桩(桩长 16.1m)作为隔水帷幕,开挖至 1.5m 深度处设置 700mm×900mm 的混凝土水平支撑,水平方向间距为 13m。基坑南侧 4m 外有连排砖混结构别墅(三层),为保证建筑物安全,在南侧除设置 ϕ800@1200 连排灌注桩(桩长 17.6m)作为围护结构外,还利用距离围护桩 2.4m 处的一排桩距 3.6m 的 ϕ800 裙房灌注桩桩基,并以连系梁将两排桩的桩顶帽梁连接,试图使该排工程桩也兼作围护桩(形成类似双排桩结构),以减小土层水平位移。基坑支护平面图如图 12-35 所示。基坑剖面图如图 12-36 所示。

基坑开挖后的情况如图 12-37 所示。由图 12-37 可清楚看到,距建筑物较近且标高较高的为后排工程桩帽梁,与前排围护桩通过斜梁连接。水平支撑与前排围护桩帽梁连接。

3. 施工监测[8]

如图 12-35 所示,在基坑三个横断面位置布置测斜管,其中,断面 1-1 位于基坑北侧,基坑围护桩外未布置后排桩,因此只在围护桩和水泥土搅拌桩隔水帷幕内各埋一个测斜管(1 号、2 号测斜管);断面 2-2、3-3 位于基坑南侧,断面上依次设有基坑围护桩、水泥土搅拌桩隔水帷幕和后排工程桩,在同一断面的基坑围护桩、水泥土搅拌桩隔水帷幕

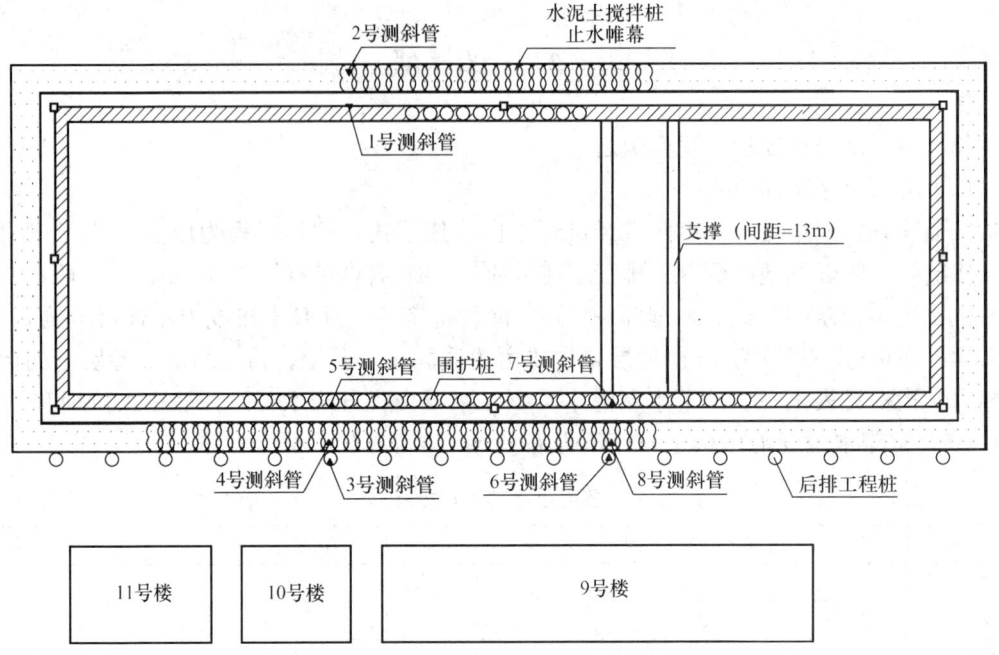

图 12-35 基坑围护结构及周围场地平面图

和后排工程桩内布置测斜管，以监测围护桩、搅拌桩隔水帷幕和工程桩的侧移。其中断面 2-2 测斜管分别为 3 号、4 号和 5 号测斜管，4 号测斜管位于隔水帷幕中。3-3 剖面测斜管分别为 6 号、7 号和 8 号测斜管。

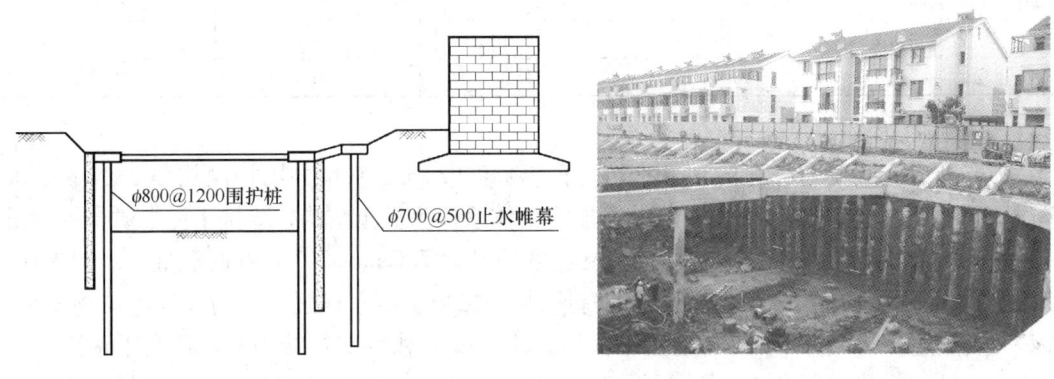

图 12-36 基坑支护剖面图　　　　图 12-37 基坑开挖后实景图

周围建筑物的沉降监测也是工程监测的重点，施工中在临近基坑的 9 号、10 号和 11 号建筑物的外墙角等部位埋设了多处沉降监测点，对沉降值进行观测。

4. 监测结果及数据整理

现场监测历时两个月。监测剖面由于 6 号、7 号两个测斜管失效，仅测得隔水帷幕（8 号）的水平位移情况，2-2 监测剖面数据正常。测斜管测得的水平位移值如图 12-38～图 12-40 所示，其中图 12-38 反映了 5 号测斜管测得的基坑围护桩沿深度的水平位移值，图 12-39 反映了为 3 号测斜管测得的后排工程桩沿深度的水平位移值，图 12-40 反映了 4 号、8 号测斜管测得的搅拌桩隔水帷幕沿深度的水平位移值。

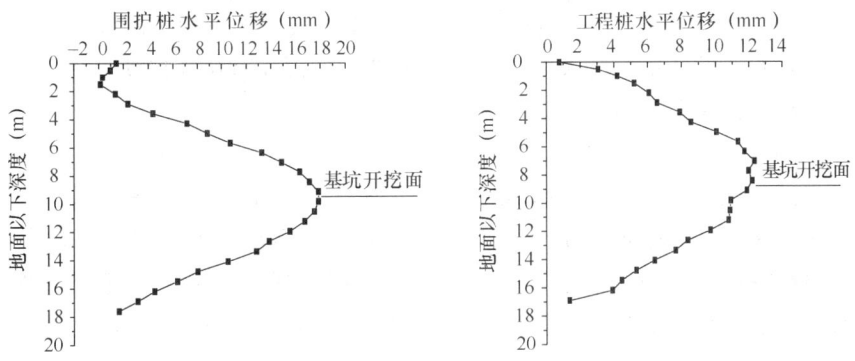

图 12-38　5 号围护桩测斜管测斜结果　　图 12-39　3 号后排工程桩测斜管测斜结果

由实测结果可看出，后排工程桩水平位移曲线线形与围护桩、隔水帷幕的水平位移曲线线形相似，说明基坑开挖造成坑外土体侧移，进而会引起临近桩体发生侧移，这也表明考虑基坑开挖对临近桩体的影响是必要的。

此外，从实测结果看，隔水帷幕的水平位移达到了 23mm，而围护结构的水平位移只有 18mm，隔水帷幕的水平位移大于围护结构的水平位移近 28％。这在以往的文献中似乎没有报道。究其原因，主要与围护体系是排桩结构有关。由于围护桩间距较大，桩与桩间的部分土体处于临空状态，来自隔水帷幕传递的水平土压力只能由隔水帷幕与围护桩之间不临空的土体传递，形成了土拱效应，如图 12-41 所示。由于承担荷载的土拱（主要是拱脚）只占隔水帷幕与围护桩之间土体的少部分，使得土拱部位土体产生较大压缩，导致隔水帷幕进一步侧移，从而出现了隔水帷幕水平位移大于围护结构水平位移的情况。

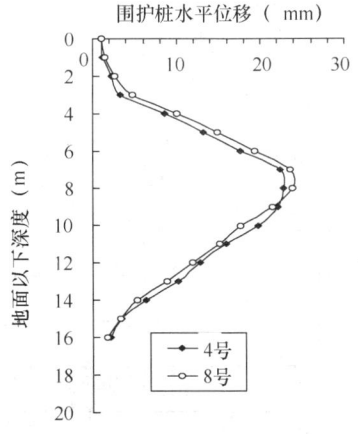
图 12-40　4 号、8 号搅拌桩隔水帷幕水平位移

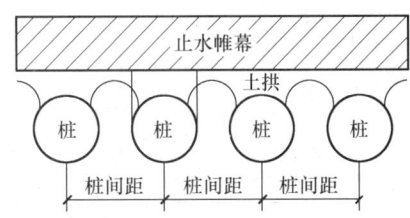
图 12-41　隔水帷幕与灌注桩间土体传力示意图

由于一般基坑围护结构监测仅注意围护桩的水平位移，实际上，根据以上分析指出的原因，围护桩的水平位移可能小于其后的隔水帷幕的水平位移。这使得根据围护桩水平位移来估算坑后地面沉降的经验可能会产生较大误差。可以想象，随着桩间距的增大，这种现象将越显著。天津地区就常常采用的 $\phi 600@1000$、$\phi 700@1000$ 等的排桩布置方式，通过加大桩间距来降低工程造价而围护桩的最大水平位移并不显著增大。当临近对沉降敏感的建筑物时，上述隔水帷幕的水平位移大于围护结构的水平位移的现象必须引起重视。由

图 12-41 可进一步看出，由于隔水帷幕的抗弯能力很弱，过大的不均匀侧移会使之受弯开裂，从而丧失"止水"的功能，危及基坑工程的安全，实际工程中需谨慎处理。

12.9.2 单排桩支护工程实例之二

1. 工程简介

拟建物主楼地上 26 层，总高度约为 140.0m，整个场地内均有 2 层地下室，采用框架剪力墙结构，桩基础。拟建物建筑±0.000 相当于大沽标高 4.900，现地表大沽标高 3.700，相当于建筑标高-1.200。地下室二层顶板建筑标高-7.100m，基础底板建筑标高-11.100m，主楼承台厚 2.0m，素垫层厚 150mm，主楼坑深 12.05m；纯地下室承台厚 600mm，素垫层厚 150mm，纯地下室坑深 10.65m。主楼位于基坑中部，距坑边最近处约 8.0m，设计时按坑深 10.65m 计算。

拟建物场地狭小，北侧和东侧地下室外墙距场地围墙 4.0~5.0m，围墙外为道路。西北角为一层平房，地下室外墙距平房约 3.0m。西侧较开阔。南侧为某办公楼、水池及烟囱，地下室外墙距办公楼约 5.0m，距水池约 2.5m，距烟囱约 12.0m，其中办公楼和烟囱均为桩基础，水池和烟囱现正在使用。

2. 场地工程地质条件

各层土的物理力学指标见表 12-3。地下水属潜水类型，主要由大气降水补给，常年水位变幅在 0.50~1.00m 左右。

土物理力学指标 表 12-3

层号	土层	厚度 (m)	含水量 $w(\%)$	重度 $\gamma(kN/m^3)$	孔隙比 e	塑限 I_p	液限 I_L	内摩擦角 $\varphi(°)$	黏聚力 $c(kPa)$	比例系数 $m(kN/m^4)$
①$_1$	杂填土	1.9						10.0	5.0	1500
①$_2$	素填土	1.8						12.0	10.0	2000
②	黏土	0.65	33.4	18.8	0.958	19.3	0.69	10.56	13.86	2560
③	黏土	2.9	32.1	18.9	0.920	18.3	0.59	17.04	18.99	6000
④	粉质黏土	5.35	31.9	18.9	0.897	13.1	1.01	22.17	14.99	7110
⑤	粉质黏土	1.6	27.2	19.7	0.748	11.4	0.62	20.0	11.2	7120
⑥	粉质黏土	6.1	24.5	20.0	0.695	13.4	0.54	18.29	15.3	6390
⑦$_1$	粉土	6.65	23.4	20.2	0.647	/	/	27.49	11.09	11000
⑦$_2$	粉质黏土	3.8	24.8	20.1	0.683	16.3	0.26	17.22	29.58	7170

3. 基坑支护方案

设计单位针对坑深 10.65m 和周围条件，采用带一道水平支撑、ϕ800@1000 钻孔灌注桩支护结构，桩顶位于现地表下 2.2m，相当于建筑标高-3.400，桩长为 16.5m，嵌固深度为 8.05m，计算时考虑施工超载 15kPa。支护桩纵向受力钢筋为 12 根直径 25mm 钢筋（Ⅲ级钢）。

排桩后设置水泥搅拌桩隔水帷幕，水泥搅拌桩直径 700mm，搅拌桩之间咬合 200mm。基坑支护结构平面图、剖面图分别见图 12-42、图 12-43。设计计算采用直剪快剪强度指标，土压力采用郎肯主动土压力，水土合算。

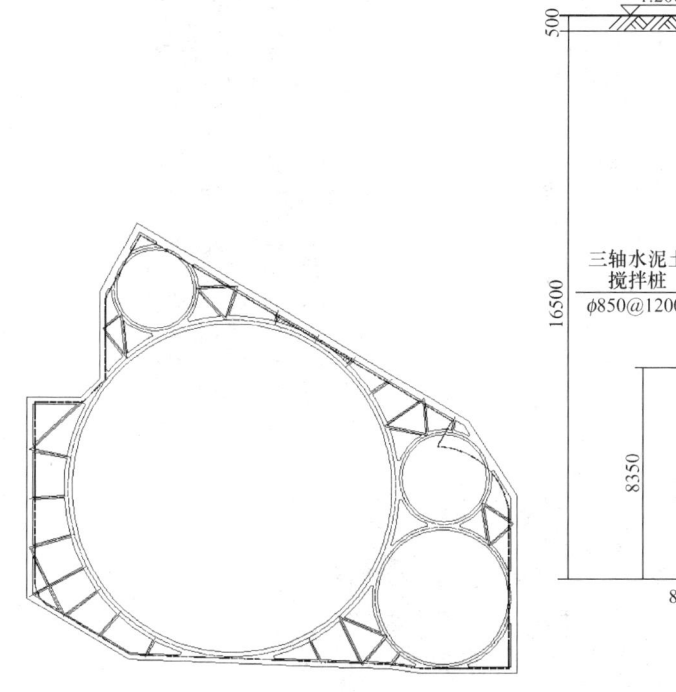

图 12-42 基坑支护平面图

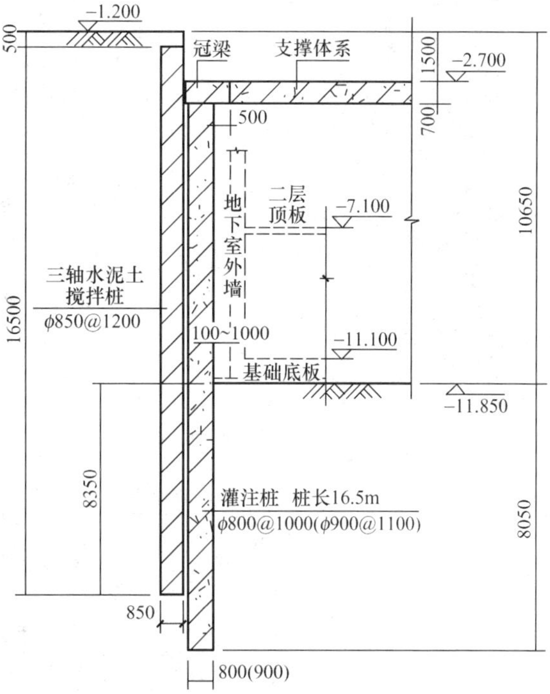

图 12-43 基坑支护剖面图

4. 变形实测结果及分析

在基坑支护桩后土体中设置了测斜管,测量了基坑开挖过程排桩后土体的水平位移。基坑开挖到底 10 天左右后,CX3 测斜点处桩后土体的水平位移如图 12-44 所示。可以看出,支护桩发生了较大的水平位移及挠曲变形。大多数桩的桩身在坑底以上 2~4m 范围内出现了多道水平裂缝,最大裂缝宽度达 1~3mm,如图 12-45 所示。且由于桩身侧移及挠曲过大,排桩后的隔水帷幕也出现水平裂缝并出现渗水现象,将桩间土挖除,暴露出隔水帷幕,从图 12-46 可清楚看出位于排桩后隔水帷幕的水平裂缝。

从该工程实测结果可看出,由于水平支撑距坑底的高度较大,达到 8.25m,这对于 800mm 直径的支护桩来说似乎有些偏大,桩体刚度相对较低,加之配筋数量较少,当桩身出现较大挠曲时,桩身出现了较多裂缝。

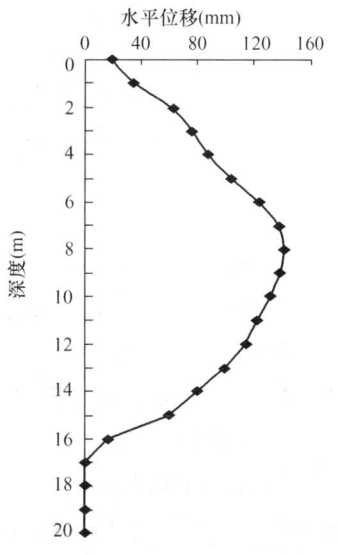

图 12-44 桩后土体实测水平位移

由于隔水帷幕的变形较大,与灌注桩相似,隔水帷幕也出现了水平裂缝,如图 12-46 所示。此外,值得注意的是,在排桩向坑内突出的阳角部位,由于排桩向坑内的较大位移导致排桩后隔水帷幕出现竖向受拉并出现较大的竖向裂缝(图 12-47),在渗水的部位挖除桩间土,可显著看出隔水帷幕的水泥土搅拌桩在桩身而不是相邻搅拌桩的咬合处出现显著的竖向裂缝。

图 12-45 灌注桩桩身水平裂缝

图 12-46 隔水帷幕水平裂缝

图 12-47 隔水帷幕竖向裂缝

因此,对于柱列式排桩,当排桩后设置隔水帷幕时,必须考虑排桩的挠曲对隔水帷幕的影响。由于排桩三维变形的特点,在排桩向坑内突出的阳角部位可能导致隔水帷幕在水平向受拉,拉力较大时,可能出现竖向裂缝而出现渗漏水。

12.9.3 双排桩支护工程实例

1. 工程简介

招商局国际海洋中心工程位于天津市和平区张自忠路与承德道交口处靠西北侧,总建筑面积 4500m²。其中主楼地上 27 层,高达 102m,采用内筒外框架结构;裙楼为四层框架结构,主楼与裙楼下设两层地下室,箱基埋深最深处达到 10.1m。

本工程需要开挖的基坑平面形状复杂,基坑周围长约 220m,基坑挖深约在 9.4m 左右,局部深坑开挖深度 12.0m。

该工程基坑的周围环境比较复杂,如图 12-48 所示,基坑北侧有一幢四层建筑物,最近处距基坑边缘仅有 5m 左右;靠近基坑东侧边缘尚有一些临建棚分布;基坑西侧距单层车库 7m 左右,南侧为市区主要干道。从周围环境看,基坑北侧的支护结构是施工的关键,一旦变形过大,就可能导致四层建筑物出现裂缝,因此应加强这一段支护的设计。

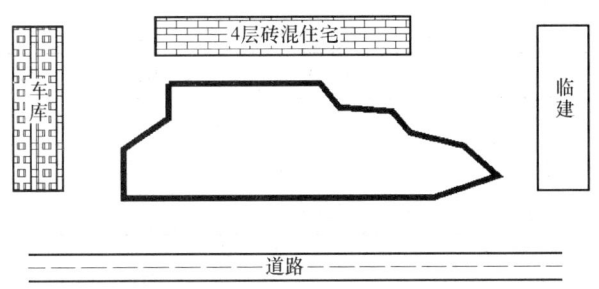

图 12-48 基坑平面示意图

2. 场地工程地质条件

根据所掌握的地质勘察资料,该场地土层由下至上依次为第四系上~中更新统(Q_{2-3})、上更新统(Q_3)、全新统(Q_4)的河流相及海相交互的黏性土及砂土。由于场地近邻海河,场地埋深 13.0m 范围内有海河古道沉积物。

各土层的土性指标见表 12-4,其中各层土的强度指标为固结快剪强度指标,土层厚度取平均值。

该场地表层属于地下潜水类型,且地下水对混凝土无任何侵蚀性。深度 20.0m 以上各层土的室内渗透系数列于表 12-5。由表可知,该场地各土层渗透系数不高,故土压力计算中考虑采用"水土合算"方法。

场 地 土 性 指 标   表 12-4

土层	名称	厚度 (m)	黏聚力 c(Pa)	内摩擦角 φ(°)	重度 γ (kN/m³)	含水量 ω (%)	孔隙比 e	压缩模量 E_{s1-2}(MPa)
1b	冲填土	1.5	17	19.5	18.9	26.9	0.81	4.5
2a	粉质黏土	5	16.3	19.2	19	30.7	0.86	5.2
2b	粉土	3.9	10	22.5	19.3	257	0.75	13.6
3	粉质黏土	4	14	19	19.2	28.3	0.81	5.7
4	粉质黏土	1.1	16	19	20.3	22.9	0.62	5.8
5a	粉质黏土	6.8	13.2	20.1	20.1	23.5	0.65	6.8
5b	粉砂	1.5	11.7	26.7	20.5	20	0.57	12.5
6	粉细砂	7.6	8.7	25.2	20.3	20.2	0.58	16.9
7	粉质黏土	1.3	19	17	19.5	28.6	0.8	6.9
8a	粉质黏土	7.4	15.3	18.1	20.2	23.1	0.64	8.8

场地地基土渗透系数   表 12-5

土层	岩性	k_v (cm/s)	k_h (cm/s)	透水性
1b	冲填土	1.20×10^{-6}	6.25×10^{-6}	微透水
2a	黏土	5.90×10^{-8}	1.22×10^{-7}	不透水
2a	粉质黏土	5.73×10^{-5}	1.38×10^{-4}	弱透水
2b	粉土,粉质黏土	7.15×10^{-5}	8.21×10^{-5}	弱透水

续表

土层	岩性	k_v (cm/s)	k_h (cm/s)	透水性
3	粉质黏土	3.83×10^{-6}	3.73×10^{-5}	弱透水
4	粉质黏土	1.20×10^{-6}	5.63×10^{-6}	微透水
5a	粉质黏土	1.28×10^{-6}	7.30×10^{-6}	微透水

3. 基坑支护结构方案

由于基坑的形状极不规则，基坑深而且大，并且基础底板的边缘尺寸几乎占满红线，因此本工程支护结构经多方比较后选择了双排桩支护方案。前后排桩排距分别采用2.3m、2.5m和3.2m三种，桩间通过Y形三角架斜撑和栅格式环梁连接成一体。基坑南侧一部分前排桩利用了基础底板的抗浮桩，抗浮桩桩顶与环梁间采用钢格柱连接，在结点处考虑了一定的构造措施。在双排桩支护桩外侧设置了一道水泥土搅拌桩作为隔水帷幕，搅拌桩桩长16m，桩径700mm。双排桩的三个典型剖面如图12-49所示。

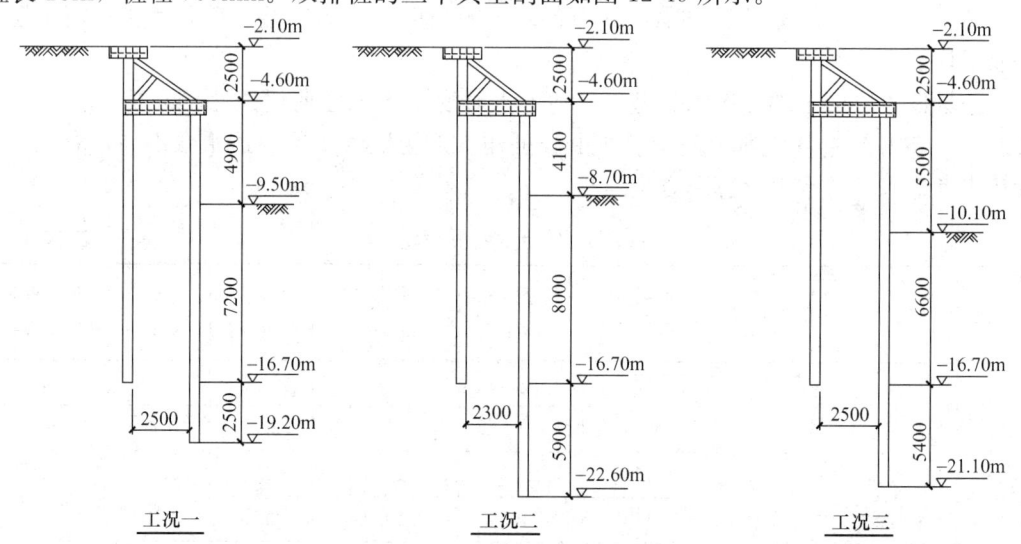

图12-49 双排桩三种典型剖面

各剖面的具体情况如下：

工况一：2-2截面，前后排桩桩径为700mm，桩间距1.3m，排距为2.5m。前后排桩长均为14.6m，基底标高-9.500m。

工况二：5-5截面，前排桩桩径800mm，桩间距1.3m，桩长18m。后排桩桩径采用800mm和700mm间隔排列，桩间距1.3m，桩长14.6m。前后排桩距2.3m，基底标高为-8.700m，距坑边5m以外有一幢四层建筑物，按超载$p=30$kPa考虑。

工况三：6-6截面，前后排桩桩径为800mm，桩间距为1.3m，排距为2.5m。其中前排桩桩长17.5m，后排桩14.6m，基底标高为-10.100m。

4. 现场监测

测试项目包括支护结构的侧移和桩体截面内力。对于桩体截面内力，采用钢筋应力计进行测试。该测试选择了7根桩，每个桩体上按照计算结果选取最不利位置，布置钢筋应力计3对或者4对分别对不同工况下的桩体内力进行测试。其中工况三钢筋应力计测点的布置图如图 12-50，根据前后排桩不同深度桩身应力计算的弯矩及前、后排桩桩顶水平位移实测值见表 12-6。工况三弯矩实测值和设计计算值的对比见图 12-51。

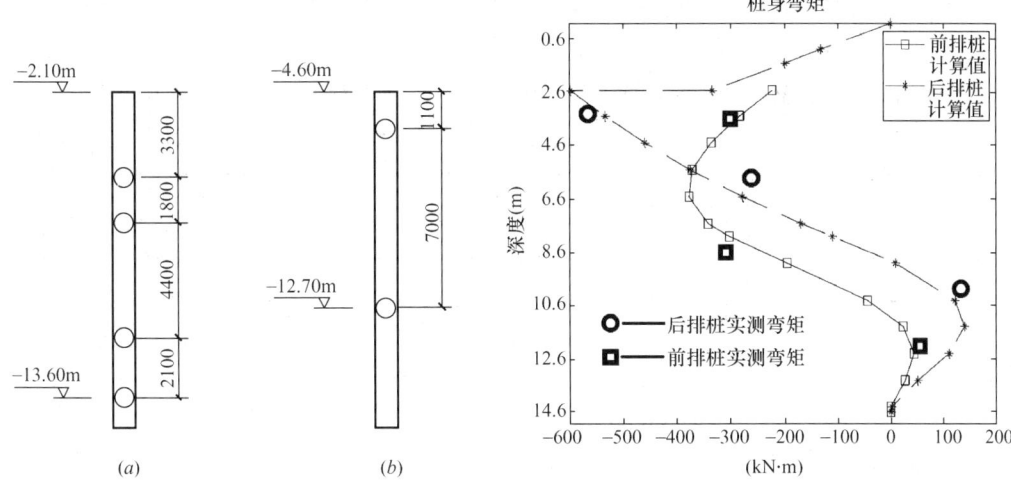

图 12-50 工况三桩体测点布置图
（a）前排桩桩身应力测点沿深度分布；
（b）后排桩桩身应力测点沿深度分布

图 12-51 工况 3 弯矩实测值和设计计算值对比

各工况测试点内力及位移计算值　　　　　　　　　　　　　　　　　　表 12-6

工况	后 排 桩				前 排 桩			
	桩顶位移（m）	弯矩（kN·m）			环梁位移（m）	弯矩（kN·m）		
		测点上	测点中	测点下		测点上	测点中	测点下
一	−0.0159	−370.32	−115.5	154.5	−0.0143	−217.8	−198.65	78.6
二	−0.0165	−401.86	−147.8	194.84	−0.0117	−277.7	−116.67	73.3
三	−0.018	−567.35	−278.4	140.89	−0.017	−284.03	−302.2	44.23

12.9.4　咬合桩工程实例

1. 工程概况

天津地铁 1 号线既有线改、扩建工程西南角站位于四马路、南开三马路与黄河道、南马路交口处，呈南北走向。本车站将既有结构全部拆除、按照新的建筑平面重新构筑新结构。改建段结构全长 244.349m。

车站主体为地下一层多跨矩形框架结构，采用明挖顺作法施工。原设计方案基坑围护结构采用钻孔灌注桩加水泥土搅拌桩隔水帷幕，坑内设钢支撑系统。但由于本工程基坑开挖较深，达到了 10m，且其中一段基坑与一高层建筑——金禧大酒店距离仅 6m，开挖处杂填土中埋有原地铁修建时抛弃的建筑垃圾，有很多如钢筋、废木料、模板等各种杂填物，情况非常复杂，此外，本段地下水埋藏较浅且丰富，桩孔易发生坍塌变形。经现场试验后发现一般钻孔灌注桩成桩较困难。钻孔咬合桩由于采用了全钢套管护壁，能有效地防止孔内流砂、涌砂现象的产生，并且通过现场实时监测其成孔精度即可得到有效控制，采用钢筋混凝土桩和素混凝土桩相互咬合排列，挡土和止水效果极佳，经济性好。最后经多方面因素综合考虑，本工程决定采用咬合桩这一新型围护结构形式。

2. 工程地质与水文地质

改建段区间位于第四系全新统人工填土层（Q_{ml}）、新近沉积层（$Q_4^{3N}si$）、第Ⅰ陆相层（Q_{4al}^3）、第Ⅰ海相层（Q_4^2m）中，以杂填土、粉质黏土、粉土为主，土质松软，多呈可塑～流塑状，属中～高压缩性土。各层土的部分物理力学指标见表12-7。场地地下水类型为孔隙潜水，储存于第四系黏性土、粉土及砂类土中，地下水埋深0.8～4m，水位变幅1～2m。

场 地 土 性 指 标　　　　　　　　　　表 12-7

土层名称	层厚(m)	底深(m)	重度(kN/m³)	内摩擦角(°)	黏聚力(kPa)
黏土、粉质黏土	0.30	0.30	19.20	14.60	14.70
粉质黏土	1.20	1.50	19.50	20.70	17.20
粉土	1.30	2.80	19.40	32.50	8.00
粉土	5.40	8.20	19.20	30.70	8.20
粉质黏土	3.90	12.10	19.30	22.50	15.60
粉质黏土	6.00	18.10	19.90	22.80	12.70

3. 咬合桩设计与施工

本工程钻孔咬合桩的排列方式为一根素混凝土桩（A桩）与一根钢筋混凝土桩（B桩）间隔布置，A桩采用缓凝型混凝土，B桩采用普通混凝土，先施工A桩，后施工B桩。天津地铁西南角站钻孔咬合桩采用的是全护筒冲弧法，即在两侧A桩成桩后利用护筒钻机的下压切割能力，在切割掉A桩部分混凝土的同时使B桩成桩，最后效果是使B桩嵌入两侧A桩一部分，形成咬合桩（图12-52）。

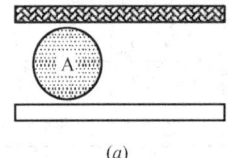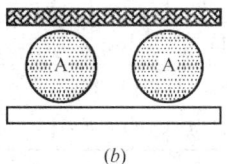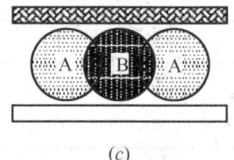

图 12-52　咬合桩施工流程
(a) 施工左侧素混凝土桩；(b) 施工右侧素混凝土桩；(c) 施工中间钢筋混凝土桩

为了保证钻孔咬合桩孔口定位的精度并提高桩体就位效率，应在咬合桩成桩前首先在桩顶部两侧施作混凝土导墙或钢筋混凝土导墙。

4. 工程应用情况

施工中，在靠近金禧大酒店一侧的基坑采用ϕ1200咬合桩，其余基坑段采用ϕ1000咬合桩，桩间咬合200mm，桩长为19.2m。由于咬合桩这一围护形式首次在天津地铁工程中使用，而且基坑工程又是整个项目的重要工程，因此非常有必要在基坑开挖过程中跟踪施工进程，对桩体侧移、坑周地面沉陷和地层位移、附近建筑物、地下管网等变形及受力情况进行监测，根据取得的监测数据对咬合桩的适用性进行客观的评价。

5. 监测方案

图12-53为基坑监测点平面布置图。监测设备包括：高精度水准仪，经纬仪和测斜仪。在基坑开挖和主体结构施工期间，主要进行了变位监测、沉降监测、咬合桩变位监测

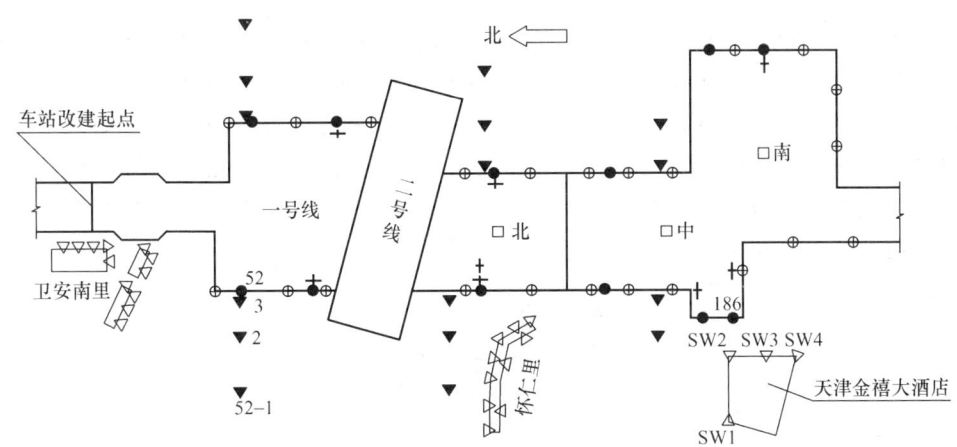

▼ 地面沉降　▽ 房屋沉降观测点　● 桩水平位移　⊕ 桩顶水平位移　□ 基坑回弹　+ 桩内力　┼ 横撑内力

图 12-53　基坑平面及监测布置

和地下管线位移监测。

6. 实测结果及分析

从 2003 年 8 月初开始监测，到 2004 年 2 月底结束，前后共计 7 个月的时间。在基坑开挖期间，工程中没有出现险情和事故，咬合桩防渗效果很好，各项监测数据也比较平稳，现对下面几个监测内容得到的监测数据进行分析说明。

图 12-54 和图 12-55 表示的是该基坑围护结构中的两处咬合桩的侧移曲线，分别为 186 号和 52 号（其具体位置见图 12-53）。由监测数据结果所绘出的桩体侧向变形曲线图可以看出，咬合桩围护结构桩体的最大侧向变形一般均发生在基坑开挖面以上靠近坑底的部位。52 号桩桩顶最大侧移达到了 8.5mm，远大于 186 号桩的 2mm。分析其原因，在图 12-53 中可以看出，186 号桩位于一号线靠近金禧大酒店一侧的基坑边，其桩径为 1200mm，而 52 号桩桩径为 1000mm。由于围护桩的桩径增大，所以其抗弯刚度势必会相应提高，在基坑内支撑形式相同的情况下，则桩身各部侧向变形量相应会变小。综合这两个位置与其他测点桩体侧移数据来看，绝大部分桩体变形值均满足要求，最大变形值 11.9mm，小于设计要求的水平侧移限值 14mm。

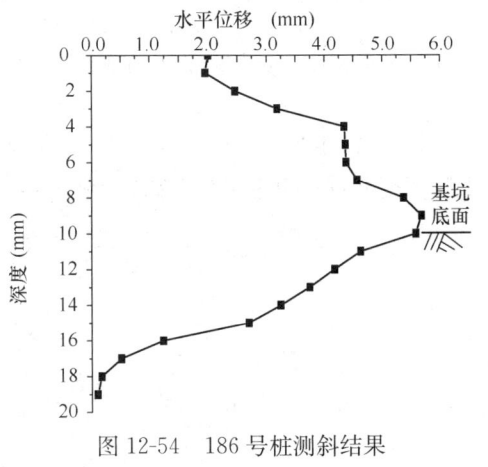

图 12-54　186 号桩测斜结果

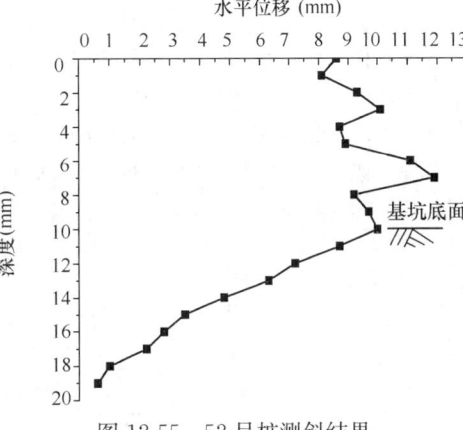

图 12-55　52 号桩测斜结果

图 12-56 为一号线基坑开挖需重点保护的周围高层建筑物金禧大酒店的沉降随时间变化曲线。从图中看出，建筑物在坑外降水时即有一定的沉降，但沉降值很小。而出现沉降最快的时候，正是基坑从开挖至开挖到底这段时间内。而后，这些测点虽然继续下沉，但下沉的速率明显变缓，最大沉降值仅为 3.5mm。综合基坑周围其他几幢建筑物的沉降值及地下管线的变形情况来看，最大沉降量在 15mm 以内，完全满足了基坑周围建筑物和管线的沉降小于 20mm 限值的设计要求。

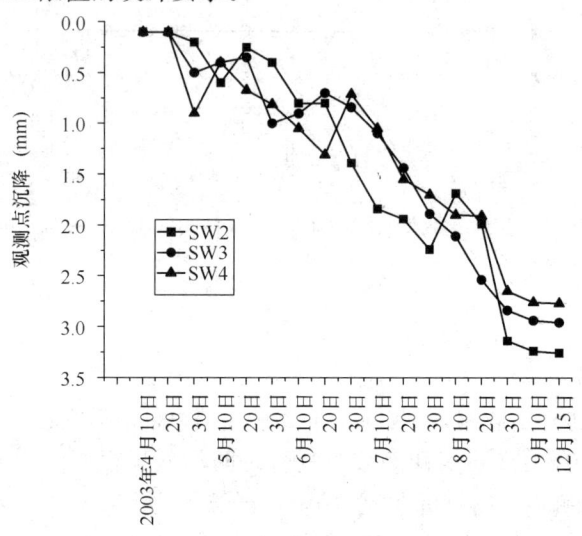

图 12-56　金禧大酒店沉降—时间曲线

参考文献

[1]　刘建航、侯学渊. 基坑工程手册(第一版)[M]. 北京：中国建筑工业出版社，1997.

[2]　廖少明，周学领，宋博等. 咬合桩支护结构的抗弯承载特性研究[J]. 岩土工程学报，2008，30(1)：72-78

[3]　胡琦，陈彧，柯瀚等. 深基坑工程中的咬合桩受力变形分析[J]. 岩土力学，2008，29(8)：2144-2148.

[4]　郑刚，李欣，刘畅. 考虑桩土相互作用的双排桩分析[J]. 建筑结构学报，2004，24(1)：99-106

[5]　李波. 桩锚支护体系在北京一地铁车站深基坑中的应用[J]. 市政技术，26(4)：348-350

[6]　吴文，徐松林，周劲松等. 深基坑桩锚支护结构受力和变形特性研究[J]. 岩石力学与工程学报，2001，20(3)：399-402

[7]　汤子毅. 全套管灌注桩及其咬合桩的施工工艺研究[J]. 中国高新技术企业，2008(14)：264-265

[8]　郑刚，颜志雄，雷华阳等. 基坑开挖对临近桩基影响的实测及有限元数值模拟分析[J]. 岩土工程学报，2007，29(5)：638-643

第 13 章 型钢水泥土搅拌墙的设计与施工

13.1 概 述

型钢水泥土搅拌墙（图 13-1），通常称为 SMW 工法（Soil Mixed Wall)[1]，是一种在连续套接的三轴水泥土搅拌桩内插入型钢形成的复合挡土隔水结构。即利用三轴搅拌桩钻机在原地层中切削土体，同时钻机前端低压注入水泥浆液，与切碎土体充分搅拌形成隔水性较高的水泥土柱列式挡墙，在水泥土浆液尚未硬化前插入型钢的一种地下工程施工技术。

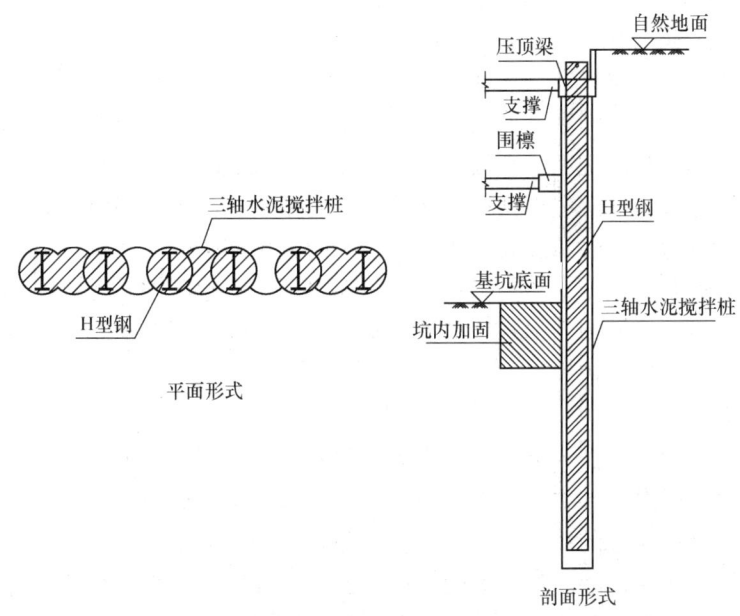

图 13-1 型钢水泥土搅拌墙

型钢水泥土搅拌墙源于基坑工程，随着对于该工法认识的深入和施工工艺的成熟，型钢水泥土搅拌墙也逐渐应用于地基加固、地下坝加固、垃圾填埋场的护墙等领域。本章所探讨的型钢水泥土搅拌墙仅限定于基坑围护工程的范畴。

型钢水泥土搅拌墙是基于深层搅拌桩施工工艺发展起来的，这种结构充分发挥了水泥土混合体和型钢的力学特性，具有经济、工期短、隔水性强、对周围环境影响小等特点。型钢水泥土搅拌墙围护结构在地下室施工完成后，可以将 H 型钢从水泥土搅拌桩中拔出，达到回收和再次利用的目的。因此该工法与常规的围护形式相比不仅工期短，施工过程无污染，场地整洁干净、噪声小，而且可以节约社会资源，避免围护体在地下室施工完毕后永久遗留于地下，成为地下障碍物。在提倡建设节约型社会，实现可持续发展的今天，推广应用该工法更加具有现实意义。

目前工程上广为采用的水泥土搅拌桩主要分为双轴和三轴两种，双轴水泥土搅拌桩相对于三轴水泥土搅拌桩具有以下缺点[2]：

(1) 双轴水泥土搅拌桩成桩质量和均匀性较差，成桩的垂直精度也较难保证；
(2) 施工中很难保持相邻桩之间的完全搭接，尤其是在搅拌桩施工深度较深的情况；
(3) 施工过程中一旦遇到障碍物，钻杆易发生弯曲，影响搅拌桩的隔水效果；
(4) 在硬质粉土或砂性土中搅拌较困难，成桩质量较差。

考虑到型钢水泥土搅拌墙中的搅拌桩不仅起到基坑的隔水帷幕作用，更重要的是还承担着对型钢的包裹嵌固作用，因此规定型钢水泥土搅拌墙中的搅拌桩应采用三轴水泥土搅拌桩，以确保施工质量和围护结构较好的隔水封闭性。

13.1.1 型钢水泥土搅拌墙国内外发展和应用现状

1. 国外发展和应用现状

型钢水泥土搅拌墙源于美国的 MIP 工法（Mixingin-PlacePile）[4]。1955 年在大阪市安治川河畔进行的 MIP 工法试验性施工中，尝试将 MIP 工法依次连续施工做成一道柱列式地下连续墙，这就是 SMW 工法的雏形。

为了解决 MIP 工法相邻桩搭接不完全、成桩垂直度较难保证、在硬质粉土或塑性指数较高的黏性土中搅拌较困难等问题，1971 年，日本成幸工业株式会社开发出多轴搅拌钻机，使相邻搅拌桩套接施工，有效地解决了以前钻机的缺陷。多轴搅拌钻机的研制成功为型钢水泥土搅拌墙的广泛应用创造了条件。之后型钢水泥土搅拌墙在成桩设备、施工工艺等方面得到了不断的完善和发展。作为一种新的基坑围护施工工艺，20 世纪 90 年代在泰国、马来西亚等东南亚国家和美国、法国等西方国家和地区被广泛应用。目前型钢水泥土搅拌墙围护形式已经成为日本基坑围护的主要工法，并且型钢水泥土搅拌墙的施工业绩仍在不断提高，用途日益扩大。

2. 国内发展和应用现状

在我国水泥土搅拌桩作为重力式挡土墙或隔水帷幕的设计理论和施工方法较为成熟，但作为型钢水泥土搅拌墙基坑围护结构的应用和其他国家相比存在一定的滞后[5]。虽然型钢水泥土搅拌墙具有较好的经济效益和社会效益，但一直以来由于国内对该工法的作用机理、设计理论缺乏研究，缺乏可依据的型钢水泥土搅拌墙设计规范和理论著作，并受到水泥土搅拌桩施工设备滞后和型钢回收困难等因素影响，制约了型钢水泥土搅拌墙在我国的推广应用。

早在 20 世纪 80 年代末，型钢水泥土搅拌墙曾引起了我国工程界的关注，并做了一些研究。20 世纪 80 年代后期传至台湾地区。内地最早的工程实例是 1994 年上海静安寺附近的环球世界商厦基坑围护工程，工程获得了成功，但未做到型钢的回收利用，因此围护工程造价与钻孔灌注桩相比并不具有优势。

1994 年上海隧道工程股份有限公司等单位对型钢水泥土搅拌墙的施工方法、施工设备、型钢水泥土的组合受力性能及设计计算方法、型钢起拔回收技术等进行了系统的研究。1998 年至 1999 年，型钢水泥土搅拌墙在上海地区逐步推广应用，主要工程有地铁二号线静安寺站下沉式广场、陆家嘴站五号出入口地下人行通道、浦东国际会议中心和地铁四号线蓝村路站等。据不完全统计，20 世纪 90 年代上海地区采用型钢水泥土搅拌墙施工的最大基坑面积为 1.34 万 m^2，最大成桩深度为 25m，最大基坑开挖深度为 15m。

目前型钢水泥土搅拌墙在我国上海、江苏、浙江、天津等沿海软土地区应用已经比较普遍,并逐步推广到福建、安徽、湖北等地区,相关的设计施工规范、规程的编制也在进行中。1997年8月"型钢水泥土复合搅拌桩支护结构研究"通过了上海市科委技术鉴定,1999年被建设部列为科技成果重点推广项目。上海市工程建设规范《型钢水泥土搅拌墙技术规程》(DGJ 08—116—2005)和天津市工程建设标准《天津市地下铁道SMW施工技术规程》(J 10591—2005)已经开始试行,国家行业标准《型钢水泥土搅拌墙技术规程》也已经编制完成。

3. 日本SMW工法施工机械及工艺简介

国内的型钢水泥土搅拌墙施工机械和工艺最初从日本引进,消化吸收后又进行了技术创新。目前日本常用的三轴水泥土搅拌桩主要有550和850两个系列,其中550系列中水泥土搅拌桩直径包含500mm、550mm、600mm、650mm四种类型,850系列中水泥土搅拌桩直径包含850mm和900mm两种类型,每种直径对应相应的水泥土搅拌桩施工设备和内插型钢规格。国内从日本引进的三轴水泥土搅拌桩施工设备主要为650mm和850mm两种类型,经过改进,国内又研发了1000mm搅拌桩施工机械。

日本三轴水泥土搅拌桩一般采用两种型号水泥,即高炉水泥和工法标准水泥。高炉水泥的强度较高,28d龄期抗压强度可达$61N/mm^2$,相当于国内普通硅酸盐水泥强度等级C60~C80以上,高炉水泥的水泥掺量一般为$200kg/m^3$,水灰比为1.5。工法标准水泥与国内常用的P42.5强度基本一致。

日本对水泥土搅拌桩的质量控制极为重视,为了规范设计、施工,加强质量管理,专门编制了《SMW工法协会标准》。标准中对搅拌桩的质量检测采用现场水泥土浆液取样试验和现场取芯强度试验两种方式,搅拌桩无侧限抗压强度要求不低于0.5MPa。

日本的型钢水泥土搅拌墙在地下室结构施工完成后一般不拔除,永久留在地下,国内引进后进行了工艺改进,型钢一般在地下室施工后拔除,这与日本存在不同。

13.1.2 型钢水泥土搅拌墙的特点

型钢水泥土搅拌墙是一种由水泥土搅拌桩柱列式挡墙和型钢(一般采用H型钢)组成的复合围护结构,同时具有隔水和承担水土压力的功能。型钢水泥土搅拌墙与基坑围护设计中经常采用的钻孔灌注桩排桩相比,具有下面几方面的不同。

首先,型钢水泥土搅拌墙由H型钢和水泥土组成,一种是力学特性复杂的水泥土,一种是近似线弹性材料的型钢,二者相互作用,工作机理非常复杂;其次,针对这种复合围护结构,从经济角度考虑,H型钢在地下室施工完成后可以回收利用是该工法的一个特色,从变形控制的角度看,H型钢可以通过跳插、密插调整围护体刚度,是该工法的另一特色;第三,在地下水水位较高的软土地区钻孔灌注桩围护结构尚需在外侧施工一排隔水帷幕,隔水帷幕可以采用双轴水泥土搅拌桩也可以采用三轴水泥土搅拌桩。当基坑开挖较深,搅拌桩入土深度较深时(一般超过18m),为保证隔水效果,常常采用三轴水泥土搅拌桩隔水。而型钢水泥土搅拌墙是在三轴水泥土搅拌桩中内插H型钢,本身就已经具有较好的隔水效果,不需额外施工隔水帷幕,因此造价一般相对于钻孔灌注桩要经济。

与其他围护形式相比,型钢水泥土搅拌墙还具有以下特点:

1. 对周围环境影响小

型钢水泥土搅拌墙施工采用三轴水泥土搅拌桩机就地切削土体、使土体与水泥浆液充分搅拌混合形成水泥土,并用低压持续注入的水泥浆液置换处于流动状态的水泥土,保持地下水泥土总量平衡。该工法无须开槽或钻孔,不存在槽(孔)壁坍塌现象,从而可以减少对邻近土体的扰动,降低对邻近地面、道路、建筑物、地下设施的危害。

2. 防渗性能好

由于搅拌桩采用套接一孔施工,实现了相邻桩体完全无缝衔接。钻削与搅拌反复进行,使浆液与土体得以充分混合形成较为均匀的水泥土,与传统的围护形式相比具有更好的隔水性,水泥土渗透系数很小,一般可以达到 $10^{-7}\sim10^{-8}\mathrm{cm/s}$。

3. 环保节能

三轴水泥土搅拌桩施工过程无需回收处理泥浆。少量水泥土浮浆可以存放至事先设置的基槽中,限制其溢流污染,待自然固结后运出场外。如果将其处理后还可以用于敷设场地道路,达到降低造价,消除建筑垃圾公害的目的。型钢在地下室施工完毕后可以回收利用,避免遗留在地下形成永久障碍物,是一种绿色工法。

4. 适用土层范围广

三轴水泥土搅拌桩施工时采用三轴螺旋钻机,适用土层范围较广,包括填土、淤泥质土、黏性土、粉土、砂性土、饱和黄土等。如果采用预钻孔工艺,还可以用于较硬质地层。

5. 工期短,投资省

型钢水泥土搅拌墙与地下连续墙、灌注排桩等围护形式相比,工艺简单、成桩速度快,工期缩短近一半。在一般软土地区入土深度 20~25m 情况下,日平均施工长度 8~10 延米,最高可达 12 延米;造价方面,除特殊情况由于受到周边环境条件的限制,型钢在地下室施工完毕后不能拔除外,绝大多数情况内插型钢可以拔除,实现型钢的重复利用,降低工程造价。型钢水泥土搅拌墙如果考虑型钢回收,当租赁期在半年以内时,围护结构本身成本约为钻孔灌注桩的 70%~80% 左右,约为地下连续墙的 50%~60% 左右。

13.1.3 型钢水泥土搅拌墙的适用条件

从广义上讲,型钢水泥土搅拌墙以水泥土搅拌桩为基础,凡是能够施工三轴水泥土搅拌桩的场地都可以考虑使用该工法。从黏性土到砂性土,从软弱的淤泥和淤泥质土到较硬、较密实的砂性土,甚至在含有砂卵石的地层中经过适当的处理都能够进行施工,适用土质范围较广。表 13-1 为土层性质对型钢水泥土搅拌墙施工难易的影响。

土层性质对型钢水泥土搅拌墙施工难易的影响　　表 13-1

粒径(mm)	0.001	0.005	0.074	0.42	2.0	5.0	20	75	300
土粒区分	淤泥质土	黏土	粉土	细砂	粗砂	砂砾	中粒	粗粒	大卵石	大阶石
				砂		砾			
施工性质	较易施工,搅拌均匀			较难施工				难施工	

从型钢水泥土搅拌墙在实际工程中的应用来看,基坑围护设计方案选用型钢水泥土搅拌墙主要考虑以下几点因素。

(1) 型钢水泥土搅拌墙的适用条件与基坑的开挖深度、基坑周边环境条件、场地土层条件、基坑规模等因素有关,另外与基坑内支撑的设置也密切相关。从基坑安全的角度看,型钢水泥土搅拌墙的选型主要是由基坑周边环境条件所确定的容许变形值控制的,即型钢水泥土搅拌墙的选型及参数设计首先要能够满足周边环境的保护要求。

（2）型钢水泥土搅拌墙的选择也受到基坑开挖深度的影响。根据上海及周边软土地区近些年的工程经验，在常规支撑设置下，搅拌桩直径为650mm的型钢水泥土搅拌墙，一般开挖深度不大于8.0m；搅拌桩直径为850mm的型钢水泥土搅拌墙，一般开挖深度不大于11.0m；搅拌桩直径为1000mm的型钢水泥土搅拌墙，一般开挖深度不大于13.0m。当然这不是意味着不同截面尺寸的型钢水泥土搅拌墙只能被限定应用于此类开挖深度的基坑，而是表明当用于超过此类开挖深度的基坑时，工程风险将增大，需要采取一定的技术措施，确保安全。

（3）当施工场地狭小或距离用地红线、建筑物等较近时，采用"钻孔灌注桩+隔水帷幕"等围护方案常常不具备足够的施工空间，而型钢水泥土搅拌墙只需在三轴水泥土搅拌桩中内插型钢，所需施工空间仅为三轴水泥搅拌桩的厚度和施工机械必要的操作空间，具有较明显的优势。

（4）与地下连续墙、灌注排桩相比，型钢水泥土搅拌墙的刚度较低，因此常常会产生相对较大的变形，在对周边环境保护要求较高的工程中，例如基坑紧邻运营中的地铁隧道、历史保护建筑、重要地下管线时，应慎重选用。

（5）当基坑周边环境对地下水位变化较为敏感，搅拌桩桩身范围内大部分为砂（粉）性土等透水性较强的土层时，若型钢水泥土搅拌墙变形较大，搅拌桩桩身易产生裂缝、造成渗漏，后果较为严重。这种情况，如果围护设计采用型钢水泥土搅拌墙，围护结构的整体刚度应该适当加强，并控制内支撑水平及竖向间距，必要时应选用刚度更大的围护方案。

13.1.4　型钢水泥土搅拌墙在工程应用中存在的问题

型钢水泥土搅拌墙在工程应用过程中主要存在如下问题：

（1）目前型钢水泥土搅拌墙主要应用于沿海软土地区，并积累了一定的经验。在其他地区特别是在内地硬土地区应用较少。作为一种有发展前景的绿色工法，在工程条件具备时，应提倡优先选用。

（2）一直以来由于对型钢水泥土搅拌墙研究重视不够，缺乏有效的科研投入，在一定程度上制约了其工程应用。

（3）型钢水泥土搅拌墙设计计算理论还有待进一步完善，特别是在搅拌桩和型钢协同工作方面，仍有许多问题需要进一步深入研究。

（4）对型钢水泥土搅拌墙的一些设计施工参数还没有统一的标准，如搅拌桩的水泥用量、水灰比等问题，因此施工单位经常凭经验施工，施工质量难以保证。

（5）目前工程中对搅拌桩强度的争议比较大，各种规范和手册的要求也不统一，而工程实践中通过钻孔取芯试验得到的搅拌桩强度值普遍较低，特别是比一般规范、手册中要求的强度值要低，如何合理地确定搅拌桩28d强度值，需要结合试验深入分析研究。

（6）在水泥土搅拌桩的强度检测中，多种方法都存在不同程度的缺陷，试块试验不能真实地反映桩身全断面在土中（水下）的强度值，钻孔取芯对芯样有一定破坏，检测出的无侧限抗压强度偏低，而原位测试的方法目前还缺乏大量的对比数据，无法建立强度与试验值之间的关系。因此，亟待对水泥土搅拌桩的强度检测方法进行系统研究，制定一种简单、可靠、可操作的搅拌桩强度检测方法。

（7）搅拌桩的施工工艺有待进一步完善，施工机械有待进一步改进。主要包括如何提高施工时水泥土搅拌桩的均匀性和垂直度、改进和研制超深搅拌桩的施工工艺和设备等问题。

13.2 型钢水泥土搅拌墙相互作用机理

13.2.1 型钢与水泥土的相互作用研究现状

型钢水泥土搅拌墙实质上是由型钢和搅拌桩组成的一种复合围护结构。目前对水泥土与型钢之间粘结强度的研究还不充分,一般认为水泥土与型钢之间的粘结是一种柔性粘结,其粘结强度不能与混凝土与钢筋之间的刚性粘结相比。因此通常认为围护结构水土侧压力全部由型钢承担,水泥土搅拌桩的主要作用是抗渗隔水,但这并不是意味着水泥土搅拌桩对型钢不起作用,试验研究表明[1]水泥土对型钢的包裹作用能够提高型钢的刚度,防止型钢失稳。

日本材料学会较早就编制了《SMW 工法设计施工指南》,其对型钢与水泥土的共同作用主要设计思想是:当 SMW 工法作为挡土墙时,墙体的应力实际上是由芯材和水泥土共同承担的,但在设计中一般只考虑芯材的刚度而忽略水泥土的贡献,将水泥土的刚度贡献作为墙体的刚度储备。国内一直以来对于型钢水泥土搅拌墙的设计和施工较多地参照了日本的经验。近些年来,随着型钢水泥土搅拌墙的逐步应用,国内设计、施工水平得到了不断提高,同时对于型钢与水泥土相互作用机理及水泥土的包裹作用对型钢刚度的贡献均进行了一些理论和试验探讨。

13.2.2 型钢与水泥土相互作用过程

对于型钢水泥土的共同作用,国内一些学者进行了一些模型试验,从试验结果看,型钢水泥土受荷过程中截面的应力变化分为五个阶段,如图 13-2:

(1) 第一阶段:弯矩较小时,截面上水泥土与型钢应力均呈线性分布,如图 13-2 (a) 所示;

(2) 第二阶段:随着弯矩增大,受拉区水泥土应力达到抗拉强度,开始开裂。水泥土开裂后即退出工作,中性轴略上移,这一阶段一般持续时间较短,如图 13-2 (b) 所示;

(3) 第三阶段:型钢受拉区达到屈服强度,应力分布不再呈线性,而受压区由于水泥土的分担作用,型钢还未屈服,如图 13-2 (c) 所示;

(4) 第四阶段:型钢受压区达到屈服强度。由于水泥土弹性模量较低,水泥所受应力一般还未达到其抗压强度,中和轴继续上移。弯矩-挠度曲线表现出明显的非线性,如图 13-2 (d) 所示;

(5) 第五阶段:受压区水泥土达到抗压强度,开始出现破碎,所受应力下降,中性轴下移,型钢塑性区扩大,直至结构破坏,如图 13-2 (e) 所示。

通过上面的分析,可以看出型钢水泥土搅拌墙从受力特征角度可以分为三个工作阶段:①弹性共同作用阶段。其特征主要表现为:水泥土开裂前,型钢水泥土组合结构基本处于弹性工作状态,组合刚度即为型钢材和水泥土刚度之和;②非线性共同作用阶段。水泥土开裂初期,两材料之间发生微量粘结滑移,组合结构的挠度增大,但组合结构的刚度下降速率较慢;③型钢单独工作阶段。随着荷载的增加,水泥土开裂深度越来越大,新的裂缝不断产生,组合结构挠度增长较快,水泥土的作用已不明显,可以认为只有型钢单独起作用。

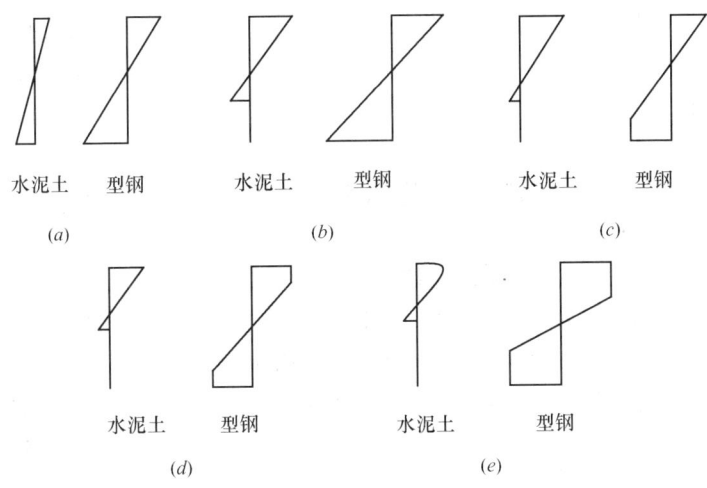

图 13-2　型钢水泥土受荷过程中截面的应力变化

13.2.3　型钢与水泥土组合刚度探讨

工程实践和试验研究发现，在小变形条件下，水泥土对型钢水泥土搅拌墙的刚度贡献是不能忽视的。由于型钢与水泥土的相互作用，水泥土对型钢的包裹作用提高了型钢刚度、减少了位移。试验表明，型钢水泥土搅拌墙围护结构中，如果型钢与水泥土的接触足够紧密，在接触面处没有水平和垂直分离，可以认为它们是可以共同作用的。

对搅拌桩的荷载分担作用，国外学者常采用搅拌桩的刚度贡献率来考虑，如日本学者铃木键夫按照弹性力学方法计算了水泥土搅拌桩的刚度贡献率，并与实验结果进行了比较。图 13-3 为型钢与水泥土共同作用的试验结果，a 表示型钢水泥土组合体荷载挠度关系，b 为型钢的荷载挠度关系。由图可见，相同荷载作用下，水泥土与型钢混合体的抗弯刚度比相应型钢的刚度要大 20%，挠度相应减小。从另一方面看，由于水泥土起到的套箍作用，可以防止型钢失稳，这样在一定程度上可以减小型钢翼缘的厚度。

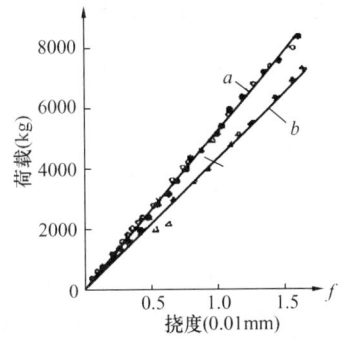

图 13-3　型钢水泥土搅拌墙与 H 型钢荷载挠度关系比较

根据日本学者铃木健夫所作的模型试验和现场测试研究成果，考虑水泥土的包裹作用对型钢的贡献，即考虑型钢与水泥土共同作用的设计方法，可以通过分析水泥土对于型钢的刚度贡献入手。考虑型钢水泥土共同作用的复合刚度 EI，可按下式简化计算。

$$EI = E_s I_s (1+\alpha) \tag{13-1}$$

式中　E_s、I_s——型钢的弹性模量、惯性矩；
　　　α——水泥土的刚度贡献系数。

准确确定水泥土的刚度贡献系数 α 值，对于合理设计型钢水泥土搅拌墙具有重要意义。根据现有经验，α 取值范围为 0~0.2，根据基坑开挖深度和周边环境的重要性及保护要求取值。

应当指出，目前由于试验数据及工程经验还很有限，仍不能准确地确定水泥土对型钢刚度的提高程度，所以在围护结构的设计计算中，本节探讨的水泥土刚度贡献系数仅供参考，实际工程中不推荐考虑水泥土的刚度贡献进行设计，水泥土搅拌桩的刚度贡献只作为安全储备加以考虑。

13.3　型钢水泥土搅拌墙设计与计算

13.3.1　型钢水泥土搅拌墙设计参数的确定

型钢水泥土搅拌墙中型钢是主要的受力构件，承担着基坑外侧水土压力的作用。对于型钢的设计计算主要包括两方面内容：首先是型钢平面形式的确定，即确定型钢的布设方式、间距、型钢的截面尺寸等参数。另一方面是从围护结构受力平衡和抗隆起安全的角度确定型钢的入土深度。对于水泥土搅拌桩的设计计算主要是通过抗渗流和抗管涌验算确定搅拌桩的入土深度。

1. 型钢、水泥土搅拌桩入土深度的确定

型钢水泥土搅拌墙的入土深度可以分为型钢的入土深度 D_H 和水泥土搅拌桩的入土深度 D_C 两部分[6]。

（1）H 型钢入土深度的确定

型钢的入土深度 D_H 主要由基坑整体稳定性、抗隆起稳定性和抗滑移稳定性综合确定。根据工程经验，基坑整体稳定性、抗隆起稳定性和抗滑移稳定性验算中，基坑抗隆起稳定性常常成为控制条件。在进行围护墙内力和变形计算以及基坑上述各项稳定性分析时，围护墙的深度以内插型钢底端为准，不计型钢端部以下水泥土搅拌桩的作用。具体计算方法可以参考第 12 章灌注排桩的相关章节。

在确定 H 型钢的入土深度时，尚应考虑地下结构施工完成后型钢能否顺利拔出等因素。

（2）水泥土搅拌桩入土深度的确定

沿海软土地区或地下水位较高的地区，在基坑开挖过程中极易在地下水渗流的作用下产生土体渗透破坏。要防止这种现象的发生，要求水泥土搅拌桩隔水帷幕入土深度满足基坑抗渗流和抗管涌的要求，使渗流水力坡度不大于地基土的临界水力坡度。

同时水泥土搅拌桩担负着基坑开挖过程中隔水帷幕的作用。水泥土搅拌桩的入土深度 D_C 主要由坑内降水不影响到基坑以外周边环境的水力条件决定，防止基坑内降水引起渗流、管涌发生，同时应满足 $D_C \geqslant D_H$。

2. 型钢水泥土搅拌墙截面设计

型钢水泥土搅拌墙截面设计主要是确定型钢截面和型钢间距。

（1）型钢截面

型钢截面的选择由型钢的强度验算确定，即需要对型钢所受的应力进行验算，包括型钢的抗弯及抗剪强度问题[7][8]。

①抗弯验算

型钢水泥土搅拌墙的弯矩全部由型钢承担，型钢的抗弯承载力应符合下式要求：

$$\frac{1.25\gamma_0 M_k}{W} \leqslant f \tag{13-2}$$

式中　γ_0——结构重要性系数,按照现行《建筑基坑支护技术规程》(JGJ 120)取值;
　　　M_k——型钢水泥土搅拌墙的弯矩标准值(N·mm);
　　　W——型钢沿弯矩作用方向的截面模量(mm³);
　　　f——钢材的抗弯强度设计值(N/mm²)。

②抗剪验算

型钢水泥土搅拌墙的剪力全部由型钢承担,型钢的抗剪承载力应符合下式要求:

$$\frac{1.25\gamma_0 Q_k S}{I \cdot t_w} \leqslant f_v \tag{13-3}$$

式中　Q_k——型钢水泥土搅拌墙的剪力标准值(N);
　　　S——计算剪应力处的面积矩(mm³);
　　　I——型钢沿弯矩作用方向的截面惯性矩(mm⁴);
　　　t_w——型钢腹板厚度(mm);
　　　f_v——钢材的抗剪强度设计值(N/mm²)。

实际工程中,内插型钢一般采用H型钢,型钢具体的型号、规格及有关要求按《热轧H型钢和部分T型钢》(GB/T 11263—2005)和《焊接H型钢》(YB 3301—2005)选用。

(2) 型钢的间距

型钢水泥土搅拌墙中的型钢往往是按一定的间距插入水泥土中,这样相邻型钢之间便形成了一个非加筋区,如图13-4所示。型钢水泥土搅拌墙的加筋区和非加筋区承担着同样的水土压力。但在加筋区,由于型钢和水泥土的共同作用,组合结构刚度较大,变形较小,可以视为非加筋区的支点。型钢的间距越大,加筋区和非加筋区交界面上所承受的剪力就越大。当型钢间距增大到一定程度,该交界面有可能在挡墙达到竖向承载力之前发生破坏,因此应该对型钢水泥土搅拌墙中型钢与水泥土搅拌桩的交界面进行局部承载力验算,确定合理的型钢间距。

型钢水泥土搅拌墙应该满足水泥土搅拌桩桩身局部抗剪承载力的要求。局部抗剪承载力验算包括型钢与水泥土之间的错动剪切和水泥土最薄弱截面处的局部剪切验算。

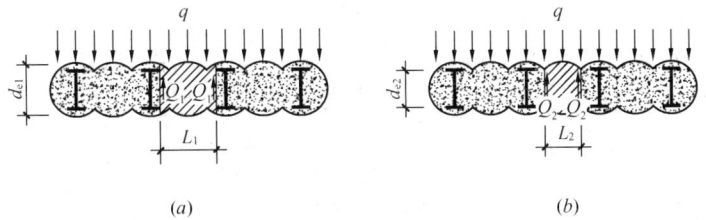

图13-4　搅拌桩局部抗剪计算示意图
(a) 型钢与水泥土间错动剪切破坏验算图;(b) 最薄弱截面剪切破坏验算图

①当型钢隔孔设置时,按下式验算型钢与水泥土之间的错动剪切承载力:

$$\tau_1 = \frac{1.25\gamma_0 Q_1}{d_{e1}} \leqslant \tau \tag{13-4}$$

$$Q_1 = q_k L_1/2 \tag{13-5}$$

$$\tau = \tau_{ck}/1.6 \tag{13-6}$$

式中　τ_1——型钢与水泥土之间的错动剪应力设计值（N/mm²）；
　　　Q_1——型钢与水泥土之间单位深度范围内的错动剪力标准值（N/mm）；
　　　q_k——计算截面处作用的侧压力标准值（N/mm²）；
　　　L_1——型钢翼缘之间的净距（mm）；
　　　d_{e1}——型钢翼缘处水泥土墙体的有效厚度（mm）；
　　　τ——水泥土抗剪强度设计值（N/mm²）；
　　　τ_{ck}——水泥土抗剪强度标准值（N/mm²），可取搅拌桩 28 天龄期无侧限抗压强度的 1/3。

②当型钢隔孔设置时，按下式对水泥土搅拌桩进行最薄弱断面的局部抗剪验算：

$$\tau_2 = \frac{1.25\gamma_0 Q_2}{d_{e2}} \leqslant \tau \tag{13-7}$$

$$Q_2 = qL_2/2 \tag{13-8}$$

式中　τ_2——水泥土最薄弱截面处的局部剪应力标准值（N/mm²）；
　　　Q_2——水泥土最薄弱截面处单位深度范围内的剪力标准值（N/mm）；
　　　L_2——水泥土最薄弱截面的净距（mm）；
　　　d_{e2}——水泥土最薄弱截面处墙体的有效厚度（mm）。

(3) 水泥土搅拌桩抗剪强度与无侧限抗压强度的关系

水泥土搅拌桩的强度验算应能够满足上述的抗剪强度要求，但实际工程中对水泥土搅拌桩的强度检测一般是进行 28d 无侧限抗压强度试验，因此需要明确水泥土搅拌桩抗剪强度与无侧限抗压强度的关系。原冶金部建筑研究总院 SMW 工法研究组研究成果表明[8]：水泥土的抗剪强度 $\tau = 0.3 \sim 0.45 q_u$。日本 SMW 工法学会根据直剪试验得到了水泥土的抗剪强度和单轴抗压强度之间类似的关系，如图 13-5 所示。

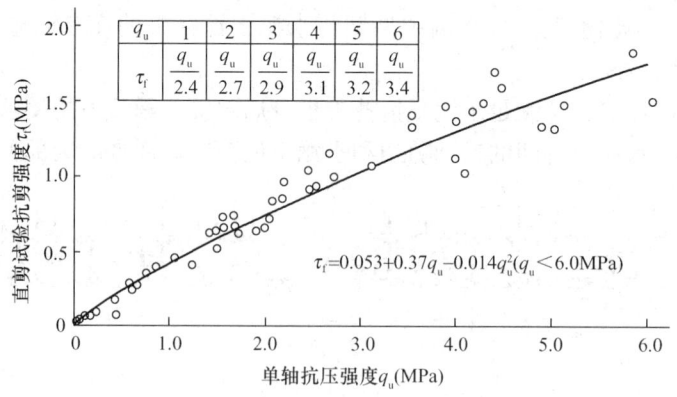

图 13-5　抗剪强度和单轴抗压强度的关系

在上海典型软土地层中，当基坑开挖深度为 10m 左右，型钢采用插一跳一或插二跳一时，型钢与水泥土之间的错动剪切应力约为 0.08MPa 左右。按偏于安全的 $q_u = 3\tau$ 考虑，并同时考虑安全系数为 2 时，水泥土无侧限抗压强度需达到 0.5MPa，即水泥土无侧限抗压强度不小于 0.5MPa 时，可以满足搅拌桩的抗剪要求。从目前搅拌桩现场取芯检测结果看，绝大部分工程搅拌桩 28d 无侧限抗压强度都在 0.5MPa 以上，能够满足型钢水泥土搅拌墙的局部抗剪要求。但当基坑开挖深度较大、内插型钢的间距较大、紧贴坑边有较重的超载（如建筑物，高填土等）时，这一问题是不容忽视的，此时型钢间距往往需要根据水泥土局部抗剪确定。

实际工程中，型钢水泥土搅拌墙的墙体厚度、型钢截面和型钢的间距一般是由三轴水泥土搅拌桩的桩径决定。目前三轴水泥土搅拌桩的常用桩径分为 650mm、850mm、1000mm 三种，型钢常规布置形式有：密插、插二跳一和插一跳一三种，如图 13-6 所示。分别插入 ϕ650mm、ϕ850mm、ϕ1000mm 三轴水泥土搅拌桩内的 H 型钢间距为：密插间距 450mm、600mm、750mm；插二跳一间距 675mm、900mm、1125mm；插一跳一间距 900mm、1200mm、1500mm。

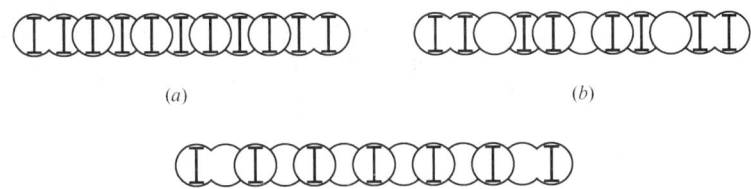

图 13-6 型钢布置形式
(a) 密插型；(b) 插二跳一；(c) 插一跳一

13.3.2 内插型钢拔出验算

1. 型钢拔出影响因素

型钢水泥土搅拌墙围护结构构造简单，在基坑临时围护结束以后，H 型钢可以回收再次利用，一方面减少了钢材的浪费，另一方面也降低了工程造价。据测算，H 型钢的费用一般要占整个基坑工程围护造价的 40%～50% 以上，这是型钢水泥土搅拌墙经济指标具有优势的重要原因之一。因此，研究型钢水泥土搅拌墙中 H 型钢在拔出荷载作用下的工作机理与拔出力的影响因素具有重要意义。

影响型钢拔出的主要因素有两点：一是型钢与水泥土之间的摩擦阻力；另一点是由于基坑开挖造成的型钢水泥土搅拌墙变形致使型钢产生弯曲，从而在拔出时产生的变形阻力。为了使得型钢能够顺利拔出，对于前一点可通过在型钢表面涂抹减摩材料来降低型钢与水泥土之间的摩阻力，并且要求该减摩材料在工作期间具有较好的粘结力，提高型钢与水泥土的共同作用；对于后一点必须采取有效措施减小围护墙变形，做到精心设计、精心施工、严格管理等。

型钢能否拔出还与工程的周边环境条件和场地条件有关，因为当工程的地下室施工完毕基坑回填后虽然具备了型钢拔出的必要条件，但型钢拔出常常不可避免的要对周边环境产生和影响，特别是当周边环境对变形控制要求较严格时，为了保护周边建筑物、重要的地下管线、运营中的地铁等设施，型钢往往不能拔除。此外当施工场地狭小，型钢拔除机械不能进入施工场地时，也会导致型钢在地下室施工完毕后不能拔除的情况。

2. 型钢拔出作用机理

对于型钢水泥土搅拌墙复合结构，水泥土本身的力学性质比较复杂，再加上减摩剂的作用，使得水泥土-型钢的粘结滑移更加复杂。一般认为，若不考虑减摩剂的影响，型钢与水泥土之间的界面粘结作用由三部分组成：水泥土中水泥胶体与型钢表面的化学胶结力，型钢与水泥土接触面上的摩擦阻力，型钢表面粗糙不平的机械咬合力。

当荷载作用于型钢端部，型钢和水泥土之间发生粘结破坏。这种破坏由端部逐渐向底部扩展，两种材料接触界面产生微量滑移，减摩材料剪切破坏，拔出阻力主要表现为静摩擦力。在拔出荷载达到总静摩擦力前，拔出位移很小。当荷载达到起拔力时，型钢拔出位移加快，拔出荷载迅速下降，这时摩擦阻力由静摩擦力转化为滑动摩擦力和滚动摩擦力。H 型钢与水泥土接触界面上部破碎，破碎小颗粒填充于破裂面中，有利于减小后期的摩擦阻力。当拔出荷载降至一定程度，摩擦阻力主要表现为滚动摩擦力。

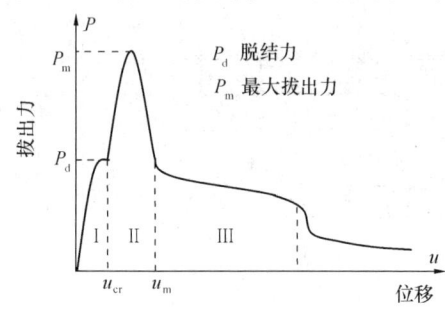

图 13-7 H 型钢拔出的实测拔出曲线

为了反映 H 型钢的拔出规律，许多学者对型钢的拔出机理进行了理论分析和试验研究[5-7]。图 13-7 为实测的 H 型钢拔出力 P-滑移 u 关系曲线，P_d 为脱结力，P_m 为最大拔出力，u 为相对滑移。

试验表明，起拔力 P_0 与型钢垂直度、变形形状密切相关。由 H 型钢的拔出特征曲线看，P_0 在静止摩擦力变为动摩擦力后迅速减少，拔出型钢的 P 小于最大抗拔力 P_m。

根据水泥土与 H 型钢的粘结程度，将 H 型钢的拔出过程大致划分为三个阶段：无脱结阶段、部分脱结阶段、完全脱结阶段。

（1）型钢从受荷至开始脱结这一阶段，即第Ⅰ阶段（无脱结阶段）。从型钢滑移理论上，这段曲线可视为线弹性，实际情况与理论大致相符。

（2）当拔出力超过脱结力 P_d 时，即进入部分脱结阶段。在这个阶段，两种材料间的摩擦剪切应力较复杂，拔出力既要克服 H 型钢和水泥土接触界面上的静摩擦力，又要克服挡墙变形所产生的弯曲变形阻力。这种弯曲变形在拔出力的作用下增加了接触界面的法向应力，从而导致静摩擦力增大。因此，这时的起拔力要比无侧向变形时起拔力大很多。

（3）H 型钢拔动后，H 型钢和水泥土完全脱结。由于减摩材料的抗剪强度较低，可认为 H 型钢在拔出过程中摩擦剪应力是常数，因此摩擦拔出阶段理论上为一直线。实际情况由于基坑开挖围护结构变形的影响，H 型钢拔动后主要由弯曲阻力控制。当 H 型钢末端通过较大弯曲点后，阻力主要由摩擦阻力控制，型钢迅速拔出，曲线呈陡降形态。

3. 型钢起拔验算

型钢和水泥土两种材料共同作用机理的复杂性决定了型钢拔出过程较为复杂。通常工程设计中为了方便，假设型钢拔出时阻力沿接触界面均匀分布。要保证 H 型钢的完整回收，首先设计过程中需进行型钢的起拔拔验算。根据静力平衡条件知，H 型钢的起拔力 P_m 等于静摩擦阻力 P_f、变形阻力 P_d 和自重 G 三部分之和，即

$$P_m = P_f + P_d + G \tag{13-9}$$

由于起拔机具的起拔力有限，应尽可能降低其起拔力 P_m 的大小，如为减少起拔时的静摩阻力 P_f，H 型钢表面一般涂有减摩剂。拔出试验表明，当变位速率 $\Delta m/l_H \leqslant 0.5\%$（$\Delta m$ 为墙体最大水平变位，l_H 为型钢在水泥土搅拌桩中的总长度），其最大变形阻力 $P_d \approx P_f$。自重 G 在起拔力中所占比重相当小，可以忽略，因此上式简化为：

$$P_m \approx 2P_f = 2\mu_f Sl_H \tag{13-10}$$

式中 μ_f——H 型钢与水泥土之间的单位面积静摩阻力,平均取 0.04MPa;
Sl_H——H 型钢与水泥土之间的接触面积。

为保证 H 型钢回收后的重复利用,要求 H 型钢在起拔过程中处于弹性状态,取其屈服极限强度 σ_s 的 70% 作为允许应力,故型钢的允许拉力为:

$$[P] = 0.7\sigma_s A_H \tag{13-11}$$

式中 A_H——H 型钢的截面面积。

则起拔力必须满足下式:

$$P_m \leqslant [P] \tag{13-12}$$

13.3.3 型钢水泥土搅拌墙构造设计

1. 型钢与冠梁的连接节点

型钢水泥土搅拌墙的顶部,应设置封闭的钢筋混凝土冠梁。冠梁在板式支护体系中,对提高围护体系的整体性,并使围护桩和支撑体系形成共同受力的稳定结构体系具有重要作用。由于型钢水泥土搅拌墙由两种刚度相差较大的材料组成,冠梁的重要性更加突出。

与其他形式的板式支护体系相比,型钢水泥土搅拌墙冠梁存在一些特殊性:

(1) 为便于型钢拔除,型钢需锚入冠梁,并高于冠梁顶部一定高度。一般该高度值宜大于 50cm,根据具体情况略有差异,同时为了方便施工,型钢顶端不宜高于自然地面。

(2) 由于型钢整体锚入冠梁,为便于今后拔除,冠梁和型钢之间需采用一定的材料隔离。

(3) 型钢和隔离材料的存在对冠梁的刚度具有一定的削弱作用,因此围护设计中需要考虑这种不利影响,对冠梁截面进行适当的加强。

综上所述,对于型钢水泥土搅拌墙的冠梁,必须保证一定的宽度和高度,且宜与第一道支撑的围檩合二为一,同时在构造设计上也应有一定的加强措施。冠梁与型钢的接触处,一般需采用一定的隔离材料。若隔离材料在围护受力后产生较大的压缩变形,对控制基坑总的变形量是不利的。因此,隔离材料一般采用不宜压缩的硬质材料。

基坑围护设计时,一般对于冠梁及冠梁与型钢连接节点的构造要求如下:

①冠梁截面高度不小于 600mm。当搅拌桩直径为 650mm 时,冠梁的截面宽度不应小于 1000mm;当搅拌桩直径为 850mm 时,冠梁的截面宽度不应小于 1200mm;当搅拌桩直径为 1000mm 时,冠梁的截面宽度不应小于 1300mm。

②冠梁的主筋应避开型钢设置。为便于型钢拔除,型钢顶部要高出冠梁顶面一定高度,一般不宜小于 500mm,型钢与围檩间的隔离材料应采用不易压缩的硬质材料。

③冠梁的箍筋宜采用四肢箍筋,直径不应小于 $\phi 8$,间距不应大于 200mm。在支撑节点位置,箍筋宜适当加密。由于内插型钢而未能设置的箍筋应在相邻区域内补足面积。见图 13-8。

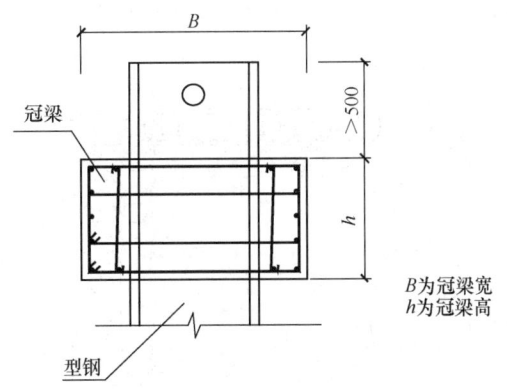

图 13-8 型钢与冠梁节点构造图

2. 型钢与围檩及支撑的连接节点

在型钢水泥土搅拌墙的支护体系中,支撑与围檩的连接、围檩与型钢的连接以及钢围檩的拼接,对于支护体系的整体性非常重要。围护设计和施工应对上述连接节点的构造充分重视,并严格按照要求施工。型钢水泥土搅拌墙支护体系中,围檩可以采用钢筋混凝土围檩,也可以采用钢围檩,围檩与型钢的连接构造如图 13-9 和图 13-10 所示。钢围檩和钢支撑杆件的拼接一般应满足等强度的要求,但在实际工程中受到拼接现场施工条件的限制,很难达到要求,应在构造上对拼接方式予以加强,如附加缀板、设置加劲肋板等。同时应尽量减少钢围檩的接头数量,拼接位置也尽量放在围檩受力较小的部位。

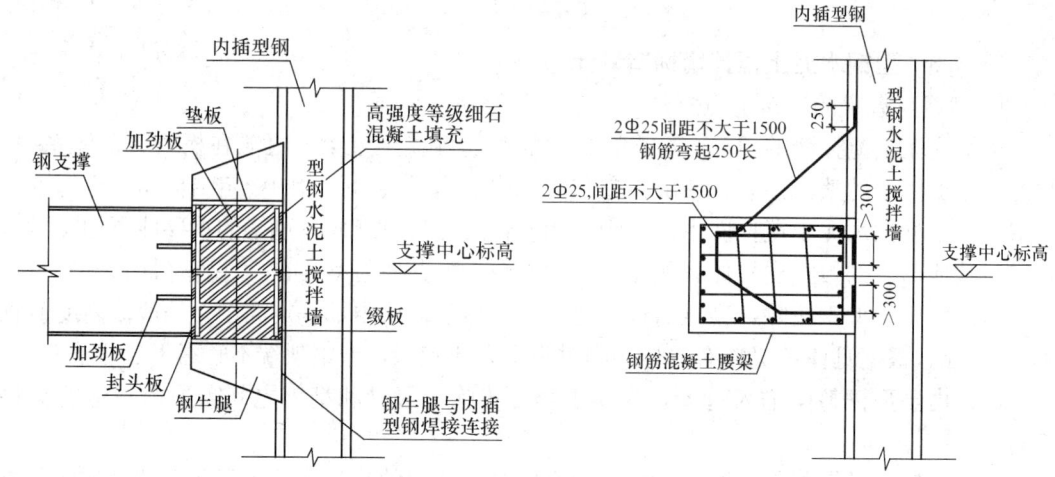

图 13-9 型钢与钢围檩及支撑连接示意图   图 13-10 型钢与混凝土围檩连接示意图

3. 型钢水泥土搅拌墙转角加强措施

为保证转角处型钢水泥土搅拌墙的成桩质量和隔水效果,在转角处宜采用"十"字接头的形式,即在接头处两边都多打半幅桩。为保证型钢水泥土搅拌墙转角处的刚度,宜在转角处增设一根斜插型钢,如图 13-11 所示。

4. 型钢水泥土搅拌墙隔水封闭措施

当型钢水泥土搅拌墙遇地下连续墙或灌注排桩等围护结构需断开时,或者在型钢水泥土搅拌墙的施工过程中出现冷缝时,一般可以采用旋喷桩封闭,以保证围护结构整体的隔水效果,如图 13-12 所示。

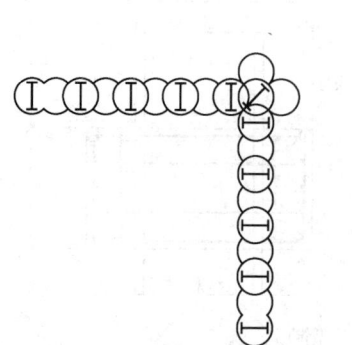

图 13-11 型钢水泥土搅拌墙转角处加强示意图

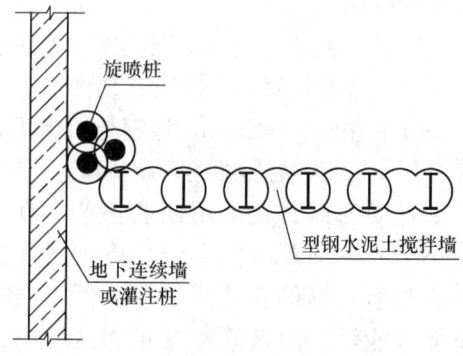

图 13-12 型钢水泥土搅拌墙封闭示意图

13.3.4 三轴水泥土搅拌桩主要设计控制参数

1. 水泥浆配比

水泥浆配比是关系到型钢水泥土搅拌墙施工质量的重要因素。搅拌桩水泥浆配比主要与土层的性质有关,设计上应以考虑水泥土硬化为问题的核心。进入施工阶段,还须考虑施工上的要求,有必要对配比进行调整,以满足设计要求。目前工程上常规的不同土层内搅拌桩水泥浆配比见表13-2所示。

不同土层型钢水泥土搅拌墙水泥浆配比 表13-2

土 质 特 征		配合比(每1m³的土)			抗压强度(MPa)
		水泥(kg)	膨润土(kg)	水(L)	
黏性土	粉质黏土、黏土	300~450	5~15	450~900	0.5~1.0
砂质土	细砂、中砂、粗砂	200~400	5~20	300~800	0.5~0.3
砂砾土	砂砾土、砂粒夹卵石	200~400	5~30	300~800	0.5~0.3
特殊黏土	有机质土、火山灰黏土	根据室内试验配置			不确定

2. 主要控制参数

三轴水泥土搅拌桩施工中应搅拌均匀,表面要密实、平整。桩顶凿掉部分的水泥土也应注浆,确保桩体的连续性和桩体质量。搅拌桩的深度宜比型钢适当加深,一般桩端比型钢端部深0.5~1.0m。

施工过程中主要施工参数为:

(1) 水泥浆流量:280~320L/min(双泵);

(2) 浆液配比:水:水泥=1.5~2.0:1;

(3) 泵送压力:1.5~2.5MPa;

(4) H型钢的间距(平行基坑方向)偏差:$L\pm5$cm(L为型钢间距);

(5) H型钢的保护层(面对基坑方向)偏差:$s\pm5$cm(s为型钢面对基坑方向的计算保护层厚度);

(6) 机架垂直度偏差不超过1/250,成桩垂直度偏差不超过1/200,桩位布置偏差不大于20mm;

(7) 钻头下沉与提升速度,以标准施工能力为前提,各种土层中标准速度见表13-3。

下沉与提升速度 表13-3

土 性	下沉搅拌速度(m/min)	提升拌速度(m/min)
黏性土	0.3~1.0	1~2
砂性土	0.5~1.0	
砂砾土	根据现场状况	
特殊土		

3. 型钢水泥土搅拌墙标准配置

三轴水泥土搅拌桩$\phi650@450$,平均厚度593mm,内插H500×300或H500×200型钢。三轴水泥土搅拌桩$\phi850@600$,平均厚度773mm,内插H700×300型钢。三轴水泥土搅拌桩$\phi1000@750$,平均厚度896mm,内插H800×300、H850×300型钢。详细配置情况见图13-13。

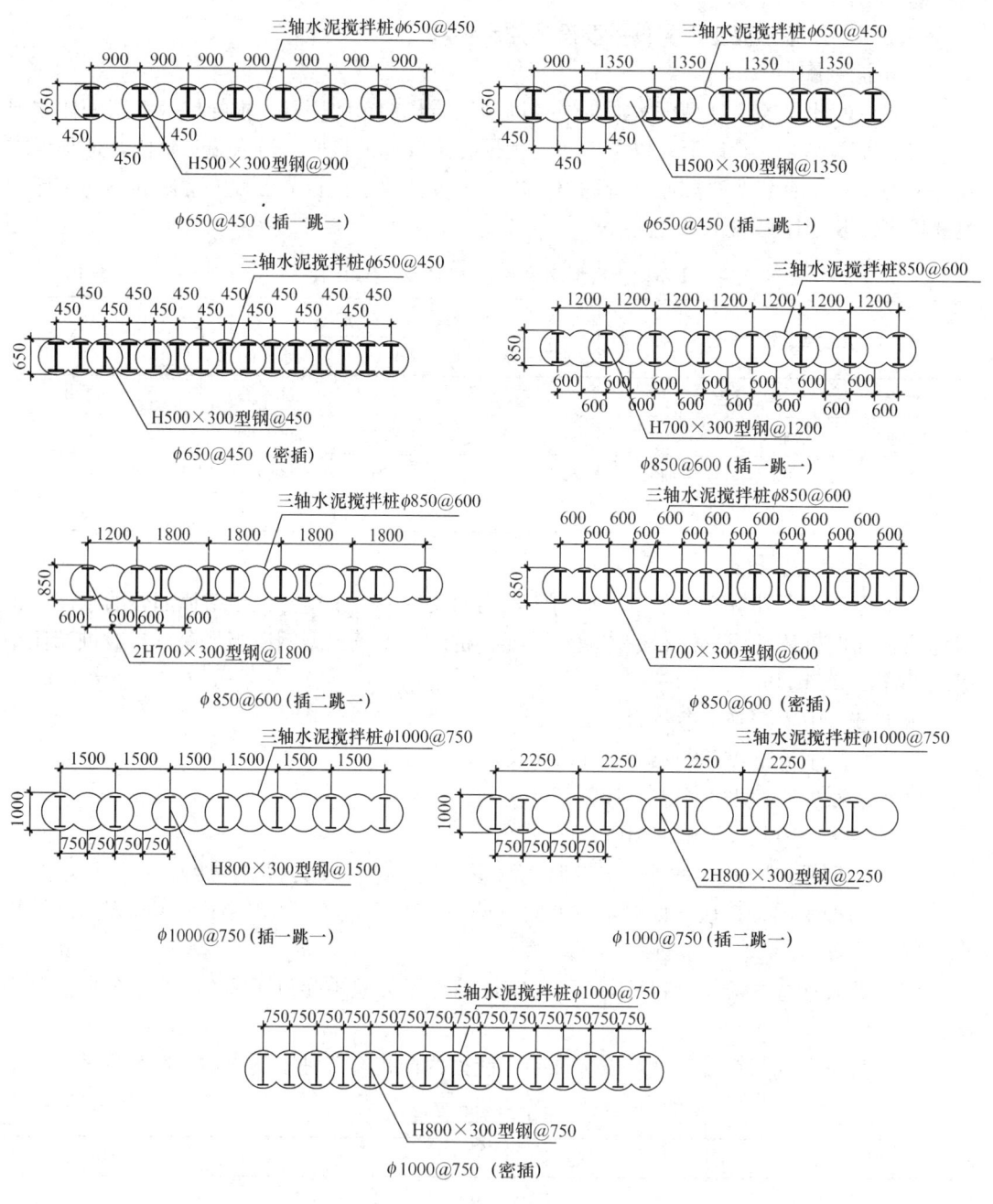

图 13-13 型钢水泥土搅拌墙标准配置图

13.4 型钢水泥土搅拌墙的施工

13.4.1 型钢水泥土搅拌墙施工机械

1. 搅拌桩施工机械在我国的发展

型钢水泥土搅拌墙施工机械在我国的发展大致经历了以下三个阶段[9]：

第一个发展阶段是从 1993 年至 1996 年，主要是对原国产双轴搅拌桩机及配套桩架进行完善。改造后的施工机械桩架垂直度调整方便,并增加了主卷扬无级调速与H型钢插入功能,为型钢水泥土搅拌墙在我国的应用与推广打下了基础。

第二个发展阶段是从1996年至1998年。随着型钢水泥土搅拌墙在我国的成功应用,该施工工艺逐渐得到认可,但当型钢水泥土搅拌墙在用于基坑开挖深度超过10m,成桩深度超过18m时,国内原有双轴深层搅拌机在成桩垂直度、施工质量与效率上都难以保证。1996年至1997年,国内开始从日本引进三轴水泥土搅拌机整套施工机械设备。在1997年至1998年一年多的时间,应用工程达16个,最大基坑开挖深度达11.5m,促进了型钢水泥土搅拌墙在我国的进一步推广应用。

第三个发展阶段是从1998年至今,型钢水泥土搅拌墙施工工艺和施工机械逐步成熟,在我国沿海软土地区积累了比较丰富的经验。新的施工工艺和施工机械也开始出现,如为了扩大型钢水泥土搅拌墙的应用深度,开发了加接钻杆施工工艺;为了加强三轴水泥土搅拌桩的均匀性和隔水效果,TRD工法等更为先进的施工机械和工艺也开始出现。

2. 三轴水泥土搅拌桩施工机械

型钢水泥土搅拌墙施工应根据地质条件、作业环境与成桩深度选用不同形式或不同功率的三轴搅拌机,配套桩架的性能参数必须与三轴搅拌机的成桩深度和提升能力相匹配。型钢水泥土搅拌墙标准施工配置详见表13-4[10]。

三轴搅拌机由多轴装置(减速器)和钻具组成(图13-14)。钻具包括:搅拌钻杆、钻杆接箍、搅拌翼和钻头。表13-5、表13-6所示为三轴搅拌机和机架主要技术参数。三轴搅拌机有普通叶片式、螺旋叶片式或同时具有普通叶片和螺旋叶片等几种类型,搅拌转速也有高低两档,高速档(35~40r/min)和低速档(16r/min)。在黏性土中宜选用以叶片式为主的搅拌钻机,在砂性土中宜选用螺旋叶片式为主的搅拌钻机,在砂砾土中宜选用螺旋式搅拌钻机。钻头的选用:在软土地层选用鱼尾式平底钻头;在硬土地层选用定心螺旋尖式钻头(图13-15)。图13-16为日本工法桩施工设备选定流程图。

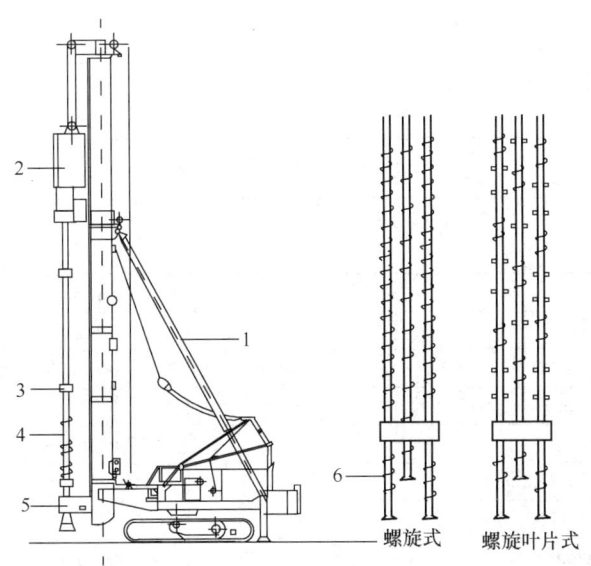

图13-14 三轴水泥土搅拌机及桩架
1—桩架;2—动力头;3—连接装置;4—钻杆;5—支承架;6—钻头

(a) (b) (c) (d)

图 13-15 三轴搅拌机钻头

(a) 鱼尾式平底钻头；(b)～(d) 定心螺旋尖式钻头

型钢水泥土搅拌墙标准施工配置表　　　　　　　　　　　表 13-4

1	散装水泥运输车	2	30t 水泥筒仓
3	高压洗净机	4	2m³ 电脑计量拌浆系统
5	6～12m³ 空压机	6	型钢堆场
7	50t 履带吊	8	DH 系列全液压履带式（步履式）桩架
9	三轴水泥土搅拌机	10	铺钢板
11	0.5m³ 挖掘机	12	涌土堆场

桩架主要技术参数　　　　　　　　　　　表 13-5

参数	型号	DH558-110M-2	DH658-135M-3	JB160
	立柱筒体直径（mm）	φ660.4	φ711.2	φ920
	最大立柱长度（m）	33	33	39
卷扬机	单绳拉力（kN）	130（第一层）	140（第一层）	91.5（第一层）
	卷、放绳速度（m/min）	32（第一层）	30（第一层）	0—26（无级变速）
	行走方式	全液压履带式	全液压履带式	全液压步履式
	额定输出功率（kW）	柴油发动机 132	柴油发动机 147	电动机 45
	接地比压（MPa）	0.153	0.173	0.10
	外型尺寸（m）（长×宽×高）	8.51×4.4×35.4	8.89×4.6×35.5	14×9.5×41
	桩机总质量（t）	114	136	130

三轴搅拌机主要技术参数　　　　　　　　　　　表 13-6

参数	型号	ZKD65-3	ZKD85-3	ZKD100-3
	钻头直径（mm）	φ650	φ850	φ1000
	钻杆根数（根）	3	3	3
	钻杆中心距（mm）	450/450	600/600	750/750
	钻进深度（m）	30	30	30
	主功率（kW）	45×2	75×2（90×2）	75×3
	钻杆转速（正、反）（r/min）	17.6-35	16-35	16-35
	单根钻杆额定扭矩（kN·m）	16.6	30.6	45
	钻杆直径（mm）	φ219	φ273	φ273
	传动形式	动力头顶驱	动力头顶驱	动力头顶驱
	总质量（t）	21.3	38.0	39.5

13.4 型钢水泥土搅拌墙的施工

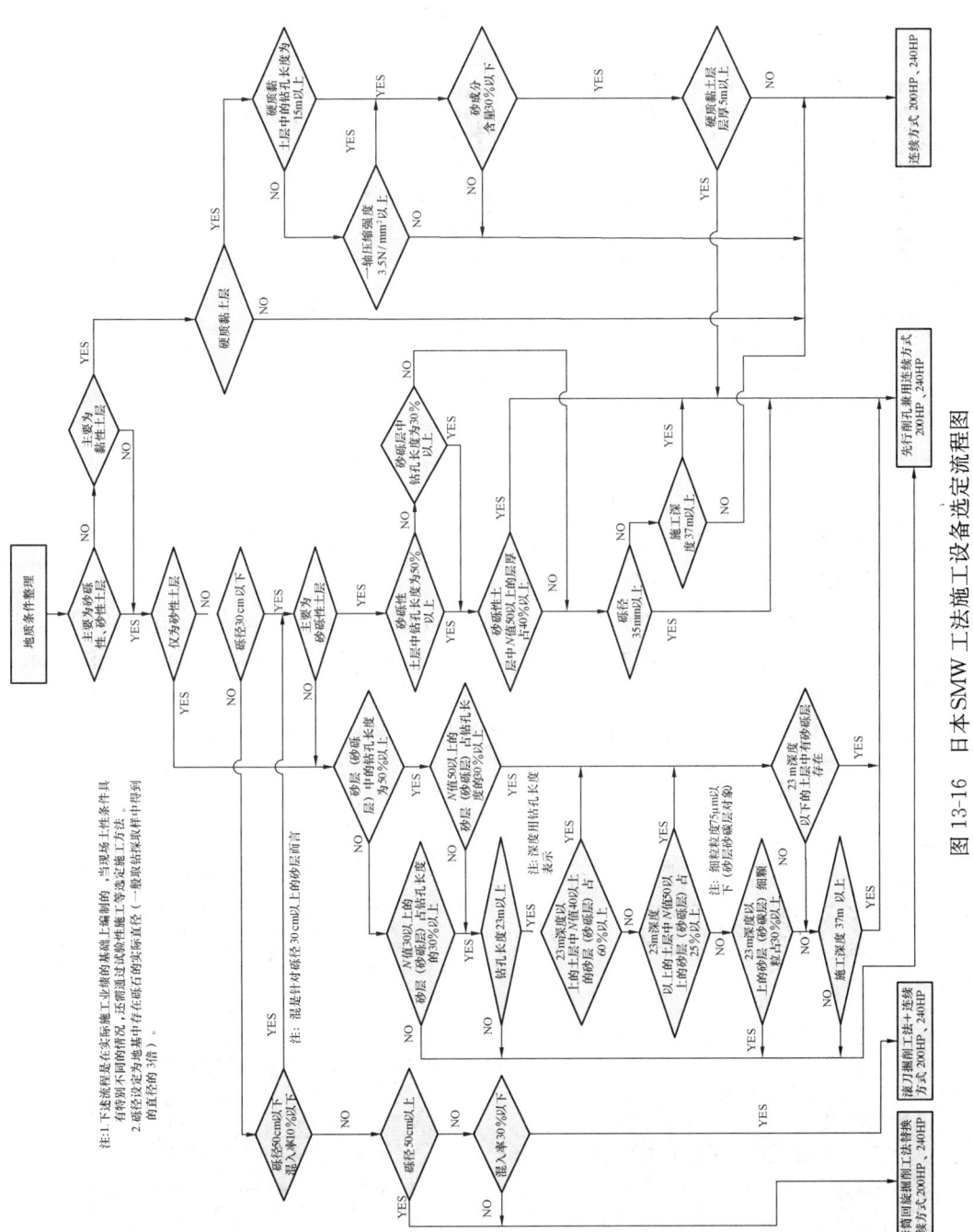

图 13-16 日本 SMW 工法施工设备选定流程图

13.4.2 型钢水泥土搅拌墙施工顺序和工艺流程

1. 型钢水泥土搅拌墙施工顺序

三轴水泥土搅拌桩应采用套接一孔施工,施工过程如图 13-17 所示。为保证搅拌桩质量,在土性较差或者周边环境较复杂的工程,搅拌桩底部采用复搅施工。

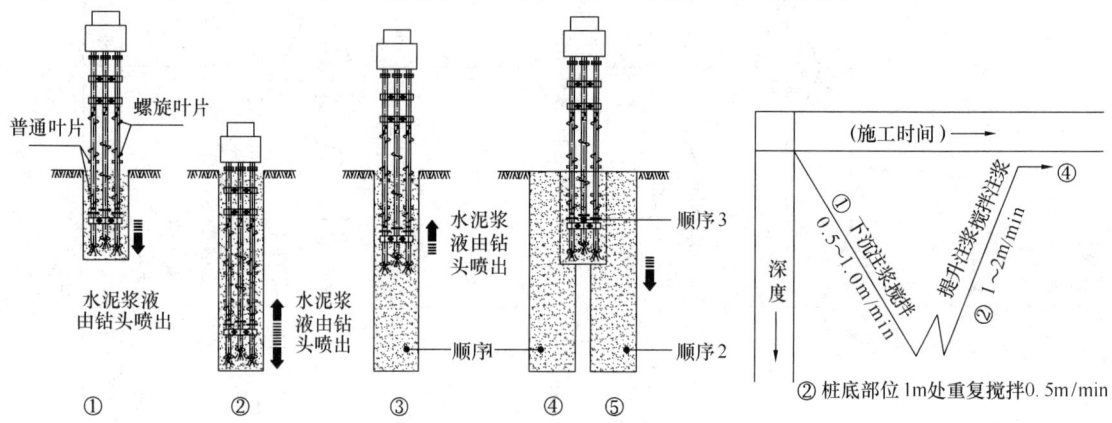

图 13-17 水泥土搅拌墙施工过程

①钻进搅拌下沉;②桩底重复搅拌;③钻杆搅拌提升;④完成一幅墙体搅拌;⑤下一循环开始

搅拌桩的施工顺序一般分为以下三种[1]:

(1) 跳槽式双孔全套打复搅式连接方式

跳槽式双孔全套打复搅式连接是常规情况下采用的连续方式,一般适用于 N 值 50 以下的土层。施工时先施工第一单元,然后施工第二单元。第三单元的 A 轴及 C 轴分别插入到第一单元的 C 轴孔及第二单元的 A 轴孔中,完全套接施工。依次类推,施工第四单元和套接的第五单元,形成连续的水泥土搅拌墙体,如图 13-18(a) 所示。

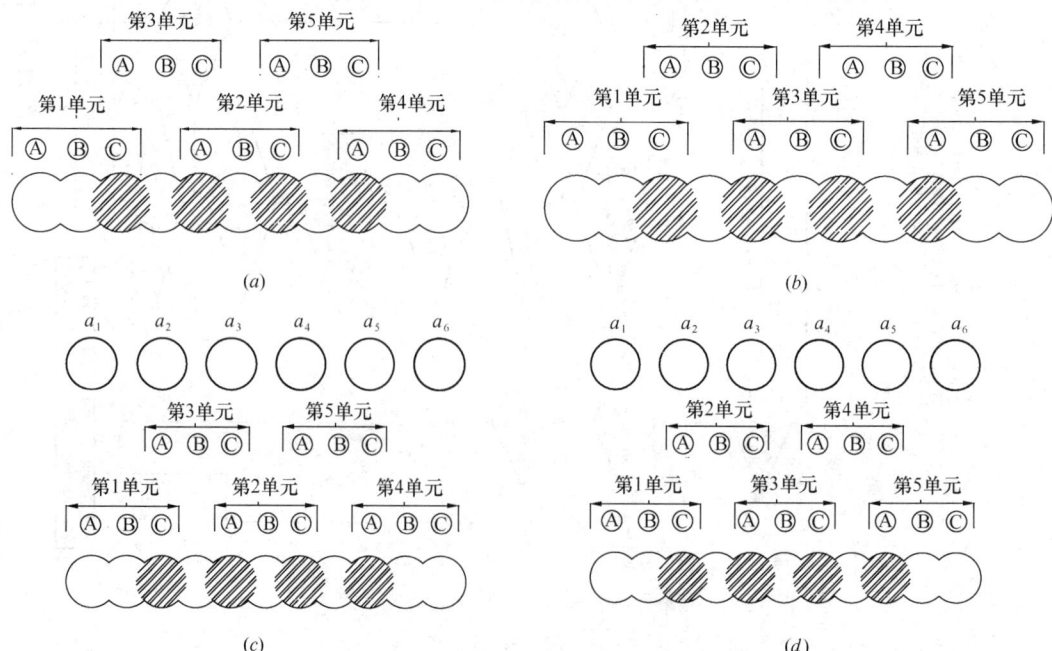

图 13-18 水泥土搅拌墙施工顺序

（2）单侧挤压式连接方式

单侧挤压式连接方式适用于 N 值 50 以下的土层，一般在施工受限制时采用，如在围护墙体转角处，密插型钢或施工间断的情况下。施工顺序如图 13-18（b）所示，先施工第一单元，第二单元的 A 轴插入第一单元的 C 轴中，边孔套接施工，依次类推施工完成水泥土搅拌墙体。

（3）先行钻孔套打方式

先行钻孔套打方式适用于 N 值 50 以上非常密实的土层，以及 N 值 50 以下，但混有 ϕ100mm 以上的卵石块的砂卵砾石层或软岩。施工时，用装备有大功率减速机的螺旋钻孔机，先行施工如图 13-18（c）、图 13-18（d）所示 a1、a2、a3 等孔，局部疏松和捣碎地层，然后用三轴水泥土搅拌机用跳槽式双孔全套打复搅连接方式或单侧挤压式连接方式施工水泥土搅拌墙体。表 13-7 为推荐的搅拌桩直径与先行钻孔直径关系表。

搅拌桩直径与先行钻孔直径关系表　　　表 13-7

搅拌桩直径（mm）	650	850	1000
先行钻孔直径（mm）	400~650	500~850	700~1000

2. 型钢水泥土搅拌墙施工工艺流程

型钢水泥土搅拌墙的施工工艺是由三轴钻孔搅拌机，将一定深度范围内的地基土和由钻头处喷出的水泥浆液、压缩空气进行原位均匀搅拌，在各施工单元间采取套接一孔法施工，然后在水泥土未结硬之前插入 H 型钢，形成一道有一定强度和刚度，连续完整的地下连续复合挡土隔水结构。其施工工艺流程图如图 13-19 所示。

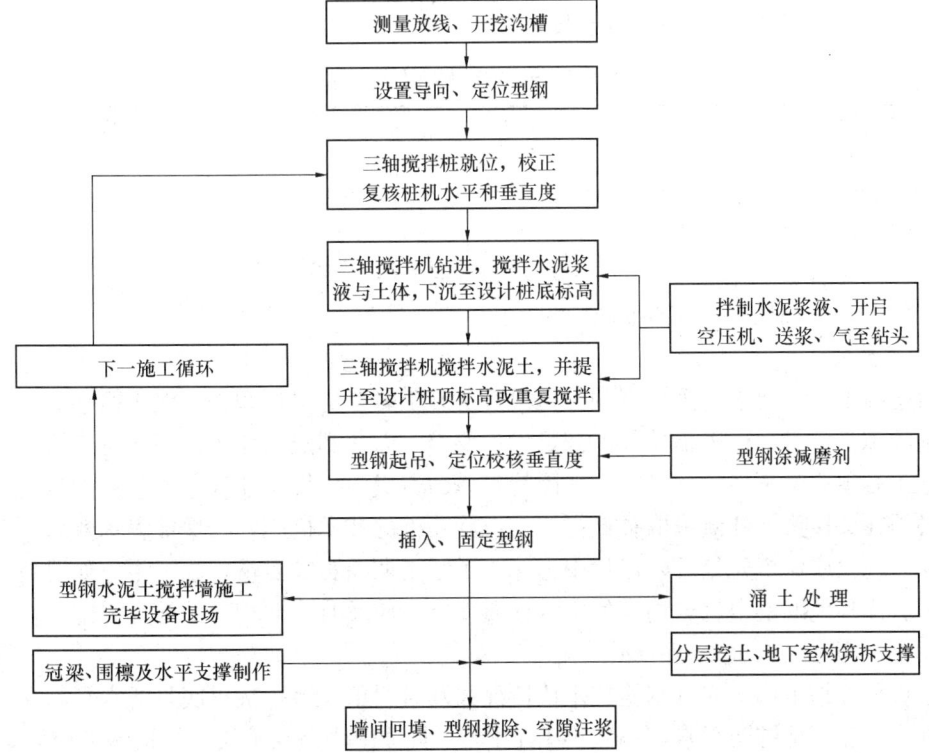

图 13-19　型钢水泥土搅拌墙施工工艺流程图

13.4.3 型钢水泥土搅拌墙施工要点

1. 试成桩

水泥土搅拌墙应按施工组织设计要求进行试成桩,确定实际采用的各项技术参数、成桩工艺和施工步骤,包括浆液的水灰比、下沉(提升)速度、浆泵的压送能力、每米桩长或每幅桩的注浆量。土性差异大的地层,还要确定分层技术参数。其中搅拌机下沉和提升速度、水灰比和注浆量对水泥土搅拌桩的强度及隔水性起着关键作用,施工时要严格控制这些参数。下面为水泥浆液的喷出量计算和确定一幅搅拌桩下沉时间的计算公式,供参考。

每幅水泥土搅拌桩,单位桩长内,水泥浆液的喷出量 Q 取决于三轴搅拌机钻头断面积、水泥掺入比、水灰比、搅拌机下沉(提升)速度,其关系如下:

$$Q = \frac{\pi}{4} D^2 \gamma_s c_p w_c / v \tag{13-13}$$

式中 Q——水泥浆液喷出量(L);
   D——三轴搅拌机钻头断面积(m^2);
   γ_s——土的重度(kN/m^3);
   c_p——水泥掺入比(%);
   w_c——水灰比(%);
   v——三轴搅拌机下沉(提升)速度(m/min)。

日本 SMW 工法桩协会根据不同土质的 N 值确定一幅桩下沉搅拌时间 T_1

$$T_1 = \gamma \times L_1 (\min/\text{幅})$$

式中 γ——不同土质下沉 1m 喷浆搅拌时间(min/m);
   L_1——一幅桩喷浆下沉搅拌长度。

不同土质下沉 1m 喷浆搅拌时间 (γ)(min/m) 表 13-8

下沉 1m 搅拌时间	砂质土、砂砾土	黏性土
γ	$(0.03N+1.5) \times 1.2$	$(0.05N+1.5) \times 1.2$

一幅桩提升搅拌时间 T_2

$$T_2 = 0.8 \times L_2 + 5 (\min/\text{幅}) \tag{13-14}$$

式中 L_2——一幅桩提升搅拌长度(m)。

2. 工艺要求

根据施工工艺要求,采用三轴搅拌机设备施工时,应保证型钢水泥土搅拌墙的连续性和接头的施工质量,桩体搭接长度满足设计要求,以达到隔水作用。在无特殊情况下,搅拌桩施工必须连续不间断地进行。如因特殊原因造成搅拌桩不能连续施工,时间超过 24h 的,必须在其接头处外侧采取补做搅拌桩或旋喷桩的技术措施,以保证隔水效果。对浅部不良地质现象应做事先处理,以免中途停工延续工期及影响质量。施工中,如遇地下障碍物、暗浜或其他勘察报告未述及的不良地质现象,应及时采取相应的处理措施。

3. 桩机就位、校正

桩机移位结束后,应认真检查定位情况并及时纠正,保持桩机底盘的水平和立柱导向架的垂直,并调整桩架垂直度偏差小于 1/250,具体做法是在桩架上焊接一半径为 4cm 的铁圈,10m 高处悬挂一铅锤,利用经纬仪校直钻杆垂直度,使铅锤正好通过铁圈中心,每次施工前必须适当调节钻杆，使铅锤位于铁圈内，即把钻杆垂直度误差控制在0.4%内，桩位偏差不得大于50mm。

4. 三轴搅拌机钻杆下沉（提升）及注浆控制

三轴搅拌机就位后，主轴正转喷浆搅拌下沉，反转喷浆复搅提升，完成一组搅拌桩的施工。对于不易匀速钻进下沉的地层，可增加搅拌次数，完成一组搅拌桩的施工，下沉速度应保持在0.5~1.0m/min，提升速度应保持在1.0~2.0m/min范围内，在桩底部分适当持续搅拌注浆，并尽可能做到匀速下沉和匀速提升，使水泥浆和原地基土充分搅拌，具体适用的速度值应根据地层的可钻性、水灰比、注浆泵的工作流量、成桩工艺计算确定。

注浆泵流量控制应与三轴搅拌机下沉（提升）速度相匹配。一般下沉时喷浆量控制在每幅桩总浆量的70%~80%，提升时喷浆量控制在20%~30%，确保每幅桩体的用浆量。提升搅拌时喷浆对可能产生的水泥土体空隙进行充填，对于饱和疏松的土体具有特别意义。三轴搅拌机采用二轴注浆，中间轴注压缩空气。进行辅助成桩时应考虑压缩空气对水泥土强度的影响。施工时如因故停浆，应在恢复压浆前，先将搅拌机提升或下沉0.5m后，注浆搅拌施工，确保搅拌墙的连续性。

5. 施工工艺参数的控制

严格按设计要求控制配制浆液的水灰比及水泥掺入量，水泥浆液的配合比与拌浆质量可用比重计检测。控制水泥进货数量及质量，控制每桶浆所需用的水泥量，并由专人做记录。

水泥土搅拌过程中置换涌土的数量是判断土层性状和调整施工参数的重要标志。对于黏性土特别是标贯值和黏聚力高的地层，土体遇水湿胀、置换涌土多、螺旋钻头易形成泥塞，不易匀速钻进下沉，此时可调整搅拌翼的形式，增加下沉、提升复搅次数，适当增大送气量，水灰比控制在1.5~2.0；对于透水性强的砂土地层，土体湿胀性小，置换涌土少，此时水灰比宜调整在1.2~1.5，控制下沉和提升速度和送气量。必要时在水泥浆液中掺5%左右的膨润土，堵塞漏失通道，保持孔壁稳定，又可以用膨润土的保水性，增加水泥土的变形能力，提高墙体抗渗性。

日本SMW协会提供的不同土质三轴搅拌机置换涌土发生率　　　　表13-9

土　质	置换涌土发生率（%）
砾质土	60
砂质土	70
粉土	90
黏性土（含砂质黏土、粉质黏土、粉土）	90~100
固结黏土（固结粉土）	比黏性土增加20~25

6. 减少三轴搅拌桩施工对城市周围环境，特别是地铁运营影响的措施

（1）控制日成桩数量，并采用跳打，即隔五打一，以减少对地铁隧道的附加变形。

（2）加强与地铁监护部门和监测单位的配合，根据变形情况，安排或调整施工计划。

（3）合理的调整水灰比，控制下沉速度和注浆泵换档时间。

（4）施工前应对施工场地的地层情况作比较深入的了解，针对不同地层采取不同的工艺规程和成桩参数。尽可能减少提升搅拌时，孔内产生负压，造成对周边环境的沉降。

13.4.4 型钢插入和拔除施工

1. 型钢的表面处理

(1) 型钢表面应进行清灰除锈,并在干燥条件下,涂抹经过加热融化的减摩剂。

(2) 浇注冠梁时,埋设在冠梁中的型钢部分必须用油毡等硬质隔离材料将其与混凝土隔开,以利型钢的起拔回收。

2. 型钢插入

(1) 型钢的插入宜在搅拌桩施工结束后 30min 内进行,插入前必须检查其直线度,接头焊缝质量,并满足设计要求。

(2) 型钢的插入必须采用牢固的定位导向架,用吊车起吊型钢,必要时采用经纬仪校核型钢插入时的垂直度,型钢插入到位后,用悬挂物件控制型钢顶标高。

(3) 型钢插入宜依靠自重插入,也可借助带有液压钳的振动锤等辅助手段下沉到位,严禁采用多次重复起吊型钢,并松钩下落的插入方法,若采用振动锤下沉工艺时,不得影响周围环境。

(4) 当型钢插入到设计标高时,用吊筋将型钢固定,溢出的水泥土必须进行处理,控制到一定标高以便进行下道工序施工。

(5) 待水泥土搅拌桩硬化到一定程度后,将吊筋与槽沟定位型钢撤除。

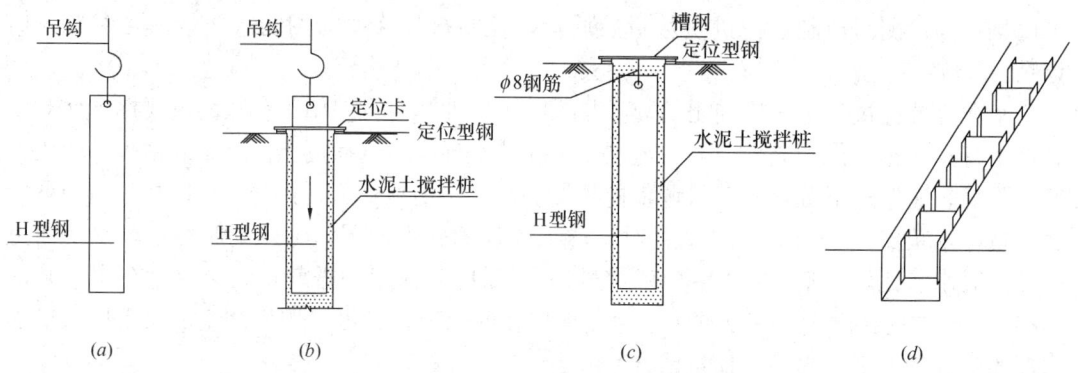

图 13-20 定位型钢示意图
(a) H 型钢吊放;(b) H 型钢定位;(c) H 型钢固定;(d) H 型钢成型

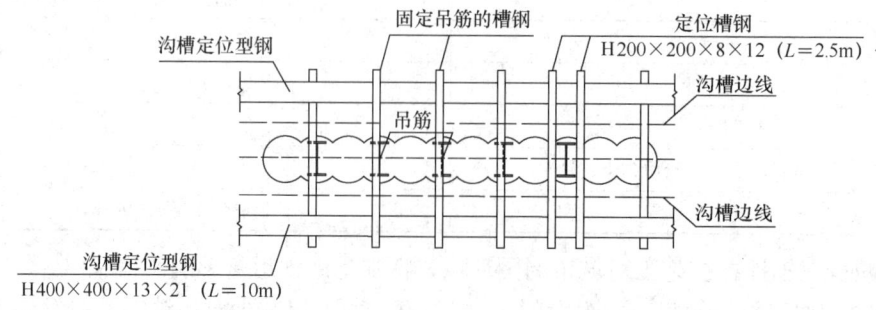

图 13-21 内插 H 型钢定位示意图

3. 型钢拔除

(1) 型钢回收应在主体地下结构施工完成,地下室外墙与搅拌墙之间回填密实后方可进行,在拆除支撑和围檩时应将型钢表面留有的围檩限位、支撑抗滑构件、电焊等清除干净。

（2）型钢拔除通过液压千斤顶配以吊车进行，对于吊车无法够到的部位由塔吊配合吊运或采取其他措施。液压千斤顶顶升原理：通过专用液压夹具夹紧型钢腹板，构成顶升反力支座，咬合型钢受力后，使夹具与型钢一体共同提升。2只200t千斤顶分别放置在型钢两侧，座落在混凝土冠梁上，型钢套在液压夹具内，两边液压夹板咬合，顶紧型钢腹板。顶升初始阶段由于型钢出露短，液压夹具不能使用，则采用专用丁字形钢结构构件支座顶升，见图13-22。型钢端部中心的ϕ100mm圆孔通过钢销与丁字形钢结构构件支座孔套接，受力、传力。2只200t千斤顶左右两侧同步平衡顶升丁字型钢结构构件支座，千斤顶到位后，调换另一提升孔继续重复顶升，直到能使用液压夹具为止，见图13-23。型钢拔除过程中，逐渐升高的型钢用吊车跟踪提升，直至全部拔除，驳运离现场。

图13-22 专用顶升支座

图13-23 液压顶升支座

（3）型钢拔除回收时，应根据环境保护要求可采用跳拔，限制日拔除型钢数量等措施，并及时对型钢拔出后形成的空隙注浆充填。

13.5 型钢水泥土搅拌墙质量控制与措施

13.5.1 型钢水泥土搅拌墙施工质量控制措施

1．搅拌桩施工中的质量控制措施

（1）搅拌桩桩机对位后应复测桩位，如定位架有误差或偏位必须调整桩机重新就位，只有桩位对中准确无误，且桩机保持垂直度偏差≤1/250，方可进行搅拌桩施工。

（2）下搅与上提喷浆时的搅拌效果与钻头的钻速有关，应确保土体任何一点均能经过20次以上的搅拌。下搅与上提喷浆的速度太快，土体任何一点搅拌的次数低于20次，且喷浆量达不到要求，喷搅效果差，将影响成桩质量；下搅与上提喷浆的钻速低，喷浆量达到或超过要求，水泥浆与土体搅拌效果好，成桩质量好，但成桩时间长，不经济。下搅喷浆的速度应控制在0.5~1.0m/min以内，上提喷浆的速度应控制在1.0~2.0m/min以内，成桩质量较好且经济。发生喷浆中断再喷浆时（中断时间不超1h），要求上提喷浆必须将钻头放至原喷浆位置以下0.5m然后再上提喷浆，继续施工；下搅喷浆时应提至原喷浆位置以上0.5m，然后再下搅喷浆，继续施工。

（3）喷浆量的控制。控制每根桩的水泥浆用量，确保搅拌桩桩身质量。进行搅拌桩施工时,下搅喷浆搅拌与提升喷浆搅拌一次后,重叠搭接的桩再下搅和提升喷浆一次,即每次都有2根桩须重复下搅和提升喷浆,注浆时的压力由水泥浆输送量控制,且泵送必须连续进行,不得中断送浆。

(4) 其他技术措施:制备的水泥浆不得离析,配制水泥浆停止超过2h,应降强度等级使用;水泥浆的搅拌时间不能少于3min,如果时间较短,水泥浆搅拌不均匀,注入后将影响搅拌桩的成桩质量;不论何种原因重叠搭接施工间隔超过24h,应进行补桩处理;提升喷浆到地面发现钻头被泥包住时,必须下搅上提,用高速甩掉黏泥,避免出现空心搅拌桩;当搅拌桩施工中喷浆未到设计桩顶面(或桩底),浆池内供注浆泵的水泥浆已没有,或浆池内供注浆泵的水泥浆泵出较少,对这些将直接影响搅拌桩成桩质量的问题,施工单位必须找出原因并及时补救。

2. 型钢施工质量控制措施

(1) 对型钢质量的要求:进场的型钢应检查其平整度,需焊接的型钢应检查两根型钢是否同心,型钢长度是否符合设计要求,加工是否按图纸要求等。

①型钢本体的处理:插入搅拌桩内的型钢应进行除锈和清污处理,使型钢表面较光滑,以减少型钢与搅拌桩的摩阻力;

②减摩剂的配制:现场常用石蜡和柴油混合加温配制减摩剂,施工前根据不同的室外温度,将石蜡和柴油按不同比例进行几组配制试验,从中确定出满足要求的配比;采用其他材料配制的减摩剂,不管配制材料如何,都应确保地下室施工完毕后,型钢能顺利的从搅拌桩内拔出。

③减摩剂的使用:型钢进行除锈和清污处理后,应在其表面均匀涂刷减摩剂,厚度以2mm为宜;遇雨、雪天必须用抹布擦干型钢表面,并均匀涂刷减摩剂。型钢插入搅拌桩前还应检查所涂减摩剂是否已脱落、开裂,发现有脱落、开裂的应将型钢表面减摩剂铲除清理干净后,重新涂刷减摩剂于型钢表面。涂刷减摩剂的型钢放置在场地内的枕木上。

(2) 型钢的插入:

①设置定位架:为确保型钢插入搅拌桩居中和垂直,可制作型钢定位架,定位架应按现场和型钢有关尺寸制作和放置并固定好,不允许在型钢插入搅拌桩过程中出现位移;

②插入型钢:搅拌桩施工完毕,吊机起吊型钢,型钢吊起应用经纬仪调整其垂直度,达到垂直度要求后,将垂直的型钢底部中心对正插入中心,沿定位架徐徐垂直插入搅拌桩内,当插入搅拌桩内1/3后才可以快放,直至放至设计标高位置;如不能下放到位,可借助挖掘机或振动器将型钢送到位,此时必须确保型钢居中垂直,并利用水准仪控制型钢的顶部标高;插入搅拌桩内的型钢施工必须在成桩后4h内完成,否则型钢插入搅拌桩内不仅困难,还会影响搅拌桩桩身质量。浇注冠梁时,应将埋设在冠梁中的型钢硬质隔离材料将其与混凝土隔开,以利于型钢的起拔回收。

(3) 对型钢拔出时的要求:待地下主体结构完成并达到设计强度后,可起拔回收型钢。拔起型钢时应垂直拔出,不得继续斜向拔起型钢。拔出后的型钢应逐根检查其平整度和垂直度,不合要求的型钢,经调直处理仍不符合要求的,不得使用,否则会增加施工成本。拔出型钢后搅拌桩内的空隙,采用注浆填充。

13.5.2 改善搅拌桩强度的技术措施

1. 多次搅拌

在深层搅拌法施工中，为了使水泥浆液均匀地分布到土颗粒中，可以对土体进行多次搅拌。对搅拌头下沉和上升的速度应加以控制。在搅拌头下沉进程中，遇较硬土层时候，可以降低搅拌头下沉的速度，以便更好地切削土体，使切片更薄，以利于水泥与土拌合。遇较软土层时，可以将调速电动机调到高速，加快搅拌头搅拌速度，并进行多次复搅，增加土颗粒的比表面积，使水泥与土充分接触，提高桩体强度和抗弯刚度。

2. 加压喷浆

加压喷浆搅法施工可以提高水泥浆喷射压力，使水泥与土充分搅拌，从而提高桩体强度和单桩承载力。搅拌头在下沉和上提过程中进行加压喷浆处理，可以使浆液与土体充分接触，增强了土体搅拌的均匀程度，从而可以提高水泥土搅拌桩的强度。

3. 掺加外加剂

对高含水量或富含有机质的软黏土，选用外加混合固化剂，促进水泥水化反应，可以使水化物生成量增多，水泥土搅拌桩孔隙减小，强度提高，同时也有助于提高水泥土搅拌桩的抗侵蚀特性。常用的外加剂有粉煤灰、石膏、减水剂、缓凝剂等。水泥浆中的外加剂除了掺入一定量的减水剂、缓凝剂以外，还应掺入一定量的膨润土，这样可以利用膨润土的保水性增加水泥土搅拌桩的抗变形能力，防止墙体变形后搅拌桩过早开裂而影响其抗渗性。

4. 基坑开挖时对水泥土搅拌桩的保护

由于水泥土搅拌桩不仅有隔水作用，而且更重要的是对型钢的侧向移动和扭转有约束作用，以保证型钢的稳定性，所以在基坑开挖过程中，必须注意对型钢水泥土搅拌墙复合围护结构中水泥土搅拌桩的保护，尤其是对型钢间的水泥土搅拌桩禁止任何的超挖与损害，以确保水泥土搅拌桩对型钢的有效约束，从而保持围护结构的整体性。

13.5.3 型钢水泥土搅拌墙质量检查与验收

（1）型钢水泥土搅拌墙质量检查与验收分为成墙期监控，成墙验收和基坑开挖期质量检查三个阶段。

（2）型钢水泥土搅拌墙成墙期监控内容包括：验收施工机械性能、材料质量、试成桩资料以及逐根检查搅拌桩和型钢的定位、长度、标高、垂直度等；严格查验搅拌桩的水灰比、水泥掺量、下沉与提升速度、搅拌桩施工间歇时间以及型钢的规格、型材质量、拼接焊缝质量等是否满足设计和施工工艺要求。表 13-10、表 13-11 为水泥土搅拌桩和型钢的检验标准。

（3）型钢水泥土搅拌墙的成墙验收宜按施工段划分若干检验批，除桩体强度检验项目外，每检验批至少抽查桩数的 20%。

（4）基坑开挖期间应着重检查开挖面墙体的质量以及渗漏水情况，如不符合设计要求应及时采取补救措施。

水泥土搅拌桩成桩质量检验标准　　　　表 13-10

序号	检查项目	允许偏差或允许值	检查频率	检查方法
1	桩底标高（mm）	+100，-50	每根	测钻杆长度
2	桩位偏差（mm）	50	每根	用钢尺量
3	桩径（mm）	±10	每根	用钢尺量钻头
4	施工间歇	<24h	每根	查施工记录

型钢插入允许偏差 表 13-11

序号	检查项目	允许偏差或允许值	检查数量	检查方法
1	型钢长度（mm）	±10	每根	用钢尺量
2	型钢顶标高（mm）	±50	每根	水准仪测量
3	型钢平面位置（mm）	50（平行于基坑边线）	每根	用钢尺量
		10（垂直于基坑边线）	每根	用钢尺量
4	形心转角 φ（°）	3°	每根	量角器测量

13.5.4 水泥土搅拌桩的强度检测

1. 目前工程中对水泥土搅拌桩强度检测的一般方法

目前水泥土搅拌桩强度检测方法可分为两类，即水泥土试块强度方法和原位测试方法。水泥土试块强度方法包括水泥土强度室内配比试验、取浆试块强度试验、钻芯试块强度试验三种检测方法，原位测试方法主要包括标准贯入试验（SPT）、圆锥动力触探试验（DPT）和静力触探试验（CPT）。

（1）水泥土强度室内配比试验

水泥土强度室内配比试验是检测水泥土强度的一种常规方法，是在搅拌桩施工前，在施工现场取原状土，按照施工参数配比，做成试块养护，28d 后进行单轴抗压强度试验。水泥土强度室内配比试验不能反映场地土层情况，施工参数、水泥土养护条件和实验室差别较大，不能真实地反映桩身全断面在土中（水下）的强度值。

目前水泥土的室内物理、力学试验尚未形成统一的操作规程，一般是利用现有的土工试验仪器和砂浆、混凝土试验仪器，按照土工、砂浆（或混凝土）的试验操作规程进行试验。试样制备所用的土料应采用原状土样（不应采用风干土样）。水泥土试块宜取边长为 70.7mm 的立方体。为便于与钻取桩芯强度试验等作对比，水泥土试块也可制成直径 100mm、高径比 1∶1 的圆柱体。

（2）取浆试块强度试验

在搅拌桩施工过程中采取浆液进行浆液试块强度试验，是在搅拌桩刚搅拌完成、水泥土处于流动状态时，及时沿桩长范围进行取样，采用浸水养护一定龄期后，通过单轴无侧限抗压强度试验，获取试块的强度试验值。

浆液试块强度试验应采用专用的取浆装置获取搅拌桩一定深度处的浆液，严禁取用桩顶泛浆和搅拌头带出浆液。取得的水泥土混合浆液应制备于专用的封闭养护罐中浸水养护，浆液灌装前宜在养护罐内壁涂抹薄层黄油以便于将来脱模，养护温度宜保持与取样点的土层温度相近。养护罐的脱模尺寸及试验样块制备、养护龄期达到后进行无侧限抗压强度试验等，可参照水泥土强度室内配比试验的方法和要求进行。

浆液试块强度试验采取搅拌桩一定深度处尚未凝固的水泥土浆液，主要目的是为了克服钻孔取芯强度检测过程中不可避免的强度损失，使强度试验更具可操作性和合理性。目前日本一般将取样器固定于型钢上，并将型钢插入刚刚搅拌完成的搅拌桩内获取浆液。

图 13-24 所示为现代设计集团上海申元岩土工程有限公司研制的一种专用取样设备，该装置原理简单，整个过程操作也较方便。取样装置附着于三轴搅拌桩机的搅拌头并送达取样点指定标高。送达过程由拉紧牵引绳 B 使得上下盖板打开，此时取样器处于敞开状

态，保证水泥土浆液充分灌入，就位后由牵引绳 A 拉动控制摆杆关闭上下盖板，封闭取样罐，使浆液密封于取样罐中，取样装置随搅拌头提升至地面后可取出取样罐，得到浆液。

浆液试块强度试验对施工中的搅拌桩没有损伤，成本较低，操作过程也较简便，且试块质量较好，试验结果离散性小。目前在日本普遍采用此方法（钻取桩芯强度试验方法在日本一般很少用），作为搅拌桩强度检验和施工质量控制的手段。随着各地型钢水泥土搅拌墙的广泛应用和浆液取样装置的完善普及，宜加以推广发展。

（3）取芯

取芯检测是一种直观的水泥土搅拌桩施工质量检测方法。该方法在搅拌桩施工后达到一定龄期后，通过地质钻机，连续钻取全桩长范围内的桩芯，并对取样点芯样进行无侧限抗压强度试验。

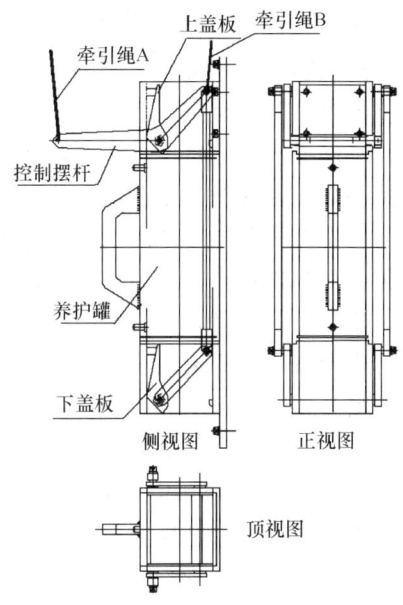

图 13-24　取浆液设备图

一般认为钻取桩芯强度试验是一种比较可靠的桩身强度检验方法，但该方法缺点也较明显，主要是由于钻取桩芯过程和试验中总会在一定程度上损伤搅拌桩。取芯过程中一般采用水冲法成孔，由于桩的不均匀性，水泥土易产生损伤破碎；钻孔取芯完成后，对芯样的处置方式也会对试验结果产生影响，如芯样暴露在空气中会导致水分的流失，取芯后制作试块的过程中会产生较大扰动等。由于以上原因导致一般通过钻取桩芯强度试验得到的搅拌桩强度值偏低，特别是较目前一些规范和手册上的要求值低。

钻取桩芯强度试验宜采用扰动较小的取土设备来获取芯样，如采用双管单动取样器，且宜聘请有经验的专业取芯队伍，严格按照操作规定取样，钻取芯样应立即密封并及时进行强度试验。

（4）原位测试方法

水泥土搅拌桩的原位检测方法主要包括静力触探试验、标准贯入试验、动力触探试验等几种方法。

①标准贯入试验（SPT）：标准贯入试验（SPT）是用质量为 63.5kg 的穿心锤，以 76cm 的落距，将标准规格的贯入器自钻孔底部预打 15cm，记录再打入 30cm 的锤击数，判定土的力学特性。

②圆锥动力触探试验（DPT）：圆锥动力触探试验（DPT）是利用一定质量的重锤，将与探杆相连接的标准规格的探头打入土中，根据探头贯入土中一定距离所需的锤击数，判定土的力学特性，具有勘探与测试双重功能。根据锤击能量，动力触探常常分为轻型、重型和超重型三种。

③静力触探试验（CPT）：静力触探试验（CPT）是岩土工程勘察中使用最为广泛的一个原位测试项目。其基本原理就是用准静力将一个内部装有传感器的标准规格探头匀速压入土中，由于地层中各种土的状态或密实度不同，探头所受的阻力不一样，传感器将这种大小不同的贯入阻力转换成电信号，借助电缆传送到记录仪表并记录下来，通过贯入阻

力与土的工程地质特性之间的定性关系和统计相关关系来获取岩土工程勘察相关参数。

静力触探试验轻便、快捷，能较好地检测水泥土桩身强度沿深度的变化，但静力触探试验最大的问题是探头因遇到搅拌桩内的硬块和因探杆刚度较小而易发生探杆倾斜。因此，确保探杆的垂直度很重要，建议试验时采用杆径较大的探杆，试验过程中也可采用测斜探头来控制探杆的垂直度。

对比三种现场原位测试法：标准贯入试验和动力触探试验在试验仪器、工作原理方面相似，都是以锤击数作为水泥土搅拌桩强度的评判标准。标准贯入试验除了能较好地检测水泥土桩身强度外，尚能取出搅拌桩芯样，直观地鉴别水泥土桩身的均匀性。

搅拌桩施工完成后一定龄期内进行现场原位测试，是一种较方便和直观的检测方法，能够更直接地反映水泥土搅拌桩的桩身质量和强度性能，但目前该方法工程应用经验还较少，需要进一步积累资料。

2. 目前强度检测中存在的问题

型钢水泥土搅拌墙基坑围护结构在国内实际应用已经有10多年历史，上海市2005年编制了专门的技术规程，国家行业标准《型钢水泥土搅拌墙技术规程》也在2009年编制完成，而涉及水泥土搅拌桩的规范、著作更多。但对三轴水泥土搅拌桩的强度指标和检测方法的研究和认识，仍很缺乏，在一定程度上制约了这一技术的推广应用。

相比国外特别是日本，目前国内对水泥土搅拌桩的施工过程质量控制还比较薄弱，如为保证施工时墙体的垂直度，从而使墙体有较好的完整性，校验钻机的纵横垂直度；带计重装置的每方注浆量是保证墙体完整性和施工质量的重要的施工过程控制参数，需要在施工中加强检测；以上这些还没有有效地建立起来。因此，为了保证水泥土搅拌桩的施工质量和工程安全，对其强度进行检测，是必不可少的一个重要手段。

搅拌桩强度检测目前主要存在如下问题：

（1）首先目前工程中对搅拌桩强度的争议较大，各种规范的要求也不统一，而工程实践中通过钻孔取芯强度试验得到的搅拌桩强度值普遍较低，特别是比一般规范、手册中要求的数值要低。

（2）其次国内尚无专门的水泥土搅拌桩检测技术规范，虽然相关规范对搅拌桩的强度及检测都有一些相应的要求，但这些要求并不统一、系统和全面。

（3）在搅拌桩的强度试验中，几种方法都存在不同程度的缺陷，浆液试块强度试验不能真实地反映桩身全断面在场地内一定深度土层中的养护条件；钻孔取芯对芯样有一定破坏，检测出的无侧限抗压强度值离散性较大，且数值偏低；原位试验目前还缺乏大量的对比数据建立搅拌桩强度与试验值之间的关系。

3. 搅拌桩强度检测试验分析

为分析研究搅拌桩的强度及检测方法，配合国家工程建设行业标准《型钢水泥土搅拌墙技术规程》的编制，规范编制组专门组织力量，在上海、天津、武汉、宁波、苏州等地，共进行了6个场地的水泥土搅拌桩强度试验，每个场地均专门打设5根三轴水泥土搅拌桩，采取套接一孔施工工艺，不插型钢，深度一般在15~25m之间，桩径为$\phi 850$或$\phi 1000$。在专门施工的三轴水泥土搅拌桩内分别进行了7d、14d、28d龄期条件下的钻取桩芯强度试验、多种现场原位试验（静力触探试验、标准贯入试验、重型动力触探试验等），部分试验场地进行了在搅拌施工过程中采取浆液进行浆液试块强度试验。以下从3个方面对本次试验结果进行介绍。

（1）浆液试块强度试验

配合本次规程编制，在上海某大厦工程场地专门进行了浆液试块强度和钻取桩芯试块强度的对比试验，表 13-12 为取芯与取浆液单轴抗压强度对比。

水泥土取芯与取浆液单轴抗压强度对比　　　　　　表 13-12

水泥土龄期	取浆液强度平均值（MPa）	取芯强度平均值（MPa）	取浆强度值/取芯强度值
7d	0.19	0.12	1.6
14d	0.34	0.21	1.6
28d	0.54	0.41	1.3

从试验结果看，28d 取浆试块强度平均值为 0.54MPa，同时进行的 28d 取芯试块强度平均值为 0.41MPa，取浆强度值与取芯强度值的比值在 1.3~1.6 之间。可见，由于取芯过程中对芯样的损伤而使试验强度值偏低。上海《地基处理技术规范》与《基坑工程设计规程》的条文说明中允许对双轴搅拌桩的取芯强度试验值乘以补偿系数（约 1.1~1.4）。综合分析，如考虑取芯过程中对芯样的损伤，同时又适当考虑安全储备，对钻孔取芯试块强度乘以系数 1.2~1.3 作为水泥土搅拌桩的强度是合适的。

取浆强度试验结果相对于取芯强度试验结果比较均匀、离散性小，更加接近于搅拌桩的实际强度。由于取浆试块强度检测方法是通过专用设备获取搅拌桩施工后一定深度且尚未凝固的水泥土浆液，不会对搅拌桩桩身的强度和隔水性能带来损伤，是值得推广的一种方法。

取浆试验现场操作方便，但取浆试验需要在浆液获取后进行养护，养护条件可能与搅拌桩现场条件存在一定差别，需要进一步规范和制定相应的标准。

（2）钻取桩芯强度试验

在上海、天津、宁波、苏州、武汉等地共 6 个工程进行了现场取芯试验，其中武汉地区试验由于取芯过程中芯样破坏较为严重，芯样基本不成形，未纳入分析统计。表 13-13 为各地水泥土搅拌桩钻取桩芯试块单轴抗压强度一览表。

各地水泥土搅拌桩钻取桩芯试块单轴抗压强度一览表　　　　表 13-13

背景工程	钻芯试块抗压强度平均值（MPa）		
	7d	14d	28d
上海某隧道工程	0.13	—	0.44
上海某大厦工程	0.12	0.21	0.41
苏州某工程	0.17	0.41	0.78
天津某工程	0.48	4.33	6.4
宁波某工程	0.06	—	0.49

由表 13-13 可见，各地水泥土搅拌桩 28d 取芯强度值为 0.41~6.4MPa，试验结果离散性较大，但一般强度值都在 0.40MPa 以上。如果考虑试验误差，去掉试验值最高的天津某工程试验结果和最低的上海市某大厦工程试验结果，28d 强度平均值为 0.57MPa。水泥土搅拌桩钻取桩基强度较目前一般规范和手册上要求的强度值要低。考虑到日本搅拌桩

28d 强度控制值采用 0.5MPa，将目前普遍要求的 28d 无侧限抗压强度值适当降低是合适的。

通过试验发现，水泥土强度不但与龄期有关，还与土层性质有关。在同等条件下，粉质黏土搅拌的水泥土试块强度较粉土、粉砂搅拌的水泥土试块强度低。搅拌桩套打区域与非套打区域的强度未检测到有明显差异。

(3) 现场原位试验

表 13-14、表 13-15、表 13-16 分别为在上海、天津、宁波、苏州、武汉等地工程进行的三轴搅拌桩静力触探、标准贯入和重型触探三种现场原位试验结果的统计表。

各地水泥土桩静力触探比贯入阻力 p_s 平均值一览表　　　　表 13-14

背景工程	静力触探比贯入阻力 p_s 平均值（MPa）		
	7d	14d	28d
上海某隧道工程	1.60	—	4.25
上海某大厦工程	2.00	3.00	3.90
苏州某工程	2.68	4.78	—
武汉某工程	2.84	—	—

各地水泥土桩标准贯入击数平均值一览表　　　　表 13-15

背景工程	标准贯入击数平均值（击）		
	7d	14d	28d
上海某隧道工程	7.9	—	12.7
上海某大厦工程	5.7	10.4	13.4
苏州某工程	18.7	26.2	—
武汉某工程	11.5	—	18.0
宁波某工程	14.5	—	16.2

各地水泥土桩重型动力触探击数平均值一览表　　　　表 13-16

背景工程	重型动力触探击数平均值（击）		
	7d	14d	28d
上海某隧道工程	6	—	10
苏州某工程	9.4	11.9	—
武汉某工程	6.6	—	9.5
宁波某工程	5.3	—	7.8

对三轴搅拌桩进行的现场原位试验结果总结如下：

静力触探试验轻便、快捷，能较直观地反映水泥土搅拌桩桩体的成桩质量和强度特性。标准贯入试验和重型动力触探试验在试验仪器、工作原理方面相似，都是以锤击数作为水泥土搅拌桩强度的评判标准。静力触探、标准贯入和重型动力触探三种原位试验都能比较直观地反映搅拌桩的成桩质量和强度特性。从试验过程和试验结果看，在上海等软土地区可以进行水泥土搅拌桩 7d、14d 和 28d 龄期的静力触探试验、标准贯入试验和重型动力触探试验。相对来说，标准贯入试验和重型动力触探试验人为因素影响较多一些，误差相对较大，试验精度稍差一些。

基于在上海、天津、苏州、武汉、宁波等地进行的三轴搅拌桩静力触探试验、标准贯入试验和重型动力触探试验发现，随着搅拌桩龄期的增加，静力触探比贯入阻力、标准贯入试验和重型动力触探试验的锤击数都相应增加，规律性较好，这三种方法都可以作为搅拌桩强度检测的辅助方法。

目前静力触探、标准贯入和重型动力触探三种原位试验工程应用经验还较少，尚未建立原位试验结果与搅拌桩强度值之间的对应关系，需要进一步积累资料。重型动力触探试验和标准贯入试验机理基本相同，二者亦能较好地检测水泥土桩身的强度，但精度不高。重要工程建议可以结合这两者试验方法进行补充强度检测。

13.6 型钢水泥土搅拌墙新发展

13.6.1 型钢水泥土搅拌墙在坚硬砂砾土等复杂地层的施工和超过 30m 深墙的施工

近些年以来，随着型钢水泥土搅拌墙施工工艺逐步完善，作为基坑围护、隔水帷幕和土体加固工程得到了广泛应用，但也出现了在坚硬砂砾土等复杂地层中施工效率低，超过 30m 以上深桩难以施工等问题。根据日本 SMW 协会相关技术资料和上海地区的工程实践经验，可以采取以下措施。

1. 在坚硬砂砾土层施工

采用预钻孔后成墙的方式，该方式适用于 N 值在 50 以上非常密实的土质和 N 值在 50 以下但有粒径 100mm 以上的砂砾土质。在进行水泥土搅拌墙施工前，预先用装备有强力减速机的单轴螺旋钻孔机隔孔先打出 1、3、5……孔，使地基有一定的松动并将石块等粉碎，然后再用三轴水泥土搅拌机将 1、2、3、4、5……孔连接起来形成水泥搅拌墙体。

2. 在直径大于 500mm 的漂石、块石地层的施工

采用直径 $\phi 800 \sim \phi 1500$mm 全套管跟管钻进，用冲抓锥抓取直径超过 500mm 的漂、块石，在钻达预定孔深后，回填素土，依次构筑素土墙，再用三轴搅拌机作业形成水泥土搅拌桩墙体。

3. 超过 30m 深墙施工

由于受到搅拌机桩架高度的限制，目前常规三轴搅拌机最大施工深度为 30m。如果三轴水泥土搅拌桩设计深度超过 30m，可以采用加接钻杆的工艺实现。当桩架高度 18~30m 时，通过加接 2~3 根钻杆，搅拌桩深度可施工至 35~45m，施工过程见图 13-25 所示。表 13-17 为日本超深水泥土搅拌墙施工采用的钻杆组合表，施工采用 850mm 三轴水泥土搅拌桩机，臂杆 24m，钻孔机为 MAC-240 型，主机为 DH608-120M，施工形式为臂杆可回转方式。

第13章 型钢水泥土搅拌墙的设计与施工

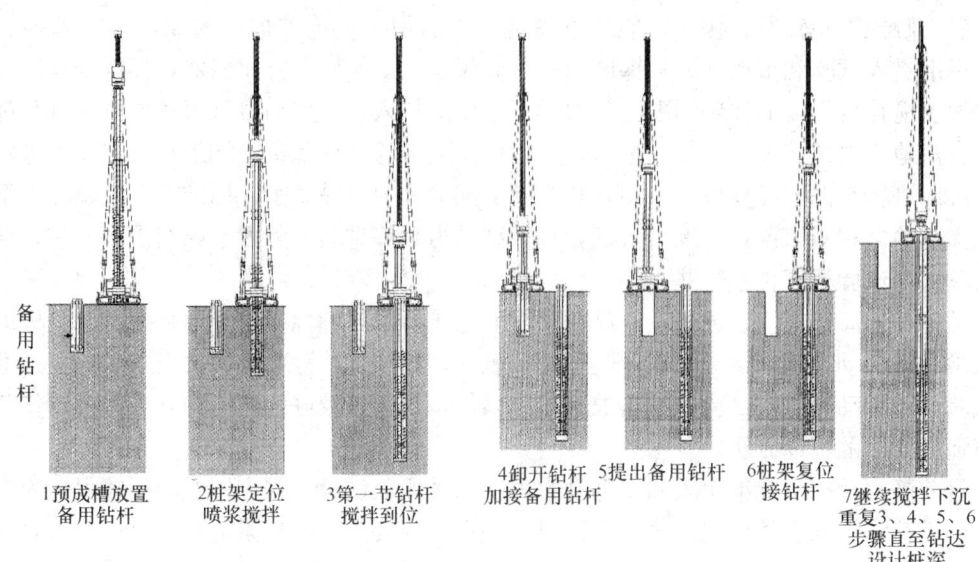

图 13-25 超深水泥土搅拌墙施工顺序图

表 13-17 日本超深水泥土搅拌墙施工采用的钻杆组合表

壁长(m)	钻杆连接次数	第1节					第2节					第3节					第4节		
		(0.82m)	(1.0m)	(2.0m)	(3.0m)	螺旋杆(6.75m)	(0.82m)	(1.0m)	(2.0m)	(3.0m)	(6.75m)	(0.82m)	(1.0m)	(2.0m)	(3.0m)	(6.75m)	(2.0m)	(3.0m)	(6.75m)
14.101	0	1	1		1	2													
15.101	0	1		1	1	2													
15.921	1	1	1		1	2	1	1											
16.921	1	1	1		1	2	1		1										
17.921	1	1	1		1	2	1			1									
21.671	1	1	1		1	2	1			1									
22.671	1	1	1		1	2	1	1		1									
23.671	1	1	1		1	2	1		1	1									
24.671	1	1	1		1	2	1		1		1								
28.421	1	1	1		1	2	1				2								
30.241	2	1	1		1	2	1			2	1	1							
31.241	2	1	1		1	2	1			2	1		1						
32.241	2	1	1		1	2	1			2	1			1					
35.991	2	1	1		1	2	1			2	1				1				
36.991	2	1	1		1	2	1			2	1	1			1				
37.991	2	1	1		1	2	1			2	1		1		1				
38.991	2	1	1		1	2	1			2	1				1				
42.741	2	1	1		1	2	1			2	1			2					
14.561	3	1	1		1	2	1			2	1			2	1	1			
45.000	3	1	1		1	2	1			2	1			2	1			1	

4. 超深水泥土搅拌墙施工实例

上海某酒店由一幢36层主楼和4层裙房组成，工程占地面积8470m²，基坑边长305m，工程整体地下3层，开挖深度为14.65m，局部落深区开挖深度为16.15m。基坑围护采用地下连续墙结合钢筋混凝土内支撑的方案。基坑周边环境复杂，北侧有一条地铁正在运营，东侧另一条地铁正在施工，南、北两侧地下分别有两条$\phi1200$、$\phi1800$大直径污水管线，对于基坑变形和防渗漏要求非常高，要求确保地铁运营和施工的绝对安全。

工程场地土层以②₂层和⑤₂层砂质粉土为主，且层厚达45m。地下连续墙施工过程中容易造成孔壁坍塌、接头绕流、沉渣超标等质量问题。在这种地层，地墙一旦漏水，将产生严重后果。为此围护设计方案将地下连续墙两侧进行槽壁加固（图13-26），地墙外侧为深度42～52m的$\phi850$mm三轴搅拌桩，套打施工。地墙内侧为深度24m的$\phi650$三轴搅拌桩，搭接施工。外侧深度为48～52m的三轴搅拌桩采用加接二次钻杆施工，本工程超深三轴搅拌桩工270幅，平均每天施工5幅，工期60d，基坑开挖后，地下连续墙及墙体接头防渗和隔水性能良好。

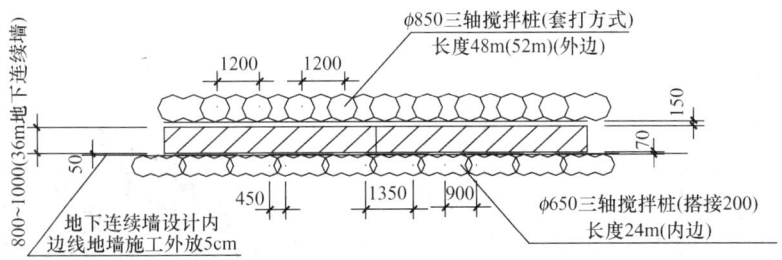

图13-26 三轴水泥土搅拌桩与地墙施工节点详图

搅拌桩施工相关技术参数：

水泥掺量：上部0～25m，采用搅拌土体重量的20%；下部25～48（52）m，采用搅拌土体重量的30%；

水灰比为1.8；

外掺剂：掺入膨润土的重量为水泥重量的3%；

下沉、提升速度：深度为52m桩下沉速度≤0.8m/min，深度为35m桩下沉速度≤1.5m/min；提升速度≤2.0m/min；

泵浆量：400L/min，采用2台200L/min注浆泵。

13.6.2 TRD工法

1. 工艺原理

TRD工法（Trench cutting Re-mixing Deep wall）是由日本神户制钢所开发的一种新型水泥土搅拌墙施工技术。该工法机具兼有自行掘削和混合搅拌固化液的功能。与传统的SMW工法采用垂直轴纵向切削和搅拌施工方式不同，TRD工法首先将链锯型切削刀具插入地基，掘削至墙体设计深度，然后注入固化剂，与原位土体混合，并持续横向掘削、搅拌，水平推进，构筑成高品质的水泥土搅拌连续墙。

2. 适应范围

TRD工法机具成墙厚度、深度视设备型号不同而异。TRD-Ⅰ型：成墙厚度450～550mm，深度20m；TRD-Ⅱ型：成墙厚度550～700mm，深度35m；TRD-Ⅲ型（图13-

27)：成墙厚度550～850mm，深度60m。TRD工法不仅可以适用于 N 值小于100的软土地层，还可以在直径小于100mm，$q_u \leqslant 5MPa$ 的卵砾石、泥岩和强风化基岩中施工，适应地层广泛。

3. TRD工法的特点

（1）TRD工法成桩质量好，沿桩长方向水泥土搅拌均匀，在相同地层条件下可节约水泥25%。相对于传统的水泥土搅拌桩，在相同地层条件下，TRD工法桩身深度范围内的水泥土强度普遍提高。水泥土无侧限抗压强度度在0.5～2.5MPa范围之内。

（2）墙体连续等厚度，隔水性能好。经过TRD工法加固的土体渗透系数在砂质土中可以达 $10^{-7}～10^{-8}$ cm/s，在砂质黏土中达到 10^{-9} cm/s。成墙作业连续无接头，型钢间距可以根据设计需要调整，不受桩位限制。

（3）TRD工法施工机架重心低、稳定性好。TRD工法可施工墙体厚度为450～850mm，深度最大可达60m，而TRD（Ⅰ、Ⅱ、Ⅲ）三种型机中施工机梁最大高度仅为12m。

（4）TRD工法可将主机架变角度（图13-28），与地面的夹角最小为30°，可以施工倾斜的水泥土墙体，满足特殊设计要求。

图13-27　TRD-Ⅲ型机全貌

图13-28　机架变角度水泥土搅拌墙施工

13.7　工　程　实　例

13.7.1　上海临港燃气大厦工程

1. 工程概况

本工程位于上海市南汇区临港新城中心区，地上2～9层，建筑高度83m，地下2层，基础形式为桩筏基础，工程桩采用φ800钻孔灌注桩。基坑开挖面积5600m²，周长290m，基坑开挖深度为10.50m。

基坑周边环境如图13-29所示。工程基地东侧，围护边线距红线的最近距离2.7m，红线外为云鹃路。云鹃路为新建的主干道，路面下埋设有上水、电力、污水、天然气等地下管线分布；基地南侧围护边线紧邻规划道路，现为空地；基地西侧围护边线距红线的最近距离约2.1m，红线外侧为环湖西路。环湖西路为新建的主干道，路面下埋设有上水、电力、污水、雨水等地下管线分布。基坑北侧围护边线紧邻规划道路，现为空地。

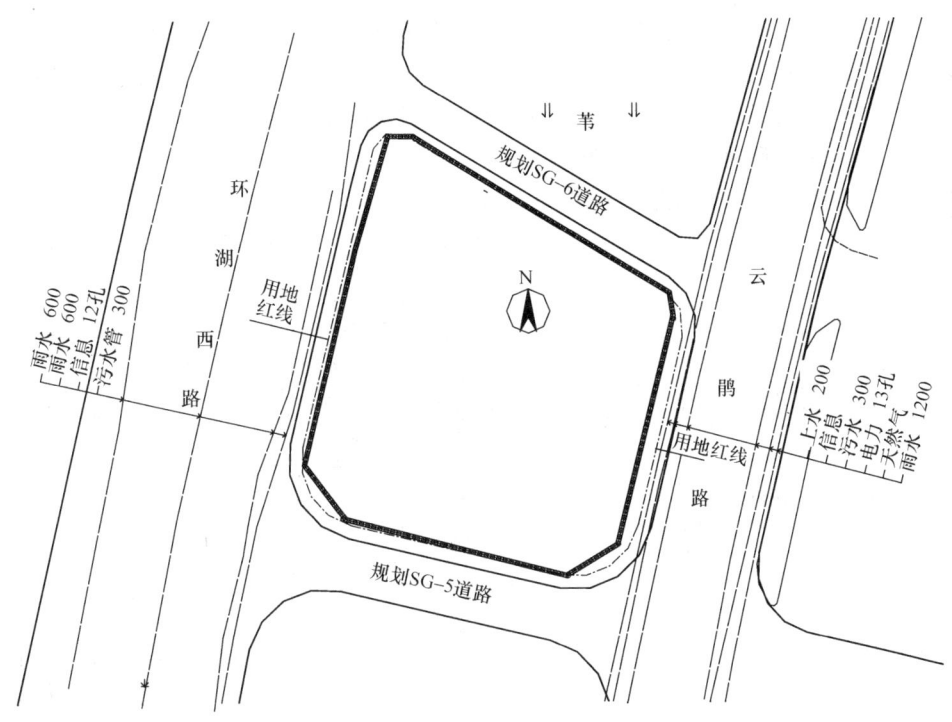

图 13-29 周边环境总平面图

可见,本工程基坑东侧和西侧道路下面有多条地下管线,是围护设计需重点保护的对象。围护结构设计与施工中需采取加强措施,且应重视对其的监测工作。

2. 工程地质条件

本工程场地内土层属滨海平原地貌,地势较平坦。土层主要由饱的黏性土、粉性土和砂土组成,具有成层分布的特点。

场地内填土普遍较厚,填土最大埋深达 3.3m。场地内分布有较厚的②$_3$ 层砂质粉土,且基坑坑底置于②$_3$ 层砂质粉土层中。该层土渗透性大,基坑开挖时,由于水头差的作用下局部可能产生流砂现象,同时也极易产生坑壁坍塌,故需采取挡土、隔水等围护措施,并同时在开挖时采取降水措施,以保证基坑土方的顺利开挖。场地土层情况见表 13-18。

土层物理力学性质表　　　　表 13-18

土层编号	土层名称	层厚 h (m)	重度 γ (kN/m³)	φ (°)	c (kPa)	渗透系数建议值 k (cm/s)
①	填土	2.72				
②$_3$	砂质粉土	12.48	18.7	32.0	6	4.00×10^{-4}
④	淤泥质粉土	4.3	17.0	11.5	11	4.67×10^{-6}
⑤	黏土	8.92	17.6	15.0	16	
⑦$_1$	砂质粉土	7.28	19.0	32.0	7	

3. 围护设计方案

(1) 围护方案选择探讨

综合考虑本工程的具体情况，由于基坑的开挖面积较大，开挖深度较深，且基坑周边有多处需要保护的地下管线，为了保证基坑开挖后的稳定和减少基坑及周边环境的变形，围护设计方案采用型钢水泥土搅拌墙结合两道钢筋混凝土支撑。

本工程为地下两层，开挖较深，基坑一般区域开挖深度为10.5m，围护结构采用$\phi1000@750$mm的三轴水泥土搅拌桩隔水，搅拌桩入土深度为23.15m。内插型钢采用$H800\times300\times14\times26@1500$，插一跳一，型钢长22m。围护结构剖面图详见图13-30。

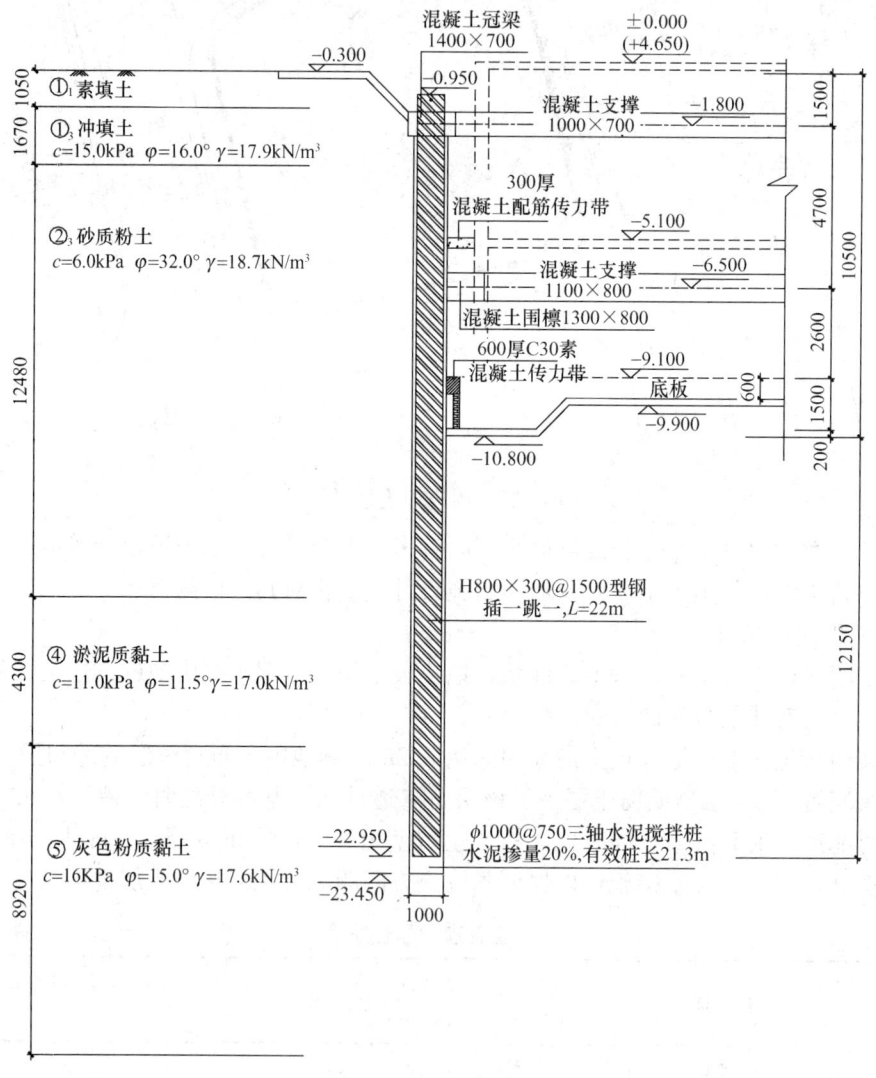

图13-30 围护结构典型剖面图

支撑系统设计为坑内两道钢筋混凝土水平支撑。考虑到本基坑形状近似方形，内支撑采用圆环支撑布置形式，中间设置直径约为61m的环形支撑，四角辅以角撑形式。详见图13-31支撑平面布置、图13-32支撑现场图。

第一道钢筋混凝土支撑中心标高为-1.800m，主撑截面为1000mm×700mm，环形支撑截面为1400mm×800mm，连杆尺寸700mm×700mm。混凝土冠梁截面为1400mm×700mm。

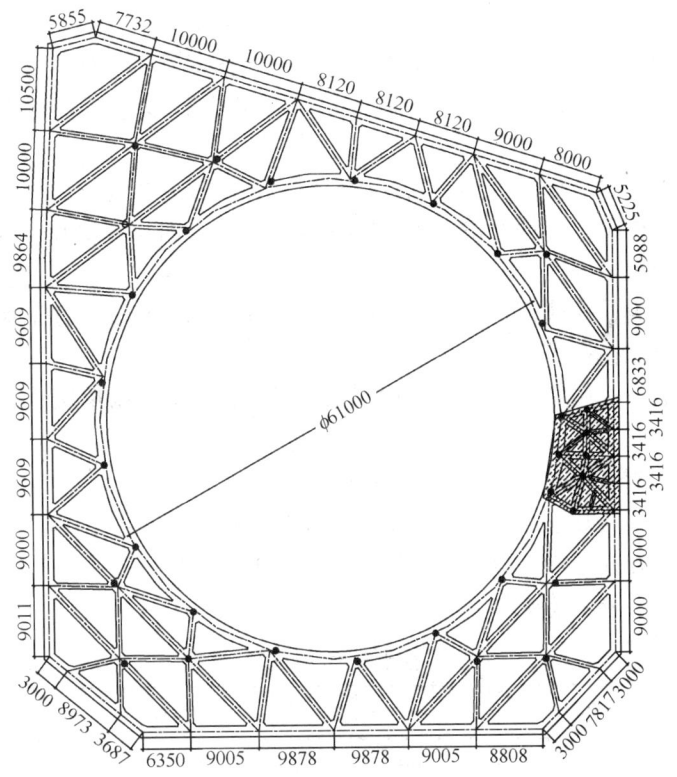

图 13-31 支撑结构布置图

图 13-32 支撑现场图

第二道钢筋混凝土支撑中心标高为 -6.500m,主撑截面为 1100mm×800mm,环形支撑截面为 1600mm×900mm,连杆尺寸 800mm×800mm。混凝土围檩截面为 1300×800mm。

支撑立柱采用型钢格构柱 4L125×12,截面为 460mm×460mm,其下设置立柱桩,立柱桩为 ϕ800mm 钻孔灌注桩,型钢格构立柱在穿越地下室底板的范围内需设置止水片。

(2) 施工工况

第一步:施工基坑四周的型钢水泥土搅拌墙,待其达到设计强度后,开挖至

$-1.450\mathrm{m}$;

第二步：开槽施工围护桩顶部混凝土冠梁和第一道混凝土支撑；

第三步：待冠梁和支撑达到设计强度后分层分块开挖至$-6.100\mathrm{m}$，开槽施工围檩及第二道混凝土支撑；

第四步：待第二道支撑和围檩达到设计强度后，分层分块开挖至坑底，并立即浇筑垫层，施工底板及换撑带；对局部落深较大的区域，应待大面积常规开挖区域混凝土垫层浇筑完成后，方可开挖；

第五步：待底板及换撑带达到设计强度后，拆除第二道支撑，施工地下二层结构及地下一层楼板和相应的换撑带；

第六步：待地下一层楼板及换撑带达到相应设计强度后，拆除第一道支撑，施工地下一层地下室结构。

4. 基坑的土方开挖

本工程土方分三层开挖。第一层开挖至$-1.450\mathrm{m}$标高，第二层开挖至$-6.100\mathrm{m}$，第三层开挖基底。土方开挖与支撑施工块依次进行，挖好一块，支撑一块，以减少无支撑暴露时间。具体挖土层分层情况见表13-19及图13-33。

挖土分层统计表　　　　　　　表13-19

工况	挖土分层	标高（m）	厚度（m）	土方量（m³）
1	第一层土	$-0.30\sim-1.450$	1.15	约6400
2	第二层土	$-1.450\sim-6.100$	4.65	约2.6万
3	第三层土	$-6.100\sim$基底	4.4	约2.5万

工况1：第一层土方开挖（以机械为主）。

第一层土方开挖采用全面退挖法，由四周向中间对称开挖至$-1.450\mathrm{m}$，先开挖四周支撑部位的土方，然后再挖中间的土方，为支撑施工创造条件；支撑随开挖进度分段施工。

工况2：第二层土方开挖（以机械为主，人工为辅）。

第二层土开挖由标高$-1.450\sim-6.100\mathrm{m}$。待第一道支撑混凝土强度达到设计强度80%以上后，土方挖土设备才能继续在坑内进行挖土作业。本层开挖同样先开挖基坑四周围檩和水平支撑体系的土方，确保支撑体系养护周期。再开挖圆环外部围檩及水平支撑的部分，后开挖圆环内部的部分。根据现场实际情况，分为9个区域施工。

为了保证围护结构受力均匀，采取从角部（西北和东南角）先行开挖的方式进行对称、均匀分层退挖法开挖。完成①区域挖土后，随之进行②区域的挖土，基坑四角斜对称相继完成，从而减少了围护体在跨中部位的弯矩。⑤区土方最后挖。

工况3：第三层土方开挖（以机械为主，人工为辅）。

待第二道支撑混凝土强度达到设计强度80%以上后，挖土设备继续在坑内作业。第三层土开挖从基坑四周向中央阶梯型分层推进，边挖边退，挖机配合翻挖传递，最后由长臂机停在栈桥平台上抓挖收尾，挖到离基底300mm时，改为人工挖土修整。

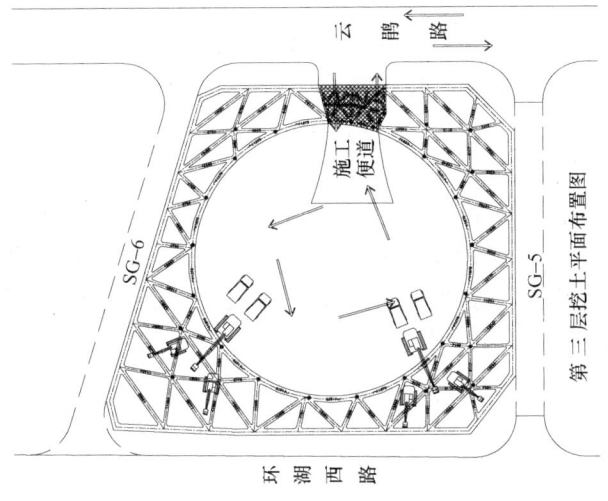
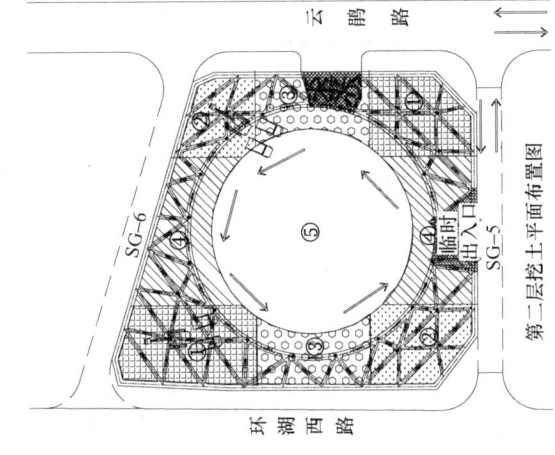

图 13-33 基坑挖土示意图

5. 监测结果

由于本工程场地土层均为软土层,且分层较多,土质差异大。在工程施工过程中要加强对基坑围护自身及周边环境的监测,实施信息化施工。监测内容如下:①围护桩顶沉降及水平位移;②围护桩身位移(测斜);③支撑轴力监测;④立柱沉降监测;⑤坑内外地下水位监测;⑥周边地下管线沉降及水平监测。

下面为基坑主要部位围护体侧向变形的监测结果(图13-34)。由图可见,围护结构变形随着基坑开挖深度和时间的增加而逐步增大,几个测斜孔的位移变化规律比较形似,变形数值也比较接近。围护结构从开始开挖到开挖至坑底并浇筑底板后,最大侧向变形为26.5mm,围护实测变形与规范计算结果比较接近。

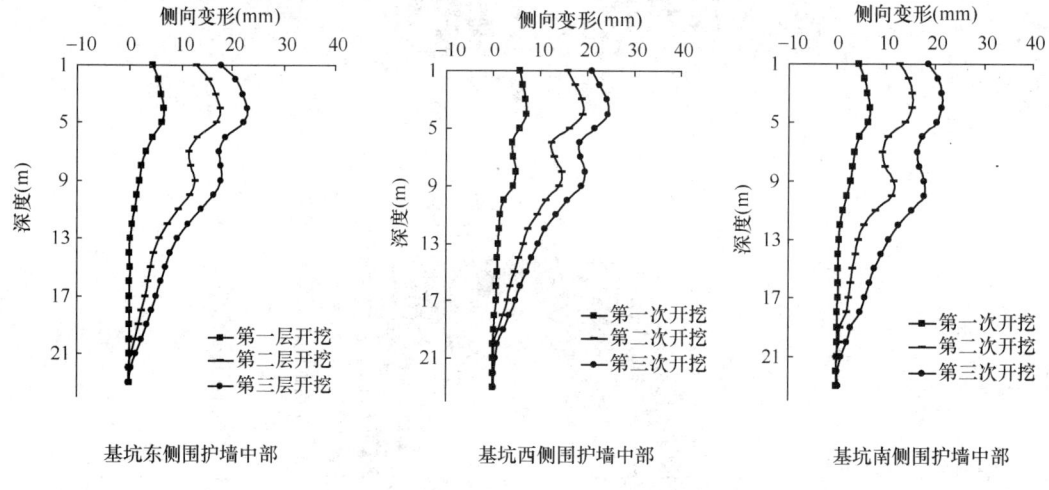

图13-34 围护体侧向变形

图13-35为内支撑轴力测试值,支撑轴力选用环形支撑监测点的平均值。由图可见,两道支撑轴力都随着开挖工况逐步增加。第二道支撑随着开挖轴力逐步增加,当基坑开挖至坑底后,轴力曲线趋于平缓,支撑轴力实测值比计算值略小。第一道支撑内力轴力随着开挖逐步增加,当开挖至第二道支撑处,轴力曲线变得较为平缓,随着第二道支撑浇筑并养护完成、基坑开挖,轴力又逐步增加,当基坑开挖至坑底时,轴力趋于稳定。第一道支撑轴力实测值大于计算值。

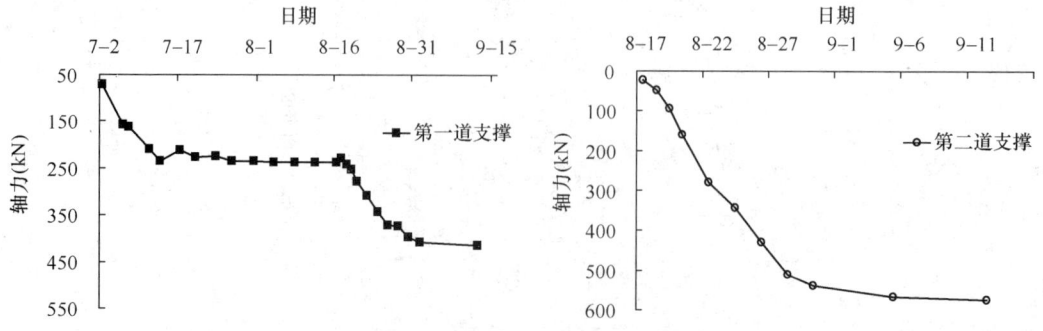

图13-35 支撑轴力实测结果

13.7.2 苏州地铁钟南街站工程

1. 工程概况

苏州轨道交通一号线工程是一条东西走向的市区轨道交通线,全长约26km,全线共设24座车站,钟南街站为第24座车站。钟南街站位于钟南街与翠园路的交叉口下,其中钟南街为南北向城市干道,规划道路红线宽53m,翠园路为规划道路,东西走向,规划道路红线宽度为31m。钟南街站基坑周长为1011m,开挖面积33000m²,开挖深度14.8~16.5m。

2. 地质条件

本工程场地地下水位较高,为软土地层,有深厚的砂土层,表13-20为场地土层物理力学参数表。

土层物理力学性质综合成果表　　　　　　　　　表13-20

土层编号	土层名称	层厚 h (m)	重度 γ (kN/m³)	φ (°)	c (kPa)	渗透系数建议值 k (cm/s)
①₁	素填土	2.16		10.0	15.0	
③₁	黏土	1.60	19.9	10.8	51.7	7.0×10⁻⁷
③₂	粉质黏土	4.06	19.4	11.6	28.7	3.0×10⁻⁶
④₁ₐ	粉质黏土	7.86	18.9	11.5	21.4	2.0×10⁻⁷
④₂	粉砂	5.24	18.8	20.4	15.9	2.5×10⁻⁷
④₃	粉黏夹粉土	8.40	19.1	4.9	16.4	
⑤	粉质黏土	3.14	19.3	11.0	25.0	
⑥₁	黏土	18.85	20.2	12.4	46.2	
⑥₂	粉质黏土	17.05	19.1	12.2	30.1	
⑦₂	粉土夹粉砂	未钻穿	18.7	29.0	10.6	

3. 围护方案选型探讨

本工程周边环境相对宽松,但基坑的开挖深度较深,基坑围护设计考虑采用浅层卸土放坡结合深层内支撑的方案,总体可以下采用以下两种方案:

(1) 放坡+工法桩方案:采用浅层45°放坡+深层 $\phi1000@750$ 工法桩作围护;

(2) 放坡+钻孔咬合桩方案:采用浅层45°放坡+深层 $\phi1000@800$ 钻孔咬合桩围护。

具体比选内容见表13-21。

围护结构方案比较表　　　　　　　　　表13-21

围护结构形式	优点	缺点	造价比
放坡+钻孔咬合桩	1. 技术成熟,防水效果好; 2. 钢筋混凝土桩、素混凝土桩结合,配筋率较低; 3. 施工灵活,适合各种形状基坑	1. 成孔需专门设备; 2. 造价相对较高; 3. 咬合桩施工工艺较复杂	1
放坡+工法桩	1. 技术成熟,工艺相对简单; 2. 特别适用于软土地区,有成熟经验; 3. 机械化施工,质量、速度有保证	1. 适用范围受基坑深度限制; 2. 对环境有一定影响	0.96

从上述的分析对比看,"放坡+工法桩"围护方案在造价、施工速度等方面具有较明显的优势。结合本工程的地质条件及周边环境特点,围护设计最终选用了"浅层放坡+深层工法桩"方案。

车站主体围护结构设计参数如下:一般区域开挖深度14.8m,采用45°放坡+$\phi 1000@750mm$型钢水泥土搅拌墙,内插型钢采用$H800 \times 300$型钢,插一跳一;端头井区域基坑开挖深度16.5m,内插型钢采用密插形式。支撑系统采用$\phi 609 \times 12$钢支撑,竖向2道,水平向间距一般为3m。图13-36为围护结构剖面图,图13-37为基坑施工现场图。

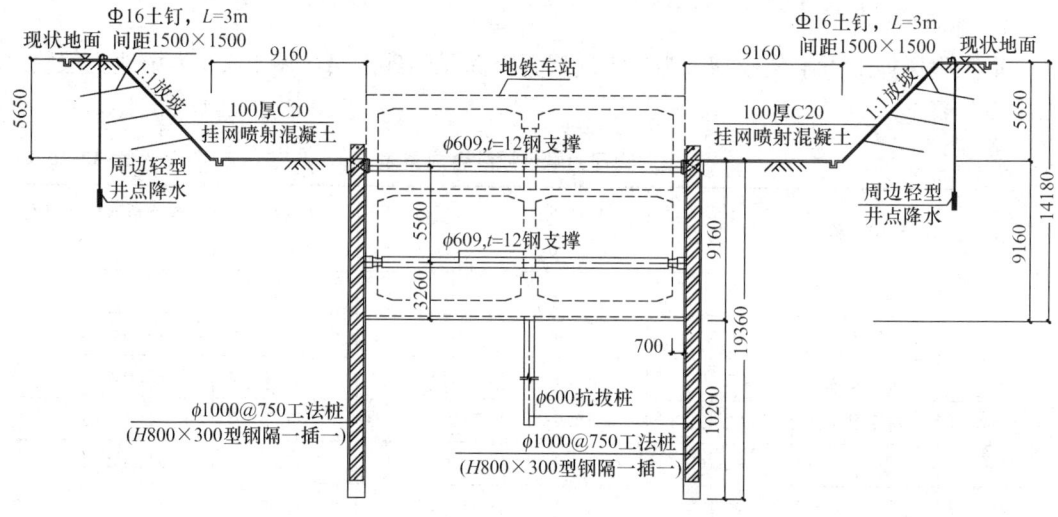

图13-36 围护剖面图

(a)   (b)

图13-37 基坑施工现场图

4. 围护施工方案及相关技术措施

本基坑工程的施工方案应根据基坑周边环境条件、车站埋深、规模、建筑特点,并结合工程地质、水文地质,施工对地面交通和环境的影响、施工工期、工程经济指标等方面因素进行综合分析确定。

本工程位于钟南街和规划翠园路路口下方,路面车流量较少,且周边道路交通便利路网较发达,有比较充足的交通疏解条件。钟南街断道施工不会造成交通问题,而且周边无需特殊保护的重要管线。

基坑开挖主要施工工况：

（1）施工围护结构、抗拔桩，浅层放坡开挖至设计标高后，进行土坡面层施工，进行第二层土方开挖；

（2）架设第一道钢支撑，进行第三层土方开挖；

（3）架设第二道钢支撑，向下开挖土方至基底；

（4）施工底板垫层，铺设防水层，浇筑底板，待混凝土达到设计强度后拆除第二道钢支撑；

（5）施工地下结构外二层墙防水层，浇筑外墙、中柱及中板，待混凝土达到设计要求强度后拆除第一道钢支撑；

（6）施工地下一层结构外墙、中柱及顶板，待混凝土达到设计要求强度后，施工侧墙、顶板防水层和其他内部结构，回填覆土，恢复路面。

5. 小结

（1）在地下水位较高的软土地区，基坑挖深较深时，采用型钢水泥土搅拌墙＋内支撑支护体系是比较合理的围护形式。

（2）从基坑开挖围护体的变形控制和对周边环境的保护来看，可以通过选用不同截面面积、截面刚度的内插型钢和设置内插型钢的不同间距，调整围护体的刚度，使围护设计方案更加具有针对性，且操作灵活。

（3）与传统的"灌注排桩＋内支撑"的支护体系相比，型钢水泥土搅拌墙的内插型钢可以回收再利用，能够节约工程费用和社会资源，且型钢不会永久留在地下形成障碍物，给后续施工带来方便。

参考文献

[1] 刘建航，侯学渊. 基坑工程手册[M]. 北京：中国建筑工业出版社，1997
[2] 龚晓南. 深基坑工程设计施工手册[M]. 北京：中国建筑工业出版社，1998
[3] 赵志缙，应惠清. 简明深基坑工程设计施工手册[M]. 北京：中国建筑工业出版社，1999
[4] 孔德志. 劲性搅拌桩性能与分析理论研究[D]. 上海：同济大学，2004
[5] 顾士坦. 基坑 SMW 工法围护结构复合作用分析及模型试验研究[D]. 上海：河海大学，2004
[6] 王健. H 型钢-水泥土组合结构试验研究及 SMW 工法的设计理论与计算方法[D]. 上海：同济大学，1998
[7] 上海市工程建设规范. 型钢水泥土搅拌墙技术规程(试行)DGJ 08—116—2005[S]
[8] 工程建设行业规程. 型钢水泥土搅拌墙技术规程(征求意见稿)[S]. 2009
[9] 史佩栋. 日本 SMW 法地下连续墙[J]. 地基基础工程，1995，5(1)：59-65
[10] 日本 SMW 协会. SMW 工法标准预概算资料(设计、施工、概预算)[G]. 东京：SMW 协会. 2008

第 14 章 钢板桩的设计与施工

14.1 概　述

钢板桩属板式支护结构之一，钢板桩是一种带锁口或钳口的热轧（或冷弯）型钢，靠锁口或钳口相互连接咬合，形成连续的钢板桩墙，用来挡土和挡水，具有高强、轻型、施工快捷、环保、可循环利用等优点。钢板桩支护结构在国内外的建筑、市政、港口、铁路等领域都有悠久的使用历史。

14.1.1 钢板桩

钢板桩断面形式很多，英、法、德、美、日本、卢森堡、印度等国的钢铁集团都制定有各自的规格标准。常用的钢板桩截面形式有 U 型、Z 型、直线型及 CAZ 组合型等，参见图 14-1。

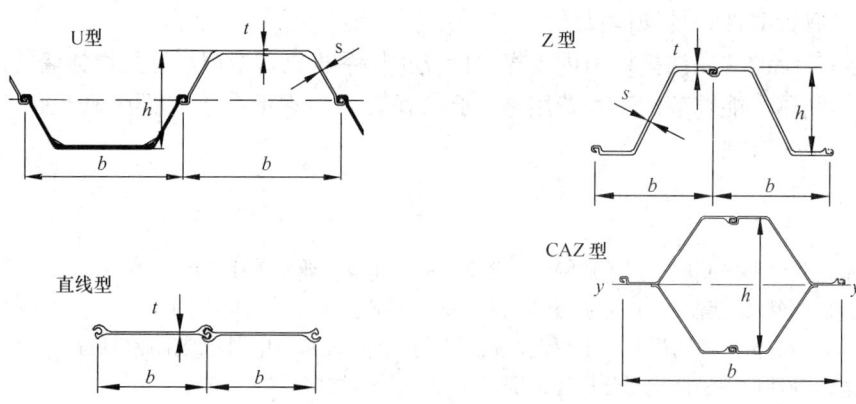

图 14-1　常用钢板桩截面形式

由于种种原因，以前我国国内生产钢板桩规格很少，仅鞍钢等少数钢厂生产过小规格的"拉森"式（U 型）钢板桩，在沿海地区港口工程中多使用日本、卢森堡等国钢铁集团生产的钢板桩，而进口钢板桩的价格较高，这些因素都限制了我国国内钢板桩的大规模应用。近年来随着国民经济的高速发展，国内各种建设项目钢板桩的用量逐年递增，钢板桩应用水平也在不断提高，带动了钢板桩行业的发展。为此在 2007 年，由中国钢铁工业协会牵头，制订了国内热轧 U 型钢板桩标准《热轧 U 型钢板桩》（GB/T 20933—2007），为大力推广国产钢板桩的生产和应用打下了良好的基础。

近年来钢板桩朝着宽、深、薄的方向发展，使得钢板桩截面模量和重量之比率不断提高，此外还可采用高强度钢材代替传统的低碳钢或是采用大截面模量的组合型钢板桩，这都极大地拓展了钢板桩的应用领域。

14.1.2 钢板桩支护结构

钢板桩支护结构由打入土层中的钢板桩围护体和内支撑或拉锚体系组成,以抵抗水、土压力并保持周围地层的稳定,确保地下工程施工的安全。从使用的角度可分为永久性结构和临时性结构两大类。永久性结构主要应用于码头、船坞坞壁、河道护岸、道路护坡等工程中;临时性结构则多用于高层建筑、桥梁、水利等工程的基础施工中,施工完成后钢板桩可拔除。本章中主要述及后者,重点介绍作为临时工程的钢板桩支护结构的设计和施工的要点。

根据基坑开挖深度、工程水文地质条件、施工方法以及邻近建筑和管线分布等情况,钢板桩支护结构形式主要可分为悬臂板桩、单撑(单锚)板桩和多撑(多锚)板桩等,此外常见的围护(挡土、挡水)结构还有桩板式结构、双排或格型钢板桩围堰等。

1. 悬臂式结构

悬臂式钢板桩挡墙无撑无锚,完全依靠板桩的结构强度和入土深度保持挡墙的稳定和整体的安全。坑侧土体易产生变形,围护结构的桩顶位移和桩身弯矩值均较大。此外,该结构形式要求坑底及板桩底部土体有足够的强度以抵抗产生的反力,因此,在基坑底部被动区土体地质条件不良时,可考虑采用土体加固的方式以提高被动区土压力。

2. 单撑(单锚)及多撑(多锚)式结构

单撑(单锚)式钢板桩支护结构由钢板桩围护体系和单道内支撑(或单道墙后锚拉结构)组成。内支撑可以采用钢筋混凝土支撑或钢支撑,墙后锚拉结构根据地基条件的不同可以采用锚杆或(钢或钢筋混凝土)拉杆连接锚桩(或锚碇墙)构成。单锚式钢板桩支护结构同一般的板式内支撑结构类似,但它属于无内支撑支护结构,后方须有足够的场地条件以设置锚拉结构。

多撑(多锚)式钢板桩支护结构由钢板桩围护体系和多道内支撑(或多道墙后锚拉结构)组成。内支撑或锚拉结构的增多使得该结构形式可适用于开挖深度较大的基坑工程中。

由于钢板桩间锁口相互咬合,锁口处止水技术的发展使得单撑或多撑式的钢板桩支护结构也可应用于临水的基坑工程中,临水基坑钢板桩支护结构是在水上施工打设钢板桩,钢板桩自身(或与陆域结构)形成封闭的的围护体系,并通过设置单道(或多道)钢(或钢筋混凝土)内支撑(或圆环形支撑)形成的支护结构。

3. 桩板式支护结构

桩板式支护结构是采用工字钢、钢管桩或箱型钢板桩等结合横挡板构成,根据需要设内支撑体系或拉锚结构。该支护结构主要由钢桩承受土压力,由于不能挡水,只能用于地下水位较低的干施工的情况下。该结构形式常用于浅埋地下铁道、箱涵等施工中。

4. 其他钢板桩结构形式

双排钢板桩围堰结构是将钢板桩围护结构呈两排打入地基中,顶部依靠(钢筋混凝土或钢)拉杆相连,内部填充砂土形成一定宽度的墙体。格型钢板桩围堰则是将直线型钢板桩打设成圆形或圆弧形,在其中间充填砂土以形成连续墙体。两者均可视为一种"自力式"的重力式挡土墙,以钢板桩结构强度和内部填充物的自重和抗剪能力来抵抗外力。常用于水利基坑开挖的临时支护、码头岸壁结构或圈围造地的围护结构。

14.2 钢板桩的设计

14.2.1 设计参考资料

钢板桩属传统的板式支护结构之一，由于具有施工速率快、可重复利用等明显的优点，世界各国应用均较为广泛，也展开了较为全面的研究。世界大型的钢板桩制造商如ARCELORMITTAL、新日本制铁株社等有自行编制的钢板桩的设计施工手册，具有很好的借鉴意义。

此外也可参照我国《建筑基坑支护技术规程》(JGJ 120—99)、《板桩码头设计与施工规范》(JTS 167—3—2009)、日本建筑学会《挡土墙设计施工准则》及《深基坑工程设计施工手册》、欧洲《EN 1993—52003：Design of steel structures：Piling》、DINEN12063《Execution of special geotechnical work-sheet piling construction》、United States Steel 的《Steel Sheet Piling Design Manual》、US Army Corps《Designof Sheet Pile Walls》(EM 1110—2—2504) 等规范或专著。

14.2.2 荷载作用

1. 水土压力

如第 4 章所述，一般砂土地基采用水土分算，而黏土和粉土地基一般采用水土合算。支护结构承受的土压力，与土层地质条件、地下水状况、支护结构各构件的刚度以及施工工况、方法、质量等因素密切相关，且呈现出时空效应，由于这些因素千变万化，十分复杂，因此难于计算土压力的精确值，目前国内外常用的计算土压力方法仍以库仑公式或朗肯公式为基本计算公式。具体土压力模式及计算公式可参见第四章相关内容。库仑公式及郎肯公式均为假设土体为极限平衡状态下的计算公式，实测资料表明，围护结构变形和土压力的调整使得作用于基坑围护结构上的土压力往往处于非极限平衡状态，第 4 章给出了 4 种非极限平衡条件下土压力与墙体位移的函数模型，此外，在 USArmy Corps《Designof Sheet Pile Walls》(EM 1110—2—2504) 中提供了一种简化的函数模型，即假设极限平衡土压力间土压力与墙体位移呈线性关系。

水土分算下水压力的计算根据具体情况可分别考虑按照三角形分布（考虑渗流）或梯形分布（不考虑渗流）来进行计算，具体参见第四章中有关水压力计算的相关内容。

2. 水流力、波浪力

临水基坑钢板桩结构一侧或多侧临水，围护结构可能承受水流力及周期性波浪作用力。而在潮汐河口或河流中，受潮汐作用影响，水压力将处于实时变动之中；此外，临水基坑可能一侧临水，一侧挡水土，本身两侧压力不均。因此，水上基坑钢板桩支护结构同陆上基坑有所不同，应考虑对基坑围护结构两侧压力不平衡所带来的影响。

受潮汐影响的临水基坑，基坑外设计水位一般取设计高、低水位，25 年一遇极端高、低水位（基坑使用周期较长，基坑破坏损失严重时可考虑使用 50 年一遇）进行校核计算。不受潮汐影响的基坑，其临水侧坑外设计水位按对应水体的设计高、低水位取值，并应考虑暴雨预降水位工况。当有防洪、防汛要求的基坑，坑外设计水位应按相应防洪、防汛要求选用。

临水基坑钢板桩结构上的水流力可按下式进行计算：

$$F = C_w \frac{\rho}{2} V^2 A \tag{14-1}$$

式中 F——水流作用力（kN）；

V——水流设计流速（m/s），取基坑所处范围内可能出现的最大平均流速；

C_w——水流阻力系数，根据表 14-1 取值；

ρ——水的密度（t/m³），淡水取 1.0，海水取 1.025；

A——钢板桩围护结构与流向垂直平面上的投影面积（m²）。

钢板桩迎水侧水流力可考虑采用倒三角形分布，即上式水流力作用点作用于水面下 1/3 水深处。

水流阻力系数　　　　　　　　　　表 14-1

矩形	长/宽	1.0	1.5	2.0	≤3.0
	C_w	1.50	1.45	1.30	1.10
圆形		0.73			

此外，若考虑临时基坑受斜向水流作用的影响，水流阻力系数应乘以影响系数 m，m 应按表 14-2 取值。

受斜向水流作用的影响系数　　　　　　　　　　表 14-2

名称	简图	m				
圆端		α (°)	0	5	10	15
			1.0	1.13	1.25	1.37
矩形		α (°)	0	10	20	30	45
			1.0	0.67	0.67	0.71	0.75

若钢板桩支护结构需考虑波浪作用时，设计波浪的重现期可取为 25 年一遇。由于波峰作用时，钢板桩结构受到波压力作用；而波谷作用时，钢板桩结构受到波吸力作用。因此，应根据可能出现的不同工况，按最不利的组合进行计算。

根据波浪要素、基坑围护外形及挖深、钢板桩外侧水深等参数的不同，波浪对钢板桩结构的作用主要表现为波浪对直墙式建筑物的作用（图 14-2）或波浪对斜坡式建筑物的作用。具体作用力的计算与波态、波要素、水深等因素有关，较为复杂，因篇幅有限，此处不再一一列出，可参照我国《海港水文规范》（JTJ 214—2000）或美国《Coastal Engineering Manual》（EM 1110—2—1100）中有关波浪力的计算内容。

3. 其他作用力

同其他支护形式的基坑一样，在基坑设计时还需要考虑施工车辆荷载及基坑周边的超载、建筑基础荷载等荷载。而临水基坑的钢板桩支护结构中，钢板桩除受波浪、水流荷载作用外，还可能出现其他环境荷载，特别是当钢板桩在水面以上的悬臂段较长时，风荷载成为不可忽略的因素，风荷载可参照相关规范计算。

上述支护结构计算所用的荷载计算理论或方法，虽经长期实践证明是可行的。但从安全、经济等因素综合评价，尚有不足之处。因为基坑土方开挖，钢板桩围护墙两侧土压和

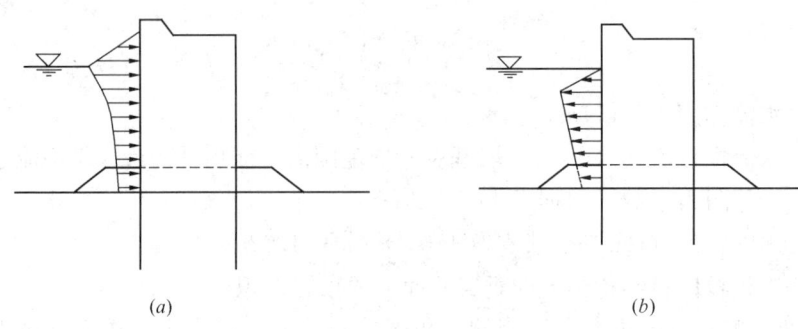

图 14-2 波浪对直墙式建筑物的作用
(a) 波峰作用时；(b) 波谷作用时

水压的平衡即被破坏，使钢板桩受力发生变形，圈梁支撑等相继承受作用力，随着土方向下继续开挖，变形不断发展，结构承受的作用力亦不断发生变化。因此，整个土方开挖及支护结构施工过程中，支护系统呈现复杂的受力状态。本节中上述各种荷载的计算方法没有反映出支护结构所承受的侧压力随基坑开挖而变化的实际状态。因此，有条件时最好采用能动态反映支护结构受力的有限元方法进行设计，相关内容可参见第 6 章，计算中采用的有关参数，应尽可能地反映地层的实际情况，并结合实践经验进行反分析以综合判断。而临水基坑所受波浪水流力的计算亦可采用模型试验加以确定。

14.2.3 钢板桩支护结构的计算

钢板桩支护结构的计算方法很多，包括古典的静力平衡法、等值梁法等，和解析求解的弹性法到弹性地基梁法（平面/空间）、连续介质数值计算方法等。弹性地基梁法（平面/空间）、连续介质数值计算方法等参见第 6 章相关内容，本章主要介绍古典计算方法。

古典的静力平衡法、等值梁法均不考虑墙体及支撑变形，将土压力作为外力施加于支护结构，然后通过求解水平方向合力及支撑点弯矩为零的方程得到结构内力，虽然这些方法未考虑墙体变形及墙体与土的相互作用，但在工程界仍广泛运用，在国内外的板式支护结构、钢板桩结构的计算规范或手册中均有推荐。

1. 悬臂式钢板桩计算

悬臂式钢板桩挡墙无撑无锚，完全依靠钢板桩的入土深度保持挡墙的稳定。一般用于开挖支护深度不大的基坑工程中。

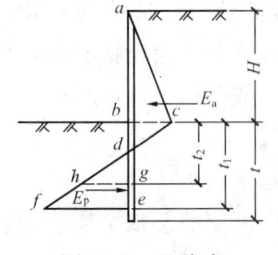

图 14-3 悬臂式板桩计算简图

静力平衡法（自由支撑法）：

悬臂式板桩的入土深度和最大弯矩的计算通常按以下步骤进行（图 14-3）。

(1) 通过试算确定板桩埋入深度 t_1，假定埋入深度为 t_1，然后将净主动土压力 acd 和净被动土压力 def 对 e 点取力矩，要求由 def 产生的抵抗力矩大于由 acd 所产生的倾覆力矩的 2 倍，即防倾覆的安全系数为 2 以上。

(2) 确定实际所需深度 t，将通过试算求得的 t_1 增加 15%，以确保钢板桩的稳定。

(3) 求入土深度 t_2 处剪力为零的点 g，通过试算求出 g 点，该点净主动土压力 acd 应等于净被动土压力 dgh。

(4) 计算最大弯矩，此值应等于 acd 和 dgh 绕 g 点的力矩之差值。

(5) 选择板桩截面，根据求得的最大计算弯矩和钢板桩材料的允许应力（钢板桩取钢材屈服应力的 1/2），计算板桩的最小横截面积。确定板桩型号。

2. 单撑（单锚）钢板桩计算

单撑（单锚）板桩根据入土深度的深浅，计算方法分为两种，当入土深度较浅时，板桩上端为简支，下端为自由支承；当入土深度较深时，下端则为固定支承。

(1) 单撑浅埋钢板桩计算

假定上端为简支，下端为自由支承。这种板桩相当于单跨简支梁，作用在板桩后的土压力为主动土压力，作用在墙前的为被动土压力（图 14-4）。

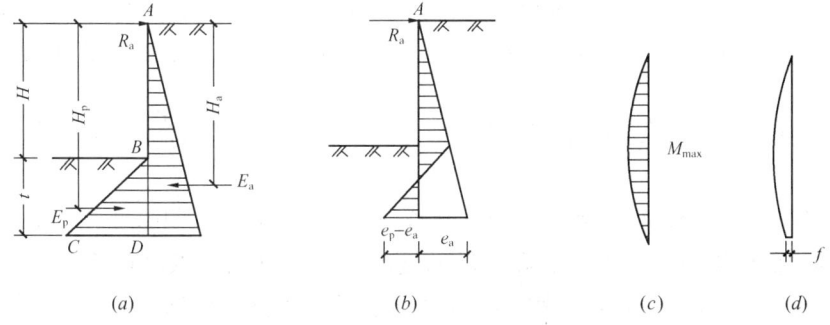

图 14-4　单撑浅埋板桩计算简图
(a) 土压力分布；(b) 叠加后的土压力分布图；(c) 钢板桩弯矩图；(d) 钢板桩变形图

为使钢板桩保持稳定，作用在板桩上的力 R_a、E_a、E_p 必须平衡，对 A 点取矩等于零，即 $\Sigma M_A = 0$，亦即

$$E_a H_a - E_p H_p = E_a \cdot \frac{2}{3}(H+t) - E_p \cdot \left(H + \frac{2}{3}t\right) = 0$$

整理上式可求得最小入土深度 t：

$$t = \frac{(3E_p - 2E_a)H}{2(E_a - E_p)} \tag{14-2}$$

再由 $\Sigma X = 0$，即可求得作用在 A 点的支撑反力 R_a

$$R_a = E_a - E_p \tag{14-3}$$

根据求得的入土深度 t 和支撑反力 R_a，可计算并绘出钢板桩的内力图，依此求得剪力为零的点，该点截面处的弯矩即为板桩最大弯矩 $M_{\max}$，据此最大弯矩和钢板桩材料的允许应力选择板桩的截面。而由支撑反力即可设计内支撑或锚拉结构。

由于 E_a 和 E_p 均为 t 的函数，所以先要假定 t 值，进行验算，如不合适，再重新假定 t 值，直至合适为止。

板桩的入土深度主要取决于桩前的被动土压力，而被动土压力只有当土体产生较大变形时才会产生，因此计算时，被动土压力（三角形 BCD）只取其一部分，安全系数多取为 2。

(2) 单撑深埋钢板桩计算

单撑深埋板桩上端为简支，下端为固定支承，用等值梁法计算较为简便。其计算简图如图 14-5 所示。

ab 为一根梁，一端为简支，另一端固定，其反弯点在 C 点。如 C 点切断 ab 梁，并于

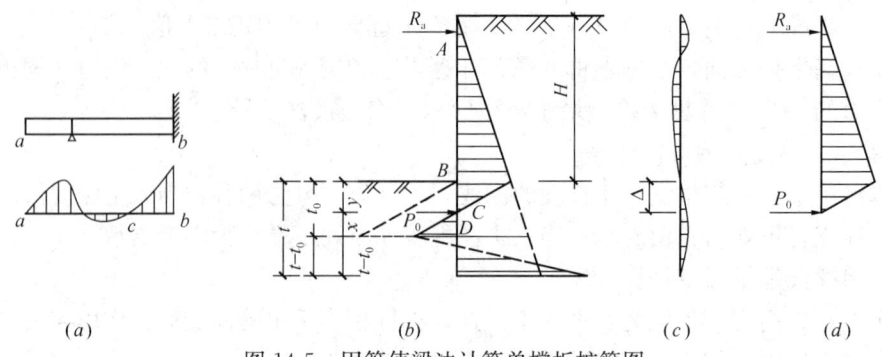

图 14-5 用等值梁法计算单撑板桩简图

(a) 等值梁法；(b) 板桩上土压力分布图；(c) 板桩弯矩图；(d) 等值梁

C 点置一自由支承形成 ac 梁，则 ac 梁上的弯矩图将保持不变，此 ac 梁即为 ab 梁上 ac 段的等值梁。

用等值梁法计算板桩，为简化计算，常用土压力等于零点的位置来代替反弯点的位置。其计算步骤如下：

(1) 计算作用于钢板桩上的土压力，并绘出土压力分布图，计算土压力时，应考虑板桩墙与土的摩擦作用，将板桩墙前和墙后的被动土压力分别乘以修正系数 K（为安全起见，对主动土压力则不予折减），钢板桩的被动土压力修正系数见表 14-3。t_0 深度以下的土压力分布可暂不绘出。

钢板桩的被动土压力修正系数 K　　表 14-3

土的内摩擦角	40°	35°	30°	25°	20°	15°	10°
K（墙前）	2.3	2.0	1.8	1.7	1.6	1.4	1.2
K（墙后）	0.35	0.4	0.47	0.55	0.64	0.75	1.0

(2) 计算板桩墙上土压力强度等于零的点离挖土面的距离 y，在 y 处板桩墙前的被动土压力等于板桩墙后的主动土压力，即

$$\gamma K K_p y = \gamma K_a (H+y) = P_b + \gamma K_a y$$

$$y = \frac{P_b}{\gamma (KK_p - K_a)} \tag{14-4}$$

式中　P_b——挖土面处板桩墙后的主动土压力值；

K_a——主动土压力等级；

K_p——被动土压力等级；

γ——板桩墙后土体重度；

K——被动土压力修正系数。

其余符号意义同前。

(3) 按简支梁计算等值梁的最大弯矩 M_{max} 和两个支点的反力（即 R_a 和 P_0）

(4) 计算板桩墙的最小入土深度 t_0。

$$t_0 = y + x$$

x 可根据 P_0 和墙前被动土压力对板桩底端 D 点的力矩相等求得，即：

$$P_0 = \frac{\gamma (KK_p - K_a)}{6} x^2$$

$$x = \sqrt{\frac{6P_0}{\gamma (KK_p - K_a)}} \tag{14-5}$$

板桩下端的实际埋深应位于 x 之下（图 14-5b），所需实际板桩的入土深度为
$$t = (1.1 \sim 1.2)t_0$$
一般取下限 1.1，当板桩后面为填土时取 1.2。

用等值梁法计算板桩是偏于安全的，实际计算时常将最大弯矩予以折减，US Army《Design of Sheet Pile Walls》(EM 1110—2—2504) 中给出了砂土和黏性土中钢板桩结构计算弯矩的折减计算图表。折减系数据经验为 0.6～0.8 之间，一般采用 0.74。

3. 多撑（多锚）式钢板桩计算

1）支撑（锚杆）的布置和计算

支撑（锚杆）层数和间距的布置，影响着钢板桩、支撑、围檩的截面尺寸和支护结构的材料量，其布置方式有以下两种：

（1）等弯矩布置

这种布置是将支撑布置成使板桩各跨度的最大弯矩相等，充分发挥钢板桩的抗弯强度，可使钢板桩材料用量最省，计算步骤为：

①根据工程的实际情况，估选一种型号的钢板桩，并查得或计算其截面模量 W。

②根据其允许抵抗弯矩，计算板桩悬臂部分的最大允许跨度 h。

由
$$f = \frac{M_{\max}}{W} = \frac{\frac{1}{6}\gamma K_a h^3}{W}$$
$$\therefore h = \sqrt[3]{\frac{6fW}{\gamma K_a}} \tag{14-6}$$

式中　f——板桩的抗弯强度的设计值；

　　　γ——板桩墙后的土的重度；

　　　K_a——主动土压力系数。

③计算板桩下部各层支撑的跨度（即支撑的间距），把板桩视作一个承受三角形荷载的连续梁，各支点近似地假定为不转动，即把每跨看作两端固定，可按一般力学计算各支点最大弯矩都等于 $M_{\max}$、$M_{\min}$ 时各跨的跨度，其值如图 14-6 所示。

（2）等反力布置

这种布置是使各层围檩和支撑所受的力都相等，使支撑系统简化。

计算支撑的间距时，把板桩视作承受三角形荷载的连续梁，解之即得到各跨的跨度如图 14-7 所示：

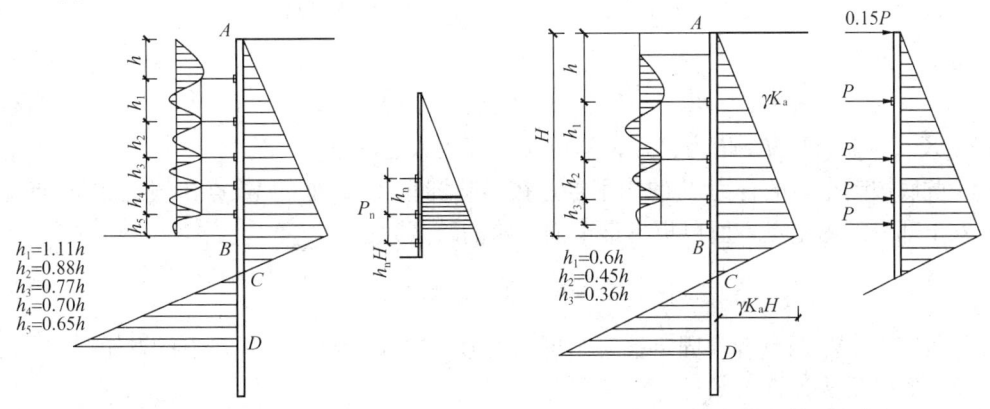

图 14-6　支撑的等弯矩布置　　　　图 14-7　支撑的等反力布置

这样除顶部支撑压力为 $0.15P$ 外，其他支撑承受的压力均为 P，其值按下式计算：

$$(n-1)P + 0.15P = \frac{1}{2}\gamma K_a H^2$$

$$P = \frac{\gamma K_a H^2}{2(n-1+0.15)} \tag{14-7}$$

通常按第一跨的最大弯矩进行板桩截面的选择。

以上两种支撑布置方法是一种理想状况，实际施工中可能由于主体结构影响等各种原因不能按上述方法布撑，此时，则将板桩视作承受三角形荷载的连续梁，用力矩分配法计算板桩的弯矩和反力，用来验算板桩截面和选择支撑规格。

由于多撑（多锚）式钢板桩结构为超静定结构，其计算中常引入新的假设条件，如前述等值梁法分工况计算钢板桩及支撑结构内力时，假设上一工况所得上一道支撑轴力不变。而 1/2 分担法假设支撑承担半跨内的主动土压力。此外，多撑（多锚）式钢板桩结构计算中常用的还有 Terzaghi（塑性铰法），该方法假设钢板桩结构在支撑点（第一道支撑除外）以及基坑开挖底面标高位置均有一塑性铰，根据静力平衡条件求得各支撑点的反力和钢板桩的弯矩。值得一提的是，该方法中根据实测及模型试验结果，假设开挖深度内墙后的土压力采用梯形分布图式，水压力则按照三角形分布，Terzaghi（塑性铰法）在工程界应用较广，在现今较多国外设计规范中仍然采用。

2) 多撑（多锚）式板桩入土深度计算

多层支撑（锚杆）板桩入土深度，可用盾恩近似法或等值梁法进行计算。

(1) 盾恩近似法计算

其计算步骤如下：

①绘出板桩上土压力的分布图，经简化后的土压力分布如图 14-8 所示。

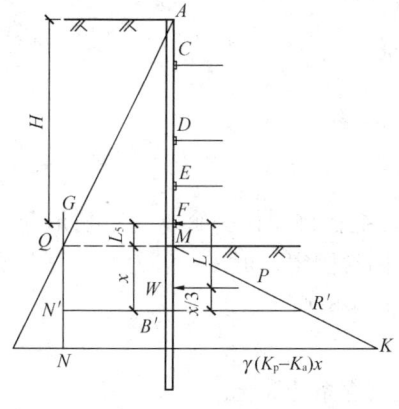

图 14-8 多层支撑板桩计算简图

②假定作用在板桩 FB' 段上的荷载 $FGN'B'$。一半传至 F 点上，另一半由坑底被动土压力 $MB'R'$ 承受。

由图 14-8 几何关系可得：

$$\frac{1}{2}\gamma K_a H(L_5 + x) = \frac{1}{2}\gamma(K_p - K_a)x^2$$

即

$$(K_p - K_a)x^2 - K_a Hx - K_a HL_5 = 0 \tag{14-8}$$

式中　K_a、K_p、H、L_5 均为已知，解得 x 值即为入土深度。

③坑底被动土力的合力 P 的作用点，在离基坑底 $2/3x$ 处的 W 点，假定此 W 点即为板桩入土部分的固定点，所以板桩最下面一跨的跨度为：

$$FW = L_5 + \frac{2}{3}x \tag{14-9}$$

④假定 F、W 两点皆为固定端，则可以近似地按两端固定计算 F 点的弯矩。

(2) 等值梁法计算

其计算步骤同单撑（单锚）板桩：

① 绘出土压力分布图，如图 14-9。

② 计算板桩墙上土压力为零点离开挖面的距离 y 值。

③ 按多跨连续梁 AF，用力矩分配法计算各支点和跨中的弯矩，从中求出最大弯矩 M_{max}，以验算板桩截面，并可求出各支点反力 R_B、R_C、R_D、R_F，即作用在支撑上的荷载。

④ 根据 R_F 和墙前被动土压力对板桩底端 O 的力矩相等的原理可求得 x 值，而

$$t_0 = y + x$$

所以板桩入土深度为：

$$t = (1.1 \sim 1.2)t_0 \tag{14-10}$$

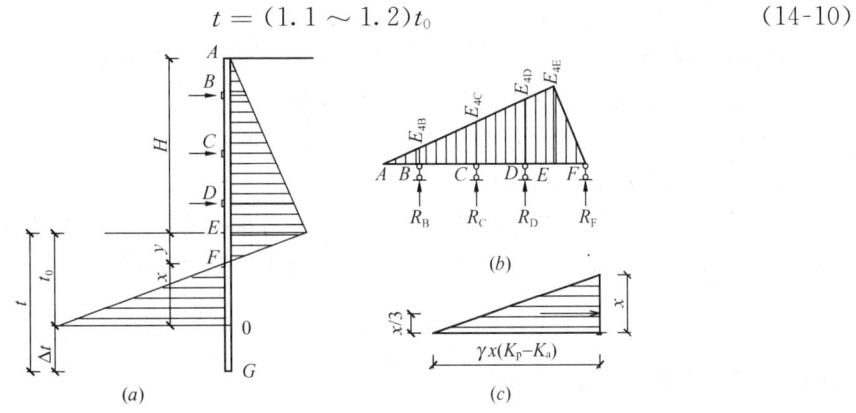

图 14-9　等值梁法计算多层支撑板桩计算简图
(a) 土压力分布图；(b) 等值梁；(c) 入土深度计算简图

4. 其他钢板桩支护结构的计算

(1) 临水基坑支护结构计算要点

临水基坑钢板桩支护结构及基坑稳定性的计算方法与陆上基坑围护计算方法类似，但由于水上钢板桩外部水压力、波浪力等处于变动之中，因而应在计算中应根据所计算的荷载按最不利组合进行计算。在临水钢板桩实际施工中，随着基坑内抽水和开挖，钢板桩受周边水压力的作用发生变形，一般钢板桩中部凸向基坑内侧而钢板桩端部有外扩趋势，因而造成钢板桩上层支撑有受拉的趋势。此外，水上钢板桩支护结构一般两侧荷载不均衡，如在波浪作用下，波峰作用和波谷作用使得钢板桩两侧压力不均且呈现一定的周期性摆动。这些因素使得围护体系的变形或位移呈现一定的复杂性，而这往往对内支撑结构包括止水体系均为不利。考虑到以上特点，在进行临水基坑设计计算时，为反映基坑整体变形对结构内力的影响，应优先考虑使用整体有限元方法指导设计，且应加强支撑系统中各节点的抗拉、抗剪、抗弯能力。

工程实测资料表明，钢板桩支护结构在变化的水压力、波浪力作用下，呈现一定的"摆动"现象，因此，在设计时可通过抛石护底、钢板桩外侧加设钢板桩等措施增强基坑支护体系的刚度，以保障基坑的整体安全。

(2) 桩板式支护结构计算要点

桩板式支护结构一般适用于能够干施工的条件下，墙后土压力由衬板传递给钢板桩承受，钢桩间距一般为 0.8~1.6m 左右，间距过小则钢桩数量增多，间距过大则衬板厚度

增加、钢桩强度增加。桩板式支护结构的计算与常规板式支护类似，只是单根钢板桩承受着桩中心距范围内的土压力。

（3）双排（格型）钢板桩结构

双排或格型钢板桩一般用于临水侧的围堰结构，均为利用钢板桩结构以及内部填充的砂土来抵抗外力的作用。双排（格型）钢板桩围堰的设计计算可参见我国《干船坞设计规范》。

5. 钢板桩支护结构的稳定性验算

钢板桩支护结构一般作为围护墙也兼作止水墙，因此钢板桩的入土深度不仅要满足自身结构的安全，还要满足基坑稳定性的要求。

钢板桩支护结构同板式支护结构一样，都需要进行：整体稳定性验算、抗滑移验算、抗倾覆稳定性、抗隆起稳定以及渗流稳定性验算。

基坑稳定性验算的具体公式参见第 5 章内容。

14.2.4 钢板桩型号的选择

由结构计算求得钢板桩结构的最大弯矩后，可根据强度要求确定钢板桩的截面模量和钢板桩的材质，最终选择确定钢板桩型号。钢板桩的强度验算一般按下式进行：

$$\sigma = \frac{M_{max}}{W} + \frac{N}{A} \leqslant [\sigma] \tag{14-11}$$

式中　σ——钢板桩的计算应力；

　　　M_{max}——最大弯矩值设计值或标准值；

　　　W——截面模量；

　　　N——轴向力；

　　　A——截面面积；

　　　$[\sigma]$——钢板桩强度设计值或允许应力。

表 14-4 给出了欧洲、日本和国内相关规范中热轧钢板桩的抗拉和屈服强度指标。

热轧钢板桩的力学性能　　　　表 14-4

钢　号	抗拉强度（MPa）	屈服强度（MPa）	钢　号	抗拉强度（MPa）	屈服强度（MPa）
S240GP（欧）	340	240	Q295bz（中）	390~570	295
S270GP（欧）	410	270	Q390bz（中）	490~650	390
S320GP（欧）	440	320	Q420bz（中）	520~680	420
S355GP（欧）	480	355	SY295（日）	480	295
S390GP（欧）	490	390	SY390（日）	540	390
S430GP（欧）	510	430			

表 14-5、表 14-6、表 14-7 分别给出了中国、日本、卢森堡等钢铁企业生产的部分热轧钢板桩规格以供参考。

需注意的是：对于 U 型钢板桩，由于锁口在中性轴上，受弯时剪力最大，但由于实际锁口一般不予焊接，使得钢板桩容易形成斜向转动，中性轴偏转降低了截面抗弯的有效高度从而削弱了钢板桩挡墙的截面模量；此外，内支撑的设置的不同以及施工方法、锁口中的土粒等因素均会使得钢板桩斜向转动，削减截面模量。

国家标准《热轧 U 型钢板桩》中部分钢板桩技术规格表　　　表 14-5

型 号 (mm)	断面尺寸 (mm)			每延米面积	板桩重量	每延米 W
	B	h	t_1	cm²/m	kg/m	cm³/m
400×150	400	150	13.1	74.4	58.4	1520
600×130	300	130	10.3	78.7	61.8	1000
600×180	600	180	13.4	103.9	81.6	1800
750×205	750	205.5	11.5	109.9	86.3	1600
750×220	750	222	12.0	123.4	96.9	2000
750×225	750	225	14.5	140.6	110.4	2500

因此，对于 U 型钢板桩，在应用公式（14-11）进行计算时，其钢板桩截面模量 W 应该有所折减，对于钢板桩上有刚性胸墙时，可考虑将截面模量乘以折减系数 0.9，对于上部不设胸墙且钢板桩打入软土中时，有关资料建议可考虑乘以折减系数 0.7。

为了考虑到钢板桩锁口能够转动带来的结构计算的影响，在钢板桩实际计算时，可采用有限元软件进行精细化模拟，如 ABAQUS 软件的连接单元可用来模拟钢板桩接头的特性。计算过程中，将连接单元特性选为 HINGE，运用局部坐标的运动约束，耦合连接单元两个节点位移及两个转动自由度，只允许连接单元两个节点在一个自由度上进行转动，如图 14-10。由于钢板桩之间并不能完全自由转动，而是存在极限转动角度，需制定其转动的上下限角度。

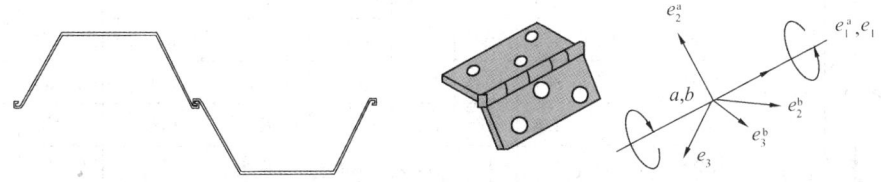

图 14-10　钢板桩锁口节点模拟

另外值得一提的是：式（14-11）属于弹性分析计算的范畴，在欧洲钢板桩设计规范《EN 1993—5：2003：Design of steel structures：Piling》中给出了塑性设计方法，此前主要应用于丹麦，塑性设计方法可大大节约钢板桩材料（最大可达 35%），塑性设计主要方法是引入塑性截面模量代替弹性截面模量：即允许钢板桩最大弯矩处形成塑性铰而不是以钢板桩最外层纤维应力控制。

日本新日本制铁株式会社生产的钢板桩 表 14-6

断面形式	型号	尺寸				截面积	重量		惯性矩	截面模量
		b	h	t	s		每延米	每平方米		
		mm	mm	mm	mm	cm²/m	kg/m	kg/m²	cm⁴/m	cm³/m
	FSP-ⅠA	400	85	8.0	8.0	113	35.5	88.8	4500	529
	FSP-Ⅱ	400	100	10.5	10.5	153	48.0	120	8740	874
	FSP-Ⅲ	400	125	13.0	13.0	191.0	96.9	150	16800	1340
	FSP-Ⅳ	400	170	15.5	15.5	242.5	102.1	136.1	38600	2270
	FSP-ⅤL	500	200	24.3	24.3	267.6	105	210	63000	3150
	FSP-ⅥL	500	225	27.6	27.6	306.0	120	240	86000	3820
	NSP-Ⅱw	600	130	10.3	10.3	131.2	61.8	103	13000	1000
	NSP-Ⅲw	600	180	13.4	13.4	173.2	81.6	136	32400	1800
	NSP-Ⅳw	600	210	18.0	18.0	225.5	106	177	56700	2700
	直线型									
	YSP-FL	500	44.5	9.5		61.7	123		396	89
	YSP-FXL	500	47.0	12.7		77.2	154		570	121

ARCELORMITTAL 生产的钢板桩 表 14-7

断面形式	型号	尺寸				截面积	重量		惯性矩	截面模量
		b	h	t	s		每延米	每平方米		
		mm	mm	mm	mm	cm²/m	kg/m	kg/m²	cm⁴/m	cm³/m
	AU16	750	411	11.5	9.3	146.5	86.3	115	32850	1600
	AU18	750	441	10.5	9.1	150.3	88.5	118	39300	1780
	AU20	750	444	12	10	164.6	96.9	129.2	44440	2000
	AU23	750	447	13	9.5	173.4	102.1	136.1	50700	2270
	AU25	750	450	14.5	10.2	187.5	110.4	147.2	56240	2500
	AU26	750	451	15	10.5	192.2	113.2	150.9	58140	2580
	PU28	600	454	15.2	10.1	216.1	101.8	169.6	64460	2840
	PU32	600	452	19.5	11	242	114.1	190.2	72320	3200
	AZ19	630	381	10.5	10.5	164	81	128.6	36980	1940
	AZ25	630	426	12	11.2	185	91.5	145.2	52250	2455
	AZ26	630	427	13	12.2	198	97.8	155.2	55510	2600
	AZ28	630	428	14	13.2	211	104.4	165.7	58940	2755

总之,选择确定钢板桩型号应综合考虑使用年限、结构强度、允许挠度、施工可行性等各种因素,最大化地利用钢材,做到技术先进、经济效益显著且施工可行、质量有保证。

14.2.5 钢板桩的防腐蚀设计

永久性钢板桩支护结构的防腐蚀措施包括选择耐腐蚀钢种、预留腐蚀裕量、防腐涂层、阴极保护等。

处于腐蚀环境中，作为永久性支护结构的钢板桩，在选择型号时，需根据结构使用年限及环境条件的不同预留一定的腐蚀裕量。一般钢板桩随着所处大气、水质条件等的不同年腐蚀量亦不同，在淡水环境中钢板桩（单面）年腐蚀量约为 0.03~0.06mm/a，在海水环境中约为 0.05~0.5mm/a，其中在水位变动区及浪溅区腐蚀速度最快。此外，有必要时应考虑部分砂的磨蚀。

除了考虑预留腐蚀量外，并可采取其他防腐措施，如涂刷防腐涂层、外加电流或牺牲阳极进行阴极保护、钢材添加合金材料等，具体参见相关防腐规范和专著。

14.2.6 钢板桩的止水设计

基坑工程要求支护结构有可靠的隔水水体系以保证干施工的施工环境，并防止流土、流砂、管涌、坑底隆起等破坏。钢板桩支护结构通过锁口连接单片钢板桩，最理想的状态是钢板桩锁口完全没有缝隙的咬合，但从钢板桩打设及转动方面考虑，一般锁口处均有富裕，因此需要通过锁口的密封及自身的插入深度起到隔水、保障基坑安全的作用。当然，同其他板式支护结构一样，也可以通过设置独立的隔水体系，如在锁口后方施工深层搅拌桩、高压喷射注浆止水帷幕等，这可以参见第 12 章等相关内容。

钢板桩锁口止水密封效果与多方面因素有关，如自身锁口形状（阴阳连接、环形、套型等）及咬合程度、钢板桩施打后的弯曲变形、倾斜旋转、水土的腐蚀、地质条件等。钢板桩锁口的止水密封不外乎天然密封及人工密封两种方式。

1) 天然密封是指依靠钢板桩背侧的浮游物或者土砂等细颗粒物质堵塞锁口间隙，起到止水的效果。一般情况下，粒径分布越好，止水效果越好。但当钢板桩背侧是水或是土粒较粗时，一般需要很长时间才能体现堵塞效果。实际施工中，可以采取一定的辅助措施加快天然密封的效果，如在水中倒入炉渣等密封材料、基坑内抽水开始时加快抽水速度形成较大水位差以将密封材料冲入锁口等。天然密封的锁口止水一般需要一定的时间，而且在有波浪作用或是变动水压力作用下的临水基坑中，钢板桩围护结构呈现一定的摆动，因此，完全依靠天然密封来止水是不可靠的。

2) 人工密封可以在钢板桩沉桩前或是之后采取密封措施。在钢板桩沉桩前，可以通过预先焊接锁口；在钢板桩锁口内预先涂上止水材料，止水材料主要是膨润性的溶剂、弹性密封料、树脂类溶剂及膨胀性橡胶等构成。可以预先在钢板桩沉桩位置成槽以水泥膨润土替换原状土；在钢板桩锁口位置预先钻孔换填水泥膨润土；在锁口附近预先或沉桩后换填膨胀性止水料等措施进行人工密封锁口。而在钢板桩沉桩后，可考虑在锁口中用木楔（膨胀型）、圆的或成型橡胶绳或塑料绳加上膨胀性的填料填充；将锁扣焊接，若锁口缝干净不透水可直接焊接，若锁口缝透水可通过用扁钢或型钢覆盖加以角钢焊接完成密封。在止水要求较高或强渗透性的基坑工程中亦可考虑同时使用多种止水措施。

当然，钢板桩的止水除了竖向锁口密封以外，钢板桩相接处、钢板桩与圈梁（或底板）、钢板桩与拉杆（锚杆）等节点均需要止水，主要可采取焊接、设置防水垫圈或止水带（止水片）等地下工程防水技术措施或是节点构造措施完成。

钢板桩的止水效果影响因素较多，现今对钢板桩止水性还没有统一的界定或定义，也没有统一的测试方法，因而也难以定量测定漏水量，一般仍通过渗透试验得出钢板桩相对的渗透止水效果。

14.3 钢板桩的施工

14.3.1 施工前准备

在钢板桩沉桩前,应该作充分的调查和准备,以在施工时制定可行的施工组织计划和施工工艺。施工场地条件的调查主要包括场地周边环境、地质条件的调查,场地周边环境包括场地周边的建筑、地下管道等及其对施工作业在净空、噪声、振动方面的限制;周边道路交通状况;施工场地钢板桩堆放及运输的能力;施工设备及水电供应条件;沉桩条件(陆上打桩还是水上打桩);施工作业气象或海象条件以及钢板桩施工对周边通航等方面的环境影响等。而地质条件主要需要调查地层的分布、颗粒组成、密实度、土体强度、静/动力触探及标贯试验结果等。此外,还需掌握工程所用钢板桩数量、尺寸、截面形状、钢材材质及其施工难易程度,如Z型钢板桩由于形心不对称可能造成钢板桩的旋转等。

14.3.2 沉桩设备及其选择

钢板桩沉桩机械设备种类繁多且应用均较为广泛,沉桩机械及工艺的确定受钢板桩特性、工程地质条件、场地条件、桩锤能量、锤击数、锤击应力、是否需要拔桩等因素影响,在施工中需要综合考虑上述多种因素,以选择既经济又安全的沉桩机械,同时又能确保施工的效率。常用的沉桩机械主要有:冲击式打桩机械、振动打桩机械、压桩机械等。表14-8给出了各种沉桩机械的适用情况,供选型时参考。

各类沉桩机械的适用情况   表14-8

机械类别		冲击式打桩机械			振动锤	压桩机
		柴油锤	蒸汽锤	落锤		
钢板桩型	形式	除小型板桩外所有板桩	除小型板桩外所有板桩	所有形式板桩	所有形式板桩	除小型板桩外所有板桩
	长度	任意长度	任意长度	适宜短桩	很长桩不适合	任意长度
地层条件	软弱粉土	不适	不适	合适	合适	可以
	粉土、黏土	合适	合适	合适	合适	合适
	砂层	合适	合适	不适	可以	可以
	硬土层	可以	可以	不可以	不可以	不适
施工条件	辅助设备	规模大	规模大	简单	简单	规模大
	发音	高	较高	高	小	几乎没有
	振动	大	大	小	大	无
	贯入能量	大	一般	小	一般	一般
	施工速度	快	快	慢	一般	一般
其他	优点	燃料费用低、操作简单	打击时可调整	故障少,改变落距可调整锤击力	打拔都可以	打拔都可以
	缺点	软土启动难、油雾飞溅	烟雾较多	容易偏心锤击	瞬时电流较大、或需要专门液压装置	主要适用于直线段

由于在具体施工时可增加各种辅助沉桩措施，建议在正式施工前采用初选的机械进行试沉桩试验，证明是合适后再最终选定沉桩设备。

1. 冲击式打桩机械

冲击式打桩机械沉桩打桩力大，具有机动、可调节特性，施工快捷，但应选择适合的打桩锤以防止钢板桩桩头受损。冲击式打桩机械沉桩一般易产生噪声和振动，在居民区等区域使用受到限制，可在港湾或偏远地区使用。常见的主要有以下几种：

（1）柴油打桩锤

由于打击能量大，需要辅助设备不多，从而成为常用的打桩机械，它的驱动方式为单动或双动，主要由缸体、活塞（夯锤）和缸体底部冲击块构成，燃料雾化方式为冲击雾化或喷射雾化，冷却有水冷和气冷等形式，国产与进口的柴油锤规格见表14-9。

各类柴油锤的规格　　　　　　　　　表14-9

性能＼型号	D_1-25（国产）	D_1-40（国产）	D62（国产）	D80（国产）	K25（日产）	K35（日产）	K45（日产）
撞锤质量（kg）	2500	4000	5400	7300	2500	3500	4500
总质量（kg）	5650	9258	10000	14000	5200	7500	10500
最大冲击能（kg·m/次）	6250	10000	22700	31050	7350	10290	13230
每分钟锤击次数	40～60	40～60	36～50	36～45	39～60	39～60	39～60
冷却方式	水冷	水冷	水冷	水冷	水冷	水冷	水冷
燃料消耗（l/h）	18.5	23.0	24.0	30.0	9～12	12～16	17～21
形式	筒式	筒式	筒式	筒式	筒式	筒式	筒式

柴油锤选择是否恰当，关系到板桩的顺利打入及作业效率的高低。有经验的施工人员可根据土质情况很快决定选用何种桩锤，此外亦可参照相关书籍通过图表等进行初步选型。

柴油锤使用时应注意以下几点：适当选择桩帽及缓冲材料并正确安装；燃料及润滑油选用正确，润滑油按规定期限补充；使用前燃烧室要清理干净，柴油喷出量控制恰当；不可偏心锤击，活塞冲程不能超越界限；导向机构与导向杆间的间隙要经常检查并保持合适的尺寸；各部分螺栓要经常检查是否松动；要经常注意桩锤与桩架发生的异常振动，一旦出现即停止施工，检查原因；一般情况每击2mm为停锤标准，当10击的贯入度为5mm时，应停止锤击。

（2）下落式打桩锤

下落式打桩锤可应用于柴油锤所适合的各种场地条件下，且能得到与柴油锤同样的夯锤重量比。可以将达11T的夯锤提高至最大1.2m，在最大锤击能量下，每分钟锤击次数可以达到40下。施工时，可选择重锤低打来减小桩头损伤和降低噪声。若控制精确，该方法可获得75%～80%的额定输出能量，同时内置数据记录装置可自动进行打桩记录。

下落式打桩锤根据桩锤下落方式的不同分为三类：缆绳式下落桩锤、蒸汽式下落桩锤及液压落锤等。

（3）双动式液压打桩锤（液压锤）

双动式液压锤低噪声、无油烟、低能耗，正不断被扩大使用，目前国内主要是使用进口的液压锤。双动式液压锤内部有封闭夯锤,夯锤由液压抬升,在下落过程中得到额外增加的能量,可产生2g的重力加速度,在最大锤击距1m的情况下即相当于2m的自由落差;液压锤在每分钟50/60击的情况下可产生35～3000kN·m的最大冲击能量;其配置的电动控制系统可以控制锤击能量;每锤的锤击能量可以数字化测量显示;结构相对简单,部件数量较少;液压锤同时可以用来进行拔桩。正是这些优点,使得液压锤在沉桩施工中效果很好。一般选择的夯锤与桩体及桩帽的重量比例为1:1～1:2,每次的打击能量应在35～90kN·m。表14-10给出了进口液压锤的规格。

日产液压打桩锤的规格 表14-10

性能＼型号	MHF3-4	MHF3-5	MHF3-7	HK45	NH-40	NH-70	HNC65
撞锤质量（kg）	4000	5000	7000	4500	4000	7000	6500
总质量（kg）	6500	7500	9500	9100	9800	14300	13300
最大冲击能（kg·m/次）	50	60	80	53.3	59.6	87.8	76
每分钟锤击次数	1～85	1～80	1～80	22～60	28～80	25～70	20～70
液压压力（MPa）	25.0	28.0	32.0	17.7	20.6	20.6	17.2

(4) 蒸汽/空气打桩锤

国内的蒸汽/空气打桩锤用得不多。主要是需配置一套锅炉及管道等辅助设备,较为麻烦。蒸汽锤有单动与双动,各种汽锤的型号、性能见表14-11。

在国外双动式蒸汽/空气打桩锤仍有使用,国外双动式蒸汽/空气打桩锤的夯锤要小得多;打桩锤若与压缩机使用可以最大效率运行,且压缩空气能量损失要少;最大的双动式打桩锤每击能量约为30kN·m,小于其他打桩锤,但其打桩速度却很快,较大的桩锤每分钟能达100下,而小点的能达到400下;为防止能量损失,该方法沉桩一般不需要使用桩帽;该桩锤可以用来拔桩和水下作业。双动式空气/蒸汽打桩锤锤重与桩重比一般不小于1:5。

蒸汽锤施工应注意:必须确保中心锤击;施工时,操作人员要离开桩锤至少5m;当每击贯入量小于3mm就需停止锤击;桩锤不能超负荷作业;当每击贯入量超过200mm时,要调整冲程,减少锤击力。

各类蒸汽锤的规格 表14-11

性能＼型号	单动3t（国产）	单动7t（国产）	MBR270 日产（单动）	MBR600 日产（单动）	SB180 日产（单动）	SB400 日产（单动）
撞锤质量（kg）	3100	6600	3000	6750	600	1300
总质量（kg）			4200	9500	2880	5940
最大冲击能（kg·m）	3240	8900	3750	8430	940	2160
每分钟锤击次数	60～90	24～30	50	50	150	115
冲程（mm）	1350	1650	1250	1250	410	500
蒸汽压力（MPa）	0.7～0.8	0.7～1.0	1.0	1.0	0.8～1.0	0.8～1.0
空气压力（MPa）			0.7～0.8	0.7～0.8	0.6～0.7	0.6～0.7

2. 振动打桩机械

振动打桩机的原理是将机器产生的垂直振动传给桩体，导致桩周围的土体结构因振动而降低强度。对砂质土层，颗粒间的结合被破坏，产生微小液化；对黏土质土层，破坏了原来的构造，使土层密度改变，黏聚力降低，灵敏度增加，板桩周围的阻力便会减少。对砂土还会使桩尖下的阻力减少，利于桩的贯入。对结构紧密的细砂层，这种减阻效果不明显，当细砂层本身较松散时，还会因振动而加密，更难于沉桩。

振动打桩锤现今主要有电动振动锤及液压振动锤等。振动锤根据最高工作频率的大小，主要有：低频振动锤（$f \leqslant 15Hz$）、中频振动锤（15~25Hz）、高频振动锤（25~60Hz）、超高频振动锤（$f \geqslant 60Hz$）。近年来，我国也自主研发并在一些重点工程中开始推广应用液压高频振动桩锤。

电动式振动沉桩锤的性能 表 14-12

性能 机型	偏心力矩 (N·m)	振动频率 (t/min)	振动力 (kN)	振幅 (mm)	电动机功率 (kW)	机械质量 (kg)
CH-20（国产）	392	725	250	11	55	3500
VHZ-4000A （日产）	350 410	950 900	360 380	9.8 11.5	60	3650
VM2-5000A （日产）	300 400	1100	410 550	6.1 8.2	90	5310
VM4-10000A （日产）	600 800	1100	810 1080	9.2 12.3	150	8590

振动打桩施工速度较快；如需拔桩时，效果更好；相对冲击打桩机施工的噪声小；在施工净空受限时可以使用；不易损坏桩顶；操作简单；无柴油或蒸汽锤施工所产生的烟雾。但是对硬土层（砂质土 $N>50$，黏性土 $N>30$）贯入性能较差；对桩体周围土层要产生振动；设备容量的大小与停打之间的关系不明确；电动式振动时，瞬间电流较大，耗电较多；使用液压振动时，大多需要有专门的液压设备。表 14-12 为部分电动式振动沉桩锤的规格。

3. 压桩机械

由于板桩打桩带来的振动和噪声，使得开发新的"无污染"的施工工艺成为迫切需要，而压桩机的广泛运用也就应运而生。压桩机特别适用于黏性土壤，在硬土地区可采用辅助措施沉桩。压桩机一般以液压驱动，从先前沉入的一片或多片钢板桩获得反作用力，其工作机理参见图 14-11。压桩机同时可用来进行拔桩操作，常见的压桩机械有如下三种：

1) 第一种压桩方法：将板桩呈屏风式安放，而后压桩机通过吊车放在桩墙上。夯锤连接至钢板桩上，通过对两个夯锤加压将钢板桩压入地面一下，一般一次推入两根，夯锤完全压出的同时收回夯锤，这使得压桩机内的十字头及动力单元压力下降，从而可以重复进行。这种液压锤可以施加最高达 3000kN 的压力。其工作步骤见图 14-12；

2) 第二种压桩方法：与第一种性能相似，但需要使用移动装置来固定安装的板桩墙并且可从一面墙移动到另外一面墙上，完全不依赖于吊车。在此装置中，先用长螺旋钻预先松土。运行时通过一链条牵引至固定点或是先沉板桩来提供补充压桩力。见图 14-13。

532　第 14 章　钢板桩的设计与施工

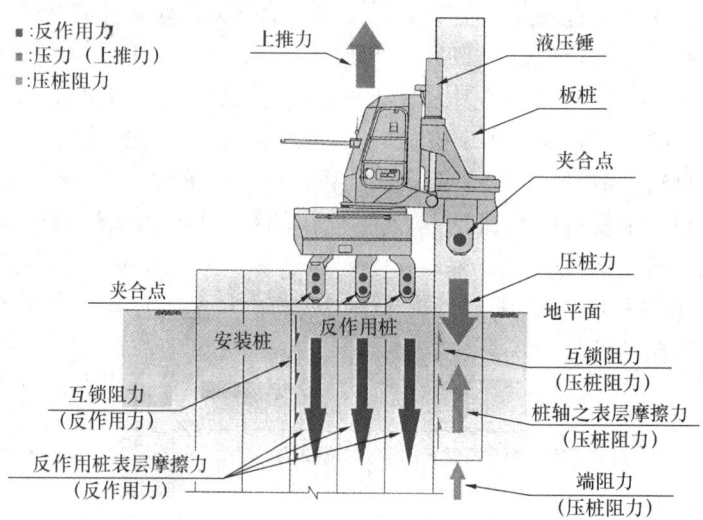

图 14-11　压桩机械工作原理

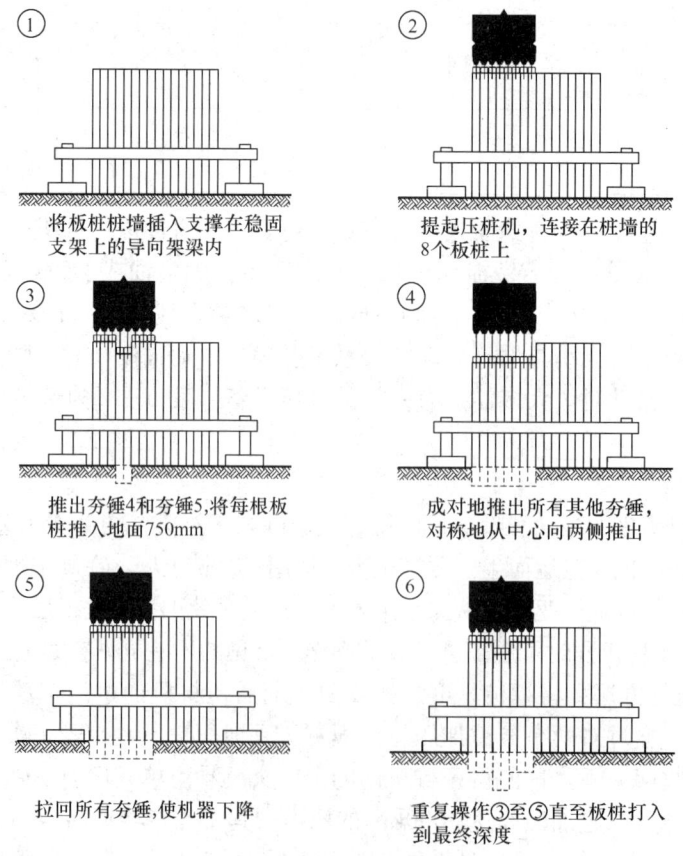

图 14-12　第一种压桩方法工作步骤

14.3 钢板桩的施工

图 14-13　第二种压桩方法工作步骤

3）第三种压桩方法：压桩机可以在板桩墙上行走，一根一根地将板桩全部压入设计深度。这种压桩机不用吊车，此外还可以施打圆形的钢板桩。其工作步骤如图 14-14，表 14-13 为日产部分液压机规格。

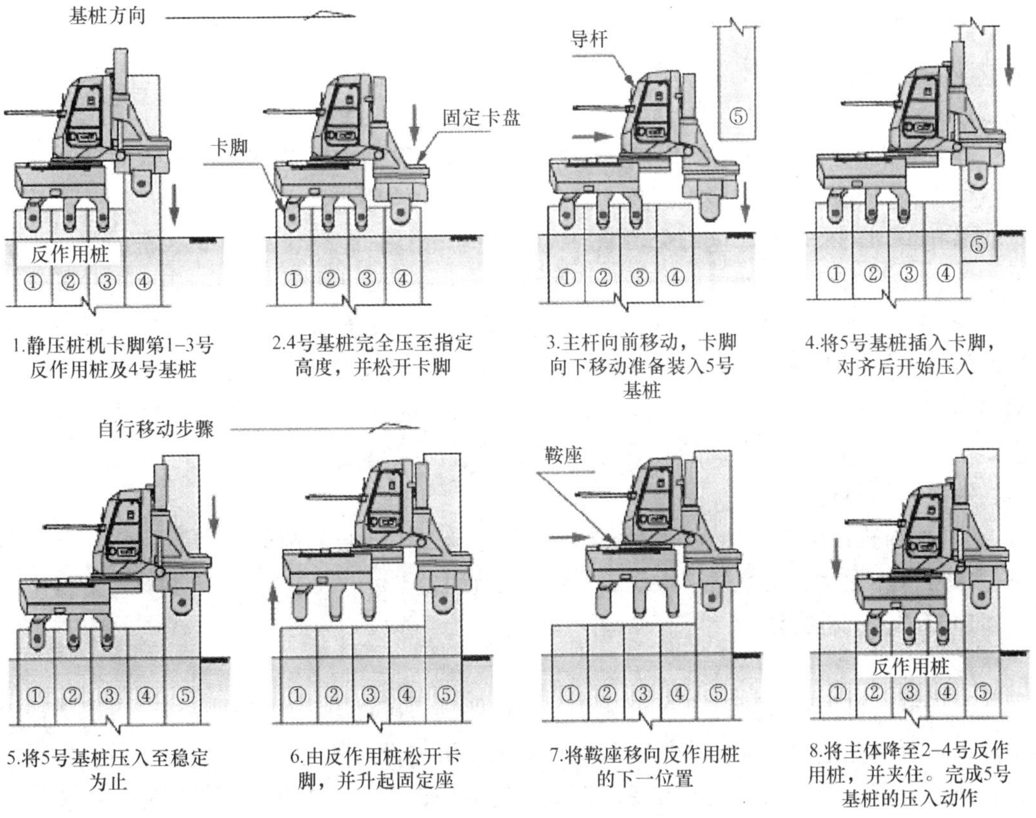

图 14-14　第三种压桩方法工作步骤

日产液压静力压/拔桩机规格（自行式）　　　　　　　　　表 14-13

形式	SA75	SA100	SW100	SW150	GPⅡ150	STP30
压入力（kN）	750	1000	1000	1500	1500	300
拔出力（kN）	800	1100	1100	1600	1600	350
压入速度（m/min）	5.0～16.7	1.5～35.2	1.5～35.2	2.2～19.2	1.4～22.7	2.0～16.4
拔出速度（m/min）	5.3～14.1	3.2～27.5	3.2～27.5	2.6～16.1	2.2～17.6	2.3～14.9
动力（kW）	96	147	147	147	147	32
适用钢板桩（日产）	ⅠA～ⅣA 400mm 宽	ⅠA～ⅣA 400mm 宽	Ⅱw～Ⅳw 600mm 宽	Ⅱw～Ⅳw 600mm 宽	ⅤL～ⅥL 500mm 宽	轻型 333mm 宽

4. 其他

除了上述通常的打桩设备外，也有许多特定的打桩设备，如有打桩锤设置特殊的缓冲设备来缓冲传递给桩的锤击力；同时可以振动和静压的设备；液压驱动、可以快速打桩的脉冲型冲击锤；同时可以振动和冲击的打桩设备等。

除了上述的打桩设备外，钢板桩沉桩还需要其他一些辅助设备：

1）桩架：需要行走方便且结实可靠，操作灵活方便。桩架有履带式、步履式两种，前者可以拆卸导杆；后者较为稳固，适合于场地较差的情况。其选择需要考虑桩锤、作业空间、打桩顺序、施工管理水平等因素选定。

2）导向架：确保钢板桩在沉桩时水平和竖直向对齐。可以有上层导向架、下层导向架。

3）卸扣及穿引器：主要用于固定钢板桩桩头，有地面释放和棘轮释放两种方式，这可以使得桩头与吊车的连接在需要高度就可分开，更加快速、高效、安全。卸扣利用桩头上起吊孔剪切销来连接，这避免了摩擦连接会突然滑落的安全隐患。钢板桩吊起后，通过穿引器完成桩的咬合，通过穿引器完成桩的咬合更安全、快捷，可适用于恶劣的天气。

4）桩帽、桩垫：特别在使用冲击式沉桩设备时，需要设置桩垫、桩帽以将锤击能量给桩体且桩头不受损害，桩帽也起到保证夯锤在锤击形心不对称或是组合型钢板桩时，能够均匀传力避免偏心锤击，桩帽需要做到与板桩的接触面尽可能得大，需能承受较大的锤击能量，其内部一般设定向块以保证板桩的位置。桩垫起到缓冲作用，一般由塑料或木质、铁块等材料构成。

5）加强靴：可用来加强桩尖强度，以在穿越人为或自然障碍物如卵石、砾石、旧木桩等保持桩体形状、防止变形损伤，增加穿越能力。

14.3.3 沉桩方法

1. 沉桩方法

钢板桩沉桩方法分为陆上沉桩和水上沉桩两种。沉桩方法的选择应综合考虑场地地质条件、是否能能达到需要的平整度和垂直度以及沉桩设备的可靠性、造价等各种因素。

陆上打桩，导向装置设置方便，设备材料容易进入，打桩精度容易控制。应尽量争取这种方法施工。在水中水深较浅时，也可回填后进行陆上施工，但需考虑到水受污染及河流流域面积减少等因素。但水深很深，靠回填经济上不合理，需用船施工，船上施工的桩架高度比陆上施工低，作业范围广，但是材料运输不方便，作业受风浪影响大，精度不易控制，对导向装置要求较高，为解决此类不足，也可在水上打设打桩平台，用陆上的打桩架进行施工，这样对精度控制较有力，但打桩平台的搭设在技术和经济上要求较均高。

2. 沉桩的布置方式

钢板桩沉桩时第一根桩的施工较为重要，应该保证其在水平向和竖直向平面内的垂直度，同时需注意后沉的钢板桩应与先沉入桩的锁口应可靠连接。沉桩的布置方式一般有三种，即：插打式、屏风式及错列式。

插打式打桩方法即将钢板桩一根根地打入土中。这种施工法速度快，桩架高度相对可低一些，一般适用于松软土质和短桩。由于锁口易松动板桩容易倾斜，对此可在一根桩打入后，把它与前一根焊牢，既防止倾斜又可避免被后打的桩带入土中。

屏风式打桩法将多根板桩插入土中一定深度；使桩机来回锤击，并使两端1~2根桩先打到要求深度再将中间部分的板桩顺次打入。这种屏风施工法可防止板桩的倾斜与转动，对要求闭合的围护结构，常采用此法。此外还能更好的控制沉桩长度。其缺点是施工速度比单桩施工法慢且桩架较高。

错列式打桩每隔一根桩进行打入，然后再打击中间的桩。这样可以改善桩列的线形，避免了倾斜问题。图14-15显示了该方法的操作顺序，这种施工方法一般采取1、3、5桩先打、2、4桩后打。

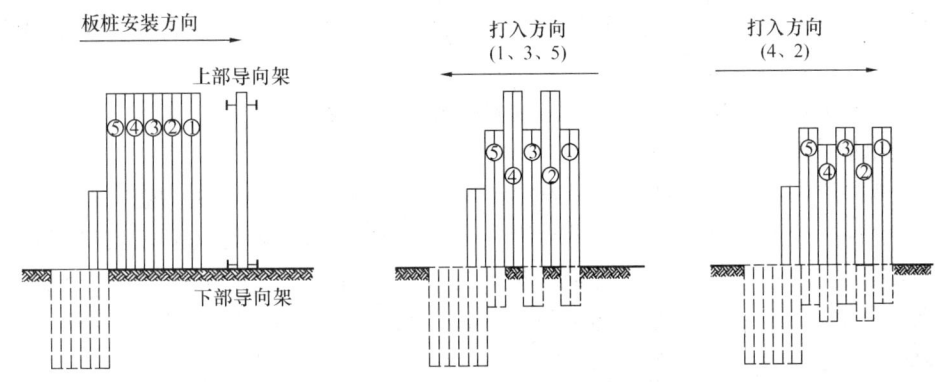

图14-15 错列式打桩法操作步骤

在进行组合钢板桩沉桩时，常用错列式沉桩法，一般先沉截面模量较大的主桩，后沉中间较小截面的板桩。

屏风式打桩法有利于钢板桩的封闭，工程规模较小时可考虑将所有钢板桩安装成板桩墙后再进行沉桩。用插打法沉桩时为了有利于钢板桩的封闭，一般需从离基坑角点约5对钢板桩的距离开始沉桩，然后在距离角点约5对钢板桩距离的地方停止，封闭时通过调整墙体走向来保证尺度要求，且在封闭前需要校正钢板桩的倾斜，有必要的时候补桩封闭。对于圆形支护结构，若尺度较小可安装好所有板桩后沉桩；直径较小的支护结构只通过锁口转动不能达到预定效果，可使用预弯成型的板桩封闭；尺度较大时需要严格控制板桩的垂直度，否则可能需要调整板桩的走向但会增加或减小结构直径，因此亦可使用预弯成型的钢板桩。

3. 辅助沉桩措施

在用以上方法沉桩困难时，可能需要采取一定的辅助沉桩措施，如：水冲法、预钻孔法、爆破法等。

1) 水冲法：包括空气压力法、低压水冲法、高压水冲法等。原理均是通过在板桩底部设置喷射口，并通过管道连接至压力源，通过喷射松散土体利于沉桩。但水冲法大量的水可能引起副作用，如沉降问题等。高压水冲水量比低压水冲要小，因此更为有利，而且低压水冲可能会影响土体性质，应慎用。表14-14给出常用水冲参数：

振动加速度对比表　　　　　　　　　　　　　　　　表 14-14

水冲法	管径（mm）	管嘴（mm）	供给压力（bar）	供给量	适用土层
空气压力	25	5~10	5~10	4.5~6 m^3/min	黏土
低压水冲	20~40	5~10	10~20	200~500 l/min	中密砂土
高压水冲	30	1.2~3.0	250~500	20~60 l/min	密实砂土

2) 预钻孔法：通过预钻孔降低土体的抵抗力利于沉桩，但若钻孔太大需回填土体。一般直径为150~250mm。该方法甚至可用于含有硬岩层上的钢板桩沉桩。在没有土壤覆盖底岩的海洋环境中特别有效。

3) 爆破法：主要有常规爆破或振动爆破。常规爆破先将炸药放进钻孔内然后覆上土点燃，这样在沉桩中心线可以形成 V 形沟槽。振动爆破则是用低能炸药将坚硬岩石炸成细颗粒材料。这种方法对岩石的影响较小，而后板桩应尽快打入以获得最佳沉桩时机。

14.3.4 沉桩的质量控制

在钢板桩沉桩时容易产生以下问题影响钢板桩的沉桩质量：

1. 打桩阻力过大不易贯入

这由两种原因造成。一是在坚实的砂层或砂砾层中打桩，桩的阻力过大；二是钢板桩连接锁口锈蚀，变形，致使板桩不能顺利沿锁口打下。对第一种原因，需在打桩前对地质情况作详细分析，充分研究贯入的可能性，在施工时可伴以辅助沉桩办法，不能用锤硬打。第二种原因，应在打桩前对板桩逐根检查，有锈蚀或变形的及时调整。还可在锁口内涂以油脂，以减少阻力。

2. 板桩向行进方向倾斜

在软土中打板桩时，由于连接锁口处的阻力大于板桩周围的土体阻力，形成一个不均衡力，使板桩向前进方向倾斜。这种倾斜要尽早调整，可用卷扬机钢索将板桩反向拉住后再锤击，或可以改变锤击方向。当倾斜过大，采用上述方法不能纠正时，可使用特别的楔形板桩，达到纠偏的目的。

3. 将相邻板桩带走

这种现象常发生在软土中打板桩，当遇到了不明障碍物，孤石或板桩倾斜等情况时，板桩阻力增加，便会把相邻板桩带入。可以按下列措施处理：

（1）不是一次把板桩打到标高，留一部分在地面，待全部板桩入土后，用屏风法把余下部分打入土中；

（2）把相邻板桩焊牢在围檩上；

（3）数根板桩用型钢、夹具连在一起；

(4) 在连接锁口上涂以黄油等油脂,减少阻力;

(5) 运用特殊塞子,防止土砂进入连接锁口。

板桩被带入土中后,应在其顶部焊接同类型的板桩以补充不足的长度。

4. 钢板桩转动

在水上或海上施打钢板桩时,由于波浪等作用的影响,特别是海面上导桩长度较长导向能力变弱后,钢板桩的沉桩可能会以锁口为中心发生转动而偏离位置,影响板桩墙平整度和后期围檩的安装。为了限制钢板桩的转动,需要设置导架以保证施工精度,且在导架的导梁与钢板桩间应插入垫块。且应在法线和法线垂直方向设置经纬仪,细心观察避免转动。

5. 其他问题

在地下水位以下的砂性地层易液化时,打桩振动会引起地层液化使板桩蠕动,在此情况下要考虑先降水疏干地层。

由于锁口压缩或拉伸造成的钢板桩的打深或打缩,这可能使得规定长度钢板桩数量不足。可采取通过修正下幅钢板桩打击方法、更改下幅钢板桩有效宽度、使用异型钢板桩、追打钢板桩等对策。此外,还需要在钢板桩锁口内涂止水材料或充填止水材料,防止钢板桩沉桩时锁口较大变形造成锁口分离的现象。

14.3.5 钢板桩的拔除

1. 拔桩阻力的计算

拔桩阻力 F 由下列公式确定:

$$F = F_E + F_S \tag{14-12}$$

式中 F_E——钢板桩与土的吸附力;

F_S——钢板桩的断面阻力。

(1) 钢板桩与土的吸附力计算

$$F_E = f_1 + f_2 + f_3 + \cdots\cdots + f_e \tag{14-13}$$

式中 f_1、$\cdots$、f_e——钢板桩在不同土层中的吸附力

$$f = UL\tau \tag{14-14}$$

式中 U——钢板桩的周长;

L——板桩在各层土中的长度;

τ——不同土层中静吸附力(用于静力板桩)或动吸附力(用于振动板桩),参见表 14-15。

当有关土层的各类指标可以确定时,对静吸附力 F_E 也可用下式计算:

$$F_E = LUS \tag{14-15}$$

L,U 同上,S 由下式确定

$$S = \Sigma(c_i + Kq_i\tan\varphi_i)\Delta H_i / \Sigma\Delta H_i \tag{14-16}$$

式中 S——钢板桩与土的平均静吸附(kN/m^2);

ΔH_i——钢板桩所在各层土的厚度(m);

c_i——钢板桩所在土层的黏着力(kN/m^2);

q_i——钢板桩所在土层中心点上的压力(kN/m^2);

φ_i——钢板桩所在土层的内摩擦角(°);

K——土压力系数。

一般情况下，φ_i 取土层抗剪内摩擦角的 2/3～3/4，K 为 0.3～0.5。

(2) 钢板桩的断面阻力

拔桩时钢板桩的断面阻力较难分析，精确求解困难，一般考虑为作用在钢板桩上的土压与表面间的摩擦阻力。当拔桩时，支撑已拆除，开挖部分是回填土，一般不密实，实际上这部分的板桩成了悬臂梁，承受主动土压力。埋入部分的钢板桩两侧主、被动土压力差予以忽略，故该部分断面阻力无需考虑，这种单根板桩的断面阻力按下式计算：

$$F_S = 1.2E_a BH\mu \tag{14-17}$$

式中　F_S——单根板桩的断面阻力（kN）；

　　　E_a——作用在钢板桩上的主动土压力强度（kN/m²）；

　　　B——钢板桩宽度（m）；

　　　H——除去埋入深度后的钢板桩长度（m）；

　　　μ——钢板桩与土的摩擦阻力系数（0.35～0.40）。

不同土质中的吸附力（钢板桩）　　　　　表 14-15

土质	静吸附力 τ_d (kPa)	动吸附力 τ_v (kPa)	土质	静吸附力 τ_d (kPa)	动吸附力 τ_v (kPa)
中砂	36	3.0	粉质黏土	30	4.0
细砂	39	3.5	黏土	50	7.5
粉砂	24	4.0	硬黏土	75	13.0
砂质粉土	29	3.5			

2. 拔桩方法

钢板桩运用较早，拔桩方法也较成熟。不论何种方法都是需要克服板桩的阻力，据所用机械的不同，拔桩方法分为静力拔桩、振动拔桩、冲击拔桩、液压拔桩等。

(1) 静力拔桩：所用的设备较简单，主要为卷扬机或液压千斤顶，受设备及能力所限，这种方法往往效率较低，有时不能将桩顺利拔出，但成本较低。

(2) 振动拔桩：利用机械的振动，激起钢板桩的振动，以克服板桩的阻力，将桩拔出。这种方法的效率较高，由于大功率振动拔桩机的出现，使多根板桩一起拔出有了可能。

(3) 冲击拔桩：是以蒸汽、高压空气为动力，利用打桩机的原理，给予板桩向上的冲击力，同时利用卷扬机将板桩拔出。这类机械国内不多，工程中不常运用。

(4) 液压拔桩：采用与液压静力沉桩相反的步骤，从相邻板桩获得的反力。液压拔桩操作简单，环境影响较小，但施工速度稍慢。此处不再详细介绍，主要介绍静力拔桩和振动拔桩。

1) 静力拔桩

(1) 用卷扬机与滑轮组拔桩

图 14-16 为这种方法拔桩的示意图，其中立柱可以用型钢、钢管甚至钢桁架等能承受轴向压力并移动方便。有时也可用打桩架。立柱的长度需考虑到板桩的长度，附件要能经受较大的拔力。

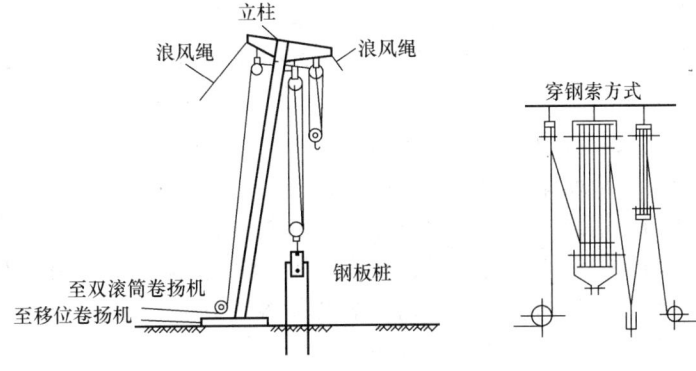

图 14-16 静力拔桩

(2) 滑轮组的应用

卷扬机的单索拉力与滑轮组的总拔力由下式决定

$$Q = nT\eta \tag{14-18}$$

式中 Q——滑轮组的总拔力 (kN)；

n——钢索根数；

T——卷扬机的单索拉力 (kN)；

η——滑轮组的效率，用下式表示：

$$\eta = \frac{1}{n} \frac{\varepsilon^n - 1}{\varepsilon^n(\varepsilon - 1)} \tag{14-19}$$

或

$$\eta = \frac{1}{n+1} \frac{\varepsilon^{n+1} - 1}{\varepsilon^n(\varepsilon - 1)} \tag{14-20}$$

式中 n——滑轮数；

ε——滑轮的摩擦损失系数。

当滑动摩擦时：$\varepsilon = 1.05$；当转动摩擦时：$\varepsilon = 1.02$。

式 (14-18) 适用于图 14-17 (a)，式 (14-19) 适用于图 14-17 (b)，当计算出的总拔力仍不足时可按图 14-18 的方法增大总拔力。

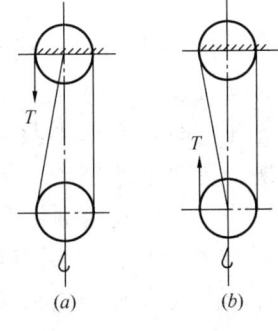

图 14-17 滑轮组的布置
(a) 式 (14-18)；(b) 式 (14-19)

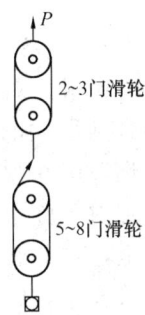

图 14-18 增大静拔力的方法

（3）施工要点

①静力拔桩对操作人员的技能要求较高，必须配备有足够经验与操作技术的施工人员；

②由于总拔力很大，对地面的接地压力较高，要防止桩架或板桩设备的沉降，宜在桩架或拔桩设备下设置钢板或路基箱以扩散荷载；

③拔桩所用卸扣、钢索、滑轮、浪风绳等要加强检查，经常更换；

④静力拔桩不同于振动或冲击拔桩，在拔桩初期因桩周阻力从静止到破坏需有一段过程，不能操之过急。宜将卷扬机间歇启动，渐渐地将桩拔出，切忌一次性地启动卷扬机，否则会引起钢索崩断，设备损坏甚至人身事故。

2）振动拔桩

振动拔桩，效率高，操作简便，是施工人员优先考虑的一种方法。振动拔桩产生的振动为纵向振动，这种振动传至土层后，对砂性土层，颗粒间的排列被破坏，使强度降低，对黏性土由于振动使土的天然结构破坏，密度发生变化，黏着力减小，土的强度降低，最终大幅度减少桩与土间的阻力，板桩被轻易拔出。

3）振动拔桩机参数

①振动频率

在某一振动频率时，土对板桩的阻力会被破坏，从而使板桩能容易地拔出，这一频率对不同的土层是不一样的，粗砂在5Hz时，产生液化；坚硬的黏土在50Hz时，出现松动现象。工程中的土层为各类土质分层构成，实用的频率为8.3～25Hz。

②振幅

要使砂层产生液化或使黏土、粉土减少其黏着力而使用强制振动的最小振幅值（当振动频率为16.7Hz时），对砂土需达到3mm以上，对粉土，黏土要达到4mm。

③激振力

强制振动的激振力必须超过前述已被振动减弱以后的土的阻力。

4）选用振动拔桩机

目前市场上振动拔桩机型号较多，有国产的也有进口的，功率从几千瓦至150kW，甚至1000kW，机种选择的合适与否直接影响到工程的成败。拔桩机的能力应尽可能地使拔桩机在机器限定的范围内作业。表14-16为振动打拔桩锤性能表。拔桩机型的选择可参考相关文献。

3. 拔桩施工

钢板桩拔除的难易，多数场合取决打入时顺利与否，如果在硬土或密实砂土中打入板桩，则板桩拔除时也很困难，尤其当一些板桩的咬口在打入时产生变形或者垂直度很差，在拔桩时会碰到很大的阻力。此外，在基坑开挖时，支撑不及时，使板桩变形很大，拔除也很困难，这些因素必须予以充分重视。在软土地层中，拔桩引起地层损失和扰动，会使基坑内已施工的结构或管道发生沉陷，并引起地面沉陷而严重影响附近建筑和设施的安全，对此必须采取有效措施，对拔桩造成的地层空隙要及时填实，往往灌砂填充法效果较差，因此在控制地层位移有较高要求时必须采取在拔桩时跟踪注浆等填充法。

振动打拔桩锤性能表　　　　表 14-16

型号	质量(t)	功率(kW)	偏心距(N·m)	激振力(kN)	许用抗拔力(kN)	尺寸(m×m×m)	振幅(mm)	频率(r/min)	制造国家
DZ30	2.4	30	154	120	130	1.4×0.9×1.8		900	中国
DZ45	3.1	45	210	275	147	1.9×1.2×1.2	8～10	780	中国
DZ60	4.5	60	367	531	250	1.4×1.5×1.4	7.5	1100	中国
DZ90	5.3	90	300～500	400～600	255	2.4×1.5×1.4			中国
DM_1-5000		90	300	550		4.6×1.3×1.1	8.2	1100	日本
DZ120	8.4	120	693	760	350	4.6×1.3×1.1			中国
DZ150	9.3	150	980	1354	500	1.4×1.3×4.7			中国
DM_2-2500		150	2000	860		4.4×1.7×1.4	27	620	日本
450	2	1100	4500	7500	800	6.1×2.4×2.4	75	700	荷兰

1) 拔桩要点

(1) 作业开始时的注意事项：

作业前必须对土质及板桩打入情况，基坑开挖深度及支护方法，开挖过程中遇到的问题等作详细调查，依此判断拔桩作业的难易程度，做到事先有充分的准备。基坑内的土建施工结束后，回填必须要有具体要求，尽量使板桩两侧土压平衡，有利于拔桩作业。由于拔桩设备的重量及拔桩时对地基的反力，会使板桩受到侧向压力，为此需使板桩设备同拔桩保持一个距离。当荷载较大时，甚至要搭临时脚手架，减少对板桩的侧压。作业时地面荷载较大，必要时要在拔桩设备下放置路基箱或垫木，确保设备不发生倾斜。作业范围内的高压电线或重要管道要注意观察与保护。作业前，对设备要认真检查，确认无误后方可作业，对操作说明书要充分掌握。有关噪声与振动等公害，需征得有关部门认可。

(2) 作业中需注意事项：

作业过程中必须保持机械设备处于良好的工作状态。加强受力钢索等检查，避免突然断裂。为防止邻近板桩同时拔出，可将邻近板桩临时焊死或在其上加配重。板桩拔出时会形成空隙，必须及时填充，否则极易造成邻近建筑或地表沉降。可采用膨润土浆液填充，也可跟踪注入水泥浆。

(3) 作业结束后的注意事项：

对空隙填充的情况要及时检查，发现问题随时采取措施弥补。拔出的板桩应及时清除土砂，涂以油脂。变形较大的板桩需调直时运出工地，堆置在平整的场地上。

2) 钢板桩拔不出时的对策

(1) 将钢板桩用振动锤或柴油锤等再复打一次，可克服桩上的黏着力或将板桩上的铁锈等消除。

(2) 要按与打板桩顺序相反的次序拔桩。

(3) 板桩承受土压一侧的土较密实，可在其附近并列地打入另一块板桩，也可使原来的板桩顺利拔出。

(4) 也可在板桩两侧开槽，放入膨润土浆液，拔桩时可减少阻力。

3) 有利于拔桩的其他辅助手段

(1) 以便于拔桩为目标的特殊打桩方法

①膨润土泥浆槽施工法

膨润土浆随板桩一起跟入土层中,在板桩表面形成一薄膜,有如润滑剂有利于打桩又有利拔桩。使用的膨润土泥浆浓度为5%~10%,这种方法对黏性土效果更好,对板桩周围土层的上升亦可抑制。除膨润土浆外,还可使用10%~20%浓度的黏土浆,或者黏土,水和磷酸钠的悬浮液都可减少板桩表面的阻力,为使板桩表面保持全部的悬浮液,可在桩尖处设置一台阶较好。

②排除板桩齿口中的土砂。

在砂上层中打板桩,在板桩的齿口内会进入一部分砂,在打下一块桩时,少量砂被挤出齿口外,大量留在齿口内且被压实,造成打桩阻力增大,齿口变形,以致拔桩的阻力也增大。可用排砂器具,可将砂土排除。也可在齿口的开口部放入泡沫塑料以防止砂土进入,有利于下一块板桩打入且可减少拔桩阻力。

③涂以油脂或沥青

在钢板桩齿口内,桩表面涂以油脂或沥青可减少齿口内部或桩表面的摩阻,也可防止表面锈蚀同样达到降低摩阻的目的。

④使用水冲或用长螺旋钻松动板桩周围土体

(2) 为减少已打入钢板桩的摩阻而采用的特殊施工方法

①钻孔法

在板桩的侧面钻孔,松动土层以减少周围摩阻。当与振动或冲击并用效果更佳。有时可用小型钻机钻孔,放入小型管道,压入高压水减阻效果也是好的。

②电渗施工法

当黏土中含水量增加时,其抗剪强度会降低。利用此现象,以板桩作为阴极,阳极置于上层中,通电后,土中孔隙水便会集结在钢板桩周围,使其周围的黏土含水量大大增加,在板桩与土之间产生水膜并有气泡发生,起到减阻作用。电源的功率与土层的导电率,电渗系数及工程规模有关,一般电压为220V,电流20~30A即可。当电渗发生时在板桩顶部施加振动力或竖向冲击力效果更好。

③不同的机械并用

板桩相互连接处锈蚀后使拔桩阻力增大。可用落锤在起拔前锤击板桩,使铁锈掉落,再用高能量拔桩机将桩拔出。

14.3.6 钢板桩施工对环境的影响及对策

1. 噪声

噪声对人体的危害,已经越来越得到人们的重视。各国政府对噪声的管理都有相关的控制标准。钢板桩施工产生的噪声随着施工设备的不同而有所不同。若采用下落锤,则产生有规律脉冲式的噪声。而柴油锤、液压锤、空气锤虽然锤击速度较快,但产生的噪声也是脉冲式的。振动锤虽然噪声较低,但有间歇性,仍表现为脉冲式的噪声。而静压桩产生的有限噪声则是稳定的或几乎没有噪声。一般高脉冲式的噪声比稳定的噪声更让人难受。

噪声有专门的等级测定方法,噪声等级跟声源强度、距离、风速、温度、建筑物反射等因素有关,一般声音随着距离的增加而衰减。距离沉桩机械约7m处,冲击沉桩设备产生声音约90~115dB,蒸汽/空气锤约85~110dB,振动锤约70~90dB,压入锤约60~75dB。而喧闹的街道为85dB，人正常说话一般为55～63dB。因此，为了降低噪声，特别是在对噪声控制较为严格的地区，在选择沉桩或拔桩设备时应该考虑到噪声及环境保护的要求，虽然可以采用隔声屏、防声罩等措施，但最好降低施工声源强度，选择产生噪声较低的施工设备，或者采用如水冲等辅助沉桩或拔桩措施来松动土体，降低钢板桩施工难度以降低噪声。

2. 振动

钢板桩引起的振动可能引起地基的变形（沉降、陷落、裂缝等），从而影响周边建筑物、管道等设施的正常运用，引起精密仪器工作性能上的损害。国内尚无振动控制标准。表14-17给出了建筑物的允许振动参数：

振动拔桩机的作业范围表　　　　　　　　　　表14-17

类　别	极限值（mm/s）	类　别	极限值（mm/s）
1. 住宅、房屋和类似结构	8	1、2类以外和受保护的建筑	4
2. 重型构件和高刚度骨架的建筑物	30		

打桩引起的振动以体波和面波的形式向外传波，随着距离的增加而衰减。为了钢板桩沉桩引起的振动，可采取如下措施：

（1）采用桩垫或缓冲器沉桩，选用低振动和高施工频率的桩锤；采用辅助施工措施，如水冲，钻孔等，合理安排施工顺序等。

（2）设置减振壁。在需要保护设施附近设置减振壁以吸收传播过来的振动，一般减振壁为60～80cm宽，深度4～5m，当软土层较厚时宜深一些。减振壁的距离离打桩区5～10m。形式有空沟（为保持壁体稳定，可充填泥浆等松散材料）、沥青壁、泡沫塑料壁、混凝土壁，亦可用一定间距的钻孔替代。

（3）对原有建筑进行加固，或拆除危险构件，精密设备工作避开桩基施工等措施。

3. 拔桩对环境的影响

除了上述噪声、振动外，若钢板桩靠近建筑物、地下管线时，钢板桩的回收拔出容易造成附近建筑物的下沉和裂缝、管道损坏等。这主要是由于拔桩易形成空隙，导致板桩附近土体强度降低。因此，在进行钢板桩拔除施工时，应充分评估拔桩可能引起的地层位移，制定相应的对策，如在钢板表面涂抹沥青等润滑剂降低桩土之间的摩擦作用；优化拔桩顺序；在桩侧一定范围内注浆，增加土体的强度，增加土颗粒的移动阻力，减少拔桩对土体的破坏作用；即时注浆等。具体参见拔桩施工要点。

4. 其他

钢板桩沉桩过程中可能产生其他环境污染，如：柴油锤在锤击时常有油烟产生。燃烧不充分时，可产生大量黑色烟雾冒出，可以设置隔离罩或是圈栏施工区域。此外，在水上施工时，可能造成对水、海洋的污染，用施工船水上打桩时也可能影响航道通航等等。钢板桩的施工应该重视其对周边环境的影响，优先选用低噪声、低振动的施工设备和施工工艺，充分预估对环境的影响，制定相应的计划和对策。

14.4 钢板桩基坑工程实例

14.4.1 中船长兴造船基地一期工程1、2♯坞坞口基坑

1. 工程概况

中船长兴造船基地一期工程1♯、2♯坞两个坞口基坑的平面尺度分别为 98m×30m 和 128m×30m，原始泥面标高在−4～−6m 之间，0～−13m 等深线间平均坡度在 1：2.5～1：4 左右，最陡处只有 1：2。基坑外侧水下地形较为复杂，特别是 1 号坞坞口外侧泥面既深且陡，对基坑工程的施工极为不利。基坑开挖面标高为−10.65m，围护墙外侧正常情况下设计高水位为 4.13m，基坑开挖深度约为 15m。

2. 水文地质条件

（1）潮流：

最大涨潮流速达 2.3～2.5m/s，落潮流速达 2.0m/s

（2）设计水位：

设计高水位：4.13m（潮峰 10%）　　设计低水位：0.56m（潮谷 90%）

极端高水位：5.79m（五十年一遇）　　极端低水位：−0.33m（五十年一遇）

（3）波浪：

基坑长度方向所受正面波浪，SSW 向，50 年一遇 $H_{1\%}$=1.96m，T=4.1s，L=26.2m；

考虑短边方向所受正面波浪，SE 向，50 年一遇 $H_{1\%}$=3.83m，T=5.8s，L=52.5m。

（4）地质条件：

表 14-18 为本工程土层物理力学参数表。

3. 基坑围护方案

基坑围护墙外侧是水位一直变动的水体，且受到波浪、水流（涨落潮）的影响，水上基坑围护结构周边的荷载是不均衡的；坞口处整个基坑在横断面上是处于水下的一个坡面之上，原有的水下泥面坡度一般在 1：1～1：4 左右，要在这样的一个坡面上进行直立式的基坑开挖，存在一个岸坡及基坑稳定的问题。设计施工最大的难点就在于如何采取足够的工程措施来维持基坑周边水土荷载的平衡，并通过加强整个围护体系的完整性和整体刚度，使其变形或位移控制在工程可以接受的范围内，确保整个基坑达到一个安全、稳定状态。

基坑围护结构采用 PU32 钢板桩，桩长 31m，其顶标高 3.65m，底标高−27.35m，采用打桩船施打。为了增强止水效果和抗风浪的稳定性，在外侧和东西两侧的围护墙外围距离 3m 附加了一排 16m 长的 PU16 钢板桩，该排桩通过顶部的圈梁兼挡浪墙连成一体，两排钢板桩之间回填砂。

土层物理力学参数表　　表 14-18

土层编号	土层名称	土层层面标高 (m)	重度 (kN/m³)	天然孔隙比	天然含水量 (%)	固快直剪 黏聚力 c (kPa)	固快直剪 内摩擦角 φ (°)	渗透系数 k (cm/sec)
①$_{1-2}$	灰色淤泥质粉质黏土夹粉性土	−14.3～−2.4	17.5	1.18	42.6	0	10.8	8.0×10^{-5}
①$_2$	灰色黏质粉土夹淤泥质黏性土	−15.6～−3.7	18.3	0.93	33.1	8	17.0	5.0×10^{-4}

续表

土层编号	土层名称	土层层面标高（m）	重度（kN/m³）	天然孔隙比	天然含水量（%）	固快直剪 黏聚力 c（kPa）	固快直剪 内摩擦角 φ（°）	渗透系数 k（cm/sec）
②₃	灰色砂质粉土	0.20～0.79	18.6	0.85	29.6	3	25	1.0×10^{-4}
④	灰色淤泥质黏土	−16.35	16.9	1.37	49.3	11	12.5	3.0×10^{-7}
⑤₁₋₁	灰色黏土	−21.0	17.5	1.17	41.1	17	15.0	2.5×10^{-7}
⑤₁₋₂	灰色粉质黏土	−27.23	18.0	1.01	34.9	21	18.0	3.0×10^{-6}
⑤₃₋₁	灰色粉质黏土夹粉性土	−31.10	18.1	0.96	32.9	23	20.5	2.0×10^{-6}

支撑体系内设5道支撑围檩体系。支撑布置采用对撑加角撑的方案，主支撑间距一般为7.5m，并且每隔30m左右设置一个平面桁架，其中：第一道圈梁（兼作防浪墙顶标高7.00m）采用钢筋混凝土结构以保证顶部的刚度，支撑断面尺度800mm×800mm；第二道～第五道内支撑体系均采用钢围檩、钢支撑。每根对撑（总长度31m）下设三根立柱，间距约7.5m左右。立柱桩均利用主体结构ϕ800PHC桩，将ϕ700钢管焊接在预制桩顶和预制桩一起由打桩船打至设计标高。基坑工程鸟瞰图和剖面图参见图14-19、图14-20。

图14-19 水上基坑工程鸟瞰图

4. 工程实施效果

工程实施完成后实测结果表明：围护钢板桩最大变形约180mm，最大变形点在标高−11.0m左右。

目前，中船长兴造船基地1号、2号船坞已经顺利建成投产。在工程建设过程中，利用有限元软件动态模拟，充分研究对比设计方案，信息化指导反馈施工过程，在施工中采用较多加强基坑稳定性的工程措施。在整个使用期内，水上基坑经受住了高潮位、大风浪等诸多不利自然因素的考验，取得了工程实践的成功。

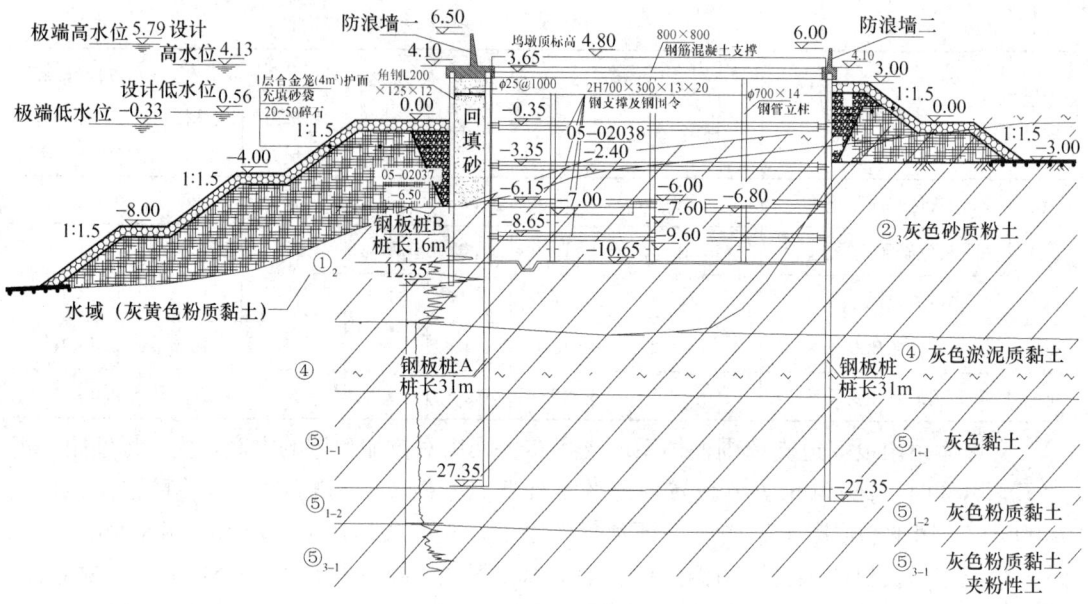

图 14-20 水上基坑工程典型剖面图

14.4.2 长江引水三期取水泵房基坑围护

1. 工程概况

长江引水三期水泵房为直径 46m 的圆形结构，所处水深约 5m，是目前长江口规模最大的江中取水泵站，泵房为钢筋混凝土结构，为达到泵房干施工条件，需建造一个 50.4m 直径的圆形围护结构。场地现状标高约 -1.0m（吴淞零点，下同）。

2. 水文地质条件

（1）水流：

最大水流流速 1.58m/s。

（2）设计水位：

设计平均高潮位 +3.25m。

（3）设计波浪：

设计波浪参数为 $H=1.861m$，$T=4s$，$L=21m$。

（4）地质条件：

表 14-19 为相关地层物理力学参数表。

3. 基坑工程围护方案

本工程围护结构内径达 50.4m，挡水高度约 15m，水上无支撑顺作法施工在上海尚无先例。经过方案分析对比，采用圆形单排钢板桩基坑围护方案。

采用 AU25 单排钢板桩作为支护结构，以一道钢筋混凝土顶圈梁和四道环向钢圈梁作为内支撑体系，经围堰内抽水后，进行顺作法干施工。基坑平、剖面图参见图 14-21、图 14-22。

施工围堰内径 50.4m；基坑开挖底标高 -10.15m，开挖深度 9.15m。围堰采用 AU25 型钢板桩（约 214 根）。钢板桩桩顶标高 +4.00m，底标高 -21.00m，长度 25m。施打前，在钢板桩锁口内灌注柔性止水材料，以有效阻隔长江水，保证取水泵房的干施工顺作条件。钢板桩顶部设置 1 道钢筋混凝土顶圈梁兼作施工期的防浪墙，环向再设置 4 道

14.4 钢板桩基坑工程实例　　547

图 14-21　基坑平面鸟瞰图

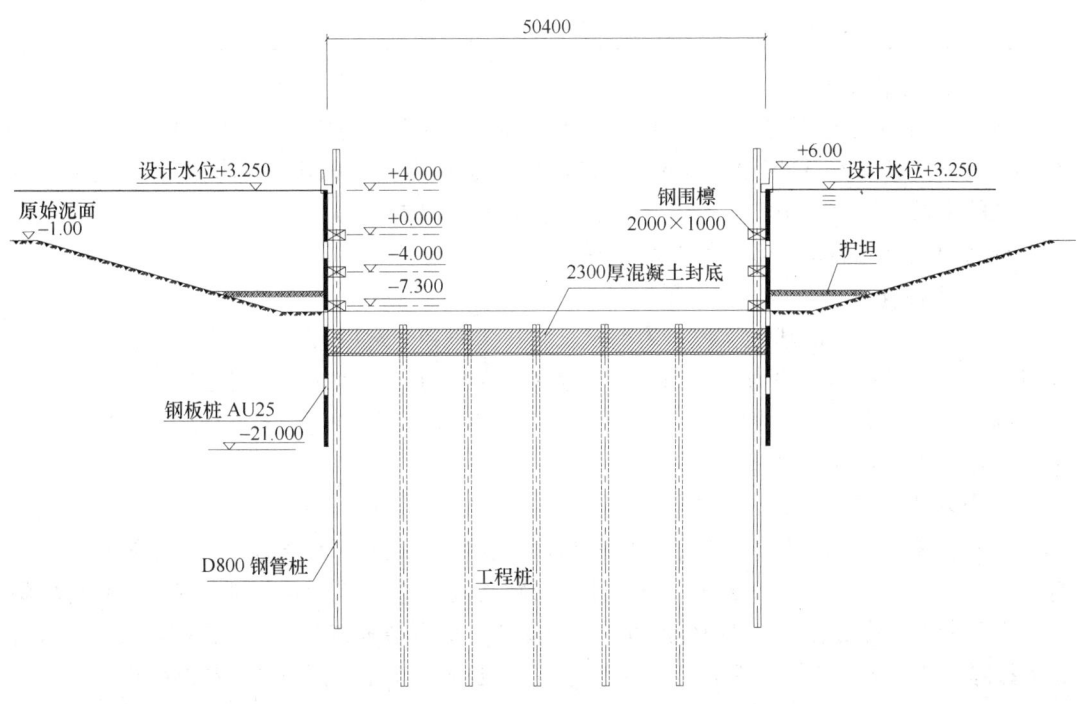

图 14-22　基坑工程典型剖面图

水平桁架式钢拱圈梁，沿圆形钢板桩底和围堰内侧的坑底以下部分，采用旋喷桩进行局部地基加固。

围堰内抽水挖泥前，在其外侧 15～20m 范围内 −8.00m 标高以上部分抛填护坦，自上向下采用 50～200kg 块石厚 1600、袋装碎石层厚 400、300g 土工布一层。

施工顺序：水下挖泥至 −8.00m 最下道钢拱圈梁安装所需标高；施打钢板桩定位桩、立柱桩、工程桩；搭设施工平台；在钢板桩顶端浇注钢筋混凝土圈梁；平台上拼装钢拱圈梁，整体吊装就位；施打围堰钢板桩；地基加固施工；围堰外 15～20m 范围内铺设防冲护底；围堰内抽水、开挖-8.00m以下土方至设计标高；浇筑泵房底板和主体结构混凝土；护底施工至设计标高；施工完毕拆除支护钢板桩。

土层物理力学参数表　　　　　　　　　　表14-19

土层号	土层名称	含水量 w（%）	重度 γ（kN/m³）	孔隙比 e	压缩模量 E_s（MPa）	内摩擦角 φ	黏聚力 c（MPa）
①	淤泥	32.9	18.20	0.94	5.47	22.0	14.0
④₁	淤泥质粉质黏土	55.2	16.50	1.53	2.02	6.0	7.0
④₂	黏质粉土夹粉质黏土	41.1	17.50	1.15	3.11	15.0	13.0
⑤₁	粉质黏土	52.80	16.60	1.48	2.24	9.00	10.0
⑤₂	粉质黏土	41.70	17.40	1.18	3.14	12.50	13.0
⑤₃₋₁	粉质黏土	36.30	18.00	1.03	4.01	17.0	17.0
⑤₃₋₂	粉质黏土	24.70	19.50	0.71	6.41	19.0	39.0
⑦₂	粉细砂	26.60	19.20	0.77	6.19	21.50	31.0
⑦₂夹	粉质黏土	28.70	18.60	0.83	9.96	30.0	7.0
⑦₂	粉细砂	27.30	18.80	0.79	12.30	31.5	6.0

4. 工程实施效果

本工程有效地控制了圆型钢板桩围堰的施工误差、内力分布和变形（最大变形21mm），在长江口复杂的风浪流条件下成功实施了无内支撑的水上基坑围护，满足了复杂体系的泵站主体结构施工空间、环境、进度和安全要求。

14.4.3　上海浦东机场二期基坑工程

1. 工程概况

上海浦东机场二期基坑工程分为登机长廊、主楼和交通中心三个部分。登机长廊全长超过1600m，基坑面积约为31500m²，主楼基坑面积约为75000m²，交通中心基坑面积约为66000m²。基坑开挖深度在6~9m不等。整个基坑工程规模体量巨大，大部分区域均采用顺作法进行基坑工程施工。

2. 基坑围护方案

上海浦东机场二期基坑中登机长廊区域地下设置有共同沟、行李通道和捷运通道，均为地下一层，开挖深度6~8m之间。由于登机长廊基坑呈狭长形。考虑到工程特点和现场施工组织等多方面的因素，需采用分段围护的形式进行地下结构施工。由于锚拉钢板桩具有打设、拔除方便，可反复使用等优点，因此成为登机长廊基坑工程的首选围护结构形式。

工程开展过程中，为了加快施工进度，方便现场施工，拟定采用钢板桩作为锚碇结构。由柔性的钢板桩替代刚性的钢筋混凝土锚碇结构，给整个锚拉钢板桩围护体系带来了以下几个方面的变化：①基坑开挖过程中，锚碇钢板桩的变形对围护钢板桩和锚拉钢筋的受力有一定的影响，围护桩和锚碇桩之间的土体随之产生的变形会影响土压力的传递和分布。②在提供相同的锚拉力时，与刚性锚碇结构相比，柔性锚碇结构的受力性状发生了较大变化，影响整个锚拉钢板桩围护体系的破坏模式。

3. 工程实施与监测

上海浦东机场二期登机长廊区域全长1600多米的基坑工程，分成19个施工段由中间向两端逐步施工。其中锚拉钢板桩围护结构的总延长约为2360m，采用锚拉钢板桩作为围

14.4 钢板桩基坑工程实例 549

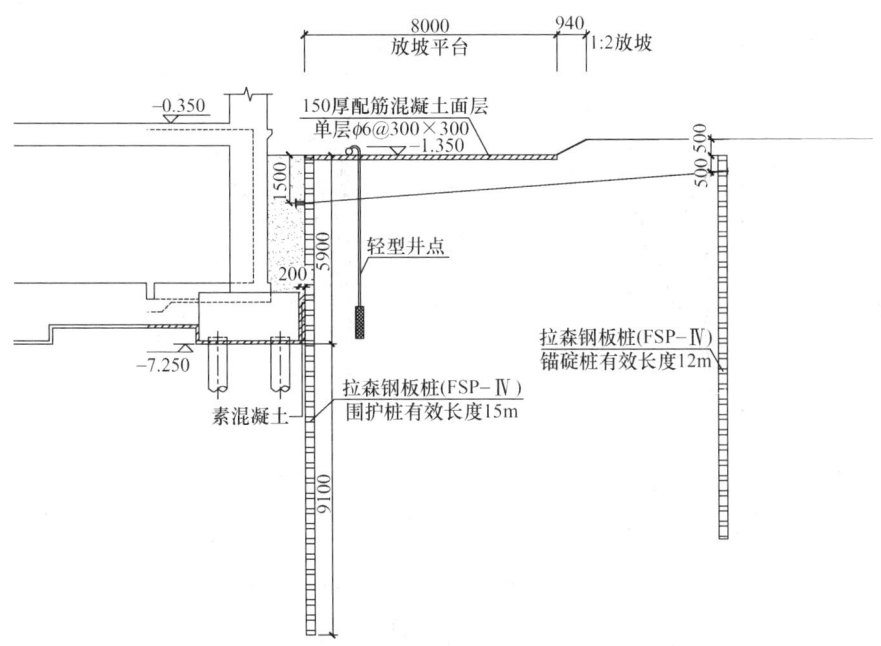

图 14-23 基坑工程典型剖面图

图 14-24 基坑开挖前锚拉钢板桩施工现场

护结构的区域从 2005 年 2 月 28 日开始第一段的土方开挖，到同年 5 月 10 日完成最后一段地下结构的顶板钢筋绑扎和浇筑，共历时 71 天。

基坑工程施工过程中对围护结构的受力和变形进行了全过程的实测。监测内容包括围护钢板桩和锚碇钢板桩的桩顶水平位移、围护和锚碇钢板桩邻近的土体侧斜、锚拉钢筋的轴力、坑外地下水位以及坑底隆起等。

(1) 邻近钢板桩的土体测斜：

土体测斜曲线从锚拉钢筋实施完成预应力后，基坑开挖前作为初始状态，土层分层开挖至基底位置时钢板桩顶部变形达到最大。从图 14-25 中的邻近土体测斜曲线可以反映出钢板桩的变形特征。锚碇钢板桩（a 图）测斜最大的位置发生在钢板桩顶端，最后一个工

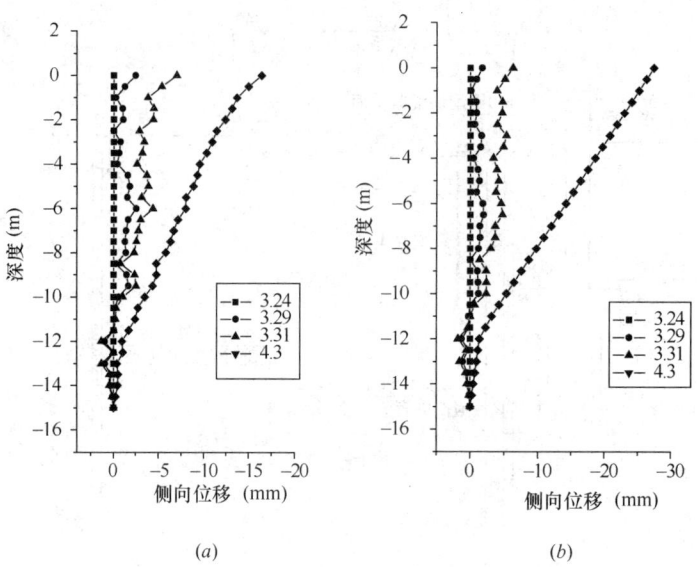

图 14-25 东侧围护钢板桩和锚碇钢板桩侧的土体测斜曲线
(a) 锚碇钢板桩；(b) 围护钢板桩

况下的最大变形为向坑内变形在 20mm 左右；围护钢板桩（b 图）的测斜最大位置也同样发生在钢板桩顶端，最后一个工况下的最大变形在 30mm 左右，变形的方向为向坑内变形。通过相同工况条件下的比较可以看出，围护钢板桩的变形总是大于锚碇钢板桩的变形，二者的变形趋势基本相同，顶部变形最大，底部有明显的嵌固段。

(2) 钢板桩桩顶位移

围护钢板桩和锚碇钢板桩的桩顶变形趋势相同（图 14-26），曲线都是呈现出前期变形一直发展，后期变形稳定在某一水平。基坑开挖阶段桩顶变形随着开挖深度的增加不断增大，而开挖到基底以后，进行底板浇筑和地下结构施工的过程中，桩顶变形比较稳定。同土体测斜的观测规律相同，围护钢板桩的桩顶变形要大于锚碇钢板桩的桩顶变形。

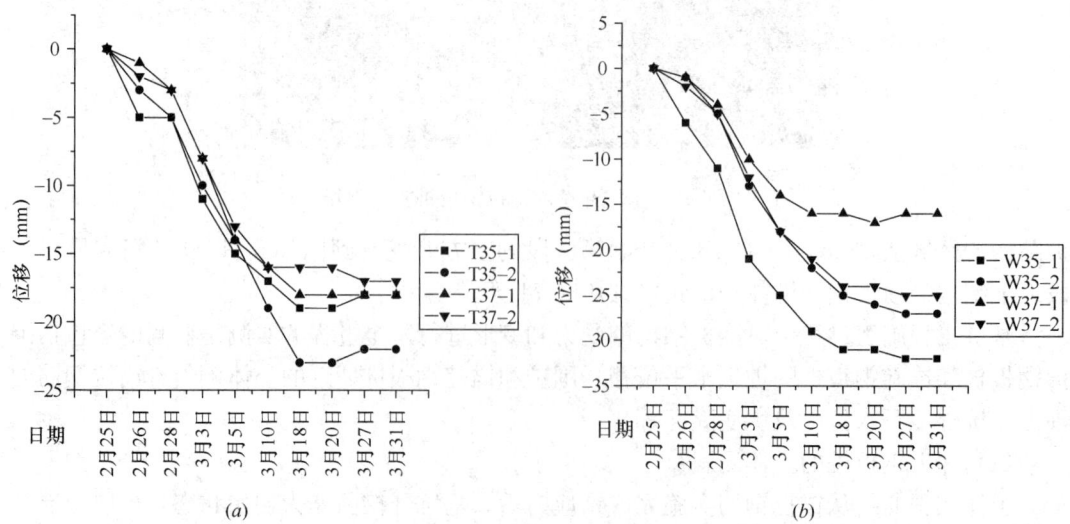

图 14-26 围护和锚碇钢板桩桩顶水平位移曲线
(a) 锚碇钢板桩；(b) 围护钢板桩

参考文献

[1] 刘建航,侯学渊. 基坑工程手册[M]. 北京:中国建筑工业出版社,1997
[2] 史佩栋,桩基工程手册[M]. 北京:人民交通出版社,2008
[3] 龚晓南,深基坑工程设计施工手册[M]. 北京:中国建筑工业出版社,2001
[4] EN1993-5:2003:Design of Steel structures:Piling [S]
[5] EN12063:1999, Execution of special geotechnical work[S]
[6] EM 1110-2-2504:DESIGN OF SHEET PILE WALLS[S]. U. S. Army Corps of Engineers,1994
[7] Steel Sheet Piling Design Manual[M]. United States Steel,1984
[8] Installation of steel sheet piles[M]. Technical European Sheet Piling Association,2001.
[9] Sheet Piling Handbook Design[M]. ThyssenKrupp Gft Bautechnik,2008.
[10] Recommendations of the Committee for Waterfront Structures Harbours and Waterways EAU 2004 [M]. Committee for Waterfront Structures of the Society for Harbours Engineering and the German Society for Soil Mechnics and Foundation Engineerin,2006
[11] Arjen Kort,Steel Sheet Pile Wall in Soft Soil[M]. DUP Science,2002

第15章 钢筋混凝土板桩的设计与施工

15.1 概 述

钢筋混凝土板桩不仅仅是单独的板桩式构件,而是指由钢筋混凝土板桩构件沉桩后形成的组合桩体,是一种易工厂化、装配化的基坑围护结构。

钢筋混凝土板桩具有强度高、刚度大、取材方便、施工简易等优点,其外形可以根据需要设计制作,槽榫结构可以解决接缝防水,与钢板桩相比不必考虑拔桩问题,因此在基坑工程中占有一席之地,在地下连续墙、钻孔灌注桩排桩式挡墙尚未发展以前,基坑围护结构基本采用钢板桩和混凝土板桩。由于国内长期以来仅限于锤击沉桩,且锤击设备能力有限,桩的尺寸、长度受到一定限制,基坑适用深度有限,钢筋混凝土板桩应用和发展一度低迷。近年来,随着沉桩设备的发展,且沉桩方法除锤击外又增加了液压沉桩、高压水沉桩,支撑方式从简单的悬臂式、锚碇式发展到斜地锚和多层内支撑等各种形式,给钢筋混凝土板桩带来了广泛的应用前景。如目前板桩的厚度已达到50cm,长度达到20m,配筋方式有普通钢筋及预应力配筋,截面形式由单一的矩形截面发展到薄壁工字形等截面,又与深层搅拌桩以及地下连续墙结合,弥补了钢筋混凝土板桩在较深基坑支护中的缺陷,钢筋混凝土板桩以其独特的优越性而再度倍受青睐。作为深基坑围护结构,在上海虹桥太平洋大饭店深基坑工程中,其支护开挖深度已达到12.6m;通过与搅拌桩结合,形成以钢筋混凝土板桩为劲性构件的搅拌桩板桩复合结构支护,在宝钢某冷轧工程中支护开挖深度已达到9.5m;作为地下连续墙预制接头桩,在宝钢某热轧厂深基坑工程支护开挖深度已达到35.4m。当前钢筋混凝土板桩已与地下连续墙、钻孔灌注桩、型钢水泥土搅拌墙(SMW工法)等成为深基坑开挖支护的主要手段之一。此外,钢筋混凝土板桩利用水力插板技术在港务水利工程中也得到了广泛应用,如松花江防洪堤坝,采用了厚0.24m、长8m的钢筋混凝土板桩,在黄河取水工程中还广泛用于水闸、泵站和输水渠道等。

钢筋混凝土板桩最适用范围包括:开挖深度小于10m的中小型基坑工程,作为地下结构的一部分,则更为经济;大面积基坑内的小基坑即"坑中坑"工程,不必坑内拔桩,降低作业难度;较复杂环境下的管道沟槽支护工程,可替代不便拔除的钢板桩;水利工程中的临水基坑工程,内河驳岸、小港码头、港口航道、船坞船闸、河口防汛墙、防浪堤及其他河道海塘治理工程。

15.2 钢筋混凝土板桩构造设计

作为内河驳岸和一般小型基坑使用的钢筋混凝土板桩,通常厚度为16cm~25cm,宽度40cm~70cm,长度10m左右。矩形钢筋混凝土板桩构造,如图15-1所示。

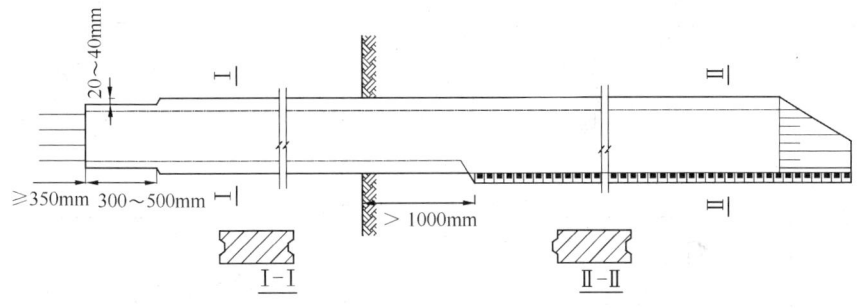

图 15-1　矩形钢筋混凝土板桩构造图

15.2.1　截面形式

钢筋混凝土板桩有矩形、"T"形和"工"形截面，也可采用圆管形或组合型。板桩墙转角与封闭分为矩形转角、T形封闭、扇形转角等形式，如图 15-2 所示。

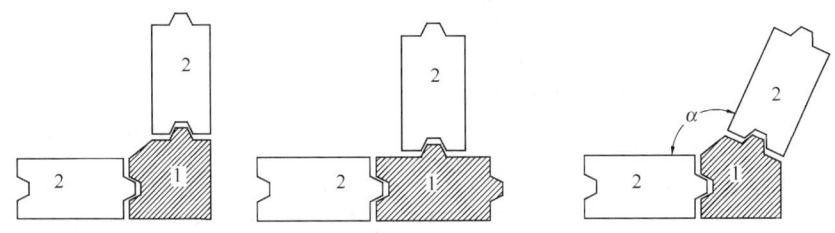

图 15-2　混凝土板转角连接形式图

1. 矩形截面槽榫结合

矩形截面槽榫结合为目前常用方式，板桩桩尖一边为直边，一边为斜边，靠沉入时相互紧挤形成板桩墙。作为隔水和挡土结构，为了增加其封闭性，提高防水效果，每根板桩桩身两侧设有凹凸榫槽企口，只起挡土作用的为全榫板桩，需隔水的为半榫板桩。板桩沉入后凹槽内须冲洗干净并灌细石混凝土，凹榫槽深度不宜小于 5.0cm。其截面形式及配筋构造如图 15-3、图 15-4 所示。如截面较厚时可以在中间留孔，用抽管法或气囊法生产均可，可在现场设置长线台座用预应力钢丝先张法生产，也可在工厂生产。

常用的非预应力钢筋混凝土板桩桩长一般在 20m 之内。预应力钢筋混凝土板桩主要用在船坞及码头工程上，用水上打桩船施工，桩长一般在 20m 以上。

2. 工字形薄壁截面

大截面薄壁板桩由于其截面刚度较大，挤土少、易打入，工程应用比较经济。现场制作时可以翼板预制再与腹板浇成整体或腹板预制与两翼板现场浇成整体。由于无槽榫结合，沉桩时必须有导架保证桩位整齐垂直。

至于用两块预制槽板现浇筑成中空方形截面的板桩，现场制作工作量较少，刚度亦较大，薄壁截面板桩均可采用预应力钢丝长线台座法生产，进而可充分发挥其薄壁特性。工形及方形预制现浇整体式薄壁板桩构造，如图 15-5 所示。

工字形板桩已广泛用作地下连续墙接头，或与搅拌桩形成复合结构，图 15-6 工字形板桩的复合支护示意图。工字形板桩的复合支护形式，如图 15-6（a）、图 15-6（b）所示。

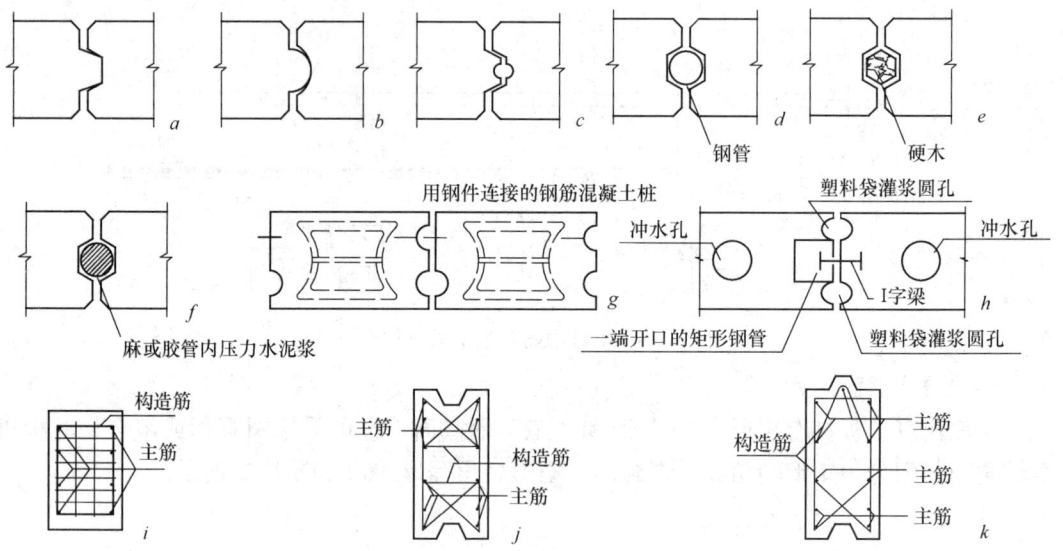

图 15-3　钢筋混凝土板桩的榫槽及配筋布置图

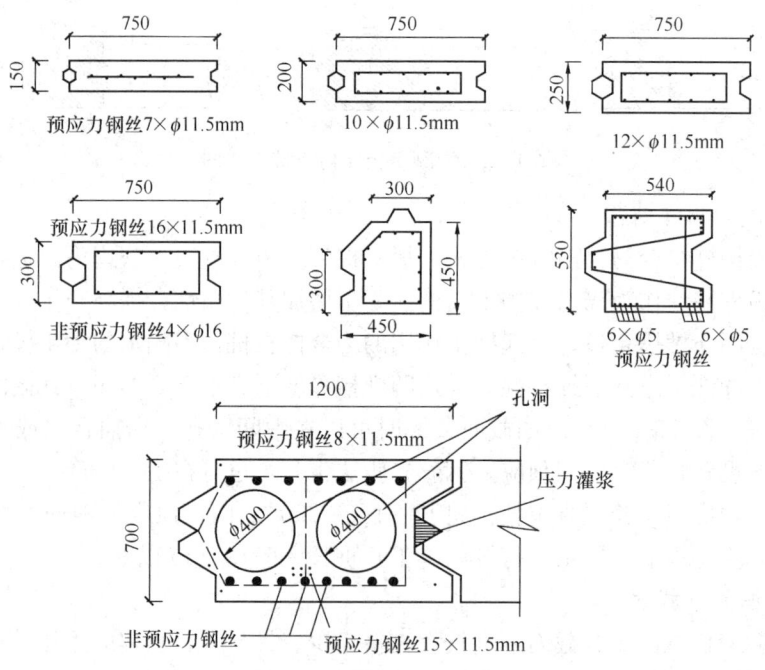

图 15-4　美国及前苏联预应力板桩的几种截面

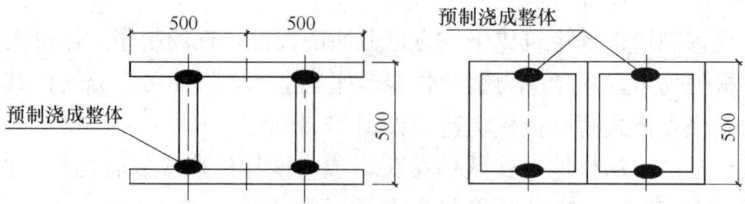

图 15-5　预制现浇整体式薄壁板桩图

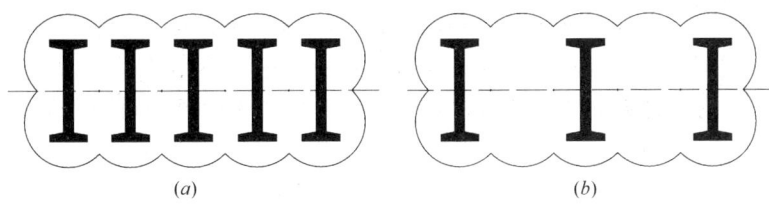

图 15-6 工字形板桩的复合支护示意图
(a) 板桩连续形；(b) 板桩间隔形

15.2.2 截面计算

截面计算原则：钢筋混凝土板桩当被用于基坑支护时，系临时受弯构件，一般按强度控制原则计算截面，即按承载能力极限状态进行计算，当作为永久结构的一部分有耐久性要求时应验算裂缝宽度是否满足限值，当轴向力较大时，应按照偏心受压构件设计。由于地下工程土压力随开挖深度与时间而变化，以及某些不确定因素，因此截面设计时按计算最大弯矩双面配筋，同时还要根据起吊和运输工况进行受力和变形验算。此外，还应验算板桩混凝土截面的抗剪强度，但一般板桩墙均以抗弯作为混凝土截面的计算控制。

长度较长的板桩，当截面过于单薄时，要验算锤击沉桩时桩身的侧向弯曲应力，从一般的使用角度长细比可以参考表 15-1。

板桩长细比参考表　　　　　　　　　　　　表 15-1

桩长 (m)	10	15	20
桩的厚度 (cm)	16	35	50

如采用中空截面时，桩的截面设计还应加大。

钢筋混凝土板桩的具体截面构造、配筋形式可参见有关工程实例。

15.2.3 构造要求

混凝土设计强度等级不低于 C25，强度达 70％方可场内吊运，达 100％时方可施打；受力筋采用直径不小于 16mm 的 HRB335 级钢筋，桩顶主筋外伸长度不小于 350mm，构造筋采用直径不宜小于 8mm 的 HPB235 级钢筋；吊钩钢筋采用直径不小于 20mm 的 HPB235 级钢筋，需绑扎在下层主筋上，不得用冷拉钢筋；主筋保护层：顶部为 80mm，底部为 50mm，侧面为 30mm。

15.3　钢筋混凝土板桩支撑或锚碇设计及板桩内力计算

板桩墙支护结构分类有悬臂式结构、内支撑式结构、锚杆式结构、锚碇式结构四种。

15.3.1 悬臂式结构

悬臂式板桩结构亦称自立式板桩结构，或称无拉结无支撑板桩结构，由于在开挖过程中不需要采取任何拉锚或支撑的设置，在开挖较浅的基坑或水工基坑中被较多采用，如图 15-7 悬臂式板桩结构图所示。但由于自立式板桩墙对于高度、载荷、土质、地下水位的变化特别敏感，与锚碇式或支撑式情况相比易于产生较大的侧向变形，除非对侧向变形无严格要求，否则不宜采用。另一方面其挡土高度亦有所限制，一般在软土地区不宜超过3m。其插入深度按抗倾覆计算，要保证其抗倾覆安全系数不小于2，由此算得的插入深度尚须增加15%。由于计算插入深度要比锚碇式、支撑式深得多，且要验算截面抗弯能力，技术经济上不占优势。

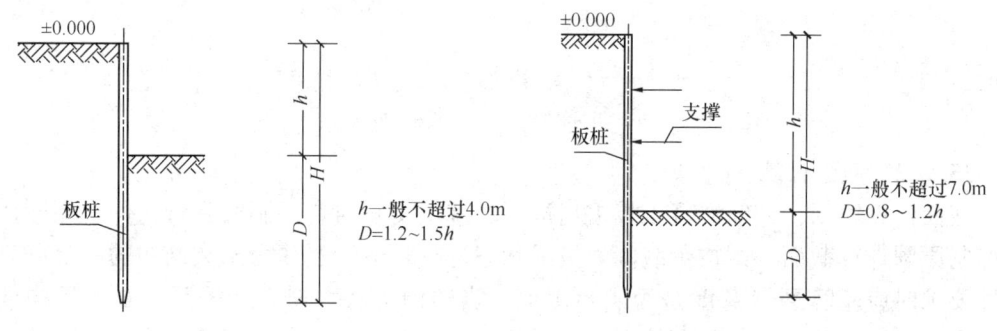

图 15-7　悬臂式板桩结构图　　　　图 15-8　内支撑板桩结构图

15.3.2　内支撑式结构

内侧支撑板桩结构也可以说是一种最基本最原始的支护方式，采取边撑边挖法施工，板桩位移可以得到有效控制，内支撑一般采用 H 型钢、各种钢管或现浇钢筋混凝土支撑，如图 15-8 内支撑板桩结构图所示。钢支撑可施加预应力，支撑时必须保持先撑后挖紧密配合，支撑的拆除也必须结合内部结构情况，及时换撑或回填，以尽量减少因拆除支撑而带来的板桩位移。

内支撑预加应力的一般方法，即在钢管支撑或 H 型钢支撑两侧对称设液压千斤顶，顶紧后其端部缝隙浇灌快硬混凝土，一天后，据试块强度，拆除千斤顶。这项技术已在国内外多项大型工程中普遍采用，效果较好，可以保证支撑的顶紧与传力的合理。

15.3.3　锚杆式结构

大型基坑采用内支撑方式，因内部支撑纵横交叉，支柱林立，挖土机具难以直接下坑作业，挖土进度缓慢，有时难以满足工期要求，尤其是边长较大或形状复杂的大面积基坑，内支撑布置也很困难，往往是成本高、工期长。采用斜地锚方式替代内部支撑可以解决上述难题，锚杆式板桩结构如图 15-9 所示。因此近几年锚杆支护技术在国内外已得到了明显发展。

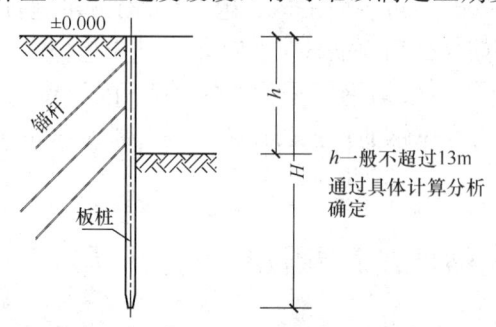

图 15-9　锚杆式板桩结构图

采用斜地锚式挡墙结构后内部地下结构施工就可以完全按照地上结构同样的方法施工，既毋须考虑支撑与结构层施工时的相互影响，亦毋须考虑支撑如何拆除以及拆除时是否增加挡墙的变形，这些都是当前大基坑采用斜地锚的主要优点。斜地锚在国内外已获得广泛应用，国内北京、广州等地已大量使用。上海地区由于土质软弱地下水位高，在淤泥质软黏土中锚杆的抗拉能力低，施工期间的蠕变位移等问题一直没有完全搞清，锚杆的使用发展受到一定影响。1986 年上海太平洋大饭店基坑开挖深 12.6m，长宽 80m×

120m,首次采用钢筋混凝土板桩斜地锚,由于采用先进的二次劈裂注浆工艺,每根锚杆的承受能力在 $N=0\sim2$ 的淤泥质土层中可达到 $880\sim1000$kN,为在淤泥质土层中采用锚杆支护开创了一条道路。2007 年在宝钢某改造项目中应用斜地锚,在老厂房内闭口施工,开挖深 10m、长 60m、宽 30m 基坑,围护墙最大累计水平位移仅仅 29.5mm,宝钢某改造项目地锚,如图 15-10 所示。

图 15-10 宝钢某改造项目现场图
（a）锚杆施工图；（b）基坑开挖图

15.3.4 锚碇式结构

锚碇式板桩结构系在板桩墙后用拉杆将板桩所受侧向推力锚拉至其后较远的结构上,通常为另一组锚碇板桩,如图 15-11 锚碇式板桩结构图所示。采用锚拉的方式使基坑内无支撑,便于开挖及坑内作业。锚座式锚碇板桩应设置在下述范围以外：当为非黏性土时,应使锚座或锚碇板桩的被动土楔位于挡墙主动土楔之外而不发生相互影响；当为黏性土时,拉杆长度应使该拉杆长度范围内的总水平抗剪力不小于锚座的极限抵抗力,且不小于构成墙身的板桩总长度。由于锚座设计中采用的被动土压力值都是极限值,因此一般对锚座工作载荷必须乘以不小于 2.0 的载荷系数。对于拉杆,要尽量采用屈服点的 $0.45\sim0.50$ 作为稳妥的拉杆工作应力,拉杆端头必须配以螺栓或用花篮螺栓（紧固器）紧固拉

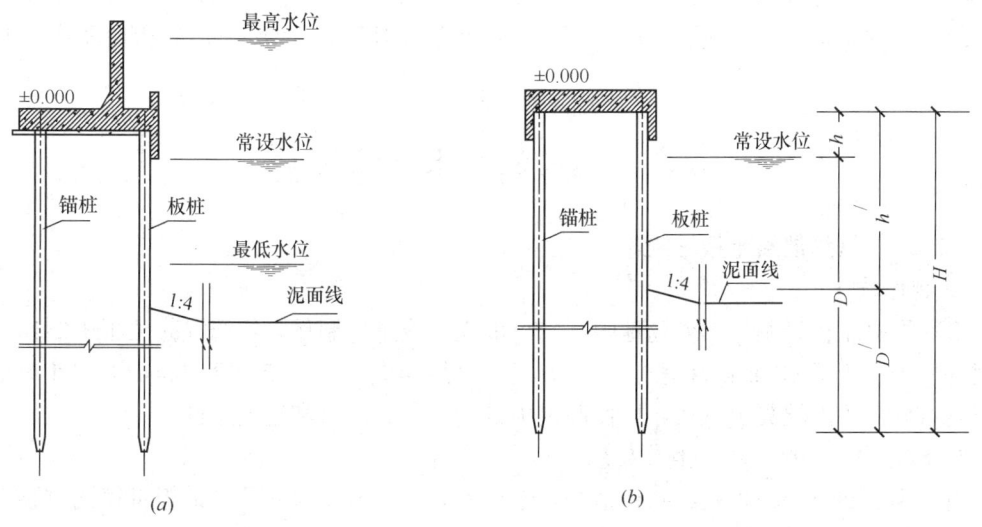

图 15-11 锚碇式板桩结构图

杆以减少拉杆的延伸伸长。

由于锚碇方式很难有效控制位移，对位移要求比较严格的支护工程就不得不采取坑内支撑或用斜地锚锚拉方式。

15.3.5 板桩内力计算

板桩的设计计算要考虑到板桩的工作特性，由于板桩一般普遍采用单支点支撑或锚拉方式，因此板桩墙的内力、弯矩、剪力、支撑力或锚拉力可根据不同工作状态，一般采用自由支承法计算，假定在最小入土深度范围内板桩墙前全部出现极限被动土压力，并由力和力矩平衡求得入土深度以及板桩墙的内力和支锚力，板桩墙的入土深度应满足踢脚要求。由于板桩大部分采用单支点或悬臂板式，当用经典理论极限平衡法计算时，板桩入土部分的主动侧或被动侧水土压力宜按三角形分布。

单锚或多锚板桩墙当采用竖向弹性地基梁法计算时，板桩墙的内力和变位可采用杆件有限元法求解。板桩墙计算可参照《建筑基坑支护技术规程》（JGJ 120—99），交通部《板桩码头设计与施工规范》（JTJ 292—98），与地下连续墙等板式结构计算原则基本相同。近年来由于计算机的普及，板桩墙采用杆件有限元法计算时均在计算机上操作，计算快捷，效果较好。国内比较常用的计算软件有理正深基坑，以及同济启明星FRWS，只要计算参数取值得当则计算结果基本一致，可以用于工程实际。当用杆件有限元法计算时，板桩入土部分水土压力主动侧按矩形分布，被动侧用弹性抗力并与变形协调。土的弹性抗力宜用K法计算，无论用K法或m法计算时，板桩入土部分三米以内按三角形分布，其下按K法或m法分布。

随着国内外岩土有限元计算软件的推广，采用平面有限元软件计算已日趋普及，无论在应力、应变、位移、塑性分布等的分析比用杆件有限元法分析，内容更深入与丰富，但土工参数取值由于试验条件有限，往往难于取得恰当，所以计算结果须分析判断。至于用3D有限元法计算，因计算繁杂，除特殊基坑外，应用较少。

由于板桩施工不可能整齐划一，而多支撑板桩，一般采用拉锚或用钢围檩、钢支撑，支撑的不严密，接点的松弛往往非计算所能计及，如不充分考虑则再严密的计算也无济于事，因此，必须充分考虑施工条件。计算结果尽可能对比已建同类工程，往往可以得到借鉴，因此工程师利用计算进行分析，利用实例进行对比，综合判断决定取舍是最好的诀窍。

15.4 钢筋混凝土板桩施工

15.4.1 钢筋混凝土板桩制作

1. 制作方法

钢筋混凝土板桩制作不受场地限制，可以现场或工厂制作，钢筋混凝土板桩制作一般采用定型钢模板或木钢组合模板。养护方式有自然养护和蒸汽养生窑中养护。制作场地应制作同条件养护的混凝土试块，以便确定板桩的起吊、翻身和运输条件。

2. 预制加工和施工中的制作要求

由于钢筋混凝土板桩的特殊构造和特定用途，制作时要求必须保证板桩墙的桩顶在一个设计水平面上、板桩墙轴线在一条直线上，榫槽顺直、位置准确。

(1) 桩身混凝土应一次浇筑，不得留有施工缝。
(2) 钢箍位置的混凝土表面不得出现规则的裂缝。
(3) 板桩的凸榫不得有缺角破损等缺陷。
(4) 预制板桩起吊时的强度应大于设计强度的 70%。
(5) 吊点位置的偏差不宜超过 200mm，吊索与桩身轴线的夹角不得小于 45°。
(6) 板桩堆存时应注意：采用多支垫，支垫均匀铺设；多层堆放的每层支垫应在同一垂直线上；现场堆垛不超过 3 层，工厂堆垛不超过 7 层。
(7) 板桩装运时应注意：按沉桩顺序绘制装桩图，按图装船、车；运输中，用木楔将支垫垫实，按实际情况采取适当的加固措施；按多支垫少垛层原则装运。板桩工厂制作、堆放，如图 15-12a 和图 15-12b 所示。

(a) (b)

图 15-12
(a) 板桩制作图；(b) 板桩堆放图

3. 板桩制作的允许偏差

板桩制作的允许偏差，如表 15-2 所示。

板桩制作允许偏差表　　　　　　　　　　　表 15-2

项　目	允　许　偏　差
(1) 横截面相对两边之差	5mm
(2) 凸榫或凹榫	±3mm
(3) 保护层厚度	±5mm
(4) 桩尖对桩轴线位移	10mm
(5) 桩身弯曲矢高	0.1%桩长，且不得大于 10mm

15.4.2　钢筋混凝土板桩沉桩施工

沉桩对附近建筑物的影响必须充分考虑。打桩过程由于振动和排土对周围环境的影响进行预测并采取相应措施，采用静力压桩或者桩侧土中埋设袋装砂井或塑料排水板，包括放慢打桩速度等措施均有明显效果。

1. 沉桩方法

沉桩方法包括打入法、水冲插入法和成槽插入法，目前最常用的还是打入法。

打入法分单桩打入、排桩打入（或称屏风法）或阶梯打入等。封闭式板桩施工还可以分为敞开式和封闭式打入。所谓封闭式打入就是先将板桩全部通过导向架插入桩位后使桩墙合拢后再打入地下，此种打入方法有利于保证板桩墙的封闭尺寸。如图 15-13 所示。

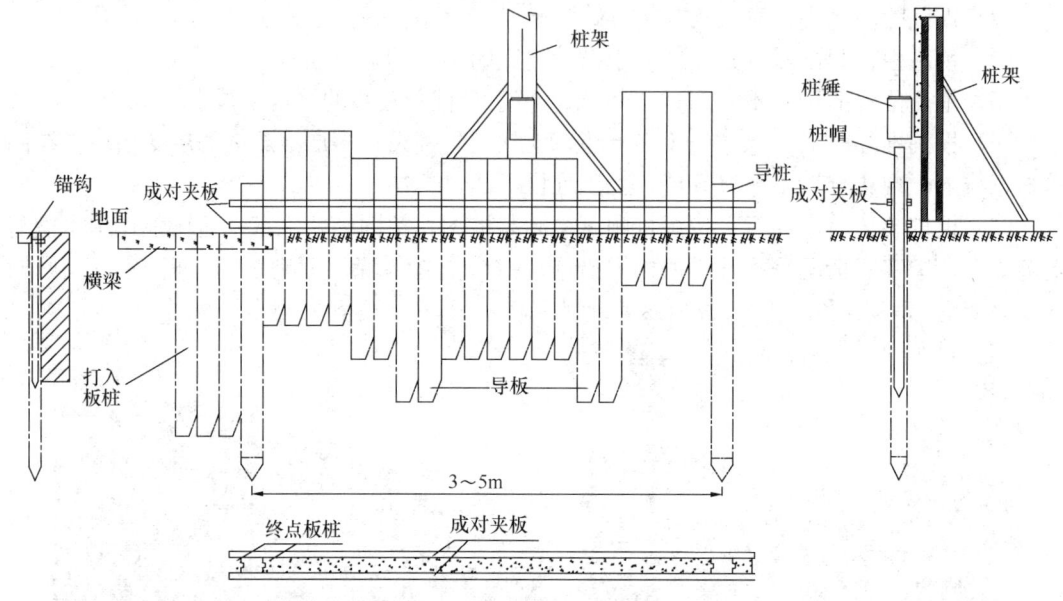

图 15-13　打设板桩程序

2. 沉桩前的准备工作

(1) 桩材准备

板桩应达到设计强度的 100%，方可施打，否则极易打坏桩头或将桩身打裂。施打前要严格检查桩的截面尺寸是否符合设计要求，误差是否在规定允许范围之内，特别对桩的相互咬合部位，无论凸榫或凹榫均须详细检查以保证桩的顺利施打和正确咬合，凡不符合要求的均要进行处理。板桩的运输、起吊、堆放均要保证不损坏桩身，不出现裂缝。

(2) 异型桩的制作

异型板桩包括转角用的角桩，调整桩墙轴线方向倾斜的斜截面桩，调整桩墙长度尺寸的变宽度桩以及起导向和固定桩位作用的导桩等。异型板桩可用钢材制作或采用其他种类桩，如 H 型钢桩等。转角桩制作比较复杂，板桩墙转角也可以不采用角桩而施工成 T 型封口（即转角处板桩墙相互不咬合，而相互垂直贴合）。

3. 钢筋混凝土板桩制作

工艺流程：测量放线、设施工水准点→对板桩纵轴线范围上的障碍物进行探摸和清除→打桩机或打桩船定位→施打导向围檩桩→制作、搭设导向围檩→沉起始桩（定位桩）→插桩→送沉桩→搬迁导向围檩继续施工→对已沉好的桩进行夹桩→做好安全标志。

(1) 导向围檩的制作

在拟打板桩墙的两侧平行与板桩墙设置导向围檩装置，以保证板桩的正确定位，桩体的垂直及板桩墙体的顺直。

导向围檩通常由导柱和导框组成，其形式分单面和双面、单层和双层以及多层、锚固式和移动式、刚性和柔性等多种。导桩可用型钢和钢管，也可以采用特制的钢筋混凝土板桩。导柱间距 3~5m，其打入土中深度以 5m 左右为宜，导框宽度略大于板桩厚度 3~

5cm。导框底面距底面高度设为50mm，双层或多层导框的层高间距按导框刚度情况而定，但不宜过大。导向围檩应结构简单，牢固和设置方便，一般选用有足够刚度的型钢，如钢管、H型钢、双拼大型槽钢等。导向围檩每次设置长度按施工具体情况而定，同时可以考虑周转使用。板桩在导框内打入时，可采用单桩打入法，如采用屏风法打桩可在板桩全部插入土中后，并在拆除导向围檩导框后再将桩打入地下，导向围檩形式如图15-14所示。

(2) 定位桩施打（即起始桩，或称首根桩）

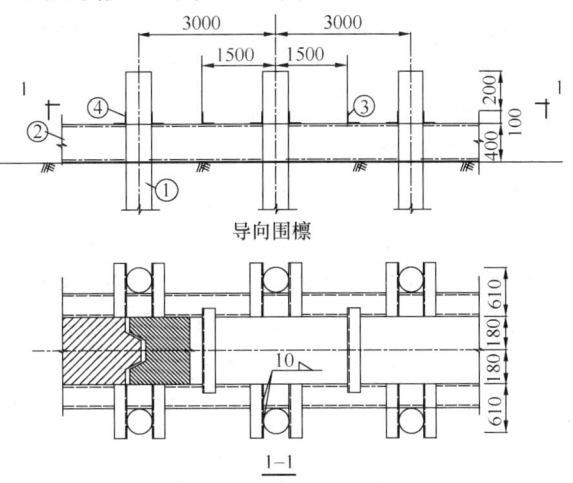

图15-14 围檩的形式
①钢管桩；②导向围檩；③角钢；④导向角钢

定位桩以后的板桩将会顺着定位桩的顺直度入土，以后的板桩墙将依此为依据插入。因此定位桩的位置，垂直度（江岸侧与上、下游侧两个方向）将会对整个板桩墙产生很大的影响。所以定位桩打入时要求更仔细认真，特别是桩体的垂直度，要求控制到最小误差。定位桩一般比板桩长2m左右，定位桩可一次送打至导向围檩高程，但为防止下一根桩将其带下，可适当提高高程1m左右。导向围檩如图15-15所示。

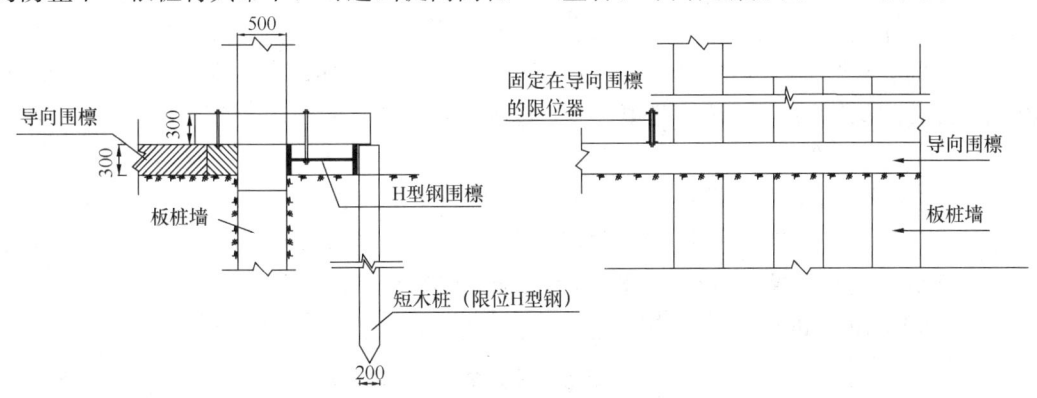

图15-15 导向围檩示意图

(3) 插入板桩

定位桩基本插打到位后即可依次插入其他板桩。

将板桩顺着定位桩（或前一根已插桩到位的桩）的凹槽在导向围檩内逐一插桩到位，插入土体的深度根据桩长、打桩架高度及地质情况等因素而定。要求用桩锤静压，并留有1/3桩长进行送打桩，在插入桩过程中，尽量不要开锤（尤其是开重锤）施打。

屏风法施工时，每排桩插桩数量为10～20根为宜，如果一次插桩数量过多，在桩打入时由于板桩间挤压力较大，打桩较困难并容易把桩打坏。

当地质较硬时，可采用钢制桩尖，在桩上端及桩顶加钢板套箍或增加钢筋并提高混凝土强度等级以提高板桩抗锤击能力。

（4）拆除导向围檩装置

板桩屏风墙体形成并确认不会因为拆除导向围檩装置后导致墙体倾斜、晃动，即可将导向围檩装置拆除并按施工流水布置进行下一导向围檩的施工。为能与下一施工段接口平顺，导向装置保留最后一段不拆，与下一段施工段顺接。

（5）送打板桩

围檩装置拆除后即可对已插桩成屏风墙体的板桩墙逐一打到设计高程。送打桩的顺序与插入桩时顺序相反，即后插的桩先送，先插的桩后送。在送打过程中发现相邻桩体有带下或板桩出现倾斜（指顺板桩墙方向）时，要考虑再分层送打桩。分层送打桩的顺序一般与上述相同。每一屏风段墙体的最后几根桩不送打，与下一施工段流水接口。

①斜截面桩施工（亦称斜锥桩）

由于挤土等影响，板桩凹凸榫较难在全桩范围内均紧密咬合，桩墙会产生沿轴线方向倾侧，倾侧过大时施工将很困难。此时可通过打入斜截面桩即楔子桩进行调整。斜截面桩打入数量及位置应根据施工经验及情况而定。

②转角施工

转角处可采取特制钢桩，两根H型钢桩焊接成型，也可采用T字型封口。为保证转角处尺寸准确，也可先施打转角处的桩而后打其他桩。转角板桩桩尖如同方桩尖，桩长比一般板桩长2m，沉桩时一定要控制好转角方向。

（6）凹槽内灌注袋装混凝土

板桩之间的相对凹槽一般会伸入泥面（开挖面）1.0m以下，在基坑开挖前要用高压水枪将凹槽冲洗干净，用周边大于双凹槽内边长（不小于5cm）的、长度大于双凹槽长度0.2m以上的有足够强度的密封塑料袋放入双槽内，再在袋内灌装塌落度不小于10cm和板桩等强的细石混凝土，对凹槽充填密实，以起到止水防渗的作用。

4. 沉桩施工标准

板桩插入垂直度偏差不得超过0.5％；板桩施打平面位置允许偏差100mm；板桩施工垂直度允许偏差1％；板桩用于防渗时板桩的间隙不得大于20mm；用于挡土时不得大于25mm；板桩轴线允许偏差20mm；板桩施工桩顶标高允许偏差±100mm。

沉桩施工质量标准如表15-3所示。

沉桩质量标准表　　表15-3

施工阶段	项次	项目	允许偏差（mm）		备注
			国家标准	企业标准	
施放板桩	1	桩轴线位置 （1）板桩 （2）单排桩	20 10	≤5 ≤5	
打桩	1 2 3	桩平面位移 桩垂直度 钢筋混凝土板桩间的缝隙 （1）用于防渗时 （2）用于挡土时	100 L/100 ≤20 ≤25	 L/300 	L为桩长
送桩	1	桩顶标高		+50～−50	

5. 板桩脱榫、倾斜预防措施

对沉桩过程中，出现桩顶破碎、桩身裂缝、沉桩困难等常见质量问题的预防及处理方法，与一般钢筋混凝土方桩基本相同，这里仅对钢筋混凝土板桩施工中特有的脱榫，倾斜问题进行阐述。

（1）预制钢筋混凝土板桩的凹凸榫的尺寸及顺直度不满足设计要求是造成脱榫的主要原因，故施工前必须逐根检查验收，避免上述桩体打入土中。

（2）当桩尖与桩身不在同一条轴线上或沉桩过程中桩尖的某一侧遇到硬土或异物时桩身会产生转动（即桩横断面与板桩墙轴线产生夹角），若不及时采取措施，必然出现脱榫。对此，首先认真验收预制桩，桩尖与桩身不在同一轴线上的桩不能使用。另外在沉桩过程中出现桩身转动而无法拔出该桩时，可在与有转动趋势的板桩相对应的两侧的导向围檩上，各焊接一根用型钢制作的有足够强度的小限位，该小限位与板桩体贴紧（贴紧处要求光滑，最好是滚动接触），而后继续缓慢小心施打该桩。经过上述纠偏措施后一般均能予以纠正，至少能阻止脱榫发展，该措施的成功与否关键在早发现脱榫趋势，早落实纠正措施。

（3）有的板桩之间凸榫侧会有一个削角，如图 15-16 所示，设计者本意是便于桩体破土打入，但在桩体入土的过程中此削角处若遇小石块或其他硬物时，桩体易发生脱榫趋势，故建议取消上述削角。

（4）板桩墙前、后方向的倾斜，在插桩时注意桩尖与桩顶控制在一条垂直线上（即桩顶与围檩槽保持在同一垂直线上）即可。特别是起始桩（定位桩）更要注意控制，因

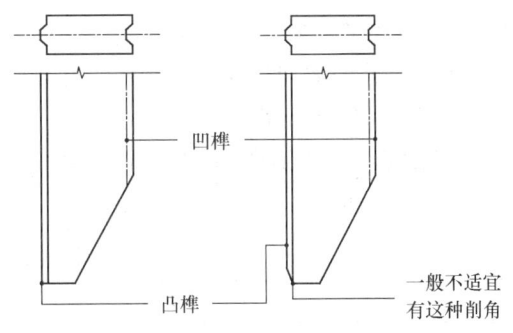

图 15-16　板桩桩尖削角示意图

该桩的凹榫是以后形成的板桩墙体的垂直度的导向与"靠山"。因此起始桩的定位要求零误差控制，确认无误后再插桩，这对以后的施工控制极有好处。

（5）板桩在逐根沉入后常会向墙体形成方向（即桩体凹榫方向）倾斜。主要原因是插（打）入时，插（打）桩的桩体靠已打入的一侧与前一根桩之间的摩擦阻力大于另一侧与土体的侧摩擦阻力。另外板桩的桩尖除了定位桩外一般在凹榫侧有斜角，因为有该斜角的存在，板桩在打入过程中会越打越向前一根桩靠紧。设计这种形式的本意是使得板桩墙体接缝搭接不脱榫。但也会使得在桩体打入过程中，与前一根桩之间的摩擦阻力大大增加，从而增加了桩体倾斜产生的几率。所以，在板桩施工中，一般均会发生逐渐向板桩墙体形成方向倾斜的趋势。为此，采用屏风法施工而不采用逐根打入法工艺，可以从根本上减少桩体倾斜发生的几率。为进一步避免、减少及纠正上述桩体倾斜的发生，也可再选用下述措施：

①围檩上设置"定位角铁"，并与插入桩紧贴，限制住该桩的倾斜趋势。在"定位角铁"与插入桩之间可抹上黄油，便于板桩的插入。

②插桩时在板桩的凹榫内插入一竹（青）片（厚度 1cm 左右，宽度略小于凹榫槽宽），以减少插（打）入桩与已打入桩体之间的摩擦阻力。

③修正图 15-16 中所示的桩尖斜角，可有效控制桩体倾斜，但在施打板桩时，板桩一

一般均已预制好,再作调整已不可能。为便于现场调整可预制几根如同起始桩同样桩尖类型（即桩尖两面均有斜角,下桩时不会倾斜趋势）的板桩。在施打过程中,视现场情况每隔一段距离插打一根这类似板桩,对调整倾斜很有效果（若现场没有这类板桩而且桩尖所处土层不在硬土中时,也可凿去桩尖成为"平头桩"代替）。

(6) 板桩脱榫处理

对板桩脱榫处拟采用压密注浆对脱榫处进行补强处理。即在接榫处除用细石混凝土将接榫处灌密实外,另在靠近河岸边用压密注浆对该接榫进行补强。对没有脱榫的钢筋混凝土板桩按照设计要求采用细石混凝土灌浆。钢筋混凝土板桩处理前将高出设计标高的板桩凿除至设计标高。

板桩脱榫大于 80mm 的采用双排压密注浆,且在板桩中间的注浆孔中还采用树根桩补强,用高压水将板桩接榫部位的泥土冲洗干净,放下注浆管,然后填上重量比为 1∶2 的中粗砂和 5~25mm 碎石,再用黏土将表面夯压密实,然后再开始注浆；板桩脱榫大于 25mm 小于或等于 80mm 的部位仅采用双排压密注浆。双排注浆时先注外排,再注内排。对于没有脱榫的板桩在板桩接榫部位注单排水泥浆。注浆浆液中掺入 1∶0.3（水泥∶细砂重量比）的细砂和 2% 的水玻璃。注浆量控制在约 25kg/m,压浆压力控制在 0.4~0.5MPa。注浆时要严格控制压浆压力在规范范围内。

6. 沉桩倾斜纠正措施

板桩在施打时应用经纬仪经常观测保持板桩在两个方向的垂直,如有倾斜时,可按表 15-4 所列方法纠偏。

打桩倾斜纠正法表　　　　　　　　　　表 15-4

类　型	概　略　图	说　　明
(a)	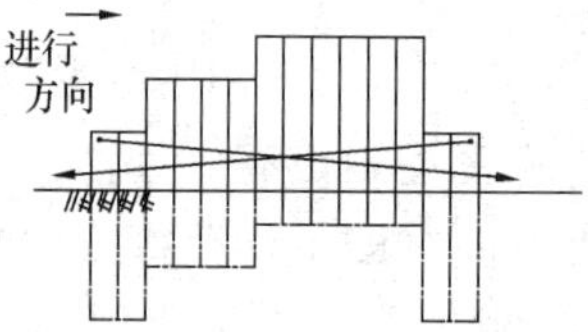	两端导桩倾斜歪曲时应用卷扬机铰磨拽正
(b)	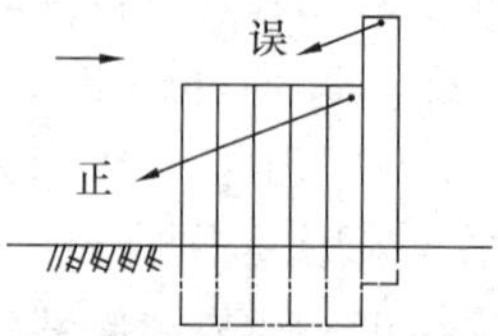	板桩倾斜时用钢丝导向,但注意钢丝绳不宜绷得太紧,以免绷断发生危险
(c)	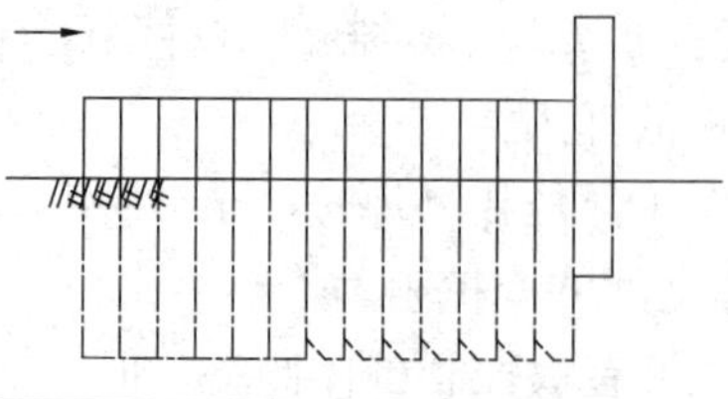	板桩下端可削成倾斜（斜向已打板桩）,利用土压力将板桩挤紧

续表

类型	概 略 图	说 明
(d)	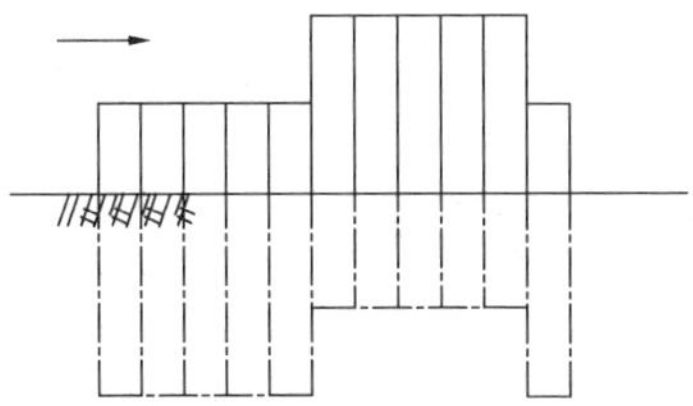	板桩倾斜时应逐步调整，并一面调整一面施打，施打方向应与倾斜方向反向进行
(e)	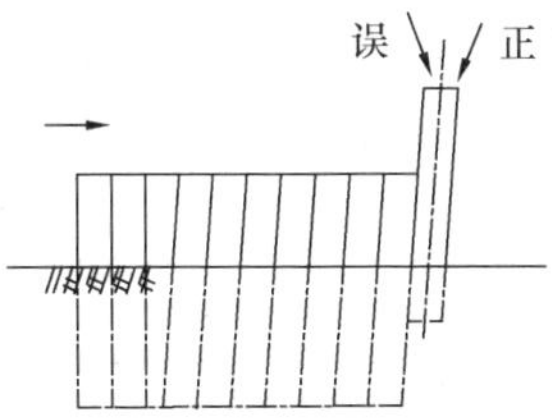	板桩倾斜时可调整锤击角度施打
(f)	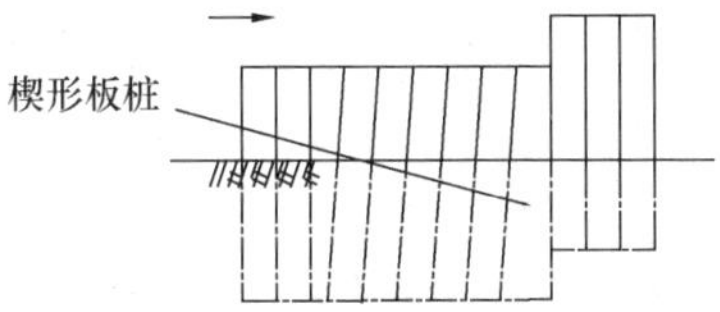	板桩倾斜较大时，可塞入楔形板桩调整之，此时一般倾斜已超过1/400

15.4.3 钢筋混凝土板桩沉桩设备选择

板桩可以采用柴油打桩锤，落锤，气动锤等各种机具打设，桩锤大小视板桩而定。

1. 锤型要求

钢筋混凝土板桩，最适宜采用导杆式柴油锤施工，1.8t 的双导杆式柴油锤，其锤击能量在 30～40kN·m 之间，适宜施工 10～15m 长的桩；2.5～3.2t 的双导杆式柴油锤，其锤击能量在 65～85kN·m 之间，适宜施工 20m 长的桩；20～30m 长的板桩施工，也有选用冲击块在 2.5～4.6t，锤击能量在 60～140kN·m 之间筒式柴油锤施工。用筒式柴油锤施工，宜采用重锤轻打的方法，也可选择同等锤击能量的坠锤、汽锤施工。近几年有一批锤击能量在 20～150kN·m 的小型液压锤投入市场，也可用于钢筋混凝土板桩施工，其施工质量优于其他锤。

2. 桩帽的形式

采用锤击工艺施工钢筋混凝土板桩，都要使用桩垫（杆式柴油锤）或桩帽加桩垫（筒式柴油锤）。因为板桩构造的特点和板桩墙结构及其施工工艺的特殊要求，为了达到板桩桩顶在一个设计平面上，它的桩帽形式与施工混凝土方桩的形式不一样，在靠已插桩到位的一侧面，是没有桩帽挡板的，为一侧开口；当它在送桩阶段时，桩帽在两侧面都是没有挡板的，为两侧开口。

当钢板桩采用收头桩顶时，也可采用四面都有挡板的类似混凝土方桩的桩帽。

3. 锤垫、桩垫材料要求

由于钢筋混凝土板桩在使用中桩长受到一定限制，施工中所用锤的锤击能量较低，所以施工中所用桩垫、锤垫也与沉钢筋混凝土方桩有所不同。桩垫大都采用纸箱或纤维板加工，一般为 5~10cm 厚，也可用 5cm 厚松木加工。锤垫大都采用白棕绳盘成，有时用硬木加工做锤垫。

白棕绳加工的锤垫一般要锤击 50~100 根桩后才调换一次（一般不坏不换），硬木锤垫要损坏后才调换，一般可用到 500 根桩以上。

15.4.4 射水法预制钢筋混凝土板桩简介

射水法预制钢筋混凝土板桩[1]，又称为水力插钢筋混凝土板桩，对于沿海地区或江河水域的建设项目特别适用，如图 15-17 和图 15-18 所示，这些地区有着充足的水源进行喷射，海水的使用对于自然环境没有显著的影响。水力插板技术已成功应用于建设港口码头、道路交通桥、水中人工岛、污水处理池、地下涵洞、泵站、水闸、输水渠道等。该技术在防止水患灾害方面可以建成长治久安的防洪堤坝和防潮堤坝；在海洋工程方面可以解决破除拦门沙建设深水航道这一世界性难题；在桩基工程方面可以形成多种多样的桩基结构形式为增大承载能力走出一条新路。该技术的推广和应用，对水利工程、桩基工程、港口航道工程以及消除水患灾害都将产生重大而深远的影响。

该技术主要包括以下步骤：①工厂预制，进行专为喷射和灌浆设计的混凝土桩的预制；②现场插桩，利用吊机、浮船或平台上的起重机等设备吊起板桩，开动水泵利用水力喷射作用将桩插入土体；③整体连接，进行孔道灌浆将板桩之间纵向连结成整体，顶部现浇钢筋混凝土将板桩之间横纵向连接成整体，以加强连接并提高承载力。

图 15-17 预制钢筋混凝土桩插桩

图 15-18 板桩射水喷射方法

1. 构造要求

除了普通钢筋混凝土之外，射水法预制钢筋混凝土板桩设计还包括一些工艺构造要求，如图 15-19 射水法预制钢筋混凝土板桩构造图所示。

（1）中心管道

板桩沿其中心轴线带有一根竖向钢管，该管道在桩头处敞开以便与塑料软管相连，并将压力水流从软管传至桩尖。

（2）桩尖喷管

桩尖有预埋水平钢管，该管道将水从中心管引入桩尖喷管，并通过小孔喷射入土体，

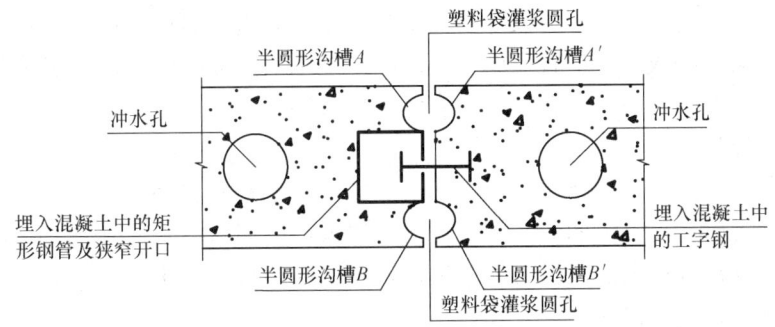

图 15-19　射水法预制钢筋混凝土板桩构造图

如图 15-18 所示。该桩尖管包含大量间距规则的直径约为 3mm 的孔，中心管与桩尖管相连。

（3）工字梁

一根工字钢梁沿其一边部分浇筑于混凝土板桩内，如图 15-19 所示。工字梁侧面为两个半圆形沟槽。

（4）矩形管道

一根矩形截面钢管道（矩形管道）沿工字梁对边浇筑在钢筋混凝土板桩内，如图 15-19 所示。矩形管道带有狭窄的开口，略厚于工字梁腹板但比工字梁翼缘窄。矩形管道的内部宽度略大于工字梁翼缘的宽度。

矩形管道的内部长度大于一半腹板的长度与翼缘厚度之和。矩形管道侧面为两个预制在混凝土内的半圆形沟槽。工字梁、矩形管道和 4 个半圆形开口槽的下方端部位于板桩桩尖上方 1m 处。

2. 施工要求

（1）板桩制作

按照 15.5.1 钢筋混凝土板桩制作要求，预制用于喷射、灌浆和联接的特殊设计的钢筋混凝土板桩。

（2）喷射法沉桩

从桩内管道喷射水流的喷射方法有：一是从桩尖的一个喷嘴采用锥形喷射水流；二是从钢筋混凝土板桩桩尖的许多小型喷嘴采用许多向下的直线高速水流方式喷射水流。

当板桩竖立到正确位置时，通过塑料软管将压力水流泵送至垂直中心管。塑料软管与桩尖的一系列小型喷嘴相连，这些喷嘴将水喷射入土体，如图 15-18 所示。泵送压力大约在 1.0~2.0MPa。总的排水速率为 50~80L/s。沉桩速度约 1m/s。

为保证桩尖处小孔不会被沙子或砂砾阻塞，泵送和喷射的水不得包含任何大型固体颗粒。根据经验，建议水里固体颗粒的含量不应超过水总质量的 0.1%。

桩尖下方的土体被喷射作用冲散和液化，因此能使起重机控制下的钢筋混凝土板桩利用自重沉入土中。起重机操作员连续进行喷射，直到桩达到设计深度为止。当桩沉至设计深度以上约 0.5m 处时，减小排水速率和水压以便将对永久桩尖下方土体的扰动降至最小。

第一根桩已安装到位后，按类似的施工程序进行第二根桩施工。喷射前，第二根板桩垂直侧边上的工字梁自由翼缘应插入第一根板桩垂直侧边上的矩形管内,第二根桩工字梁的自由翼缘与第一根板桩矩形管道内部相匹配。如水下插板堤坝工程,在板桩的侧面需要增设插入滑道定位。这一过程在以后所有的桩中重复进行。

(3) 板桩连接

采用袋状水泥浆砂浆,将两根板桩相对应四个半圆形沟槽组成了两个垂直圆柱形孔、钢管道和两根混凝土桩侧墙间的间隙进行泥浆置换,使钢筋混凝土板桩之间纵向连结成整体。最后利用顶部预留钢筋与新增加的横向钢筋绑扎起来,浇注钢筋混凝土压顶圈梁,使整体板桩横向连接成整体。

15.5 工程实例

常用的非预应力钢筋混凝土板桩桩长一般在 20m 之内,水运工程常用在内河小港的板桩码头、防汛墙、小型船坞坞墙等;预应力钢筋混凝土板桩主要用在大型船坞及码头工程上,用水上打桩船施工,桩长可达 20m 以上。由于施工手段的进步,板桩的厚度可以做到 50cm,有的采用中间抽孔,或预加应力,长度单根可以做到 20m。因而板桩已不单纯用在小型基坑支护上,而被逐渐推广到大型基坑支护工程中。

目前钢筋混凝土板桩已向薄壁工字形方向发展,宽度为 40cm,高度为 50cm～100cm,壁厚 10～12cm,有的仅 8cm。在现场预制时,腹板可预制,再与现场现浇的翼板浇筑成整体,在宁波已成功地应用在基坑开挖支护上。尤其是作为地下连续墙预制接头桩的基坑支护,目前已广泛应用于地铁、市政及冶金工程深基坑施工。

此外,高压水喷射沉桩法已在水工基坑工程得到广泛应用,采用该技术建设的黄河河道整治工程、松花江防洪堤坝工程、港口码头、航道、水闸、泵站、涵洞、桥梁、水库围堤等 80 多项工程。

15.5.1 板桩基坑支护工程

1986 年上海太平洋大饭店基坑开挖深 12.6m,长宽 80m×120m,首次采用钢筋混凝土板桩斜地锚,由于采用先进的二次劈裂注浆工艺,每根锚杆的承受能力在 $N=0\sim2$ 的淤泥质土层中可达到 880～1000kN,张拉曲线未出现破坏点,且每个月的应力损失仅为 10%～12%,历时半年一直稳定不变,为在淤泥质土层中采用锚杆支护开创了一条道路。该工程锚杆长 30～35m,每根锚杆用 4～5 根 ϕ15.2mm 的高强钢绞线,共用锚杆 260 多根。该工程的地下三层混凝土结构,混凝土量 1.53 万 m^3,整个基坑从打板桩、锚拉、开挖直至结构完成仅一年时间。

15.5.2 板桩码头工程(护岸)

上海市苏州河下游段的防汛墙加固和底泥疏浚工程是苏州河整治三期工程的子项工程之一,工程范围为苏州河市中心城区段,即真北路桥至河口的 16.52km 河段,并包括该区段内的支流河口段,分 4 个标段,每个标段再划分为不同分副段多个作业队施工,工期 2 年半。

防汛墙针对不同加固形式,采取不同施工方案。主要结构形式:防汛墙分为前板桩、后方桩或钻孔灌注桩"L"型 C30 钢筋混凝土挡土墙,钻孔灌注桩桩基、板桩防渗"L"型 C30 钢筋混凝土挡土墙。板桩采用了 250mm×500mm 长 7m、10m、13m、18m 的 C40

钢筋混凝土板桩，锚桩采用250mm×250mm、300mm×300mm的C40钢筋混凝土方桩及ϕ600钻孔灌注桩。

钢筋混凝土板桩全部工厂制作，运输采用船运与陆运结合方式。

施工时采用小型工程船或岸上打桩机施打，在距岸5m范围内架设排架用以构筑水上施工支架，进行打入板桩或钻孔桩施工，如图15-20a和图15-20b所示。施工期间保持通航。

(a) (b)

图15-20 苏州河防汛墙加固板桩图
(a) 沉桩图；(b) 沉后外观图

15.5.3 板桩船坞工程

缅甸希姆莱船厂船坞工程[2]地处仰光市内莱茵河东岸。船坞总长172.6m，有效宽度28m，有效深度10.2m。船坞为非预应力钢筋混凝土板桩加衬砌结构，钢筋混凝土板桩围绕坞室3面布置，共计有BZ1、BZ2、BZ2a板桩700根，桩长21.4m，桩顶高程+3.57m，桩尖进入砂质黏土。

所有板桩都现场制作。配250kN履带吊开桩，采用轻轨及运桩小车内驳运桩。

采用锤击法沉桩，装备2台DH-408打桩架，配250kN履带吊喂桩，1号桩挂架D-46型筒式柴油锤插桩，入土约1/3后，用2号桩架挂D-62型筒式柴油锤采用屏风式送桩方法送桩到位。

根据现场的实际情况，插桩时的导向装置为单层双向导向围檩，利用桩架底盘前沿刚度很大的导板作为"靠山"，用型钢接宽该导板成为板桩墙插桩内导向限位，再在板桩墙外侧用一大型H型钢（用打入地下的小木桩限位）作为板桩墙插桩外导向限位。再由一双槽槽钢进行间距定位，该双槽槽钢同时又起到对插入桩的前进方向的限位，插桩限位装置在板桩沉桩中控制了桩的轴线及双向倾斜，效果很好。

该船坞坞墙仅靠钢筋混凝土板桩和薄壁混凝土衬砌构成的轻型结构止水，坞墙钢筋混凝土板桩榫槽静压注浆，每次注2min左右，待钢筋混凝土板桩顶冒浆时立即停止。间隔0.5d再复灌，至少灌3次以上，直至注浆体表面至桩顶位置不再下沉为止。

15.5.4 复合结构围护工程—搅拌桩板桩复合结构

宝钢某冷轧基坑围护工程采用了水泥搅拌桩插入工字型板桩。

该工程位于宝钢老厂区热轧卷取机附近,距离已建并处于运行的钢卷运输机轨道1.0m,基坑设计长为203m,宽为16m～26m不等,基坑开挖深度为9.5m,为地下二层钢筋混凝土结构。采用 φ700@500 双排水泥搅拌桩,深度 16.5m,每间隔 1.5m 插入工字型薄壁钢筋混凝土板桩,形成复合支护结构,如图 15-21、图 15-22 所示,内部为 φ609 钢管支撑,板桩在现场预制。水泥搅拌桩采用 P42.5 硅酸盐水泥,水灰比 0.5,水泥掺量 16%,搅拌速度 0.5m/min。施工时先水冲洗湿润钢筋混凝土板桩,减少插入时的吸水率,采用 2.5t 打桩机及配套设备进行钢筋混凝土板桩压桩,提高沉入工效。顶部浇注了一道钢筋混凝土圈梁。基坑开挖后露出的工字钢筋混凝土板桩复合结构墙体平整,墙面无渗漏。支护结构最大位移仅仅 24mm。

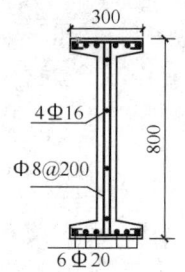

图 15-21 工字型板桩配筋图

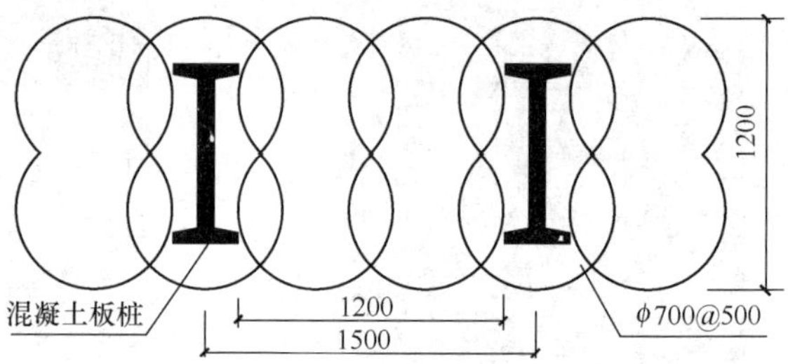

图 15-22 搅拌桩板桩复合结构平面图

15.5.5 渤海海岸近黄河口防浪堤—射水法预制钢筋混凝土板桩

1998 年 7 月在渤海岸边靠近黄河建造了一个防浪堤抵挡严重的海床腐蚀,建造过程中采用了射水法预制混凝土板桩的技术[1]。防浪堤位于主岸堤外 30m 处,单块钢筋混凝土板桩长 16m,宽 1.2m,厚 0.3m。防浪堤顶部设置了 0.3m 的现浇钢筋混凝土压顶梁,每隔 6m 在防浪堤前墙加入 T 形桩增强侧支撑,每块 T 形桩与两块平行于前墙的板桩相连并与一块垂直于前墙的板桩相连,每块 T 形桩与另三块板桩通过一个工字梁和两个矩形钢管连接。

防浪堤建好后板桩处的海水深度将迅速达到 3m,同时板桩桩基深埋于地下 10.5m 处,板桩顶端位于水面上方 2.5m 处。混凝土承台高 0.4m,宽 0.3m。从 1998 年至 2002 年防浪堤前方海底由于海潮影响已经降低了 1m,而该防浪堤依然安然无恙,如图 15-23 所示。

图 15-23 渤海岸边钢筋混凝土板桩防浪堤

参考文献

[1] Xu G H, Yue Z Q, Liu D F, and He F R. Grouted jetted precast concrete sheet piles: Method, experiments, and applications[J]. Canadian Geotechnical Journal. 2006, 43(12): 1358-1373

[2] 中交第三航务工程局有限公司. 桩基施工手册[M]. 北京: 人民交通出版社, 2007.

第 16 章 内支撑系统的设计与施工

16.1 内支撑概述

深基坑工程中的支护结构一般有两种形式，分别为围护墙结合内支撑系统的形式和围护墙结合锚杆的形式。作用在围护墙上的水土压力可以由内支撑有效地传递和平衡，也可以由坑外设置的土层锚杆（索）平衡。内支撑可以直接平衡两端围护墙上所受的侧压力，构造简单，受力明确；锚杆（索）设置在围护墙的外侧，为挖土、结构施工创造了空间，有利于提高施工效率。本章主要介绍内支撑系统的设计与施工。

内支撑系统由水平支撑和竖向支承两部分组成，深基坑开挖中采用内支撑系统的围护方式已得到广泛的应用，特别对于软土地区基坑面积大、开挖深度深的情况，内支撑系统由于具有无需占用基坑外侧地下空间资源、可提高整个围护体系的整体强度和刚度以及可有效控制基坑变形的特点而得到了大量的应用。图 16-1 和图 16-2 为常用的钢筋混凝土支撑和钢管支撑两种内支撑形式的现场实景。

图 16-1　钢筋混凝土内支撑实景　　　　图 16-2　钢管内支撑实景

16.1.1　内支撑体系的构成

围檩、水平支撑、钢立柱和立柱桩是内支撑体系的基本构件，典型的内支撑系统示意图见图 16-3。

围檩是协调支撑和围护墙结构间受力与变形的重要受力构件，其可加强围护墙的整体性，并将其所受的水平力传递给支撑构件，因此要求具有较好的自身刚度和较小的垂直位移。首道支撑的围檩应尽量兼作为围护墙的圈梁，必要时可将围护墙墙顶标高落低，如首道支撑体系的围檩不能兼作为圈梁时，应另外设置围护墙顶圈梁。圈梁作用可将离散的钻孔灌注围护桩、地下连续墙等围护墙连接起来，加强了围护墙的整体性，对减少围护墙顶部位移有利。

水平支撑是平衡围护墙外侧水平作用力的主要构件，要求传力直接、平面刚度好而且分布均匀。

钢立柱及立柱桩的作用是保证水平支撑的纵向稳定，加强支撑体系的空间刚度和承受水平支撑传来的竖向荷载，要求具有较好自身刚度和较小垂直位移。

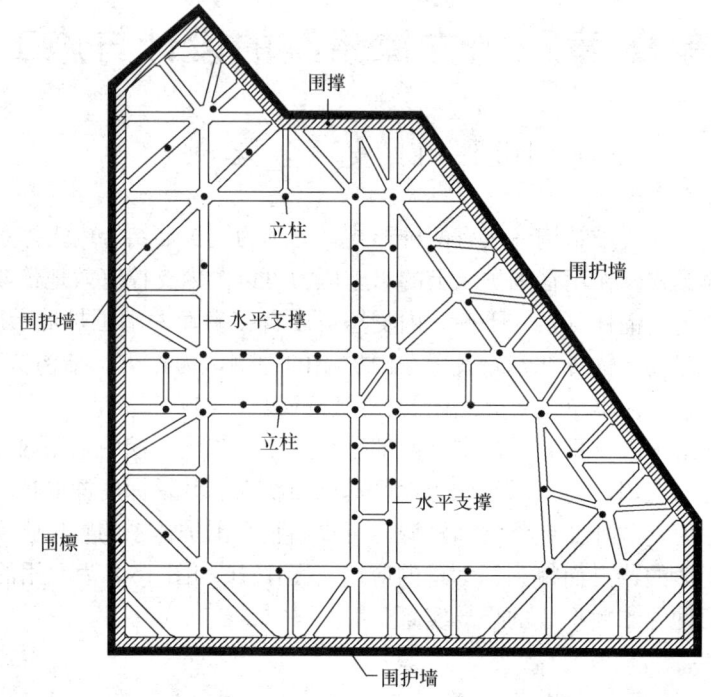

图 16-3　内支撑系统示意图

16.1.2　支撑体系

支撑体系常用形式有单层或多层平面支撑体系和竖向斜撑体系，在实际工程中，根据具体情况也可以采用类似的其他形式。

平面支撑体系可以直接平衡支撑两端围护墙上所受到的侧压力，其构造简单，受力明确，使用范围广。但当支撑长度较大时，应考虑支撑自身的弹性压缩以及温度应力等因素对基坑围护结构位移的影响。如图 16-4 所示。

竖向斜撑体系的作用是将围护墙所受的水平力通过斜撑传到基坑中部先浇筑好的斜撑基础上。如图 16-5 所示其施工流程是：围护墙完成后，先对基坑中部的土方采用放坡开挖，其后完成中部的斜撑基础，并安装斜撑，在斜撑的支挡作用下，再挖除基坑周边留下的土坡，并完成基坑周边的主体结构。对于平面尺寸较大，形状不很规则的基坑，采用斜支撑体系施工比较方便，也可大幅节省支撑材料。但墙体位移受到基坑周边土坡变形、斜撑弹性压缩以及斜撑基础变形等多种因素的影响，在设计计算时应给予合理考虑。此外，土方施工和支撑安装应保证对称性。

16.1.3　支撑材料

支撑材料可以采用钢或混凝土，也可以根据实际情况采用钢和混凝土组合的支撑形式。

钢结构支撑除了自重轻、安装和拆除方便、施工速度快以及可以重复使用等优点外，安装后能立即发挥支撑作用，对减少由于时间效应而增加的基坑位移，是十分有效的，因

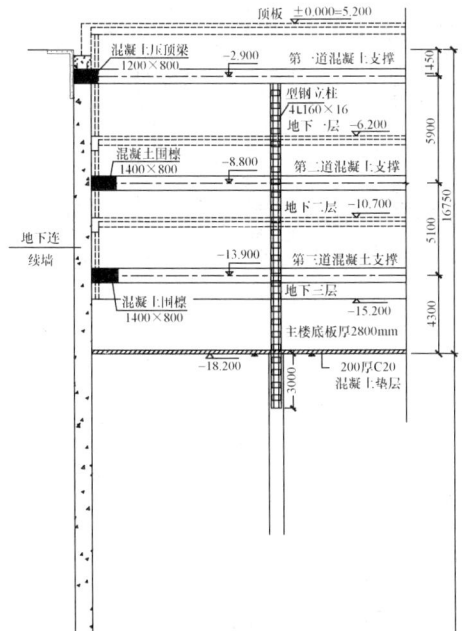

图 16-4 多层平面支撑体系

此如有条件应优先采用钢结构支撑。但是钢支撑的节点构造和安装相对比较复杂，如处理不当，会由于节点的变形或节点传力的不直接而引起基坑过大的位移。因此，提高节点的整体性和施工技术水平是至关重要的。表 16-1 和表 16-2 为常用 H 型钢和钢管支撑型号。

常用 H 型钢支撑表 表 16-1

尺 寸 (mm)	单位重量 (kg/m)	断(截)面 (cm^2)	回转半径 (cm)		截面惯性矩 (cm^2)		截面抵抗力 (cm^2)	
$A \times B \times t_1 \times t_2$	W	A	i_x	i_y	I_x	I_y	W_x	W_y
800×300×14×26	210	267	33	6.62	254000	9930	7290	782
700×300×12×14	185	236	29.3	6.78	201000	10800	5760	722
600×300×12×20	151	193	24.8	6.85	118000	9020	4020	601
500×300×11×18	129	164	20.8	7.03	71400	8120	2930	541
400×400×13×21	172	220	17.5	10.1	66900	22400	3340	1120

常用钢管支撑表 表 16-2

尺 寸 (mm)	单位重量 (kg/m)	断(截)面 (cm^2)	回转半径 (cm)	轴惯性矩 (cm^4)
$D \times t$	g	A	i_x	I_x
609×16	234	298	21	131117
609×12	177	225	21	100309
580×16	223	283	20	112815

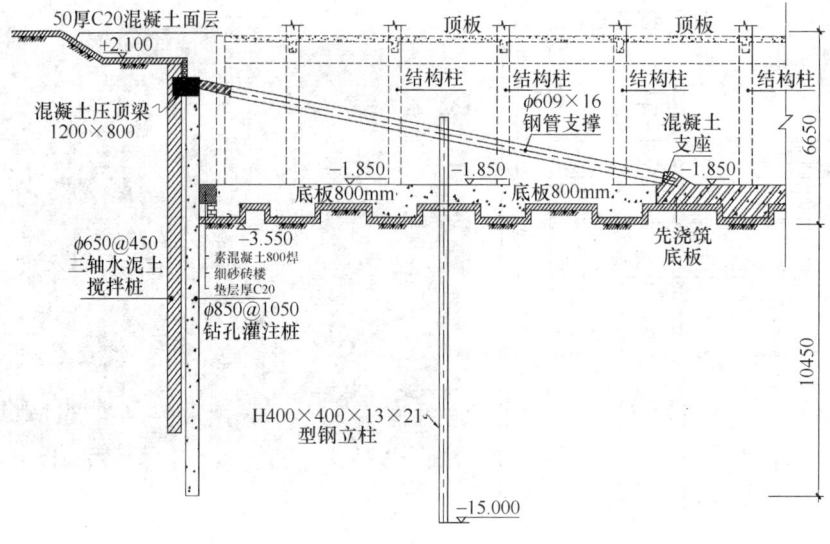

图 16-5 竖向斜撑体系

现浇混凝土支撑由于其刚度大，整体性好，可以采取灵活的布置方式，适应于不同形状的基坑，而且不会因节点松动而引起基坑的位移，施工质量相对容易得到保证，所以使用面也较广。但是混凝土支撑在现场需要较长的制作和养护时间，制作后不能立即发挥支撑作用，需要达到一定的强度后，才能进行其下土方作业，施工周期相对较长。同时，混凝土支撑采用爆破方法拆除时，对周围环境（包括振动、噪声和城市交通等）也有一定的影响，爆破后的清理工作量也很大，支撑材料不能重复利用。因此，提高混凝土的早期强度，提高材料的经济性，研究和采用装配式预应力混凝土支撑结构是今后值得研究的课题。

16.2 支撑系统的设计

支撑系统的设计应包含支撑材料的选择、结构体系的布置、支撑结构内力和变形计算、支撑构件的强度和稳定性计算、支撑构件的节点设计以及支撑结构的安装和拆除。前面几个章节已针对支撑材料、结构体系的布置以及支撑系统的计算方法进行了论述，本章节主要内容为支撑系统的设计原则、支撑构件的设计与构造。

16.2.1 水平支撑系统平面布置原则

水平支撑系统中内支撑与围檩必须形成稳定的结构体系，有可靠的连接，满足承载力、变形和稳定性要求。支撑系统的平面布置形式众多，从技术上，同样的基坑工程采用多种支撑平面布置形式均是可行的，但科学、合理的支撑布置形式应兼顾基坑工程特点、主体地下结构布置以及周边环境的保护要求和经济性等综合因素的和谐统一。通常情况下可采用如下方式：

1）长条形基坑工程中，可设置以短边方向的对撑体系，两端可设置水平角撑体系。短边方向的对撑体系可根据基坑短边的长度、土方开挖、工期等要求采用钢支撑或者混凝土支撑，两端的角撑体系从基坑工程的稳定性以及控制变形角度上，宜采用混凝土支撑的形式。

如已实施完毕的上海浦东恒大小区基坑工程，基坑形状呈狭长的手枪状，（如图16-6～图16-8所示）基坑东西方向长度较长约为240m，西侧南北方向长度约为43m，东侧南北方向长度约为83m。综合考虑工程周边环境、基坑面积及形状、基坑开挖深度以及工期等因素，支撑系统采用了钢和混凝土组合支撑的形式，东侧基坑角撑结合对撑的混凝土支撑形式，西侧基坑采用角部混凝土支撑，短边设置钢支撑对撑的形式。

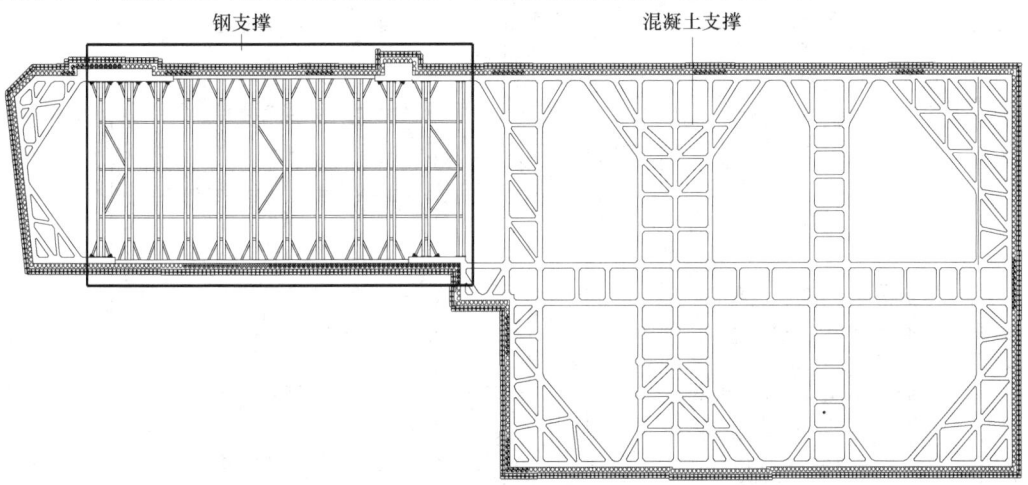

图 16-6 恒大小区基坑支撑平面布置图

2）当基坑周边紧邻保护要求较高的建（构）筑物、地铁车站或隧道，对基坑工程的变形控制要求较为严格时，或者基坑面积较小、两个方向的平面尺寸大致相同时，或者基坑形状不规则，其他形式的支撑布置有较大难度时，宜采用相互正交的对撑布置方式。该布置形式的支撑系统具有支撑刚度大、传力直接以及受力清楚的特点，适合在变形控制要求高的基坑工程中应用。

上海解放日报新闻业务楼基坑地处上海市黄浦区中心位置，（如图16-9所示）基坑形状呈不规则矩形，基坑面积较小约为2300m^2，开挖深度约为12m，基坑东侧紧邻一高层建筑物，根据本基坑的面积、形状以及周围的环境特点，采用了抗侧刚度大、可适应不规则形状的十字正交布置形式的钢筋混凝土支撑形式。

图 16-7　恒大小区东侧混凝土支撑实景

图 16-8　恒大小区西侧钢支撑实景

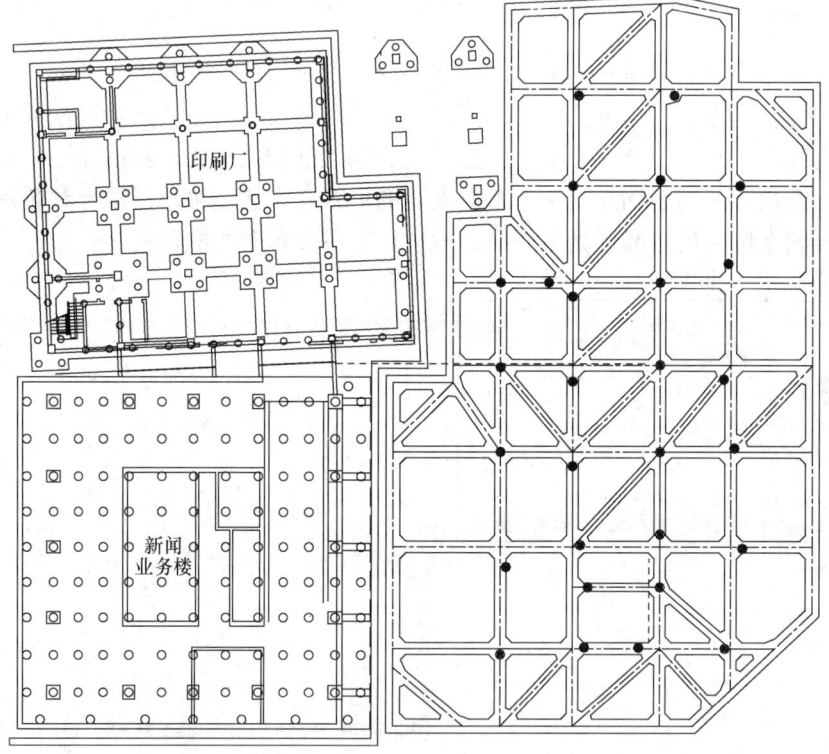

图 16-9　上海解放日报新闻业务楼基坑支撑平面

3）当基坑面积较大，平面形状不规则时，同时在支撑平面中需要留设较大作业空间时，宜采用角部设置角撑、长边设置沿短边方向的对撑结合边桁架的支撑体系。该类型支撑体系由于具有较好的控制变形能力、大面积无支撑的出土作业面以及可适应各种形状的基坑工程，同时由于支撑系统中对撑、各榀对撑之间具有较强的受力上的独立性，易于实现土方上的流水化施工，此外还具有较好的经济性，因此几乎成为上海等软土地区首选的支撑平面布置形式，近年来得到极为广泛的应用。

上海虹桥综合交通枢纽工程东交通中心、磁悬浮基坑工程面积巨大，（如图 16-10、图 16-11 所示）地下二层区域长约 404m，宽约 77～136m，基坑开挖深度约 18～25m，基坑形状呈不规则长方形。根据基坑形状的特点，采用了两端角撑中部对撑的支撑布置形式，该布置形式的支撑为流水化施工支撑和土方开挖创造了条件，从而大大加快了基坑工程的施工速度，缩短了施工工期。

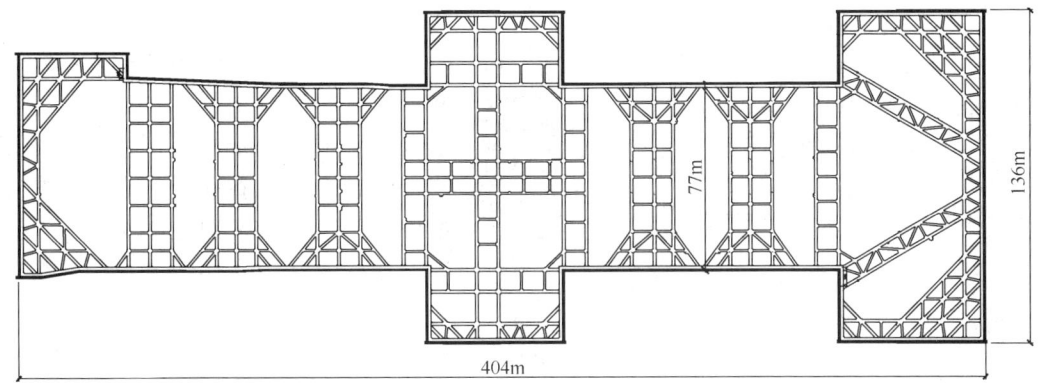

图 16-10　上海虹桥综合交通枢纽工程基坑支撑平面布置

图 16-11　上海虹桥综合交通枢纽基坑支撑实景

4）基坑平面为规则的方形、圆形或者平面虽不规则但基坑两个方向的平面尺寸大致相等，或者是为了完全避让塔楼框架柱、剪力墙等竖向结构以方便施工、加快塔楼施工工期，尤其是当塔楼竖向结构采用劲性构件时，临时支撑平面应错开塔楼竖向结构，以利于塔楼竖向结构的施工，可采用单圆环形支撑甚至多圆环形支撑布置方式。

天津响螺湾中钢大厦项目位于天津市响螺湾地区，（如图 16-12 所示）基坑开挖深度达到 18~22m，基坑面积达到 20000m^2，是当地规模最大的基坑工程之一。根据围护结构受力计算的需要，本工程内部需设置四道钢筋混凝土支撑体系。由于平面形状不规则，采用较为传统的角撑、对撑结合边桁架布置，需要设置大量穿越基坑内部的杆件，不利于土方的开挖和地下室结构的施工。因此结合本工程的平面形状和塔楼的分布位置，采用双半圆环的支撑平面布置体系。双半圆环支撑形式的采用，基本上避开了整个塔楼区域的所

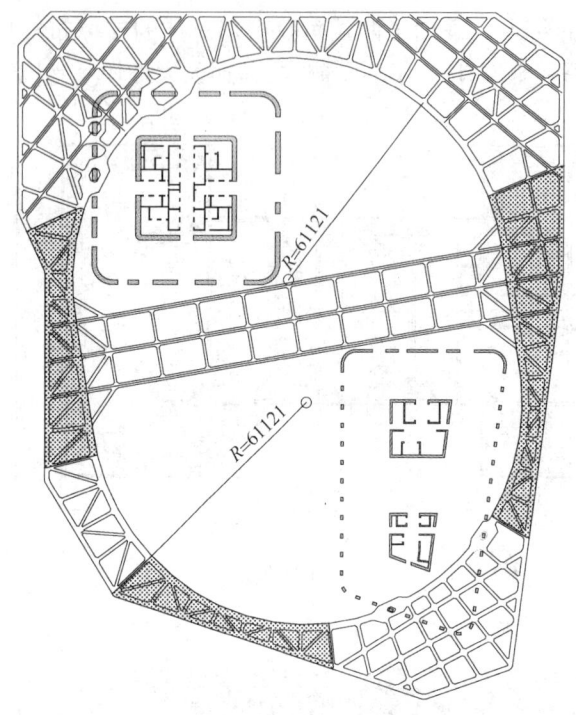

图 16-12 天津响螺湾中钢大厦基坑支撑平面示意图

有竖向构件,基坑开挖到底后,完成基础底板施工后,两个主要的地面建筑即可在不拆撑的情况下向上施工主体结构,加快整体工期进度。

上述圆环形支撑形式的支撑杆件均采用钢筋混凝土材料,在一定条件下也可采用组合结构环形内支撑的形式,该形式与钢筋混凝土环形支撑基本相似,其根本区别在于组合结构环形内支撑形式中,环形支撑由于需承受巨大的轴向压力,因此采用钢筋混凝土支撑材料,其余杆件承受的轴向压力相对较小,采用施工速度快、可回收以及经济性较好的钢结构材料截面承载力也能满足要求。

图 16-13 为新华明珠深基坑支护工程采用组合结构环形内支撑的基坑工程实景,该基坑支撑采用钢筋混凝土大圆环,圆环直径 68m,其余杆件均采用钢结构,实施效果良好。

5)基坑平面有向坑内折角(阳角)时,阳角处的内力比较复杂,是应力集中的部分,稍有疏忽,最容易在该部分出现问题。阳角的处理应从多方面进行考虑,首先基坑平面的设计应尽量避免出现阳角,当不可避免时,需作特别的加强,如在阳角的两个方向上设置支撑点,或者可根据实际情况将该位置的支撑杆件设置现浇板,通过增设现浇板增强该区域的支撑刚度,控制该位置的变形。无足够的经验可借鉴时,最好对阳角处的坑外地基进

图 16-13 新华明珠基坑工程开挖全景

行加固，提高坑外土体的强度，以减少围护墙体的侧向水土压力。

6）支撑结构与主体地下结构的施工期通常是错开的，为了不影响主体地下结构的施工，支撑系统平面布置时，支撑轴线应尽量避开主体工程的柱网轴线，同时，避免出现整根支撑位于结构剪力墙之上的情况，其目的是减小支撑体系对主体结构施工时的影响。另外，如主体地下结构竖向结构构件采用内插钢骨的劲性结构时，应严格复核支撑的平面分布，确保支撑杆件完全避让劲性结构。

7）支撑杆件相邻水平距离首先应确保支撑系统整体变形和支撑构件承载力在要求范围之内，其次应满足土方工程的施工要求。当支撑系统采用钢筋混凝土围檩时，沿着围檩方向的支撑点间距不宜大于9m；采用钢围檩时，支撑点间距不宜大于4m；当相邻支撑之间的水平距离较大时，应在支撑端部两侧与围檩之间设置八字撑，八字撑宜左右对称，与围檩的夹角不宜大于60度。

16.2.2　水平支撑系统竖向布置原则

在基坑竖向平面内需要布置的水平支撑的数量，主要根据基坑围护墙的承载力和变形控制计算确定，同时应满足土方开挖的施工要求。基坑竖向支撑的数量主要受土层地质特性以及周围环境保护要求的影响。基坑面积、开挖深度、围护墙设计以及周围环境等条件都相同，但不同地区不同土层地质特性情况下，支撑的数量区别是十分显著的，如开挖深度15m的基坑工程，在北方等硬土地区也许无需设置内支撑，仅在坑外设置几道锚杆即可满足要求，而在沿海软土地区，则可能需要设置三～四道水平支撑；另外即使在土层地质一致的地区，当周围环境保护要求有较大的区别时，支撑道数也是相差较大的。一般情况下，支撑系统竖向布置可按如下原则进行确定：

1）在竖向平面内，水平支撑的层数应根据基坑开挖深度、土方工程施工、围护结构类型及工程经验，由围护结构的计算工况确定。

2）上、下各层水平支撑的轴线应尽量布置在同一竖向平面内，主要目的是为了便于基坑土方的开挖，同时也能保证各层水平支撑共用竖向支承立柱系统。此外，相邻水平支撑的竖向净距不宜小于3m，当采用机械下坑开挖及运输时应根据机械的操作所需空间要求适当放大。

3）各层水平支撑与围檩的轴线标高应在同一平面上，且设定的各层水平支撑的标高不得妨碍主体工程施工。水平支撑构件与地下结构楼板间的净距不宜小于300mm；与基础底板间净距不小于600mm，且应满足墙、柱竖向结构构件的插筋高度要求。

4）首道水平支撑和围檩的布置宜尽量与围护墙结构的顶圈梁相结合。在环境条件容许时，可尽量降低首道支撑标高。基坑设置多道支撑时，最下道支撑的布置在不影响主体结构施工和土方开挖条件下，宜尽量降低。当基础底板的厚度较大，且征得主体结构设计认可时，也可将最下道支撑留置在主体基础底板内。

16.2.3　竖向斜撑的设计

竖向斜撑体系一般较多的应用在开挖深度较小、面积巨大的基坑工程中。竖向斜撑体系一般由斜撑、压顶圈梁和斜撑基础等构件组成，斜撑一般投影长度大于15m时应在其中部设置立柱。斜撑一般采用钢管支撑或者型钢支撑，钢管支撑一般采用$\phi 609\times 16$，型钢支撑一般采用$H700\times 300$、$H500\times 300$以及$H400\times 400$，斜撑坡率不宜大于1:2，并应尽量与基坑内土堤的稳定边坡坡率相一致，同时斜撑基础与围护墙之间的水平距离也不宜小于围护墙插入深度的1.5倍，斜撑与围檩、斜撑与基础，以及围檩与围护墙之间的连接应满足斜撑的水平分力和竖向分力的传递要求。

采用竖向斜撑体系的基坑，在基坑中部的土方开挖后和斜撑未形成前，基坑变形取决于围护墙内侧预留的土堤对墙体所提供的被动抗力，因此保持土堤边坡的稳定至关重要，必须通过计算确定可靠的安全储备。

16.2.4 支撑节点构造

支撑结构，特别是钢支撑的整体刚度更依赖构件之间的合理连接构造。支撑结构的设计，除确定构件截面外，须重视节点的构造设计。

1. 钢支撑的长度拼接

钢结构支撑构件的拼接（如图16-15所示）应满足截面等强度的要求。常用的连接方式有焊接和螺栓连接。螺栓连接施工方便但整体性不如焊接，为减少节点变形，宜采用高强螺栓。构件在基坑内的接长，由于焊接条件差，焊缝质量不易保证，通常采用螺栓连接。

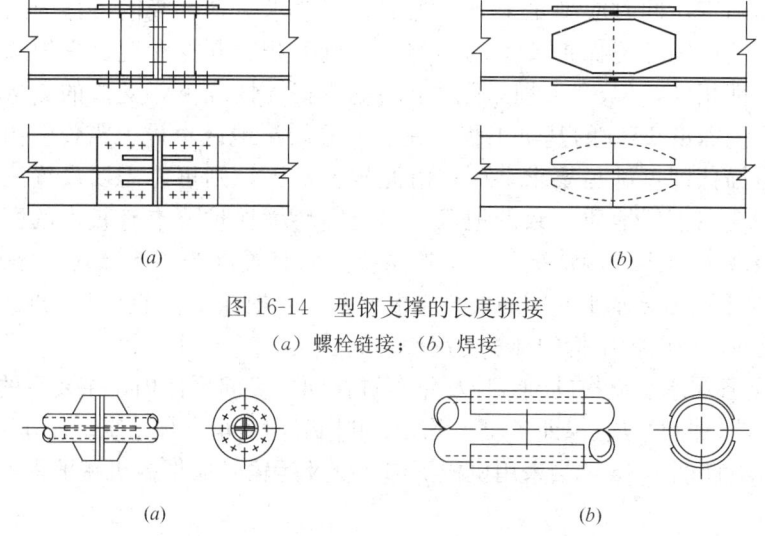

图 16-14 型钢支撑的长度拼接
(a) 螺栓链接；(b) 焊接

图 16-15 钢管支撑的长度拼接
(a) 螺栓链接；(b) 焊接

钢腰梁在基坑内的拼接点由于受操作条件限制不易做好，尤其在靠围护墙一侧的翼缘连接板较难施工，影响整体性能。设计时应将接头设置在截面弯矩较小的部位，并应尽可能加大坑内安装段的长度，以减少安装节点的数量。

2. 两个方向的钢支撑连接节点

纵横向支撑采用重迭连接，虽然施工安装方便，但支撑结构整体性差，应尽量避免采用。当纵横向支撑采用重迭连接时，则相应的围檩在基坑转角处不在同一平面相交，此时应在转角处的围檩端部采取加强的构造措施，以防止两个方向上围檩的端部产生悬臂受力状态。

纵横向支撑应尽可能设置在同一标高上，采用定型的十字节点连接。如图16-16、图16-7所示。这种连接方式整体性好，节点比较可靠。节点可以采用特制的"十"及"井"字接头，纵横管都与"十"字或"井"字接头连接，使纵横钢管处于同一平面内。后者可以使钢管形成一个平面框架，刚度大，受力性能好。

图 16-16　"十"字接头图

图 16-17　"井"字接头

3. 钢支撑端部预应力活络头构造

钢支撑的端部，考虑预应力施加的需要，一般均设置为活络端，待预应力施加完毕后固定活络端，且一般配以琵琶撑。除了活络端设置在钢支撑端部外，还可以采用螺旋千斤顶等设备设置在支撑的中部。由于支撑加工及生产厂家不同，目前投入基坑工程使用的活络端有以下两种形式，一种为楔型活络端、一种为箱体活络端。详见图 16-18 和图 16-19。

图 16-18　楔型活络端

图 16-19　预应力箱体

钢管支撑为了施加预应力常设计一个预应力施加活络头子，并采用单面施加的方法进行。由于预应力施工后会产生各种预应力损失（详见预应力相关规范），基坑开挖变形后预应力也会发生损失，为了保证预应力的强度，当发现预应力损失达到一定程度时须及时进行补充，复加预应力。

4. 钢支撑与钢围檩斜交处抗剪连接节点

由于围护墙表面通常不十分平整，尤其是钻孔灌注桩墙体，为使钢围檩与围护墙接合得紧密，防止钢围檩截面产生扭曲，在钢围檩与围护墙之间采用细石混凝土填实，如二者之间缝宽较大时，为了防止所填充的混凝土脱落，缝内宜放置钢筋网。当支撑与围檩斜交时，为传递沿围檩方向的水平分力，在围檩与围护墙之间需设置剪力传递装置。对于地下连续墙可通过预埋钢板，对于钻孔灌注桩可通过钢围檩的抗剪焊接件连接。

5. 支撑与混凝土围檩斜交处抗剪连接节点

通常情况下，围护墙与混凝土围檩之间的结合面不考虑传递水平剪力。当基坑形状比较复杂，支撑采用斜交布置时，特别是当支撑采用大角撑的布置形式时，由于角撑的数量多，沿着围檩长度方向需传递十分巨大的水平力，此时如围护墙与围檩之间能设置抗剪件和剪力槽，以确保围檩与围护墙能形成整体连接，二者接合面能承受剪力，可使得围护墙也能参与承受部分水平力，既可改善围檩的受力状态、又可减少整体支撑体系的变形。围护墙与围檩结合面的墙体上设置的抗剪件一般可采用预埋插筋，或者预埋埋件，开挖后焊接抗剪件，预留的剪力槽可间隔布置抗剪件，其高度一般与围檩截面相同，间距150～200mm，槽深50～70mm。如图16-20和图16-21所示。

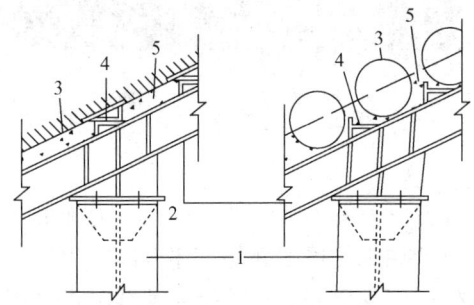

图 16-20 钢支撑与围檩斜交时连接
1—钢支撑；2—钢围檩；3—围护墙；
4—剪力块；5—填嵌混凝土

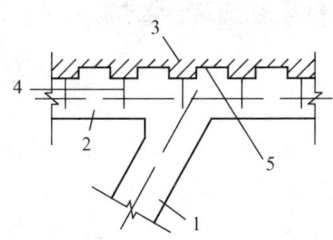

图 16-21 地下连续墙预留剪力槽和
插筋与围檩连接示意图
1—支撑；2—围檩；3—地下连续墙；
4—预留剪力槽；5—预留受剪钢筋

16.3 水平支撑的计算方法

16.3.1 水平支撑系统计算方法

水平支撑系统计算可分为在土压力水平力作用下的水平支撑计算和竖向力作用下的水平支撑计算，现阶段的计算手段已可实现将围护体、内支撑以及立柱作为一个整体采用空间模型进行分析，支撑构件的内力和变形可以直接根据其静力计算结果确定即可，但空间计算模型其实用程度上存在若干不足，因此现阶段绝大部分内支撑系统均采用相对简便的平面计算模型进行分析，当采用平面计算模型进行分析时，水平支撑计算应分别进行水平力作用和竖向力作用下的计算，以下分别进行说明。

1. 水平力作用下的水平支撑计算方法

1) 支撑平面有限元计算方法

水平支撑系统平面内的内力和变形计算方法一般是将支撑结构从整个支护结构体系中截离出来，此时内支撑（包括围檩和支撑杆件）形成一自身平衡的封闭体系，该体系在土压力作用下的受力特性可采用杆系有限元进行计算分析，进行分析时，为限制整个结构的刚体位移，必须在周边的围檩上添加适当的约束，一般可考虑在结构上施加不相交于一点的三个约束链杆，形成静定约束结构，此时约束链杆不产生反力，可保证分析得到的结果与不添加约束链杆时得到的结果一致[1]。

内支撑平面模型以及约束条件确定之后，将由平面竖向弹性地基梁法（图16-22）

或平面连续介质有限元方法（图 16-23）得到的弹性支座的反力作用在平面杆系结构之上，采用空间杆系有限元的方法即可求得侧压力作用下的各支撑杆件的内力和位移。

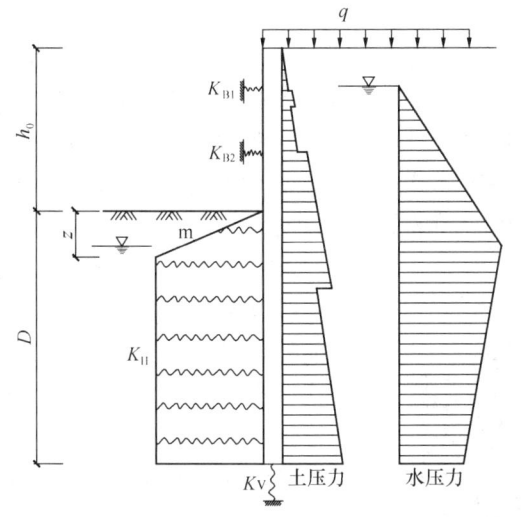
图 16-22　平面竖向弹性地基梁法计算简图

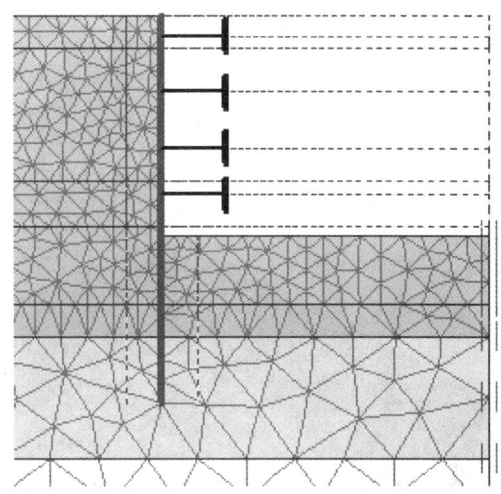
图 16-23　平面连续介质有限元法计算模型

采用平面竖向弹性地基梁法[2]或平面连续介质有限元法时需先确定弹性支座的刚度，对于形状比较规则的基坑，并采用十字正交对撑的内支撑体系，支撑刚度可根据支撑体系的布置和支撑构件的材质与轴向刚度等条件按如下计算公式（16-1）确定。在求得弹性支座的反力之后，可将该水平力作用在平面杆系结构之上，采用有限元方法计算得到各支撑杆件的内力和变形，也可采用简化分析方法，如支撑轴向力，按围护墙沿围檩长度方向的水平反力乘以支撑中心距计算，混凝土围檩则可按多跨连续梁计算，计算跨度取相邻支撑点的中心距。钢围檩的内力和变形宜按简支梁计算，计算跨度取相邻水平支撑的中心距。

$$K_B = \frac{2\alpha EA}{l \cdot S} \tag{16-1}$$

式中　K_B——内支撑的压缩弹簧系数（kN/m^2）；

　　　α——与支撑松弛有关的折减系数，一般取 0.5～1.0；混凝土支撑与钢支撑施加预压力时，取 $\alpha=1.0$；

　　　E——支撑结构材料的弹性模量（kN/m^2）；

　　　A——支撑构件的截面积（m^2）；

　　　l——支撑的计算长度（m）；

　　　S——支撑的水平间距（m）。

对于较为复杂的支撑体系，难以直接根据以上公式确定弹性支撑的刚度，且弹性支撑刚度会随着周边节点位置的变化而变化。这里介绍一种较为简单的处理方法，即在水平支撑的围檩上施加与围檩相垂直的单位分布荷载 $p=1kN/m$，求得围檩上各结点的平均位移 δ（与围檩方向垂直的位移），则弹性支座的刚度为：

$$K_{Bi} = p/\delta \tag{16-2}$$

需指出的是，式（16-2）反映的是水平支撑系统的一个平均支撑刚度。

2）支撑三维计算方法

一般情况下，基坑外侧的超载、水土压力等侧向水平力通过围护体，将全部由坑内的内支撑系统进行平衡，围护体仅起到挡土、止水以及将水平力通过竖向抗弯的方式全部传递给内支撑的作用，并不参与坑外水平力的分担。当基坑形状具有较强的空间效应时，比如拱形、圆形情况或者基坑角部区域，围护体还将同时承受部分坑外水平力，在该情况下如按照上述计算方法对内支撑进行内力和变形进行计算分析，将高估了内支撑实际的内力和变形，造成不必要的浪费，此时应采用能考虑空间效应的空间计算模型，空间弹性地基板法的求解可采用通用有限元软件，一般可先通过有限元软件自带的前处理模块或其他有限元前处理软件建立考虑围护结构、水平支撑体系和竖向支承系统共同作用的三维有限元模型，模型需综合考虑支撑的分布、开挖的顺序等，然后用有限元程序分步求解。图16-24为基坑工程三维计算模型图。

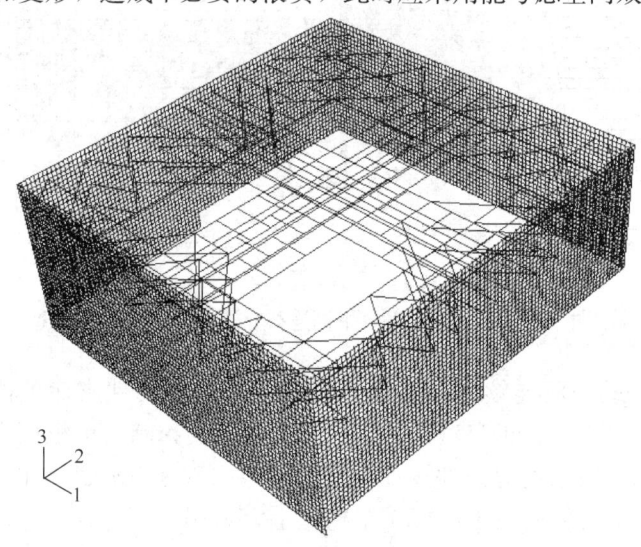

图 16-24　基坑工程三维计算模型

3）计算实例

以下对某基坑项目的支撑系统采用平面有限元计算方法分析过程进行说明，该项目基坑面积约 6500m²，开挖深度约 16.4m，基坑围护体采用钻孔灌注桩结合搅拌桩止水帷幕作为围护体，基坑竖向设置三道钢筋混凝土支撑，支撑采用圆环支撑平面布置形式，平面简图如图 16-25 所示：

支撑信息如表 16-3 所示：

支撑信息一览表　　　　　　　　　　　　　　　　　　　　表 16-3

项　　目	围檩（mm）	圆环撑（mm）	角撑及腹杆（mm）	连杆（mm）
第一道支撑系统	1200×700	1500×700	800×700	600×600
第二道支撑系统	1300×800	2200×1200	900×800	700×700
第三道支撑系统	1200×800	2000×1000	900×700	700×700

（1）确定支撑系统刚度

建立三道钢筋混凝土支撑系统的计算简图，如图 16-26 所示，其后分别沿着围檩作用垂直向的单位分布荷载 $p=1\mathrm{kN/m}$，进而求得三道支撑系统在单位分布荷载作用下的平均位移 δ 以及支撑系统刚度 K。

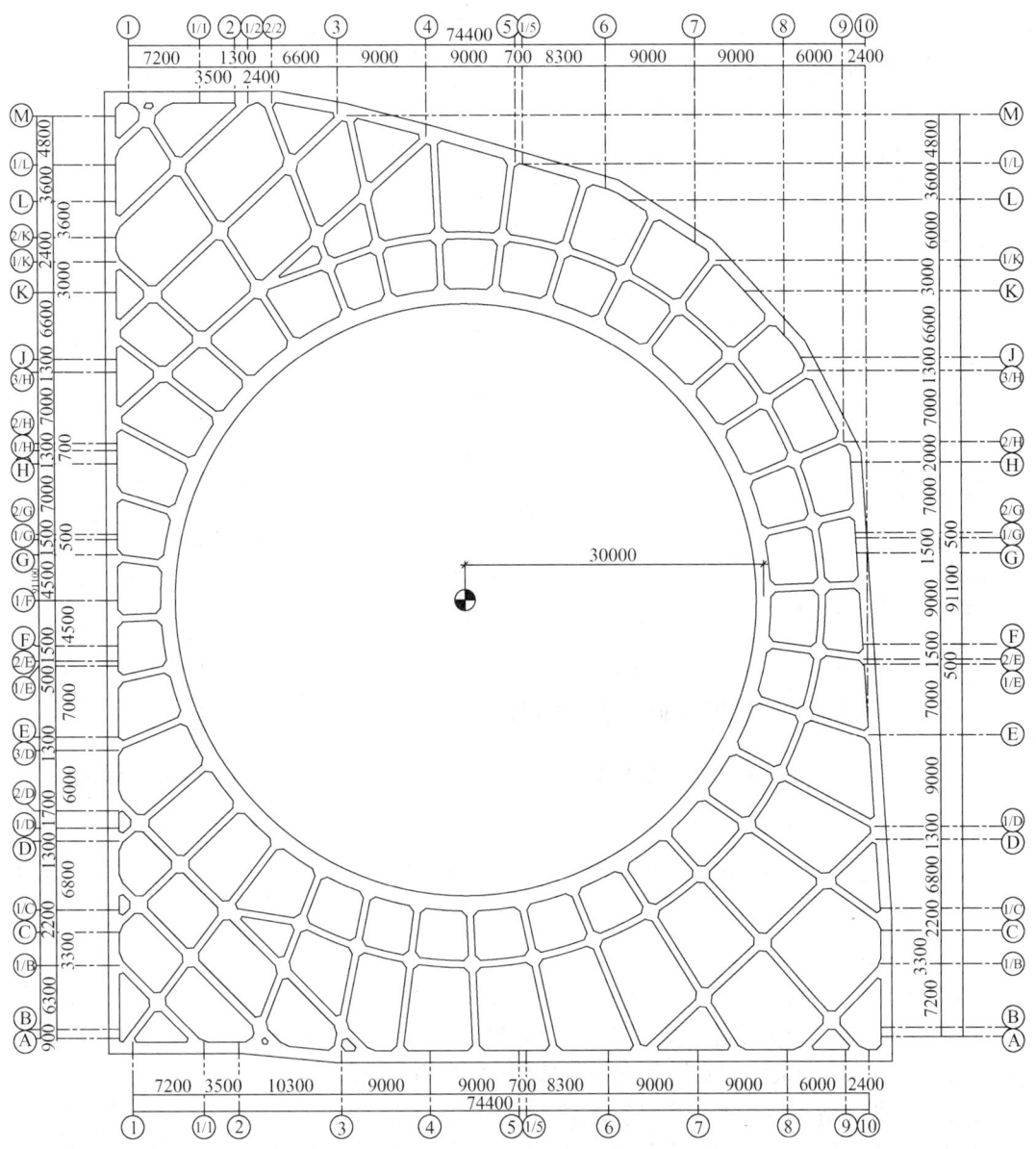

图 16-25 支撑平面布置图

支撑信息一览表　　　　　　　　　　　表 16-4

项　目	P（kN/m）	δ（mm）	K（MN/m²）
第一道支撑系统	1	0.03	33.3
第二道支撑系统	1	0.01	100
第三道支撑系统	1	0.02	50

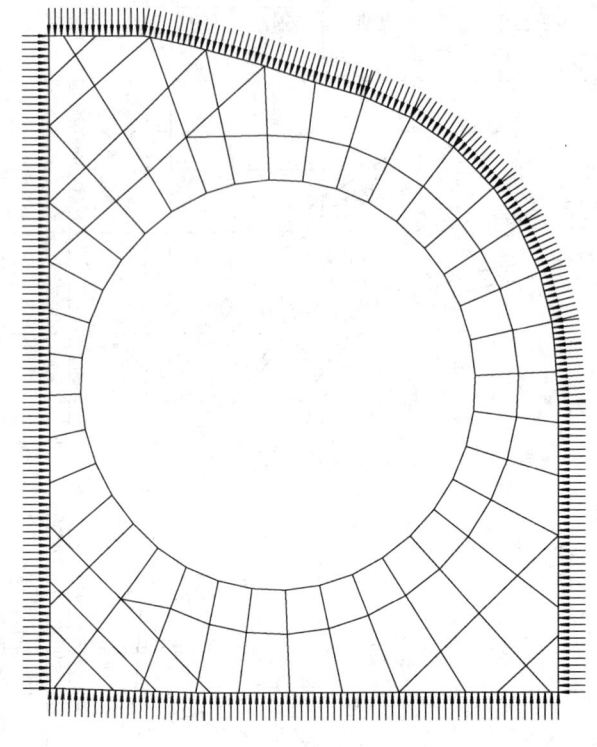

图 16-26　支撑平面计算简图　　　　图 16-27　支撑反力计算结果图

(2) 计算支撑支座反力

根据以上通过计算确定的支撑刚度，采用竖向弹性地基梁法求得第 1~3 道支撑系统的支撑反力，具体如图 16-27 所示。

(3) 计算支撑系统的变形和内力

根据图 16-27 可知，第 1 道支撑水平荷载为 314kN/m，第 2 道支撑水平荷载为 1076.1kN/m，第 3 道支撑水平荷载为 536.3kN/m，将三道支撑的水平荷载分别施加在围檩上，求得三道支撑系统的变形和内力。如图 16-28 和图 16-29 所示。

2. 竖向力作用下的水平支撑计算方法

竖向力作用下，支撑的内力和变形可近似按单跨或多跨梁进行分析，其计算跨度取相邻立柱中心距，荷载除了其自重之外还需考虑必要的支撑顶面如施工人员通道的施工活荷载。此外，基坑开挖施工过程中，基坑由于土体的大量卸荷会引起基坑回弹隆起，立柱也将随之发生隆起，立柱间隆沉量存在差异时，也会对支撑产生次应力，因此在进行竖向力作用下的水平支撑计算时，应适当考虑立柱桩存在差异沉降的因素予以适当的增强。

16.3.2　支撑系统设计计算要点

支撑结构上的主要作用力是由围护墙传来的水、土压力和坑外地表荷载所产生的侧压力。支撑系统的整体分析方法在上一节中已作了专门的说明，本节主要关注支撑构件的强度、稳定性以及节点构造等设计计算要点，主要有如下几个方面的内容：

(1) 支撑承受的竖向荷载，一般只考虑结构自重荷载和支撑顶面的施工活荷载，施工

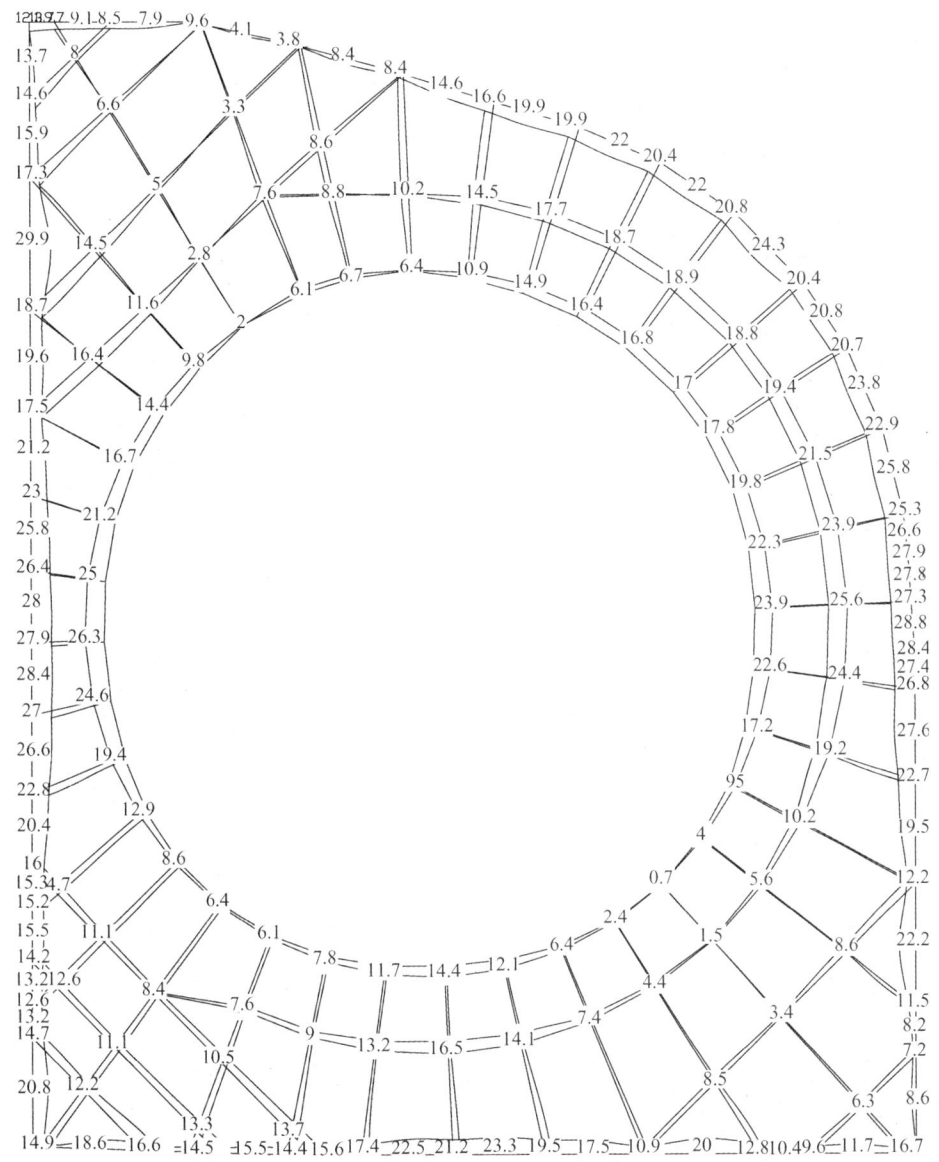

图 16-28 支撑变形计算结果

活荷载通常情况下取 4kPa，主要是指施工期间支撑作为施工人员的通道，以及主体地下结构施工时可能用作混凝土输送管道的支架，不包括支撑上堆放施工材料和运行施工机械等情况。支撑系统上如需设置施工栈桥作为施工堆载平台或施工机械的作业平台时应进行专门设计。

（2）围檩与支撑采用钢筋混凝土时，构件节点宜采用整浇刚接。采用钢围檩时，安装前应在围护墙上设置竖向牛腿。钢围檩与围护墙间的安装间隙应采用 C30 细石混凝土填实。采用钢筋混凝土围檩，且与围护墙和支撑构件整体浇筑连接时，对计算支座弯距可乘以调幅折减系数 0.8～0.9，但跨中弯距相应增加。钢支撑构件与围檩斜交时，宜在围檩上设置水平向牛腿。

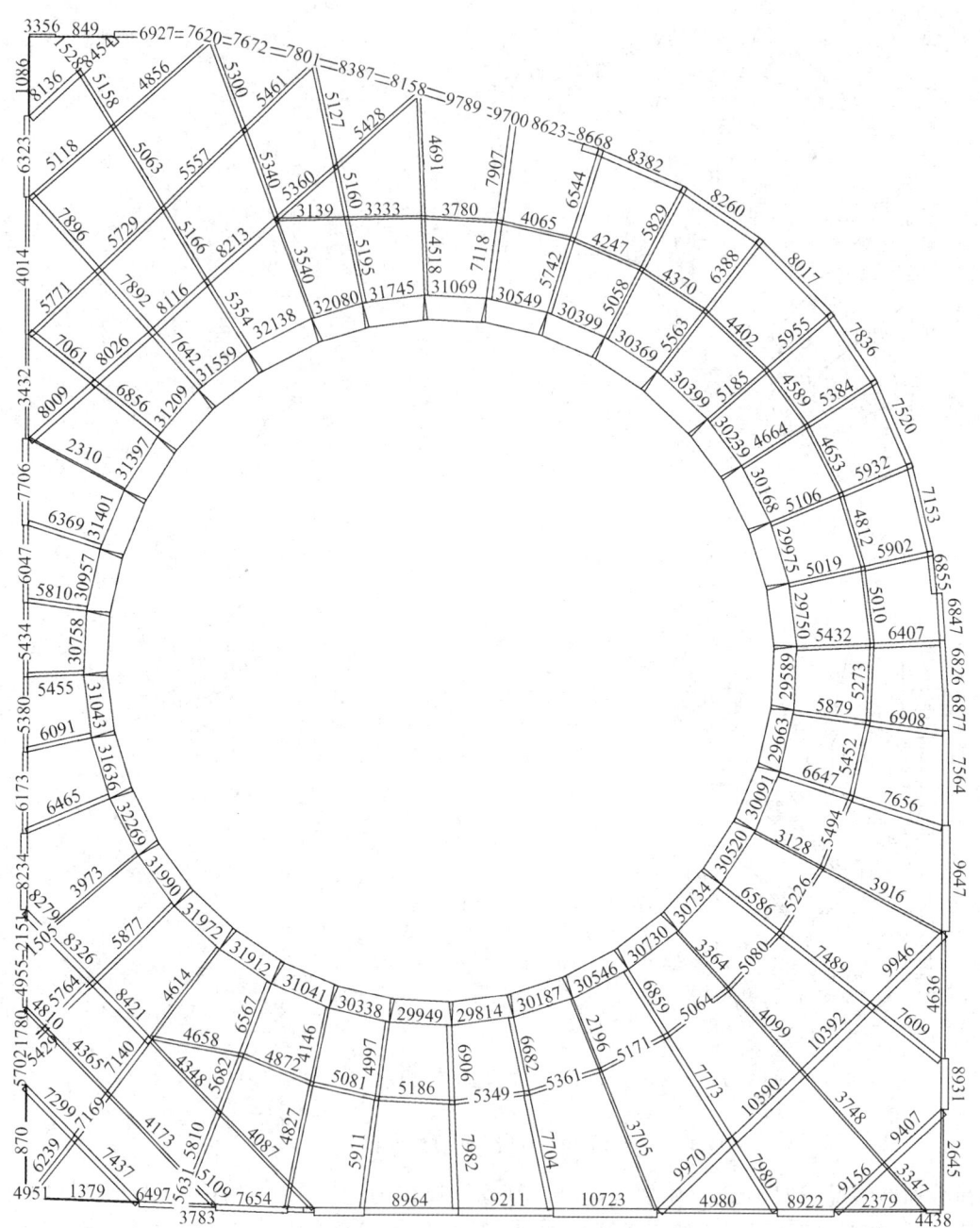

图 16-29 支撑轴力计算结果

（3）支撑结构上的主要作用力是由围护墙传来的水、土压力和坑外地表荷载所产生的侧压力。对于温度变化和加在钢支撑上的预压力对支撑结构的影响，由于目前对这类超静定结构所做的试验研究较少，难以提出确切的设计计算方法。温度变化的影响程度与支撑构件的长度有较大关系，根据经验和实测资料，对长度超过 40m 的支撑宜考虑 10% 左右支撑内力的变化影响。

(4) 支撑与围檩体系中的主撑构件长细比不宜大于75；联系构件的长细比不宜大于120。

16.4 换 撑 设 计

顺作法基坑工程一般均历经基坑开挖和地下结构施工阶段，两个阶段都必须解决好对基坑周边围护体的支撑问题，以控制围护体的受力和变形在要求范围之内。基坑开挖阶段通过在基坑竖向设置一道或多道支撑系统，提供围护体水平支撑点，以满足围护体的受力和变形控制要求；地下结构施工阶段，即基坑开挖至基底之后地下结构的回筑阶段，该阶段为不妨碍地下结构的施工，将结合地下结构的施工流程逐层的拆除临时支撑，所谓换撑即指在该阶段，通过利用回筑的地下结构合理的设置换撑，调整基坑围护体的支撑点，实现围护体应力安全有序的调整、转移和再分配，达到各个阶段基坑变形的控制要求。

换撑的设计大体上可分成两个部分的设计，一为基坑围护体与地下结构外墙之间的换撑设计；二为地下结构内部结构开口、后浇带等水平结构不连续位置的换撑设计。

16.4.1 围护体与结构外墙之间的换撑设计

当基坑围护体采用临时围护体时，由于围护体与结构外墙之间通常会留设不小于800mm的施工作业面，作为地下室外墙外防水的施工操作面，地下结构施工阶段需对该施工空间进行换撑处理，该区域的换撑标高应分别对应地下各层结构平面标高，以利于水平力的传递。以下分几个方面进行说明：

1. 围护体与基础底板间换撑

基坑开挖至基底便进入地下结构施工阶段，基础底板浇筑形成之后需拆除最下一道支撑，围护体将形成从基底至上一道支撑较大的暴露跨度，如基础底板未对其有效支撑作用，围护体将发生较大的变形甚至引发安全问题，因此基础底板施工时应同时完成基坑周边基础底板与围护体之间的换撑施工。

基础底板周边的换撑板带为了施工上的便利，通常采用与基础底板同等标号的混凝土进行充填处理即可，由于仅起到了支挡围护体的抗压作用，无需对换撑板带进行配筋。为避免正常使用阶段主体结构与基坑周围围护体之间存在差异沉降对主体结构造成不利影响，换撑与围护体之间设置低压缩性的隔离材料。另外，当基础底板厚度较厚超过1000mm时，如在围护体与基础底板之间设置同厚的换撑，换撑混凝土量相当可观，换撑板带的厚度通过计算满足换撑传力要求即可，其余部分可采用造价较低的砖模及回砂进行处理。如图16-30所示。当然，如果围护体与基础底板之间距离较大时，采用素混凝土充填其间空档混凝土工程量将过大，此种情况下，可沿围护体设置一圈围檩，之间设置间隔布置的

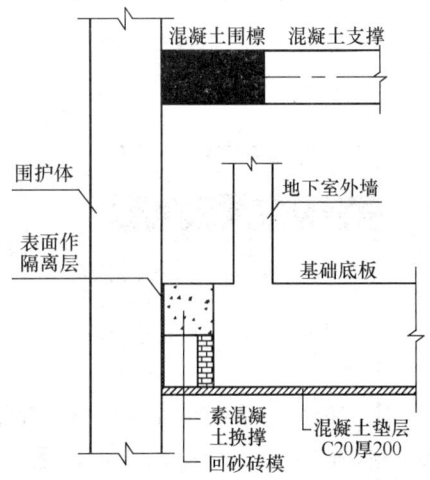

图 16-30 围护体与基础底板素混凝土换撑

临时钢或混凝土支撑，以减少换撑的工程量。

当出现基础底板完成，拆除最下道支撑后围护体计算跨度过大，变形不能满足计算要求的情况，可通过在基础底板周边设置上翻的换撑牛腿，换撑牛腿高于基础底板面标高一定距离，目的是缩短拆撑工况下的围护体计算跨度和控制其变形，如图 16-31 所示。

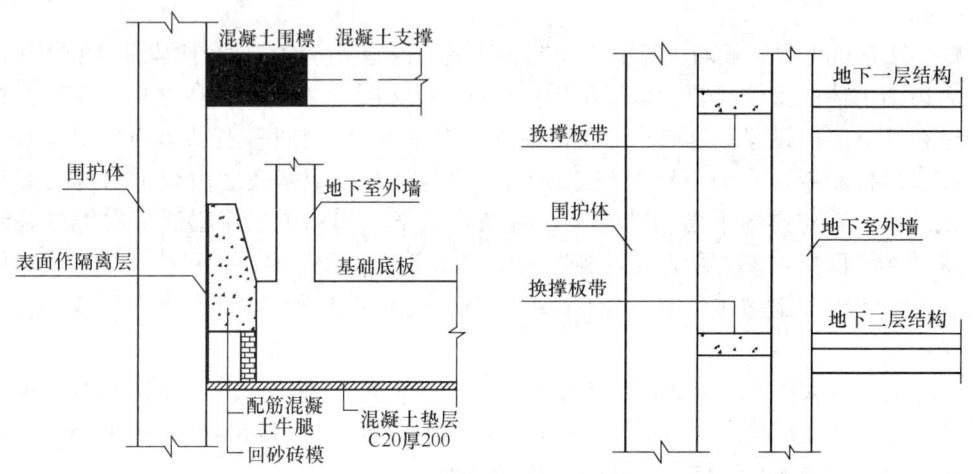

图 16-31 围护体与基础底板配筋混凝土牛腿换撑　　图 16-32 围护体与地下各层间换撑板带

2. 围护体与地下各层结构间换撑

临时支撑的拆除需在其下方的地下结构浇筑完成并设置好换撑之后方可进行，围护体与地下各层结构之间的换撑一般采用钢筋混凝土换撑板带的方式，如图 16-32 所示，换撑板带与地下结构同步浇筑施工，其混凝土可取同相邻的地下结构构件的混凝土标号，换撑板带应根据施工人员作业荷载对其计算并适当配筋。

换撑板带应间隔设置开口，作为施工人员拆除外墙模板以及外墙防水施工作业的通道以及将来围护体与外墙之间密实回填处理的通道，开口大小应能满足施工人员的通行要求，一般不应小于 1000mm×800mm，平面上应间隔布置，开口的中心距离一般控制在 6m 左右，也可根据实际施工要求适当调整其间距，如图 16-33 所示。

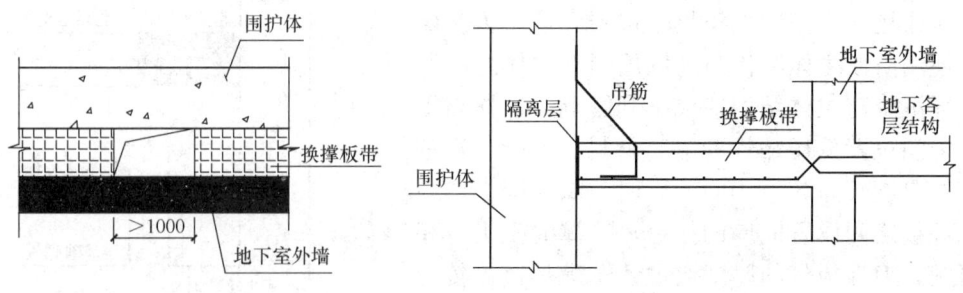

图 16-33 换撑板带开口　　　　　　　　　　图 16-34 换撑板带节点详图

换撑板带由于需承受施工人员的作业荷载，应设置一定数量的吊筋以解决其竖向支承问题，同时为了避免正常使用阶段主体地下结构与围护体之间的差异沉降引发的问题，换撑板带与围护体之间应设置压缩性小的隔离材料，同时换撑板带锚入结构外墙的钢筋采用交叉形的方式以形成铰的连接,削弱换撑板带与结构外墙的连接刚度,如图 16-34 所示。

16.4.2 地下结构的换撑设计

地下结构由下往上顺作施工过程中,将经历临时支撑的逐层拆除,围护体外侧的水土压力将逐步转移至刚施工完毕的地下结构上,因此必须进行地下结构的换撑设计,主要是施工后浇带、楼梯坡道或设备吊装口等结构开口、局部高差、错层较大等结构不连续位置的水平传力设计。

1. 后浇带位置换撑设计

超高层建筑通常有主楼和裙楼组成,主楼和裙楼之间由于上部荷重的差异较大,一般两者之间均设置沉降后浇带,此外,当地下室超长时,考虑到大体积混凝土的温度应力以及收缩等因素,通常间隔一定距离设置温度后浇带。但地下结构施工阶段是将地下室各层结构作为基坑开挖阶段的水平支撑系统,后浇带的设置无异于将承受压力的支撑从中一分为二,使得水平力无法传递,因此必须采取措施解决后浇带位置的水平传力问题。

根据大量实际工程的设计施工经验,后浇带位置水平力传递问题可通过计算在框架梁或次梁内设置小截面的型钢。由于型钢抗弯刚度相对混凝土梁的抗弯刚度小许多(30 号工字钢截面抗弯刚度仅为 500mm×700mm 框架梁的 1/100),不会约束后浇带两侧的单体的自由沉降。

2. 结构缺失位置的换撑设计

楼梯、车道以及设备吊装口位置的结构缺失区域如比较大时,必要时应设置临时支撑以传递缺失区域的水平力,临时支撑的材料应根据工程的实际情况确定,钢筋混凝土和型钢或钢管均可采用,另外结构缺失区的边梁根据计算必要时应加强其截面以及配筋。结构缺失区的换撑待整个地下结构全部施工完毕,形成整体刚度,并在基坑周边密实回填之后方可拆除。

16.5 竖向支承的设计

基坑内部架设水平支撑的工程,一般需要设置竖向支承系统,用以承受混凝土支撑或者钢支撑杆件的自重等荷载。基坑竖向支承系统,通常采用钢立柱插入立柱桩桩基的形式。

竖向支承系统是基坑实施期间的关键构件。钢立柱的具体形式是多样的,它要承受较大的荷载,同时断面不应过大,因此构件必须具备足够的强度和刚度。钢立柱必须具备一个具有相应承载能力的桩基础。根据支撑荷载的大小,立柱一般可采用角钢格构式钢柱、H 型钢柱或钢管柱;立柱桩常采用灌注桩,也可采用钢管桩。基坑围护结构立柱桩可以利用主体结构工程桩;在无法利用工程桩的部位应加设临时立柱桩。

16.5.1 立柱设计

立柱一般应按照轴心受压构件进行设计计算,同时应考虑所采用的立柱结构构件与水平支撑的连接构造要求以及与底板连接位置的止水构造要求。基坑工程的立柱与主体结构的竖向钢构件的最大不同在于,立柱需要在基坑开挖前置入立柱桩孔中,并在基坑开挖阶段逐层与水平支撑构件完成连接。因此，立柱的截面尺寸大小要有一定的限制，同时也应能够提供足够的承载能力。立柱截面构造应尽量简单，与水平支撑体系的连接节点也必须易于现场施工。

1. 立柱的结构形式

竖向支承钢立柱可以采用角钢格构柱、H型钢柱或钢管混凝土立柱。

角钢格构柱由于构造简单、便于加工且承载能力较大，因而近几年来，它无论是在采用钢筋混凝土支撑或是钢支撑系统的顺作法基坑工程中，还是在采用结构梁板代支撑的逆作法基坑工程中[3]，均是应用最广的钢立柱形式。最常用的型钢格构柱采用4根角钢拼接而成的缀板格构柱，可选的角钢规格品种丰富，工程中常用 L120mm×12mm、L140mm×14mm、L160mm×16mm 和 L180mm×18mm 等规格。依据所承受的荷载大小，钢立柱设计钢材牌号常采用 Q235B 或 Q345B。典型的型钢格构柱如图 16-35 所示。

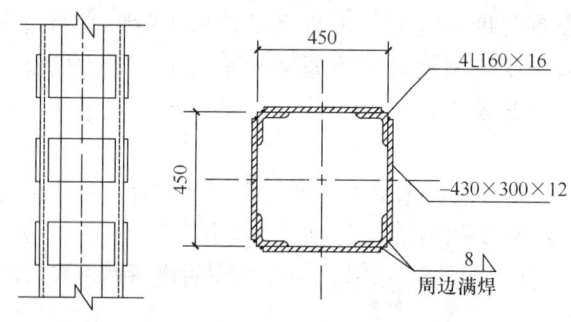

图 16-35　角钢拼接格构柱

为满足下部连接的稳定与可靠，钢立柱一般需要插入立柱桩顶以下 3～4m。角钢格构柱在梁板位置也应当尽量避让结构梁板内的钢筋。因此其断面尺寸除需满足承载能力要求外，尚应考虑立柱桩桩径和所穿越的结构梁等结构构件的尺寸。最常用的钢立柱断面边长为 420mm、440mm 和 460mm，所适用的最小立柱桩桩径分别为 ϕ700mm、ϕ750mm 和 ϕ800mm。

为了便于避让临时支撑的钢筋，钢立柱拼接采用从上至下平行、对称分布的钢缀板，而不采用交叉、斜向分布的钢缀条连接。钢缀板宽度应略小于钢立柱断面宽度，钢缀板高度、厚度和竖向间距根据稳定性计算确定，其中钢缀板的实际竖向布置，除了满足设计计算的间距要求外，也应当尽量设置于能够避开临时支撑主筋的标高位置。基坑开挖施工时，在各道临时支撑位置需要设置抗剪件以传递竖向荷载。

2. 立柱的设计要点

1) 竖向支承钢立柱由于柱中心的定位误差、柱身倾斜、基坑开挖或浇筑桩身混凝土时产生位移等原因，会产生立柱中心偏离设计位置的情况，过大偏心将造成立柱承载能力的下降，同时会给支撑与立柱节点位置钢筋穿越处理带来困难，而且可能带来钢立柱与主体梁柱的矛盾问题。因此施工中必须对立柱的定位精度严加控制，并应根据立柱允许偏差按偏心受压构件验算施工偏心的影响。

一般情况下钢立柱的垂直度偏差不宜大于 1/200，立柱长细比不宜大于 25。设计图纸中对于角钢格构柱等截面具有方向性的立柱放置角度应提出具体要求，以利于水平支撑杆件钢筋穿越钢立柱。

2) 基坑施工阶段，应根据每一施工工况对立柱进行承载力和稳定性验算。同时，当基坑开挖至坑底、底板尚未浇筑前，最底层一跨钢立柱在承受最不利荷载的同时计算跨度也相当大，一般情况下，该工况是钢立柱的最不利工况。

无论对于哪种钢立柱形式，所采用的定型钢材长度均有可能小于工程所需的立柱长度。钢立柱的接长均要求等强度连接,并且连接构造应易于现场实施。图 16-36 为工程中常用的角钢格构柱拼接构造。

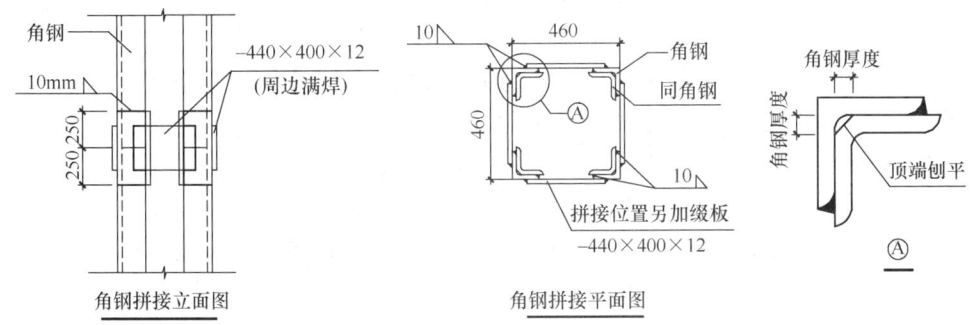

图 16-36　角钢格构柱拼接构造图

钢立柱的可能破坏形式有强度破坏、整体失稳破坏和局部失稳等几种。一般情况下,整体失稳破坏是钢立柱的主要破坏形式;强度破坏只可能在钢立柱的受力构件截面有削弱的条件下发生。

3. 钢立柱的计算要点

钢立柱的竖向承载能力主要由整体稳定性控制,若在柱身局部位置有截面削弱,必须进行竖向承载的抗压强度验算。

一般截面形式的钢立柱计算,可按国家标准《钢结构设计规范》(GB 50017)等相关规范中关于轴心受力构件的有关规定进行。具体计算中,在两道支撑之间的立柱计算跨度可取为上一道支撑杆件中心至下一道支撑杆件中心的距离。最底层一跨立柱计算跨度可取为上一道支撑中心至立柱桩顶标高。

角钢格构柱和钢管立柱插入立柱桩的深度计算可按下式计算:

$$l \geqslant K \frac{N - f_c A}{L \sigma} \tag{16-3}$$

式中　l——插入立柱桩的长度(mm);
　　　K——安全系数,取 2.0~2.5;
　　　f_c——混凝土的轴心抗压强度设计值(N/mm^2);
　　　A——钢立柱的截面面积(mm^2);
　　　L——中间支承柱断面的周长(mm);
　　　σ——粘结设计强度,如无试验数据可近似取混凝土的抗拉设计强度值 f_t(N/mm^2)。

钢立柱在实际施工中不同程度存在水平定位偏差和竖向垂直度偏差等施工偏差情况,因此在按照上式计算钢立柱的承载力时,尚应按照偏心受压构件验算一定施工偏差下钢立柱的承载力,以确保足够的安全度。此外,基坑开挖土方钢立柱暴露出来之后,应及时复核钢立柱的水平偏差和竖向垂直度,应根据实际的偏差测量数据对钢立柱的承载力进一步校核,如有施工偏差严重者,应采取限制荷载、设置柱间支撑等措施确保钢立柱承载力和稳定性满足要求。

16.5.2　立柱桩设计

1. 立柱桩的结构形式

立柱桩必须具备较高的承载能力，同时钢立柱需要与其下部立柱桩具有可靠的连接，因此各类预制桩难以利用作为立柱桩基础，工程中常采用灌注桩将钢立柱承担的竖向荷载传递给地基，另外也有工程采用钢管桩作为立柱桩基础，但由于造价高，与立柱连接构造相对更加复杂，且施工工艺难度比较高，因此其应用范围并不广泛。

当立柱桩采用钻孔灌注桩时，首先在地面成桩孔，然后置入钢筋笼及钢立柱，最后浇筑混凝土形成桩基。要求桩顶标高以下混凝土强度必须满足设计强度要求，因此混凝土一般都有2m以上的泛浆高度，可在基坑开挖过程中逐步凿除。钢立柱与钻孔灌注立柱桩的节点连接较为便利，可通过桩身混凝土浇筑使钢立柱底端锚固于灌注桩中，一般不必将钢立柱与桩身钢筋笼之间进行焊接。施工中需采取有效的调控措施，保证立柱桩的准确定位和精确度。

实施过程中，在桩孔形成后应将桩身钢筋笼和钢立柱一起下放入桩孔，在将钢立柱的位置和垂直度进行调整满足设计要求后，浇筑桩身混凝土。

立柱桩可以是专门加打的钻孔灌注桩，但在允许的条件下应尽可能利用主体结构工程桩以降低临时围护体系工程量，提高工程经济性。立柱桩应根据相应规范按受压桩的要求进行设计，目前现行标准中未要求对基坑立柱桩进行专门的荷载试验。因此在工程设计中需保证立柱桩的设计承载力具备足够安全度，并应提出全面的成桩质量检测要求。

2. 立柱桩的设计要点

立柱桩的设计计算方法与主体结构工程桩相同，可按照国家标准或工程所在地区的地方标准进行。立柱桩以桩与土的摩阻力和桩的端阻力来承受上部荷载，在基坑施工阶段承受钢立柱传递下来的支撑结构自重荷载与施工超载。

钢立柱插入立柱桩需要确保在插入范围内，灌注桩的钢筋笼内径大于钢立柱的外径或对角线长度。若遇钢筋笼内径小于钢立柱外径或对角线长度的情况，可以将灌注桩端部一定范围进行扩径处理，其作法如图16-37所示。使钢立柱的垂直度易于进行调整，钢立柱与立柱桩钢筋笼之间一般不必采用焊接等任何方式进行直接连接。

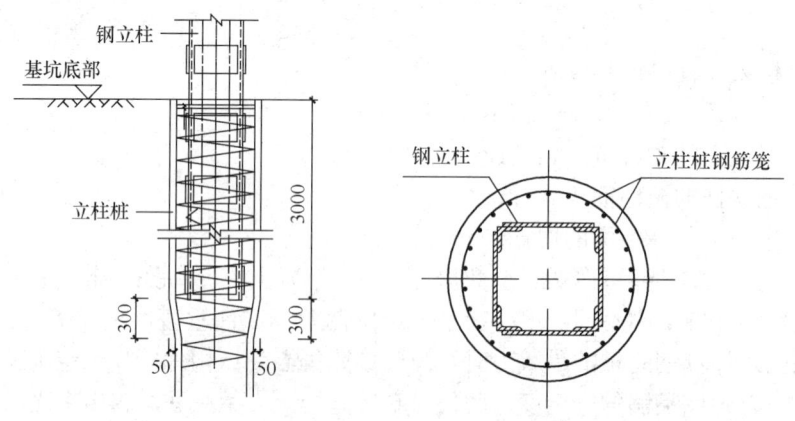

图 16-37　钢立柱插入钻孔灌注立柱桩构造图

16.5.3　竖向支承系统的连接构造

竖向支承系统钢立柱与临时支撑节点的设计，应确保节点在基坑施工阶段能够可靠地传递支撑的自重和各种施工荷载。这里对工程实践中各种成熟的竖向支承系统与支撑的连接构造进行介绍。

1. 角钢格构柱与支撑的连接构造

角钢格构柱与支撑的连接节点，施工期间主要承受临时支撑竖向荷载引起的剪力，设计一般根据剪力的大小计算确定后在节点位置钢立柱上设置足够数量的抗剪钢筋或抗剪栓钉。图 16-38 为设置抗剪钢筋与临时支撑连接的节点示意图。

施工阶段在直接作用施工车辆等较大超载的施工栈桥区域，需要在栈桥梁下钢立柱上设置钢牛腿或者在梁内钢牛腿上焊接抗剪能力较强的槽钢等构件。图 16-39 为钢格构柱设置钢牛腿作为抗剪件时的示意图和实景图。

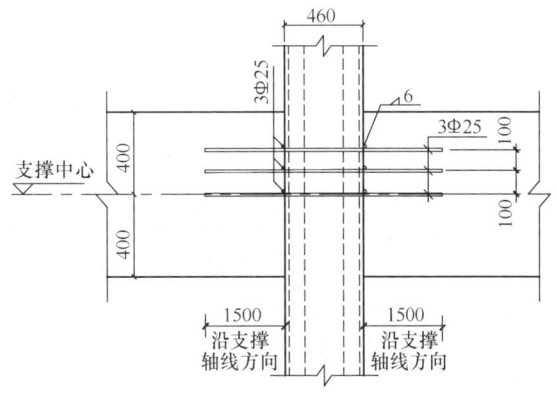

图 16-38　钢立柱设置抗剪钢筋与临时支撑的连接节点

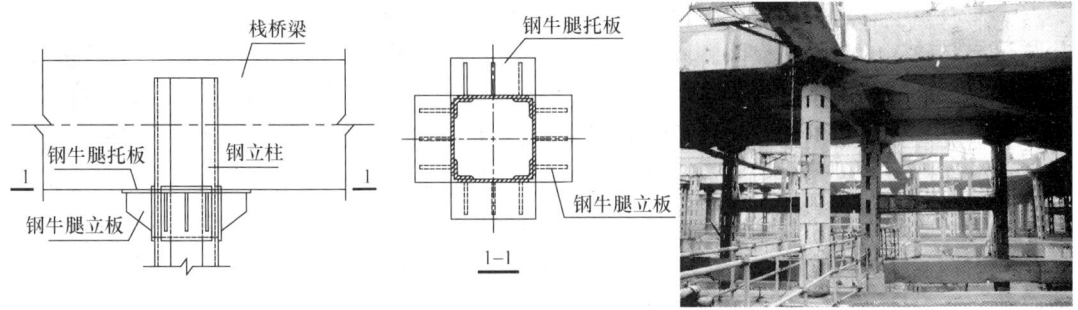

图 16-39　钢格构柱设置钢牛腿作为抗剪件的示意图与实景图

2. 钢立柱在底板位置的止水构造

由于钢立柱需在水平支撑全部拆除之后方可割除，水平支撑则随着地下结构由下往上逐层施工而逐层拆除，因此钢立柱需穿越基础底板，钢立柱穿越基础底板范围将成为地下水往上渗流的通道，为防止地下水上渗，钢立柱在底板位置应设置止水构件，通常采用在钢立柱构件周边加焊止水钢板的形式。

对于角钢拼接格构柱通常止水构造是在每根角钢的周边设置两块止水钢板，通过延长渗水途径起到止水目的，图 16-40 为角钢拼接格构柱在底板位置止水构造图。对于钢

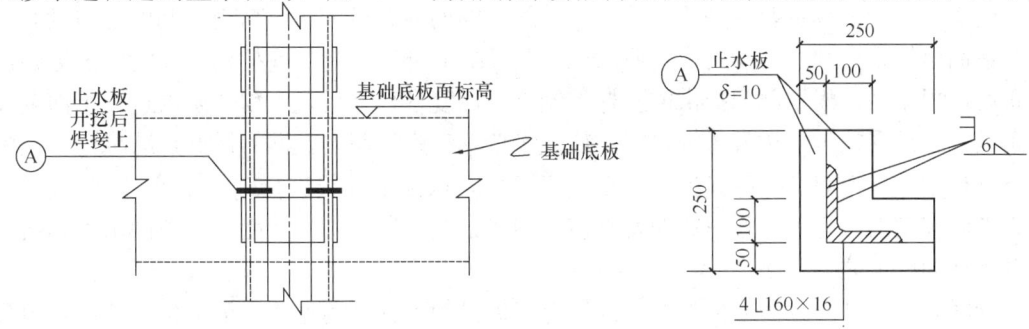

图 16-40　角钢拼接立柱在底板位置止水钢板详图

管混凝土立柱，则需要在钢管位于底板的适当标高位置设置封闭的环形钢板，作为止水构件。

16.6 支撑结构施工

深基坑施工技术发展至今，支撑结构的形式有多种，常用的有钢结构支撑和钢筋混凝土支撑两类。其中钢支撑多用圆钢管或大规格的 H 型钢，为减少挡墙的变形，用钢结构支撑时可用液压千斤顶施加预应力，如根据变形的发展，分阶段多次施加预应力更有效，钢筋混凝土支撑则采用钢筋混凝土结构作为水平支撑，支撑刚度大，通常首道支撑兼作施工栈桥使用。深基坑施工过程中也可采用钢支撑及混凝土支撑混合使用。支撑除根据其材料不同进行分类外，另根据支撑的平面布置形式也可分为环形支撑、对撑、角撑、及有围檩体系支撑、无围檩体系支撑。

16.6.1 支撑施工总体原则

无论何种支撑、其总体施工原则都是相同的，土方开挖的顺序、方法必须与设计工况一致，并遵循"先撑后挖、限时支撑、分层开挖、严禁超挖"的原则进行施工，尽量减小基坑无支撑暴露的时间和空间。同时应根据基坑工程等级、支撑形式、场内条件等因素，确定基坑开挖的分区及其顺序。宜先开挖周边环境要求较低的一侧土方，并及时设置支撑。环境要求较高一侧的土方开挖，宜采用抽条对称开挖、限时完成支撑或垫层的方式。

基坑开挖应按支护结构设计，降排水要求等确定开挖方案，开挖过程中应分段、分层、随挖随撑、按规定时限完成支撑的施工，做好基坑排水，减少基坑暴露时间。基坑开挖过程中，应采取措施防止碰撞支护结构、工程桩或扰动原状土。支撑的拆除过程时，必须遵循"先换撑、后拆除"的原则进行施工。

16.6.2 钢筋混凝土支撑

钢筋混凝土支撑应首先进行施工分区和流程的划分，支撑的分区一般结合土方开挖方案，按照盆式开挖、"分区、分块、对称"的原则确定，随着土方开挖的进度及时跟进支撑的施工，尽可能减少围护体侧开挖段无支撑暴露的时间，以控制基坑工程的变形和稳定性。

钢筋混凝土支撑的施工有多项分部工程组成，根据施工的先后顺序，一般可分为施工测量、钢筋工程、模板工程以及混凝土工程。以下对这些分部工程逐一进行说明：

1. 施工测量

施工测量的工作主要有平面坐标系内轴线控制网的布设和场区高程控制网的布设。

平面坐标系内轴线控制网应按照"先整体、后局部"、"高精度控制低精度"的原则进行布设。根据城市规划部门提供的坐标控制点，经复核检查后，利用全站仪进行平面轴线的布设。在不受施工干扰且通视良好的位置设置轴线的控制点，同时做好显著标记。在施工全过程中，对控制点妥善保护。根据施工需要，依据主轴线进行轴线加密和细部放线，形成平面控制网。施工过程中定期复查控制网的轴线，确保测量精度。支撑的水平轴线偏差控制在 30mm 之内。

场区高程控制网方面应根据城市规划部门提供的高程控制点，用精密水准仪进行闭合检查，布设一套高程控制网。场区内至少引测三个水准点，并根据实际需要另外增加，以此测设出建筑物高程控制网。支撑系统中心标高误差控制在30mm之内。

2. 钢筋工程

钢筋工程的重点是粗钢筋的定位和连接以及钢筋的下料、绑扎,确保钢筋工程质量满足相关规范要求。

1) 钢筋的进场及检验

钢筋进场必须附有出厂证明(试验报告)、钢筋标志,并根据相应检验规范分批进行见证取样和检验。钢筋进场时分类码放,做好标识,存放钢筋场地要平整,并设有排水坡度。堆放时,钢筋下面要垫设木枋或砖砌垫层,保证钢筋离地面高度不宜少于20cm,以防钢筋锈蚀和污染。

2) 钢筋加工制作

钢筋的加工制作方面,受力钢筋加工应平直,无弯曲,否则应进行调直。各种钢筋弯钩部分弯曲直径、弯折角度、平直段长度应符合设计和规范要求。箍筋加工应方正,不得有平行四边形箍筋,截面尺寸要标准,这样有利于钢筋的整体性和刚度,不易发生变形。钢筋加工要注意首件半成品的质量检查,确认合格后方可批量加工。批量加工的钢筋半成品经检查验收合格后,按照规格、品种及使用部位,分类堆放。

3) 钢筋的连接

钢筋的连接方面,支撑及围檩内纵向钢筋接长根据设计及规范要求,可以采用直螺纹套筒连接、焊接连接或者绑扎连接,钢筋的连接接头应设置在受力较小的位置,一般为跨度的1/3处,位于同一连接区段内纵向受拉钢筋接头数量不大于50%。

钢筋绑扎在支撑底部垫层完成后开始,钢筋的绑扎按规范进行,对支撑与围檩、支撑与支撑、支撑与立柱之间的节点钢筋绑扎应引起充分注意,由于在节点上的钢筋较密,钢筋的均匀摆放、穿筋合理安排将对施工质量和进度有较大的影响。在施工过程中,如第一道支撑梁钢筋与钢格构柱缀板相遇穿不过去时,在征得设计同意的情况下,缀板采用氧气乙炔焰切割,开孔面积不能大于缀板面积的30%;如支撑梁钢筋与钢格构柱角钢相遇穿不过去时,将支撑梁钢筋在遇角钢处断开,采用同直径帮条钢筋同时与角钢和支撑梁钢筋焊接,焊接满足相关规范要求。第二道支撑施工时,由于钢立柱已经处于受力状态,其角钢和缀板不能割除,对于第二道支撑在实际施工中钢筋穿越难度较大的节点,应及时与设计联系协商确定处理措施,通常采用的措施为钢筋遇角钢处断开并采用同直径帮条钢筋与角钢和支撑梁焊接。

4) 钢筋的质量检查

钢筋工程属于隐蔽工程,在浇筑混凝土前应对钢筋进行验收,及时办理隐蔽工程记录。钢筋加工均在现场加工成型,钢筋工程的重点是粗钢筋的定位和连接以及下料、绑扎,以上工序均严格按照相关规范要求进行施工。钢筋绑扎、安装完毕后,应进行自检,重点检查以下几方面:

a. 根据设计图纸检查钢筋的型号、直径、根数、间距是否正确;

b. 检查钢筋接头的位置及搭接长度是否符合规范规定;

c. 检查混凝土保护层厚度是否符合设计要求;

d. 钢筋绑扎是否牢固,有无松动变形现象;

e. 钢筋表面不允许有油渍、漆污;

f. 钢筋位置的允许偏差详见表 16-5；

钢筋绑扎允许偏差表　　　　　　　　　　　　　　　表 16-5

项次	项　目		允许偏差	检验方法
1	网眼尺寸	绑扎	±20	尺量连续三档取其最大值
2	骨架的宽度、高度		±5	尺量检查
3	骨架的长度		±10	
4	箍筋、构造筋间距	绑扎	±20	尺量连续三档取其最大值
5	受力钢筋	间距	±10	尺量两端中间各一点取其最大值
		排距	±5	
6	钢筋起弯点位移		20	尺量检查
7	受力钢筋保护层	梁	±5	
		板	±3	

g. 临时支撑钢筋的保护层厚度为 30mm，梁底钢筋保护层采用 20mm 厚水泥砂浆垫层。

3. 模板工程

模板工程的目标为支撑混凝土表面颜色基本一致，无蜂窝麻面、露筋、夹渣、锈斑和明显气泡存在。结构阳角部位无缺棱掉角，梁柱、墙梁的接头平滑方正，模板拼缝基本无明显痕迹。表面平整，线条顺直，几何尺寸准确，外观尺寸允许偏差在规范允许范围内。

钢筋混凝土支撑底模一般采用土模法施工，即在挖好的原状土面上浇捣 10cm 左右素混凝土垫层。垫层施工应紧跟挖土进行，及时分段铺设，其宽度为支撑宽度两边各加 200mm。为避免支撑钢筋混凝土与垫层粘在一起，造成施工时清除困难，在垫层面上用油毛毡做隔离层。隔离层采用一层油毛毡，宽度与支撑宽等同。油毛毡铺设尽量减少接缝，接缝处应用胶带纸满贴紧，以防止漏浆。

压顶圈梁、围檩以及支撑的模板典型做法如下。

1) 压顶圈梁模板

将围护体顶凿至设计标高，即可作为第一道支撑压顶圈梁底模，梁底采用 30mm 厚水泥砂浆垫层，在垫层上面涂刷脱模剂。梁模板及其支护详见图 16-41。

2) 围檩模板

第二道及第二道支撑以下的腰梁底模采用 30mm 厚水泥砂浆垫层，在垫层上面涂刷脱模剂，侧模一边利用围护体，另一边支木模板加固，同时为了保证围檩与围护体紧密接触，避免围檩与围护体之间存在空隙，将围檩与围护体接触部分混凝土表面凿毛清理干净后，再进行围檩施工，以便保证围檩与围护体连成整体。围檩模板施工详见图 16-42。

3) 支撑模板

支撑梁底模采用 30mm 厚水泥砂浆垫层，在垫层上面涂刷脱模剂。支撑梁模板施工详见图 16-43 和图 16-44。

4) 栈桥区域梁板模板

栈桥区域采用土体挖至梁底标高处，梁板模采用木胶合板，模板拼缝严密，防止漏

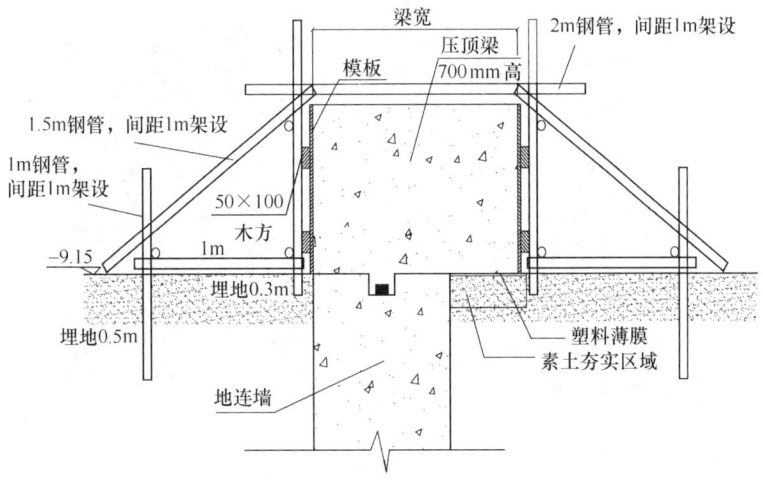

图 16-41 压顶圈梁模板施工详图

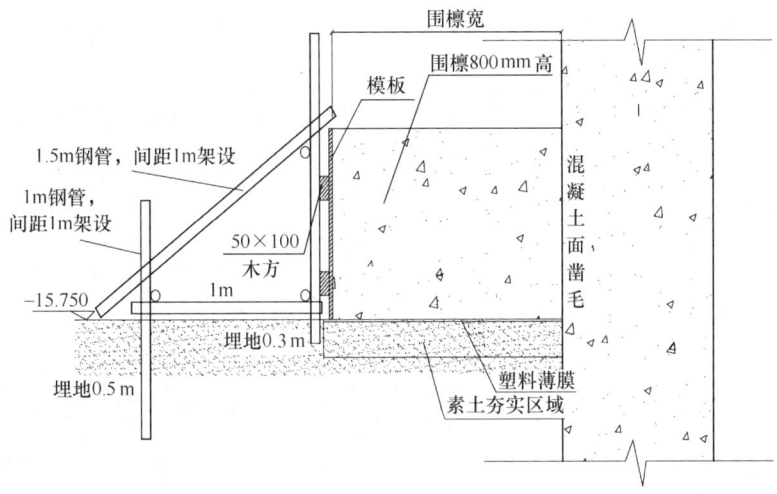

图 16-42 腰梁模板施工详图

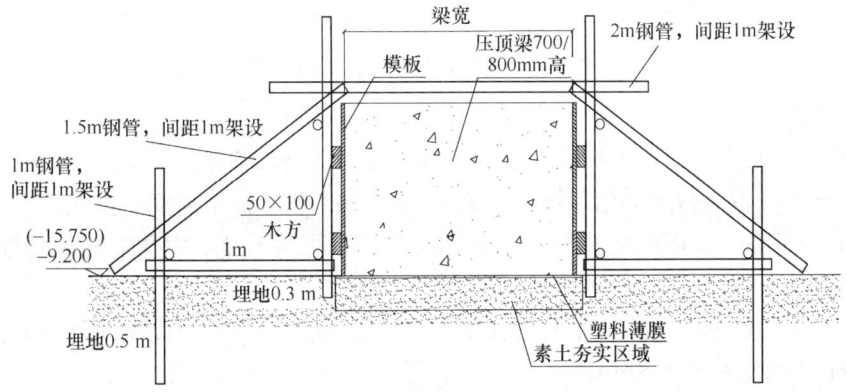

图 16-43 支撑模板施工详图

图 16-44　支撑模板现场实景

浆，所有木枋施工前均双面压刨平整以保证梁板及柱墙的平整度，要求所有木枋找平后方可铺设胶合板，以确保顶板模板平整。梁需用对拉螺杆加固；次梁安装应等主梁模板安装并校正后进行；模板安装后要拉中线进行检查，复核各梁模中心位置是否对正；待平板模安装后，检查并调整标高。

栈桥区域平台板和梁的模板施工支撑体系采用普通扣件式钢管脚手架满堂架的形式，在基层土壤上铺 4m×0.3m×0.05m 木跳板作为钢管脚手架支撑的基础垫层。梁板模板施工大样图如图 16-45 所示。

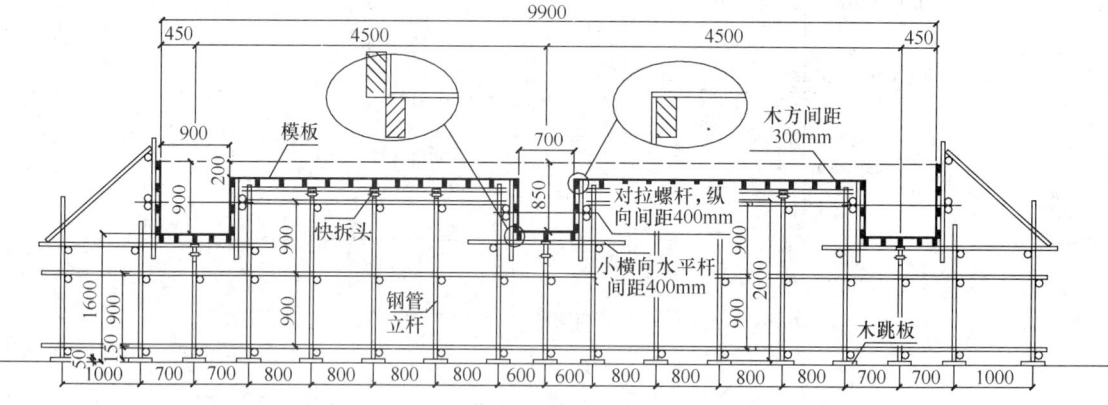

图 16-45　栈桥梁板模板施工详图

5）模板体系的拆除

模板拆除时间以同条件养护试块强度为准。模板拆除注意事项：

A. 在土方开挖时，必须清理掉支撑底模，防止底模附着在支撑上，在以后施工过程中坠落。特别是在大型钢筋混凝土支撑节点处，若不清理干净，附着的底模可能比较大，极易引起安全隐患

B. 拆模时不要用力太猛，如发现有影响结构安全的问题时，应立即停止拆除，经处理或采取有效措施后方可继续拆除。

C. 拆模时严禁使用大锤，应使用撬棍等工具，模板拆除时，不得随意乱放，防止模板变形或受损。

模板质量通病防治措施表见表 16-6。

模板质量通病防治措施表　　　　　　　　　表 16-6

序号	项目	防治措施
1	混凝土表面不平、粘连	控制拆模时间,清理模板和涂刷隔离剂必须认真,要有专人检查验收
2	竖向钢筋位移	钢筋保护层采用垫块来控制

4. 混凝土工程

钢筋混凝土支撑的混凝土工程施工目标为确保混凝土质量优良,确保混凝土的设计强度,特别是控制混凝土有害裂缝的发生。确保混凝土密实、表面平整,线条顺直,几何尺寸准确,色泽一致,无明显气泡,模板拼缝痕迹整齐且有规律性,结构阴阳角方正顺直。

1) 技术要求

塌落度方面：混凝土采用输送泵浇筑的方式,其塌落度要求入泵时最高不超过 20cm,最低不小于 16cm；确保混凝土浇筑时的塌落度能够满足施工生产需要,保证混凝土供应质量。

和易性方面：为了保证混凝土在浇筑过程中不离析,在搅拌时,要求混凝土要有足够的黏聚性,要求在泵送过程中不泌水、不离析,保证混凝土的稳定性和可泵性。

初、终凝时间要求：为了保证各个部位混凝土的连续浇筑,要求混凝土的初凝时间保证在 7~8h；为了保证后道工序的及时跟进,要求混凝土终凝时间控制在 12h 以内。

2) 混凝土输送管布置原则

根据工程和现场平面布置的特点,按照混凝土浇筑方案划分的浇筑工作面和连续浇筑的混凝土量大小、浇筑的方向与混凝土输送方向进行管道布置。管道布置在保证安全施工、装拆维修方便、便于管道清洗、故障排除、便于布料的前提下,尽量缩短管线的长度、少用弯管和软管。

在输送管道中应采用同一内径的管道,输送管接头应严密,有足够强度,并能快速拆装。在管线中,高度磨损、有裂痕、有局部凹凸或弯折损伤的管段不得使用。当在同一管线中有新、旧管段同时使用时,应将新管布置泵前的管路开始区、垂直管段、弯管前段、管道终端接软管处等压力较大的部位。

管道各部分必须保证固定牢固,不得直接支承在钢筋、模板及预埋件上。水平管线必须每隔一定距离用支架、垫木、吊架等加以固定,固定管件的支承物必须与管卡保持一定距离,以便排除堵管、装折清洗管道。垂直管宜在结构的柱或板上的预留孔上固定。

3) 混凝土浇筑

钢筋混凝土支撑采用商品混凝土泵送浇捣,泵送前应在输送管内用适量的与支撑混凝土成分相同的水泥浆或水泥砂浆润滑内壁,以保证泵送顺利进行。混凝土浇捣采用分层滚浆法浇捣,防止漏振和过振,确保混凝土密实。混凝土必须保证连续供应,避免出现施工冷缝。混凝土浇捣完毕,用木泥板抹平、收光,在终凝后及时铺上草包或者塑料薄膜覆盖,防止水位蒸发而导致混凝土表面开裂。

4) 施工缝处理

当前基坑工程的规模呈越大越深的趋势,单根支撑杆件的长度甚至达到了 200m 以上，混凝土浇筑后会发生压缩变形、收缩变形、温度变形及徐变变形等效应，在超长钢筋混凝土支撑中的负作用非常明显。为减少这些效应的影响必须分段浇筑施工。

支撑分段施工时设置的施工缝处必须待已浇筑混凝土的抗压强度不小于1.2MPa时，才允许继续浇筑，在继续浇筑混凝土前，施工缝混凝土表面要剔毛，剔除浮动石子，用水冲洗干净并充分润湿，然后刷素水泥浆一道，下料时要避免靠近缝边，机械振捣点距缝边30cm，缝边人工插捣，使新旧混凝土结合密实。

临时支撑结构与围护体等连接部位都要按照施工缝处理的要求进行清理：剔凿连接部位混凝土结构的表面，露出新鲜、坚实的混凝土；剥出、搬直和校正预埋的连接钢筋。需要埋设止水条的连接部位，还须在连接面表面干燥时，用钢钉固定延期膨胀型止水条。压顶圈梁上部需通长埋设刚性止水片，在混凝土浇筑前应做好预埋工作，保证止水钢板埋设深度和位置的准确性。在浇筑混凝土前要冲洗混凝土接合面，使其保持清洁、润湿，即可进行混凝土浇筑。

5）混凝土养护

支撑梁、栈桥上表面采用覆盖薄膜进行养护，侧面在模板拆模后采用浇水养护，一般养护时间不少于7天。

5. 支撑拆除

1）钢筋混凝土支撑拆除要点

钢筋混凝土支撑拆除时，应严格按设计工况进行支撑拆除，遵循先换撑、后拆除的原则。采用爆破法拆除作业时应遵守当地政府的相关规定。内支撑拆除要点主要为：a. 内支撑拆除应遵照当地政府的有关规定，考虑现场周边环境特点，按先置换后拆除的原则制定详细的操作条例，认真执行，避免出现事故；b. 内支撑相应层的主体结构达到规定的强度等级，并可承受该层内支撑的内力时，可按规定的换撑方式将支护结构的支撑荷载传递到主体结构后，方可拆除该层内支撑；c. 内支撑拆除应小心操作，不得损伤主体结构。在拆除下层内支撑时，支撑立柱及支护结构在一定时期内还处于工作状态，必须小心断开支撑与立柱，支撑与支护桩的节点，使其不受损伤；d. 最后拆除支撑立柱时，必须做好立柱穿越底板位置的加强防水处理；e. 在拆除每层内支撑的前后必须加强对周围环境的监测，出现异常情况立即停止拆除并立即采取措施，确保换撑安全、可靠。

2）钢筋混凝土支撑拆除方法

目前钢筋混凝土支撑拆除方法一般有人工拆除法、用静态膨胀剂拆除法和爆破拆除法。以下为三种拆除方法的简要说明：

人工拆除法，即组织一定数量的工人，用大锤和风镐等机械设备人工拆除支撑梁。该方法的优点在于施工方法简单、所需的机械和设备简单、容易组织。缺点是由于需人工操作，施工效率低，工期长；施工安全较差；施工时，锤击与风镐噪声大，粉尘较多，对周围环境有一定污染。

静态膨胀剂拆除法，即在支撑梁上按设计孔网尺寸钻孔眼，钻孔后灌入膨胀剂，数小时后利用其膨胀力，将混凝土胀裂，再用风镐将胀裂的混凝土清掉。该方法的优点在于施工方法较简单；而且混凝土胀裂是一个相对缓慢的过程，整个过程无粉尘，噪声小，无飞石。其缺点是要钻的孔眼数量多；装膨胀剂时，不能直视钻孔，否则产生喷孔现象易使眼睛受伤，甚至致盲；膨胀剂膨胀产生的胀力小于钢筋的拉应力，该力可使混凝土胀裂，但拉不断钢筋,要进一步破碎,尚困难,还得用风镐处理,工作量大;施工成本相对较高。

爆破拆除法,即在支撑梁上按设计孔网尺寸预留炮眼,装入炸药和毫秒电雷管,起爆后将支撑梁拆除(图 16-46~图 16-48)。该办法的优点在于施工的技术含量较高;爆破效率较高,工期短;施工安全;成本适中,造价介于上述二者之间。其缺点是爆破时产生爆破振动和爆破飞石,爆破时会产生声响,对周围环境有一定程度的影响。

图 16-46　支撑浇筑时预留爆破孔

图 16-47　支撑浇筑形成时爆破孔实景

图 16-48　混凝土支撑爆破安全防护

上述三种支撑拆除方法中,爆破拆除法由于其经济性适中而且施工速度快、效率高以及爆破之后后续工作相对简单的特点,近年来得到了广泛的推广应用。

16.6.3　钢支撑

钢支撑架设和拆除速度快、架设完毕后不需等待强度即可直接开挖下层土方,而且支撑材料可重复循环使用的特点,对节省基坑工程造价和加快工期具有显著优势,适用于开挖深度一般、平面形状规则、狭长形的基坑工程中。但与钢筋混凝土结构支撑相比,变形较大,比较敏感,且由于圆钢管和型钢的承载能力不如钢筋混凝土结构支撑的承载能力大,因而支撑水平向的间距不能很大,相对来说机械挖土不太方便。在大城市建筑物密集地区开挖深基坑,支护结构多以变形控制,在减少变形方面钢结构支撑不如钢筋混凝土结构支撑,如能根据变形发展,分阶段多次施加预应力,亦能控制变形量(图16-49)。

图 16-49　钢支撑施工

钢支撑体系施工时,根据围护挡墙结构形式及基坑的挖土的施工方法不同,围护挡墙上的围檩形式也有所区别。一般情况下采用钻孔灌注桩、型钢水泥土搅拌墙、钢板桩等等围护挡墙时,必须设置围檩,一般首道支撑设置钢筋混凝土围檩(图 16-50)、下道支撑设置型钢围檩(图 16-51)。混凝土围檩刚度大,承载能力高,可增大支撑的间距。钢围檩施工方便,钢围檩与挡墙间的空隙,宜用细石混凝土填实。

图 16-50 混凝土围檩　　　　　　图 16-51 型钢围檩

当采用地下连续墙作为围护挡墙时，根据基坑的形状及开挖工况不同，可以设置围檩、也可以不设置围檩，当设置围檩体系时，可采用钢筋混凝土或钢围檩。无围檩体系一般用在地铁车站等狭长型基坑中，钢支撑与围护墙间常采用直接连接，一般情况下一幅地墙设置两根钢支撑。图 16-52 为上海市某地铁车站局部钢支撑平面布置图，图中每幅地墙设置两根钢支撑、端部采用角撑部位设置预埋件与钢支撑连接。

无围檩支撑体系施工过程时，应注意当支撑与围护挡墙垂直时支撑与挡墙可直接连接，无需设置预埋件，当支撑与围护挡墙斜交时，应在地墙施工时设置预埋件，用于支撑与挡墙间连接（图 16-53）。无围檩体系的支撑施工应注意基坑开挖发生变形后，常产生松弛现象，导致支撑坠落。目前常用方法有两种：①凿开围檩处围护墙体钢筋，将支撑与围护墙体钢筋连接；②围护墙体设置钢牛腿，支撑搁置在牛腿上。

钢支撑的施工根据流程安排一般可分为测量定位、起吊、安装、施加预应力以及拆撑等施工步，以下分别为各个施工步进行说明：

1. 测量定位

钢支撑施工之前应做好测量定位工作，测量定位工作基本上与混凝土支撑的施工相一致，包含平面坐标系内轴线控制网的布设和场区高程控制网的布设两大方面的工作。

钢支撑定位必须精确控制其平直度，以保证钢支撑能轴心受压，一般要求在钢支撑安装时采用测量仪器（卷尺、水准仪、塔尺等）进行精确定位。安装之前应在围护体上做好控制点，然后分别向围护体上的支撑埋件上引测，将钢支撑的安装高度、水平位置分别认真用红漆标出。

2. 钢支撑的吊装

从受力可靠角度，纵横向钢支撑一般不采用重迭连接，而采用平面刚度较大的同一标高连接，以下针对后者对钢支撑的起吊施工进行说明。

第一层钢支撑的起吊与第二及以下层支撑的起吊作业有所不同，第一层钢支撑施工时，空间上无遮挡相对有利，如支撑长度一般时，可将某一方向（纵向或者横向）的支撑在基坑外按设计长度拼接形成整体，其后 1~2 台吊车采用多点起吊的方式将支撑吊运至设计位置和标高，进行某一方向的整体安装，但另一方向的支撑需根据支撑的跨度进行分节吊装，分节吊装至设计位置之后，再采用螺栓连接或者焊接连接等方式与先行安装好的另一方向的支撑连接成整体。

16.6 支撑结构施工

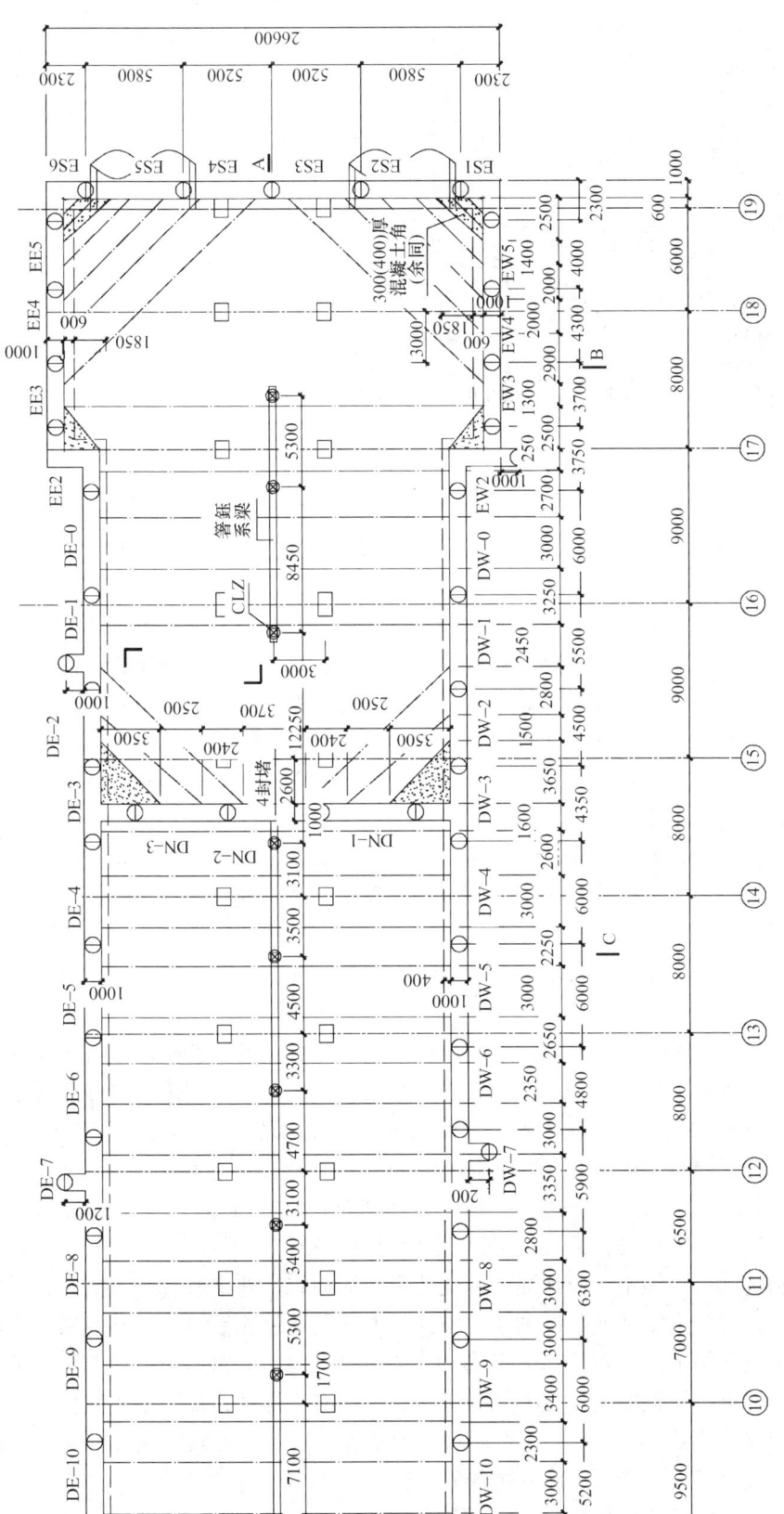

图 16-52 某地铁车站钢支撑平面布置图

图 16-53 无围檩体系

第二及以下层钢支撑在施工时，由于已经形成第一道支撑系统，已无条件将某一方向的支撑在基坑外拼接成整体之后再吊装至设计位置。因此当钢支撑长度较长，需采用多节钢支撑拼接时，应按"先中间后两头"的原则进行吊装，并尽快将各节支撑连起来，法兰盘的螺栓必须拧紧，快速形成支撑。长度较小的斜撑在就位前，钢支撑先在地面预拼装到设计长度，再进行吊装。

支撑钢管与钢管之间通过法兰盘以及螺栓连接。当支撑长度不够时，应加工饼状连接管，严禁在活络端处放置过多的塞铁，影响支撑的稳定。

3. 预加轴力

钢支撑安放到位后，吊机将液压千斤顶放入活络端顶压位置，接通油管后开泵，按设计要求逐级施加预应力。预应力施加到位后，在固定活络端，并烧焊牢固，防止支撑预应力损失后钢锲块掉落伤人。预应力施加应在每根支撑安装完以后立即进行。支撑施加预应力时，由于支撑长度较长，有的支撑施加预应力很大，安装的误差难以保证支撑完全平直，所以施加预应力的时候为了确保支撑的安全性，预应力分阶段施加。支撑上的法兰螺栓全部要求拧到拧不动为止。

支撑应力复加应以监测数据检查为主，以人工检查为辅。监测数据检查的目的是控制支撑每一单位控制范围内的支撑轴力。其复加位置应主要针对正在施加预应力的支撑之上的一道支撑及暴露时间过长的支撑。复加应力时应注意每一幅连续墙上的支撑应同时复加，复加应力的值应控制在预加应力值的110%之内，防止单组支撑复加应力影响到其周边支撑。

采用钢支撑施工基坑时，最大问题是支撑预应力损失问题，特别深基坑工程采用多道钢支撑作为基坑支护结构时，钢支撑预应力往往容易损失，对在周边环境施工要求较高的地区施工、变形控制的深基坑很不利。造成支撑预应力损失的原因很多，一般有以下几点：1）施工工期较长，钢支撑的活络端松动；2）钢支撑安装过程中钢管间连接不精密；3）基坑围护体系的变形；4）下道支撑预应力施加时，基坑可能产生向坑外的反向变形，造成上道钢支撑预应力损失；5）换撑过程中应力重分布。

因此在基坑施工过程中，应加强对钢支撑应力的检查，并采取有效的措施，对支撑进行预应力复加。预应力复加通常按预应力施加的方式，通过在活络头子上使用液压油泵进行顶升，采用支撑轴力施加的方式进行复加，施工时极其不方便，往往难以实现动态复加。目前国内外也可设置专用预应力复加装置，一般有有螺杆式及液压式两种动态轴力复加装置（图 16-54 和图 16-55）。采用专用预应力复加装置后，可以实现对钢支撑动态监控及动态复加，确保了支撑受力、及基坑的安全性。

对支撑的平直度、连接螺栓松紧、法兰盘的连接、支撑牛腿的焊接支撑等进行一次全

图 16-54 螺杆式预应力复加装置　　图 16-55 液压式预应力复加装置

面检查。确保钢支撑各节接管螺栓紧固、无松动，且焊缝饱满。

4. 钢支撑施工质量控制

①钢立柱开挖出来后，用水准仪根据设计标高来划线焊接托架。

②基坑周围堆载控制在 20kPa 以下。

③做好技术复核及隐蔽验收工作，未经质量验收合格，不得进行下道工序施工。

④电焊工均持证上岗，确保焊缝质量达到设计及国家有关规范要求，焊缝质量由专人检查。

⑤法兰盘在连接前要进行整形，不得使用变形法兰盘，螺栓连接控制紧固力矩，严禁接头松动。

⑥每天派专人对支撑进行 1-2 次检查，以防支撑松动。

⑦钢支撑工程质量检验标准为：支撑位置标高允许偏差 30mm，平面允许偏差 100mm；预加应力允许偏差 ±50kN；立柱位置标高允许偏差 30mm，平面允许偏差 50mm。

5. 支撑的拆除

按照设计的施工流程拆除基坑内的钢支撑，支撑拆除前，先解除预应力。

16.6.4 支撑立柱的施工

内支撑体系的钢立柱目前用得最多的形式为角钢格构柱，即每根柱由四根等边角钢组成柱的四个主肢，四个主肢间用缀板进行连接，共同构成钢格构柱。

钢格构柱一般均在工厂进行制作，考虑到运输条件的限制，一般均分段制作，单段长度一般最长不超过 15m，运至现场之后再组成整体进行吊装。钢格构柱现场安装一般采用"地面拼接、整体吊装"的施工方法，首先将工厂里制作好运至现场的分段钢立柱在地面拼接成整体，其后根据单根钢立柱的长度采用两台或多台吊车抬吊的方式将钢格构柱吊装至安装孔口上方，调整钢格构柱的转向满足设计要求之后，和钢筋笼连接成一体后就位，调整垂直度和标高，固定后进行立柱桩混凝土的浇筑施工。

钢格构柱作为基坑实施阶段的重要的竖向受力支承结构，其垂直度至关重要，将直接影响钢立柱的竖向承载力，因此施工时必须采取措施控制其各项指标的偏差度在设计要求的范围之内。钢格构柱垂直度的控制首先应特别注意提高立柱桩的施工精度，立柱桩根据不同的种类，需要采用专门的定位措施或定位器械，其次钢立柱的施工必须采用专门的定位调垂设备对其进行定位和调垂。目前，钢立柱的调垂方法基本分为气囊法、机械调垂架法和导向套筒法三大类（具体方法详见18.3.2节）。其中机械调垂法是几种调垂方法中最经济实用的，因此大量应用于内支撑体系中的钢立柱施工中，当钢立柱沉放至设计标高后，在钻孔灌注桩孔口位置设置H型钢支架，在支架的每个面设置两套调节丝杆，一套用于调节钢格构柱的垂直度，另一套用于调节钢格构柱轴线位置，同时对钢格构柱进行固定。

具体操作流程为：钢格构柱吊装就位后，将斜向调节丝杆和钢柱连接，调整钢格构柱安装标高在误差范围内，然后调整支架上的水平调节丝杆，调整钢柱轴线位置，使钢格构柱四个面的轴向中心线对准地面（或支撑架H型钢上表面）测放好的柱轴线，使其符合设计及规范要求，将水平调节丝杆拧紧。调整斜向调节丝杆，用经纬仪测量钢柱的垂直度，使钢立柱柱顶四个面的中心线对准地面测放出的柱轴线，控制其垂直度偏差在设计要求范围内。

16.7 工程实例

16.7.1 中国平安金融大厦基坑工程

1. 工程概况

中国平安金融大厦工程由39层主楼和4层裙楼组成。主楼采用SRC框架-钢核心筒结构体系，裙楼采用钢筋混凝土框架结构体系，均设置3层地下室；基础采用桩筏基础，工程桩均采用钻孔灌注桩。主楼基础底板厚度2.5m，裙楼基础底板厚度1.5m。工程基坑面积约为18000m^2，基坑开挖深度主楼区域约为17.90m，裙楼区域约为16.90m，属超大型深基坑工程，基坑保护等级为一级。

2. 基坑总体设计方案

本基坑工程属于超大深基坑工程，周边环境保护要求极高，为了最大限度控制基坑开挖阶段对周边环境产生的不利影响，本工程采用地下连续墙作为基坑围护结构，地下连续墙施工工艺成熟，施工对环境影响较小，水平抗侧刚度大，水平变形小，可有效地保护周围环境，已大量应用于上海的深基坑工程中，特别是地铁周边的深基坑工程，因此有着成熟和丰富的设计施工经验。同时考虑到经济性等因素，地下连续墙采用"两墙合一"的设计思路，即地下连续墙作为围护结构的同时又作为地下室外墙，基坑工程施工阶段地下连续墙既作为挡土结构又作为止水帷幕，起到挡土和止水的目的，同时地下连续墙在结构永久使用阶段作为主体地下室结构外墙，通过与主体地下结构内部水平梁板构件的有效连接，不再另外设置地下结构外墙。基坑围护体地下连续墙厚度综合主体结构使用要求，周围环境条件以及基坑开挖阶段水平位移的控制要求等因素进行计算确定，在裙楼区域采用800厚地下连续墙作为基坑围护结构，主楼区域及临近地铁侧采用1000厚度的地下连续墙（图16-56）。

基坑竖向设置三道钢筋混凝土支撑，呈边桁架加对撑布置，该支撑布置形式受力明确，可加快土方开挖、出土速度。钢筋混凝土内支撑可发挥其混凝土材料抗压承载力高、变形小、刚度大的特点，对减小围护体水平位移，并保证围护体整体稳定具有重要作用，同时第一道支撑对撑位置又可作为施工中挖、运土用的栈桥，方便了施工，降低了施工技术措施费。基坑开挖到坑底后再由下而上顺作地下室结构，并相应拆除支撑系统。

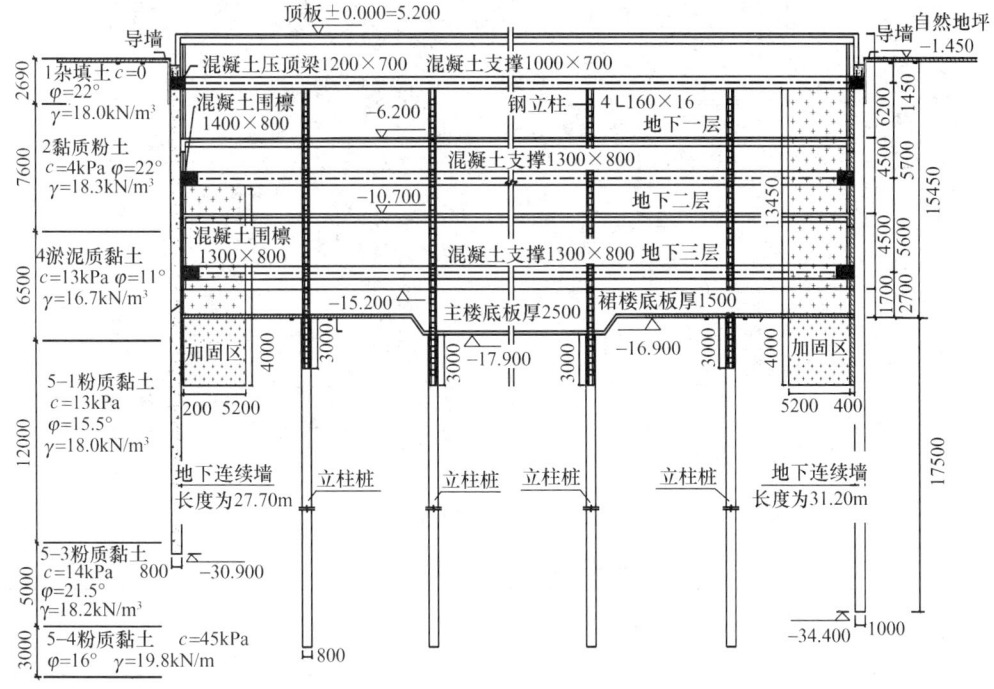

图 16-56　基坑围护结构剖面图

3. 支撑体系设计

基坑竖向设置三道水平钢筋混凝土支撑系统，钢筋混凝土内支撑可发挥其混凝土材料抗压承载力高、变形小、刚度大的特点，对减小围护体水平位移，并保证围护体整体稳定具有重要作用，同时第一道支撑对撑位置又可作为施工中挖、运土用的栈桥，方便了施工，降低了施工技术措施费。地下连续墙顶部设置压顶圈梁兼作第一道支撑的围檩，支撑结构平面见图 16-57 和图 16-58。

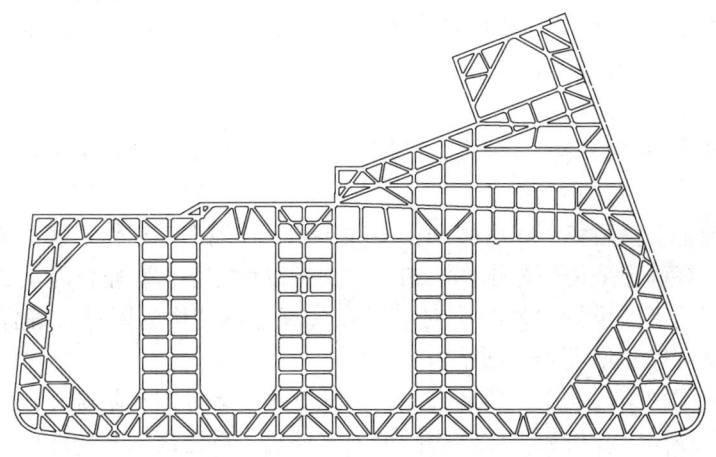

图 16-57　支撑平面布置图

三道钢筋混凝土支撑截面参数具体如表 16-7 所示。

图 16-58 支撑实景图

竖向支撑截面尺寸表 表 16-7

项 目	围檩 (mm×mm)	主 撑 (mm×mm)	八字撑 (mm×mm)	连 杆 (mm×mm)	支撑系统中心标高 (m)
第一道支撑	1200×700	1000×700	800×700	700×700	−2.900
第二道支撑	1400×800	1300×800	1000×800	900×800	−8.600
第三道支撑	1300×800	1200×800	900×800	800×800	−14.200

16.7.2 天津津塔基坑工程

1. 工程概况

本工程位于天津市和平区大沽北路、滨江道与张自忠路围成的地块内，基坑临近天津市的河流干道海河。主体结构为一幢超高层商务楼、一幢公寓和整体地下车库[4]。其中超高层的建筑高度达到 330m，建成后将成为天津市内最高的建筑物。主体结构均设置四层地下室，基础形式为桩筏基础。

2. 总体设计方案

本工程塔楼为超高层结构，公寓为高层结构，其他区域为纯地下室，地面主要以绿化为主。围护设计前期根据不同的工期安排，进行了多个基坑设计方案的比选：①塔楼顺作——公寓和纯地下室逆作；②塔楼和公寓顺作——纯地下室逆作；③整体顺作。经过多次比较分析，最终确定采用整体顺作法的基坑支护设计方案。在整体基坑工程实施的过程中，应通过合理的支护设计尽量减少对塔楼和公寓主体结构的阻挡，确保基坑开挖到底后，塔楼和公寓可以及早进入上部结构施工。

本工程周边围护结构采用"两墙合一"的地下连续墙，即在基坑开挖阶段作为基坑支护结构，在永久使用阶段作为主体结构的地下室外墙。塔楼区域开挖深度较深，因此采用 1000mm 厚的地下连续墙；公寓和纯地下室区域开挖相对较浅，采用 800mm 厚的地下连续墙。基坑周边围护结构的入土深度综合围护结构的变形和稳定性计算以及基坑降水、隔水措施综合确定(图 16-59)。

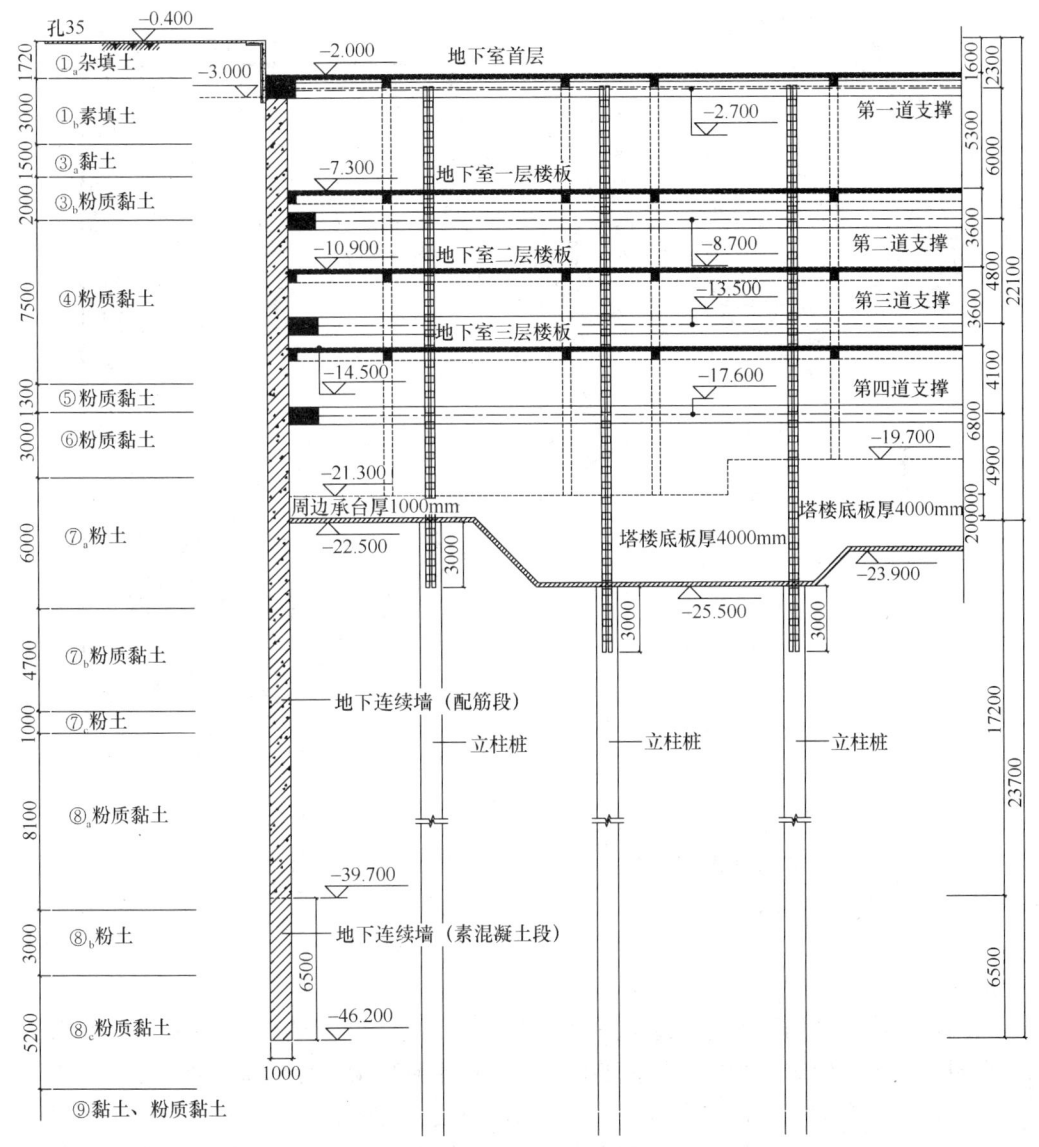

图 16-59 基坑围护结构剖面图

根据围护结构受力计算的需要,本工程内部需设置四道钢筋混凝土支撑体系。由于平面形状不规则,采用较为传统的角撑、对撑结合边桁架布置,需要设置大量穿越基坑内部的杆件,不利于土方的开挖和地下室结构的的施工。因此结合本工程的平面形状和塔楼的分布位置,采用双圆环的支撑平面布置体系。

3. 支撑体系设计

基坑竖向设置的四道圆环形支撑体系可以最大限度的发挥混凝土的受压能力,并形成中部开阔的空间。本工程中大圆环直径 97.5m,小圆环直径 60m。支撑角落位置设置角撑,中部采用对撑桁架进行连接,角撑和对撑的连杆结合径向杆件设置,使其达到局部区域受力平衡的同时也对整个圆环系统的稳定和水平力的传递提供了有效的途径

(图16-60)。

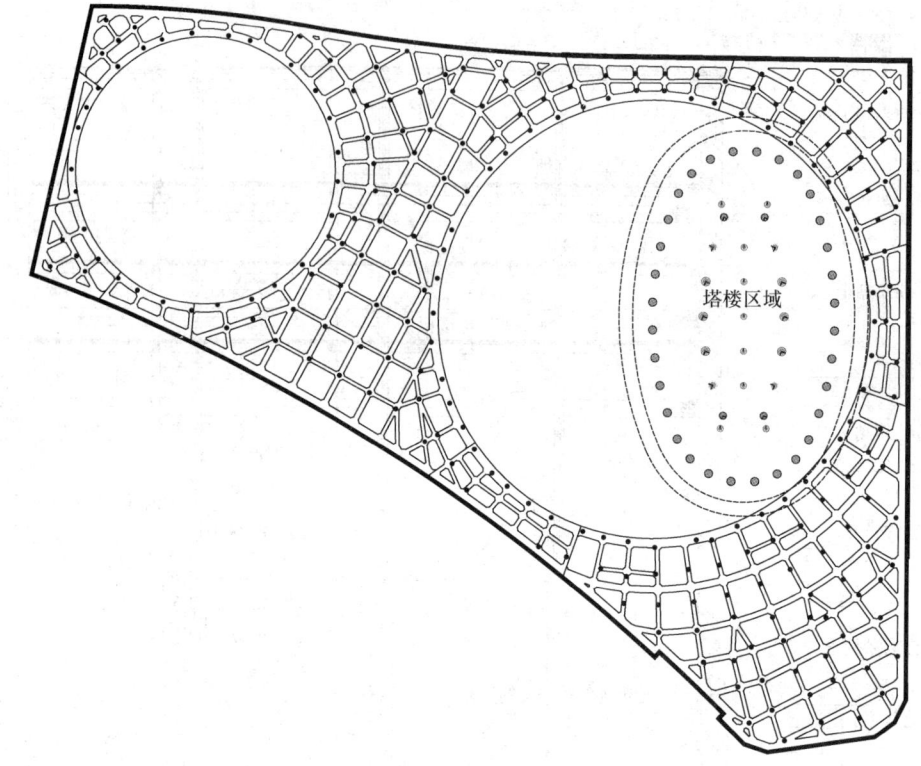

图 16-60　支撑平面布置图

大圆环的设计完全避开整个塔楼区域的所有竖向构件，小圆环区域也避开部分公寓竖向结构，中部对撑区域的支撑杆件与公寓的竖向结构尽量避开或垂直穿越，基坑开挖到底后，完成基础底板施工后，两个主要的地面建筑即可在不拆撑的情况下向上施工主体结构，加快整体工期进度。

双圆环支撑体系的设置，在避让主体结构的同时也给整个基坑留下了较大的出土空间，方便土方车辆的进出和挖土机械的操作。但由于圆环形支撑体系整体性较强，需要在整道支撑体系全部形成，整体受力后方可进行其下的土方开挖。基坑施工过程中，可以利用双圆环支撑体系中，对撑和角撑局部体系平衡的特点，分区开挖与分区支撑施工相结合，采用岛式挖土，及时形成各道水平支撑体系。

16.7.3　浙江家园基坑工程

1. 工程概况

本工程位于上海市长寿路与陕西北路的东南角处，主体结构为一幢26层主楼（框-剪结构）和地下车库，均设置二层地下室，基坑面积约为5212m²，基坑挖深主楼约为10.55m，地下车库约为9.35m。周边建筑物、地下管线众多，周边保护要求较高。本工程基坑开挖较深，施工难度较高。

2. 围护设计方案

综合考虑本工程周边环境、道路管线分布、基坑挖深以及浅层土砂性较重，渗透性系数较大等因素，本方案拟采用型钢水泥土搅拌墙作为围护体。型钢水泥土搅拌墙即在多头钻水泥土搅拌桩中内插型钢，基坑开挖期间水泥土搅拌桩可作为止水帷幕，内插型钢可作为挡土受力结构，型钢水泥土搅拌墙具有强度大、止水性好以及内插的型钢可拔出反复使用、经济性好的优点。本工程型钢水泥土搅拌墙采用$\phi 850@600$的进口多钻头水泥土搅拌桩，另外根据主楼区和地下车库区基坑挖深以及分布范围的实际情况，通过计算分析确定主楼区的三轴水泥土搅拌桩中内插$2H700\times 300\times 13\times 24@1800$型钢，地下车库区的三轴水泥土搅拌桩内插$H700\times 300\times 13\times 24@1200$型钢，由此三轴水泥土搅拌桩与内插型钢构成复合挡土和止水结构，结合坑内竖向设置两道水平钢支撑系统，呈正交对撑布置，钢支撑架设和拆除速度均较快，有利于加快施工进度，同时还可通过预加和复加轴力达到控制基坑变形的目的，其经济指标优于钢筋混凝土支撑。该方案的优势在于型钢水泥土搅拌墙的内插型钢可重复利用，因此必须在施工结束后拔出型钢（图16-61）。

3. 支撑体系设计

本基坑工程竖向设置二道水平型钢支撑系统，第一道钢支撑主撑采用$2H588\times 300\times$

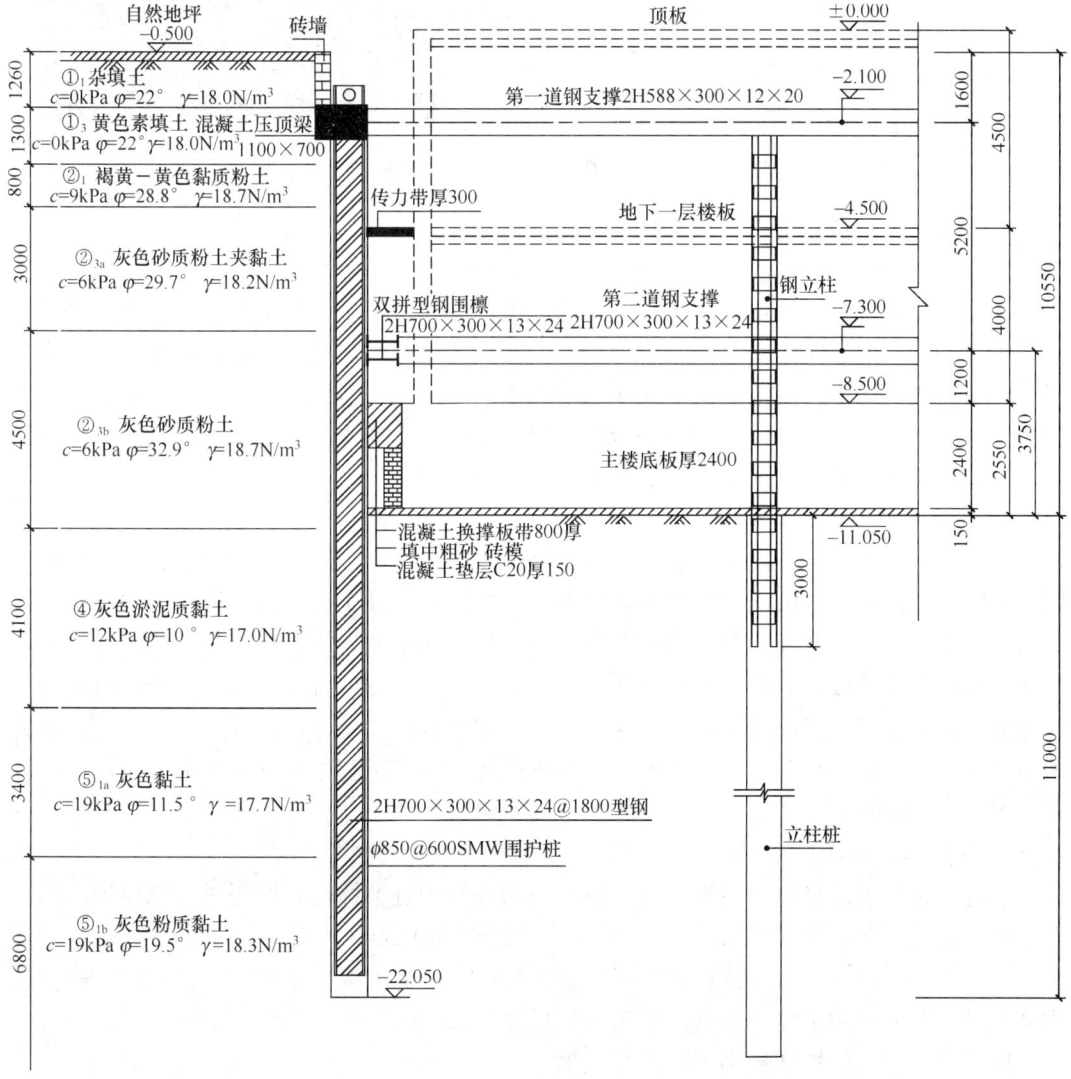

图16-61 基坑围护结构剖面图

12×20，八字撑及连杆采用 H588×300×12×20，压顶梁兼作第一道混凝土围檩，其截面为 1100×700，第一道支撑系统中心标高为－2.100；第二道钢支撑主撑采用 2H700×300×13×24，八字撑及连杆采用 H700×300×13×24，围檩采用双拼 H700×300×13×24 型钢围檩，第二道支撑系统中心标高－7.300（图 16-62 和图 16-63）。

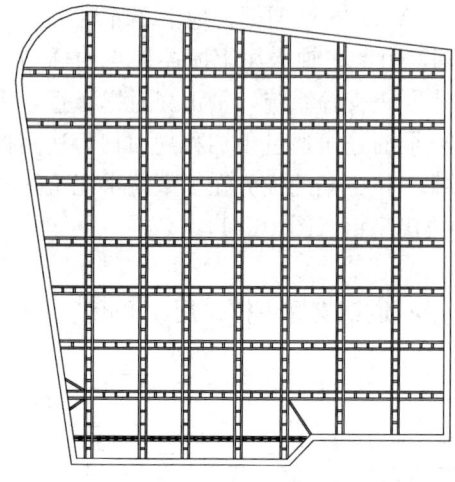

图 16-62　支撑平面布置图

图 16-63　支撑实景图

16.7.4　大宁商业中心基坑工程

1. 工程概况

上海市闸北区大宁商业中心位于大宁路以南、共和新路南北高架路以西，基坑开挖面积约 44365m²，开挖深度基坑东侧约为 6～6.7m，其他侧约为 6.2～8m。场地周边存在较多的多层建筑与地下管线，且基坑东侧有南北走向的地铁一号线北延伸段区间隧道，隧道顶部埋深 11.8m，该侧围护体与地铁隧道的最小净距仅为 5.45m。地铁控制范围内的保护要求极高，对水平变形和沉降等控制要求十分严格。

2. 基坑围护设计方案

综合考虑基地周边环境保护要求、基坑面积、开挖深度以及经济性等因素，本工程采用了重力坝和排桩结合坑内钢斜撑的多种组合支护形式，其中重力坝主要应用在基坑开挖深度约 6.2～7m，以及周边环境保护要求相对宽松的西南侧，排桩结合钢斜撑体系主要应用在环境保护要求极高的东侧地铁隧道侧，以及开挖深度相对较深，约 7～8m 的北侧和西北侧。东侧紧邻本基坑工程的重点保护对象地铁一号线北延伸段区间隧道，因此围护设计中针对该侧采取了一系列的技术对策，以确保基坑施工过程中地铁隧道的安全和正常运营（图 16-64 和图 16-65）。

3. 支撑体系设计

基坑在竖向采用竖向钢斜撑系统，同时为增强围护桩整体性在围护桩顶部设置一道混凝土压顶圈梁，截面为 1200mm×700mm。主支撑断面 $\phi 609×12$；支撑杆件的设置也遵循了避开结构柱以及剪力墙的原则，局部必须穿剪力墙的支撑拟采用 H 型钢支撑来替代，或可通过在剪力墙预留孔以及该局部剪力墙后作等方式来解决（图 16-66）。

16.7.5　组合结构环形内支撑工程案例

组合结构环形内支撑形式与钢筋混凝土环形支撑形式基本一致，其根本区别在于组合结

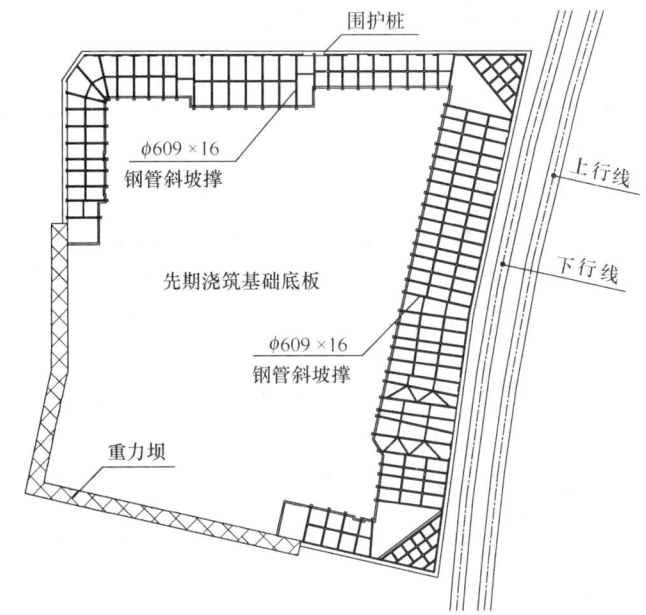

图 16-64　围护体及支撑平面布置图

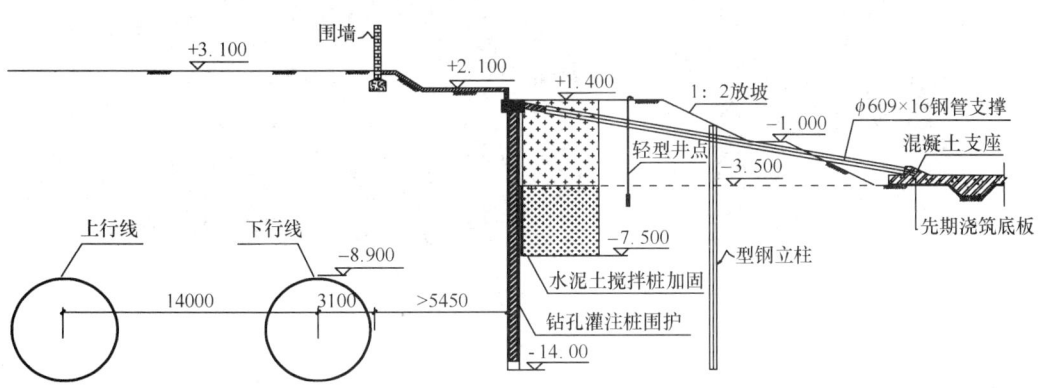

图 16-65　邻近地铁侧基坑围护剖面图

图 16-66　竖向钢斜撑实景

构环形内支撑形式中,环形支撑由于需承受巨大的轴向压力,因此支撑杆件仍选择抗压性能更优越的钢筋混凝土材料,其余杆件相对而言,承受的轴向压力比环形支撑要小得多。

实例1:中国石油大厦[5],是世界500强企业——中国石油在武汉建设的第一座五星级酒店,三层地下室,地下空间周边有煤气管网,且距基坑边仅1.6m,东面为城市主干道——长青路,另两边为高层住宅,该工程的地下室底比周边建筑物的地下室底低6~8m,基坑深14.65~17m,首次采用长轴直径为56m,短轴直径为49.2m的椭圆形钢筋混凝土环形内支撑和钢结构腹杆支撑的组合结构环形内支撑(图16-67),首次采用竖向两层椭圆形组合结构内环形支撑,达到了控制基坑变形、加快施工进度、降低成本、减少扰民的效果。

实例2:铁道第四勘察设计院科研大楼深基坑[5](图16-68)采用长轴直径为84m,短轴直径为76m的椭圆形钢筋混凝土撑和钢结构腹杆撑的组合结构椭圆形内支撑,采用竖向两层椭圆形组合结构内支撑,成功地解决了控制深基坑支护的侧向变形和保护周边既有建(构)筑物安全和减少大型内支撑拆除时对办公和居民生活产生影响的问题。

图16-67 中石油基坑工程开挖全景　　图16-68 铁四院科研大楼基坑工程开挖实景

参考文献

[1] 杨敏,冯虹. 深基坑开挖中内支撑支护体系方案选择及计算. 结构工程师,1996(4)
[2] 上海市标准. 基坑工程设计规程(DBJ 08—61—97)
[3] 王卫东,王建华. 深基坑支护结构与主体结构相结合设计、分析与实例. 北京:中国建筑工业出版社,2007
[4] 宋青君,王卫东. 天津第一高楼津塔基坑工程的设计与实践. 岩土工程学报,2008,1000-4548(2008)S0-0644-07
[5] 龚晓南,宋二祥,郭红仙. 基坑工程实例2. 北京:中国建筑工业出版社,2008

第17章 锚杆的设计与施工

17.1 概　述

锚杆支护作为一种支护方式，与传统的支护方式有着根本的区别，传统的支护方式常常是被动地承受坍塌岩体土体产生的荷载，而锚杆可以主动地加固岩土体，有效地控制其变形，防止坍塌的发生。

由于锚杆支护技术的优越性，我国自1950年代开始在煤炭系统使用锚杆以来，目前已在矿山、水电、建筑等工程领域中广泛使用了该项技术。图17-1为常见锚杆的类型。

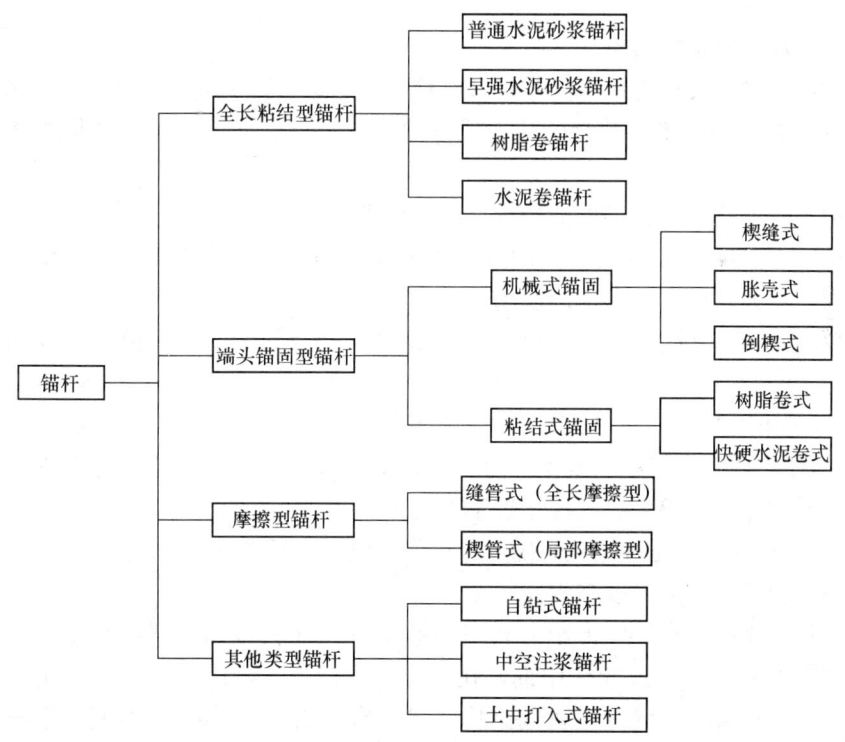

图 17-1　锚杆分类

楔缝锚杆、倒楔锚杆是早期发展的锚杆，现应用较少；胀壳锚杆则因结构复杂，成本较高，应用也较少。

17.1.1 锚杆支护的作用原理

锚杆是将受拉杆件的一端（锚固段）固定在稳定地层中，另一端与工程构筑物相联结，用以承受由于土压力、水压力等施加于构筑物的推力，从而利用地层的锚固力以维持构筑物（或岩土层）的稳定。

锚杆外露于地面的一端用锚头固定。一种情况是锚头直接附着结构上并满足结构的稳定；另一种情况是通过梁板、格构或其他部件将锚头施加的应力传递于更为宽广的岩土体表面。对于锚固作用原理的认识，可归纳为两种不同的理论。

一种是建立在结构工程概念上，其基本特征是"荷载—结构"模式。把岩土体中可能破坏坍塌部分的重量作为荷载由锚喷支护承担。其中锚杆支护的悬吊理论最具有代表性，该理论要求锚杆长度穿越塌落高度，把坍塌的岩石悬吊起来。这一类型理论是1970年代以前发展形成的，是沿用结构工程的概念，采用结构力学的方法来论述的。土层锚杆设计主要还是应用这类理论。

对于岩层锚杆则是建立在岩体工程概念上，充分发挥围岩的自稳能力，防围岩破坏于未然。支护与适时、合理的施工步骤相结合，主要作用在于控制岩体变形和位移，改善岩体应力状态，提高岩体强度，使岩体与支护共同达到新的平衡稳定。这一类型的理论，按照岩体工程概念，采用岩体力学、岩体工程地质学的方法，对岩体进行稳定性分析及锚固支护加固效果分析。该类型理论从1980年代初逐步发展完善，更能发挥岩体自身强度高、自稳能力好的优点。

17.1.2 锚杆支护的特点

岩土锚固通过埋设在地层中的锚杆，将结构物与地层紧紧地联系在一起，依赖锚杆与周围地层的抗剪强度传递结构物的拉力或使地层自身得到加固，以保持结构物和岩土体稳定。

与其他支护形式相比，锚杆支护具有以下特点：

1. 提供开阔的施工空间，极大地方便土方开挖和主体结构施工。锚杆施工机械及设备的作业空间不大，适合各种地形及场地。

2. 对岩土体的扰动小；在地层开挖后，能立即提供抗力，且可施加预应力，控制变形发展。

3. 锚杆的作用部位、方向、间距、密度和施工时间可以根据需要灵活调整。

4. 用锚杆代替钢或钢筋混凝土支撑，可以节省大量钢材，减少土方开挖量，改善施工条件，尤其对于面积很大、支撑布置困难的基坑。

5. 锚杆的抗拔力可通过试验来确定，可保证设计有足够的安全度。

17.1.3 锚杆支护的发展与现状

锚杆支护于19世纪末20世纪初初现雏形，1950年代以前，锚杆只是作为施工过程中的一种临时性措施。1950年代中期，在国外的隧道中开始广泛使用小型永久性的灌浆锚杆喷射混凝土代替以往的隧道衬砌结构。1970年代开始，国外许多大城市修建地下车站或地下建筑物时，大量采用锚杆与地下连续墙联合支护。锚杆支护技术于1960年代引进我国，经过40多年的研究与实践，我国锚固技术获得长足的进步，近些年来，发展尤快。近20多年来岩土锚固的主要成就和最新发展集中表现在以下几个方面。

1. 应用领域和规模不断扩大

岩土锚固技术除了在地下工程、边坡工程、结构抗浮工程中快速发展外，在重力坝加固工程、桥梁工程中的地层锚固也得到了广泛应用。在三峡水利枢纽工程中，长度1607m的船闸边坡处于风化程度不等的闪云斜长花岗岩中，采用4000余根长度为25~61m设计承载力为3000kN（部分为10000kN）的预应力锚杆和近10万根长8~14m的高强度锚杆作系统加固或局部加固,对阻止不稳定块体的坍塌,改善边坡的应力状态,控制塑性区的扩展,提高边坡的整体稳定发挥了重要作用。

2. 相关规范标准逐渐完善

1970 年代后,由于岩土锚固的迅速发展和广泛应用,德国、英国、美国、中国、日本、澳大利亚、国际预应力混凝土协会等许多国家、地区或机构先后制定了锚杆规范与标准,使岩土锚固的应用更规范、安全可靠。

3. 对岩土锚固效应与荷载传递方式的研究取得了很多有价值的成果

中科院岩土所朱维申等人曾进行了不同锚固方案的模型试验,并对岩石锚固效应的非线性进行了有限元分析。冶金部建筑研究总院程良奎、庄秉文等人于 1979 年完成了锚杆加固拱的试验。近年来,冶金部建筑研究总院与长江科学院紧密结合三峡永久船闸高边坡预应力锚固工程,采用多点位移计、声波、钻孔弹模等综合测试方法,研究了高承载力预应力锚索对中微风化花岗岩边坡的开挖损伤区的锚固效应。

在锚杆的荷载传递及分布性态方面,英国的 R. B. Weerasighe、G. S. Littlejohn、R. I. Woods,我国冶金部建设研究总院的程良奎、胡建林,89002 部队的顾金才、明治清等人先后采用模型试验和现场试验等方法,论证了在张拉荷载作用下,锚杆锚固段长度内的轴力及杆体与注浆体或注浆体与孔壁间的粘结应力分布是极不均匀的。

4. 各种新型锚杆在工程实践中得到大量开发、应用

传统的岩土锚固方法会产生严重的应力集中现象。为了从根本上解决这个问题,国内外对单孔复合锚固方法进行了研究应用。该方法是在同一个钻孔中安装几个单元锚杆,而每个单元锚杆有自己的杆体、自由长度和固定长度,而且承受的荷载也是通过各自的张拉千斤顶施加,并通过预先的位移补偿张拉,而使所有单元锚杆始终承受相同的荷载。使集中荷载分散为几个较小的荷载作用于固定段的不同部位,使粘结应力峰值大大降低,因单元锚固长度很小,不会发生粘结效应逐步弱化,能使粘结应力均匀的分布于整个固定长度上,最大限度的调用整个锚杆固定长度范围内的地层强度,锚杆长度可随固定长度的增加而成比例提高。

为了解决在松软破碎地层中成孔困难、杆体无法安装的难题,自钻式锚杆得到了很大发展。自钻式锚杆杆体是由中空的管材构成,杆体与钻进的钻杆及注浆管合为一体。

为避免锚杆留在土层中成为障碍物,开发了可拆芯式锚杆。当锚杆使用完成后可以拆除杆体,使锚杆的使用不影响周边地块的开发利用。高强玻璃纤维具有轻质、高强、耐腐蚀的特点,因此近年来大量用于制作锚杆杆体。为提高土层锚杆的承载力,各种类型的扩孔锚杆也得到了大量应用。

5. 锚杆的承载力水平大幅度提高

加固和加高混凝土重力坝最适用和经济的方法是采用后张的岩石锚杆。近些年来,用于加固重力坝的锚杆的极限承载力、长度和锚固力的集中度稳步增长。

在三峡水利枢纽工程和李家峡水电站中应用了承载力达 10000kN 的预应力锚杆[1,2]。在锦屏水电站工程中锚杆的成孔深度达 120m[2]。

6. 施工机械、施工工艺不断发展

高压气动钻机、扩孔钻头、自锁式锚具、高承载力张拉千斤顶等得到了开发应用。套管跟进解决了松散地层及高水位下砂土中的成孔难题。采用二次或多次灌浆可提高土层与

注浆体的黏结强度,提高锚杆的抗拔承载力。

我国沿海经济发达地区大面积分布着深厚淤泥质土,含水量高、孔隙比大、强度低、灵敏度高,成孔较困难。技术人员通过改造施工工艺,取得了成功:采用液压钻机慢转速钻进,尽可能减少钻进过程对锚固地层的扰动;用泥浆循环冲洗,排除孔内残土;设土工布注浆袋、采用二次注浆;一般 18m 长锚杆的抗拔力大于 120kN,使得锚杆在淤泥质土中也极具应用价值。

17.2 常用锚杆类型

17.2.1 拉力型锚杆与压力型锚杆

锚杆受荷后,杆体总是处于受拉状态。拉力型与压力型锚杆的主要区别在于锚杆受荷后其固定段内的灌浆体分别处于受拉或者受压状态。

拉力型锚杆(如图 17-2(a)拉力型锚杆荷载是依赖其固定段杆体与灌浆体接触的界面上的剪应力由顶端向底端传递。锚杆工作时,固定段的灌浆体容易出现张拉裂缝,防腐性能差。

压力型锚杆(如图 17-2(b)压力型锚杆)则借助特制的承载体和无黏结钢绞线或带套管钢筋使之与灌浆体隔开,将荷载直接传至底部的承载体,从而由底端向固定段的顶端传递的。由于其受荷时固定段的灌浆体受压,不易开裂,防腐性能好,适用于永久性锚固工程。

图 17-2 拉力型和压力型锚杆示意图
(a)拉力型锚杆;(b)压力型锚杆

在同等荷载条件下,拉力型锚杆固定段上的应变值要比压力型锚杆的大。但是,压力型锚杆的承载力受到灌浆体抗压强度的限制,如仅采用一个承载体,则承载力不太高。

17.2.2 单孔单一锚固与单孔复合锚固

1. 单孔单一锚固

传统的拉力型与压力型锚杆均属于单孔单一锚固体系。在一个钻孔中只安装一根独立的锚杆,尽管可由多根钢绞线或钢筋构成锚杆杆体,但只有一个统一的自由长段和锚固长度。由于灌浆体与岩土体的弹性特征很难协调一致,因此不能将荷载均匀传递到锚固长度上,会出现严重的应力集中现象。随着锚杆荷载增大,在荷载传至锚固段末端之前,在杆体与灌浆体或灌浆体与地层界面上就会发生粘结效应逐渐弱化或脱开的现象,大大降低地层强度的利用率。

目前工程中采用的单孔单一锚固型锚杆大多为拉力集中型锚杆,其锚固体在工作时受拉,易开裂,为地下水的渗入提供通道,对防腐极其不利,严重影响锚杆的使用寿命。

2. 单孔复合锚固

单孔复合锚固体系是在同一钻孔中安装几个单元锚杆,而每个单元锚杆均有自己的杆体、自由长度和锚固长度,而且承受的荷载也是通过各自的张拉千斤顶施加,并通过预先的补偿张拉(补偿每个单元在同等荷载下因自由长度不等而引起的位移差)而使所有单元锚杆始终承受相同的荷载。由于将集中力分散为若干个较小的力分别作用于长度较小的锚固段上,使得锚固段上的粘结应力峰值大大减小且分布均匀,能最大限度的调用锚杆整个范围内的地层强度。此锚固系统的锚固长度理论上是没有限制的,锚杆承载力可随锚固长度的增加而增加。

单孔复合锚固体系中最具有使用价值的是压力分散型锚杆。它最早由英国人研究成功。近10多年来,这种锚杆在日本得到很大发展,被命名为KTB工法,主要用于永久边坡工程。我国冶金部建筑研究总院、长江科学院等单位于1997年在国内首次开发了这种压力分散型锚杆,并对其工作特性进行了较系统深入的研究,取得了满意的效果。单孔复合锚固压力分散型锚杆的灌浆体分段受压,对孔壁产生均匀径向力,使粘结强度增大;受荷时,灌浆体受压,不易开裂,预应力钢筋外有防腐层,耐久性好;能拆除锚杆芯体,不影响锚杆所处地层的后期开发。

17.2.3 扩张锚根固定的锚杆

采用扩张锚根的方法来提高锚杆承载力是十分有效的。其摩阻面积的增大对提高承载力有一定作用,但更主要的是突出部分的地层对锚杆拔出的抗力。

扩张锚根固定的锚杆主要有两种形式,一种是仅在锚根底端扩张成一个大的扩体,称为底端扩体型锚杆;另一种是在锚根(锚固体)上扩成多个扩体,称为多段扩体型锚杆。

底端扩体型锚杆主要用于黏性土中,因为黏性土中形成的孔穴不易坍塌。钻孔底端的孔穴,可用配有绞刀的专用钻机或在钻孔内放置少量炸药爆破形成。用钻机钻孔的主要问题是如何清除孔穴内的松散物料;而用爆破方法来扩张钻孔又只能适应埋置较深的锚杆,因为接近地面(深度小于5m)会加大周围土体的破坏区,影响锚杆的固定强度。

多段扩体型锚杆是采用特制的扩孔器在锚固段上扩成多个圆锥形扩体,每个圆锥体的承载力可达200~300kN。

17.2.4 可回收(可拆芯)锚杆

可回收锚杆是指用于临时性工程加固的锚杆,在工程完成后可回收预应力钢筋。可回收锚杆施工使用经过特殊加工的张拉材料、注浆材料和承载体,可分为以下三类:

1. 机械式可回收锚杆

将锚杆体与机械的联结器联结起来,回收时施加与紧固方向相反力矩,使杆体与机械联结器脱离后取出。如采用全长带有螺纹的预应力钢筋作为拉杆,拆除时,先用空心千斤顶卸荷,然后再旋转钢筋,使其撤出。其构造如图17-3所示,它由三部分组成:锚固体、带套管全长有螺纹的预应力钢筋、传荷板。

2. 化学式可回收锚杆

如用高热燃烧剂将拉杆熔化切断法,在锚杆的锚固段与自由段的连接处先设置有高热燃烧剂的容器,拆除时,通过引燃导线点火,将锚杆在该处熔化切割拔出,见图17-4,为用高热燃烧剂将拉杆的一部分熔化。也有采用燃烧剂将拉杆全长去除。

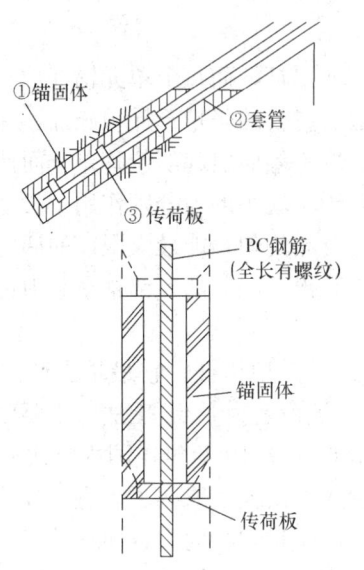
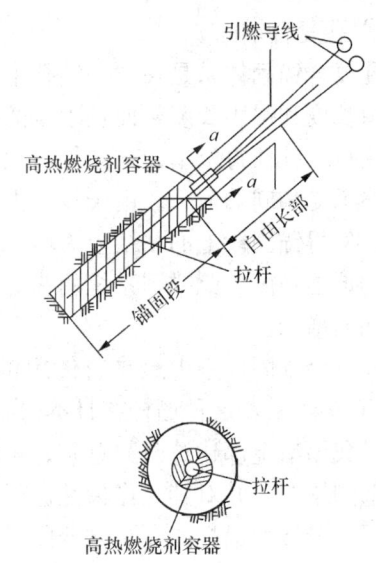

图 17-3 利用螺纹拆除拉杆构造图

图 17-4 燃烧剂设置

3. 力学式可回收锚杆

如使夹具滑落拆除锚杆法，采用预应力钢绞线作为拉杆，靠在前端的夹具，将荷载传递给锚固体。见图 17-5，设计时，保证在外力 A 作用下，夹具绝对不会脱落。拆除时，可施加远远大于 A 的外力 B（但此力必须在 PC 钢绞线极限荷载 85% 以内），使夹具脱落，从而拔出拉杆。

图 17-6 为一种采用 U 型承载体的压力分散型锚杆，采用无粘结钢绞线，使钢绞线与注浆体隔离，将无粘结钢绞线绕过 U 型承载体弯曲成 U 型固定在承载体上。回收时分别对每一承载体的钢绞线进行回收，先卸除锚具内同一钢绞线两端头的夹片，对钢绞线的一端用小型千斤顶施加拉力，在钢绞线一端被拉出的同时，另一端的钢绞线被拉入孔内、绕过 U 型承载体后再被拉出孔外。

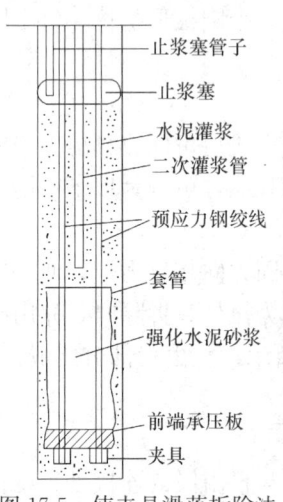

图 17-5 使夹具滑落拆除法构造断面图

图 17-6 U 型承载体可拆芯锚杆端部构造图

另有一种装置是对锚杆施加超限应力使锚杆破损而清除，或在锚固体中心处设置一个用合成树脂制成的芯子，用专门拆除用的高速千斤顶，可快速地抽芯并隔离 PC 钢筋的粘着力。

17.2.5 其他锚杆

1. 自钻式（自进式）锚杆

自钻式锚杆由中空螺纹杆体、钻头、垫板螺母、连接套和定位套组成。钻杆即锚杆杆体，在强度很低和松散地层中钻进不需退出，并可利用中空杆体注浆，避免普通锚杆钻孔后坍塌卡钎及插不进杆体的缺点，先锚后注浆，可提高注浆效果。自钻式锚杆价格较高，限制了它的推广。

2. 中空注浆锚杆

中空注浆锚杆是自钻式锚杆的简化和改型，在钻孔完成后安设，取消了钻头，并将杆体材料由合金钢改为碳素钢，保留了杆体是全螺纹无缝钢管以及有连接套、金属垫板、止浆塞等特点，使其仍可先锚后注浆，继承了注浆压力高、加固效果好等优点，而价格约比自钻式锚杆低 1/2~2/3。

3. 土中打入式锚杆

土中打入式锚杆也是一种将钻孔、锚杆安装、注浆、锚固合而为一的锚杆，锚杆体使用等截面的钢管取代钢筋。该锚杆的锚固力主要由钢管表面与地层之间的摩擦力提供，钢管一定长度的范围内按一定的密度布置透浆孔，透浆孔的直径一般为 6~8mm，通过钢管杆体进行压力注浆可提高锚固力。该锚杆施工速度快、能及时提供锚固力，可用于各类土层，特别适用于如卵石层、砂砾层、杂填土和淤泥等难以成孔的地层。

17.3 锚杆内的荷载传递

17.3.1 从杆体到灌浆体的荷载传递

由于岩体与杆体（钢绞线、钢丝、钢筋）的强度特性较容易掌握，因而杆体与灌浆体、灌浆体与地层间的结合就成为主要研究内容。况且，灌浆体与岩层间的粘结是岩层锚固中最薄弱的环节，这种粘结包括以下三个因素：

（1）粘着力。即杆体钢材表面与灌浆体间的物理粘结。当锚固段发生位移时，这种抗力会消失。

（2）机械联锁。由于钢筋有螺纹、凹凸等存在，故在灌浆体中形成机械联锁，同粘着力一起发生作用。

（3）摩擦力。这种摩擦力的形成与夹紧力及钢材表面的粗糙度成函数关系。摩擦力系数的量值取决于摩擦力是否发生在沿接触面位移之前或位移过程中。

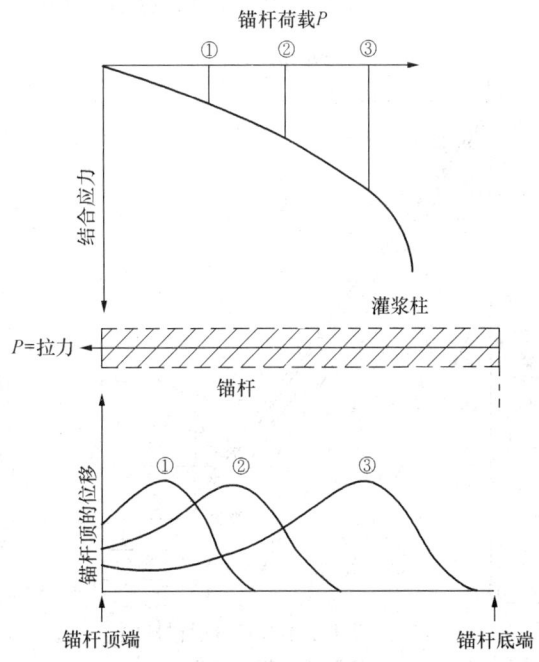

图 17-7 加荷过程中沿锚杆长度结合应力的变化

大量试验证实，随着对锚杆施加荷载的增加，杆体与灌浆体结合应力的最大值移向固定段的下端，并以渐进的方式发生滑动并改变结合应力的分布。图17-7表明，随着杆内荷载的增加，沿锚固长度以类似于摩擦桩的方式转移结合应力。粘着力并不作用在整个锚固长度段上，粘着力最初仅在锚固段的近端发生作用；当近端的粘着力被克服时就会产生滑动，大部分结合应力逐渐传入锚固段远端，而锚固段近端的摩擦力只起很小的作用。

锚杆杆体的锚固长度越短，越能发挥杆体与灌浆体的结合力。但锚杆的锚固长度必须使杆体与灌浆体间的结合应力发挥有足够的储备，以保证杆体与灌浆体界面上不发生破坏。

17.3.2 各类岩土层中锚杆的荷载传递特点

1. 岩石中的锚杆

锚杆灌浆体与锚杆孔壁岩石间的粘结力取决于岩石与灌浆体的强度、孔壁的粗糙度及清孔质量。随着锚固长度的增大，所要求的粘结强度就会按比例降低。

一般认为，可按岩石无侧限抗压强度的10%来粗略估计灌浆体与岩石间的极限粘结力。

实验证明拉力沿锚杆长度传递到岩层的应力分布是不均匀的。在荷载作用下，锚杆近端的粘结力先发挥作用，随着荷载的增大，锚杆近端的粘结局部破坏，并随着荷载进一步增大，粘结破坏逐渐向锚杆根部发展。

2. 砂性土中的锚杆[1]

砂性土的锚杆，灌浆体与土体的粘结强度通常大于土体的抗剪强度。这是由于水泥浆的渗透，使实际的锚固体直径大于钻孔的直径；同时，由于水泥浆的高压渗透使得锚固体表面产生横向压力，提高了土体与锚固体间的摩擦力。德国Ostermayer证实锚固体表面的法向应力可以增大到上覆盖土层所产生应力的2~10倍。

Ostermayer指出，当锚固长度超过7m后，锚杆的极限抗拔力增长较小，在砂性土中锚杆的最佳长度为6~7m。并提出在砂性土中临界锚固长度为6m，超过这一长度极限抗拔力增加有限（图17-8）。

从Ostermayer和Scheele得到的试验曲线（图17-9）可得到如下结论：

（1）很密的砂的最大表面摩擦力值分布在很短的锚杆长度范围内；但在松砂和中密砂中，摩擦力的分布接近于理论假定的均匀分布的情况。

（2）随着荷载的增加，摩擦力峰值向锚杆根部转移。

（3）较短锚杆的摩擦力平均值大于较长锚杆表面的平均值。

（4）砂的密实度对锚杆承载力关系极大，从松砂到密实的砂，其表面摩擦力值要增加5倍。

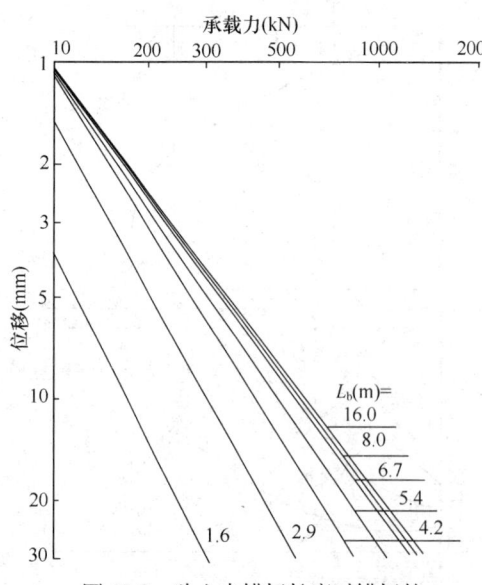

图17-8 砂土中锚杆长度对锚杆的承载力及位移的影响

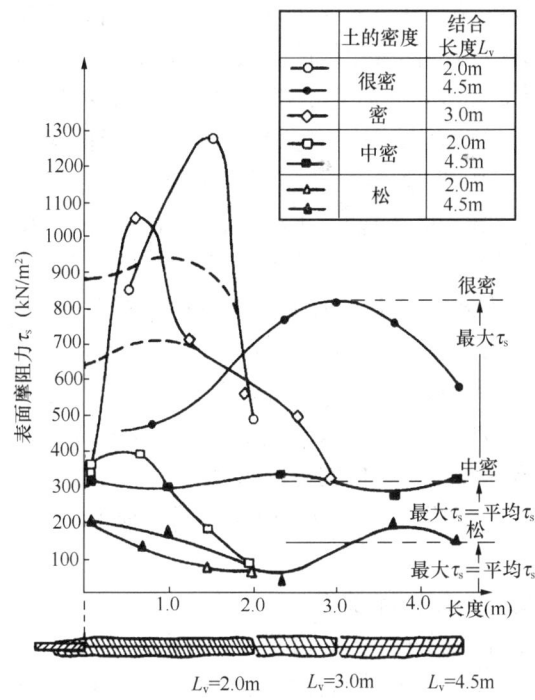

图 17-9 在极限状态下量测的表面摩阻力分布

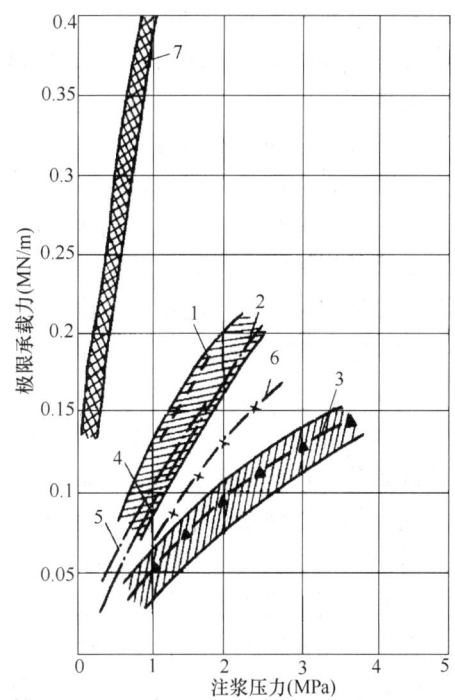

图 17-10 锚杆承载力与注浆压力的关系
1—比利时布鲁塞尔地区的中砂；2—泥灰质石灰岩；3—泥灰岩；4—法国塞纳河的河流沉积物；5—带黏土的砾石或砂子；6—软质白垩沉积物；7—硬石灰岩

注浆压力对砂土中锚杆承载力的影响很大。试验表明，当注浆压力不超过 4MPa 时，锚杆承载力随着注浆压力的增大而增大（图 17-10）。

3. 黏性土中的锚杆

黏性土中锚杆锚固体与黏性土的平均摩阻力随土的强度增加和塑性减小而增加，随锚固长度增加而减小。在进行二次或多次灌浆后，水泥浆液在锚固段周边土体中渗透、扩散，形成水泥土，提高了土体的抗剪强度和锚固体与土的摩阻力。注浆压力越高、灌浆量越大，则锚固体与土之间的摩阻力增加幅度越大。

17.3.3 群锚效应

群锚中锚杆的间距较小，锚杆之间要发生相互影响。岩石的力学性质与土体相差很大，在两者中产生的群锚效应结果有较大区别。基坑工程用到的主要是土层锚杆，故以下讨论土层锚杆的群锚效应。

Hanna. T. H 认为，锚杆群的数学问题跟群桩基本相同。Yilmaz. M 及 Larnach. W. J 及 Mcmullan. D. J 的室内试验表明，锚杆簇中各锚杆的荷载分布是不均匀的，锚杆群的承载效率低于单根锚杆的承载效率。这是由于锚杆群中任一根锚杆的工作性状都明显不同于孤立锚杆，通过群锚传到土层中的张拉力，在土层中会产生应力重叠，互相干涉，从而降低了孔壁对锚杆的侧阻力。因此必须限制锚杆的最小间距。

关于软土地层中土层锚杆的群锚效应研究，同济大学的侯学渊课题组曾作过一系列研究。范敬飞[3]通过室内模型试验，在硕士论文中定性地讨论了锚固长度、锚杆间距、锚杆数目等因素对群锚效应的影响；通过简化假设，推导了群锚的效应系数，并用材料力学方法求得了群锚的位移。肖昭然等[4]综合计算桩的剪切位移法和传递函数方法，提出了一种计算群锚荷载传递的方法：剪切位移-传递函数综合法，并研究了锚的间距、锚的数目对群锚的变形特性和侧壁摩阻力发挥的影响。戴运祥[5]等以弹性理论为依据，在博士论文中以 Mindlin 解为基础，对软地层中斜拉锚杆群的受力机理进行了较为全面的理论研究，并着重讨论了锚杆长度、半径、间距、倾斜度、弹性模量、锚杆入土深度、土性、时间以及施工方法等因素对群锚效应的影响。研究表明，增加土层锚杆的长度、间距、入土深度、直径和弹性模量，可以减小群锚位移，但是这些因素的增加对减少群锚位移是有限度的。施工方法的改进，如采用二次压浆，也可以有效地减少群锚位移，提高群锚的承载力。

Murakami. H. et. al[6]对大阪地区黏土层中一大型锚杆支护基坑（四排锚杆）进行了现场实测研究，并讨论了卸锚所产生的荷载重分布情况。他们认为，当锚杆被拉断所出现的荷载重分布情况，依赖于土质条件、墙体的截面和墙体的横向弯曲刚度。

在目前的设计规范中，由于理论还远远落后于工程实践，为了避免群锚效应的发生，只能给出如下建议性的措施：

（1）采用不同倾角的锚杆，使锚杆的锚固体在土层深部张开。

（2）采用不同的锚杆长度，使锚杆的锚固段在土层深部前后错开。

（3）在不同平面上布设锚杆，特别是多排锚杆，上下排锚杆宜错开布置在不同平面上，以增大锚杆锚固体之间的间距。

在条件具备时，可采用同时张拉 3～5 根锚杆的方法，对锚杆的承载力进行现场原型检验，并根据试验结果的数据进行整体稳定性的校核。

17.4 锚杆的设计

17.4.1 规划与设置

1. 单根锚杆设计拉力的确定

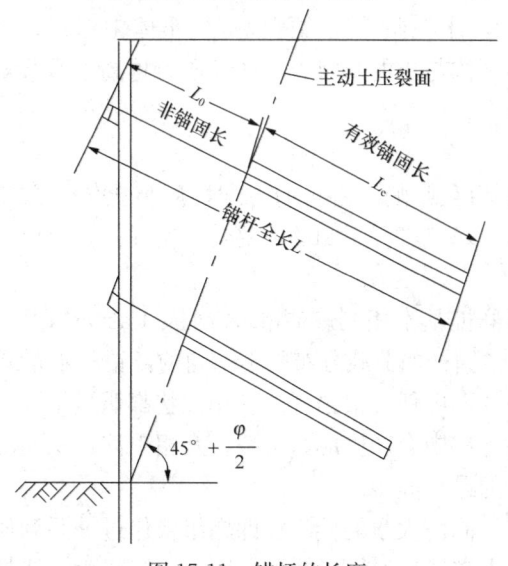

图 17-11 锚杆的长度

单根锚杆的设计拉力需根据施工技术能力、岩土层分布情况等因素来确定。过去锚杆以较大孔径、较高承载力为主，但施工机械要求高、施工难度大、可靠性差。若有施工质量问题时，补强施工难度大。故设计确定单根锚杆的设计拉力时不宜过高。设计拉力较高时宜选用单孔复合锚固型锚杆、扩孔锚杆等受力性能较好的锚杆。

2. 锚杆位置的确定

锚杆的锚固区应当设置在主动土压力楔形破裂面以外，如图 17-11 所示。要根据地层情况来确定锚杆的锚固区，以保证锚杆在设计荷载下正常工作。锚固段需设置在稳定的地层以确保有足够的锚固力。同时，如采用压力灌浆时,应使地表面在灌浆压力作用下不破坏,一般要求锚杆锚固体上覆土层厚度不宜小于4m。

3. 锚固体设置间距

锚杆间距应根据地层情况、锚杆杆体所能承受的拉力等进行经济比较后确定。间距太大,将增加腰梁应力,需增加腰梁断面;缩小间距,可使腰梁尺寸减小,但锚杆会发生相互干扰,产生群锚效应,使极限抗拔力减小而造成危险。现有的工程实例有缩小锚杆间距的倾向。因在锚杆较密集时,若其中一根锚杆承载能力受影响,其所受荷载会向附近其他锚杆转移,整个锚杆系统所受影响较小,整体受力还是安全的。

锚杆的水平间距不宜小于1.5m,上下排垂直间距不宜小于2m。如果工程需要必须设置更近,可考虑设置不同的倾角及锚固长度以避免群锚效应的影响。

4. 锚杆的倾角

一般采用水平向下15°~25°倾角,不应大于45°。锚杆水平分力随锚杆倾角的增大而减小。倾角太大将降低锚固的效果,而且作用于支护结构上的垂直分力增加,可能造成挡土结构和周围地基的沉降。为有效利用锚杆抗拔力,最好使锚杆与侧压力作用方向平行。

锚杆的具体设置方向与可锚岩土层的位置、挡土结构的位置及施工条件等有关。锚杆倾角应避开与水平面的夹角为-10°~+10°这一范围,因为倾角接近水平的锚杆注浆后灌浆体的沉淀和泌水现象会影响锚杆的承载能力。

5. 锚杆的层数

锚杆层数根据土压力分布大小、岩土层分布、锚杆最小垂直间距等而定,还应考虑基坑允许变形量和施工条件等综合因素。

当预应力锚杆结合钢筋混凝土支撑或钢支撑支护时,需考虑到预应力锚杆与钢筋混凝土支撑或钢支撑的水平刚度及承载能力的不同,尤其是锚杆与钢筋混凝土支撑的受力特性不同:锚杆可先主动施加预应力,在围护桩(墙)变形前就可提供承载力、限制变形;而钢筋混凝土支撑是被动受力,在围护桩(墙)变形使得支撑受压后支撑才会受力、阻止变形进一步发展。确定锚杆与支撑的间距时,既要控制好围护桩(墙)变形,又要充分发挥围护桩(墙)的抗弯、抗剪能力和支撑抗压承载力高的优势,合理分配锚杆和支撑承担的荷载。

6. 锚杆自由长度的确定

锚杆自由长度的确定必须使锚杆锚固于比破坏面更深的稳定地层上,以保证锚杆系统的整体稳定性;使锚杆能在张拉荷载作用下有较大的弹性伸长量,不致于在使用过程中因锚头松动而引起预应力的明显衰减。《建筑基坑支护技术规程》(JGJ 120—99)[7]中规定锚杆自由长度不宜小于5m并应超过潜在滑裂面1.5m。

7. 锚杆的安全系数

锚杆设计中应考虑两种安全系数:对锚固体设计和对杆体筋材截面尺寸设计的安全系数。锚固体设计的安全系数需考虑锚杆设计中的不确定因素及风险程度,如岩土层分布的变化、施工技术可靠性、材料的耐久性、周边环境的要求等。锚杆安全系数的取值取决于锚杆服务年限的长短和破坏后影响程度(表17-1)。

我国《锚杆喷射混凝土支护技术规范》(GB 50086—2001)[8]规定,锚杆杆体筋材截面

我国岩土预应力锚杆锚固体设计的安全系数　　　　表 17-1

锚杆破坏后危害程度	最小安全系数	
	锚杆服务年限≤2 年	锚杆服务年限>2 年
危害轻微，不会构成公共安全问题	1.4	1.8
危害较大，但公共安全无问题	1.6	2.0
危害大，会出现公共安全问题	1.8	2.2

注：本表取自中华人民共和国国家标准《锚杆喷射混凝土支护技术规范》(GB 50086—2001)[8]。

尺寸设计安全系数，临时锚杆为 1.6，永久锚杆为 1.8[8]。主要是因为锚杆张拉后预应力筋的各股钢绞线受力往往是不均匀的。另外张拉后若锚头位移继续增大，则预应力筋的拉伸量增加，相应的预应力筋受力也会增大。

8. 锚杆杆体筋材的设计

锚杆杆体筋材宜用钢绞线、高强钢丝或高强精轧螺纹钢筋。因其抗拉强度高，可减少钢材用量；钢绞线、钢丝运输安装方便，在狭窄空间也可施工；强度高，而钢材的弹性模量差不多，故张拉到设计值时的张拉变形大，使得因锚头松动等原因使杆体变形减小时，由于变形减小部分占已变形部分的比例小，预应力损失相对较小。

当锚杆承载力值较小或锚杆长度小于 20m 时，预应力筋也可采用 HRB335 级、HRB400 级钢筋。

压力分散型锚杆及对穿型锚杆的预应力筋应采用无粘结钢绞线。无粘结钢绞线是近几年开发的预应力筋材，具有优异的防腐和抗震性能，它由钢绞线、防腐油脂涂层和聚乙烯或聚丙烯包裹的外层组成，是压力分散型锚杆的必用筋材。

锚杆预应力筋的截面面积应按下式设计

$$A = \frac{K \cdot N_t}{f_{ptk}} \tag{17-1}$$

式中　N_t——锚杆轴向拉力设计值；
　　　K——安全系数；
　　　f_{ptk}——钢绞线、钢丝或钢筋的抗拉强度标准值；
　　　A——锚杆杆体筋材的截面积。

17.4.2　杆体材料

1. 锚杆杆体材料的基本要求

锚杆杆体可使用各种钢筋、高强钢丝、钢绞线、中空螺纹钢管等钢材来制作，岩土锚固工程对锚杆杆体有如下要求：

(1) 强度高。在锚杆的张拉和使用过程中，受多种因素影响，会产生预应力损失，而钢材强度越高，预应力损失率越小。

(2) 较好的塑性和良好的加工性能。由于锚杆要在相当长的时间内保持预拉应力，最理想的是在具有高强度的同时也具有较少量的松弛损失，要求预应力筋具有足够的塑性性能。在施工过程中，预应力筋不可避免地会产生弯曲，在锚具中会受到较高的局部应力，要求钢材满足一定的拉断伸长率和弯折次数的规定。对钢筋还需有良好的焊接性能。

(3) 耐腐蚀性好，尤其是对永久性锚杆。
(4) 几何尺寸误差小，便于控制预加应力。
(5) 钢绞线要求伸直性好，便于穿索，有利施工，在不绑扎的情况下切断应不易松散。

2. 锚杆杆体材料

预应力值较低或非预应力的锚杆通常采用普通钢筋，即 HRB335 级、HRB400 级热轧钢筋、冷拉热轧钢筋、热处理钢筋及冷轧带肋钢筋、中空螺纹钢材等。预应力值较大的锚杆通常采用高强钢丝和钢绞线，有时也采用精轧螺纹钢筋或中空螺纹钢材。

无粘结预应力钢丝、钢绞线采用 7 根直径 5mm 的碳素钢丝或 7 根 5mm（4mm）的钢丝绞成的钢绞线为母材，外包挤压涂塑而成的聚乙烯或聚丙烯套管，内涂防腐建筑油脂，经挤压后，塑料包裹层一次成型在钢丝束或钢绞线上。

高强度精轧螺纹钢筋是在整根钢筋上轧有外螺纹的大直径、高强度、高尺寸精度的直条钢筋，它由 $40Si_2MnV$ 或 $45SiMnV$ 高强钢材轧制而成，在任意截面处都能拧上带有内螺纹的连接器或带螺纹的螺帽进行接长，连接简便，粘着力强，张拉锚固安全可靠，施工方便。

自钻式锚杆采用的中空筋材系具有国际标准螺纹的钢管，可根据需要接长锚杆，利用钢管中孔作为注浆通道，将锚杆钻孔放杆、注浆、锚固在一个过程中一次完成。

近年来还出现了用等截面钢管代替锚杆杆体，采用打入式安装，将锚杆的钻孔、放杆、注浆、锚固几个工序在一个过程中一次完成。特别适合于卵石层、砂砾层、杂填土和淤泥等难以成孔的地层。

自钻式玻璃纤维锚杆采用玻璃纤维作拉杆，具有以下特点：轻质、高强、耐腐蚀，抗震强度低，脆性，机械、爆破可断，不会成为地下障碍物。但需注意玻璃纤维的弹性模量仅为 $4\sim5\times10^4$ MPa，比钢材的弹性模量小得多，比混凝土略大，故采用高强玻璃纤维锚杆的变形比采用钢材锚杆时要大。若基坑周边环境对变形要求较高，则对采用高强玻璃纤维锚杆进行支护应慎重。若必须使用高强玻璃纤维锚杆，应考虑适当增加其截面。由于高强玻璃纤维的抗剪强度较低，在竖向变形较大的区域应慎用，以免因竖向变形过大造成杆体剪断。

3. 钢材的松弛

预应力钢材的松弛，是指钢材受到一定的张拉力以后，在长度与温度保持不变的条件下，预应力筋中的拉应力随时间而发生的降低，这种应力的降低称为松弛损失。当初始拉应力不超过 $0.5f_{pu}$ 时，松弛损失很小，一般可忽略不计；但随着初始预应力或温度的提高，松弛损失有剧烈的增长。

钢筋的松弛，在承受初拉力的初期发展快，第一小时内松弛量最大，24h 内完成约 50% 以上，将以递减速率而延续数年，持续数十年才能完成。为此，通常以 1000h 试验确定的松弛损失，乘以放大系数作为结构使用寿命的长期松弛损失。松弛还取决于钢材的种类和等级。根据设计的需要，预应力钢材可分为普通松弛及低松弛两大类。低松弛损失值约为普通松弛的 1/4。每类钢材在各种初应力（以初始拉应力 σ_{pi} 与抗拉强度 f_{pu} 的比值表示）下，温度为 20℃ 经 1000h 的最大松弛值列于表 17-2。由表可见，初应力越高，松弛损失越大。50 年的长期松弛损失可取用等于 1000h 的 3 倍，在预应力锚固结构中，钢材应力随时间的减小不仅因为松弛，还有岩土体徐变引起的影响。考虑钢材松弛与岩土体徐变作用的锚杆预应力损失可通过降低使用荷载或超张拉予以减少。

1000h 时预应力钢材的松弛值（％）　　　　表 17-2

σ_{pi}/f_{pu}	0.6	0.7	0.8
FIP，普通松弛	4.5	8	12
FIP，低松弛	1	2	4.5
ASTMA416 及 A421，低松弛	—	2.5	3.5

4. 杆体防腐性能

高强度预应力钢材腐蚀的程度与后果要比普通钢材严重得多。因为其直径相对较小，较小的锈蚀就能显著减小钢材的横截面积，引起应力增加。不同的钢材对腐蚀的灵敏程度是不同的，对腐蚀引起的后果应预先估计并采取相应的预防措施。

5. 自由段套管和波纹套管

自由段套管有以下两个功能：

1) 用于杆体（钢筋、钢绞线、钢丝）的防腐，阻止地下水通过注浆体向锚杆杆体渗透；

2) 将锚杆体与周围注浆体隔离，使锚杆杆体能自由伸缩。

自由段套管的材料常采用聚乙烯、聚丙乙烯或聚丙烯。套管应具有足够的厚度、柔性和抗老化性能，并能在锚杆工作期间抵抗地下水等对锚杆体的腐蚀。

波纹套管有以下两个功能：

1) 锚杆锚固段长度内杆体的防腐，即使锚固段灌浆体出现开裂，也可阻止地下水渗入；

2) 保证锚固段应力向地层的有效传递。波纹管可使管内的注浆体与管外的注浆体形成相互咬合的沟槽，以使杆体的应力通过注浆体有效地传入地层。

波纹套管使用具有一定韧性和硬度的塑料或金属制成。

17.4.3 锚固体设计

1. 概述

锚固设计就是针对特定的地层条件和锚杆形式，确定锚杆承载能力和锚杆长度。为了使锚杆的应力能传入稳定的地层，通常采用下列方法：

（1）用机械装置把锚索固定在坚硬稳定的地层中；

（2）用注浆体把锚固段锚杆体与孔壁粘结在一起；

（3）用扩大锚头钻孔等手段把锚固段固定在稳定地层中。

锚杆性能很大程度上取决于所锚固地层性质，而地层的变化极其复杂，不可能用一个简单的公式来准确计算锚固力。锚固设计仅用于设计者初步设计时估算锚杆锚固力。通常需通过现场试验来确定锚杆在特定地层中的锚固力和锚固性能。

锚杆在破坏时，常表现为以下几种破坏形式：

（1）沿着锚杆体与注浆体接合处破坏；

（2）沿着注浆体与地层接合处破坏；

（3）由于埋入稳定地层中的深度不够而使地层呈锥体状剪坏；

(4) 由于锚杆体强度不足而出现断裂破坏；

(5) 锚固段注浆体被压碎或破裂；

(6) 整体支护力不够而出现锚杆群的破坏。

锚杆在最大承载力范围内工作时，应避免以上破坏形式的出现。在掌握好地层的力学性质和锚杆与地层相互作用特性的前提下，合理设计锚杆类型、锚固形式。

2. 锚固设计的一般要求

(1) 锚固设计应在调查、试验、研究的基础上，充分考虑锚固区地层的工程地质、水文地质条件和工程的重要性。

(2) 在满足工程使用功能的条件下，应确保锚固设计具有安全性和经济性。

(3) 确保锚杆施加于结构或地层上的预应力不对结构物本身和相邻结构物产生不利影响，锚固体产生的位移应控制在允许范围内。

(4) 永久锚杆的有效寿命不应小于被加固结构物的服务年限。

(5) 设计采用的锚杆均应在进行锚固性能试验后才能用于工程加固。

(6) 锚固设计结果与试验结果有较大差别时，应在调整锚固设计参数后重新进行试验。

3. 锚杆锚固体的设计

(1) 拉力型锚杆的圆柱状锚固体[1]

锚杆的极限锚固力

$$P = K \cdot N_t = \pi \cdot D \cdot L \cdot q_r \tag{17-2}$$

$$P = K \cdot N_t = n \cdot \pi \cdot d \cdot L \cdot \zeta \cdot q_s \tag{17-3}$$

则锚固段长度可按下列公式计算，并取其中的较大值。

$$L = \frac{K \cdot N_t}{\pi \cdot D \cdot q_r} \tag{17-4}$$

$$L = \frac{K \cdot N_t}{n \cdot \pi \cdot d \cdot \zeta \cdot q_s} \tag{17-5}$$

式中 L——锚杆锚固段长度；

N_t——锚杆轴向拉力设计值；

K——安全系数，按表17-1选取；

D——锚固体直径；

d——单根钢筋或钢绞线直径；

n——钢绞线或钢筋根数；

q_r——灌浆体与地层间的粘结强度设计值，可取0.8倍标准值；

q_s——灌浆体与钢绞线或钢筋间的粘结强度设计值，可取0.8倍标准值；

ζ——采用2根或2根以上钢绞线或钢筋时，筋材与灌浆体间粘结强度降低系数，取0.6～0.85。

表17-3和表17-4分别为我国有关标准中建议的灌浆体与钢筋、岩土体与灌浆体间的粘结强度。

土层锚杆与锚固段长度不宜小于4m，也不宜大于15m。岩石锚杆的锚固段长度不应小于3m，不宜大于45D和6.5m，或55D和8m（对预应力锚杆）。对软质岩石中的预应力锚杆，可根据地区经验确定最大锚固长度。

钢筋、钢绞线与水泥浆之间的粘结强度标准值 表17-3	
类型	粘结强度标准值（MPa）
水泥结石体与螺纹钢筋之间	2.0～3.0
水泥结石体与钢绞线之间	3.0～4.0

注：1. 粘结长度小于6.0m。
2. 水泥结石体抗压强度标准值不小于M30。
3. 本表取自中华人民共和国国家标准《锚杆喷射混凝土支护技术规范》（GB 50086—2001）[8]。

岩石与水泥结石体之间的粘结强度标准值 表17-4		
岩石种类	岩石单轴饱和抗压强度（MPa）	岩石与水泥结石间的粘结强度标准值（MPa）
硬 岩	60	1.5～3.0
中硬岩	30～60	1.0～1.5
软 岩	5～30	0.3～1.0

注：粘结长度小于6.0m；本表取自中华人民共和国国家标准《锚杆喷射混凝土支护技术规范》（GB 50086—2001）[8]。

（2）拉力型锚杆的扩体型锚固体[1]

①砂土中的扩体型锚固体

端部扩体型锚杆（图17-12）的抗拔力由摩擦力与面承力两部分组成。

砂土中端部扩体型锚固体的面承力计算可近似地借用国外砂土中锚锭板抗拔力计算成果。Mitsch和Clemence（1985年）从锚锭板的试验结果发现，埋置深度h与圆板直径D之比与锚固力因子间的线性关系只能维持到$h/D=10$左右，当h/D继续增加时，则β_c即趋于定值，不再受h/D比值的影响。而β_c也随砂土摩擦角的增大而增大（图17-13）土体与锚固体极限摩阻力标准值见表17-5。

土体与锚固体极限摩阻力标准值 表17-5		
土的名称	土的状态	q_{sik}（kPa）
填土		16～20
淤泥		10～16
淤泥质土		16～20
黏性土	$I_L>1$	18～30
	$0.75<I_L\leqslant 1$	30～40
	$0.50<I_L\leqslant 0.75$	40～53
	$0.25<I_L\leqslant 0.50$	53～65
	$0.0<I_L\leqslant 0.25$	65～73
	$I_L\leqslant 0$	73～80
粉土	$e>0.90$	22～44
	$0.75<e\leqslant 0.90$	44～64
	$e<0.75$	64～100
粉细砂	稍 密	22～42
	中 密	42～63
	密 实	63～85
中砂	稍 实	54～74
	中 实	74～90
	密 实	90～120
粗砂	稍 实	90～130
	中 实	130～170
	密 实	170～220
砾砂	中密、密实	190～260

注：1. 表中q_{sik}系采用直孔一次常压灌浆工艺计算值；当采用二次灌浆、扩孔工艺时可适当提高。
2. 本表取自中华人民共和国行业标准《建筑基坑支护技术规程》（JGJ 120—99）[7]。

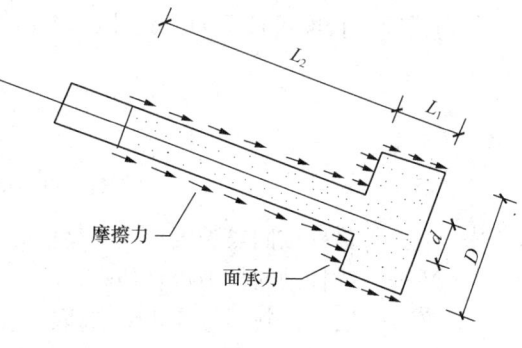

图17-12 端部扩体型锚杆

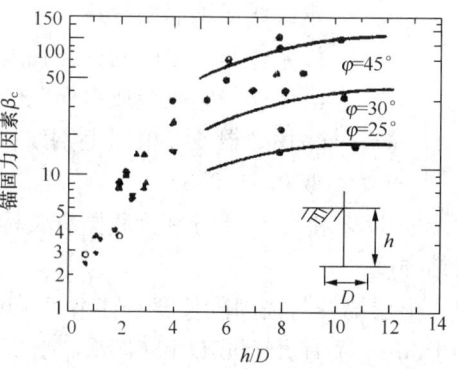

图17-13 砂土中锚杆锚固力因子

砂土中锚杆扩体型锚固体的极限锚固力可按下式计算

$$P = \frac{\pi(D^2-d^2)}{4}\beta_c \cdot \gamma \cdot h + \pi \cdot D \cdot L_1 \cdot q_r + \pi \cdot d \cdot L_2 \cdot q_r \tag{17-6}$$

则在外力作用下锚固体长度由下式求得：

$$K \cdot N_t = \gamma \cdot h \cdot \beta_c \frac{\pi(D^2-d^2)}{4} + \pi \cdot D \cdot L_1 \cdot q_r + \pi \cdot d \cdot L_2 \cdot q_r \tag{17-7}$$

式中　　P——锚杆极限锚固力；
　　　　N_t——锚杆轴向拉力设计值；
$D、d、L_1、L_2$——锚固体结构尺寸；
　　　　q_r——灌浆体与地层间的粘结强度；
　　　　γ——岩土的重力密度；
　　　　h——扩体上覆的地层厚度。

②黏土中的扩体型锚固体

黏土中的扩体型锚固体的极限锚固力可按下式求得：

$$P = \pi \cdot D \cdot L_1 \cdot c_u + \frac{\pi(D^2-d^2)}{4}\beta_c \cdot c_u + \pi \cdot d \cdot L_2 \cdot q_r \tag{17-8}$$

则锚固体长度可由下式求得：

$$K \cdot N_t = \pi \cdot D \cdot L_1 \cdot c_u + \frac{\pi(D^2-d^2)}{4}\beta_c \cdot c_u + \pi \cdot d \cdot L_2 \cdot q_r \tag{17-9}$$

式中　　P——锚杆极限锚固力；
　　　　N_t——锚杆轴向拉力设计值；
　　　　K——安全系数；
　　　　β_c——锚固力因子，取 9.0；
　　　　q_r——灌浆体与地层间的粘结强度；
　　　　c_u——地层不排水抗剪强度；
$D、d、L_1、L_2$——锚固体结构尺寸。

锚固力因子 β_c 取 9.0，是因为黏土中的锚锭板抗拔试验结果表明，当埋置深度 h 与锚锭板直径 D 之比大于 6 时，β_c 趋于定值，该数值约为 9.0。

(3) 压力分散型锚杆的锚固体[1]

压力分散型锚杆由若干个单元锚杆组成。其锚固体的尺寸设计应同时满足锚固体局部抗压承载力和锚固灌浆体与周边地层间的粘结摩阻力的要求。

①锚固体承压面积

$$P/n = 1.5 A_p \cdot \beta \cdot \zeta \cdot f_c \tag{17-10}$$

式中　P——压力分散型锚杆的总承载力；
　　　n——单元锚杆数；
　　　A_p——单元锚杆承载体与灌浆体接触面积；
　　　β——锚固段灌浆体局部受压时强度提高系数。$\beta = (A/A_p)^{0.5}$，A 为灌浆体截面积；

ζ——锚固段灌浆体受压时侧向地层约束力作用的抗压强度提高系数，由试验确定；

f_c——灌浆体轴心抗压强度标准值。

②锚固体长度：

$$P = \pi D \cdot L_1 q_{r_1} + \pi D \cdot L_2 \cdot q_{r_2} + \pi D \cdot L_3 \cdot q_{r_3} + \cdots \quad (17\text{-}11)$$

式中　　　P——压力分散型锚杆的总承载力；

D——锚固体直径；

L_1、L_2、L_3——各单元锚杆的锚固段长度；

q_{r_1}、q_{r_2}、q_{r_3}——各单元锚杆锚固段灌浆体与周边地层间的粘结摩阻强度。

17.4.4　锚杆支护系统

1. 挡土墙应力分析

常用的有平衡法、等值梁法、塑性铰法、弹性法、弹塑性法、平面弹性地基梁法、平面连续介质有限元方法以及空间弹性地基板法和三维连续介质有限元方法。

需要指出的是，由于锚杆不是水平的，而有一定倾斜，挡土墙上作用有轴力（竖向力）。因此，一般挡墙只要考虑弯矩、剪力，而锚杆工程的挡土墙需要考虑弯矩、剪力和轴力。

2. 挡土墙断面计算

挡土墙可以是工字钢立柱加横板、钢板桩、钢管板桩、预制钢筋混凝土桩柱、挖孔桩或地下连续墙等。设计时只要注意有轴力作用，就可以按一般要求进行断面计算，但允许应力值应参照有关规范中的规定采用。

3. 腰梁设计

(1) 荷载

有两种情况：一是荷载通过台座传递给腰梁，图17-14（a），在台座处作用集中荷载；二是腰梁与挡墙全面接触，图17-14（b），作用均布荷载。

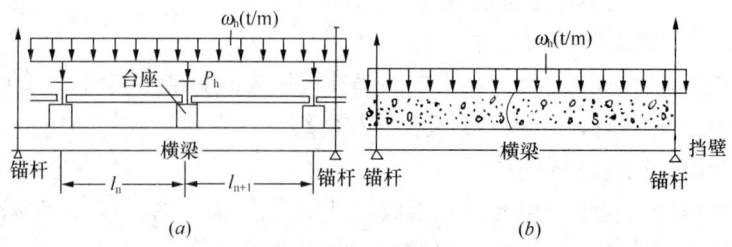

图17-14　横梁荷载

(a) 工字钢横档板；(b) 连续墙挡墙

(2) 应力计算

以锚杆位置作为支点，对上述荷载可按简支梁进行弯矩及剪力计算。

需要注意的是，腰梁有两种设置方法，一种是斜的，图17-15（a），与锚杆轴向一致；另一种是水平的，图17-15（b），与锚杆轴向成α角；则后一种情况的集中荷重$P=$

$P_h/\cos\alpha$；P_h 为前一种情况的水平方向集中荷重。

(3) 断面计算

腰梁材料一般为型钢（工字钢）或钢筋混凝土。钢腰梁可按承受弯矩及剪力的钢梁设计；钢筋混凝土腰梁，则按一般钢筋混凝土梁设计。但是，钢腰梁水平设置时，如图 17-16 所示，锚杆作用力的竖向分力 $P_0\sin\alpha$；作用于腰梁上。以后座位置为支点，按简支梁法计算弯矩、剪力时，必须针对最大弯矩 M_v 及最大剪力 Q_v 进行以下验算：

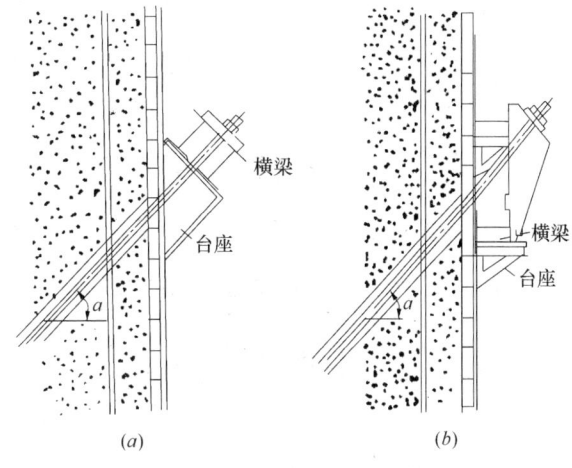

图 17-15 横梁设置方式
(a) 与锚杆轴向一致；(b) 与锚杆轴向成 α 角

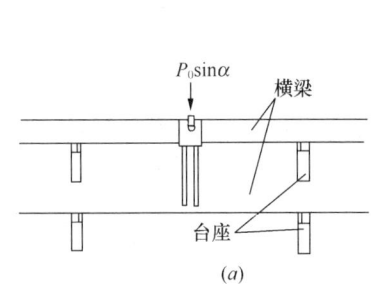

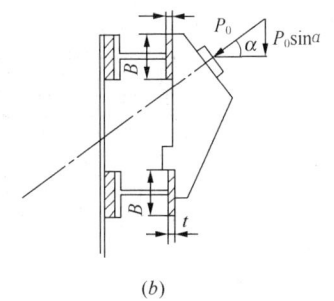

图 17-16 横梁水平设置情况

$$\sigma_b = \frac{M_v}{z} = \frac{3M_v}{tB^2} \leqslant f_b \tag{17-12}$$

$$\sigma_s = \frac{Q_v}{2tB} \leqslant f_s \tag{17-13}$$

式中　σ_b——弯曲应力；

　　　σ_s——剪应力；

　　　z——锚杆头部侧翼的断面系数（mm^3）；

　　　t——翼厚（mm）；

　　　B——翼宽（mm）；

　　　f_b——允许弯曲应力（N/mm^2）；

　　　f_s——允许剪应力。

(4) 台座式混凝土支座

台座是腰梁与挡墙的连结部件。台座承受很大的竖向力，设计时特别要对焊接长度进行仔细验算。如采用地下连续墙作为挡土墙时，也可以不设置腰梁，用混凝土支座将锚杆直接固定在墙上。对这种情况，应根据承压程度决定支座底面积大小，并校核支座在竖向作用下的抗剪承载力。

综上所述，以基坑支护为例，锚杆的设计程序如图 17-17 所示。

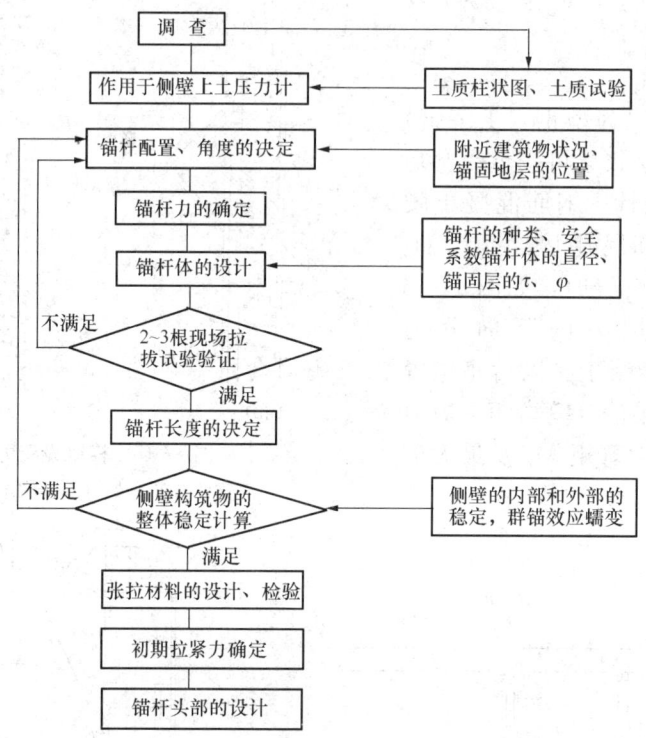

图 17-17 锚杆的设计程序框图

17.5 锚杆的施工

锚杆的施工质量是决定锚杆承载力能否达到设计要求的关键。应根据工程的交通运输条件、周边环境情况、施工进度要求、地质条件等,选用合适的施工机械、施工工艺,组织好人员、材料,高效、安全、高质量地完成施工任务。

17.5.1 施工组织设计

为满足设计要求做成可靠的锚杆,必须综合对锚杆使用的目的、环境状况、施工条件等详细制订施工组织设计。锚杆是在复杂的条件下,而且又在不能直接观察的状况下进行,属隐蔽工程,应根据设计书的要求和调查试验资料,制订切实可行的施工组织设计。锚固工程的施工组织设计一般应包括以下项目:

1. 工程概况:工程名称、地点、工期、工程量、工程地质和水文地质情况等;现场供水、供电、施工场地条件、施工空间等;
2. 设计对锚固工程的要求;
3. 锚固工程材料;
4. 施工机械;
5. 施工组织;
6. 施工平面布置及临时设施;
7. 施工程序及各工种人员的配备;

8. 工程进度计划;
9. 施工管理及质量控制计划;
10. 安全、卫生管理计划;
11. 应交付工程验收的各种技术资料;
12. 编制施工管理程序示意图。

17.5.2 钻孔

锚杆孔的钻凿是锚固工程质量控制的关键工序。应根据地层类型和钻孔直径、长度以及锚杆的类型来选择合适的钻机和钻孔方法。

在黏性土中钻孔最合适的是带十字钻头和螺旋钻杆的回转钻机。在松散土和软弱岩层中,最适合的是带球形合金钻头的旋转钻机。在坚硬岩层中的直径较小钻孔,适合用空气冲洗的冲击钻机;直径较大钻孔,需使用带金刚石钻头和潜水冲击器的旋转钻机,并采用水洗。

在填土、砂砾层等易塌孔的地层中,可采用套管护壁、跟管钻进。也可采用自钻式锚杆或打入式锚杆。

跟管钻进工艺主要用于钻孔穿越填土、砂卵石、碎石、粉砂等松散破碎地层。通常用锚杆钻机钻进,采用冲击器、钻头冲击回转全断面造孔钻进,在破碎地层造孔的同时,冲击套管管靴使得套管与钻头同步进入地层,从而用套管隔离破碎、松散易坍塌的地层,使得造孔施工得以顺利进行(图17-18)。跟管钻具按结构型式分为两种类型:偏心式跟管钻具和同心跟管钻具。同心跟管钻具使用套管钻头,壁厚较厚,钻孔的终孔直径比偏心式跟管钻具的终孔直径小10mm左右。偏心式跟管钻具的终孔直径大(大于套管直径),结构简单、成本低、使用较方便。

图17-18 锚杆钻机进行跟管钻进施工

图17-19 U型承载体构造

17.5.3 锚杆杆体的制作与安装

1. 锚杆杆体的制作

钢筋锚杆(包括各种钢筋、精轧螺纹钢筋、中空螺纹钢管)的制作相对比较简单,按设计预应力筋长度切割钢筋,按有关规范要求进行对焊或绑条焊或用连接器接长钢筋和用于张拉的螺丝杆。预应力筋的前部常焊有导向帽以便于预应力筋的插入,在预应力筋长度方向每隔1~2m焊有对中支架,支架的高度不应小于25mm,必须满足钢筋保护层厚度的要求。自由段需外套塑料管隔离,对防腐有特殊要求的锚固段钢筋应提供具有双重防腐作用的波形管并注入灰浆或树脂。

钢绞线通常为一整盘方式包装，宜使用机械切割，不得使用电弧切割。杆体内的绑扎材料不宜采用镀锌材料。钢绞线分为有粘结钢绞线和无粘结钢绞线，有粘结钢绞线锚杆制作时应在锚杆自由段的每根钢绞线上施作防腐层和隔离层。

压力分散型锚杆采用无粘结钢绞线、特殊部件和工艺加工制作。图 17-19 为一种钢制 U 型承载体构造，将无粘结钢绞线绕过承载体弯曲成 U 型固定在承载体上，制成压力分散型锚杆。也可采用挤压锚头作为承载体形成压力分散型锚杆。

可重复高压灌浆锚杆采用环轴管原理设置注浆套管和特殊的密封及注浆装置，可重复实现对锚固段的高压灌浆处理，大大提高锚杆的承载力。注浆套管是一根直径较大的塑料管，其侧壁每隔 1m 开有环向小孔，孔外用橡胶环圈盖住，使浆液只能从该管内流入钻孔，但不能反向流动，一根小直径的注浆钢管插入注浆套管，注浆钢管前后装有限定注浆段的密封装置，当其位于一定位置的注浆套管的橡胶圈处，在压力作用下即可向钻孔内注入浆液。

2. 锚杆的安装

锚杆安装前应检查钻孔孔距及钻孔轴线是否符合规范及设计要求。

锚杆一般由人工安装，对于大型锚杆有时采用吊装。在进行锚杆安装前应对钻孔重新检查，发现塌孔、掉块时应进行清理。锚杆安装前应对锚杆体进行详细检查，对损坏的防护层、配件、螺纹应进行修复。在推送过程中用力要均匀，以免在推送时损坏锚杆配件和防护层。当锚杆设置有排气管、注浆管和注浆袋时，推送时不要使锚杆体转动，并不断检查排气管和注浆管，以免管子折死、压扁和磨坏，并确保锚杆在就位后排气管和注浆管畅通。在遇到锚索推送困难时，宜将锚索抽出查明原因后再推送。必要时应对钻孔重新进行清洗。

3. 锚头的施工

锚具、垫板应与锚杆体同轴安装，对于钢绞线或高强钢丝锚杆，锚杆体锁定后其偏差应不超过±5°。垫板应安装平整、牢固，垫板与垫墩接触面无空隙。

切割锚头多余的锚杆体宜采用冷切割的方法，锚具外保留长度不应小于 100mm。当需要补偿张拉时，应考虑保留张拉长度。

打筑垫墩用的混凝土标号一般大于 C30，有时锚头处地层不太规则，在这种情况下，为了保证垫墩混凝土的质量，应确保垫墩最薄处的厚度大于 10cm，对于锚固力较高的锚杆，垫墩内应配置环形钢筋。

17.5.4 注浆体材料及注浆工艺

注浆是为了形成锚固段和为锚杆提供防腐蚀保护层，一定压力的注浆还可以使注浆体渗入地层的裂隙和缝隙中，从而起到固结地层、提高地基承载力的作用。水泥砂浆的成分及拌制和注入方法决定了灌浆体与周围岩土体的粘结强度和防腐效果。

1. 水泥浆的成分

灌注锚杆的水泥浆通常采用质量良好新鲜的普通硅酸盐水泥和干净水掺入细砂配制搅拌而成，必要时可采用抗硫酸盐水泥。水泥龄期不应超过一个月，强度应大于 32.5MPa。压力型锚杆最好采用更高强度的水泥。

水中不应含有影响水泥正常凝结和硬化的有害物质，不得使用污水。砂的含泥量按重量计不得大于 3%，砂中云母、有机物、硫化物和硫酸盐等有害物质的含量按重量计不得大于 1%。灰砂比宜为 0.8~1.5，水灰比宜为 0.38~0.5。也可采用水灰比 0.4~0.5 的纯水泥浆。水泥砂浆只能用于一次注浆。

水灰比对水泥浆的质量有着特别重要的作用，过量的水会使浆液产生泌水，降低强度并产生较大收缩，降低浆液硬化后的耐久性，灌注锚杆的水泥浆最适宜的水灰比为0.4～0.45，采用这种水灰比的灰浆具有泵送所要求的流动度，收缩也小。为了加速或延缓凝固，防止在凝固过程中的收缩和诱发膨胀，当水灰比较小时增加浆液的流动度及预防浆液的泌水等，可在浆液中加入外加剂，如三乙醇胺（早强剂，掺量为水泥重量的0.05%）、木质磺酸钙（缓凝剂，水泥重量的0.2%～0.5%）、铝粉（膨胀剂，水泥重量的0.005%～0.02%）、UNF-5（减水剂，水泥重量的0.6%）、纤维素醚（抗泌剂，水泥重量的0.2%～0.3%）。因使用外加剂的经验有限，不要同时使用数种外加剂以获得水泥浆的综合效应。向搅拌机加入任何一种外加剂，均须在搅拌时间过半后送入；拌好的浆液存放时间不得超过120min。浆液拌好后应存放于特制的容器内，并使其缓慢搅动。

浆体的强度一般7d不应低于20MPa，28d不应低于30MPa；压力型锚杆浆体强度7d不应低于25MPa，28d不应低于35MPa。

2. 注浆工艺

水泥浆采用注浆泵通过高压胶管和注浆管注入锚杆孔，注浆泵的操作压力范围为0.1～12MPa，通常采用挤压式或活塞式两种注浆泵，挤压式注浆泵可注入水泥砂浆，但压力较小，仅适用于一次注浆或封闭自由段的注浆。注浆管一般是直径12～25mm的PVC软塑料管，管底离钻孔底部的距离通常为100～250mm，并每隔2m左右就用胶带将注浆管与锚杆预应力筋相连。在插入预应力筋时，在注浆管端部临时包裹密封材料以免堵塞，注浆时浆液在压力作用下冲破密封材料注入孔内。

注浆常分为一次注浆和二次高压注浆两种注浆方式。一次注浆是浆液通过插到孔底的注浆管、从孔底一次将钻孔注满直至从孔口流出的注浆方法。这种方法要求锚杆预应力筋的自由段预先进行处理，采取有效措施确保预应力筋不与浆液接触。

二次高压注浆是在一次注浆形成注浆体的基础上，对锚杆锚固段进行二次（或多次）高压劈裂注浆，使浆液向周围地层挤压渗透，形成直径较大的锚固体并提高锚杆周围地层的力学性能，大大提高锚杆承载能力。通常在一次注浆后4～24h进行，具体间隔时间由浆体强度达到5MPa左右而加以控制。该注浆方法需随预应力筋绑扎二次注浆管和密封袋或密封卷，注浆完成后不拔出二次注浆管。二次高压注浆非常适用于承载力低的软弱土层中的锚杆。

注浆压力取决于注浆的目的和方法、注浆部位的上覆地层厚度等因素，通常锚杆的注浆压力不超过2MPa。

锚杆注浆的质量决定着锚杆的承载力，必须做好注浆记录。采用二次注浆时，尤其需做好二次注浆时的注浆压力、持续时间、二次注浆量等记录。

17.5.5 张拉锁定

1. 锚具

锚杆的锚头用锚具通过张拉锁定，锚具的类型与预应力筋的品种相适应，主要有以下几种类型：用于锁定预应力钢丝的墩头锚具、锥形锚具；用于锁定预应力钢绞线的挤压锚具，如：JM锚具、XM锚具、QM锚具和OVM锚具；用于锁定精轧螺纹钢筋的精轧螺纹钢筋锚具；用于锁定中空锚杆的螺纹锚具；用于锁定钢筋的螺丝杆锚具。

锚具应满足分级张拉、补偿张拉等张拉工艺要求,并具有能放松预应力筋的性能。

2. 垫板

锚杆用垫板的材料一般为普通钢板,外形为方形,其尺寸大小和厚度应由锚固力的大小确定,为了确保垫板平面与锚杆的轴线垂直和提高垫墩的承载力,可使用与钻孔直径相匹配的钢管焊接成套筒垫板。

3. 张拉

当注浆体达到设计强度的80%后可进行张拉。一次性张拉较方便,但是这种张拉方法存在着许多不可靠性。因为高应力锚杆由许多根钢绞线组成,要保证每一根钢绞线受力的一致性是不可能的,特别是很短的锚杆,其微小的变形可能会出现很大的应力变化,需采用有效施工措施以减小锚杆整体的受力不均匀性。

采用单根预张拉后再整体张拉的施工方法,可以大大减小应力不均匀现象。另外,使用小型千斤顶进行单根对称和分级循环的张拉方法同样有效,但这种方法在张拉某一根钢绞线时会对其他的钢绞线产生影响。分级循环次数越多,其相互影响和应力不均匀性越小。在实际工程中,根据锚杆承载力的大小一般分为3~5级。

考虑到张拉时应力向远端分布的时效性,以及施工的安全性,加载速率不宜太快,并且在达到每一级张拉应力的预定值后,应使张拉设备稳压一定时间,在张拉系统出力值不变时,确信油压表无压力向下漂移后再进行锁定。

张拉应力的大小应按设计要求进行,对于临时锚杆,预应力不宜超过锚杆材料强度标准值的65%,由于锚具回缩等原因造成的预应力损失采用超张拉的方法克服,超张拉值一般为设计预应力的5%~10%,其程序为

$$0 \xrightarrow{\quad\quad} m\sigma_{con} \xrightarrow{\text{稳压 } t_{min}} m\sigma_{con} \xrightarrow{\quad\quad} \sigma_{con}$$

式中 m——超张拉系数,105%~110%;

σ_{con}——设计预应力;

t_{min}——最小稳压时间,一般大于2min。

为了能安全地将锚杆张拉到设计应力,在张拉时应遵循以下要求:

(1) 根据锚杆类型及要求,可采取整体张拉、先单根预张拉然后整体张拉或单根-对称-分级循环张拉方法;

(2) 采用先单根预张拉然后整体张拉的方法时,锚杆各单元体的预应力值应当一致,预应力总值不宜大于设计预应力的10%,也不宜小于5%;

(3) 采用单根-对称-分级循环张拉的方法时,不宜少于三个循环,当预应力较大时不宜少于四个循环;

(4) 张拉千斤顶的轴线必须与锚杆轴线一致,锚环、夹片和锚杆张拉部分不得有泥沙、锈蚀层或其他污物;

(5) 张拉时,加载速率要平缓,速率宜控制在设计预应力值的10%/min左右,卸荷载速率宜控制在设计预应力值的20%/min;

(6) 在张拉时,应采用张拉系统出力与锚杆体伸长值来综合控制锚杆应力,当实际伸长值与理论值差别较大时,应暂停张拉,待查明原因并采取相应措施后方可进行张拉;

(7) 预应力筋锁定后48h内,若发现预应力损失大于锚杆拉力设定值的10%,应进

行补偿张拉。

（8）锚杆的张拉顺序应避免相近锚杆相互影响。

（9）单孔复合锚固型锚杆必须先对各单元锚杆分别张拉，当各单元锚杆在同等荷载条件下因自由长度不等引起的弹性伸长差得到补偿后，方可同时张拉各单元锚杆。先张拉最大自由长度的单元锚杆，最后张拉最小自由长度的单元锚杆，再同时张拉全部单元锚杆。

（10）为了确保张拉系统能可靠地进行张拉、其额定出力值一般不应小于锚杆设计预应力值的1.5倍。张拉系统应能在额定出力范围内以任一增量对锚杆进行张拉，且可在中间相对应荷载水平上进行可靠稳压。

17.5.6 配件

锚杆配件主要为导向帽、隔离支架、对中支架和束线环。

导向帽主要用于由钢绞线和高强钢丝制作的锚杆，其功能是便于锚杆推送。导向帽由于在锚固段的远端，即便腐蚀也不会影响锚杆性能，所以其材料可使用一般的金属薄板或相应的钢管制作。

隔离支架作用是使锚固段各钢绞线相互分离，以保证使锚固段钢绞线周围均有一定厚度的注浆体覆盖。

对中支架用于张拉段，其作用是使张拉段锚杆体在孔中居中，以使锚杆体被一定厚度的注浆体覆盖。隔离支架和对中支架位于锚杆体上，均属锚杆的重要配件。永久锚杆的隔离和对中装置应使用耐久性和耐腐性良好、且对锚杆体无腐蚀性的材料，一般宜选用硬质材料。

17.5.7 锚杆的腐蚀与防护

锚杆防腐处理的可靠性及耐久性是影响锚杆使用寿命的重要因素之一。防腐处理应保证锚杆各段内不出现杆体材料局部腐蚀现象。

永久性锚杆的防腐处理应符合下列规定：

（1）非预应力锚杆的自由段位于土层中时，可采用除锈、刷沥青船底漆、沥青玻纤布缠裹，其层数不少于二层；

（2）对采用钢绞线、精轧螺纹钢制作的预应力锚杆，其自由段可按上述第（1）条进行防腐处理后装入套管中；自由段套管两端100～200mm长度范围内用黄油填充，外绕扎工程胶布固定；

（3）对于无腐蚀性岩土层的锚固段应除锈，砂浆保护层厚度不小于25mm；

（4）对位于腐蚀性岩层内的锚杆的锚固段和非锚固段，应采取特殊防腐蚀处理；

（5）经过防腐蚀处理后，非预应力锚杆的自由段外端应埋入钢筋混凝土构件50mm以上；对预应力锚杆，其锚头的锚具经除锈、涂防腐漆后应采用钢筋网罩、现浇混凝土封闭，且混凝土强度等级不低于C30，厚度不小于100mm，混凝土保护层厚度不应小于50mm。

临时性锚杆的防腐蚀可采取下列处理措施：

（1）非预应力锚杆的自由段，可采用除锈后刷沥青防锈漆处理；

（2）预应力锚杆的自由段，可采用除锈后刷沥青防锈漆或加套管处理；

（3）外锚头可采用外涂防腐材料或外包混凝土处理。

锚杆可自由拉伸部分的隔离防护层主要由塑料套管和油脂组成，油脂的作用是润滑和防腐。临时锚杆可以使用普通黄油，但用于永久性工程的锚杆，不宜使用黄油，因为黄油中还有水分和对金属腐蚀的有害元素，当油脂老化时将分离出水和皂状物质，使原来的油脂失去润滑作用,所以永久锚杆应选用无粘结预应力筋专用防腐润滑脂。

垫板下部的防腐处理不应影响锚杆的性能,对于自由段,防腐处理后的锚杆体应能自由收缩,对垫板下部注入油脂,且要求油脂充满空间。

17.5.8 锚杆施工对周边环境的影响及预防措施

锚杆施工时会影响相邻建筑物地基以及周边环境。对于浅基础,若持力层土质较差则影响相对大一些;离相邻建筑基础底面较近则影响也会大一些。锚杆布置时应留出一定距离,以免施工时破坏建筑物、管线。由于土层锚杆一般较长,锚杆末端距离基坑边较远,施工前应详细调查周边建筑、管线的分布情况;勘察时应尽可能在锚杆末端位置附近增设勘探点,查明锚杆锚固段的实际地质情况,指导施工。

锚杆成孔过程中若施工不当易造成塌孔,甚至引起水土流失,影响周边道路管线、建筑物的正常使用。例如粉砂土地基中,在地下水位明显高于锚杆孔口时,若不采取针对措施直接钻孔,则粉砂土在水流作用下易塌孔、流砂,土颗粒大量流失造成周边地面沉陷,严重时影响基坑安全。可在孔口外接套管斜向上引至一定高度、套管内灌水保持水压平衡后再钻进;或采用全套管跟管钻进。在满足承载力要求条件下,也可采用自钻式锚杆、中空注浆锚杆或打入式锚杆,避免了普通锚杆钻孔后坍塌,减小施工难度。

在软土地基中,由于土体强度较低,若上覆土层厚度较小,在注浆压力作用下,易造成土体强度破坏后隆起、开裂。故在注浆时,应合理选定注浆压力、稳压时间、注浆工艺(一次或多次注浆、间隔注浆的合理顺序等)、注浆量等。

应制定合理的锚杆张拉顺序、张拉应力,避免后张拉的锚杆影响前期已张拉的锚杆。

锚杆的防腐处理极其重要,尤其对于使用时间较长的锚杆。因腐蚀破坏不易发觉,一旦发生,往往会酿成严重事故。国外发生过多起因锚杆腐蚀破坏造成的工程事故。锚头和自由段预应力筋是最易被腐蚀的部分。需在锚头外设置足够厚度的混凝土保护层或设置防护罩(内填防腐油膏);应保证自由段套管的耐久性及安装质量;自由段套管与锚头下部过渡管以及自由段套管与锚固段防护应可靠搭接。锚固段腐蚀的主要原因为注浆量不足或锚固体受拉后开裂导致腐蚀介质与预应力筋接触。相应防护措施有:保证注浆量;采用压力分散型锚杆;拉力型锚杆的预应力筋外套波纹管防护;预应力筋采用高强玻璃纤维等耐腐蚀材料。

为避免锚杆留在土层中成为障碍物,占用地下空间、影响周边地块的开发利用,可采用可拆芯式锚杆,当锚杆使用完成后拆除杆体。也可采用玻璃纤维锚杆,利用高强玻璃纤维脆的特点,机械、爆破可断,不会成为地下障碍物。当锚杆超越用地红线不多时,可采用扩孔锚杆、二次注浆等,在不降低承载力的前提下,缩短锚杆长度,避免锚杆超越用地红线。

某基坑[10]开挖深度约6m,其南侧距离6~7层的居民楼仅约2m,且该楼与基坑之间有给水管、雨水管、污水管。由于空间不足,红线外侧没有布置勘探孔。场地内土层自上而下依次为:素填土,厚度3.1m;耕植土,厚度0.7m;中细砂,厚度0.7m;含砂粉质黏土,厚度1.0m;砂质黏性土,厚度13.0m。地下水水位埋深0.9~2.3m。南侧采用上部一排15m长$\phi 57\times 5$无缝钢管预应力锚杆、下部3排$\phi 48\times 2.5$钢管土钉结合一排微型桩支护。在施工无缝钢管预应力锚杆及第一、二排土钉时均出现异常情况:大多数土钉注浆压力极小,孔口不返浆,从相邻孔或地表冒浆,注浆量50~250kg/m,远高于正常量;锚杆打入时遇不明障碍物,大部分能用人工滑锤打入;7天后无缝钢管预应力锚杆的极限抗拔力仅 100～120kN。注浆时地面冒浆严重，路面、污水井边、墙边、散水等多处冒浆，地面开裂。按 15～20m 分段跳挖，开挖仅约 1.7m 深，2～5 天内边坡最大位移就达 40mm，只得回填。后采用锚杆钻机进行预应力锚索工艺试验。多角度试验表明，成孔深度均只能达到 4～8m。钻机采用套管跟进射水法成孔，成孔时造成南侧两栋居民楼内外原有裂缝加大且出现几条新裂缝，地面下沉、建筑物略有下沉，个别钻孔的泥浆从地面大量涌出。经过进一步调研方得知：该两栋民宅原地貌为池塘，回填 3～5m 块石及砂层后作为地基，独立基础。显然原支护方案不适用于该地质情况。

17.6 锚杆的试验和预应力的变化

17.6.1 试验目的与种类

设计所采用的大多为经验参数，而岩土层的分布、钻孔、注浆等影响因素十分复杂，故各项锚杆工程在正式施工前必须进行现场拉拔试验，目的是为了判明施工的锚杆能否满足设计要求的性能，若不能满足时，应及时修改设计或采取补救措施，以保证锚杆工程的安全。

锚杆工程需要进行的试验有三种：

（1）常规性试验：在施工情况已知的条件下，确定锚杆该如何可靠地建造且按预期的方式起作用，必须对所有的材料按国家标准进行检验，如钢材、锚头、张拉设备、防锈保护系统、拉杆的焊接、制造、装配、灌浆、砂浆强度、现场操作、机械设备等。这一系列试验包括了所有施工需要的项目，通常由施工单位进行。

（2）现场试验：选择与施工锚杆相同的地层地段进行现场拉拔试验、锚杆群锚效果试验、长期蠕变性能、抗震耐力试验等。这些试验工作一般要求在锚杆工程施工前进行。

（3）检验试验：对已施工的锚杆进行确认检验。各国所制定的标准草案中均有明确规定，是一种常规的验收要求。

1. 基本试验

任何一种新型锚杆或已有锚杆品种用于未曾用过的地层时，均应进行基本试验。基本试验的目的是确定锚杆的极限承载力，检验锚杆的设计和施工方法能否满足工程要求，掌握锚杆抵抗破坏的安全程度，揭示锚杆在使用过程中可能影响其承载力的缺陷，以便在正式使用锚杆前调整锚杆结构参数或改进锚杆制作工艺。

预应力锚杆的基本试验应遵守下列规定：

1) 基本试验锚杆数量不得少于 3 根。

2) 基本试验所用的锚杆结构、施工工艺及所处的工程地质条件应与实际工程所采用的相同。

3) 基本试验最大的试验荷载不宜超过锚杆杆体承载力标准值的 0.9 倍。

4) 基本试验应采用分级加、卸载法。拉力型锚杆的起始荷载可为计划最大试验荷载的 10%，压力分散型或拉力分散型锚杆的起始荷载可为计划最大试验荷载的 20%。

5) 锚杆破坏标准：

（1）后一级荷载产生的锚头位移增量达到或超过前一级荷载产生位移增量的 2 倍时；

（2）锚头位移不稳定；

（3）锚杆杆体拉断。

6) 试验结果宜按循环荷载与对应的锚头位移列表整理,并绘制锚杆荷载—位移(Q-s)曲线(图17-20),锚杆荷载—弹性位移(Q-s_e)曲线和锚杆荷载—塑性位移(Q-s_p)曲线(图17-21)。

7) 锚杆弹性变形不应小于自由长度变形计算值的80%,且不应大于自由段长度与1/2锚固段长度之和的弹性变形计算值。

8) 锚杆极限承载力取破坏的前一级荷载,在最大试验荷载下未达到规定的破坏标准时,锚杆极限承载力取最大试验荷载值。

试验结束后,若条件允许,应挖出锚杆检查其形状和尺寸、硬化浆体的质量、预应力筋与浆体之间的结合、预应力筋在浆体中的位置、浆体包裹钢制部件的情况、浆体上裂缝的宽度和间距及预应力筋的防腐效果,永久性锚杆更应进行最后一项检查。

试验的全部结果都要列入试验报告中,报告中还应包括地层条件、锚杆参数、施工详细情况、试验方法及对试验数据与挖出锚杆进行检验所得结果之间关系的讨论。

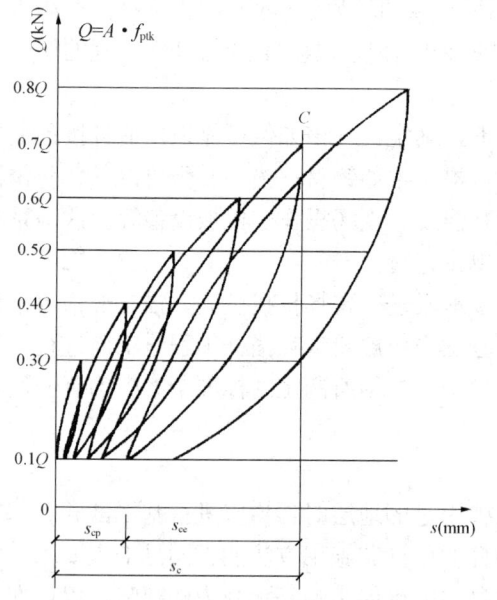

图 17-20 锚杆基本试验荷载—位移曲线

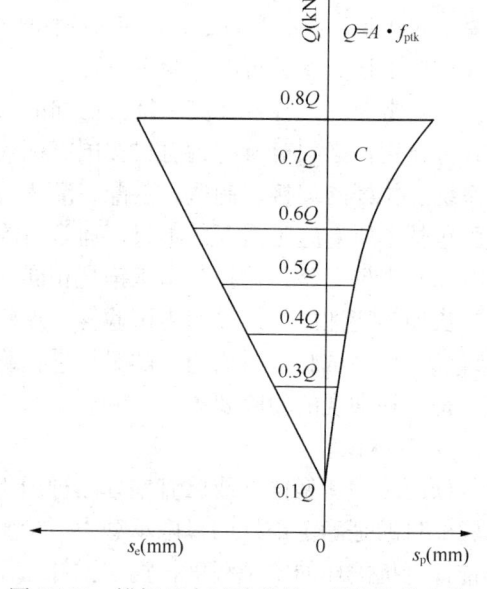

图 17-21 锚杆基本试验荷载—塑性位移曲线

2. 验收试验

验收试验可以快速经济地确定以下事项:

(1) 锚杆是否具有足够的承载力;

(2) 锚杆自由段长度是否满足要求;

(3) 锚杆蠕变在规定的范围内是否稳定。

预应力锚杆的验收试验应遵守下列规定:

(1) 验收试验锚杆数量不少于锚杆总数的15%,且不得少于3根。

(2) 验收试验应分级加荷,起始荷载宜为锚杆拉力设计值的30%,分级加荷值分别为拉力设计值的0.5,0.75,1.0,1.2,1.33和1.5倍,但最大试验荷载不能大于杆体承载力标准值的0.8倍。

(3) 试验验收中,当荷载每增加一级,均应稳定5~10min,记录位移读数。最后一级试验荷载应维持10min。如果在1～10min内，位移量超过1.0mm，则该级荷载应再维持50min，并在15、20、25、30、45和60min时记录其位移量。

（4）在验收试验中，从50%拉力设计值到最大试验荷载之间所测得的总位移量，应当超过该荷载范围自由段长度预应力筋理论弹性伸长量的80%，且小于自由段长度与1/2锚固段长度之和的预应力筋的理论弹性伸长量。

（5）最后一级荷载作用下的位移观测期内，锚头位移稳定或2h蠕变量不大于2mm。

在各等级荷载作用下，记录锚头位移至稳定状态。根据试验结果绘制锚杆荷载-位移曲线（图17-22）。

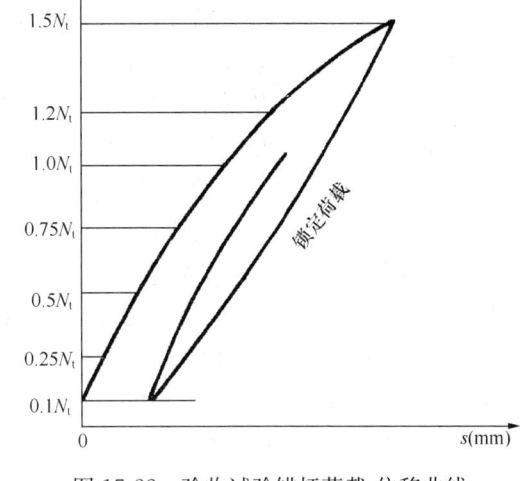

图17-22 验收试验锚杆荷载-位移曲线

3. 特殊试验

（1）锚杆群的张拉试验：当锚杆间距很密（小于10D或1m，D为钻孔直径）时需作此试验，以判明锚杆群效果。

（2）多循环的张拉试验：承受风力、波浪或反复式等其他振动力的锚杆，需判断由于地基在重复荷载作用下的变化效果。

（3）蠕变试验：为了判明永久性锚杆预应力的下降，蠕变可能来自锚固体与地基之间的蠕变特性，也可能来自锚杆区间的压密收缩，应在设计荷载下长期量测张拉力与变位量，以便于决定什么时候需要做再张拉。

对于设置在岩层和粗粒土里的锚杆，没有蠕变问题。但对于设置在软土里的锚杆，必须作蠕变试验，判定可能发生的蠕变变形是否在容许范围内。

蠕变试验需要能自动调整压力的油泵系统，使作用于锚杆上的荷载保持恒量，不因变形而降低，然后按一定时间间隔（1、2、3、4、5、10、15、20、25、30、45、60min）精确测读1h变形值，在半对数坐标纸上绘制蠕变时间关系如图17-23所示，曲线（近似为直线）的斜率即锚杆的蠕变系数 K_s：

$$K_s = \frac{\Delta s}{\lg \frac{t_2}{t_1}} \tag{17-14}$$

式中 Δs 及 t_1、t_2 如图17-23所示。

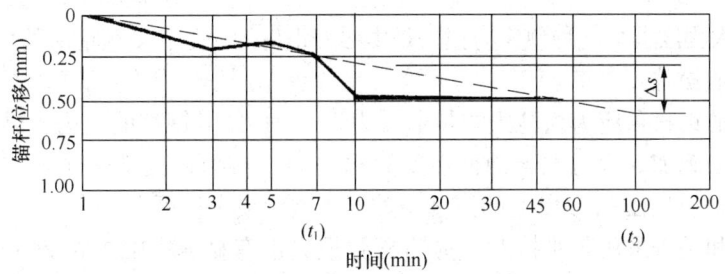

图17-23 蠕变试验（时间与变位关系曲线）

一般认为，$K_s \leqslant 0.4$mm，锚杆是安全的；$K_s > 0.4$mm 时，锚固体与土之间可能发生滑动，使锚杆丧失承载力。

17.6.2 锚杆预应力的变化

锚杆监测的目的是掌握锚杆预应力或位移变化规律，确认锚杆的长期工作性能。必要时，可根据监测结果，采取二次张拉锚杆或增设锚杆等措施，以确保锚固工程的可靠性。

永久性预应力锚杆及用于重要工程的临时性锚杆，应对其预应力变化进行长期监测。永久性预应力锚杆的监测数量不应少于锚杆数量的 10%，临时性预应力锚杆的监测数量不应少于锚杆数量的 5%。预应力变化值不宜大于锚杆设计拉力值的 10%，必要时可采取重复张拉或适当放松的措施以控制预应力值的变化。

恒定荷载下锚头位移量的发展应符合验收试验的要求，如果位移的增加与时间对数成比例关系或位移随时间而减小，则锚杆是符合要求的。

1. 锚杆预应力变化的外部因素

温度变化、荷载变化等外部因素会使锚杆的应力变化、影响锚杆的功能。

（1）地层受冲击荷载的影响

爆破、重型机械和地震力发生的冲击引起的锚杆预应力损失量，较之长期静荷载作用引起的预应力损失量大得多。

冲击作用会使固定在密实性差的非黏性土中锚杆的预应力和承载力发生变化，也会对具有触变性的不稳定黏性土产生不利影响，此外，用机械方法固定的锚杆受冲击的影响要比用水泥或合成材料固定的锚杆大得多。长锚索锚杆受冲击作用的影响比短锚杆小。

必须在受冲击范围内定期对锚杆重复施加应力。

（2）锚杆的荷载变化

车辆荷载、地下水位变化等可变荷载，对保持锚杆预应力和锚固体的锚固力具有不利影响。国外的一些标准规定，由于可变荷载影响作用于预应力锚杆上的荷载变化不能大于设计拉力值的 15%。

（3）温度变化和锚固地层的应力状态变化

温度变化会使锚杆和锚固结构产生膨胀或收缩，由于大部分锚杆都固定在地下，故空气温度变化对锚杆的影响可忽略不计。

被锚固结构的应力状态变化对锚杆预应力产生较大影响，在基坑和边坡工程中，由于开挖卸荷可使被锚固结构产生位移，锚杆预应力明显增大，岩体内部应力增大也会使锚杆预应力增加。

2. 锚杆预应力随时间的变化

随着时间的推移，锚杆的初始预应力总是会有所变化。一般情况下，通常表现为预应力的损失。在很大程度上，这种预应力损失是由锚杆钢材的松弛和受荷地层的徐变造成的。

（1）钢材的松弛

长期受荷的钢材预应力松弛损失量通常为 5%～10%。钢材的应力松弛与张拉荷载大小密切相关，当施加的应力大于钢材强度的 50% 时，应力松弛就会明显加大，并随荷载的增大而增大，而且在 20℃ 以上的温度条件下，这种损失量更大。

钢材品种和是否采用超张拉对于应力松弛损失也有显著影响，在 20℃ 时，钢材预应力值到达 75% 保证抗拉强度的条件下，稳定化（低松弛）的钢丝和钢索应力损失为

1.5%，而普通消除应力钢材的应力损失量为 5%～10%。

（2）地层的徐变

地层在锚杆拉力作用下的徐变，是由于岩层或土体在受荷影响区域内的应力作用下产生的塑性压缩或破坏造成的。对于预应力锚杆，徐变主要发生在应力集中区，即靠近自由段的锚固区域及锚头以下的锚固结构表面处。

坚硬岩石产生的徐变是很小的，即使在大荷载持续作用下也如此。

在软弱岩石和土体中，由地层压缩产生的变形是相当大的，特别是在黏性土和细的、均匀粒状砂中，变形非常明显，而且持续时间很长。固定在此类土体中的锚杆在极限荷载作用下，锚固段会发生较大的徐变位移，而且锚固体周围的土体会产生流动，可能导致锚杆承载力的急剧下降，进而危及工程安全。

一般情况下，永久受荷锚杆的徐变-时间关系是指数关系。Ostermayer 对均匀粒状砂中的锚杆进行的徐变试验结果如图 17-24 所示。

利用锚杆徐变试验中得到的徐变系数，就可以从理论上计算出锚杆的预计长期徐变位移。Ostermayer 建议，对黏性土中的永久性锚杆进行试验时，应把 1.5 倍使用荷载下的徐变系数的容许值限定为 1.0mm。从理论上讲，K_s 值为 1.0mm 时相当于在 30min 到 50 年内发生的位移达 6mm。

试验结果表明，灌浆的长锚根锚杆（直径为 10～15cm、长度为 20～25m）

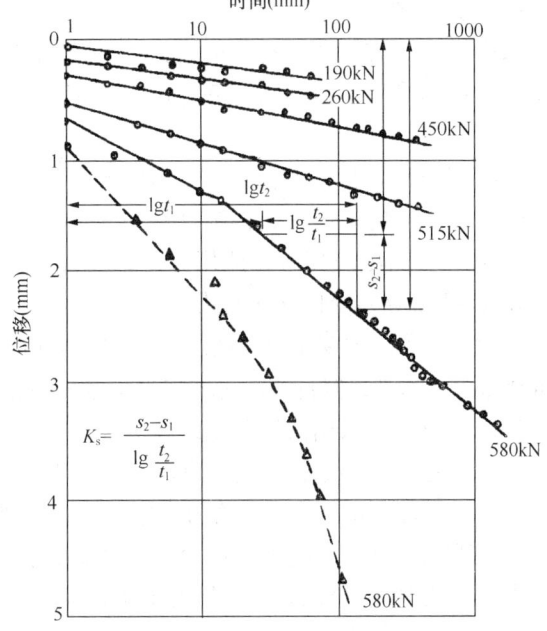

图 17-24　均匀砂层在不同荷载作用下
时间-位移曲线和徐变系数

由于徐变在硬黏土中的预应力损失量约为 6%；而在密实的中硬黏土中为 12%。这些预应力损失通常是在锚杆施加应力后的 2～4 个月内记录的，以后损失量不再增大。实测的损失值一般低于用初始施荷期间所得徐变系数计算的值。

软黏土中锚杆的徐变量和变形收敛时间主要与荷载比（锁定荷载与锚杆极限承载力之比）有关，且徐变变形主要发生在加载初期。要控制锚杆的徐变变形量和徐变收敛时间，需降低锚固段的应力峰值。选择相对较小的荷载比有利于减少锚杆的徐变变形。

3. 锚杆预应力的测量仪器

对预应力锚杆荷载变化进行观测，可采用按机械、液压、振动、电气和光弹原理制作的各种不同类型的测力计。测力计通常都布置在传力板与锚具之间。必须始终保证测力计中心受荷，并定期检查测力计的完好程度。

（1）机械测力计

该类测力计是根据各种不同钢衬垫或钢弹簧的弹件变形进行工作的。尽管这类测力计的量测范围较小，但坚固耐用。将标定的弹簧垫圈置于紧固螺母之下，就能对短锚杆的应力进行简单的监测，测得的这些垫圈的压力变化可以表示锚杆的应力变化。

(2) 液压测力计

这类测力计主要由有压力表的充油密闭压力容器组成，可直接由压力表读出压力值，体积小，重量轻，除压力表外，不容易损坏；制作较容易，只要制作一个小型压力容器，并在该容器上备有能安装压力表的出口。

(3) 弦式测力计

弦式测力计是最可靠和最精确的荷载传感器，选用钢弦作传感元件，由中孔的承载环和钢弦式压力传感器组成，是目前锚杆预应力观测使用最广泛的测力计。

(4) 引伸式测力计

采用应变计或应变片对预应力锚杆的荷载进行测试能获得满意的结果，这些应变计或应变片固定在受荷的钢制圆筒壁上，然后记录下这些应变计或应变片的变形。

(5) 光弹测力计

这类测力计装有一种会发生变形的光敏材料。在荷载作用下光敏材料图形与压力线的标准图形加以对比，即可获得锚杆的拉力值。这类测力计的精度可达 $\pm 1\%$，测试范围是 $20 \sim 6000 kN$，价格较便宜，应用方便，而且不受外界干扰。

4. 锚杆预应力变化的应对措施

一般锚杆预应力变化控制范围为锁定荷载的 10%，超过这一范围应查找原因，必要时可重新张拉（增加或降低预应力）或增加锚杆数量。锚杆预应力变化的控制方法主要有：

(1) 预应力筋采用低松弛钢绞线。

(2) 确定适宜的锚杆锁定荷载。

(3) 采用能缓减地层应力集中的措施。如对坚硬岩石，充满黏土的节理裂隙性岩体在荷载作用下的塑性压缩变形往往会引起明显的预应力损失，因而预先要用短锚杆加固与锚杆传力系统接触的破碎岩体；传力结构应具有足够的刚度并与地层有足够的接触面积；采用单孔复合锚固结构，使锚固体内剪应力得以均匀分布，都有助于减少地层的徐变变形及锚杆的预应力损失。

(4) 实施二次张拉。在锚杆锁定 $7 \sim 10d$ 后对锚杆实施二次张拉可有效降低预应力损失。还可对预应力增加较大的锚杆实施放松措施，以降低其预应力值。

(5) 合适的施工工艺。对徐变变形明显的地层宜采用二次高压灌浆工艺；锚杆张拉时，先单根预张拉，再整体张拉，使各钢绞线的应力平均。

17.7 工程实例

17.7.1 杭州波浪文化城一期基坑工程

波浪文化城一期位于杭州市钱江新城核心区的主轴线上，是钱江新城核心区内主要城市公共建筑。基坑开挖面积达 $73000 m^2$，开挖深度为 $13.2 \sim 15.075 m$。拟建场地的上部 $19m$ 为稍密～中密的粉砂土，渗透性较好，且基坑距离钱塘江较近。设计根据不同的周围环境条件分别采用相应的围护结构，其中东北面中间紧邻杭州大剧院广场区域，采用全套管钻孔咬合桩（贝诺特工法）结合上部两道预应力锚杆、下部一道钢筋混凝土支撑支护，图 17-25 为该区域的围护剖面。

17.7 工程实例 649

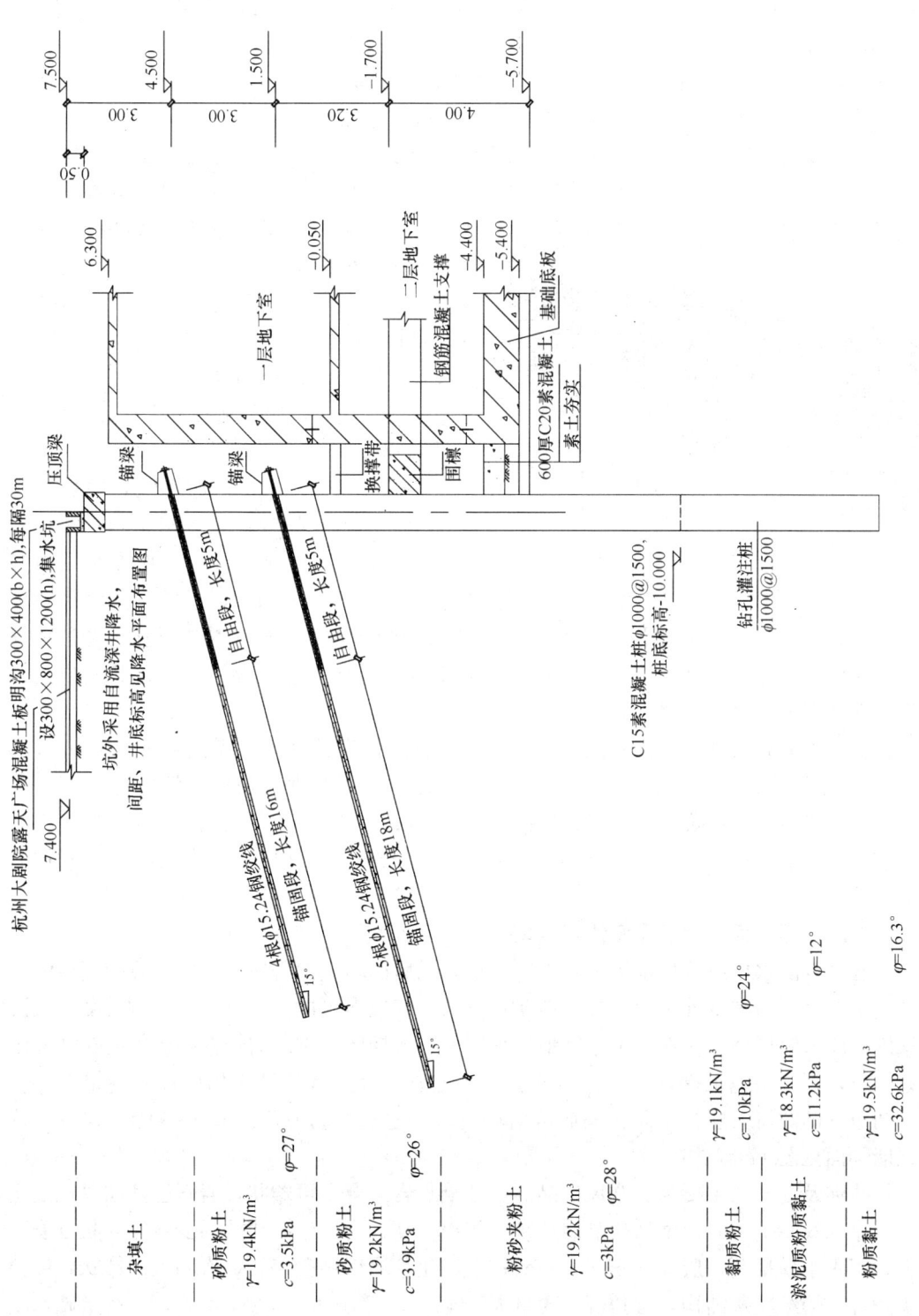

图 17-25 全套管钻孔咬合桩结合上部两道预应力锚杆、下部一道钢筋混凝土支撑围护剖面

拉力分散型锚杆设于素混凝土桩位置，水平向间距 1.5m，孔径 150mm，根据受力大小采用 4 根或 5 根直径 15.24mm、f_{ptk} 为 1860MPa 的钢绞线、锚固长度为 18m 的锚杆，其设计极限抗拔力为 630kN。

采用 YX-1 型钻机钻孔，泥浆护壁，泥浆中掺入适量膨润土。先用 150mm 合金钻头在素混凝土桩上开孔，打穿素混凝土桩后换 150mm 三翼钻头钻孔。

其中东南面紧邻之江路地下通道区域距离钱塘江仅 85m，采用全套管钻孔咬合桩结合四道预应力锚杆支护。施工最下一排锚杆时，正值农历八月中旬，钱塘江水位较高，坑外侧的自流深井只能将水位降至地面下 10m，最下一排锚杆位于水位下约 1.5m，需在水下成孔。素混凝土桩上开孔后，在桩的钻孔内下入套管，并向孔外接长套管，套管内注水，使得套管口的水位标高高于地下水位标高后再进行钻孔施工，避免钻孔发生流砂、塌孔，见图 17-26。

图 17-26 地下水位高于孔口标高的最下一排锚杆钻孔

采用水灰比为 0.5 的纯水泥浆二次注浆，待一次注浆体的强度达到 5MPa（约需 40h）后二次注浆。实际施工时，二次注浆压力只能达到 1.20～1.50MPa，远低于原设计要求的 2.5～3.0MPa，且注浆水泥用量达 500～600kg 后仍可注入，施工难以操作。经过现场多次试注后确定注浆水泥量改为按 200kg/根控制，注浆压力作为参考。经试验极限抗拔力满足设计要求，最大位移为 35～50mm。

张拉控制荷载为 0.6 倍极限抗拔力（约为基坑围护设计计算所需提供抗拔力的 0.75 倍），正式张拉前先用 0.5 倍张拉控制荷载预张拉二次，然后张拉至控制荷载锁定。

监测结果表明，基坑施工期间各排锚杆的拉力值变化很小。可见锁定荷载不应定得太高，宜取 0.7 倍计算值左右，以调节计算偏差及由于施工、使用过程中引起的锚杆拉力增大。

17.7.2 缙云双潭水厂东侧锚杆挡墙

缙云县双潭水厂所建场地为上部山体放炮开挖后回填至山脚所成。由于开挖产生的土石方方量较大，为减少外运工程量，挡墙背后的库容应尽可能大。设计在山脚坡度较大区域采用预应力锚杆挡墙，在坡度平缓地区采用重力式挡墙。预应力锚杆挡墙需先在坡脚施工好锚杆，再分层施工立柱、挡板，分层回填土方，分层张拉锁定相应标高的锚杆。立柱、挡板基础的持力层为全风化晶屑熔结凝灰岩，地基承载力特征值 500kPa。预应力锚杆挡墙剖面见图 17-27。

钻孔涉及的土层主要为：全风化晶屑熔结凝灰岩，湿，可塑状，岩石已基本风化成土状，层厚 0.60～1.10m；强风化晶屑熔结凝灰岩，硬，岩心呈碎块状，少数短柱状，裂隙发育，用手不易折断，层厚 0.65～2.40m；中风化晶屑熔结凝灰岩，岩心呈短柱状，裂隙较少发育，熔结凝灰结构，含角砾，含量大于 15%，砾径 0.1～2cm 不等，岩石坚硬，饱和单轴抗压强度 40.8～47MPa。

采用潜孔钻机造孔，压缩空气清孔排渣，钻孔直径为 130mm。

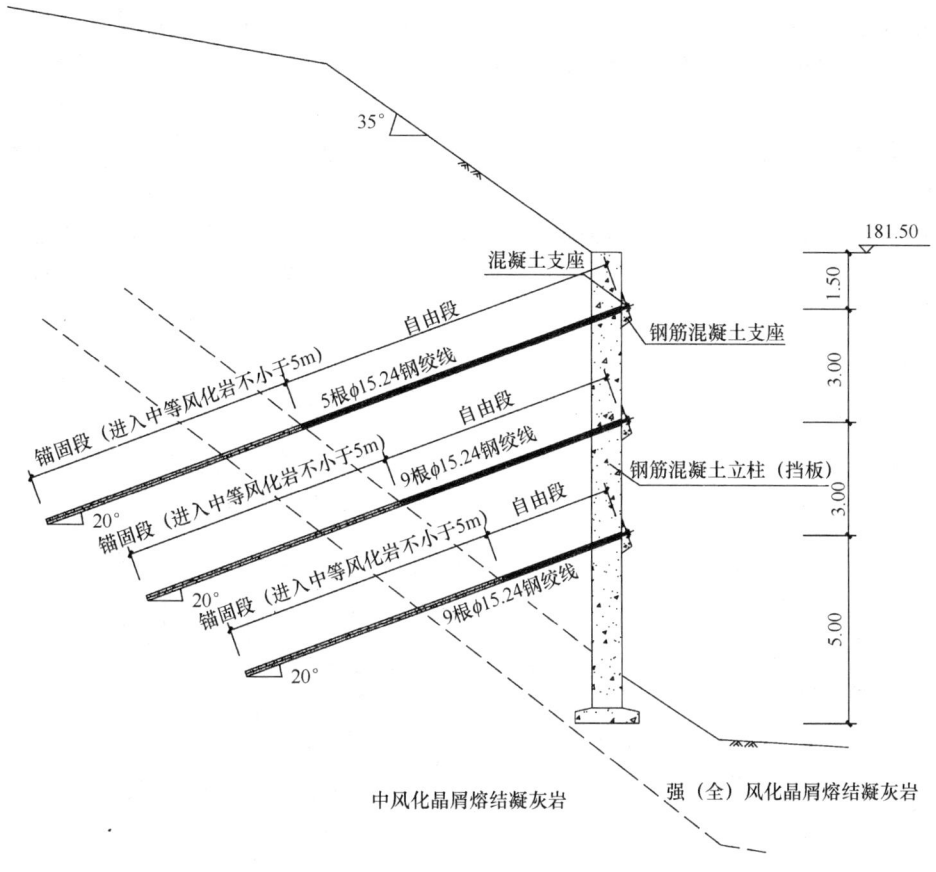

图 17-27 预应力锚杆挡墙剖面

锚杆为拉力分散型,长度以进入中风化晶屑熔结凝灰岩 5m 控制。根据受力大小采用 5 根或 9 根直径 15.24mm、f_{ptk} 为 1860MPa 的钢绞线,用水灰比 0.5 的 M30 纯水泥浆一次注浆。最下一排锚杆的设计极限抗拔力为 1200kN。

需在一排锚杆施工后再回填该排锚杆至上一排锚杆之间的土方。为避免上部填方造成下部已张拉锁定锚杆的拉力增加过大,采取了以下措施:预应力筋张拉控制应力设得较小,为 $0.1f_{ptk}$;锚杆周围 0.5m 范围内回填中粗砂,以防破坏自由段套管和钢绞线;自挡墙外坡面向内 25m 范围内分层压实,施工时确保压实机械不对挡墙及相应设施造成危害。

17.7.3 新昌某重力式挡墙预应力锚杆加固

浙江省新昌县某边坡工程原采用浆砌块石衡重式挡土墙,墙高 5~12m,墙顶以上按 1:1.5 放坡,放坡高度 5~6m。距离墙顶 20m 将建造 2~3 层住宅。

工程所处场地属第四系低丘坡地,覆盖层属第四系坡残积沉积土,挡土墙一般以中风化粉砂岩作为持力层,地基承载力特征值 1500kPa。

由于施工过程中排水设施设置不完善,坡顶未设截水沟、坡脚未设排水沟,泄水孔位置的墙背后填土中未设反滤层;墙体的施工质量较差,墙身强度偏低;部分墙后填土质量不符合规范要求,填筑分层厚度过大。在墙后土方堆填过程中,挡土墙出现了较明显的变形,存在严重的安全隐患:挡土墙中下部出现横向、斜向裂缝,裂缝缝宽从数毫米到数十毫米不等,裂缝的延伸长度 2~12m;伴随着裂缝的发展,挡土墙墙面出现鼓胀变形;伸缩缝两边挡土墙发生错位变形,最大错位变形差达到 75mm;局部墙顶填土出现横向延伸的拉张裂缝,裂缝宽度数厘米,延伸长度十余米。故需对挡墙采取必要的加固措施。

设计采用预应力锚杆结合混凝土框格梁加固,12m 高的挡墙采用三排预应力锚杆,如图 17-28 所示,锚杆长度 25m,水平间距为 5m。锚杆为压力分散型,采用 4 根直径 15.24mm、f_{ptk} 为 1860MPa 的无粘结钢绞线,两个挤压锚头承载体,如图 17-29、图 17-30,每个承载体两根钢绞线,设计极限抗拔力 400kN,张拉荷载为 250kN,锁定荷载为 200kN。框格梁截面为 400mm×500mm,混凝土强度为 C30。

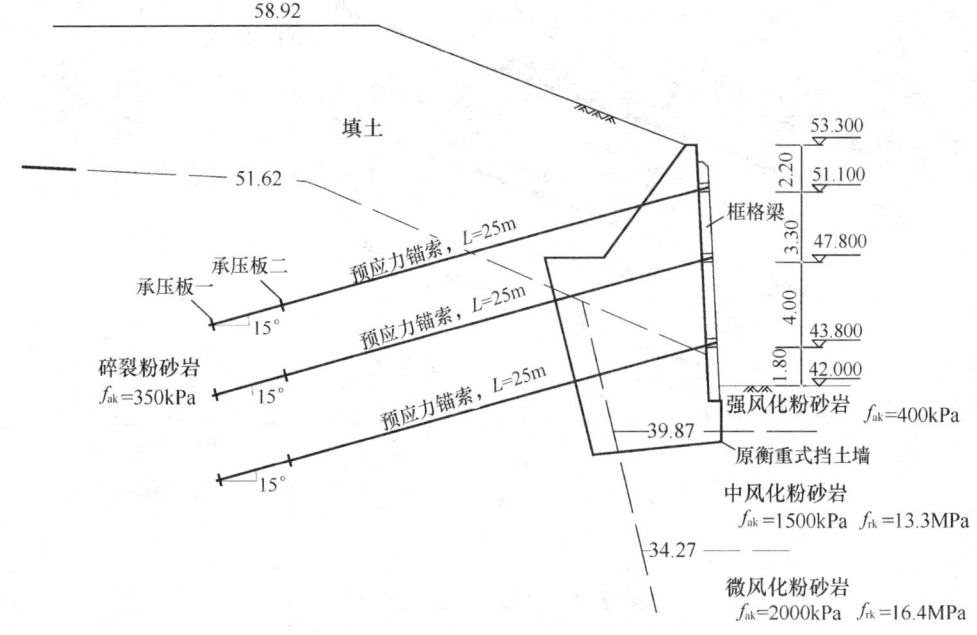

图 17-28　12m 高挡墙预应力锚杆加固剖面

由于挡墙背后回填的填土主要由大块石、碎石、岩屑、岩粉及粉土混积而成,最大块石达 1~2m,为丘陵顶部的的粉砂岩、砾岩放炮开挖后运来回填,若无护孔措施必然塌孔,故对于块石挡墙墙身及填土部分地层需采用套管跟管钻进。钻孔采用无锡产 YG60 锚杆钻机施工,开孔直径为 150mm,跟管套管直径为 146mm,与水平夹角向下 15°。钻孔至碎裂粉砂岩后终止跟管,换 120mm 冲击回转钻头钻进,锚固段孔径为 120mm。钻进达到设计深度后,使用高压空气将孔中岩(土)粉及水全部清除出孔外。

图 17-29　第一承载体

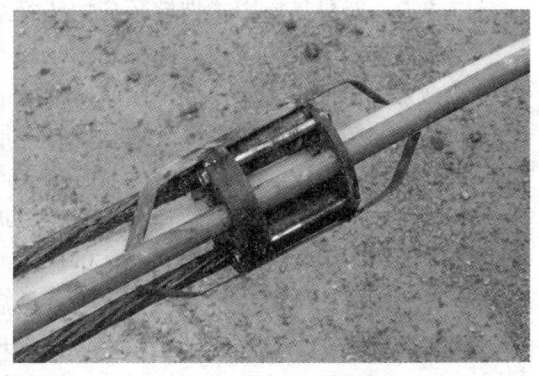

图 17-30　第二承载体

采用水灰比 0.5 的纯水泥浆注浆，浆体强度为 M35。由于填土层易漏浆，故在块石挡墙及填土孔段，采用 PVC 套管保护，在 PVC 管内注浆，以保证钢铰线为水泥浆所包裹。采用孔底返浆方法，直至孔口溢出新鲜浆液。根据浆液注入情况缓慢地拔出注浆管，根据拔管手感控制拔管速率，不得将管口拔出到液面以上。如发现孔口浆面回落，及时进行补充注浆，确保孔口浆体充满。

前期试验段的 22m 长锚索的抗拔试验荷载-位移（Q-s）曲线如图 17-31 极限抗拔力为 432kN。

当注浆体强度和框格梁混凝土强度均达到设计强度 90% 以上、并经验收试验合格后，方可进行张拉作业。先对长度较长的一组承载体进行补偿张拉，以补偿因自由长度不等引起的

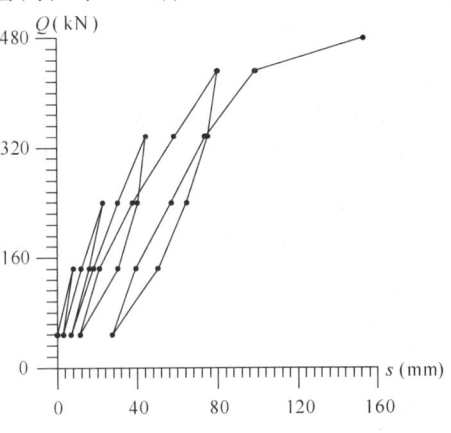

图 17-31 22m 长预应力锚杆的抗拔试验荷载-位移（Q-s）曲线

弹性伸长差，使得张拉到设计要求荷载时，各根钢铰线的应力相近。在补偿张拉后，按 20% 设计荷载进行 1~2 次预张拉，然后按设计要求分级张拉及超张拉，再行锁定。在张拉锁定完成十天后再次进行补张拉，以消除因钢铰线松弛及其他因素造成的预应力损失，保证设计预应力。

锚具锁定后，对孔口段实施封闭注浆，确保锚头端孔内注浆密实。张拉完成后切割多余的钢铰线，锚头外钢铰线保留长度 100mm，用 C30 素混凝土封闭保护锚头。

17.7.4 宁波某基坑工程锚杆支护

宁波地区的淤泥质土分布较普遍，一般孔隙比 1.2~1.5，含水量 40%~50%，灵敏度高，强度低，地基承载力特征值 60~70kPa。某工程位于宁波江南路南侧，基坑开挖深度 5.2m，采用三排沉管桩（或小直径钻孔桩）组成的门架结合一排锚杆支护。锚杆长度为 18m，钻孔直径 150mm，主筋为直径 $\phi 22$ 的 HRB335 级钢，与水平夹角 20°向下，设计要求极限抗拔力大于 120kN。

施工时采用液压钻机慢转速钻进，尽可能减少钻进对锚固地层的扰动；用大泵量泥浆对钻孔充分循环冲洗，排除孔内残土。为防止钻孔缩径，应确保钻具气孔畅通，必要时采用边拔边注入泥浆的方法拔出钻具。主筋外包 $\phi 250$ 土工布注浆袋，长度 13m，锚杆下端部袋口用铅丝扎紧，上部袋口与注浆管及锚杆

图 17-32 现场开挖出的注浆体

主筋分别扎紧，注浆袋中部每 2m（对中支架部位）用铅丝绑扎约束。放置三根注浆管：注浆袋内注浆管长度 18m，下端口置于距注浆袋底部 0.5m 处；注浆袋外注浆管长度 6.5m，注浆时插入孔内即可；二次注浆管，置入注浆袋内，长度 12m，下端口置于注浆袋中部。

采用水灰比 0.55 的纯水泥浆注浆，二次注浆。第一次注浆分两步进行：先在注浆袋内注浆，水泥浆溢出孔口后停止注浆；再在注浆袋外注浆，浆液溢出孔口后终止，并拔出注浆管。在一次注浆完成十二小时以后，进行二次注浆，若浆液溢出孔口或注浆压力大于 1.5 MPa、稳压时间大于 2min（或注入浆液量大于 125L）后停止注浆。

经抗拔试验，极限抗拔力均大于 120kN。如图 17-32，注浆体直径基本同注浆袋直径 250mm。

参考文献

[1] 程良奎，范景伦，韩军，许建平. 岩土锚固[M]. 北京：中国建筑工业出版社，2003
[2] 苏自约，陈谦，徐祯祥，刘璇. 锚固技术在岩土工程中的应用[M]. 北京：人民交通出版社，2006
[3] 范敬飞. 软地层中土层锚杆的群锚效应[D]. 同济大学硕士学位论文，上海，1990
[4] 肖昭然，李象范，侯学渊. 岩土锚固工程技术[M]. 北京：人民交通出版社，1996
[5] 戴运祥. 斜拉土层锚杆的群锚效应[D]. 同济大学博士学位论文，上海，1993
[6] 李寻昌，门玉明，王娟娟. 锚杆抗滑桩体系的群桩、群锚效应研究现状分析. 公路交通科技[J]，2005，22(9)：52-55
[7] 中华人民共和国行业标准.《建筑基坑支护技术规程》(JGJ 120—99)[S]. 北京：中国建筑工业出版社，1999
[8] 中华人民共和国国家标准.《锚杆喷射混凝土支护技术规范》(GB 50086—2001)[S]. 北京：中国计划出版社，2001
[9] 中华人民共和国国家标准.《建筑边坡工程技术规范》(GB 50330—2002)[S]. 北京：中国建筑工业出版社，2002
[10] 付文光，冯申铎，张俊. 一个小型复杂基坑支护工程[J]. 岩土工程学报，2006，28(S1)：1650-1652

第18章 支护结构与主体结构相结合及逆作法

18.1 概　　述

支护结构与主体结构相结合是指采用主体地下结构的一部分构件（如地下室外墙、水平梁板、中间支承柱和桩）或全部构件作为基坑开挖阶段的支护结构，不设置或仅设置部分临时支护结构的一种设计和施工方法。而逆作法一般是先沿建筑物地下室轴线施工地下连续墙或沿基坑的周围施工其他临时围护墙，同时在建筑物内部的有关位置浇筑或打下中间支承桩和柱，作为施工期间于底板封底之前承受上部结构自重和施工荷载的支承；然后施工地面一层的梁板结构，作为地下连续墙或其他围护墙的水平支撑，随后逐层向下开挖土方和浇筑各层地下结构，直至底板封底；同时，由于地面一层的楼面结构已经完成，为上部结构的施工创造了条件，因此可以同时向上逐层进行地上结构的施工；如此地面上、下同时进行施工，直至工程结束。逆作法可以分为全逆作法、半逆作法及部分逆作法。逆作法必然是采用支护结构与主体结构相结合，对施工地下结构而言，逆作法仅仅是一种自上而下的施工方法。相对而言，支护结构与主体结构相结合的范畴更广，它包括周边地下连续墙两墙合一结合坑内临时支撑系统采用顺作法施工、周边临时围护体结合坑内水平梁板体系替代支撑采用逆作法施工及支护结构与主体结构全面相结合采用逆作法施工，即支护结构与主体结构相结合既有可能采用顺作法施工也有可能采用逆作法施工。

18.1.1 发展状况

1933年日本首次提出了逆作法的概念，并于1935年应用于东京都千代田区第一生命保险相互会社本社大厦的建设，该工程成为第一个采用支护结构与主体结构相结合的工程。1950年代意大利开发了地下连续墙技术，随后其应用范围便逐渐扩大，1954年欧洲其他各国，1956年南非，1957年加拿大，1959年日本，1962年美国相继采用了地下连续墙技术。地下连续墙技术的应用及工程施工机械化程度的提高有力地推动了支护结构与主体结构相结合在更大范围内的应用，并在日本、美国、英国等国家取得了较大的发展。支护结构与主体结构相结合除了在高层建筑地下室的建筑中采用以外，还较多地应用于地铁车站的建设。20世纪50年代末意大利米兰地铁首次采用逆作法以来[1]，欧洲、美国、日本等许多国家的地铁车站都用该方法建造。

在国内，1955年哈尔滨地下人防工程中首次应用了逆作法的施工工艺[1]，随后在20世纪70～80年代对逆作法进行了研究和探索。1989年建设的上海特种基础工程研究所办公楼，地下2层，采用支护结构与主体结构全面相结合的方式，是上海也是全国第一个采用封闭式逆作施工的工程。虽然该工程建筑规模不大，但对支护结构与主体结构相结合的施工方法做了可贵的探讨，使主体结构与支护结构相结合的设计和施工方法的推广应用有了良好的开端。20世纪九十年代初上海地铁一号线的常熟路站、陕西南路站和黄陂南路站三个地铁车站成功实践了支护结构与主体结构相结合的方式，进一步推动了其在上海地区更多基坑工程中应用。与此同时,国内其他地区如北京、广州、杭州、天津、深圳等地也均开始应用支护结构与主体结构相结合的方式。进入 21 世纪以来,随着大城市的基坑向"大、深、紧、近"[2]的方向发展和环境保护要求的提高,支护结构与主体结构相结合在国内迅速发展,成为软土地区和环境保护要求严格条件下基坑支护的重要方法。其中在广州、杭州、深圳、天津地区应用较多,尤以上海地区应用最多。我国的台湾地区和香港地区也有很多基坑工程尝试采用了支护结构与主体工程相结合的方法。

支护结构与主体结构相结合应用于 2 层以上的地下室甚至是 8 层的地下室,其深度也从几米到三十几米。并且应用范围也从高层建筑地下室拓展到地铁车站、市政、人防工程等领域。该支护方法在这些工程的成功应用取得了较好的经济效益和社会效益,得到了工程界越来越多的重视,并成为一项很有发展前途和推广价值的深基坑支护技术。

18.1.2 优点与适用范围

与常规的临时支护方法相比,采用支护结构与主体结构相结合施工高层和超高层建筑的深基坑和地下结构具有诸多的优点,如由于可同时向地上和地下施工因而可以缩短工程的施工工期;水平梁板支撑刚度大,挡土安全性高,围护结构和土体的变形小,对周围的环境影响小;采用封闭逆作施工,施工现场文明;已完成之地面层可充分利用,地面层先行完成,无需架设栈桥,可作为材料堆置场或施工作业场;避免了采用临时支撑的浪费现象,工程的经济效益显著,有利于实现基坑工程的可持续发展等。

支护结构与主体结构相结合适用于如下基坑工程:
(1) 大面积的地下工程,一般边长大于 100m 的大基坑更为合适;
(2) 大深度的地下工程,一般大于或等于 2 层的地下室工程更为合理;
(3) 复杂形状的地下工程;
(4) 周边状况苛刻,对环境要求很高的地下工程;
(5) 作业空间较小和上部结构工期要求紧迫的地下工程。

18.2 支护结构与主体结构相结合的设计

基坑工程中的支护结构包括围护结构、水平支撑体系和竖向支承系统。从构件相结合的角度而言,支护结构与主体结构相结合包括三种类型,即地下室外墙与围护墙体相结合、结构水平梁板构件与水平支撑体系相结合、结构竖向构件与支护结构竖向支承系统相结合。根据支护结构与主体结构相结合的程度,可以分为三大类型,即周边地下连续墙两墙合一结合坑内临时支撑系统采用顺作法施工、周边临时围护体结合坑内水平梁板体系替代支撑采用逆作法施工、支护结构与主体结构全面相结合采用逆作法施工。本节简要说明支护结构与主体结构相结合的有关类型和设计原则,关于其设计的更详细的内容可参考文献[3]。

18.2.1 支护结构与主体结构的构件相结合设计

1. 墙体相结合的设计

通常采用地下连续墙作为主体地下室外墙与围护墙的结合,即两墙合一。两墙合一地下连续墙施工噪声和振动低、刚度大、整体性好、抗渗能力良好;在使用阶段可直接承受使用阶段主体结构的垂直荷载,充分发挥其垂直承载能力,减小基础底面地基附加应力;

可节省常规地下室外墙的工程量；可减少直接土方开挖量，且无需再施工换撑板带和进行回填土工作，经济效益明显。两墙合一的墙体通常采用现浇地下连续墙，由于采用现场浇筑，墙体的深度以及槽段的分幅灵活、适用性强，除槽段分缝外，在竖向无水平施工缝。

1）"两墙合一"结合方式

当采用地下连续墙与主体地下结构外墙相结合时，其设计方法因地下连续墙布置方式，即与主体结构的结合方式不同而有差别。地下连续墙与主体结构地下室外墙的结合方式主要有四种：单一墙、分离墙、重合墙和复合墙，如图18-1所示。

(1) 单一墙。单一墙即将地下连续墙直接用作主体结构地下室外边墙，如图18-1（a）所示。此种结合形式壁体构造简单，地下室内部不需要另做受力结构层。但此种方式主体结构与地下连续墙连接的节点需满足结构受力要求，地下连续墙槽段接头要有较好的防渗性能。在许多土建工程中常在地下连续墙内侧做一道建筑内墙（砖衬墙），两墙之间设排水沟，以解决渗漏问题。一般情况下，通过采取一定的构造措施，单一墙可以满足常规地下工程的需要。

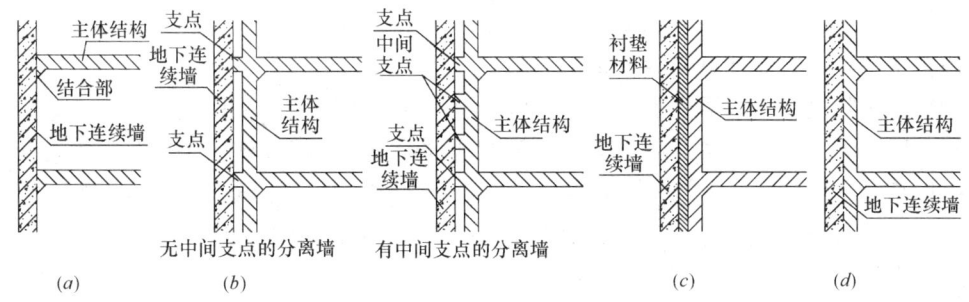

图 18-1 地下连续墙的结合方式
(a) 单一墙；(b) 分离墙；(c) 重合墙；(d) 混合墙

(2) 分离墙。分离墙是在主体结构物的水平构件上设置支点，即将主体结构物作为地下连续墙的支点，起着水平支撑作用，如图18-1(b)所示。这种布置形式的特点是地下连续墙与主体结构结合简单，且各自受力明确。地下连续墙的功用在施工和使用时期都起着挡土和防渗的作用，而主体结构的外墙或柱子只承受竖向荷载。当起着支撑地下连续墙水平横撑作用的主体结构各层楼板间距较大时，地下连续墙可能强度不足，可在水平构件之间设几个中间支点，并将主体结构的边墙加强。此时，可根据主体结构的刚度近似地计算中间支点的弹簧系数，进而计算出地下连续墙的内力。分离墙形式，除温度变化、干燥等引起横梁伸缩而产生的作用力外，主体结构承受的其他荷载对地下连续墙的影响均不予考虑。

(3) 重合墙。重合墙是把主体结构的外墙重合在地下连续墙的内侧，在两者之间填充隔绝材料，使之成为仅传递水平力不传递剪力的结构形式，如图18-1(c)所示。这种形式的地下连续墙与主体结构地下室外墙所产生的竖直方向变形不相互影响，但水平方向的变形则相同。从受力条件看，这种形式较单一墙和分离墙均为有利。这种结构还可以随着地下结构物深度的增大而增大主体结构外边墙的厚度，即使地下连续墙厚度受到限制时，也能承受较大应力。但是由于地下连续墙表面凹凸不平，于施工不利、衬垫材料厚薄不等，使应力传递不均匀。

(4) 复合墙。复合墙(如图 18-1(d) 所示)是将地下连续墙与主体结构地下室外墙做成一个整体,即通过把地下连续墙内侧凿毛或用剪力块将地下连续墙与主体结构外墙连接起来,使之在结合部位能够传递剪力。复合墙结构形式的墙体刚度大,防渗性能较单一墙好,且框架节点处(内墙与结构楼板或框架梁)构造简单。该种结构形式地下连续墙与主体结构边墙的结合比较重要,一般在浇捣主体结构边墙混凝土前,需将地下连续墙内侧凿毛,清理干净并用剪力块将地下连续墙与主体结构连成整体。此外新老混凝土之间因干燥收缩不同而产生的应变差会使复合墙产生较大的内力,有时也需考虑。

2) 设计计算原则

(1) 两墙合一地下连续墙的设计与计算需考虑地下连续墙在施工期、竣工期和使用期不同的荷载作用状况和结构状态,应同时满足各种情况下承载能力极限状态和正常使用极限状态的设计要求。应验算三种应力状态:在施工阶段由作用在地下连续墙上的侧向主动土压力、水压力产生的应力;主体结构竣工后,作用在墙体上的侧向主动土压力、水压力以及作用在主体结构上的竖向、水平荷载产生的应力;主体结构建成若干年后,侧向土压力、水压力已从施工阶段回复到稳定状态,土压力由主动土压力变为静止土压力,水位回复到静止水位,此时只计算荷载增量引起的内力。

(2) 施工阶段,在水平力的作用下,两墙合一地下连续墙可采用竖向弹性地基梁法进行分析。墙体内力计算应按照主体工程地下结构的梁板布置以及施工条件等因素,合理确定支撑标高和基坑分层开挖深度等计算工况,并按基坑内外实际状态选择计算模式,考虑基坑分层开挖与支撑进行分层设置及换撑拆除等在时间上的顺序先后和空间上的位置不同,进行各种工况下的连续完整的设计计算。

(3) 正常使用阶段,由于主体地下结构梁板以及基础底板已经形成,通过结构环梁和结构壁柱等构件与墙体形成了整体框架,因而墙体的约束条件发生了变化,应根据结构梁板与墙体的连接节点的实际约束条件及侧向的水土压力,取单位宽度地下连续墙作为连续梁进行设计计算,尤其是结构梁板存在错层和局部缺失的区域应进行重点设计。正常使用阶段设计主要以裂缝控制为主,计算裂缝应满足相关规范规定的裂缝宽度要求。

(4) 墙体承受竖向荷载时,应分别按承载能力极限状态和正常使用极限状态验算地下连续墙的竖向承载力和沉降量。有条件时,地下连续墙竖向承载力应由现场静荷载试验确定;无试验条件时,可参照确定钻孔灌注桩竖向承载力的方法选用。地下连续墙墙底持力层应选择压缩性较低的土层,且采取墙底注浆加固措施。

(5) 人防区域的地下连续墙,应采用防爆荷载对地下连续墙进行设计计算。有关构造应满足相关人防规范要求。

(6) 两墙合一地下连续墙的钢筋和混凝土的设计和施工及相关结构构造应满足正常使用阶段防渗和耐久性要求。

(7) 现浇地下连续墙验算正截面承载力和节点构造设计时,应对混凝土强度设计值和钢筋锚固强度设计值乘以折减系数 0.85~0.90。

(8) 墙顶承受竖向偏心荷载,或地下结构内设有边柱与托梁时,应考虑其对墙体和边柱的偏心作用。墙顶圈梁(或压顶梁)与墙体及上部结构的连接处应验算截面受剪承载力。

(9) 地下连续墙内侧设置内衬墙时,对结合面能承受剪力作用的复合墙,和结合面不能承受剪力作用的重合墙，应根据地下结构施工期和使用期的不同情况，按内外墙实际受载过程进行墙体内力与变形计算。复合墙的内力与变形计算，以及截面承载力设计时，墙体计算厚度可取内外墙厚之和，并按整体墙计算。重合墙的内外墙内力可按刚度分配计算。

(10) 两墙合一时地下连续墙与地下结构内部梁板等构件的连接，应满足主体工程地下结构受力与设计要求，一般按整体连接刚性构造考虑。接头处钢筋采用焊接或机械连接。

(11) 两墙合一时地下连续墙的倾斜度和墙面平整度，以及预埋件位置，均应满足主体工程地下结构设计要求。一般墙面倾斜度不宜大于 1/300。

(12) 由于两墙合一地下连续墙在正常使用阶段作为永久地下室外墙，因此涉及与主体结构构件连接、墙体在正常使用阶段的整体性能、与主体结构的沉降协调、后浇带与沉降缝位置的构造处理、连续墙与后连接通道的连接、连续墙墙顶落低的处理等一系列问题，因此需要采用一整套的设计构造措施，以满足正常使用阶段的受力和构造要求。此外，由于地下连续墙自身施工工艺的特点决定了其与现浇墙体存在一定的差异，因此连续墙尚需采取可靠的抗渗和止水措施，包括墙身防水、槽段接缝防水、墙顶与压顶圈梁接缝防水及与基础底板接缝的防水等。

2. 水平构件相结合的设计

水平结构构件与支护结构相结合，系利用地下结构的梁板等内部水平构件兼作为基坑工程施工阶段的水平支撑系统的方法。

1) 结构体系

在地下结构梁板与基坑内支撑系统相结合时，结构楼板可采用多种结构体系，工程中采用较多的为梁板结构体系和无梁楼盖结构体系。

(1) 梁板结构。肋梁楼盖由主梁、次梁和楼板组成，主梁和次梁将楼板划分为多个区格，根据板区格的平面长宽比，还可分为单向板肋梁楼板和双向板肋梁楼盖。地下结构采用肋梁楼盖作为水平支撑比较适于逆作法施工，其结构受力明确，可根据施工需要在梁间开设孔洞，并在梁周边预留止水片，在逆作法结束后再浇筑封闭。此外也可采用结构楼板后作的梁格体系，在开挖阶段仅浇筑框架梁作为内支撑，基础底板浇筑后再封闭楼板结构。该思路可减少施工阶段竖向支承的竖向荷载，同时也便于土方的开挖，不足之处在于梁板二次浇筑，存在止水和连接的整体性问题。

(2) 无梁楼盖。无梁楼盖结构体系相对于梁板结构体系而言又称板柱结构体系，其结构体系由楼板和柱组成。由于楼板直接支承在柱上，其荷载传力体系也相应地由板直接传递至柱或墙竖向支承，因此楼板厚度较相同柱网尺寸的梁板体系要大。无梁楼盖体系一般视柱网尺寸和荷载大小情况进行设计，当柱网尺寸和荷载较大时，如平板的弯距过大，或不能满足柱顶处的冲切荷载要求，一般可在柱顶处设置柱帽，反之则可不设柱帽。在主体结构与支护结构相结合的设计中可采用无梁楼盖作为水平支撑，其整体性好、支撑刚度大，并便于结构模板体系的施工。在无梁楼盖上设置施工孔洞时，一般需设置边梁并附加止水构造。

2) 设计计算原则

水平结构与支护结构相结合的设计计算原则如下：

(1) 利用地下结构的梁板等内部结构兼作基坑内支撑和围檩时,地下结构外墙的侧向土压力宜采用静止土压力计算。地下结构梁板等构件应分别按承载能力极限状态和正常使用极限状态进行设计计算。

(2) 结构水平构件除应满足地下结构使用期设计要求外,尚应进行各种施工工况条件下的内力、变形等计算。分析中可采用简化计算方法或平面有限元方法。当采用梁板体系且结构开口较多时,可简化为仅考虑梁系的作用,进行在一定边界条件下,在周边水平荷载作用下的封闭框架的内力和变形计算。当梁板体系需考虑板的共同作用,或结构为无梁楼盖时,应采用平面有限元的方法进行整体计算分析。

(3) 地下结构的设计与施工中,应验算混凝土温度应力、干缩变形、临时立柱以及立柱桩与地下结构外墙之间差异沉降等引起的结构次应力影响,并采取必要措施,防止有害裂缝的产生。

(4) 地下主体结构的梁板兼作施工平台或栈桥时,其构件的强度和刚度应按水平向和竖向两种不同工况受荷的联合作用进行设计。

(5) 地下结构同层楼板面标高有高差时,应设置临时支撑或可靠的水平向转换结构。转换结构应有足够的刚度和稳定性,并满足抗剪和抗扭承载能力的要求。当结构楼板存在大面积缺失或在车道位置时,均需在结构楼板缺失处架设临时水平支撑。

(6) 地下结构的顶层结构应采取措施处理好结构标高和现场地面标高的衔接,确保支撑受力的可靠性。

(7) 地下各层结构梁板留置通长结构分缝的位置应通过计算设置水平传力构件。

(8) 逆作施工阶段应在适当部位(楼梯间、电梯井或无楼板处等)预留从地面直通地下室底层的施工孔洞,以便土方、设备、材料等的垂直运输。孔洞尺寸应满足垂直运输能力和进出材料、设备及构件的尺寸要求,预留施工孔洞之间应通过计算保持一定的距离,以保证水平力的传递。

(9) 地下结构楼板上的预留孔(包括设备预留孔,立柱预留孔,施工预留孔等)应验算开口处的应力和变形。必要时宜设置孔口边梁或临时支撑等传力构件。立柱预留孔尚应考虑替换结构及主体结构的施工要求。

(10) 施工阶段预留孔在逆作施工结束如根据结构要求需进行封闭,其孔洞周边应预先留设钢筋或抗剪埋件等结构连接措施,以及膨胀止水条、刚性止水板或预埋注浆管等止水措施,以确保二次浇筑结构的连接整体性及防水可靠性。

3)水平结构与外部围护体结构的连接

水平结构与支护结构相结合设计方法中,周边的围护体根据工程特点,一般可采用"两墙合一"地下连续墙或其他临时围护结构如型钢水泥土搅拌墙、钻孔灌注桩结合隔水帷幕等。围护体采用"两墙合一"地下连续墙或临时围护体,其与内部结构之间的连接方式迥异。

(1) 水平结构与两墙合一地下连续墙的连接

在设计地下连续墙和结构梁板连接接头时,可根据结构的实际情况,采用刚性接头、铰接接头和不完全刚接接头等形式,以满足不同结构情况的要求。

若地下连续墙与结构板在接头处共同承受较大的弯矩,且两种构件抗弯刚度相近,同时板厚足以允许配置确保刚性连接的钢筋时,地下连续墙与结构板的连接宜采用刚性接头。一般情况下结构底板和地下连续墙的连接均采用刚性连接。常用连接方式主要有预埋钢筋接驳器连接（锥螺纹接头、直螺纹接头）和预埋钢筋连接等形式。

若结构板相对于地下连续墙厚度来说较小（如地下室楼板），接头处板所承受的弯矩较小，可以认为该节点不承受弯矩，仅起竖向支座作用，此时可采用铰接接头。常用连接方式主要有预埋钢筋连接和预埋剪力连接件等形式。

若结构板与地下连续墙厚度相差较小，可在板内布置一定数量的钢筋，以承受一定的弯矩，但在板筋不能配置很多以形成刚性连接时，宜采用不完全刚接形式。

（2）水平结构与临时围护体的连接

水平结构与支护结构相结合的设计中，当围护体采用临时围护结构时，围护墙和结构外墙两墙分开，此时逆作的施工工艺要求结构外墙只能顺作施工。从结构受力、构造要求以及防水的角度出发，结构外墙与相邻结构梁板须整体连接，二者一次浇筑施工，这就要求逆作施工地下各层结构的边跨位置须内退结构外墙一定的距离，逆作施工结束后，结构外墙和相邻的结构梁板一道浇筑。这将对地下各层水平结构带来两个方面的技术问题，一是临时围护体与内部结构之间的水平传力体系应如何设置，二是边跨结构二次浇筑的接缝止水和支撑穿外墙处止水如何处理。

水平传力体系的一般要求如下：在内部结构方面，内部结构周边一般应设置通长闭合的边环梁，边环梁的设置可提高逆作阶段内部结构的整体刚度、改善边跨结构楼板的支承条件，而且还可为支撑体系提供较为有利的支撑作用面；在水平支撑方面，其形式和间距可根据变形控制要求进行计算确定，但应尽量遵循水平支撑中心对应内部结构梁中心的原则。如不能满足该原则，支撑作用点也可作用在内部结构周边设置的边环梁上，但需验算边环梁的弯、剪、扭截面承载力。临时围护体与首层及地下一层主体结构的连接的剖面图分别如图18-2和图18-3所示。临时围护体与首层及地下一层主体结构的连接的剖面图分别如图18-4和图18-5所示。

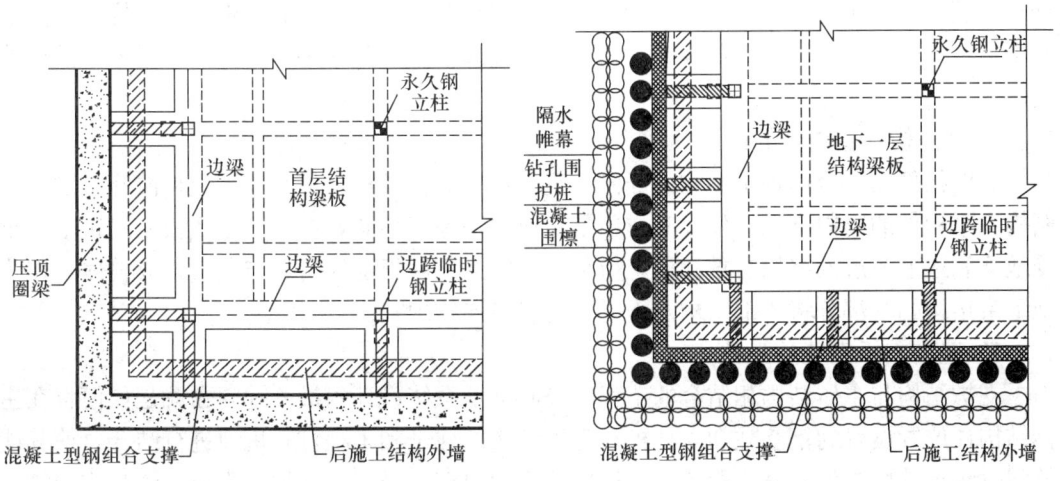

图18-2 临时围护体与顶层结构连接平面　　图18-3 临时围护体与地下一层结构连接

边跨结构存在二次浇筑的工序要求，二次浇筑随之带来接缝位置的止水问题，主要体现在逆作阶段先施工的边梁与后浇筑的边跨结构接缝处止水。接缝防水技术目前已经比较成熟，而且在实际工程中也得到大量的应用。一般情况下，可先凿毛边梁与后浇筑顶板的

接缝面,然后嵌固一条通长布置的遇水膨胀止水条。如结构防水要求较高时,还可在接

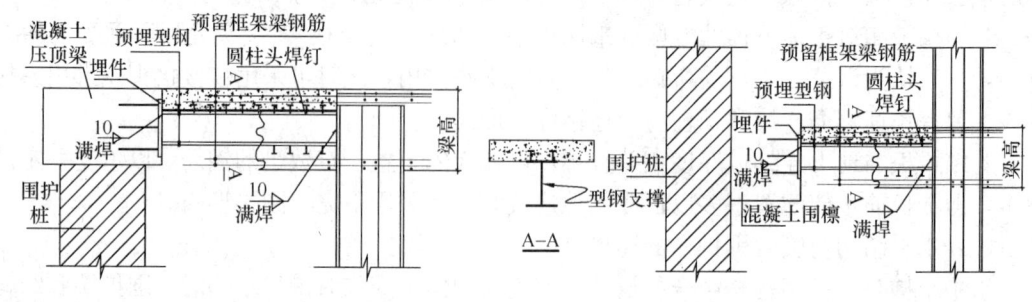

图 18-4　围护体与顶层结构连接剖面　　图 18-5　围护体与地下一层结构连接剖面

缝位置增设注浆管,待结构达到强度后进行注浆充填接缝处的微小缝隙,可达到很好的防水效果。

周边设置的支撑系统待临时围护体与结构外墙之间密实回填后方可进行割除,由此将存在支撑穿结构外墙的止水问题。不同的支撑材料其穿结构外墙的止水处理方式也不尽相同,当支撑为 H 型钢支撑时,可在 H 型钢穿外墙板位置焊接一圈一定高度的止水钢板,止水钢板的作用是隔断地下水沿型钢渗入结构内部的渗透路径;当支撑为钢管支撑时,可将穿外墙板段钢管支撑代替为 H 型钢,以满足止水节点处理要求;当支撑为混凝土支撑时,可在混凝土支撑穿外墙板位置设置一圈遇水膨胀止水条,或可在结构外墙上留洞,洞口四周设置刚性止水片,待混凝土支撑凿除后再封闭该部分的结构外墙。

4) 逆作阶段梁柱节点的处理

逆作阶段往往需要在框架柱位置设置立柱作为竖向支承,因此需解决水平结构梁钢筋穿越不同形式立柱(包括角钢格构柱、钢管混凝土柱、灌注桩立柱)的构造问题,同时要处理好利用作为施工平台的水平结构与立柱的连接节点。此外,后浇带以及结构缝位置的水平传力与竖向支承以及局部高差、错层时的处理措施也是水平构件设计中需考虑的构造问题。

3. 竖向构件相结合的设计

竖向构件的结合即地下结构的竖向承重构件(立柱及柱下桩)作为逆作法施工过程中结构水平构件的竖向支承构件。其作用是在逆作法施工期间,在地下室底板未浇筑之前承受地下和地上各层的结构自重和施工荷载;在地下室底板浇筑后,与底板连成整体,作为地下室结构的一部分将上部结构及承受的荷载传递给地基。

1) 竖向支承系统的分类

支护结构与主体结构相结合的工程中竖向支承系统设计的最关键问题就是如何将在主体结构柱位置设置的钢立柱和立柱桩与主体结构的柱子和工程桩有机地进行结合,使其能够同时满足基坑逆作实施阶段和永久使用阶段的要求。当然,支护结构与主体结构相结合的工程中也不可避免地需要设置一部分临时钢立柱和立柱桩,其布置原则与顺作法实施的工程中钢立柱和立柱桩的布置原则是一致的。对于一般承受结构梁板荷载及施工超载的竖向支承系统,结构水平构件的竖向支承立柱和立柱桩可采用临时立柱和与主体结构工程桩相结合的立柱桩(一柱多桩)的形式,也可以采用与主体地下结构柱及工程桩相结合的立

柱和立柱桩（一柱一桩的形式）。除此之外，还有在基坑开挖阶段承受上部结构剪力墙荷载的竖向支承系统等立柱和立柱桩形式。

(1) 一柱一桩

一柱一桩指逆作阶段在每根结构柱位置仅设置一根钢立柱和立柱桩，以承受相应区域的荷载。当采用一柱一桩时，钢立柱设置在地下室的结构柱位置，待逆作施工至基底并浇筑基础底板后再逐层在钢立柱的外围浇筑外包混凝土，与钢立柱一起形成永久性的组合柱。一般情况下若逆作阶段立柱所需承受的荷载不大或者主体结构框架柱下是大直径钻孔灌注桩、钢管桩等具有较高竖向承载能力的工程桩，应优先采用"一柱一桩"。根据工程经验，一般对于仅承受2~3层结构荷载及相应施工超载的基坑工程，可采用常规角钢拼接格构柱与立柱桩所组成的竖向支承系统；若承受的结构荷载不大于6~8层，可采用钢管混凝土柱等具备较高承载力钢立柱所组成的"一柱一桩"形式。

"一柱一桩"工程在逆作阶段施工过程中，需在梁柱节点位置上预留浇筑孔，基坑开挖完毕后通过浇筑孔在钢立柱外包混凝土，使钢立柱在正常使用阶段可作为劲性构件与混凝土共同作用。

主体结构与支护结构相结合的工程中，"一柱一桩"是最为基本的竖向支承系统形式。它构造形式简单、施工相对比较便捷。"一柱一桩"系统在基坑开挖施工结束后可以全部作为永久结构构件使用，经济性也相当好。

(2) 一柱多桩

在相应结构柱周边设置多组"一柱一桩"则形成"一柱多桩"。一柱多桩可采用一柱（结构柱）两桩、一柱三桩（图18-6）等形式。当采用"一柱多桩"时，可在地下室结构施工完成后，拆除临时立柱，完成主体结构柱的托换。

"一柱多桩"的主要缺点是：钢立柱为临时立柱，逆作阶段结束后需割除；节点构造相比"一柱一桩"更为复杂；主体结构柱托换施工复杂。由于"一柱多桩"的设计需要设置多根临时钢立柱，钢立柱大多需要在结构柱浇筑完毕并达到设计强度要求后割除，而不能外包混凝土形成"一柱一桩"设计中的结构柱构件，加大了临时围护体系的工程量和资源消耗。一般而言，"一柱多桩"多用于工程中局部荷载较大的区域，因而应尽量避免大面积采用。利用"一柱多桩"设计全面提高竖向支承系统的承载能力，盲目增加逆作法基坑工程中同时施工的上部结构层数，以图加快施工进度，是不可取的。基坑开挖阶段主要竖向支承系统承受的最大荷载，应控制在"一柱一桩"系统的最大允许承载能力范围之内。

(3) 承受上部墙体荷载的竖向支承系统

承受上部墙体荷载的竖向支承系统是一种特殊的"一柱多桩"应用方法，用于在那些必须在基坑开挖阶段同时施工剪力墙构件的工程中，通过在墙下设置密集的立柱与立柱桩，以提供足够的承载能力。承受上部墙体荷载的竖向支承系统与常规"一柱多桩"的区别在于，它在基坑工程完成后钢立柱不能够拆除，必须浇筑于相应的墙体之内，因此必须预先考虑好合适的钢立柱构件的尺寸与位置，以尽量利于墙体钢筋的穿越。

2) 设计与计算原则

(1) 采用竖向构件结合时，应考虑如下设计原则：

① 支承地下结构的竖向立柱的设计和布置，应按照主体地下结构的布置，以及地下

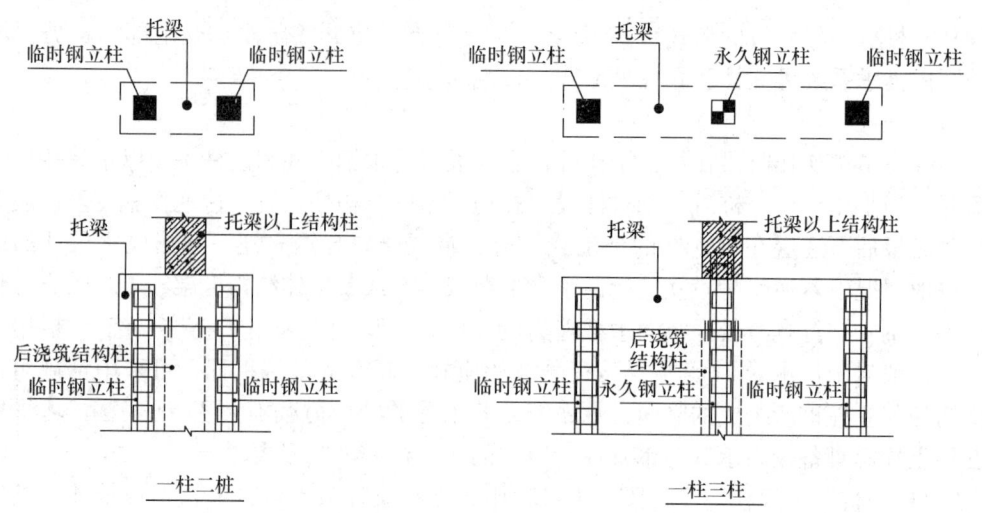

图 18-6 一柱多桩布置示意图

结构施工时地上结构的建设要求和受荷大小等综合考虑。当立柱和立柱桩结合地下结构柱（或墙）和工程桩布置时，立柱和立柱桩的定位与承载能力应与主体地下结构的柱和工程桩的定位与承载能力相一致。主体工程中柱下桩应采取类似承台桩的布置形式，其中在柱下必须设置一根工程桩，同时该根桩的竖向承载能力应大于基坑开挖阶段的荷载要求。主体结构框架柱可采用钢筋混凝土柱或其他劲性混凝土柱形式，若采用劲性混凝土柱，其劲性钢构件应构造简单，适于用作基坑围护结构的钢立柱，而不得采用一些断面形式过于复杂的构件形式。

② 一般宜采用一根结构柱位置布置一根立柱和立柱桩形式（"一柱一桩"），考虑到一般单根钢立柱及软土地区的立柱桩的承载能力，要求在基坑工程实施过程中最大可能施工的结构层数不超过 6~8 层。当"一柱一桩"设计在局部位置无法满足基坑施工阶段的承载能力与沉降要求时，也可采用一根结构柱位置布置多根临时立柱和立柱桩形式（"一柱多桩"），考虑到工程的经济性要求，"一柱多桩"设计中的立柱桩仍应尽量利用主体工程桩，但立柱多需在基坑工程结束后割除。

③ 钢立柱通常采用型钢格构柱或钢管混凝土立柱等截面构造简单、施工便捷、承载能力高的构造形式。型钢格构立柱是最常采用的钢立柱形式，在逆作阶段荷载较大并且主体结构允许的情况下也可采用钢管混凝土立柱。立柱桩宜采用灌注桩，并应尽量利用主体工程桩。钢管桩等其他桩型由于与钢立柱底部的连接施工不方便、钢立柱施工精度难以保证，因此应尽量少采用。

④ 当钢立柱需外包混凝土形成主体结构框架柱时，钢立柱的形式与截面设计应与地下结构梁板、柱的断面和钢筋配置相协调，设计中应采取构造措施以保证结构整体受力与节点连接的可靠性。立柱的断面尺寸不宜过大，若承载能力不能满足要求，可选用 Q345B 等具有较高承载能力的钢材牌号。

⑤ 框架柱位置钢立柱待地下结构底板混凝土浇筑完成后，可逐层在立柱外侧浇筑混凝土，形成地下结构的永久框架柱。地下结构墙或结构柱一般在底板完成并达到设计要求后方可施工。临时立柱应在结构柱完成并达到设计要求后拆除。

(2) 进行竖向构件结合的设计时，应考虑如下计算原则：

① 与主体结构相结合的竖向支承系统，应根据基坑逆作施工阶段和主体结构永久使用阶段的不同荷载状况与结构状态，进行设计计算，满足两个阶段的承载能力极限状态和正常使用极限状态的设计要求。逆作施工阶段应根据钢立柱的最不利工况荷载，对其竖向承载力、整体稳定性以及局部稳定性等进行计算；立柱桩的承载能力和沉降均需要进行计算。主体结构永久使用阶段，应根据该阶段的最不利荷载，对钢立柱外包混凝土后形成的劲性构件进行计算；兼做立柱桩的主体结构工程桩应满足相应的承载能力和沉降计算要求。

② 钢立柱应根据施工精度要求，按双向偏心受力劲性构件计算。立柱桩的竖向承载能力计算方法与工程桩相同。基坑开挖施工阶段由于底板尚未形成，立柱桩之间的刚度联系较差，实际尚未形成一定的沉降协调关系，可按单桩沉降计算方法近似估算最大可能沉降值，通过控制最大沉降的方法以避免桩间出现较大的不均匀沉降。

③ 由于水平支撑系统荷载是由上至下逐步施加于立柱之上，立柱承受的荷载逐渐加大，但跨度逐渐缩小，因此应按实际工况分布对立柱的承载能力及稳定性进行验算，以满足其在最不利工况下的承载能力要求。

④ 逆作施工阶段立柱和立柱桩承受的竖向荷载包括结构梁板自重、板面活荷载以及结构梁板施工平台上的施工超载等，计算中应根据荷载规范要求考虑动、静荷载的分项系数及车辆荷载的动力系数。一般可按如下考虑进行设计：

在围护结构方案设计阶段：结构构件自重荷载应根据主体结构设计方案进行计算；不直接作用施工车辆荷载的各层结构梁板面的板面施工活荷载可按 2~2.5kPa 估算；直接作用施工机械的结构区域可以按每台挖机自重 40~60t、运土机械 30~40t、混凝土泵车 30~35t 进行估算。

施工图设计阶段：应根据结构施工图进行结构荷载计算，施工超载的计算要求施工单位提供详细的施工机械参数表、施工机械运行布置方案图以及包含材料堆放、钢筋加工和设备堆放等内容的场地布置图。

永久使用阶段：荷载的计算应根据常规主体结构的设计要求进行。

18.2.2 支护结构与主体结构相结合的类型

1. 周边地下连续墙"两墙合一"结合坑内临时支撑系统采用顺作法施工

周边地下连续墙"两墙合一"结合坑内临时支撑系统是高层和超高层建筑深基础或多层地下室的传统施工方法，在深基坑工程中得到了广泛的应用。其一般流程是：先沿建筑物地下室边线施工地下连续墙，作为地下室的外墙和基坑的围护结构。同时在建筑物内部的有关位置浇筑或打下临时支承立柱及立柱桩，一般立柱桩应尽量利用工程桩，当不能利用工程桩时需另外加设。施工中采用自上而下分层开挖，并依次设置临时水平支撑系统。开挖至坑底后，再由下而上施工主体地下结构的基础底板、竖向墙、柱构件及水平楼板构件，并依次自下而上拆除临时水平支撑系统，进而完成地下结构的施工。周边地下连续墙"两墙合一"结合坑内临时支撑系统采用顺作施工方法，主体结构的梁板与地下连续墙直接连接并不再另外设置地下室外墙。图 18-7 为周边地下连续墙两墙合一结合坑内临时支撑系统的基坑在开挖到坑底和地下室施工完成时的情形。

周边地下连续墙"两墙合一"结合坑内临时支撑系统的结构体系包括三部分，即采用

"两墙合一"连续墙的围护结构、采用杆系结构的临时水平支撑体系和竖向支承系统。"两墙合一"地下连续墙刚度大、强度高、整体性好、止水效果好、目前的施工工艺已非常成熟、且其经济效益显著。两墙合一的地下连续墙设计需根据工程的具体情况选择合适的结构形式及与主体结构外墙的结合方式,在构造上选择合适的接头形式,并妥善地解决与主体结构的连接、后浇带、沉降缝和有关防渗构造措施。

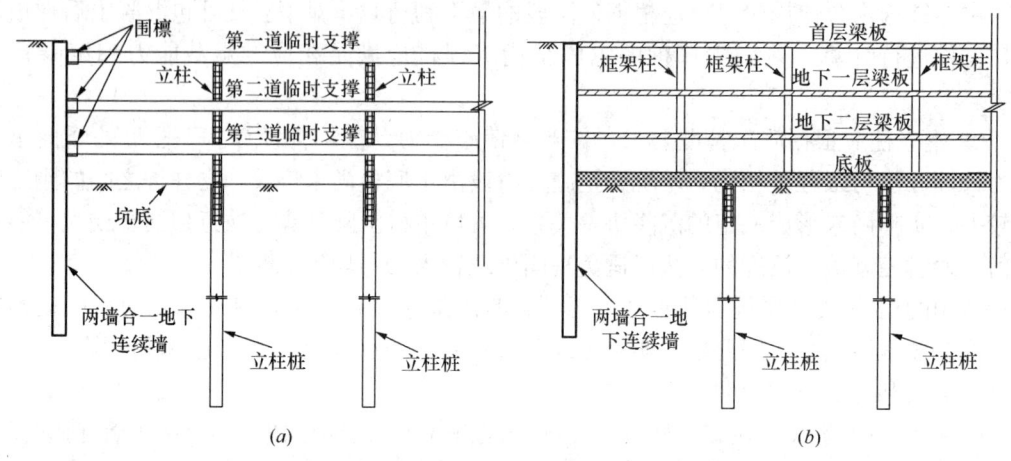

图 18-7　周边地下连续墙两墙合一结合坑内临时支撑系统的基坑在
开挖到坑底和地下室施工完成时的情形
(a) 开挖至坑底时的情形；(b) 地下室施工完成时的情形

临时水平支撑体系一般采用钢筋混凝土支撑或钢支撑。钢支撑一般适合于形状简单、受力明确的基坑,而钢筋混凝土支撑适合于形状复杂或有特殊要求的基坑。相对而言,钢支撑由于可以回收利用因而造价较低,在施加预应力的条件下其控制变形的能力不低于钢筋混凝土支撑；但钢筋混凝土支撑的整体性和稳定性高于钢支撑。连续墙上一般设置圈梁和围檩,并与水平支撑系统建立可靠的连接,通过圈梁和围檩均匀地将连续墙上传来的水土压力传给水平支撑。

竖向支承系统承受水平支撑体系的自重和有关的竖向施工荷载,一般采用临时钢立柱及其下的立柱桩。立柱桩的布置应尽量利用主体工程的工程桩,当不能利用工程桩时需施设临时立柱桩。立柱的布置需避开主体结构的梁、柱及承重墙的位置。临时立柱和立柱桩根据竖向荷载的大小选择合适的结构形式和间距。在拆除第一道临时支撑后方可割除临时立柱。

2. 周边临时围护体结合坑内水平梁板体系替代支撑采用逆作法施工

周边临时围护体结合坑内水平梁板体系替代支撑总体而言采用逆作法施工,适用于面积较大、地下室为两层、挖深为十米左右的超高层建筑的深基坑工程,且采用地下连续墙围护方案相对于采用临时围护并另设地下室外墙的方案在经济上并不具有优势。以盆式开挖为例,其一般流程是：首先施工主体工程桩和立柱桩,期间可同时施工周边的临时围护体；然后周边留土、基坑中部开挖第一层土,之后进行地下首层结构的施工,并在首层水平支撑梁板与临时围护体之间设置型钢换撑；然后进行地下二层土的开挖,进而施工地下一层结构,并在地下一层水平支撑梁板与临时围护体之间设置型钢换撑,期间可根据工程工期的需要同时施工地上一层结构；开挖基坑中部土体至坑底并浇筑基坑中部的底板；开挖基坑周边的留土并浇筑周边底板，期间可同时施工地上的二层结构；最后施工地下室周边的外墙，并填实地下室外墙与临时围护体之间的空隙，同时完成地下室范围内的外包混凝土施工，至此即完成了地下室工程的施工。图 18-8 为周边临时围护体结合坑内水平梁板体系替代支撑的基坑在开挖到坑底和地下室施工完成时的情形。

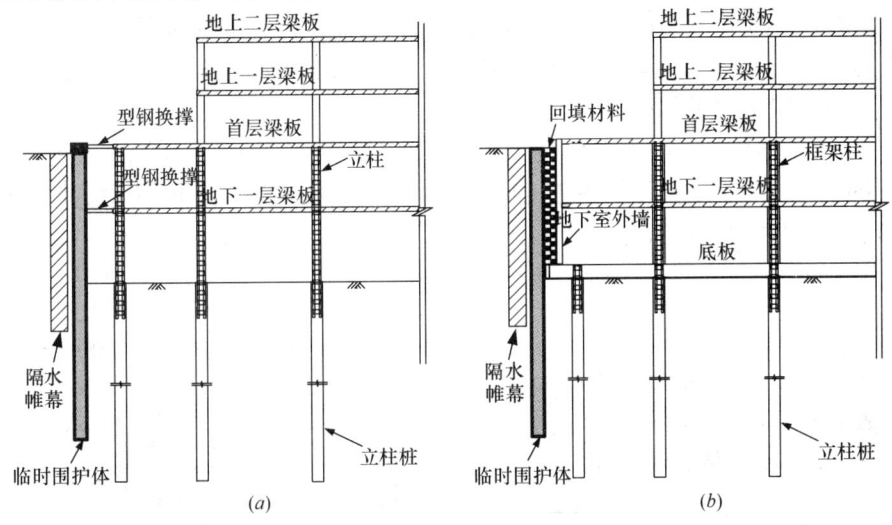

图 18-8 周边临时围护体结合坑内水平梁板体系替代支撑的
基坑在开挖到坑底和地下室施工完成时的情况
(a) 基坑开挖到坑底时的情形；(b) 地下室结构施工完成时的情形

周边临时围护体结合坑内水平梁板体系替代支撑的结构体系包括临时围护体、水平梁板支撑和竖向支承系统。临时围护体可以采用钢筋混凝土钻孔灌注桩、型钢水泥土搅拌墙和咬合桩等方式。作为周边的临时围护结构，需满足变形、强度和良好的止水性能要求。具体采用何种临时围护体，需根据基坑的开挖深度、基坑的形状、施工条件、周边环境变形控制要求等多个因素确定。

该类型的水平支撑与主体地下结构的水平梁板相结合。由于采用了临时围护体，需考虑主体水平梁板结构与临时围护体之间的传力问题。需指出的是，围护桩与内部水平梁板结构之间设置的临时支撑主要作为传递水平力的用途，因此，在支撑设计中，在确保水平力传递可靠性的基础上，弱化水平支撑与结构的竖向连接刚度，可缓解由于围护桩与立柱桩之间差异沉降过大，引发的边跨结构次应力、严重还将导致结构开裂等不利后果。

该类型的竖向支承系统与主体结构相结合。立柱和立柱桩的位置和数量根据地下室的结构布置和制定的施工方案经计算确定。由于边跨结构需从结构外墙朝内退一定距离，该距离的控制可根据具体情况调整，但尽量退至于结构外墙相邻柱跨，以便利用一柱一桩作为边跨结构的竖向支承结构；当局部位置需内退距离过大时，可选择增设边跨临时立柱的处理方案。

3. 支护结构与主体结构全面相结合采用逆作法施工

支护结构与主体结构全面相结合，即围护结构采用"两墙合一"的地下连续墙，既作为基坑的围护结构又作为地下室的外墙；地下结构的水平梁板体系替代水平支撑；结构的立柱和立柱桩作为竖向支承系统。支护结构与主体结构全面相结合一般采用逆作法施工，以盆式开挖为例，其一般流程为：首先施工地下连续墙、立柱和工程桩；然后周边留土、基坑中部开挖第一层土；之后进行地下首层结构的施工；开挖第二层土，并施工地下一层结构的梁板，同时可根据工期上的安排接高柱子和墙板施工地上一层结构；开挖第三层土，并施工地下二层结构，同时施工地上二层结构；基坑中部开挖到底并浇筑底板，基坑周边开挖到底并施工底板，同时施工地上三层结构；施工立柱的外包混凝土及其他地下结构，完成地下结构的施工。图 18-9 为支护结构与主体结构全面相结合的基坑在开挖到坑底和地下室施工完成时的情形。

支护结构与主体结构全面相结合适合于大面积的基坑工程、开挖深度大的基坑工程、复杂形状的基坑工程、上部结构施工工期要求紧迫的基坑工程，尤其是周边建筑物和地下管线较多、环境保护极其严格的基坑工程。

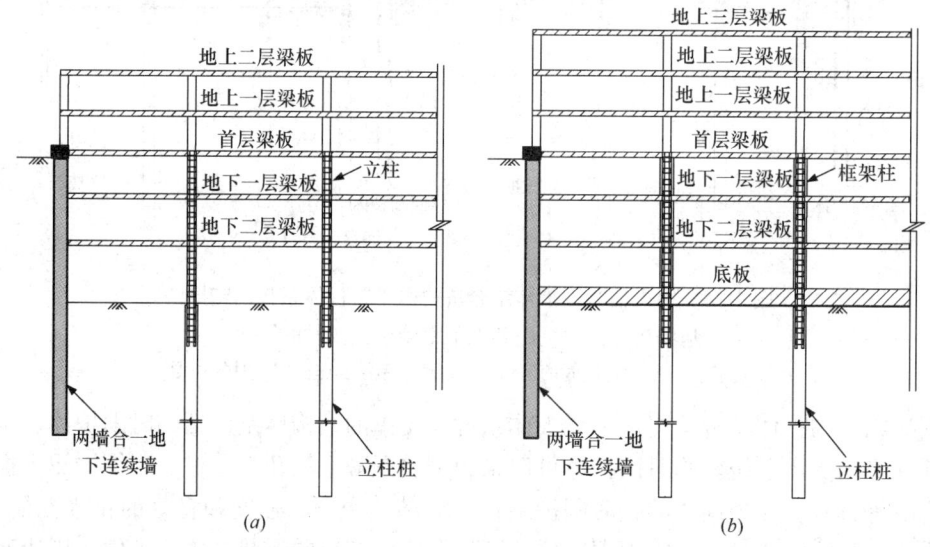

图 18-9 支护结构与主体结构全面相结合的基坑在开挖到坑底和地下室施工完成时的情形
(*a*) 基坑开挖到坑底时的情形；(*b*) 地下室施工完成时的情形

18.3 支护结构与主体结构相结合及逆作法的施工

支护结构与主体结构相结合包括墙体相结合、水平构件相结合和竖向构件相结合。当采用墙体相结合时，即两墙合一，其垂直度、平整度、接头防渗要求等较临时连续墙要严格得多；同时两墙合一的地下连续墙尚要考虑其与主体结构桩基之间可能会产生差异沉降，当地下连续墙作为竖向承重墙体时更是如此，因此两墙合一地下连续墙必须采取相关的施工措施确保其质量满足要求。当采用竖向结构相结合时，常采用一柱一桩形式，中间支承柱由于一般要外包混凝土成为永久结构，其定位和垂直度控制也较临时支承立柱的要求高得多；此外一柱一桩在基坑施工阶段尚需承受较大的竖向荷载，因此立柱桩的承载能力也必须满足设计要求，这就要求一柱一桩在施工时也必须采取相关的技术措施才能满足设计的要求。当采用水平构件相结合时，涉及逆作结构施工、逆作土方开挖及通风照明等问题，也必须采取相关措施才能保证逆作施工的顺利进行。基于此，本节主要介绍支护结构与主体结构相结合基坑施工过程中的相关施工技术。

18.3.1 "两墙合一"地下连续墙施工

地下连续墙作为基坑的临时围护体系在我国已经有了近五十年的历史，施工工艺已经较为成熟，但地下连续墙作为基坑施工阶段主要承受水平向荷载为主的围护结构，当其同时要作为承受竖向荷载的永久主体竖向结构时，"两墙合一"地下连续墙相比临时围护地下连续墙的施工，在垂直度控制、平整度控制、墙底注浆及接头防渗等几个方面有更高的要求，而墙底注浆则是"两墙合一"地下连续墙控制竖向沉降和提高竖向承载力的关键措施。

1. 垂直度控制

临时围护地下连续墙垂直度一般要求控制在 1/150，而"两墙合一"地下连续墙由于其在基坑工程完成后作为主体工程的一部分而承受永久荷载的作用，成槽垂直度的好坏，不仅关系到钢筋笼吊装，预埋装置安装及整个地下连续墙工程的质量，更关系到"两墙合一"地下连续墙的受力性能，因此成槽垂直度要求比普通临时围护地下连续墙要求更高。一般作为"两墙合一"的地下连续墙垂直度需达到 1/300，而超深地下连续墙对成槽垂直度要求达到 1/600，因此施工中需采取相应的措施来保证超深地下连续墙的垂直度。

根据施工经验，作为"两墙合一"的地下连续墙，在制作时宜适当外放 10～15cm，以保证将来地下连续墙开挖后内衬的厚度。导墙在地下连续墙转角处需外突 200mm 或 500mm，以保证成槽机抓斗能够起抓。

地下连续墙垂直度控制除了与成槽机械有关外，还与成槽人员的意识、成槽工艺及施工组织设计、垂直度监测及纠偏等几方面有关。"两墙合一"地下连续墙成槽前，应加强对成槽机械操作人员的技术交底并提高相关人员的质量意识。成槽所采用的成槽机和铣槽机均需具有自动纠偏装置，以便在成槽过程中根据监测偏斜情况，进行自动调整。根据各个槽段的宽度尺寸，决定挖槽的抓数和次序，当槽段三抓成槽时，采用先两侧后中间的方法，抓斗入槽、出槽应慢速、稳定，并根据成槽机的仪表及实测的垂直度情况及时进行纠偏，以满足成槽精度要求。成槽必须在现场质检员的监督下，由机组负责人指挥，严格按照设计槽孔偏差控制斗体和液压铣铣头下放位置，将斗体和液压铣铣头中心线对正槽孔中心线，缓慢下放斗体和液压铣铣头进行施工。单元槽段成槽挖土过程中，抓斗中心应每次对准放在导墙上的孔位标志物，保证挖土位置准确。抓斗闭斗下放，开挖时再张开，每斗进尺深度控制在 0.3m 左右，上、下抓斗时要缓慢进行，避免形成涡流冲刷槽壁，引起坍方，同时在槽孔混凝土未灌注之前严禁重型机械在槽孔附近行走。成槽过程须随时注意槽壁垂直度情况，每一抓到底后，用超声波测井仪监测成槽情况，发现倾斜指针超出规定范围，应立即启动纠偏系统调整垂直度，确保垂直精度达到规定的要求。

2. 平整度控制

"两墙合一"地下连续墙对墙面的平整度要求也比常规地下连续墙要高，现浇地下连续墙的墙面通常较粗糙，若施工不当可能出现槽壁坍塌或相邻墙段不能对齐等问题。一般说来，越难开挖的地层，连续墙的施工精度越低，墙面平整度也越差。

对"两墙合一"地下连续墙墙面平整度影响的首要因素是泥浆护壁效果，因此可根据实际试成槽的施工情况，调节泥浆比重，一般控制在 1.18 左右，并对每一批新制的泥浆进行主要性能测试。另外可根据现场场地实际情况，采用以下辅助措施：

(1) 暗浜加固。对于暗浜区，可采用水泥搅拌桩将地下连续墙两侧的土体进行加固，以保证在该地层范围内的槽壁稳定性。可采用直径 700mm 的双轴水泥土搅拌桩进行加固，搅拌桩之间搭接长度为 200mm。水泥掺量控制在 8%，水灰比 0.5~0.6。

(2) 施工道路侧水泥土搅拌桩加固。为保证施工时基坑边的道路稳定，在道路施工前对道路下部分土体进行加固，在地下连续墙施工时也可起到隔水和土体加固作用。

(3) 控制成槽、铣槽速度。成槽机掘进速度应控制在 15m/h 左右，液压抓斗不宜快速掘进，以防槽壁失稳。同样，也应控制铣槽机进尺速度，特别是在软硬层交接处，以防止出现偏移、被卡等现象。

(4) 其他措施。施工过程中大型机械不得在槽段边缘频繁走动、泥浆应随着出土及时补入，保证泥浆液面在规定高度上，以防槽壁失稳。

3. 地下连续墙墙底注浆

地下连续墙两墙合一工程中，地下连续墙和主体结构变形协调至关重要。一般情况下主体结构工程桩较深，而地下连续墙作为围护结构其深度较浅，与主体工程桩一般处于不同的持力层；另一方面地下连续墙分布于地下室的周边，工作状态下与桩基的上部荷重的分担不均；而且由于施工工艺的因素，地下连续墙成槽时采用泥浆护壁，地下连续墙槽段为矩形断面，其长度较大，槽底清淤难度较钻孔灌注桩大，沉淤厚度一般较钻孔灌注桩要大，这使得墙底和桩端受力状态存在较大差异。由于以上因素，主体结构沉降过程中地下连续墙和主体结构桩基之间可能会产生差异沉降，尤其地下连续墙作为竖向承重墙体考虑时，地下连续墙与桩基之间可能会产生较大的差异沉降，如果不采取针对性的措施控制差异沉降，地下连续墙与主体结构之间会产生次应力，严重时会导致结构开裂，危及结构的正常使用。为了减少地下连续墙在受荷过程中产生过大的沉降和不均匀沉降，必须采取墙底注浆措施。墙底注浆加固采用在地下连续墙钢筋笼上预埋注浆钢管，在地下连续墙施工完成后直接压注施工。

1) 注浆管的埋设

注浆管常用的有 ϕ48mm 钢管和内径 25mm 钢管，每幅钢筋笼上埋设 2 根，间距不大于 3m。注浆管长度视钢筋笼长度而定，一般底部插入槽底土内 300~500mm，注浆管口用堵头封口，注浆管随钢筋笼一起放入槽段内。

注浆管加工时，留最后一段管节后加工。先加工的管段与钢筋笼底部平齐，成槽结束以后，实测槽段的深度，计算最后一节管段的长度，并据之加工最后一节管段，使注浆管底部埋入槽底，确保后道工序的注浆质量。注浆管固定于钢筋笼时，必须用电焊焊接牢或用 20# 铅丝绑扎固定，防止钢筋笼吊放、入槽时滑落。注浆管固定焊接时不能把管壁焊破，下槽之前应逐段进行检查，发现有破漏及时修补。地下连续墙浇筑之前，应做好注浆管顶部封口工作，并做好保护措施。

注浆器采用单向阀式，注浆管应均匀布置，注浆器制成花杆形式（如图 18-10 所示），该部分可用封箱带或黑包布包住。

图 18-10 注浆器照片

2) 注浆工艺流程

地下连续墙的混凝土达到一定强度后进行注浆。注浆有效扩散半径为 0.75m,注浆速度应均匀。注浆时应根据有关规定设置专用计量装置。图 18-11 为注浆工艺流程。

3) 注浆施工机具选用

注浆施工机具大体可分为地面注浆装置和地下注浆装置两大部分。地面注浆装置由注浆泵、浆液搅拌机、储浆桶、地面管路系统及观测仪表等组成;地下注浆装置由注浆管和墙底注浆装置组成。压浆管采用内径为 1in 的黑铁管,螺纹连接,注浆器部位用生胶带缠绕,并做注水试验,严防漏水。浆液搅拌机及储浆桶可根据施工条件选配,搅拌

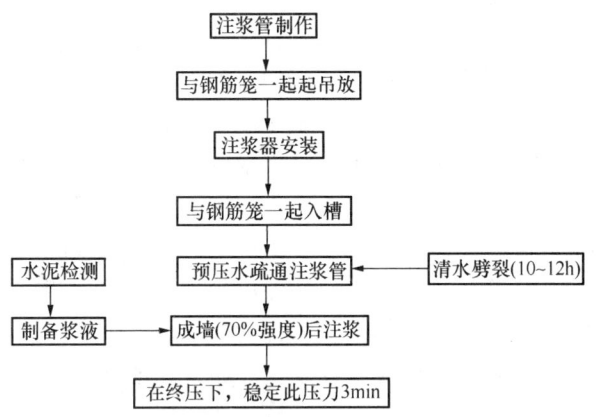

图 18-11 连续墙墙底注浆工艺流程

机要求低转速大扭矩,故须选用适当的减速器,搅拌叶片要求全断面均匀拌浆,并应分层配置,搅拌机制浆能力和储浆桶容量应与额定注浆流量相匹配,且搅拌机出浆口应设置滤网。地面管路系统必须保证密封性。输送管必须采用能承受 2 倍以上最大注浆压力的高压管。注浆机械采用高压注浆泵,其型号可采用 SGD6-10 型。

4) 注浆施工要点

(1) 注浆时间:在 4~5 幅地下连续墙连成一体后,当地下连续墙混凝土强度大于 70% 的设计强度时即可对地下连续墙进行墙底注浆,并应先对中间幅进行注浆。

(2) 注浆压力:注浆压力必须大于注浆深度处的土层压力,正常情况下一般控制在 0.4~0.6MPa,终止压力可控制在 2MPa 左右。

(3) 注浆流量:15~20L/min。

(4) 注浆量:水泥单管用量为 2000kg。

(5) 注浆材料采用 P.O42.5 普通硅酸盐水泥,水灰比 0.5~0.6。

(6) 拌制注浆浆液时,必须严格按配合比控制材料掺入量;应严格控制浆液搅拌时间,浆液搅拌应均匀。

(7) 压浆管与钢筋笼同时下入,压浆器焊接在压浆管上,同时必须超出钢筋笼底

端 0.5m。

(8) 根据经验,应在地下连续墙的混凝土达到初凝的时间内(控制在 6~8h)进行清水劈裂,以确保预埋管的畅通。

(9) 墙底注浆终止标准:实行注浆量与注浆压力双控的原则,以注浆量(水泥用量)控制为主,注浆压力控制为辅。当注浆量达到设计要求时,可终止注浆;当注浆压力≥2MPa 并稳压 3min,且注浆量达到设计注浆量的 80% 时,亦可终止压浆。

(10) 为防止地下连续墙墙体产生隆起变形,注浆时应对地下连续墙及其周边环境进行沉降观察。

4. 接头防渗技术

"两墙合一"地下连续墙既作为基坑施工阶段的挡土挡水结构,也作为结构地下室外墙起着永久的挡土挡水作用,因此其防水防渗要求极高。地下连续墙单元槽段依靠接头连接,这种接头通常要同时满足受力和防渗要求,但通常地下连续墙接头的位置是防渗的薄弱环节。对"两墙合一"地下连续墙接头防渗通常可采用以下措施:

(1) 由于地下连续墙是泥浆护壁成槽,接头混凝土面上必然附着有一定厚度的泥皮(与泥浆指标、制浆材料有关),如不清除,浇筑混凝土时在槽段接头面上就会形成一层夹泥带,基坑开挖后,在水压作用下可能从这些地方渗漏水及冒砂。为了减少这种隐患,保证连续墙的质量,施工中必须采取有效的措施清刷混凝土壁面。

(2) 采用合理的接头形式。地下连续墙接头形式按使用接头工具的不同可分为接头管(锁口管)、接头箱、隔板、工字钢、十字钢板以及凹凸型预制钢筋混凝土楔形接头桩等几种常用形式。根据其受力性能可分为刚性接头和柔性接头。"两墙合一"地下连续墙采用的接头形式在满足结构受力性能的前提下,应优先选用防水性能更好的刚性接头。

(3) 在接头处设置扶壁柱。通过在地下连续墙接头处设置扶壁柱来加大地下连续墙外水流的渗流途径,折点多、抗渗性能好。

(4) 在接头处采用旋喷桩加固。地下连续墙施工结束后,在基坑开挖前对槽段接头缝进行三重管旋喷桩加固。旋喷桩孔位的确定通常以接缝桩中心为对称轴,距连续墙边缘不宜超过 1m,钻孔深度宜达基坑开挖面以下 1m。

18.3.2 "一柱一桩"施工

支护结构的竖向支承系统与主体结构的桩、柱相结合,竖向支承系统一般采用钢立柱插入底板以下的立柱桩的形式。钢立柱通常为角钢格构柱、钢管混凝土柱或 H 型钢柱,立柱桩可以采用钻孔灌注桩或钢管桩等形式。对于逆作法的工程,在施工时中间支承柱承受上部结构自重和施工荷载等竖向荷载,而在施工结束后,中间支承柱一般外包混凝土后作为正式地下室结构柱的一部分,永久承受上部荷载。因此中间支承柱的定位和垂直度必须严格满足要求。一般规定,中间支承柱轴线偏差控制在 ±10mm 内,标高控制在 ±10mm 内,垂直度控制在 1/300~1/600 以内。此外,一柱一桩在逆作施工时承受的竖向荷载较大,需通过桩端后注浆来提高一柱一桩的承载力并减少沉降。

1. 一柱一桩调垂施工

工程桩施工时,应特别注意提高精度。立柱桩根据不同的种类,需要采用专门的定位措施或定位器械,钻孔灌注桩必要时应适当扩大桩孔。钢立柱的施工必须采用专门的定位调垂设备对其进行定位和调垂。目前,钢立柱的调垂方法基本分为气囊法、机械调垂架法和导向套筒法三类。

(1) 气囊法

角钢格构柱一般可采用气囊法进行纠正，在格构柱上端 X 和 Y 方向上分别安装一个传感器，并在下端四边外侧各安放一个气囊，气囊随格构柱一起下放到地面以下，并固定于受力较好的土层中。每个气囊通过进气管与电脑控制室相连，传感器的终端同样与电脑相连，形成监测和调垂全过程的智能化施工监控体系。系统运行时，首先由垂直传感器将格构柱的偏斜信息输送给电脑，由电脑程序进行分析，然后打开倾斜方向的气囊进行充气并推动格构柱下部向其垂直方向运动，当格构柱进入规定的垂直度范围后，即指令关闭气阀停止充气，同时停止推动格构柱。格构柱两个方向上的垂直度调整可同时进行控制。待混凝土浇筑至离气囊下方 1m 左右时，即可拆除气囊，并继续浇灌混凝土至设计标高。图 18-12 为气囊法平面布置图，图 18-13 为气囊法施工实例图。

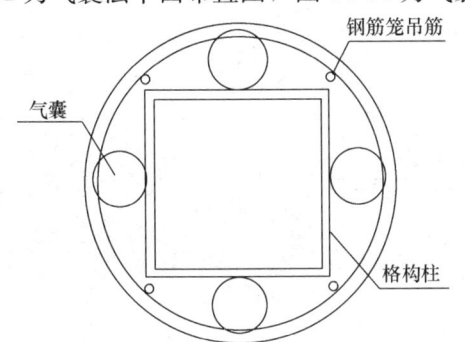

图 18-12 气囊法平面布置图

图 18-13 气囊法施工实例图

在工程实践中，成孔总是往一个方向偏斜的，因此只要在偏斜的方向上放置 2 个气囊即可进行充气推动，同样能达到纠偏的目的，这样当格构柱校直并被混凝土固定后其格构柱与孔壁之间的空隙反而增大，因此气囊回收就较容易。实践证明，用此法不但减少了气囊的使用数量，而且回收率也普遍提高了。图 18-14 为改良后气囊平面布置图。

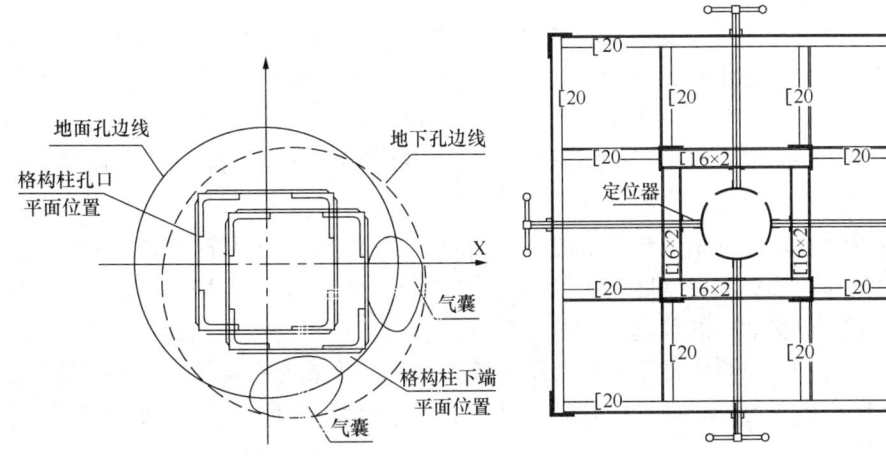

图 18-14 改良后的气囊平面布置图　　图 18-15 钢管立柱定位器平面图

(2) 机械调垂法

机械调垂系统主要由传感器、纠正架、调节螺栓等组成。在支承柱上端 X 和 Y 方向上分别安装一个传感器，支承柱固定在纠正架上，支承柱上设置 2 组调节螺栓，每组共四个，两两对称，两组调节螺栓有一定的高差，以便形成扭矩。测斜传感器和上下调节螺栓在东西、南北方向各设置一组。若支承柱下端向 X 正方向偏移，X 方向的两个上调节螺栓一松一紧，使支承柱绕下调节螺栓旋转，当支承柱进入规定的垂直度范围后，即停止调节螺栓；同理 Y 方向通过 Y 方向的调节螺栓进行调节。图 18-15 为钢管立柱定位器示意图，图 18-16 为钢管纠正架图，图 18-17 为"一柱一桩"纠正架图。

图 18-16　钢管纠正架图　　　　图 18-17　"一柱一桩"纠正架图

（3）导向套筒法

导向套筒法是把校正支承柱转化为导向套筒。导向套筒的调垂可采用气囊法和机械调垂法。待导向套筒调垂结束并固定后，从导向套筒中间插入支承柱，导向套筒内设置滑轮以利于支承柱的插入，然后浇筑立柱桩混凝土，直至混凝土能固定支承柱后拔出导向套筒。

（4）三种方法的适用性和局限性

气囊法适用于各种类型支承柱（宽翼缘 H 型钢、钢管、格构柱等）的调垂，且调垂效果好，有利于控制支承柱的垂直度。但气囊有一定的行程，若支承柱与孔壁间距离过大，支承柱就无法调垂至设计要求，因此成孔时孔垂直度控制在 1/200 内，支承柱的垂直度才能达到 1/300 的要求。由于采用帆布气囊，实际使用中常被钩破而无法使用；气囊亦经常被埋入混凝土中而难以回收。

机械调垂法是几种调垂方法中最经济实用的，但只能用于刚度较大的支承柱（钢管支承柱等）的调垂，若支承柱刚度较小（如格构柱等），在上部施加扭矩时支承柱的弯曲变形将过大，不利于支承柱的调垂。

导向套筒法由于套筒比支承柱短故调垂较易，调垂效果较好，但由于导向套筒在支承柱外，势必使孔径变大。导向套筒法适用于各种支承柱的调垂，包括宽翼缘 H 型钢、钢管、格构柱等。

2. 采用钢管混凝土柱时一柱一桩不同标号混凝土施工

竖向支承采用钢管立柱时，一般钢管内混凝土标号高于工程桩的混凝土，此时在一柱一桩混凝土施工时应严格控制不同标号的混凝土施工界面，确保混凝土浇捣施工。水下混凝土浇筑至钢管底标高时，即更换高标号混凝土，在高标号混凝土浇筑的同时，在钢管立柱外侧回填碎石、黄砂等，阻止管外混凝土上升。图 18-18 为不同标号混凝土浇筑示意图。

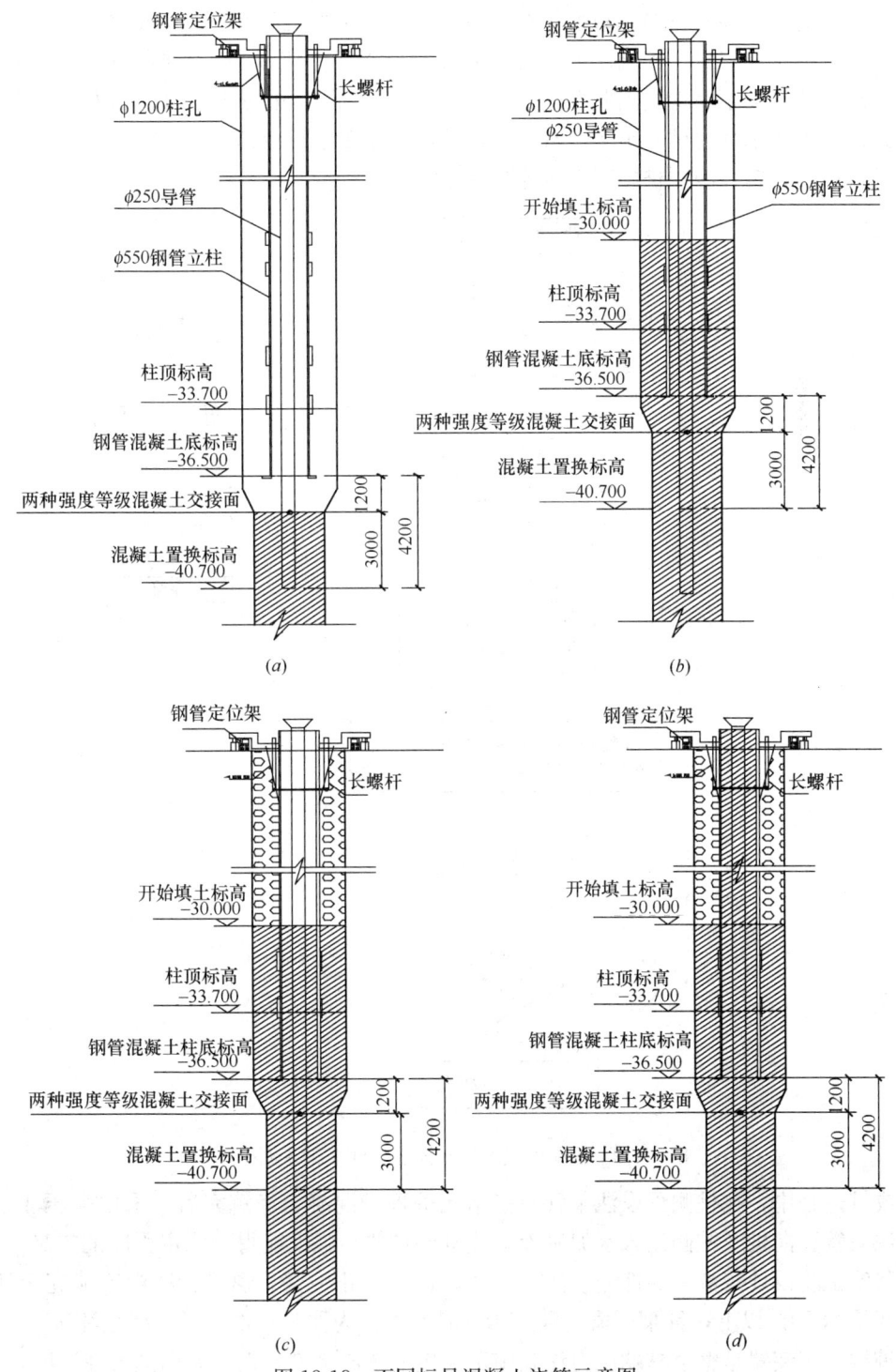

图 18-18　不同标号混凝土浇筑示意图
(a) 高标号混凝土置换开始；(b) 高标号混凝土置换至回填；
(c) 碎石回填；(d) 高标号混凝土浇筑至顶

3. 桩端后注浆施工

桩端后注浆施工技术是近年来发展起来的一种新型的施工技术，通过桩端后注浆施工，可大大提高一柱一桩的承载力，有效解决一柱一桩的沉降问题，为逆作法施工提供有效的保障。由于注浆量、控制压力等技术参数对桩端后注浆承载力影响的机理尚不明确，承载力理论计算还不完善，因此在正式施工前必须通过现场试成桩来确保成桩工艺的可靠性，并通过现场承载力试验来掌握桩端后注浆灌注桩的实际承载力。

桩端后注浆钻孔灌注桩施工工艺流程如图 18-19 所示。

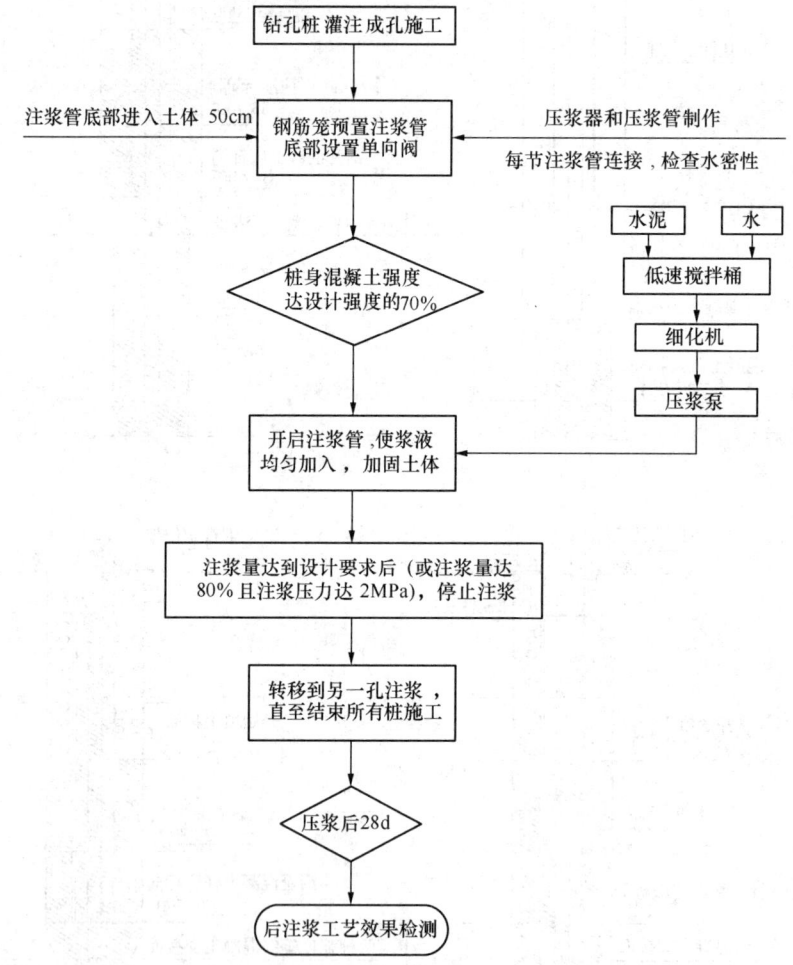

图 18-19 桩端后注浆钻孔灌注桩施工工艺流程图

成桩过程中，在桩侧预设注浆管，待钻孔桩桩身混凝土浇筑完后，采用高压注浆泵，通过注浆管路向桩及桩侧注入水泥浆液，使桩底桩侧土强度能得到一定程度的提高。桩端后注浆施工将设计浆液一次性完全注入孔底，即可终止注浆。遇设计浆液不能完全注入，在注浆量达 80% 以上，且泵压值达到 2MPa 时亦可视为注浆合格，可以终止注浆。

桩端注浆装置是整个桩端压力注浆施工工艺的核心部件，设有单向阀，注浆时，浆液由桩身注浆导管经单向阀直接注入土层。注浆器有如下要求：

(1) 注浆孔设置必须有利于浆液的流出，注浆器总出浆孔面积大于注浆器内孔截

面积;

(2) 注浆器须为单向阀式,以保证下入时及下入后混凝土浇筑过程中浆液不进入管内以及注入后地层中水泥浆液不得回流;

(3) 注浆器上必须设置注浆孔保护装置;

(4) 注浆器与注浆管的连接必须牢固、密封、连接简便;

(5) 注浆器的构造必须利于进入较硬的桩端持力层。

图 18-20 和图 18-21 为两种注浆器的构造示意图。

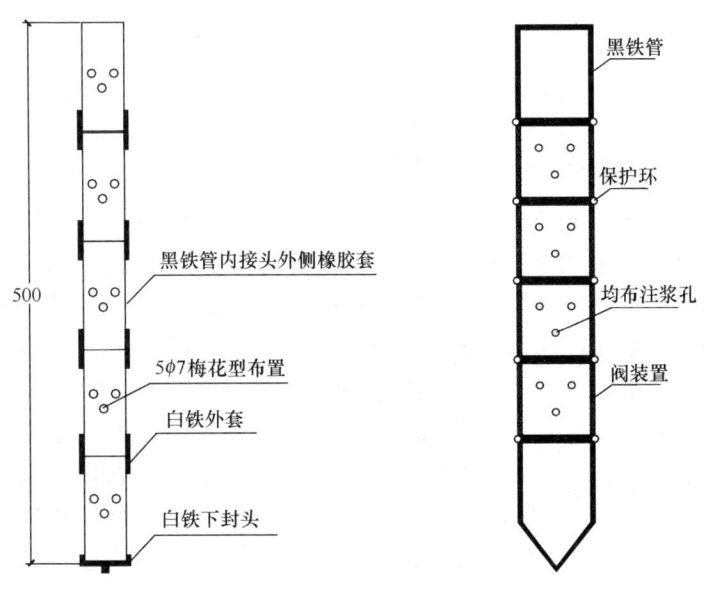

图 18-20 注浆器形式之一　　图 18-21 注浆器形式之二

后注浆施工中如果预置的注浆管全部不通,从而导致设计的浆液不能注入的情况,或管路虽通但注入的浆液达不到设计注浆量的 80% 且同时注浆压力达不到终止压力,则视注浆为失败。在注浆失败时可采取如下补救措施:在注浆失败的桩侧采用地质钻机对称地钻取两直径为 90mm 左右的小孔,深度越过桩端 500mm 为宜,然后在所成孔中重新下放两套注浆管并在距桩底端 2m 处用托盘封堵,并用水泥浆液封孔,待封孔 5d 后即进行重新注浆,补入设计浆量即完成施工。

18.3.3 逆作结构施工

1. 逆作水平结构施工技术

由于逆作法施工,其地下室的结构节点形式与常规施工法就有着较大的区别。根据逆作法的施工特点,地下室结构不论是哪种结构形式都是由上往下分层浇筑的。地下室结构的浇筑方法有三种:

(1) 利用土模浇筑梁板

对于首层结构梁板及地下各层梁板,开挖至其设计标高后,将土面整平夯实,浇筑一层厚约 50mm 的素混凝土(如果土质好则抹一层砂浆亦可),然后刷一层隔离层,即成楼板的模板。对于梁模板,如土质好可用土胎模,按梁断面挖出沟槽即可;如土质较差,可用模板搭设梁模板。图 18-22 为逆作施工时土模的示意图。

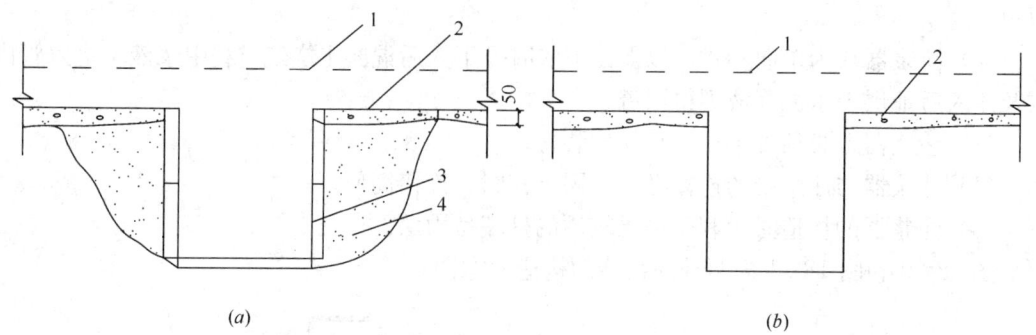

图 18-22 逆作施工时的梁、板模板
(a) 用钢模板组成梁模；(b) 梁模用土胎模
1—楼面板；2—素混凝土层与隔离层；3—钢模板；4—填土

至于柱头模板，施工时先把柱头处的土挖出至梁底以下 500mm 处，设置柱子的施工缝模板，为使下部柱子易于浇筑，该模板宜呈斜面安装，柱子钢筋通穿模板向下伸出接头长度，在施工缝模板上面组立柱头模板与梁板连接。如土质好柱头可用土胎模，否则就用模板搭设。柱头下部的柱子在挖出后再搭设模板进行浇筑，如图 18-23 所示。

(2) 利用支模方式浇筑梁板

用此法施工时，先挖去地下结构一层高的土层，然后按常规方法搭设梁板模板，浇筑梁板混凝土，再向下延伸竖向结构（柱或墙板）。为此，需解决两个问题，一个是设法减少梁板支承的沉降和结构的变形；另一个是解决竖向构件的上、下连接和混凝土浇筑。

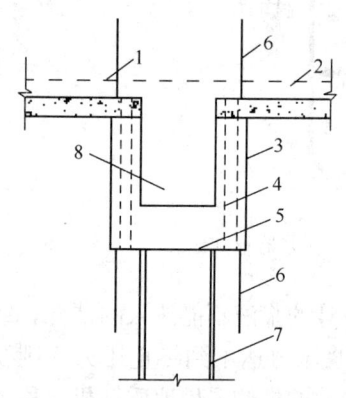

图 18-23 柱头模板与施工缝
1—楼面板；2—素混凝土层与隔离层；3—柱头模板；4—预留浇筑孔；5—施工缝；6—柱筋；7—H 型钢；8—梁

为了减少楼板支承的沉降和结构变形，施工时需对土层采取措施进行临时加固。加固的方法有两种：一种方法是浇筑一层素混凝土，以提高土层的承载能力和减少沉降，待墙、梁浇筑完毕，开挖下层土方时随土一同挖除，这就要额外耗费一些混凝土；另一种方法是铺设砂垫层，上铺枕木以扩大支承面积，这样上层柱子或墙板的钢筋可插入砂垫层，以便与下层后浇筑结构的钢筋连接。

有时还可用吊模板的措施来解决模板的支承问题。在这种方法中，梁、平台板采用木模，排架采用 ϕ48 钢管。柱、剪力墙、楼梯模板亦可采用木模。由于采用盆式开挖，因此使得模板排架可以周转循环使用。在盆式开挖区域，各层水平楼板施工时，排架立杆在挖土盆顶和盆底均采用一根通长钢管。挖土边坡为台阶式，即排架立杆搭设在台阶上，台阶宽度大于 1000mm，上下级台阶高差 300mm 左右。台阶上的立杆为两根钢管搭接，搭接长度不小于 1000mm。排架沿每 1500mm 高度设置一道水平牵杠，离地 200mm 设置扫地杆（挖土盆顶部位只考虑水平牵杠，高度根据盆顶与结构底标高的净空距离而定）。排架每隔四排立杆设置一道纵向剪刀撑，由底至顶连续设置。排架模板支承如图 18-24 所示。

水平构件施工时，竖向构件采用在板面和板底预留插筋，在竖向构件施工时进行连

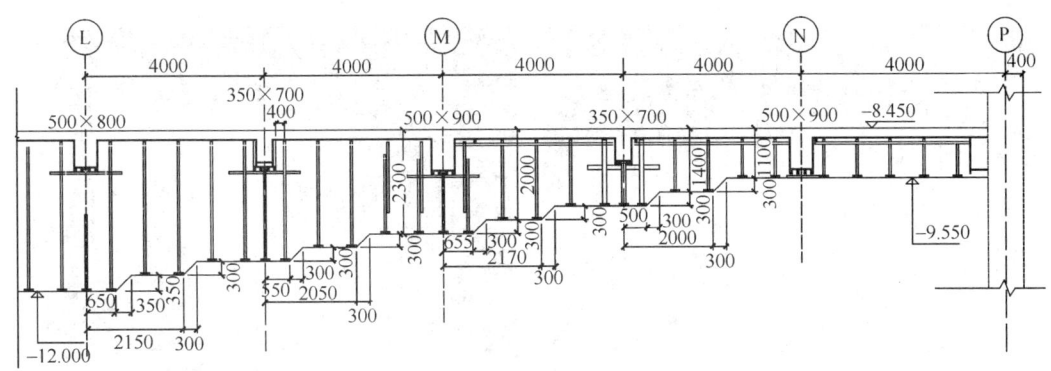

图 18-24 排架模板支承示意图

接。至于逆作法施工时混凝土的浇筑方法,由于混凝土是从顶部的侧面入仓,为便于浇筑和保证连接处的密实性,除对竖向钢筋间距适当调整外,构件顶部的模板需做成喇叭形。

由于上、下层构件的结合面在上层构件的底部,再加上地面上沉降和刚浇筑混凝土的收缩,在结合面处易出现缝隙。为此,宜在结合面处的模板上预留若干注浆孔,以便用压力灌浆消除缝隙,保证构件连接处的密实性。

(3) 无排吊模施工方法

采用无排吊模施工工艺时,挖土深度基本同土模施工。对于地面梁板或地下各层梁板,挖至其设计标高后,将土面整平夯实,浇筑一层厚约 50mm 的素混凝土(若土质好抹一层砂浆亦可),然后在垫层上铺设模板,模板预留吊筋,在下一层土方开挖时用于固定模板。图 18-25 和图 18-26 分别为无排吊模施工示意图和实景图。

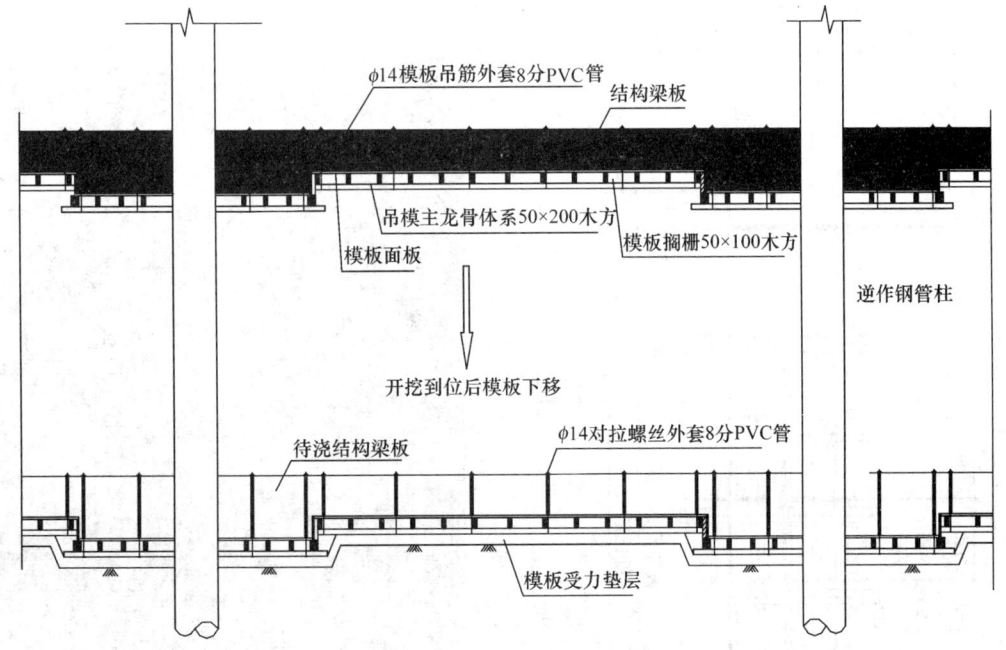

图 18-25 无排吊模施工示意图

2. 逆作竖向结构施工

(1) 中间支承柱及剪力墙施工

图 18-26　无排吊模施工实景图

结构柱和板墙的主筋与水平构件中预留插筋进行连接，板面钢筋接头采用电渣压力焊连接，板底钢筋采用电焊连接。

"一柱一桩"格构柱混凝土逆作施工时，分两次支模，第一次支模高度为柱高减去预留柱帽的高度，主要为方便格构柱振捣混凝土，第二次支模到顶，顶部形成柱帽的形式。应根据图纸要求弹出模板的控制线，施工人员严格按照控制线来进行格构柱模板的安装。模板使用前，涂刷脱模剂，以提高模板的使用寿命，同时也易保证拆模时不损坏混凝土表面。图 18-27 为逆作立柱模板支撑示意图，图 18-28 为逆作立柱模板支撑实景图。

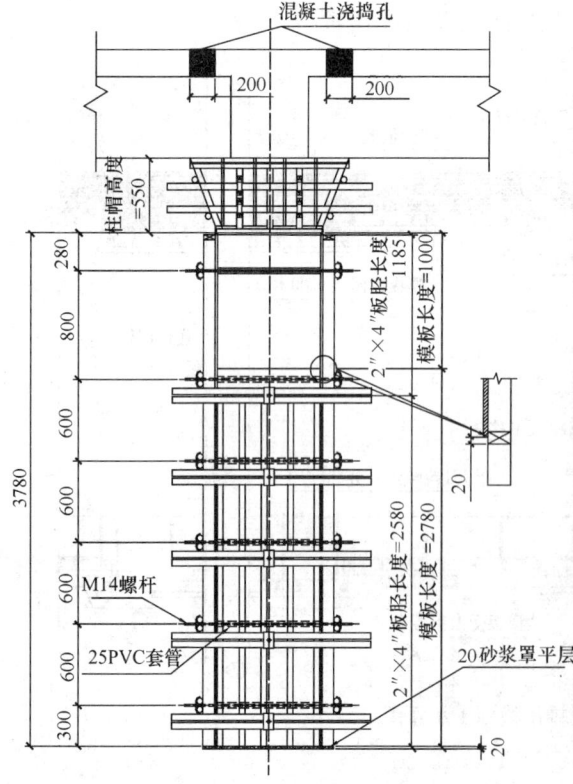

图 18-27　逆作立柱模板支撑示意图　　　　图 18-28　逆作立柱模板支撑实景图

柱子施工缝处的浇筑方法，常用的方法有三种，即直接法、充填法和注浆法，如图 18-29 所示。直接法即在施工缝下部继续浇筑混凝土时，仍然浇筑相同的混凝土，有时添加一些铝粉以减少收缩。为浇筑密实可做出一个假牛腿，混凝土硬化后可凿去。充填法即在施工缝处留出充填接缝，待混凝土面处理后，再于接缝处充填膨胀混凝土或无浮浆混凝土。注浆法即在施工缝处留出缝隙，待后浇混凝土硬化后用压力压入水泥浆充填。在上述三种方法中，直接法施工最简单，成本亦最低。施工时可对接缝处混凝土进行二次振捣，以进一步排除混凝土中的气泡，确保混凝土密实和减少收缩。

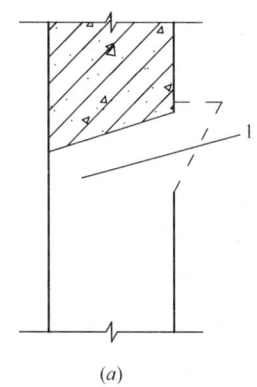 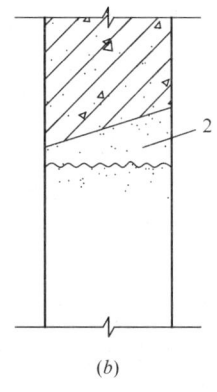 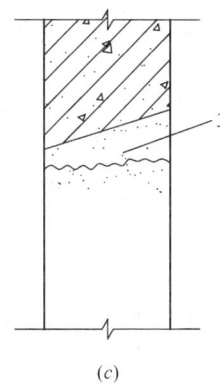

图 18-29 柱子施工缝处混凝土的浇筑方法
（a）直接法；（b）充填法；（c）注浆法
1—浇筑混凝土；2—填充无浮浆混凝土；3—压入水泥浆

当剪力墙也采用逆作法施工时，施工方法与格构柱相似，顶部也形成开口形的类似柱帽的形式。图 18-30 为剪力墙逆作施工完成后的实景图。

（2）内衬墙施工

逆作内衬墙的施工流程为：衬墙面分格弹线→凿出地下连续墙立筋→衬墙螺杆焊接→放线→搭设脚手排架→衬墙与地下连续墙的堵漏→衬墙外排钢筋绑扎→衬墙内侧钢筋绑扎→拉杆焊接→衬墙钢筋隐蔽验收→支衬墙模板→支板底模→绑扎板钢筋→板钢筋验收→板、衬墙和梁混凝土浇筑→混凝土养护。

施工内衬墙结构，内部结构施工时采用脚手管搭排架，模板采用九夹板，内部结构施工时要严格控制内衬墙的轴线，保证内衬墙的厚度，并要对地下连续墙墙面

图 18-30 剪力墙逆作施工完成后的实景图

进行清洗凿毛处理，地下连续墙接缝有渗漏必须进行修补，验收合格后方可进行结构施工。在衬墙混凝土浇筑前应对纵横向施工缝进行凿毛和接口防水处理。

18.3.4 逆作土方开挖技术

支护结构与主体结构相结合在采用逆作法施工时，土体开挖首先要满足"两墙合一"

地下连续墙以及结构楼板的变形及受力要求，其次，在确保已完成结构满足受力要求的情况下尽可能地提高挖土效率。

1. 取土口的设置

在支护结构与主体结构相结合的逆作法施工工艺中，除顶板施工阶段采用明挖法以外，其余地下结构的土方均采用暗挖法施工。逆作法施工中，为了满足结构受力以及有效传递水平力的要求，常规取土口大小一般在 150m^2 左右，布置时需满足以下几个原则：

(1) 大小满足结构受力要求，特别是在土压力作用下必须能够有效传递水平力；

(2) 水平间距一是要满足挖土机最多二次翻土的要求，避免多次翻土引起土体过分扰动；二是在暗挖阶段，尽量满足自然通风的要求；

(3) 取土口数量应满足在底板抽条开挖时的出土要求；

(4) 地下各层楼板与顶板洞口位置应相对应。

地下自然通风有效距离一般在 15m 左右，挖土机有效半径在 7～8m 左右，土方需要驳运时，一般最多翻驳二次为宜。综合考虑通风和土方翻驳要求，并经过多个工程实践，对于取土口净距的设置可以量化如下指标：一是取土口的之间的净距离，可考虑在 30～35m；二是取土口的大小，在满足结构受力情况下，尽可能采用大开口，目前比较成熟的大取土口的面积通常可达到 600m^2 左右。取土口布置时在考虑上述原则时，可充分利用结构原有洞口，或主楼筒体等部位。

2. 土方开挖形式

对于土方及混凝土结构量大的情况，无论是基坑开挖还是结构施工形成支撑体系，相应工期均较长，无形中增大了基坑风险。为了有效控制基坑变形，基坑土方开挖和结构施工时可通过划分施工块并采取分块开挖与施工的方法。施工块划分的原则是：

(1) 按照"时空效应"原理，采取"分层、分块、平衡对称、限时支撑"的施工方法；

(2) 综合考虑基坑立体施工交叉流水的要求；

(3) 合理设置结构施工缝。

结合上述原则，在土方开挖时，可采取以下有效措施：

(1) 合理划分各层分块的大小

由于一般情况下顶板为明挖法施工，挖土速度比较快，相对应的基坑暴露时间短，故第一层土的开挖可相应划分得大一些；地下各层的挖土是在顶板完成的情况下进行的，属于逆作暗挖，速度比较慢，为减小每块开挖的基坑暴露时间，顶板以下各层土方开挖和结构施工的分块面积可相对小些，这样可以缩短每块的挖土和结构施工时间，从而使围护结构的变形减小，地下结构分块时需考虑每个分块挖土时能够有较为方便的出土口。

(2) 采用盆式开挖方式

通常情况下，逆作区顶板施工前，先大面积开挖土方至板底下约 150mm 处，然后利用土模进行顶板结构施工。采用土模施工明挖土方量很少，大量的土方将在后期进行逆作暗挖，挖土效率将大大降低；同时由于顶板下的模板体系无法在挖土前进行拆除，大量的模板将会因为无法实现周转而造成浪费。针对大面积深基坑的首层土开挖，为兼顾基坑变形及土方开挖的效率，可采用盆式开挖的方式，周边留土，明挖中间大部分土方，一方面控制基坑变形，另一方面增加明挖工作量从而增加了出土效率。对于顶板以下各层土方的开挖,也可采用盆式开挖的方式,起到控制基坑变形的作用。

(3) 采用抽条开挖方式

逆作底板土方开挖时,一般来说底板厚度较大,支撑到挖土面的净空较大,这对控制基坑的变形不利。此时可采取中心岛施工的方式,即基坑中部底板达到一定强度后,按一定间距抽条开挖周边土方,并分块浇捣基础底板,每块底板土方开挖至混凝土浇捣完毕,宜控制在72h以内。

(4) 楼板结构局部加强代替挖土栈桥

支护结构与主体结构相结合的基坑,由于顶板先于大量土方开挖施工,因此可以将栈桥的设计和水平梁板的永久结构设计结合起来,并充分利用永久结构的工程桩,对楼板局部节点进行加强,作为逆作挖土的施工栈桥,满足工程挖土施工的需要。

3. 土方开挖设备

采用逆作法施工工艺时,需在结构楼板下进行大量土方的暗挖作业,开挖时通风照明条件较差,施工作业环境较差,因此选择有效的施工作业机械对于提高挖土工效具有重要意义。目前逆作挖土施工一般在坑内采用小型挖机进行作业(图18-31),地面采用吊机(图18-32)、长臂挖机(图18-33)、滑臂挖机、取土架(图18-34)等设备进行作业。

图 18-31 小型挖机在坑内暗挖作业

图 18-32 吊机在吊运土方

图 18-33 长臂挖机在进行施工作业

图 18-34 取土架在进行施工作业

根据各种挖机设备的施工性能,其挖土作业深度亦有所不同,一般长臂挖机作业深度为7~14m，滑臂挖机一般7~19m，吊机及取土架作业深度则可达30余米。

18.3.5 逆作通风照明

通风、照明和用电安全是逆作法施工措施中的重要组成部分。这些方面稍有不慎，就有可能酿成事故。可以采取预留通风口、专用防水动力照明电路等手段并辅以安全措施确保安全。

在浇筑地下室各层楼板时，按挖土行进路线应预先留设通风口。随着地下挖土工作面的推进，当露出通风口后即应及时安装大功率涡流风机，并启动风机向地下施工操作面送风，清新空气由各风口流入，经地下施工操作面再从取土孔中流出，形成空气流通循环，以保证施工作业面的安全。在风机的选择时，应综合考虑如下因素：（1）风机的安装空间和传动装置；（2）输送介质、环境要求、风机串并联；（3）首次成本和运行成本；（4）风机类型和噪声；（5）风机运行的调节；（6）传动装置的可靠性；（7）风机使用年限。图18-35为某工程的通风设备实景。

图 18-35 通风设备实景

地下施工动力、照明线路需设置专用的防水线路，并埋设在楼板、梁、柱等结构中，专用的防水电箱应设置在柱上，不得随意挪动。随着地下工作面的推进，自电箱至各电器设备的线路均需采用双层绝缘电线，并架空铺设在楼板底。施工完毕应及时收拢架空线，并切断电箱电源。在整个土方开挖施工过程中，各施工操作面上均需专职安全巡视员监护各类安全措施和检查落实。

通常情况下，照明线路水平向可通过在楼板中的预设管路（图18-36），竖向利用固定在格构柱上的预设管，照明灯具应置于预先制作的标准灯架上（图18-37），灯架固定在格构柱或结构楼板上。

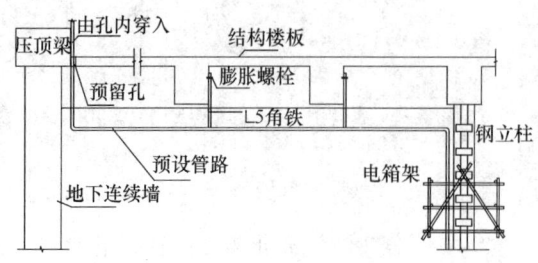 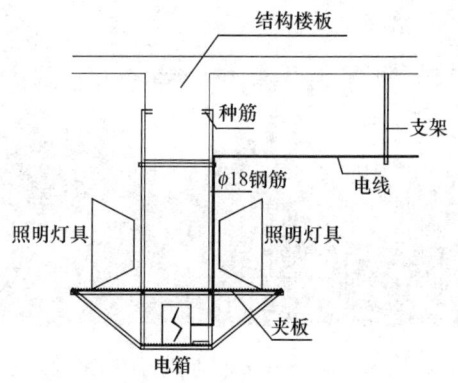

图 18-36 照明线路布设示意图　　图 18-37 标准灯架搭设示意图

为了防止突发停电事故，在各层板的应急通道上应设置一路应急照明系统，应急照明需采用一路单独的线路，以便于施工人员在发生意外事故导致停电的时候安全从现场撤离，避免人员伤亡事故的产生。应急通道上大约每隔20m设置一盏应急照明灯具，应急照明灯具在停电后应有充分的照明时间，以确保现场施工人员能安全撤离。

18.4 工程实例

18.4.1 南京紫峰大厦

1. 工程概况

紫峰大厦位于南京市鼓楼地区，主体建筑由二幢塔楼（主楼和附楼）及7层的裙房组成，主楼地上69层，附楼地上22层。紫峰大厦塔楼落成后将成为南京市与江苏省第一高楼。工程主体结构设置4层地下室，主楼区域底板厚度为4.0m，附楼区域和裙楼区域底板厚度为1.5m。基坑总面积约13800m²，主楼区普遍开挖深度23.50m，附楼区和裙楼区普遍开挖深度21.00m。

紫峰大厦工程场地周边环境相当复杂，基地周边道路下分布有电缆、通信、上下水等大量市政管线，还与众多变形敏感建（构）筑物相邻，其中包括基地东侧中央路下的地铁一号线鼓楼站至玄武门站区间地铁隧道。地铁隧道采用矿山法施工，邻近基坑侧隧道为地铁停车线段。地铁隧道主体衬砌结构距离基坑约5.0m，周边超前支护锚杆外端距离基坑约2.0m。地铁隧道底部埋深最深约20m。隧道衬砌断面穿越强风化安山岩和残积土。地铁主管部门要求，紫峰大厦基坑工程施工对地铁结构造成的附加变形影响不得大于15mm。紫峰大厦的工程总平面如图18-38所示。

紫峰大厦工程场地浅层为①₁层杂填土和①₂层淤泥质填土，厚度不均，普遍埋深约4m。大部分区域分布至基底的土层依次为②层粉质黏土、③层粉质黏土和④层残积土，粉质黏土为可塑~硬塑，残积土坚硬，土层在开挖过程中的自立性比较好。基底上下分布主要为⑤₁ₐ全风化安山岩和⑤₁ᵦ强风化安山岩，已分别强烈风化为砂土状和砂土夹碎块状。⑤₂中风化安山岩埋深超过70m，分为⑤₂ₐ较完整的较软岩、软岩、⑤₂ᵦ较完整的软岩、极软岩、⑤₂c较破碎—破碎的软岩和⑤₂d较破碎—破碎的极软岩四个相互交错的亚层。岩层在基底东北部区域埋藏较浅，岩层面位于基底以上约14m。岩土物理力学指标如表18-1所示。

土、岩层物理力学性质综合成果表　　　　表18-1

土层	土层名称	重度 γ (kN/m³)	内摩擦角 φ (°)	黏聚力 c (kPa)	水平基床系数 k_H (MPa/m)
①	填土				
②	粉质黏土	19.9	14.3	35.6	12
③₁	粉质黏土	20.1	16.7	50.6	28
③₂	粉质黏土	19.7	14.4	42.1	15
③₃	粉质黏土	20.2	17.0	47.7	35
④	残积土	20.3	20.6	64.3	36
⑤₁ₐ	全风化安山岩	23.5	35	25	65
⑤₁ᵦ	强风化安山岩	24.1	40	60	240

续表

土层	土层名称	重度 γ (kN/m³)	内摩擦角 φ (°)	黏聚力 c (kPa)	水平基床系数 k_H (MPa/m)
⑤₂ₐ	中风化安山岩	25.2	38	920	2200
⑤₂ᵦ		24.6	35	430	1600
⑤₂c		24.7	35	530	1800
⑤₂d		23.8	27	90	310

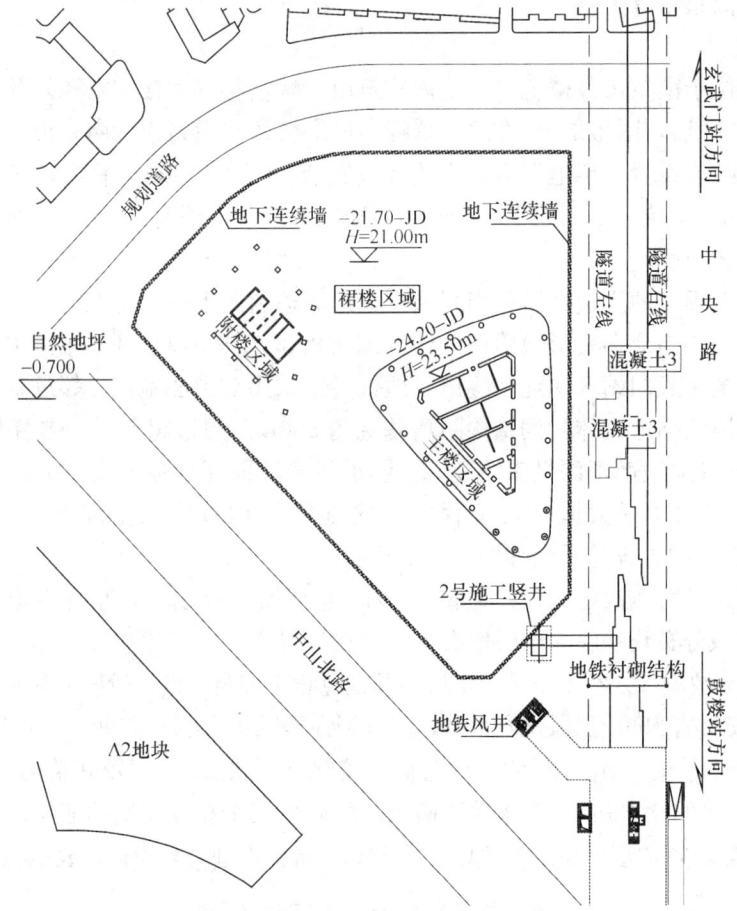

图 18-38 基坑总平面图

场地地下水分为两类：一类为上层滞水，赋存于上部①层填土中，水位埋深一般在 1.30～1.40m。另一类地下水为弱承压水，主要赋存于第⑤层安山岩中，属基岩裂隙水。承压水位埋深 5.50～9.10m。

2. 基坑围护设计方案

经过对顺作法、逆作法方案以及钻孔灌注排桩结合隔水帷幕、咬合桩等多种不同方案的综合分析比较，工程最终确定采用两墙合一地下连续墙结合坑内钢筋混凝土临时支撑的顺作法设计方案。

基坑周边设置两墙合一地下连续墙，基坑开挖阶段作为围护结构起到挡土止水的作用，主体结构永久使用阶段作为地下室外墙。地下连续墙墙厚800mm，墙底普遍插入基底以下6m深度，在邻近地铁侧插入基底以下7m深度。地下连续墙进入基岩深度普遍超过6m。为减小地下连续墙槽段施工过程对地铁可能产生的不利影响，地铁隧道侧槽段按4.5m为原则进行划分。地下连续墙接缝处设置有扶壁柱与楼板、梁相连接，可起到封闭接缝、防止渗水和增加地下室整体刚度的目的。基坑围护剖面及基坑与地铁的关系如图18-39所示。

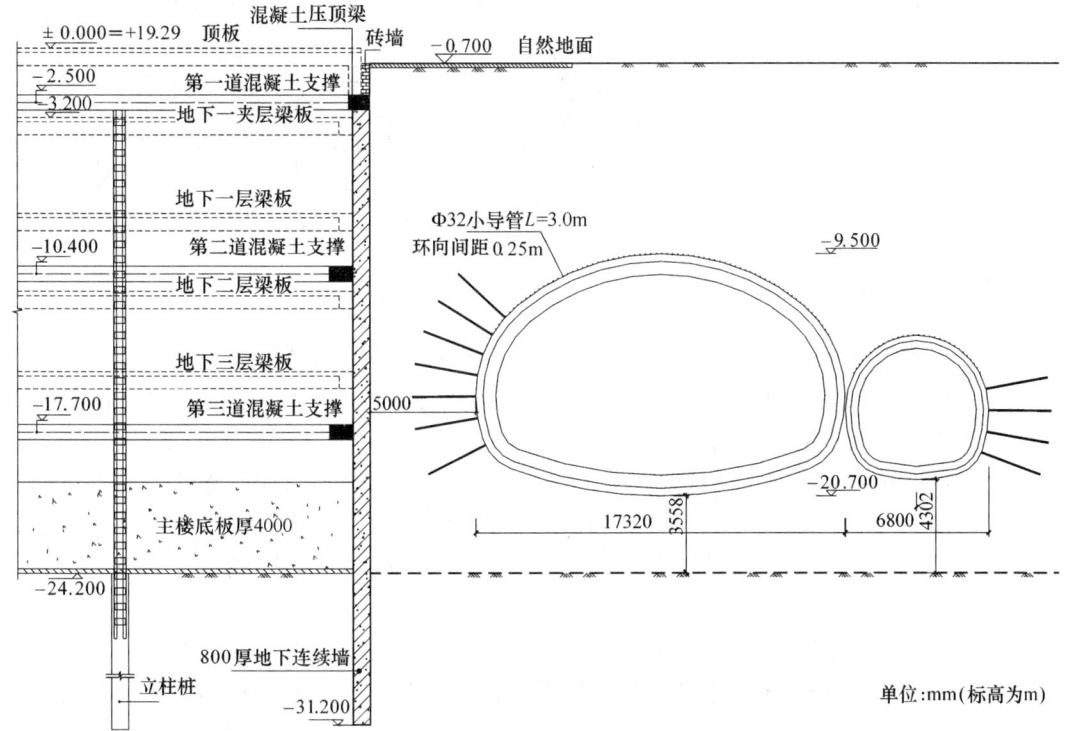

图18-39 基坑围护剖面及基坑与地铁的关系

坑内架设三道边桁架结合对撑的钢筋混凝土支撑系统。支撑系统中对撑杆件的平面布置一方面考虑对地铁隧道侧围护体的支撑刚度，另一方面也考虑完全避开主楼区和附楼区的主要竖向构件，以便在基坑开挖至坑底、支撑不拆的情况下向上施工主楼与附楼。地下连续墙顶部设置压顶圈梁兼作第一道支撑的围檩，竖向三道混凝土支撑主要杆件截面尺寸及中心标高如表18-2所示。第一道钢筋混凝土支撑的对撑桁架可作为施工栈桥，挖土机、运土车、混凝土泵车、运输车等施工设备可在栈桥上运作。栈桥还可作为施工材料的堆放场地，在加快基坑出土速度的同时，加快基坑工程施工工期。图18-40为第一道支撑的平面图，图18-41为基坑开挖到底时的支撑情况。

水平支撑系统主要构件一览表　　　　表18-2

项目	围檩 (mm×mm)	主撑 (mm×mm)	八字撑 (mm×mm)	连杆 (mm×mm)	支撑系统中心标高 (m)
第一道	1000×700	900×700	800×700	700×700	−2.500
第二道	1300×800	1200×800	1000×800	800×800	−10.400
第三道	1300×700	1200×700	1000×700	800×700	−17.700

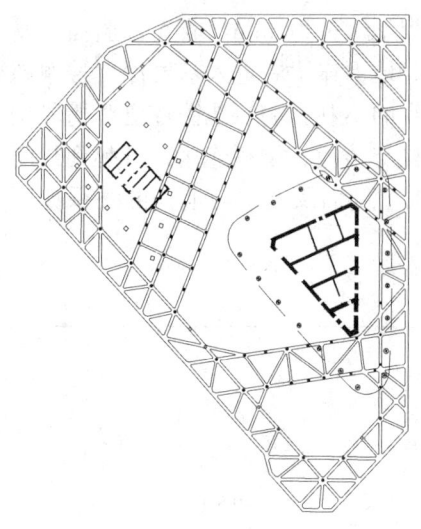 

图 18-40　第一道支撑的平面图　　　　图 18-41　基坑开挖到底时的支撑情况

本工程支撑系统临时立柱采用 4L160mm×16mm 型钢格构柱,其截面为 460mm×460mm,格构柱插入作为立柱桩的钻孔灌注桩中。钻孔灌注桩直径根据支撑杆件荷载以及所处基岩承载能力情况分为 ϕ800mm、6m 桩长和 ϕ900mm、8m 桩长两种。将 ϕ900mm 立柱桩布置于栈桥区域和支撑杆件密集区域,ϕ800mm 立柱桩布置于其他区域。本工程主体结构工程桩为人工挖孔扩底桩,在基坑开挖至坑底以后施工;立柱桩为钻孔灌注桩,基坑开挖前施工。围护结构立柱桩完全避开主体工程桩桩位,立柱桩全部为加打桩。

3. 基坑工程实施

本工程地下连续墙进入基岩相当深。地下连续墙嵌岩成槽施工若采用传统的冲击入岩(包括乌卡斯冲岩、吊机配以重锤冲岩、反循环自动冲岩、牙轮钻机钻孔后冲岩等)工艺,由于场地东侧紧邻地铁隧道,冲击钻成槽对地层的冲击和震动大,将对地铁隧道产生不利影响。因此地下连续墙成槽采用"抓铣结合"工艺,即以液压抓斗成槽机和铣槽机相结合进行。浅部黏土成槽施工采用常规液压抓斗成槽机,进入基岩后调换铣槽机以切削方式成槽,施工效率较高,平均每幅槽段成槽时间不超过 1 天半。成槽工艺流程见图 18-42。其中成槽功效较低的槽段是在⑤$_{2d}$层分布区域,该层基岩中夹杂相当多黏性土,成槽过程中经常粘附于铣轮周围,需要停机人工清理。

钻孔灌注桩立柱桩施工进入岩层,需要避免不适当的成孔方式对地层和隧道产生较大的振动影响。基坑工程施工在远离地铁区域进入基岩后采用冲孔法施工立柱桩,在靠近地铁隧道区域卸除一定厚度土层后,采用人工挖孔成桩。

本基坑工程由于面积较大、开挖深度深,为控制基坑开挖过程的水平变形及确保地铁隧道的安全,按照时空效应原理,土方开挖和支撑的施工工序根据分区、分块、对称、平衡的原则制定,同时在施工过程中尽可能缩短地下连续墙围护结构的无支撑暴露时间、宽度和深度。此外,在开挖至基底的工况,地铁侧留设 8m 宽、3m 高的墩台,按小于 25m 控制分段、抽条形成垫层与底板。基坑开挖至第⑤层基岩面以下后,采用了镐头机首先破碎岩石,然后采用挖土机械清理的岩体开挖方案。由于本工程基底以上安山岩体量相对不大,岩体较为破碎,因此施工效率尚可。机械施工也未对地铁隧道产生振动影响。

紫峰大厦采用了信息化的施工方法，通过对围护体与地铁隧道全过程监测数据的分析，在施工过程中及时采取了调整挖土顺序、控制坑外超载、实施注浆预案等技术措施，通过不断修正、优化施工组织设计，达到了控制围护体与地铁隧道变形发展的目的。监测结果表明，地下连续墙的最大侧移为32.14mm；基坑开挖使地下连续墙和坑内钢立柱普遍发生了上抬，其中立柱最大上抬接近15mm、地下连续墙最大上抬接近10mm；支撑的最大轴力基本处于混凝土杆件设计承载能力的90%左右，监测过程中发现支撑杆件轴力受温度影响波动较明显；基坑周边建筑未发现有明显裂缝出现；地铁左线隧道的最大侧移为1.1mm，最大上抬量为8.2mm，右线隧道最大上抬量仅为1.4mm，隧道的变形小于地铁管理部门提出的15mm控制指标，有效地保护了地铁的安全。

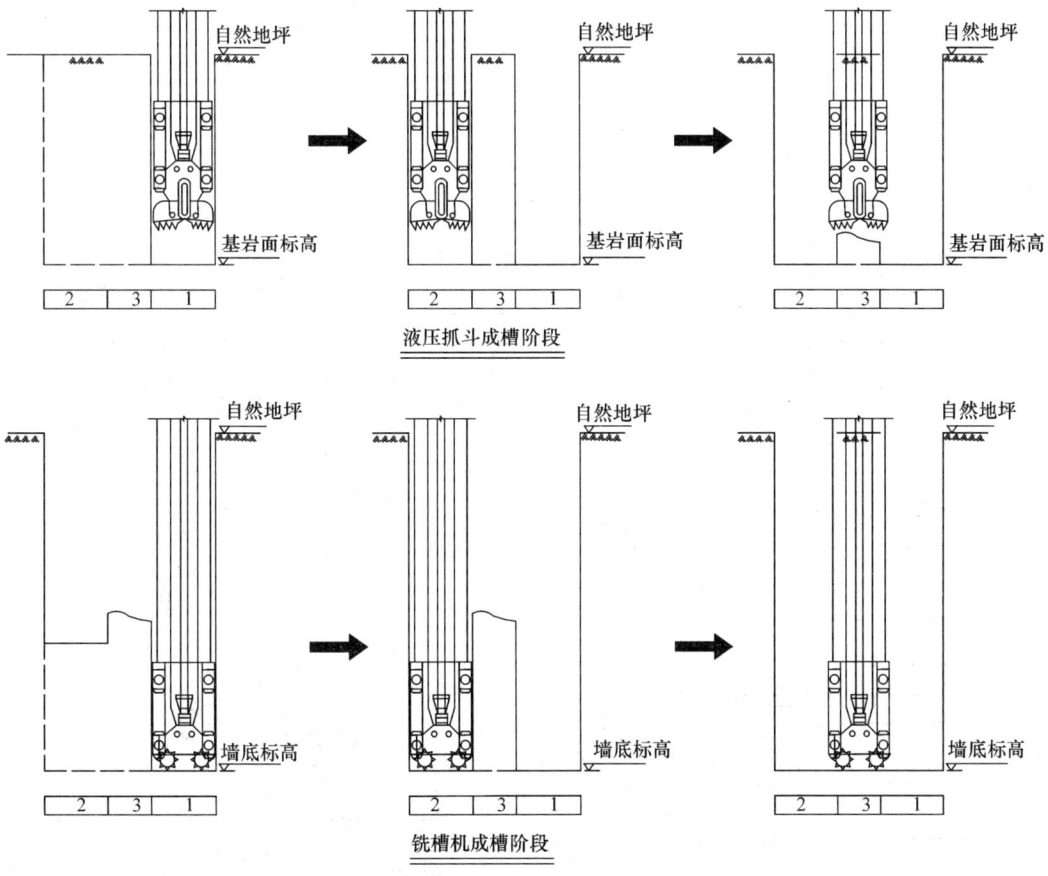

图 18-42 地下连续墙"抓铣结合"施工工艺流程示意图

18.4.2 南昌大学第二附属医院医疗中心大楼

1. 工程概况

南昌大学第二附属医院医疗中心大楼工程位于南昌市八一大道与民德路交口。主体结构分为主楼、裙楼和纯地下室三部分：主楼地上26层，采用框架-剪力墙结构。裙楼地上12层，采用框架结构。地下部分均设置二层地下室，基础采用桩筏基础，桩基采用钻孔灌注桩。基坑面积约为6500m²。基坑开挖深度为11.0～12.55m，属大型深基坑。

本工程位于南昌市闹市区,东邻八一大道、南侧靠近民德路,紧邻多幢多层和高层建筑物,西侧临时病房楼为三层框架结构,基础为柱下钢筋混凝土条形基础,距离基坑约为15.0m。南侧紧邻科研行政楼主体结构为13层框架结构,基础为桩筏基础。桩基为人工挖孔扩底桩,桩径1.0m,桩端扩径为1.6m。桩长约为14m,桩端进入砾砂层。桩基础距离基坑最近为1.5~2.0m。基坑东南侧为地下人行过街地道,距离基坑的最近距离为10.00m。基坑北侧为医院的污水处理站泵房,距离本工程基坑约5.80m。周边环境示意图如图18-43所示。本工程周边环境复杂,基地邻近多条市政干道和其下的市政管线,以及多幢多层和高层建筑物,环境保护要求较高。其中,基地南侧的科研行政楼、地下人行过街地道和污水处理站泵房是本工程重点保护对象。

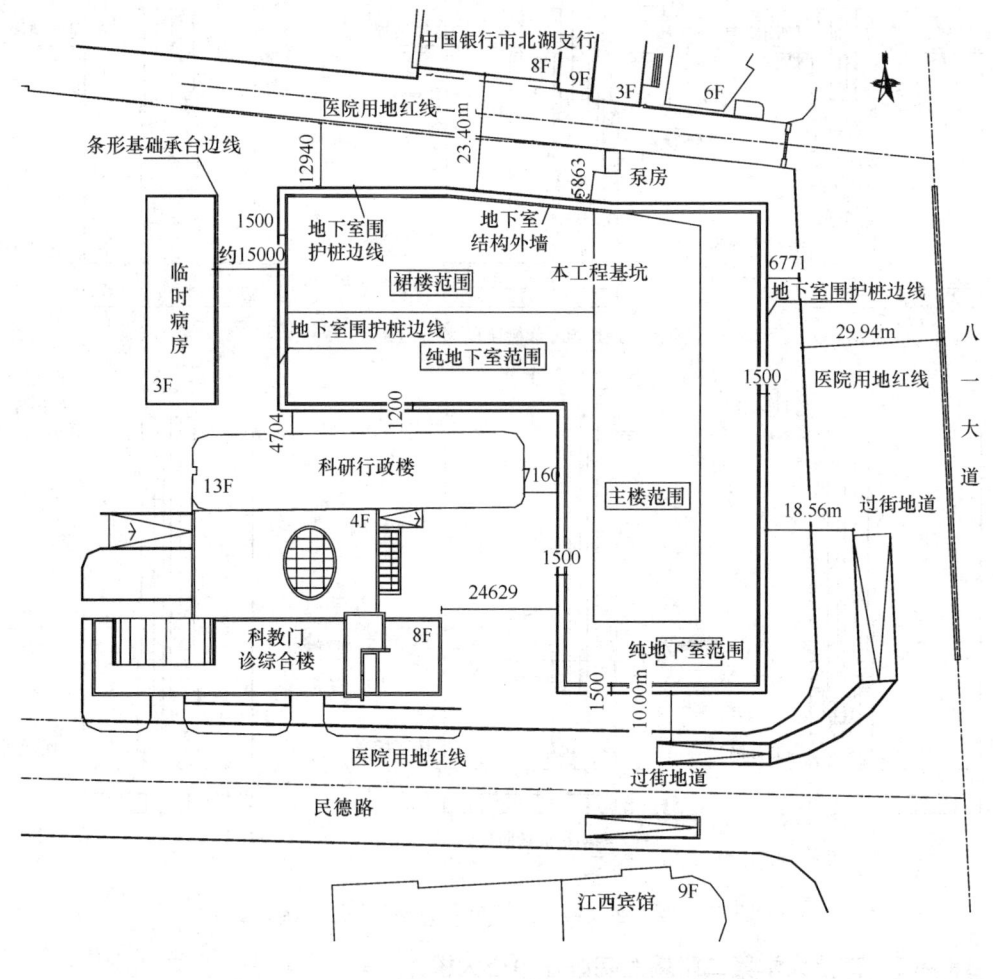

图18-43 总平面图

场地土层分布情况及物理力学指标见表18-3。场地内地下水包括上层滞水和潜水。上层滞水赋存于①层杂填土中,水位埋深1.50~3.90m。潜水赋存于④层中砂及其下地层中,水量丰富。①层杂填土为中等透水土层,②层淤泥、③层粉质黏土为弱透水层,其他各砂砾层均为强透水层,基岩透水性根据节理裂隙发育与闭合程度的不同,表现为弱~中等透水层。

土层物理力学指标　　　　　　表 18-3

编号	土层	层厚 (m)	重度 (kN/m³)	内摩擦角 φ (°)	黏聚力 c (kPa)
①	杂填土	2.20～6.00	18.1	15	10
②	淤泥	1.10～2.80	18.2	8	5
③	粉质黏土	0.90～2.50	19.0	17.0	25.3
④	中砂	3.50～6.80	19.1	15	0
⑤	砾砂	1.50～4.30	19.3	25	0
⑥	圆砾	2.10～4.50	19.6	30	0
⑦	砾砂	0.50～4.30	19.3	25	0
⑧	圆砾	1.10～2.70	19.6	30	0
⑨	强风化泥质粉砂岩	1.20～2.10	—	—	—

2. 基坑围护设计

1) 总体设计方案

本基坑周边环境条件复杂、环境保护要求较高,而且本工程处于闹市区,地下室外墙到红线距离较近,场地条件紧张,此外业主对工程建设周期要求较高。若采用常规的顺作法设计,需要设置大量的临时支撑,主体结构需待基坑开挖完成后方可施工,施工工期较长,难以满足业主进度要求。考虑本工程周边环境的实际情况、建设工期和工程造价等综合因素,确定本基坑工程采用周边临时围护体结合坑内水平梁板体系替代支撑的逆作法方案。

2) 围护结构设计

基坑临时围护结构采用 ϕ800 钻孔灌注桩结合外侧 ϕ1000 高压旋喷桩隔水帷幕。钻孔灌注桩的插入深度根据基坑的变形、稳定性要求以及周边环境的保护要求确定,桩长约 22m,桩端进入第⑨层强风化泥质粉砂岩不少于 1.0m。本工程场地地下水位较高,且场地地下水潜水略具承压性,考虑到对承压水的隔断和施工穿越砂层,采用高压旋喷桩作为隔水帷幕。高压旋喷桩与钻孔灌注桩搭接 100mm,桩长同围护桩。基坑围护剖面如图 18-44 所示。

3) 结构梁板替代水平支撑设计

主体结构梁板替代临时水平支撑,支撑刚度大,可有效控制基坑的变形。由于逆作阶段土方开挖的需要,需要利用电梯井、楼梯等结构开口位置预留空间较大的出土口。由于建筑功能需要,地下室结构平面存在高差和局部开洞,考虑采取加腋的措施对这些局部区域进行加强,附加的腋角逆作施工结束后可根据建筑以及设备等专业要求确定是否保留。临时围护桩与地下结构之间设置可靠的水平支撑传力体系,以利于逆作阶段水平力的传递。根据地下各层计算水平支撑力的大小,采用不同的支撑刚度。逆作阶段首层结构承受的水平力相对较小,采用 H400mm×400mm 的型钢支撑,支撑间距同柱距;地下一层结构承受的水平力较大,支撑同样采用 H400mm×400mm 型钢支撑,但需加密支撑的间距,支撑间距为柱距的一半。首层和地下一层结构型钢支撑顶部设置一定宽度的现浇混凝土板带,混凝土板带与压顶圈梁(或围檩)以及内部结构一道浇筑以形成整体。逆作阶段梁板代支撑平面如图 18-45 所示。

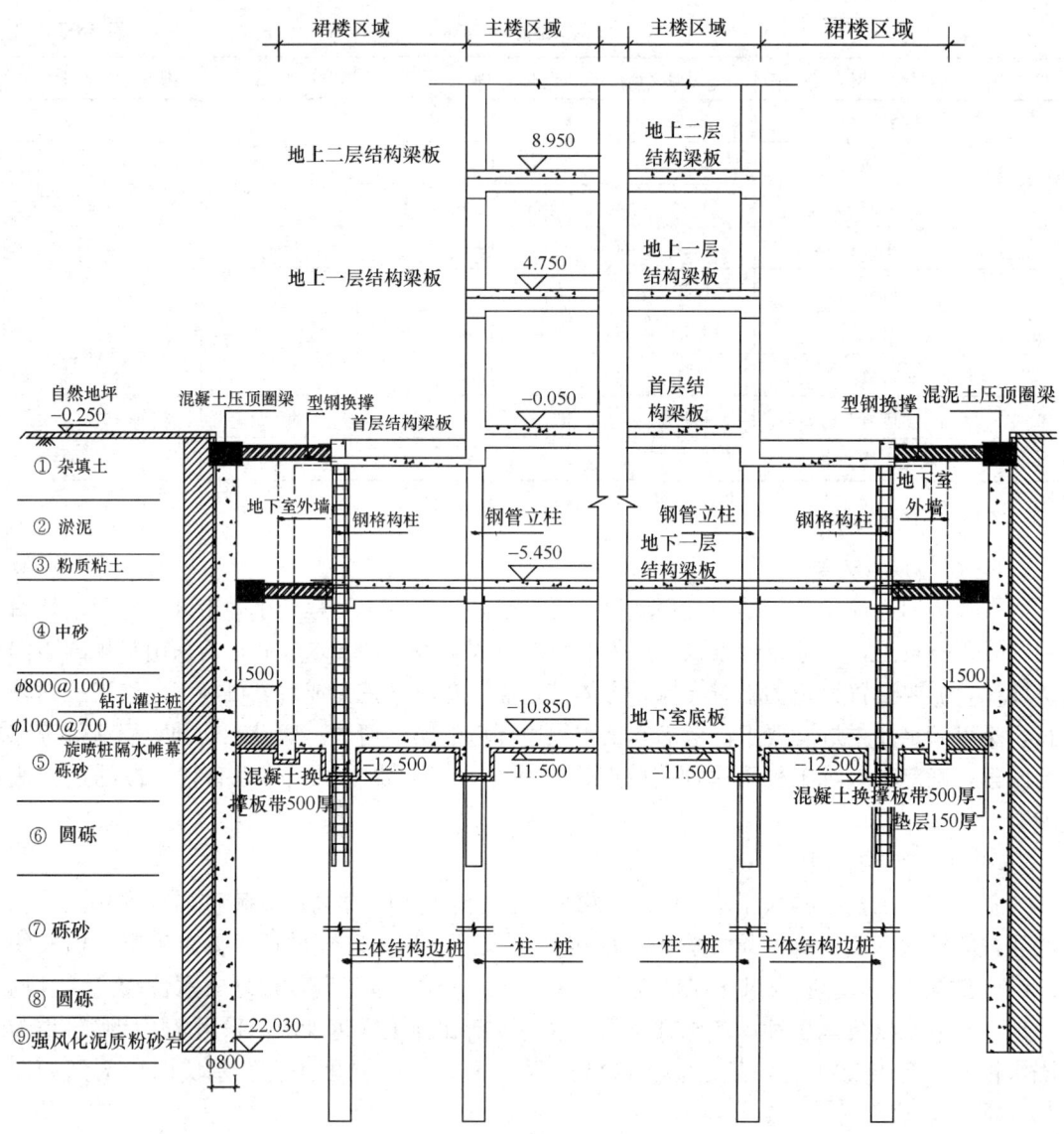

图 18-44 基坑围护典型剖面图

4）竖向支承体系设计

逆作结构梁板的竖向支承构件为一柱一桩，对于纯地下室区域的一柱一桩采用钻孔灌注桩内插角钢格构柱形式，钢立柱由等边角钢和缀板焊接而成，其截面为 460mm×460mm，型钢型号为 Q345B。对于上部结构区域的一柱一桩采用钻孔灌注桩内插钢管立柱的形式。由于结构梁板的自重较大，裙楼位置采用 $\phi700mm×16mm$ 钢管立柱，主楼位置采用 $\phi800×16$ 的钢管立柱，钢立柱插入钻孔灌注桩中不少于 4m。逆作阶段主体结构位置钢立柱须承受的上部荷载为：以地上施工至地上十层、地下部分逆作开挖至基底位置的工况作为计算的控制工况。地下室逆作施工结束后钢立柱外包混凝土形成框架柱，钢立柱由于作为框架柱的一部分，其垂直度设计要求达到 1/500。立柱桩全部利用主体结构框架柱下工程桩，桩径 $\phi1000\sim2200mm$，桩端持力层为稳定的岩层，桩长约为 19m。为控制逆作阶段一柱一桩的差异沉降，立柱桩采用了桩端后注浆措施。

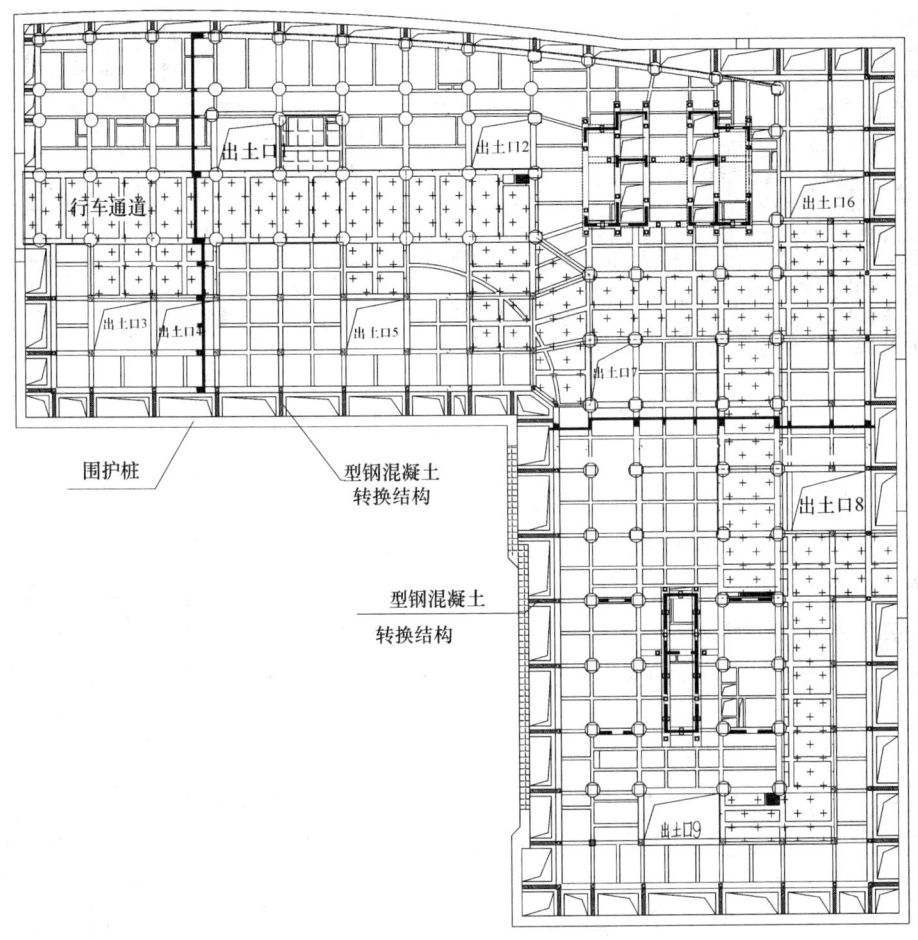

图 18-45 逆作阶段梁板代支撑平面图

在逆作施工阶段,主楼地下室剪力墙竖向构件暂不施工,通过在梁底留设墙体插筋,待逆作施工结束后再顺作地下部分的剪力墙结构。逆作阶段上部结构剪力墙的荷载通过临时的角钢格构柱和首层结构内设置的托梁进行托换,如图 18-46 所示。角钢格构柱插入增打的钻孔灌注桩形成一柱一桩。考虑剪力墙钢筋的穿越,临时角钢格构柱截面为 460mm×750mm,型钢型号为 Q345B。角钢格构柱在地下室剪力墙施工完成并达到强度后割除。

本工程采用钻孔灌注桩结合隔水帷幕的临时围护结构,地下室结构外墙需待地下室逆作施工结束后施工,必须解决逆作阶段边跨结构的竖向支承问题。根据本工程地下各层结构梁板布置,边跨结构的二次浇筑分界线从地下室外墙朝内退 2m 距离,如图 18-47。在边跨新增结构边梁,其下设临时角钢格构立柱,格构柱截面为 460mm×460mm,型钢型号为 Q345B。同时将外墙下结构边桩内退至角钢格构柱位置,形成钻孔灌注桩内插角钢格构柱的一柱一桩形式。角钢格构柱在地下室外墙施工完成并达到强度后割除。

5) 梁柱节点钢筋穿越方案

本工程地下各层结构框架梁截面宽度较小,主体结构位置梁宽为 700mm,纯地下室区域梁宽仅为 500mm,而钢管立柱的截面直径为 700~800mm,角钢格构柱截面宽度为

图 18-46　剪力墙托换节点现场照片　　　图 18-47　边跨结构竖向支承现场照片

460mm，因此对逆作阶段梁柱节点框架梁主筋穿越施工带来较大的难度。经过多种梁柱节点钢筋穿越方案的比较分析，对于钢管立柱和角钢格构柱选取不同的处理措施。

（1）钢管立柱：考虑到主体结构位置框架梁钢筋的穿越，钢管混凝土立柱位置和框架梁钢筋连接方法采用钢筋混凝土环梁节点。在首层结构梁的上层钢筋贯通，下层钢筋全部锚入首层钢筋混凝土环梁内；地下一层结构梁上、下层钢筋全部锚入地下一层钢筋混凝土环梁内，钢筋锚入长度应满足抗震锚固长度，环梁节点连接配筋示意图如图 18-48 所示。

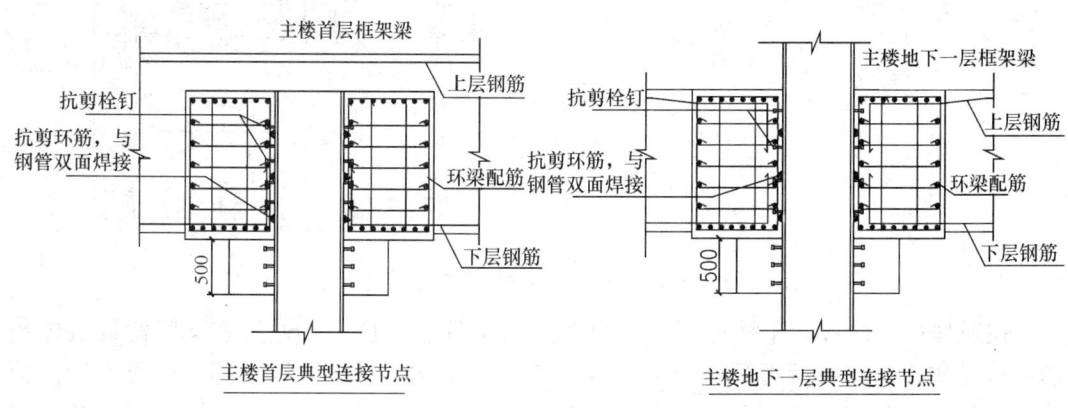

图 18-48　环梁节点配筋示意图

（2）角钢格构柱：采取对角钢格构柱相交节点位置的结构梁进行加腋的处理措施，通过加腋的方式扩大梁柱节点位置梁的宽度，使得梁的主筋得以从侧面绕行贯通，梁中部的主筋从角钢格构柱中部贯通穿过。节点位置绕行的钢筋需要施工现场根据实际情况进行定型加工，梁柱节点位置加腋如图 18-49 所示。

3. 基坑工程实施

本工程施工总体流程为考虑地上和地下结构同时进行立体交叉施工。首先，施工地下室首层梁板结构，完成后进行上部十层结构的顺作施工，同时利用首层结构梁板作为施工平台，开挖下部土方，由上而下逆作施工地下各层结构。地下室底板施工完成后，对一柱一桩钢立柱外包混凝土形成框架柱，施工内部剪力墙和结构外墙等竖向受力构件，达到强度后进行地面十层以上结构施工。基坑施工的流程如图 18-50 所示。

本工程于 2007 年 8 月～2007 年 10 月完成隔水帷幕、围护桩和一柱一桩的施工，

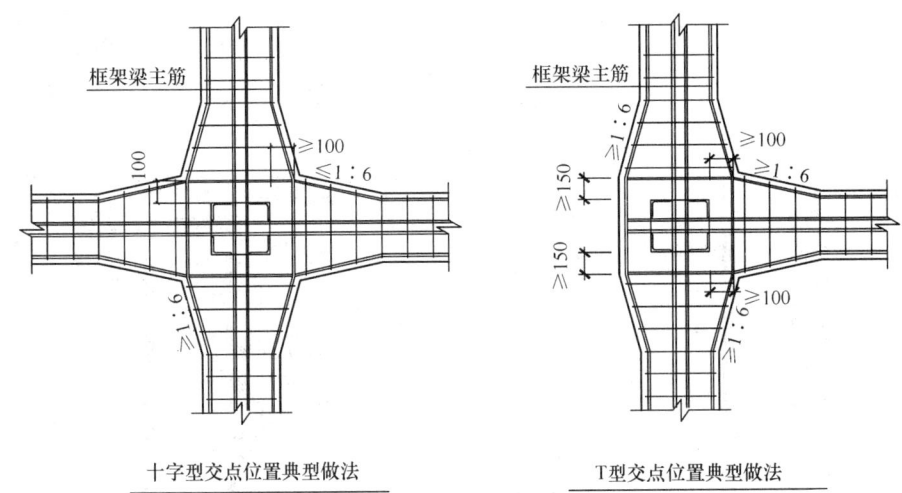

图 18-49 梁柱节点位置加腋

2007年11月开始首层土方开挖,2008年10月完成地下两层结构及底板施工,地上完成十层结构施工。基坑实施过程中对基坑进行了全面的监测。主要监测内容包括围护体和土体侧向变形,周边道路、市政管线、建(构)筑物的沉降和水平变形,一柱一桩钢立柱竖向沉降和差异沉降,钢混凝土组合支撑轴力以及结构梁板内力。监测结果表明:基坑逆作开挖到基底,围护桩的最大侧移仅为12.2mm,基坑周边的建(构)筑物的最大沉降为12.4mm,基坑工程完全处于安全的可控状态,并且有效地保护了周边复杂的环境。主体结构一柱一桩最大沉降为10.4mm,立柱之间的最大差异沉降为5.3mm,表明逆作阶段地上十层结构在一柱一桩的竖向支承下沉降均匀稳定。

18.4.3 上海世博500kV地下变电站工程

1. 工程概况

上海世博500kV地下变电站工程位于上海市中心城区,是世博会的重要配套工程,用于缓解上海中心城区的供电压力,确保2010年上海世博会的电力供应。该工程为国内首座大容量全地下变电站,建设规模列亚洲同类工程之首,建成后将是世界上最大、最先进的全地下变电站之一。变电站为全地下四层筒型结构,基坑直径为130m,开挖深度为34m,工程规模大、难度高。工程效果图如图18-51所示。

变电站地下一层层高为9.5m,主要分布有电气以及冷却装置等设备,地下二层层高为5m,主要为电缆层,地下三层层高为10m,主要为大型大容量变压器设备层,大型设备直接座在以地下四层底板为基座的专用设备基础上,地下四层层高为4.5m,主要为地下三层大型设备的基础以及设备的事故油池。变电站采用以框架为主、剪力墙为辅的内框外筒的结构形式。外筒即为变电站的结构外墙,由基坑开挖前从地面施工完成的地下连续墙和逆作阶段分层浇筑形成的内衬墙组成。地下结构内部采用框架结构作为结构竖向受力体系,地下各层结构采用双向受力的交叉梁结构体系,满足大容量设备对空间较高的要求。基础采用桩筏基础,筏板厚2.5m,桩基采用桩侧注浆钻孔灌注抗拔桩。

工程位于上海市静安区成都北路、北京西路、山海关路和大田路围成的区域之中,如图18-52所示。山海关路与基坑最近距离为10m;隔山海关路与本工程相对的是一、二层

第 18 章 支护结构与主体结构相结合及逆作法

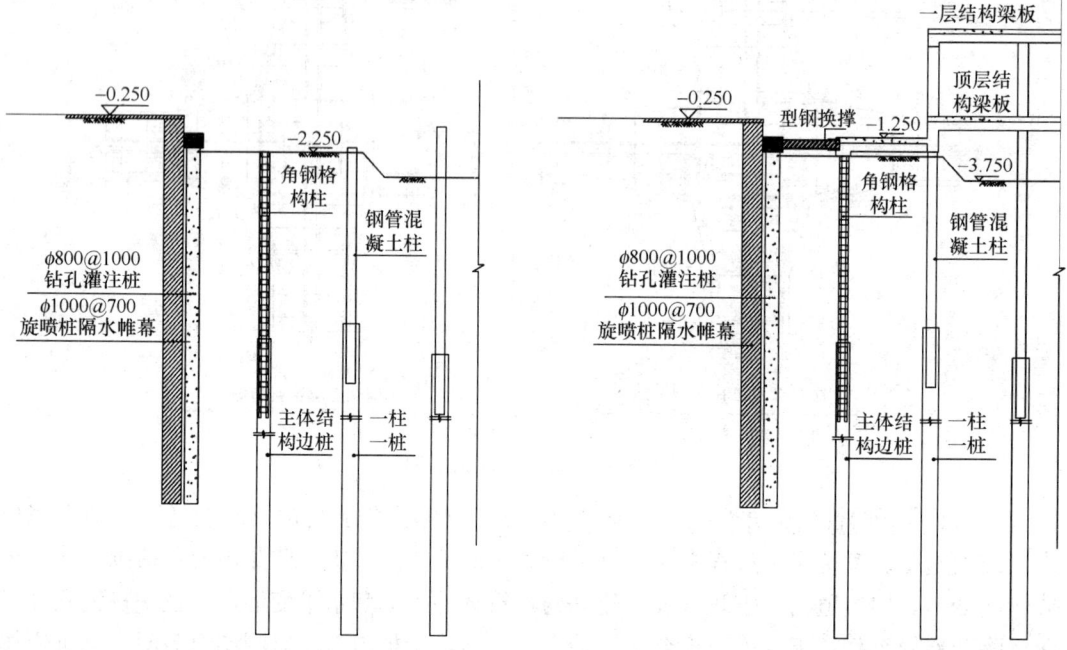

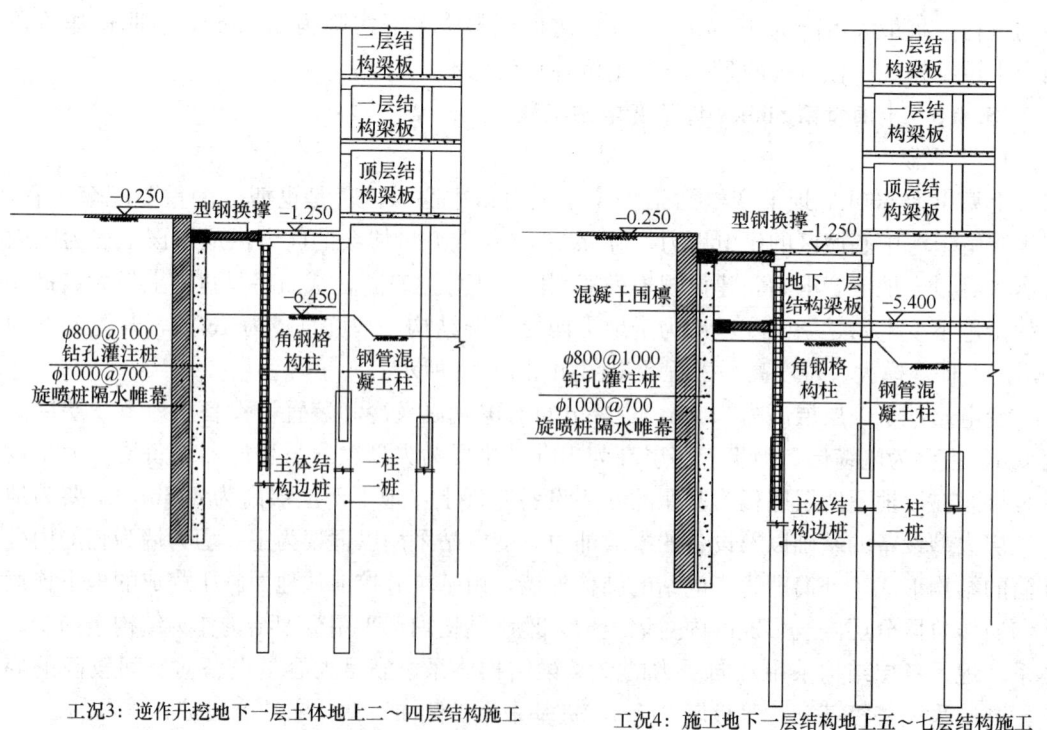

图 18-50 基坑施工流程图（一）

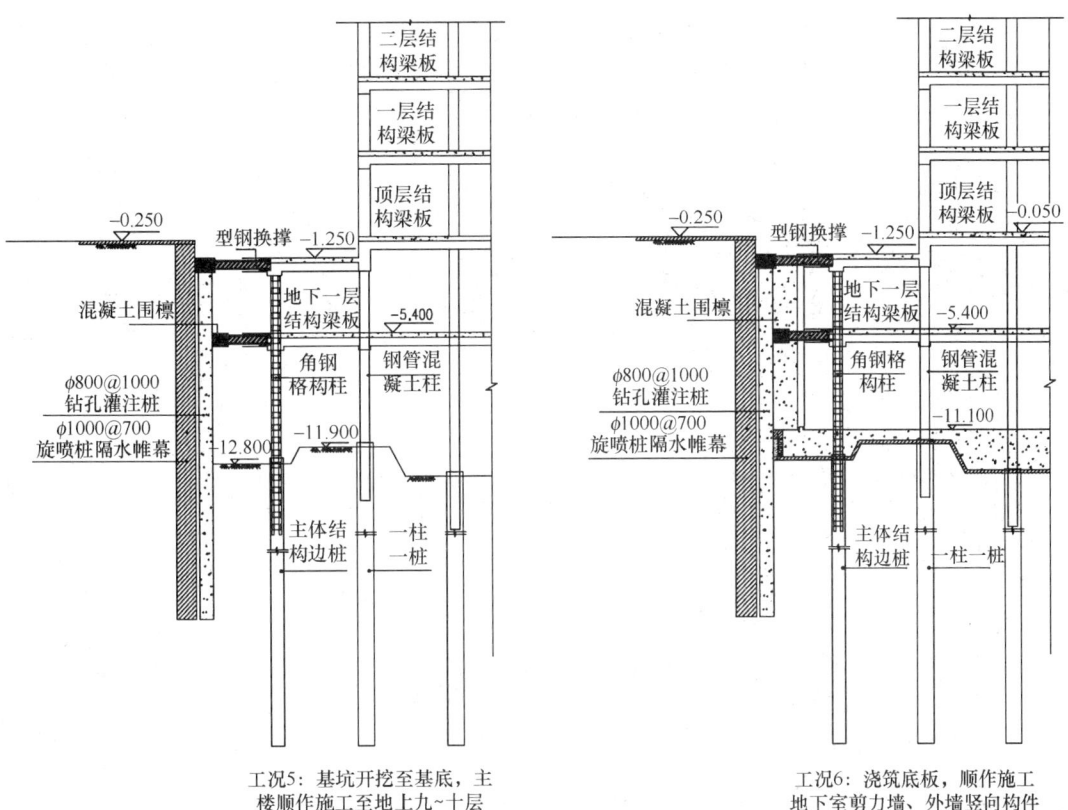

图 18-50 基坑施工流程图（二）

图 18-51 上海世博 500kV 地下变电站效果图

的老式民房，为天然地基基础；山海关路下有供电、煤气、污水、雨水、给水等管线，管线距基坑的最近距离为 16.6m。成都北路与基坑最近距离 20m；成都北路中部为南北高架路，是城市交通主干道之一，城市高架路下设置了桩基础；成都北路下有供电、信息、煤气、合流、给水、雨水等管线，管线距基坑的最近距离为23m。大田路和北京西路离基坑较远，其下有供电、污水、雨水、煤气等多条管线，管线距基坑的最近距离为58m。

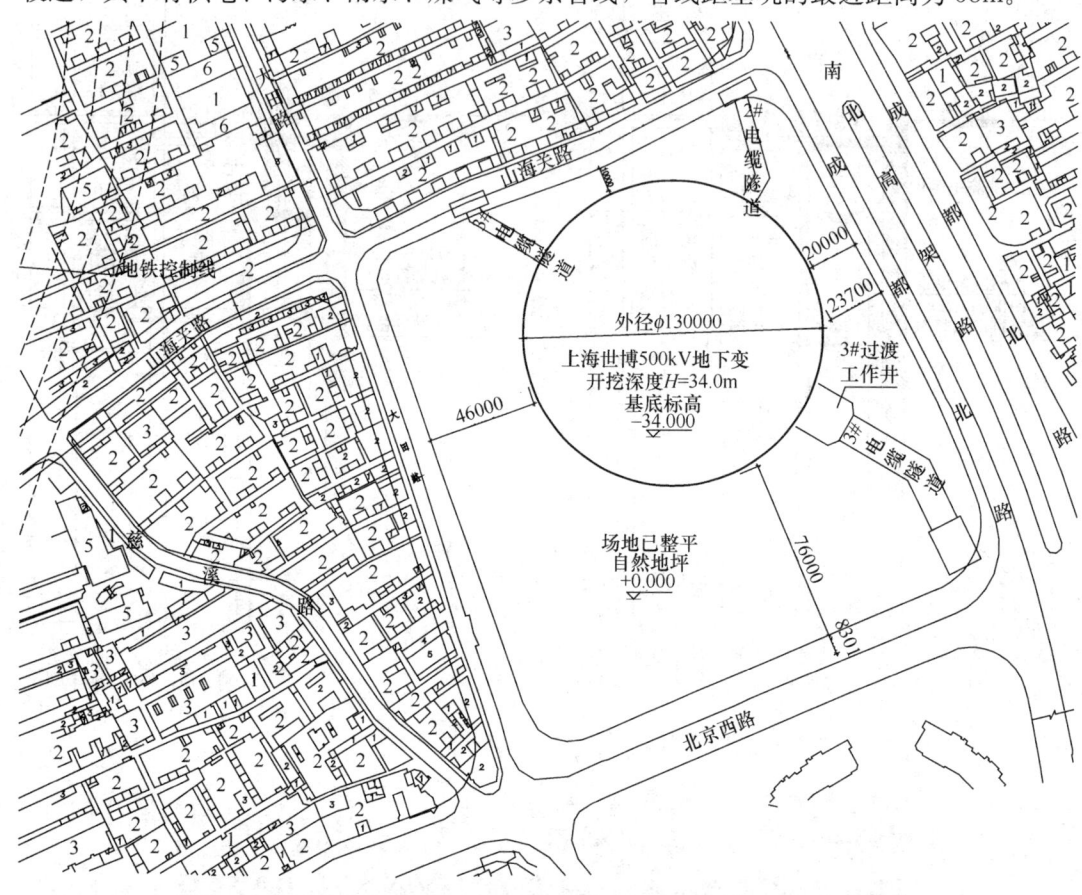

图 18-52 基坑周边环境平面图

本工程场地内30m以上分布以粉质黏土为主的多个软土层，具有高含水量、大孔隙比、低强度、高压缩性等特点，第④层淤泥质黏土是上海地区最软弱的土层，其次为第③层淤泥质粉质黏土，以上软土均处于基坑开挖深度范围之内。30～90m深度主要分布有工程性质较好的第⑥层暗绿色硬土层、第⑦层粉砂层、俗称"千层饼"的第⑧层粉质黏土与粉砂互层以及第⑨层中粗砂层。场地地基土的分层情况及各土层的物理力学指标如表18-4所示。

土层主要物理力学参数　　　　　表 18-4

层序	地层名称	层厚 (m)	黏聚力 c (kPa)	内摩擦角 φ (°)	孔隙比 e	含水量 w (%)	标贯击数	静力触探比贯入阻力 p_s (MPa)	静力触探锥尖阻力 q_c (MPa)
②	粉质黏土	1.67	15.7	15.8	0.958	34.4	—	0.72	0.66
③	淤泥质粉质黏土	1.51	7.4	14.7	1.317	46.6	3.4	0.71	0.55
④	淤泥质黏土	7.01	7.2	17.2	1.358	48.1	2.6	0.65	0.53

续表

层序	地层名称	层厚 (m)	黏聚力 c (kPa)	内摩擦角 φ (°)	孔隙比 e	含水量 w (%)	标贯击数	静力触探比贯入阻力 p_s (MPa)	静力触探锥尖阻力 q_c (MPa)
⑤$_{1-1}$	黏土	6.93	12.3	12.3	1.091	38.3	4.3	0.94	0.72
⑤$_{1-2}$	粉质黏土	4.25	6.8	13.9	1.032	35.4	6.5	1.30	0.98
⑥$_1$	粉质黏土	5.38	30.7	13.5	0.753	26.1	14.6	2.78	1.94
⑦$_1$	砂质粉土	3.94	7.9	29.8	0.852	30.5	28.1	12.19	9.71
⑦$_2$	粉砂	6.51	3.6	31.7	0.772	27.5	50.1	23.23	19.28
⑧$_1$	粉质黏土	8.32	13.9	23.2	1.052	37.2	9.7	2.38	1.41
⑧$_2$	粉质黏土与粉砂互层	14.76	12.3	23.8	0.992	34.6	15.5	3.45	2.35
⑧$_3$	粉质黏土与粉砂互层	13.08	14.1	24.4	0.902	30.7	—	5.98	6.00
⑨$_1$	中砂	3.99	4.5	30.8	0.582	18.6	62.0	—	—
⑨$_2$	粗砂	4.90	5.3	33.0	0.544	16.7	83.4	—	—

本场地浅层地下水属潜水类型，勘探孔静止地下水埋深一般0.5～1.0m。浅层地下水属潜水类型，补给来源主要为大气降水、地表径流，潜水水位埋深一般为0.3～1.5m。场地深层埋藏有承压水，主要为第一承压含水层⑦$_1$砂质粉土（含粉砂）、⑦$_2$粉砂层，以及第二承压含水层⑨层砂性土层，承压水头埋深随季节呈3～8m变化。勘察期间现场对⑦$_1$和⑦$_2$层的抽水试验结果揭示，第一承压含水层与第二承压含水层之间存在弱水力联系。由于本工程埋深较深，基坑开挖过程中存在上覆土层厚度不足以抵抗承压水的浮托力，因此基坑工程设计与施工过程中应采取有效措施保证基坑的安全。

2. 基坑围护设计

1) 总体设计方案

结合本工程大深度、大面积、圆筒形等特点，采用了支护结构与主体结构全面相结合的逆作法总体设计思路，即基坑围护体采用"两墙合一"圆形地下连续墙，坑内利用四层地下水平结构梁板结合三道临时环撑作为水平支撑系统，采用一柱一桩作为逆作阶段的竖向支承系统，大部分立柱逆作结束外包混凝土作为框架柱。由于充分利用地下工程主体结构作为基坑开挖阶段的临时支护结构，并采用逆作的构筑方式，减少了临时支护结构的设置和拆除带来的资源浪费，同时在圆形空间结构的基础上发挥了主体结构刚度大的优势以控制基坑变形。基坑剖面如图18-53所示。

2) 圆形地下连续墙设计

地下连续墙既作为基坑开挖阶段的挡土和止水围护结构，又作为正常使用阶段结构外墙的一部分。地下连续墙厚度为1200mm，开挖深度34m，插入深度23.8m，插入比为0.70。墙底深度达到57.5m，有效长度54.00m，混凝土设计强度等级为C35。由于需作为逆作阶段的竖向承重结构，对墙底进行注浆加固。关于连续墙的设计更详细的内容可参考本书第11.6.2节。

3) 水平支撑体系设计

基坑采用逆作法施工，利用四层地下水平结构梁板作为水平支撑系统，四层结构均采用双向受力的交叉梁板结构体系。本工程逆作阶段地下各层水平结构设置九个上下对应的

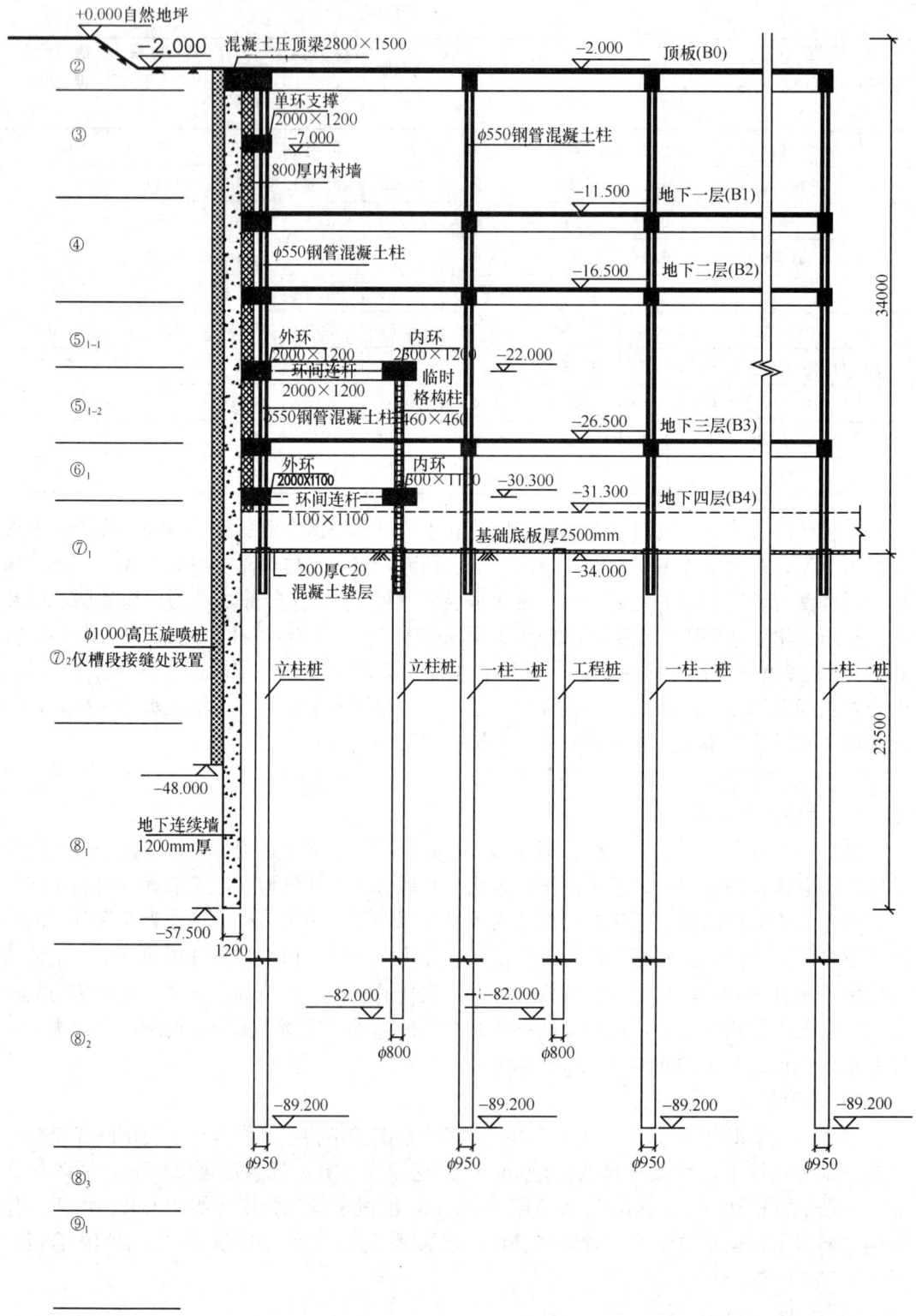

图 18-53 上海世博 500kV 地下变电站工程逆作阶段剖面图

出土口，作为逆作阶段出土和施工设备、材料运输的进出通道，这对逆作施工阶段的出土带来极大的方便。出土口的平面设置以尽量利用电梯井、楼梯口和进、出风井等结构永久开口位置为原则，并根据楼板承受水平力的要求，对开口周边结构进行加固。逆作施工阶段顶层结构梁板需要承受车辆荷载和施工堆载。由于主体结构设计考虑顶层结构梁板在永久使用阶段需要承受 2m 厚的上覆土荷载以及覆土上 20kPa 的活载，主梁、次梁的截面尺寸分别为 1000mm×1500mm（中部跨度大的区域为 1400mm×2000mm）和 400mm×1200mm（中部跨度大的区域为 400mm×1500mm）、板厚 300mm，梁、板具有较高的设计承载能力。经计算，逆作施工阶段顶层梁板承载能力已可满足逆作施工阶段常规的施工荷载要求，不需另行加强。图 18-54 为逆作阶段顶层结构的平面图，图 18-55 为地下一层结构楼板的平面图。

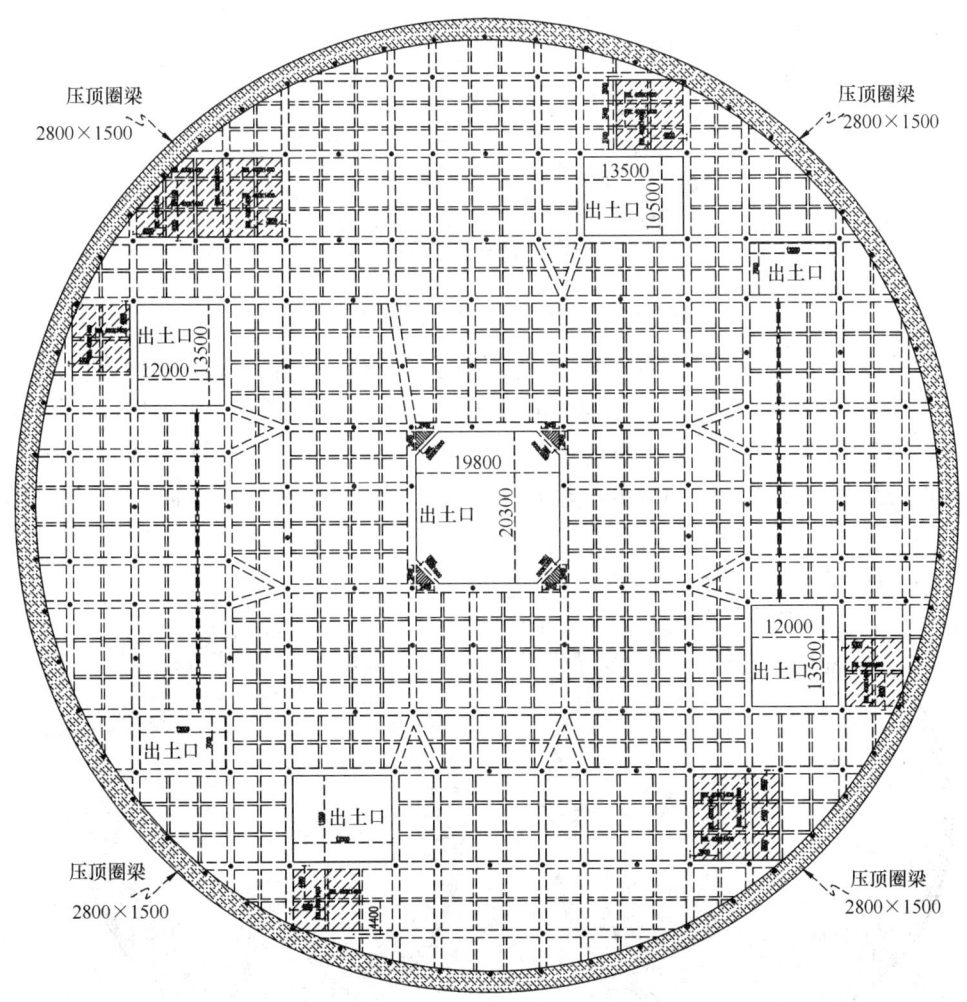

图 18-54 逆作阶段顶层结构平面图

逆作施工阶段，地下一层、地下二层和地下三层的板跨分别高达 9.5m、10.0m 和 7.2m，为减小地下连续墙的竖向跨度、改善基坑围护体系的整体变形和受力性能，围护结构设计在上述三跨的跨中分别架设了临时环向水平支撑系统。第一道临时支撑为单环支

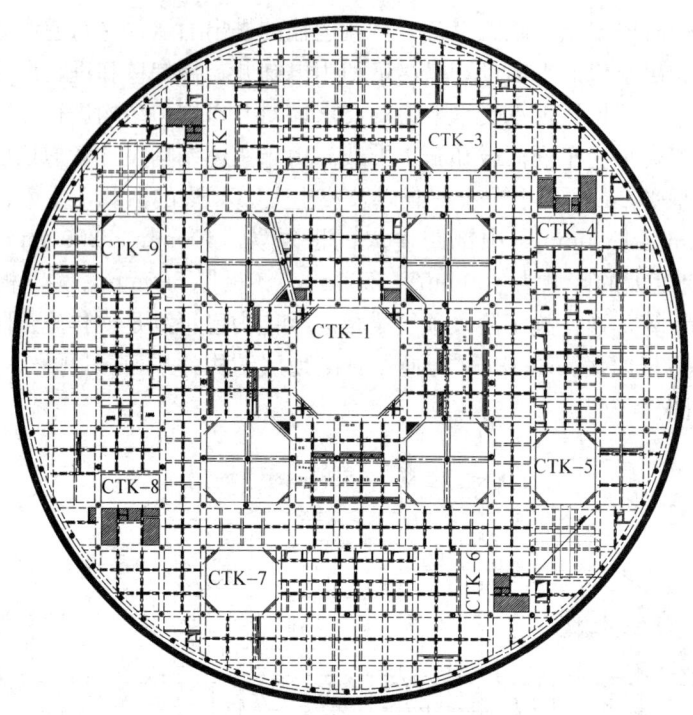

图 18-55 逆作阶段地下一层结构平面图

撑,环形截面尺寸 2000mm×1200mm,中心标高－7.000m。第二道和第三道临时支撑均为双环支撑,中心标高分别为－22.000m 和－30.300m,双环间设置水平连杆连接构成桁架系统。第二道双环的外环截面尺寸 2000mm×1200mm,内环截面尺寸 2300mm×1200mm,连杆截面尺寸 1200mm×1200mm。第三道双环的外环截面尺寸 2000mm×1100mm,内环截面尺寸 2300mm×1100mm,连杆截面尺寸 1200mm×1100mm。临时单环支撑的平面如图 18-56 所示,临时双环撑的平面如图 18-57 所示。

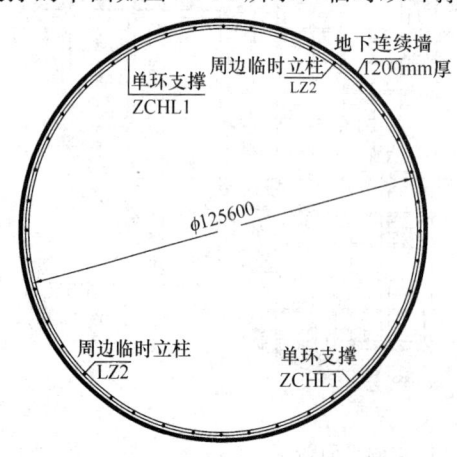

图 18-56 逆作阶段单环支撑平面图

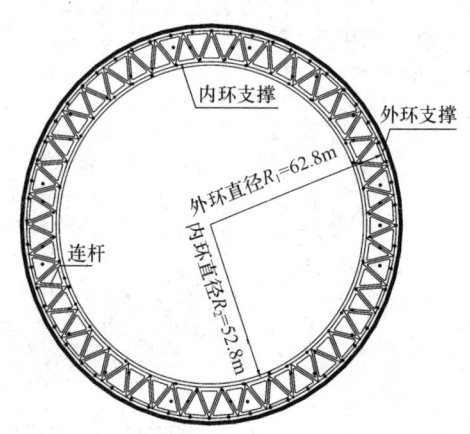

图 18-57 逆作阶段双环支撑平面图

4)竖向支承体系设计

逆作阶段各层水平结构以及临时支撑的竖向支承系统为一柱一桩,一柱一桩主要由钢立柱和钻孔灌注桩组成。钢立柱根据逆作阶段竖向荷载的大小采用钢管混凝土立柱和角钢格构柱两种类型。钢管混凝土柱采用 $\phi 550\times 16$ 钢管内充填 C60 高强混凝土浇筑形成，抗压设计承载力不小于 10000kN，垂直度不大于 1/600。钢管混凝土柱分为永久和临时两种类型，永久性钢管混凝土柱布置在框架柱的中心位置，逆作结束后外包混凝土形成方形的钢筋混凝土框架柱，框架柱的设计中考虑了钢管混凝土柱的作用。临时性钢管混凝土柱分布在部分跨度大框架梁的跨中位置以及边跨结构位置，逆作结束后进行割除。角钢格构柱分布在荷载相对较小的第二、三道双环支撑位置，为选用 4L140mm×14mm 的角钢与缀板拼接而成 460mm×460mm 截面的钢格构柱，逆作结束后进行割除。

立柱桩作为逆作阶段的竖向支承基础，在变电站基础底板形成封闭及地下水水位恢复之后，转变为抗拔桩，因此立柱桩的设计需同时满足逆作阶段（承压）和正常使用阶段（抗拔）两个状态的要求。立柱桩均采用桩端后注浆灌注桩，钢管混凝土柱对应的立柱桩桩径 $\phi 950$，桩顶埋深 33.7m，设计有效桩长 55.8m。桩端穿越深厚的第⑦层砂质粉土、第⑧层粉质黏土和第⑨$_1$ 层中砂，进入⑨$_2$ 层粗砂，桩端埋深达 89.2m，抗压设计承载力 9500kN，桩身混凝土设计强度 C35，桩身垂直度要求不大于 1/300，同时为控制逆作阶段立柱桩的总沉降，进而控制差异沉降，要求进行桩端注浆，每根桩注浆水泥用量不小于 2t。角钢格构柱对应的立柱桩即为工程的抗拔桩，采用桩侧后注浆灌注桩，桩径 $\phi 800$，设计有效桩长 48.6m，桩端为第⑨$_1$ 中砂层，沿桩长设置五道注浆断面，每道注浆断面注浆孔数量不少于 4 个，且应沿桩周均匀分布。桩侧压浆水泥用量为每道 500kg，单桩水泥用量为 2.5t。

3. 基坑工程实施

1）地下连续墙施工

本工程地下连续墙深度达 57.5m，穿透的第⑦层粉细砂层的比贯入阻力为 12～23MPa，标准贯入击数为 28～50 击，为上海有名的铁板砂层。如果仍采用常规的抓斗成槽工艺，效率将非常低，势必影响成槽工期和质量，上海类似深度地下连续墙采用钻抓结合（先在槽段位置进行预钻孔，之后采用抓斗进行成槽施工）的施工工艺，平均一幅槽段需用时约 6d。本工程从设计角度，第一次在上海地区提出了抓斗式成槽和铣削式成槽相结合的工艺，对第⑦层以上相对软的土体采用常规的抓斗成槽，⑦层及以下相对较硬的深层土体则采用铣削式成槽，其设备如图 18-58 所示。该组合成槽方式效率高，平均一幅槽段施工用时约 2.5d；精度好，所有槽幅垂直度均满足 1/600 的设计要求，其中约 6 幅槽段垂直度更是达到 1/1000。关于连续墙施工更详细的内容可参考本书第 11.6.2 节。

2）一柱一桩施工

钢管混凝土柱所对应的立柱桩桩径为 $\phi 950$，桩端埋深 89.5m，属超深细长钻孔灌注桩，且需穿越深厚的⑦层粉砂和⑨层中粗砂两层砂层。由于立柱桩在逆作施工阶段需承受巨大的竖向荷载，且对其沉降量的控制严格，因此对其施工的垂直度和沉渣厚度提出超规范的要求，其垂直度需不大于 1/300，沉渣厚度需小于 50mm，施工方面存在极大的难度。为解决上述问题，通过了多组试成孔试验，针对超深细长钻孔灌注桩的垂直度问题采用钻杆加装置配重块，既保证钻头压力，又提高钻头工作稳定性和钻孔的垂直精度；针对沉渣厚度方面则采用泵吸反循环清孔工艺，同时配置除砂机来降低泥浆含砂量，以达到控制沉渣的目的。此外，立柱桩顶部需内插钢管混凝土柱，钢管混凝土柱内充填混凝土设计强度为 C60，而钻孔灌注桩设计强度为 C35，针对不同标号混凝土界面的控制进行了专题研究并得到妥善解决。钢管混凝土柱实景如图 18-59 所示。

图 18-58　铣槽机械槽设备

图 18-59　钢管混凝土柱实景

由于本工程地下各层层高较大，承载力要求高，且使用期需外包混凝土柱的截面尺寸有严格限制，对钢管混凝土柱的垂直度提出了不大于 1/600 的要求，另外在大面积施工钢管混凝土柱之前进行了三组试充填试验，以检验钢管混凝土柱内充填混凝土的质量和强度、混凝土与钢管内壁的结合情况，以及优化施工参数和为大面积施工积累施工经验，钢管混凝土柱施工完成之后还采用敲击法、超声波和钻孔取芯等检验手段抽检。

3）土方开挖

土方工程施工流程的合理设计与基坑的变形密切相关，本工程严格按照"时空效应"和"先撑后挖"原则指导基坑土方开挖和加撑，在开挖过程中做到"分层、分块、对称、平衡、限时"，在每层土方盆式加抽条开挖时，做到所留置的盆边土体宽度均大于 20m。根据土方开挖的总体指导原则，本基坑工程的土方按照"竖向分层，平面分区"进行施工，沿基坑竖向（深度方向）共分了八层，每一层平面分了七个区，挖土和结构施工均按该分区进行，每一层土方的开挖的总体原则为周边盆式留土，先开挖当中区域 A 区的土方，并进行 A 区的结构施工，其后对称、交替开挖和施工 B～F 区的土方和结构。平面分区如图 18-60 所示。图 18-61 为逆作阶段顶层结构实景。

4）降水施工

针对浅层潜水的疏干井和第一承压含水层的降压井在基坑开挖之前全部施工完成。为了满足土方的开挖要求，提前开展潜水的预抽水，疏干井降水的深度根据分层土方的开挖深度动态确定，原则上在每一层土方开挖之前，需将潜水水头降至该层土方层底以下 0.5～1m。疏干井随开挖深度的加深逐步割除上部井管，开挖至第⑥层时，可拔除所有的疏干井。

针对第⑦层第一承压水层，共设置了 14 口降压井，其中有 2 口作为备用井兼坑内观测井。承压井井管随各层水平结构的施工锚入结构梁板内而不逐层割除井管。承压井在基坑开挖至 19m 深度时开始启动工作，降水的水头根据承压水稳定性计算，随着开挖深度的加深，逐步降低承压水水头。由于地下连续墙进入第⑧层隔水层，坑内第⑦层的承压水成为无源之水，从 2007 年 8 月份开始降承压水至基础底板浇筑完成之间的 10 个月内，仅

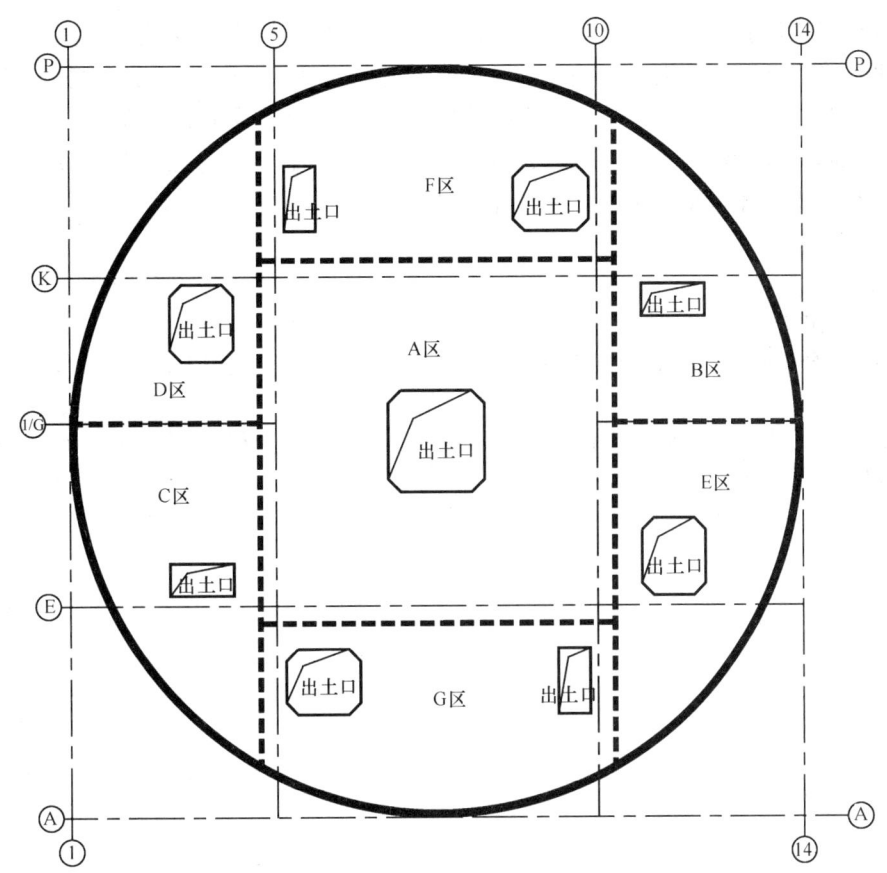

图 18-60 结构施工和土方开挖分区平面图

启动 2~4 口降压井便可将承压水水头降至设计要求的高度,其他井仅作为承压水的降压备用井。监测结果表明,坑外⑦、⑧、⑨层的水位无大的变化。上述情况说明对于浅部土层,地下连续墙起到了良好的隔水作用;对于第⑦层承压含水层,地下连续墙进入了相对不透水层第⑧层,有效隔断了第⑦层的水平水力联系。

5）信息化施工

上海世博 500kV 地下变电站工程,基坑工程体量大、难度高,根据监测数据及时准确的掌握现场施工的情况对于保证本工程的顺利实施和工程经验的积累都至关重要。为此对本工程进行了全面的监

图 18-61 逆作阶段顶层结构实景

测,所有监测共计 35 类 3400 多个监测测点,涵盖了基坑施工平面影响范围内（两倍基坑开挖深度）所有重要建（构）筑物、土体、地下水位、围护结构、支撑和支承体系等的变形和受力监测。整个监测从基地内进行场地平整、工程桩施工开始,经历基坑开挖的各个工况并将一直持续到地下结构全部完成投入正常使用阶段,监测数据体现了基坑工程全过程的变化发展情况,为地下工程的顺利实施创造了有利条件。信息化施工监测表明,圆形

地下连续墙最大测斜值在 30~47mm 之间，较同等开挖深度常规形状基坑围护结构的变形小得多；由于开挖深度大，一柱一桩的最大隆起量达到 71mm，但相邻立柱的差异位移都在 15mm 以内，满足了立柱和结构楼板的设计要求；建筑物最大沉降为 5.4mm；高架桥墩最大沉降为 3.4mm，管线的最大沉降为 26.1mm。基坑工程施工的全过程都在可控状态下，整个支护体系是安全的，并且完全满足周边环境的保护要求。

参考文献

[1] 徐至钧，赵锡宏. 逆作法设计与施工[M]. 北京：机械工业出版社，2002
[2] 王卫东，吴江斌，黄绍铭. 上海地区建筑基坑工程的新进展与特点[J]. 地下空间与工程学报. 2005，1(4)：547-553
[3] 王卫东，王建华，深基坑支护结构与主体结构相结合的设计、分析与实例[M]. 北京：中国建筑工业出版社，2007

第 19 章　考虑时空效应的设计与施工

19.1　引　言

19.1.1　时空效应理论产生的工程背景

城市基坑工程通常处于房屋和生命线工程的密集地区，随着经济建设的发展，市政地下工程建设项目的数量和规模迅速增大，许多在市中心区建设的项目，如高层建筑物基坑、大型管道的深沟槽、越江隧道的暗埋矩形段及地铁工程中的地下车站深基坑等，都在不同程度上遇到了对周围环境影响的控制问题。特别是在闹市区，地下管线和构筑物相当复杂，有时候甚至在地下构筑物附近或上面进行深基坑施工，这样，如何在设计和施工中考虑控制土体位移以保护建筑物、地下管线和构筑物便成为急待研究和解决的问题。也就是说不但要求基坑支护结构具有足够强度以及基坑整体稳定，而且对于变形也提出了严格限制，尤其是在软土地区的基坑工程中，很多情况下变形控制往往起决定性作用。在新加坡、日本和美国等国家的软土地区的一些临近建筑物基坑工程中，为控制地层位移和保护基坑周边环境，有的在基坑开挖前采用高压旋喷注浆法满膛加固坑底 2～4.5m 厚的土体，见图 19-1 和图 19-2，有的在开挖工程中施加密集的大规格型钢支撑，见图 19-3。如果按照这样的做法，为了达到控制变形的目的，一般基坑至少要增加数百万以上的地基加固费用，施工周期还要延长 2～4 个月，这显然不符合经济合理的原则。为此，刘建航、刘国彬等[3,4,5]，结合上海地区多年基坑施工经验，总结和研究了基坑中的时间和空间作用特点后，提出了基坑工程中的时空效应规律。多年实践表明，时空效应理论是进行基坑变形控制和预测的一种行之有效的方法。

图 19-1　日本某基坑工程（采用大面积注浆加固，图中为注浆设备）

19.1.2　时空效应规律产生的理论基础

从 Terzaghi、Peck、Clough、Davision、Bgerrum、Tsui 等在 1940、1960、1969、1972、1974、1977 等年份中所公布的该方面的研究成果中，可以发现，这些土力学前辈

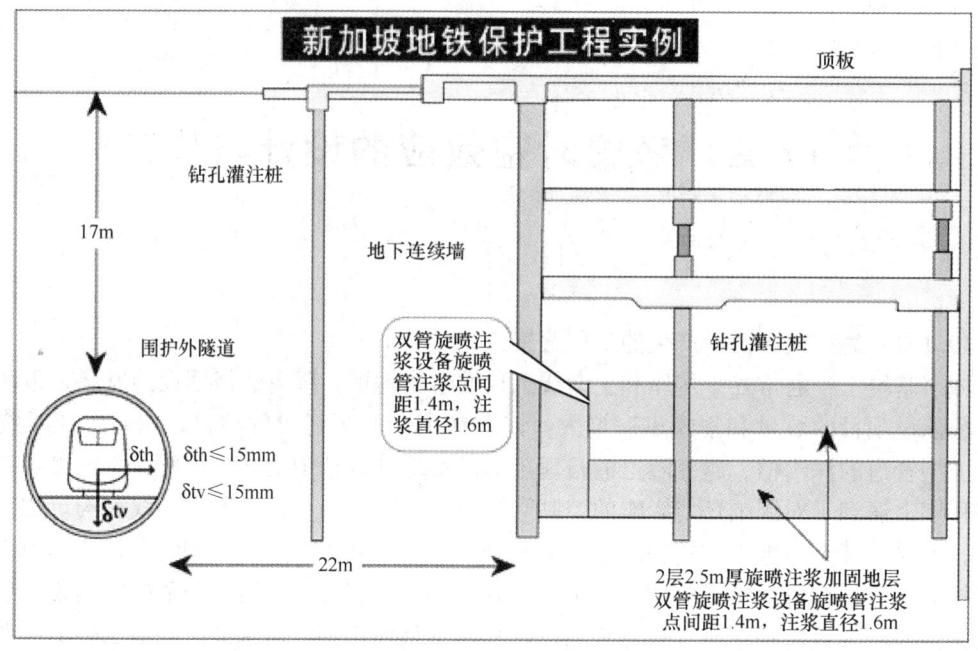

图 19-2　新加坡某基坑工程

图 19-3　Boston 某基坑工程

在科学研究和工程实践中已经觉察到，土的工程性质跟时间和空间的确是有关系的。1960 年以前，Terzaghi、Peck 等在关于有支护深基坑的稳定性分析、坑底隆起分析中，提出了深基坑开挖因卸载而引起土体移动的机理。Peck、Flamand、Bgerrum 对深基坑开挖引起周围土体位移的数值分析，揭示了基坑空间尺寸与周围地层应力应变变异的相关性。1974 年 Tsui 阐述了基坑在开挖卸载过程中的应力路径及土的破坏特征，发现过去确定土的强度和刚度的方法在基坑设计中需要予以修改。1973 年 Bgerrum 在室内试验中发现在软黏土无支护基坑稳定性评价中不符合实际的问题，指出过去稳定性分析计算法中未考虑黏性土的应力应变与时间效应的密切关系，这是由于试验室的试验时间很短，无法模拟时间效应。1977 年 Clough 与 Davision 在研究中发现基坑开挖长度与宽度之比与稳定性密切相关，这与 1974 年 Tait 与 Taylor 在研究海湾黏土层中深基坑中心岛式开挖和支撑的顺序中所提出的围护墙体随开挖和支撑的步步进展而增加位移的图表分析，共同显示了时空效应对基坑稳定和变形的影响。1977 年 Clough 与 Denby 通过有限元分析，提出了抗隆起稳定性安全系数与基坑围护墙体水平位移的关系曲线。从 1940 年到 1977 年的 37 年中，国外在关于软黏土深基坑稳定性和变形分析的研究过程中，逐步地发现基坑开挖空间尺寸、开挖顺序及开挖时间与软黏土层中深基坑的稳定性及变形性状和大小具有内在联系，而抗隆起稳定性又与围护墙体水平位移和坑侧地面沉降有一定的相关性。前人的研究成果，没有形成一套系统的理论，也没有形成解决工程问题的定量分析方法，但其中软黏土基坑稳定和变形与开挖施工中时空效应相关的概念，却成为我们考虑施工中时空效应，研究黏土层深基坑工程技术的可贵依据。

同时，在岩石隧道力学中的"新奥法"指出，可以通过适时支护、柔性支护、随挖随衬等方法充分调动围岩自身的强度，从而减少很多支护。结合土力学前辈们的思路，又从"新奥法"联想到土既是一种荷载，又是一种介质，于是也可以通过调整开挖顺序和开挖方式，把土体本身的强度发挥到极致。

借鉴了国外研究成果，在吸取前人正反面经验的基础上进行研究后，总结出一套符合实际条件的时空效应理论：在软土基坑开挖中，适当减小每步开挖土方的空间尺寸，并减少每步开挖所暴露的部分基坑挡墙的未支撑前的暴露时间，是考虑时空效应、科学地利用土体自身的控制地层位移的潜力、解决软土深基坑稳定和变形问题的基本对策。以此为指导思想，形成基坑工程的设计和施工方法。这种方法的主要特点是设计与施工密切结合，在设计和施工中，定量地计算及考虑时空效应的基坑开挖和支撑的施工因素对基坑在开挖中内力和变形的实际影响，并以科学的施工工艺，有效地减小地层流变性对基坑受力变形的不利影响。

19.2 时空效应规律

19.2.1 基坑开挖的时间效应

在软土地区，土的强度低、含水量高，有很大的流变性，所以在此地层上的基坑工程中所受的土体流变性影响很大，如果要达到控制变形的目的必须研究土的流变性——土体的应力和变形随着时间而不断变化的特性。经过长期的研究发现，土体流变性的影响主要表现在：

1. 土体应力松弛的影响

在基坑工程施工中由于土体的应力松弛会引起挡墙主动区土压力随时间不断增加，向静止土压力方向发展，而随着墙体位移变形，土压力又不断减小，当前者占优势时（施工中搁置较长时间），作用在墙体上的土压力会不断增加，将大于主动土压力，同时挡墙被动区土压力由于土体的应力松弛会不断减小，在常规计算中墙体主动区土压力均采用主动土压力，而被动区土压力采用被动土压力，因而在施工拖延周期较长时基坑的安全性会逐渐降低。图19-4是国内某一基坑工程的实测土压力图，从中可看出墙体主、被动区土压力的变化情况。

2. 土体蠕变性的影响

土体应力和变形与时间有关的这种特性称为土的流变性，在应力水平不变的条件下，应变随时间增长的特性称为土的蠕变性它是土的重要工程性质之一。上海地区的软土具有明显的蠕变特性，典型的淤泥质黏土的三轴剪切试验结果见图19-5，由试验可知：

(1) 在土体主应力较小时（$\sigma_1 \leqslant 0.025$MPa）蠕变变形很小，主要是弹性蠕变。

(2) 不排水土体的流变性要比排水土体的流变性显著，当$\sigma_1=0.15$MPa时（此应力约相当于14～15m的深基坑挡墙被动区土体的压应力），不排水的土样蠕变到最后会发生

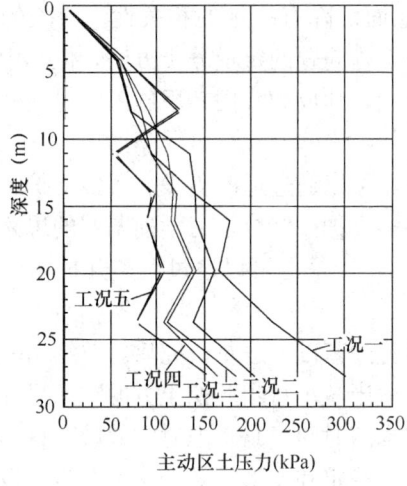 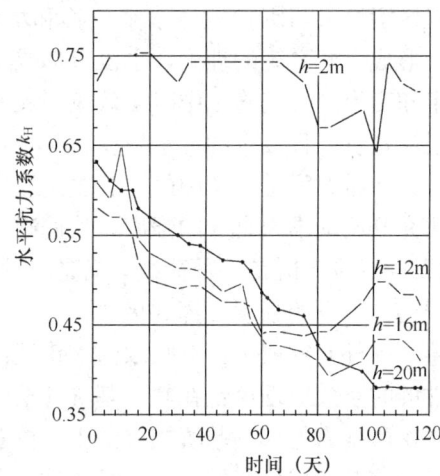

图 19-4　某工程实测土压力变化图

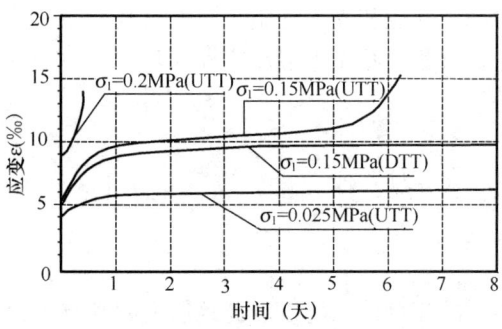

图 19-5　上海软土流变试验曲线

破坏,即呈破坏型;而排水土样蠕变则呈衰减型,蠕变是收敛和稳定的。

(3) 当土体主应力达到或超过发生不收敛蠕变的极限应力水平时,从开始蠕变到蠕变速率急剧增大而发生破坏只有几天的时间,这说明在应力水平高的情况下,土体会在一定的承载时间内,以不易察觉的蠕变速度发生破坏。

从上述试验结果的分析中可知,在处于具有流变地层的深基坑中,土的流变特性不仅会影响到基坑的稳定,而且对于基坑的变形控制也至关重要,这在控制基坑变形要求高的基坑工程中尤为突出。同时,在流变特性的分析中,可以取得有关控制软土深基坑变形的几点重要启示:

(1) 分层分块开挖能够有效地调动地层的空间效应,以降低应力水平、控制流变位移。

(2) 减少每步开挖到支撑完毕的时间,即无支撑暴露时间,可明显控制挡墙的流变位移,这在无支撑暴露时间小于 24h 时效果尤其明显。

(3) 解决软土深基坑变形控制问题的出路在于规范施工步序和参数,并将其作为实现设计要求的保证。

19.2.2　基坑开挖的空间效应

基坑土体的空间作用,早在太沙基时代已被重视,发展到齐法特时已知道用分层开挖减少基坑底部的弹性隆起。

众所周知,由于基坑开挖会引起基坑周围地层的移动,这清楚地表明基坑开挖是一个同周围土体密切相关的空间问题。在宝钢最大的铁皮坑工程中,由于采用圆形地下连续墙施工,从而大大减小了基坑底部的隆起和周围地层的移动,实践表明,基坑的形状、深度、大小等对于基坑支护结构及周围土体的变形影响也是很显著的。基坑支护结构和周围土体的空间作用有利于减小支护结构的变形和内力,增加基坑整体稳定性。人们对于基坑的空间作用对基坑支护结构和周围地层位移的影响方面研究较少，而在基坑的空间作用对基坑稳定影响方面国内外都作了较深入的研究。Eide 等曾对长条形、方形和长宽比为 2 的矩形基坑的抗隆起进行研究，最后提出如下抗隆起安全系数计算公式，即抗隆起安全系数为：

$$F_s = \frac{S_u N_c}{\gamma H + q}$$

式中 S_u——不排水抗剪强度（kN/m²）；
  γ——土体重度（kN/m³）；
  H——开挖深度（m）；
  N_c——从图 19-6 中查出；
  q——地面超载（kN/m²）。

从上式可知，同样地质的基坑中 $F_s \infty N_c$，对 $H/B=1$ 及 $B/L \to 0$ 的条形基坑，从图 19-6 可知：

$$N_{c0} = 6.4, \quad F_{s0} = \frac{S_u \times 6.4}{\gamma H}$$

对 $H/B=1$ 及 $B/L=1$ 的方形基坑，从图 19-6 可知：

$$N_{c1} = 7.7, \quad F_{s1} = \frac{S_u \times 7.7}{\gamma H}$$

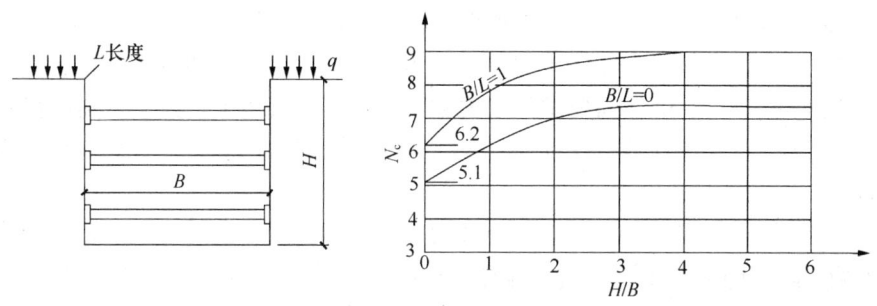

图 19-6 基坑长、宽、深尺寸与 N_c 关系曲线

从中可知：$\frac{F_{s1}}{F_{s0}} = \frac{7.7}{6.4} = 1.21$，即 $H/B=1$ 的方形基坑（$B/L=1$）的抗隆起安全系数，比 $H/B=1$ 的长条形基坑（$B/L \to 0$）大 21%。参照上述算法，可以认为长条形深基坑按限定长度（不超过基坑宽度）进行分段开挖时，基坑抗隆起安全系数必有一定的增加，增加比例约为 20%。根据上海地区经验，当某长条形深基坑抗隆起安全系数为 1.5 时，如不分段开挖，墙体最大水平位移 δ_h 为 1‰×H，这属于大的墙体位移，则相应的地面最大沉降 $S_v = \delta_h = 1‰ \times H$，地面沉降范围 $\geq 2H$。如分段开挖，抗隆起安全系数增加 20%，$K_s = 1.5 \times (1+20\%) = 1.8$，墙体最大水平位移 δ_h 为 0.6‰×H，这属于小的墙体位移，则相应的地面最大沉降 $S_v = \frac{\delta_h}{1.4} = 0.43‰ \times H$，地面沉降范围 $< 2H$。由此可清楚地看到：将长条形的基坑按比较短的段分段开挖，对减少地面沉降、墙体位移及地层水平位移是有

效的措施。同样，将大基坑分块开挖亦具有相同的作用。

此外，基坑开挖时土坡坡度对基坑外侧地面纵向沉降形式非常重要。根据工程监测资料，深基坑两端附近的沉降曲线曲率与开挖土坡的坡度密切相关。土坡平坦些沉降曲线曲率可减小，有利保护平行于基坑的地下管线，也说明利用不同土坡的空间作用的差别，可以用来达到控制变形的目的。

19.3 考虑时空效应原理的基坑开挖及支护设计

把施工工序和施工参数作为必需的设计依据，并以切实执行施工工艺和施工参数做为实现设计要求的保证，这是考虑时空效应原理进行基坑设计施工的主要特点。合理可靠地选取施工工序和施工参数，就能在设计中科学定量地考虑以时空效应为主要特征的施工因素，就能合理规则地施工，使坑周土体应力路径和土体应力状态的变化由复杂莫测变为有一定规律。这是考虑时空效应规律控制基坑变形的核心所在。

19.3.1 考虑时空效应原理的基坑设计要点

合理的基坑支护及开挖设计，保证基坑稳定性和达到控制变形的要求，这是施工成功的前提。在地质和环境条件复杂的深大基坑中，往往控制变形是设计的重点。控制变形的基坑支护及开挖设计要点是：

（1）首先按基坑周围环境条件允许的变形限度，确定基坑围护墙允许的水平位移值，以作为基坑控制变形的设计标准。

（2）根据时空效应原理，按控制变形要求试提出基坑围护墙、支撑结构及基坑中地基加固方案，并提出基坑开挖支撑施工程序及每步开挖的空间尺寸和每步开挖和支撑所需时间等主要施工参数。在明确加固要求和主要施工参数后，可从工程经验资料中得知软土地层考虑土体流变性及开挖支撑施工中时空效应的围护墙被动区的加固土体基床系数 k_H。具体参数计算方法见下节。

（3）按上述的支护结构力学特性、地基加固强度和刚度，以及在一定地质和施工条件下的围护墙被动区土体基床系数 k_H，验算围护墙及支撑内力和变形。验算围护墙变形时，要同时验算基坑抗隆起安全系数 K_s 及基坑围护墙的最大位移 δ_h，K_s 与 δ_h 都要符合一定环境保护所需要的标准值。

（4）通过优化设计，以经济的设计方案使 K_s 与 δ_h 达到要求的标准，至此可确定基坑施工设计，并确定基坑开挖支护施工组织设计所依据的主要施工参数。

设计过程如图 19-7 所示。

19.3.2 考虑时空效应的开挖及支护设计

1. 基本要求

根据设计规定的技术标准、地质资料，以及周围建筑物和地下管线等详实资料，严密地做好深基坑施工组织设计和施工操作规程。根据基坑的形状，依据对称、平衡原则分块、分层，然后再确定各单元的施工参数：每步开挖的空间尺寸、开挖时限、支撑时限、支撑预应力。主要的技术要点："沿规定的开挖次序逐段开挖；在每个开挖段中分层、分小段开挖、随挖随撑、按规定时限施加预应力，作好基坑排水，减小基坑暴露时间"。

19.3 考虑时空效应原理的基坑开挖及支护设计

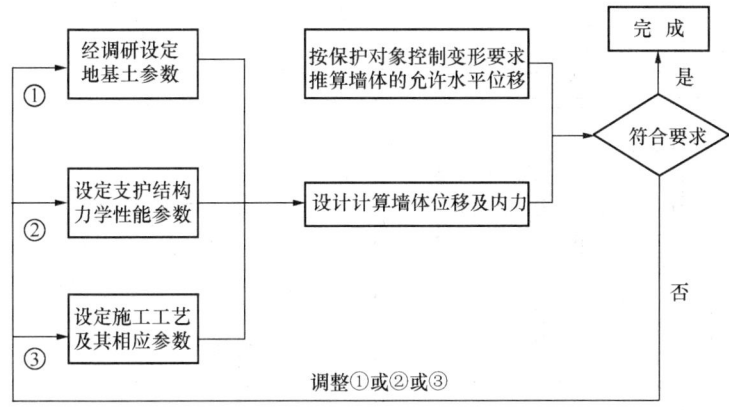

图 19-7 考虑时空效应的基坑设计框图

2. 三类典型基坑的开挖步序和参数

(1) 对撑的长条形深基坑：必须按设计要求分段开挖和浇筑底板，每段开挖中又分层、分小段，并限时完成每小段的开挖和支撑，见图 19-8。

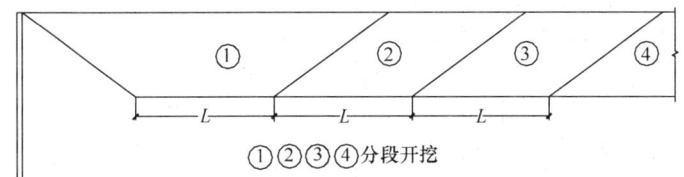

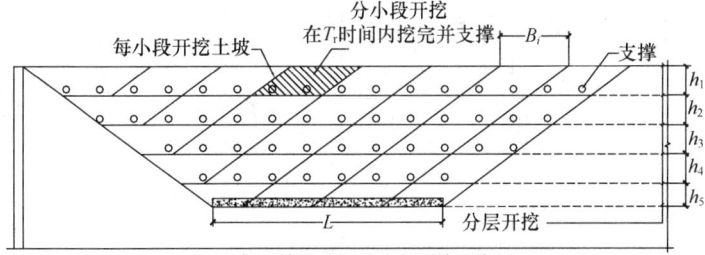

图 19-8 基坑分段开挖图

开挖参数应由设计规定，通常取值范围为：

分段长度：$L \leqslant 25\text{m}$

每小段宽度：$B_i = 3 \sim 6\text{m}$

每层厚度：$h_i = 3 \sim 4\text{m}$

每小段开挖支撑时限：$T_r = 8 \sim 24\text{h}$

L、B_i、h_i、T_r 在施工时可根据监测数据进行适当调整，但必须经过设计同意。

(2) 大宽度、不规则基坑：应分层开挖，每层的开挖步骤应符合图 19-9 的顺序。

① 在有保护对象侧预留土堤，挖除中间部分和无保护对象侧的土方，并及时安装其间支撑。

② 当支撑一侧有保护对象时，应将预留土堤限时分段开挖并架设支撑；当支撑两侧有保护对象时，应依次将每根支撑两端的土堤限时、对称挖除并架设支撑。

第 19 章 考虑时空效应的设计与施工

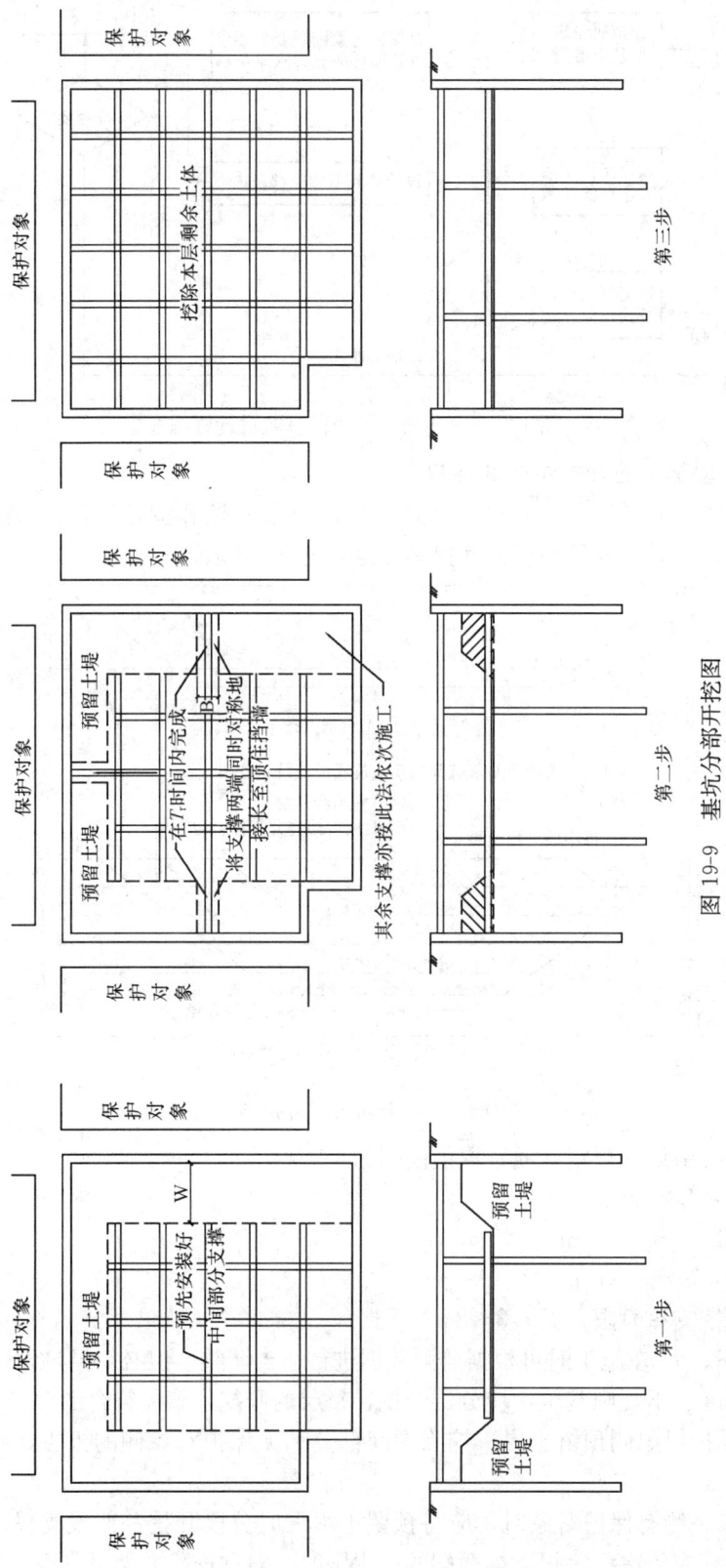

图 19-9 基坑分部开挖图

③ 将该层剩余土方挖除。

(3) 车站端头井：如图 19-10 所示，首先撑好标准段内的 2 根对撑，再挖斜撑范围内的土方，最后挖除坑内的其余土方。斜撑范围内的土方，应自基坑角点沿垂直于斜撑方向向基坑内分层、分段、限时地开挖并架设支撑。对长度大于 20m 的斜撑，应先挖中间再挖两端。

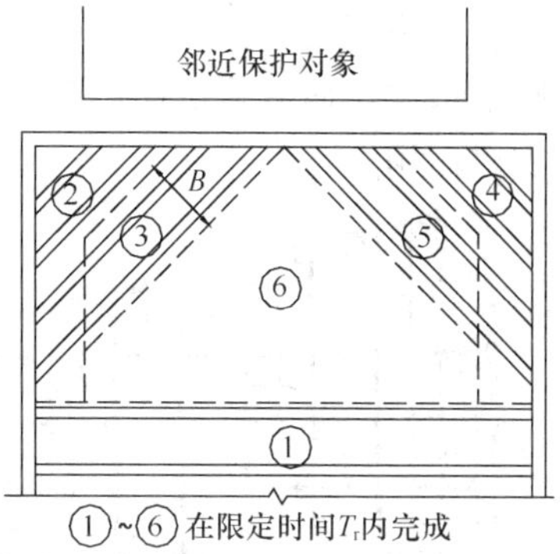

规定的施工顺序及施工速度，以及以 T_r 为主的施工参数，是为达到如下要求：

(1) 减少开挖过程中的土体扰动范围，最大限度减少坑周土体位移量和差异位移量。

(2) 在每一步开挖及支撑的工况下，基坑中已施加的部分支撑体系及围护墙体内侧被动区支承土堤，可使基坑受力平衡而得以稳定，并控制坑周土体位移量和差异位移量。

(3) 为准确进行坑周土体位移的预测，以及基坑围护墙体内力和变形计算，提供了考虑施工因素的依据，使设计预测的实现得到保证。

目前惯用的按弹性或弹塑性理论方法所计算的墙体内力和变形、坑周地层位移等计算值，以及设计计算中采用的参数与流变性地层中基坑工程的实测值有相当的差异，考虑时空效应的基坑开挖与支撑施工参数的确定，使施工因素对流变性地层中基坑支护结构内力和变形，以及坑周地层移动的影响，可以在基坑设计计算中得到定量的考虑。

3. 时空效应原理的灵活运用

上一个小结中介绍了考虑时空效应开挖及支护设计的三种基本类型，实际工程中，情况千变万化，不会与基本类型完全相同，所以不能一成不变地、死板地按这三种基本类型操作，而应该在基本原理的基础上灵活运用。下面简要介绍几个灵活运用时空效应原理的实例，它们都是三种基本类型的演变。

1) 淮海路香港广场北块基坑工程（方块型基坑）

(1) 工程概况

香港广场北块位于淮海路、嵩山路、黄陂路、金陵路之间，基坑面积约 5800m²。基坑平面形状为近似正方形，基坑靠近淮海路一侧，距正在运行的地铁一号线下行线区间隧道约 8～9m，基坑四周距地下管线 7～10m，基坑深度在电梯井部分为 17m，其余部分为 12.55m。按基坑周围环境条件，基坑挡墙的最大水平位移应控制在 40mm 以内，以保证地铁轴线在开挖施工阶段的位移小于 10mm，变形曲线的曲率<1/15000。

(2) 时空效应原理的实施（基坑开挖、支撑施工工艺及施工参数）

基坑开挖和支撑分四层进行。每层均采用"盆式"开挖，先将基坑中间部分开挖至该层支撑底面标高，并安装好该开挖范围内的钢支撑。基坑周边预留的阻止地墙变形的土堤则按图 19-11 所示的顺序，分块、对称地开挖和支撑。每块土的开挖控制在钢支撑顶面，钢支撑接围檩处的土体用人工开挖，在开挖下一层土体时挖土机始终在钢支撑两侧的原状土上行驶。每 2 块对称的土堤开挖后，即在暴露的两处地下墙上安装两幅钢围檩和带八字撑的支撑，与基坑中间已安装好的一根支撑连接成一根可加预应力的支撑。两块对称土堤的开挖及支撑工作要在 24h 内完成。

图 19-10 车站端头井图

开挖第三道支撑以下的土体时,先挖基坑中间的盆状土体,挖至标高后立即浇筑快硬混凝土垫层,而后将坑周内侧土堤分段对称地开挖并限时浇筑其间的混凝土垫层,及时发挥支撑作用。

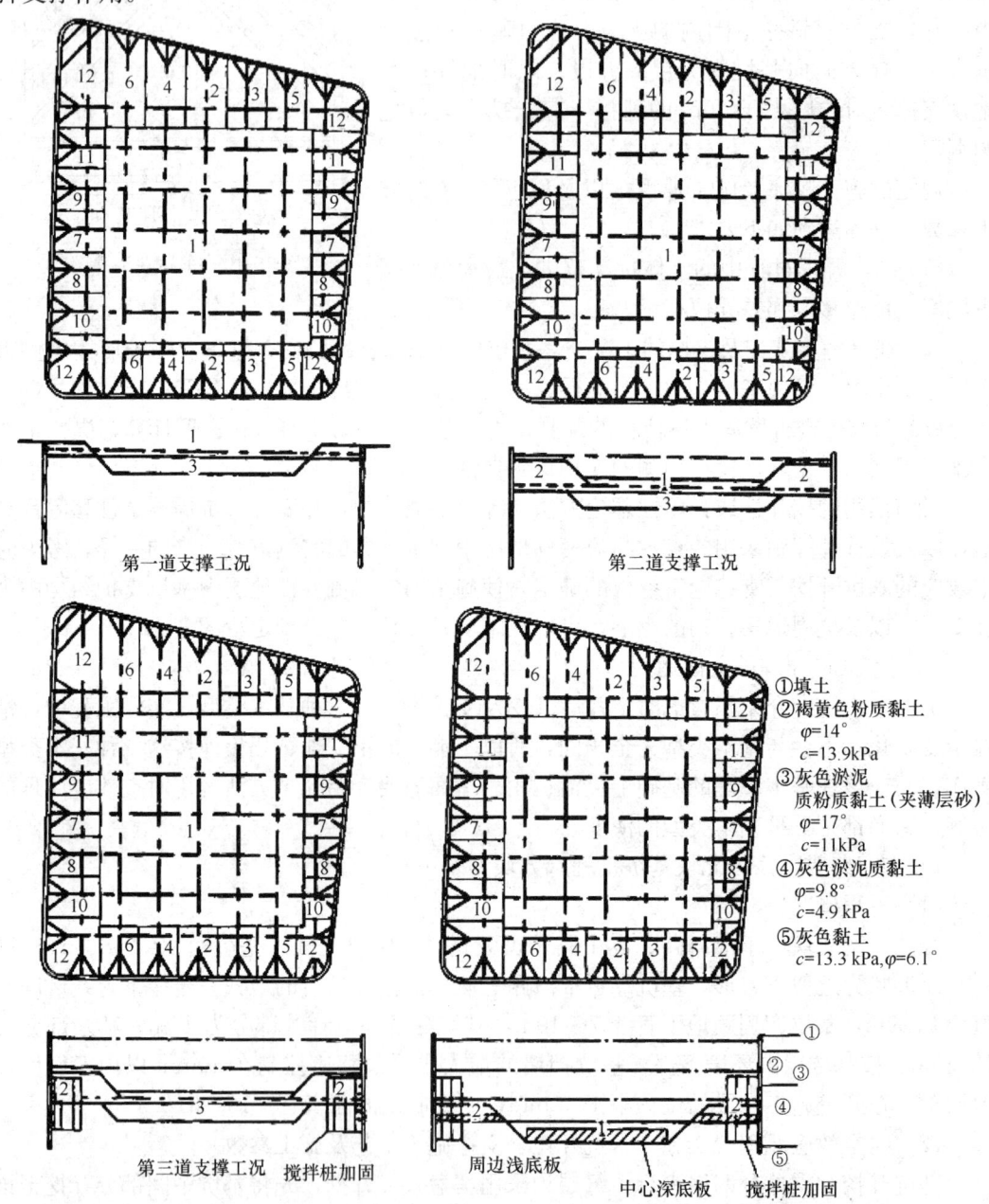

图 19-11 淮海路香港广场基坑支撑、土体加固及分块开挖示意图

2) 地铁二号线人民公园车站东端头井

上海地铁二号线人民公园车站东端头井,挖深 24m,邻近正在运行的地铁一号线隧道。在该基坑开挖第二层土时,东端墙最大水平位移增大至 6mm,超过了警戒值。经研究,将第三层土开挖程序由图 19-12(a)所示的程序调整为图 19-12(b)所示程序。这个调

整措施将靠近已运行地铁隧道的东端墙在每步开挖中的暴露宽度减少50%,并将每步开挖的无支撑暴露时间由24h减至16h,因此第三层土方开挖中的变形增量减至3mm。采用此调整的开挖施工参数进行第四、五、六层的开挖,最终按预计要求控制了基坑挡墙的位移,达到了保护邻近地铁隧道的要求。

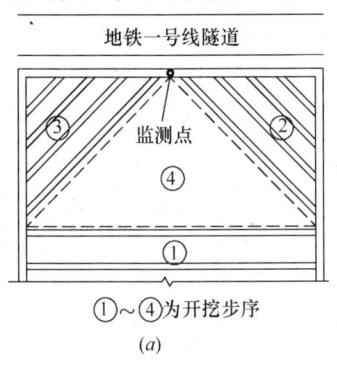 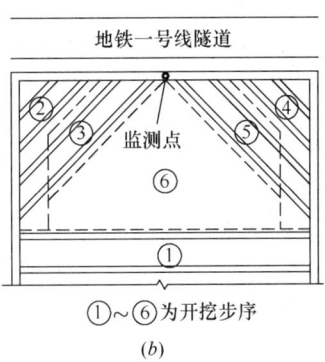

图 19-12 开挖参数调整前后对比
(a) 第二层开挖步序;(b) 第三层开挖步序

3) 地铁二号线河南路车站深基坑

该车站基坑标准段深16m,基坑南侧地下墙外边线平行于有68年历史的(8m长的木桩)七层商业大楼(图19-13),该商业大楼基础形式为短桩(8m长木桩)独立基础,因此其北排15根独立基础边与车站地下墙净距仅2m,按一般深基坑最小扰动区范围估计,该大楼约有60个独立基础在基坑施工中会发生不均匀沉降,并且由于短桩周围土体一旦受扰,独立基础要发生较长时间的固结沉降。

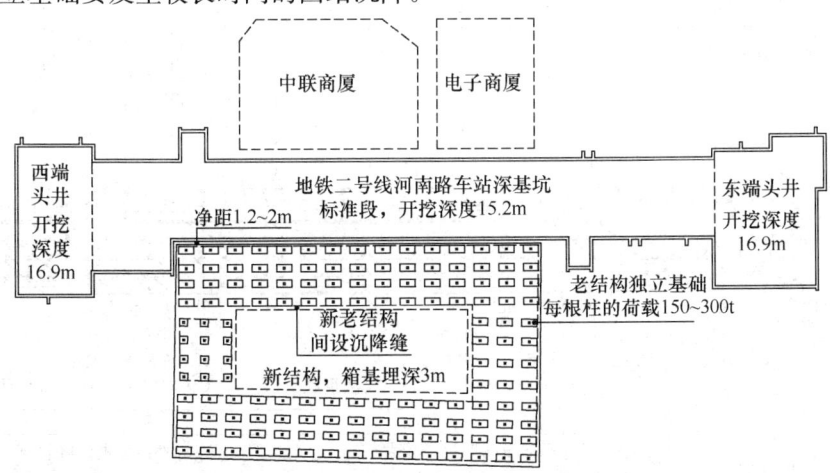

图 19-13 地铁二号线河南路车站及其周围环境示意图

实际施工中,因为先将西端井挖至-17m并浇筑底板,导致了大楼西北角处的被动区土体卸荷,从而被动抗力降低,造成了大楼北排靠近西端头井的5~6根柱子沉降量和不均匀沉降量都超过了警戒值。面对此险情的端倪,一方面严密监测(一天至少两次),另一方面按反馈数据,调整施工步序和参数:

首先将暗挖法的每层运土通道移到地面超载较小的北侧地下墙边(图19-13),将西标准段每步的挖土宽度由6m减至3m，每步开挖的无支撑暴露时间减少到16h。东标准段沉降较小，仍维持原来每步开挖宽度6m、无支撑暴露时间为24h的施工参数（如图19-14）。这样可以使得在开挖过程中，原先发生较大沉降西标准段处的建筑部位沉降较小，而东标准段处的建筑部位发生相对较大沉降，从而校正原来的建筑沉降分布，减小差异沉降。跟踪测试资料表明，这一措施有效地控制了不均匀沉降（图19-15）。

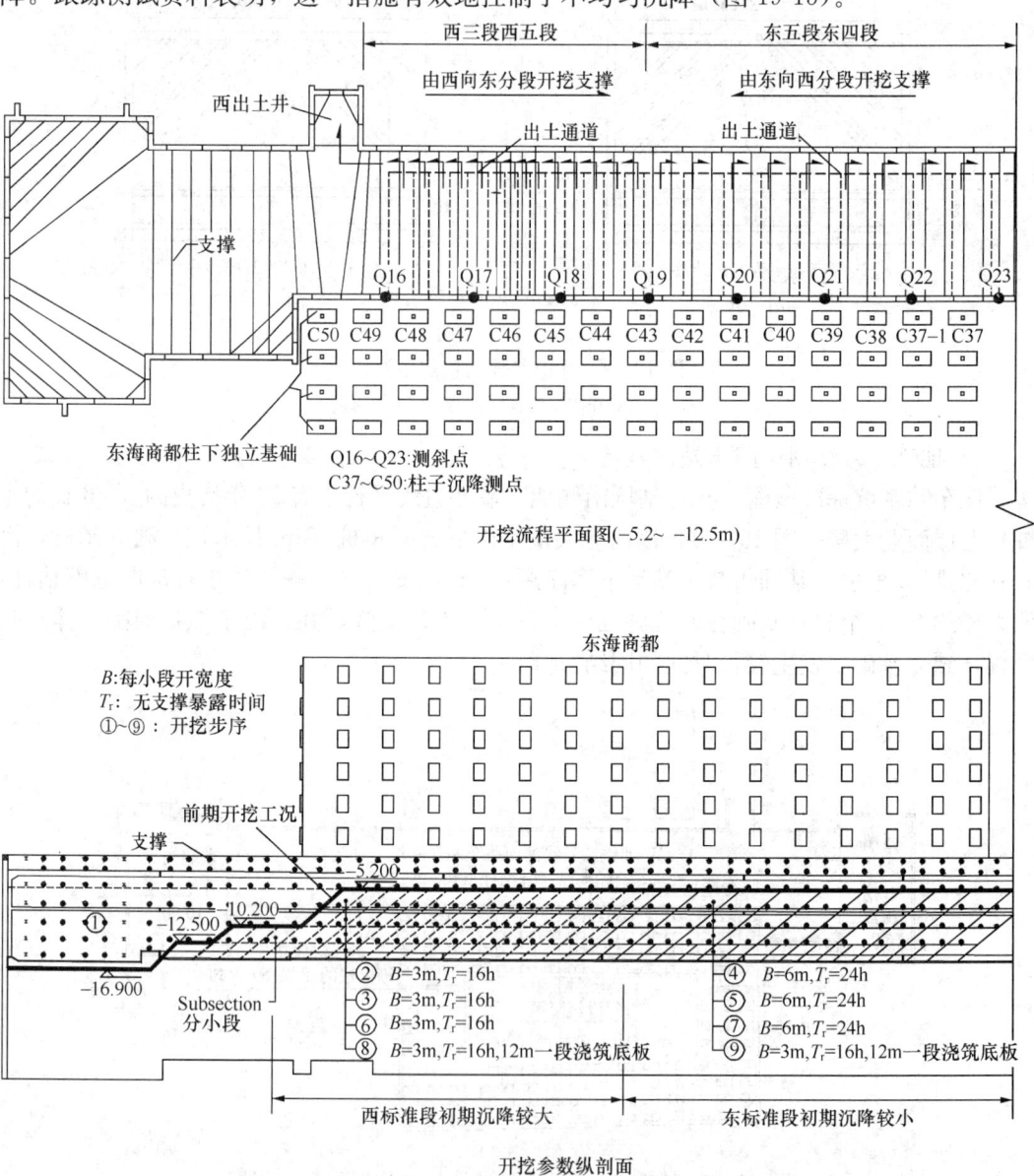

图 19-14　地铁二号线河南路车站基坑开挖施工参数

4)"上海157♯地块"基坑工程（方形基坑，三侧有保护等级不同的建筑）

157♯地块深基坑周边环境如图19-16和图19-17所示，北面是已建河南路地铁车站，东边为东海商都，东海商都在河南路车站修建期间已经产生了较大沉降出现过预警的情况；西边为一栋高层建筑。

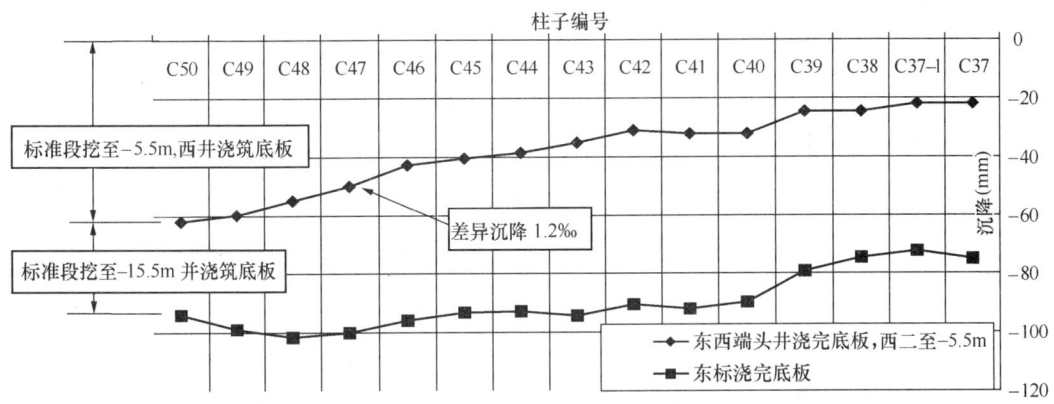

图 19-15　采取控制措施前后东海商都沉降分布对比

图 19-16　157♯地块基坑周围环境示意图

为保护北侧既建地铁车站和东侧已经发生过较大沉降的东海商都,在具体实施中,采取了以下开挖及支撑步骤(图 19-18):

(1) 开挖步骤一:盆式开挖,先将基坑中部土体开挖,并且架设好支撑(本工程中采用双拼钢管支撑),四周留有土堤,预留土堤宽度 10m 左右。

(2) 开挖步骤二:将西侧土堤分段开挖,架设好各分段对应的支撑并与先前一步的支撑对接上,整个西侧土堤开挖完成后架设好南北向的对撑,图中对应"1"的位置;然后开挖南侧土堤,分段开挖并架设好对应的支撑,如图中"2"、"3"。

(3) 开挖步骤三:为重点保护东侧出现过险情且已经发生过较大沉降的东海商都,最后开挖东侧的土堤,并分小段开挖,每小段开挖宽度 6~8m,每小段在 18h 之内开挖并支撑,开挖顺序如图 19-8 开挖步骤三所示。

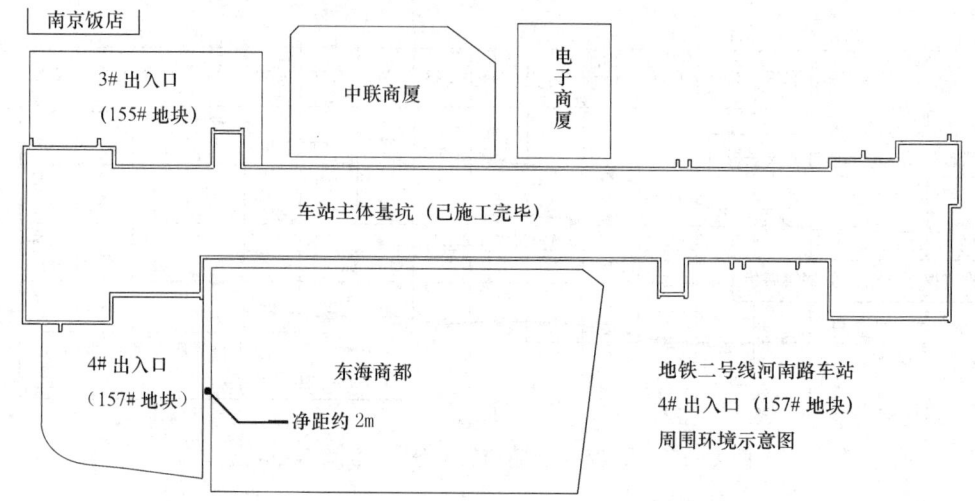

图 19-17　157#地块基坑周围环境平面图

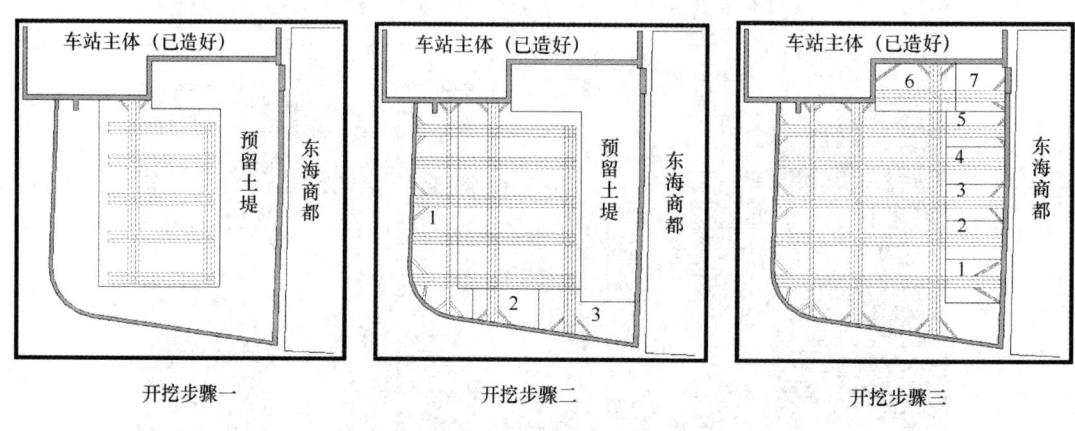

图 19-18　开挖步骤示意图

5)"上海广场"基坑工程（不规则基坑，一侧有既建运营地铁隧道）

本工程概况、具体实施过程及实施的效果见下一节中详述。本小节中只简要介绍开挖步骤，为保护已建地铁隧道采取如图 19-19 所示开挖步骤。

首先盆式开挖中间土体并施工对应的支撑，四周留好土堤控制地墙变形，然后再分小

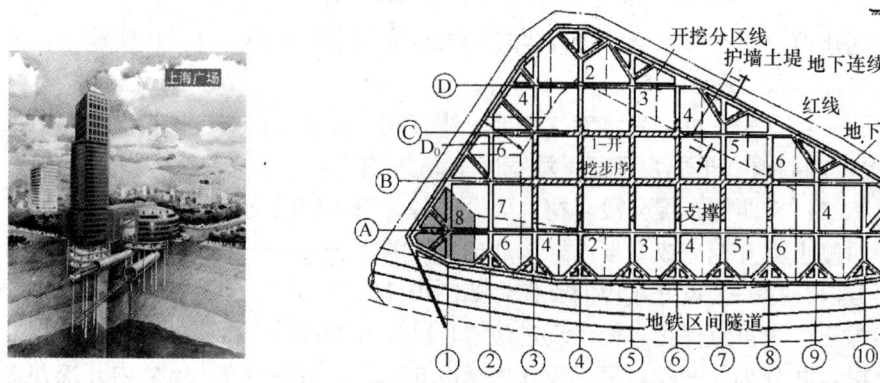

图 19-19　上海广场基坑与已建隧道关系和开挖分块顺序及支撑布置图

块按照图中所示顺序开挖土体并浇筑支撑。

19.4 考虑时空效应的设计计算方法

考虑提高土体抗变形能力的软土基坑工程设计方法的主要特点是：从工程实用性和可靠性出发，在基坑支护结构（挡墙、支撑及挡墙被动区加固土体）的内力及变形计算中采用目前假设挡墙为弹性体计算法所用的较简单的力学模型和设计参数项目，但对其中反映基坑变形总体效应的最主要的综合参数——基坑挡墙被动区的水平基床系数，按一定的地质和施工条件，做出经验性的修正。此综合参数是土的力学指标和每一步基坑挖土的空间尺寸及暴露时间的函数，其数值是根据在一定施工条件下基坑开挖中所测出的基坑变形数据，经反分析而得出的一个考虑了开挖时空效应的等效水平基床系数。因此，基坑工程设计之初，在选定基坑变形控制标准的同时，要合理选定施工程序及施工参数，以完善设计依据并提供实现设计的保证，从而有效解决流变性地层中深大基坑的控制变形设计不符合实际的问题。

19.4.1 计算方法

基坑工程的设计应从强度控制设计转变为变形控制设计，按变形控制来设计基坑的内力与变形。基坑支护结构的内力变形计算的方法很多，如古典法、解析法、连续介质有限元法及弹性地基杆系有限元法等。

杆系有限元法作为一种计算方法具有概念清晰、计算简单、计算参数较少的优点，从而受到基坑工程设计人员的青睐。但其计算结果与实际差别较大，计算结果不稳定且精度很低，不能满足工程设计的要求，特别是不能满足对变形要求较严格的大型复杂基坑工程的设计要求。

总之，时空效应规律对支护结构的内力、变形是有影响的，而这种影响主要体现在土体的流变性对计算参数（即主动土压力和被动抗力）的作用上。因此，基坑工程的内力与变形设计应该考虑时空效应规律对计算参数的影响。

考虑时空效应的深基坑开挖与支撑技术的计算方法与杆系有限元法相似，但实质内容不同。传统的杆系有限元方法的基本思想是把挡土结构理想化、离散化为单位宽度的各种杆系单元（如两端嵌固的梁单元、弹性地基梁单元、弹性支承单元等）。对每个单元列出单元刚度矩阵 $[k]_e$，然后形成总刚 $[K]$，即可列出基本平衡方程：

$$[K]\{\delta\} = \{R\}$$

通过上式可求得节点位移，进而求单元内力。

在杆系有限元法计算中，只要给定土压力和被动抗力系数，就可以求解出挡土结构的内力与变形。图 19-20 为传统弹性杆系有限元法计算简图。

杆系有限元法有几个假设，即地层假设线弹

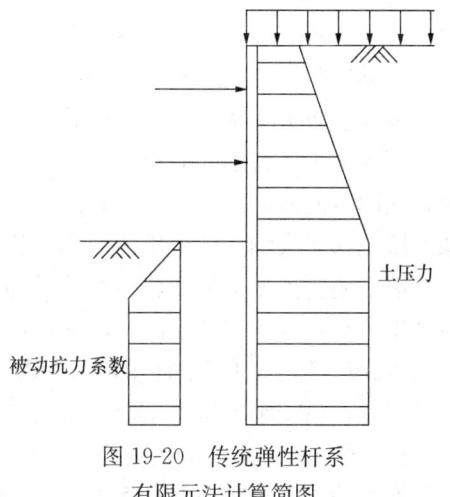

图 19-20 传统弹性杆系有限元法计算简图

性，后架设的支撑不考虑墙体位移的影响，土压力不变等。但事实上，土体（特别是软土）是黏弹塑性体，架设支撑以前墙体已有明显的变形，土压力不仅随工况变化，而且随开挖支撑的时间和空间变化，如果计算中不考虑这些因素，计算结果的可信度难以保证。

在采用传统有限元法计算中发现，计算的墙体变形与实测的墙体变形差别较大，一般相差一倍以上。按变形控制设计基坑的基本思路就是考虑了时空效应规律对计算参数的影响（即主动土压力与被动抗力），按基坑的变形控制要求来动态设计基坑工程。即每一计算工况下的主动土压力与被动抗力是变化的。而且，主动土压力是结合基坑的保护等级、施工工况来取值；被动抗力则在被动抗力标准值的基础上，考虑时间（无支撑暴露时间和撑好后的放置时间）、空间（无支撑暴露面积、开挖土体的宽度和高度等）、开挖面深度以及地基加固（包括降水）和土层的性质对其的影响，因此被动抗力沿深度的分布不是按梯形取值的，而是按与实际十分接近的曲线来取值的。主动土压力亦随土层及各种因素而变化，为折线近似表示的曲线，动态设计的思路如图 19-21 所示。

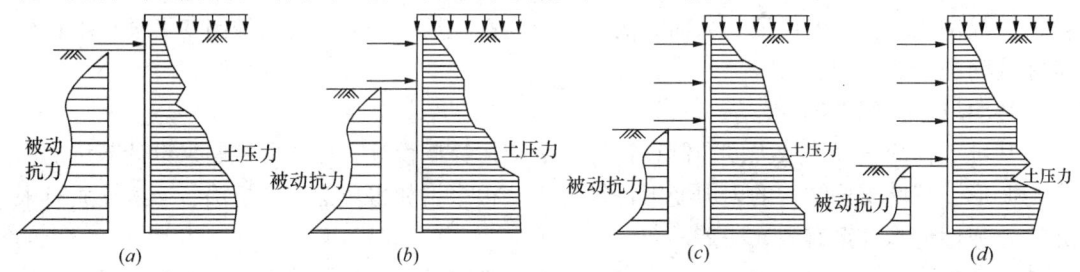

图 19-21　动态设计示意图
(a) 工况 1；(b) 工况 2；(c) 工况 3；(d) 工况 4

19.4.2　计算参数的确定

1. 主动区土压力取值

从大型建筑物深基坑与地铁车站深基坑的实测资料分析可以得出，围护结构后的主动土压力的变化规律。在基坑开挖过程中，一方面由于坑内卸载，导致支护结构向坑内方向的位移，从而导致主动区的土压力下降；另一方面，由于软土有较大的流变性，因而在开挖过程中，即使在同一工况下，土压力也是随时间而变化的。

实测资料表明，主动区深层的土压力下降的幅度较大，而浅层的土压力无明显的变化，主动区的流变主要发生在深层，这是因为深层土体单元处在较高的应力水平，土体所受的剪力值较大。图 19-22 列出了中央公园与陆家嘴地铁车站基坑，以及上海期货大厦基坑实测土压力所包围的面积随时间的变化图。由图可以看出，实测土压力所包围的面积均明显地随着时间而减小。这就是由于上述两种因素（卸载使地下墙的位移增大、流变导致地下墙位移增大和主动土压力减小）相互作用的结果。

墙后主动土压力的取值与其基坑的保护等级是相关联的。若基坑开挖中假定围护结构不产生位移，则作用其上的土压力可以认为是静止土压力。因此，保护等级要求越高，地下墙所允许的最大变形值就越小，相应的土压力取值就越大；反之，则土压力取值就越小。因此，设计中土压力系数 K 取值应该与其基坑的保护等级相联系。同时 K 的取值还要考虑土性、土层的 K_0 值及土层的应力历史等因素。上海地区根据多年的实测数据总结出各保护等级下侧压力系数 K 的平均取值见表 19-1。

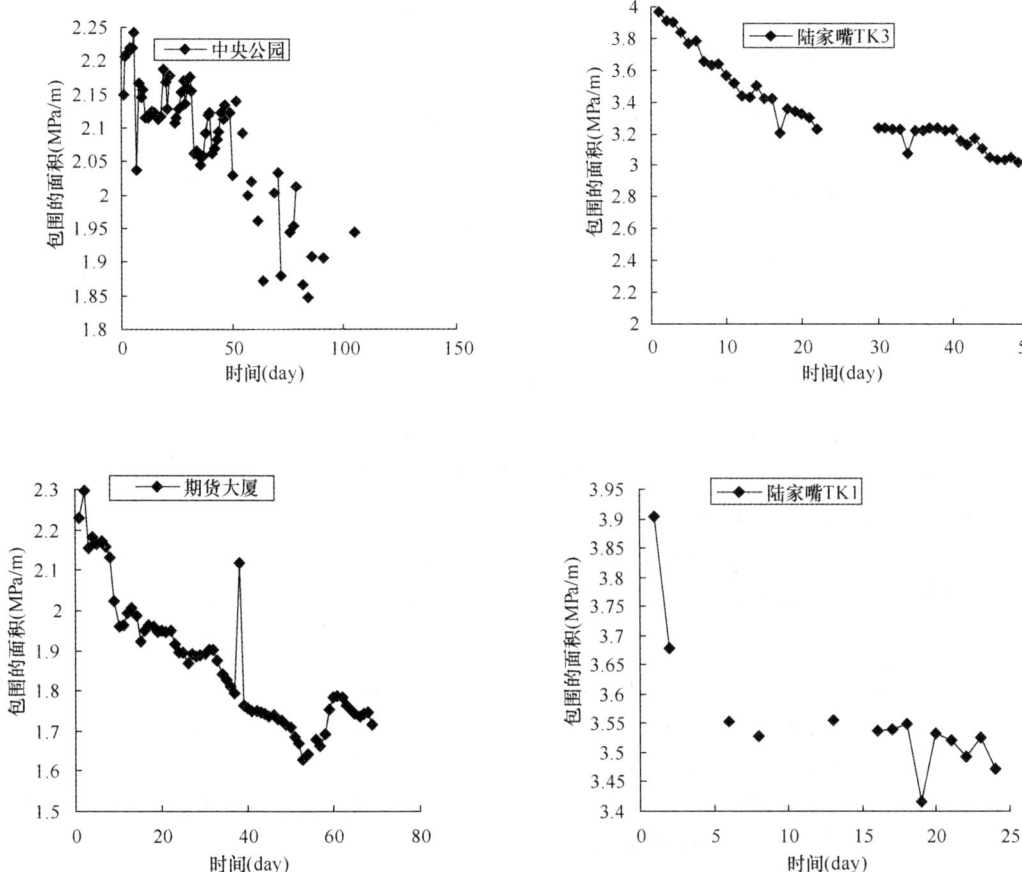

图 19-22 实测土压力所包围面积随时间变化图（上海）

而且，在某一保护等级下，主动土压力系数 K 的取值也是变化的，即当开挖深度较浅时，K 接近上限值；当开挖深度较深时，K 接近下限值。每层土的主动土压力系数的取值均按图 19-23 取值。

主动区土压力侧压力系数取值表　　　　表 19-1

基坑保护等级	土性	侧压力系数 K	基坑保护等级	土性	侧压力系数 K
一级	软黏土	0.75～0.55	三级	软黏土	0.60～0.45
	硬黏土	0.55～0.40			
二级	软黏土	0.70～0.50		硬黏土	0.40～0.30
	硬黏土	0.45～0.35			

注：基坑保护等级的划分参考上海市工程建设规范《基坑工程技术规范》。

主动土压力系数 K 的取值，除受超载的以下，在浅层会大于或远大于 1.0 以外，其余均小于 0.7，且随着开挖深度的增加而减小。

此外，基坑保护等级不同，不但其墙后主动区的土压力分布不同，而且其支撑轴力的分布也不同。

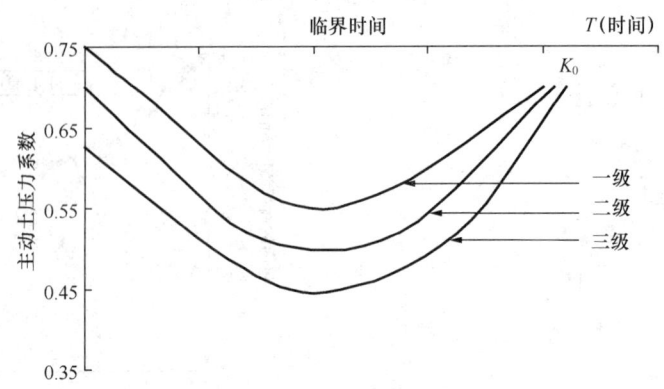

图 19-23 主动土压力系数与基坑保护等级之间的关系（上海）

2. 地基水平被动抗力系数 k_H

被动抗力的取值是考虑了时空效应规律的影响以及其他许多因素，是在被动抗力标准值的基础上考虑了各种因素的修正。

经过修正的 k_H 实质上是一个反映时间、空间效应和土性等的一个综合等效参数，本手册介绍两种取值方法，实质上两种取值方法本质上是一样的。

1) β 系数取值法

水平抗力系数 k_H（即土体水平向基床系数）前人已做了很多工作，对一般的土都有一个较稳定的 k_H 值。k_H 分布有很多种假设，例如，常数法，k 法，m 法，c 值法，梯形法等，参见第六章图 6-7。

在软土地区，梯形法是最为常用的，梯形法的理论取值如表 19-2 所示，三角形的高度一般 3~5m，土体越好，高度越小。

水平向基床系数 k_H 表 19-2

地基土分类	黏性土和粉性土				砂 性 土			
	淤泥质	软土	中等	硬	极松	松	中等	密实
水平向基床系数 (kN/m³)	3000~15000	15000~30000	30000~150000	150000 以上	3000~15000	15000~30000	30000~100000	100000 以上

流变对基坑工程的影响的一个重要方面是被动区土体的蠕变和松弛，从而使地下墙的坑内侧移增大，被动抗力减小，k_H 值下降，因此如何确定反映 k_H 值下降的经验系数 β 显得尤为重要。

根据大量原始数据的分析整理发现，采用面积等效代换原则计算的结果较为合理。例如，对上海地铁 1 号线徐家汇地铁车站的实测被动抗力与相应的地下连续墙应移进行反分析，由文克尔地基模型计算出实测水平抗力系数，如图 19-24(a)，可以看出，实测被动抗力系数可近似梯形分布。将图 19-24(a) 中的实测水平抗力系数分布曲线按照面积等效原则换算成图 6-7(e) 中工程上常用的形式，得到图 19-24(b) 中阴影部分，即换算前曲线所包围面积与图 19-24(b) 中阴影部分面积相等，$S_{kH1}=S_{kH\beta}$。而根据徐家汇车站基坑相关参数，依据上海基坑工程设计规程，所得到的水平抗力系数分布如图 19-24(b) 中外边沿中所示。

由此容易得到：

$$\beta = \frac{S_{kH1}}{S_{kH}} = \frac{S_{kH\beta}}{S_{kH}} = \frac{46400.8}{0.5 \times (8+13) \times 10000} = 0.442$$

式中　k_H——理论水平抗力系数；

　　　k_{H1}——实测水平抗力系数；

　　　S_{kH1}——实测水平抗力系数分布曲线所包围面积；

　　　$S_{kH\beta}$——等效换算后实测水平抗力系数分布曲线所包围面积；

　　　S_{kH}——理论水平抗力系数分布曲线所包围面积。

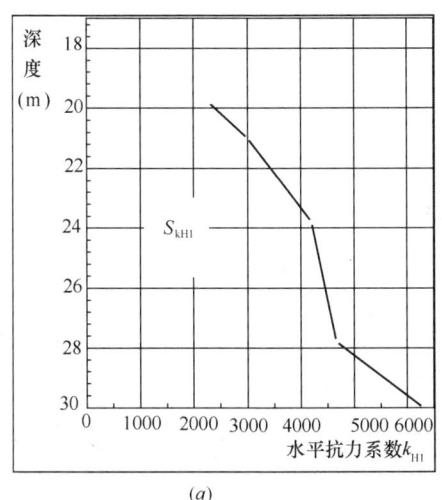 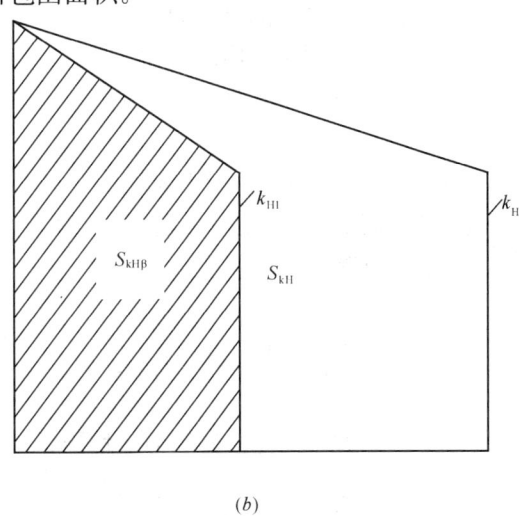

图 19-24　β 法计算实例
(a) 实测水平抗力系数；(b) 面积等效换算示意图

通过大量的实测资料反分析，可以发现 k_H 的经验系数 $\beta=0.4\sim1.0$。一般来说，基坑暴露时间越长，基坑开挖深度越深，则应取下限值。由于 β 值通过实测值反算而来，所以 β 值实质上是一个综合考虑时空效应影响的系数，是考虑土体开挖深度，土体流变性，被动区土体含水量及应力水平，开挖支撑施工中地下连续墙自由暴露时间等因素经同类地区工程测试而选定的。上海地区较早时期用这种方法，用这种方法算得的墙体测斜最大值跟实际值很接近，但踢脚比实际值偏大。

2) 直接取值法

经大量基坑工程案例的实测反分析，k_H 建议采用如下取值原则：等效 k_H 值法、经验公式法。

k_H 可直接通过实测挡墙位移、内力、土压力等反分析获得，经过大量的实测反分析，可以得到 k_H 与开挖工况、时间、分块尺寸、位置等一系列的关系。

以下为上海地区的经验公式。

(1) 流变影响系数的计算函数：

$$\alpha_r = \exp((12.0 - T_j)/T_j) \tag{19-1}$$

式中　T_j——每步基坑开挖的无支撑暴露时间（h）。

(2) 空间影响系数的计算函数：

$$\alpha_{s} = \frac{8}{B_{j}} + 0.1 \tag{19-2}$$

式中 B_j——每步基坑开挖时开挖土体沿墙体方向的尺寸（m）。

(3) 土体强度影响系数的计算函数：

$$\alpha_{c} = \frac{\gamma_{i} \cdot \tan^{2}\left(\frac{\pi}{4} + \frac{\varphi_{i}}{2}\right) + 4c_{i}\tan\left(\frac{\pi}{4} + \frac{\varphi_{i}}{2}\right)}{1.42\gamma_{i} + 47.6} \tag{19-3}$$

式中 γ_i——第 i 层土的天然重度；

c_i——第 i 层土的黏聚力；

φ_i——第 i 层土的内摩擦角。

(4) 地基加固影响系数计算公式：

$$\alpha_{p} = 29.34 + 1431.9 p_{s} \tag{19-4}$$

式中 p_s——比贯入阻力（MPa）。

(5) 开挖面所处的深度 h_j 及所要计算点的土体所处的深度 h_i（图 19-25）均对等效被动抗力系数有显著影响。深度修正系数：

$$\alpha_{d} = \left(1 - \frac{h_{j}}{h_{i}}\right) \cdot \left\{1 - \frac{2 \cdot \gamma' \cdot \left[1 - \left(1 - \frac{h_{j}}{h_{i}}\right)^{0.36}\right] \cdot \tan\varphi_{cq}}{\gamma + 2 \cdot \gamma' \cdot \tan\varphi_{cq}}\right\} \tag{19-5}$$

式中 φ_{cq}——要计算点 h_i 处的强度指标；

h_j——当前开挖面所处的深度；

h_i——要计算点所处深度，如图 19-25 中 M 点；

γ'_i——为第 i 层土的浮重度。

根据以上各因数对 k_H 的影响，k_H 值计算模型如下：

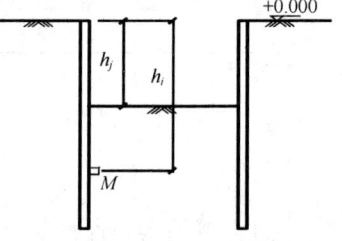

图 19-25 基坑示意图

Ⅰ. 对于非地基加固部分：$k_{Hi} = 635 \cdot \alpha_r \cdot \alpha_c \cdot \alpha_s \cdot \alpha_d$
即

$$k_{Hi} = 635 \times \frac{\gamma_{i} \cdot \tan^{2}\left(\frac{\pi}{4} + \frac{\varphi}{2}\right) + 4 \cdot c_{i} \cdot \tan\left(\frac{\pi}{4} + \frac{\varphi}{2}\right)}{1.42 \cdot \gamma_{i} + 47.6} \cdot \exp\left(\frac{12.0 - T_{j}}{T_{j}}\right)$$

$$\times \left(\frac{8}{B_{j}} + 0.1\right) \cdot \left(1 - \frac{h_{j}}{h_{i}}\right) \cdot \left\{1 - \frac{2 \cdot \gamma' \cdot \left[1 - \left(1 - \frac{h_{j}}{h_{i}}\right)^{0.36}\right] \cdot \tan\varphi_{cq}}{\gamma + 2 \cdot \gamma' \cdot \tan\varphi_{cq}}\right\}$$

$$\tag{19-6}$$

Ⅱ. 对于地基加固部分：$k_{Hi} = \alpha_p \cdot \alpha_r \cdot \alpha_s \cdot \alpha_d$ 即

$$k_{Hi} = (29.34 + 1431.9 p_{s}) \exp\left(\frac{12.0 - T_{j}}{T_{j}}\right) \cdot \left(\frac{8}{B_{j}} + 0.1\right) \cdot \left(1 - \frac{h_{j}}{h_{i}}\right)$$

$$\times \left\{1 - \frac{2 \cdot \gamma' \cdot \left[1 - \left(1 - \frac{h_{j}}{h_{i}}\right)^{0.36}\right] \cdot \tan\varphi_{cq}}{\gamma + 2 \cdot \gamma' \cdot \tan\varphi_{cq}}\right\} \tag{19-7}$$

19.5 考虑时空效应的施工技术要点

19.5.1 时空效应施工流程

考虑时空效应的开挖与支撑施工工艺如图 19-26 所示，施工方案的主要特点是：根据基坑规模、几何尺寸、围护墙体及支撑结构体系的布置、基坑地基加固和施工条件，选择基坑分层、分步、对称、平衡开挖和支撑的顺序，并确定各工序的时限。

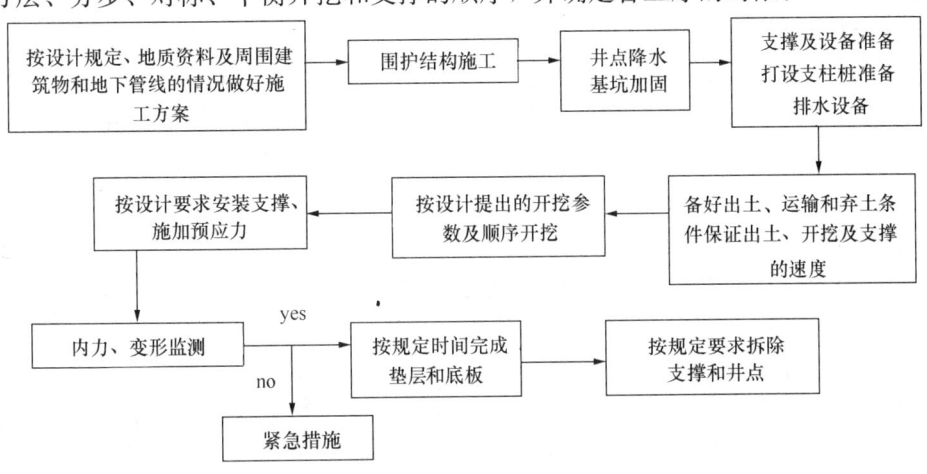

图 19-26　开挖与支撑施工工艺流程图

19.5.2 时空效应施工技术要点

1. 关于技术准备工作

1）制定施工组织设计和施工操作规程

按设计规定的技术标准、地质资料，以及周围建筑物和地下管线等详实资料，严格做好深基坑施工组织设计（包括保护周围环境的监控措施）和施工操作规程。通过技术交底，使全体施工人员认识到：深基坑开挖支撑施工必须依循技术标准所设计的施工程序及施工参数。施工参数是对开挖分步和每步开挖的空间尺寸、开挖时限、支撑时限、支撑预应力等各道工序的定量施工管理指标。开挖与支撑施工技术的主要要点是："沿纵向按限定长度的开挖段逐段开挖；在每个开挖段中分层、分小段开挖，随挖随撑，按规定时限施加支撑预应力，做好基坑排水，减少基坑暴露时间"。在顺筑法和逆筑法施工中，在楼板或底板浇筑前的基坑开挖中，沿纵向的分段坑底长度 L，取 $\leqslant 25m$，而在每开挖段每开挖层中，又分成 $L_t = 6m$ 长一小段，挖好一小段，即直接在地下墙的规定位置，撑 2 根支撑。

2）基坑开挖前进行必要的基坑土体加固

加固内容及要求按设计而定，一般有：①在地下墙底下因清孔不好土体很软时，进行地下墙墙底注浆加固，以防止开挖时引起地下墙沉降和墙外侧土体松动沉降；②确保开挖土坡稳定的土体加固；③地下墙内侧被动土压力区，以注浆法或其他方法加固；④在具有夹薄层粉砂的黏性土或黏性土与砂性土互层中，对基坑内自地面下至基坑底以下一定厚度的土体，用超前降水法加固土体。

3) 井点降水加固土体的技术措施

采用井点降水法加固土体时,降水深度需在设计基坑底面以下一定深度,以满足被动区土体抗力要求并防止降水引起地下墙外侧地面沉降。按此要求布置井点滤管深度及水位观测孔。降水要在开挖前 20 天开始,以使土体要开挖时已经受到相当程度的排水固结。降水开始后,要定期地对预先设置在基坑内外的水位观测孔的水位进行观测,以检查水位降落,此降落值要小于 2m,否则要考虑用回灌水法或隔水法以防止降水对周围环境的有害影响。

4) 备齐合格的支撑设备

开挖前需先备齐合格的带有活络接头的支撑、支撑配件、施加支撑预应力的油泵装置(带有观测预应力值的仪表)等安装支撑所必须的器材。对保护环境要求要达到特级要求时,需有复加预应力的技术装置。严防需要安装支撑时,因缺少支撑条件而延搁支撑时间。

5) 打设稳定支撑的支柱桩

桩深度要能控制桩体隆沉;桩与支撑连接构造要具有对支撑的三维约束作用又不影响支撑加预应力。

6) 充分备好排除基坑积水的排水设备

为保证基坑开挖面不浸水,并确保查清和排干基坑开挖范围的贮水体,以及废旧水管等的积水,必须事先备好排水设备以严防开挖土坡被暗藏积水冲坍,乃至冲断基坑横向支撑,从而造成地下墙大幅度变形和地面大量沉陷的严重后果。

7) 切实备好出土、运输和弃土条件

保证基坑开挖中连续高效率地出土,加速开挖支撑的速度,减少地层移动,确保达到规定的施工管理指标。

8) 地下管线的监控与保护

根据平行于基坑地下墙外侧地下管道的管材、接头形式、埋深等条件,在开挖前应设计并敷设好地下墙外侧管道地基土不均匀沉降观测点和调正管道地基沉降量的跟踪注浆管、测点及注浆装置。开挖前备好所有注浆材料和设备,以在管道沉降量和各相邻测量线段(约 5m)沉降差大于控制值时,及时跟踪注浆,调正管道地基沉降曲线。

对一级保护的基坑,需在垂直于基坑侧墙的几个断面上布置地面沉降观测点和建筑物或设施的位移观测点,并敷设保护建筑物、构筑物或公用设施的控制地基沉降的跟踪注浆技术装备。这里要特别注意:凡需要在地下墙后面采用跟踪注浆时,需对此处支护结构的外荷乘以 1.2 倍超载系数,并规定压浆程序及压力。

2. 开挖施工的合理程序及关键性细节

1) 严格执行开挖程序

在顺筑法施工中,每个限定长度的开挖段,按开挖程序进行开挖。每一层开挖底面标高不低于该层支撑的底面。第一层开挖后,按一小段(最长不超过 12m)在 16h 内开挖后,即于 16h 内安装支撑,并施加大于 50% 设计支撑轴向力的预应力。不许拖延第一道支撑的安装,以防止地下墙顶部在悬臂受力状态下产生较大墙顶水平位移和附近地面开裂。应注意上部两道支撑(尤其是第一道支撑)端部与地下墙接触面上的压力,在基坑开挖深度较大后,压力会消减,还会出现空隙,故应采取可靠措施,防止支撑端部移动脱落。所有支撑端部支托和连系构造都要能防止因碰撞而移动脱落。第二层及以下各层开挖中每小段长度≤6m。在逆筑法施工中，在顶板以下楼板以上及楼板以下至底板以上的土层，开挖亦按顺筑法中所规定的挖土和支撑程序及施工参数，为利用顶板、楼板对地下墙的约束作用和运用时空效应规律，将上道支撑逐根随下面土层逐条开挖拆下并安装于下道支撑。开挖某一层（约2.5～3.5m厚）小段（约6m长）的土方，要在16h内完成，即在8h内安设2根支撑并施加预应力。

2) 在开挖中及时测定支撑安装点，以确保支撑端部中心位置误差≤30mm

在开挖每一层的每小段的过程中，当开挖出一道支撑的位置时，即按设计要求在地下墙两侧墙面上测定出该道支撑两端与地下墙的接触点，以保证支撑与墙面垂直且位置准确，对这些接触点要整平表面，画出标志，并量出两个相对应的接触点间的支撑长度，以便使地面上预先按量出长度配置支撑，并备支撑端头配件以便于快速装配。

3) 在地面按数量及质量要求配置支撑

地面上有专人负责检查和及时提供开挖面上所需要的支撑及其配件，试装配支撑，以保证支撑长度适当、支撑轴线偏差小于≤2cm并保证支撑、土体及接头的承载能力符合设计要求的安全度。

4) 准确施加支撑预应力

安装第二道及其下面各道支撑时，在要挖好一小段土方后即在8h内安装好2根支撑，并按设计支撑轴向力的80%施加预应力，考虑所加预应力损失10%。对施加预应力的油泵装置要经常检查，以使之运行正常，所量出预应力值准确。每根支撑施加的预应力值要记录备查。在环境保护要求要达到特级标准时要在第一次加预应力后12h内观测预应力损失及墙体水平位移并复加预应力。

5) 端头井斜撑处的加固

对端头井斜撑的端部支托钢构件必须按设计要求牢固地焊接于地下墙上的合格预埋构件。当各斜撑作用在端头井两侧墙上的平行墙面的分力，可能引起端头井突出于车站标准段侧墙的转角结构发生转动时，必须按设计要求对转角处被动压力区进行可靠加固。

6) 控制开挖段两头的土坡坡度

对开挖段两头的土坡，要按土质特性，经边坡稳定性分析，定出安全坡度，开挖过程中务必使土坡坡度不大于安全坡度，并且要时时注意及时排除流出土坡的水流，以防止滑坡，同时还要注意土坡较陡时，会使开挖段两端地下墙外侧的纵向地表沉降曲线的曲率增大，而使该处地下管线不易保护。每一小段的土方开挖中，严禁挖成3～4m高的垂直土壁或陡坡，以免坍方伤人，也可避免坍方而导致的横向支撑失稳。

7) 封堵水土流失缝隙

开挖过程中，对地下墙接缝或墙体上出现水土流失现象，要及时封堵，严防小股流砂冲破地下墙中存在的充填泥土的孔洞，以致发展成急剧涌砂，这不仅将引起大量地面沉陷，还会导致地下墙支护结构失稳，造成严重灾害性事故。

8) 检查支撑桩的回弹及降水效果

在开挖过程中，要严格检查观测井降水深度，定时测量用以稳定支撑立柱的回弹，并及时调节连接柱与支撑拉紧装置上的木楔。松除桩回弹后施加于支撑中点的向上顶力。

9) 坑底开挖与修整

开挖最下一道支撑上面土层时,在地面沉降控制要求很高时,应按当时施工监测数据采取掏槽开挖或挖一条槽安装一根支撑的方法。开挖最下一道支撑下面的土方时,亦按每6m或3m一小段分段开挖,16h以内挖好。为做到坑底平正,防止局部超挖,在设计坑底标高以上30cm的土方,要用人工开挖修平,对局部开挖的洼坑要用砂填实,绝不能用烂泥回填,同时必须要设集水坑以便用泵排除坑底积水。

10) 测定合适的基坑超挖量

人工挖至设计坑底标高后,立即量测最下一道支撑中间底面到基坑底面的高度,并且仔细测出此高度随时间变化的情况,此高度变化即为挖到坑底后的土体回弹过程情况,从中可判断为保证浇筑底板达到标高而需要的基坑超挖量。

11) 按限定时间做好混凝土垫层及钢筋混凝土底板

开挖最下道支撑下方时,应在逐小段开挖后,在8~16h内浇筑混凝土垫层(包括混凝土垫层以下的砂垫层或倒滤层)。要预先将砂垫层、倒滤层、混凝土垫层及浇筑钢筋混凝土底板的材料、设备、人力等施工准备工作全部做好,以便在基坑挖好后即进行各道工序,务求在坑底挖好后第五天以前做好钢筋混凝土底板。

12) 按规定要求拆除支撑及井点

钢筋混凝土底板必须达到所需要的强度,方准许按设计的工序拆除最下一道支撑。其余各道支撑的拆除,务按设计要求进行。基坑井点排水至少要在中楼板浇好并达到必要强度后才能停止。

13) 实行信息化施工

在一个基坑面开挖段整个开挖施工中,要紧跟每层开挖支撑的进展,对地下墙变形和地层移动进行监测。主要包括地下墙墙顶隆沉观测、地下墙变形观测、基坑回弹观测、地下墙两侧纵向及横向的地面沉降观测。应根据基坑每个开挖段,每层开挖中的地下墙变形等项的监测反馈资料,及时根据各项监测项目在各工序的变形量及变形速率的警戒指标,及时采取措施改进施工,控制变形。关于基坑工程监测的详尽内容可以参看第29章。

14) 地下管线的监控与保护

在一个开挖段开挖过程中,要根据需要组织专业队伍负责保护地下管线的监控工作,每日对开挖段两侧管道地基沉降观测点至少观测一次,及时画出两侧管道地基的最大沉降量、不均匀沉降曲线,以及相邻沉降(约5m)的沉降坡度差Δi,当Δi接近控制指标时,即进行跟踪注浆,以控制沉降量及曲率不超过管道所允许的数值。应注意在车站两端端墙附近的墙外纵向沉降曲线的最大曲率会因端头开挖坡度的骤变而有较大幅度的增加,此处要准备用加强的跟踪注浆,以调整沉降曲率保护管道。

19.6 工程实例——上海广场基坑工程

1. 工程概况

上海广场位于淮海路、金陵路与龙门路、普安路交汇处。该工程的基坑平面形状近似于四边形，东西向长约150m，南北向长约85m。基坑总占地面积约为9656m^2。中间一道地下连续墙将整个基坑分为南北2个基坑。地下连续墙总延长米约为537m。

北坑处拟建34层高层，高度129m，设3层地下室，垫层厚0.20～0.30m，北坑开挖深度为15.10～16.00m。

南坑处拟建6层楼裙房，设1层地下室，垫层厚0.20～0.30m，南坑开挖深度约为6.70m。

围护地下连续墙厚度分为800mm（北坑四周）和600mm（南坑其余部分）两种，深度分别为25.2～28.2m和11.0m。

地铁一号线区间隧道沿东西方向斜穿整个南坑，与中隔墙几乎平行，地铁隧道在基坑范围内的长度达150m。中隔墙与地铁隧道净距最小值为2.61m，已进入地铁隧道3m保护区内。

北坑开挖底面的设计标高低于地铁隧道的顶标高。

另外附近道路下密集的地下管线也给设计与施工带来了很大的难度。

在上述复杂的环境下，支撑开挖设计不但要保证基坑开挖的经济合理、安全可靠，更应重视对地铁区间隧道的保护，采取必要的措施，以确保地铁的正常营运。

2. 工程地质概况

根据"上海市卢湾区淮海中路139号地块项目工程土地勘探报告"可知，围护结构深度范围内涉及的主要土层有：

(1) 第①$_1$层杂填土：湿、松散、软塑，局部表面为路面，下部含有大量碎石、砖块和砂子；

第①$_2$层素填土：灰黄、湿、松散，主要为粉质黏土，含少量碎石；

第①$_3$层浜填土：黑灰色、饱和、软塑，含有机质及腐殖质，有臭味。

(2) 第②层褐黄色粉质黏土：湿、可塑，层厚为1.6～3.3m，层底标高为－0.55～－0.78m。天然含水量平均值$w=31.49\%$，孔隙比$e_0=0.893$，$\gamma=18.98kN/m^3$，$c=12.33kPa$，$\varphi=12.54°$。属中压缩性土。

(3) 第③层灰色淤泥质粉质黏土：饱和、流塑，含云母碎片，层厚3.55～5.70m，层底标高为－3.52～－5.96m。$w=43.65\%$，$e_0=0.893$，$\gamma=17.8kN/m^3$，$c=6.3kPa$，$\varphi=14.4°$。属高压缩性土。

(4) 第④层灰色淤泥质黏土：饱和、流塑，层厚为5.6～9.5m，层底标高为－11.2～－14.25m。$w=48.7\%$，$e_0=1.383$，$\gamma=17.1kN/m^3$，$c=8.8kPa$，$\varphi=6.3°$。属高压缩性土。600mm厚地下连续墙墙底即座落在此层上。

(5) 第⑤$_1$层灰色粉质黏土：很湿，软—可塑，层厚为4.5～10.80m，层底标高为－17.67～－22.21m。$w=3.61\%$，$e_0=1.052$，$\gamma=18.2kN/m^3$，$c=10.0kPa$，$\varphi=9.5°$。属高压缩性土。

第⑤$_2$层灰色粉质黏土夹粉砂薄层：很湿、软—可塑，层厚为22～27.4m，层底标高为－44.1～－49.61m。$w=33.5\%$，$e_0=1.026$，$\gamma=17.8kN/m^3$，$c=6.3kPa$，$\varphi=14.4°$。属中压缩性土。800mm厚地下连续墙墙底即座落在此层上。

3. 地铁保护设计控制标准

根据上海市市政工程管理局［沪市政法（94）第856号］通知，邻近地铁隧道的工程施工，必须符合以下标准：

（1）地铁结构设施绝对沉降及水平位移量＜20mm（包括各种加载和卸载最终位移量）；

（2）隧道变形曲线半径 R＞15000m；

（3）相对弯曲＜1/2500。

4. 支撑开挖方案的选择及对地铁隧道的保护措施

上海广场位于市区繁华地段，夹于淮海路和金陵路，不仅贴近地铁区间隧道，而且附近道路下面有密集的地下管线，因此对开挖所引起的地层位移有很高要求。这就要求施工与设计必须密切配合，精心设计，精心施工，在支撑系统的布置、选材、坑内土体加固及土方开挖顺序上进行优化，以减少围护结构及周围地层的变形，确保地铁的正常使用。我们在计算分析了基坑开挖卸载带来的地层移动对地铁的影响变形后，根据情况制定了以下保护地铁的设计控制重点。

北坑（深坑）：由于地铁上、下行线平行紧靠围护墙外侧，因此必须严格控制基坑开挖后地下连续墙的侧向位移，主要以限制地下墙的变形和坑内隆起来达到保护地铁隧道的目的。

南坑（浅坑）：地铁上、下行线位于南坑下方，因此必须严格控制南坑开挖卸载引起的基坑内土体的回弹，以达到保护位于坑底下方的地铁隧道的目的。

根据以上原则，我们对南北两坑进行支撑、开挖、地基加固及降水井点设计。

1) 坑内外加固

基坑加固平面图见图 19-27，剖面图见图 19-28。

（1）北坑

针对现有的工程条件，基坑内进行局部地基加固，普安路、金陵路一侧地下连续墙在基坑外围采用钻孔灌注桩进行加固。基坑内土体加固可减少围护结构的变形及周围地层的移动，不仅可以保护地铁隧道，而且可有效减少围护墙体弯矩。钻孔灌注桩加固可起到补强的作用，使基坑不致由于两侧土压不平衡而产生附加变形。

北坑内部采用三重管高压旋喷桩加固。在基坑底面以下贴着中隔地下连续墙进行不间断加固，加固区总宽度为 15.0m，沿中隔地下连续墙 3.3m 范围内高压旋喷桩的厚度为 13m，达到了地下连续墙脚趾以下 2m；其余部分的加固区厚度视基坑开挖深浅变化，为 4.50～5.60m。为了减少在开挖过程中，墙体上部的变形，在基坑面以上沿着中隔地下连续墙进行条块状加固，从基坑面往上至第四道支撑顶面范围内，加固宽度为 10m；再往上至第三道支撑底面范围内，加固宽度为 5m。条块宽 2.5m，间距约 3.5m。

北坑其他部分采用高压旋喷桩进行格栅状加固，地下连续墙边宽度为 5m，格栅宽 2.5m，间隔 10m。

加固材料采用 32.5 级普通硅酸盐水泥，水灰比 1.0，浆液中加入速凝剂。桩体直径≥1.0m，加固后无侧限抗压强度≥1.0MPa，桩身强度不小于 1MPa（28 天）。

针对普安路、金陵路一侧地下连续墙现有工程情况，从与中隔墙变形协调及受力均匀考虑，开挖前采用钻孔灌注桩加固，直径 ϕ850，深 30m。地下连续墙与钻孔灌注桩之间的间隙采用高压旋喷桩加固密实，高压旋喷桩深度为 30m。高压旋喷桩 45 天内的无侧限抗压强度为 2MPa，高压旋喷桩与地下连续墙和钻孔灌注桩之间的摩阻力均为 0.3MPa，

19.6 工程实例—上海广场基坑工程 733

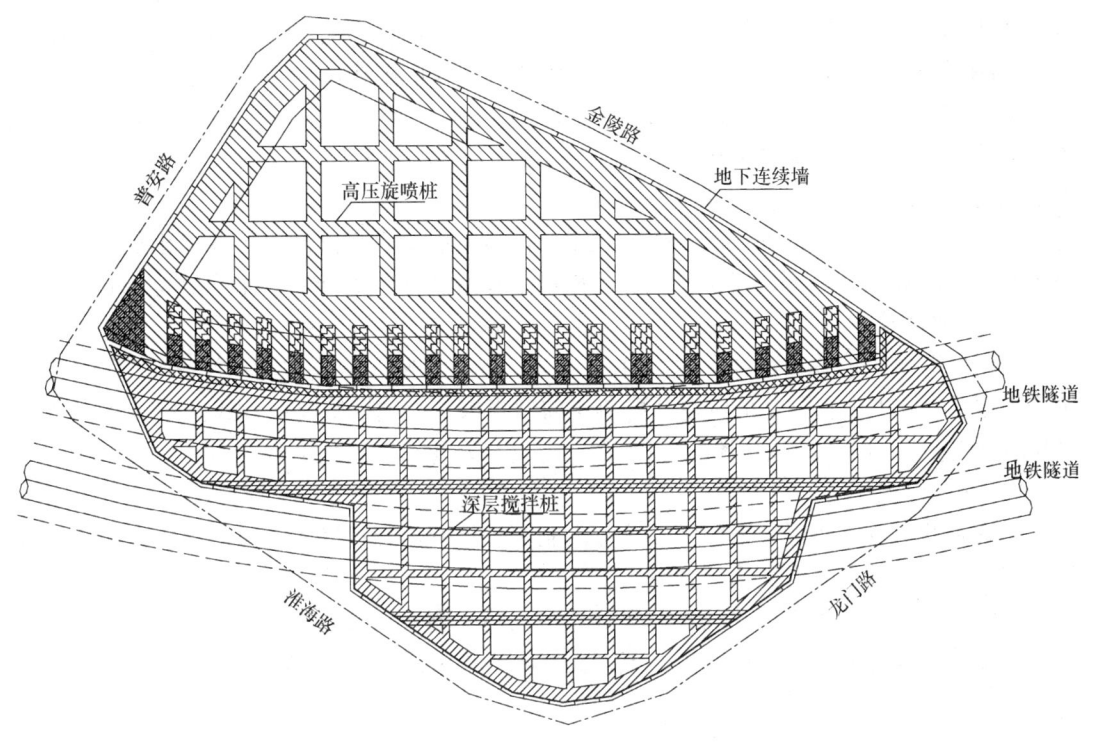

图 19-27 基坑加固平面图

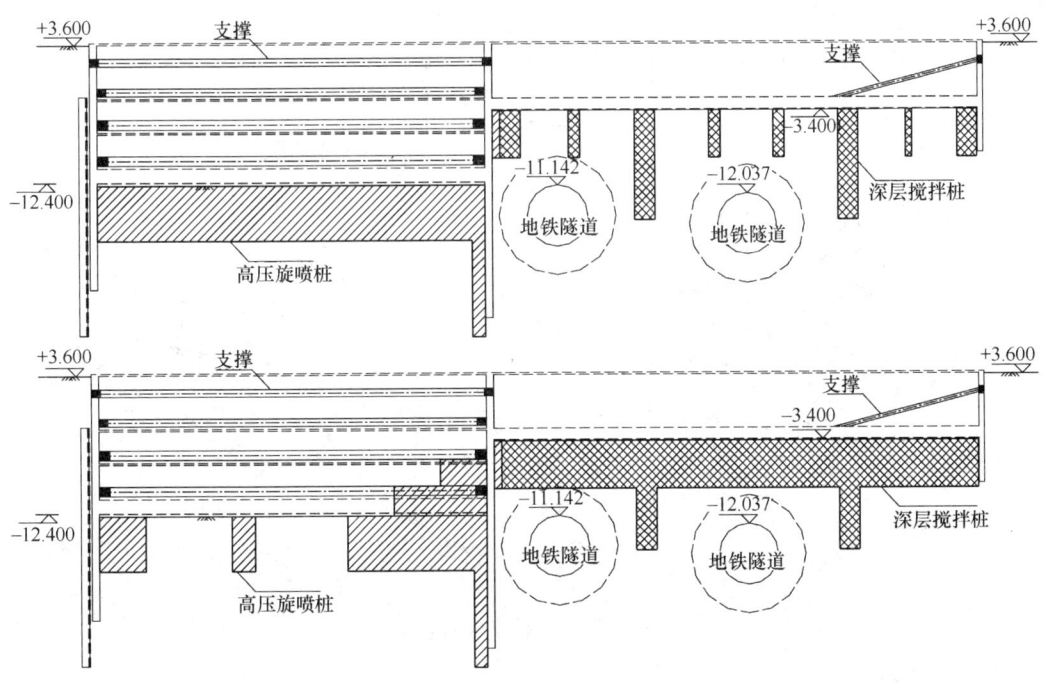

图 19-28 基坑加固剖面图

高压旋喷桩桩径大于 1.4m。

(2) 南坑

南坑采用深层搅拌桩加固，加固材料采用 425# 普通硅酸盐水泥，水泥掺量为 13%，水灰比为0.5，加固后无侧限抗压强度为1MPa。加固区采用格栅式布置，加固厚度为5m，格栅宽1.2m，间隔5.8m。另外为了增加加固体的抗隆起能力，隧道两侧两条格栅宽2.2m，厚度11.5m；中隔墙与深层搅拌桩之间另加一排高压旋喷桩以使深层搅拌桩与中隔墙紧密接触，高压旋喷桩桩体直径1.0m，其余各项指标同北坑。深层搅拌桩与其他地下墙之间间隔200mm，不再填充。

另外，为减少对加固面以上土体的扰动，高压旋喷桩在加固面以上继续注浆提升，并采用水泥浆填充桩孔；深层搅拌桩在加固面以上亦继续注浆提升，水泥掺量为7%。

2) 坑内降水

开挖中北坑采取真空深井降水，井深为24.1m，每隔20m左右设置一个，降水后基坑底部以下2m内无水，北坑应在开挖前4周预降水。南坑采用放坡盆式开挖，边坡范围采用轻型井点降水，中部采用坑内明排水，南坑在开挖前2周预降水。

3) 支撑设置

考虑到北坑为三角形，采用钢支撑对限制围护体变形容易采取措施，经比较计算，最后选定了四道钢筋混凝土支撑的方案。

在北坑顺利开挖完成的基础上，南坑近中隔墙一侧采用放坡式开挖，淮海路一侧采用一道钢支撑，局部荷载较大处采用二道钢支撑，支撑平面图见图19-29。

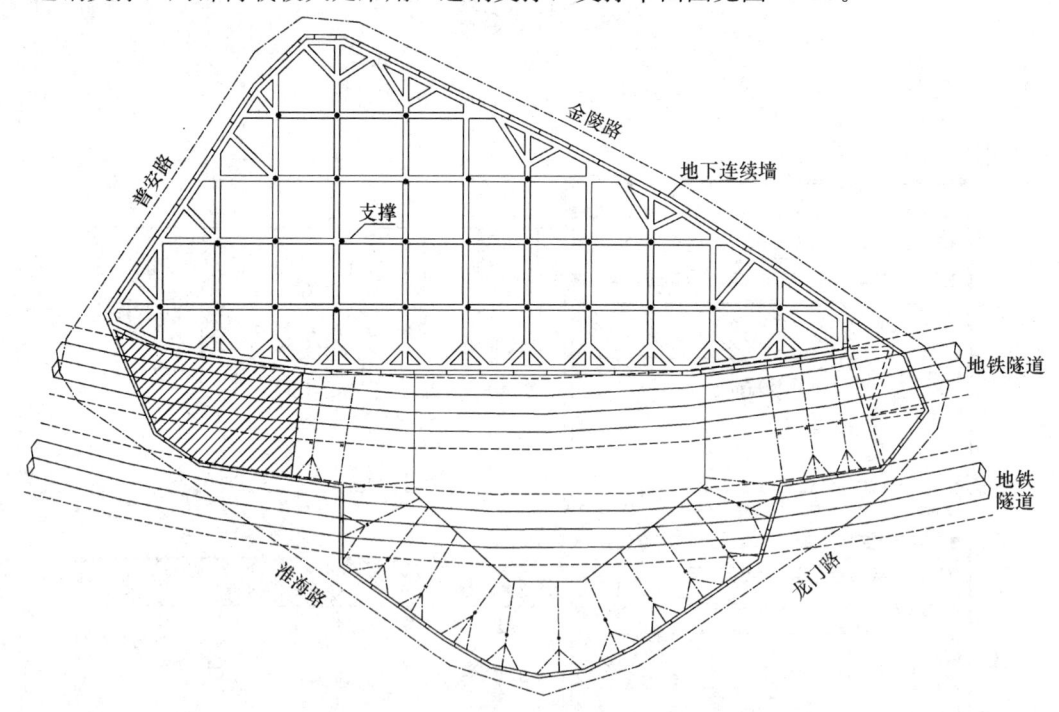

图19-29 支撑平面布置图

5. 土方开挖

1) 土方开挖原则

开挖时，采用先北坑后南坑的顺序。

北坑土方开挖，应用"时空效应"原理，严格遵循分层、分区、分块、分段，留土护壁，先形成中间支撑，后限时对称平衡形成端头支撑，减少无支撑暴露时间。北坑四周相应区段内的土方的开挖及该区段内的支撑与围檩的浇筑应保证在 48h 内完成,尽量缩短无支撑暴露时间,减少位移,以保证地铁、周围管线及基坑的安全,严禁超挖。

北坑土方共分五层进行开挖,每层中再分区、分块。第一、三层采用条块开挖方式,其余首先挖去每层土方的中间部分,基坑四周留土护壁,留土宽度大于 12.0m。塔楼部分垫层采用加强垫层。

南坑开挖时,首先分块挖去中隔墙中部土方,挖一块,浇一块垫层及底板,淮海路一侧留土护壁,留土宽度不小于 12m。每块土方挖除、支撑安装及垫层和底板的浇捣在 30h 以内完成。

2) 土方开挖顺序

(1) 北坑

基坑自上而下分五层开挖和浇筑钢筋混凝土支撑(混凝土垫层视为第五道支撑)。

第一层土,深约 2.3m,土方量 11500m³,共用 13 天挖完,由东向西分三大块,随挖随撑,钢筋混凝土支撑逐块成形,见图 19-30。

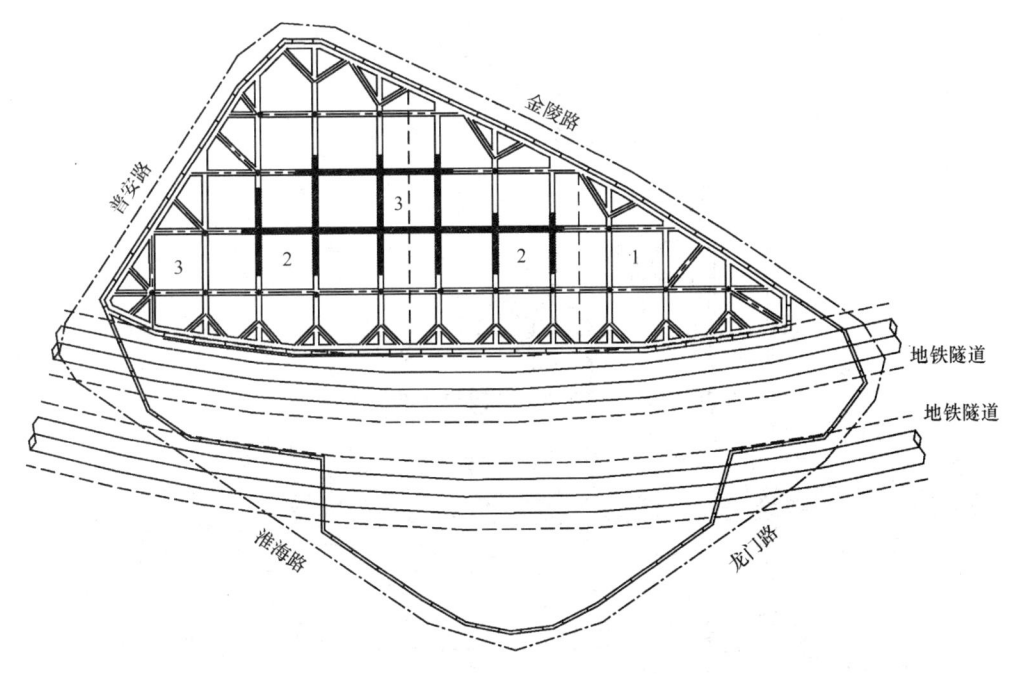

图 19-30 第一层土开挖顺序图

第二层土,深约 2.1m,土方量 10500m³,共用 16 天挖完,采用条格式开挖,由东向西共分成五个条块,相邻条块土方的开挖须在前一条块内钢筋混凝土支撑形成后方可进行,见图 19-31。

第三、四层土深度分别为 2.4m 和 2.8m,土方量分别为 17000m³ 和 18000m³,分别用 24 天和 27 天完成。第三、四层土开挖和支撑施工分 8 个步序进行,共完成了 18 个开挖块工序,见图 19-32。

第一步开挖中间部分土体,在开挖底面标高比支撑底面高 0.5m 时,通过人工掏挖沟

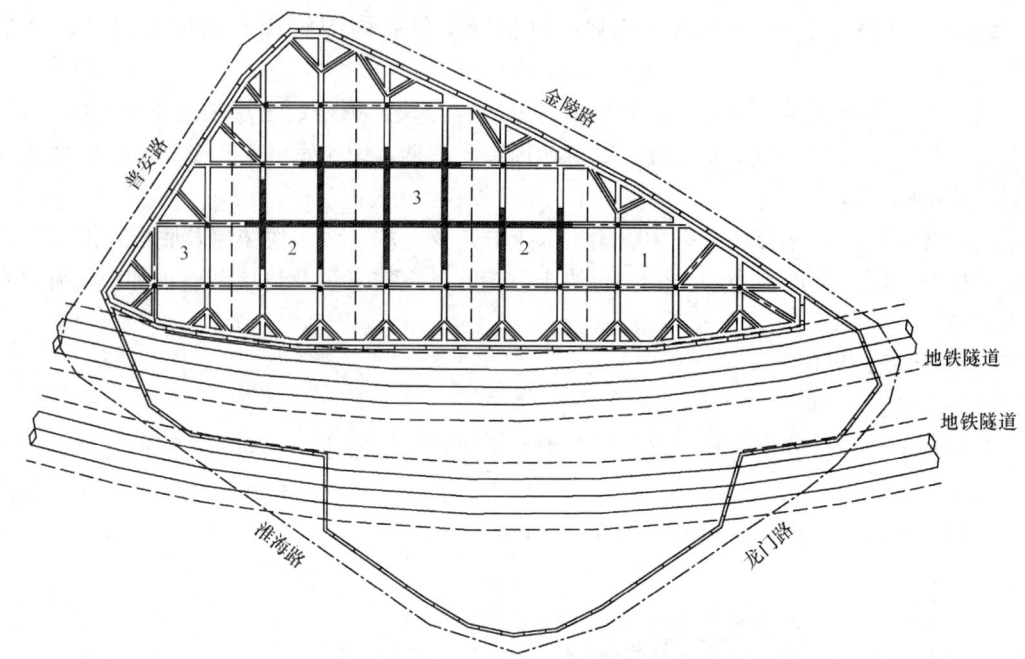

图 19-31 第二层土开挖顺序图

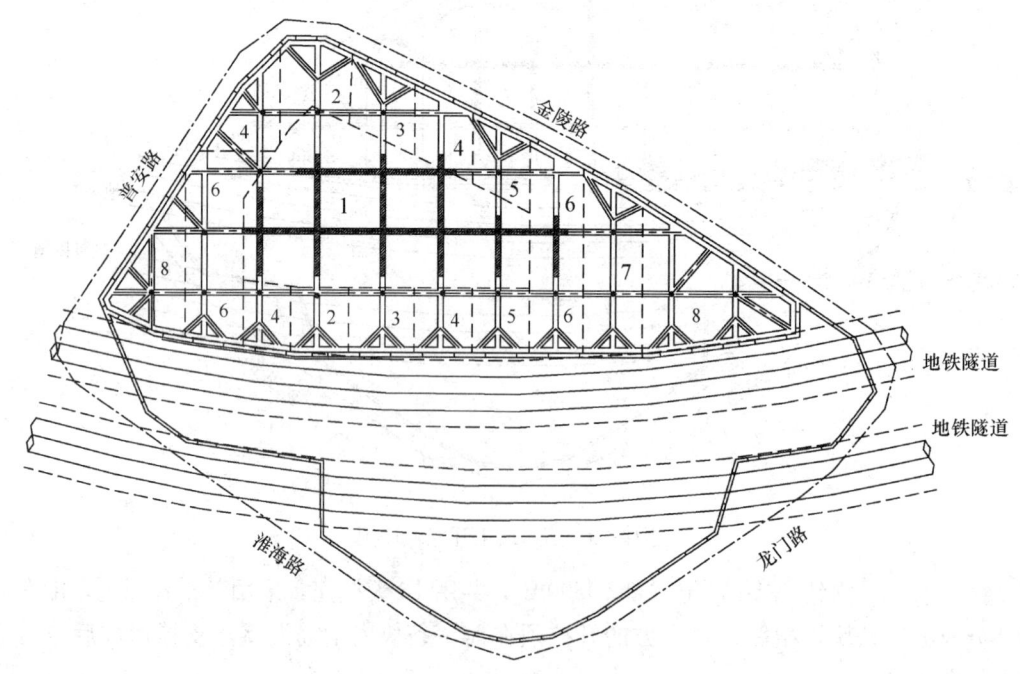

图 19-32 第三、四层土开挖顺序图

槽在其中支模浇筑钢筋混凝土支撑。此时未挖除的土堤可起到阻止地下墙变形的作用，土堤底宽 12m，坡度为 1∶1.5。

第二、三、五步序中，每个步序中有 2 个旨在对称、平衡开挖及同时支撑的施工工作面。第二、三、五步序完成后支撑贯通，可起到限制围护体变形作用。

第四、六步序中，每步序中有 4 个旨在对称、平衡开挖及同时支撑的施工工作面。四、六步序完成后支撑贯通，可起到限制围护体变形作用。

基坑端头护壁土方的开挖和支撑工作在 48h 内完成，以保证地下墙在开挖后的无支撑暴露时间在 48h 内。

第五层土方深 3.4～4.4m，土方量 2000m^3。共分 6 个条块，第一条块由北向南逐步开挖，最后挖除中隔墙侧土方形成第五道垫层支撑。第一条块用时 3～4 天，见图 19-33。

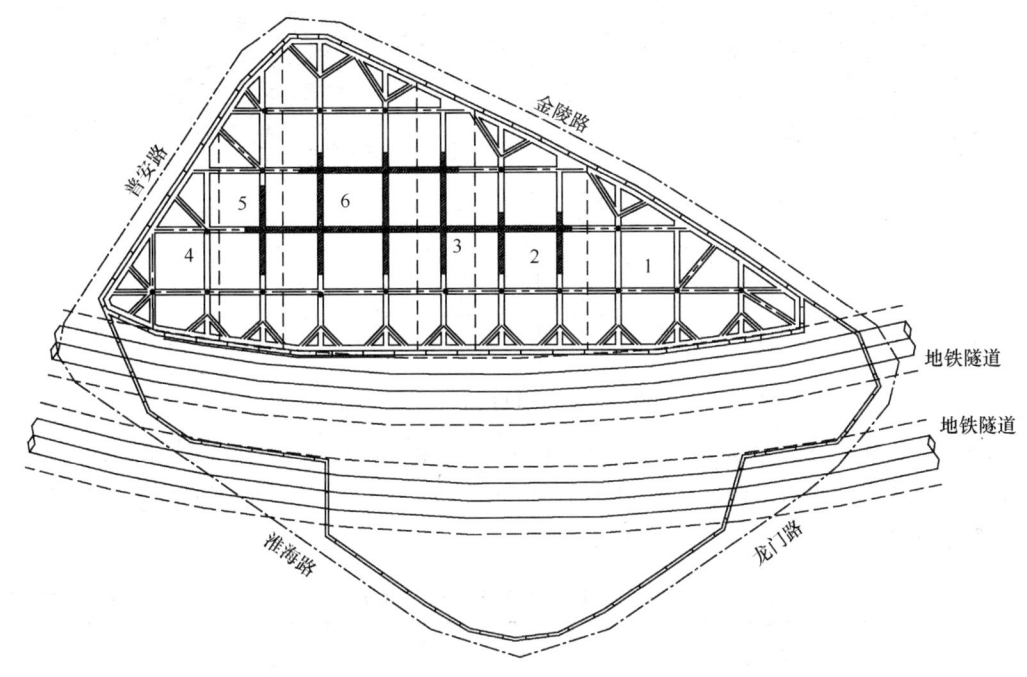

图 19-33 第五层土开挖顺序图

（2）南坑

南坑深 6.9m，土方量 32000m^3。按照理论分析及北坑的开挖经验，南坑主要分四大块进行开挖。每一块又分几个小块，见图 19-34。

对于第一区，每一小块均按从北向南的顺序开挖。在 30h 内挖一段，浇筑一段垫层及底板。待底板达到一定强度后，再进行压载。这样可有效控制基坑回弹隆起，进而约束地铁隧道的上浮。

待第一区开挖完成后，由西向东进行第四区的土方开挖，每安装完一道钢支撑，挖除相应部位的土方，浇捣垫层。接着挖下一道支撑处土方。

第二及第三区可采用与第四区近似的方法进行。在钢筋混凝土楼板（支撑）处采用掏挖方式进行。

6. 监测结果

各工况下地铁上、下行线的水平位移与沉降见表 19-3～表 19-6。表中管片位移测点编号按照顺序从西到东均匀分布，测点兼作竖向沉降点和水平位移点。

根据基坑开挖完全结束后，地铁下行线最大侧向位移为 13.1mm，最大沉降为

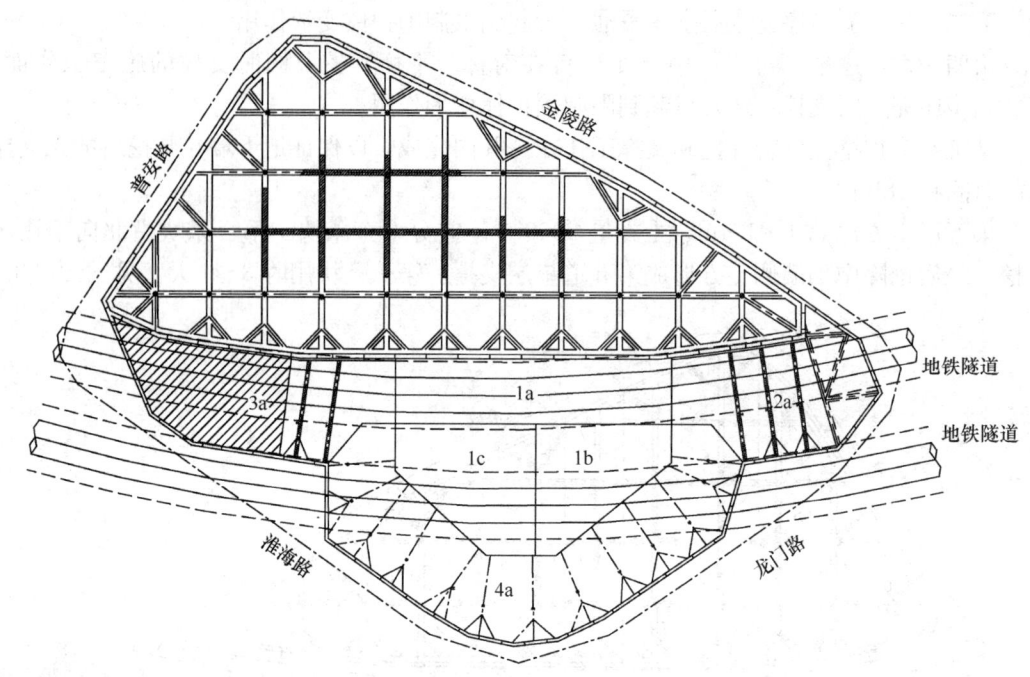

图 19-34 南坑挖土示意图

10.37mm；地铁上行线最大侧向位移为 10.1mm，最大沉降为 13.2mm，均小于设计值 19.84mm，满足"绝对沉降、位移量小于 20mm"的控制要求，同时其曲率半径和相对弯曲均满足地铁的要求。

上行线隧道对应各工况水平位移情况表（mm） 表 19-3

	第一层土开挖结束后		第二层土开挖结束后		第三层土开挖结束后	
	位移增量	水平位移	位移增量	水平位移	位移增量	水平位移
UH1	0	0	−0.5	−0.5	−1	−1
UH2	−0.3	−0.3	−0.5	−0.8	0	−1.3
UH3	−0.5	−0.5	0	−0.5	−1.5	−2.5
UH4	0.9	0.9	2.7	3.4	−3.5	−0.1
UH5	0.5	0.5	1	1.5	−3.5	−3
UH6	−0.4	−0.4	−1.2	−0.4	−0.8	−2.5
UH7	−0.5	−0.5	2.2	2.7	1.9	4.6
UH8	0.1	0.1	3.5	3.6	2	6.1
UH9	−1.8	−1.8	2.8	2.2	1	3.2
UH10	−0.1	−0.1	3	3.8	−2	2.3
UH11	−1	−1	1.2	1.2	−0.7	1
UH12	−0.1	−0.1	0.3	0.5	0.2	0.7

续表

	第四层土开挖结束后		第五层土开挖结束后		第六层土开挖结束后	
	位移增量	水平位移	位移增量	水平位移	位移增量	水平位移
UH1	0.5	−0.5	0	−0.5	0	−0.5
UH2	0.5	−0.8	0	−0.8	0	−0.8
UH3	2	−0.5	0	−0.5	0	−0.5
UH4	2	1.9	0	1.9	0	1.9
UH5	2	−1	0	−1	0	−1
UH6	1.2	−1.3	0	−1.3	0	−1.3
UH7	1.4	6	1.3	7.3	0	7.3
UH8	3	9.1	1	10.1	0	10.1
UH9	3	6.2	0.5	6.7	0	6.7
UH10	1.5	3.8	0.5	4.3	0	4.3
UH11	0.5	1.5	0	1.5	0	1.5
UH12	0.5	1.2	0	1.2	0	1.2

上行线隧道对应各工况竖向沉降情况表（mm） 表 19-4

	第一层土开挖结束后		第二层土开挖结束后		第三层土开挖结束后		第四层土开挖结束后	
	沉降增量	竖向沉降	沉降增量	竖向沉降	沉降增量	竖向沉降	沉降增量	竖向沉降
US1	−0.52	−0.52	−0.77	−0.52	0.21	0.28	−0.36	−0.08
US2	−0.72	−0.72	−0.53	−0.9	0.44	0.1	−0.16	−0.06
US3	−0.88	−0.88	−0.59	−1.3	1.12	0.7	−0.05	0.65
US4	−1.19	−1.19	0.14	−1.6	1.3	−0.11	0.01	−0.1
US5	−0.99	−0.99	−1.04	−2.27	1.41	0.37	−1.35	−0.98
US6	−0.55	−0.55	0.19	−0.74	0.8	0.01	−0.56	−0.55
US7	−0.46	−0.46	−0.34	−0.79	3.01	0.16	1.34	1.5
US8	−1.59	−1.59	0.07	−1.3	0.84	−0.27	0.53	0.31
US9	−1.94	−1.94	−0.34	−2.05	0.68	−0.68	0.95	0.27
US10	−1.13	−1.13	−1.34	−3.28	0.57	−1.33	0.33	−1
US11	−1.39	−1.39	−2.02	−3.94	0.28	−2	0.35	−1.65
US12	−1.18	−1.18	−2.21	−3.94	−0.62	−2.8	5.48	2.68

续表

	第五层土开挖结束后		从深区开挖完毕到浅区开挖前		浅区开挖结束后	
	沉降增量	竖向沉降	沉降增量	竖向沉降	沉降增量	竖向沉降
US1	−0.42	−0.5	−0.97	−1.47	−0.46	−1.93
US2	−0.61	−0.61	−0.93	−1.54	−2.17	−3.71
US3	0.53	0.53	−2.02	−1.49	−2.2	−3.69
US4	−0.84	−0.84	−1.82	−2.66	−0.41	−3.07
US5	−1.43	−1.43	−0.17	−1.6	5.82	−4.22
US6	−1.56	−1.56	−0.42	−1.98	14.49	12.51
US7	−1	−1	0.2	−0.8	14	13.2
US8	−1.95	−1.95	0.11	−1.84	11.89	10.05
US9	−3.11	−3.11	−0.18	−3.29	6.36	3.07
US10	−4.92	−4.92	−0.3	−5.22	1.66	−3.56
US11	−4.68	−4.68	−1.95	−6.63	0.53	−6.1
US12	2.67	2.67	−11.5	−8.83	0.97	−7.86

下行线隧道对应各工况水平位移情况表（mm） 表 19-5

	第一层土开挖结束后		第二层土开挖结束后		第三层土开挖结束后	
	位移增量	水平位移	位移增量	水平位移	位移增量	水平位移
DH1	−0.9	−0.9	2.2	1.3	1	0.3
DH2	−0.6	−0.6	0.7	0.1	4.8	−0.1
DH3	−0.5	−0.5	4.5	4	7	3
DH4	−0.1	−0.1	3.5	3.4	7	4.9
DH5	−0.1	−0.1	3.3	3.2	3	3.2
DH6	0.4	0.4	3.7	4.1	3.7	0.8
DH7	−0.7	−0.7	2.5	1.8	7.5	3.3
DH8	0.7	0.7	2.5	3.2	9	3.2
DH9	2.5	2.5	1.6	4.1	8	2.6
DH10	1.1	1.1	1.5	2.6	2	1.1
DH11	1.3	1.3	1.5	2.8	−0.5	1.3
DH12	−0.3	−0.3	0.5	0.2	0	0.2

续表

	第四层土开挖结束后		第五层土开挖结束后		第六层土开挖结束后	
	位移增量	水平位移	位移增量	水平位移	位移增量	水平位移
DH1	0.5	0.8	0.5	1.3	0	1.3
DH2	1.5	1.4	2	3.4	0	3.4
DH3	4	7	−0.5	6.5	0	6.5
DH4	4	8.9	−2	6.9	0	6.9
DH5	6	9.2	1.5	10.7	0	10.7
DH6	5.7	6.5	1.7	8.2	0	8.2
DH7	2	5.3	5	10.3	0	10.3
DH8	3.5	6.7	5.5	12.2	0	12.2
DH9	4.5	7.1	6	13.1	0	13.1
DH10	1.5	2.6	4	6.6	0	6.6
DH11	1	2.3	1	3.3	0	3.3
DH12	0	0.2	0	0.2	0	0.2

下行线隧道对应各工况竖向沉降情况表（mm） 表 19-6

	第一层土开挖结束后		第二层土开挖结束后		第三层土开挖结束后		第四层土开挖结束后	
	沉降增量	竖向沉降	沉降增量	竖向沉降	沉降增量	竖向沉降	沉降增量	竖向沉降
DS1	−0.05	−0.05	0.54	0.02	0.14	0.31	0.12	0.43
DS2	−0.02	−0.02	0.41	0.69	1.27	1.32	0.11	1.43
DS3	−1.3	−1.3	−0.17	−0.2	−1.12	−1.75	0.55	−1.2
DS4	1.35	1.35	2.25	2.71	3.16	3.46	−2.26	1.2
DS5	1.19	1.19	0.24	0.57	−0.7	0.98	0.99	1.97
DS6	1.06	1.06	1.51	1.23	0.24	1.42	1.23	2.65
DS7	0.46	0.46	1.66	0.46	2.33	1.09	2.43	3.52
DS8	0.58	0.58	1.45	1.27	3.55	1.18	2.47	1.05
DS9	0.09	0.09	0.71	−0.02	2.58	−1.42	2.05	3.23
DS10	0.92	0.92	0.52	0.89	1.72	1.87	1.71	3.58
DS11	0.76	0.76	0.09	−1.04	1.41	0.39	0.08	0.47
DS12	−0.04	−0.04	0.21	−0.9	1.77	−0.7	0.41	−0.29

续表

	第五层土开挖结束后		从深区开挖完毕到浅区开挖前		浅区开挖结束后	
	沉降增量	竖向沉降	沉降增量	竖向沉降	沉降增量	竖向沉降
DS1	−0.35	0.08	−2.37	−2.29	−0.16	−2.45
DS2	0.44	1.87	−1.92	−0.05	−4.13	−4.18
DS3	0.15	−1.05	0.75	−0.3	−5.74	−6.04
DS4	−0.09	1.11	−3.46	−2.35	−1.59	−3.94
DS5	−0.78	1.19	−2.65	−1.46	4.3	2.84
DS6	−0.97	1.68	−2.44	−0.76	9.05	8.29
DS7	−1.38	2.14	−1.36	0.78	9.59	10.37
DS8	0.8	4.03	−3.23	0.8	7.79	8.59
DS9	−3.04	−1.99	1.71	−0.28	3.45	3.17
DS10	−2.98	0.6	−1.01	−0.41	3.99	3.58
DS11	−1.87	−1.4	−1.48	−2.88	5.99	3.11
DS12	−1.61	−1.9	−1.34	−3.24	1.72	−1.52

参考文献

[1] 刘建航，侯学渊. 软土市政地下工程施工技术手册. 上海市市政工程管理局，1990 年.
[2] 刘建航，侯学渊. 基坑工程手册. 北京：中国建筑工业出版社，1997 年.
[3] 基坑工程时空效应理论与实践研究报告. 上海地铁公司、同济大学，2000 年.
[4] 软土基坑工程中时空效应理论与实践(上). 地下工程与隧道. 1999(3).
[5] 软土基坑工程中时空效应理论与实践(下). 地下工程与隧道. 1999(4).
[6] 上海市建设和管理委员会. 基坑工程设计规程(DBJ 08-61-97)[S]. 上海 1997.

第 20 章 高压旋喷桩的设计与施工

20.1 概 述

喷射注浆法又称旋喷法，是从 20 世纪 70 年代初期最先由日本开发的地基加固技术。传统的注浆方法是在浆液的压力作用下通过对土体的劈裂、渗透、压实达到注浆加固的目的，传统注浆技术已有悠久的历史及广泛的用途，但是对于细颗粒砂性土通过劈裂难以达到一些工程的要求（难以形成较好质量的加固体，包括均匀性强度和渗透性）。喷射注浆法是通过高速喷射流来切割土体并使水泥与土搅拌混合，形成水泥土体加固的做法，恰好弥补上述传统方法的不足，同时，由于用喷射流形成的加固体形状灵活，满足多种加固要求，因此当这种方法开发成功后，也就是自 70 年代中期以后，在世界范围内得到很快传播。我国自 70 年代末起在建筑物基础托换、工业建筑的基坑工程，以及水利建设工程中应用此方法。90 年代起随着我国大规模建设工程的发展，以及在上海、广州、北京等大城市的地下工程建设中及长江三峡等重大水利工程中的应用，这种技术在我国的应用范围迅速扩大，也使我国成为世界上喷射注浆法应用工程量最大的国家之一。在施工机具方面，由于工程机械制造水平的限制，长期以来我国应用最多的是三管法，自 90 年代后期，二管法的应用得到发展。配套机械的性能也有所提高。现在，喷射注浆法已列入国家行业规范《建筑地基处理技术规范》。

十余年来，旋喷工法的进步主要表现在施工技术的进步和应用范围的扩大。

从 70 年代末起，由于工业建设和市政工程的发展，一些深的基坑需要开挖，在开挖过程中为了防止涌土涌水，开始有的基坑采用旋喷加固，并采用三管法。

20 世纪 90 年代起，随着地铁、隧道、高层建筑地下室等地下工程的发展，旋喷工法的应用也随之增加，使用高压泥浆泵的二管法也开始得到应用，但更多的仍然是三管法。桩的直径通常在二管法采用 0.8~1.0m，而三管法为 1.0~1.5m。2004 年由于工程需要进一步加大桩径，开始采用类似于 RJP 工法的双高压旋喷法，即高压水和高压泥浆均采用 25MPa 以上的压力，桩的直径达到 1.8~2.3m。

除了桩径的变化，加固深度不断加深也是显著特点，由于地下工程深度的不断加深，起初旋喷桩长度一般小于 20m，而此后加固深度逐步延深到 30m、40m、50m，目前最大加固深度达到 55m。

在施工机械的制造、组合方面虽也有变化，但基本上均是中国的产品。

近十余年工程应用范围的扩大是另一个主要的特点，90 年代以来，大量兴建地铁车站，在车站建设中主要用于车站基坑坑底和侧壁的加固。在地铁隧道和其他交通隧道建设中主要用于盾构机工作井和进洞、出洞的工作面加固。在建筑物基坑的加固中多与保护相邻地铁车站、隧道，地下主要管线等有关。

用于形成挡水墙或底板以阻止基坑侧壁或基坑底部地下水的涌入是旋喷加固的又一重

要用途,随着基坑开挖深度的增加,更多的砂层在基坑侧壁或基坑底部出现,因而必须形成可靠的挡水墙或隔水底板,现在已先后完成基坑深40m侧壁的挡水,以及深基坑的大面积水平封底,并获得成功。

在国外除日本以外,欧洲、美国、东南亚、中东,以及中国台湾和香港特别行政区均有大量工程应用的实例。日本在原有的单管法、双管法和三管法的基础上,后来又开发了一系列新的工法,如多管法、超级旋喷法、双高压法,以及和深层搅拌法相结合的多种喷射搅拌法。欧洲在引进日本喷射工法的技术后,在施工机械方面有其自身的特点,例如在隧道工程中有不少采用水平旋喷加固的工程实例,在欧洲也已形成了喷射注浆技术标准。东南亚的泰国和新加坡都是喷射注浆在地下工程中应用较多的国家。在中东,埃及开罗的地铁建设中大量使用喷射注浆加固法,成为世界上单项工程中使用喷射注浆加固工程量最大的项目之一。美国从日本引进喷射注浆技术之后,也有一个发展的过程,自20世纪90年代引进超级旋喷工法之后,应用范围有进一步的扩大。喷射注浆法在美国基础托换工程、隧道工程、水利工程中均有应用,而且有的单项工程中使用规模也很大。

十余年来旋喷工法的应用范围不断扩大,表明了这种方法在解决各种地基加固中的使用价值,和在一些工程条件下的优越性,即可以节省工程成本,缩短工期,还确保了地下工程的安全。虽然已在大量工程中应用,但是旋喷工法在技术上也仍然存在不少问题,有待于进一步解决。这其中主要原因在于旋喷加固的积累在地下形成的加固体范围和强度及其分布情况,虽然通过取芯可以取得强度的数据,但是加固直径和强度分布情况只有通过开挖才可得到较详细的数据,而直接开挖在许多情况下难以实现,因此地基加固技术的经验积累更加困难。除此之外,地下工程地质条件的多变和各种工程对旋喷的要求有很大的差别,甚至不具有重复性,因此增加了经验积累的困难。

因此,如何进一步解决判断桩的加固范围和强度分布仍是本项工法的努力方向。

除此之外,旋喷桩的质量与施工参数的选择和施工过程中对施工参数的控制密切相关,因此正确选择施工参数和在施工过程中全程记录施工参数就成为确保加固质量的关键。这也是今后需要继续完成的工作。

大量的地下工程实践证明旋喷法是一种用途广泛的地基加固技术,在基坑工程中用于挡水和减少地基变形效果显著,解决了许多复杂基坑、隧道工程中的难题,确保了工程安全,并且降低了工程造价和加快了施工进度。

但是,旋喷法又是地基加固的许多方法中技术上不确定因素较多的方法之一。因此,施工者的经验和管理就成了预防失败的关键。

20.2 基本概念

20.2.1 基本概念

地基加固通常分为两种类型:结构物的地基加固和施工期间地基加固。前者属永久性加固,后者是施工期间的临时加固。

地基加固按加固目的有以下不同特点:

(1) 强度特性的改良,即提高抗剪强度。通过土体强度的改良,提高地基承载力,提高斜坡稳定性，防止基坑涌土。

（2）降低土体压缩性。主要是减少土体压缩变形，或减少土体侧向位移引起的地基下沉。

（3）改善透水性。通过加固减少土的透水性以形成隔水帷幕，阻止渗水或防止流砂、管涌的发生。

（4）改善动力特性。对松散砂进行地基加固，可防止地基液化，改善抵抗振动荷载的性能。

根据加固所起的作用，旋喷桩设计可以分为下列不同的目的：

（1）止水，形成隔水帷幕，切断地下水的渗流。

（2）防止坑底部软黏土失稳或砂性土管涌，以及加固基坑被动土压力区。

（3）对相邻构筑物或地下埋设物的保护。

（4）旧有构造物地基的补强。

（5）桩基础的补强。

（6）盾构法和顶管法施工始末端的加固。

（7）其他。

设计的一般程序参见图20-1。图中所示的地质条件是指土的性质。一般来说，对松散、软弱的土层，其加固范围大，即桩径大或喷射距离长；反之，对坚硬的土层其切割的范围小，桩径也较小。砂性土易于分散，故与硬化剂混合均匀、充分，而黏性土较难分离，搅拌均匀度较差。

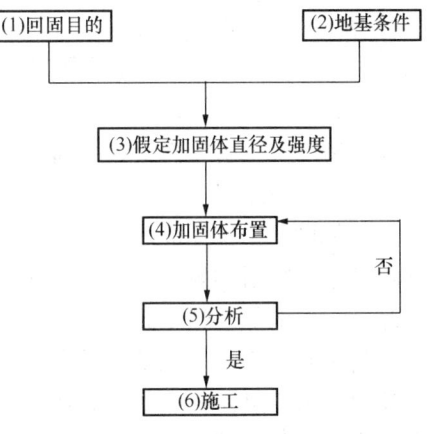

图 20-1 喷射注浆法设计程序

一般来说，下列土质的加固效果较佳。

砂性土：$N<50$；

黏性土：$N<10$；

填土：不含或含少量砾石。

下列土质条件则需要慎重考虑：

坚硬土层：$N>50$ 的砂质土，以及 $N>10$ 的黏性土；

人工填土层：填筑时间很短的人工填土，尤其是堆积松散，含有块石、存在大裂隙的人工填土；

砾砂层：含有卵石的砾砂层，因浆液喷射不到卵石后侧，故常需通过现场试验。

20.2.2 加固原理和加固方法

1. 加固原理

喷射注浆法加固地基通常分成两个阶段：

第一阶段为成孔阶段，即采用普通的（或专用的）钻机预成孔或者驱动密封良好的喷射杆和带有一个或两个横向喷嘴的特制喷射头进行成孔。成孔时采用钻孔的方法，使喷射头达到预定的深度。

第二阶段为喷射加固阶段，即用高压水泥浆（或其他硬化剂），以通常为15MPa以上的压力，通过喷射管由喷射头上的直径约为2mm的横向喷嘴向土中喷射。与此同时，钻

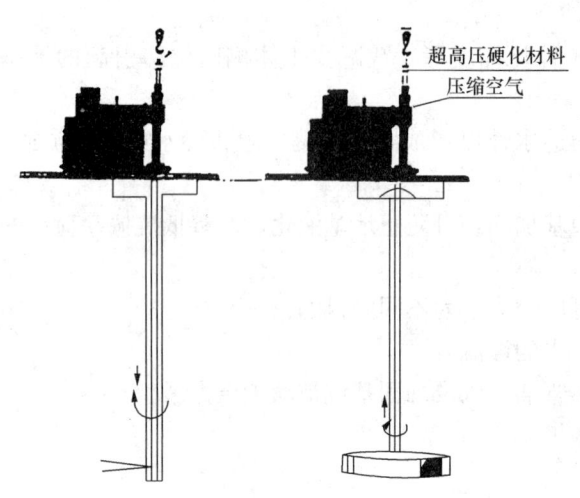

图 20-2　旋喷桩施工方法

杆一边旋转，一边向上提升。由于高压细喷射流有强大切削能力，因此喷射的水泥浆一边切削四周土体，一边与之搅拌混合，形成圆柱状的水泥与土混合的加固体，即是目前通常所说的"旋喷桩"（图 20-2）。

有时，根据工程需要，也可形成"片状"加固体，如隔水帷幕。此时，只要在喷射高压水泥浆时，钻杆只提升，而不旋转，即所谓定向喷射。这种情况下，常常采用一个喷嘴或两个喷嘴进行喷射。

此外，也可只在一个限定的角度范围内（如 120°）往复喷射，即所谓"摆喷"。

喷射注浆法的加固半径 R_n 和许多因素有关，其中包括喷射压力 P、提升速度 S、现场土的剪切强度 τ、喷嘴直径 d 和浆液稠度 B 等。

$$R_n = f(P, S, \tau, d, B \cdots)$$

加固范围与喷射压力 P、喷嘴直径 d 成正比，而与提升速度 S、土的剪切强度 τ 和浆液稠度 B 成反比。

加固强度与单位加固体中的水泥含量、水泥浆稠度和土质有关。单位加固体中的水泥浆含量愈高，喷射的浆液愈稠，则加固强度愈高。此外，在砂性土中的加固强度显然比在软弱黏性土中的加固强度高。

喷射注浆加固是在地基中进行的，四周介质是水和土，因此，虽然钻机喷嘴处具有很大的喷射压力，衰减仍然很快，切削范围较小。为了扩大喷射注浆的加固范围，又开发了一种将水泥浆与压缩空气同时喷射的方法。即在喷射液体的喷嘴周围，形成一个环状的气体喷射环，当两者同时喷射时，在液体喷射流的周围就形成空气的保护膜。这种喷射方法用在土或液体介质中喷射时，可减少喷射压力的衰减，使之尽可能接近在空气中喷射时的压力衰减率，从而扩大喷射半径。

但是，喷射注浆尚存在着一些有待改进的问题：

（1）施工质量控制受人为影响的因素较多，尤其在我国质量控制尚不能全部用仪表控制。

（2）设计计算不确定的因素较多，需要设计、施工人员有经验才能取得较好的结果。

（3）质量检验方法有待进一步完善。

此外，由于这种方法适用的范围和用途十分广泛，例如它可以用于提高建筑物地基承载力，又可用于基坑工程土质加固，减小基坑位移，防止涌土或隔水，还可以用于地下管线保护和水利工程中防止管涌等，在土质方面它既可适用于粗颗粒砂砾性土，还可使用于黏性土等各种土质。此外，喷射注浆法本身又可根据工艺的不同分为单管、双管和三管法。由于上述原因，使得喷射注浆法工程应用表现出很强的"个性"，也就是说尽管有许多工程应用，但是因具体条件、目标各异，并常遇到新的问题。

同时，喷射注浆法由于它自身的特性，与桩基或一些其他的加固方法不同的是，加固的效果常常难以准确的检验和评价。

上述诸多因素，就使得在喷射注浆法加固中，工程经验显得十分突出，也就是说，喷射注浆法成功的应用，除了要依赖人们对这项技术（包括工艺、材料）准确的掌握之外，还要依赖其工程经验，这种工作经验既包括其自身的，也包括国内外他人经验的收集、分析。

2. 加固方法

1) 单管法、二管法和三管法

单管法、二管法和三管法是目前使用最多的方法。其加固原理基本是一致的，施工工艺流程概括如图 20-3 所示。

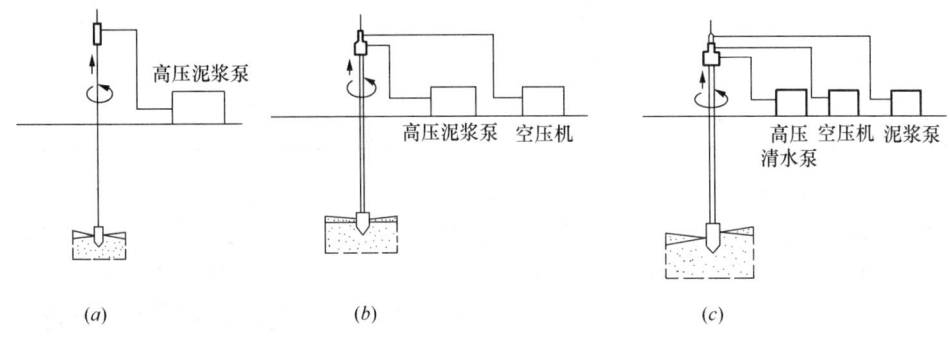

图 20-3 喷射注浆法施工工艺流程
(a) 单管法；(b) 二管法；(c) 三管法

单管法和二管法中的喷射管较细，因此，当第一阶段贯入土中时，可借助喷射管本身喷射，只是在必要时，才在地基中预先成孔（孔径为 $\phi 6 \sim 10 \mathrm{cm}$），然后放入喷射管进行喷射加固。采用三管法时，喷射管直径通常是 7～9cm，结构复杂，因此有时需要预先钻一个直径为 15cm 的孔，然后置入三喷射管进行加固。成孔可以采用一般钻探机械，也可采用振动机。

各种加固法，均可根据具体条件，采用不同类型的机具和仪表。

单管法施工的一种工艺布置如图 20-4 所示。其中，水泥、水和膨润土采用称量系统，并二次进行搅拌、混合，然后输入到高压泵。

三种方法的常用施工参数如表 20-1 所示。

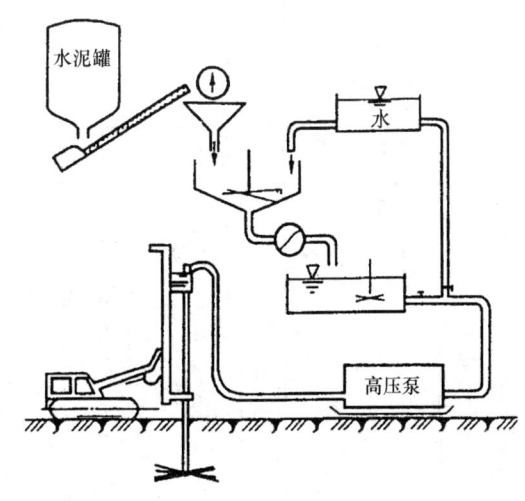

图 20-4 单管法施工

2) RJP 工法

RJP 工法全称为 Rodin Jet Pile 工法，是在三管工法基础上开发出来的。它仍使用三管，分别输送水、气、浆，与原三管工法不同的地方是，水泥浆用高压喷射，并在其外围环绕空气流,进行第二次冲击切削土体。RJP工法固结体直径大于三管工法。该工法的示意图如图20-5所示。

喷射注浆法分类　　　　　　　　　　　　表20-1

分类方法	单管法	二重管法	三重管法	
喷射方法	浆液喷射	浆液、空气喷射	水、空气喷射、浆液注入	
硬化剂	水泥浆	水泥浆	水泥浆	
			高压	低压
常用压力 (MPa)	15.0~20.0	15.0~20.0	20.0~40.0	0.5~3.0
喷射量 (L/min)	60~70	60~70	60~70	80~150
压缩空气 (kPa)	不使用	500~700	500~700	
旋转速度 (rpm)	16~20	5~16	5~16	
桩径 (cm)	30~60	60~150	80~200	
提升速度 (cm/min)	15~25	7~20	5~20	

3) SSS-MAN工法

SSS-MAN工法需要先打入一个导孔置入多重管,利用压力大于或等于40MPa的高压水射流,旋转运动切削破坏土体,被冲下来的土、砂和砾石等立即用真空泵从管中抽出到地面,如此反复冲切土体和抽泥,并以自身的泥浆护壁,便在土中冲出一个较大的空

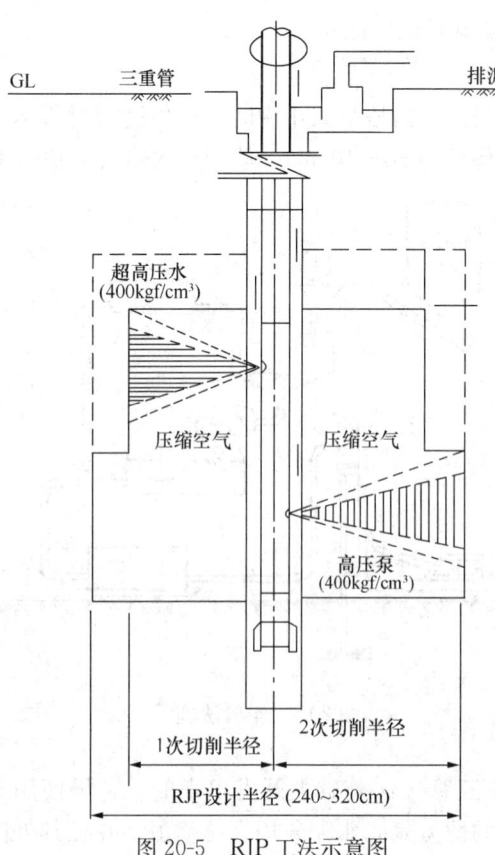

图20-5　RJP工法示意图

洞,依靠土中自身泥浆的重力和喷射余压使空洞不坍塌。装在喷头上的超声波传感器及时测出空洞的直径和形状,由电脑绘出空洞图形。当空洞的形状、大小和高低符合设计要求后,立即通过多重管充填穴洞。填充的材料根据工程需要随意选用,水泥浆、水泥砂浆、混凝土等均可。本工法提升速度很慢,固结体的直径大,在砂层中可达ϕ4.0m,并做到信息化管理,施工人员可掌握固结体的直径和质量。

4) MJS工法

MJS工法是一种多孔管的工法,以高压水泥浆加四周环绕空气流的复合喷射流,冲击切削破坏土体,并从管中抽出泥浆,固结体的直径较大。浆液凝固时间的长短可通过速凝剂喷嘴注入速凝液量调控,最短凝固时间可做到瞬时凝固。施工时根据地压的变化,调整喷射压力、喷射量、空气压力和空气量,就可增大固结效果和减小对周边的影响。固结体的形状不但可做成圆形,还可作成半圆形。其水平

施工示意如图 20-6 所示。

20.2.3 喷射流特性

喷射流是指加固过程中由小直径喷嘴喷出的水流、水泥浆射流，如日常消防用的喷射水和冲洗汽车等使用的喷射水。当输送水流的泵压加大时，喷射的速度也随之增加。当在一个密闭的容器中施加的压力为 P 时，射出水流的喷射速度 v 和压力 P 关系为：

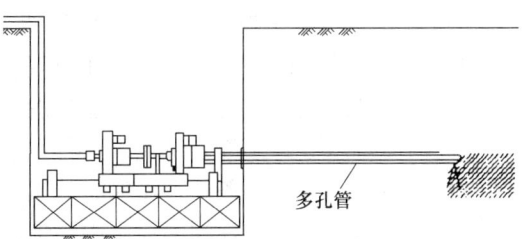

图 20-6　MJS 工法的施工概要图（水平施工）

$$P = \frac{1}{2}\rho v^2 \qquad (20\text{-}1)$$

$$v = \sqrt{\frac{2p}{\rho}} \qquad (20\text{-}2)$$

式中　ρ——水的密度。

在喷射注浆加固地基中，通常采用的压力 P 为 5~40MPa，其喷射速度 v 为 100m/s 以上。

1. 气体及水中的喷射流构造

在空气中喷射水时，随着流速的增加，水流的性质按水滴→层流→絮流→喷雾流变化。高压作用下的喷射流，其起始部分是能量很大的射流水。

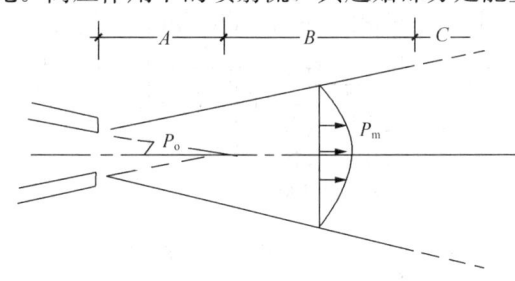

图 20-7　喷射流压力变化特性

在空气中高压喷射水时，其射流构造如图 20-7 所示，在喷嘴的中心轴线上，可区分为初期区 A 段，主要区 B 段和终期区 C 段。

初期区 A 段为保持出口处压力 P_0 不变的区域，主要区 B 段为主要发挥喷射流切削、冲击作用的区域，C 段成为不连续的喷射流，切削效果不能很好发挥。也就是说，在一定射程内，射流可保持很高的速度和动压力，而随着离喷嘴距离的增加，速度和压力将逐渐减小。

根据试验结果，当喷嘴出口压力为 10~30MPa 时，在喷射流轴线上离喷嘴不同距离的压力水头用下式表示：

$$H_1 = 8.3 d^{0.5} \frac{H^0}{L^{0.4}} \qquad (20\text{-}3)$$

式中　H_1——距离喷嘴出口为 L 时的轴流压力水头（m）；

　　　H_0——喷嘴出口的压力水头（m）；

　　　d——喷嘴直径；

　　　L——离喷嘴出口的距离，L 段为 $(50$~$300)d$（m）。

当在水中喷射时，其压力迅速衰减：

$$H_1 = 0.016 d^{0.5} \frac{H^0}{L^{2.4}} \qquad (20\text{-}4)$$

2. 气膜保护下水中喷射时的喷射流性质

如前所述，喷射流在水中喷射与在空气中喷射相比，其喷射速度或动压力衰减程度要大得多，因此在地基中喷射时，喷射能量的迅速降低是必然的。

为此，日本八寻辉夫等人研究了一种在喷射水流孔的周围采用同心环状喷嘴同时喷射水和空气的方法。在不同条件下喷射时的试验表明，水中喷射与空气中喷射相比，喷射距离显著减小，而采用水、气同轴在水中喷射时的喷射距离为两者之间。

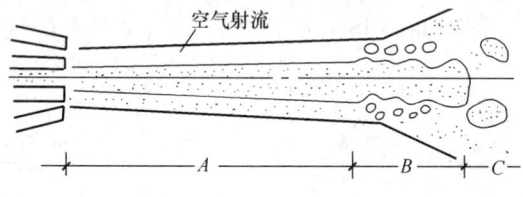

图 20-8 水、气同轴喷射流特性

水与压缩空气在水中同轴喷射时的射流构造如图 20-8 所示。初期区 A 段的水射流是在空气射流的约束下进行的，这个区段的压力基本上保持不变。在这以后，由于喷射水流和压缩空气的互相干扰，水流宽度就增加，导致喷射水流与空气混合而进入主要区 B 段。此后，空气和喷射水流进一步与周围液体混合，速度进一步衰减，而进入终期区 C 段。此时的初期区 A 段，大于同样喷射条件下水喷射的初期阶段。

图 20-9 所示在喷射出口压力为 40MPa、喷嘴直径为 2mm 条件下，通过实验获得的压力与距离的关系。图中三根曲线分别表示在空气中、在水中和水、气同轴在水中喷射时的 P-L 关系曲线。如图所示，当在水中喷射时，压力衰减十分显著；当空气与水在水中同轴喷射时，则压力衰减降低，喷射距离加大。这也就是采用二管法和三管法加固直径增加的原因所在。

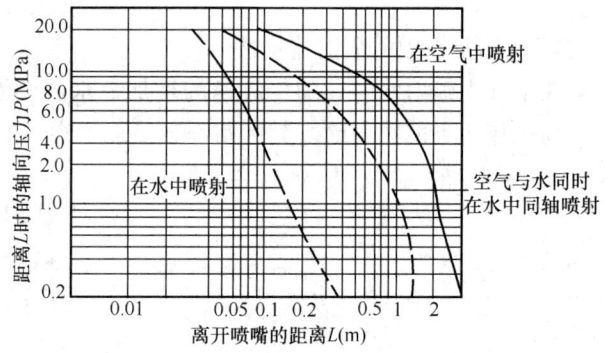

图 20-9 几种喷射流的 P-L 曲线

3. 喷射流的初速度与流量

从喷嘴喷出的喷射流初速度根据所施加的水压力确定。圆形喷嘴的出口压力为 P_0，流速为 v_1，则喷射速度 v 用下式表示：

$$v = C_v \sqrt{2g \frac{P_0}{\gamma} + v_1^2} \tag{20-5}$$

式中 C_v——射流体阻力产生的速度减少比例系数，$C_v = 0.96 \sim 0.98$，即

$$v = K \sqrt{\frac{2gP_0}{\gamma}} \tag{20-6}$$

式中 γ——流体密度；

K——流量系数，当喷嘴直径为 2mm，压力为 40.0MPa 时，$K=0.92$。

喷嘴喷射的流量为

$$Q = \frac{\pi d^2}{4} \times 0.92 \sqrt{\frac{2gP_0}{\gamma}} \tag{20-7}$$

当喷射的流体为清水时，则

$$Q = 60.7\sqrt{P_0}d^2 \tag{20-8}$$

图 20-10 所示为压力与速度的关系曲线。随着压力增长，喷嘴出口速度明显增长。

图 20-11 所示为不同喷嘴直径在不同喷射压力下的流量。例如在喷嘴直径为 2mm 压力为 40.0MPa 时，流量则为 49L/min；但当喷嘴直径为 2.8mm 时，在相同压力下的流量就增加到 95L/min。

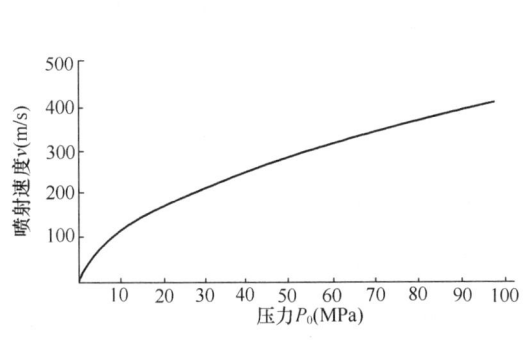

图 20-10 喷射压力与喷射流速关系

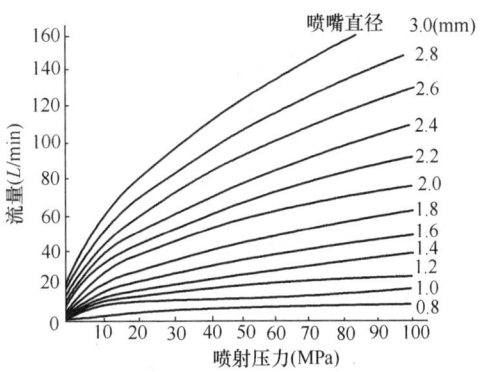

图 20-11 喷嘴直径与流量关系

20.2.4 影响喷射流切削效果的因素

高速喷射流切削破坏土体或岩石，通常有两种形式，即穿孔形式（图 20-12a）和切削形式（图 20-12b）。

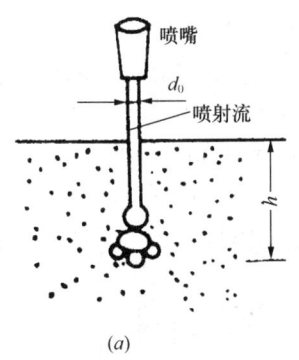 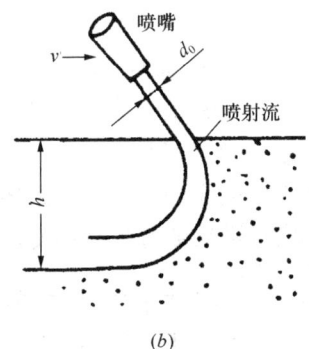

图 20-12 喷射切削类型
(a) 穿孔形式；(b) 切削形式

穿孔形式是将喷嘴固定在一定的位置上喷射，形成一个孔洞。而切削形式是逐渐移动喷嘴的位置和方向，达到较大面积切削土体的目的。喷射加固地基采用切削形式。

喷射流对土体的切削作用是一个复杂的过程，通常认为其主要作用包括射流的动压力作用、射流的脉冲压力、水滴的冲击力以及"水楔"效应等。所谓水楔效应，是指射流的作用力使垂直于喷流轴线方向的土体向两侧挤开，如同"楔子"贯入土中一样。

上述这些作用，只能定性地说明射流导致土体被切削、破坏的几种因素。它们不一定同时发生，也难以定量地确定其大小，因为这些作用的发生及其影响大小与喷射的压力、流量、喷嘴形式等均有复杂的关系。

切削效果的影响因素更是多方面的。根据目前已有的研究成果，主要影响因素包括下列几个方面：

1）喷射流的喷射压力；
2）喷嘴的直径；
3）喷嘴的形状；
4）喷嘴的移动速度；
5）土体（或岩体）的特性；
6）喷射口处的静水压力；
7）喷射口与土体的距离。

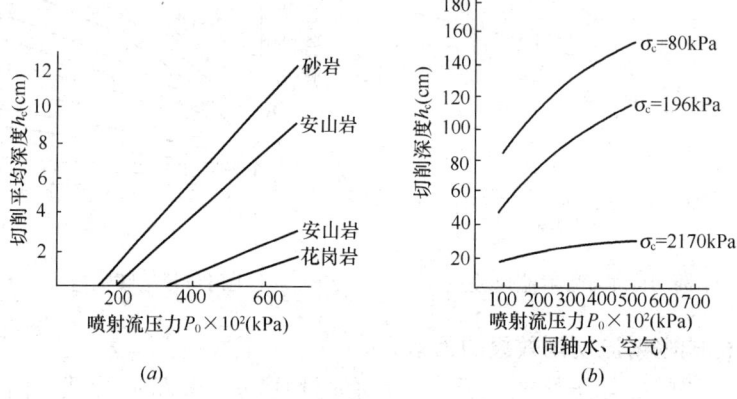

图 20-13　喷射流压力与切削深度的关系
(a) 切削岩石；(b) 切削土及软岩；σ_c 为土与软岩的抗压强度

高速喷射流用于切削岩石时，其最大的压力可高达 500MPa，而切削比较软弱的土时，则使用的压力也有达到 70MPa 的。一般而言，随着喷射压力的提高，在相同喷射条件下的切削深度也随之增加。图 20-14 所示在不同压力下切削不同岩石（砂岩、安山岩等）及土和软岩中的沟槽深度。在上述切削过程中，喷嘴与试样的距离、喷嘴直径、喷嘴移动的速度和往返的次数都保持不变。在岩石中切削的深度与压力呈线性关系，而在土和

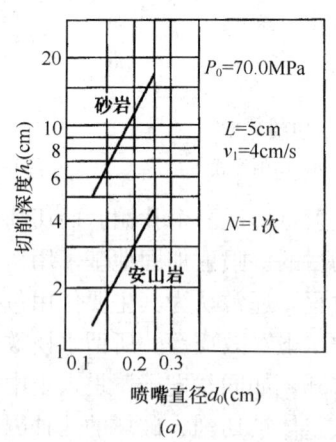
(a)

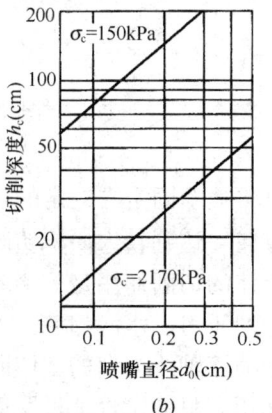
(b)

图 20-14　喷嘴直径与切削深度的关系
(a) 切削岩石；(b) 切削土及软岩

软岩中两者呈指数关系。

如果其他喷射条件相同,而仅仅改变喷嘴直径,则切削深度随着喷嘴直径的增加而增加(图20-14)。

如果喷嘴直径和压力不变,而只改变喷嘴移动的速度,则切削深度随着移动速度的提高而逐渐降低(图20-15)。如果将移动速度 v_t 和切削深度 h_c 的积定义为沟槽形成的特征值 F_0,则

$$F_0 = v_t h_c \tag{20-9}$$

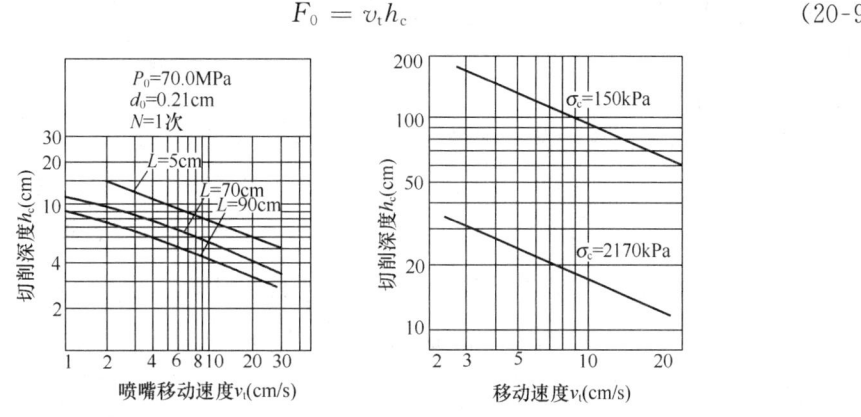

图 20-15　喷嘴移动速度与切削深度的关系

根据实验结果,即可得到 F_0 与 v_t 的关系曲线,这根曲线的最大值应被认为是"最佳速度"。由于使用中的切削对象多种多样,以及其他许多条件的限制,因此,实际应用中并不能够选用"最佳速度"。

喷嘴形状对喷射效果的影响,已有不少试验结果。图 20-16 所示为一种比较好的喷嘴构造。喷嘴的直部分 L 和喷嘴的总长度 l 均可按喷嘴直径的比例确定。如果长度不足,则形成絮流。

此外,喷嘴的角度和加工精度,对喷射流的特性也有显著影响。

图 20-17 所示为两种加工质量不同的喷嘴,在相同的喷射压力下形成的不同射流。当喷嘴加工质量良好时(图 20-17a),可以形成良好的水束,反之则不能形成水束(图 20-17b),土体切削效果也不理想。由此可见,形状合理、加工精密的优质喷嘴,对喷射加固的范围有着重要的影响。

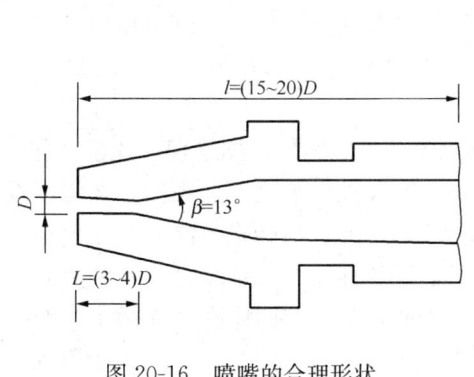

图 20-16　喷嘴的合理形状

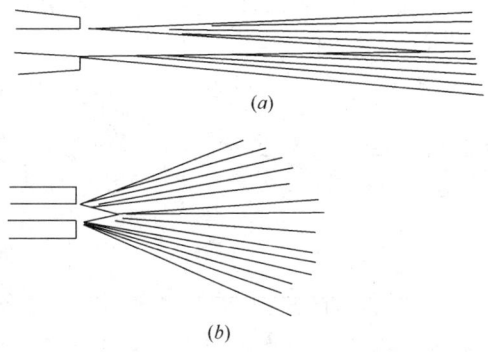

图 20-17　喷嘴加工质量对喷射流的影响
(a) 喷嘴良好;(b) 喷嘴不良好

20.3 旋喷桩特性

20.3.1 水泥土强度形成机理及增长规律

喷射注浆法加固土质所采用的硬化剂，我国目前主要用水泥浆，并增添防止沉淀或加速凝结的外加剂。地基为砂质土时，用水泥浆与砂混合显然可以得到较高的强度，在理论和实践上均已得到证实，但当土质为软弱黏性土时，水泥浆与土混合后强度形成的特性则有所不同。

1. 水泥的水化硬化作用

众所周知，水泥的 4 种基本矿物熟料与水产生如下的化学反应：

$$2Ca_3SiO_5 + 6H_2O \longrightarrow Ca_3Si_2O_7 \cdot 3H_2O + 3Ca(OH)_2$$

$$2Ca_3SiO_4 + 4H_2O \longrightarrow Ca_3Si_2O_7 \cdot 3H_2O + Ca(OH)_2$$

$$3CaO \cdot Al_2O_3 + 6H_2O \longrightarrow 3Ca(OH)_2 Al_2O_3 \cdot 3H_2O$$

$$4CaO \cdot Al_2O_3 \cdot Fe_2O_3 + 2Ca(OH)_2 + 10H_2O \longrightarrow$$

$$3CaO \cdot Al_2O_3 \cdot 6H_2O + 3CaO \cdot Fe_2O_3 \cdot 6H_2O$$

另外在水泥熟料中加入 $CaSO_4$ 与 C_3A，水化时的反应如下：

$$3CaSO_4 + 3CaO \cdot Al_2O_3 + 32H_2O \longrightarrow 3CaO \cdot Al_2O_3 \cdot 3CaSO_4 \cdot 32H_2O$$

上述反应产生一系列结晶，水泥水化产生的结晶物，在加固土体中也同样产生，因此，它既是水泥石强度的主要来源，也是高压喷射法加固土体强度的主要组成部分。

2. 水泥-土空间结构的形成

在高压喷射过程中，水泥和土混合在一起，水泥水化后形成的各种水化物在土颗粒周围结晶出来。

7 天龄期的土颗粒周围充满了水泥的胶凝体，并能发现少量的水化物结晶；14 天龄期时，结晶生长，延伸并填充土体的空隙；28 天龄期时，土体已完全被水泥水化物及其与土体间的化合物所包围，形成密簇构造；两个月龄期的照片放大了 1000 倍，可清楚地显示出这种构造中的一些细节，其中大块的是土体，空隙中长满了水化物及其与土体反应的结晶。特别是钙矾石针状结晶的很快生长，并交织在一起，形成了空间网络结构。土体被包围在水泥构成的网络之中，形成一种特殊的水泥-土骨架结构，从而大大改善了土体的强度。从某种意义上来说，可以把喷射加固体中水泥与土的关系视为混凝土中水泥与砂、石的关系。

3. 水泥与土之间的长期物理、化学变化

砂性土与黏性土中喷射加固体，在强度增长方面有所不同。前者与砂浆、混凝土强度增长规律相似，后者的强度增长延续时间明显增加。

试验表明，喷射加固体强度在两个月至一年的期间仍然有所增长（图 20-18）。由于单纯的水泥水化硬化过程并不具有这种特征，因此这种增

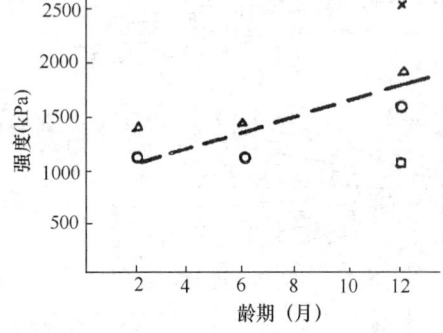

图 20-18 喷射加固体强度随龄期增长的情况

长还必然包含着其他构成强度增长的物理与化学反应过程。这种变化与土体的矿物成分、置换能力及水泥的矿物成分等有关，淤泥质黏性土及所采用水泥的矿物成分见表20-2。

化 学 成 分 表　　　　　　　表 20-2

名 称	SiO_2	Fe_2O_3	Al_2O_3	CaO	MgO_2	K_2O	NaO_2	TiO_2
土	65.86	4.42	7.94	3.99	2.87	23.16	3.46	0.33
水泥	20.50	3.70	3.38	61.23	3.34	—	—	0.23

岩相及X衍射分析的结果表明，土的主要成分为石英、高岭石、钙长石、云母、白垩和绿泥石。

利用JURM-62X衍射仪对不同龄期的加固体（土、水泥），其中包括天然砂性土和黏性土两种土，分别按照喷射加固的实际比例制作试样进行分折，同时也对纯水泥、纯土进行了分析，图20-19所示为纯水泥、纯淤泥质黏性土，以及两者按喷射加固体一定比例混合的水泥加固体的X衍射谱图。

对比几根X衍射谱曲线可以看出，土和水泥本身包含着一系列矿物，如高岭石、云母等，混合之后，加固体中起初仍然只保持着原有的矿物成分（即在初期的衍射的衍射谱线上无新矿物），但是龄期达几个月时，在加固体中出现了新的矿物衍射射峰角为6.75°处的$C_3ACaCO_3 12H_2O$（Tctracalcium aluminata Carbomatc 12-bydrate）。与此同时，对于水泥与砂土混合的X衍射谱（图20-20），即使龄期很长也没有发现有新的矿物成分存在。从而进一步证明了喷射注浆加固地基中，采用水泥浆作为硬化剂，在黏性土中与砂性土中强度形成的机理和特性是有所区别的。

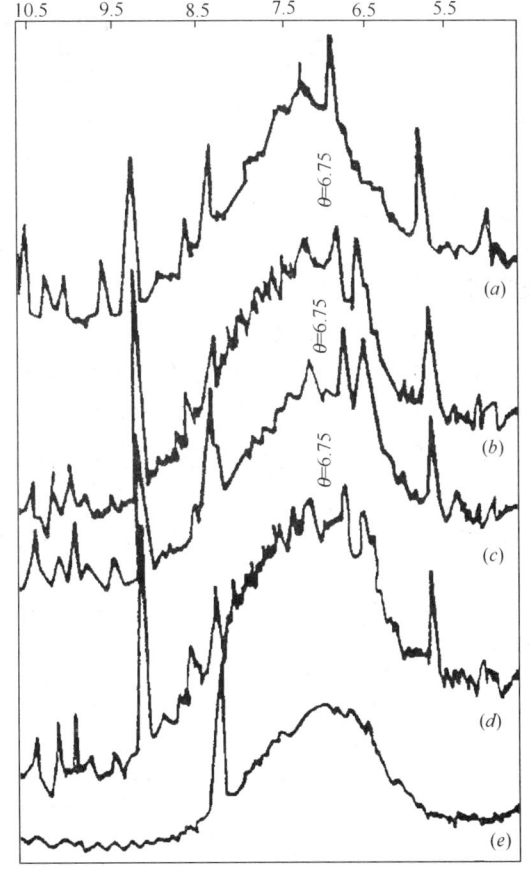

图 20-19　水泥-黏土X衍射图
(a) 土；(b) 水泥土（W/C=0.93，5个月）；
(c) 水泥土（W/C=0.88，5个月）；(d) 水泥土
（W/C=0.88，8个月）；(e) 纯水泥

一般说，黏性土和水泥水化物之间的物理、化学反应是以吸附和化学附着的相互作用形式产生的，并且是不可逆地吸收水泥水解作用的个别产物。水泥水化后产生的氢氧化钙，使游离着的水分子带有碱性，这种碱性的水溶液促使土中的碳酸钙、二氧化硅、三氧化二铝、三氧化二铁的某些成分溶解并与氢氧化钙发生反应。通过上述试验获得的新矿物结晶证明这类反应的存在：

$$4Ca(OH)_2 + CO_2 + Al_2O_3 \longrightarrow 8H_2O + C_3ACaCO_3 \cdot 12H_2O$$

除此以外，水泥水化后氢氧化钙溶液中Ca^{2+}和土体表面水膜中低价阳离子的置换作

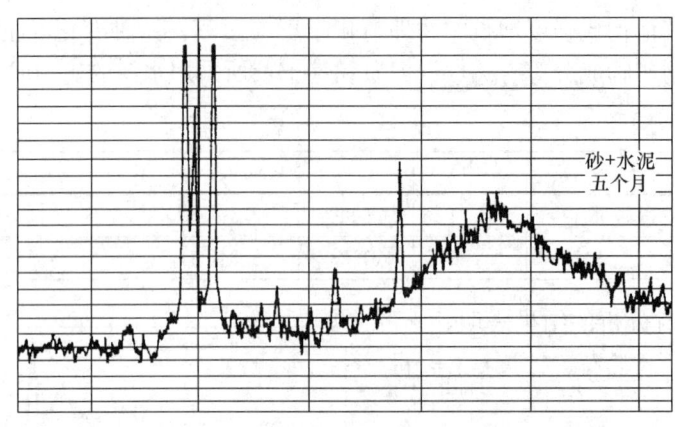

图 20-20 水泥-砂土 X 衍射图

用,以及碳酸化作用,均在一定程度上促进了加固体强度的形成和发展。

上述反应的过程较缓慢,因此在黏性土旋喷桩的强度发展过程中就出现了后期强度较长时间持续上升的特征。

20.3.2 应力-应变特性

在以往的桩基工程中,混凝土被视为弹性体。这是因为混凝土的弹性模量与土体的压缩模量相差悬殊,这样的假定是合理的。但是,对于由土和水泥组成的加固体,强度通常比混凝土低得多,其应力-应变特性需要进行进一步的研究。

试验表明,水泥土的应力-应变关系接近于双曲线,即呈现出明显的非线性关系,图 20-21 所示为不同水泥含量、不同围压 σ_3 条件下,水泥土三轴试验结果。

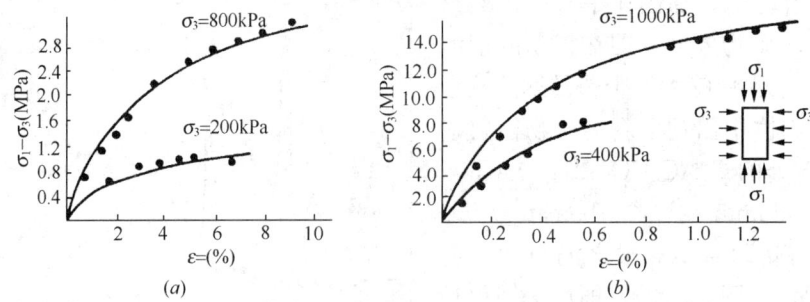

图 20-21 水泥土的应力-应变关系
(a) 水泥含量为 5%;(b) 水泥含量为 15%
(引自刘金钟"旋喷桩复合地基的研究")

根据邓肯-张(Duncan-Chang)的非线性弹性模型,在三向应力作用下,土的切向弹性模量与应力关系用下式表示:

$$E_t = E_i \left[1 - \frac{R_f(1-\sin\varphi)(\sigma_1-\sigma_3)}{2c \cdot \cos\varphi + 2\sigma_3 \sin\varphi} \right] \tag{20-10}$$

式中 E_t——任一点的切线弹性模量;

E_i——初始切线模量;

R_f——破坏比;

σ_1——垂直主应力;

σ_3——水平主应力；

c——粘聚力；

φ——土的内摩擦角。

理论计算值与实测值是十分接近的（图 20-22）。尤其是强度较低的桩，在很低的压力下，即已呈现出明显的非线性特性。这在研究喷射注浆加固地基中应予注意。

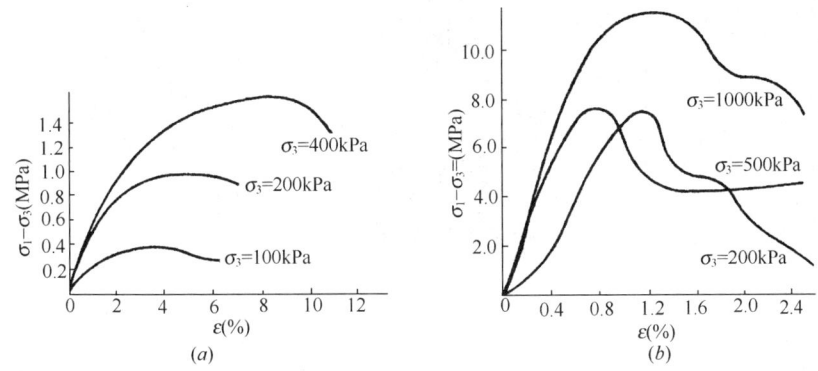

图 20-22　不同水泥含量水泥土的应力-应变曲线

(a) 水泥含量为 5%；(b) 水泥含量为 25%

喷射注浆加固体的强度变化幅度是很大的，可由 1MPa 直到约 10MPa。应力-应变特性也存在差别。图 20-22 中，水泥含量低（5%）的情况下，试样达到很大应变值之后才出现破坏峰值，而且曲线比较平缓；反之，当水泥含量较高（25%）时，试样在应变很小的情况下，强度就达到峰值，并且曲线骤然下降，呈现明显的"脆性"特性。

20.4　野外及室内试验

野外试验基本上可概括为两个部分。第一部分为成桩试验，包括桩径或定向喷射距离的试验，通过试验确定喷射参数。第二部分是在第一部分成桩试验的基础上进行加固体各部分的物理、力学性能试验，包括加固体的承载力，透水性的试验。试验的方法可以采用多种手段，其中包括开挖、钻孔取样、荷载试验、现场透水试验等。而室内试验主要进行不同硬化剂的配方和配含比、不同龄期强度，以及化学分析、电镜、X 衍射等微观分析，以补充野外试验的不足。

20.4.1　成桩试验

通常先选择几种参数加以变换进行现场加固体的成桩试验，为了减少试验工作量，应参照同类工程使用过的经验，选择尽可能少的几个参数加以变化。

通常成桩试验在浅层中进行。在浅层中进行单桩试验有利于现场进行开挖检验，开挖检验能准确直观地体现施工效果和质量。缺点是浅层土与深层土中的土压力、土的密实度等物理力学指标可能存在一定的差异，因此形成桩的加固效果也会有所差别。图 20-23 所示为某工程在粉质黏土层中试验结果，取相对标高 −8～−4m 范围进行加固试验。

深层桩的桩径检验比较困难，只能通过钻孔取芯等方法间接测定。由于旋喷桩及检测孔均存在倾斜因素，不可能精确测定旋喷桩直径，只能通过检测旋喷桩之间的搭接情况，据此判断旋喷桩大致的直径范围。取芯时检验孔分别布置在旋喷桩中心、两桩之间及三根桩之间。取芯孔位布置见图 20-24。

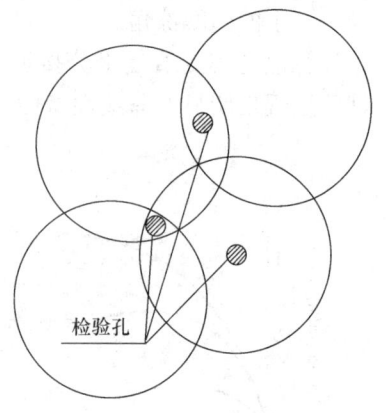

图 20-23　浅层旋喷桩开挖检验情况　　　　图 20-24　检测孔布置图

取芯共完成取芯孔 3 个，取芯约 30m，各段取芯率均在 70% 以上，所取芯样见图 20-25。

图 20-25　芯样

深层旋喷桩试验在布桩形式上，以组合桩的形式布置，相邻桩间距为 1300mm。为确保相邻三根桩能够相互搭接，成孔过程中需对每个钻孔进行测斜。

在深度上根据场区土层分布及该工程实施方案需要加固的深度，在三个不同的试验标高（相对）段进行加固试验，自下而上依次为：$-36.0 \sim -30.0$m、$-26.0 \sim -24.0$m、$-22.0 \sim -20.0$m。

将所取芯样加工成 ϕ95 的圆柱体试块（图 20-26），进行无侧限抗压强度试验，所有试块抗压强度见表 20-3。

圆柱体试块抗压强度　　　　表 20-3

试验方法	取样深度（m）	土层	抗压强度（MPa）
普通三管法	20~22	粉质黏土	1.5
	24~26	粉质黏土	1.6
	30~36	砂质黏土	1.8

图 20-26　φ95 的圆柱体试块　　图 20-27　试验桩暴露开挖情况（深度 15～18m）

在一些深基坑的加固工程中，如果加固区在开挖深度范围之内，那么，在开挖过程中通过深层的试验桩或者工程桩的检验是获得深层加固直径和强度的很有价值的方法。如图（20-27）和图（20-28）所示为某工程在基坑开挖过程中获得的不同深度加固桩径的图片。

开挖显示，在深度 15～18m 范围内，桩径大于 2m，桩体强度为 1.2～1.5MPa。

毫无疑问，现场的试验，无论是浅层的，尤其是深层的，对加固设计的经验积累和工程加固效果的判断具有十分重要的意义。

在另一个工程中，用定向喷射形成薄壁帷幕。由于定向喷射的目的是为了形成连续的地下板墙用以防水，因此加固体的连续性是十分重要的。为了试验定向喷射板墙互相连接的效果，采用了直线和折线等不同形式的试验（图 20-29a）。同时，也有对导孔（图 20-29）和无导孔（图 20-29b～20-29d）的喷射情况进行了对比。

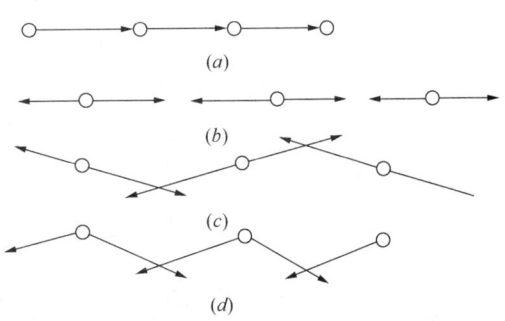

图 20-28　试验桩暴露开挖情况（深度 18～22m）　　图 20-29　定向喷射的形式

试验结果表明，在有效长度内板墙首尾相连，直线分布可以最大限度地利用定向喷射的有效长度，喷孔的间距可以最大，但是不易控制喷射过程中的喷射方向，容易脱开。而折线的喷射就可以克服这一缺点，并可增加板墙的刚度。

关于导孔的设置问题，一般比较广泛采用有导孔形式，但有些国家的试验结果表明，不设置导孔的定向喷射比有导孔的效果更好。

当然，并不要求所有的工程都要进行如上所述的多种参数的试验，在取得较多的经验之后，试验工作量则可以逐步减小。

20.4.2 透水性试验

现场的透水性试验可以采用抽水和孔内压力送水两种方法。

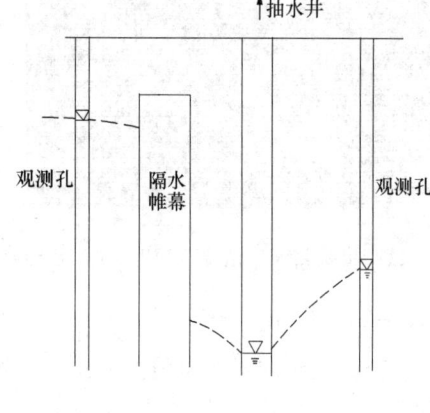

图 20-30 抽水试验

现场抽水法试验可以在隔水帷幕的两侧进行（图 20-30），即在帷幕的一侧设置抽水井，并同时观察在帷幕前、后的观测孔的水位。显然，这种试验方法要求帷幕应有足够的长度，不致使水流由帷幕的端部大量地绕流过来，也可以采用"围井"的方法进行试验，如图 20-31 所示。为检验定向喷射帷幕的防水性能，用定向喷射的方法形成四周密闭的"围井"，试验时抽水，并观测围井内的水位变化，据以计算板墙的渗透系数。如某围井水位降低，测定其总渗流量，则通过计算可得出加固体的渗透系数。

孔内压力送水试验是在桩体形成的帷幕钻孔注水（图 20-32），这个方法比较简单实用，并且可以沿深度方向的不同区域任意变换位置。

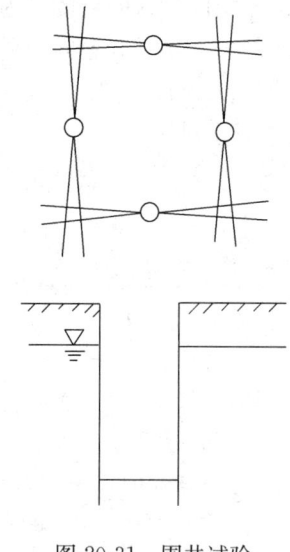

图 20-31 围井试验

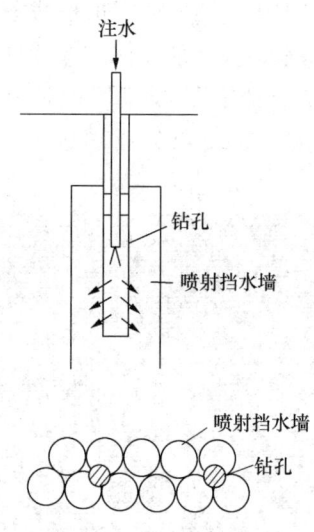

图 20-32 钻孔注水试验

20.4.3 室内试验

室内试验是喷射注浆法的主要组成部分之一，其主要试验内容包括加固体的强度试验，浆液配方试验、化学分析、岩相及电镜分析。其中通常以强度试验和浆液配方试验为主，其他的室内试验则根据土质的特点和工程需要进行。

1. 室内强度试验

旋喷桩体的强度试验包括立方体强度试验和三轴、单轴试验。

立方体强度试验采用 $7cm \times 7cm \times 7cm$ 的立方体试块，用材料压力机进行。在试验室按照喷射注浆施工参数和土质条件制作试块，可得出在不同水泥含量 A 时的各龄期的强度变化。

由实际施工的桩体取样切割成 7cm×7cm×7cm 的试块的强度曲线与室内制样试验的结果对比表明，野外取样试验结果的离散性比室内制样试验的离散性大，这主要是因为两者搅拌均匀程度等有所不同。室内与野外试验结果的相互关系可近似地用下列公式表示：

$$R = aR_1 \tag{20-11}$$

式中　R——野外桩体强度（MPa）；

R_1——室内制样的桩体强度（MPa）；

a——折减系数，$a=0.5\sim0.9$。

室内三轴试验和单轴试验也可以由现场取样或者在试验室按旋喷桩的实际配合比制样。但钻探取样须用与试样直径相同的取样器，以便取得的试样可直接进行试验。否则，则需要将取得的试样加以修整，这样就比较麻烦。通过单轴和三轴试验，可以得到桩体的无侧限抗压强度和 c、φ 等值。

在试验室内配制试样时，其配合比必须与实际旋喷桩的配合比相符。因此，需要根据实际采用的喷射参数计算出单位深度中水泥浆的用量及水的用量。并根据桩径计算出单位体积中各种成分即水泥（硬化剂）、干土和水的比例。各种成分含量计算如下：

1) 干土重 G_1（kN/m³）

$$G_1 = \gamma_0 \tag{20-12}$$

式中　γ_0——土的干重度（kN/m³）。

2) 水泥重 G_2（kN/m³）

$$G_2 = q_1 t A/V \tag{20-13}$$

式中　q_1——单位时间水泥浆喷射量（m³/min）；

t——提升 1m 所需的时间（min）；

A——单位体积水泥浆中水泥用量（kN/m³），水泥浆的水灰比为 1∶1 时，$A=7.5$kN/m³；水灰比为 1.5∶1 时，$A=5.5$kN/m³。

V——每延米旋喷桩的体积（m³）。

3) 水量 G_3（kN/m³）

$$G_3 = G_{3a} + G_{3b} + G_{3c} \tag{20-14}$$

式中　G_{3a}——水泥浆中水的含量，$G_{3a}=q_1 tB/V$；

G_{3b}——单位体积天然土中水的含量；

G_{3c}——高压泵流量，$G_{3c}=q_2 tB/V$；

B——单位体积水泥浆中水的含量，当水灰比为 1∶1 时，$B=7.5$kN/m³；当水灰比为 1.5∶1 时，$B=8.3$kN/m³。

q_2——三管法的高压泵排量（m³/min）。

上述计算的基本出发点是喷射的硬化剂和土体均匀混合，亦即认为桩身和由地面冒出的浆液成分是相同或相近的。试验结果表明，在单管法中，桩身与冒浆的水泥含量和强度是相近的，而在三管法中，冒浆的水泥含量和强度低于桩身的水泥含量和强度。上述假定与三管法的施工条件就不完全相符，应乘以适当的修正系数。

此外，在试块配制中还应添加与工程实际应用相一致的其他外加剂掺量。

室内制作的每一种试块，其配合比都相当于某一种特定的喷射注浆施工条件，用这样的方法就要以判断不同喷射条件下的加固体强度，以及选用适当的参数，以满足预期的设计要求。

2. 浆液配方试验

浆液配方试验包括不同性质硬化剂试验，即水泥系、水玻璃系，以及其他防沉淀剂、速凝剂等外加剂的试验。

对于不同的土质和不同的加固目的，采用不同的硬化剂可以取得较好的效果，例如在透水条件良好的条件下，用作隔水帷幕的浆液要求有速凝的特性，而用作永久性建筑物基础的加固，则要求浆液有可靠的耐久性，浆液配方试验需要在试验室的条件下进行。

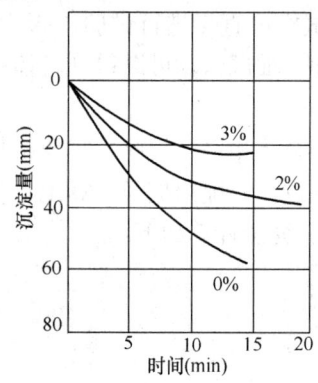

图 20-33 不同掺量外加剂时的沉淀曲线

浆液配方试验中的另一项是掺加防沉淀剂的试验。纯水泥浆在制作过程中易于沉淀，不仅堵塞泵体、管道，同时还将明显地影响实际喷射的水泥浆水灰比。图 20-33 显示了添加防沉淀外加剂（陶土、碱）后减少沉淀的效果。试验结果表明，当防沉淀外加剂含量为水泥量的 3% 左右时，沉淀显著减少，过高的防沉淀外加剂含量将使浆液的稠度增大。根据试验结果，施工中采用的防沉淀外加剂掺量一般为 2%～3%。

3. 化学分析

由于高压喷射法工艺上的特点，桩体中的水泥含量是不均匀的。在施工中尚不能准确控制水泥量的情况下，测定桩体水泥含量是检验桩体强度及其均匀性的重要手段之一。水泥含量是从实际的桩体上取样，通过化学分析测定的。

由于水泥浆中的主要成分是二氧化硅、氧化钙、氧化镁等，故应分别测定水泥和土的二氧化硅、氧化钙、氧化镁等含量，以其所占的百分数表示，再与室内已知含量的水泥土分析结果对照。例如用氧化钙的百分数汁算，即为

$$水泥含量=\frac{水泥土中 CaO(\%)-土体中 CaO(\%)}{水泥中 CaO(\%)-土体中 CaO(\%)}$$

正如前面所述，根据实测结果，单管法中（也包括二管法）的桩体强度和钻孔中冒浆硬化后强度是相近的。因此，在这种情况下，可根据冒浆取样测定其强度和水泥含量，这种取样十分方便，是一种实用的辅助方法。

20.5 旋喷桩设计

20.5.1 工程应用范围及特点

由于旋喷桩成桩的特殊性，使得它在一些工程中用其他桩基工法和地基处理工法难以完成的情况下，成为工程中的最佳选择。因此，在工程中的应用十分广泛，并且随着城市建筑、市政建设和水利、港湾工程的演变，对地基处理的要求也不断演变，提出更难和更复杂的要求，这样，客观上又促进了旋喷法应用范围的继续扩大，也促进了该工法的发展

和进步。

旋喷桩的应用范围大体上可以分为三个部分。第一部分为基坑开挖工程；第二部分为隧道、盾构工程；第三部分为建筑、港湾和水利等结构工程的地基加固。

在基坑工程中使用旋喷桩的目的通常有几种，第一：阻止地下水从基坑侧面或基坑底部涌入；第二：减小基坑开挖过程中的变形，从而达到保护基坑围护和支撑系统的安全，以及保护邻近建筑或地下工程、管道的安全；第三：作为独立的挡土结构，为此，可以采用重力式挡墙的形式或者在旋喷桩中插入型钢的形式。

在隧道的盾构工程应用中，多用于盾构机工作井外侧盾构机进洞或出洞范围加固，以保证盾构机进出洞时土体可靠的自立性和不透水性。此外，隧道间旁通道的施工加固，以及隧道地下穿越时对相邻建筑和地下工程的保护。

在建筑结构物基础加固中，多用于对已有建筑、结构基础的补强。在水利工程中则用于结构物的地下防渗体或围堰坝体的防渗体。

图 20-34 所示为在基坑工程、隧道工程、建筑、港湾、水利结构工程中应用的若干种常用的形式。

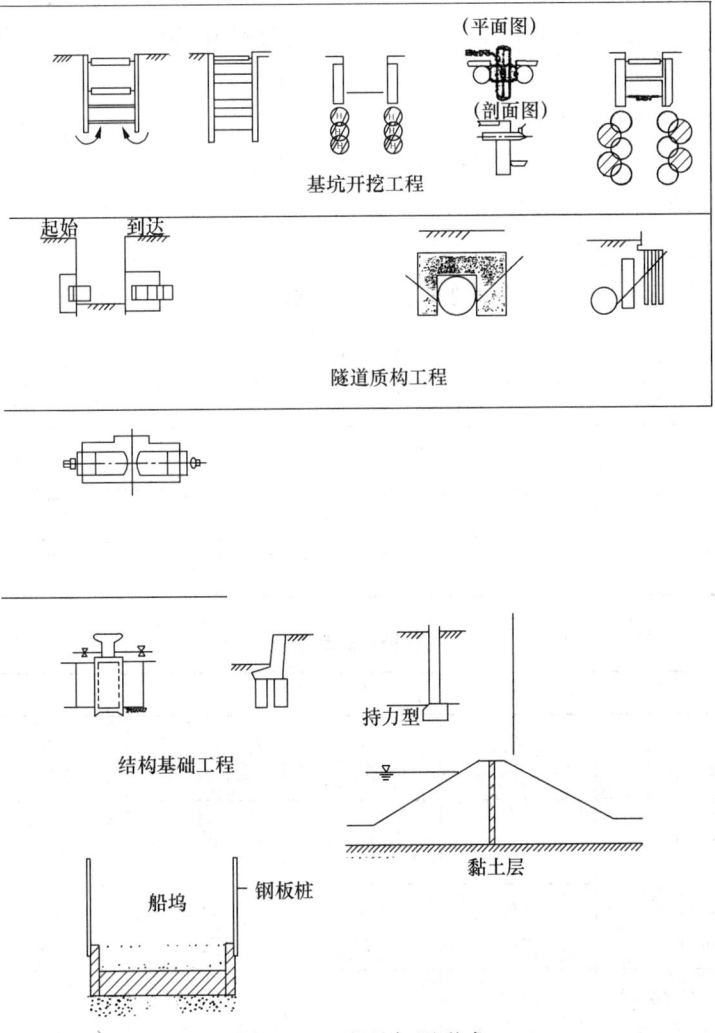

图 20-34 地基加固形式

由于土质条件的多变,特别是旋喷加固的目的常常多种多样,因此,旋喷加固的范围、强度、以及加固型式多种多样是这种方法与其他一些加固方法的重要区别。

除此之外,在上述确定加固范围和形式等方面,有时难以准确用理论精确计算确定。这是旋喷法在应用中又一特点。

因此,由于根据工程要求反映在应用上的多变性,以及在设计、施工中理论计算方法的不确定性,使得旋喷桩在应用中,设计、施工中工程师的经验和判断具有重要的作用。

20.5.2 加固体直径的设定

加固体直径与土质、施工方法等有密切关系,日本根据以往的试验和工程实例加以确定。单管法的桩径如图 20-35 所示。

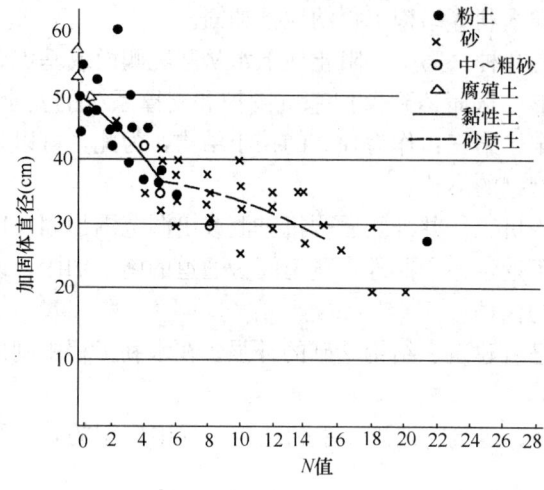

图 20-35 单管法桩径

也可用下列近似式计算:

黏性土 $\qquad D=0.5-0.005N^2 \qquad$ (20-15)

式中 N——黏性土的标贯击数值。

砂性土 $\qquad D=0.001(350+10N-N^2) \quad 5 \leqslant N < 15 \qquad$ (20-16)

日本对于二管法的加固直径建议见表 20-4。对三管法的加固直径建议见表 20-5。

二管法加固直径　　　　　　　　　　表 20-4

土　名	土　质　条　件	加固体直径（mm）
砂砾	$N<30$	80 ± 20
砂质土	$N<10 \quad 10\leqslant N<20 \quad 20\leqslant N<30 \quad 30\leqslant N<50$	$180\pm20 \quad 140\pm20 \quad 100\pm20 \quad 80\pm20$
黏性土	$N<1 \quad 1\leqslant N<3 \quad 3\leqslant N<5$	$160\pm20 \quad 130\pm20 \quad 100\pm20$
有机质土		110 ± 30

三管法加固直径　　　　　　　　　　表 20-5

		A	B	C	D	E
N 值	砂质土 黏性土	$N<30$ $N<5$	$30\leqslant N<5$ $N<5$	$50\leqslant N<100$ $5\leqslant N<7$	$150\leqslant N<175$ $7\leqslant N<9$	$200\leqslant N$ $N=10$
加固体直径（m）		2.0	2.0	1.8	1.4	1.0
提升 速度	(m/min) (min/m)	0.0625 16	0.05 20	0.05 20	0.4 25	0.04 25
浆液量	喷射量（m³/min） 总量（m³/m）	0.18 3.7	0.18 3.7	0.18 3.7	0.12 3.7	0.10 3.7

需要指出，表中所列的数值系在一定的施工条件下获得的，即相应于一定的喷射压力、喷嘴直径和提升速度。当上述条件变化时，其值选用也应作相应的调整。

近年来在工程中已经获得应用的双高压 RJP 工法和超级旋喷法（SuperJet）在日本和美国桩径达到约 2～3.5m。这些工程应用的桩通常需要通过现场试验后确定桩径。

20.5.3 硬化剂用量的确定

硬化剂（浆液）的用量可以按下式计算

$$Q = 1/4\pi d^2 H\alpha(1+\beta) \tag{20-17}$$

式中　Q——硬化剂的用量（m^3）；

　　　d——设计的加固直径（m）；

　　　H——设计桩长（m）；

　　　α——混合系数，$\alpha=0.6\sim1.8$；与加固直径和土质有关，单管法和二管法的 α 分别如图 20-36 和图 20-37 所示；

　　　β——作业损失系数。

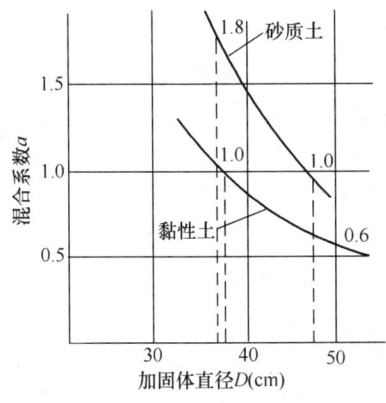

图 20-36　单管法桩径与混合系数

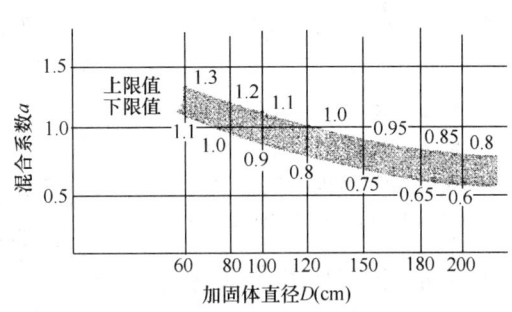

图 20-37　二管法桩径与混合系数

根据国外一些工程的统计资料，单管法和二管法的实际硬化剂用量分别如表 20-6、表 20-7 所示。

单管法加固体直径、浆液量　　　　　表 20-6

土　名	土质条件	加固体直径（cm）	浆液量（L/m）
砾石层	$k \geqslant 1\times10^{-2}$ cm/s	50～60	150
砂粒层	$k \geqslant 1\times10^{-3}$ cm/s	35～45	130
有机土层	$\omega \geqslant 150\%$	40～45	130

二重管法加固体直径、浆液量　　　　　表 20-7

加固体直径（cm）	浆液量（L/m）	加固体直径（cm）	浆液量（L/m）
60	340～400	150	1460～1850
80	550～660	180	1820～2380
100	780～950	200	2070～2350
120	990～1240		

此外，浆液的用量也可根据下式确定：

$$Q = qt(1+\beta) \tag{20-18}$$

式中　q——单位时间的喷射量；

　　　t——每根桩的喷射时间；

　　　β——损失系数，$\beta=0.1\sim0.2$。

20.5.4　加固体的强度

加固体的强度与土质和施工方法有着密切关系。施工工艺的不同和土质的多变，使加固体强度有很大的离散性。

单管法在砂质土中的加固体强度一般为 $2.0\sim7.0$ MPa，在黏性土中的加固体强度一般为 $1.0\sim5.0$ MPa，三管法在砂质土中的加固体强度为 $1.5\sim15.0$ MPa，在黏性土中的加固体强度通常为 $0.8\sim5.0$ MPa。

在一定土质条件下，通过调节浆液的水灰比和单位时间的喷射量或改变提升速度等措施，可适当提高或降低加固体强度。

设计中对加固强度的确定需要根据土质条件和加固体所要求的强度综合考虑，并且还可以用调节加固范围的方法满足设计要求。

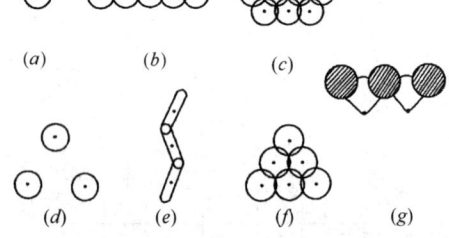

图 20-38　桩的平面布置

(a) 单桩；(b) 排桩；(c) 整体加固；
(d) 加固地基的分离桩；(e) 防渗板墙；
(f) 水平封闭桩；(g) 摆喷作桩间防水

20.5.5　桩的平面布置

桩的平面布置需根据加固的目的给予具体考虑。作为独立承重的桩，其平面布置与钢筋混凝土桩的布置相似，作为桩群加固土体时，其平面布置也可有所不同，如图 20-38 所示。分离布置的单桩可用于基础的承重，排桩、板墙可用作隔水帷幕，整体加固则常用于防止基坑底部的涌土或提高土体的稳定性，水平封闭桩可用于形成地基中的水平隔水层。

当采用整体加固或排桩形式时，桩的间距不仅取决于桩的直径，还取决于桩施工时的垂直度。

相邻桩的搭接应根据工程要求和条件确定，根据现行国家行业规范，相邻桩的搭接不应小于 30cm，对于用作基坑挡水时，相互搭接应有更多的安全储备，为此有时需要采用双排甚至三排桩，而对基坑内部主要用作减少基坑变形的加固，相互搭接可适当放宽。

图 20-39 和图 20-40 分别为两个布置实例。对旧有建筑基础的加固，桩可采用不同的方向，相邻桩较大范围内是重合的。

图 20-40 所示为一种拱形布置的方案，各个工程应根据土质条件和工程要求确定加固范围和形式。

基坑工程中旋喷加固的范围与土质及工程要求

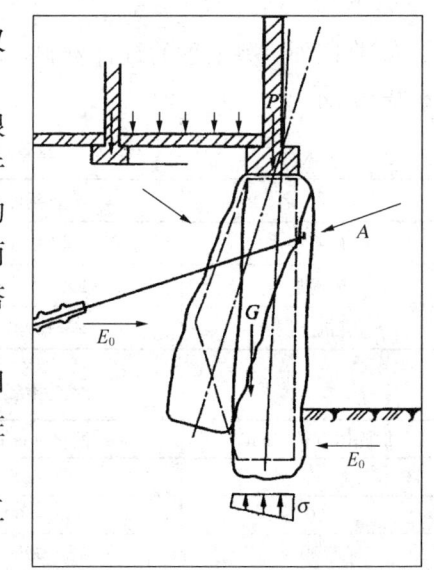

图 20-39　加固地基实例

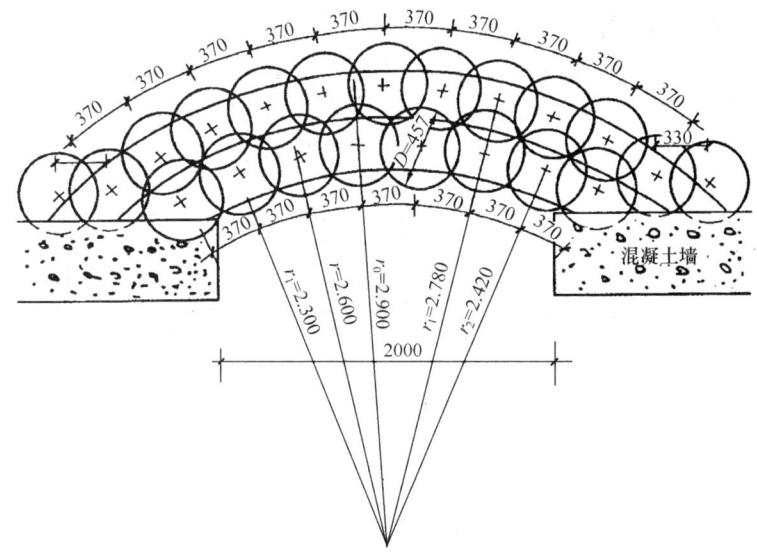

图 20-40 柱布置实例

密切相关。用于挡水的需要在侧面或底部形成隔水墙或板块；用于减小基坑变形的多在坑内形成块状或条状加固；用于防止基坑滑动的根据抗滑稳定性的要求确定。坑内加固范围往往需要理论计算分析和工程师的经验相结合。如图 20-41 和图 20-42 所示是目前已形成的常用的一些基坑加固范围的布置。

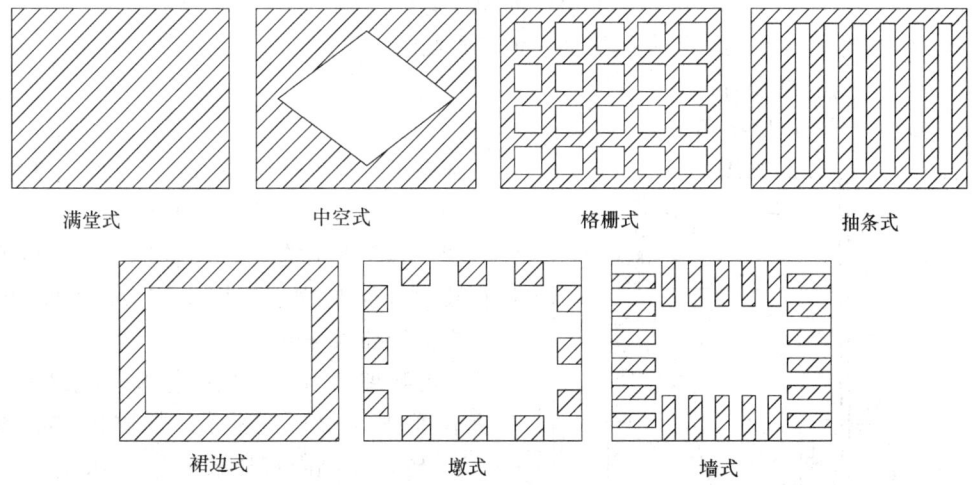

图 20-41 坑内加固的平面设计形式

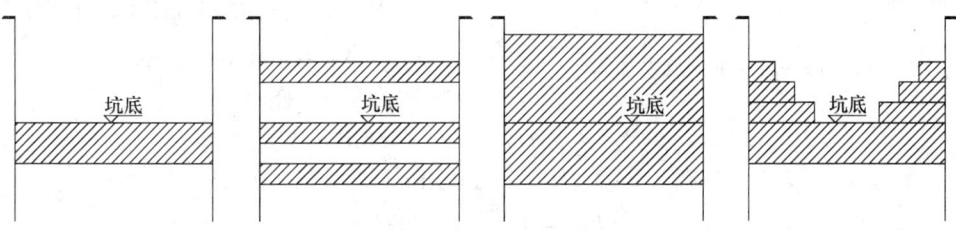

图 20-42 坑内加固的竖向设计形式

20.5.6 旋喷桩的计算

旋喷桩的计算理论仍然是以土力学的基本理论为基础。但是由于工程地质条件的多变性以及加固后水泥土的特殊性质，除此之外，在基坑工程中加固范围的特殊性质，使得理论计算的准确性受到很大影响。因此既要以土力学基本理论为基础，同时还要求工程经验的积累，并把两者结合起来。

1. 土压力计算

在深基坑开挖确定板桩及地下连续墙打入深度，以及用加固的方法减少对邻近已存建筑物的影响，通常需要进行土压力计算。土压力的计算采用朗肯（Rankine）理论。

主动土压力

$$P_a = (q_1 + \gamma H)\tan^2(45° - \varphi/2) - 2c\tan(45° - \varphi/2) \tag{20-19}$$

被动土压力

$$P_p = (q_2 + \gamma t)\tan^2(45° + \varphi/2) + 2c\tan(45° + \varphi/2) \tag{20-20}$$

式中 P_a——主动土压力；
P_p——被动土压力；
H——主动土压力一侧基坑底面至地基表面的距离；
γ——土的重度；
q_1——主动土压力一侧的地面单位面积上荷载；
q_2——被动土压力一侧的地面单位面积上荷载；
t——被动土压力一侧基坑底面至地基表面的距离；
c——土的黏聚力；
φ——土的内摩擦角。

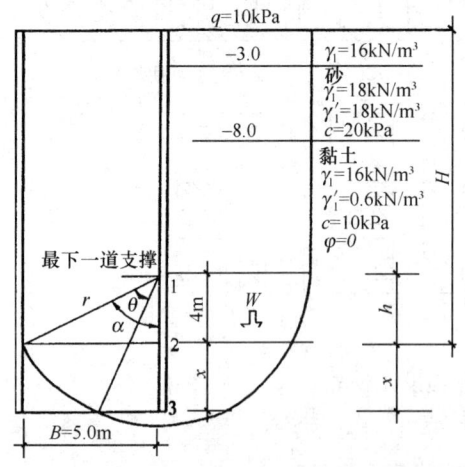

图 20-43 深基坑底部的旋喷加固

地基进行喷射注浆加固后，土的强度增大，即主动土压力减少，被动土压力增大。

图 20-43 所示为一个深基坑，其基坑底部进行喷射注浆加固，根据土压力的平衡条件，计算板桩的插入深度 x。

土的物理及力学性质指标及基坑最下一道支撑位置如图 20-43 所示。加固体的黏聚力 $c=300$kPa，无侧限抗压强度 $q_u=1000$kPa。计算得到：

土压系数
$$K_a = \tan^2(45° - \varphi/2) = 1$$
$$K_p = \tan^2(45° + \varphi/2)$$

主动土压力（图 20-44）
$$P_{a1} = \Sigma \gamma H - 2c = 116\text{kPa}$$
$$P_{a2} = 140\text{kPa}$$
$$P_{a3} = 0.6x + 140\text{kPa}$$

水压力
$$P_{w1} = 130\text{kPa}$$
$$P_{w2} = 170\text{kPa}$$
$$P_{w3} = 0$$

被动土压力
$$P_{p1} = 2c = 600\text{kPa}$$
$$P_{p2} = 0.6x + 600\text{kPa}$$

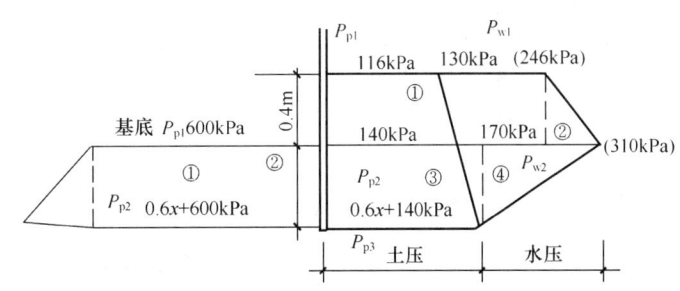

图 20-44 加固范围的土压力计算

以最下一道支撑为支点计算弯矩：

主动弯矩：（按图中①～④块计算）
$M_a① = 1928\text{kN·m}$
$M_a② = 334\text{kN·m}$
$M_a③ = 0.3x^3 + 9.4x^2 + 56x$
$M_a④ = 0.1x^3 + 4x^2 + 34x$
$\Sigma M_a = 0.4x^3 + 13.4x^2 + 90x + 230.9$

被动弯矩：
$M_p① = 30x^2 + 240x$
$M_p② = 0.2x^3 + 1.2x^2$
$\Sigma M_p = 0.2x^3 + 31.2x^2 + 240x$

根据 $\Sigma M_a = \Sigma M_p$，求解 x，得 $x = 1.33\text{m}$。

则根据加固厚度 $t = 1.33K$，若 K 取 1.5，则 $t \approx 2.0\text{m}$。

2. 基坑涌土计算

在软弱黏性土层中开挖深基坑时，基坑底部将产生涌土现象（图 20-45），即基坑底部产生滑动。将基坑底部一定厚度内的土质加固，即可防止这种滑动现象产生。

基坑底部稳定性计算有几种不同方法，实际工作中需对不同计算结果进行综合考虑。

1) 太沙基和派克法（Terzaghi and Peck）（图 20-46）

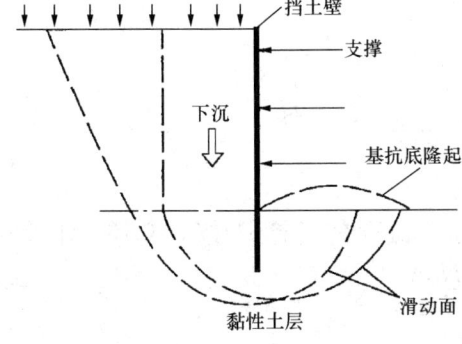

图 20-45 基坑底部涌土

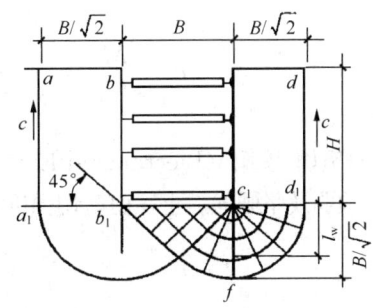

图 20-46 基坑滑动计算（太沙基法）

设黏性土的内摩擦角 $\varphi = 0$，则在 $c_1 d_1$ 面上总荷载为

$$P = \frac{B}{\sqrt{2}} \gamma_t H - cH \tag{20-21}$$

式中　γ_t——土的天然重度；
　　　c——土的黏聚力；
　　　B——基坑的宽度；
　　　H——基坑的深度。

则作用在 c_1d_1 面上的荷载强度为

$$P_v = \gamma_t H - \frac{\sqrt{2}cH}{B} \tag{20-22}$$

根据太沙基强度理论，黏聚力为 c 的黏性土地基（$\varphi \approx 0$）的极限承载力 $q_u = 5.71c$ 则基坑抗涌土的安全系数 F 为

$$F = \frac{q_u}{P_v} = \frac{5.7c}{\gamma_t H - \frac{\sqrt{2}cH}{B}} \tag{20-23}$$

太沙基建议 $F \geq 1.5$。

2）日本建筑法规推荐的方法

破坏图形是以最下一道支撑点为中心的圆滑动面（图20-47）。安全系数为

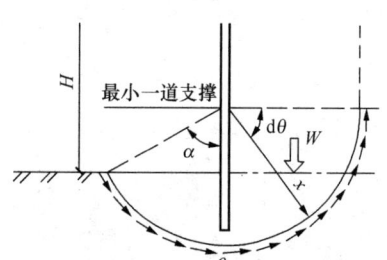

图 20-47　基坑滑动计算
（日本建筑法规）

$$F = \frac{M_t}{M_d} = \frac{x \int_0^{\frac{\pi}{2}+\alpha} c_u x \mathrm{d}\theta}{W \cdot \frac{x_2}{2}} \quad (\alpha < \frac{\pi}{2}) \tag{20-24}$$

式中　F——安全系数，建议取 1.2 以上；
　　　M_t——抵抗力矩；
　　　M_d——转动力矩；
　　　C_u——基坑底面以下土的不排水抗剪强度；
　　　W——土重。

在均质的土层中，上式可以写成

$$F = \frac{M_t}{M_d} = \frac{x\left(\frac{\pi}{2}+\alpha\right)x c_u}{(\gamma_t H + q)x \cdot \frac{x}{2}} = \frac{(\pi + 2\alpha)c_u}{\gamma_t H + q} \tag{20-25}$$

3）伯努姆-埃第（Bjerrum and Eide）方法

对于软弱及坚硬的黏土，由剪切强度控制的基坑底面的安全系数按下式计算（图20-48）

$$F = \frac{N_c c_u}{\gamma H + q} \tag{20-26}$$

式中　c_u——基坑底面以下土的不排水剪切强度；
　　　N_c——稳定系数，取决于基础的几何形状 B/L（图20-49）。B 为基础宽度，L 为基础长度。

当基坑的安全系数减少时，则基坑的不稳定性增加。当基坑以下存在软弱土层时，更应减少地面荷载，以提高安全系数。

20.5 旋喷桩设计

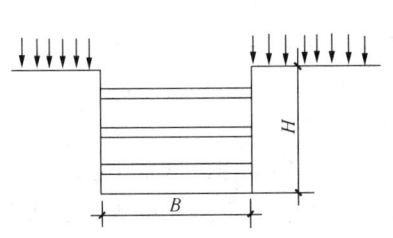

图 20-48　基坑滑动计算
（伯努姆-埃第法）

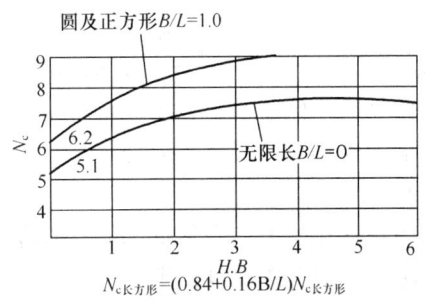

图 20-49　滑动计算的稳定系数

按上述计算不能满足稳定性要求时，则需要考虑地基的加固。

【例】　某基坑如图 20-50 所示，地基为软弱黏性土，基坑深度为 $H=12\text{m}$，基础宽 $B=20\text{m}$，长 $L=30\text{m}$，软土层的抗剪强度 c_u 取 1/2 无侧限抗压强度 q_u。

（1）按太沙基和派克法计算

$$F=\frac{5.7c}{\gamma_1 H+q-\frac{\sqrt{2}cH}{B}}=\frac{5.7\times 2.5}{1.6\times 12+1-\frac{\sqrt{2}\times 2.5\times 12}{20}}=0.79<1.5$$

（2）按日本建筑法规推荐的方法计算，即按下一道支点为中心计算弯矩的平衡（图 20-51）$F=c_u(\pi+2\alpha)/(\gamma_t H+q)$

若 $x=20\text{m}$，则 $\alpha=81.4°$，即为 1.42rad

$$F=2.5\times(3.14+2\times 0.92)/(1.6\times 12+1.0)=0.62<1.2$$

若 $x=5\text{m}$，则 $\alpha=53.1°$，即为 0.92rad

$$F=2.5\times(3.14+2\times 1.42)/(1.6\times 12+1.0)=0.74<1.2$$

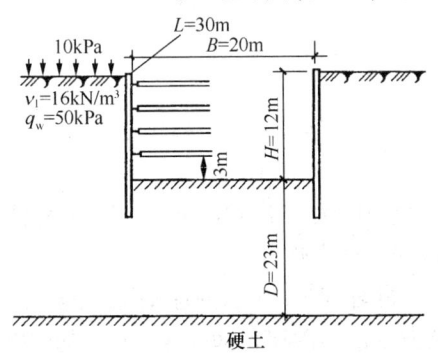

图 20-50　滑动计算举例

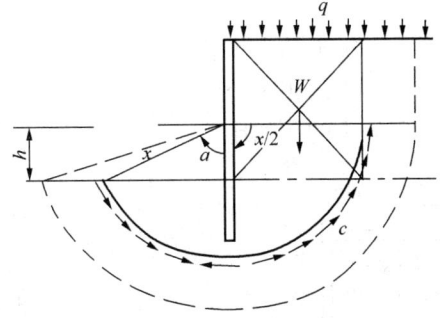

图 20-51　滑动计算举例按日本建筑法规法计算

（3）伯努姆-埃第法计算：根据基坑深度 H 和宽度 B 之比 H/B，以及基坑平面的宽长比 B/L 确定。在同样情况下，基坑愈狭窄，宽长比愈接近 1 则愈安全。

$$H/B=12/20=0.6$$
$$B/L=20/30=0.67$$
$$F=N_c c_u/(\gamma H+q)$$

N_c 根据 $H/B=0.6$ 时，查得 N_c 为 7.1。

$$N_{c\text{长方形}} = (0.84+0.16B/L)\,N_c = 6.73$$

所以 $\quad F = 6.73 \times 2.5/(1.6 \times 12 + 1) = 0.83 < 1.2$

根据上述计算结果，表明在基坑底部可能会丧失稳定，产生涌土现象，因此需要进行喷射注浆（或其他方法）加固处理。

3. 管涌计算

在深基坑开挖中，当基坑底面有砂性土层，并存在着向上渗流的地下水，如果向上的渗透力超过砂的有效重量，则这种向上的水流可使砂土发生类似沸腾的现象，从而导致基坑底的破坏，这种现象称之为"管涌"。

在挡土壁前后存在较大的水头差时，就可能出现管涌（图 20-52）。除此之外，在黏性土下面埋置带有承压水头的砂层时，也可能产生管涌（图 20-53）。

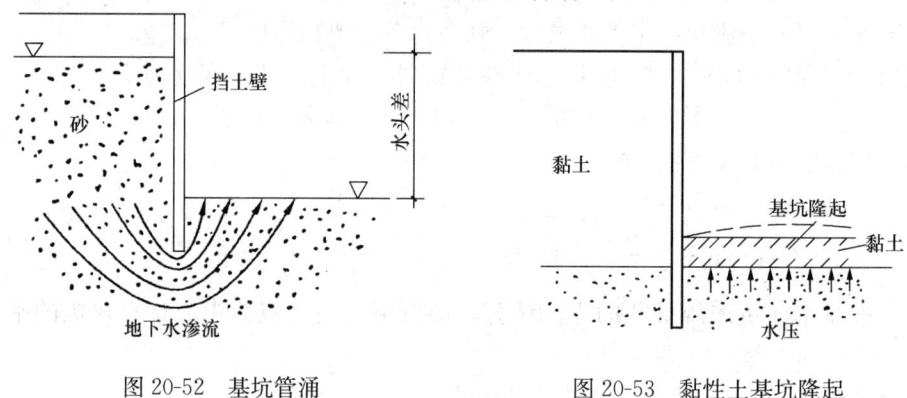

图 20-52　基坑管涌　　　　图 20-53　黏性土基坑隆起

因此，当在板桩附近存在上述含水的砂层时，就必须考虑相应措施，以降低水压力。

当开挖底面的土为松散砂质时，向上的渗透压力取决于动力水坡度。砂质地基的极限动力水坡度按下式计算：

$$i_e = (d_s - 1)/(1 + e) \tag{20-27}$$

式中　i_e——极限动力水坡度；
　　　d_s——土的相对密度；
　　　e——土的孔隙比。

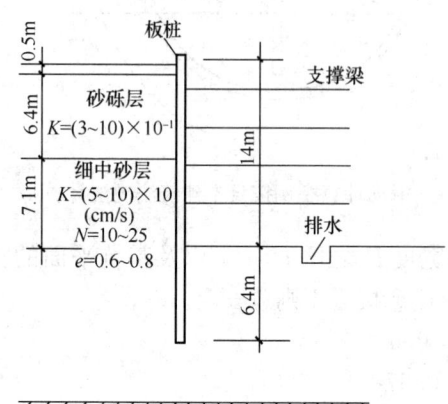

图 20-54　基坑管涌计算举例

如果水力坡度大于此值，则砂粒处于悬浮状态，坑底就丧失稳定性。

【例】　如图 20-54 所示的深基坑的地下水位很高，坑底为较松的砂层，基坑深 14m，基坑以外地下水位为 −0.5m，坑内用集水井抽水（−14m），故基坑内外水头差为 $h_w = 14 - 0.5 = 13.5$m。

管涌的极限动力水坡度为

$$i_e = (G_s - 1)/(1 + e)$$
$$= (2.7 - 1)/(1 + 0.8) = 0.96$$

通常，当不绘制流网线时，采用近似方法验算极限动力水坡降。在本例题中，计算最短的流线长度 L 时，不考虑渗透系数很大的砂砾层长度。流线总长度 $L=6.4+13.5+6.4=26.3m$，则 $L=26.3-6.4=19.9$。这样，就可以近似地按下列方法计算动力水坡降。

板桩前后的水头差 $h_w=13.5m$，产生水头损失的流线长度 $l=19.9m$，动力水坡降为 $i_e=h_w/L=13.5/19.9=0.68<i_e=0.96$。

所以在基坑以下砂层中不会产生管涌。

当计算不能满足安全要求时，需要在基坑底部采取加固措施。加固厚度应根据地下水的上浮力计算。即地下水产生的上浮力应与加固体和板桩之间的摩擦力，以及加固体重相平衡（图20-55）：

$$F_s=(W+F)/u, F=2(a+b)zf \quad (20-28)$$
$$F_s=(W+F)/u$$

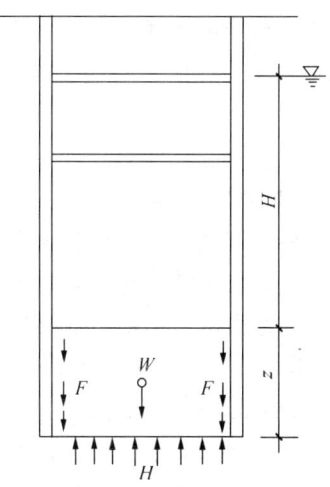

图20-55 地下水上浮力计算

式中 W——加固体重；
F——板桩与加固体之间的摩擦力；
u——上浮力；
F_s——安全系数，$F_s=1.5$；
A——基坑底面积，$A=ab$；
f——加固体与钢板桩之间的摩擦系数，可采用 $f=c/3$。

当然，增加板桩的打入深度，以减少动力水坡降也是防止管涌的另一个途径。除此之外，加固厚度尚应满足抗弯和剪切强度的计算。

20.5.7 桩的承载力

桩的承载力取决于土的阻力和桩体强度两部分。由于旋喷桩的桩身强度通常比钢筋混凝土桩低，因此在计算桩的承载力时必须验算桩身强度，并应注意防止因桩身强度过低，致使与土体阻力构成的桩的承载力相差太大，土体的承载力不能充分发挥。

单桩竖向承载力特征值可通过现场单桩载荷试验确定。也可按以下两式估算，取其中较小值：

$$R_a=\eta f_{cu} A_p \quad (20-29)$$
$$R_a=u_p \Sigma q_{si} l_i + q_p A_p \quad (20-30)$$

式中 f_{cu}——与旋喷桩桩身水泥土配比相同的室内加固土试块（边长为70.7mm的立方体）在标准养护条件下28d龄期的立方体抗压强度平均值（kPa）；
η——桩身强度折减系数，可取0.33；
l_i——桩周第 i 层土的厚度（m）；
q_{si}——桩周第 i 层土的侧阻力特征值（kPa），可按现行国家标准《建筑地基基础设计规范》（GB 50007—2002）有关规定或地区经验确定；
q_p——桩端地基土未经修正的承载力特征值（kPa），可按现行国家标准《建筑地基基础设计规范》（GB 50007—2002）有关规定或地区经验确定。

静载荷试验采用接近于桩的实际工作条件，以确定单桩轴向受压承载力，是一种比较可靠的确定承载力的方法。鉴于目前旋喷桩的理论计算尚待进一步研究，因此，通过静载荷试验来确定承载力对于旋喷桩，有着更重要的作用。

20.6 旋喷桩施工

20.6.1 分类

喷射注浆法施工可分为单管法、二管法、三管法。除此之外，又在此基础上发展为多重管法和与搅拌法相结合的方法，但其加固原理是一致的。

单管法和二管法中的喷射管较细，因此，当第一阶段贯入土中时，可借助喷射管本身的喷射或振动贯入，只是在必要时，才在地基中预先成孔（孔径为 $\phi 6\sim 10cm$），然后放入喷射管进行喷射加固。采用三管法时，喷射管直径通常为 $7\sim 9cm$，结构复杂，因此有时需要预先钻一个直径为 15cm 的孔，然后置入三管喷射进行加固。大多采用一般钻探机械。

各种加固法，均可根据具体条件，采用不同类型的机具和仪表。

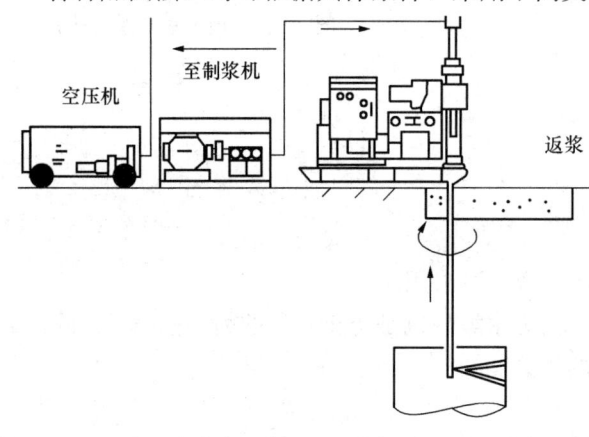

图 20-56 二管法施工

单管法施工，其中，水泥、水和膨润土采用称量系统，并二次进行搅拌、混合，然后输入到高压泵。水可输送到搅拌器与水泥混合，也可直接输送到高压泵（图 20-4）。二管法施工，将水泥浆和压缩空气同时喷射（图 20-56）。

三管法施工中专门设置了水泥仓、水箱和称量系统。此外，在输送水泥浆、高压水、压缩空气的过程中，设置了监测装置，以保证施工质量。施工中冒浆可用污水泵及时吸收，并将其输送到场地以外（图 20-57）。

由于喷射注浆法尚没有系统的专用机具，因此施工机具需因地制宜地加以选择。

20.6.2 主要施工机具

喷射注浆法施工的主要机具有以下几种。

1. 高压泵

高压泵包括高压泥浆泵和高压清水泵。国内多用高压泥浆泵或柱塞泵（清水泵）

高压泵的压力通常要求能在 15.0MPa 以上，有的泵压高达 $40.0\sim 60.0$MPa。一个良好的高压泵应能在高压下持续工作，设备的主体结构和密封系统应有良好的耐久性。否则，高压泥浆泵输送水泥时，就会经常发生故障，给施工带来很大困难。除此之，高压泵在流量和压力方面还应具有适当的调节范围，以利于施工中选用。

高压泵一般可分为柴油机和电动机带动两大类。前者不受电力的限制，但压力往往不很稳定；而后者的压力较稳定。仅用于喷射清水的高压柱塞泵，一般不像高压泥浆泵那样容易损坏。国产的这类泵已有系列产品，用户可以方便地选用。

2. 喷射机及钻机

喷射注浆法采用的喷射机，通常是专用特制的，有时，也可对一般勘探用钻机，根据

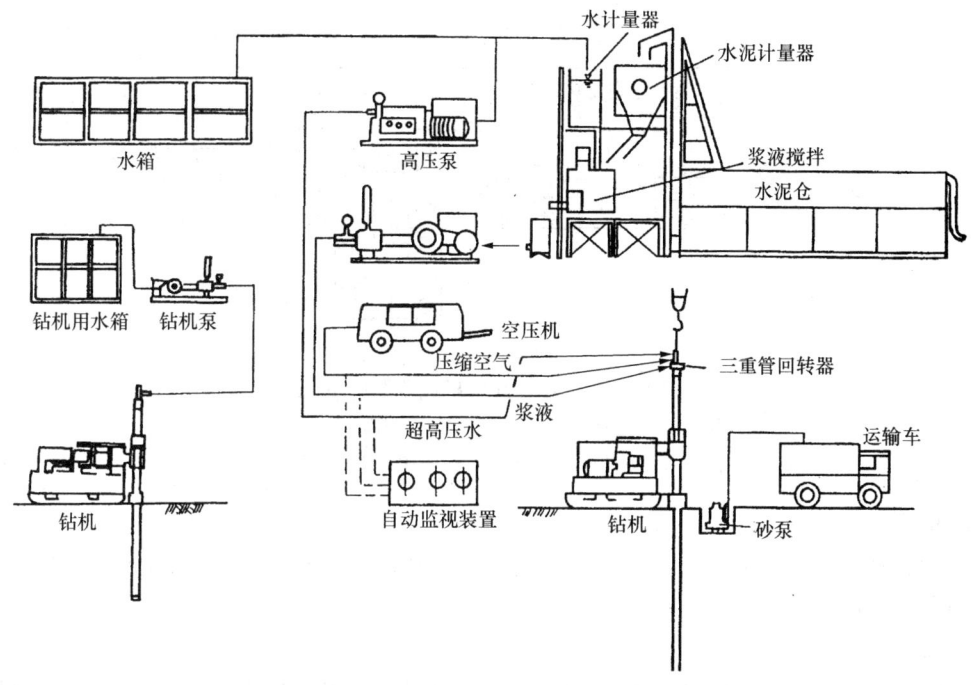

图 20-57 三管法施工

喷射工艺的要求（提升速度和旋喷速度）加以适当改制。但机械的灵活性及功能对喷射注浆法的施工工艺起着重要作用。

日本、德国、意大利等国家的一些专业施工公司，均也开发采用各具特色的旋喷钻机。当在一些情况下需要形成水平的旋喷桩时，钻机和整个工艺系统均要作相应的调整。

3. 其他机具

1) 喷射管

喷射管的构造根据所采用的单管法、二管法和三管法和多重管法有所不同。

单管法的喷射管仅喷射高压泥浆。而二管法的喷射管则同时输送高压水泥浆和压缩空气，而压缩空气是通过围绕浆液喷嘴四周的环状喷嘴喷出的。三管法的喷射管要同时输送水、压缩空气和水泥浆，而这三种介质均有不同的压力，因此，喷射管必须保持不漏、不串、不堵，加工精度严格，否则将难以保证施工质量。三管法的喷射管可以由独立的三根构成，这种结构在加工制作上难度较小。

(1) 单管

单管是实现单管喷射工艺的主要设备，其内部输送一种高压浆液。它由单管导流器、钻杆和喷头三部分组成。

①单管导流器

单管导流器是浆液进入单管的总进口，安装在钻杆的顶部。其作用是把静止的高压胶管和旋转的钻杆喷头连接起来，并且把高压浆液无渗漏地从胶管输送给钻杆、喷头。它在结构强度上，要能承受一定的拉力，又能承受下钻杆时的冲击力，同时能保持钻杆在转动过程中有良好的高压密封性。

常用的导流器见图 20-58。

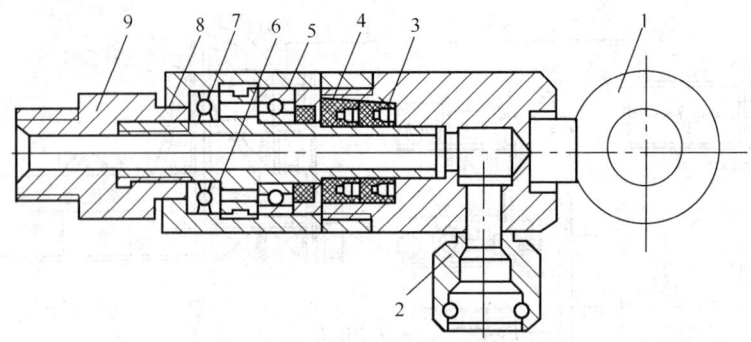

图 20-58　单旋喷管导流器结构图
1—提升环；2—卡口接头；3—上壳；4—密封圈；5—向心球轴承；
6—推力球轴承；7—下壳；8—毡封；9—活接头

②单管钻杆

单管钻杆是以普通 $\phi50$mm 或 $\phi42$mm 地质钻管代用。每根长 1.0～3.5m，钻杆的上下连接用方扣螺纹。

③单管喷头

单管的喷头装在钻杆的最下端。喷头的顶端做成圆锥形。喷头上装有 2 个喷嘴，喷嘴装在喷头的两侧。使高压射流横向射入地层破坏土体。喷嘴的直径一般 2.0mm 左右。

(2) 二管

二管是由导流器、钻杆和喷头三部分组成。

①二管导流器

二管导流器的作用是将高压泥浆泵输送来的高压浆液和空气压缩机输送来的压缩空气从两个通道分别输送到钻杆内，导流器由外壳和芯管组成，全长 406mm。外壳上装有两个可装可拆式卡口接头，通过橡胶软管分别与高压泥浆泵和空压机连接。旋喷作业时，外壳不动，芯管随钻杆转动（图 20-59）。

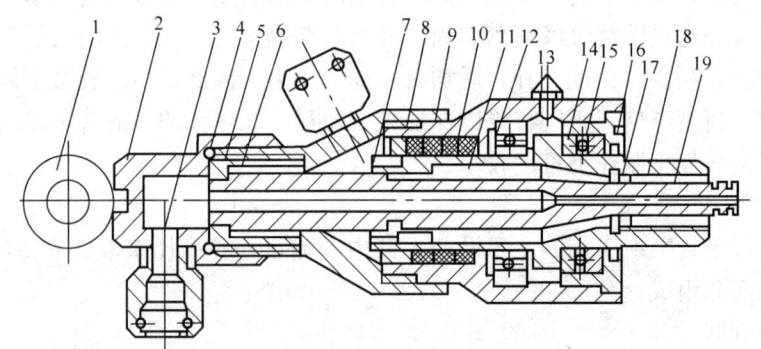

图 20-59　二旋喷管导流器结构图
1—吊环；2—上壳；3—插头插座；4—"O"形密封圈；5—上压盖；6—"V"形密封圈；
7—"O"形密封圈；8—中壳；9—"Y"形密封圈；10—"Y"形密封圈；11—下壳；
12—向心轴承；13—黄油嘴；14—推力轴承；15—下盖；16—毡油封；
17—定位环；18—外管；19—内管

②二钻杆

二钻杆是两种介质的通道，它上接导流器，下连喷头，使二旋喷管组成一个整体。详细结构见图 20-60。

在制造二钻杆时，应特别注意内管和外管的同心度及橡胶密封圈接触面的光洁度。

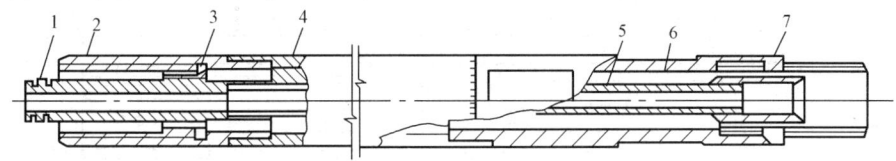

图 20-60　二钻杆结构

1—"O"形橡胶管；2—外管母接头；3—定位圈；4—$\phi 42$ 地质钻杆；
5—内管；6—卡口管；7—外管公接头

③二喷头

二喷头是实现浆气同轴喷射和钻进的装置。在喷头的侧面设置一个或两个浆气同轴喷射的喷嘴，气的喷嘴成环状，套在高压浆液喷嘴外面（图 20-61）。

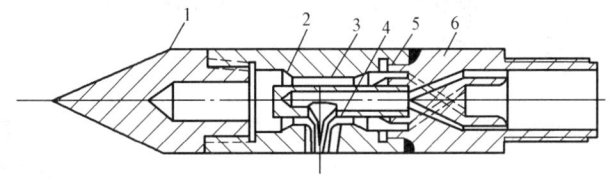

图 20-61　二喷头结构

1—管尖；2—内管；3—内喷头；4—外喷头；5—外管；6—外管公接头

（3）三管

①三管导流器

三管导流器由外壳及芯管两部分组成。三旋喷管导流器结构如图 20-62 所示。

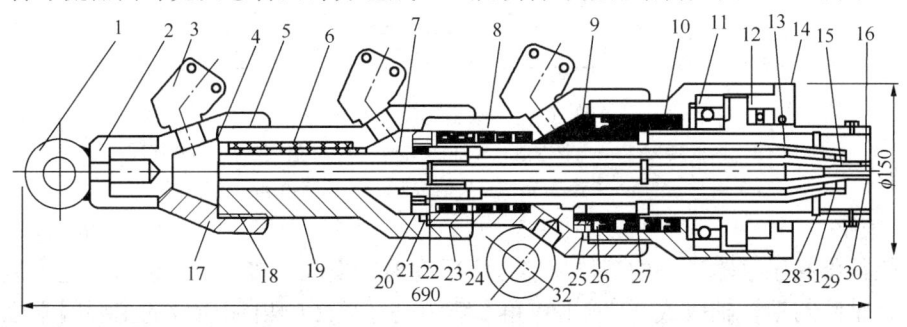

图 20-62　三管导流器结构图

1—吊环；2—螺帽；3—卡口式接头；4—"O"形橡胶密封圈；5—上壳；6—中壳；7—内管；
8—下壳；9—压紧螺母；10—底壳；11—向心球轴承；12—推力球轴承；13—毡封；14—底盖；
15—$\phi 19$ "O"形橡胶圈；16—$\phi 38$ "O"形橡胶圈；17—压紧螺母；18—"V"形橡胶环；19—
支撑环；20—压紧螺母；21—"O"形橡胶圈；22—支撑环；23—"Y"形橡胶圈；24—固
定环；25—"O"形橡胶圈；26—支撑环；27—"Y"形橡胶圈；28—定位器；29—挡圈；
30—螺纹；31—挡圈；32—定位环

②三钻杆

三钻杆是由内、中、外管组成,三根管子按直径大小套在一起,轴线重合。其结构详见图 20-63。

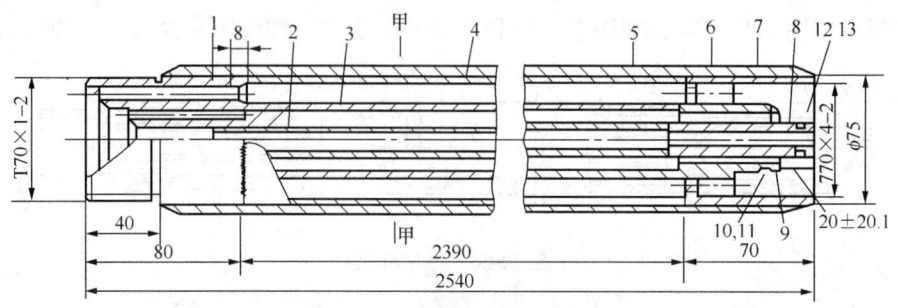

图 20-63 三钻杆结构图

1—内母接头；2—内管；3—中管；4—外管；5—扁钢；6—内公接头；7—外管内接头；8—内管公接头；
9—定位器；10—挡圈；11—"O"形密封圈；12—挡圈；13—"O"形密封圈

③三喷头

三喷头是实现水气同轴喷射和浆液注入的装置,上接三钻杆,是三旋喷管最底部的构件。三喷头是由芯管、喷嘴和钻头组成。

(4) 多重管

多重管的功能不但要输送高压水,而且还要同时将冲下来的土、石抽出地面。因此管子的外径较大,达到 $\phi300mm$。它由导流器、钻杆和喷头组成。在喷嘴的上方设置传感器；电缆线装在多重管内。

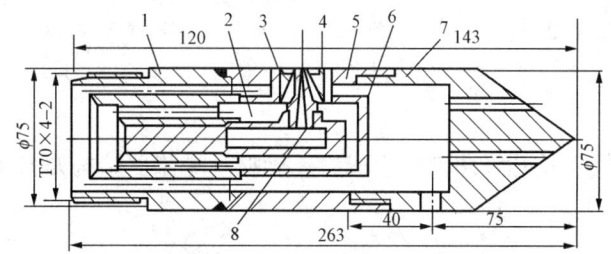

图 20-64 圆锥形喷头结构图

1—内母接头；2—内管总成；3—内管喷嘴；4—中管喷嘴；5—外管；
6—中管总成；7—尖锥钻头；8—内喷嘴座

2) 喷嘴

喷嘴是将高压泵输送来的液体压能最大限度地转换成射流动能的装置,它安装在喷头侧面,其轴线与钻杆轴线成 90°或 120°角。喷嘴是直接影响射流质量的主要因素之一。根据流体力学的理论,射流破坏土体冲击力的大小与流速平方成正比,而流速的大小除和液体出喷嘴前的压力有关外,喷嘴的结构对射流特性值的影响是很大的。

高压液体射流喷嘴通常有圆柱形、收敛圆锥形和流线形三种,如图 20-65 所示。

试验结果表明,流线形喷嘴的射流特性最好,但这种喷嘴极难加工,在实际工作中很少采用。而收敛圆锥形喷嘴的流速系数 φ、流量系数 μ 和流线形喷嘴相比较所差无几,又比较流线形喷嘴形状图容易加工,故经常被采用。

在实际应用中,圆锥形喷嘴的进口端增加了一个渐变的喇叭口形的圆弧角 θ,使其更

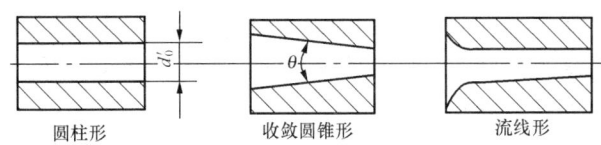

图 20-65 三类喷嘴形状示意图

接近于流线形喷嘴，出口端增加一段圆柱形导流孔，通过试验，其射流收敛性较好（图 20-64、图 20-65）。

3）其他仪表

施工质量管理在喷射注浆法中是至关重要的。多采用人工读数记录方法。工程实践表明，采用各种相应的仪表进行控制和记录是十分必要的。其中主要有记录泵的压力、流量和空压机的送风量。

应该指出，良好的机具系统必须要经常维护。为了保持喷射管管道的畅通，及时冲洗是十分必要的，绝对不能让水泥浆在管道中硬化。因此，每一节喷射管、每一个泵和接头的部位都要仔细冲洗干净。只有这样，才能保持施工机具连续正常使用。

20.6.3 检验

旋喷固结体系在地层下直接形成，属于隐蔽工程，因而不能直接观察到旋喷桩体的质量。必须用比较切合实际的各种检查方法来鉴定其加固效果。限于目前我国技术条件喷射质量的检查有开挖检查、室内试验、钻孔检查、载荷试验。

1. 开挖检查

旋喷完毕，待凝固具有一定强度后，即可开挖。这种检查方法，因开挖工作量很大，一般限于浅层。由于固结体完全暴露出来，因此能比较全面地检查喷射固结体质量，也是检查固结体垂直度和固结形状的良好方法，这是当前较好的一种检查质量方法。

2. 室内试验

在设计过程中，先进行现场地质调查，并取得现场地基土，以标准稠度求得理论旋喷固结体的配合比，在室内制作标准试件，进行各种力学物理性的试验，以求得设计所需的理论配合比。施工时可依此作为浆液配方，先作现场旋喷试验，开挖观察并制作标准试件进行各种力学物理性试验，与理论配合比较，是否符合一致，它是现场实验的一种补充试验。

3. 钻孔检查

1）钻取旋喷加固体的岩芯

可在已旋喷好的加固体中钻取岩芯来观察判断其固结整体性，并将所取岩芯做成标准试件进行室内力学物理性试验，以求得其强度特性，鉴定其是否符合设计要求。取芯时的龄期根据具体情况确定，有时采用在未凝固的状态下"软取芯"。

2）渗透试验

现场渗透试验，测定其抗渗能力一般有钻孔压力注水和抽水观测两种。

4. 载荷试验

在对旋喷固结体进行载荷试验之前，应对固结体的加载部位，进行加强处理，以防加载时固结体受力不均匀而损坏。

20.6.4 安全管理

喷射注浆法是在高压下进行的,存在着一定的危险性。因此,高压液体和压缩空气管道的耐久性及管道连接的可靠性都是不可忽视的,否则,接头断开,软管破裂,将会导致浆液飞散、软管甩出等安全事故。

喷射浆自喷嘴喷出时,具有很高的能量,因此,人体与喷嘴之间的距离不应小于 60cm,另外,在地基中喷射一般不会对喷嘴附近的管道产生破坏观象,但钻孔时应事先作好调查,以免地下埋设物受到损坏。

喷射注浆法的浆液,目前一般以采用水泥浆为主,但有时也采用其他化学添加剂。一般说,浆液硬化后对人畜均无害,但如果硬化前的液体进到眼睛里时,就必须进行充分清洗,并及时到医院治疗。

喷射注浆法施工中必须配置合格的配电装置、合适的电缆等。由于施工场地常有泥泞,所有的电缆线必须予以保护,根据需要将电缆架空或埋于地下等。通过上述措施确保施工过程用电安全。

喷射注浆法施工需要使用各种泵、钻机等多种施工机械。有时需要操作人员登高。因此,必须由有经验的工人严格按操作规程操作,避免在施工过程中造成安全事故。

为了确保施工安全,必须形成安全管理体系,在施工开始前进行安全教育,在施工过程中予以管理和监督。

20.7 工 程 实 例

20.7.1 上海地铁车站(1)

该车站长 220.16m,宽 35.5m,深度比相邻运行中的站深 6.9m。

该工程旋喷加固分以下三个部分:

(1) 西端头井外盾构洞口旋喷加固。

(2) 东端头井外盾构洞口旋喷加固。

(3) 车站东、西端头井坑内旋喷加固。

该工程位于交通繁忙地区,周围为商业聚集区,加固区施工范围内有电缆线、自来水管、排污管、煤气管等多条地下管线,增加了施工难度。

工程场地地势较为平坦,地面标高一般为 3.90m 左右,属滨海平原地貌类型。勘察所揭示的 80.45m 范围内土层按其成因类型分为 7 层,地层分布较稳定,约 17.00m 以上除表层、①填土层、⑤$_1$ 褐黄～灰黄色粉质黏土层、⑤$_2$ 灰色黏质粉土层外,均为淤泥质黏性土层,17.00m 以下为软塑状的灰色黏性土。第⑥层硬土层层面埋深约为 23.40～24.50m。第②层砂土层层面埋深约 28.5m。约 28.5 以下直至终孔 80.45m 均为巨厚层,第⑦、⑨层砂土层。缺失第⑧层软黏土层。

车站范围内年平均地下水位在地面以下 0.5m 左右。本车站所在地层含承压水,埋藏于⑦层砂质粉土～粉砂层中。承压水水位埋深为地面以下 8.5m(标高—4.43m)。

基坑内旋喷加固区在西端头井近正在运营车站一侧土体加固是加固的重点部位,对保证基坑开挖过程中围护结构的稳定性,保证地铁二号线的正常运行起着关键作用,对这一部位的加固必须做到对二号线运营没有影响(图 20-66)。

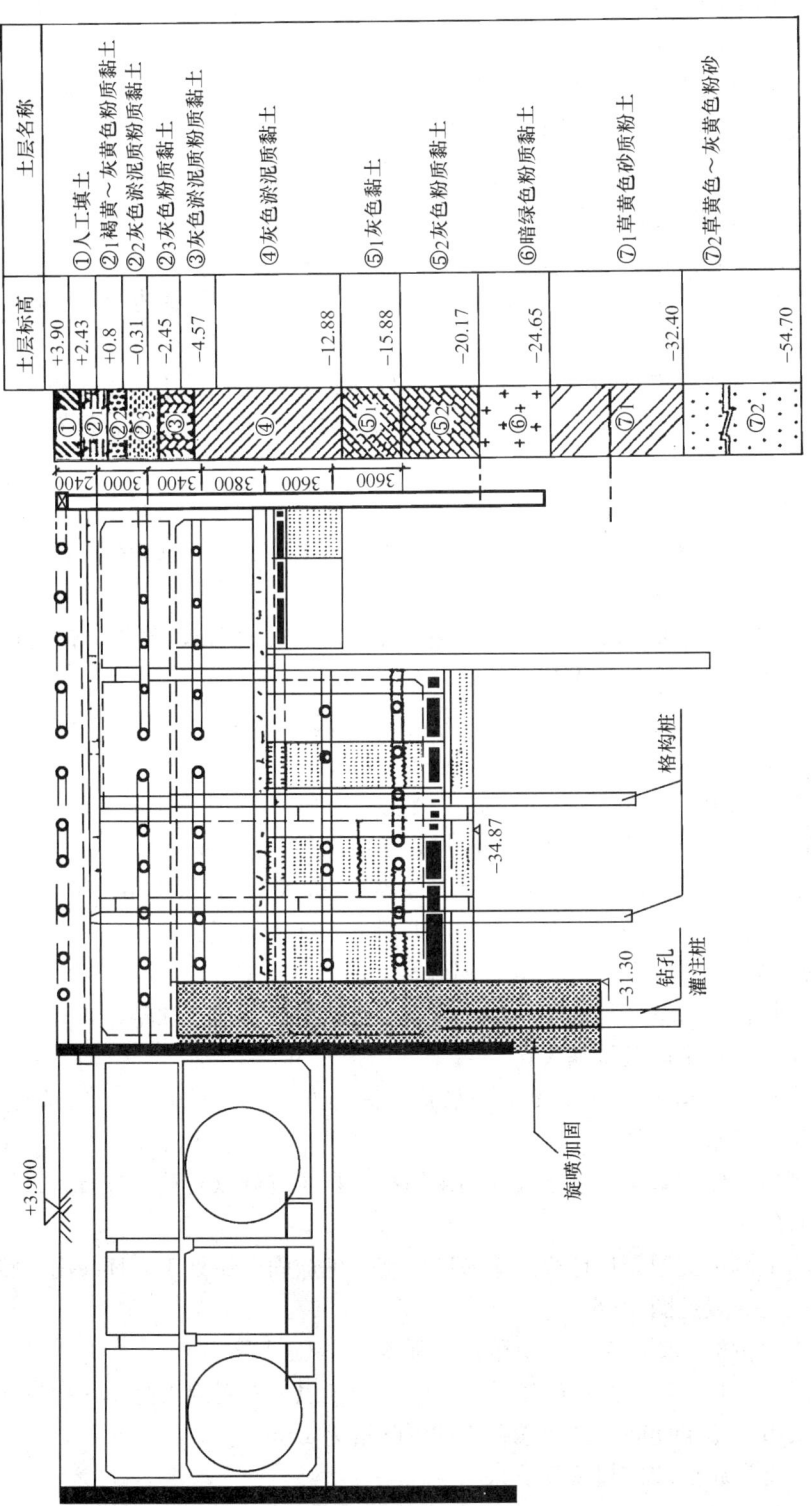

图 20-66 端头井内加固剖面图

旋喷桩施工过程中加强了对运营中车站的监测,监测频率从每周两次提到每天一次,并根据监测数据不断调整施工顺序、参数,将旋喷桩施工对东方路车站的影响减小到最低,确保相邻车站的安全。

根据监测数据,除西端头井地下墙中的一个测点位移较大外(因西端头井已开挖至 −8.0m),正常的旋喷进出洞加固对端头井地下墙影响很小。通过对 1#线东方路站地下墙的监测,旋喷桩施工对原有东方路地下墙的影响也很小,仅 2mm 左右。

20.7.2 上海地铁车站 (2)

本车站主体结构为地下二层三跨结构,覆土厚度 3.5m。

车站总长约 301.7m,宽约 21.6m,车站标准段基坑开挖深度约 15.8m,端头井开挖深度约为 17.6m。

本工程基坑深度范围内涉及土层属流塑~软塑状的淤泥质黏土和粉质黏土。加之本工程正好处于高架路下,基坑开挖过程中若导致围护结构产生较大变形,就有可能影响高架桥基础安全。

基坑工程施工范围的地层主要如下:

(1) 杂填土:厚度 2.5~2.7m,层底标高 1.50~1.47m,上部含较多的碎石、砖块等杂质,下部以黏性土为主;

(2) 粉质黏土:厚度 0.5~0.8m,层底标高 1.00~0.67m,含氧化铁锈斑及铁锰结核,土质自上而下逐渐变软,可塑—软塑;

(3) 淤泥质粉质黏土:厚度 4.5~4.35m,层底标高 −3.50~−3.68m,含云母、少量有机质,局部夹多量薄层粉砂,土质不均匀,流塑;

(4) 淤泥质黏土:厚度 9.5~10.0m,层底标高 −13.00~−13.68m,含云母、有机质,夹少量薄层粉砂,底部夹多量贝壳碎屑,土质均匀,流塑;

(5) 黏土:层厚度 7.2~5.55m,层底标高 −20.20~−19.23m,含云母、有机质,夹泥、钙质结核和半腐烂植物根茎,土质自上而下变好,软塑;

(6) 粉质黏土:厚度 8.8~7.5m,层底标高 −29.00~−26.73m,含云母、有机质,夹少量和半腐烂植物根茎,局部夹薄层粉砂,土质较均,可塑—软塑;

(7) 粉质黏土:本区范围缺失;

(8) 粉质黏土:厚度 2.5~2.95m,层低标高 −31.50~−29.68m,含铁锰结核,土质均匀且致密,可塑—软塑;

(9) 粉细砂:厚度未钻穿,层底标高未钻穿,颗粒成分以石英、长石、云母为主,土质较为均匀且致密。

车站位于上海市交通繁忙地段的老城区,旋喷桩加固区域处于内环线高架路下。

旋喷桩桩位布置见图 20-67。

加固体强度指标:要求 28d 无侧限抗压强度 $q_u \geqslant 1.5$MPa.

旋喷桩施工过程中,紧贴高架基础的旋喷桩施工也没有对附近高架承台造成影响。根据现场监测资料,施工期间,高架承台累计沉降量为 1mm。

20.7.3 上海越江隧道超深基坑

本工程建址处地质情况总表如表 20-8 所示。

本工程基坑开挖深度约 30m,宽度约 50m。基坑东侧紧临黄浦江,加固区域南端距黄

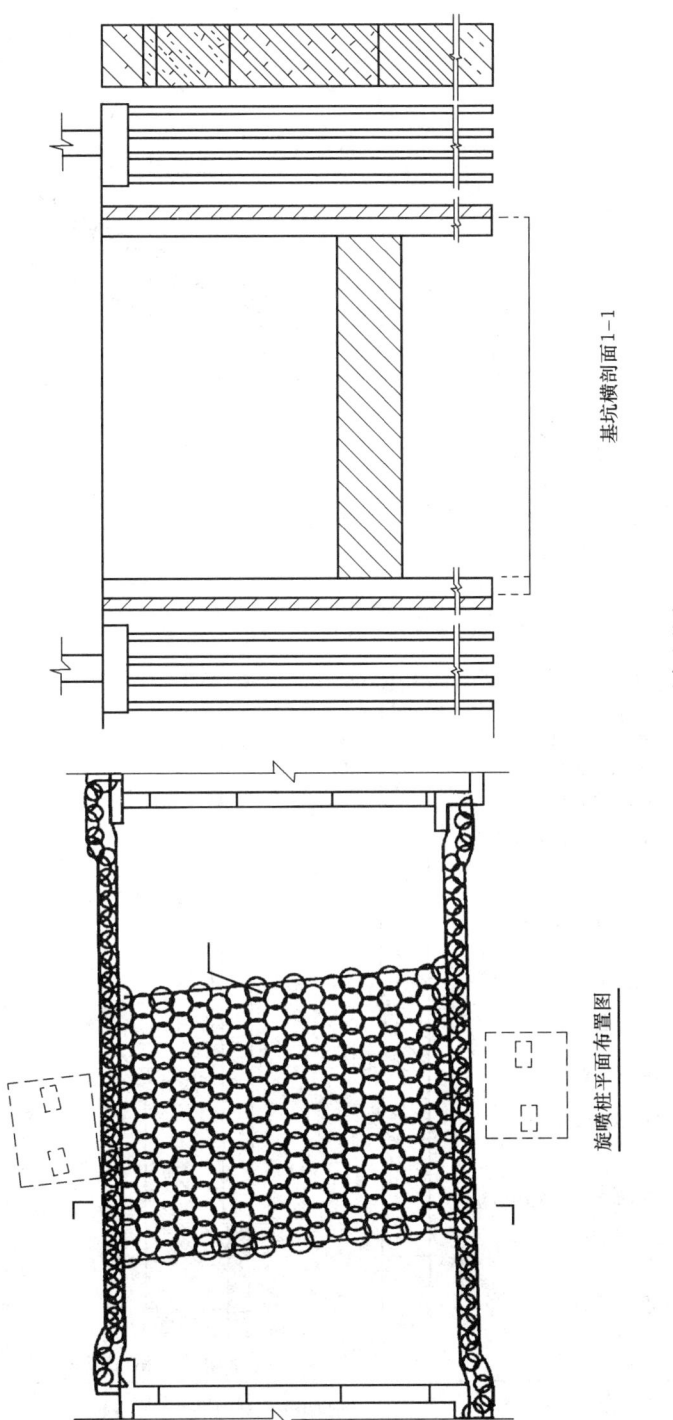

图 20-67 地基加固图

784 第 20 章 高压旋喷桩的设计与施工

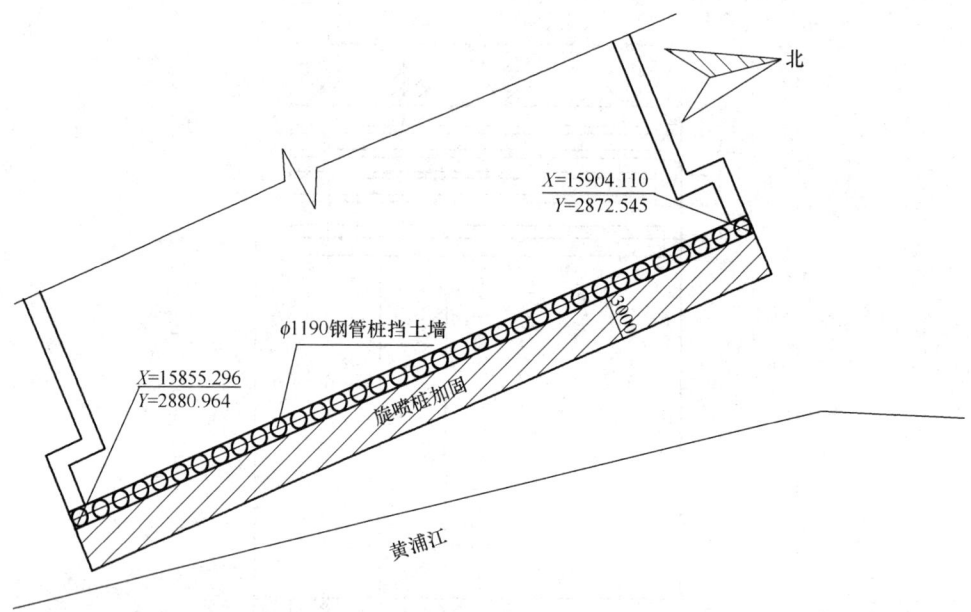

设计方案

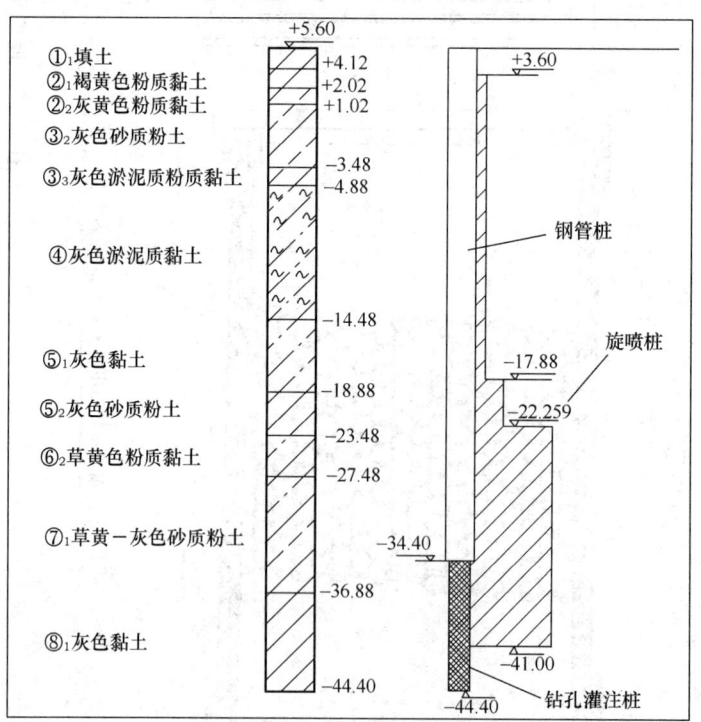

A—A 剖面图

图 20-68 基坑临江侧地基加固

浦江仅几米之隔。该区域附近基坑采用 $\phi1190$ 的钢管桩作支护，钢管桩长 40m，每根钢管桩标高-22.50m 以下为灌注桩。钢管桩相邻锁口从上至下插入扣紧连接。钢管桩以下由灌注桩延长约 10m，桩径 1.1m，桩距 1.47m，在沉管进出洞及基坑开挖过程中，为防止地下水的涌入，提高附近地基土的稳定性，在钢管桩和灌注桩外侧进行旋喷加固及防漏，以保证该基坑的顺利施工。

工程地质情况总表 表 20-8

层序	土层名称	层度埋深 (m)	层厚 (mm)	含水量 (%)	孔隙比	压缩系数 a_{v1-2} (MPa^{-1})	压缩模量 E_{s1-2} (MPa)	快剪强度 0.7 值 黏聚力 c (kPa)	快剪强度 0.7 值 内摩擦角 ϕ (°)
①	人工填土	0.8~3.1	0.8~3.1						
②$_1$	褐黄色粉质黏土	2.0~5.0	0.0~2.1	30.7	0.87	0.41	4.37	13.5	14
②$_2$	灰黄色粉质黏土	2.9~4.5	0.0~1.5	35.1	0.97	0.49	3.78	13	10
③$_{2-1}$	灰色砂质粉土	6.4~10.4	2.1~8.4	29.6	0.84	0.21	8.61	3.7	25
③$_3$	灰色淤泥质粉质黏土	9.4~14.5	1.4~4.7	42.1	1.2	0.7	2.93	11.5	8.5
④	灰色淤泥质黏土	18.0~21.0	6.0~10.0	49.3	1.39	1	2.23	10.6	6.2
⑤$_1$	灰色黏土	22.6~26.5	2.9~6.3	40	1.18	0.7	2.98	13.1	8.4
⑤$_2$	灰色砂质粉土	26.5~31.0	2.0~6.5	30.5	0.9	0.19	9.31	4.6	22.7
⑥	暗绿色粉质黏土	28.5~30.8	0.0~6.0	24.8	0.71	0.23	7.2	32	14.8

加固后土体的无侧限抗压强度大于 1.5MPa。在该加固区域内布置旋喷桩见图 20-68。

在该基坑的施工过程中，未发生侧向漏水和坑底涌水，证明采用旋喷法挡水是成功的。

20.7.4 国外工程应用实录

1. 日本基坑抽条加固

日本在基坑工程中的旋喷加固应用很多，图 20-69 所示，深 21.5m 基坑，在砂土层中，采用分层抽条加固方案，桩径 2.0m，桩间距 1.41m，搭接约 60cm。

2. 西班牙 LasArenas 地铁 1 号线

车站总长 1038m，在砂土地基上。基坑深度约 7m，基坑两侧为 0.6m 厚的地下墙，坑底用旋喷加固（图 20-70），封底加固的厚度为 2~3.5m，成拱形，加固后取芯强度很高，不少在 6MPa 以上，但开挖后多处位置漏水，在 250m 底板上有 27 处漏水，后来，调整并减小了桩距，不再产生漏水，从而以为，在正确确定旋喷桩的直径和长度条件下，在砂质地基上用旋喷桩封底是非常有效的方法。由于工程中曾发生多处漏水，因而也认为钻孔深度超过 12m，并存在强透水层时，隔水层出现漏水的风险明显增加。

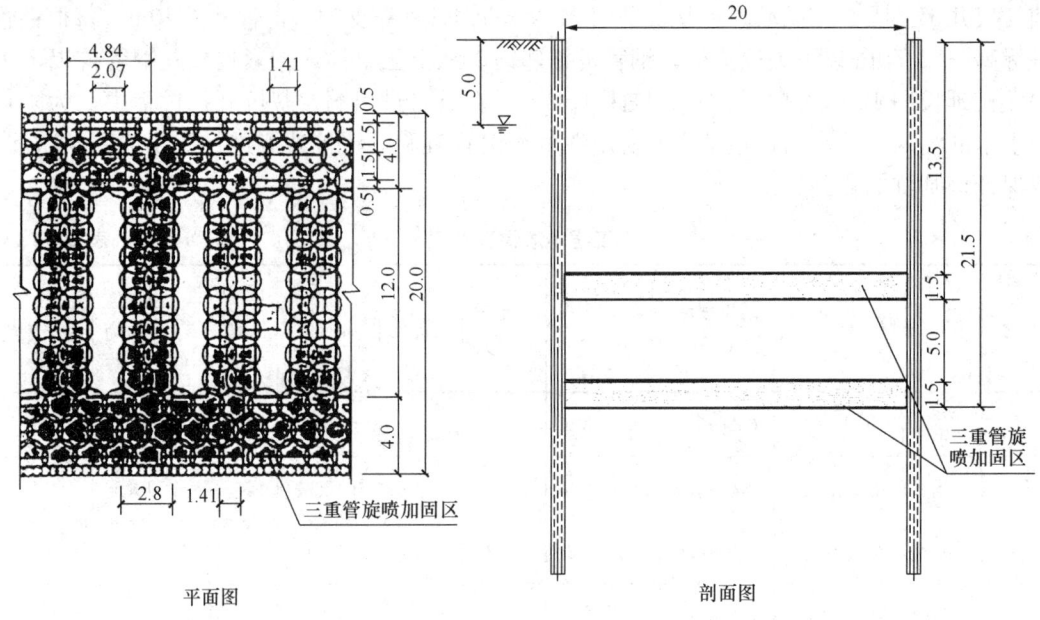

图 20-69　基坑加固

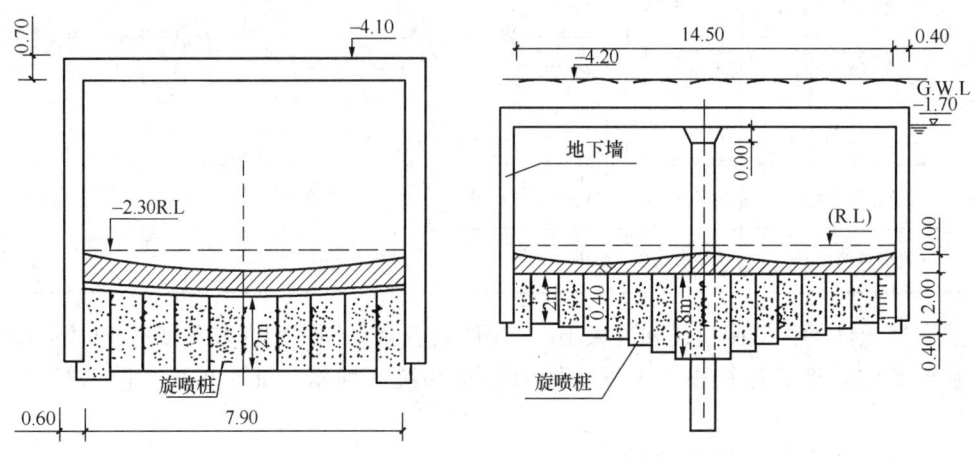

图 20-70　地铁车站基坑加固

参考文献

[1] 王吉望，张毓敏．高压喷射桩加固土地基．建筑结构学报，6，1981
[2] 曾国熙等．地基处理手册．北京：中国建筑工业出版社，1988
[3] Wang Jiwang, Niu Hong, Li Shuyan. High-Pressure Dry Soilcreting. A New Technology for Soil Improrement, The XIIth ICSMFE Proceeding, 1989
[4] Wang Jiwang. Research and Development of Composite Ground. Sino-Japan Joint Symposium on Improvement of Weak Ground Proceeding, 1989
[5] 朱庆林等．旋喷注浆加固地基技术．北京：中国铁道出版社，1984
[6] 王吉望，周国钧，胡同安．喷射注浆法与深层搅拌桩法．北京：冶金工业出版社，1989

[7] 刘钟. 旋喷桩特性及复合地基研究. 北京：冶金工业部建筑研究总院，1985

[8] 叶书麟. 地基处理. 北京：中国建筑工业出版社，1988

[9] 孙更生，郑大同. 软土地基及地下工程. 北京：中国建筑工业出版社，1988

[10] 八寻晖夫，吉田宏，西廉治. ウオ-タ-シエットな利用した地下工法. 鹿岛出版社，1984

[11] 内藤和章. 地盘改良工事. 山海堂，1981

[12] 三木五三郎. 喷流せたちめ搅拌混合工法の施工と效果-ケテテト. エフ-并用工法. 第15回土质工学研究发表会，1980

[13] 松尾新一郎. 土质安定工法便览. 日刊工业新闻社，1972

[14] Петросял. Р. Прменение. Внсоком. Орных Гидроклнческим Строительстве Основания Фундаменты Механика Грунтов 1979

[15] 王吉望等. 旋喷桩在地基加固中的应用. 冶金建筑，1978，3

[16] 杜嘉鸿，张士旭. 中国高压喷射注浆技术的应用现状及新进展. 国际岩土锚固与灌浆新进展（熊厚金主编）. 北京：中国建筑工业出版社，1996

[17] Moseley. M. P. Ground Improvement. Blackie Academic & Professional，1993

[18] 龚晓南. 地基处理手册（第二版）. 北京：中国建筑工业出版社，2000

[19] J. W. Rodrigure Ortiz. Problems structuraux et hydrauliques dams le raider d'un tunnel a ceil obvert construct par la menthode du jet-grouting. Proceedings of The FOURTEENTH INTERNATIONAL CONFERENCE ON SOIL MECHANICS AND FOUNDATION ENGINEERING. 1997

[20] EUROPEAN STANDARD. Execution of Special Geotechnical Works-Jet Groution. 2000

[21] JACQUES MOREY. JET GROUTING TECHNOLOGY FACES NEW CHALLENGES ON LINE 2 OF THE CAIRO METRO

[22] Gary T. Brill. A Ten-Year Perspective of Jet Grouting：Advancements in Applications and Technology. Grouting and Ground Treatment Proceedings of the Third International Conference. 2003

[23] Mitsuhiro Shibazaki. State of Practice of Jet Grouting. Grouting and Ground Treatment Proceedings of the Third International Conference. 2003

[24] 建筑地基处理技术规范（JGJ 79—2002）. 北京：中国建筑工业出版社，2002

第21章 注 浆 技 术

21.1 概 述

21.1.1 注浆法介绍

注浆法是将一定材料配制成浆液,用压送设备将其灌入地层或缝隙内,使其扩散、胶凝或固化,以达到加固地层或防渗堵漏目的的方法。

注浆法可用于防渗堵漏、提高地基土的强度和变形模量、充填空隙、进行既有建筑地基基础加固和控制变形。

按浆液在土中的流动方式,可将注浆法分成以下三类。

1. 渗透注浆

渗透注浆指浆液以渗透渗入方式,渗入土体孔隙的注浆方法。

显然,在渗透注浆中浆材必须与土体孔隙大小相适应。一般认为,对渗透系数小于 10^{-5} cm/s 数量级的地基上,既使选用真溶液也难以达到渗透形式。

20 世纪 80 年代初以来,我国用环氧树脂浆液注浆成功地处理了低渗透性含泥破碎岩体($k_{平均}=10^{-6}\sim10^{-8}$),其机理用传统的压力渗透理论是无法解释的。我国学者将双重孔隙介质力学模型理论与化学注浆相结合,提出化学注浆的吸渗理论。该理论认为在注入浆液(驱动相)与被注介质的亲和力大于孔隙水(被驱动相)的亲和力时,具有浆液自动渗入被注入介质和被注入介质自动吸吮浆液的双向作用机制。根据吸渗理论的基本方程的计算结果,提出了间歇注浆方法,即在初注时采用较快速率灌注,使浆液迅速进入裂隙系统后尽快将夹泥系统投入吸渗,而随后间歇一段时间让夹泥充分地吸渗浆液,该方法克服了连续注浆浪费浆液的缺点,工程实践证明有良好的效果。化学注浆吸渗理论机理还需进一步的探讨[1]。

2. 压密注浆

压密注浆指用很稠的浆液灌入事先在地基土内钻进的孔中并挤向土体,在注浆处形成浆泡,浆液的扩散靠对周围土体的压缩。浆体完全取代了注浆范围的土体,在注浆邻近区存在大的塑性变形区,离浆泡较远的区域土体发生弹性变形,因而土的密度明显增加。评价浆液稠度的指标通常是浆液的坍落度。

3. 劈裂注浆

劈裂注浆是目前应用最广泛的一种注浆方法,是在钻孔内施加液体压力于土体,当液体压力超过劈裂压力时土体产生水力劈裂,也就是土体突然出现裂缝,吃浆量突然增加,劈裂注浆在注浆孔附近形成网状浆脉,通过浆脉挤压土体和浆脉的骨架作用加固土体。

虽然注浆法有以上分类,但在实际注浆中浆液往往是以多种形式灌入地基中,单一的流动方式是难以实现的,只是以某一种形式为主而已。例如在劈裂注浆施工时,浆液在压力未达到劈裂压力时首先以渗透形式充填土体中的空隙，然后局部堆积对土体形成压密，当压力达到劈裂压力时在土体中形成劈裂裂缝，再向裂缝注入时也伴随着渗透和压密，但其主要流动方式是劈裂形式。注浆浆液的流动方式如图 21-1 和图 21-2 所示。

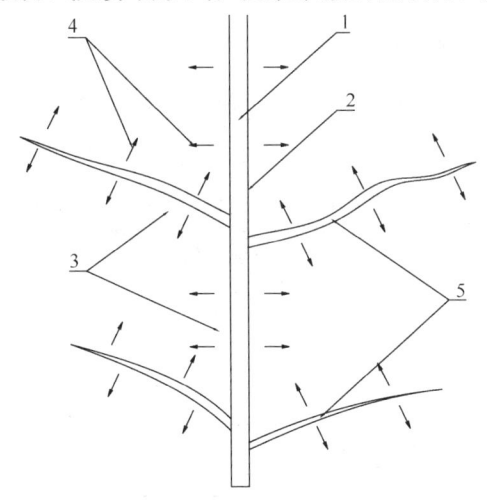

图 21-1　劈裂注浆
1—浆液；2—注浆孔；3—渗透渗入的浆液（通过劈裂面和注浆孔边缘）；4—浆液挤压作用；5—劈裂面

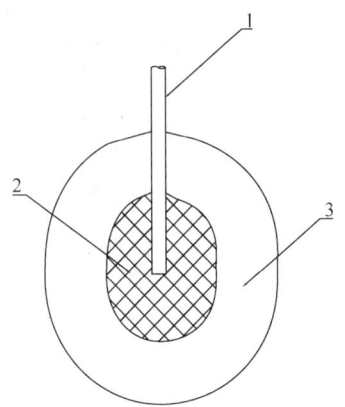

图 21-2　压密注浆
1—注浆管；2—球状浆泡；3—压密带

21.1.2　注浆法的主要用途

注浆法在基坑工程中的用途目前主要有地层加固、周围环境保护跟踪注浆、抢险堵漏等。

很久以来，注浆法是基坑周边地层大面积加固的主要施工方法，但随着基坑工程的不断发展，基坑平面尺寸和深度不断加大，周边环境保护要求不断提高，注浆法在基坑周边地层大面积加固方面逐渐被加固强度更高、加固体性能更稳定的深层搅拌法、高压喷射注浆法替代。目前在基坑工程中，注浆法更多地发挥着其灵活机动的优点，而被广泛应用到局部地层加固、周围环境保护跟踪注浆、抢险堵漏等方面。

21.1.3　常用的注浆材料

注浆材料大体可分为无机系和有机系两大类，而在日常使用中一般又分为水泥浆材和化学浆材两大类。表 21-1 列出了一些常用的注浆材料[1]。

选定适宜的注浆材料和配比，不仅对注浆效果至关重要，同时还直接决定了采用注浆法的经济性，所以必须综合考虑各种因素加以选择。

必须注意的是有些化学浆液或其固结体的浸出液具有毒性和腐蚀性，用其注浆将会产生环境和地下水污染，在这方面已有沉痛的教训，早已引起各国的重视。在选择注浆材料时应对其毒性和腐蚀性进行仔细评估，同时不得违反国家和地方相关的法律、法规和各项规定。

毒性的衡量指标通常用半数致死剂量 LD_{50}、半数致死浓度 LC_{50} 表示。LD_{50}（或 LC_{50}）是指在给定时间内使一组试验动物的 50% 发生死亡的毒物剂量，其值越小，毒性越大。毒性分级见表 21-2[1]。

注浆材料分类 表 21-1

系 别	类 别	浆 液 名 称
无机系	单液水泥浆	普通水泥浆液;改性灌浆水泥浆液;超细水泥浆液;膏状水泥浆液;等等
	水泥-水玻璃类	水泥-水玻璃双液浆
	黏土类	黏土-膨润土浆液
	水玻璃类	水玻璃-氯化钙浆液;水玻璃-铝酸钠浆液;酸性水玻璃浆液;等等
	水泥黏土类	
有机系	丙烯酰胺类	
	木质素类	纸浆废液-重铬酸钠(铬木素)浆液;纸浆废液-过硫酸铵浆液;等等
	脲醛树脂类	脲醛树脂-硫酸浆液;尿素-甲醛-三氯化铁浆液;等等
	聚氨酯类	水溶性聚氨酯浆液;油溶性聚氨酯浆液
	环氧树脂类	
	糠醛树脂类	
	甲基丙烯酸甲酯	
	丙烯酸盐类	
	其他	

毒性分级表 表 21-2

毒性分级	LD_{50} (mg/kg)	LC_{50} ($\times 10^{-6}$)	涂于皮肤时 LD_{50} (mg/kg)	体重为70kg的人可能致死剂量(g)
剧毒	$\leqslant 1$	<10	$\leqslant 5$	0.06
高毒	1～50	10～100	5～42	4
中毒	50～500	100～1000	44～340	30
低毒	500～5000	1000～10000	350～2810	250
基本无毒	5000～15000	10^4～10^5	2810～22590	1200
无毒	>15000	$>10^5$	>22600	>1200

21.2 常用注浆法施工工艺

21.2.1 袖阀管注浆法

袖阀管注浆法为法国 Soletanche 公司首创,故又称为 Soletanche 法。在国内 20 世纪 80 年代末开始广泛用于砂砾层渗透注浆、软土层劈裂注浆和深层土体劈裂注浆。

袖阀管注浆法通过孔内封闭泥浆、单向密封阀管、注浆芯管上的上下双向密封装置减小了不同注浆段之间的相互干扰,降低了注浆时冒浆、串浆的可能性。袖阀管注浆法特殊的注浆孔结构使注浆施工时可根据需要灌注任一注浆段,还可进行同一注浆段的重复施工。图 21-3 是袖阀管注浆法的施工流程图,图 21-4 是袖阀管注浆法的工作原理图。

袖阀管注浆法采用的单向密封阀管除特殊情况下采用钢管外,一般采用的是钙塑聚丙烯制造的塑料单向阀管,其内壁光滑,接头有螺扣,端部有斜口,在阀管首尾相接时保证接头部位光滑,使注浆芯管在管内上下移动方便无阻,其外壁有加强筋以提高抗折能力。塑料阀管分有孔、无孔两种,在加固范围内设置的是有孔塑料单向阀管,在其有孔部位外部,紧套着根据测定爆破压力为 4.5MPa 的橡胶套覆盖住注浆孔,这样就可保证浆液的单方向运动。

单向密封阀管作为袖阀管注浆法中的一个重要部件,其作用是:

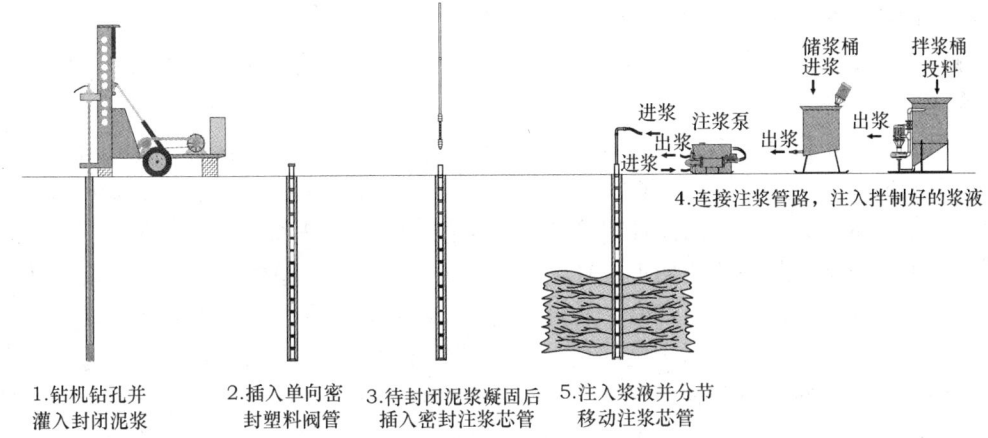

1. 钻机钻孔并灌入封闭泥浆　2. 插入单向密封塑料阀管　3. 待封闭泥浆凝固后插入密封注浆芯管　4. 连接注浆管路，注入拌制好的浆液　5. 注入浆液并分节移动注浆芯管

图 21-3　袖阀管注浆法施工流程图

(1) 保证浆液按规定的要求分清层次，形成劈裂；

(2) 保证浆液只从阀管中喷出，而防止逆流入阀管中，为二次甚至多次注浆创造条件；

(3) 在注浆加固的同时，单向阀管也对土体起到一定稳定作用。

袖阀管注浆法采用的双向密封注浆芯管一般有以下两种：

(1) PRC 型自行密封式双向密封芯管

PRC 型自行密封式双向密封芯管是依靠配置在注浆芯管出浆段两侧的聚氨酯密封环与阀管内壁形成密封，主要用于以水泥、粉煤灰、膨润土为主的浆液，该种浆液较稠，呈悬浊液状，所以在注浆过程中稍有压力，其聚氨酯密封环就有效地起到密封作用。

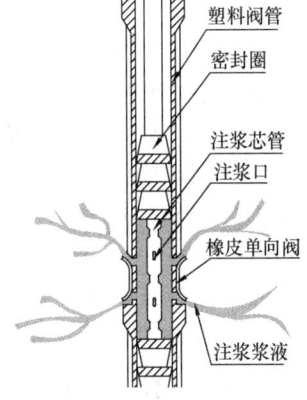

图 21-4　袖阀管注浆法的工作原理图

(2) RBH 型膨胀密封式双向密封芯管

RBH 型膨胀密封式双向密封芯管是由膨胀胶管、固定接头、注浆芯管和注水管组成，在水压作用下，膨胀胶管与塑料阀管管壁紧密接触，起到良好的密封作用，主要用于化学浆液。化学浆液黏度低，呈溶液状，如果采用 PRC 型注浆芯管，其密封环与塑料阀管内壁间隙较大，注浆时浆液会有较多渗漏，无法维持压力，效果不甚理想。

以上二种型号注浆芯管的操作情况如下：

(1) PRC 型双向密封芯管

① 将 PRC 注浆芯管插入塑料阀管至预定深度；

② 用注浆软管将 PRC 注浆芯管与注浆泵连接；

③ 按设计要求，注浆一段，拔出一段。

(2) RBH 型双向密封芯管

① 将 RBH 注浆芯管插入塑料阀管至预定深度；

② 用注浆软管连接芯管和注浆泵（浆泵）；

③ 用软管连接注水接头与注浆泵（水泵）；

④开动注浆泵（水泵），维持压力在 0.6MPa；

⑤按设计要求，注浆一段，然后释放水压，拔出一段，再注水至压力为 0.6MPa，继续注浆。

在施工时，塑料单向阀管每一节均应作检查，要求管口平整无收缩，内壁光滑。事先将每6节塑料阀管对接成2m长度作备用。准备插入孔内时应复查一遍，必须旋紧每一节螺纹。注浆芯管的聚氨酯密封圈使用前要进行检查，应无残缺和大量气泡现象，上部密封圈裙边向下，下部密封圈裙边向上，且都应抹上黄油。所有注浆管接头螺纹均应保持有充足的油脂，这样既可保证丝牙寿命，又可避免浆液凝固在丝牙上，造成拆装困难。

袖阀管注浆法中使用的封闭泥浆的基本功能为封闭单向密封阀管与钻孔壁之间的空间，在橡皮套和双向密封芯管的配合下，使浆液只在一个注浆段范围进入土体。根据施工经验，封闭泥浆的七天立方体抗压强度宜为 0.3～0.5MPa，浆液黏度为 $80''\sim 90''$。

21.2.2 直接注浆法

所谓直接注浆法是指采用振入或钻孔放入的方式直接将注浆管置入土体中进行注浆的方法。根据采用注浆管形式的不同，直接注浆法可分为注浆管注浆法、花管注浆法、钻杆注浆法、止浆塞注浆法等。

注浆管注浆法指直接通过注浆管下部的管口进行注浆的方法；花管注浆法是通过在侧壁设置多层注浆孔的注浆管（花管）进行注浆的方法；钻杆注浆法是指直接通过钻孔用的钻杆进行注浆的方法。这3种注浆方法的施工步骤基本一致：

（1）下管

注浆管注浆法和花管注浆法一般采用振入的方式将注浆管置入土体预定深度，在深度较大的情况下也可采用预钻一定深度后振入的方法。钻杆注浆法则直接依靠钻孔方法将注浆管（钻杆）置入土体。

（2）注浆

将制浆设备、注浆泵和下放的注浆管进行连接，按照要求进行制浆，通过注浆泵将浆液注入土体中。在完成一个注浆段施工后根据要求向上或继续向下移动注浆管，进行下一个注浆段的施工。

注浆管注浆法、花管注浆法和钻杆注浆法与袖阀管注浆法相比较，其共同的缺点在于注浆时容易延管壁冒浆、注浆分层效果较差，这些缺点在采用流动性较好、初凝时间较长的浆液时尤为突出；其优点在于设备和工艺简单、灵活机动性好、施工速度快，更适应需要快速反应的情况。

止浆塞注浆法一般用于岩石裂隙注浆，其注浆管上带有止浆塞，可将注浆段上部封闭，其主要施工步骤如下[2]：

（1）注浆孔成孔

一般采用旋转钻机进行钻孔。要求岩层内的注浆孔全部取芯钻进，以便查明岩层裂隙的发育及其分布情况，取芯率在坚硬的岩层中应达到 80%～90%，在破碎岩层中应为 70%。钻孔清洗液以清水为主，如岩石破碎、塌孔严重，也可采用稀泥浆作循环液。

注浆孔在开口处一般安设 6～10m 长的孔口管，以防止可能出现的塌孔，同时在钻孔时起到导向作用，注浆时用以安设孔口封闭装置、防止跑浆。

注浆孔钻进结束后安装并下放注浆管、止浆塞及混合器等孔内设施。

(2) 压水试验

压水试验是利用注浆泵向注浆区段压注清水，其主要目的是：

①检查止浆管头特别是止浆塞的止浆效果。

②把未冲洗净、残留在孔底，或黏滞在孔壁的岩粉、杂物推挤到注浆范围以外，以提高浆液结石体与裂隙面的结合强度及抗渗能力。

③根据测定钻孔的吸水量，核实岩层的透水性，以确定注浆的压力、流量，并确定注浆浆液及其初始浓度。

(3) 注浆

注浆根据沿地层深度分段施工的顺序可分为分段下行式、分段上行式和一次全深注浆方式。分段下行式是从地面开始，自上而下钻一段孔，注一段浆，每注一段后继续下延钻孔与注浆，如此交替进行直至设计的最终注浆深度，然后再由下而上进行复注；分段上行式是注浆孔一次钻到注浆终深，使用止浆塞进行自下而上的分段注浆；一次全深注浆方式是注浆孔一次钻到注浆终深，然后对全深进行一次注浆。

止浆塞注浆法采用的止浆塞是封隔注浆钻孔，实现分段注浆的关键装置，良好的止浆塞应保证在10MPa以上的注浆压力作用下正常工作。目前使用的止浆塞根据其结构和作用原理可分为机械式和水力膨胀式2种，其中机械式止浆塞较为简单可靠，得到较多使用，图21-5是几种常用的止浆塞结构。

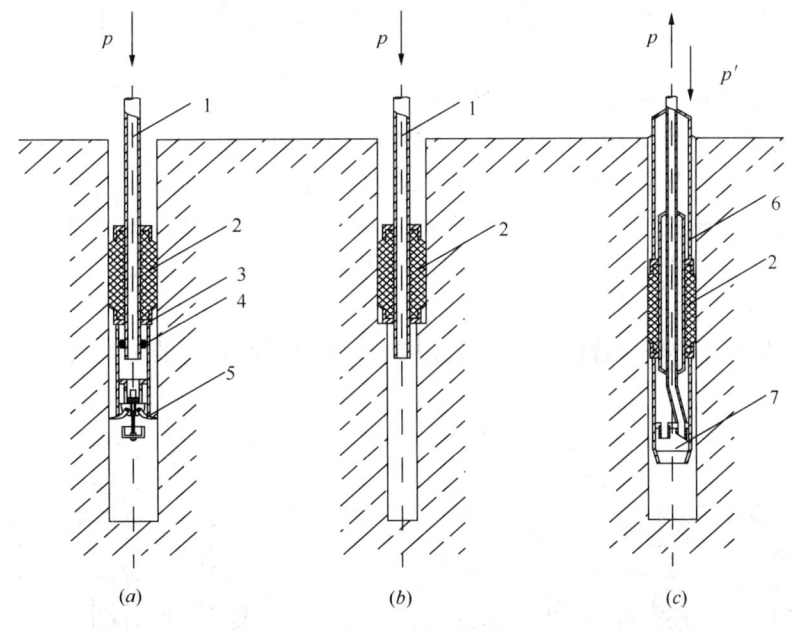

图 21-5 常用止浆塞结构

(a) 三爪式止浆塞；(b) 异径式止浆塞；(c) 双管式止浆塞

1—钻杆注浆管；2—止浆胶塞；3—下托盘；4—密封；5—三爪；6—外注浆管；7—混合室；
p，p'—使止浆塞发挥作用而施加的力

21.2.3 埋管注浆法

埋管注浆法是指通过埋设或预埋于结构内的密封管进行注浆的方法，主要用于需穿透

结构对其外部进行注浆处理的情况。埋管注浆法形式多样，用途广泛，本节仅对一般结构埋管注浆进行介绍，围护墙底注浆在18.3.1中有详细介绍，这里就不再赘述。

一般结构埋管注浆的工艺流程如下：

(1) 密封管埋设

①钻孔埋管

A. 首先利用钻机在设计孔位上钻孔，钻孔直径宜为密封管外径的1.5～1.8倍。在钻穿结构前退出钻头，安装密封管套管，在结构与套管间隙中灌入"特速硬水泥"，以密实缝隙。

B. 待密封管套管安装完毕后，改用小直径钻头，穿过套管继续钻进，直至钻穿结构。随后退出钻头并安装闷盖，待注浆时再开盖使用。

②预埋密封管

如果在结构施工前已经设计采用埋管注浆，可将密封管作为预埋件，直接浇筑在钢筋混凝土中。预埋时应注意下列事宜：

A. 注意固定密封管，最好能与结构钢筋连接固定。

B. 密封管套管端部应设有丙纶薄膜。

(2) 注浆

根据不同施工要求，可以选择直接将注浆设备与密封管连接，用密封管作为注浆管进行近距离注浆的方式；或是将注浆芯管或花管通过密封管置入结构外土体中进行注浆的方式。

后一种注浆方式的一般施工流程如下：

①卸下密封管上的闷盖，在密封管上安装球阀和防喷装置。

②将注浆芯管或花管安装入防喷装置，并将防喷装置上的压盖拧紧，然后开启球阀，将注浆芯管或花管通过球阀、密封管置入土体，置入一般采用振动压入方式。

③将注浆设备与注浆芯管或花管连接进行注浆，注浆可采用定点注浆，也可通过移动注浆芯管或花管进行一定范围的注浆。

图21-6和图21-7是埋管注浆经常采用的密封管和防喷装置的示意图。

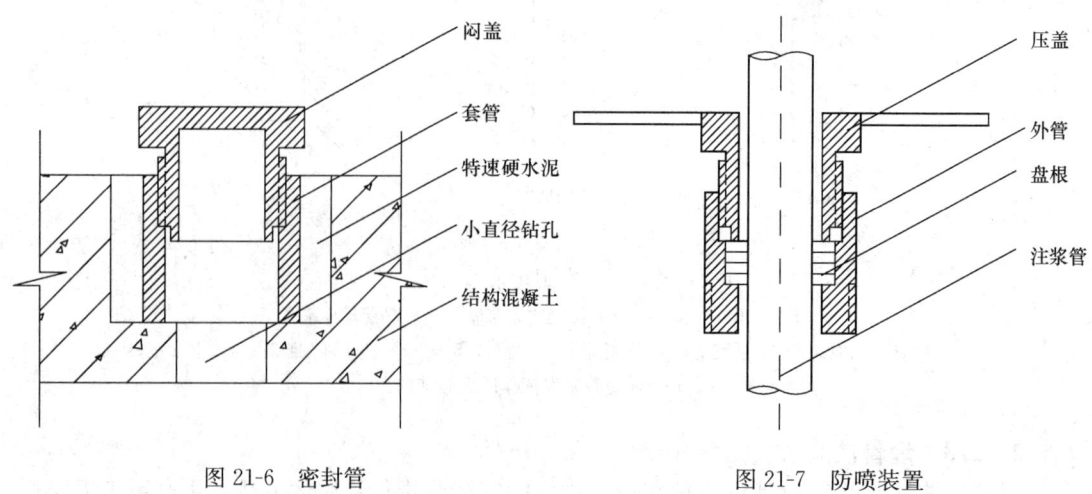

图21-6 密封管　　　　　　　图21-7 防喷装置

21.2.4 低坍落度砂浆压密注浆法（CCG 注浆工法）

压密注浆效果形成的重要条件就是采用低坍落度浆液，一般采用低坍落度的水泥砂浆。目前比较成功地采用低坍落度砂浆进行压密注浆的工艺是由上海隧道工程股份有限公司和上海申通集团有限公司联合开发的可控制压实注浆工法（简称 CCG 注浆工法），该工法通过对设备、材料和工艺的研究，实现了采用坍落度小于 50mm 的水泥砂浆进行压密注浆，在上海地区饱和软黏土中得到了成功应用。

CCG 注浆工法主要是利用特殊的高压、低流量注浆设备，将高黏度、坍落度较小的砂浆，按设计要求压入加固区域的地基土中，砂浆在泵压下不与土体混合或向阻力小的土体方向以脉状渗透或劈入，而是在原位扩展形成浆泡挤压注浆点周围的土体，随着注浆管的提升，形成早期强度可控制的葫芦状或圆柱状的固结砂浆桩体，达到增强土体强度和密度、提高地基承载力、纠偏、基础托换等目的。CCG 注浆工法的施工工艺流程如图 21-8 和图 21-9 所示。

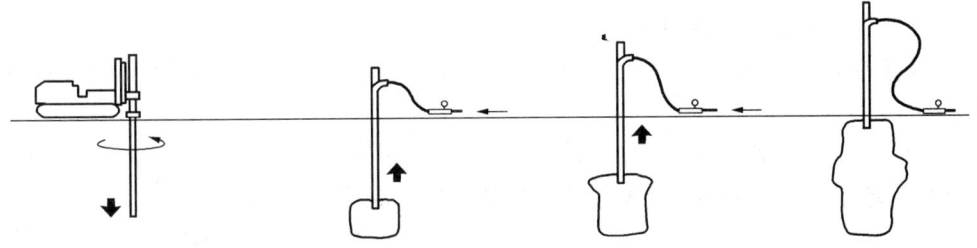

图 21-8　CCG 注浆工法施工顺序图

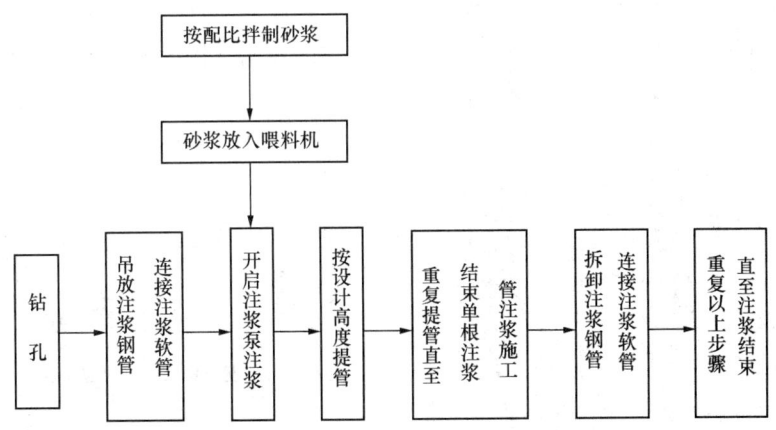

图 21-9　CCG 注浆工法工艺流程图

CCG 工法属于压密注浆工艺，是否有良好的排水通道对加固土体的效果有直接的影响，因此一般而言，CCG 工法在砂性土中的加固效果要优于在黏性土中的加固效果，在黏性土中进行施工时可考虑设置辅助排水措施，如降水井点、砂井等。

CCG 注浆工法采用的低坍落度水泥砂浆一般由水泥、砂、粉煤灰、膨润土、水和外加剂等组成，根据实际工程需要，其无侧限抗压强度可在 3~15MPa 范围内选择。表 21-3 为 CCG 注浆工法参考浆液配比。

CCG 注浆工法浆液配比参考 表 21-3

材料\用途	水泥	细砂	粉煤灰	膨润土	外掺剂 SY-1	减水剂 ND-105	水
加固工程	1	1～4	0～7	0～4	4%	1.5%	5.6～7
纠偏工程	1	4	7	0～0.5	4%	1.5%	3.1～3.7

注：表中参数为重量比，加水量根据测得的砂浆坍落度确定，结石体抗压强度 2.5～5MPa。

21.2.5 柱状布袋注浆法

柱状布袋注浆法是以土工织物袋和注浆浆液形成似圆柱状硬化体来加固土体的软土地基注浆施工工艺，其功用如下：

(1) 排水作用：布袋可以形成排水通道，当土体中存在超孔隙水压力时，土中的水会沿着织物排出土体，从而加速了土体的固结，更有利于相邻布袋注浆对土体的压密。此外，由于注浆布袋的渗水性，使浆液在一定压力下其中的部分水份通过布袋排出，降低了布袋内浆液的水灰比，从而能够加速浆液凝固，并得到高密度、高强度的硬化体。

(2) 隔水作用：浆液在布袋内的压力大于布袋周围的被动土压力，布袋的隔离作用使浆液体得以通过膨胀布袋达到压密土体的目的，并形成较规则的注浆体。

(3) 加筋作用：即使采用强度较低的浆液，由于布袋的抗拉强度高，也能起到加筋土体的作用，可以增加土体的稳定性。

柱状布袋注浆法加固土体的机理包括对土体的压密，因此其在砂性土中的加固效果更为显著。柱状布袋注浆工艺如图 21-10 和图 21-11 所示，其工序如下：

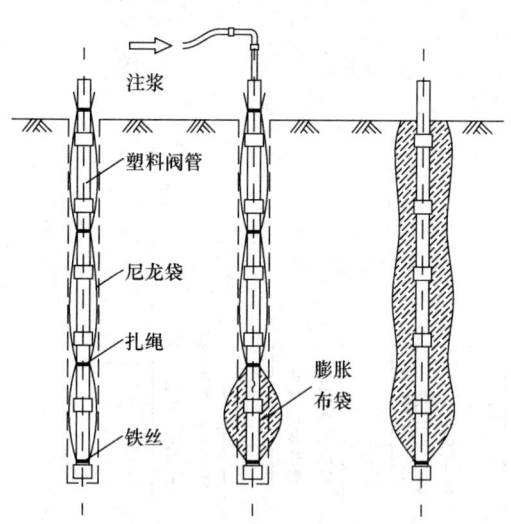

图 21-10 柱状布袋注浆

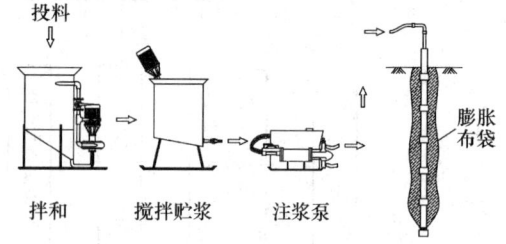

图 21-11 柱状布袋注浆工艺流程

(1) 将符合设计注浆深度的尼龙袋套在塑料阀管外，两端用铁丝扎紧，以保证注入袋内的浆液不从两端溢出。

(2) 每隔 50cm 用扎绳将尼龙袋扎牢，然后连同塑料阀管一并放入已钻好的孔内。

(3) 按照与袖阀管注浆法相同的工艺自下而上逐节压入搅拌好的浆液，注浆量应大于布袋套体积。随着浆液逐节压入，形成以塑料阀管为轴心的圆柱状或类似圆柱状的长桩。

21.3 注浆法设计和施工要点

就目前而言,注浆法的设计和施工还存在很强的经验性,另外注浆施工常常要面对比较复杂的工程条件,必须根据实际工程情况进行设计和施工。在一般情况下,注浆法的设计和施工可参考以下要点进行。

21.3.1 设计与施工前的准备工作

在注浆设计前要进行详细的工程调查,调查的范围为注浆处理的范围及其周边区域。工程调查的内容有:地质构造和地层分布情况;土的颗粒级配、含水量、孔隙率、渗透系数、土体强度、有机质含量等物理力学指标;地下水分布和特性;注浆处理范围及其周边区域的构筑物情况等。

对于重要工程和在无相应经验的地区进行注浆时,在注浆设计前宜进行现场注浆试验,以求得合适的设计参数,并检验施工方法和设备。

施工前的准备工作包括:设计单位应向施工单位提供注浆设计文件并负责技术交底;施工场地事先应予平整,除干钻法外,应沿钻孔位置开挖沟槽与集水坑,以保持场地的整洁干燥;机械器具、仪表、管路、注浆材料、水和电等的检查及必要的试验;对施工区域及其周边环境进行仔细排摸,落实相应的监测和保护措施等。

21.3.2 注浆目的和注浆范围

注浆的用途非常广泛,但要达到不同的目的,需要采用不同的注浆工艺、注浆材料和技术参数,因此在设计时首先要明确注浆处理要达到的目的,以此为基础,根据地质情况来选择合适的注浆范围、注浆浆液和施工工艺,设计合理的技术参数。在基坑工程中注浆目的一般有降低土层渗水性、增加土体强度和变形模量、充填土体空隙、补偿土体损失、堵漏抢险等。

注浆范围应根据工程不同要求必须充分满足注浆目的加以确定。注浆点的覆盖土厚度应大于 2m。

21.3.3 注浆浆液的选定和制备

注浆材料的选择及其配比的设计,必须考虑注浆的目的、地质情况、地基土的孔隙大小、地下水的状态等,在满足所需目的范围内选定最佳材料及配比。浆液的选定还必须兼顾经济性。对于重要工程,在选定浆液前必须进行室内浆液配比试验。

在进行渗透注浆时必须考虑被注介质的可注性,选择注浆材料要注意与被注介质可注性的匹配。

国内外广泛采用简化公式来评价粒状介质的可注性[3]。

$$N = \frac{D_{15}}{D_{85}} \geqslant 10 \sim 15 \tag{21-1}$$

式中 N——可注比值;

D_{15}——地层土颗粒在粒度分析曲线上占 15% 的对应粒径;

D_{85}——注浆材料在粒度分析曲线上占 85% 的对应粒径。

岩体裂隙可注性是裂隙宽度应大于注浆材料最粗颗粒直径的 3 倍以上。

劈裂注浆法的浆液材料可选用以水泥为主剂的悬浊液,也可选用水泥和水玻璃的双液型混合液。用作防渗堵漏的浆液可选用水玻璃、水玻璃与水泥的混合液或化学浆液。压密注浆可选用低坍落度的水泥砂浆。动水情况下的堵漏注浆宜采用双液注浆或其他初凝时间短的速凝配方。

在有地下动水流的情况下，不宜采用单液水泥浆等初凝时间长的浆液。

浆液使用的原材料及制成的浆体应符合下列要求：

（1）制成的浆体应能在设计要求的时间内凝固，其本身的强度、防渗性和耐久性应能满足设计要求。

（2）浆体在凝固后其体积不应有较大的收缩率，一般应小于3‰体积量。

（3）所制成的浆体在1h内不应发生析水现象。

为了改善浆液性能，根据工程需要可在浆液拌制时加入早强剂、减水剂、微膨胀剂、抗冻剂、缓凝剂等外加剂，掺加量可参考产品说明并应作相关试验确定。

浆体必须经过搅拌机充分搅拌均匀后，才能开始压注，并应在注浆过程中不停顿地缓慢搅拌，搅拌时间应小于浆液初凝时间。浆体在泵送前应经过筛网过滤。拌制好的浆液应进行随机抽检。

在冬季，当日平均温度低于5℃或最低温度低于−3℃的条件下注浆时，应在施工现场采取适当措施，以保证不使浆体冻结。在夏季炎热条件下注浆时，用水温度不得超过35℃；并应避免将盛浆桶和注浆管路在注浆体静止状态暴露于阳光下，以免加速浆体凝固。

21.3.4 施工工艺的选择

施工工艺对注浆效果有很大的影响，每种施工工艺都有其优点和局限性，在进行注浆设计时，要综合考虑地基土特性、注浆目的、注浆范围和注浆浆液等因素，对施工工艺加以明确。施工工艺的选择带有一定的经验性，表21-4只是反映了部分地区的施工经验，仅供参考。

注浆工艺的适用情况　　　　表21-4

注浆工艺	浆液		注浆目的						
	一般浆液	快凝型浆液	砂砾层渗透注浆	土体加固	充填土体空隙	补偿土体损失	堵漏抢险	围护墙底加固	岩石裂隙注浆
袖阀管注浆法	√	√	√	√	○	√	○	×	×
钻杆注浆法	△	○	△	△	○	○	○	×	×
注浆管注浆法	△	○	○	○	○	○	○	√	×
花管注浆法	○	√	○	○	√	√	√	○	×
CCG工法	—	—	×	×	○	○	×	×	×
埋管注浆法	√	√	×	×	×	×	○	×	×
止浆塞注浆法	√	√	×	×	×	×	×	×	√

注：√—适用；○—可用；△—慎用；×—一般不用或不适用。

21.3.5 浆液扩散半径和孔位布置

浆液扩散半径与浆液的流动性和胶凝时间、注浆压力、注浆量、注浆时间等因素有关，其确定方法包括理论公式计算、经验判断和现场注浆试验。由于地层条件的复杂性，理论公式计算时采用的参数很难符合实际情况，所以在没有足够施工经验的条件下，推荐采用现场注浆试验方法确定浆液扩散半径。

在进行现场注浆试验时要选择不同特点的地基，最好采用多种注浆方法，以求得不同条件下的浆液扩散半径。

现场注浆试验常采用三角形布孔或矩形布孔的方式，如图 21-12 和图 21-13 所示。

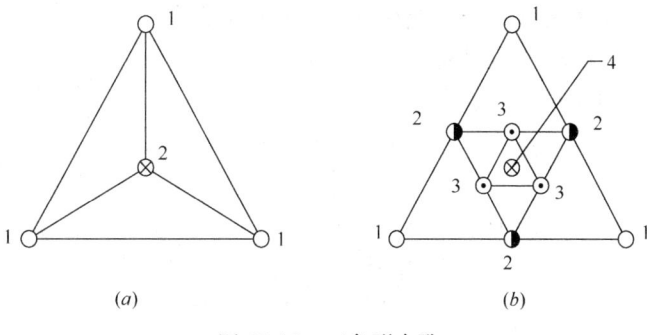

图 21-12　三角形布孔
(a) 1—注浆孔；2—检查孔；(b) 1—Ⅰ序孔；
2—Ⅱ序孔；3—Ⅲ序孔；4—检查孔

注浆试验结束后可通过以下方法评价浆液扩散半径：

(1) 钻孔压水或注水，求出注浆体的渗透性；

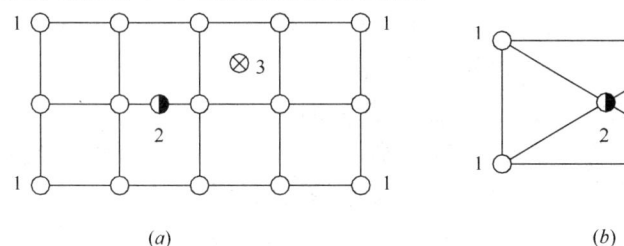

图 21-13　矩形布孔
(a) 1—注浆孔；2—试井；3—检查孔；(b) 1—Ⅰ序孔；2—Ⅱ序孔；3—检查孔

(2) 钻孔取样，检查空隙充浆情况；

(3) 用大口径钻井或人工开挖竖井，肉眼观察地层充浆情况，并取样进行室内试验研究。

考虑到地基土的不均匀性，在确定设计浆液扩散半径时要注意选取符合设计要求的，在多数条件下可以达到的扩散距离。[3]

确定了浆液扩散半径后，即可设计注浆孔布置。注浆孔的布置应能使被加固土体在平面和深度范围内连成一个整体。

在一般情况下，用作防渗的注浆应设置不少于 3 排的注浆孔，注浆孔间距可按 0.8～1.2m 范围设计；用作提高土体强度的劈裂注浆孔间距可按 1.0～2.0m 范围设计；压密注浆在选用坍落度较小的水泥砂浆时，注浆孔间距可按理论球状浆体直径的 2～5 倍设计。多排孔的布置以梅花形布孔为宜。

21.3.6　注浆压力和流量

渗透注浆的最大容许注浆压力推荐采用注浆试验曲线确定，即在注浆试验过程中，逐步提高注浆压力，求得压力和流量关系曲线（图 21-14），当压力升到某一数值（p_f）时，注浆流量突然增大，表明地层已产生劈裂，因而把这一压力值作为确定最大容许注浆压力的依据。

在缺乏试验资料或在进行注浆试验前需预定一个试验压力值时，也可根据以下砂砾地基注浆的经验公式确定。

$$[p_e] = c(0.75T + K\lambda h) \quad (21-2)$$

或

$$[p_e] = \beta\gamma T + cK\lambda h \quad (21-3)$$

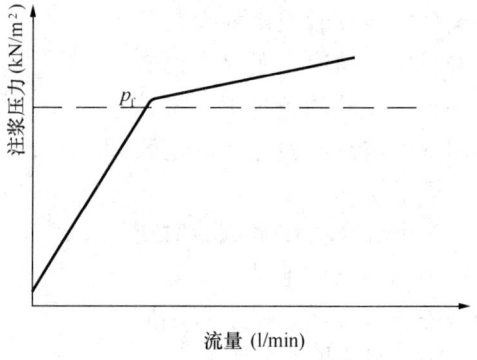

图 21-14 注浆压力和流量关系曲线

式中 $[p_e]$——容许注浆压力（$\times 10^5$Pa）；

c——与注浆期次有关的系数，第一期孔 $c=1$，第二期孔 $c=1.25$，第三期孔 $c=1.5$；

T——地基覆盖层厚度（m）；

K——与注浆方式有关的系数，自上而下注浆时 $K=0.8$，自下而上时 $K=0.6$；

λ——与地层性质有关的系数，可在 0.5~1.5 之间选择。结构疏松、渗透性强的地层取低值，结构紧密、渗透性弱的地层取高值；

h——注浆段至地面深度（m）；

β——系数，在 1~3 之间选择；

γ——地面以下，注浆段以上土层的重度。

岩石裂隙注浆最大容许注浆压力除根据注浆试验确定外，也可根据经验曲线或经验公式确定，下式为考虑地质条件、注浆方法和浆液浓度的经验公式。

$$[p_e] = p_w + \gamma H + m(H_1 - H) - (H_1\gamma_G - s\gamma_w) \quad (21-4)$$

式中 $[p_e]$——容许注浆压力（kPa）；

p_w——地下水静水压力（kPa）；

γ——地面以下，注浆段以上土层的重度（kN/m³）；

H——止浆塞以上地层厚度（m）；

m——容许注浆压力深度增量（$\times 10^2$kPa/m）；

H_1——注浆段总深度（m）；

γ_G——浆液重度（kN/m³）；

s——注浆段至地下静水位的距离（m）；

γ_w——水的重度（kN/m³）。

不同条件下的 m 值见表 21-5。表中第一类岩石指强烈风化并有多组大裂隙的松散岩石，第二类岩石包括弱风化、中等裂隙性岩石，第三类指有细裂隙的较致密岩石。稀浆是指水灰比大于 1 的水泥浆液，稠浆是指水灰比小于 1 的水泥浆液[3]。

不同条件下的 m 值　　　　表 21-5

岩石类别	自下而上注浆		自上而下注浆	
	稀浆	稠浆	稀浆	稠浆
第一类	0.18	0.20	0.20	0.22
第二类	0.20	0.22	0.22	0.24
第三类	0.22	0.24	0.24	0.26

劈裂注浆压力的选用应根据土层的性质及其埋深确定。在砂土中的经验数值是0.2～0.5MPa；在黏性土中的经验数值是0.2～0.3MPa。如采用水泥-水玻璃双液快凝浆液，则注浆压力宜小于1MPa。在保证可注入的前提下应尽量减小注浆压力，浆液流量也不宜过大，一般控制在10～20L/min范围。

压密注浆压力主要取决于浆液材料的稠度。采用水泥砂浆时，坍落度可在25～75mm左右，注浆压力可选定在1～7MPa范围内，而且坍落度较小时，注浆压力可取上限值。流量一般为10～40L/min。

21.3.7 注浆量

渗透注浆的常用注浆量计算公式为下式[1]，即：

$$Q = \pi r^2 h n \alpha (1+\beta) \tag{21-5}$$

式中　Q——注浆量；
　　　r——渗透半径；
　　　h——注浆厚度；
　　　n——土体孔隙率；
　　　α——有效灌注系数；
　　$1+\beta$——损失系数，可取1.1～2.0。

不同条件下的有效灌注系数取值见表21-6。

不同条件下的有效灌注系数　　　　表21-6

土质类型	浆液黏度（mPa·s）		
	1～2	2～4	>4
粗砂	1.0	1.0	0.9
细砂	1.0	0.9	0.7
砂质土	0.9	0.7	0.6

劈裂注浆只考虑孔隙率为主体的注浆率是不能确定注浆量的，劈裂注浆的注浆量一般表示为：

$$Q = V\lambda \tag{21-6}$$

式中　Q——注浆量；
　　　V——加固土体体积；
　　　λ——浆液充填率。

浆液充填率λ的取值可通过现场试验、施工经验和经验公式确定。根据上海、天津和江浙地区的经验，劈裂注浆加固土体的浆液充填率一般在15%～20%。

低坍落度砂浆压密注浆的注浆量是根据每个注浆段注入的球状体的体积来计算的，目前的相关经验较少，宜通过注浆试验来确定，现有的CCG工法在上海和浙江的工程实例中是按照直径为60cm左右的球状体来设计和施工的。

必须指出的是上述仅为注浆量的估算方法，在实际施工中应根据注浆压力的变化、地面是否冒浆、地表抬升、周边构筑物位移等情况对注浆量进行即时的控制。

21.3.8 施工顺序

注浆顺序必须采用适合于地基土质条件、现场环境及注浆目的的方式。

一般情况下不宜采用自注浆地带某一端单向推进的压注方式，应按跳孔间隔注浆方式进行，以防止窜浆或压力过分集中，提高浆液强度与时俱增的约束性。对有地下动水流的特殊情况，应考虑浆液在动水流下的迁移效应，应自水头高的一端开始注浆。

压密注浆的施工顺序应根据周边排水条件通过注浆试验确定，主要的设计原则是有利于地下水的排出。

一般注浆施工应采用先外围后内部的注浆施工方式，注浆范围以外有边界约束条件时，也可采用自边界约束远侧开始顺次往近侧注浆的方法。

若在施工场地附近存在对变形控制有较严格要求的建筑物、管线等时，可采用由建筑物或管线的近端向远端推进的施工顺序，同时必须加强对建筑物、管线等的监测工作。

21.3.9 质量控制

注浆施工过程中必须进行严格的质量控制和质量检验，其主控项目包括原材料检验、注浆体强度、注浆施工顺序等，在有特殊要求时，还包括浆液初凝和终凝时间等；一般项目包括各种注浆材料称量误差、注浆孔位、注浆孔深、注浆压力、注浆流量等。

注浆施工情况必须如实和准确地记录，应有压力和流量记录，宜采用自动流量和压力记录仪。施工中要对资料及时进行整理分析，以便指导注浆工程的顺利进行，并为验收工作作好准备。

注浆工程竣工验收的检验，应根据设计提出的要求进行，检验时间一般在注浆结束28天后。对于设计明确提出承载力要求的工程，应采用载荷试验进行检验；有抗渗要求时可采用注水试验、抽水试验等原位测试方法测定其渗透性；加固工程可选用标准贯入或静力触探等方法对加固地层进行检测[4]。

注浆施工和效果评定的经验性较强，在效果评定时要注重前后数据的对比，同时还要注意相似工程的类比，这样才能客观综合地评定注浆效果。由此可见，注浆工程的大量数据收集和分析是十分必要的。

21.3.10 周边环境影响控制

采用注浆法进行地基处理时，通常要经历先破坏、扰动地基，然后经过浆液凝固、土体固结等过程使地基土改良的过程，同时伴有施工时土体向周围膨胀，施工后由于注浆压力释放、浆液凝固收缩、土体固结等原因土体又有收缩的趋势。这些现象往往造成注浆法施工时对周边环境产生不利影响，是在进行注浆法设计和施工时必须考虑的因素。

控制周边环境影响在施工方面可采取的措施包括：

（1）在可注入的前提下尽量降低注浆压力和流量，降低孔隙水压力的突增量，有利于孔隙水压力的消散，同时有利于提高注浆效果。

（2）采用"多点少注"的方法，即加密布孔，减少每孔注浆量，避免应力过分集中。

（3）采用由建筑物或管线的近端向远端推进的施工顺序，将施工引起的附加地内压力向远侧引导。

（4）控制施工节奏，放慢施工速度，同样有利于降低孔隙水压力的突增量、有利于孔隙水压力的消散、避免应力过分集中。

控制周边环境影响最重要的是对注浆进行严格的信息化施工管理，即在施工期间对周边环境进行严密的观测和监测，并将相关信息及时传递至施工方面，施工方面及时对信息进行分析，并根据分析结果对施工工艺、技术参数、施工顺序、施工速度等进行调整。

21.4 注浆法在基坑工程中的应用

21.4.1 基坑地层注浆加固

基坑地层注浆加固是通过注浆的手段增加土体的强度、刚度和抗渗性，使其满足基坑工程的要求。

基坑地层注浆加固的目的一般如下所述：
(1) 减少挡土墙的水平位移。
(2) 使基坑挡土墙被动区产生较大抗力。
(3) 减小基坑挡土墙主动区土压力。
(4) 增加基坑底部抗隆起稳定性。
(5) 在长、大基坑中，防止因分段开挖造成的基坑内土体纵向失稳。
(6) 防止挡土墙接缝漏水。
(7) 增加挡土墙的垂直承载力。

基坑地层注浆加固包括基坑内底部土体加固、基坑外阴角加固、围护墙接缝防水、围护墙底部脚趾加固等，从平面布局上区分有满膛加固、抽条加固等形式。如前所述，基坑内底部土体加固和基坑外阴角加固等大面积的加固已逐渐被深层搅拌、高压喷射注浆等强度较高、稳定性较好的加固方法所替代，注浆法在这方面较多地应用在开挖深度小、变形要求低的基坑工程或是局部加固上；围护墙接缝防水施工现在也较多地采用高压喷射注浆的方法，因为注浆法毕竟存在一定的不确定性和不连续性，尤其在细颗粒土层中较为明显，目前更多地应用于开挖深度小、地质条件较好、周边环境保护要求较低的基坑工程；围护墙底部脚趾注浆目前应用较为广泛。

围护墙底部脚趾注浆采用埋管注浆法施工，浆液一般采用水泥浆液。其他注浆施工可采用袖阀管注浆法、注浆管注浆法、花管注浆法，其加固机理一般主要表现为劈裂注浆形式，浆液可根据需要选用水泥浆液或水泥-水玻璃双液浆；以增加土体强度、刚度为目的的注浆施工还可采用压密注浆工艺，如CCG工法等。

工程实例1——上海延安东路越江隧道浦西引道段106A-104地基注浆加固

延安东路越江隧道是上海第二条穿越黄浦江底的公路隧道，全长2261m，其主体部分是圆形隧道，直径为11m，采用盾构法施工。在1号井以西的引道段采用地下连续墙围护进行开挖施工，当引道段接近河南路时，分成两条独立的车道，所以在106A段的跨度达21.4m，在106～105段的开挖深度达11m。基坑位于市中心区域，北侧约10m处有一幢6层高亚洲大楼，南侧有一幢综合贸易楼，西侧为交通要道河南路。为减少开挖时围护结构的位移，保护周围的建筑物，保证交通安全，采用注浆法对基坑内深层土体进行加固。

施工地区地层大致可划分为3层：
(1) 杂填土：厚度4.3～4.5m，主要由沥青、花岗岩抛石块石及碎石、砖瓦、废钢板、回填土等组成。

(2) 淤泥质粉质黏土：厚度 7.5～8.5m，灰色饱和流塑，局部含有少量薄层粉细砂和贝壳，含水量 32.8%，孔隙比 0.85。

(3) 淤泥质黏土：灰色软塑，局部含少量薄层粉细砂、贝壳和植物根茎，含水量 50.7%，孔隙比 1.39。

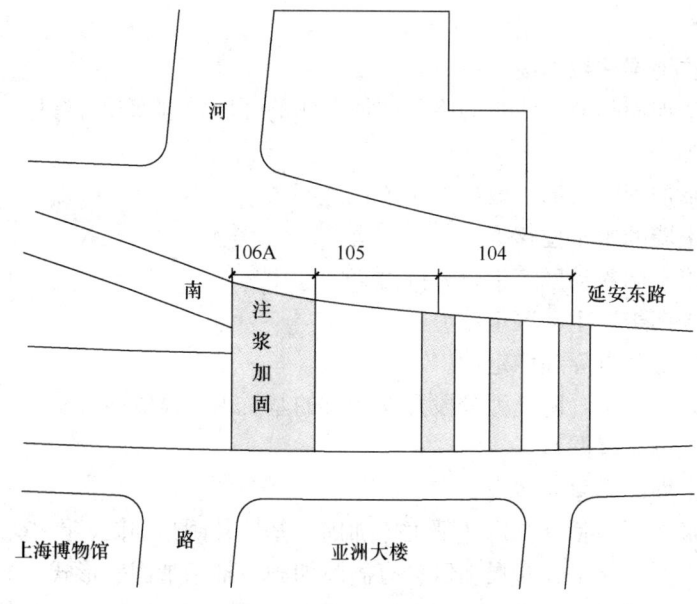

图 21-15 106A-104 注浆加固平面图

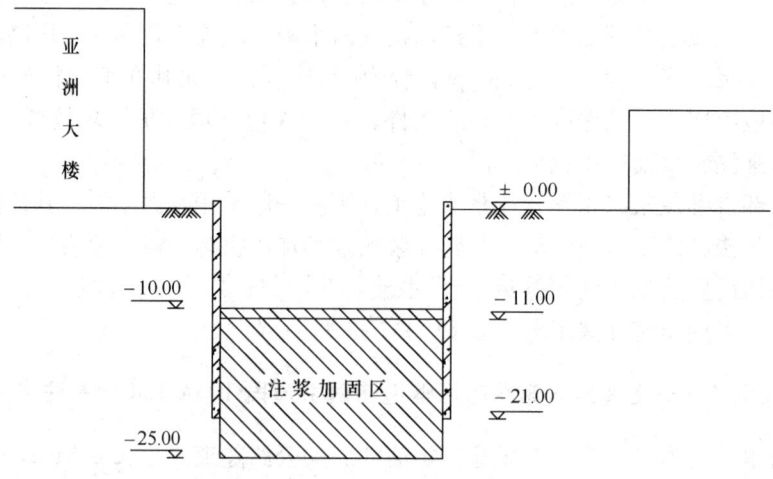

图 21-16 106A-104 注浆加固剖面图

注浆采用袖阀管注浆法，注浆孔孔距 1.5m，排距 1.5m，孔深 25m，注浆加固深度范围 −10～−25m，注浆加固面积 414m²，体积 7245m³，钻孔 212 只，注入水泥浆液近 2000m³。

注浆加固后，土体 N 值由未加固时的 0～1 提高到 3～5，用跨孔法测定声波的横波速度，注浆后有明显提高，横波速度（v_t）提高 20%～45%，动弹模量（E_d）提高 68%～138%，动剪切模量（G_d）提高 52%～138%，详见表 21-7。

注浆前后声波波速测定结果　　　　　　　表21-7

深度(m)	注浆前			注浆后			提高率（%）			备注
	v_t	G_d	E_d	v_t	G_d	E_d	v_t	G_d	E_d	
8	115	2428	6556	167	5720	13831	45	136	111	
10	125	2869	7746	182	6082	16427	46	112	112	
11	126	2914	7868	167	5120	13831	32	96	76	
12	126	2914	7868	163	4878	13176	29	67	67	龄期7天
13	127	2914	7995	170	5306	14332	34	79	79	
16	125	2869	7746	193	6829	18472	54	138	138	
17.5	136	3369	9169	176	5120	15361	29	52	68	
平均	126	2861	7956	176	5766	15361	39	98	95	

注浆加固后约2个月，当开挖到注浆加固深度时，可见层厚1～2cm的薄片状浆液凝固体分布在土体中，土体空隙处和薄弱处都充满了浆液凝固体，地下连续墙与软土的接触部位有大量浆液凝固体，提高了地下连续墙与土体的摩擦力。基坑开挖地下连续墙最大位移量仅为2.5cm，周围最大沉降量为2.5cm。

工程实例2——上海地铁M8线鞍山路车站基坑注浆加固

上海地铁M8线鞍山路车站基坑长约149m，标准段宽19.6m，挖深约13.12m；两侧端头井宽约23.8m，挖深约14.27～14.97m。该车站基坑为二级环境保护基坑，采用明挖法施工，地下连续墙围护，基坑底部处于灰色淤泥质黏土和灰色黏土中。

为了提高基坑底部的土体强度和基床系数，增强坑底稳定和围护结构的刚度，减少基坑围护变形和坑外土体变形，端头井、标准段与部分连续墙外侧实施了CCG注浆工法加固。设计强度为静力触探试验 p_s 平均值1.2MPa，设计注浆形成的柱状砂浆体直径为 ϕ600mm，间距为1.3m，桩长为坑底下3～3.4m，部分连续墙外侧砂浆体直径为 ϕ600mm，桩长16.8m。在注浆施工同时，基坑内进行了井点降水。

在注浆区龄期超过28天后，依据规范要求，按照监理所确定的抽检位置，采用静力触探试验法，对注浆加固区进行强度测试，共测试8个孔，加固后的土体强度较原状土有很大的提高，坑底灰色淤泥质黏土的静力触探试验 p_s 值由原来的0.46MPa提高到0.8～1.4MPa；坑底灰色黏土的静力触探试验 p_s 值由原来的0.59MPa提高到1.0～1.5MPa，抽检孔位的加固区土体 p_s 平均值达到1.24MPa。基坑开挖时，可见一个个压密注浆后形成的砂浆结石体，基坑底板浇筑完成后，地下墙围护位移为1.5cm，基坑周围的建筑、地下管线均安然无恙。

在这个基坑东端头井开挖中，由于需先挖除坑内5m深的地下防空洞，造成了南北两侧地下连续墙发生了较大的水平变形。后在两侧地下连续墙墙体旁，深11～13m范围内，采用CCG注浆工法实施纠偏，取得了显著的纠偏效果。

21.4.2　周围环境保护跟踪注浆

随着工程建设的不断发展，基坑工程面对的环境条件越来越复杂，在环境保护方面的要求也不断提高，跟踪注浆作为控制基坑周围建筑物、管线等变形的有效辅助手段，得到了广泛应用。

跟踪注浆从其作用机理来说可分为主动区补偿地层损失注浆、被动区注浆和矫正变形注浆3大类。

主动区补偿地层损失注浆的作用机理是在基坑开挖过程中，通过注浆的手段及时补偿由于开挖引起的水土损失，减小周边建筑物、地下管线等的变形量。

被动区注浆的作用机理是利用注浆时引起水土压力增加，作用在围护墙上，短时间内增大被动区抵抗围护墙变形的能力，减弱围护墙变形增大的趋势，同时随着浆液凝固，可提高被动区土体强度而对围护墙的变形起限制作用。

矫正变形注浆的作用机理是基坑周围建筑物和管线由于开挖施工产生了变形，通过注浆的手段稳定其变形速率，在可能的情况下，利用注浆时土体膨胀、隆起的特性，对变形进行适当的矫正，减少变形量和不均匀变形量。

这3类跟踪注浆方法既可以分别使用，也可以结合使用，结合使用往往可以起到更好的效果。主动区补偿地层损失注浆区域和被保护建筑物、管线之间（包括矫正变形注浆区域）宜设置隔离桩，以避免相互之间的干扰，隔离桩可采用树根桩或钻孔灌注桩，顶部可采用钢筋混凝土圈梁连结。隔离桩同时还具有切断土体滑裂面、调和沉降曲线的作用，是基坑工程环境保护的有力措施。

跟踪注浆可采用袖阀管注浆法、注浆管注浆法、花管注浆法等方法施工，被动区注浆和矫正变形注浆还可采用低坍落度浆液压密注浆的方法进行施工，例如采用低坍落度水泥砂浆的CCG工法。

被动区注浆和矫正变形注浆在采用袖阀管注浆法、注浆管注浆法、花管注浆法等方法施工时选用的浆液应具有快凝早强的特性，如水泥-水玻璃双液浆。主动区补偿地层损失注浆可根据实际情况选用水泥浆液或水泥-水玻璃双液浆。

跟踪注浆的目的是控制基坑周围建筑物、管线等的变形，同时注浆还具有非常明显的副作用，特别是在主动区进行注浆时带有一定的风险，因此跟踪注浆必须在严格的信息化施工管理下进行。

需要指明的是，跟踪注浆只是基坑工程周围环境保护的辅助手段，其最主要的措施还是科学合理的支护体系设计和开挖施工管理。

工程实例1——上海地铁二号线河南路车站东海商都保护跟踪注浆[5]

河南路车站是上海地铁2号线建造难度较大的一座车站，具有高难度的环境保护要求。车站基坑标准段开挖深度约16m，宽22m，采用地下连续墙钢支撑支护体系。

东海商都与地下连续墙相距仅约1m，对围护形成约为$80kN/m^2$的大面积超载。东海商都建于20世纪30年代，采用独立木桩基础，对地层位移非常敏感，其环境保护等级为特级。为保护东海商都，其邻近的基坑部分采用顺做1层逆做2层的施工方法，在围护结构和东海商都之间设置拱形的隔离桩，隔离桩采用树根桩方法施工，在开挖期间采取了跟踪注浆的辅助手段。

跟踪注浆包括主动区补偿地层损失注浆和被动区注浆，浆液均为水泥—水玻璃双液浆。主动区补偿地层损失注浆在隔离桩和地下连续墙之间的区域施工，采用了袖阀管注浆法，由于东海商都的木桩与围护墙距离很近，主动区注浆量较小；被动区注浆在靠近地下连续墙的开挖面以下区域施工，采用了注浆管注浆法。图 21-17 是东海商都与地铁车站基坑相对位置的平面示意图，图 21-18 是注浆孔的平面布置图。

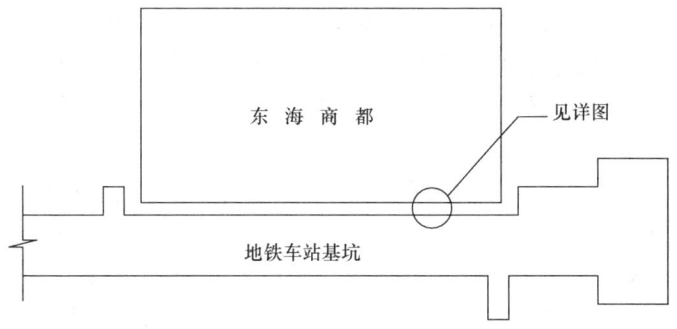

图 21-17　相对位置平面示意图

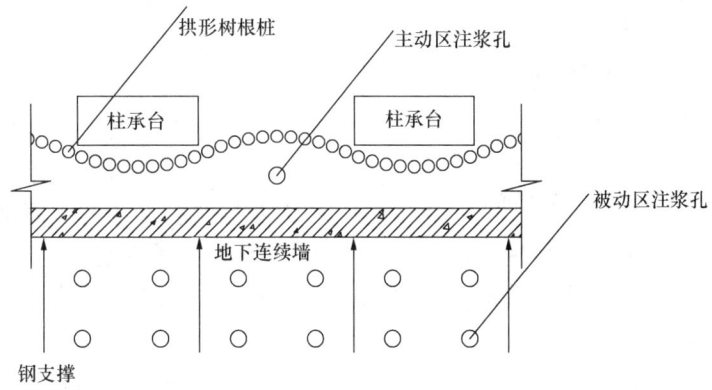

图 21-18　局部详图和注浆孔布置图

跟踪注浆时对地下连续墙变形、建筑物沉降等进行了严密的监测，并根据监测结果指导跟踪注浆的施工。通过监测数据发现，被动区注浆施工时，在每一次注浆及稍后时间内地下连续墙变形和建筑物沉降的增量都明显减少，甚至出现负值；整个开挖工程中，进行跟踪注浆的时间段与未进行跟踪注浆的前期相比，建筑物的沉降速率有明显的降低。这些情况都充分说明了跟踪注浆有效地抑止了变形的发展。

由于采取了一系列有效的保护措施，包括在严格信息化施工管理下的跟踪注浆，成功地在基坑开挖期间对东海商都进行了保护。

工程实例 2——大上海时代广场基坑工程 $\phi900$ 上水管保护跟踪注浆[6]

大上海时代广场工程位于上海繁华闹市区，东邻柳林路、柳林大厦，西靠淮海公园，南面是大量旧式民居，北面为淮海中路。基坑开挖面积约 11000m^2，开挖深度 17.05m，局部最深处达 19m，围护采用 1m 厚地下连续墙，支撑设 4 道，其中角撑均为钢筋混凝土支撑，中部直撑第 1 道为钢筋混凝土支撑，其余 3 道为钢支撑。该工程地质条件较差，土层分布复杂，为典型的上海地区软土地基。

该基坑四周存在大量分布复杂的地下管线，其中位于柳林路上的一根 $\phi900$ 上水管是该基坑工程环境保护的重点对象。该管线管径大、年代久，一旦破坏影响极大且难以修理，而在附近基坑施工已使其发生过一定的沉降，采用雷达探测方法发现该管线所处的柳林路道路地基状况不佳。

在施工前期未能对该管线进行直接监测，仅对其相邻的电缆线布置了测点。当基坑开挖深度达12m时，测点的累计沉降值达到38.3～51.3mm，考虑到至基坑底部还有5m，为保证该管线安全，对其进行了跟踪注浆保护，注浆采用袖阀管注浆法施工，浆液为水泥－水玻璃双液浆。

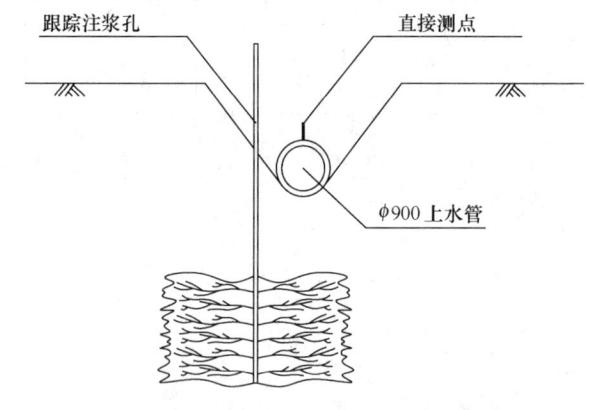

图 21-19　跟踪注浆剖面示意图

为保证注浆效果，防止注浆对管线产生不利影响，在跟踪注浆施工前对该管线进行了直接测点布置，布置方法为以每节管段长（6m）为间距开挖路面使管线局部暴露，在管顶焊1根钢筋作为沉降测点，对应监测点位置在管线一侧以2m为间距布置注浆孔。

跟踪注浆在严格信息化施工管理下进行，根据每日监测点的沉降监测数据绘制管线的沉降曲线，并计算出每段的曲率半径，对曲率半径超出允许值的区段计算出欲使其恢复至允许值范围的注浆抬高量，在此基础上选择合适的注浆点，对管线进行抬升，施工时进行即时监测控制管线抬高量。

自实施跟踪注浆以后，管线沉降速率明显减缓，通过对管线曲率半径的控制，使管线能处于安全状态，在基坑开挖过程中成功地保护了管线。

21.4.3　注浆堵漏抢险

基坑工程的风险控制很大一部分在于水的治理，一旦基坑发生渗漏，就会伴随着大量的水土流失，若不及时封堵，将会产生严重后果。注浆法作为一种设备简单、施工方便、见效快的堵漏施工工艺，较多地在堵漏抢险中得到应用并取得很好的效果。

注浆堵漏的基本作用机理为通过注浆设备将浆液注入至土层中的渗漏水通道，通过浆液的不断凝固、堆积，将渗漏水通道堵塞，从而解决渗漏水问题。注浆堵漏的作用机理决定了该技术比较适用于解决范围较小的渗漏水问题。

注浆堵漏是在动水的条件下施工，必须根据工程实际情况，合理选择施工工艺和注浆浆液，才能取得良好的效果。

注浆堵漏对施工工艺的要求就是设备和工艺简单，施工速度快，以满足抢险工程快速反应的要求。施工工艺一般选择注浆管注浆法、花管注浆法，成孔施工在深度较小的情况下一般采用振入方式；深度较大时宜选择施工速度快的振动式凿岩钻机钻孔，然后将注浆管或花管放入孔内进行注浆。在情况不是很紧急，并且注浆深度范围较大时，也可在孔内插入单向密封塑料阀管，以方便注浆芯管上下移动。在易产生塌孔的地层施工时，注浆管或花管可能无法顺利置入孔中，也可选择钻杆注浆法直接进行注浆。

注浆堵漏对浆液的要求是快速凝结和早强，目前应用较多的是油溶性聚氨酯浆液和水泥-水玻璃双液浆。

油溶性聚氨酯浆液是采用多异氰酸酯和聚醚树脂等作为主要原材料,加入各种附加剂配制而成。由于浆液中含有未反应的多异氰基团,所以遇水后会发生反应(水解反应),放出 CO_2 气体(发泡反应)致使凝胶体体积迅速膨胀,同时还会发生连锁反应,产生交联形成泡沫凝固体,另外发泡过程会产生二次渗透,从而对地层有加固和防渗作用。油溶性聚氨酯浆液凝固时间为数十秒至数十分钟,在堵漏施工中一般控制在 1 分钟上下,固砂体强度 1MPa 至十几 MPa,注后渗透系数为 $10^{-5} \sim 10^{-7}$ cm/s。

油溶性聚氨酯浆液的优点是可注性好、固砂强度高、遇水反应凝胶时间快,浆液流失少、适应性强、止水作用见效快,特别适用于紧急情况下的堵漏处理。其缺点是决定凝胶时间的因素较多,包括主剂和外加剂的影响、环境温度的影响、地下水 pH 值及与地下水的接触状态等,故其凝胶时间不好控制;材料价格较贵;遇水反应的特性往往造成注浆管移动困难,在要求注浆深度范围较大的情况下使用有一定的局限性;另外油溶性聚氨酯浆液有毒、易燃,使用中应特别注意防毒、防火。

水泥-水玻璃双液浆亦称 CS 浆液,是以水泥浆和水玻璃为主剂,两者按一定比例以双液方式注入,必要时加入附加剂所组成的注浆材料。其快凝、早强的机理是水玻璃与水泥水化生成的氢氧化钙快速反应,生成具有一定强度的凝胶体——水化硅酸钙。水泥-水玻璃双液浆的特点是浆液凝胶时间可控制在几秒至几十分钟范围内,凝结后结石率可达 100%,结石体抗压强度达 $5 \sim 20$ MPa,材料来源丰富,价格较低,对环境和地下水无污染。在实际施工中,综合考虑凝胶时间、抗压强度、施工等因素,水泥-水玻璃双液浆一般采用的配方为:水泥采用 32.5 级或 42.5 级普通硅酸盐水泥,水泥浆水灰比 $0.6 \sim 0.7$,水玻璃采用浓度为 $25 \sim 35°$Bé 的中性水玻璃,模数以 $2.8 \sim 3.5$ 为宜,水泥浆与水玻璃的体积比为 $1:0.5 \sim 1:1$,初凝时间一般为 $15 \sim 60$s。

由于不同厂家、不同批次的材料在性能上有一定差异,现场环境条件也不一致,在注浆施工前应对浆液进行小样试验,以确定合理的浆液配比。

如前所述,基坑工程发生渗漏往往会产生严重后果,因此制定和落实有效的控制预案是非常必要的。在施工前应落实注浆堵漏的施工队伍、设备和材料,并预先分析可能发生渗漏水的位置、原因以及应对措施,以保证一旦发生渗漏水情况能得到及时处理。

在注浆堵漏施工前应对渗漏水情况、发生原因和渗漏水通道位置等进行信息收集和分析,并确定合理的处理方案、施工工艺和注浆浆液,以保证注浆堵漏施工有的放矢。注浆堵漏是在动水条件下施工,而浆液的凝固、堆积是需要一定时间的,若水流较大,就会造成浆液来不及凝固、堆积就被水流冲走,因此在注浆前一般要用黏土、水泥包等对漏水处进行适当的封堵。出于同样的原因,注浆孔不宜紧靠漏水处,一般以距离 $1 \sim 2$m 为宜。

注浆堵漏施工时应对渗漏水情况的变化、浆液是否沿渗漏水流出及流失量大小等情况进行仔细观察,并及时调整施工位置和浆液配比。

注浆施工时浆液是在一定压力下进入土体,而浆液的快凝早强也对压力的消散产生负面影响,而且施工一般在基坑主动区开展,因此注浆堵漏施工可能会对围护结构及周边环境产生不利影响,所以应对围护结构和周边环境进行严密的监测。

工 程 实 例 1

某地铁车站基坑采用端头井与标准段分部开挖的方式施工,围护结构为地下连续墙,端头井与标准段之间采用封头墙隔离。端头井开挖深度约 16m，坑底以下土层为砂质粉土。

基坑开挖期间很正常，素混凝土垫层浇注完毕 1 天后发现在靠近封头地下连续墙"T"形幅处的垫层发生隆起，为释放压力，施工方将该处垫层凿穿，出现了大量涌水涌砂现象，该处基坑附近尚有不少民房等建筑物，一旦出现大量水土流失，后果不堪设想。见图 21-20。

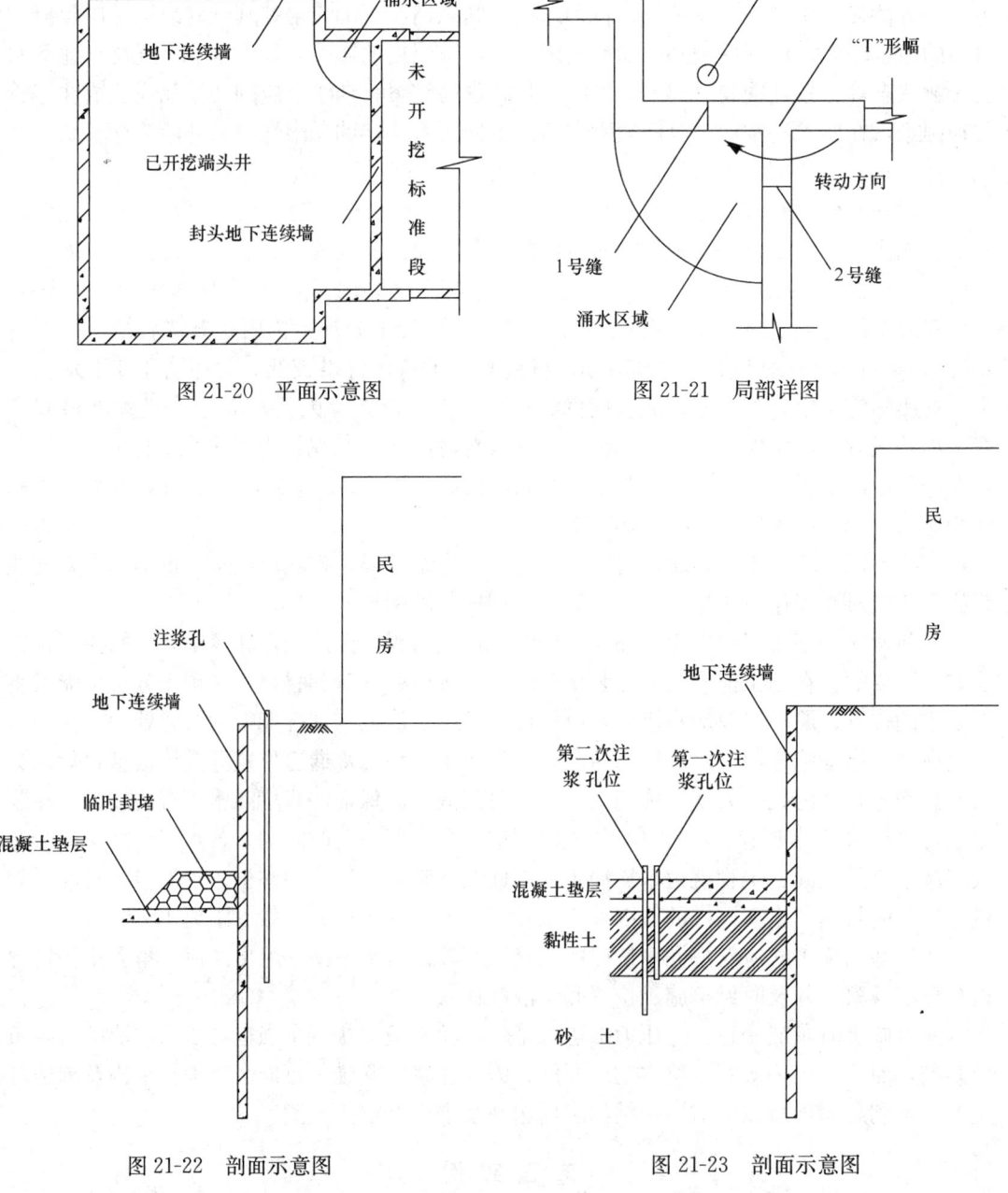

图 21-20 平面示意图

图 21-21 局部详图

图 21-22 剖面示意图

图 21-23 剖面示意图

施工方启动了紧急预案，现场成立抢险指挥部，调动人力物力，使用黏土、包装水泥等对涌水点进行封堵，降低了水土流失速度，同时安排专业注浆施工队伍进行注浆堵漏。

在施工准备期间，召开了堵漏方案讨论会，根据现场观察情况和施工方介绍的施工以及渗漏发生情况综合分析，认为本次渗漏原因为施工方为方便施工，除第一道支撑外，未按设计要求在"T"形幅处设置钢筋混凝土角撑，基坑开挖打破了"T"形幅处的平衡，造成其发生转动，2号缝在转动后张角向内，1号缝处则张角向外，漏水位置应在1号缝处，因坑底以上均为黏性土，故开挖期间未出现问题，见图21-21。考虑到未开挖土体对围护结构的约束性，1号缝的漏水缝隙不会很深，同时考虑到情况紧急，会议决定采用注浆管注浆法进行施工，浆液采用油溶性聚氨酯浆液，注浆深度为坑底以下5m，见图21-22。

堵漏方案明确后，由专业注浆队伍立即展开施工，采用大功率气动钻机在基坑外侧距1号缝约1.5m处钻孔至开挖面以下5m，在孔内放入注浆管，为确认注浆孔位的有效性，先注入少量凝固时间较长的浆液，在发现浆液随水流进入基坑后，迅速配制凝结时间短的浆液进行注浆，用1h左右的时间消除了渗漏水现象。

工程实例 2

某地铁车站所处地层比较复杂，为黏性土、砂土互层，基坑底部为5m厚的黏性土层，以下为含微承压水的砂土层。由于底部黏性土层足以抵抗下部的承压水头，基坑开挖顺利完成，在钻孔安装接地装置时，将黏性土层钻穿，发生了大量涌水涌砂情况，在出现险情一侧基坑外部的几幢6层居民楼均不同程度地发生沉降。

险情出现后，施工方马上安排专业注浆队伍进场抢险，结合现场条件，采用注浆管注浆法在原钻孔处进行注浆堵漏，浆液采用水泥-水玻璃双液浆。在注浆施工时发现浆液被水流冲出，无法封堵漏水点。针对这种情况，有关专家会同注浆技术人员现场会诊，一致认为注浆深度太浅，浆液来不及凝固堆积就被冲出孔外；决定调整施工方案，加大注浆深度，注浆管进入砂土层3m，同时对浆液配比进行调整，缩短初凝时间，提高早期强度。

注浆队伍按照调整的方案展开施工，在原孔位无法施工的情况下，在其附近采用振入的方式使注浆管进入砂土层3m，按照调整好的配比进行水泥-水玻璃双液注浆，一开始尚有部分浆液被水流带出，随着浆液在砂土层里不断凝固堆积，水流和被带出的浆液逐渐减少，直至渗漏点被完全封堵。见图21-23。

参考文献

[1] 邝健政，昝月稳，王杰，杜嘉鸿. 岩土注浆理论与工程实例[M]. 北京：科学出版社，2001
[2] 翁家杰主编. 井巷特殊施工[M]. 北京：煤炭工业出版社，1991
[3] 龚晓南主编. 地基处理手册[M]. 北京：中国建筑工业出版社，2000
[4] 程骁，张凤祥. 土建注浆施工与效果检测[M]. 上海：同济大学出版社，1998
[5] 徐全庆，李亚，徐昀. 跟踪注浆对基坑周围土体变形的控制[J]. 岩石力学与工程学报，2001，20(2)：262～266
[6] 陈韵兴. 运用跟踪注浆技术控制大直径管线的沉降[J]. 建筑施工，1998，20(1)：36～37
[7] 刘建航，侯学渊主编. 基坑工程手册[M]. 北京：中国建筑工业出版社，1997

第 22 章 降排水的设计与施工

22.1 概 述

随着我国经济的持续快速发展，全国各地工程建设如火如荼，呈现出欣欣向荣的景象。在各种工程建设，特别是地铁、高层、超高层建筑物、越江管线、跨江大桥等建设中，涌现出愈来愈多的基坑工程。基坑开挖的安全性成为目前研究的重点，对于城市区域的深、大基坑而言，基坑降排水已成为必不可少的施工措施之一。

降水历史已愈百年。起初用竖井；随着工业发展而采用管井，30 年代采用双阀自冲式井点，以后又实行配套化，在建造大坝时已采用四层甚至五层轻型井点；50 年代，喷射井点加入到降水的行列。轻型井点和管井相配合，用管井作为下卧承压水层的减压降水井，也不乏其例。近年来，由于采用机械化连续挖土，常交叉采用轻型井点、喷射井点和管井。

在城市建设过程中，由于场地工程地质与水文地质条件的复杂性，以及基坑开挖规模与深度的不断增加，对基坑降排水的要求也越来越高。目前因降排水不当造成的工程事故仍时有发生，这就要求我们对基坑降排水技术不断地进行改进和改革。

节约、保护水资源是我国的基本国策之一。在水资源匮乏地区，尤其地下水资源紧缺地区，建设工程中应谨慎采用基坑降排水措施，以避免浪费、破坏宝贵的地下水资源。当经过技术与经济论证，不得不采用基坑降排水措施，设计与施工应遵循"按需抽水"、"抽水量最小化"的原则，以保证在满足建设工程基本需求的前提下，达到节约、保护地下水资源的根本目的。另外，应采取有效措施，对建设工程中抽、排出的地下水加以回收利用，减少地下水资源的浪费。

22.1.1 降排水的作用与常用方法

基坑施工中，为避免产生流砂、管涌、坑底突涌，防止坑壁土体的坍塌，保证施工安全和减少基坑开挖对周围环境的影响，当基坑开挖深度内存在饱和软土层和含水层及坑底以下存在承压含水层时，需要选择合适的方法进行基坑降水与排水。降排水的主要作用为：

(1) 防止基坑底面与坡面渗水，保证坑底干燥，便于施工。

(2) 增加边坡和坑底的稳定性，防止边坡或坑底的土层颗粒流失，防止流砂产生。

(3) 减少被开挖土体含水量，便于机械挖土、土方外运、坑内施工作业。

(4) 有效提高土体的抗剪强度与基坑稳定性。对于放坡开挖而言，可提高边坡稳定性。对于支护开挖，可增加被动区土抗力，减少主动区土体侧压力，从而提高支护体系的稳定性和强度保证，减少支护体系的变形。

(5) 减少承压水头对基坑底板的顶托力，防止坑底突涌。

目前常用的降排水方法和适用条件，如表 22-1 所示。

常用降排水方法和适用条件　　　　　　　　　表 22-1

降水方法 \ 适用范围	降水深度 (m)	渗透系数 (cm/s)	适用地层
集水明排	<5	$1\times10^{-7}\sim 2\times10^{-4}$	含薄层粉砂的粉质黏土，黏质粉土，砂质粉土，粉细砂
轻型井点	<6		
多级轻型井点	6～10		
喷射井点	8～20		
砂（砾）渗井	按下卧导水层性质确定	$>5\times10^{-7}$	
电渗井点	根据选定的井点确定	$<1\times10^{-7}$	黏土，淤泥质黏土，粉质黏土
管井（深井）	>6	$>1\times10^{-6}$	含薄层粉砂的粉质黏土，砂质粉土，各类砂土，砾砂，卵石

22.1.2 工程事故案例分析

基坑工程中，由于工程降排水不当造成的基坑失稳事故时有发生。从失败的工程事故中吸取经验教训是十分重要的。

1. 上海某引水工程塌方

上海某引水工程，基坑设计开挖深度约 9.0m，采用三级放坡开挖措施，要求采用井点降水，以 1:1.5（垂直:水平）的坡度开挖并设置两个 3.0m 宽的平台。由于施工单位来自外地，对上海地质情况不熟悉，且无井点设备，竟以 1:1.75 的坡度直接下挖（中间不设置挖土平台，不采用井点降水措施，仅在坑内采取明排水措施）。施工现场地表下 5.0m 处有一粉质黏土层，当时因雨停工，天晴后采用三班制抢工浇筑混凝土，由于在粉质黏土层中的地下水渗出，突然有大半个篮球场面积的土坡从 4.0m 以上的高度塌下，导致将 10 人埋入土中、3 人死亡的惨重塌方事故。

上海地区的经验是：在表土层中开挖基坑，地下水位以上可垂直开挖，地下水位以下的边坡坡度可采用 1:0.5～1:1.1。当基坑开挖深度小于 3.0m，无流砂现象时边坡坡度可采用 1:1～1:1.5，如预见流砂现象发生，须采用板桩等基坑围护措施及采用降排水措施。

2. 浙江省某自来水厂滤池及综合泵房基坑工程事故

该工程位于钱塘江岸边，基坑面积约 5000m²，开挖深度约 10.5m。1994 年初，基坑开挖至深度约 7.0m 时，坑底发生突水涌砂，无法继续开挖。当时曾先后用水泥、水玻璃和化学注浆等多种方法封堵地下水，耗资巨大却收效甚微，坑内积水似池塘一般被迫停工。

建设场地下伏地层为钱塘江海陆交互相沉积层，地面下 0～3m 深度内为新吹填砂土；3～12m 深度内为砂质粉土、粉砂和细砂，富水；12～18m 深度内为砾砂和卵石层，极富水；以下地层依次为淤泥质黏土、粉细砂与砾砂、卵石层。以上地层属同一潜水含水层，其地下水与钱塘江水力联系密切。

本基坑工程事故主要是由于坑内地下水水力联系密切，未采取有效地下水控制措施（包括隔水帷幕偏浅、基坑降水失效等）引起的。在充分了解场地水文地质条件、分析事故原因之后，在基坑周围加强基坑降水力度，即在基坑周围布置 14 口深度为 20.0m 的管井，其井管内径为 250mm，井径为 600mm，井群总流量为 4300m³/d。从 1994 年 5 月 5 日开始至 12 月 1 日结束，经过 211 天的抽水，总抽水量达 75 万吨，基坑中心最大水位降深为 4.8m。基坑内水位降深随基坑开挖深度增加而增加，使基坑地面始终保持干开挖，最后达到干封底，完成基坑工程施工。

3. 上海黄浦江过江管道竖井基坑工程事故

该工程中，竖井基坑围护结构采用壁厚为 800mm 的钢筋混凝土地下连续墙，其深度与竖井深度相同。竖井直径为 18.0m，深度为 34.0m。当基坑开挖深度达到约 24.0m 时，坑底发生突涌，大量泥砂涌入坑内，基坑周边出现不均匀沉降，围护地下连续墙下沉约 20cm，相距仅 10.0m 处的防洪墙出现细小裂缝。事故发生后，立即停止基坑开挖，并将黄浦江水迅速贯入基坑内，使坑内水位与地下水位基本平衡，避免了事态的发展，保护了基坑及周边环境遭受更大损失。

建筑场地下伏地层为黄浦江畔的标准地层，即：地面下 0～3.6m 深度内为①层素填土和吹填土；②层缺失；3.6～5.6m 深度内为③$_1$ 层灰色粉质黏土；5.6～14.5m 深度内为③$_2$ 层灰色粉砂；④层缺失；14.5～28.37m 深度内为⑤层黏土、粉质黏土；28.37～30.0m 深度内为⑥层暗绿色粉质黏土；30.0～33.0m 深度内为⑦$_1$ 层粉质黏土；33.0～40.75m 深度内为⑦$_2$ 层黄色粉砂（承压含水层，初始水位埋深 4.7m）；40.75～45.25m 深度内为⑧层黏性土，勘探孔未钻穿该层。

本工程事故主要是由于深层承压水顶托力引起的，事故类型属于基坑突涌（坑内突水、涌砂）。由于围护地下连续墙深度仅有 34.0m，未穿越⑦$_2$ 层黄色粉砂（承压含水层，初始水位埋深 4.7m），当基坑开挖深度大于 17.3m 时，基坑开挖面至承压含水层顶板之间的土层自重已小于承压水压力，即水土压力已失去平衡；由于未采取有效的减压降水措施降低承压水位，导致承压水位埋深远小于安全承压水位埋深，必然导致坑底产生突涌，大量地下水和泥砂涌入坑内，砂层流动失稳，竖井随之下沉，坑外地面沉降严重。幸好及时采取坑内灌水措施，使坑内外水、土压力保持平衡，遏制了事故的纵深发展。

在充分了解场地地质条件与基坑工程性质、仔细分析与弄清事故原因之后，制定了有效的承压水减压降水方案并付诸实施，即：在基坑周围布置 5 口深度为 44.0m 的管井，其井管内径为 200mm，井径为 450mm。自 1985 年 8 月开始设计、凿井、抽水试验至次年 1 月竣工，通过有效的减压降水，消除了承压水的不良作用，达到了基坑干开挖、干封底的目的，保证了基坑工程的顺利施工。从此，在黄浦江上游引水工程的 2#、4#、5#、7# 竖井基坑工程，以及后续上海市大量深基坑工程中，承压水减压降水措施与方法得到了广泛应用。

22.2 抽水试验与水文地质参数

水文地质参数是反映含水层或透水层水文地质性能的指标，是进行各种水文地质计算时不可缺少的数据，是基坑降水设计中不可缺少的因子，它的性质直接影响到基坑降水设计的准确性、合理性与可靠性。

22.2.1 抽水试验类型与目的

抽水试验的类型与目的如表 22-2 所示。

抽水试验类型与目的　　　　　　　　　　表 22-2

试 验 类 型	试 验 目 的	适 用 范 围
单孔抽水试验 （无观测孔）	测定含水层富水性、渗透性及流量与水位降深的关系	方案制订与优化阶段
多孔抽水试验 （观测孔数≥1）	测定含水层富水性、渗透性和各向异性，漏斗影响范围和形态，补给带宽度，合理井距，流量与水位降深关系，含水层与地表水之间的联系，含水层之间的水力联系。进行流向、流速测定和含水层给水度的测定等	方案优化阶段，观测孔布置在抽水含水层和非抽水含水层中
分层抽水试验 （开采段内为单一含水层）	测定各含水层的水文地质参数，了解各含水层之间的水力联系	各含水层水文地质特征尚未查明的地区
混合抽水试验 （开采段内含水层数量>1）	测定含水层的水文地质参数	各含水层水文地质特征已基本查明的地区
完整井抽水试验	测定含水层的水文地质参数	含水层厚度不大于 25～30m
非完整井抽水试验	测定含水层水文地质参数、各向异性渗透特征	含水层厚度较大的地区
稳定流抽水试验	测定含水层的渗透系数，井的特性曲线，井损失	单孔抽水，用于方案制订或优化阶段
非稳定流抽水试验	测定含水层水文地质参数，了解含水层边界条件，顶底板弱透水层水文地质参数、地表水与地下水、含水层之间的水力联系等	一般需要 1 个以上的观测孔，用于方案优化阶段
阶梯抽水试验	测定井的出水量曲线方程（井的特性曲线）和井损失	方案优化阶段
群孔（井）抽水试验	根据基坑施工工况，制订降水运行方案	制订降水运行方案阶段
冲击试验 （slug test）	测定无压含水层、承压含水层的水文地质参数	含水层渗透性相对较低，或无条件进行抽水试验

22.2.2 抽水试验技术要求

1. 稳定流抽水试验

一般进行 3 次水位降深的抽水试验。水位降深顺序，基岩含水层一般宜先大后小，松散含水层宜按先小后大逐次进行。最大水位降深值按抽水设备能力确定并应接近设计动水位，其余 2 次降深值分别为最大降深值的 1/3 和 2/3，相邻 2 次试验的水位降深值之差不小于 1m。对出水量很小或很大的含水层，或已掌握较详细水文地质资料，或参数精度要求不高、研究价值不大的含水层，也可只进行 1 次或 2 次降深的抽水试验。

1）试验稳定标准或停止试验的控制条件

　a. 出水量与动水位没有持续上升或下降趋势（判定时应尽量消除其他干扰因素）；

　b. 如采用水泵抽水，主孔内水位波动≤2～3cm，流量波动≤3%；

　c. 如采用空压机抽水，主孔内水位波动≤10～15cm，流量波动≤5%；

　d. 如布设观测孔，距离最远的观测孔内水位波动≤2～3cm。

2) 试验稳定持续时间

抽水试验稳定延续时间与抽水试验目的、场地和区域水文地质的研究程度和水文地质条件等因素相关。一般在场地水文地质研究程度较高，试验目的单纯为了测定渗透系数，稳定延续时间可以短一些；在岩溶地区、水位受潮汐影响的地区、受地表水补给明显导致水位动态变化大的地区，以及进行群孔抽水试验时，稳定延续时间可以长一些。

对于不同类型的含水层，试验稳定延续时间（水位降深由小到大）一般应达到下列要求：

(1) 卵石、砾石、粗砂含水层：4~8h；

(2) 中砂、细砂、粉砂含水层：8~16h；

(3) 裂隙和岩溶含水层：16~24h。

3) 动水位与流量观测

抽水试验开始后应同时观测主孔动水位、出水量和各观测孔的水位。水位观测时间一般在抽水开始后的第 1、3、5、7、10、15、20、25、30min 各测 1 次，以后每隔 30min 观测 1 次。流量可每隔 60min 观测 1 次。

抽水试验结束或因故停抽，均应观测恢复水位。一般要求停抽后第 1、3、5、7、10、15、20、25、30min 各测一次，以后每 30min 观测 1 次，以后可逐步改为每 50~100min 观测 1 次。

2. 非稳定流抽水试验

一般只进行 1 次水位降深的抽水试验。当需要测定井损失时，需进行 3 次或 3 次以上的不同水位降深的抽水试验，取每次抽水的相同累计时间的流量和动水位，绘制 Q-s 曲线。

1) 抽水试验延续时间

为满足参数计算的需要，抽水试验的延续时间应根据观测孔的水位降深与时间的半对数曲线，即 s(或 Δh^2)-lg$t$ 曲线来判定。当 s(或 Δh^2)-lg$t$ 曲线出现拐点，抽水试验应延续到拐点以后的曲线平缓段，并能正确推断出稳定水位下降值时，即可结束抽水试验；当 s(或Δh^2)-lg$t$ 曲线不出现拐点，呈直线延伸，且其直线延伸段在 lg$t$ 轴上的投影不少于二个对数周期时，可以结束抽水试验；当有几个观测孔时应以最远的观测孔的 s(或 Δh^2)-lg$t$ 曲线判定。

对于承压含水层抽水试验，采用 s-lg$t$ 曲线判别。对于潜水含水层抽水试验，采用 Δh^2-lg$t$ 曲线判别。Δh^2 是指潜水含水层在自然条件下的厚度 H 和抽水试验时的厚度 h 的平方差，即 $\Delta h^2 = H^2 - h^2$。

2) 动水位与流量观测

所有抽水孔、观测孔的动水位与流量都必须以抽水开始后的同一时间进行观测。主孔与观测孔的动水位观测时间应在抽水开始后的第 1、3、5、7、10、15、20、30、45、60、90min 观测 1 次，以后每 30min 观测 1 次。5h 后，每 1h 观测 1 次，使每个观测孔所得的水位观测数据在 s-lg$t$ 曲线上分布均匀。

从停抽时刻起，以上述抽水过程的时间间隔进行水位恢复观测，直到水位恢复到自然水位为止。

要求抽水量基本保持常量，整个试验期间的流量变化≤1%。抽水开始后抽水量可按每 5～10min 测量 1 次，3～4 次后可改为 1～2h 测量 1 次。为了保持抽水量稳定，尽量采用深井泵、潜水泵或潜水深井泵进行抽水。

3. 群孔干扰抽水试验

群孔干扰抽水试验除按非稳定流抽水要求进行外，还应满足下列要求：

(1) 干扰孔之间的水平距离，应保证一孔抽水，使另一孔产生一定的水位下降；

(2) 水位降深次数应根据设计目的而定，一般应尽抽水设备能力做一次最大降深；

(3) 各干扰孔过滤器的规格和安装深度应尽量相同；

(4) 各抽水孔抽水起、止时间应该相同；

(5) 试验过程中，宜同时对可能受影响的地表水点进行水位、流量和水温观测。

22.2.3 抽水试验资料的现场整理

在抽水过程中，应根据所测得的资料及时进行现场整理，以便了解试验进行情况，检查有无反常现象并及时纠正处理，为室内整理提供正确可靠的原始资料。

对于稳定流抽水试验，应在现场绘制 Q-s、Q-t、q-s、s-t 曲线，如图 22-1～图 22-3 所示。当观测孔数量不少于 3 个，应绘制 $\lg s$-$\lg r^2$ 曲线，如图 22-4 所示。对于非稳定流抽水试验，应在现场绘制 $\lg s$-$\lg t$、s-$\lg t$ 曲线，随测随绘，以检查实测曲线是否与理论曲线一致。对于多次降深的阶梯试验，应根据每次抽水开始后的相同累计时间的 Q 和 s 值，绘制 Q-s 曲线。

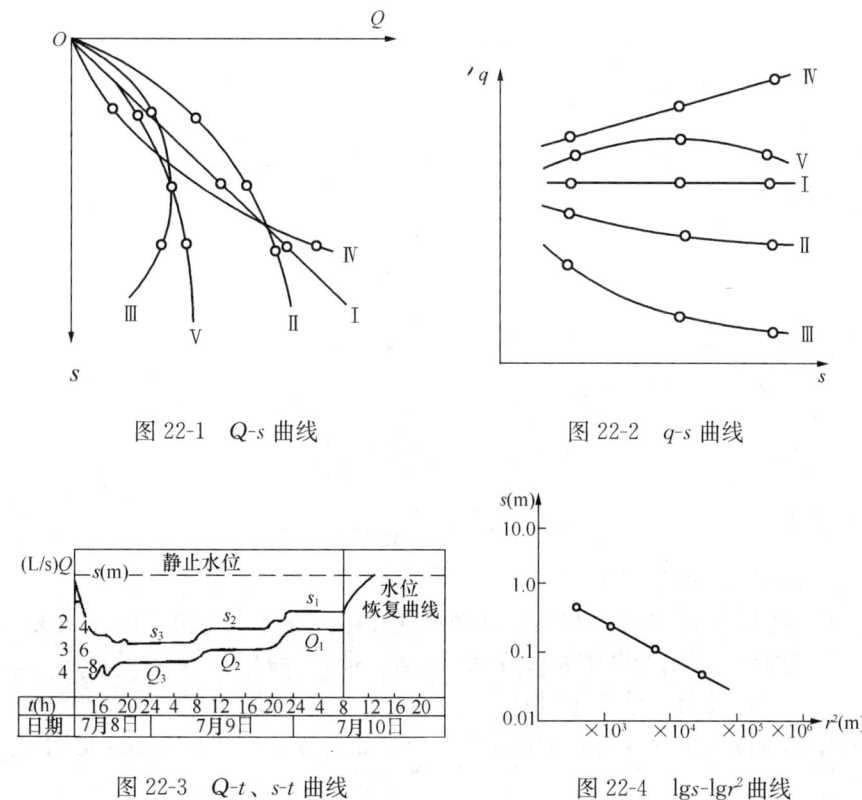

图 22-1　Q-s 曲线　　　　图 22-2　q-s 曲线

图 22-3　Q-t、s-t 曲线　　　图 22-4　$\lg s$-$\lg r^2$ 曲线

在图 22-1 和图 22-2 中，Ⅰ为承压水；Ⅱ为潜水或承压水受井管（包括滤管）阻力和三维流、紊流的影响；Ⅲ表示水源不足或滤水管过水断面受堵塞；Ⅳ为当吸水龙头置于滤

水管部位时，表示受三维流、紊流的影响属正常现象，当吸水龙头至于滤水管以上时，表示抽水有误，为非正常现象，应找出原因，重做试验；V 表示在某降深值以下，s 增大，而 Q 增加甚微，宜调整抽水流量与减小降深。

22.2.4 根据抽水试验资料计算含水层水文地质参数

1. 根据稳定流抽水试验计算水文地质参数

水文地质参数计算可以采用 Dupuit 公式和 Thiem 公式。

1）只有抽水孔观测资料时的 Dupuit 公式

（1）承压完整井

$$k = \frac{Q}{2\pi s_w M} \ln \frac{R}{r_w}, \quad R = 10 s_w \sqrt{k} \tag{22-1}$$

（2）潜水完整井

$$k = \frac{Q}{\pi(H^2 - h^2)} \ln \frac{R}{r_w}, \quad R = 2 s_w \sqrt{kH} \tag{22-2}$$

式中　k——含水层渗透系数（m/d）；
　　　Q——抽水井流量（m³/d）；
　　　s_w——抽水井中水位降深（m）；
　　　M——承压含水层厚度（m）；
　　　R——影响半径（m）；
　　　H——潜水含水层的初始厚度（m）；
　　　h——潜水含水层抽水后的厚度（m）；
　　　r_w——抽水井半径（m）。

2）当有抽水井和观测孔的观测资料时的 Dupuit 或 Thiem 公式

（1）承压完整井

Dupuit 公式：
$$h_1 - h_w = \frac{Q}{2\pi KM} \ln \frac{r_1}{r_w} \tag{22-3}$$

Thiem 公式：
$$h_2 - h_1 = \frac{Q}{2\pi KM} \ln \frac{r_2}{r_1} \tag{22-4}$$

（2）潜水完整井

Dupuit 公式：
$$h_1^2 - h_w^2 = \frac{Q}{\pi KM} \ln \frac{r_1}{r_w} \tag{22-5}$$

Thiem 公式：
$$h_2^2 - h_1^2 = \frac{Q}{\pi KM} \ln \frac{r_2}{r_1} \tag{22-6}$$

式中　h_w——抽水井中的稳定水位（m）；
　h_1、h_2——与抽水井距离为 r_1 和 r_2 处观测孔（井）中的稳定水位（m），稳定水位等于初始水位 H_0 与井中水位降深 s 之差，即 $h_1 = H_0 - s_1$，$h_2 = H_0 - s_2$，$h_w = H_0 - s_w$；其余符号意义同前。

当水井中的降深较大时，可采用修正降深。修正降深 s' 与实际降深 s 之间的关系为：

$$s' = s - \frac{s^2}{2H_0} \tag{22-7}$$

2. 根据非稳定流抽水试验计算水文地质参数

1）承压含水层非稳定流抽水试验求参方法

(1) 泰斯（Theis）配线法

在两张相同刻度的双对数坐标纸上，分别绘制 Theis 标准曲线 $W(u)-1/u$ 和抽水试验数据曲线 s-t，保持坐标轴平行，使两条曲线达到最佳重合，得到重叠曲线上任意匹配点的水位降深 $[s]$、时间 $[t]$、Theis 井函数 $[w(u)]$ 及 $[1/u]$ 的数值，按下列公式计算参数（r 为抽水井半径或观测孔至抽水井的距离）：

$$T = \frac{0.08Q}{[s]}[W(u)], \quad k = \frac{T}{M}, \quad s = \frac{4T[t]}{r^2\left[\frac{1}{u}\right]}, \quad a = \frac{r^2}{4[t]}\left[\frac{1}{u}\right] \tag{22-8}$$

以上为降深-时间配线法（s-t）。也可以采用降深-时间距离配线法（s-t/r^2）或降深-距离配线法（s-r）进行参数计算。

(2) 雅可布（Jacob）直线图解法

当抽水试验时间较长，$u=r^2/(4at)<0.01$ 时，在半对数坐标纸上抽水试验曲线 s-$\lg t$ 为一直线（延长后交时间轴于 t_0，此时 $s=0.00$m），在直线段上任取两点 t_1、s_1、t_2、s_2，则有：

$$T = \frac{0.183Q}{s_2-s_1}\lg\frac{t_2}{t_1}, \quad s = \frac{2.25Tt_0}{r^2}, \quad a = \frac{r^2}{2.25t_0} \tag{22-9}$$

(3) 汉图什（Hantush）拐点半对数法

对于半承压完整井的非稳定流抽水试验（存在越流量，k'/M' 为越流系数），当抽水试验时间较长，$u=r^2/(4at)<0.1$ 时，在半对数坐标纸上绘制抽水试验曲线 s-$\lg t$，外推确定最大水位降深 s_{max}，在 s-$\lg t$ 线上确定拐点 $s_i=s_{max}/2$，拐点处的斜率 m_i 及时间 t_i，则有：

$$m_i = \frac{s_2-s_1}{\lg t_2 - \lg t_1}, \quad \frac{2.3s_i}{m_i} = e^{\frac{r}{B}}K_0\left(\frac{r}{B}\right) \tag{22-10}$$

进而可得 $e^{\frac{r}{B}}K_0\left(\frac{r}{B}\right)$，以及 $\frac{r}{B}$ 的值，从而有：

$$T = \frac{0.183Q}{m_i}e^{-\frac{r}{B}}, \quad s = \frac{2Tt_i}{Br}, \quad \frac{k'}{M'} = \frac{T}{B^2} \tag{22-11}$$

(4) 水位恢复的半对数法

当抽水试验水位恢复时间较长，$u=r^2/(4at)<0.01$ 时，在半对数坐标纸上绘制停抽后水位恢复曲线 s-$\lg t$，在直线段上任取两点 t_1，s_1，t_2，s_2，则有：

$$T = \frac{0.183Q}{s_1-s_2}\lg\frac{t_2}{t_1}, \quad a = \frac{r^2}{2.25t_1}10^{\frac{s_0-s_1}{s_1-s_2}\lg\frac{t_2}{t_1}} \tag{22-12}$$

(5) 水位恢复的直线图解法

当抽水试验水位恢复时间较长，$u=r^2/(4at)<0.1$ 时，在半对数坐标纸上绘制停抽后水位恢复曲线 s-$\lg t$，直线段的斜率为 B，则有：

$$T = \frac{2.3Q}{4\pi B}, \quad B = \frac{s_r}{\lg\frac{t}{t'}}, \quad t' = t - t_0 \tag{22-13}$$

式中 t_0——停止抽水时的累计抽水持续时间；

其余符号意义同前。

2）潜水非稳定流抽水试验求参方法

潜水含水层水文地质参数计算可采用仿 Theis 公式法。

对于潜水完整井流，仿 Theis 公式为：

$$H_0^2 - h_w^2 = \frac{Q}{2\pi k}W(u), \quad u = \frac{r^2}{4at} = \frac{r^2\mu^*}{4Tt} \quad (22\text{-}14)$$

式中 $T = kh_m$ （m/d²），h_m——潜水含水层的平均厚度（m）；

a——含水层的导压系数（1/d）；

μ^*——潜水含水层的重力水释水系数，$\mu^* = \mu \cdot h_m$，μ 为潜水含水层的给水度；

其余符号意义同前。

具体计算时，可采用类似前述的配线法、直线图解法、水位恢复法等。

3. 根据冲击试验（slug test）计算水文地质参数

冲击试验又称定容积试验，即在井内水位达到稳定后，瞬间注入或取出一定体积的水，随后根据井内水位的恢复计算水文地质参数。通常将一定长度的实心金属圆柱体沉入井内静水位以下，待井内水位恢复到稳定后，瞬间将金属圆柱体提出孔外，同时将该时刻作为试验的起始时间，其瞬间的井内最大水位降深 H_0 可由金属圆柱体体积换算。自试验起始时刻起，测定不同时间的水位上升高度至水位恢复稳定止。同样，当水位恢复稳定后，可瞬间向孔内放入一定长度的金属实心圆柱体，水位瞬间上升，其高度 H_0 可用金属圆柱体体积换算求得，然后测定不同时间水位下降的高度，直到水位恢复稳定。该方法可反复进行，具有快速简便、节约经济等特点，得到广泛应用。对透水性好的砂性土，由于水位恢复速度快，可采用水位传感器和数据自动采集仪来测定水位。对透水性差的黏性土，在很难进行抽水试验的情况下，可用手工的方法测定孔内水位并较方便正确的测定参数。

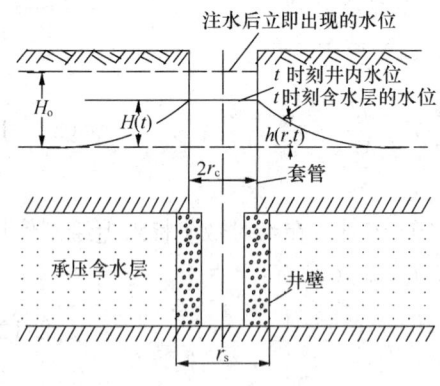

图 22-5 定容积水突然注入井内后的示意图

1）承压含水层中的冲击试验

如图 22-5 所示，容积为 V 的水瞬间注入孔内或从孔内取出后，井内水位突然高出或低于静止水位的高度为：

$$H_0 = V/\pi r_c^2 \quad (22\text{-}15)$$

随后，水位逐渐向初始水位逼近，恢复过程中某一时刻的水位为 $H(t)$，按下式计算：

$$H/H_0 = (8\alpha/\pi^2)\int_0^\infty e^{-\beta u^2/\alpha} du/(u\Delta u) \quad (22\text{-}16)$$

根据式（22-16），在半对数纸上可绘制一组簇不同 $\alpha = Sr_s/r_c$ 的 $H/H_0\text{-}\lg(Tt/r_c^2)$ 标准曲线簇（如图 22-6 所示）。根据冲击试验测得的水位恢复资料，可绘制 $H/H_0\text{-}\lg t$ 曲线（半对数纸模数相同）。将试验曲线 $H/H_0\text{-}\lg t$ 与标准曲线 $H/H_0\text{-}\lg(Tt/r_c^2)$ 叠合，保持横坐标重合，左右移动，找到最佳配合曲线，在其上可确定任意匹配点的坐标值 $[Tt/r_c^2]$、$[t]$，$[\alpha]$ 等一组数据，然后根据下式计算 T 和 S：

$$T = \frac{r_c^2}{t}, \quad S = \frac{r_c^2 \alpha}{r_s^2} \quad (22\text{-}17)$$

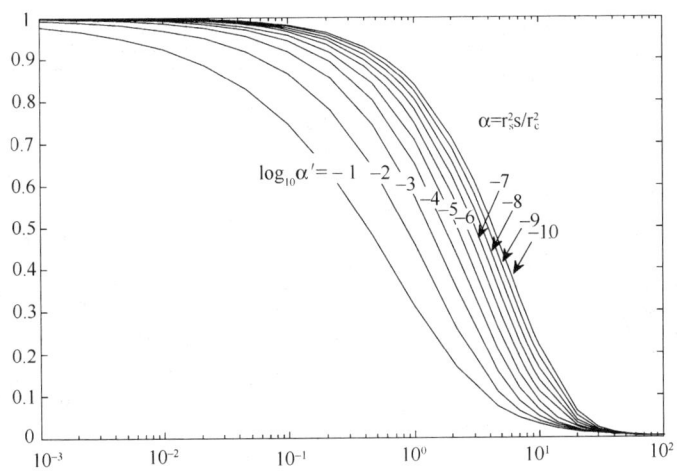

图 22-6 H/H_0-$\lg(Tt/r_c^2)$ 标准曲线簇

2) 无压含水层中的冲击试验

试验方法与上述承压水层中的冲击试验方法相同，现场试验如图 22-7 所示。

根据 Thiem 公式，有：

$$Q = 2\pi kL \frac{Ht}{\ln(R_c/r_s)} \tag{22-18}$$

式中　R_c——水位下降 H_0 全部消散所影响的范围的半径；

其余符号意义同前。

水位上升的速率为：

$$dH/dt = -Q/\pi r_c^2 \tag{22-19}$$

将式 (22-18) 与式 (22-19) 联立求解，可得到：

$$\frac{1}{H}dH = \frac{-2kL}{r_c^2 \ln(R_c/r_s)}dt \tag{22-20}$$

对式 (22-20) 积分后得：

$$k = \frac{r_c^2 \ln(R_c/r_s)}{2L} \frac{1}{t} \ln\frac{H_0}{H_t} \tag{22-21}$$

$$T = \frac{Mr_c^2 \ln(R_c/r_s)}{2L} \frac{1}{t} \ln\frac{H_0}{H_t} \tag{22-22}$$

利用式 (22-21)、式 (22-22) 计算时，可根据冲击试验水位恢复资料绘制 t-$\lg H_t$ 曲线，在曲线的直径段上（或该直线的延长线上）任选一个 t，可得到一个 H_t。

当 $M > y$，$\ln(R_c/r_s) = \left[\dfrac{1.1}{\ln(y/r_s)} + \dfrac{A + B\ln[(M-y)/r_s]}{L/r_s}\right]^{-1}$；

当 $M < y$，$\ln[(M-y)/r_s] > 6$ 时则以 6 代替；

当 $M = y$，$\ln(R_c/r_s) = \left[\dfrac{1.1}{\ln(y/r_s)} + \dfrac{C}{L/r_s}\right]^{-1}$。

系数 A、B、C 与 L/r_s 有关，可按图 22-8 查得。

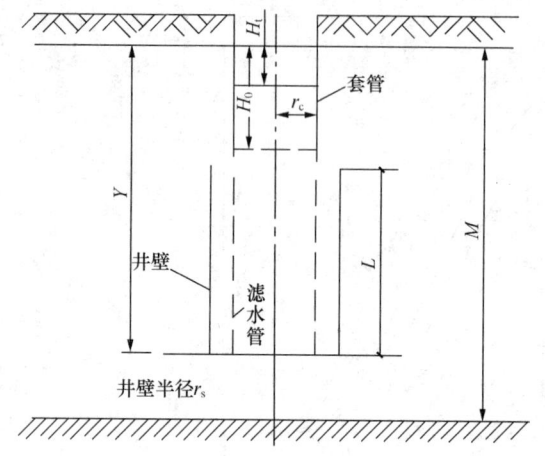 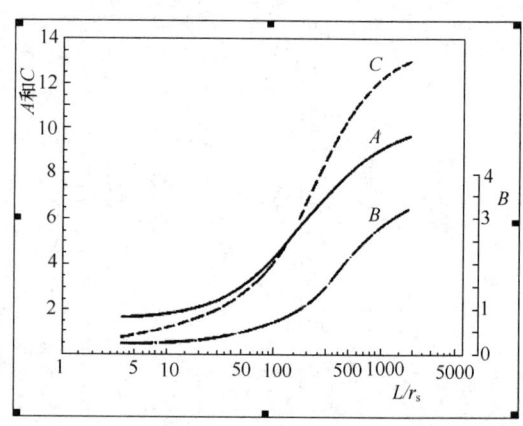

图 22-7 无压含水层中冲击试验示意图　　图 22-8 L/r_s 与系数 A、B、C 的关系曲线

22.3 集水明排设计与施工

22.3.1 集水明排

1. 集水明排的适用范围

(1) 地下水类型一般为上层滞水，含水土层渗透能力较弱；

(2) 一般为浅基坑，降水深度不大，基坑或涵洞地下水位超出基础底板或洞底标高不大于 2.0m；

(3) 排水场区附近没有地表水体直接补给；

(4) 含水层土质密实，坑壁稳定（细粒土边坡不易被冲刷而塌方），不会产生流砂、管涌等不良影响的地基土，否则应采取支护和防潜蚀措施。

2. 集水明排措施

集水明排一般可以采用以下方法：

(1) 基坑外侧设置由集水井和排水沟组成的地表排水系统，避免坑外地表明水流入基坑内。排水沟宜布置在基坑边净距 0.5m 以外，有隔水帷幕时，基坑边从隔水帷幕外边缘起计算；无隔水帷幕时，基坑边从坡顶边缘起计算。

(2) 多级放坡开挖时，可在分级平台上设置排水沟。

(3) 基坑内宜设置排水沟、集水井和盲沟等，以疏导基坑内明水。集水井中的水应采用抽水设备抽至地面。盲沟中宜回填级配砾石作为滤水层。

排水沟、集水井尺寸应根据排水量确定，抽水设备应根据排水量大小及基坑深度确定，可设置多级抽水系统。集水井尽可能设置在基坑阴角附近。

22.3.2 导渗法

导渗法又称引渗法，即通过竖向排水通道——引渗井或导渗井，将基坑内的地面水、上层滞水、浅层孔隙潜水等，自行下渗至下部透水层中消纳或抽排出基坑。在地下水位较低地区，导渗后的混合水位通常低于基坑底面，导渗过程为浅层地下水自动下降过程，即"导渗自降"（如图 22-9 所示）；当导渗后的混合水位高于基坑底面或高于设计要求的疏干控制水位时，采用降水管井抽汲深层地下水降低导渗后的混合水位，即"导渗抽降"（如图 22-10 所示）。通过导渗法排水，无需在基坑内另设集水明沟、集水井，可加速深基坑内地下水位下降、提高疏干降水效果，为基坑开挖创造快速干地施工条件，并可提高坑底地基土承载力和坑内被动区抗力。

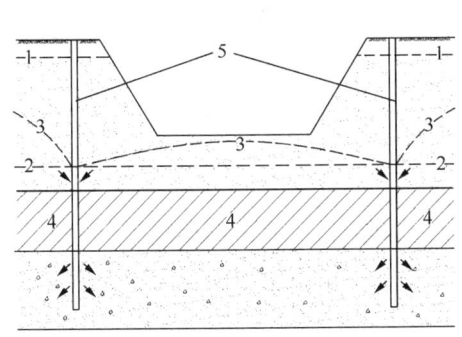

图 22-9　越流导渗自降
1—上部含水层初始水位；2—下部含水层初始水位；
3—导渗后的混合动水位；4—隔水层；5—导渗井

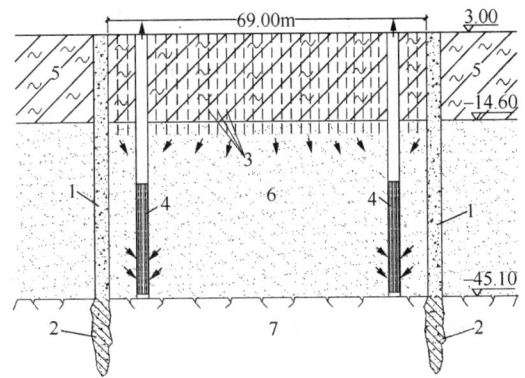

图 22-10　润扬长江大桥北锚锭深基坑导渗抽降
1—厚 1.20m 的地下连续墙；2—墙底注浆帷幕；
3—ϕ325 导渗井（内填砂，间距 1.50m）；
4—ϕ600 降水管井；5—淤泥质土；
6—砂层；7—基岩（基坑开挖至该层岩面）

1. 导渗法适用范围

(1) 上层含水层（导渗层）的水量不大，却难以排出；下部含水层水位可通过自排或抽降使其低于基坑施工要求的控制水位。

(2) 适用导渗层为低渗透性的粉质黏土、黏质粉土、砂质粉土、粉土、粉细砂等。

(3) 当兼有疏干要求时，导渗井还需按排水固结要求加密导渗井距。

(4) 导渗水质应符合下层含水层中的水质标准，并应预防有害水质污染下部含水层。

(5) 由于导渗井较易淤塞，导渗法适用于排水时间不长的基坑工程降水。

(6) 导渗法在上层滞水分布较普遍地区应用较多。

2. 导渗设施与布置

导渗设施一般包括钻孔、砂（砾）渗井、管井等，统称为导渗井。

导渗管井：宜采用不需要泥浆护壁的沉管桩机、长臂螺旋钻机等设备成孔或采用高压套管冲击成孔。成孔后，内置钢筋笼（外包土工布或透水滤网）、钢滤管或无砂混凝土滤管；滤管壁与孔壁之间回填滤料。本方法形成的导渗管井多用于永久性排水工程。

导渗砂（砾）井：在预先形成的 ϕ300～600mm 的钻孔内，回填含泥量不大于 0.5% 的粗砂、砾砂、砂卵石或碎石等。本方法形成的导渗砂（砾）井又称之为导渗盲井。

导渗钻孔：对于成孔后基本无坍塌现象发生的导渗层，可直接采用导渗钻孔引渗排水。

导渗井应穿越整个导渗层进入下部含水层中，其水平间距一般为 3.0～6.0m。当导渗层为需要疏干的低渗透性软黏土或淤泥质黏性土，导渗井距宜加密至 1.5～3.0m。

3. 导渗设计计算

对于导渗自降（如图 22-9 所示），导渗井的流量可按下式计算。对于兼有疏干作用的导渗井（如图 22-10 所示），其导渗流量应计入满足疏干要求的疏干排水量。导渗井群的总流量应满足基坑排水量和疏干水量的要求。

$$q = k'FI \tag{22-23}$$

$$Q = nq \tag{22-24}$$

式中　Q——导渗井群的总流量（m^3/d）；
　　　q——导渗井的流量（m^3/d）；
　　　n——导渗井总数；
　　　k'——导渗井的垂向渗透系数（m/d）；
　　　F——导渗井的水平截面积（m^2）；
　　　I——渗透坡降，对于均质填料，$I=1.0$。

完成导渗任务后，对于基坑开挖范围之外的导渗井或位于基坑开挖深度以下的导渗井残留段，应及时采取有效措施予以封闭，以达到阻断上下含水层之间的联系通道、恢复或保持自然环境下的水文地质条件。

22.4　疏干降水设计

22.4.1　疏干降水概述

1. 疏干降水的对象、类型

疏干降水的目的，除有效降低开挖深度范围内的地下水位标高之外，还必须有效降低被开挖土体的含水量，达到提高边坡稳定性、增加坑内土体的固结强度、便于机械挖土，以及提供坑内干作业施工条件等诸多目的。疏干降水的对象一般包括基坑开挖深度范围内上层滞水、潜水。当开挖深度较大时，疏干降水涉及微承压与承压含水层上段的局部疏干降水。

当基坑周边设置了隔水帷幕，隔断基坑内外含水层之间的地下水水力联系时，一般采用坑内疏干降水，其类型为封闭型疏干降水，如图 22-11（a）所示。当基坑周边未设置隔水帷幕、采用大放坡开挖时，一般采用坑内与坑外疏干降水，其类型为敞开型疏干降水，如图 22-11（b）所示。当基坑周边隔水帷幕深度不足、仅部分隔断基坑内外含水层之间的地下水水力联系时，一般采用坑内疏干降水，其类型为半封闭型疏干降水，如图 22-11（c）所示。

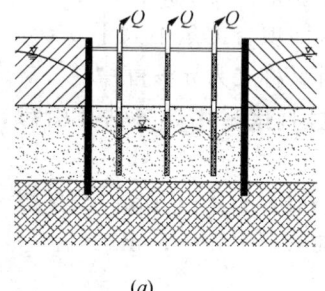
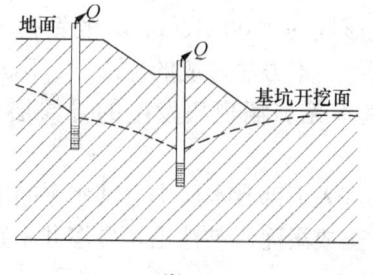
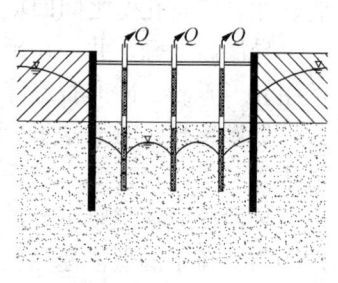

图 22-11　疏干降水类型图
（a）封闭型疏干降水；（b）敞开型疏干降水；（c）半封闭型疏干降水

2. 常用疏干降水方法

常用疏干降水方法一般包括轻型井点（含多级轻型井点）降水、喷射井点降水、电渗井点降水、管井降水（管材可采用钢管、混凝土管、PVC硬管等）、真空管井降水等方法。可根据工程场地的工程地质与水文地质条件及基坑工程特点，选择针对性较强的疏干降水方法，以求获得较好的降水效果。

3. 疏干降水运行控制

疏干降水效果可从两个方面检验。其一，观测坑内地下水位是否已达到设计或施工要求的埋深；其二，通过观测疏干降水的总排水量或其他测试手段，判别被开挖土体含水量是否已下降到有效范围内。上述两个方面均应满足要求，才能保证疏干降水效果。

通过疏干降水，短期内不可能将被开挖土体完全"疏干"，只能部分降低土体的含水量。为保证疏干降水效果，以淤泥质黏性土和黏性土为主的土体含水量的有效降低幅度不宜小于8%，以砂性土为主或富含砂性土夹层的土体含水量的有效降低幅度不宜小于10%。

疏干降水运行可从以下几个方面进行控制：

（1）在正式开始降水之前，必须准确测定各井口和地面标高，测定静止水位，安排好抽水设备、电缆及排水管道，进行降水试运行。其目的为检查排水及电路是否正常，以及抽水系统是否完好，保证整个降水系统的正常运转。

（2）抽出的地下水应排入场外市政管道或其他排水设施中，应避免抽出的地下水就地回渗，影响降水效果。

（3）降水运行应与基坑开挖施工互相配合。基坑开挖前应提前进行预降水，一般在开挖前须保证有2周左右的预降水时间。在基坑开挖阶段，坑内因降雨或其他因素形成的积水应及时排出坑外，尽量减少大气降水和坑内积水的渗入。

（4）对于基坑周边环境保护要求严格、坑内疏干含水层与坑外地下水水力联系较强的基坑工程，应严格执行"按需疏干"的降水运行原则，避免过量降低地下水位。

（5）在基坑内、外，均应进行地下水位监控。条件许可时，宜采用地下水位自动监控手段，对地下水位实行全程跟踪监测。

（6）降水运行阶段，应对毁坏的抽水泵及时更换。疏干井管可随基坑开挖进程逐步割除。

（7）当基坑开挖至设计深度后，应根据坑位地下水的补给条件或水位恢复特征，采取合适的封井措施对疏干井进行有效封闭。

22.4.2 疏干降水设计

1. 基坑涌水量估算

对于封闭型疏干降水，基坑涌水量可按下述经验公式进行估算：

$$Q = \mu A s \quad (22-25)$$

式中　Q——基坑涌水量（疏干降水排水总量，m^3）；

　　　μ——疏干含水层的给水度；

　　　A——基坑开挖面积（m^2）；

　　　s——基坑开挖至设计深度时的疏干含水层中平均水位降深（m）。

对于半封闭型或敞开型疏干降水，基坑涌水量可按下述大井法进行估算。

潜水含水层：

$$Q = 1.366k(2H_0 - s)s / \log\left(\frac{R+r_0}{r_0}\right) \quad (22\text{-}26)$$

承压含水层：

$$Q = 2.73kMs / \log\left(\frac{R+r_0}{r_0}\right) \quad (22\text{-}27)$$

式中 Q——基坑涌水量（m^3/d）；

r_0——假想半径，与基坑形状及开挖面积有关，可按下式计算：

$$\begin{cases} r_0 = \sqrt{\dfrac{A}{\pi}}, & \text{圆形基坑} \\ r_0 = \xi(l+b)/4, & \text{矩形基坑} \end{cases} \quad (22\text{-}28)$$

式中 Q——基坑涌水量（m^3/d）；

r_0——假想半径，与基坑形状及开挖面积有关；

l——基坑长度（m）；

b——基坑宽度（m）；

ξ——基坑形状修正系数，可按表22-3取值；

其余符号意义同前。

基坑形状修正系数计算表　　　　表 22-3

b/l	0	0.2	0.4	0.6	0.8	1.0
ξ	1.0	1.12	1.16	1.18	1.18	1.18

2. 岩层内降排水设计

岩层内的降排水（疏干或减压），可将地下水位降低到边坡或坑底中的潜在破坏面以下，是防止岩质边坡及坑底内的断层或软弱夹层内的充填物因遭受冲刷作用产生流土、灌淤等渗透变形，改善边坡稳定性及坑内建筑物的抗浮稳定性的有效措施。岩层内的降排水系统一般由浅层排水孔、深层排水孔、减压排水孔组成，岩质基坑的降排水系统由地表截水沟、排水沟、集水井，以及岩层内的降排水系统共同组成。

1) 浅层排水孔

浅层排水孔用于引排、疏干水平裂隙承压水及坡面附近的裂隙水，沿岩质边坡设置于地下水位以下、隔水层顶板以上。排水孔的孔径为 $\phi45\sim75mm$，孔深为 $1.5\sim3.0m$（全风化层中孔取小值，弱风化及微风化层中孔深取大值），孔距 $2.0\sim4.0m$（岩层透水性愈小，孔距愈小）。排水孔倾斜方向与边坡一致，其轴线与水平线之夹角为 $5°\sim10°$（不宜大于 $15°$）。

2) 深层排水孔

深层排水孔主要用于降低岩层内的裂隙水压力，其孔径为 $60\sim120mm$（较完整岩层中孔径取小值；坍塌和堵塞地段孔径取大值，并内置带滤层滤管或透水软管）；孔深一般为 $8.0\sim15.0m$，应穿越临界破坏区，一般不小于岩质边坡高度的一半；孔距为 $4.0\sim6.0m$（弱风化、微风化岩层的透水性差，疏排缓慢，但裂隙水压力传递迅速，孔距宜取小值；强风化、中风化岩层中孔距取大值）；排水孔方向以穿越断层、裂隙的数量最多为最佳，并宜与主要发育的裂隙倾向呈较大角度相交。

3）减压排水孔

当基坑底面位于基岩面或基岩内，可在岩层内的断层、软弱夹层及节理裂隙发育部位设置减压排水孔。减压排水孔内置入带有紧贴孔壁滤层的减压排水管（图 22-12），通过泄排或抽排，使岩层内裂隙水呈开放流动状态，以降低裂隙承压水压力，确保坑底岩层稳定及坑内结构物抗浮稳定，且可防止裂隙水携带断层、裂隙内的碎屑充填物流入坑内，确保坑底抗渗稳定。

减压排水孔呈垂向布置，孔底位于基岩面以下 4～10m。基坑开挖面未至基岩面时，护孔管内可置入潜水泵抽水。当基坑开挖至基岩表面时，可拆除基岩面以上的护孔管。

4）岩层内降排水设计原则

（1）只有与透水的裂隙、断层相连通的排水孔才具有降排水作用。因此，排水孔应穿越裂隙、断层。

（2）裂隙水从排水孔中集中排除，缩短了渗透路径，加大了渗透比降、渗透速度，容易从裂隙、断层及软弱夹层中夹带出细小颗粒。因此，应严格控制排水孔的滤层质量。

（3）排水出口处应为低压渗流区。排水孔与出口处之间不应有凹陷和扭曲，以防淤塞。

（4）围护结构及基坑底部以下的溶洞宜事先充填或布设排水孔引流。

3. 轻型井点降水设计

1）轻型井点设备

轻型井点设备主要由井点管（包括过滤器）、集水总管、抽水泵、真空泵等组成。

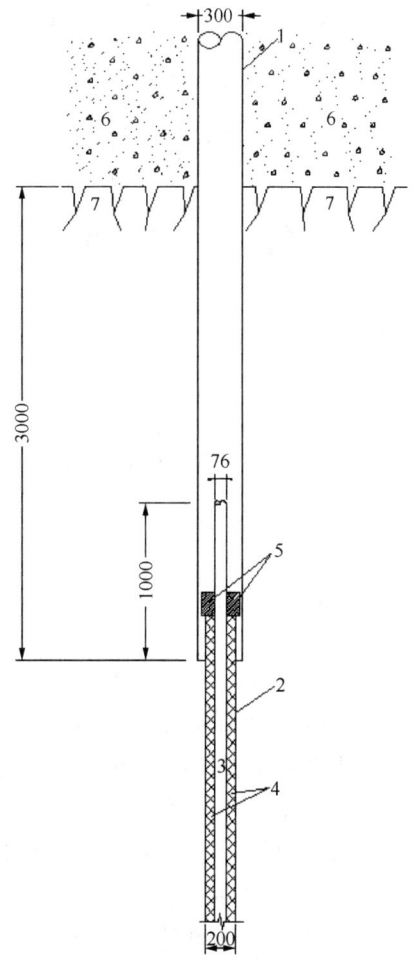

图 22-12 减压排水孔设置示意图（单位：mm）

1—护孔管（可内置潜水泵）；2—钻孔；3—减压排水管（外包 60 目尼龙网）；4—多孔聚氨酯泡沫透水塑料滤层；5—封口板；6—需挖除的砂砾层；7—风化岩层

（1）井点管：一般采用直径为 38～50mm 的钢管制作，长度为 5.0～9.0m，整根或分节组成。

（2）过滤器：采用与井点管相同规格的钢管制作，一般长度为 0.8～1.5m。

（3）集水总管：采用内径为 100～127mm 的钢管制作，长度为 50.0～80.0m，分节组成，每节长度为 4.0～6.0m。每个集水总管与 40～60 个井点管采用软管连接。

（4）抽水设备：主要由真空泵（或射流泵）、离心泵和集水箱组成。

轻型井点系统如图 22-13 所示。

2）轻型井点降水设计

（1）每根井点管的最大允许出水量 q_{max} 为

$$q_{max} = 120 r_w L \sqrt[3]{k} \tag{22-29}$$

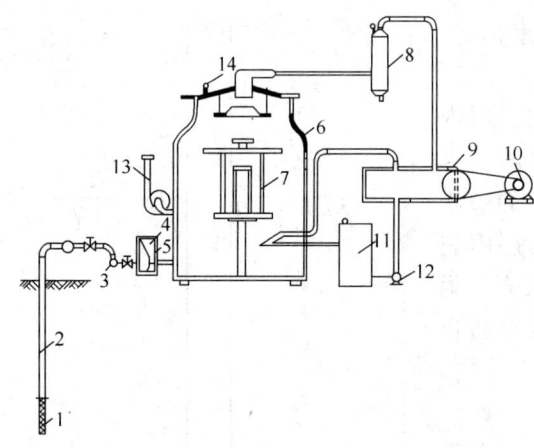

图 22-13 真空泵井点工作原理图
1—过滤器；2—井管；3—出水总管；4—滤网；
5—过滤室；6—深水管；7—浮筒；8—分水室；
9—真空管；10—电动机；11—冷却水箱；12—冷
却循环水泵；13—离心泵；14—真空计

式中 q_{max}——单根井点管的允许最大出水量（m^3/d）；
r_w——滤水管的半径（m）；
L——滤水管的长度（m）；
k——疏干层的渗透系数（m/d）。

（2）井点管设计数量 n
$$n \geqslant Q/q_{max} \quad (22-30)$$

（3）井点管的长度 L
$$L = D + h_w + s + l_w + \frac{1}{\alpha}r_q \quad (22-31)$$

式中 D——地面以上的井点管长度（m）；
h_w——初始地下水位埋深（m）；
l_w——滤水管长度（m）；
r_q——井点管排距。

单排井点 $\alpha = 4$；双排或环形井点 $\alpha = 10$。井点其余符号意义同前。

4. 喷射井点降水设计

喷射井点主要适用于渗透系数较小的含水层和降水深度较大（降幅 8～20m）的降水工程。其主要优点是降水深度大，但由于需要双层井点管，喷射器设在井孔底部，有两根总管与各井点管相连，地面管网敷设复杂，工作效率低，成本高，管理困难。

1）喷射井点设备

喷射井点系统由高压水泵、供水总管、井点管、排水总管及循环水箱等组成，如图 22-14 所示。

2）喷射井点降水设计

喷射井点降水设计方法与轻型井点降水设计方法基本相同。基坑面积较大时，井点采用环形布置；基坑宽度小于 10m 时采用单排线型布置；大于 10m 时作双排布置。喷射井管管间距一般为 3～5m。当采用环形布置时，进出口（道路）处的井点间距可扩大为 5～7m。

5. 管井降水设计

降水管井习惯上简称为"管井"，与供水管井的简称完全相同，英美等国一般称之为"深井（deepwell）"或"水井（waterwell）"。管井是一种抽汲地下水的地下构筑物，泛指抽汲地下水的大直径抽水井，由于供水管井与降水管井均简称为管井，但两者的设计标准、目的均不相同，为区别起见，降水工程中采用的管井宜采用全称"降水管井"。

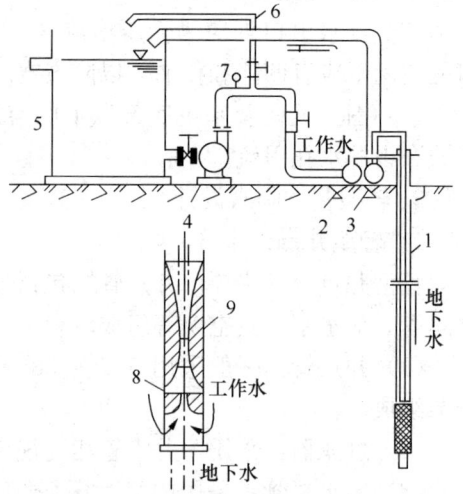

图 22-14 喷射井点降水系统
1—井点管；2—供水总管；3—排水总管；
4—高压水系；5—循环水箱；6—调压
水管；7—压力表；8—喷管；9—混合室

1) 管井降水系统

管井降水系统一般由管井、抽水泵（一般采用潜水泵、深井泵、深井潜水泵或真空深井泵等）、泵管、排水总管、排水设施等组成。

管井由井孔、井管、过滤管、沉淀管、填砾层、止水封闭层等组成。

2) 管井降水设计

(1) 管井数量 n

在以黏性土为主的松散弱含水层中，疏干降水管井数量一般按地区经验进行估算。如上海、天津地区的单井有效疏干降水面积一般为 $200 \sim 300 \mathrm{m}^2$，坑内疏干降水井总数约等于基坑开挖面积除以单井有效疏干降水面积。

在以砂质粉土、粉砂等为主的疏干降水含水层中，考虑砂性土的易流动性及触变液化等特性，管井间距宜适当减小，以加强抽排水力度、有效减小土体的含水量，便于机械挖土、土方外运、避免坑内流砂、提供坑内干作业施工条件等。尽管砂性土的渗透系数相对较大，水位下降较快，但含水量的有效降低标准高于黏性土层，重力水的释放需要较高要求的降排水条件（降水时间以及抽水强度等），该类土层中的单井有效疏干降水面积一般以 $120 \sim 180 \mathrm{m}^2$ 为宜。

除根据地区经验确定疏干降水管井数量以外，也可按以下经验公式确定：

封闭型疏干降水：

$$n = \frac{Q}{q_w t} \quad (22\text{-}32)$$

半封闭或敞开型疏干降水：

$$n = \frac{Q}{q_w} \quad (22\text{-}33)$$

式中　q_w——单口管井的流量（m^3/d）；

　　　t——基坑开挖前的预降水时间（d）；

其余符号意义同前。

(2) 管井深度

管井深度与基坑开挖深度、场地水文地质条件、基坑围护结构的性质等密切相关。一般情况下，管井底部埋深应大于基坑开挖深度 6.0m。

(3) 管井的最大允许出水量 $q_{\max}$

根据中华人民共和国行业标准《建筑与市政降水工程技术规范》（JGJ/T 111—98）的规定，可按下式计算管井的最大允许出水量：

$$q_{\max} = \frac{24 l' d}{\alpha'} \quad (22\text{-}34)$$

式中　l'——过滤器淹没段长度（m）；

　　　d——过滤器外径（mm）；

　　　α'——经验系数，如表 22-4 所示。

经验系数 $α'$ 的取值 表 22-4

含水层渗透系数 k（m/d）	$α'$	
	含水层厚度≥20m	含水层厚度<20m
2~5	100	130
5~15	70	100
15~20	50	70
30~70	30	50

在降水设计中，必须保证 $q_w < q_{max}$。

6. 真空管井降水设计

对于以低渗透性的黏性土为主的弱含水层中的疏干降水，一般可利用降水管井采用真空降水，目的在于提高土层中的水力梯度、促进重力水的释放。

在降水过程中，为保证疏干降水效果，一般要求真空管井内的真空度不小于 65.0kPa。

真空管井疏干降水设计与普通管井疏干降水的方法相同。

7. 电渗井点降水设计

在渗透系数小于 0.1m/d 的饱和黏土、粉质黏土中进行疏干降水，特别是淤泥和淤泥质黏土中的降水，使用单一的轻型井点或喷射井点降水，往往达不到预期降水的目的，为了提高降水效果，除了利用井点系统的真空产生抽汲作用外，还可配合采用电渗法，在施加电势的条件下，利用黏土的电渗现象和电泳作用，促使毛细水分子的流动，可以达到较好的降水效果。

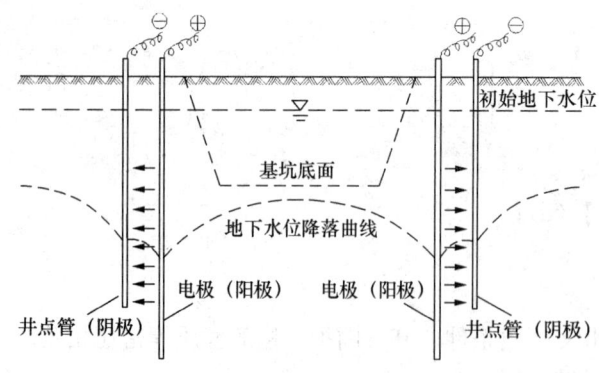

图 22-15 电渗井点降水示意图

1）电渗井点降水系统

所谓电渗井点，一般与轻型井点或喷射井点结合使用，即利用轻型井点或者喷射井点管本身作为阴极，以金属棒（钢筋、钢管、铝棒等）作为阳极，通入直流电（采用直流发电机或直流电焊机）后，带有负电荷的土粒即向阳极移动（即电泳作用），而带有正电荷的水则向阴极方向移动集中，产生电渗现象，如图 22-15 所示。在电渗与井点管内的真空双重作用下，强制黏土中的水由井点管快速排出，井点管连续抽水，从而地下水位逐渐降低。

2）电渗井点降水设计

电渗现象是一个十分复杂的过程，在电渗井点降水设计与施工前，必须了解土层的渗透性和导电性，以期达到合理的降水设计和预期的降水效果。

(1) 基坑涌水量计算与井点布置

基坑涌水量的计算、井点布设与轻型井点降水和喷射井点降水相同。

(2) 电极间距

电极间距,即井点管(阴极)与电极(阳极)之间的距离,可按下式确定:

$$L = \frac{1000V}{I\rho\varphi} \tag{22-35}$$

式中 L——井点管与电极之间的距离(m);
V——工作电压,一般为 40~110V;
I——电极深度内被输干土体的单位面积上的电流,一般为 1~2A/m²;
ρ——土的比电阻(Ω·cm),宜根据实际土层测定;
φ——电极系数,一般为 2~3。

(3) 电渗功率

确定电渗功率常用的公式为:

$$N = \frac{VIF}{1000}, \quad F = L_0 \cdot h \tag{22-36}$$

式中 N——电渗功率(kW);
F——电渗幕面积(m²);
L_0——井点系统周长(m);
h——阳极深度(m)。

22.5 承压水降水设计

22.5.1 承压水降水概述

在大多数自然条件下,软土地区的承压水压力与其上覆土层的自重应力相互平衡或小于上覆土层的自重应力。当基坑开挖到一定深度后,导致基坑底面下的土层自重应力小于下伏承压水压力,承压水将会冲破上覆土层涌向坑内,坑内发生突水、涌砂或涌土,即形成所谓的基坑突涌。基坑突涌往往具有突发性质,导致基坑围护结构严重损坏或倒塌、坑外大面积地面下沉或塌陷、危及周边建(构)筑物及地下管线的安全,以及施工人员伤亡等。基坑突涌引起的工程事故是无可挽回的灾难性事故,经济损失巨大,社会负面影响严重。

在深基坑工程施工中,必须十分重视承压水对基坑稳定性的重要影响。由于基坑突涌的发生是承压水的高水头压力引起的,通过承压水减压降水降低承压水位(通常亦称之为"承压水头"),达到降低承压水压力的目的,已成为最直接、最有效的承压水控制措施之一。在基坑工程施工前,应认真分析工程场地的承压水特性,制定有效的承压水降水设计方案。在基坑工程施工中,应采取有效的承压水降水措施,将承压水位严格控制在安全埋深以下。

1. 承压水降水概念设计

所谓"承压水降水概念设计",是指综合考虑基坑工程场区的工程地质与水文地质条件、基坑围护结构特征、周围环境的保护要求或变形限制条件等因素,提出合理、可行的承压水降水设计理念,便于后续的降水设计、施工与运行等工作。

在承压水降水概念设计阶段,需根据降水目的含水层位置、厚度、隔水帷幕的深度、周围环境对工程降水的限制条件、施工方法、围护结构的特点、基坑面积、开挖深度、场地施工条件等一系列因素，综合考虑减压井群的平面布置、井结构及井深等。

1）坑内减压降水

对于坑内减压降水而言，不仅将减压降水井布置在基坑内部，而且必须保证减压井过滤器底端的深度不超过隔水帷幕底端的深度，才是真正意义上的坑内减压降水。坑内井群抽水后，坑外的承压水需绕过隔水帷幕的底端，绕流进入坑内，同时下部含水层中的水垂向经坑底流入基坑，在坑内承压水位降到安全埋深以下时，坑外的水位降深相对下降较小，从而因降水引起的地面变形也较小。

如果仅将减压降水井布置在坑内，但降水井过滤器底端的深度超过隔水帷幕底端的深度，伸入承压含水层下部，则抽出的大量地下水来自于隔水帷幕以下的水平径向流，不但使基坑外侧承压含水层的水位降深增大，降水引起的地面变形也增大，失去了坑内减压降水的意义，成为"形式上的坑内减压降水"。换言之，坑内减压降水必须合理设置减压井过滤器的位置，充分利用隔水帷幕的挡水（屏蔽）功效，以较小的抽水流量，使基坑范围内的承压水水头降低到设计标高以下，并尽量减小坑外的水头降深，以减少因降水而引起的地面变形。

满足以下条件之一时，应采用坑内减压降水方案：

（1）当隔水帷幕部分插入减压降水承压含水层中，隔水帷幕进入承压含水层顶板以下的长度 L 不小于承压含水层厚度的 1/2，如图 22-16（a）所示，或不小于 10.0m，如图 22-16（b）所示，隔水帷幕对基坑内外承压水渗流具有明显的阻隔效应；

（2）当隔水帷幕进入承压含水层，并进入承压含水层底板以下的半隔水层或弱透水层中，隔水帷幕已完全阻断了基坑内外承压含水层之间的水力联系，如图 22-16（c）所示。

如图 22-16 所示，隔水帷幕底端均已进入需要进行减压降水的承压含水层顶板以下，并在承压含水层形成了有效隔水边界。由于隔水帷幕进入承压含水层顶板以下长度的差异及减压降水井结构的差异性，在群井抽水影响下形成的地下水渗流场形态也具有较大差别。地下水运动不再是平面流或以平面流为主的运动，而是形成为三维地下水非稳定渗流场，渗流计算时应考虑水层的各向异性，无法应用解析法求解，必须借助三维数值方法求解。

2）坑外减压降水

对于坑外减压降水而言，不仅将减压降水井布置在基坑围护体外侧，而且要使减压井过滤器底端的深度不小于隔水帷幕底端的深度，才能保证坑外减压降水效果。

如果坑外减压降水井过滤器埋藏深度小于隔水帷幕深度，则坑内地下水需绕过隔水帷幕底端后才能进入坑外降水井内，抽出的地下水大部分来自于坑外的水平径向流，导致坑内水位下降缓慢或降水失效，不但使基坑外侧承压含水层的水位降深增大，降水引起的地面变形也增大。换言之，坑外减压降水必须合理设置减压井过滤器的位置，减小隔水帷幕的挡水（屏蔽）功效，以较小的抽水流量，使基坑范围内的承压水水头降低到设计标高以下，尽量减小坑外水头降深与降水引起的地面变形。

满足以下条件之一时，隔水帷幕未在降水目的承压含水层中形成有效的隔水边界，宜优先选用坑外减压降水方案：

（1）当隔水帷幕未进入下部降水目的承压含水层中，如图 22-17（a）所示；

（2）隔水帷幕进入降水目的承压含水层顶板以下的长度 L 远小于承压含水层厚度，且不超过 5.0m，如图 22-17（b）所示。

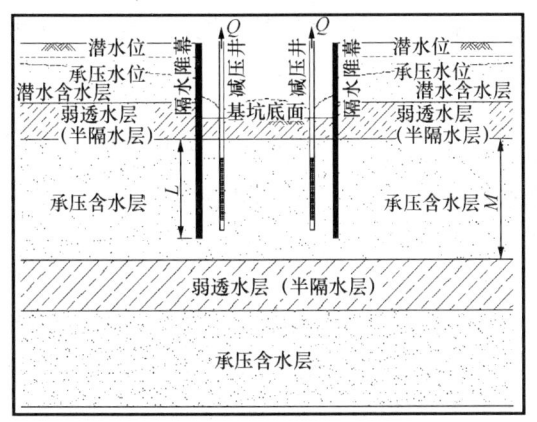
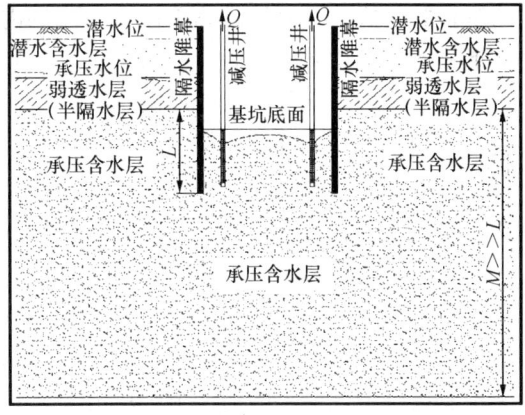

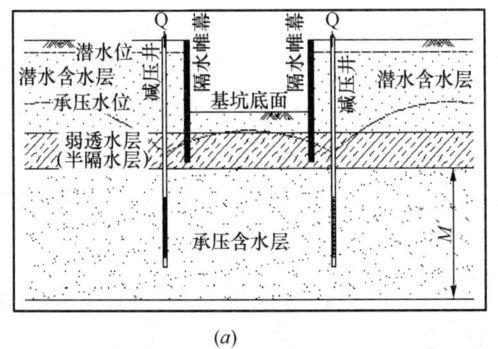
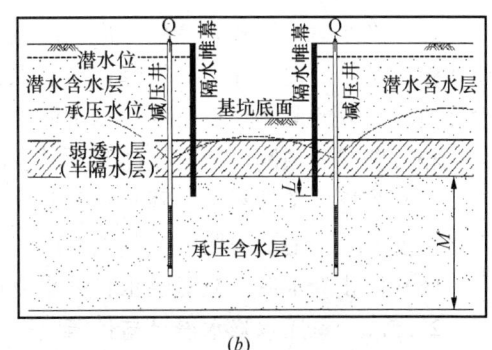

图 22-16 坑内降水结构示意图
(a) 坑内承压含水层半封闭；(b) 悬挂式止水帷幕；(c) 坑内承压含水层全封闭

图 22-17 坑外降水结构示意图
(a) 坑内外承压含水层全连通；(b) 坑内外承压含水层几乎全连通

如图 22-17 所示，隔水帷幕底端未进入需要进行减压降水的承压含水层顶板以下或进入含水层中的长度有限，未在承压含水层形成为人为的有效隔水边界。换言之，隔水帷幕对减压降水引起的承压水渗流的影响极小，可以忽略不计。因此，可采用承压水渗流理论的解析解公式，计算、预测承压水渗流场内任意点的水位降深，但其适用条件应与现场水文地质实际条件基本一致。

（3）坑内－坑外联合减压降水

当现场客观条件不能完全满足前述关于坑内减压降水或坑外减压降水的选用条件时，可综合考虑现场施工条件、水文地质条件、隔水帷幕特征，以及基坑周围环境特征与保护要求等，选用合理的坑内－坑外联合减压方案。

2. 承压水降水运行控制

承压水降水运行控制应满足两个基本要求：其一，通过承压水降水运行，应能保证将承压水位控制在安全埋深以下；其二，从保护基坑周边环境的角度考虑，在承压水位降深满足基坑稳定性要求的前提下，应避免过量抽水、水位降深过大。

降水运行控制方法简述如下：

（1）应严格遵守"按需减压降水"的原则，综合考虑环境因素、安全承压水位埋深与基坑施工工况之间的关系，确定各施工区段的阶段性承压水位控制标准，制定详细的减压降水运行方案。

（2）降水运行过程中，应严格执行减压降水运行方案。如基坑施工工况发生变化，应及时调整或修改降水运行方案。

（3）所有减压井抽出的水应排到基坑影响范围以外或附近的天然水体中。现场排水能力应考虑到所有减压井（包括备用井）全部启用时的排水量。每个减压井的水泵出口应安装水量计量装置和单向阀。

（4）减压井全部施工完成、现场排水系统安装完毕后，应进行一次群井抽水试验或减压降水试运行，对电力系统（包括备用电源）、排水系统、井内抽水泵、量测系统、自动监控系统等进行一次全面检验。

（5）降水运行应实行不间断的连续监控。对于重大深基坑工程，应考虑采用水位自动监测系统对承压水位实行全程跟踪监测，使降水运行过程中基坑内、外承压水位的变化随时处于监控之中。

（6）降水运行正式开始前1周内应测定环境背景值，监测内容包括基坑内外的初始承压水位、基坑周边相邻地面沉降初值、保护对象的初始变形及基坑围护体变形等，与基坑设计要求重复的监测项目可利用基坑监测资料。降水运行过程中，应及时整理监测资料，绘制相关曲线，预测可能发生的问题并及时处理。

（7）当环境条件复杂、降水引起基坑外地表沉降量大于环境控制标准时，可采取控制降水幅度、人工地下水回灌或其他有效的环境保护措施。

（8）停止降水后，应对降水管井采取可靠的封井措施。

22.5.2 承压水降水设计与计算

1. 基坑内安全承压水位埋深

基坑内的安全承压水位埋深必须同时满足基坑底部抗渗稳定与抗突涌稳定性要求，按下式计算：

$$D \geqslant H_0 - \frac{H_0 - h}{f_w} \cdot \frac{\gamma_s}{\gamma_w}, \cdots \begin{cases} h \leqslant H_d \\ H_0 - h > 1.50\text{m} \end{cases} \quad (22\text{-}37a)$$

或

$$D \geqslant h + 1.0, (H_0 - h \leqslant 1.50\text{m}) \quad (22\text{-}37b)$$

式中 D——坑内安全承压水位埋深（m）；
H_0——承压含水层顶板埋深的最小值（m）；
h——基坑开挖面深度（m）；
H_d——基坑开挖深度设计值（m）；
f_w——承压水分项安全系数，取值为 1.05～1.2；
γ_s——坑底至承压含水层顶板之间的土的天然重度的层厚加权平均值（kN/m³）；
γ_w——地下水重度。

2. 单井最大允许涌水量

单井出水能力取决于工程场地的水文地质条件、井点过滤器的结构、成井工艺和设备能力等。承压水降水管井的出水量可按下式估算：

$$Q = 130\pi r_w l \sqrt[3]{k} \tag{22-38}$$

式中 Q——单井涌水量（m³/d）；
l——过滤管长度（m）；
r_w——过滤管半径（m）；
其余符号意义同前。

3. 渗流解析法设计计算

在井点数量、井点间距（排列方式）、井点管埋深初步确定后，可根据以下公式预测基坑内抽水影响最小处的水位降深值 s：

$$s = \frac{0.366Q}{kM}\left[\lg R - \frac{1}{n}\lg(x_1 x_2 \cdots x_n)\right] \tag{22-39}$$

式中 Q——基坑涌水量（m³/d）；
n——管井总数（口）；
$x_1 x_2 \cdots x_n$——计算点到各管井中心距离（m）。

4. 渗流数值法设计计算

由于天然含水层厚度往往是不均匀的，含水介质往往是多层的非匀质的和各向异性的，地下空间中存在着复杂的障碍物，以及水文地质天窗的存在，使得解析法不适用（得不到解析解），常用数值分析方法求得近似解。虽然数值法只能求出计算域内有限个点某时刻的近似解，但这些解完全能满足工程精度要求。渗流数值法主要包括有限差分法、有限元法等。

渗流数值分析的第一步，需要建立降水影响范围内的三维非稳定地下水渗流数学模型。渗流数学模型通式为：

$$\begin{cases} \dfrac{\partial}{\partial x}\left(k_{xx}\dfrac{\partial h}{\partial x}\right)+\dfrac{\partial}{\partial y}\left(k_{yy}\dfrac{\partial h}{\partial y}\right)+\dfrac{\partial}{\partial z}\left(k_{zz}\dfrac{\partial h}{\partial z}\right)-W=\dfrac{E}{T}\dfrac{\partial h}{\partial t}, (x,y,z)\in\Omega \\ h(x,y,z,t)\big|_{t=0}=h_0(x,y,z), \quad (x,y,z)\in\Omega \\ h(x,y,z,t)\big|_{\Gamma_1}=h_1(x,y,z,t), \quad (x,y,z)\in\Gamma_1 \\ \dfrac{\partial h}{\partial n}\bigg|_{\Gamma_2}=\varphi(x,y,z,t), \quad (x,y,z)\in\Gamma_2 \\ \dfrac{\partial h}{\partial n}+\alpha h\bigg|_{\Gamma_3}=\beta, \quad (x,y,z)\in\Gamma_3 \end{cases} \tag{22-40}$$

式中 $E=\begin{cases} S & \text{承压含水层} \\ S_y & \text{潜水含水层} \end{cases}$；$T=\begin{cases} M & \text{承压含水层} \\ B & \text{潜水含水层} \end{cases}$；$S_s=\dfrac{S}{M}$；

S——储水系数；

S_y——给水度；

M——承压含水层厚度（m）；

B——潜水含水层的地下水饱和厚度（m）；

k_{xx}、k_{yy}、k_{zz}——各向异性主方向渗透系数；

h——点（x，y，z）处 t 时刻的水位值（m）；

W——源汇项（1/d）；

h_0——计算域初始水位值（m）；

h_1——第一类边界的水位值（m）；

S_s——储水率（1/m）；

t——抽水累计时间（d）；

φ、α、β——已知函数；

Ω——计算域；

Γ_1、Γ_2、Γ_3——第一、第二、第三类渗流边界。

渗流数值分析的第二步，采用有限差分法或有限元法，将上述渗流数学模型转换为渗流数值模型，以此为依据，编制计算程序（形成计算软件），计算、预测降水引起的地下水位时空分布。

渗流数值分析的第三步，对整个渗流区进行离散，即建立降水影响区域的物理模型。

渗流数值分析的第四步，应用渗流数值分析计算程序或软件，输入相关计算参数，对所建立的研究区域的物理模型进行渗流计算、分析、预测。

22.6 基坑降水井施工

22.6.1 轻型井点施工

轻型井点系统降低地下水位的过程如图 22-18 所示，即沿基坑周围以一定的间距埋入井点管（下端为滤管），在地面上用水平铺设的集水总管将各井点管连接起来，在一定位置设置真空泵和离心泵。当开动真空泵和离心泵时，地下水在真空吸力的作用下经滤管进入管井，然后经集水总管排出，从而降低水位。

1. 井点成孔施工

（1）水冲法成孔施工：利用高压水流冲开泥土，冲孔管依靠自重下沉。砂性土中冲孔所需水流压力为 0.4~0.5MPa，黏性土中冲孔所需水流压力为 0.6~0.7MPa。

（2）钻孔法成孔施工：适用于坚硬地层或井点紧靠建筑物，一般可采用长螺旋钻机进行成孔施工。

（3）成孔孔径一般为 300mm，不宜小于 250mm。成孔深度宜比滤水管底端埋深大 0.5m 左右。

2. 井点管埋设

（1）水冲法成孔达到设计深度后，应尽快减低水压、拔出冲孔管，向孔内沉入井点管并在井点管外壁与孔壁之间快速回填滤料（粗砂、砾砂）。

（2）钻孔法成孔达到设计深度后，向孔内沉入井点管，在井点管外壁与孔壁之间回填滤料（粗砂、砾砂）。

（3）回填滤料施工完成后，在距地表约1m深度内，采用黏土封口捣实以防止漏气。

（4）井点管埋设完毕后，采用弯联管（通常为塑料软管）分别将井点管连接到集水总管上。

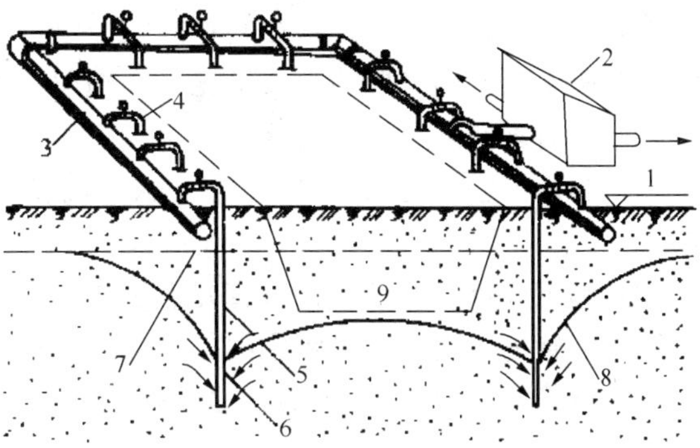

图 22-18　轻型井点降低地下水位全貌图
1—地面；2—水泵房；3—总管；4—弯联管；5—井点管；
6—滤管；7—初始地下水位；8—水位降落曲线；9—基坑

22.6.2　喷射井点施工

1. 井点管埋设与使用

（1）喷射井点管埋设方法与轻型井点相同，为保证埋设质量，宜用套管法冲孔加水及压缩空气排泥，当套管内含泥量经测定小于5%时下井管及灌砂，然后再拔套管。对于深度大于10m的喷射井点管，宜用吊车下管。下井管时，水泵应先开始运转，以便每下好一根井点管，立即与总管接通（暂不与回水总管连接），然后及时进行单根井点试抽排泥，井管内排出的泥浆从水沟排出，测定井管内真空度，待井管出水变清后地面测定真空度不宜小于93.3kPa。

（2）全部井点管沉没完毕后，将井点管与回水总管连接并进行全面试抽，然后使工作水循环，进行正式工作。各套进水总管均应用阀门隔开，各套回水管应分开。

（3）为防止喷射器损坏，安装前应对喷射井管逐根冲洗，开泵压力不宜大于0.3MPa，以后逐步加大开泵压力。如发现井点管周围有翻砂、冒水现象，应立即关闭井管后进行检修。

（4）工作水应保持清洁，试抽2d后，应更换清水，此后视水质污浊程度定期更换清水，以减轻对喷嘴及水泵叶轮的磨损。

2. 施工注意事项

（1）利用喷射井点降低地下水位，扬水装置的质量十分重要。如果喷嘴的直径加工不精确，尺寸加大，则工作水流量需要增加，否则真空度将降低，影响抽水效果。如果喷嘴、混合室和扩散室的轴线不重合，不但降低真空度，而且由于水力冲刷导致磨损较快，需经常更换，影响降水运行的正常、顺利进行。

（2）工作水要干净，不得含泥砂及其他杂物。尤其在工作初期更应注意工作水的干净，因为此时抽出的地下水可能较为混浊，如不经过很好的沉淀即用作工作水，会使喷嘴、混合室等部位很快磨损。如果扬水装置已磨损应及时更换。

（3）为防止产生工作水反灌现象，在滤管下端最好增设逆止球阀。当喷射井点正常工作时，芯管内产生真空，出现负压，钢球托起，地下水吸入真空室；当喷射井点发生故障时，真空消失，钢球被工作水推压，堵塞芯管端部小孔，使工作水在井管内部循环，不致涌出滤管产生倒涌现象。

3. 喷射井点的运转和保养

喷射井点比较复杂，在其运转期间常需进行监测以便了解装置性能，进而确定因某些缺陷或措施不当时而采取的必要措施。在喷射井点运转期间，需注意以下方面：

（1）及时观测地下水位变化。

（2）测定井点抽水量，通过地下水量的变化，分析降水效果及降水过程中出现的问题。

（3）测定井点管真空度，检查井点工作是否正常。出现故障的现象包括：

①真空管内无真空，主要原因是井点芯管被泥砂填住，其次是异物堵住喷嘴；

②真空管内无真空，但井点抽水通畅，是由于真空管本身堵塞和地下水位高于喷射器；

③真空出现正压（即工作水流出），或井管周围翻砂，这表明工作水倒灌，应立即关闭阀门，进行维修。

常见的故障及其检查方法包括：

（1）喷嘴磨损和喷嘴夹板焊缝裂开；

（2）滤管、芯管堵塞；

（3）除测定真空度外，类同于轻型井点，可通过听、摸、看等方法来检查。

排除故障的方法包括：

（1）反冲法：遇有喷嘴堵塞，芯管、过滤器淤积，可通过内管反冲水疏通，但水冲时间不宜过长；

（2）提起内管，上下左右转动、观测真空度变化，真空度恢复了则正常；

（3）反浆法：关住回水阀门，工作水通过滤管冲土，破坏原有滤层，停冲后，悬浮的滤砂层重新沉淀，若反复多次无效，应停止井点工作；

（4）更换喷嘴：将内管拔出，重新组装。

22.6.3 降水管井施工

1. 现场施工工艺流程

降水管井施工的整个工艺流程包括成孔工艺和成井工艺；具体又可以划分以下过程：准备工作→钻机进场→定位安装→开孔→下护口管→钻进→终孔后冲孔换浆→下井管→稀释泥浆→填砂→止水封孔→洗井→下泵试抽→合理安排排水管路及电缆电路→试抽水→正式抽水→水位与流量记录。

2. 成孔工艺

成孔工艺也即管井钻进工艺，指管井井身施工所采用的技术方法、措施和施工工艺过程。管井钻进方法习惯上一般分为：冲击钻进、回转钻进、潜孔锤钻进、反循环钻进、空气钻进等。选择降水管井钻进方法时，应根据钻进地层的岩性和钻进设备等因素进行选择，一般以卵石和漂石为主的地层，宜采用冲击钻进或潜孔锤钻进，其他第四系地层宜采用回转钻进。

钻进过程中为防止井壁坍塌、掉块、漏失，以及钻进高压含水、气层时可能产生的喷涌等井壁失稳事故，需采取井孔护壁措施。可根据下列原则，采用护壁措施：

（1）保持井内液柱压力与地层侧压力（包括土压力和水压力）的平衡，是维系井壁稳定的基本方法。对于易坍塌地层，应注意经常维持和调整压力平衡关系。冲击钻进时，如果能保持井内水位比静止水位高3~5m，可采用水压护壁。

(2) 遇水不稳定地层，选用的冲洗介质类型和性能应能够避免水对地层的影响。

(3) 当其他护壁措施无效时，可采用套管护壁。

(4) 冲洗介质是钻进时用于携带岩屑、清洗井底、冷却和润滑钻具及保护井壁的物质。常用的冲洗介质有清水、泥浆、空气、泡沫等。钻进对冲洗介质的基本要求是：

①冲洗介质的性能应能在较大范围内调节，以适应不同地层的钻进；

②冲洗介质应有良好的散热能力和润滑性能，以延长钻具的使用寿命，提高钻进效率；

③冲洗介质应无毒，不污染环境；

④配置简单，取材方便，经济合理。

3. 成井工艺

管井成井工艺是指成孔结束后，安装井内装置的施工工艺，包括探井、换浆、安装井管、填砾、止水、洗井、试验抽水等工序。这些工序完成的质量直接影响到成井后井损失的大小、成井质量能否达到设计要求的各项指标。如成井质量差，可能引起井内大量出砂或井的出水量大大降低，甚至不出水。因此，严格控制成井工艺中的各道工序是保证成井质量的关键。

1) 探井

探井是检查井深和井径的工序，目的是检查井深是否圆直，以保证井管顺利安装和滤料厚度均匀。探井工作采用探井器进行，探井器直径应大于井管直径，小于孔径25mm；其长度宜为20~30倍孔径。在合格的井孔内任意深度处，探井器应均能灵活转动。如发现井身质量不符要求，应立即进行修整。

2) 换浆

成孔结束、经探井和修整井壁后，井内泥浆黏度很大并含有大量岩屑，过滤管进水缝隙可能被堵塞，井管也可能沉不到预计深度，造成过滤管与含水层错位。因此，井管安装前，应进行换浆。

换浆是以稀泥浆置换井内的稠泥浆的施工工序，不应加入清水，换浆的浓度应根据井壁的稳定情况和计划填入的滤料粒径大小确定，稀泥浆一般黏度为16~18s，密度为1.05~1.10g/cm^3。

3) 安装井管

安装井管前需先进行配管，即根据井管结构设计，进行配管，并检查井管的质量。井管沉设方法应根据管材强度、沉设深度和起重设备能力等因素选定，并宜符合下列要求：

(1) 提吊下管法，宜用于井管自重（或浮重）小于井管允许抗拉力和起重的安全负荷；

(2) 托盘（或浮板）下管法，宜用于井管自重（或浮重）超过井管允许抗拉力和起重的安全负荷；

(3) 多级下管法，宜用于结构复杂和沉设深度过大的井管。

4) 填砾

填砾前的准备工作包括：①井内泥浆稀释至密度小于1.10（高压含水层除外）；②检查滤料的规格和数量；③备齐测量填砾深度的测锤和测绳等工具；④清理井口现场，加井口盖，挖好排水沟。

滤料的质量包括以下方面：①滤料应按设计规格进行筛分，不符合规格的滤料不得超过15%；②滤料的磨圆度应较好，棱角状砾石含量不能过多，严禁以碎石作为滤料；③不含泥土和杂物；④宜用硅质砾石。

滤料的数量按下式计算：

$$V = 0.785(D^2 - d^2)L\alpha \tag{22-41}$$

式中　V——滤料数量（m^3）；

　　　D——填砾段井径（m）；

　　　d——过滤管外径（m）；

　　　L——填砾段长度（m）；

　　　α——超径系数，一般为 1.2~1.5。

填砾的方法应根据井壁的稳定性、冲洗介质的类型和管井结构等因素确定。常用的方法包括静水填砾法、动水填砾法和抽水填砾法。

5) 洗井

为防止泥皮硬化，下管填砾之后，应立即进行洗井。管井洗井方法较多，一般分为水泵洗井、活塞洗井、空压机洗井、化学洗井和二氧化碳洗井，以及两种或两种以上洗井方法组合的联合洗井。洗井方法应根据含水层特性、管井结构及管井强度等因素选用，简述如下：

（1）松散含水层中的管井在井管强度允许时，宜采用活塞洗井和空压机联合洗井。

（2）泥浆护壁的管井，当井壁泥皮不易排除，宜采用化学洗井与其他洗井方法联合进行。

（3）碳酸盐岩类地区的管井宜采用液态二氧化碳配合六偏磷酸钠或盐酸联合洗井。

（4）碎屑岩、岩浆岩地区的管井宜采用活塞、空气压缩机或液态二氧化碳等方法联合洗井。

6) 试抽水

管井施工阶段试抽水主要目的不在于获取水文地质参数，而是检验管井出水量的大小，确定管井设计出水量和设计动水位。试抽水类型为稳定流抽水试验，下降次数为1次，且抽水量不小于管井设计出水量；稳定抽水时间为 6~8h；试抽水稳定标准为，在抽水稳定的延续时间内井的出水量、动水位仅在一定范围内波动，没有持续上升或下降的趋势，即可认为抽水已经稳定。

抽水过程中需考虑自然水位变化和其他干扰因素影响。试抽水前需测定井水含砂量。

7) 管井竣工验收质量标准

降水管井竣工验收是指管井施工完毕，在施工现场对管井的质量进行逐井检查和验收。

管井验收结束后，均须填写"管井验收单"，这是必不可少的验收文件，有关责任人应签字。根据降水管井的特点和我国各地降水管井施工的实际情况，参照我国《供水管井技术规范》（GB 50296—99）关于供水管井竣工验收的质量标准规定，降水管井竣工验收质量标准主要应有下述四个方面：

（1）管井出水量：实测管井在设计降深时的出水量应不小于管井设计出水量，当管井设计出水量超过抽水设备的能力时，按单位储水量检查。当具有位于同一水文地质单元并且管井结构基本相同的已建管井资料时,新建管井的单位出水量应与已建管井的单位出水量接近。

(2) 井水含砂量:管井抽水稳定后,井水含砂量应不超过 1/10000~1/20000 (体积比)。

(3) 井斜:实测井管斜度应不大于 1°。

(4) 井管内沉淀物:井管内沉淀物的高度应小于井深的 5‰。

22.6.4 真空管井施工

真空降水管井施工方法与降水管井施工方法相同,详见前述。真空降水管井施工尚应满足以下要求:

(1) 宜采用真空泵抽气集水,深井泵或潜水泵排水。

(2) 井管应严密封闭,并与真空泵吸气管相连。

(3) 单井出水口与排水总管的连接管路中应设置单向阀。

(4) 对于分段设置滤管的真空降水管井,应对开挖后暴露的井管、滤管、填砾层等采取有效封闭措施。

(5) 井管内真空度不宜小于 0.065MPa,宜在井管与真空泵吸气管的连接位置处安装高灵敏度的真空压力表监测。

22.6.5 电渗井点施工

电渗井点埋设程序一般是先埋设轻型井点或喷射井点管,预留出布置电渗井点阳极的位置,待轻型井点降水不能满足降水要求时,再埋设电渗阴极,以改善降水性能。电渗井点(阴极)埋设与轻型井点、喷射井点埋设方法相同。阳极埋设可用 75mm 旋叶式电钻钻孔埋设,钻进时加水和高压空气循环排泥,阳极就位后,利用下一钻孔排出泥浆倒灌填孔,使阳极与土接触良好,减少电阻,以利电渗。如深度不大,亦可用锤击法打入。钢筋埋设必须垂直,严禁与相邻阴极相碰,以免造成短路,损坏设备。电渗井点施工方法简述如下:

(1) 阳极用 ϕ50~70mm 的钢管或 ϕ20~25mm 的钢筋或铝棒,埋设在井点管内侧,并成平行交错排列。阴阳极的数量宜相等,必要时阳极数量可多于阴极数量。

(2) 井点管与金属棒,即阴、阳极之间的距离,当采用轻型井点时,为 0.8~1.0m;当采用喷射井点时,为 1.2~1.5m。阳极外露于地面的高度为 200~400mm,入土深度比井点管深 500mm,以保证水位能降到要求深度。

(3) 阴、阳极分别用 BX 型铜芯橡皮线、扁钢、ϕ10 钢筋或电线连成通路,接到直流发电机或直流电焊机的相应电极上。

(4) 通电时,工作电压不宜大于 60V。土中通电的电流密度宜为 0.5~1.0A/m²。为避免大部分电流从土表面通过、降低电渗效果,通电前应清除井点管与金属棒间地面上的导电物质,使地面保持干燥,如涂一层沥青绝缘效果更好。

(5) 通电时,为消除由于电解作用产生的气体积聚于电极附近、土体电阻增大、增加电能消耗,宜采用间隔通电法,每通电 24h,停电 2~3h。

(6) 在降水过程中,应对电压、电流密度、耗电量及预设观测孔水位等进行量测、记录。

22.7 减小与控制降水引起地面沉降的措施

基坑开挖过程中,因降水不当造成周边环境破坏的案例屡见不鲜:小则延误工期,增加造价;严重时可能引起重大伤亡事故。例如,上海地铁 M8 线某基坑工程,其围护地下连续墙厚 800mm、深 27.3m,基坑开挖深度 16.0m,承压含水层顶板埋深 29.7m~32.0m,初始承压水位埋深 3.4m。因受降水等施工作业影响,部分地下管线监测点、水位监测点的监测值相继超过报警值,基坑开挖后水位持续下降,最大水位降深达 4.37m,地表监测点处的最大累积地面沉降达 93mm,并引起基坑周围较大范围的地面沉降。又如上海市东湖商务楼工程,地处老城区,基坑紧邻某电影院,开挖施工时虽只在一边设井点管,并在影院旁增设回灌井,但由于井点降水效果差,回灌水量小且不理想,井点出水浑浊带走大量黏粒,致使影院发生严重沉降,累计沉降量达 66mm,砖砌墙体破损断裂,影院被迫停映进行加固修复,直接工程费 10 余万元,商务楼施工亦被迫停工,损失巨大。因此有必要减小与控制降水引起的地面沉降。

22.7.1 减小与控制降水引起地面沉降的措施

基坑降水导致基坑四周水位降低、土中孔隙水压力转移、消散,不仅打破了土体原有的力学平衡,有效应力增加;而且水位降落漏斗范围内,水力梯度增加,以体积力形式作用在土体上的渗透力增大。二者共同作用的结果是,坑周土体发生沉降变形。但在高水位地区开挖深基坑又离不开降水措施,因此一方面要保证开挖施工的顺利进行,另一方面又要防范对周围环境的不利影响,即采取相应的措施,减少降水对周围建筑物及地下管线造成的影响。

1. 在降水前认真做好对周围环境的调研工作

(1) 查明场地的工程地质及水文地质条件,即拟建场地应有完整的地质勘探资料,包括地层分布,含水层、隔水层和透镜体情况,以及其与水体的联系和水体水位变化情况,各层土体的渗透系数,土体的孔隙比和压缩系数等。

(2) 查明地下贮水体,如周围的地下古河道、古水池之类的分布情况,防止出现井点和地下贮水体穿通的现象。

(3) 查明上、下水管线,煤气管道,电话、电讯电缆,输电线等各种管线的分布和类型,埋设的年代和对差异沉降的承受能力,考虑是否需要预先采取加固措施等。

(4) 查清周围地面和地下建筑物的情况,包括这些建筑物的基础型式,上部结构形式,在降水区中的位置和对差异沉降的承受能力。降水前要查情这些建筑物的历年沉降情况和目前损伤的程度,以及是否需要预先采取加固措施等。

2. 合理使用井点降水,尽可能减少对周围环境的影响

降水必然会形成降水漏斗,从而造成周围地面的沉降,但只要合理使用井点,可以把这类影响控制在周围环境可以承受的范围之内。

(1) 首先在场地典型地区进行的相应的群井抽水试验,进行降水及沉降预测。做到按需降水,严格控制水位降深。

(2) 防范抽水带走土层中的细颗粒。在降水时要随时注意抽出的地下水是否有混浊

现象。抽出的水中带走细颗粒不但会增加周围地面的沉降，而且还会使井管堵塞、井点失效。为此首先应根据周围土层的情况选用合适的滤网，同时应重视埋设井管时的成孔和回填砂滤料的质量。如上海地区，粉砂层大都呈水平向分布，成孔时应尽量减少搅动，过滤管设在砂性土层中。必要时可采用套管法成孔，回填砂滤料应认真按级配配制。

（3）适当放缓降水漏斗线的坡度。在同样的降水深度前提下，降水漏斗线的坡度越平缓，影响范围越大，而所产生的不均匀沉降就越小，因而降水影响区内的地下管线和建筑物受损伤的程度也越小。根据地质勘探报告，把滤管布置在水平向连续分布的砂性土中可获得较平缓的降水漏斗曲线，从而减少对周围环境的影响。

（4）井点应连续运转，尽量避免间歇和反复抽水。轻型井点和喷射井点在原则上应埋在砂性土层内。对砂性土层，除松砂以外，降水所引起的沉降量是很小的，然而倘若降水间歇和反复进行，现场和室内试验均表明每次降水都会产生沉降。每次降水的沉降量随着反复次数的增加而减少，逐渐趋向于零，但是总的沉降量可以累积到一个相当可观程度。因此，应尽可能避免反复抽水。

（5）基坑开挖时应避免产生坑底流砂引起的坑周地面沉陷。如图 22-19 所示，在基坑底面下有一薄黏性土不透水层，其下又有相当厚度的粉砂层。若降水时井点仅设在基底以下，未穿入含水砂层，那么这层薄黏土层会承受上、下两面的水压力差 ΔP，作用于黏土层下侧，产生向上的压力，若此压力大于该土层重量，便会造成坑底涌砂现象。对于该种情况，需将降水井管穿入黏土层下面的含水砂层中，释放下卧粉砂层中的承压水头，保证坑底稳定。

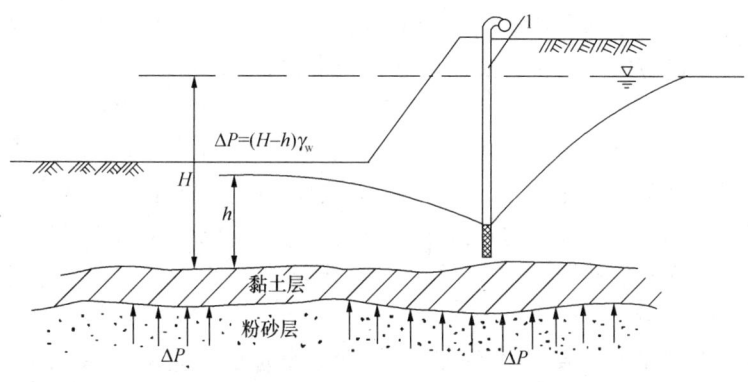

图 22-19　坑底下伏承压含水层引发坑底涌砂

（6）如果降水现场周围有湖、河、浜导贮水体时，应考虑在井点与贮水体间设置隔水帷幕，以防范井点与贮水体穿通，抽出大量地下水而水位不下降，反而带出许多土颗粒，甚至产生流砂现象，妨碍深基坑工程的开挖施工。

（7）在建筑物和地下管线密集等对地面沉降控制有严格要求的地区开挖深基坑，宜尽量采用坑内降水方法，即在围护结构内部设置井点，疏干坑内地下水，以利开挖施工。同时，需利用支护体本身或另设隔水帷幕切断坑外地下水的涌入。要求隔水帷幕具有足够的入土深度，一般需较井点滤管下端深 1.0m 以上。这样即不妨碍开挖施工，又可大大减轻对周围环境的影响。

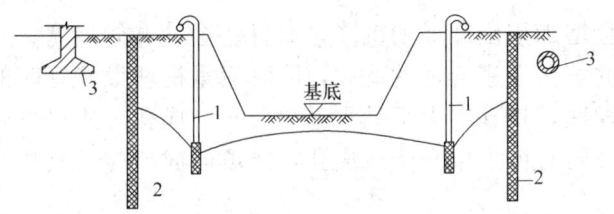

图 22-20 设置隔水帷幕减小不利影响
1—井点管；2—隔水帷幕；3—坑外浅基础、地下管线

3. 降水场地外侧设置隔水帷幕，减小降水影响范围

在降水场地外侧有条件的情况下设置一圈隔水帷幕，切断降水漏斗曲线的外侧延伸部分，减小降水影响范围，将降水对周围的影响减小到最低程度，如图 22-20 所示。

常用的隔水帷幕包括深层水泥搅拌桩、砂浆防渗板桩、树根桩隔水帷幕、钻孔咬合桩、钢板桩、地下连续墙等。

4. 降水场地外缘设置回灌水系统

降水对周围环境的不利影响主要是由于漏斗型降水曲线引起周围建筑物和地下管线基础的不均匀沉降造成的，因此，在降水场地外缘设置回灌水系统，保持需保护部位的地下水位，可消除所产生的危害。

回灌水系统包括回灌井及回灌砂沟、砂井等。

22.7.2 地下水回灌技术

1. 回灌井点

在降水井点和要保护的地区之间设置一排回灌井点，在利用降水井点降水的同时利用回灌井点向土层内灌入一定数量的水，形成一道水幕，从而减少降水以外区域的地下水流失，使其地下水位基本不变，达到保护环境的目的。

回灌井点的布置和管路设备等与抽水井点相似，仅增加回灌水箱、闸阀和水表等少量设备。抽水井点抽出的水通到贮水箱，用低压送到注水总管，多余的水用沟管排出。另外回灌井点的滤管长度应大于抽水井点的滤管，通常为 2~2.5m，井管与井壁间回填中粗砂作为过滤层。

由于回灌水时会有 $Fe(OH)_2$ 沉淀物、活动性的锈蚀及不溶解的物质积聚在注水管内，在注水期内需不断增加注水压力才能保持稳定的注水量。对注水期较长的大型工程可以采用涂料加阴极防护的方法，在贮水箱进出口处设置滤网，以减轻注水管被堵塞的对象。回灌过程中应保持回灌水的清洁。

2. 回灌砂沟、砂井

在降水井点与被保护区域之间设置砂井、砂沟作为回灌通道。将井点抽出来的水适时适量地排入砂沟，再经砂井回灌到地下，从而保证被保护区域地下水位的基本稳定，达到保护环境的目的。实践证明其效果是良好的。

需要说明的是，回灌井点、回灌砂井或回灌砂沟与降水井点的距离一般不宜小于 6m，以防降水井点仅抽吸回灌井点的水，而使基坑内水位无法下降，失去降水的作用。砂井或回灌井点的深度应按降水水位曲线和土层渗透性来确定，一般应控制在降水曲线以下 1m。回灌砂沟应设在透水性较好的土层内。

3. 回灌管井

回灌管井的回灌方法主要有真空回灌和压力回灌两大类。后者又可分为常压回灌和高压回灌两种。不同的回灌方法其作用原理、适用条件、地表设施及操作方法均有所区别。

1）真空回灌法

真空回灌适用条件为：①适用于地下水位较深（静水位埋深＞10m）、渗透性良好的含水层；②真空回灌对滤网的冲击力较小，适用于滤网结构耐压、耐冲击强度较差，以及使用年限较长的老井；③对回灌量要求不大的井。

2) 压力回灌法

常压回灌利用自来水的管网压力（0.1~0.2MPa）产生水头差进行回灌。高压回灌在常压回灌装置的基础上，使用机械动力设备（如离心泵）加压，产生更大的水头差。

常压回灌利用自来水管网压力进行回灌，压力较小。高压回灌利用机械动力对回灌水源加压，压力可以自由控制，其大小可根据井的结构强度和回灌量而定。因此，压力回灌的适用范围很大，特别是对地下水位较高和透水较差的含水层来说，采用压力回灌的效果较好。由于压力回灌对滤水管网眼和含水层的冲击力较大，宜适用于滤网强度较大的深井。

3) 回灌水质要求

如果回灌水量充足，但水质很差，回灌后使地下水将遭受污染或使含水层发生堵塞。地下水回灌工作必须与环境保护工作密切相结合，在选择回灌水源时必须慎重考虑水源的水质。

回灌水源对水质的基本要求为：①回灌水源的水质要比原地下水的水质略好，最好达到饮用水的标准；②回灌水源回灌后不会引起区域性地下水的水质变坏和受污染；③回灌水源中不含使井管和滤水管腐蚀的特殊离子和气体；④采用江河及工业排放水回灌，必须先进行净化和预处理，达到回灌水源水质标准后方可回灌。

22.8 基坑降水工程实例

22.8.1 上海五月花生活广场深基坑工程降水（疏干降水及承压水降水）

1. 工程概况

上海五月花生活广场位于普善路以东、普善横路以北、芷江西路以南、大统路以西所围地块内。基坑开挖面积 15851m²，开挖深度为 11.75~16.50m，局部开挖深度达 19.42m。围护结构由地下连续墙（埋深 33.00m），以及钻孔灌注桩组成（桩长 23m，其外侧为三轴水泥土搅拌桩止水帷幕，深度 29.00m）。

2. 场区工程地质与水文地质条件

工程场地的地基土分布如表 22-5 所示。

地基土特征简表 表 22-5

土层序号	土名	层底标高（m）	土层序号	土名	层底标高（m）
①	填土	2.63~0.86	④$_2$	砂质粉土	−18.31~−23.14
②$_{3-1}$	黏质粉土	0.74~−0.40	⑤$_1$	粉质黏土	−21.32~−23.66
②$_{3-2}$	砂质粉土	−2.37~−4.02	⑤$_2$	砂质粉土	−28.34~−43.06
②$_{3-3}$	砂质粉土	−8.36~−15.41	⑥	粉质黏土	−25.52~−26.66
④$_1$	淤泥质黏土	−13.36~−15.20	⑦$_1$	砂质粉土	−31.46~−32.23

续表

土层序号	土名	层底标高（m）	土层序号	土名	层底标高（m）
⑦$_2$	粉砂	−38.62～−41.73	⑨	中粗砂	−85.59
⑧$_1$	黏土	−50.06～−53.86	⑩	粉质黏土	（未钻穿）
⑧$_2$	粉质黏土	−69.76～−79.59			

备注　场地自然地面标高为+3.30m。

本场地地质条件复杂，浅部和深部土层均有较大变化，其土层分布特性大致可以分为3个区（A、B、C区），如图22-21所示。

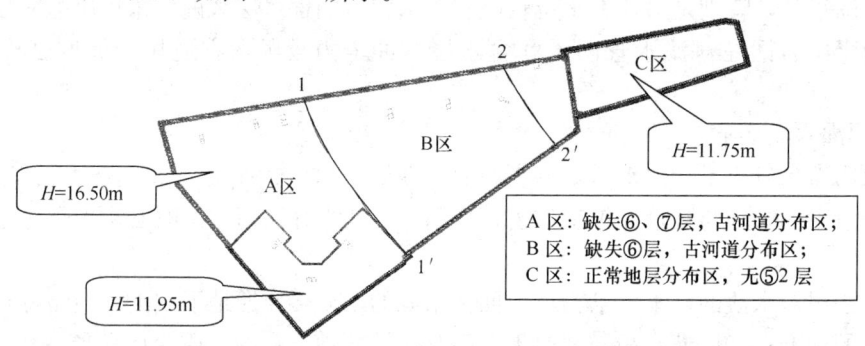

图22-21　地质分区图

A区：古河道分布区，缺失⑥及⑦层。②$_3$砂质粉土、④$_2$砂质粉土及⑤$_2$砂质粉土层连通。⑤$_2$砂质粉土层底板埋深约为43.00m。

B区：古河道分布区，缺失⑥层。④$_2$砂质粉土、⑤$_2$砂质粉土、⑦$_2$粉砂层连通，且上部有较厚②$_3$砂质粉土层，局部地区②$_3$砂质粉土与④$_2$砂质粉土连通。⑦层底板埋深约为43.00m左右。

C区：正常地层分布区，局部地区含④$_2$砂质粉土，⑦$_1$层砂质粉土顶板埋深约为28.00m，⑦$_2$粉砂层底板埋深约为43.00m。

3. 降水设计

根据基坑工程特点和场区地质条件，以及周边环境对降水的严格要求，经过三维地下水非稳定渗流与地面沉降的计算与预测分析后，采用坑内降水方案，具体内容如下：

（1）正常地层分布区、基坑开挖深度16.50m：布置3口减压井，4口疏干井；

（2）古河道分布区、基坑开挖深度11.95～16.50m：布置47口混合井，29口疏干井；

（3）正常地层分布区、基坑开挖深度11.75m：布置12口疏干井。

减压井及混合井结构参数详见表22-6。

降水井结构参数　　　　　　表22-6

降水井类别	数量	井径（mm）	管径（mm）	滤管埋深（m）	井深（m）
减压井	3	600	219	30～38	39
混合井1	39	600	219	4～14，18～25	26
混合井2	5	600	219	4～10，13～25	26
混合井3	3	600	219	4～14，18～27	28

4. 地下水控制效果

基坑内微承压水位一直控制在安全埋深以下,保证了基坑施工安全。开挖面以上土体干燥,保证坑内施工的顺利进行。

本工程将大部分减压井与疏干井合并为混合井,达到浅层疏干降水与下伏承压水减压降水的目的,既节约造价,又便于坑内施工作业,其工程经验为:

(1) 当浅层潜水与下伏承压水相互连通时,可采用混合井降水;

(2) 当下伏承压水水位设计降深不小于浅层潜水水位设计降深时,可采用混合井降水;

(3) 过滤管分段设置以避开基础底板,便于后期封井及保证封井质量。

22.8.2 上海地铁4号线董家渡隧道修复深基坑工程降水(承压水降水)

1. 工程概况

上海市地铁4号线董家渡隧道修复工程,南侧紧临22层临江花苑大厦,北侧为董家渡路,西部为中山南路,东侧为黄浦江。深基坑总长约263.0m,宽为21.0~22.5m,开挖深度为38.0~40.9m。整个基坑由内隔墙分割为东、中、西三个基坑,如图22-22所示,采用地下连续墙作围护结构兼隔水帷幕,地下连续墙深度为65.00m,厚度为1.20m。

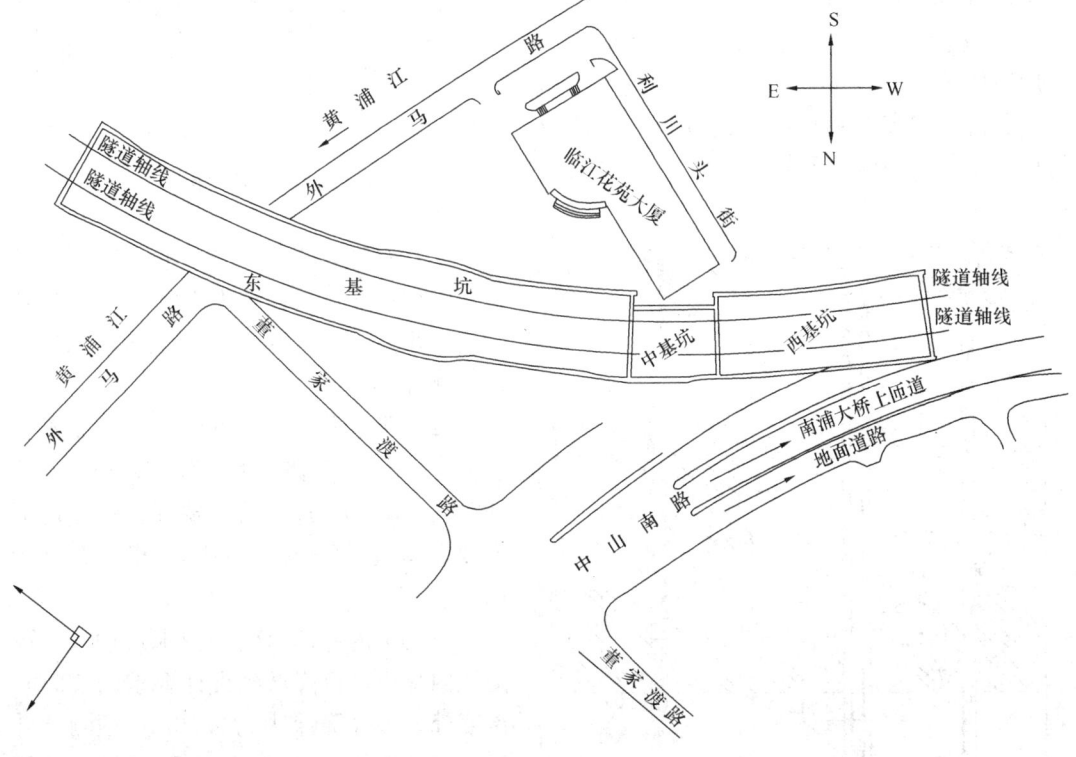

图 22-22 基坑平面位置图

2. 场区工程地质与水文地质条件

工程场地的地基土分布如表22-7及图22-23所示。

本工程场地下伏⑦、⑨、⑪层分别为上海地区的第Ⅰ、Ⅱ、Ⅲ承压含水层。由于缺失第⑧、⑩层黏性土,在本场地内及其周围的第Ⅰ、Ⅱ、Ⅲ承压含水层相互连通,形成1个总厚度达 118.2m 的复合承压含水层组，其渗透性及地下水贮量极为丰富。

地基土特征简表 表 22-7

层 序	土 名	层底埋深
①	填土	3.30
②	黏质粉土	16.10
④	淤泥质黏土	18.90
⑤	粉质黏土	24.20
⑥	粉质黏土	27.70
⑦$_1$	砂质粉土	37.00
⑦$_{2f}$	粉细砂	68.40
⑨$_{1f}$	粉细砂	84.00
⑨$_{2x}$	含砾细砂	（未钻穿）
⑩	含砾中粗	

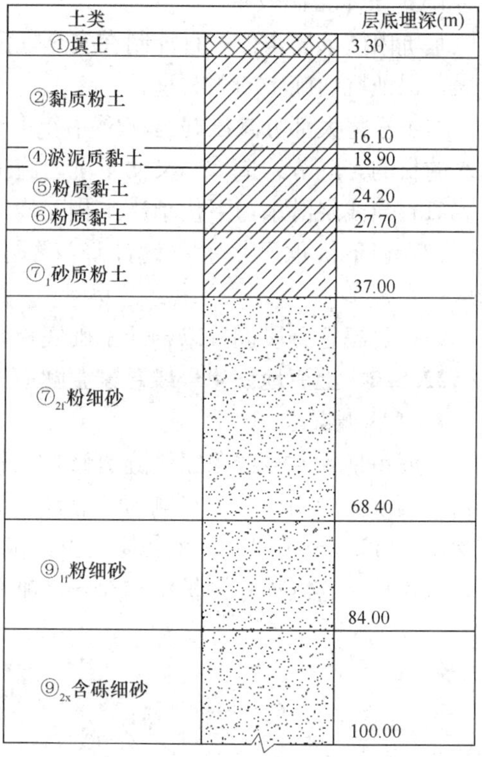

3. 承压水减压降水设计

根据基坑工程特点和场区地质条件，以及周边环境对降水的严格要求，经过三维地下水非稳定渗流与地面沉降的计算与预测分析后，采用坑内减压降水方案，具体内容如下：

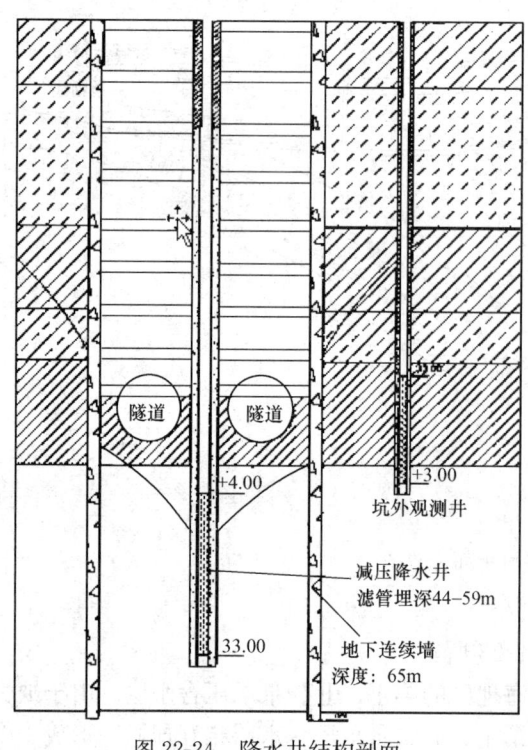

图 22-23 地质柱状图

图 22-24 降水井结构剖面

（1）基坑内布置 56 口井（东坑内 28 口，中坑内 6 口，西坑内 12 口），其中 46 口为抽水井，10 口为备用井兼坑内承压水位观测井。

（2）降水井深度为 60.0m，过滤器长度为 15.0m，其顶端埋深为 44.0m，底端埋深为 59.0m，过滤器底端埋深小于地下连续墙脚埋深 6.0m，井结构如图 22-24 所示。

（3）坑内井群以较小抽水量抽水，预测坑内承压水位降低到设计要求的 42.0m 深度处，水位降深达到 33.0m；预测坑外承压水位降深约为 5.0m，预测基坑外侧降水引起的最大地面沉降量小于 20mm。

4. 承压水降水与地面沉降控制效果

上海地铁 4 号线董家渡隧道修复工程始于 2005 年 1 月，至 2007 年 12 月结束。基坑降水始于 2006 年 3 月，至 2007 年 7

月结束，承压水降水与地面沉降效果如下：

（1）基坑内承压水位一直控制在基坑开挖面以下，保证了基坑施工安全。当基坑开挖深度达到38.0～40.9m，坑内最大承压水位埋深达到44.0m，水位降深达到35.0m。

（2）根据承压水位监测资料，当基坑内承压水位降深达到35.0m时，基坑外观测井内的最大承压水位降深约为4.0m。设计阶段预测坑外最大承压水位降深约为5.0m，计算结果与实际水位降深基本一致。

（3）根据地面沉降监测资料，基坑外侧相邻地面沉降量较小。部分监测点处的地面沉降监测值如表22-8所示。基坑周围地面沉降的预测计算值与监测值较为接近。

地面沉降监测数据　　　　　　　　　　　　　　　　　表22-8

监测点平面位置	地面沉降量（mm）	监测时间
中山南路	12.11	2006.7.18
董家渡路	10.25	2006.7.28
临江花苑大厦	14.22（已扣除工程修复前沉降量）	2006.6.22

22.8.3 武汉国际会展中心地下商场深基坑工程降水（疏干降水及承压水降水）

1. 工程概况

武汉国际会展中心地下商场深基坑北临解放大道，南临京汉大道，东临游子乡大厦，西邻武汉商场。基坑周长为920.60m，开挖面积为40173m^2，开挖深度为：四周11.50～12.85m，中部15.70m。基坑采用连锁灌注式地下连续墙及锚束支护。

2. 场区工程地质与水文地质条件

场区位于长江一级冲洪积阶地，地基土分布如表22-9所示，具有明显的二元结构特征。上层滞水储存于填土层中，承压水储存于砂、砾及砂卵石层中。

地基土特征简表　　　　　　　　　　　　　　　　　表22-9

土层序号	土　名	层底埋深（m）	土层序号	土　名	层底埋深（m）
①	填土	1.90	④$_{2a}$	粉质黏土	40.60
③$_2$	黏土、粉质黏土	7.70	④$_3$	中粗砂夹砾卵石	51.00
③$_5$	粉质黏土、粉土、粉砂	17.80	⑤	砂卵石	54.00
④$_1$	粉细砂	39.60	⑳$_{a-1}$	泥质页岩	

3. 隔水帷幕与基坑降水设计

（1）隔水帷幕为地下连续墙。墙深比较了23.00m、38.00m及54.00m三个方案，基坑渗水量相应为21000m^3/d、18500m^3/d及554m^3/d。地下连续墙深度23.00m为维持基坑支护体系稳定所需深度，已大于③$_5$层的层底埋深，与地下连续墙深度为38.00m相比，相应的基坑渗流量仅增加了13.5%。基于上述分析与比较，最终采用平均埋深为24.50m、厚度为0.80m的地下连续墙，作为基坑围护墙兼隔水帷幕。

（2）当基坑底部至承压含水层顶板之间的土层重量不足以抵抗坑底突涌时，需采用减压降水措施，降低承压水水位。本基坑最终开挖面已进入承压含水层顶板以下，则需采用疏干降水与减压降水措施。在基坑内挖除隔水层（③$_2$层）、开挖面进入承压含水层前，采用提前抽降地下水位方法，疏干③$_5$层中的层间承压水，并采用减压降水方法降低下部承

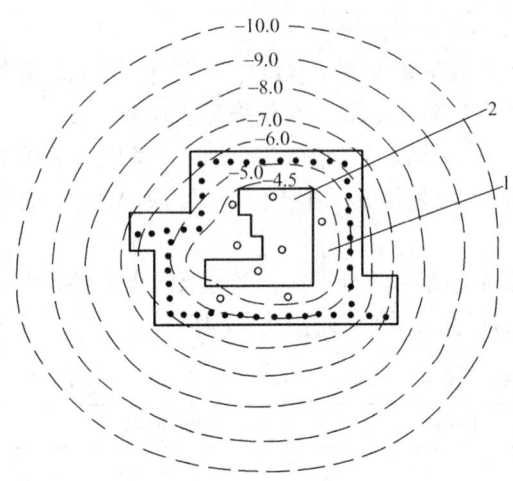

图 22-25 武汉国际会展中心深基坑降水
维持期地下水位等值线图（地面高程 21.50m）
● 深度为 38.00m 的降水管井 47 口；
○ 深度为 45.00m 的降水管井 8 口
1—基坑开挖深度 11.90～12.85m；
2—基坑开挖深度 15.70m

压水位，防止坑底产生突涌。

（3）降水管井按非完整井设计，有利于减少抽水量及对周边环境的影响。基坑内周边布置了 47 口深度为 38.00m 的降水管井（滤水管位于粉细砂④$_1$ 层内），单井抽水量为 43.2m³/h；基坑中部布置了 8 口深度为 45.00m 的降水管井（滤水管位于中粗砂夹砾卵石④$_3$ 层内），单井抽水量为 59.4m³/h。另布置 16 口观测井，用于监控基坑降水效果。

4. 地下水控制效果

基坑降水分两个阶段进行。当基坑开挖深度为 11.90～12.85m，基坑降水处于第一阶段，开启坑内周边的 47 口降水管井降水。当继续开挖、基坑深度为 15.70m（局部挖深达 19.00m），基坑降水处于第二阶段，开启坑内的 55 口降水管井降水。降水持续时间为 24 个月，维持期地下水位分布如图 22-25 所示，实测基坑周边地面的最大沉降量为 40mm。

参考文献

[1] 朱恒银，张文生，王玉贤. 控制地面沉降回灌井施工技术研究[J]. 探矿工程，2005 年增刊：200-205

[2] 姚天强，石振华. 基坑降水手册[M]. 北京：中国建筑工业出版社，2006

[3] 吴林高. 工程降水设计施工与基坑渗流理论[M]. 北京：人民交通出版社，2003

[4] 薛禹群. 地下水动力学原理[M]. 北京：地质出版社，1986

[5] 赵志缙. 简明深基坑工程设计施工手册[M]. 北京：中国建筑工业出版社，2000

[6] 石振华，李传尧. 城市地下水工程与管理手册[M]. 北京：中国建筑工业出版社，1993

[7] 供水水文地质勘察规范(GB 50027—2001)[S]. 北京：中国计划出版社，2001

[8] 供水管井技术规范(GB 50296—99)[S]. 北京：中国计划出版社，1999

[9] 建筑与市政降水工程技术规范(JGJ/T 111—98)[S]. 北京：中国建筑工业出版社，1999

[10] 张育芗等. 供水管井设计施工指南[M]. 北京：中国建筑工业出版社，1984

[11] 缪俊发，吴林高，王璋群. 大型深井点降水引起地面沉降的研究[J]. 岩土工程学报，1991，13(3)：60-64

[12] 缪俊发，吴林高. 抽水与注水引起的变形机理[J]. 上海地质，1996(1)：10-15

[13] 缪俊发，吴林高. 抽水与注水引起的土层变形特征及其应力应变本构律[J]. 岩土工程技术，1994(3)：37-42

[14] 供水管井设计、施工及验收规范 CJJ 10—86[S]. 北京：中国建筑工业出版社，1986

[15] 建筑基坑支护技术规程(JGJ 120—99)[S]. 北京：中国建筑工业出版社，1999

[16] 曹剑峰，迟宝明，王文科等. 专门水文地质学(第三版)[M]. 北京：科学出版社，2006

[17] 常士骠. 工程地质手册(第三版)[M]. 北京：中国建筑工业出版社，1992

[18]　水文测井工作规范(DZ/T 0181—1997)[S]．中华人民共和国地质矿产部，1999
[19]　骆祖江，刘昌军，瞿成松等．深基坑降水疏干过程中三维渗流场数值模拟研究[J]．水文地质工程地质，2005，5：48-53
[20]　骆祖江，李朗，曹惠宾等．复合含水层地区深基坑降水三维渗流场数值模拟——以上海环球金融中心基坑降水为例[J]．工程地质学报，2006，01
[21]　冯晓腊，熊文林，胡涛等．三维水—土耦合模型在深基坑降水计算中的应用[J]．岩石力学与工程学报，2005，24(7)：1196-1202
[22]　陈幼雄．井点降水设计与施工[M]．上海：上海科学普及出版社，2004

第23章 基坑土方施工

23.1 概 述

在建筑工程中，土方工程一般包括场地平整、基坑开挖、土方装运、土方回填压实等工作。随着基坑开挖工程规模越来越大，机械化施工已成为土方工程中提高工效、缩短工期的必要手段。土方工程可以根据不同机械的工作性能和特点，结合土方工程的具体需要，选择不同种类的土方施工机械。

基坑土方开挖的目的是为了进行地下结构的施工。为了实现土方开挖，就必须采取相应的支护施工技术，以保证基坑及周边环境的安全。基坑支护设计应综合考虑基坑土方开挖的施工方法，而基坑土方开挖的方案则应结合基坑支护设计确定。

本章主要论述常用土方施工机械及其施工方法、基坑土方开挖的基本原则、不同条件下基坑土方开挖的方法、基坑土方回填的方法、基坑开挖施工道路和施工平台设置等内容。本章论述的基坑土方开挖方法主要是以软土地基为对象，所述内容具有普遍性，但考虑到地域的差异性，各地区基坑土方开挖的方法尚应结合当地的具体情况加以确定。

23.2 常用土方施工机械及其施工方法

常用土方施工机械主要可分为前期场地平整压实机械、土方挖掘机械、土方装运机械、土方回填压实机械等四类。这些机械有国外进口的，也有国产的。

场地平整压实机械主要有推土机、压路机等；土方挖掘机械主要有反铲挖掘机、抓铲挖掘机等；土方装运机械主要有自卸式运输车等；土方回填压实机械主要有推土机、压路机和夯实机等。

23.2.1 反铲挖掘机

1. 反铲挖掘机选型

反铲挖掘机是应用最为广泛的土方挖掘机械，具有操作灵活、回转速度快等特点。近年来反铲挖掘机市场飞速发展，挖掘机的生产向大型化、微型化、多功能化、专用化的方向发展。基坑土方开挖可根据实际需要，选择普通挖掘深度的挖掘机，也可以选择较大挖掘深度的接长臂、加长臂或伸缩臂挖掘机等。反铲挖掘机的主要参数有整机质量、外形尺寸、标准斗容量、行走速度、回转速度、最大挖掘半径、最大挖掘深度、最大挖掘高度、最大卸载高度、最小回转半径、尾部回转半径等。典型反铲挖掘机如图 23-1 所示。

反铲挖掘机的选型应根据基坑土质条件、平面形状、开挖深度、挖土方法、施工进度等情况，结合挖掘机作业方法等进行选型；在实际应用中，应根据生产厂家挖掘机产品的规格型号和技术参数，并结合施工单位的施工经验进行选型。

2. 反铲挖掘机作业方法

反铲挖掘机每一挖掘作业循环包括挖掘、回转、卸土和返回四个过程。反铲挖掘机停在土方作业面上，挖掘时将铲斗向前伸出，动臂带着铲斗落在挖掘处，铲斗向着挖掘机方向转动，挖出一条弧形挖掘带，此时铲斗装满土方，然后铲斗连同动臂一起升起，上部转台带动铲斗及动臂回转到卸土处，铲斗向前伸出，斗口朝下进行卸土，卸土后将动臂及铲斗回转并下放至挖掘处，准备下一循环的挖掘作业。

3. 反铲挖掘机单机挖土方法

反铲挖掘机单机挖土方法可分为坑内单机挖土、坑边定点单机挖土、坑边栈桥平台定点单机挖土、坑内栈桥平台或栈桥道路定点单机挖土等形式。挖土是一个动态的过程，定点挖土是相对的，挖掘机定

图 23-1　反铲挖掘机

点开挖范围内的土方挖土结束后，即可根据实际情况移至另一定点进行土方开挖。单机挖土是对一条作业线路而言，同一基坑可能有多条作业线路在进行单机挖土。

坑内单机挖土应根据挖掘机的工作半径、开挖深度，选择从基坑的一端挖至另一端，如图 23-2 所示。挖土过程中应注意挖掘机及土方运输车辆所在土层的稳定，防止基坑边坡失稳。

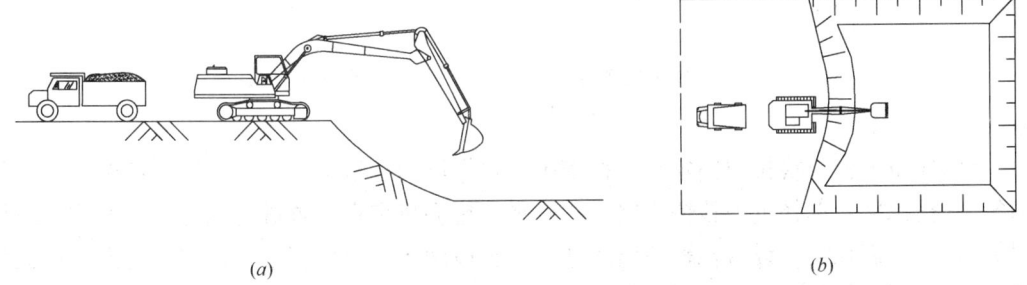

图 23-2　反铲挖掘机坑内单机挖土方法
(a) 剖面；(b) 平面

坑边定点单机挖土应根据坑边土方运输车辆道路情况，结合挖掘机的工作半径、开挖深度，选择坑边挖掘机定点位置进行挖土，此时动臂及铲斗回转 90°即可进行卸土。坑边挖掘方法的循环时间较短，挖土效率高，挖掘机始终沿基坑边作业和移动。该种挖土方式在支护设计时应考虑挖土机械及运输车辆在坑边的荷载，如图 23-3 所示。

坑边栈桥平台定点单机挖土与坑边定点单机挖土基本相似。该方式适用于坑边施工道路宽度较小无法满足土方运输车辆行走，或挖掘机需要加大挖土作业范围的情况。栈桥平台的大小应能满足挖掘机停放，也可根据挖掘机和土方运输车辆同时停放的要求设计栈桥平台。机械停放应能够满足栈桥平台设计荷载的要求。坑边栈桥平台定点单机挖土如图 23-4 所示。

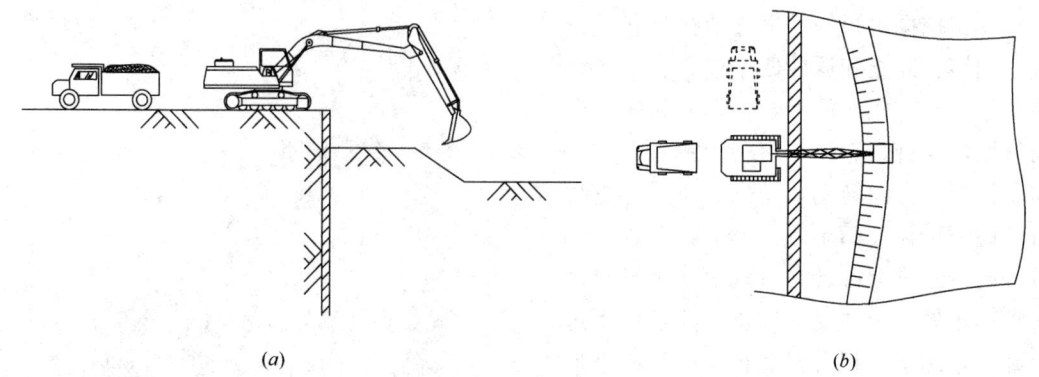

图 23-3 反铲挖掘机坑边定点单机挖土方法
(a) 剖面；(b) 平面

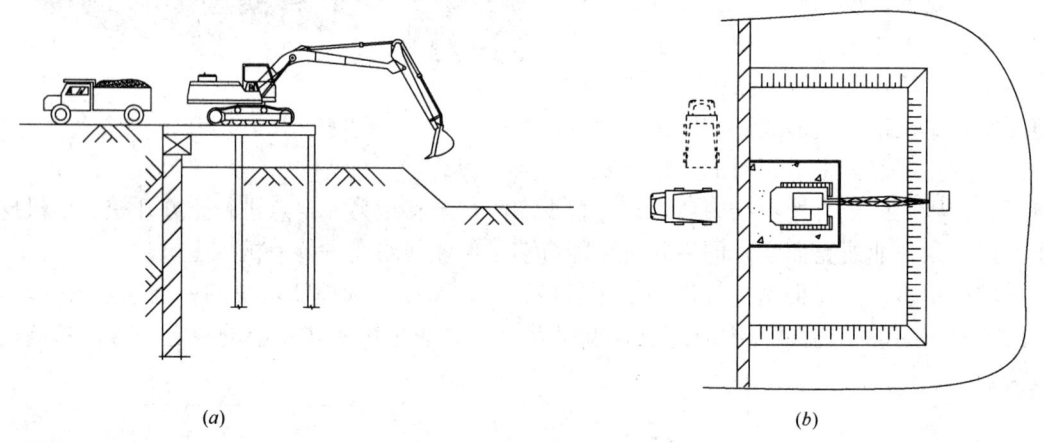

图 23-4 反铲挖掘机坑边栈桥平台定点单机挖土方法
(a) 剖面；(b) 平面

坑内栈桥平台或栈桥道路定点单机挖土应根据坑内栈桥道路情况，结合挖掘机的工作半径、开挖深度，选择坑内栈桥道路或栈桥平台挖掘机定点位置进行挖土。该方式既适用于场地狭小、需在坑内设置栈桥道路的基坑，也适用于基坑面积较大、需在坑内设置栈桥道路或栈桥平台的基坑。若栈桥道路有足够的宽度，挖掘机可直接停在栈桥道路上作业；若栈桥道路宽度较小无法满足土方运输车辆行走，可在栈桥道路边设置栈桥平台。机械停放和行走应能够满足栈桥平台和栈桥道路设计荷载的要求。坑内栈桥道路和栈桥平台定点单机挖土如图 23-5 所示。

4. 反铲挖掘机多机挖土方法

反铲挖掘机多机挖土方法可分为基坑内不分层多机挖土、基坑内分层多机挖土、基坑定点挖土与坑中挖掘机配合挖土等形式。多机挖土是对一条作业线路而言，同一基坑可能有多条作业线路在进行多机挖土。

基坑内不分层多机挖土方法较为简单，其中一台挖掘机负责挖掘土方，其他的挖掘机对挖掘出来的土方进行水平驳运，输送至土方运输车辆停放位置。不分层开挖的基坑应根据挖掘机作业半径、坑内土层、基坑大小、运输车辆停放位置等确定多机挖土的方法，如

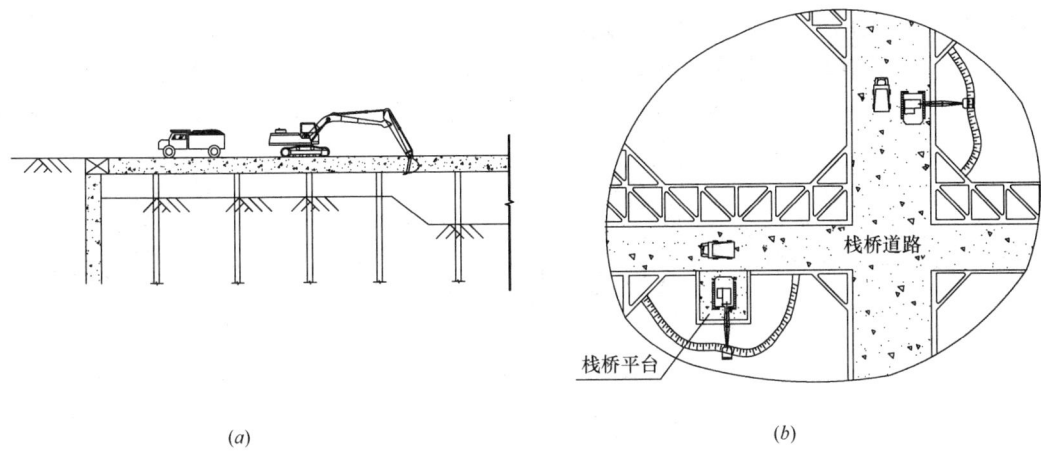

图 23-5 反铲挖掘机坑内栈桥道路定点单机挖土方法
(a) 剖面；(b) 平面

图 23-6 所示。

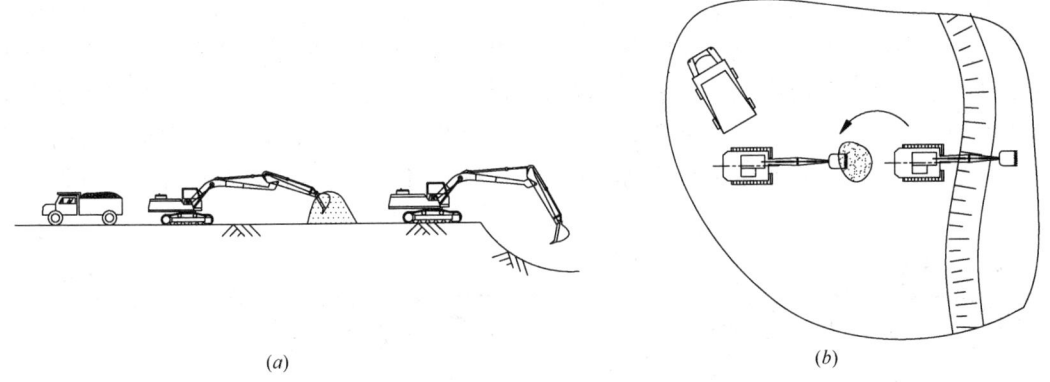

图 23-6 反铲挖掘机基坑内不分层多机挖土方法
(a) 剖面；(b) 平面

基坑内分层多机挖土，一般采用接力挖土的方式。该方式可实现多层土方流水作业，即可由一台挖掘机负责下层土方的挖掘并卸至放坡平台，通过停放在上层的挖掘机将放坡平台的卸土、以及上层挖掘的土方直接卸至土方运输车辆，如图 23-7 所示。也可由一台

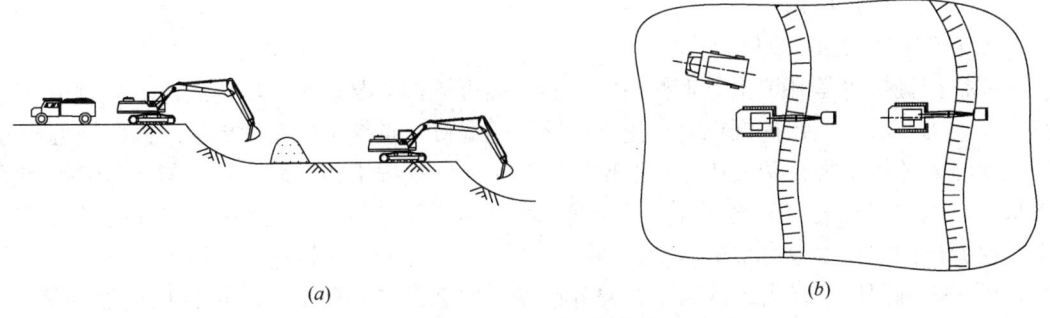

图 23-7 反铲挖掘机坑内分层多机挖土方法一
(a) 剖面；(b) 平面

挖掘机负责下层土方的挖掘并卸至放坡平台，通过停放在上层的挖掘机将放坡平台的卸土、以及上层挖掘的土方卸至坡顶，再由另一台停放在上层的挖掘机将坡顶土方卸至土方运输车辆，形成三机接力挖土，如图23-8所示。分层接力开挖过程中形成的临时多级边坡应验算稳定性，确保施工过程安全。

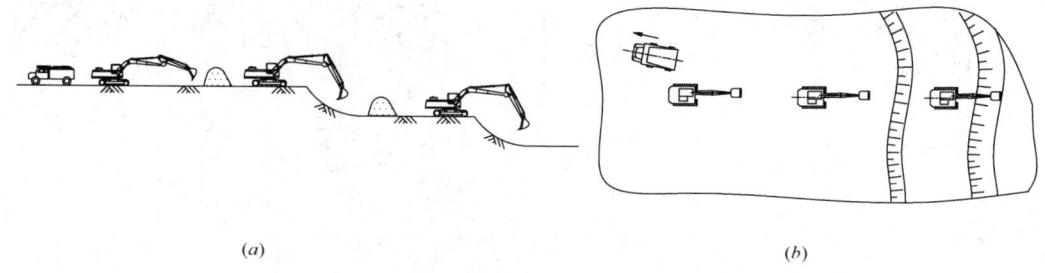

图 23-8　反铲挖掘机坑内分层多机挖土方法二
(a) 剖面；(b) 平面

基坑定点挖土与坑中挖掘机配合挖土适用于开挖较深、面积较大的基坑。这种方法是基坑土方工程中应用最为广泛的方法之一，在大型基坑工程中普遍采用。基坑定点挖土可参考坑边定点单机挖土、坑边栈桥平台定点单机挖土、坑内栈桥平台或栈桥道路定点单机挖土等方法进行。基坑内挖掘机挖土可参考单机挖土、不分层多机挖土、分层多机挖土等方法进行。该方法一般采用中小型挖掘机进行土方开挖，同时由其他的挖掘机在坑内进行水平驳运，并由停放在基坑边或基坑内的定点挖掘机将土方卸至运输车辆外运，如图23-9所示。

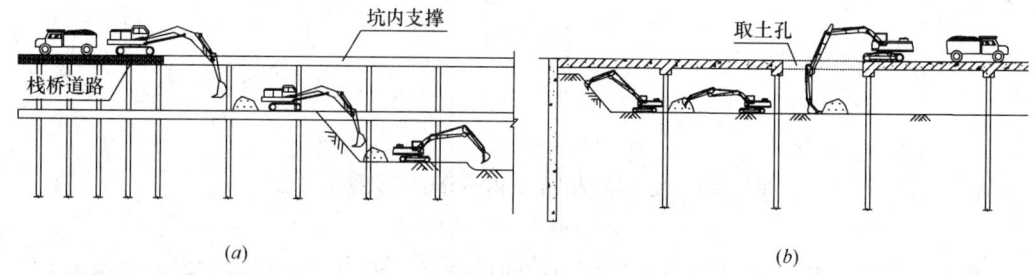

图 23-9　基坑定点挖与基坑内挖掘机配合挖土方法
(a) 顺作法；(b) 逆作法

23.2.2　抓铲挖掘机

1. 抓铲挖掘机的选型

抓铲挖掘机也是基坑土方工程中常用的挖掘机械，主要用于基坑定点挖土。对于开挖深度较大的基坑，抓铲挖掘机定点挖土比反铲挖掘机定点挖土适用性更强。抓铲挖掘机分为钢丝绳索抓铲挖掘机和液压抓铲挖掘机，液压抓铲挖掘机的抓取力要比钢丝绳索抓铲挖掘机大，但挖掘深度较钢丝绳索抓铲挖掘机小，为增大挖掘深度可根据需要设置加长臂。抓铲挖掘机的主要参数有整机质量、外形尺寸、抓斗容量、回转速度、最大及最小回转半径、最大挖掘深度、最大卸载高度、提升速度、尾部回转半径等。抓铲挖掘机如图23-10所示。

抓铲挖掘机的选型应根据基坑土质条件、支护形式、开挖深度、挖土方法等情况，结

(a) (b)

图 23-10 抓铲挖掘机
(a) 钢丝绳抓铲挖掘机；(b) 液压抓铲挖掘机

合挖掘机作业方法进行；施工单位应对照生产厂家挖掘机产品的规格型号和技术参数，结合施工需要确定。

2. 抓铲挖掘机作业方法

抓铲挖掘机每一挖掘作业循环包括挖掘、回转、卸土和返回四个过程。钢丝绳索抓铲挖掘机停在土方开挖面以上，挖掘时将抓斗伸向挖掘区域上方，钢丝绳索带着活瓣抓斗落在挖掘处，利用抓斗重力切土收紧抓斗装满土方，钢丝绳提升抓斗至卸土高度，然后上部转台带动抓斗及动臂回转到卸土处，活瓣抓斗松开卸土，卸土后将动臂及抓斗回转并下放至挖掘处，准备下一循环的挖掘作业。液压抓铲挖掘机的土方挖掘方式与钢丝绳索抓铲挖掘机类同，其回转方式与反铲挖掘机相似。

3. 抓铲挖掘机单机挖土方法

抓铲挖掘机坑内单机挖土一般适用于面积较小、开挖深度较浅的基坑工程。开挖时应综合考虑各种因素，从基坑的一端挖至另一端。单机挖土是对一个作业点而言，同一基坑可能有多个作业点在进行单机挖土。

4. 抓铲挖掘机单机定点挖土方法

抓铲挖掘机单机定点挖土可分为坑边定点单机挖土、坑边栈桥平台定点单机挖土、坑内栈桥平台或栈桥道路定点单机挖土等方式。单机定点挖土是对一个作业点而言，同一基坑可能有多个作业点在进行单机定点挖土。抓铲挖掘机单机定点挖土一般适用于开挖深度较大或取土位置受到一定限制的基坑工程。抓铲挖掘机单机定点挖土方式的选择与反铲挖掘机定点单机挖土方式的选择基本相同，可参照反铲挖掘机相关内容。抓铲挖掘机定点单机挖土如图 23-11 所示。

5. 抓铲挖掘机定点挖土与坑中反铲挖掘机配合挖土方法

抓铲挖掘机定点挖土与坑中反铲挖掘机配合挖土一般适用于深度和面积较大的基坑工程。这种方法是基坑土方工程中应用最为广泛的方法之一，在超大超深基坑工程中普遍采用。抓铲挖掘机定点挖土与坑中反铲挖掘机配合挖土是对一条作业线路而言，同一基坑可能有多条作业线路在进行挖土。

在基坑土方工程施工中，抓铲挖掘机可根据基坑平面形状、支护设计形式、开挖深度等选择合适的定点开挖位置，如基坑边、坑边栈桥平台、坑内栈桥平台或栈桥道路等。应

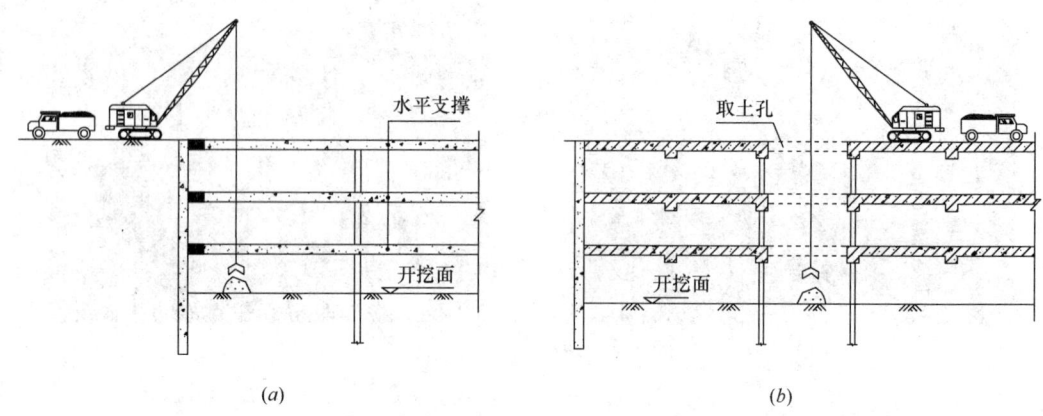

图 23-11 抓铲挖掘机坑边定点挖土方法
(a) 顺作法；(b) 逆作法

根据抓铲挖掘机定点位置，确定坑内反铲挖掘机合理的挖土分区。坑内各分区的土方开挖可参照反铲挖掘机的单机或多机挖土方法，通过单机或多机配合将坑内土方挖运或驳运至抓铲挖掘机定点作业范围，然后由抓铲挖掘机将土方卸至运输车辆外运，如图 23-12 所示。

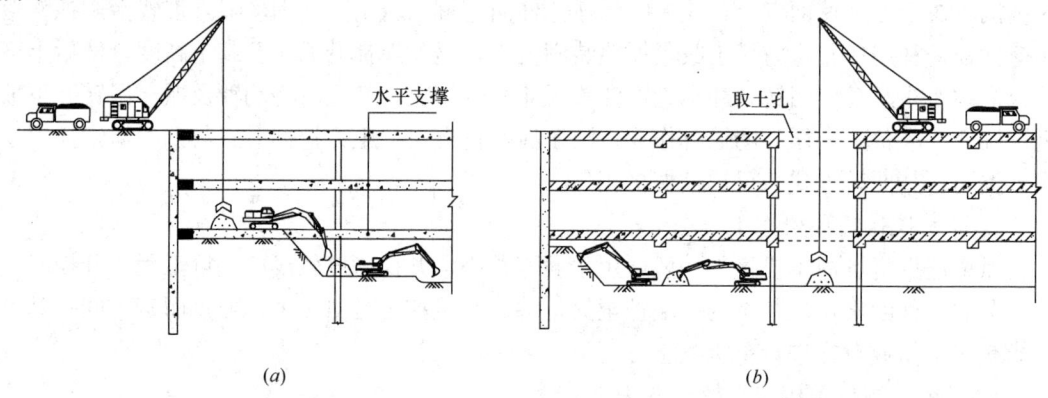

图 23-12 抓铲挖掘机坑边定点挖土方法
(a) 顺作法；(b) 逆作法

23.2.3 自卸式运输车

1. 自卸式运输车的选型

自卸式运输车可分为轻型自卸式运输车、中型自卸式运输车和重型自卸式运输车。由于基坑工程具有土方量大、运距远等特点，基坑土方工程运输车辆一般采用重型自卸式运输车。许多城市为了保护环境，减少污染，要求土方运输车辆安装密封盖等防护措施。自卸式运输车的主要技术参数包括自重量、载重量、外形尺寸、行走速度、爬坡能力、最小转弯半径、最小离地间隙、车厢满载举升和降落时间、车厢最大举升角度等。自卸式运输车如图 23-13 所示。

自卸式运输车的选型应根据施工道路条件、土方量、运输距离、挖土方法等情况，结合自卸式运输车的自身性能参数和适用范围进行。各生产厂家产品的技术性能和规格型号略有不同，实际应用中可结合施工条件进行选型。

图 23-13 自卸式运输车
(a) 敞开式；(b) 密封式

2. 自卸式运输车作业方法

自卸式运输车的作业方法较为简单，自卸式运输车一般行驶至挖掘机的侧方或后方停靠，装满土方后进行土方外运，外运至卸土点后，液压系统顶升土方箱体进行卸土，卸土后箱体复位，完成一次土方运输过程。

3. 自卸式运输车与挖掘机械配合施工方法

自卸式运输车的作业需与挖掘机械作业配合，运输车可根据挖掘机停放位置，选择合适的方式停在挖掘机旁，如基坑边、基坑内、基坑边栈桥平台、基坑内栈桥平台、基坑内栈桥道路等位置，由挖掘机直接将土方卸至自卸式运输车外运。自卸式运输车在挖掘机后方装土时，挖掘机取土后需要回转的角度大，循环消耗的时间多，效率较侧向装土低。

自卸式运输车停放和行驶区域的承载力应满足车辆的作业要求；自卸式运输车应与挖掘机保持安全距离，避免挖掘机作业时与之碰撞。

23.2.4 推土机

1. 推土机的选型

推土机一般可分为履带式推土机和轮胎式推土机，基坑工程中一般采用履带式推土机。履带式推土机是一种在履带机械前端设置推土刀的自行式铲土运输机械，具有作业面小、机动灵活、行驶速度快、转移土方和短距离运输土方效率高等特点。按功率大小可分为轻型、中型及大型推土机。推土机主要的参数有整机重量、外形尺寸、行走速度、挂铲宽度、挂铲高度、刮板抬升角度、铲刀提升高度、最大推挖深度等。推土机如图 23-14 所示。

推土机在基坑工程应用较广，一般用于基坑场地平整、浅基坑开挖、土方回填、土方短距离驳运等施工作业。推土机的选型应根据工程场地情况、土质情况、运输距离，结合推土机自身性能参数和适用范围进行。

图 23-14 推土机

2. 推土机作业方法

推土作业的方法较为简单,主要是依靠前端的推土装置,通过动力完成铲土、推土,实现场地平整、基坑回填等作业。

3. 推土机与其他机械配合施工

推土机可单独施工,也可与其他土方机械配合进行施工。根据其不同的使用功能,推土机可与挖掘机、压实机械等配合施工。推土机进行场地平整施工时,应先由挖掘机将高差较大的区域进行挖掘处理,然后由推土机实施场地平整和压实。推土机进行基坑回填施工时,运输车辆首先将土方卸至需回土的基坑边,推土机按照分层厚度要求进行回填,然后由压实机械进行压实作业。

23.2.5 压路机

1. 压路机的选型

压路机分为静作用压路机和振动压路机,静作用压路机分为钢筒式压路机和轮胎式压路机。静作用压路机是依靠机械自重实施土体压实,提高土体密实度的施工机械。在基坑工程中,一般采用钢筒式静作用压路机。钢筒式静作用压路机的主要参数有整机重量、外形尺寸、钢筒尺寸、行走速度、爬坡能力、最小转弯半径等。钢筒式静作用压路机如图23-15所示。

压路机的选型应根据被压场地情况、质量控制要求、铺层厚度,结合压路机本身性能参数和适用范围进行选型。

图 23-15 钢筒式静作用压路机

2. 压路机的作业方法

压路机的作业方法较为简单,主要是依靠压路机的自身重量,通过分层来回碾压土体实施土体压实作业。

3. 压路机与其他机械的配合施工

压路机一般可与挖掘机、推土机等配合施工。压路机在压实土体前,一般由挖掘机或推土机完成场地平整或土方回填作业,然后由压路机实施土体压实作业。

23.2.6 夯实机

1. 夯实机的选型

夯实机分为冲击、振动、振动冲击等形式。夯实机的工作原理是利用本身的质量、夯机的冲击运动或振动,对被压实土体实施动压力,以提高土体密实度、强度和承载力。夯实机具有轻便灵活的特点,特别适用于基坑回填的分层压实作业。夯实机的主要参数包括整机质量、夯板面积、夯机能量、夯机次数、夯头跳高、前进速度等。夯实机如图23-16所示。

夯实机应根据被压场地条件、压实位置、质量控制要求,结合夯实机本身性能参数和适用范围进行选型。

2. 夯实机的作业方法

夯实机作业方法较为简单,主要是依靠夯实机振动或冲击产生的压力,实施土体压实

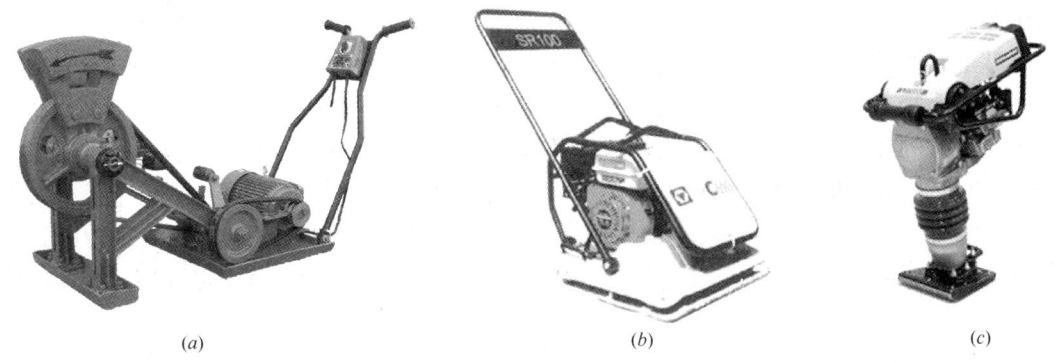

图 23-16 夯实机械
(a) 冲击式夯实机；(b) 振动式夯实机；(c) 振动冲击式夯实机

作业。夯实机在作业时，一般可由人工进行基坑回填土，然后夯实机根据分层厚度要求进行分层夯实作业。

3. 夯实机与其他机械的配合施工

夯实机一般可与挖掘机、推土机、压路机等配合施工。夯实机在基坑回填压实作业时，一般由挖掘机、推土机进行分层回填，然后由夯实机进行土方分层压实施工；对于压路机无法行走的区域，可采用夯实机配合完成边角区域土体的压实施工。

23.3 基坑土方开挖的基本原则

根据基坑支护设计的不同，基坑土方开挖可分为无内支撑基坑开挖和有内支撑基坑开挖。无内支撑基坑是指在基坑开挖深度范围内不设置内部支撑的基坑，包括采用放坡开挖的基坑，采用水泥土重力式围护墙、土钉支护、土层锚杆支护、钢板桩拉锚支护、板式悬臂支护的基坑。有内支撑基坑是指在基坑开挖深度范围内设置一道或多道内部临时支撑以及以水平结构代替内部临时支撑的基坑。

按照基坑挖土方法的不同，基坑土方开挖可分为明挖法和暗挖法。无内支撑基坑开挖一般采用明挖法；有内支撑基坑开挖一般有明挖法、暗挖法、明挖法与暗挖法相结合三种方法。基坑内部有临时支撑或水平结构梁代替临时支撑的土方开挖一般采用明挖法；基坑内部水平结构梁板代替临时支撑的土方开挖一般采用暗挖法，盖挖法施工工艺中的土方开挖属于暗挖法的一种形式；明挖法与暗挖法相结合是指在基坑内部部分区域采用明挖和部分区域采用暗挖的一种挖土方式。

23.3.1 基坑土方开挖总体要求

基坑开挖前应根据工程地质与水文地质资料、结构和支护设计文件、环境保护要求、施工场地条件、基坑平面形状、基坑开挖深度等，遵循"分层、分段、分块、对称、平衡、限时"和"先撑后挖、限时支撑、严禁超挖"的原则编制土方开挖施工方案。土方开挖施工方案应履行审批手续，并按照有关规定进行专家评审论证。

基坑工程中坑内栈桥道路和栈桥平台应根据施工要求及荷载情况进行专项设计，施工过程中应严格按照设计要求对施工栈桥的荷载进行控制。挖土机械的停放和行走路线布置、挖土顺序、土方驳运、材料堆放等应避免引起对工程桩、支护结构、降水设施、监测设施和周围环境的不利影响，施工时应按照设计要求控制基坑周边区域的堆载。

基坑开挖过程中，支护结构应达到设计要求的强度，挖土施工工况应满足设计要求。采用钢筋混凝土支撑或以水平结构代替内支撑时，混凝土达到设计要求的强度后，才能进行下层土方的开挖。采用钢支撑时，钢支撑施工完毕并施加预应力后，才能进行下层土方的开挖。基坑开挖应采用分层开挖或台阶式开挖的方式，软土地区分层厚度一般不大于4m，分层坡度不应大于1:1.5。基坑挖土机械及土方运输车辆直接进入坑内进行施工作业时，应采取措施保证坡道稳定。坡道宽度应保证车辆正常行驶，软土地区坡道坡度不应大于1:8。

机械挖土应挖至坑底以上20～30cm，余下土方应采用人工修底方式挖除，减少坑底土方的扰动。机械挖土过程中应有防止工程桩侧向受力的措施，坑底以上工程桩应根据分层挖土过程分段凿除。基坑开挖至设计标高应及时进行垫层施工。电梯井、集水井等局部深坑的开挖，应根据深坑现场实际情况合理确定开挖顺序和方法。

基坑开挖应对支护结构和周边环境进行动态监测，实行信息化施工。

23.3.2 无内支撑基坑土方开挖

场地条件允许时，可采用放坡开挖方式。为确保基坑施工安全，一级放坡开挖的基坑，应按照要求验算边坡稳定性，开挖深度一般不超过4.0m；多级放坡开挖的基坑，应同时验算各级边坡的稳定性和多级边坡的整体稳定性，开挖深度一般不超过7.0m。采用一级或多级放坡开挖时，放坡坡度一般不大于1:1.5；采用多级放坡时，放坡平台宽度应严格控制不得小于1.5m，在正常情况下放坡平台宽度一般不应小于3.0m。

放坡坡脚位于地下水位以下时，应采取降水或止水的措施。放坡坡顶、放坡平台和放坡坡脚位置应采取集水明排措施，保证排水系统畅通。基坑土质较差或施工周期较长时，放坡面及放坡平台表面应采取护坡措施。护坡可采用钢丝网水泥砂浆、钢丝网细石混凝土、钢丝网喷射混凝土等方式。

采用土钉支护或土层锚杆支护的基坑，应提供成孔施工的工作面宽度，其开挖应与土钉或土层锚杆施工相协调，开挖和支护施工应交替作业。对于面积较大的基坑，可采取岛式开挖的方式，先挖除距基坑边8～10m的土方，中部岛状土体应满足边坡稳定性要求。基坑边土方开挖应分层分段进行，每层开挖深度在满足土钉或土层锚杆施工工作面要求的前提下，应尽量减少，每层分段长度一般不大于30m。每层每段开挖后应限时进行土钉或土层锚杆施工。

采用水泥土重力式围护墙或板式悬臂支护的基坑，基坑总体开挖方案可根据基坑大小、环境条件，采用分层、分块的开挖方式。对于面积较大的基坑，基坑中部土方应先行开挖，然后再挖基坑周边的土方。

采用钢板桩拉锚支护的基坑，应先开挖基坑边2m～3m的土方进行拉锚施工，大面积开挖应在拉锚支护施工完毕且预应力施加符合设计要求后方可进行，大面积基坑开挖应遵循分层、分块开挖方法。

23.3.3 有内支撑的基坑土方开挖

有内支撑的基坑开挖方法和顺序应尽量减少基坑无支撑暴露时间。应先开挖周边环境要求较低的一侧土方，再开挖环境要求较高一侧的土方，应根据基坑平面特点采用分块、对称开挖的方法，限时完成支撑或垫层。基坑开挖面积较大的工程，可根据周边环境、支撑形式等因素，采用岛式开挖、盆式开挖、分层分块开挖的方式。

岛式开挖的基坑，中部岛状土体高度不大于4.0m时，可采用一级边坡；中部岛状土体高度大于4.0m时，可采用二级边坡，但岛状土体高度一般不大于9.0m。一级边坡应验算边坡稳定性，二级边坡应同时验算各级边坡的稳定性和整体边坡的稳定性。

盆式开挖的基坑，盆边宽度不应小于8.0m；盆边与盆底高差不大于4.0m时，可采用一级边坡；盆边与盆底高差大于4.0m时，可采用二级边坡，但盆边与盆底高差一般不大于7.0m。一级边坡应验算边坡稳定性，二级边坡应同时验算各级边坡的稳定性和整体边坡的稳定性。

对于长度和宽度较大的基坑可采用分层分块土方开挖方法。分层的原则是每施工一道支撑后再开挖下一层土方，第一层土方的开挖深度一般为地面至第一道支撑底，中间各层土方开挖深度一般为相邻两道支撑的竖向间距，最后一层土方开挖深度应为最下一道支撑底至坑底。分块的原则是根据基坑平面形状、基坑支撑布置等情况，按照基坑变形和周边环境控制要求，将基坑划分为若干个周边分块和中部分块，并确定各分块的开挖顺序，通常情况下应先开挖中部分块再开挖周边分块。

狭长形基坑，如地铁车站等明挖基坑工程，应根据狭长形基坑的特点，选择合适的斜面分层分段挖土方法。采用斜面分层分段挖土方法时，一般以支撑竖向间距作为分层厚度，斜面可采用分段多级边坡的方法，多级边坡间应设置安全加宽平台，加宽平台之间的土方边坡一般不应超过二级；各级土方边坡坡度一般不应大于1:1.5，斜面总坡度不应大于1:3。

23.4 基坑不同边界形式下的土方分层开挖方法

基坑是由若干条直线或曲线通过组合而形成的封闭平面形状，由于基坑平面形状的多样性和开挖深度的差异性，每一个基坑工程均有其特性。本节所述基坑边界是指基坑边剖面及其附近区域，基坑边界形式是指为保证坑壁稳定所采取的具体围护或支护方式。同一个基坑可能只有一种边界形式，也可能是多种边界形式的组合。常用的边界形式如图23-17所示。

经过长时间工程实践，目前有多种适用于不同地质条件和基坑深度的经济合理的基坑边界形式。不同的边界形式，其土方开挖的方法不尽相同。本节主要根据基坑边界形式，描述基坑边界土方分层原则和挖土方法。基坑边界分层挖土施工工况是与支护设计所设定的工况相对应的，可以根据实际来判断施工工况是否与设计工况相一致。

23.4.1 基坑放坡土方开挖方法

1. 全深度范围一级放坡基坑土方开挖

当场地允许并能保证土坡稳定时，可采用放坡开挖。由于地域的不同，放坡开挖的要求差异较大，如上海地区规定一级放坡基坑开挖深度不应大于4.0m。放坡开挖边坡坡度应根据地质水文资料、边坡留置时间、坡顶堆载等情况经过验算确定，各地区应根据相关规定确定放坡开挖允许的深度和坡度。

地质条件较好、开挖深度较浅时，可采取竖向一次性开挖的方法，其典型开挖方法如图23-18（a）所示。地质条件较差，或开挖深度较大，或挖掘机性能受到限制，可采取

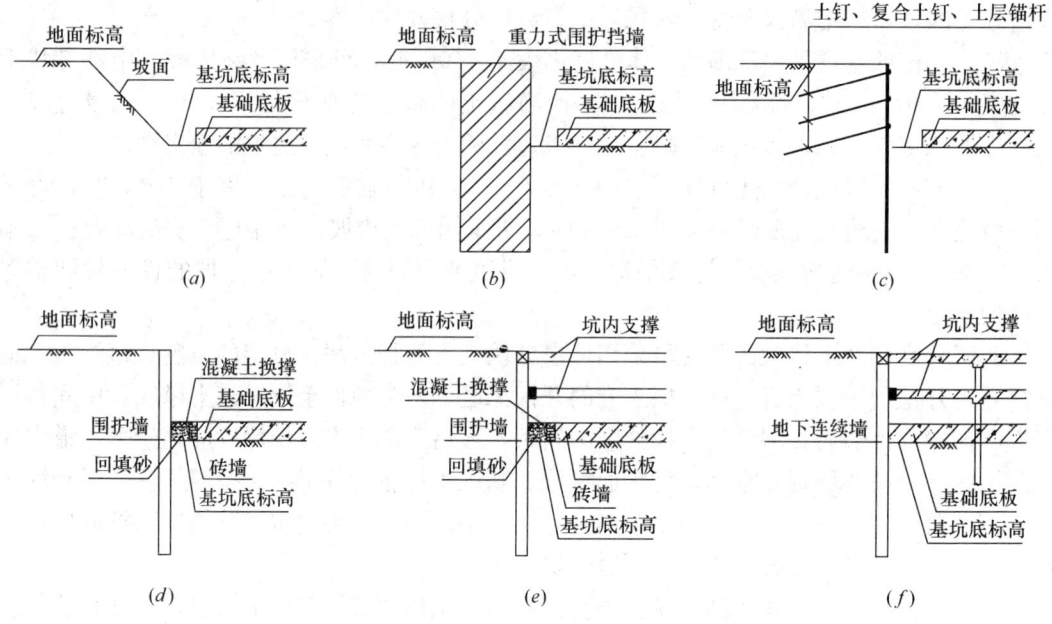

图 23-17 基坑不同边界形式
(a) 放坡；(b) 水泥土重力式围护墙；(c) 土层锚杆或土钉墙；(d) 板式悬臂围护墙；
(e) 临时内支撑结合板式围护墙；(f) 梁板结构代替临时支撑结合板式围护墙

分层开挖的方法，其典型开挖方法如图 23-18（b）所示。全深度范围一级放坡基坑土方开挖方法可应用于明挖法施工工程。

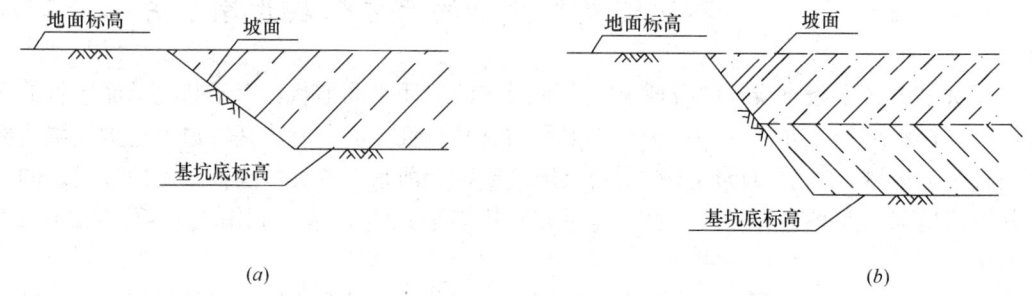

图 23-18 一级放坡基坑边界土方开挖方法
(a) 一级放坡竖向一次性开挖；(b) 一级放坡竖向分层开挖

2. 全深度范围多级放坡基坑土方开挖

当场地允许并能保证土坡稳定时，较深的基坑可采用多级放坡开挖。由于地域的不同，多级放坡开挖的要求差异较大，如上海地区规定多级放坡基坑开挖深度不应大于 7.0m。各级边坡的稳定性和多级边坡的整体稳定性应根据地质水文资料、边坡留置时间、坡顶荷载等情况经过验算确定。

地质条件较好、每级边坡深度较浅时，可以按每级边坡高度为分层厚度进行分层开挖，其典型开挖方法如图 23-19（a）所示。地质条件较差，或各级边坡深度较大，或挖掘机性能受到限制，各级边坡也可采取分层开挖的方法，其典型开挖方法如图 23-19（b）所示。全深度范围多级放坡基坑土方开挖方法可应用于明挖法施工工程。

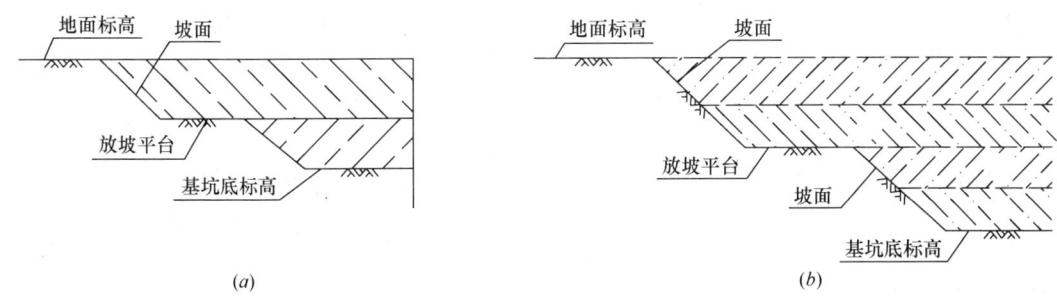

图 23-19　多级放坡基坑边界土方开挖方法
(a) 各级边坡竖向一次性开挖；(b) 各级边坡竖向分层开挖

23.4.2　有围护的基坑土方开挖方法

1. 全深度范围有围护无内支撑的基坑土方开挖

有围护无内支撑的基坑一般包括采用土钉支护、复合土钉支护、土层锚杆支护、板式悬臂围护墙、水泥土重力式围护墙、钢板桩拉锚支护的基坑。全深度范围有围护无内支撑的基坑土方开挖方法可应用于明挖法施工工程。

采用土钉支护、复合土钉支护、土层锚杆支护的基坑边界的开挖，应采取分层开挖的方法，并与支护施工交替进行。每层土方开挖深度一般为土钉或锚杆的竖向间距，按照开挖一层土方施工一排土钉或锚杆的原则进行施工。若土层锚杆竖向间距较大，则上下道锚杆之间的土方应进行分层开挖。土方开挖应与支护施工密切配合，必须在土钉或锚杆支护完成并养护达到设计要求后方可开挖下一层土方。土钉支护、复合土钉支护、土层锚杆支护基坑分层开挖方法如图 23-20 所示。

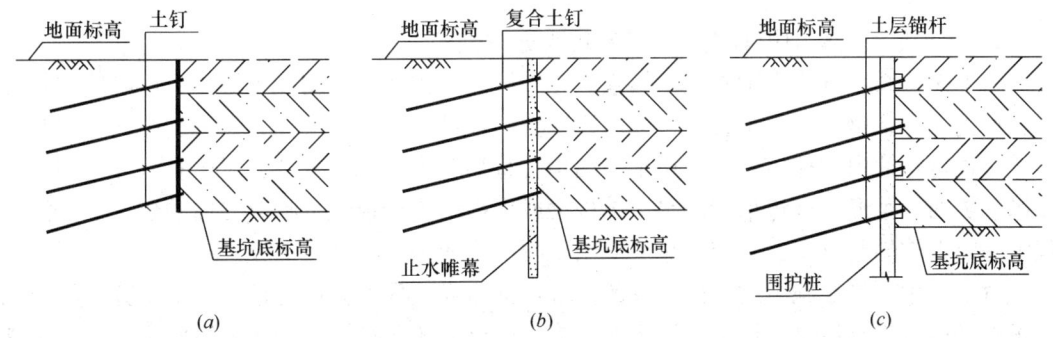

图 23-20　土钉支护、复合土钉支护、土层锚杆支护基坑边界分层土方开挖方法
(a) 土钉支护分层开挖；(b) 复合土钉支护分层开挖；(c) 土层锚杆支护分层开挖

采用板式悬臂围护墙和水泥土重力式围护墙的基坑边界的开挖，应根据地质情况、开挖深度、周边环境、坑边堆载控制要求、挖掘机性能等确定分层开挖方法。若基坑开挖深度较浅，且周边环境条件较好，可采取竖向一次性开挖的方法，以板式悬臂围护墙为例，其典型开挖方法如图 23-21 (a) 所示。上海地区采用竖向一次性开挖的基坑，其开挖深度一般不超过 4.0m。若基坑开挖深度较深，或周边环境保护要求较高，基坑边界的开挖可采取竖向分层开挖的方法，以水泥土重力式围护墙为例，其典型开挖方法如图 23-21 (b) 所示。

钢板桩拉锚支护基坑边界的开挖，应采取分层开挖的方式。第一层土方应首先开挖至

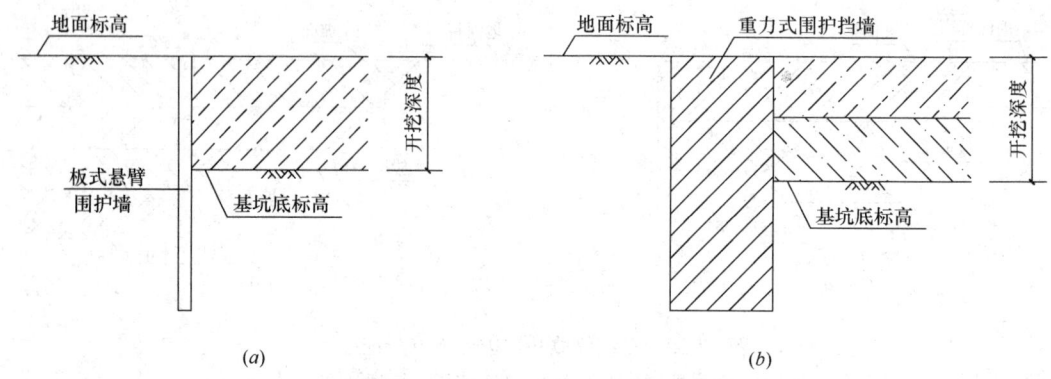

图 23-21　水泥土重力式围护墙和板式悬臂围护墙基坑边界土方开挖方法
(a) 板式悬臂支护竖向一次性开挖；(b) 水泥土重力式围护墙竖向分层开挖

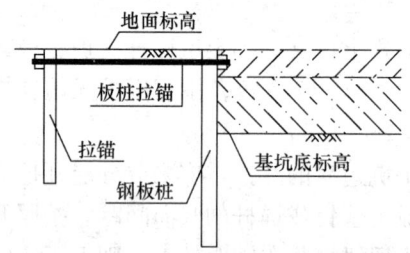

图 23-22　钢板桩拉锚支护基坑边界分层土方开挖方法

拉锚围檩底部 200mm～300mm，拉锚支护形成并按设计要求施加预应力后，下层土方才可进行开挖，其典型开挖方法如图 23-22 所示。

对于有些有围护无内支撑的基坑工程，由于受现场条件限制，或支护工程的特殊需要，可在竖向采用组合的支护方式。竖向组合的支护方式可在土钉支护、复合土钉支护、土层锚杆支护、板式悬臂围护墙、水泥土重力式围护墙、钢板桩拉锚支护等形式中选择，其土方分层开挖的方法可参照各支护形式加以确定。

2. 全深度范围有围护有内支撑的基坑土方开挖

内支撑体系可分为有围檩支撑体系和无围檩支撑体系。有围檩支撑体系可采用钢管支撑、型钢支撑、钢筋混凝土支撑；无围檩支撑体系可采用钢管支撑、型钢支撑；圆形围檩属于一种特殊的内支撑体系。利用水平结构代替临时内支撑的基坑也属于全深度范围有内支撑基坑的一种形式，包括利用水平结构梁或水平结构梁板代替临时支撑的形式。全深度范围有内支撑的基坑土方开挖方法可应用于明挖法或暗挖法施工工程。

对于采用顺作法施工的有内支撑的基坑，其边界应采用分层开挖的方式，分层的原则是每施工一道支撑后再开挖下一层土方。第一层土方的开挖深度一般为地面至第一道支撑底，中间各层土方开挖深度一般为相邻两道支撑的竖向间距，最后一层土方开挖深度应为最下一道支撑底至坑底。顺作法施工的有内支撑基坑边界的分层开挖方法如图 23-23 (a) 所示。

对于采用逆作法施工的基坑，其边界亦采用分层开挖的方式。分层的原则与顺作法相似，其分层开挖方法如图 23-23 (b) 所示。代替临时支撑的水平结构因为是永久结构，所以应根据结构施工要求，采用相应的模板施工方案，一般可采用胶合板木模、组合钢模、泥底模等形式。采用胶合板木模支模形式对结构施工质量有保证，采用泥底模形式对结构质量难以控制，泥底模一般在特殊情况下采用。采用胶合板木模形式，常用的支撑形式是短排架支模方式，所以土方分层厚度尚应考虑短排架支模的空间要求，分层挖土深度应距结构底标高一定距离。

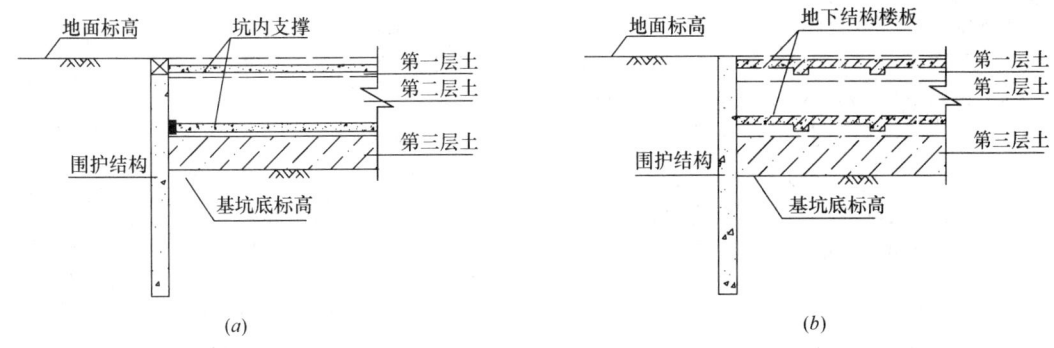

图 23-23 有内支撑基坑边界土方开挖方法
(a) 顺作法分层开挖;(b) 逆作法分层开挖

对于有些有内支撑的基坑工程,由于受现场条件限制,或支护工程的特殊需要,可在竖向上采用顺作法与逆作法组合的方式,也可采用有围护无内支撑与有围护有内支撑的支护方式在竖向上进行组合的方式,其土方分层开挖的方法可参照各围护和支护形式下的土方开挖方法进行。

23.4.3 放坡与围护相结合的基坑土方开挖方法

1. 上段一级放坡下段有围护无内支撑的基坑土方开挖

为了节约建设成本和缩短建设工期,对于地质条件和周边环境条件较好、开挖深度相对较浅,且具有放坡场地的基坑,可采用上段一级放坡、下段有围护无内支撑的边界形式。上段一级放坡、下段有围护无内支撑的基坑是一级放坡与有围护无内支撑支护形式在竖向上的组合。下段有围护无内支撑支护一般包括土钉支护、土层锚杆支护、水泥土重力式围护墙、板式悬臂围护墙等形式。上段一级放坡、下段有围护无内支撑的基坑土方开挖方法可应用于明挖法施工工程。

采用该支护形式的基坑边界开挖应采取分层方式。以上段一级放坡不分层开挖,下段土钉支护分层开挖为例,其典型开挖方法如图 23-24 (a) 所示;以上段一级放坡不分层开挖,下段水泥土重力式围护墙不分层开挖为例,其典型开挖方法如图 23-24 (b) 所示。对于上段或下段采用分层开挖的基坑,其开挖方法可参照本章 23.4.1 和 23.4.2 的相关内容。

2. 上段一级放坡下段有围护有内支撑的基坑土方开挖

上段一级放坡、下段有围护有内支撑或以水平结构代替内支撑的基坑是一级放坡与有围护有内支撑支护形式在竖向上的组合,这种形式的基坑边界的开挖应采取分层方式。上段一级放坡、下段有内支撑的基坑土方开挖方法可应用于明挖法或暗挖法施工工程。

以上段一级放坡不分层开挖,下段有内支撑的顺作法基坑分层开挖为例,其典型开挖方法如图 23-25 (a) 所示;以上段一级放坡不分层开挖,下段以水平结构代替内支撑的逆作法基坑分层开挖为例,其典型开挖方法如图 23-25 (b) 所示。对于上段采用分层开挖的基坑,可参照本章 23.4.1 的相关内容。对于下段其他边界类型分层开挖的基坑,可参照本章 23.4.2 的相关内容。

3. 上段多级放坡下段有围护无支撑的基坑土方开挖

上段多级放坡、下段有围护无支撑的基坑开挖应采用分层开挖的方法。上段多级放坡

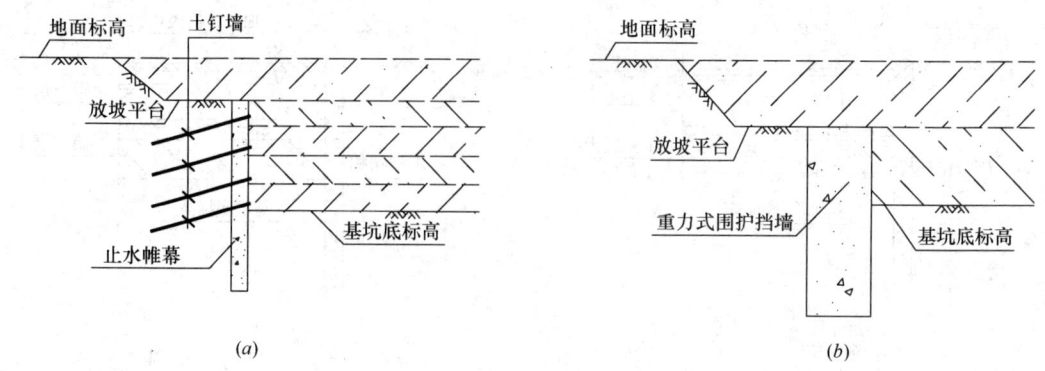

图 23-24　上段一级放坡下段有围护无内支撑基坑边界分层土方开挖方法
(a) 下段土钉支护分层开挖；(b) 下段水泥土重力式围护墙不分层开挖

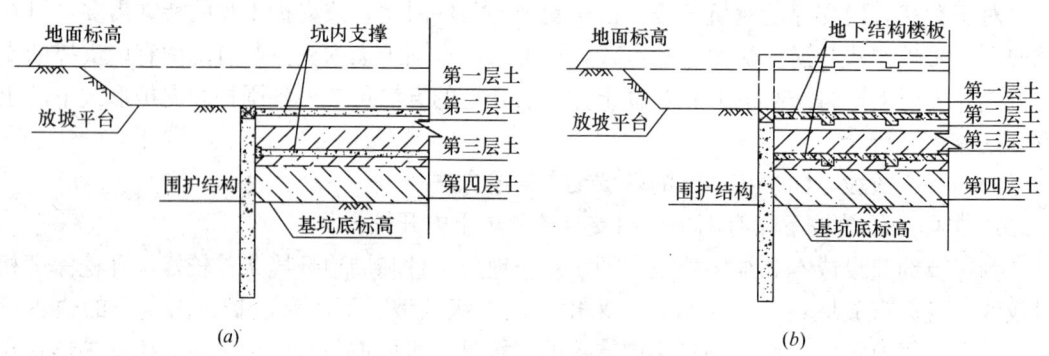

图 23-25　上段一级放坡下段有内支撑的基坑边界分层土方开挖方法
(a) 下段顺作法分层开挖；(b) 下段逆作法分层开挖

的基坑开挖方法可参照本章 23.4.1 中的相关内容；下段有围护无内支撑的基坑开挖方法可参照本章 23.4.2 中的相关内容。上段多级放坡、下段有围护无内支撑的基坑土方开挖方法可应用于明挖法施工工程。

以上段二级放坡分层开挖，下段土钉支护分层开挖为例，其典型开挖方法如图 23-26 (a) 所示；以上段二级放坡分层开挖，下段水泥土重力式围护墙不分层开挖为例，其典型开挖方法如图 23-26 (b) 所示。

4. 上段多级放坡下段有围护有内支撑的基坑土方开挖

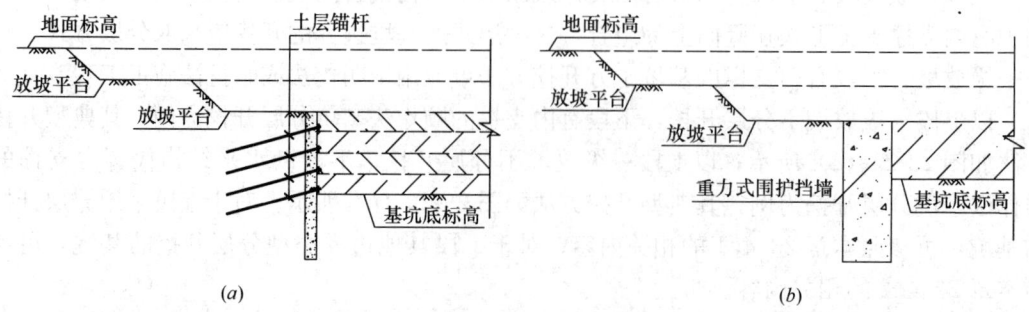

图 23-26　上段多级放坡下段有围护无内支撑的基坑边界土方开挖方法
(a) 下段土钉支护分层开挖；(b) 下段重力式围护墙不分层开挖

上段多级放坡、下段有围护有内支撑或以水平结构代替内支撑的基坑是多级放坡与有围护有内支撑支护形式在竖向上的组合,这种形式的基坑边界的开挖应采取分层方式。上段多级放坡的开挖方法可参照本章 23.4.1 中的相关内容;下段有围护有内支撑的开挖方法可参照本章 23.4.2 中的相关内容。上段多级放坡、下段有内支撑的基坑土方开挖方法可应用于明挖法或暗挖法施工工程。

以上段二级放坡分层开挖,下段有内支撑的顺作法基坑分层开挖为例,其典型开挖方法如图 23-27(a)所示;以上段二级放坡分层开挖,下段以水平结构代替内支撑的逆作法基坑分层开挖为例,其典型开挖方法如图 23-27(b)所示。

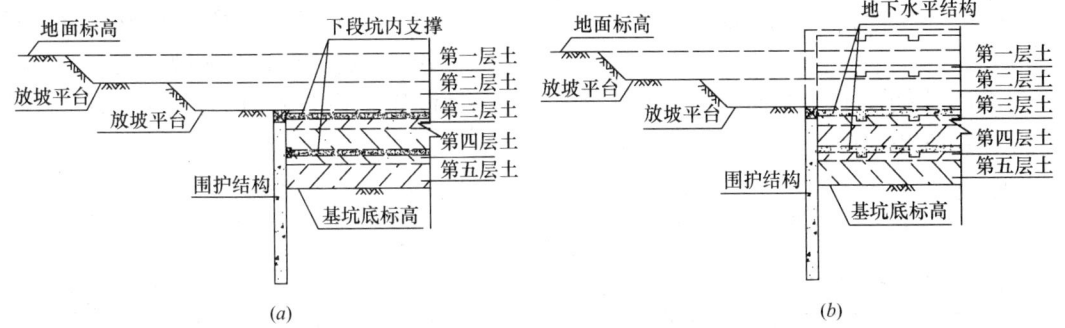

图 23-27 上段多级放坡下段有内支撑的基坑边界分层土方开挖方法
(a)下段顺作法分层开挖;(b)下段逆作法分层开挖

23.5 基坑边界面不同长度条件下的土方分层分段开挖方法

基坑的平面形状存在多样性,但无论是哪一种形状的基坑,其边界面一般为具有一定长度和高度的直面或曲面。按照对称、平衡、限时的挖土原则,针对边界形式、开挖深度、周边环境等情况,根据基坑边界直面或曲面的长短应制定不同的分层分段挖土方法。本节所述的基坑边界面不同长度条件下的土方分层分段开挖方法,可通过基坑平面范围内土方分层分块开挖在基坑纵向边界面上的表现特征体现。通过基坑平面分层分块开挖控制基坑变形,减少对周边环境影响的开挖方法,在施工中已被广泛应用。

23.5.1 基坑边界面不分段土方开挖方法

对于面积较小的基坑,可采用不分块的开挖方法;对于面积较大的有内支撑的基坑,若第一层土方开挖深度较浅,且周边环境较好,可根据具体情况采用不分块的开挖方法;对于第一道支撑采用钢筋混凝土支撑的狭长形地铁车站基坑,第一层土方的开挖也可采用不分块的开挖方法。基坑不分块的开挖方法在边界面的表现特征即为不分段开挖方法,基坑边界面不分段开挖方法,包括分层和不分层两种形式。

1. 全深度范围内基坑边界面不分层不分段土方开挖

全深度范围内基坑边界面不分层不分段开挖方法,适用于采用一级放坡开挖的基坑、水泥土重力式围护墙的基坑、板式悬臂围护墙的基坑。基坑边界面不分层不分段开挖方法可应用于明挖法施工工程。以水泥土重力式围护墙基坑不分层不分段开挖为例,其典型开挖方法如图 23-28 所示。

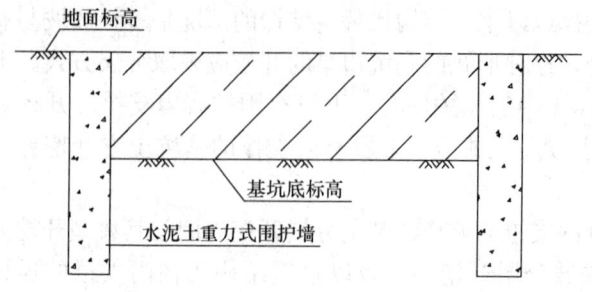

图 23-28 水泥土重力式围护墙基坑边界面
不分层不分段的土方开挖方法

2. 全深度范围内基坑边界面分层不分段土方开挖

全深度范围内基坑边界面分层不分段的开挖方法，适用于放坡基坑的土方开挖、有围护基坑的土方开挖、放坡与围护相结合基坑的土方开挖。基坑边界面分层不分段开挖方法可应用于明挖法或暗挖法施工工程。以板式支撑有内支撑的顺作法基坑分层不分段开挖为例，其典型开挖方法如图 23-29（a）所示；以水平结构代替内支撑的逆作法基坑分层不分段开挖为例，其典型开挖方法如图 23-29（b）所示。

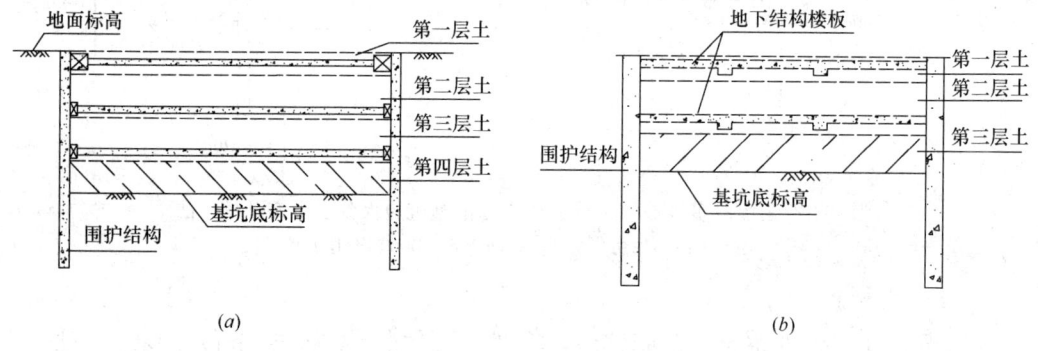

图 23-29 板式支护有内支撑的基坑边界面分层不分段土方开挖方法
(a) 顺作法分层不分段开挖；(b) 逆作法分层不分段开挖

23.5.2 基坑边界面分段土方开挖方法

对于基坑边界面纵向长度较大的基坑，为了较好的控制基坑变形，可采取边界面分段的开挖方法。基坑边界面分段开挖方法，包括分层和不分层两种形式。基坑开挖中，通过采取分段开挖方式确定合理的开挖顺序，可对周边环境保护起到明显的效果。

1. 全深度范围内基坑边界面不分层分段土方开挖

全深度范围内基坑边界面不分层分段开挖方法，一般适用于面积较大，开挖对周边环境可能产生不利影响的基坑。基坑边界面不分层分段开挖方法可适用于一级放坡开挖的基坑、水泥土重力式围护墙的基坑、板式悬臂围护墙的基坑。为了减小基坑边界面的变形，基坑边界面上可分若干段先后进行开挖。以水泥土重力式围护墙基坑分三段开挖为例，可先开挖两侧土方，再开挖中部土方，基坑典型开挖方法如图 23-30 所示。基坑边界面不分层分段开挖方法可应用于明挖法施工工程。

2. 全深度范围内基坑边界面分层分段土方开挖

全深度范围内基坑边界面分层分段开挖方法，一般适用于面积较大，开挖较深，周边环境复杂，或开挖对周边环境可能造成影响的基坑。边界面分层分段开挖一般应综合考虑工程特点、施工工艺、环境要求等因素，结合土方工程实际确定具体的挖土施工方案。基坑边界面分层分段开挖方法适用于放坡基坑的土方开挖、有围护基坑的土方开挖、放坡与

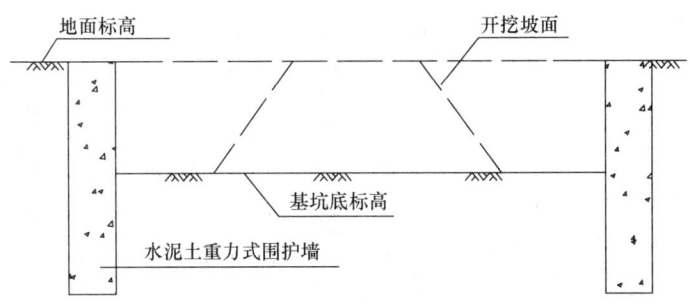

图 23-30　水泥土重力式围护墙基坑边界面
不分层分段土方开挖方法

围护相结合基坑的土方开挖。土钉支护或土层锚杆支护基坑、有内支撑的狭长形基坑、有内支撑的分块开挖基坑最为典型。基坑边界面分层分段开挖方法可应用于明挖法或暗挖法施工工程。

(1) 土钉支护或土层锚杆支护基坑边界面分层分段土方开挖

对于土钉支护或土层锚杆支护形式的基坑，基坑边界面分段长度一般控制在 20～30m，以复合土钉支护基坑边界面分层分段开挖为例，基坑典型开挖方法如图 23-31 所示。

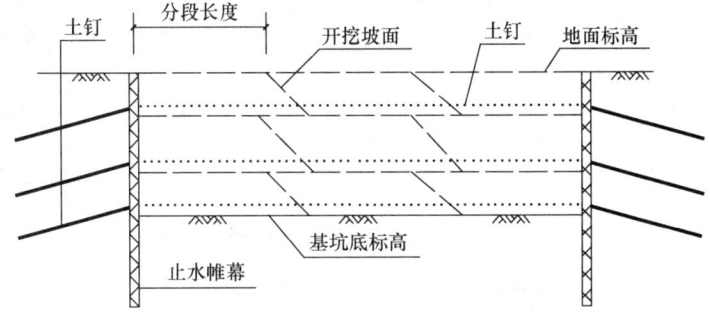

图 23-31　土钉支护基坑边界面分层分段土方开挖方法

(2) 有内支撑的狭长形基坑边界面分层分段土方开挖

地铁车站等狭长形基坑一般采用板式支护结合内支撑的形式，地铁车站一般处于城市中心区域，且开挖深度较大，基坑变形控制和周边环境保护要求很高。

对于各道支撑均采用钢支撑的狭长形基坑，可采用斜面分层分段开挖的方法。每小段长度一般按照 1～2 个同层水平支撑间距确定，约为 3～8m，每层厚度一般按支撑竖向间距确定，约为 3～4m，每小段开挖和支撑形成时间均有较为严格的限制，一般为 12～36h。斜面分层分段纵向总坡度通过大量工程实践证明，其坡度不宜大于 1∶3；各级土方边坡坡度一般不应大于 1∶1.5，各级边坡平台宽度一般不应小于 3.0m；边坡间应根据实际情况设置安全加宽平台，加宽平台之间的土方边坡一般不应超过二级，加宽平台宽度一般不应小于 9.0m。为保证斜面分层分段形成的多级边坡稳定，除按照上述边坡构造要求设置外，尚应对各级小边坡、各阶段形成的多级边坡，以及纵向总边坡的稳定性进行验算。采用斜面分层分段开挖至坑底时，应按照设计或基础底板施工缝设置要求，及时进行垫层和基础底板的施工，基础底板分段浇筑的长度一般控制在 25m 左右，在基础底板形成以后，方可继续进行相邻纵向坡的开挖。各道支撑均采用钢支撑的狭长形基坑边界面斜面分层分段开挖方法如图 23-32 所示。

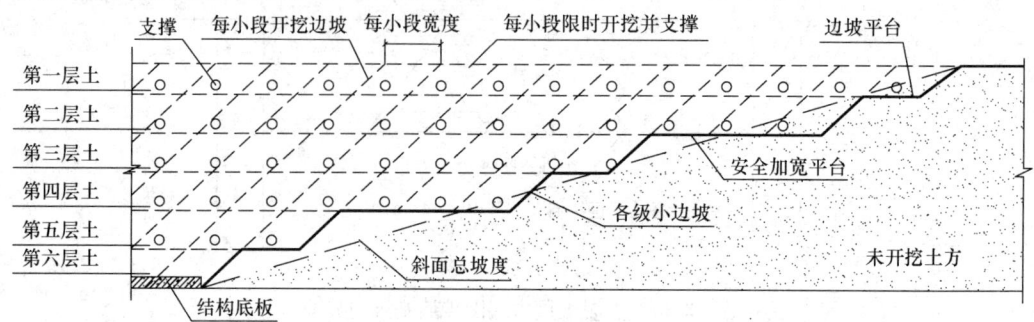

图 23-32 各道支撑均采用钢支撑的狭长形基坑边界面斜面分层分段土方开挖方法

当周边环境复杂，为控制基坑变形，狭长形基坑的第一道支撑采用钢筋混凝土支撑，其余支撑采用钢支撑的形式，在软土地区被广泛应用，实践证明采用这种方式对基坑整体稳定是行之有效的。对于第一道钢筋混凝土支撑底部以上的土方，可采取不分段连续开挖的方法，待钢筋混凝土支撑强度达到设计要求后再开挖下层土方。对于第一道钢筋混凝土支撑底部以下土方，应采取斜面分层分段开挖的方法，其施工参数可参照各道支撑均采用钢支撑的狭长形基坑的分层分段开挖方法。其分层分段土方开挖方法如图 23-33 所示。

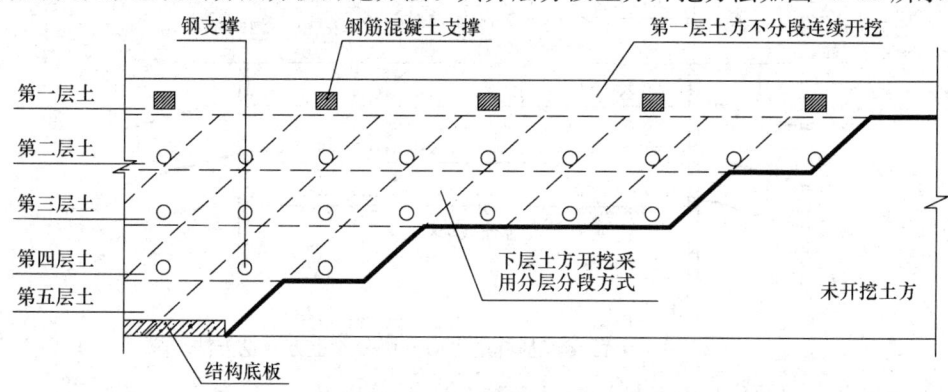

图 23-33 第一道支撑以下采用钢支撑的狭长形基坑边界面斜面分层
分段土方开挖方法

当周边环境复杂，或地铁车站相邻区域有同时施工的基坑等情况，为更有效的控制基坑变形，也可采用钢支撑与钢筋混凝土支撑交替设置的形式，如第一道和第五道支撑采用钢筋混凝土支撑，其余支撑采用钢支撑的形式，如图 23-34 所示。基坑全深度范围的土方开挖可分为三个阶段，第一阶段先开挖第一道钢筋混凝土支撑底部以上的土方，可采取不分段连续开挖的方法，待钢筋混凝土支撑强度达到设计要求后再开挖下层土方；第二阶段开挖第一道支撑底部至第五道支撑底部之间的土方，采用斜面分层分段开挖的方法，待第五道钢筋混凝土支撑强度达到设计要求后再开挖下层土方，如图 23-35（a）所示；第三阶段开挖第五道钢筋混凝土支撑底部以下的土方，采用斜面分层分段开挖的方法，如图 23-35（b）所示。

狭长形基坑在平面上可采取从一端向另一端开挖的方式，也可采取从中间向两端开挖的方式。从中间向两端开挖方式一般适用于长度较长的基坑，或为加快施工速度而增加挖

23.5 基坑边界面不同长度条件下的土方分层分段开挖方法 873

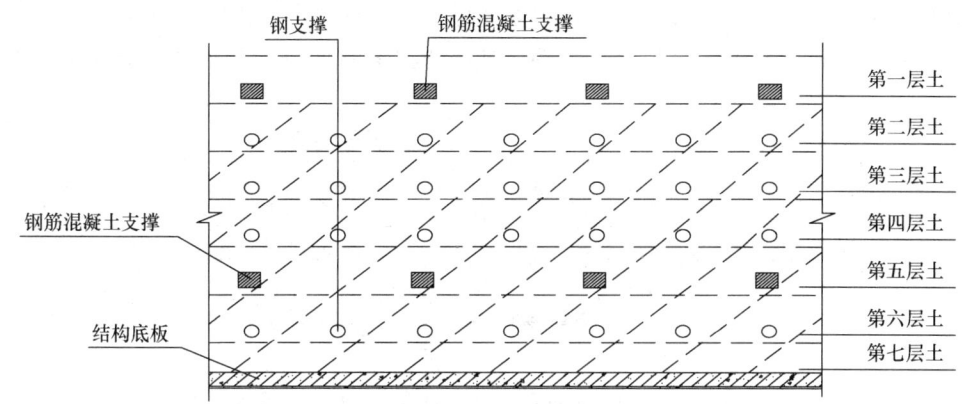

图 23-34 钢支撑与钢筋混凝土支撑交替设置的狭长形
基坑边界面分层分段土方开挖方法

(a)

(b)

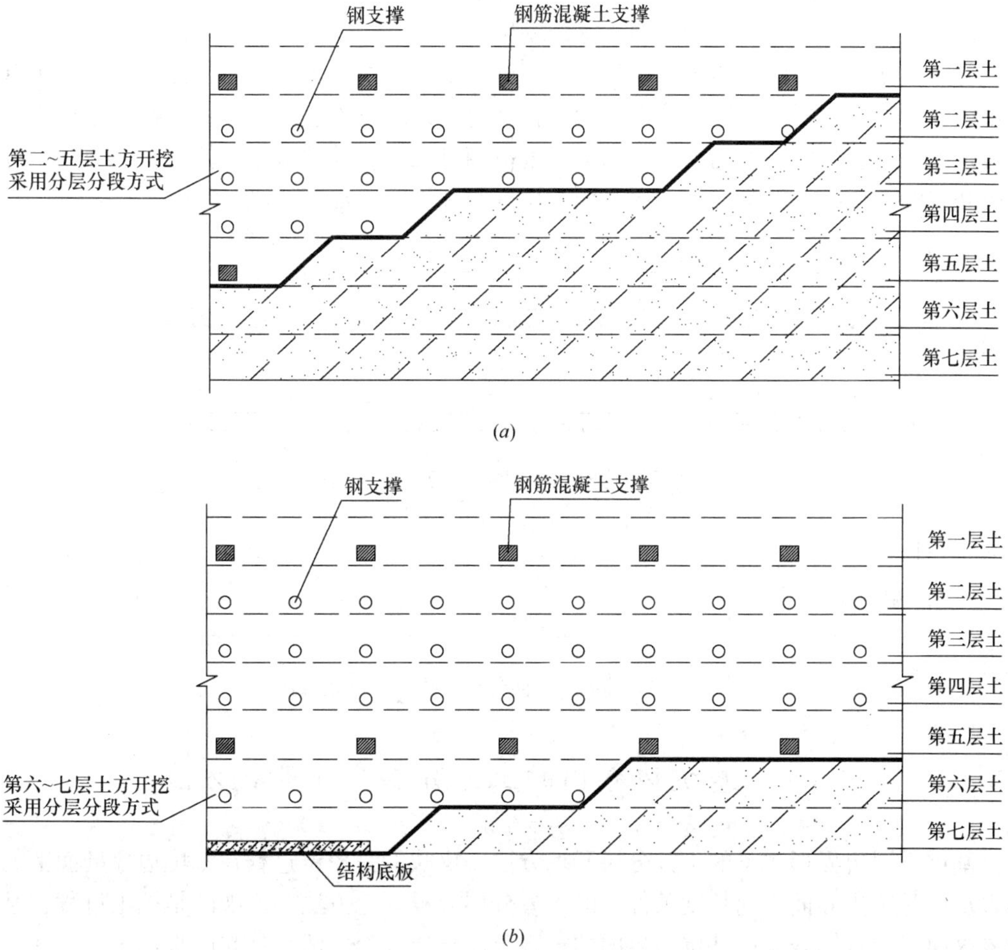

图 23-35 钢支撑与钢筋混凝土支撑交替设置的狭长形基坑边界
面分层分段土方开挖方法
(a) 第二阶段土方开挖方法；(b) 第三阶段土方开挖方法

土工作面的基坑。分层分段开挖方法可根据支撑形式合理确定，以第一道为钢筋混凝土支撑，其余各道为钢支撑的狭长形基坑为例，基坑边界面斜面分层分段开挖方法如图 23-36 所示。

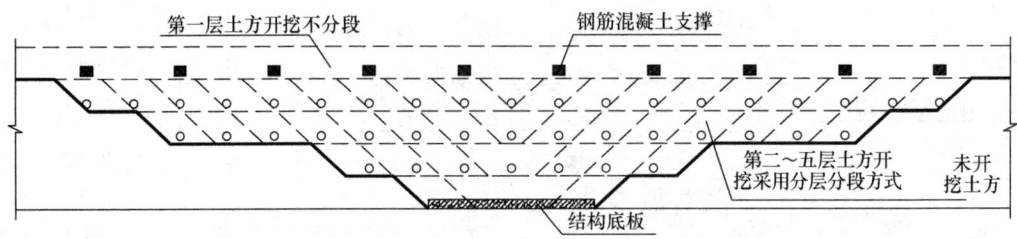

图 23-36　从中间向两端开挖的狭长形基坑边界面
斜面分层分段土方开挖方法

(3) 有内支撑的分块开挖基坑边界面分层分段土方开挖方法

对于长度和宽度均较大的有内支撑的基坑，如果基坑中部区域有对撑系统，为了控制基坑变形或便于均衡流水施工，应采取平面分块依次开挖的方法，可先开挖中部区域有对撑系统的土方，在中部对撑系统形成后，再开挖其余部分的土方；这种开挖方法在边界面的表现即为分层分段开挖的形式。以全深度范围有二道钢筋混凝土支撑的基坑为例，分层分段开挖顺序按图示编号进行，边界面分层分段开挖方法如图 23-37 所示。

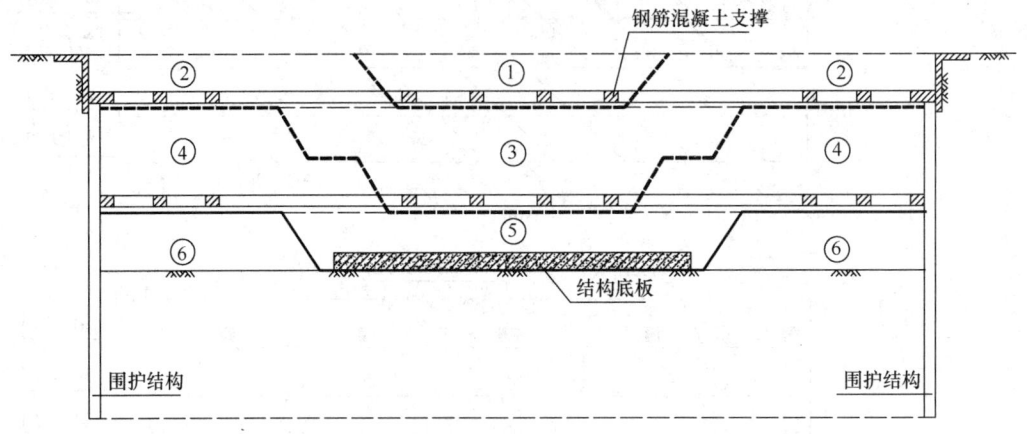

图 23-37　基坑边界面分层分段土方开挖方法

23.6　基坑边界内的土方分层分块开挖方法

基坑不同边界形式下的土方分层开挖方法，反映的是挖土过程在基坑边界剖面上的具体表现；基坑边界面不同长度条件下的土方分层分段开挖方法，反映的是挖土过程在基坑边界纵向面的具体表现；基坑边界内的土方分层分块开挖方法，反映的是挖土过程在整个基坑平面上的具体表现。通过这三种开挖方式的叙述，可以全面了解基坑开挖的基本规律。

基坑变形与基坑开挖深度、开挖时间长短关系密切。相同的基坑和相同的支护设计采用的开挖方法和开挖顺序不同，相同的开挖方法和开挖顺序而开挖时间长短不同，都将对基坑变形产生不同程度的影响，有时候基坑变形的差异会很大。大量工程实践证明，合理确定每个开挖空间的大小、开挖空间相对的位置关系、开挖空间的先后顺序，严格控制每个开挖步骤的时间，减少无支撑暴露时间，是控制基坑变形和保护周边环境的有效手段。

对基坑边界内的土方在平面上进行合理分块，确定各分块开挖的先后顺序，充分利用未开挖部分土体的抵抗能力，有效控制土体位移，以达到减缓基坑变形、保护周边环境的目的。一般可根据现场条件、基坑平面形状、支撑平面布置、支护形式、施工进度等情况，按照对称、平衡、限时的原则，确定土方开挖方法和顺序。基坑对称开挖一般是指根据基坑挖土分块情况，采用对称、间隔开挖的一种方式；基坑限时开挖一般是指根据基坑挖土分块情况，对无支撑暴露时间进行控制的一种方式；基坑平衡开挖是指根据开挖面积和开挖深度等情况，以保持各分块均衡开挖的一种方式。

坑内设置分隔墙的基坑土方开挖也属于分块开挖的范畴。分隔墙将整个基坑分成了若干个基坑，可根据实际情况确定每个基坑先后开挖的顺序，以及各基坑开挖的限制条件，采用分隔墙的分块开挖方法有利于基坑变形的控制和对周边环境的保护。

本节主要叙述基坑边界内的土方分层分块开挖方法，其中分层开挖的方法可参照本章23.4 和 23.5 的相关内容，而分块开挖的方法是本节叙述的重点。

23.6.1 基坑岛式土方开挖方法

1. 岛式土方开挖的概念及适用范围

1) 岛式土方开挖的概念

先开挖基坑周边的土方，挖土过程中在基坑中部形成类似岛状的土体，然后再开挖基坑中部的土方，这种挖土方式通常称为岛式土方开挖。岛式土方开挖可在较短时间内完成基坑周边土方开挖及支撑系统施工，这种开挖方式对基坑内部土体隆起控制较为有利。基坑中部大面积无支撑空间的土方，可在支撑系统养护阶段进行开挖。

2) 岛式土方开挖的适用范围

岛式土方开挖适用于支撑系统沿基坑周边布置且中部留有较大空间的基坑。边桁架与角撑相结合的支撑体系、圆环形桁架支撑体系、圆形围檩体系的基坑采用岛式土方开挖较为典型。土钉支护、土层锚杆支护的基坑也可采用岛式土方开挖方式。岛式土方开挖适用于明挖法施工工程。

本章第 23.4 节和 23.5 节论述的是全深度范围基坑分层分段开挖方法，而岛式土方开挖不一定是全深度范围采取的挖土方式。岛式土方开挖可适用于全深度范围基坑土方开挖，也可适用于分层开挖基坑的某一层或几层土方开挖，具体运用可根据实际情况确定。

2. 岛式土方开挖的主要方式和方法

1) 岛式土方开挖的主要方式

岛式土方开挖可根据实际情况选择不同的方式。同一个基坑可采用如下的一种方式进行土方开挖，也可采用如下几种方式的组合进行土方开挖，这种组合可以是平面上的组合，也可以是立面上的组合。岛式土方开挖主要有如下三种方式：

方式 1：在开挖基坑周边土方阶段，土方装车挖掘机在基坑边或基坑边栈桥平台上作业，取土后由坑边土方运输车将土方外运。在开挖基坑中部岛状土方阶段，先由基坑内的挖掘机将土方挖出或驳运至基坑边，再由基坑边或基坑边栈桥平台上的土方装车挖掘机进行取土，由坑边土方运输车将土方外运。采用这种方式进行岛式土方开挖，施工灵活，互不干扰，不受基坑开挖深度限制。

方式 2：在开挖基坑周边土方阶段，土方装车挖掘机在岛状土体顶面作业，取土后由岛状土体顶面上的土方运输车通过内外相连的栈桥道路将土方外运。在开挖基坑中部岛状土方阶段，先由基坑内的挖掘机将土方挖出或驳运至基坑中部，由基坑中部岛状土体顶面的土方装车挖掘机进行取土，再由基坑中部的土方运输车通过内外相连的栈桥道路将土方外运。采用这种方式进行岛式土方开挖，施工灵活，互不干扰，但受基坑开挖深度限制。

方式 3：在开挖基坑周边土方阶段，土方装车挖掘机在岛状土体顶面作业，取土后由岛状土体顶面上的土方运输车通过内外相连的土坡将土方外运。在开挖基坑中部岛状土方阶段，先由基坑内的挖掘机将土方挖出或驳运至基坑中部，由基坑中部岛状土体顶面的土方装车挖掘机进行取土，再由基坑中部的土方运输车通过内外相连的土坡将土方外运。采用这种方式进行岛式土方开挖，施工繁琐，相互干扰，基坑开挖深度有限。

2）岛式土方开挖的主要方法

采用岛式土方开挖时，基坑中部岛状土体的大小应根据支撑系统所在区域等因素确定，岛状土体的大小不应影响整个支撑系统的形成。基坑中部岛状土体形成的边坡应满足相应的构造要求，以保证挖土过程中岛状土体的稳定。岛状土体的高度应结合土层条件、降水情况、施工荷载等因素综合确定，软土地区一般不大于 6m，当高度大于 4m 时，可采取二级放坡的形式。当采用二级放坡时，为满足挖掘机停放，以及土体临时堆放等要求，放坡平台宽度一般不小于 4m。每级边坡坡度一般不大于 1∶1.5，采用二级放坡时总边坡坡度一般不大于 1∶2。为满足稳定性要求，应根据实际工况和荷载条件，对各级边坡和总边坡进行验算。当岛状土体较高或验算不满足稳定性要求时，可对岛状土体的边坡进行土体加固。

基坑采用一级放坡的岛式土方开挖方式，可通过基坑边、基坑边栈桥平台或岛状土体顶面的土方装车挖掘机直接取土装车外运，也可通过基坑内的一台或多台挖掘机将土方挖出并驳运至土方装车挖掘机作业范围，由土方装车挖掘机取土装车外运。基坑采用二级放坡的岛式土方开挖方式，可通过基坑内的一台或多台挖掘机将土方挖出并驳运至基坑边、基坑边栈桥平台或岛状土体顶面的土方装车挖掘机作业范围，由土方装车挖掘机取土装车外运。

土方装车挖掘机、土方运输车辆在岛状土体顶部进行挖运作业，须在基坑中部与基坑边部之间设置栈桥道路或土坡用于土方运输。采用栈桥道路或土坡作为内外联系通道，土方外运效率较高。栈桥道路或土坡的坡度一般不大于 1∶8，坡道面还应采取防滑措施，保证车辆行走安全。采用土坡作为内外联系通道时，一般可采用先开挖土坡区域的土方进行支撑系统施工，然后进行回填筑路再次形成土坡，作为后续土方外运行走通道。用于挖运作业的土坡，自身的稳定性有较高的要求，一般可采取护坡、土体加固、疏干固结土体等措施，土坡路面的承载力还应满足土方运输车辆、挖掘机作业要求。

3. 某工程基坑岛式土方开挖实例一

1）工程概况

该工程基坑开挖总面积约 3 万 m^2，开挖总方量约 42 万 m^3；主楼基坑开挖面积约 7854m^2，开挖土方量约 16 万 m^3。主楼基坑大面积开挖深度为 17.85m，电梯井坑中坑开挖深度为 25.89m；裙房开挖深度为 17.85m。主楼基坑采用 100m 内径的圆环形地下连续墙围护，墙厚 1m，墙身竖向设置四道圆形围檩，圆形围檩底标高分别为 −2.45m、−7.95m、−12.45m、−15.85m。基坑周边邻近主干道，环境保护要求高。主楼基坑栈桥平台平面布置如图 23-38 所示。

2) 主楼基坑岛式土方开挖施工方案

根据地墙墙身设置的四道圆形围檩，基础底板以上的土方分五层开挖。坑中坑深度达 8.04m，采用钻孔灌注桩与钢管桩组合形成围护墙，并在围护墙顶面设置一道钢支撑，坑中坑土方分二层开挖。主楼土方分层开挖按图示编号顺序进行，开挖顺序如图 23-39 所示。

该工程第一层至第五层土方分别采用岛式土方开挖方式，岛式土方开挖每

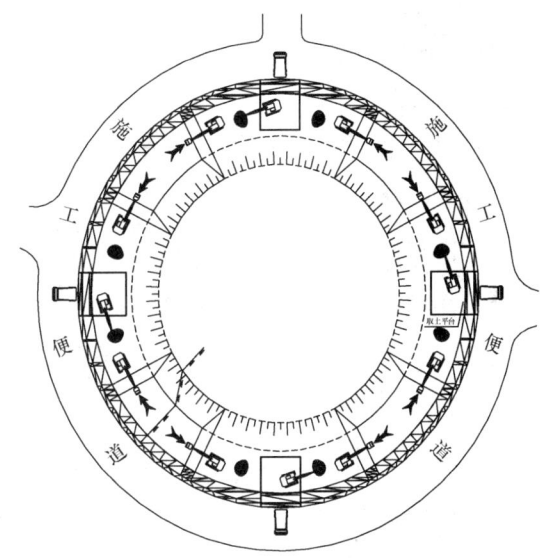

图 23-38　主楼基坑栈桥平台平面布置图

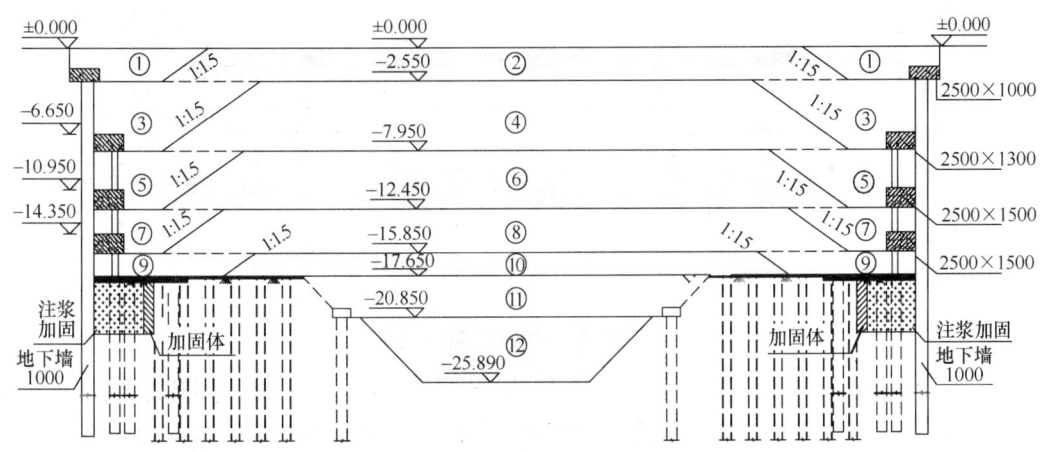

图 23-39　主楼基坑土方开挖顺序图

层分二个阶段，第一阶段开挖基坑周边土方，施工圆形围檩；第二阶段开挖基坑中部岛状土体。岛式土方开挖过程在栈桥平台上设置土方装车挖掘机，土方装车挖掘机采用加长臂或伸缩臂取土；在基坑内设置若干台挖掘机进行挖土和土方驳运作业，将土方卸至土方装车挖掘机作业范围。以该工程第三层岛式土方开挖为例，第一阶段周边土方开挖如图 23-40 所示，第二阶段中部岛状土体开挖如图 23-41 所示。

由于该工程采用了坑边栈桥平台，使栈桥平台下部的土方开挖与栈桥平台上的土方装车挖掘机作业互不干扰，方便了施工，加快了进度。利用栈桥平台进行岛式土方挖土将不受基坑深度影响，岛式土方开挖可在全深度范围运用。

4. 某工程基坑岛式土方开挖实例二

1) 工程概况

该工程基坑开挖总面积约 2 万 m²，开挖总方量约 31 万 m³；主楼基坑开挖面积约

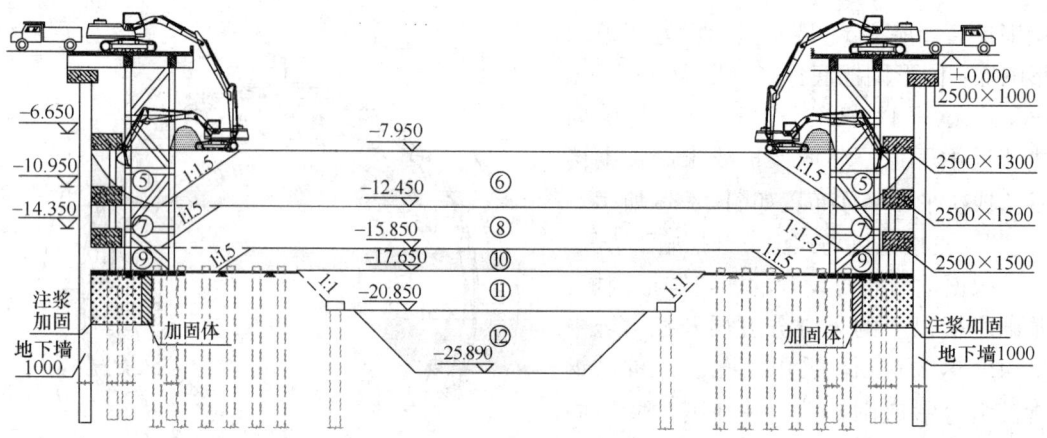

图 23-40 第三层第一阶段周边土方开挖方法

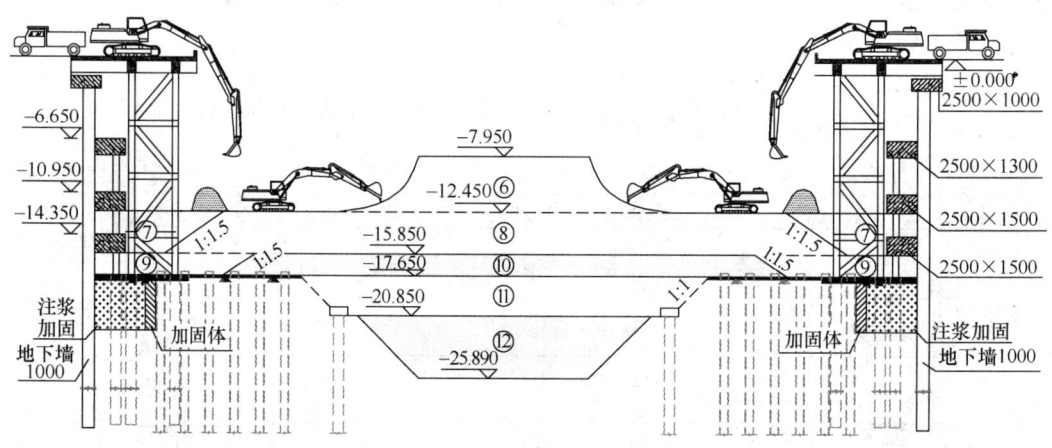

图 23-41 第三层第二阶段中部岛状土体开挖方法

$5476m^2$，开挖土方量约为 10.8 万 m^3。主楼基坑底标高为 $-19.65m$，裙房基坑底标高为 $-15.1m$。主楼基坑采用 $\phi1200$ 钻孔灌注桩排桩围护，竖向设置 4 道钢筋混凝土支撑，支撑中心标高分别为 $-4.0m$、$-8.7m$、$-13.5m$、$-17.5m$。基坑周边临近居民区，环境保护要求高。主楼基坑平面位置如图 23-42 所示。

2）主楼基坑土方开挖施工方案

（1）主楼基坑非岛式土方开挖施工方案

第一次土方开挖为主楼和裙房第一层土，开挖土方量约 $64000m^3$，采用 5 台挖掘机在 5 个作业面上同时进行开挖，第一次挖土挖至第一道支撑底标高 $-4.0m$ 处，开挖由南向北进行，土方运输车分别由工地上的两个大门进出。第一次土方开挖结束且支撑施工完毕后，堆土筑路形成车辆入坑一级斜道。挖土工况一见图 23-43。

第二次土方开挖方量约 $29000m^3$，开挖区域是主楼。采用 3 台挖掘机在 3 个作业面从东向西同时进行开挖，第二次挖土挖至第二支撑底标高 $-8.7m$。另外开挖进入主楼第一支撑以下的斜道，斜道坡度为 1∶10。主楼基坑南、西、北三面及斜道两侧均按 $45°$ 放坡要求挖土，土坡采用轻型井点进行疏干固结土体护坡。第二次土方开挖结束后，同时修坡筑路形成车辆入坑二级斜道。挖土工况二见图 23-44。

23.6 基坑边界内的土方分层分块开挖方法

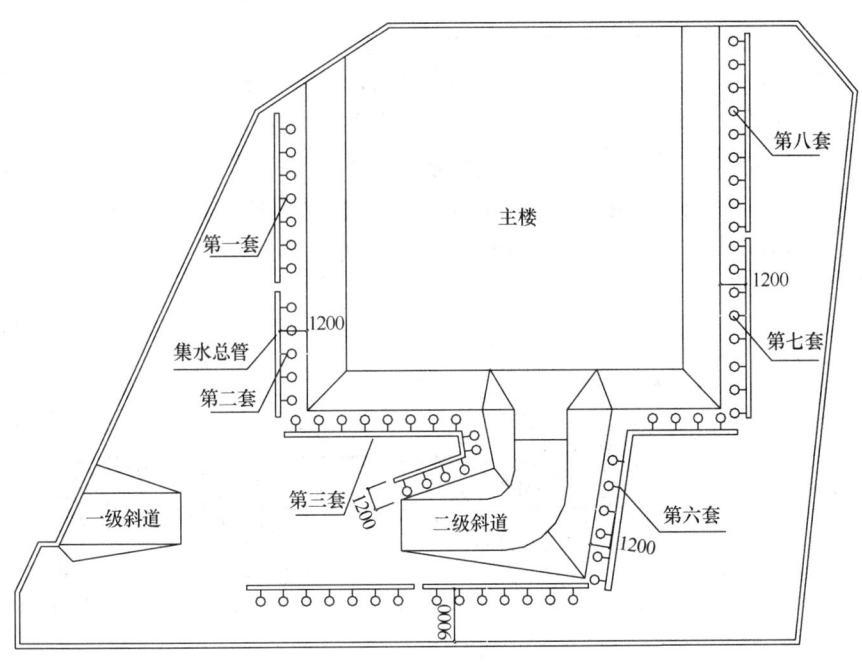

图 23-42 主楼基坑平面位置

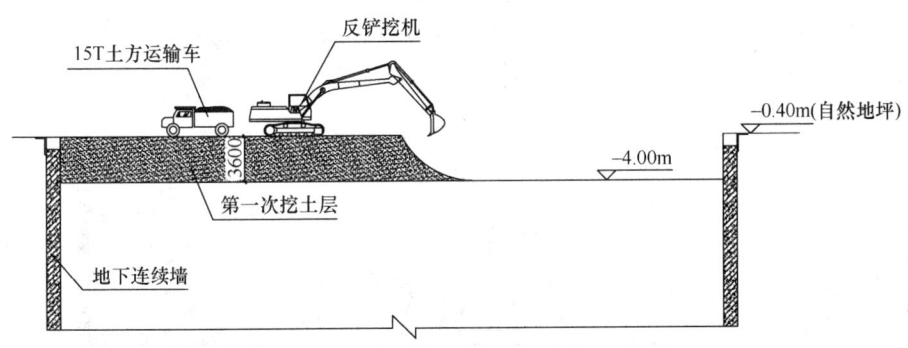

图 23-43 挖土工况一

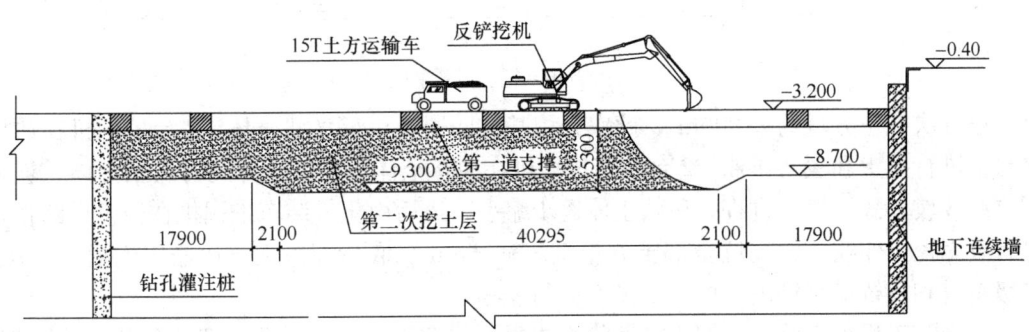

图 23-44 挖土工况二

(2) 主楼基坑岛式土方开挖施工方案

第三次土方开挖方量约 23000m³，挖至第三道支撑底标高 −13.5m。车辆通过一级、二级斜道进出。此次开挖主楼基坑四周，中部留设岛状土体，土体边坡采用一级放坡形式。为了保证中部岛状土体的稳定，事先在坡脚进行了压密注浆处理。2 台土方装车挖掘机在岛状土体顶面作业，土方运输车通过连接内外的栈桥道路将土方外运。基坑四周挖土完成后，将中部岛状土体挖至 −11.3m 标高。完成栈桥道路的施工，栈桥道路的下端延伸至岛状土体中部，另一端与第二道支撑连接，栈桥道路两端标高为 −11.3m、−7.9m。挖土工况三见图 23-45。

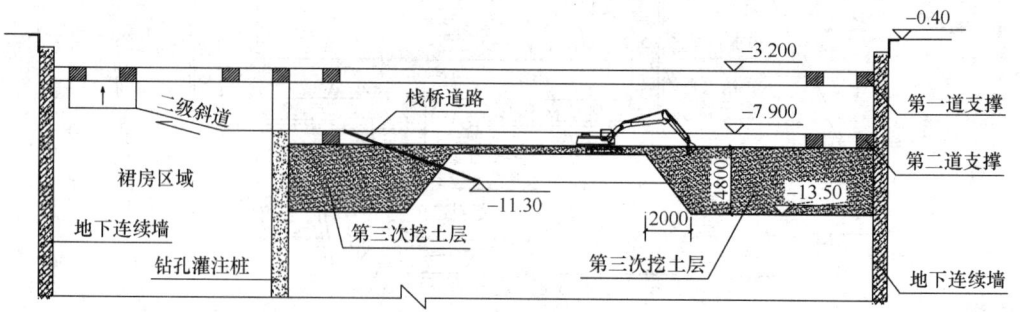

图 23-45 挖土工况三

第四次挖土方量约 18000m³，基坑四周挖至 −17.5m 标高，由于岛状土体高度达 6.2m，土体边坡采用二级放坡形式。2 台挖掘机在岛状土体放坡平台上进行挖土和驳运作业，2 台土方装车挖掘机在岛状土体顶面取土，土方运输车辆通过一级、二级斜道和栈桥道路进出。挖土工况四见图 23-46。

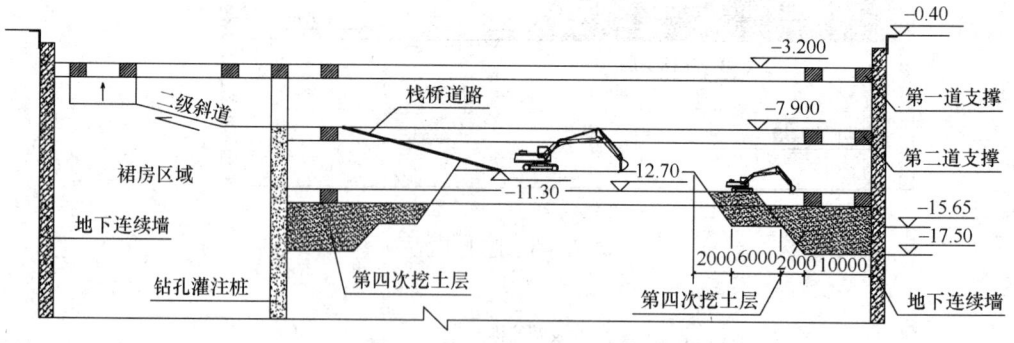

图 23-46 挖土工况四

第五次挖土方量约 21000m³，此次开挖基坑四周及中部岛状土体，2 台挖掘机在放坡平台上进行挖土和驳运作业，2 台装车挖掘机在岛状土体顶面取土，此时岛状土体土坡采用二级放坡形式。挖土过程中岛状土体逐步缩小，最后由土方装车挖掘机在栈桥道路顶端进行收尾挖土作业，将基坑全部土方挖至 −19.65m 坑底标高。土方运输车辆通过一级、二级斜道和栈桥道路进出。挖土工况五见图 23-47。

由于该工程土方装车挖掘机在岛状土体顶面作业，而栈桥道路设置在岛状土体顶端，又由于岛状土体采用二级放坡形式，高度受到限制，所以这种岛式土方开挖方式只能适用于岛状土体顶面以下一定高度范围。根据这种限制条件，该工程采用了一级和二级斜道进

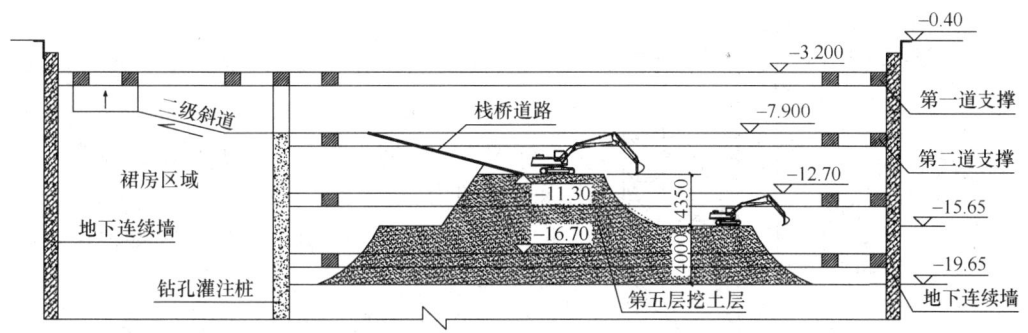

图 23-47 挖土工况五

入栈桥道路，最大限度地降低了岛状土体标高。

23.6.2 基坑盆式土方开挖方法

1. 盆式土方开挖的概念及适用范围

1) 盆式土方开挖的概念

先开挖基坑中部的土方，挖土过程中在基坑中部形成类似盆状的土体，然后再开挖基坑周边的土方，这种挖土方式通常称为盆式土方开挖。盆式土方开挖由于保留基坑周边的土方，减小了基坑围护结构的无支撑暴露的时间，对控制围护墙的变形和减小周边环境的影响较为有利。而基坑周边的土方可在中部支撑系统养护阶段进行开挖。

2) 盆式土方开挖的适用范围

盆式土方开挖适用于基坑中部无支撑或支撑较为密集的大面积基坑。盆式土方开挖适用于明挖法或暗挖法施工工程。

本章第 23.4 和 23.5 论述的是全深度范围基坑分层分段开挖方法，而盆式土方开挖不一定是全深度范围采取的挖土方式。盆式土方开挖可适用于全深度范围基坑土方开挖，也可适用于分层开挖基坑的某一层或几层土方开挖，具体运用可根据实际情况确定。

2. 盆式土方开挖的主要方法

采用盆式土方开挖时，基坑中部盆状土体的大小应根据基坑变形和环境保护等因素确定。基坑中部盆状土体形成的边坡应满足相应的构造要求，以保证挖土过程中盆边土体的稳定。盆边土体的高度应结合土层条件、降水情况、施工荷载等因素综合确定，软土地区一般不大于 5m，盆边宽度一般不小于 10m。当盆边高度大于 4m 时，可采取二级放坡的形式；当采用二级放坡时，为满足挖掘机停放，以及土体临时堆放等要求，放坡平台宽度一般不小于 4m。每级边坡坡度一般不大于 1∶1.5，采用二级放坡时总边坡坡度一般不大于 1∶2。为满足稳定性要求，应根据实际工况和荷载条件，对各级边坡和总边坡进行验算。

在基坑中部进行土方开挖形成盆状土体后，盆边土体应按照对称的原则进行开挖。对于顺作法施工盆中采用对撑的基坑，盆边土体开挖应结合支撑系统的平面布置，先行开挖与对撑相对应的盆边分块土体，以使支撑系统尽早形成。对于逆作法施工中，盆式土方开挖时，盆边土体应根据分区大小，采用分小块先后开挖的方法。对于利用盆中结构作为竖向斜撑支点的基坑，应在竖向斜撑形成后开挖盆边土体。

3. 某工程基坑盆式土方开挖实例一

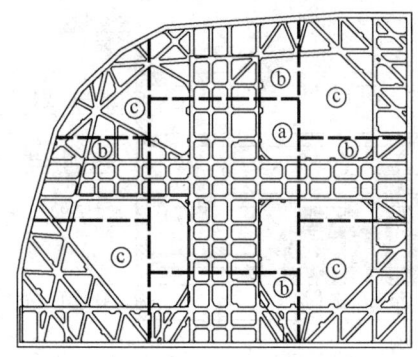

图 23-48 基坑支撑平面及土方分块开挖平面布置

1) 工程概况

该工程基坑面积为 6400m², 开挖总方量约 11 万 m³, 基坑开挖深度为 16.4m。基坑采用钻孔灌注桩排桩围护, 竖向设置 3 道钢筋混凝土支撑。支撑底标高分别为 -2.45m、-8.00m、-13.25m。基坑平面布置如图 23-48 所示。基坑西侧为在建高层建筑, 东北两侧为交通主道路, 环境保护要求高。

2) 顺作法基坑土方开挖施工方案

(1) 基坑非盆式土方开挖施工方案

第一层土方采用不分块连续开挖的方法, 由 2 台挖掘机从中部向南退挖, 由另 2 台挖掘机从中部向北退挖, 开挖至第一道支撑底标高 -2.45m, 施工第一道钢筋混凝土支撑及施工栈桥道路。

(2) 基坑盆式土方开挖施工方案

第二、三、四层土方采用分块对称开挖的方法。根据基坑支撑布置和基坑平面特点, 将基坑平面分为 9 块, 分块编号如图 23-48 所示, 平面分块开挖按图示编号顺序进行。第二、三、四层土方竖向分层分块开挖按图 23-49 所示编号顺序进行。

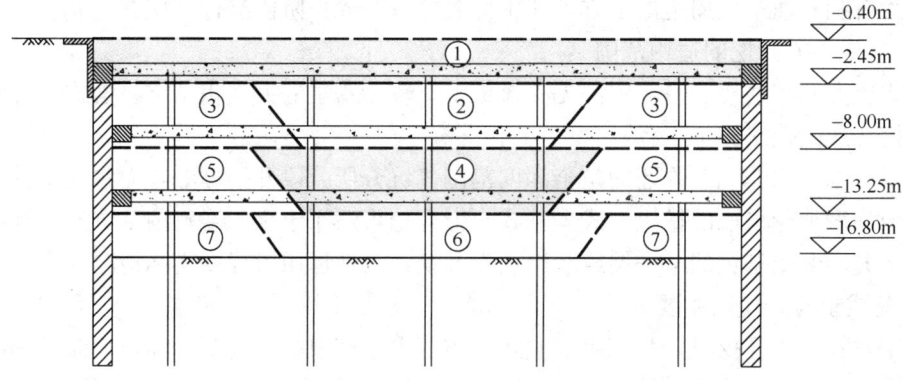

图 23-49 第二、三、四层土方分层分块土方开挖方法

该工程由于采用十字对撑结合角撑及边桁架的形式, 所以采用盆式土方开挖较为合理。先开挖基坑中部土方, 可有效控制基坑变形, 利用基坑中部先开挖的土方区域, 进行钢筋混凝土支撑的施工。基坑周边土方采用对称开挖的方式, 通过开挖对撑区域的土方, 可使对撑系统尽早形成, 减小基坑变形。超大超深基坑顺作法施工采用盆式土方开挖方式较为普遍。

4. 某工程基坑盆式土方开挖实例二

1) 工程概况

该工程裙房地下三层, 基坑开挖面积约 2.2 万 m², 开挖土方量约 25.3 万 m³, 开挖深度为 17.85m。基坑采用两墙合一的地下连续墙围护, 墙厚 1m 和 1.2m。基坑采用逆作法施工。基坑周边临近主干道, 环境保护要求高。裙房基坑及土方分块平面如图 23-50 所示。

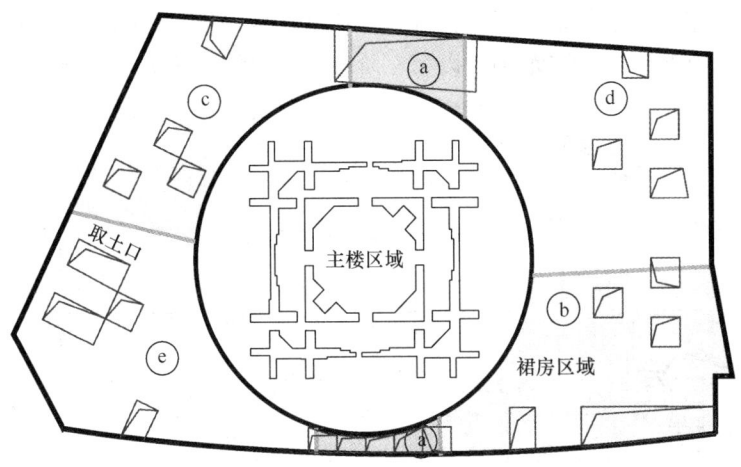

图 23-50 裙房基坑及土方分块平面布置

2) 逆作法基坑盆式土方开挖施工方案

裙房基坑土方分五个阶段进行，土方开挖采用盆式土方开挖方法。为满足裙房基坑土方暗挖需要，裙房逆作施工期间共设 23 个取土口，在取土口位置和土方运输车辆行驶线路位置对地下室顶板结构进行加固。将裙房基坑平面分为 6 块，分块编号如图 23-50 所示。裙房基坑土方分层开挖按图示编号顺序进行，如图 23-51 所示。

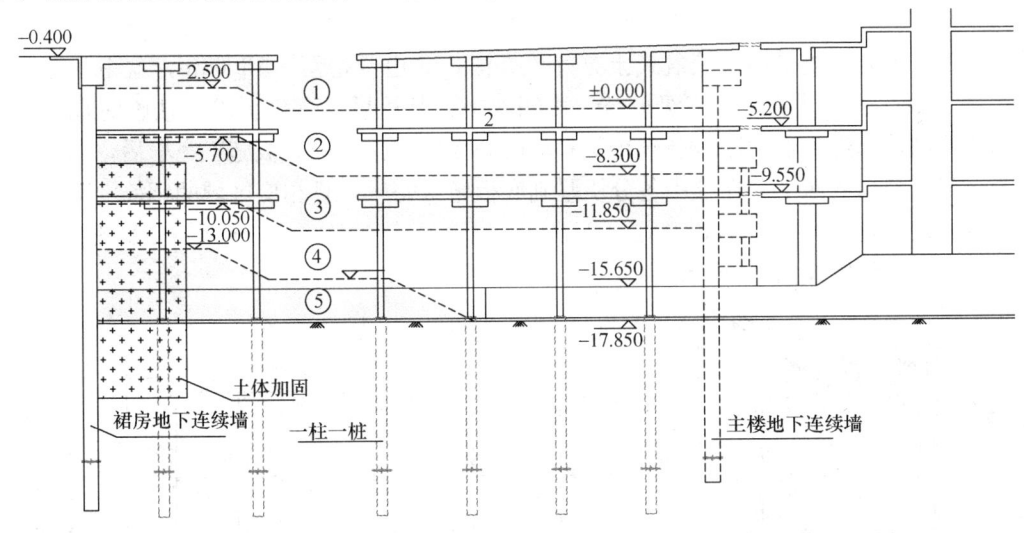

图 23-51 裙房基坑土方分层开挖顺序图

第一次土方开挖采用明挖盆式土方开挖方法，在裙房地下连续墙边留设 10m 宽盆边土体，盆中土方由塔楼圆环形地下连续墙向四周退挖，在挖土过程中爆破拆除主楼临时地下连续墙和圆形围檩，盆式土方开挖后进行地下室顶板结构施工。地下室顶板达到设计要求的强度后，拆除模板。第一阶段盆式土方开挖按平面编号顺序进行，各分块施工完毕后进行下阶段土方开挖。

第二、三次土方开挖均采用暗挖盆式土方开挖方法，盆边留设 10m 宽土体，盆边边坡采用一级放坡。在地下室顶板结构取土口位置，设置土方装车挖掘机进行取土作业，土方装车挖掘机采用长臂挖掘机、抓斗挖掘机；在基坑内设置若干台挖掘机进行土方开挖和驳运作业，将土方卸至取土口范围。以第三阶段暗挖盆式土方开挖为例，其开挖方法如图23-52所示。

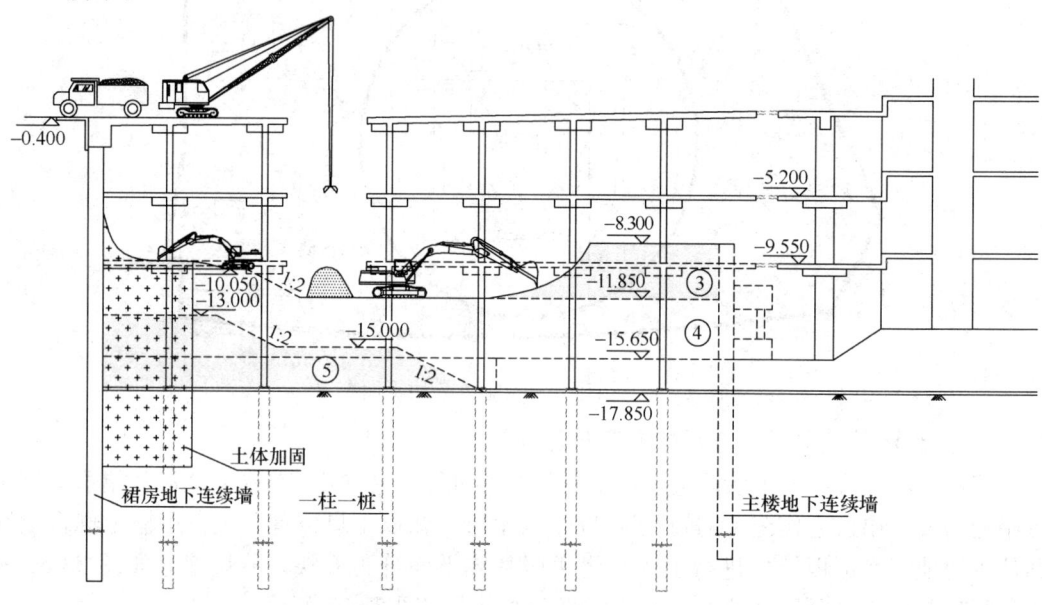

图 23-52　第三次盆式土方开挖方法

第四次土方开挖采用暗挖盆式土方开挖方法，盆边开挖至－13.00m，盆中开挖至坑底－17.85m，盆边边坡采用二级放坡。第四次土方开挖后，爆破拆除主楼临时地下连续墙和圆形围檩，进行盆中区域基础垫层和基础底板施工。基础底板施工完毕后，进行钢筋混凝土竖向斜撑的施工。在盆中各分块基础底板施工完毕，且相应区域的钢筋混凝土竖向斜撑达到设计要求的强度后，进行第五次土方开挖。第四次土方开挖方法如图23-53所示，竖向斜撑设置如图23-54所示。

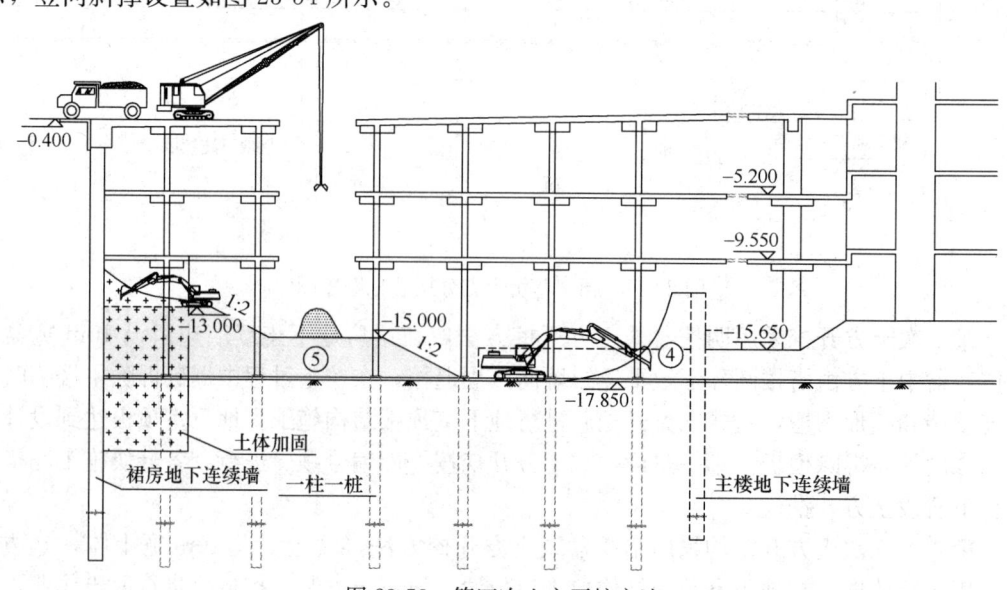

图 23-53　第四次土方开挖方法

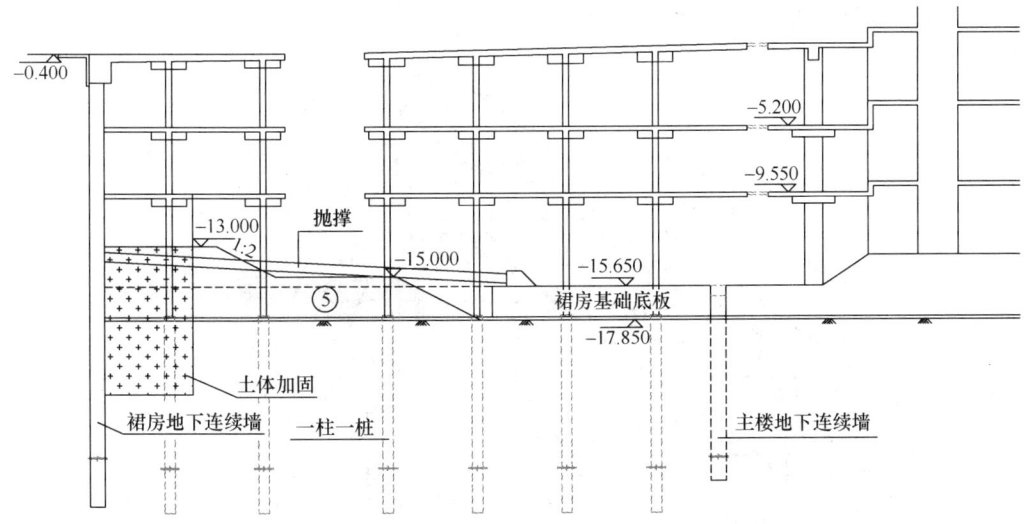

图 23-54 竖向斜撑设置

第五次开挖盆边土方，盆边土方采用分块开挖的方法，并限时浇筑垫层，然后进行盆边基础底板的施工。在盆边各分块基础底板施工完毕且达到设计强度后，拆除竖向斜撑。第五次土方开挖方法如图 23-55 所示。

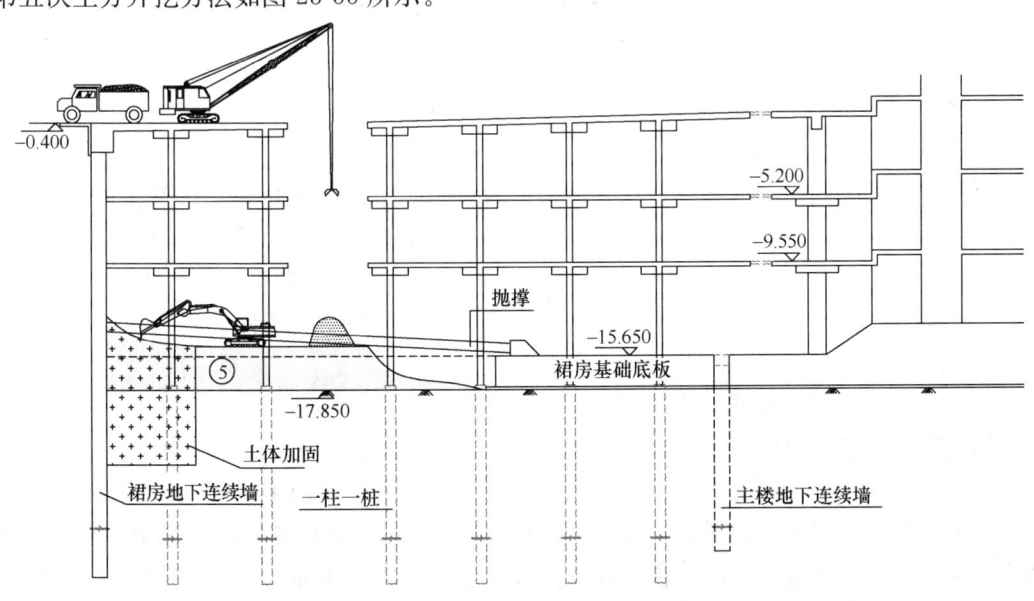

图 23-55 第五次土方开挖方法

该工程由于裙房采用逆作法施工，为中部主楼上部结构施工创造了场地条件。虽然裙房逆作法施工周期较长，但由于采用了盆式开挖方法，较好的控制了基坑变形，减小了周边环境的影响。超大超深基坑逆作法施工中，盆式土方开挖方法已得到普遍应用。

5. 某工程基坑盆式土方开挖实例三

1) 工程概况

该工程为超大型深基坑工程，地下 3 层，地上 5 层。基坑开挖面积约为 5 万 m^2，地下建筑总面积约 13 万 m^2，土方开挖总量约 69 万 m^3，开挖深度为 13.5m。基坑采用两墙合一的地下连续墙围护。基坑平面如图 23-56 所示。

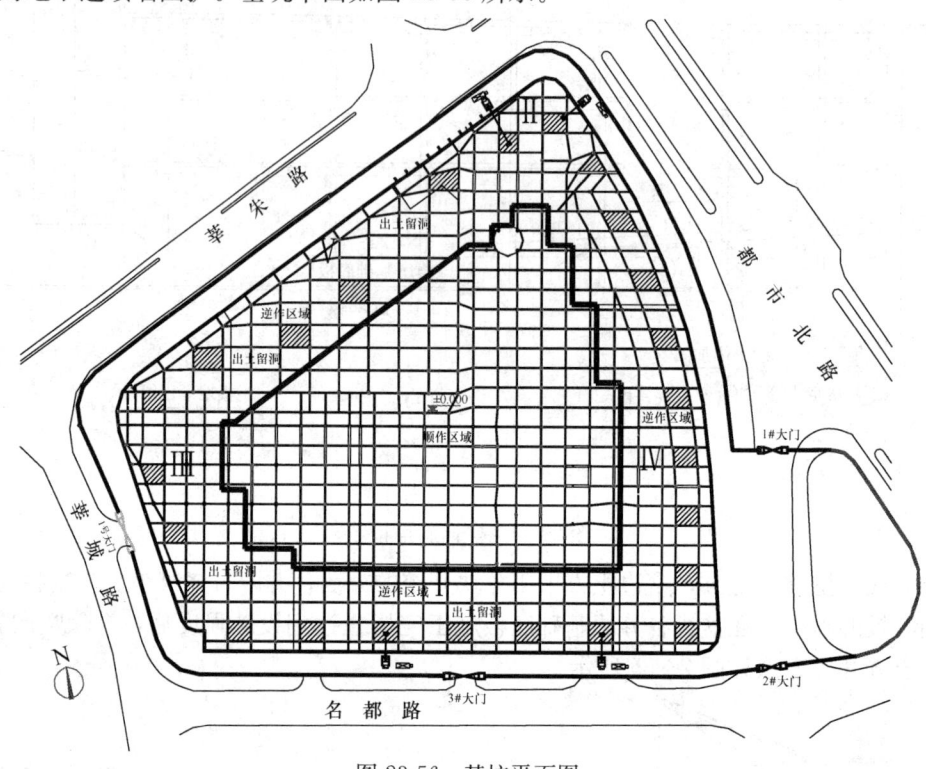

图 23-56 基坑平面图

2) 基坑支护总体方案

该基坑工程采用中心区域顺作法,周边区域一明两暗逆作法的支护方案。中心区域结构全部采用顺作法施工,周边区域结构地下一层顺作施工,地下二层和三层逆作施工。采用这种支护方式,既不需要基坑中心区域再围护,也不需要设置中心区域的竖向斜撑系统。该支护方案可加快工程施工进度、降低工程成本、确保基坑工程安全。

3) 基坑土方开挖施工方案

(1) 基坑非盆式土方开挖施工方案

第一次土方采用放坡明挖法,挖土范围包括坑外卸载区,土方量约 14 万 m^3,开挖至 $-3.80m$ 标高,开挖深度 2.50m。边坡按 1∶1 设置,边坡采用钢丝网细石混凝土护坡。第一次土方开挖如图 23-57 所示。第一次土方开挖完成后,打设基坑内外轻型井点,进行地下连续墙、中心区域钻孔灌注桩、周边区域一柱一桩和土体加固施工,完成基坑盆式土方开挖前的准备工作。

(2) 基坑盆式土方开挖施工方案

第二次土方采用明挖盆式土方开挖方法,土方量约 25.5 万 m^3,盆顶标高为 $-6.65m$,盆底标高为 $-9.35m$,盆边边坡采用一级放坡,坡度为 1∶2,边坡采用钢丝网细石混凝土护坡。第二次土方开挖如图 23-58 所示。基坑中部再次打设轻型井点降水,搭设模板支撑系统进行基坑周边区域地下二层顶板结构和地下一层顶板结构施工。待地下二层顶板达到强度后,拆除模板支撑系统,进行第三次土方开挖。

第三次土方采用明挖盆式土方开挖方法,土方量约 14.4 万 m^3,基坑中心区域挖至

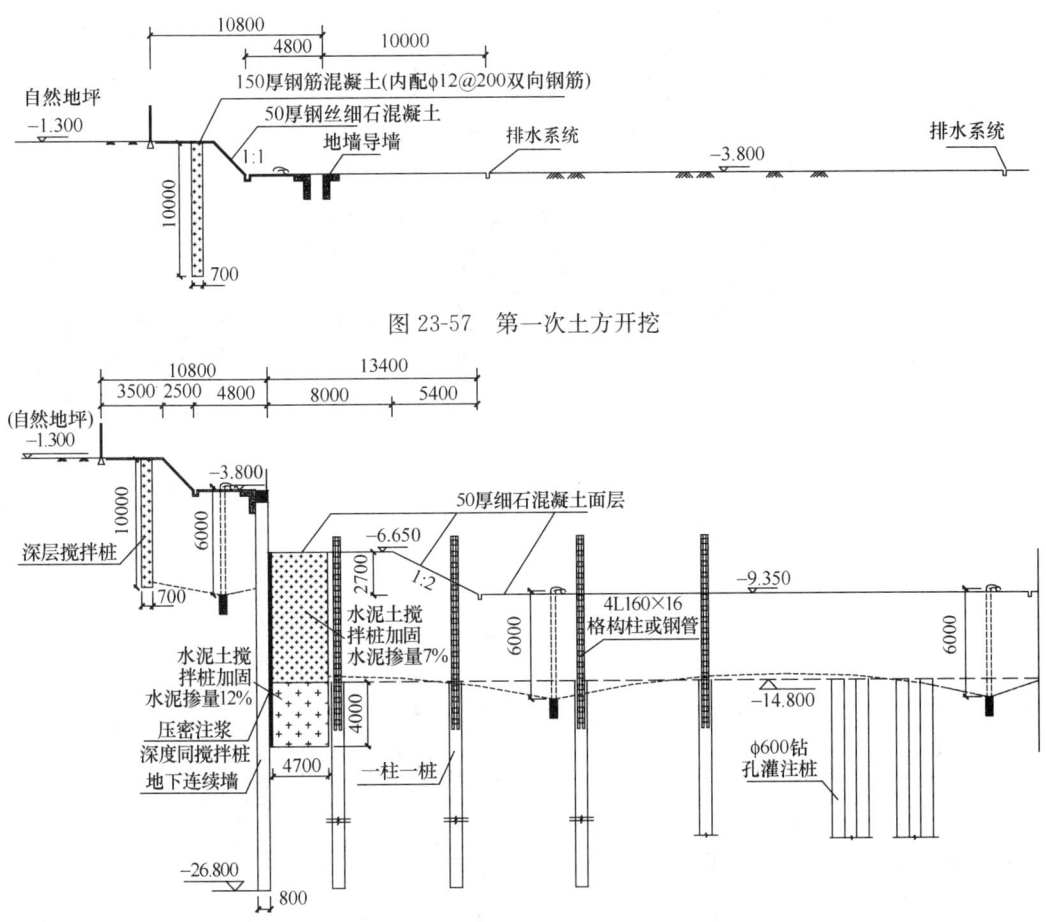

图 23-57 第一次土方开挖

图 23-58 第二次土方开挖

-14.80m 标高，基坑内形成三级边坡，盆顶标高为 -6.65m，放坡平台标高分别为 -9.35m、-12.05m，并在 -12.05m 标高的放坡平台上再次打设轻型井点，各级边坡坡度分别为 1∶2，边坡采用钢丝网细石混凝土护坡。第三次土方开挖如图 23-59 所示。第三次土方开挖结束后，施工基坑中心区域基础垫层和基础底板，再施工中心区域地下三层顶板。同时进行坑外卸载区域的土方回填施工。然后进行中心区域地下二层顶板施工，地下二层顶板连成整体。

第四次土方采用暗挖法开挖基坑周边区域土方，土方量约 4.3 万 m³，开挖至 -10.35m 标高。第四次土方开挖如图 23-60 所示。第四次土方开挖时，进行中心区域地下一层顶板施工，地下一层顶板连成整体。第四次土方开挖结束后，进行周边区域地下三层顶板施工，地下三层顶板连成整体。在周边区域地下三层顶板养护期间，进行中心区域地上结构施工。

第五次土方采用暗挖法开挖基坑周边土方，土方量约 10.8 万 m³，开挖至 -14.80m 标高。第五次土方开挖如图 23-61 所示。第五次土方开挖后进行基坑周边区域的基础垫层和基础底板施工，整个基坑的基础底板连成整体。继续进行中心区域和周边区域地上结构施工，直至完成所有上部结构工程。

该工程采用中间顺作周边逆作的盆式土方开挖施工方案，以地下结构梁板体系作为水

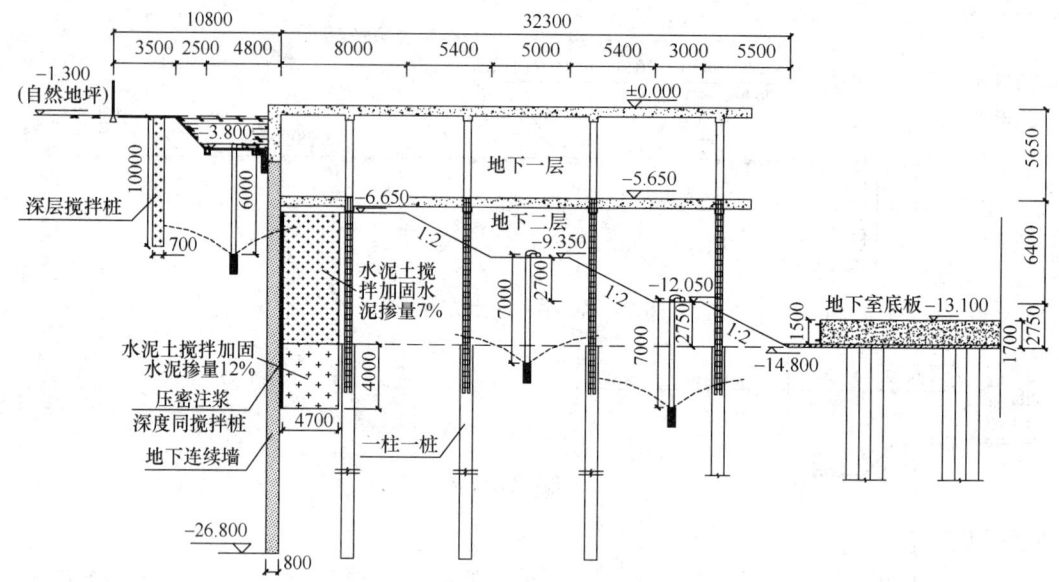

图 23-59 第三次土方开挖

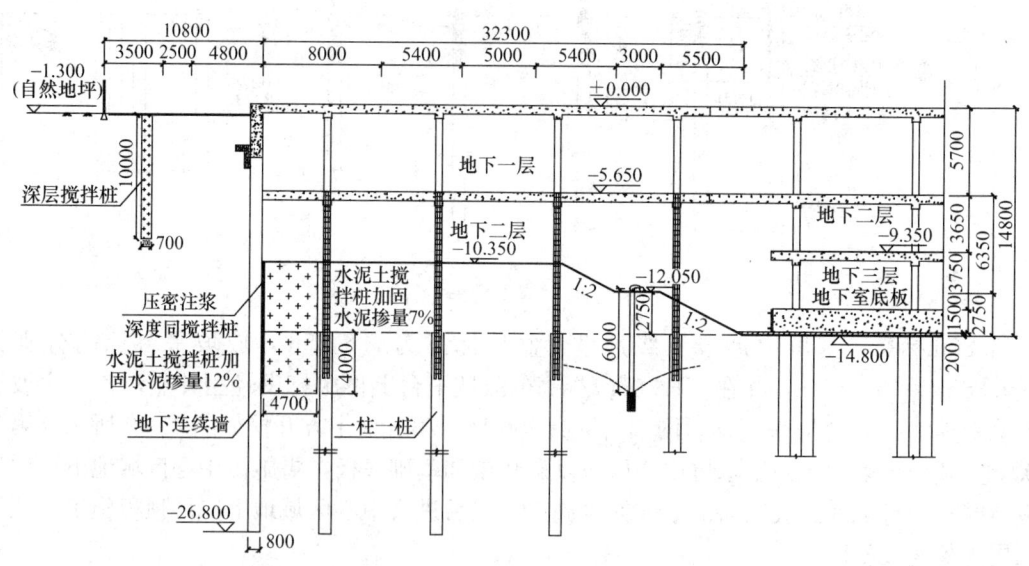

图 23-60 第四次土方开挖

平支撑，以地下结构柱作为竖向支撑，在基坑周边的地下二层顶板结构达到设计强度前，基坑主要依靠地下连续墙自立挡土；基坑周边地下一层顶板结构达到强度后，基坑主要依靠地下结构自身和基坑内三级土坡共同作用，有效的控制了围护墙的变形。由于中部区域采用顺作法施工，挖土便捷，大大加快了土方开挖的进度；利用水平结构和竖向结构代替临时支撑系统，大大降低了建设成本。工程实践证明，该支护方案结合盆式土方开挖方法是经济合理的。

23.6.3 岛式与盆式相结合土方开挖方法

岛式与盆式相结合的土方开挖方法是基坑竖向各分层土方采用岛式或盆式进行交替开

23.6 基坑边界内的土方分层分块开挖方法

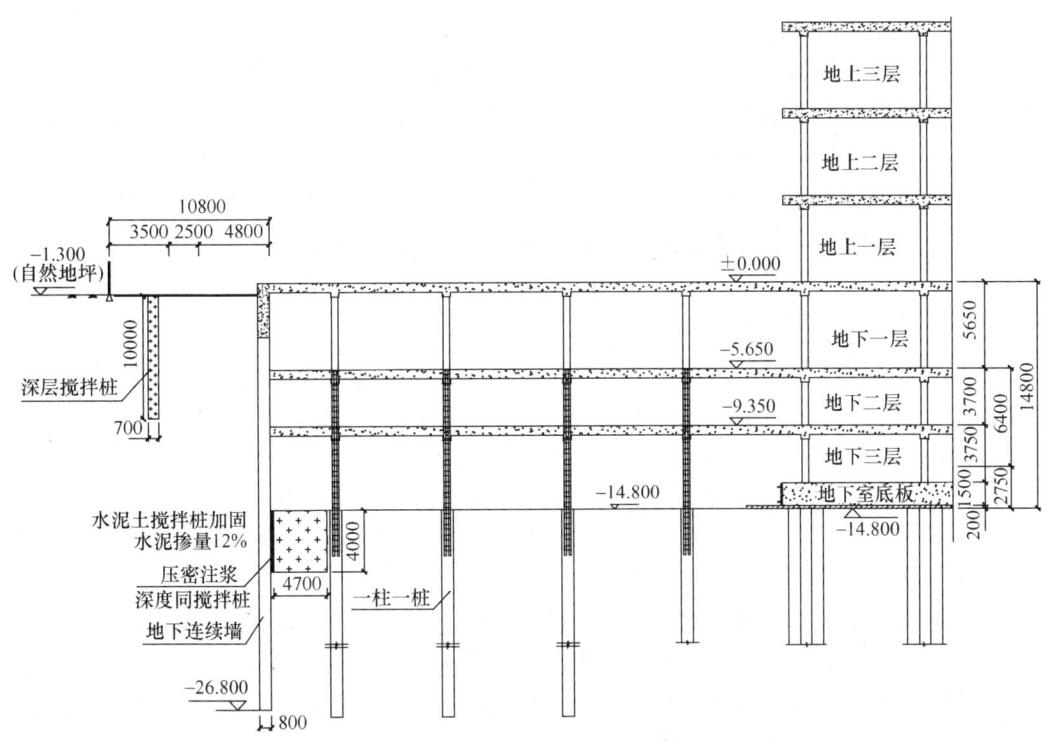

图 23-61 第五次土方开挖

挖的一种组合方法。岛式与盆式相结合的土方开挖方法有先岛后盆、先盆后岛和岛盆交替三种形式，在工程中采用何种组合方式，应根据实际情况确定。岛式与盆式相结合的土方开挖中，各层土方开挖的方法可参照本章 23.6.1 或 23.6.2 的相关内容。岛式与盆式相结合土方开挖可应用于明挖法施工工程，在特殊情况下也可应用于暗挖法施工工程。

以上段复合土钉墙、下段板式支护的基坑为例，采用先岛后盆的土方开挖方法，竖向分层土方典型开挖方法如图 23-62 所示。

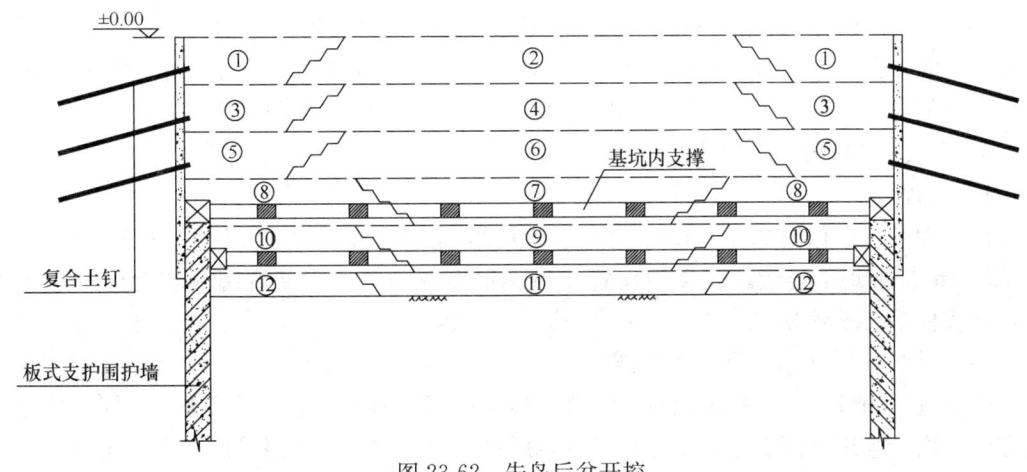

图 23-62 先岛后盆开挖

23.6.4 分层分块土方开挖方法

1. 分层分块土方开挖的概念及适用范围

1) 分层分块土方开挖的概念

对于分层或不分层开挖的基坑,若基坑不同区域开挖的先后顺序会对基坑变形和周边环境产生不同程度的影响时,需划分区域,并确定各区域开挖顺序,以达到控制变形,减小周边环境影响的目的。区域如何划分,开挖顺序如何确定,是土方开挖需要研究的问题。在基坑竖向上进行合理的土方分层,在平面上进行合理的土方分块,并合理确定各分块开挖的先后顺序,这种挖土方式通常称为分层分块土方开挖。岛式土方开挖和盆式土方开挖属于分层分块土方开挖中较为常用的方式。

2) 分层分块土方开挖的适用范围

分层分块土方开挖可用于大面积无内支撑的基坑,也可用于大面积有内支撑的基坑。分层分块土方开挖方法是基坑土方工程中应用最为广泛的方法之一,在复杂环境条件下的超大超深基坑工程中普遍采用。分层分块土方开挖适用于明挖法或暗挖法施工工程。

分层分块土方开挖可适用于全深度范围基坑土方开挖,也可适用于分层开挖基坑的某一层或几层土方开挖,各层土方的分块和开挖顺序可根据实际情况确定。

2. 分层分块土方开挖的主要方法

对于长度和宽度较大的基坑,一般可将基坑划分为若干个周边分块和中部分块。通常情况下应先开挖中部分块再开挖周边分块,采用这种土方开挖方式应遵循盆式土方开挖的方法。若支撑系统沿基坑周边布置且中部留有较大空间,可先开挖周边分块再开挖中部分块,开挖过程应遵循岛式土方开挖方法的相关要求。

对于以单向组合对撑系统为主的基坑,通常情况下应先开挖单向组合对撑系统区域的条块土体,及时施工单向组合对撑系统,减少无支撑暴露时间,条块土体在纵向应采用间隔开挖的方式。对于设置角撑系统的基坑,通常情况下可先开挖角撑系统区域的角部土体,及时施工角撑系统,控制基坑角部变形。

应在控制基坑变形和保护周边环境的要求下确定基坑土方分块的大小和数量,制定分块施工先后顺序,并确定土方开挖的施工方案。土方分块开挖后,与相邻的土方分块形成高差,高差一般不超过 7.0m。当高差不超过 4.0m 时,可采用一级边坡;当高差大于 4.0m 时,可采用二级边坡。采用一级或二级边坡时,边坡坡度一般不大于 1:1.5;采用二级边坡时,放坡平台宽度一般不小于 3.0m。各级边坡和总边坡应经稳定性验算。土方分块开挖的方法可参照本章 23.2、23.3、23.6.1、23.6.2 的相关内容。

3. 某工程基坑分层分块土方开挖实例一

1) 工程概况

该工程基坑面积约 2.1 万 m^2,开挖总方量约 37.2 万 m^3,开挖深度约为 17.40m。基坑采用 1m 厚的地下连续墙,竖向设置 3 道钢筋混凝土支撑。基坑南侧和西侧临近主干道,环境保护要求较高。

2) 基坑分层分块土方开挖施工方案

该基坑面积较大,支撑采用对撑结合角撑及边桁架形式,土方开挖采用分层分块开挖的方法。由于采用 3 道支撑,土方竖向分四层进行开挖。根据支撑平面特点,第一层土方分 5 块进行开挖,第二层和第三层土方分 12 块进行开挖,第四层土方分 7 块进行开挖。第一层土方由于挖土速度较快,对周边环境的影响较小,所以采用较大的分块方案,每一分块均可使支撑系统在较短时间内形成,第一层土方分块开挖的先后顺序编号如图 23-63

所示。第二层和第三层土方由于挖土速度相对较慢，为减少基坑变形，所以采用较小的分块方案，每一分块开挖都可使该区域的支撑在短时间内完成，从而使局部支撑系统及时形成并发挥作用，直至整个支撑系统形成，第二层和第三层土方分块开挖先后顺序编号如图23-64 所示。第四层土方根据基础底板后浇带位置，以及主楼基础位置进行分块开挖，第四层土方分块开挖先后顺序编号如图 23-65 所示。

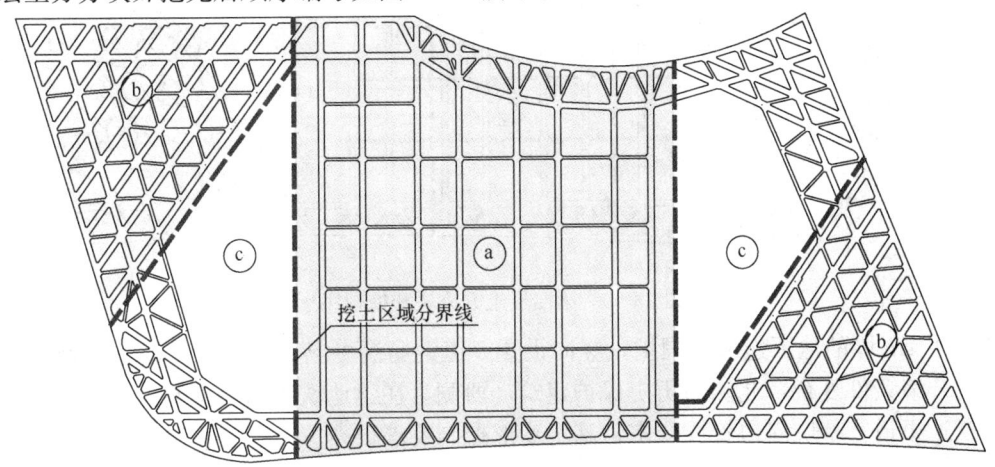

图 23-63　第一层土方分块开挖顺序

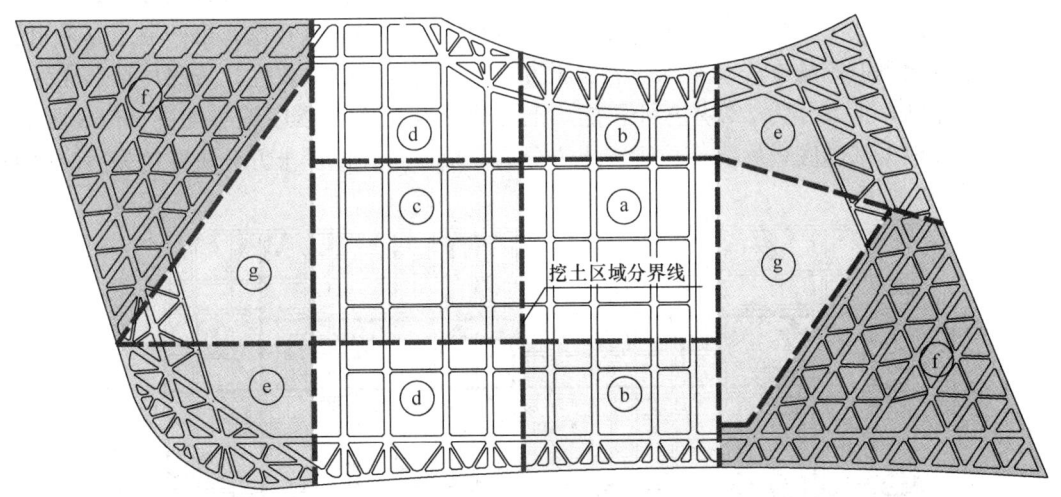

图 23-64　第二、三层土方分块开挖顺序

该基坑北侧为弧形地下连续墙围护，地下连续墙变形过大可能会导致基坑渗漏，而南侧为交通主干道，车辆频繁行走会对基坑变形产生不利影响，所以土方开挖分块原则以尽早形成南北向对撑为控制原则。同时根据角撑特点，角撑区域土方分块开挖采用由角部向基坑内退挖的方法，限时形成角撑，减少无支撑暴露时间。这种分块挖土方法在对撑系统结合角撑系统的基坑中应用较为普遍。

4. 某工程基坑分层分块土方开挖实例二

1) 工程概况

该工程基坑面积约 2.2 万 m^2，开挖总方量 50 万 m^3，开挖深度约为 22.50～27.70m。

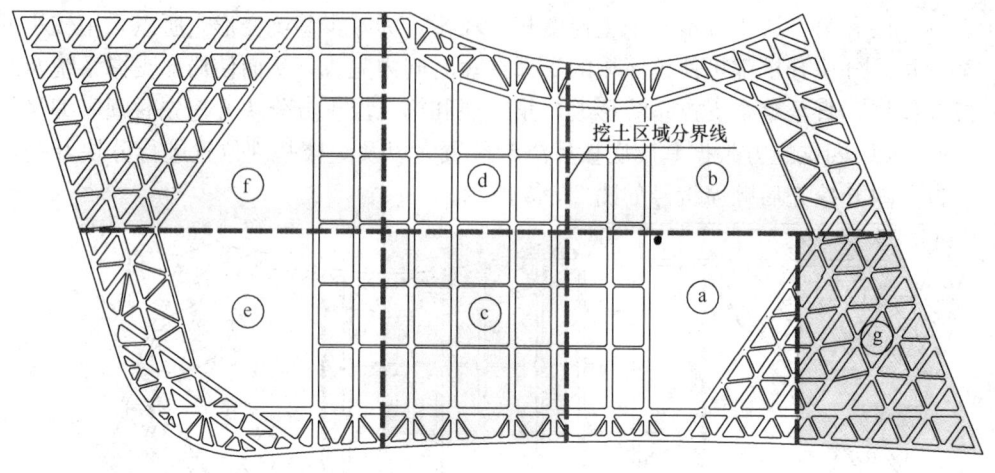

图 23-65 第四层土方分块开挖顺序

基坑采用 1m 厚的地下连续墙围护，竖向设置 5 道钢筋混凝土支撑。该工程地处城市中心区域，环境条件复杂，北侧为历史保护建筑，西侧为在建地铁车站，南侧为高架道路，东侧为交通干道，基坑周边管线众多，基坑变形控制要求很高。

2）基坑分层分块土方开挖施工方案

根据周边环境保护要求和支撑平面布置特点，该基坑土方开挖采用分层分块的开挖方法。由于竖向设置了 5 道钢筋混凝土支撑，土方竖向分六层进行开挖。第一层土方采用由中间向东西两侧退挖的方法。第二～五层土方根据周边环境的重要性，按照尽早形成南北向对撑的原则，土方分为 22 块进行开挖，土方分块开挖先后顺序编号如图 23-66 所示。第六层土方根据基础底板后浇带位置，土方分为 5 块进行开挖，土方分块开挖先后顺序编号如图 23-67 所示。

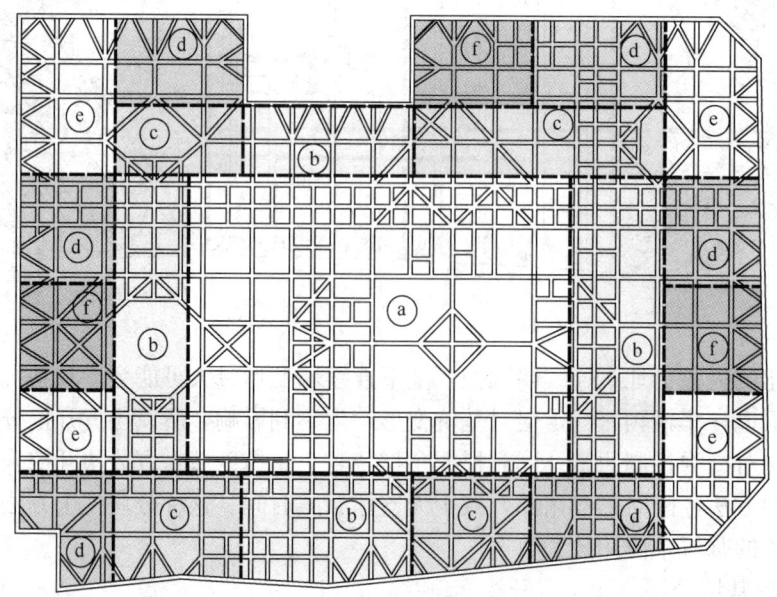

图 23-66 第二～五层土方分块开挖顺序

由于该基坑工程环境保护要求高，支撑布置较为密集，基坑土方分块开挖的先后顺序主要根据周边保护对象的重要性确定。这种土方开挖方法通过保留基坑周边的土方，减小了基坑围护暴露的时间，对保护周边环境非常有利。

5. 某工程基坑分层分块土方开挖实例三

1）工程概况

该工程地下五层，基坑面积约 2.4 万 m^2，开挖总方量约 53.5 万 m^3，开挖深度约为 22.47～22.97m。基坑采用二墙合一的地下连续墙，厚度为 1m 和 1.2m。基坑周边环境极为复杂，东侧是正在运营的轨

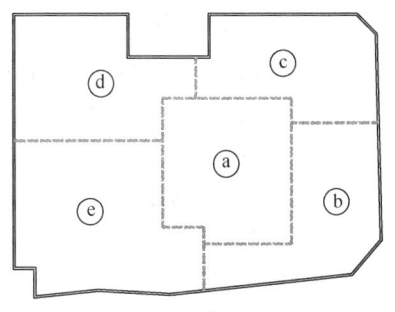

图 23-67　第六层土方分块开挖顺序

道交通车站，东南侧为地铁车站，西面为高架道路，周边道路地下管线众多，环境保护要求很高。

2）基坑分层分块土方开挖施工方案

为保护东南侧地铁车站，根据先开挖环境要求相对较低区域土方的原则，将整个基坑分成一大一小两个基坑分阶段进行施工，其中小基坑面积约 $1430m^2$，大小基坑之间设置 1m 厚地下连续墙作为分隔墙。大基坑采用逆作法施工，小基坑在大基坑基础底板完成后进行土方开挖，小基坑采用顺作法施工。大基坑的土方采取分层分块开挖方法，由于该工程地下五层，土方竖向分六层进行开挖。以第一～五层土方开挖为例，大基坑土方在平面上分为 11 个分块进行开挖，土方分块开挖先后顺序编号如图 23-68 所示。

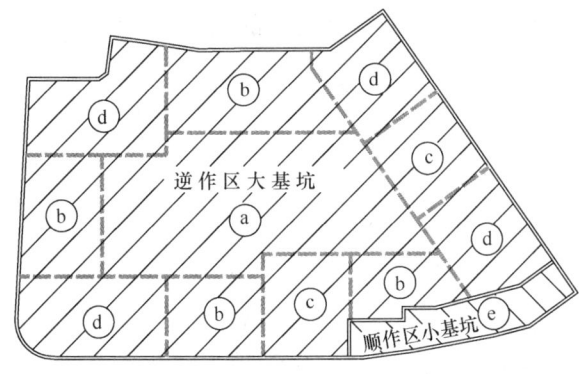

图 23-68　各层土方分块开挖顺序

由于该工程采用分隔墙将整个基坑分为两个基坑，大基坑土方开挖时，顺作区小基坑可作为缓冲区域，以达到控制东南侧地铁车站变形的目的。大基坑采用逆作法施工，土方开挖过程中通过合理分块并确定先后顺序，保留基坑周边的土方，较好的控制了围护墙的变形，减小对周边环境的影响。超大超深的逆作法基坑工程，采用分层分块土方开挖方法同样较为普遍。

23.7　坑中坑土方开挖方法

基坑底标高会由于基础底板底部落深而产生坑中坑，坑中坑一般由电梯井、管道井、集水井等形成。由于电梯井落深较大，本章主要叙述电梯井坑中坑土方开挖方法。

对于坑中坑，可以根据其深度及平面位置，采用不同的边界形式，土方可采用放坡开挖、有围护无内支撑土方开挖、有围护有内支撑土方开挖的方法进行。放坡开挖的坑中坑一般采用水泥砂浆、混凝土、土体加固等护坡形式；有围护无内支撑的坑中坑一般采用板式、水泥土重力式围护墙、土钉、土层锚杆等支护方式；有内支撑的坑中坑一般采用钢支撑、混凝土支撑等支护方式。

23.7.1 坑中坑放坡土方开挖方法

开挖较浅或地质条件较好的坑中坑一般可采取放坡开挖的方法。坑中坑土方可随大面积土方一起开挖,也可在大面积垫层完成后进行土方开挖。

23.7.2 有围护无内支撑的坑中坑土方开挖方法

开挖较深或地质条件较差的坑中坑一般可采取有围护无内支撑的开挖方法。坑中坑土方应根据边界条件采用分层或不分层的开挖方法。为了减小坑中坑土体变形,一般可采取先浇筑大面积垫层,再进行坑中坑土方开挖的方法。

23.7.3 有围护有内支撑的坑中坑土方开挖方法

1. 有围护有内支撑的坑中坑土方开挖方法

开挖坑中坑可能引起基坑工程桩和土体较大位移,或可能对整个基坑安全产生不利影响时,应采取有围护有内支撑的开挖方法。一般可采取先浇筑大面积垫层,再进行坑中坑土方开挖的方法。如有必要也可采取先浇筑大面积基础底板,再进行坑中坑土方开挖的方法。有内支撑的坑中坑土方可采取分层开挖的方法。

2. 某工程有围护有内支撑的坑中坑土方分层开挖实例

1) 工程概况

该工程主楼基坑面积约 7850m^2,坑中坑位于主楼基坑中部,面积约 2116m^2,深度达 8.04m,土方量约 1 万 m^3。坑中坑采用钻孔灌注桩和钢管桩组合的围护墙,竖向设置一道钢支撑系统。基坑和坑中坑平面如图 23-69 所示。

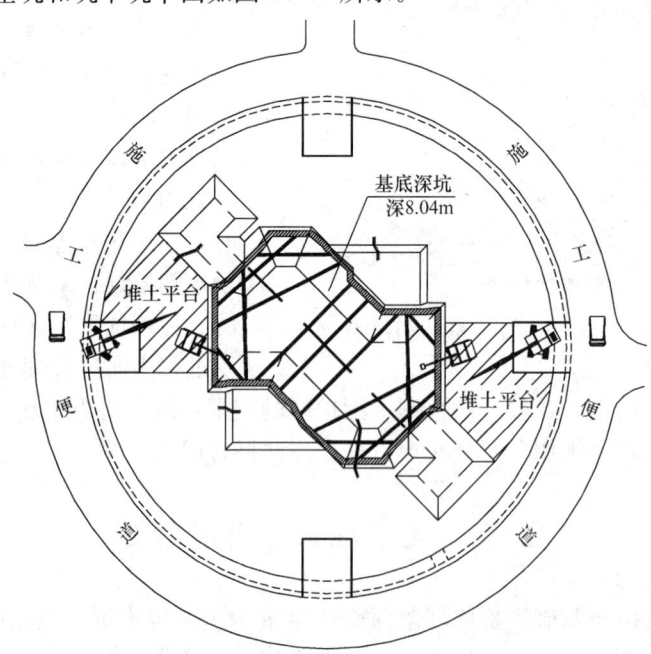

图 23-69 主楼基坑中的坑中坑平面位置

2) 坑中坑土方分层开挖施工方案

由于坑中坑土方量达 1 万 m^3,且开挖深度达 8.04m,为减少坑中坑对工程桩和主楼围护的不利影响,先行完成主楼坑中坑基础底板浇筑,再进行大面积基础底板的浇筑。由于坑中坑内设置一道钢支撑,土方竖向分两层开挖。根据坑中坑的特点,土方分四次进行开挖。第一次开挖围护顶圈梁区域土方,采用开槽挖土方法,坡面进行配筋喷射混凝土护坡。在顶圈梁施工和养护阶段,进行第二次土方开挖。第二次开挖钢支撑以上的土方,并及时进行坑中坑钢支撑系统的安装。第三次开挖钢支撑至坑底的土方,在完成配筋喷射混凝土护坡及垫层施工后,进行坑中坑基础底板混凝土第一次浇筑,混凝土浇至钢支撑底部。在第一次浇筑的基础底板养护阶段进行坑中坑两端浅坑部位的土方开挖,进行护坡和垫层施工,然后进行基础底板混凝土第二次浇筑,完成坑中坑基础底板浇筑。坑中坑土方开挖顺序按图示编号进行,土方开挖如图 23-70 所示。

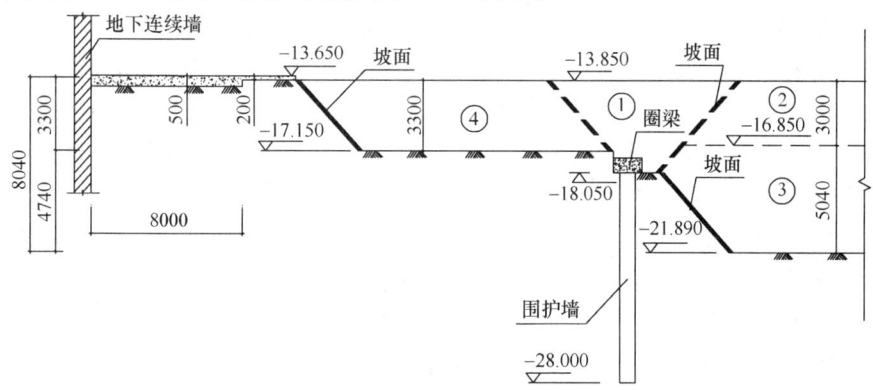

图 23-70 坑中坑土方开挖顺序

23.8 基坑土方回填的方法

基坑土方回填一般采用人工回填或机械回填等方式。回填土方应符合设计要求,回填土方中不得含有杂物,回填土方的含水率应符合相关要求。回填土方区域的基底不得有垃圾、树根、杂物等;回填土方区域的基底应排除积水。

23.8.1 人工回填的方法

人工回填一般适用于回填工作量较小,或机械回填无法实施的区域。人工回填一般根据要求采用分层回填的方法,分层厚度应满足规范要求。人工回填时,应按厚度要求回填一层夯实一层,并按相关要求检测回填土的密实度。

23.8.2 机械回填的方法

机械回填一般适用于回填工作量较大且场地条件允许的基坑回填。机械回填采用分层回填的方法,回填压实一层后再进行上一层土方的回填压实。分层厚度应根据机械性能进行选择,并应满足相关规范要求。回填过程中的密实度检测应符合相关要求。若存在机械回填不能实施的区域,应以人工回填进行配合。

基坑回填一般采用挖掘机、推土机、压路机、夯实机、土方运输车等联合作业。运输车辆首先将土卸至需回土的基坑边,挖掘机或推土机按分层厚度要求进行回填,然后由压路机或夯实机进行压实作业。

23.9 基坑开挖施工道路和施工平台的设置

基坑开挖过程中,施工道路和施工平台的设置是土方工程顺利进行的保证。施工道路一般包括坑外道路、坑内土坡道路、坑内栈桥道路等；施工平台一般包括坑边栈桥平台、坑内栈桥平台等。施工道路应具有足够的承载能力，通常情况施工道路应采用钢筋混凝土路面结构。对于临时性使用且使用频率不高的施工道路，可采用铺设路基箱作为路面结构。对于连接基坑内外的栈桥道路和坑内土坡道路，应具有足够的稳定性，坑内土坡道路和斜向设置的栈桥道路坡度一般不大于1：8，并应具有相应的防滑措施。施工平台应具有足够的承载能力和稳定性，并满足相应的作业要求。

23.9.1 施工道路的设置

1. 坑外道路的设置

坑外道路的设置一般沿基坑四周布置，其宽度应满足机械行走和作业要求。在条件允许的情况下，坑外道路应尽量采用环形布置。对于设置坑内栈桥道路、坑边栈桥平台的基坑，坑外道路的设置还应与栈桥道路、栈桥平台相连接。

2. 坑内土坡道路的设置

坑内土坡道路的宽度应能满足机械行走的要求。由于坑内土坡道路行走频繁，土坡易受扰动，通常情况下土坡应进行必要的加固，如图23-71所示。土坡面层加强可采用浇筑钢筋混凝土和铺设路基箱等方法；土坡侧面加强可采用护坡、降水疏干固结土体等方法；土坡土体加固可采用高压旋喷、压密注浆等加固方法。

(a) (b)

图 23-71 坑内土坡道路工程实景
(a) 采用钢筋混凝土面层的坑内土坡；(b) 采用轻型井点降水护坡的坑内土坡

3. 坑内栈桥道路的设置

城市中心区域的基坑一般距离红线较近，场内的交通组织较为困难，需结合支撑形式、场内道路、施工工期等设置施工栈桥道路。坑内栈桥道路的宽度应能满足机械行走和作业的要求。一般情况下第一道钢筋混凝土支撑及支撑下立柱经过加强后可兼作施工栈桥道路使用，如图23-72(a)所示。逆作法基坑施工一般以取土作业层作为栈桥道路使用，施工机械应严格按照栈桥道路荷载规定进行挖土作业。坑内栈桥道路也可利用支撑系统作为立柱和主梁，在梁上铺设路基箱，通过组合形成栈桥道路。坑内栈桥道路可作为土方装车挖掘机的作业平台，如图23-72(b)所示。

23.9.2 挖土栈桥平台的设置

1. 钢筋混凝土结构挖土栈桥平台的设置

(a)   (b)

图 23-72 坑内栈桥道路工程实景
(a) 结合第一道支撑设置坑内栈桥道路；(b) 坑内栈桥道路兼作挖掘机作业平台

钢筋混凝土挖土栈桥平台的平面尺寸应能满足施工机械作业要求。钢筋混凝土挖土栈桥平台一般与钢筋混凝土支撑相结合，可设置在基坑边，也可设置在钢筋混凝土栈桥道路边，如图 23-73 所示。

(a)   (b)

图 23-73 施工栈桥平台工程实景
(a) 设置在基坑边的栈桥平台；(b) 设置在坑内栈桥道路边的栈桥平台

2. 钢结构挖土栈桥平台的设置

钢结构挖土栈桥平台一般由立柱、型钢梁、箱型板等组成，其平面尺寸应能满足施工机械作业要求。钢结构挖土栈桥平台一般设置在基坑边或坑内栈桥道路边。钢结构挖土栈桥平台具有可回收的优点。

3. 钢结构与钢筋混凝土结构组合式挖土栈桥平台的设置

钢结构与钢筋混凝土结构组合式挖土栈桥平台一般可采用钢立柱、钢筋混凝土梁和钢结构面板组合而成，也可采用钢立柱、型钢梁和钢筋混凝土板组合而成，组合式挖土栈桥平台在实际应用中可根据具体情况进行选择。

参考文献

[1] 中华人民共和国行业标准.《建筑基坑支护技术规程》(JGJ 120—99)[S]北京:中国建筑工业出版社,1999.

[2] 中华人民共和国国家标准.《建筑地基基础设计规范》(GB 50007—2002)[S]北京:中国建筑工业出版社,1999.

第24章 基坑土体加固

24.1 概 述

24.1.1 基坑土体加固的概念

基坑土体加固是指通过对软弱地基掺入一定量的固化剂或使土体固结，以提高地基土的力学性能。

从广义的角度出发，加固可包含对场地的地基土加固和支护结构加固，其中支护结构加固是结构范畴，非本文讨论的内容，可见有关专著。地基土加固是针对区域性的场地，地基土的处理或加固的方法较多，包括自密法、置换法、复合地基法、加筋法、灌浆法。自密法包括排水固结法、碾压法、动力夯实法，其中排水固结法又包括预压法和降水法。置换法包括粗粒或细粒垫层法。复合地基法包括碎石桩法、砂桩法、灰土桩法、水泥土桩法。其中水泥土桩法包括深层搅拌和旋喷桩等工法。每一种地基处理方法都有其适用范围和局限性，不存在任何条件下都是最合理的万能的处理方法。

场地的地基土加固通常分为两种类型：结构物地基加固和施工期间地基加固。前者属于永久性加固，后者是施工期间的临时性加固。本文主要是针对基坑开挖工程中的临时性地基处理，我们称之为基坑土体加固。处理的对象指软弱地基土，包括由淤泥质土、人工填土、或其他高压缩性土层构成的软弱地基。主要是为提高土的强度和降低地基土的压缩性，确保施工期间基坑本身的安全和基坑周边环境安全而对基坑相应的土体进行加固。

基坑开挖时围护结构的受力及变形情况与其插入深度、土的力学性能、地下水状况、施工工况、开挖方式及周围环境等因素有关。随着坑内土的不断挖深，土的受力状况发生变化，作为挡土结构两侧的水、土压力处于动态变化中，挡土墙后的土体随墙体的变化向基坑方向移动，此外，在开挖时由于采用内降水，使坑外水位发生变化，也会使土体产生位移，影响周围构筑物的安全。为了掌握施工和使用过程中围护结构的受力及变化情况，使围护结构在基坑开挖和使用过程中，起到挡土、挡水作用，保证在施工过程中工程和周围环境的安全，必须采取相应的工程措施，其中对基坑土体进行预加固是一种行之有效的技术措施。

24.1.2 软弱土体与基坑变形的关系

基坑围护墙前后有较大的水位差和土压力差，实际开挖工程中，墙体位移不允许大到极限平衡状态。大量工程实测资料表明，不同深度的侧向变形及侧压力系数的变化很大，一般情况下在开挖面附近及开挖坑底位置一定深度区域的墙体变形较大，相应位置的土体压缩也较大。对于软土地基[1]，由于软土侧向约束作用微弱，透水性差，高灵敏度的软土被挤压，破坏了原结构。在基坑工程中可考虑加固的软弱土体主要包括淤泥质土、素填土、冲填土、松散的砂及含承压水土层等。软土一般主要分布在河流入海处，地质成因极为复杂。上海、广州等沿海地区为三角洲沉积,温州、宁波为滨海相沉积。沿海一带的软土地区,多为淤泥质土,埋藏厚度不一,天然孔隙比大于1.0但小于1.5,含水量大,抗剪强度低,压缩性高。

由于软土的渗透系数较小,固结速率慢,如果施工速率过快,将造成局部较大的塑性开展区,使基坑围护变形急剧增加或建筑物产生严重的不均匀下沉。在黏性土的深基坑施工中,周围土体均达到一定的应力水平,还有部分区域成为塑性区,由于黏性土的流变性,土体在相对稳定的状态下随暴露时间的延长而产生移动是不可避免的。因此,在基坑内支撑挖出槽位以后,如延搁支撑安装时间或混凝土支撑形成时间过长,会明显增加墙体变形和相应的地面沉降。在开挖到设计坑底标高后,如不及时浇筑好底板,使基坑长时间暴露,则因黏性土的流变性亦将增大墙体被动压力区的土体位移和墙外土体向坑内的位移,因而增加地表沉降。

胡中雄和贾坚关于基坑大面积卸荷机理研究[8],论述基坑开挖即大面积卸荷时,基坑开挖面以下土体由正常压密状态向超压密状态转化,土的性质也随之变化。该文通过对卸荷条件下的强度特性研究、侧向应力松弛特性研究、卸荷影响深度研究,提出临界卸荷比、极限卸荷比、强扰动区的概念,并得出对被动区裙边软弱土体进行加固可以有效改善扰动区的土体强度的结论。

同济大学董建国在考虑黏性土变形局部化的基坑设计方法一文中,提出了土体局部化变形理论,当土体的屈服应力接近于剪切带开始形成的偏应力特征值,土体开始发生局部变形,外力做功集中在土体的局部区域内,最后可能在这些部位造成土体的局部破坏。该文分析研究的结论是建议在基坑设计时,应采用剪切带开始形成(屈服点)这个特征点对应的偏应力,确定土体的抗剪强度指标。为避免基坑开挖过程中,被动区形成剪切带和初始损伤,确保土体不发生局部化变形或局部土体不被破坏,需对被动区的土体进行加固,并使围护墙前的总体压缩得到有效控制。

上海地区大量基坑工程实践表明,一定深度的基坑内土体和墙体变形密切相关,墙体过大的变形,表明坑内地基土已处于局部破坏状态。为避免坑内软弱土体的破坏,采用压浆、旋喷注浆、搅拌桩或其他方法对地基掺入一定量的固化剂或使土体固结,能有效提高土体的抗压强度和土体的侧向抗力,减少土体压缩和围护墙的位移,以保证工程结构或邻近结构不致发生超过允许值的沉降或位移。

24.1.3 加固体性质

基坑土体加固一般是指采用搅拌桩、高压旋喷桩、注浆、降水或其他方法对软弱地基掺入一定量的固化剂或使土体固结,以提高地基土的力学性能。其中搅拌桩、高压旋喷桩两种加固方法均是将原状土作为加固原材料与固化剂(一般为水泥或生石灰)通过特定的工艺使其混合发生化学反应,生成水化物和坚固的土团颗粒,再经过凝硬和碳酸化作用,使加固的土体成为具有整体性、水稳定性和一定强度的加固土桩体。不论石灰土或水泥土,它们的加固效果或强度增长都存在早期在短时期内增长较快和后期继续缓慢发展的特点。这一方面是因为固化剂本身所具有的特点,另一方面则因为它的掺入比一般都较小,而各种反应都是在具有一定活性的介质(土)包围中进行,反应又较复杂。它们不同于混凝土的凝结硬化机理,后者主要是水泥在比表面积小而活性弱的介质(粗粒材料)中进行水解和水化,其凝结速度快。

(1) 水泥加固土的物理力学特性和无侧限抗压强度与天然地基的土质、含水量、有机质含量等因素有关，以及所采用固化剂的品种、水泥掺入比、外掺剂等因素有关，也与搅拌方法、搅拌时间、龄期、操作质量等因素有关。水泥土的含水量和孔隙比与天然软土相比，有不同程度的降低。水泥土的强度随水泥掺入比及龄期增长而增长。水泥土的抗剪强度C_u与其法向应力σ_u有关。水泥土的抗剪强度随抗压强度而提高，但随着抗压强度增大，两者的比值减小。对同一强度的水泥土，不同围压下弯曲点对应的偏应力大致相同，且与水泥土无侧限抗压强度相接近。三轴试验中，试件破坏后均保持一定的残余强度，其应变也大于无侧限抗压时的应变值。水泥土与未加固土典型的应力应变关系表明，水泥土的强度虽较未加固土增加很多，但其破坏应变量ε_f却急剧减小。因此设计时对加固土的抗剪强度不宜考虑最大值，而应考虑对于桩体破坏应变量的适当值。水泥土的变形模量与无侧限抗压强度q_u有关，试验统计资料表明，加固桩体的变形模量一般在$E_{50}=(50\sim200)q_u$。加固体室内制样试验所得到的无侧限抗压强度q_{ul}与现场取样试验所得到的无侧限抗压强度q_{uf}，由于水灰比和拌合养护条件不一样，差异较大。此外，固化料掺合量较少时，搅拌又不充分，加固体的强度会出现很大的离散性。试验统计资料表明，现场桩体强度比室内试块强度大约低25%～35%。

(2) 石灰加固土的物理力学特性有与水泥土相似之处，也有一些截然不同之处。石灰一般以粉体与土搅拌，不给土附加新的水分。因此，加固后的土体含水量大约可降低7%～15%左右，重度可提高2%～4%。软土经石灰加固后，其液限稍有减小，但其塑限随着石灰掺入比增大而增大。国内外现有资料表明，对于抗剪强度为10～15kPa的软黏土而言，用石灰加固通常可使其抗剪强度大约超过其原有值10～50倍。强度增长的倍数一方面随黏土原有的液限或塑性指数的增大而减低，另一方面随石灰掺入比（主要指活性CaO的掺量）增加而增大。软土经石灰加固后，压缩系数减小，一般达到$10\sim5$kPa的量级。侧限压缩模量E_s增大，一般可达到10^4kPa的量级。石灰土桩的现场桩体芯样强度与室内试块强度的比值一般在0.65～0.75之间。而且由于现场桩体强度的离散性大，桩沿其深度的强度往往难以做到均匀一致。

(3) 水泥土和石灰土强度的长期稳定性，由于水泥和石灰两种材料的化学性质甚为稳定，故水泥土或石灰土强度的长期稳定性应无问题。根据有关资料报道，曾将某一现场的水泥搅拌桩在施工后4年取样，测定桩体内各点及桩周边未加固土的含钙量，其结果显示桩体界面处的含钙量并未减少，因桩体强度主要是借硅酸钙水化合物胶体（Calcium Silicate Hydrate，CSHgel）的强度来提供，故可推知桩体在四年后的强度并未衰减。此外，还比较了95d龄期与4年龄期的桩体强度，其结果也甚接近。故可以认为水泥搅拌桩强度的长期稳定性甚为可靠。至于更长期（如10年或20年）的性质是否稳定，目前尚无直接试验数据证实，但若参照一般水泥制品及石灰土的历史性状似无需疑虑。

24.2 基坑土体加固的方法与适用性

基坑土体加固的方法，包括注浆（各种注浆工艺、双液速凝注浆等）、双轴搅拌桩、三轴搅拌桩（SMW）、高压旋喷桩、降水等加固方式。基坑土体加固方法及适用性可参见表24-1。

各种土体加固方法的适用范围表　　　　　表 24-1

加固方法 \ 地基土性	对各类地基土的适用情况			
	人工填土	淤泥质土、黏性土	粉性土	砂性土
注浆法	※	※	○	○
双轴水泥土搅拌法	※	○	○	※
三轴水泥土搅拌法	※	○	○	○
高压旋喷法	○	○	○	○
降水法		※	○	○

注：※表示慎用，○表示可用。

表中地基加固的各施工工法可详见相关专业规程或规范。表中人工填土包括杂填土、浜填土、素填土和冲填土等。其中素填土是由碎石、砂土、粉土、黏性土组成的填土，其中含少量杂质；冲填土则由水力冲填泥砂形成的填土；杂填土则是由建筑垃圾、工业废料、生活垃圾等杂物组成的填土，土性不均匀，且常含有机质，会影响加固的效果和质量，故应慎重对待。

在软弱土层，如上海、广州、天津等沿海城市地区，建筑深基坑在开挖时使周围土层产生一定的变形，而这些变形又可能对周围环境产生不利影响和危害。软土地区的大量基坑工程实践表明，一定深度的基坑内土体与墙体变形密切相关。为避免坑内软弱土体的破坏，采用压浆、旋喷注浆、搅拌桩或其他方法对地基掺入一定量的固化剂或使土体固结，能有效提高土体的抗压强度和土体的侧向抗力，减少土体压缩和地基变形及围护墙向坑内的位移，减少基坑开挖对环境的不利影响，并使基坑围护结构或邻近结构及环境不致发生超过允许值的沉降或位移。

24.2.1 注浆加固应用范围

注浆包括分层注浆法、埋管法、低坍落度砂浆法、柱状布袋注浆法等。注浆可提高地基土的承载力，增加围护墙内侧土体的被动土压力，但对提高土体抗侧向的变形能力不明显。一般在计算时不考虑提高加固区土的抗剪强度指标和土的侧向比例系数。在基坑较浅或环境尚好的砂性或粉性土基坑内可采用注浆进行地基加固处理。

对基坑土体采用注浆加固时，一般应用范围包括：

(1) 注浆可用于坑底范围的土体加固。一般用于环境保护要求不高的基坑工程。

(2) 在分段开挖的长而大的基坑中，如果坑内土体的纵向抗滑移稳定性不足，可对斜坡体进行加固。

(3) 当围护墙是地下连续墙或灌注桩时，如果需要减少围护墙的垂直沉降或提高围护墙的垂直承载的能力，可用埋管注浆法对围护墙底部进行注浆加固。

(4) 在围护墙外侧进行注浆加固，或用于周边环境保护的跟踪注浆以减少围护墙的侧向土压力及控制基坑周围构筑物的变形。

由于注浆工艺的局限性，注浆加固体的离散性大，均匀性和强度保证的可靠性相对较差，施工过程的质量控制和检验存在不确定性，其效果有时达不到设计对土体加固的强度要求。对开挖较深的基坑采用注浆加固工艺时应综合评估其加固施工有效性。注浆加固深度的限制不包括对基坑工程中的围护墙墙底或立柱桩桩底的注浆加固。

24.2.2 搅拌桩加固应用范围

搅拌桩是利用钻机搅拌土体把固化剂注入土体中,并使土体与浆液搅拌混合,浆液凝固后,便在土层中形成一个圆柱状固结体。搅拌桩加固可提高地基土的承载力,增加围护墙内侧土体的被动土压力,减少土体的压缩变形和围护墙的水平位移,增加基坑底部抗隆起稳定性和开挖边坡的稳定性。

对基坑土体采用搅拌桩加固时,一般应用范围包括:

(1) 搅拌桩加固可用于基坑被动区的土体加固,对于特定的基坑工程,可根据周围环境对围护墙外侧最大地层沉降(Δ_{max})的限制,确定基坑底部的允许抗隆起安全系数。

(2) 在分段开挖的长而大的基坑中,如果坑内土体的纵向抗滑移稳定性不足,可对斜坡坡底的土体进行适当加固,可采用条分法对加固后的纵向抗滑移稳定性进行计算。

(3) 在围护墙外侧进行搅拌加固,以减少围护墙的侧向土压力、防止围护墙接缝漏水和堵漏及控制基坑周围构筑物的变形。

(4) 搅拌桩加固深度。加固土体的搅拌机一般有单轴、双轴和三轴,相应的水泥土搅拌桩也包括单(双)轴搅拌桩、三轴搅拌桩,标准搅拌直径在650~1200mm。搅拌桩的加固深度取决于施工机械的钻架高度、电机功率等技术参数。由于施工设备能力的局限性及加固效果的差别,不同工法的施工工艺的加固深度是不同的,且需根据不同环境保护要求作出选择,以确保工程实施的可行性和环境的安全性。国外最大加固深度已达60m以上,我国双(单)轴搅拌机的土体加固技术受限于施工工艺和施工设备能力的限制,其设备能力一般搅拌深度达到18m,超出此深度时一般施工质量和加固效果难以保证,故在国内的双轴或单轴水泥土搅拌桩的加固深度一般控制在18m左右。三轴搅拌机的转轴刚度和搅拌机功率相比较优于双轴,相应的三轴水泥土搅拌桩的加固深度一般可达到30m,少量进口的三轴设备的搅拌深度可达到50m以上。此外,国外海洋工程中开始采用大功率多头搅拌设备,以解决海洋工程的施工难度,提高施工效率。

24.2.3 高压喷射注浆加固应用范围

高压喷射注浆对土体进行改良,土体经过高压喷射注浆后,由原来的松散状变成圆柱形、板壁形和扇型固结体,并且有良好的强度、抗渗性、耐久性。根据国内外的实践,高压喷射注浆可提高加固土体的抗剪强度和地基承载力,降低土体压缩性,增加围护墙内侧土体的被动土压力,减少土体的压缩变形和围护墙的水平位移,增加基坑底部抗隆起稳定性和开挖边坡的稳定性。旋喷搅拌具有提高土体抗侧向的变形能力,一般在计算时可适当考虑提高加固区土的抗剪强度指标和土的侧向比例系数。

对基坑土体采用旋喷加固时,一般应用范围包括:

(1) 旋喷加固可用于基坑被动区的土体加固,可根据周围环境对围护墙外侧最大地层沉降(Δ_{max})的限制,确定出基坑底部的允许抗隆起安全系数。

(2) 对基坑开挖的边坡的土体进行适当加固,可提高边坡的稳定性。

(3) 在围护墙外侧进行旋喷加固,以减少围护墙的侧向土压力、防止围护墙接缝漏水和堵漏及控制基坑周围构筑物的变形。

(4) 高压喷射注浆加固深度。高压喷射注浆因钻进深度较深,在软土地区的常规基坑工程中均可施工,故不作深度限制。但高压喷射注浆形成的旋喷桩桩径的离散性大,与搅拌桩桩径相比较,有一定的变化范围。

(5) 采用纯水泥浆液进行高压喷射注浆，当地下水流速较大用纯水泥浆注浆后有冲失的可能或工程有速凝早强需要时，在普通水泥中添加适量的速凝早强剂。

一般来说，下列土质的旋喷加固效果较佳。砂性土 $N<15$；黏性土 $N<10$；素填土，不含或含少量砾石。对于坚硬土层、软岩以上的砂质土以及 $N>10$ 的黏性土、人工填土层等土质条件则需要慎重考虑。对于含有卵石的砾砂层，因浆液喷射不到卵石后侧，故常需通过现场试验确定。

旋喷桩的平面布置需根据加固的目的给予具体考虑。为了提高基坑土体的稳定和减少围护墙的变形，其平面布置一般采用格栅形布置。

24.2.4　土体水平加固技术

以往地基加固，受限于施工工艺和施工设备能力的限制，仅对地基进行竖向处理，近年来，随着国家经济和技术的发展，一种水平或斜向地基处理技术也已经在工程中大量运用。该工艺具有向土体中实现多方向加固的特点，通过对坑外土体侧向加固实现基坑稳定，是旋喷和搅拌桩土体加固技术的发展，优于现行常规的单向加固技术。该加固工艺利用专用螺旋钻机在土体中成孔，在成孔同时通过螺旋钻机向土体喷射水泥砂浆液，浆液同砂土混合成水泥土，退出螺旋钻杆时（也可插入钢筋等筋材）在施工区域形成水泥土凝固体。该加固技术充分利用土体与水泥浆通过旋喷搅拌混合并加筋形成加劲水泥土桩。该工艺对土体的加固具有主动的特点，可用于堤坝、基坑围护、边坡、隧道等软弱土层的加固。

该技术已成功用于广州、杭州等地的建筑基坑工程，最大加固深度达到 10m 以上，取得了一定的工程经验。该工法采用侧向加固时是在开挖过程中实现的，故需要考虑严密的动态施工管理措施，并加强监测与试验，以确保工程施工和环境处于安全可控的范围内。此外，由于城市规划红线的限制，该工法在城市建筑基坑中应用时，尚需考虑筋材的回收，以避免对城市地下空间的不利影响。

24.2.5　坑内降水预固结地基法

1. 降水技术发展简述

上海软土层因地下水位高且有砂质粉土或夹薄层粉砂，挖深时容易发生流砂现象。自 20 世纪 50 年代来，一直对降水技术进行试验和实践，取得了很大成效。目前的降水技术包括轻型井点、喷射井点、电渗技术、深井降水等技术，已广泛应用于上海的淤泥质粉质黏土或黏土夹薄层粉砂的软土地层，也应用于粉砂、细砂和砂质粉土等地层。排水固结法施工设备简单，费用低，对环境无污染。

2. 降水作用和地质条件

在基坑内外进行地基加固以提高土的强度和刚性，对治理基坑周围地层位移问题的作用，无疑是肯定的，但加固地基需要一定代价和施工条件。基于工程经验，在密实的砂（粉）土中采用降水的方法加固被动区的土体是经济合理、行之有效的方法。港口陆域或工业建筑的堆场一般通过降水和真空预压的方法来加固场地地基土的强度。实践表明，通过降低地下水位，可以排除土体中的自由水和部分孔隙水，孔隙水压力逐渐消散，有效应力增加，土体的抗剪强度随着有效应力的增加而提高，达到加固坑内土体的目的，同时也可减少开挖过程的坑内土体的回弹，对环境保护有利。

一个场地的地质条件，将决定降水或排水的形式。如果地下水位以下的土层为一般均匀的、较厚的、自由排水的砂性土，则用普通井点系统或单井群井均可有效地降水，另一方面，若为成层土或黏质砂土时，则需采用滤网并适当缩短井点间距，一般还要采用井外的砂粒倒滤层。若基坑底下有一薄层黏土，且下为砂层，则须考虑采用喷射井点或深井打入该砂层，用以减除下层的水压力，避免基底隆起或破坏。

在上海夹薄砂层的淤泥质黏土层中，水平渗透系数为 10^{-4} cm/s，垂直渗透系数 $\leqslant 10^{-6}$ cm/s，当在此地层中的降水深度为 17~18m，自地面挖至坑底的时间为 30d 时，超前降水时间 $\geqslant$28d，实践说明降水固结的软弱黏土夹薄砂层强度可提高 30% 以上，对砂性土效果则更明显。大量工程的总结资料可证明适宜降水的基坑土层，以降水法加固是最经济有效的方法。为提高降水加固土体的效果，降水深度要经过验算而合理确定，如图24-1所示。

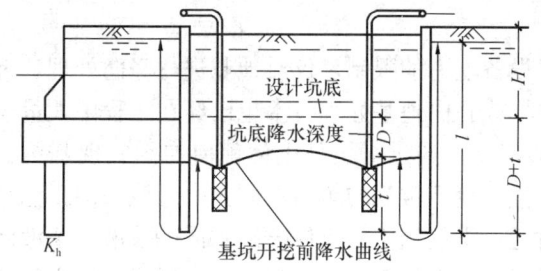

图 24-1 坑内降水预固结地基加固图

在市区建筑设施密集地区，对密封性良好的围护墙体基坑内的含水砂性土或粉质黏土夹薄砂层等可适宜降水的地层，合理布设井点，在基坑开挖前超前降水，将基坑地面至设计基坑底面以下一定深度的土层疏干并排水固结，既方便了土方开挖，更有利于提高围护墙被动区及基坑中土体的强度和刚度。降水加固方法受到土层条件的限制，对软土地基而言，其天然承载力很低，渗透系数较小，其排水作用的时间很长，如无水平向的夹砂层采用井点降水是很难有明显效果的，故在基坑工程中的应用应慎重考虑。

一般在降水加固前须进行地质和环境调查，以判断其实施是否符合工程实际情况，或改用其他有效的加固方法。通过现场抽水试验，主要反映土体性能的变化，包括土体孔隙比、含水量、强度指标等数值，为此需进行降水效果检测。在上海黏性土夹有薄层砂层或黏性土与砂性土互层的地质条件下，以井点降水加固土体，效果明显，使用广泛。此外，在选用本方法时，应考虑降水期间对四周环境可能的不利影响和经济费用，并采取合理措施消除此不利影响。

有关各种不同颗粒的土层或渗透系数采用的各种降水方法及降水设计及施工的详细说明见第 8 章和第 22 章有关内容。

24.3 基坑土体加固设计

当基坑支护工程设计及施工中存在下列情况时，应采取适当的地基处理措施：
(1) 基坑地基不能满足基坑侧壁的稳定要求；
(2) 对周围环境的预计影响程度超出有关标准；
(3) 现有地基条件不能满足开挖、放坡、底板施工等正常施工要求；
(4) 基坑开挖过程中暴露出的质量问题，严重影响基坑施工及基坑安全。

对于有管涌和水土流失危险之处则更应预先进行可靠的预防性地基处理。必须加固的位置和范围要选在可能引起突发性灾害事故的地质或环境条件之处，包括但不限于以下条件：

(1) 液性指数大于1.0的触变性及流变性较大的黏土层，基坑开挖较深，墙前土体有可能发生过大的塑性破坏；
(2) 地下水丰富的松散砂性土或粉砂土层；
(3) 坑边设备重载区或坑外有较大的超载，或坑外有局部的松土或空洞；
(4) 基坑附近有重要的保护设施或对沉降较敏感的建筑设施；
(5) 坑周边有较大的边坡或较大的水位差；
(6) 坑内局部加深区域的加固。

基坑土体对基坑和环境的影响是一个综合因素，与基坑结构形式、基坑规模与开挖深度、基坑环境保护要求、施工技术水平等有关，故基坑土体加固设计也应综合考虑上述因素的影响。基坑变形及对环境的影响程度与土性和环境状况有关，基坑土层条件和环境变化较大，单一基坑的周围环境往往也有较大区别，故坑内被动区域的土体加固设计应区别对待，以达到加固设计合理，工程投资经济、环境安全的社会效果。

24.3.1 基础资料的收集与分析

为做好加固设计方案比较，必须强调准确的地质勘察资料对加固设计的重要意义。必须具备工程场地各层土在深度和水平向的准确分布和层位标高，以及详尽的物理、力学、化学性质指标和地下水状况的资料。工程地质勘察应查明加固土层的分布范围、含水量、孔隙率等土体的物理力学性质指标。尤其要准确测定土的pH值、有机质含量、黏土矿物成分和颗粒组成，以免发生误导而引起工程事故。故在基坑土体加固设计前应予以查明，以便更合理地选择不同地质特性条件下的加固方法。

24.3.2 基坑加固方法的确定

基坑开挖前，应根据基坑稳定和变形控制要求进行基坑支护设计，并进行开挖对地基稳定或地层位移对保护对象影响的计算分析。根据地质水文条件和基坑开挖施工参数所设计的支护结构体系，预测基坑周围地层位移。当经过精心优化围护墙及支撑体系结构设计，以及开挖施工工艺后，预测周围地层位移仍大于保护对象的允许变形量时，或基坑和环境存在安全困难和风险较大问题时，则必须考虑在计算分析所显示的基坑地基薄弱部分，预先进行可靠而合理的地基加固，使基坑变形符合要求。

基坑支护结构类型繁多，基坑工程周边环境各具特色，地质状况复杂，当对基坑土体采取加固时，首先需考虑加固区域的确定与加固方案的比较。确定地基土加固方案时应根据加固目的、周边环境、场地地质条件及施工条件、预期处理效果和造价等初步选定几种加固方案，进行综合技术经济对比分析，从中选出相对经济合理的加固方式，必要时也可采用两种处理方法联合使用或同时加强围护结构整体性和刚度的综合处理方案。

基坑土体加固设计应包括选择基坑土体加固处理方法的理由及多种经济技术比较、加固体平面布置和竖向布置及构造要求等，并对土体加固材料配比、水灰比、强度、基坑土体稳定或变形等进行计算复核。

24.3.3 基坑加固体的平面布置

(1) 基坑土体加固桩位排列布置形式包括满膛式、格栅式、墙肋式等，见图24-2。

桩位满膛式布置的地基加固成本较大，一般仅应用于基坑外侧环境保护要求较高的与基坑对应的被动区域或基坑面积较小的区域。

(2) 基坑土体加固的平面布置包括加固体宽度、顺围护边线方向的长度、间距，平面

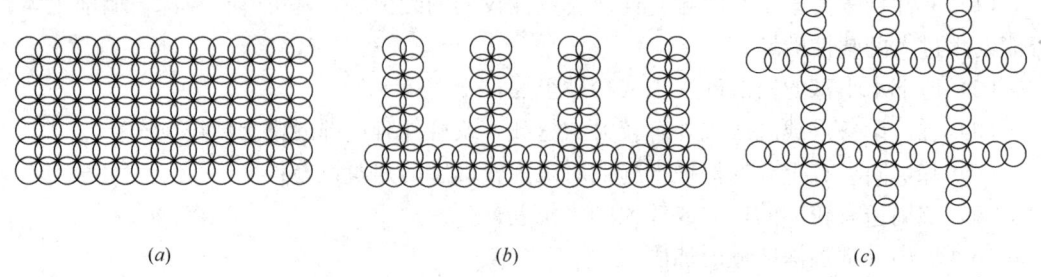

图 24-2 基坑土体加固桩位排列布置形式
(a) 桩位满膛式布置图；(b) 桩位墙肋式布置图；(c) 桩位格栅式布置图

加固孔位布置原则、土体置换率要求等。基坑土体加固的平面布置原则上同水泥土重力坝的布置。土体加固平面布置形式包括满膛式、格栅式、裙边式、抽条式、墩式、墙肋式等，见图 24-3。

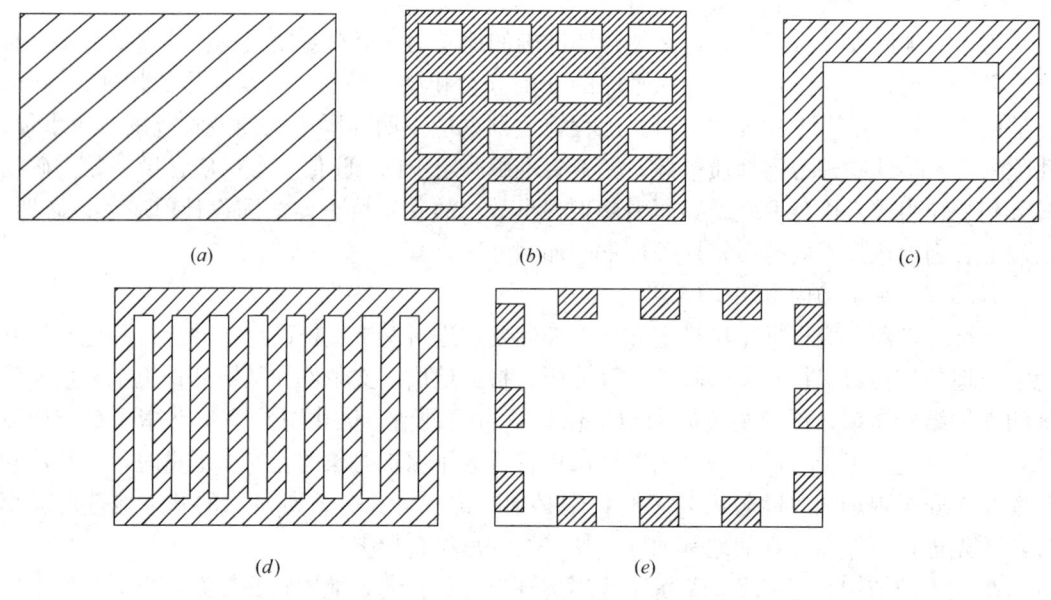

图 24-3 基坑土体加固平面布置形式
(a) 土体加固满膛式布置图；(b) 土体加固格栅式布置图；(c) 土体加固裙边式布置图；
(d) 土体加固抽条式布置图；(e) 土体加固墩式布置图

上述土体加固满膛式布置图、格栅式布置图、抽条式布置图一般用于基坑较窄且环境保护要求较高的基坑土体加固中。土体加固裙边式布置图一般用于基坑较宽且环境保护要求较高的基坑土体加固中。土体加固墩式布置图一般用于基坑较宽且环境保护要求一般的基坑土体加固中。

24.3.4 基坑土体加固的竖向布置

基坑土体加固竖向布置形式包括坑底平板式、回掺式、分层式、阶梯式等，见图 24-4。

24.3.5 基坑土体加固的构造

1. 加固体置换率

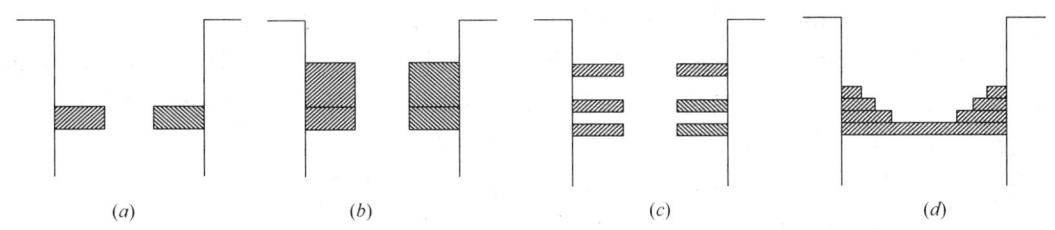

图 24-4 基坑土体加固竖向布置形式
(a) 坑底加固断面；(b) 坑底面上下不同掺量的加固断面；(c) 分层状加固断面；(d) 阶梯状加固断面

基坑土体加固体平面（置换率）和断面布置及固化剂掺量与基坑开挖深度是一个比较复杂的系统关系，很难通过单一数据予以确定，建立完全对应的比例关系在目前的技术条件下也是不现实的，必须结合不同的施工工法实践和工程经验确定，必要时进行计算复核。

有环境保护要求时或考虑加固后的土体 m 值或 k 值提高的坑内加固宜用格栅形加固体布置，其截面置换率通常可选用 0.5～0.8，在基坑较深或环境保护要求较高的一级或二级基坑中，可选用大值，反之可取用小值。

2. 加固体的搭接和垂直度要求

相邻桩的搭接长度不小于 150mm。桩的垂直度不小于 1/100。紧贴围护墙边的一排桩体宽度不宜小于 1.2m，宜连续布置，且应采取措施确保加固体与围护墙有效密贴，如搅拌桩和墙体之间的空隙应采用旋喷桩密贴。

3. 加固体水泥掺量与加固体强度

根据开挖深度和环境保护等级确定其固化剂掺量和强度技术指标。加固体材料技术指标，包括加固体材料强度指标（水泥标号）、水泥掺量、加固体龄期、加固体强度等。加固时水泥（固化剂）掺入量，是以每立方被加固软土所拌和的水泥重量计。加固体的强度取决于水泥掺合量和龄期，其能掺入土中的固化剂含量因施工工法的不同而有所区别，对水泥固化剂而言，常用的水泥种类为普通硅酸盐水泥、矿碴水泥。基坑土体加固时的固化剂掺量和强度指标，受施工工法的限制，其能掺入土中的固化剂含量因施工工法的不同而有所区别，有关加固工法的水泥掺量及加固体强度一般如下：

(1) 注浆加固时水泥掺入量不宜小于 $120kg/m^3$，水泥土加固体的 28 天龄期无侧限抗压强度，比原始土体的强度提高 2～3 倍；

(2) 双（单）轴水泥土搅拌桩的水泥掺入量不宜小于 $230kg/m^3$，水泥土加固体的 28 天龄期无侧限抗压强度 q_u 不宜低于 0.6MPa；

(3) 三轴水泥土搅拌桩的水泥掺入量不宜小于 $360kg/m^3$，水泥土加固体的 28 天龄期无侧限抗压强度 q_u 不宜低于 0.8MPa；

(4) 旋喷加固时水泥掺入量不宜小于 $450kg/m^3$，水泥土加固体的 28 天龄期无侧限抗压强度不宜低于 1.0MPa。

上述水泥掺量及其强度的关系不是绝对的，因地层条件和环境保护要求有别。在固化剂种类和掺入量相同的情况下，浆液喷搅时，土的天然含水量越低，加固土的强度越高。此外，不同种类的土在相同的水泥掺入量的条件下，两者的加固体强度有差别，但其强度随土中含水量增大而减少的递减率比较接近。对有少量有机质含量和淤泥质黏土层厚度较大的地段及暗浜、杂填土、松散砂、淤泥质土，或流塑状土等，应适当增加水泥掺量，或通过加固试验确定。对重要复杂的基坑工程或基坑比较深且环境保护要求高的基坑工程，应进行现场加固试验确定其适应性，合理确定加固方法和加固强度。考虑加固体的 m 或 k 值采用比相应土体本身高的数值时，必须满足相应的水泥掺量要求。

搅拌法或旋喷法的水泥用量较大，造价也高，且对空气和地下水环境有一定的污染作用。所以寻求经济合理且环保的加固方法或加固材料是急需研究探讨的课题之一。为推动地基土固化剂技术的发展，可考虑选择水泥固化剂以外的固化材料，但应选择场地土壤进行现场试验，并与采用水泥固化剂材料加固时的试验效果进行对比确定。

4. 加固体强度与龄期的关系

加固体的无侧限抗压强度比原始土体的抗压强度可提高数十倍以上，但加固体的强度与土质及含砂量、龄期、水泥品种及掺入比、土的含水量、外掺剂、水灰比等有关。水泥土的抗压强度随加固龄期而增长，它的早期强度增长并不明显，在低温条件下，水泥土的强度随龄期增长更慢。强度增长主要发生在龄期28d后，并且持续增长至120d，其增长趋势才减缓。在深基坑中可利用水泥土的后期强度，但在浅基坑中则是不利因素，往往会因为工期提前开挖而发生基坑坍塌事故。

5. 搅拌加固体上部引孔段回掺要求

开挖面以上的固化剂回掺量应与施工工法的特点结合，并考虑坑边环境和基坑深度的影响。工程实践表明，以往采用搅拌工艺时基坑上段回掺7%的水泥掺量，加固效果往往达不到工程要求，低水泥回掺量并不符合工程计算对土体的力学性能指标要求，故而造成实测的墙体变形远大于计算值。因此，当环境保护要求较高的情况下，坑底以上适当高度宜采用与坑底接近的掺量搅拌回掺，更不能全部空钻。

6. 加固体外掺剂要求

加固体掺加外掺剂是为了改善水泥土加固体的性能和提高早期强度。由于土性的差别，水泥土强度和增长速度也有区别，为提高加固的效果，需根据不同的土性选用相应合适的外掺剂和外掺量。加固体外掺剂应考虑加固土的土性（暗浜、软弱土、有机土、回填区、砂性）、开挖深度、周边环境等因素。经常使用的外掺剂有碳酸钠、氯化钙、三乙醇胺、木质素磺酸钙等。通过掺加外掺剂以改善水泥土加固体的性能和提高早期强度，但相同的外掺剂以不同的掺量加入于不同的土类或不同的水泥掺入比，会产生不同的效果。

借此介绍一种特种黏土固化浆液技术，该特种黏土固化浆液由特种结构剂、水泥、黏土、水配制而成，具有优于现行普通水泥浆液、水泥黏土浆液等多项性能。如浆液具有析水率低、稳定性高和结石率高、胶凝时间短和早期强度上升快、固化结石体强度高等特点。工程应用无环境污染、施工简便、造价很低。可用于港口码头、堤坝、基坑围护、边坡、隧道、采矿等注浆防渗加固，该技术已成功用于安徽马钢公司姑山矿采场东帮100m高边坡、广西南宁邕江防洪大堤江滨医院段、广西龙州金龙水库主坝、江西萍乡芦洞水库大坝和红旗水库大坝、北京地铁5号线雍和宫站回填土地基等几十个工程，取得了显著的技术经济效益。2004年通过水利部科技成果鉴定，2005年获得中国发明专利授权和广西壮族自治区政府科技进步一等奖。该技术运用于广西龙州县境内的金龙水库的堵漏加固取得成功。金龙水库位于岩溶地区,岩溶类型繁多、发育强烈,库水大量外漏,坝头与基岩衔接处常年大量漏水,虽然过去经过历年多次注浆堵水处理(采用普通水泥浆液、水泥黏土浆液注浆),但是收效一直不显著。采用特种黏土固化浆液技术处理后,进行注浆施工效应检测结果,检测结果完全符合设计要求。由抽取的岩芯可见,特种黏土固化浆液的结石体与碎石、土之间密实结合,见图24-5。

图 24-5 注浆加固体的岩芯

24.4 基坑典型加固设计

基坑变形及对环境的影响程度与土性和环境状况密切有关,基坑土层条件和环境变化较大,单一基坑的周围环境往往也有较大区别,故土体加固设计应区别对待。土体加固方法和加固范围应考虑土层条件和环境保护等级等因素,具体的加固工法与加固范围的选用可参见相应区域的加固设计。加固方法的选择尚需考虑环境保护方面的要求,如在采用水泥土加固时应考虑是否对绿化树木产生污染,在采用降水法加固时应考虑是否对坑外地面设施等产生不利影响。

影响基坑稳定和围护变形的主要区域包括坑内被动区、局部深坑区、放坡开挖边坡区域、坑外重载区域等位置,故基坑土体加固的范围主要是指这些相关区域的软弱土体加固。

对环境保护要求较高的基坑墙体变形必须进行设计控制,明确对地基处理范围和经地基处理后的技术指标,以便施工的可操作性,并满足工程安全和环境保护要求。

24.4.1 坑内被动区的土体加固设计

在基坑工程中,过大的墙体变形即表明坑内地基已经处于塑性发展状态,局部地基已经进入破坏状态,故对墙前的地基土的压力应进行限制或对土体进行加固以满足水平承载能力或满足地基稳定要求。坑底加固应有足够的宽度和深度以有效提高坑底地基土的强度和增强被动土压力的作用。

在邻近建筑设施的流塑、软塑黏性土层中的深大基坑,为控制围护墙的侧向位移,在基坑开挖前提前一定时间,对围护墙被动区,可采用水泥搅拌桩、旋喷桩或分层注浆法进行加固。加固范围及加固土体力学性能要求,除与基坑深度、平面几何尺寸、地质条件、支护结构体系特征相关外,与施工工艺及施工参数有很大关系,对于采用现浇钢筋混凝土支撑的基坑,即使精心地分层、分部、对称、平衡和限时地开挖及支撑,地下墙卸荷后的无支撑暴露时间 T_r 也要≥48h,而采用钢支撑的基坑,精心的施工可将 T_r 控制在≤24h。在同样地质环境条件下,采用现浇钢筋混凝土支撑的基坑,围护墙被动区加固范围和力学性能要求要大50%~100%,视地质条件而定。

基坑变形及对环境的影响程度与土性和环境状况有关,基坑土层条件和环境变化较大，单一基坑的周围环境往往也有较大区别，故坑内被动区域的土体加固设计应区别对待，以达到加固设计合理、工程投资经济、环境安全的社会效果。

基坑土体加固的平面布置包括加固体宽度、顺围护边线方向的长度、间距，平面加固孔位布置原则、土体置换率要求等。坑内加固平面布置的各种构造布置形式可参见水泥土重力坝的布置。有环境保护要求时或考虑加固后的土体强度提高的坑内加固宜用格栅形加固体布置，其截面置换率通常可选择0.5以上，采用搅拌桩工艺的相邻桩搭接长度不小于150mm，紧贴围护墙边的一排桩体宜连续布置，且应采取措施确保加固体与围护墙有效密贴。

对基坑环境保护等级为一级的基坑土体加固的质量可靠性要求高。比较而言，地基加固工法中的三轴搅拌桩和旋喷桩施工工艺相对成熟，且加固体的深度和强度能满足深基坑对加固体的要求，故在环境保护等级一级的基坑被动区土体加固，建议优先考虑采用三轴搅拌桩或旋喷桩施工工艺。坑底面以下加固体深度一般不宜小于4m。坑底被动区加固体宽度可取基坑深度的0.5~1.0倍，同时不宜小于最下一道支撑到坑底距离的1.5倍，且不宜小于5m。

采用搅拌法工艺时在坑底面以上回掺水泥仅用于支撑道数为二道及以上的情况。开挖面以上的固化剂回掺量应与施工工法的特点结合，并考虑坑边环境和基坑深度的影响。工程实践表明，以往采用搅拌工艺时基坑上段回掺7%的水泥掺量，加固效果往往达不到工程对土体的力学性能指标要求，故而造成实测的墙体变形远大于计算值。因此，当环境保护要求较高时，坑底面以上回掺高度和回掺量需综合考虑，并满足围护结构和环境的安全要求。当为砂性或粉性地基时，宜全断面回掺，或改用其他有效的加固方法。

围护墙被动区加固形式如图24-6所示。

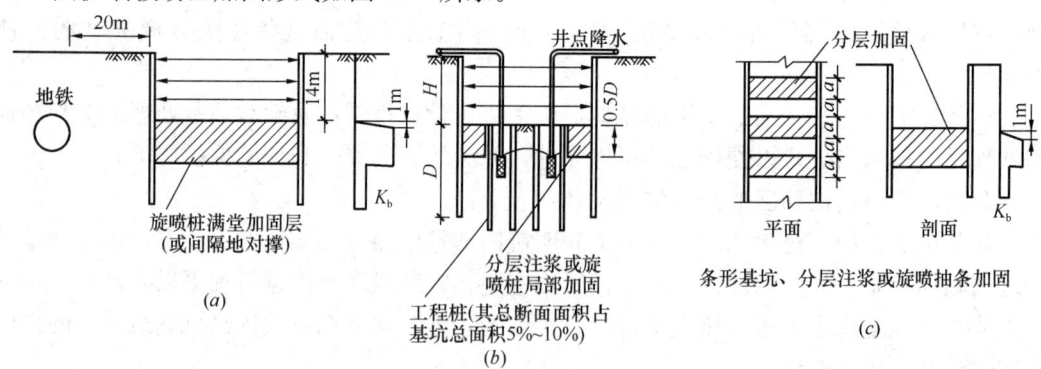

图24-6 基坑围护墙被动区加固

从上海地区一些工程测试资料的反分析可知，经过可靠有效的地基加固后，加固体的土体无侧限抗压强度和基床系数可提高2~6倍。但考虑土体的离散性和加固体的不均匀性及软弱土体的流变性，在按弹性计算变形中的水平基床系数与基坑开挖所暴露的范围和时间、土层性质与开挖深度、加固体范围和力学性能指标等有关。在环境保护要求下，应考虑水泥土加固体的不均匀性和卸荷对岩土指标的影响，故水平基床系数的取值需综合考虑选用。

坑内被动区加固平面布置可采用裙边连续式、壁状式、格栅式、墩体式、对撑等形式。坑内加固布置宜使被加固土体在平面和深度范围内连成一个整体。考虑到坑内有工程

24.4 基坑典型加固设计

桩影响及加固深度的因素，在满足工程要求的前提下，加固截面置换率取值较水泥土搅拌桩的重力坝小，但加固截面置换率不宜小于 0.50。相邻加固体宜有效搭接，搭接长度不宜小于 150mm。近坑壁一排加固体宜连续布置，加固体与围护墙之间的空隙应采取注浆或旋喷等措施进行加固。基坑坑底面以下加固体深度不宜小于 4m，坑底被动区加固体宽度不宜小于 5m。当开挖较深或环境保护有特殊要求时，加固宽度应进行专门分析确定。当坑底抗隆起、抗管涌不足或存在大面积承压水难以用帷幕隔断时，基坑底面可采用满膛加固。

在重力式基坑中，当重力式挡墙地基产生的沉降影响支护结构稳定及周围环境安全时，应对墙趾部分的地基土加固。对边长 L 较大的基坑，宜在中间局部增加墙宽或坑内加固体，以形成土墩，减小墙体位移。

图 24-7 是基坑被动区土体加固的实例。该基坑底面积为 19200m²，开挖深度为 13.1m。围护墙采用钻孔桩加搅拌桩的挡土止水结构，采用临时钢筋混凝土内支撑顺作法施工。该工程周边有各种城市地下管线，基坑东侧 9m 处有两层旧民宅。该侧被动区的土体采用双轴水泥土搅拌桩加固，搅拌桩的平面采用空腹封闭式格栅状布置。它在深度方向采取长短结合形式。搅拌桩的垂直偏差不得超过 1%，桩位偏差不得大于 50mm，桩径偏差不得大于 4%。为加强加固土体的整体性，相邻搅拌桩的搭接长度为 200mm。该基坑被动区的土体经过双轴水泥土搅拌桩加固后，有效地控制了围护墙的变形，基坑外的地面沉降和民宅建筑沉降也被控制在允许范围内。

图 24-8 是紧邻地铁隧道保护区的基坑被动区土体加固布置实例图。基坑占地面积为 3200m²，开挖深度为 14.75m。围护墙采用"二墙合一"的地下连续墙围护结构，采用临时钢筋混凝土内支撑顺作法施工。该工程位于上海市南京东路与贵州路转角处，工程周边除有各种城市地下管线外，基坑北侧南京东路步行街下尚有正在运营的 R2 线地铁隧道，其上行线隧道外边至地下室围护墙边线的水平距离约 8.0m。根据上海市地铁管理条例，在地铁边的深基础工程施工应满足以下条件：在地铁工程（盾构隧道外边线）两侧的临近 3.0m 范围内不能进行任何工程，地铁结构设施绝对沉降量及水平位移量≤20mm，相对弯曲曲率≤1/2500。地铁边的基坑围护墙体最大水平位移≤0.14%H。

基坑围护设计参数表见表 24-2。

基坑围护设计参数表 表 24-2

层号	土层名称	固结快剪		静止侧压力系数	十字板抗剪强度	三轴 UU 试验		原位渗透系数
		C(kPa)	ϕ	K_0	S_u(kPa)	C_U(kPa)	ϕ_U(°)	K(cm/s)
②	粉质黏土	19	20	0.46	47.6	76	0	
③	淤泥质粉质黏土	10	18	0.52	24.8	36		2.778×10^{-5}
④	淤泥质黏土	13	10	0.57	23.2	30		6.70×10^{-6}
⑤$_1$	粉质黏土	14	22	0.50	46.6	56		6.203×10^{-6}
⑤$_3$	粉质黏土夹粉砂	14	26	0.41	82.3	119		1.405×10^{-5}

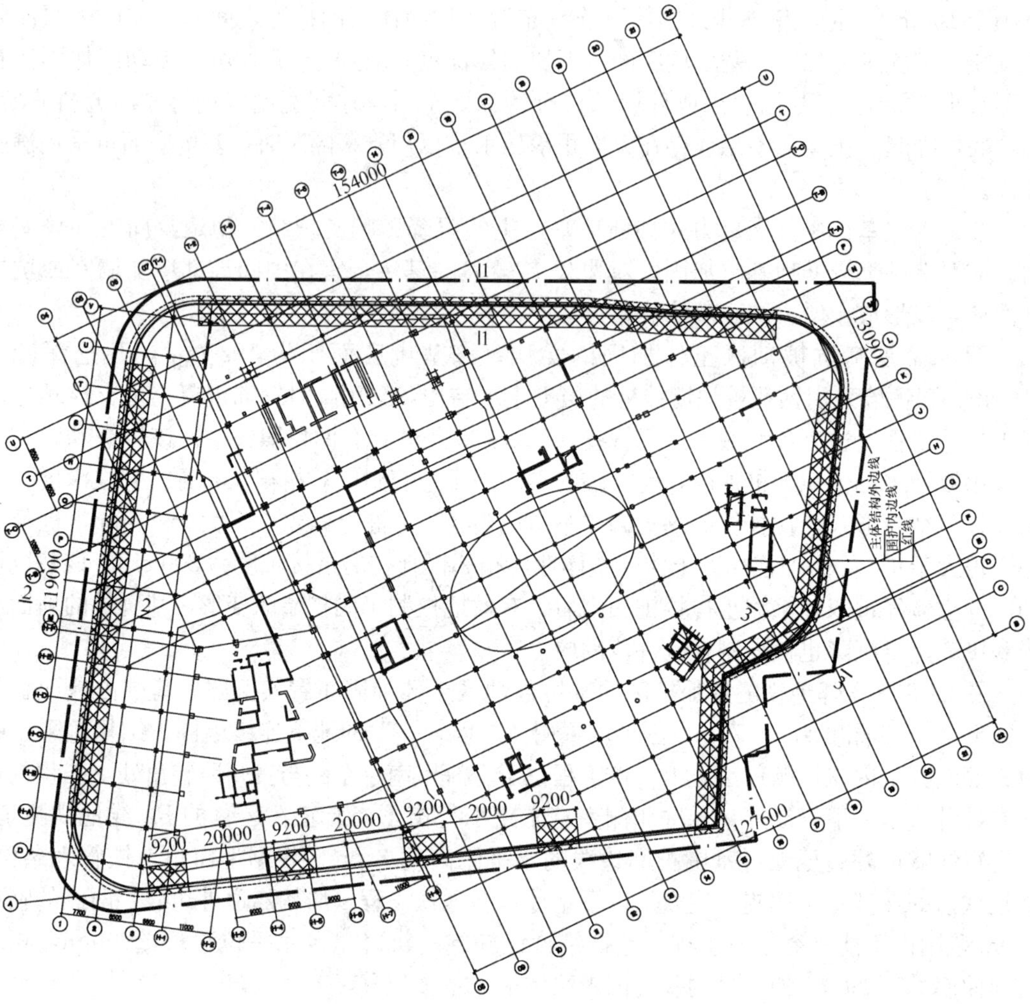

(*a*)

(*b*)

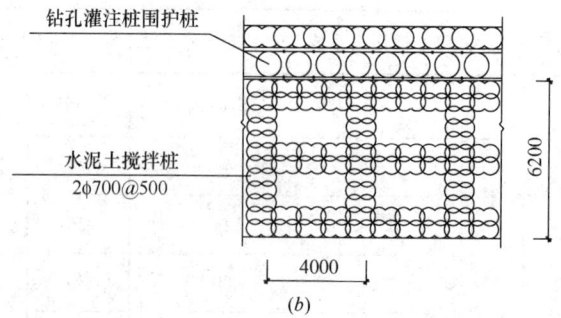

图 24-7 基坑被动压土体加固实例

(*a*) 鹏欣家纺中心基坑土体加固平面图；(*b*) 鹏欣家纺中心基坑土体加固详图

24.4 基坑典型加固设计　913

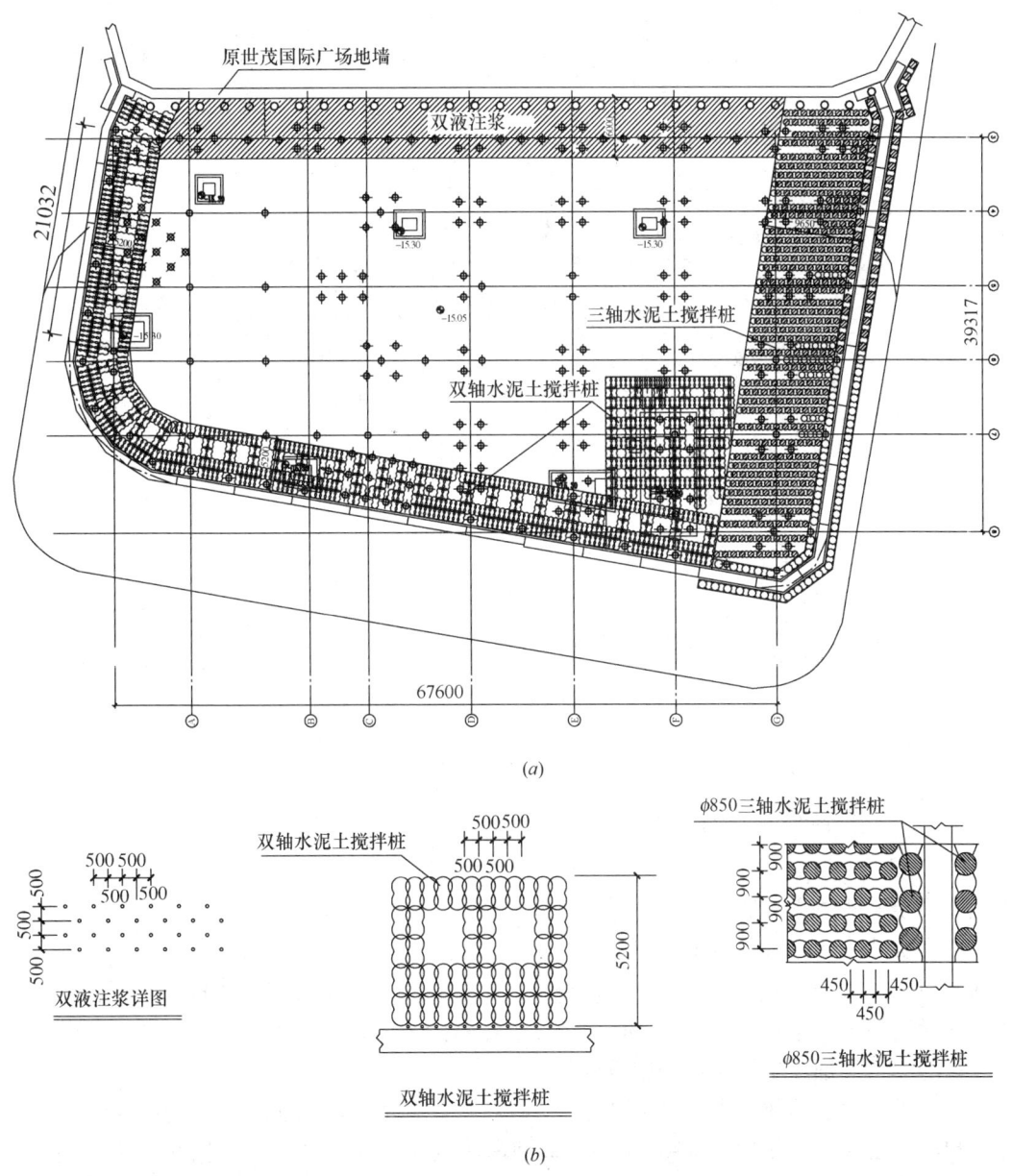

图 24-8　紧邻地铁隧道保护区的基坑被动区土体加固布置图（一）
(a) 土体加固平面图；(b) 土体加固平面布置详图

从工程范围内的地质剖面图可知，开挖深度范围内大多为第④层淤泥质黏土，开挖被动区的土质较差，为流塑状，对基坑稳定不利。在模拟施工工况的有限元计算分析过程中，土体弹簧刚度大小对基坑变形有很大影响。为此需考虑地基加固措施，在基坑内采用搅拌桩加固，加固深度为 4.0m，加固进入坑底以下的第⑤层土顶面，双轴搅拌桩水泥掺量为 14%，基坑开挖面以上回掺至第一道支撑底面，回掺量为 8%左右。南京东路一侧紧邻地铁 R2 线侧的围护墙前的加固宽度增加至 9.65m，采用三轴工法（φ650@450）加固地基，水泥掺量为 20%，加固后土体 28 天无侧限抗压强度不低于 1.0MPa。基坑开挖面

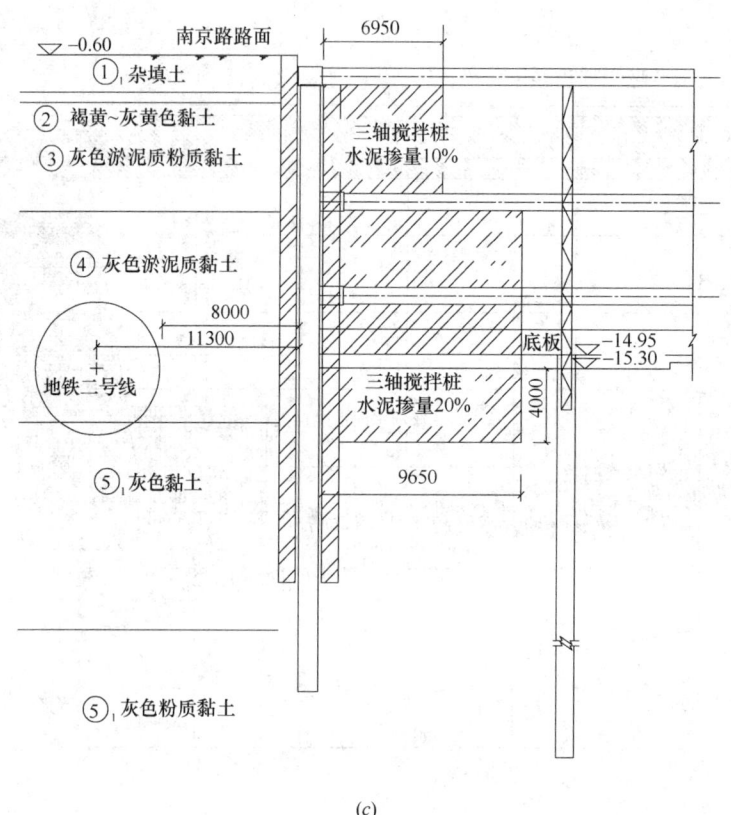

图 24-8 紧邻地铁隧道保护区的基坑被动区土体加固布置图（二）
(c) 土体加固剖面图

以上回掺至第一道支撑底面，回掺量为 10% 左右。

工程实践表明，基坑近地铁侧被动区的土体经过三轴水泥土搅拌桩加固后，被动区土体的抗剪强度得到提高，减少了土体的蠕变，有效地控制了该侧围护墙的变形，基坑外侧的地铁隧道最大水平位移小于 12mm，确保了地铁隧道的正常使用。

24.4.2 局部深坑的土体加固设计

局部深坑一般指超深大于 2m 的坑中坑等状况，局部深坑的土体加固包括深坑边坡的加固和深坑坑底的土体加固（图 24-9）。局部深坑区域的土体加固应根据基坑不同地质特性，并考虑坑内结构（桩、坡等）及环境条件等要求，合理选择加固方法。加固体断面布置应满足局部深坑边坡和坑底稳定的要求。

局部深坑区域的加固体平面外围边线宜在坑边坡坡顶线外侧，加固体深度宜低于坑底面下不小于 1m。当局部深坑临近坑壁、局部深坑区域为流塑状的淤泥质土、松散的砂土时等软弱土层条件下，坑底宜进行封闭加固。

局部深坑区域加固体平面范围、加固体断面、固化剂掺量等参数的确定方法可参照被动区的土体加固。

一般建筑基坑坑底面有大量的工程桩，特别在塔楼区域的局部深坑边的工程桩布置密集。在基坑加固布置时应考虑一定的安全距离，以避免加固施工的困难和减少施工对工程桩的不利影响。

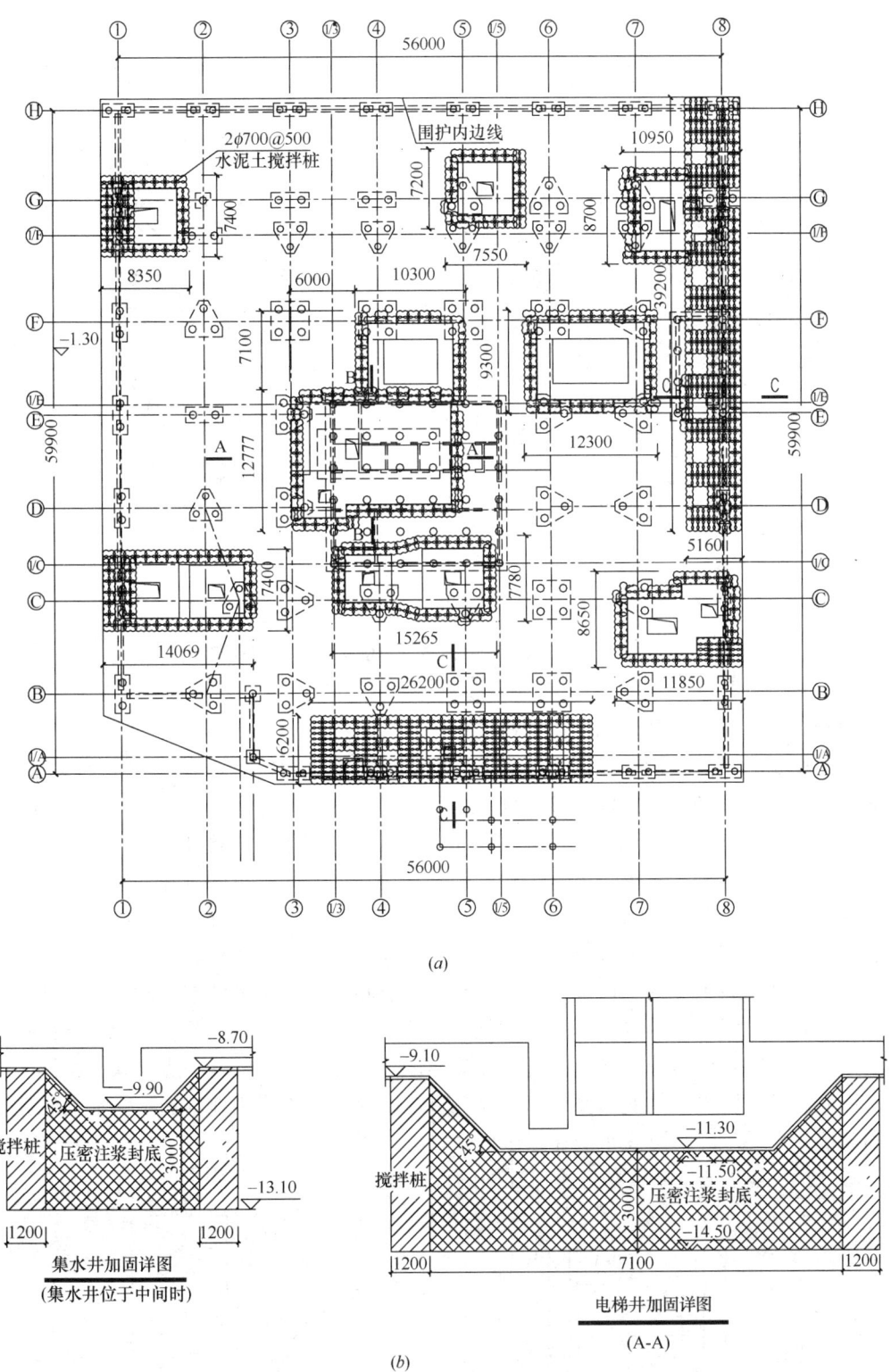

图 24-9 上海第二医科大学教学中心楼基坑土体加固图（一）
(a) 土体加固平面图；(b) 土体加固剖面图

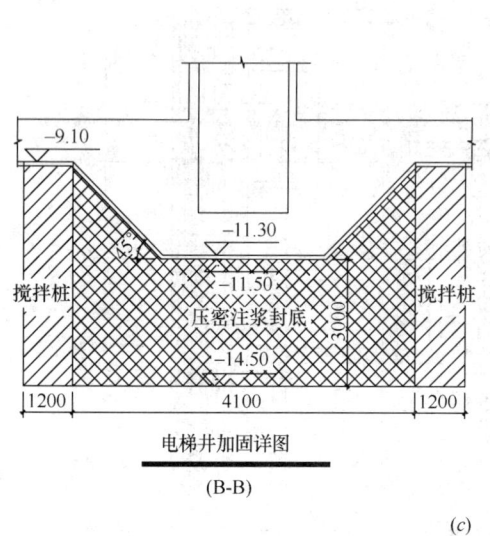
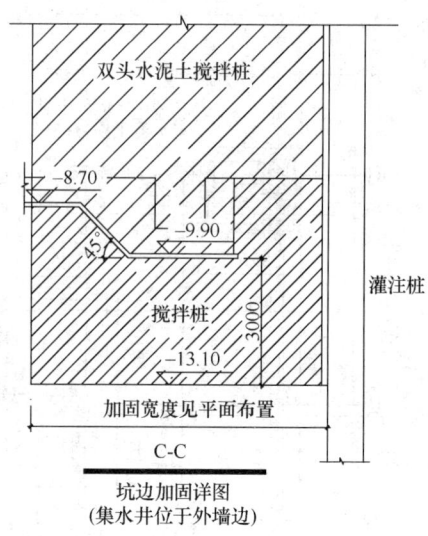

(c)

图 24-9　上海第二医科大学教学中心楼基坑土体加固图（二）
(c) 土体加固剖面图

24.4.3　坑外重载区域的土体加固设计

（1）作用于支护结构的侧压力过大，影响支护结构的稳定时，可对基坑外侧土体进行加固，提高其 c、φ 值，亦可内外同时加固。

（2）基坑工程中的施工荷载一般比较大，尤其是重载车和材料堆场、施工平台等区域要承受较大的动荷载，对地基土产生较大的扰动，地面发生一定的沉降，导致围护和地下管线的过大变形。对坑外重载区域的土体提出加固要求，通过坑外土体加固，使坑外地面重载区域的荷载应力小于加固体的承载能力，以满足地基稳定要求。

（3）坑外重载区域的土体加固应根据基坑浅层软弱地层条件考虑加固形式。加固方法可考虑注浆、水泥土搅拌桩、高压旋喷桩等工法。坑外加固时应有防止土体上抬的措施，施工工艺和回掺量应考虑对坑边环境的影响和保护。加固体平面外围边线和加固体深度应满足环境保护对围护墙的变形要求和地面沉降控制要求。当采用地基加固仍不满足环境保护和基坑安全要求时，可在重载通道区域设置桩基承台结构。

图 24-10 是基坑坑外重载区土体加固的剖面布置图。

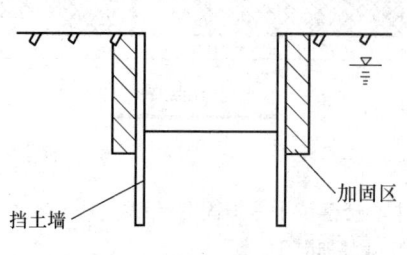

图 24-10　坑外加固竖向布置图

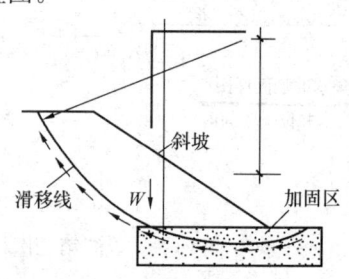

图 24-11　放坡开挖的边坡加固法

24.4.4 放坡开挖的土体加固设计

场地开阔,环境条件允许的情况下,经设计验算满足边坡稳定性与地基整体滑动稳定性要求时,可采用放坡开挖基坑。对开挖深度大于 5m 的土质边坡,宜设置分级过渡平台,各级过渡平台的宽度宜为 1.0～1.5m。

当采用自然放坡不能满足边坡稳定时,则需考虑对放坡开挖的土体加固,放坡边坡区域的土体可采用降水法加固,必要时可考虑水泥土搅拌桩或注浆加固(图 24-11)。

当基坑位于砂性土或饱和含水流塑或软塑黏性土夹有薄砂层的地层中,首先应考虑采用明排法或井点降水。放坡开挖的基坑,其浅层地下水和地表水对放坡开挖的影响很大,需要对地下水进行控制,常规的方法除设置排水沟或集水井外,也可考虑在放坡平台或坡顶上设置轻型井点降水以改善土体的力学性能,降低基坑开挖影响范围内地层的地下水位,以防止开挖中动水压力引起的渗流力的作用和流砂现象。

在浜填土区域或软弱淤泥质土层区域除开挖换填方法外,也可考虑采用水泥土搅拌桩或注浆加固。边坡加固体平面外围边线和加固体深度应满足开挖边坡的整体稳定和各台阶边坡稳定。当坑顶或坑边附近有附加荷载时,坑边坡顶区域的土体宜采用水泥土搅拌桩或注浆加固。开挖面土体较差且施工周期较长的基坑,开挖坡面宜采用钢丝网水泥喷浆、喷射混凝土或高分子聚合材料覆盖等措施进行边坡护面加固,必要时可在斜坡面土中插入筋材以提高土体的稳定性。

井点选型根据地质和降水深度确定,详见第 8 章和第 22 章有关内容,井点在平面和竖向布置中要注意封住降水范围,降水曲线符合预期要求,在大型放坡开挖基坑中要尽可能利用地形条件,采用明排与井点结合法以节省造价。

工程案例一:上海浦钢搬迁宽厚板加热炉工程

上海浦钢搬迁宽厚板加热炉工程包括 1 座推钢式加热炉、2 座步进式加热炉、鼓风机房、液压站等,PHC 桩基承重。基坑总长 105m,宽 94m,开挖深度为 -9.5～-12.4m,局部最深达 -14.9m,基底座落于上海地区最软弱的④层土。基坑采用了多级接力大放坡开挖,总放坡系数 1:2.5,细石混凝土护坡(图 24-12)。二级轻型井点降水+坑中真空大井降水加固方式,边坡设置了一级轻型井点射流泵 20 套泵,二级轻型井点射流泵 21 套泵,加热炉基坑内设置了深 18m 的真空大井。设备基础与土方开挖结合"分块跳仓法"施工。工程实践表明,有效的降低地下水位不仅使整个土方开挖施工场地在干燥环境下运作,更使得边坡土体的强度因降水而得到提高,大大提高了边坡的稳定性,在验算中考虑

图 24-12 加热炉基坑土方放坡开挖图

到降水效果的作用而采用了提高50%的计算指标（土的弹性模量），使得位移计算值接近于实测值。该工程由中国二十冶建设有限公司承建，2005年12月26日开工，PHC桩沉桩后开始井点降水施工，2006年6月开始土方开挖，9月结构施工完毕，工程实施获得了较大的经济效益和良好的社会效应。

工程案例二：上海重型机器厂深基础基坑，东西长78.9m，南北长46.6m，开挖深度－7.5～－11.45m。当挖土至设备基础中间最深部分时，发现基坑南面地面上出现呈圆弧形的细裂缝两条，分别距坑边为6m和16m。随即在该处设立3个观察位移的桩，观察滑动发展情况。至第三天，基坑南3m处地面下沉1.5cm，两观察桩各位移1.2cm和1.5cm。至第七日晨，设备基础中部已有1/3挖到11.45m时，发现裂缝急剧扩大，半小时竟达10cm。继后在－3.5m平台处发现第三条裂缝，基坑底部出现泉眼，并有流砂及土涌现象，至此边坡滑动已趋发展，当时施工单位采取了紧急有效的措施。首先在－8m处用30cm方木及36♯工字钢架设钢板桩的水平对撑；在钢板桩顶部用钢缆拉锚加固；在已挖到设计标高处分段抢做1.0m厚的钢筋混凝土承台板。至第十天土坡已趋稳定。

由于土坡滑动，不仅使整个基坑边缘下沉，而且钢板桩向北位移约1.5m；厂房柱基发生位移和倾斜，有30根桩须补打，其中以中部靠近挖土最深处的桩基位移最大，向北移动达1.07m，显然与深层土的滑动有关。

事后采用圆弧滑动法进行边坡的稳定计算后得知：①如果采用一级井点降水而不采用其他相应措施，则在任何情况下都将发生滑动；②如采用二级井点降水，则在堆土情况下也不能使边坡保持稳定；在无堆土情况下，其边坡稳定安全系数接近于1；③如采用一级井点降水，同时在钢板桩间加设横撑时，才可保证上坡的稳定，但每延米约需8根36♯工字钢分成2层对撑，这对施工很不方便。

24.4.5 坑内降水加固设计

1. 降水设计的一般要求与注意事项

降水井的布置要考虑与坑壁距离和水力坡度的关系。坑内采用井点降水加固土体时，降水深度一般大于坑内土体的疏干降水深度，如果隔水帷幕不连续，则会发生坑外水向坑内渗漏的现象，对环境可能造成不利影响，故坑内采用井点降水加固土体时，有可靠有效的隔水帷幕显得尤为重要。

采用坑内井点降水加固土体时，考虑到土体固结度的要求，提出在开挖前20天进行预降水，降水深度不得小于坑底面以下1m。以确保基坑开挖时墙前土体的强度满足受力要求。

坑内降水法加固地基应确保降水的可靠性，避免降水失效或降水效果消失而引发对工程安全和环境的破坏作用。

降水期间应对坑内、外地下水位及临近建筑物、地下管线等进行监测与监控，当围护墙或坑外建筑物，其变形速率或变形量超过警戒值时，可采用回灌水法或隔水法控制降水，以减少对环境的影响。

2. 工程实例

某浅基坑工程，通过轻型井点降水，基坑深度范围内的粉质黏土和粉土的含水量，分别降低了3.17%和2.17%～5.73%。降水后的含水量为基坑开挖时取出土样的含水量。地基土在降水前后的物理力学指标发生变化。

广东文冲船厂位于广州东郊，傍依珠江，为满足航运发展需要，分别于 1963、1973 年建造了一、二号两座船坞。一号船坞于 1959 年进行水下开挖，后停工，于 1963 年复工，为确保边坡稳定，采用二级轻型真空井点降低地下水位；而后抽干坞坑积水；1973 年，于紧邻一号船坞的西侧，兴建二号船坞，为保证二号船坞施工过程中，一号船坞及各厂房能正常使用，要求二号船坞的基坑具有较陡的边坡。为此，决定先做坞口围堰，后在井点降水条件下进行干开挖。一号船坞的基坑面积达到 10000m^2，集水面积为 58000 万 m^2，开挖深度为 -13m。地下水位高，不论潜水或承压水，在地面下 1.5m 左右。工期约为 2 年，经历梅雨季节和台风季节，暴雨集中。组成边坡的土质很复杂，土质软弱，渗透系数小，加以其是先水下开挖，后筑围堰，也增加了施工的复杂性。

工程二级轻型井点真空泵用 W4，离心泵用 4BA-18，一级井点总管长 635m，井点间距 1.6m，计 397 根，共四套二级井点总管长 565m，井点间距 1.2m，计 469 根，共为四套，因工程重要，备用井 100%，全工程需 16 套轻型井点设备。

此外，尚采用一些辅助措施，包括改建防洪小土堤截水，在边坡表面布置排水沟，在基坑底部布置了排水明沟及抽水设备，以便及时排除聚积在坑底的渗出地下水或地表水，布置地下水位观测井、坡面沉降及位移观测点。工程降水前后对土的性质采用钻探及十字板强度试验。

工程实践表明，暴雨的影响并未危及坡面，乃因土已固结之故，该工程自 1963 年 9 月 14 日开始井点试抽后，即遇四次暴雨，对边坡的位移和沉降影响不大。必须指出，一号坞的最大沉降量累计为平均 50cm，最大位移量近 30cm，二号坞因系采用干挖法，故最大沉降量累计为 31cm，最大位移 6.7cm。

上海新世界商城基坑工程中，以降水加固坑内土层，在基坑内设置若干套"深井泵结合真空泵降水装置"（每口井内放入一台长轴深井泵，每三口井用密封管路连接一台真空泵，进行"变流量、间断性"抽汲地下水。每 200m^2 左右设置 1 口大井（孔径 Φ650mm，井筒 Φ250mm，深度 19.0m），平面布置为等边三角形；小井（孔径 Φ450mm，井筒 Φ150mm，深 17.0m），每 20m 左右设置 1 口小井，沿地下连续墙内侧布置，设计真空度 $\geqslant$50kPa，最终降水水位设计值为底坑以下 3.0~4.0m，降水期限：从基坑开挖前 28 天开始基础底板浇筑后 7 天结束，其中，大井降水到基础垫层浇筑后 7 天结束。降水加固后，坑内土层不排水抗剪强度提高 35%~40%，并达到软塑状态。井点平面及竖向布置见图 24-13、图 24-14。

3. 抵抗坑底承压水的坑底地基加固

当基坑坑底黏性土层以下存在有承压水的砂性土层时，坑底黏性土层要被承压水顶托上抬，乃至被承压水顶破涌砂，产生破坏性隆起，是基坑工程中最大危险事故之一。当坑底地基土不能满足抗承压水安全要求时，必须采取安全可靠的处理措施，已应用方法有以下三种：

（1）采用高压三重管旋喷注浆法，在开挖前于基坑底面以下做成与坑周地下连续墙结成整体的抗承压水底板。上海合流污水治理一期工程中，彭越浦泵站进水总管的条形深基坑、邻近居民多层建筑，其长度 160m，宽 5.8m，深 15m，坑底不透水层仅 5m，不能承受其下 160kN/m^2 的承压水压力，后采用该法得以安全完成该基坑工程，见图 24-15。

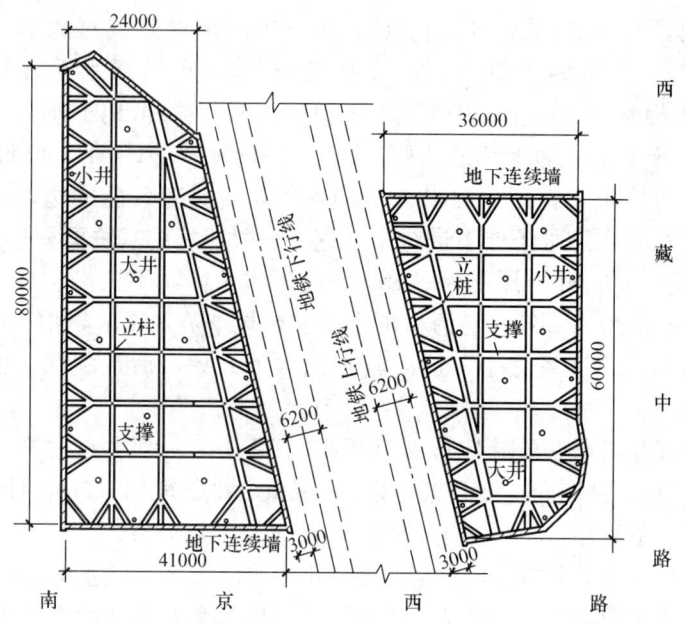

图 24-13 上海新世界商城基坑工程降水井点平面布置图

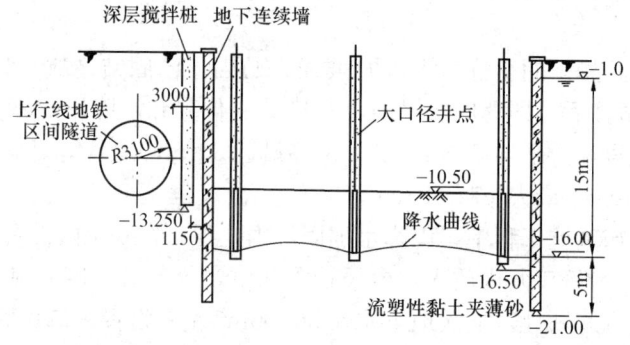

图 24-14 降水井点竖向布置图

(2) 采用化学注浆法或高压三重管旋喷注浆法，在开挖前于基坑周围地下墙墙底平面以上做成封住基坑周围地下墙墙底平面的不透水加固土层，此加固层底面以上土重与其下面承压水压力相平衡，使基坑工程安全地完成，见图 24-16。

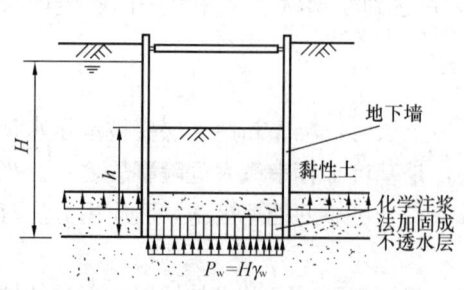

图 24-15 旋喷桩加固土体抗承压水图

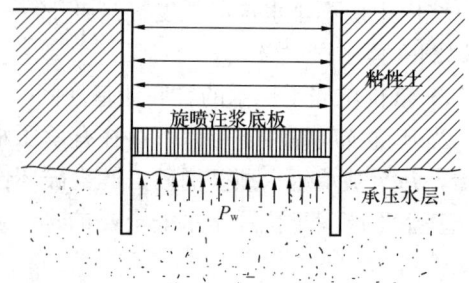

图 24-16 化学注浆法加固土体承压水图

荷兰鹿特丹市地铁区间隧道基坑工程中，用此法解决了承压水问题。

(3) 在基坑外侧或内侧以深井井点降低承压水水压，降水减压是防止涌砂最有效的措施之一。当附近有建筑物时,宜采用坑内降水或在外侧地层中用回灌水法以控制地层沉降保护建筑设施。为防止机械故障等因素,工地应有备用双路电源和备用泵,以确保正常日夜不断地运行。

关于降水设计及施工的详细说明见第8章和第22章有关内容。

24.5 基坑加固的施工、质量检测

24.5.1 基坑加固的施工

基坑加固施工时应对选定方案在有代表性的地段上进行现场试验,以确定处理效果,获取技术参数。地基土加固施工前,应根据设计要求、现场条件、材料供应、工期要求等,编制施工组织设计。

基坑采取加固处理属地下隐蔽工程,施工质量的控制十分重要。虽在施工时不能直接观察到加固的质量,但可通过施工过程中的工序操作,工艺参数和浆液浓度等因素的实际执行情况和土层的各种反应来控制加固施工质量。对所有的基坑进行土体加固试验或现场原位试验是不现实的,故在基坑施工过程中加强施工管理和质量控制显得极为重要。

1. 施工管理或加固体施工要点

基坑加固施工应根据工程地质、环境、基坑结构等条件编制基坑土体加固施工组织设计,应包括下列内容,但不限于此:①土体加固概况;②基坑土体加固的选用材料配比及强度,加固范围和布置;③土体加固处理施工方法的工艺及质量控制措施;④采用机械、设备及各种计量仪表;⑤施工中必要的监测及加固效果的检验;⑥进度计划;⑦主要施工操作记录表。

2. 施工质量控制措施及要点

坑内土体加固是地基处理的一部分,施工技术要求对土体加固采取质量控制措施。

(1) 基坑规模大或坑边有重要保护的建构筑物时,加固效果不好时会对工程或周边环境产生较坏影响或重大损失,为此,一般要求进行加固工艺的适宜性试验。通过地基工艺性试桩,掌握对该场地的成桩经验及各种操作技术参数。施工前必须进行室内水泥土的抗压强度试验,以选择合适的外掺剂和提供各种配比的强度参数。

(2) 根据施工机械性能制定周密的施工方案,加固体的施工设备的性能和功能应完好,严禁没有水泥用量计量装置的设备投入使用。

(3) 对施工质量实施监控,对在施工过程中水泥掺入量、水泥泵喷浆均匀程度直接进行实时监控,采用微机系统处理而直接显示各个加固段的水泥用量与加固体深度关系,并可与加固体水泥用量设计值进行比较,确保水泥掺合的均匀度和水泥加固体的均匀性。

(4) 加固施工过程中,因加固工艺的局限性,在某些土层条件下会产生漏浆和冒浆现象,使掺入的水泥浆没有有效地留置在需要加固的区域。在密集的加固区域,由于水泥浆压力或机械搅拌,会产生过大挤土现象,从而对环境产生不利影响。为此,施工过程除工程自身进行施工操作记录外,尚需进行环境监控。避免加固过程对环境造成不利影响。

(5) 采用降水方案时应特别加强隔水帷幕的施工质量管理,并进行隔水帷幕的质量检测,如发现问题应在开挖前进行处理解决。坑内降水一般采用轻型井点、喷射井点或深井井点,当土层为饱和黏土、粉土、淤泥和淤泥质黏土时,此时宜辅之与电极相结合。坑内

降水应在围护结构（含隔水帷幕）完工，并达到设计要求后进行。当坑内做地基加固时，也宜在地基加固完工并达到设计要求后进行。降水加固地基时，对发生混浊的井管必须关闭废弃或重新埋设。坑内降水时，对坑内外水位和土体变形进行监控。

3. 加固施工注意事项

（1）加固材料及其配方是加固工程的重要组成部分之一。采用的适当与否，将会影响到固结体的质量、物理力学指标和化学稳定性及工程造价。在基坑工程中，有时对固化时间要求较短，需考虑在水泥中添加促凝或早强剂，以加速浆液固化和提高固结体早期强度。

在一定土质条件下，通过调节浆液的水灰比和单位时间的喷射量或改变提升速度等措施可适当提高或降低加固体强度。

（2）一般对基坑土体的加固作用是考虑在基坑开挖过程中减少土体的压缩变形。但由于加固技术的局限性，在加固施工时，如施工不当也会对基坑和环境产生不利影响。如在围护体强度未达到设计强度要求时，即进行坑内旋喷加固有可能会对围护墙产生破坏作用。又如坑外边加固施工不当，加固挤土或冒浆也会对坑边土体产生破坏作用。又如降水施工时降深过度或围护壁渗漏均会对坑外地基和环境建筑等产生不利影响。为减少或消除这种影响，进行施工工艺和技术措施分析，选择合适的施工顺序和施工方案是必要的。

（3）一般条件下，先进行基坑围护体的施工，再进行坑内土体被动区加固的施工。采用搅拌法加固时应考虑坑底面标高以上部分进行回掺，双轴水泥土搅拌法加固水泥回掺量宜为8%以上，三轴水泥土搅拌法加固的水泥回掺量宜为12%以上。当对墙体变形控制为一级保护要求时，应适当提高水泥回掺量。预搅下沉时一般不宜冲水，只有遇较硬土层而下沉太慢时，方可适量冲水，但须考虑冲水对桩身强度的影响。当在坑周边外侧进行地基加固时须考虑对环境的不利影响，对施工顺序和进度进行控制和必要的修正。

（4）在搅拌桩施工过程中，有关人员应经常检查施工记录，根据每一根桩的水泥或石灰用量、成桩时间、成桩深度等对其质量进行评价，如发现缺陷，应视其所在部位和影响程度分别采取补桩、注浆或其他加强措施。

24.5.2 基坑加固土的质量检验

地基采取加固处理后，效果好坏无法确定，直接开挖有不确定性。或当在基坑设计和工程计算中考虑加固作用时，加固体应进行必要的试验和质量检验，以数据判断加固的有效性，提高工程的可靠性，减少工程风险。

（1）检测时间。水泥土加固体的质量检验应按加固施工期、基坑开挖前和开挖期三个阶段进行。具体检验要求参见各施工工法相应的检测内容和检测方法。

①成桩施工期质量检验包括机械性能、材料质量、掺合比试验等资料的验证，以及检查孔位、深度、垂直度、水泥掺量、上提喷浆速度、外掺剂掺量、水灰比、搅拌和喷浆起止时间、喷浆量的均匀度、搭接施工间歇时间等；

②基坑开挖前的质量检测包括加固体强度的验证和技术参数复核。对开挖深度超过10m的基坑或坑边有重要保护建筑的坑内加固体，应采用静力触探或钻孔取芯的方法检验加固体的长度、均匀性和加固体强度。当对加固体质量不能确定时可采用钻头连续钻取全桩长范围内的桩芯，判断桩芯是否硬塑状态，有无明显的夹泥、夹砂断层，判断有效桩长范围的桩身强度及均匀性是否符合设计要求；

③基坑开挖期的质量检测主要通过直观检验开挖面的加固体的外观质量和手感硬度，如不符合设计要求应立即采取必要的补救措施，防止出现工程事故。

（2）加固体检测的数量可按基坑规模或加固体施工的数量或重要性分别选取一定量的桩数进行检测。

（3）注浆加固体和水泥土搅拌桩的力学性质指标采用静力触探比贯入阻力 P_s 值检验。水泥土搅拌桩的静力触探应在成桩后第七天（喷浆搅拌）进行，必要时用轻便触探器连续钻取桩身芯样，以观察其连续性和搅拌均匀程度，并判断桩身强度。我国《建筑地基处理技术规范》规定，经触探检验对桩身强度有怀疑的桩，应在龄期 28 天时用地质钻机钻取芯样（ϕ100 左右），制成试块测定其强度。

（4）加固体检测的质量意见。在加固体检测的质量符合工程设计要求后，才能开挖基坑土体。一般地基加固体强度随着龄期而增长，但由于土的离散性和加固工艺及其他条件的变化，水泥土加固的效果有时会受到影响，在地基加固体未达到一定强度下开挖会影响基坑安全和环境安全。

24.6 关于基坑土体加固的其他事项

（1）地基加固是一种先破坏土体结构，后使土体固化的技术手段，设计和施工应考虑实施过程中对围护体和环境建筑的不利影响。基坑工程中应避免为控制坑周地层位移而不合理地采用昂贵的地基加固。注浆、喷射注浆、搅拌、降水等工法的选择应与地层特性、环境条件、基坑特征等对应，否则加固效果会适得其反。

（2）软土地基上的高层建筑地下室占工程总投资的比例往往很高，随着向地下要空间的工程理念的深入，地下深基础在地下室的投资比例也日趋增加，而为地下基础施工和环境安全所采取的软土地基加固占工程投资的比例也日趋提高。有时为保护环境采取满膛加固，无论是工期还是工程投资，其影响都是巨大的。为求得合理经济的加固方式，在工程实施前，根据地质水文、环境、基坑规模等条件，进行仔细认真的分析和研究是必要的。

参考文献

[1] 孙更生，郑大同. 软土地基与地下工程[M]. 北京：中国建筑工业出版社，1987
[2] 刘建航、侯学渊. 基坑工程手册[M]. 北京：中国建筑工业出版社，1997
[3] 《地基处理手册》编写委员会. 地基处理手册[M]. 北京：中国建筑工业出版社，1988
[4] 吴邦颖，张师德，陈绪禄等. 软土地基处理[M]. 北京：中国铁道出版社，1995
[5] 基坑工程设计规程(DBJ08-61-97). 上海市标准.1997
[6] 胡展飞. 降水预压改良坑底饱和软土的理论分析与工程实践[J]. 岩土工程学报，1998，20(3)：27-30
[7] 侯学渊，刘国彬. 软土基坑支护结构的变形控制设计[C]. 侯学渊、杨敏主编. 软土地基变形控制设计理论和工程实践. 上海：同济大学出版社，1996
[8] 胡中雄，贾坚. 基坑大面积卸荷机理研究[C]. 上海：同济大学出版社，2007

第25章 沉井与沉箱技术

25.1 概　述

随着城市的不断发展，城市土地资源越来越稀缺，城市地下空间的开发将越来越成为未来城市发展的趋势。在城市中心建筑物密集区开挖建设大深度地下空间，往往面临施工场地狭小、周围环境复杂的情况。同时，基坑施工在开挖时往往会引起地下水位的降低和周围土层的移动与下沉，严重时可能会引起周围地层的塌陷，给邻近建构筑物带来较严重的影响。另外，市区地铁、地下高速道路及竖井风井系统工程的施工往往受到各方面的限制。相比之下，沉井与沉箱工法在许多情况下更能适应以上这些方面的需求，因而在地下工程施工中具有不可替代的竞争力及广泛的应用前景。

25.1.1 沉井与沉箱的定义、特点、用途及应用范围

1. 定义

沉井是修筑地下结构和深基础的一种结构形式。首先在地表制作成一个井筒状的结构物，然后在井壁的围护下通过从井内不断挖土，使沉井在自重及上部荷载作用下逐渐下沉，达到设计标高后，再进行封底。

沉箱基础又称为气压沉箱基础，是以气压沉箱来修筑结（构）筑物的一种基础形式。建造地下结（构）筑物时，在沉箱下部预先构筑底板，在沉箱下部形成一个气密性高的钢筋混凝土结构工作室，向工作室内注入压力与刃口处地下水压力相等的压缩空气，使其在无水的环境下进行取土排土，箱体在本身自重及上部荷载的作用下下沉到设计标高，然后进行封底施工。

2. 特点

（1）沉井与沉箱整体刚度大，抗震性好。

（2）与基坑开挖施工相比更优越，地质适用范围更广。

（3）沉井与沉箱结构本身兼作围护结构，且施工阶段不需要对地基作特殊处理，既安全又经济。

（4）气压沉箱工法施工对周围环境影响小，更适用于对地下水控制要求高、土体变形敏感的地区。

3. 用途及适用范围

沉井与沉箱在工程中的应用已有百余年的历史，早在1841年法国工程师特利其尔（Triger）就提出用气压沉箱方法施工桥墩，1849年首次应用成功。1900年俄国工程师提出用钢筋混凝土的沉箱。20世纪30年代，莫斯科及西欧的地下隧道、美国的桥梁基础均相应采用了沉井或沉箱结构。自20世纪50年代起，我国已将该技术应用于各项工程中，其体积从直径仅2m的集水井到规模巨大的泰州长江大桥中塔沉井（58.4m×44.4m×76m），沉井下沉记录不断被刷新。随着各种新型施工技术被开发研制并应用于实际工程

中，从最早1946～1963年间利用喷射压缩空气和触变泥浆下沉，到江阴长江大桥北锚沉井喷射高压空气减阻法下沉，以及振动法下沉技术，这些技术措施的不断革新都带来了良好的效果。

气压沉箱诞生的初期包括我国过去的沉箱施工也主要是以人工开挖为主，沉箱下部工作空间小、气压高、温度大、噪音大，条件比较艰苦，又比较危险，工作效率低下，由于减压顺序的控制不当容易患较严重的职业病（称为沉箱病）。自进入20世纪60年代以来，岩土工作者不断对该工法进行革新和改良，使其进入了无人化、自动化施工的时代，同时在沉箱病的防治上有了新的改进，使得气压沉箱这一古老的施工技术得到了新生。2007年，上海市基础工程有限公司对我国传统的气压沉箱技术进行集成创新，采用国内自主研发的气压沉箱无人化遥控施工系统。通过在沉箱工作室内安装可遥控操作的自动挖机，地面操作人员通过监视系统遥控操作取土，并通过出土系统将土排出箱外。整个施工过程可实现无人化施工，并将该成套技术成功应用于国内首例远程遥控气压沉箱工程——上海市地铁7号线浦江南浦站～浦江耀华站区间中间风井施工，取得了显著的经济效益与社会效益。

随着城市地下空间的不断开发，需要越来越多在密集的建筑群中施工，使得在施工中如何确保邻近地下管线和建筑物的安全提出了越来越高的要求。沉井与沉箱施工工艺的不断开发和创新，即使在复杂环境下进行施工作业，周围地表变形也仅趋于微量。沉井（箱）必将在未来的的桥梁工程、市政工程、给排水工程、隧道工程中得到充分地运用。

25.1.2 沉井与沉箱的分类、构造、施工流程及优缺点比较

1. 沉井

1) 沉井分类

(1) 按平面形状分：沉井的平面形状有圆形、方形、矩形、椭圆形、端圆形、多边形及多孔井字形等，如图25-1所示。

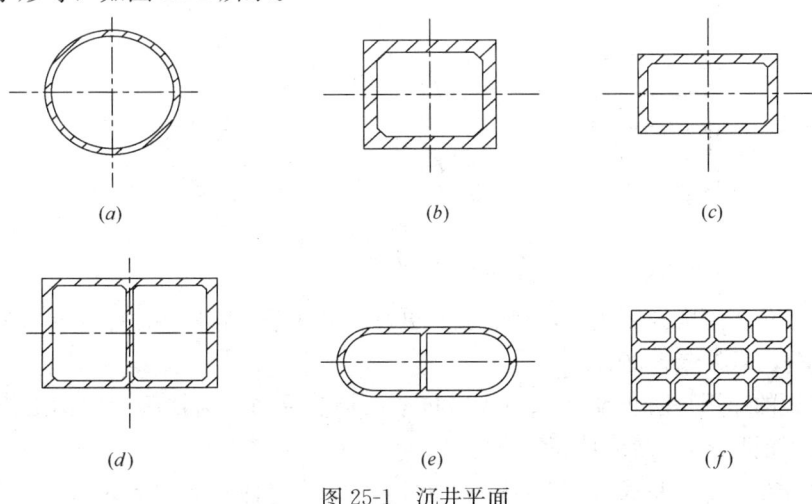

图25-1 沉井平面
(a) 圆形单孔沉井；(b) 方形单孔沉井；(c) 矩形单孔沉井；
(d) 矩形双孔沉井；(e) 椭圆形双孔沉井；(f) 矩形多孔沉井

(2) 按竖向剖面形状分：沉井按竖向剖面形式分有圆柱形、阶梯形及锥形等，如图25-2所示。

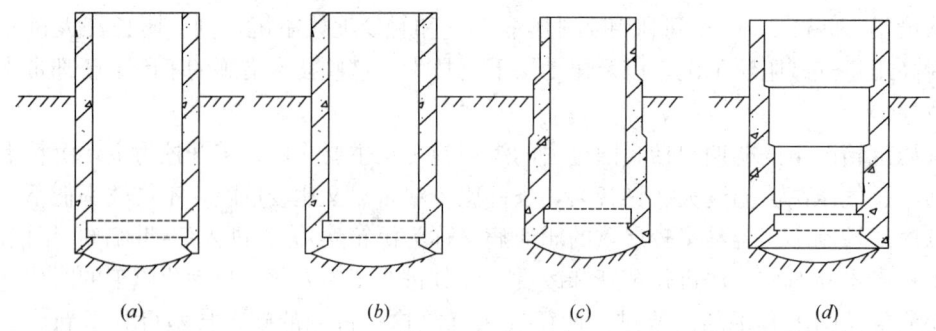

图 25-2　沉井剖面图
(a) 圆柱形；(b) 外壁单阶梯形；(c) 外壁多阶梯形；(d) 内壁多阶梯形

(3) 按构成材料：可分为素混凝土沉井、钢筋混凝土沉井及钢沉井（包括钢板沉井及钢壳沉井）。

2) 构造

箱体结构基本包括：井壁、刃脚、内隔墙、井孔凹槽、底板、顶盖等。

(1) 井壁是箱体的主要受力部位，必须具备一定的强度以承受井壁周围的水、土压力。此外，为克服下沉时的摩阻力，井壁须有一定的重量，其厚度一般为 0.3~2m。

(2) 刃脚的作用为切土下沉，故必须有足够的强度，以免破损。通常称刃脚的底面为踏面，踏面的宽度依土层的软硬及井壁重量、厚度而定，一般为 15~30cm，刃脚侧面的倾角通常为 45°~60°。刃脚高度一般应综合考虑沉井封底方式、便于抽取刃脚下的垫木及土方开挖等方面。其构造如图 25-3 所示。

(3) 内墙即为箱内纵横设置的内隔墙，可提高箱体整体刚度。井壁与内墙，或者内墙和内墙间所夹的空间即为井孔。内墙间距一般不超 5~6m，其厚度一般为 0.5~1m。

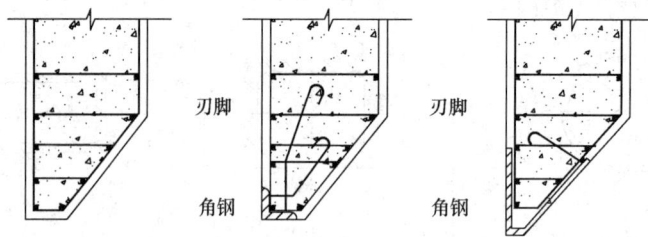

图 25-3　刃脚构造

(4) 凹槽位于刃脚内侧上方，目的在于更好的将井壁与底板混凝土连接。通常凹槽高度在 1m 左右，凹深 15~30cm。

(5) 底板的作用是防止地下水涌入抵抗基底地层反力，通常底板为两层浇筑的混凝土，下层为素混凝土，上层为钢筋混凝土。

当不允许在大型沉井沉箱内设置内隔墙时，为保证箱体具有一定的刚度，可在底部增设底梁，或者在井壁不同深度处设置若干道由纵横大梁构成的水平框架，以提高整体的刚度。

(6) 顶盖即为沉井封底后根据实际需要在井体顶端设置的板，通常为钢筋混凝土或钢结构。

3）施工流程

沉井施工的基本程序如下：①下沉前的准备：包括平整场地、定位、基坑开挖、搭设施工平台等。②沉井下沉：凿除素混凝土垫层，挖土下沉。③接长井壁。④沉井封底。

沉井施工方法的选取，应取决于场地工程水文地质条件、施工场地的大小、沉井用途、沉井施工对周围建（构）筑物的影响程度、施工设备的状况及成本等因素。沉井下沉有排水下沉、不排水下沉及中心岛下沉方法。

（1）排水下沉：当沉井所穿过的土层透水性差，不会出现大量渗水现象，或者不会因为排水导致流砂及井底土体隆起失稳时，可采用排水法下沉。

（2）不排水下沉：当沉井所穿过的土层不稳定，地下涌水量大，可能产生流砂、井底土体隆起失稳时，需考虑采用不排水下沉法。

（3）中心岛式下沉：为将施工引起的地表沉降对周围建（构）筑物影响降至最小，可考虑采用中心岛式下沉工艺，利用挖槽吸泥机沿井壁内侧一面挖槽，一面向槽内补浆，沉井逐渐下沉，沉井壁的内外两侧均处于泥浆护壁槽内。

2. 沉箱

1）沉箱分类

①按箱体构成材料：分为混凝土沉箱、钢壳沉箱及混合沉箱。

②按施工中是否有人作业：分为有人工法及无人工法。

除上述沉箱外，还有一种也被称为沉箱的构筑物，其外形像一只有底无盖的箱子，因其不用压缩空气，可称无压沉箱，如图25-4所示。无压沉箱只能在水中而不能在土中下沉，故它和气压沉箱不同，可作为重力式挡土墙，在港口、码头等水流平稳的地区使用较多。

2）构造

箱体结构基本包括：井壁、刃脚、内隔墙、底板、顶盖、气筒、气闸（包括中央气闸、人用变气闸及料用变气闸）及人孔等。

3）沉箱施工

沉箱施工流程与沉井相类似，区别在于：底板制作在下沉加气前完成；下沉至地下水位0.5~1m左右开始加气下沉，沉箱的施工方法与沉井的施工方法基本相同，由于两者原理上的差异，故也存在一些不同之处。

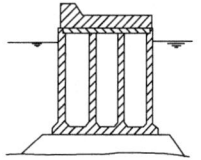

图25-4 无压沉箱示意图

沉箱结构施工必须预先构筑工作室顶板，以便下部形成密闭空间，满足气压施工的条件后才能进行气压下沉；开挖作业仅为不排水下沉挖土法；下沉出土施工中，由于气压沉箱挖土是在下部密闭工作室内进行，并须采用特定的排土设备，以保证将土方运至井外过程中不发生大量漏气现象；由于施工是靠维持作业室内的气压（与地下水压相当），防止地下水的涌入，所以压气的压送系统必须可靠，且应可调节。图25-5为典型气压沉箱构造图。

3. 沉井与沉箱工法的优缺点比较

沉井的优点是施工设备简单，操作容易，成本低，操作时间不受限制，出土速度快，封底方便。缺点为对含巨砾石的砂砾层、黏土软岩层等地层而言，施工难度大，容易出现突沉，易出事故；施工深度不易过大，通常小于30m；对周围地层沉降的影响大，抗震性差。

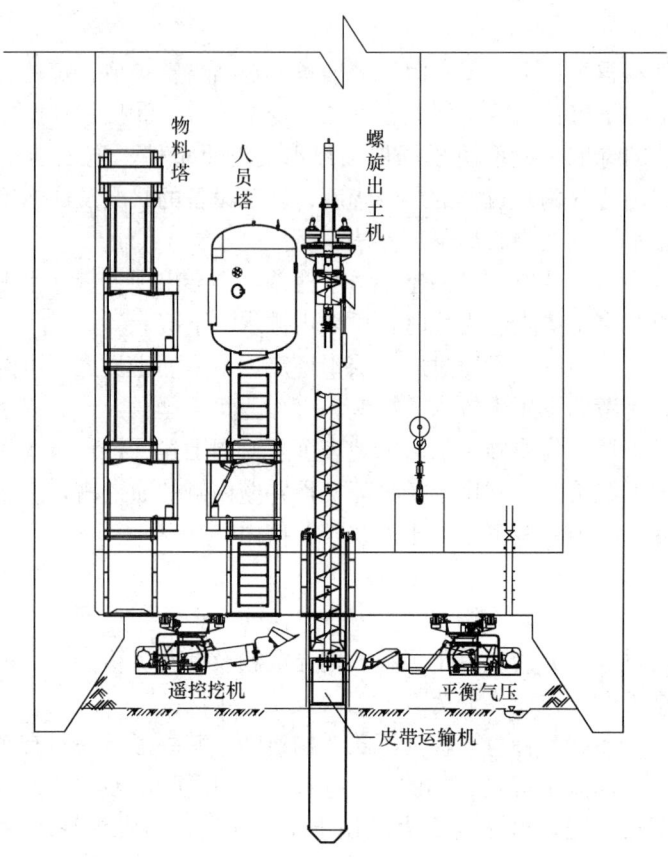

图 25-5　气压沉箱构造图

沉箱优点是工作室内的气压可平衡地下水压力，避免沉箱下沉出土施工中坑底出现隆起和流砂、管涌现象，尤其是在施工区域有承压水层的情况，从而有效控制周围土层的沉降。另外，由于沉箱利用气压平衡箱外水压力，作业空间处于无水状态，不需要对箱外高水头地下水及承压水进行降水和降压处理，从而避免因降水引起的周边土体沉降。在沉箱下沉过程中，工作室内的压缩空气起到了气垫作用，消除了沉箱急剧下沉的情况，同时容易纠偏和控制下沉速度及防止超沉，保证了施工安全和施工质量。

经过多年气压沉箱施工的发展，气压沉箱工法适用于各种地质条件，诸如软土、黏土、砂性土和碎（卵）石类土，以及软硬岩等，适于大深度施工，抗震性极佳。对传统气压沉箱进行改造过的现代化的气压沉箱技术可以在地面上通过远程控制系统，在无水的地下作业室内实现挖排土的无人机械自动化，排除的土体也可以作为普通土进行处理。相对于沉井，沉箱缺点在于施工设备较复杂，操作相对复杂，操作员的操作时间受限，成本高。另外，由于在工作室内部出土，沉箱出土效率受到一定限制，下沉到位后封底困难。

25.2　沉井与沉箱结构的设计

25.2.1　沉井设计要求

沉井在施工过程中作为围护结构，当施工完成后，既作为上部结构的基础又作为地下建筑结构的一部分。既要满足上部建筑的构造要求，又要承受上部荷载，具有临时工程和永久运行功能的统一。

沉井设计内容与步骤包括以下几部分：

1. 沉井尺寸估算

根据使用功能要求，拟建场地的工程地质、水文地质及施工条件，布置沉井内的隔墙、撑梁、框架、孔洞等设施，确定沉井平面、剖面、井壁厚度等各构件的截面尺寸及埋置深度。

2. 下沉系数计算

为了选择合适的井壁厚度和各部位的截面尺寸，使沉井有足够的重量克服摩阻力，顺利下沉至设计标高，应进行下沉系数验算，保证沉井有一定的下沉系数和下沉稳定性要求。

3. 抗浮系数计算

沉井抗浮主要包括沉井封底和使用两个阶段，为控制封底及底板的厚度，应进行沉井的抗浮系数验算，保证在封底和使用阶段具有足够的安全性。

4. 荷载计算

沉井所承受的荷载主要为井壁外的水土压力，在设计时应计算外荷载，并绘出水、土压力计算图形，为沉井结构的设计分析提出依据。

5. 施工阶段强度计算

（1）沉井平面框架内力计算及截面设计；

（2）刃脚内力计算及截面设计；

（3）井壁竖向内力计算及截面设计；

（4）沉井底梁竖向挠曲和竖向框架内力计算及截面设计；

（5）根据沉井施工阶段可能产生的最大浮力，计算沉井封底混凝土的厚度和钢筋混凝土底板的厚度及内力，并进行截面配筋设计。

6. 使用阶段强度计算

（1）沉井结构在使用阶段各构件的强度验算；

（2）地基强度及变形验算；

（3）沉井抗浮、抗滑移及抗倾覆稳定性验算等。

沉井计算可参见《给排水工程钢筋混凝土沉井结构设计规程》（CECS 137：2002）。

25.2.2 沉箱设计要点

沉箱在施工和使用阶段与沉井一样承受两个不同的受力状态，故沉箱设计也应分这两个阶段来进行。沉箱的设计基本与沉井相同，区别在于：

（1）应考虑沉箱施工阶段底板已先浇筑，故在计算模型的选择时应考虑底板的作用，考虑空间效应，作整体分析。

（2）下沉计算时应注意在下沉阻力中除箱壁侧摩阻力外，还应根据加气压情况计入工作室气压的"气垫"阻力，并考虑其与水浮力的相互影响。

（3）沉箱底板的计算荷载应取地基反力、水浮力及气压所产生的浮力，且不考虑封底混凝土的作用。

25.3 沉井施工技术

25.3.1 沉井施工流程

沉井的施工流程见图 25-6。

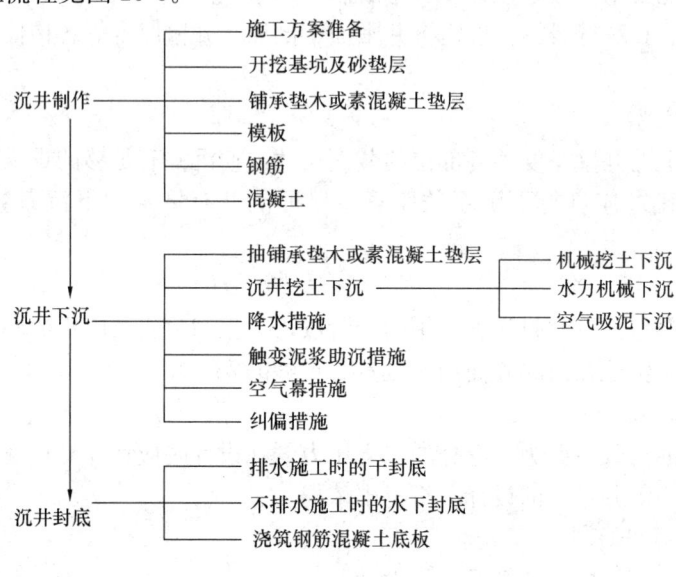

图 25-6 沉井施工流程图

25.3.2 沉井制作

1. 施工方案准备

沉井制作前应对施工场地进行勘察，查清和排除地面及地面 3m 以内的障碍物（如房屋构筑物、管道、树根、电缆线路等）。并且应熟悉工程地质、水文地质、施工图纸等资料，场地的地质情况、地下水情况及地下障碍物情况等。施工前，应在沉井施工地点进行钻孔。敷设水电管线、修筑临时道路，平整场地，即三通一平；并搭建必要的临时设施，集中必要的材料、机具设备和劳动力。另外，根据工程结构特点、地质水文情况、施工设备条件、技术的可能性，编制切实可行的施工方案或施工技术措施，以指导施工。在施工时应按沉井平面设置测量控制网，进行抄平放线，并布置水准基点和沉降观测点。在原有建筑物附近下沉的沉井，应在沉井（箱）周边的原有建筑物上设置变形（位移）和沉降观测点，对其进行定期沉降观测。

2. 沉井的制作

制作沉井的场地应预先清理、平整和夯实，使地基在沉井制作过程中不致发生不均匀沉降。制作沉井的地基应具有足够的承载力，以免沉井在制作过程中发生不均匀沉陷，以致倾斜甚至井壁开裂。在松软地基上进行沉井制作，应先对地基进行处理，防止由于地基不均匀下沉引起井身裂缝。处理方法一般采用砂、砂砾、混凝土、灰土垫层或人工夯实、机械碾压等加固措施。

沉井制作一般有三种方法：在修建构筑物地面上制作，适用于地下水位高和净空允许的情况；人工筑岛制作，适于在浅水中制作；在基坑中制作，适用于地下水位低、净空不高的情况，可减少下沉深度、摩阻力及作业高度。以上三种制作方法可根据不同情况采用，使用较多的是在基坑中制作。

采取在基坑中制作，基坑应比沉井宽2~3m，四周设排水沟、集水井，使地下水位降至比基坑底面低0.5m，挖出的土方在周围筑堤挡水，要求护堤宽不少于2m，如图25-7所示。

沉井过高，常常不够稳定，下沉时易倾斜，一般高度大于12m时，宜分节制作；在沉井下沉过程中或在井筒下沉各个阶段间歇时，继续加高井筒。

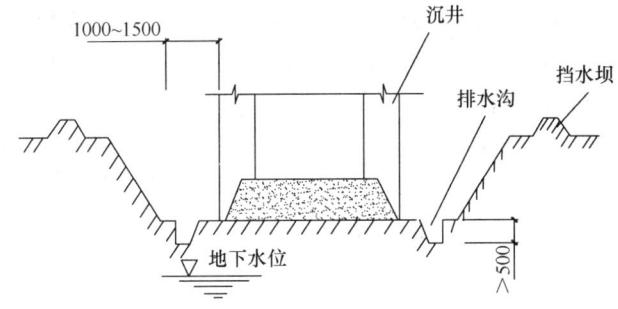

图25-7 制作沉井的基坑

1) 不开挖基坑制作沉井

当沉井制作高度较小或天然地面较低时可以不开挖基坑，只需将场地平整夯实，以免在浇筑沉井混凝土过程中或撤除支垫时发生不均匀沉陷。如场地高低不平应加铺一层厚度不小于50mm的砂层，必要时应挖去原有松软土层，然后铺设砂层。

2) 开挖基坑制作沉井

(1) 应根据沉井平面尺寸决定基坑底面尺寸、开挖深度及边坡大小，定出基坑平面的开挖边线，整平场地后根据设计图纸上的沉井坐标定出沉井中心桩，以及纵横轴线控制桩，并测设控制桩的攀线桩作为沉井制作及下沉过程的控制桩。亦可利用附近的固定建筑物设置控制点。以上施工放样完毕，须经技术部门复核后方可开工。

(2) 刃脚外侧面至基坑底边的距离一般为1.5~2.0m，以能满足施工人员绑扎钢筋及树立外模板为原则。

(3) 基坑开挖的深度视水文、工程地质条件和第一节沉井要求的浇筑高度而定。为了减少沉井的下沉深度，也可加深基坑的开挖深度，但若挖出表土硬壳层后坑底为很软弱淤泥，则不宜挖除表面硬土，应通过综合比较决定合理的深度。

当不设边坡支护的基坑开挖深度在5m以内且坑底在降低后的地下水位以上时，基坑最大允许边坡如表25-1所示。

深度在5m以内的基坑边坡的最陡坡度　　　　表25-1

土的类别	边坡坡度（高：宽）		
	坡顶无荷载	坡顶有静载	坡顶有动载
硬塑的黏质粉土	1：0.67	1：0.75	1：1
硬塑的粉质黏土、黏土	1：0.33	1：0.5	1：0.67
软土（经井点降水后）	1：1.0~1：1.5	经计算定	经计算定

(4) 基坑底部若有暗浜、土质松软的土层应予以清除。在井壁中心线的两侧各 1m 范围内回填砂性土整平振实,以免沉井在制作过程中发生不均匀沉陷。开挖基坑应分层按顺序进行,底面浮泥应清除干净并保持平整和疏干状态。

(5) 基坑及沉井挖土一般应外运,如条件许可在现场堆放,距基坑边缘的距离一般不宜小于沉井下沉深度的两倍,并不得影响现场交通、排水及下一步施工。用钻吸法下沉沉井时从井下吸出的泥浆须经过沉淀池沉淀和疏干后,用封闭式车斗外运。

3) 人工筑岛制作沉井

如沉井在浅水(水深小于 5m)地段下沉,可填筑人工岛制作沉井,岛面应高出施工期的最高水位 0.5m 以上,四周留出护道,其宽度为:当有围堰时,不得小于 1.5m;无围堰时,不得小于 2.0m,如图 25-8 所示。筑岛材料应采用低压缩性的中砂、粗砂、砾石,不得用黏性土、细砂、淤泥、泥炭等,也不宜采用大块砾石。当水流速度超过表 25-2 所列数值时,须在边坡用草袋堆筑或用其它方法防护。当水深在 1.5m、流速在 0.5m/s 以内时,亦可直接用土填筑,而不用设围堰。

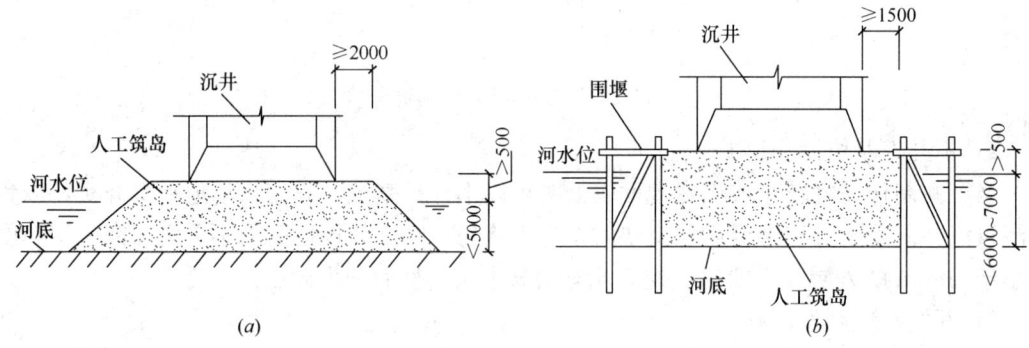

图 25-8 人工筑岛(尺寸单位:mm)
(a) 无围堰的人工筑岛;(b) 有围堰的人工筑岛

筑岛土料与容许流速   表 25-2

土料种类	容许流速 (m/s)	
	土表面处流速	平均流速
粗砂(粒径 1.0~2.5mm)	0.65	0.8
中等砾石(粒径 25~40mm)	1.0	1.2
粗砾石(粒径 40~75mm)	1.2	1.5

各种围堰的选择条件见表 25-3,筑岛施工要求见表 25-4。

各种围堰筑岛的选择条件   表 25-3

围堰名称	适用条件		
	水深(m)	流速(m/s)	说明及适用条件
草袋围堰	<3.5	1.2~2.0	淤泥质河床或沉陷较大的地层未经处理者,不宜使用
笼石围堰	<3.5	≤3.0	
木笼围堰			水深流急,河床坚实平坦,不能打桩;有较大流冰围堰外侧无法支撑者用之
木板桩围堰	3~5		河床应为能打入板桩的地层
钢板桩围堰			能打入硬层,宜于作深水筑岛围堰

筑岛施工中的各项要求　　　表 25-4

项　目	要　求
筑岛填料	应以砂、砂夹卵石、小砾石填筑，不应采用黏性土、淤泥、泥炭及大块砾石填筑
岛面标高	应高出最高施工水位或地下水位至少 0.5m
水面以上部分的填筑	应分层夯实或碾压密实，每层厚度控制为 30cm 以下
岛面容许承压应力	一般不宜小于 0.1MPa；或按设计要求
护道最小宽度	土岛为 2m；围堰筑岛为 1.5m，当需要设置暖棚或其他施工设施时须另行加宽
外侧边坡	为 1∶1.75～1∶3 之间
冬季筑岛	应清除冰层，填料不应含冰块
水中筑岛	防冲刷、波浪等
倾斜河床筑岛	围堰要坚实，防止筑岛滑移

4）砂垫层

（1）砂垫层的厚度计算

当地基强度较低、经计算垫木需用量较多，铺设过密时，应在垫木下设砂垫层加固，以减少垫木数量，如图 25-9 所示。砂垫层厚度应根据沉井重量和垫层底部地基土的承载力进行计算，计算公式如下：

$$P \geqslant \frac{G_0}{l+2h_s\tan\varphi}+\gamma_s h_s \tag{25-1}$$

式中　h_s——砂垫层厚度（m）；

G_0——沉井单位长度的重量（kN/m）；

P——地基土的承载力（kPa）；

l——承垫木长度（m）；

φ——砂垫层压力扩散角（°），不大于 45°，一般取 22.5°；

γ_s——砂的重度，一般为 18kN/m³。

（2）砂垫层宽度的计算

如沉井平面尺寸很大，而当地砂料又不充足时，为了节约砂料，亦可将沉井外井壁及内墙挖成条形基坑。砂垫层的底面尺寸（即基坑坑底宽度），如图 25-10 所示，可由承垫木边缘向下作 45°的直线扩大确定。

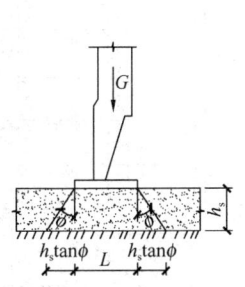
图 25-9　砂垫层计算简图

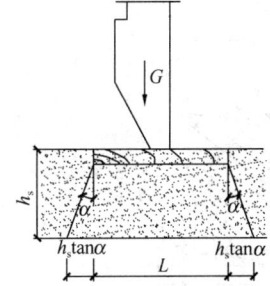
图 25-10　砂垫层的宽度

同时，为了抽除承垫木的需要，砂垫层的宽度应不小于井壁内外侧各有一根承垫木长度，即：

$$B > b + 2l \tag{25-2}$$

式中 B——砂垫层的底面宽度（m）；
　　b——刃脚踏面或隔墙的宽度（m）；
　　l——承垫木的长度（m）。

(3) 砂垫层宜采用中粗砂，分层铺设，厚度为 250～300mm，用平板振捣器震实，并洒水。砂垫层密实度的质量标准用砂的干密度来控制，中砂取 $\geqslant 15.6～16kN/m^3$，粗砂还可适当提高。

5) 素混凝土垫层

(1) 刃脚下素混凝土垫层

目前，沉井工程已不经常采用承垫木法施工，而是改为直接在砂垫层上铺筑一层素混凝土，此法在工程实践中取得了较显著的经济效益。如图 25-11 所示。

为了减轻沉井刃脚对砂垫层或地基土的压力，扩大刃脚支承面积，省去刃脚支底模的步骤，故在传统的砂垫层或地基上铺设一层素混凝土垫层，其厚度一般在 10～30cm，素混凝土垫层的厚度太薄可能由于刃脚压力较大而压碎，垫层太厚可能导致沉井下沉困难。

(2) 混凝土垫层厚度的计算

为了确保沉井下素混凝土的质量，尽量减少混凝土在浇灌过程中所产生的沉降量，混凝土垫层厚度可按下式计算：

$$h = \left(\frac{G}{R} - b\right)/2 \tag{25-3}$$

式中 h——混凝土垫层的厚度（m）；
　　G——沉井第一节浇筑重力（kN）；
　　R——砂垫层的允许承载力，一般取 100kPa；
　　b——刃脚踏面宽度（m）。

混凝土垫层的厚度不宜过厚，以免影响沉井下沉，同时要控制沉井第一节结构的重量。

3. 混凝土工程

沉井混凝土工程包括沉井井壁支模、钢筋绑扎及混凝土浇筑。

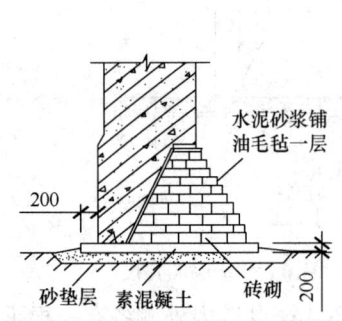

图 25-11 刃脚下采用素混凝土垫层（mm）

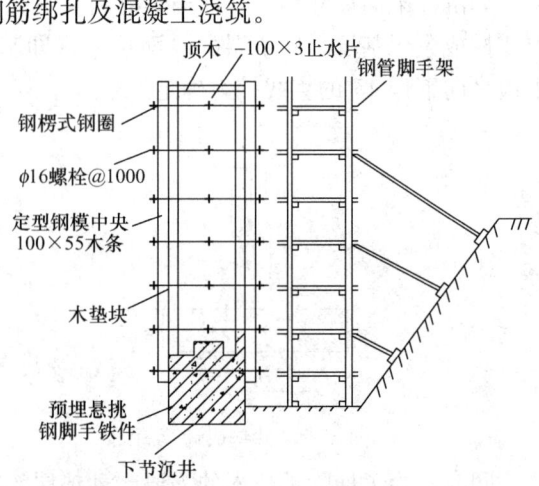

图 25-12 沉井井壁钢模板支设

沉井模板与一般现浇混凝土结构的模板基本上相同，应具有足够的强度、刚度、整体稳定性和缝隙严密不漏浆。目前在沉井工程中，井壁模板常采用钢组合式定型模板或木定型模板组装而成。采用木模时，外模朝混凝土的一面应刨光，内外模均采取竖向分节支设，每节高 1.5~2.0m，用 $\phi(12\sim16)$mm 对拉螺栓拉槽钢圈固定，如图 25-12 所示。有抗渗要求的，在螺栓中间设止水板。第一节沉井筒壁应按设计尺寸周边加大 10~15mm，第二节相应缩小一些，以减少下沉摩阻力。对高度大的大型沉井，亦可采用滑模方法制作。用滑动模板浇筑混凝土，可以不必搭设脚手架，也可以避免在高空进行模板的安装及拆除工作。滑模是在特殊装置下，以一小部分的模板，随混凝土的浇筑工作进行，缓缓地连续上升，直至整个结构浇筑完毕为止。

沉井钢筋可用吊车垂直吊装就位，用人工绑扎，或在沉井近旁预先绑扎钢筋骨架或网片，用吊车进行大块安装。竖筋可一次绑好，按井壁竖向钢筋的 50% 接头配置。水平筋分段绑扎。在分不清是受拉区或受压区时，应按照受拉区的规定留出钢筋的搭接长度。与前一节井壁连接处伸出的插筋采用焊接连接方法，接头错开 1/4。沉井内隔墙可采取与井壁同时浇筑或在井壁与内隔墙连接部位预留插筋，下沉完成后，再施工隔墙。

沉井混凝土浇筑，可根据沉井高度及下沉工艺的要求采用不同方法浇筑。

对于高度在 10m 以内的沉井可一次浇筑完成，浇筑混凝土时应分层对称地进行施工，每层混凝土的浇筑厚度应符合表 25-5 的要求，且应在混凝土初凝时间内浇筑完一层，避免出现冷缝。沉井拆模时对混凝土强度应有一定要求，当混凝土强度达到设计强度的 25% 以上时，可拆除不承受混凝土重量的侧模；当达到设计强度的 70% 或按照设计要求，可拆除刃脚斜面的支撑及模板。

浇筑混凝土分层厚度 表 25-5

项　目	分层厚度应小于
使用插入式振捣器	振捣器作用半径的 1.25 倍
人工震捣	15~25mm
灌注一层的时间不应超过水泥初凝时间 t	$h \leqslant Qt/A$(m)

注：Q 为每小时浇筑混凝土量（m³）；t 为水泥初凝时间（h）；A 为混凝土浇筑面积（m²）。

对于需要分节浇筑时，第一节混凝土的浇筑与单节式混凝土的浇筑相同，第一节混凝土强度达到设计强度的 70% 以上，可浇筑第二节沉井的混凝土，混凝土接触面处须进行凿毛、吹洗等处理。分节浇筑、分节下沉时，第一节沉井顶端应在距离地面 0.5~1m 处停止下沉，并开始接高施工，每节浇筑高度不少于 4m（一般 4~5m），之后接高模板，因为沉井下沉时地面有一定沉陷，故模板不可支撑在地面上。

25.3.3 沉井下沉

沉井下沉按其制作与下沉的顺序，有三种形式：

（1）一次制作，一次下沉。一般中小型沉井，高度不大，地基很好或者经过人工加固后获得较大的地基承载力时，最好采用一次制作，一次下沉方式。一般来说，以该方式施工的沉井在 10m 以内为宜。

（2）分节制作，多次下沉。将井墙沿高度分成几段，每段为一节，制作一节，下沉一节，循环进行。该方案的优点是沉井分段高度小，对地基要求不高；缺点是工序多，工期长，而且在接高井壁时易产生倾斜和突沉，需要进行稳定验算。

（3）分节制作，一次下沉。这种方式的优点是脚手架和模板可连续使用，下沉设备一次安装，有利于滑模；缺点是对地基条件要求高，高空作业困难。我国目前采用该方式制作的沉井，全高已达 30m 以上。

沉井下沉主要是通过从沉井内用机械或人工方法均匀取土，减小沉井内侧土的摩阻力及刃脚处的端承力，使沉井依靠自重下沉。沉井下沉时应先凿除下部混凝土垫层，并选择合适的下沉方法进行下沉，下沉前沉井井壁应具有一定的强度，第一节混凝土或砌体砂浆应达到设计强度的 100%，其上各节达到 70% 以后，方可开始下沉。

1. 凿除混凝土垫层

沉井下沉之前，应先凿除素混凝土垫层，使沉井刃脚均匀地落入土层中，凿除混凝土垫层时，应分区域对称按顺序凿除。凿断线应与刃脚底板齐平，凿断之后的碎渣应及时清除，空隙处应立即采用砂或砂石回填，回填时采用分层洒水夯实，每层 20~30cm，如图 25-13 所示。

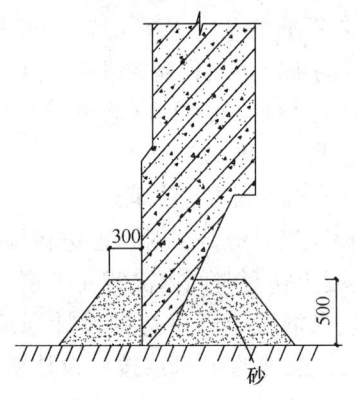

图 25-13　刃脚回填砂或砂卵石（mm）

2. 下沉方法

沉井下沉有排水下沉和不排水下沉两种方法。前者适用于渗水量不大（每平方米渗水不大于 $1m^3$/min）、稳定的黏性土（如黏土、亚黏土以及各种岩质土）或在砂砾层中渗水量虽很大，但排水并不困难时使用；后者适用于流砂严重的地层和渗水量大的砂砾地层，以及地下水无法排除或大量排水会影响附近建筑物的安全的情况。

1）排水下沉

常用人工或风动工具，或在井内用小型反铲挖土机，在地面用抓斗挖土机分层开挖。挖土必须对称、均匀地进行，使沉井均匀下沉。挖土方法随土质情况而定，一般方法是：

（1）普通土层。从沉井中间开始逐渐挖向四周，每层挖土厚 0.4~0.5m，在刃脚处留 1~1.5m 的台阶，然后沿沉井壁每 2~3m 一段向刃脚方向逐层全面、对称、均匀地开挖土层，每次挖去 5~10cm，当土层经不住刃脚的挤压而破裂，沉井便在自重作用下均匀地破土下沉，如图 25-14（a）所示。当沉井下沉很少或不下沉时，可再从中间向下挖 0.4~0.5m，并继续按图 25-14（a）向四周均匀掏挖，使沉井平稳下沉。当在数个井孔内挖土时，为使其下沉均匀，孔格内挖土高差不得超过 1.0m。刃脚下部土方应边挖边清理。

（2）砂夹卵石或硬土层。可按图 25-14（a）所示的方法挖土，当土坡挖至刃脚，沉井仍不下沉或下沉不平稳，则须按平面布置分段的次序逐段对称地将刃脚下挖空，并挖出刃脚外壁约 10cm，每段挖完用小卵石填塞夯实，待全部挖空回填后，再分层去掉回填的小卵石，可使沉井均匀减少承压面而平衡下沉，如图 25-14（b）所示。

（3）岩层。风化或软质岩层可用风镐或风铲等按图 25-14（a）的次序开挖。较硬的岩层可按图 25-14（c）所示的顺序进行，在刃口打炮孔，进行松动爆破，炮孔深 1.3m，以 1m 间距梅花形交错排列，使炮孔伸出刃脚口外 15~30cm，以便开挖宽度可超出刃口 5~10cm。下沉时，顺刃脚分段顺序，每次挖 1m 宽即进行回填，如此逐段进行，至全部

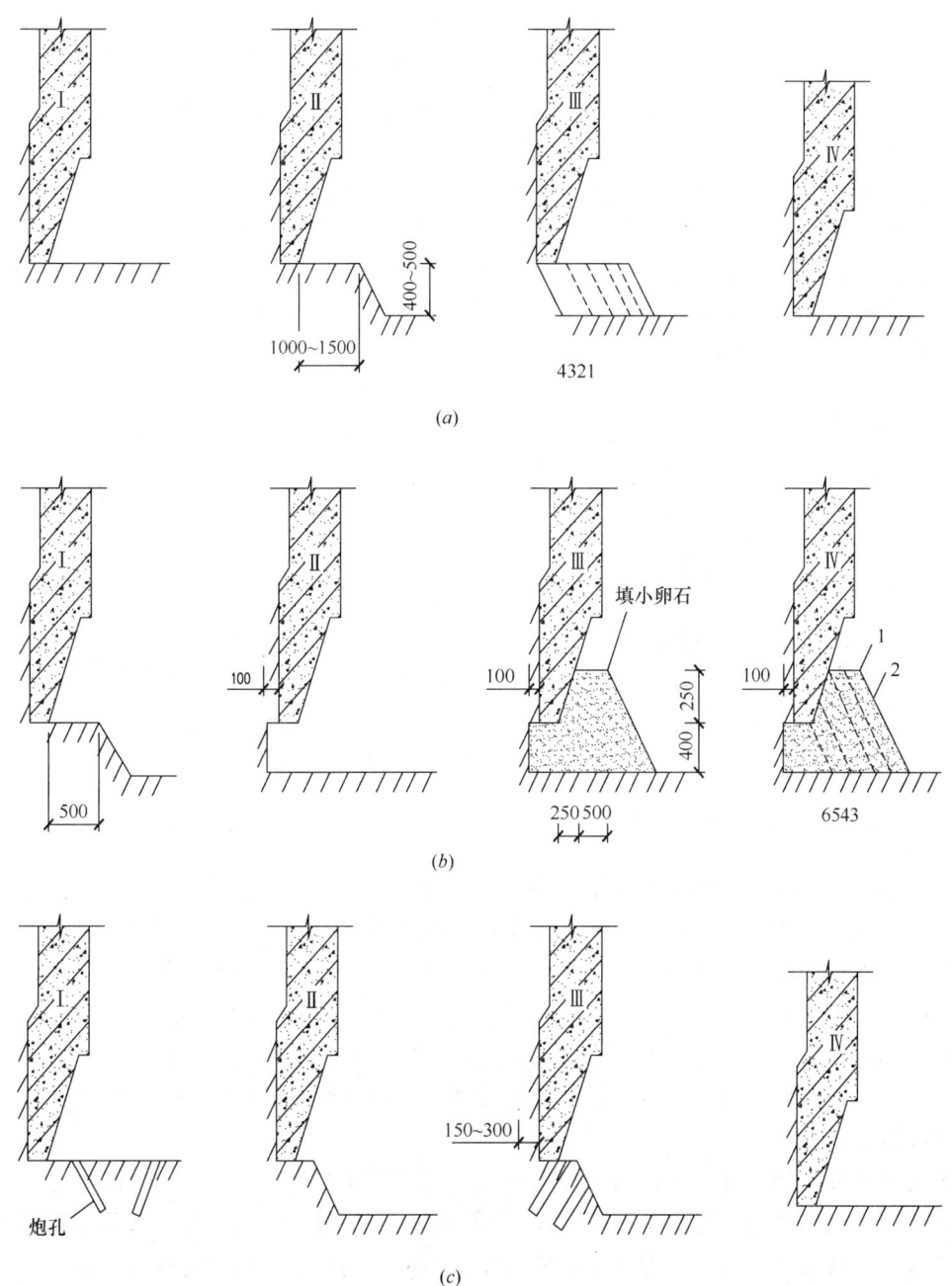

图 25-14 沉井下沉挖土方法（mm）
(a) 普通挖土；(b) 砂夹卵石或硬土层；(c) 岩石放炮开挖

回填后，再去除土堆，使沉井平稳下沉。

在开始 5m 以内下沉时，要特别注意保持平面位置与垂直度正确，以免继续下沉时不易调整。在距离设计标高 20cm 左右应停止取土，依靠沉井自重下沉到设计标高。在沉井开始下沉和将要下沉至设计标高时，周边开挖深度应小于 30cm 或更少一些，避免发生倾斜或超沉。

2) 不排水下沉

通常采用抓斗、水力吸泥机或水力冲射空气吸泥机等在水下挖土。

(1) 抓斗挖土。用吊车吊住抓斗挖掘井底中央部分的土，使沉井底形成锅底。在砂或砾石类土中，一般当锅底比刃脚低 1~1.5m 时，沉井即可靠自重下沉，而将刃脚下的土挤向中央锅底，再从井孔中继续抓土，沉井即可继续下沉。在黏质土或紧密土中，刃脚下的土不易向中央坍落，则应配以射水管松土，如图 25-15 所示。沉井由多个井孔组成时，每个井孔宜配备一台抓斗。如用一台抓斗抓土时，应对称逐孔轮流进行，使其均匀下沉，各井孔内土面高差应不大于 0.5m。

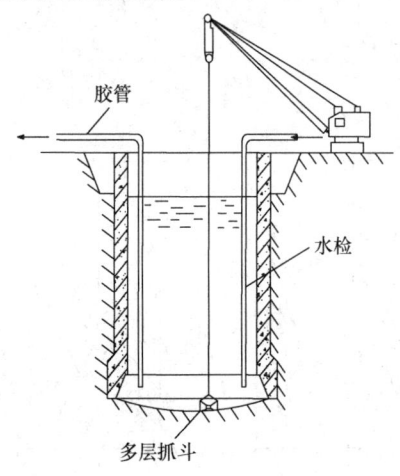

图 25-15 水枪冲土、抓斗在水中抓土

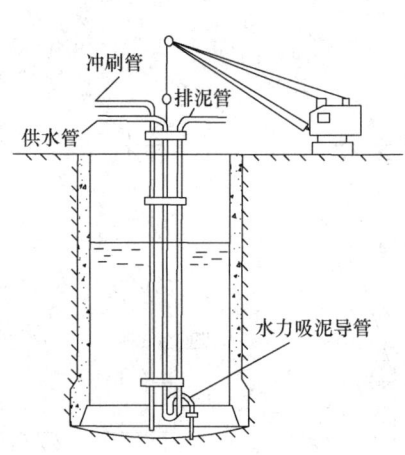

图 25-16 用水力吸泥器水中冲土

(2) 水力机械冲土。使用高压水泵将高压水流通过进水管分别送进沉井内的高压水枪和水力吸泥机，利用高压水枪射出的高压水流冲刷土层，使其形成一定稠度的泥浆，汇流至集泥坑，然后用水力吸泥机（或空气吸泥机）将泥浆吸出，从排泥管排出井外，如图 25-16 所示。冲黏性土时，宜使喷嘴接近 90°角冲刷立面，将立面底部冲成缺口使之塌落。取土顺序为先中央后四周，并沿刃脚留出土台，最后对称分层冲挖，不得冲空刃脚踏面下的土层。施工时，应使高压水枪冲刷井底形成的泥浆量和渗入的水量与水力吸泥机吸出的泥浆量保持平衡。

水力机械冲土的主要设备包括吸泥器（水力吸泥机或空气吸泥机）、吸泥管、扬泥管和高压水管、离心式高压清水泵、空气压缩机（采用空气吸泥时用）等。吸泥器内部高压水喷嘴处的有效水压，对于扬泥所需要的水压的比值平均约 7.5。应使各种土成为适宜稠度的泥浆比重：砂类土为 1.08~1.18；黏性土为 1.09~1.20。吸入泥浆所需的高压水流量，约与泥浆量相等，吸入的泥浆和高压水混合以后的稀释泥浆，在管路内的流速应不超过 2~3m/s。喷嘴处的高压水流速一般约为 30~40m/s。

实际应用的吸泥机，其射水管与高压水喷嘴截面的比值约为 4~10，而吸泥管与喷嘴截面的比值约为 15~20。水力吸泥机的有效作用约为高压水泵效率的 0.1~0.2，如每小时压入水量为 100m³，可吸出泥浆含土量约为 5%~10%，高度 35~40m，喷射速度约 3~4m/s。吸泥器配备数量视沉井大小及土质而定，一般为 2~6 套。

水力吸泥机冲土，适用于亚黏土、轻亚黏土、粉细砂土中；使用不受水深限制，但其出土率则随水压、水量的增加而提高，必要时应向沉井内注水，以加高井内水位。在淤泥或浮土中使用水力吸泥时，应保持沉井内水位高出井外水位1～2m。

3）下沉辅助措施

有时会遇到沉井下沉深度大，或者井壁较薄、自重较轻而导致下沉系数很小，为了使沉井顺利下沉，可采用以下几种方法。

（1）射水下沉法

一般作为以上两种方法的辅助方法，用预先安设在沉井外壁的水枪，借助高压水冲刷土层，使沉井下沉。射水所需水压在砂土中，冲刷深度在8m以下时，需要0.4～0.6MPa；在砂砾石层中，冲刷深度在10～12m以下时，需要0.6～1.2MPa；在砂卵石层中，冲刷深度在10～12m时，需要8～20MPa。冲刷管的出水口口径为10～12mm，每一管的喷水量不得小于0.2m³/s，如图25-17所示。但本法不适用于黏土中下沉。

（2）触变泥浆护壁下沉法

沉井下沉用的触变泥浆，一般是由水、黏土、化学处理剂及其它一些惰性物质组成，常用膨润土、淡水、纯碱作为触变泥浆的材料。

采用触变泥浆护壁下沉法时，沉井外壁应制成宽度为10～20cm的台阶作为泥浆槽。泥浆采用泥浆泵、砂浆泵或气压罐通过预埋在井壁体内或设在井内的垂直压浆管压入，如图25-18所示，使外井壁泥浆槽内充满触变泥浆，其液面接近于自然地面。为了防止漏浆，在刃脚台阶上宜钉一层2mm厚的橡胶皮，同时在挖土时注意不使刃脚底部脱空。在泥浆泵房内要储备一定数量的泥浆，以便下沉时不断补浆。在沉井下沉到设计标高后，泥浆套应按设计要求进行处理，一般采用水泥浆、水泥砂浆或其它材料来置换触变泥浆，即将水泥浆、水泥砂浆或其它材料从泥浆套底部压入，使压进的水泥浆、水泥砂浆等凝固材料挤出泥浆，待其凝固后，沉井即可稳定。

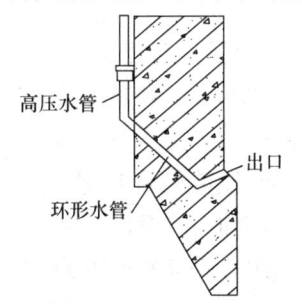

图25-17 沉井预埋冲刷管组

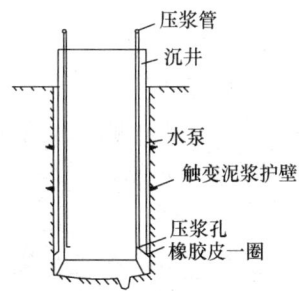

图25-18 触变泥浆护壁下沉方法

触变泥浆的物理力学性能指标详见表25-6。

触变泥浆技术指标　　　　表25-6

名　称	单　位	指　标	试验方法
比重	—	1.1～1.40	泥浆比重秤
黏度	S	>30	500cc～700cc/漏斗法
含砂量	%	<4	洗砂瓶
胶体率	%	100	量杯法

续表

名　　称	单　　位	指　　标	试验方法
失水量	mL/30min	<14	失水量仪
泥皮厚度	mm	≤3	失水量仪
静切力	mg/cm²	>30	静切力计（10min）
pH 值	—	≥8	pH 试纸

注：泥浆配合比为：黏土：水＝35%～40%：65%～60%。

(3) 抽水下沉法

不排水下沉的沉井，以抽水降低井内水位，减少浮力，可使沉井下沉。如有翻砂涌泥时，不宜采用此法。

(4) 井外挖土下沉法

若上层土中有砂砾或卵石层，井外挖土下沉就很有效。

(5) 压重下沉法

可利用灌水、铁块，或用草袋装砂土，以及接高混凝土筒壁等加压配重，使沉井下沉，但特别要注意均匀对称加重。

(6) 炮震下沉法

当沉井内的土已经挖出掏空而沉井不下沉时，可在井中央的泥土面上放药起爆，一般用药量为 0.1～0.2kg。同一沉井，同一地层不宜多于 4 次。

3. 降水措施

基坑底部四周应挖出一定坡度的排水沟与基坑四周的集水井相通。集水井比排水沟低 500mm 以上，将汇集的地面水和地下水及时用潜水泵、离心泵等抽除。基坑中应防止雨水积聚，保持排水通畅。

基坑面积较小，坑底为渗透系数较大的砂质含水土层时可布置土井降水。土井一般布置在基坑周围，其间距根据土质而定。一般用 800～900mm 直径的渗水混凝土管，四周布置外大内小的孔眼，孔眼一般直径为 40mm，用木塞塞住，混凝土管下沉就位后由内向外敲去木塞，用旧麻袋布填塞。在井内填 150～200mm 厚的石料和 100～150mm 厚的砾石砂，使抽吸时细砂不被带走。

采用井点降水时井点距井壁的距离按井点入土深度确定，当井点入土深度在 7m 以内时，一般为 1.5m；井点入土深度为 7～15m 时，一般为 1.5～2.5m。

1) 明沟集水井排水

在沉井周围距离其刃脚 2～3m 处挖一圈排水明沟，设置 3～4 个集水井，深度比地下水深 1～1.5m，沟和井底深度随沉井挖土而不断加深，在井内或井壁上设水泵，将水抽出井外排走。为了不影响井内挖土操作和避免经常搬动水泵，一般采取

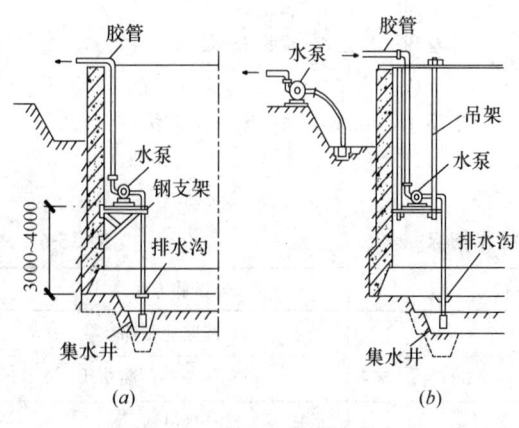

图 25-19　明沟直接排水法

(a) 钢支架上设水泵排水；(b) 吊架上设水泵排水

在井壁上预埋铁件，焊接钢结构操作平台安设水泵，或设木吊架安设水泵，用草垫或橡皮承垫，避免震动，如图 25-19 所示，水泵抽吸高度控制在不大于 5m。如果井内渗水量很少，则可直接在井内设高扬程小的潜水泵将地下水抽出井外。

2) 井点排水

在沉井周围设置轻型井点、电渗井点或喷射井点以降低地下水位，如图 25-20 所示，使井内保持挖土。

3) 井点与明沟排水相结合

在沉井上部周围设置井点降水，下部挖明沟集水井设泵排水，如图 25-21 所示。

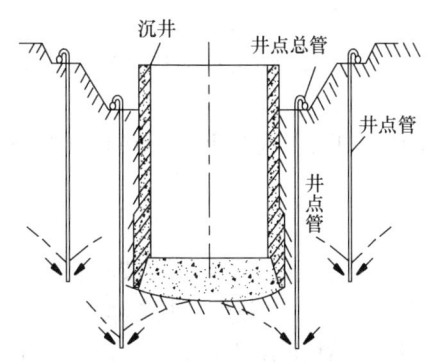

图 25-20 井点系统降水

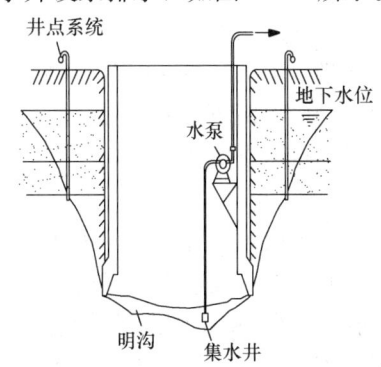

图 25-21 井点与明沟相结合的方法

4. 空气幕措施

沉井下沉深度越深，其侧摩阻力越大，采用空气幕措施可减小井壁与土层之间的摩阻力，使沉井顺利下沉到设计标高。该法是在沉井井壁内预设一定数量的管路，管路上预留小孔，之后向管内压入一定压力的压缩空气，通过小孔内向沉井井壁外喷射，形成一层空气帷幕，从而降低井壁与土层之间的摩阻力。整个空气幕系统一般由一套压气设备组成，包括空压机、储气包、井壁内的预埋管路、气龛，以及地面供气管路。

(1) 空气幕压气所需压力值与气龛的入土深度有关，一般可按最深喷气孔处理论水压的 1.6 倍，每气龛的供气量与喷气孔直径有关，一般为 $0.023m^3/min$。并设置必要数量的空压机及储气包。

(2) 喷气龛常为 200mm×50mm 倒梯形，喷气孔直径一般为 1~3mm。喷气孔的数量应以每个喷气孔所能作用的面积和沉井不同深度决定，平均可按 1.5~3m 设 2 个考虑。刃脚以上 3m 内不宜设置喷气孔。

(3) 井壁内预埋通气管通常有竖直和水平两种布置方式。预埋管宜分区分块设置，便于沉井纠偏。

(4) 防止喷气孔的堵塞，应在水平管的两端设置沉淀筒，并在喷气孔上外套一橡胶皮环。

(5) 每次空气幕助沉的时间应根据实际沉井下沉情况而定，一般不宜超过 2 小时。

(6) 压气顺序应自上而下进行，关气时则反之。

5. 纠偏措施

1) 沉井倾斜偏转的原因

下沉中的沉井常常由于下列原因造成倾斜偏转：人工筑岛被水流冲坏，或沉井一侧的土被水流冲空；沉井刃脚下土层软硬不均匀；没有对称地抽除承垫木，或没有及时回填夯实；没有均匀除土下沉，使井孔内土面高低相差很多；刃脚下掏空过多，沉井突然下沉，易于产生倾斜；刃脚一角或一侧被障碍物搁住，没有及时发现和处理；由于井外弃土或其他原因造成对沉井井壁的偏压；排水下沉时，井内产生大量流砂等。

2）纠偏方法

沉井在下沉过程中发生倾斜偏转时，应根据沉井产生倾斜偏转的原因，可以用下述的一种或几种方法来进行纠偏，确保沉井的偏差在容许的范围以内。

（1）偏除土纠偏

如系排水下沉，可在沉井刃脚高的一侧进行人工或机械除土，如图25-22所示。在刃脚低的一侧应保留较宽的土堤，或适当回填砂石。

如系不排水下沉的沉井，一般可靠近刃脚高的一侧吸泥或抓土，必要时可由潜水员配合在刃脚下除土。

（2）井外射水、井内偏除土纠偏

当沉井下沉深度较大时，若纠正沉井的偏斜，关键在于被坏土层的被动土压力，如图25-23所示。高压射水管沿沉井高的一侧井壁外面插入土中，破坏土层结构，使土层的被动土压力大为降低。这时再采用上述的偏除土方法，可使沉井的倾斜逐步得到纠正。

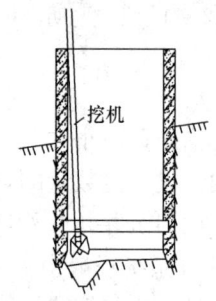
图25-22　偏除土纠偏

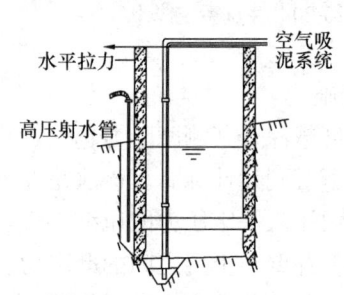
图25-23　井外射水纠偏

（3）用增加偏土压或偏心压重来纠偏

在沉井倾斜低的一侧回填砂或土，并进行夯实，使低的一侧产生土偏的作用。如在沉井高的一侧压重，最好使用钢锭或生铁块，如图25-24所示。

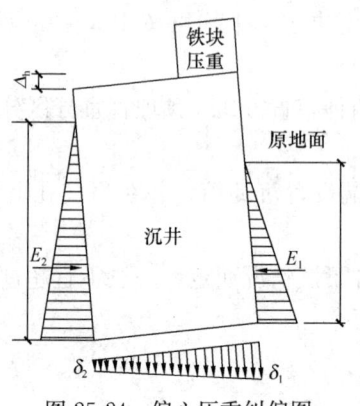
图25-24　偏心压重纠偏图

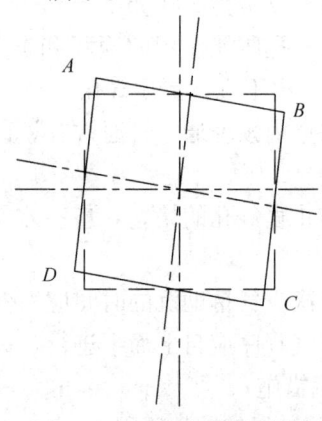
图25-25　平面扭转的纠偏

(4) 沉井位置扭转时的纠正

沉井位置如发生扭转，如图 25-25 所示。可在沉井的 A、C 二角偏除土，B、D 二角偏填土，借助于刃脚下不相等的土压力所形成的扭矩，使沉井在下沉过程中逐步纠正其位置。

25.3.4 沉井封底

沉井下沉至设计标高，经过观测在 8h 内累计下沉量不大于 10mm 或沉降率在允许范围内，沉井下沉已经稳定时，即可进行沉井封底。封底方法有以下两种。

1. 干封底

这种方法是将新老混凝土接触面冲刷干净或打毛，对井底进行修整，使之成锅底形，由刃脚向中心挖成放射形排水沟，填以卵石做成滤水暗沟，在中部设 2~3 个集水井，深 1~2m，井间用盲沟相互连通，插入 ϕ（600~800）四周带孔眼的钢管或混凝土管，管周填以卵石，使井底的水流汇集在井中，用泵排出，如图 25-27 所示，并保持地下水位低于井内基底面 0.3m。

浇筑封底混凝土前应将基底清理干净。

(1) 清理基底要求将基底土层作成锅底坑，以便于封底，各处清底深度均应满足设计要求，如图 25-26 所示。

(2) 清理基底土层的方法：在不扰动刃脚下面土层的前提下，可人工清理、射水清理、吸泥或抓泥清理。

(3) 清理基底风化岩方法：可用高压射水、风动凿岩工具，以及小型爆破等办法，配合吸泥机清除。

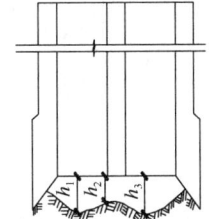

图 25-26 清底高度示意图

封底一般先浇一层 0.5~1.5m 的素混凝土垫层，达到 50% 设计强度后，绑扎钢筋，两端伸入刃脚或凹槽内，浇筑上层底板混凝土。浇筑应在整个沉井面积上分层，同时不间断地进行，由四周向中央推进，每层厚 300~500mm，并用振捣器捣实。当井内有隔墙时，应前后左右对称地逐孔浇筑。混凝土采用自然养护，养护期间应继续抽水。待底板混凝土强度达到 70% 后，对集水井逐个停止抽水，逐个封堵。封堵方法是，将滤水井中的水抽干，在套筒内迅速用干硬性的高标号混凝土进行堵塞并捣实，然后上法兰盘盖，用螺栓拧紧或焊牢，上部用混凝土填实捣平。

2. 水下封底

不排水封底即在水下进行封底。要求将井底浮泥清除干净，新老混凝土接触面用水冲刷干净，并铺碎石垫层。封底混凝土用导管法灌注。待水下封底混凝土达到所需要的强度后，即一般养护为 7~10d，方可从沉井中抽水，按排水封底法施工上部钢筋混凝土底板。

导管法浇筑可在沉井各仓内放入直径为 200~400mm 的导管，管底距离坑底约 300~500mm，导管搁置在上部支架上，在导管顶部设置漏斗，漏斗颈部安放一个隔水栓，并用铅丝系牢。水下封底的混凝土应具有较大的坍落度，浇筑时将混凝土装满漏斗，随后将其与隔水栓一起下放一段距离，但不能超过导管下口，割断铅丝，之后不断向漏斗内灌注混凝土，混凝土由于重力作用源源不断由导管底向外流动，导管下端被埋入混凝土并与水隔绝，避免了水下浇筑混凝土时冷缝的产生，保证了混凝土的质量。

3. 浇筑钢筋混凝土底板的施工方法

在沉井浇筑钢筋混凝土底板前,应将井壁凹槽新老混凝土接触面凿毛,并洗刷干净。

1) 干封底时底板浇筑方法

当沉井采用干封底时,为了保证钢筋混凝土底板不受破坏,在浇筑混凝土过程中,应防止沉井产生不均匀下沉。特别是在软土中施工,如沉井自重较大,可能发生继续下沉时,宜分格对称地进行封底工作。在钢筋混凝土底板尚未达到设计强度之前,应从井内底板以下的集水井中不间断地进行抽水。

抽水时,钢筋混凝土底板上的预留孔,如图 25-28 所示。集水井可用下部带有孔眼的大直径钢管,或者用钢板焊成圆形、方(矩)形井,但在集水井上口均应不带法兰盘。由于底板钢筋在集水井处被切断,所以在集水井四周的底板内应增加加固钢筋。待沉井钢筋混凝土底板达到设计强度,并停止抽水后,集水井用素混凝土填满。然后,用事先准备好的带螺栓孔的钢盖板和橡皮垫圈盖好,拧紧与法兰盘上的所有螺栓。集水井的上口标高应比钢筋混凝土底板顶面标高低 200~300mm,待集水井封口完毕后,再用混凝土找平。

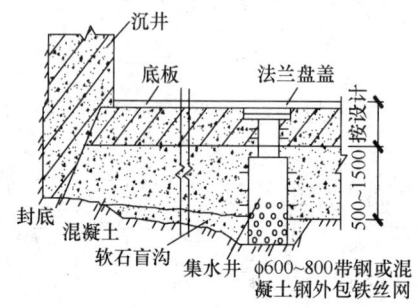

图 25-27 沉井封底构造（mm）

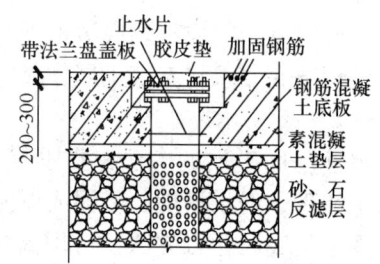

图 25-28 封底时底板的集水井（mm）

2) 水下封底时底板浇筑方法

当沉井采用水下混凝土封底时,从浇筑完最后一格混凝土至井内开始抽水的时间,须视水下混凝土的强度(配合比、水泥品种、井内水温等均有影响),并根据沉井结构(底板跨度、支承情况)、底板荷载(地基反力、水压力),以及混凝土的抗裂计算决定。但为了缩短施工工期,一般约在封底混凝土达到设计强度的 70% 后开始抽水,按照排水封底法施工上部钢筋混凝土底板。

25.3.5 沉井质量检验与评定

(1) 沉井工程中间验收应按以下各项进行,并填写验收记录:①制作沉井场地的地基土质;②每节沉井的制作质量;③沉井钢闸门的制作和安装质量;④井壁预留孔洞和预埋件的设置质量;⑤用不排水法施工的沉井基底可用触探及潜水检查,必要时用钻孔方法检查。

(2) 沉井制作尺寸和允许偏差见表 25-7。

制作沉井时的允许偏差　　　　表 25-7

序号	检查项目		允许偏差
1	沉井断面尺寸	长、宽	±0.5%,且不得大于 100
2		曲线部分的半径	±0.5%,且不得大于 50
3		两对角线长度	对角线长的 1%
4	沉井井壁厚度		±15
5	井壁、隔墙垂直度		1%
6	预埋件、预留孔位移		±20

(3) 沉井下沉结束，其偏差应符合表 25-8 规定。

沉井下沉允许偏差　　　　　　表 25-8

序 号	检 查 项 目	允 许 偏 差
1	刃脚平均标高	≤100
2	沉井水平位移	<$H/100$，下沉深度小于 10m 时，水平位移≤100
3	刃脚底面四角的任何两角高差	<该两角间水平距离的 1%，且最大不得超过 300mm。如两角间水平距离小于 10m，其刃脚底面高差允许为 100mm

注：表中 H 为沉井高度。

25.4 沉箱施工技术

沉箱的施工与沉井相差不大，不同点在于沉箱是依靠工作室内的压缩空气平衡外界水压力达到下沉的目的，故沉箱在下沉时必须首先施工底板结构，并预装管路及相应设备。另外，沉箱的出土方式与沉井也有较大不同，由于沉箱工作室内存在气压，所以在出土下沉过程中必须保证气压的稳定性，采用传统的挖土方式不可避免的对其造成影响。本节就沉箱与沉井施工中的不同之处作介绍。

25.4.1 沉箱制作

1. 结构制作

沉箱结构制作施工工艺与沉井制作相类似，可参考沉井制作的施工方法，但是沉箱的结构底板（也称作工作室顶板）在下沉前制作完毕是气压沉箱施工的一个特色，以便结构在下沉前可形成由刃脚和底板组成的下部密闭空间。因此该部分结构要求密闭性好，不得产生大量漏气现场，同时需考虑对后续工序的影响。

沉箱的结构底板有多种制作方式：

(1) 从结构密闭性要求来考虑，底板与刃脚部分整体浇筑是一个较理想选择。但须考虑刃脚与底板的差异沉降问题。由于工作室内在下沉施工中下部工作室内会充满高压空气，一旦在刃脚与底板结合处出现细小裂缝，也可能导致气压施工时该处产生较明显漏气现象。

(2) 采用底板与刃脚分开浇筑，开挖基坑，制作排架或构筑土模，但土模法施工对下一步设备安装施工构成较大影响，需人工通过底板预留孔底板以下缓慢掏土再进行设备安装。另外，分开浇筑时还需考虑底板与刃脚处的施工缝漏气问题，一般可采用较成熟的钢板止水条处理。

底板施工时的另一个重要工序即是预埋件及管路的放置，管路预埋在底板上，须考虑管路密封闭气问题。油管、输水管的封闭较简单，预埋时使其上端伸出底板顶面一定长度，上端设阀门封闭。在底板浇筑后即可根据施工需要接长。施工电缆一般不宜直接埋设在混凝土中，因此电缆穿底板段也需预先埋设套管，施工用电缆通过套管进入工作室内。电缆与套管间存在间隙的问题，可采用在套管两端采用法兰压紧闭气解决。

2. 支墩制作

沉箱在刚开始下沉时，由于气压较小，所提供的浮托力不足以平衡沉箱本身的重量，

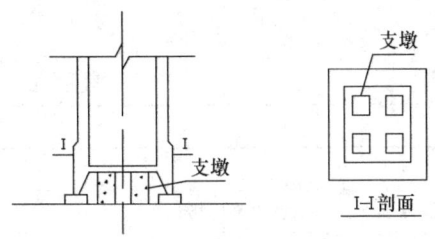

图 25-29 内部支墩示意图

故在可设置一定数量的混凝土支座,以承托上部荷载。支座可采用在内部浇筑支墩或在外部制作锚桩支撑。如图 25-29 所示。

3. 设备安装调试

待底板达到强度,下部脚手体系拆除后开始进行设备安装。由于此时底板已浇筑,因此须将设备分件拆卸后,通过底板上的预留孔洞将设备运输至下部工作室内,再进行组装、安装工作。底板以上施工包括人员塔塔身及闸门段、过渡舱;物料塔塔身及闸门段、气闸门等也应进行安装并调试。

4. 井壁制作

沉箱井壁制作时的钢筋绑扎及混凝土浇筑与沉井相同,沉箱井壁制作时脚手搭设有以下三种方法:

(1) 直接在底板上搭设内脚手,并随着井壁的接高而接高。

(2) 在地面搭设井壁外脚手,但由于沉箱需多次制作、多次下沉。为避免沉箱下沉对周边土体扰动较大,影响外脚手稳定性。外脚手须在每次下沉后重新搭设。该工艺的缺点是施工时间较长。外脚手架需反复搭设,结构施工在沉箱下沉施工时无法进行。

(3) 采取了在外井壁上设置外挑牛腿的方式。

5. 工作室内气压控制

沉箱下沉加气应在沉箱下沉至地下水位 0.5~1m 左右时开始加气。

沉箱施工时,应首先保证工作室内气压的相对稳定。工作室内气压原则上应与外界地下水位相平衡,不得过高或过低。气压过小可能引起工作室内出现涌水、涌土现象,气压过大则可能导致气体沿周边土体形成渗漏通道,发生气体泄漏,严重时可能导致大量气喷,产生灾难性后果。在沉箱下沉过程中,随着沉箱下沉、出土作业交叉进行,工作室内空间的不断变化,使工作室内气压值一直处于波动状态;同时施工过程中会存在少量气体泄漏现象。因此为防止气压波动太大,对周边土体造成较大扰动,在底板上设置了进排气阀,以维持工作室内气压的相对稳定。

25.4.2 沉箱下沉

1. 下沉方法

沉箱按挖土下沉方式分干挖法、水力吸泥法及螺旋出土法。

1) 干挖法

在工作室内干挖时,存在气压转换工程,在出土时需要降压,以保证与外部大气压相同,在进入工作室时需要加压,在此过程中需要物料塔的气密门、气闸门数次开闭,并且在每次操作该门之前需要进行气压平衡,施工相对繁琐。

2) 水力吸泥法

沉箱的水力吸泥法与沉井的相同,采用此法时应考虑周边环境,并将泥浆进行泥水分离。

3) 螺旋出土法

螺旋出土机是上海市基础工程有限公司对传统沉箱出土方式的一个创新,利用螺旋机连续出土并隔断气压沉箱的内、外的空气的串通，大大降低了气密门、气闸门开闭的次数，达到了无排气出土的目的。图 25-30 为螺旋出土示意图。

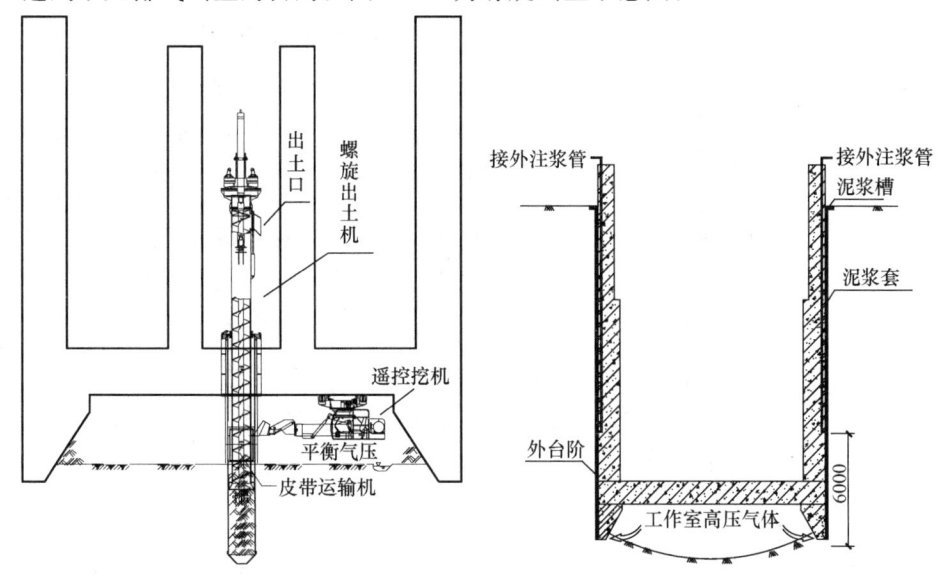

图 25-30 螺旋出土机示意图　　图 25-31 触变泥浆护壁 (mm)

螺旋出土机的组成包括：螺旋机活塞筒；螺旋叶、杆；储土舱；出泥门；螺旋机旋转的驱动装置；螺旋机活塞筒上下运动的驱动装置；螺旋机轨道安装定位的结构件。

螺旋出土机的工作原理为：螺旋出土机下压建立初始压力，通过螺杆旋转使土在螺旋机内形成连续的土塞，并在螺杆旋转过程中不断从出土口挤出。该出土方式借鉴了土压平衡盾构螺旋出土方式。当土在螺旋机内形成连续的、较密实的土塞后，可以防止工作室内的高压气体向外界渗透。在螺旋机连续出土的过程中，不会有大量气体泄漏，也不必经过物料塔出土须两次开、闭闸门的过程，施工效率较高。当沉箱穿越砂性土层时，土质不密实，则螺旋机土塞存在漏气的可能，因此在螺旋机上设置了注水、注浆装置。在穿越较差土层时，可向螺旋出土机底部储土筒内的土注水、注浆以改善土质。

2. 辅助下沉措施

1) 触变泥浆护壁下沉

沉箱外围设置泥浆套后，可显著减小侧壁摩阻力。由于沉箱下沉后期，下沉深度深，沉箱侧壁摩阻力是造成沉箱下沉困难的一个重要因素，故可采取泥浆套作为沉箱助沉的手段，如图 25-31 所示。

润滑泥浆在沉箱沉到达底标高后，为避免触变泥浆失水引起周边土体的位移，应向井壁外压注水泥浆以置换泥浆套。

2) 加重

沉箱加重辅助下沉法与沉井相同，此处不再赘述。

3) 压沉系统

当沉箱下沉至一定深度时，由于气压的不断增加，底板上的浮托力也逐渐增大，此时开挖刃脚土塞、加重等助沉措施的效果不明显。

压沉系统是采用在外井壁设置外挑钢牛腿，作为支撑点，在牛腿上部设置一穿心千斤顶,千斤顶上端设一锚固点,并通过抗拉探杆与下部桩基连接,解决沉箱在侧壁摩阻力+刃脚反力+气压反力的作用下,依靠自重下沉困难的辅助措施。外挑钢牛腿可分别在沉箱4角对称设置,共设置8只。钢牛腿与结构通过预埋螺栓连接,如图25-32所示。

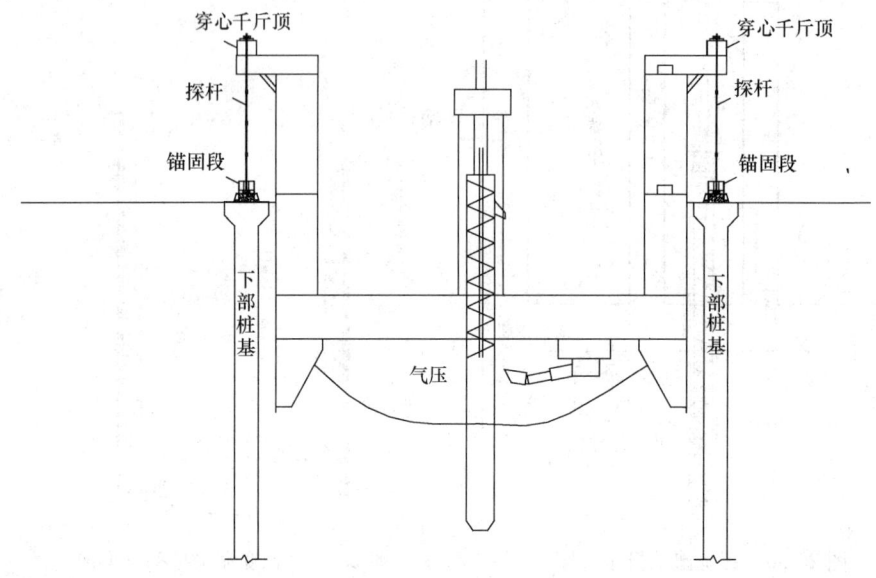

图 25-32 压沉系统

压沉系统的工作原理:当启动压沉系统时,上端的穿心千斤顶油缸上顶,井壁外挑牛腿受到向下的压力,该压力通过牛腿传递到沉箱结构上,导致沉箱受压下沉。当穿心千斤顶油缸完成一个上顶行程时(约20cm),意味着沉箱已在外加压力作用下下降了20cm。此时千斤顶油缸回缩,将探杆上端受力螺母下旋至穿心千斤顶上口处。由于探杆是分段连接的,当沉箱下降一定深度后,可将多余杆件拆去。由于沉箱为分节制作,分次下沉,因此在每次接高后均应进行外挑钢牛腿的拆除,重新安装,以及探杆的接高。

4) 减压下沉

当沉箱内周围土的摩擦阻力过大而不能下沉时,可暂时撤离工作人员,降低工作室内气压,以强迫下沉。但减压下沉应慎重使用,气压较小时可导致工作室内涌水、涌土现象,导致地面塌陷,对周边造成的变形较大。

3. 纠偏措施

沉箱下沉时较平稳,不容易产生突沉倾斜等现象,因此比沉井容易纠偏。

沉箱纠偏可利用支撑及压沉系统。支撑及压沉系统分别在沉箱四角设置,当沉箱发生偏斜需要纠偏的话,可根据测量数据,通过调节不同千斤顶压力及行程,形成纠偏力矩,对沉箱进行及时纠偏。

4. 防漏气措施

(1) 泥浆套:沉箱外围设置泥浆套,可填充沉箱外壁与周边土体之间的可能空隙,阻止气体沿此通道外泄,尤其在沉箱入土深度不深的情况下,由于沉箱下沉姿态不断变化,外井壁与周边土体之间可能不断出现地下水来不及补充的空隙。

(2) 水封闭:为避免气体从刃脚处泄漏,实际工作室内的气压可略低于地下水位。这样可使工作室内的地下水位略高于刃脚,起到水封闭的作用,防止气体沿刃脚外泄。当工作室内气压的大小对开挖面土体干燥度有直接的影响，应考虑土体含水量过高对出土施工的影响。

(3) 刃脚处土塞高度：在工作室内开挖土体时，应保证此处的土塞高度，使刃脚能隔绝气体渗透通道，另外可将沉箱继续下沉一定深度，将刃脚下土体压实。

(4) 沉箱进入砂层减小气压：在穿越渗透性较强的砂性土及杂填土层时，其气体损失率则较高。因此沉箱在穿越砂性土等渗透性较高土层时，应特别注意维持气压在等于或略低于地下水位的水平，防止气体大量泄漏。

25.4.3 沉箱封底

沉箱下沉到位后应连续观察 8h，如下沉量小于 10mm，即可进行封底混凝土浇筑施工。沉箱封底分以下两种：

(1) 传统的气压沉箱封底工艺是在沉箱下沉到位后将填充物混凝土或砂土等通过物料塔缓慢地运输至下部工作室内，同时工作室内采用人工在高气压下将填充物均匀摊铺，摊铺时应先周边后中间，对称浇筑，保证混凝土浇筑的均匀性，该工艺由于人工在高气压下作业操作空间小，施工环境十分恶劣，施工效率低。

(2) 另外一种封底方式如图 25-33 所示，当沉箱下沉到位以后采用预先在沉箱底板（即工作室顶板）制作时即按一定间距预埋导管，导管直径与混凝土泵车尺寸相对应，在沉箱下沉过程中导管上端采用闸门封堵。当沉箱下沉到位准备封底施工前在沉箱底板上采

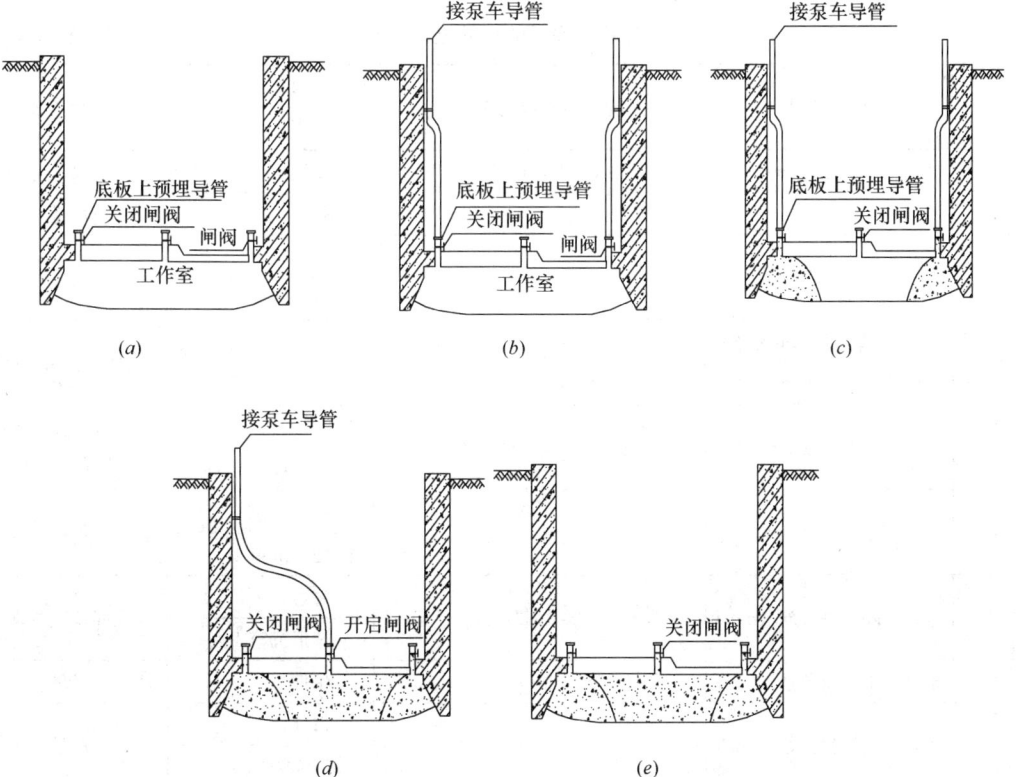

图 25-33 沉箱封底流程图
(a) 关闭闸阀；(b) 预埋导管接泵车导管；(c) 开启闸阀，浇筑封底混凝土；
(d) 一处浇筑完毕后，关闭闸阀，移至下一处浇筑；(e) 封底混凝土达到强度后，注入水泥浆填充空隙

用长导管一端与底板预埋导管连接,另一端与地面泵车导管连接,打开闸门,利用泵车压力将混凝土压入工作室,当一处浇筑完毕后泵车移到下一导管处继续浇筑。

封底混凝土要求采用自流平混凝土,以保证混凝土在泵车压力及自重压力下,可以在工作室内一定范围内自然摊铺。封底混凝土达到强度后,再对其与底板之间的空隙处进行注浆填充。

第一次封底仅封堵锅底部分及刃脚地面以上1m左右,以方便设备拆除施工,在封底混凝土达到强度要求后,可适当降低工作室气压后作业人员再进入工作室内拆除设备,同时也便于作业人员将刃脚部分浮泥清洗干净以保证第二次浇筑封底混凝土时应能与刃脚紧密结合。在主要设备拆除后,进行第二次封底混凝土的浇筑,在封底混凝土达到强度前,工作室内应维持足够的气压。在封底结束后通过底板处预埋注浆管压注水泥浆进行空隙填充(图25-33)。施工中应利用多辆泵车连续浇筑以保证混凝土浇筑的连续性,为保证混凝土能够充满整个工作室,必须保证混凝土有较大的流动性。

封底混凝土基本充满沉箱底部工作室,此时应维持物料塔及人员塔内的气压不变,待封底混凝土达到设计强度后再停止供气,在封底后进行底板预留孔的封堵。

25.4.4 沉箱质量检验与评定

(1) 沉箱工程中间验收可参照沉井工程。

(2) 沉箱制作尺寸和允许偏差见表25-9。

沉箱制作时的尺寸允许偏差　　　　　表25-9

序号	检查项目		允许偏差或允许值	检查数量		检验方法
				范围	点数	
1	平面尺寸	长度(mm)	±0.5%L 且≤100	每边	1	尺量
2		宽度(mm)	±0.5%B 且≤50	每边	1	尺量
3		高度(mm)	±30	每边	1	尺量
				圆形沉箱4点		
4		直径(圆形沉箱)(mm)	±0.5%D 且≤100	2		尺量(互相垂直)
5		对角线(mm)	±0.5%线长且≤100	2		尺量(两端、中间各取一点)
6	箱壁厚度(mm)		±15	每边	3	尺量
				圆形沉箱4点		
7	箱壁、隔墙垂直度(mm)		≤1%H	每边	3	经纬仪或线垂
				圆形沉箱4点		
8	预埋件中心线位置(mm)		±20	每件	1	尺量
9	预留孔(洞)位移(mm)		±20	每件	1	尺量
				每孔(洞)	1	

注:表中 L 为设计沉箱长度(mm);B 为设计沉箱长度(mm);
　　H 为设计沉箱高度(mm);D 为设计沉箱直径(mm)。
　　检查中心线位置时,应沿纵、横两个方向测量,并取其中较大值。

(3) 沉箱下沉结束，其偏差应符合以下规定。

沉箱下沉结束后尺寸允许偏差　　　　　　　　表 25-10

序号	检查项目		允许偏差或允许值	检查数量		检验方法
				范围	点数	
1	刃脚平均标高（mm）		±50	每个	4	全站仪
2	刃脚中心线位移（mm）	$H \geqslant 10$m	$<0.5\%H$	每边	1	全站仪
		$H<10$m	50	每边	1	全站仪
3	四角中任何两角高差	$L \geqslant 10$m	$<0.5\%L$ 且 $\leqslant 150$	每角	2	全站仪
		$L<10$m	50	每角	2	全站仪

注：表中 H 为下沉总深度，系指下沉前后刃脚之高差；
　　L 即是方形沉井为两角的距离，圆形沉井为互相垂直的两条直径。

25.5　常见事故及预防

沉井及沉箱在下沉施工经常会发生下沉困难的状况，如在下沉过程中产生倾斜、偏移、下沉过快或下沉过慢、流砂、封底困难等现象，本节就沉井及沉箱在施工过程中对常见事故的处理及预防措施作简单介绍。

1. 倾斜

施工中造成倾斜的原因：如刃脚下的土软硬不均匀，承垫木或混凝土垫层没有对称的抽除，井外四周的回填土没有及时回填夯实或者在开挖过程中不均匀挖土导致的井内土面高差悬殊，刃脚下掏空过多或者一侧被障碍物搁住未及时发现和处理也会产生倾斜。另外在沉井及沉箱上附加荷重分布不均匀或者在周围堆载过大从而造成偏压等都很容易造成沉井及沉箱的倾斜。

防止施工中发生倾斜，可采取一定的预防措施及处理方法：如加强下沉过程中的观测和资料分析，发现倾斜及时纠正；对称、均匀地抽除承垫木或凿除混凝土垫层，及时用砂或砂砾回填夯实；在刃脚高的一侧加强取土，低的一侧少挖或不挖土，待正位后再均匀分层取土；在刃脚较低的一侧适当回填砂石或石块，延缓下沉速度；不排水下沉，在靠近刃脚低的一侧适当回填砂石；在井外射水或开挖、增加偏心压载，以及施加水平外力。

2. 偏移

施工中偏移的发生大多由于倾斜引起，当发生倾斜和纠正倾斜时，井身常向倾斜一侧下部产生一个较大的压力，因而伴随产生一定的位移，位移大小随土质情况及向一边倾斜的次数而定；另外，测量定位发生差错也会导致偏移的发生。

在施工中，为了防止发生偏移，可控制沉井或沉箱不再向偏移方向倾斜。有意向偏位的相反方向倾斜，当几次倾斜纠正后，即可恢复到正确位置；或有意使沉井向偏位的一方倾斜，然后沿倾斜方向下沉，直至刃脚处中心线与设计中线位置相吻合或接近时，再将倾斜纠正；另外，还可以加强测量的检查复核工作预防偏移的发生。

3. 沉井下沉过快

施工中遇软弱土层，土的抗剪强度小，使下沉速度超过挖土速度，容易造成沉井下过快；另外，长期抽水或由于砂的流动，使井壁与土之间摩阻力减少，也会造成沉井下沉过快；再者，井外土体液化也会导致沉井下沉过快。

沉井下沉过快的预防措施及处理方法：用木垛在定位垫架处给予支承，并重新调整挖土；在刃脚下不挖或部分不挖土；将排水法下沉改为不排水法下沉，增加浮力；在沉井外壁与土壁间填粗糙材料，或将井筒外的土夯实，增加摩阻力；如外部的土液化发生虚坑时，可填碎石进行处理；减少每一节筒身高度，减轻自重。

4. 沉井下沉极慢或停沉

施工中井壁与土壁间的摩阻力过大，沉井自重不够，下沉系数过小或者遇有障碍物都会造成沉井下沉极慢或停沉。

沉井下沉极慢或停沉的预防措施及处理方法：继续浇灌混凝土增加自重或在井顶均匀增加荷重；挖除刃脚下的土或在井内继续进行第二层"锅底"状破土；用小型药包爆破震动，但刃脚下挖空宜小；药量不宜大于 0.1kg，刃脚应用草垫等防护；不排水下沉改为排水下沉，以减少浮力；在井外壁用射水管冲刷井周围土，减少摩阻力，射水管也可埋在井壁混凝土内（此法仅适用于砂及砂类土）；在井壁与土之间灌入触变泥浆，降低摩阻力，泥浆槽距刃脚高度不宜小于 3m；清除障碍物。

5. 沉箱下沉困难

在施工中，井壁与土壁间的摩阻力过大，沉井自重不够，下沉系数过大，会导致沉箱下沉困难。另外，遇有障碍物下沉后期气压不断增大导致底板上浮托力增大，也会导致沉箱下沉困难。

沉箱下沉困难的预防措施及处理方法：在井壁与土之间灌入触变泥浆，在井顶均匀增加荷重，清除障碍物采用外部压沉系统下压减小工作室内气压（慎用）。

6. 沉箱发生漏气

在施工中，沉箱外壁与土体之间空隙较大，刃脚处土塞高度不足以隔绝空气渗漏通道，沉箱进入杂填土及砂层时，孔隙率较大，均会导致沉箱发生漏气。

沉箱发生漏气的预防措施及处理方法：沉箱外围设置泥浆套填充空隙使工作室内气压略低于水压，用水封堵气体增加刃脚处土塞高度，使之隔绝气体渗漏通道。

7. 发生流砂

施工中，井内"锅底"开挖过深，井外松散土涌入井内，会发生流沙。另外，井内表面排水后，井外地下水动水压力将土压入井内，也会发生流沙。爆破处理障碍物时，井外土受震动后进入井内，也会发生流沙。

施工中发生流砂的预防措施及处理方法：采用排水法下沉，水头宜控制在 1.5～2.0m；挖土避免在刃脚下掏挖，以防流砂大量涌入，中间挖土也不宜挖成"锅底"形；穿过流砂层应快速，最好加荷，使沉井刃脚切入土层；采用井点降低地下水位，防止井内流淤，井点则可设置在井外或井内；采用不排水法下沉沉井，保证井内水位高于井外水位，以避免涌入流砂。

8. 下沉遇障碍物

施工中，下沉局部遇孤石、大块卵石、地下暗道、沟槽、管线、钢筋、木桩、树根等会造成沉井搁置、悬挂。

施工中遇较小孤石，可将四周土掏空后取出；遇较大孤石或大块石、地下暗道、沟槽等,可用风动工具或用松动爆破方法破碎成小块取出,炮孔距刃脚不少于500mm,其方向须与刃脚斜面平行,药量不得超过0.2kg,并设钢板防护,不得裸露爆破;遇到钢管、钢筋、型钢等可用氧气烧断后取出;遇到木桩、树根等可拔出;不排水下沉,爆破孤石,除打眼爆破外也可用射水管在孤石下面掏洞,装药破碎吊出。

9. 下沉到设计深度后,遇倾斜岩层,造成封底困难

施工中,下沉到设计深度后,因为地质构造不均,刃脚部分落在岩层上,部分落在较软土层上,封底后造成下沉不均,产生倾斜。

预防措施及处理方法:应使沉井或沉箱大部分落在岩层上,其余未到岩层部分,若土层稳定不向内崩塌,可进行封底;若井外土易向内坍,则可不排水,由潜水工一面挖土,一面用装有水泥砂浆或混凝土的麻袋堵塞缺口,堵完后,再清除浮渣,进行封底。井底岩层的倾斜面,应适当作成台阶。

25.6 工程实例

25.6.1 江阴北锚沉井特大沉井工程实例

1. 工程概况

江阴大桥北锚墩沉井结构,长69.0m,宽51.0m,下沉深度58.0m,井壁厚度2.0m。沉井平面分为36个隔舱,隔墙厚1.0m。沉井第一节高8m,为钢壳混凝土,以下分为十节,每节高5m,均为钢筋混凝土结构,沉井总高度为58.0m,沉井刃脚高2m,踏面宽0.20m。

2. 场地工程地质条件

北锚沉井距离长江大堤约240.0m,地处长江三角洲冲积平原,地形平坦,地下水埋深约1.60m,土层分布参见表25-11。

土层分布及其物理力学特性　　　　表25-11

单元代号	主要岩(土)性	层顶高程(m)	黏聚力(kPa)	内摩擦角(°)	摩阻力(kPa)	容许承载力(kPa)	极限承载力(kPa)
1	亚黏土与亚砂土互层	+2.4	7	25.6	15	110	277
2	亚黏土与粉砂互层	−2.74	10	30.1	40	175	518
3	粉细砂	−17.54~−27.60	12	33.4	50	215	880~699
4	亚黏土	−41.64	28	24.4	45	225	626
5	含砾中粗砂	−51.64	16	34.7	115	375	1028

3. 下沉方案

考虑到北锚沉井的特殊性,最终综合各方面因素,采用两种不同下沉方案:上部30m采用排水下沉方案,可使沉井快速下沉。下部28m采用不排水下沉方案,使沉井不会因承压水层、砂砾层等不良地质而导致坍方,危及长江大堤。

4. 排水下沉施工

根据北锚沉井场地的工程水文地质、工程环境、特大型沉井特点等情况,以及承担沉井工程施工的上海市基础工程有限公司多个沉井施工的成功经验,最终确定了按结构极限

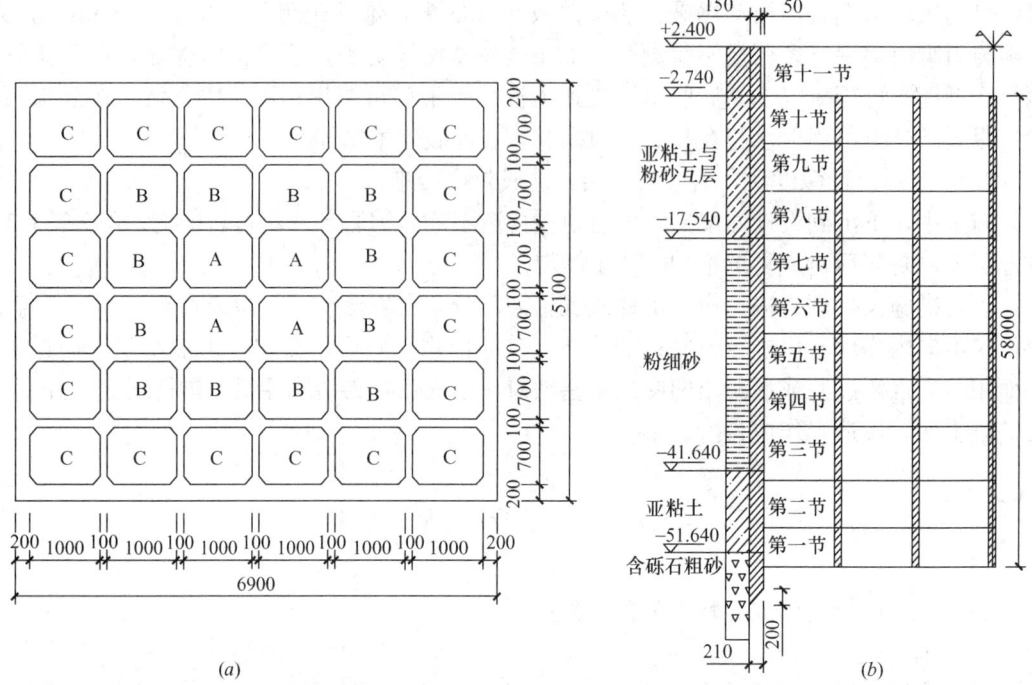

图 25-34 北锚沉井平面、剖面图（本图尺寸以 cm 计，标高尺寸以 m 计）
(a) 沉井平面图；(b) 沉井剖面图

图 25-35 北锚沉井现场施工图

允许排水下沉 30m，如图 25-34 所示。沉井分为十一次制作，四次下沉的实施方案。即在沉井制作至 13m 时，排水下沉 12.5m；接高至 18m 时，排水下沉至 17.5m；再接高至 33m 时，排水下沉至 30m；之后接高至 53m 时，不排水下沉至 58m。沉井最后一节仅有井壁，分四块在下沉过程中制作，不影响沉井连续下沉，图 25-35 为现场施工图。

1）降水

沉井场地工程水文地质条件复杂，地层内粗砂砾石层、粉砂、亚砂土层等砂性土层较多，为了验证在亚黏土细砂互层和有承压水的情况下降水是否会对周边环境及江堤安全产生危害，进行了为期一个月的水文地质试验，并根据试验的结果提出施工方案。在实际施工中，沉井下沉至 30m 时，沉井外井壁水位降深在 28m 左右，未发生明显流砂现象，仅在东南角、西北角有少量塌方，对下沉无较大影响。

2）长江大堤及地面沉降控制措施

深层降水将导致地面沉降，影响周边环境，因此，对长江大堤及周围建筑物设点观测，以便对降水过程实行有效控制，因此，在沉井轴线上、十圩河大堤、长江大堤、民舍、桥墩等处布设了 28 个沉降点。沉降点观测在降水初期和水位恢复期间，每星期一次；

后期两天一次；当天测量平均沉降值超过 1cm 时每天测量一次。1996 年 9 月底沉井排水下沉完成后，大堤经受了百年不遇的洪水考验，大堤安全稳定。

3）出土方法

大型沉井为保证下沉速度应选择合适的出土方式，江阴大桥北锚沉井采用深井降水降低地下水位，由高压水枪将泥冲成泥浆，再由接力泥浆泵将泥浆吸出井外的施工方案。按此方案，在沉井 36 个格仓内各布置一套冲泥水枪，每套水枪由 1 台 80-50-200B 型高压水泵供水。吸泥设备采用 NL100-28 型高压立式泥浆泵，共 24 台，分别和各个格仓内的水枪相应配合使用。

4）排水下沉施工效果

沉井排水下沉的初始阶段对于沉井能否顺利下沉意义重大，既可检验沉井下沉方案的技术可行性，又可检验第一节钢壳沉井结构受力特性。沉井排水下沉结束后，四角最大偏差为 3.6cm，最大扭转角 0°20″，满足此深度范围内规范规定及设计要求，为之后的不排水下沉打奠定了基础。

5. 不排水下沉施工

在沉井下沉施工中，主要通过克服沉井刃脚及井内隔墙底面的正面反力、沉井侧壁摩阻来达到下沉效果，本工程考虑到对周围土体扰动的敏感性，采用对土体扰动较小的空气幕法；由于第二层承压水的揭露，沉井井内水位与长江水位有直接联系，不能通过井内降水来减小沉井浮力，因此，北锚沉井在设计标高为 -29.0m 以下部分采用不排水下沉施工方案。

1）下沉力分析

在计算时取三种工况：

(1) 全截面支承，即刃脚及隔墙全部埋入土中；

(2) 全刃脚支承，即隔墙底悬空，刃脚全部埋入土中；

(3) 半刃脚支承，即隔墙底悬空，刃脚有一半埋入土中。

北锚沉井不同工况下沉系数计算表　　　表 25-12

刃脚踏面标高 (m)	工况	沉井自重 (t)	浮力 (t)	侧壁摩阻力 (t)	正面阻力 (t)	施工荷载 (t)	下沉系数 K
-26.6	全截面支承	134450	25924	26030	70440	700	1.13
	全刃脚支承	134450	25924	26030	21600	700	2.28
	半刃脚支承	134450	25924	26030	13200	700	2.77
-41.64	全截面支承	134450	41325	44078	50080	700	0.99
	全刃脚支承	134450	41325	44078	16902	700	1.53
	半刃脚支承	134450	41325	44078	10329	700	1.71
-51.64	全截面支承	138440	51565	54878	82240	700	0.63
	全刃脚支承	138440	51565	54878	27756	700	1.05
	半刃脚支承	138440	51565	54878	16962	700	1.21
-55.60	全截面支承	138440	53060	65808	82240	700	0.58
	全刃脚支承	138440	53060	65808	27756	700	0.91
	半刃脚支承	138440	53060	65808	16962	700	1.03

根据以往多个大型沉井施工的经验,沉井下沉时下沉系数 K 一般在 1.10～1.20 为宜,根据上述计算结果可知:

(1) 刃脚踏面标高在 $-41.64\mathrm{m}$ 以上,即穿越粉细砂层时,沉井能顺利下沉。

(2) 刃脚踏面标高在 $-51.64\mathrm{m}$ 以上,即穿越亚黏土层时,只有在半刃脚支承下,沉井才能顺利下沉。

(3) 到达设计标高前,即沉井进入含砾中粗砂层,需要采取辅助措施才能保证下沉。

(4) 沉井下沉至设计标高 $-55.60\mathrm{m}$ 时,基本可保持稳定。

2) 不排水除土下沉施工方法

(1) 冲、吸泥顺序

北锚沉井 36 个格仓内每格布置一套空气吸泥机,空气吸泥先从中心 A 区四格开始,逐渐向 B 区、C 区对称同步展开。根据沉井下沉受力分析的结果及下沉测量数据,调整对 C 区土体的冲、吸范围,并采取相应措施。

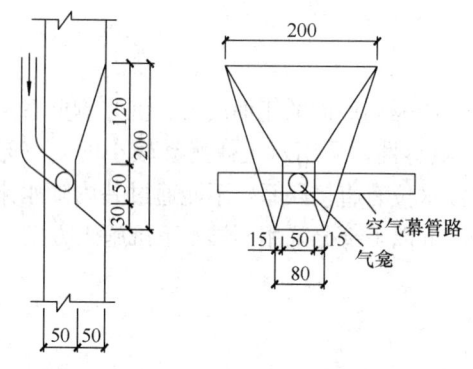

图 25-36 空气幕管路及气龛示意图

(2) 空气幕助沉

根据沉井下沉受力分析,沉井进入含砾中粗砂层后,仅依靠自重下沉已很困难,因此,沉井制作时,在井壁外侧钢筋保护层内预先埋设了空气幕管路及气龛,如图 25-36 所示。

空气幕就是通过井壁中预先埋设的空气管路中压高压空气,气流沿管路上的小孔射入井壁外侧的气龛中,当气龛充满空气后即沿井壁产生向上的气流,形成空气幕。

(3) 穿越黏土层

根据地质资料,第四层为亚黏土层,呈可塑～硬塑状,层厚平均 10m 左右。沉井穿越此层时比较困难,若使用高压水枪在一般压力下,难以破碎,施工中采用了如下措施克服沉井在黏土层中下沉的困难:

①采用反循环钻削式吸泥机,先钻孔,再配合水平向水枪冲泥;

②两台高压水泵并联,以提高水枪压力,达到破坏硬土层的目的;

③位于刃脚处的土体,则利用井壁中预设的高压射水枪冲刃脚下的土体,以减少正面阻力。

④下沉测量

沉井的下沉测量包括:泥面标高测量、下沉速度测量及沉井高差测量。

因无法实时了解井底施工状况,本工程采用测绳测量和潜水员水下探摸的方式来及时了解井底泥面标高,每个井格取 8 个点,每天一次,以指导施工。

沉井的下沉速度及沉井高差测量采用传统的水准仪测量和由上海基础工程有限公司设计研究所研制的高程自动监测系统。区别于传统的水准仪测量,高程自动监测系统可及时准确的反映沉井下沉状态,保证了沉井下沉施工顺利。

沉井施工中,在沉井的四角及各边的中点共设置 8 个测点,每天测量不少于 4 次,测量结果以 8 个测点下沉量的平均值作为沉井每次的下沉量,并根据结果指导沉井纠偏下沉施工。

(4) 不排水下沉施工效果

北锚沉井不排水下沉历时154天，各项技术指标均达到设计要求，并优于规范标准，沉井下沉施工取得了圆满成功。

6. 实施效果

北锚沉井地处长江北岸岸边，场地的工程水文地质复杂，地层上部为软弱层，下部为硬黏土和粗砂砾石层。沉井周围工程环境要求高，距离长江大堤仅240m，且工期紧。承担北锚沉井工程施工的上海市基础工程公司根据以往沉井施工的实践，借鉴国内外众多沉井的施工经验，经过反复分析、研究，制定了周密可行的施工技术方案和施工工艺，解决了地基加固、钢壳制作安装、沉井混凝土浇注、降水、排水下沉和不排水下沉施工工艺、下沉监控和水下大面积封底等一系列重大技术关键问题，并成功地采用了高压水水力挖泥、空气提升、气幕减阻等有效的机械装置，最终高质量地将北锚沉井顺利下沉到设计标高。北锚沉井工程的施工方案与施工工艺是成功、有效的。经检测验收：沉井偏斜度小于1.1‰，达到高差位移7cm、轴线位移13.1cm的高精度水平。

25.6.2 上海宝钢引水工程钢壳浮运沉井工程实例

1. 工程概况

上海宝钢长江引水工程位于宝山罗店乡小川沙河西，东南距宝钢总厂约14公里，引水工程由取水系统、调节水库、输水系统三大部分组成，通过泵房将库内淡水输送至宝钢厂区内。泵站设置在离岸线1.2公里的长江滩地前沿，坝中至沉井中心距离72.90m，坝中至坡脚距离27.70m，成为江中式泵站。工程地质参见表25-13。

各土层主要物理力学指标　　　　表25-13

层次	土层名称	层面标高(m)	层厚(m)	容许承载力	压缩模量 E_s	固结快剪 Φ	固结快剪 c	快剪 Φ	快剪 c
1	亚砂土	$-2.0 \sim -4.0$	$2 \sim 2.5$	1.5	120	20	0.05	15	0.05
2	淤泥质亚黏土	-5.0	2	0.9	35	13	0.10	10	0.1
3	淤泥质黏土	$-15.8 \sim -19.2$	$12 \sim 14$	0.7	25	10	0.10	2	0.1
4	亚黏土	$-49 \sim -50$		1.2	60	18	0.15	13	0.10
5	亚砂土								

2. 结构选型和受力分析

泵房的基础和下部结构采用圆形沉井，外径ϕ43m，高21.55m。

为保证沉井整体刚度、下沉过程中的稳定性及底板受力的需要，在钢壳沉井中设置了井字交叉钢质T形梁，梁高4.5m，顶宽3m，纵横各三道，将沉井分隔成约10m×10m左右的方格（图25-38）。取水泵房沉井结构见图25-37。

3. 钢壳沉井制作

钢壳沉井平面和剖面按沉井尺寸制作，以型钢组成骨架，里外表面和底部覆以钢板，上口敞开的空腹薄钢板覆面的桁架结构，可以自浮于水面。钢壳沉井制作组拼以双体船作平台，分块滑入水后合拢。

4. 钢壳沉井拖运和沉放

1）沉井拖运

钢壳沉井制作完成后，在双体船上安装拖运设施，包括发电机、起锚机、锚具、照明设施、通讯工具、搭建指挥塔，船尾绑接拖航用350t方驳一艘，拖带编队为一拖二顶式，

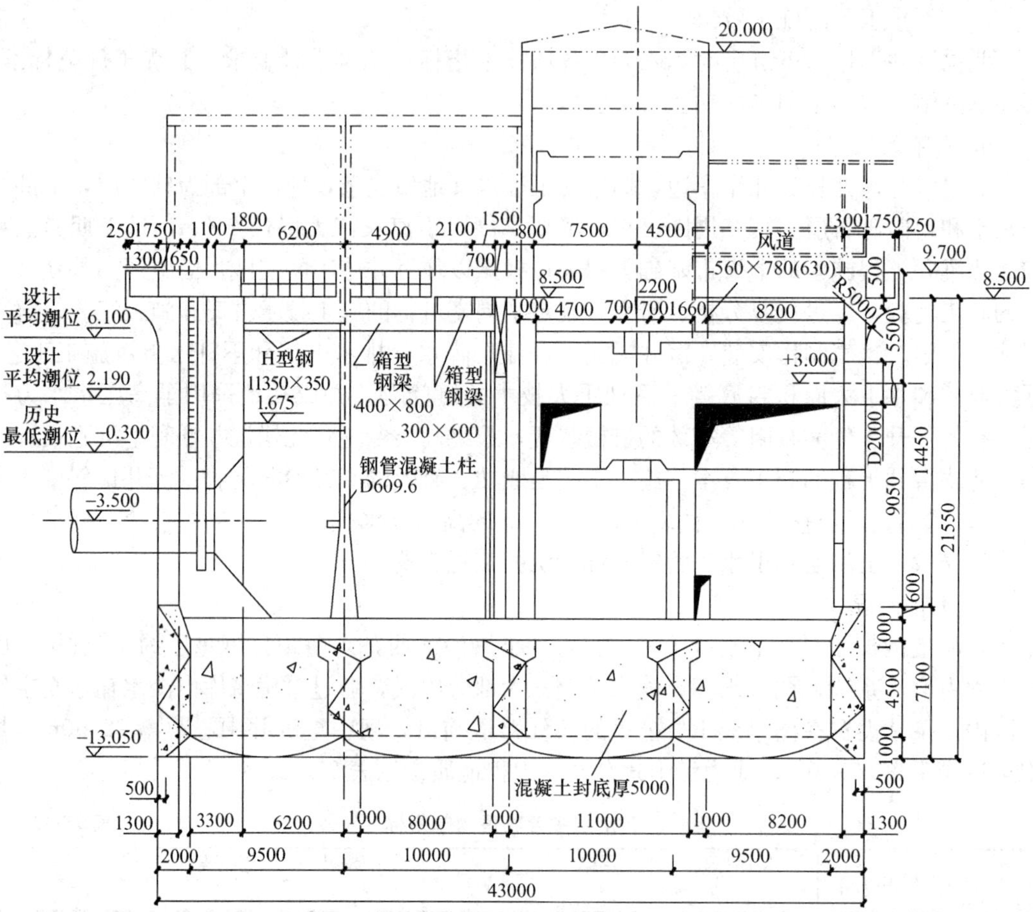

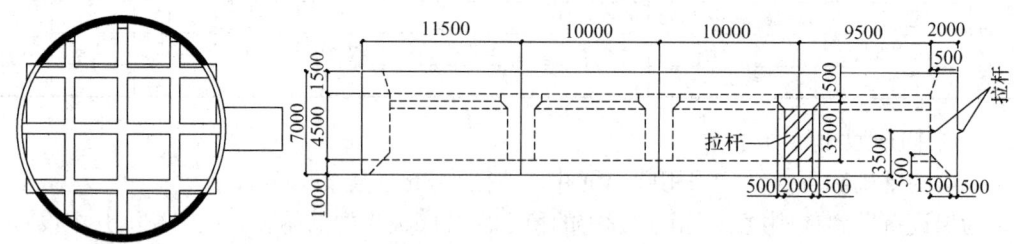

图 25-37 沉井结构剖面（尺寸单位：mm）

图 25-38 底节沉井平面和剖面（尺寸单位：mm）

共三艘 900 匹马力（注）拖轮，船队总长 250m，最宽处 43m，最高点 13m，均满足南京长大桥通航过桥规定。详见图 25-39。

由于长江 A 级航区风浪较大，而双体船宽度、长度均小于被载钢壳沉井，其抗风、抗浪能力差，因而在拖运前必须周密组织，掌握气象变化。

2）沉井浮运定位

沉井就位采用三艘吃水较浅的 400~600t 方驳牵曳到位，因沉井阻水作用，导致河床地基被冲刷，故在井外围设置外径 53m，内径 47m，高 0.6~0.8m 环形防冲潜堤。井内灌水 1200t，增加沉井自身稳定性。在井外壁处打设 L=18m，Φ400mm，桩顶高 5.00m

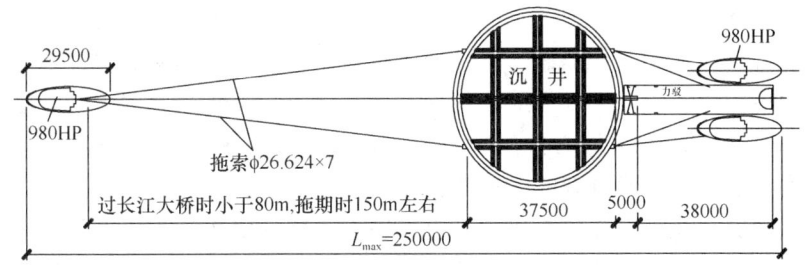

图 25-39 钢壳沉井拖航情况（尺寸单位：m）

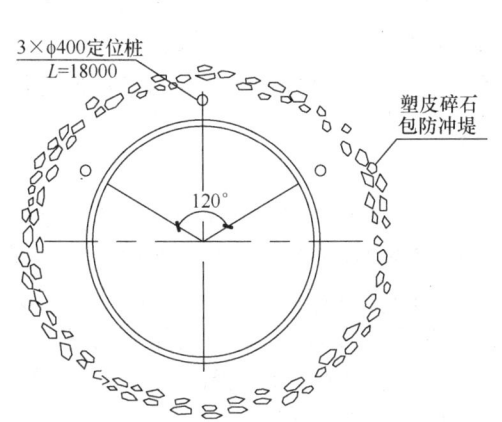

图 25-40 沉井定位辅助措施（尺寸单位：mm）

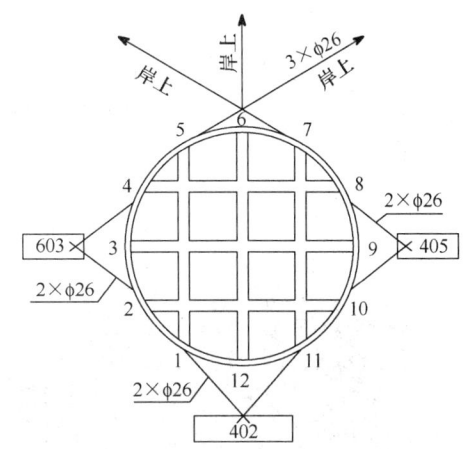

图 25-41 三船四方九缆定位法

的定位桩 3 根（图 25-40）。

沉井就位采用三船四方九缆实行移位转向定位法，通过三台经纬仪定位测量（图 25-41），经校核符合要求，钢壳内渐渐充水，沉井逐渐下沉就位。

3）沉井制作接高

(1) 地基处理

为加快进度，满足总工期要求，沉井采取分节浇筑一次下沉的方案，本项目沉井总重 16500t，地基平均压力达 300kPa，而地基容许承载力 100～150kPa，须通过各项措施解决承载力不足的问题。为此在沉井内底梁空格处填充砂 3100t，平均厚 2.50～3.00m，以提高承载力。

因沉井高宽比为 0.5，又通过 6 根大梁加强了沉井刚度，稳定性较好，随着沉井逐步接高，可防止地基失稳后的突沉和倾斜。此时的关键是要防止井内填砂不会因涨落潮而流失，由于采取了防冲刷措施，隔断效果良好。

(2) 排水下沉、封底

①沉井下沉

为使沉井顺利下沉，配备了 4 台 150SWF-9 型高压水泵，8 套水力机械，施工时同时开启四套。

沉井下沉经过缜密考虑与施工经验，分三阶段进行：第一阶段采用候潮排水，灌水、空气吸泥交替作业，共下沉 3.37m；因沉井已嵌入淤泥质黏土隔水层，第二阶段采用明排水水力机械下沉，下沉 6.8m；第三阶段减缓下沉速度以保证下沉质量，下沉 1.30m。

②沉井干封底

因沉井底部淤泥质黏土土质较好，故改为排水干封，并加强措施保证封底质量：

(a) 井底保留原状土塞2.5~3m，以保持地基稳定，并将封底混凝土厚度减少至2m。

(b) 为弥补封底减薄封闭后抗浮力不足，在底板设置减压井减压，并在每格设置集水井排水。实际施工中集水井几乎无水流出，故干封底取得圆满成功。

(c) 为保持地基稳定，浇筑封底混凝土时采用对称分块浇筑方式，并交叉开挖土塞。

5. 实施效果

宝钢取水工程采用圆形浮运式钢壳双壁沉井作为水上沉井下部基础，将临时结构和永久结构相结合，在创新的同时又兼顾了施工质量、工期、成本等方面的因素，为今后国内大型取水工程、海上人工平台、码头船坞、水闸等工程结构提供了宝贵经验。

25.6.3 上海地铁7号线耀华路中间风井工程我国首例远程控制无人化自动挖掘沉箱工程实例

1. 工程概况

我国首例远程控制无人化自动挖掘沉箱以上海地铁7号线浦江南浦站—浦江耀华站区间中间风井工程作为工程实例。工程地点位于浦东新区耀华支路上钢三厂厂区内，工程现场照片见图25-42。

图25-42　气压沉箱施工现场

2. 沉箱结构形式

1) 沉箱结构

沉箱平面外包尺寸为25.24m×15.60m。井顶标高+3.938m，井底标高−23.012m，井底埋深−29.012m（设计地面标高+6.000）。其中，沉箱工作室净高2.5m，箱体总高度29.0m。井壁厚度为外井壁厚上部为1200mm，下部为1600mm，井内设截面为1000mm×600mm的井字梁作主要承力构件。结合原结构布置，考虑沉箱下沉工艺（增加整体刚度、便于格仓充水加重及纠偏等），在长边、短边处均设了中隔墙。刃脚底踏步宽600mm、踏步高2100mm，刃脚高度2500mm，刃脚最厚处厚度1800mm。为增加结构横向刚度沿沉箱井壁在每层楼面标高处共计布置了四道水平框架（圈梁形式）。

沉箱结构平剖面图及盾构洞口示意图见图25-43和图25-44。

2) 沉箱制作高度

沉箱分六节制作，四次下沉，制作高度见表25-14。

制作高度及下沉深度　　表25-14

工况	节段	制作高度	下沉深度	备注
第一次下沉	1、2、3节	7.6m	6m	基坑预挖3m 实际下沉3m
第二次下沉	4节	4.2m	10.2m	
第三次下沉	5节	8.8m	18.0m	
第四次下沉	6节	8.4m	29.012m	

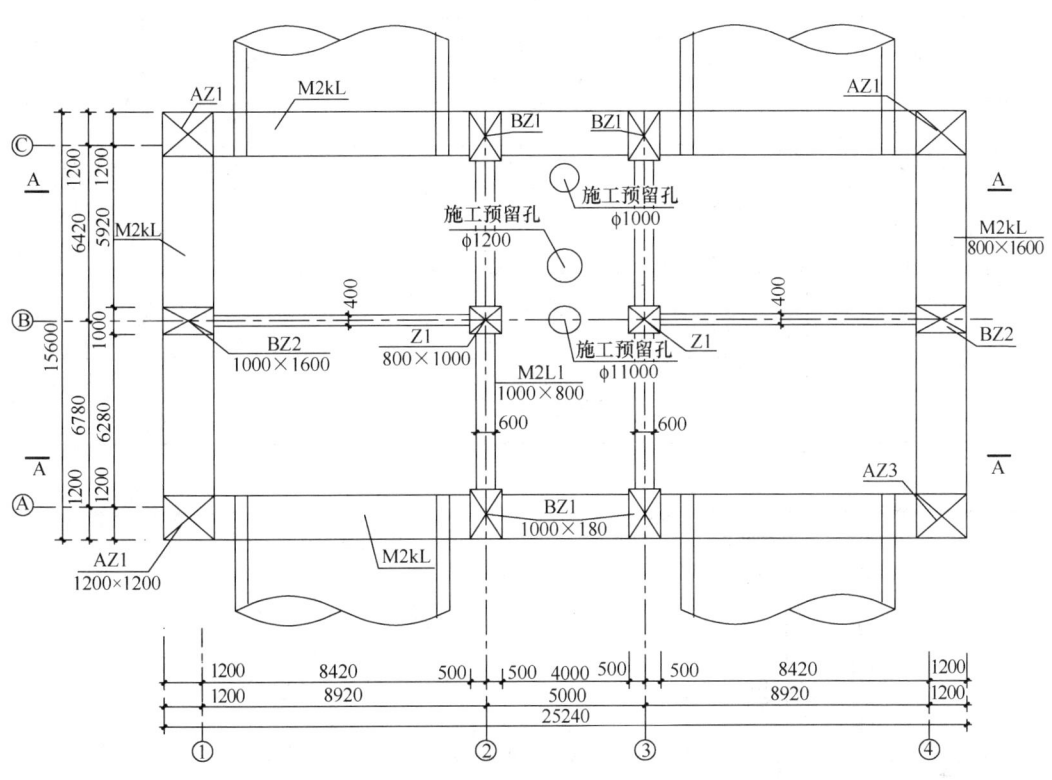

图 25-43 沉箱平面图

3）沉箱纠偏

针对沉箱结构在下沉时出现的过快、过缓及偏心的问题，本工程独创设计了自主支承、压沉及纠偏系统。该系统以钻孔灌注桩作为起到支承时抗压及压沉时抗拔作用的反力桩，支承系统采用砂筒（钢管内填砂）形式，压沉系统采用穿心千斤顶加钢探杆形式，支承及压沉系统承担或施加的外荷载通过架设在沉箱壁上的外挑钢牛腿传递给结构本身，从而以支承或压沉作用自主控制沉箱下沉。

支承作用下的沉箱下沉以控制砂筒泄砂口闸门进行放砂后支撑杆件的缓速下沉来实现，压沉作用下的沉箱下沉以控制千斤顶的行程逐段顶拉探杆来实现。在下沉过程中，可通过调节各处支撑点的下沉高度不同或千斤顶行程不同来形成纠偏力矩达到精确控制沉箱下沉姿态目的。

表 25-15 为在施工下沉过程中各工况所受荷载的理论计算值、稳定系数计算值及采用的工程措施。

结构受力及稳定系数计算值　　表 25-15

工况	阶段	气压环境 (kPa)	稳定系数 k_{sts}	系统功能	系统受力 (kN)
第一次下沉 下沉 3m	起沉	0	2.24	支承	22223
	2.5m	50	1.98	支承	20263
	3m	55	0.66	支承	3640

续表

工况	阶段	气压环境 (kPa)	稳定系数 k_{sts}	系统功能	系统受力 (kN)
第二次下沉 下沉4m	接高	55	1.49	支承	11665
	4m	95	0.44	助沉	2265
第三次下沉 下沉8.8m	接高	95	1.64	支承	19885
	2.7m	120	1.04	支承	4058
	8.7m	185	0.17	助沉	10756
第四次下沉 下沉11m	接高	185	0.61	助沉	2500
	6m	200	0.50	注水助沉	
	11m	250	0.49	下沉到位	

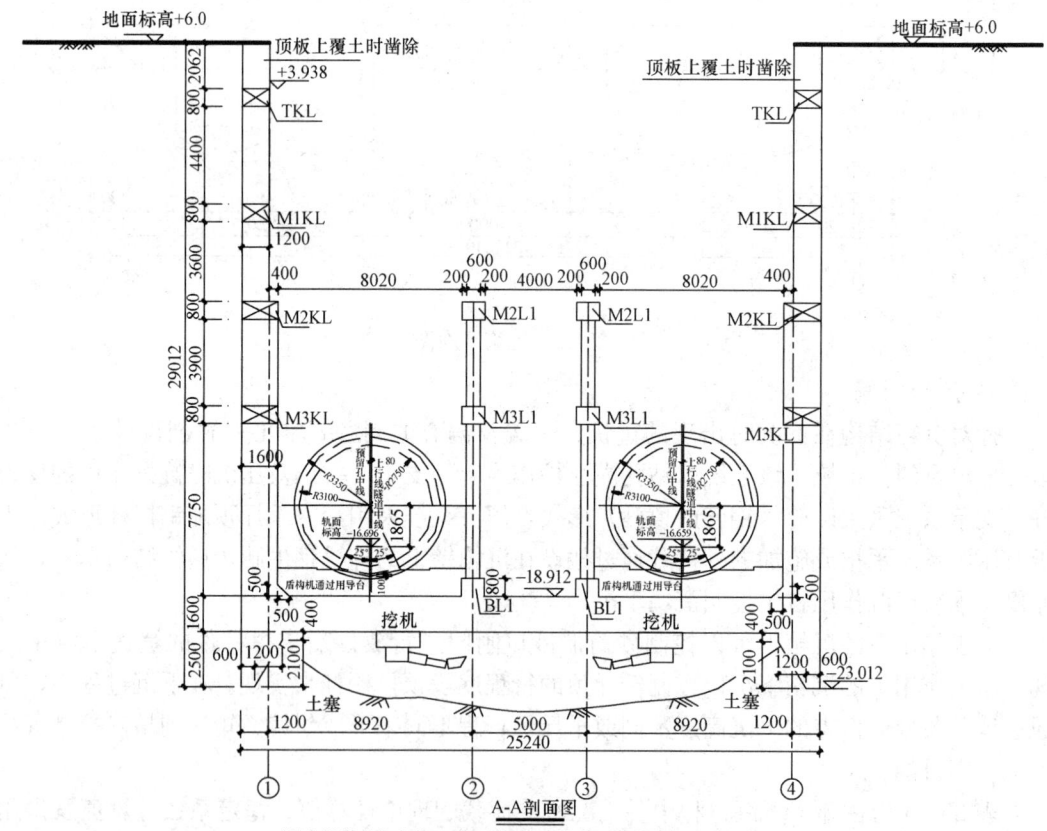

(图中隧道中线定位尺寸及轨面标高为浦江耀华站侧结构内皮尺寸标高)

图 25-44 沉箱剖面图

3. 施工工艺

1) 出土方式

沉箱根据指令使悬挂在工作室顶板上的挖土机进行挖土取土，放入皮带运输机，并将土放入螺旋出土机的底部储土筒内，土渣从螺旋出土机的底部储土筒装满土后，由设置在外套筒上方的出土口连续涌出，落入出土箱内，再由行车或吊车将出土箱提出，并运至井外。连续的土塞隔断了沉箱内、外空气的连通，起到了防止工作室内的高压气体向外界渗透的作用，使出土不必经过物料塔出土须两次开、闭闸门气压调节的过程。另外沉箱物料塔也可作为备用出土口，如图 25-45 所示。

2）气压控制

沉箱工作室内气压原则上应与外界地下水位相平衡，以免气压波动太大，对周边土体造成较大扰动。并且为了防止气压超过限值，在底板上设置进排气阀，当沉箱下沉至某一深度时，通过气压传感器进

图 25-45 气压沉箱出土

行气压实时量测，超过所设限值时实时启动警示系统，完成对工作室内的自动充、排气，维持工作室内的气压稳定。

3）工作室无人化封底

沉箱达到终沉稳定要求，关键设备回收完成后，即可进行无人化封底混凝土施工。

（1）通过底板预留混凝土导管（设置闸门）向工作室内浇筑自流平混凝土，自然摊铺。

（2）混凝土凝结收缩后通过底板预埋注浆管压注水泥浆填充封底混凝土与底板之间的空隙。

（3）维持物料塔及人员塔内的气压不变，待封底混凝土达到设计强度后再停止供气。

（4）封底完成后，移除相关设备，封堵底板各预留孔。

4. 实施效果

沉箱下沉期间对周围土体侧向变形很小，最大侧移 12.5mm，离沉箱越远，土体侧移越小。分层沉降在不同深度处各测孔的沉降规律基本一致，沉降量同时增加或减小。第一、二次下沉期间土体分层沉降变化较小，表明周围土体受沉箱下沉的影响很小，第三次下沉期间，各测点的土体下沉幅度增加稍大，最大下沉量为 14mm。煤气管线最大沉降量为 3.5mm，建筑物沉最大沉降量为 7.8mm，表明施工没有对周边管线及建筑物产生影响。

根据实测情况反映，沉箱结构变形小，沉箱下程过程对周边环境造成的影响小，沉箱本身，以及周边环境在整个施工过程中完全处于安全状态，表明了本工程的设计和施工是非常成功的。

25.6.4 大连新厂船坞接长工程

1. 工程概况

大连造船新厂位于大连湾臭水套出口，东水域南岸，厂区东侧和北侧面临大海，30 万吨级造船坞（老坞）位于厂区东北角，该坞由 90 年代初建成并投入使用，如图 25-46 所示。

新厂船坞接长工程是中船重工集团公司的重点工程，也是大连市重点工程之一。工程主要由老坞接长、新增小坞、北码头接长、新增南码头、新增共用水泵房及吊车道工程等组成。

图 25-46 30 万吨级造船坞实景

2. 工程特点

(1) 本工程由于是老坞口及原 6 万吨级舾装码头前沿向东，即向海域方向发展，因此整个工程均在海上建设，同时考虑到在施工阶段必须满足原造船坞正常生产，故不能采用先做围堰后在围堰内施工主体结构的常规做法，而采用无围堰湿法建坞，即在水域条件下，首先湿法施工永久结构坞墙和坞口并做好止水围堰和其他止水系统，然后将上述永久结构作为围堰，干法施工坞底板和其他设施，最终形成船坞整体结构。

(2) 本工程水下地形和地质条件情况复杂，岩面起伏不平，岩性主要为灰岩，溶沟、溶槽、溶洞较为发育。

(3) 止水系统是本工程施工的关键之一，厂区内基岩裂隙的渗透系数较大，为 $10^{-3} \sim 10^{-4}$ cm/s，深度 $10 \sim 15$ m 后减少，在砂砾层中有承压水，水头略低于海水面 $0.3 \sim 0.4$ m。

3. 工程结构组成

坞墙采用升浆基床上预制钢筋混凝土沉箱加现浇廊道结构。分北坞墙、中间坞墙、南坞墙、西坞墙四个部分。坞口结构为钢浮箱内浇注钢筋混凝土实体的混合结构。

4. 止水施工

止水系统是本次湿法施工船坞结构成败的关键之一，大体可分为 3 个部分，即岩面以下岩石内的止水；抛石基床内的止水和各结构物相互之间接缝的止水。

1) 岩面以下（岩石内）止水

根据中船勘院现场压水和抽水试验，本工程基岩裂隙的渗透系数大，考虑岩面以下止水帷幕，分二阶段进行，第一阶段为施工期临时帷幕，共布三排孔，孔距为 2.0m，排距为 1.0m，底标高为 -26.00；第二阶段为形成干施工条件后，在坞壁内侧做永久性止水帷幕，共布二排孔，孔距为 2.0m，排距为 1.0m，底标高为 -32.00，如图 25-47 所示。

2) 基床内（包括岩面以上至沉箱底板之间）止水抛石基床施工中考虑到止水的施工需要，在基床内、外两侧及 50m 左右长分段之间铺设土工布，以利于止水。止水采用注浆，利用上述三排帷幕注浆管，先注内外两排，压力略小，后注中间一排，压力增大。

3) 各结构物之间接缝止水

沉箱在预制场预制时，在沉箱表面预埋几条橡胶止水带，为保证沉箱钢筋不被止水带断开，影响受力在止水带处沉箱表面混凝土向外突出 10cm，为防止沉箱在

图 25-47 坞墙下止水帷幕

拖运、安装过程中止水带损坏，在止水带两侧加焊保护钢筋，沉箱之间预制时每边做半个企口，安装后合起来为一个1m宽的空腔，沉箱侧壁预埋橡胶止水带，在空腔内用竖管法浇注水下混凝土，形成临时（施工期）止水结构。

4）基床下升浆混凝土

采用无围堰全湿法施工，遇到的首要问题就是根据设计要求做好沉箱坞壁下的基床升浆混凝土和临时帷幕，为做到切实可靠，在正式施工之前做了陆上试验和典型段试验。

通过试验得出下列结论：

(1) 基槽清淤标准应控制：$\gamma=10.5\sim11.0kN/m^3$，厚度应小于100mm。

(2) 基床骨料的粒宜控制在80～200mm。

(3) 抛石基床沿坞壁纵向应分段，分段长度20m左右，用土工布或袋装碎石作为分段材料，基床内、外两侧也应采用土工布或袋装碎石形成挡浆层。

(4) 两次升浆浮浆无固定流向，影响升浆混凝土质量，正式施工应采用一次升浆，将浆液由一端向另一端推进，使浆液和浮泥按固定路径流向远处，甚至挤出沉箱底部。

(5) 水泥砂浆宜采用高速搅拌机搅拌，这样浆液均匀、黏度好、不易离析。

(6) 选用砂浆配合比为：1∶1∶1.3（水泥∶水∶砂）。

(7) 升浆混凝土注浆率正常情况下约为36～38%。

(8) 注浆孔布置三排是比较合理的，施工时应先注两侧，再注中间。

(9) 注浆力控制范围为0～0.3MPa。

5）帷幕灌浆

帷幕灌浆是无围堰湿法施工最重要的环节之一，一旦帷幕灌浆处理有问题，则会给工程造成很大麻烦，对工期和工程造价将造成无法估量的损失。

帷幕灌浆根据设计要求由三排组成，施工顺序为先灌注二侧边排，后中间排，每排分为三序列，逐排、逐序加密式注浆。每个注浆孔则采用自上而下钻孔灌浆法，并采用孔口封闭，孔内多次循环式压浆法。

6）夹层旋喷处理

由于船坞湿法施工存在一些结构交接面，而这些交接面极其容易形成漏水通道，因此在岩面与基床面之间采用旋喷加固处理，旋喷形式采用三管法旋喷，孔距1.0m，对大于1.2m者，采用旋摆结合。

7）止水效果质量检查

止水效果质量检查是对湿法施工坞墙基底下升浆混凝土、旋喷止水和帷幕灌浆的一次综合检查，一般需在相应部位完成灌浆3～7天后进行，检查形式以钻孔后压水试验为主，船坞接长工程湿法施工坞墙和坞口后进行了118个检查孔的压水试验，均为合格，而且透水率绝大多数小于21u。

5. 坞口大型钢浮箱施工

大型钢浮箱是船坞接长工程的重要组成部分，坞口预制钢壳浮箱，尺度为长×宽×高=106m×30m×17.8m，施工难度较大。

1）基础处理

基础水下整平面积为110×34=3740m²，在该区域内整平后抛石基床面要求标高为−14.0m，而坞口区岩面标高为−12.8～−16.2m不等，因此有的需要先炸礁、清渣后

图 25-48 坞口大型钢浮箱

再做抛石基床,有的需要先挖泥、清淤后再做基床。炸礁质量直接影响到基床的质量,因此在炸药钻孔密度和深度确定时均十分慎重,并采用优质炸药,保证一次清碴达到设计深度,在清理基槽时用不同抓斗对待不同清理对象,保证了清理质量。

2)抛石、整平、铺设土工布

钢浮箱抛石基床在 110m 纵向分成 5 个隔仓,横向 34m 不分隔仓,与坞墙基床一样,石料规格为粒径 80~150mm,孔隙率 45% 以上,石料质量要求为无风化、无针片状、新鲜的硬质岩石,抛石方法为人工和机械相结合,根据分仓,并对照陆地标志,确保位置准确无误,抛填时边抛边测水深,避免超高或漏抛。

基床整平是十分关键的内容,直接影响到钢浮箱安装精度和使用效果,具体做法是,抛石接近设计标高时先预留一定高度,然后水下安装纵向刮道,根据刮道逐步填平并用横向刮道刮平,达到细平标准。整个抛石过程由测量工、抛石工、潜水员密切配合,共同完成。

基床土工布的作用主要是确保水下升浆混凝土的施工,因此铺设质量十分重要,实施时首先再次检查抛石基床标高和平整度符合要求后再在基床上标记土工布位置,在岸上船上和水下潜水员合作下将土工布铺好并压牢验收合格后,就可安装浮箱。

3)钢浮箱安装

钢浮箱在船坞内制作完成后,浮运锚固在拟建船坞坞口附近等待安装,钢浮箱安装要求精度高,操作难度大,如图 25-48 所示。

钢浮箱采用 6 根钢缆索固定,同时用 4 根缆绳向坞室方向牢引,其外侧由一艘拖轮牢引。

4)坞口其他施工

水泵房同样采用预制沉箱结构,但其局部深度大于坞口,因此采取了化整为零的方法,将水泵房前、后池放在坞室形成后,进行局部基坑围护和干法施工。

6. 实施效果

无围堰湿法建坞技术研究,结合大连新船重工 30 万吨级船坞接长工程取得圆满成功,充分说明该项技术的可行性和可靠性。在本次工程实施中,多项先进技术均属首次采用:

(1)首次在无围堰条件下,直接采用预制钢筋混凝土沉箱作为坞壁,预制钢壳浮箱作为坞口,在水上拼装组合后,进行止水处理,然后将坞室内水抽干,再进行坞底板等施工。

(2)首次采用沉箱和坞口钢浮箱下基床升浆混凝土作为永久坞壁和坞口结构的组成部分,并依靠它同时解决基床强度、沉降和止水问题。

(3)首次采用 103m 长、30m 宽、18.7m 高的大型预制钢壳浮箱作为坞口,并利用原有坞门,为工程一次性抽水成功奠定了基础。

参考文献

[1] 夏明耀,曾进伦,朱建明,李耀良. 地下工程设计施工手册[M]. 北京:中国建筑工业出版社,1999
[2] 中国标准化协会标准. 给水排水工程钢筋混凝土沉井结构设计规程 CECS137:2002[S]. 北京:中国建筑工业出版社,2002
[3] 孙更生,郑大同. 软土地基与地下工程[M]. 北京:中国建筑工业出版社,1987
[4] 国家标准. 建筑地基基础工程施工质量验收规范 GB 50202—2002[S]. 北京:中国建筑工业出版社,2002
[5] 刘建航,侯学渊. 软土市政地下工程施工技术手册[M]. 上海:上海市政工程局,1990
[6] 同济大学,天津大学等. 土层地下建筑施工[M]. 北京:中国建筑工业出版社,1982
[7] 刘建航. 沉井施工技术[M]. 上海市政工程管理局,1989
[8] 刘建航,侯学渊主编. 基坑工程手册[M]. 北京:中国建筑工业出版社,1997
[9] 张凤祥,傅德明,张冠军主编. 沉井与沉箱[M]. 北京:中国铁道出版社,2002
[10] 葛春辉. 钢筋混凝土沉井结构设计施工手册[M]. 北京:中国建筑工业出版社,2004
[11] 史佩栋. 深基础工程特殊技术问题[M]. 北京:人民交通出版社,2004
[12] 周申一,张立荣,杨仁杰,杨永灏. 沉井沉箱施工技术[M]. 北京:人民交通出版社,2005

第 26 章 岩石地区基坑的设计与施工

26.1 概 述

26.1.1 岩体的工程地质性质

岩体（rock mass）是指在地质历史过程中形成的，由一种或多种岩石和结构面网络组成的，具有一定的结构并赋存于一定的地质环境（地应力、地下水、地温等）中的地质体。岩石（rock）是具有一定结构构造的矿物集合体，是天然作用的产物，是组成岩体的最小单元。

岩石中的矿物颗粒往往具有较牢固的结晶连接或胶结连接，故除少数岩石强度较低、抗变形和抗水性较差外，大多数新鲜岩石质地都比较致密，空隙少而小，抗水性强、透水性弱、力学强度高。

岩体是在漫长的地质历史过程中形成的，具有一定的结构和构造，由于在其形成过程中，长期经受复杂的建造和改造作用，如构造变动、风化作用和卸荷作用等各种内外力地质作用和破坏改造，生成了各种不同类型和规模的地质界面，如断层、节理、层理、片理、接触面和软弱夹层等，这些在地质历史过程中形成的具有一定延展方向和长度，厚度较小的地质界面，称为结构面（structural plane）。岩体受结构面交切，形成一种独特的割裂结构。因此，岩体的力学性质及其力学作用不仅受岩体的岩石类型控制，更主要的是受岩体中结构面以及由此形成的结构特征所控制，往往表现出非均质、非连续、各向异性的特征。岩体的工程地质性质取决于岩石和结构面的工程地质性质，岩质基坑的稳定性主要受岩体结构面控制。

岩块（rock 或 rock block）是指不含显著结构面的岩石块体，是构成岩体的最小岩石单元体。有些学者把岩块称为结构体（structural element）、岩石材料（rock material）、完整岩块（intact rock）等。

岩石、岩块、岩体等名词应该注意区分它们的含义。在本章节中，岩石与岩块一般不加以区分，而它们与岩体是严格区分的。

1. 岩石的物质组成和结构构造

（1）岩石的物质组成

岩石是由矿物（结晶和非结晶）组成的，因此新鲜岩石的力学性质主要取决于组成岩石的矿物成分及其相对含量。一般来说，含硬度大的粒状矿物（如石英、长石、角闪石、辉石等）愈多时，岩块强度越高；反之，含硬度小的片状矿物（如云母、绿泥石、蒙脱石及高岭石等）愈多时，岩块强度越低。

自然界中的造岩矿物有含氧盐、氧化物及氢氧化物、卤化物、硫化物和自然元素五大类；其中，以含氧盐中的硅酸盐、碳酸盐及氧化物类矿物最为常见。常见的硅酸盐矿物有长石、辉石、角闪石、橄榄石及云母和黏土矿物等，这些矿物除云母和黏土矿物以外，硬度均较大，成柱状晶形。因此，含这类矿物多的岩石，如花岗岩、闪长岩及玄武岩等，强度高，抗变形能力强，这些岩石组成的基坑稳定性相对较好。

黏土矿物属层状硅酸盐矿物，主要有高岭石、水云母和蒙脱石三类，具薄片状或鳞片状构造，硬度小。因此，含这类矿物多的岩石，如黏土岩、黏土质岩等，其物理力学性质差，并具有不同程度的胀缩性，特别是含蒙脱石多的膨胀岩，其物理力学性质更差，以这类岩体为主的基坑边坡，其支护设计和土体基坑边坡类似，也要加强防水处理。

碳酸盐类矿物是石灰岩和白云岩类岩石的主要造岩矿物。岩石的物理力学性质取决于岩石中 $CaCO_3$ 及酸不溶物的含量。$CaCO_3$ 含量越高，如纯灰岩、白云岩等，强度高，抗变形和风化能力都较强。泥质含量高的，如泥灰岩、泥岩等，其力学性质较差。但随岩石中硅质含量的增高，岩石性质将不断改善。另外碳酸盐类岩体中，常发育有各种岩溶现象，使岩体性质趋于复杂化。

氧化物类矿物以石英最常见，是地壳岩石的主要造岩矿物，硬度大，化学性质稳定，因此，一般随石英含量增加，岩石的强度和抗变形能力都明显增强。

岩石的矿物组成与岩石的成因及类型密切相关，岩石按成因可分为三大类：岩浆岩、沉积岩和变质岩。这三类岩石的矿物成分、结构构造差别比较大，导致其物理力学性质差别也比较大。

岩浆岩是岩浆在向地表上升的过程中，由于热量散失逐渐经过分异等作用冷凝而成。在地表以下冷凝的称侵入岩；喷出地表冷凝的称喷出岩。侵入岩根据距地表的深浅程度又分为：深成岩和浅成岩。岩浆岩的分类及相应的矿物成分见表 26-1。总体上来说，岩浆岩多以硬度大的粒柱状硅酸盐矿物（角闪石、辉石、长石）和石英等矿物为主，其物理力学性质一般都较好，这类岩浆岩为主的基坑边坡，一般稳定性较好，如果结构面不发育，可不进行支护。

岩浆岩分类及矿物成分 表 26-1

化学成分	含 Si、Al 为主			含 Fe、Mg 为主	
酸基性	酸性	中性		基性	超基性
颜色	浅色的（浅灰、浅红、红色、黄色）			深色的（深灰、绿色、黑色）	
矿物成分	含正长石		含斜长石		不含长石
成因及结构	石英、云母、角闪石	黑云母、角闪石、辉石	黑云母、角闪石、辉石	角闪石、辉石、橄榄石	角闪石、辉石、橄榄石
深成的	等粒状，有时为斑状所有矿物都能肉眼鉴别	花岗岩	正长岩	闪长岩	辉长岩	橄榄岩 辉 岩
浅成的	斑状（斑晶较大且可以分辨出矿物名称）	花岗斑岩	正长斑岩	玢 岩	辉绿岩	苦橄玢岩（少见）
喷出的	玻璃状，有时为细粒斑状，矿物难于肉眼鉴别	流纹岩	粗面岩	安山岩	玄武岩	苦橄玢岩（少见） 金伯利岩
	玻璃状或碎屑状	黑曜岩、浮石火山凝灰岩、火山碎屑岩、火山玻璃				

沉积岩是由岩石、矿物在内外力作用下破碎成碎屑物质后,再经水流、风吹和冰川等的搬运,堆积在大陆低洼地带或海洋,再经过胶结、压密等成岩作用而成的岩石。沉积岩的主要特征是具有层理、层面。沉积岩的分类及相应的矿物成分见表26-2。总体上来说,沉积岩的物理力学性质取决于胶结物类型,硅质胶结的碎屑沉积岩性质较好,泥质胶结的较差,灰质胶结的居中。

沉积岩分类　　　　　　　　　　　　　　　表26-2

成　　因	硅质的	泥质的	灰质的	其他成分
碎屑沉积	石英砾岩、石英角砾岩、燧石角砾岩、砂岩、石英岩	泥岩、页岩黏土岩	石灰砾岩、石灰角砾岩、多种石灰岩	集块岩
化学沉积	硅华,燧石、石髓岩	泥铁岩	石笋、钟乳石、石灰华、白云岩、石灰岩、泥灰岩	岩盐、石膏、硬石膏、硝石
生物沉积	硅藻土	油页岩	白垩、白云岩、珊瑚石灰岩	煤炭、油砂、某种磷酸盐岩石

变质岩是由岩浆岩和沉积岩在高温、高压或其他因素作用下,经变质所形成的岩石。变质岩的分类及相应的矿物成分见表26-3。总体上来说,深变质的岩石,如片岩、片麻岩、混合岩、石英岩、大理岩等,物理力学性质较好,浅变质的岩石,如千枚岩、板岩等,物理力学性质较差。

变质岩分类及矿物成分　　　　　　　　　　　　　表26-3

岩石类别	岩石名称	主要矿物成分	鉴定特征
片状的岩石类	片麻岩	石英、长石、云母	片麻状构造,浅色长石带和深色云母带互相交替,细晶粒状或斑状结构
	云母片岩	石英、云母	具有薄片理,片理面上有强的丝绢光泽,石英凭肉眼常看不到
	绿泥石片岩	绿泥石	绿色,常为鳞片状或叶片状的绿泥石块
	滑石片岩	滑石	鳞片状或叶片状的滑石石块,用指甲可刻划,有滑感
	角闪石片岩	角闪石、石英	片理常常表现不明显,坚硬
	千枚岩、板岩	云母、石英	具有片理,肉眼不易识别矿物,锤击有清脆声,并具有丝绢光泽,千枚岩表现得很明显
块状的岩石类	大理岩	方解石、少量白云石	结晶颗粒结构,遇酸起泡
	石英岩	石英	致密的、细粒的块状,坚硬,硬度近7度,玻璃光泽,断口贝壳状或次贝壳状

岩石中的矿物成分在风化营力作用下会发生变化,形成一些次生矿物,导致岩体的强度不断降低,岩石的风化程度划分见表26-4。

岩石风化程度划分 表 26-4

名　　称	风　化　特　征
未风化	结构构造未变，矿物色泽成分没发生变化，岩质新鲜
微风化	结构构造、矿物色泽基本未变，部分结构面有铁锰质渲染，少量风化裂隙
中风化	结构部分破坏，岩节里面有次生矿物，风化裂隙发育，岩体被切割成块状
强风化	结构大部分破坏，矿物成分显著变化，风化裂隙很发育，岩体破碎
全风化	结构基本全部破坏，但尚可辨认，有残余结构强度

(2) 岩石的结构构造

岩石的结构构造是指岩石中矿物（或岩屑）颗粒的大小、形状、排列、粒间连接方式及微结构面发育情况等反映在岩块构成上的特征。岩石的结构特征，尤其是粒间连接及微结构面的发育特征对岩块的力学性质影响很大，进而影响岩质基坑的稳定性。

颗粒间具有牢固的连接是岩石区别与土，并赋予岩石以优良的工程地质性质的主要原因。岩石的粒间连接分结晶连接和胶结连接两大类。

结晶连接是矿物颗粒通过原子或离子使不同晶粒紧密接触，故一般强度较高。但是不同的结晶结构对岩块的性质影响不同，一般来说，等粒结构的岩石强度比非等粒结构的高，且抗风化能力强。在等粒结构中，细粒结构岩石强度比粗粒结构的高。总之，结晶越细越均匀，非晶质成分越少，岩块强度越高，如某粗粒花岗岩的抗压强度为 120MPa，而与其成分相同的细粒花岗岩的抗压强度可达 250MPa。

胶结连接是颗粒通过胶结物连接在一起的，如碎屑岩等具有这种连接方式。胶结连接的岩块强度取决于胶结成分及胶结类型。一般来说，硅质胶结的岩块强度最高；铁质胶结、钙质胶结的次之；泥质胶结的岩石强度最低，且抗水性最差。从胶结类型来看，常以基质式胶结的岩块强度最高，孔隙式胶结的次之，接触式胶结的岩石强度最低。

微结构面是指存在于矿物颗粒内部或颗粒间的弱面或缺陷，包括矿物解理、晶格缺陷、粒间空隙、微裂隙、微层面及片理片麻理等。它们的存在，不仅降低了岩块的强度，还导致岩块力学性质具有明显的各向异性，沿着这些微结构面产生剪切滑移，导致岩质基坑边坡失稳。

岩石的构造是指组成岩石的矿物集合体之间及其与其他组分之间的排列组合方式。如岩浆岩中的流线、流面构造，沉积岩中的微层理构造，变质岩中的片状构造及其定向构造等。这些构造都可使岩石物理力学性质复杂化。

由上述可知，岩石的结构构造不同，其力学性质及其各向异性的不连续性程度也不同。因此，在研究岩石力学性质时，也要注意对其各向异性和不连续性的研究。但是，相对岩石而言，岩体的各向异性和不连续性则更加显著，主要是岩体中的结构面的影响所致。因此，我们在研究岩体的工程地质性质时，一方面要考虑组成岩体的岩块的性质，另一方面，也要考虑岩体结构面的工程地质性质。两者都要兼顾，岩体边坡的破坏，绝大多数是沿结构面破坏的。

2. 岩体的结构特征

岩体结构（rockmass structure）是指岩体中结构面与结构体的排列组合特征。因此，岩体结构应包括两个要素或称结构单元，即结构面和结构体，也就是说，不同的结构面与结构体以不同的方式排列组合，形成了不同的岩体结构类型。大量的岩石基坑边坡失稳实例表明，边坡的失稳破坏，往往主要不是因岩石块体本身的破坏，而是因岩体结构失稳引起的。所以，不同的结构类型的岩体，其物理力学性质、力学效应及其稳定性都是不同的。因此研究岩体的结构类型、特征是岩体工程中的一个重要课题。

(1) 结构面的成因类型

根据地质成因不同，可将结构面分为原生结构面、构造结构面和次生结构面三类，各类结构面的主要特征见表26-5。

①原生结构面是指岩体在成岩过程中形成的结构面，其特征与岩体成因密切相关。因此，又可将其分为沉积结构面、岩浆结构面和变质结构面三类。

沉积结构面是指沉积岩在沉积和成岩过程中形成的，包括层理面、软弱夹层面、沉积间断面和不整合面等。该结构面的特征与沉积岩的成层性有关，一般延伸性较强，常贯穿整个岩体，产状随岩层产状而变化。沉积岩为主的基坑，沿倾向坑内的层面产生滑动的可能性较大，主要取决于基坑边坡与层面的空间位置关系。

岩浆结构面是指在岩浆侵入及冷凝过程中形成的，包括岩浆岩与围岩的接触面、各期岩浆岩之间的接触面和原生冷凝节理面等。岩浆岩为主的基坑，沿着岩脉或岩墙的接触面产生的滑动可能性较大。

岩体结构面类型及特征 表 26-5

成因类型	地质类型	主要特征			基坑边坡稳定性评价
		产状	分布	性质	
原生结构面	沉积结构面	1. 层理面 2. 软弱夹层 3. 不整合面、假整合面 4. 沉积间断面	一般与岩层产状一致，为层间结构面	海相岩层中，此类结构面分布稳定，陆相岩层中呈交错状，易尖灭	层面、软弱夹层等结构面较为平整，不整合面及沉积间断面多由碎屑泥质物质构成，且不平整	当此类结构面倾向基坑内时，有可能造成基坑失稳，尤其软弱夹层更为严重，应重点支护
	岩浆结构面	1. 侵入体与围岩接触面 2. 岩脉、岩墙的接触面 3. 原生冷凝节理	岩脉受构造结构面控制，而原生节理受岩体接触面控制	接触面延伸较远，比较稳定，而原生节理往往短小密集	与围岩接触面可具熔合及破坏两种特征，原生节理面一般为张裂面	原生节理一般不会发生较大规模破坏，但当岩脉走向与基坑边坡一致时，可能发生滑移
	变质结构面	1. 片理 2. 片岩软弱夹层	产状与岩层或构造方向一致	片理短小，分布极密，片岩软弱夹层延伸较远，具固定层次	结构面光滑平整，片理在岩层深部闭合成隐蔽结构面，片岩软弱夹层矿物成鳞片状	在浅变质的沉积岩组成的基坑常造成失稳，片岩夹层对基坑边坡也有较大危害，应重点支护，片理密集时，可参考土体基坑边坡支护设计

续表

成因类型	地质类型	主要特征			基坑边坡稳定性评价
		产状	分布	性质	
构造结构面	1. 节理（X形节理、张节理） 2. 断层（正断层、逆断层、走滑移断层） 3. 层间错动 4. 羽状裂隙劈理	产状与构造线呈一定的关系，层间错动与岩层一致	正断层较短小，走滑移断层延伸较远，逆断层规模较大	正断层常具充填，层锯齿状，走滑移断层平直，逆断层呈带状分布，含断层泥、糜棱岩	基坑中以节理及小断层居多，其中X形节理与基坑边坡易构成楔形滑动体，大断层都以破碎带出现，这些都是岩体基坑支护的重点
次生结构面	1. 卸荷裂隙 2. 风化裂隙 3. 风化夹层 4. 泥化夹层 5. 次生夹层	受地形及原生结构面控制	分布往往呈不连续状，透镜体，延伸性差，地表浅部发育	一般为泥质充填，水理性很差，易形成泥化夹层及软弱带	岩体基坑这种结构面较发育，但规模一般不大，支护时加强防水

变质结构面可分为残留结构面和重结晶结构面。残留结构面主要是沉积岩经变质后，绢云母、绿泥石等鳞片状矿物在层面上聚集，并定性排列而形成的结构面，如千枚岩的千枚理面和板岩中的板理面等。重结晶结构面主要有片理面和片麻理面等。它们是岩石发生深度变质和重结晶作用下，片状矿物和柱状矿物富集并成定向排里形成的，它们改变了原岩的面貌和结构，对岩体的物理力学性质常起控制作用。变质岩为主的基坑，沿残留结构面产生滑动的可能性较大，沿重结晶结构面产生滑动的可能性较小。

②构造结构面是指岩体形成后在构造应力作用下形成的各种破裂面，包括断层、节理、劈理和层间错动等。

构造结构面，除被胶结者外，绝大多数都是脱开的，规模大者，如断层、层间错动等，多数有厚度不等的充填物，并发育有由构造岩组成的构造破碎带，在地下水的作用下，有的已泥化或变成软弱夹层。因此，这部分构造结构面（带）的工程地质性质很差，经常导致基坑边坡岩体的滑动破坏。规模小者，如节理、劈理等，多短小而密集，一般无充填或薄层充填，主要产生小规模滑动。

③次生结构面是岩体形成后在外营力作用下形成的结构面，包括卸荷裂隙、风化裂隙，次生夹泥层和泥化夹层等。

卸荷裂隙面是因表部岩体剥蚀或人工开挖卸荷造成应力释放和调整而产生的，产状与开挖临空面近于平行，并具有张性特征。

泥化夹层是原生软弱夹层在构造和地下水的作用下形成的，次生夹泥层则是地下水携带的细颗粒物质及溶解物沉淀在裂隙中形成的。它们的性质都很差，均属于软弱结构面，在岩体基坑支护设计中应引起足够的重视。

（2）结构面的规模和分级

结构面的规模不仅影响岩体的力学性质，而且影响基坑边坡工程岩体的力学作用及其稳定性。按结构面延伸长度、切割深度、破碎带宽度及其力学效应，可将结构面划分为

5级。

Ⅰ级：指大断裂或区域性断层，一般延伸约数公里至数十公里以上，破碎带宽度约数米至数十米。这些区域性大断层往往具有现代活动性，工程应尽量避开，因此，一般的基坑很少遇到这样的结构面。

Ⅱ级：指延伸长而宽度不大的区域性地质界面，如较大的断层、层间错动、不整合面级原生软弱夹层等。其规模贯穿整个工程岩体，长度一般为数百米至数公里，破碎带宽度数十厘米至数米，往往影响工程的局部稳定。

Ⅲ级：指长度为数十米至数百米的断层、区域性节理、延伸较好的层面及层间错动等。其宽度一般为数厘米至一米左右。一般性的岩体基坑中，这种结构面经常遇到，往往控制着基坑边坡的稳定性。

Ⅳ级：指延伸较差的节理、层面、次生裂隙、小断层及较发育的片理、劈理等。其长度一般为数十厘米至二三十米，宽度接近于零至数厘米不等，是构成岩块的边界面。它们破坏了岩体的完整性，影响岩体的物理力学性质及应力分布状态。该结构面数量多，分布具有随机性，主要影响岩体的力学性质。造成岩体力学性质的各向异性。岩体基坑工程中这样的结构面大量存在，如其多组结构面的产状与基坑边坡的产状构成最不利组合时，往往导致基坑边坡的滑动破坏，如楔形体滑动、三角形滑动、台阶状滑动等。

Ⅴ级：又称微结构面，指隐节理、微层面、微裂隙及不发育的片理、劈理等，其规模小，连续性差，常包含在岩块内，主要影响岩块的物理力学性质，该结构面对基坑边坡稳定性影响较小，可以不予考虑。

上述五级结构面中，Ⅲ、Ⅳ级结构面在岩体基坑工程中经常遇到，而且决定着基坑边坡的稳定性，在岩体基坑设计中应重点考虑。

（3）岩体的结构类型划分

岩体结构体是指岩体中被结构面切割围限的岩石块体。结构面级别不同所切割围限的结构体的规模也是不同的。如Ⅰ级结构面所切割的Ⅰ级结构体，其规模可达数平方公里，地质上称地块或断块；Ⅱ、Ⅲ级结构面所切割的Ⅱ级结构体规模相应减小；只有Ⅳ级结构面切割的Ⅳ级结构体，才被称为岩块，它是组成岩体的基本的单元体。所以，结构体和结构面一样，也是有级序的，一般分为4级。其中以Ⅳ级结构体规模最小，其内部还包含有微裂隙、隐节理等Ⅴ级结构面。

岩体结构体的形态极为复杂，常见的形状有柱状、板状、楔形状及菱形状等，在强烈的破碎部位，还有片状、鳞片状及碎屑状等形态。结构体形状不同，其稳定性也不同。一般来说，板状结构体比柱状、菱形状的更易滑动，而楔形结构体比锥形结构体的稳定性差。但是，结构体的稳定性往往还需要结合其产状及与基坑边坡的空间组合关系来综合分析。

由于结构面的切割，导致岩体结构的复杂性。为了概括反映岩体中结构面和结构体的成因、特征及其排列组合关系，将岩体结构划分为5大类。各类结构岩体的基本特征列于表26-6。由表可知，不同结构类型的岩体，其岩石类型、结构体和结构面的特征均不同，岩体的工程地质性质与变形破坏机理也都不同。在岩体基坑支护设计时，所采用的计算模型也有显著差别。但其根本区别在于结构面的性质及其发育程度，如层状结构岩体中发育的结构面主要是层面，对岩体基坑设计来说，主要是岩层面的滑动，尤其对软弱夹层的层面更是如此；而整体状结构岩体中结构面往往呈断续分布，规模小，且稀疏；其稳定性相对较好；碎裂结构岩体中结构面常为贯通的，且发育密集，组数多，岩体基坑支护设计时考虑最发育的一组或与基坑边坡组合最不利的一组即可；而散体状结构岩体中发育大量的随机分布的裂隙，结构体呈碎块状或碎屑状，对于该类岩体基坑支护设计，可以采用土体基坑的圆弧滑动法计算设计。

岩体结构类型及特征 表26-6

岩体结构类型	岩体地质类型	主要结构体形状	结构面发育情况	岩土工程特征	可能发生的基坑工程问题
整体状结构	均质、巨块状岩浆岩、变质岩、巨厚层沉积岩、	巨块状	以原生构造节理为主，多为闭合型，结构面间距大于1.5m，一般不超过1~2组，无危险结构面组成的滑体	整体性强度高，岩体稳定，可视为均质弹性各向同性介质	基坑边坡稳定性好，对结构面不发育的可不进行支护设计，但对发育有2~3组结构面，且与基坑边坡走向构成最不利组合（楔形体）时应进行重点支护
块状结构	厚层状沉积岩、变质岩、块状岩浆岩、变质岩	块状柱状	只具有少量贯穿性较好的节理、裂隙，结构面间距为0.7~1.5m，一般为2~3组，有少量分离体	整体强度较高，结构面相互牵制，接近弹性各向同性介质	
层状结构	多韵律的薄层及中厚层状沉积岩、浅变质岩	层状板状透镜状	有层理。片理、节理，常有层间错动	接近均一的各向异性体，一般为正交各向异性，其变形、强度受层面及岩层组合控制，可视为弹性体，稳定性较差	当层面倾向基坑内，且倾角小于坡角时，可能沿层面产生滑动，尤其以软弱泥化夹层更危险，应重点支护
碎裂状结构	构造影响严重的破碎岩层	碎块状	断层、断层破碎带、片理及层间结构面较发育，结构面间距为0.25~0.5m，一般3组以上，由许多分离体形成	岩体完整性破坏较大，整体强度很低，并受断层等软弱结构面控制，多呈弹塑性介质，稳定性很差	易引起较大规模的岩体滑动，且基岩裂隙水发育，当结构面有泥质充填时，边坡稳定性更差，应重点支护
散体状结构	构造影响剧烈的断层破碎带、强风化带、全风化带	碎屑状颗粒状	断层破碎带交叉，构造及风化裂隙密集，结构面及组合错综复杂，并多有黏土充填，形成大小不一的分离体	岩体完整性完全破坏，稳定性极差，岩体接近松散介质	易引起基坑边坡失稳，支护设计可采用土体基坑的方案

3. 岩体的工程地质分类

岩体的工程地质分类是岩体力学和岩体工程中的一个重要研究课题。它是工程岩体稳定性分析的基础，也是岩体工程地质条件定量化的一个重要途径。岩体工程地质分类是通过岩体的一些简单和容易实测的指标,将工程地质条件和岩体力学性质参数联系起来,并借鉴已建工程设计、施工和处理等成功与失败方面的经验教训,对岩体进行归类的一种工作方法。其目的是通过分类,概括地反映各类工程岩体的质量好坏,预测可能出现的岩体工程问题,为基坑工程的设计、支护衬砌、建筑选型和施工方法选择等提供参数和依据。

目前,国内外已有的岩体分类方案有数十种之多,有定性的,也有定量和半定量的,有单一因素分类,也有考虑多种因素的综合分类。各种方案所考虑的原则与因素虽不尽相同,但其特征都是考虑影响岩体工程地质性质的主要因素,如岩体完整性和成岩条件、岩块强度、结构面发育特征和地下水情况等因素。下面介绍几种常用的、与基坑支护设计密切相关的分类方法。

(1) 岩样完整性质量指标 RQD 分类

岩样完整性质量指标 RQD 指标是钻孔中获得的长度大于 10cm 的岩芯断块长度总和 l_p 与岩芯相应进尺长度 l_t 之比。根据 RQD 对岩体进行质量划分,具体见表 26-7。

$$RQD = \frac{l_p}{l_t} \times 100\% \tag{26-1}$$

岩体 RQD 质量分类 表 26-7

RQD	>90	75~90	50~75	25~50	<25
岩体质量	好	较好	较差	差	极差

(2) 岩体按坚硬程度的分类

《岩土工程勘察规范》(GB 50021—2001) 对按岩石抗压强度大于 30MPa 与小于 30MPa 划分为硬质岩与软质岩,同时按岩石坚硬程度等级的定性分类见表 26-8。同种风化程度的硬质岩与软质岩的物理力学性质差异很大,对于中等风化-微风化的硬质岩体构成的基坑,若结构面不是很发育,则可以不进行支护,但对软质岩和极软岩都要进行支护。

岩体按坚硬程度等级的定性分类 表 26-8

坚硬程度等级		定性鉴定	代表性岩石
硬质岩	坚硬岩	锤击声清脆,有回弹,振手,难击碎,基本无吸水反应	未风化—微风化的花岗岩、闪长岩、辉绿岩、玄武岩、安山岩、片麻岩、石英岩、石英砂岩、硅质砾岩、硅质石灰岩等
	较硬岩	锤击声较清脆,有轻微回弹,稍振手,较难击碎,有轻微吸水反应	1. 微风化的坚硬岩; 2. 未风化—微风化的大理岩、板岩、石灰岩、白云岩、钙质砂岩
软质岩	较软岩	锤击声不清脆,无回弹,较易击碎,浸水后指甲可以刻出印痕	1. 中等风化—强风化的坚硬岩或较硬岩; 2. 未风化—微风化的凝灰岩、千枚岩、泥灰岩、砂质泥岩等
	软岩	锤击声哑,无回弹,有凹痕,易击碎,浸水后手可掰开	1. 强风化的坚硬岩或较硬岩; 2. 中等风化—强风化的较软岩; 3. 未风化—微风化的页岩、泥岩、泥质砂岩等
极软岩		锤击声哑,无回弹,有较深凹痕,手可捏碎,浸水后可捏称团	1. 全风化的各种岩石; 2. 各种半成岩

(3) 岩体按工程岩体分级标准分类

国标《工程岩体分级标准》(GB 50021—2001) 提出采用两步分级方法。首先，按岩体基本质量指标 BQ 进行初步分级；然后，针对各类工程岩体的特点考虑其他影响因素，如天然应力、地下水及结构面方位等，对 BQ 进行修正，再按修正后的 [BQ] 进行详细分级，其中，岩体基本质量指标 BQ 表达式为：

$$BQ = 90 + 3R_c + 250k_v \tag{26-2}$$

当 $R_c > 90k_v + 30$ 时，以 $R_c = 90k_v + 30$ 和 k_v 代入式（26-2）计算 BQ 值；当 $k_v > 0.04R_c + 0.4$ 时，以 $k_v = 0.04R_c + 0.4$ 和 R_c 代入式（26-2）计算 BQ 值。式（26-2）中，R_c 为岩石的饱和单轴抗压强度（MPa）；k_v 为岩体的完整系数，可用声波试验资料按下式确定：

$$k_v = \left(\frac{v_{mp}}{v_{rP}}\right)^2 \tag{26-3}$$

式中 v_{mp}——岩体的纵波速度；

v_{rP}——岩块的纵波速度。

当无声波试验资料时，也可用岩体单位体积内的结构面条数，查表 26-9 求得 k_v 值。

岩体完整系数表　　　　表 26-9

J_V（条/m³）	<3	3~10	10~20	20~35	>35
k_v	>0.75	0.75~0.55	0.55~0.35	0.35~0.15	<0.15

岩体的基本质量指标，主要考虑了组成岩体岩石的坚硬程度和岩体的完整性。按 BQ 值和岩体质量定性特征，将岩体划分为五级，具体见表 26-10、表 26-11、表 26-12。

岩体 BQ 质量分类　　　　表 26-10

基本质量级别	岩体质量的定性特征	岩体基本质量指标（BQ）
Ⅰ	坚硬岩，岩体完整	>550
Ⅱ	坚硬岩，岩体较完整 较坚硬岩，岩体完整	550~451
Ⅲ	坚硬岩，岩体较破碎 较坚硬岩或软硬岩互层，岩体较完整 较软岩，岩体完整	450~351
Ⅳ	坚硬岩，岩体破碎 较坚硬岩，岩体较破碎—破碎 较坚硬岩或软硬岩互层，且以软岩为主，岩体较完整—较破碎 软岩，岩体完整—较完整	350~251
Ⅴ	较软岩，岩体破碎 软岩，岩体破碎—较破碎 全部极软岩及全部极破碎岩	<250

注：表中岩石坚硬程度按表 26-11 划分，岩体破碎程度按表 26-12 划分。

岩石坚硬程度划分　　　　表 26-11

岩石饱和单轴抗压强度 R_c（MPa）	>60	60~30	30~15	15~5	<5
坚硬程度	坚硬岩	较坚硬岩	较软岩	软岩	极软岩

岩体完整程度划分　　　　　　　　　　　　　　　　表 26-12

岩体完整系数 k_v	>0.75	0.75～0.55	0.55～0.35	0.35～0.15	<0.15
完整程度	完整	较完整	较破碎	破碎	极破碎

对基坑来说，一般接近地表，而不像地下洞室，埋深较大，因此，对基坑边坡岩体一般可以不进行天然应力校正（$K_3=0$），只进行软弱结构面和地下水修正。修正值 [BQ] 按下式计算：

$$[BQ] = BQ - 100(K_1 + K_2 + K_3) \quad (26\text{-}4)$$

式中　K_1——地下水影响修正系数，按表 26-13 确定；

　　　K_2——主要软弱结构面产状影响修正系数，按表 26-14 确定；

　　　K_3——天然应力修正系数。

修正系数 K_1 表　　　　　　　　　　　　　　　　表 26-13

地下水状态	修正系数 K_1			
	BQ>450	BQ=450～350	BQ=350～250	BQ<250
潮湿或点滴状出水	0	0.1	0.2～0.3	0.4～0.6
涌流状出水，水压≤0.1MPa 或单位出水量<10L/min	0.1	0.2～0.3	0.4～0.6	0.7～0.9
涌流状出水，水压>0.1MPa 或单位出水量>10L/min	0.2	0.4～0.6	0.7～0.9	1.0

修正系数 K_2 表　　　　　　　　　　　　　　　　表 26-14

结构面产状及其与基坑边坡走向的组合关系	结构面走向与基坑边坡走向夹角 $\alpha<30°$，倾角 $\beta=30°～70°$	结构面走向与基坑边坡走向夹角 $\alpha>60°$，倾角 $\beta>70°$	其他组合
K_2	0.4～0.6	0～0.2	0.2～0.4

根据修正值 [BQ] 的岩体分级仍按表 26-10 进行。

4. 岩体的力学性质

岩体是岩块（石）和结构面网络组成的集合体，因此，岩体的力学性质就包括岩块的力学性质和结构面的力学性质。而力学性质一般包括两个方面，一方面是变形特性，另一方面是强度特性。

1) 岩石的力学性质

岩石在外力作用下所表现出来的性质，称为岩石的力学性质。在外力作用下，岩石首先会产生变形，这种变形又可分为弹性变形和塑性变形。弹性变形是岩块受力后发生的全部变形，在外力解除的同时立即消失，因而是可逆变形；塑性变形是岩块受力变形后，在外力解除后，变形也不再恢复，是不可逆变形，又称永久变形或残余变形。随着力的不断增加，当达到或超过某一极限值时，岩石便产生破坏。将岩石抵抗外力破坏的能力称为强度。根据岩石破坏时的应力类型，岩石的破坏可分为拉破坏、剪破坏和流动破坏三种基本类型。岩体基坑中一般以剪切破坏为主。由于受力状态和破坏形式的不同，岩石的强度又分为单轴抗压强度、单轴抗拉强度、抗剪强度和三轴压缩强度等。

(1) 岩石的变形性质

岩石在连续加载条件下的应变，可分为轴向应变 ε_a、横向应变 ε_d 和体积应变 ε_V。前两种可以用仪器进行测量，体积应变，由 $\varepsilon_V = \varepsilon_a + 2\varepsilon_d$ 计算求得。

采用含微裂隙且不太坚硬的岩块制成岩样试块，在刚性材料机上进行试验，得到的标准应力—应变全过程曲线见图 26-1。据此，可将岩石变形划分为不同阶段。

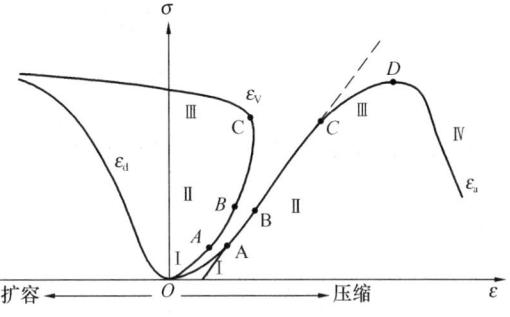

图 26-1 岩石应力-应变全过程曲线

① 压密阶段（OA 段）：在外力作用下，试件中原有的张开形微裂隙逐渐闭合，岩石被压密，曲线呈上凹形，但对坚硬、少裂隙的岩石则不明显，甚至不显现。

② 弹性变形至微破裂稳定发展阶段（AC 段）：该段 σ-ε_a 曲线呈近似直线关系，可细分为弹性变形阶段（AB 段）和微裂隙稳定发展阶段（BC 段）。B 点的应力称弹性极限。C 点应力称屈服极限。

③ 非稳定破裂发展阶段（CD 段）：进入本阶段，微裂隙的发展出现质的变化，由于试件微裂隙造成局部应力集中效应显著，薄弱部位首先出现破坏，应力重分布，其结果又会引起次薄弱部位的破坏，依次进行下去，直至试件完全破坏。本阶段的上界应力称为峰值强度或单轴抗压强度。

④ 破坏后阶段（D 点以后段）：岩石承载力达到峰值后，其内部结构完全破坏，但试件仍基本保持整体状。到本阶段，裂隙快速发展，交叉相互联合，形成宏观断裂面。此后，岩石变形主要表现为沿宏观断裂面的块体滑移，试件承载力大幅度下降。

由于大多数岩石的变形都具有不同程度的弹性性质，因此在工程荷载或自重应力作用下，一定程度上可视岩石为准弹性介质。根据弹性理论，岩石的变形特征可用变形模量和泊松比等参数表示。这两个参数也是岩体基坑数值计算的必用参数。

变形模量是指单轴压缩条件下，岩石试件的轴向应力 σ 与轴向应变 ε_a 之比。当应力—应变曲线为直线时，岩石的变形模量 E_0（MPa）为常量，数值上等于直线的斜率。由于变形为弹性变形，所以该模量又称为弹性模量 E。

$$E = \frac{\sigma}{\varepsilon_a} \tag{26-5}$$

泊松比 μ 是指在单轴压缩条件下，岩石试件的横向应变 ε_d 与轴向应变 ε_a 之比。

$$\mu = \frac{\varepsilon_d}{\varepsilon_a} \tag{26-6}$$

实际工作中，常采用饱和单轴抗压强度一半（$\sigma_c/2$）处的 ε_d 与 ε_a 来计算岩石的泊松比。

(2) 岩石的强度性质

岩石在外力作用下，变形不断增加，当荷载达到并超过某一定值时，岩石将由变形转化为破坏。将岩石抵抗外力破坏的能力，称为强度。按外力作用方式不同，岩石强度又可分为单轴抗压强度、单轴抗拉强度、抗剪强度和三轴压缩强度等。

① 岩石的单轴抗压强度

岩石试件在单向受力破坏时所能承受的最大压应力，称为单轴抗压强度，简称抗压强度。它是反映岩石基本力学性质的重要指标，在岩体工程分类和建立岩体破坏判据中都是必不可少的。岩石的抗压强度与后面要提到的抗拉强度、抗剪强度存在一定的比例关系，据有关资料统计，抗拉强度为它的3%～30%，抗剪强度为它的8%～50%，据此，可推算其他强度。

岩石的抗压强度，通常是利用标准岩块试件，在材料机上轴向加压，直至试件破坏而测定的。

$$R_c = \frac{P}{A} \tag{26-7}$$

式中　P——试件的破坏荷载（N）；
　　　A——试件的横断面积（mm^2）；
　　　R_c——岩石的单轴抗压强度（MPa）。

目前还有采用不规则的试件的点荷载试验间接地求得岩石的单轴抗压强度，常用如下的经验公式确定：

$$R_c = 22.82 I_{s(50)} \tag{26-8}$$

式中　$I_{s(50)}$——经尺寸修正后的岩石点荷载强度（MPa）。

②岩石的单轴抗拉强度

岩石试件在单向受拉条件下断裂时所承受的最大拉应力，称为岩石的单轴抗拉强度，简称抗拉强度。实际岩体工程中，通常不允许出现拉应力，因为岩石的抗拉能力最低，因此，岩石的抗拉强度是一个十分重要力学指标，岩体基坑张应力区张拉破坏主要根据该指标判断。

测定岩石的抗拉强度的方法有直接法和间接法，由于直接法岩样制样困难，目前大多采用间接法，间接法以劈裂法和点荷载试验应用最广。

劈裂法是在规则岩块试件上轴向对称施加一线性分布的荷载，此时，在试件中产生垂直与上下荷载作用方向的张应力，使试件沿竖向直径裂开破坏，据弹性理论，按下式计算岩石的抗拉强度：

$$R_t = \frac{2P_t}{\pi d h} \tag{26-9}$$

式中　R_t——岩石的抗拉强度（MPa）；
　　　P_t——试件破坏荷载（N）；
　　　d——试件直径（mm）；
　　　h——试件高度（mm）。

采用不规则的试件的点荷载试验间接地求得岩石的单轴抗拉强度，常用如下的经验公式确定：

$$R_t = (0.86 \sim 0.9) I_{s(50)} \tag{26-10}$$

③岩石的抗剪强度

岩石试件受剪力作用时能抵抗剪切破坏的最大剪应力称为抗剪强度。有黏聚力c和内摩擦力$\sigma \tan \varphi$两部分组成，表达式为：

$$\tau_f = \sigma \tan \varphi + c \tag{26-11}$$

c 和 φ 是岩体基坑支护设计的两个重要参数。

④ 岩石的三轴压缩强度

岩石试件在三向压应力作用下能承受的最大主应力，称为岩石的三轴压缩强度。在一定围压 σ_3 作用下，对试件进行三轴试验。岩石三轴压缩强度 σ_{1m}（MPa）为：

$$\sigma_{1m} = \frac{P_m}{A} \tag{26-12}$$

式中　P_m——试件破坏时的轴向荷载（N）；

　　　A——试件的初始横断面积（mm^2）。

实际工程中岩体都是处于三轴压缩状态，但基坑边坡，坡体一定范围内的岩体处于单轴压缩状态。

2）岩体的力学性质

岩体的力学性质取决于组成岩体的岩块和结构面的力学性质，岩体的破坏很少遇到岩块破坏，绝大多数是沿结构面破坏，因此，岩体的力学性质很大程度上取决于结构面的力学性质。岩体的力学性质包括岩体的变形、岩体的强度及其动力性质，其中动力性质在基坑支护设计中不大涉及，这里不多论述。

(1) 岩体的变形性质

由于岩体中包含有大量的结构面，结构面中常有充填物，因此，在外力作用下岩体的变形是岩石的变形、结构面闭合和充填物变形三者的总和，一般情况下，结构面和充填物的变形常起控制作用。

① 结构面的变形特征

结构面在外力作用下的变形包括法向变形和切向变形。在法向应力作用下，结构面闭合变形开始较快，变形量也较大，随后逐渐变慢，变形趋于常量。见图 26-2。常用法向刚度来表征法向变形特征。在法向应力作用下，结构面产生单位法向变形所需要的法向应力，称为结构面的法向刚度 K_n，其大小等于 σ_n-ΔV 曲线上某点处切线的斜率。它是反映结构面法向变形的主要参数。在一定的法向应力作用下，进行沿结构面的剪切试验，可得到结构面的剪应力 τ -剪位移 Δu_j 关系曲线，见图 26-3，结构面失稳剪切变形有两种基本类型：一类为塑性变形型，如泥化夹层、光滑平直破裂面等一般具有该变形特征；另一

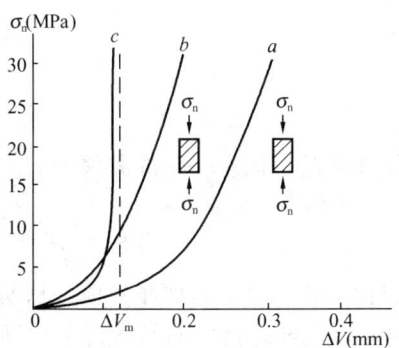

图 26-2　结构面法向变形特征

a—含结构面岩块；b—岩块；c—结构面

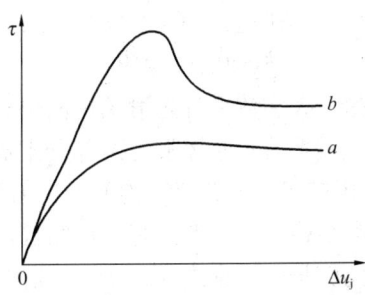

图 26-3　结构面剪切变形特征

a—塑性变形型；b—脆性变形型

类为脆性变形型，τ-Δu_j 关系曲线有峰值点和应力降，当应力降低至一定值后趋于稳定，明显的作用下，如粗糙结构面常具有该变形特点。常用切向刚度来表征结构面的切向变形特征。在剪应力作用下，结构面产生单位剪切位移所需要的剪应力，称为结构面的剪切刚度 K_s，数值上等于 τ-Δu_j 曲线上任一点的切线斜率。它是反映结构面剪切变形特征的主要参数。结构面剪切刚度受结构面本身性质、规模及法向应力大小等的影响。结构面的法向刚度和切向刚度是岩体工程数值计算时必不可少的参数。

② 岩体的变形参数

岩体的变形参数主要是指岩体的变形模量和弹性模量，通常是采用平板载荷试验来确定。采用分级加载，同时测记各级压力下的岩体的变形值，再通过下式计算岩体的变形模量 E_m（MPa）和弹性模量 E_e（MPa）。

$$E_m = \frac{pd(1-\mu^2)\omega}{\omega_0} \tag{26-13}$$

$$E_e = \frac{pd(1-\mu^2)\omega}{\omega_e} \tag{26-14}$$

式中　p——承压板单位面积上的压力（MPa）；

　　　d——承压板的直径或边长（cm）；

　　　ω_0、ω_e——分别为相应于 p 下，岩体的总变形和弹性变形（cm）；

　　　ω——与承压板形状与刚度相关的系数，刚性承压板，方形板取 0.88，圆形板取 0.78；

　　　μ——岩体泊松比。

(2) 岩体的强度性质

在岩体的强度性质中，最重要的是抗剪强度。它是影响工程安全和造价的重要因素，在岩体工程，如基坑边坡稳定性、地下洞室围岩稳定性分析与计算中，岩体的抗剪参数是必不可少的。岩体的抗剪强度包括岩石抗剪强度和结构面的抗剪强度，岩石抗剪强度前面已经讨论过，这里主要讨论结构面抗剪强度。

① 平直光滑无充填结构面抗剪强度

这类结构面以光滑破裂面（片理、节理等）为代表，一般无充填，其抗剪强度接近于人工磨光面的摩擦强度，即：

$$\tau = \sigma\tan\varphi_j \tag{26-15}$$

式中　σ——法向应力（kPa）；

　　　φ_j——结构面的摩擦角（°）。

但是，大多数平直光滑结构面仍有细微的起伏和凸起，仍有一定的黏聚力 c_j，其抗剪强度仍由黏聚力和摩擦阻力两部分组成。

② 粗糙起伏无充填结构面的抗剪强度

这类结构面的特点具有起伏粗糙度，当法向力较小时，可引起剪胀效应，从而增大结构面的抗剪强度，见式 (26-16)；当法向力较大时，可能导致结构面起伏部分剪断，从而产生黏聚力，见式 (26-17)。

$$\tau = \sigma\tan(\varphi_j + i) \tag{26-16}$$

$$\tau = \sigma\tan\varphi_j + c_j \tag{26-17}$$

式中 φ_j、c_j——分别为结构面的内摩擦角（°）和黏聚力（kPa）；

i——结构面的起伏角（°）。

③ 非贯通断续结构面的抗剪强度

这类结构面的抗剪强度由各段结构面的抗剪强度和非贯通段的岩石的抗剪强度两部分构成，整个结构面的抗剪强度取决于结构面的贯通性、结构面和岩石的性质。即：

$$\tau = [K_1 c_j + (1-K_1)c_m] + \sigma[K_1 \tan\varphi_j + (1-K_1)\tan\varphi_m] \quad (26-18)$$

式中 c_j、φ_j——分别为结构面的黏聚力（kPa）和内摩擦角（°）；

c_m、φ_m——分别为岩石的黏聚力（kPa）和内摩擦角（°）。

④ 具充填的软弱结构面的抗剪强度

这类结构面的抗剪强度主要取决于充填物的成分、结构、厚度、充填度和含水状况等。

$$\tau = \sigma\tan\varphi + c \quad (26-19)$$

式中 c、φ——分别为软弱夹层（充填物）的黏聚力（kPa）和内摩擦角（°）。

26.1.2 岩石地区基坑的特点

岩石地区的现代地貌轮廓是在漫长的地质历史发展中经过复杂的内外营力综合作用而成，一般以低山、丘陵为主。地势高的地方以裸露的岩体为主或覆盖有薄层的第四系地层；地势低洼处，发育有较厚的第四系地层，地下基岩面的起伏较大。地下水类型与岩性密切相关，灰岩地区可能存在岩溶水，水量不均匀，而其他岩石地区一般以基岩裂隙水和第四系潜水为主，水量较小。

由于市区土地资源渐趋紧张，必然增加大量高层超高层建筑以及地下空间开发项目，地下空间的开发需求不断增大，再者超高层建筑物对地基的承载力要求较高以及人防的要求，岩石地区的基坑开挖较深，可能进入中风化—微风化岩层，这样就形成岩石地区基坑特有的现象，基坑上部为第四系地层，下部为基岩。

根据组成岩石基坑的地层情况，将岩石基坑分为：纯岩体基坑，土体和岩体组合的基坑。纯岩石基坑和土岩组合基坑统称为岩质基坑。纯岩石基坑一般位于基岩出露地区，由于地基承载力或地下空间的要求，基坑需开挖至岩体内一定深度（中风化～微风化带）；这类基坑的特点主要包括以下几方面：第一，地下水主要以基岩裂隙水为主，水量较小，但灰岩地区可能存在岩溶水。第二，基坑的稳定性主要受岩体的风化程度和岩体成因类型影响。风化程度方面：当基坑岩体为强风化时，一般接近与散体状态，可采用土质基坑边坡稳定性分析的方法；当基坑岩体为中风化或微风化时，岩石强度较高，其稳定性主要受岩体结构面控制。岩体成因类型方面：岩浆岩岩体构成的基坑边坡稳定性相对较好，如：花岗岩、闪长岩、辉长岩、辉绿岩、安山岩等；沉积岩岩体构成基坑边坡稳定性差异较大，硅质和灰质的碎屑沉积岩，如石英岩、砂岩、石英角砾岩、灰岩等构成的基坑边坡稳定性较好，而泥质的碎屑沉积岩，如泥岩、黏土岩等构成的基坑边坡稳定性较差，地下水的影响较大。变质岩岩体构成基坑边坡稳定性差异也较大，块状的深变质岩，如大理岩、石英岩、片麻岩等构成的基坑边坡稳定性相对较好，而片状的浅变质岩，如千枚岩、片岩、板岩等构成的基坑边坡稳定性较差，受地下水的软化影响较大。第三，岩体结构面对纯岩体基坑的稳定性起控制作用，一般岩体基坑的破坏很少是切割岩石破坏的，绝大多数是沿结构面破坏的，而结构面的成因类型对结构面的力学性质影响很大，如原生结构面中的软弱夹层、片岩软弱夹层等强度较低，构造结构面中的断层破碎带、断层泥等受地下水的软化比较严重，很可能导致基坑边坡失稳。结构面的产状与基坑边坡走向的空间位置关系影响其稳定性，当结构面倾向坑内，倾角小于坡角时，极易产生失稳，或两组结构面与坡面组成楔形体时也易产生失稳。这类基坑边坡支护设计主要采用一定的措施加强沿结构面的抗滑稳定性，此外，坡顶的防水措施也会起到一定的作用。第四，基坑开挖爆破方式对基坑支护结构稳定性影响较大，必须采用爆破控制措施。

土岩组合基坑一般位于有一定的第四系覆盖的基岩地区，基坑开挖至一定深度，基础持力层为强风化带、中风化带或微风化带岩体，这就形成基坑上半部分是土体，下半部分是岩体的土岩组合基坑类型。这类基坑的特点包括以下几个方面：第一，岩体和土体两种介质差异较大，很难用一种计算模型来解决该问题，有采用传统的方法分开计算，将上覆土层作为超载作用在岩体上，计算岩体部分的稳定性，也有直接采用有限元数值计算。第二，这种基坑支护类型比较复杂，有放坡、桩锚、锚杆肋梁等，而桩锚支护又分桩嵌入基坑底和未嵌入基坑底，对未嵌入基坑底的锚桩支护设计内容较多，包括嵌入深度、岩肩宽度，锁脚锚杆的设计等。第三，这种基坑隔水帷幕施工非常关键，尤其是在第四系地层和基岩接触面位置至关重要，直接影响基坑稳定性，而一般的搅拌桩隔水帷幕很难嵌入基岩，大多采用高压旋喷止水，采用预钻孔的方式进入基岩 0.5m 左右，然后再进行高压旋喷桩施工，止水效果较好。第四，岩体部分的开挖爆破方式对基坑支护结构稳定性影响较大，必须采用爆破控制措施。第五，同一个基坑中支护类型多样化的特点，由于基岩面起伏较大，甚至有的出露，基坑支护设计时分区段按不同类型的支护方式进行设计。

根据上述岩质基坑的特点，那些认为岩质基坑比土体基坑稳定性好，因此，设计时可以偏冒险的看法往往在很多情况下是错误的，主要是对岩体中的结构面、岩体介质的强度非均匀性认识不足，最终导致岩质基坑的失稳。

26.2 岩石地区的基坑支护类型

根据岩石地区的基坑工程特点、组成基坑的地层结构，将岩石地区的基坑分为纯岩石的基坑支护和土体与岩体相组合的基坑支护来论述基坑支护类型。

26.2.1 岩石基坑支护类型

适用于岩石地区的《锚杆喷射混凝土支护技术规范》（GB 50086—2001）和《建筑边坡工程技术规范》（GB 50330—2002）两本国家规范的规定中没有"土钉"的概念。而《建筑基坑支护技术规程》（JGJ 120—99）的"土钉"和《建筑边坡工程技术规范》（GB 50330—2002）中的"非预应力锚杆"、《锚杆喷射混凝土支护技术规范》（GB 50086—2001）中的"全长粘结型锚杆"施工工艺其实并无严格区别，故在岩石地区，"土钉墙"也称为"锚杆喷射混凝土墙"（简称"锚喷墙"）的一种。"锚喷墙"分为两种："岩石锚喷墙"和"土层锚喷墙"，其中"土层锚喷墙"对应"土钉墙"。

岩石基坑根据组成基坑边坡的岩体的软硬程度、风化程度和结构面的发育程度，对不同类型的岩石基坑采用不同的支护方式，常用的支护方式有：锚杆（包括岩石锚杆和土层锚杆）喷射混凝土支护简称锚喷支护、复合锚喷墙支护、预应力锚杆柔性支护（含预应力锚杆肋梁支护）。对中风化—微风化、结构面不是很发育或者结构面与基坑边坡走向无不利组合、相对较完整的硬质岩体基坑边坡可以不进行支护,采用放坡开挖(坡率法),只根据整体边坡情况作面层处理。

1. 放坡开挖

放坡开挖是指为了防止坑壁塌方,保证施工安全,按一定设计坡度进行基坑开挖的施工方法。当工程条件许可时,放坡开挖应优先选用。当基坑深度超过5m采用放坡开挖时,应分级放坡开挖,分级处设过渡平台,平台宽度一般为1~1.5m。岩质边坡的分级平台宽度一般不小于0.5m。

该支护形式适用条件如下:

(1) 基坑周边有足够放坡空间,周围无邻近建(构)筑物、地下管线等位移敏感设施;
(2) 无地下水或地下水不发育;
(3) 岩体质量较好的Ⅱ、Ⅲ级岩体,不存在产状与坡面不利组合的结构面;
(4) 适应于二、三级基坑。

2. 非预应力锚喷支护

非预应力锚喷支护是岩石地区最为常见的一种支护形式,见图26-4。它类似与土钉支护,就是在现场原位岩体中以一定间距排列的细长杆件,如钢筋或钢管,通常还外裹水泥浆体或水泥沙浆,以保证岩钉与岩体胶结在一体,在坡体表面喷射一定厚度的钢筋网混凝土面层,形成一个组合体。该支护类型适用条件如下:

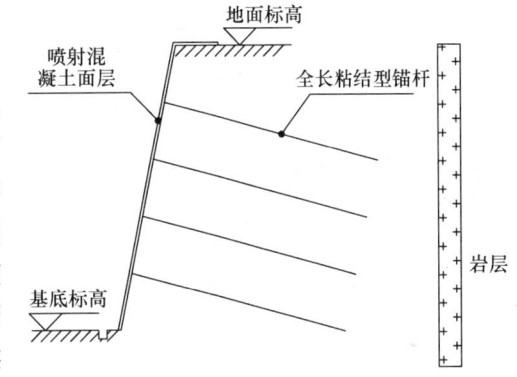

图 26-4 非预应力锚喷支护

(1) 有一定放坡空间的岩体基坑边坡,对基坑变形要求控制不太严格的浅基坑;
(2) 岩体质量较好的Ⅱ、Ⅲ级岩体,不存在产状与坡面不利组合的结构面;
(3) 碎裂结构~散体结构的岩体,不存在已有滑动结构面;
(4) 强风化~微风化的岩体。

3. 复合锚喷墙支护

复合锚喷墙支护,就是采用非预应力锚杆和预应力锚杆相结合的支护类型,见图26-5。非预应力锚杆和土钉类似,不施加预应力或施加微弱的预应力,只有在岩土体发生变形时才被动受力,而锚杆是施加预应力的,靠锚杆固定段来提供锚固力,靠自由段的伸张来提供预应力,以控制坡体的变形,对强风化、中风化的岩体,预应力不太大时,可直接用锚定板或槽钢作为锚固体系,而当预应力比较大时,则可以采用纵横交错的混凝土肋梁作为锚固体系,锚固点设在肋梁的交叉点处。槽钢的型号和混凝土肋梁的配筋都要满足抗弯、抗剪和构造要求。

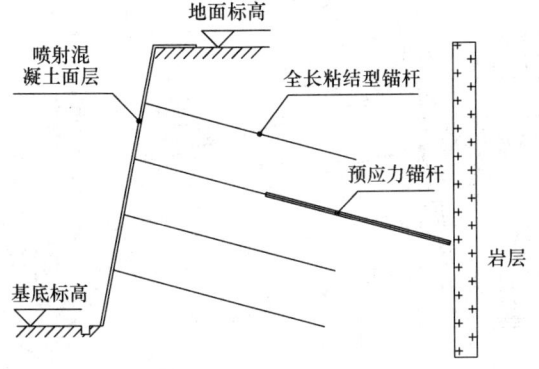

图 26-5 复合锚喷墙支护

该支护类型适用条件如下：

(1) 有一定放坡空间的岩体基坑边坡，对基坑变形要求控制较严格的基坑；

(2) 基坑岩体质量较好的Ⅱ、Ⅲ级岩体，存在产状与坡面不利组合的结构面，如存在楔形体滑动的结构面；

(3) 基坑浅部为全风化、强风化碎裂结构～散体结构的岩体，下部为中风化、微风化的岩体；存在可能滑动的结构面；

(4) 层面或主要结构面倾向基坑内，倾角小于坡角；

(5) 发育有断层破碎带或强度相对软弱的岩脉的基坑。

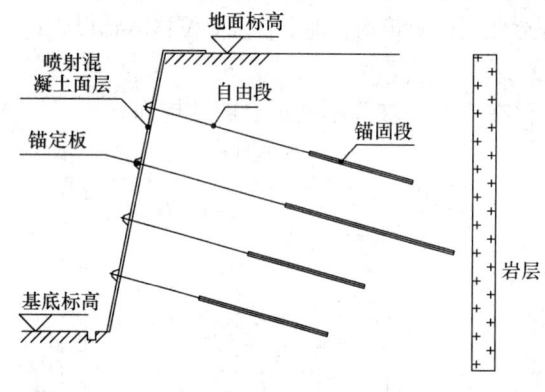

图 26-6　预应力锚喷支护

4. 预应力锚喷支护

预应力锚喷支护，就是采用预应力锚杆或锚索结合钢筋混凝土面层形成的支护体系见图 26-6。锚固体系一般采用预制的钢筋混凝土锚定板或特制的锚索夹具。该支护体系一般预应力较大，取决于基坑深度，锚定板的配筋都要满足抗弯、抗剪和构造要求。

该支护类型适用条件如下：

(1) 有一定放坡空间或者近似直立的岩体基坑边坡，对基坑变形要求控制严格的基坑；

(2) 基坑岩体质量较好的Ⅱ、Ⅲ级岩体，存在产状与坡面不利组合的Ⅲ、Ⅳ级结构面，如存在楔形体滑动的结构面、三角形滑体的结构面；

(3) 基坑浅部为中风化、微风化的岩体；存在可能滑动的结构面；对强风化岩体基坑不宜采用该支护类型，可能导致较大的预应力释放；

(4) 层面或主要结构面倾向基坑内，倾角小于坡角，易形成较大规模的基坑边坡失稳；

(5) 发育有与基坑边坡走向小角度相交的断层破碎带；

(6) 基坑周边环境有重要的保护建筑物或城市生命线工程。

5. 锚杆肋梁支护

锚杆肋梁支护，就是采用预应力锚杆或锚索结合纵横交错的钢筋混凝土肋梁形成的支护体系，见图 26-7。锚固点作用在肋梁的交点上，锚固体系一般采用钢筋混凝土肋梁和锚定板或特制的锚索夹具。该支护体系一般预应力较大，取决于基坑深度，肋梁的配筋要满足抗弯、抗剪和构造要求。

该支护类型适用条件如下：

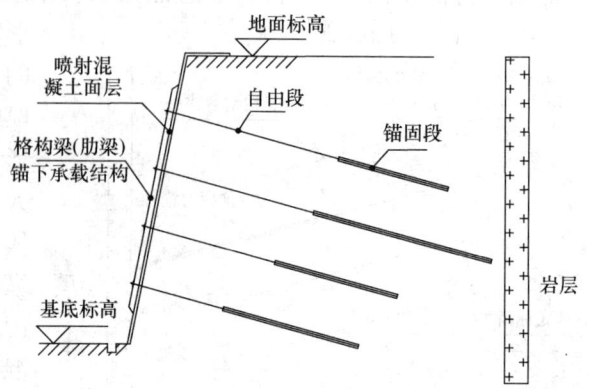

图 26-7　锚杆肋梁支护

(1) 有一定放坡空间或者近似直立的岩质基坑边坡，对基坑变形要求控制严格的基坑；

(2) 基坑岩体质量较好的Ⅱ、Ⅲ级岩体，存在产状与坡面不利组合的Ⅲ、Ⅳ级结构面，如存在楔形体滑动的结构面、三角形滑体的结构面；

(3) 基坑浅部为强风化、中风化、微风化的岩体；存在可能滑动的结构面；

(4) 层面或主要结构面倾向基坑内，倾角小于坡角，易形成较大规模的基坑边坡失稳；

(5) 发育有与基坑边坡走向小角度相交的断层破碎带；

(6) 基坑周边环境有重要的保护建筑物或城市生命线工程。

26.2.2 土岩组合基坑支护类型

由于土岩组合地质条件的特殊性，一些传统的支护结构常常会因为施工难度太大而无法实施。如传统的水泥土墙支护形式会因为施工设备无法入岩而导致嵌固深度不满足，无法直接应用。同样，排桩或地下连续墙在土岩组合地质条件下的应用过程中也会遇到类似情况。目前，地下连续墙结合内支撑的支护体系在土岩组合地质条件下并不多见。

根据场地的工程地质条件与水文地质条件、基坑开挖深度及环境条件的不同，土岩组合基坑常用的支护方式有：放坡开挖（坡率法）、非预应力锚杆（包括岩石锚杆和土层锚杆）喷射混凝土支护简称非预应力锚喷墙支护、复合锚喷墙支护、预应力锚喷墙支护（含预应力锚杆肋梁支护）、土岩组合地质条件下的桩锚支护。

关于土岩组合基坑的放坡开挖（坡率法）、非预应力锚杆（包括岩石锚杆和土层锚杆）喷射混凝土支护（简称锚喷支护）类型的适用条件，可以参考岩石基坑。下面主要分析复合锚喷墙支护、土岩组合地质条件下的桩锚支护类型。

1. 复合锚喷墙支护

锚喷支护在岩石地区边坡工程中得到了广泛应用。在土岩组合基坑中，由于锚喷支护自身具有的局限性，该支护形式无法在上部土层为松散砂土、软土、流塑黏性土以及有丰富地下水的情况下单独使用。为了扩大锚喷支护的应用范围，人们对常规的锚喷支护进行了改造，提出了广义复合锚喷墙支护的概念。广义复合锚喷墙支护就是由土层（岩石）锚杆、喷射混凝土与预应力锚杆或超前支护微型桩或水泥土桩组合，以解决基坑变形问题、土体自立问题、隔水问题而形成的支护形式。

常用的复合锚喷墙支护主要有以下几种组合形式：①非预应力锚杆＋预应力锚杆＋喷射混凝土；②非预应力锚杆＋预支护微型桩＋喷射混凝土；③非预应力锚杆＋预支护微型桩＋预应力锚杆＋喷射混凝土；④非预应力锚杆＋水泥土桩＋喷射混凝土；⑤非预应力锚杆＋预应力锚杆＋水泥土桩＋喷射混凝土；⑥非预应力锚杆＋预应力锚杆＋加筋水泥土桩＋喷射混凝土。为充分利用放坡空间，减小作用在支护结构上的水土压力，水泥土桩和微型桩常设计成小角度仰斜式。复合锚喷墙支护类型见图26-8。

下面分别对上述六种复合锚喷墙的特点和使用条件进行讨论。

(1) 非预应力锚杆＋预应力锚杆＋喷射混凝土

当对基坑的水平位移和沉降有严格要求时，可在锚喷支护中配合使用预应力锚杆。主要通过一定密度的非预应力锚杆和预应力锚杆以及钢筋混凝土面层对基坑土体构成立体的综合约束体系。锚杆的预应力增加了基坑土体潜在的滑动面上的正应力，从而提高了其抗

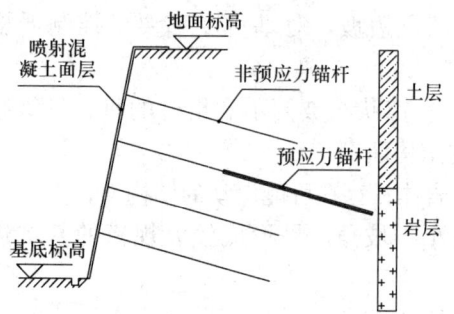
①非预应力锚杆+预应力锚杆+喷射混凝土

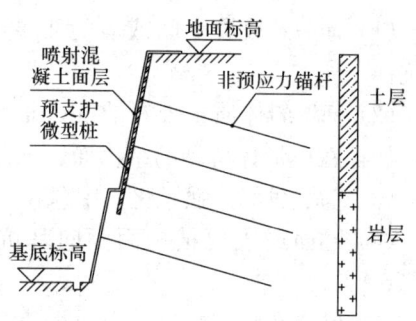
②非预应力锚杆+预支护微型桩+喷射混凝土

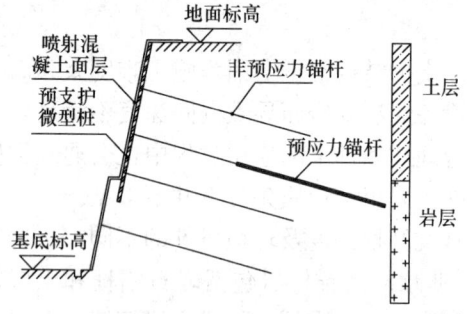
③非预应力锚杆+预支护微型桩+预应力锚杆+喷射混凝土

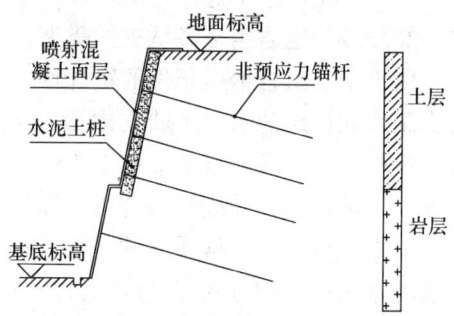
④非预应力锚杆+水泥土桩+喷射混凝土

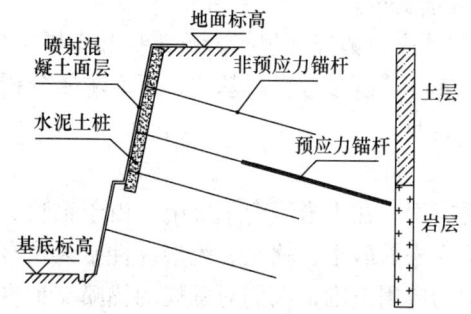
⑤非预应力锚杆+预应力锚杆+水泥土桩+喷射混凝土

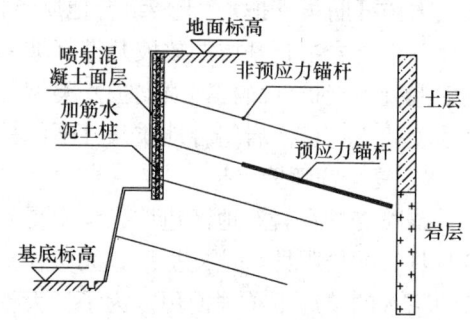
⑥非预应力锚杆+预应力锚杆+加筋水泥土桩+喷射混凝土

图 26-8　复合锚喷支护类型示意图

剪阻力，大大降低了滑动土体的下滑力，可以有效地控制基坑变形，故该支护形式可应用于深度较大、土层厚度相对较小、地下水不丰富、岩体稳定性相对较好的基坑。

（2）非预应力锚杆＋预支护微型桩＋喷射混凝土

微型桩设置在喷射混凝土面层的背部，一般由超前垂直或倾斜设置的注浆钢管构成，钢管直径较小，施工方便、速度快。微型桩的作用是解决基坑分层开挖后支护实施前分层岩土体的自立问题。大面积分布的微型桩可以支撑上部已经完成的喷射混凝土面层的重量。这种支护形式主要适用于放坡较陡而土质松散或岩石破碎、地下水不丰富、自立性较差的基坑。

（3）非预应力锚杆＋预支护微型桩＋预应力锚杆＋喷射混凝土

在上述第 2 种支护类型的基础上，增加预应力锚杆。大面积分布的微型桩不但可以支撑上部已经完成的喷射混凝土面层的重量，而且加强了面层的刚度，有利于非预应力或预应力锚杆反力作用在面层上的进一步扩散，为预应力的施加奠定了基础。这种支护形式主要适用于开挖深度较大、放坡较陡且位移控制要求较高而土质松散或岩石破碎、地下水不丰富、自立性较差的基坑。

（4）非预应力锚杆+水泥土桩+喷射混凝土

该种支护形式在基坑开挖前首先进行水泥土桩隔水帷幕施工，隔水帷幕施工完成后再沿帷幕进行土方开挖。主要利用水泥土桩截水并兼作超前支护结构，水泥土桩可以起到上述微型桩的作用。该种支护方式很好地解决了基坑分层开挖后支护实施前分层岩土体的自立问题和防渗问题。该支护方式主要适用于上部为含水软弱土层的情况，隔水帷幕可只设置在上部土层中，要求隔水帷幕进入相对隔水层一定深度。若采用搅拌桩无法实现则采用旋喷桩。若水泥土未嵌入基坑底则应在桩脚处留设过渡平台，下部再放坡开挖支护至基坑底。

（5）非预应力锚杆+预应力锚杆+水泥土桩+喷射混凝土

在第4种支护类型的基础上，增加预应力锚杆可有效地控制基坑变形。同样，相互搭接的水泥土帷幕不但可以支撑上部已经完成的喷射混凝土面层的重量，而且加强了面层的刚度，有利于岩石（土层）锚杆或预应力锚杆反力作用在面层上后的进一步扩散，为预应力的施加奠定了基础。这种支护形式主要适用于上部为含水软弱土层、开挖深度较大、放坡较陡且位移控制要求较高而土质松散自立性较差的情况。

（6）非预应力锚杆+预应力锚杆+加筋水泥土+喷射混凝土

在第5种支护类型的基础上，将工字钢等芯材插入水泥土桩中以进一步提高预应力锚杆后的面板刚度，防止预应力过大损失，进一步减小位移。这种支护形式主要适用于锚杆预应力值较大，上部为含水软弱土层、开挖深度较大、放坡较陡且位移控制要求较高而土质松散自立性较差的情况。

上述几种复合锚喷墙支护形式是广义复合锚喷墙的概念。狭义上讲，复合锚喷墙是由非预应力锚杆和预应力锚杆共同工作的支护形式。预支护微型桩或水泥土桩的存在解决了基坑分步开挖过程中分层土体的自立问题和隔水问题，而预应力锚杆的存在改变了锚喷支护的受力状态，减小了基坑变形。当然，预应力锚杆对复合锚喷支护产生多大的影响取决于预应力锚杆数量的多少及预应力值的大小。

2. 预应力锚喷墙支护

预应力锚喷墙支护是由预应力锚杆、面层、锚下承载结构（肋梁）和排水系统组成的一种基坑支护方法，见图26-9。

该支护形式适用条件如下：

（1）有一定放坡空间，上覆土层为非软土的基坑，对基坑变形要求较严格；

（2）特别适用于无不良方向性和低强度结构的残积土和风化岩及粉质黏土和不易产生蠕变的低塑性黏土等

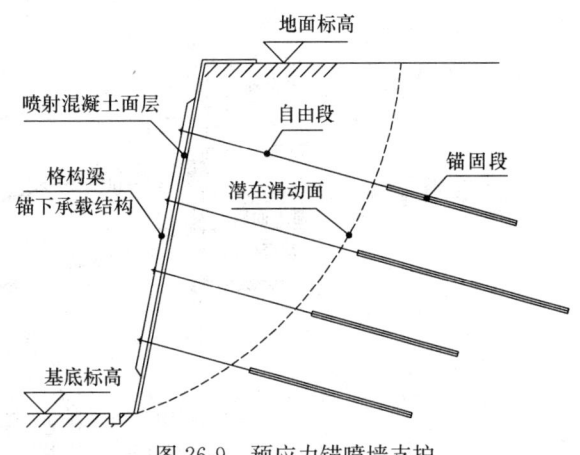

图26-9 预应力锚喷墙支护

硬黏土；

（3）特别适用于上覆土层为天然胶结砂或密实砂和具有一定黏聚力的砾石及天然含水量至少为5%的均匀中、细砂；

（4）适应于一、二、三级基坑。

3. 土岩组合地质条件下的桩锚支护

土岩组合地质条件下的桩锚支护可分为嵌入基底的嵌岩桩锚支护和未嵌入基底的嵌岩桩锚支护两种形式。

（1）嵌入基底的桩锚支护

嵌入基底的桩锚支护是指支护桩嵌入基底下一定深度的桩锚支护形式。在土岩组合地质条件下基本无放坡空间的位移严格限制区较为常用。嵌入基底的桩锚支护又可分为直接嵌入基底的桩锚支护和间接嵌入基底的桩锚支护，见图26-10。间接嵌入也分两种情况，一种采用护脚钢管桩嵌入基坑底，在土岩结合面设加强措施，在微型钢管桩和灌注桩之间设置L形刚性梁（异形梁），将灌注桩和钢管桩做成刚性连接，见图26-10（b）；另外一种在灌注桩孔内打钢管桩，将钢管桩和灌注桩钢筋笼浇筑在一起，形成刚性连接，见图26-10（c）。

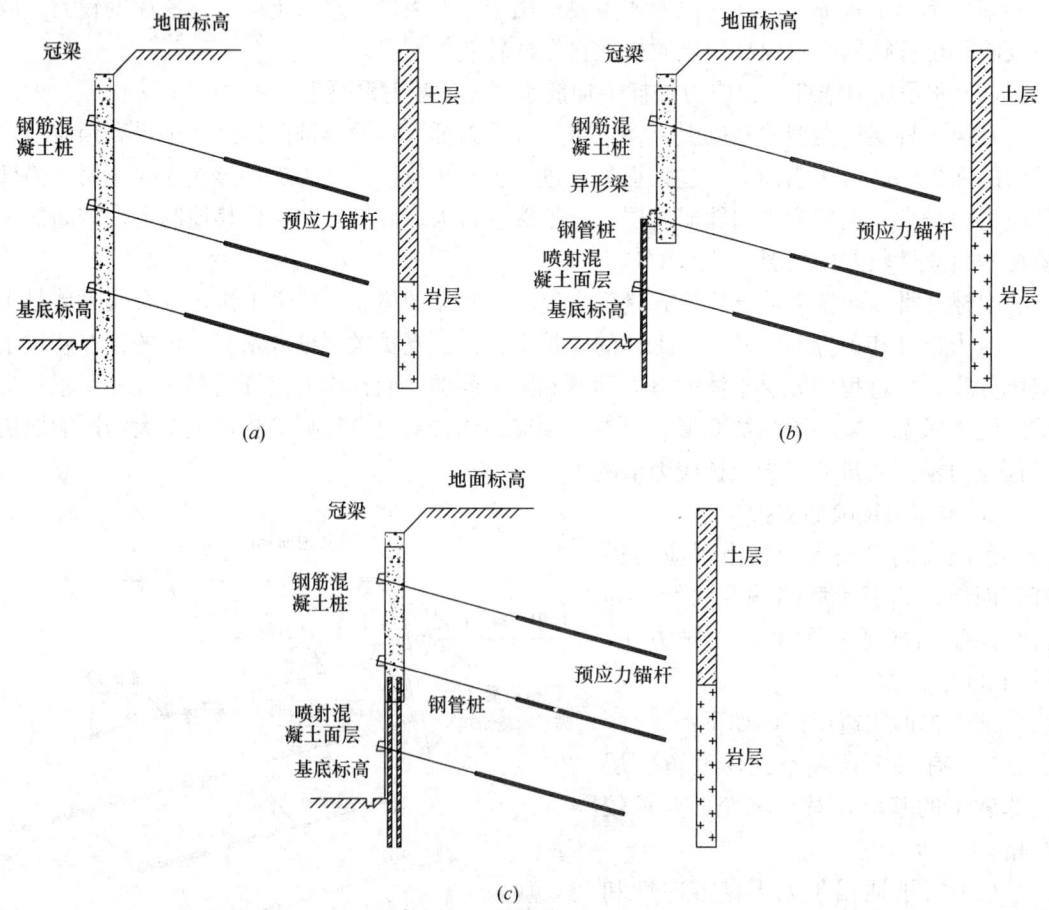

图 26-10 嵌入基坑底的桩锚支护
(a) 直接嵌入式；(b) 灌注桩外间接嵌入式；(c) 灌注桩内间接嵌入式

该支护类型的适用条件如下：

①直接嵌入基底的桩锚支护适用于土岩组合的二元结构中土层占大部分，满足嵌固要求的灌注桩桩长范围内的岩层为较容易钻进的中风化软质岩和极软岩以及强风化、全风化的硬质岩。

②间接嵌入基底的桩锚支护适用于土岩组合的二元结构中土层占大部分，满足嵌固要求的灌注桩桩长范围内的岩层存在不容易钻进的中风化、微风化等硬质岩的情况。

③锚杆的施工范围内无障碍物，周围环境允许布设锚杆，锚杆锚固段可以锚固在适宜的地层中。

④当地下水高于基坑底面时，常采用灌注桩结合预应力锚杆加水泥土帷幕（或降水）共同组成支护体系来止水挡土。

⑤适用于一、二、三级基坑，悬臂式支护结构基坑深度一般不超过 6m。

（2）未嵌入基底的桩锚支护结构

未嵌入基底的桩锚支护是指支护桩未嵌入基底的桩锚支护形式。在土岩组合地质条件下有一定放坡空间的位移严格限制区较为常用，见图 26-11。

该支护类型的适用条件如下：

①未嵌入基底的桩锚支护适用于土岩组合的二元结构中岩层占大部分，满足嵌固要求的灌注桩桩长范围内的岩层存在深度较大的不容易钻进的中风化、微风化等硬质岩的情况。

②锚杆的施工范围内无障碍物，周围环境允许打设锚杆，锚杆锚固段可以锚固在适宜的地层中。

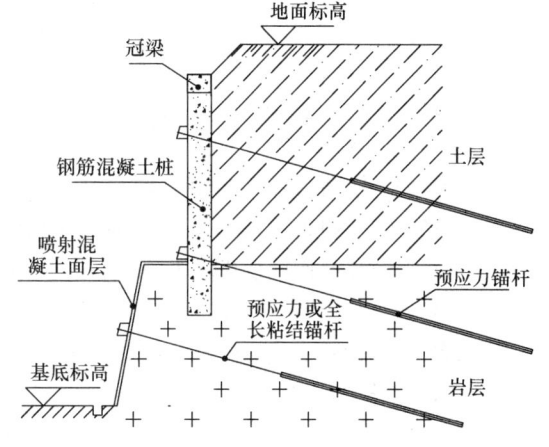

图 26-11　未嵌入基底的桩锚支护

③当地下水高于基坑底面时，常采用灌注桩结合预应力锚杆加水泥土帷幕（或降水）共同组成支护体系来止水挡土。

④适用于一、二、三级基坑。

26.3　岩石地区的基坑支护设计与计算

26.3.1　岩石基坑支护设计

岩石基坑的稳定性主要取决于组成基坑的岩体结构面的发育情况及其产状与基坑边坡的空间位置关系，当结构面非常发育导致岩体成碎裂结构时，一般可以将其视为散体介质，采用土质边坡的圆弧滑动法进行分析，当采用非预应力锚杆支护时，可采用常规的土钉墙设计。但当组成基坑边坡的岩体中发育一组或几组结构面时，边坡岩体常沿着某个软弱结构面或某几个软弱结构面的组合面滑动，根据软弱结构面的发育情况，一般分为以下几种情况：沿单一软弱结构面滑动、沿两个倾向相同或相近但倾角不同的结构面组成的滑面滑动、沿交错节理构成的阶梯状滑动、楔形体滑动等，见图 26-12。

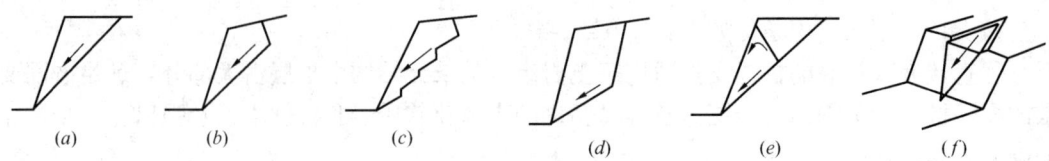

图 26-12 岩体基坑失稳的几种模式

(a) 单一平面滑动；(b) 带张裂缝的单一平面滑动；(c) 沿贯通交错节理面的滑动；
(d) 双滑面的滑动；(e) 两个滑体的滑动；(f) 楔形体滑动

1. 沿单一平面滑动的基坑支护设计

该滑动类型是岩体基坑中最为常见的滑动方式，是指基坑边坡岩体可能沿单一软弱结构面产生平面滑动的设计方法，其力学模型如图 26-13 所示，稳定性分析计算公式：

$$K = \frac{(W\sin2\beta + T)\tan\varphi_j + 2c_j H}{2W\sin^2\beta} \tag{26-20}$$

式中　H——边坡高度（m）；

　　　W——滑体重量（kN），$W = \dfrac{\gamma H^2}{2} \cdot \dfrac{\sin(\alpha-\beta)}{\sin\alpha\sin\beta}$；

　　　γ、c_j、φ_j——分别为岩体重度（kN/m³）、结构面黏聚力（kPa）、内摩擦角（°）；

　　　α、β——分别为坡角（°）、结构面倾角（°）；

　　　T——沿结构面法线方向的锚固力（kN）；

　　　K——安全系数，对一、二、三级基坑分别取 1.35、1.30、1.25。

如果软弱结构面位于地下水位以下时，还得考虑地下水的影响，其力学模型如图 26-14 所示，稳定性分析计算公式：

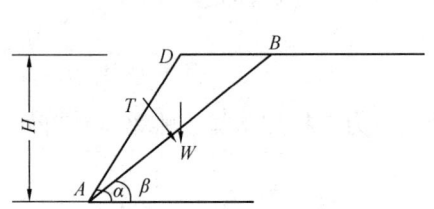

图 26-13　平面滑动基坑边坡稳定性计算

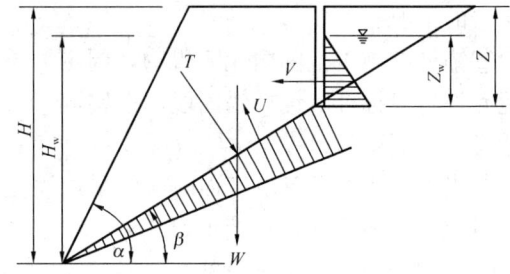

图 26-14　地下水面以下结构面
平面滑动基坑边坡稳定性计算

$$K = \frac{(W\cos\beta + T - U)\tan\varphi_j + c_j \dfrac{H_w - Z_w}{\sin\beta}}{W\sin\beta + V\cos\beta} \tag{26-21}$$

式中　H_w——地下水面至坡底高度（m）；

　　　W——滑体重量（kN/m），$W = \dfrac{\gamma[H^2\sin(\alpha-\beta) - Z^2\sin\alpha\cos\beta]}{2\sin\alpha\sin\beta}$；

　　　γ、c_j、φ_j——分别为岩体重度（kN/m³）、结构面黏聚力（kPa）、内摩擦角（°）；

　　　α、β——分别为坡角（°）、结构面倾角（°）；

　　　T——沿结构面法线方向的锚固力（kN）；

U——结构面上水的浮托力（kPa）；

V——后缘张力隙的静水压力（kPa）；

K——安全系数，对一、二、三级基坑分别取 1.35、1.30、1.25。

2. 沿两个滑面滑动的基坑支护设计

当基坑边坡岩体发育两组走向大致接近，倾角不同而将岩体切割成危险滑体时，滑体可能沿一个或两个滑面滑动而产生基坑边坡失稳，见图 26-12 (b)、(d)。其力学模型如图 26-15 所示，稳定性分析计算公式：

$$K = \frac{T}{W\tan(\beta - \varphi_j) - \dfrac{c_j L \cos\varphi_j}{\cos(\beta - \varphi_j)}} \tag{26-22}$$

式中　　W——滑体重量（kN/m）；

T——水平向锚固力（kN）；

L、c_j、φ_j——分别为结构面长度(m)、结构面黏聚力(kPa)、内摩擦角(°)；

K——安全系数，对一、二、三级基坑分别取 1.35、1.30、1.25。

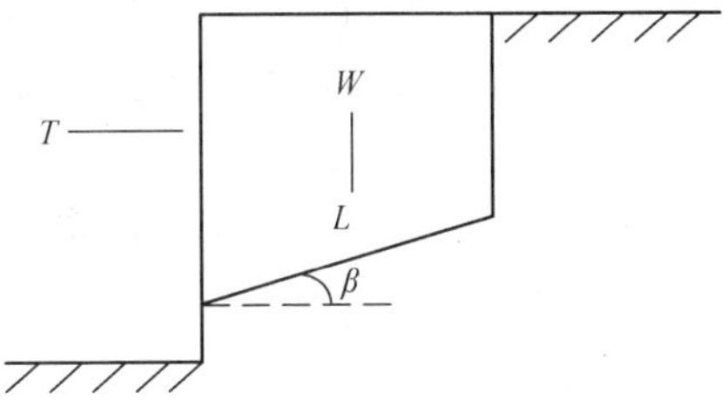

图 26-15　双滑面滑动的基坑边坡稳定性计算

3. 三维楔形体滑动的基坑支护设计

三维楔形体滑动破坏是岩石基坑边坡常见的一种破坏方式，只要两组结构面与坡面存在最不利的组合方式，切割出可能失稳的楔形体，即可产生基坑边坡失稳，一般规模较大，其力学模型如图 26-16 所示，楔形体 $ABCD$ 破顶为一水平面，两个滑动面 ABD 和 BCD 的倾角分别为 β_1、β_2，滑动面交线 BD 的倾角为 β，坡角为 α。稳定性分析计算公式：

$$K = \frac{\left(N_1 + \dfrac{T\sin\theta_2}{\sin(\theta_1 + \theta_2)}\right)\tan\varphi_1 + \left(N_2 + \dfrac{T\sin\theta_1}{\sin(\theta_1 + \theta_2)}\right)\tan\varphi_2 + c_1 S_1 + c_2 S_2}{W\sin\beta}$$

(26-23)

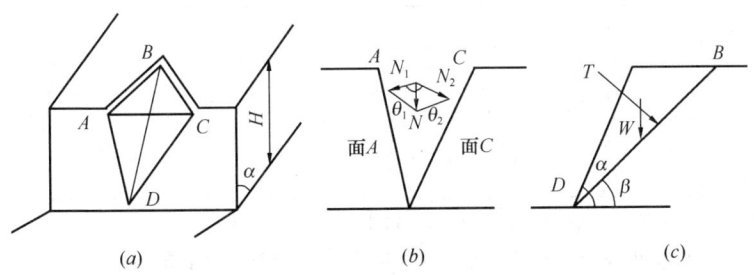

图 26-16　楔形体滑动基坑边坡稳定性计算

式中　　W——滑体重量（kN/m）；

c_1、c_2、φ_1、φ_2——分别结构面 ABD、BCD 的黏聚力（kPa）、内摩擦角（°）；

α、β、β_1、β_2——分别为坡角（°）、结构面交线倾角（°）、结构面 ABD 倾角（°）、结构面 BCD 倾角（°）；

T——垂直结构面交线方向的锚固力（kN）；

N_1、N_2——分别为重力在结构面 ABD、BCD 法向分力；

$$\left.\begin{array}{l}N_1 = \dfrac{W\cos\beta\sin\theta_2}{\sin(\theta_1+\theta_2)} \\ \\ N_2 = \dfrac{W\cos\beta\sin\theta_1}{\sin(\theta_1+\theta_2)}\end{array}\right\} \qquad (26\text{-}24)$$

K——安全系数，对一、二、三级基坑分别取 1.35、1.30、1.25。

其他的一些分析方法，比如折线滑动法、Sarma 法等在大规模的边坡工程比较常见，但由于基坑边坡工程相对规模较小，不具备这两种算法的条件，这里就不一一叙述了，如果需要可参考《建筑边坡工程技术规范》（GB 50330—2002）等有关规范。

根据上述计算得出的锚固力大小，再进行锚杆设计，可参考本手册的锚杆设计有关章节。

26.3.2 土岩组合基坑支护设计

针对上述的土岩组合基坑支护类型，其设计计算分述如下：

1. 放坡开挖设计

当场地地层条件、水文地质条件及周边环境条件许可时，土岩组合基坑施工可采用放坡开挖的方法。放坡开挖坡度可根据基坑侧壁岩土的变化情况按不同的坡率放坡，一般是土层中放坡较缓而岩层中放坡较陡，有条件的情况下可在土岩界面处留设过渡平台。土岩组合基坑的坡率允许值应根据经验，按工程类比的原则并结合已有稳定基坑的放坡坡率值分析确定。当无经验，且土质均匀良好、地下水贫乏、无不良地质现象和地质环境条件简单时，土层部分坡率可按表 26-15 确定。

在保持整体稳定的条件下，岩体部分在无外倾软弱结构面的情况下，可参照表 26-16 的岩质边坡坡率允许值确定。

土质边坡坡率允许值　　　　　　表 26-15

边坡土体类别	状　态	坡率允许值（高宽比）	
		坡高小于 5m	坡高 5~10m
碎石土	密实	1：0.35~1：0.50	1：0.5~1：0.75
	中密	1：0.50~1：0.75	1：0.75~1：1.00
	稍密	1：0.75~1：1.00	1：1.00~1：1.25
黏性土	坚硬	1：0.75~1：1.00	1：1.00~1：1.25
	硬塑	1：1.00~1：1.25	1：1.25~1：1.50

注：1. 表中碎石土的充填物应为坚硬和硬塑状态的黏性土；
　　2. 对于砂土或充填物为砂土的碎石土，其边坡坡率允许值应按自然休止角确定；
　　3. 采取坡面保护措施或破坏后果不严重时可取较大坡率值；
　　4. 本表引自《建筑边坡工程技术规范》（GB 50330—2002）。

岩质边坡坡率允许值　　　　　　表 26-16

边坡岩体类型	风化程度	坡率允许值（高宽比）		
		$H<8m$	$8m \leqslant H<15m$	$15m \leqslant H<25m$
Ⅰ类	微风化	1：0.00~1：0.10	1：0.10~1：0.15	1：0.15~1：0.25
	中等风化	1：0.10~1：0.15	1：0.15~1：0.25	1：0.25~1：0.35

续表

边坡岩体类型	风化程度	坡率允许值（高宽比）		
		$H<8m$	$8m\leqslant H<15m$	$15m\leqslant H<25m$
Ⅱ类	微风化	1:0.10~1:0.15	1:0.15~1:0.25	1:0.25~1:0.35
	中等风化	1:0.15~1:0.25	1:0.25~1:0.35	1:0.35~1:0.50
Ⅲ类	微风化	1:0.25~1:0.35	1:035~1:0.50	
	中等风化	1:0.35~1:0.50	1:0.50~1:0.75	
Ⅳ类	中等风化	1:0.50~1:0.75	1:0.75~1:1.00	
	强风化	1:0.75~1:1.00		

注：1. 表中 H 为边坡高度；
  2. Ⅳ类强风化包括各类风化程度的极软岩；
  3. 采取坡面保护措施或破坏后果不严重时可取较大坡率值；
  4. 本表不适合于由外倾软弱结构面控制的边坡和倾倒崩塌型破坏的边坡；
  5. 本表引自《建筑边坡工程技术规范》(GB 50330—2002)。

对于开挖深度超过 25m、上部土层较软、坡顶边缘附近有较大荷载的基坑及下部岩石中存在外倾软弱结构面的土岩组合基坑放坡开挖坡率允许值应通过稳定性分析计算确定。

2. 锚喷墙与复合锚喷墙支护设计

岩石地区的锚喷墙和复合锚喷墙设计计算可参照第 9 章土钉墙与复合土钉墙的设计。

3. 预应力锚喷墙支护设计

土岩组合基坑通常是上部为第四系土层，下部依次为残积土、强风化岩、中风化岩、微风化岩等，向下风化程度依次减弱。依据不同的岩石产状、性质以及破坏程度，大致发生以下两种破坏模式。

(1) 圆弧破坏

基坑上部为第四系土层，下部岩体的状态为：①松散碎裂岩体；②松散页岩；③风化严重的层状岩体在岩层倾角平缓时，例如板岩、片岩等；④风化严重的层状岩体在岩层逆向基坑时；⑤风化严重的层状岩体在岩层侧向基坑时，这几种情况下均可能发生圆弧破坏。上部土层滑动的圆弧与下部岩层滑动的圆弧不一定是同一半径的光滑圆弧，有可能会产生两个独立而又相连续的圆弧。为计算方便，可按一个圆弧滑动考虑。

圆弧破坏的稳定性分析可以参考本手册的其他章节，此处不再赘述。

(2) 圆弧—平面破坏

圆弧—平面破坏通常发生在上部为杂填土层或一般土层，下部为层状岩层的基坑地层中。圆弧—平面破坏滑移线特征为上部呈圆弧破坏，下面呈平面破坏，二者滑动方向相同。它是两条不同破坏形态的滑移线在一定工程地质条件下的组合，而下部岩层的破坏大多与地下水有关，由于地下水降低了软弱结构面的强度。

圆弧—平面破坏的破坏机理为：一方面在自重及附加荷载作用下，岩土体内产生较高的剪应力；另一方面，由于地下水的作用使剪切滑移面的抗剪强度降低，以致岩土层内剪应力超过剪切滑移面的抗剪强度导致这种类型的破坏产生。圆弧—平面破坏模式如图 26-17 所示。

为推导稳定性安全系数的计算公式，假定任一支护基坑及条分法受力分析图，如图 26-18 所示。

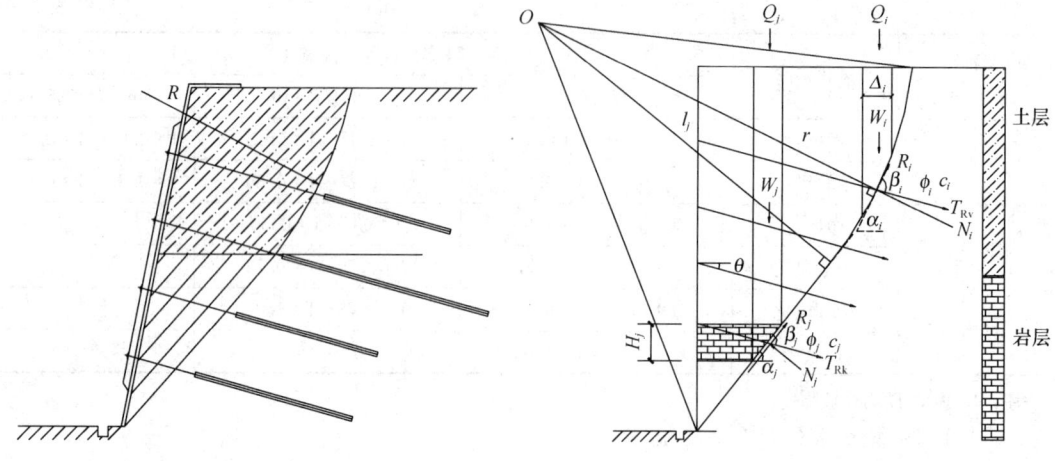

图 26-17 圆弧—平面破坏模式　　　图 26-18 圆弧—平面破坏受力分析

设基坑有 m 层预应力锚杆，对土体，将滑动土体分成 n 条，土条 i 的宽度为 Δ_i，作用在土条 i 上的力有土体自重 W_i，地面荷载为 Q_i，锚杆的极限承载力 T_{Rv}。

根据滑动体上极限平衡条件，可得土条 i 上的抗滑力为：

$$R_i = c_i \Delta_i \sec\alpha_i + (W_i + Q_i)\cos\alpha_i \tan\varphi_i + \frac{T_{Rv}}{S_H}\sin\beta_i \tan\varphi_i \tag{26-25}$$

土条 i 上的滑动力为：

$$S_i = (W_i + Q_i)\sin\alpha_i \tag{26-26}$$

对岩体，将岩层分若干层，每层岩石作为一个"大土条"，作用在 j 层岩石上的岩土层自重为 W_j，地面荷载 Q_j，锚杆的极限承载力 T_{Rk}，则作用在 j 层岩条上的破坏平面上引起岩土体失稳的下滑力和抗滑力分别为 S_j 和 R_j：

$$S_j = (W_j + Q_j)\sin\alpha_j \tag{26-27}$$

$$R_j = \left[(W_j + Q_j)\cos\alpha_j + \frac{T_{Rk}}{S_H}\sin\beta_j\right]\tan\varphi_j + c_j H_j/\sin\alpha_j + \frac{T_{Rk}}{S_H}\cos\beta_j \tag{26-28}$$

破坏面上的抗滑力矩 M_R 与滑动力矩 M_S 之比即为稳定安全系数 K：

$$K = \frac{\sum\left[c_i\Delta_i\sec\alpha_i + (W_i+Q_i)\cos\alpha_i\tan\varphi_i + \frac{T_{Rv}}{S_H}\sin\beta_i\tan\varphi_i + \frac{T_{Rv}}{S_H}\cos\beta_i\right]r}{\sum\left[(W_i+Q_i)\sin\alpha_i\right]r + \sum\left[(W_j+Q_j)\sin\alpha_j\right]l_j} + \frac{\left\{\sum\left[(W_j+Q_j)\cos\alpha_j + \frac{T_{Rk}}{S_H}\sin\beta_j\right]\tan\varphi_j + \sum\left[c_j H_j/\sin\alpha_j + \frac{T_{Rk}}{S_H}\cos\beta_j\right]\right\}l_j}{\sum\left[(W_i+Q_i)\sin\alpha_i\right]r + \sum\left[(W_j+Q_j)\sin\alpha_j\right]l_j} \tag{26-29}$$

式中　α_i——土条 i 下部圆弧破坏面切线与水平线的夹角（°）；

　　　Δ_i——土条 i 的宽度（m）；

　　　S_H——锚杆的水平间距（m）；

　　　β_i——锚杆与圆弧破坏面切线夹角（°）；

　　　φ_i——土条 i 圆弧破坏面所处第 i 层土的内摩擦角（°）；

　　　c_i——土条 i 圆弧破坏面所处第 i 层土的黏聚力（kPa）；

　　　α_j——岩层 j 下部平面破坏面与水平线的夹角（°）；

H_j——岩层 j 的厚度（m）；

β_j——锚杆与岩层 j 下部平面破坏面夹角（°）；

φ_j——岩层 j 的内摩擦角（°）；

c_j——岩层 j 的黏聚力（kPa）；

r——土条 i 的圆弧破坏半径（m）；

l_j——岩层 j 下部平面破坏面与到圆弧破坏圆心的法向距离（m）。

可采用式（26-29）对圆弧—平面破坏形式进行条分法稳定分析。也可采用近似简化的方法：①上部土层厚度小于下部岩层厚度时，可近似地按平面破坏进行稳定计算；②上部土层厚度大于下部岩层厚度时，可近似地按圆弧破坏进行稳定计算。这样简化会与实际情况有一定误差，但这种误差从实际工程角度是可以接受的。

4. 土岩组合的桩锚支护设计

岩土组合的二元结构基坑桩锚支护设计分为嵌入基坑底的桩锚支护设计和未嵌入基坑底的桩锚支护设计两种情况，针对嵌入基坑底的桩锚支护设计可以参考本手册的桩锚支护有关章节；而对未嵌入基坑底的桩锚支护设计，目前没有一个确定的计算模式，一般采用传统的桩锚支护与有限元相结合的设计方法，就是针对开挖到土岩交界面时，采用传统的桩锚支护设计方法，确定桩的嵌岩深度，再采用有限元计算方法，进行变形验算，在满足基坑变形的前提下，调整嵌岩深度、留台宽度以及锁脚锚杆的锚固力大小，满足桩锚支护体系的变形稳定。某上覆土层的中风化花岗岩基坑采用未嵌入基坑底的桩锚支护形式，见图 26-19，开挖至土岩结合面时，通过桩锚支护设计，得桩的嵌岩深度为 1.8m，采用 PLAXIS

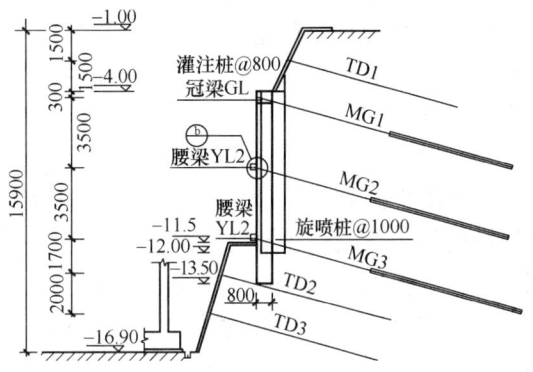

图 26-19 基坑支护剖面图

有限元分析软件计算，网格剖分见图 26-20，不同嵌固深度时桩身位移见图26-21,不同留台宽度时桩身位移见图 26-22，可见嵌固深度对桩身位移的影响比留台宽度要小，传统桩锚支护设计的桩身嵌固深度 1.8m 可以采纳，锁脚锚杆轴力与桩嵌岩深度的关系见图 26-23，可见随桩身嵌固深度加大，锁脚锚杆轴力显著减小，因此实际工程中，加大锁脚锚杆的预应力可以弥补桩身嵌固深度的不足。此外，对锁脚锚杆的应力监测也显得尤为重要。

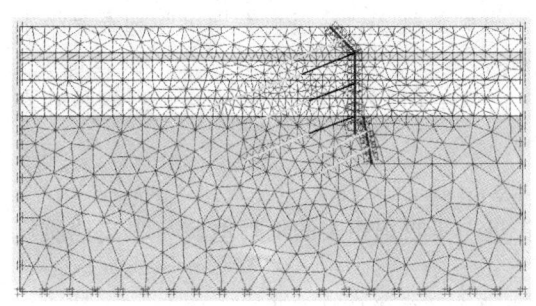

图 26-20 基坑支护设计有限元网格剖分图

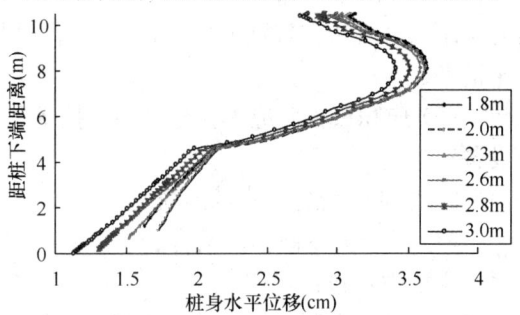

图 26-21 不同嵌固深度桩身位移

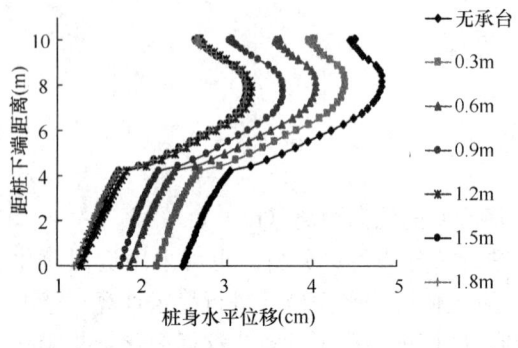 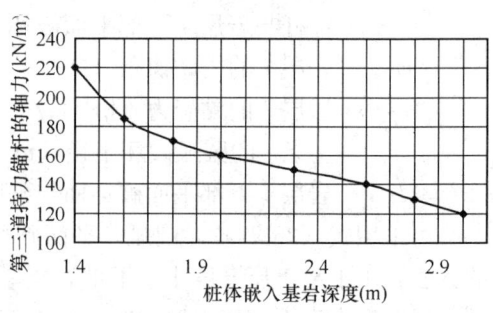

图 26-22　不同留台宽度桩身位移　　　　图 26-23　锁脚锚杆轴力与桩嵌固深度的关系

26.4　岩石地区的基坑施工

26.4.1　岩质基坑的施工要点

将土岩组合基坑和纯岩石基坑统称为岩质基坑,岩质基坑工程应根据其安全等级、周边环境、工程地质和水文地质等条件编制施工方案,采取合理、可行、有效的措施保证施工安全。

1. 岩质基坑施工的一般要求

(1) 开挖施工前,应收集和了解工程地质和水文地质资料,施工中做好工程地质和水文地质的编录、预测和预报工作。如工程地质和水文地质的实际情况与设计条件不符,特别是存在不良地质因素时,在设计按规定做出修正的同时,应根据实际地质条件调整施工方案,必要时应进行补充勘测工作。不良地质因素主要包括:断层破碎带,软弱夹层,溶洞,滑坡体,易风化、软化、膨胀、松动的岩体,有害矿物的岩脉,地下水活动较严重的岩体等。

(2) 应按照相关标准规定制定详细的安全技术措施,确保施工中人员、设备等的安全,并对从业人员进行安全教育和培训,认真执行安全操作规程,增强安全意识,持证上岗。严格遵守劳动保护法令和劳动卫生标准,不断改善劳动条件,防止伤亡事故和职业病发生。

(3) 根据工程需要进行安全监测和质量检测。

(4) 应采用钻孔爆破法施工,严禁在其附近部位采用硐室爆破法或药壶爆破法施工。对于距离基坑边坡较远的部位,如确需采用硐室爆破法施工,应进行专项试验和安全技术论证。

(5) 应积极推广应用安全可靠、技术先进、经济合理的新技术、新工艺、新材料和新设备。

2. 岩质基坑施工中的地质工作

(1) 基坑开挖前,应结合岩土工程勘察报告进一步收集相关的工程地质与水文地质资料。主要内容包括:

① 开挖区及附近地区的地层岩性,特别是堆积体、危岩体的分布。

② 地质构造条件,特别是断层、节理裂隙密集带、破碎带等的位置、产状和规模等。

③地下水补给、排泄的径流条件，含水层的分布及埋藏条件，地下水位、涌水量等，特别是涌水量丰富的地下水来源，强透水带的位置和补给水源。

④岩石风化条件，不同风化程度，特别是夹层风化的产状、分布及与基坑底的关系。

⑤可溶岩区，岩溶洞穴的发育层位、规模、充填情况。

⑥岩体应力状况。

⑦岩石级别。

⑧边坡的稳定条件等。

(2) 开挖过程中，应开展以下工作：

①及时进行地质编录和分析工作，检验前期的地质勘察资料。

②预测和预报可能出现的工程地质问题。

③对不良工程地质问题开展专项研究，并提出处理措施。

④进行边坡稳定性地质预报。

(3) 开挖至基坑底后，应开展以下工作：

①及时进行基坑验槽工作，验证岩土工程勘察报告的准确性。

②必要时绘制基底工程地质图。

③进行基础验收。

3. 岩质基坑施工中的测量工作

建立平面控制和高程控制网。对平面控制桩、水准点、水准标高、基坑平面位置、边坡坡度等经常复测检查，防止超深、超宽、挖错、挖偏。开挖前，将业主提供的水准点引测到基坑外进行保护；在基坑分层开挖的过程中，逐层引至基坑侧壁，严格控制开挖标高。平面控制采用经纬仪或全站仪。开挖前，对测绘部门提供的控制点进行保护；并通过该控制点将各边轴线设置在基坑外围。每层土石方开挖施工过程中都应对基坑在该深度的平面位置进行反复复测检查。

26.4.2 岩质基坑支护结构施工

与非岩质基坑相比，岩石的存在一定程度上增加了施工难度。以下将从支护桩、锚杆、微型桩和隔水帷幕的施工等方面对岩石地区支护结构施工的一些难点问题进行阐述。

1. 岩质基坑支护桩的施工要点

纯岩石基坑特别是以硬质岩为主的纯岩石基坑一般不采用支护灌注桩，位移严格限制区经常通过设置微型支护桩来限制位移。土岩组合基坑支护中灌注桩仍然是较为常用的支护结构组成部分。

(1) 人工挖孔工艺虽属落后工艺，但在大型机械设备无法进场的场区仍有一定市场，该工艺嵌入中等以上风化岩石常常需结合爆破掘进。

(2) 在存在块石、漂石、旧基础等障碍物的复杂地质条件下或需要进入硬质岩一定深度的情况下，传统的冲击钻进成孔工艺仍然是解决问题的有效手段之一。

(3) 施工若不要求入中风化以上岩石可考虑采用长螺旋钻孔桩结合超流态混凝土灌注工艺。

(4) 虽然常规泥浆护壁灌注桩具有施工效率低、施工现场文明程度差的缺点，但在目前的支护工程中仍大量采用。该工艺适用于黏性土、粉土、砂土、填土、碎石土及风化岩。硬质岩石钻进效率较低。

(5) 旋挖钻进成孔是目前国内外较为先进的灌注桩成孔工艺之一，见图 26-24，对不同的岩层可以选择不同的钻头，见图 26-25。一般认为该工艺适用于黏性土、粉土、砂土、填土、碎石土及风化岩层。近年来，国内桩工机械生产厂家通过增加钻进加压反力机构和采用特制入岩专用旋挖钻头等改进措施，开发出入岩旋挖钻机，解决了旋挖钻机入硬质岩的难题，极大地拓展了旋挖钻机的施工广度和深度。该入岩旋挖钻机具有大功率、高效率、高稳定性和高可靠性的特点，采用搓碾剪切碎岩工法，能够快速入岩成孔。据有关资料，入岩钻机的核心技术即搓碾剪切碎岩工法。该工法主要由三项技术组成：一是特别设计的桁架结构，可利用频率共振技术对系统稳定性进行优化配置；二是利用多卷扬加压技术，确保岩石岩性参量能成为破碎岩石的关键要素；三是全面采用立体的点式刀具空间布局，确保了岩石的钻进效率。在采石厂进行的恶劣工况模拟实验表明，硬岩最大钻进速度为 10 分钟 320mm；210MPa 基岩最大进尺速度 5 分钟 60mm，各孔岩样和钻齿轨迹清晰。

图 26-24　国产岩层旋挖钻机

2. 岩质基坑锚杆的施工要点

泥浆护壁工艺易在孔壁形成泥皮，泥皮的存在将大大降低锚杆锚固结石体与周边岩土层的粘结强度，故锚杆施工中应避免采用泥浆护壁工艺。岩质基坑锚杆中的纯土层锚杆施工与一般锚杆施工工艺相同；纯岩石锚杆施工目前常采用风动或液压潜孔锤钻进，见图 26-26。纯岩石锚杆施工根据岩石坚硬程度不同和钻孔直径不同可灵活选用低风压钻车、中风压钻车和高风压钻车。其中，高风压钻车可在大直径的硬质岩石的钻进中取得理想效果。土岩组合锚杆（即上段在土层中，下段在岩石中）的施工是岩质基坑锚杆施工的难点之一。一方面，钻进至土岩界面时由于土岩强度差异较大会导致钻杆向土层方向跑偏；另一方面，土层中钻进效率较高，入岩后效率迅速降低，而常规潜孔锤无法在土层中钻进。目前已知的解决方案有以下几种：

(1) 采用刚度较大的套管钻进，一次性钻进至设计深度，遇硬质岩采用合金（或金刚石）取芯钻进；

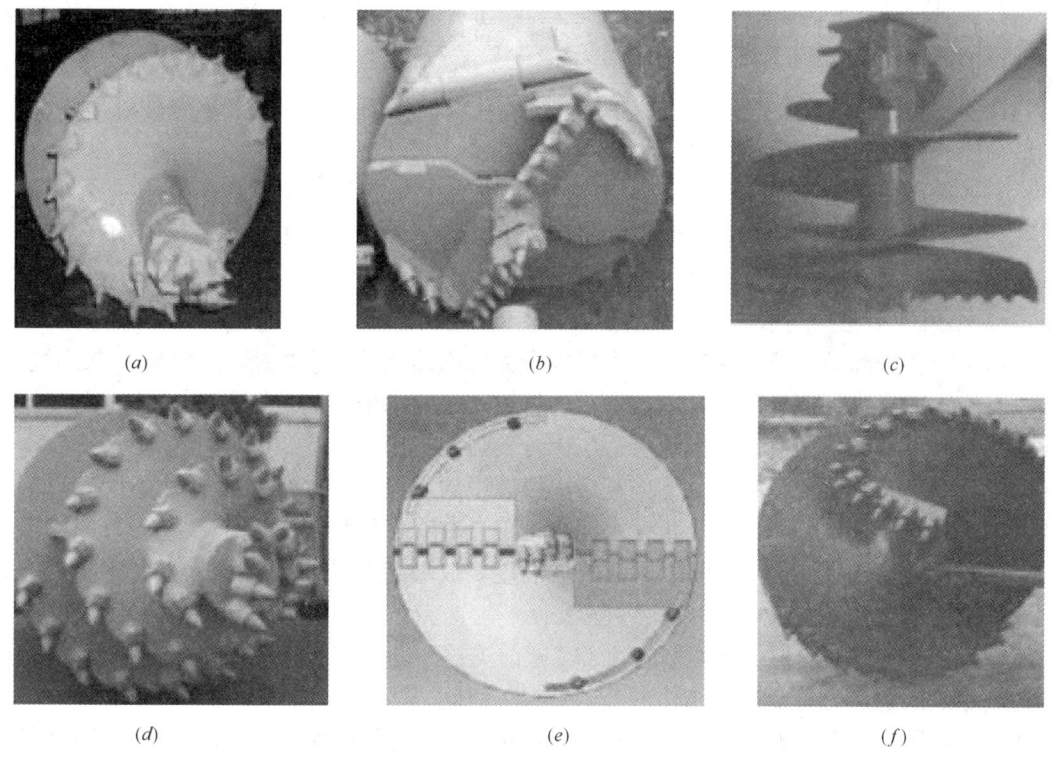

图 26-25 各种岩层旋挖钻头
(a) 单头岩石螺旋钻头;(b) 岩层双底钻斗;(c) 双头较硬岩螺旋钻头;
(d) 双头锥螺旋钻头;(e) 双头软岩螺旋钻斗;(f) 双头硬岩螺旋钻斗

(2) 土层中采用套管钻进并护壁,至岩层后在护壁套管中进行岩石部分的风动或液压潜孔锤钻进;

(3) 直接采用风动或液压钻车在土层中回转钻进(适用于不宜塌孔土层),岩层中冲击钻进。

3. 岩质基坑微型桩的施工要点

在岩层中设置微型桩作为替代方案可解决常规灌注桩入岩困难的问题。岩层中设置微型桩有以下作用:

(1) 间接嵌入基底的桩锚支护中设置的微型钢管桩可将上部桩体自重和锚杆竖向分力等竖向荷载传导至基底以下,避免出现灌注桩"吊脚"或岩土体悬空的情况。

(2) 开挖前设置完成的微型钢管桩起到"超前支护"的作用,解决了分层开挖过程中每步开挖后支护前时段内的稳定和变形问题。

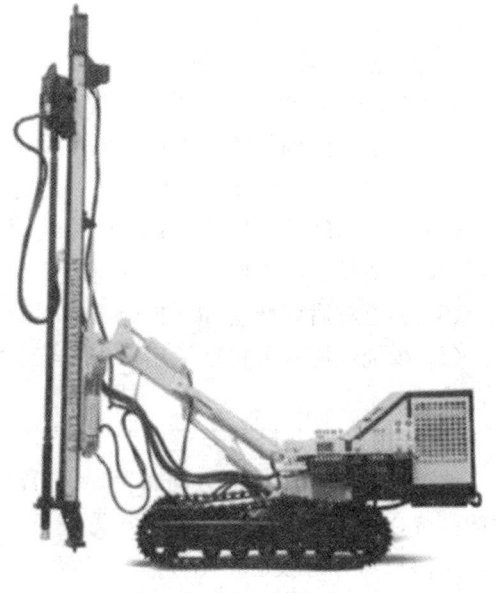

图 26-26 国产潜孔钻车

(3) 微型桩的设置起到了沿桩轴线"预裂"岩石的作用,利于形成设计坡度,避免爆破后形成倒坡。

(4) 微型桩的设置一定程度上发挥了"缓冲孔"的作用,有利于减小爆破对基坑岩石和坡顶建(构)筑物的振动影响。

一般采用风动潜孔钻车进行岩层中微型桩的钻孔施工,钻孔直径一般小于200mm。成孔后应利用高压风将孔内岩粉吹出,采用先注浆后下钢管的施工工艺,保证钢管外侧注浆饱满。

4. 小角度水泥土隔水帷幕施工要点

深层搅拌法和高压喷射注浆法是土层中最为常用的两种隔水帷幕施工工法。深层搅拌法具有施工速度快、造价低及环境污染小的特点,是隔水帷幕的首选方案。当深层搅拌法无法实施时可考虑采用造价高但地层适应能力较强的高压喷射注浆法。

在具有一定放坡空间的条件下,复合土钉墙中的水泥土隔水帷幕常常做成小角度仰斜式。同垂直水泥土帷幕相比,小角度水泥土帷幕具有明显优势:

(1) 能够充分利用放坡空间,保证放坡坡度,放坡后减小了支护结构上的水土压力,利于基坑的边坡稳定。

(2) 开挖前施工的小角度帷幕起到了"超前支护"的作用,解决了每步开挖后支护前的边坡稳定问题,为每步支护结构的施工赢得了时间。

(3) 克服了帷幕内侧放坡支护模式下帷幕内侧土体容易坍塌破坏的缺点,为锚杆的锚固作用提供了良好的锚下结构,利于预应力施加后的应力扩散,可有效控制基坑变形。

然而,小角度仰斜式水泥土帷幕对施工提出了更高的要求。一方面,要求施工工作面高度平整,钻机倾角保持一致以保证水泥土桩之间搭接良好;另一方面,要求成孔钻机的钻杆具有较大刚度,避免钻进过程中因重力和地层差异导致水泥土桩下部"开叉"的情况出现。目前,小角度仰斜式水泥土帷幕施工深度一般不超过15m,倾角一般在6°左右。相关施工设备的进步是该工法进一步发展的基础。

26.4.3 岩质基坑开挖施工

1. 施工运输坡道的设置

施工运输坡道出口一般设置在规划出入口交通方便的部位,布置时需考虑以下因素:

(1) 考虑开挖到基底后坡道的坡度及土石方运输车辆的爬坡能力。

(2) 坡道应方便会车及车辆掉头并考虑基坑周边道路交通状况。

(3) 开挖深度较大后坡道自身的稳定问题,必要时需对坡道两侧进行临时支护。

(4) 坡道设置应方便土石方开挖施工和装车。

(5) 坡道对后续开挖和支护施工的影响及收坡道施工是否方便。

(6) 场地允许时可将坡道出口向基坑外侧开阔处下挖延伸,以获得较长的放坡距离并方便收坡。

(7) 坡底处修筑环行车道,无环行车道时车辆在斜坡道上退车下行,顺车上行。

坡道可紧靠基坑长边方向布置,也可沿基坑对角布置。对于长边方向满足车辆爬坡坡度的基坑,可紧靠基坑长边方向布置坡道。该布置方式会影响坡道布置侧土石方的开挖和支护,但只需考虑坡道单侧坡体的稳定性,有利于保证运输车辆的安全。对于长边方向不满足车辆爬坡坡度的小型基坑一般沿基坑对角方向布置以获得最长的放坡距离。该布置方式对支护施工影响较小,但需考虑坡道两侧土石方开挖后的坡体稳定问题。

为减小坡道设置对工期的影响,在基坑施工后期可在已完成支护部位设置备用坡道,以解决坡道部位支护过程中的临时运输问题。

2. 开挖顺序

对第四系富含地下水的土岩组合基坑,基坑开挖前,基坑周边采用隔水帷幕,基坑内设置降水井或积水坑疏排坑内地下水,以方便土石方开挖。临时性排水措施应满足地下水、暴雨和施工用水等的排放要求。

基坑开挖一般采用自上而下分层分段开挖、分层分段支护流水作业的开挖顺序。对于位移要求不严格的三级基坑,可采用一次性放坡开挖至基底后再进行简单支护的开挖方式。对于土石方开挖后不稳定或欠稳定的基坑,应根据基坑的地质特征和可能发生的破坏等情况,采取自上而下、分段跳槽、及时支护的施工方法,严禁无序大开挖、大爆破作业。

基坑周边土石方开挖分层厚度应与设计锚杆位置相适应,一般应控制在锚杆下30~50mm并满足锚杆施工机械对工作面的要求。根据工程进度的要求,可采用先周边后中间的开挖方式,以便为支护作业创造工作面。对于不存在软弱土层的岩质基坑,当土石方开挖进度较快时,可在基坑周边预留满足基坑边坡稳定和锚杆施工机械作业面的土石方后,先行开挖基坑中间部位土石方。根据支护作业的进度再对周边土石方分层分段开挖、分层分段支护。

3. 开挖方法

对土岩组合基坑,先采用挖掘机械对表层土体进行开挖。然后进行岩石部分的开挖。对强风化的硬质岩石和中风化的软质岩石,一般采用机械开挖方式,即采用一种"凿裂法"施工。即用大功率推土机带裂土器(松土器)将岩石裂松成碎块,见图26-27,然后用推土机集料装运。能否采用"凿裂法"开挖,要考虑岩石的风化程度、岩层的倾角和节理发育情况以及裂土器的切入力等因素,并进行现场试验后确定。松土效率和设备操作者的技术与经验密切相关。

图26-27 大功率推土机带裂土器

对中风化、微风化的岩石部分,必须进行爆破开挖,一般先在基坑中央进行起槽爆破,形成一定的临空面,再向周边进行台阶式爆破开挖。在接近支护结构和坡脚附近时,必须采用控制性爆破或静力爆破。对爆破后岩石坡面或基底,常采用风镐或安装在挖掘机械上的液压破碎锤进行修整。

对于周边环境不允许使用炸药爆破的场区,也可采用无振动、无冲击波、无飞石的静力爆破方式来破碎岩石,具有非常高的安全性,但造价相对较高。

26.4.4 岩石基坑施工的爆破控制

岩石基坑爆破开挖施工过程中,一方面要保证建基面的质量,另一方面要保证基坑边坡的稳定。通过预留保护层可以防止上部台阶爆破对水平建基面岩体造成破坏或不利影响；通过优化爆破的可控变量，采用振动影响小的爆破技术，如微差爆破、预裂爆破、光面爆破、减振爆破技术等，合理设定爆破振动的安全判据和控制标准，可以达到很好的减振效果，最大限度地削弱和减小爆破振动对基坑边坡岩体和支护结构的影响。

1. 岩石基坑爆破设计

岩石基坑爆破设计主要是根据施工图纸和爆破试验或爆破监测成果，以及地形地质条件、爆破器材性能、施工机械等条件进行。主要内容包括：工程概况、工程地质及水文地质条件、爆破孔网参数、炸药品种、炸药用量及装药结构、起爆网络、爆破安全控制及监测、爆破对环境影响的安全评价；应该绘制的图表包括爆破孔布置平面图及剖面图、爆破孔装药结构图、起爆网路设计图、爆破器材用量表。

(1) 岩石基坑爆破参数确定

岩石基坑爆破多采用松动爆破，常用的炸药主要为2号岩石乳化炸药和2号岩石硝铵炸药，起爆时常用到导爆管、导爆管雷管和电雷管。导爆管起爆系统由三部分组成：起爆元件、传爆元件和末端工作元件。起爆网络的连接形式主要有：并联法、串联法和并串联法。电起爆系统是利用电雷管通电后起爆产生的爆炸能引爆炸药，由电雷管、导线和起爆电源三部分组成，电爆网络连接也有串联、并联和串并联三种方式。

岩石基坑爆破多为露天浅孔爆破，通过在岩石基坑中央起槽后往四周按台阶法拓展，爆破参数可根据施工现场的具体条件和类似的经验选取，并通过实践检验修正，以取得最佳参数值。

①单位体积炸药消耗量（单位耗药量）q，q值与岩石性质、台阶自由面数目、炸药种类和炮孔直径等因素有关，一般$q=0.3\sim0.8$kg/m³。

②炮孔直径d，浅孔台阶爆破一般使用直径32mm或35mm的标准药卷，炮孔直径比药径大4～7mm，故炮孔直径为36～42mm。

③炮孔深度L与超深h，炮孔深度根据岩石坚硬程度、钻孔机具和施工要求确定。对于软岩，$L=H$；对于坚硬岩石，为了克服台阶底部岩石对爆破的阻力，使爆破后不留根底，炮孔深度要适当超出台阶高度H，其超出部分h为超深。其取值$(0.1\sim0.15)H$。

④盘抵抗线W_D 台阶爆破一般都用W_D代替最小抵抗线进行有关计算，W_D与台阶高度有如下关系：

$$W_D = (0.4 \sim 1.0)H \quad (26\text{-}30)$$

在坚硬难爆的岩体中，或台阶高度H较高时，计算时应取较小值，亦可按炮孔直径的25～40倍确定。

⑤炮孔间距a和排距b，同一排炮间的距离叫炮孔间距a，a不大于L，不小于W_D，并有以下关系：

$$a = (1.0 \sim 2.0)W_D \quad (26\text{-}31)$$

或

$$a = (0.5 \sim 1.0)L \quad (26\text{-}32)$$

间距、排距之间存在以下关系：

$$b = (0.8 \sim 1.0)a \quad (26\text{-}33)$$

实践证明，在基坑中部台阶爆破中，采用 $2W_D<a<4W_D$ 的孔距小抵抗线爆破，在不增加单位体积炸药消耗量的条件下，可降低大块，改善爆破质量。

（2）装药结构

装药在炮孔内的安置方式称为装药结构，它是影响爆破效果的重要因素，最常采用的装药结构形式有：耦合装药（炸药直径与炮孔直径相同）、不耦合装药（炸药直径小于炮孔直径）、连续装药、间隔装药。试验证明，在一定岩石和炸药条件下，采用空气柱间隔装药可以增加用于破碎或抛掷岩石的爆炸能量，提高炸药能量的有效利用率，降低装药量。

（3）爆破参数优化

应根据不同岩体条件和爆破效果，不断优化爆破参数。开挖过程中会遇到不同的岩体条件，应针对不同的岩体条件，调整爆破参数，改善爆破效果，避免岩石出现爆破裂隙或使原有构造裂隙的发展超过允许范围，以及岩体的自然状态产生不应有的恶化。

通过分析爆破效果，可以判断所采用的爆破参数是否合理。爆破效果调查的内容主要包括：对预裂爆破或光面爆破，其开挖轮廓面的残留爆破孔痕迹的分布和保存率、不平整度、爆破裂隙、保留岩体的破坏情况等；对台阶爆破，其爆破石渣的块度或级配、爆堆形状、爆破对保留岩体的破坏、炮根、爆破飞石等；对紧邻水平建基面的爆破，是否使水平建基面岩体产生了大量爆破裂隙，使节理裂隙面、层面等弱面明显恶化，并损害了岩体的完整性等。进行爆破振动监测时，根据爆破振动安全控制标准判断爆破是否对边坡产生危害，及时调整爆破单段药量。对爆破抛掷方向有要求时，应根据爆破效果，及时改变起爆顺序。此外，还应对每次爆破所使用的爆破器材生产厂家名称和批号进行记录，与爆破效果进行对比分析，对合理调整爆破参数具有重要意义。

（4）爆破对环境影响的安全评价

岩石基坑开挖爆破对环境影响的安全评价，应根据爆破工程周围环境影响情况逐项进行分析核算，确定安全范围，作出综合分析评价。

①应根据地面、地下建（构）筑物及重要设施的抗震性能，校核爆破振动安全允许距离。

②爆破对保留岩体的影响深度，通常采用钻孔声波法测试。

③应根据地质勘察资料，通过试验或数值分析来确定爆破对不良地质地段岩体的影响程度和范围，并制定相应的控制爆破措施。

④确定爆破飞石、滚石、空气冲击波及有害气体、粉尘等对人员、施工机械设备和建（构）筑物的安全影响范围。

2. 岩石基坑爆破施工方法

岩石基坑爆破常用到控制爆破的方法主要有：毫秒微差爆破、预裂爆破和光面爆破、静力爆破等。

（1）毫秒微差爆破

毫秒微差爆破是指利用毫秒雷管或其他毫秒延期引爆装置，实现装药按顺序起爆的方法。该方法能增强破碎作用，能够减小岩石爆破块度或扩大爆破参数，降低单位体积耗药量。能减小抛掷作用和抛掷距离，能防止爆破对周围设备的损坏，而且爆堆集中，能提高装药效率。能降低爆破产生的振动作用，防止对边坡岩体或支护结构造成破坏。

微差爆破的间隔时间一般控制在 25～75ms 的范围内。具体可参考表 26-17。实现微差爆破的方法有：用毫秒电雷管起爆，用微差起爆器起爆，用继爆管与导爆索起爆，以及用导爆管与毫秒雷管起爆。爆破时都是采用许多的炮孔，而且要求这些炮孔必须按一定顺序起爆，否则会降低爆破效果。选择起爆顺序的原则是后期起爆的装药能充分利用先期起爆装药形成的自由面。

毫秒微差时间间隔选择参考表 表 26-17

确 定 方 法	时间间隔（ms）	备　　注
经验公式	$T=kW$ 或 $T=kW_1$	T——间隔时间（ms）； W——最小抵抗线（m）； W_1——底板抵抗线（m）； k——系数，坚硬岩石取 $k \leqslant 3$ms/m；松软岩石取 $k=6$ms/m
根据岩性条件确定（间隔时间是在 W 为 6～10m 时的试验资料）	15～30	硬而脆的岩石：花岗岩、橄榄岩、辉长岩、石英岩、闪长岩
	20～40	中硬岩石：坚硬灰岩、砂岩、粉岩
	40～60	性韧而软的岩石：菱镁矿、石膏、泥灰岩、软石灰岩

(2) 预裂爆破和光面爆破

预裂爆破和光面爆破是针对周边炮孔与其他炮孔起爆先后而言的，预裂爆破是事先沿设计开挖轮廓线爆破轮廓炮孔，形成裂缝，再起爆轮廓范围内的炮孔爆落岩石；光面爆破则是在除光爆层外岩石爆破崩落以后形成。

预裂爆破和光面爆破设计一般应包括 6 个方面：①收集基本资料。包括：开挖轮廓设计的基本情况：台阶开挖深度、开挖轮廓的形态、保留面的倾斜度、钻孔深度、地下水位以及周围的建筑物状况等；爆破岩石的基本情况：岩石的种类、抗压和抗拉强度、泊松比，岩石的层理、节理裂隙、风化程度、断裂构造和软弱带的分布等；炸药性能：使用炸药的做功能力、猛度、殉爆距离、爆热、炸药密度以及临界直径等。②确定钻孔直径。应当根据工地的机具条件、炮孔深度、以及地质条件等综合考虑，一方面要从技术上的可靠性方面进行论证，另一方面也应当尽量简化施工，降低成本。③确定炮孔间距。根据选定的孔径，按一定的比值选取炮孔间距，一般可取 $a=(7～12)d_b$。孔径大时取小值，孔径小时取大值；完整坚硬的岩石取大值，软弱破碎的岩石取小值。炮孔间距多数情况采用计算或经验确定。④计算药量。按理论公式或经验公式计算，求出线装药密度，同时也应参考已完成工程量的经验数据，作进一步的调整，并根据所采用的炸药品种，折算成实际的装药量。⑤确定装药结构。首先要根据地质条件、钻孔直径、孔深、炸药品种、装药量等确定堵塞段的长度和底部的装药增量及其范围，然后根据钻孔直径和炸药直径的关系，决定是采用间隔装药还是采用细药卷连续装药。⑥确定起爆网络。选定起爆方式并进行起爆网络的设计和计算，提出起爆网路图。

(3) 静力爆破

静力爆破是基坑特殊敏感位置所采用的一种爆破方式，对被破碎岩体，经过合理的破碎、设计（孔径、孔距等的确定）及钻孔，将粉状静态破碎剂用适量水调成流动状浆体，直接注入钻孔中，一段时间以后，岩体自行胀裂，破碎。它的主要成分是生石灰（即氧化钙），还含有一些按一定比例掺入的化合物催化剂。其破碎介质的原理就是利用装在介质钻孔中的静态破碎剂加水后发生水化反应，使破碎剂晶体变形，产生体积膨胀，从而缓慢地、静静地将膨胀压力（可达 30MPa～50MPa）施加给孔壁，经过一段时间后达到最大值，将岩体破碎。它可广泛应用于混凝土构筑物的无声破碎与拆除及岩石开采，解决了爆破工程施工中遇到不允许使用炸药爆破而又必须将混凝土或岩石破碎的难题，是国际上流行的新型、环保、非爆炸施工材料。静力爆破的特点：①破碎剂不属于危险品，因而在购买、运输、保管和使用上，不像使用民爆器材受到管制；②破碎过程安全；③施工简单；④破碎时间较长。

3. 岩石基坑爆破振动控制

岩石基坑爆破施工必须严格遵守《爆破安全技术规程》（GB 6722—2003），根据基坑岩体的性质，支护结构的类型，选择合适的爆破施工方法，优化爆破材料和爆破施工参数，最大限度地减小地面振动，目前对爆破的控制一般采用工程类比或现场实测的振动参数，如位移、速度、加速度等，选其最大峰值作为安全判据。选用的判据应根据爆破产生的振动频率来选择，对振动频率为几十周的中频范围，采用临界振速作为安全判据；对于只有几周的低频振动可选用位移判据；而对上百周的高频范围，则应选用加速度作为判据。岩体基坑爆破施工的振动频率大多在几十周的中频范围内，因此采用临界振速作为安全判据，根据基坑周边影响区内的建筑物类型不同，控制的爆破最大振动速度有所不同，对土坯房、毛石房屋不应大于 10mm/s；对一般砖房、非大型砌块建筑物不应大于 20～30mm/s；对钢筋混凝土结构房屋不应大于 50mm/s。大量的工程经验表明，一般采用 20mm/s 的爆破振动速度作为现场爆破工程的控制标准比较安全。

26.5 岩石地区的基坑工程案例

26.5.1 支护桩间接嵌入基坑底的工程案例

1. 工程概况

青岛三星数码大厦工程设计 3 层联体地下车库，建筑设计室内坪±0.00＝17.00m。基坑工程地下室周长约 396m，基底相对标高－17.15m，场区地面平均相对标高约－0.5m，基坑开挖支护深度约 16.5m。基坑工程安全等级为一级，为典型的土岩组合基坑。岩土层物理力学性质见表 26-18。地下水类型为第四系孔隙潜水——弱承压水，主要补给为大气降水，潜水稳定水位埋深 0.4～1.6m，承压水稳定水位埋深 1.3～1.5m，年水位变幅约 2m。砂层的综合渗透系数 K 取 9.7m/d，估算基坑涌水量为 1.3 万 m^3/d。

岩土层物理力学性质 表 26-18

地层编号	地层名称	层厚（m）	重度 γ (kN/m^3)	抗剪强度指标（直剪）		摩阻力 q_{sk} (kPa)
				c (kPa)	φ (°)	
(1)	素填土	2.0～3.9	19	(0)	(15)	(15)
(7)	粉质黏土	1.8～6.2	19.9	14.9	8	45

续表

地层编号	地层名称	层厚（m）	重度 γ (kN/m³)	抗剪强度指标（直剪）		摩阻力 q_{sk} (kPa)
				c (kPa)	φ (°)	
(9)	粗砂	0.9～5.5	20	0	34	125
(11)	粉质黏土	0～1.3	20	35	18	55
(12)	砾砂	1.6～5.9	21	0	38	200
(16)	强风化花岗岩	0.6～5.1	23	0	50	250
(17)	中风化花岗岩	0.5～4.2	25	0	(55)	(350)

注：括号内数值为计算采用经验参数。

工程地处商业中心，其地下车库紧贴用地红线，用地红线周边均紧邻道路，人流车流密集，东北隔路为地下商场（一层地下室），东南隔路为多层住宅（无地下室），西侧隔路为商业建筑（部分一层地下室）。总平面图见图 26-28。周边道路有煤气、雨水、污水、给水、电信等市政管线，尤其是书院路一侧煤气管线距用地红线仅 2m。

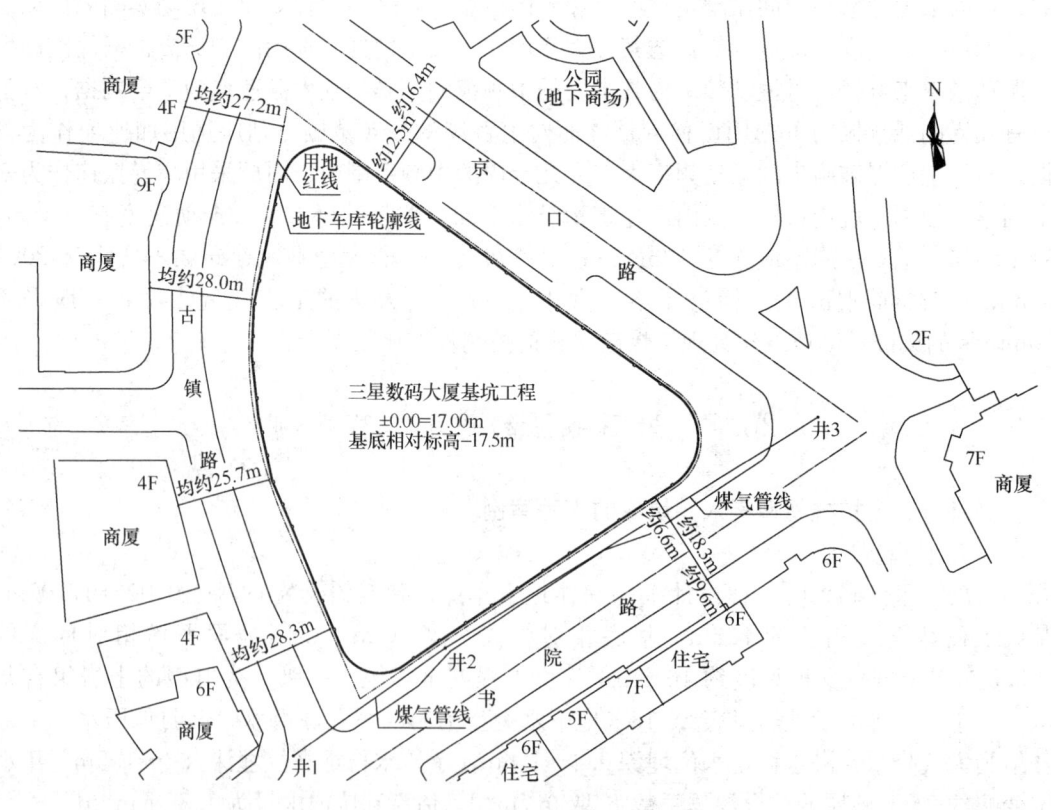

图 26-28 基坑总平面图

2. 基坑支护设计

经方案论证决定采用灌注桩外间接嵌入式桩锚支护，单排旋喷帷幕桩间止水。典型支护剖面（书院路侧）见图 26-29。

施工工序要求首先进行平面支护位置的场地清理整平与表层土方运输；然后依次进行灌注桩及冠梁施工、旋喷桩施工；待支护桩体达到设计强度后，沿桩内侧壁分层进行开挖

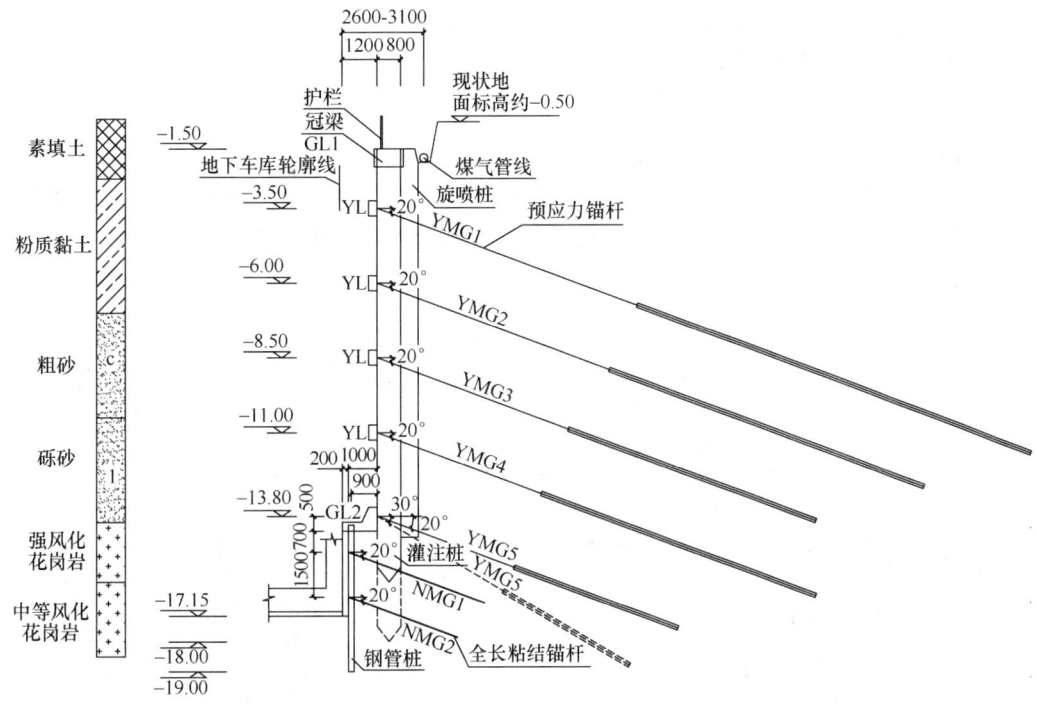

图 26-29 典型支护剖面图

及预应力锚杆施工；开挖至坡脚平台设计标高后进行钢管桩及冠梁施工，留设岩体平台分层进行开挖及全长粘结锚杆施工至基底。

3. 监测

本工程按照安全等级一级工程设置监测内容，主要包括围护结构顶部水平位移及沉降监测、地下水位监测、深层水平位移监测、环境建筑物沉降监测、煤气管线变形监测、锚杆轴力监测等项目。书院路侧水平位移历时曲线如图 26-30 所示。坡顶沉降各测点最终位移量 5～8mm；书院路一侧煤气管线水平及沉降位移量均为 5～8mm，总位移量较小。由图 26-30 知，2007 年 11 月基坑开挖至灌注桩脚平台前位移变化较小，仅 S5 点位置由于坡顶水管破裂涌水位移量突增。2007 年 12 月至 2008 年 1 月底开挖平台以下土石方形成"吊脚桩"后位移有明显增大趋势。其后基坑开挖至底部，变形逐渐趋于稳定。

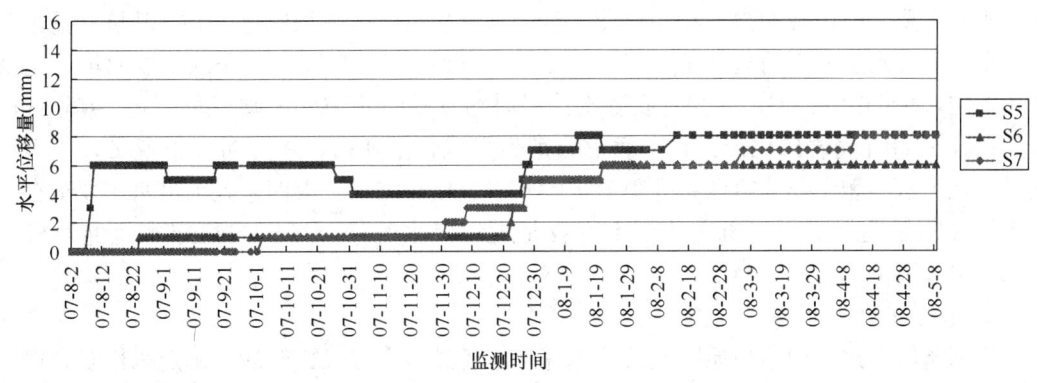

图 26-30 书院路侧监测点水平位移历时曲线

资料来源：青岛市勘察测绘研究院　李鹏　闫强刚　张敬志

26.5.2 复合土钉墙支护基坑工程案例

1. 工程概况

拟建国华大厦地上28层，地下四层，拟建物室内坪±0.00=+15.70，地下室周边基底相对标高-18.70m，-19.30m，地下室平面尺寸接近矩形，长73.2m，宽55.7m，基坑实际开挖深度16.0～20.50m，基坑侧壁安全等级一级，为典型土岩组合基坑。

周边环境情况如图26-31所示。

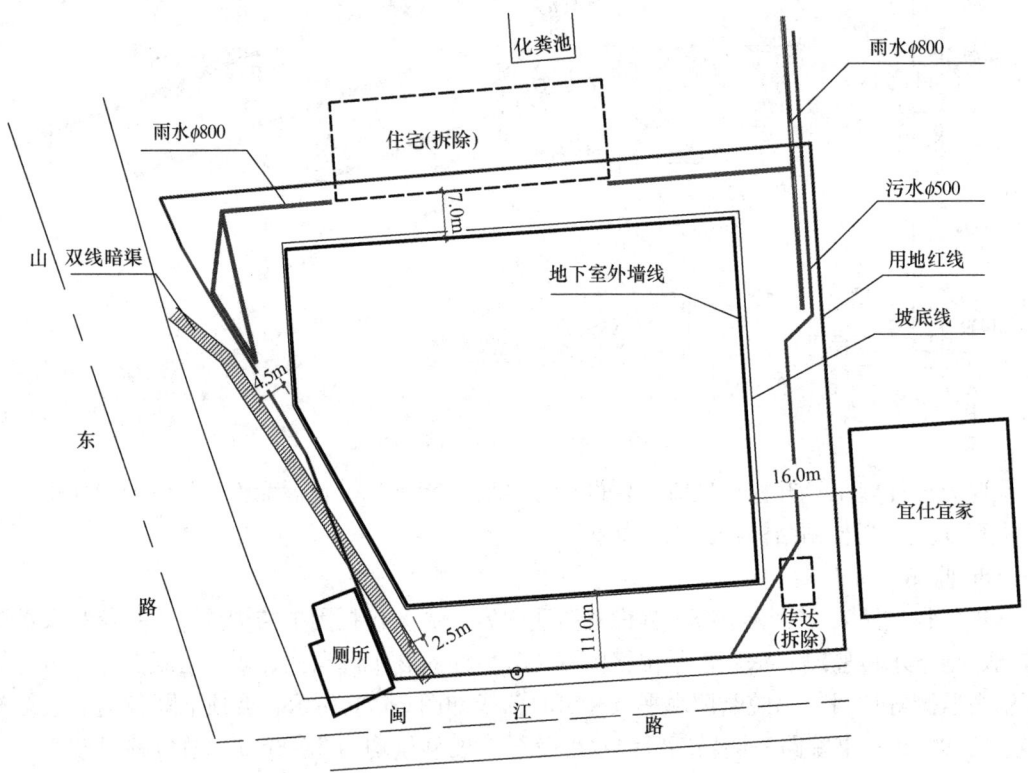

图26-31 基坑环境平面图

场区地形较为平缓，由北向南缓倾。地貌成因类型属剥蚀斜坡—侵蚀堆积缓坡，局部经人工开挖回填改造。场区第四系厚度较薄，主要由填土层及洪冲积成因的黏性土组成。场区基岩主要为燕山晚期深成相粗粒花岗岩，基岩强风化带平均厚达15m。基坑开挖涉及的主要岩土层自上而下简述如下：①杂填土：层厚约0.5～7.20m，松散，以回填杂土及砂土为主，$c_k=0$，$\varphi_k=15°$；②粉质黏土：层厚约0.00～4.10m，硬～可塑，$c_k=57$kPa，$\varphi_k=21.7°$；③花岗岩风化带：自上而下分别为强风化上亚带、中亚带、下亚带、中等风化带。地下水类型主要为第四系孔隙潜水和基岩风化裂隙水。第四系孔隙潜水主要赋存于填土和含砂黏性土层中。场区地下水主要是大气降水补给，场区内稳定水位绝对标高11.63～11.73m。

2. 基坑支护设计

根据基坑周边环境、地质状况及开挖深度，经过多个方案比较后，确定采用复合锚喷墙支护方案。其中东侧与宜仕宜家相邻部位，西侧暗渠部位作为基坑支护的重点。典型支护剖面图（西侧暗渠部位）见图 26-32。本工程主要按土钉墙模型来进行计算，整体稳定性验算采用瑞典条分法，采用理正基坑支护结构设计软件辅助设计。为有效控制基坑位移，设置数道预应力锚杆。

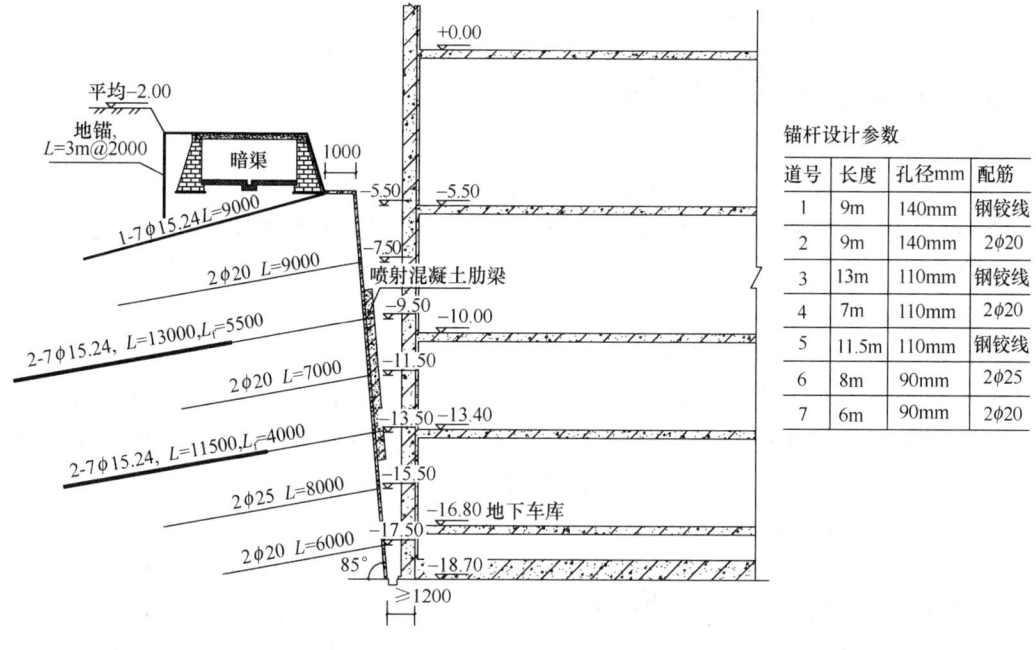

图 26-32 典型支护剖面图

3. 基坑监测

根据本基坑工程特点，设定的监测项目有地表的水平位移监测、地表竖向位移监测、深层水平位移监测和水位观测，基坑监测等级一级。确定边坡岩土体变形监测及地下水位观测为重点，特别加强了场区西侧暗渠和宜仕宜家的位移监测。监测基准点设置在不受基坑开挖影响的稳定地段。

监测工作于 2004 年 2 月 18 日开始，2004 年 7 月 27 日结束，部分监测点的位移随时间的变化情况见图 26-33 坡顶水平位移历时曲线。结合开挖工况分析监测数据可知，随着开挖深度加大及开挖暴露时间增加，坡顶水平位移基本呈线性增长。每层土石方爆破开挖后 3 天内坡顶水平位移陡增 2~4mm，并逐渐趋于稳定。此位移主要是由于开挖后岩土体中应力重新分布及

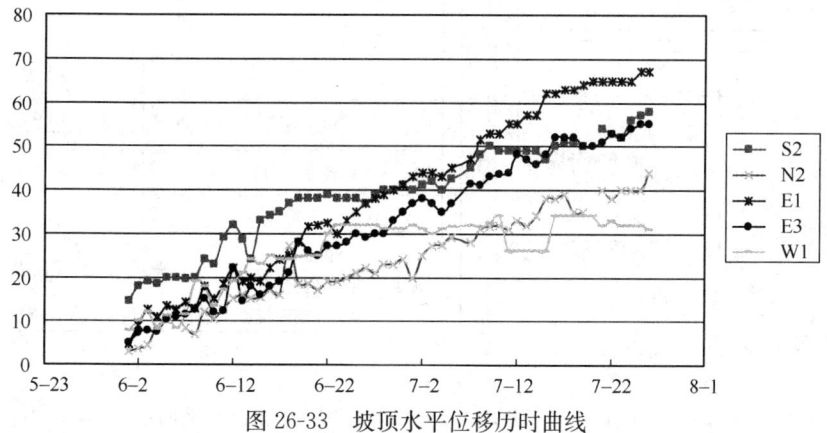

图 26-33 坡顶水平位移历时曲线

地下水位下降造成的。基坑开挖完成后一周内位移发展逐渐降低，并趋于停止。

国华大厦基坑工程设计、施工及监测实践表明：复合锚喷墙支护方式是一种造价低、施工便利的有效支护方式，但因其本身为柔性支护结构，基坑坡顶水平位移相对较大，在位移要求严格场区选用要慎重。

资料来源：青岛市勘察测绘研究院　孙涛　吕三和　吴刚

26.5.3　土岩结合内支撑支护基坑工程案例

1. 工程概况

设计单位提供拟建海景公寓设计室内地坪±0.00＝5.80m（黄海高程）。自然地坪约+5.20m。基坑开挖深度（相对于自然地坪）17.75m；地下室外墙长约67m，宽约45m；地下室底板结构标高（相对于室内±0.00m）−16.80m；共4层地下室，第2、3、4层楼板结构标高分别为（相对于室内±0.00m）−4.85m、−8.75m、−12.65m。

该场地14m以上地层分布有较厚的粉细砂和粗砂地层，地下水位埋深约2.80～3.20m，此种地层条件下不适宜使用锚杆等锚固结构进行深基坑支护，同时考虑到基坑开挖深度较深，基坑平面尺寸也较大，拟采用钢筋混凝土灌注桩与钢筋混凝土内支撑相结合的基坑支护方案，同时在钻孔灌注桩外侧采用高压旋喷桩做隔水帷幕。

2. 支护结构选型和结构布置

针对地下室底板、楼板位置和土层分布的不同，典型支护结构体系剖面图如图26-34所示，采用三道钢筋混凝土内支撑和钻孔灌注桩共同构成基坑围护结构受力体系，在距地表2m深度范围内进行放坡开挖。下面对基坑支护结构的主要构件进行简单说明。

（1）围护桩

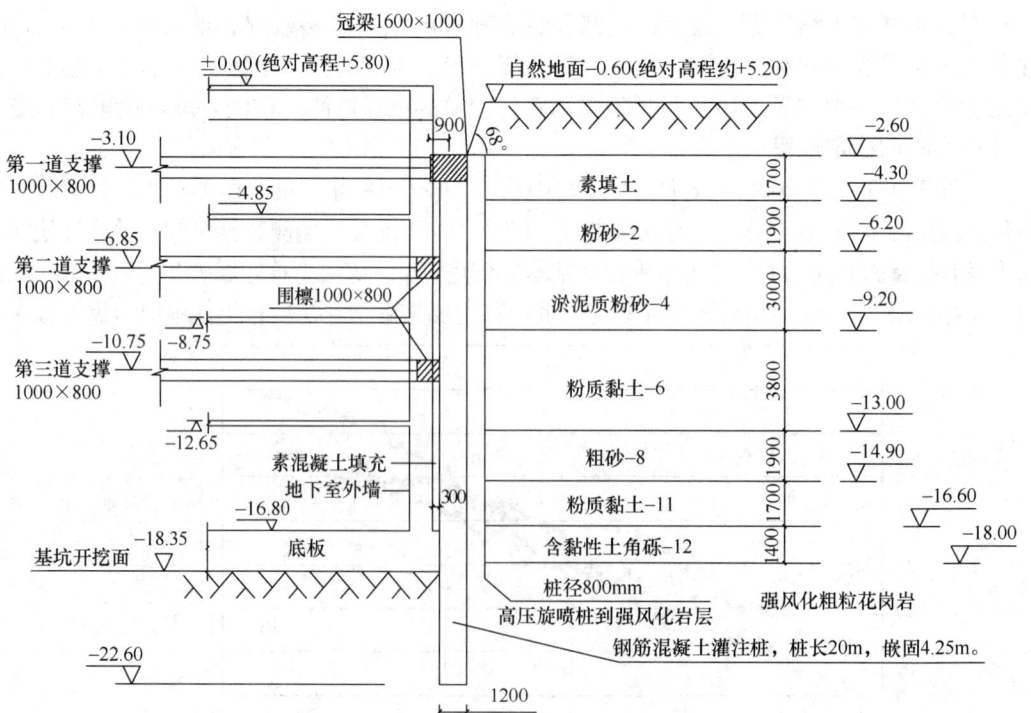

图26-34　底板标高−15.80m范围内的基坑支护结构剖面示意图

围护结构采用单排钢筋混凝土钻孔灌注桩和高压旋喷桩隔水帷幕相结合的结构。

钻孔灌注桩是主要的受力结构,直径1.2m,桩中心距1.5m,桩长20m,由于挖土时有2.0m的放坡,故桩长均是相对于自然地坪下2.0m位置而言的,即桩顶位于现场自然地坪下2.0m处。基坑最终开挖面以下为强风化粗粒花岗岩地层,桩的嵌固段深度为4.25m。高压旋喷桩位于灌注桩外侧(相对基坑而言),主要用于形成隔水帷幕,桩径800mm,相互搭接300mm,桩长至基岩面即可。

(2) 钢筋混凝土内支撑体系结构布置

采用三道现浇钢筋混凝土内支撑结构;在桩顶浇筑截面为宽×高 = 1600mm × 1000mm的冠梁(导梁),与围护桩成为一个整体。第一道内支撑轴线距桩顶0.5m,第二道内支撑轴线距桩顶4.25m,第三道内支撑轴线距桩顶8.15m。

钢筋混凝土内支撑结构平面示意图如图26-35所示,其中内环梁的直径为38m,外环

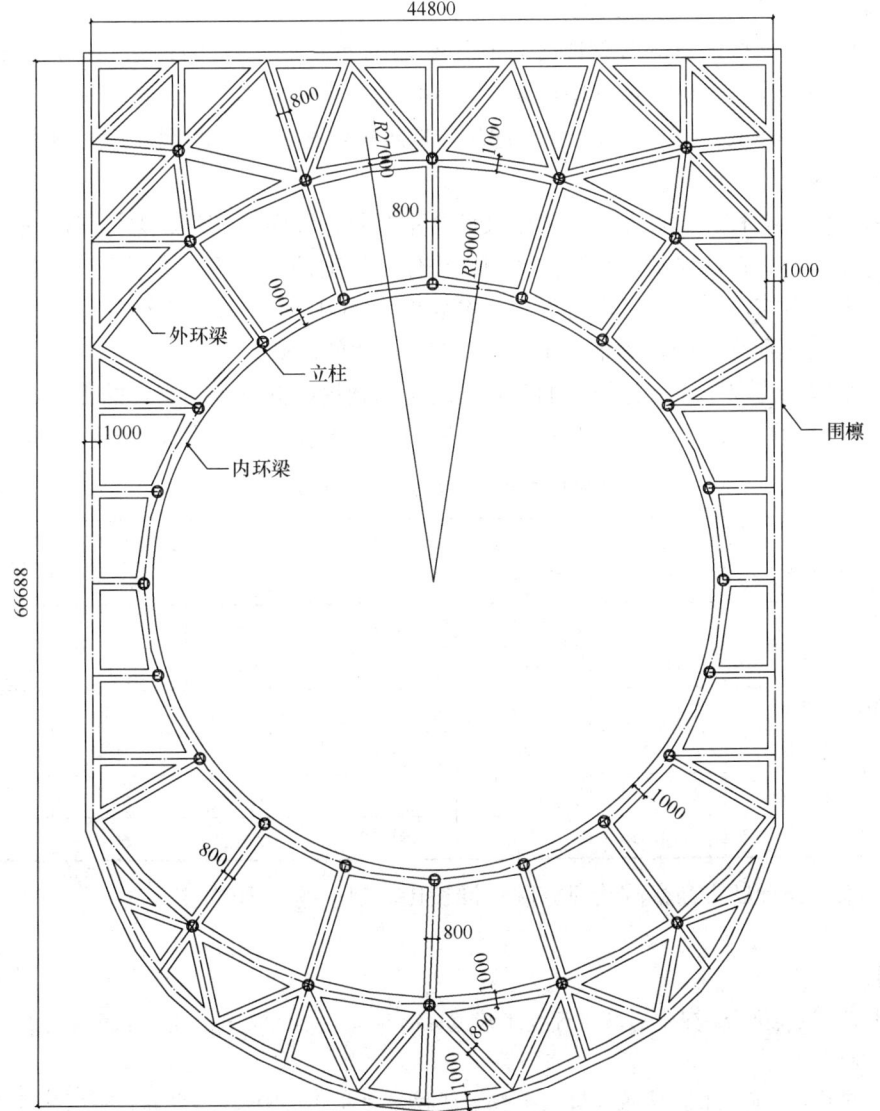

图 26-35 钢筋混凝土支撑体系平面示意图(第二道内支撑)

梁的直径为54m，围檩与环梁、内环梁与外环梁之间通过支撑连杆进行连接。在环梁与连杆的交点处均有立柱，立柱用以支撑环梁和连杆等结构自重。该种内支撑结构形式能充分利用混凝土的受压性能，其受力较为合理。

三道钢筋混凝土内支撑各主要结构构件的几何尺寸分别为：

① 第一道内支撑冠梁（GL）：宽×高＝1600mm×1000mm；
　第二道内支撑围檩（WL）：宽×高＝1000mm×800mm；
　第三道内支撑围檩（WL）：宽×高＝1000mm×800mm；
② 环梁（HL）：宽×高＝1000mm×800mm；
③ 支撑连杆（LG）截面：宽×高＝800mm×800mm；
④ 支撑立柱：500mm×500mm的方形钢格构柱，底部伸入钢筋混凝土立柱基础桩内3m；立柱基础桩嵌入基岩6.0m。

3. 钻孔灌注桩的内力变形计算

首先计算内支撑体系的等效刚度，利用平面框架有限元方法计算。计算的基本方法为：框架的各支撑点采用弹性支座约束，将单位均布荷载作用于冠梁或围檩上，求出冠梁或围檩的水平位移最大值 δ_{max}，为安全起见，取水平位移最大值的倒数作为该平面支撑体系的刚度，即：$K_T=1/\delta_{max}$。

然后选取最不利的钻孔地层，利用大型通用有限元程序 ANSYS 进行支护桩的内力变形计算。计算采用弹性地基系数法，考虑支撑体系与围护桩的相互协调变形。

主动土压力均按照《建筑基坑支护技术规程》（JGJ 120—99）方法进行计算，地面超载为20kPa均布荷载，同时考虑2m高度放坡后产生的超载。

根据基坑开挖顺序、支护结构的布置同时考虑到钢筋混凝土内支撑的拆除，按照施工顺序分为6个计算工况，围护桩在施工各个阶段的最大变形和内力如表26-19所示。

基坑围护桩各工况的计算结果　　　表26-19

工况 （相对桩顶深度）	最大位移 （mm）	最大弯矩 （kN·m）	最大剪力 （kN）	支撑轴力（kN/m）		
				第1道	第2道	第3道
开挖至4.75m	6.84	439	249	144	—	—
开挖至8.65m	11.38	1280	753	223	115	—
开挖至15.75m	22.48	2555	1180	238	274	286
拆除第三道支撑	24.06	2768	1127	265	312	—
拆除第二道支撑	24.83	2348	1118	342	—	—
拆除第一道支撑	24.7	2159	1128	—	—	—

资料来源：青岛市勘察测绘研究院　谭长伟　刘小丽　闫强刚

参考文献

[1] 重庆市建设委员会. 建筑边坡工程技术规范（GB 50330—2002）[S]. 北京：中国建筑工业出版社，2002.

[2] 中国建筑科学研究院. 建筑基坑支护技术规程（JGJ 120—99）[S]. 北京：中国建筑工业出版社，1999.

- [3] 贾金青. 深基坑预应力锚杆柔性支护法的理论及实践[M]. 北京：中国建筑工业出版社，2006.
- [4] 戴俊主编. 爆破工程[M]. 北京：机械工业出版社，2008.
- [5] 常士骠，张苏民主编. 工程地质手册[M]. 北京：中国建筑工业出版社，2007.
- [6] 肖树芳，杨淑碧主编. 岩体力学[M]. 北京：地质出版社，1987.
- [7] 沈明荣，陈建峰主编. 岩体力学[M]. 上海：同济大学出版社，2006.
- [8] 唐大雄，张文殊主编. 工程岩土学[M]. 北京：地质出版社，1999.
- [9] 程良魁，范景伦主编. 岩土锚固[M]. 北京：中国建筑工业出版社，2003.
- [10] 张忠苗主编. 工程地质学[M]. 北京：中国建筑工业出版社，2007.
- [11] 原国家冶金工业局. 锚杆喷射混凝土支护技术规范（GB 50086—2001）[S]. 北京：中国计划出版社，2001.
- [12] 中国建筑科学研究院. 建筑桩基技术规范（JGJ 94—2008）[S]. 北京：中国建筑工业出版社，2008.
- [13] 刘建航，侯学渊主编. 基坑工程手册[M]. 北京：中国建筑工业出版社，1997.
- [14] 长江水利委员会长江科学院. 水工建筑岩石基础开挖工程施工技术规范（DL/T 5389—2007）[S]. 北京：中国电力出版社，2007.

第 27 章 其他形式的支护技术

27.1 桩锚、桩锚复合支护与土钉、复合土钉联合支护技术

27.1.1 概述

1. 复合支护、联合支护与混合支护的概念及区别

（1）复合支护

由两种及两种以上的支护结构通过水平向（或称 x 方向）受力的组合，共同承担土压力形成的支护体系。一般为重力式或嵌入式的支护体系，如由超前支护桩与土钉组合形成的复合土钉、锚杆与土钉支护组合形成的复合土钉、通过加筋材料或灌浆形成的加筋土支护结构、双排桩支护结构等。

（2）联合支护

基坑工程同一支护剖面中，上下（或称 z 方向）采用不同支护结构组合形成的支护体系。其中，上部一般采用土钉或复合土钉，下部可采用地下连续墙、桩锚、复合土钉、桩锚复合土钉等支护结构。

（3）混合支护

基坑工程同一支护段，沿基坑侧壁方向（或称 y 方向）采用两种或两种以上支护结构或支护体系组合形成的支护体系。

不难看出，三种支护体系的区别在于，复合支护由基本支护结构水平向组合而成；联合支护由基本支护结构或由基本支护结构与复合支护结构上下组合而成；混合支护体系可以由基本支护结构相间隔进行组合，也可由基本支护结构与复合支护结构、联合支护结构任意组合间隔设置。

从概念的外延看，混合支护大于联合支护，联合支护大于复合支护。

2. 联合支护的作用机理与适用范围

桩锚支护技术与土钉、复合土钉支护均为独立的支护技术。工程实践中，为实现技术、经济与环境安全间的目标控制，常需要通过两种或多种支护技术方法的联合应用。

常用联合支护形式如图 27-1 所示，浅部（上部）采用土钉或复合土钉，深部（下部）采用桩锚支护或桩锚复合土钉支护。

桩锚支护体系通过施加预应力，使支护结构依靠自身的结构刚度和强度承受土压力、限制坑外土体的变形，从而保持基坑的稳定与安全，属于主动支护结构。土钉支护通过提高土体的强度，使支护材料与土体形成共同作用体，从而达到支护的目的。土钉抗力的发挥要依赖土体的侧移，伴随基坑侧壁的侧移，土钉逐步发挥相应的抗力，从这个意义上说，土钉属于被动支护结构构件。关于锚杆与土钉组合形成的复合土钉支护形式，学术界尚存争议，本章内容涉及的复合土钉不包括这一形式。

图 27-1 (c)、(d) 中，下部采用的桩锚复合土钉支护结构，一般是以一种支护结构

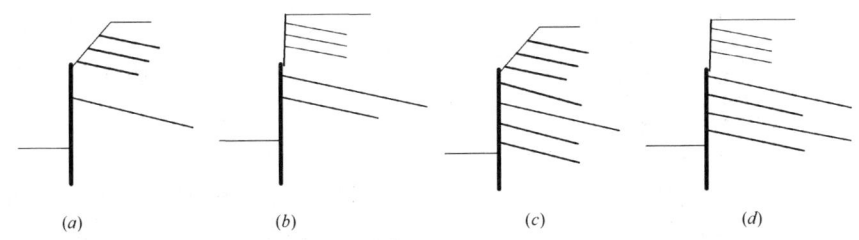

图 27-1 联合支护形式
(a) 上部土钉下部桩锚支护；(b) 上部复合土钉下部桩锚支护；
(c) 上部土钉下部桩锚复合土钉支护；(d) 上部复合土钉下部桩锚复合土钉支护

为主，另一种支护为辅助形式存在的。

以土钉为主的复合支护结构，桩锚的作用一般是对某些特殊部位进行强度或变形控制，以满足工程的特定要求；以桩锚为主的复合支护结构，土钉对桩间土体起注浆、增强作用，减少作用于桩锚结构上的土压力。

联合支护适宜用于采用土钉、锚杆支护适用的基坑工程。工程实践中，因锚杆设计长度的限制或桩径选择的限制，有时会采用上部土钉（或复合土钉）下部桩锚复合土钉（土钉与桩锚复合支护）的支护体系，以解决外锚空间限制、桩身抗弯能力不足的问题。

3. 联合支护破坏机理及设计方法

（1）破坏机理

桩锚联合土钉支护体系的破坏，基本是以桩锚支护结构的破坏为标志，即若桩锚支护结构失效，则桩锚复合土钉支护结构将发生破坏。

联合支护体系下部采用桩锚复合土钉时，设计中一般会考虑土钉的作用，计算土压力值可进行一定的折减。当土钉置于锚杆与坑底之间时，由于土钉的加固和锚固作用，支护桩上的弯矩分布相对较均匀，桩身发生破坏的现象基本不会发生[1]。

（2）设计方法

①确定上部支护深度

根据现场平面尺寸、地下水位、浅层土体岩性、埋深、承载力、土钉施工的可操作性、变形控制要求等，确定上部土钉支护深度，当对上部支护变形控制要求严格时，应采用复合土钉支护。

②确定桩体嵌入深度

依据一般经验，选择基坑底下一定深度、具较好承载力的土层作为桩端持力层，初步确定桩的插入深度。

③依经验初步选择桩径、桩间距、锚杆位置

④土钉或复合土钉的设计计算

⑤桩锚支护体系内力计算与变形计算

当变形计算不满足要求时，应调整桩插入深度、锚杆预加力、桩径等参数重新计算，直到满足变形要求为止。其中，上部土钉的变形应根据地方工程经验选取并可控。

⑥各种形式的稳定性验算

联合支护体系的稳定性验算与一般情形相同，土钉与复合土钉除进行外部稳定性验算外，尚需进行内部稳定性验算。其中，桩锚复合土钉稳定性验算要点如下。

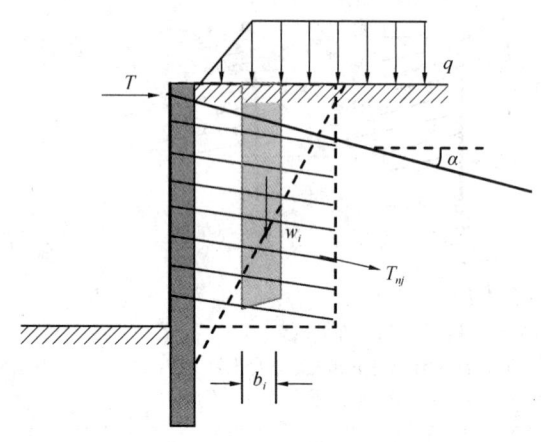

图 27-2 稳定性验算计算示意

如图 27-2 所示,可将桩锚复合土钉支护结构看做由土钉加固的一个整体,假定其为具有水平支撑力的"重力式挡墙",进行整体稳定性分析;应根据施工期间不同开挖深度及基坑底面以下可能的滑动面,采用圆弧滑动简单条分法进行整体稳定性验算;将土钉与桩锚支护结构看作一个整体,假定其为具有水平支撑力的"重力式挡墙",进行外部稳定性分析。

内部稳定性验算时,如需计算桩体抗剪强度,应验算桩体在稳定土层的锚固长度。

对于抗滑移验算,取墙背摩擦角 $\delta=0$。抗滑移安全系数 K_s 应满足:

$$K_s = \frac{\mu G + T_1}{E_a} \geqslant 1.3 \tag{27-1}$$

式中　G——联合支护结构自重;
　　　μ——土对挡土墙基底的摩擦系数。

对于抗倾覆验算,有

$$K_s = \frac{0.5GB + T_1 h_{T1}}{E_a h_a} \geqslant 1.3 \tag{27-2}$$

式中　B——挡土墙的计算宽度;
　　　h_{T1}——锚杆预应力距倾覆点的垂直距离;
　　　h_a——主动土压力距离倾覆点的垂直距离。

需注意的是,上部土钉或复合土钉已简化为作用在桩锚顶面的均布荷载,是否考虑由上部土钉或复合土钉支护体"基底"的部分水平作用力对桩锚支护体的作用效应,可参见第 32 章内容。

27.1.2 上部土钉(复合土钉)下部桩锚联合支护

1. 联合支护形式

实际工程中依据环境条件,桩锚与土钉联合支护主要包括两种基本形式,其中图 27-3 为上部土钉支护结构中土钉长度超过了破裂面;图 27-4 为上部土钉支护结构的土钉在破裂面以内。

2. 上部土钉(复合土钉)下部桩锚支护结构的土压力计算模型

图 27-5 为联合支护结构常用计算模型,该模型将桩顶平面以上的土钉墙及墙后土体简化为等效竖向荷载,作用在桩锚支护结构顶面。对图 27-4 所示的支护体系而言,忽略了土钉支护结构底面的水平荷载作用,使计算结果产生一定的差异。

为了计算方便,有时也可采用将桩锚以上土钉或复合土钉支护体折算成竖向局部荷载,作用在桩锚支护结构顶面的模型(图 27-6)。该模型不仅忽略了土钉支护结构底面的水平荷载作用,同时忽略了破裂面以内土钉墙墙后土体的部分荷载,计算结果偏于不安全(参见第 32 章内容)。

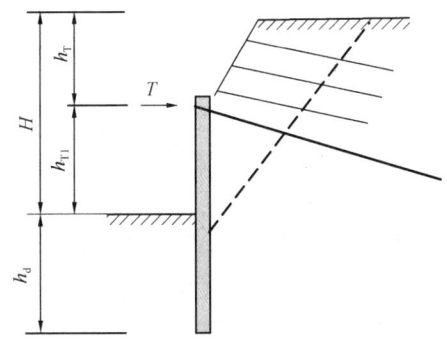
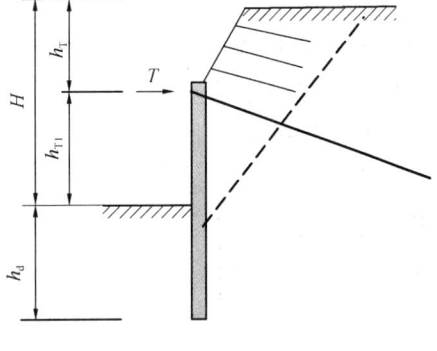

图 27-3 联合支护形式之一　　　　　图 27-4 联合支护形式之二
（土钉长度超过破裂面）　　　　　　（土钉在破裂面以内）

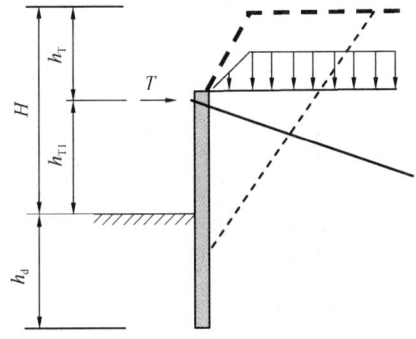
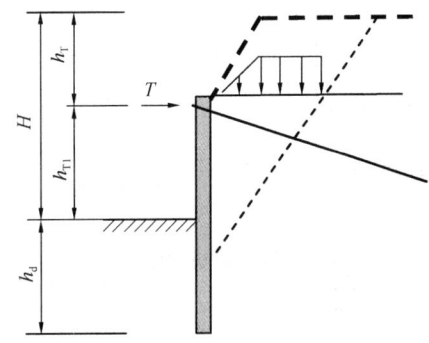

图 27-5 联合支护结构等效作用计算简图　　图 27-6 联合支护结构简化计算简图

以下是采用图 27-5 计算模型与不简化模型进行计算的比较算例，支护体系采用上部 3m 为土钉支护，下部 8m 采用桩锚支护，排桩间距 1.5m，插入深度 7m。计算方法采用《建筑基坑支护技术规程》（JGJ 120—99）推荐的方法。

1) 计算参数

依表 27-1 选取。

某工程地质条件　　　　　表 27-1

层号	土类名称	层厚(m)	重度(kN/m³)	黏聚力(kPa)	内摩擦角(°)	与锚固体摩擦阻力(kPa)
1	杂填土	1.94	19.0	10.00	10.00	25.0
2	粉土	4.89	19.8	19.00	33.00	40.0
3	黏性土	1.00	19.8	23.00	15.00	55.0
4	粉土	4.15	19.9	18.00	23.50	65.0
5	粉土	5.13	19.5	22.00	23.50	65.0
6	粉土	2.22	20.0	18.00	22.20	65.0
7	细砂	11.25	20.5	1.00	37.10	80.0
8	黏性土	5.09	16.6	25.00	20.00	65.0

2）计算方法

（1）不考虑上部土钉对整体稳定性影响，采用规范排桩计算方法

①内力及位移计算

作用在支护结构的土压力、桩水平位移、桩身弯矩、剪力及地表沉降等计算结果见图 27-7、图 27-8。

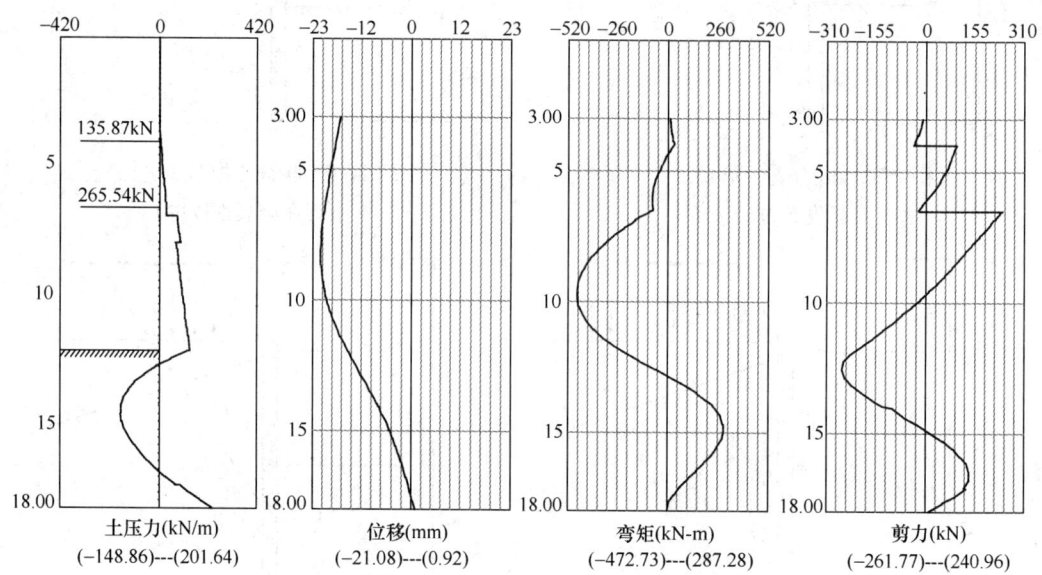

图 27-7　土压力、位移与桩内力计算结果

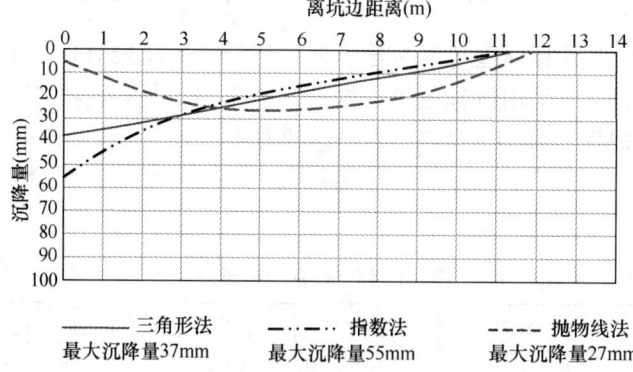

图 27-8　地表沉降计算结果

②桩截面钢筋计算结果见表 27-2，锚杆配筋计算结果见表 27-3，其他计算结果见表 27-6。

桩截面配筋计算结果　　　　　　　　　　表 27-2

选筋类型	级　别	钢　筋	实配［计算］面积（mm²）
纵筋	HRB335	18Φ20	5655 [5495]
箍筋	HPB235	Φ10@150	1047 [941]
加强箍筋	HRB335	Φ14@2000	154

27.1 桩锚、桩锚复合支护与土钉、复合土钉联合支护技术

锚杆配筋计算结果 表27-3

支锚道号	支锚类型	钢绞线配筋	自由段长度实用值（m）	锚固段长度实用值（m）	实配［计算］面积（mm²）	锚杆刚度（MN/m）
1	锚索	2Φ11.1	7.0	10.0	148.4［144.1］	3.76
2	锚索	3Φ12.7	6.0	15.0	296.1［281.7］	8.29

（2）上部土钉墙简化为均布荷载，按规范排桩支护进行计算

①内力与位移计算

作用在支护结构的土压力、桩水平位移、桩身弯矩、剪力及地表沉降等计算结果见图27-9、图27-10。

②桩截面配筋计算结果见表27-4，锚杆配筋计算结果见表27-5，其他计算结果见表27-6。

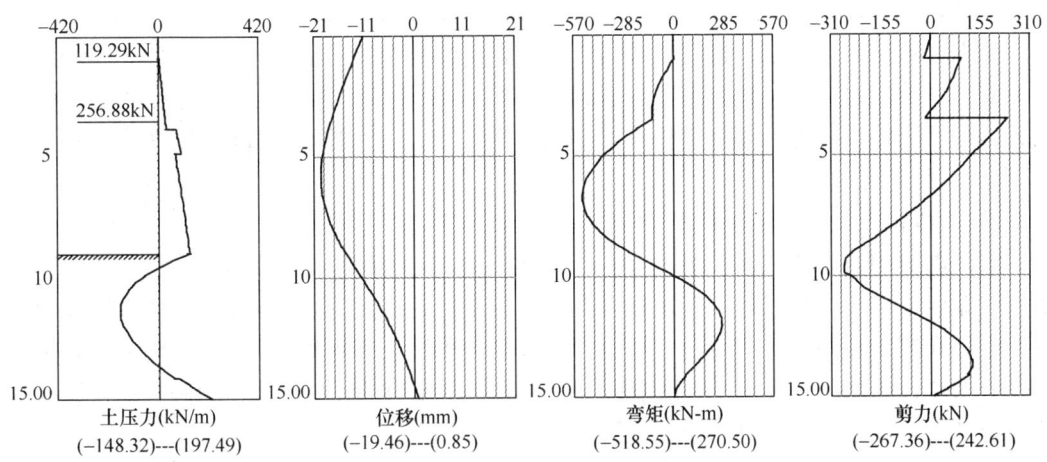

图27-9 土压力、位移与桩内力计算结果

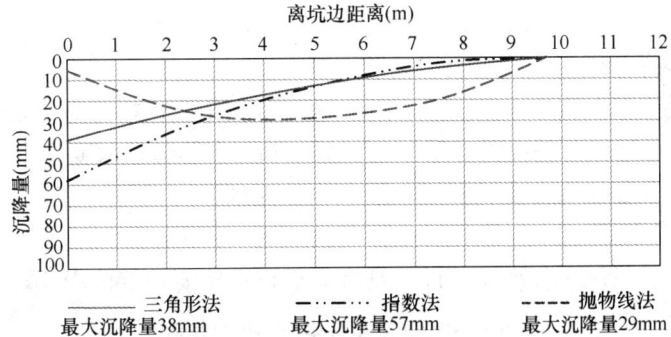

图27-10 地表沉降计算结果

桩截面配筋计算结果 表27-4

选筋类型	级别	钢筋	实配［计算］面积（mm²）
纵筋	HRB335	20Φ20	6283［6098］
箍筋	HPB235	Φ10@150	1047［941］
加强箍筋	HRB335	Φ14@2000	154

锚杆配筋计算结果 表27-5

支锚道号	支锚类型	钢绞线配筋	自由段长度实用值（m）	锚固段长度实用值（m）	实配[计算]面积（mm²）	锚杆刚度（MN/m）
1	锚索	1Φ15.2	7.0	9.0	140.0 [126.5]	3.56
2	锚索	2Φ15.2	6.0	14.5	280.0 [272.5]	7.89

3）计算结果比较

将两种方法计算结果主要指标列表比较（表27-6）。

计 算 结 果 比 较 表27-6

计算方法	桩身弯矩（kN·m）	桩体截面主筋配筋面积（mm²）	整体稳定系数	抗倾覆安全系数	地表沉降（mm）	锚杆配筋（mm²）	
						1	2
常规排桩计算方法	472.73	5495	1.624	1.705	27	144.1	271.7
等效荷载计算方法	518.55	6098	1.604	1.614	29	126.5	272.5

依据计算结果，上部土钉墙及墙后土体简化为均布荷载计算方法的整体稳定系数及抗倾覆安全系数相对较小，桩体弯矩配筋较大，第一排锚杆配筋较小，最大水平位移略小、最大地面沉降略大。可见联合支护采用等效作用计算方法对计算结果的影响偏于安全。

3. 工程实例

1）工程概况及周边的环境条件

郑州国贸中心总建筑面积约50万m²，地下室建筑面积60532.46m²。工程位于郑州市农业路以南、丰产路以北、花园路以西，南邻丰产路，北邻农业路，东邻花园路，西邻省计生委和核工业勘察院生活区。场地外东南角为中国人寿保险公司5～7层家属楼及18层办公大楼，西北角为4～5层住宅楼，基坑周边共有18栋建筑、三个城市主干道包围，环境条件十分复杂。基坑总平面图见图27-11。

2）基坑工程的地质、水文特点

工程场地土层以粉土、粉质黏土和细砂为主，属不均匀地基。降水影响范围内的粉土、粉质黏土的综合渗透系数为0.5m/d，粉细砂层的渗透系数为6.0m/d。坑深范围内粉质黏土及粉土属郑州地区典型软土，灵敏度较高。

地下水位约为自然地面下1.80～3.60m，地下水位年变化幅度为2.0～3.0m，按降水至坑底以下1.0m计算，本基坑工程深10.0～12.4m，实际降水深度为10m左右。降水深度范围内土质为粉质黏土与粉土交互层，降水十分困难。

3）工程设计参数

根据本工程基坑场地工程地质条件，基坑支护设计所需参数按表27-7取值。

基坑边坡设计所用各层土的设计参数 表27-7

土层序号	岩性	天然重度 γ（kN/m³）	黏聚力 c_{UU}（kPa）	内摩擦角 φ_{UU}（°）
②	粉土	19.8	19	22
③	粉质黏土	19.8	23	17.9
④	粉土	19.9	18	22.3
⑤	粉质黏土与粉土层	19.5	22	23.5
⑥	粉土	20	18	22.2
⑦	细砂	20.5	30	37.1

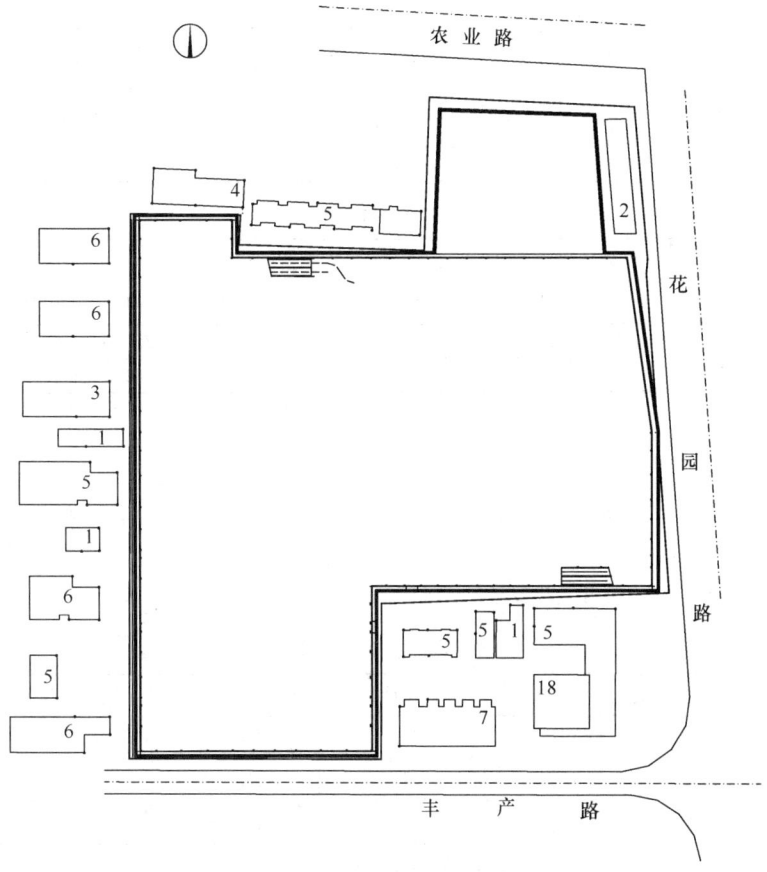

图 27-11 基坑总平面图

4) 基坑支护结构与降水方案设计选型

本基坑支护方案主要采用上部土钉下部桩锚支护方案,部分采用了复合桩墙锚支护方案(将在以后的章节中介绍),设计基坑深度12m,上部土钉支护深度3m,下部桩锚支护9m,支护桩长15m,两排锚杆,具体布置形式如图27-12所示。基坑降水采用管井降水,井深25m,间距18~25m。

5) 基坑工程设计计算

本基坑工程的计算包括:基坑的土压力计算、上部土钉计算、下部桩锚计算、深层搅拌水泥土桩墙抗渗计算、坑底抗隆起验算、渗流稳定性验算等。

(1) 上部土钉计算(略)

(2) 下部桩锚计算

①桩锚内力与变形计算

锚杆计算简图见图 27-12,计算结果见表 27-8 及表 27-9。

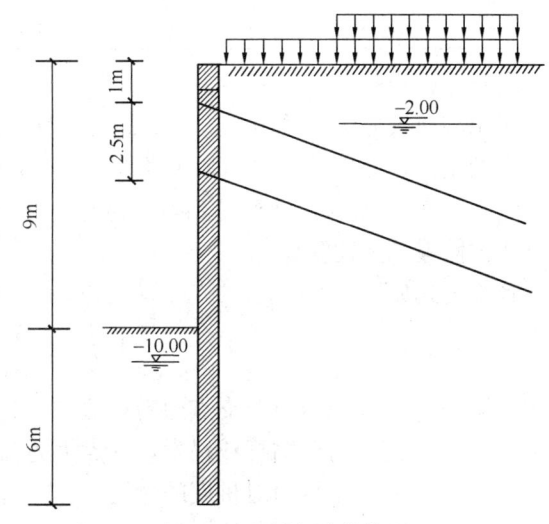

图 27-12 锚杆计算简图

锚杆计算内力值　　　　　　表 27-8

支锚道号	锚杆最大内力（弹性法）(kN)	锚杆最大内力（经典法）(kN)	锚杆内力设计值(kN)	锚杆内力实用值(kN)
1	210.93	64.83	290.03	290.03
2	386.93	313.65	532.03	532.03

锚杆计算结果　　　　　　表 27-9

支锚道号	支锚类型	钢筋或钢绞线配筋	自由段长度实用值(m)	锚固段长度实用值(m)	实配[计算]面积(mm²)	锚杆刚度(MN/m)
1	锚索	2Φ15.2	7.0	14.5	280.0[246.1]	6.83
2	锚索	4Φ15.2	6.0	23.5	560.0[451.5]	13.82

②结构计算

A. 内力

分别采用弹性法、经典法计算结果见表 27-10，截面配筋计算结果如表 27-11。

B. 水平位移、地表沉降

最大水平位移 19.58mm、地表最大沉降 29mm。

截面内力计算　　　　　　表 27-10

段号	内力类型	弹性法计算值	经典法计算值	内力设计值	内力实用值
1	基坑内侧最大弯矩（kN·m）	591.99	456.25	691.88	691.88
	基坑外侧最大弯矩（kN·m）	264.56	579.33	309.20	309.20
	最大剪力（kN）	328.16	295.49	451.22	451.22

截面配筋计算　　　　　　表 27-11

段号	选筋类型	级别	钢筋实配值	实配[计算]面积(mm² 或 mm²/m)
1	纵筋	HRB335	21Φ22	7983[7890]
	箍筋	HPB235	Φ12@150	1508[1163]
	加强箍筋	HRB335	Φ14@2000	154

③整体稳定验算

采用瑞典条分法，并用总应力法进行计算。整体稳定性验算简图如图 27-13 所示。条分法中的土条宽度 0.50m，圆弧半径 $R=13.463$m，圆心坐标 $X=-2.521$m，圆心坐标 $Y=7.047$m（图 27-13）。计算得到整体稳定安全系数 $K_s=1.489$。

④抗倾覆稳定性验算

计算公式如下：

$$K_s = \frac{M_p}{M_a} \tag{27-3}$$

式中　M_p——被动土压力及支点力对桩底的弯矩，对于内支撑支点力由内支撑抗压力决定；对于锚杆或锚索，支点力为锚杆或锚索的锚固力和抗拉力的较小值。

M_a——主动土压力对桩底的弯矩。

计算得到最小安全系数 $K_s=1.913>1.300$。

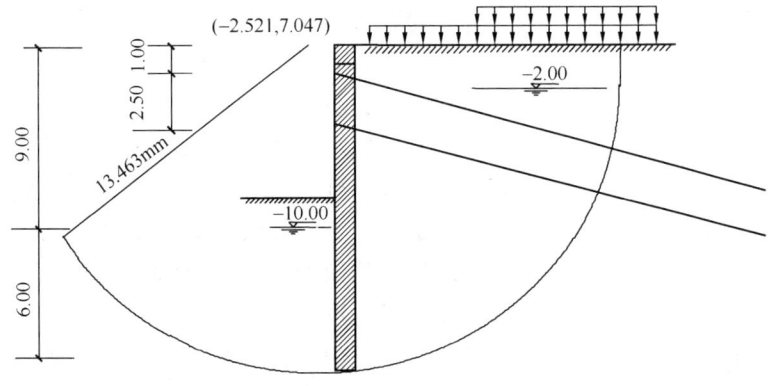

图 27-13 整体稳定性验算简图

⑤抗隆起验算

采用 Prandtl（普朗德尔）（$K_s \geqslant 1.1 \sim 1.2$）方法（参见第 5 章）得到：
$$K_s = 11.130 > 1.1$$

采用 Terzaghi（太沙基）（$K_s \geqslant 1.15 \sim 1.25$）方法（参见第 5 章）得到：
$$K_s = 13.863 > 1.15$$

隆起量按如下公式计算（如果为负值，按 0 处理）：

$$\delta = -\frac{875}{3} - \frac{1}{6}\left(\sum_{i=1}^{n}\gamma_i h_i + q\right) + 125\left(\frac{D}{H}\right)^{-0.5} + 6.37\gamma c^{-0.04}(\tan\varphi)^{-0.54} \quad (27\text{-}4)$$

式中 δ——基坑底面向上位移（mm）；

n——从基坑顶面到基坑底面处的土层层数；

γ_i——第 i 层土的重度（kN/m³），地下水位以下取土的饱和重度（kN/m³）；

h_i——第 i 层土的厚度（m）；

q——基坑顶面的地面超载（kPa）；

D——桩（墙）的嵌入长度（m）；

H——基坑的开挖深度（m）；

c——桩（墙）底面处土层的黏聚力（kPa）；

φ——桩（墙）底面处土层的内摩擦角（°）；

γ——桩（墙）顶面到底处各土层的加权平均重度（kN/m³）。

计算结果：$\delta = 1$mm。

⑥抗管涌验算采用如下公式：
$$1.5\gamma_0 h' \gamma_w \leqslant (h' + 2D)\gamma' \quad (27\text{-}5)$$

计算得到 $K = 2.768 \geqslant 1.5$。

⑦承压水验算（参见第 5 章）

采用如下公式计算承压水稳定性：
$$K_y = \frac{P_{cz}}{P_{wy}} \quad (27\text{-}6)$$

式中 P_{cz}——基坑开挖面以下至承压水层顶板间覆盖土的自重压力（kN/m²）；

P_{wy}——承压水层的水头压力（kN/m²）；

K_y——抗承压水稳定性安全系数，取 1.05。

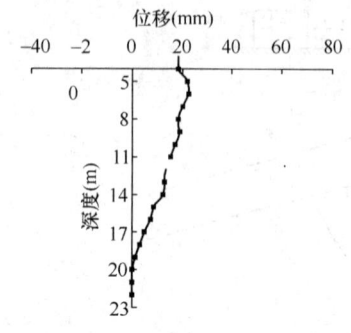

图 27-14 基坑支护水平位移实测结果

计算得到抗承压水稳定性安全系数 $K_y=1.29>1.05$，安全。

6) 主要实测结果

(1) 基坑工程于 2006 年 8 月开始至 2007 年 8 月结束，从基坑开挖到回填土施工进行了全过程监测，监测点水平位移最大值 22.4mm，详见图 27-14。

(2) 周围建筑物沉降最大值为 19.55mm，道路未发现裂缝，满足变形控制要求。

27.1.3 上部土钉（复合土钉）下部桩锚复合土钉联合支护

1. 联合支护形式

工程实践中，因锚杆设计长度的限制或桩径选择的限制，有时会采用上部土钉（或复合土钉）下部桩锚复合土钉（土钉与桩锚复合支护）的支护体系，以解决外锚空间限制、桩身抗弯能力不足的问题。常用支护形式如图 27-15、图 27-16 所示。

在桩锚复合土钉支护结构中，土钉使主动区土体得到加固和补强，相应的侧壁土压力减小，减小了桩体嵌固深度，降低了锚杆预应力水平。桩体较大的抗弯抗剪强度，使土钉支护结构内部稳定性和整体稳定性更易于满足要求。

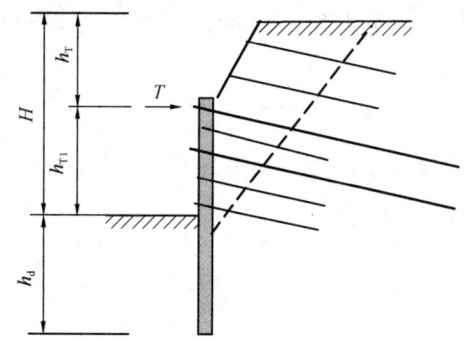

图 27-15 联合支护结构形式
（上部土钉长度超过破裂面）

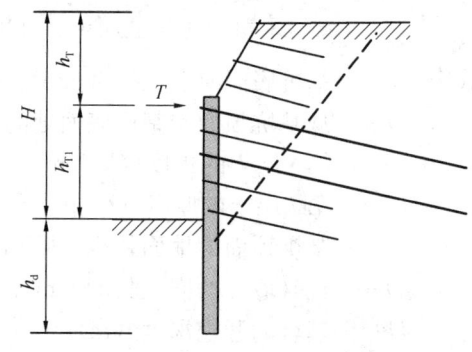

图 27-16 联合支护结构形式
（上部土钉在破裂面以内）

2. 下部支护结构计算模式与分析

(1) "桩锚＋主动区土钉加固"模式

如图 27-17 所示，以桩锚为主要支护结构，土钉作为对主动区的加固，在计算土钉加固区土压力时对土性参数进行折减缺乏经验或依据时，可考虑破裂面以外的土钉锚固作用，将土钉视为锚杆参与计算。

(2) "复合土钉＋锚杆"模式

如图 27-18 所示，将桩与土钉看作复合土钉（重力式墙），考虑破裂面外的锚杆的锚固作用。

(3) 基于内部稳定性破坏的桩锚复合土钉支护结构土压力计算分析

假定土钉支护结构在土压力作用下，支护高度范围内不会首先出现内部稳定性破坏，则联合支护结构中的土钉支护体可视为土压力传至桩锚结构的中间单元体，土钉隔离体的受力如图 27-19 所示。

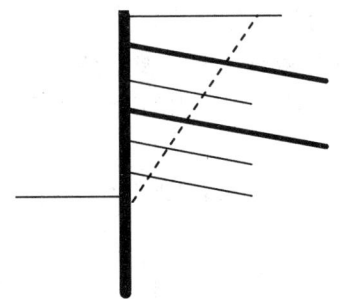

图 27-17 "桩锚＋主动区土钉加固"计算模式

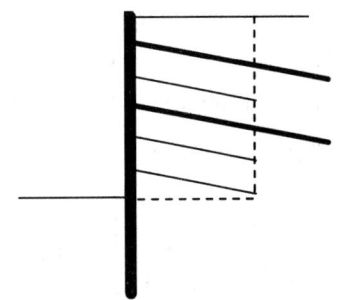

图 27-18 "复合土钉＋锚杆"计算模式

由 $\Sigma x = 0$ 可得：

$$E'_a = E_a - \psi F_a - F_c \tag{27-7}$$

式中 E_a、E'_a——土压力等效集中力和作用于桩锚支护结构上的土压力合力；

F_a——土钉支护结构底部的水平摩擦力合力；

ψ——土钉底部水平摩擦力发挥系数；

F_c——坑底土体黏聚力提供的水平抗剪力。

若出现内部稳定性破坏情况，则可考虑对由土钉承担的土压力按比例进行折减的计算方法[2]。

如图 27-20 所示，此时土钉体底部水平摩阻力极限值为：

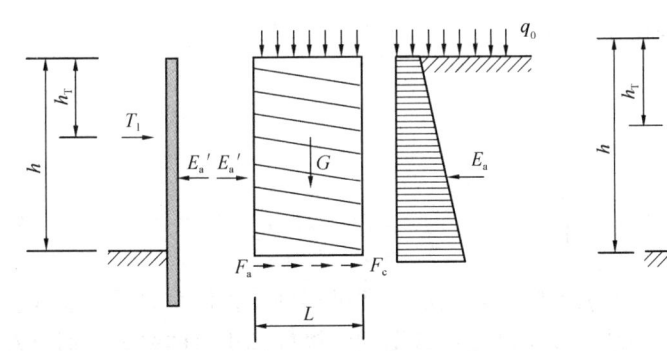

图 27-19 支护结构隔离体

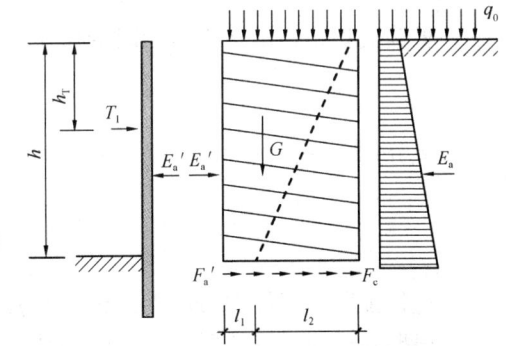

图 27-20 内部稳定性破坏分析模型

$$F'_a = \frac{l_1}{l_2} F_a \tag{27-8}$$

与直线破裂面相交的土钉所提供的水平方向锚固力合力为：

$$R'_a = \sum_i R'_i \cos\theta_i \tag{27-9}$$

式中 R'_i——与直线破裂面相交的第 i 个土钉所提供的极限抗拉力；

θ_i——与直线破裂面相交的第 i 个土钉与水平面的夹角。

此时作用于桩锚支护结构上的土压力合力则表达为：

$$E'_a = E_a - (\psi F'_a + R'_a - F_c) \tag{27-10}$$

(4) 基于变形协调的桩锚复合土钉支护结构的土压力计算分析

桩锚复合土钉支护结构中锚杆和土钉作用力的发挥是依赖于基坑侧壁变形的，因此，研究桩锚与土钉的受力变形状态就必须考虑二者的变形协调和承载力的逐渐发挥，按协同工作原理进行设计计算[3]。

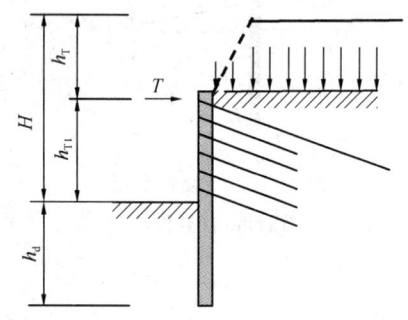 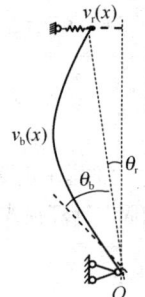

图 27-21　联合支护结构等效作用简图　　图 27-22　桩锚支护结构位移分解示意图

图 27-21 所示联合支护，下部与桩锚支护结构配合使用的土钉与桩锚结构共同工作、协调变形，共同抵抗基坑侧壁的土压力。对选定的联合支护结构作适当简化，如图 27-21 中实线部分所示，讨论基坑开挖到底部时的情况。

结构模型采用锚杆位置为弹性支点、支护桩土压力零点位置为另一支点的弹性简支结构，土钉作用简化为弹性力。

桩锚支护结构在土压力作用下，侧移曲线 $v(x)$ 由两部分组成：刚体位移 $v_r(x)$ 和弯曲位移 $v_b(x)$，即 $v(x)=v_r(x)+v_b(x)$，如图 27-22 所示。

桩锚支护结构承担土压力时的弯矩与侧移的微分关系为：

$$\frac{\mathrm{d}^2 y}{\mathrm{d}x^2}=-\frac{M(x)}{EI} \tag{27-11}$$

积分得到支护桩的弯曲变形曲线方程为：

$$v_b(x)=-\frac{1}{EI}\left[\int\left(\int M(x)\mathrm{d}x\right)\mathrm{d}x+Cx+D\right] \tag{27-12}$$

将各位置土钉集中力对支护桩变形的影响进行叠加，即可得到支护体系总变形曲线。

根据锚杆与土钉变形与受力的关系，按实测变形数据反演锚杆和土钉的受力，通过对土压力分担比进行对比分析，用以修正土压力计算模型。

3. 工程实例

1) 工程概况

郑州某工程地下 3 层、地上部分为 33 层的双子塔楼和 3 层商业用房。基坑工程南北长为 145m，东西宽为 45m，深度为自然地坪以下 12.9m，如图 27-23 所示。

建筑周围环境包括：基坑东侧为居民家属院，沿基坑共有 5 栋 6 层住宅楼，均为 20 世纪 70~80 年代建筑，建筑外墙距基坑围护结构最近点 5m；西侧距基坑 13m 为郑州市主干道紫荆山路，城市雨水箱涵和污水管道等地埋系统复杂，埋深均在 2~5m 范围内；北侧为城市次干道，距离基坑边沿 15m，南侧为城市加油站，距离基坑 18m。地下水位稳定在自然地面以下 5.5~6.5m。

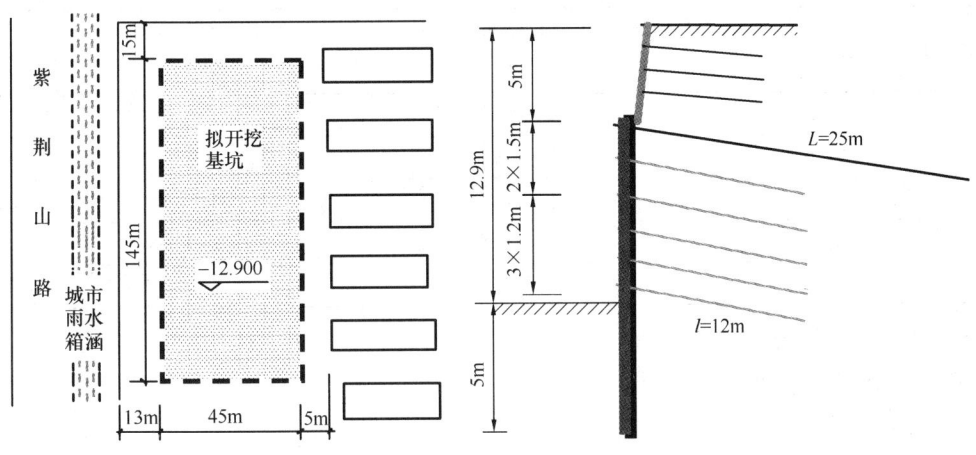

图 27-23 基坑平面示意图　　图 27-24 支护结构剖面示意图

实际工程中支护结构采用上部土钉、下部单支点桩锚与土钉复合支护结构，如图 27-24 所示。排桩直径为 0.8m，间距为 1.5m，桩长 12.4m，纵筋配置为 $10\Phi20$，箍筋为 $\phi8@200$；预应力锚杆位于自然地面下 5.5m 处，同排间距为 1.5m，预应力锚杆承载力设计值为 250kN，张拉值 $T_{c1}=165$kN，采用 53×3.5 无缝钢管施加预应力，总长度为 $L=25$m；土钉支护结构采用同排间距为 1.5m，竖向排距为 1.2～1.5m，土钉采用 48×3.0 无缝钢管，长度为 12m，自自然地面下 7m 开始共设置 5 排土钉。

2) 两种不同计算方式计算结果的比较

(1) 工程地质条件 (见表 27-12)

工程地质条件　　　　　　表 27-12

序号	土层类型	土层厚度 (m)	重度 (kN/m³)	黏聚力 (kPa)	内摩擦角 (°)	钉土摩阻力 (kPa)
1	填土	1.5	17.5	10.0	15.0	50.0
2	粉土	3.9	18.7	22.0	25.0	80.0
3	粉土	4.1	18.0	22.0	25.0	80.0
4	粉土	5.3	18.5	22.0	25.0	100.0
5	粉砂	6.4	18.8	5.0	35.0	100.0
6	粉砂	15	19.0	5.0	35.0	100.0

(2) 计算方法的选取

①将锚杆以下的土钉视为非预应力锚杆，按规范排桩支护方法进行计算

A. 内力与位移计算

计算结果最大弯矩 367.83kN·m，最大位移计算结果为 12mm。

B. 锚杆验算

锚杆验算结果见表 27-13。

锚杆验算结果 表27-13

支锚道号	支锚类型	锚杆刚度 (MN/m)	自由段长度 实用值 (m)	锚固段长度 实用值 (m)	实配[计算] 面积 (mm²)	钢筋配筋
1	锚杆	17.77	7.0	18.0	804 [164]	1Φ32
2	锚杆	23.15	6.0	6.0	804 [301]	1Φ32
3	锚杆	23.15	6.0	6.0	804 [439]	1Φ32
4	锚杆	23.15	6.0	6.0	804 [559]	1Φ32
5	锚杆	23.15	6.0	6.0	804 [745]	1Φ32

C. 整体稳定性验算

整体稳定安全系数 $K_s = 1.467$

D. 抗倾覆验算

抗倾覆安全系数 $K_s = 1.962 > 1.300$

②考虑排桩超前支护按复合土钉墙计算方法进行验算

A. 计算模型（如图27-25所示）

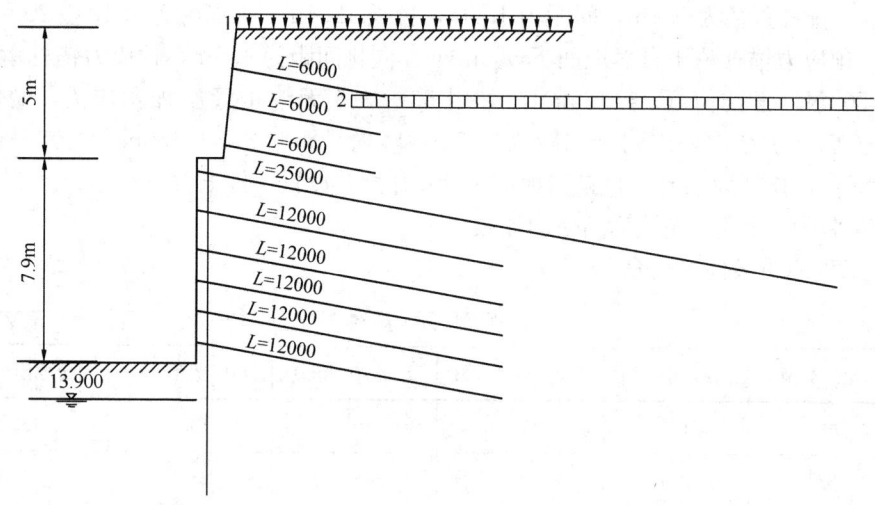

图27-25 超前支护形式计算简图

B. 局部抗拉验算（见表27-14）

局部抗拉验算结果 表27-14

开挖深度 (m)	破裂角 (°)	土钉号	土钉长度 (m)	受拉荷载 标准值 T_{jk} (kN)	抗拔承载 力设计值 T_{uj} (kN)	抗拉承载 力设计值 T_{uj} (kN)	抗拔安全 系数	抗拉安全 系数
12.9	56.9	1	6.000	5.2	18.7	60.3	2.633	8.500
		2	6.000	2.9	39.8	60.3	9.877	14.961
		3	6.000	17.5	61.0	60.3	2.528	2.502
		4	12.000	0.3	224.8	241.3	544.387	584.348
		5	12.000	66.4	266.7	241.3	2.921	2.642
		6	12.000	114.2	333.7	241.3	2.124	1.536
		7	12.000	132.7	370.5	241.3	2.030	1.322
		8	12.000	152.4	397.5	241.3	1.897	1.151
		9	12.000	151.2	424.6	241.3	2.042	1.160

C. 内部稳定验算（见表27-15）

内部稳定验算结果　　　　　表 27-15

工况号	安全系数	圆心坐标 x (m)	圆心坐标 y (m)	半径 (m)
9	1.377	−17.200	19.750	26.114
10	1.468	−18.096	20.153	27.085

D. 外部稳定计算结果

抗滑安全系数：5.512＞1.300

抗倾覆安全系数：15.784＞1.600

（3）两种方法计算结果比较（表27-16）

安全系数计算结果比较　　　　　表 27-16

序号	计算模式	内部稳定	外部稳定	整体稳定	抗滑移	抗倾覆
1	简化为桩锚	—	—	1.467	—	1.962
2	简化为复合土钉墙	＞1.3	＞5.512	—	5.512	15.784

比较结果表明，将桩锚复合土钉支护中的土钉作为非预应力锚杆按规范排桩支护方法进行计算结果偏于安全。计算中未考虑非预应力锚杆间距较小造成的"群锚效应"。

3）基坑施工监测结果[4]

基坑施工过程中采用测斜仪、高精度水准仪、经纬仪、深层沉降仪等仪器对施工全过程进行监控，以验证设计方法的合理性和施工方案的可行性。

自基坑开挖施工至3层地下室出地面，历时共9个月，测得基坑施工过程中，附近地面最大沉降量为24.6mm，基坑最大水平位移量为21mm，桩压顶梁水平侧移量为19mm。开挖至设计标高时坑底最大反弹位移量为7mm，符合规范对基坑变形控制的设计要求。

4）基于变形协调条件的反分析计算

采用前述变形协调的设计计算方法，锚杆位置为坐标零点，沿坑深向下为正，位移以向坑内侧为正，计算单元宽度取为1m，按如图27-26所示简化模型，计算桩锚和土钉各自发挥的承载力以及土压力的分担比例。根据理论分析，并通过编制相应的程序计算，最后得到结果示于图27-27和表27-17。

计 算 结 果 对 比　　　　　表 27-17

	轴力 (kN)		弯矩 (kN·m)	
	理论计算	实测计算	理论计算	实测计算
锚 杆	242.48	156.65	2304	992.1
土 钉	146.3	85.36	809.2	324.3
总 值	388.8	161.5	3106.5	1316.4
分配系数	0.376	0.353	0.258	0.246

由图27-27可以发现，依据桩锚与土钉变形协调工作原理计算所得的坑壁侧移与测斜实得曲线相比，在数值上偏大，这主要是未考虑桩墙侧阻所致，但二者相差不大，且变化规律基本一致，据此计算所得到的锚杆轴力和土钉轴力的发挥度对同类工程具有一定的参考价值。

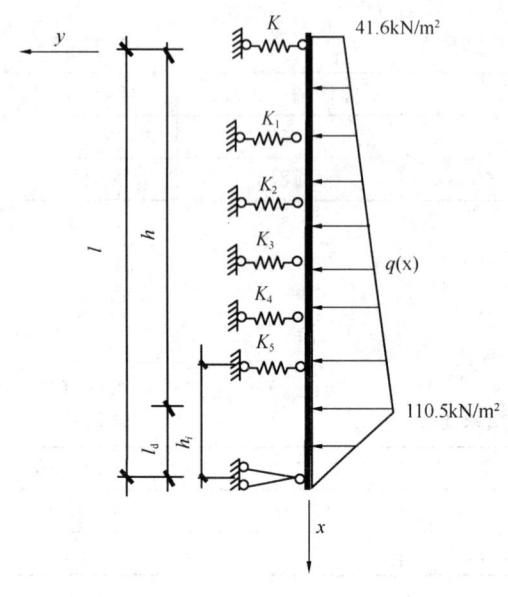

图 27-26 计算模型示意

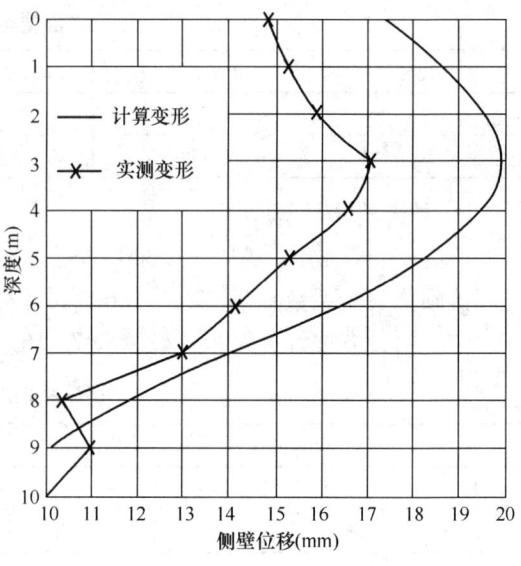

图 27-27 计算变形与实测变形

27.2 复合桩墙支护技术

27.2.1 复合桩墙支护技术概况

1. 技术理论基础

库仑和朗肯土压力计算理论认为，作用在支护结构上的土压力产生的条件是土和水的重力，外有孔隙水压力、渗流力。因此减轻水土重度（下称"减重"），或改变其传力路线是减小支护结构土压力的途径。此外，考虑墙后侧阻的楔形体滑块模型接近库仑理论。复合桩墙支护技术正是基于上述考虑而形成的。

复合桩墙是由水泥土桩墙隔水帷幕（可加筋）与墙后 n 排竖向小桩、混凝土压顶板组成的基本支护结构，具有隔水和支护双重技术效果。技术含义概括为："加筋水泥土桩墙＋注浆小桩加筋土＋压顶混凝土板"。

复合桩墙支护技术适用于粉土、粉质黏土、粉砂土层，支护深度（软土地区）小于 10m 的基坑工程。当与锚杆形成复合支护时，支护深度可超过 10m。

2. 支护结构基本形式

(1) 考虑小桩分体"减重"作用形式（图 27-28）

小桩通过摩阻力将墙后土体重量部分传递至稳定土体，起到所谓"减重"作用。该形式的支护深度一般小于 6～8m。

(2) 整体作用形式

前墙与小桩间粘结效果强，可形成共同工作截面。该形式的支护深度一般为 8～10m。

当基坑支护深度较大，或需要对基坑变形及周围环境变形进行严格限制时，可对桩墙顶部采用预应力斜锚、桩墙中部采用预应力锚杆等方法。

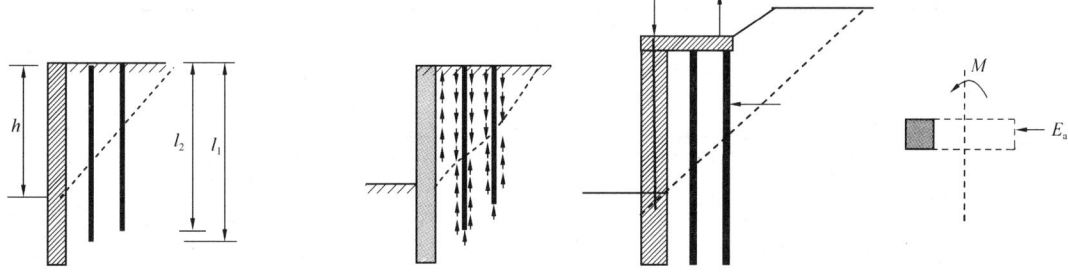

图 27-28 复合桩墙分体排桩（"减重"）作用形式　　图 27-29 复合桩墙整体作用形式

3. 理论计算模型简介

(1) 考虑墙后侧阻和小桩的减重作用，采用"桩""墙"分算模式。

该模式同时考虑小桩的竖向减重作用、前墙水泥土桩墙的墙后抗剪作用，大大降低了作用在前墙上的土压力。

(2) 将复合桩墙作为一个整体，按连续支挡结构设计。

(3) 当按整体断面进行连续墙设计时，小桩与桩间土的黏结强度须满足整体工作效果。

27.2.2 复合桩墙支护设计

1. 考虑小桩作用和水泥土桩墙墙后侧阻的支护结构设计

1) 设计方法

(1) 考虑小桩竖向承载力及桩后侧阻的土压力计算

即在土压力计算时，考虑小桩在滑裂面下的抗压承载力的作用。

(2) 前墙内力计算与承载力设计

内力计算时宜考虑小桩在前墙顶通过压顶板传递的水平作用力，并考虑小桩在滑裂面下的抗拔承载力。

(3) 抗倾覆验算

需考虑小桩在滑裂面下的抗拔承载力。

(4) 水平滑移验算、整体稳定验算、抗隆起验算、抗渗流验算

按现行规范中有关规定进行，对前墙宽大于 800mm，水头差小于 10m 时，一般可不作墙体抗渗验算。

(5) 桩体强度及抗裂验算

小桩通过顶板作用，可给前墙形成弯矩，与土压力引起的弯矩、降水产生水泥土桩墙两侧阻力不同，造成桩墙截面两侧应力不平衡形成的附加弯矩等多种因素的共同作用可能导致桩身水泥土开裂，进行水泥土抗拉强度验算时应予考虑。

2) 工程实例

(1) 工程概况

上海绿地集团开发的郑州世纪峰会位于郑州市郑东新区 CBD 外环与第十大街的交叉口东南角，主楼高 120m，基坑深 10.0m，局部埋深 11.0m，土层参数见表 27-18，地下水位在自然地面以下 3m。

基坑开挖范围内各层土的参数　　　　　　　　　　表 27-18

土层序号	2	3	4	5	5_1	6	7
岩 性	粉土	粉土	粉质黏土	粉土	粉质黏土	粉土	黏土
层厚（m）	0.93	1.70	2.75	3.68	2.15	2.73	1.45
天然重度 γ（kN/m³）	17.9	18.7	19.3	19.4	19.8	19.2	18.2
黏聚力 c（kPa）	15.0	15.2	14.4	13.4	14.0	15.6	14.6
内摩擦角 φ（°）	12.0	18.0	7.0	13.6	6.0	22.0	5.5
渗透系数 k（m/d）	—	0.2	0.003	0.5	0.007	0.03	0.0001

基坑工程支护设计结构为复合桩墙，前墙设 950mm 厚喷射搅拌桩水泥土桩墙，深 15.8m，实际长度 14.0m，桩端进入强度较高的粉土层。在水泥土墙外 0.8m 处设置无砂混凝土小桩两排，小桩桩距 1.2m，小桩排距 1.2m，内排小桩桩长 14.0m，外排小桩桩长 13.0m。降水采用封闭式深井降水。基坑支护平面与结构剖面见图 27-30。

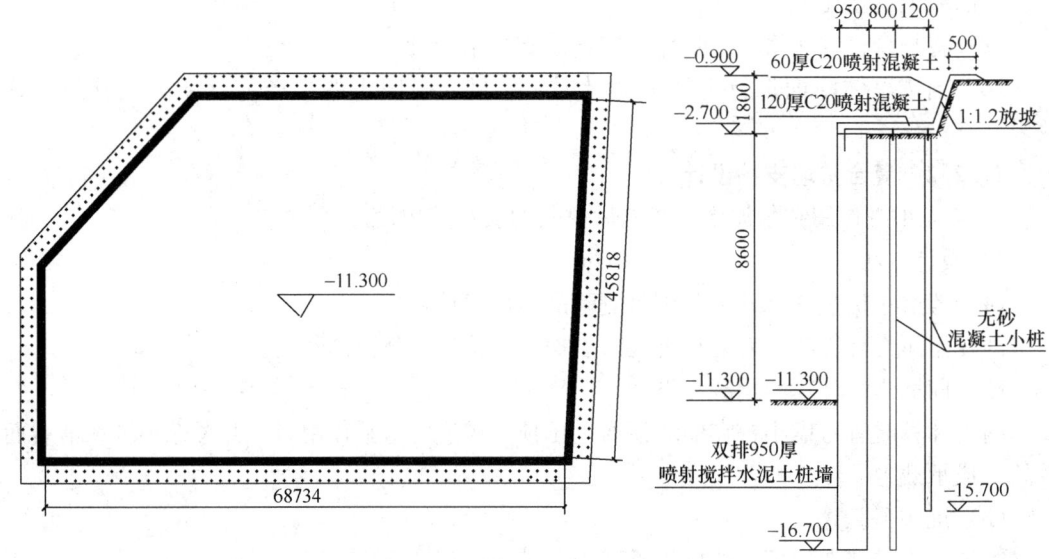

图 27-30　基坑支护平面与结构剖面

(2) 围护结构设计

① 小桩排数确定

用经验公式估算复合桩墙宽度：$0.4H = 0.4 \times 8.5 = 3.4$m。

采用二排小桩，墙宽为：$0.95 + 1.2 + 1.2 = 3.35$m。

设计第一排小桩距水泥土墙 0.8m，第二排小桩与第一排小桩的间距为 1.2m。

② 小桩桩长确定

由图 27-31 估算，易知：$l_{01} = 6.75$m，$l_{02} = 5.55$m；由 $l = 2l_0$ 得：$l_1 = 2l_{01} = 13.5$m，$l_2 = 2l_{02} = 11.1$m 实际取：$l_1 = 14$m，$l_2 = 13$m。

考虑到小桩侧阻力的分布为非线性，乘以 y_2，同时考虑小桩施工对土体的增强作用，侧阻力乘以一个增大系数 1.5，由下式验算小桩长度：

$$\frac{1}{2}\bar{\gamma}s(s_1+s_2)(l_{01}+l_{02}) \leqslant \frac{1}{2}\bar{q}_s\pi d(l_{01}+l_{02}) \times 1.5 + q_s(h-b) \qquad (27\text{-}13)$$

其中：b 为水泥土墙宽度；s_1、s_2 分别为小桩与前墙距离、小桩排距；s 为小桩纵向间距；d 为小桩直径；h 为坑底以上桩墙高度；$\bar{q}_s$ 为小桩桩侧阻力；q_s 为墙后侧阻，计算取 15kPa。

数据代入式（27-13），左边 = 280kN，右边 = $\frac{1}{2}$ × 44.87 × 3.14 × 0.15 × (6.75 + 5.55) × 1.5 + 15 × (8.5 − 0.95) = 308kN。即 280kN<308kN

另需满足：

$$\frac{1}{2}\pi d l_{01}\bar{q}_s \leqslant \pi d \bar{q}_s(l_1 - l_{01}) + \frac{1}{4}\pi d^2 q_P \tag{27-14}$$

及

$$\frac{1}{2}\pi d l_{02}\bar{q}_s \leqslant \pi d \bar{q}_s(l_2 - l_{02}) + \frac{1}{4}\pi d^2 q_P \tag{27-15}$$

q_P 为小桩桩端阻力，因小桩直径较小，在计算中忽略该项。

对第一排小桩，将数值代入式（27-14），验算小桩插入深度（考虑到小桩侧阻力的分布为非线性，乘以 $\frac{1}{2}$，同时考虑到小桩对土体的增强作用，侧阻力乘以一个增大系数 1.5，下同）：

左式计算值为 107kN，

右式：$\frac{1}{2}\bar{q}_s \pi d(l_1 - l_{01}) \times 1.5 = \frac{1}{2} \times 45.75 \times 3.14 \times 0.15 \times 7.25 \times 1.5 = 117.18$kN

即 107kN<117.1kN

对第二排小桩，数值代入式（27-15）验算小桩插入深度：

左计算值为 88kN，

右式：$\frac{1}{2}\bar{q}_s \pi d(l_2 - l_{02}) \times 1.5 = \frac{1}{2} \times 39.14 \times 3.14 \times 0.15 \times 7.45 \times 1.5 = 103$kN

即 88kN<103kN

由式上述验算可知，桩长均符合要求。

③土压力计算

土压力计算采用楔形体试算法如图 27-32 所示。假定滑裂面形状为平面，考虑土体黏聚力对抵抗土楔体下滑的贡献，有如下公式：

$$E = \frac{W_0 + qL - f - C(H - B\tan\alpha)}{\tan\varphi\sin\alpha + \cos\alpha}\sin\alpha(1 - \tan\varphi\sin\alpha - \tan\varphi\cos\alpha)$$
$$- C(H - B\tan\alpha)(\sin\alpha + \cos\alpha) \tag{27-16}$$

式中 W_0——土楔体重量；C——由土体黏聚力产生的下滑阻力；f——桩墙对土楔体的摩阻力；E——桩墙对土楔体的水平反力；φ——土体内摩擦角。

计算得 $E = 143$kN。

④抗倾覆、隆起、渗流、整体稳定性计算

将喷射搅拌水泥土桩墙和墙后小桩作为重力式挡墙，按规范公式分别进行抗倾覆、抗隆起计算，对前墙进行渗流稳定性验算，结果均满足规范要求。

⑤前墙水泥土桩身强度设计

喷射搅拌桩由于起止水和挡土的双重作用，桩身水泥用量在满足止水抗渗设计的前提下，还有抗剪、抗弯承载力方面的要求。当前墙独立承担弯矩作用时有：

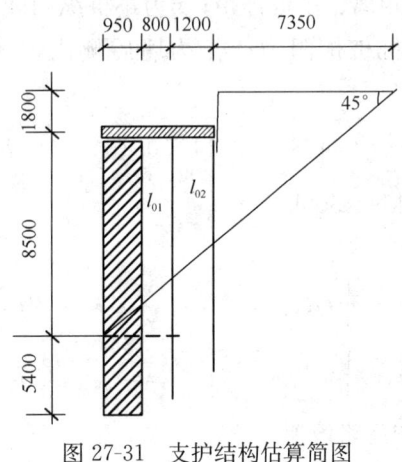

图 27-31 支护结构估算简图

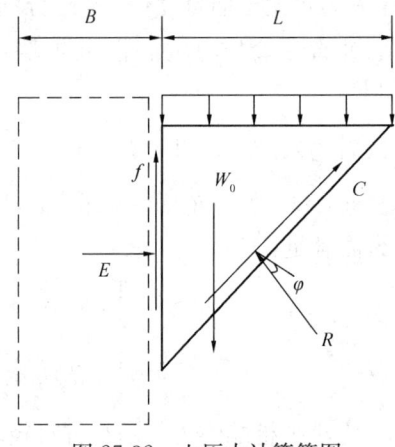

图 27-32 土压力计算简图

$$\frac{1.25M_s}{W} \leqslant f_t \tag{27-17}$$

$$1.25Q_{max} \leqslant \tau \tag{27-18}$$

本支护结构采用组合模式，作用在复合桩墙上的弯矩与剪力由组合结构承担（图27-33），有：

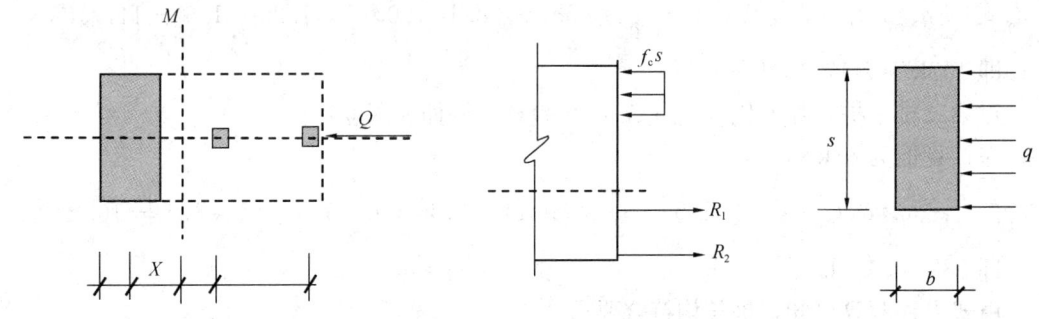

图 27-33 截面承载力计算简图

$$1.25M_s \leqslant M_u \tag{27-19}$$

$$1.25\eta Q_{max} \leqslant \tau \tag{27-20}$$

式中 M_s——单位长度复合桩墙截面计算弯矩值；

M_u——按组合断面计算的复合桩墙截面弯矩设计值；

η——前墙剪力分配系数。

本工程采用整体模式验算前墙水泥土强度，水泥土无侧限抗压强度平均值检测结果大于设计要求的 3.5MPa，经验算可满足截面强度设计要求。

（3）监测结果

基坑开挖、降水在小桩施工完成30天后进行，挖土历时23天，基坑变形及地面沉降结果如图27-34、图27-35所示。与预测值相比，除发生地表浸水事故的北侧外，基坑水平位移最大值为38mm，地面沉降最大值小于10mm，均小于预测值。

施工期间，因管理问题造成降水管路发生跑水事故（图27-36），形成北侧未作硬化处理地面大面积浸水 8h，北侧桩墙变形达50mm，墙体发生超过3mm的裂缝，采用墙后卸载、设置墙顶土钉、被动区反压等措施，稳定支护结构变形。整个基坑工程在下一步的施工中未发生危险，满足了基础工程的施工要求（图 27-36）。

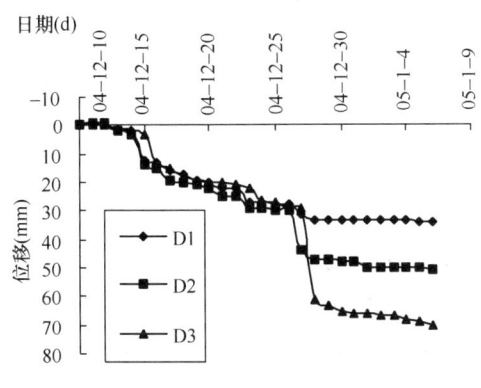

图 27-34　基坑水平位移变形

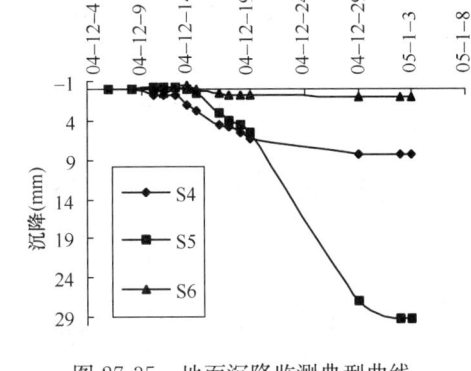

图 27-35　地面沉降监测典型曲线

2. 整体式复合桩墙支护设计

1）设计方法

（1）土压力的计算

主动土压力采用库仑土压力理论进行计算，如图 27-37 所示，根据滑块体的静力平衡条件，可求得：

$$E_a = \frac{(W + qh\cot\alpha)\sin(\alpha-\varphi) - \dfrac{ch\cos\varphi}{\sin\alpha}}{\cos(\alpha-\delta-\varphi)} \quad (27\text{-}21)$$

图 27-36　上海绿地郑州世纪峰会基坑工程采用的复合桩墙支护

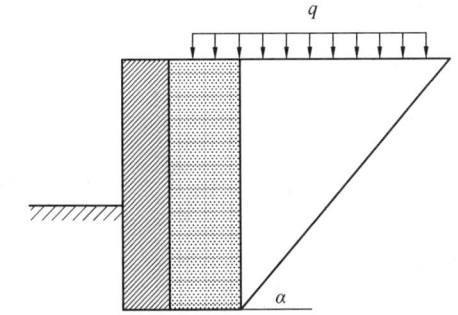
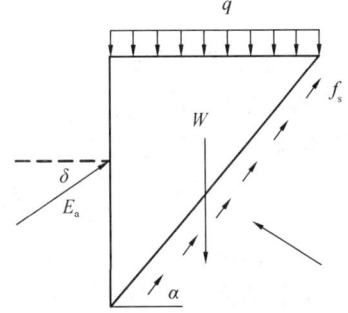

图 27-37　复合桩墙墙后主动土压力的计算图示

其中：

$$W = \frac{1}{2}\gamma h^2 \cot\alpha \quad (27\text{-}22)$$

式中　W——主动区滑块体的重量；

　　　γ——基坑开挖面以上土体的重度，非匀质土时，为其平均重度；

　　　h——基坑的开挖深度；

　　　φ——墙后土体的内摩擦角，非匀质土时，取各土层内摩擦角的层厚加权平均值；

c——墙后土体的黏聚力,非匀质土时,取各土层黏聚力的层厚加权平均值;

δ——墙后土与复合桩墙的外摩擦角。

可以编制计算程序,改变 α 的大小求得不同的 E_a 值,取最大值作为主动土压力合力值。分布力 e_a 可按线性分布假设推导出,即:

$$e_a = 2E_a/h \tag{27-23}$$

被动土压力采用朗肯土压力。

(2) 截面强度验算

为保证整体工作性能,应进行截面强度验算。

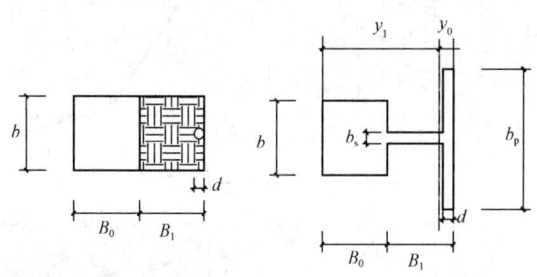

图 27-38 复合桩墙等效截面示意

①抗弯

考虑到实际工程中,支护桩墙侧移较小,材料处于线弹性阶段,前墙和土体、小桩和土体间基本无相对错动,可将桩墙截面按不同材料的组合截面,采用材料力学公式按等效化原则进行计算。

计算截面如图 27-38 所示,计算相当截面形心轴位置以及惯性矩 I_R。

前墙在弯矩作用下产生的的最大压应力:

$$\sigma_{cs} = \frac{My_1}{I_R} \tag{27-24}$$

小桩在弯矩作用下产生的拉应力:

$$\sigma_p = \frac{My_0}{I_R} \times \frac{E_p}{E_{cs}} \tag{27-25}$$

则桩身强度应满足:

$$1.25\gamma_0 \bar{\gamma} z + \frac{My_1}{I_R} \leqslant f_{cs} \tag{27-26}$$

式中 $\bar{\gamma}$——复合桩墙的重度,可取为 $20kN/m^3$;

z——验算截面的深度。

小桩的锚固长度应满足:

$$\frac{My_0}{I_R} \times \frac{E_p}{E_{cs}} A_p \leqslant \pi d q_{ski}(l - l_0) \tag{27-27}$$

式中 l——小桩的总长度;

l_0——验算截面以上小桩长度。

②抗剪强度

忽略小桩作用,桩墙承受的最大剪力应满足:

$$1.3\gamma_0 Q_{max} \leqslant \tau_{cs} A_{cs} + \tau_s A_s \tag{27-28}$$

式中 τ_{cs}——水泥土的抗剪强度设计值;

A_{cs}——水泥土前墙的正截面面积;

τ_s——桩间土的抗剪强度;

A_s——桩间土截面面积;

(3) 墙下地基土承载力验算

墙下地基土承载力不足时,前墙的沉降过大,将产生不利于安全的倾覆弯矩与支护结构变形，应采用下式进行基底承载力验算：

$$\gamma_{m}(h+t)+\frac{E_{a}\sin\delta}{A}-\frac{E_{p}\sin\delta_{p}}{A}+\frac{2[E_{a}(h+t)-E_{p}t]}{B_{0}} \leqslant f_{a}+\eta_{d}\gamma_{m}(t-0.5)$$

(27-29)

式中 γ_m——水泥土前墙底面以上土的加权平均重度，地下水位以下取浮重度；

  t——水泥土前墙埋深；

  f_a——地基承载力特征值；

  η_d——水泥土前墙埋深的地基承载力修正系数。

(4) 抗滑移稳定性验算、抗倾覆稳定性验算、整体稳定性验算、抗隆起稳定性验算、抗渗流验算

可依据《建筑基坑支护技术规程》(JGJ 120—99) 等有关规范进行。

2) 工程实例

(1) 工程概况

某基坑工程主要开挖深度为 7.3～8.2m，实测稳定地下水位在地表下 5.4m 左右。南侧、西侧分别距道路红线 5.6m 和 6.0m；北侧一层地下车库同 10 号楼相邻；12 号楼东侧距已有 7 层住宅 5.0m；二层地下车库南侧距该建筑物 6.9m。

(2) 围护结构设计

①工程地质条件及设计参数（见表 27-19）

②围护结构设计方案

与已有 7 层住宅临近的 12 号楼东侧和地下车库南侧支护方案采用"喷射搅拌水泥土桩墙＋无砂混凝土小桩＋预应力锚杆"联合支护方案；喷射搅拌水泥土桩墙厚 950mm，内插 H 型钢，桩底标高 -15.300，有效桩长 13m；在水泥土墙外 0.8m 处设置无砂混凝土小桩一排，桩径 150mm，水平间距 1.2m，总长度 11.0m；在距水泥土桩内侧 1.2m 处施工一道预应力锚杆，倾角 70 度，水平间距 1.6m，单锚承载力设计值 600kN，锚筋采用 7 束 7ϕ4 的钢绞线，锚杆总长 24m。

基坑设计所用各层土的设计参数 表 27-19

土层编号	1	2	3	3夹	6	7	8-1	8	9	10	11
土层类别	杂填土	粉土	粉质黏土	粉土	粉质黏土	粉土	粉土夹粉砂	粉砂	粉土	粉土夹粉砂	粉土
c (kPa)	—	16	19	16	16	18	10	3	17	13	18
φ (°)	—	20	15	20	15	16	20	25	21	23	20
天然重度 (kN/m³)	—	19.06	18.97	19.37	18.99	19.44	19.24	19.20	19.36	19.13	19.26
极限侧阻力特征值 (kPa)	—	—	42	45	44	54	45	60	55	65	60
平均层厚 (m)	1.31	1.62	3.61	1.8	2.0	2.04	2.67	2.67	1.49	1.35	1.90

其他部分主要采用喷射搅拌水泥土桩墙＋单排土钉＋无砂混凝土小桩的联合支护方案，两排喷射搅拌水泥土桩墙厚 950mm，桩底标高 -15.300，有效桩长 13m；在水泥土墙外 0.8m 处设置无砂混凝土小桩一排，桩径 150mm，水平间距 1.2m，长度

11.0m；从小桩顶位置施作一排土钉，水平间距1.2m，长度9.0m，土钉与小桩中钢管可靠焊接。

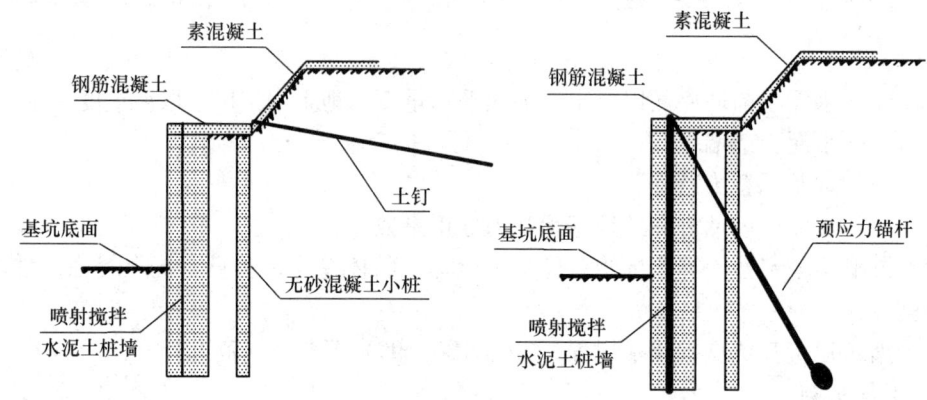

图 27-39　基坑支护结构剖面

基坑支护结构剖面如图27-39所示，平面布置如图27-40所示。

③围护设计计算

计算内容包括：基坑的土压力计算、联合支护结构整体稳定性计算、各构件承载力验算、坑底抗隆起验算、联合支护结构地基承载力验算等，计算结果满足规范要求（计算过程略）。

(3) 变形监测

在基坑的周边布置了14个沉降观测点和9个测斜观测点，对基坑从降水到开挖再到地下室完工进行了全程变形监测，具体点位平面布置如图27-40所示，实测结果如图27-41所示，实测结果见图27-41。

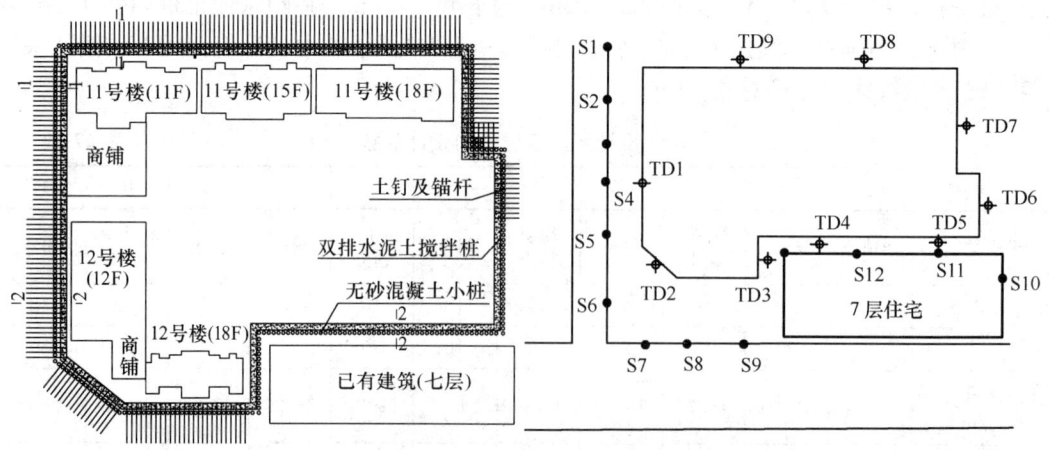

图 27-40　基坑支护平面与监测点位布置

结果表明，施工前期，随开挖深度的增加，沉降逐渐增加，墙后建筑物最大沉降发生在S13号点，在垫层施工完之后，该点沉降仅有8mm，后来由于底板施工速度减慢，沉降经过长期累计达13mm。可以看出，整个施工过程中，未发生沉降突变情况；路面点沉降也比较均匀（图27-42）。图27-43为现场的施工照片。

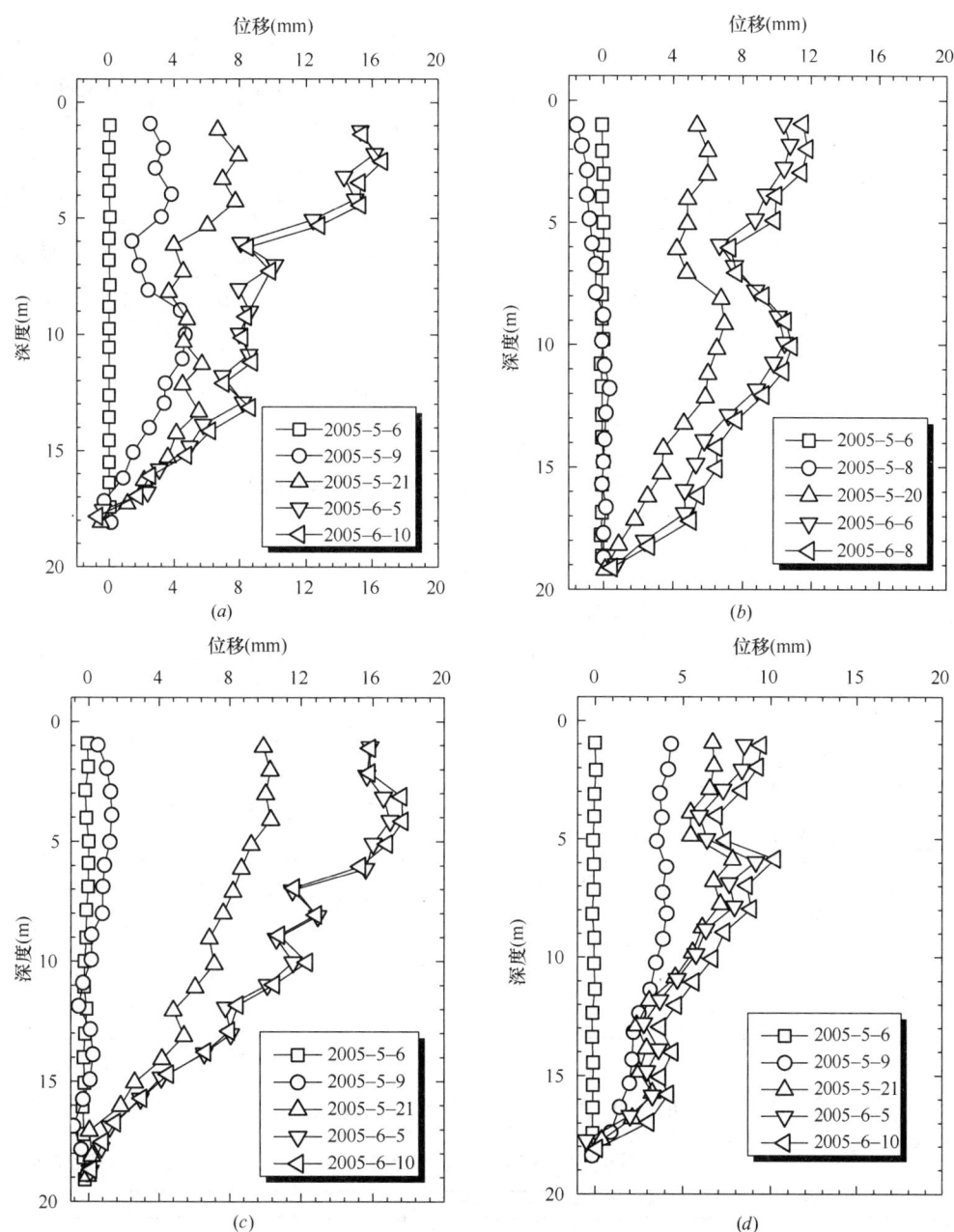

图 27-41 基坑支护水平位移实测结果
(a) 基坑南侧 TD3 侧移实测结果；(b) 基坑南侧 TD4 侧移实测结果；
(c) 建筑物西侧 TD6 侧移实测结果；(d) 基坑支护北侧 TD8 侧移实测结果

27.2.3 复合桩墙锚支护结构

1. 支护结构简介

复合桩墙锚支护结构是：由混凝土排桩与加筋水泥土桩墙通过桩顶混凝土板联系组成的复合桩墙，与连续板上部设置的斜锚、中部水平锚结合形成的支护结构。斜锚可按一定角度在桩顶设置，形成超前支护并在端部扩大，以适应红线限制条件下的支护设计，有利

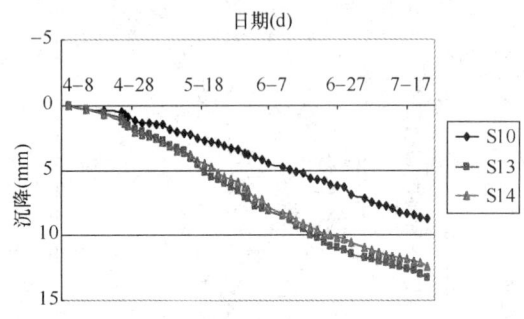

图 27-42 基坑支护南侧建筑物沉降实测结果

图 27-43 郑州某工程复合桩墙支护

于控制支护结构变形，水平锚用于解决水平承载力不足和桩墙抗弯强度不足，并保证截面工作的整体性。该技术具有变形控制能力强、施工速度快的技术特点。

复合桩墙锚支护技术适用于软土地区支护深度较大、对变形要求严格、锚杆水平施工空间不足或锚杆施工对浅层土扰动较大、施工速度要求相对较快的基坑工程。

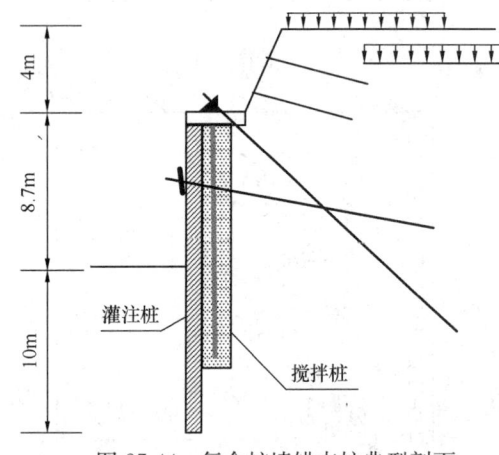

图 27-44 复合桩墙锚支护典型剖面

2. 工程实例

（1）工程概况及周边的环境条件（参见 27.1.2 的 3 条内容）

（2）工程设计参数（见表 27-20）

（3）基坑支护方案

本基坑紧邻建筑物部分的支护方案采用上部土钉下部复合桩墙锚支护方案，下部桩墙采用钻孔灌注桩与喷射搅拌水泥土桩墙（水泥土强度 3.5MPa 内插 H 型钢）复合方案，混凝土桩径 1m，设计间距 1.5m，桩顶斜锚 25m，水平锚 15m。典型剖面如图 27-44 所示。桩顶混凝土连续板厚 500mm，双层配筋与桩墙型钢及混凝土桩主筋可靠连接。

基坑设计所用各层土设计参数　　　　表 27-20

土层编号	岩性	层厚（m）	天然重度 γ (kN/m³)	黏聚力 c_{UU} (kPa)	内摩擦角 φ_{UU} (°)
①	杂填土	1.94	19.8	—	—
②	粉土	4.89	19.8	19	22
③	粉质黏土	1.00	19.8	23	17.9
④	粉土	4.15	19.9	18	22.3
⑤	粉质黏土	5.13	19.5	22	23.5
⑥	粉土	19.23	20	18	22.2
⑦	细砂	11.25	20.5	1	37.1

（4）设计计算

内容包括：基坑的土压力计算、上部土钉计算、下部复合桩墙锚、整体稳定性验算、坑底抗隆起的验算、渗流稳定性验算等。

本工程计算中考虑深层喷射搅拌水泥土桩墙的支护作用，将上部加固过的土体看作下部斜锚的上部荷载，桩墙内力计算按组合截面进行。

其中内力、变形及锚杆计算结果如表 27-21、表 27-22 所示。

内力值计算表　　　　　　　　表 27-21

段号	内力类型	弹性法计算值	经典法计算值	内力设计值	内力实用值
代表段	基坑内侧最大弯矩（kN·m）	1015.40	784.72	1269.25	1269.25
	基坑外侧最大弯矩（kN·m）	778.03	896.87	972.54	972.54
	最大剪力（kN）	516.46	394.52	548.74	548.74

采用组合截面进行承载力设计，经计算配筋满足规范要求。

锚杆配筋表　　　　　　　　表 27-22

支锚道号	支锚类型	水平间距（m）	入射角（°）	锚杆配筋	锚杆刚度（MN/m）	总长（m）	锚固段长度实用值（m）	预加力（kN）	实配［计算］面积（mm²）
1	锚杆	1.500	50.00	7束15.2	7.05	28	9.5	200.00	980.0 ［438.7］
2	锚杆	1.500	15.00	2⫶32	149.95	15	0.0	100.00	1608 ［1325］

(5) 基坑变形监测结果

基坑水平位移监测结果如图 27-45 所示实测结果表明：在开挖过程中，复合桩墙锚的变形主要表现为整体和平移。但当基坑开挖超过一定深度时，由于顶部斜锚的张拉作用，在桩身弯矩最大截面位置附近变形增大，桩体产生弯曲变形。当对支护结构中设置水平锚杆并进行部分张拉后，弯曲变形很快得到控制并出现较大反弹，基坑水平变形在以后长期监测过程中都处于稳定状态，基坑最大水平变形为 4 号测斜点 10.8mm、5 号测斜点 22.4mm 图 27-46 为现场施工照片。

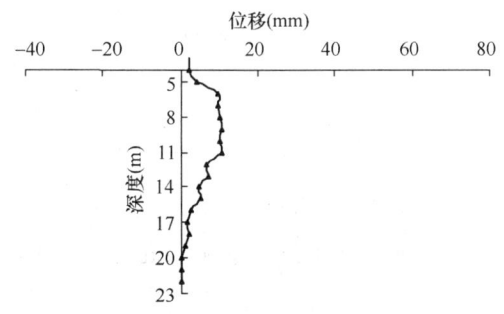

图 27-45　基坑水平位移监测结果　　图 27-46　郑州国贸中心基坑工程复合桩墙锚支护实景

复合桩墙顶部设置的斜向锚杆起到超前锚固的作用，约束支护结构整体平移和转动变形。但当基坑开挖超过一定深度后，在灌注桩桩身会产生较大弯矩，可能发生复合桩墙墙身产生不协调弯曲变形，导致复合桩墙的整体工作性能遭到破坏，如不限制复合桩墙弯曲变形的发展，将使前墙产生开裂，继续开挖，则有可能危及基坑支护结构安全。为保证复合桩墙的整体工作性能和控制桩体开裂，较好的方法是在支护结构中增加水平短锚杆并进行张拉。从工程实测结果看，该法取得了比较好的效果，锚杆张拉后弯曲变形很快得到控制并出现反弹，有效地保证了基坑支护体系的正常工作，效果良好。

27.2.4　复合桩墙支护相关技术

1. 深层喷射搅拌法施工技术

1) 技术简介

深层喷射搅拌成桩法是在深层搅拌法和高压喷射注浆技术基础上开发研制成的一种新型地基加固处理技术。它将机械搅拌合喷射搅拌有效地进行组合，在桩的中心部位采用机械搅拌，外围采用高压喷射注浆处理，从而形成均匀细密的水泥土桩。该技术有效克服了单纯使用深层搅拌法和高压喷射注浆法产生的缺陷，整合了深层搅拌法和高压喷射注浆法的技术特长。与高压旋喷桩相比，喷射搅拌桩所需切割能量小、能耗小；钻杆钻进和提升快，施工速度可提高30%以上，水泥排放量减小，可节约1/3水泥用量；与深层搅拌法相比，提高了水泥与土的拌合均匀度和水泥土强度；可插入型钢等加筋材料具有支护和止水双重功能，其止水效果较好。建设部发布的《建设事业"十一五"推广应用和限制禁止技术》公告，在第一批推广应用技术部分，将"深层喷射搅拌法施工技术"列入"节地与地下空间开发利用技术领域地下工程施工技术"。

2) 深层喷射搅拌法施工工艺

如图27-47、图27-48所示，深层喷射搅拌法特征在于：在成桩的中心部位主要采用机械搅拌，在外围桩体则以高压喷射流切割搅拌。施工方法主要有JC-1方法和JC-2方法。

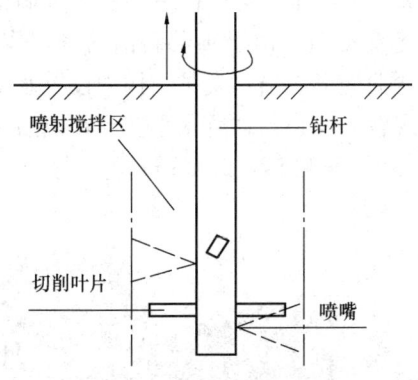

图27-47 JC-1方法示意图

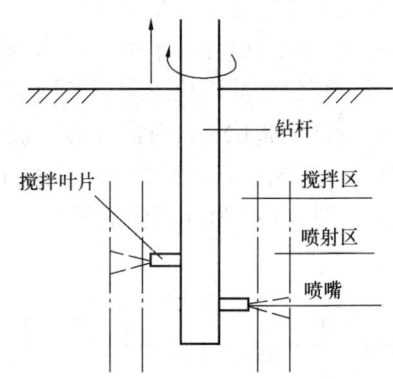

图27-48 JC-2方法示意图

JC-1方法的主要特点是水泥土的机械搅拌区和喷射搅拌区完全重合，桩径由切削翼控制，所需的浆液喷射压力较小，一般为3~10MPa。而水泥土桩的水泥土混合效果也较好，水泥掺入比为25%左右时，桩身强度可达5MPa，桩径一般在500mm左右。

JC-2方法的主要特点是成桩直径由喷射压力和提升速度来控制，可以根据设计需要改变水泥土桩的桩径，水泥土桩的桩身强度和单桩承载力的调控也比较灵活。并且钻杆在砂土中的钻进和提升速度也比传统的高压喷射法加快近30%，水泥排放量减少近50%。在粉砂中，水泥土桩桩径可控制在500~800mm范围内。当掺入比为25%左右时，桩身强度可达5~20MPa[5]。

JC-1法和JC-2法于1998年在郑州某工地进行了现场试验，其中JC-1方法试桩6根；JC-2方法试桩3根。地基土为粉土、粉砂。桩长7.5m、水泥土掺入比为30%、置换率为25%、龄期28d，水泥土桩的各项力学指标如表27-23所示。

试验结果（平均值） 表27-23

方　法	桩身强度 $f_{cu,k}$	单桩承载力特征值 R_k^d (kN)	复合地基承载力特征值 $f_{sp,k}$ (kPa)
JC-1	5.2	440	460
JC-2	6.5	510	550

3) 设计施工要点

(1) 水泥掺入量

掺入量宜为被加固土重的 20%～35%。外掺剂可根据实际工程需要选用具有早强、缓凝、减水、节省水泥等性能的材料,但应避免环境污染。

(2) 抗渗计算

应满足各规范[6,7]对防渗水泥土桩墙的抗渗计算要求,各规范要求如下:

① 《建筑基坑支护技术规程》(JGJ 120—99) 第 8.4.1 条"截水帷幕的厚度应满足基坑的防渗要求,截水帷幕的渗透系数宜小于 1.0×10^{-6} cm/s"。

② 《建筑基坑工程技术规范》(YB 9258—97) 第 13.3.3 条"采用地下连续墙或隔水帷幕隔离地下水,宜将其插入含水层底板下 2~3m,隔水帷幕渗透系数宜小于 1.0×10^{-7} cm/s"。

(3) 施工参数

搅拌直径:300~450mm。

提升(钻进)速度:250~1000mm/min。

喷嘴和搅拌叶片:喷嘴是将高压泵输送来的液体压能最大限度地转换成射流动能的装置,它安装在钻头侧面,其轴线与钻杆轴线成 90°,设计成收敛圆锥形,其流速系数 $\varphi = 0.960$,流量系数 $\mu = 0.947$,喷嘴收缩角 $\theta = 13°$。

搅拌叶片由厚 $t = 25$mm 的钢板加工制成,叶片面与水平面成一定夹角。

2. 无砂混凝土小桩加固地基技术

1) 技术简介

无砂混凝土小桩技术,是在压力灌浆和小桩技术基础上研究开发的一种地基处理技术。该技术通过桩孔中的注浆管及碎石桩体向桩周土体进行低压灌浆,待水泥浆液初凝后,再进行高压注浆,使孔内水泥浆进一步密实,并使桩周土体受到压密灌浆处理,形成混凝土小桩加筋体(加筋材料可为注浆钢管)。

2) 施工工艺

(1) 流程示意如图 27-49 所示。

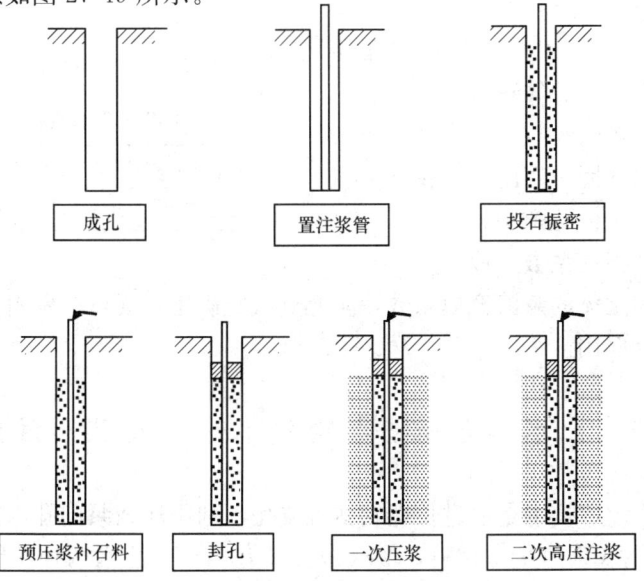

图 27-49 投石压浆无砂混凝土小桩施工工艺流程图

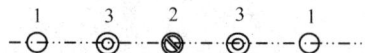

图 27-50 同排桩施工顺序示意图
1—第一次序桩位；2—第二次序桩位；
3—第三次序桩位

(2) 施工顺序

对挡土及基坑工程，通常有单排桩、双排桩或三排桩形式。单排桩时，施工顺序如图 27-50 所示；双排桩时，宜先施工下游排桩孔，如三排桩，则先施工下游排桩，再施工上游排桩，最后施工中排桩。

3) 设计与施工要点

(1) 小桩间距

当不考虑桩土粘结效应时，小桩间距 $S \geqslant 8d$，完全考虑时 $S \leqslant 6d$，考虑时桩间距介于两者之间。

(2) 材料与技术参数

①碎石粒径要求

为保证填石振捣质量，适用粒径为 5～15mm 级配碎石。

②超细水泥

当原状土的渗透系数较低时，采用普通粒径的水泥浆液就难以灌入桩周土体，可采用平均粒径为 4μm，最大粒径为 10μm 的 SK 型超细水泥。由于水泥细度高，比表面积大，要配制流动性较好的浆液所需水量就较大，其保水性又很强，易造成压入浆液的多余水分不易排出，而使结石强度降低，工程中可采用小水灰比加高效减水剂方法，改善水泥浆的流动性。

③灌浆压力

工程注浆分渗入灌注和二次补浆两个阶段。通常由现场试验来确定灌浆压力，即通过逐步提高压力，绘制注浆量与注浆压力关系曲线，实际注浆时，可以试验所得容许压力的 80% 作为注浆压力，也可根据经验，对砂土取 0.2～0.5MPa；对黏性土，取 0.2～0.3MPa；对粉土，取 0.2～0.4MPa；补浆压力一般为 1.5～2MPa。

④灌浆量

灌浆量为碎石桩中碎石的孔隙体积和桩周加固土层灌入孔隙体积之和，灌浆量可按下式计算，并不少于桩体体积的 2 倍。

$$V = V_s n_s + V_n m m (1+L) \tag{27-30}$$

式中 V_s——碎石桩体总体积（m³）；
n_s——碎石桩的孔隙率；
V_n——桩周加固土层的总体积（m³）；
n——桩周土体孔隙率；
L——浆液损耗系数，取 5%～15%；
m——桩周土体的浆液充填系数，应通过试验确定，无试验资料时可按表 27-24 的经验取用。

灌浆充填系数 m   表 27-24

软土，黏性土，细砂	中砂，粗砂	黄土
0.2～0.4	0.4～0.6	0.2～0.8

27.3 挡土止水二合一支护新技术——钻孔后注浆连续墙

钻孔后注浆连续墙技术是通过长螺旋钻机成孔，利用注浆泵向孔内注入水泥土浆，再在孔内插入 H 型钢或其他受力材料，形成一种具有挡土、止水两种功能的支护结构。钻孔后注浆连续墙受力机理与 SMW 工法相仿，均依靠水泥土内插入芯材受力，而水泥土不参与受力计算,计算模型和方法与 SMW 工法相同。

钻孔后注浆连续墙的成墙结果类似于 SMW 工法,但在成墙工艺和水泥土搅拌及成型工艺上有所区别,即利用长螺旋钻机钻掘至设计深度后,边提钻边注入在孔外已配制好的水泥土浆,在水泥土初凝之前,插入 H 型钢或其他受力材料,重复搭接施工,便形成一道有一定强度和刚度的、连续完整的地下连续墙体。图 27-51 和图 27-52 为钻孔后注浆连续墙的开挖效果。

图 27-51 钻孔后注浆连续墙工程实景图

图 27-52 钻孔后注浆连续墙侧壁开挖实景图

27.3.1 适用范围

钻孔后注浆连续墙适应于多种土层,能在基坑侧壁和基坑底是回填土、黏土、粉土、粉砂及粉土粉砂互层、淤泥(含流塑状态淤泥)、砂层、卵石(粒径小于 6cm)等地层中施工作业。对于存在地下障碍物的区域应先经过排障处理。

钻孔后注浆连续墙适宜的基坑深度与土层和施工机械有关,目前在已经采用钻孔后注浆连续墙工法施工的基坑支护工程中,基坑开挖深度一般为 5~15m,基坑侧壁和基坑底土质最差的土为承载力为 40kPa 流塑状态的淤泥,根据成孔直径和受力芯材断面的调整,或采用扶壁以及内支撑或锚杆的配合,可完成 20m 左右深的深基坑工程。

钻孔后注浆连续墙工法重叠搭接施工可根据地质情况自行调配,参见图 27-53。

钻孔后注浆连续墙的优势:

(1) 施工设备在施工时占地小,动力头在前,距既有建筑物 60cm 即可施工。

(2) 钻机设备成孔速度快,每台设备平均每天可施工 800 延米长,效率是传统排桩的 3~4 倍。

(3) 与传统的水泥土搅拌相比,对水泥土的成型质量做到可视、可控。水泥土中掺入早强等添加剂,连续墙全部施工完后,即可对先施工的支护段进行开挖。

(4) 导墙、围檩、部分支撑梁及 H 型钢均为装配式钢结构,安全度高,安装速度快,无需养护,有利于加快施工进度。

(5) 挡土、止水二合一,工序少,工效高,工期短、成本低,该工法的成本比传统排桩支护低 5%~10%。

(6) 挡土止水二合一,节约支护结构占地。

27.3.2 施工工艺

钻孔后注浆连续墙工艺由导墙安制、成孔、搅拌水泥土浆、注浆、芯材制作及吊放、换撑、拔受力芯材等工序组成，各个工序紧密相连，互相配合。钻孔后注浆连续墙施工工艺的平面图和剖面图分别见图27-53、图27-54。

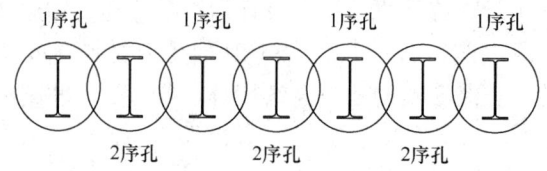

图 27-53　钻孔后注浆连续墙施工工艺平面图

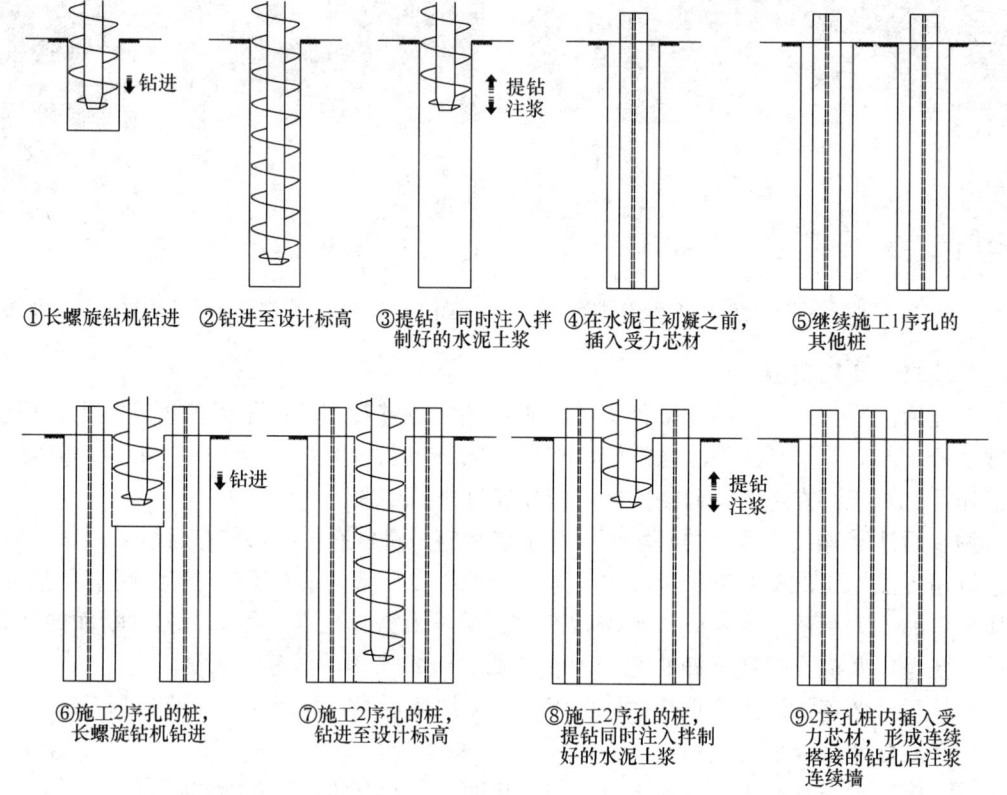

图 27-54　钻孔后注浆连续墙施工工艺剖面图

27.3.3　钻孔后注浆连续墙施工要点

1. 导墙的制作及安装

(1) 导墙采用装配式工字钢或 H 型钢，工字钢或 H 型钢内边应在一条直线上，间隔 3m 用钢筋加固固定，导墙外侧用黏土填实。

(2) 导墙转角连接处要焊接牢固，导墙安装和使用过程中应及时校正定位尺寸，要求平面位置偏差不大于 15mm，倾斜度偏差不大于 1%。

(3) 导墙上的泥土应及时清除，保证定位标志清晰。

2. 钻孔

(1) 钻机就位时严禁碾压或碰撞导墙，并保证垂直度满足要求。图 27-55 为长螺旋钻机成孔。

(2) 定位时,应复测桩位点,防止因堆积土体的挤压或附近钻孔的扰动,造成桩位移位。

(3) 为了保证施工的质量和施工安全,钻机作业行走区域内的地基承载力必须满足钻机作业的要求,必要时铺设钢板或路基箱。

(4) 钻孔采取分段循环跳钻施工法,根据土质情况确定跳钻间距。钻进时,下钻速度应保证泥土能及时排除。起钻时,禁止反钻,并尽量带出泥土。

3. 水泥土浆的制备

(1) 水泥土浆制备质量的好坏直接影响到钻孔后注浆连续墙的质量和安全。制备好的水泥土浆存放入储存池。

图 27-55　长螺旋钻机成孔

(2) 水泥土浆制备前要经试验室试配。

(3) 水泥土浆由水泥土浆搅拌机搅拌,水泥土浆的搅拌时间不小于 3min。水泥土浆相对密度用比重计或电子天平测定。浆液应搅拌均匀,随搅随用。

4. 注浆

(1) 注浆提钻时,提钻速度和注浆速度应保持一致,且应保持压力,防止空孔现象,避免缩颈和塌孔。

(2) 水泥土浆的停注标高应超灌 0.8m,灌入量大于理论值(充盈系数不小于 1.1)。

(3) 注浆成桩后 2h 应检查孔口水泥土浆沉淀情况,并及时补浆以防桩顶出现空孔现象。

(4) 对于间隔时间较短,需要进行 2 序孔施工的情况,可采用掺入适量早强剂的方法。

5. 芯材安设

图 27-56　钻孔后注浆连续墙内插入 H 型钢

(1) 芯材采用竹筋笼时,竹筋笼直径不小于 150mm,居中放置,四片弧面向里绑扎成型。

(2) 芯材采用 H 型钢时,插入时居中放置,使腹板垂直于支护结构轴线的方向,并保证各 H 型钢在一条直线上,然后固定在导墙上。图 27-56 为钻孔后注浆连续墙内插入 H 型钢。

(3) 作为受力主材的芯材必须验收合格后方可进行安装,芯材必须对准桩中心并垂直插入,芯材不能插偏和插反,吊装时控制好芯材顶标高,防止过高或过低。

(4) 受力芯材采用型钢等可回收材料时，应刷减摩隔离剂，减小回收过程中的阻力。

6. 拔出芯材

(1) 芯材采用型钢等可回收芯材时，在地下室施工完毕并回填至±0.00 后需拔出芯材。

(2) 拔芯材采用高频振动锤或静力拔桩器进行，吊车型号应根据振动锤重量、型钢重量、长度、场地情况、周边环境等综合确定。

(3) 芯材拔出后如出现带出土的情况需及时用水泥土浆或砂浆回填空孔。

7. 扶壁式钻孔后注浆连续墙

当基坑开挖深度较深、土质较软或对基坑变形控制较严时，除采用传统的增加钻孔直径和 H 型钢断面外，可在钻孔后注浆连续墙背后设置扶壁桩，从而达到加强竖向支护结构的刚度、减少或取消内支撑结构的目的，其布置形式如图 27-57 所示。

此时需在扶壁式钻孔后注浆连续墙顶部设置连系梁，可采用钢筋混凝土结构或钢结构，如图 27-57 所示。

与双排桩不同，扶壁式钻孔后注浆连续墙在一个计算单元内前排与后排桩的数量不是一一对应的，H 型钢的长短也不一样，通过对组合刚度的折减进行计算。图 27-58 为扶壁式钻孔后注浆连续墙工程实景。

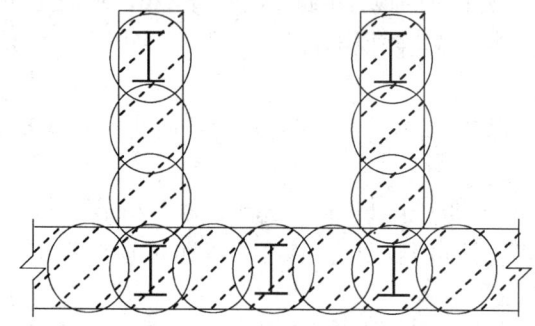 

图 27-57　扶壁式钻孔后注浆连续墙连系梁布置形式　　图 27-58　扶壁式钻孔后注浆连续墙工程实景

27.3.4　质量控制标准与措施

(1) 钻孔后注浆连续墙质量控制标准见表 27-25。

(2) 钻孔后注浆连续墙质量控制措施见表 27-26。

钻孔后注浆连续墙允许偏差　　表 27-25

项　次	项　目	允许偏差		检验方法
		单位	数值	
主控项目	1　桩顶标高	mm	+100 -50	水准仪
	2　桩位偏差	mm	<20	钢尺量
	3　垂直度	%	≤1	经纬仪
	4　水泥土强度	符合设计要求		试件强度
	5　桩径	mm	≥D	钢尺量

续表

项 次		项 目	允许偏差		检验方法
			单位	数值	
一般项目	1	芯材长度	mm	±10	钢尺量、D 为桩径
	2	孔深	mm	≥H	测绳量
	3	芯材垂直于轴线方向偏差	mm	≤20	经纬仪、钢尺量
	4	芯材平行于轴线方向偏差	mm	≤20	水准仪
	5	芯材插入平面位置	mm	10	钢尺量

钻孔后注浆连续墙常见问题控制措施 表 27-26

序 号	常 见 问 题	控 制 措 施
1	桩中心偏位	桩中心标志要醒目，并要有专人指挥钻机定位。夜间施工要有明亮的照明。破坏的桩位应及时补测、及时定位
2	桩径偏小	定期专人检查钻头直径，及时维修和更换不合格钻头
3	桩身倾斜	施工前做好清障工作，钻机定位后，应吊线检查主塔的垂直度，四个支腿应撑在密实的地基上，保持稳定性。施工过程要随时抽检
4	桩身夹杂异物	成桩施工后，应停置 24 小时再清理孔口周围泥土
5	有效桩长不够	专人观察桩身注浆情况，注浆后 2 小时要有专人检查水泥土沉淀情况，及时补浆至设计液面标高
6	水泥土强度不够	定期专人检查是否按配合比进行配料，定期专人检测泥浆相对密度和水泥土相对密度，经常搅拌水泥土以防沉淀

27.3.5 工程实例

钻孔后注浆连续墙工法先后在铁四院科研大楼、长江委地下车库、武汉香港新世界中心、万科润园、江滩花园、新华明珠、武汉建筑设计院等 20 多项基坑支护工程中得到应用，取得了良好的经济效益与社会效益。下面列举 3 个具有代表性的工程。

1. 铁四院生产科研综合楼

1）工程概况

铁四院生产科研综合楼位于武昌区杨园街和平大道旁，占地 9959.6m²。地上 23 层，地下 2 层，基坑周长约 386m，基坑面积约 8458m²。工程场地略呈三角形，位于铁四院办公大楼的东南边。场地南侧紧邻和平大道；西侧紧靠既有的铁四院办公大楼，该办公大楼为 20 世纪 50 年代建的砖混结构房屋（毛石基础），在上述老建筑上加 4~6 层，加层部分采用钻孔灌注桩，共计 8~10 层。北侧紧靠既有的居民住宅，8 层砖混结构，钢筋混凝土条形基础。

2）地质条件

场地属长江冲积Ⅰ级阶地，距长江较近，与基坑支护有关的土层构成与特征见表 27-27。

基坑所在场区的地质物理力学性质指标　　　　　　　　表 27-27

层号名称	厚度范围（m）	黏聚力 c (kPa)	内摩擦角 φ (°)
①人工填筑素填土	0.5～3.4	8	16
①-1 粉土夹粉质黏土	0.6～6.7	13	12
①-2 淤泥质黏土	3～11	12	8
①-3 粉土	0～4.8	13	12
②-1 粉砂	0～4.8	0	27
②-2 细砂	16.5	0	32
②-3 中砂	17.9	0	36

3) 基坑的特点及难点

(1) 为满足铁四院地下停车位的需要，使地下室面积最大化，基坑只能沿红线施工。

(2) 地下室为两层，基坑开挖深度为 9.95～11.5m，开挖深度较深。

(3) 本基坑工程平面较为不规则，略呈三角形。

(4) 本工程场地周边环境非常紧张，三边为既有建筑物、一边为城市主干道，不能放坡卸载，基坑支护结构的施工应考虑对围墙、办公楼、居民楼及地下管网的影响。尤其是在基坑临和平大道一侧有一条新修的电缆沟和基坑西北角有一条改道后的排水管及原有电缆沟需保护。

(5) 本工程所处场地地下水丰富，且距离长江很近，坑侧壁有粉土、粉砂，易流析，坑底以下为砂性土层，能解决好此土层的渗水和管涌问题是本工程的成败关键所在。

(6) 场地内承压水层顶板埋深较浅，基坑底均处在粉砂层，需重点考虑地下水的处理。

4) 基坑支护的选择

(1) 由于本工程所处地层多为砂性土层，地下水丰富，深层搅拌桩的止水效果不理想，极易出现基坑侧壁渗漏水的情况；场地南侧和北侧地下室轴线距离红线 1m，若采用排桩支护体系，则排桩和深层搅拌桩必将出红线施工，造成红线外地下空间的污染。

(2) 选择采用钻孔后注浆连续墙，在基坑四周每边可为业主节约支护用地 1.2m 宽，地下室可紧邻红线布置，使得地下室面积实现最大化。

5) 实施效果

基坑开挖后，基坑侧壁连续致密，无渗漏点。临近的建构筑物经过监测数据分析，最大差异沉降量为 8.5mm，均在设计控制范围以内，整个基坑施工过程实现了"零"险情的目标。

监测结果表明，钻孔后注浆连续墙支护结构在深厚粉砂层、紧临长江和复杂周边环境条件的工程中得到了成功应用，图 27-59 为铁四院生产科研大楼基坑开挖实景。

图 27-59　铁四院生产科研大楼钻孔后注浆连续墙

2. 新华明珠基坑工程

1) 工程概况

新华明珠工程位于汉口新华路和台北 1 路相交处，地上三栋 25~38 层楼，地下一层半。基坑平面为极不规则异形形状，基坑深 6.8~7.5m，基坑周长为 440m，基坑周边环境复杂（三边均为既有建筑物、一边为新华路）和淤泥深厚（16~18m 深的流塑状的淤泥）且承载力为 40~50kPa。

2) 支护结构的选择

(1) 经和排桩方案进行反复对比，尤其是分析了旁边两栋高层建筑的深基坑工程出现事故的原因后，采用了钻孔后注浆连续墙工法。

(2) 针对本工程对基坑变形要求严的特点，采用了扶壁式钻孔后浆连续墙；实际工程表明扶壁式钻孔后注浆连续墙是减小基坑变形的有效方式，使基坑竖向支护结构的刚度大为提高。

(3) 基坑南边 3m 处有一立体升降式停车库，也是本基坑保护的重点对象之一，施工的实际情况表明，该处基坑变形仅为 21mm，效果良好。

3) 实施效果

本深基坑工程在基坑边有危房和 16~18m 深厚淤泥，周边相邻两个深基坑（排桩＋锚杆）均出现基坑事故的复杂条件下，采用钻孔后注浆连续墙＋组合结构环形内支撑方案，平安地完成了深基坑支护的任务，图 27-60 和图 27-61 为新华明珠基坑工程开挖实景。

图 27-60　新华明珠基坑工程开挖全景之一

图 27-61　新华明珠基坑工程开挖全景之二

3. 武汉香港新世界中心深基坑工程[8]

1) 工程概况

新世界发展（武汉）有限公司投资兴建的武汉新世界中心位于武汉市汉口利济北路与解放大道交汇处，西靠大江祥和公寓，占地约 37234m²，基坑周长约 720.0m。

2) 地质条件

场区杂填土层和砂、卵石层为强透水层，第④层为过渡含水层。表层杂填土与④层之间的黏性土层及下伏基岩（泥质页岩）为弱透水层和不透水层。根据地下水埋藏条件，场区地下水分为两种类型：上层滞水和孔隙承压水。基坑地层参数取值见表 27-28。

3）基坑的特点及难点

（1）工程地处武汉市最繁华的闹市区，人流、车流量大，环保及文明施工要求高。

（2）工程地处航空路三层立交桥旁，基坑施工期间，保证立交桥的安全至关重要，武胜路立交桥曾因周边深基坑的渐土和渐水而发生不均匀沉降。

（3）本工程所处场地内土质情况较差，尤其是基坑侧壁的粉土、粉砂及其互层，对基坑支护不利。工程地下水水位较高，坑底的隔水层厚度较小，坑底的抗突涌风险较大。

基坑所在场区的地质物理力学性质指标　　　表 27-28

地层编号和名称	重度 γ（kN/m³）	黏聚力 c（kPa）	内摩擦角 φ（°）
①杂填土	18.7	8	18
②-1 黏土	18.5	23	10
②-2 粉质黏土	18.7	16	15
③-1 粉质黏土	17.6	11	9
③-2 粉质黏土	17.8	15	11
④粉土粉砂互层	17.6	11	20
⑤-1 粉细砂	19	0	33

（4）基坑场地条件极为狭窄，基坑顶部难以放坡卸载。在狭窄的场地情况下，场地又分为三个标高：自然地面、—3.50m 和—11.00m，施工难度大。

（5）施工场地需要占用航空路边已装修的花岗岩路面，如何对其进行保护是一难点。

（6）工期异常紧，传统排桩支护方法需 180 天时间，业主要求 100 天完工。

（7）基坑周边荷载大（堆土荷载达 3m 高，并有 50t 坦克吊行走），如何控制基坑变形和保证坑边的数种管网的安全是一难点。

4）基坑支护的方案比较与选择

本工程基坑开挖深度较大（11m 深），周边地下管网较多且已施工的地下构筑物与基坑距离很近，基坑开挖深度范围内有较厚的软—流塑状的粉质黏土等软弱土层和粉土粉砂互层，本基坑支护工程，由于开挖深度较大，且有较厚的软土层，需采取有效的支护体系。根据本工程的特点，可供选择的方案有两种。

（1）排桩＋止水帷幕＋支撑支护方案

经论证，排桩＋止水帷幕方案无法实施。

（2）钻孔后注浆连续墙＋支撑方案

钻孔后注浆连续墙因其挡土、止水二合一，工期短，造价低，安全性高，内插入 H 型钢进行挡土支护，可以成功解决本基坑的上述 7 个难点，内支撑采用两层钢支撑，第一层内支撑支撑在±0.00 结构上，第二层内支撑撑在已施工完的地下室底板上。

5）钻孔后注浆连续墙支护设计

钻孔后注浆连续墙钻孔直径为 650mm，钻孔后注浆连续墙内插 H 型钢，在基坑支护结构外侧沿轴线方向每 4.0m 布置一根 ϕ650 钻孔后注浆扶壁桩。设置两道钢支撑，采用双拼和 4 拼 200×450H 型钢围檩。支撑构件为 ϕ630 钢管，壁厚为 10mm 和 12mm。

6）周边环境和基坑的保护和监测

（1）基坑边有大量的地下管网，且均没有文字资料，而履带吊需在这些管网（含煤气管网）上行走，为确保管网的安全，采用先进的探测方法将基坑边的管网全部进行了探测，做到有针对性地进行防护。

（2）由于基坑所处的特殊地段和众多管网距坑边很近，而且基坑边有 50t 的履带吊行走，此外，因本工程地处闹市区，白天不能出土，为加快出土进度，白天将土方先从基坑内挖上来堆在基坑边，高度达 3m，相当于基坑深度加深 3m，对本支护方案提出了严峻的挑战。因此，基坑设计中对变形从严控制，要求不大于 30mm，实际变形仅为 17mm，坑边有如此大的堆载，基坑的变形却比设计和计算要小得多，分析其原因在于本工程采用的是全钢结构的支护方式，即竖向支护结构、冠梁和内支撑全部为钢结构，均能立即受力，基坑处于悬臂或无支撑状态的时间很短，随挖随撑，减少了每个工况的变形以及各工况变形的叠加效应。

7）实施效果

（1）在武汉市最繁华的闹市区地段采用钻孔后注浆连续墙支护方案，实现了"零险情"的目标，图 27-62 为新世界中心基坑开挖实景。

（2）武汉市长江、汉江贯穿其中，地下水丰富导致武汉市的深基坑出问题的主要原因之一就是基坑侧壁渐水渐土和基坑底突涌，从而引起周边沉降，钻孔后注浆连续墙正是针对上述问题而产生的具有针对性的基坑侧壁止水的解决方案；同时因止水帷幕和支护受力结构同深度，延长了地下水的渗透路径，并减少了对地下水的抽排，从而减少了对周边环境的影响。

图 27-62 核心闹市区钻孔后注浆连续墙基坑工程实景

（3）本工程为基坑扩建工程，需破除既有 $\phi1000$ 排桩，难度大费用高；如在今后的类似工程中，在拟扩建一端或整个基坑中采用钻孔后注浆连续墙，因 H 型钢可拔出，从而减少了需破除排桩的难度和费用。

（4）实际抽水量比理论计算要小得多，分析其原因就在于钻孔后注浆连续墙延长了地下水的补给线路，从这一方面讲，此工法减少了对地下水的抽排，不仅保护了地下水资源，也减少了因降水而引起的周边建（构）筑物的沉降。

4. 长江水利委员会基坑工程[9]

1）工程概况

长江水利委员会地下车库位于武汉市汉口解放大道长江水利委员会大院内，该楼地上为三层，设两层地下室，车库顶面无建筑部分覆土厚度为 0.6m，基础为筏板基础。

2）地质条件

根据地质报告提供的数据，该工程所在场区的地质物理力学性质指标见表 27-29。

3）基坑特点

（1）本工程所处场地内地层土质情况较差，尤其是基坑侧面粉土互层，易渐土渐水，易引起周边环境发生险情，对基坑支护不利，需着重处理。

（2）基坑旁有五层加一层共计6层的办公楼改为资料楼，超载应充分考虑。

（3）距长江边较近，坑侧壁有较厚的粉土、粉砂交互土层，坑底的隔水层厚度较小，因此需重点考虑基坑侧壁的止水和坑底的抗突涌风险。

4）支护结构形式选择

本基坑支护工程，由于开挖深度较大，且有较厚的软土层，故不能采用放坡开挖，需采取有效的支护体系。根据本工程的特点，进行如下支护方案比选：

基坑所在场区的地质物理力学性质指标　　　　　表 27-29

地层编号	名称	重度 γ (kN/m³)	黏聚力 c (kPa)	内摩擦角 φ (°)
①-1	杂填土	18.2	8	18
②-1	粉土	18.7	7	20
②-2	淤泥质粉质黏土	17.7	10	6
②-3	粉质黏土	18.7	10	7
②-4	黏土	18.5	20	9
②-5	黏土	18.6	21.7	11.2
③-1	粉质黏土	17.8	15.1	23.1
③-2	粉土	19.6	5.3	35.8
③-3	粉土	18.4	13	30.4
④-1	粉砂	18.6	10.5	33.8

（1）排桩支护方案

排桩+止水帷幕虽然有一定的安全性，但挡土、止水两种工艺分别施工，工期较长，造价相对较高，施工中产生的泥浆对环境有污染，尤其是大量工程实践证明，粉喷桩在基坑侧壁有粉砂粉土及其互层的情况下难以有效起到止水作用，有不少因此而产生基坑险情的报道。

（2）钻孔后注浆连续墙方案

钻孔后注浆连续墙作为止水帷幕和受力体，墙内插入 H 型钢芯材进行挡土支护，挡土、止水二合一、工期短、造价低、安全性高。

图 27-63　钻孔后注浆连续墙基坑工程开挖全景

图 27-64　钻孔后注浆连续墙开挖侧壁效果

5) 实施情况

基坑在 2006 年汛期开挖,整个基坑侧壁无渗漏水情况,证明了钻孔后注浆连续墙具有连续致密的止水效果。图 27-63 为长江水利委员会地下车库工程开挖全景,图 27-64 为长江水利委员会地下车库基坑工程位于长江边侧壁钻孔后注浆连续墙开挖效果。

参考文献

[1] 张飞,刘忠臣,陈国刚. 预应力土层锚杆与土钉墙联合支护的力学工作机理研究[J]. 岩土力学,2002,23(3):292-296

[2] 郭院成,王立明,郑秀丽. 土钉与桩锚联合支护结构的设计计算模式[J]. 河南科学,2003,21(3):287-291

[3] 郭院成,秦会来,王立明. 桩锚与土钉联合支护结构中的土压力分配模式[J]. 郑州大学学报(工学版),2004,25(3):52-55

[4] 郭院成,周同和,宋建学. 桩锚与土钉联合支护结构的工程实例[J]. 郑州大学学报(工学版),2003,24(2):26-28

[5] 周同和等. 深层喷射搅拌法的试验研究与应用[A]. 南京:第七届土力学与岩土工程学术讨论会论文集,万国出版社,1999

[6] 建筑基坑支护技术规程(JGJ 120—99)[S]. 北京:中国建筑工业出版社,1999

[7] 建筑基坑工程技术规范(YB 9258—97)[S]. 北京:冶金工业出版社,1998

[8] 王平,覃莉莉. 武汉新世界中心深基坑扩建工程的设计和施工[R]. 武汉:基坑工程应用技术,2008

[9] 王平. 钻孔后注浆连续墙在长江水利委员会议中心工程中的应用[R]. 武汉:基坑工程应用技术,2008

第 28 章 环境影响的分析与保护措施

28.1 概 述

20 世纪 90 年代以前,基坑开挖深度一般不深,因此基坑开挖对周边环境的影响较小,基坑的环境保护问题并不突出。近二十年来,随着我国建设事业的飞速发展,基坑的规模越来越大,开挖深度越来越深,且城市区域往往建筑物密集、管线繁多、地铁车站密布、地铁区间隧道纵横交错,在这种复杂城市环境条件下的深基坑工程,除了需关注基坑本身的安全以外,尚需重点关注其实施对周边已有建(构)筑物及管线的影响。图 28-1 为城市基坑工程典型的周边环境条件。

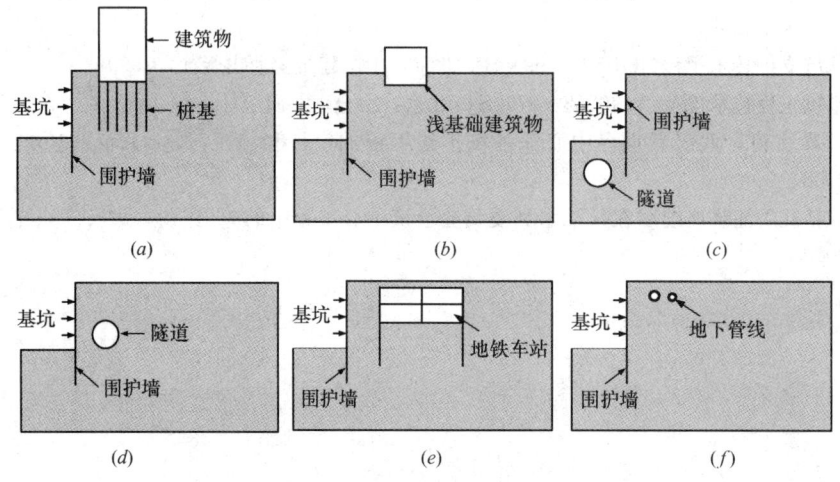

图 28-1 基坑周边典型的环境条件
(a) 基坑周边存在桩基础建筑物;(b) 基坑周边存在浅基础建筑物;(c) 坑底以下存在隧道;
(d) 基坑旁边存在隧道;(e) 基坑周边存在地铁车站;(f) 基坑紧邻地下管线

基坑工程的施工一般可分为三个阶段,即围护体的施工阶段、基坑开挖前的预降水阶段及基坑开挖阶段。围护体如地下连续墙及钻孔灌注桩等的施工会引起土体侧向应力的释放,进而引起周围的地层移动;基坑开挖前及基坑开挖期间的降水活动可能会引起地下水的渗流及土体的固结,从而也会引起基坑周围地层的沉降;基坑开挖时产生的不平衡力会引起围护结构的变形及墙后土层的变形。基坑施工引起的这些地层移动均会使得周边的建(构)筑物发生不同程度的附加变形,当附加变形过大时就会引起结构的开裂和破坏,从而影响周边建(构)筑物的正常使用。随着我国城市区域大量地下空间工程建设的发展,由基坑工程引起的环境保护问题变得日益突出。复杂城市环境条件下的基坑工程环境保护要求高,设计和施工难度大,稍有不慎就可能酿成巨大的工程事故,导致巨大的经济损失并会产生恶劣的社会影响。由基坑工程引起周边环境破坏的典型事故如下:

(1) 南京地铁二号线某车站的基坑开挖深度 17.5m，基坑开挖导致距离基坑 16m 的一栋建筑最先向西沉陷，后变成整体倾斜率超过 0.8% 的危房，住户紧急撤离；距离基坑 20m 左右的两座 15 层住宅楼的住户家里出现大量从顶部开始蔓延的裂纹；基坑旁边的自来水管两次断裂；事故不但产生了巨大的经济损失，还严重地干扰了周围居民的正常工作和生活，在南京市造成了极其恶劣的社会影响。

(2) 位于上海市中心城区的某大楼是上海市第一批优秀历史保护建筑，距离其 18m 的深基坑开挖直接导致其沉降超过 6cm，导致这栋建筑物 160 多处出现碎裂、开裂、渗水、起皮剥落、瓷砖空鼓等，使得这座历史的活见证已岌岌可危。

(3) 上海交通大学徐汇校区内的某建筑是建于 20 世纪 30 年代的砖木结构建筑，为上海市第二批历史保护建筑，受临近 9m 远处深度为 11.35m 基坑开挖的影响，出现了明显裂缝，最后楼内人员全部撤离，结构也需要进行加固处理，造成了严重的损失。

(4) 武汉市某商住大楼基坑，开挖至 8m 时导致距其 6.5m 处的煤气中压管道断裂，煤气大量外漏，受停气影响的用户高达 11 万户，造成了巨大的经济损失和恶劣的社会影响。

基坑工程施工对周边建筑物、地铁隧道、大型地下管线等造成的损伤或破坏性影响，不仅会引起重大的经济损失，更将造成严重的社会及政治影响，且其损失是不可挽回的。另一方面，缺乏研究和正确的认识又往往存在夸大基坑工程对周边环境影响程度的倾向，使得这种环境条件下的基坑工程设计和施工异常保守，导致工程造价畸高，浪费了大量的人力和物力资源，不利于基坑工程的可持续发展和节约型社会的建设。因此，城市环境条件下的基坑工程既是一个技术问题，同时又是一个社会问题，必须引起足够的重视。

在过去，由于基坑的环境保护问题并不突出，基坑工程的设计是以保证基坑的稳定性为主要目的，只要强度能满足要求即可，即基坑的设计由强度控制。近年来基坑工程的环境条件日趋复杂，常常有由于基坑施工而引起建筑物或地下管线损坏的现象发生，而基坑支护结构并无破坏现象，因此基坑支护结构除满足强度要求外，还要满足基坑周边环境的变形控制要求，在软土地区后者往往占主导地位[1]，即设计已由传统的强度控制转变为变形控制。对于复杂环境条件下的基坑工程，需全面掌握基坑周边环境的状况，确定周边环境的容许变形量，采用合理的分析方法分析基坑开挖可能对周边环境的影响，施工中对周边环境设置安全监测系统并进行全过程的监控，必要时采取相关的措施实施对周边环境的保护。

28.2 基坑周边环境调查

28.2.1 环境调查的范围和内容

基坑工程在围护设计前应结合其环境的重要性程度进行必要的环境调查工作，从而为设计和施工采用针对性的保护措施提供相关的资料。环境调查工作可能涉及许多部门和单位的配合，需要投入一定的人力和物力。对于重要的建（构）筑物的环境调查，有必要由专业的环境调查或工程勘察单位提供相应的专项调查报告，调查报告应能满足环境影响分析与评价的需要。

基坑周边环境的调查范围是环境调查必须考虑的问题。基坑环境调查的范围主要由基坑的墙后地表沉降影响范围决定。对于砂土等硬土层，Peck[2]、Clough and O'Rourke[3]

及 Goldberg[4] 等研究表明，墙后地表沉降的影响范围一般为 2 倍的基坑开挖深度，因此，对于这类地层条件下的基坑工程，一般只需调查基坑 2 倍开挖深度范围内的环境状况即可。对于软土地层，Peck[2] 的研究表明墙后地表沉降的影响范围一般为 4 倍的基坑开挖深度；Hsieh 和 Ou[5] 的研究表明，墙后地表沉降可分为主影响区域和次影响区域，主影响区域为 2 倍的基坑开挖深度，而在 2~4 倍开挖深度范围内为次影响区域，即地表沉降在次影响区由较小值衰减到可以忽略不计的程度。因此，对于软土地层条件下的基坑工程，一般也只需调查主影响区域即 2 倍开挖深度范围内的环境情况，但当在基坑的次影响区域内有重要的建（构）筑物如轨道交通设施、隧道、防汛墙、煤气总管、自来水总管、历代保护建筑时，为了能全面掌握基坑可能对周围环境产生的影响，也应对这些环境情况作调查。

一般情况下，环境调查应包括如下内容：

（1）对于建筑物，可通过调研、现场查看、资料收集、检测等多种手段全面掌握建筑物的现状。应查明建筑物的平面位置及与基坑的距离关系、用途、层数、结构形式、构件尺寸与配筋、材料强度、基础形式与埋深、历史沿革及现状、荷载与裂缝情况、沉降与倾斜情况、有关竣工资料（如平面图、立面图和剖面图等）及保护要求等。对历代保护建筑，一般建造年代较远，保护要求较高，原设计图纸等资料也可能不齐全，有时需要通过专门的房屋结构检测与鉴定，对结构的安全性做出综合评价，以进一步确定其抵抗变形的能力，从而为其保护提供依据。

（2）对于隧道、共同沟、防汛墙等构筑物，应查明其平面位置、建造年代、埋深、材料类型、断面尺寸、沉降情况等，并应与相关的主管部门沟通，掌握其保护要求。

（3）对于管线应查明其平面位置、直径、材料类型、埋深、接头形式、压力、输送物体（油、气、水等）、建造年代及保护要求等，当无相关资料时可按《城市地下管线探测技术规程》（CJJ 61）进行必要的地下管线探测工作。

28.2.2 环境调查实例

1. 工程概况

某工程位于上海市黄浦区，东临圆明园路，北抵苏州河路，西倚虎丘路，南至北京东路为界，如图 28-2 所示。本工程是以办公、商业为主，精品酒店、高档公寓为辅的城市多功能街区，主体建筑为 1 号~6 号建筑，主体建筑地上结构 5~14 层不等，基坑面积约为 8400m²。1 号~5 号建筑设置三层地下室，地下室底板面设计相对标高为 −13.400；6 号建筑设置一层地下室，地下室底板面设计相对标高为 −4.500。主体结构底板厚度 1500mm。基坑分为 A、B、C 三区，开挖深度分别为 6.5m、15.4m、15.4m。本工程位于上海市外滩历史文化风貌保护区的核心地块，周边紧邻 12 栋上海市历史保护建筑（包括光陆大楼、广学大楼、真光大楼、亚洲文会大楼、安培洋行、女青年大楼、兰心大楼、中实大楼、美丰洋行、圆明园公寓、哈密大楼、协进大楼），且基坑周边分布有密集的市政管线，基坑的环境保护要求极高。

2. 基坑周边的市政管线调查

以基坑西侧的圆明园路为例，调查了该侧的有关市政管线情况。圆明园路下有一根上水管线、一根雨水管线、一根污水管线、一根电力管线、一根信息管线、一根燃气管线和两根上话管线。管线的情况及与基坑的关系如表 28-1 所示。

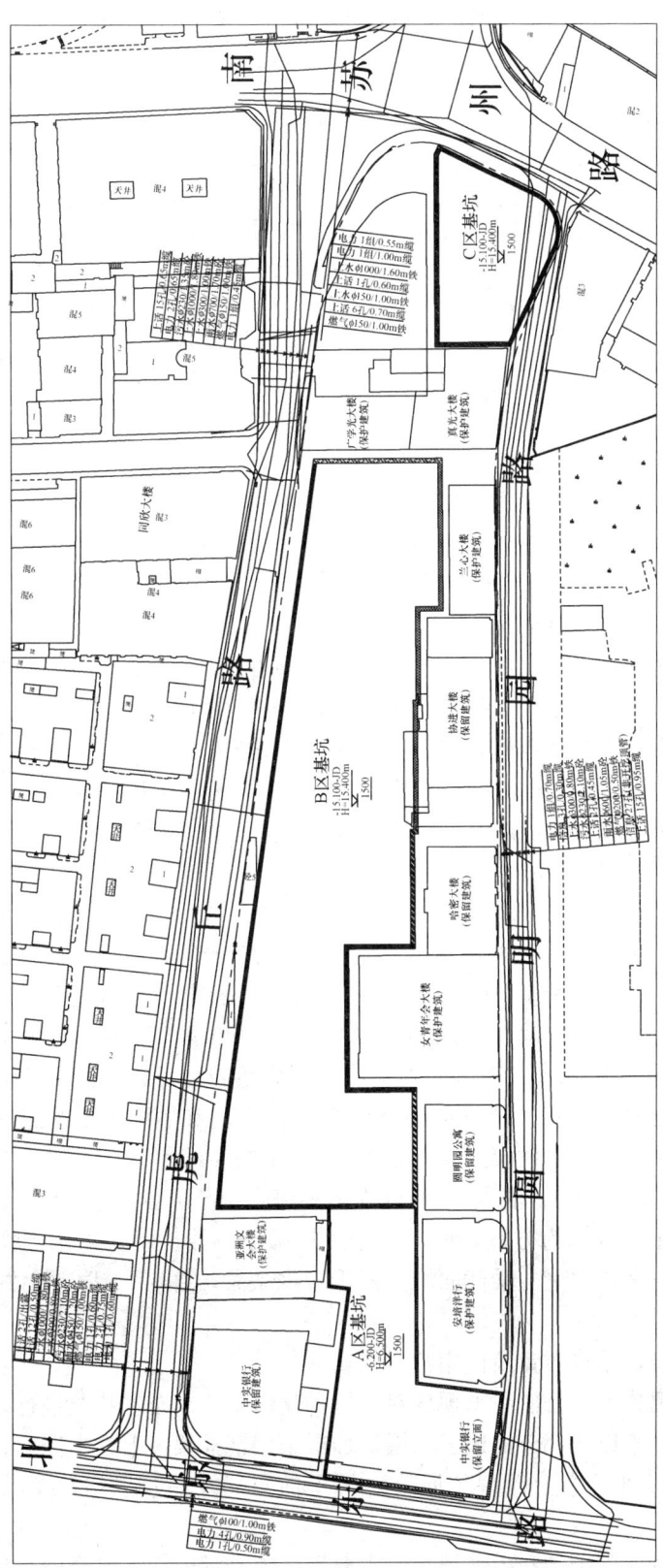

图 28-2 某基坑工程的周边环境情况

圆明园路侧管线的情况及与基坑的关系 表 28-1

序号	管线名称	管径（mm）或组、孔数	材料	埋深（m）	距基坑最近距离（m）
1	信息	3 孔	电缆	0.30	11.2
2	电力	1 组	电缆	0.70	11.7
3	上话	2 孔	电缆	0.45	12.6
4	上水	$\phi 300$	铁	0.80	13.6
5	污水	$\phi 230$	混凝土	2.10	14.3
6	雨水	$\phi 600$	混凝土	1.05	15.9
7	燃气	$\phi 200$	铁	0.50	17.0
8	上话	15 孔	电缆	0.95	18.8

3. 基坑周边建筑物状况调查（以兰心大楼[6]为例）

兰心大楼为上海市近代优秀保护建筑，是外侨在上海最早的剧场兰心戏剧院的旧址。该建筑紧贴本工程的 B 区基坑，距基坑围护体外侧最近仅为 1.5m。房屋建于 1927 年，当时外交部驻沪办事处设于此，1956 年 3 月起由房管部门管理。

(1) 原建筑、结构设计概况

房屋原设计为地上七层（屋面南侧另设有两层塔楼），北侧局部设有地下室。房屋平面为狭长矩形，一至五层平面布置基本无变化，六、七层向西收进一跨。外立面用深棕色面砖饰面，东、西两个立面风格相差很大。房屋南北向轴线总长 29.01m、东西向轴线总宽 10.33m。地下室层高不详，一层层高 4.42m，二至七层层高均为 3.61m，屋面塔楼高 8.77m。房屋南侧为楼梯间，其中部设有一部电梯，通往上部楼层，房屋北侧为办公楼，塔楼部分为电梯机房。

房屋主要采用筏板基础，基础由南北两部分组成，如图 28-2 所示。北侧基础为地下室部分，其围护墙采用混凝土墙，墙厚 610mm，因图纸部分遗失，原配筋情况不详。南侧基础柱下位置沿东西和南北向分别设有大梁；南北向大梁宽 356～635mm，高 1525mm；东西向每跨内另设有两道梁，梁均为 356mm×1525mm。梁顶设顶板，板厚 152mm；基础底板厚 254mm；南侧基础基底埋深为室内地坪以下约 1.64m。房屋上部主体采用钢筋混凝土框架结构（局部为混凝土墙），除七层和屋面向西收进一跨外，其他各层结构布置基本无变化。主框架沿双向布置，东西向 2 跨，跨度（柱距）5.03m；南北向 6 跨，主要跨度为 4.84m。混凝土墙分布在西侧一至五层间的 D/1～5 轴处，墙厚 203mm，单层配筋。柱均为方柱，由下至上逐层缩小。楼、屋盖采用主次梁结构，框架梁间沿东西向设置 2 道次梁。梁截面均为矩形，框架梁端加腋。楼板多数按单向板设计，厚度 102mm。

(2) 现场建筑、结构布置及使用状况调查

房屋目前主要作为办公使用。现场对房屋的建筑和结构布置状况进行了复核调查。结果表明，原屋面 2 轴以北部分加建了一层，加层采用钢框架，上设木搁栅、彩钢板。整体上房屋除了加层以外基本上保留了原设计的平面布局及建筑风格，尤其是外立面保留较好。

现场检测发现原围护墙和内部填充墙主要采用实心黏土砖、混合砂浆砌筑，部分楼层

加建了轻质隔墙分隔成若干房间使用。内墙面一般用纸筋灰和涂料装饰，外墙面仍然保留了原有的深棕色面砖，面砖多数为半砖（120mm）厚，部分楼层有后做的吊顶。大厅及楼梯间地坪为水磨石面层，面层及找平层厚约50mm，水磨石地坪保存尚好，个别地方存在损坏现象，房间内多数有后装修的木地板。现场对D/5处基础进行了开挖检测，检测结果表明基础结构形式及构件尺寸与原设计基本一致，基础内目前积水，积水深度约300mm。

（3）层高、轴网尺寸、构件及配筋检测

用测距仪抽样测试了柱间净距，再加上柱截面尺寸实测值，得到了轴网尺寸表（略）。现场实测结果表明房屋个别轴网尺寸与设计轴网尺寸相比有所偏差，按照实测结果绘制了轴线图。用测距仪抽样测试了各层净高，再加上楼板结构层与装饰层厚度实测值，得到了各层实际层高值（略）。现场抽查得到了柱、梁、墙等构件的尺寸（略），其中柱截面在凿除粉刷层后用钢卷尺检测；梁宽度在凿除粉刷层后用钢卷尺检测，梁高度为板底以下实测高度与楼板厚度设计值之和；墙厚为实测总厚度扣除粉刷及装修层厚度后推算所得。抽查的柱、梁、墙截面基本符合原设计要求，同类构件截面尺寸基本一致。采用BOSCH钢筋探测仪探测钢筋数量、间距，并凿开保护层用游标卡尺测量钢筋规格、保护层及粉刷层厚度，得到了柱、梁、板、墙等构件的配筋检测结果（略）。

（4）混凝土、砖及砂浆强度检测

现场用回弹法抽样检测了部分柱、梁、墙和板的混凝土强度，并用钻芯法进行了取芯修正。现场检测结果表明：一至五层混凝土强度平均值为20.0MPa，最小值为17.4MPa，实测混凝土强度可按C18取用；六、七层混凝土强度平均值为15.8MPa，最小值为14.1MPa，实测混凝土强度可按C15取用。房屋原填充墙材为244mm×120mm×58mm实心黏土砖，一层用泥浆砌筑，其他楼层采用水泥混合砂浆砌筑，灰缝尚饱满，砌筑较平整。用回弹法检测砖墙的砖强度并修正，换算强度在9.7~14.5MPa之间，砖强度可按MU10取用。房屋的实测砂浆强度在2.0~5.8MPa之间，平均强度为3.8MPa，总体上砂浆强度可按M2.5取用。

（5）房屋沉降、倾斜测量情况

为了解房屋目前的总体变形情况，用经纬仪测量房屋角点的垂直度偏差，采用水准仪测量各层楼板板底的相对高差。从测量结果看房屋在东西方向为向西倾斜、南北方向为向中间倾斜，角点倾斜率不大，在1.40‰~3.03‰之间。二、四、六层板底高差测量结果表明各层楼面的高差有相同规律：东西方向均为东高西低，平均高差约75mm之间，换算成向西倾斜率约为8‰；南北向为中间低两端高，最低处在3轴附近，3轴以北平均高差约为120mm，换算成向南倾斜率约为6.3‰。

28.3 基坑周边环境的容许变形量

28.3.1 建筑物的容许变形量

1. 建筑物损坏的定义

根据Skempton和MacDonald[7]及后来有关学者的研究，一般可将建筑物的损坏大致地分为如下三类：

(1) 建筑性损坏。建筑性损坏主要是构件外观上的损坏,例如墙板、楼地面及建筑饰面上的裂缝等。粉刷墙上宽度大于 0.5mm 的裂缝和砌体墙及毛面混凝土墙上宽度大于 1.0mm 的裂缝一般被认为是建筑物住户所能观察到的裂缝的极限大小。

(2) 功能性损坏。功能性损坏主要是结构或构件引起使用功能上的障碍,例如门窗不能开启、墙体或楼面的倾斜、煤气管线或水管的弯曲与破裂、饰面的开裂与剥落等。功能性损坏一般不需进行结构性修复。

(3) 结构性损坏。结构性损坏往往会影响到结构的稳定性,这类损坏包括建筑物主要受力构件如梁、柱、楼板、承重墙等的开裂和严重变形。

Burland[8] 在前人有关研究的基础上,根据砌体墙体最大裂缝可修复的难易程度,给出了一个建筑物损坏级别的分类标准,如表 28-2 所示。

建筑物损坏程度分级说明(Burland[8])　　　　　表 28-2

类别	损坏程度	损坏情形描述(下划线部分表示可修复的难易程度)
0	可忽略 (Negligible)	毛细裂缝,裂缝宽度小于 0.1mm
1	极轻微 (Very slight)	微细的裂缝通过一般的装修就可轻易地处理。损坏一般仅限于内墙的饰面。砌砖或砂浆上可近距离检视出裂缝。典型的裂缝宽度可达 1mm
2	轻微 (Slight)	裂缝可轻易地填补,可能需要重新装修。经常发生之裂缝可用合适的衬料掩饰。建筑物外表面有明显的裂缝并需勾缝以防透风漏水。门窗开启稍受影响。典型裂缝宽度可达 5mm
3	中度 (Moderate)	裂缝须修补。外砖墙需重勾缝,可能有小部分砖墙需拆换。门窗卡住。管线有可能断裂。防透风漏水性能减弱。典型裂缝宽度可达 5~15mm,或有数条宽度大于 3mm 的裂缝
4	严重 (Severe)	须大规模修补建筑物,包括拆除或替换部分墙壁(尤其是门窗上方的墙)。门窗框扭曲,楼板明显倾斜[*]。墙体倾斜[*]或明显鼓出,梁的承载力受损。管线断裂。典型裂缝宽度可达 15~25mm(亦与裂缝数量有关)
5	极严重 (Very severe)	建筑物须部分或全部重建。梁丧失承载力,墙体严重倾斜并需支撑。窗户因扭曲而破坏。结构体有不稳定的危险。典型裂缝宽度大于 25mm(亦与裂缝数量有关)

注:1. 本表主要依据裂缝修补的难易程度来评估建筑物损坏的等级;
　　2. 裂缝宽度并非是评估的唯一标准,应一并考虑裂缝的位置及数量等;
　　3. *——局部水平或竖直方向偏离的斜率超过 1/100 将可以很清楚地观察到,整体偏离斜率超过 1/150 将引起视觉上的不安。

2. 建筑物有关变形变量的定义

Burland 和 Wroth[9] 给出了建筑物各种变形变量的定义,并得到了相关研究的广泛认可。图 28-3 给出了这些变形参数的示意图,其定义如下:

(1) 沉降(settlement)、差异沉降(differential settlement)与转角(rotation)。图 28-3 (a) 中的 ρ_i 为第 i 点向下的位移,即沉降值;而 ρ_{hi} 为第 i 点向上的位移,即上抬值。δ_{ij} 为第 i 点和第 j 点之间的差异沉降。转角 θ 为第 i 点和第 j 点之间的差异沉降 δ_{ij} 与这两点之间的距离 L_{ij} 的比值,用来描述沉降曲线的坡度。

(2) 凹陷变形(sagging deformation)、上拱变形(hogging deformation)、相对挠度(relative deflection)、挠度比(deflection ratio)。如图 28-3 (b) 所示,建筑物的变形有凹

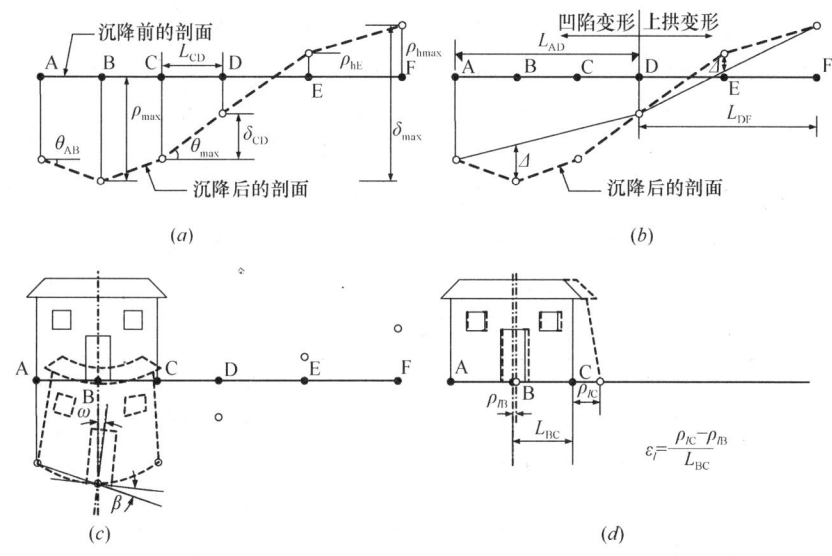

图 28-3　建筑物变形参数定义示意图（根据 Burland 和 Wroth[9]）
(a) 某点的沉降 ρ，差异沉降 δ，倾角 θ；(b) 凹陷与上拱变形，相对挠度 Δ，挠度比 Δ/L；
(c) 刚体转动量 ω，角变量 β；(d) 水平位移 ρ_{li}，水平应变 ε_l

陷和上拱两种模式，其中凹陷意味着建筑物沉降剖面曲线上凹，而上拱意味着建筑物沉降剖面曲线下凹，图中的 D 点为凹陷和上拱变形的分界点。相对挠度 Δ 为建筑物沉降剖面曲线与两参考点连线之间的最大距离。挠度比为相对挠度 Δ 与两参考点之间距离的比值，即为 Δ/L。挠度比可用来近似地衡量沉降曲线的曲率，它一般与弯曲引起的变形相关。

(3) 刚体转动量（rigid body rotation）和角变量（angular distortion）。如图 28-3(c) 所示，整个结构的刚体转动量用 ω 表示。建筑物发生刚体转动时并不会引起建筑物构件的扭曲变形，因此建筑物的梁、柱、墙及基础等不会发生开裂破坏。角变量 β 为图 28-3(a) 所示的转角 θ 与刚体转动量 ω 的差值，它用来衡量由剪切引起的变形。

(4) 水平位移（horizontal displacement）与水平应变（horizontal strain）。如图 28-3(d) 所示，ρ_{li} 为第 i 点的水平位移。水平应变 ε_l 为第 i 点和第 j 点之间的水平位移之差与这两点之间距离的比值，它是第 i 点和第 j 点之间的一个平均应变。

需指出的是，上述有关变量的定义适用于平面内的情况，描述建筑物的三维变形行为时尚应考虑扭转。上述有关变量中与建筑物的扭曲变形或开裂直接相关的是差异沉降量、角变量、相对挠度（或挠度比）及水平应变。

3. 建筑物在自重作用下的容许变形量

建筑物由于沉降而引起的开裂与许多因素有关，包括地基土的力学性质、基础的形式、结构的材料、结构的类型与体量、结构所受荷载的分布与大小、沉降的均匀性与速率等。由于影响因素繁多，使得建筑物因沉降而受损的机理非常复杂，也就难以采用理论分析方法来求得建筑物的容许沉降量。因此，目前关于建筑物容许沉降量的有关标准都是建立在已有建筑物现场沉降及损坏现象观测的基础上。

建筑物在自重作用下主要产生沉降，其水平向位移很小而可以忽略，因此这种情况下建筑物的破坏主要与角变量及挠度比相关联。早期的一些学者如 Terzaghi 和 Peck[10]、

Polshin 和 Tokar[11]、Skempton 和 MacDonald[7] 根据观测资料给出了建筑物损坏与角变量之间的一些关系。Bjerrum[12] 在前人研究的基础上，结合自己的有关观测资料，总结了建筑物损坏与角变量之间的关系如表 28-3 所示。后来的一些学者如 Burland 和 Wroth[9]、Grant 等[13]、Wahls[14]、Boscardin 和 Cording[15] 也陆续进行了建筑物容许沉降量的研究，但所得到的结果基本与表 28-3 所建议的值相差不大。表 28-3 适用于坐落于任何土层的钢筋混凝土框架结构和砖混结构，也适合于独立基础或筏板基础的建筑物[16]。

角变量与建筑损坏程度的关系[12]　　　　　　　　　　　　表 28-3

角变量 β	建筑物损坏程度	角变量 β	建筑物损坏程度
1/750	对沉降敏感的机器的操作发生困难	1/250	刚性的高层建筑物开始有明显的倾斜
1/600	对具有斜撑的框架结构发生危险	1/150	间隔墙及砖墙有相当多的裂缝
1/500	对不容许裂缝发生的建筑的安全限度	1/150	可挠性砖墙的安全限度（墙体高宽比 $L/H>4$）
1/300	间隔墙开始发生裂缝	1/150	建筑物产生结构性破坏
1/300	吊车的操作发生困难		

承重砖墙结构的破坏模式一般可分为凹陷和上拱两种，如图 28-3（b）所示，其破坏模式与钢筋混凝土结构有所不同，因此通常采用最大挠度比来表示其容许沉降量。表 28-4 根据 Bjerrum[12]、Burland 和 Wroth[9] 及 Polshin 和 Tokar[11] 的研究给出了承重砖墙结构的容许挠度比，可作为参考。

承重砖墙结构的容许挠度比　　　　　　　　　　　　表 28-4

研究者	变形形式	容许挠度比 Δ/L
Bjerrum[12]	凹陷变形	1/2500（对黏土地层，$L/H<3$）
		1/1400（对黏土地层，$L/H>5$）
		1/3300（对砂土地层，$L/H<3$）
		1/2000（对砂土地层，$L/H>5$）
Burland 和 Wroth[9]	凹陷变形	1/2500（对 $L/H=1$）
		1/1250（对 $L/H=5$）
	上拱变形	1/5000（对 $L/H=1$）
		1/2500（对 $L/H=5$）
Polshin 和 Tokar[11]	凹陷变形	1/2500（对黏土地层，$L/H<3$）
		1/1500（对黏土地层，$L/H>5$）
		1/3500（对砂土地层，$L/H<3$）
		1/2000（对砂土地层，$L/H>5$）

注：L 为变形墙体的长度，H 为变形墙体在基础以上的高度。

除了用角变量来表示建筑物的容许沉降量外，还可以用差异沉降量和总沉降量来表示建筑物的容许沉降量，且差异沉降量和总沉降量更加直观，更易为工程师接受，因此，能确定各类建筑物的容许总沉降量和差异沉降量更具实际意义。表 28-5 为欧章煜等[17] 根据前人的有关研究及中国台湾地区和日本的有关规范给出的建筑物的容许总沉降量和差异沉降量的建议值。需指出的是，表中的数值主要是根据钢筋混凝土建筑不发生非结构性破坏

（根据表 28-3，角变量小于 1/300）且跨距为 6m 左右时的容许沉降量，当跨距与 6m 相差较大时不适合采用表中的数值来评估建筑物的容许沉降量。

钢筋混凝土建筑物之容许沉降量[17]　　　　　　　　　　　　表 28-5

基础形式	土 层	总沉降量（cm）	差异沉降量（cm）	备 注
独立基础	砂 土	2.5	2.0	T
		5.0	3.0	S
		3.0	—	J
独立基础	黏 土	7.5	—	S
		10.0	—	J、C
筏板基础	砂 土	5.0	2.0	T
		5.0～7.5	3.0	S
		6.0～8.0	—	J
		—	3.0	G
筏板基础	黏 土	7.5～12.5	4.5	S
		20.0～30.0	—	J、C
		—	5.6	G

注：T：Terzaghi 和 Peck[18]；S：Skempton 和 MacDonald[7]，对应 1/300 之角变量；
　　G：Grant 等[13]，对应 1/300 之角变量；J：日本建筑学会[19]；C：台湾建筑学会[20]。

砌体及混凝土墙的裂缝一般与拉应变有关，Burland 和 Wroth[9] 指出拉应变可能是决定开裂和裂缝大小的一个关键参数。他们基于深梁理论提出了极限拉应变（Limiting tensile strain）的概念，后来进一步改进为临界拉应变（Critical tensile strain）的概念，并用来研究建筑物的变形和开裂的关系，其分析模型如图 28-4 所示。虽然将一栋建筑物简化为一弹性深梁过于简单，但其分析结果与观测到的建筑物损坏情况吻合得较好，且这种

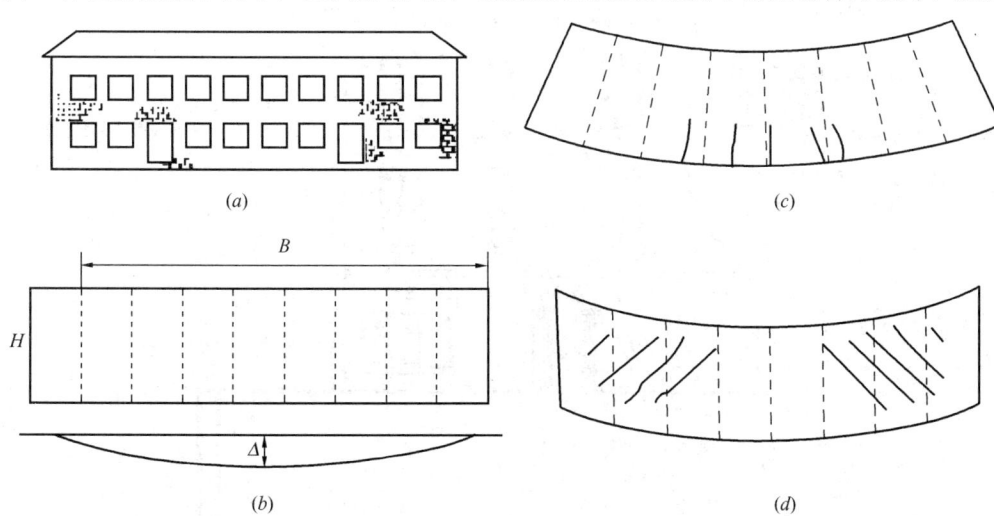

图 28-4　不同变形模式下深梁的裂缝（Burland 和 Worth[9]）
(a) 实际建筑；(b) 建筑物的深梁简化模型；(c) 伴随裂缝（由直接拉应变引起）的弯曲变形；
(d) 伴随裂缝（由对角拉应变引起）的剪切变形

分析模型能揭示结构开裂的机理，较采用基于观测值的沉降、角变量等评价指标是一个较大的进步。Burland 和 Wroth[9] 的研究表明：对于某一特定材料而言，开裂与平均拉应变相关，且与变形形态关系不大；对于砖砌体而言，裂缝发生时的临界拉应变在 0.05%～0.1%的范围；对于钢筋混凝土结构而言，裂缝发生时的临界拉应变在 0.03%～0.05%的范围；且上述临界拉应变在数值上较受拉构件发生拉伸的材料破坏时对应的拉应变要大得多。裂缝开始出现并不一定代表正常使用极限状态的出现，只要裂缝控制得当，允许变形大于裂缝开始出现时的条件是可以接受的。这说明拉应变的大小可代表不同的正常使用极限状态，也正是基于此，Burland 等[21] 将极限拉应变（Limiting tensile strain）的概念改进为临界拉应变（Critical tensile strain）的概念。

4. 基坑开挖引致的建筑物容许变形量

基坑开挖引起的地层移动已是导致城市区域建筑物损坏的主要原因之一。与建筑物自重作用下主要发生沉降不同的是，基坑开挖引起的水平和竖向地层移动会同时对建筑物产生影响。20 世纪 70 年代以来，已有较多的文献根据现场实测报道了基坑开挖引起周边建筑的反应，这为研究建筑物的变形模式及容许变形量等提供了基础。

Cording 等[22] 基于纽约和华盛顿地区的有关工程案例对基坑周边承重砖墙结构裂缝模态的研究表明，垂直于基坑围护墙延伸方向的承重砖墙结构的裂缝形态基本相似，如图 28-5 所示，可观察到三种裂缝形态：（1）主要集中于靠近窗户区域灰缝内的斜裂缝。这种损坏是所有案例中发生得最多且最广泛的模式。很显然，这种裂缝与剪切和侧向变形引起的拉应变密切有关。当承重砖墙结构发生差异沉降时，墙体内的方形单元会发生如图所示的变形，其引起的对角拉应变使得裂缝形态呈现出锯齿状。当这种对角延伸的裂缝与结构的外墙相交时，可能会引起外墙饰面的散裂及檐口的溃落。（2）发生于靠近屋顶处的竖向及近似竖向的裂缝，穿过砖和灰缝而延伸。这可能主要是由于建筑物的上拱（或向外弯曲）而使得在建筑物的顶部出现裂缝。这种影响会随着楼板及其他构件所提供的侧向约束

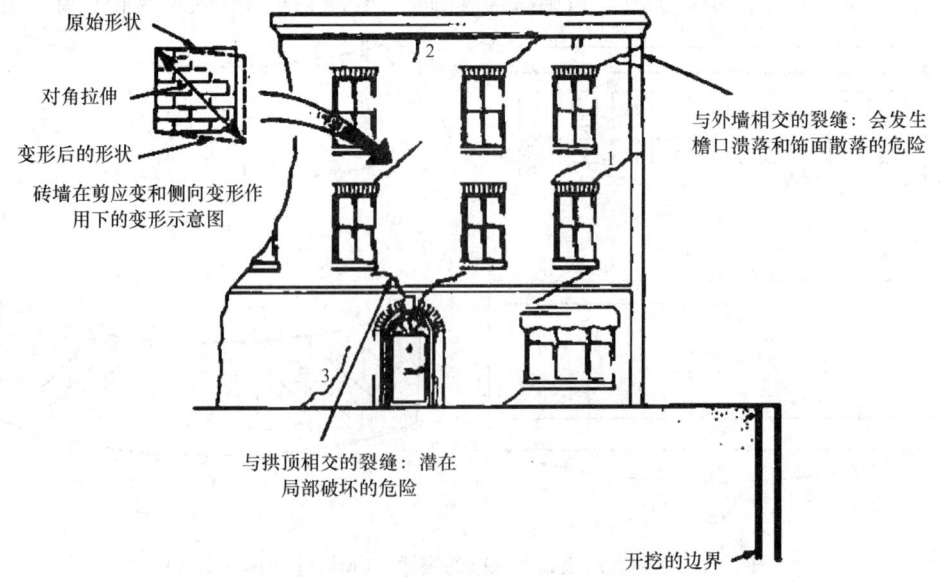

图 28-5　由开挖引起的承重砖墙结构（垂直于基坑围护墙延伸方向）的裂缝形态（Cording 等[22]）

作用而改变。裂缝主要集中于角变量最大的位置，且没有锯齿状的斜裂缝（第一种裂缝）那样显著。(3) 发生于靠近基础处的竖向及近似竖向的裂缝。这种裂缝一般自地面延伸至 1.5～3.0m 的高度。从其走向和发生的位置来看，这种裂缝主要由侧向的地层变形引起。图 28-6 为 Boone[23] 给出的某基坑开挖引起的周边建筑物裂缝的情况，从裂缝发生的位置和走向来看，基本与 Cording 等[22] 的研究相一致。

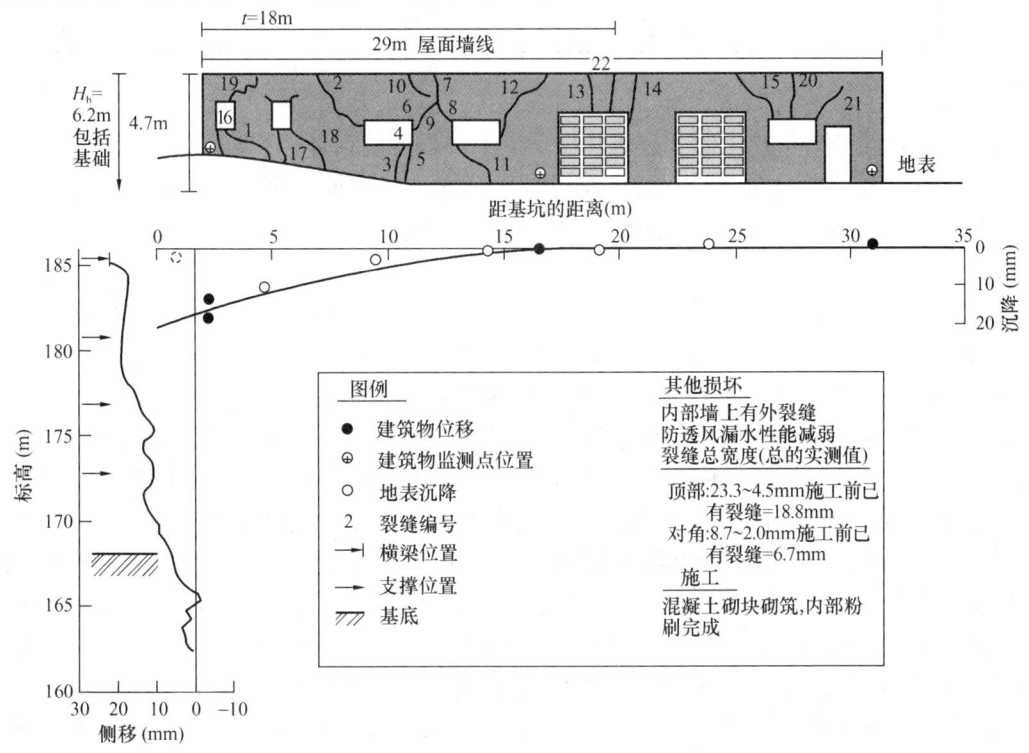

图 28-6　建筑物与基坑支撑系统剖面、建筑物与地表沉降实测值、
建筑物裂缝及侧向变形（Boone 等[23]）

由于基坑开挖前建筑物在自重的作用下已经发生了变形，因此基坑开挖后建筑物的容许变形究竟为多少是一个非常复杂的问题。理论上，建筑物的容许沉降量为一定量，开挖前建筑物在自重的作用下既然已经发生沉降，则在基坑开挖阶段建筑物所能容许的沉降量应该更小。部分专家和学者认为，建筑物在建造后虽然会在自重作用下发生沉降，但沉降之后建筑物的构件在长期的应力作用下，会逐渐调整其受力能力，以致其容许沉降量不会太小，其容许沉降量可能仍然接近于在自重作用下的容许沉降量[16]。欧章煜[16] 指出，虽然开挖引起的建筑物沉降所造成的损害与建筑物本身自重对建筑物所造成的损害机理不同，但仍可以采用表 28-3 和表 28-4 规定的数值作为基坑开挖引起的容许沉降量；并认为对于坐落于任何土层中的独立基础或筏板基础的钢筋混凝土建筑物，由基坑开挖引致的容许总沉降量和差异沉降量可直接参考表 28-5 中日本建筑学会关于砂土层的规定。

台北捷运局根据有关学者的研究成果并结合台北捷运工程施工的大量经验建议开挖引起的容许沉降量如表 28-6 所示，可作为由开挖引起的建筑物变形控制标准的一个参考。

台北捷运工程之建筑物容许沉降量[17]　　　表 28-6

基础型式	最大总沉降量（mm）	倾角	角变量	挠度比（上拱）	挠度比（凹陷）
RC 筏板基础	45	1/500	1/500	0.0008	0.0012
RC 独立基础	40	1/500	1/500	0.0006	0.0008
砖造独立基础	25	1/500	1/2500	0.0002	0.0004
临时建筑物	40	1/500	1/500	0.0008	0.0012

曾收集了上海地区 13 栋钢筋混凝土框架结构受基坑开挖影响的资料，结果发现当建筑物总沉降量为 60mm 以上时，建筑物出现了不同程度的损坏；收集了上海地区 27 栋砖混结构受基坑开挖影响的资料，结果发现当建筑物总沉降量为 40mm 以上时，绝大部分建筑物出现了不同程度的损坏，这也可以作为软土地区由开挖引起的建筑物沉降控制的一个参考。

Boscardin 和 Cording[15]的研究表明，开挖引起的侧向变形会减小建筑物竖直向的容许沉降量。他们根据 Burland 和 Wroth[9]的深梁模型进一步研究了水平应变对承重砖墙结构损坏的影响，并给出了如图 28-7 所示的建筑物安全评估图。图中水平坐标为角变量，纵坐标为水平应变，并给出了根据这两个变量确定的建筑物损坏程度的分区。从图中可以看出，可忽略的损坏区的拉应变上限为 0.05%；极轻微损坏区的拉应变上限为 0.075%；轻微损坏区的拉应变上限为 0.15%，所对应水平应变为零时角变量上限为 1/300，这与 Bjerrum[12]建议的框架结构及砖混结构开始发生裂缝的角变量相等；中度至严重损坏区的拉应变上限为 0.3%，所对应水平应变为零时角变量上限为 1/150，这与 Bjerrum[12]建议的框架结构及砖混结构发生结构性破坏的角变量相等。这里所说的损坏程度的定义参见表 28-2。从图中还可以看出，当建筑物的角变量较大，但水平应变不大，建筑物损坏情况并不如想象的那样严重；相对而言，当角变量较小而水平应变较大时，仍可对建筑物造成较大的损坏。

Burland[8]也给出了一个与图 28-7 相类似的变形与建筑物损坏程度的关系图，如图

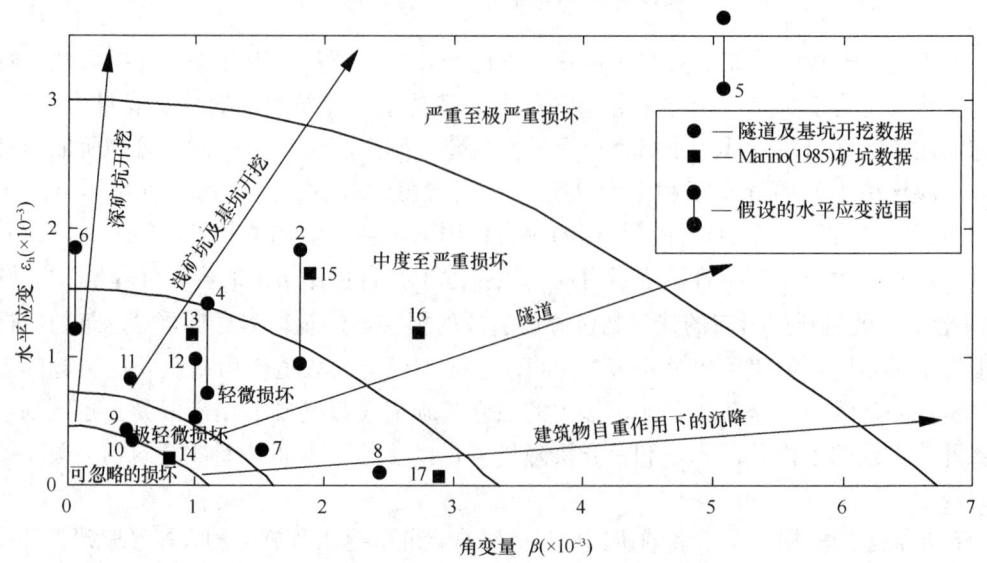

图 28-7　角变量及水平应变与建筑物损坏程度的关系（Boscardin 和 Cording[15]）

28-8所示，图中所采用的建筑物损坏程度的标准仍与表28-2一致。所不同的是，图28-8采用了挠度比而不是角变量。从图中可以看出，与各类损坏程度相对应的水平应变的范围与图28-7相同。

由于图28-7和图28-8在应用时需要得到额外的参数如侧向应变等，而这些参数并不容易获得，因此在一定程度上限制了其在工程中的应用。

28.3.2 地铁隧道的容许变形量

在运营中的地铁隧道对变形的控制往往要求严格，其容许的变形量与

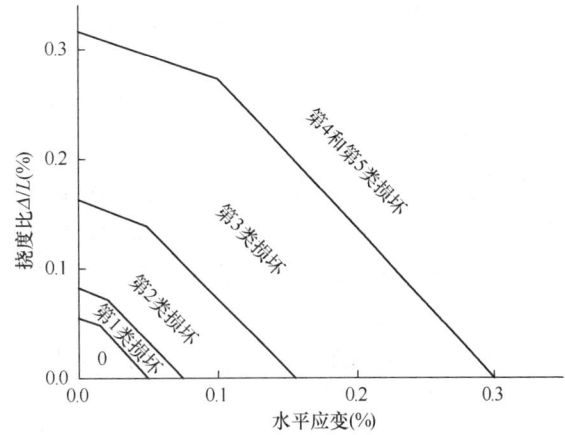

图 28-8 挠度比及水平应变与建筑物损坏程度的关系
（对上拱变形且 $L/H=1.0$，Burland[8]）

隧道的直径、管片的结构及连接方式等密切相关。目前关于地铁隧道的容许变形量的研究尚较少。《上海市地铁沿线建筑施工保护地铁技术管理暂行规定》给出了如下的地铁保护技术标准，可作为确定地铁隧道的容许变形量的参考。

（1）地铁结构设施绝对沉降量及水平位移量≤20mm（包括各种加载和卸载的最终位移量）；

（2）隧道变形曲线的曲率半径 $R \geqslant 15000$m；

（3）隧道的相对弯曲≤1/2500；

（4）由于打桩振动、爆炸产生的振动对隧道引起的峰值速度≤2.5cm/s。

28.3.3 管线的容许变形量

管线一般由管节和接头组成。管节的力学特性主要由管节材料的应力-应变特性、管节的截面特性和管节的长度决定，而接头的力学特性则主要由接头的拔出及转动特性决定。因此，管线的容许变形由管节的应力-应变关系和接头的拔出及转动特性决定。

Ahmed[24]给出了美国常用的三种管线材料即铸铁管、球墨铸铁管和钢管由于地层移动引起的增量容许应力和增量容许应变值如表28-7所示，其中球墨铸铁管的容许应力和容许应变适用于内压力小于0.7MPa的情况。需指出的是，表中的数据适合于直径为305～405mm的管道。Ahmed[24]还给出了铸铁管和球墨铸铁管接头的容许变形量如表28-8所示。

管材的容许应力和应变[24]　　　　　　　　表28-7

管线材料	容许应力 σ_t	容许应变 ε_t
铸铁管	$\sigma_t \leqslant 0.4$UTS（极限抗拉强度）	0.05%
球墨铸铁管	$\sigma_t \leqslant 0.85\sigma_y$（屈服强度）	0.15%
钢 管	$\sigma_t \leqslant \sigma_h - \sigma_{li} \pm \left(\sigma_y^2 - \frac{3}{4}\sigma_h^2\right)^{1/2}$	$\varepsilon_t \leqslant 1/E(\sigma_t - \nu\sigma_h)$

注：σ_h 为管线环向应力；σ_{li} 为管节长度方向应力；ν 为泊松比；E 为弹性模量。

管道的接头容许变形量[24]　　　　　　　　表28-8

管线材料	接头的限值开口（mm）	接头的最大容许转角（°）
铅填缝接头的铸铁管	29	0.5
机械接口或承插接口的球墨铸铁管	25	2.5

上海地区的煤气管道主要类型如表 28-9 所示。上海地区采用开槽埋管施工的预制混凝土排水管道，其接头构造及基础形式基本如表 28-10 所示，图 28-9 为各种接头形式的示意图。由于水泥砂浆接缝对地基变形很敏感，因此很容易开裂。上海地区采用的上水管道主要类型如表 28-11 所示。需指出的是表 28-9～表 28-11 中各类管子的技术标准不能直接作为估算管线能承受的容许差异沉降的依据，表中所列的接头的调剂借转角不能全用于调节差异沉降，需要打折，这要与管线管理单位联系根据管线现状商定控制要求。上海市市政、地铁方面保护管线的经验是：对于接头能转动的柔性管线（承插式接头），如上水管、输气管，可按每节管道差异沉降不大于 $L/1000$（L 为每根管节的长度）作为设计和监控标准；对于焊接钢管等刚性管，则按管子的直径、弯曲抗拉强度来估算管子允许的最小弯曲半径 R，再从 R 估算每 5～10m 分段的相邻段的沉降坡度差 Δs，$\Delta s = L/R$。对于直径为 500～1500mm 的大中型上水、输气钢管，允许的 Δs 也在 1/1000 或更小。

上海煤气管类型及尺寸　　　　表 28-9

管材 管径	铸 铁 管				钢 管		
内径 (mm)	管壁厚 (mm)	管节长 (m)	接头形式		管壁厚 (mm)	成型方式	接头形式
73	9	4～5	1. 承插接口：精铅填料或水泥填料；橡胶圈　2. 机械接口：隔离圈、螺栓、螺母、锁环、承口、插口、密封圈、压轮　3. 法兰式接头：低压管道法兰接头中垫料用纯石棉板（厚 1～2mm）；中压管道中垫料用橡胶石棉板（厚 3～5mm）；高压管道中垫料用红纸拍片及橡胶石棉板		4	螺旋缝电焊或直缝电焊；电焊又分单面焊接和双面焊接；双面焊钢管壁容许应力取该钢种所规定的抗拉强度的 80%，单面焊者取 40%	一般为焊接，异形管一般用法兰
100	9	4～5			4～5		
150	9	4～6			4.5～6		
200	9～10	4～6			6～8		
250	10～12	4～6			6～8		
300	10.8～11.9	4～6			6～8		
400	12.5～15	4～6			6～8		
500	14.2～17	4～6			8～10		
600	15.8～19	4～6			8～10		
700	17.5～21	4～6			8～10		
800					8～12		
900					10～12		
1000					10～12		
1200					10～12		

预制混凝土管道接头构造　　　　表 28-10

管径 (mm)	接 头 形 式	基 础
300	①承插式、砂浆接缝	沟埋管用混凝土或钢筋混凝土基础
450	②承插式、柔性接缝	
600	③企口式、砂浆接缝（有筋或无筋）	沟埋管用混凝土或钢筋混凝土基础；顶管无基础
800	④企口式、柔性接缝	
1000	⑤平口式、砂浆接缝	沟埋管用混凝土或钢筋混凝土基础；顶管无基础
1200		
1350	⑥平口式、有筋砂浆接缝	
1500		
1650	⑦平口式、柔性接缝	
1800		
2000	⑧平口钢套环柔性连接	
2200	⑨钢板插口柔性接缝	
2400	⑩新型承插式胶带柔性接缝	

28.3 基坑周边环境的容许变形量

表 28-11 上海市上水管类型、接头类型及技术标准

管材尺寸 内径 (mm)	铸铁管 承插式接头 承口长度 P (mm)	铸铁管 承插式接头 调剂借转角 θ	铸铁管 承插式接头 限制开口 F (mm)	铸铁管 承插式接头 接口间隙 Δ (mm)	铸铁管 法兰接头 橡皮垫厚度 (mm)	铸铁管 管节长度 (m)	铸铁管 管壁厚度 (mm)	铸铁管 每100只接头允许漏水量 (L/15min)	钢筋混凝土管 管节长度 (m)	钢筋混凝土管 承插接头接口间隙 (mm)	钢筋混凝土管 每100只接头允许漏水量 (L/15min)	钢管 管壁厚度 (mm)	钢管 焊接接头 每100只接头允许渗水量 (L/15min, 水压<7kg/cm²)	说明
75	90	5°00′	8.1	3~5	3~5	3	9	—	—	—	—	4.5	—	1. 钢筋混凝土管直径75~300为有应力钢筋混凝土管；直径400~1200为预应力钢筋混凝土管。管节接头用橡胶圈止水。2. 铸铁管承插式接头中调剂借转角等参数如下图所示。3. 钢管材料一般为16Mn或Q235钢
100	95	4°00′	8.2	3~5	3~5	3	9	3.15	3	10	5.94	5	1.76	
150	100	3°30′	10.3	3~5	3~5	4	9	5.27	3	15	8.91	4.5~6	2.63	
200	100	3°05′	12.5	3~5	3~5	4	10	7.02	3	15	11.87	6~8	3.51	
300	105	3°00′	16.9	3~5	3~5	4	11.4	10.54	4	17	17.81	6~8	5.27	
400	110	2°28′	18.3	3~5	3~5	4	12.8	14.05	4.98	20	23.75	6~8	7.02	
500	115	2°05′	19.2	3~5	3~5	5	14	17.56	4.98	20	29.63	6~8	8.78	
600	120	1°49′	20.0	3~5	3~5	5	15.4	21.07	4.98	20	35.62	8~10	10.54	
700	125	1°37′	20.8	3~5	3~5	5	16.5	24.58	4.98	20	41.56	8~10	12.20	
800	130	1°29′	21.7	3~5	3~5	5	18.0	28.10	4.98	20	47.49	8~12	14.05	
900	135	1°22′	22.5	3~5	3~5	5	19.5	31.61	4.98	20	53.43	10~12	15.80	
1000	140	1°17′	23.3	3~5	3~5	5	22	35.12	4.98	20	59.37	10~12	17.55	
1200	150	1°09′	25.0	3~5	3~5	5	25	42.15	4.98	20	71.24	10~12	21.07	
1500	160	1°01′	27.5	3~5	3~5	5	30	52.63	—	—	89.05	10~12	23.34	
1800	—	—	—	—	—	5	—	—	—	—	106.86	10~14	31.61	
2000	—	—	—	—	—	5	—	—	—	—	118.73	10~14	35.12	

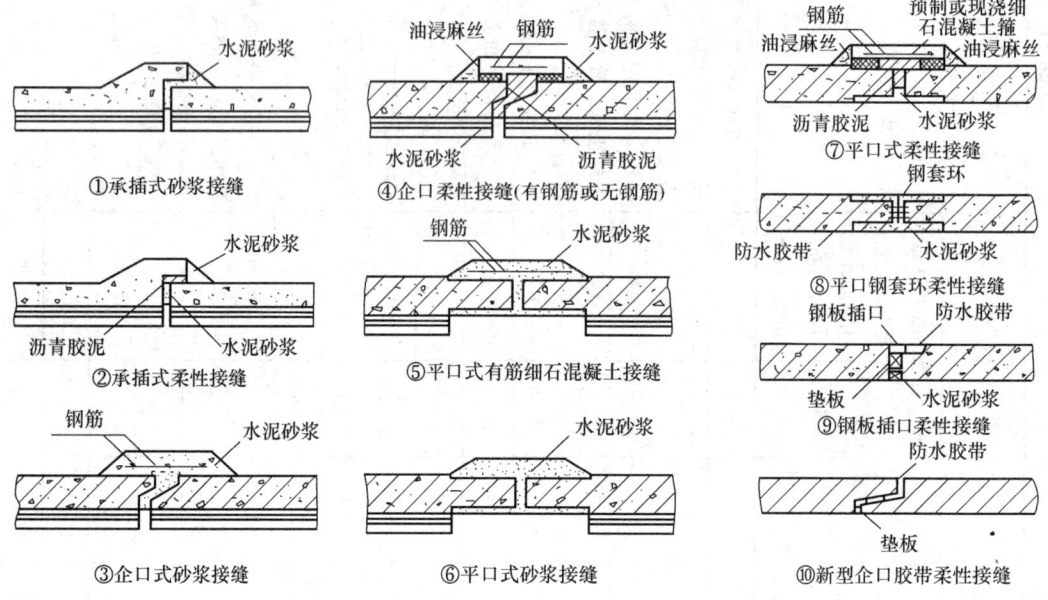

图 28-9　混凝土及钢筋混凝土排水管道各种接头

28.4　围护结构施工引起的地表与建筑物沉降

28.4.1　由灌注桩或连续墙成槽施工引起的地表沉降

地下连续墙施工时一般要按照适合施工条件的长度划分槽段，每个槽段的施工流程包括导墙施工、槽段开挖及混凝土浇筑等阶段。一般导墙的深度为 2~3m，导墙的开挖一般为无支撑开挖，其开挖引起的地表沉降量一般不大。

连续墙成槽施工时的应力状态变化较为复杂。正常施工状况下，在稳定的泥浆中成槽，会使得连续墙单元周围土体的应力状态由原来的 K_0 状态改变至稳定的液压平衡状态。由于稳定的泥浆液压与原先沟槽内的水、土压力并不一致，并且液压通常较小，因此，引起连续墙沟槽周围一定范围内的土体的侧向总压力减小，土体应力重新分配，从而导致沟槽单元附近的土体发生侧向变形，进而导致地表沉降，当连续墙周围存在建（构）筑物时，将会导致建（构）筑物的沉降。当混凝土浇筑完成后，由于混凝土的重度大于泥浆的重度，单元内所形成的侧压力大于沟槽开挖时的稳定泥浆液压，使得原先沟槽开挖引起的侧向位移有回复的趋势，但此时地表沉降并不会

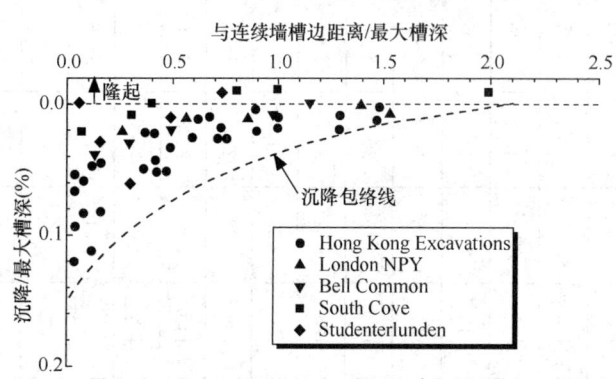

图 28-10　Clough 和 O'Rourke[26] 统计的多个工程中的连续墙成槽实测地表沉降

有多大的变化。

连续墙成槽施工引起的地表沉降已经引起工程界的关注,但由于开挖过程复杂,且实测资料较少,相关研究成果也较少。Cowland[25]的研究表明,连续墙沟槽开挖至主体开挖之前阶段的总变形量可高达主体开挖总变形量的40%~50%。Clough和O'Rourke[26]根据位于砂土、软~中等硬度黏土及硬~很硬黏土地层中的多个基坑工程案例的沉降观测资料研究发现,连续墙槽壁开挖引起的最大地表沉降量与沟槽深度的比值可达0.15%,其地表沉降分布如图28-10所示,地表沉降的影响范围达到两倍左右的沟槽深度。虽然地表沉降与槽段开挖深度的比值并不算大,但当槽壁深度较大时,产生的地表沉降也会很显著。例如,图中的香港工程实例的连续墙槽壁深度为37m,其产生的地表沉降高达到50mm,其他工程案例的地表沉降一般介于5~15mm之间。

欧章煜(Ou)[16]发现台北捷运工程中单一槽段施工引起的最大地表沉降约为0.05%倍的槽壁开挖深度(如图28-11所示),沉降影响范围约为1.0倍的槽段开挖深度,最大沉降量约为10~15mm。多幅连续墙槽段连续施工引起的最大地表沉降为0.07%倍的槽段开挖深度(如图28-11所示),沉降的影响范围约为1.0倍的槽段开挖深度。多幅连续墙槽段施工引起的最大地表沉降发生的位置及其影响范围与单一槽段单元施工基本相同。

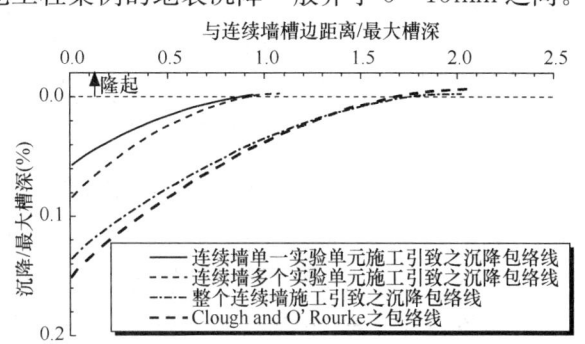

图28-11 Ou[16]统计的台北地区连续墙施工实测地表沉降

整个连续墙施工完成后引起的地表沉降较单一槽段单元及多幅槽段单元施工引起的地表沉降量要大,最大沉降量达到0.13%倍的槽段开挖深度。

文献[27]根据Clough and O'Rourke[26]、Thompson[28]、Carder[29]、Carder et al[30]等的实测结果,给出了在硬黏土中灌注桩施工引起的土体侧移和地表沉降的情况,分别如图28-12和图28-13所示。从图28-12可以看出,咬合桩施工引起的周围土体侧移较灌注排桩引起的侧移要大,前者可达0.08%倍的围护墙深度,而后者则一般不大于0.04%倍的围护墙深度。咬合桩和灌注排桩施工引起土体侧移的影响范围基本相近,均可达1.5倍的围护桩深度。从图28-13可以看出,大部分咬合桩和灌注排桩施工引起的地表沉降小于0.05%倍的围护桩深度,但也有少部分达到0.15%倍的围护桩深度。咬合桩和灌注排桩施工引起的地表沉降相差不大,沉降的影响范围一般可到2倍围护桩深度。图28-12和图28-13可作为预估灌注桩施工引起的土体侧移和地表沉降的参考。

文献[27]还给出了在硬黏土中地下连续墙成槽施工引起的土体侧移和地表沉降的情况,如图28-14所示。从图28-14(a)可看出,带扶壁连续墙的施工引起的土体侧移略大于平板连续墙,实测的土体侧移一般小于0.07%倍的连续墙深度,侧移的影响范围约为1.5倍的连续墙深度。从图28-14(b)可看出,带扶壁连续墙的施工引起的地表沉降与平板连续墙基本相当,实测的地表沉降一般小于0.04%倍的连续墙深度,地表沉降的影响范围也约为1.5倍的连续墙深度。图28-14可作为预估连续墙成槽施工引起的土体侧移和

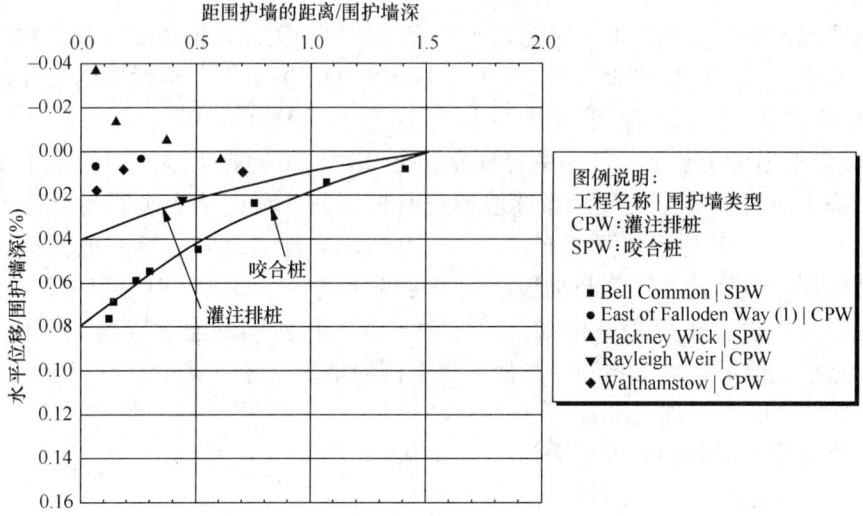

图 28-12　硬黏土地层中灌注桩施工引起的土体侧向位移[27]

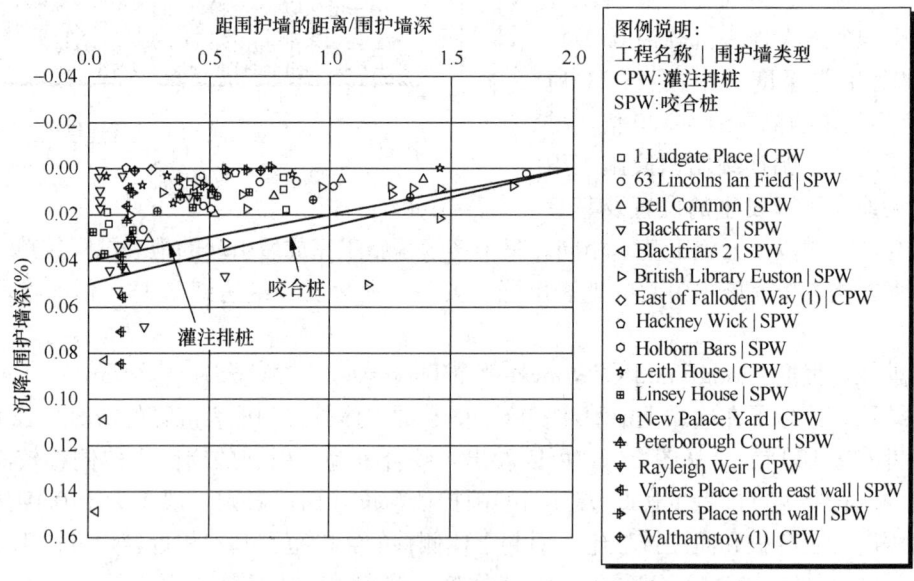

图 28-13　硬黏土地层中灌注桩施工引起的地表沉降[27]

地表沉降的参考。

28.4.2　由连续墙成槽施工引起的周围建筑物沉降

Cowland 和 Thorley[25]的研究表明，连续墙成槽施工会导致不可忽视的建筑物沉降，在距离沟槽约 1 倍连续墙成槽深度的范围内，均可观察到可观的建筑物沉降，即使有些建筑物的整个基础位于连续墙沟槽理论主动楔体的宽度范围之外时，仍能观察到可观的建筑物沉降。Cowland 和 Thorley[25]并给出了一个建筑物最大沉降与距离连续墙沟槽距离的经验图表关系如图 28-15 所示，可以作为预估连续墙成槽施工引起的建筑物沉降的

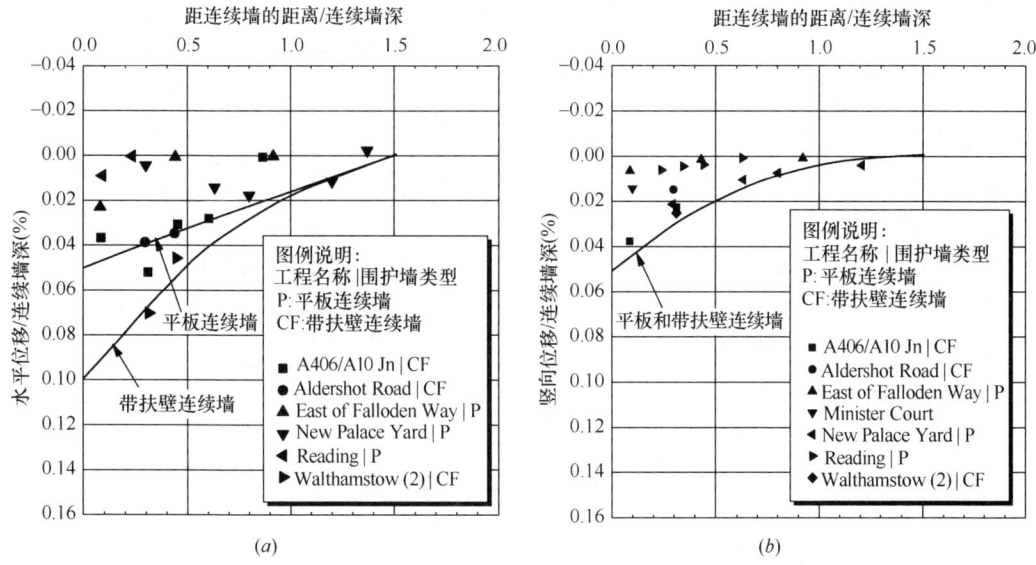

图 28-14 硬黏土地层中地下连续墙成槽施工引起的土体侧向位移和地表沉降[27]
(a) 水平位移；(b) 竖向位移

一个参考。

Budge-Reid 等[31]统计了香港地铁港岛线由连续墙成槽施工引起的建筑物沉降如图 28-16 所示，表明连续墙成槽施工引起的建筑物沉降与建筑的基础埋深存在一定的关系。从图中可以看出，建筑物的基础埋深越浅，受连续墙成槽施工引起的建筑物沉降越大，反之则越小。当连续墙成槽时间拖延或邻近有打桩影响时，建筑物的沉降会大幅增加。

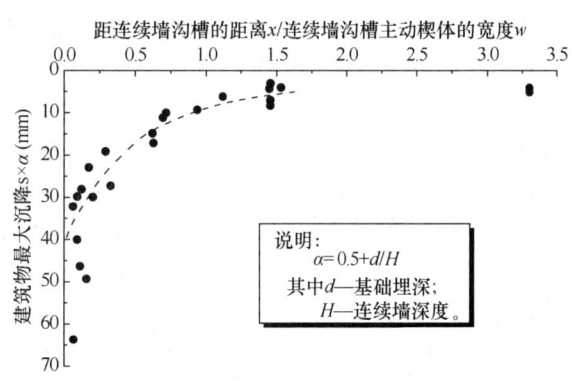

图 28-15 连续墙成槽施工引起的建筑物沉降[25]

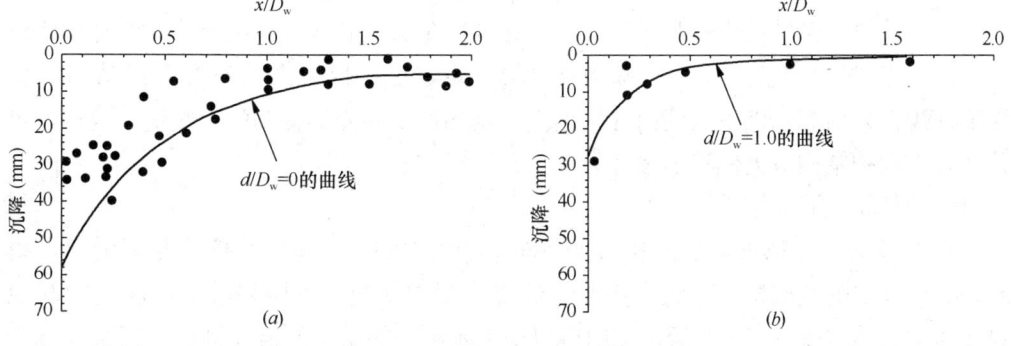

图 28-16 连续墙成槽施工引起的建筑物沉降[31]（一）

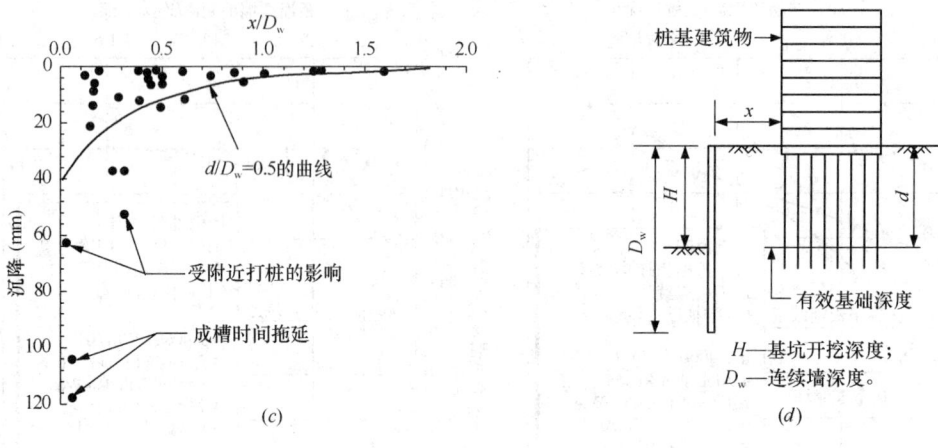

图 28-16　连续墙成槽施工引起的建筑物沉降[31]（二）

28.5　基坑开挖对周边环境影响的分析与预估

28.5.1　经验方法

经验方法是建立在大量基坑统计资料基础上的预估方法，该方法预测的是地表的沉降，并不考虑周围建（构）筑物存在的影响，可以用来间接评估基坑开挖可能对周围环境的影响。其预测过程分为三个步骤：(1) 预估基坑开挖引起的地表沉降曲线；(2) 预估建筑物因基坑开挖引起的角变量；(3) 判断建筑物的损坏程度。

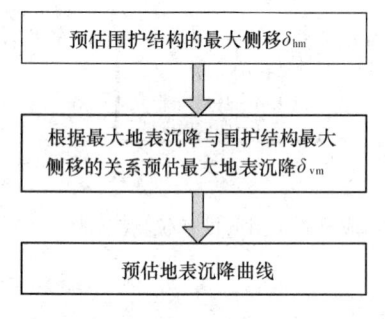

图 28-17　预估基坑开挖引起的地表沉降曲线步骤

1. 预估基坑开挖引起的地表沉降曲线

从前面的分析可知，基坑开挖引起的地表差异沉降是造成基坑周边建筑物损坏的主要原因，因此要判断基坑开挖引起的建筑物损坏程度需先预估基坑开挖引起的地表沉降曲线。经验方法根据地表沉降与围护结构侧移的关系，预估地表的沉降曲线，其预估步骤如下（图 28-17）：

1）预估围护结构的最大侧移 δ_{hm}

围护结构的最大侧移 δ_{hm} 可根据平面竖向弹性地基梁方法计算确定，也可根据大量各类围护结构的变形实测统计规律来估算。以下为国内外根据围护结构的实测变形得到的一些统计规律，可作为预估各类围护结构最大侧移的参考。

(1) 国外相关研究结果

1981 年 Mana[32] 根据软弱至中等坚硬的黏土层中 11 个基坑开挖的监测资料，结合 Terzaghi[33] 建议的坑底抗隆起稳定系数，给出了围护结构最大侧移量与坑底抗隆起稳定系数之间的关系如图 28-18 所示，该图可以用来预测围护结构的最大侧移。当坑底抗隆起稳定系数小于 1.4～1.5 左右时，最大侧移与开挖深度的比值将迅速增加。

1990 年 Clough[26] 针对软至中等坚硬黏土的基坑，给出了最大侧移与坑底抗隆起稳定系数和支撑系统刚度的关系如图 28-19 所示。Clough 的图表分为钢板桩和连续墙两个区域，在相同的坑底抗隆起稳定系数下，钢板桩的侧移较连续墙的侧移大得多。当坑底抗隆起稳定系数小于 1.4 左右时围护结构的侧移将迅速增加，这与 Mana[32] 的结论相一致。Clough 还整理了在硬黏土、残积土和砂土地层中的基坑最大侧移与开挖深度之间的关系数据，如图 28-20 所示。可以看出，最大侧移平均值约为 $0.2\%H$（H 为开挖深度），仅有少数部分超出 $0.5\%H$，超出部分为施工不良或围护体插入深度不够等问题引起。

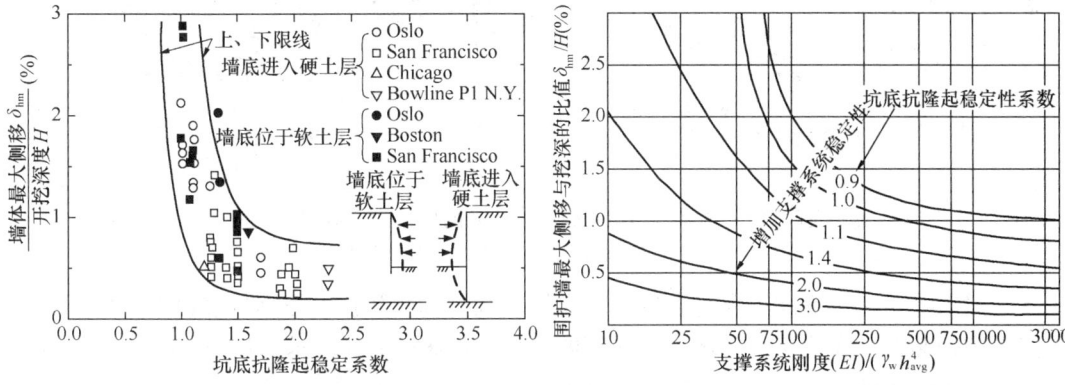

图 28-18　坑底抗隆起稳定系数与最大侧移的关系（Mana[32]）

图 28-19　Clough[26] 建议的预测最大侧移图表

1993 年 Ou[34] 收集了台北软土地区 10 个基坑的实测资料，得到围护结构的最大侧移与开挖深度之间的关系如图 28-21 所示。从图中可以看出，围护结构最大侧移约为 $0.2\%H \sim 0.5\%H$，其中 H 为基坑最终开挖深度。

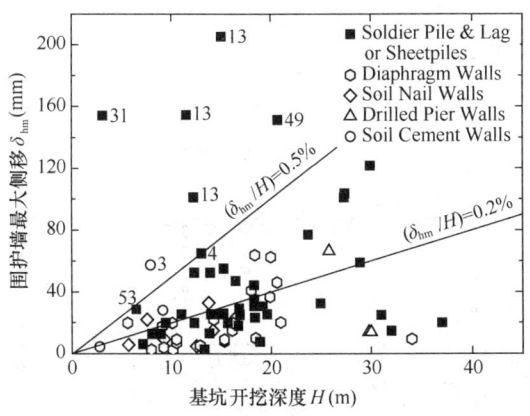
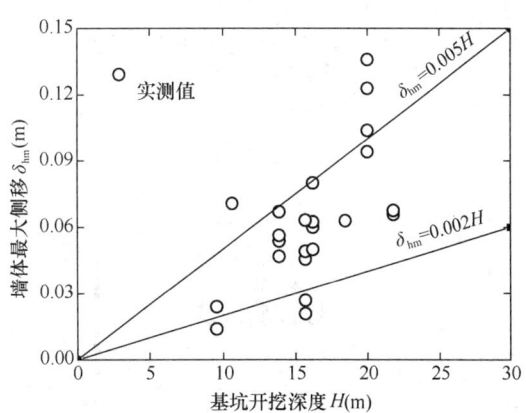

图 28-20　硬黏土、残积土和砂土中 δ_{hm} 与 H（Clough[26]）

图 28-21　台北地区 δ_{hm} 与 H（Ou[34]）

1997 年 Wong[35] 分析了新加坡中央快速公路二期工程中若干基坑的数据，如图 28-22 所示。基坑围护结构包括兵桩、钢板桩、灌注排桩、连续墙等，支撑系统采用内支撑或锚杆。结果表明，当坑底以上软土（标贯击数 $N<5$）厚度小于 $0.9H$（H 为基坑开挖深度）时围护结构最大侧移一般小于 $0.5\%H$，而当坑底以上软土厚度小于 $0.6H$ 时围护结构最大侧移一般小于 $0.35\%H$。

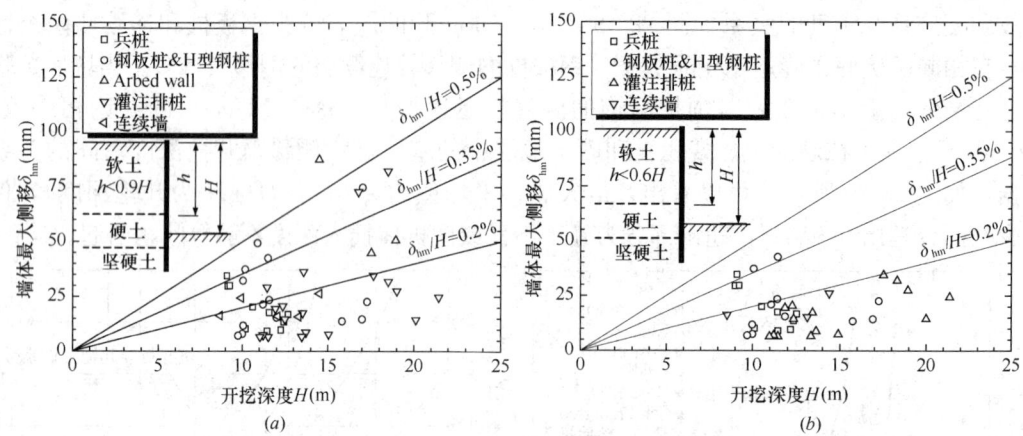

图 28-22　新加坡中央快速公路二期工程墙体最大侧移与开挖深度的关系（Wong[35]）
(a) $h<0.9H$ 的情况；(b) $h<0.6H$ 的情况

2001 年 Long[36] 统计了来自全世界的大量基坑的实测数据，根据这些数据画出了各种情况下围护结构最大侧移与基坑开挖深度的关系，如图 28-23 所示。从图 28-23 (a) 可以

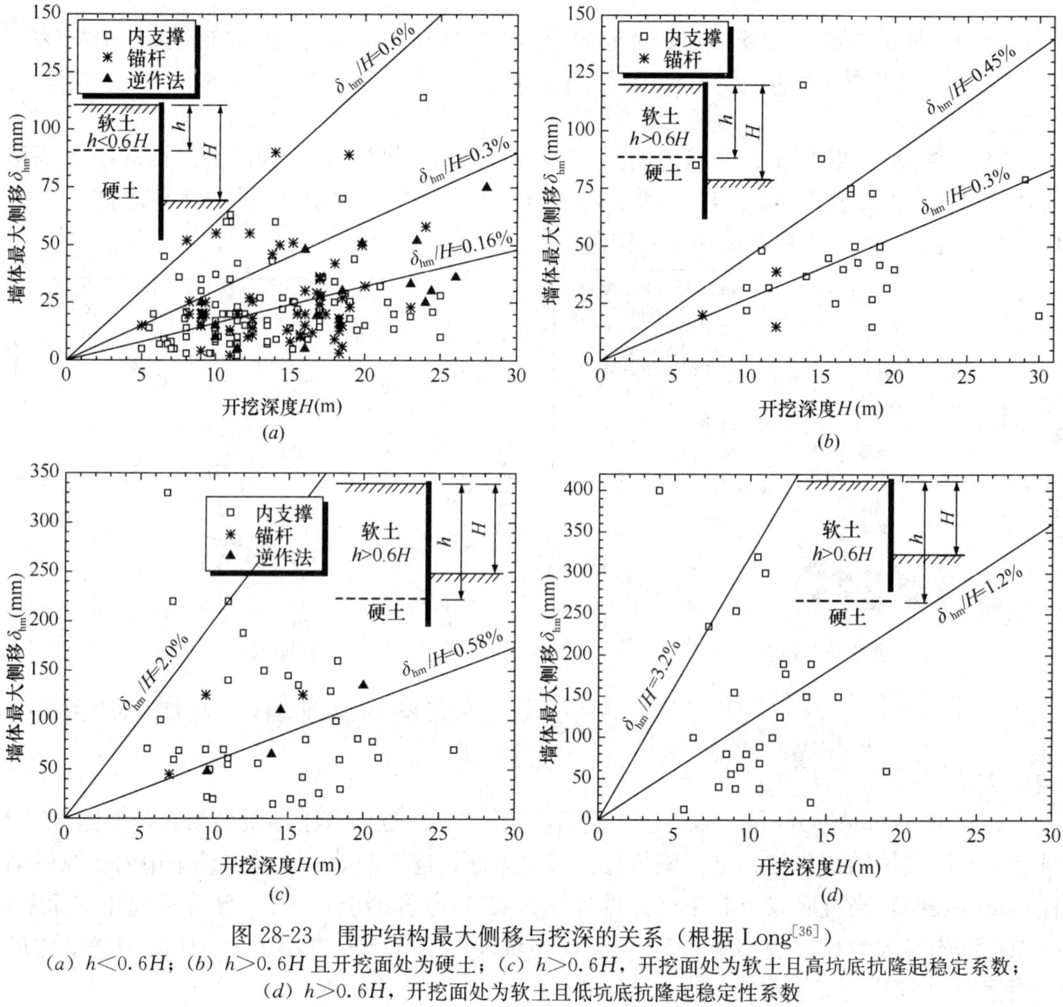

图 28-23　围护结构最大侧移与挖深的关系（根据 Long[36]）
(a) $h<0.6H$；(b) $h>0.6H$ 且开挖面处为硬土；(c) $h>0.6H$，开挖面处为软土且高坑底抗隆起稳定系数；
(d) $h>0.6H$，开挖面处为软土且低坑底抗隆起稳定性系数

看出，当基坑开挖面以上的软土层厚度 h 小于 $0.6H$ 时，各类围护墙的最大侧移一般小于 $0.6\%H$，其中逆作法基坑的最大侧移不大于 $0.3\%H$；内支撑、锚拉支撑和逆作法基坑的平均最大侧移分别为 $0.17\%H$、$0.19\%H$ 和 $0.16\%H$，即这些支撑形式的基坑的平均最大侧移差别不大。从图 28-23（b）可以看出，对于软土厚度大于 $0.6H$ 且坑底开挖面处为硬土层的情况，围护结构的最大侧移一般小于 $0.45\%H$，其平均最大侧移约为 $0.3\%H$。从图 28-23（c）可以看出，对于软土厚度大于 $0.6H$、坑底开挖面处为软土层且坑底抗隆起稳定系数较高的情况，围护结构的最大侧移一般小于 $2.0\%H$，其平均最大侧移约为 $0.58\%H$。从图 28-23（d）可以看出，对于软土厚度大于 $0.6H$、坑底开挖面处为软土层且坑底抗隆起稳定系数较低的情况，围护结构的最大侧移大幅增加，最大侧移一般小于 $3.2\%H$，其平均最大侧移约为 $1.2\%H$。

2004 年 Moormann[37] 采用与 Long[36] 相似的方法收集了全世界大量基坑的变形数据，按土层条件分为软土、硬黏土、砂土、成层土和岩石，给出每种土层条件下围护结构最大变形与基坑开挖深度的关系，如图 28-24 所示。从图中可以看出，对于软黏土，所有基坑的平均最大侧移为 $0.87\%H$，大约 40% 的基坑的最大侧移介于 $0.5\%H \sim 1.0\%H$ 之间，33% 的基坑的最大侧移小于 $0.5\%H$。对于硬黏土，基坑的变形要小得多，仅 8% 的基坑的最大侧移大于 $1\%H$，而基坑的平均最大侧移为 $0.25\%H$。对无黏性的砂/砾土而言，65% 的基坑的最大侧移小于 $0.25\%H$，而基坑的平均最大侧移为 $0.27\%H$。对于成层土而言，基坑围护结构最大侧移的规律与无黏性的砂/砾土中的基坑相似。对于岩石地层中的基坑，围护结构的最大侧移一般小于 $0.25\%H$。

(2) 上海软土地区的统计规律

王建华等[38] 收集了上海软土地区 31 个逆作法基坑的实测资料，给出了围护结构的最大侧移与开挖深度之间的关系，如图 28-25 所示，图中的数据包括了基坑尚未开挖到底的中间工况。图 28-25 表明，最大侧移随着开挖深度的增大而大致呈现出线性增长趋势，除了一个基坑最大侧移大于 $0.6\%H$ 和一个基坑最大侧移小于 $0.1\%H$ 之外，其余基坑的最大侧移基本介于 $0.1\%H$ 和 $0.6\%H$ 之间，所有基坑的最大侧移平均值为 $0.25\%H$。

徐中华等[39] 收集了上海软土地区 93 个围护结构采用地下连续墙且采用顺作法施工的基坑的实测资料，给出了连续墙最大侧移与开挖深度之间的关系，如图 28-26 所示。根据水平支撑的材料类型将基坑分成两类，即采用钢支撑的基坑和采用钢筋混凝土支撑的基坑，图中的数据还包括了基坑尚未开挖至坑底的中间工况。最大侧移随着开挖深度的增加而增大，所有基坑的最大侧移基本介于 $0.1\%H$ 和 $1.0\%H$ 之间，平均值约为 $0.42\%H$。其中采用钢支撑的基坑平均最大侧移为 $0.419\%H$，而采用钢筋混凝土支撑的基坑平均最大侧移为 $0.415\%H$。从这里看出，钢筋混凝土支撑和钢支撑在控制墙体的变形上没有明显差别。

徐中华等[40] 收集了上海软土地区 80 个围护结构采用钻孔灌注桩且采用顺作法施工的基坑的实测数据，给出了灌注桩最大侧移与开挖深度之间的关系，如图 28-27 所示，图中数据包括尚未开挖到坑底的中间工况。可以看出，最大侧移随开挖深度的增加而增大，所有基坑的最大侧移基本介于 $0.1\%H$ 和 $1.0\%H$ 之间，平均最大侧移约为 $0.44\%H$。采用钢筋混凝土支撑和钢支撑基坑的最大侧移平均值分别为 $0.46\%H$ 和 $0.42\%H$，两者很接近。

图 28-28 为收集的上海地区 30 个围护结构为 SMW 工法桩的基坑工程（采用顺作法施工）的围护结构最大侧移与基坑开挖深度之间的关系[41]。可以看出围护结构的最大侧移一般介于 $0.15\%H$ 和 $0.75\%H$ 之间，其平均值为 $0.405\%H$。

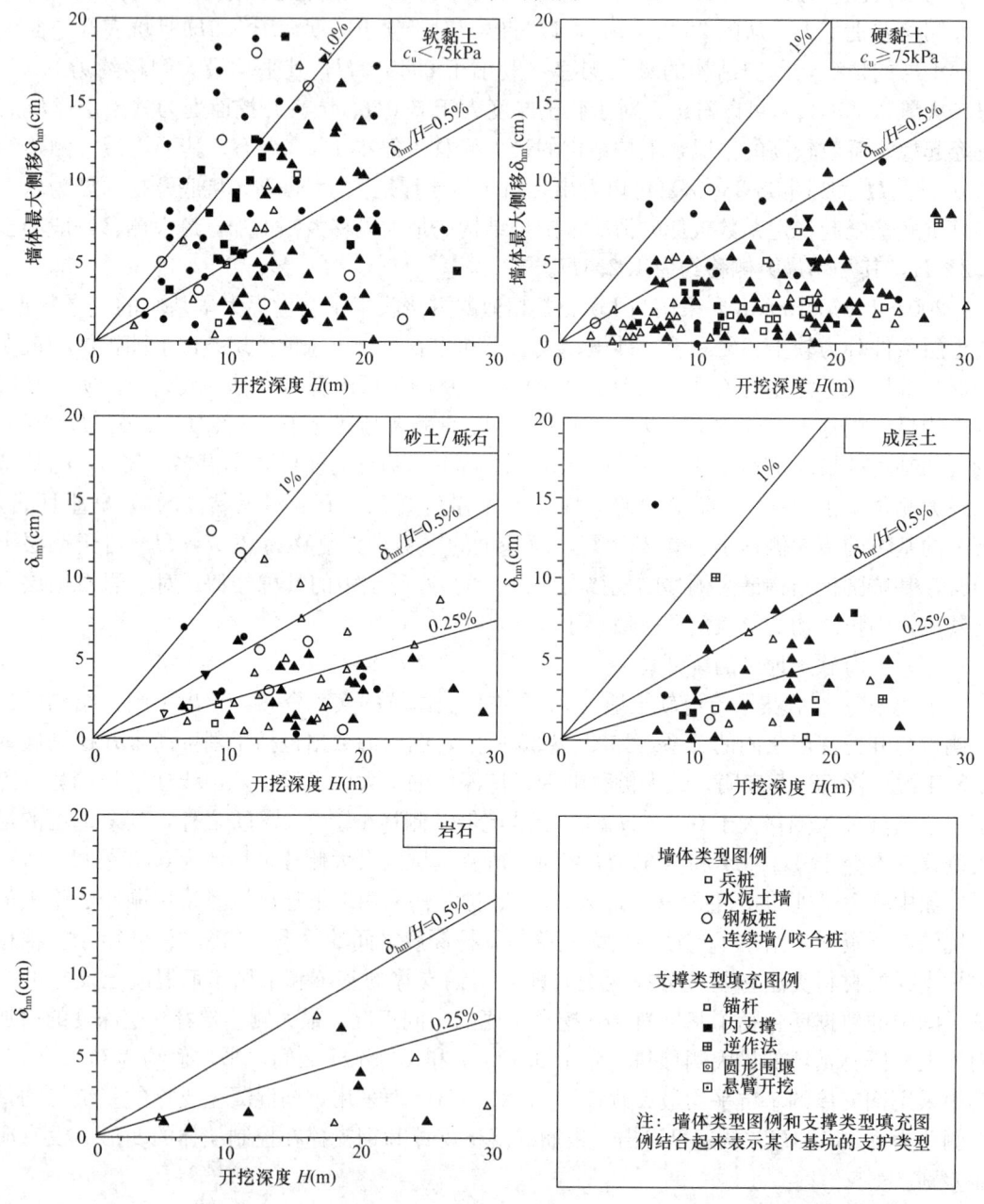

图 28-24 不同支护类型的围护结构最大侧移与开挖深度的关系（Moormann[37]）

2）根据最大地表沉降为围护结构最大侧移的关系预估最大地表沉降 δ_{vm}

在确定了围护结构最大侧移后，就可根据最大地表沉降与围护结构最大侧移的关系预估最大地表沉降 δ_{vm}。在地表最大沉降与围护结构最大侧移的关系研究方面，Goldberg[4]的统计结果表明，不管是砂土、硬黏土还是软黏土，最大沉降 δ_{vm} 大部分等于 0.5~1.5 倍

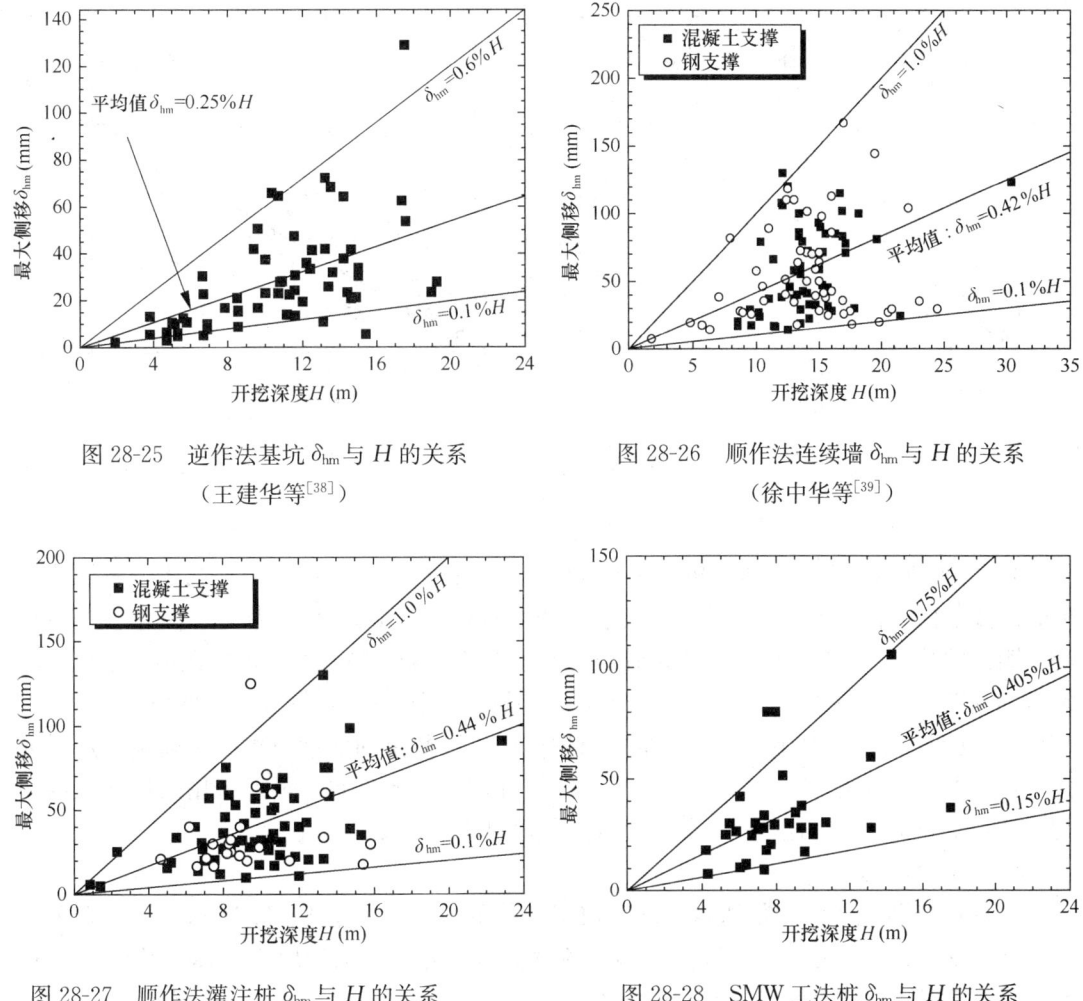

图 28-25 逆作法基坑 δ_{hm} 与 H 的关系
（王建华等[38]）

图 28-26 顺作法连续墙 δ_{hm} 与 H 的关系
（徐中华等[39]）

图 28-27 顺作法灌注桩 δ_{hm} 与 H 的关系
（徐中华等[40]）

图 28-28 SMW 工法桩 δ_{hm} 与 H 的关系
（徐中华[41]）

的最大墙体侧移 δ_{hm}，但也有超过 $2\delta_{hm}$ 的情况。Mana[32] 的统计表明最大沉降 δ_{vm} 等于 0.5～1.0 倍的最大墙体侧移 δ_{hm}。O'Rourke[42] 通过对有关实测数据和模型试验结果的分析发现，对于有支撑的基坑墙体侧移与地表沉降的比值的极限值为 0.6，而对于悬臂开挖基坑则为 1.6。Woo[43] 分析了台北盆地的有关基坑无量纲化最大侧移（δ_{hm}/H）与无量纲化最大沉降（δ_{vm}/H）之间的关系，发现大部分的数据落在 δ_{vm} 等于 $0.25\delta_{hm}$ 至 $1.0\delta_{hm}$ 之间，超过 $1.0\delta_{hm}$ 的数据为发生局部破坏、墙体渗漏和地表超载等因素引起。而 Ou[34] 统计的台北盆地 10 个基坑的数据表明最大地表沉降大多落在 $0.5\delta_{hm}$ 和 $0.7\delta_{hm}$ 之间，其上限为 1 倍的 δ_{hm}，如图 28-29 所示。Moormann[37] 统计的结果表明软黏土中 δ_{vm} 一般为 δ_{hm} 的 0.5～1.0 倍，最多不超过 2.0 倍。

图 28-30 给出了上海地区最大地表沉降与围护结构最大侧移之间的统计关系[44]，地表沉降基本介于 0.4 倍和 2.0 倍的围护结构最大侧移之间，平均最大地表沉降为 0.81 倍的围护结构最大侧移。一般情况下可考虑最大地表沉降为 0.8 倍的围护结构最大侧移。

3）预估地表沉降曲线

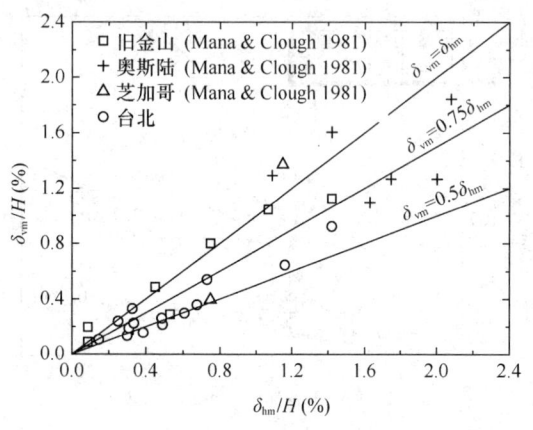
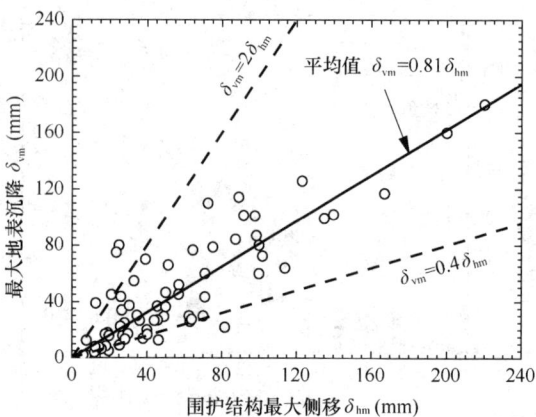

图 28-29　Ou[34]统计的 δ_{vm} 与 δ_{hm} 之间的关系　　　图 28-30　上海地区 δ_{vm} 与 δ_{hm} 之间的关系[44]

(1) Peck 法

1969 年 Peck[2]统计了挪威和奥斯陆等地采用钢板桩和企桩作为围护结构的基坑墙后地表沉降数据，首次提出了预测墙后地表沉降的经验方法如图 28-31 所示。其中横坐标为墙后距围护结构的距离与开挖深度的比值，纵坐标为沉降量与开挖深度的比值。根据土层条件和施工状况，Peck 将图形分为三个区域。其中Ⅰ区地表沉降最小（最大沉降小于 1‰ H），对应于砂土和硬黏土，Ⅱ区和Ⅲ区根据坑底以下软土的厚度及坑底抗隆起稳定系数而定，最大沉降可达 1‰H～3‰H。Peck 的统计数据主要来源于早期采用柔性支护结构的基坑，不一定适合于连续墙、钻孔灌注桩等刚度较大的支护体系。

(2) Bowles 法

Bowles[45]提出了一种预估墙后地表沉降曲线的方法，如图 28-32 所示。该法先采用弹性地基梁法或有限元方法得到围护墙的侧移曲线，并计算围护墙后土体侧移的面积 s，然后根据下式预估地表沉降的影响范围 D：

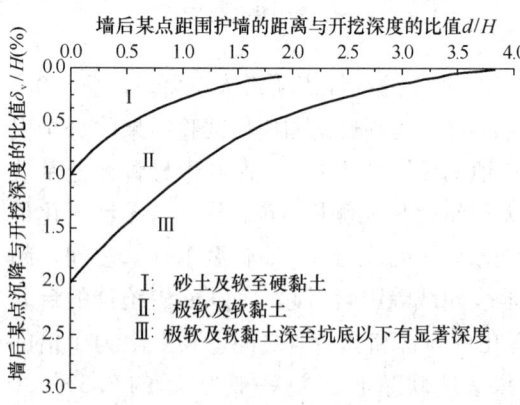
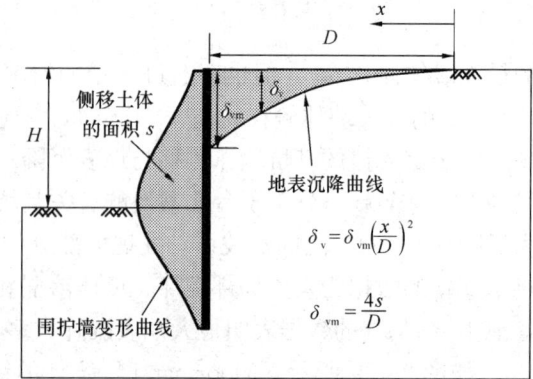

图 28-31　墙后地表沉降分布（Peck[2]）　　　图 28-32　Bowles 法[45]预估墙后地表沉降曲线

$$D = (H + H_d)\tan(45° - \varphi/2) \quad (28-1)$$

式中 φ 为土的内摩擦角，对于黏性土 $H_d = B$，对于非黏性土 $H_d = 0.5B\tan(45° + \varphi/2)$，其中 B 为基坑的开挖宽度。

假设最大沉降发生于围护墙处，根据下式估计最大地表沉降：

$$\delta_{vm} = 4s/D \tag{28-2}$$

假设地表沉降呈抛物线分布，则 x 处的地表沉降 δ_v 可表示为：

$$\delta_v = \delta_{vm}\left(\frac{x}{D}\right)^2 \tag{28-3}$$

(3) Clough 和 O'Rourke 法

Clough 和 O'Rourke[3] 根据若干工程案例数据的分析给出了墙后地表沉降的分布，如图 28-33 所示。对于砂土和硬黏土，建议沉降剖面为三角形分布，最大沉降发生在紧靠墙后的土体处（图 28-33a、b），沉降的影响范围分别为 $2H$ 和 $3H$。对于软至中等坚硬的黏土，典型的无量纲化沉降剖面如图 28-33（c）所示，最大沉降发生于 $0\sim0.75H$ 的范围内，在 $0.75H\sim2.0H$ 的范围内，沉降由最大值衰减至可忽略的程度。需指出的是 Clough 和 O'Rourke 法预测的是地表沉降的包络线。

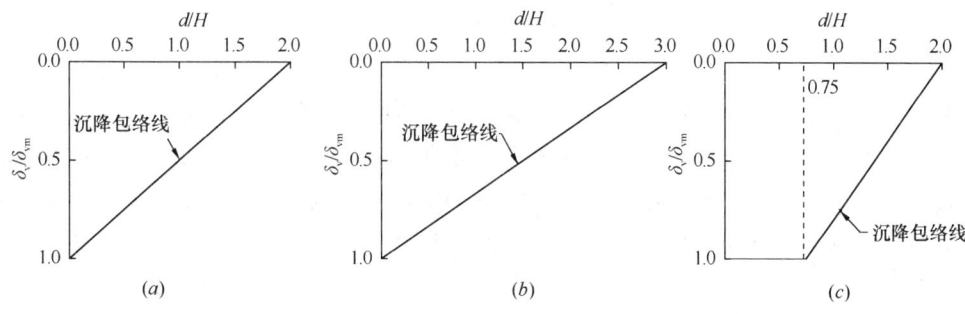

图 28-33 不同土体类型中的基坑开挖墙后地表沉降的分布（Clough 和 O'Rourke[3]）
(a) 砂土；(b) 硬黏土；(c) 软至中等硬度黏土

(4) Hsieh 和 Ou 法

Hsieh 和 Ou[5] 给出了三角形和凹槽型两种沉降型态的预测方法分别如图 28-34（a）、(b) 所示，并提出了主影响区域和次影响区域的概念。三角型和凹槽型沉降的影响范围均包括主影响区域和次影响区域，且主影响区域的范围为 2 倍的开挖深度，而次影响区域为主影响区域之后的 2 倍开挖深度。在主影响区域的范围内，沉降曲线较陡，会使建筑物产生较大的角变量，而次影响区域的沉降曲线较缓，对建筑物的影响较小。对于三角型沉降，给出了如图 28-34（a）所示的预测曲线（直线 a-b-c）。对于凹槽型沉降，给出了如图 28-34（b）所示的预测曲线，认为最大沉降发生在距离墙后 $0.5H$ 的位置处，而紧靠墙体处的沉降为最大沉降的 0.5 倍。Kung[46] 后来对图 28-34（b）所示的凹槽型沉降曲线作了局部修正，即认为紧靠墙体处的沉降为最大沉降的 0.2 倍。

2. 预估建筑物因基坑开挖引起的角变量

经验方法评估基坑开挖对周边建筑物的影响的第二步，是基于前面预测的地表沉降曲线，预估建筑物因基坑开挖而承受的角变量。实际上，预估建筑物因基坑开挖而承受的角变量是一个非常困难的事情，原因有二[47]：

(1) 工程界常用的分析方法，或者是所采用的简化评估法，通常假设没有建筑物存在情况下，来预测深基坑引致的地表沉降剖面，然而实际上建筑物是在深基坑施工前就存在的，因此预测的地表沉降剖面很可能和实际建物承受的沉降有所差异。

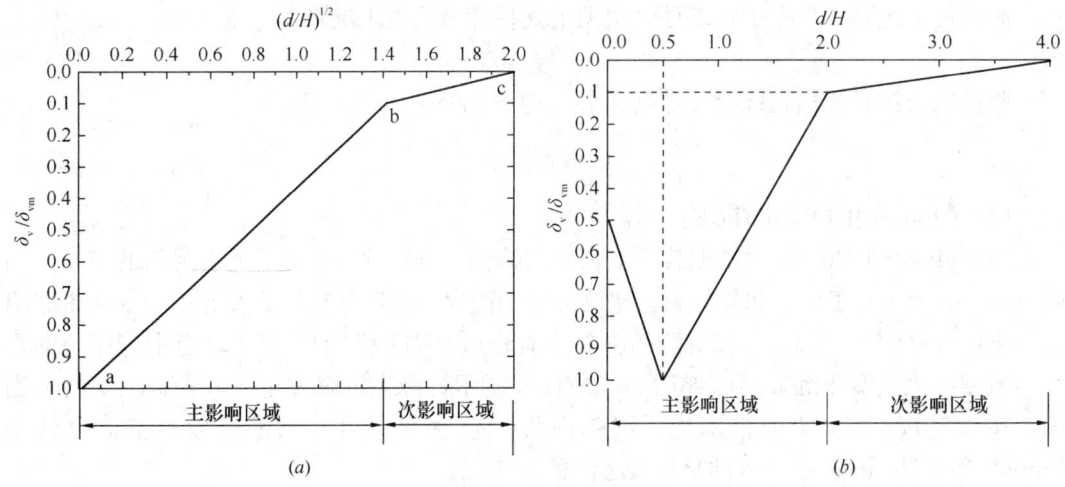

图 28-34　三角形和凹槽型沉降预测方法（Hsieh 和 Ou[5]）
(a) 三角形沉降曲线预测；(b) 凹槽型沉降曲线预测

图 28-35 进一步说明建筑物存在情况下，土与结构相互作用的情况。图中虚线表示没有建筑物情况下的沉降剖面，若建筑物存在，由于建筑物本身具有劲度，在沉降过程中，结构基础和土壤之间会互相作用而调整，通常调整后建筑物承受的差异沉降量，会比没有建筑物情况之预测值略小。换言之，以没有建筑物情况预测的地表沉降剖面，来评估建筑物承受的差异沉降量会轻微偏保守安全，假使略微保守的分析是可以接受的。

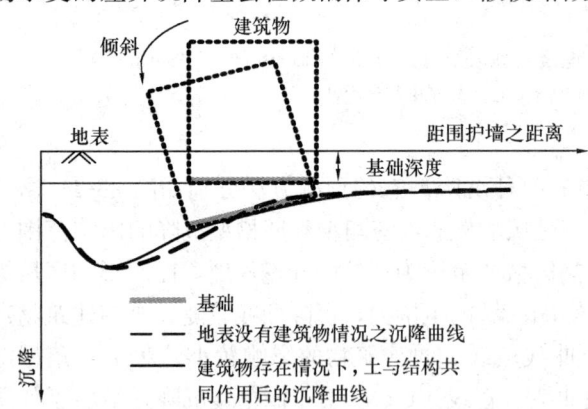

图 28-35　土与结构相互作用下建筑物实际承受的沉降和没有建筑物情况的沉降比较[47]

(2) 若建筑物沉降量已经可以准确地预估，接下来的问题是如何评估建筑物承受之角变量。如图 28-36 所示，当建筑物承受开挖引致之差异沉降量，结构体会产生旋转（倾斜）和扭曲变形（角变量）两种行为，其中角变量代表结构体扭曲变形，以适应所承受的差异沉降量。一般而言，刚体旋转并不会造成结构体本身受损，当然若旋转量过大，建筑物可能会倒塌。角变量过大，结构体便可能产生开裂，甚至影响结构安全。

深基坑引致的地表沉降，可能造成建筑物刚体转动和角变量，可以用下式表示：

$$\Delta GS = \beta + \omega \tag{28-4}$$

式中　β——建筑物承受的角变量；
　　　ω——建筑物刚体转动量；
　　ΔGS——地表沉降的转角，其计算方式如下：

$$\Delta GS = \delta/L \tag{28-5}$$

式中 δ 和 L 分别代表相邻基础的差异沉降量和距离。假设建筑物是刚体，不会产生扭曲变

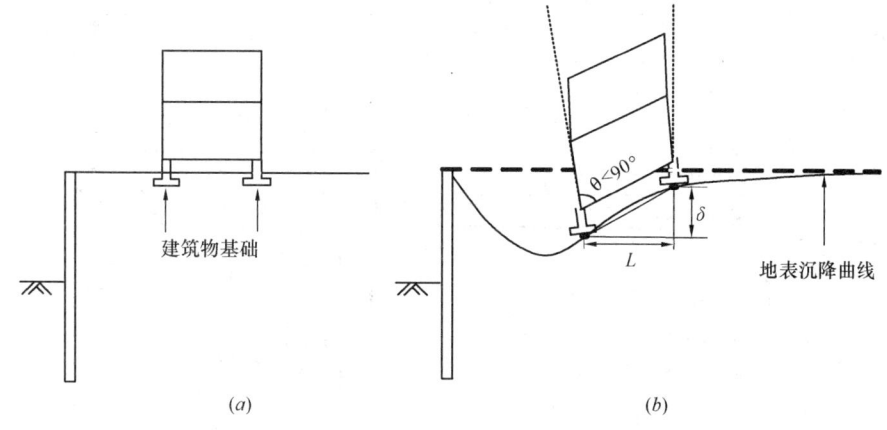

图 28-36 土与结构相互作用下建筑物的变形行为[47]
(a) 开挖前邻近建筑物状况；(b) 开挖后邻近建筑物发生倾斜和扭曲变形情况

形（$\beta=0$），则差异沉降只会导致建筑物的刚体转动（$\Delta GS \approx \omega$）；反之，若建筑物的刚性很小，则差异沉降将以角变量形式呈现（$\Delta GS \approx \beta$），此情况可视为最大角变量（β_m）。通常一般的建筑物不会产生上述两个极端的情况，都会同时产生刚体转动量和角变量。

工程应用上常常以计算 ΔGS 作为结构体承受的角变量，这样的评估方式不尽合理，然而要准确估算建筑物实际承受的角变量非常困难，因为角变量和刚体转动量的多少，会受到很多因素影响，包括地表差异沉降量大小、地表沉降的转角 ΔGS、土的刚度（砂土或黏土）、建筑物的刚度（RC 结构还是砌体结构、窗户数量等）、建筑物尺寸（宽度、高度）、基础形式（筏板基础还是独立基础等）等，要能够将上述因素都考虑到建筑物反应的分析，其实是相当复杂且困难的。

3. 判断建筑物的损坏程度

根据第二步的预估，得到了建筑物所承受的角变量 β，就可根据表 28-3 评估建筑物的损坏程度。

28.5.2 经验方法应用实例

这里以一个具体的工程实例说明采用经验方法预估基坑开挖对周边建筑物可能产生的影响。图 28-37 为该基坑的平面图及周边环境状况。东侧基坑开挖深度 12.2m，西侧基坑开挖深度 14.2m。基坑周边紧邻众多建筑物及地下管线，基坑环境保护要求极高。建筑 A 为上海市优秀近代保护建筑，建于 1949 年，大楼高 8 层，为钢筋混凝土框架结构，采用钢筋混凝土箱基加木桩，承载能力满足要求。大楼在基坑施工前运行良好，为完好房。建筑 B 为上海市优秀近代保护建筑，1934 年竣工，七层钢筋混凝土框架结构，原设计为 4 层，抗战时期增建二层，解放后又加建一层，建筑高 25.9m。大楼的基础为梁板式片筏基础，并有 3.66～7.32m 长的木桩。大楼有一定的不均匀沉降，但沉降稳定。建筑 C 亦为为上海市优秀近代保护建筑，建于 1903 年，为 4 层条基砖混结构，有明显的向东和向北倾斜，但沉降稳定。

本工程采用全逆作法的设计方案。围护结构采用两墙合一的地下连续墙，靠近建筑 A、建筑 B 一侧墙厚 1m、深 31.2m；靠近建筑 C 一侧墙厚 1m、深 29.2m；汉口路、四川中路侧墙厚 0.8m、深 25.2m。采用结构梁板作为围护结构水平支撑体系，在局部楼板空

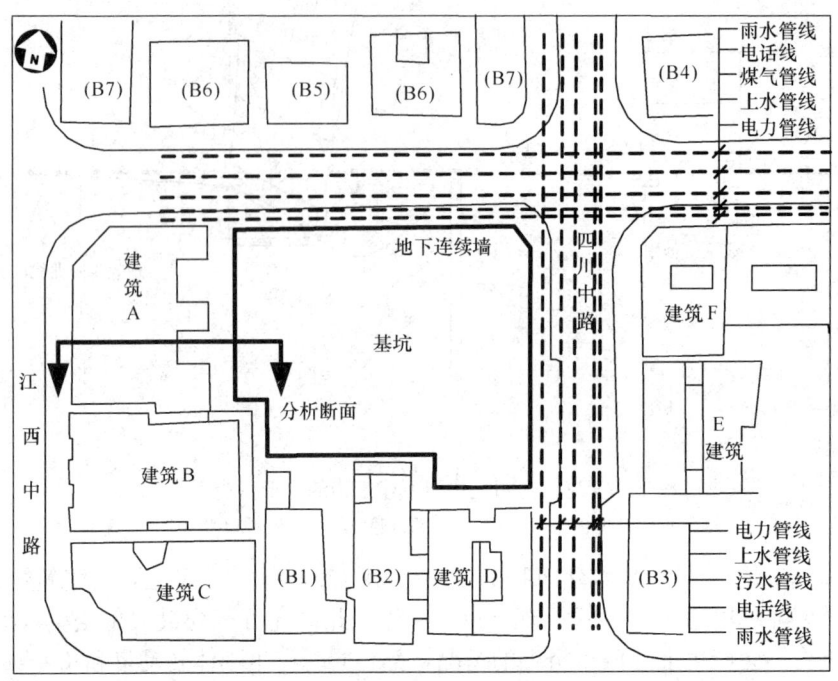

图 28-37　某基坑平面图及周边环境状况

缺处另设置临时支撑进行水平力的传递，基坑西侧在 −10.700m 标高处增加一道临时混凝土支撑。采用一柱一桩承担施工期间的荷载及同时施工的上部结构荷载。框架柱部位的支承柱结合主体结构的 ϕ609 钢管混凝土柱，其下为 ϕ900 钻孔灌注桩。在地下室逆作施工完成时，上部结构可以同时施工至第三层。

经验方法的分析为平面分析方法，因此对建筑物 A 选取了如图 28-37 所示的分析断面进行分析。分析步骤如下：

（1）采用弹性地基梁方法分析了围护结构的变形，得到邻近建筑物 A 侧的地下连续墙的最大侧移为 26mm。

（2）根据上海地区的统计关系，取最大地表沉降与围护结构最大侧移的比值为 0.8，得到最大地表沉降为 20.8mm。

（3）采用图 28-34（b）的凹槽型沉降曲线，并考虑 Kung[46] 后来对图 28-34（b）所示的凹槽型沉降曲线作的局部修正（即认为紧靠墙体处的沉降为最大沉降 0.2 倍），得到地表沉降曲线如图 28-38 所示。

（4）假设建筑物承受的角变量 β 与地表沉降的转角 ΔGS 相等，根据图 28-38 的地表沉降曲线，得到间隔 1、间隔 2、间隔 3 和间隔 4 承受的最大角变量 β 分别为 1/2100、1/1100、1/1100、1/10600。

（5）考虑建筑 A 为上海市优秀近代保护建筑，其可容许的角变量估计为 $\beta_{max}=1/500$，可以看出各个间隔承受的最大角变量均小于建筑物容许的角变量 β_{max}，即可保证在基坑开挖阶段建筑物的安全。

施工过程中对该建筑物进行了监测，结果表明，该建筑物承受的最大角变量为 1/1200，且该最大角变量还包含了基坑开挖前期由于地下连续墙施工和预降水引起的角变

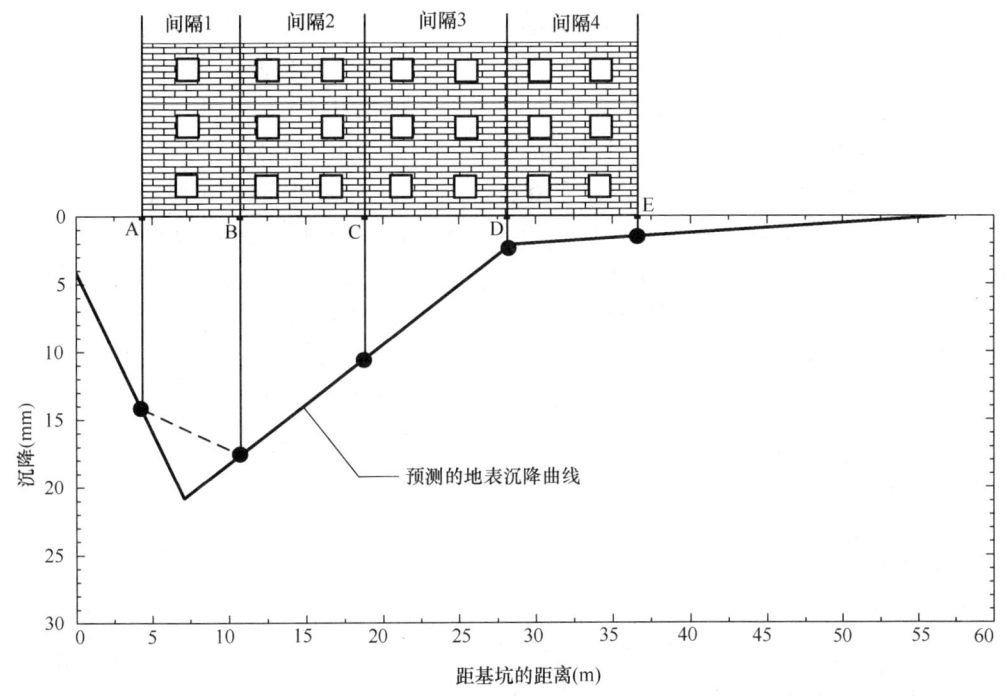

图 28-38 预测建筑物承受的地表沉降曲线

量(该两阶段建筑物承受的角变量为 1/2900)。监测还表明,该建筑物原有的裂缝并没有进一步发展,建筑物的正常使用未受影响,即基坑施工并未对建筑 A 产生损坏。这也表明,采用经验方法预测的结果与实测结果基本吻合。

28.5.3 数值分析方法

基坑工程与周围环境是一个相互作用的系统,连续介质有限元方法是模拟基坑开挖问题的有效方法,它能考虑复杂的因素如土层的分层情况和土的性质、支撑系统分布及其性质、土层开挖和支护结构支设的施工过程以及周边建(构)筑物存在的影响等。随着有限元技术、计算机软硬件和土体本构关系的发展,有限元法在基坑工程中的应用取得了长足的进步,从而为邻近建(构)筑物的基坑工程设计提供了重要的分析手段,由于有限元法分析的复杂性使得其易导致不合理甚至错误的分析结果,因此有限元法分析得到的结果宜与其他方法(如经验方法)进行相互校核,以确认分析结果的合理性。采用数值分析方法分析基坑开挖对周边环境的影响时应考虑如下因素:

1. 平面分析与三维分析

对于长条形基坑的长边采用平面有限元分析一般是合适的,但对于基坑短边的断面,或靠近基坑角部的断面,围护结构的变形和地表的沉降具有明显的空间效应,若采用平面有限元法分析这些断面,将会高估围护结构的变形和地表的沉降。当基坑形状复杂或基坑周边的建(构)筑物本身也不满足平面应变的条件时,采用平面分析的模型将会使计算结果的可靠度降低。在这种情况下,要想更全面地掌握基坑本身的变形及基坑开挖对周边环境的影响,宜采用考虑土与结构共同作用的三维有限元分析方法。

2. 边界条件及全过程模拟

基坑开挖涉及围护结构施工、土体开挖、支撑施工等复杂过程,要准确地分析基坑的变形和受力情况以及基坑开挖对周边环境的影响，必须合理地模拟基坑的实际施工工况。因此，在建模时需综合考虑土层的分层情况、周边建（构）筑物的存在、开挖及支护结构的施工顺序等。一般采用单元的"生"、"死"功能来模拟具体施工过程中有关结构构件的施工以及土体的挖除，并采用分步计算功能来模拟具体的施工工况。

当基坑的围护结构、支撑结构、土层条件、施工工况等对称时，可考虑利用对称性取模型的一半进行分析，此时对称面上应采用约束水平位移的边界条件。另一个需考虑的是模型的下边界和侧向边界需延伸多远的问题。模型的下边界延伸的深度主要根据地层条件决定，当下部有坚硬的土层时，则可将该土层作为模型的下边界。由于土的刚度随着深度的增加而增大，因此一般而言，只要下边界不是不合理地靠近基坑的底部，其对计算结果的影响就相对较小。下边界采用约束竖向位移或同时约束水平和竖向位移的边界条件均可。图 28-34 的地表沉降曲线表明，软土地层条件下基坑的墙后影响范围可达 4 倍开挖深度，因此侧向边界应至少放置在墙后 4 倍的开挖深度之外，侧向边界一般可采用约束水平位移的边界条件。

3. 本构模型的选择

数值分析中的一个关键问题是要采用合适的土体本构模型。虽然土的本构模型有很多种，但广泛应用于商业岩土软件的仍只有少数几种如线弹性模型、Duncan-Chang（DC）模型、Mohr-Coulomb（MC）模型、Drucker-Prager（DP）模型、修正剑桥（MCC）模型、Plaxis Hardening Soil（HS）模型等。线弹性模型由于对拉应力没有限制而无法较好地模拟主动土压力和被动土压力，一般不适合于基坑开挖的数值分析。弹-理想塑性的 MC 或 DP 模型不能区分加荷和卸荷，且其刚度不依赖于应力历史和应力路径，应用于基坑开挖数值分析时往往会得到不合理的很大的坑底回弹，虽然这两个模型在有些情况下能获得一定满意度的墙体变形结果，但难以同时给出合理的墙后土体变形性态及变形影响范围。能考虑软黏土硬化特征、能区分加荷和卸荷的区别且其刚度依赖于应力历史和应力路径的硬化类弹塑性模型如 MCC 模型和 HS 模型，相对而言能给出较为合理的墙体变形及墙后土体变形情况，适合于基坑开挖的数值分析。目前人们已意识到小应变范围内的应力-应变关系对预测土体的变形起着十分重要的作用，能反映土体在小应变时的变形特征的弹塑性模型应用于基坑开挖分析时具有更好的适用性。但小应变模型的参数一般较多，且往往需要高质量的试验来确定参数，从目前来看直接应用于工程实践尚存在一定的距离。

4. 计算参数的确定

数值分析结果的合理性在很大程度上取决于所采用的计算参数。基坑现场的土体应采用合适的本构模型进行模拟，并且能根据室内试验和原位测试等手段给出合理的参数。必要时也可采用反分析方法确定有关计算参数，当所采用的土体本构模型的参数较多时，一般可反算那些无法直接从试验中得到或者是无法合理地估计的参数，相对可靠的土体参数可直接从试验中得到或从已有的经验推断中得到。当基坑的附近具有相同地质条件、类似的支护方式和施工工况的已经完成的基坑工程时，可采用其实测资料来进行反分析，然后将得到的参数用于本工程的模拟。也可根据基坑的初期工况的实测资料来进行反分析，得到参数后用来预估后续工况的变形。

5. 分析方法

基坑开挖数值分析方法包括排水分析法、不排水分析法和部分排水分析法。其中排水分析法是指在分析过程中，假设超静孔压完全消散，适用于模拟砂土的行为及黏性土的长期行为；需采用有效应力法进行分析，所采用的输入参数应为有效应力参数。不排水分析法是指在分析过程中，超静孔压完全无法消散，其体积变化为零，适合于模拟黏性土的短期行为；不排水分析法既可采用总应力也可采用有效应力分析，其对应的输入参数分别为总引力参数和有效应力参数。有些情况下，黏性土的行为既不属于完全排水，也不是完全不排水，而是介于两者之间，即为部分排水行为，此时可以采用耦合分析方法进行分析，其对应的输入参数为有效应力参数。分析时应根据实际的工程地质条件、水文地质条件及施工的时间因素等选择合适的分析方法。

6. 接触面的设置

基坑工程中，围护体或其他结构与土体存在相互作用。围护体与土体的接触面性质对围护结构的变形和内力、坑外土体的沉降和沉降影响范围、坑底土体的回弹以及基坑开挖对周围建（构）筑物的影响程度会产生一定程度上的影响。有限元法是在连续介质力学理论的基础上推导出来的分析方法，这种方法无法有效地评估材料间发生相对位移的受力和变形性态。因此基坑的有限元分析中，为使分析结果更加符合实际，有必要考虑围护墙与土体的界面接触问题，一般可采用接触面单元来处理。

7. 初始地应力场的模拟

当基坑周边存在已有的结构如隧道、地下室、桩基或浅基础时，这些结构的存在会引起初始地应力场的改变。在基坑施工之前，这些已经存在的结构就已经引起了土体中加载或卸载过程，因而在对基坑的开挖过程进行分析时，必须考虑这些既有结构对初始地应力场的影响。正确模拟既有周边环境对初始地应力场影响对于分析基坑本身的变形以及分析对周边环境的影响具有重要的意义。

28.5.4 平面有限元分析实例

1. 工程实例一

这里以 28.5.2 节的工程为例，说明采用平面有限元方法分析基坑开挖对周边环境的影响。该工程场地地基土的组成及物理力学指标如表 28-12 所示。

地基土的物理力学指标 表 28-12

层序	土层名称	层厚 (m)	含水量 (%)	重度 (kN/m³)	孔隙比	压缩模量 (MPa)	直剪固结快剪		渗透系数(10^{-7}cm/s)	
							c (kPa)	φ (°)	k_v	k_h
①	填土	1.9								
②	黏土	0.9	36.9	18.5	1.02	3.64	21	15	3.01	3.67
③	淤泥质粉质黏土夹砂质粉土	4.7	39.1	18.1	1.09	5.67	8.5	18	31.7	1.36
④	淤泥质黏土	9.1	50.3	17.1	1.41	2.25	13.5	11.7	1.72	2.55
⑤$_{1-1}$	粉质黏土夹黏土	4.4	37.7	18.2	1.07	4.64	11.4	16	10.0	12.0
⑤$_{1-2}$	粉质黏土夹黏质粉土	27	32.5	18.4	0.98	5.65	8.5	23.5	10.2	55.3

采用平面有限元模拟基坑东侧裙楼区域（开挖深度 12.2m）的开挖过程。土体采用 15 节点三角形单元模拟，其本构采用 Plaxis Hardening Soil（HS）模型，本构模型的参数根据岩土勘察报告和部分工程的反分析经验确定。连续墙采用梁单元模拟，其计算参数

抗弯刚度和抗拉刚度根据连续墙的实际厚度确定。水平支撑的作用用弹簧单元模拟,其计算参数抗压刚度根据楼板的实际刚度确定。连续墙与土体的相互作用采用接触面(Goodman 单元)来模拟,该接触面单元切线方向服从 Mohr-Coulomb 破坏准则,并用一个折减系数 R_{inter}(这里取 0.7)来描述接触面强度参数与所在土层的摩擦角和黏聚力之间的关系。有限元模型尺寸 100m×50m,左右两侧边界约束水平位移,底边界约束水平和竖向位移。在基坑内部及连续墙附近适当加密网格,总单元数量为 1243 个。采用单元的"生"、"死"功能来模拟具体施工过程中有关结构构件的施工以及土体的挖除,模拟的工况如表 28-13 所示。采用基于有效应力法的排水分析方法进行分析,取初始地下水位位于地面以下 1m,每次开挖前地下水位先降至开挖面以下。图 28-39 为有限元网格图。

模拟的施工工况 表 28-13

工况	模拟内容	工况	模拟内容
Stage1	地下连续墙施工,并开挖至-1.5m	Stage3	地下一层梁板结构施工,并开挖至-8.6m
Stage2	首层结构梁板施工,并挖土至-5.3m	Stage4	地下二层梁板结构施工,并开挖至坑底

图 28-40 为基坑开挖到底(Stage4)时的总位移矢量图。连续墙的最大侧移为 35.65mm,最大坑底回弹为 71.66mm,最大地表沉降为 22.78mm。图 28-41 为有限元分析结果与有关实测结果的对比情况。从图 28-41(a)可以看出,连续墙的侧移随着开挖深度的增大逐渐增大,且发生最大侧移的位置也逐渐下移,计算得到的各个工况下的连续墙侧移与实测值吻合得较好。从图 28-41(b)可以看出基坑开挖到底(Stage4)时建筑物、管线的及地表的实测沉降基本被计算得到的地表沉降曲线所包含,且计算得到的沉降影响范围和沉降的大小与实测值吻合得较好。

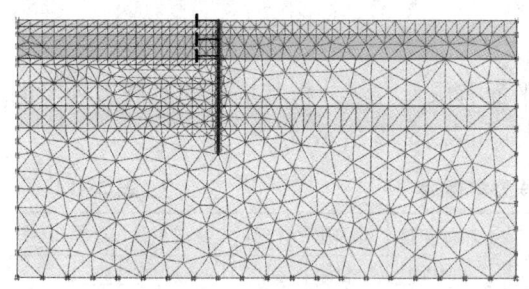

图 28-39 有限元网格图

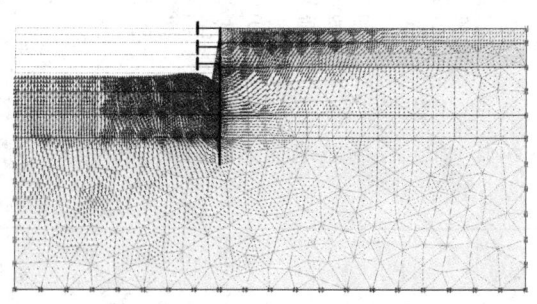

图 28-40 Stage4 时的总位移矢量图

2. 工程实例二

美国芝加哥大道与芝加哥州街地铁改建工程[48,49]基坑开挖深度 12.2m,需暴露原有的地铁车站与隧道以便改建。基坑的平面如图 28-42 所示。基坑东侧紧邻建于 20 世纪 50 年代末的 FrancesXavier Warde 学校,与基坑的最近距离约 2m。该学校为 3 层钢筋混凝土框架结构,外围为砖墙承重,内部为钢筋混凝土柱承重。承重砖墙置于高 2.8m、厚 400mm 的地下室外墙上,地下室外墙则座落于 1.2m 宽的条形基础上。内部柱子的基础为钢筋混凝土扩展基础,基础大小 4m×4m 到 5m×5m,基础厚度一般为 760mm,基础的平均埋深为 3.7m。芝加哥大道与芝加哥州街原地铁隧道及车站为位于基坑内的地下结构,建于 1939~1941 年,隧道为南北方向走向,包括上、下行线及站台。每条隧道约

28.5 基坑开挖对周边环境影响的分析与预估　1093

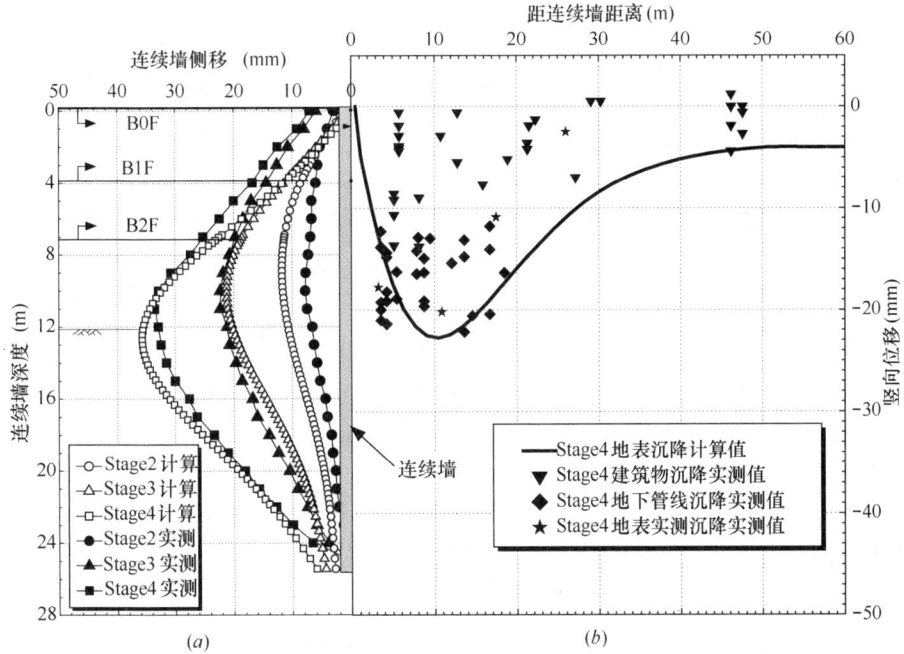

图 28-41　计算值与实测值的对比

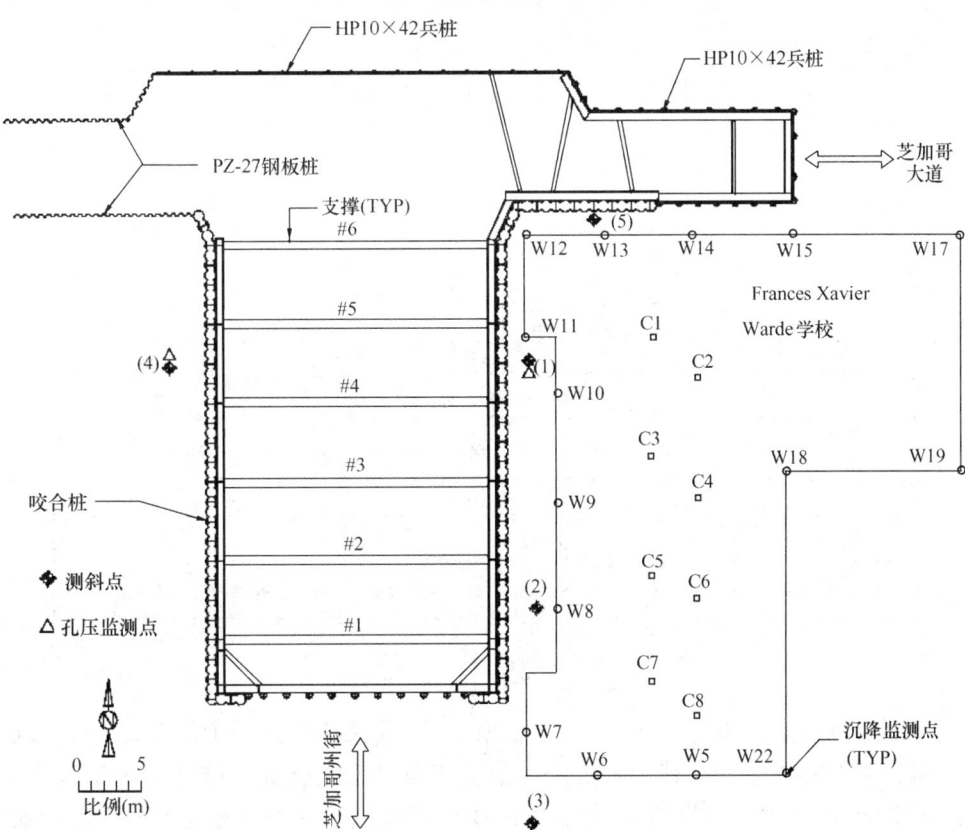

图 28-42　芝加哥大道与芝加哥州街地铁改建工程平面图

5m 宽、6m 高，站台 2m 宽、5m 高。隧道底部的标高为 9m。

基坑主要部分的围护结构采用咬合桩，小部分采用兵桩。咬合桩直径 915mm，咬合 150mm。首道支撑采用直径 610mm、壁厚 17mm 的钢管，钢管支撑间距约 6.1m；其下设置两道锚杆，锚杆角度为 45°，水平间距 1.5m，上、下道锚杆长度分别为 9.1m 和 10.7m。

采用 Plaxis 软件对基坑施工进行了全过程的模拟，并分析基坑开挖对旁边的 Frances Xavier Warde 学校的影响。土体采用三角形单元模拟，隧道结构、Frances Xavier Warde 学校的地下结构部分采用梁单元模拟，围护结构采用三角形单元模拟，钢支撑采用弹簧单元模拟，锚杆采用 Plaxis 软件中的锚杆单元模拟。Frances Xavier Warde 学校地上部分的结构自重采用荷载来模拟。有限元分析的模型如图 28-43 所示。有关的结构参数根据实际的结构尺寸确定。最顶层的砂土/填土层本构模型采用 Mohr-Coulomb 模型，其下各土层的本构模型采用 Plaxis Hardening Soil Model，其有关计算参数根据室内试验并结合反分析确定，如表 28-14 所示。表中各参数的意义可参考 Plaxis 软件的参考手册[50]。需指出的是，这里的 Hardening Soil Model 中所采用参考压力 p^{ref} 为 4.8kPa，而不是软件中默认的 100kPa。

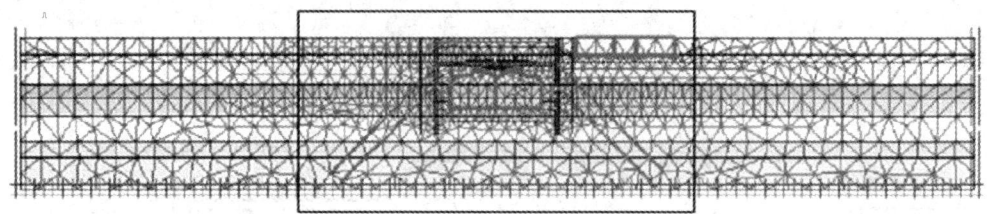

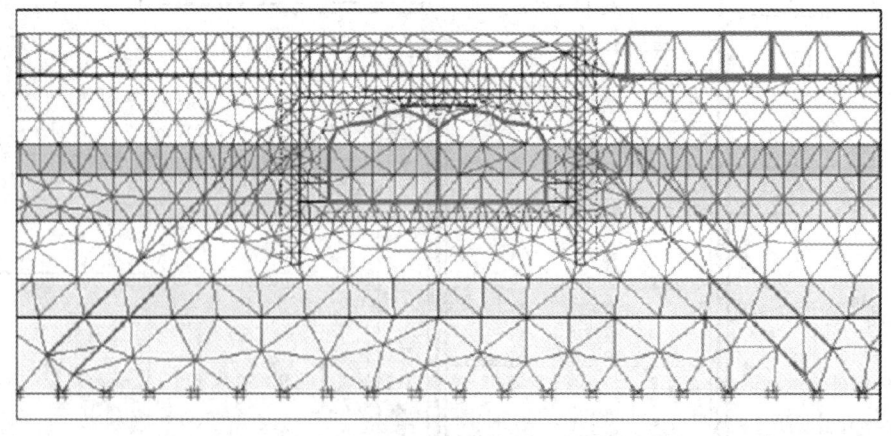

图 28-43 平面有限元分析模型

为了更准确地模拟基坑的受力和变形，模拟过程包括基坑开挖前的有关工程活动及基坑施工过程中的有关过程，其中基坑开挖前的工程活动包括原有隧道的施工和 Frances Xavier Warde 学校的建造过程，基坑施工阶段的模拟包括围护结构施工及土方开挖与支撑设置的过程。表 28-15 给出了详细的模拟步骤。

各土层的计算参数 表 28-14

参数	单位	1 砂土/填土层	2 黏土硬壳层	3 软黏土层	4 软~中等硬度黏土	5 中等硬度黏土层	6 硬黏土层	7 极硬黏土层	8 硬底层
类型	—	排水	不排水	不排水	不排水	不排水	不排水	不排水	不排水
层厚	m	3.7	0.9	4.3	2.5	3.7	4.6	3.1	6.1
γ	kN/m³	18.9	19.6	18.1	18.1	18.9	19.6	20.4	20.8
k_h	m/d	15.2	1.5×10^{-4}	1.5×10^{-4}	1.5×10^{-4}	1.5×10^{-4}	1.5×10^{-4}	1.5×10^{-4}	1.5×10^{-4}
k_v	m/d	15.2	0.9×10^{-4}	0.9×10^{-4}	0.9×10^{-4}	0.9×10^{-4}	0.9×10^{-4}	0.9×10^{-4}	0.9×10^{-4}
E_{50}^{ref}	kPa	—	1980	251	251	1164	2714	1848	25184
E_{oed}^{ref}	kPa	—	1386	176	176	815	1900	1294	17628
E_{ur}^{ref}	kPa	53986	5941	753	753	3491	8143	5545	75551
c	kPa	20	0.05	0.05	0.05	0.05	0.05	0.05	5
φ	°	35	32	23.4	23.4	25.6	32.8	32.5	35
ψ	°	5	0	0	0	0	0	0	3
ν	—	0.33	0.2	0.2	0.2	0.2	0.2	0.2	0.2
p^{ref}	kPa	—	4.8	4.8	4.8	4.8	4.8	4.8	4.8
m	—	—	0.8	0.8	0.8	0.85	0.85	0.85	0.6
K_0	—	—	0.47	0.6	0.6	0.57	0.46	0.46	0.43
R_f	—	—	0.9	0.9	0.9	0.9	0.9	0.9	0.9
R_{int}	—	0.67	0.5	1	1	1	0.5	0.5	0.5

模拟的施工工况 表 28-15

施工阶段	计算步	模拟的工况
基坑工程前期	0	模拟 K_0 状态下初始地应力场
	1~4	隧道建造（1940年）
	5	固结阶段（固结时间19年）
	6~10	Frances Xavier Warde 学校的建造（1960年）
	11	固结阶段（固结时间40年）
围护结构施工阶段	12	位移场置零(1999年)
	13	开挖咬合桩墙
	14	浇筑咬合桩墙（Stage1）
	15	固结阶段（固结时间20天）
基坑开挖阶段	16	开挖至地表以下1.55m并支设首道支撑（Stage2）
	17	开挖至地表以下5.2m
	18	安装第一道锚杆并施加预应力（Stage3）
	19	开挖至地表以下8.9m
	20	安装第二道锚杆并施加预应力（Stage4）
	21	开挖至坑底——地表以下12.2m（Stage5）

图 28-44 为 Stage5 时计算得到的围护结构侧移和 Frances Xavier Warde 学校沉降与实测值的对比情况。从图 28-44 (a) 可以看出，虽然计算得到的围护结构侧移略大于实测值，但计算得到的侧移形态与实测值吻合得较好。从图 28-44 (b) 可以看出，在靠围护墙较近的位置，计算得到的 Frances Xavier Warde 学校沉降较实测值要小，但在距离围护墙较远的位置，计算得到的沉降与实测值吻合得较好。计算得到的 Frances Xavier Warde 学校间隔 1、间隔 2、间隔 3 和间隔 4 所承受的角变量分别为 1/267、1/1407、1/850、1/1896，而根据实测监测点沉降得到的各间隔的角变量分别为 1/845、1/408、1/821、1/4006，虽然计算值与实测值存在一定的差距，但计算和实测得到的最大角变量均大于 1/500。基坑开挖期间对 Frances Xavier Warde 学校进行了裂缝监测，结果表明各楼层出现了不同程度上的裂缝。

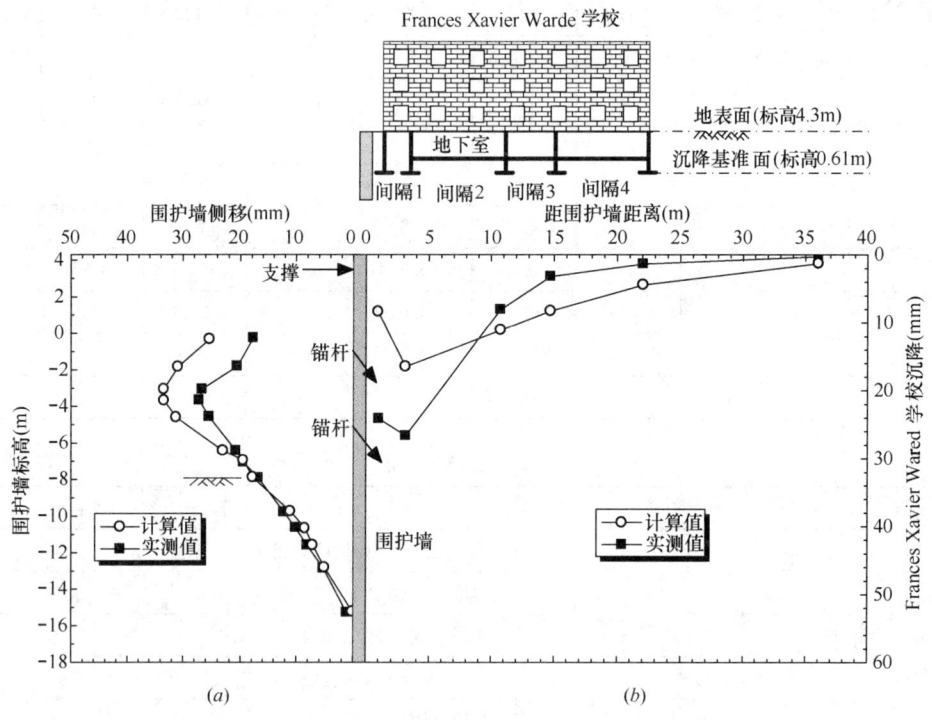

图 28-44 Stage5 时计算得到的围护结构侧移和 Frances Xavier Warde 学校沉降与实测值的对比

28.5.5 三维有限元分析实例

这里以美国西北大学校园内的福特汽车公司工程设计中心基坑工程[51]为例，说明采用三维有限元分析方法分析基坑开挖对周边建筑物的影响。该基坑的平面尺寸为 36.8m×44.5m，开挖深度约为 9.0m，基坑的平面如图 28-45 所示。基坑北侧 5.2m 处存在一既有建筑（McCormick 工程学院的技术研究院大楼），该建筑物包括 4 层的主体部分和 1 层的裙楼部分，4 层主体部分的中间柱采用扩展基础，周围外墙采用条形基础。基坑围护结构采用 XZ85 型号的钢板桩，钢板桩长 14.7m～16.2m。竖向设置两道钢管支撑，第一道和第二道支撑分别位于地表以下 3.7m 和 6.1m，支撑的平面布置如

图 28-45 所示。

采用 Plaxis 3D Foundation 对基坑的开挖过程进行了模拟,模型平面尺寸为 350m×350m。其中土体采用实体单元模拟,钢板桩采用板单元模拟,钢支撑采用梁单元模拟。模型中考虑了技术研究院大楼 4 层主体部分的地下结构,上部结构的自重用施加于基础上的荷载来模拟。有限元计算模型如图 28-46 所示,图中所示的标高采用 Evanston 城市高程系统。土体的本构模型采用 Plaxis Hardedning Soil Model,各土层的有关计算参数如表 28-16 所示。有关结构的计算参数根据结构的材料和实际尺寸确定。

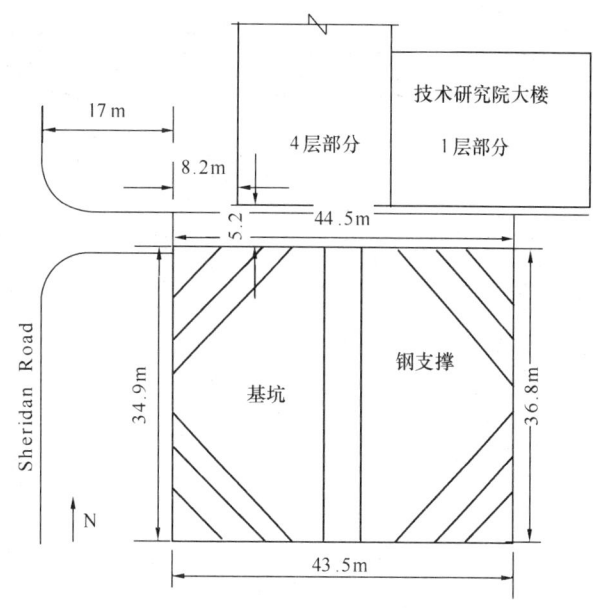

图 28-45 福特汽车公司工程设计中心基坑工程平面图

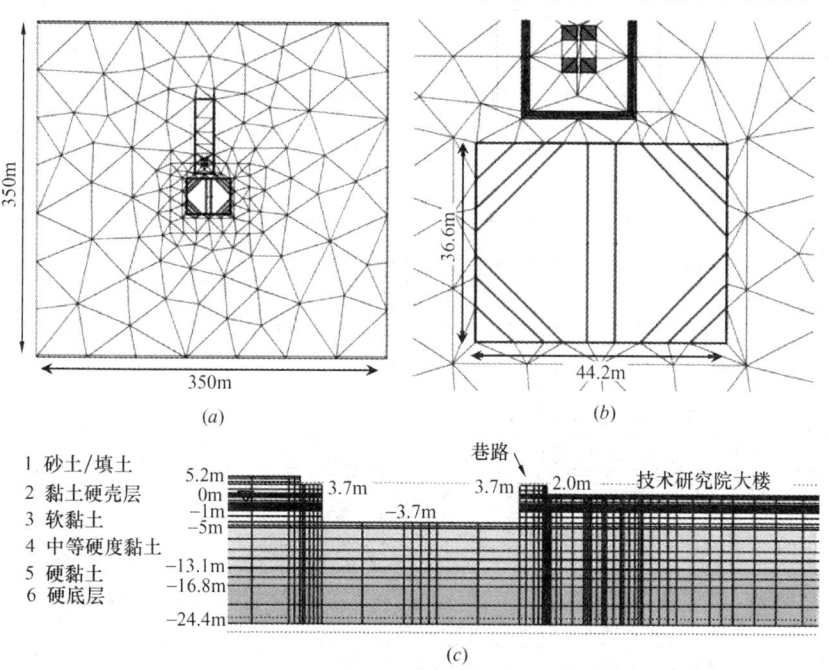

图 28-46 有限元模型图
(a) 三维模型顶视图;(b) 模型局部;(c) 模型剖面

各土层的计算参数 表 28-16

参 数	单 位	1 砂土/填土	2 黏土硬壳层	3 软黏土	4 中等硬度黏土	5 硬黏土	6 硬底层
类型	—	排水	不排水	不排水	不排水	不排水	不排水
层厚	m	5.2	1	4	8.4	3.7	7.6
γ	kN/m³	18.8	18.8	18.8	19.6	20.4	20.4

续表

参　数	单　位	1砂土/填土	2黏土硬壳层	3软黏土	4中等硬度黏土	5硬黏土	6硬底层
k_h	m/d	9.1	0	0	0	0	0
k_v	m/d	9.1	0	0	0	0	0
E_{50}^{ref}	kPa	7185	14370	421	1284	17723	23950
E_{oed}^{ref}	kPa	7185	14370	295	884	12406	16765
E_{ur}^{ref}	kPa	21555	43110	1263	3789	53169	71850
c	kPa	1	1	1	1	1	1
φ	°	37	40	24	26	32	35
ψ	°	5	15	0	0	0	0
ν	—	0.2	0.2	0.2	0.2	0.2	0.2
p^{ref}	kPa	5	5	5	5	5	5
m	—	0.5	0.5	0.8	0.85	0.85	0.6
K_0	—	0.398	0.357	0.593	0.562	0.470	0.426
R_f	—	0.9	0.9	0.9	0.9	0.9	0.9
R_{int}	—	1	1	1	1	1	1

为了更合理地模拟基坑的开挖，数值分析中考虑了周边既有的技术研究院大楼的存在对初始地应力的影响，整个模拟过程如表28-17所示。

模拟的施工工况　　　　　　　　　　表28-17

计算步	模　拟　的　工　况
0	模拟K_0状态下初始地应力场（场地顶面的Evanston城市高程为+5.2m）
1	技术研究院大楼的开挖——巷路开挖至+3.7m/技术研究院大楼开挖至+2.0m标高
2	技术研究院大楼的建造——基础/底板的施工及来自上部结构的荷载的施加
3	围护结构——钢板桩施工
4	降水至-3.8m标高
5	第一次开挖——开挖至+1.0m标高
6	首道支撑支设——首道支撑支设于+1.5m标高处
7	第二次开挖——开挖至-0.5m标高
8	第二道支撑支设——第二道支撑支设于-1.0m标高处
9	第三次开挖——开挖至-3.7m标高（坑底）

图28-47给出了基坑开挖到坑底时土体的侧移和技术研究院大楼的沉降。图28-47 (a)为三维有限元计算得到的土体侧移与实测值的对比情况，其中实测土体的侧移是距离基坑北侧钢板桩约3.0m处的测斜管得到的，从图中可以看出，计算得到的土体侧移与实测值吻合得较好。图28-47 (b)为三维有限元计算得到的地表沉降和技术研究院大楼的沉降曲线，图中还给出了采用Hsieh和Ou[5]建议的曲线预测的地表沉降。可以看出，采用三维有限元计算得到的沉降曲线与采用Hsieh和Ou建议的曲线预测的地表沉降差异不大。采用三维有限元计算得到的最大地表沉降为11.5mm，技术研究院大楼南侧墙下基

础、扩展基础 1 和扩展基础 2 处的沉降分别为 10.3mm、2.9mm 和 0.6mm，间隔 1、间隔 2 承受的角变量分别为 1/1154 和 1/2667。基坑开挖过程中对技术研究院大楼基础的倾角进行了监测，结果表明南侧墙体和扩展基础 2 处的倾角分别为 1/1146 和 1/2291。可以看出，计算与实测吻合得较好。监测表明，由于建筑物的角变量较小，基坑开挖期间技术研究院大楼未出现裂缝。

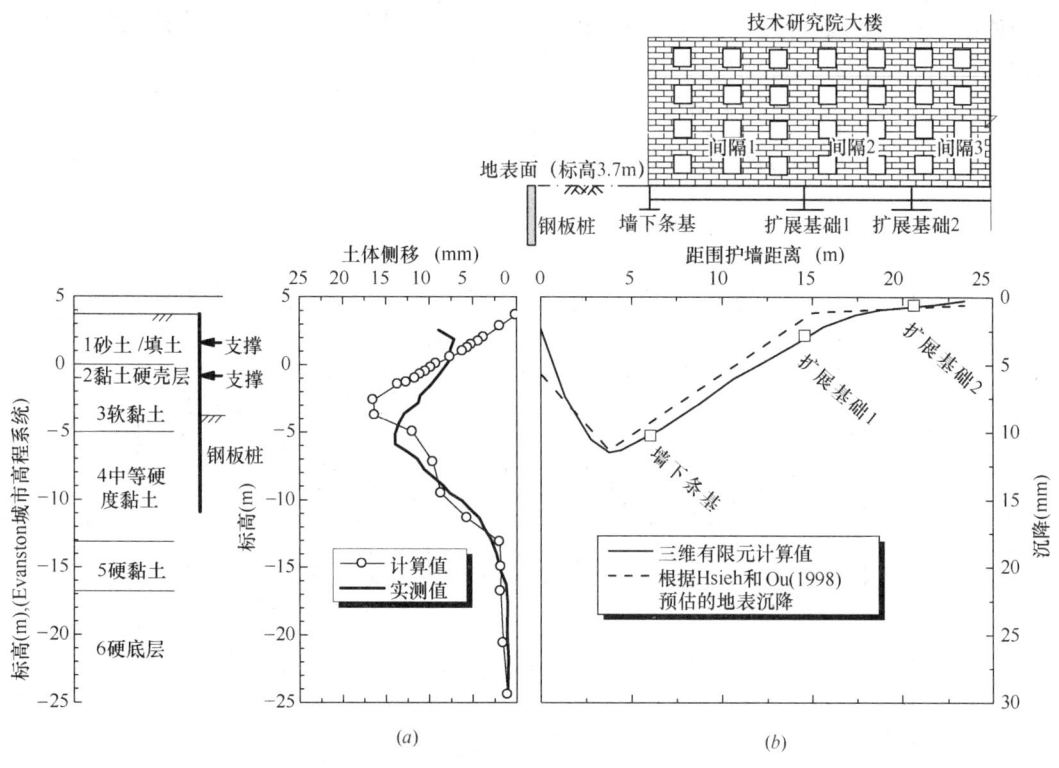

图 28-47 开挖到坑底时的土体的侧移和技术研究院大楼的沉降

28.6 基坑变形控制设计流程

基坑的变形控制设计以基坑的环境保护为核心，通过设计、变形分析，再设计、再变形分析的反复过程，使设计的支护结构在基坑施工过程中所引起的基坑周围的建（构）筑物、地下管线和设施的变形在允许的范围之内，从而保证其正常使用要求。

图 28-48 为基坑变形控制设计的一般流程。一般先根据基坑本身的规模与挖深、基坑的地质条件、基坑周边的环境等因素选择合适的基坑支护结构类型，并确定初步的支护设计方案。然后预估基坑施工对周边环境可能产生的影响，可以采用前面提到的经验方法和数值分析方法。采用经验方法时，先预估基坑施工引起的地表沉降，包括由围护结构施工引起的地表沉降和由基坑开挖施工引起的地表沉降，将这两个阶段得到的地表沉降叠加即得到总的地表沉降，需指出的是，这里预测的地表沉降是在不考虑基坑周围环境存在的条件下得到的。在此基础上即可预估基坑周围建（构）筑物、地下管线及设施等的沉降、差异沉降、角变量等变形量，并根据有关准则评价周边环境的损坏程度。若周边环境的损坏

程度可以接受，则设计能满足基坑周边环境的保护要求，从而可以确定最终的基坑支护方案。若周边环境的损坏程度不可接受，则应修改设计方案，例如调整围护墙的刚度、支撑刚度等设计参数或采取地基加固、托换等措施，并重新评估基坑施工对周围环境的影响，直至能满足基坑周边环境的变形控制要求。当采用数值分析方法时，可直接得到基坑周围建（构）筑物、地下管线及设施等的沉降、差异沉降、角变量等变形量。但需指出的时，采用数值分析方法最好是有类似工程可靠的监测数据的校验，以提高其预测结果的可靠性。

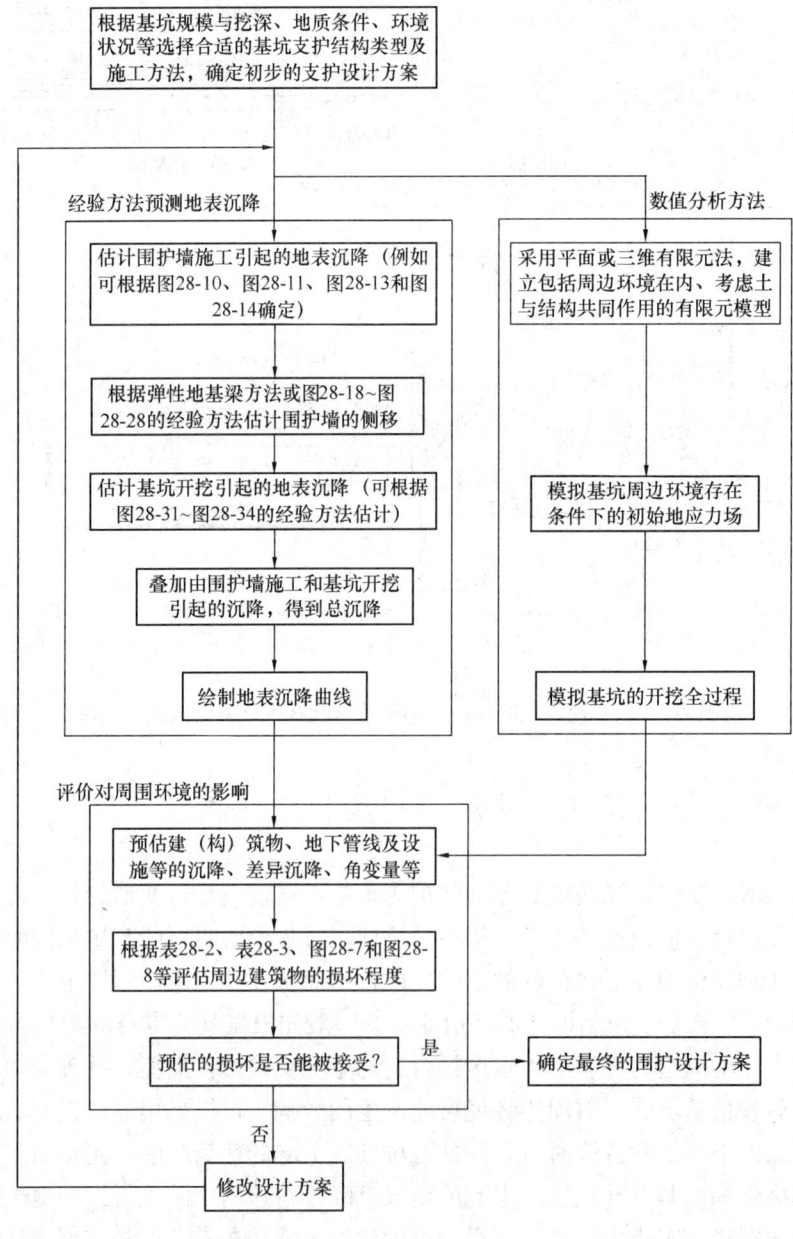

图 28-48 基坑变形控制设计流程

28.7 基坑工程的环境保护措施

基坑工程是支护结构、降水以及基坑开挖的系统工程,其对环境的影响主要分如下三类:围护结构施工过程中产生的挤土效应或土体损失引起的相邻地面隆起或沉降;长时间、大幅度降低地下水可能引起地面沉降,从而引起邻近建(构)筑物及地下管线的变形及开裂;基坑开挖时产生的不平衡力、软黏土发生蠕变和坑外水土流失而导致周围土体及围护墙向开挖区发生侧向移动、地面沉降及坑底隆起,从而引起紧邻建(构)筑物及地下管线的侧移、沉降或倾斜。基坑工程的支护结构施工、降水以及基坑开挖是影响周边环境的"源头",因此保护基坑周边的环境应首先从"源头"上采取措施减小基坑的变形,从而减小基坑工程施工对周边环境的影响。其次,可从基坑变形的传播途径上采取措施,切断或减小土体变形对周边环境的影响。第三,还可从提高基坑周边环境的抵抗变形能力方面采取措施,减小建(构)筑物、地下管线或设施的变形。

28.7.1 从引起变形的"源头"上采取措施减小基坑的变形

1. 围护墙施工方面的措施

围护墙的施工可能会涉及到打桩、钻孔、槽段开挖及水泥土搅拌,打桩会引起振动及挤土效应,钻孔或槽段开挖导致土体中的应力释放而引起周围土体变形,水泥土搅拌则可能产生挤土效应。因此围护墙施工时,必须考虑其施工阶段可能对周围环境产生的不利影响,并根据监测情况及时调整施工方法和施工工艺,以保护邻近建(构)筑物、地下管线及设施不受损害。针对不同的围护墙的施工,可分别采取如下措施:

(1) 板桩(钢筋混凝土板桩或钢板桩)施工时,应采用适当的工艺和方法减少沉桩时的挤土、振动影响;板桩拔出时可采用边拔边注浆的措施控制由于土体损失而引起邻近建(构)筑物、地下管线及设施下沉的不利影响。

(2) 钻孔灌注桩施工中可采用套打、提高泥浆相对密度、采用优质泥浆护壁、适当提高泥浆液面高度等措施提高灌注桩成孔质量、控制孔壁坍塌、减小孔周土体变形。

(3) 粉土或砂土地基中地下连续墙施工前可采用槽壁预加固、降水、调整泥浆配比、适当提高泥浆液面高度等措施;同时可适当缩短地下连续墙单幅槽段宽度,以减少槽壁坍塌的可能性,并加快单幅槽段施工速度。

(4) 搅拌桩施工过程中应通过控制施工速度、优化施工流程,减少由于搅拌桩挤土效应对周围环境的影响。

2. 基坑降水方面的措施

(1) 在降水系统的布置和施工方面,应考虑尽量减少保护对象下地下水位变化的幅度。井点降水系统宜远离保护对象,相距较远时,应采取适当布置方式减少降水深度。

(2) 降水井施工时,应避免采用可能危害邻近设施的施工方法,如在相邻基础旁用水冲法沉设井点等。

(3) 设置隔水帷幕以隔断降水系统降水对邻近设施的影响。坑内预降水实施过程中可结合坑外设置水位观测井,以检验隔水帷幕的封闭可靠性。

(4) 当基坑底层有承压水并经验算抗承压水稳定性不满足要求时,可视具体情况采用隔水帷幕隔断承压水、水平封底加固隔渗以及降压等措施。基坑工程开挖之前宜针对承压水进行群井抽水试验，以确定降压施工参数以及评价降压对周围环境的影响程度。

(5) 降水运行过程中随开挖深度逐步降低承压水头，以控制承压水头与上覆土压力满足开挖基坑稳定性要求为原则确定抽水量，不宜过量抽取承压水以减少降承压水对邻近环境的影响。必要时可设置回灌水系统以保持邻近设施下的地下水位。

3. 基坑开挖方面的措施

(1) 基坑工程开挖方法、支撑和拆撑顺序应与设计工况一致，并遵循"先撑后挖、及时支撑、分层开挖、严禁超挖"的原则。

(2) 应根据基坑周边的环境条件、支撑形式和场内条件等因素，合理确定基坑开挖的分区及其顺序。一般宜先设置对撑，且宜先开挖周边环境保护要求较低的一侧的土方，然后采用抽条对称开挖、限时完成支撑或垫层的方式开挖环境保护要求高的一侧的土方。

(3) 对面积较大的基坑，土方宜采用分区、对称开挖和分区安装支撑的施工方法，尽量缩短基坑无支撑暴露时间。

(4) 对于面积较大的基坑，可根据支撑的布置形式等因素，采用盆式开挖或岛式开挖的方式施工，并结合开挖方式及时形成支撑和基础底板。

(5) 对于饱和软黏土地层中的基坑工程，每个阶段挖土结束后应立即架设支撑等挡土设施，以尽量减少流变的发生。一般而言，开挖完成时及时浇筑垫层能较有效地防止流变。

(6) 同一基坑内不同区域的开挖深度有较大差异时，可先挖至浅基坑标高，施工浅基坑的垫层、有条件时宜先浇筑形成浅基坑基础底板，然后再开挖较深基坑的土方。

(7) 基坑开挖过程中如出现围护墙渗漏，应采取相关措施及时进行封堵处理。工程实践表明，因围护墙渗漏造成的墙后水、土流失，引起邻近建筑物或地下管线的沉降量一般难以估计，且往往比墙体的变形大得多。因此当出现渗漏时必须引起重视。

(8) 支撑与围护墙之间应有可靠的连接。采用钢支撑时应及时施加预应力，必要时可采用复加预应力的方式进一步控制围护结构的变形。

(9) 机械挖土极易超挖，且挖土机械在坑内行走会导致坑底土体的扰动，从而降低了被动区土体的强度，进而引起基坑变形的增大。因此，采用机械挖土时，为防止坑底土体的扰动，应保留200~300mm厚的土采用人工挖平。

(10) 严格控制坑外地表超载。

(11) 当采用爆破方法拆除钢筋混凝土支撑时，宜先将支撑端部与围檩交接处的混凝土凿除，使支撑端部与围檩、围护桩割离，以避免支撑爆破时的冲击波通过围檩和围护桩直接传至坑外，从而对周围环境产生不利影响。

28.7.2 从基坑变形的传播途径上采取措施减小对周边环境的影响

从基坑变形的传播路径上，可采取隔断方法来减小基坑施工对周边环境的影响。隔断法可以采用钢板桩、地下连续墙、树根桩、深层搅拌桩、注浆加固等构成墙体，墙体主要承受施工引起的侧向土压力和差异沉降产生的摩阻力，如图28-49 (a) 所示，亦可用以隔断地下水降落曲线，如图28-49 (b) 所示。国外和我国台湾地区还有采用微型桩的方式[16]，如图28-49 (c) 所示，其施工一般是先以套管或其他方式钻孔至预定深度，然后放入加劲型材（如钢筋、钢轨、型钢或钢筋笼等），再以压力灌浆的方式注入水泥砂浆，然后逐渐拔出套管，最后进行补浆。这种方式是使微型桩通过可能的滑动面，当此滑动面产生时，微型桩的抗剪和抗拔力可以抑制地层滑动，从而减小地表沉降的可能。

在上海地区的基坑工程中，利用上述原理也进行过一些尝试。例如上海市区某工程基坑开挖深度 7.4m，一道支撑。基坑旁边的一栋医院建筑年代久远且加过一层，为保护该建筑物，紧贴其基础边打了三排 ϕ200mm、长 11m 的树根桩，并采取一些措施与老基础及墙面作适当连接，结果围护体的侧移仅 20～30mm，而该医院建筑几乎没有沉降。

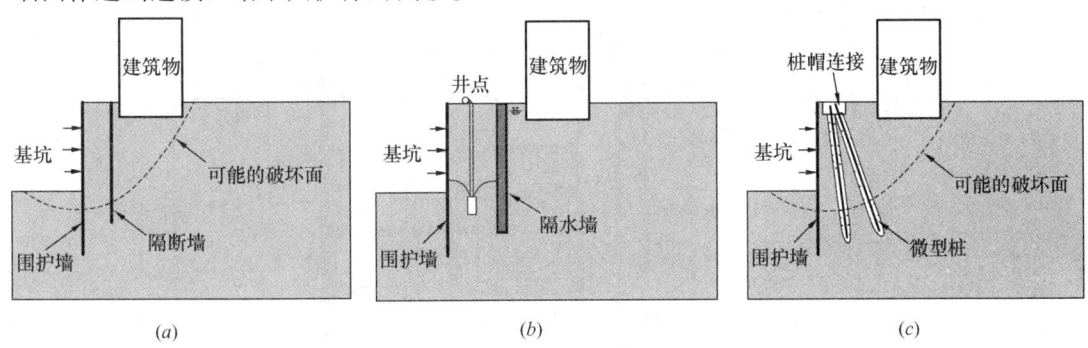

图 28-49　隔断法示意图
（a）隔断墙法保护示意图；（b）隔水墙法保护示意图；（c）微型桩保护法示意图

又如上海市南京路某商厦原来沉降已较大，室内地坪已与马路已齐平。离其 2m 多远处施工地下连续墙并开挖约 11m 深的基坑，为保护该商厦，在地下连续墙施工前采用两排劈裂注浆并插入大直径钢筋，最后基坑开挖完成时该商厦仅下沉 10mm。

需指出的是，隔断法保护基坑邻近建（构）筑物的机制并不直接，目前对其作用机制的研究尚较少，虽然已有一些工程应用实例，当大部分是依靠经验设计，尚缺乏理论基础。

28.7.3　从提高基坑周边环境的抵抗变形能力方面采取措施

基坑开挖后，要求支护结构绝对不变形是不可能的。从图 28-19 可知，即使大幅度提高围护体系的结构刚度（这往往代价很高）也不一定能相应地大幅减小基坑的变形。在某些情况下，对被保护对象事先采取加固措施，可以提高其抵抗变形的能力，往往可取得更直接的效果。常用的措施包括：

1. 基础托换

基础托换是在基坑开挖前，采用钻孔灌注桩或锚杆静压桩等方式，在建筑物下方进行基础补强或替代基础，将建筑物荷载传至深处刚度较大的土层，减小建筑物基础沉降的方法。图 28-50 为采用锚杆静压桩托换建筑物基础的示意图。

图 28-51 为新加坡捷运隧道过河段的基坑开挖工程[52]中对旁边政府大厦基础补强的剖面图。该工程开挖深度约 27m，采用钢板桩及兵桩作为围护结构，竖向设置 7 道支撑。距基坑 3m 处即为政府大厦的外侧支柱，该大厦为建于二战前的 3 层砌体结构，其下采用长 4.5m、直径 50～

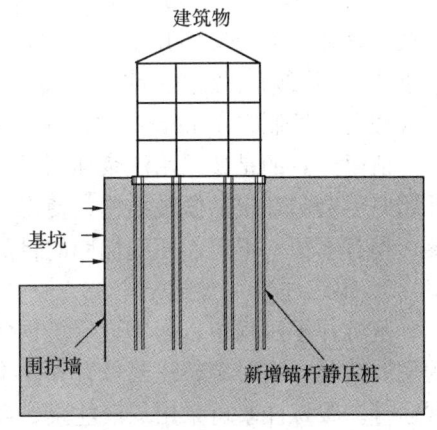

图 28-50　锚杆静压桩托换建筑物基础示意图

100mm 不等的木桩。基坑开挖前，在外侧支柱的四角各设置一微型桩，穿过桩帽伸至地面以下 26～28m，并采用水泥土砂浆充填密实。

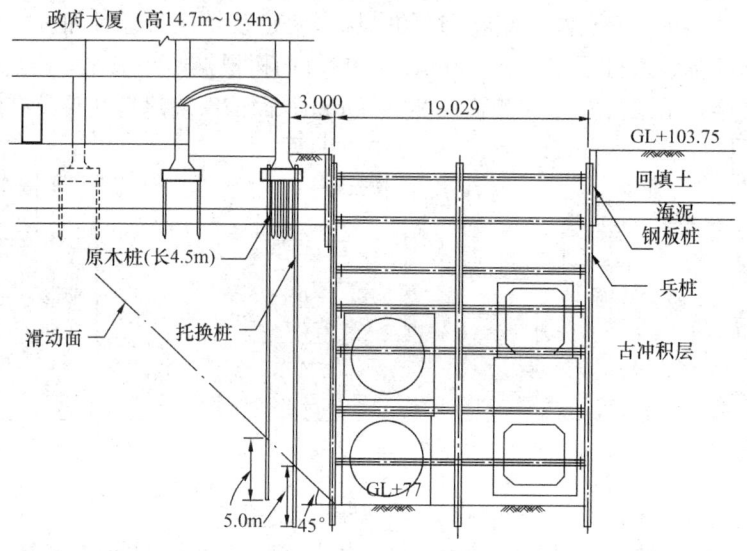

图 28-51　新加坡捷运隧道开挖与建筑物基础补强

上海太平洋广场的基坑工程，其旁边的大阪俱乐部建筑；汇金广场开挖时，距基坑 0.5m 的市百六店；黄浦区体育馆旁边金融大厦开挖造成邻近倾斜的过街楼等，均采用锚杆静压桩进行了托换，取得了较好的效果。

2. 注浆加固

基坑开挖前在邻近房屋基础下预先作注浆加固也是常用方法之一。一般在保护对象的侧面和底部设置注浆管，对其土体进行注浆加固。注浆加固实际上是一种地基处理措施。当基坑开挖时，基坑外侧的土体逐渐进入主动状态，围护墙的最大侧移一般发生于基坑开挖面附近，因此开挖区外可能的滑动面会沿着开挖面下方附近开始发展，因此要使既有建筑物注浆加固能取得较好的效果，注浆加固的深度一般应从建筑物的基础下方延伸到滑动面以下。

例如[53]某地铁车站施工时，邻近的商业大楼（解放前建造的老建筑物）发生了沉降。不久，紧邻该大楼又要开挖深度约 7m 的基坑，于是在围护桩完成后，基坑开挖前，采用与垂线成 14°倾角的注浆管深入到老大楼基底下，进行注浆加固。基坑施工结束后，该商业大楼沉降控制在 10mm 左右。

值得注意的是，采用注浆加固时，过大的注浆压力会使得地面或建筑物隆起，而注浆开始时也会破坏土的微观结构，使得土体的抗剪强度降低。因此，注浆施工的质量尤其重要，稍有不慎，不但起不到加固的目的，反而会使建筑物的沉降或倾斜更严重。

3. 跟踪注浆

基坑开挖过程中，当邻近建筑物变形超过容许值时可对其进行注浆加固，并根据变形的发展情况，实时调整注浆位置和注浆量，使保护对象的变形处于控制范围内，确保其正常运行。跟踪注浆可采用双液注浆。需注意的是，注浆期间必须加强监测，严格控制注浆压力和注浆量，以免引起结构损坏。

参考文献

[1] 侯学渊,刘国彬. 软土基坑支护结构的变形控制设计. 见:侯学渊,杨敏主编. 软土地基变形控制设计理论和工程实践. 上海:同济大学出版社,1996

[2] Peck R. B.. Deep excavation and tunneling in soft ground. In Proceedings of the 7th International Conference on Soil Mechanics and Foundation Engineering, State-of-the-Art-Volume, Mexico City, 1969, pp:225-290

[3] Clough G. W. and O'Rourke T. D. Construction induced movements of in situ walls. Proceedings, ASCE Conference on Design and Performance of Earth Retaining Structures, Geotechnical Special Publication No. 25, ASCE, New York, 1990, pp:439-470

[4] Goldberg D. T., Jaworski W. E. and Gordon M. D.. Lateral Support Systems and Underpinning. Report No. FHWA-RD-75-129, Volume 2, Federal Highway Administration, Washington, 1976

[5] Hsieh P. G., Ou C. Y. Shape of ground surface settlement profiles caused by excavation. Canadian Geotechnical Journal, 1998, 35(6):1004-1017

[6] 上海市建筑科学研究院房屋质量检测站. 圆明园路185号兰心大楼房屋质量检测与评估报告(送审稿)[R]. 上海,2007

[7] Skempton A. W. and MacDonald D. H. The allowable settlement of buildings [J]. Proceedings, Institute of Civil Engineers, Part III, Vol. 5, 1956, pp. 727-768

[8] Burland J. B. Assessment of risk of damage to buildings due to tunneling and excavations. Invited Special Lecture, the First International Conference on Earthquake Geotechnical Engineering, IS-Tokyo'95,1995

[9] Burland J. B. and Wroth C. P. Settlement of buildings and associated damage[C]. Proceedings of the Conference on Settlement of Structures, Pentech Press, Cambridge, 1974, pp. 611-654

[10] Terzaghi K. and Peck R. B. Soil Mechanics in Engineering Practice[M]. New York, John Wiley and Sons, 1948

[11] Polshin D. E. and Tokar R. A. Maximum allowable non-uniform settlement of structures[C]. Proceedings of the Fourth International Conference on Soil Mechanics and Foundation Engineering, London, Vol. I, 1957, pp. 402-406

[12] Bjerrum L. Allowable settlements of structures[C]. Proceedings of the European Conference on Soil Mechanics and Foundation Engineering, Vol. 2, Weisbaden, Germany, 1963, pp. 135-137

[13] Grant R., Christian J. T. and Vanmarcke E. H. Differential settlement of buildings[J]. Journal of Geotechnical Engineering Division, ASCE, 1974, 100(9):973-991

[14] Wahls H. E. Tolerable settlement of buildings[J]. Journal of Geotechnical Engineering Division, ASCE, 1981, 107(11):1489-1504

[15] Boscardin M. D. and Cording E. J. Building response to excavation-induced settlement[J]. Journal of Geotechnical Engineering Division, ASCE, 1989, 115(1):1-21

[16] 欧章煜. 深开挖工程分析设计理论与实务[M]. 台北:科技图书股份有限公司,2004

[17] 欧章煜,谢百钧. 深开挖邻产保护之探讨[J]. 岩土工程学报,2008,30(9):509-517

[18] Terzaghi K. and Peck R. B. Soil Mechanics in Engineering Practice[M]. New York, John Wiley and Sons, 1967

[19] 日本建筑学会. 开挖挡土之设计与施工指南[M]. 1988

[20] 台湾建筑学会. 建筑技术规则建筑构造编基础构造设计规范[M]. 1989

[21] Burland J. B., Broms B. and De Mello V. F. B. Behavior of foundations and structures[C]. State of the Art Report, Session 2, Proceedings of the Ninth International Conference on Soil Mechanics and

Foundation Engineering, Tokyo, 1977, pp. 495-546

[22] Cording E. J., O'Rourke T. D. and Boscardin M. Ground movements and damage to structures [C]. Proceedings of the International Conference on Evaluation and Prediction of Subsidence. Saxena S. K. Ed., ASCE, New York, 1978, pp. 516-537

[23] Boone S. J., Westland J. and Nusink R. Comparative evaluation of building responses to an adjacent braced excavation[J]. Canadian Geotechnical Journal, 1999, 36(2): 210-223

[24] Ahmed I. Pipeline response to excavation-induced ground movements[D]. PhD thesis, Cornell University, USA, 1990

[25] Cowland J. W. and Thorley C. B. B. Ground and building settlement associated with adjacent slurry trench excavation[C]. Proceedings of the Third International Conference on Ground Movements and Structures, University of Wales Institute of Science and Technology, Geddes J. D., ed., Pentech Press, London, England, 1985, pp. 723-738

[26] Clough G. W. and O'Rourke T. D. Construction induced movements of in situ walls. Proceedings, ASCE Conference on Design and Performance of Earth Retaining Structures, Geotechnical Special Publication No. 25, ASCE, New York, 1990, pp: 439-470

[27] Gaba A. R., Simpson B., Beadman D. R. and Powrie W. Embedded retaining walls: guidance for economic design[R]. CIRIA Report (C580), London, 2003

[28] Thompson P. A review of retaining wall behavior in overconsolidated clay during the early stages of construction [D]. MSc thesis, Imperial College, London, 1991

[29] Carder D. R. Ground movements caused by different embedded retaining wall construction techniques [R]. Report 172, TRL, Crowthorne, 1995

[30] Carder D. R., Morley C. H. and Alderman G. H. Behavior during construction of a propped diaphragm wall founded in London Clay at Aldershot road underpass[R]. Report 239, TRL, Crowthorne, 1997

[31] Budge-Reid A. J., Cater R. W. and Storey F. G. Geotechnical and construction aspects of the Hong Kong Mass Transit Railway system[C]. Proceedings of the Second Conference on Mass Transportation in Asia, Singapore, 1984, 30p

[32] Mana A. I. and Clough G. W. Prediction of movements for braced cuts in clay. Journal of the Geotechnical Engineering Division, ASCE, 1981, 107(6): 759-777

[33] Terzaghi K. Theoretical Soil Mechanics, New York, John Wiley & Sons., 1943

[34] Ou C. Y., Hsieh P. G. and Chiou D. C. Characteristics of ground surface settlement during excavation. Canadian Geotechnical Journal, 1993, 30(5): 758-767

[35] Wong I. H., Poh T. Y. and Chuah H. L. Performance of excavations for depressed expressway in Singapore. Journal of Geotechnical and Geoenvironmental Engineering, ASCE, 1997, 123 (7): 617-625

[36] Long M. Database for retaining wall and ground movements due to deep excavations. Journal of Geotechnical and Geoenvironmental Engineering, ASCE, 2001, 127(33): 203-224

[37] Moormann C. Analysis of wall and ground movements due to deep excavations in soft soil based on a new worldwide database. Soils and Foundations, 2004, 44(1): 87-98

[38] 王建华, 徐中华, 王卫东. 支护结构与主体地下结构相结合的深基坑变形特性分析. 岩土工程学报, 2007, 29(12): 1899-1903

[39] 徐中华, 王建华, 王卫东. 上海地区深基坑工程中地下连续墙的变形性状. 土木工程学报, 2008, 41(8): 81-86

[40] 徐中华，王建华，王卫东. 软土地区采用灌注桩围护的深基坑变形性状研究. 岩土力学，2009，30(5)：1362-1366

[41] 徐中华. 上海地区支护结构与主体地下结构相结合的深基坑变形性状研究[D]. 上海：上海交通大学，2007

[42] O'Rourke T. D. Ground movements caused by braced excavations. Journal of the Geotechnical Engineering Division, ASCE, 1981, 107(9)：1159-1178

[43] Woo S. M. and Moh Z. C. Geotechnical characteristics of soils in Tapei Basin. Proceedings, 10th South Asian Geotechnical Conference, Special Taiwan Session, Taipei, Volume 2, 1990, pp：51-65

[44] 华东建筑设计研究院有限公司，上海交通大学. 上海市《基坑工程技术规范》编制环境影响分析专题报告[R]. 上海，2009

[45] Bowles J. E. Foundation analysis and design, 4th edition, McGraw-Hill Book Company, New York, U. S. A, 1986

[46] Kung T. C. , Juang H. , Hsiao C. L. and Hashash Y. M. A. Simplified model for wall deflection and ground surface settlement caused by braced excavation in clays. Journal of Geotechnical and Geoenvironmental Engineering, ASCE, 2007, 133(6)：731-747

[47] 龚东庆. 深基坑引致邻近建筑物损害评估方法. 岩土工程学报，2008，30(S0)：138-143

[48] Calvello M. Inverse analysis of a supported excavation through Chicago glacial clays. PhD thesis, Northwestern University, Evanston, Illinois, 2002

[49] Finno R. J. , Calvello M. and Bryson S. L. Analysis and performance of the excavation for the Chicago-State Subway Renovation Project and its effects on adjacent structures. Final Report to the Infrastructure Technology Institute, Northwestern University, Evanston, Illinois, 2002

[50] Brinkgreve R. B. J. PLAXIS user's manual-version 8. 0. A. A. Balkema, Rotterdam, the Netherlands, 2002

[51] Blackbum J. T. Automated sensing and three-dimensional analysis of internally braced excavations. PhD thesis, Department of Civil Engineering, Northwestern University, Evanston, Illinois, 2005

[52] 黄南辉，藤堂博明. 新加坡捷运施工托底案例. 地工技术杂志，台北，1992，第40期，pp. 77-90

[53] 上海市建设和管理委员会. 上海市地基基础设计规范(DGJ 08—11—1999)，上海，1999

第 29 章　基坑监测与信息化施工

29.1　概　　述

众所周知，基坑工程是一门实践性很强的学科。由于岩土体性质的复杂多变性及各种计算模型的局限性，很多基坑工程的理论计算结果与实测数据往往有较大差异。鉴于上述情况，在工程设计阶段就准确无误地预测基坑支护结构和周围土体在施工过程中的变化是不现实的，施工过程中如果出现异常，且这种变化又没有被及时发现并任其发展，后果将不堪设想。据统计多起国内外重大基坑工程事故在发生前监测数据都有不同程度的异常反映，但均未得到充分重视而导致了严重的后果。

近年来，基坑工程信息化施工受到了越来越广泛的重视。为保证工程安全顺利地进行，在基坑开挖及结构构筑期间开展严密的施工监测是很有必要的，因为监测数据可以称为工程的"体温表"，不论是安全还是隐患状态都会在数据上有所反映。从某种意义上施工监测也可以说是一次 1∶1 的岩土工程原型试验，所取得的数据是基坑支护结构和周围地层在施工过程中的真实反映，是各种复杂因素影响下的综合体现。与其他客观实物一样，基坑工程在空间上是三维的，在时间上是发展的，缺少现场实测和数据分析，对于认识和把握其客观规律几乎是不可能的。

值得一提的是，近年来我国各城市地区相继编写并颁布实施了各种基坑设计、施工规范和标准，其中都特别强调了基坑监测与信息化施工的重要性，甚至有些城市专门颁布了基坑工程监测规范，如《上海市基坑工程施工监测规程》等。国家标准《建筑基坑工程监测技术规范》也于近期颁布，其中明确规定"开挖深度超过 5m、或开挖深度未超过 5m 但现场地质情况和周围环境较复杂的基坑工程均应实施基坑工程监测"。经过多年的努力，我国大部分地区开展的城市基坑工程监测工作，已经不仅仅成为各建设主管部门的强制性指令，同时也成为工程参建各方诸如建设、施工、监理和设计等单位自觉执行的一项重要工作。

如前所述，近年来我国基坑工程监测技术取得了迅速的发展，受重视程度也得到了充分的提高，但与工程实际要求相比还存在较大的差距，问题主要表现在以下几个方面：

1. 现场数据分析水平有待提高

现场监测目的是及时掌握基坑支护结构和相邻环境的变形和受力特征，并预测下一步发展趋势。但由于现场监测人员水平的参差不齐以及对实测数据的敏感性差异，往往使基坑监测工作事倍功半。目前大部分现场监测的模式停留在"测点埋设—数据测试—数据简单处理—提交数据报表"阶段，监测人员很少对所测得的数据及其变化规律进行分析，更谈不上预测下一步发展趋势及指导施工。

与大型水电工程相比，一般城市基坑工程由于施工持续时间相对较短、投资规模相对较小，设计人员很少常驻现场。由于现场监测人员更熟悉整个工程施工和监测情况，现实要求监测人员也要具有一定的计算分析水平，充分了解设计意图，并能够根据实测结果及时提出设计修改和施工方案调整意见，这就对监测人员提出了更高的素质要求，而目前国内大多数监测人员还达不到这样的水平。

现场监测是岩土工程学科一个非常重要的组成部分，是联系设计和施工的纽带，是信息化施工得以实施的关键环节，也是多学科、多专业的交叉点。从事基坑监测工作需要掌握工程测量、土力学、基坑施工、工程地质与水文地质、概率统计、数据库、软件编程等相关的知识；所以需要广大监测人员付出更多的辛勤劳动，努力提高自身水平，才能把基坑监测工作做得更深入、更有效、更务实。

2. 现场监测数据的可靠性和真实性的问题

在实际基坑监测过程中，数据的可靠性和真实性是我国基坑工程界目前面临的一个非常严肃的问题。某种意义上来说"失真"的监测数据非但不会起到指导施工的作用，甚至会"误导"施工，起到相反的效果。例如某基坑周边道路已经明显开裂，现场监测数据反映路面沉降尚不到1cm，由于数据误导，各方麻痹大意，最终导致该工程发生严重事故，事后调查该现场监测工作极不正规，甚至存在篡改、乱编数据现象。据笔者的实际监测经验，基坑监测的误差主要来源于以下两个方面：

一是现场监测设备和测试元件是否满足实际工程监测的精度、稳定性和耐久性要求。目前有些国内的传感器和测量仪器难以满足实际工程的精度和稳定性要求，有些测试数据的精度距实际工程需求竟然相差1~2个数量级，误差本身已经超过了实测数据变化量；国外虽有较高精度的元件，但是价格昂贵，不适应我国国情。同时基坑施工现场条件一般都比较恶劣，大部分监测设备和传感器都要经受施工周期内的风吹日晒和尘土影响，仪器设备的磨损和破坏也是必不可少的现象。另外，工程现场条件，尤其是城市基坑现场施工场地往往十分狭小，可供监测使用的场地就更有限，测点和基准点遭受破坏的现象也屡见不鲜。所以在基坑监测过程中应该尽量采用经过鉴定的、满足精度要求的、性能稳定的仪器，监测过程中应定期校正和标定，注意对测点的保护，以满足保证施工安全的基本要求。

二是现场数据采集和处理过程是否满足监测技术要求。在实际监测过程中，由于监测项目多、监测工作量大、监测人员的个体差异，在监测点埋设、数据采集和数据处理过程中会出现各种误差；在监测成果的整理上，目前多数监测单位忽视了数据的可靠性检验和分析，导致实测数据"真假并存"。所以应由具有丰富现场监测工作经验的技术人员主持监测设计和施工工作，增加监测数据的检验程序；对于各项监测成果，必须首先进行统计检验或者稳定性分析，评价其精度和可靠程度。只有可靠的数据才能进入报表，指导设计和施工。

3. 监测数据警戒值标准的问题

设定基坑监测警戒值的目的是及时掌握基坑支护结构和周围环境的安全状态，对可能出现的险情和事故提出警报。但目前对于基坑警戒值即控制值的确定还缺乏系统的研究，大多数还是依赖经验，而且各地区差异较大，很难形成量化指标；即使形成量化指标也很难实际操作。例如，在现场监测过程中，有时候会发现即使在基坑规程允许范围内的支护结构变形也会引起相邻建筑物、道路和地下管网等设施的破坏；而有时候，基坑支护结构变形相当大，远远超过报警值，周围相邻建筑物、道路和地下管网却安然无恙；这些都是值得探讨的问题。

由于目前基坑工程监测的警戒值设置存在不合理现象，很多现场监测人员发现实测数据超过警戒值后，很少分析是否真的存在隐患或者数据下一步发展趋势，而是盖上红章以示报警了事。这样的后果导致报警次数增多而未发生险情，产生麻痹思想，反而忽视真正险情而错过了最佳抢险时机导致事故发生，即"狼来了"现象。所以基坑工程警戒值的合理性值得探讨，如何提出一套合理有效的报警体系成为基坑工程师关注的热点问题。

4. 监测数据的利用率和经验积累的问题

现场监测除了作为确保实际施工安全可靠的有效手段外，对于验证原设计方案或局部调整施工参数、积累数据、总结经验、改进和提高原设计水平具有相当大的实际指导意义。但目前我国有关各基坑工程监测项目资料的汇总和总结尚无统一规划和系统收集，建立地区性的数据网络和成果汇集，对于资源共享、提高水平将有着不可估量的积极作用。

综上所述，针对目前基坑监测工作中存在的种种问题，本章将在简单介绍监测基本情况的基础上，重点对监测方法、各监测项目的数据特征、数据与工况的结合、警戒值的确定方法等各方比较关注的内容进行探讨，最后结合工程案例介绍一下基坑工程信息化施工的具体过程。

29.2 基坑工程监测概况

基坑工程施工前，应委托具备相应资质的监测单位对基坑工程实施现场监测。监测单位应编制监测方案，监测方案须经建设方、设计方、监理方等认可，必要时还需与基坑周边环境涉及的有关管理单位协商一致后方可实施。下面介绍基坑工程监测的一些基本概况：

29.2.1 监测目的

基坑工程监测的主要目的是：

（1）使参建各方能够完全客观真实地把握工程质量，掌握工程各部分的关键性指标，确保工程安全；

（2）在施工过程中通过实测数据检验工程设计所采取的各种假设和参数的正确性，及时改进施工技术或调整设计参数以取得良好的工程效果；

（3）对可能发生危及基坑工程本体和周围环境安全的隐患进行及时、准确的预报，确保基坑结构和相邻环境的安全；

（4）积累工程经验，为提高基坑工程的设计和施工整体水平提供基础数据支持。

29.2.2 监测原则

基坑工程监测是一项涉及多门学科的工作，其技术要求较高，基本原则如下：

（1）监测数据必须是可靠真实的，数据的可靠性由测试元件安装或埋设的可靠性、监测仪器的精度以及监测人员的素质来保证。监测数据真实性要求所有数据必须以原始记录为依据，任何人不得篡改、删除原始记录；

（2）监测数据必须是及时的，监测数据需在现场及时计算处理，发现有问题可及时复测，做到当天测、当天反馈；

（3）埋设于土层或结构中的监测元件应尽量减少对结构正常受力的影响，埋设监测元件时应注意与岩土介质的匹配；

（4）对所有监测项目，应按照工程具体情况预先设定预警值和报警制度，预警体系包括变形或内力累积值及其变化速率；

（5）监测应整理完整监测记录表、数据报表、形象的图表和曲线，监测结束后整理出监测报告。

29.2.3 监测方案

监测方案根据不同需要会有不同内容，一般包括工程概况、工程设计要点、地质条件、周边环境概况、监测目的、编制依据、监测项目、测点布置、监测人员配置、监测方法及精度、数据整理方法、监测频率、报警值、主要仪器设备、拟提供的监测成果以及监测结果反馈制度、费用预算等。

29.2.4 监测项目

基坑监测的内容分为两大部分，即基坑本体监测和周边环境监测。基坑本体中包括围护桩墙、支撑、锚杆、土钉、坑内立柱、坑内土层、地下水等；周边环境中包括周围地层、地下管线、周边建筑物、周边道路等。基坑工程的监测项目应与基坑工程设计、施工方案相匹配。应针对监测对象的关键部位，做到重点观测、项目配套并形成有效的、完整的监测系统。

根据国家标准《建筑基坑工程监测技术规范》，基坑工程监测项目应根据表 29-1 进行选择。

建筑基坑工程仪器监测项目表（《建筑基坑工程监测技术规范》） 表 29-1

监测项目	基坑类别	一级	二级	三级
围护墙（边坡）顶部水平位移		应测	应测	应测
围护墙（边坡）顶部竖向位移		应测	应测	应测
深层水平位移		应测	应测	宜测
立柱竖向位移		应测	宜测	宜测
围护墙内力		宜测	可测	可测
支撑内力		应测	宜测	可测
立柱内力		可测	可测	—
锚杆内力		应测	宜测	可测
土钉内力		宜测	可测	可测
坑底隆起（回弹）		宜测	可测	可测
围护墙侧向土压力		宜测	可测	可测
孔隙水压力		宜测	可测	可测
地下水位		应测	应测	应测
土体分层竖向位移		宜测	可测	可测
周边地表竖向位移		应测	应测	宜测
周边建筑	竖向位移	应测	应测	应测
	倾斜	应测	宜测	可测
	水平位移	应测	宜测	可测
周边建筑、地表裂缝		应测	应测	应测
周边管线变形		应测	应测	应测

注：基坑类别的划分按照现行国家标准《建筑地基基础工程施工质量验收规范》（GB 50202—2002）执行

29.2.5 监测频率

基坑工程监测频率的确定应满足能系统反映监测对象所测项目的重要变化过程而又不遗漏其变化时刻的要求。监测工作应从基坑工程施工前开始，直至地下工程完成为止，贯穿于基坑工程和地下工程施工全过程。对有特殊要求的基坑周边环境的监测应根据需要延续至变形趋于稳定后结束。

基坑工程的监测频率不是一成不变的，应根据基坑开挖及地下工程的施工进程、施工工况以及其他外部环境影响因素的变化及时地做出调整。一般在基坑开挖期间，地基土处于卸荷阶段，支护体系处于逐渐加荷状态，应适当加密监测；当基坑开挖完后一段时间，监测值相对稳定时，可适当降低监测频率。当出现异常现象和数据，或临近报警状态时，应提高监测频率甚至连续监测。监测项目的监测频率应综合基坑类别、基坑及地下工程的不同施工阶段以及周边环境、自然条件的变化和当地经验而确定。对于应测项目，在无数据异常和事故征兆的情况下，开挖后现场仪器监测频率可按表 29-2 确定。

现场仪器监测的监测频率（《建筑基坑工程监测技术规范》）　　表 29-2

基坑类别	施工进程		基坑设计深度（m）			
			≤5	5～10	10～15	>15
一级	开挖深度（m）	≤5	1次/1d	1次/2d	1次/2d	1次/2d
		5～10		1次/1d	1次/1d	1次/1d
		>10			2次/1d	2次/1d
	底板浇筑后时间（d）	≤7	1次/1d	1次/1d	2次/1d	2次/1d
		7～14	1次/3d	1次/2d	1次/1d	1次/1d
		14～28	1次/5d	1次/3d	1次/2d	1次/1d
		>28	1次/7d	1次/5d	1次/3d	1次/3d
二级	开挖深度（m）	≤5	1次/2d	1次/2d		
		5～10		1次/1d		
	底板浇筑后时间（d）	≤7	1次/2d	1次/2d		
		7～14	1次/3d	1次/3d		
		14～28	1次/7d	1次/5d		
		>28	1次/10d	1次/10d		

注：1. 有支撑的支护结构各道支撑开始拆除到拆除完成后 3d 内监测频率应为 1次/1d；
　　2. 基坑工程施工至开挖前的监测频率视具体情况确定；
　　3. 当基坑类别为三级时，监测频率可视具体情况适当降低；
　　4. 宜测、可测项目的仪器监测频率可视具体情况适当降低。

29.2.6 监测步骤

监测单位工作的程序，应按下列步骤进行：

1. 接受委托；
2. 现场踏勘，收集资料；
3. 制定监测方案，并报委托方及相关单位认可；
4. 展开前期准备工作，设置监测点、校验设备、仪器；

5. 设备、仪器、元件和监测点验收；
6. 现场监测；
7. 监测数据的计算、整理、分析及信息反馈；
8. 提交阶段性监测结果和报告；
9. 现场监测工作结束后，提交完整的监测资料。

29.3 监测方法及数据分析

29.3.1 墙顶位移（桩顶位移、坡顶位移）

墙顶水平位移和竖向位移是基坑工程中最直接的监测内容，通过监测墙顶位移，对反馈施工工序，并决定是否采用辅助措施以确保支护结构和周围环境安全具有重要意义。同时墙顶位移也是墙体测斜数据计算的起始依据。

对于围护墙顶水平位移，测特定方向上时可采用视准线法、小角度法、投点法等；测定监测点任意方向的水平位移时，可视监测点的分布情况，采用前方交会法、后方交会法、极坐标法等；当测点与基准点无法通视或距离较远时，可采用 GPS 测量法或三角、三边、边角测量与基准线法相结合的综合测量方法。墙顶竖向位移监测可采用几何水准或液体静力水准等方法，各监测点与水准基准点或工作基点应组成闭合环路或附合水准路线。

墙顶位移监测基准点的埋设应符合国家现行标准《建筑变形测量规范》(JGJ 8) 的有关规定，设置有强制对中的观测墩，并采用精密的光学对中装置，对中误差不大于 0.5mm。观测点应设置在基坑边坡混凝土护顶或围护墙顶（冠梁）上，安装时采用铆钉枪打入铝钉，或钻孔埋深膨胀螺丝，涂上红漆作为标记，有利于观测点的保护和提高观测精度。

墙顶位移监测点应沿基坑周边布置，监测点水平间距不宜大于 20m。一般基坑每边的中部、阳角处变形较大，所以中部、阳角处宜设测点。为便于监测，水平位移观测点宜同时作为垂直位移的观测点（图 29-1）。

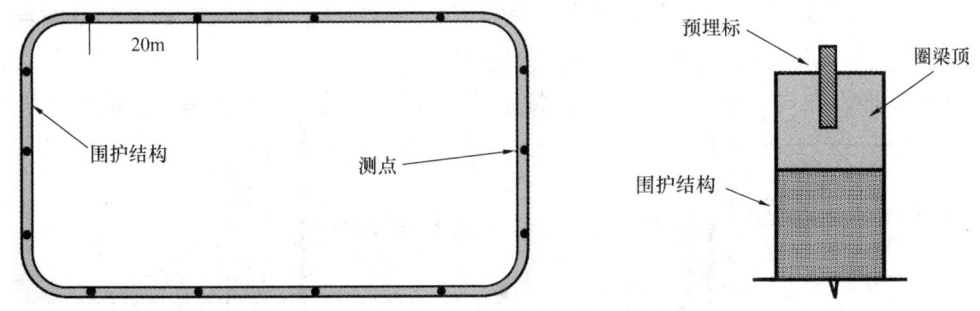

图 29-1 墙顶位移点的布设

一般的墙顶位移曲线如图 29-2 所示，在架设支撑或锚杆之前，位移变化较快，在结构底板浇筑之后，位移趋于稳定。支护结构顶部发生水平位移过大时（如图 29-3），主要是由于超挖和支撑不及时导致的，严重者将导致支护结构顶部位移过大，坑外地表数十米范围将会开裂，影响周围环境的安全。

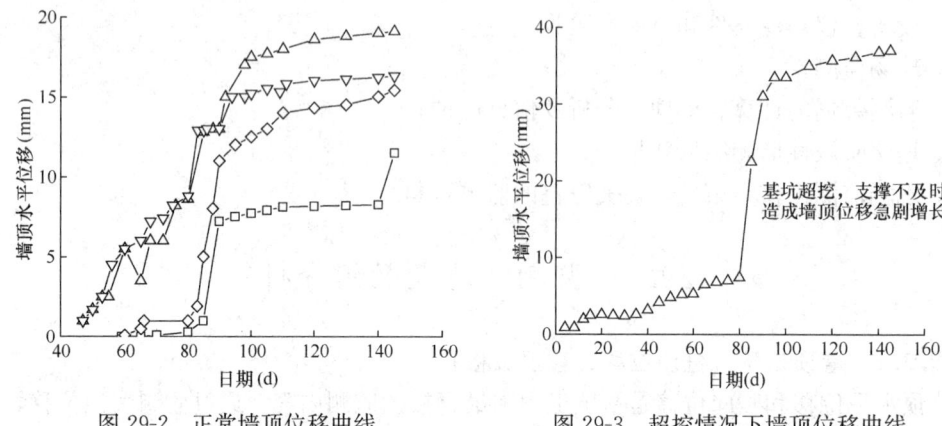

图 29-2　正常墙顶位移曲线　　　　图 29-3　超挖情况下墙顶位移曲线

29.3.2 围护（土体）水平位移

围护桩墙或周围土体深层水平位移的监测是确定基坑围护体系变形和受力的最重要的观测手段，通常采用测斜手段进行观测。

测斜的工作原理是利用重力摆锤始终保持铅直方向的性质，测得仪器中轴线与摆锤垂直线的倾角，倾角的变化导致电信号变化，经转化输出并在仪器上显示，从而可以知道被测构筑物的位移变化值（如图 29-4）。实际量测时，将测斜仪插入测斜管内，并沿管内导槽缓慢下滑，按取定的间距 L 逐段测定各位置处管道与铅直线的相对倾角，假设桩墙（土体）与测斜管挠曲协调，就能得到被测体的深层水平位移，只要配备足够多的量测点（通常间隔 0.5m），所绘制的曲线几乎是连续光滑的。

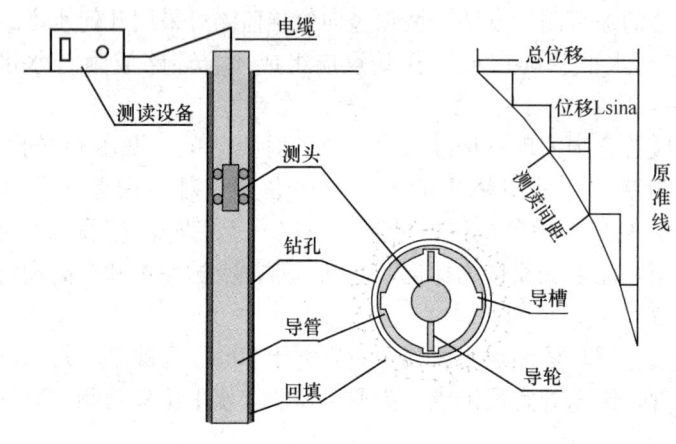

图 29-4　测斜原理图

测斜管埋设方式主要有钻孔埋设、绑扎埋设两种，如图 29-5 所示。一般测围护桩墙

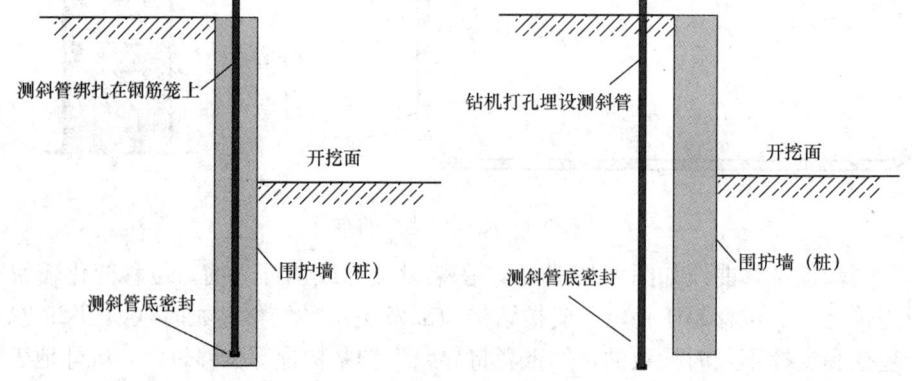

图 29-5　测斜管埋设示意图

挠曲时采用绑扎埋设和预制埋设，测土体深层位移时采用钻孔埋设。

测斜监测点一般布置在基坑平面上挠曲计算值最大的位置，监测点水平间距为 20～50m，每边监测点数目不应少于 1 个。为了真实地反映围护墙的挠曲状况和地层位移情况，应保证测斜管的埋设深度：设置在围护墙内的测斜管深度不宜小于围护墙的入土深度；设置在土体内的测斜管深度不宜小于基坑开挖深度的 1.5 倍，并大于围护墙入土深度。

图 29-6 是典型的内支撑测斜监测曲线，对于多道内支撑体系的基坑支护结构而言，正常的测斜曲线有如下特点：发生测斜最大的深度随着开挖加深逐步下移（一般呈大肚状）；已加支撑处的变形小；开挖时变形速率增大，有支撑时，侧向变形速率小或测斜保持稳定不变；支护结构的顶部可能会向坑外侧移动。

图 29-7 和图 29-8 为某复合土钉墙和桩锚的测斜曲线，与内支撑支护的曲线不同，在基坑土方开挖及结构施工中，最大位移点一般在桩顶，最小点在桩底，呈悬臂式曲线特征；桩身位移沿深度方向呈现近似线性变化。还可以看出，在基坑浅部土方开挖过程中，桩的测斜位移较小，及时锁定锚杆可较好控制位移；在深部土方开挖过程中，桩的测斜位移逐渐增大，及时对锚杆施加预应力并有效锁定，可以控制位移的发展速率。

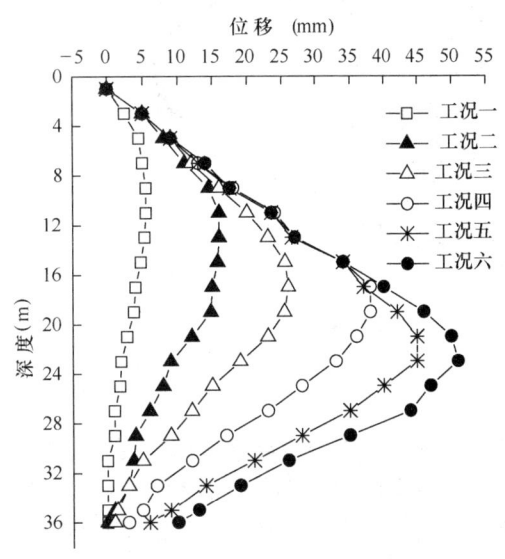

图 29-6 典型内支撑测斜曲线

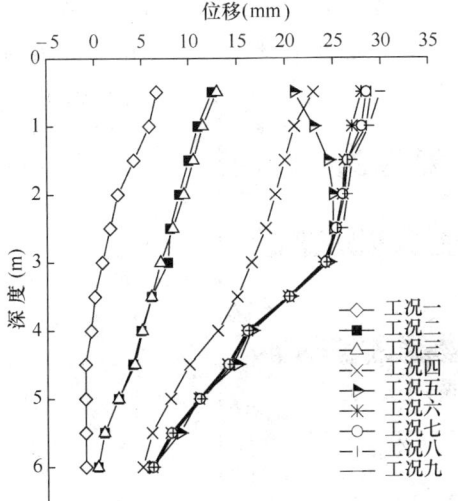

图 29-7 典型土钉墙测斜曲线

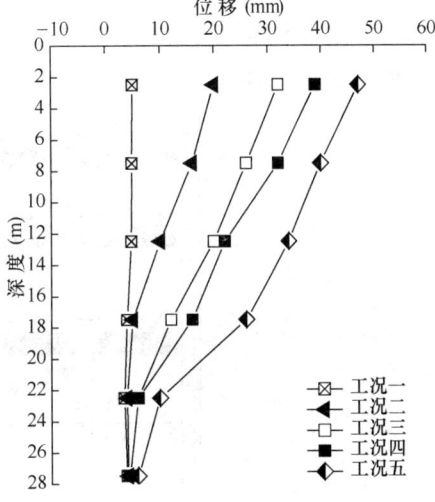

图 29-8 典型桩锚支护测斜曲线

值得一提的是，测斜变形计算时需确定固定起算点，起算点位置的设定分管底和管顶两种情况。对于无支撑的自立式围护结构，一般入土深度较大，若测斜管埋设到底，则可

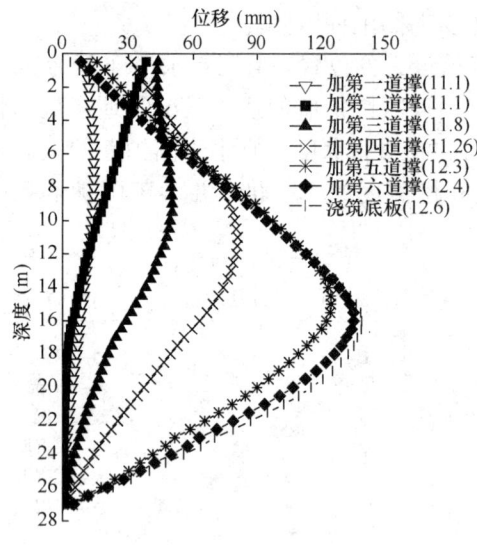

图 29-9 测斜管顶向坑外移动曲线

将管底作为基准点,由下而上累计计算某一深度的变形值,直至管顶。对于单支撑或多支撑的围护结构,在进行支撑施做(或支撑未达到设计强度)前的挖土时,围护结构的变形类似于自立式围护,仍可将管底作为基准点。当顶层支撑施做后,情况就发生了变化,此时管顶变形受到了限制,而原先作为基准点的管底随开挖深度的加大,将发生变形,因而应将基准点转至管顶,由上而下累计某一深度的变形值,直至开挖结束。按此方法测得的围护结构的挠曲曲线在开挖标高附近出现峰值,图 29-9 既是该类典型曲线。不论基准点设在管顶或管底,计算累计变形值时,总可以向坑内变形为正,反之为负。

29.3.3 立柱竖向位移

在软土地区或对周围环境要求比较高的基坑大部分采用内支撑,支撑跨度较大时,一般都架设立柱桩。立柱的竖向位移(沉降或隆起)对支撑轴力的影响很大,有工程实践表明,立柱竖向位移 2~3cm,支撑轴力会变化约 1 倍。因为立柱竖向位移的不均匀会引起支撑体系各点在垂直面上与平面上的差异位移,最终引起支撑产生较大的次应力(这部分力在支撑结构设计时一般没有考虑)。若立柱间或立柱与围护墙间有较大的沉降差,就会导致支撑体系偏心受压甚至失稳,从而引发工程事故,见图 29-10。所以立柱竖向位移的监测特别重要。因此对于支撑体系应加强立柱的位移监测。

立柱监测点应布置在立柱受力、变形较大和容易发生差异沉降的部位,例如基坑中部、多根支撑交汇处、地质条件复杂处,见图 29-11。逆作法施工时,承担上部结构的立柱应加强监测。立柱监测点不应少于立柱总根数的 5%,逆作法施工的基坑不应少于

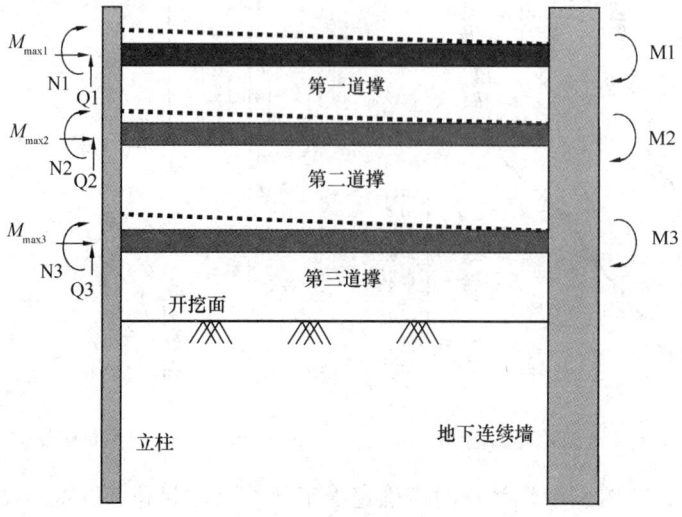

图 29-10 立柱竖向位移危害示意图

10%，且均不应少于3根。

对近年来基坑内立柱竖向位移曲线进行了分析，选取了有代表性的两组曲线。图29-12为钢支撑支护的基坑内立柱竖向位移曲线，从图中可以看出开挖过程中，立柱一直呈上升趋势，并在浇筑垫层底板时达到最大值，最大隆起量近8cm，在地下结构施工的初期隆起值略有回落，最终稳定于

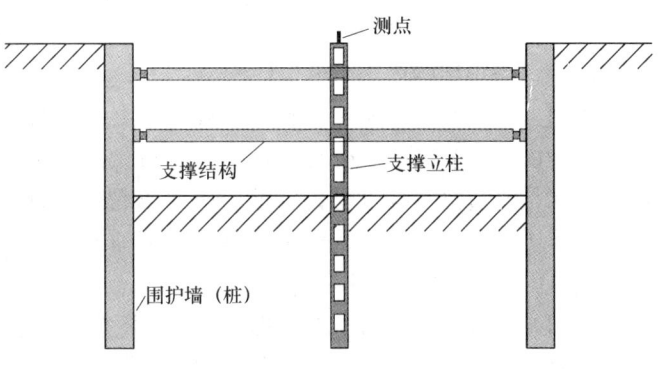

图 29-11　立柱监测示意图

某固定值。图29-13为某混凝土支撑基坑立柱隆起曲线，在开挖浅层土时，立柱呈沉降趋势，且变化比较平缓，在基坑开始进行第四层土开挖以后，立柱呈隆起趋势，随着第五层土方开挖到支撑标高，立柱隆起增大趋势加剧，在垫层浇筑完成后略有回落，但钢筋绑扎期间再次快速隆起，并在浇筑底板时达到最大值。

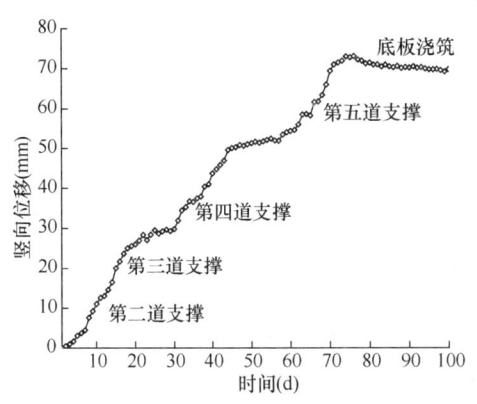

图 29-12　某钢支撑基坑立柱隆起曲线

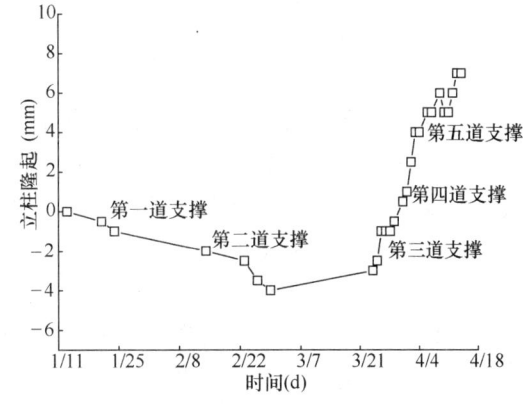

图 29-13　某混凝土支撑基坑立柱隆起曲线

在影响立柱竖向位移的所有因素中，基坑坑底隆起与竖向荷载是最主要的两个方面。基坑内土方开挖的直接作用引起土层的隆起变形，坑底隆起引起立柱桩的上浮；而竖向荷载主要引起立柱桩的下沉。有时设计虽已考虑竖向荷载的作用，但立柱桩仍有向上位移，原因是施工过程中基坑的情况比较复杂，所采用的竖向荷载值及地质土层情况的实际变异性较大。当基坑开挖后，坑底应力释放，坑内土体回弹，桩身上部承受向上的摩擦力作用，立柱桩被抬升；而基坑深层土体阻止桩的上抬，对桩产生向下的摩阻力阻止桩上抬。桩的上抬也促使桩端土体应力释放，桩端土体也产生隆起，桩也随之上抬，但上部结构的不断加荷以及变异性较大的施工荷载会引起立柱的沉降，可见立柱竖向位移的机理比较复杂。因此要通过数值计算预测立柱桩最终是抬升还是沉降都比较困难，至于定量计算最终位移就更加困难了，只能通过监测实时控制与调整。

为了减少立柱竖向位移带来的危害，建议使立柱与支撑之间以及支撑与基坑围护结构之间形成刚性较大的整体，共同协调不均匀变形；同时桩土界面的摩阻力会直接影

响立柱桩的抬升，因此可通过降低立柱桩上部的摩阻力来减小基坑开挖对立柱桩抬升的影响。

29.3.4 围护结构内力

围护内力监测是防止基坑支护结构发生强度破坏的一种较为可靠的监控措施，可采用安装在结构内部或表面的应变计或应力计进行量测。采用钢筋混凝土材料制作的围护桩，其内力通常是通过测定构件受力钢筋的应力或混凝土的应变、然后根据钢筋与混凝土共同作用、变形协调条件反算得到，钢构件可采用轴力计或应变计等量测。内力监测值宜考虑温度变化等因素的影响。

图 29-14 为钢筋计量测围护结构的轴力、弯矩的安装示意图。量测弯矩时，结构一侧受拉，一侧受压，相应的钢筋计一只受拉，另一只受压；测轴力时，两只钢筋计均轴向受拉或受压。由标定的钢筋应变值得出应力值，再核算成整个混凝土结构所受的弯矩或轴力：

弯矩：
$$M = \varphi(\sigma_1 - \sigma_2) \times 10^{-5} = \frac{E_c}{E_s} \times \frac{I_c}{d} \times (\sigma_1 - \sigma_2) \times 10^{-5} \tag{29-1}$$

轴力：
$$N = K \times \frac{\varepsilon_1 + \varepsilon_2}{2} \times 10^{-3} = \frac{A_c}{A_s} \times \frac{E_c}{E_s} \times K_1 \times \frac{\varepsilon_1 + \varepsilon_2}{2} \times 10^{-3} \tag{29-2}$$

式中　M——弯矩（t·m）；

N——轴力（t）；

σ_1、σ_2——开挖面、背面钢筋计应力（kg/cm²）；

I_c——结构断面惯性矩（cm⁴）；

d——开挖面、背面钢筋计之间的中心距离（cm）；

ε_1、ε_2——上、下端钢筋计应变（με）；

K_1——钢筋计标定系数（kg/με）；

E_c、A_c——混凝土结构的弹性模量（kg/cm²）、断面面积（cm²）；

E_s、A_s——钢筋计的弹性模量（kg/cm²）、断面面积（cm²）。

围护墙内力监测点应考虑围护墙内力计算图形，布置在围护墙出现弯矩极值的部位，监测点数量和横向间距视具体情况而定。平面上宜选择在围护墙相邻两支撑的跨中部位、开挖深度较大以及地面堆载较大的部位；竖直方向（监测断面）上监测点宜布置支撑处和相邻两层支撑的中间部位，间距宜为 2～4m。立柱的内力监测点宜布置在受力较大的立柱上，位置宜设在坑底以上各层立柱下部的 1/3 部位。

图 29-15 为上海某深基坑开挖进行到 14.4m（完成第四道撑后）、18.3m（完成第五道支撑后）、20.9m（完成第六道支撑后）、23m（垫层浇注后）四个工况下的地下连续墙侧向变形情况。图 29-16 为由布置在地下连续墙内钢筋上的应力计监测结果计算的各工况下的实际弯距，从实测结果来看，围护结构内力无论从大小还是从分布形式与设计计算结果有较大的差距。因此在基坑施工过程中可以通过弯矩实测方法判断墙体的承载力发挥情况，防止基坑围护结构由于设计上的不合理从而导致的地下连续墙体受弯破坏情况发生，及时做出补救措施，避免基坑失稳，减小损失。

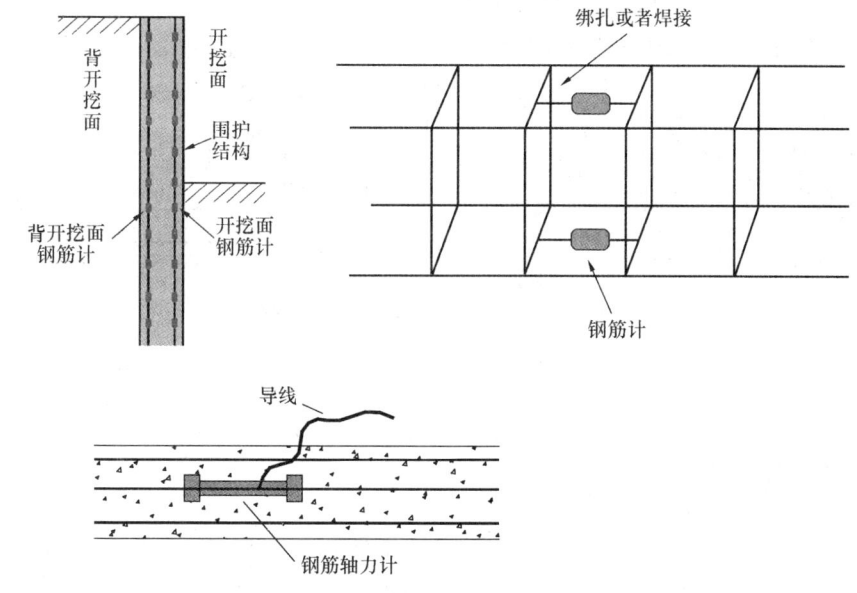

图 29-14　钢筋计量测围护结构弯矩、轴力安装示意图

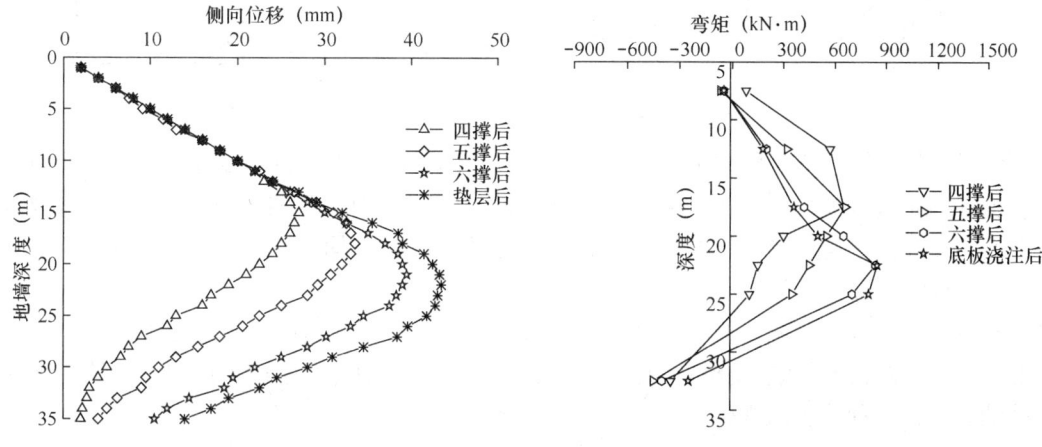

图 29-15　基坑地下连续墙测斜曲线　　图 29-16　某基坑地下连续墙实测弯矩曲线

29.3.5　支撑轴力

基坑外侧的侧向水土压力由围护墙及支撑体系所承担，当实际支撑轴力与支撑在平衡状态下应能承担的轴力（设计计算轴力）不一致时，将可能引起围护体系失稳。支撑内力的监测多根据支撑杆件采用的不同材料，选择不同的监测方法和监测传感器。对于混凝土支撑杆件，目前主要采用钢筋应力计或混凝土应变计（参见围护内力监测）；对于钢支撑杆件，多采用轴力计（也称反力计）或表面应变计。

图 29-17 和图 29-18 是支撑轴力安装示意图，轴力监测点布置应遵循以下原则：

1. 监测点宜设置在支撑内力较大或在整个支撑系统中起控制作用的杆件上；
2. 每层支撑的内力监测点不应少于 3 个，各层支撑的监测点位置宜在竖向保持一致；
3. 钢支撑的监测截面宜选择在两支点间 1/3 部位或支撑的端头；混凝土支撑的监测

截面宜选择在两支点间 1/3 部位,并避开节点位置;

4. 每个监测点截面内传感器的设置数量及布置应满足不同传感器测试要求。

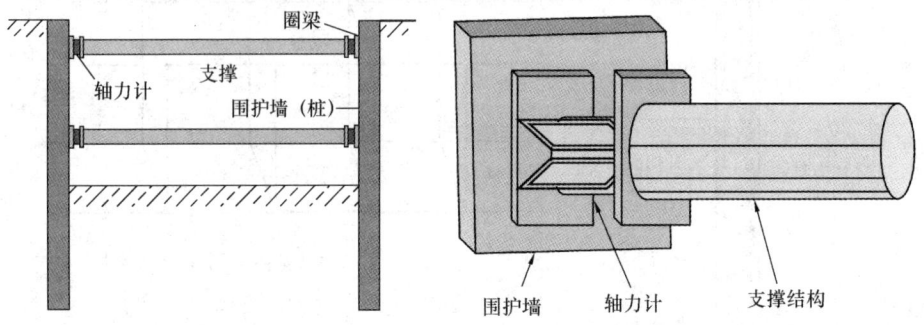

图 29-17 钢支撑轴力计安装方法

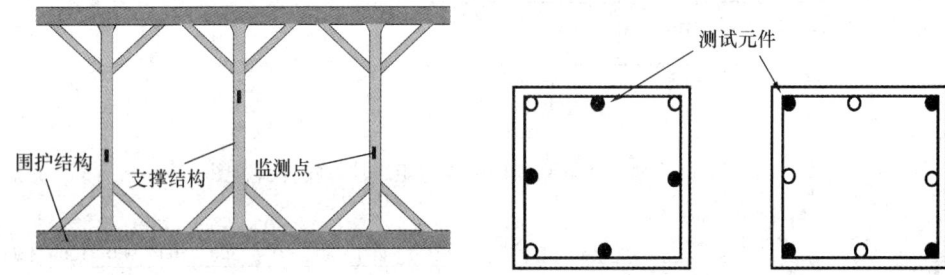

图 29-18 混凝土支撑轴力安装方法

值得一提的是,支撑的内力不仅与监测计放置的截面位置有关,而且与所监测截面内的监测计的布置有关。其监测结果通常以"轴力"(kN)的形式表达,即把支撑杆监测截面内的测点应力平均后与支撑杆截面的乘积。显然,这与结构力学的轴力概念有所不同,它反映的仅是所监测截面的平均应力。

实测的支撑轴力时程曲线在有些工程比较有规律,呈现在当前工况支撑下挖方,支撑轴力增大;后续工况架设的支撑下挖土,先行工况的支撑轴力发生适当调整,后续工况支撑的轴力增长这种恰当的规律(图 29-19)。

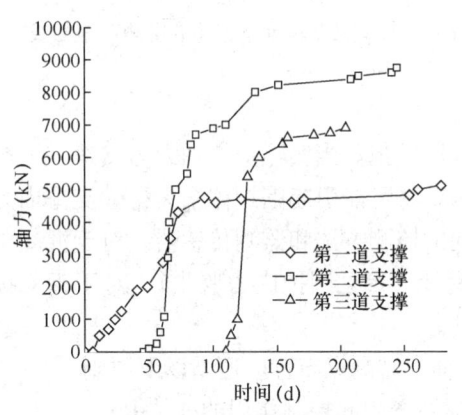

图 29-19 正常支撑轴力变化曲线

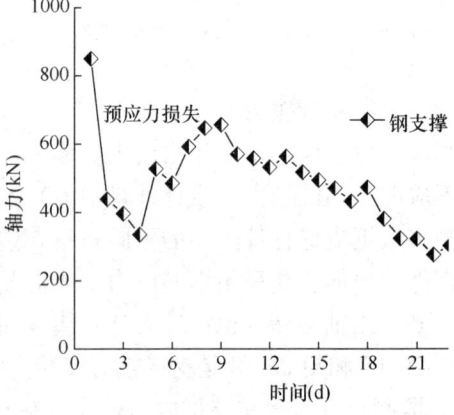

图 29-20 预应力损失的轴力变化曲线

但这仅是基坑开挖时支撑杆的一种受力形式。而在有些工程则出现挖方加深，支撑的实测轴力不仅未增加，反而降低的异常现象；或者实测支撑轴力时程曲线跳跃波动很大的现象（图29-20）。实测的"轴力"值有的超过理论计算值2倍以上、或远超过支撑杆的容许承载力，但基坑却安全可靠。而有的工程实测的"轴力"不到理论计算值的几分之一却出现围护墙位移过大引起周边环境破坏。显然，这与支撑连结节点和支撑杆所受的弯、剪应力等因素有关，亦与监测结果计算方法方面存在的问题有关。

支撑系统的受力极其复杂，支撑杆的截面弯矩方向可随开挖工况进行而改变，而一般现场布置的监测截面和监测点数量较少。因此，只依据实测的"支撑轴力"有时不易判别清楚支撑系统的真实受力情况，甚至会导致相反的判断结果。建议的方法是选择代表性的支撑杆，既监测其截面应力，又监测支撑杆在立柱处和内力监测截面处等若干点的竖向位移，由此可以根据监测到的截面应力和竖向位移值由结构力学的方法对支撑系统的受力情况作出更加合理的综合判断。同时有必要对施工过程中围护墙、支撑杆及立柱之间耦合作用进行深入研究。

29.3.6 锚杆轴力（土钉内力）

锚杆及土钉内力监测的目的是掌握锚杆或土钉内力的变化，确认其工作性能。由于钢筋束内每根钢筋的初始拉紧程度不一样，所受的拉力与初始拉紧程度关系很大。应采取专用测力计、应力计或应变计在锚杆或土钉预应力施加前安装并取得初始值。根据质量要求，锚杆或土钉锚固体未达到足够强度不得进行下一层土方的开挖，为此一般应保证锚固体有3d的养护时间后才允许下一层土方开挖，取下一层土方开挖前连续2d获得的稳定测试数据的平均值作为其初始值。

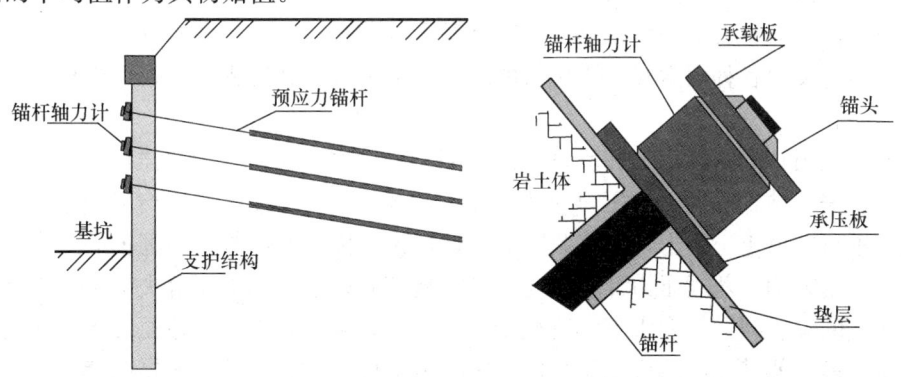

图29-21 锚杆轴力安装示意图

锚杆或土钉的内力监测点应选择在受力较大且有代表性的位置，基坑每边中部、阳角处和地质条件复杂的区段宜布置监测点。每层锚杆的内力监测点数量应为该层锚杆总数的1‰～3‰，并不应少于3根。各层监测点位置在竖向上宜保持一致。每根杆体上的测试点宜设置在锚头附近和受力有代表性的位置，见图29-21。

29.3.7 坑底隆起（回弹）

基坑隆起（回弹）监测点的埋设和施工过程中的保护比较困难，监测点不宜设置过多，以能够测出必要的基坑隆起（回弹）数据为原则，本条规定监测剖面数量不应少于2条，同一剖面上监测点数量不应少于3个，基坑中部宜设监测点，依据这些监测点绘出的隆起（回弹）断面图可以基本反映出坑底的变形变化规律。坑底隆起的测量原理及典型隆起曲线分别见图 29-22 和图 29-23。

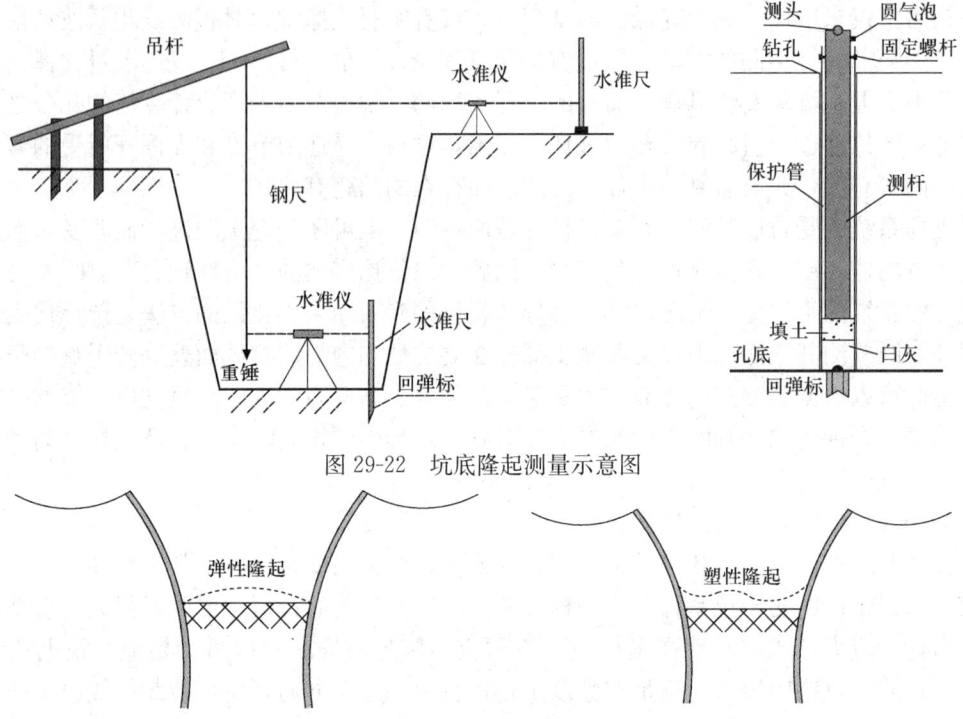

图 29-22　坑底隆起测量示意图

图 29-23　坑底隆起曲线

29.3.8　围护墙侧向土压力

侧向水土压力是直接作用在基坑支护体系上的荷载，是支护结构的设计依据，现场量测能够真实地反映各种因素对水土压力的综合影响，因此在工程界都很重视现场实测水土压力数据的收集和分析。

由于土压力计的结构形式和埋设部位不同，埋设方法很多，例如挂布法、顶入法、弹入法、插入法、钻孔法等。土压力计埋设在围护墙构筑期间或完成后均可进行。若在围护墙完成后进行，由于土压力计无法紧贴围护墙埋设，因而所测数据与围护墙上实际作用的土压力有一定差别。若土压力计埋设与围护墙构筑同期进行，则须解决好土压力计在围护墙迎土面上的安装问题。在水下浇筑混凝土过程中，要防止混凝土将面向土层的土压力计表面钢膜包裹，使其无法感应土压力作用，造成埋设失败。另外，还要保持土压力计的承压面与土的应力方向垂直。图 29-24、图 29-25 分别为顶入法和弹入法土压力传感器设置原理图。图 29-26 为钻孔法进行土压力测量时的仪器布置图。

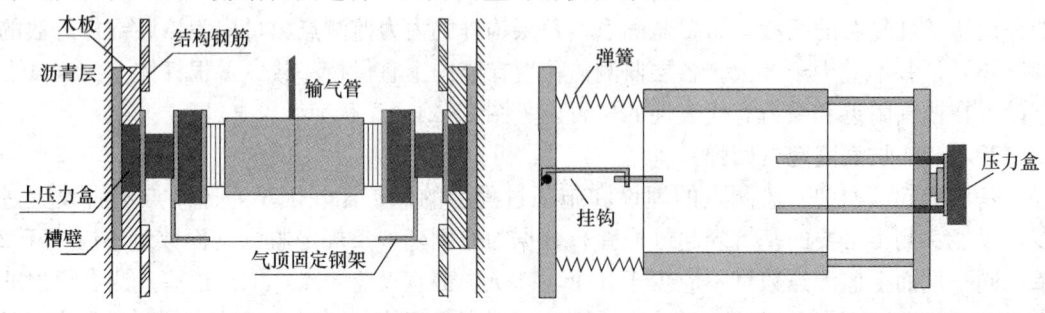

图 29-24　顶入法进行土压力传感器设置　　　图 29-25　弹入法进行土压力传感器埋设装置

围护墙侧向土压力监测点的布置应选择在受力、土质条件变化较大的部位，在平面上宜与深层水平位移监测点、围护墙内力监测点位置等匹配，这样监测数据之间可以相互验证，便于对监测项目的综合分析。在竖直方向（监测断面）上监测点应考虑土压力的计算图形、土层的分布以及与围护墙内力监测点位置的匹配。

图 29-27 为某基坑实测主动区土压力随工况的变化规律。由图可以看出，在土方开挖以前，主动区土压力在地下连续墙浇筑过程及邻近地下墙沉槽施工过程中发生一定幅度的下降，坑内加固阶段土压力有一定程度的增大，降水阶段土压力又有一定程度的回落；开挖前总体来说基本上未发生大的变化。基坑开挖以后，随着土方开挖的进行，墙体坑内侧移增大，地表约 9m 以下的土压力值呈明显减小的趋势。但是，6m、9m 处的土压力值却呈先减小后增大的趋势；而浅部 2m 处的土压力则呈增大的趋势。底板浇筑完成后，主动区土压力略有增大最后趋于稳定。

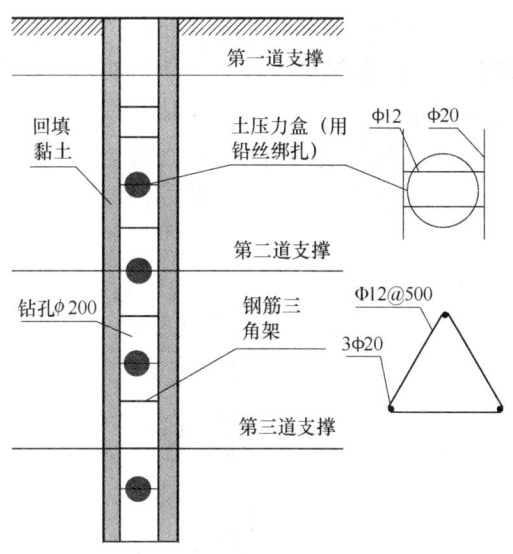

图 29-26 钻孔法进行土压力测量

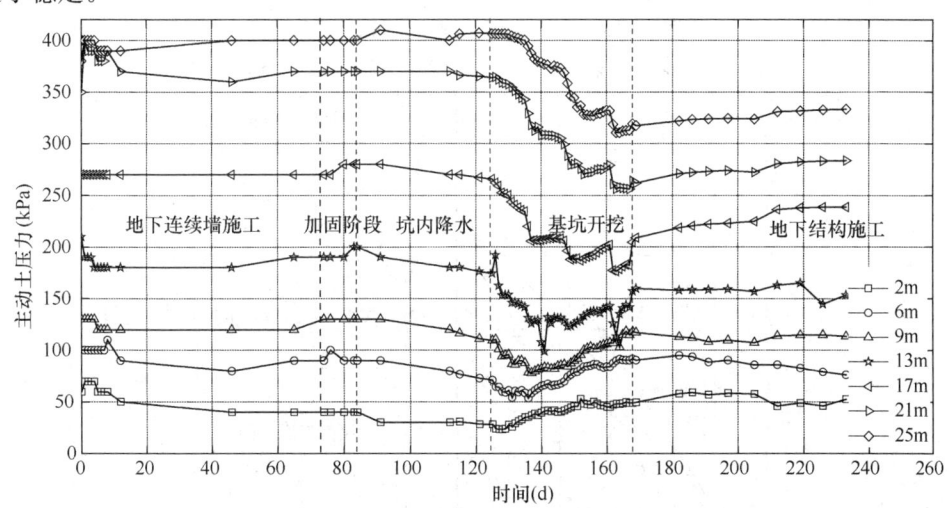

图 29-27 某基坑墙外侧（主动区）土压力随时间的变化曲线

29.3.9 孔隙水压力

孔隙水压力探头通常采用钻孔埋设。在埋设点采用钻机钻孔，达到要求的深度或标高后，先在孔底填入部分干净的砂，然后将探头放入，再在探头周围填砂，最后采用膨胀性黏土或干燥黏土球将钻孔上部封好，使得探头测得的是该标高土层的孔隙水压力。图 29-28 为孔隙水压力探头在土中的埋设情况，其技术关键在于保证探头周围垫砂渗水流畅，其次是断绝钻孔上部的向下渗漏。原则上一个钻孔只能埋设一个探头，但为了节省钻孔费用,也有在同一钻孔中埋设多个位于不同标高处的孔隙水压力探头,在这种情况下,需要采用干土球或膨胀性黏土将各个探头进行严格相互隔离,否则达不到测定各土层孔隙水压力变化的作用。

孔隙水压力监测点宜布置在基坑受力、变形较大或有代表性的部位。竖向布置上监测点宜在水压力变化影响深度范围内按土层分布情况布设,竖向间距宜为2~5m,数量不宜少于3个。

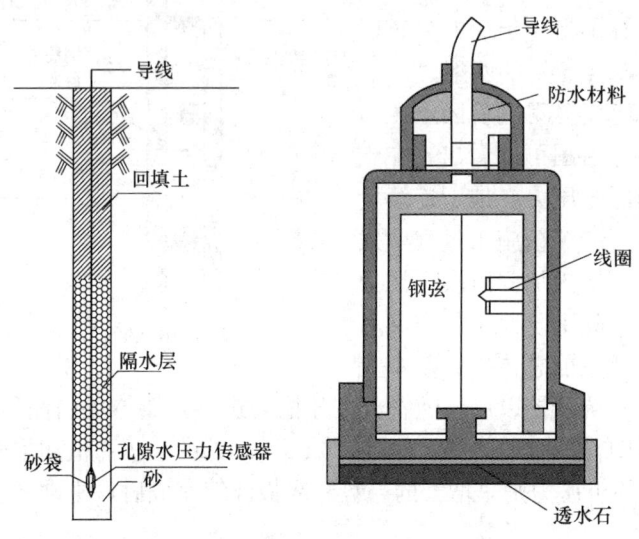

图 29-28 孔隙水压力探头及埋设示意图

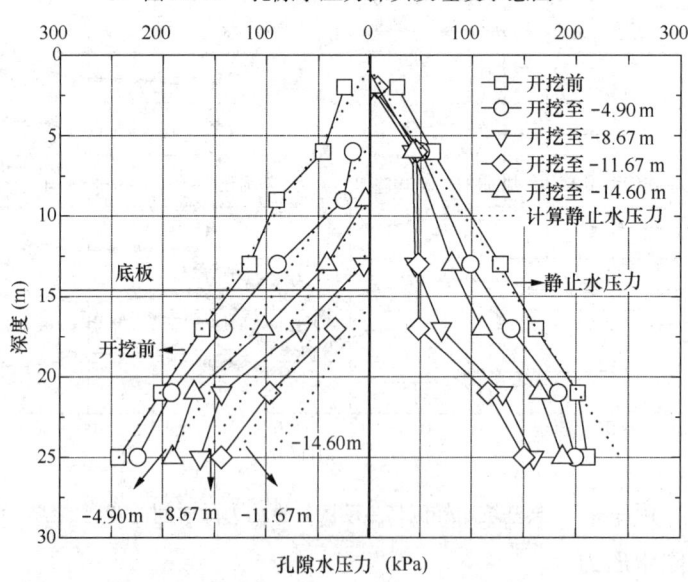

图 29-29 某基坑孔隙水压力变化曲线

图 29-29 为某基坑实测迎土面(主动区)与开挖面(被动区)孔隙水压力随工况的变化曲线。图中显示基坑开挖前坑内外孔隙水压力与静止水压力大致相等,局部略大于静止水压力。随着开挖工况进行,被动区、主动区的孔隙水压力均呈逐渐减小趋势且各自的曲线形状基本一致。但是迎土面与开挖面孔隙水压力减小的原理却不尽相同,坑外水位在

基坑开挖过程中变化不大，水位下降对孔隙水压力下降的影响不大，孔隙水压力的减小主要是由于侧向应力的减小引起的；而坑内（开挖面）的水位随着开挖深度的不断增加逐渐降低，同时坑内大量的土体卸载逐渐减小，二者共同作用下使得开挖面孔隙水压力不断减小。

29.3.10 地下水位

基坑工程地下水位监测包含坑内、坑外水位监测。通过水位观测可以控制基坑工程施工过程中周围地下水位下降的影响范围和程度，防止基坑周边水土流失。另外可以检验降水井的降水效果，观测降水对周边环境的影响。地下水位监测点的布置应符合下列要求：

1. 基坑内地下水位当采用深井降水时，水位监测点宜布置在基坑中央和两相邻降水井的中间部位；当采用轻型井点、喷射井点降水时，水位监测点宜布置在基坑中央和周边拐角处，监测点数量应视具体情况确定；

2. 基坑外地下水位监测点应沿基坑、被保护对象的周边或在基坑与被保护对象之间布置，监测点间距宜为 20～50m。相邻建筑、重要的管线或管线密集处应布置水位监测点；当有止水帷幕时，宜布置在止水帷幕的外侧约 2m 处；

3. 水位观测管的管底埋置深度应在最低设计水位或最低允许地下水位之下 3～5m。承压水水位监测管的滤管应埋置在所测的承压含水层中；

4. 回灌井点观测井应设置在回灌井点与被保护对象之间；

5. 承压水的观测孔埋设深度应保证能反映承压水水位的变化，一般承压降水井可以兼作水位观测井。

水位监测埋设示意图见图 23-30 和图 29-31。

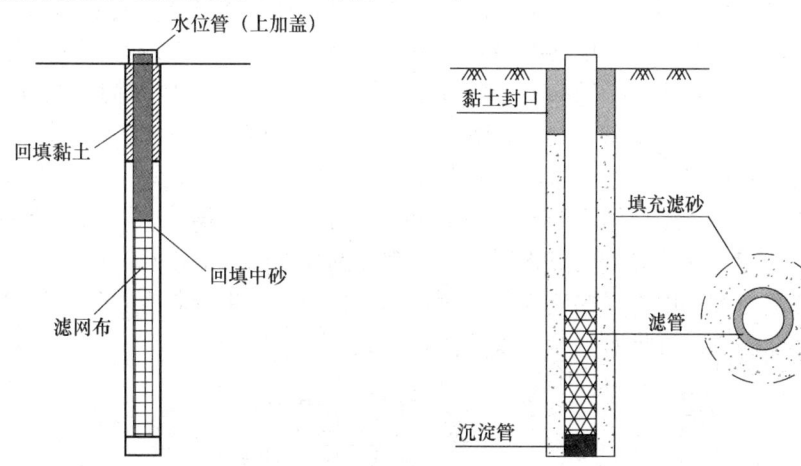

图 29-30　潜水水位监测示意图　　图 29-31　承压水水位监测示意图

图 29-32 是某基坑典型潜水水位随时间变化曲线，随着基坑开挖的加深，地下水位逐渐变深，这与基坑侧壁在开挖过程中有少量渗漏有一定的关系，地下水位最终稳定在 4m 左右。图 29-33 是某基坑承压水降水过程曲线，该工程采用"按需降水"的原则，在不同开挖深度的工况阶段，合理控制承压水头。在土方开挖之前，基坑内外侧开始降水，基坑开挖期间，随着开挖深度的增加，地下水位也逐渐下降，但一直维持在基坑开挖面以下 1～2m，防止水头过大降低，这将使降水对周边环境的影响减少到最低限度。

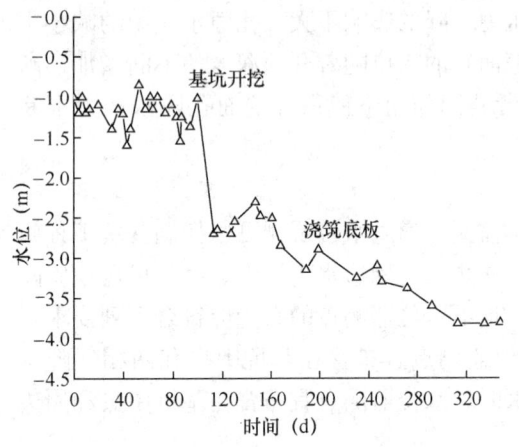 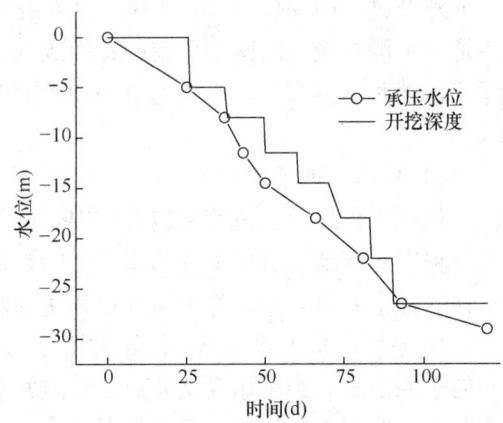

图 29-32　某潜水水位变化曲线　　　　图 29-33　某承压水降水过程曲线变化

29.3.11　周边建筑物沉降

基坑工程的施工会引起周围地表的下沉，从而导致地面建筑物的沉降，这种沉降一般都是不均匀的，因此将造成地面建筑物的倾斜，甚至开裂破坏，应给以严格控制。根据规范，建筑物变形监测需进行沉降、倾斜、裂缝三种监测。

建筑物沉降监测采用精密水准仪监测。测出观测点高程，从而计算沉降量。建筑物倾斜监测采用经纬仪测定监测对象顶部相对于底部的水平位移，结合建筑物沉降相对高差，计算监测对象的倾斜度、倾斜方向和倾斜速率。建筑物裂缝监测采用直接量测方法进行。将裂缝进行编号并划出测读位置，通过游标卡尺进行裂缝宽度测读。对裂缝深度量测，当裂缝深度较小时采用凿出法和单面接触超声波法监测；深度较大裂缝采用超声波法监测。

在建筑物变形观测前，必须收集和掌握以下资料：（1）建筑物结构和基础设计资料，如受力体系、基础类型、基础尺寸和埋深、结构物平面布置及其与基坑围护的相对位置等；（2）地质勘测资料，包括土层分布及各土层的物理力学性质、地下水分布等；（3）基坑工程的围护体系、施工计划、地基处理情况和坑内外降水方案等。对以上资料的准确而详尽的掌握，才能合理的对监测点进行布置，观测到准确的变形信息。

建筑物监测点直接用电锤在建筑物外侧桩体上打洞，并将膨胀螺栓或道钉打入，或利用其原有沉降监测点。沉降监测点布置见图 29-34。

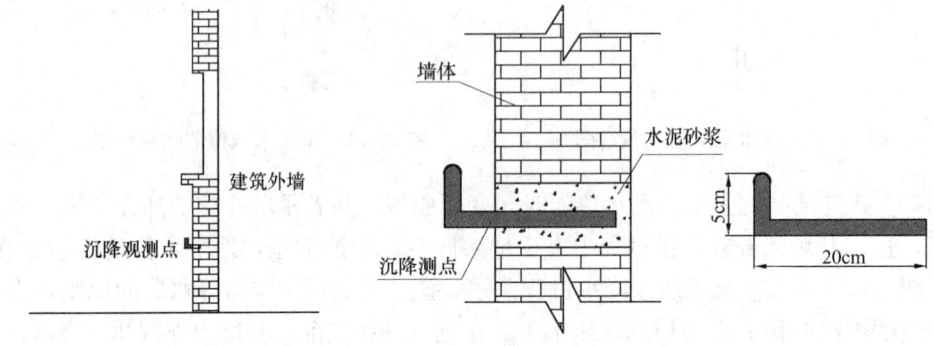

图 29-34　建筑物沉降监测点示意图

建筑物的竖向位移监测点布置要符合下列要求：(1) 建筑物四角、沿外墙每 10～15m 处或每隔 2～3 根柱基上，且每边不少于 3 个监测点；(2) 不同地基或基础的分界处；(3) 建筑物不同结构的分界处；(4) 变形缝、抗震缝或严重开裂处的两侧；(5) 新、旧建筑物或高、低建筑物交接处的两侧；(6) 烟囱、水塔和大型储仓罐等高耸构筑物基础轴线的对称部位，每一构筑物不少于 4 点。

建筑物倾斜监测点应符合下列要求：(1) 监测点宜布置在建筑物角点、变形缝或抗震缝两侧的承重柱或墙上；(2) 监测点应沿主体顶部、底部对应布设，上、下监测点布置在同一竖直线上。

裂缝监测点应选择有代表性的裂缝进行布置，在基坑施工期间当发现新裂缝或原有裂缝有增大趋势时，要及时增设监测点。每一条裂缝的测点至少设 2 组，裂缝的最宽处及裂缝末端宜设置测点。

建筑物沉降监测，监测点本次高程减前次高程的差值为本次沉降量，本次高程减初始高程的差值为累计沉降量。

建筑物倾斜按下式计算：

$$\tan\theta = \Delta s/b \qquad (29\text{-}3)$$

式中 θ——建筑物倾角，单位（°）；

b——建筑物宽度，单位（m）；

Δs——建筑物的差异沉降，单位（m）。

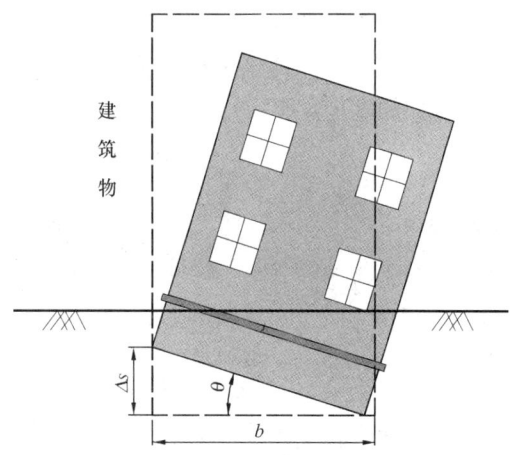

图 29-35 建筑物倾斜计算示意图

图 29-36 为基坑开挖引起建筑物沉降的典型曲线，可以明显看出：受基坑施工影响，周围建筑物沉降历时曲线可以分为四个阶段：围护施工阶段，开挖阶段，回筑阶段和后期沉降。围护施工阶段一般占总变形的 10%～20%，沉降量在 5～10mm 左右，但如果不加以控制，也会造成较大的沉降，这种案例已经屡见不鲜。开挖阶段引起的沉降占总沉降量的 80% 左右，而且和围护侧向变形有较好的对应关系，所以注重开挖阶段的变形控制是减少周围建筑物沉降的一个重要因素。结构回筑阶段和后期沉降占总沉降的 5%～10% 左右，在结构封顶后，沉降基本稳定。

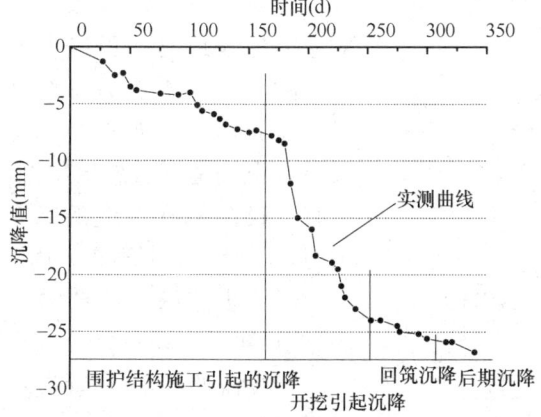

图 29-36 基坑开挖引起建筑物沉降典型曲线

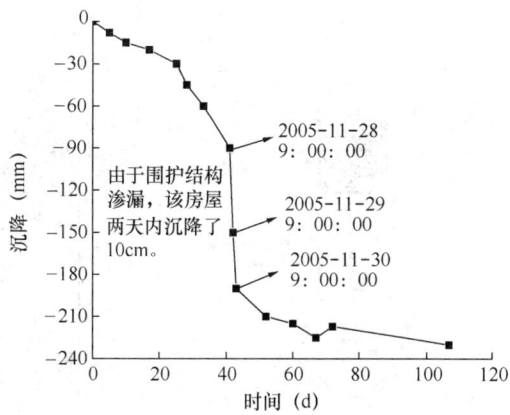

图 29-37 某围护结构漏水引起建筑物沉降曲线

在饱和含水地层中，尤其在砂层、粉砂层、砂质粉土或其他透水性较好的夹层中，止水帷幕或围护墙有可能产生开裂、空洞等不良现象，造成围护结构的止水效果不佳或止水结构失效，致使大量的地下水夹带砂粒涌入基坑，坑外产生水土流失。严重的水土流失可能导致支护结构失稳以及在基坑外侧发生严重的地面沉陷，周边环境监测点（地表沉降、房屋沉降、管线沉降）也随即产生较大变形，如图 29-37，由于基坑地下墙漏水，周围房屋两天内沉降了 10cm，造成了严重的开裂。

29.3.12 周边管线监测

深基坑开挖引起周围地层移动，埋设于地下的管线亦随之移动。如果管线的变位过大或不均，将使管线挠曲变形而产生附加的变形及应力，若在允许范围内，则保持正常使用，否则将导致泄漏、通讯中断、管道断裂等恶性事故。为安全起见，在施工过程中，应根据地层条件和既有管线种类、形式及其使用年限，制定合理的控制标准，以保证施工影响范围内既有管线的安全和正常使用。

管线的观测分为直接法和间接法。当采用直接法时，常用的测点设置方法有抱箍式和套筒式（如图 29-38 所示）。

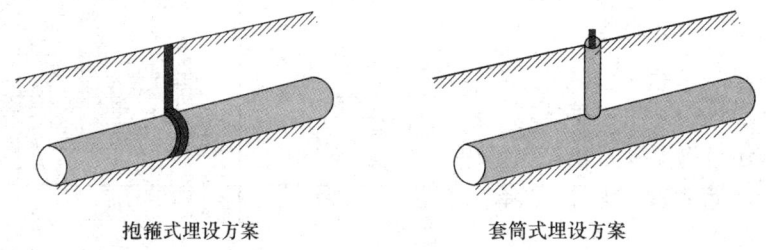

图 29-38　直接法测管线变形

间接法就是不直接观测管线本身，而是通过观测管线周边的土体，分析管线的变形。此法观测精度较低。当采用间接法时，常用的测点设置方法有：

1. 底面观测

将测点设在靠近管线底面的土体中，观测底面的土体位移。此法常用于分析管道纵向弯曲受力状态或跟踪注浆、调整管道差异沉降。

2. 顶面观测

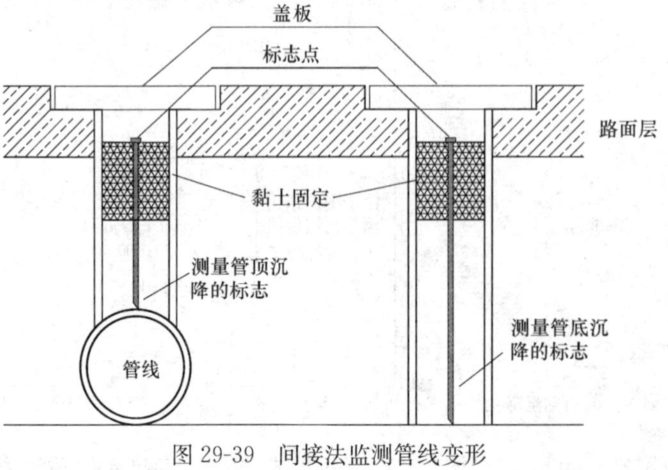

将测点设在管线轴线相对应的地表或管线的窨井盖上观测。由于测点与管线本身存在介质，因而观测精度较差，但可避免破土开挖，只有在设防标准较低的场合采用，一般情况下不宜采用。

间接法监测管线布置方法见图 29-39。

管线监测点的布置应符合下列要求：

图 29-39　间接法监测管线变形

1. 应根据管线修建年份、类型、材料、尺寸及现状等情况,确定监测点设置;
2. 监测点宜布置在管线的节点、转角点和变形曲率较大的部位,监测点平面间距宜为 15~25m,并宜延伸至基坑边缘以外 1~3 倍基坑开挖深度范围内的管线;
3. 供水、煤气、暖气等压力管线宜设置直接监测点,在无法埋设直接监测点的部位,可设置间接监测点。

管线的破坏模式一般有两种情况:一是管段在附加拉应力作用下出现裂缝,甚至发生破裂而丧失工作能力;二是管段完好,但管段接头转角过大,接头不能保持封闭状态而发生渗漏。地下管线应按柔性管和刚性管分别进行考虑。

1. 刚性管道

对于采用焊接或机械连接的煤气管、上水管以及钢筋混凝土管保护的重要通讯电缆,有一定的刚度,一般均属刚性管道。当土体移动不大时,它们可以正常使用,但土体移动幅度超过一定极限时就发生断裂破坏。

按弹性地基梁的方法计算分析,因施工中引起管道地基沉陷而发生纵向弯曲应力 σ,如沉降超过预计幅度,管道中弯曲拉应力 $\sigma >$ 允许值 $[\sigma]$ 时,管道材料发生抗拉破坏。

计算时将管道视为弹性地基上的梁,如图 29-40 所示。

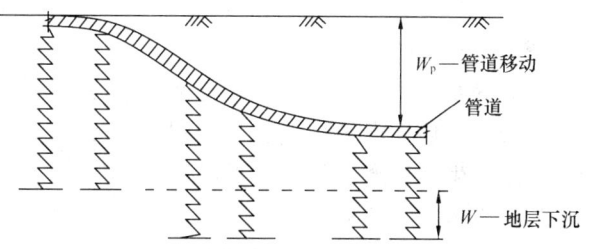

图 29-40 管道弹性地基梁计算模型

假定管道的允许应力为 $[\sigma_p]$,则管道的允许曲率半径为:

$$[R_p] = \frac{E_p d}{2[\sigma_p]} \quad (29-4)$$

2. 柔性管道

一般设有接头的管道的接头构造,均设有可适应一定接缝张开度的接缝填料。对于这类管道在地层下沉时的受力变形研究,可从管节接缝张开值、管节纵向受弯曲及横向受力等方面分析每节管道可能承受的管道地基差异沉降值,或沉降曲线的曲率。

(1) 按管节接缝张开值 Δ 确定管线允许曲率半径

如图 29-41 所示,管线地基沉降曲率半径 R,管道管节长度 l_p,管道外径 D_p,根据几何关系,按接缝张开值确定允许曲率半径为:

$$[R_p^\Delta] = \frac{l_p D_p}{[\Delta]} \quad (29-5)$$

(2) 按管道纵向受弯应力 $[\sigma_p]$ 确定允许曲线半径

按管材允许应力确定的允许曲率半径:

$$[R_p^Z] = \frac{K D_p l_p^4}{384 [\sigma_p] W_p} \quad (29-6)$$

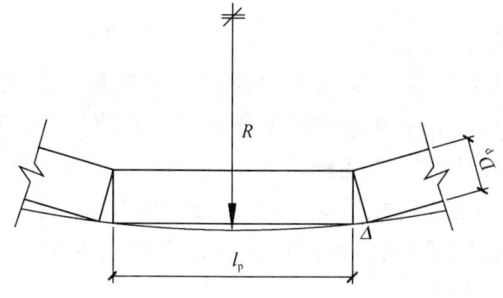

图 29-41 管节接缝张开值 Δ 与管线曲率半径几何关系

式中 K ——地基弹簧刚度;
W_p ——管道抗弯截面模量;

$[\sigma_p]$——管道的允许应力，定义同上。

（3）按管道横向受压时管壁允许应力$[\sigma]$确定管线允许曲率半径

允许的曲率半径为：

$$[R_p^H] > \frac{1.5KD_p^2 \cdot l_p^2}{64t^2[\sigma]m} \tag{29-7}$$

式中　　K——地基弹簧刚度；

m——管龄系数，一般小于0.3；

t——管道厚度。

综上，无论是刚性管道，还是柔性管道，我们都可以利用其允许曲率半径来判断管线的安全性。对刚性管道，按公式（29-4）确定其允许曲率半径$[R_p]$；对于柔性管道，分别按管节接缝张开值及管道纵横向允许应力确定管线允许曲率半径，取其大者作为管线的允许曲率半径，即$[R_p] = \text{MAX}\{R_p^\Delta, R_p^Z, R_p^H\}$。

29.3.13　现象观测

经验表明，基坑工程每天进行肉眼巡视观察是不可或缺的，与其他监测技术同等重要。巡视内容包括支护桩墙、支撑梁、冠梁、腰梁结构及邻近地面、道路、建筑物的裂缝、沉陷发生和发展情况。主要观测项目有：

1. 支护结构成型质量；
2. 冠梁、围檩、支撑有无裂缝出现；
3. 支撑、立柱有无较大变形；
4. 止水帷幕有无开裂、渗漏；
5. 墙后土体有无裂缝、沉陷及滑移；
6. 基坑有无涌土、流砂、管涌；
7. 周边管道有无破损、泄漏情况；
8. 周边建筑有无新增裂缝出现；
9. 周边道路（地面）有无裂缝、沉陷；
10. 邻近基坑及建筑的施工变化情况；
11. 开挖后暴露的土质情况与岩土勘察报告有无差异；
12. 基坑开挖分段长度、分层厚度及支锚设置是否与设计要求一致；
13. 场地地表水、地下水排放状况是否正常，基坑降水、回灌设施是否运转正常；
14. 基坑周边地面有无超载。

基坑工程监测是一个系统，系统内的各项目监测有着必然的、内在的联系。如图29-42和图29-43所示。基坑在开挖过程中，其力学效应是从各个侧面同时展现出来的，例如支护结构的变形、支撑轴力、地表位移之间存在着相互间的必然联系，它们共存于同一个集合体，即基坑工程内。某一单项的监测结果往往不能揭示和反映基坑工程的整体情况，必须形成一个有效的、完整的、与设计、施工工况相适应的监测系统并跟踪监测，才能提供完整、系统的测试数据和资料，才能通过监测项目之间的内在联系做出准确地分析、判断，为优化设计和信息化施工提供可靠的依据。

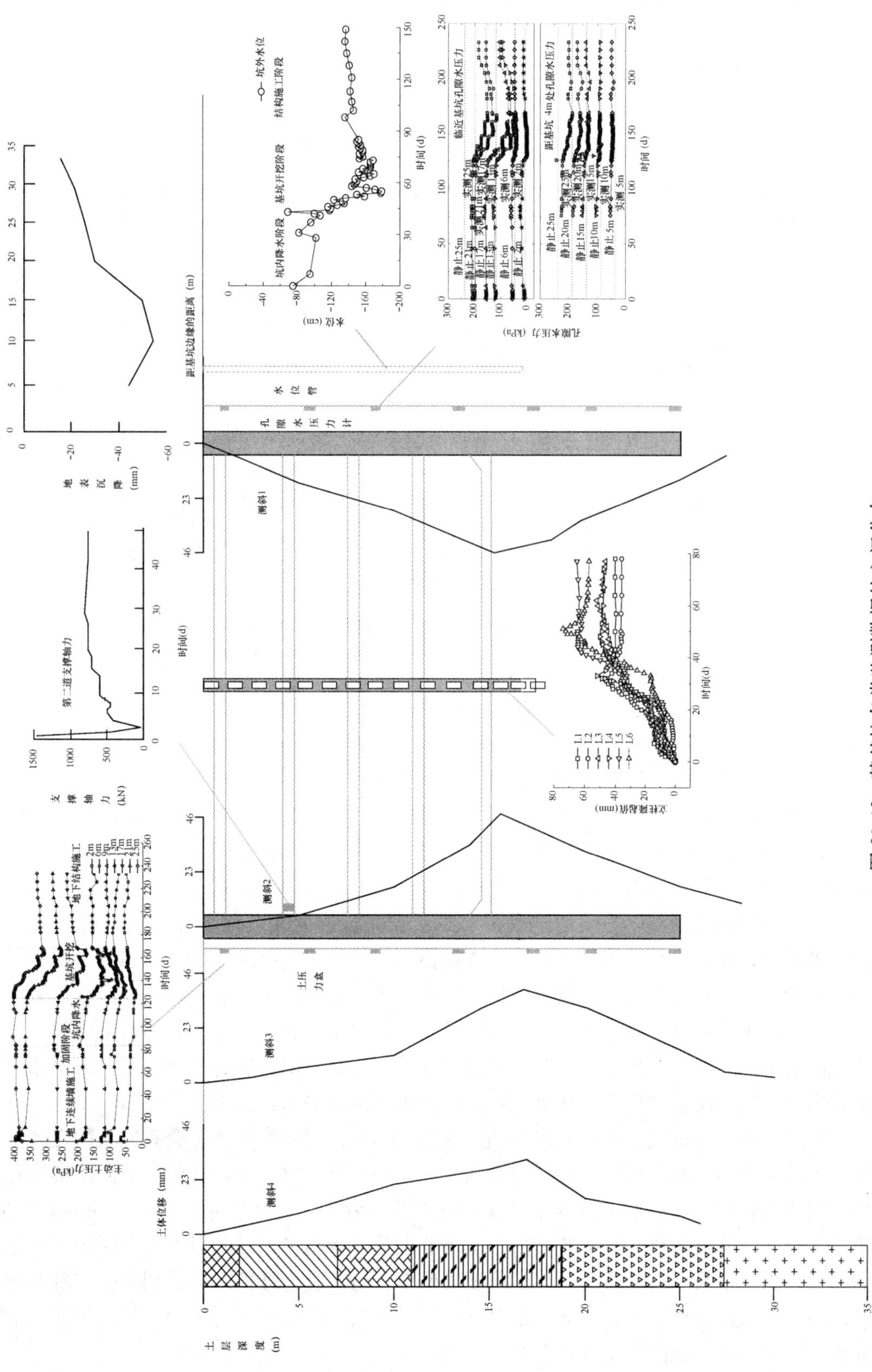

29.3 监测方法及数据分析 | 1131

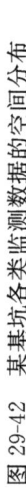

图 29-42 某基坑各类监测数据的空间分布

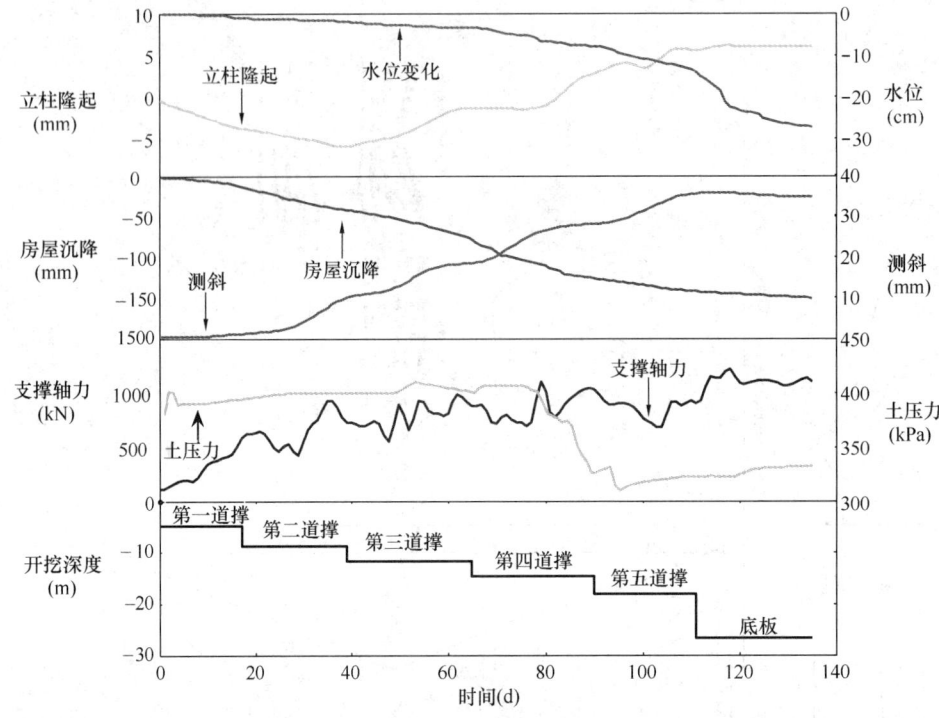

图 29-43 某基坑各类监测数据的空间分布

29.4 基坑监测新方法新技术

29.4.1 基坑工程自动化监测技术

近年来，随着计算机技术和工业化水平的提高，基坑工程自动化监测技术也发展迅速，目前国内很多深大险难的基坑工程施工时开始选择自动化连续监测，如上海地铁宜山路车站、董家渡深基坑等，相对于传统的人工监测，自动化监测具有以下特点：

首先，自动观测可以连续地记录下观测对象完整的变化过程，并且实时得到观测数据。借助于计算机网络系统，还可以将数据传送到网络覆盖范围内的任何需要这些数据的部门和地点。特别在大雨、大风等恶劣气象条件下自动监测系统取得的数据尤其宝贵。

其次，采用自动监测系统不但可以保证监测数据正确、及时，而且一旦发现超出预警值范围的量测数据，系统马上报警，辅助工程技术人员做出正确的决策，及时采取相应的工程措施，整个反应过程不过几分钟，真正做到"未雨绸缪，防患于未然"。

最后，就经济效益来看，采用自动监测后，整个工程的成本并不会有太大的提高。首先，大部分自动监测仪器除了传感器需埋入工程中不可回收之外，其余的数据采集装置等均可回收再利用，其成本会随着工程数量的增多而平摊，到每个工程的成本并不会很高。第二，与人工监测相比，自动监测由于不需要人员进行测量，因此对人力资源的节省是显而易见，当工地采用自动监测后，只需要一两个人对其进行维护即可达到完全实现监测目的。第三，采用自动监测后，即可以对全过程进行实时监控，出现工程事故的可能性就会非常小，其隐形的经济效益和社会效益非常巨大。

被保护建筑物的测点布置　　　　　　　　　全站仪

图 29-44　现场自动监测实景

自动化监测的现场布置见图 29-44 和图 29-45。

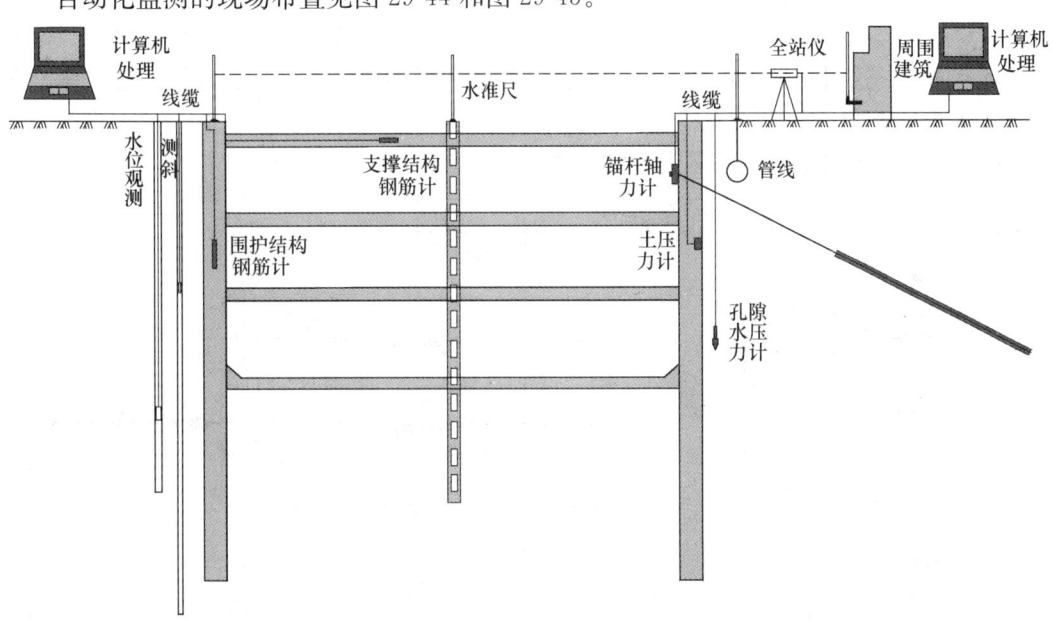

图 29-45　自动监测现场示意图

29.4.2　基坑工程远程监控技术

基坑工程在施工中具有较大的风险性,在施工过程中如果能有一套后台数据分析系统,结合地质条件、设计参数以及现场实际施工工况,对现场监测数据进行分析并预测下一步发展的趋势,并根据提前设定的警戒值评判出当前基坑的安全等级;然后根据这些评判,建议相应的工程措施,指导施工,减少工程失事概率,确保工程安全、顺利的进行,则有较大实际应用价值。

本章中介绍的远程监控系统是由同济大学刘国彬教授团队研制的,该系统分两部分,一是后台数据分析计算软件,可以对当天工地现场实测数据进行处理、分析,并结合基坑围护结构设计参数、地质条件、周围环境以及当天施工工况等因素进行预警、报警、提出风险预案等。第二部分是基于网络的预警发布和工程管理平台,可以将后台的分析结果以多种形式发布,并通过网络电脑或手机短信的方式将预警信息发送给相关责任人,并全程监管达到施

工全过程信息化监控,将工程隐患消灭在萌芽状态。该系统主要有以下特点:

(1) 远程监控系统通过构架在 INTERNET 上的分布式监控管理终端,把建筑工地和工程管理单位联系在一起,形成了高效方便的数字化信息网络。在这个网络里,借助于 INTERNET 快速、及时的信息传输通道,能够及时把建筑工地上的各种数据、工程文档、图像等传送到需要了解建筑工地情况的工程管理单位那里,从而为工程管理单位及时了解工地的工程进展和所发生的问题提供了高效方便的途径,同时也为工程管理单位及时处理工地出现问题提供了依据。使得工程管理更为现代化,工程事故反应更迅速,对工程问题的分析更全面。

(2) 远程监控系统通过对计算机技术的运用,能够同时把正在施工的所有工地信息联系在一起,从而方便了工程管理单位的管理,实现了分散工程集中管理和单位部门之间的信息、人力、物力资源的共享。真正改变了传统工程管理中出现的人力物力的重复投入以及人力物力的浪费现象,在节约成本的同时,提高了工程管理的水平。

(3) 远程监控系统通过运用数据库技术,使得各种工程资料、工程文档的保存、查询变得极为便利。这对于工程进展情况的查询、工程问题的解决以及工程经验的总结等等都无疑是极为有利的。

远程监控系统的组成体系见图 29-46。

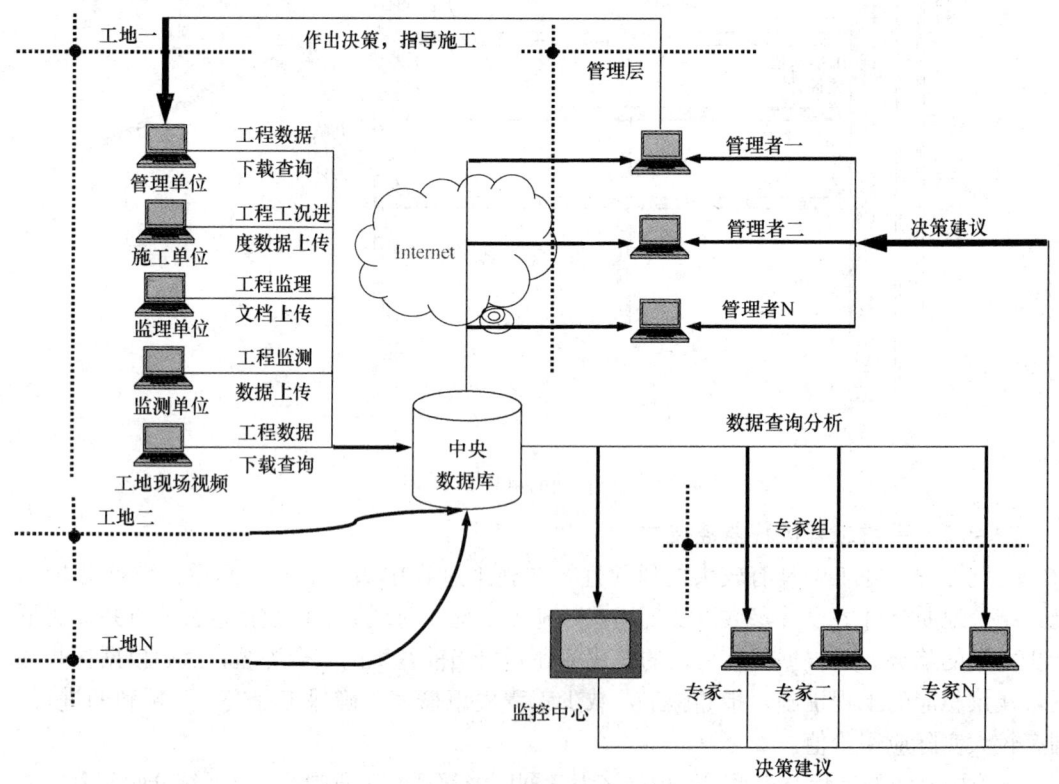

图 29-46　远程监控管理系统组成

29.5 监测报警值讨论

确定基坑工程监测项目的监测报警值是一个十分严肃、复杂的课题，建立一个操作性强的报警指标体系对于基坑工程和周边环境的安全监控意义重大。

根据大量工程事故案例分析发现，基坑工程发生重大事故前都有预兆，这些预兆首先反映在监测数据中：如围护结构变形过大、变形速率超常、地面沉降加速、周围构筑物墙体产生裂缝、支撑轴力过大等等；每一测试项目都应根据实际情况，事先确定相应的控制值，根据位移或受力状况是否超过允许的范围，来判断当前工程是否安全可靠，是否需要调整施工步序或优化原设计方案，所以警戒值的确定是个非常关键的问题。

但是目前基坑工程监测的警戒值设置存在一定的问题，大多数警戒值还是照搬规范或设计计算结果。很多现场监测人员发现实测数据超过警戒值后，很少分析是否真的存在隐患或者数据下一步发展趋势，而是盖上红章以示报警了事。这样的后果导致报警次数增多而未发生险情，产生麻痹思想，反而忽视真正险情而错过了最佳抢险时机导致事故发生，即"狼来了"现象。如图 29-47、图 29-48 为新加坡某基坑（开挖 34m，采用地下连续墙加十道钢支撑）发生事故的现场照片，该基坑发生事故的直接原因是第九道钢支撑围檩发生破坏进而导致基坑坍塌，周围道路塌陷；图 29-49 为该基坑发生事故前的数据曲线，该基坑从开挖到最终破坏，监测数据上有明显反映，也进行了三次报警，累积位移已经接近 40cm，但正是由于对警戒值的判断标准和多次报警后的麻痹，造成了该事故的发生。因此，监测项目的警戒值的确定至关重要。

图 29-47 新加坡基坑坍塌照片

图 29-48 发生破坏前的第九道钢支撑

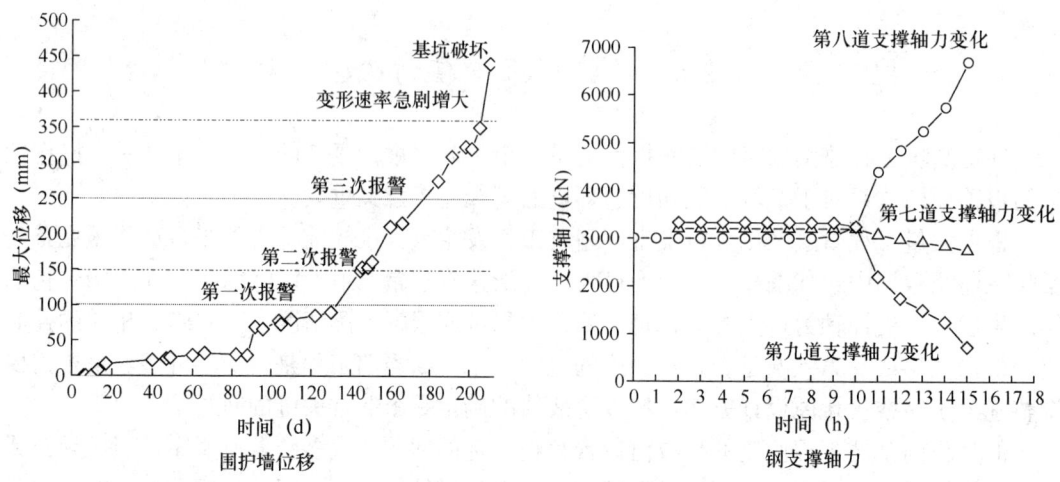

图 29-49 基坑破坏前数据变化曲线

监测警戒值的确定应遵循以下两条原则：首先要保证基坑本体和保证周围环境安全；在保证安全的前提下，综合考虑工程质量和经济等因素，减少不必要的资金投入。但是由于设计理论的不尽完善以及基坑工程的地质、环境差异性及复杂性，人们的认知能力和经验还十分不足，在确定监测报警值时还需要综合考虑各种影响因素。实际工作中主要依据以下三方面的数据和资料：

1. 设计计算结果

基坑工程设计人员对于围护墙、支撑或锚杆的受力和变形、坑内外土层位移、建筑物变形等均进行过详尽的设计计算或分析，其计算结果可以作为确定监测报警值的依据。

2. 相关规范标准的规定值以及有关部门的规定

随着地下工程经验的积累和增多，各地区的工程管理部门陆续以地区规范、规程等形式对地下工程的稳定判别标准作出了相应的规定。如 1996 年侯学渊提出了软土地区变形控制标准，见表 29-3。

软土地区变形控制标准（侯学渊等，1996）　　　　表 29-3

量测项目	安全或危险的判别内容	安全性判别			
		判别标准	危险	注意	安全
侧压力（水、土压力）	设计时应用的侧压力	$F_1 = \dfrac{\text{设计用侧压力}}{\text{实测侧压力(或预测力)}}$	$F_1 \leqslant 0.8$	$0.8 \leqslant F_1 \leqslant 1.2$	$F_1 > 1.2$
墙体变位	墙体变位与开挖深度之比	$F_2 = \dfrac{\text{实测(或预测)变位}}{\text{开挖深度}}$	$F_2 > 0.7\%$	$0.2\% \leqslant F_2 \leqslant 0.7\%$	$F_2 < 0.2\%$
墙体应力	钢筋拉应力	$F_3 = \dfrac{\text{钢筋抗拉强度}}{\text{实测(或预测)拉应力}}$	$F_3 < 0.8$	$0.8 \leqslant F_3 \leqslant 1.0$	$F_3 > 1.0$
	墙体弯矩	$F_4 = \dfrac{\text{墙体允许弯矩}}{\text{实测(或预测)弯矩}}$	$F_4 < 0.8$	$0.8 \leqslant F_4 \leqslant 1.0$	$F_4 > 1.0$
支撑轴力	容许轴力	$F_5 = \dfrac{\text{容许轴力}}{\text{实测(或预测)轴力}}$	$F_5 < 0.8$	$0.8 \leqslant F_5 \leqslant 1.0$	$F_5 > 1.0$
基底隆起	隆起量与开挖深度之比	$F_6 = \dfrac{\text{实测(或预测)隆起值}}{\text{开挖深度}}$	$F_6 > 1.0\%$	$0.4\% \leqslant F_6 \leqslant 1.0\%$	$F_6 < 0.4\%$
地表沉降	沉降量与开挖深度之比	$F_7 = \dfrac{\text{实测(或预测)沉降值}}{\text{开挖深度}}$	$F_7 > 1.2\%$	$0.4\% \leqslant F_7 \leqslant 1.2\%$	$F_7 < 0.4\%$

关于周边环境的保护，如《上海市地铁沿线建筑施工保护地铁技术管理暂行规定》，根据第二条"地铁保护技术标准"的规定：由于深基坑、高楼、桩基、降水、堆载等各种卸载和加载的建筑活动对地铁工程设施的综合影响限度，必须符合以下标准：

(1) 在地铁工程（外边线）两侧的临近 3m 范围内不能进行任何工程。

(2) 地铁结构设施绝对沉降量及水平位移≤20mm（包括各种加载和卸载的最终位移量）。

(3) 隧道变形曲线的曲率半径 $R \geqslant 15000$m、相对弯曲≤1/2500。

(4) 由于建筑物垂直荷载（包括基础地下室）及降水、注浆等施工因素而引起的地铁隧道外壁附加荷载≤20kPa。

(5) 由于打桩振动、爆炸产生的震动对隧道引起的峰值速度≤2.5cm/s。

3. 工程经验类比

基坑工程的设计与施工中，工程经验起到十分重要的作用。参考已建类似工程项目的受力和变形规律，提出并确定本工程的基坑报警值，往往能取得较好的效果。如刘建航、刘国彬等人根据对上海地铁几百个车站基坑数据的统计和挖掘，提出了软土地铁车站基坑危险判别标准：

(1) 基坑围护墙测斜：对于只存在基坑本身安全的测试，最大位移一般取 80mm，每天发展不超过 10mm。对于周围有需严格保护构筑物的基坑，应根据保护对象的需要来确定。比如上海市地铁一号线隧道，周围施工对其影响所造成的位移不得越过 20mm。

(2) 煤气管线：沉降或水平位移均不得超过 10mm，每天发展不得超过 2mm。

(3) 上水管线：沉降或水平位移均不得超过 30mm，每天发展不得超过 5mm。

(4) 基坑外水位：坑内降水或基坑开挖引起坑外水位下降不得超过 1000mm，每天发展不得超过 500mm。

(5) 立柱桩差异隆沉：基坑开挖中引起的立柱桩隆起或沉降不得超过 10mm，每天发展不超过 2mm。

(6) 支护结构弯矩及轴力：根据设计计算书确定，一般将警戒值定在 80% 的设计允许最大值内。

(7) 对于测斜、围护结构纵深弯矩等光滑的变化曲线，若曲线上出现明显的折点变化，也应做出报警处理。

值得一提的是，基坑工程监测报警不但要控制监测项目的累计变化量，还要注意控制其变化速率。基坑工程工作状态一般分为正常、异常和危险三种情况。异常是指监测对象受力或变形呈现出不符合一般规律的状态。危险是指监测对象的受力或变形呈现出低于结构安全储备、可能发生破坏的状态。累计变化量反映的是监测对象即时状态与危险状态的关系，而变化速率反映的是监测对象发展变化的快慢。过大的变化速率，往往是突发事故的先兆。例如，对围护墙变形的监测数据进行分析时，应把位移的大小和位移速率结合起来分析，考察其发展趋势，如果累计变化量不大，但发展很快，说明情况异常，基坑的安全正受到严重威胁。因此在确定监测报警值时应同时给出变化速率和累计变化量，当监测数据超过其中之一时即进入异常或危险状态，监测人员必须及时报警。

根据研究，对墙体水平位移速率提出如下建议：当围护墙测斜最大变形速率达到 4~5mm/d，并持续有发展迹象的，工程应进入警戒状态，加密监测频率，查找工程的隐患；

最大变形速率超过 10mm/d，并有持续发展迹象的，工程应进入报警状态，立即停工，并采取合理有效的工程措施，限制变形继续发展。

29.6 基坑工程信息化施工

近年来，信息化施工监测方法受到了越来越广泛的重视，人们通过分析施工监测所得到的信息，可以间接地描述地层的稳定性、支护结构以及周围环境的安全性，并反馈于施工决策和支持系统中（如图 29-50 所示），下面结合一具体案例介绍一下基坑工程信息化施工。

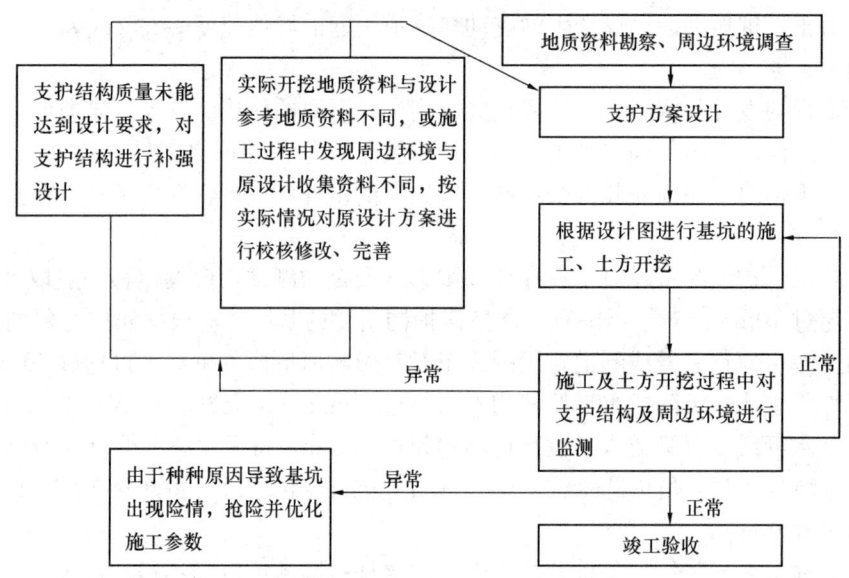

图 29-50 信息化施工监测流程图

29.6.1 工程概况

上海地铁二号线河南中路车站基坑位于上海市黄浦区山西南路以东、河南中路以西的南京东路段，北靠中联商厦和电子商厦，南临东海商都和南京路新华书店，本站走向与南京路基本一致，基坑及其周围环境见图 29-51。

该基坑工程地质情况如表 29-4，整个车站所在范围内的地层呈现典型的上海地区软土地层特征。

土 层 参 数 表　　　　表 29-4

层序	土层名称	厚度 (m)	含水量 (%)	重度 (kN/m³)	孔隙比	压缩模量 (MPa)	c (MPa)	φ (°)
2	褐黄色黏土	2.0	41.0	17.9	1.162	2.75	15	8.5
3	灰色淤泥质粉质黏土	3.0	47.4	17.4	1.296	2.79	3	21.3
4	灰色淤泥质黏土	8.3	51.1	17.0	1.437	1.98	8	6.8
5	灰色黏土	5	41.7	17.7	1.189	3.71	12	8.1

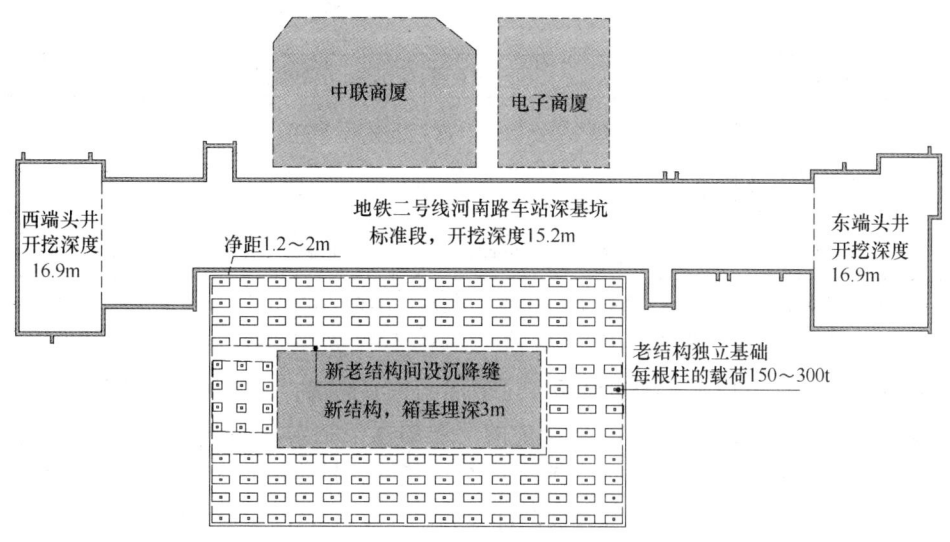

图 29-51 地铁二号线河南路车站及其周围环境示意图

按照原来设计该基坑共分十段,各段的基坑支护结构设计情况如图 29-52,表 29-5 所示。

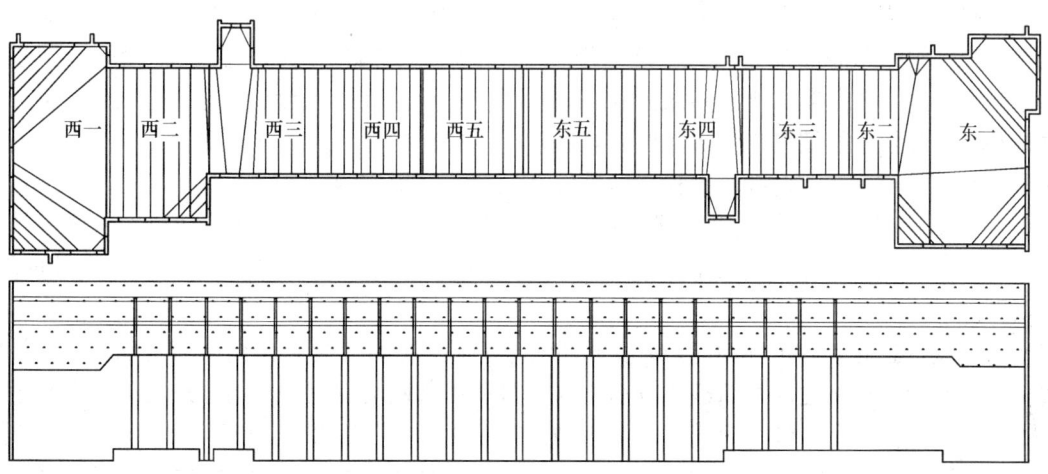

图 29-52 基坑支护结构设计示意图

各区段支护设计 表 29-5

区段	西端头井	西二段	西三段~西五段	东五段~东四段	东三段~东二段	东端头井
开挖深度(m)	−16.9	−15.2	−15.2	−15.2	−15.2	−16.9
开挖层数	7	6	6	6	6	7
挡墙	地下连续墙,厚800mm,深33.4m	地下连续墙,厚800mm,深30.4m	地下连续墙,厚800mm,深30.4m	地下连续墙,厚800mm,深30.4m	地下连续墙,厚800mm,深30.4m	地下连续墙,厚800mm,深30.4m
支撑	$\phi 609\times 16$ 钢支撑6道	$\phi 609\times 16$ 钢支撑5道	$\phi 609\times 16$ 钢支撑6道	$\phi 609\times 16$ 钢支撑6道	$\phi 609\times 16$ 钢支撑5道	$\phi 609\times 16$ 钢支撑6道

续表

区段	西端头井	西二段	西三段～西五段	东五段～东四段	东三段～东二段	东端头井
各层开挖深度（m）	−3，−5.5，−7.5，−10，−12.5，−15.2，−16.9	−3，−5.5，−7.5，−10，−12.5，−15.2	−3，−5.5，−7.5，−10，−12.5，−15.2	−3，−5.5，−7.5，−10，−12.5，−15.2	−3，−5.5，−7.5，−10，−12.5，−15.2	−3，−5.5，−7.5，−10，−12.5，−15.2，−16.9
开挖方式	明挖法	两明一暗	一明两暗	一明两暗	两明一暗	明挖法

注：1. 两明一暗指先开挖至中楼板位置，浇筑顶板和中楼板后在暗挖至浇筑底板；
　　2. 一明两暗指先挖至顶板板位置，浇筑顶板后在分别暗挖浇筑中楼板和浇筑底板。

本基坑工程的首要环境保护对象是基坑南面的东海商都，该大楼结构较复杂，主要有两部分组成：一是大楼外圈是有 70 年历史的 7 层的框架结构，基础为柱下短木桩独立基础，边柱的荷载为 150t，中间柱为 300t，其中在基坑开挖影响区范围内，有四排（每排 15 根）柱子，最近一排基础和基坑边线的净距仅为 1.2～2m；二是大楼中间为 20 世纪 90 年代建造的新结构，采用箱形基础，埋深约 3m，底板下设有打入砂性持力层的钻孔灌注桩。基坑北面的电子商厦和中联商厦都采用箱桩基础，在施工中也要时刻注意保护。根据分析，在本工程的施工过程中，有以下技术难点：

（1）地面超载。东海商都的基础形式为柱下短木桩独立基础，基础埋深为 −2m，短木桩桩底深度为 −10m。四排独立基础的荷载在土体中以一定的扩散角传递到基坑挡墙并互相叠加。根据东海商都一侧的主动土压力实测结果，主动土压力系数在 −22m 以下有明显增大，这主要是第二排柱子的荷载在该深度传递至基坑挡墙所致。这种荷载分布会导致该基坑在开挖中挡墙踢脚变形和坑底隆起量以及相应的墙后地面沉降都相当大。由于基础形式不同，南面东海商都短桩独立基础的地面超载（平均约 $7t/m^2$）远大于北侧（平均约 $3t/m^2$），在这种偏载作用下，整个基坑在开挖过程中会有向北位移的趋势，南面的挡墙水平位移和地表沉降会远大于北面，东海商都一侧的挡墙水平位移是电子商厦一侧的 2 倍以上。

（2）短桩独立基础抗扰动能力差。短桩独立基础的桩周土体在侧向卸荷扰动后，会导致短桩、承台和土体之间的荷载重分布，这一过程中基础会发生明显的固结沉降。和普通基础相比，其固结所持续的时间更长，固结沉降量更大。如图 29-53 所示。

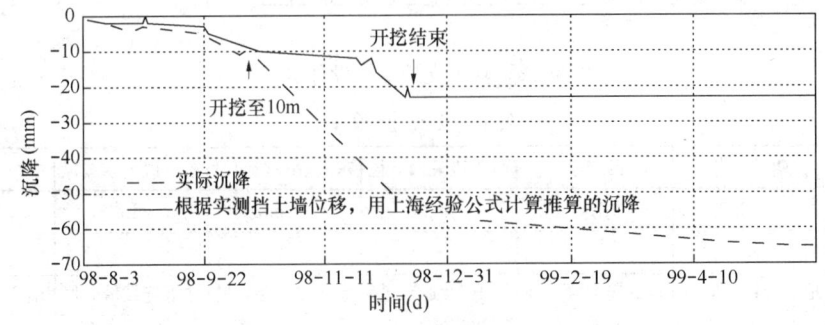

图 29-53　短桩独立基础的沉降

（3）东海商都自身结构较差。东海商都的历史长达 70 年，其结构必然会老化而导致承载能力降低。根据一般规范要求，对于采用独立基础框架结构的最大允许差异沉降为

2‰,但是考虑到东海结构条件很差,因此在变形监控中要首先要将该指标要求提高至1.5‰,以控制大楼的总沉降量,确保大楼的安全和正常使用。

(4) 在基坑北面的电子商厦的基础形式为箱基下的静压桩,每节桩之间采用承插式接头,可能会因基坑挡墙位移而使桩身挠曲,导致接头在偏心受压的集中应力作用下压损破坏,因此挡墙位移也要有一定的限值。

(5) 在邻近东海商都的地下墙施工期间,除了要控制这一阶段的基础沉降,还要严防因地下连续墙施工沟槽槽壁坍孔殃及近邻的短桩桩周土体而发生基础失稳。

综上所述,本工程周围环境条件十分艰险,而且工期非常紧张,很难提前对东海商都实施大规模加固,这就要求在施工阶段严密监控东海商都的基坑及其周围环境的变形,以保证在整个基坑施工期间(包括地墙施工)东海商都、电子商厦等商场的安全和正常使用。

本工程动态监控的思路如图29-54所示,当基坑及其周围环境变形速率的监测数据达到或超过警戒值时,即以事先备用的控制措施将施工中的风险性趋势制止在萌芽状态。从而使基坑及其周围环境的安全始终处于可控状态。

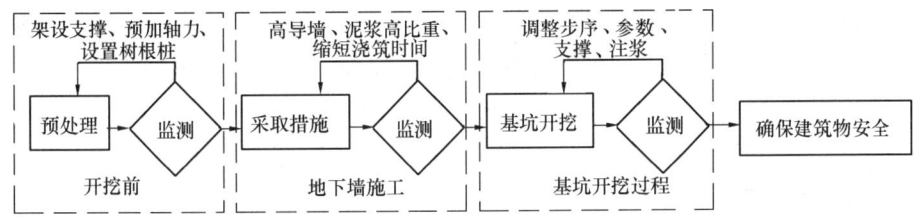

图 29-54　动态施工监控流程图

29.6.2　地下连续墙施工阶段动态施工

在地下连续墙施工过程中,分两步措施来保护东海商都的安全:首先在施工前的预先加固;然后在成槽施工过程中进行动态监控。目的是确保邻近东海商都的槽壁的稳定和最大限度控制地下连续墙的变形以有利于后期开挖。通过在施工过程中实测结果表明以上措施取得了良好的效果。

1. 在邻近东海商都的地下墙施工前采用拱形槽壁法

首先,在东海商都的柱子上架设托换支撑并预加轴力,将柱子的竖向集中荷载(每根柱子的竖向荷载约为150t)沿柱子轴线方向予以分散,见图29-55。在对托换支撑施加预加轴力的过程中,要求对称、等量分级地监控施加。这种做法降低了原来柱基础以下土体的应力水平,可起到提高槽壁稳定性、减少变形的效果。

其次,在东海商都基础和车站的地下连续墙之间设置树根桩,桩顶设顶圈梁并且和地下墙导墙、混凝土地坪连接,桩间辅以压浆,以形成较好的整体刚度。树根桩采用拱形布置,并确保拱脚位于槽段接头处。在连续墙成槽期间,树根桩可以利用自身的刚度抵抗槽壁侧向位移,不但可以控制东海商都柱子的沉降,而且可以避免由于槽壁坍方引发基础下土体流失,起到了很好的隔离保护作用。

2. 地下连续墙施工过程中的保护措施

首先,设置高导墙、提高泥浆液面,并适量提高泥浆比重,这样可从一定程度上补偿成槽所造成的槽壁侧向应力损失,减小负超孔隙水压力,从而提高槽壁的稳定性,同时还

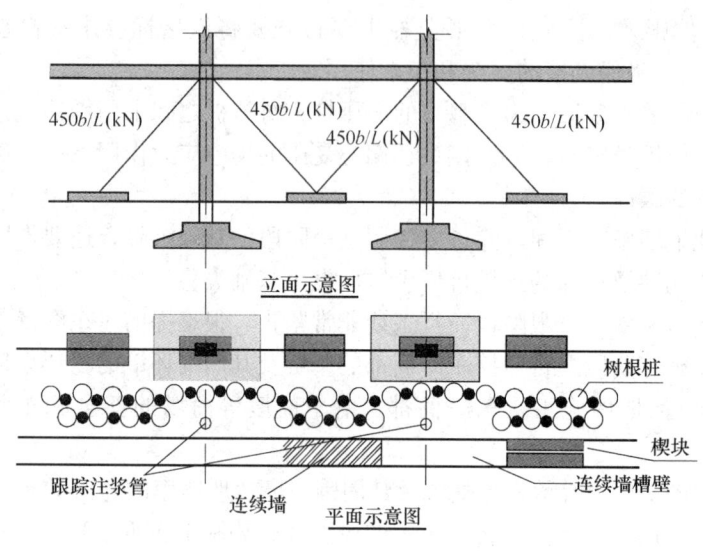

图 29-55　拱形槽壁法示意图

可以减小槽壁的流变位移。

其次，考虑到软土的流变性，尽量缩短成槽到混凝土浇捣的时间，以防止槽壁坍塌、减少槽壁侧向位移。

最后，在靠近东海商都地下墙施工期间，跟踪监测东海商都立柱沉降、托换支撑轴力以及托换支撑下受力平台的沉降，一旦发现异常立刻采取措施予以补救。

以上一系列的保护措施，通过精心施工和跟踪监测，起到了良好的效果。如图 29-56 所示，在东海商都一侧所有的地下连续墙施工结束后，柱子最大沉降为 23.4mm，最大差异沉降为 1.1‰，达到了预期的目的。

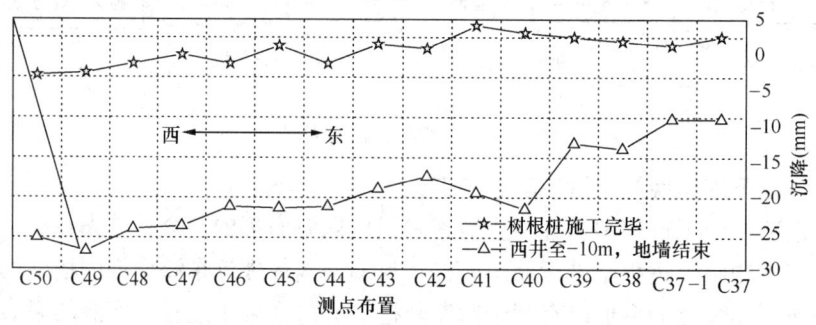

图 29-56　树根桩和地下连续墙施工期间的东西向沉降图

29.6.3　在基坑开挖阶段对周围环境变形的监控

在车站基坑施工前期，由于开挖步序不当而导致东海商都西北角沉降过大，出现风险趋势；后继开挖中，在对跟踪监测数据的反馈分析基础上，以调整后继开挖步序和参数为主，并辅以注浆等措施，成功地保证了正常营业的东海商都、电子商厦等周围建筑的安全。

1. 施工险情介绍

从挖土动工到 1998 年 7 月 24 日西端头井浇完底板这段时间内，施工单位在开挖步序上出现了偏差。如图 29-57 所示，由于西端头井开挖过快，又在西标准段开挖一条纵向施工槽并暴露达 70d，造成东海商都西北侧被动区土体卸荷过大，被动抗力随之有相当程度的降低，因此东海商都西北角（C50、C49、C48、C47）的沉降量明显大于其余部位（图 29-58），柱间的最大差异沉降（0.12‰）也相当接近报警值（0.15‰）。由于该段基坑仅开挖到－5.2m，还有 10m 未挖，所以这一变形趋势严重威胁到东海商都结构的安全，必须立刻采取措施予以补救。鉴于上述风险趋势，制定了后继开挖中一系列变形控制措施，

29.6 基坑工程信息化施工

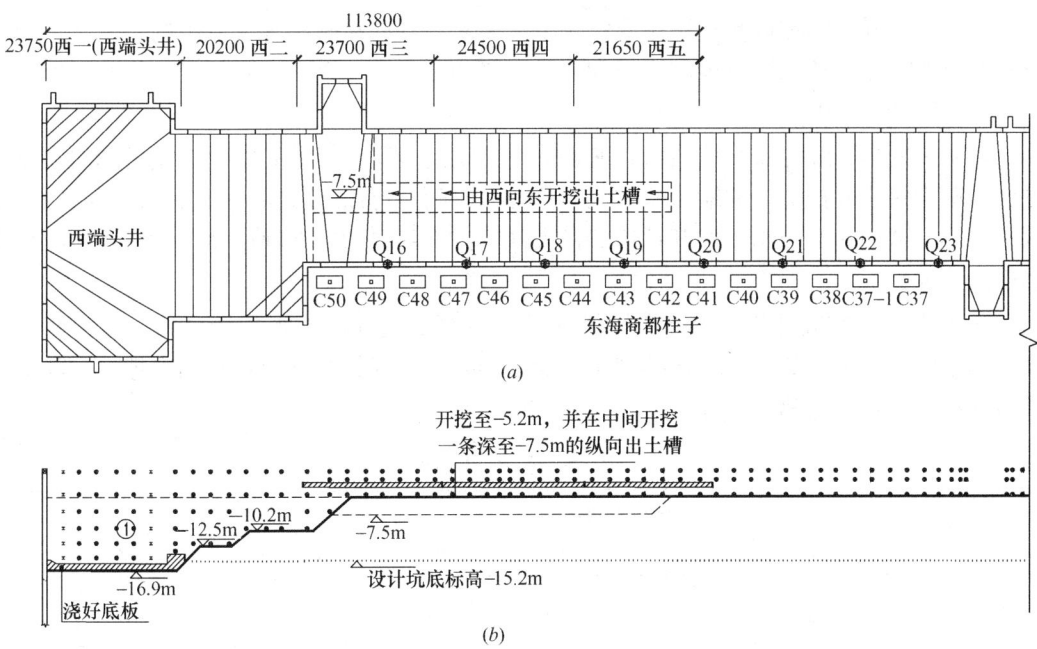

图 29-57 前期开挖概况

(a) 出现风险趋势时的基坑开挖平面图；(b) 出现风险趋势时的基坑开挖纵剖面图；
(c) 出现风险时基坑开挖剖面

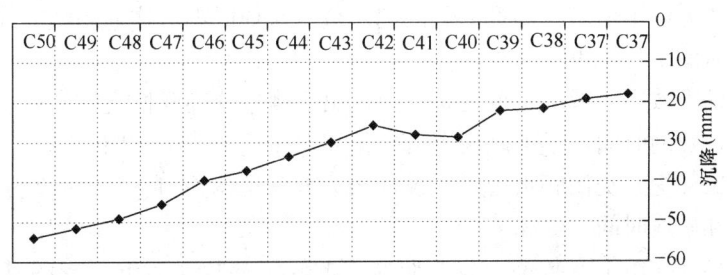

图 29-58 出现风险时东海商都沉降

主要思路为：

(1) 在后继开挖中，在西段先通过调整控制施工步序和参数，结合被动区注浆；东段仍按原来的施工参数来施工，允许东段有一定的变形以减小东西方向过大的差异沉降。

(2) 当差异沉降被调整至满足建筑物变形要求后，即在整座大楼范围内采用严格的变形控制措施，以求达到同时控制沉降和差异沉降的目的。

2. 调整开挖步序

在基坑变形已经超过警戒值时，调整后继开挖的步序和参数是控制大楼沉降的主要的方法，减少每步开挖宽度和缩短开挖无支撑暴露时间，可以有效减少每层开挖的挡墙最大水平位移，从而达到控制每层开挖墙后最大基础沉降的目的。在河南路车站所实施的具体步序和参数如下：

每小段的开挖宽度 B 和无支撑暴露时间 T_r。根据前述的变形控制思路，在东西标准段采用不同的施工参数，以求在控制东海商都的差异沉降的基础上再控制大楼总沉降。调整后的施工参数参见第 19 章图 19-14 和表 29-6。

后 继 开 挖 参 数　　　　表 29-6

每步开挖深度	西三段～西五段		东五段～东四段	
	每小段开挖宽度 B	无支撑暴露时间	每小段开挖宽度 B	无支撑暴露时间
第三层 −5.2m→−7.5m	3m	16h	6m	24h
第四层 −7.5m→−10m	3m	16h	6m	24h
第五层 −10m→−12.5m	3m	16h	6m	24h
第六层 −12.5m→−15.2m	分 4m 一段开挖并浇筑垫层，12m 一段浇筑底板（原设计为 24m）	每段开挖后 16h 内浇筑垫层，底板范围内所有垫层浇筑后 3d 内浇筑底板	分 4m 一段开挖浇筑垫层，12m 一段浇筑底板（原设计为 24m）	每段开挖后 16h 内浇筑垫层，底板范围内所有垫层浇筑后 3d 内浇筑底板

基坑横断面中间，采用先向里挖出通道后再分段向外开挖的开挖流程；后将运土通道置于超载相对较小的南侧（电子商厦、中联商厦一侧），并且边挖出土通道边分段开挖支撑，如图 29-59 所示。这种做法对控制东海商都一侧的地层位移作用有：

(1) 合理有效地减小了南北向偏载的不利影响：一方面可使得东海商都一侧的土堤宽度可增大近一倍，这样该侧被动土体抗力得到充分利用以抵抗挡墙位移；另一方面增大了北侧的主动土压力以平衡东海商都一侧的偏荷载。这种以不对称的卸载方式来解决偏载问题的方法在以后的工程中也是值得借鉴的。

(2) 提高挖土效率，减少流变位移：边挖出土槽边分段开挖支撑的做法，节省了开挖出土通道的所耗费的时间，不但减少了流变位移，而且节省了工期。

在最后一层开挖并浇注底板中，原设计按 24m 一段浇注底板，后改为 12m 一段，以减少开挖宽度和暴露时间。

在确定后继开挖施工参数前，先按照原来的施工参数对后继开挖的基坑变形进行分析，如图 29-60 所示：若按原来的施工参数施工，则基坑挡墙变形在开挖结束时会达到 15cm，墙底位移则达到 11.54cm；若采用调整后的施工参数，则可将变形减少至 10cm 以内，墙底位移减少为 2.6cm。最终墙后土体损失则可减少一半，因此由基坑挡墙位移所导致的东海商都西北角沉降增量和沉降速率可得到有效地控制。根据计算，在从 −7.5～−15.5m 的开挖中，由于挖土参数的不同，西标准段的挡墙最大位移增量为 3.6cm，而东

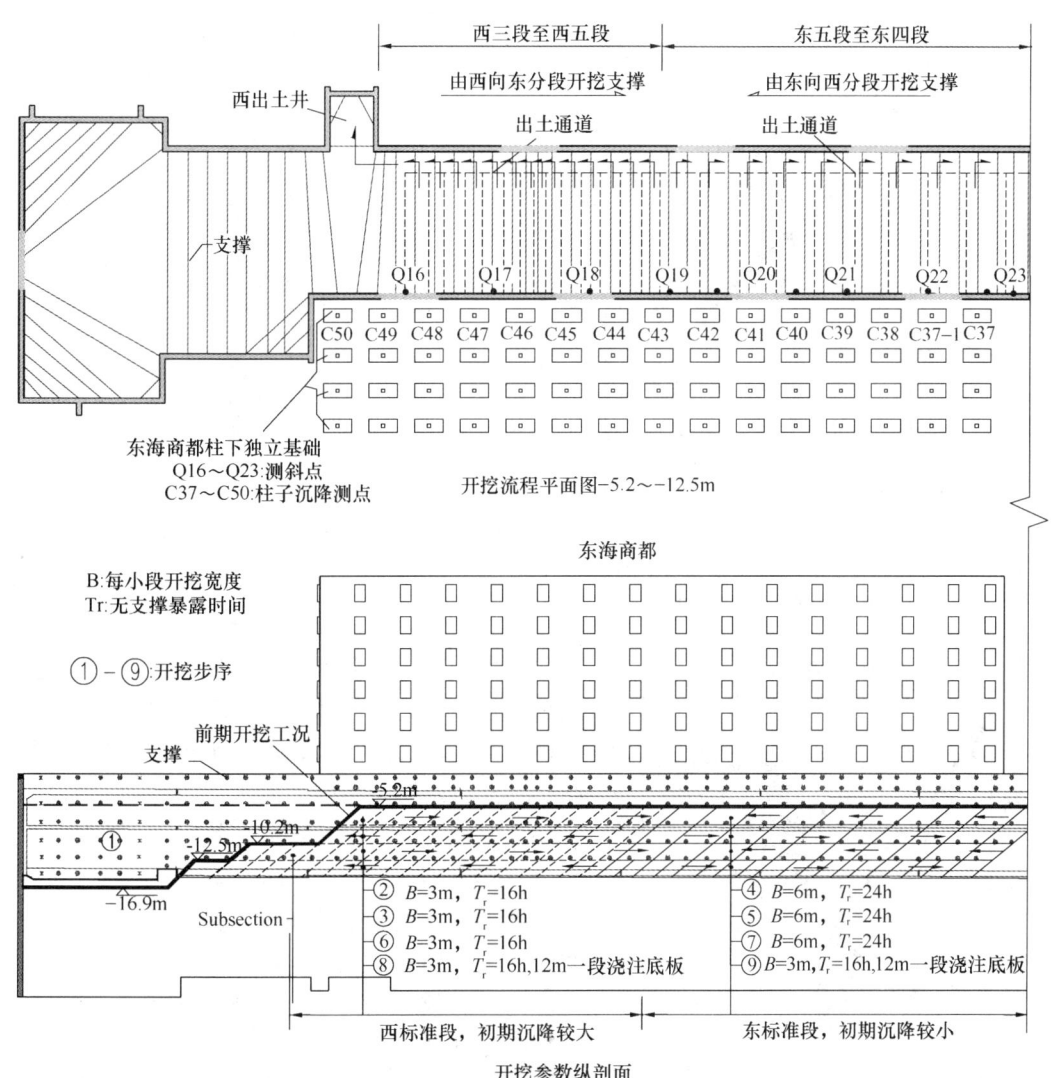

图 29-59 出土通道调整

标准段的挡墙最大位移增量为 5.1cm，两者的差异可调整东海商都业已发生的差异沉降。

3. 被动区注浆

在调整参数的同时，在坑内靠近地下连续墙处辅以双液分层注浆（图 29-61）一方面利用注浆时的挤压效应，控制本层开挖支撑结束到下层开挖这段时间内基坑深层挡墙的流变位移；另一方面，利用注浆对被动区土体加固作用，提高被动区土体的抗力，从而减小下一步开挖的基坑变形增量（甚至小于设计预测的变形增量），最终达到控制基坑挡墙水平位移变形的目的。为控制东海商都东西的差异沉降，光在最大沉降的 C50 处集中注浆，当开挖至第五层时，再全面注浆。被动区注浆的主要目的是控制增加土体抗力，控制地下连续墙的深层位移。被动区注浆后的效果参见图 29-62。

由于实施了被动区注浆，基坑挡墙深层位移得到明显控制。从计算结果分析，被动区注浆使得基坑挡墙墙底位移减少了 3cm。这就使得：

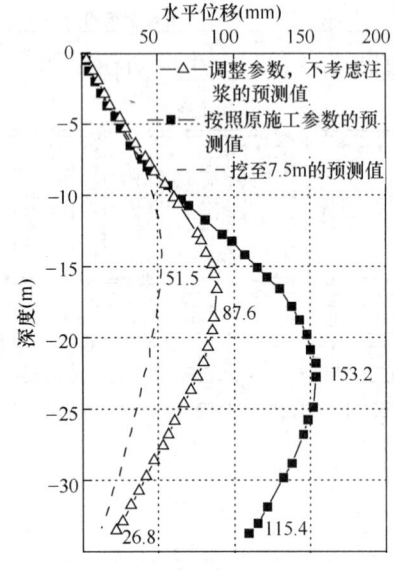

图 29-60 调整挖土参数的效果

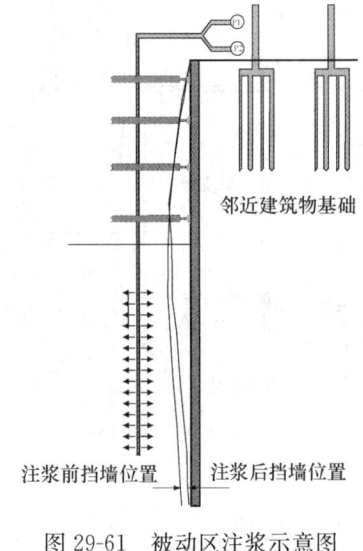

图 29-61 被动区注浆示意图

(1) 地层损失在调整基坑开挖参数基础上进一步减少,从而达到减小墙后沉降的目的;

(2) 墙底位移减少后,坑周地层位移场范围得以减小,即沉降影响范围会缩小;

(3) 基坑抗隆起安全系数有效提高。

4. 主动区注浆

在地下连续墙和基础间设好拱形排列的隔离桩之间实施均匀的双液注浆,可以利用注浆后产生的侧向应力,有效地减少桩周土体卸荷扰动,控制短桩独立基础固结沉降,图 29-63。

在诸如河南路车站基坑的这种特殊环境条件下,主动区注浆必须十分小心谨慎。其注浆参数和上述的被动区注浆大都相同。最大的差别在于单位深度的注入量要严格控制在 10~15L/min,施工拔管时要特别注意缓慢均匀,并要严密进行周围建筑和土体位移跟踪监测。注浆效果如图 29-64。

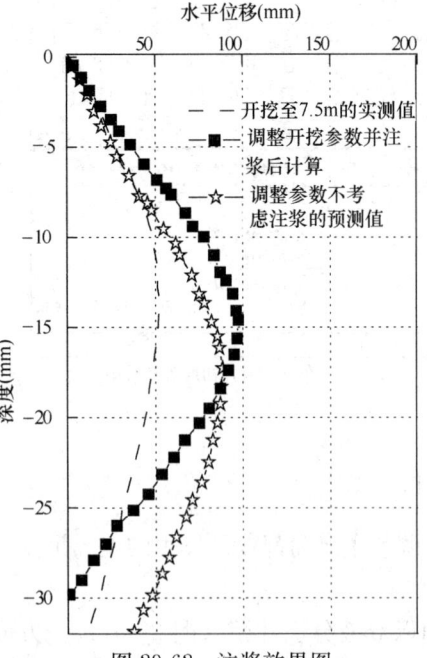

图 29-62 注浆效果图

从图中可以看出:即使在调整后继开挖步序和参数以及被动区注浆等措施之后,东海商都的短桩沉降还是达到了 9cm 左右,沉降速率为 0.24mm/d;但是从 1 月 1 日起开始主动区注浆,注浆后沉降速率降为 0.05mm/d,可见在采取了上述措施之后进行主动区注浆对控制东海商都的沉降效果还是很好的。

5. 调整支撑位置控制北侧地层位移

在河南路车站施工中挖至最下一层时,从监测资料中发现靠近电子商厦的一侧地下墙一天中发生了 2mm 的位移,最大位移达 35mm,经分析可知此处挡墙外的建筑物箱形基础下的承插式接头锚杆静压桩,可能因基坑挡墙位移而使桩身挠曲,而导致接头在偏心受

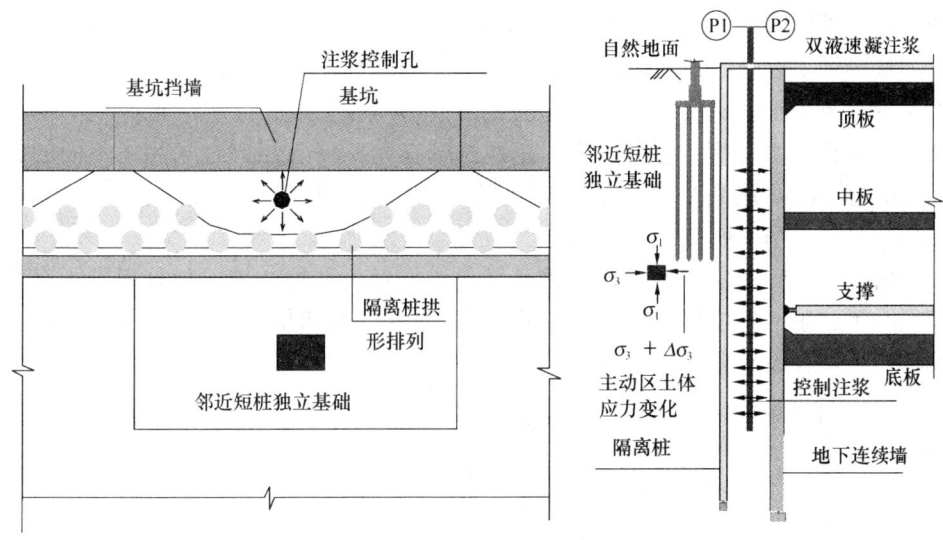

图 29-63 主动区控制注浆

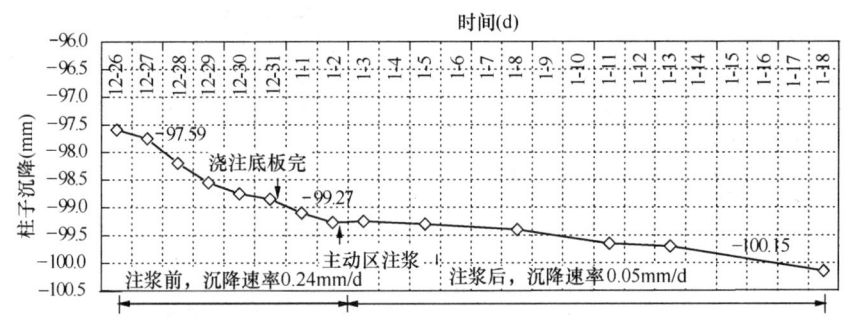

图 29-64 主动区注浆效果图

压的集中应力作用下压损破坏。随即将坑内支撑按图 29-65 所示将支撑下移 1m，结果有效地控制了墙体位移，保证了建筑物桩基的安全。

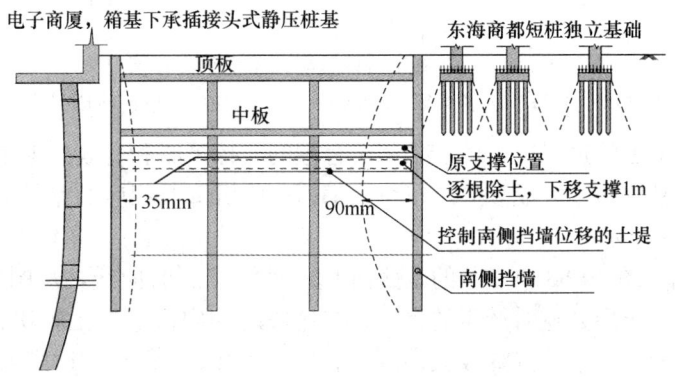

图 29-65 调整支撑位置控制桩基位移

6. 变形控制效果

地下连续墙水平位移的控制效果

（1）在实施控制措施后，通过实测数据可以看出，东海商都西侧的挡墙（Q16）的水平增量明显小于监控前的数值，后继每层开挖的挡墙最大水平位移增量和位移速率明显减小。

(2) 在采用以调整开挖参数为主的变形控制措施后,西段部分每层挖土中的变形速率和变形增量得到了有效的控制,由于措施得当并得以切实执行,每一层开挖中的变形速率和变形增量都要小于上一层的相应量,如图 29-66 所示。

(3) 为调整东海商都的差异沉降,东西两端在第三~五层开挖采用了不同的施工参数:西侧的每小段开挖宽度和无支撑暴露时间均要小于东段。这就使得东段在相应各层的开挖变形和变形速率要明显大于西侧。

(4) 由于第三~四层在西段实施被动区压力注浆,西段的墙底位移得到了有效的控制,甚至小于注浆前的位移量。虽然注浆后墙体弯矩会有所增大,但根据现场及时反馈分析,墙体弯矩均在设计允许范围内。

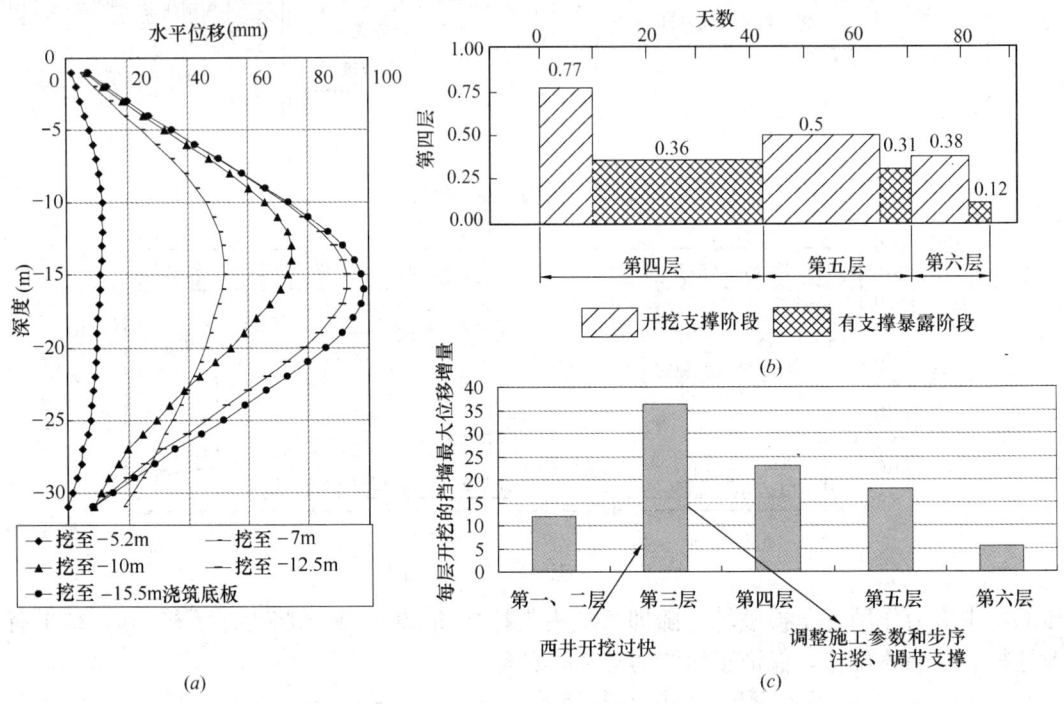

图 29-66 各施工阶段基坑挡墙水平位移情况
(a) 挡墙水平位移;(b) 各工况下的水平位移速率;(c) 各工况下的挡墙水平位移

在整个工程施工的过程中,由于采用了合理的监控策略和有效的控制措施,结合精心的时空测量,到基坑施工完成以后,东海商都西面的沉降及相应的差异沉降得到了有效的控制。如图 29-67 所示。

以 C50 为例,图 29-68 中显示的是西段 C50 处沉降历时曲线,从图中可以看出:AB 段是第一、二两层土层开挖时产生的沉降,在这段时期内由于挖土较快且暴露时间较长,故出现沉降速率较大、累计沉降较大的现象;之后在 BC、CD、DE 段采取多种措施来控制沉降(调整施工步序和参数、调整支撑、在主动区和被动区注浆)沉降速率明显变小。

29.6.4 结论

实践证明:按照软土基坑工程时空效应的理论和方法所设计的基坑在施工过程中,在各层开挖阶段的挡墙水平位移及相应的墙后地层位移基本符合设计预测值,但由于地层的各向异性和不均匀性以及地层在施工扰动时发生的难以预测到的不明确因素,在施工过程

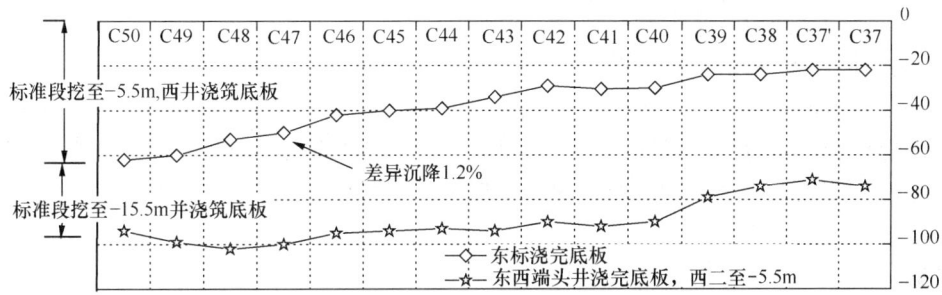

图 29-67 采取控制措施后东海大楼东西向沉降变化

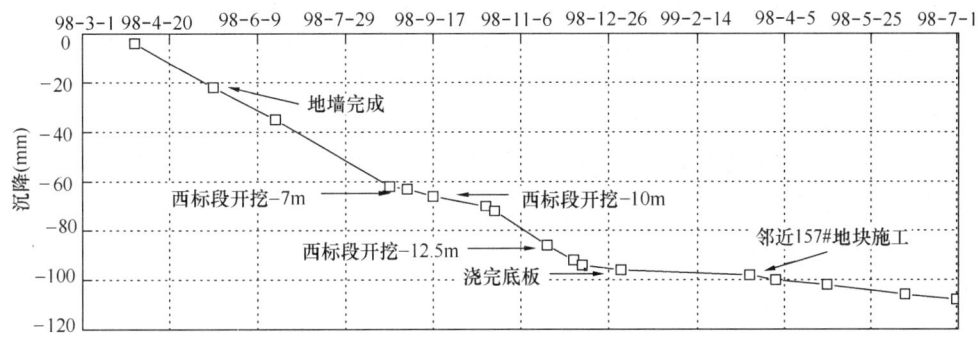

图 29-68 西段 C50 处沉降历时曲线

的各个阶段还可能发生某些偏离预测值的现象,这就必须在施工过程进行跟踪监测和有效控制。该项工作是保证地下工程的实际地层位移符合预测的一个关键环节。

1. 经过总结,本次施工监控工作要点有以下四点:

1) 按照基坑周围环境保护要求,设计基坑工程并预测坑周地层位移分布,通过设计分析,确定出关键监测点。对各关键观测点均要经预测计算,提出各重要部位在各层开挖过程中各阶段的变形速率的警戒值。

2) 按照测点的监测内容选择具有相应功能与精度的测试仪器,最常用和有效的有:①挡墙内设置的测斜仪,误差≤0.5mm;②测量地表及建筑物垂直位移及水平位移的精密水准仪(误差≤0.2mm)及经纬仪(误差≤0.5mm);③支撑轴力测压传感器(误差≤10kN);④孔隙水压计(误差≤0.01MPa)。

3) 在关键部位施工过程中,对该部位关键监测点的监测数据,要紧跟工况发展进行数据处理与反馈分析。

4) 当变形速率的监测数据达到警戒值时,立即采取有效控制,以事先备用的措施将施工中的风险性趋势制止在萌芽状态,使基坑工程坑周环境的安全和质量始终处于可控状态。

2. 开挖过程中变形控制的主要措施有:

1) 调整后继开挖步序和参数,这是运用软土基坑工程时空效应规律,控制基坑变形的一个十分重要的方法。当基坑变形或变形速率超过警戒值,应用考虑时空效应的计算方法,可以找出后继开挖中满足环境保护要求的施工参数。

2) 利用双液分层注浆控制基坑挡墙位移或保护对象的位移,注浆时要结合跟踪监测数据，谨慎合理地选用注浆参数。

3) 局部增设支撑或调整支撑位置。

地铁二号线河南路车站，虽然施工风险很大，但是由于施工期间严密监测，出现风险趋势后变形控制措施得当，成功地保护了具有 70 年历史的东海商都安全和正常使用。该工程作为施工监控的一个成功典范，对于类似工程无疑是十分值得借鉴的。

参考文献

[1] 山东省建设厅. 中华人民共和国国家标准建筑基坑工程监测技术规范(GB 50497—2009)[S]. 北京：中国计划出版社，2009
[2] 刘建航、侯学渊主编. 基坑工程手册[M]. 北京：中国建筑工业出版社，1996
[3] 上海岩土工程勘察设计研究院有限公司. 上海市工程设计规范. 基坑工程施工监测规程(DG/TJ 08—2001—2006)[S]. 上海：2006
[4] 夏才初、李永盛. 地下工程测试理论与监测技术[M]. 上海：同济大学出版社，1997
[5] 刘涛. 基于数据挖掘的基坑工程安全评估与变形预测研究[D]. 上海：同济大学，2007
[6] 刘国彬等，地铁施工环境保护系列新技术[R]. 上海，2005

第30章 风险分析与安全评估

30.1 概　　述

30.1.1 基坑工程风险评估意义

随着城市地下空间的日益发展，深大基坑工程越来越多。受目前施工条件与施工环境的影响，基坑工程的施工存在许多复杂性和不确定性因素，且由于基坑工程多为临时性工程，安全储备相对较小，加之施工管理不善，为此在深基坑工程施工中发生了不少事故，造成了巨大的经济损失和人员伤亡，延误了工期，引起了不良的社会影响。例如，2004年4月20日，新加坡地铁环线1（CCC1）的第824标段基坑施工中，在基坑开挖到30m深度时，发生了临时围护结构的失效事故。基坑大面积倒塌，邻近基坑地面下沉了13m之多，基坑整体被外推了30~40m；基坑的倒塌导致了紧邻的Nicoll公路100m范围的坍塌（如图30-1所示），并造成了4名现场人员的死亡。比较庆幸的是，事故发生时坍塌段的Nicoll公路上没有车辆通行。通过新加坡调查委员会（COI）的事故分析，造成这次灾难性事故的根本原因是钢支柱接头和临时支撑设计方法存在问题，另外未能有效执行风险评估、现场薄弱的管理等也是造成事故发生的主要外在因素[1]。

图 30-1　新加坡地铁基坑坍塌现场图

像类似这样的风险事故还可以罗列许多。因此，如何尽可能的降低深基坑工程施工中的风险事故发生，已经成为了一个迫切需要重视的方向。风险评估为此提供了一条有效可行的途径，其意义体现在以下几个方面：

（1）有利于减少工程事故的发生。城市深基坑工程施工环境复杂，施工对周围环境造成的影响较大。通过深基坑工程的风险分析，可以找到引起深基坑工程风险事故的主要风险因素，从而采取针对性的规避措施，建立科学有效的预警系统，尽可能的减小其损失后果。

（2）为深基坑工程的围护方案和施工方案的选择提供依据。深基坑工程的风险分析结果，可为深基坑工程的围护方案和施工方案的优化提供依据，即选择造价和风险损失之和最小的方案为最优方案，并为基坑开挖的合理工序提供理论依据。

（3）帮助决策者进行科学的决策。风险分析的最终目的是为各类决策者提供决策依据，从决策者的角度来说，其价值可以体现在决策者决策时信心的增强、对工程进展情况的掌控、重大风险点规避以及对资金流向的有效控制上。

（4）为工程保险提供参考依据。通过对深基坑工程施工期的风险分析，可为深基坑和相关工程的保险范围、保费和保额提供直接依据。

30.1.2 国内外基坑工程风险评估现状

风险管理的研究最早可追溯到公元前 916 年的共同海损制度。1964 年，Casagrande[2] "计算风险在土工与地基工程中的作用"（The role of 'Calculated Risk' in earthwork and foundation engineering）的太沙基讲座，首次提到岩土工程中的计算风险问题，标志着岩土工程风险分析研究的开始。目前基坑工程风险研究大致可分为两部分内容：一是从工程管理角度进行基坑工程风险管理理论的研究；另一方面是针对风险管理中重要环节——风险评估进行研究，即从岩土力学角度和工程经济角度对基坑工程风险事故的失效概率和事故损失进行研究。

J. B. Burland[3]、S. J. Boone[4-8]研究了地表沉降量和房屋破坏之间的关系，并对基坑开挖引起的房屋损坏进行了风险评估。R. J. Finno[9]研究了软土中刚性支护基坑开挖对周围建筑物的影响，判断周围建筑物是否产生裂缝并评定其破坏风险等级。Faber[1] 把岩土工程风险事故后果分为直接经济损失（建筑物损坏，产品损坏），间接经济损失（使用延期，不便，失业），人员伤亡、环境破坏等。荷兰 GeoDelft 中心的 Martin Th. van Staveren[2,12]等人提出利用通过监测地层和工程系统的变形情况，控制工程的风险，并在 2007 年[3] 对大型地下工程施工导致的建筑物破坏风险进行了评估。美国 OSHA（Occupational Safety and Health Act）从工程管理的角度规定了人为开挖工程中，避免发生风险事故应采取的措施，制订了相应的标准。

国内对基坑工程风险评估的理论研究及其应用的研究相对起步较晚。但是随着国家和社会对工程质量和人员安全的高度重视，风险评估正逐渐受到重视，越来越广泛的应用于地下工程领域。上海隧道设计研究院的范益群博士[14]提出了地下结构的抗风险设计概念，计算出深基坑、隧道等地下结构风险发生的概率以及定性评价风险造成的损失，并提出改进的层次分析方法。李惠强等[15]用事故树方法分析了某深基坑工程边坡开挖的风险问题。仲景冰等[16]把工程失败学引入到风险分析当中，并建立深基坑地下连续墙支护结构体系的风险事故树图。杨子胜等[17]介绍了基坑工程项目风险管理的国内外研究动态，分析了基坑工程项目中的不确定性问题，阐述了基坑工程项目风险管理的概念、特点和管理措施。黄宏伟等[18]采用风险矩阵法对深基坑工程进行了风险评估，并结合某工程实例进行应用分析。廖少明[19]通过对深基坑变形数据的分析，得到了地铁深基坑变形速率与工程风险的关系，确定了相应指标的阀值。边亦海[20]提出了时变风险的概念，给出了基于风险分析的深基坑支护方案设计流程。

30.1.3 目前存在的问题

从上面国内外现状的分析可以发现，虽然基坑方面的风险评估得到了各国学者的高度关注，并取得了一些研究成果，但是很多研究者和管理单位对风险研究在认识上仍存在许多误区，或实施过程中不完善、不规范，主要体现在以下几个方面：

（1）缺乏相关的历史统计资料，使得评估风险时的概率值存在大的偏差；

（2）风险分析与可靠度概念混淆，许多人往往认为可靠度就是风险评估，事实上二者在概率分析上一致，而风险评估还强调后果分析；

（3）风险指标与力学计算结合不够。风险指标往往通过专家调查法等主观方法得到，缺少必要的数学力学理论分析以及现场或室内试验，使得风险指标的可靠性和准确性大打折扣；

（4）难以实现真正的风险定量分析；

（5）没有建立完善的风险预警预案体系。目前的预警预案系统尚未走向系统化和程序化；另外，如何把监测数据和预警指标进行有机的结合，及如何把预警预案系统融入到深基坑工程的风险评估中亦有待深入研究；

（6）实施风险管理的流程和内容不完善、不规范；

（7）对风险决策的认识存在误区。认为风险越小越好是错误的，因为减少风险是有代价的；

（8）保险不是风险处理的唯一方式。购买保险只是一种转移风险的方式，但并不是风险处理的唯一方式。

以上的问题突出地反映了我国基坑工程风险管理研究相对落后的几个方面，急需对基坑工程风险管理进行全面普及和提高。为了达到这个要求，首先应该了解风险和工程风险评估的概念，掌握基坑工程风险分析和控制的方法，以及在具体工程中的运用，这将有助于我国基坑工程风险管理做到理论更成熟，操作更标准，方法更先进。实现"工程技术、经济环境"与"安全、进度、投资和质量"达到合理科学要求。

30.2 风险管理的基本原理

30.2.1 安全风险的定义

"风险"，源于法文的 rispue，在 17 世纪中叶被引入到英文，拼写成 risk，到 18 世纪前半期，"risk"一词开始出现在保险交易中。风险是一个极为抽象而且模糊笼统的概念，由于人们研究的角度不同，对风险的看法和给出的定义也不尽相同，很难给出一个完善、严谨、并应用于不同领域的定义。在涉及风险问题的研究中，风险的定义大致可分为两类：第一类定义强调风险的不确定性，称为广义风险；第二类定义强调风险损失的不确定性，称为狭义风险。

已有大量的参考文献表明，不同的行业、不同的研究领域、不同的对象，不同的实际需要、不同的研究角度对风险的定义各不相同。

对于深基坑工程，将其安全风险定义为：在深基坑与地下工程项目建设中，一些事件能否发生是不确定的，而一旦发生，将给工程建设者（业主、承包商、施工方等）和第三方的预期利益带来损害，人们所预期的这样一类事件就是工程安全风险。

30.2.2 风险管理步骤与流程

风险管理（Risk Management）一词最初是由美国的肖伯纳博士于 1930 年提出。在风险管理的发展过程中，由于不同的学者对风险管理的出发点、目标、手段和管理范围等强调的侧重点不同，从而形成了不同的学说。其中最具代表性的学说有美国学说和英国学说。

美国学者通常从狭义的角度解释风险管理，他们把风险管理的对象局限于纯粹风险，且重点放在风险处理上。Jerry S. Rosenbloom[21]把风险管理定义为：风险管理是处理纯粹风险和决定最佳管理方法的一套技术。

英国学者对风险的定义则侧重于对经济的控制和处理程序方面。英国伦敦特许保险学会的风险管理教材,给风险管理下的定义为:为了减少不确定事件的影响,对企业各种业务活动资源的计划、安排和控制。

我国台湾学者袁宗慰则定义为:风险管理是指在对风险的不确定性及可能性等因素进行考察、预测、收集分析的基础上制定出包括识别风险、衡量风险、积极管理风险、有效处置风险及妥善处理风险所致损失等一整套系统而科学的管理方法。

我国大陆学者李中斌[22]把风险管理定义为研究风险发生规律和风险技术的一门新兴管理科学,各经济单位通过风险识别、风险估测、风险评价,并在此基础上优化组合各种风险管理技术,对风险实施有效的控制和妥善处理风险所致的后果,期望达到以最少的成本获得最大安全保障的目标。

结合基坑工程特点,结合上述定义,基坑工程风险管理一般包括以下几个过程:

(1) 风险辨识:它是基坑工程风险管理的第一步,指在风险发生之前,通过分析、归纳咨询和整理各种统计资料,对风险的类型及风险的生成原因、可能的影响后果做定性估计、感性认识和经验判断。如施工中可能遇到的风险有基坑渗漏,支撑系统失稳,坑底隆起,围护结构整体失稳,坑底管涌、流砂,坑内滑坡,围护结构折断或大变形,内倾破坏等。以基坑渗漏为例,引起基坑渗漏的原因是围护墙的止水效果不好或止水结构失效,可能致使大量的水夹带砂粒涌入基坑,严重的水土流失会导致围护结构失稳和路面坍塌的严重事故,还可能先在墙后形成洞穴而后突然发生地面坍塌。

(2) 风险估计:它是在风险辨识的基础上,通过对所收集的大量资料的分析,利用概率统计理论、数值分析、专家调查等方法,估计和预测风险发生的可能性和相应损失的大小。风险估计是对风险的定量化分析。对基坑工程来说,在辨识了基坑施工过程中可能出现的风险后,可根据事故统计资料对风险的发生概率和损失进行估计,没有事故统计资料时,可采用专家调查法进行估计。

(3) 风险评价:它是在风险辨识和风险估计的基础上,对风险发生的概率、损失程度和其他因素进行综合考虑,得到描述风险的综合指标——风险度或其他目标参数,以便对基坑工程的单个风险因素进行重要性排序,并根据风险接受准则对基坑工程项目的总体风险进行评价。

(4) 风险控制:风险评价之后,风险管理者对基坑工程项目存在的种种风险和潜在损失有了一定的把握。在此基础上,在众多的风险应对策略中,选择行之有效的策略,并寻求与之对应的既符合实际,又会有明显效果的具体规避措施,力图使风险转化为机会或使风险所造成的负面效应降到最低的程度。如非工作人员进入施工现场,场地排水问题等风险可采取风险回避的方法;此外,决策者通常会遇到无法依靠自身能力解决的风险,此时,可采用风险转移的方法。风险转移包括非保险转移和保险转移。非保险转移是指通过各种契约将本应由自己承担的风险转移给他人,例如将基坑工程中技术难点予以转包、施工机械设备的租赁等。保险转移则是通过购买工程保险从而通过保险公司获得可能的事后损失补偿,如人员伤亡意外保险。

(5) 风险监控:即对基坑工程项目风险的监视和控制。跟踪已识别的风险,监视残留风险和识别新的风险,严格执行风险规避措施并适时调整,密切注视这些措施对降低风险的有效性,将项目的进展控制在决策者手中。

整个基坑工程风险管理流程如图30-2所示,必须注意的是,在施工中这个流程是动态循环的。

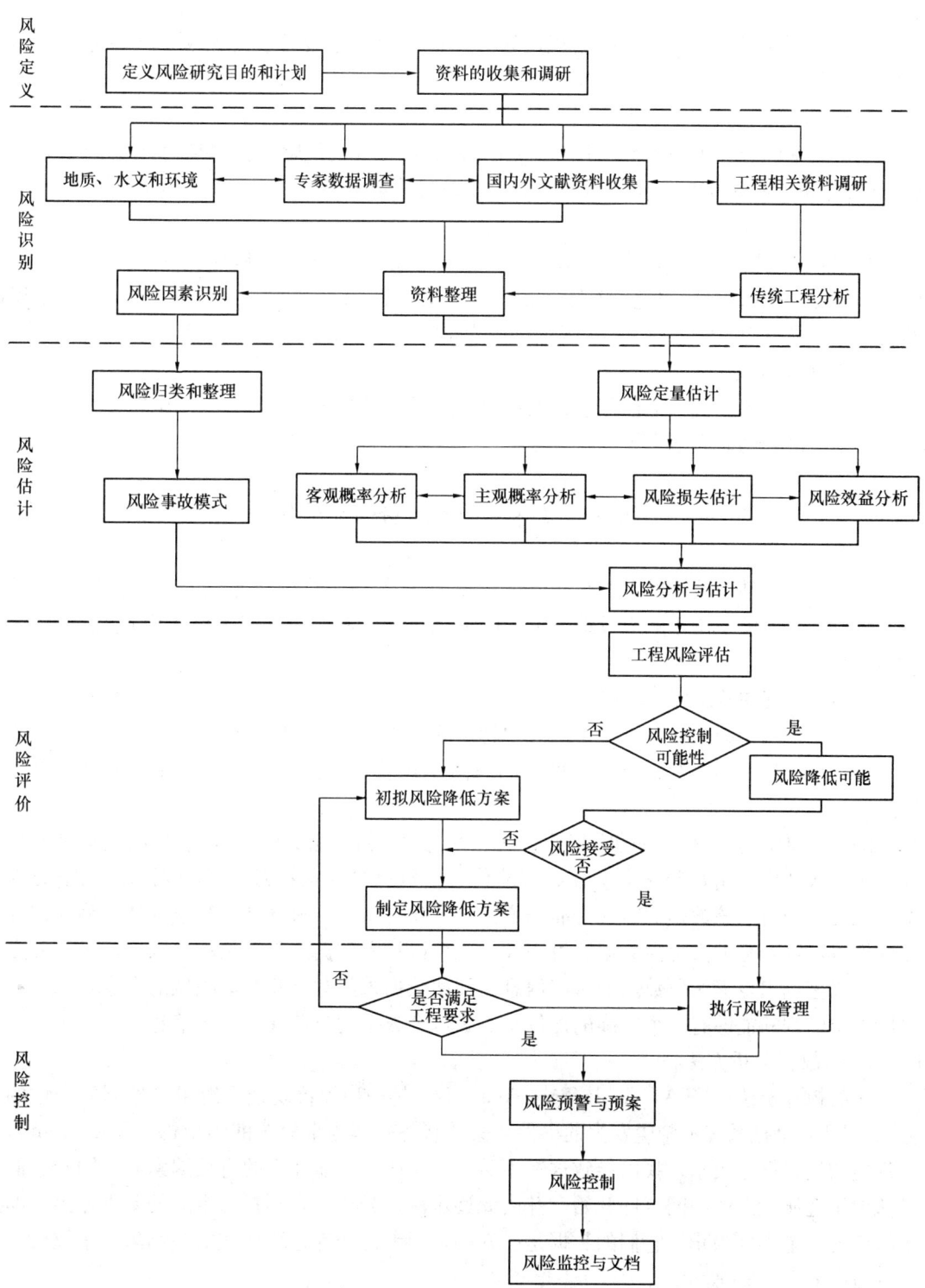

图30-2 基坑工程风险管理流程图

30.2.3 风险分析与评估所需资料

风险分析与评估所需要的资料大致如下：

1. 法律法规

与基坑工程相关的国家法律法规，如《建设工程勘察设计管理条例》（国务院令第293号）等。

2. 部门规章

与重大基坑工程相关的部门规章，如《关于开展重大危险源监督管理工作的指导意见》（安监管协调字［2004］56号）、《公民防范恐怖袭击手册》（公安部2008）等。

3. 国家、行业标准

与基坑工程相关的国家、行业标准，如：《地铁及地下工程建设风险管理指南》（2007）、《地基基础设计规范》（上海市工程建设规范，DGJ 08—11—1999）、《岩土工程勘察规范》（GB 50021—2001）、《起重机械安全规范》（GB 6067—85）等。

4. 工程设计文件

工程所有资料，包括工程背景、工程水文地质资料、设计资料、气象资料、周围环境资料、工程已有的研究报告等。

30.3 工程风险的分析方法

工程风险评估与分析的方法很多，张少夏[23]对各种风险分析方法的适用范围进行了研究分析，对能够应用于隧道及地下工程的方法进行了筛选，并对其优缺点进行了总结。常用方法主要有：

1. 基于信心指数的专家调查法

该方法由两步组成：首先辨识出某一特定项目可能遇到的所有风险，列出风险调查表（Checklist）；然后利用专家经验对可能的风险因素的重要性进行评价，综合成整个项目风险。

陈龙[24]推出了一种改进的专家调查法，称之为"信心指数法"。该方法的前提是要在调查中引入"信心指数"这个参数。所谓信心指数就是专家在做出相应判断时的信心程度，也可以理解为该数据的客观可靠程度。这意味着将由专家自己进行数据的可靠性或客观性评价，这就会大大提高数据的可用性，也可以扩大数据采集对象的范围。通过这种方法，可以挖掘出专家调研数据的深层信息。即使数据采集对象并非该领域的专家，只要他对所做出的判断能够有一个正确的评价，那么这个数据就应该视为有效信息。

2. 事故树分析方法

事故树分析法（FTA，Fault Tree Analysis）是一种评价复杂系统可靠性与安全性的方法。FTA是把系统不希望发生的事件（失效状态）作为事故树的顶事件（Top event）。用规定的逻辑符号表示，找出导致这一不希望事件所有可能发生的直接因素和原因。它们是从处于过渡状态的中间事件开始，并由此逐步深入分析，直到找出事故的基本原因，即事故树的基本事件为止。它们的数据是已知的，或者已经有过统计或实验结果。事故树分析的流程如图30-3所示。

3. 层次分析法

用层次分析法（AHP，Analytic Hierarchy Process）做系统分析，首先要把问题层次化，即根据问题的性质和达到的总目标，将问题分解为不同的组成因素，并按照因素间的相互关联、影响以及隶属关系将因素按不同层次聚集组合，形成一个多层次的分析结构模型，并最终把系统分析归结为最底层（供决策的方案措施等）相对于最高层（总目标）的相对重要性权值的确定或相对优劣次序的排序问题。该方法能把定性因素定量化，并能在一定程度上检验和减少主观影响，使评价更趋科学化。具体分析步骤如下：

（1）分析系统中各因素之间的关系，建立系统的递阶层次结构；

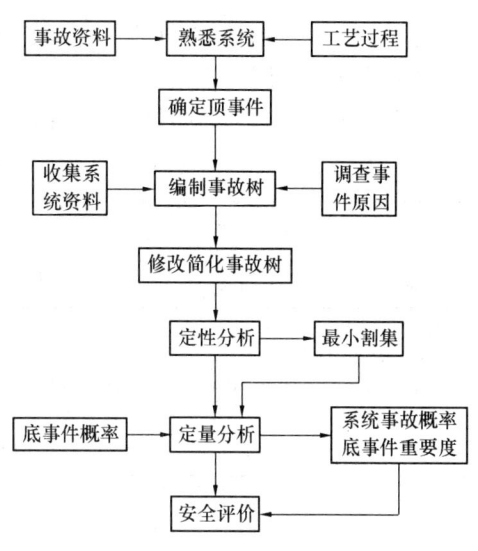

图 30-3　事故树分析流程图

（2）对同一层次的各元素关于上一层次中某一准则的重要性进行两两比较，构造两两比较判断矩阵；

（3）由判断矩阵计算被比较判断元素对于该准则的相对权重；

（4）计算各层元素对系统目标的合成权重，并进行排序。

除以上常用方法外，风险评估与分析的方法还有：决策树法、工程区域实地探勘与调研分析、危险源辨识（HAZID）、危害与可操作性分析（HAZOP）、事故类型及影响分析（FMEA）、多重风险分析（MultiRisk Analysis）、蒙特卡罗模拟（Monte Carlo Simulation）、数值模拟与分析等。

30.4　风险安全评估与控制

30.4.1　安全风险等级划分及接受准则

为了有效把握工程的风险事故，指导风险决策的开展，需对不同的风险事故进行风险等级划分。一般来说，风险可表征为风险事故发生的概率和事故损失的乘积，这里推荐依据《地铁及地下工程建设风险管理指南》[25]，给出风险事故概率和损失的等级评定标准，以及针对风险事故的等级划分标准和接受准则。

1. 风险等级标准

依据风险发生的概率（频率）的大小，风险的发生概率分为五级，见表30-1。

风险发生概率等级标准　　　　　　　　　　表 30-1

等　级	一级	二级	三级	四级	五级
事故描述	不可能	很少发生	偶尔发生	可能发生	频繁
区间概率	$P<0.01\%$	$0.01\%\leqslant P<0.1\%$	$0.1\%\leqslant P<1\%$	$1\%\leqslant P<10\%$	$P\geqslant 10\%$

注：P 为事故发生概率。

基坑工程中，一旦发生风险就会对工程本身、第三方或周边环境造成损失，考虑不同损失严重程度的不同，建立风险损失的等级标准，具体不同风险承险体对象（工程项目、第三方或周边环境）的风险损失等级标准见表30-2。

风险事故损失等级标准　　　　　　　　　　　　　　表30-2

等级	一级	二级	三级	四级	五级
描述	可忽略	需考虑	严重	非常严重	灾难性

2. 风险矩阵

根据不同风险发生的等级和事故损失，建立风险等级评价矩阵，见表30-3。

风险评估矩阵　　　　　　　　　　　　　　表30-3

风险		事故损失				
		1. 可忽略的	2. 需考虑的	3. 严重的	4. 非常严重	5. 灾难性
发生概率	A：$P<0.01\%$	1A	2A	3A	4A	5A
	B：$0.01\%\leqslant P<0.1\%$	1B	2B	3B	4B	5B
	C：$0.1\%\leqslant P<1\%$	1C	2C	3C	4C	5C
	D：$1\%\leqslant P<10\%$	1D	2D	3D	4D	5D
	E：$P\geqslant 10\%$	1E	2E	3E	4E	5E

3. 风险接受准则

不同的风险需采用不同的风险管理和控制措施，结合风险评估矩阵，建议不同等级风险的接受准则和相应的控制对策，见表30-4。

风险接受准则　　　　　　　　　　　　　　表30-4

等级	风险	接受准则	控制对策	建议应对牵头部门
一级	1A，2A，1B，1C	可忽略的	不必进行管理、审视	设计、施工、监理单位
二级	3A，2B，3B，2C，1D，1E	可容许的	引起注意，需常规管理审视	
三级	4A，5A，4B，3C，2D，2E	可接受的	引起重视，需防范、监控措施	总承包商
四级	5B，4C，5C，3D，4D，3E	不可接受的	需重要决策，需控制、预警措施	建设公司、指挥部或政府部门
五级	5D，4E，5E	拒绝接受的	立即停止，需整改、规避或预案措施	

30.4.2 安全风险评估

安全风险评估的基本流程为：

(1) 充分了解所需要研究的工程情况，收集尽可能相关的资料；

(2) 划分评价层次单元和重要专题；

(3) 对各评价单元的可能发生的风险事故进行分类辨识；

(4) 对各风险事故的原因、发生工况、损失后果进行分析；

(5) 采用定性与部分定量的评价方法对风险事故进行评价；

(6) 对各风险事故提出建议性控制措施；

(7) 对各评价单元的风险进行评价；

(8) 将各评价单元的评价进行汇总，从而对工程的总体风险进行评价；

(9) 给出结论和建议；

(10) 编制风险评估报告。

工程风险评估的流程如图 30-4 所示。

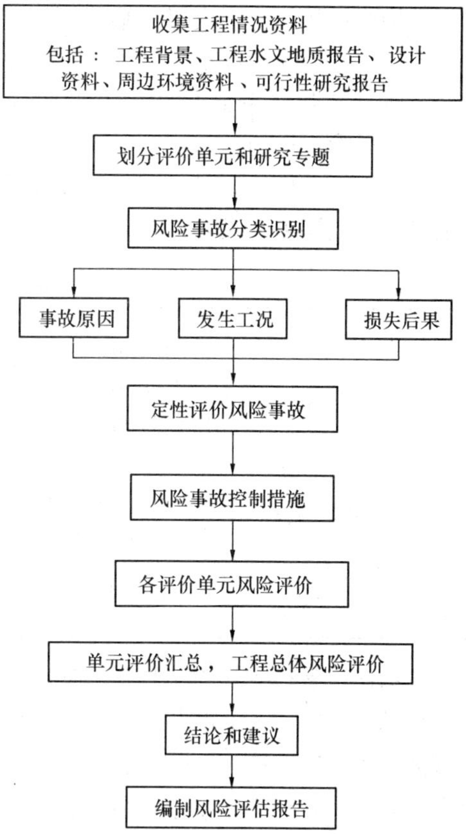

30.4.3 风险控制措施

在基坑工程施工中，风险是实时存在的，工程风险辨识、评估后，应根据项目总体目标和策略，以有利于尽可能的提高对项目风险的控制能力和降低项目风险的潜在损失为原则，规划并选择合理的风险管理控制对策，风险控制对策一般有四种，可选择一种或多种：

1. 风险消除（回避）

不让工程风险发生，将工程风险的发生概率或损失降低到零。

2. 风险降低（规避）

通过采取措施或修改技术方案以减少工程风险发生的损失和概率或两者任意一种来实现。

3. 风险转移（分散）

将风险较大的分项工程转包给第三方，或通过保险或者其他方式安排来让第三方承担这一风险。

图 30-4 安全风险评估流程图

4. 风险自留（接受）

风险自留的前提是所接受的工程风险可能导致的损失比转移风险所需费用小。

另外，工程现场应建立一套系统的风险监控和预警预报体系，制定可行的风险应急处置预案，采取必要的安全防护措施等。

30.5 基坑安全风险评估案例

30.5.1 基坑工程施工准备期的风险评估案例

1. 工程概况

上海世博 500kV 地下变电站是世博会的重要配套工程，由上海市电力公司投资建设，总体设计单位为华东电力设计院，土建设计单位为华东建筑设计研究院有限公司。工程位于上海市静安区成都北路、北京西路、山海关路和大田路所围成的区域之中。地块南北方向长约 220m、东西方向宽约 200m。工程为全地下筒型结构，地下结构外墙外壁直径 130m，开挖深度为 33.7m。根据上海市标准《基坑工程设计规程》（DBJ 08-61-97）中的相关规定，本基坑工程属于一级基坑。工程土建部分总投资 4.4 亿元左右。

工程施工采用主体结构与围护结构全面结合的逆作施工方案。即"地下连续墙两墙合一＋结构梁板替代水平支撑＋临时环形支撑"的"逆作法"总体施工。本案例主要针对水平支撑体系进行风险评估。

2. 水平支撑体系施工的风险评估

(1) 风险辨识与分析

水平支撑结构主要是利用地下变电站主体结构的楼板和内衬墙，以及三道临时环向混凝土支撑。主要参数见表30-5。

水平支撑体系概况　　　　　　　　　　表 30-5

水平支撑	结构梁板	共五层楼板，板顶标高依次为 −2.0m、−11.5m、−16.5m、−26.5、−31.3m；对应的板厚依次为 300mm、250mm、200mm、200mm、2500mm；板面有 9 个预留口。顶层结构中部大跨度区域框架梁中采用预应力技术
	临时环形内支撑	共三道，首道为单环，其余为双环；位于竖向间距大的楼层中间，中心标高依次为 −7.0m，−22.0m，−30.3m
	结构内衬墙	墙厚 800mm，位于连续墙内侧，与地下连续墙共同组成复合墙体

结构楼板替代支撑整体性好、刚度大，可以有效的控制围护结构的变形。但地下结构的底板厚（2.5m）、体积大（混凝土方量约32500m³），且位于地下34m深处，属于逆作超深大体积混凝土施工，综合施工技术复杂，并且大体积混凝土容易产生温度裂缝。混凝土内部温度变化产生的变形受到混凝土内部和外部的约束后，将产生很大的应力，这是导致混凝土产生裂缝的主要原因。此外底板配筋、混凝土收缩变形、混凝土徐变都对大体积混凝土裂缝的产生有影响。本工程顶板结构为深梁结构，梁的高度达到2m，如此高的梁支撑在第③层淤泥质粉质黏土上，对排架支撑及垫层下土体变形控制要求高。此外，对于一般的逆作法施工，由于整个地下结构沿水平方向受力不可能完全相同，导致柱与柱间产生不均匀沉降，将引起结构楼板与柱之间节点产生裂缝或严重破坏，影响支撑系统的稳定性，进而使结构楼板的施工存在一定的风险。水平支撑体系施工存在的风险如图30-5所示。

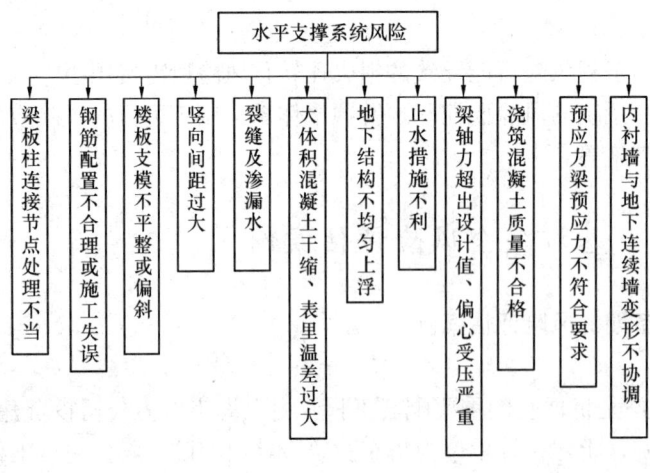

图 30-5　水平支撑系统施工风险

(2) 风险估计与评价

采用"基于信心指数的专家调查法"（本次调研表发出 25 份，收回 20 份），并且运用同济大学风险评估软件——隧道及地下工程风险评估软件（TRM1.0.0），对该工程的水平支撑体系施工风险评估进行评价，见表30-6。

水平支撑体系施工风险评估　　　　　　表 30-6

序　号	风　险　事　故	发生概率	损失后果	风险指标	风险等级
1	梁板柱连接节点处理不当	B	3	0.1902	二级
2	钢筋配置不合理或施工失误	B	3	0.1848	二级
3	楼板支模不平整或偏斜	C	2	0.1921	二级
4	水平支撑竖向间距过大	B	3	0.2025	二级
5	大体积混凝土干缩、表里温差过大	B	3	0.2211	二级
6	地下结构不均匀上浮	C	3	0.3410	三级
7	梁轴力超出设计值、偏心受压严重	B	3	0.1721	二级
8	预应力梁施加预应力过小	B	3	0.1963	二级
9	内衬墙与地下连续墙变形不协调	B	3	0.1954	二级
10	浇筑混凝土质量严重不合格	B	3	0.3407	三级
11	节点或楼板产生裂缝和渗漏水	B	3	0.1931	二级
12	梁板柱节点预留插筋锈蚀	B	2	0.0901	一级
13	边缘梁、板与内衬墙预埋件连接时错位	B	3	0.1937	二级

3. 风险控制措施及建议

为了降低或控制该工程水平支撑体系的风险，建议采用如下控制措施：

(1) 施工时一定要按图施工，按照施工组织进行，要协调好与基坑土方工程等其他分部工程的关系。

(2) 加强对梁板受力、变形和立柱不均匀沉降的监测，通过监测分析及时预报并提出建议做到信息化施工，减少风险事故和随时检验设计施工的正确性。

(3) 梁板模板及支架应具有足够的强度、刚度和稳定性，能可靠地承受新浇混凝土自重、侧压力和施工中产生的荷载。水平梁板支模前一定要采取有效降水措施，尽量保证土体固化效果，达到支模平整的要求。

(4) 楼板出土口的设计方案涉及到土方开挖工程施工效率，所以应对其布置形式进行优化设计，按照规范要求对洞口楼板进行加固。

(5) 地下结构水平梁、板、柱接触节点处，对于整个结构稳定性十分重要，设计施工中都应该特别注意，严格遵守施工要求，处理好新老混凝土接合，钢筋连接和支撑下混凝土的浇捣。此外还要做好节点处的防水措施。节点处设计和施工要满足结构稳定和抗震要求。

(6) 本工程顶板和底板为大体积混凝土工程，鉴于其重要性，建议进行专项研究。底板施工时除常规的钢筋绑扎、混凝土浇捣、养护及测温等施工外，应特别注意处理好新老混凝土的接合和底板钢筋与地下连续墙的连接。顶板作为施工阶段的主要施工场地，又要留出出土口以便土方开挖和材料运输，所以要保障顶板各方面的施工质量。

30.5.2 事故树在基坑工程风险评估中的应用案例

对基坑工程进行事故树分析，其目的是从工程整体的角度来认识可能引发工程事故的安全隐患。在工程施工之前开展这项工作，可避免不安全的设计和施工方案，并提出现场施工安全监管的重点。事故树的分析主要从三方面进行，即事故树的绘制、顶上事件的发生概率计算及底事件的重要度分析。

1. 深基坑支护结构事故树编制

在遵循事故树编制的有关原则上[26-28]，本案例剖析研究型钢水泥土搅拌墙在上海软土地区用于围护结构可能失事的原因，编制了型钢水泥土搅拌墙围护结构体系失效风险的事故树[20]，见图 30-6。事故树中只考虑型钢水泥土搅拌墙围护结构体系本身的事故情况，

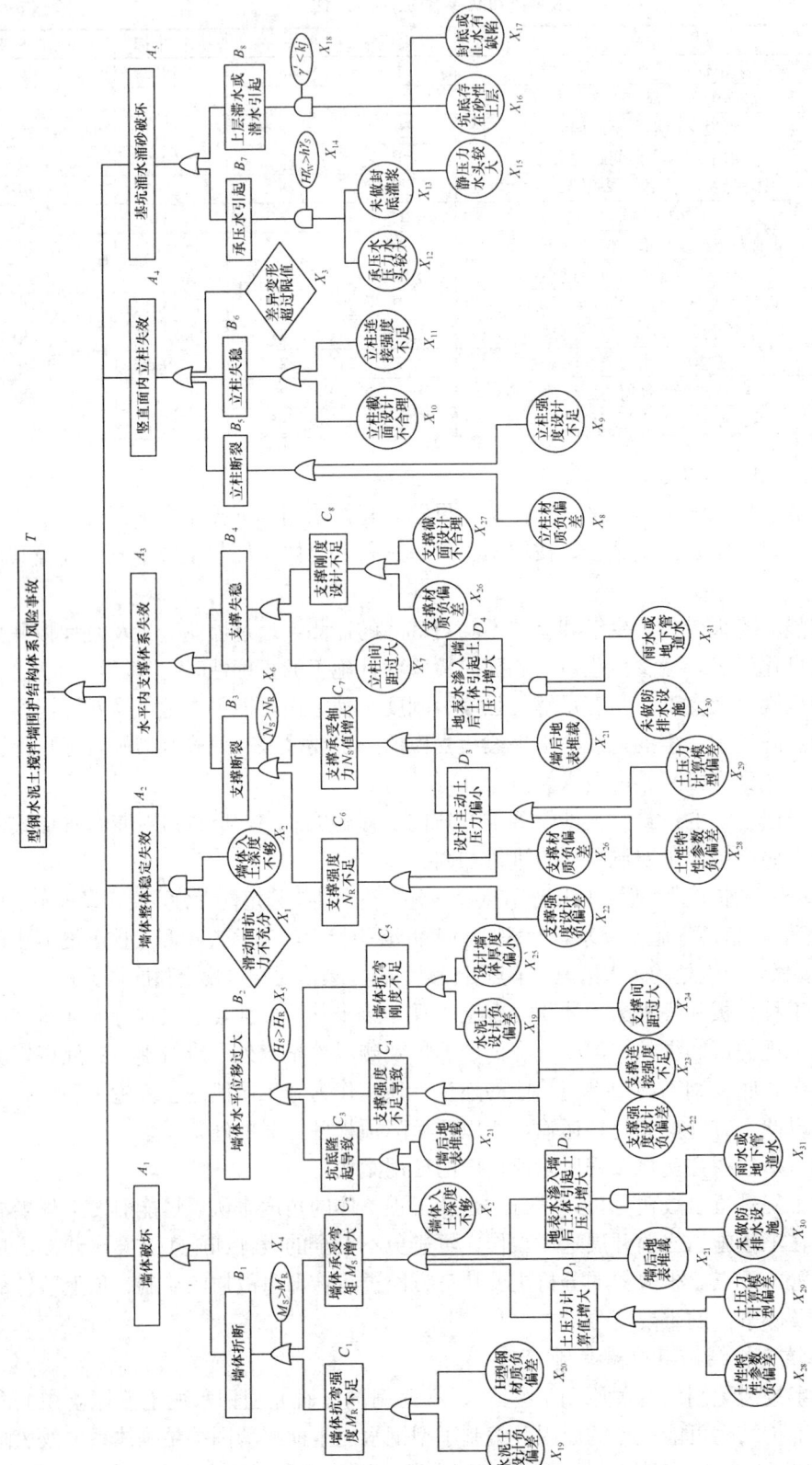

图 30-6 型钢水泥土搅拌墙围护结构体系风险事故的事故树图（引自边亦海博士学位论文[20]）

暂不考虑甲方、设计单位、监理单位和施工单位管理不善的原因，也不考虑深基坑工程施工对周围建筑、路面、地下管线的不利影响以及附近建筑物施工影响。其中对型钢水泥土搅拌墙围护结构体系失效风险的事故树中的一些符号进行说明：

（1）各层事件均以相同首字母编号，顶事件编号为 T，基本事件、非基本事件和条件事件以 X 开头按序编号，其他中间事件按由上至下的顺序以 A、B、C、D 为开头分别编号；

（2）M_S 为侧向水土压力和地表超载作用引起的围护墙体上最大弯矩；M_R 为支护墙体的抗弯强度；

（3）H_S 为围护墙体发生的水平位移；H_R 为围护墙体水平位移的允许值，可参见相关规范；

（4）N_S 指在侧向水土压力和地表超载作用下，支撑承受的最大压力；N_R 为支撑自身的抗压强度；

（5）$H^{\gamma W} > h^{\gamma S}$ 为承压水引起涌水涌土的条件公式，式中，H 为承压水压力水头；γ_W 为地下水的重度；h 为深基坑坑底到坑下承压水层的土层厚度；γ_S 为土层土的加权重度。

（6）$\gamma' < kj$ 为上层滞水引起涌水涌砂的条件公式，式中，γ' 为土的浮重度；k 为安全系数，参见文献[29]取值；j 为最大渗流力，式中，$j = \gamma_W h'/(h' + 2t)$，$\gamma_W$ 为地下水的重度；h' 为地下水位至基坑坑底的距离；t 为墙体入土深度。

2. 顶上事件发生概率计算

编制事故树后，计算顶上事件，这里指型钢水泥土搅拌墙围护结构体系事故可能发生的概率，对于计算风险防范所值得投入的成本和参加工程保险都有很重要的意义。

事故树分析法中计算顶上事件的概率，通常是先求导致顶上事件发生的最小基本事件的集合，即先求事故树的最小割集。对于图 30-6 的事故树按布尔代数法有：

$$\begin{aligned}
T &= A_1 + A_2 + A_3 + A_4 + A_5 \\
&= B_1 + B_2 + X_1 X_2 + B_3 + B_4 + B_5 + B_6 + X_3 + B_7 + B_8 \\
&= X_4(C_1 + C_2) + X_5(C_3 + C_4 + C_5) + X_1 X_2 + X_6(C_6 + C_7) + X_7 + C_8 + X_8 + X_9 \\
&\quad + X_{10} + X_{11} + X_3 + X_{12} X_{13} X_{14} + X_{15} X_{16} X_{17} X_{18} \\
&= X_4(X_{19} + X_{20} + D_1 + X_{21} + D_2) + X_5(X_2 + X_{21} + X_{22} + X_{23} + X_{24} + X_{19} + X_{25}) \\
&\quad + X_1 X_2 + X_6(X_{22} + X_{26} + D_3 + X_{21} + D_4) + X_7 + X_{27} + X_{26} + X_8 + X_9 + X_{10} \\
&\quad + X_{11} + X_3 + X_{12} X_{13} X_{14} + X_{15} X_{16} X_{17} X_{18} \\
&= X_4(X_{19} + X_{20} + X_{28} + X_{29} + X_{21} + X_{30} X_{31}) + X_5(X_2 + X_{21} + X_{22} + X_{23} + X_{24} \\
&\quad + X_{19} + X_{25}) + X_1 X_2 + X_6(X_{22} + X_{26} + X_{28} + X_{29} + X_{21} + X_{30} X_{31}) + X_7 + X_{27} \\
&\quad + X_{26} + X_8 + X_9 + X_{10} + X_{11} + X_3 + X_{12} X_{13} X_{14} + X_{15} X_{16} X_{17} X_{18} \\
&= X_4 X_{19} + X_4 X_{20} + X_4 X_{28} + X_4 X_{29} + X_4 X_{21} + X_4 X_{30} X_{31} + X_5 X_2 + X_5 X_{21} + X_5 X_{22} \\
&\quad + X_5 X_{23} + X_5 X_{24} + X_5 X_{19} + X_5 X_{25} + X_1 X_2 + X_6 X_{22} + X_6 X_{26} + X_6 X_{28} \\
&\quad + X_6 X_{29} + X_6 X_{21} + X_6 X_{30} X_{31} + X_7 + X_{27} + X_{26} + X_8 + X_9 + X_{10} + X_{11} \\
&\quad + X_3 + X_{12} X_{13} X_{14} + X_{15} X_{16} X_{17} X_{18}
\end{aligned}$$

(30-1)

由上述结果可知，顶上事件为 30 个最小割集的并集，最小割集为 $\{X_4 X_{19}\}$，$\{X_4 X_{20}\}$，$\{X_4 X_{28}\}$，$\{X_4 X_{29}\}$，$\{X_4 X_{21}\}$，$\{X_4 X_{30} X_{31}\}$，$\{X_5 X_2\}$，$\{X_5 X_{21}\}$，$\{X_5 X_{22}\}$，$\{X_5 X_{23}\}$，$\{X_5 X_{24}\}$，$\{X_5 X_{19}\}$，$\{X_5 X_{25}\}$，$\{X_1 X_2\}$，$\{X_6 X_{22}\}$，$\{X_6 X_{26}\}$，$\{X_6 X_{28}\}$，$\{X_6 X_{29}\}$，$\{X_6 X_{21}\}$，$\{X_6 X_{30} X_{31}\}$，

$\{X_7\}, \{X_{27}\}, \{X_{26}\}, \{X_8\}, \{X_9\}, \{X_{10}\}, \{X_{11}\}, \{X_3\}, \{X_{12}X_{13}X_{14}\}, \{X_{15}X_{16}X_{17}X_{18}\}$,分别对应于导致顶上事件发生的 30 种风险事故发生模式。实际工程中,顶事件的发生概率 $P(T)$ 一般采用近似的独立事件和的概率公式来计算。

$$P(T) \approx \prod_{j=1}^{N_K} \prod_{i \in K_j} F_i(t) = 1 - \prod_{j=1}^{30}[1-P(K_j)] \qquad (30\text{-}2)$$

式中 $P(K_j)$ 为第 j 个最小割集的发生概率。如 $P(K_1)$ 表示第一个最小割集 $\{X_4X_{19}\}$ 的发生概率,它又取决于基本事件 X_4 和 X_{19} 发生的概率之积。在事故树分析中,最重要也是最难的就是如何确定这些基本事件的发生概率。这取决于对一些基本事件发生概率的统计数据和专家依据积累的经验来估计,参考文献 [15,30,31] 对一些基本事件发生概率的统计数据和方法,对型钢水泥土搅拌墙围护结构事故树中各基本事件和条件事件发生概率估计如下:

(1) 基本事件发生概率估计。在本事故树中,基本事件有两种类型:

① 二值基本事件。发生时候 $P=1$,不发生时候 $P=0$,这样基本事件有 6 个,分别是 $X_{12}, X_{13}, X_{15}, X_{16}, X_{21}, X_{30}$。

② 随机基本事件,其发生概率通过统计估算得到。这样的基本事件有 20 个,分别为 $X_1, X_2, X_3, X_7, X_8, X_9, X_{10}, X_{11}, X_{17}, X_{19}, X_{20}, X_{22}, X_{23}, X_{24}, X_{25}, X_{26}, X_{27}, X_{28}, X_{29}, X_{31}$。根据模糊数学[32]假设:

$$a_i = 0.9 m_i \qquad (30\text{-}3)$$
$$b_i = 1.1 m_i \qquad (30\text{-}4)$$

运用式(30-3)和式(30-4)对各随机基本事件的发生概率模糊化,得到各基本事件的模糊概率,如表 30-7 所示。

事故树中各基本事件模糊概率　　　　表 30-7

基本事件编号	模糊概率值			基本事件编号	模糊概率值		
	a	m	b		a	m	b
X_1	0.0135	0.015	0.0165	X_{20}	0.00117	0.0013	0.00143
X_2	0.0315	0.035	0.0385	X_{22}	0.00243	0.0027	0.00297
X_3	0.00108	0.0012	0.00132	X_{23}	0.00126	0.0014	0.00154
X_7	0.00486	0.0054	0.00594	X_{24}	0.00126	0.0014	0.00154
X_8	0.00126	0.0014	0.00154	X_{25}	0.00225	0.0025	0.00275
X_9	0.00126	0.0014	0.00154	X_{26}	0.00126	0.0014	0.00154
X_{10}	0.00108	0.0012	0.00132	X_{27}	0.00108	0.0012	0.00132
X_{11}	0.00126	0.0014	0.00154	X_{28}	0.00486	0.0054	0.00594
X_{17}	0.0252	0.028	0.0308	X_{29}	0.0162	0.018	0.0198
X_{19}	0.00729	0.0081	0.00891	X_{31}	0.0351	0.039	0.0429

(2) 条件概率。其发生概率根据经验估计得到,这样的底事件有 5 个,分别为 $X_4, X_5, X_6, X_{14}, X_{18}$,运用式(30-3)和式(30-4)对各条件事件的发生概率模糊化,得到各条件事件的模糊概率,如表 30-8 所示。

事故树中各条件事件模糊概率　　　表 30-8

基本事件编号	模糊概率值			基本事件编号	模糊概率值		
	a	m	b		a	m	b
X_4	0.09	0.1	0.11	X_{14}	0.18	0.2	0.22
X_5	0.18	0.2	0.22	X_{18}	0.18	0.2	0.22
X_6	0.09	0.1	0.11				

将上述基本事件和条件事件的模糊概率值代入式（30-2）中，即可计算得到几种不同情况下顶事件发生的模糊概率如表 30-9 所示。

顶事件的模糊概率值　　　表 30-9

P_{12}	P_{13}	P_{15}	P_{16}	P_{21}	P_{30}	$P_T(a,m,b)$
0	0	0	0	0	0	(0.0264, 0.0309, 0.0358)
0	0	1	1	0	0	(0.0308, 0.0364, 0.0423)
0	0	0	0	1	0	(0.3389, 0.372, 0.4043)
0	0	0	0	0	1	(0.03255, 0.0385, 0.0449)
1	1	0	0	0	0	(0.2017, 0.2247, 0.2479)
1	1	1	1	1	1	(0.4638, 0.5043, 0.5428)

注：表中，当基坑存在较大承压水水头时，$P_{12}=1$，否则 $P_{12}=0$；当基坑未做封底灌浆时，$P_{13}=1$，否则 $P_{13}=0$；当基坑存在较大静水压力水头时，$P_{15}=1$，否则 $P_{15}=0$；当坑底存在砂性土层时，$P_{16}=1$，否则 $P_{16}=0$；当墙后地表超载时，$P_{21}=1$，否则 $P_{21}=0$；当地表未做防水止水措施时，$P_{30}=1$，否则 $P_{30}=0$。

从表 30-9 中可以看出，墙后地表是否堆载，对型钢水泥土搅拌墙围护结构发生事故概率影响很大；地下水位较高时，特别是存在较大承压水压力水头时，发生事故概率明显增大，基坑地表是否做了防排水措施，对发生事故概率有一定影响，但影响不大。

3. 重要度分析

为了分析型钢水泥土搅拌墙围护结构事故树中各基本事件的发生对顶上事件发生所产生的影响大小，对各基本事件进行重要度分析是非常有必要的，本案例将从结构重要度、概率重要度两方面进行分析。

(1) 结构重要度分析

根据文献 [26] 的结构重要度分析的方法，得到各基本事件的结构重要度顺序为：

$$\begin{aligned}
I_{S3}(3) &= I_{S7}(7) = I_{S8}(8) = I_{S9}(9) = I_{S10}(10) = I_{S11}(11) = I_{S26}(26) \\
&= I_{S27}(27) > I_{S21}(21) > I_{S2}(2) = I_{S19}(19) = I_{S22}(22) = I_{S28}(28) \\
&= I_{S29}(29) > I_{S1}(1) = I_{S20}(20) = I_{S23}(23) = I_{S24}(24) = I_{S25}(25) \\
&= I_{S30}(30) = I_{S31}(31) > I_{S12}(12) = I_{S13}(13) > I_{S15}(15) = I_{S16}(16) \\
&= I_{S17}(17)
\end{aligned} \quad (30\text{-}5)$$

所以，仅从事故树结构上来看，基本事件 X_3、X_7、X_8、X_9、X_{10}、X_{11}、X_{26}、X_{27} 对型钢水泥土搅拌墙围护结构风险事故的影响最大。在控制型钢水泥土搅拌墙围护结构风险事故发生时，首先要控制这几个风险因素，减少它们的发生概率。

(2) 概率重要度分析

概率重要度可通过下式，即底事件对系统事故发生的影响程度来表现：

$$I_g(i) = \frac{\partial P_T}{\partial P_i} \frac{P_i}{P_T} \tag{30-6}$$

式中，P_i 为底事件发生的概率。

通过式（30-2）和（30-6）可求得各底事件的概率重要度为：

$$\begin{aligned}
I_g(7) &> I_g(8) = I_g(9) = I_g(11) > I_g(3) > I_g(27) = I_g(10) > I_g(12) \\
&= I_g(13) > I_g(17) > I_g(25) > I_g(23) \\
&= I_g(24) > I_g(26) > I_g(20) > I_g(1) > I_g(19) > I_g(22) \\
&> I_g(31) > I_g(29) > I_g(28) > I_g(15) \\
&= I_g(16) > I_g(21) > I_g(2) > I_g(30)
\end{aligned} \tag{30-7}$$

可以看出基本事件 X_7，X_8，X_9，X_{11}，X_3，X_{27}，X_{10} 发生概率的变化对顶上事件发生概率的影响程度较大。只要能够减少这些基本事件的发生概率，就能大大减少顶上事件的发生概率。

由以上分析可知，导致型钢水泥土搅拌墙围护结构失效的主要因素是存在较大承压水压力或静压力水头、未做封底灌浆或封底止水有缺陷、地表堆载、支撑材料和截面设计问题、立柱材料、设计问题以及差异沉降过大等。这些基本事件，无论是仅与事故树结构有关的结构重要度，还是仅与基本事件的概率敏感度有关的概率重要度，都比其他基本事件的值大，说明这些基本事件无论从哪一个方面来说，都是比较重要的。因此，在进行基坑工程日常风险管理的过程中，需要重点注意这几个风险因素，控制住这几个风险因素，就能大大减少型钢水泥土搅拌墙围护结构风险事故发生的概率。

30.5.3　基坑开挖对临近构筑物影响的风险分析案例

基坑开挖在围护和降水不当的情况下，常会因坑外地面沉降量超出设计值而危及周围各种构筑物的正常使用。基坑工程施工对周边环境可能引起的破坏主要包括四个方面：一是导致地面建筑物的开裂、倾斜，甚至倒塌；二是造成路面以及其他地面设施的破坏；三是造成地下管线（给排水管道、煤气管道、电缆管道等）的破裂等；四是使地下隧道（包括已建隧道和在建隧道）变形，衬砌管片产生不均匀沉降引起裂缝，漏水，甚至碎裂。在这四个方面中，又以第一方面的破坏最为明显，对社会影响也最大。因此，本节案例主要探讨基坑开挖对临近建筑物的影响风险，对其他方面暂不考虑。

目前，研究基坑开挖对周边建筑物影响的方法主要是按照传统的力学观点建立分析模型，利用有限元方法或解析方法，考虑土、建筑物、基坑之间的共同作用，研究建筑物在基坑开挖过程中产生的可能的变形及破坏。但这种方法未考虑建筑物破坏所造成的经济损失，只限于技术研究领域。本节主要建立由于基坑开挖造成地面沉降对建筑物影响而引起经济损失之间的关系。

本节以上海国际航运中心基坑开挖对临近中远老楼的影响为案例，以说明基坑开挖对临近构筑物影响的风险分析过程[20]。

1. 工程概况

上海港国际客运中心工程位于东大名路以南、西侧为溧阳路、东临高阳路、南靠黄浦江。基坑的围护采用 $\phi 950$ 和 $\phi 1150$（中远老楼区域内围护）钻孔灌注桩作挡土墙，外侧为单排 $\phi 850@600$ 型钢水泥土搅拌墙隔水帷幕，临黄浦江侧为双排型钢水泥土搅拌墙，坑内设置水泥土搅拌桩暗墩加固。基坑形状为东西长条形，宽度为 86m。基底面绝对标高

−9.2m（指吴淞标高），基坑挖土深度为13.10m。坑内支撑采用钢筋混凝土围檩和三道钢筋混凝土水平支撑，第一道支撑中心标高2.9m，第二道为−1.9m，第三道为−5.8m，坑内垫层厚度为0.3m。

中远老楼位于上海港国际客运中心基坑西区北测，建于1907年，属上海市优秀保护建筑，为五层砖混结构，离基坑边缘10.8m，垂直于基坑方向长度约为40m，平行于基坑方向长度约为32m，如图30-7所示。中远老楼与基坑的平面位置如图30-8所示。

图30-7　中远老楼图

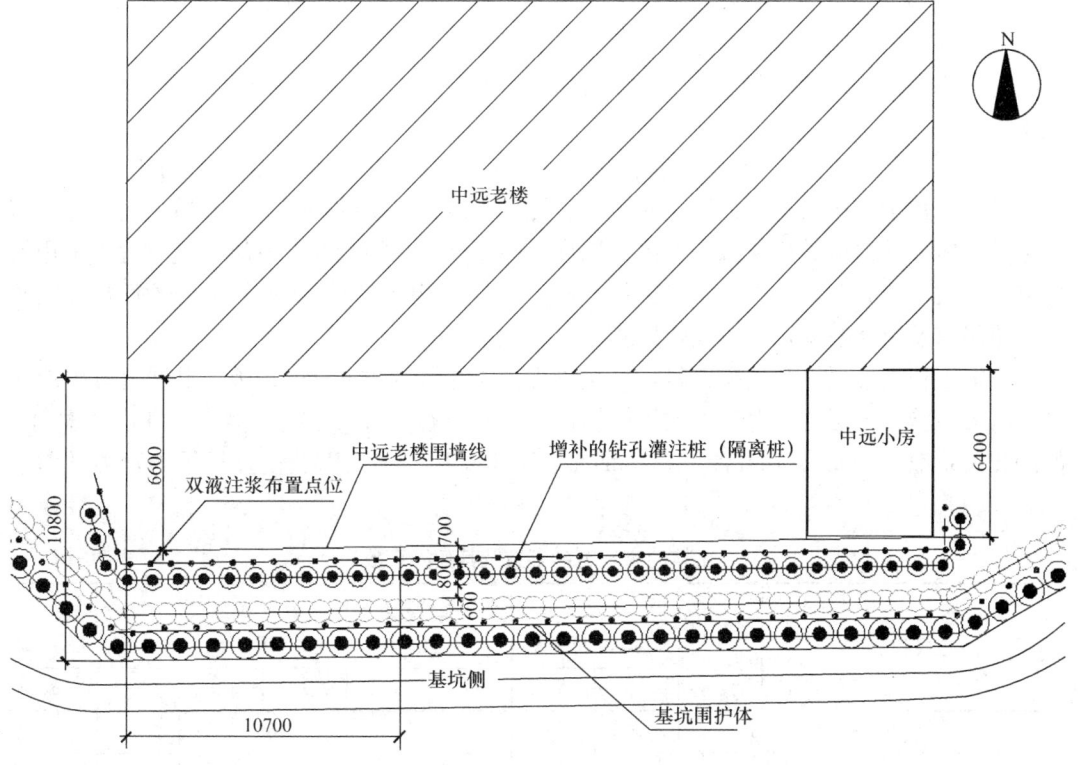

图30-8　中远老楼位置平面图

2. 深基坑开挖的蒙特卡罗数值模拟

(1) 有限元模型的建立

数值模拟计算采用连续介质有限元模型分析，计算中充分考虑基坑开挖的影响范围来建立计算模型，模型尺寸在水平方向取 188.6m，垂直方向为 50m。数值模拟中，左右边界的侧向位移限制为 0，而垂直方向可以自由变形，模型底部为固定边界条件，自由地表设定为自由变形边界条件，见图 30-9 所示。地表附加载荷，0~10m 范围内按规范取值 20kN/m，在 10~50m 范围内为中远老楼，经换算按 30kN/m 取值。

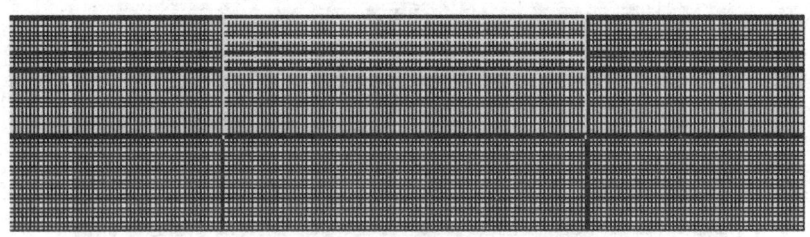

图 30-9 基坑开挖的数值计算模型

(2) 数值模拟工况及计算参数

按照基坑开挖工序，数值模拟中采用了 5 个工况：

工况 1：初始工况，计算土体的自重应力场，但不考虑土体在自重应力场作用下产生的位移场；

工况 2：第一次土体开挖，开挖深度标高：3.9~2.5m，并在标高 2.9m 处设置支撑；

工况 3：第二次土体开挖，开挖深度标高：2.5~-2.3m，并在标高-1.9m 处设置支撑；

工况 4：第三次土体开挖，开挖深度标高：-2.3~-6.2m，并在标高-5.8m 处设置支撑；

工况 5：第四次土体开挖，开挖深度标高：-6.2~-9.2m，并浇注混凝土垫层。

计算参数主要包括土体、钻孔灌注桩、搅拌桩以及垫层的物理力学参数。对土体按照实际的土体分层情况进行模拟，土体采用理想弹塑性本构模型并在基坑开挖过程中采用德鲁克-普拉格（Drucker-Prager）屈服准则。其他结构包括钻孔灌注桩、钢筋混凝土支撑、垫层以及搅拌桩等，采用线弹性模型。

根据工程勘察报告及相关资料，土层物理力学相关参数见表 30-10。根据上海市地质勘察有关试验、土层物理力学参数指标均视为服从正态分布，土的黏聚力 c 和内摩擦角 φ 值的相关系数取-0.4。钻孔灌注桩、钢筋混凝土支撑、垫层以及搅拌桩等物理力学参数见表 30-11。

土体的物理力学参数及其变异系数　　　　表 30-10

土层层号	土层名称	层厚(m)	泊松比 μ	重度 γ (kN/m³)		压缩模量 E (MPa)		黏聚力 c (kPa)		内摩擦角 φ (°)	
				μ_γ	δ_γ	μ_E	δ_E	μ_c	δ_c	μ_φ	δ_φ
①₁	杂填土	2.88									
①₂	浜填土	3.50									

续表

土层层号	土层名称	层厚 (m)	泊松比 μ	重度 γ (kN/m³)		压缩模量 E (MPa)		黏聚力 c (kPa)		内摩擦角 φ (°)	
				μ_γ	δ_γ	μ_E	δ_E	μ_c	δ_c	μ_φ	δ_φ
②₀	黏质粉土(红滩土)	4.89	0.3	18.2	0.07	8.17	0.1	8	0.35	28.5	0.25
②₁	黏土	1.46	0.3	18.2	0.07	4.53	0.1	23	0.35	18	0.25
③	淤泥质粉质黏土	4.96	0.35	17.5	0.07	4.13	0.1	11	0.35	22	0.25
④	淤泥质黏土	7.17	0.35	16.6	0.07	2.58	0.1	14	0.35	13	0.25
⑤₁	粉质黏土	7.31	0.3	18.0	0.07	4.57	0.1	17	0.35	17	0.25
⑤₂	黏质粉土	4.05	0.3	17.8	0.07	8.13	0.1	8	0.35	29	0.25
⑤₃	粉质黏土	17.23	0.3	17.9	0.07	5.24	0.1	17	0.35	23.5	0.25

影响围护结构抗力不确定性因素主要有材料性能的不定性 K_M、几何参数的不定性 K_A、计算模式的不定性 K_P。由于围护结构材料性能的变异性远小于其几何参数和计算模式的变异性，可认为其主要物理力学参数（弹性模量 E 和泊松比 μ）为常量。计算中几何参数取钻孔灌注桩直径为随机变量，服从正态分布，均值为 1，变异系数为 0.03。计算模式不定性因子概率特征参数见表 30-12。

钻孔灌注桩、支撑、垫层以及搅拌桩的物理力学参数　　表 30-11

	钻孔灌注桩	支撑	垫层	搅拌桩
E (MPa)	3E4	3E4	3E4	2E2
μ	0.15	0.15	0.15	0.2

I 的修正统计特征（$\xi=0.6$）　　表 30-12

	均值	标准差
I_M	0.52	0.175
I_P	0.92	0.259
I_δ	2.03	0.764

开挖过程取四种工况进行迭代（工况 1 除外），工况取定同前。编制了基于 ANSYS 的 APDL 语言的各工况可靠度计算程序，为了保证计算精度，又考虑计算机的计算速度限制，各工况的模拟次数取 2000 次。

(3) 模拟数值结果的分析

图 30-10 为中远楼裂缝计算示意图，为了计算基坑开挖引起的中远楼裂缝，需要求解开挖引起的 A 点的沉降和水平位移、B 点的沉降和水平位移、C 点的沉降以及沉降曲线形式。在 ANSYS 数值计算中，通过提取 A、B、C 处对应节点的沉降和水平位移计算结果，B 处对应节点的沉降和水平位移计算结果以及 C 处对应节点的沉降计算结果，即可通过砖混结构裂缝宽度计算公式计算中远楼裂缝。由于 B 节点边界水平位移为 0，实际需要得到的节点位移为 A 点的水平和竖向位移，B 点和 C 点的竖向位移。

根据蒙特卡罗数值模拟结

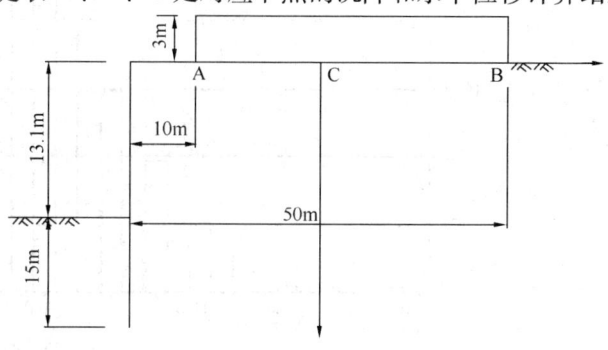

图 30-10　中远楼裂缝计算示意图

果，得到开挖中 A 点的水平和竖向位移，B 点和 C 点的竖向位移频率直方图，这里仅罗列出最后一步的情况，如图 30-11～图 30-14 所示。

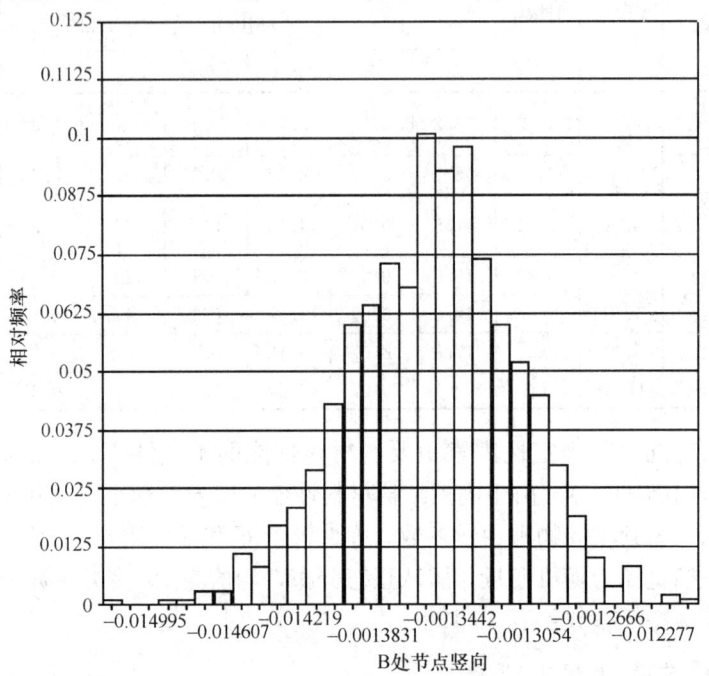

图 30-11　第四步开挖 B 点竖向位移频率直方图

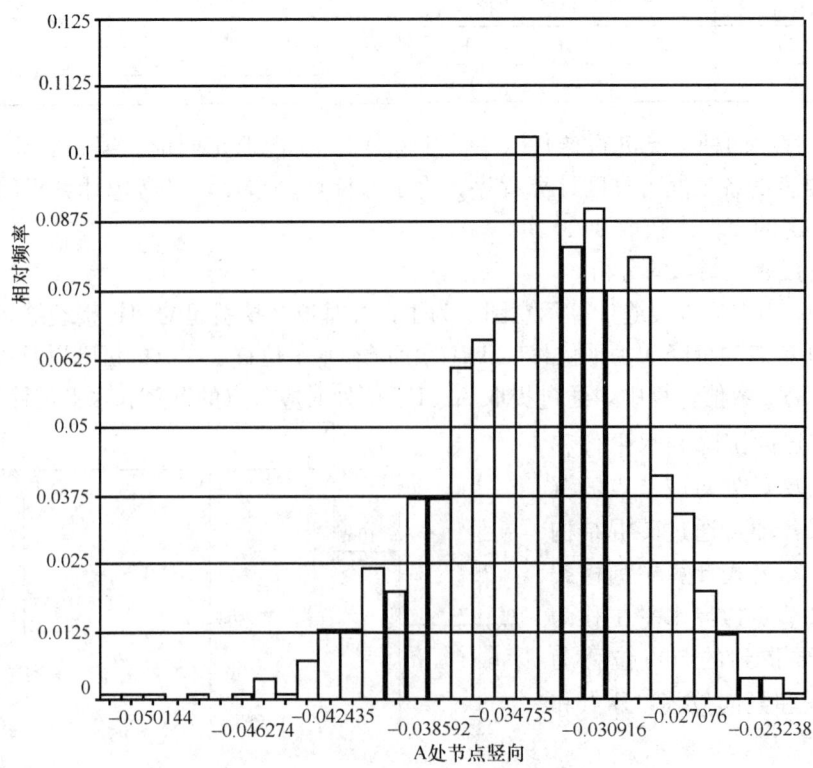

图 30-12　第四步开挖 A 点竖向位移频率直方图

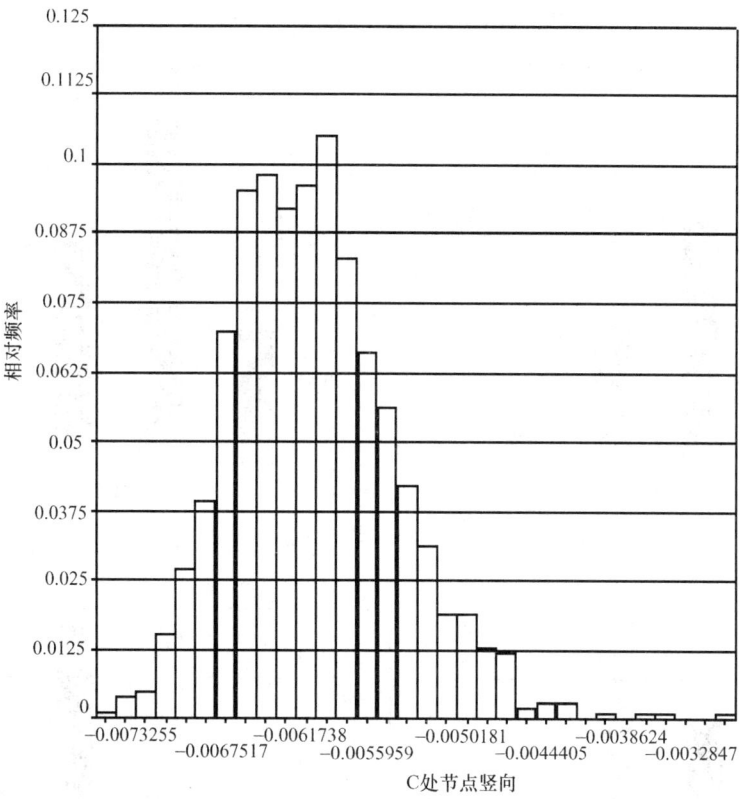

图 30-13 第四步开挖 C 点竖向位移频率直方图

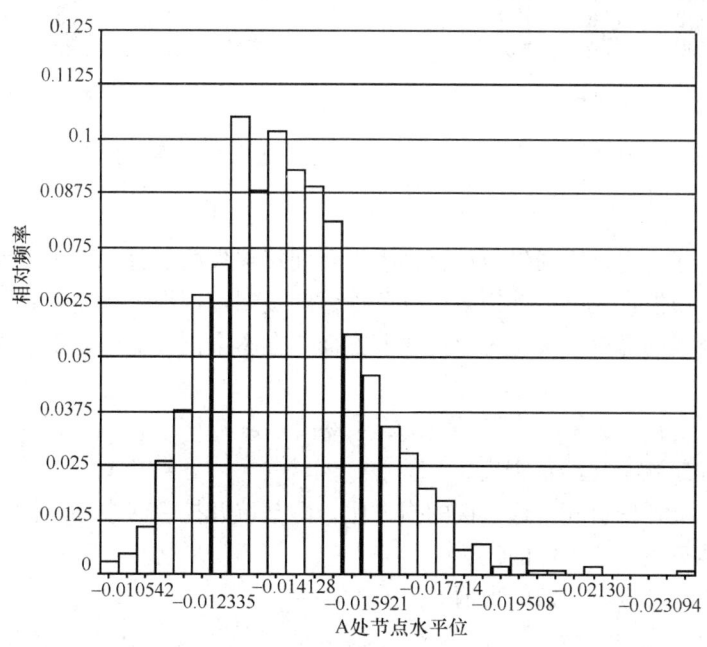

图 30-14 第四步开挖 A 点水平位移频率直方图

对于每步开挖的计算结果，根据边亦海[20]论文中的砖混结构裂缝计算方法，计算得到每步开挖工况下，裂缝宽度统计如图30-15～图30-18所示。

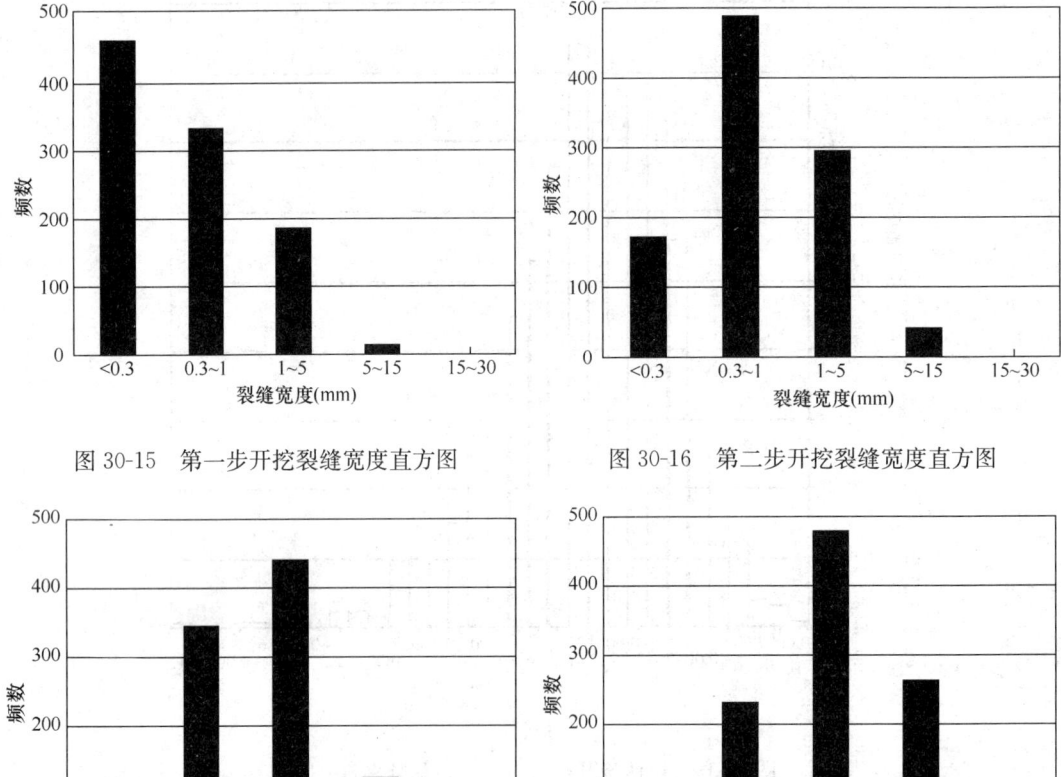

图30-15　第一步开挖裂缝宽度直方图　　　　图30-16　第二步开挖裂缝宽度直方图

图30-17　第三步开挖裂缝宽度直方图　　　　图30-18　第四步开挖裂缝宽度直方图

3. 风险损失的计算

基坑开挖引起的建筑物损失包括直接损失和间接损失两部分。在本案例中，仅计算建筑物的直接经济损失，主要指结构破损以及重建的费用，用损失比 λ 来表示。间接经济损失主要指中远老楼的历史、文化无形价值等方面，在本案例分析中暂不予以考虑。建筑物直接经济损失如下式：

$$C_L = \lambda m \tag{30-8}$$

其中　C_L——建筑物直接经济损失；

　　　λ——基坑开挖引起中远老楼的损失比，即基坑开挖引起中远老楼直接经济损失占其破损前的现值的比率；

　　　m——中远老楼破损前的现值。

（1）开挖损失比的计算

表30-13为建筑物损失比与裂缝宽度对应关系[20]。由此表可以得到中远楼损失比随基坑开挖如图30-19所示。根据实测的裂缝资料，开挖到基坑底部时，中远老楼墙体出现

建筑物损失比与裂缝宽度的关系　　　　表 30-13

结构形式	损失分类	美观破坏	功能破坏	结构破坏	倒塌
砖混结构	裂缝宽度（mm）	0.3~1	1~5	5~15	15~30
	损失比（%）	0~10	10~40	40~80	80~100
框架结构	裂缝宽度（mm）	0.3~1	1~3	3~10	10~25
	损失比（%）	0~10	10~40	40~70	70~100
室内财产		0~4	4~20	20~40	40~90

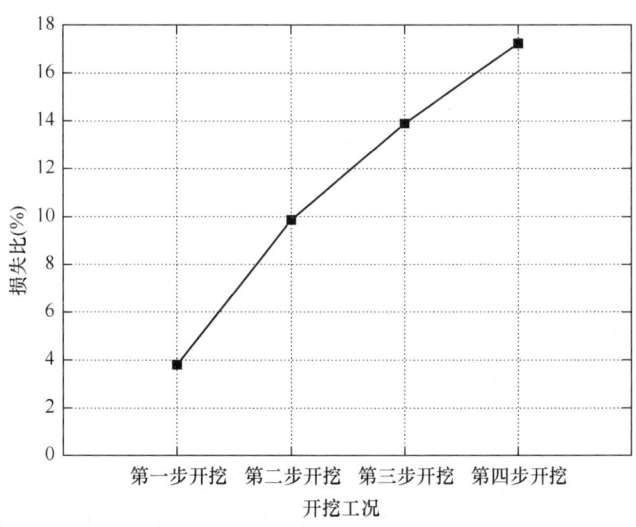

图 30-19　中远楼损失比随基坑开挖变化图

十几条 1~2.5mm 宽度不等的裂缝，平均裂缝宽度 1.75mm，损失比为 15.625%。可以看到中远老楼受基坑开挖影响处于功能破坏，未达到结构破坏。

(2) 中远老楼现值的评价

对于中远老楼作为上海市优秀保护建筑而言，采用成本法估价比较适用，但中远老楼已有百年历史，属于超期服役建筑，按一级砖混结构折旧计算方法，50 年后残值率为 2%，按这种计算方法，中远老楼价值为零，这显然不符合实际情况。因此，采用综合因素计算法来评估中远老楼现值，计算公式如下：

$$P = (A + D - Y) \times (1 + w - s) \times Z/(G + Z) + Y \tag{30-9}$$

式中　P——建筑物估价（万元）；
　　　A——建筑物原价（万元）；
　　　D——已在该建筑物投入的更改费用（万元）；
　　　Y——预计该建筑物净残值（万元）；
　　　G——已使用年限（年）；
　　　Z——尚可使用年限（年）；
　　　w——物价上涨指数；
　　　s——无形磨损指数。

由于缺乏中远老楼的相关实际资料，一些数据只能采用假设的方法得到。假设中远老楼原造价为 500 万元，在使用过程中投入维修费用 200 万元，房屋现残值为 100 万元，尚可使用 20 年，年平均物价上涨指数为 4%，年平均无形磨损指数为 2%，则根据公式 (30-9)，

$$P = (500+200-100) \times (1+4\%-2\%) \times 20/(98+20) + 100 = 203.7 \text{ 万}$$

根据图 30-19 和中远老楼现值计算结果，得到中远楼风险损失随基坑开挖变化图，如图 30-20 所示。

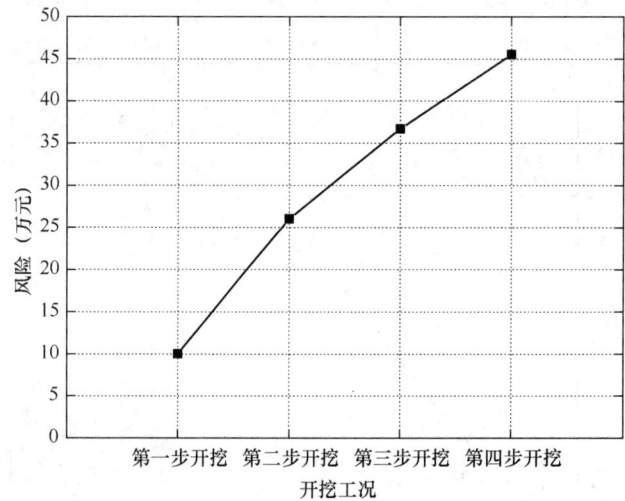

图 30-20　中远楼风险损失随基坑开挖变化图

从图 30-20 可以看出，随着土体开挖深度的加大，中远楼的风险损失逐渐加大，从第一步开挖损失 10.03 万元，到第二步开挖的 26.05 万元，到第三步开挖的 36.71 万元，一直到第四步开挖损失达 45.52 万元。在最不利工况下，中远老楼的破坏风险损失为 45.52 万元，约占中远老楼现值的 22.34%。

参考文献

[1]　L J Endicott. Nicoll Highway Lessons Learnt[C]. Key Note Lecture 3. International Conference on Deep Excavations 28-30 June 2006，Singapore.

[2]　Arthur Casagrande. Role of "Calculated Risk" in Earthwork and Foundation Engineering[J]. ASCE：JSMFD，1965，Vol. 91(SM4)：1-40.

[3]　J. B. BURLAND. Assessment of risk of damage to buildings due to tunnelling and excavation [J]. Earthquake Geotechnical Engineering，Ishihara (ed.)，1997，Balkema，Rotterdam，1189-1201.

[4]　S. J. BOONE. Ground Movement Related Building Damage[J]. J. of Geotech. Eng.，ASCE，1996，Vol. 122(11)：886-896.

[5]　S. J. BOONE. Ground-Movement-Related Building Damage：Closure[J]. J. of Geotech. And Geoenvironmental Eng.，ASCE，1998，Vol. 124(5)：463-465.

[6]　S. J. BOONE，B. GARROD，and P. BRANCO. Building and Utility Damage Assessments，Risk and Construction Settlement Control[J]. Tunnels and Metropolises，Balkema，1998：243-248.

[7]　S. J. BOONE，J. WESTLAND，and R. NUSINK. Comparative Evaluation of Building Responses to an Adjacent Braced Excavation [J]. Canadian Geotech. J.，1999，Vol. 36：210-223.

[8]　Boone, S. J. Assessing construction and settlement-induced building damage：a return to fundamental

principles[C]. Proceedings, Underground Construction, Institution of Mining and Metalurgy, London, 2001, 559-570.
[9] Finno, R. J., Bryson, L. S., and Calvello, M. Performance of a stiff support system in soft clay [J]. J. Geotech. Geoenviron. Eng., 2002, Vol. 128(8): 660-671.
[10] Faber M H. Risk and safety in civil Engineering[R]. Swiss Federal Institute of Technology, Switzerland, 2001.
[11] Staveren MTh van, Knoeff JG. The Geotechnical Baseline Report as risk allocation tool [C]. In: Proceedings of EurEnGeo, Liege, 2004, Vol. 104: 777-785.
[12] Martin Th van Staveren, Ton J. M. Peters. Matching Monitoring, Risk Allocation and Geotechnical Baseline Reports [C]. In: Proceedings of EurEnGeo, Liege, 2004, Vol. 104: 786-791
[13] M. Th. van Staveren & M. T. van der Meer. Educating Geotechnical Risk Management[A]. First International Symposium on Geotechnical Safety & Risk[C], 2007.
[14] 范益群, 钟万勰, 刘建航. 时空效应理论与软土基坑工程现代设计概念[J]. 清华大学学报(自然科学版), 2000, 40(增1): 49-53.
[15] 李惠强, 徐晓敏. 建设工程事故风险路径、风险源分析与风险概率估算[J]. 工程力学, 2001 增刊: 716-719.
[16] 仲景冰, 李惠强, 吴静. 工程失败的路径及风险源因素的FTA分析方法[J]. 华中科技大学学报(城市科学版), 2003, Vol. 20(1): 14-17.
[17] 杨子胜, 杨建中, 杨毅辉. 基坑工程项目风险管理研究[J]. 科技情报开发与经济, 2004, Vol. 14(9): 205-207.
[18] 黄宏伟, 边亦海. 深基坑工程施工中的风险管理[J]. 地下空间与工程学报[J]. 2005, Vol. 1(4): 611-614.
[19] 廖少明, 刘朝明, 王建华等. 地铁深基坑变形数据的挖掘分析与风险识别[J]. 岩土工程学报, 2006, Vol. 28(Supp): 1897-1901.
[20] 边亦海. 基于风险分析的软土地区深基坑支护方案选择. 上海: 同济大学, 2006.
[21] Jerry S. Rosenbloom. A Case Study in Risk Management. PrenticeH all, 1972.
[22] 李中斌著. 风险管理解读. 北京: 石油工业出版社, 2000.
[23] 张少夏. 隧道工程风险分析方法及工期损失风险研究[硕士学位论文D]. 上海: 同济大学, 2006.
[24] 陈龙. 城市软土盾构隧道施工期风险分析与评估研究[博士学位论文D]. 上海: 同济大学, 2004.
[25] 中国人民共和国建设部. 地铁及地下工程建设风险管理指南[M]. 北京: 中国建筑工业出版社, 2007.
[26] 汪元辉. 安全系统工程[M]. 天津: 天津大学出版社, 1999: 118-197.
[27] 蒋军成, 郭振龙. 安全系统工程[M]. 北京: 化学工业出版社, 2004: 48-54.
[28] 梅启智等. 系统可靠性工程基础[M]. 北京: 科学出版社, 1992: 82-85.
[29] 吴静. 深基坑支护结构事故预警系统研究[硕士学位论文D]. 武汉: 华中科技大学, 2003.
[30] 边亦海, 黄宏伟. SMW工法支护结构失效概率的模糊事故树分析[J]. 岩土工程学报, 2006, Vol. 28(5): 644-648.
[31] 曾兴. 深基坑支护结构系统事故分析[硕士学位论文D]. 武汉: 华中科技大学, 2000.
[32] 李洪兴, 汪培庄. 模糊数学[M]. 北京: 国防工业出版社, 1994.

第31章 基坑工程施工组织设计

31.1 概　　述

基坑工程可根据实际采用不同的支护形式，也可采用多种支护形式的组合；基坑工程可根据支护设计选择顺作法、逆作法、顺作与逆作结合等方法。基坑工程不同支护形式和施工方法决定了施工机械、施工顺序、施工工艺的不同，所以基坑工程支护形式和施工方法的多样性决定了施工组织的复杂性。

基坑工程开挖会引起周边地下水位变化和土体应力场变化，这种变化会导致周边土体的变形，对周边环境产生不利影响，甚至会造成巨大的生命和财产损失，所以基坑工程的施工组织具有较大的风险性和明显的环境保护特征。

不同地域的工程地质和水文地质条件差异很大，即使在同一城市的不同区域也可能会有较大差异，多年来各地区在总结基坑工程施工经验和教训的基础上，逐步已形成了具有本地特点的基坑工程施工技术，所以基坑工程的施工组织具有明显的地域特征。

基坑工程的施工组织设计编制应具有安全性，由于基坑施工具有较大的风险，所以应在支护设计和施工方案安全评估的基础上进行施工组织，基坑工程所有的施工活动均应以基坑自身安全和周边环境安全为目的。基坑工程的施工组织设计编制应具有合理性，施工组织应根据地域环境特点、现场施工条件、支护工程特点等，选择合理的施工程序、施工方案、施工工艺、施工进度等，进行科学的施工组织。基坑工程的施工组织设计编制应具有经济性，由于基坑工程建设成本往往较大，基坑工程不同的施工组织，其建设成本也会存在较大的差异，所以应采用技术先进、经济合理、科学管理的施工组织，降低建设成本。基坑工程的施工组织设计编制应具有可操作性，在施工组织过程中，应充分考虑支护设计施工的可行性，结合地域特点制定相应施工方案的操作规程，明确各工序之间的相互关系，选择合适的作业人员并使其准确了解作业要求。基坑工程的施工组织设计编制应具有预见性，施工组织应结合以往工程经验，对基坑工程各种因素进行分析，对施工过程中可能产生的风险源进行预知，做好应急预案，保证基坑工程施工组织的安全。

本章重点论述施工组织设计中有关基坑支护、土体加固、降水、土方开挖、支护拆除、信息化施工、质量及安全技术措施等内容的编制方法。采用顺作法和逆作法施工的地下结构工程由于具有相对的独立性，限于篇幅，本章将不作论述，仅在工程实例中说明编制方法。考虑到各地施工组织设计编制的差异性，施工组织设计应结合地域特点进行编制。本章论述较为典型的基坑工程施工组织设计的编制方法。

31.2 基坑工程施工组织设计的编制和管理

31.2.1 编制的基本原则

遵守现行的国家、行业、地方的有关法律法规和标准规范的有关规定，满足安全、质量、进度、环境保护等方面的要求。积极推广应用新技术、新材料、新工艺和新设备。采用合理的施工方法，进行合理的资源调配，进行信息化施工。编制中应考虑组织上的可行性、技术上的先进性、实施上的可操作性、施工上的针对性、经济上的合理性，以体现不同基坑工程施工组织的特点。

31.2.2 编制的基本方式

1. 施工组织设计、施工大纲、施工方案的概念

（1）施工组织设计

根据完整的工程技术资料和设计施工图纸，对基坑工程全部生产活动进行全面规划和部署的主要技术管理性文件。

（2）施工大纲

根据完整的初步设计文件或部分的工程技术资料和施工图纸，对基坑工程生产活动进行纲领性规划和部署的主要技术管理性文件。

（3）施工方案

根据完整的基坑分项工程技术资料和施工图纸，对基坑分项工程生产活动进行规划和部署的主要技术管理性文件。

2. 编制的方式

（1）按施工组织设计方式编制

在满足基本建设程序有关要求，具备完整基坑工程技术资料和完整基坑工程施工图纸的情况下，应优先考虑编制施工组织设计。

（2）按施工大纲方式编制

在满足基本建设程序有关要求，具备完整初步设计文件或部分工程技术资料和施工图纸的情况下，可考虑先编制施工大纲。施工大纲反映的是基坑工程的关键技术路线，基坑工程实施中应分阶段编制各分项工程的施工方案。施工大纲编制中应有分项工程施工方案的编制计划，以利于各分项施工方案的编制和管理。

31.2.3 基坑工程施工方案的专家评审

1. 基坑工程专家评审的条件

基坑工程是一项技术复杂且风险极高的综合性工程。对于具有一定规模的基坑工程，为了加强基坑工程安全技术管理，保证基坑和周边环境的安全，有必要进行专家评审。

根据住房和城乡建设部建质［2009］87号文"关于印发《危险性较大的分部分项工程安全管理办法》的通知"要求，下列基坑工程施工单位应组织专家进行评审：

（1）开挖深度超过5m（含5m）的基坑（槽）的土方开挖、支护、降水工程；

（2）开挖深度虽未超过5m，但地质条件、周围环境和地下管线复杂，或影响毗邻建（构）筑物安全的基坑（槽）的土方开挖、支护、降水工程。

由于基坑工程地域差异较大，各地应根据具体情况，制定本地区需专家评审的基坑工

程管理细则。

2. 专家评审需提供的技术资料

应提供基坑工程地质和水文地质资料、周边环境和地下管线资料、场地资料、基坑工程设计文件、地下结构工程设计文件、施工组织设计或施工大纲等。

3. 专家评审报告

需专家评审的基坑工程施工组织设计或施工大纲，施工企业应当组织符合相关专业要求的不少于5人的专家进行论证审查。专家论证的内容包括方案内容是否完整、可行；计算和验算依据是否符合相关规范标准；施工基本条件是否满足现场实际情况；基坑施工自身的安全性和对环境的影响是否满足设计要求；基坑的各项技术措施是否落实到位；应急预案是否考虑周到等。经专家论证审查后，应提出评审报告，施工企业应根据评审报告对技术和管理方案进行必要的完善和调整，评审报告应作为基坑工程施工组织设计的附件。在具体实施过程中，施工企业应严格按照施工组织设计及评审报告的意见或者建议组织基坑工程施工。

31.2.4 施工组织设计编制及审批程序

1. 施工组织设计编制

由于施工企业的组织构架、技术管理等存在差异，同时由于基坑工程技术的复杂性，基坑工程施工组织设计可以由项目经理部相关人员编制完成，也可由施工企业相关人员编制完成。一般可由工程技术人员编制分项工程施工方案，由计划人员编制进度计划，由专业人员编制材料、机械、劳务等资源配置计划。基坑工程涉及较多的专业，各分项施工方案的编制也可在专业分包施工单位编制的分项工程施工方案的基础上，结合基坑工程的特点和企业管理要求加以完善。

应事先制定施工组织设计的总体规划，分析难点和特点，确定关键技术路线，各相关人员按照分工进行编制。编制完成后，一般由项目技术负责人进行审查，对其进行必要的调整和完善，完成施工组织设计的初稿。项目技术负责人应主持讨论施工组织设计初稿，相关人员对其安全性、操作性、经济性等进行全面的分析，并根据分析意见进行完善。完善后形成的施工组织设计应根据有关要求进行审批。施工企业的技术负责人、各部门相关人员可根据基坑工程的规模等情况参与施工组织设计的编制和完善。对于难度较大的基坑工程，企业应组织有经验的工程技术人员进行专题研究，广泛听取各方意见，为施工组织设计的编制创造条件。

2. 施工组织设计审批

审批是指施工企业根据有关企业标准，对报批的基坑工程施工组织设计、施工大纲、施工方案进行审查的过程，包括审核和审定。审核是指企业职能部门对报批的基坑工程施工组织设计、施工大纲、施工方案进行审查的过程。审定是指企业技术负责人或授权的技术人员对审核后的基坑工程施工组织设计、施工大纲、施工方案进行批准或认定的过程。企业技术负责人一般为企业总工程师，授权的技术人员一般为企业分管副总工程师，或在企业内部被广泛认可、具有较高业务水平的工程技术人员。

施工组织设计的审批流程可根据施工企业的组织构架和企业的相关管理办法确定。目前我国的施工企业组织构架分为两种模式，一种是由项目经理部、公司组成的二级管理模式，另一种是由项目经理部、分公司、公司组成的三级管理模式。所以施工组织设计的审批流程也可分为两种方式，一种为项目经理部编制、公司审批的方式，另一种为项目经理部编制、分公司初审、公司审批的方式。

实施施工总承包的工程，基坑工程可以由专业分包单位实施，基坑工程施工组织设计可由专业分包单位编制完成，编制完成的施工组织设计应经专业分包单位审批后，报总承包单位进行审定。基坑工程中的某些分项工程，如围护墙工程、降水工程、土方开挖工程等可由专业分包单位组织施工，该分项工程施工方案应由专业分包单位进行编制，并由专业分包单位技术负责人审批后，报总承包单位进行审定。

总承包单位审定的施工组织设计、施工大纲、施工方案尚应根据我国有关建筑工程管理的有关规定，报建设单位或建设单位委托的监理单位进行审批，审批通过后方可进行基坑工程的施工。

31.2.5 施工组织设计的动态管理

1. 施工组织设计的变更

基坑工程施工组织设计会因主客观条件的变化而产生变更，这种变更主要由设计变更、方案优化变更以及实施过程中的差异性变更等因素引起。这种变更应按照设计变更的要求，对基坑工程施工组织设计进行相应的调整。

基坑工程实施前或实施过程中，基坑支护设计变更或结构设计变更而对基坑设计产生重大影响时，相关的施工参数、施工工艺、施工工况、施工控制等要求都有可能会发生重大的变更。基坑工程实施过程中，若设计参数与基坑监测数据存在较大差异，或基坑工程施工中产生险情而可能对基坑和周边环境产生不利影响时，相关单位应进行协商，采取针对性的技术措施避免不利影响，这些技术措施一般会造成设计方案或施工组织设计的变更。在保证基坑及周边环境安全的基础上，施工企业可根据内部资源配置情况，建设单位可根据工程建设成本等因素，对基坑工程的设计方案提出优化设计，这些优化方案的确认会造成施工组织设计的变更或调整。

2. 施工组织设计变更的程序

通过专家评审的施工组织设计，其变更应当经过原评审专家重新评审；经过审批的施工组织设计，其变更应按原审批程序进行重新审批。

3. 施工组织设计的过程控制

在基坑工程实施前，应对施工组织设计中的分项工程施工方案进行有针对性的技术和安全交底。在基坑工程实施过程中，应对施工组织设计的执行情况进行持续的检查，结合信息化施工进行分析和研究，适时对施工程序进行调整，对后续的施工进行科学的决策。基坑工程施工完毕后，应对施工组织设计进行总结分析，并对实施效果进行总体评估。

31.3 基坑工程施工组织设计的主要内容

31.3.1 工程概况

1. 项目参建单位概况

项目参建单位一般包括建设单位、勘察单位、设计单位、监理单位、施工单位、监测及检测单位等。

2. 工程地理位置概况

工程地理位置主要是指基坑工程所处的地域位置。地理位置应反映基坑周边道路交通状况。

3. 场地及周边环境概况

基坑工程施工前必须进行场地及周边环境调查，要对基坑周边的建（构）筑物、地下管线、地下障碍物等情况进行详细的调查，还应对场内外的交通状况进行详细的分析。场地及周边环境的调查结果应在工程概况中作必要的描述。

4. 工程地质概况

基坑工程的地质勘察资料对基坑工程的支护结构、土体加固、土方开挖均会产生较大的影响，工程地质概况应重点描述基坑工程影响范围内的土层分类、土层参数、地质剖面概况以及与基坑工程相关联的地质概况；应重点描述基坑周边的填土、暗浜、地下障碍物等浅层不良地质对基坑工程的影响。

5. 水文地质概况

基坑工程的水文地质资料对基坑降水、土体加固、土方开挖均会产生重要影响，水文地质概况应描述各层含水层的水位高度和变化规律、水的补给和动态变化、土层渗透系数等，对可能导致基坑失稳的流砂和水土流失问题应做必要的描述，特别要对微承压水和承压水情况进行重点描述。对可能产生承压水危害的基坑，还应对基坑内勘察孔等情况进行了解，描述坑内勘察孔的封闭的可靠性。

6. 地下结构工程设计概况

地下结构工程设计概况应描述基坑工程项目占地面积、基坑面积、平面形状和尺寸、地下结构的形式及其相关参数。

7. 基坑工程设计概况

基坑工程设计是施工组织设计编制最重要的文件。对于放坡开挖的基坑工程，基坑工程设计概况一般应描述边坡设计、护坡设计、降水设计、土方开挖工况要求、施工监测要求等。对于有支护结构的基坑工程，基坑工程设计概况一般应描述围护墙设计、止水帷幕设计、土体加固设计、支撑（锚杆）体系设计、栈桥设计、降水设计、施工要求和监测要求等。

8. 工程特点和难点分析

施工前应对基坑工程的特点和难点进行分析研究，并制定针对性的技术措施。基坑工程的特点和难点可从基坑工程地质和水文地质、周边环境、场地条件、支护设计、结构设计、施工工期、施工季节等方面进行分析。根据分析所确定的基坑工程特点和难点是施工组织设计编制重点考虑的因素[1]。

9. 工程目标

基坑工程的总体目标是指在保证基坑和周边环境安全的前提下，在规定的时间内完成基坑工程的施工。基坑工程施工组织设计编制应在安全、质量、工期、文明施工、环境保护、成本控制等方面制定明确目标，在此目标基础上还应对关键施工技术提出相应的目标要求。

31.3.2 编制依据

1. 法律法规、规范标准

基坑工程施工必须在现行的国家、行业和地方的法律法规、规范标准的要求下进行。

编制人员应获取、识别、确认并熟悉与基坑工程施工相关的法律法规、规范标准，以此作为施工组织设计编制的依据。国家、行业和地方的规范标准应在施工组织设计编制依据中详细列出。

2. 工程勘察资料

工程勘察资料包括工程地质和水文地质资料。应对工程勘察资料中与基坑工程密切相关的内容进行重点分析，施工组织设计应结合工程勘察资料进行编制。

3. 场地及周边环境调查资料

（1）场内地下障碍物调查资料

基坑所处的场地可能存在地下障碍物，如原有建（构）筑物基础、原有支护结构、废弃人防设施、废弃地下管线（沟）、大型植物根茎、坟墓等，基坑开挖前必须对其进行必要的清理。要了解地下障碍物的分布范围、类型、面积、深度等情况，以便确定针对性的处理方案。

（2）场内地下明浜和暗浜情况调查资料

施工前应对明浜和暗浜的分布范围、深度、填土性质等予以明确，必要时可进行针对性的处理，为基坑施工创造条件。

（3）场内管线调查资料

场内的地下管线一般分为废弃管线和使用管线。对于废弃的管线及其附属设施一般作为地下障碍物进行调查。场内正在使用的地下管线必须进行详细的调查，必要时可进行地下管线的探测。场内地上管线一般是指予以保留的架空管线。场内管线调查结果可为施工方案编制提供依据。

（4）场外管线调查资料

场外的管线主要包括场外的地下管线和架空管线。架空管线的调查主要是为了了解架空线的位置、高度和距离。场外地下管线应查明其平面位置、埋深、材料类型、直径、接头形式、压力、建造年代等，必要时可进行地下管线的探测。场外管线的调查是基坑周边环境保护的重要基础。

（5）场外建（构）筑物状况调查资料

应了解基坑周边建（构）筑物的平面位置、基础形式与埋深、结构形式、材料类型、历史沿革等。还应对建（构）筑物的裂缝、沉降、倾斜等现状进行调查并做好拍照等书面记录。对于重要的、特殊的建（构）筑物，还应向相关主管部门进一步了解相关的特殊保护要求。基坑开挖影响范围内的建（构）筑物情况调查是基坑周边环境保护的重要依据。

（6）场外道路交通状况调查资料

对于场外道路交通状况，一方面是本着环境保护要求而进行调查，另一方面是为了调查周边道路的交通运输能力、路面承载力、交通管理等情况。场外道路交通状况调查的目的是为施工组织提供依据。

4. 工程设计文件

设计文件包括地下结构设计文件和基坑支护设计文件。地下结构设计文件主要是指与基坑工程施工相关的结构设计文件。设计文件一般包括地下结构设计图纸、基坑支护设计图纸、设计变更通知、技术核定单、设计图纸会审纪要等。设计文件是施工组织设计编制最重要的依据之一。

5. 合同文件

合同文件是建设单位和施工单位之间的工程合约，涉及工程范围、开竣工时间、安全、质量、文明施工、环境保护、建设成本、技术要求等内容。施工组织设计的编制应体现施工单位对建设单位的承诺。

6. 施工企业综合能力

施工企业的综合能力主要表现在施工业绩、施工经验、技术水平、生产能力、机械装备、企业文化等方面。施工企业由于综合能力的差异，会对施工组织设计的编制产生不同的影响。施工企业一般会根据自身的综合能力来制定适合本企业的施工组织设计，所以施工企业综合能力也是施工组织设计编制的依据。

31.3.3 施工总体部署

1. 施工资源准备

（1）临时设施准备

基坑工程所需的临时设施主要包括临时生活用房、临时生产用房、材料堆放和加工场地、临水临电、施工道路及排水系统等。

基坑工程施工道路应根据场内外实际情况和施工方案确定主要出入口，场内施工道路应保持畅通，施工道路应尽可能设置环形道路。出入口设置位置、道路宽度和路面结构应满足基坑施工需要，道路设置还应考虑基坑边的荷载要求。

应根据现场实际条件，在基坑外侧设置集水井和排水沟。排水系统应满足基坑明排水和基坑降水施工需要。

（2）物料准备

基坑工程涉及的物料包括钢筋、混凝土、水泥、型钢、钢管扣件、模板等材料，同时由于基坑开挖的风险性，现场应配置必要的应急材料，如堵漏材料、临时支撑、回填材料等。基坑工程施工前应按照材料供应计划分批次进场，为基坑工程施工创造条件。

（3）机具准备

基坑工程涉及大量的机械设备和施工器具，基坑围护结构施工阶段涉及大量的成槽设备、工程钻机、搅拌桩机、旋喷及注浆机械等，施工降水涉及各种降水机具，土方开挖涉及各种挖掘机械、土方运输车辆、排水设备等，支撑体系施工涉及到各种起重机械、混凝土施工机械、钢筋加工和焊接机械、木工加工机械等。施工前根据基坑工程的工期、工程特点、施工方案、地质条件、场地情况、工作量、施工成本等因素，并结合材料、劳动力等资源配置情况，对机具的选型、进场数量、进出场时间等进行必要的策划。

（4）劳动力准备

基坑工程的施工涉及较多的专业，故施工的工种较多，有些属于专业性较强的工种。故在施工前应事先组织落实劳动力计划，以确保施工的连续性、均衡性。作业人员应按照要求进行相关的培训，进行必要的筛选和考核，并在完成交底后进行上岗作业。

2. 施工技术准备

（1）熟悉设计文件

设计文件主要包括结构设计文件和基坑支护设计文件，这些文件是基坑工程施工最重要的依据。施工前相关技术人员和作业人员应熟悉施工图纸，核对结构设计与基坑支护设计是否存在矛盾，是否有明显差错，是否与勘察资料相符。

(2) 图纸会审

图纸会审的目的是正确贯彻设计意图,加深对设计文件的理解,掌握关键设计内容,确保工程安全和质量的过程。基坑工程施工前,除应进行基坑支护设计图纸会审外,还应进行结构设计图纸的会审,以明确相互之间的关系。

基坑工程相关人员应在熟悉设计文件的基础上,对设计图纸进行会审。图纸会审应由建设单位或监理单位组织,设计单位和施工单位参加。图纸会审主要对图纸中存在的问题、疑点进行澄清,并通过各方协商加以解决。图纸会审应形成会议纪要,会议纪要应经建设单位、监理单位、设计单位、施工单位会签,会议纪要应作为设计文件的一部分进行归档。

(3) 技术交底

基坑工程技术交底是在基坑工程或分项工程施工前,由项目技术负责人根据设计文件、已批准的施工组织设计,并结合现场实际,向施工管理人员和施工作业人员进行作业交底的过程。技术交底的目的是为了使相关施工人员熟悉作业内容,明确作业标准,避免工程隐患或事故的发生。重要或复杂的基坑工程,也可由企业技术负责人进行技术交底。应以书面形式进行技术交底,交底的范围应包括所有参与施工的作业人员。施工组织设计变更时,交底人应根据变更情况重新进行技术交底。基坑工程技术交底可分阶段进行,分阶段技术交底应在作业前进行。

3. 总体施工设想

总体施工设想是针对基坑工程的特点和难点,确定基坑工程施工技术路线和关键技术的过程。施工技术路线应明确施工总体顺序,各分项工程均应按照施工总体顺序的安排组织施工。关键技术是指在特定条件下,为完成基坑工程所应进行的重要的技术工作,该关键技术对基坑工程的顺利完成起到至关重要的作用。

4. 总体施工流程

总体施工流程是指从施工准备开始,直至基坑工程施工完毕为止的各施工工序之间的先后顺序和相互之间的关系。为了满足基坑工程施工多样性的要求,各施工工序之间会形成一定的搭接,且各施工工序也会有严格的先后顺序要求,所以总体施工流程应对各分项工程的先后施工进行明确规定。总体施工流程越详尽,对基坑工程施工越有指导作用。总体施工流程的安排应综合考虑施工工艺、施工工况、施工流水、资源配置、施工进度等因素。为了较直观反映总体施工流程,在一般情况下可采用框图的形式对总体施工流程进行描述。

31.3.4 施工现场平面布置图

1. 施工现场平面布置图的概念

施工现场平面布置图是对基坑工程施工场地安排的总体策划。由于基坑工程场布内容较多,为了较清晰的反映施工现场平面布置的相关内容,施工现场平面布置图可根据不同的场布内容进行分类绘制。由于基坑工程施工周期较长,施工阶段较多,为了满足各阶段不同场布的施工要求,施工现场平面布置图也可根据实际情况分阶段绘制。

2. 施工现场平面布置图的主要内容

(1) 施工现场临房、堆场及施工道路平面布置

施工现场临房包括生产用房和生活用房。生产用房一般包括办公室、会议室、工具间、仓库、标准养护室、门卫等。生活用房一般包括职工俱乐部、宿舍、浴室、食堂、厕所、开水间等。生活用房、办公用房应与施工作业区域分开布置,并有明显的隔离设施。

设置在基坑边的临房应考虑对基坑的影响。

基坑工程施工涉及大量的材料,这些材料应在施工场布中明确规定堆放的位置,并根据工程进展进行适时的调整。材料堆放场地应按照使用方便、吊运便捷、搬运量少、安全防火、不影响基坑施工等原则灵活布置。

施工道路的设置应综合考虑材料运输、土方开挖、混凝土浇筑等因素。在规划临时施工道路时可充分利用拟建工程的永久性道路,提前修建永久性道路或者先修路基和简易路面。位于城市中心的基坑往往距离红线较近,基坑施工阶段尤其是土方开挖阶段,场内的交通组织和材料堆放往往十分困难,需要结合支撑形式、场内道路、主要出入口、施工工期等设置基坑施工栈桥。施工栈桥包括栈桥道路和栈桥平台,其形式较为多样。合理的栈桥设置不仅能大大提高基坑工程施工效率,而且还可增加支撑体系的整体刚度。在施工场地布置时应从栈桥使用功能出发,布置栈桥道路和栈桥平台,用于运输车辆行走、施工机械停放和作业、材料堆放等。

(2) 施工用水及排水平面布置

临时用水系统应根据水源位置、基坑平面形状,计算现场生产、生活和消防用水量,结合后续结构施工需要,合理设置给水管网,基坑工程的临时用水一般以环形管网为主。主管可采用镀锌钢管、无缝钢管,支管也可采用PVC管等,安装方式以暗敷为宜,平面上应避开基坑。管道过施工道路时,应考虑路面荷载对埋设水管的影响,一般需设置保护管。

在基坑外应设置由集水井和排水沟组成的地表排水系统,在基坑内应设置排水系统以疏导基坑内明水。多级放坡开挖时,还应在放坡平台上设置排水沟。排水沟、集水井尺寸应根据排水量确定,抽水设备应根据排水量大小及基坑深度确定。排出的水汇至沉淀池,经过处理后排出。排水沟、集水井、抽水设备的设计和选型应充分考虑基坑降水的流量,特别是在需要进行减压降水的基坑。

(3) 施工用电平面布置

施工临时用电系统应根据电源位置、现场用电设施配置等,通过用电量、变压器、导线截面等计算,合理设置临时用电管网。基坑工程的临时用电一般以环状管网、树状管网为主。配电线路一般沿施工道路或围墙布置,并根据各用电点进行分配。安装方式一般有暗敷和架空两种,配电线路不得妨碍场内交通和施工机械的装拆及作业。线路过施工道路时应考虑路面荷载对埋设线路的影响,一般需设置保护管。

(4) 大型施工机械平面布置

基坑施工阶段应根据施工方案要求设置塔吊、履带吊、汽车吊等垂直运输机械,垂直运输机械应在平面图中标明作业位置及行走路线。垂直运输机械的位置应考虑施工栈桥的承载能力和坑边堆载的控制要求。

3. 施工现场分阶段平面布置要求

基坑工程施工中,随着施工工序的不断变化,施工现场的布置也将随之变化。可根据基坑工程总体设想所确定的施工总体顺序将基坑施工全过程分为若干个施工阶段,每个阶段可分别绘制施工现场分阶段平面布置图。基坑工程一般可按围护及土体加固施工、基坑开挖及支撑施工、地下结构施工等阶段进行施工场布设计,以满足不同施工阶段的作业要求。

31.3.5 基坑工程施工计划

1. 施工总进度计划

基坑工程施工总进度计划应在建筑工程施工总进度计划的基础上编制。基坑工程施工总进度计划的编制应根据基坑施工内容划分各施工过程，而基坑围护、土体加固、降水、土方开挖、支撑体系、地下结构等施工内容是施工过程划分的依据。为施工服务的辅助性项目，如施工准备、临时设施布置、工程测量、大型机械进出场等也应列入施工过程，在施工总进度计划中反映。

2. 施工分项进度计划

施工分项进度计划应在基坑工程施工总进度计划的基础上编制，施工分项进度计划是对施工总进度计划中各分项工程更具体化的施工进度安排。施工分项进度计划应尽量详尽，以满足施工作业需要。

3. 施工机械进出场计划

基坑工程的施工机械种类繁多，进出频繁，为满足基坑工程施工需要，应合理确定各种施工机械数量和进出场时间。施工机械进出场计划应满足基坑工程施工总进度计划的要求。

4. 劳动力安排计划

劳动力安排计划一般应先计算出各工作项目的总工程量和总工日，再根据工期要求编制劳动力计划。劳动力安排计划应综合考虑现场各工种的搭接作业，并确定各工种进出场时间，以均衡施工为原则。

5. 材料供应计划

基坑工程材料繁多，材料供应计划显得尤为重要。材料供应计划应根据基坑分项工程施工进度计划、工程实物量清单、机械和劳动力配置、现场材料堆场等情况进行编制。

31.3.6 工程测量方案编制

1. 测量依据

应以建设单位提供的规划红线界桩、高程控制点为依据，根据设计文件的要求进行施工测量，施工测量应符合现行规范的有关要求。

2. 测量仪器

测量仪器的选用应满足施工测量精度的要求，基坑工程使用频繁的测量仪器主要有全站仪、经纬仪、水准仪、钢卷尺等。测量仪器应定期检定，合格后方可使用。

3. 施工测量方案的编制

(1) 建立平面控制网和高程控制网

平面控制网和高程控制网应根据规划红线界桩、高程控制点确定。控制网的建立应遵循先整体后局部，高精度控制低精度的原则。控制网使用过程中应经常复测，偏差应及时进行校正。控制网应通视良好，易于保护，且与基坑应有一定的距离。控制网应根据工程规模进行分级布设控制。

(2) 基坑施工测量

基坑施工测量一般包括支护结构施工测量、土体加固施工测量、基坑开挖施工测量、地下结构施工测量等。基坑测量方案应根据不同施工阶段分别编制。基坑定位放线测量应以平面控制网为依据，基坑高程测量应以高程控制网为依据。

31.3.7 基坑支护结构施工方案编制

1. 基坑支护结构的内容

基坑支护结构种类繁多,常用的围护结构有地下连续墙、钻孔灌注桩围护墙、型钢水泥土搅拌墙、水泥土重力式围护墙、钢板桩、钢筋混凝土板桩、高压旋喷桩、咬合桩围护墙等形式;常用的支撑立柱结构有钢管立柱、格构立柱、H型钢立柱等形式;常用的立柱桩结构有钻孔灌注桩、水泥土搅拌桩等形式;常用的内支撑结构有钢支撑、钢筋混凝土支撑、梁板结构支撑等形式;常用的外拉锚体系有土层锚杆、土钉墙、板桩拉锚等形式[2]。支护结构在全国各地还有其他一些形式,在此就不一一赘述了。

2. 基坑支护结构分章节编制的要求

由于基坑支护结构是由许多分项工程组成,施工方案编制中为了清晰反映相应的施工技术,基坑支护结构应根据分项工程内容采用分章节编制的方法。同一基坑若存在多种支护结构形式,这些支护结构可能是在平面上进行组合,也可能是在竖向上进行组合。这种在平面上和竖向上的组合反映在施工顺序上可能是先后施工的过程,也可能是相互搭接施工的过程,这种施工过程应在施工部署中予以明确,并在各支护结构分项工程施工方案分章节编制中确定技术路线。

基坑支护结构施工方案可根据工程实际情况,结合施工企业相关管理制度进行章节划分。支护结构若由不同分项工程组成,且不同分项工程由多家专业分包单位施工,各分项工程施工方案也可由各专业分包单位分别进行编制,并由总包单位对各分项工程施工方案进行汇总、统稿,形成完整的支护结构施工方案。

3. 基坑支护结构施工方案的编制

(1) 明确设计和施工要求

在施工方案编制中应明确支护结构相应的设计要求,包括设计工况、设计参数以及设计所提出的相关技术要求,这些设计要求是施工方案编制的依据,施工方案应充分体现设计要求。

施工方案编制中应明确支护结构的施工要求,包括施工工况、施工参数、技术措施、质量验收等内容,这些施工要求应符合现场实际,并满足标准规范的要求。

(2) 施工流水作业

施工流水作业是工程建设过程中较为常见的施工组织方法,流水施工是相对固定的作业工序在若干个施工作业面上依次连续进行的一种施工形式。在基坑支护结构施工过程中,各工序的施工相互关联并存在先后顺序,流水作业既能充分利用时间又能充分利用空间,可大大缩短工期,流水作业是实现施工连续和均衡的有效保证,也是基坑工程安全施工和周边环境保护的有效措施。基坑支护施工方案的编制不仅应确定各种支护结构施工之间的流水作业方法,还应确定分项工程各工序之间的流水作业方法。

(3) 施工机械选型

基坑支护结构种类繁多,所采用的施工机械也多种多样。支护结构施工涉及的主要机械包括地下连续墙成槽机、钻孔灌注桩钻机、水泥土搅拌桩机、高压旋喷桩机、起重机、运输车辆、混凝土泵车、钢筋及木工加工机械以及辅助机械等。施工方案编制中应确定支护结构施工的相关机械型号、机械数量、机械进出场时间。施工机械应满足施工技术、施工进度、基坑安全、场地条件等要求。

(4) 施工流程

支护结构施工流程既能清晰反映各工序之间固有的、相互关联的施工顺序和搭接关系，也能全面反映支护结构施工全过程以及相关技术要求。每一种支护结构都有其各自的施工流程，施工方案编制中应结合工程实际，根据工艺技术要求确定各种支护结构的施工流程。施工流程一般采用流程图的形式表现。

(5) 施工方法及技术措施

施工流程确定后，应编制支护结构各道工序的施工方法和技术措施。施工方法是为了完成支护结构各道工序而采用的技术方法，是保证工序顺利完成的有效手段；技术措施是为了施工方法顺利实施而采取的保证措施。一般情况下，施工方法和技术措施可分别编制。施工方法和技术措施是指导现场施工的重要技术文件，编制内容应有针对性和可操作性，对重要的工序和采用特殊技术措施的工序应重点进行编制。

31.3.8 基坑土体加固施工方案编制

基坑土体加固常用的形式有水泥土搅拌桩、高压旋喷桩、注浆等。基坑土体加固的常用位置主要在坑内被动区、局部深坑区、放坡边坡区以及有特殊要求的区域。基坑土体加固最主要的作用是为了减小基坑变形和对周边环境的影响。

施工方案应根据设计文件规定的土体加固参数要求进行编制，编制内容包括机械选型、工艺选择、施工方法、技术措施、质量验收、试验等。

31.3.9 基坑降水施工方案编制

1. 基坑降水工程的内容

基坑降水包括疏干降水和减压降水，疏干降水主要是为了降低地下潜水水位，减压降水主要是为了降低承压水水头。疏干降水一般采用轻型井点、喷射井点、电渗井点、管井井点等降水方式；减压降水一般采用管井井点等降水方式。

2. 基坑降水工程分节编制的要求

基坑工程若同时采用疏干降水和减压降水，疏干降水和减压降水施工方案应分节编制。基坑工程疏干降水若采用多种形式，疏干降水施工方案应根据不同形式分节编制。

3. 基坑降水工程施工方案编制依据

基坑降水应根据工程地质和水文地质资料、基坑规模、开挖深度、围护形式、现场实际、周边环境等条件，选择合理的基坑降水方式。设计要求和施工要求在施工方案编制内容中应明确。由于水文地质情况的复杂性，有些地方水位高度、水头压力会随季节发生变化，水文地质资料提供的参数与现场实际也可能有一定的差异，所以在有些工程中进行抽水试验就显得很有必要。抽水试验主要是为了获取基坑降水工程的水文参数，必要时还应了解水位随季节变化的规律，为施工方案的编制提供依据。

4. 基坑降水工程施工方案编制前的单井或多井抽水试验

基坑疏干降水可根据相关工程实践经验，通过计算确定施工方案；对水文地质条件复杂且无相关工程经验的疏干降水工程，可进行抽水试验；对于涉及减压降水的基坑工程，施工方案编制前应进行专门的现场抽水试验。通过抽水试验进行分析，确定降水井的数量、埋置土层以及平面布置等。

5. 基坑减压降水运行前的群井抽水试验

对于涉及减压降水的基坑工程，通过单井或多井抽水试验确定的施工方案应进行群井抽水试验。群井抽水试验应在减压降水井施工完成后进行，抽水试验的主要目的是检验群井降水效果。通过抽水试验分析，可用于减压降水施工方案的优化。若施工方案确定的减压降水井数量、平面位置等不能满足施工需要，施工方案应进行相应的调整，调整后的施工方案在运行前还应进行群井抽水试验，直至满足降水施工的需要。若减压降水井数量过多，考虑到对周边环境的影响，应按照按需降水的要求，减少减压降水井的运行数量或控制减压降水流量。

6. 基坑疏干降水施工方案的编制

（1）疏干降水井点类型的选择

不同类型的疏干降水井点具有各自的适用范围，可根据水文地质、基坑规模、开挖深度、土层渗透性质等选择合理的井点类型。

（2）疏干降水井点技术参数的选择

疏干降水井点类型选择后，应在施工方案中明确相应的技术参数。轻型井点的主要技术参数包括井点管长度、井点管直径、过滤管长度、总管长度等。管井井点的主要技术参数包括井点管长度、井点管直径、过滤管长度、抽水泵规格等；多滤头的管井井点应确定每节滤管的标高和长度。其他类型井点的技术参数可根据相应产品的工艺进行选择。

（3）疏干降水井点平面布置

施工方案中应明确疏干降水井点平面布置，疏干降水井点应结合井点类型、基坑形状、开挖深度、周边环境等因素进行平面布置。

（4）疏干降水施工流程

不同类型的疏干降水井点都有其各自的施工流程，施工方案编制中应根据工艺技术要求确定施工流程。施工流程一般采用流程图的形式表达。

（5）疏干降水施工方法及技术措施

应根据选择的疏干降水井点类型进行相应施工方法和技术措施的编制。施工方法和技术措施编制中应包括相应施工流程中的各个工序。施工方法和技术措施中尤其要对成孔直径、成孔深度、井管间距、滤管填充料、系统连接等做具体的技术规定。

由于疏干降水也会对周边环境产生一定的不利影响，所以疏干降水也应遵循按需降水的原则，但由于疏干降水较简单，疏干降水运行方案可在施工方法章节中编制，也可单列章节进行编制。

7. 基坑减压降水施工方案的编制

（1）减压降水井点类型的选择

减压降水井点一般适用于承压含水层或微承压含水层。目前减压降水井点比较成熟的有管井减压降水井点，各地大多采用管井减压降水施工方法。不同的地方可结合当地实际情况，选择适合本地区的减压降水井。

（2）减压降水井点技术参数的选择

降压降水井点的技术参数主要包括井点管长度、井点管直径、过滤管长度、抽水泵规格等。这些参数的选择应根据水文地质资料、降水要求、施工经验等通过渗流计算确定。

（3）减压降水井点平面布置

当承压含水层顶面埋深小于基坑开挖深度，或承压含水层顶面埋深虽大于基坑开挖深度但坑底以下低渗透性土层厚度较小，经验算基坑抗承压水稳定性不满足要求时，应采取有效的减压降水措施,将承压水水头或承压水水位降低至安全高度或水位。降水前应根据水文地质条件、基坑开挖深度、支护设计、场地条件,结合单井或多井抽水试验等确定平面布置。根据平面布置完成的减压降水井应通过群井试验,根据按需降水的需要,增减减压降水井的数量。减压降水井根据基坑周边环境条件以及止水帷幕与降水目标承压含水层之间的关系,可布置在坑内,也可布置在坑外,也可采用坑内外同时布置的施工方案。

(4) 减压降水施工机械选型

减压降水施工机械选型的编制内容和要求可参照管井井点疏干降水章节。

(5) 减压降水施工流程

减压降水施工应根据管井井点的特点,确定各分项施工工序,并根据各工序之间的关系确定施工流程。施工流程一般采用流程图的形式表达。

(6) 减压降水施工方法及技术措施

减压降水施工流程确定后,在施工方法中应重点描述各施工工序的施工方法,施工方法应具体,便于指导工程施工。在方案编制中,对各道施工工序采用的施工方法应编制技术保证措施,技术保证措施是施工方法顺利完成的保证,技术保证措施应具有针对性和可操作性。

(7) 减压降水井点运行方案

减压降水一般采取按需降水的施工原则,减压降水井的开启数量和开启时间应事先制定初始运行方案。减压降水的运行应在完成群井抽水试验后,对抽水试验的数据和结果进行分析,并对初始运行方案进行优化后编制正式运行方案。在减压降水过程中,应及时对监测数据进行分析,必要时应调整或修改降水运行方案。

考虑降压降水过程不能停顿的特点,运行方案还需制订多电源的应急措施,应急措施应包括备用电源的配置以及电源切换的有关要求。

由于减压降水过程安全性要求较高,为了使运行能顺利进行,方案编制中应包括人员组织、降水设备和电气系统的维护、水位监测分析、调整运行方案的管理程序等内容。

(8) 减压降水封井方案

减压降水封井方案应包括封井的基本条件和封井的方法等。封井的基本条件应根据设计和施工要求确定;封井的方法应根据基础底板浇筑前和基础底板浇筑后两种情况进行编制;封井方案编制中尚应考虑防水的构造措施。

31.3.10 基坑土方工程施工方案编制

1. 基坑土方开挖的技术条件

基坑土方开挖是基坑工程中的一个重要组成部分。基坑开挖应具备一定的技术条件,这些条件应在土方开挖方案编制中明确。基坑开挖的技术条件一般包括工程桩、支护结构、土体加固等应达到的强度,地下水位应降到的深度等。

2. 基坑土方开挖的总体流程

基坑土方合理的开挖流程是保证开挖顺利进行的关键,方案编制中应首先明确总体施工流程。总体流程应根据基坑平面尺寸、开挖深度、支护设计、环境保护等因素确定。施工流程应反映土方分项工程中各分层开挖的先后顺序和相互搭接的关系。由于基坑开挖与其他分项工程存在先后顺序和相互搭接的关系,所以总体流程还应反映与挖土密切关联的其他分项工程。总体流程一般采用框图形式表达,也可采用工况图的形式表达。

3. 基坑土方开挖的交通组织

基坑土方开挖交通组织方案是土方开挖与运输的重要保障。方案编制中应根据工程实际设置土方运输车辆出入口、场内运输车辆的行走路线。对于有条件的工程，运输车辆道路应采用环形布置。方案编制中应对运输车辆道路的承载能力、宽度、形状等作出明确规定；同时还要根据设计要求对基坑超载进行验算。对场地狭小面积较大的基坑，可采用设置栈桥道路和栈桥平台的方式进行交通组织。栈桥道路和栈桥平台在方案编制中应明确使用要求。

方案编制中应根据场外运输道路的实际情况进行交通组织。在城市中进行的土方开挖工程，场外运输道路可能会受到一定的限制，这些限制会对基坑土方开挖造成不利影响，所以方案编制中的交通组织应有针对性的措施，确保土方工程顺利进行。

4. 基坑土方开挖施工机械的选择

基坑开挖和运输常用的施工机械有反铲挖掘机、抓铲挖掘机、自卸车运输车等。基坑土方开挖施工机械的选择应结合机械作业方法、挖土方法等进行；机械的规格型号、数量、进出场时间应在方案编制中明确。土方开挖和运输施工机械的选型可参照本书第23章23.2节的相关内容。

5. 基坑分层分块土方开挖施工方案的编制

基坑开挖总体流程主要反映的是各分层土方开挖的先后顺序，各分层土方在平面上的分块开挖先后顺序应在基坑分层分块土方开挖施工方案中明确。土方开挖方案应包括各分层的每个分块开挖方案，各分层的每个分块施工方案应包括机械配置、挖土和驳运方法、挖土流向等。分层分块土方开挖方案可采用平面图结合剖面图的形式表达。基坑分层分块土方开挖施工方案的编制可参照本书第23章的相关内容。

6. 基坑土方开挖过程的控制要点

不同的基坑，不同的开挖方案，挖土过程中都会存在不同的特点，为了对土方开挖进行控制，土方开挖方案编制中应结合工程实际制定相应的控制要点。控制要点应根据土方分项工程中各分层的每个分块进行编制，控制要点编制应具有针对性和可操作性。

7. 基坑土方回填土施工方案的编制

基坑土方回填有人工回填和机械回填两种形式，土方回填施工方案应结合工程实际进行编制。基坑土方回填方案的编制可参照本书第23章23.8节的相关内容。

8. 土方运输车辆施工道路及挖土栈桥平台的方案编制

土方运输车辆施工道路包括坑外施工道路、坑内施工道路、坑内栈桥道路等。挖土栈桥平台主要用于挖土机械作业，一般位于坑边或坑内栈桥道路边。施工道路及挖土栈桥平台的方案编制应包括相应的设计和使用要求等。坑内栈桥道路和挖土栈桥平台若与支护结构相结合，而由支护结构设计单位统一设计时，方案编制中应重点论述相应的使用要求。

31.3.11 基坑支护结构拆除施工方案编制

基坑支护结构多为临时性结构，部分支护结构在地下结构工程施工过程中或施工完毕且达到相应的要求后，按照设计要求进行拆除。拆除方式可采用人工拆除、机械拆除、爆破拆除等方法。支护结构拆除的主要对象一般包括型钢水泥土搅拌墙支护中的型钢拔除、钢板桩的拔除、支撑系统的拆除、分隔墙的拆除、土层锚杆的回收等，应根据基坑支护结构拆除的对象，编制相应的施工方案。基坑支护结构拆除方案的内容主要包括拆除应具备的条件、拆除方式的选择、拆除的顺序、拆除的方法以及相应的技术措施等。采用爆破拆除方案时，方案编制中尚应包括相应的安全计算内容。

31.3.12 大型垂直运输机械使用方案的编制

大型垂直运输机械通常指用于工程施工的塔式起重机、施工升降机、大型履带吊、大型汽车吊等，基坑各专项工程中所使用的机械方案应在相应章节中进行叙述。大型垂直运输机械使用方案编制的内容主要包括大型机械的选型、平面布置、设置方案、使用方案等。

31.3.13 基坑监测方案的编制

1. 监测方案的编制

应根据环境保护要求、现场条件、设计与施工要求，结合支护结构特点编制基坑监测方案。基坑监测方案的内容主要包括监测的对象、监测仪器的选择、监测点的布置、监测的方法、监测的频率、监测的报警值、监测的起始时间和期限等。

2. 基坑工程信息化施工

为了使基坑工程施工处于受控状态，掌握基坑及周边环境的变形情况，对施工过程中可能出现的险情进行预报，为设计和施工方案优化提供可靠的依据，对后续施工提出相应的建议，是信息化施工的主要目的。方案编制中应根据信息化施工的目的提出相应的技术和管理要求。

31.3.14 保证质量技术措施的编制

保证质量的技术措施除应编制相关的质量管理体系、质量管理制度等常规内容外，重点应论述基坑各分项工程的保证质量技术措施，保证质量的技术措施应具有针对性和可操作性。

31.3.15 保证安全技术措施的编制

保证安全的技术措施除应编制相关的安全管理体系、安全管理制度等常规内容外，重点应论述各分项工程的保证安全技术措施，保证安全的技术措施应具有针对性和可操作性。

31.3.16 保证进度技术措施的编制

保证进度的技术措施除应编制相关的资源保证措施、管理保证措施等常规内容外，重点应论述保证进度的技术措施。

31.3.17 保证文明施工技术措施的编制

保证文明施工的技术措施除应编制相关的文明施工管理体系、文明施工管理制度等常规内容外，重点应论述保证文明施工的技术措施，保证文明施工的技术措施应具有针对性和可操作性。

31.3.18 保证绿色施工技术措施的编制

保证绿色施工的技术措施应根据国家有关的规定，结合工程实际进行编制。保证绿色施工的技术措施应具有针对性和可操作性。

31.3.19 季节性施工技术措施的编制

基坑工程由于涉及较多专业，在季节性施工方面都有各自不同的技术措施，应按照冬季、雨期、高温天气，结合本地区气候条件编制具有针对性的季节性施工技术措施。

31.3.20 基坑工程应急预案的编制

基坑工程施工具有较大的风险,应结合基坑工程的实际情况编制应急预案。应急预案是针对基坑工程施工过程中潜在事故和紧急状况而制订的预防性技术和管理方案。应急预案一般包括应急组织构架、管理职责,应急资源配置,应急技术方案等。应急预案应在基坑工程风险源辨识的基础上进行编制,应急预案的编制应具有可操作性。

31.4 工程实例——上海世茂滨江花园地下车库工程

1. 工程概况

1)项目参建单位(略)

2)工程地理位置

本工程位于上海市浦东新区潍坊西路和浦城路交界处。

3)场地及周边环境情况

本工程场地已完成平整工作,无地下障碍物。基坑南侧、东侧紧邻主干道,东南方紧邻会所,西南方为在建的 2 号楼,西侧为空地,北侧与多层住宅楼相邻。

4)工程地质概况

本工程地基土层主要由饱和黏性土、粉性土和砂土组成。其中第⑧层缺失,第⑦、⑨层土连通,地质土层参数指标如表 31-1 所示。

地质土层参数指标汇总表　　　　表 31-1

土层序号	层厚 (m)	土层重度 γ (kN/m³)	固快峰值 c (kPa)	固快峰值 φ (°)	水平渗透系数 (cm/sec)	竖向渗透系数 (cm/sec)
①填土	1.26	1.80	0	22°00′		
②褐黄色粉质黏土	1.80	1.88	23	16°00′	3.00×10^{-6}	2.00×10^{-6}
③灰色淤泥质粉质黏土	1.20	1.78	14	20°30′	4.00×10^{-6}	3.00×10^{-6}
③夹灰色黏质粉土	2.00	1.88	4	31°45′	5.00×10^{-4}	4.00×10^{-5}
③灰色淤泥质粉质黏土	1.90	1.78	14	20°30′	4.00×10^{-6}	3.00×10^{-6}
④灰色淤泥质黏土	7.50	1.71	10	10°30′	4.00×10^{-6}	2.00×10^{-6}
⑤$_{1a}$灰色黏土	2.70	1.78	15	12°30′	5.00×10^{-7}	4.00×10^{-7}
⑤$_{1b}$灰色粉质黏土	7.80	1.85	21	17°45′	5.00×10^{-6}	3.00×10^{-6}
⑥暗绿色粉质黏土	3.80	2.03	55	19°30′	2.00×10^{-6}	1.00×10^{-6}
⑦$_1$灰绿色砂质粉土	6.80	1.89	3	32°30′		
⑦$_2$灰黄色粉砂	33	1.94	2	35°15′		
⑨$_1$灰色粉细砂	11		3	34°45′		

5)工程水文地质概况

土层浅部地下水属潜水类型,主要补给来源为大气降水、地表迳流,勘察期间测得的地下水埋深约 0.50m;土层深部第⑦层属上海地区第一承压含水层。本工程由于开挖较浅,基坑施工不受承压水影响。

6)地下结构概况

本工程地下二层，基坑占地 12700m²，是两幢超高层住宅楼的附属工程。车库顶板埋深 0.9m，底板埋深 9.4m，总建筑面积约 25400m²。工程桩采用钻孔灌注桩，基础底板采用桩筏基础，地下二层楼板采用无梁楼盖体系，地下一层楼板采用扁梁厚板体系。

7）支护设计概况

本工程采用逆作法施工，外墙采用二墙合一的地下连续墙，墙厚 800mm、600mm，墙深 20.8m，标高为 −2.25m 到 −21.60m。槽段平面共 608m，108 幅槽段，槽段与槽段之间采用圆弧形柔性接头。地下连续墙混凝土设计强度等级为水下 C30S6。结构梁板作为基坑内支撑。一柱一桩下部为钻孔灌注桩，其桩径为变截面，底部直径为 $\phi 850$mm，上部钢管锚固部分为 $\phi 1000$mm，锚固长度为 2m，桩深 57m；一柱一桩的立柱采用 $\phi 550$mm × 12mm 的螺旋管，长度 9.25m，材料采用 Q235B。一柱一桩的立柱垂直度不大于 1/600。一柱一桩在施工阶段作为立柱桩，永久使用阶段作为抗拔桩。基坑围护剖面如图 31-1 所示。车库出口处采用钢筋混凝土支撑作临时支撑。车库出口处在逆作法完成后用顺作法施工车道。

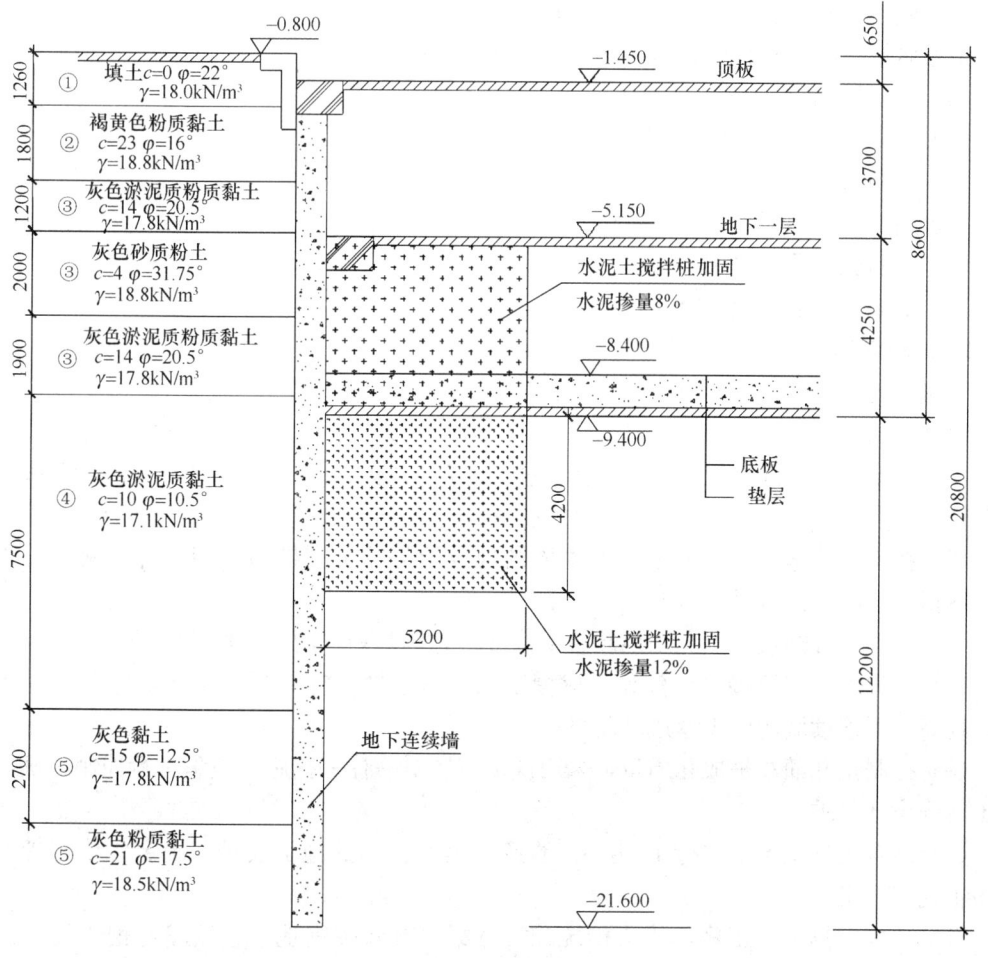

图 31-1 基坑围护剖面图

8）工程特点和难点

(1) 本工程地下连续墙采用两墙合一形式，除承受水平土压力外还要承受上部结构传来的竖向荷载，因此施工质量要求高。

（2）工程结构柱采用一柱一桩的钢管柱，且以后不再外包任何装饰，因此施工平面位置及垂直精度要求特别高，设计提出垂直度必须达到 1/600 的要求。

（3）基坑占地面积大，土方量达 11 万 m^3，其中暗挖土土方量近 8 万 m^3。挖土难度大，基坑暴露时间长，因此需要解决挖土流程与基坑变形控制问题。

（4）由于是逆作暗挖土，通风、废气排放以及充足的照明的设置是确保坑内施工人员安全的保证。

（5）逆作施工中若采用泥底模施工将无法保证优质结构质量目标的实现，必须有相应的措施。

（6）在业主要求的工期内，要完成 164 根一柱一桩的结构桩柱、二层逆作结构和一层基础底板、11 万 m^3 的土方量以及车库上部 8000m^2 左右的仿古建筑、绿化和水景工程，施工难度相当大。

9）工程目标

（1）质量目标

工程质量一次验收合格。

（2）安全目标

重大安全事故为零。

（3）工期目标

总工期满足合同要求。

（4）文明施工目标

达到上海市文明工地要求。

2. 编制依据（略）

3. 施工总体部署

1）施工总体设想

（1）根据工程实际情况，合理安排主楼与车库的施工顺序，采用逆作法施工解决工程工期矛盾。

（2）在逆作法施工中，地下车库主体结构设计与基坑支护结构相结合，减少工程投入，取得一定的经济效益。

（3）根据工程规模特点、工期质量要求进行总体筹划，制定总体施工顺序。

（4）优化地下连续墙泥浆配比、成槽工艺，清基增加空气吸泥工艺，并配合加固措施，提高地下连续墙的施工及成品质量。

（5）控制钻孔灌注桩成孔质量，采用调垂装置对一柱一桩施工质量进行控制，确保其施工达到设计要求。

（6）结合设计工况，进行 11 万 m^3 的逆作土方工程的施工安排，确定优化合理的逆作施工挖土方案。

（7）合理安排施工工序，优化传统施工方案，有效控制地下连续墙与钢管柱的差异沉降。

（8）挖土方案尽早形成大空间，并利用大功率轴流风机进行送排风，解决超大面积的逆作通风问题。利用板底铺设明管安装大亮度防爆灯实现地下照明。

2）总体施工流程

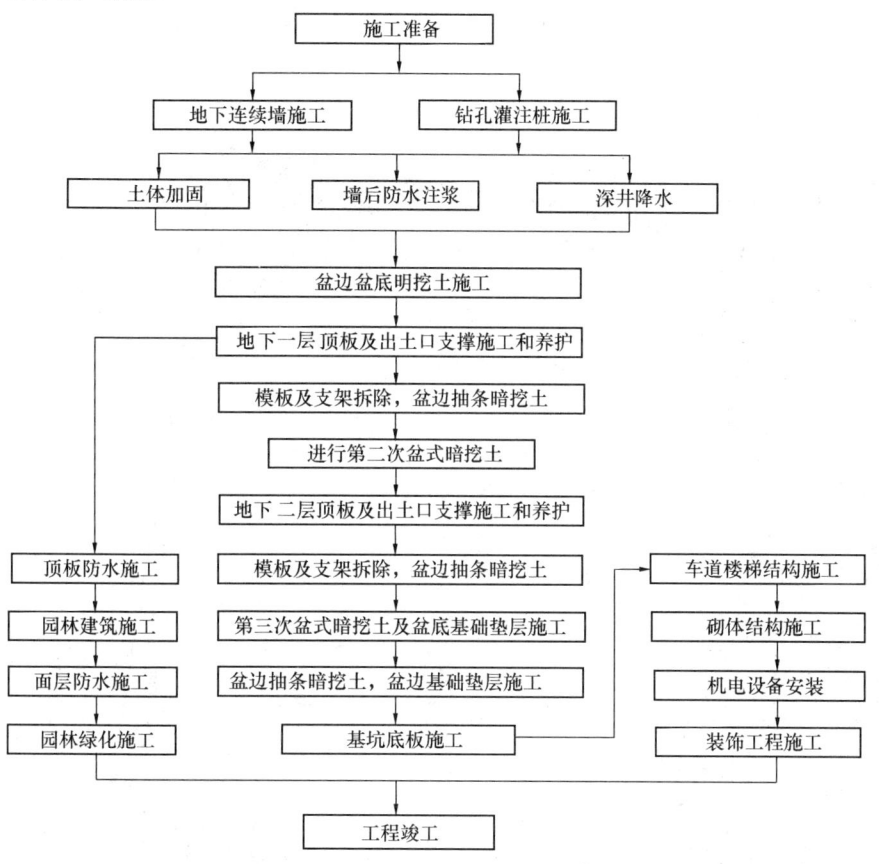

图 31-2　总体施工流程图

4. 施工现场平面布置

根据施工现场实际情况，地下车库四周开设四个出土口。另外沿施工现场四周，铺设一条环形道路，供车辆行走。现场施工平面布置见图 31-3。

5. 基坑工程施工计划（略）

6. 工程测量方案

1）测量仪器的选用

测量仪器的选用如表 31-2。

测量仪器的选用　　表 31-2

序号	仪器名称	型号	精度	单位	数量	产地
1	全站仪	TCA1201+	$1''\pm1mm\pm2ppm$	台	1	瑞士
2	电子经纬仪	J2	$2''$	台	6	国产
3	精密水准仪	NA2	$\pm0.3mm/km$	台	1	瑞士
4	普通水准仪	B21	$\pm0.5mm/km$	台	3	日本

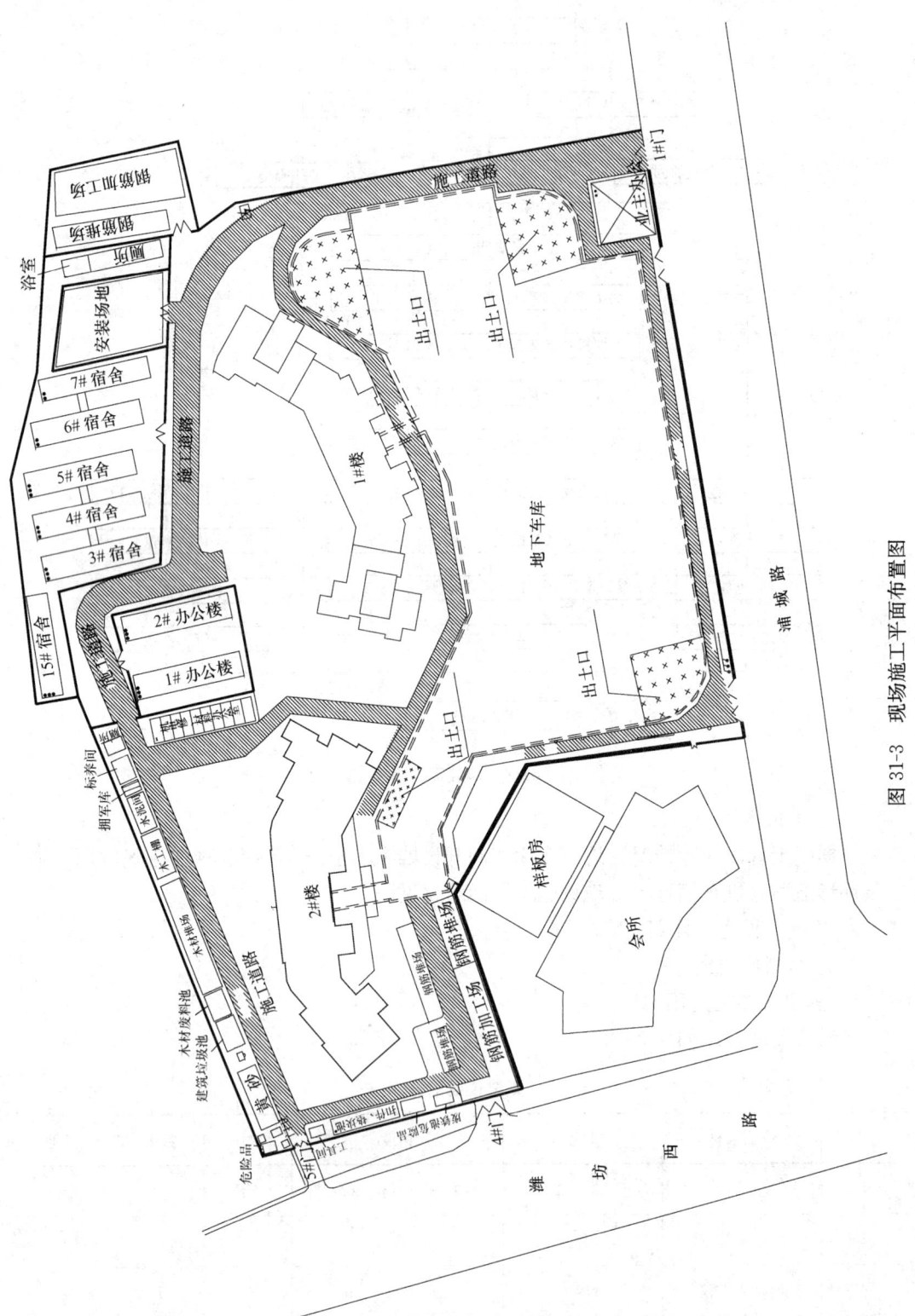

图 31-3 现场施工平面布置图

2) 测量控制网的建立

首先对业主提供的平面控制点和水准点进行复测校核,确认无误后,以此为依据建立本工程的平面测量控制网和高层测量控制网,共建立二级测量控制网。

3) 基坑工程施工测量方案

本工程采用逆作法施工,因而测量的顺序由地下一层放样至地下二层。使用一级平面控制点对基坑周围的二级控制网进行复核。如产生移位,则调整至正确位置。使用二级控制点建立施工控制网。在施工控制网交点处留设 200mm×200mm 的预留孔。预留孔四周布置控制线交点的控制标志。下一楼层放样时,使用特制透明板将该控制网交点恢复,使仪器在该点设站,随后移去透明板将该点垂直向下投影至下层施工面。全站仪在已传递下来的控制点中的一点设站,复核各点的传递精度,之后使用这些点放样出施工控制轴线。

7. 地下连续墙施工方案

1) 施工流程

测量放线→导墙施工→泥浆配制→成槽→槽底清基→吊放锁口管(刷接头)→吊放钢筋笼→混凝土导管安放→浇筑水下混凝土

2) 测量放线

根据基坑工程所建立的二级测量控制网,建立施工控制网。在施工控制网中的控制点上架设经纬仪,以纵横向的轴线为基准,放出地下连续墙测量控制桩,并根据地下连续墙各槽段施工的先后顺序,分别放出各幅地下连续墙的纵横轴线用于施工。

3) 导墙施工

(1) 地下连续墙成槽前应做导墙。导墙是成槽设备导向,是存储泥浆稳定液位、维护上部土体稳定、防止土体坍落的重要措施。

(2) 导墙应具有足够的刚度与良好的整体性,导墙采用 C30 强度等级混凝土。导墙深 1.5m,翻边 1.5m,导墙采用倒 "L" 型,导墙厚度 0.2m,导墙配筋 $\phi16@200$。

(3) 施工时在场地上分段沿地下连续墙轴线设置龙门柱,以准确控制导墙轴线。采用反铲挖掘机开挖沟槽,完毕后由人工进行修坡,随后立导墙模板,模板内放置钢筋网片。导墙要对称浇筑,强度达到 70% 后方可拆模。拆除后设置上下两道圆木对撑,水平间距 2m,以免导墙产生位移。

4) 泥浆配制工艺

(1) 由于地下连续墙深度范围土层含砂量大,在水头差作用下可能发生流砂、管涌现象,为防止槽壁坍塌,经槽壁稳定计算,选用黏度大、失水量小、护壁泥皮厚的优质泥浆,并应根据成槽过程中槽壁的情况变化选用外加剂(CMC、PCL 等)调整泥浆指标,以适应其变化。

(2) 泥浆级配及控制指标

泥浆级配及控制指标如表 31-3 所示。

(3) 当雨天地下水位急剧上升,地面水流入槽段,施工中应及时补浆及堵漏,并加大泥浆比重和黏度,泥浆液面控制在规定范围内,即液位在地下水位 0.5m 以上,亦不低于导墙顶面以下 30cm。

5) 成槽工艺

(1) 成槽机选用有纠偏装置的真砂成槽机,成槽时应随挖随纠,以确保垂直度。成槽

泥浆级配及控制指标　　　　　　　　表 31-3

内　　容	新浆指标	成槽中循环泥浆指标	清孔后槽底泥浆指标	废弃泥浆指标
钠基土	8%～10%			
密度（g/cm³）	1.05～1.15	<1.25	<1.15	>1.30
黏度（s）	25～40	25～40	<30	>50
失水量（ml/30min）	<30	<30		
泥皮厚度（mm）	<1			
pH 值	8～10	8～10	10～12	>14

过程中，应遵循"轻提慢放、严禁满抓"的原则，泥浆随出土补入，保证泥浆液面在规定高度上。

（2）在地下连续墙不同厚度的交接处，为了保证施工质量应先做 800 厚槽段，再进行 600 厚槽段的施工，以防止槽壁坍塌。同时，成槽机掘进速度应控制在 15m/h 左右，不宜过快，以防止槽壁失稳。

（3）施工垂直度应达到 1/300 的设计要求。

6）槽底清基工艺

（1）在抓斗直接挖除槽底沉渣之后进行槽底清基，进一步清除抓斗撩抓未能挖除的细小土渣。

（2）地下连续墙在清基工艺中除了常规的撩抓法，还应增加一道空气吸泥工艺，以确保槽底沉渣厚度控制在 10cm 范围以内。

（3）由起重机将空气升液器悬吊入槽，利用空气压缩机输送压缩空气，以泥浆反循环法吸除沉积在槽底部的土渣淤泥。

7）吊放锁口管（刷接头）

（1）地下连续墙各槽段的接头采用圆弧形柔性接头，圆弧形柔性接头采用整体吊装就位的方法。由履带吊吊放锁口管入槽，锁口管中心应与设计中心线相吻合，底部插入槽底 30～50cm，保证密贴防止混凝土绕流。

（2）地下连续墙槽段接口处的雌槽段，应用外型与其相吻合的接头刷，紧贴混凝土凹面上下反复刷动 5～10 次以上，直到清除泥土，保证混凝土浇筑密实、不渗漏。

8）钢筋笼制作吊放工艺

（1）钢筋笼应一次制作，重约 10t，制作前与设计充分协调，对钢筋笼进行必要的加固。严格控制预埋件及接驳器的位置，为地下连续墙的正确定位创造条件。

（2）钢筋笼采用 2 台 50t 履带吊双机抬吊，吊放钢筋笼时做到稳、准、平，防止因钢筋笼上下移动而破坏泥皮，引起槽壁坍塌。尽量缩短成槽后各工序间的搭接时间，缩短槽壁暴露时间。

9）混凝土导管安装

（1）水下混凝土浇筑采用导管法施工，导管选用直径 20cm 的钢导管，法兰接头。

（2）每幅地下连续墙采用二根导管浇筑，每根导管分担的浇筑面积应基本均等，导管距槽段端部不应大于 1.5m，导管间距不大于 3m。

(3) 用吊车将导管吊入槽段规定位置，导管上端安装方形漏斗，导管应插入到离槽底300～500mm。

10) 水下混凝土浇筑工艺

(1) 钢筋笼就位后及时浇筑混凝土，混凝土坍落度为18～22cm，初凝时间控制在5～8h，混凝土浇筑上升速度不小于2m/h。

(2) 混凝土浇筑过程中导管埋入混凝土液面以下的深度宜为2.0～4.0m，每根导管的混凝土浇筑量宜控制在30～40m³/h之间；成槽结束至混凝土浇筑完成的施工时间宜小于36h。

11) 墙底注浆

在地下连续墙施工中，槽段内设两根注浆管，当地下连续墙沉降较大时，可对地下连续墙墙底进行注浆，以确保墙柱差异沉降控制在设计要求范围内。

12) 墙后接头压密注浆

为了防止地下连续墙接头渗漏，在槽段后接头处按设计要求做压密注浆，压密注浆应在土方开挖前完成。

8. 基坑土体加固施工方案

为减少地下连续墙在施工过程中的变形，在地下连续墙内侧，沿地下连续墙进行分段深层搅拌桩结合压密注浆裙边加固。采用一喷二搅的施工工艺。深层搅拌桩顶标高为地下一层板底，底标高为坑底以下4m。地下一层至坑底部分水泥掺量为8%，坑底以下范围的水泥掺量为12%。详见图31-4。

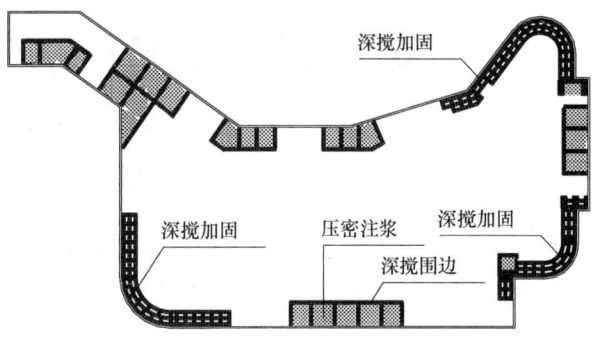

图31-4 土体深层搅拌桩加固平面图

9. 逆作法一柱一桩施工方案

1) 一柱一桩施工流程

详见图31-5。

2) 一柱一桩施工方案

(1) 硬地坪施工

钻孔灌注桩硬地坪施工时，应根据测量定位确定的桩位弹出井字线，埋设固定调垂系统用的8块预埋件，预埋件标高要求一致。埋设完毕后，应测出标高数据，以确定调垂系统钢平台的安装标高。

(2) 护筒埋设

在硬地上按中心线开凿桩孔埋设护筒管，护筒管中心偏差要求不大于10mm，护筒管应埋深、埋牢、埋正。护筒周围要用黏性土回填后分层压实，筒底入原土深度不小于200mm。

(3) 成孔施工

①一柱一桩底部的钻孔灌注桩施工要求高，所以必须用底盘重，稳定性好，具有导向装置的钻机，选用GPS-15型钻机。钻机就位时用枕木垫平机座，机座四角用水准仪抄

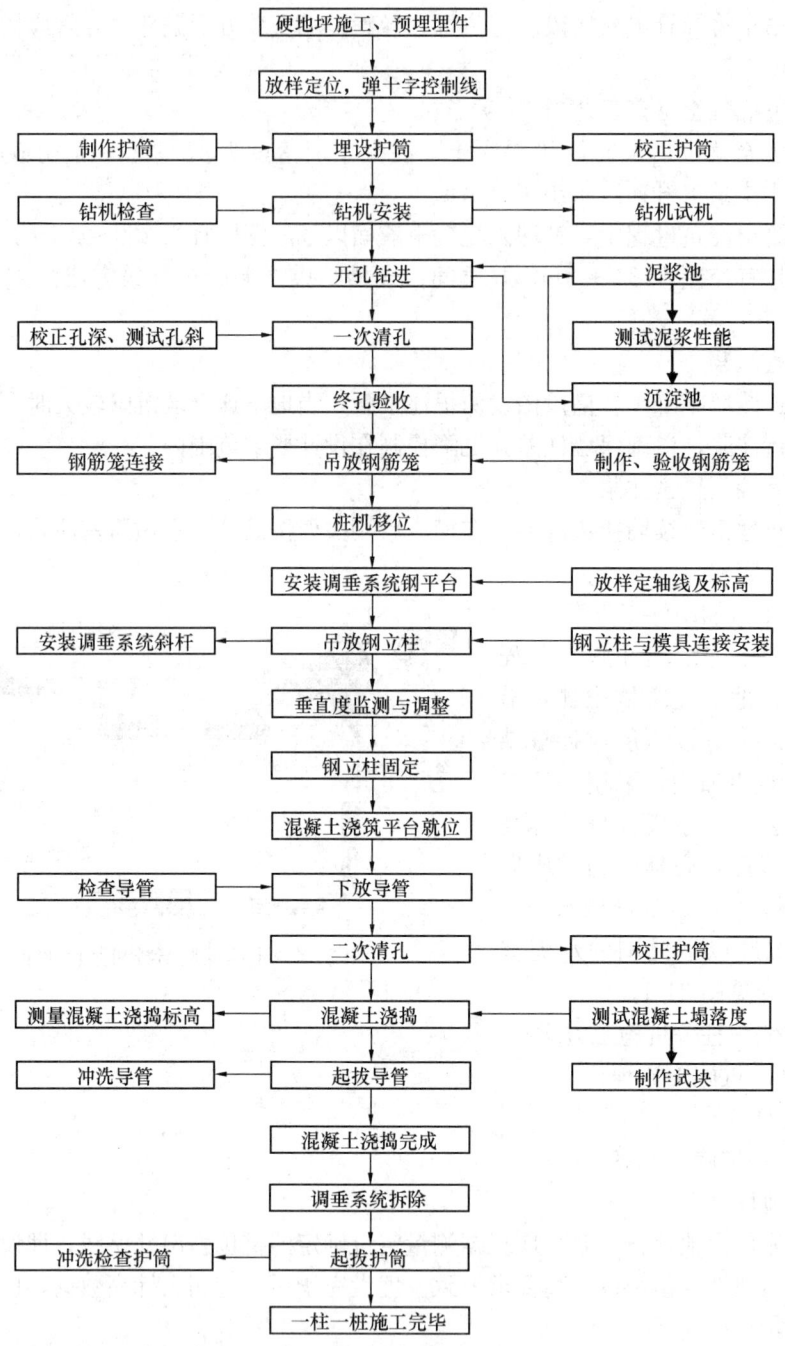

图 31-5 一柱一桩施工流程图

平,以保证导向架、机座、桩位中心点与钻杆在同一垂直线上。

②钻头直径采用与设计桩径同径的钻头。由于设计桩径上部是 $\phi1000$ 桩径,下部是 $\phi850$ 桩径,因此在施工时先采用 1m 直径的钻头,钻至设计深度后,再更换 0.85m 钻头钻至设计深度。

③为确保施工质量,满足设计要求,应对钻机导向轨道进行校正,将导向轮和轨道调整到最佳位置间距。在钻进过程中,主钻杆接长采用连接盘式接头,螺杆固定,确保钻杆

连接坚固,形成一个垂直的钻铤,以保证成孔的垂直度。成孔过程中,每钻深2~3m应用水准仪重新抄平,复核垂直度,并随时纠偏。

(4) 钢筋笼施工

① 钢筋笼在平台上预制,按吊装顺序分节制作。由于钻孔灌注桩是抗拔桩,钢筋笼按全笼设计。为了缩短钢筋笼下笼时间,采用18m长的钢筋笼方案。就位吊装采用两台吊机抬吊。

② 为保证一柱一桩的施工质量,设计要求对桩身进行超声波检测。采用2根$\phi 55$的超声波检测管固定在钢筋笼上,根据钢筋笼吊装顺序在孔口连接,超声波检测管与钢筋笼电焊牢固。$\phi 850$钻孔灌注桩部分,超声波检测管安装在钢筋笼外侧;$\phi 1000$钻孔灌注桩部分,超声波检测管安装在钢筋笼内侧。

(5) 调垂系统钢平台定位固定安装

用吊车配合安装调垂系统钢平台,根据地坪上的十字控制线进行定位固定。8个底座与预埋件焊接牢固,安装过程中利用自身的调平螺栓对调垂系统钢平台进行调平,调整至预先设计的标高。调垂系统钢平台固定后,可控制钢立柱上端平面轴线位置,也可控制钢立柱就位标高。

(6) 钢立柱的吊装

调垂系统钢平台定位固定后,用汽车吊起吊钢立柱和模具系统,将钢立柱慢慢放入由调垂系统钢平台控制的钻孔灌注桩桩孔内,用调垂系统钢平台上的双向调节螺栓根据中心控制线调整钢立柱和模具的平面位置,直至达到设计要求。钢立柱入孔后,模具搁置在调垂系统钢平台上,模具顶端离地高约1.7m。此时钢立柱的平面轴线位置以及标高已符合要求。

(7) 一柱一桩钢立柱垂直度调控

① 钢立柱垂直度监控:安装调垂系统斜杆,一端与模具顶部连接,一端连接在已被固定的调垂系统钢平台上,对角分布。运用测直仪采集有关数据,通过专用软件分析处理,指导调整方向和垂直度数值,直至垂直度达到设计要求。

② 钢立柱垂直度调整:根据电脑指示,用斜杆双向调节模具顶端的平面位置,利用钢立柱刚性好的特点,达到调整钢立柱底端平面位置的目的,直至监控系统电脑反映出钢立柱垂直度达到设计要求为止。

(8) 一柱一桩钢立柱的固定

钢立柱调垂结束后,将4根连接斜杆加以固定,为浇筑混凝土做准备。

(9) 混凝土浇筑平台及导管安装

吊放就位混凝土浇筑平台,在浇筑平台上设置用于支撑导管的横梁。导管分节安装,安装完毕后的导管支撑在混凝土浇筑平台上,做好混凝土浇筑准备。

(10) 清孔

清孔应分二次进行,一清在钻孔结束后直接进行,二清应在钢立柱安装校直后,混凝土浇筑前进行。

(11) 水下混凝土浇捣

① 由于钢立柱利用模具进行导向固定,模具高出地面约1.7m,所以混凝土应采用汽车泵布料杆进行浇捣。

②浇捣混凝土时，下部钻孔灌注桩与钢立柱内部混凝土应采用一次浇捣，直至翻浆高度达到设计要求。

③在水下混凝土的浇筑过程中应对混凝土的配合比、初凝时间、坍落度等技术质量指标及浇灌过程中的混凝土方量、拔管时间、充盈系数等指标进行控制，在实施过程中应派专人进行检查。

（12）拆除调垂系统钢平台

①混凝土浇捣并达到终凝要求后，应对完成后的钢立柱垂直度进行复测，记录钢立柱的最终垂直度。

②拆除调垂系统的斜杆、模具、钢平台及底座，完成一柱一桩施工。

10. 基坑降排水施工方案

在第一次土方开挖前，打设 22 口疏干管井井点，井深 13m。降水 7d 后方可进行土方开挖。为了使基坑操作面保持干燥，在整个基坑挖土挖至地下一层顶板底部后，再打设 6 套疏干降水轻型井点，其中 3 套打设在基坑内，另 3 套打设在三个出土口。轻型井点随挖土过程随挖随拔。基坑内明水的排放，采用设置明沟结合集水井的施工方法进行。

11. 逆作法基坑土方工程施工方案

1）土方开挖的总体流程

（1）工况一：地下连续墙、一柱一桩、土体加固等施工完毕，降水达到要求，进行明挖土施工。采用盆式开挖，盆边挖至顶板的模板底，盆底挖至地下一层楼板模板底。盆边留土 10m，放坡坡度为 1∶1.5（图 31-6）。

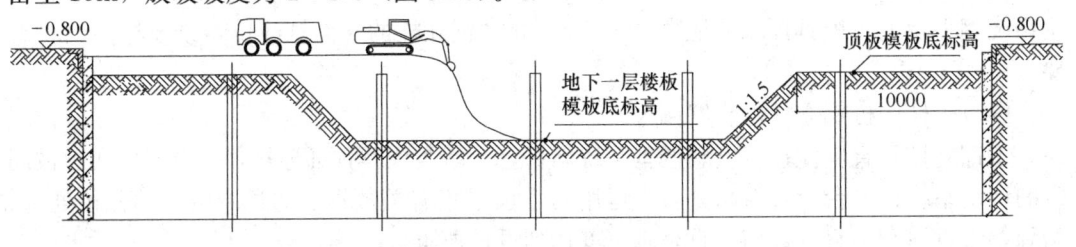

图 31-6 工况一

（2）工况二：进行盆中排架支撑搭设，顶板模板施工，顶板混凝土浇捣（图 31-7）。

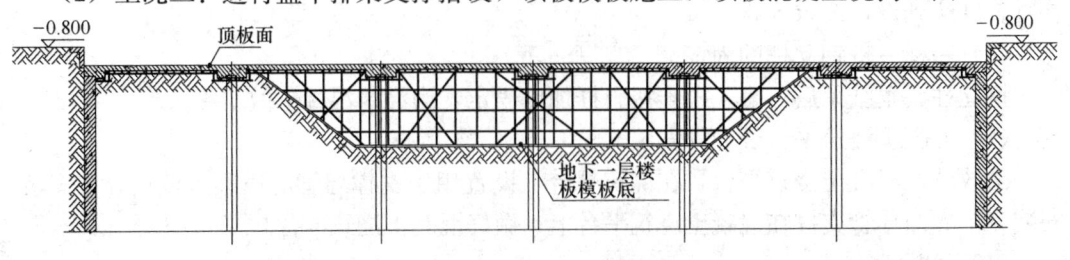

图 31-7 工况二

（3）工况三：顶板混凝土养护结束，排架模板拆除后，进行盆边对称、抽条挖土，抽条宽度按 10m 控制（图 31-8）。

（4）工况四：进行第二次盆式开挖，盆边保持地下一层楼板模板底标高，盆底落低 1.8m。盆边留土 10m，放坡坡度为 1∶1.5（图 31-9）。

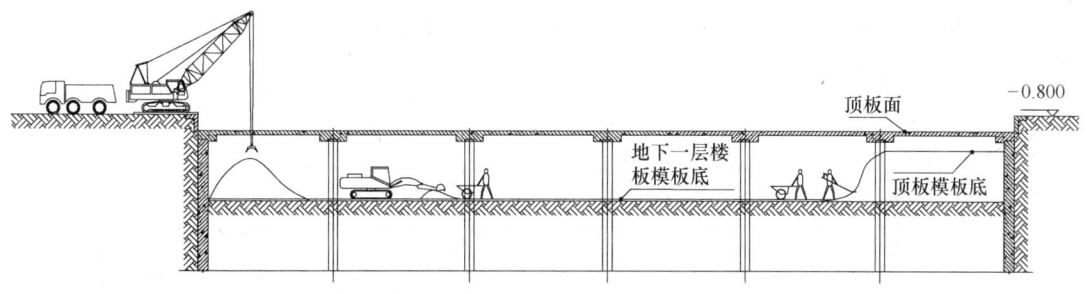

图 31-8 工况三

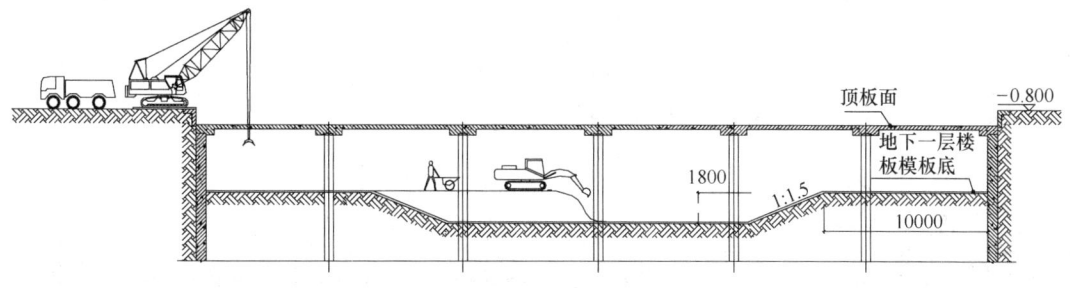

图 31-9 工况四

(5) 工况五：盆式开挖结束后，进行盆中排架支撑、盆边、盆中模板施工及地下一层楼板的结构施工（图 31-10）。

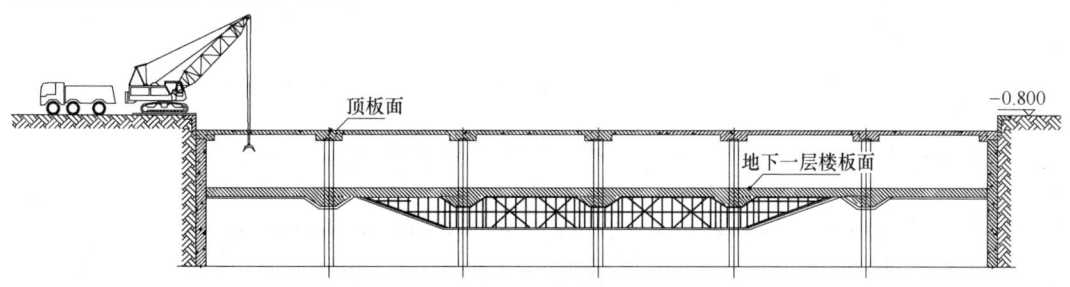

图 31-10 工况五

(6) 工况六：待混凝土养护完毕后，拆除排架、模板。进行盆边对称抽条挖土（图 31-11）。

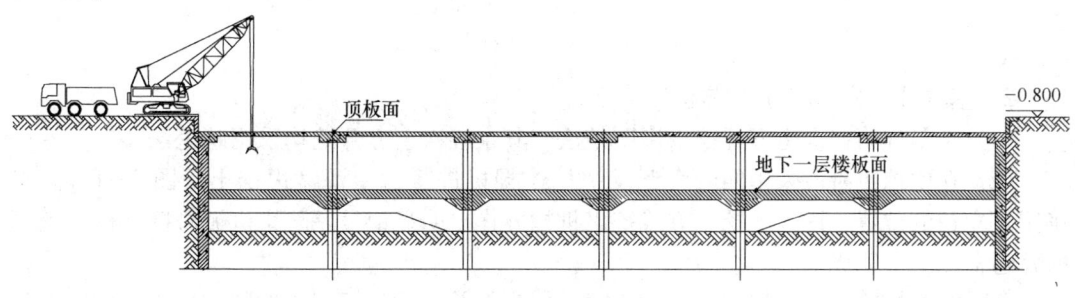

图 31-11 工况六

(7) 工况七：进行第三次盆式开挖，盆边保持地下一层楼板模板底再落低 1.8m 标高,盆底挖至基坑底板垫层底。盆边留土10m,放坡坡度为1:1.5(图31-12)。

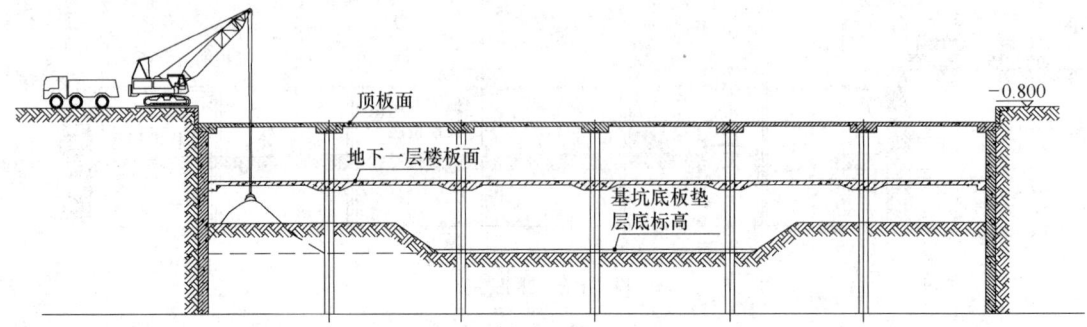

图 31-12　工况七

(8) 工况八:进行盆边对称抽条挖土(图31-13)。

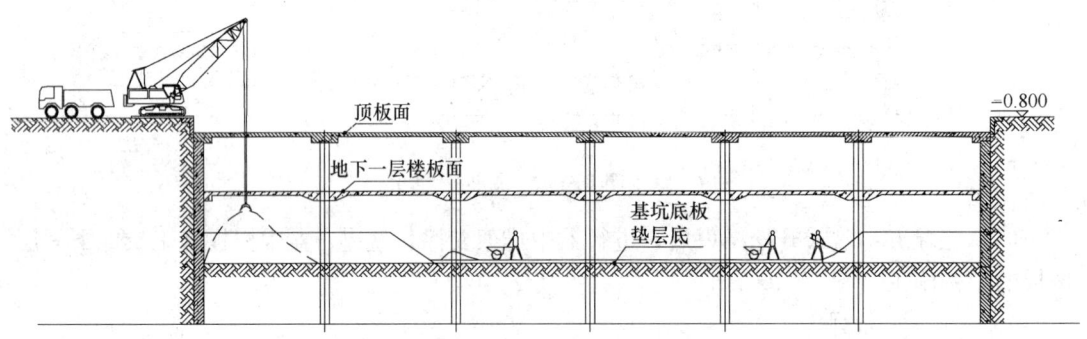

图 31-13　工况八

(9) 工况九:基础底板施工,逆作施工完成(图31-14)。

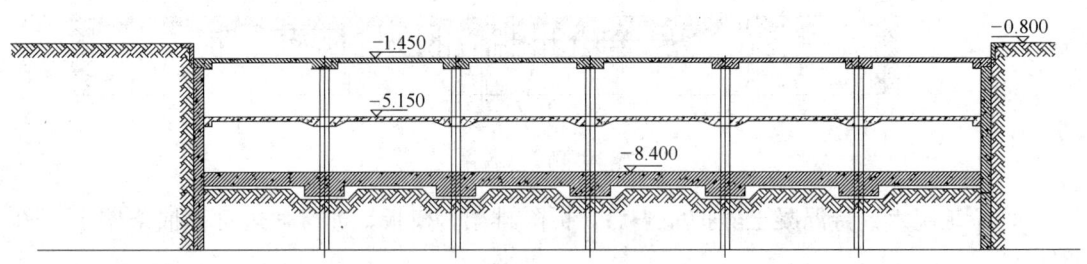

图 31-14　工况九

2) 基坑分层分块土方开挖施工方案

(1) 本工程第一次土方开挖采用明挖法,其余各次土方开挖均采用暗挖法。

(2) 在明挖土阶段采用四台大型反铲挖挖掘机进行盆中及盆边挖土(图31-15)。先确定钢立柱的位置,用人工挖土方式挖出桩帽并作出明显记号,防止机械碰撞立柱。挖土时盆边盆底一次完成。

(3) 在暗挖阶段,应控制盆底盆边两个标高,并用竹片标高桩控制。采用机械挖土与人工挖土相结合的盆式挖土方法,机械采用 $0.4m^3$ 和 $0.14m^3$ 挖机,采用人工手推车配合水平运输,在运输线路上铺设竹笆通道。土方运至四个出土口,由地面上的抓斗挖掘机取

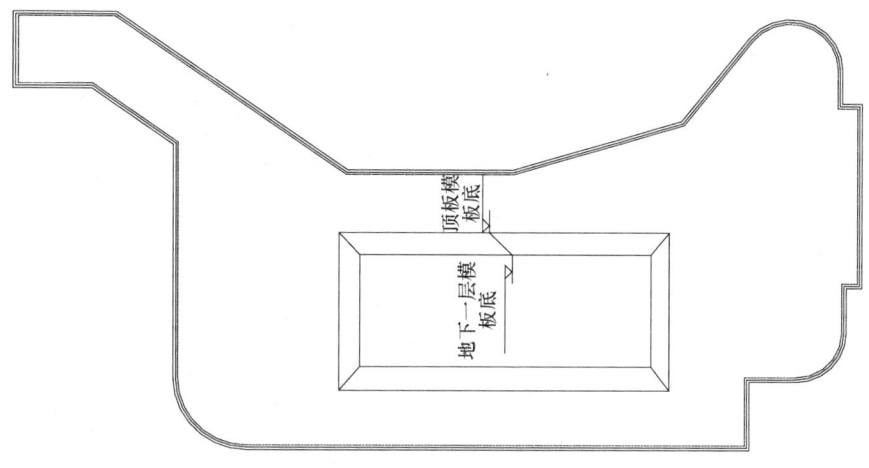

图 31-15 明挖阶段盆式开挖平面图

土外运（图 31-16）。

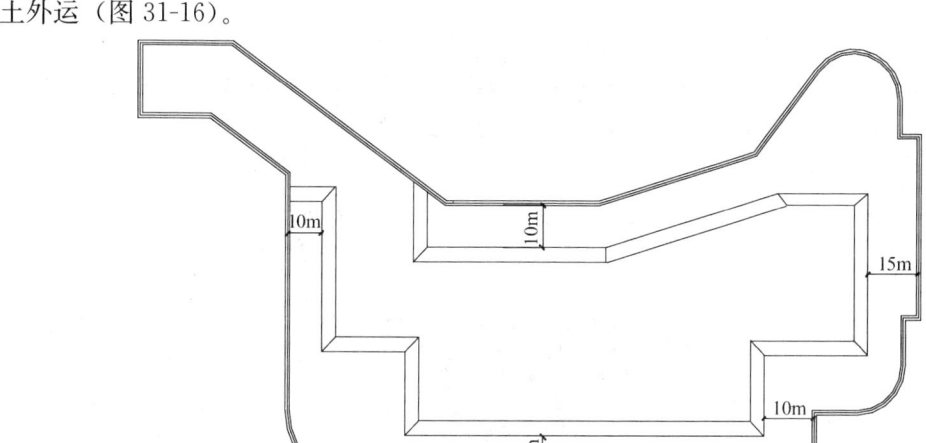

图 31-16 暗挖阶段盆式开挖平面图

（4）暗挖土阶段的盆边采用对称抽条挖土方法，先将出土口挖至盆底标高，再按图 31-17 所示的编号顺序进行对称抽条挖土。

（5）暗挖施工时照明通风应及时跟进，确保安全施工。

3）逆作法地下通风及照明工程施工方案

（1）通风工程

①挖土机械排出的废气以及地层中溢出的沼气会影响到坑内空气质量，对人体健康有害。暗挖施工时，楼板上应预留孔洞，并安装大功率轴流风机进行排风。

②在挖土工作面上应辅助配备一些排风扇以满足空气流通的需要。采用盆式挖土方案，可最大限度地缩短形成空气流通通道的时间，减少通风设备的投入。

（2）照明工程

地下室照明应采用防暴、防潮、亮度大的照明灯具，每个轴线应设一盏灯，随挖土过程同时安装。为防止挖土过程中损坏照明线路，照明线安装应采用在楼板底铺设明管的方

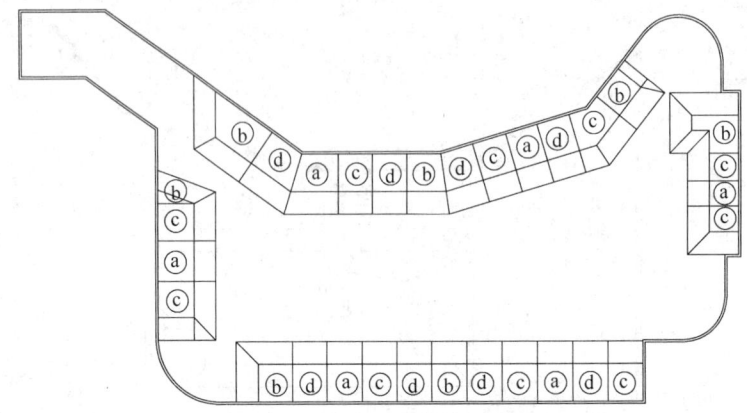

图 31-17 盆边抽条挖土平面图

式，明管应固定在板底并及时穿线，分段接通开启照明灯具，以满足地下施工的需要。

12. 地下结构工程施工方案

1) 地下一层梁板模板工程施工方案

梁板模板采用胶合板。盆中模板由排架支撑，盆边模板由垫层支撑。盆边与盆中的垫层采用 100mm 厚 C10 混凝土。梁板模板支模方案如图 31-18。

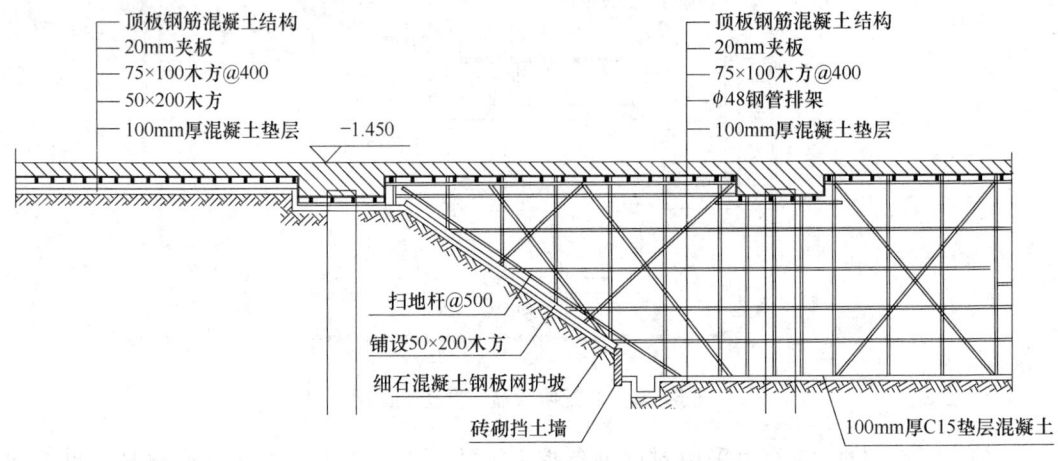

图 31-18 地下一层梁板模板支模方案图

2) 地下二层无梁楼盖模板工程施工方案

地下二层无梁楼盖模板采用胶合板。采用轻型井点降水固结土体，若基坑土层作业面干燥，可取消混凝土垫层，采用 50mm×200mm 木方连成整体支撑排架及模板。无梁楼盖模板支模方案如图 31-19。

3) 基础底板模板工程施工方案

土方开挖到设计标高后，浇捣 200mm 厚 C10 混凝土垫层。基础底板设有四条后浇带，后浇带应采用快叶收口专用模板进行支撑。

4) 内隔墙模板施工

(1) 内隔墙施工待基础底板施工后自下而上进行。在地下一层挖土时，在内隔墙位置开槽，槽深满足插筋要求，槽内回填砂至模板标高。

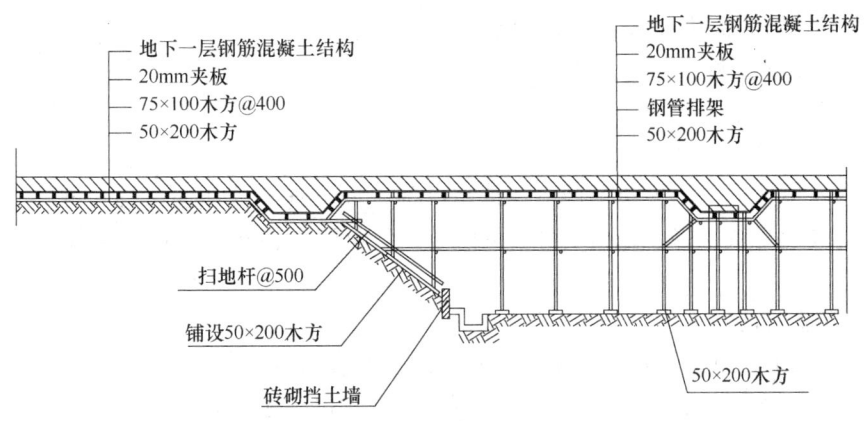

图 31-19 地下二层模板支模方案图

(2) 内隔墙模板施工时留设门子板,板顶设倒八字口,以利于混凝土浇捣,在浇捣前对预留混凝土底部应进行凿毛处理,浇捣结束拆模后应凿除八字口混凝土,并对墙进行修平。

5) 钢筋工程施工方案(略)

6) 楼板及底板混凝土工程

本工程楼板及底板混凝土采用商品混凝土,混凝土输送采用汽车泵接硬管进行浇筑。根据4条后浇带将楼板及底板分为5个区,进行流水施工作业,分区浇筑混凝土,地下一层顶板浇筑平面如图31-20所示。(注:其余部分的混凝土浇筑方案略)。

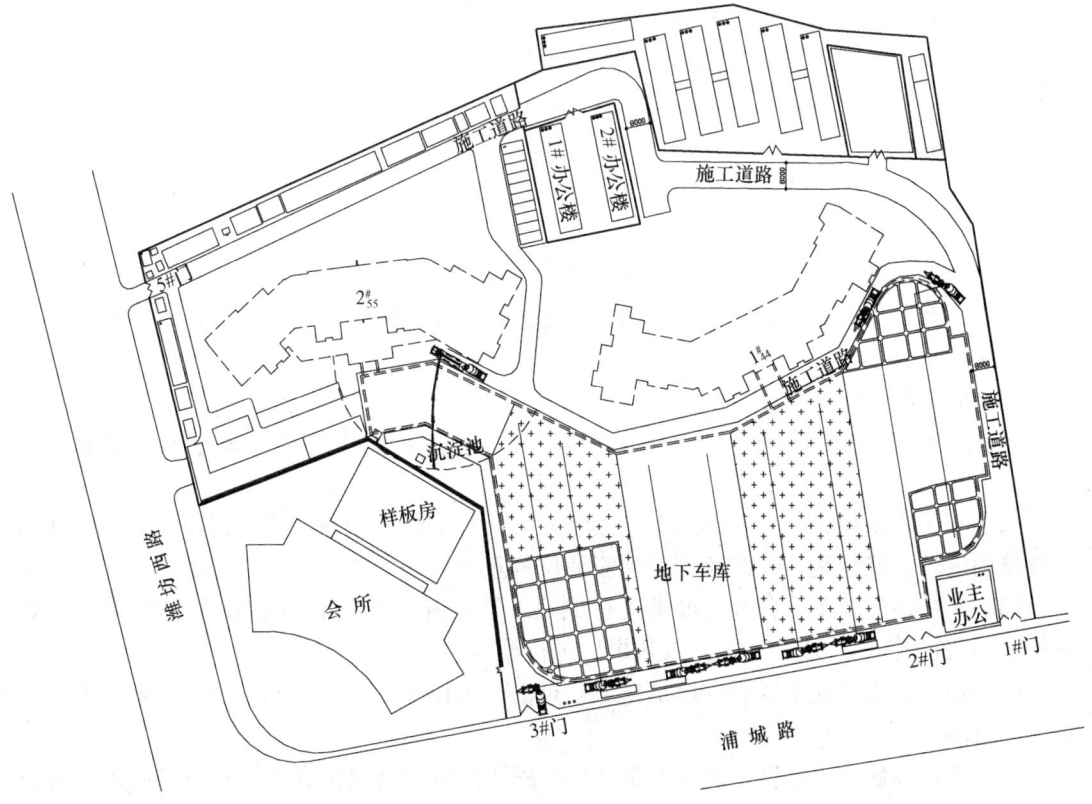

图 31-20 地下一层顶板混凝土浇筑平面图

7) 地下结构顶板防水施工方案（略）

13. 基坑支护结构拆除施工方案（略）

14. 基坑监测方案

1) 基坑监测内容

本工程基坑监测的内容包括地下连续墙沉降、地下连续墙侧向位移（测斜）、基坑外地下水位、周边管线沉降、地面沉降、周边建筑物沉降、临时支撑立柱沉降、一柱一桩沉降等。

2) 工程监测仪器

(1) 美国 SINCO 公司 50302510 双向测斜仪探头，出厂编号：29123。

(2) 美国 SINCO 公司 50310900 双向测斜仪接收仪，出厂编号：9493。

(3) 美国 SINCO 公司 51453 水位仪，出厂编号：23345。

(4) 瑞士 Leica 公司 WILD NA2 精密水准仪，出厂编号：A26229。

3) 测点的布置

(1) 地下连续墙的沉降点每隔 15m 左右设一点，编号 Q1—Q42。测点布置在坑内立柱桩的延长线上。

(2) 墙体测斜共设 6 点，编号 I1—I6，单孔埋设深度 20.0m。

(3) 坑外地下水位观测井共设 4 点，编号 W1—W4，深 11m。

(4) 周边管线共设 6 点，编号 S1—S3，M1—M3。

(5) 地面沉降监测点共 4 点，编号 J22—J25。

(6) 周边建筑物沉降，共设沉降观测点 21 点，编号 J1—J21。

(7) 临时支撑立柱沉降，共设 13 点，编号 E1—E13。

(8) 每一结构立柱设沉降监测点，共 164 点，编号 L1—L164。

4) 监测频率

(1) 164 根一柱一桩应全数进行监测，挖土及结构施工阶段的监测频率为每 2 天一次，混凝土养护阶段监测频率为每 4 天一次。

(2) 其他监测项目在开挖及结构施工阶段的监测频率为每 2 天一次。在混凝土养护阶段每 4 天一次。所有监测项目在主体结构全部完成一个月内每周监测一次，以后每月一次监测直至竣工。

15. 保证质量技术措施

(1) 成槽过程中应控制泥浆液面在导墙面下 30cm，适当提高泥浆比重，保证槽壁稳定。

(2) 本工程采用二墙合一的地下连续墙，因此钢筋笼上的预埋管、钢筋接驳器、插筋等应精确定位，确保地下连续墙预埋件安装位置正确。

(3) 严格按照疏干管井井点要求进行成孔，过滤管安装上下偏差不得超过 50cm，管底偏差不超过 35cm，成井后的降水效果应进行检验。

(4) 轻型井点冲孔完成后，应迅速填砂至滤管顶以上 1.0~1.5m，填砂后须用黏土封口，以防漏气。

(5) 严格控制挖土深度，测量人员在挖土施工过程中及时配合做好水平控制桩，防止超挖，扰动老土。严格按土方开挖的工况要求进行分层挖土，挖土采用信息化施工，必要时调整挖土顺序,减少对周边环境的影响。

(6) 土方开挖至桩顶翻浆高度,即应注意对工程桩的保护,挖土过程应有专人进行监护,灌注桩截桩及桩顶处理应按确定的施工方案进行。施工时特别应注意对一柱一桩的保护工作,初次开挖时,一柱一桩的顶部应采取措施相互拉结,严防上端位移过大对质量产生不利影响。

(7) 严格控制混凝土原材料质量,优化配合比,确保混凝土配合比、坍落度等技术指标,浇筑过程中防止漏振、过振、施工冷缝的产生,做好两次抹面工作。

(8) 一柱一桩和地下连续墙相互之间的差异沉降应跟踪观测。逆作法梁板结构施工应密切结合所测得的差异沉降,采用变形预控制的方法确定梁板结构施工标高。根据观测结果随时调整施工顺序,控制相互之间的差异沉降。

(9) 逆作法施工对成品保护非常重要,后续施工作业应对前期完成的工程进行成品保护。

16. 保证安全技术措施

(1) 土方开挖前应在基坑边设置安全栏杆,取土口边作业的机械应进行位置限定,确保作业机械的安全。

(2) 地下结构的取土口、预留洞以及楼板缺失位置的边缘应设置安全防护栏杆,确保作业人员的安全。安全防护栏杆应经常维护,保证完好。

(3) 由于本工程基坑作业量较大,为了保证大量人员上下基坑的安全,应设置满足流量要求的通道。

(4) 挖土过程中机械严禁碰撞疏干降水井管,井管附近应设明显的警戒标志。靠近地下连续墙侧 30cm 和降水管周围 50cm 范围内的土体,应采取人工挖除,严禁机械作业。疏干井管随土方开挖,及时逐段割除管井下降高度,增加井管的稳定性。

(5) 逆作法施工,模板拆除应制定专项措施,模板拆除前混凝土必须达到要求的强度;机械作业时应与模板支架保持一定距离,并设置安全警示标志。

(6) 逆作法施工应配备足够的照明灯具和通风设备,及时排除地下作业时产生的有害废气,作业人员应配备相应的劳防用具。

17. 保证进度技术措施

(1) 配备具有丰富经验的强有力的管理人员,合理进行施工组织,采用新技术、新工艺、新材料、新设备,提高施工生产效率。

(2) 在土方工程施工阶段,每天持续出土方量大,土方卸点是保证工期的关键。在长备卸点的基础上,另配备用卸点。

(3) 基坑土方开挖采用盆式挖土,分层分块开挖,与地下结构的施工紧密结合,连续挖土应最大限度发挥挖掘机的效率,加快挖土进度,减少基坑变形。

(4) 加快逆作法施工进度,是保证本工程顺利完成的关键。逆作法施工应根据对称性、时空效应以及对周边环境保护的要求,合理安排分区施工,合理进行施工组织,进行流水施工作业搭接,加快施工进度。

18. 保证文明施工技术措施

(1) 现场临时设施及材料堆场按各施工阶段平面布置图的要求规范设置,挂牌标识,满足上海市文明工地的要求。

（2）严格按照规定进行"渣土垃圾"的处置与管理工作。加强对渣土运输车辆的车况检查，监督土方运输过程，防止偷倒乱倒现象发生；渣土装运不得超过运输车辆箱体，运输车辆配置盖板，运输过程盖板严密覆盖。在施工现场，渣土出口处设置车辆冲洗装置。

（3）对进出场道路进行硬化处理，定时洒水减少粉尘飞扬。水泥等粉细散装材料，采取室内存放严密遮盖。对垃圾堆场适量洒水减少扬尘。

（4）施工现场设置有效排水系统，定期疏通保持通畅；现场施工、生活污水必须经沉淀池沉淀后方可排入市政污水管网。现场存放油料的库房进行防渗漏处理，储存和使用都采取措施，防止跑、冒、滴、漏，污染水体。施工产生的废浆必须用密封式罐车外运。临时食堂设置简易有效的隔油池，定期掏油，防止污染。

（5）施工现场遵照有关规定制定降噪的相应制度和措施。进行强噪声、大振动作业时，严格控制作业时间。因特殊工艺需要夜间连续施工时，应向环保部门办理夜间施工许可证，采取降噪减振措施，作好周围群众工作。

（6）夜间室外照明灯加设防护灯罩，透光方向集中在施工范围；电焊作业采取遮挡措施，限制夜间溢出施工场地范围以外的光线，不对周围住户造成影响。

（7）施工场地浇筑硬地坪，以保护地表环境，防止土壤侵蚀、流失；散料堆场四周应设置防冲墙，防止散料被雨水冲刷流失，而堵塞下水道或污染附近水体及土壤。对有毒有害废弃物应回收后交有资质的单位处理，不能作为建筑垃圾外运，避免污染土壤和地下水。

（8）基坑工程施工中，根据监测报告，实行信息化施工，随时调整施工方案和施工顺序，最大限度保护周边建（构）筑物的安全。

19. 季节性施工技术措施

1）冬季施工技术措施

（1）地下结构混凝土施工，应从混凝土原材料、配合比、拌制、运输、浇筑、养护、拆模等方面按照冬季施工要求进行技术控制。负温焊接时应调整焊接工艺参数，使焊缝和热影响区缓慢冷却。焊后未冷却的接头应避免碰到冰雪。

（2）基坑支护结构、土方开挖阶段若存在冻土，应合理的布置各种施工机械。基坑开挖后要及时采取保温措施，防止冻土产生。

（3）施工机械作业区域的道路和平台应保持通畅，冰雪应及时清除，并采取防滑措施。

（4）所有使用油料的机械应事先做好防冻处理。

（5）临时用水管道应采取保温措施。

（6）事先对现场消防设施进行检查，冬季尤其要加强防火管理。

2）雨期施工技术措施

（1）雨期基坑开挖过程中，临时边坡应采取保证稳定的措施，坡度应适当放缓。

（2）应对坑内外的排水系统进行必要的完善和维护，配备足够的抽水泵，防止雨水浸泡土体；盆边护坡措施可进行必要的加强；开挖过程中的临时边坡可采用护面、覆盖等保护措施；基坑周围地面应设置挡水墙，防止地面明水流入基坑；基坑坡道应采取防滑措施，便于车辆、人员上下。

（3）要及时掌握天气的变化情况，保证地下结构混凝土连续浇筑，过程中可适当调整混凝土配合比；应准备足够的养护材料，并及时进行覆盖养护。

（4）及时排除机械设备作业和行驶区域的积水，必要时应采取保证设备稳定的措施。

3）高温季节施工技术措施

（1）结合天气的实际情况，合理安排施工进度及施工程序；合理安排作息时间，注意保护施工现场人员安全。

（2）地下结构施工时应采取降低混凝土浇筑温度的措施，应适当调整混凝土配合比，合理选择坍落度，加强混凝土养护工作。

（3）逆作区域基坑内应做好排气通风。

20. 基坑工程应急预案

1）地下连续墙变形过大

（1）检查地下结构是否有裂缝等损坏现象，检查基坑内地下水位，及时将相关监测结果和现场状况报告围护设计单位，与围护设计单位协商确定控制措施。

（2）若变形过大区域地面有堆载，应立即全部搬除，并禁止该侧施工车辆通过，减少施工动荷载。

（3）如发现地下连续墙侧土体沉陷，应设法控制嵌入土体部分的位移，可采取降低地下水位、坑底加固等措施，并加密监测频率，注意观察连续墙接缝处的变化，发现渗水现象及时进行堵漏。必要时还可调整土方开挖施工流程。

2）地下连续墙渗水

（1）如渗水量极小，为轻微滴水，且监测结果也未反映周边环境有险兆，则只在坑底设排水沟，暂不作进一步修补。

（2）如渗水量逐步增大，但没有夹带泥沙且周边环境尚无险兆，可采用引流修补方法。

（3）如渗水量较大，呈流状，或者围护墙接缝渗水时，应立即进行堵漏。可先埋设导流管，再采用快干水泥和聚氨酯等进行堵漏。

（4）如渗水中夹泥砂，基坑渗漏部位应先进行回填，坑外采用注浆进行封堵。

3）临近建筑物、道路或管线变形过大

（1）应对现场状况、监测数据进行检查分析，确定周边环境变化与围护墙变形或渗漏、流砂、坑底隆起、坑外水位过低等的内在关系，并分别采取相应的技术措施。

（2）通过增加资源投入、优化施工流程、调整施工参数等手段，加快土方开挖和地下结构施工速度。

（3）若发生突变或连续变化的情况，可采取增设钢支撑的方式。

（4）信息化指导施工，合理调整土方开挖方案，在土方分块、开挖流程等方面进行优化。

（5）对变形较大的建筑物、道路及管线及时采取保护、维修、加固的措施。

4）坑底隆起

（1）详细检查坑底，并及时排除积水。

（2）加快地下结构施工，坑外四周地面采取卸载措施。

（3）必要时可采取坑底加固、坑内堆载等措施。

5）立柱桩差异隆沉

（1）若立柱桩隆起，则可采取重物加载措施。

（2）若立柱桩沉降过快，应加快其周边土方开挖。

（3）挖土过程中密切关注监测数据，动态调整土方开挖和地下结构施工流程。

参考文献

［1］ 中华人民共和国行业标准.《建筑基坑支护技术规程》(JGJ 120—99)［S］. 北京：中国建筑工业出版社，1999

［2］ 中华人民共和国国家标准.《建筑地基基础设计规范》(GB 50007—2002)［S］. 北京：中国建筑工业出版社，1999

第32章 基坑工程设计与施工应注意的一些问题

32.1 如何准确理解、正确使用标准规范

32.1.1 标准规范的作用

工程建设技术标准规范是规范、约束工程建设技术行为、具有法律性质的技术性文件。目前我们国家的工程建设技术标准分为四级，即：国家标准（GB＊＊＊＊）、行业标准（如建工 JG＊＊＊＊）、地方标准（DB＊＊＊＊）及企业标准（QB＊＊＊＊）。其中依据是否必须遵守、执行又分为强制性与推荐性标准（标准号前有"T"字），当推荐性标准一旦被明确约定为建设过程必须执行的技术文件，即带有强制性。我国标准编制管理原则是行业标准、地方标准及企业标准必须遵守、满足国家标准的基本要求，并严于、高于国家标准，除非是地方标准中针对地方气候、地域等特点制定的特有的条文除外。规范条文主要是明确、规定、强调必须要遵守、执行的一般、基本要求，即为体现"技术先进、经济合理、保护环境、安全适用"原则下的"最低"要求。技术标准规范的另一个作用就是引领技术进步，即要及时将保证工程建设安全、经济合理、保护环境、成熟的技术纳入规范，同时限制、淘汰落后技术。

32.1.2 准确理解、正确使用标准规范

标准规范应该在掌握编制原则的前提下，才能做到准确理解、正确使用。一般编制均应体现"技术先进、经济合理、保护环境、安全适用"原则。对基坑支护标准规范而言，就是要在基坑支护的勘察、设计、施工和监控工作中，做到"技术先进，经济合理，保护环境，确保基坑支护结构稳定，并保证基坑周边环境安全"。所谓"技术先进"，就是要求基坑支护工程的设计、施工和监控要采用先进的技术、设计方法、施工工艺与监控方法；"经济合理"，就是指在保障基坑工程安全可靠和适用的条件下，做到造价低廉、省工省时，综合经济效益（包括环境效益）最好；"保护环境"，就是要求基坑支护工程的设计和施工要注意环境保护，包括工程建设期间的环境、水资源环境等；基坑工程的"安全性"，就是不仅要保障基坑支护结构的稳定，不影响基坑工程及地下结构的施工，同时要保证基坑周围建筑物、道路及地下设施的安全。

标准规范条文的制订一般都有技术依据及背景，对应的是条文说明，这些不仅是条文制定的依据，同时也是解读、正确、准确理解条文的依据。因此，要正确、准确用好标准规范的前提是正确、准确、全面理解条文说明。

32.1.3 全面、系统掌握基坑工程相关标准规范各自特点、体系

目前我国的岩土工程技术标准种类繁多、各自为政。据初步统计，不包括各省市的地方标准，岩土工程方面的国家、行业标准就有 200 多种，其中各行业规范自成体系，形成了名词术语、岩土分类、参数、公式、设计理论的高度不一致[13]。基坑工程是岩土工程的一个分支，目前涉及基坑工程内容的比较常用的一部分全国性标准有：国家行业标准

《建筑基坑支护技术规程》(JGJ 120—99)、国家行业标准《建筑基坑工程技术规范》(YB 9258—97)、国家标准《建筑边坡工程技术规范》(GB 50330—2002)、中国工程建设标准化协会标准《基坑土钉支护技术规程》(CECS 96:97)、中国工程建设标准化协会标准《岩土锚杆(索)技术规程》(CESC 22:2005)、国家军用标准《土钉支护技术规范》(GJB 5055—2006)、国家标准《建筑地基基础设计规范》(GB 50007—2002)、国家标准《岩土工程勘察规范》(GB 50021—2001)、国家标准《锚杆喷射混凝土支护技术规范》(GB 50086—2001)、国家行业标准《高层建筑岩土工程勘察规程》(JGJ 72—2004)等等。北京、上海、天津、广东、深圳、浙江、湖北等地区均编制了具有当地特色的地方标准。这些技术标准存在的诸多不一致，给工程技术人员应用规范带来困惑，甚至因理解错误导致事故。技术标准的一致和协调需要建设行业管理部门进一步加强管理。本节重点探讨工程技术人员如何在如此纷繁的技术标准中保持清醒的头脑，合理应用、不犯错误。

基坑支护的设计计算，应使用同一本标准的体系，最好不要几本标准体系混用。在参考多本规范时，不能只看术语、符号的外表，而必须掌握其实质的含义和准确的概念。有的术语或符号字面相同，但在不同的标准中概念和意义不同；有的同一个概念和意义，在不同的标准中采用了不同的术语或符号。

下面以预应力锚杆设计、基坑稳定性验算为例，进一步说明以上问题。

1. 预应力锚杆设计中各个参数的含义(表 32-1)。

锚杆参数在不同标准中的含义 表 32-1

技术标准	术 语	符号	含 义
《建筑基坑支护技术规程》(JGJ 120—99)	锚杆极限承载力	Q	破坏荷载的前一级荷载
	锚杆水平拉力设计值	T_d	$T_d=1.25\gamma_0 T_c$，T_c 为支点力计算值
	锚杆预加力值(锁定值)		轴向受拉承载力设计值的 0.5~0.65 倍＝(0.5~0.65)×锚杆极限承载力/1.3＝(0.385~0.5)锚杆极限承载力
《建筑边坡工程技术规范》(GB 50330—2002)	锚杆极限承载力基本值	Q	破坏荷载的前一级荷载
	锚杆轴向拉力设计值	N_a	$N_a=\gamma_Q N_{ak}$，N_{ak} 为锚杆轴向拉力标准值，荷载分项系数，取 1.30
《建筑地基基础设计规范》(GB 50007—2002)	锚杆极限承载力	Q	终止试验荷载的前一级荷载的 95%
		N_t	效应标准组合下，单根锚杆所承受的拉力值
	锚杆锁定拉力		锚杆最大轴向拉力值的 0.7~0.85 倍

续表

技术标准	术语	符号	含义
《建筑基坑工程技术规范》（YB 9258—97）	锚杆极限承载力	Q	锚杆破坏前一级荷载的95%
	锚杆设计轴向拉力值	N_t	$N_t \leqslant$锚杆极限承载力$/K$，K为抗力分项系数，1.8、1.6、1.4（一、二、三级）
	锚杆锁定拉力		设计轴向拉力的0.7～0.85倍$\leqslant (0.7～0.85) \times$锚杆极限承载力$/1.6 = (0.438～0.53)$锚杆极限承载力
《岩土锚杆（索）技术规程》（CESC 22：2005）	锚杆极限承载力	P	破坏荷载的前一级荷载
	锚杆的轴向拉力设计值	N_t	锚杆在设计使用期内可能出现的最大拉力值；$N_t \leqslant$锚杆极限承载力$/K$，K为锚固体抗拔安全系数，1.8、1.6、1.4（临时锚杆，Ⅰ、Ⅱ、Ⅲ级）
	锚杆初始预应力（锁定拉力）		锚杆拉力设计值的0.75～0.90倍

从上表看出，"锚杆极限承载力"无论术语还是含义，几本标准基本一致。但是在反映荷载效应的锚杆拉力上，术语相近，但含义不同。JGJ 120—99、GB 50330—2002中，"拉力设计值"的符号不同（T_d、N_a），但概念相同，相当于与现行荷载规范配套的承载能力极限状态下荷载效应的基本组合设计值，只不过二者的荷载分项系数取值略有不同，前者为1.25，后者为1.30。GB 50007—2002中，N_t为正常使用极限状态荷载效应标准组合下，单根锚杆所承受的拉力值。YB 9258—97中的"设计轴向拉力值"、CESC 22：2005中的"轴向拉力设计值"，从字面上看，似乎与JGJ 120—99、GB 50330—2002差别不大，但其概念完全不同。此两者的概念应为正常使用极限状态荷载效应标准组合下，锚杆所承受的拉力值。

以上术语在概念上的相互关系为（θ为锚杆与水平面倾角）：

$T_d/\cos\theta$（JGJ 120—99）/荷载分项系数

$= N_a$（GB 50330—2002）/荷载分项系数

$= N_t$（GB 50007—2002、YB 9258—97、CESC 22：2005）

但是以上标准的荷载分项系数（或者荷载综合分项系数）取值各不相同，见表32-2。

不同标准中的荷载分项系数取值 表32-2

技术标准	系数名称	数值
《建筑基坑支护技术规程》（JGJ 120—99）	荷载综合分项系数	1.25
《建筑边坡工程技术规范》（GB 50330—2002）	荷载分项系数	1.30
《建筑地基基础设计规范》（GB 50007—2002）	荷载分项系数	1.35
《建筑基坑工程技术规范》（YB 9258—97）	荷载综合分项系数	1.2

把以上各标准中锚杆的安全度用安全系数表示，其数值见表32-3。

不同标准中的锚杆安全系数取值　　表32-3

技 术 标 准	锚杆安全系数	备　　注
《建筑基坑支护技术规程》（JGJ 120—99）	1.79（一级）、1.62（二级）、1.46（三级）	临时性锚杆
《建筑边坡工程技术规范》（GB 50330—2002）	2.2~2.7	规范未区分临时性、永久性锚杆
《建筑地基基础设计规范》（GB 50007—2002）	2.0	规范未区分临时性、永久性锚杆
《建筑基坑工程技术规范》（YB 9258—97）	1.8（一级）、1.6（二级）、1.4（三级）	临时性锚杆

2. 基坑稳定性验算中计算方法、土工参数、安全系数的配套

国内各类基坑工程技术标准中，均有基坑稳定性验算的规定。但是，对于同一种稳定问题，各本标准要求的安全系数不尽相同，有的甚至差别巨大。究其原因，第一是稳定性验算方法、土工参数、安全系数之间需要配套，第二大概是因各本标准所依据的资料来源、工程经验的差异。例如，同样是以 Prandtl 经典地基极限承载力公式为基础的抗隆起验算，国家标准《建筑地基基础设计规范》（GB 50007—2002）规定，土的抗剪强度采用十字板试验或三轴不固结不排水试验确定，安全系数不小于1.6，而上海市地方标准《基坑工程设计规程》（DBJ 08—61—97）规定，土的抗剪强度采用直剪固结快剪参数，安全系数为2.5（一级）、2.0（二级）、1.7（三级）。因此，在岩土工程中要重视各种分析方法的适用条件。在稳定分析中，强调所采用的稳定分析方法、分析中所采用的土工参数、土工参数的测定方法、分析中采用的安全系数是相互配套的。若采用的稳定分析方法不同，则采用的安全系数值不同；在应用同一稳定分析方法时，采用不同的方法测定的土工参数，采用的安全系数亦不同。

32.2　基坑支护结构设计应注意的一些问题

32.2.1　基坑支护安全等级划分

基坑支护设计时，首先应当依据基坑挖探、工程地质条件、水文地质条件、环境条件和使用条件等合理划分基坑侧壁安全等级，然后综合基坑侧壁安全等级、施工、气候条件、工期要求、造价等因素合理选择支护结构类型。同一基坑的不同侧壁可分别确定为不同的安全等级，并依据侧壁安全等级分别进行设计。但当采用内支撑支护体系时，应以支撑两侧安全等级高的控制设计。表32-4 为北京地方标准《建筑基坑支护技术规程》（DB 11/489—2007）有关基坑侧壁安全等级确定原则。

基坑侧壁安全等级划分　　表32-4

开挖深度 h (m)	环境条件与工程地质、水文地质条件								
	$\alpha<0.5$			$0.5\leqslant\alpha\leqslant1.0$			$\alpha>1.0$		
	Ⅰ	Ⅱ	Ⅲ	Ⅰ	Ⅱ	Ⅲ	Ⅰ	Ⅱ	Ⅲ
$h>15$	一级			一级			一级		

续表

开挖深度 h (m)	环境条件与工程地质、水文地质条件								
	$a<0.5$			$0.5 \leqslant a \leqslant 1.0$			$a>1.0$		
	Ⅰ	Ⅱ	Ⅲ	Ⅰ	Ⅱ	Ⅲ	Ⅰ	Ⅱ	Ⅲ
$10<h \leqslant 15$	一级			一级		二级	一级		二级
$h \leqslant 10$	一级	二级		二级		三级	二级		三级

注：1. h——基坑开挖深度。
2. a——相对距离比 $a=x/h_a$。为管线、邻近建（构）筑物基础边缘（桩基础桩端）离坑口内壁的水平距离与基础底面距基坑垂直距离的比值，见图 32-1。
3. 工程地质、水文地质条件分类：
Ⅰ 复杂——稍密以下碎石土、砂土和填土，软塑～流塑黏性土，地下水位在基底标高之上，且不易疏干；
Ⅱ 较复杂——中密碎石土、砂土和填土，可塑黏性土，地下水位在基底标高之上，但易疏干；
Ⅲ 简单——密实碎石土、砂土和填土，硬塑～坚硬黏性土，基坑深度范围内无地下水。
坑壁为多层土时可经过分析按不利情况考虑。
4. 如邻近建（构）筑物为价值不高的、待拆除的或临时性的，管线为非重要干线，一旦破坏没有危险且易于修复，则 a 值可提高一个范围值；对变形特别敏感的邻近建（构）筑物或重点保护的古建筑物等有特殊要求的建（构）筑物、当基坑侧壁安全等级为二级或三级时，应提高一级安全等级；当既有基础（或桩基础桩端）埋深大于基坑深度时应根据基础距坑底的相对距离、附加荷载、桩基础形式以及上部结构对变形的敏感程度等因素综合确定 a 值范围及安全等级。
5. 同一基坑周边条件不同可分别划分为不同的安全等级（当采用内支撑时，应以对应安全等级严的控制）。

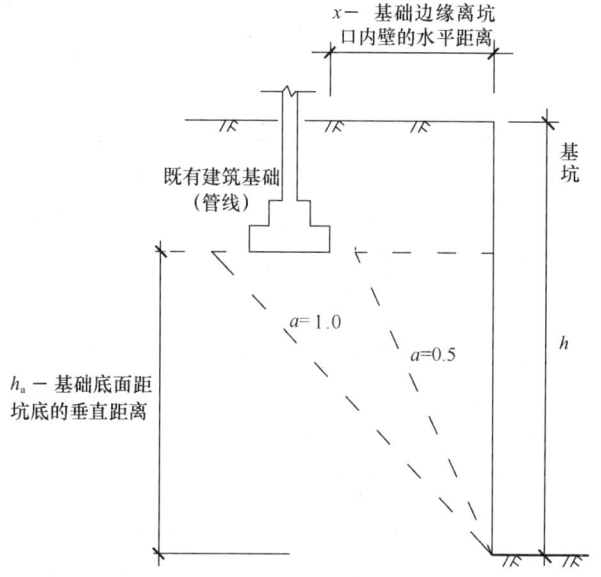

图 32-1 相邻建筑基础与基坑相对关系示意图

32.2.2 有限宽度土压力的计算[10]

实际工程中，常常遇到这样一种情况，拟建基坑距离既有地下结构物较近，基坑外的土体不再是连续的，由于地下结构物的存在以及它的遮拦作用，此种情况下支护结构上的土压力不同于普通半无限连续土体的情况，产生土压力的土体为支护结构与地下结构物之间的有限土条（图 32-2）。在相同的土层条件下，有限范围土体的土压力小于普通半无限连续土体的土压力。但是，需要注意的是，有限范围土体中的部分或全部可能是既有地下结构物施工时的回填土，必须引起重视。当临近基坑的建筑物基础低于基坑底面时，且外墙距支护结构净距 b 小于 $h \cdot \tan(45°-\varphi_k/2)$ 时，有限宽度土体作用在支护结构上任意点的水平荷载标准值 e_{ak} 可基于极限平衡原理进行计算。北京地方标准《建筑基坑支护技术规程》（DB 11/489—2007）规定，当临近基坑的建筑物基础低于基坑底面时，且外墙距

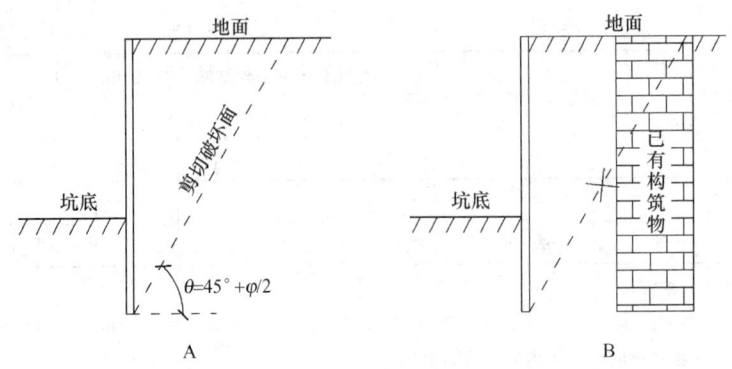

图 32-2 有限宽度土压力破坏模式分析

支护结构净距 b 小于 $h \cdot \tan(45°-\varphi_k/2)$ 时，可按下列方法计算作用在支护结构上任意点的有限宽度土体水平荷载标准值 e_{ak}（图 32-3）：

1. 当计算点深度 $z \leqslant b \cdot \cot(45°-\varphi_k/2)$，或 $z \geqslant b \cdot \cot(45°-\varphi_k/2)+d_h$ 时，按常规方法计算；

2. 当计算点深度 $b \cdot \cot(45°-\varphi_k/2) < z < b \cdot \cot(45°-\varphi_k/2)+d_h$ 时：

(1) 对于黏性土、粉土和地下水位以上的砂土、碎石土：

$$e_{ak}=(2-n_b)n_b\sum\gamma_i h_i K_a - 2c_k n_b\sqrt{K_a} \tag{32-1}$$

(2) 对于地下水位以下的砂土、碎石土：

$$e_{ak}=(2-n_b)n_b\sum\gamma_i h_i K_a - 2c_k n_b\sqrt{K_a}+(z-h_{wa})(1-K_a)\gamma_w \tag{32-2}$$

式中　h——基坑深度；

　　　z——计算点深度；

　　　d_h——临近建筑物基础埋置深度（图 32-3）；

　　　n_b——系数，$n_b=b/h\tan(45°-\varphi_k/2)$。

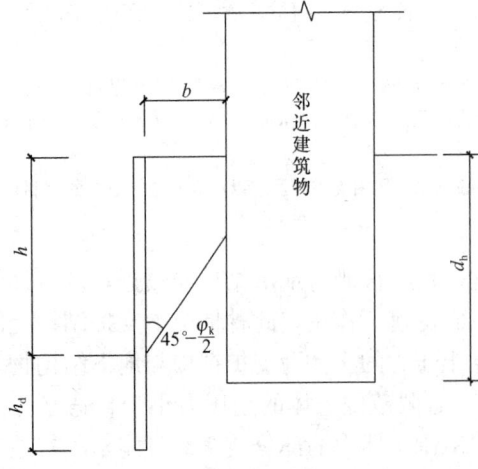

图 32-3 有限范围土体的土压力计算简图

32.2.3 基坑上部采用放坡或土钉墙，下部采用排桩或地下连续墙时的土压力计算[10]

针对基坑上部采用放坡或土钉墙、下部采用排桩或地下连续墙的组合支护型式，在实际设计计算中往往不考虑桩（墙）顶部以上土体与桩（墙）支护结构间的相互影响而导致计算中低估上部土体对桩（墙）支护结构的作用效应，使计算结果偏于不安全。

如将土钉墙部分的土层重力按作用在桩墙顶面的分布荷载考虑（常规方法）并按朗肯土压力方法计算作用在桩墙上的水平荷载实际上是将桩墙顶部以上的土压力人为地略去了一部分（图 32-4b 中 cdf 部分）。通过不同基坑深度的实例试算，当上部土钉墙支护高度 h_1 等于 $0.5h$ 时（坡度 1:0.2 左右），常规计算方法的计算结果与实际相比，土压力小 5%～15%，最大弯矩小 5%～20%，第一

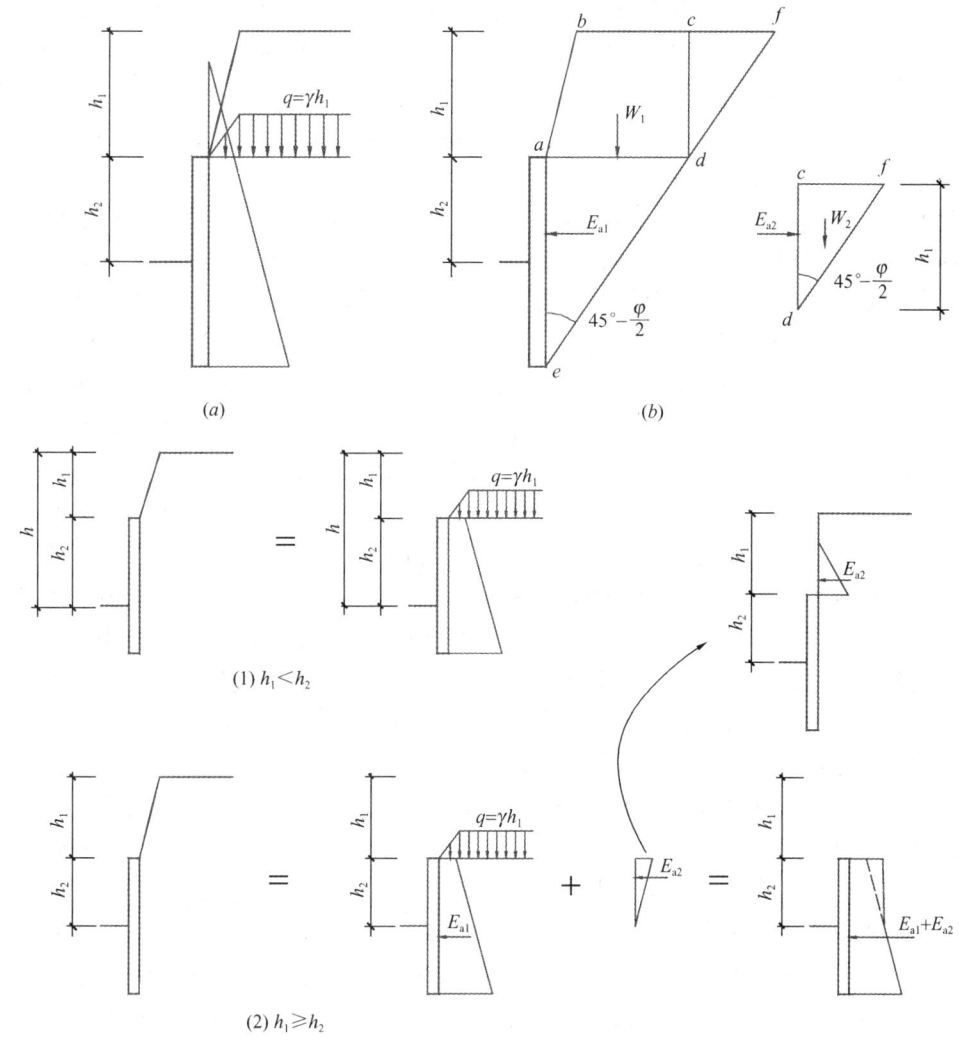

图 32-4 基坑上部采用土钉墙下部采用排桩或地下连续墙时的土压力计算问题

排锚杆（锚杆设置在桩顶）拉力小 20%～60%。安全储备随放坡或土钉墙支护高度（h_1）与基坑总深度的比值的增大而降低，特别当放坡或土钉墙支护的高度（h_1）大于基坑总深度的 1/2 时，其降低幅度明显。因此，北京地方标准《建筑基坑支护技术规程》（DB 11/489—2007）强调当放坡或土钉墙支护的高度（h_1）大于基坑总深度的 1/2 时，应考虑桩（墙）顶部以上土体与桩（墙）支护结构间的相互影响，即计算出桩顶或墙顶平面以上的水平荷载的合力（图 32-4b 中 cdf 部分），将该合力换算为作用在桩顶或墙顶到基底范围内的倒三角型分布荷载部分。同时应严格控制桩（墙）顶部的水平位移。

32.2.4 勘察报告的使用与参数选取

使用勘察报告时，首先查明勘察时的工程地质和水文地质条件是否与实际施工时相符，有无影响或变化因素。同时设计选取的钻孔地质柱状图或地质剖面应具有代表性，当地质条件复杂时，应当沿基坑周边划分多个有代表性的计算剖面。

在设计选取力学参数指标时，一定要注意试验方法对参数以及计算结果的影响，并应考虑水及工程活动（扰动）对参数的影响后合理选取。同时，应将抗剪强度指标与土的其他物理、力学参数（包括室内、原位试验）进行对比分析，判断计算采用的抗剪强度指标的可靠性与合理性，防止误用。当抗剪强度指标与其他物理力学参数的相关性差，或岩土勘察资料缺少可靠数据时，应结合类似工程经验和相邻、相近场地的岩土勘察数据，通过可靠的综合分析判断后合理取值[5]。

对于非饱和土，由于其具有不同程度的吸力及负孔隙压力，由此产生吸附强度并形成表观凝聚力，当这种土的含水量和孔隙比发生变化时，其吸力发生变化，吸附强度也随之变化。当土体饱和时，吸力及负孔隙压力消失，表观凝聚力随之丧失，土的抗剪强度急剧降低[14]。这一特性可能是大雨、邻近地下水管渗漏等水患导致基坑边坡变形增加、支护结构破坏、边坡失稳等基坑事故的主要原因。目前测定抗剪强度指标的室内常规试验主要进行原状土（非饱和土）的直剪试验（不能测定非饱和土的吸力），所求得的凝聚力实际包含有真凝聚力（True cohesion）c 和各种不同来源的表观凝聚力（apparent cohesion，）或称假凝聚力，其中真凝聚力 c 的数值很小，而吸附强度的数值大却是不稳定的。例如有些地区的勘察报告中，普通黏性土、粉土的凝聚力值有时可达 60~100kPa，怀疑"表观凝聚力"占有较大的份额。因此，若有十分的把握基坑不会遇到各种水的影响，则可充分利用"表观凝聚力"以节约工程费用。否则，需充分考虑"表观凝聚力"减小甚至丧失后基坑的安全，建议在此类情况下，基坑支护设计计算选用抗剪强度指标时，需对勘察报告提供的土的凝聚力建议进行折减。

32.2.5 基坑支护结构计算软件的应用

目前基坑支护设计计算的商业软件众多，软件可代替传统的手算，又解决了手算无法实现的复杂计算问题，给岩土工程师设计计算提供了方便。但是，当前基坑工程领域有过分依靠软件的倾向，常常会得出一些不合理的结果来。30 年前，同济大学俞调梅教授曾对电子计算机的作用提出了不要"Garbage into，garbage out"的警世名言。俞教授认为输入计算机运算的数据是至关重要的，如果输入的数据没有工程意义，即使计算机再精确，输出的结果也是垃圾，没有任何工程意义[15]。而输入的数据是否具有工程意义，与岩土工程师的基本理论、工程经验、综合判断有关。

此外，目前众多的基坑支护设计商业软件良莠不齐，其中有些软件还存在着错漏，设计时也常常发现不同的软件其计算结果不同，这就更加需要岩土工程师具有扎实的理论和知识积累。

下面列举笔者在实际工程中遇到的一些软件应用方面的问题。

1. 支护结构明显不合常理的水平位移

锚拉式或支撑式支挡结构的设计计算书中，有时出现如下所述的水平位移明显不合常理的情况。设计采用弹性支点法计算支挡结构的内力和位移，计算结果显示，围护桩（或墙）顶部的水平位移为向基坑外几个厘米。众所周知，当挡墙的位移方向朝向土体时，墙后土体对挡墙的作用将向被动土压力发展，不太可能发生如此之大的位移（向基坑外有微小的位移是可能的），而且大量的工程实测表明，支护结构的顶部位移一般都是朝向基坑内的。因此，上述的计算结果既与土力学的基本概念相悖，也不符合工程实际。出现这种情况，有可能是计算软件本身的缺陷，也有可能是个别岩土工程师的不求甚解。

2. 不合理的预应力锚杆长度

试验表明,工程中常用的拉力型锚杆受力时,锚固体与土体的粘结应力沿锚固段全长的分布是很不均匀的。能有效发挥锚固作用的粘结应力分布长度是有一定限度的,亦即平均粘结应力随着锚固长度的增加而减少。当锚固段长度超过一定值后,土体与锚固体的粘结强度将不能在锚固段长度范围内同时发挥,此时增加锚固长度对锚杆承载力的提高极为有限,甚至可以忽略不计。因此,锚杆锚固段存在一个合理、经济的长度范围。

而在一些工程中,拉力型锚杆的锚固段设计长度达到 20~30m 甚至更大,如果这些锚杆的承载力仍然按照土体的粘结强度充分发挥计算,恐怕要高估承载力而使得设计偏于不安全。

3. 钢绞线截面面积计算错误

某软件在计算 $\phi^s 15.2$ 钢绞线的抗拉承载力时,用钢绞线的公称直径(钢绞线外接圆直径)计算截面面积,钢绞线的抗拉承载力计算如下(以单根为例):

$$A_p \cdot f_{py} = (\pi \cdot 15.2^2/4) \cdot 1320\text{N/mm}^2 = 181.5\text{mm}^2 \times 1320\text{N/mm}^2 = 239525\text{N}$$

而 $\phi^s 15.2$ 钢绞线的公称截面面积为 139mm^2,实际的抗拉承载力为 183480N,为该软件计算值的 76.6%。上述计算犯了明显的错误。若设计人员缺乏专业的基本概念,不假思索,未能及时发现错误,采用上述数据会导致多么严重的后果。

4. 构件的计算内力与承载力相差悬殊

挡土构件弯矩计算值很小,而实际的截面受弯承载力却很大(截面尺寸大或配筋大);或者相反,挡土构件弯矩计算值很大,而实际的截面受弯承载力却很小。以上计算弯矩和截面承载力极不匹配的情况的出现,说明设计人员具有一定的工程经验,已经意识到了软件计算结果的问题,但未从根本上加以纠正,让人无法判断这种设计方案的安全性和合理性。

5. 土钉墙整体稳定计算时确定滑动面错误

某基坑设计方案在计算土钉墙整体稳定时,先计算天然土坡整体稳定的滑动面及安全系数,然后将天然土坡的最危险滑动面作为计算土钉墙边坡整体稳定时的最危险滑动面,土钉墙边坡的最危险滑动面并未因土体中设置土钉(锚杆)而改变。这种做法显然是错误的,设置土钉(锚杆)后,整体失稳的最危险滑动需考虑土钉(锚杆)的作用重新进行确定。将天然土坡的最危险滑动面作为土钉墙边坡的最危险滑动面,高估了土钉墙的整体稳定性。

32.2.6 双排桩支护结构的构件设计

双排桩支护结构是由相隔一定间距的前、后排桩及桩顶连梁构成的刚架结构。双排桩刚架支护结构中的桩与其他支挡式结构中的桩受力特点有本质的区别。锚拉式、支撑式、悬臂式结构中的围护桩,在水平荷载作用下只产生弯矩和剪力,且桩顶弯矩为零(或很小忽略不计)。而双排桩刚架结构,由于其刚架的受力特点,在水平荷载作用下,桩的内力除弯矩、剪力外,轴力较大,而且桩顶弯矩较大,其符号与桩身弯矩相反(图 32-5)。前排桩的轴力为压力,后排桩的轴力为拉力。此外,正如普通刚架结构对相邻柱间的沉降差非常敏感一样,双排桩刚架结构前、后排桩沉降差对结构的内力、变形影响很大。

鉴于双排桩支护结构的上述受力特征,设计时除要建立科学合理的计算模型外,以下几方面值得注意:

1. 双排桩的桩身内力为弯矩、剪力、轴力,以受弯为主,需按偏心受压、偏心受拉构件进行截面承载力计算,设计、构造应符合现行国家标准《混凝土结构设计规范》(GB

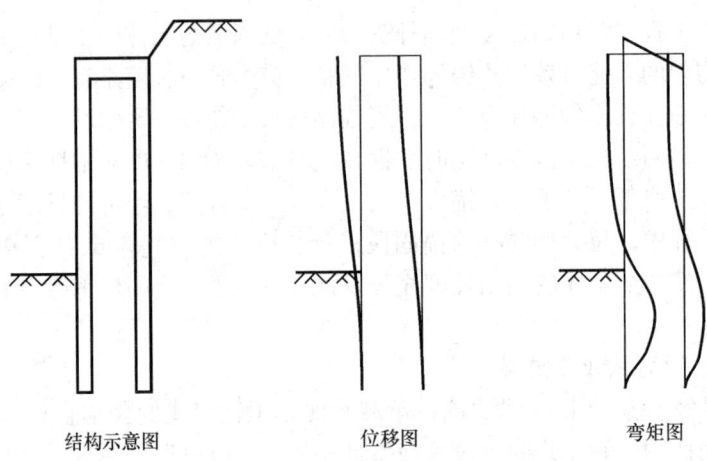

图 32-5 双排桩结构典型位移图、弯矩图

50010—2002）的有关规定。

2. 双排桩结构桩顶连梁的跨高比一般较小，应根据其跨高比判断属于普通受弯构件或深受弯构件。在根据《混凝土结构设计规范》（GB 50010—2002）判别连梁是否属于深受弯构件时，可按照连续梁考虑。连梁的内力为轴力、弯矩、剪力，以受剪为主，其截面设计、构造应符合规范的有关规定。

3. 双排桩结构桩顶与连梁的连接按完全刚接考虑，其受力特点类似于混凝土结构中框架顶层，因此，该处的节点构造应符合现行国家标准《混凝土结构设计规范》（GB 50010—2002）对框架顶层端节点的有关规定。尤其，桩与连梁受拉钢筋的搭接长度不应小于 $1.5l_a$（l_a 为受拉钢筋的锚固长度）。

4. 双排桩结构的前排桩桩端宜处于桩端阻力高的土层。采用泥浆护壁灌注桩时，施工时的孔底沉渣厚度不应大于 50mm，或应采用桩端后注浆加固沉渣。

32.2.7 内支撑结构的概念设计及荷载组合问题

周边环境复杂、地质条件复杂、软土地基等条件下的基坑，内支撑结构选型时，应选用平面或空间的超静定结构。设计时需考虑地质条件的复杂性和基坑开挖步序的变化而出现的工况，在设计上采取必要的防范措施。并需考虑支护结构个别构件的提前失效而导致荷载作用位置的转移，并宜设置必要的附加支撑。支撑体系的竖向布置，需保证在任何工况下，支撑结构与挡土构件之间（如围檩与围护桩地下连续墙之间）不出现拉力。基坑尺寸较大或者温差较大时，内支撑结构需考虑温度应力的影响，并需加强节点强度。支撑立柱的设计，需预测立柱受荷后的沉降量、基底回弹及隆起造成的上抬量，并需考虑立柱竖向位移对支撑结构受力、稳定的不利影响。

内支撑结构分析时需进行荷载组合，荷载组合原则上宜考虑基坑挖土顺序的不同、基坑周边岩土条件差异及附加荷载差异、各个部位开挖深度的不同等因素，求得各种支撑构件的最不利内力，按最不利内力进行截面设计。

32.2.8 设计文件编制中的一些问题

基坑设计文件应注明设计使用年限。在设计文件中注明的设计依据，不能机械地照搬照抄，只需列出与本设计密切相关的资料、标准和规定，一些关系不大甚至毫无关系的标准不应罗列其中，更不应出现已过期的标准。基坑周边环境条件，应在设计文件中通过文字和绘图描述清楚,同时要明确设计时基坑周边环境条件控制的原则及设计重点。在描述地质条件时,地层简单且分布稳定时,可绘制一个地质条件概化剖面。对于地层变化较大的场地,宜沿基坑周边绘制地层展开剖面图,图中标明基坑支护设计所需的各有关地层物理力学性质参数如:γ、c、φ、k 等。在编制计算书时,要熟悉不同计算软件的适用条件及特点,检查计算工况是否与实际设计、施工工况相符,不得人为修改原始数据和计算结果,以保证计算书的完整和真实。当支护结构的锚杆或临时支撑需要在地下结构的施工过程中拆除时,地下结构应能形成可靠的换撑体系,并对锚杆或临时支撑拆除及地下结构形成支撑作用后的各工况分别进行结构计算。在绘制施工图时,应将基坑工程施工内容通过图纸及相应的文字表达,施工图应清晰、全面、正确、规范,图纸除设计者签章外,尚需至少"二审(审核、审定)一校对"并签章。

基坑工程的目的除满足地下结构安全施工外,就是要保护基坑周边环境安全和正常使用。如果环境条件不清楚,则支护结构设计既没有依据,也缺乏可行性。基坑周边环境条件包括建(构)筑物、道路及地下管线。建(构)筑物需要注明其重要性、层数、结构型式、基础型式、基础埋深、建设及竣工时间、结构完好情况及使用状况。道路需要注明其重要性、交通负载量、道路特征、使用情况。地下管线(包括供水、排水、燃气、热力、供电、通信、消防等管线)需要注明其重要性、特征、埋置深度、使用情况。环境条件复杂的,应当绘制环境平面图和剖面图。

32.2.9 支护设计与基坑周边使用条件

基坑周边使用条件是指基坑周边受开挖影响较大区域内的料场、临时设施、临时施工道路、塔吊、地表水(如生活用水等)的排泄方式等,它们直接关系到基坑安全,却容易被设计人员所忽视,因而造成基坑周边使用上的不便,甚至造成基坑坍塌事故。基坑工程施工完成后,交付总承包单位使用,由于施工用地紧张,总承包单位通常都要在紧邻基坑的区域布置临时施工道路、堆料场及加工场,建设临时设施,安装塔吊等,如果基坑工程施工单位在编制施工方案时没有考虑这些因素,就容易造成基坑边坡超载,留下安全隐患。

这方面应当注意的问题是,基坑工程设计、施工单位在编制方案之前,应当与总包单位协商,了解基坑周边的用途,合理确定基坑边坡的超载值及生活用水等地表水的排泄方式等。基坑工程交付总包时,应当提供基坑工程使用说明书。

32.2.10 设计应考虑正常施工偏差对工程质量的影响

基坑工程中,施工偏差对工程质量、安全的影响有时是致命的,如隔水帷幕施工偏差过大导致隔水帷幕搭接不好产生渗漏,围护桩因施工偏差过大而侵占主体地下结构施工空间,锚杆施工偏差过大而不利于钢围檩、锚具垫板受力,支撑构件施工偏差过大使得偏心弯矩增大,等等,设计阶段应该充分的考虑正常的、合理的施工偏差。

1. 隔水结构单元的设计搭接长度

咬合式排桩、水泥土搅拌法、高压喷射注浆法施工的隔水帷幕,是由先后施工的一个个隔水结构单元(单根桩)相互咬合搭接形成的。每根桩施工时均存在偏差,包括桩位偏差和垂直度偏差。国家相关技术标准规定,桩位允许偏差一般为 50mm,垂直度允许偏差一般为 0.5%~1%。那么考虑施工的正常偏差以及偏差的叠加效应,隔水结构单元设计搭接长度为:

$$L_\mathrm{d} = L_\mathrm{e} + 2 \cdot (w_1 + w_2 \cdot d_\mathrm{p}) \tag{32-3}$$

式中 L_d——隔水结构单元设计搭接长度;

L_e——隔水结构单元有效搭接长度,一般取 100～200mm;

w_1——桩位允许偏差,一般为 50mm;

w_2——垂直度允许偏差,一般为 0.5%～1%;

d_p——隔水结构单元从施工作业面起算的深度。

按照上式确定设计搭接长度,在施工偏差符合规定的情况下,可确保隔水帷幕任意位置处的有效搭接长度。如果设计搭接长度不够,就可能因施工偏差导致隔水帷幕出现"开裆口",产生渗漏。

2. 支护结构施工偏差对主体地下结构施工空间的影响

支护结构向基坑内的偏移缩小了主体地下结构的施工空间,基坑设计进行支护结构平面布置时,必须考虑正常的施工偏差,尤其当用地紧张、支护结构给地下结构预留的施工空间较小时。例如北京某工程,设计未充分考虑支护结构施工的可行性、各种正常的施工偏差及偏差带来的后果,基坑开挖后发现,虽然施工偏差在规范的允许范围内,但部分支护结构(微型桩、围护桩)已侵占了地下结构空间。施工时强行截断微型桩、剔凿围护桩,给基坑带来安全隐患。

3. 支撑构件的安装误差

基坑支护内支撑结构中,有大量的受压构件,这些构件在施工过程中都有偏差,这些偏差导致受压构件产生偏心,设计时必须加以考虑。

4. 锚杆上下位置偏差与钢围檩间距、锚具垫板尺寸的关系

组合型钢围檩中双型钢之间的净间距尺寸,必须满足锚杆杆体能够顺直穿过围檩,因此它与锚杆孔位在垂直方向的偏差有关。国家相关技术标准规定,锚杆孔位垂直方向的允许偏差为 50mm,考虑到孔位偏差的随机性,那么双型钢之间的净间距应不小于 2×50mm=100mm。双型钢之间的净间距又关系到锚具垫板的尺寸及厚度。双型钢之间的净间距越大,即垫板的跨度越大,为保证垫板刚度,需有较大的垫板厚度。因此,设计需充分了解施工细节,使得设计符合实际、合理可行。

32.2.11 局部预应力锚杆与土钉联合支护的构造技术措施

当基坑开挖深度较深、基坑侧壁土质较差,可在土钉支护中局部采用预应力锚杆与土钉的联合支护方法,以控制基坑侧壁水平位移,增强基坑侧壁的稳定性。目前,由于预应力锚杆与土钉联合支护其作用机理较为复杂,对此认识还不十分深入,只能根据以往理论研究、工程实践与实测分析,综合在构造及定性(概念)设计角度采取技术措施。由于土钉墙支护侧壁变形一般均为中部鼓出型(支护深度较大时),因此预应力锚杆建议宜设置在加固侧壁的中部。同时为了充分发挥预应力锚杆限制侧壁水平变形的作用,减少预应力锚杆与邻近土钉的相互削弱影响,建议锚杆间距宜保证一定的间距,其竖向间距宜为原土钉间距的 2～3 倍,并应比常规设计相应位置处土钉长度长 0.35 倍以上。

32.2.12 基坑开挖施工方案制订

基坑开挖前,应根据工程的结构形式、基础设计深度、地质条件、气候条件、周围环境、施工方法、施工工期和地面附加荷载等有关资料,进行基坑开挖施工方案制订。基坑开挖施工方案是基坑支护工程的重要组成部分。基坑开挖施工方案内容主要应包括开挖方

法、开挖时间、土方开挖顺序、坡道位置设定、运输车辆行走路线、开挖监测方案，以及对支护结构及周边环境需采取的保护措施等。尤其对于软土地层中基坑开挖，需充分利用时空效应原理分层、分块、对称、均衡开挖，严格控制无支撑暴露时间，严格限制每层开挖厚度，并要避免土方开挖引起坑内工程桩的偏移。

这部分应注意的问题是基坑开挖施工方案既是支护结构设计的重要依据，又是指导基坑开挖的重要文件，施工中必须严格执行。一旦实际开挖方案必须作重大调整，必须经设计人员复核计算工况、认可后方可实施。

32.2.13　设计应提出监测与质量检测要求

基坑设计应提出明确的监测要求，包括监测项目、观察周期、变形报警值、变形控制值、注意事项等。基坑侧壁变形控制值（应与设计控制条件原则一致）依据基坑周边环境、工程地质、水文地质条件及支护结构特点合理确定。基坑监测项目的监控报警值应根据监测对象的有关规范要求、设计要求、工程经验及既有监测对象现状拟定，并应结合现场监测成果的分析综合判定。

质量检测是评价基坑工程施工质量的重要手段。现行的基坑工程技术标准中，对质量检测均有明确规定，但是，也许是缘于基坑工程的临时性以及监督管理人员的专业局限等因素，当前的基坑工程中，严格按照规范进行质量检测的寥寥无几，使得一些不合格的分项工程蒙混过关，这也是基坑工程事故频发的原因之一。因此，基坑设计文件应对支护结构、隔水帷幕的质量检测提出明确的要求。现行的基坑工程技术标准对质量检测的规定是原则性的，设计人员需根据工程的具体特点提出有针对性的质量检测要求，以使检测能够真正起到评价工程质量、发现隐患的作用。尤其支护结构中的重要构件或易出现质量问题的构件，质量检测工作需更加重视。如锚杆、土钉等，其施工质量与土层条件、地下水条件、施工工艺、人员素质、管理水平等多种因素有关，哪个环节处理不当均易导致质量缺陷，而且，当前的锚杆、土钉抗拔承载力检测，由于设计人员或检测人员未深入了解其受力机理，有时试验高估了锚杆、土钉在实际工作状态下的承载力，给基坑支护带来不安全的因素。关于锚杆、土钉承载力试验的详细探讨见32.5.4节。

32.3　基坑工程施工应注意的问题

32.3.1　技术交底

基坑工程施工前应组织有关单位（建设单位、总包、设计、监理、监测等单位）进行基坑支护设计方案技术交底，明确各工序的设计要求、技术要求和质量标准。

此部分应注意的问题是要强调技术交底是基坑工程施工的重要环节，技术交底要做到建设相关各方对基坑工程设计、施工、监测等技术要求全面、正确、准确了解、掌握。

32.3.2　土方开挖

土方开挖应按照设计工况分层、分段进行，严禁超挖。发生异常情况时，应立即停止挖土，并应立即查清原因待采取相应措施后，方可继续开挖施工。土方开挖过程中，特别是在冬季、夏季施工时，应根据天气变化，及时调整开挖方案，采取必要的安全、环境防护措施。

此部分应注意的问题是开挖要严格按照土方开挖方案执行。

32.3.3 支护结构施工

桩（墙）、支撑、锚杆或土钉等支护结构以及地下水控制施工应选择适当的施工工艺和工序。当周围建（构）筑物对施工影响敏感时，应当采用必要的技术控制措施，防止产生过大的附加沉降。

此部分应注意的问题是支护结构及地下水控制施工应选择合理、适用的工艺和工序。

32.3.4 基坑保护措施

基坑周围地面应采取硬化和截排水措施，防止雨水、生活用水等地面水流入坑内。坑壁如出现残留水，应采取插泄水管等措施，有组织地疏导土层中的残留水。基坑底的渗漏水应及时排出，避免在基坑内长期积聚。开挖过程中，应采取有效措施避免破坏和扰动支护（支撑）结构、工程桩（立柱）和槽底原状土。当采用机械开挖土方时，应在基坑底预留150mm～300mm厚的土层，由人工挖掘修整，以保持坑底土体原状结构。基坑在开挖和使用过程中，基坑周边行车和堆载应严格控制在设计荷载允许范围内，严禁超载。基坑开挖完成后，应及时清底验槽，浇筑垫层封闭基坑，减少地基土暴露时间，防止暴晒或雨水浸泡而破坏地基土的原状结构。当基础结构完成后，应及时对施工肥槽进行回填，采用分层夯实，以满足设计密实度的要求。

此部分应注意的问题是要强调基坑保护措施是基坑工程设计、施工的重要内容。

32.3.5 信息化施工

基坑开挖过程中，应严格按监测方案中的监测项目和监测频率进行监测，并对监测数据及时进行分析，指导施工，发现异常情况及时通报相关单位，以便采取措施，防止事故发生。

此部分应注意的问题是信息化施工是基坑工程设计、施工的重要内容，是保证基坑工程安全的重要手段。北京地方标准《建筑基坑支护技术规程》（DB 11/489—2007）规定，土钉墙施工应包括现场测试与监控内容，无监测方案不得进行施工。

32.3.6 施工过程中对地质条件的验证及处理

岩土工程勘察报告是基坑设计施工的依据，但是基坑的设计施工也不能过分地依赖于勘察报告，因为当前的基坑工程勘察，存在着一些非常现实但又难以避免的问题，如，勘探点均按照一定的间距布置，复杂场地勘探点会密一些，但是再密，毕竟还是"一孔之见"，不可能把基坑影响范围内的土层特性、地下水情况全部反映清楚；有时勘察点的布置受现场条件所限，不能完全布置在基坑工程的关键部位；勘察报告的准确性和真实性较差等等。因此，在基坑工程设计施工过程中，尤其在老城区或建筑物密集地段的基坑工程，设计、施工必须密切配合，对以下一些情况，加以重视。

1. 基坑涉及范围内的土层是否曾经受过扰动。如，相邻建筑基础施工时的回填土，存在相邻建筑基坑施工时的锚杆、土钉，曾经因铺设市政地下管线而进行过开挖和回填，旧房拆迁后遗留的基础等等。诸如此类的问题使拟建基坑工程涉及的土体受到过扰动。基坑设计时，对其扰动历史不容忽略，需进行调查收集资料，必要时，进行有针对性的专项勘察。

2. 基坑开挖后揭露的地层性状、地下水情况是否与勘察报告相符。若二者有差别，需根据实际情况及时进行必要的验算、设计调整及施工措施调整。

32.3.7 施工过程中的地下水处理

与基坑工程有关地下水有天然存在的地下水如潜水、承压水，尤其需要重点关注的是施工过程中出现的水，包括降雨及与人类生活有关的地下设施如供水管、污水雨水管、化粪池等的渗漏、破损带来的水，而后者十有八九要给基坑带来麻烦，轻则出现险情抢险加固，重则酿成重大基坑事故，尤以土钉墙、复合土钉墙对地下水最为敏感。水对基坑工程的影响大致有以下几个方面：

1. 降低土体强度

土中水的增加使非饱和土的吸力减小，吸附强度降低，当土体饱和时，吸力及负孔隙压力消失，表观凝聚力随之丧失，土的抗剪强度急剧降低。土中水可使部分岩土矿物软化，土的结构破坏。土中水产生的超静孔隙水压力使土体内的有效应力减小，强度降低[13]。因土中水引起的土体抗剪强度降低、结构破坏又导致锚杆（土钉）与土体的粘结强度降低。

2. 引起支护结构荷载变化

有地下水使得支护结构上增加了水压力。在有水从基坑外向基坑内渗流时，基坑外向下渗透力增加了主动土压力，基坑内向上的渗透力减小了被动土压力，因而渗流的影响也需加以考虑。在北方寒冷地区，冻胀力不容小视。

3. 水位降低影响周围环境的安全或正常运行

地下水水位降低，土体产生压缩变形，引起降水影响范围内的既有建（构）筑物、地下管线、道路等发生沉降。

4. 渗透破坏

渗透破坏的基本形式有流土和管涌。基坑工程中常见的渗透问题有承压水引起的坑底突涌，隔水帷幕渗漏或失效引起的流砂，降水不力或外来水引起的坑壁流砂，淤泥及高灵敏性土中的流滑，管涌等。尤其基坑内的集水坑、电梯坑等局部加深部位，渗透破坏极易发生。

5. 土中水对锚杆（土钉）施工质量的影响，见第32.3.8节"锚杆施工"。

因此，在基坑开挖过程中，要时刻注意地下水的动向。若发现土体中有水，需要立即判断水害的来源：降水不力、土体本身的滞水、地下设施漏水、雨水或者施工用水等等。治理水害，必须查清水源，具体原因具体对待。一般有截断、排泄、疏导等措施。所谓截断，就是对地下设施的漏水，找到源头，堵死封住截断水源，使之不再流入坑壁土体内。所谓排泄，就是设置排水沟，把地面积水排走使之不渗透到坑壁土体中，把基坑内的积水及时排走。所谓疏导，就是在支护过程中，在坑壁设置滤水管，使坑壁土体中的水沿滤水管流出。这些措施简单易行，针对不同的情况可采取一种或者同时采取几种。

32.3.8 锚杆施工

1. 锚杆成孔

目前国内钻孔式锚杆的成孔工艺主要有套管跟进成孔、螺旋钻机成孔、泥浆护壁成孔。套管跟进成孔工艺锚杆孔壁松弛小、对土体扰动小、对周边环境的影响最小。螺旋钻机成孔、泥浆护壁成孔工艺由于泥皮的润滑作用，导致水泥浆固结体与钢绞线的握裹力、锚固体与周围土体的粘结强度大大降低，严重降低锚杆的承载力，而且螺旋钻机成孔、泥浆护壁成孔施工易引起上部地基变形，导致周边环境受影响。因此，应优先选用较为先进的套管跟进成孔工艺，尤其当锚杆位于地下水位以下时。

2. 锚杆注浆

目前常用的锚杆注浆工艺有一次常压注浆和二次压力注浆。一次常压注浆是浆液在自重压力作用下充填锚杆孔，有的在浆液渗入土体液面下降后再进行二次补浆，均属于一次常压注浆。二次压力注浆需满足二个指标，一是第二次注浆时的注浆压力，一般需不小于1.5MPa，二是第二次注浆时的注浆量。满足这二个指标的关键是控制浆液不从孔口流失。一般的做法是，在锚杆锚固段起点处设置止浆装置，或者是在一次注浆锚固体达到一定强度后进行第二次注浆。尤其当锚杆位于地下水位以下时，二次高压注浆是确保锚杆质量的重要措施。

试验表明，二次高压注浆可使土体的粘结强度提高20%~200%（表32-5），提高幅度与土层特性、二次高压注浆量、注浆压力等有关。

二次高压注浆粘结强度提高系数[6] 表32-5

土层名称	淤泥 淤泥质土	黏性土 粉土	粉砂 细砂	中砂	粗砂 砾砂	砾石 卵石	全风化岩 强风化岩
提高系数	1.2~1.3	1.4~1.8	1.6~2.0	1.7~2.1	2.0~2.5	2.4~3.0	1.4~1.8

3. 隔水帷幕条件下锚杆的施工

(1) 粉土、砂土层中锚杆施工

水在粉土、砂土中形成渗流后，粉土、砂土瞬间发生结构破坏，出现流砂、坍塌现象。在设置隔水帷幕的基坑中，若锚杆孔口位于水位以下一定深度，锚杆孔口处水压力较大（特别当位于承压水水位以下时），锚杆施工钻穿隔水帷幕时，在强大的水压力作用下，粉土、砂土颗粒从锚杆孔口涌出，导致锚杆无法施工。水土流失严重时将导致地面下沉、塌陷、周边环境受影响。因此，这种情况下锚杆施工需非常慎重。最好将锚杆孔口选在稳定地下水位以上，否则，锚杆施工时必须采取防止锚杆孔内流砂、堵漏等措施，并需通过试验确定施工工艺。

螺旋锚杆钻机在水位以下的砂性土中成孔易塌孔，锚杆难以实施，塌孔严重时导致基坑周边环境受影响。

(2) 黏性土中锚杆施工

螺旋锚杆钻机（俗称"土锚"）在水位以下的黏性土中成孔易产生"和泥"现象，锚杆孔中充满软泥，锚杆孔壁稀软。放置钢绞线后，钢绞线外裹满泥浆，导致锚固体与钢绞线的握裹力、锚固体与周围土体的粘结强度大大降低，严重降低锚杆的承载力。

(3) 隔水条件下锚杆施工的建议

粉土、砂土层中，锚杆孔口宜选在稳定地下水位以上；锚杆位于地下水位以下时，不论黏性土、粉土、砂土，均宜采用套管跟进成孔工艺；锚杆宜采用二次高压注浆工艺；锚杆施工钻穿隔水帷幕，需及时进行堵漏、修补帷幕。

32.4 基坑工程地下水勘察、设计与施工应注意的问题

32.4.1 基坑工程地下水勘察应注意的问题

有许多基坑工程施工中的事故都直接或间接地与地下水有关，地下水对基坑工程施工

的影响是不容忽视的。对场地地下水赋存状态的了解程度和地下水的存在对基坑工程的影响方式，决定了基坑工程施工能否顺利的重要前提。因此，在基坑工程施工前查清和了解场地的水文地质条件是非常重要的。场地水文地质勘察主要查清场地及其周边区域的水文地质条件，获取与施工降水有关的各含水层的水文地质参数，了解地表水体与地下水之间的关系等，为施工降水方案设计提供准确的水文地质资料。在基坑工程中，地下水勘察主要应注意以下几个方面：

1. 地下水勘察的工作内容和要求

在基坑工程中，了解场地的地下水主要通过岩土工程勘察或专门的水文地质勘察，这两种途径分别适用于不同的场地、不同的工程。对于基坑深度不大、水文地质条件简单、场地及其周边地区有较丰富的资料，则采用岩土工程勘察资料基本可以满足基坑工程的需要。当基坑深度较深、水文地质条件复杂、当地已有资料不很丰富时，岩土工程勘察资料不能满足基坑工程需要，就应进行专门的水文地质勘察。

基坑工程中对地下水的控制可以分三类情况，一是单纯施工降水，降低基坑内的地下水位至基底以下 0.5～1.5m，满足基坑工程施工需要；二是保护周边环境安全的施工降水，在降低基坑内的地下水位至基底以下 0.5～1.5m，满足基坑工程施工需要的同时，通过回灌等措施，控制周边的地下水位和地面沉降，达到施工期间周边环境的安全；三是保护地下水和地下水环境的施工降水，即进行施工降水和帷幕隔水的技术和经济选择，以较合理的经济投入，尽最大程度减少抽取地下水，以保护地下水资源和地下水环境。针对这三类情况，地下水勘察内容和要求也存在一定的差异。

对于纯粹施工降水的基坑工程地下水勘察，其工作内容和要求主要包括：

（1）区域性气候资料，如年降水量、蒸发量及其变化规律和对地下水的影响；

（2）主要含水层的分布规律、岩性特征。查明含水层和隔水层的埋藏条件，地下水类型、流向、水位及其变化幅度，当场地有多层对基坑工程有影响的地下水时，应分层量测地下水位，并查明各含水层之间的补排关系；

（3）地下水的补给排泄条件、基坑与附近大型地表水源的距离关系及其水力联系；

（4）通过现场试验，量测各含水层的渗透系数等水文地质参数；

（5）当地下水可能对基坑开挖造成影响时，应对地下水控制措施提出建议。

对于保护周边环境安全的施工降水（地下水控制），则除了上述的工作内容和要求外，还应包括：

（1）场地周边环境条件；

（2）场地周边一定范围内（基坑工程施工降水影响的范围）的地层分布；

（3）根据岩土工程勘察资料或专门的水文地质勘察，提供与降水方案设计有关的工程地质参数；

（4）评价降水对基坑周边环境的影响。

对于以保护地下水资源和地下水环境为目的的地下水控制，除了以上的工作内容和要求外，还应包括：

（1）查明场区是否存在对地下水和地表水的污染源及其可能的污染程度，提出相应的工程措施的建议；

（2）查明与基坑工程有关的各层地下水的水质，并评价施工降水方法对地下水环境的长期影响和对策；

(3) 提出适宜的最大程度减少抽取地下水资源和避免地下水污染的地下水控制方法。

2. 地下水勘察工作量的布置

工程场地地下水勘察主要通过水文地质勘察孔、地下水位监测井、含水层的抽水试验及已有资料的整理分析完成。现场工作量与已有资料的丰富程度、场地水文地质条件的复杂程度、场地大小等有关。

(1) 水文地质勘察孔的布置

①工程场地已完成或同期进行岩土工程勘察工作，则应在岩土工程勘察资料的基础上布置水文地质勘察孔，用最少的工作量获取降水范围内的水文地质条件。

②水文地质勘察孔的数量可以参照表 32-6 的规定布置。一个工程场地具体的水文地质勘察孔数量可在此基础上根据场地面积适当增减。

水文地质勘探孔的数量 表 32-6

水文地质条件 \ 已有资料丰富程度	好	中等	差
简单	0	2	4
中等	2	4	6
复杂	4	6	8

③线状工程的水文地质勘察孔的数量应在已进行的岩土工程勘察工作的基础上满足每 500m 布置一个孔。

④水文地质勘察孔的深度应大于 2 倍基坑深度，且满足穿过所揭露的含水层底板的深度要求。

⑤场地邻近地表水体时，应布置适量勘察孔确定地表水体与地下水的关系。

(2) 地下水位监测井的布置

①地下水位监测井的布置应满足水文地质勘察期间和工程施工期间对与基坑工程施工有影响的含水层的地下水的监测，即主要设置于降水含水层中和可能对基坑开挖有影响的基底以下的其他含水层中。

②在平面上，地下水位观测孔宜布置在基坑开挖范围外 8m 以内的区域，且在施工降水时水位较低最不利的位置。

③地下水监测井的数量按表 32-7 的规定布置。

地下水监测井的数量 表 32-7

水文地质条件 \ 已有资料丰富程度	好	中等	差
简单	1	2	2
中等	2	3	3
复杂	3	4	5

④线状工程的地下水位监测井的数量宜为每 1000m 一组，且可与水文地质勘察孔结合。

⑤地下水位监测井应分层进行设置，分别对各含水层水位进行量测。

⑥在已确定地表水体与地下水存在关系时，应布置适量地下水位监测井监测地下水位随着地表水体的变化关系。

⑦地下水位监测井孔径应不小于50mm。一个工程场地中有不少于1组观测孔的管材为PVC管，以便于地下水样的采集。

⑧地下水位监测井可结合水文地质勘察孔，达到一孔多用的目的。

(3) 抽水试验的布置

①抽水试验应针对降水工程的需要布置。对于工程场地存在多个影响基坑工程的含水层，应分别进行抽水试验。

②抽水试验的数量按表32-8的规定布置。

抽 水 试 验 的 数 量　　　　表 32-8

水文地质条件	周边100m范围内抽水试验资料	
	有	无
简　单	0	1
中　等	1	1~2
复　杂	1~2	2

③线状工程每1000m应进行一组抽水试验。

④抽水试验应包括单井抽水和群井抽水试验，水位观测孔应不少于2个。第一个观测孔离抽水井的距离应不小于1.1倍的含水层厚度，若进行大降深抽水井试验，第一个观测孔离抽水井的距离应不小于2倍的含水层厚度。

⑤抽水试验方法可按表32-9确定。当含水层岩性为粉砂、粉土、黏性土，且含水层厚度不大，单井或多井抽水试验不可行时，可采用提水试验或注水试验；

当含水层埋深小于8m，且水量不大时，可采用真空泵抽水试验。

当含水层岩性为细砂及其以上，且含水层有一定厚度时可进行潜水泵抽水试验。

抽水试验方法和应用范围　　　　表 32-9

试 验 方 法	应 用 范 围
钻孔或探井简易抽水	粗略估算弱透水层的渗透系数
不带观测孔抽水	初步测定含水层的渗透性参数
带观测孔抽水	较准确测定含水层的各种参数

⑥进行潜水泵抽水试验时，抽水井的直径应不小于200mm，抽水井管材应为铸铁管、钢板卷管等，以满足对抽水井洗井的要求。

⑦过滤器的结构应符合《供水水文地质勘察规范》(GB 50027—2001)的有关要求。

⑧应进行不少于1个水位降深的抽水试验，当含水层厚度较大或承压水头较高，可进行3个水位降深的抽水试验，其中的一个水位降深应大于基坑降水设计水位降深。

⑨抽水井宜为完整井，当含水层厚度很大时（如大于30m），可以采用非完整井。

3. 含水层的确定和划分

工程建设中的含水层和供水水文地质的含水层有很大区别。在供水水文地质勘察中含水层是指能够给出并透过相当数量水的岩体，含水层往往是有一定厚度和较好的渗透性，对供水有实际意义。而在工程建设中，含水层是指能够给出并透过水的岩体，这类岩体不管多厚，渗透性不管多低，都需要确定为含水层。

在实际工程中，含水层的划分仍需要注意几种特殊情况：

(1) 含水层与隔水层互层：有些场地，含水层和隔水层都较薄，呈互层状，而各个深度处的地下水位相差不大，但施工降水时，各深度处的水位降深则差异很大，有可能出现疏不干问题，对基坑侧壁安全产生影响。勘察时需要对这类含水层和隔水层进行划分和描述清楚。

(2) 二（多）元结构含水层：在较粗颗粒含水层（主含水层）上或下存在相对较细颗粒的含水且透水的地层（副含水层），在这些地层不同深度处地下水位相差不大，当降低地下水位时，主含水层水位降低较快，而副含水层降低较慢，甚至在基坑工程施工期间，都不能疏干副含水层中的水，这有可能造成基坑侧壁流砂等现象。

(3) 含水透镜体：由于勘察孔数量限制，不可能对含水透镜体查明清楚，也有可能存在勘察时没有遇到含水透镜体，而开挖时存在局部含水的情况，其对基坑工程的影响是不能忽视的。因此，需要对场地及周边地区的地下水赋存状态进行分析，重视含水透镜体对工程的影响。

4. 地下水位的量测和动态分析

地下水位的量测是了解各地下水赋存状态的重要依据，确定不同深度处含水层的类型和相互关系，以及各含水层的水位。地下水位最好是通过地下水位分层观测孔量测，若通过岩土工程勘察孔或水文地质勘察孔了解各含水层的地下水位，则应做到：

(1) 遇地下水时应量测水位；

(2) 稳定水位应在初见水位后经一定的稳定时间后量测。稳定水位距初见水位量测的时间间隔按地层的渗透性确定，对砂土和碎石土不得少于 0.5h，对粉土和黏性土不得少于 8h。

(3) 对多层含水层的水位量测，应采取止水措施，将被测含水层与其他含水层隔开。

为了确保基坑工程施工期间不至因区域地下水位突然升高造成基坑工程施工降水工作失败，有必要根据地下水位多年观测成果提供地下水位动态规律，并分析场地地下水位升高的可能影响因素，以便施工降水时提前准备针对性的措施。当无地下水位长期观测资料，应在可行性研究阶段设立地下水位观测孔观测不少于一年的水位动态资料。而对位于地表水体附近的工程，必须确定地下水位动态与地表水体动态的关系。

5. 水文地质条件的分析

有两种情况需要说明。

(1) 根据岩土工程勘察资料进行水文地质条件的分析

岩土工程勘察对水文地质条件的论述不能完全满足基坑工程施工降水设计的需要，当必须采用岩土工程勘察资料进行地下水控制设计时，则必须利用岩土工程勘察资料重新对场地的水文地质条件进行分析，尤其是含水层的分布、地下水类型、地下水位埋深（或标高）、含水层的水文地质参数、地下水对基坑工程的影响等方面进行分析和确定。

(2) 专项水文地质勘察时的水文地质条件分析

专项水文地质勘察的水文地质条件论述应能满足基坑工程的需要，但在分析水文地质条件时，应能够充分利用抽水试验资料，通过分析抽水试验资料反映的一些规律，推断场地及周边的水文地质条件以及与各含水层之间的关系、与地表水体的关系、隔水边界和补给边界的位置等，并与实际调查资料对照，确保水文地质条件分析的正确和全面。

6. 勘察工作中注意事项

水文地质勘察孔应与岩土工程勘察孔一样，统一对地层划分及地层岩性、成因年代、颜色、湿度、含有物等项目的描述，划分地下水层位，分析地层特性，划分地质单元；水文地质勘察孔钻探在穿过第一层地下水后宜先跟进套管，后进行取土，以保证闭水效果；为保证水文地质勘察孔质量，钻孔的垂直度为每百米小于1°；钻探完成后，应进行回填。当钻孔穿越多个含水层，回填要保证上下层水不会连通。回填材料应保证没有污染；在实时掌握钻探、测试揭露的地层和地下水位的条件下，与预测条件进行对比分析，判断是否需要及如何进行水文地质勘察方案的调整与补充。若需要进行室内渗透系数试验时，除方案中确定取土要求外，在现场应根据实际地层情况进行必要调整。应对每个完成的钻孔深度进行校验，并确定是否满足对基坑工程地下水控制方案设计的要求。

32.4.2　基坑工程中地下水控制方案设计应注意的问题

地下水控制方案是基坑工程方案设计的重要组成部分，需要统一考虑。根据不同地区的政策和技术标准，选择施工降水方案、帷幕隔水方案、"施工降水＋回灌"的地面沉降控制方案等。不论什么样的地下水控制方案，都需要满足技术可行和经济合理，并能满足基坑工程施工对周边环境安全的要求。

1. 地下水控制方案的选择

地下水控制方案的选择必须符合当地的政策和要求，同时符合技术的可行性和经济的合理性。

保护周边环境的地下水控制方案选择应根据地下水位降低后对周边环境的影响程度和可能采取的措施综合考虑，本着基坑工程安全和周边环境安全至上的原则选择施工降水、施工降水＋回灌、帷幕隔水等地下水控制方案。

从保护地下水资源和地下水环境角度，以最大程度减少地下水抽排水量为前提，同时兼顾经济效益、环境效益，使基坑工程地下水控制符合"保护优先、合理抽取、抽水有偿、综合利用"的原则，在地下水控制方案中应优先选择帷幕隔水，其次选择施工降水＋帷幕隔水，再次选择施工降水。

(1) 帷幕隔水

有几种原因需选择帷幕隔水方案。一是工程地质条件较差，采用工程施工降水方案后，基坑工程仍存在边坡失稳等较大的安全风险；二是基坑周边环境复杂，建（构）筑物对地面沉降较敏感，采用工程施工降水易引起建（构）筑物损坏等，并可能进一步引发其他灾害；三是周边临近建（构）筑物离基坑较近，不具备施工降水条件；四是地下水资源和水环境保护需要，不允许工程施工降水；五是经济对比后，帷幕隔水方案较施工降水方案有明显的优势，等等。

是否选择帷幕隔水方案是由各种因素综合决定的，但基坑工程安全、地区政策和周边环境条件是主要的因素。

(2) 施工降水＋帷幕隔水

存在多层水影响基坑工程的场地，根据基坑工程施工需要，也可以采用施工降水＋帷幕隔水方案。例如直接影响基坑开挖的含水层，根据各种因素综合分析后，需要采用帷幕隔水，但间接影响基坑工程的含水层（承压水含水层）需要必要的降低水位，以避免承压水突涌对基坑的影响，则可以采用施工降水＋帷幕隔水方案。灵活合理地采用施工降水＋帷幕隔水方案，可有效地降低基坑工程安全风险，减少抽取地下水量，同时也能够降低基坑工程造价。

(3) 施工降水

施工降水方法主要分为集水明排、井点降水、管井降水、辐射井降水等类型，适用于各类含水层。施工降水主要的控制要求是基坑内的地下水位降低至基底以下不小于 0.5m。

为避免施工降水过量抽取地下水资源或影响地下水环境，施工降水应遵循以下原则：

①分层抽水的原则：其重要前提是必须查清场地的水文地质条件，查清影响基坑工程的场地各层地下水的分布和影响程度，有针对性的布置降水井，控制各层地下水的水位。当能够保证施工结束后有有效措施使上下层不连通，才可以考虑混层抽水。

②回灌补偿原则：对于基坑排水量仍较大的情况，且具备地下水回灌条件，应制定地下水回灌计划。

③有条件使用渗井降水原则：在上层水水质较好或施工结束后能够有有效措施保证上下层不连通，则可以使用渗井降水。

④抽排水综合利用的原则：对抽排的地下水应进行综合利用，可以利用施工降水进行工地车辆的洗刷、冲厕、降尘、钢筋混凝土的养护等，也可以利用施工降水用于绿地、环境卫生以及排入地下雨水管道等。

⑤动态管理的原则：根据基坑开挖的需要和基坑降水的水位情况，对降水设施进行动态管理，达到按需降水，减少基坑抽排水量。

(4) 施工降水＋回灌

当地下水位降低引起的地面沉降对周边环境安全产生影响时，可以考虑采用回灌的方法，控制对地面沉降敏感的建（构）筑物附近含水层的地下水位，避免施工降水对周边敏感的建（构）筑物的影响。需要注意的是，一是敏感建（构）筑物附近含水层的地下水位应保持在一定高度（最好处于施工降水前的状态），不能是含水层的水位过高；二是施工降水井停抽后，对回灌井的水位控制仍能保持一定时间，避免基坑周边地下水位恢复时，被保护敏感建（构）筑物附近含水层的地下水位降低。

2. 降水设计有关参数的取值

降水方案设计中用到的参数主要包括含水层的厚度（对承压水含水层为 M，对潜水含水层为 H），水位降深 s，影响半径 R，大井等代半径 r_0，渗透系数 k 等。

(1) 含水层厚度

当含水层的顶底板标高相差不大，含水层厚度则取场地范围内钻孔揭露的含水层厚度的平均值。

当含水层顶底板标高差异较大时，应分析所有勘探资料，用有代表性的含水层厚度平均值为工程场地的含水层厚度。

(2) 水位降深

设计降水深度在基坑范围内不宜小于基坑底面以下 0.5m。当施工降水涉及多层地下水时，方案设计不能为了安全而各层地下水统一取水位降深值为第一层地下水降低至基底以下的水位降低值。应根据各含水层的地下水位确定水位降深值；当采用大井法计算水量时，可以根据各含水层的设计水位降深值计算流量；对于降水管井的井内水位则为基坑中心点的水位降深与管井至中心点的距离与水力坡度乘积之和，同时应考虑井损和水跃值。

（3）大井等效半径

一般的降水井群在基坑外缘采用封闭式的布置，为了计算简单，将井点系统看成一口大井，以便引用已有的公式计算这个等效大井。等效半径即指大井的半径 r_0，通常按照降水范围和基坑形状确定。

（4）影响半径

井点系统的影响半径可以表示为

$$R_0 = R + r_0 \tag{32-4}$$

对于影响半径 R 的取值可以采用两种方法获得：若有抽水试验资料时，应按照观测孔的试验资料求得 R；若没有抽水试验资料时，应用比拟法选用当地类似的水文地质条件下其他地段的参数值或当地经验值；当基坑安全级别比较低的情况下，可以采用经验公式。

（5）渗透系数

在目前的施工降水方案设计中，渗透系数取值大小不仅对降水工程实施可行性有直接影响，而且对降水方案合理性至关重要。原则上应用场地各含水层的渗透系数应根据抽水试验确定。当邻近本工程 100m 范围内存在抽水试验资料，且水文地质单元类似，则可以借鉴邻近工程的渗透参数。对于基坑安全级别比较低的情况，可以采用当地的渗透系数经验值。

3. 施工降水的风险控制

施工降水设计人员应有工程风险意识，以保证基坑工程的施工安全。在设计阶段的风险控制主要注意以下几个方面：设计人员应全面了解、掌握基坑降水区域的工程地质及水文地质条件。在此基础上，对深基坑工程而言，应尽可能进行三维地下水渗流计算；在进行地下水渗流分析时，应正确把握水文地质概念模型、渗流数值模型的可靠性；设计人员应充分了解基坑围护结构特点及各工况条件，在此基础上确定降水方案并进行降水设计；应选取满足基坑开挖、施工安全与周边环境和地下水环境保护要求的最佳方案；考虑到计算参数的可靠性以及地质条件的变异性，降水井施工质量及成井后的保护程度、设备运行异常等，降水设计计算要留有一定的安全系数；设计前应掌握充分的设计依据，应准确掌握场地的水文地质资料，从源头开始控制基坑降水设计的可靠性。

考虑到施工降水过程中存在的风险因素，在设计阶段应编制有针对性的应急预案。

（1）应编制施工降水工程专项应急预案，也可与基坑工程应急预案一并编制。

（2）施工降水应急预案应主要包括以下内容：

①涉及消防、医疗急救、防汛防风、用电安全等常规预案；

②针对深基坑工程可能发生的基坑突涌、围护渗漏涌水涌砂等险情应编制具有针对性、可操作性的应急抢险预案；

③应急物资、设备的堆放、保管的日常检查措施；

④因停电、潜水泵损坏等造成地下水位升高应编制应急预案，并确定应急生效时间。

4. 帷幕隔水的要求

隔水帷幕的形式有两种：一种是落底式，插入隔水层，另一种是悬挂式，含水层相对较厚，帷幕悬吊在透水层中。落底式隔水帷幕须进行基底渗流稳定、隆起验算，必要时可加深竖向隔水帷幕深度或采用基坑内设降压井保证施工安全。悬挂式隔水帷幕需要考虑绕过帷幕涌入基坑的水量，评价基坑内降水井数量和布置及其可能造成的周边环境问题，必要时进行封底或采用其他方法。

(1) 纵向隔水帷幕

①同一工程可采用多种隔水帷幕方式，根据地层特点、基坑开挖深度、支护型式、周边环境条件等，在不同的部位选用适合的隔水帷幕。

②落底式竖向隔水帷幕应插入下卧不透水层，其插入深度宜不小于2~3m或按下式计算：

$$l=0.2h_w-0.5b \tag{32-5}$$

式中　l——帷幕插入不透水层的深度，m；

　　　h_w——作用水头，m；

　　　b——帷幕厚度，m。

③当地下含水层渗透性较强、厚度较大时，可采用悬挂式竖向隔水与坑内井点降水相结合或采用悬挂式竖向隔水与水平封底相结合的方案，以减少抽取地下水量和基坑周边地下水位的降低值，降低地面沉降对基坑周边环境安全的影响。

④隔水帷幕插入弱透水地层中，需进行基底渗流稳定、隆起验算。如果不符合要求，则坑外或坑内布设降压井。

⑤基坑内需根据弱透水地层的渗透性、基坑内外水头差、基坑底面与含水层底板的关系、含水层岩性、基坑面积等确定采用明排或布设降水井以控制地下水位在基底以下。

⑥采用隔水帷幕后，因地层中的地下水不能排出，除了对支护结构产生水压力外，土层的强度指标c、φ值与降水条件下的指标也有所不同。无相关试验数据时，帷幕隔水条件下的c、φ值宜适当降低。

(2) 横向隔水帷幕

①当含水层较厚，采用悬挂式帷幕隔水和基坑内降水方案仍不能满足基坑开挖需要或采用全封闭式隔水帷幕施工时，在完成纵向隔水帷幕的同时，也应进行横向隔水帷幕的实施。

②横向隔水帷幕厚度和深度应根据含水层的水头和基坑开挖深度，通过基底抗隆起验算确定。

③为了减少横向隔水帷幕出现漏点数量，降低发生涌砂等破坏地基、支护结构等事故，旋喷桩搭接厚度不低于10~20cm，基坑越深，搭接厚度越大。

32.4.3　基坑工程降水施工应注意的问题

地下水控制效果好或不好，不仅取决于地下水控制的方案设计的合理性，而且也取决于地下水控制施工质量和管理水平。许多基坑工程地下水位不能降低至设计要求，有相当一部分原因是降水井结构不合理，洗井效果不到位，降水井的井损较大，造成降水井内水位降低很深，但地层水位降低较小的情况，达不到降水的设计要求。施工中由于管理不到位，出现过大降低地下水位，浪费运行费用和地下水资源。因此，地下水控制施工质量和管理也必须高度重视。

1. 降水施工时应考虑的因素

(1) 钻探施工达到设计深度后，根据洗井搁置的时间的长短，宜多钻进 2~3m，避免因洗井不及时泥浆沉淀过厚，增加洗井的难度。洗井不应搁置时间过长或完成钻探后集中洗井。

(2) 水泵选择时应与井的出水能力相匹配，水泵抽水量小时达不到降深要求；水泵抽水量大时，抽水不能连续，一方面增加维护难度，另一方面对地层影响较大。一般可以准备大中小几种水泵，在现场实际调配。

(3) 降水期间应对抽水设备和运行状况进行维护检查，每天检查不应少于 3 次，并应观测记录水泵出水等情况，发现问题及时处理，使抽水设备始终处在正常运行状态。同时应有一定量的备用设备，对出问题的设备能及时更换。

(4) 抽水设备应进行定期保养，降水期间不得随意停抽。当发生停电时应及时更新电源保持正常降水。

(5) 降水施工前，应对因降水造成的地面沉降进行估算分析，如分析出沉降过大时，应采取必要措施。

(6) 降水时应对周围建筑物进行观测。首先在降水影响范围外建立水准点，降水前对建筑物进行观测，并进行记录。降水开始阶段每天观测两次，进入稳定期后，每天可以只观测一次。

2. 降水施工阶段风险控制

(1) 降水施工风险控制

①严格按照规范标准和设计要求控制成孔质量。根据成孔深度和含水层岩性选择适宜的钻探设备和施工程序，满足成孔孔径与深度要求，且便于洗井。

②严格控制井管质量，避免井管断裂、错位、连接质量差出现的漏水现象，造成降水井的失效、上下层水混合等问题。

③根据含水层粒径分布，选择合适的滤料和过滤器，避免井点出砂。必要时，滤料进场应检测其颗分曲线，合格后方可使用，并保证足够的滤网强度。

④为确保井点涌水量满足要求，应优选滤料级配，确保含泥量不超标，保证清孔效果和洗井效果；优化施工流程，防止加固水泥浆液窜入井点；配备合适的水泵，且泵的位置应优化。

⑤成井质量控制：施工组织设计中，成井材料、规格、型号和安装方法等，均应有明确要求。施工中应严格要求，不能随意更改；洗井必须采用联合洗井的方式进行。

⑥降水井最终投入抽水运行前，应对井的质量进行验收。成井质量验收指标主要为成井材料、规格、型号；单井涌水量、水的含砂量；井底沉砂厚度等。

(2) 降水运行风险控制

①电源保证：一般工程宜采用双电源保证，对重大工程应采用双电源保证，必要时，电源切换与水泵启动可智能控制。

②排水能力保证：应根据最大排水量设置专门的排水系统。

③降水运行管理能力保证：降水井的开启与停止应贯彻"按需降水"的原则，根据基坑内水位降低情况，动态调整降水的开启与停止。对于地下水变化对工程安全具有重大影响时，宜对工程施工降水期间进行全程自动监控。在施工降水期间，应加强降水井管和降

排水系统的保护，避免意外损毁，影响施工安全。

(3) 环境风险控制

①降水设计应选取对环境影响最小的的方案进行实施。

②严格按"按需降水"的原则开启/关闭井点。

③降水运行过程中，严格按降水设计及降水运行方案执行。

④降水运行中应对水位、水量加强监测和分析。

⑤降水运行过程中，必须严密监控围护结构的隔水效果、围护结构的渗漏水情况、周围环境的显著变化等。

⑥如无法避免基坑周围地下水位的巨幅下降，必要时可采用局部回灌的方法，以减少和控制降水对环境的影响。

3. 降水井出水含砂量要求

由于降水井和供水井不同，降水井是短期行为，供水井是长期使用。只要降水井在降水期间不会产生不良地质现象和降水设备正常运转就行。由于辐射井的辐射管反滤层的形成和基坑开挖后土层的减薄容易造成不良地质现象，因此，对辐射井抽水半小时和运行时的含砂量要求比管井要求严格。降水初期和降水过程中，抽排水的含砂量应遵循下述要求：

(1) 管井抽水半小时内含砂量小于万分之一；

(2) 管井正常运行时含砂量小于5万分之一；

(3) 辐射井抽水半小时内含砂量小于2万分之一；

(4) 辐射井正常运行时含砂量小于20万分之一。

32.5 基坑工程应注意的其他问题

32.5.1 监测方案与应急预案

监测方案与应急预案是实现基坑工程信息化施工和确保安全的前提基础，是基坑工程设计、施工的重要组成部分。监测方案主要内容包括监测项目、监测方法、监测精度、监测周期、变形控制值及报警值；监测仪器设备名称、型号、精度等级；中间监测成果的提交时间和主要内容；绘制基坑支护结构及周边环境监测点平面布置图等。应急预案主要内容包括根据基坑周边环境、工程地质及水文地质条件及支护结构特点，对施工中可能发生的情况逐一加以分析说明，制定具体、可行、有针对性的应急抢险方案；明确应急预案的启动条件；以锚杆、内支撑作为应急措施的，应有节点、预埋件设计图等。

此部分应注意的问题是监测项目应满足规范基本要求；合理确定监测周期，并及时分析反馈监测数据，以满足信息化施工要求；依据基坑周边环境、工程地质及水文地质条件及支护结构特点合理确定基坑侧壁变形控制值（应与设计控制条件原则一致）及报警值。基坑监测项目的监控报警值应根据监测对象的有关规范要求、设计要求和工程经验及既有监测对象现状拟定，并应结合现场监测成果的分析综合判定。应急预案应具有针对性和可操作性。

32.5.2 基坑隔水结构的选型、质量控制及事故预防

隔水是当前基坑工程地下水控制的主要手段之一，常见的隔水结构主要有混凝土、水

泥土。混凝土隔水结构有地下连续墙和咬合式排桩，隔水结构、挡土结构合二为一。水泥土系的隔水结构通常叫作隔水帷幕，常用施工方法有水泥土搅拌法、高压喷射注浆法、搅拌－喷射注浆法、注浆法等。冻结法形成的冻土墙是一种特殊的隔水结构，在特殊的情况下亦有应用。以上隔水结构，都是由先后施工的隔水单元相互搭接形成的。隔水单元本身的质量缺陷、单元之间的搭接缺陷都将导致隔水失败。全国各地，只要有基坑隔水的，几乎都有隔水失败事例的报道[28]~[36]。可见，基坑隔水问题的严峻性和严重性。这些事故的发生，主要有隔水结构的设计选型、质量缺陷和应急预防措施不力。

1. 隔水结构的选型和设计，需重点考虑漏水的后果、含水层的土性、地下水特性、支护结构形式、施工条件等因素。对于漏水后果严重（如建筑物、公共设施损坏等）的基坑，对施工质量无十分把握的隔水结构，如水泥土系的隔水结构，不宜少于2排帷幕。选择的隔水结构施工工艺需适合场地的地层特性。隔水的基坑，支护结构的变形控制设计尚需考虑隔水结构的抗变形能力，支护结构或土体变形过大会引起隔水结构开裂，导致漏水。

2. 施工阶段，严格按照相关技术标准、施工工艺、操作规程等精心施工是确保隔水结构质量的必要条件，但不是充分条件。尚有诸多不确定因素会造成隔水结构致命的缺陷，例如，实际地质条件与勘察资料的符合程度，包括砂卵石地层中粒径的大小、表层填土的成分、地下水的流动性等等。地下障碍物往往导致隔水结构不能正常施工，出现桩体缺陷、位置偏移、桩体倾斜等质量问题。

3. 隔水帷幕施工质量的评价标准是隔水效果。但在帷幕施工完成后基坑开挖前，目前还没有合理可行的、行之有效的、方便快捷的手段检测帷幕的渗透性及隔水效果。现有的一些检测方法，可间接反映帷幕的施工质量，也是必要的。这些检测方法有：

（1）帷幕固结体的单轴抗压强度检测，以期通过水泥土固结体强度间接推测帷幕质量。在搅拌桩、高压喷射注浆施工完成28d后，对帷幕固结体的搭接部位钻取固结体芯样，检测帷幕深度、固结体的单轴抗压强度及完整性，检测点的数量不宜少于总注浆孔数的1%；检测点的部位应按随机方法选取，同时应选取地质情况复杂、施工中出现异常情况的部位。根据工程经验，固结体的28d无侧限抗压强度，砂土不宜小于3MPa，黏性土不宜小于1MPa。

（2）轻型动力触探。在搅拌桩、高压喷射注浆帷幕施工完成7d内，采用轻型动力触探方法对水泥土固结体的早期强度进行检测，检测点的数量不宜少于总桩数或总注浆孔数的10%，水泥土固结体的N_{10}击数需大于原状土击数的二倍。

（3）孔内压水和抽水试验。对桩体、注浆固结体采用钻孔内压水和抽水试验，检测桩体、注浆固结体的抗渗能力，检测点的数量不少于总桩数或总注浆孔数的1%。

（4）围井压水和抽水试验。采用拟选定的设计、施工工艺参数，在正式施工前施工专门的围井，进行固结体围井内的压水或抽水试验，检测帷幕整体的渗透系数；通过观测围井内的水位及渗漏情况，检查隔水效果。

以上检测方法均不能准确地评价帷幕的整体隔水效果，最终的隔水帷幕质量是要通过开挖后的隔水效果来检验。

4. 影响隔水质量的因素多且复杂，现有工艺无法做到基坑不渗漏，而且现有的检测方法也不能准确地评价帷幕的整体隔水效果。因而应急预防是隔水基坑工程不可或缺而且是非常重要的一个环节。况且某些支护结构的选型,如锚拉式支挡结构,位于水位以下的锚杆,施工钻穿帷幕必然导致渗漏。应急预防讲究措施切实有力、监控及时高效、反应迅速到位。施工现场需具有充足的技术、人力、物资准备,监控、报警、反应、行动高效有序。必要时可按照事先制定的抢险应急预案进行现场演习。

总之,确保隔水结构的隔水效果,需要"过程控制,辅助检测,应急到位"。

32.5.3 冻胀与冻融对基坑的影响

不同的基坑支护形式,对冻胀与冻融的反应和敏感性有所不同。

对于支挡式结构,冻胀增加了支护结构的水平荷载,使得支护结构变形、内力增大;一冻一融,融化水对土体结构及强度造成破坏和削弱,又给支护结构带来不利影响。疏排桩支护的桩间土,冻胀、冻融易引起桩间土脱落。因此,季节性冻土地区需越冬的基坑,需结合地区经验考虑冻胀影响,并且适当提高支挡式结构各个构件、连接节点的抗力及安全度,桩间土护面需与围护桩连接可靠。

对于土钉墙,冻胀改变了土钉墙的受力特点。常规情况下,土钉钢筋的拉力沿长度方向分布呈中间大两头小,以潜在滑动面处最大,到土钉钢筋与面层连接处,因钉土之间的粘结力使得钢筋拉力大大衰减。因此常规的土钉墙设计,土钉与面层的连接节点的承载能力均小于土钉的最大拉力,土钉头节点、面层厚度及配筋均按构造设置,一般不进行受力计算。但是,当土钉墙后土体受冻膨胀后,冻胀力作用于面层增加了面层的荷载,又通过面层传递到土钉头节点,再传递到土钉,使得面层、土钉头节点、土钉荷载增加,尤其按照构造设置的面层、土钉头节点,极易在冻胀力作用下出现承载力不足而破坏。因此,在季节性冻土地区冬季进行基坑施工,最好不采用土钉墙支护,否则需充分考虑冻胀的影响,在土钉头节点强度、面层强度、土钉承载力等各个环节均需精心设计。同时,设计计算尚需考虑一冻一融对土体结构的损伤、融化水的水压力及融化水降低了土体的强度等因素。

32.5.4 锚杆、土钉的抗拔试验问题

1. 锚杆试验

一般土层中,锚杆抗拔试验有两种,一种是基本试验,目的是确定锚杆的承载力、为设计提供依据、验证施工工艺等;另一种是验收试验,目的是检验锚杆质量、判断锚杆承载力是否符合设计要求。但由于锚杆设计构造、施工工艺和试验方法等原因,当前基坑工程中的锚杆抗拔试验难以达到上述试验目的。

锚杆全长分为锚固段和非锚固段。锚固段为锚杆位于稳定土体中的部分,即理论滑动面以外的部分,为锚杆提供抗拔力,非锚固段为锚杆位于不稳定土体中的部分。现阶段的施工方法,锚杆注浆时浆液将整个钻孔注满,即锚杆全长范围有水泥固结体与土体接触,且锚固段和非锚固段的水泥固结体是连续的。

在进行锚杆张拉试验时,拉力通过自由段杆体传递至锚固段。由于锚固段和非锚固段的水泥固结体实际是一个整体,因此,锚杆试验的张拉力实际上传递到了包括锚固段和非锚固段的整个锚杆长度范围的土体上,亦即锚杆试验得到的抗拔力包含了非锚固段的贡献。而基坑开挖后锚杆在工作状态下的承载力由锚固段决定,因此以上试验高估了锚杆的抗拔承载力,与支护结构的设计假定是不相符的,这给基坑支护带来不安全的因素。

解决上述问题的思路大致有三种:一是将锚固段和非锚固段的水泥固结体分断,比如

在锚固段和非锚固段之间用柔软材料设一个过渡段，该过渡段内没有水泥浆固结体，因而切断力的传递途径。二是取试验锚杆的总长度等于工程锚杆的锚固段长度（试验锚杆所在土层应与工程锚杆的锚固段相同），这样试验所得的抗拔承载力可较准确的反映工程锚杆的抗拔承载力，但由于试验锚杆无自由段，试验不能反映工程锚杆的变形性能。三是控制注浆范围，即只在锚固段注浆，非锚固段不注浆（或者是在抗拔试验完成后再给非锚固段注浆）。

另外，在进行锚杆基本试验时，应控制锚杆的破坏出现在锚固体与土体之间，而不能出现预应力筋的强度不足，必要时，基本试验锚杆可适当增加预应力筋的截面面积。

2. 土钉试验

土钉墙中的土钉，其受力机制与预应力锚杆不同。土钉的主要贡献是对天然土体的加筋作用。基坑开挖时土体和土钉协同工作，而协同工作的效果取决于土钉与土体之间的粘结性能。因此，土钉的抗拔试验目的，是确定或检验土钉与土体之间粘结性能。设计文件应对试验土钉提出明确的参数，如数量、长度、直径、配筋、施工工艺、加载值等。

土钉的基本试验：试验目的是确定土钉与土体之间极限粘结强度（或单位长度的极限抗拔力），因此试验应加载至土钉到达抗拔极限状态。根据试验得到的极限抗拔力，可求得土钉与土体之间极限粘结强度的平均值（或单位长度的极限抗拔力）。进行基本试验的土钉，需配置足够的钢筋，必须保证极限状态出现在土钉与土体之间，不能出现土钉钢筋被拉断。

土钉的验收试验：试验目的是检验土钉与土体之间粘结强度是否满足设计要求（或土钉单位长度的抗拔力是否满足设计要求），但当前实际工程中的做法却难以达到该目的，究其原因，是验收试验加载量不足所致。

土钉墙设计计算时，土钉的抗拔力是取决于滑动面以外的土钉所能提供的抗拔力。当前的实际工程中在进行土钉的验收试验时，加载量就取设计计算时取用的土钉抗拔力。但是，由于土钉全长注浆，抗拔试验时土钉全长发挥作用，其工作状态与设计的假定差别甚远，导致验收试验的土钉抗拔力很容易就满足设计要求。其实，试验有可能将实际上不满足要求土钉判定为合格的，因此是偏于不安全的。

解决以上问题的思路大致有两种，一是减小验收试验土钉的长度，即验收试验土钉的长度取设计计算时滑动面以外的土钉长度，加载量为按照该长度计算的抗拔力。二是增加验收试验的加载量，该加载量取按照土钉全长计算的抗拔力。不管哪种方式，土钉的配筋必须与加载量匹配，避免试验时土钉钢筋首先拉断。

因此，土钉墙的设计文件应对土钉的验收试验提出明确要求，验收试验的加载值，需根据进行验收试验的土钉长度、直径、施工工艺、所在土层等情况确定，以使试验能够真正检验土钉与土体之间粘结强度是否满足设计要求（或土钉单位长度的抗拔力是否满足设计要求）。

32.5.5 考虑可持续发展的基坑方案选型

基坑支护方案选择时，传统的做法是，在满足安全的要求下，使基坑工程的总投资最少，即以工程经济指标作为方案优选的最终目标。而在倡导可持续发展、节能减排的今天，基坑方案的选择，应当考虑基坑工程的可持续发展。重视环保的发达国家已将工程方案论证比较的指标体系从"技术、经济比较"转变为"技术、经济、环境比较"，国家以此立法[16][17]。具体到基坑工程，本文初步探讨一些关于方案选型中降低材料消耗、有利于地下空间开发利用、保护地下水环境的问题。

1. 以材料消耗最小为目标的基坑方案选型

基坑工程中，用量最大的材料是硅酸盐水泥、由水泥砂石组成的混凝土、钢材。材料生产中的排放又对环境造成污染。例如，每生产1t水泥熟料，将释放出1t二氧化碳。全世界水泥年产量约为14亿t，所产生的二氧化碳约占全球温室气体的7%[18]。因此，从降低材料消耗、污染物排放的目标出发，当前的基坑方案选型中应重点考虑以下一些形式：

（1）"一墙多用"的地下连续墙方案。集基坑施工阶段挡土隔水、建筑物使用阶段为结构外墙为一体的地下连续墙，在水泥、砂石、钢材等主要材料消耗上，优于止水帷幕＋隔水帷幕＋单独外墙的常规方案。如果再结合逆作法，则又省去临时内支撑或锚杆，材料消耗进一步降低。

（2）型钢水泥土搅拌墙。型钢水泥土搅拌墙为集挡土、隔水为一体的复合结构，型钢可回收重复使用，与钢筋混凝土灌注桩＋隔水帷幕相比，材料消耗小，环保性能好。

（3）钢支撑方案。钢支撑具有可多次重复使用的特点，相对于钢筋混凝土支撑、预应力锚杆其环保性能优越。

2. 基坑方案选型需有利于地下空间的开发利用

近几年，国家斥巨资开展地下空间开发利用的政策、规划、技术研究。随着城市建设理念的转变，城市将更多地利用地下空间，城市交通、公共设施、人居空间、资源存储等等将大量转入地下，各地蒸蒸日上的地铁建设可见一斑。而当前基坑工程中，锚杆、土钉等施工超越红线，形成较大的障碍，此外，锚杆施工对地基土的扰动往往引起地基变形，从而影响其上既有建筑物、市政设施、道路等正常使用。国内个别城市（如上海）明文规定，临时的基坑支护结构与主体结构一视同仁，必须位于工程场地的用地范围内。笔者认为，该项规定值得各地效法，尤其是有地下空间开发规划的大中城市。

3. 基坑方案选型与地下水环境保护

地下水位降低引起的地面沉降，已属于地质灾害的范畴，在全世界受到了前所未有的重视。水资源的短缺和水质污染在国内诸多城市日益严重。基坑工程如何解决这些重大问题有几种考虑：

（1）不仅要采取科学合理的技术措施，更需要政府与社会各界从行政法规、法律、经济等方面给予配合与支持。北京市为加强地下水资源的管理和保护，减少水资源的浪费，防止相关地质灾害，出台了《北京市建设工程施工降水管理办法》限制进行施工降水，自2008年3月1日起执行。

（2）基坑工程中的回灌，会造成了地下水水质污染，水质污染又加剧了水资源短缺及供需矛盾，因此在基坑工程中采用回灌需十分慎重，一方面需要岩土工程工作者提高对水资源价值的认识、具有义不容辞的责任感，同样，也更加需要政府从行政法规、法律、经济等方面给予引导与支持。

参考文献

[1] 国家标准. 建筑地基基础设计规范(GB 50007—2002)[S]. 北京：中国建筑工业出版社，2002

[2] 国家标准. 建筑地基基础施工质量验收规范(GB 50202—2002)[S]. 北京：中国建筑工业出版

社，2002

[3] 国家标准．混凝土结构设计规范(GB 50010—2002)[S]．北京：中国建筑工业出版社，2002
[4] 国家行业标准．建筑基坑支护技术规程(JGJ 120—99)[S]．北京：中国建筑工业出版社，2002
[5] 国家行业标准．建筑基坑支护技术规程(JGJ 120)修订送审稿(2008 年 12 月))[S]．
[6] 国家行业标准．建筑桩基技术规范(JGJ 94—2008)[S]．北京：中国建筑工业出版社，2008
[7] 国家军用标准．土钉支护技术规范(GJB 5055—2006)[S]．
[8] 国家标准．建筑边坡工程技术规范(GB 50330—2002)[S]．北京：中国建筑工业出版社，2002
[9] 国家行业标准．建筑基坑工程技术规范(YB 9258—97)[S]．北京：中国建筑工业出版社，2008
[10] 北京市地方标准．建筑基坑支护技术规程(DB 11/489—2007)[S]．
[11] 上海市地方标准．基坑工程设计规程(DBJ 08—61—97)[S]．
[12] 中国工程建设标准化协会标准．岩土锚杆(索)技术规程(CESC 22：2005)[S]．
[13] 李广信．岩土工程 20 讲[M]．北京：人民交通出版社．
[14] 卢肇钧等．锚定式支护工程实践中几个问题的探讨[J]．中国铁道科学，1995 年 9 月
[15] 高大钊．关于岩土力学新分析方法的回顾与思考[J]．工业建筑，2006 年第 36 卷第 1 期
[16] 钱七虎．城市可持续发展与地下空间开发利用[J]．地下空间，1998 年 6 月
[17] 钱七虎．建设特大城市地下快速路和地下物流系统[J]．市政技术，2004 年 6 月
[18] 程懋堃．结构混凝土的可持续发展以及结构设计的节约[J]．建筑结构，2006 年 6 月
[19] 孙钧．市区基坑开挖施工的环境土工问题[J]．地下空间，1999 年第 4 期
[20] 黄熙龄．谈基坑事故[J]．岩土工程界，2004，7(4)：10
[21] 侯学渊，刘国彬，黄院雄．城市基坑工程发展的几点看法[J]．施工技术，2000 年 1 月
[22] 龚晓南．关于基坑工程的几点思考[J]．土木工程学报，2005 年 9 月
[23] 王卫东等．上海地区建筑基坑工程的新进展与特点[J]．地下空间与工程学报，2005 年 08 月
[24] 张旷成．关于抗隆起稳定的计算公式和安全系数取值的考证和研究[J]．岩土工程学报增刊，2008 年 10 月
[25] 郑伟龙等．城市环境岩土工程的地下水灾害问题[J]．中国地质灾害与防治学报，2005 年 9 月
[26] 陈树铭等．季节性冻土影响下土钉墙支护体系作用机理探讨．建筑施工，2001 年第 23 卷
[27] 陈叶青等．基坑土钉支护工程应用中特殊情况的处理及应注意的问题[J]．工程勘察，1999 年第 5 期
[28] 李俊才，殷雷．南京地区深基坑支护设计现状及存在的问题
[29] 范士凯．论不同地质条件下深基坑的变形破坏类型、主要岩土工程问题及其支护设计对策[J]．资源环境与工程，2006 年 11 月
[30] 宋榜慈等．武汉地区工程中的地下水问题及其处理对策[J]．工程勘察，2004 年第 5 期
[31] 安明．太原市基坑支护工程中若干问题的探讨[J]．山西建筑，2000 年第 5 期
[32] 方引晴等．广州地区基坑支护结构的现状和展望[J]．土木工程与高新技术——中国土木工程学会第十届年会论文集，2002
[33] 唐传政．武汉地区老黏性土基坑工程事故分析与处理对策[J]．第八次全国岩石力学与工程学术大会论文集
[34] 谢兴南．南京地区深基坑工程止水措施和应急处理办法[J]．江苏建筑，2003 年第 4 期
[35] 梁俊勋．南宁市区深基坑主要的岩土工程问题及防治措施浅析[J]．城市勘测，2007 年第 2 期
[36] 李连祥，朱金德，于峰．济南市深基坑工程现状调查报告及发展建议[J]．西部探矿工程，2006 年第 11 期

第 33 章 香港地区的基坑工程

33.1 概　　述

在香港地区，当基坑开挖深度超过 4.5m 被定义为深基坑。这主要是基于以下考虑：这个开挖深度通常需要设置地下室，更为重要的，在香港许多工程中，当基坑开挖至 4.5m，就会遇到地下水的问题。由于土地资源稀缺，香港的民用建筑物经常附有地下室用以商业用途，譬如购物中心或者地下车库。同时，在建筑物基础的设计和建设过程中常碰到明挖法隧道或者其他形式的地下结构。香港地区大规模的基坑开挖建设始于 1970 年左右的地下铁路的建设（Davies & Henkel，1980）以及商业大厦的高速建设，在这些地下结构的施工过程中经常需要设置支护结构。根据工程需要、场地及地层条件情况，常采用不同形式的围护结构和支撑系统。近年来，尽管在地下管道、地铁和快速线的施工中盾构施工方法越来越普遍，但与此同时，香港地区的深基坑工程技术也得到了长足的进展，本章介绍了香港地区基坑工程常用的围护结构和支撑系统，并通过实际工程案例介绍香港基坑工程的主要特点。

香港岛的鸟瞰图如图 33-1 所示，近山坡和海岸线的地形区域有明显的地形地貌区别，由此造成了深基坑开挖中地质条件的差异性。

图 33-1　香港岛的鸟瞰图

（1）近山坡区域的地质特点

近山坡地带的典型地质条件是表层为较薄的人工填土，填土下面为厚度起伏变化的非均质沉积层和完全风化的花岗岩与火山岩。基岩的埋深在地面以下几米到 100 多米不等，沉积层一般夹有砾石和细砂,可能会对支护结构的施工产生困难。由于地形的原因,下雨等因素会造成土坡坡体的下滑(滑坡)、地表水的渗流、地下水位的升高,这些都应该在基坑支护设计中考虑。

(2) 近海区域的地质特点

由于香港地区多为山地,土地资源稀缺,为了解决城市发展问题,自1860年以来香港已经多次进行近海岸线位置的山体开垦改造,增加建设土地面积,现在大部分的市区都是建造在经开垦而建成的近海的地区。

①开发较早区域的地质特点:开发较早的近海区常覆盖有海洋淤泥土。基坑工程开挖时,通常碰到的土层条件为:浅层10m厚左右的填土层、其下为几米厚的淤泥质黏土、厚度变化不同的沉积层、深层为风化的岩石。岩石的埋深随场地位置的不同而变化。图33-2为开发较早区域的工程案例的基坑剖面图,地下水位一般位于地面以下2～3m。

对于此类土层的基坑工程设计,基坑的围护结构一般嵌入到深层压缩性较好的土层中,以便提供足够的基坑抗隆起稳定性,并有效地隔断地下水渗流。因此,对于一般地下

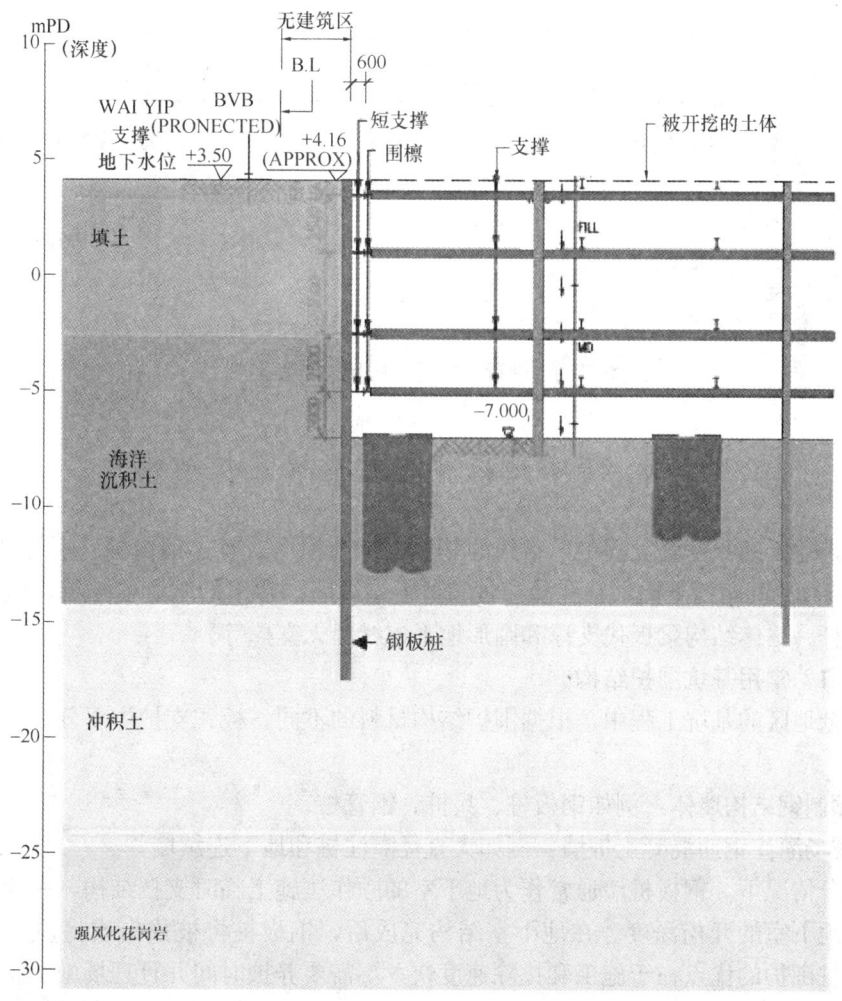

图33-2 开发较早近海区域的工程案例

三层的基坑工程，基坑挖深范围的土质一般为大约 15m 厚的人工填土层和海洋沉积土。

②新近开发区的地质特点：新近开发区形成于 20 世纪 90 年代的近海区的填海造田，一般处理方法是先把浅层海洋软黏土层挖除，采用砂土吹填的方法进行地基处理，以便于基础设施的快速施工和建设。砂土的换填深度可以超过 30m，在随后的工程建设地基处理中，采用振动压缩固结的方法将砂土层压实。

在这种场地条件深基坑工程的设计中，需将支护结构嵌入到均质且密实的砂土中，并需要施工水泥土隔水帷幕以用来隔断砂土中地下水的渗流。但对于基坑围护结构嵌入深度较深或者围护结构插入渗透系数较小的土层等情况可以不施工隔水帷幕，图 33-3 是新近开发区的一个深基坑工程案例的剖面图。

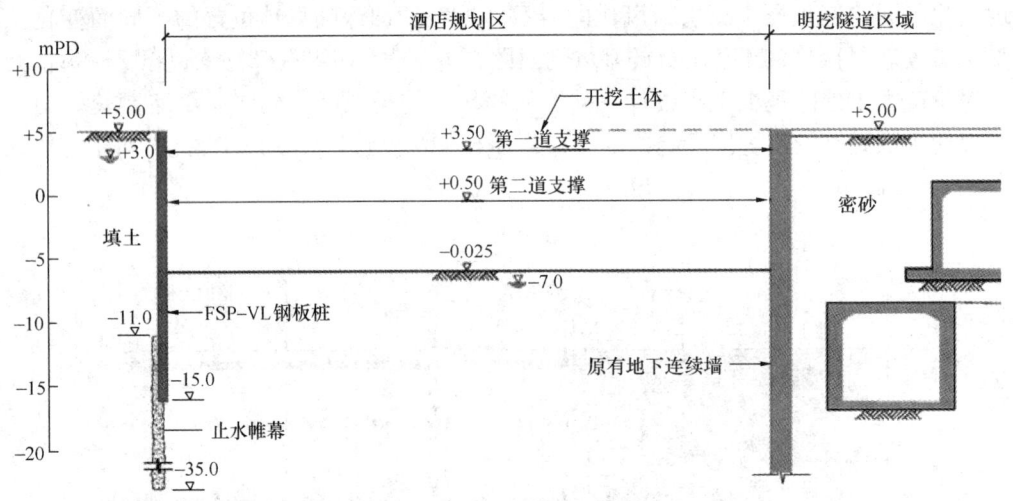

图 33-3 新近开发近海区域的工程案例

33.2 香港地区常用的基坑支护结构

在香港地区的深基坑工程中，常用的基坑围护结构形式有：钢板桩、钢管桩、兵桩①（soldier pile）、沉箱挡土墙、钻孔灌注桩和地下连续墙；常用的基坑支挡结构形式有：钢支撑、锚杆、主体结构梁板代支撑和圆形地下连续墙无支撑等。

33.2.1 常用基坑围护结构

在香港地区的基坑工程中，根据围护结构材料的不同，板式支护主要分为两种围护结构形式：

1）预制钢结构墙体：例如钢板桩、兵桩、钢管桩。

2）现场灌注钢筋混凝土桩墙：例如大直径灌注桩和地下连续墙。

大部分情况下，钢板桩墙通常作为地下室的顺作法施工临时支挡结构，一般适用于不超过三层地下室的开挖深度。在地下室结构完成后，钢板桩将被拔出或将顶部的几米割除。钢板桩围护的优点在于施工和拔除速度快，不需要养护时间并且现场施工质量控制容

---

① 兵桩：内地又称为"柱列桩"。

易。钢筋混凝土地下连续墙一般用于挖深超过15m的深基坑或者逆作法地下室施工中。采用地下连续墙围护形式有下列优点：地下连续墙在建设阶段或永久施工阶段可以承担上部结构荷载；地下连续墙在基坑施工完成后可以作为永久的地下室外墙，节省工程造价；另外根据建筑使用的角度，可以考虑在地下连续墙内部是否设置内衬墙。但总体上，临时钢板桩支护已经成为香港地区的主要支护形式，主要是考虑在当前紧张的建设工期要求下，临时钢板桩围护可以节省围护墙体的养护时间和后续围护墙身结构材料检测时间。

1. 钢板桩

钢板桩是香港地区使用最普遍的临时围护结构。钢板桩由单块板桩咬合拼接而成，就单位刚度与承载力的比值而言，钢板桩利用效率较高。常用的钢板桩截面类型包括FSPⅡ～FSPⅥ。由于钢板桩的隔水效果良好，尤其适合于在高地下水位的地下空间开发中。图33-4是钢板桩支护的深基坑工程实例。

钢板桩的施工一般由振动法或锤击法贯入，锤击法一般用于标准贯入击数达到80的密砂或者密质土层。这两种施工施工效率都比较高，但是由于施工机械振动对环境造成影响，会导致邻近建筑的位移。图33-5是钢板桩振动贯入施工的现场照片。

图33-4 顺作法钢板桩支护的深基坑工程实例

图33-5 振动法贯入钢板桩

近些年，采用静压的钢板桩施工方法应用逐渐增多，例如Giken法。这种施工方法降低了对环境的振动、减少了施工对周边建筑物的沉降影响，但主要用于对变形要求较高的建筑附近的基坑工程。钢板桩的主要缺点是由于施工原因，在碰到地下障碍物如孤石等情况时无法施工。但这种现象在香港地区遇到的较少。如碰到这种情况，可以采用预钻孔或深层孔内夯锤的方法解决钢板桩的打入问题。

2. 钢管桩

钢管桩由紧密连接的圆形中空截面（CHS）构成，钢管截面外径可达273mm～610mm。钢管厚度可达6～20mm。有些情况下也贯入工字形钢—UC截面以提高抗弯刚度和承载力。钢管桩外侧一般辅以隔水帷幕隔断地下水渗流。钢管桩基坑支护实例见图33-6。

钢管桩的施工最常用的方法是锤击钻进法，在部分工程中也可以采用螺旋钻法。图33-7是ODEX钻头，它是一个带有扩张翼缘的潜孔锤（DTH hammer），翼缘从两侧延伸

图 33-6　钢结构支撑钢管桩施工实例　　　　图 33-7　ODEX 钻头

以形成比钢套管截面稍大的桩孔。套管下部有环形钢靴，因此采用 ODEX 钻头钻进时不需要其他外部的辅助措施。ODEX 钻入法的工作机理如下：通过高压驱动活塞控制锤击，转杆随之转动，钻头逐渐击碎岩体，岩体残渣随着高压气流排出。ODEX 钻入法不需要更换打桩设备就可以很容易地钻透岩层。近来，为了减少钻进施工过程中对临近地面的扰动，可以采用不同的空气动力钻头改造以便有效的控制高压气流、减少钻进施工对环境的影响。

3. 兵桩

兵桩（soldier pile）由通用工字形型钢—Universal Column（UC）插入预成孔的土体作为围护结构。工字型钢可采用钢轨桩、H 型钢或 I 型钢，型钢常用于一般性砂质或黏土质地层，钢轨桩由于断面较小，较容易贯入地层，因此常用于较硬的地层或卵砾石地层；根据场地土层性质及强度特性，兵桩之间可放置或不放置钢横板条。图 33-8（a）为兵桩之正面图及断面图[13]；兵桩贯入前需要预钻孔，桩间距为大约 3 倍的工字型钢（UC）截面宽度。如果土质较硬，桩间距可以增大。工字型钢（UC）截面宽度通常为 254～358mm。桩间土体由钢横板条支护，由于无法隔水，兵桩经常用于地下水位较低的场地。图 33-8（b）是基坑开挖面的兵桩墙体。

采用兵桩围护的主要施工流程如下：基坑开挖前将兵桩打入土中，通常情况下，兵桩是锤击贯入，如遇硬土层，可采用预钻引孔，采用贯入钢管桩相同的方法 ODEX 钻入法。但是工字钢贯入后，套管必须拔出，之间孔隙由低强度的水泥浆填充作为止水帷幕。兵桩施工完成后，进行基坑开挖，一边开挖，一边在兵桩间贯入横板条，在横板条背填土。开挖过程中，于适当位置架设水平支撑。基坑开挖完毕，开始施工地下室内墙，逐层拆支撑及构筑楼板。当地下室构筑完毕后，进行拔桩施工[13]。

4. 沉箱挡土墙

在香港地区人工沉箱施工仅需要小型施工设备和较小的工作场地，如图 33-9。因此人工开挖沉箱是香港地区早期城市密集区和山坡地最流行的深基坑挡土墙形式，如图 33-10。例如，在 20 世纪八十年代中期，许多地铁车站采用人工沉箱作为沿主干线和建筑物间的深基坑挡土墙支护形式，沉箱直径 1.2～2m。在人工沉箱开挖过程中，每开挖 1m 就必须浇筑混凝土环梁以提供水平支撑，防止孔洞塌方，直至硬层或岩层。出于施工人员健

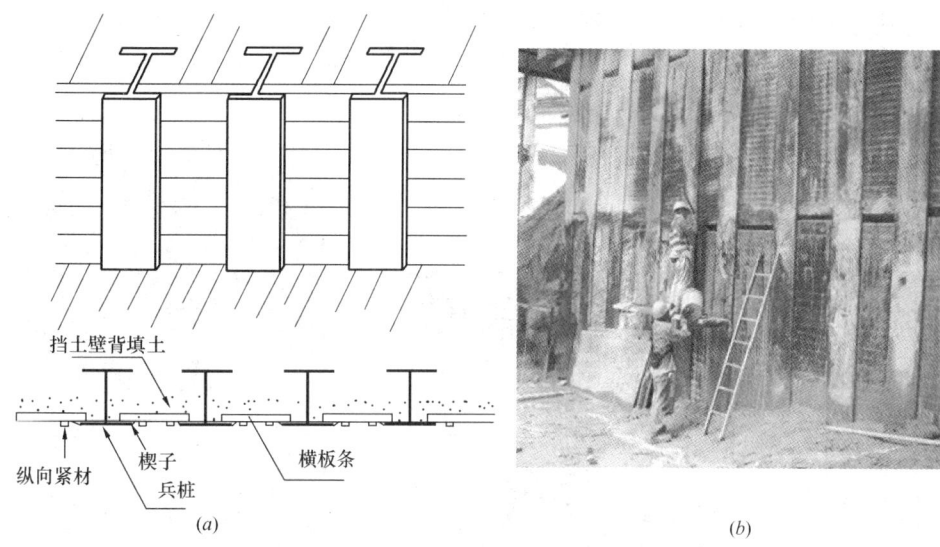

图 33-8　兵桩支护[13]

康和安全考虑，在 90 年代中期，香港就禁止了沉箱人工开挖。现在，机械开挖的沉箱或竖井通常用于大面积基坑，但是不适用于一般基坑围护结构。

图 33-9　人工沉箱施工现场

图 33-10　沉箱挡土墙围护结构

5. 灌注排桩

灌注排桩可以采用连续排列（搭接）和间隔排列（不搭接）的方式，香港地区常用灌注桩的直径一般为 1.0~3.0m，混凝土强度等级为 40~45MPa（28d 强度）。灌注排桩需设置隔水浆帷幕已达到良好的隔水效果。由于施工过程中对周边地表扰动较小，灌注桩在敏感环境建筑附近使用较多，如图 33-11。

当前，灌注桩的施工工艺种类较多。对于大直径灌注桩的施工，比较常用的方法是先沿桩长设置临时钢套管，防止浅层土体坍塌，然后用冲击式抓斗开挖表面沉积土和风化土，如图33-12。随着桩孔的开挖，采用振动法或旋转法贯入带有切削齿的套管。对于搭接式灌注桩，必须在主排和次排桩之间设置临时钢套管以保证灌注桩的准确定位。

图33-11 灌注排桩基坑围护

图33-12 排桩成孔

当灌注桩嵌入岩层，可以用反循环钻机钻进法代替凿入法。水流将带出桩孔和循环系统过滤器中的沉渣。由于近海区域地下水位较高，常采用导管法水下浇筑混凝土。在混凝土浇筑过程中，临时性导管可以分节拔出。

图33-13 螺旋法施工灌注桩

当深层土层条件适合的情况下，可以在钻杆机械上安装钻头或螺旋钻，以取得更好的钻孔桩成孔施工效率，如图33-13。顶部临时性钢套管的作用是来支护松散的浅层沉积土，采用膨润土泥浆支护钢套管以下其余深度的桩孔。采用导管法浇筑混凝土时，泥浆将会被置换排出桩孔。采用凯氏方钻杆可以更好的控制套管以下的桩孔的垂直度。

6. 地下连续墙

地下连续墙由依次施工的单块矩形槽段拼接而成，槽段之间由止水带或者凹槽节点连接以取得良好的隔水效果。地下连续墙抗弯刚度高，可以根据计算受力分布钢筋，已成为香港地区深基坑工程最常用的挡土支护结构。常用的槽段长度约为2.8~7m，厚度约为0.8~1.5m。图33-14是基坑开挖后的地下连续墙。

地下连续墙成槽通常在两排直线排列的导墙之间施工，以保证地下连续墙的定位和方向。开挖采用缆绳抓斗或者液压抓斗。缆绳抓斗更合适浅开挖或开挖前需凿挖岩层的的场

图 33-14 地下连续墙围护结构　　　　图 33-15 液压抓斗地下连续墙成槽

地。如果场地合适，也可用液压抓斗或者水力铰刀（双轮铣）开挖。如图 33-15，双轮铣成槽机在导向架装有两个反向旋转铣刀，同时双轮铣成槽机装配内置测斜仪，时刻监控槽壁开挖的垂直度，导向架可以精细调整控制垂直度。地下连续墙施工的最大难点就是槽壁的稳定性，在香港地区通常采用膨润土泥浆护壁，并且在施工过程中严格控制槽壁的变形。通过水下导管浇筑混凝土向上强制排除膨润土泥浆以减小泥浆对混凝土质量的影响，成槽施工完成后需检查槽壁垂直度，常采用超声波检测，例如 Koden 法检测。

综上所述，根据在香港地区基坑工程中不同支护结构的应用情况，对各种类型的支护结构进行简单的比较分析，总结如表 33-1 所示。

不同类型的围护结构优缺点对比　　　　表 33-1

支护结构类型	适用的开挖深度	特点/优点	限制/缺点
钢板桩	≤15m	相互连接的板桩截面能增大截面模量和抗弯刚度，单位重量的承载力较高 较好地隔断地下水渗流	振动过程会产生地面沉降 不能穿透硬的材料，若遇到地下障碍物，需要预先钻孔
钢管桩	≤20m	便于施工，能够容易地穿透地下障碍物 在钢管内插入 H 截面的型钢会提高承载力和抗弯刚度	如果人工操作不规范或者由于地质条件的非均质性，可能会引起不可预测的地下空洞 需要在墙后或者墙底施工隔水帷幕，以阻断地下水渗流
兵桩	≤20m	竖向构件少 适合快速施工项目 方便与竖向构件间的锚杆连接	仅适用于在地下水位较低条件下的开挖，如近山坡地带 必须注意填充板条间空隙的施工工艺

续表

支护结构类型	适用的开挖深度	特点/优点	限制/缺点
灌注排桩	≤30m	施工扰动小 采用 RCD 技术，能够穿透岩石或者地下障碍物	抗渗性差，需要施工隔水帷幕或者桩桩之间重叠 在一定比例的配筋下，抗弯能力弱
人工沉箱挡土墙	≤30m	施工机具少 适用于近山坡陡峭地带的基坑开挖	施工中需要大范围的降水会对邻近建筑物结构造成破坏 存在潜在的人身安全风险
地下连续墙	≤40m	抗弯刚度高，可以有效抵抗弯曲，（地下连续墙的钢筋一般设置于距离中轴最远的位置，有效地阻断地下水渗流 可以作为地下室的永久性墙体	在连续墙施工过程中，会产生较小的地面沉降 需要为机械和施工膨润土泥浆的附属设备提供较大的场地空间。

33.2.2 常用基坑支挡结构

1. 钢支撑

顺作法常用的支撑系统是水平十字交叉的钢支撑。由于用地资源紧张，通常地下室结构会占据整个施工现场，因此必须设置水平十字交叉钢支撑施工栈桥平台，如图 33-16。

图 33-16　临时水平十字交叉钢结构支撑平台

钢支撑的围檩和支撑一般采用通用工字型钢梁（UB）和通用工字型钢柱（UC），有时也采用钢管作为支撑以减少立柱的数量。在香港地区基坑工程中采用预制螺栓连接的大型截面钢支撑应用较广泛，尤其适合于形状规则的场地且要求施加较高的预应力。对于大型的基坑工程，通常采用在基坑中部提前施工的地下室底板结构上施加斜向钢支撑的方法，这种方法经济效益较好。

钢支撑截面的大小决定于支撑所需强度和刚度的要求。为控制围护墙体水平侧移和地表沉降，对支撑施加预应力成为常用的方法。临时水平十字交叉钢支撑栈桥平台的设置方便了施工人员在有限的基坑支撑空间内进行取土作业。

2. 锚杆

临时锚杆支护结构如图 33-17 所示，锚杆支护形式为基坑开挖提供开阔的工作面。对于无法使用钢支撑的大跨度基坑，常采用锚杆支护。预应力锚杆可以有效地控制围护墙体变形和坑外地表沉降。由于锚杆施工需要占用基坑外的公共用地，这种突破场地红线问题很难获得政府批准。因此香港基坑工程一般不采用锚杆支护。如果允许使用锚杆，常采用无预应力的高强度钢杆，类似于土钉支护。一般用气动锤击法贯入锚杆，同时根据场地土层条件考虑是否使用临时性钢套管。

图 33-17　临时预应力锚杆的基坑工程

3. 主体结构梁板代支撑

对于逆作法施工地下室的基坑工程，常采用主体结构梁板替代水平支撑的支护形式，如图 33-18。在多数情况下，不需要另外施加临时支撑，除非地下结构楼板缺失位置的跨度过大时需要设置。无梁楼盖板地下层的结构形成更适合于基坑开挖的逆作施工。

在主体结构梁板代支撑的设计中必须考虑下列问题：由于在结构楼板开口处附近，梁板局部应力在逆作开挖条件下有时会超过永久使用阶段下的应力，需要进行加强处理。同时，为了提高施工速效需要考虑楼板尽早发挥强度，需要加强楼板结构钢筋的截面。由于逆作施工困难，地下室的坡道和楼梯常采用顺作法。

4. 大直径圆形地下连续墙—无支撑

大直径圆形地下连续墙通常由近似曲线的槽段拼接而成。它利用自身的环形作用支护基坑因而不需要内支撑。如图 33-19，内径 37m 的圆形地下连续墙基坑工程，坑底为建于基岩上的筏板基础。

图 33-18　逆作法梁板结构

图 33-19　大直径圆形地下连续墙

大直径圆形地下连续墙常应用于超高层结构的基坑，由于超高层需要大型基础，有些情况下单独的桩基础无法承担如此巨大的上部荷载，此时通常选用大直径圆形地下连续墙作为竖向承载构件。在土层条件中允许的情况下，采用大直径圆形地下连续墙围护形式开挖至基底施工基岩上的筏板基础，可以提前施工上部结构塔楼，然后进行裙楼地下结构施工。

33.3　香港地区基坑工程的设计与计算

33.3.1　常用的基坑工程设计计算方法

1. 常用基坑支护设计计算方法

基坑支护设计必须满足建筑规范条例。岩土指南1（GEO，1993）与GCO期刊No.1/90（GCO，1990）如图33-20、图33-21所示。这些规范条例为基坑支护的设计原理和岩土设计方面提供指导。在香港，基坑支护设计采用基于极限平衡的工作应力方法，同时岩土和结构构件的设计需考虑安全系数。在写本章时，香港正在试行CIRIA Report C580提出的极限状态分项系数法，但是行业还是更多的采用传统方法。

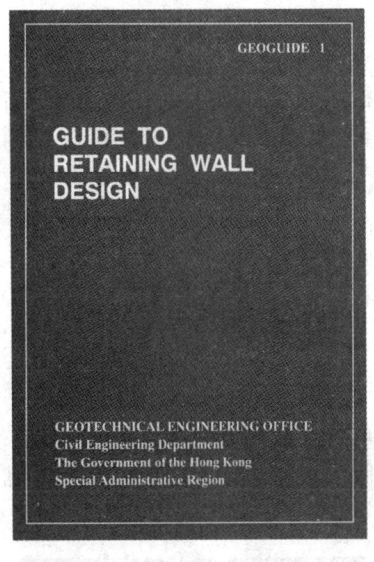
图33-20　岩土指南1—基坑支挡结构设计

图33-21　GCO期刊No.1/90—开挖设计方法概述

虽然在香港地区现场勘察没有强制性的规范，但是为了获得详细的地质资料和水位地质条件毫无疑问需要进行综合的、钻孔间距较密的现场勘察，以便确保基坑工程设计的实现。一般来说，对于详细施工图设计，钻孔间距为20~30m是可行的。通常需要在支护墙施工位置进行钻孔勘察，以便修正和验证地质剖面。设计中采用的土体抗剪强度指标和变形参数通常介于下限值和来源于室内实验和现场试验或公开发表的公式的取值之间，地下水位一般考虑施工期间雨季的正常水位。通常地下水位接近地表，因为在许多情况下，特别是类似于维多利亚港口两侧的临海场地的地下水水位较高。

对于挖深较深基坑工程，常采用多道支撑进行基坑开挖，设计计算一般要考虑两种工作状态：承载力极限状态和正常使用极限状态。在承载力极限状态中，需要验算抗倾覆稳定性、坑底抗隆起稳定性和抗管涌破坏。验算抗倾覆稳定性的方法根据在NAVFAC（1982）所提到的方法如图33-22中，而且可以用手算。在极限平衡状态下，转动点被认为位于最下一道水平支撑处,而且在被动土抗力中引入一个安全系数,开挖侧不存在水压力。在抗倾覆稳定性验算中的安全系数一般取为 2.0。

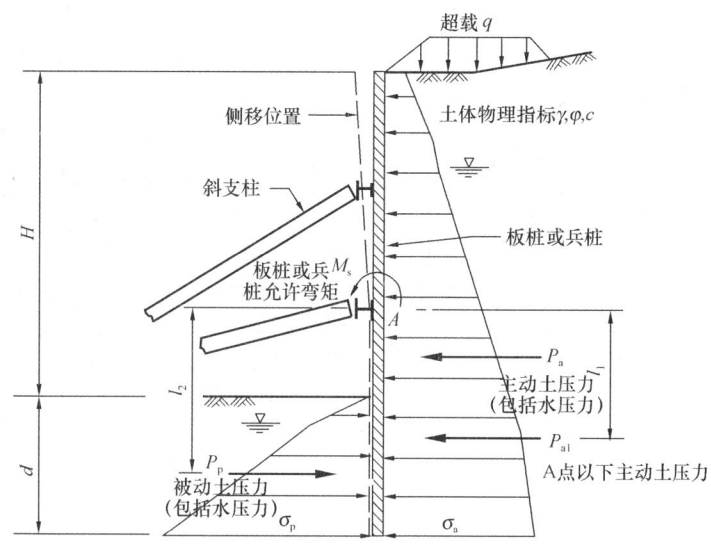

图 33-22 抗倾覆验算示意图假设 A 点固定

对于高压缩性或中压缩性的软黏土,一般都要进行基坑抗隆起稳定性验算,如图 33-23。最小安全系数一般取为 1.5。如果安全系数取的太小,那么墙体会由于下卧层土体屈服破坏产生很大的水平位移,当然可以通过对坑底土进行加固改良的措施提高其稳定性。但是在很多情况下,提高稳定性最简单方便的方法是把围护墙体插入深度增大至硬土层,以抵抗墙趾位移。

正如前面所提到的,在香港基坑工程开挖经常会遇到地下水的问题。在靠海的开垦区进行基坑开挖,一定要谨慎对待抗管涌安全系数。支护墙前的水力条件可以通过渗流有限元计算软件进行分析,也可以通过设计表格简化计算,如图 33-24。一般要求最小安全系数为 1.5,可以通过把支护墙的墙脚嵌入足够深以提供足够的安全系数,或者通过在墙脚处注浆以提高稳定性。

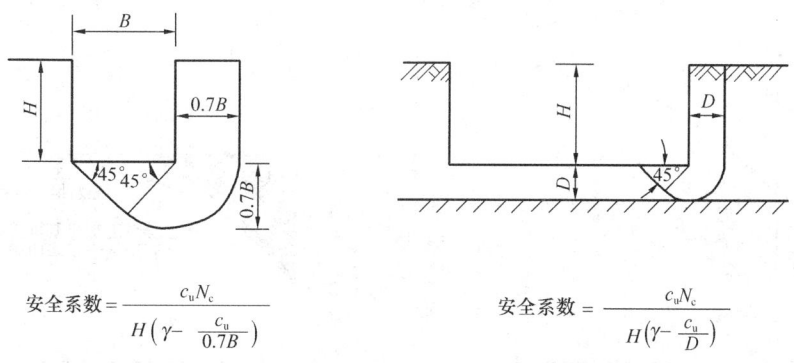

图 33-23 坑底抗隆起安全系数计算(太沙基 1943)

挡土墙和水平支撑结构设计必须遵照现行的钢结构实施规范(BD,2005)和混凝土实施规范(BD,2004)。如果挡土墙作为基础的一部分,设计必须同时满足基础实施规范

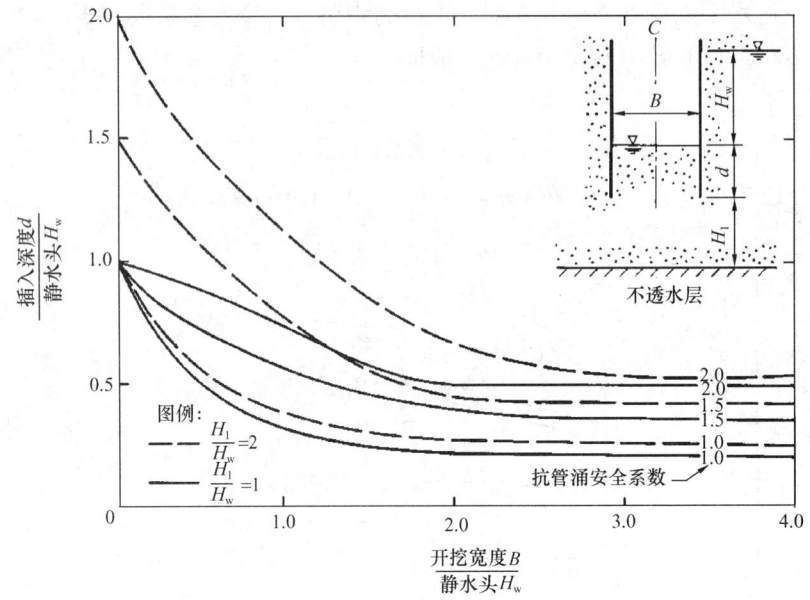

图 33-24　支护墙的插入深度与抗管涌安全系数间的关系（NAVFAC 1982）

（BD，2004）。支护结构的弯矩、剪力、轴力通过工作应力状态得到，通常通过模拟开挖计算的有限元模型直接输出。支护结构和支撑系统的承载力验算的荷载系数一般为 1.4。

在城市市区，大部分的建筑物下都设有地下室。考虑对邻近建筑、道路和市政管线的影响，对基坑支护结构的变形有严格的要求。通常情况下，对于支护结构的正常使用极限状态设计，需要强制考虑严格的变形标准。常用的地面沉降的估算方法有几种：（O'Rourke et al（1976））根据工程实例所得到的经验方法，如图 33-25 所示；或者通过经验数据来预测地面的初始沉降以反分析邻近建筑的沉降。

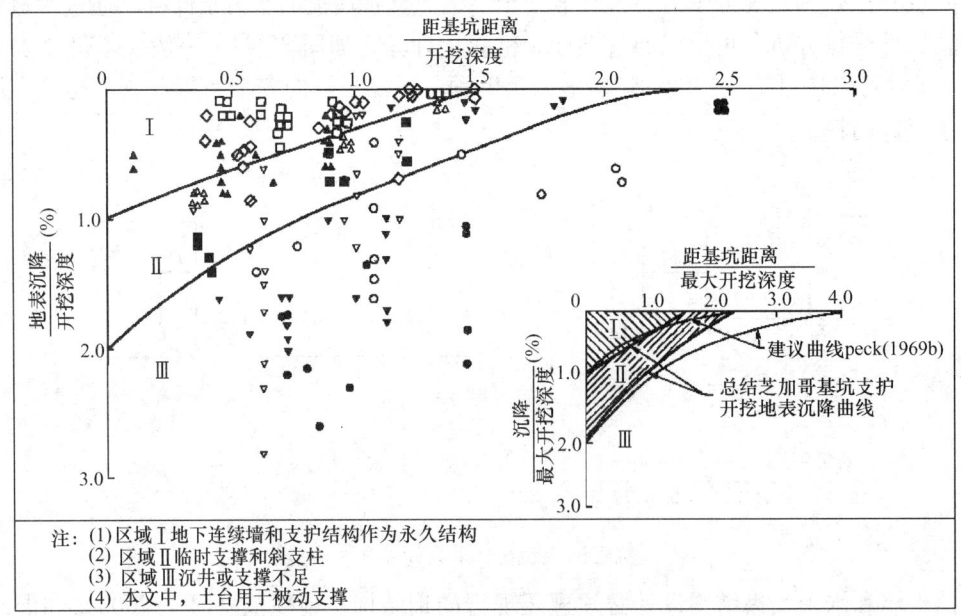

图 33-25　芝加哥地区有支撑条件下基坑开挖产生的地表沉降（摘自 GCO 期刊）

2. 常用的基坑支护设计软件

现在有很多计算软件用于基坑支护设计，这些岩土软件能够考虑在承载力极限状态和使用极限状态下支护结构和周边环境的情况。虽然将弹性地基梁模型（把支护结构模拟为梁，周边土体作为弹簧）的设计方法在其他国家被广泛地应用，但在香港地区却很少运用，因为这种模型不能反映土体的真实性状和基坑开挖施工过程。而边界单元法如 OASYS FREW（Pappin et al，1985）被广泛地用于分析不同类型的支护结构。图 33-26 为边界元法的计算案例。

以 FREW 计算软件为例，它能够模拟不同的施工阶段，包括开挖、回填、降水、支撑、预应力锚杆、超载、土体和支护墙参数的改变；可以进行极限平衡分析，用弹塑性模型的实体单元来模拟土体，并用有限单元法来获得弹性系数；可以考虑土体的拱效应和基坑开挖后沿围护墙体土压力的重分布。FREW 软件可以预测围护墙的变形、剪力、弯矩和计算每一施工阶段围护墙体两侧的土压力和水压力，然后用于支护结构和支撑杆件的设计。根据前文提到的经验公式，可以根据墙体变形估算地面沉降，来验证是否满足使用要求。这个程序也可以计算一些安全系数，以验算处于极限状态下支护墙体的设计。

对于深基坑工程，现在香港地区采用更复杂更精确的二维有限元方法如 OASYS SAFE 或者 PLAXIS BV 2-D PLAXIS 来分析基坑、地面和相邻建筑之间的相互作用，从而优化基坑支护设计和基坑施工工序，以避免对邻近道路和结构物造成负面影响。必要的话，可以通过提高围护结构刚度，减小支撑间距或者增大预应力等措施来满足使用要求。

在多数情况下，注册结构工程师（RSE）对基坑支护担负法定责任，岩土工程师参与设计咨询和监督岩土工程施工，但是注册结构工程师仍然需要对这些工作担负法定责任。2004 年香港地区（BD，2004）更清楚地划分了注册结构工程师和注册岩土工程师（RGE）的职责。对于深基坑开挖，注册岩土工程师负责岩土方面的材料，包括岩土工程设计文件和所有土层勘察报告。

33.3.2 基坑设计中需要注意的一些问题

作者想用下面一些问题提醒读者，这些问题可能影响基坑设计，但是都是现有规范确实允许的。

1. 地下连续墙施工引起的地表沉降

为了准确量化基坑围护设计中地表沉降，往往忽略围护结构施工引起的地面沉降。主要是因为成槽方法、施工工艺和地表状况不同，因此对施工引起的地面沉降难以量化。

墙体贯入施工将不可避免地引起显著的地面沉降，从而影响基坑作业。例如，在 LMC 支线隧道工程实例中，为方便反压法贯入钢结构板桩，曾对铁路干线附近地表下的卵石层进行预钻孔穿透，结果导致了地表 20mm 的累积沉降，与后续开挖引起的沉降相比，该值相当可观。

2. 支撑的预加轴力

前面已经提到过，预应力支撑可以减少深基坑开挖墙体水平侧移，其带来的附加影响就是墙体两侧产生较平衡的弯矩包络图，使钢板桩墙体的设计更加经济。

保守的模型设计、土体参数估计、最不利地下水位评估和允许较大的施工超载都会引起较高的预应力施加荷载。这些假设在现场施工中都显得很保守，导致施加的预应力值太大。图 33-27 是基坑第二道支撑施加预应力前后的墙体侧移图。从图中可以发现，支撑面

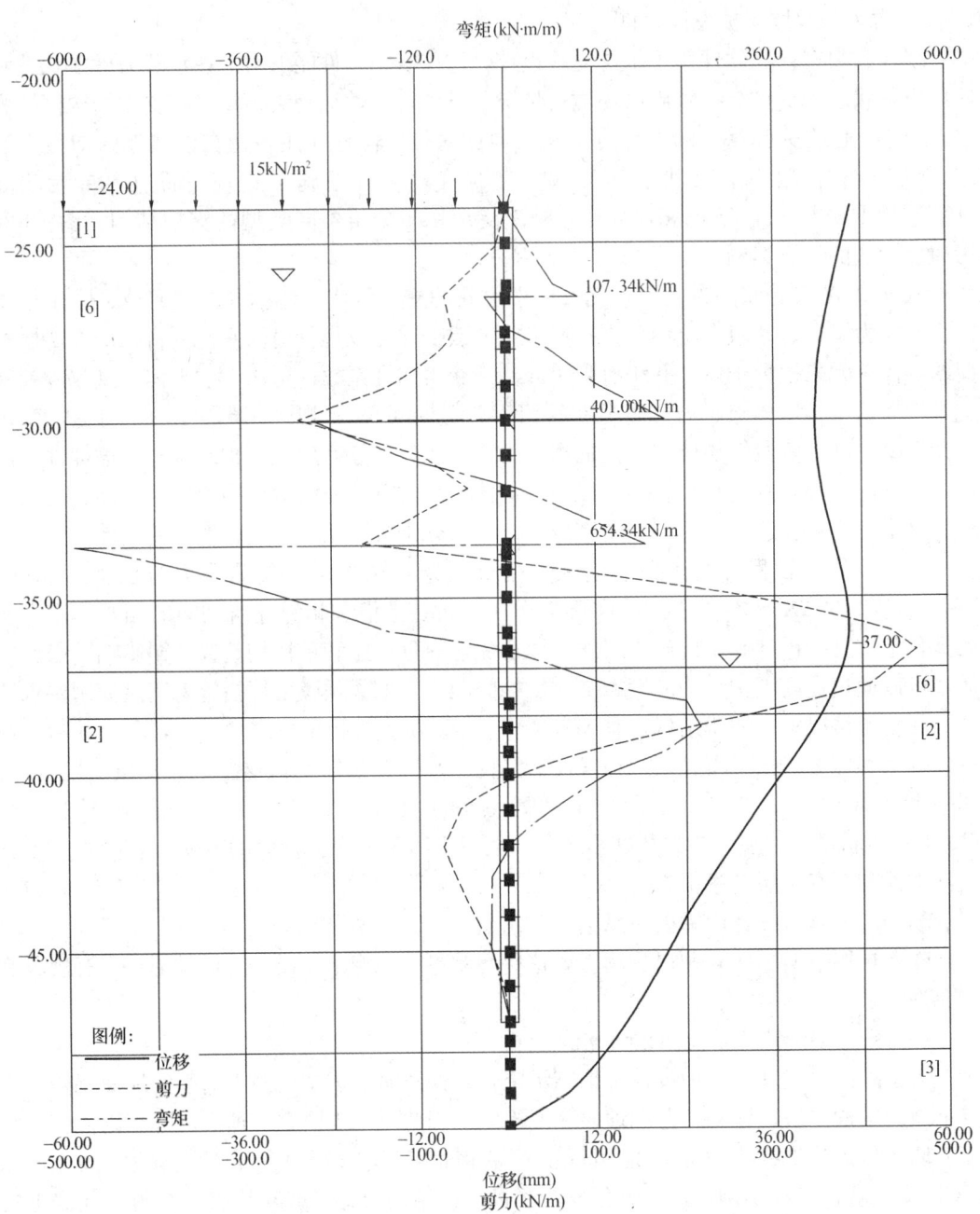

图 33-26 边界元法的输出结果

的墙体被顶回墙后软弱的土体中,这就导致墙趾陷入,导致基坑附近道路沉降增大。

3. 立柱的连接节点

在香港和其周边地区,不合理的支撑连接设计和施工常引发较大沉降量和深基坑不同程度的塌方(GEO, 1999)。近些年管理部门已经强调了支撑连接的详细设计。图 33-28 是围檩和支撑的连接详图,如此设计是为了避免局部失稳和剪切破坏,以形成更加坚固的支撑系统。

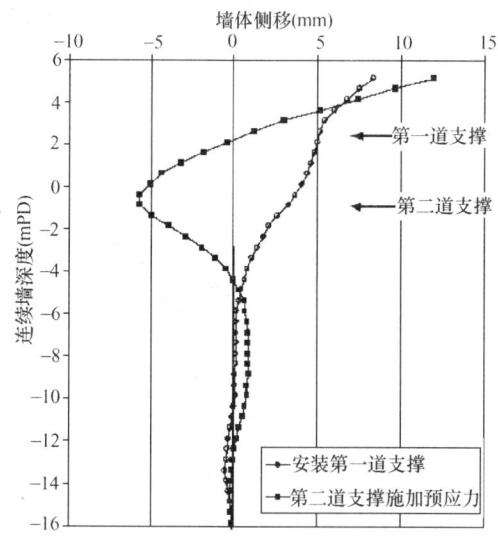
图 33-27 预应力对墙体侧移的效果

图 33-28 围檩和支撑的连接详图

除了有模数的支撑系统，钢支撑采用焊接进行支撑连接广泛地用于支撑系统的制作，并可以用于临时性围护墙体的连接。焊接质量至为关键，已被纳入质量保证的一部分，仅合格的焊工可以操作焊接施工。合格的焊工指的是持有建筑工人注册部门（CITA）颁发的行业测试认证书并在该行业登记的工人，这种测试不仅包括焊接工艺而且包括焊接施工程序的测试。

4. 深基坑反分析得到土体刚度参数

在香港地区一般用标准贯入击数初步估计土体强度。基坑支护设计通常采用一个较低的土体刚度参数 $E'=SPTN$（MPa），许多工程师利用反分析证明现场观测可以取得一个更高的土体刚度参数，例如 Lui & Yau（1995）[10]，Davies（1987）[7]，Chan（2003）[6] 以及 Pan et al（2006）[11]。这些文章总的认为，对于表层沉积土 $E'=1.5N$（MPa），对于风化土 $E'=2\sim3N$（MPa）是比较合理的设计参数。

33.4 现 场 监 管

现场施工需要得到相关政府部门的同意。根据施工次序，基坑支护结构的施工一般分阶段得到政府部门的批准。例如，围护结构和相应的土体注浆加固改良施工一般会得到同时批准；而坑内土体的开挖和支撑的施工则单独得到批准。在审批申请阶段，需要向政府部门提交支护墙和注浆隔水帷幕的施工计划与抽水试验报告，地下室永久结构的施工需要在另一个阶段得到严格审批。香港地区现场监管要求与周边城市有点不同，规定要求工程咨询师必须同时负责设计和现场监管。与审批申请阶段一样，相应资质的现场监管人员需要得到政府部门的批准。

现场监管涉及工程监督和现场安全监督。工程监督是为了确保施工技术是否符合建筑法律法规的条例；现场安全监督是为了控制施工引起的事故风险，以确保现场施工人员的生命安全、周边公共环境、相邻建筑和设施的安全。现场监督人员涉及设计施工过程中的主要职能技术人员，包括业主（一般为私人房产公司）、注册结构工程师、注册岩土工程师和注册合同师。现场监督的典型的管理流程如图 33-29 所示。

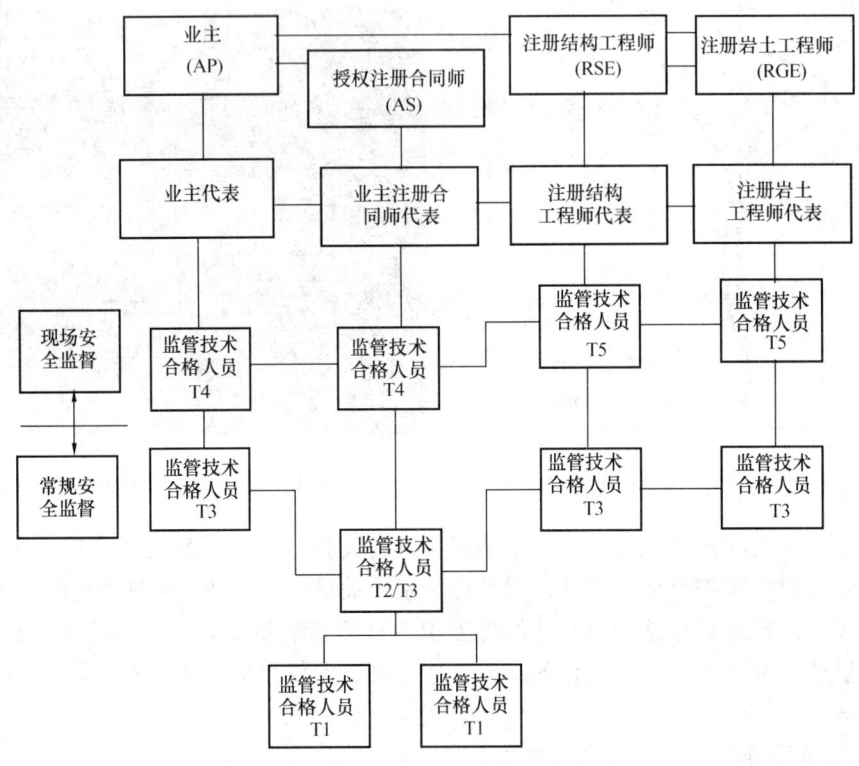

图 33-29　现场监督的管理流程

考虑到设计人员的角色，不同级别的监管技术合格人员的资格要求如表 33-2 所示。

现场监督人员的资质要求　　　　表 33-2

TCP 水平	学术/专业资质		相关经验
	注册结构工程师	注册岩土工程师	
T5	注册专业工程师（土木/结构/岩土）	注册专业工程师（岩土）	n/a
T3	土木，结构，岩土工程专业，较高学历	土木，结构，岩土工程专业，较高学历	5 年
	土木，结构，岩土工程专业学位	土木，结构，岩土工程专业学位	2 年
	土木，结构，岩土工程专业学位，参加并通过规定的资质考试	地质工程专业学位或者土木结构，岩土工程专业学位，参加并通过规定的资质考试	1 年

根据香港地区规范第 7 部分规定，挖深超过 4.5m 的深基坑被认为是比较复杂的岩土工程问题，现场监督需要注册结构工程师和注册岩土工程师的代表，现场监管规范（BD 2005）规定了监管技术合格人员（TCP）监督的级别、资格、数量和频率，同时现场监督也取决于工程的类型、规模、场地周边环境的敏感性和复杂度。业主、注册结构工程师和注册岩土工程师的职责是相互联系的，而注册合同师是独立的。因此，在许多情况下，现场监管人员代表了两类人员—注册结构工程师和注册岩土工程师。

对于小规模的基坑，现场监管可能需要 T3 监督人员全职驻扎在现场，而 T5 监督人员需要每隔一周进行现场检查。注册结构工程师和注册岩土工程师可以自主监督认为有必要监督的场地。

在基坑工程施工关键阶段，T5 现场监督人员要参与到现场工作，而且检查的最小的间隔时间如表 33-3 所示。

基坑施工关键阶段　　　　　　　　　　　　　表 33-3

关键项目	检查的最小频率
影响直径大于 200mm 的水管、煤气管线、浅基础建筑物、隧道、MTR/KCR 结构（例如，在基坑底部到地表的 60°连线的范围内）	一周两次
在距离 MTR 结构、公路、铁路、给排水结构、直径大于 200mm 的水管、煤气管线、浅基础建筑、隧道、边坡等 5m 范围内进行地下连续墙、钻孔灌注桩、钢板桩、钢管桩和兵桩的施工	一周两次
支撑预加荷载	在第一批支撑预加载期间
当地表和建筑物的沉降、地下水位的下降超过允许值时，所采取措施的实施	一周两次
抽水试验，地表现场监测，回灌井的施工	前七天的每天，之后一周两次
结构支撑的拆卸	拆除过程
地下连续墙槽段的竖向承载力检测	第一批地下连续墙开始加载检测，每级加载
现场爆破，包括爆破会导致临近居民抗议或紧邻需要保护的土地和建筑	每次爆破

而对于大规模的基坑，现场监督需要 T5 监督人员全职驻扎在现场，并领导一些 T3 监督人员负责检查所有的施工项目，当然包括项目的关键施工阶段。

对于基坑开挖大于 7.5m 深的敏感环境条件场地，现场监管要求会更严格。所谓的敏感的场地是指施工会对周边居民生命财产造成重大损失的场地。这些场地基坑开挖会对浅基础的老建筑、隧道、主要的公路、铁路、地下水管、煤气管线、边坡、支护墙和具有不稳定的历史的场地造成一定的影响。在这种情况下，除了 T5 和 T3 监督人员以外，现场监督指导员（DSS）每月去现场巡视一次以提高现场技术监督。现场监督指导员拥有注册岩土工程师或注册专业工程师资质，在公司担任合作者或指导员，负责递交岩土工程报告。负责项目的注册岩土工程师也可以作为现场监督指导员。

所有的监管人员（TCP）必须履行上级赋予的职责，所有现场的监督记录必须保存下来以便于建筑当局和岩土工程师办公室代表在不提前通知的情况下随时查询。

33.5 工程实例

本节介绍几个工程实例，均由香港 Ove Arup & Partners 负责基坑工程的设计和现场监测。这些工程实例包括不同的围护结构类型，支撑系统以及不同地理位置的场地地质条件。

33.5.1 香港大潭道 12—16 号发展项目—兵桩＋锚杆支护形式

香港大潭道 12—16 号发展项目位于大潭道和延伸至大海的天然岩石边坡之间。建筑场地长 57m，宽 45m，开发项目包括 6 座 3 层的住宅楼。基坑开挖深度约 13m。

场地地质条件如下：浅层由 2~6m 的填土层构成，下面是 2~4m 的全风化凝灰岩，深层是基岩。基岩位于路面以下 5~8m，为中等风化和微风化凝灰岩。地下水位较低，但设计需要考虑岩面顶部2m厚的上层滞水。考虑地形倾斜和周边汽车坡道，采用临时兵桩支护。锚杆和兵桩作为临时挡土结构以方便基坑开挖和无障碍的施工"L"形钢筋混凝土永久挡土墙，同时也为开挖和施工地下结构提供最大的工作面。

兵桩墙由等级43，规格 $254×254×73$ 的工字型钢构成，水平间距750mm。施工流程为首先利用临时套管和ODEX钻头预成孔，然后贯入工字型钢柱至设计标高。型钢依次贯入且用焊接连接。套管和型钢间空隙用非收缩水泥浆填充，然后拔出临时套管。每三根桩里面有一根贯入基底标高下以满足墙体稳定性。其他桩稍高于岩层顶面防止被拔出。钢横板条与上部兵桩焊接，板条后面的空隙由素混凝土填充。现场如图33-30所示，图33-31是暴露的岩面。

图33-30 兵桩围护基坑工程

图33-31 暴露的岩面和兵桩

锚杆支护采用直径20mm和50mm的高强度钢筋混凝土杆，安装于直径100mm的钻孔内，倾斜20度，间距分别为750mm和1500mm。钻孔以气压冲击钻进。锚杆安装完成后，灌浆填充空隙。这是香港地区常用的土钉锚杆支护方法。不对锚杆施加预应力，所以锚杆处于被动工作状态。基坑开挖至2m，进行锚杆支护施工。图33-32是锚杆的详图。

岩体开挖时每2m要测绘岩石的节理，以评估岩体的稳定性和改进开挖方法并且可以及时地用锚杆支护潜在的不稳定的岩体。靠近兵桩时，应该用人工开挖以减小超开挖，因为超挖会破坏和影响墙体的稳定性，如图33-33。

基坑开挖完成，实测的围护结构墙体最大侧移小于10mm，远远小于设计值。这主要

图33-32 锚杆端头锚具和抗拔试验详图

图33-33 人工岩体开挖

因为围护结构设计时对地下水位和岩层顶面附近土体弹性模量的保守估计。

33.5.2 新界落马洲支线东进口隧道—钢板桩+支撑支护结构形式

为了将新界北侧的东线主干线与7.4km长的落马洲（LMC）高速线相连，需要开挖约14m深、20m宽的基坑用以建设700m长的进口隧道。施工场地位于East Rail主干线和提供来自大陆饮用水的东江自来水管之间的狭长地带。图33-34是竣工的结构，储水库附近的开挖工程见图33-35。

图33-34 竣工的隧道

图33-35 储水库附近的浅轨道基坑开挖

沿隧道的地质条件：浅层为埋藏深度4~8m、厚度约5m的冲积土，其下为全风化的火山岩上。岩面位于地表下19~35m，地下水位位于地表下2~3m。本工程的施工扰动和地表沉降是铁路局和供水部门（WSD）最为关注的，因此必须严格选择围护方案，制定好施工流程，认真做好检测工作，以确保运行铁路和水库不受影响。

临时性基坑围护采用等级43，FSP-III & IV板桩支护，设置4道临时水平支撑，下面3道支撑施加最大预应力250kN/m。

施工过程中，首先采用振动法贯入板桩，然后用高频率锤击法贯入。根据经验，振动振幅导致铁路和水库附近的交通难以达到要求。因此在铁路和水库附近采用反压法贯入板桩，如图33-36。

采用钢板桩加临时钢支撑的设计方案确保了基坑工程的安全，但是在贯入板桩的过程

图33-36 反压法贯入板桩

图33-37 运行铁路旁隧道基坑开挖

中,反压法无法穿透地下存在的岩石和孤石,因此在贯入前需要采用 ODEX 钻头钻进,实测表明,钻井施工引起了铁路线的沉降。

图 33-37 是运行铁路旁隧道基坑开挖场面。同时对基坑进行了全面监测,包括对运行和改道的 East Rail 干线的自动监测,周边建筑设施的地表移动监测,周边地层还布置了孔隙水压计,沿墙体布置了测斜管。经监测,墙体最大水平侧移为 25mm,道路累计沉降大约 45mm,其中大约一半沉降值来自板桩墙预钻孔施工的扰动。在整个工程的施工过程中,如果实测轨道变形过大,需要及时对铁轨下道渣进行捣塞夯实处理。对该项明挖法隧道工程的详细介绍来源于 Storry et al. (2006)。

33.5.3 香港理工大学酒店与旅游管理学院(九龙)—钢管桩墙+内支撑支护形式

香港理工大学酒店与旅游管理学院项目位于校园南端,周边临近 70 年代的职工宿舍。场地东西侧邻近道路,北侧为操场,南侧邻近消防管理大楼。该场地被重新规划为学校的酒店旅游管理学院,下设四层地下室作为礼堂和车库。基坑最大开挖深度为 25m。场地周边环境条件如图 33-38。

图 33-38 基坑周边环境图

根据地质勘察报告,该场地浅层为 5m 厚的海洋粉质黏土,其下为 6~7m 厚的砂填土,以下有 10m 厚的冲积粉质黏土,基岩上覆薄层为全风化的花岗岩。基岩位于地下 15~20m。地下水位位于地面下 2~3m。图 33-39 是土层剖面图(南—北方向)。

本工程基础设计为筏板基础,坐落于基岩以承担上部荷载,采用微型桩抵抗地下水浮力。由于场地布满微型桩,影响取土效率。为了方便底层微型桩施工和缩短工期,地下室采用顺作法施工。

临时性围护结构采用钢管桩围护,采用等级 50、外径 610mm、厚度 12mm 的钢管桩,间距 800mm。由于基坑开挖深度已经平均进入基岩 7m,钢管桩底部只能在基岩顶面,因此在基岩顶面以下采用工字钢以取得较快的围护施工效率。在钢管排桩后面沿基坑周长设置注浆隔水帷幕,隔水帷幕注浆管的间距为 800mm。

支撑系统采用十字交叉支撑且支撑间间距较大以方便在基底进行微型桩的施工,共设置 6 道水平支撑,施加最大预应力 500kN/m,如图 33-39 和图 33-40 所示,图 33-41 为基底抗拔桩的施工。

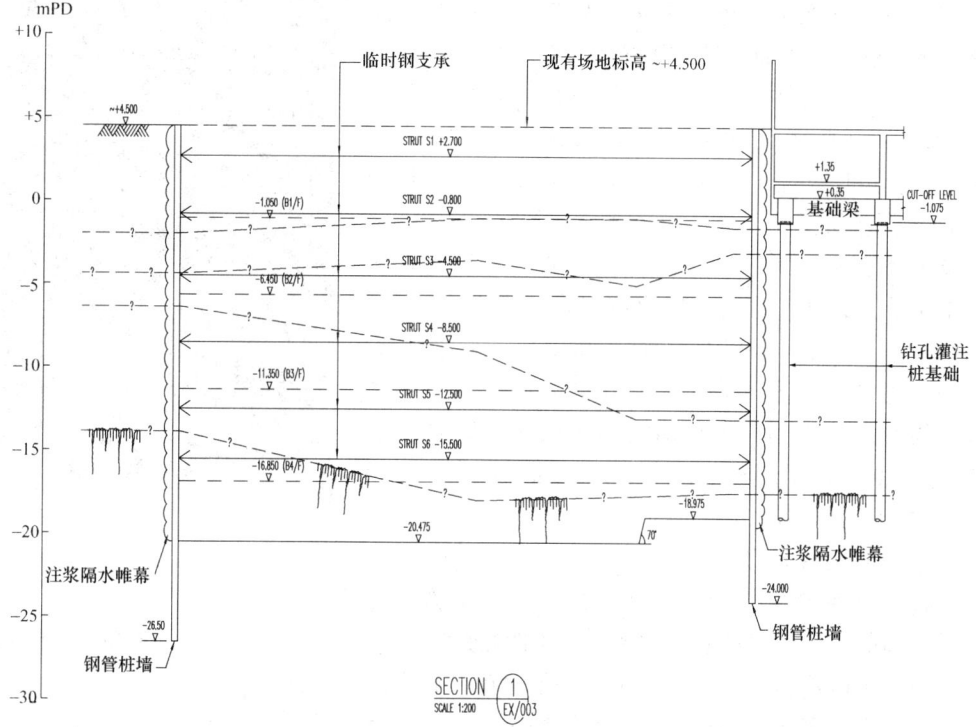

图 33-39　土层剖面图（南—北方向）

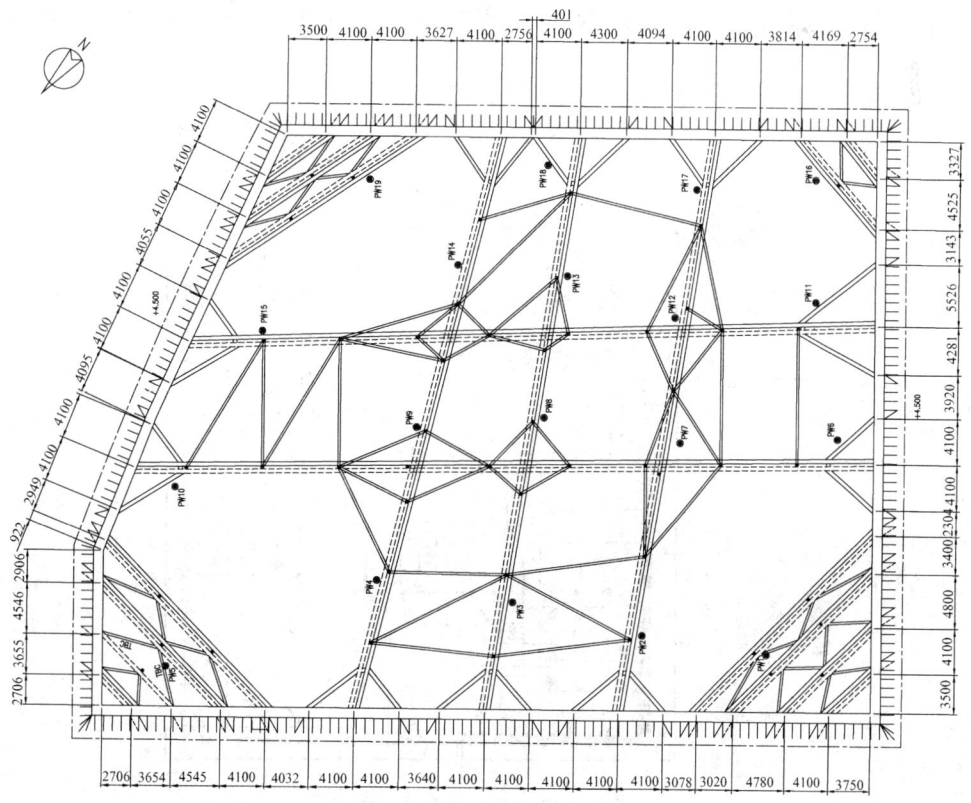

图 33-40　十字交叉支撑

33.5.4 九龙天光道某住宅开发工程——钻孔灌注桩+钢管桩+钢板桩墙支护形式

九龙天光道某住宅开发工程位于香港九龙半岛山脚附近。基础平面尺寸为 120m×120m，基坑挖深 40m，本基坑工程的难点在于：要在起伏地形上进行超过 40m 的深基坑开挖。

场地浅层为早期施工遗留的较薄的人工填土，场地以下主要为天然密集的全风化花岗岩（CDG）（标准贯入击数 $N>50$）。香港地区的花岗岩风化具有差异性，在一些钻孔中发现，全风化花岗岩（CDG）中含有大量岩心。基岩剖面大致沿着地形向东面延伸，从山腰+20mPD 至山下坡-9mPD，基坑面分别位于地表以下大约 41m 和 24m。

鉴于场地地形复杂，基岩顶面相对较深，因此初步方案选用临时锚杆支护，这种围护方法被认为是经

图 33-41 贯入抗拔桩

济效益最高的方法，既能提供基坑开挖时的最大工作面，又可以对不平衡的开挖灵活处理。但方案被政府否决，原因是不允许临时锚杆超出基坑外侧红线。

最终的方案采用，塔楼 1 在基坑开挖阶段最大临时支护高度为 44m，裙房结构在永久使用阶段围护上部悬臂高度超过 15m，因此主要开挖深度最深范围采用直径 3m 的现场灌注桩，在其他区域采用钢板桩和钢管桩，以满足不同的开挖深度和地质条件，如图 33-42 所示。

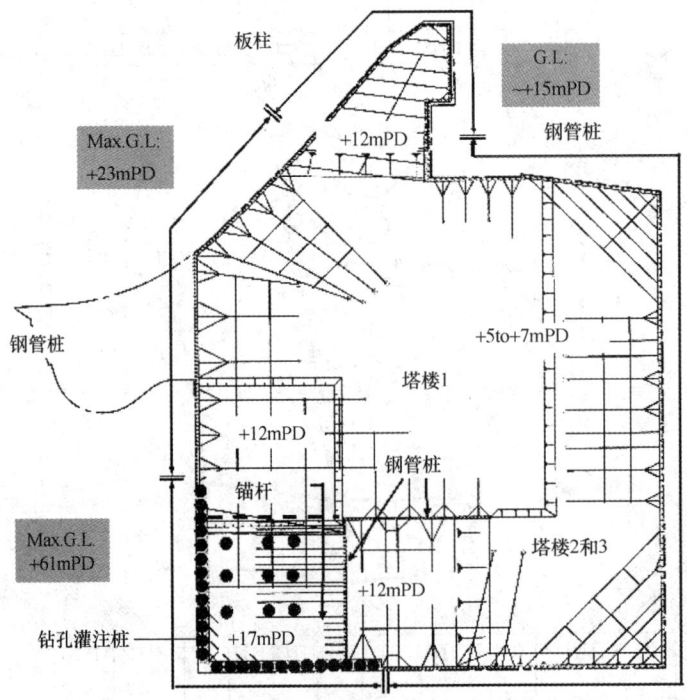

图 33-42 围护平面布置图

塔楼 2 和 3 的裙房首先采用顺作法施工，完成后塔楼 1 地下室采用逆作法施工。采用这种开挖方案可以在基坑挖深最深的开挖时得到较大刚度的支撑系统，并且避免西南角地层突变处支撑布置拥挤的问题，图 33-43 和图 33-44 说明了此关键位置的施工顺序。

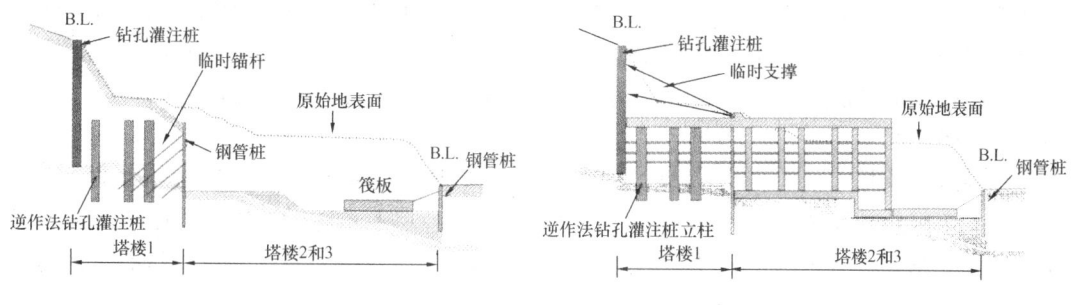

图 33-43　顺作法施工塔楼 2 和 3　　　　　　图 33-44　逆作法施工塔楼 1

大直径灌注桩采用机械成孔，采用直径 3m，间距为 3.6m 的灌注桩。浅层土层采用机械抓斗开挖，深层岩层采用水冲洗的反循环钻机（RDC）施工。钻孔由临时钢套管支护，管靴处设置钢齿。这种施工方法的优点是可以方便的穿透岩心并且减少桩孔塌方的几率。图 33-45 为场地半山腰处的灌注桩施工现场，图 33-46 是塔楼 1 逆作法施工时钻孔灌注排桩墙体。

图 33-45　钻孔灌注桩施工　　　　　　　　图 33-46　塔楼 1 逆作法施工

为减少灌注桩端部桩孔岩体开挖量，灌注桩桩端位于在岩层顶面。桩内钻孔设置钢管嵌入岩层，作为剪切销钉，以保证墙趾稳定性。灌注桩之间的空隙由现场浇注混凝土填充，并在裙楼面以上标高位置设置泄水孔。对于其他区域，采用顺作法施工地下室，因为基坑需开挖 400,000m³ 土方，其中 20% 是坚硬的岩石，土方开挖工期对于上部结构尽早施工很关键。另外一个主要原因是裙楼下的筏板基础位于中度风化的岩层之上，如果采用逆作法施工，逆作支撑立柱费用更高和工期更长。另外，钢板桩用于塔楼附近小型场地的临时挡土结构，最大挡土高度为 8m，土层相对松散，采用振动器贯入钢板桩。

对于场地的其它区域，开挖深度较深约为 15～40m。考虑到钢管桩能够穿透密实的全风化花岗岩 CDG 和岩心，同时抗弯承载力也相对较大，因此采用钢管桩围护。钢管桩采用环形中空截面钢管，等级 50B，外径 610mm，钢管壁厚度 10～15mm。钢管桩的间距根据挡土的不同高度约为 800～1500mm。钢管桩的桩端位于在岩层顶面，然后在桩端下部嵌入 H 型截面的剪切销钉,防止桩端墙趾变形。

33.5.5 香港岛渣打道 11 号项目——地下连续墙+逆作法支护形式

香港岛渣打道 11 号项目场地位于香港商业地带中心区。主体结构为 32 层,134m 高的商业建筑,地下为 3 层地下室车库,基坑挖深 15m。场地大小为 50m×70m,周边有敏感建筑设施,包括距离基坑 4m 远东轨道交通站和正在运营的地铁,距离基坑 4.5m 位于浅层摩擦桩上的高层建筑,以及距离基坑 7m 的人行道和人行桥。另外,场地内留有废弃的一层地下室和弗兰克桩。

场地地质条件:浅层为 8～10m 的填土,下覆 6～8m 海洋冲积土,场地深层是厚度变化较大的全风化花岗岩层。岩面的岩石等级为Ⅲ级,岩层质量较好,倾向跨越场地。岩层顶面埋深由东 30m 至西 70m。地下水位于地表下 2m。图 33-47 为基坑南北向剖面,包括车站、渣打楼地下室、现存的地下室和弗兰克群。

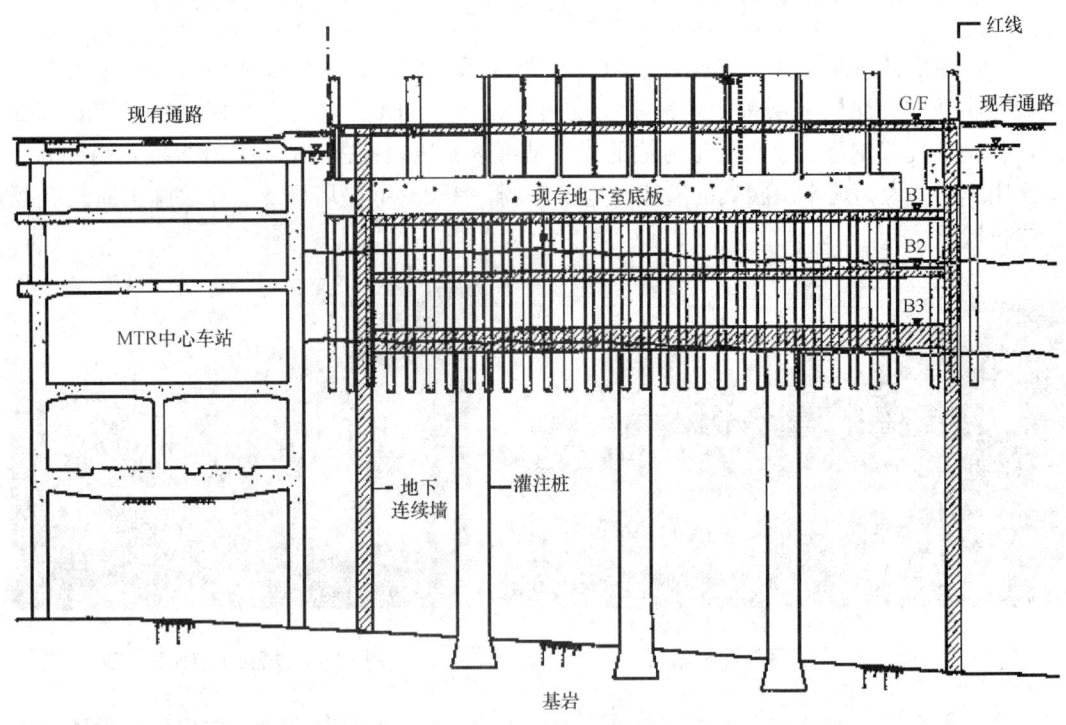

图 33-47 基坑南北面剖面

考虑到周边临近地铁车站以及和周边建筑物,特别是轨道交通建筑的严格位移要求,本地下三层采用逆作法施工。基础结构采用大直径钻孔灌注桩联合地下连续墙作为上部结构荷载的竖向支承构件。灌注桩直径 2.5～3.0m,底部扩大头直径最大为 4.4m,持力层为良好基岩。本工程采用一柱一桩钢立柱,进行逆作法施工。基坑施工完成后,钢立柱外包混凝土形成剪力墙体和柱子,作为地下室永久结构。在一柱一桩施工时,钻孔桩顶部设置 16m 长的临时钢结构套管,便于钢立柱的施工。基础施工现场如图 33-48 所示。

本工程采用"两墙合一"地下连续墙作为挡土结构,地下连续墙同时作为地下室永久使用阶段墙体。地下连续墙墙体厚度 1.0m,靠近 MTR 中心站的墙体厚度增加至 1.2m。基坑的施工工况为:首先施工地表+4.0mPD 处的首层楼板和－1.7～－3.0mPD 处的 B1

层楼板，然后利用楼板代支撑开挖楼板以下的土体至基底，在地下室底板混凝土浇筑完以后，在底板局部贯入 1.5m 深的小型桩，作为抗拔结构。-6.3mPD 处的 B2 楼板采用顺作法。

由于施工场地面积的限制，钻孔灌注桩和地下连续墙施工依次进行。灌注桩浅层采用传统的旋转钻孔设备成孔，贯入钢套管后，用抓斗取土。浅层原有地下室结构障碍采用凿除法清障，深层障碍和桩端扩头采用反循环钻机（RCD）施

图 33-48　基础施工现场

工。基坑大部分区域的地下连续墙施工采用抓斗成槽，沿着渣打道位置的地下连续墙，考虑对环境的保护，采用反循环（RCD）铣槽机进行槽段的开挖以减少对 MTR 中心站的振动影响。

基坑开挖过程中，采用反铲挖掘机和液压破碎锤拆除基坑内遗留的原有地下室结构，如图 33-49。在基坑开挖期间，在基坑周边设置了全面的基坑监测项目，监测邻近建筑的附加变形，确保附加位移不超出建筑物允许变形范围。基坑施工完成后，周边地表最大沉降为 30mm，在预测范围内。

图 33-49　地下室开挖

33.5.6　国际金融中心（九龙）—无支撑圆形地下连续墙

国际金融中心（ICC）位于 MTRCL 九龙站综合开发区西南角。地上结构高 480m，为 108 层酒店式办公楼，地下为 4 层地下室。东侧距离基坑 3m 为 MTRCL 隧道，MTRCL 九龙站离基坑 15m。

基坑开挖前首先对场地进行"全面换填"处理。原有海床下面的软弱海洋黏土被挖除，采用 26m 厚砂土换填，下面约 10m 厚的冲积土，深层为风化花岗岩。风化花岗岩的

基岩面埋深约为-30mPD，采用地球物理地质勘探法确定基岩面的位置。

考虑到对邻近MTRC隧道的保护，本基坑工程的围护结构采用内径76m无支撑圆形地下连续墙围护，进行26m深基坑开挖，这种围护形式可以减少基坑开挖对邻近建筑的影响，节省了大量的内支撑。本工程采用"两墙合一"地下连续墙，工程详细的基础设计参考Chan et al（2004）[6]。主、副连续墙体厚1.5m，交错施工，副连续墙体可作为主墙体的连接头。与一般的连续墙施工相比，环形连续墙施工对定位、单幅墙体的垂直度要求更高，这样才能用矩形槽段连接形成理想的环形墙体。本工程地下连续墙的开挖采用双轮铣成槽机，可以随时检查槽壁的垂直度，有偏差可以在开挖槽段时随时调整。

在本工程基坑开挖前，地下连续墙封闭后进行坑内抽水试验。抽水试验表明，坑内的降水没有对周边建筑造成严重影响，之后进行基坑开挖。浅层土方通过设置临时斜坡道，装入土方车外运。深层土体通过塔吊运出，如图33-50所示。基坑开挖至基底见图33-51。本工程的土方开挖量巨大，土方开挖的工期对整个工程进度具有重要的意义。在基坑开挖过程中内，地下连续墙内侧设置钢筋混凝土环梁，作为基坑开挖过程中减小对邻近围堰影响的预备措施。

图33-50 塔吊和起重机取土　　　　　图33-51 基坑开挖至基底

参考文献

[1] Buildings Department (2004), "Code of Practice for Structural Use of Concrete", HKSAR, 180pp.
[2] Buildings Department(2004), "Practice Note for Authorized Persons and Registered Structural Engineers 294: Division of Responsibilities between Authorized Person, Registered Structural Engineer and Registered Geotechnical Engineer", Buildings Department, HKSAR, 13pp.
[3] Buildings Department(2004), "Code of Practice for Foundations", HKSAR, 57pp.
[4] Buildings Department (2005), "Code of Practice for Structural Use of Steel", HKSAR, 357pp.
[5] Buildings Department(2005), "Code of Practice for Site Supervision", HKSAR, 99p.
[6] Chan, A. K. C. (2003), "Observations from Excavations — A Reflection". Case Histories in Geotechnical Engineering in Hong Kong. Proceedings of the 22nd Annual Seminar, Geotechnical Division, Hong Kong Institution of Engineers, Hong Kong, pp. 83-101.
[7] Davies, J. A. (1987), "Groundwater Control in the Design and Excavation of a Deep Excavation". Proc. of the 9th European Conference on Soil Mechanics & Foundations Engineering, Dublin, pp. 139-144.

[8] Geotechnical Engineering Office(1993),"Geoguide 1 - Guide to Retaining Wall Design",HKSAR,258pp.

[9] Geotechnical Engineering Office(1999),"Geo Report No. 12-QRA of Collapses and Excessive Displacements of Deep Excavations",HKSAR,109pp.

[10] Lui,J. Y. H. and Yau,P. K. F. (1995),"The Performance of the Deep Basement for Dragon Centre". Proc. of the 15th HKIE Geotechnical Seminar on Instrumentation in Geotechnical Engineering.

[11] Pan,J. K. L. ,Plumbridge,G. ; Storry,R. B. & Martin,O. (2006),"Back Analysis of Cut and Cover Tunnels in Close Proximity to an Operating Railway in Hong Kong". Proceedings of Tunnelling and Underground Space Technology, World Tunnel Congress, AITES-ITA Seoul, South Korea, pp. 453-454

[12] Sze,W. C. J. and Young,S. T. (2003),"Design and Construction of a Deep Basement through an existing Basement at Central", Proc. of the 22nd HKIE Geotechnical Division Annual Seminar, pp. 235-243

[13] 欧章煜,深开挖工程分析设计与实务[M]. 台北:科技图书股份有限公司,2004.

第34章 台湾地区的基坑工程

34.1 台湾地区基坑工程常见地质介绍

台湾地区的基坑工程主要于台北与高雄两大都会区进行，基坑工程种类除一般建筑基地外，也包括地铁站体开挖，以及大型集会场馆的基坑开挖工程。

本文以下内容即就台湾地区基坑工程最常遭遇的台北及高雄两大都会区地质环境及特性作一介绍。其中台北盆地典型地质为黏土地层，而高雄地区典型地质为粉土地层，两种地层对基坑工程而言，均具挑战性。

34.1.1 台北盆地黏土地层特性

本节内容主要摘录自文献 [1]。

台北盆地为一沉积盆地，盆地上部 40～50m 内大都为疏松之砂性土壤或软弱之黏性土壤所组成，不论结构物基础的选择或是施工方式的考虑，俱深受此松软土层工程行为之影响。图 34-1 所示为台北地区之地质构造图，大体而言，台北盆地略呈三角形，盆地北方为大屯山山区，西侧为林口台地，东南方为第三纪沉积岩丘陵地，盆地内沉积物主要受东侧基隆河、南侧新店溪与西南侧大汉溪汇集之淡水河之影响。

台北盆地中之各土层层次分布大体均匀平缓，为一相当完整湖泊沉积交互层次，愈接近盆地中央各层次厚度愈规则。一般典型之台北盆地松山层次土层为低中塑性之粉土质黏土 (CL-ML 或 CL) 或低中塑性粉土 (ML) 与粉土质砂或砂砾 (SM) 之交互层次[1]。依其沉积次序，大致分为松山层第一次层、松山层第二次层、松山层第三次层、松山层第四次层、松山层第五次层、松山层第六次层等六次层。

综合归纳台北盆地各次层之土壤一般指数性质与力学性质试验数据及钻探土层资料，其中，第六、四、二次层土壤之强度低于第五、三、一次层之土壤强度，且第四与第二层形成台北盆地松山层之主要阻水层，遂造成第四次层以上经常保持一自由含水层面。目前地下水压已不再呈静态分布，尤其第三次层之砂土层（深度 20～25m 间），其水压泄降更是严重，且其分布在盆地各地并不尽相同，此种非常静态分布之水压分布，将引起基础施工之影响与安全。

Moh & Ou (1979)[3]曾针对台北盆地之土壤工程特性，提出各次层之剪力强度参数、渗透系数、标准贯入试验 N 值等设计参数之建议值，如表 34-1 所示，其中，剪力强度参数系由压密不排水三轴试验所得。此外，Moh & Ou (1979)[3]亦针对第六、四与二次层之黏性土壤，提出土层之体积变化特性，并列出第四与第二次层之过压密比 OCR 值，如表 34-2 所示，由表 34-2 可看出若为静态地下水位，则第四次层为轻微过压密土壤，但根据近年来量测孔隙水压之结果[4]，得知第二与第四次层皆为压密进行之持续状态，亦即该两次层仍在压密过程中。

34.1 台湾地区基坑工程常见地质介绍

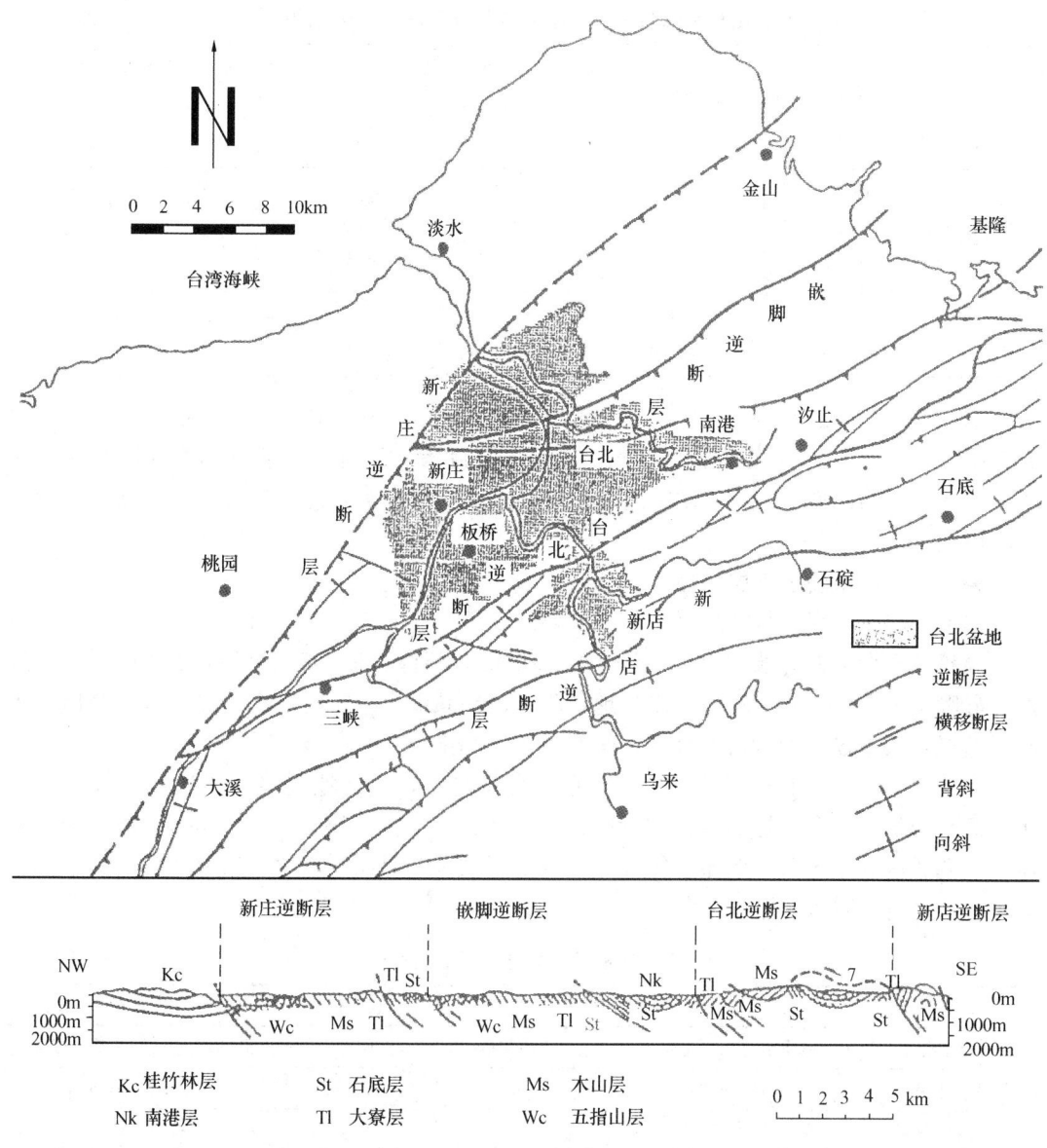

图 34-1 大台北地区地质构造图[2]

台北盆地之土壤工程性质[3]　　　　　表 34-1

层次	土壤	厚度	N值	单位重 (t/m³)	含水量 (%)	渗透系数 k_v	c(t/m²)	φ(°)	c'(t/m²)	φ'(°)
六	黄灰色粉泥质黏土	2～8	3～8	1.93	31.1	0.3～0.8×10⁻⁷	7.1	6.5	6.1	9.6
五	灰色粉泥质砂土	2～20	2～26	2.01	24.3	0.5～6.0×10⁻⁴	—	—	0	31～35
四	粉泥质黏土	6～29	4～14	1.92	30.8	0.5～2.0×10⁻⁷	4.9	14	3.1	26
三	粉泥质砂土	0～19	8～36	2.02	22.9	0.5～2.0×10⁻⁴	—	—	0	35
二	粉泥质黏土	0～19	10～20	1.98	25.5	0.3～0.8×10⁻⁷	6.4	21	0	34
一	粉泥质砂土	0～15	18～48	2.02	19.5	0.5～6.0×10⁻⁴	—	—	0	42

松山层第四与第二次层之最大预压力与OCR值[3]　　　表34-2

层次	深度 (m)	最大预压力 P_c (kg/cm²)	静态孔隙水压 有效覆土压力 σ_{vo} (kg/cm²)	静态孔隙水压 OCR	量测之孔隙水压 有效覆土压力 σ_{vo} (kg/cm²)	量测之孔隙水压 OCR
四	17～18	4.4	1.8	2.4	2.4	1.9
	18～19	3.7	2.0	1.9	3.3	1.1
	19～20	3.2	2.1	1.5	3.4	0.94
二	31～32	4.1	3.2	1.3	5.6	0.73
	32～33	3.4	3.2	1.1	6.1	0.56

综合言之，台北盆地之各次层土壤皆含有相当数量之粉泥粒，第六、四、二次层大约为50%，第五、三、一次层则为20%，以剪力强度参数而言，一般以第四次层为强度最弱之层次，且第四次层与第二次层之压缩性相当大，遂成为台北盆地工程施工须特别考虑之土层。

34.1.2 高雄粉土地层特性

本节内容主要引述自文献[5]。

高雄位于台湾西南端，地貌平坦，地多低湿，沼泽、珊瑚礁、泻湖等遍布各地，沙滩、砂嘴甚为发达，属年轻之海岸平地，附近山地系沿海丘陵，几全为珊瑚礁，为地壳运动所造成，其基盘多为砂岩或页岩，间有砂层、黏土层之处。

高雄市地质大多属第四系中之冲积层，层位平铺，主要地层多为粉质砂土或砂质粉土。高雄市地层可分为楠梓区、左营区、鼓山区、三民区、盐埕区、前金区、新兴区、苓雅区、前镇区、小港区、旗津区等九区，其地层结构及对应土壤之工程特性，见表34-3～表34-11之地层剖面工程特性表。

高雄市楠梓区地层工程特性表[5]　　　表34-3

深度 (m)	0～5		5～10	10～15	15～20	
土壤分类	砂质壤土	泥质黏土	细或粗砂	泥质黏土	砂质壤土	泥质黏土或壤土
天然含水量（%）	15.7～23.0		23.2	21.6～32.6	23.6～26.8	
相对密度	2.67～2.70		2.66	2.70	2.68～2.67	
孔隙比	0.63～0.61		0.57～0.56	0.61～0.87	0.56～0.51	
液性限度	—	44.4		40.2～41.7	—	
塑性限度	—	25.1		21.7～22.3	—	
内摩擦角 (°)	30	—	31～35	—	35	
N值	4～15		18～20	5～6	18～24	
地下水位	-2.80～-10.00m					

高雄市左营区地层工程特性表[5]　　　表34-4

深度 (m)	0～5	5～10	10～15	15～20	
土壤分类	砂质壤土	砂质壤土	砂质壤土	砂质壤土	壤土
天然含水量（%）	31.0～8.9	11.8～16.2	18.8	18.8	23.8

34.1 台湾地区基坑工程常见地质介绍   1275

续表

深度（m）	0～5	5～10	10～15	15～20	
相对密度	2.67	2.67	2.67	2.67	2.68
孔隙比	0.64～0.31	0.45		0.82	
液性限度	—	—	—	—	
塑性限度	—	—	—	—	
内摩擦角（°）	32～36	30	35	28	
N值	2～50	50～18	18～31	31	16
地下水位	−0.50～−1.70m				

高雄市鼓山区地层工程特性表[5]   表34-5

深度（m）	0～5	5～10	10～15	15～20	
土壤分类	砂质壤土	砂质壤土	砂质壤土	不良级配砂	砾砧石
天然含水量（%）	29.7～31.6	26.0～19.1	28.4	27.9	12
相对密度	2.70	2.69	2.68	2.65	
孔隙比	0.82～0.78	0.72～0.44	0.85	0.69	
液性限度	44.5～27.8		—	—	
塑性限度	24.5～21.9				
内摩擦角（°）	23～25	22～31	23	33	
N值	6	13	2	3～100	16
地下水位	−1.40～−6.70m				

高雄市三民区地层工程特性表[5]   表34-6

深度（m）	0～5	5～10	10～15	15～20
土壤分类	黏质沉泥	壤土或砂质壤土	砂质壤土	砂质壤土
天然含水量（%）	27.5	22.1～30.2	2.25～25.3	
相对密度	2.69	2.68	2.67	
孔隙比	0.72～0.83	0.72～0.94	0.59～0.78	
液性限度	40.8	—		
塑性限度	25.6	—		
内摩擦角（°）	—	22～25	28～39	
N值	4～21			
地下水位	−2.60～−5.50m			

高雄市盐埕区地层工程特性表[5]   表34-7

深度（m）	0～5	5～10	10～15	15～20
土壤分类	沉泥质砂	沉泥（含贝壳、腐木）	沉泥质砂	沉泥
天然含水量（%）	20.0～23.3	30.0	21.4～22.2	33.1
相对密度	2.67	2.68	2.67	2.68
孔隙比	0.68～0.78	0.77～0.85	0.51～0.65	0.93

续表

深度（m）	0～5	5～10	10～15	15～20
液性限度	—	—	—	—
塑性限度	—	—	—	—
内摩擦角（°）	24～25	27～32	32～35	
N值	2	4～7	16～30	
地下水位	\-0.59～-2.60m			

高雄市前金区、新兴区、苓雅区地层工程特性表[5]　　　　表 34-8

深度（m）	0～5	5～10	10～15	15～20
土壤分类	黏质壤土	砂质壤土	砂质壤土	砂质壤土
天然含水量（%）	20.0～30.0	20.3～23.2	22.4～29.4	
相对密度	2.67～2.69	2.67	2.67	2.67
孔隙比	0.50～0.69	0.53～0.60	0.54～0.78	
液性限度	42.0	—	—	—
塑性限度	22.0	—	—	—
内摩擦角（°）	—	21～32	25～34	
N值	1～4	3～15		
地下水位	-0.13～-4.50m			

高雄市前镇区地层工程特性表[5]　　　　表 34-9

深度（m）	0～5	5～10	10～15	15～20
土壤分类	泥质壤土或细砂	砂质或黏质壤土	砂质壤土或泥质黏土	砂质壤土
天然含水量（%）	10.0～25.9	12.3～29.0	14.0～29.0	21.1～31.8
相对密度	2.68～2.70	2.68～2.70	2.67～2.72	2.66～2.68
孔隙比	0.52～0.77	0.43～0.78	0.50～0.85	
液性限度	—	—	37.5～43.4	—
塑性限度	—	—	23.6～24.0	—
内摩擦角（°）	27.6～32.3	28.5～31.6	29.0～35.7	28.8～33.8
N值	0～8	8～18	5～20	15～28
地下水位	-1.00～-3.50m			

高雄市小港区地层工程特性表[5]　　　　表 34-10

深度（m）	0～5	5～10	10～20	
土壤分类	泥质或黏质壤土	泥质或砂质壤土或粉土	细砂	
天然含水量（%）	22.5～23.2	26.7～35.0	24.0～30.6	
相对密度	2.70	2.67～2.72	2.66	
孔隙比	0.60～0.85	0.75～0.80	0.75～0.73	
液性限度	40.3～41.2	—	—	

续表

深度（m）	0～5	5～10	10～20
塑性限度	24.7～28.9	—	—
内摩擦角（°）	—	32	33.5
N 值	6～11	4～17	12.20
地下水位		-0.30～-2.30m	

高雄市旗津区地层工程特性表[5]　　　　　表 34-11

深度（m）	0～5	5～10	10～20
土壤分类	泥质细砂（含贝壳）	泥质壤土或细砂	砂质壤土或细砂
天然含水量（%）	25.3～107.1	17.2	23.9
相对密度	2.67～2.68	2.67～2.72	2.67～2.68
孔隙比	0.55～0.72	0.51～0.62	0.51～0.71
液性限度		34.0～37.2	
塑性限度		18.7～21.9	
内摩擦角（°）	21～39	32～39	22～35.5
N 值	0～15	17～16	16～29
地下水位		-0.55～-5.60m	

此外，李维峰等人（2006）[6]曾针对高雄典型之粉土地层进行钻探与一系列之试验研究，得该区之粗颗粒多呈角粒状堆积，于土壤受压力后易产生较大变形，细粒料多呈颗粒状，且含量多为长石与石英矿物，与一般土壤细粒料多为黏土矿物不同，其颗粒间凝聚性较小，属易流失成份。由静、动态三轴不排水轴向压缩试验结果（动态三轴试验之不同细粒料含量试体之反复作用次数与反复应力比之关系如图 34-2 所示）显示，其压缩过程中产生之超额孔隙水压皆为正值，展现土体之压缩性且随细粒量含量之增加而增加，且抗液化强度不会随细粒料增加而上升，此与一般石英砂在类似紧密程度与围压下大多为膨胀性

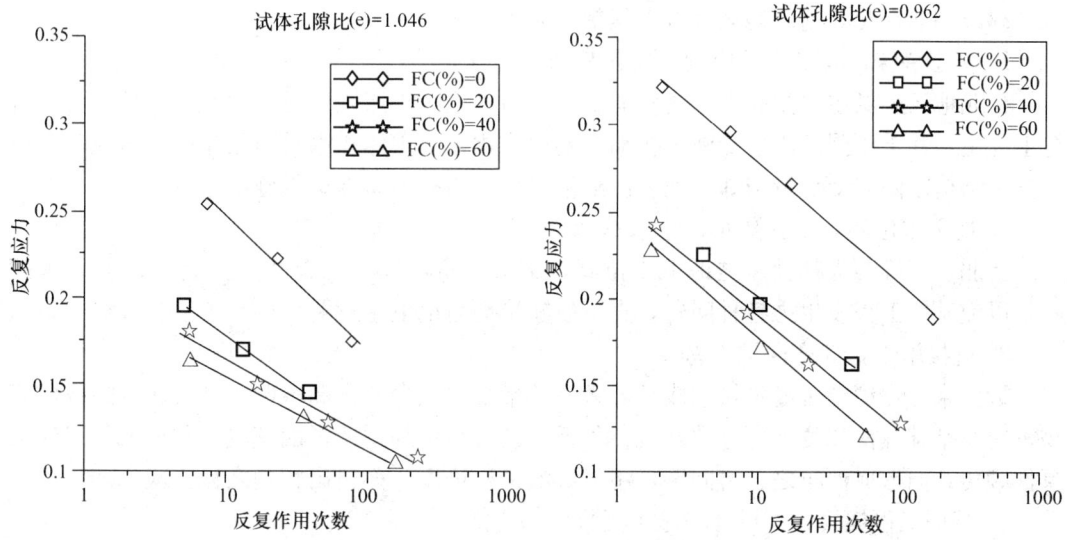

图 34-2　不同细粒料含量试体之反复作用次数与反复应力比之关系[6]

行为有相当大之差异，其土壤之剪力强度将随细粒料含量之增加而降低，且具易受扰动之行为特性，受扰动后之土壤强度会明显降低，使得土体丧失原有之强度。再由 Pinhole Test 结果（Pinhole Test 之时间与排水流量之关系图如图 34-3 所示）显示，砂性土壤受其低塑性影响，在高渗流梯度时将无自愈能力而会产生管涌，且细粒料受土体中裂缝与渗流梯度影响易随水流于第一时间被携出，因此，当土体生成裂缝时土体因管涌导致之破坏于瞬间发生，而无明显的反应时间。

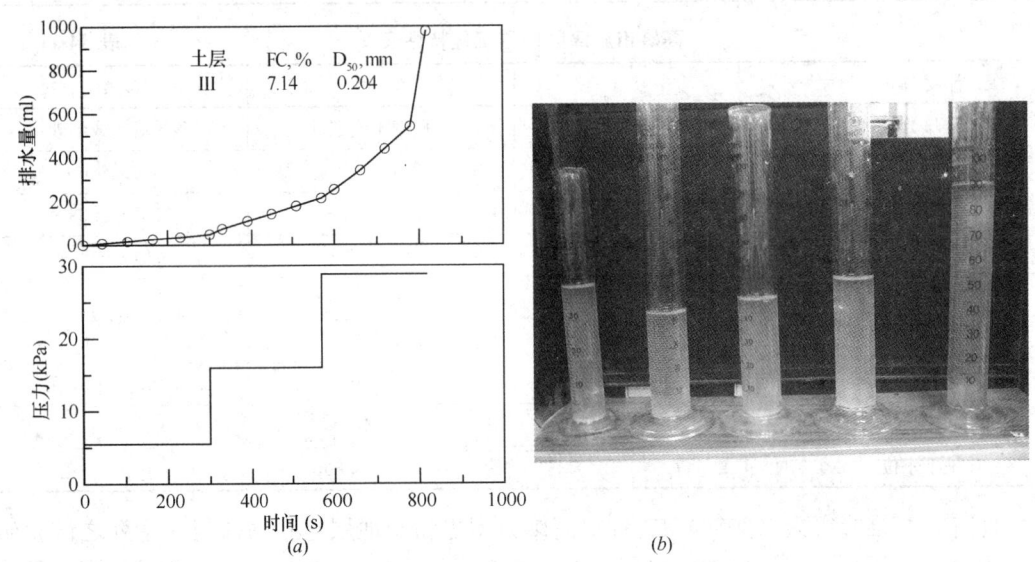

图 34-3　高雄地区土壤冲蚀试验结果[6]
(a) 时间与排水流量之关系图；(b) 水压为 28.8kPa 排出水相片

综上所述，该区域土层中具含无塑性且高细粒料含量之砂土与粉质土壤，其特性为具易扰动性、高压缩量，及土体破坏发生于瞬间无先前之反应时间，因此，不利于大地工程之施作。

34.1.3　台北与高雄地区基坑工程常见问题

1. 土层特殊，易受扰动影响而弱化其强度

台北地区土层主要为高含水之软弱黏土，高雄地区土层则以无塑性且高细粒料含量之粉土为主，其土壤强度均易受施工扰动影响而弱化，土壤体积则具高压缩性。因此，易造成挡土结构之侧向变形量与邻近地表沉陷量增加，稍有不慎即酿成施工灾害。

2. 地下水位高，工区降水、止水不易

台北、高雄两大都会区之地下水位高，水量丰富，基坑工程几乎都会遭遇地下水问题，以致基坑工程发生之各种问题，直接或间接均与地下水有关。

3. 近接施工，邻产保护不易

近年来，台湾地区经济快速成长，人口大量集中至台北、高雄两大都会区，造成建筑物密集及基础开挖深度加深，致基坑工程近接既有结构物，使得因基坑工程造成邻房受损事件频传，而形成严重之公害问题，不但影响工程进度，亦付出相当之社会成本。

4. 基坑工程规模大，设计与施工困难度均增加

由于台湾地区人口大量集中至台北、高雄两大都会区，造成新建工程之规模日益庞

大，以基坑工程而言，除开挖范围与开挖深度日渐增加外，基坑特殊形状等皆可能增加其设计与施工之挑战性。

5. 环境影响与控制

基坑工程施工除造成原有地形地貌的改变，其开挖产生之废土与地表裸露皆对地貌造成影响，如遇降雨则易造成土壤冲蚀，使地表径流挟带泥沙进入附近排水渠道，加以施工机具引起之空气与噪声污染，对环境造成极大之影响。近年来，台湾地区环保意识抬头，为维持永续发展，都会区之基坑工程对环境维护与控制日益重视，使得基坑工程之设计与施工困难度日益增加。

34.2 台湾地区常用基坑设计方法介绍

34.2.1 稳定分析与变形分析

本节内容主要引述自文献 [7]，文献 [8] 及文献 [9]。

台湾基坑工程挡土结构之稳定分析，大多依据建筑物基础构造设计规范[9]建议之方法进行。主要分析项目包括土压力之计算与可能破坏状况之检核。

图 34-4 所示为建筑物基础构造设计规范中建议之深开挖内挤破坏分析法，其建议之安全系数必须大于等于 1.5（详公式 34-1）。图 34-5 为建筑物基础构造设计规范中建议之底面隆起破坏稳定分析方法，其建议之安全系数必须大于等于 1.2（详公式 34-2）。Bjerrum and Eide（1956）认为对于浅开挖（传统上浅开挖定义为开挖宽度 B 大于或等于开挖深度 H）而言，开挖底面隆起破坏或许可以 Terzaghi 法评估，然而因上层黏土之剪力强度尚未充分发挥前，破坏可能即已产生，而在 Terzaghi 法隆起分析模式中，破坏滑动面假设垂直延伸至地表面，且假设黏土剪力强度完全发挥直至地表，此一假设对于深开挖工程并不准确，因此，提出公式 34-3，其中，N_c 为 Skempton（1951）所提出之承载力系数，为一与开挖规模有关之无因次系数，此系数考虑基础埋入深度之效应，因此，不仅可用于浅基础，亦可应用于深基础。欧章煜等人（1999）[7]将上述十个开挖案例进行底部隆起破坏分析，其结果显示规范建议方法之安全系数较接近实际状况。

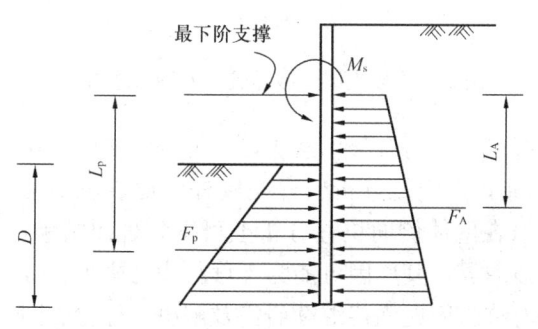

图 34-4 文献 [9] 建议之内挤破坏检核方法

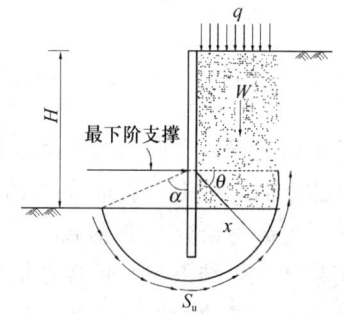

图 34-5 文献 [9] 建议之底部隆起破坏检核方法

$$F_s = \frac{F_p L_p + M_s}{F_A L_A} \geq 1.5 \tag{34-1}$$

$$F_s = \frac{x \int_0^{\frac{\pi}{2}+\alpha} S_u(x\mathrm{d}\theta)}{W \cdot \frac{x}{2}} \geqslant 1.2 \tag{34-2}$$

$$F_s = \frac{N_c \cdot s_u}{\gamma \cdot H + q_s} \tag{34-3}$$

若开挖基地具不透水层（如黏土），且不透水层下方为透水层（如砂、砾石土层）时，则由于透水层具水压力，该不透水层将因此承受上举水压力，此时应核讨该不透水层承受上举力破坏之安全性（详公式34-4），如图34-6所示。若挡土壁下方为透水层，且挡土壁未贯入不透水层，此时可能因开挖侧抽水产生水头差而引致渗流现象，当上涌渗流水之压力大于开挖面底部土壤之有效土重时，渗流水压力会将开挖面之土砂涌举而起，造成破坏，因此，应检讨其抵抗砂涌之安全性（详公式34-5），分析方法可用渗流解析方式或临界水力坡降解析方式，如图34-7所示。

$$F_s = \frac{\sum_i \gamma_{ti} \cdot h_i}{H_w \cdot \gamma_w} \geqslant 1.2 \tag{34-4}$$

$$F_s = \frac{2\gamma_{\mathrm{sub}} \cdot D}{\gamma_w \cdot \Delta H_w} \geqslant 1.5$$

$$or \tag{34-5}$$

$$F_s = \frac{\gamma_{\mathrm{sub}} \cdot (\Delta H_w + 2D)}{\gamma_w \cdot \Delta H_w} \geqslant 2.0$$

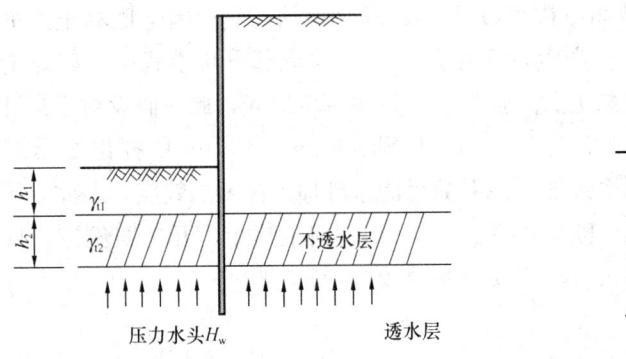 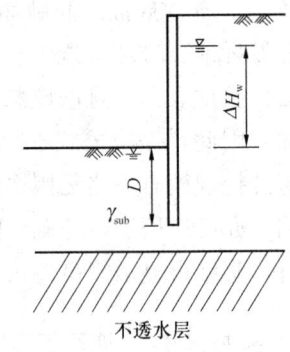

图 34-6 黏土层之上举力破坏分析示意图[8] 　　图 34-7 砂土层之砂涌破坏分析示意图[8]

开挖引致之壁体变形与地表沉陷预测方法有二，一为有限元素法，一为经验法则。在有限元素法方面，理论上若能完整仿真开挖作业，则应能分析出开挖区外之地表沉陷情形，然而，大部份研究结果显示，有限元素法虽在壁体侧向位移分析上可得到理想结果，但地表沉陷之分析结果与实际观测结果仍有一段差异，其原因可能为土壤行为之模拟、分析时输入之土壤参数的择取，及分析方法上仍有许多问题尚待继续研究及解决。经验法则中，较常被使用的有 Peck（1969）所建议在不同性质土层中，地表沉陷量（δ_v）与距挡土壁距离（d）之关系曲线；Bowles（1986）所建议估计三角槽型沉陷之沉陷量及沉陷影响范围的方法；Clough & O'Rourke（1990）所建议不同地层条件下之地表沉陷剖面包络线等。

Hsieh and Ou (1998)[10]曾根据力学原理、开挖案例现地观测经验及回归分析方法提出主要影响区（Primary Influence Zone，PIZ）及次要影响区（Secondary Influence Zone，SIZ）之观念，认为在主要影响区内的沉陷曲线斜率较陡，对建筑物的影响较大，在次要影响区内的沉陷曲线斜率较平缓，对建筑物的影响较小，在次要影响区外可能仍有沉陷发生，但其量已小于实际可查觉的程度且均匀，在一般的情形下，对建筑物的影响已可忽略。其中，主要影响区的范围乃由局部潜在破坏区（$2H$，H 为开挖深度）及整体稳定之潜在破坏区（B 与 H_f 之小值，B 为开挖宽度，H_f 为没有隆起之虞的土层深度）之大者决定，但不超过 H_g（H_g 为不动层深度，即岩层、卵砾石层等）；次要影响区的范围约等于主要影响区。此外，其研究亦发现，开挖引致之地表沉陷有三角槽及凹槽二种型态，如图 34-8 所示，发生此二种型态地表沉陷之主要原因在于挡土壁的变形量及变形特性，于正常施工情形下，软弱黏土开挖引致之挡土壁变形通常较大且易造成深层位移之形式，因此较容易产生凹槽地表沉陷，而于砂质地盘及坚硬黏土层开挖之挡土壁的变形量较少，一般较易产生三角槽地表沉陷。至于凹槽型地表沉陷剖面之地表最大沉陷位置（D_m）和 PIZ 存在相依之关系，建议 D_m 以 0.3PIZ 估计之。

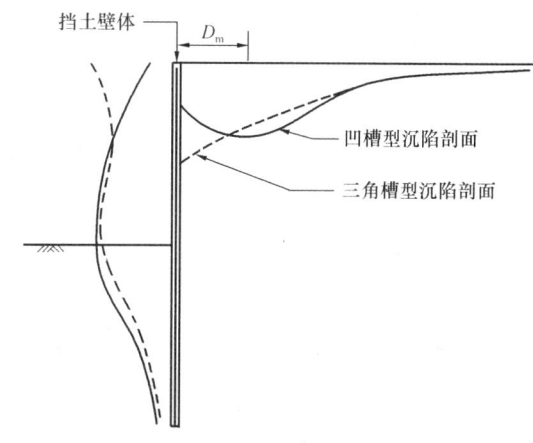

图 34-8 地表沉陷型态示意图[8]

34.2.2 支撑设计

本节内容主要引述自文献 [8]。

图 34-9 为常用支撑开挖的挡土结构组件示意图，除了挡土壁外，支撑系统的主要构件包含水平支撑、横挡、斜撑、角撑及中间柱，当开挖外侧土压相当大或是欲增加支撑之

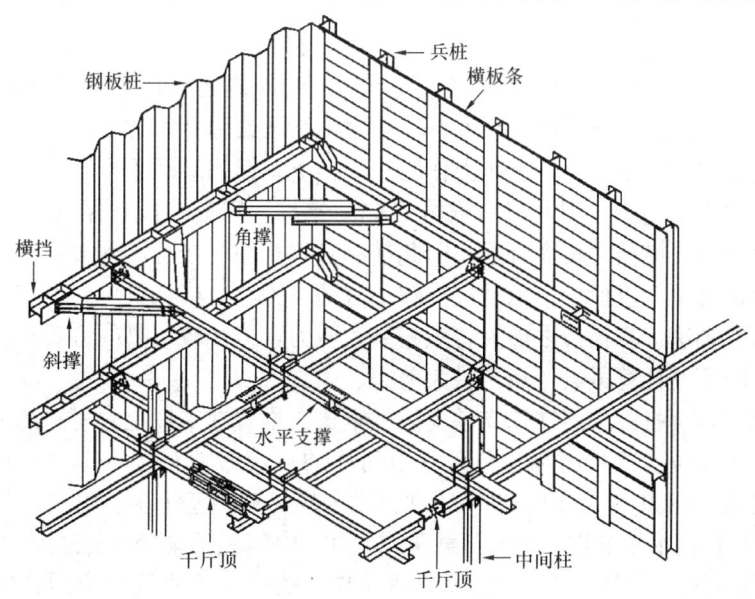

图 34-9 支撑开挖的挡土结构组件示意图[8]

间距时，支撑系统可设计成二根并排排列。

水平支撑断面受到的应力可分为轴压应力（详公式34-6）与弯曲应力（详公式34-7），其中，A 为支撑断面积，N_1 为开挖引致之支撑荷重，N_2 为温度变化引致之支撑荷重，M_1 为支撑自重及材料积载荷重所产生之弯矩，M_2 为中间柱上浮引致支撑之弯矩，S 为断面模数。根据 AISC 规范，支撑的每个断面应力须满足公式34-8与公式34-9，其中，F_a 为支撑容许轴压应力，F_b 为支撑容许弯曲应力，二者皆可直接查询 AISC 规范图表，C_m 为减少因子，其值可取 0.85，$1/(1-f_a/F_e')$ 为放大因子。

$$f_a = \frac{N_1 + N_2}{A} \quad (34\text{-}6)$$

$$f_b = \frac{M_1 + M_2}{S} \quad (34\text{-}7)$$

$$\frac{f_a}{F_a} \leqslant 15\% \qquad \frac{f_a}{F_a} + \frac{f_b}{F_b} \leqslant 1.0 \quad (34\text{-}8)$$

$$\frac{f_a}{F_a} > 15\% \qquad \frac{f_a}{F_a} + \frac{C_m f_b}{\left(1-\frac{f_a}{F_e'}\right)F_b} \leqslant 1.0 \quad (34\text{-}9)$$

斜撑与角撑（详图34-10）的作用在不增加支撑的数目下，可有效缩短横挡的跨距，斜撑通常以 45°角（斜撑与横挡的夹角）对称架设，其设计方法与水平支撑完全相同（斜撑轴压力详公式34-10～公式34-12）。

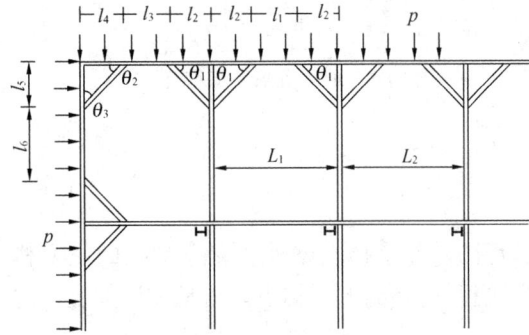

图 34-10 支撑及斜撑之间距与夹角[8]

$$N = p\left(\frac{l_1 + l_2}{2}\right)\frac{1}{\sin\theta_1} \quad (34\text{-}10)$$

$$N_1 = p\left(\frac{l_3 + l_4}{2}\right)\frac{1}{\sin\theta_2} \quad (34\text{-}11)$$

$$N_2 = p\left(\frac{l_5 + l_6}{2}\right)\frac{1}{\sin\theta_3} \quad (34\text{-}12)$$

横挡（wale）又称围令，其作用为将挡土壁外侧之土压力传递至水平支撑，分析上可视土压力直接作用于横挡上，亦可将有限元素法或弹性基础梁法计算出之支撑荷重转换为单位宽度之土压力，再将土压力作用于横挡上。横挡除承受土压力外，亦将承受角撑或斜撑所传递之轴向力，因其具有充分之侧向支撑，因此二次弯矩与挫屈之分析可省略。此外，由于每支横挡之长度有限，因此横挡必须在现场接合，其接合部份易形成结构上之弱点，故接合位置宜设置于承受应力较小之处，因此，横挡虽可假设支撑为支点，以简支梁法或固定端法计算横挡之最大弯矩与最大剪力，但比较可靠的方式为将接合点设置于距支点 1/4 跨距处计算最大弯矩与最大剪力。

支撑开挖通常会打设中间柱以支承支撑的重量、堆置在支撑上之材料的荷重，及其他因开挖挡土系统变位所产生的额外荷重。中间柱的打设通常直接将 H 型钢打入土层中，或以预钻方式将 H 型钢埋入土中或将 H 型钢插入场铸钻掘基桩上。每一中间柱可能承受之轴载重（P）包括水平支撑自重与活载重（P_1）、中间柱顶端至开挖面以上之中间柱自重（P_2）、水平支撑倾斜压缩力（P_3），单排支撑系统之支撑重量对中间柱偏心载重产生之弯矩如公式34-13，其中，e_x 为偏心距离。中间柱之挫屈长度须取开挖过程及构筑楼板拆支撑过程中，所产生之最大无支撑长度，此外，由于中间柱可能承受向下之垂直荷重或向上之拉拔力（水平支撑倾斜所造成），因此中间柱之入土深度应考虑其垂直支承力与拉拔力，其分析方式与基桩完全相同，惟计算柱端支承力时所用之柱端断面积须用中间柱及其夹土面积，计算柱表面摩擦阻力时所用的柱身表面积须用中间柱及其夹土之表面积。

$$M = (P_2 + P_3)e_x \tag{34-13}$$

34.2.3 辅助地质改良设计

本节内容主要引述自文献[11]。

为降低开挖之风险，可藉增加挡土结构物之厚度及长度，或增加支撑之断面及层数来处理，惟考虑基地大小、施工性、工期及基础沉陷量等因素，有时需辅以地质改良方式来进行深开挖。一般应用于软弱黏土中之地质改良工法有高压喷射桩及机械拌合桩二大类。高压喷射桩如一般常用之CCP、JSP、RODINJET1（单管）与JSG、RODINJET2（二管）及CJG、RODINJET3（三管）等；而机械拌合桩（搅拌桩）依所采用之压力可分为：（1）低压搅拌桩：如CDM、DJM、SMW、PROP等，（2）高压搅拌桩：JMM、SWING等。

目前地质改良之强度设计系以复合材料之观念，改率改良桩与未改良土壤之复合强度。复合土之平均剪力强度（$\bar{c}$）最常采用之计算式如公式34-14，其中，c_p为改良桩之剪力强度，一般取$(1/4\sim1/6)q_u$值；a_s为改良率；c_u为黏土之剪力强度；α为应变修正系数，一般取0.5。

$$\bar{c} = c_p \cdot a_s + \alpha \cdot c_u \cdot (1 - a_s) \tag{34-14}$$

一般而言，改良率愈高，挡土结构物之变形量愈小，造成邻损比例也就愈低，但考虑经济效益，只要挡土结构物之变形量控制在2～3cm（软弱黏土中），对一般邻近构造物应不致造成损坏。设计时应考虑安全性、经济性及当地实作经验等因素，采用适宜之改良率，另过高之改良率也易造成挡土结构物之外挤，因此，一般设计之改良率约在10%～20%之间。此外，相同之改良率下，使用大桩径大间距，则改良支数减少，工期缩短，较符合经济效益，但小桩径小间距对减少挡土结构物之变形较佳，对未改良土壤之围束作用及对挡土结构之支力点较为显著，然而却也衍生对挡土结构物外挤量较前首为大之问题。

因开挖挡土结构之变形量系随着各阶开挖挡土结构物之变形量累积而成，而为控制挡土结构物之变形量，将改良深度往上提升，确有其必要性，另为增加挖土工率，可考虑提高地质改良之开始深度。至于改良深度应延伸至开挖面以下多深较为合理，则应依地质改良目的决定，若为减少挡土结构物之弯矩、剪力，可考虑将改良深度延伸至开挖面下约5m，若再往下延伸，则减少之应力有限，较不合经济效益；若为防止结构物之内挤及隆起，则建议改良深度应至挡土结构物之底部。此外，在检核挡土结构贯入深度时，除依一般内挤及隆起之破坏模式计算挡土结构之安全系数外（滑动面穿过改良桩），另应考虑滑动面沿改良桩间发生之破坏模式。若因基地面积与挡土结构物之深度受限，此时使用地质改良来克服隆起时，改良层之厚度应增加。

改良桩之配置以三角形（梅花桩）之配置优于正方形之配置，另根据许多实例显示，在基地角隅处施作地质改良时，经常造成挡土结构物之角隅处外挤开裂，加以挡土结构之角隅效应造成角隅处变形量较小，故建议于距角隅处约3～5m范围内，可考虑取消地质改良。理论上改良桩外缘与挡土结构物相接最能发挥地质改良减少挡土结构变形之效果，但对采高压力灌浆之高压喷射桩及高压搅拌桩,常会造成挡土结构物之过外挤,甚至产生裂缝,因此,一般实务经验为改良桩体外缘与挡土结构保持适当距离(约20~30cm),而藉由高压灌浆束之末端压力将此距离内之土壤予以压实,然而,此适当距离与地层软弱程度及施工厂商施工技术、能力有密切关系。

34.2.4 降水管理设计

本节内容主要引述自文献[8]。

降水工法一般系指降低砂质土壤或砾石土地盘之地下水位的工法,一般而言,开挖工程中降低地下水位之目的为保持开挖面干燥、防止渗水漏砂、避免砂涌破坏、避免上举力破坏及避免地下室上浮等。开挖工程常用的降水工法有集水坑或集水沟法、深井法及点井法等,其适用范围说明如图34-11所示。随着科技进步,抽水泵浦的性能提高,降水的深度亦随着提高,实际应用的,可单独使用一种方法,亦可二、三种方法并用,可单阶段降水,亦可使用多阶段降水。

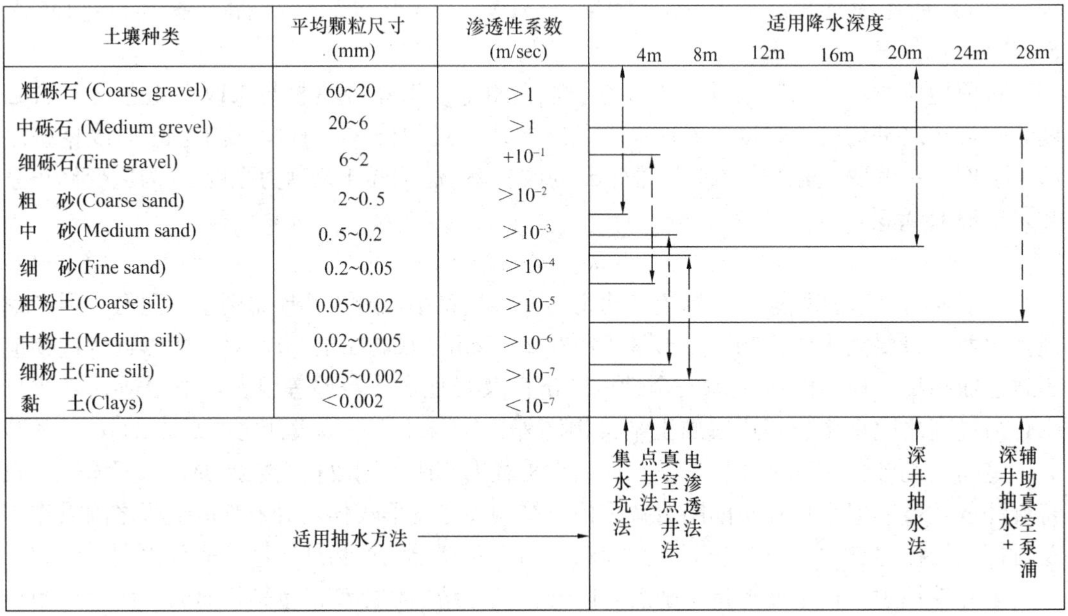

土壤种类	平均颗粒尺寸 (mm)	渗透性系数 (m/sec)	适用降水深度
粗砾石 (Coarse gravel)	60~20	>1	
中砾石 (Medium gravel)	20~6	>1	
细砾石 (Fine gravel)	6~2	$+10^{-1}$	
粗 砂 (Coarse sand)	2~0.5	$>10^{-2}$	
中 砂 (Medium sand)	0.5~0.2	$>10^{-3}$	
细 砂 (Fine sand)	0.2~0.05	$>10^{-4}$	
粗粉土 (Coarse silt)	0.05~0.02	$>10^{-5}$	
中粉土 (Medium silt)	0.02~0.005	$>10^{-6}$	
细粉土 (Fine silt)	0.005~0.002	$>10^{-7}$	
黏 土 (Clays)	<0.002	$<10^{-7}$	
适用抽水方法			集水坑法 / 点井法 / 真空点井法 / 电渗透法 / 深井抽水法 / 深井抽水+辅助真空泵浦

图34-11 降水工法之适用范围[8]

分析抽水量与泄降量之平衡方程式所需之水理参数仅为渗透系数(k),其可由室内定水头试验、室内变水头试验、经验公式或抽水试验而得,考虑取样土壤扰动、取样试体不能够完全代表现地土壤及现地土层状况复杂等因素,最可靠估计现地土壤渗透性系数的方法为现地抽水试验。

开挖基地必须配置足够的抽水井,使得开挖基地内的地下水位降至开挖面下方,一般而言,地下水位至少需低于开挖面0.5~1.0m以下。合理的泄降影响范围系以泄降量等于容许泄降量为条件,计算而得之泄降影响范围,若计算泄降影响范围之目的为考虑泄降量对给水供水影响或计算沉陷量,则可设定容许泄降量小于等于0.5m,而若计算影响范围之目的为反算水理参数,则可能须以泄降量等于0计算影响范围。降水会造成孔隙水压力减少,及土壤有效应力增加,在砂、砾石土层中,有效应力增加将造成土壤的弹性沉陷；在黏土层中，有效应力的增加则会造成土壤的弹性沉陷与压密沉陷，通常其弹性沉陷量小于压密沉陷量，可不予考虑，而抽水造成之压密沉陷量可以 Terzaghi 单向度压密沉陷公式计算之。

图 34-12（a）所示为连续壁贯入不透水层，因仅在开挖基地内抽水，因此抽水不会影响开挖区外，开挖区外的泄降影响范围为 0，其黏土层的有效应力维持不变，因此不会产生弹性沉陷及压密沉陷；图 34-12（b）所示为在开挖区外抽水，因此泄降影响范围延伸至开挖区外某段距离，黏土的有效应力因而增加，因此，开挖区外会产生弹性沉陷与压密沉陷；图 34-12（c）为在不透水层下方（连续壁下方）之砾石层抽水，虽然抽水位置在受限含水层，地下水位不见得会下降，但受限含水层的测压水位下降，黏土层的有效应力增加，因此可能造成弹性沉陷与压密沉陷；图 34-12（d）的连续壁在透水层，水井的深度

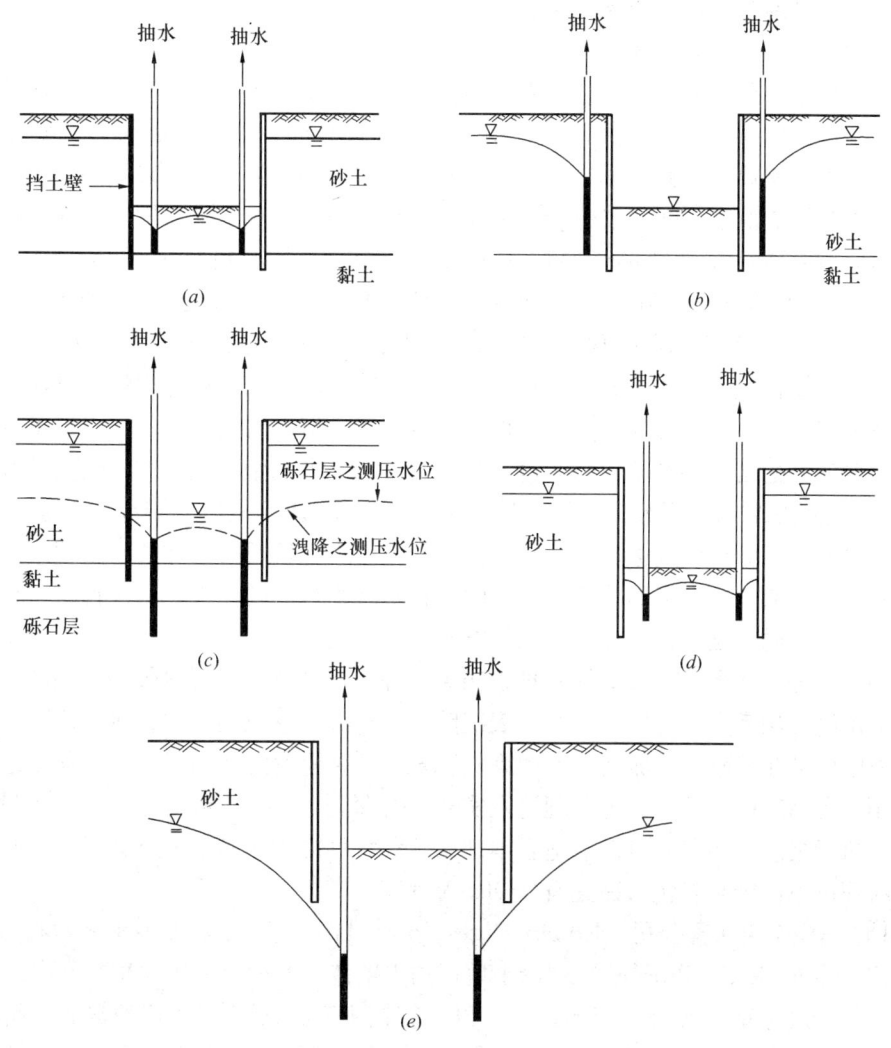

图 34-12 开挖抽水之影响[8]
(a) 不透水层上方、开挖区内抽水；(b) 不透水层上方、开挖区外抽水
(c) 砾石层、开挖区内下方抽水；(d) 砂土层、开挖区内抽水
(e) 砂土层、开挖区内下方抽水

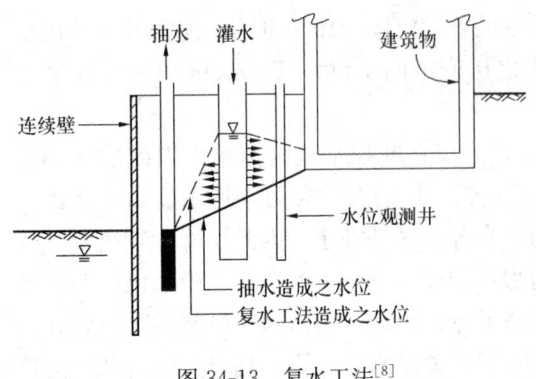

图 34-13 复水工法[8]

小于连续壁深度,因此抽水不会造成开挖区外地下水位的泄降,开挖区外不会产生弹性沉陷与压密沉陷;图 34-12(e)之水井深度大于连续壁深度,因此泄降影响范围可能延伸至开挖区外某段距离,但由于基地地质为砂土质,因此仅有弹性沉陷,而无压密沉陷。此外,若现地地质状况复杂,砂土层中可能夹杂黏土层,若仍需在开挖区外抽水,可采用复水工法以避免地下水位之泄降,如图 34-13 所示。

34.2.5　常用分析软件介绍

本节内容主要引述自文献[12]及文献[13]。

近二十年来,台湾地区深开挖工程在实务经验上累积了相当多的经验,且在学术研究上亦有极丰硕之成果,而一般进行深开挖挡土支撑设计时,多仰赖数值分析方法模拟开挖、抽水、支撑架设与预力施加、楼板施筑及拆除支撑等施工步骤,来预测挡土壁体可能产生之变位与地表沉陷,同时依分析结果配置监测系统或进行建物保护之设计。对于所采用之数值分析程序有早期的 WALL4 及 SOIL-STRUCT,到目前的 RIDO、CRISP、FLAC、PLAXIS 及 ABAQUS 等,而在工程上较广为使用的有 RIDO、FLAC 及 ABAQUS 等程序,其中 RIDO 程序是以结构观点将挡土壁体视为一弹性基础梁,而土壤及支撑系统则简化成等值弹簧进行分析,由于参数输入简便、运算速度快,纵使其分析模式之理论依据仍有不清楚之处,然在大地工程界多年来努力的结果,不仅掌握了 RIDO 应用于台湾区深开挖之工程经验,同时对于程序之输入参数敏感度也有相当的了解,因此,RIDO 程序可说是目前采用最为广泛之分析程序。ABAQUS 是以有限元素为基础之分析程序,其可使用之分析模式极广,功能极强,使用者需花较长时间才能了解程序之分析逻辑,同时亦是目前较为昂贵的分析程序,除极特殊之工程问题,大都很少使用;FLAC 程序为有限差分程序,是一针对如岩石隧道开挖、深开挖、边坡分析及压密等大地工程问题而发展的分析程序,由于其分析模式理论颇为明确,又可分析重要或较为复杂的工程,同时对于 RIDO 无法满足工程需求(如地表沉陷、不对称开挖或地层位移等)之分析,采用 FLAC 程序均可迎刃而解,加上目前计算机容量及计算速度的增加,FLAC 程序已逐渐被广泛应用。台湾地区对于深开挖之理论及实务皆有深刻了解,且各都会区仍有大量之深开挖工程待执行之际,实有必要发展适合本地区工程特性之本土自有程序取代 RIDO,以消除使用时理论不确定之隐忧,因此有 TORSA 程序之产生。

RIDO 程序系由法国公司(Robert Fages Logiciels)于 1983 所发展出来,利用弹塑性平衡(Elastoplastic Equilibrium)理论来模拟挡土壁体(连续壁、钢轨桩等)各阶段开挖时壁体所承受之弯矩、剪力及变形,并可以计算挡土支撑之荷重,其基本之分析式系以墙、土壤、支撑、地锚为单元之有限元素模式,并以弹塑性方式进行运算。程序操作流程如图 34-14 所示,其能模拟深开挖挡土分析中所遭遇的各种情况,其主要功能包括:(1)考虑各土层中地下水压之变化;(2)开挖面外侧超载(surcharge)之增加或移除;(3)土层中有效单位重(apparent soil density)之修正;(4)挡土壁体可为连续壁、钢板桩或

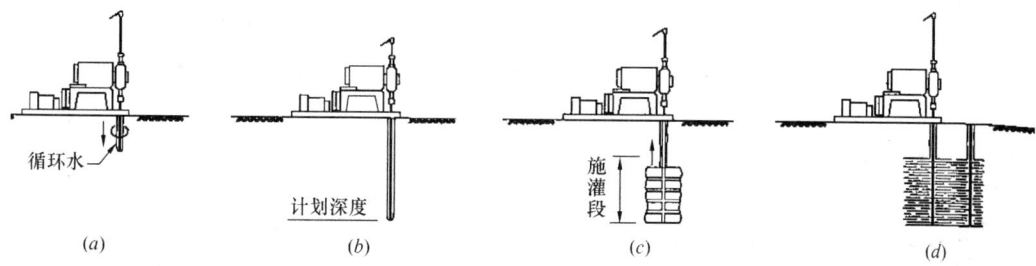

图 34-25　钻杆灌浆工法施工步骤[17]

(a) 安装机具开始钻孔；(b) 钻孔完成灌浆开始；
(c) 分段灌浆；(d) 灌浆完成冲洗，移动

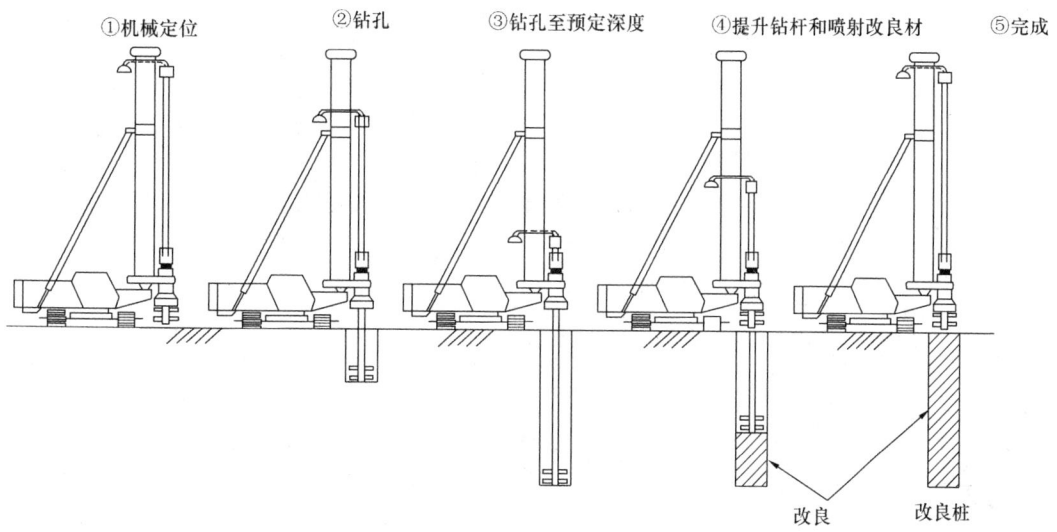

图 34-26　干式搅拌工法（DJM）施工步骤[17]

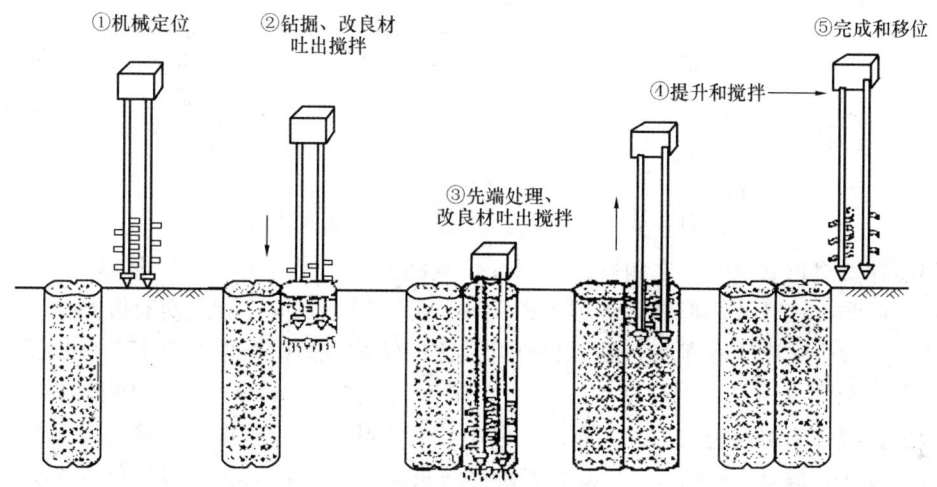

图 34-27　湿式搅拌工法（CDM）施工步骤[17]

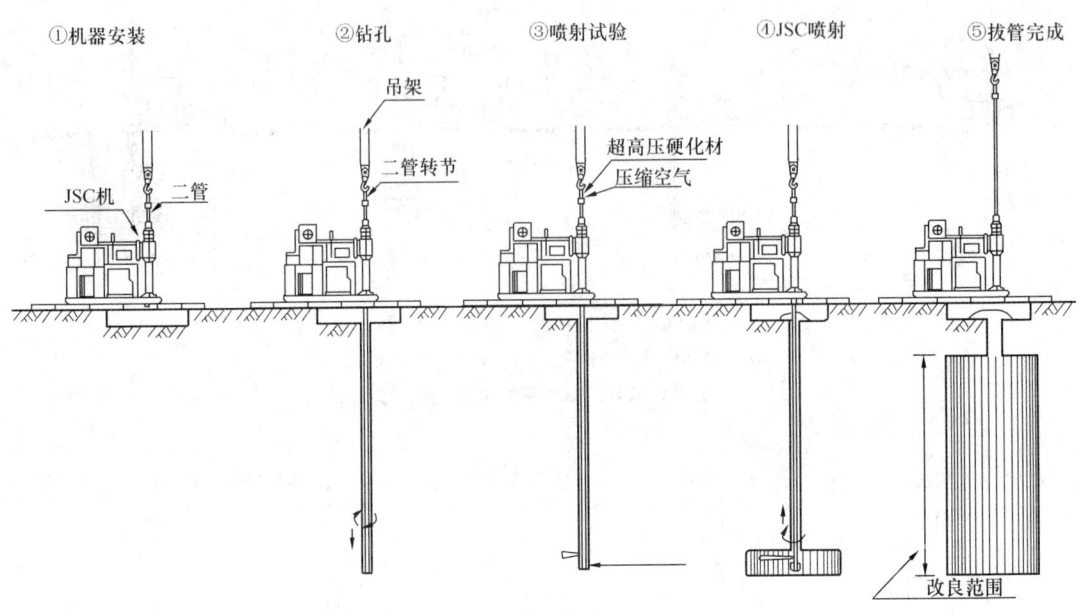

图 34-28 喷射搅拌工法（JSG）施工步骤[17]

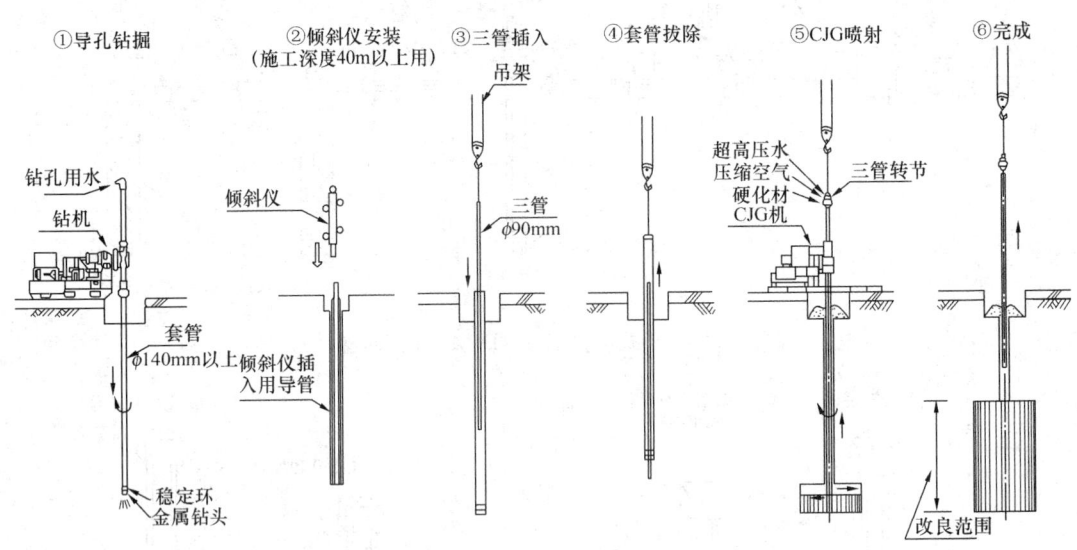

图 34-29 喷射搅拌工法（CJG）施工步骤[17]

般常用搅拌翼之形状及叶片之角度进行研究，其结果显示搅拌叶片之倾角以 30°之改良效果最佳，而与搅拌叶片之形体并无很大的关联，但对同型之搅拌翼之所有叶片而言，叶片数之增加对改良强度则有相当帮助。另外叶片之回转数愈高则愈佳，一般全搅拌工法之机具回转数约 30~50rpm，对软弱黏土而言，若回转数在 100rpm 以上，则搅拌效果将更佳。因此，搅拌率可以公式 34-17 评估，其中，T 为叶片之搅拌次数（次/m），$\sum m$ 为叶片数量，N 为回转数（rpm），V_e 为上下搅拌之速度（m/min），E 为搅拌贯入次数（次），η 为搅拌效率系数，一般取 1。

主桩横板条等,挡土支撑可为支撑(strut)或地锚(anchor);(5)考虑挡土支撑安装、施加预力及移除之影响;(6)改变土壤参数,以模拟灌浆及回填等情况。

RIDO 分析模式中土层所需参数分为土壤总单位重 γ_t、有效单位重 γ'、主动土压力系数 K_a、静止土压力系数 K_0、被动土压力系数 K_p、凝聚力 c、土壤摩擦角 φ、主动区壁体-土壤间摩擦角与土壤摩擦角之比值 $\dfrac{\delta_a}{\varphi}$、被动区壁体-土壤间摩擦角与土壤摩擦角之比值 $\dfrac{\delta_p}{\varphi}$、水平地盘反力常数项 R_e 及水平地盘反力随土压力 p 或深度变化之斜率 R_p 等,其中水平地盘反力可表示如公式(34-15)。其中,一般土壤单位重可由基本物理性质试验求得,强度参数 c 和 φ 则因砂性土壤和黏性土壤而有不同,通常砂性土壤以有效应力强度参数进行分析,其强度参数以有效摩擦角

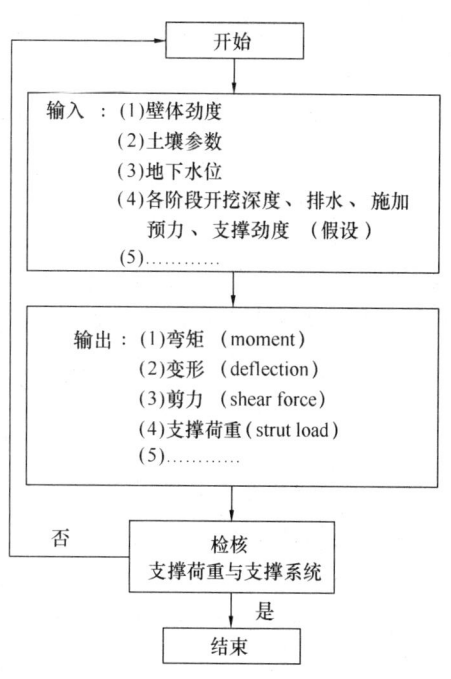

图 34-14 RIDO 程序操作流程[12]

为代表(即 $\varphi=\bar{\varphi}$),而有效凝聚力则假设为 0(即 $c=0$)。黏性土壤因其透水性低且不易评估孔隙水压力,短期行为分析时可以总应力强度参数进行分析,所以其强度参数以不排水剪力强度为代表(即 $c=S_u$),并不具有摩擦角(即 $\varphi=0$)。主被动土压力系数 K_a 和 K_p 虽可借由 Rankine、Coulomb(Das,1990)及 Caquot-Kerisel(1948)所提出的方法计算,但 Rankine 方法因无法考虑挡土墙壁体与土壤间的摩擦角,所以一般不采用,而 Coulomb 及 Caquot-Kerisel 法求得之 K_a 值差异不大,但 Coulomb 法求得之 K_p 值较高,尤其在高摩擦角与高界面摩擦力之情况下会有严重高估情形发生,使分析结果偏向不保守,所以分析时宜采用 Caquot-Kerisel 法计算 K_p 值。静止土压力系数 K_0 值则采用 Jaky(1944)所建议计算(详公式 34-16),值得一提的是黏土层因采用总应力法分析,所以土壤摩擦角 $\varphi=0$,而主被动土压力系数皆为 1.0。

$$K_h = R_e + R_p \times p \quad (34\text{-}15)$$

$$砂土层\ K_0 = 1 - \sin\bar{\varphi}$$

$$黏土层\ K_0 = 0.95 - \sin\bar{\varphi} \quad (34\text{-}16)$$

分析时砂土层之土壤与连续壁界面摩擦角可取土壤有效摩擦角 $\bar{\varphi}$ 折减 1/3~2/3 之值,黏土层则以折减不排水剪力强度 S_u 值考虑,其范围约介于 (1/3~2/3)S_u,通常砂土层与黏土层之土壤与连续壁界面摩擦力之折减程度皆采 1/2(谢旭升,1996)[14]。另外每个土层的地盘反力系数通常都视为常数,所以 $R_p=0$ 而 $R_e=K_h$,由于 K_h 并非基本土壤参数,因此不太可能以土壤力学之理论导出,而多依赖经验公式决定其合理值。依谢旭升(1996)对 RIDO 分析之经验,砂土层 $K_h=(100\sim150)N$(t/m³),黏土层 $K_h=(200\sim300)S_u$(t/m³),但参数之合理性仍须视个案之实际情况进行修正。

RIDO 程序分析时所需之结构参数有挡土壁劲度、支撑劲度与支撑预压力,在开挖过

程中连续壁承受弯矩作用时如同钢筋混凝土梁一样有开裂现象,所以分析时挡土壁劲度多会折减为40%～60%之间,如果壁体劲度不作折减,分析所得之弯矩将高估甚多,而无法配出与现场经验相符之钢筋量(谢旭升等,1996)[14]。同样的考虑支撑架设所造成的施工误差等因素,支撑劲度多乘以一介于0.4～0.6之折减系数。

  TORSA系利用平面应变弹塑性平衡理论来模拟挡土壁体各阶段开挖时壁体所承受之弯矩、剪力及变形,并可以计算挡土支撑之荷重,其基本之分析模式系以墙、土壤、支撑等为单元之有限元素模式,考虑土壤之弹塑性行为进行运算。相较于RIDO程序,程序本身提供使用者在分析数据输入与输出时之多种方便性包括:(1)对于非连续壁之挡土结构,则直接输入劲度EI值。对于水压力之考虑,只要输入抽降水位距离开挖面深度及净水压力分布形式,就能在不同之开挖阶段,计算作用的净水压力;(2)在施工过程模拟方面,对于型钢支撑的架设,只要输入惯用的架设深度、支数、水平间距、每支预力吨数与型号即可;若为地锚或斜撑,则输入参数与型钢支撑类似,但使用者需自行输入其轴向劲度;对于开挖、楼板结构体与拆支撑的模拟,也都是以原始不需计算的数据,就可在劲度及作用力方面予以合理考虑;(3)在开挖稳定分析方面,计算内挤及隆起之安全系数,以分析挡土结构贯入深度之合理性;(4)全中文化与图形化之输出入窗口接口,让使用者一目了然并可随时检视输入参数、分析断面与分析结果之图形展示,达到使用者亲和界面之目的。并藉由程序提供之群组分析与展示,使设计者能快速完成最佳之挡土支撑设计。

  TORSA程序之「基本数据」选项系输入开挖项目之基本参数,包括计划名称、使用者、壁体类型(连续壁或其他形式)、挡土结构材料参数与折减系数、楼板与支撑结构材料参数与折减系数、基地尺寸、地下水位数据与水压分布形式等,如图34-15所示;

  "土层参数"选项以输入分析所需各土层参数为主,包括地盘改良后之土层参数数据,其输入数据包括土层序号、深度、分类、强度参数、挡土结构与土壤界面参数及地盘反力系数等,部分数值输入字段可由其旁所附之数值调整杆直接微调输入,如图34-16所示;

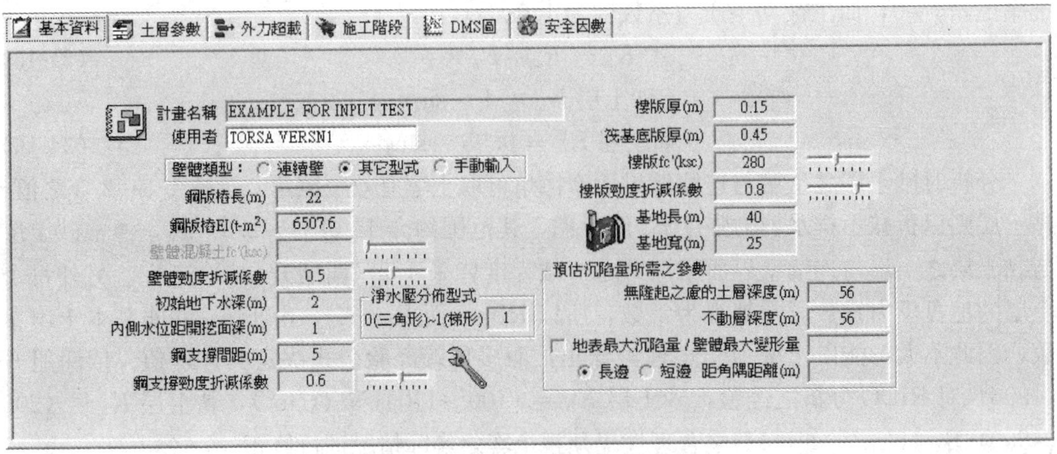

图34-15 TORSA基本数据输入接口[13]

34.3 台湾地区常用基坑施工方法介绍

34.3.1 连续壁施工方法与机具

本节内容主要引述自文献 [15]，文献 [16] 及文献 [8]。

连续壁（diaphragm wall）又称为泥浆墙（slurry wall），于 1950 年代由意大利正式采用以来，其普及范围逐渐扩大，台湾地区于 1971 年首度引进日本 Tone 钻探公司开发之 BW 工法，1972 年又引进意大利 ICOS 公司所开发之 ICOS 工法，此后，其他工法亦陆续被引进。台北都会区捷运系统之地下连续壁大部份采用日本 Masago 公司所生产的油压式挖掘机具，一般称之为 MHL 工法，其利用挖斥式 Masago 型挖掘连续壁槽沟，如图 34-21 所示。

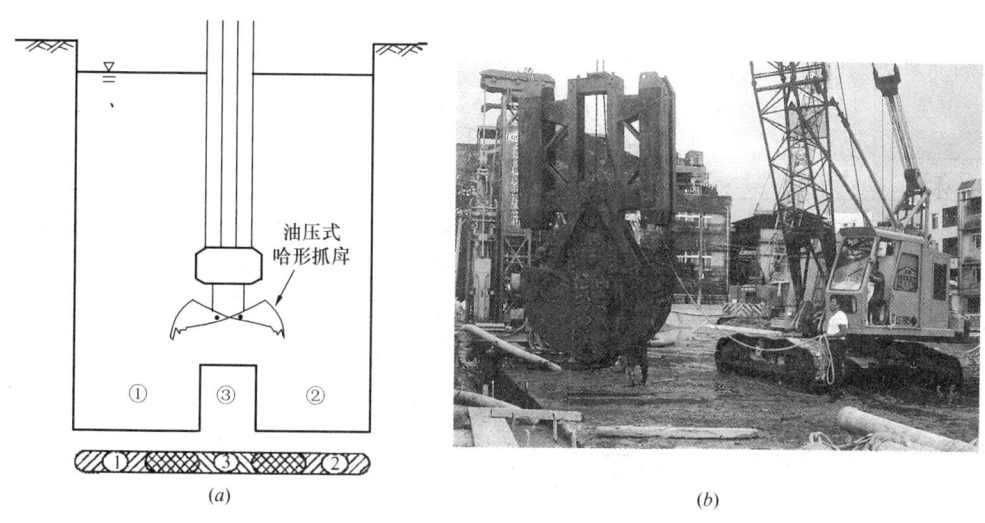

图 34-21　MHL 工法之连续壁槽沟挖掘
(a) 示意图；(b) 现场施工照片

表 34-12 为目前台湾地区使用过之地下连续壁机具能力，需注意者在机具之垂直控制能力，ELSE-Kelly 系使用地面之导杆控制其垂直度，因此工程地点地表之处理极为重要，应有合适之承重能力方可保持垂直度，BW 则系利用装置于挖掘机上倾度显示仪，了解挖掘之变化，并利用机具上以油压控制之反力板调整机具之倾度，因此施工前必须仔细检核倾度计及反力板之性能是否正常，MHL 机具亦然，其于无倾度显示仪之蛤形抓斗则无法配合地层状况变化，获得高度垂直之地下连续壁，蛤形抓斗之排土仍可使掘出土块保持整体形式，易于处理后抛弃，但 BW 采用多钻头钻掘式，泥土先经磨碎后，经泥水管以反循环式抽出泥水后，必须配合振筛、离心式分离机等装备处理之。由于各种机具均有其固定之规格与能力极限，并非适用于所有地质情况，因此在施工前亦应就地质、环境、设计条件等选择合适之施工机械，表 34-13 列举目前台湾地区所有之施工机械能力，一般而言，对弃土之处理以抓斗式为佳，对噪音之管制则以 BW 为优，对垂直度之控制，以导杆式为有效，但抓斗与 BW 如配属有倾度仪及倾度校正设备，则亦可满足高度垂直需求，至于挖掘深度较深者均以吊缆式操作活动性较佳。

台湾地区连续壁施工法[16]　　　　表 34-12

施工\工法	BW	ICOS	MHL	ELSE-KELLY	ELSE	CASAGRANDE KELLY
壁体构筑方法	壁状开挖	一定间隔钻挖导体圆孔，孔与孔间之土砂利用夹钳(clam)去除	壁状开挖	壁状开挖	壁状开挖	壁状开挖
开挖器具	连动式钻头	蛤形抓斗	吊缆式蛤形抓斗	导杆式蛤形抓斗	铲式抓斗	导杆式蛤形抓斗
开挖作用	旋转式无振动	冲击	油压式挖掘机	冲击或压入	冲击	压入
排土方法	反循环（吸上）	直接挖掘	直接挖掘	直接挖掘	铲斗挖取	蛤形吊斗
施工壁厚（m）	0.4~1.2	0.4~0.8	0.5~0.7	0.4~0.8	0.4~1.0	0.4~1.2
挖掘主机大小（m）	宽3.0×长3.5	宽3.5×长6.0	宽2.7×长7.0	导杆高度配合开挖深度可达40m 宽2.5×长5.6	导杆配合开挖深度调整	导杆配合开挖深度调整
垂直度	1/250以上	1/70以上	1/300以上	1/300以上	1/200以上	1/100以上

连续壁施工机械适用性[16]　　　　表 34-13

开挖机名称\条件	深度			壁厚				黏性土			砂质土				砂砾（尺寸，公分）				岩层		振动及噪声	弃土
	<20	30~40	40~50	>50	<80	80~100	100~120	>120	软性N=0~4	中等N=4~8	硬N=8~15	极硬N=15以上	松散N=10以下	中等N=10~30	密N=30~50	极密N=50以上	<10	10~15	15~20	20~30	>30	软岩	硬岩		
ICOS	○	△	△	×	○	△	△	×	○	○	○	○	○	○	○	△	○	○	○	×	×	×	×	△	○
MHL	○	○	○	○	○	○	○	○	○	○	○	○	○	○	○	○	○	○	○	○	○	○	○	○	○
CASAGRANDE KELLY	○	△	△	×	○	△	△	×	○	○	○	○	○	○	○	△	○	○	○	×	×	×	×	△	○
ELSE-KELLY	○	△	×	×	○	○	○	○	○	○	○	○	○	○	○	△	○	○	△	×	×	×	×	△	○
BW	○	○	○	○	○	○	○	○	○	○	○	○	○	○	○	○	○	○	○	△	△	×	×	○	○
ELSE	○	△	×	×	○	○	○	○	○	○	○	○	○	○	○	△	○	○	△	×	×	×	×	△	○

注：◎：最适合　　○：适合　　△：不太适合　　×：不适合

连续壁体构筑时，先依适合施工条件的长度予以分割成若干单元，每一单元的施工流程，包括导墙施作、槽沟挖掘、吊放钢筋笼及混凝土浇注等阶段，如图34-22所示，槽沟挖掘完毕必须清除污泥（底部疏浚），混凝土浇注为槽沟单元之最后施作阶段，乃是利用特密管工法将混凝土浇置于槽沟内而形成连续壁单元壁体。

以 MHL 工法为例，开挖槽沟单元时，为维持挖掘过程之垂直度，依左、右、中，或右、左、中顺序分三个部份挖掘，中央部份最后挖掘。一般而言，左右二部份宽约2.5m，中央部份宽约0.5~2.5m，先行单元（母单元）的成型壁体长度为2.5~4.5m，较后行单

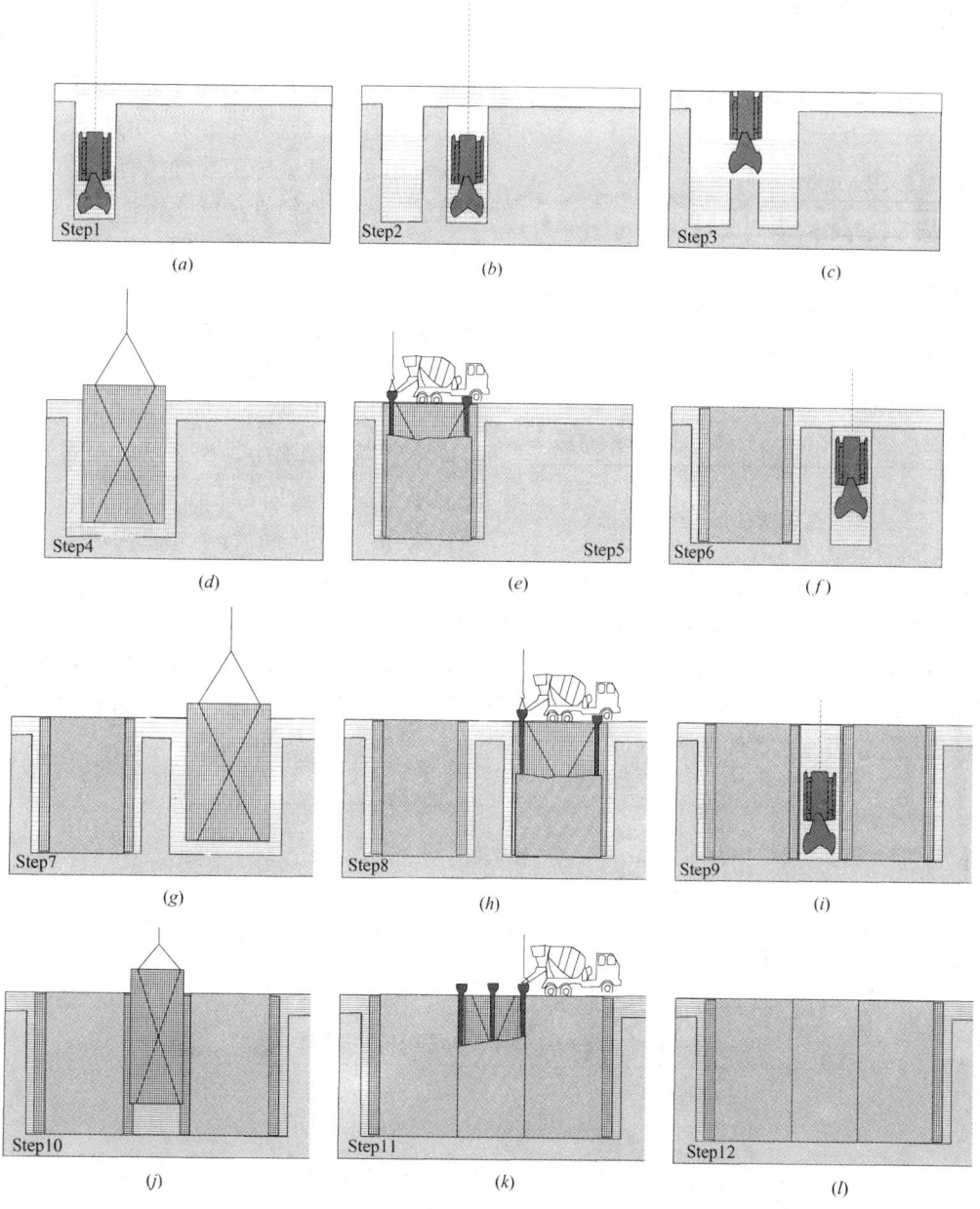

图 34-22 连续壁单一单元施工流程示意图
(a) 第一单元第一刀挖掘；(b) 第一单元第二刀挖掘；(c) 第一单元中央土心挖掘；
(d) 第一单元吊放钢筋笼；(e) 第一单元混凝土浇筑；(f) 第二单元挖掘；
(g) 第二单元吊放钢筋笼；(h) 第二单元混凝土浇筑；(i) 第三单元挖掘；
(j) 第三单元吊放钢筋笼；(k) 第三单元混凝土浇筑；(l) 施作完成

元（公单元）的成型壁体长度 4.5~7.5m 为小，但因先行单元的钢筋笼于二端多出若干长度之配筋，与后行单元衔接，始为完整壁体，因此，实际上先行单元的挖掘长度与后行单元的挖掘长度相当。一般施工情形下，连续壁单元施作须耗时 1~3 天，槽沟单元长度愈长则其所需时间亦愈久。

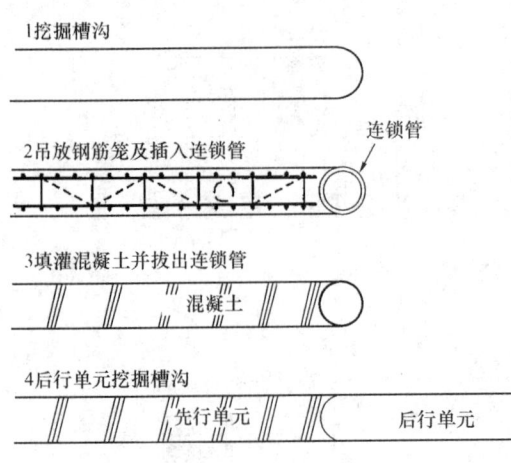

图 34-23　连续壁接头－连锁管法[8]

连续壁由于是一个单元一个单元接续构筑而成，因此单元间的接缝必须谨慎处理以达到水密性或传递弯矩、剪力的功能。台湾地区常用之连续壁施工接缝法有连锁管法及端板法二种，连锁管法的水密性佳，但传递弯矩及剪力之能力不佳，因此此类型连续壁仅当临时挡土之用；端板法传递弯矩及剪力之能力佳，因此若连续壁必须当作永久结构体使用，即可采用端板法。图 34-23 所示为连锁管工法，其先行单元之槽沟挖掘完后，将连锁管插入槽沟中，然后吊放钢筋笼及灌注混凝土，在灌注混凝土 2～3 小时内将连锁管拔除，再进行后行单元之构筑工作。图 34-24 所示之端板法的施工接缝为二端元之间有横向搭接钢筋，将单元结构连接在一起，先行单元的钢筋伸出端板之外，与后行单元的钢筋在搭接部位互相衔接，端板宽度约小于连续壁厚度 3～5cm，深度约大于连续壁深 30cm，以便于端尖埋入槽沟底部土中，防止端板横向位移，端板二端装置帆布，以便和端板连成一道围堵混凝土的隔帘，防止灌浆时混凝土漏出挖空部份之槽沟。

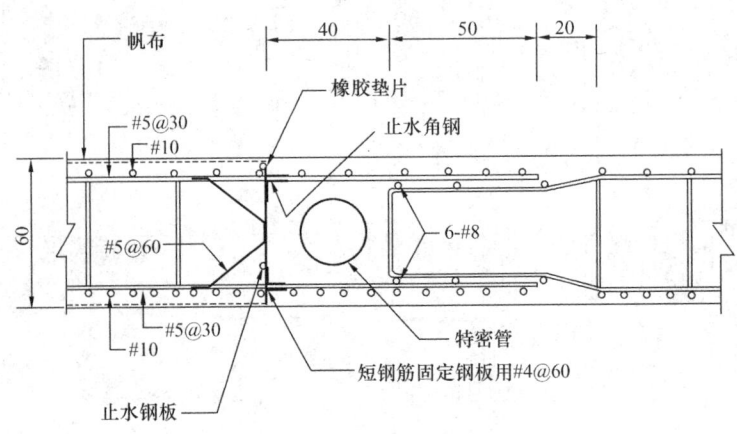

图 34-24　连续壁接头－端板法[8]

34.3.2　辅助地质改良施工

本节内容主要引述自文献 [11] 及文献 [17]。

台湾地区常用或具代表性之搅拌工法包括钻杆灌浆工法、干式搅拌工法（DJM）、湿式搅拌工法（CDM）、喷射搅拌工法（JSG、CJG）、多孔管灌浆工法、双环塞灌浆工法，其施工步骤如图 34-25～图 34-31 所示。现场施工之地质改良桩须达到以下二项要求：（1）改良桩成型及达成设计强度；（2）减少挡土结构物外挤量。

影响改良效果之因素大致有土壤性质、土壤含水量、搅拌翼形状、搅拌叶片切割次数（回转数与提升速度）、改良材料之性质与添加量等。日本建设机械化协会（1991）曾对一

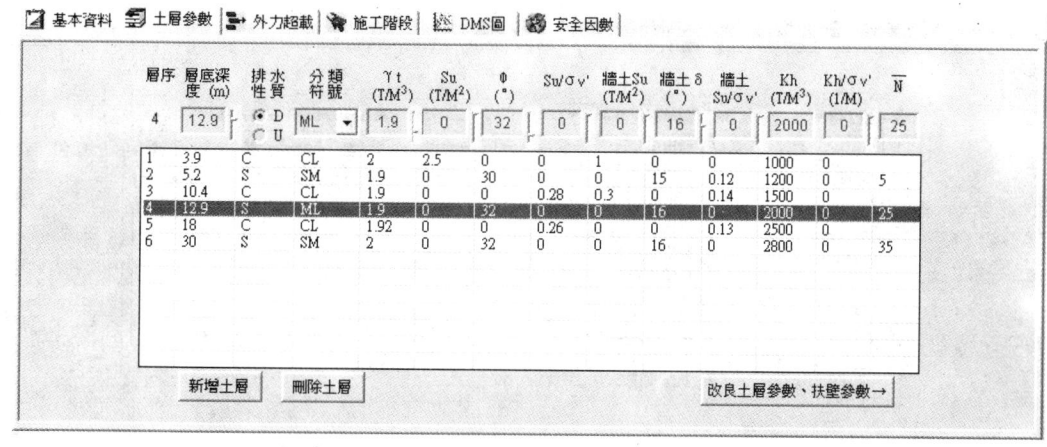

图 34-16　TORSA 土层参数输入接口[13]

"外力超载"主要针对除开挖所造成对壁体作用力外，因施工过程中所产生之额外作用力之输入，分为水平方向与垂直方向之外力作用，如图 34-17 所示；

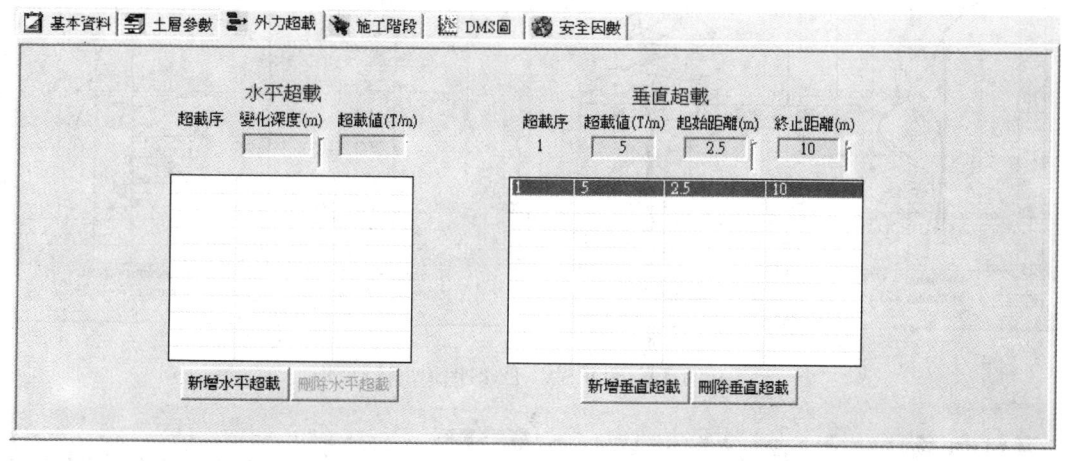

图 34-17　TORSA 外力超载输入接口[13]

"施工阶段"控制选项中选取该阶段欲仿真之作业，选定仿真作业后即进入阶段显示窗口，选取安装或拆卸支撑后，进一步输入详细之支撑、拆撑内容，如图 34-18 所示；

"图形输出"窗口中显示分析结果，包括壁体变形、弯矩与剪力等随深度分布图，如图 34-19 所示。

"安全因素分析"系考虑挡土壁体内挤分析与隆起稳定分析等，其分析连续壁体长度与安全因素之关系。分析中取目前建立之开挖项目输入档案数据，改变其连续壁长度进行计算，求得目前开挖与支撑状况下，稳定安全因素与连续壁体长度、壁体最大变位、最大弯矩与最大剪力之关系，如图 34-20 所示。

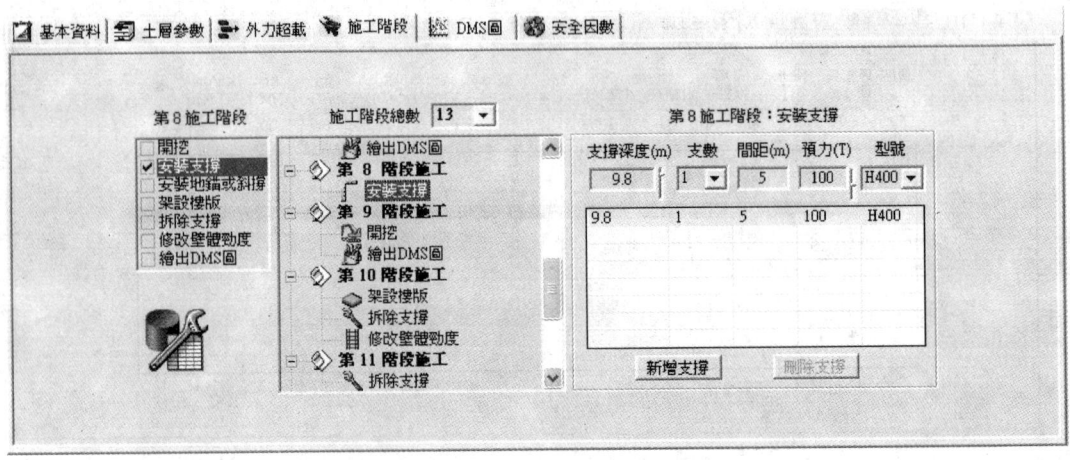

图 34-18　TORSA 施工阶段输入接口[13]

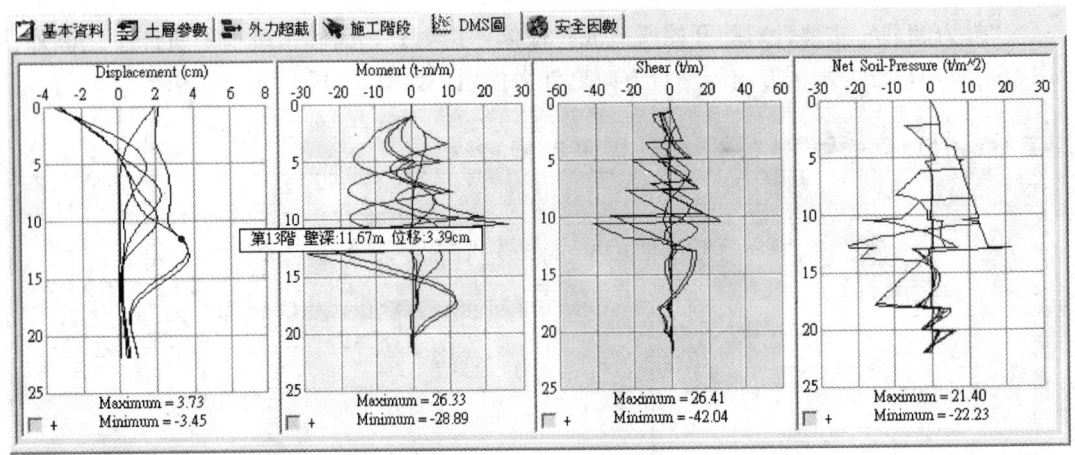

图 34-19　TORSA DMS 图输出接口[13]

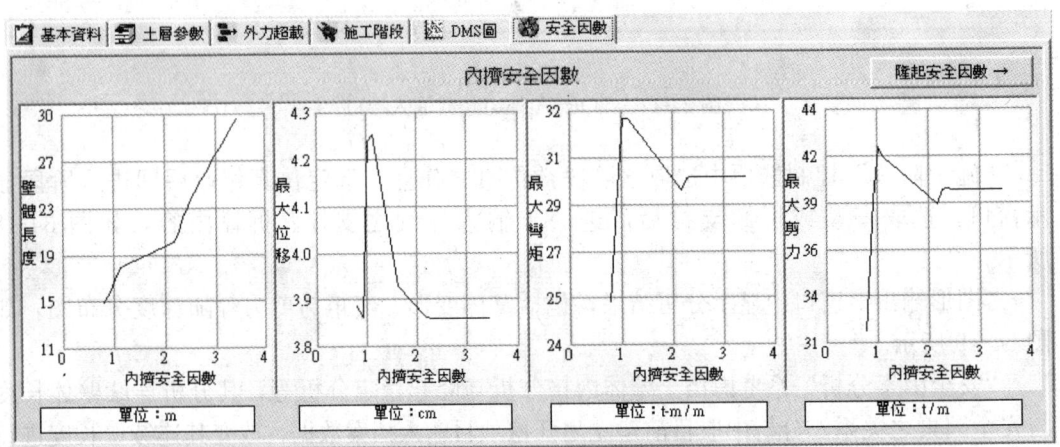

图 34-20　TORSA 安全因子输出接口[13]

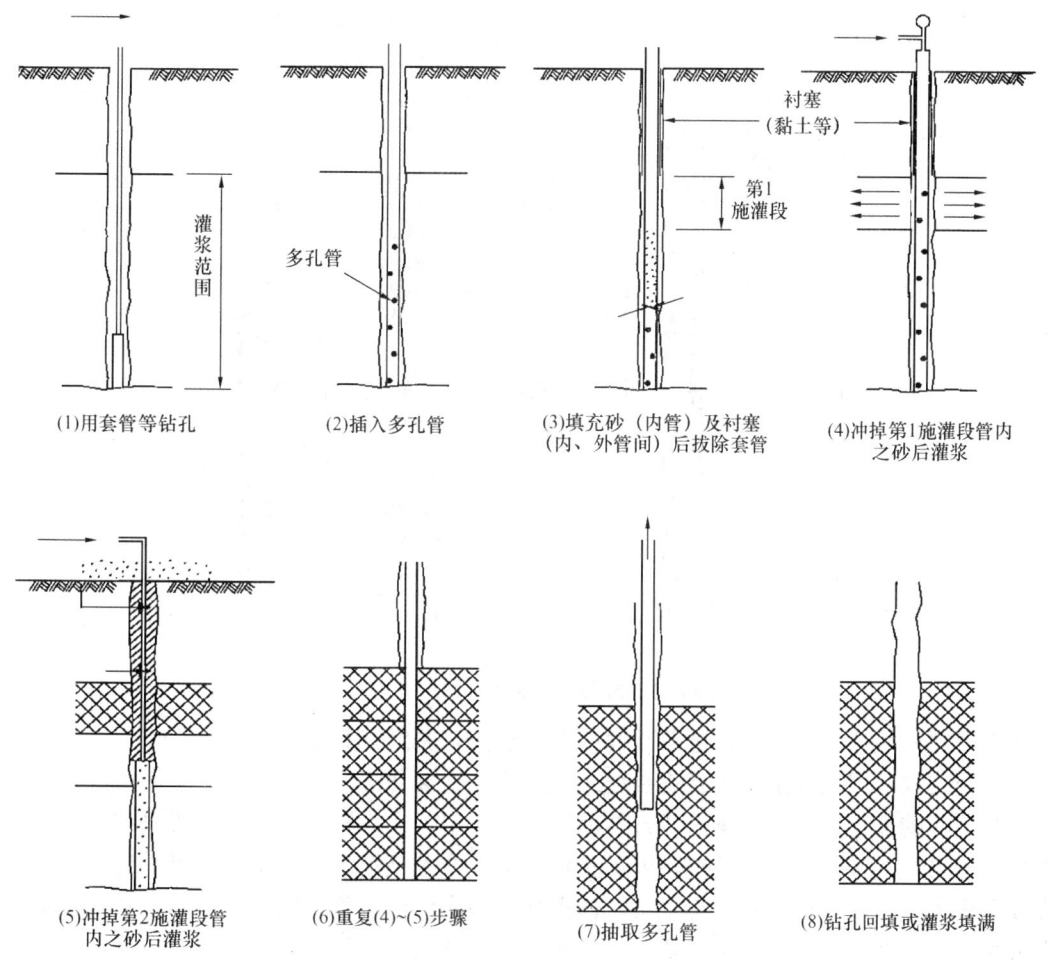

图 34-30 多孔管灌浆工法施工步骤[17]

$$T = \frac{\sum m \times N \times 2E}{V_e} \times \eta \tag{34-17}$$

地质改良施工时造成周边地层变位与原因，随着改良工法而变，但主要原因包括：(1) 改良轴贯入时造成之挤压，(2) 改良材料投入时体积之增加，(3) 改良轴前端改良材料吐出时之压力，(4) 水泥浆与土拌合后，未固化前之泥化状态下周围地层增加之土压，(5) 灌浆废泥无法顺利排出。因此，因用搅拌工法仍会造成周边地盘之变位，但在不造成挡土结构物过度外挤情况下仍属可接受；而造成过度外挤之原因应归究于废泥无法顺利排出，而于灌浆喷嘴处将高速喷射流之切割及拌合动能，完全转换成高压帮浦之压力头能量，无法达到切割及拌合之功用且推挤周边地层及挡土结构物。

34.3.3 地下水位控管

本节内容主要引述自文献 [18] 及文献 [8]。

为因应施工需求，地下室开挖时及结构体施工阶段皆须适度抽降地下水，若无法有效抽降地下水，可能导致地下开挖作业无法进行，或于地下水满地窜流之状况下进行，此时开挖土方含水量大幅提高，除挖掘、载运困难外，亦为弃土场所拒收。此外，某些状况之

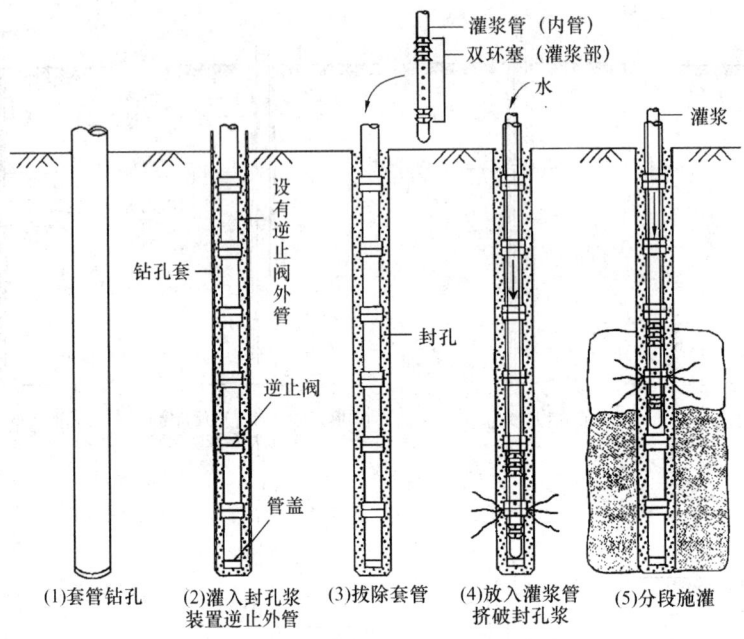

图 34-31 双环塞灌浆工法施工步骤[17]

开挖工程须依赖持续之抽水以避免砂涌或管涌现象，并维持其稳定性。

开挖工程常用之降水工法有集水坑或集水沟法、深井法及点井法等。集水坑法系将渗流入开挖面的地下水，经由重力或自然的方式，导引流入设置在开挖面的集水坑内，然后以泵浦抽出开挖区外，如果开挖基地面积相当大或开挖基地为狭长型，则可沿长边方向设置数个集水坑，或设计狭长型集水坑，此即所谓集水沟法，集水坑法或集水沟法属于重力排水之一种，开挖工程上，集水坑法又比集水沟法常用。

如图 34-32 所示，集水坑通常设置于靠近挡土壁，且设置于开挖面低洼处，并于基地内挖掘浅沟，以汇集地下水至集水坑处理排除。集水坑深度一般为 0.6~1.0m，其侧壁有时需加以保护，以免崩塌而影响集水坑之功能，其常用之保护措施为斜坡式侧壁、木板、铁桶或水泥涵管等。集水坑法为最常用且经济之降水工法，但仅能适用于砂、砾石土等透水层地盘上，由于集水坑底面低于开挖面，因此将缩短开挖区外地下水渗入开挖区之渗流路径，集流坑底之出口水力坡降因而大于开挖面，因此必须谨慎注意，以免砂涌发生于集水坑底面。

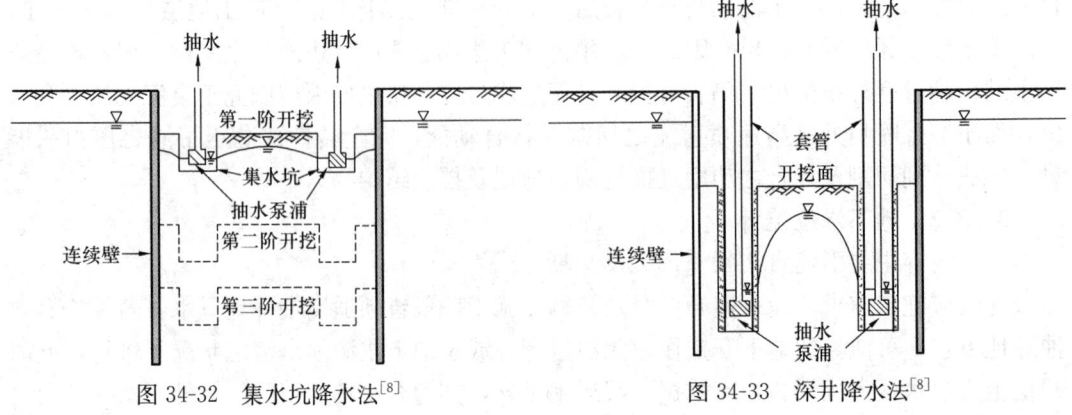

图 34-32 集水坑降水法[8]　　　　图 34-33 深井降水法[8]

如图 34-33 所示，深井法系在开挖区附近开凿水井，然后利用泵浦抽取水井内之地下水，当水井内地下水位降低，水井附近的地下水在重力作用下流入水井中，因而使得水井周围的地下水位降低，其亦属于重力排水之一种。深水井口径一般在 150～200mm，如果抽水目的为降低开挖面之水位，以保持开挖面干燥，则深水井深度通常在开挖面下 2.0～5.0m，以不超过挡土壁深度为原则，且配置在开挖基地四周。依深井所使用的抽水机种类及安排，深井的抽水深度可达 30m 以上。

点井法又称为真空点井法，如图 34-34 所示，系将连结于抽水管的集水点置于小口径井内，以约 0.8～2m 之间隔排成一列或长方形，抽水管的上端连结于共同集水管，然后施以真空抽水，使土壤间的孔隙水被抽取排除，地下水位因而下降，因此，点井法属于强制排水法。集水管通常放置于开挖基地周围，集水点为点井法的主要构造，其长度约 100cm，外径约 5～7cm，侧边凿有许多小孔以聚集周围的地下水，大部分集水点之前端有喷水孔，可在凿井时从喷水孔射出强劲水流，以便将集水点贯入地盘，集水点与孔壁间须回填过滤层，以保护集水点不致被堵塞，水井之近地表处可用皂土封住，以增加水井真空度，提高水井效能。点井法不但可用于渗透性高的土壤，亦可用于渗透性低至约 10^{-4}～10^{-5} cm/s 左右之土壤（如粉土等），理论上，点井法的降水深度可达 10.33m，

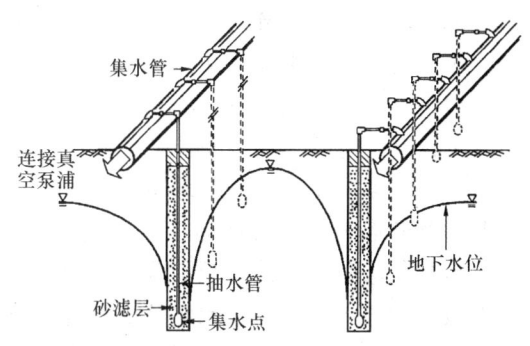

图 34-34　点井降水法[8]

但由于水井内无法达到完全真空，且地下水流动时，地下水与土壤、过滤层、集水点侧壁、抽水管壁及集水管壁间会产生摩擦，因而产生水头损失，以致实际上的降水深度仅约为 5～6m，于细砂或粉质细砂中，降水深度约 3～4m。因此，当降水深度超过 6m，可采用多阶段点井降水，亦可采用点井搭配深井降低地下水位。

抽水系统之配置原则即布设足量之深水井及集水坑以适度适量地袪除地下水。目前地下室开挖主要以深水井搭配集水坑构成一抽水系统，大部分地下水以深水井抽除之，而残存之地下水及地表水则由集水坑汇集处理。集水坑之位置及数量须视现场状况调整，基本上配置于基地内低洼处，并挖掘浅沟协助集水；深水井之配置牵涉到井数、井深与沉水马达之马力等问题，宜先估算可能之抽水量，而后依地层及水位高低推算每支抽水井之出水量，并据以决定井数、抽水马达之马力及扬程。

于砂土层中抽水可依理论估算可能之水量，并依计算结果配置深井，以粉土质砂层为例，抽水井于基地内约 20m 或 600m² 配置一支，其深度以不超过挡土结构之深度为原则；若砂土层中夹有薄层之粉土质黏土层，其低透水性可有效阻隔开挖区外之地下水，故于基地内进行抽水当不致过度影响基地外侧之水位。由于黏土层之透水性低，位于地下水位下之黏土层含水量常超过 30%，一般抽水井于黏土层中抽不到水，事实上开挖时亦毋须抽水，而雨水、施工用水及少量流出之地下水以集水坑汇集后抽除即可。而特别软弱之黏土含水量高达 40%～50%，灵敏度亦高，经开挖机具滚压扰动后丧失原有强度而呈流体状，但其所含之水份亦无法抽除，仅能于开挖前先做地质改良或于开挖时视状况铺设铁板或竹篱笆改善开挖面之工作性，使开挖作业顺利进行。于砂土层及黏土层交互出现之复合土层

中开挖,挡土结构宜贯入开挖面下方之不透水层,以阻绝基地外侧之地下水,以降低抽水系统之负荷,及避免因基地内抽水造成邻近区域之沉陷。此时,所须抽除之地下水量仅为开挖土方含水量之一部份,理论上以集水坑集水抽除即可,但实际上由于集水坑降低水位之速度过慢,因此仍以设置集水井加速抽水为宜。

一般于砾石层中抽水可视砾石层透水性及地势高低,配置深水井或集水坑抽水,若水量较大,则必须配置高能量之抽水系统以满足需求。而岩盘中之地下水一般由岩盘面或破碎风化之节理面渗出、流出或大量涌出,加以因岩盘之出水位置及出水量无法于开挖前预估,因此,一般地层中使用之深水井不适用于岩盘。较佳之处理方式为将漫流之地下水导引至集水坑抽除之。

34.3.4 开挖与支撑

本节内容主要引述自文献 [8]。

台湾地区常用的开挖工法有全挖工法、支撑开挖工法、岛区工法、地锚工法、逆打工法及分区开挖等等,而以支撑开挖工法最为常用。实际开挖施工时,开挖工法的选择与施工费用、工期要求、邻近基地有无开挖、开挖动线、施工机具、面积大小、邻房现况、邻近基地基础形式等因素有关。

全挖工法有斜坡式及悬臂墙式二种,斜坡式全挖工法(详图 34-35(a))为不使用挡土壁及支撑之开挖,而将预定开挖基地的外缘挖成斜坡以达成开挖目的。由于全挖工法在挖土时没有支撑妨碍施工,因此开挖深度不深时,其费用低廉,然而当斜坡平缓或开挖深度较深时,边坡所需挖掘之土壤相当多,开挖完成后,边坡处所需要回填土壤亦相当多,因此整体造价不见得有利。悬臂墙式全挖工法(详图 34-35(b))为利用挡土壁本身劲度达到自立,因而使得开挖在没有支撑等临时措施之妨碍下进行,其建造挡土壁之造价虽较高,但却免除挖掘边坡及回填边坡之土壤,因此整体造价不一定高于斜坡式全挖工法。

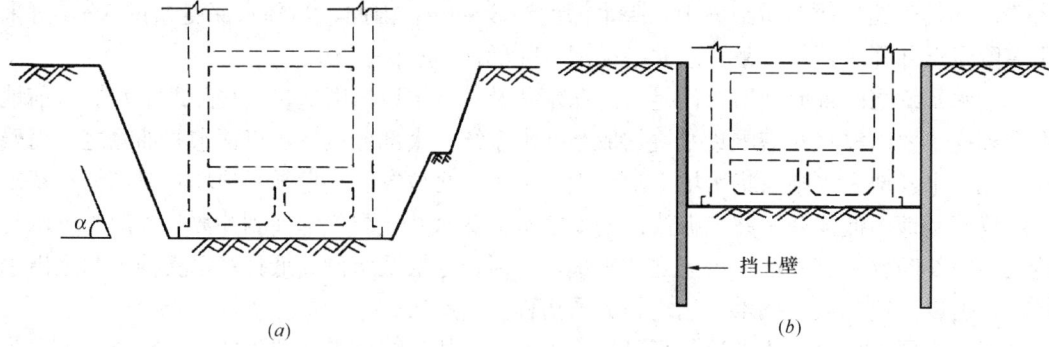

图 34-35　全挖工法示意图[8]
(a) 斜坡式全挖工法;(b) 悬臂式全挖工法

于相对的挡土壁间设置水平支撑以平衡挡土壁背面土压,称为支撑开挖工法,其为最常用之开挖工法,虽然支撑与中间柱的存在可能妨碍开挖作业之进行,但适用于任何开挖深度与开挖宽度,然而,当开挖宽度增加时,须结合数根支撑,因此,其侧向抵抗力备受质疑。图 34-36 所示为典型水平支撑架构示意图,支撑开挖工法之施工程序包括:(1)开挖区内打设中间柱,(2)进行一阶开挖,(3)开挖面上方安装横挡,架设水平支撑并施加预力,(4)重复步骤(2)~(3),直至预定开挖深度,(5)构筑建筑物基础,(6)拆除基础上方支撑，(7) 构筑楼板，(8) 重复步骤 (6)～(7)，直至地面层楼板构筑完毕。

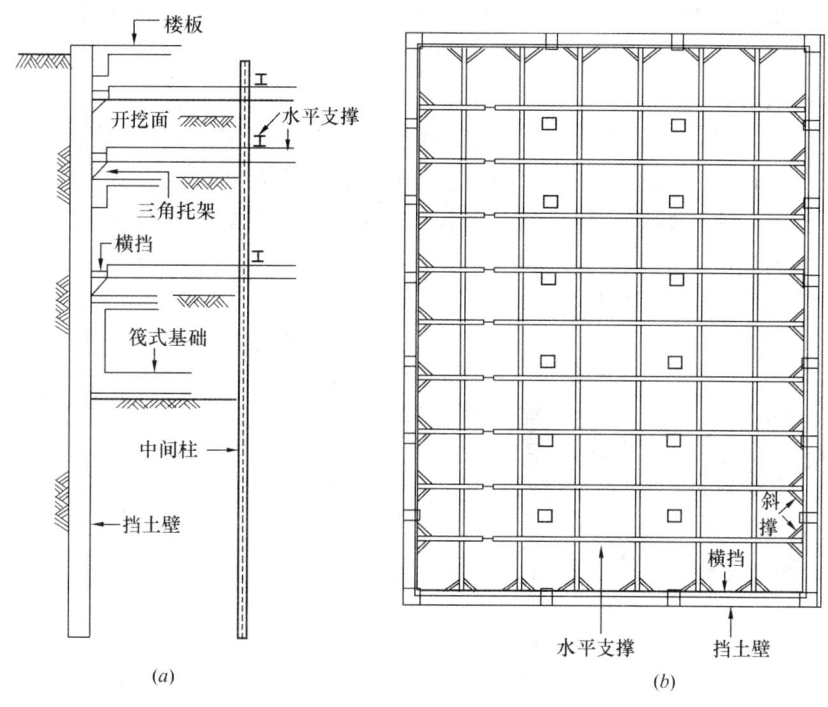

图 34-36　支撑开挖工法示意图[8]
(a) 剖面图；(b) 平面图

地锚开挖工法是以地锚取代支撑，以支承挡土壁之侧向力，如图 34-37 所示，其依赖土壤本身强度提供必要之锚碇，土壤强度愈高则锚碇效果愈佳，反之则效果愈差。由于黏土之强度低，且软弱黏土的潜变会减低锚碇力，因此锚碇端应避免在黏土层，颗粒性土壤的透水性通常相当高，因此在地下水位高的颗粒土壤地盘施作地锚时，开挖区外的高水压力将使得开挖内侧的钻孔止水作业变得相当困难，稍一不慎，容易产生较大的地表沉陷。地锚工法之开挖施工程序包括：(1) 进行第一阶段开挖，(2) 地锚钻孔，(3) 钢筋插入钻孔，(4) 注入灌浆液，(5) 施加预力，锁上锚头，(6) 进行第二阶段开挖，(7) 重复步骤 (2)～(6)，直至预定开挖深度，(8) 构筑建筑物基础，(9) 逐层构筑基础上方楼板至地面层楼板。

开挖时保留近挡土壁处之土壤成一坡面，以抵抗开挖外侧的土压力，然后先开挖基地中央区，再构筑中央区之结构体，利用结构体反力架设支撑，再将周围土坡挖除，构筑周围结构体，最后拆除支撑，此种开挖工法称为岛区工法。当开挖

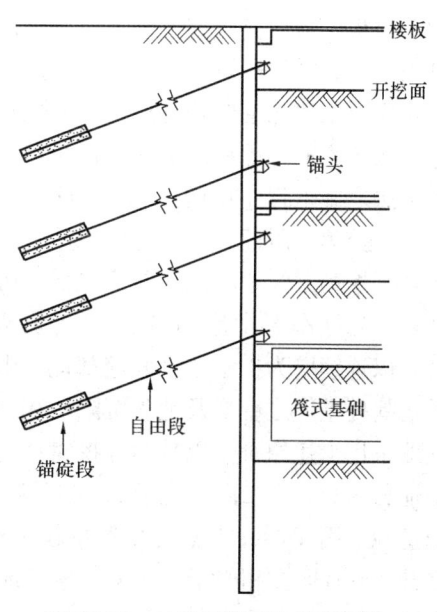

图 34-37　地锚开挖工法示意图[8]

深度不深时，支撑可采用斜向支撑方式，一次开挖到底，如图 34-38（a）所示，当开挖深度较大时，土坡的挖除必须采用如支撑开挖工法或地锚工法之施工方式，即边开挖边架支撑，直到预定的开挖深度为止，如图 34-38（b）所示。采用岛区工法之基地必须够大，其施工方法亦须配合主结构体的位置，土坡之宽度与坡度亦须加以检讨，以避免产生滑动破坏，在不会产生滑动破坏状况下，土坡所能提供之被动抵抗亦比正常情况少，使得壁体变形或地表沉陷较大，因此须在开挖前加以分析，以免损及邻产。软弱土壤的被动抵抗在正常状况下已经很小，如在此种地盘采用岛区工法，则可能会产生滑动破坏或过大地表沉陷等问题，因此岛区工法不适合软弱地盘。

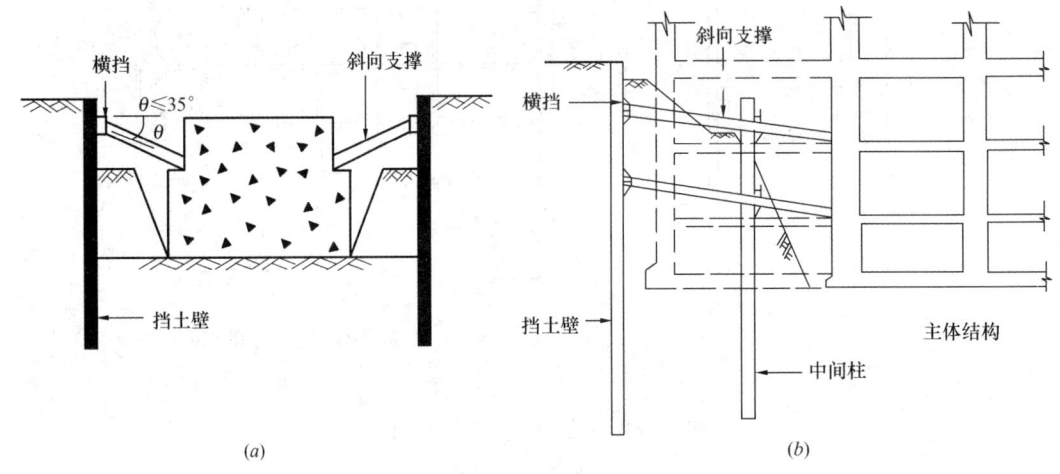

图 34-38　岛区开挖工法示意图[8]
(a) 单层支撑之岛区工法；(b) 多层支撑之岛区工法

于支撑开挖工法中，开挖至预定深度后即构筑筏基或基础板，再逐层拆除支撑，逐层构筑楼板，最后完成整个地下结构体的施工，此种地下结构体构筑方式由下往上称之为顺打工法。相对于顺打工法，逆打工法则为每开挖一阶段深度，即组立模板及构筑楼板，以取代支撑工法之临时钢支撑，平衡挡土壁背面之土压力，因此，当开挖结束时，地下结构体亦构筑完成，此种由上往下构筑地下结构体的方式称为逆打工法，如图 34-39 所示。逆打工法之施工程序包括：(1) 构筑挡土壁，(2) 施作基桩，于基桩之位置吊放钢骨柱，(3) 开挖第一阶段，(4) 浇注地下一楼（B1F）楼板，(5) 开始进行上部结构之施工，(6) 开挖第二阶段，浇注地下二楼（B2F）楼板，(7) 重复上述施工步骤，开挖至预定深度，(8) 施作基础板、地梁等，完成地下室，(9) 上部结构物持续施工至完成。

以连续壁为挡土壁之开挖基地，由于混凝土墙之拱效应影响，连续壁相接之角隅处及近角隅处壁体之变形及地表沉陷均相当小，开挖基地短边的变形量亦较长边为小，分区开挖即采用上述原理，以减少开挖时挡土壁体之变形与地表沉陷。如图 34-40 所示，将开挖基地分为 A、B 二区，先予 A 区开挖一深度而 B 区尚未开挖，此时 A 区相当于一小型开挖基地，因此，a、b 点的变形量较全区开挖为小。A 区开挖完后架设支撑，再进行 B 区之开挖，B 区亦相当于一小型开挖基地，a、b 点之变形量亦较全区开挖时小，B 区支撑架设后，即利用相同动作进行下一阶段之开挖，至完成整个开挖作业。

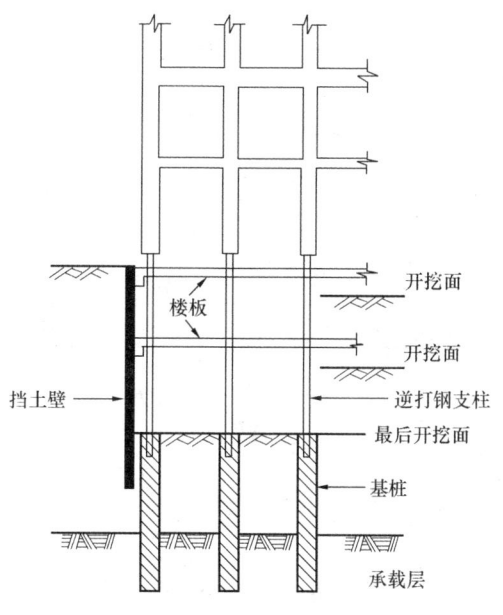

图 34-39 逆打工法示意图[8]

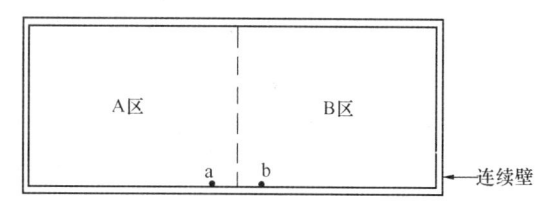

图 34-40 分区开挖示意图[8]

34.4 工 程 实 例

34.4.1 140m 直径圆形开挖案例

本节内容主要引述自文献 [19] 及文献 [20]。

1. 基地概况

高雄捷运大港埔车站为一座地下三层之钢筋混凝土圆形车站，该站施工方法采 LNG 地下储槽工程中所使用之圆形连续壁工法，除内径 140m 在世界上属于大规模等级之外，位于大都市市区干道十字路口正下方之施工条件亦为同类工程所罕见。本工程之连续壁厚 1.8m，壁长 60.0m，掘削深度 27.0m。

图 34-41 为本工程站体附近之地质剖面图，依地质调查之一般物理试验结果（如表 34-14）得知，粉土质细砂质（SM）及砂质黏土层（ML）之细粒料含有率高，且 SPT-N 值自地表起至 GL-40m 附近约 10 左右，此现象形成一高雄特有之地层，在挖掘连续壁时易发生沟壁崩落或开挖内部漏水伴随细砂喷出之高危险地质。因考虑开挖底面之隆起对策及开挖内部抽水对周围地盘之影响，决定连续壁将深入 GL-58m 以下不透水层，因此连续壁长定为 60m。

地质简化剖面及地工参数一览表[19]　　表 34-14

地层	土壤分类	深度(m)	平均 N 值	γ_t (kN/m³)	e	c' (kN/m²)	φ' (°)	S_u (kN/m²)	E' (kN/m²)	k (m/d)
1	SM	6.5	7	19.00	0.75	0	31.7	—	8500	0.340
2	CL	8	5	18.80	0.90	16	34.1	51	9180	0.0086
3	SM	18	13	18.80	0.85	0	31.7	—	14000	0.2065

续表

地层	土壤分类	深度(m)	平均N值	γ_t(kN/m³)	e	c'(kN/m²)	φ'(°)	S_u(kN/m²)	E'(kN/m²)	k(m/d)
4	ML	27.5	9	19.50	0.80	6.7	32.3	89.4	16094	0.0111
5	ML	37	11	19.50	0.80	6.7	32.3	118.3	21287	0.0111
6	ML	46.5	14	19.50	0.80	6.7	32.3	147.1	26481	0.0111
7	SM	58.5	33	19.50	0.65	0	35.8	—	28000	0.0979
8	CL	69	85	21.00	0.65	20	34	254	44027	0.0134

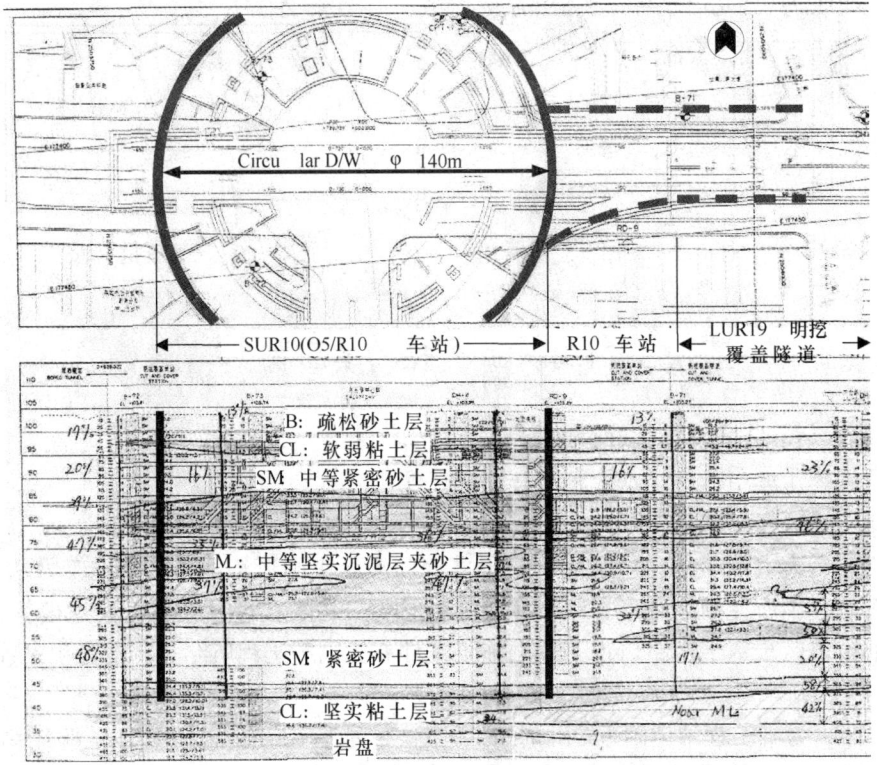

图 34-41 地层剖面图[20]

2. 规划设计过程与考虑

(1) 基本规划阶段之 O5/R10 站并非圆形而为复杂之多角形，由于交会站体平面形状复杂，且开挖范围达 100m 之广；若采用传统的施工方法，必须将施工区域分成几个部份以进行连续壁施工，另需架设横梁支撑并采用岛式工法进行开挖，整个站体结构亦需分割施工。

(2) 势必面临十字路口处复杂的交通维持计划、邻房保护、施工性以及工期等种种问题。

(3) 基本设计阶段着眼于当时日本有许多 LNG 地下储槽工程多采无支撑之圆形连续壁工法进行开挖，遂实行有丰富实绩之直径 100m 等级之圆形连续壁建构车站主体。

(4) 在圆形连续壁外部周围增设了许多机房、出入口、通风井及冷却塔等设备，最后基本设计变成直径 105m 圆形连续壁,其外围再以普通连续壁包围,而成为二重连续壁之方案。

(5) 于细部设计阶段重新检讨基本设计案,在不变更站体机能之前提下,向业主提议利用内径 140m 圆形连续壁将外围部份之车站设施全部包含在内,只保留三处直线衔接段及潜盾发进结构体于圆形连续壁完成后再行施工之方案。其不仅能保留当初基本设计阶段采用圆形连续壁之构想—利用无支撑空间进行开挖以提高作业效率,使圆形连续壁的特点发挥极致,并预期可缩短工期约半年。

3. 圆形连续壁之施工

本工程圆形连续壁采用水平多轴回转式挖掘机开挖,将先行施工之母单元混凝土直接切割后,再施作公单元之"混凝土切割接合工法",此工法系依圆形连续壁之圆周方向轴压应力而来,由过去施工实迹可知其于各单元间均能达到良好之止水效果。单元间之接合方式则采用"切割接合工法",其优点包括:(1) 单元间不需使用分隔钢板及水平钢筋接合,可使钢筋笼轻便及简略化、起重机小型化;(2) 采用分隔板接合时,母单元施工后二侧未打设混凝土的部份,一般会发生沟壁崩落或在公单元施工时因单元接合部之施工不良造成漏水等情形,但本工法完全无此危险性,能减低对周边建筑造成之威胁。

本工程之施工除极力回避沟壁崩落之危险性,并减轻对周边建筑之影响外,交通安全之维持亦为重要课题之一,故选用最适合本工程施工条件之单元配置及施工方式,利用开挖幅度 3.2m 进行 146 单元分割;母单元、公单元分采 1 单元 1 刀之施工方式。此外,土砂分离机之选用以低噪音、低振动为要件,一次处理机为回转鼓轮式之转筒 4 型×2 台;二次处理机则采用螺旋沉淀分离机 MW550 型×2 台,尤其连续壁施工必须在微细砂、粉砂为主之地质中进行,沉淀分馏的工作多须仰赖螺旋沉淀分离机,因此特选用大型且安定性高之二次处理机,以达良好施工效果。而为确保连续壁混凝土之质量,稳定液之质量管理十分重要,在连续壁开挖中使用密度大的稳定液,在置入钢筋笼前将沟壁内稳定液全部替换成密度小、砂成份少之稳定液(良液),实施所谓的"良液替换",亦即将稳定液之质量管理分成"连续壁开挖中"及"混凝土打设前"二阶段,以贯彻连续壁施工之安全与质量管理。

4. 内部开挖

开挖土量约达 340,000m³ 之圆形连续壁开挖作业始于 2004 年 2 月底,而于 2004 年 8 月顺利开挖至最终开挖底部 GL-27m,开挖作业大致可分为二阶段。

第一阶段:圆形内部整体挖掘至地下二层(GL-20m)阶段,为控制对圆形连续壁作用之偏土压,每一挖掘步骤以 3m 为一单位,而在 GL-13m 内为将开挖面下方累积之土砂以覆工板上之望远镜式挖土机直接装载于卡车上,在 GL-13～-20m 阶段,则在覆工板上设置 100t 之履带式起重机,并以 5m³ 之载物台将土砂装入倾卸卡车。

第二阶段:为开挖地下三层之红线及转辙轨道(GL-20～-27m)阶段,首先至 GL-23.5m 处先行进行倾斜面开挖,接着打设钢板桩,以其自立式挡土墙开挖至 GL-27m。

5. 开挖监测

依圆形连续壁之设计分析结果,于圆周方向以 45°为间隔之 8 个方向皆设置监测仪器,其配置如图 34-42 所示,并依设计分析结果,于圆形连续壁内部监测仪器之埋设深度设定为发生最大变位、最大轴力与最大弯矩之深度。图 34-43 为利用设置于圆形连续壁内之倾度管之内角度位置45°(SID-02)与180°(SID-05)所观测得之壁体变位量,其变位量约为15~25mm,与其细部设计分析值大致相同,观测与分析之最大变位量皆发生于挖掘深度GL-27m之转辙轨道部份(SID-02),约35mm;而GL-20~-27m在开挖期间之变位增加量约10mm,其亦与细部分析值大致相同。圆周方向上之变位量较为零散,隐约可见偏压作用之倾向,但与细部设计之异常时大致相同,相较于地震时之最大变位量50mm则十分微小,更可证明本圆形连续壁设计之妥切性。

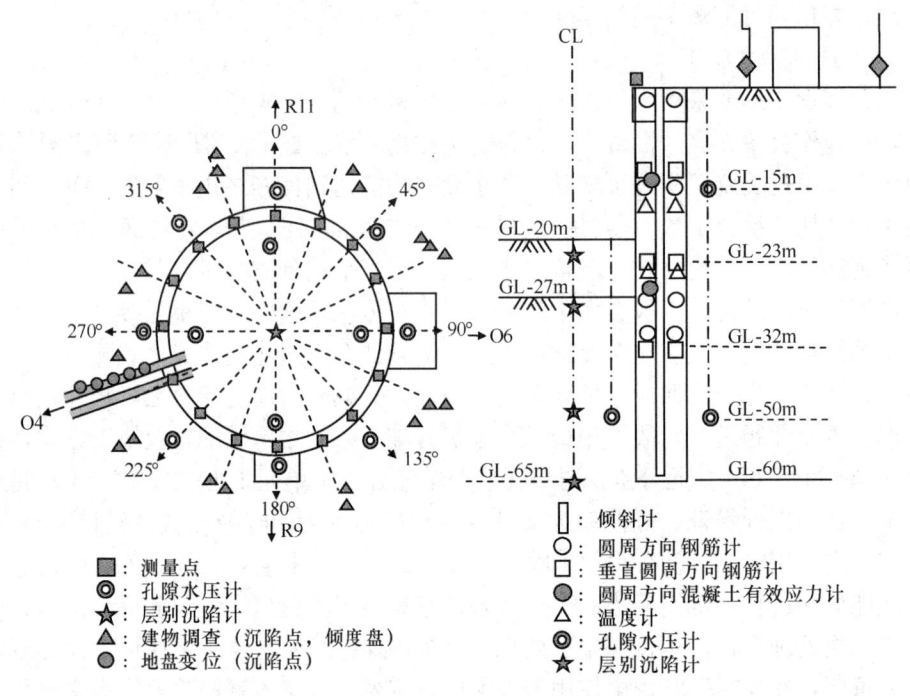

图 34-42　自动化计测系统监测仪器配置图[20]

6. 工程特性

(1) 超薄径比单元间无钢筋搭接之圆形连续壁:本工程为都会区内之大范围深开挖工程,以直径140m圆形内部无支撑、只有顶部系梁而无中间环梁、单元间无钢筋搭接、厚1.8m(超薄径厚比为0.013,以往案例约0.017)、深60m、混凝土强度$420kg/cm^2$之高强度超薄连续壁设计。本工程有效地活用了Design-Built方式,并将在日本LNG地下储槽工程所得之圆形连续壁相关设计、施工技术经验重现于市区中心之捷运地下站体工程。

(2) 不对称开挖分析:本工程地点位于高雄市中山路与中正路交叉口,四周邻房3F~12F不等,最近距离约3m,内部开挖深度19.74~27.13m不等;分析需考虑地震、温度、不均匀土压、水压、外部荷重及内部施工及不等高程开挖,工程困难度及风险度高于其他位于郊区且对称开挖之LNG地下储槽工程。

(3) 未完成圆形结构体即破除部分连续壁评估:考虑工期,在圆形结构体未完全完成前即需破除部分圆形连续壁,进行直线段结构之衔接及圆型连续壁内潜盾隧道之发进破镜工作,此为前所未有之作法,分析上要充分预测连续壁之行为以为因应,在管理上要有充分之实时监测与风险管理以为因应。

(4) 管制四周之建筑行为以降低风险之策略:在捷运工程未完成前因无法规可限制私

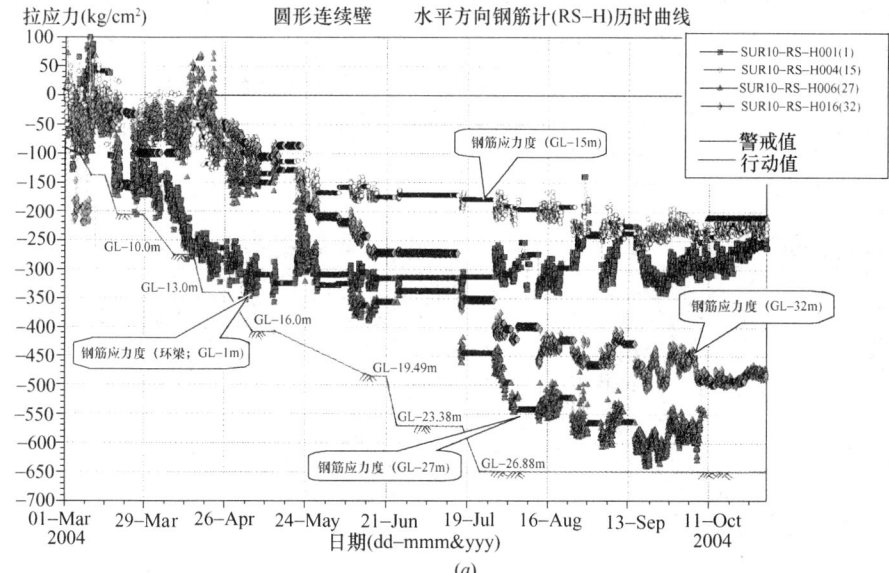

(a)

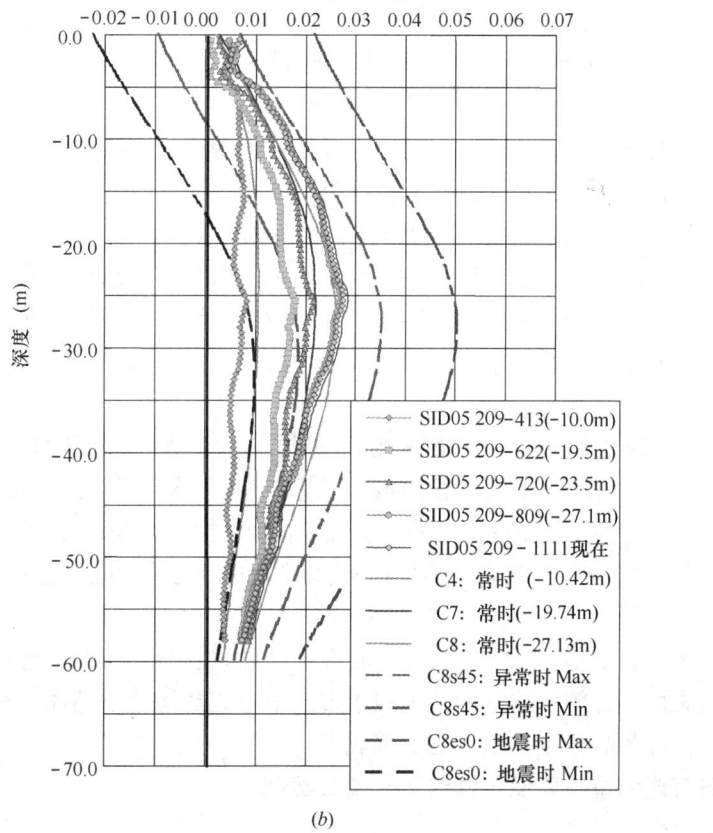

(b)

图 34-43　圆形连续壁变形监测结果[20]
(a) 圆形连续壁水平方向钢筋计（RS-H）历时曲线；
(b) 圆形连续壁变形量（m）SID-05

人开发申请案,为避免圆形连续壁施工四周影响范围内有建筑申请及开挖施工行为,请捷运局行文建管单位需对影响范围内之申请案之审查务必慎重,同时拟定一审查标准,比照大众捷运法之审查办理,要求申请人依开挖深度、与圆形连续壁之距离提出各项评估要求,藉此减少其他开发行为造成之意外。圆形连续壁影响范围及警戒区如图34-44所示。

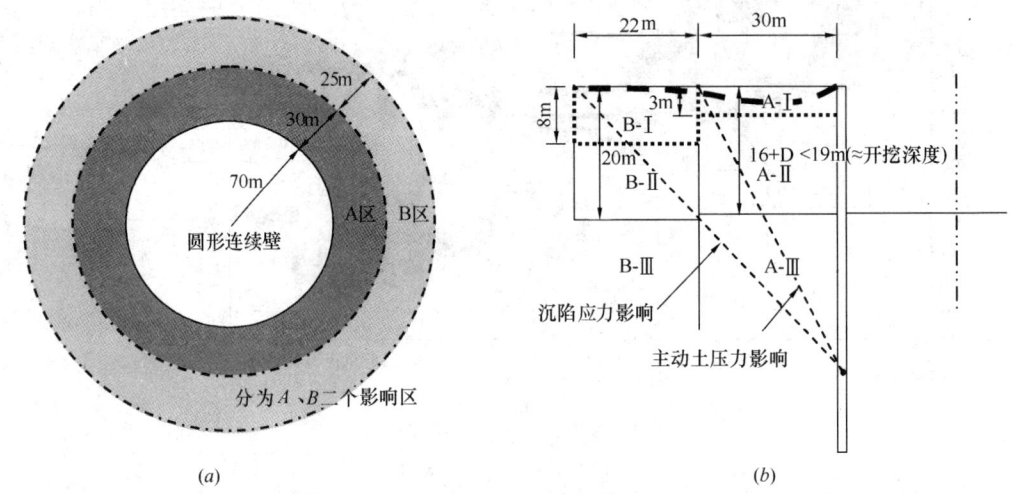

图 34-44　圆形连续壁影响范围及警戒区[20]
(a) 平面影响区；(b) 深度及距离影响区

(5) 引入风险管理机制及自动监测系统：圆形连续壁设计为一极繁复之工作，数据处理量大，考虑之项目繁多，为免疏漏造成设计风险，乃以风险管理之观念列项查核设计上是否有落实各项目之设计需求。施工阶段设置自动监测系统，并订定开挖分阶段检讨程序，每开挖至一阶段必须经业主、审查单位及设计单位依据监测结果共同检讨，认为安全无虞才可进行下一阶段施工。在施工初期，设计单位由监测数据中发现连续壁变形及地下水位异常，经紧急开会检讨系地下水控制不佳超抽所致，经改善抽水计划后，成功地化解一次可能之灾害。

(6) 善用统包契约之优点：本工程因采用统包契约，业主尊重统包商的专业，施工厂商的技术优势得以充分发挥，设计可以完全依照施工厂商之施工技术量身订作，因此施工对象不明确，造成设计上必须保守考虑的问题不复存在，在工程经济性上可得最大效益，对于高难度之重大工程是为双赢、优良的发包策略，为本工程得以顺利完成之最大原因之一。

7. 结论

本工程之施工有效地活用了 Design-Build 方式，并将在日本 LNG 地下储槽工程所得之圆形连续壁相关设计、施工技术经验重现于市区中心之捷运地下站体工程，可说是极为大胆创新之构想，并为高度土木技术之实现成果。

34.4.2　旧有连续壁与新设连续壁结合施工案例

本节内容主要引述自文献 [21]。

1. 基地与地层概况

本案例位于台北市东区，基地东侧紧邻地下一层、地上六层之建物，该建物基础与本案连续壁最近距离约90cm，基地东北侧有地下一层、地上六层之建物，并于地界处有一道围墙紧贴基地，其旧建筑物地下室周长约151.3m，面积约1309m²，基础形式为地下三层之筏式基础，深度约12.0m，其旧有挡土结构为60cm厚、24m深之连续壁，于建物更新时需予以拆除；新设计建筑物之地下室周长为153.7m，面积为1401m²，基础形式为地下六层之筏式基础，深度24.0m，开挖挡土结构为120cm厚、38.7m深之连续壁，新旧建物地下室结构相关位置详图34-45所示。基地内另设置三处壁桩，提供逆打施工大楼结构体重量承载之需求，其厚度为150cm，长度为6.5m，深度为45m。

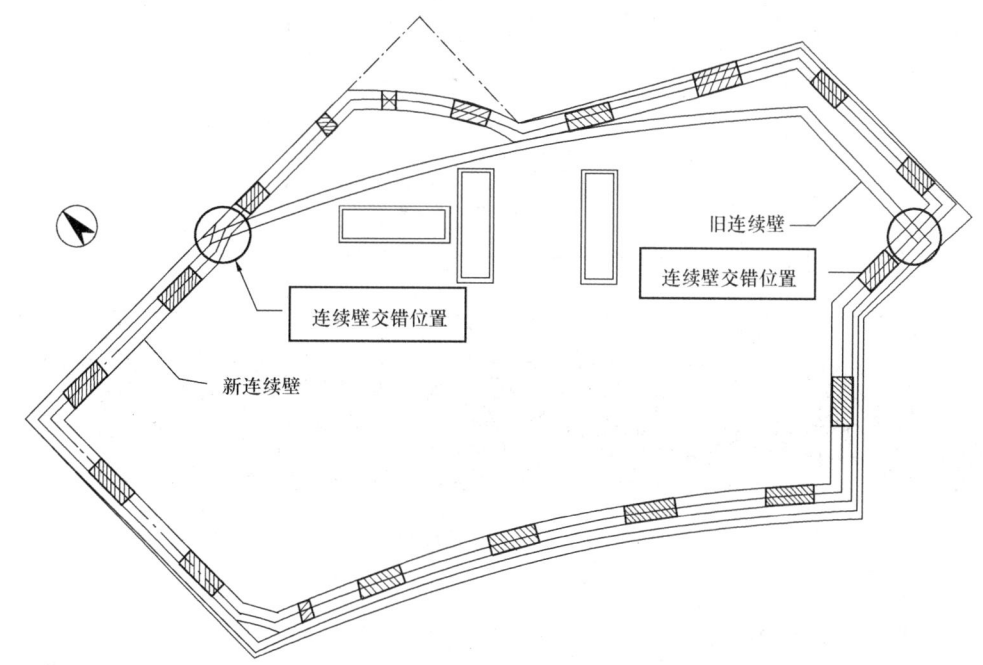

图 34-45　新旧建物地下室结构相关位置图[21]

依本案例地基钻探资料分析，在连续壁抓掘范围内之土层以粉土质黏土及粉土质砂土为主，在地表下34.0m以下至37.0m左右出现一层红棕色黏土，以下到51.2m则为卵砾石层，各层次土层建议之分析用土层参数简化如表34-15所示，依钻探数据显示，本基地之地下水位约位于地表下3.0m，钻探结果之基地地层剖面状况如图34-46所示。

分析用土层参数简化表[21]　　　　表 34-15

层次	分布深度	土层	N 值	γ_t (t/m³)	ω_n (%)	s_u (t/m²)	$\bar{c}$ (t/m²)	$\bar{\varphi}$ (°)	c_c	c_r	E^* (t/m²)
Ⅰ	0.0~11.5	SM/SF	3~18 (8)	1.99	20.0	—	0	29*	—	—	2400
Ⅱ	11.5~21.5	CL	1~4 (3)	1.76	37.0	4.3~6.0*	0	30*	0.3	0.03	2200~3000
Ⅲ	21.5~30.4	CL	5~11 (7)	1.85	30.6	6.0~7.8*	0	30*	0.25	0.02	3000~3900
Ⅳ	30.4~37.0	SM/CL	9~19 (14)	1.90	26.0	—	0	32*	—	—	2700~5700
Ⅴ	37.0~51.2	GW/SM	13~>50 (37)	1.99	21.0	—	0	33~40*	—	—	3900~15000
Ⅵ	51.2~76.3	CL	13~32 (22)	1.92	28.0	14.4~20.8*	0	32*	0.2*	0.02*	7200~10000
Ⅶ	76.3~82.1	SM	26~>50 (40)	2.03	21.0	—	0	35*	—	—	7800~15000
Ⅷ	82.1~	GW	>50	2.20*	—	—	0	40*	—	—	>15000

注：*为建议值，( )为平均值

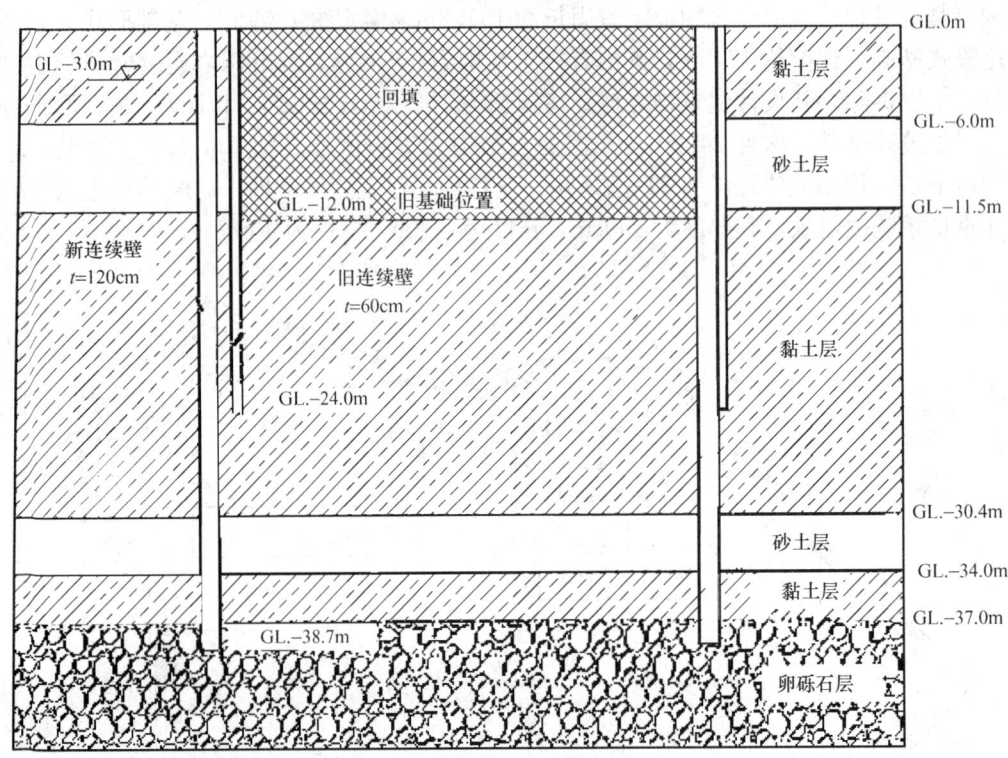

图 34-46 基地地层分布剖面图[21]

2. 工程特性说明

本案例之特殊点说明如下：

(1) 新连续壁与旧连续壁位置交错，部分新连续壁紧贴旧连续壁内侧施做，部分新连续壁位于旧连续壁外侧，故新连续壁有二处会与旧连续壁交错，施作新连续壁时，必须先将旧连续壁清除。

(2) 浅导沟紧贴邻房施作，故须对邻房及其附属建物（如围墙）进行保护，尤其基地东北侧之围墙，外导墙施作位置已紧贴围墙，故维持围墙稳定为浅导沟施作之重点。

(3) 靠圆环侧之旧连续壁呈弧形，新连续壁深导沟施作须考虑旧连续壁单元分割及其转折角，而旧连续壁施作之质量、有无凸出混凝土、有无偏斜都需要在施作深导沟时调查清楚。

(4) 由于施作导沟时须将旧地下室梁柱系统打除，故深导沟施作后，旧连续壁已无梁柱系统支撑，因此，结构体打除顺序、深导沟施工顺序、补强之临时性支撑材料及回填材料皆可能对旧连续壁之位移造成影响。

(5) 深导沟由基础板开始向上构筑，所以地下室下层梁柱系统会先行破坏，故需考虑到梁柱系统之补强方式，以维持地下室结构之稳定性。

(6) 旧地下室回填量大，回填材料多属黏性土，且考虑到可能对导沟造成不良影响，所以无法确实对回填土滚压夯实。在新连续壁施工时，铺面下方连续壁回填土即开始沉陷，对工程上造成不良影响。

3. 假设工程施作

(1) 浅导沟施作

浅导沟位于旧连续壁外侧,长度约58.5m,深度约1.8~3.0m,部份位置因有旧大楼之化粪池,故导沟深度较深。导沟开挖前为避免损及邻建物,于邻房侧分别施作微型桩及使用角钢进行保护;部份浅导沟位置因邻房围墙紧贴地界而需予以敲除,以利导沟施作。

(2) 深导沟施作

深导沟深度达12.0m,约为旧地下室基础深度,施做时先将基础水箱大底敲除后,从基础底板位置往上逐层施做,旧基础破除时梁柱暂不敲除,以维地下室结构之稳定性,俟完成内导墙与基础底板,及各层楼板连结后,再行敲除导沟内之地下室结构梁。导沟内为预防因地下室回填土压力过大导致导墙内挤,故约每3~6m间视新连续壁单元分割位置施作隔舱。同时为避免内导墙垂直方向发生弯曲变形,于内导墙外侧配合旧地下室梁柱系统位置施做加劲扶壁。深导沟之施工示意如图34-47所示,施工顺序如图34-48所示。

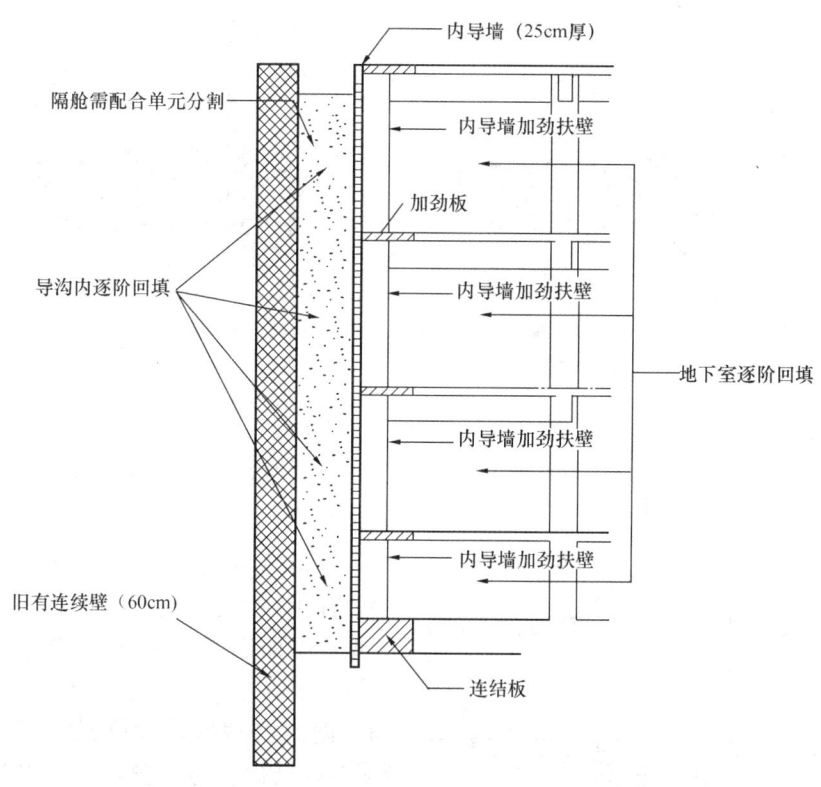

图 34-47 深导沟施工剖面图[21]

(3) 新旧连续壁交错位置之处理

新旧连续壁交错位置处,导沟之施作需考虑(1)内侧深导墙与外侧浅导墙连结之精确度,(2)连续壁破除钻掘时不可使导墙受损,以免造成外侧导墙无法连结,或基地内回填土由导墙外滑入导沟内而致抓掘困难,或混凝土逸流至导沟外,因此,新旧连续壁交错位置导沟处理如图34-49所示。

此外,由于连续壁抓掘机具无法破除旧连续壁,本基地采用RT-200摇管器,在连续壁抓掘前先行钻除旧连续壁,再回填钻掘孔,并重新施作连续壁导沟。而在RT-200钻掘前,为增加钻掘垂直度,须先行施作钻掘导沟,待钻掘完成即回填后,再行施作连续壁导沟。

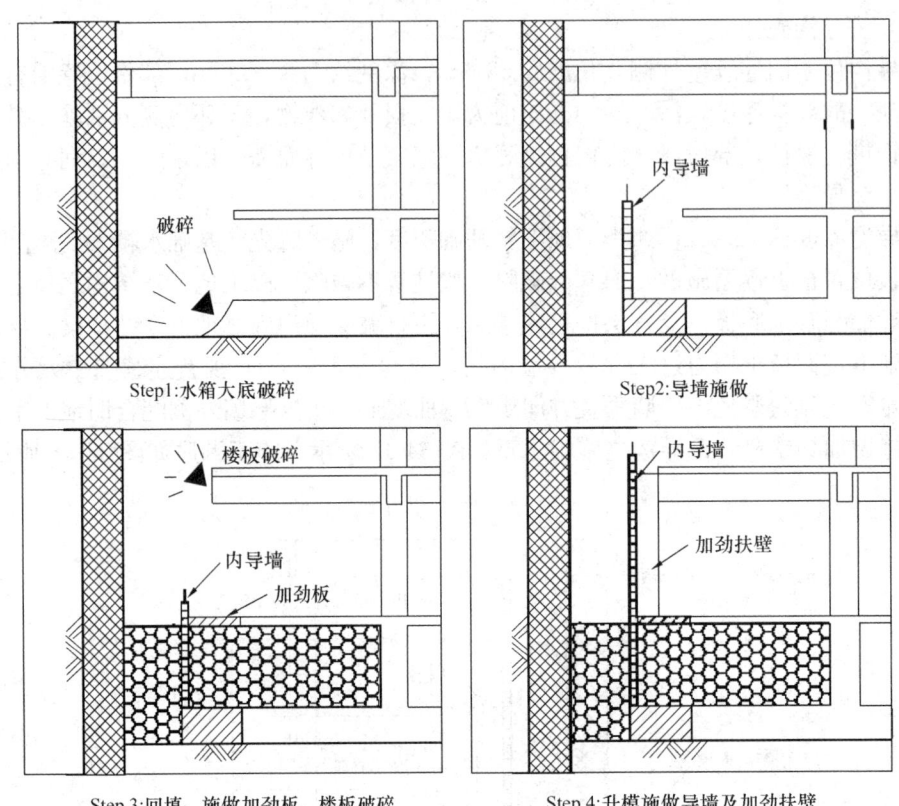

图 34-48 深导沟施工顺序图[21]

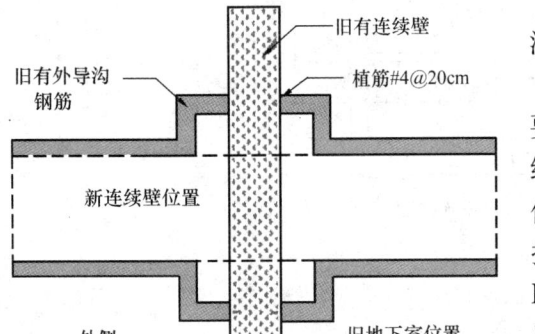

图 34-49 新旧连续壁交错位置导沟处理[21]

（4）其他处理措施以 CCP 灌浆及低压灌浆为主

CCP 灌浆施作在新旧连续壁之间，主要为保护新旧连续壁间较薄的土壤不致因连续壁抓掘而崩落；施作在旧连续壁破除钻掘位置附近，主要目的为稳定旧连续壁破除钻掘处附近之地层，避免崩坍。另外，使用 RT-200 进行旧连续壁破除钻掘时，因机具过重导致回填土层下沉，造成铺面下陷，因而于铺面下方进行低压灌浆，以抬升铺面并维持稳定。

4．连续壁工程施工遭遇问题

（1）连续壁施作遭遇问题

抓掘时抓斗碰触到旧连续壁，因旧连续壁较土层坚硬，故在旧连续壁深度内即开始偏斜，但是到深度大于旧连续壁后，其垂直度又恢复正常。

施作深导沟时，旧连续壁面打除过多，造成连续壁抓掘时于导沟底部出现阶梯式槽沟，易造成连续壁抓掘偏斜。

由于旧连续壁外侧凸出混凝土体在施作假设工程时无法先行排除,故在抓掘时遭遇即会造成连续壁偏斜。

连续壁灌浆时出现几次漏浆现象,漏浆单元皆在深导沟施作位置,且在母单元外侧,分析其为钢筋笼吊放时,连续壁钢筋或端板划破母单元帆布所致。

本案例施作之连续壁除深导沟处因漏浆造成灌浆量异常外,其余灌浆量皆在正常范围内,旧连续壁外侧浅导沟处之超音波检测及灌浆量显示并无土壁崩坍之现象,在新旧连续壁交错之单元灌浆量较大,其为受到 RT-200 钻掘扩孔之影响,整体而言,CCP 灌浆已达稳定土壤之效果。

(2) 壁桩施作遭遇问题

壁桩施作时,外侧连续壁已施作达 38.7m 深,依图 34-46 基地地层分布剖面图显示,地表下 30.4~34.0m 之砂性土壤已由新连续壁所围束,故在施作第一片壁桩时,由于未对此层次解压,致基地内地表下 31.0~34.0m 之砂性土层地下水位已上升至与导沟内水位相等(地表下 0.5m),而导致壁桩抓掘时之砂性土层崩坍。为避免后续施作之壁桩抓掘发生同样状况,于是施作基地内解压井并进行抽水,后续壁桩抓掘时在同一深度内之土层即未再有坍孔现象。

5. 结论

本案例为地下三层之旧建筑物重建,旧地下室深达 12.0m,在如此深的地下室进行假设工程,首重施工安全性。旧地下室结构之打除极可能破坏原本结构行为之稳定性,造成邻房安全上之顾虑;在进行假设工程时,最需注意的就是旧地下室梁柱系统的打除顺序与补强措施,以免危及地下室施工之安全及增加楼板稳定性。本案例除深导沟深度达 12.0m 外,最主要特点为新连续壁必须穿越且破除旧连续壁施作,为前所未有之工程经验,旧连续壁的破碎钻除若有偏斜,在新连续壁施工时可能因而无法进掘;另外,基地内地下室回填深度过深,导致连续壁施作时铺面下陷,亦是困扰施工之因素。

34.5 台湾地区基坑工程之现状与发展趋势

深开挖工程运用于台湾地区之建筑工程已超过三十年,由早期使用钢轨桩配合木支撑挡土之地下一层开挖,演变至今日使用连续壁配合逆打工法超过 30m 之开挖,其施工技术及设计方法皆有长足之进步。

34.5.1 理论分析之现状与发展

本节内容主要摘录自文献 [22] 及文献 [23]。

深开挖设计之首要目标为避免开挖工程之破坏,因此,设计前必须进行开挖工程稳定分析,而对于人口密集之都市区,则尚须探讨开挖引致之挡土壁变形量与地表沉陷量,以尽可能降低或避免开挖过程中可能发生之邻损事件。而为了开挖结构组件设计之需要,尚须进行挡土壁、支撑、横挡等结构组件之应力分析,其应力分析可采用复杂之有限元素法或弹性基础梁法,然而,上述方式皆有其使用上之限制,致预测之开挖变形量不一定准确,而仍有相当之研究空间。

美国学者对开挖稳定分析之研究主要在于底面隆起破坏,Terzaghi (1943) 认为软弱黏土中开挖将产生底面隆起破坏,因而利用承载力观念提出稳定分析方法,其假设开挖面底下土壤之破坏面为圆弧形,破坏面向上延伸至地表(如图 34-50(a)),然而由破坏机制来看,深开挖破坏行为类似深基础,因此,平面破坏面并不一定会形成。有鉴于此,Bjerrum and Eide (1956) 提出底面隆起破坏模式(如图 34-50(b))。而日本建筑学会及台湾地区建筑技术规则则假设底面隆起之破坏面为以底撑为圆心之圆弧形破坏面(如图 34-50(c)),分析时忽略底撑上方土体侧边剪力之影响,并取底撑下方、破坏圆弧涵盖部份之挡土壁与土壤为自由体,将挡土结构外开挖面以上土重视为驱动力,圆弧破坏面上之剪力视为抵抗力。日本建筑学会及台湾地区建筑技术规则均建议抗底面隆起破坏之安全系数宜大于等于 1.2。

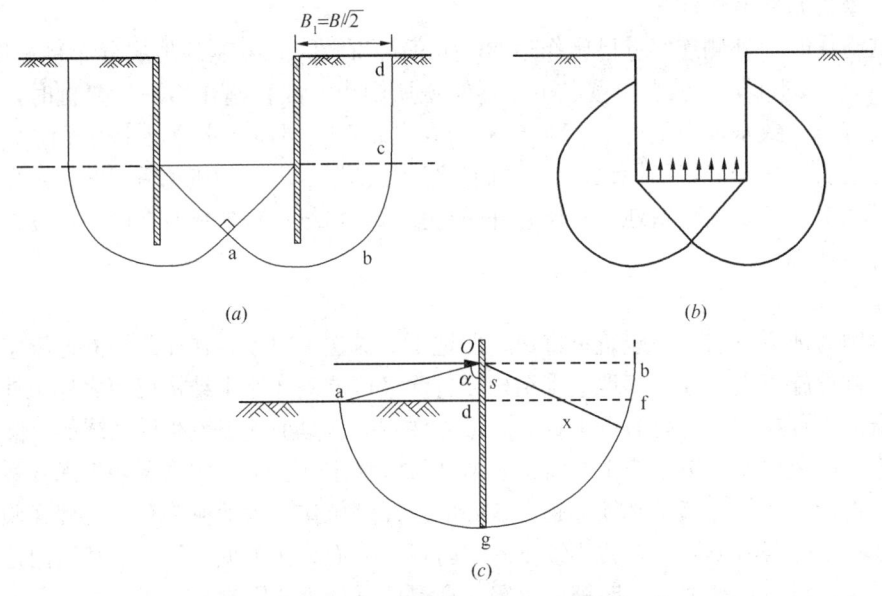

图 34-50 开挖稳定分析之方法
(a) Terzaghi 法稳定分析;(b) Bjerrum and Edie 法稳定分析;
(c) 日本建筑学会与台湾建筑技术规则建议之稳定分析

欧洲国家对开挖稳定分析之研究主要集中在探讨开挖内侧被动土压力能否承受外侧土压力作用,因此分析重点在开挖内外侧之土压力平衡,而较少探讨底面隆起分析,其主要肇因为欧洲都会区土壤为不会发生底面隆起破起之坚硬黏土。日本建筑学会规定土压力平衡安全系数宜大于等于 1.2,台湾地区建筑技术规则建议土压力平衡安全系数宜大于等于 1.5。

从文献来看,W. Clough 最早使用有限元素法分析深开挖问题,Clough (1969) 所发展之 Soil-Struct 程序后来也成为许多学者及设计师之开挖分析工具,然而,其采用之有限元素原理及仿真方式较为简易,且采用之土壤模式为依据室内试验发展而缺乏严谨理论基础之双曲线模式,以致仿真开挖过程中易产生小瑕疵,因此,后来 Clough 等人陆续采用高阶之有限元素法理论与弹塑性理论分析开挖工程,但进展有限。早期 ANSYS、NASTRAN、ADINA、ABAQUS 等一般化程序均内建弹塑性程序,如 Mohr-Coulomb 模式,但由于程序昂贵且使用之土壤模式仍过于简单,无法完全模拟土壤之应力应变行为,因此使用有限。20 世纪 90 年代英国剑桥大学开始将其所发展之 Cam-clay 理论内建于有限元素程序 CRISP，如今许多欧洲及东南亚国家以 CRISP 作为大地工程及深开挖工程分析之主要工具；大约同时，Cundall 等人（FLAC，1992）以有限差分法撰写 FLAC，由于其不需利用庞大之内存空间，内建许多土壤模式且容许使用者建制其他土壤模式，因而大受研究者与工程师之喜爱。近年来，学者采用荷兰 Deft 大学发展有限法程序为架构，充份利用窗口之输入及输出发展 PLAXIS 程序（1998），由于其使用便利，亦很快成为研究者与工程师常用之大地工程分析工具。

上述程序均可能合理地分析或预测开挖引致之挡土壁变形，却无法合理地预测地表沉陷，其造成差异之主要原因为土壤模式无法仿真土壤真实之应力应变行为，如多数土壤模式仅能适用于正常压密黏土，而无法模拟在小应变（约 10^{-5}）时，应力应变属弹性行为且具非常高劲度之近地表过压密黏土，而此种土壤变形特性（小应变行为）不会影响开挖挡土壁之变形分析，却会影响地表沉陷分析。此外，软弱黏土的潜变对开挖行为之影响亦相当大，且潜变将使得土壤内部之超额孔隙水压力持续增加，并在高应力位阶下导致破坏，而上述问题皆为有限元素开挖分析之待解决问题。

如图 34-51 所示，将开挖过程的挡土壁模拟为一连续梁，挡土壁附近土壤对挡土壁之作用以一系列之温克尔弹簧表示之，当挡土壁向开挖区挤进，弹簧即承受一小于土壤弹簧容量之力（即小于被动土压力），开挖区外作用于挡土壁之土压力即随之逐渐减小（其值须大于主动土压力），挡土壁给予适当边界条件后即可以有限元素或有限差分法解得连续梁之应力与变形，此即为弹性基础梁法。依此理论所开发之开挖分析程序包括英国的 FREW 程序，法国的 RIDO 程序，及台湾地区之 TORSA 程序。弹性基础梁法需输入之参数除土壤强度外，尚有与土壤性质、结构性质、荷重面积有关之地盘反力系数，亦即土壤弹簧系数，如开挖区土壤之覆土载重随开挖之进行而减小，将影响土壤之杨氏模数，此时，挡土壁埋入深度

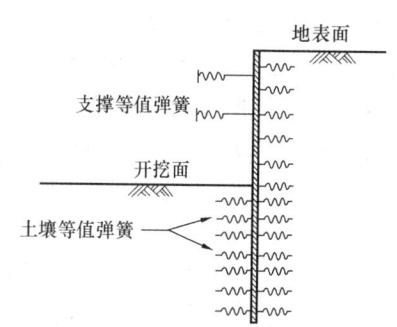

图 34-51　弹性基础梁法

逐渐减小，将造成荷重面积逐渐减小，因此，地盘反力系数于开挖过程中不断地变化，而由于地盘反力系数之变化与复杂，目前尚无可靠严谨之解析解，工程上亦大多采用经验公式。

近年来，捷运开挖工程造成之地盘沉陷相当大，甚至超过主体开挖造成之沉陷，加以连续壁之深度与厚度均远超过过去之记录，及特殊之地质特性可能导致施工弱化其既有之土壤强度并造成周围土壤沉陷，因此，欲模拟连续壁构筑引致之地盘沉陷，除须进行三向度分析外，三向度之土壤模式亦包括土壤潜变效应，因此，连续壁施工引致之地盘沉陷亦为近年来深开挖工程分析之待解决问题。

实务上，一般之深开挖设计采用弹塑性基础梁分析模式，其将三向度之开挖行为简化为单向度之基础梁模式，其分析模式中最为工程界所广为使用者为 Miyoshi 模式（Miyoshi，1977），如使用合理之分析参数，Miyoshi 模式可得合理之设计变位、弯矩及剪力，其中较令设计者困惑之参数包括土壤强度参数及地盘反力系数。土壤在不同应力状态下或排水条件下会表现出不同之行为，所使用之剪力强度参数亦应有所不同，若设计者引用之土壤强度参数为某一种试验之结果，则可能不代表深挖现场之行为，甚而引致开挖之失

败。地盘反力系数为另一令设计者困惑之参数，土壤力学将土壤视为复杂之工程材料，其变形行为须分别以多种参数及理论描述，但深开挖设计实务上反而将土壤行为简化为一单一且须仰赖经验判断决定之反力系数。

台湾地区早期之深开挖工程研究主要针对挡土壁体之变形行为，而随着捷运工程之进展，近期之研究则专注于邻近地盘之变位与邻房保护。在历经多年之开挖工程研究努力，及与现场实务做相互之比较确认，学术界对深开挖之行为已有更深入之了解，并以提升开挖工程挡土壁变形量与地表沉陷量之预测与避免为未来发展方向。

34.5.2 施工实务之现状与发展

本节内容主要摘录自文献 [23]。

早期之深开挖工程因深度不大且对于周遭环境影响要求无特别考虑，故工程只求不致形成安全问题或酿成公共危害即可，因此，深开挖工程施工方法与挡土工程施工方法几乎是划上等号，使用钢板桩、连续壁或排桩加上支撑、地锚、或楼板结构等组合即构成所需之工程解答，一切讲求经济、快速，工法亦较为单纯。尔后因工程失败与邻房纠纷层出不穷，加以环保意识高涨、开挖深度大幅增加，及法令规章等加诸工程本身之要求，使得深开挖工程需进一步延伸至减少邻房施工影响、纳入其他工种等，其包括挡土工程、地盘下陷、建物保护、监测系统等，甚或包括地盘改良等辅助性工程。兹说明如下。

1. 连续壁工程：连续壁工法自 20 世纪七十年代引进台湾，历经三十余年来之经验累积，已然生根并成为熟稔工法，惟目前施工多采用 MASAGO 及 ICOS 工法，早期曾出现之 BW、KELLY、TRENCH CUTTER 机械皆已消失无踪。稳定液的使用亦由皂土类渐转成使用性佳、适用性优之高分子类。使用相同于连续壁工法施作之地中壁与扶壁，亦逐渐被大量应用于软弱黏土层开挖工程，以部分或完全取代地盘改良。然而，工区内同时使用连续壁、地中壁、扶壁时，其扰动软弱土壤之程度乃数倍于仅施作连续壁者。

2. 支撑工程：目前台湾地区深开挖工程使用之内支撑工程仍以热轧 H 型钢系统为主。随着开挖深度之逐日增加，H 型钢尺寸亦与日俱增，早期之 H250mm×250mm×9mm×14mm 尺寸已不复见，目前使用 H458mm×417mm×30mm×50mm 或更大尺寸之纪录已愈来愈多。而早期每道支撑多为单支型钢或双支型钢排列，今亦已无法应付某些个案，故工程中有出现三支并排或四支组合之情形。中间桩之使用趋势已由早期之租用（工程完成后整支拔除）演变为目前之买断（因中间柱与基础板浇灌成一体，无法拔除）方式，其目的除防止地下水入侵外，亦有避免造成基础板下土壤形成空洞，及因空洞闭合所引致之基础沉陷现象。

3. 建物保护：软弱黏土层深开挖工程引致周遭地盘与建物下陷之原因，经由相关研究已逐渐明朗，包括挡土壁施工、深开挖挡土壁变形、土壤潜变等皆属可能因素。对于工程中所采取之因应措施目前仍莫衷一是，但渐有共识之部分包括：须进行建物保护、尽量减少挡土壁开挖变形、缩短施工时程等。

4. 监测系统：引用国外监测仪器应用于深开挖工程已有二十余年之历史，部分监测仪器，如倾斜管、电阻式荷重计等，台湾地区已发展至具制造改良能力，而部分高精密仪器，如倾度仪、钢筋计及支撑应变计等，目前则仍多仰赖国外仪器厂商制造提供。然而，目前监测系统之执行中仍存在不少缺失。而目前对于监测系统之执行，在便宜挂帅下多采人工测量方式，少有自动计测之例。

参考文献

[1] 吴伟特. 台北盆地地盘分区土壤之工程特性[J]. 地工技术. 1988,22:5-27.

[2] 何春荪. 台湾地质概论[M]. 台北,1974.

[3] Moh, Z. C. and Ou, C. D., Engineering Characteristic of Taipei Silt[C], Proceeding of Sixth Asian Regional Conference on Soil Mechanics and Foundation Engineering, Singapore. 1979.

[4] 欧晋德,李延恭,郑在仁. 台北盆地松山层地下水位及水压分布对基础工程影响[J]. 土木水利. 1983,10(3):89-102.

[5] 张益三. 高雄市地层结构及工程特性分析研究[J]. 地工技术. 1988,22:56-64.

[6] 利瓦伊峰. 财团法人台湾营建研究院项目研究报告[R]. 2006.

[7] 欧章煜,谢百钩,唐雨耕. 深开挖的稳定分析与变形分析[J]. 地工技术. 1999,76:25-38.

[8] 欧章煜. 深开挖工程分析设计理论与实务[M]. 台北:科技图书,2002.

[9] 建筑物基础构造设计规范[M]. 台北:大地工程学会,2001.

[10] Hsieh, P. G., and Ou, C. Y.. Shape of ground surface settlement profiles caused by excavation [C]. Canadian Geotechnical Journal, 1998, 35(6): 1004-1017.

[11] 林永光,孙一鸿,吕芳炽,黄志祥. 浅谈地质改良于软弱黏土中深开挖之应用[J]. 地工技术. 2000,78:103-111.

[12] 冀树勇,陈锦清,王建智. RIDO程序之最佳化土层参数之探讨[J]. 地工技术. 1999,75:61-76.

[13] 财团法人地工技术基金会网站资料[EB].

[14] 谢旭升,程日晟,蔡宗锽,杨明洲. 连续壁设计分析之实务考虑[J]. 地工技术. 1996,53:35-44.

[15] 欧晋德. 地下连续壁-施工质量控制及其规范. 地锚与连续壁之设计与施工[M]. 台北:地工技术,2001.

[16] 李光雄. 台湾区连续壁施工应用现况. 地锚与连续壁之设计与施工[M]. 台北:地工技术,2001.

[17] 廖洪钧,陈福胜. 地盘改良设计施工及案例[M]. 台北:大地工程学会. 2007.

[18] 谢旭升,王昆瑞. 地下室开挖地下水之处理[J]. 地工技术. 1997,63:5-14.

[19] 李正彬,陈俊融,洪政丰,陈大康,铃木义丈,多田幸夫,奥本现,李淳昌. 高雄捷运大港埔车站工程-直径140m之圆形连续壁之设计与施工[J]. 地工技术. 2005,105:5-16.

[20] 李淳昌. 高雄捷运美丽岛站连续壁设计(专题演讲简报数据). 大地工程学会第七届第一次会员大会专题演讲. 2009.

[21] 尹衍梁,许进干,施绍琪,林永光,郭晋荣,吕芳炽. 突破旧地下室三层及连续壁之大厦更新连续壁施工案例[J]. 地工技术. 2007,111:5-14.

[22] 欧章煜. 深开挖工程理论分析之发展[J]. 地工技术. 2004,100:127-134.

[23] 简茂洲、石强、谢旭升. 深开挖工程设计与施工实务[J]. 地工技术. 2004,100:135-152.

索 引

A

安全风险评估 1158
暗浜加固 42,43
凹陷变形 1064

B

Bishop 条分法 127
Biot 固结理论（三维） 74
板式支护体系 18
板桩船坞工程 569
板桩基坑支护工程 568
板桩码头工程（护岸） 568
半逆作法 19
饱和度 60
被动土压力 91
边界单元法 244
扁胀试验 95
变质结构面 973
表观凝聚力 1220
兵桩＋锚杆支护形式 1261
兵桩 1246,1248
玻璃纤维锚杆 40

C

CCG 工法 798
CSM (Cutter Soil Mixing) 455
CSM 工法 455
层次分析法 1157
差异沉降 1064
沉井 924
沉箱挡土墙 1246,1248
沉箱基础 924
沉箱结构 960
沉箱纠偏 961
冲击式钻进成槽工法 376

冲击试验 815
储水率 237
储水系数 237
触变泥浆 939
次生结构面 972

D

Darcy 定律 64
代替墙法 135
单撑（单锚）式钢板桩 515
单孔抽水试验 815
单孔单一锚固 39,620
单孔复合锚固 621
单孔复合锚固体 40
单排桩 443,457
单一墙 657
挡土结构内力分析 147
导墙 382
导渗法 822
导水系数 237
岛区工法 1300
岛式土方开挖 876
岛式与盆式相结合的土方开挖 888
地表沉降 185
地表沉陷型 1281
地层补偿法 212
地基水平被动抗力系数 724
地锚工法 1300
地面沉降 192
地下连续墙 28,29,54,363,364,1246,1250,1291
地下水回灌技术 844
地下水控制 44
点井降水法 1299
电渗井点 830,841
顶圈梁 447

索引

对撑、角撑结合边桁架支撑　35
多撑（多锚）式钢板桩　515
多孔抽水试验　815

F

反铲挖掘机　852
放坡开挖　17
放坡开挖基坑　121
非完整井抽水试验　815
非稳定流抽水试验　815，816
非线性渗透定律　66
非预应力锚杆　38
分层抽水试验　815
分层分块土方开挖　889
分离墙　657
分离式排桩　30
分区开挖　1300
分砖墙风险管理　1153
复合锚喷墙　989
复合锚喷墙支护　985
复合墙　658
复合土钉　275，1017
复合土钉墙　27，273，276，1010
复合支护　1016
复合桩墙　1032

G

干重度、饱和重度、浮重度、
　孔隙比、孔隙率　60
刚体转动量　1065
刚性挡土墙基坑　121
钢板桩　514，1246，1247
钢板桩围护墙　32
钢管桩　1246，1247
钢筋混凝土板桩　552
钢筋混凝土板桩围护墙　33
钢筋混凝土支撑体系　34
钢筋混凝土桩　438
钢立柱　572
钢与混凝土组合支撑　36
钢支撑　1246
钢支撑体系　33
高压喷射注浆　337

格形地下连续墙　29，365，400
格型钢板桩围堰　515
隔水帷幕　45，430，452
工程地质勘察　13
工字形板桩　553
构造结构面　972，973
管井　828
管涌　68，144，236
灌注桩排桩　432
灌注桩排桩围护墙　30
夯实机　860

H

横挡　1282
花管注浆法　798
环境调查　1059
环境效应　4
回灌管井　844
回灌井点　844
回灌砂沟、砂井　844
回转式成槽机　377
混合抽水试验　815
混合支护　1016

J

机动洛阳挖孔机　450
基底隆起　205
基底深坑加固　43
基坑的三维空间效应　190
基坑地层损失法　208
基坑工程　1，1176
基坑工程风险评估　1152
基坑工程技术标准　1216
基坑工程监测　49
基坑工程设计　6
基坑工程施工　7
基坑工程信息化施工　1191
基坑工程学　2
基坑工程总体方案　12
基坑监测　48
基坑减压降水　1187
基坑降水　235
基坑开挖　46

基坑抗隆起稳定性验算　136
基坑三维效应　226
基坑疏干降水　1188
基坑土体加固　898
基坑围护结构　363
基坑涌水量　825
建筑物损坏　1063
剑桥模型　86
降水工法　1284
降水管井　828，838
角隅效应　190
搅拌法　337
搅拌桩　337
阶梯抽水试验　815
结构面　968
井点降水　728
静止土压力　91，95
静止土压力系数　95

K

抗拔力　301
抗滑移安全系数　317
抗倾覆安全系数　317
可拆卸回收式锚杆　40
可回收锚杆　621
坑底隆起　204
坑底隆起变形　185
坑底土体隆起　191
坑外土体位移场　189
空间弹性地基板法　154，177
空气幕　941，956
孔隙水压力　61
扩张锚根固定的锚杆　621

L

"两墙合一"　407
"两墙合一"地下连续墙　54
拉力型锚杆　39，620
拉锚基坑　123
立柱桩　572
连续壁　1291
连续介质有限元方法　160
联合支护　1016

两墙合一　665，669，672
临界水力梯度　67
流砂　144，236
流土　144
流网　241
流网分析法　241
螺旋钻孔机　450

M

Mohr-Coulomb 强度理论　77
埋管注浆法　798
锚碇式板桩结构　557
锚杆　38，617，1246
锚杆的蠕变系数　645
锚杆肋梁支护　986
锚杆喷射混凝土　282
锚杆支护　617
帽梁　447，448

N

内侧支撑板桩结构　556
内支撑基坑　122
内支撑系统　33
泥浆墙　1291
逆打工法　1300
逆作法　16，655
粘结强度　302
粘结应力　301

P

排桩围护体　429
旁压试验　95
喷射井点　828，837
喷射注浆法　743
盆式土方开挖　881
劈裂注浆　788
平面弹性地基梁　149

Q

潜蚀　236
墙体竖向变位　185
墙体水平变形　183
墙体相结合　656

轻型井点　836
裘布依　243
全逆作法　19
全套管跟进锚杆　41
全挖工法　1300
裙楼先逆作、主楼后顺作　21
群孔（井）抽水试验　815
群锚效应　625

R

人工挖孔桩　452
瑞典条分法　126

S

SMW工法　52，454，469
射水法预制钢筋混凝土板桩　566
深层搅拌桩　469
深井降水法　1298
渗流力　67
渗透系数　66，237，238
渗透注浆　788
施工组织设计　1176
时空效应　3
时空效应规律　707，721
时空效应理论　707
时空效应施工流程　727
时空效应原理　712
事故树分析法　1156
疏干降水　824
竖向构件相结合　662
竖向斜撑体系　579
竖向支承系统　656
双排钢板桩围堰结构　515
双排桩　31，441，443
双排桩支护　462
双轴水泥土搅拌桩　352
水泥土重力式围护　337
水泥土重力式围护墙　28
水平构件相结合　659
水平回转式——铣槽机　378
水平抗力系数　724
水平向基床系数　724
水平支撑　571

水平支撑系统　575，582，656
水文地质参数　814
水文地质勘察　14
顺逆结合　20
顺作法　16，589，655，665
素混凝土桩　438
碎石土、砂土、粉土、
　黏性土、特殊性土　58

T

Terzaghi固结理论　73
TRD工法　503
T形地下连续墙　365
突涌　68，144，236
土的本构关系　84
土的本构关系模型　158
土的变形特性　68
土的抗剪强度理论　76
土的流变性　82
土的渗透性　64
土的物理状态　58
土钉　273，1017
土钉墙　26，272
土拱效应　195
土坡安全系数　130
土压力　91
土岩结合内支撑支护　1012
土岩组合的桩锚支护　997
土中打入式锚杆　623
推土机　859

W

完整井抽水试验　815
微型桩　277
围护结构　656
围护墙体变形　183
围檩　447，571
稳定安全系数　317
稳定流抽水试验　815
无支护基坑施工　7
铣槽机　378
现场抽水法试验　760
现场的透水性试验　760

现场监管 1259
现场监管规范 1260
现浇地下连续墙 29

X

U形折板地下连续墙 365
Π形地下连续墙 365
线性渗透定律 64
斜地锚式挡墙结构 556
信息化施工监测 1138
信心指数法 1156
型钢水泥土搅拌墙 31,52,469
袖阀管注浆法 798
悬臂板式围护墙 18
悬臂式板桩结构 555
悬臂式钢板桩 515
旋喷法 743
旋挖钻机 450

Y

压力回灌法 845
压力型锚杆 39,620
压路机 860
压密注浆 788
压缩性 70
岩层锚杆 618
岩块 968
岩石 968
岩石基坑爆破 1004
岩石基坑支护 991
岩体 968
岩体结构 971
岩土工程技术标准 1213
岩样完整性质量指标 976
岩质基坑锚杆 1000
岩质基坑微型桩 1001
岩质基坑支护桩 999
咬合桩 31,438
一柱一桩 672,680,692
异型板桩 560
有限差分法 243
有限单元法 244
有效应力 61

有支护基坑施工 8
预应力锚杆 38,277
预应力锚喷支护 986
预制地下连续墙 30,403
原生结构面 972
圆环支撑 35
圆环支撑体系 36
圆筒形地下连续墙 29,395
圆形地下连续墙 1246
远程监控系统 1134
越流因数 237

Z

真空点井法 1299
真空管井 830,841
真空回灌法 844
整体稳定性分析 124
正交支撑 34
支撑材料 572
支撑开挖工法 1300
支护结构与主体结构相结合 655
止浆塞注浆法 798
中空注浆锚杆 623
中心顺作、周边逆作 22
重合墙 657
主动土压力 91
主体结构梁板代支撑 1246
主楼先顺作、裙楼后逆作 21
注浆法 788
注浆管注浆法 798
柱列式挡墙 432
柱列式灌注桩 450
柱列式排桩 432
抓铲挖掘机 856
桩—锚支护体系 449
桩板式支护结构 515
桩锚 1016
桩锚支护 990
自立式板桩结构 555
自立式围护体系 18
自卸式运输车 858
自钻式（自进式）锚杆 623
自钻式中空注浆锚杆 40

总体方案选型　16
组合系数　316
钻杆注浆法　798
钻孔灌注排桩　1249
钻孔灌注桩　1246
钻孔灌注桩结合隔水帷幕　53
钻孔后注浆连续墙　1046

尊敬的读者：

感谢您选购我社图书！建工版图书按图书销售分类在卖场上架，共设22个一级分类及43个二级分类，根据图书销售分类选购建筑类图书会节省您的大量时间。现将建工版图书销售分类及与我社联系方式介绍给您，欢迎随时与我们联系。

★ 建工版图书销售分类表（见下表）。

★ 欢迎登陆中国建筑工业出版社网站www.cabp.com.cn，本网站为您提供建工版图书信息查询、网上留言、购书服务，并邀请您加入网上读者俱乐部。

★ 中国建筑工业出版社总编室　　电　话：010—58934845　　传　真：010—68321361

★ 中国建筑工业出版社发行部　　电　话：010—58933865　　传　真：010—68325420
　　　　　　　　　　　　　　　　E-mail：hbw@cabp.com.cn

建工版图书销售分类表

一级分类名称（代码）	二级分类名称（代码）	一级分类名称（代码）	二级分类名称（代码）
建筑学（A）	建筑历史与理论（A10）	园林景观（G）	园林史与园林景观理论（G10）
	建筑设计（A20）		园林景观规划与设计（G20）
	建筑技术（A30）		环境艺术设计（G30）
	建筑表现·建筑制图（A40）		园林景观施工（G40）
	建筑艺术（A50）		园林植物与应用（G50）
建筑设备·建筑材料（F）	暖通空调（F10）	城乡建设·市政工程·环境工程（B）	城镇与乡（村）建设（B10）
	建筑给水排水（F20）		道路桥梁工程（B20）
	建筑电气与建筑智能化技术（F30）		市政给水排水工程（B30）
	建筑节能·建筑防火（F40）		市政供热、供燃气工程（B40）
	建筑材料（F50）		环境工程（B50）
城市规划·城市设计（P）	城市史与城市规划理论（P10）	建筑结构与岩土工程（S）	建筑结构（S10）
	城市规划与城市设计（P20）		岩土工程（S20）
室内设计·装饰装修（D）	室内设计与表现（D10）	建筑施工·设备安装技术（C）	施工技术（C10）
	家具与装饰（D20）		设备安装技术（C20）
	装修材料与施工（D30）		工程质量与安全（C30）
建筑工程经济与管理（M）	施工管理（M10）	房地产开发管理（E）	房地产开发与经营（E10）
	工程管理（M20）		物业管理（E20）
	工程监理（M30）	辞典·连续出版物（Z）	辞典（Z10）
	工程经济与造价（M40）		连续出版物（Z20）
艺术·设计（K）	艺术（K10）	旅游·其他（Q）	旅游（Q10）
	工业设计（K20）		其他（Q20）
	平面设计（K30）	土木建筑计算机应用系列（J）	
执业资格考试用书（R）		法律法规与标准规范单行本（T）	
高校教材（V）		法律法规与标准规范汇编/大全（U）	
高职高专教材（X）		培训教材（Y）	
中职中专教材（W）		电子出版物（H）	

注：建工版图书销售分类已标注于图书封底。